약어

주의: 각 축약용어에 대한 자세한 설명은 '용어'를 참조

Å angstrom(10^{-10} m)
ADP 아데노신2인산
AIDS 후천성 면역결핍증후군
A-P axis 좌우대칭동물의 앞뒤축
ATP 아데노신3인산
bmp 뼈형성단백질 유전자군
bp 염기쌍
By 10억 년
Bya 10억 년 전
℃ 섭씨눈금의 온도 단위
CAMs 세포부착분자들
cDNA 상보DNA
CMB 우주배경복사
D 다윈단위
D 유전 거리
DDT dichloro-diphenyl-trichloroethane
dll 초파리의 distalless 유전자
dlx 척추동물의 distalless 유전자
DNA deoxyribonucleic acid
D-V axis 좌우대칭동물의 등배축
F 근교계수
FAD flavin adenine dinucleotide
FeS_2 황철석
fgf 섬유모세포생장인자 유전자군
ft feet
g gram
gal gallon
G-C DNA의 guanine-cytosine 함량
GM 유전자조작
HIV 사람면역결핍바이러스
HnRNA 이형 핵RNA
Hox 척추동물의 homeobox 유전자군
Hsp 열충격단백질
in inch
IVF 체외 수정
K 집단에 대한 환경의 수용능력
K 켈빈 눈금에서 온도
Kcal 1,000 calories
km kilometer
L liter
lb pound(무게)
m meter
miRNA microRNA
mm millimeter
mRNA 전령RNA
mtDNA 미코콘드리아DNA
My 1백만 년
Mya 1백만 년 전
N_e 유효집단크기
oz ounce
pax6 척추동물의 pair rule 유전자6
PCR 중합효소연쇄반응
P-D axis 좌우대칭동물의 기부-말단부축
RFLP 제한효소단편길이다형성
r_m 집단의 자연성장 내재율
RNA ribonucleic acid
RNAi RNA방해. siRNA를 이용하여 유전자 전사를 조절하는 과정
rRNA 리보솜RNA
5*S* rRNA 모든 세포질과 대부분의 세포소기관 리보솜의 큰 소단위
16*S* rRNA 박테리아 세포질과 대부분의 세포소기관 리보솜의 작은 소단위
18*S* rRNA 진핵생물 세포질과 대부분의 세포소기관 리보솜의 작은 소단위
s 선택계수
shh sonic hedgehog 유전자
SINEs 짧은고반복염기순서
siRNA 소형 방해RNA
SNIPs 짧은직렬반복다형성
SSUrRNA 작은 소단위 리보솜RNA
STRPs 단순직렬반복다형성
tRNA 운반RNA
UDP 우리딘2인산
UTL 공통계통수
X/A X염색체와 상염색체의 비율
YAC 효모인공염색체
z 우주상수
z 적색 이동

STRICKBERGER'S

EVOLUTION

진 화 학

제4판

역 자

김창배 · 김기중 · 김삼규 · 김상희 · 김 원
김희수 · 류시현 · 민기식 · 민미숙 · 부성민
서영배 · 양은찬 · 용태순 · 이 항 · 장천영
조수원 · 최세웅 · 한호연 · 황의욱

월드사이언스
worldscience.co.kr

EVOLUTION Fourth edition

ORIGINAL ENGLISH LANGUAGE EDITION PUBLISHED BY
Jones & Bartlett Learning 2010
40 Tall Pine Drive
Sudbury, MA 01776

표지 설명

해양목 큰뾰족산호류(*Muricella* sp.)에 위장하고 있는 피그미해마(*Hippocampus bargibanti*). 이 해마는 몸에 비늘이 없고 해양목 산호에 붙어 있을 때 사용하는 감아 쥘 수 있는 꼬리를 가진다. 이 작은 해마의 몸 색깔과 특징은 숙주 산호의 색깔과 모양에 맞게 진화되었다. 이 동물은 서태평양의 열대 산호초에 살며, 몸길이는 겨우 2.4cm 정도된다. 사진은 말레이시아 사바 주 Pulau Kapalai에서 촬영되었다.

책의 오른쪽 페이지 하단에 그려진 동물은 원시 사지동물이다. 수중에서 육지로의 이동이 사지동물 진화에서 중요한 과정이었는데, 계통수 뿌리에 위치한 사지동물과 원시 사지동물의 화석 증거에 의하면 3억 6천5백만 년 전에 사지동물이 출현하였을 것이다(18장 참조). 수중에서 육지로의 이동에 대한 가설적인 이점은 포식자를 피하고 곤충을 비롯한 육지의 먹이 원천을 이용하는 것이다. 페이지를 앞에서 뒤로 넘기면 동물이 진화하는 것을 볼 수 있다.

진화학 4판

인 쇄 2014년 8월 15일
발 행 2014년 8월 25일
저 자 Brian Hall · Benedikt Hallgrimsson
역 자 김창배 외 18인 공역
발행인 박선진
발행처 도서출판 월드사이언스
등 록 1988년 2월 12일 제16-1601호
주 소 서울특별시 서초구 방배동 864-31 월드빌딩 1층
TEL 02) 581-5811~3
FAX 02) 521-6418
E-mail worldscience@hanmail.net
URL http://www.worldscience.co.kr

정가 38,000원
ISBN 978-89-5881-233-3

이 도서의 국립중앙도서관 출판예정도서목록(CIP)은 서지정보유통지원시스템 홈페이지(http://seoji.nl.go.kr)와 국가자료공동목록시스템(http://www.nl.go.kr/kolisnet)에서 이용하실 수 있습니다.(CIP제어번호: CIP 2014023776)

주요 차례

차례

3부 유기적 구조: 유전자, 세포 그리고 발생 172

서문

진화에 대한 가장 널리 사용되는 교과서인 **진화학**(Evolution. Monroe Strickberger 저)을 개정하고 최신화할 기회를 갖게 되어 영광스럽다. 1990년에 1판, 2000년에 3판이 발행되기까지 **진화학**은 진화생물학의 학부교육을 위한 중요한 자료가 되었다. 그러나 3판이 발행된 이후 지난 약 6년 동안 진화학에는 커다란 변화가 있었다. 하나의 주요 변화는 배 발생으로, 유전자에 자연선택이 작용하지 못하도록 하는 것인데, 이제는 더 이상 블랙박스가 아니라 오히려 진화와 발생을 연결하는 완전히 새로운 분야로 성숙단계에 접어들었다. 또 다른 주요 변화는 생물의 전체 유전체의 염기서열 결정과 생물정보 기법들로 엄청나게 많은 정보들을 처리하여 유전자 개별이 아니라 생물계 전체 수준에서 여러 의문들에 대한 해답을 제시하기 시작하였다. 마지막으로 화석기록은 점차 확대되고 있고, 고생물학과 생태학, 발생생물학, 생리학 등 여러 생물학 분야와 고생물학의 융합에 의하여 화석에 대한 이해가 성숙되고 있다. 이러한 추세에 발 맞추기 위하여 본 4판에서는 진화생물학과 생물과학의 변화들을 반영하려고 한다.

우리가 진화를 이해하기 위한 필수적인 사항은 생물의 무리가 공동 유전에 의하여 서로 묶여 있고, 유전된 변화가 모이기 위해서는 충분한 시간이 흘러야 한다는 것이다. 그 보다 더 필수적인 것은 생물학의 과정과 생물 사이의 자연 관계가 진화의 실체를 설명한다는 것이다. 인간 역사에 걸쳐 이러한 각 측면들은 여러 번 연구되고 논의되었지만, 19세기 중반 Charles Darwin이 자연선택에 의한 진화설을 제안하고 나서 생물진화는 인정받는 과학적 대안이 되었다. 진화설이 인정됨으로써 자연을 보는 우리의 시각, 자연 속 인간의 위치, 자연현상에 대한 설명에 대하여 커다란 변화가 있었다.

진화와 같은 역사 과학의 특별한 관심은 물리와 화학과 같은 일반법칙의 적용에 의해 항상 이해되지 않는 일련의 역사적 사건들의 이해를 강조한다. 예를 들어, 태양계의 기원, 아프리카로부터 남아메리카의 분리, 인간의 기원 및 사건들과 같은 역사 과학의 주제들은 개별적인 것으로 모든 항성, 모든 대륙의 분리, 모든 종의 진화에 적용되지 않는다. 따라서 과거에 관한 과학은 중력, 역학, 생화학과 같은 일반법칙을 이용하지만, **목적은 모든 생물에 일반적으로 적용되는 원리와 법칙을 발견하는 것뿐만 아니라 다양성과 유일성의 원인을 발견하는 것이다.** 실제로 일반 원리로부터 추론하고 우연의 역할을 설명하는 능력은 진화연구의 역동적인 다학제적 성격의 중심이며, 이것들이 진화학을 확고하고 검증이 가능한 과학으로 만들었다. 예를 들어, 여러 수소원자들의 성질은 일반적인 물리원리로 설명할 수 있으나 여러 생물부위의 구조와 기능과 같은 생물의 특성들은 주어진 시간에 특정 생활방식에 대한 적응과 같은 생물역사의 배경에서 설명된다. **진화생물학의 핵심목표는 생물의 기원과 다양성을 설명하는 것이다.**

역사적 조건들이 반복되고, 서로 다른 생물들이 비슷한 진화적 선택압에 놓여 있을 때에 몇몇 일반적인 양상이 예측되는데 지리적으로 분리된 집단과 종들, 예를 들어 동굴생활에 적응된 어류에서는 퇴화된 눈과 화학감각기관의 발달, 색소의 소실 등이 일관되게 나타난다. 다른 진화적인 변화들은 과거 진화역사에서 우연하게 발생하였는데, 예를 들어 비행 진화는 양서류와 포유류에서는 나타나지 않고 파충류에서만 나타났다. 본문에서 일반 원칙에 의거한 증거를 제시하고 역사적 우연성에 관련된 생물학적 과정들과 생물들의 이러한 측면들을 검토할 것이다. 결론적으로 주제들을 배열하는 방식에 대한 논리는 다음과 같다:

- 진화적 사고의 역사로 시작하여(1부)
- 우주의 기원, 지구, 분자, 세포, 개체, 자연선택으로 이동하고(2부)
- 유전의 원리, 종의 성격, 종이 어떻게 무리를 이루는가, 진화에서 발생의 역할을 고려하며(3부)
- 지구에 서식하는 생물 무리들을 다루고(4부)
- 집단들이 어떻게 유지되고 종들이 어떻게 생기는지 고찰하며(5부)
- 문화, 사회, 생물진화가 어떻게 인간 집단과 상호작용하며, 인간이 어떻게 다른 종의 진화에 영향을 주는지, 그리고 진화가 종교에 어떻게 영향을 주는지를 다루면서 마무리한다(6부).

1부는 자연선택에 의한 다윈의 종의 기원설로 이끌었던 역사적, 문화적, 사회적인 배경을 제시한다. 저자는 "무엇이 일어났는가?" "중요한 역할을 하였던 사람은 누구인가?" "왜 이러한 일들이 일어났는가?" 등의 문제를 제시하면서 진화생물학의 역사에 접근한다.

2부는 50~150억 년 전 각각 1천억 개의 항성으로 구성된 1천억 은하를 생성하게 한 사건들을 다룬다. 이 중 지구는 태양계의 한 항성으로 46억 년 전에 생성되었다. 지구의 기원과 분자들이 어떻게 생성되었고 처음으로 생성된 분자가 DNA, RNA 혹은 단백질인지 그리고 원핵생물과 진핵생물이 각각 36억 년 전과 20억 년 전에 어떻게 처음 발생했는지에 대해 2부의 5개 장에서 각각 논의한다.

3부는 생물의 유전, 분자, 세포, 발생의 특징들과 다윈의 용어로는 변형혈통인 유전, 변이, 진화에 대한 기초를 제공하는 과정들을 다루면서, 유전자, 세포, 개체 범주들을 소개한다. 우리는 현재 생물들이 상당한 유전체를 공유한다는 것을 알고 있고, 이러한 진화 역사는 진핵생물의 기원으로 거슬러 올라감으로 유전자 조절이 발생학적, 진화학적 변화에 중심임을 강조하게 된다. 조절유전자의 발현량 혹은 발현시간이 변하면 표현형의 변화가 유발된다. 이러한 새로운 표현형에 선택이 가해지면 유전자 발현의 변화상태가 되고, 이것이 집단으로 퍼져서 진화적 변화에 이르는 변형혈통이 된다. 3부의 5개 장은 이러한 변화들이 어떻게 일어나며, 변화들이 일어날 때 어떻게 새로운 종을 인식할 수 있는지를 이해하기 위한 배경을 제공한다.

4부의 7개 장에서는 생물의 역사에 대해 설명하며, 여기에서 현재 지구에 살고 있거나 과거에 살았던 생물들의 다양성을 다루게 된다. 어떻게 새로운 생물의 무리들이 출현하고, 변화하는 환경에 적응하며, 생물들이 어떻게 서로 연관되어 있는지에 초점을 둘 것이다. 7개 장의 대부분의 내용은 단세포 원생동물로부터 다세포 식물과 동물로, 식물과 동물의 수중에서 육상으로, 무척추동물로부터 척추동물로, 턱이 없는 동물에서 턱이 있는 동물로, 파충류에서 조류로의 전이에 대한 것이다.

5부는 안정된 상태로 집단을 유지하거나 집단을 변화시켜서 새로운 종이 되게 하는 메커니즘들을 다룬다.

6부는 인간의 문화적 진화와 생물학적 진화가 어떻게 상호작용하며, 인간이 어떻게 다른 생물의 진화에 영향을 주는지, 진화와 종교가 어떻게 상호작용하는지를 고찰한다.

이렇게 1장부터 26장까지 논리적으로 배열되어 있지만, 본 교과서의 6장부터 시작하거나, 별도의 단위로 각작의 장들을 학습할 수 있다.

요약은 각 부와 장의 첫 부분에 있다. 독자는 각 장을 읽기 전이나 후에 요약을 보게 될 것인데, 각 장을 본격적으로 학습하기 전에 소개되는 내용이 친숙한 것인지 아닌지를 파악하거나, 학습을 마친 후에 장의 핵심이 바르게 이해되었는지 확인할 수 있다. **글상자**는 여러 장에 제시하였고, 본문 내용과 관련된 특정한 토픽에 관심을 갖게 한다. 1998~1999년 실시된 활동적인 연구자들과의 **인터뷰**는 이미 3판에 들어 있었으나, 이번 판에서 최신화하여 연구자의 관련 웹페이지와 최근에 저술한 대표적인 저작을 추가하였다. 이러한 인터뷰는 변화하는 분야들에 대한 길잡이가 될 것이다. 인터뷰와 본문을 비교하여 보면 진화 연구가 얼마나 빨리 진행되고 있는지 생생하게 알 수 있다.

본 판에는 이전 판들 보다 모든 사건들과 개념들에 대한 정보와 분석이 훨씬 더 많이 포함되었다. 각 장의 정보에 접근은 장 마지막에 있는 **추천 읽을 거리**와 본 교과서의 끝에 있는 **참고문헌**과 그림출처를 통해 수집되었다.

일차적인 문헌으로 인용문헌을 넣은 이유는 다음 2가지이다. 첫 번째 이유는 주관의 개입인데, 진화는 과학이고, 과학 교과서의 독자로서 과학 연구에 대한 우리 나름의 표현과 해석을 취해서는 안된다. 우리 스스로 일차적인 문헌을 확인할 수 있기 때문에 여기에 들어가 볼 수 있도록 일차적인 문헌을 제시하는 것으로 충분할 것이다. 과학 가설의 폐기 혹은 수용 여부는 가설을 검증하기 위하여 수집된 정보가 가설을 거부하는지 혹은 아닌지에 달려 있다. 따라서, 영장류와 유사한 화석인 일련의 호미닌은 먼 과거부터 현재까지 출현하므로, 인간은 영장류에서 기원했다는 가설을 지지한다(20장). 비슷하게 미오글로빈과 헤모글로빈의 아미노산 서열의 유사성은 인간과 호미닌의 진화적 유연관계를 지지한다(12장).

두 번째 이유는 본 교과서가 기초과정에서 다루어지든 고급과정에서 다루어지든 간에 인용된 일차문헌들은 학습지도, 논의, 소론, 발표 등을 위한 훌륭한 기반을 제공하기 때문이다.

1부는 1859년 Charles Darwin의 **자연선택에 의한 종의 기원**의 출판으로부터 시작한다. oft-recommended version은 1964년 Ernst Mayr의 편집에 의해 하버드대학출판부에서 출간된 1판의 팩시밀리이다(Darwin, 1964). 저렴한 종이표지의 책은 2005년에 출간되었다. 구텐베르크 프로젝트(Project Gutenberg Online Book Catalog)에서 다윈의 믿을 수 있는 다양한 서적들을 텍스트로 내려받을 수 있다 (http://gutenberg.org/).

다윈의 저작, 그의 활동과 영향에 대한 논평에 효과적으로 접근할 수 있는 방법은 *Northon Critical Edition*(Appleman, 2001)인데, 여기에는 Philip Appleman의 서문, Ernst Mayr의 Darwin 일생에 대한 평가, Darwin 저작의 선별들, 다윈 이전의 과학 사고에 관한 8개의 소고에 대한 별쇄 및 다윈이 과학, 사회적 사고, 철학, 윤리학, 종교, 문학에 미친 영향에 관한 약 100편의 논평들이 포함된다.

다음의 **백과사전, 텍스트, 소고 컬렉션들**을 추천하는데, 그 이유는 이것들이 진화 전체를 포함하거나 진화의 중요 관점을 다루고 있기 때문이다.

Appleman, P, (ed.), 2001. *A Norton Critical Edition.* Darwin: Texts, Commentary, 3rd ed. W. W., New York.

Bowler, P. J., 2003. *Evolution: The History of an Idea,* 3rd ed. University of California Press, Berkeley, CA.

Browne, E. J., 1995. *Charles Darwin: Voyaging.* Alfred A. Knopf, New York.

Browne, E. J., 2002 *Charles Darwin: The Power of Place. Volume II of a Biography.* Alfred A. Knopf, New York.

Evolution, 2006. A Scientific American Reader. The University of Chicago Press, Chicago.

Hall, B. K., and W. M. Olson (eds.), 2003. *Keywords & Concepts in Evolutionary Developmental Biology.* Harvard University Press, Cambridge, MA.

Jones, S., R. D. Martin, and D. R. Pilbeam (eds.), 1996. *The Cambridge Encyclopedia of Human Evolution.* Cambridge University Press, Cambridge, England.

Keller, E. F., and E. A. Lloyd, 1992. *Keywords in Evolutionary Biology.* Harvard University Press, Cambridge, MA.

Knoll, A. H., 2003. *Life on a Young Planet: The First Three Billion Years of Evolution on Earth.* Princeton University Press, Princeton, NJ.

Niklas, K. J., 1997. *The Evolutionary Biology of Plants.* The University of Chicago Press, Chicago and London

감사의 글

우주론과 화학원소의 기원에 대한 새로운 4장을 제공한 Virginia Trimble과 4장과 25장 작성에 도움을 June Hall에게 먼저 감사를 드린다. 본 교과서가 완성되기까지는 편집인의 눈으로 적어도 두 번에 걸쳐 원고 전체를 읽었던 June Hall의 역할에 힘입은 바 크다. Sina Adl과 Alastair Simpson은 6, 8, 12장에 대한 귀중한 조언을 해 주었다. Garland Allan, Gordon McOuat, Jan Sapp은 Gregor Mendel과 Charles Darwin 과학과 글쓰기 스타일 비교에 대한 조언을 하였다. Mark Johnston은 14장의 식물수정 대하여, Marty Leonard는 조류의 한배산란수에 대한 몇몇 측면에 통찰을 주었다. 초판의 교정을 위하여 조용한 장소를 브라이언 홀에게 제공하여 준 서부 오스트레일리아 수비아코의 Clive와 Linda Bedford-Brown에 감사한다. 교과서에서 사용된 사진들의 밑그림을 그려준 Lisa Budney와 Tim Fedak에게 감사한다. Lisa Budney는 유연관계, 계통, 분기도를 나타내는 방법에 대한 통찰을 제공하였다.

다음의 열거하는 분들은 진화생물학 각 분야의 전문가들이거나 진화를 강의하시는 분들로, 시간을 내어서 각 장과 글 상자(이름과 소속 옆의 괄호 안에 표기함)의 초고에 대한 의견을 제시하여 주었다. 이 분들의 통찰과 솔직한 의견에 감사드린다.

Ehab Abouheif, McGill University (13)
Sina Adl, Dalhousie University (8)
Joseph Beilawski, Dalhousie University (11, 12)
Wouter Bleeker, Geological Survey of Canada (4, 5)
Bill Brindley, Utah State University (9–16)
Lisa Budney, Dalhousie University (21–24, 26)
Richard Burian, Virginia Tech (1–3, 25)
Albert Buckelew, Bethany College (21–25)
M. Michael Cohen, Dalhousie University (20)
David Deamer, University of California Santa Cruz (6, 7)
Tamara Franz-Odendaal, Mount Saint Vincent University (13, 17)
Kenneth Gobalet, California State University Bakersfield (17–19)
Dalton Gossett, Louisiana State University, Shreveport (1–4, 19)
Rosemary Grant, Princeton University (23)
Michael Gray, Dalhousie University (8)
Robert Guralnick, University of Colorado, Boulder (16)
Jenna Hellack, University of Central Oklahoma (21–25)
Heather Jamniczky, University of Calgary (18)
Megan Johnson, University of Calgary (18)
Mark Johnston, Dalhousie University (14)
Hollie Knoll, University of Calgary (18)
Shigeru Kuratani, Riken Center for Developmental Biology, Japan (13, 17)
Robert Lee, Dalhousie University (11, 14)
Sally Leys, University of Alberta (Box 16-2)
Ian Mclaren, Dalhousie University (23)
Gordon McOuat, University of Kings College (1–3, 25)
Jeffrey Meldrum, Idaho State University (1–3)
Mary Murnik, Ferris State University (1–3)
Karl Niklas, Cornell University (14)
Glen Northcutt, University of California, San Diego (17)
John Olsen, Rhodes College (5–8)
Wendy Olson, University of Northern Iowa (1–3, 25)
Leslie Orgel, the Salk Institute (6,7)
Louise Page, University of Victoria (16)
Keith Pecor, College of New Jersey (9–16)
David Piper, Atlantic Geological Survey (5)
David Polly, Indiana University, Bloomington (19)
Mark Regan, Griffiths University, Brisbane (11)
Andrew Roger, Dalhousie University (6,7)
Anthony Russell, University of Calgary (18)
Alastair Simpson, Dalhousie University (8)
Shiva Singh, University of Western Ontario (9, 10)
Eric Snively, University of Calgary (18)
George Spagna, Randolph-Macon College (4)
John Stone, McMaster University (Box 23-2)
Matt Vickaryous, University of Calgary (18)
Marvalee Wake, University of California Berkeley (18)
Alan Weiner, University of Washington (6, 7)
Ken Weiss, Pennsylvania State University (21, 22)
Polly Winsor, University of Toronto (11, 12)
Pat Wise, University of Calgary (18)
Nate Young, Stanford University (20)

찾아보기는 모든 저작의 중요한 부분이지만, 교과서에서는 특히 더 할 것이다. 본 교과서의 찾아보기를 준비하여 준 동료는 교과서에서 개발되리라고 의식하지 않았던 주제가 일련의 표제어에서 나타나는 것을 보고서는 놀랐다. 진화의 여러 분야에 활동하는 동료들이 작성한 "테스트 주도(test-driven)" 찾아보기가 있다. 우리는 이들에게 찾아보기에서 찾고자 하는 표제어를 제공하는지와 해당하는 곳에 있는지의 여부에 대한 검증을 부탁하였다. 이러한 가치 있는 과정을 통해 찾아보기의 활용을 증진하는 추가적으로 표제어와 상호 참조가 확보되었다. 찾아보기를 검증하여 Chris Corkett, Mark Johnston, Alan Pinder, Wendy Olson와 Liz Welsh에게 감사를 전한다.

Brian K. Hall
Dalhousie University
Benedikt Hallgrímsson
University of Calgary
October 2007

저자 소개

Brian Hall(왼쪽)과 Benedikt Hallgrimsson(오른쪽). 2006년 6월 런던 노바티스재단(Novartis Foundation)에서 개최된 *땜질하기: 발생의 소진화*(*Tinkering: Microevolution of Development*) 심포지엄에 참석한 후에 찰스 다윈 저택 밖에서 촬영.

오스트레일리아에서 태어나고 교육받은 Brian Hall은 1968년부터 노바스코샤 핼리팩스의 댈하우지대학(Delhousie University) 소속으로 최근에 대학연구교수(University Research Professor)와 조지 S. 캠벨생물학석좌교수(George S. Campbell Professor of Biology)로서 2007년부터 대학명예연구교수(University Research Professor Emeritus)로 일하고 있다. Brian Hall은 1990~1995년 댈하우지 대학 킬램연구교수(Killam Research Professor at Delhousie University), 1996~2001년 과학부킬램교수(Faculty of Science Killam Professor), 2003~2005년 캐나다예술위원회 킬램연구펠로우(Canada Council for the Arts Killam Research Fellow)였다.

Brian Hall은 실험발생학을 교육받은 후, 과거 40년 동안 척추동물 골격발생과 진화의 연구를 수행하였고, 현재 **진화발생생물학**(*Evolutionary Developmental Biology*; *evo–devo*)라고 부르는 새로운 분야로 진화생물학과 발생생물학을 통합하는 데 주된 역할을 하였다. Brian Hall은 1990년 초판으로 출판된 진화발생생물학의 최초 교과서를 집필하였고, 1999년에 2판이 발간되었다(Hall 1999a).

캐나다 왕립학회(Royal Society of Canada) 펠로우와 미국예술과학학술원 외국명예회원(Foreign Honorary Member of American Academy of Arts and Sciences)으로서 Brian Hall은 캐나다의 최고 과학상 중 하나인 Killam Prize in Natural Sciences를 2005년 수상한 것을 비롯하여 연구, 교육, 저술에 대한 많은 상을 받았다.

Benedikt Hallgrimsson은 아이슬란드 레이캬비크에서 태어나 앨버타대학(University of Alberta)과 시카고대학(University of Chicago)에서 공부하였다. 생물인류학자와 진화생물학자로서 Benedikt Hallgrimsson은 형태변이와 변이성의 발생학적 기초와 진화적 의미에 대한 해답을 찾기 위하여 발생유전학과 생물정보학을 형태수량학(morphometrics)과 융합한다. Benedikt Hallgrimsson은 마우스 모델 뿐만 아니라 인간과 영장류도 다루고 있으며, 변이의 진화발생생물학 연구를 위하여 실험적이고 비교학적 접근 모두를 사용한다. Benedikt Hallgrimsson은 진화생물학과 관련 분야들의 종합을 목표로 한 학술잡지인 **진화생물학**(*Evolutionary Biology*)의 편집위원장이다.

Benedikt Hallgrimsson은 캘거리대학(University of Calgary)에서 개체생물학과 해부학을 가르치고 있다. Benedikt Hallgrimsson은 Gold Star Teaching Awards, a Letter of Excellence Lecturer Award, McLeod Distinguished Achievement Award를 수상하였다. 그는 캘거리대학의 "위대한 교수(Great Teachers)" 웹사이트에 올라 있다. 2001년 미국해부학자협회(American Association of Anatomists)로부터 교육 공헌에 대해 Basmajian/Williams and Wilkins Award를 수상하였다.

Hall과 Hallgrimsson 박사는 여러 해 동안 함께 일해 왔다. 본 교과서 전 가장 최근에 완료된 협력으로는 진화생물학에서 기초적이고 중요한 하나의 개념을 강조하는 **변이: 진화의 중심 개념**(*Variation: A Central Concept in Biology*)(2005)이 있다. 이 책의 서문에 Ernst Mayr 박사는 "짧게 말하면, 변이는 도전적인 질문의 끝없는 원천이다"라고 하였다.

생명의 영원한 질문들에 대한 답변

우리 인간은 어디서 왔고, 우리는 무엇이며, 어디로 가고 있는가?

— Paul Gaugin의 가장 유명한 작품이며, 아마 불후의 명작으로 생명의 위대한 질문들에 대한 Gaugin의 관점을 묘사한 *D'où Venons Nous? Que Sommes Nous? Où Allons Nous?*의 번역

생명이 그것의 여러 가지 능력과 함께 최초에 소수의 또는 하나의 형태로 불어 넣어졌다는, 그리고 이 지구가 불변의 중력 법칙에 따라 계속 회전하고 있는 동안에 그렇게 단순한 발단으로부터 가장 아름답고 가장 놀라운 무한한 형태가 되었고, 또 지금도 진화하고 있는 생명에 대한 이 견해에는 장엄함이 있다.

— 1859년 Charles Darwin 저작인 종의 기원(*On the Origin of Species by Means of Natural Selection or the Preservation of Favoured Race in the Struggle for Life*) 마지막 문장

Darwin의 생명체 외부로부터 내부 분리하기는 현대 생물학의 발전에서 완전히 핵심적인 과정이었다. 자연 이해의 추후 과정으로 생명체 내부와 외부의 관계, 생물과 환경 간의 관계를 다시 고려하여야 하는 시기가 왔다.

— 삼중나선: 유전자, 생물, 그리고 환경(*The Triple Helix: Gene, Organism, and Environment*). Richard Lewontin 지음(2000)에서

역자 서문

진화학은 이제 생명과학의 중심 분야일 뿐 아니라 여러 분야와 대화하면서 융합하는 통섭의 핵심 분야가 되었다. 지난 2004년 '계통진화유전체연구회'의 노력으로 진화학 3판 번역본이 출판된 지도 10년의 세월이 지나갔고 그 동안 진화학의 최신내용이 추가된 원저의 번역 필요성이 증대되었다. 그러던 중에 한호연 교수 등의 제안으로 2008년 출판된 Strickberger's Evolution fourth edition을 번역하기로 결정하였다. 원저 제4판은 3판의 저자와 다른 2명의 새로운 저자가 집필하면서 3판의 내용을 유지하면서 일부 내용을 재편집하고 새로운 연구내용들이 추가되어서 적합한 번역 교재라고 판단하였다. 즉, 진화학 3판 번역본의 맥을 잇고 내용을 개정 및 최신화하는 데 가장 적합하였다. 다음 고려사항은 번역진 구성이었는데, 3판에서 번역에 참여한 연구자를 그대로 참여시키되 4판과 3판의 내용이 같은 장들은 그대로 맡기기로 기준을 정하였다. 그런데, 3판의 장들이 4판의 한 장으로 통합되거나 3판의 장이 4판의 여러 장으로 분리되는 경우는 해당 내용에 맞게 번역진을 배분하였다. 이렇게 하여 지난 2011년부터 시작된 번역과정에서 번역진의 교체 등 여러 사정으로 시간이 지연되어 이제야 완성을 보게 되었다.

이 번역서의 목적은 3판과 같이 일반적이며 최신의 진화에 대한 지식과 개념들을 정리하여 생물학 전공 학부생 및 대학원생을 위한 진화학 혹은 진화생물학 전공교재로 제공하는 데 있다. 용어는 가능한 생물학용어집(한국생물과학협회 편, 2001, 아카데미서적)을 따랐다. 한글용어가 없는 경우에는 해당 집필진이 새로 작명하여 원어와 함께 표기하였다. 한글이름이 없는 생물명(화석명 포함) 및 사람 이름과 지명은 원어를 그대로 사용하였다. 또한 길이/거리, 무게, 부피, 온도 단위들도 원어를 사용하였다.

번역진이 초고를 작성한 후 출력한 pdf로 2명의 감수자들과 대표 역자가 1차 검토하여 보내면 번역진이 온라인과 오프라인으로 자신의 원고를 검토한 후에 대표 역자와 출판사 편집실에서 최종검토로 마무리하였다. 번역진이 담당했던 번역분담은 다음과 같다:

원서 서문, 저자 소개, 용어설명: 김창배
1, 2장 : 김원
3, 8, 26장 : 한호연
4, 17장 : 김창배
5장 : 민기식
6, 19장 : 황의욱, 류시현
7, 24장 : 양은찬
9, 10, 21장 : 조수원
11장 : 최세웅
12장 : 김기중
13장 : 김상희
14장 : 서영배
15장 : 부성민
16장 : 장천영
18장 : 이　항, 민미숙
20장 : 김희수
22, 23장 : 김삼규
25장 : 용태순
감수 : 김창배, 류시현, 정부희

번역 3판처럼 가급적 쉬운 문장으로 원문에 충실하게 번역하도록 하였지만, 문맥이나 번역한 영어표현이 어색하면 내용을 가다듬었다. 충실히 작업하도록 노력하였지만 원저가 방대한 분야를 다루고 있어서 원저 3판과 4판의 수정부분 등 역자들이 미처 안배하지 못한 부분이 있을 수 있으니 독자 여러분의 양해를 구한다.

끝으로 귀중한 시간을 내어서 번역에 참여하여 준 번역진에게 감사를 드리며, 첫 문장부터 꼼꼼하게 읽으면서 감수하여 준 류시현, 정부희 박사께 감사의 말을 전한다. 이 번역의 발행을 허락하여 주신 (주)월드사이언스 박선진 사장님, 한용희 부장님과 편집에 열정적으로 수고하신 정창기 편집실장님과 편집실 직원 여러분께 감사드립니다.

2014년 8월
대표 역자 김 창 배

역자 소개

대표 역자 김창배 상명대학교 생명과학과 교수

김기중	고려대학교 생명과학부 교수	서영배	서울대학교 약학대학 교수
김삼규	강원대학교 생물자원과학부 교수	양은찬	한국해양과학기술원 선임연구원
김상희	극지연구소 선임연구원	용태순	연세대학교 의과대학 교수
김 원	서울대학교 생명과학부 교수	이 항	서울대학교 수의과대학 교수
김희수	부산대학교 생명과학과 교수	장천영	대구대학교 생명과학과 교수
류시현	경북대학교 계통진화유전체학연구소 연구교수	조수원	충북대학교 식물의학과 교수
민기식	인하대학교 생명과학과 교수	최세웅	목포대학교 환경교육과 교수
민미숙	서울대학교 수의과대학 연구교수	한호연	연세대학교 생명과학기술학부 교수
부성민	충남대학교 생물과학과 교수	황의욱	경북대학교 생물교육과 교수

■ **감수자**

정부희 고려대학교 한국곤충연구소 연구교수

1부

역사적 배경

과학으로서의 진화

우리의 세계관이 성장하면서 겪는 문화의 영향을 크게 받는다는 것은 새삼스러운 일이 아니다. 문화가 다르면 여러 사건 및 그 관계를 받아들이는 방법이나 그것을 설명하는 방법에 있어 강조하는 바가 달라진다. 그래서 한 문화권에서는 죽음을 인간의 영혼이 다른 생물형태로 재순환하는 것으로 생각하고, 다른 문화에서는 죽음을 각자의 행동에 대한 보상이나 벌이라고 생각하기도 하고 죽음이 인간 존재의 끝이라 생각하기도 한다.

과학적 개념을 자연 사실에 적용할 것인지의 여부나 적용하는 방법에 있어 문화권 사이에 큰 차이를 보이므로, 우리가 생각하는 과학 또한 문화적으로 의존한다고 볼 수 있다. 우리 다수가 과학적 – 합리적이고 쉽게 이해할 수 있는 원리나 법칙에 근거한 분석 – 이라고 생각하는 설명이라 해서 다른 사람들도 모두 똑같이 동의하는 것은 아니며 받아들이는 정도도 다 다르다. 따라서 어떤 사람들은 인간의 행동과 상호작용도 자연 과정으로 설명할 수 있다고 믿더라도 다른 사람들은 신과 같은 창조자가 미리 계획하고 만든 것이라고 믿을 수 있다; 또 다른 사람들은 행성과 항성의 위치, 달의 기울기 같은 신비스런 힘과 특성에 의해 자연현상들이 결정된다고 믿는다.

일반적으로 서유럽의 문화에서는 생명 그 자체, 특히 인간의 생명보다는 무생물의 현상을 과학적인 분석에 더 쉽게 수용할 수 있었다. 예를 들어 물리학과 화학이 19세기에 이미 과학으로 자리를 잡은 반면, 생물학 특히 진화현상들은 심지어 오늘날까지 여러 종교 집단의 생기론적 해석 대상이 되고 있다.

철학적 비판 중 하나는 진화적 설명(가설)이 물리학이나 화학의 가설과 동일한 방법으로 증명되거나, 지지될 수 없다는 것이다. 이러한 주장은 이 연구가 다루는 사건들이 과거에 일어났고 대부분 실험실에서 반복할 수 없기 때문에 진화생물학이 결코 물리학이나 화학과 동일한 수준에 이를 수 없다는 데서 생기는 것이다. 일부 비판은 고생물학이나 지질학, 천문학까지 확대되기도 하는데 이 3분야 모두 과거를 다루고 실험실 내에서 반복하기에는 규모가 너무나 큰 사건들을 다루기 때문이다. 또한 진화학에 대한 일부 반대는 진화를 증명하기 위해 디자인된 여러 연구들이 과학적 방법을 사용해 적절히 평가받지 못하기 때문이기도 하다[1].

이는 과학적 가설의 수용 또는 거부가 일반적으로 가설과 관련된 사건들이 가설을 거부하는가 그렇지 않은가에 기초하고 있다는 것이다. 부정(Karl Popper에 따르면 "그릇됨이 증명됨")될 수 없도록 만들어진 것은 과학적이라고 할 수 없다[2]. 따라서 눈으로 볼 수 없는 천사가 생물의 탄생과 죽음을 결정짓는다는 개념 혹은 신이 우주를 창조했다는 개념은 과학적이 아니다. 왜냐하면 그러한 개념과 모순되는 것처럼 보이는 사건들도 항상 재해석되어 개념을 지지하게 될 수도 있기 때문이다. 일부 사람들은 진화개념은 역사 속에서 생긴 것이므로 가설을 지지하기 위해 알려지지 않은 과거 사건을 다시 불러올 수 없기 때문에 이 개념들은 부정이 불가능하고 따라서 비과학적이라고 주장한다.

그러나 과거의 역사적 사건도, 설명과 관찰의 일치성을 보여주는 다른 "과학적" 사건들과 마찬가지로 합리적인 설명이 가능하다. 먼 과거에서 현재까지 변해 온 호미니드 화석들(영

[1] Pickstone (2001)의 "**알기 위한 방법**"은 과학, 기술, 의학의 과학적 방법의 발달, 즉 Roy Porter가 "현재 우리가 갖고 있는 가장 흥미로운 종합"이라고 묘사한 분석 속 비평에 대한 일관된 논쟁을 담고 있다.

[2] 수많은 과학철학자들은 단순한 반증만으로 항상 비과학적인 것과 과학적인 것을 확실히 식별할 수는 없다고 지적한다. 한 예로서: 만일 우리가 Popper의 정의를 그대로 사용한다면, Newton의 역제곱법칙도 잘못을 증명할 수 없기 때문에 비과학적인 것이 된다.

장류와 유사한)은 인간이 영장류에서 기원했다는 가설을 지지한다(20장). 또한 미오글로빈과 헤모글로빈의 아미노산 서열의 일치는 그들 사이의 진화적 관계를 지지한다(12장). 예를 들어 "centaurs"나 "gargoyles" 같은 말이나 새처럼 생긴 호미니드 조상 화석이 발견된다면 혹은 미오글로빈과 헤모글로빈의 아미노산 서열에 유사성이 없다는 새로운 발견이 이루어진다면, 이 가설들은 부정될 수 있으므로 실험실 내에서의 반복에 대한 요구 없이도 이들은 과학의 표시를 단 가설이 될 수 있다. 따라서 천문학, 지질학, 고생물학, 진화학처럼 과거를 다루는 "역사"과학도 관찰을 사용하여 가설을 거부하거나 지지할 수 있다.

과거에 대한 과학은 물리학이나 화학에서처럼 일반 법칙을 발견하기보다는 **과거 사건의 특정 순서를 알아 내는 것**을 강조한다. Steven J. Gould(1941–2002)는 이를 **우발사건과 역사적 제한**이라는 주석을 달아 강조했는데, 그것은 과거의 사건들이 현재와 미래의 변화를 좌우한다는 것이다. 예를 들어, 우리는 과거 과학의 주제로 우리의 태양계, 아프리카로부터 남아메리카가 분리된 사실, 인간의 기원으로 이어지는 사건들을 들 수 있다; 그리고 이러한 사건들의 다수는 단 한번만 일어나며 모든 별, 모든 대륙의 분리, 모든 종의 진화에 적용되지는 않는다. 따라서 과거 과학도 중력, 역학, 생화학 같은 일반 법칙을 사용하기는 하지만 그 목적은 다양성과 유일성의 원인, 그리고 **모든 물질과 모든 생명체에 균일하게 적용하는 원리와 법칙**을 발견하는 것이다. 실제로 변이, 돌연변이, 환경변화처럼 모든 생명체에 영향을 주는 과정을 추정하고, 과거 역사의 역할을 설명하는 능력이야말로 진화의 역동적인 학제간 연구의 핵심이며, 또한 진화를 견고하고 검증 가능한 연구 분야로 만드는 것이다.

진화의 과거 역사가 주는 영향력은 우리가 생각하는 것보다 훨씬 더 크다. 실험적으로 증명할 수도 있는데, 한 예로, 복제된 노랑초파리 집단들을 공통 조상들이 처했던 환경에 놓고 50세대를 번식시키는 경우를 들 수 있다. 이 집단들은 모두 조상의 상태로 역진화를 하지만 모두가 동일한 상태로 돌아가지는 않는다. 변화는 과거 진화의 역사(우발사건)에 따라 다르며, 서로 다른 속도로 진화하는, 즉 모자이크 진화를 하는 수많은 형질들 가운데 어느 형질을 분석할 것인지에 따라 다르다(Teotonio와 Rose, 2000). 이 흥미로운 실험은 우리가 "과거 진화역사의 영향"을 — 어떤 특성은 다른 특성에 비해 더 많은 과거 역사를 지니고 있으므로 — 형질 하나하나에 대해 분리하여 평가해야 한다는 것을 보여 준다.

예를 들면, 여러 수소원자의 특성은 일반적인 물리적 사실을 가지고 설명할 수 있지만, 여러 생물의 특성 — 생물을 구성하는 부분들의 체제나 기능 — 은 그 한 생물의 역사로만 설명이 가능하다. "모든 물리시스템에서 같은 의미로 사용되는" 온도(혹은 엔트로피)라는 특성과 "같은 방법으로 측정을 하나 생물마다 질적으로 다를 수밖에 없는" 적응도 같은 생물학적 특성 사이에는 분명한 차이가 있다(Fisher, 1958). 그러나 역사적 상황이 반복될 때 그리고 여러 다른 생물이 유사한 진화적 선택압에 놓일 때는 공통적인 결과를 예측할 수 있다. 예를 들어, 지리적으로 멀리 떨어져 있던 물고기 집단과 종들일지라도 동굴에 적응하면 항상 일관되게 흔적적인 눈, 화학수용기의 발달, 색소의 손실 같은 공통된 특징을 보인다[3].

진화생물학의 역사를 다루는 좋은 방법은 "어떤 일이 일어났는가?" "누가 주된 역할을 했는가" 그리고 "왜 이렇게 되었는가?"를 묻는 것이다. 역사, 문화, 사회적 관점에서 이러한 질문들에 대한 답을 찾기 위해 1장에서 3장까지는 진화의 증거에 대한 논의, 현재도 지속되고 있는 과정으로서의 진화에 대한 분석, 그리고 하나의 과정으로서의 진화를 일으키는 기작에 대한 논의를 위한 기초를 제공한다.

[3] 동굴 속 물고기의 감각계에 대한 연구는 Jeffery et al. (2000), Yamamoto et al. (2003), Franz-Odendaal과 Hall(2006)을 참조.

1 Darwin 이전 시대

■ 요약

많은 지식인들에 의해 지구가 매우 오래되었음을 전제로 한 현대 진화론이 탄생했고, 이 이론은 생물 그룹들 사이에 공통적인 유전형질이 있으며 발견 가능한 자연법칙을 사용해 자연 현상을 설명할 수 있다는 것이다. 그러나 이러한 노력들이 모아져 진화개념으로 탄생하기까지 매우 오랜 시간이 걸렸다.

모든 자연현상은 우리가 볼 수 없는 이상적 세계의 불완전한 표현이라는 Plato의 자연주의적 개념은 오랫동안 서구유럽사회를 지배했다. Plato에 이어 Aristotle는 종이 불변일 뿐 아니라 가장 불완전한 것에서부터 가장 완전한 것까지 수직적 단계가 있다고 주장했으며, 이 개념은 여러 세기에 걸쳐 존재의 대사슬이라는 개념으로 다듬어졌다. 본질의 세계는 완벽하고 모든 변화는 환상이라는 이러한 철학은 진화 개념의 발전을 크게 저해했다. 이러한 불변의 질서 때문에 Leibniz 같은 철학자가 우주는 불완전하며 단지 완전으로 가는 중이고 그 과정에서 많은 중간 단계들을 거쳐야 한다는 설을 제시할 때까지 자연사슬 내의 틈들은 그저 설명이 불가능한 것으로 남아 있었다.

17, 18세기에는 생물에 대한 새로운 시각과 도전적인 탐구로 인해 자연사슬 내의 생물 분류에 대한 관심이 크게 증가했다. Linnaeus는 종을 기본단위로 하여 더 큰 분류군으로 체계를 만들어 나가는 방식으로 계통분류학에 큰 변혁을 일으켰다. 자연학자 Buffon은 종은 분류군의 하나일 뿐 아니라 교배가 가능한 자연적인 유일한 분류군이라고 까지 했으며 종은 실재하지만 정적인 단위라고 생각했다. Lamarck는 종은 인위적인 것이지 "실재"하는 존재가 아니어서 종들 사이에는 중간 단계가 존재할 수밖에 없다고 생각하였다. 따라서 종에 대한 Lamarck의 견해는 Darwin과 아주 다른 것이었다. 만일 Lamarck의 말대로 종이 인위적인 것이라면 종은 절대 멸종될 수 없고 대신 다른 "종"으로 진화를

해야만 한다.

생물이 자연발생에 의해 무생물에서 생긴다거나 발생하면서 변하는 것이 아니라 조상의 몸속에 "미리 형성되어 있다"는 생각은 진화론의 발달을 저해했다. 19세기에 이르러 자연발생설은 드디어 거부되었고, 생물은 미분화된 조직에서 분화과정을 통해 후천적으로 발생한다는 생각이 확고해졌다. 생물학적 현상을 합리적으로 설명하게 된 것이다.

생물 화석기록들은 생물들 사이의 유연관계를 알고 싶어 하는 사람들에게 풍족한 자료를 제공해 주었다. (1) 알려지지 않은 생물의 화석, 즉 (2) 그 장소에 살고 있는 생물과 비슷하지만 같지는 않은 생물의 화석이 발견되고, (3) 일부 화석들이 예상치 못한 곳에서 발견되면서 지구와 그 위에서 사는 생물들이 매우 긴 세월동안 변화를 통해 이어져 왔음을 보여 주었다. 그러나 이것은 생명의 역사가 짧다는 유대교적 관점과 갈등을 빚었고, 이들은 화석 자료가 노아의 홍수나 "자연의 농담" 같은 성서적 대재앙과 시기가 일치하는 것으로 해석을 하였다. 지질학자들은 지구가 오래되었고 자연의 힘에 의해 지표면이 형성되었다고 가정해야만 화석에 대한 설명이 가능하며, 지구 표면의 변화로 인해 그 위에 사는 생물이 변화하고, 이러한 변화가 화석에 반영되어 나타나는 것이라고 주장하였다. Darwin과 동시대에 살았던 Lyell은 예측할 수 없는 대재앙이나 기적이 지구의 지질학적 구조에 영향을 주었다는 생각을 반박하고 현재와 동일한 지질학적 힘이 과거에도 작용했다는 균일론을 발전시켰다. 이러한 일련의 과정들을 거치면서 세상은 점차 이해가능하고 합리적인 것으로 변모하였다.

생물학적 진화론은 시간이 흐르면서 생물 집단 내에 유전적 변화가 일어나고, 그로 인해 생물들 사이의 차이가 생기게 된다는 내용을 골자로 한다. 단지 한 세대만 존재한다면 **개체는 진화하지 않을 것이다.** 그러나 실제로는 각 세대 속의 개체들이 **자연선택**(natural selection)에 반응한다.[1] 그리고 세대에서 세대로 전달되는 한 집단 내 개체들이 지닌 유전자(**유전자형**, genotype) 및 계속되는 세대 속 개체들의 특성(**표현형**, phenotype)이 변화를 한다. 그렇게 선택에 대한 표현형의 반응 중, 유전이 될 수 있는 것이 세대를 이어 축적되면서 진화에 이르게 된다: 즉 Darwin의 변화를 지닌 자손이 생기는 것이다(**글상자 1-1**).

우리가 **생명의 계통수**에 어떻게 이름을 붙이고, 분류하고, 배열하더라도 모든 생물들은 다음 네 가지의 본질에 의해 함께 묶이게 된다.

1. 그들은 공통의 유전 형질을 공유한다.
2. 그들의 과거는 유전된 변화가 축적되기에 충분할 만큼 길다.
3. 생물에서 발견되는 분류학적 유연관계는 진화의 결과이다.
4. 발견이 가능한 생물학적 과정들이 생물이 어떻게 탄생하고, 시간을 거치면서 진화과정에 의해 어떻게 변화되었는가를 설명해 준다.

이것은 인류 역사 내내 연구되고 논의되어 왔지만, Darwin이 19세기 중반에 자신의 생물진화 이론을 정립하고 출판한 이후에서야 비로소 이전의 설명들을 대체할 과학적 (자연적) 사실이 되었다. 많은 사람들이 Darwin이 제안한 **자연선택**(natural selection)은 진화에서 별로 중요하지 않은 것으로 생각했으나, 시간이 흐르면서 생물이 변화할 수 있다는 사실은 세상을 보는 우리의 방법과 자연 현상을 설명하는 방법에 있어 엄청난 변화를 일으켰다. 우리 주위의 세계를 이해하고자 했던 초기의 노력들을 살펴보면서 우리의 탐험을 시작해보자.

[1] **선택**은 유전자형의 생식적 성공에 영향을 주는 생존과 생식력 기작을 합한 것이다(22장 참조).

이상주의, 종과 종개념

세상을 합리적인 방식으로 이해하려는 시도는 기원전 5세기경 그리스에서 시작되었고, 이는 사고와 논리의 방법으로 알려져 있다.

Plato(428~348 B.C.)은 서구사회의 사고에 엄청난 영향을 주었던 Aristotle(384~322 B.C.)과 함께 이상은 진리이고 변하지 않으며 관찰 가능한 세계, 즉 우리의 경험은 "이상"의 이면에 있는 실체 없는 그림자같은 반영일 뿐이라고 했다. Plato에 의하면 원래 모든 것은 현대 **이상주의**(idealism) 철학과 마찬가지로 불멸의 이상적인 형태로 존재하였다. Plato와 그 계승자들은 이상적 일반화만이 진실이고 다른 것은 모두 그림자같은 환영일 뿐이라고 생각했다. Plato의 유명한 동굴의 우화(공화국의 대화에 나오는)에서는 철학이 없는 인간을 동굴에 갇힌 죄수로 묘사했는데, 이들은 자신의 흔들리고 일그러진 그림자가 비쳐진 벽을 보고 있으며, 그들 뒤에 있는 물체는 직접 볼 수가 없다. 쇠사슬 때문에 빛이 있는 쪽으로 고개를 돌리지도 못한다. 그 결과 그들은 일그러진 그림자로 나타난 잘못된 상을 실재인 것처럼 관찰하지만, 실제의 변하지 않는 모습이나 물체야 말로 진리의 "본질(essence)"

글상자 1-1 진화: 용어와 개념의 개요

"진화. 발달(생명체, 디자인, 논쟁 등의); 진화의 설(배는 수정에 의해 만들어지는 것이 아니라, 이전에 이미 존재하는 어떤 형태로부터 발달한다는); 가장 초기의 형태에서 발달에 의해 종들이 생겨남"(*Concise Oxford Dictionary*, 5th ed., 1969).

■ 단어로서의 진화

위의 정의에서 볼 수 있듯이, **진화**라는 단어는 여러 의미를 가지며, 진화의 개념도 인간 활동에 넓은 범위에 걸쳐 다양하게 적용된다; 논쟁의 진화; 컴퓨터의 진화; 심장 판막의 진화; 진화 의학 등.

첫 번째 정의 — 생명체의 발달로서의 진화 — 는 17세기에 처음 만들어졌던 원래의 정의로서(진화, 라틴어 evolutio, 풀어짐) 이미 만들어져 있는 몸설계를 하나씩 펼쳐 배의 각 부분과 기관이 드러난다는 것이었다. 한 예로 쐐기벌레가 펼쳐져 나비가 되는 것을 들 수 있다. 19세기에 이르러서야 진화는 한 종의 변화 또는 생명체의 특성의 변화를 뜻하게 되었다[a]

발달로서의 진화는 스위스 식물학자이자, 생리학자, 변호사, 시인인 Albrecht von Haller(1708~1777)까지 추적해 볼 수 있는데, 그는 1774년에 알 속의 개체에 대한 발달을 기재하는 데 진화를 사용했다:

> 그러다가 Swammerdam과 Malpighi가 제안한 진화설은 세계 곳곳으로 퍼졌다. ... 이들 대부분은 사실상 알 속에 모든 것, 완전한 작은 인간 기계가 들어 있다고 가르쳤다... 그리고 많은 사람들이 인간의 몸은 이브의 난소에서 완전히 형성되어 접혀진 상태로 창조되었고 제 형태와 크기가 될 때 까지 영양 체액에 의해 점차 확장되어 자란다고 하였다(Haller, 1774, Adelmann, 1966, pp. 893–894에서 인용).

또 다른 스위스 변호사 Charles Bonnet(1720~1793)은 그의 포장설(용기설, emboitment)에서 전성설로서의 진화를 더 한층 굳건히 했다. 그는 미래 세대의 모든 구성원들이 알 속에서 미리 만들어 진다고 썼다; 식물 씨 속의 떡잎; 번데기 속의 곤충 성체; 단성생식하는 암컷 몸속에 들어 있는 미래의 진딧물, 등등.[b]

[a] 진화와 발생에 대한 주요 개념의 평가에 대해서는 Hall과 Olson(2003)의 에세이를 참조.

Darwin이 **종의 기원에 관하여**[c] 발표하기 9년 전에도 진화는 여전히 개체의 발달에 대한 용어로 사용되고 있었다. 다음은 1851년의 캠브리지대학교 시험 문제로서 종이 진화하지 않는다라고 추정하는 질문이다: 종이 자연 변형을 통해 자연발생한다는 설을 반박하는 화석 증거들을 개관하라"(Hall, 1999a에서 인용). 진화설을 세대를 거치면서 변이를 갖게 되는 자손이라 제안한 Darwin조차도 진화라는 단어를 그의 책의 마지막 단어로 한번 사용했을 뿐이다.

> 원래 생명은 창조주가 여러 능력을 사용하여 소수 또는 하나의 형태로 숨을 불어 넣은 것이라는 견해에는 장대한 설계가 들어 있다; 그리고 지구가 중력의 고정된 법칙에 따라 도는 동안, 대단히 단순하게 시작한 존재는 가장 아름답고 가장 훌륭한 존재로 끝없이 **진화**된다.

Darwin은 진화라는 단어에 대해 두 가지 관심이 있었던 것 같다. 하나는 진화를 어떤 미리 정해진 계획에 따라 하나씩 펼쳐진다는, 발달로서의 의미로 확고히 하는 것이었다. 또 하나는 자신이 진화를 **발전**(progress)이라는 개념으로 전파시키는 것처럼 비춰지고 싶지 않다는 것이었고 이는 훨씬 더 어려운 문제였다(2장과 글상자 19–1 참조).

■ 과정으로서의 진화의 개념

놀라운 일도 아니지만, 제시된 증거로 볼 때 종의 변형과 지질학적 시간을 통한 점진적인 변화에 진화라는 용어를 사용한 첫 번째 사람들은 지질학자들이었다 .

스펀지에 해면동물이라는 이름을 붙인 Robert Grant(1793~1874)는 1826년에 무척추동물 그룹들의 점진적인 기원에 대해 진화라는 용어를 사용했고 Charles Lyell은 1832년에 수생생물의 육상생물로의 변형과 관련된 점진적인 변화에 대해 진화라는 용어를 사용했다: "처음

[b] 여기에 소개된 많은 주제들(포장설, 전성설, 변형, 집단유전학)과 사람들(Bonnet, Darwin, Lyell)은 본문에서 더 자세하게 논의된다.

[c] Darwin의 책은 원래 제목이 "자연선택에 의한 「종의 기원」 또는 생존을 위한 투쟁에서 우세한 종족의 보존에 관하여"이다. 이 제목을 적절히 줄이려면 어떤 것이 좋을까? 어떤 사람들은 '종의 기원에 관하여', 또 어떤 사람들은 '기원에 관하여', 혹은 '기원'이라 한다. 이 책에서는 Darwin학파 및 역사가들이 선호했던 '종의 기원에 관하여'나 '기원'을 사용하였다.

이거나 "형태(forms)"이다. 어떤 변화도 부조화를 야기하고, 그래서 불멸의 이상적 상태를 파괴하게 된다.

인간사회에 대한 Plato의 목표는 이상적인 완벽함을 이해하고, 이를 위하여 노력하기 위한 경험을 분석하는 것이다. Plato의 저술은 그의 믿음에 기초한 목표를 가지고 있으며, 그의 믿음은 모든 것이 아름다움, 진실, 정의로 모아져야 하고 모든 사람이 그러한 목표들을 얻을 수 있는 사회를 만들어야 한다는 것이다. 천체의 운동을 설명하기 위한 "완전한 원"의 개념(**그림 1–1**), 6(1 + 2 + 3)이나 10(1 + 2 + 3 + 4)과 같은 완전한 수", 모든 물질이 환원되는 네 가지 "요소"(흙, 물, 불, 공기)들은 그러한 완전성에 대한 연구 결과 중 하나였다.[2]

[2] 이 주제는 매우 다양하게 변형되었다. Empedoceles(490–430 B.C.)는 4 요소에 **사랑**(요소들을 결합시키는 것)과 **증오**(요소를 분리시키는 것)를 더 첨가했고, Aristotle을 비롯한 여러 사람들은 또 다른 요소인 "기(quintessence)"를 천체의

에 대양 유각류가 존재했고 그중 일부가 점진적 진화에 의하여 육상에서 살 수 있게 발전되었다". 하지만 Grant와 Lyell 모두 진화를 발달하는 동안의 변화라는 의미로서 사용한 것이라고 주장할 수도 있다. 그러나 공학자이자, 언론인, 작가였던 Herbert Spencer(1820~1903)는 그렇지 않았는데, 우리는 보통 그를 '생존을 위한 투쟁'이란 용어의 기원 및 사회적다윈주의(진화설을 사회에 적용)와 연관을 짓는다. 그는 1852년에 진화를 **보다 더 복잡한 상태로의 발전**이라는 의미로 사용했는데 이것은 Lyell, Spencer, 아마도 Thomas Huxley가 생각했던 것처럼 진화가 발전인지 아닌지에 대한 150년에 이르는 긴 논쟁을 예고하는 것이었다(Ruse, 1996; Shanahan, 2004). Julian Huxley는 1947년에 생물학 역사상 가장 분명한 표현을 썼으며 아마 Darwin도 이에 반대하지 않았을 것이다: "생물학적 발전은 인간을 제외한 자연적 사실로서 존재한다. 그리고 ... 기본적으로 세 가지 요소로 구성된다. — 환경에 대한 조절능력의 증가, 환경에 대한 독립능력의 증가, 같은 진행 방향으로의 진화를 더 지속시키는 능력."

비록 자연선택을 진화의 가장 중요한 기작으로 인정하지 않은 이들도 많았지만, 대부분의 자연학자/생물학자들은 진화가 진행되고 있다는 데는 동의했다. 1859년 **종의 기원에 관하여**가 출간된 후부터 1900년까지, 진화에 대한 연구 주제는 다음과 같았다.

- **종의 기원과 변형**(말 한 종 → 말의 다른 종);
- **생물의 주요그룹/계보의 변형과 조상의 탐구**(무척추동물 → 척추동물; 물고기 → 사지류); 그리고
- **생물 계보 내에서** 턱, 사지, 콩팥, 신경계 등의 **형질 변형**.

1900년에 Mendel의 실험이 재발견되고 멘델 유전학이 발달하면서 진화에 대한 새로운 접근이 일어났다. 유전학자들은 순수 혈통을 가진 생물, 실험실에서 사육하는 동물 및 온실 재배 식물, 자연 상태에서는 살기 어려운 스트레인이나 변종식물 등을 사용해 연구를 시작했다. 돌연변이의 발견으로 도약에 의한 대규모의 진화를 생각하게 되었는데, 이는 대부분 그 영향이 매우 커서 형태적으로 확연히 드러나고 쉽게 인식할 수 있으며 계량화할 수 있었기 때문이다. 이로 인해 유전학자들은 다윈주의자에 맞서 대항하게 되었고, 이들 중 많은 사람들은 반-다윈주의자로 알려졌다. 1908년, 자연선택 아래서 집단들의 유전자빈도를 계산하는 하디-바인베르크 법칙(21장 참조)이 나오기 전까지, 그리고 1918년 Fisher가 "멘델 유전의 가설에 기초한 친척들 사이의 상호관계"(22장 참조)라는 논문을 발표하기 전까지는 아직 멘델주의와 다윈주의가 조화될 수 있는 여지가 남아 있었다. 1930년대에는 집단유전학이 크게 발달했고 종분화를 한 계보 내의 유전적 변화의 결과로 보게 되었으며, 이는 유전자빈도의 변화를 반영하는 것으로 생각되었다(22장). 1940년대에는 집단유전학, 계통분류학, 적응하면서 일어나는 변화가 모두 합해져 진화의 **현대종합설**(Modern Synthesis of Evolution)로 또는 **신다윈주의**(neo-Darwinism)로 알려진 이론이 되었다.

의견을 달리 하는 사람들도 있지만, 집단유전학이 완전한 진화이론을 제공하지는 못한다. 이제 진화는 적어도 세 가지 단계를 통해 생물에 **계층적**(hierarchical)으로 작용하는 것으로 생각된다:

- 유전자 단계, 대립유전자의 치환, 유전자 조절의 변화, 유전자 그물망의 변화로 나타남,
- 개체 단계, 개체의 변이, 적응을 통한 생존율의 차이, 새로운 구조, 기능, 그리고/또는 행동의 진화로 나타남.
- 생물 집단의 변화, 집단 사이의 유전자 이동의 감소, 뒤이은 종의 기원, 방산, 적응으로 나타남(글상자 11-1, 계층 참조).

자연선택은 특정한 특성을 가진 개체들의 생존율이 서로 다르기 때문에 작용이 가능하다. 선택에 대한 반응은 게놈 정보 즉, 돌연변이를 통해 변할 수 있는 정보 속에 들어 있다.

진화가 유전자, 개체, 집단 수준에 모두 작용하기 때문에 그 정의도 이상적으로는 3단계를 모두 반영할 수 있어야 한다. 여러 면을 고려할 때, **변화를 지닌 자손**이라는 Darwin의 개념은 (생물학적) 지금까지 진화에 대한 가장 포괄적인 정의가 되고 있다. 진화는 변화를 전달하는 것으로 이것은 유전자, 개체, 집단 수준의 진화적 변화를 모두 포함한다. 진화에 관한 생각들이 어떻게 생겨났고 변해 왔는지, 그리고 진화가 어떻게 세 가지 다른 수준 즉, 유전자, 개체, 집단 수준에 작용하는지에 대한 내용이 이 책의 주요 주제이다. 완벽한 진화의 그림을 그리려면 세 가지 수준의 이해와 통합이 필요하다는 것이 **이 책의 주요 주제**라고 말할 수도 있을 것이다.

이상주의는 대개 경험을 이용해 개념을 추상화시키는 데서 비롯된다. 예를 들어, 우리는 특정한 크기와 머리 모양과 발톱, 꼬리, 털 등을 가진 동물이라고 생각하기보다는 그냥 모든 고양이들을 포괄하는 "고양이"를 떠올린다. 그러한 추상화로 우리는 경험을 일반화하고 고양이와 호랑이를 구별하고, 고양이를 애완동물로 키우며, 고양이를 호랑이로부터 격리시키고, 이러한 일반적인 개념이나 보편적 실재를 상징적인 언어를 통해 다른 사람들과 대화할 때 사용한다. 그러나 이러한 장점에도 불구하고 일반화는 항상 신뢰할 수 있는 것은 아닌데, 그것은 우리의 경험이 이러한 일반화를 수정시킬 수도 있기 때문이다. 예를 들어, 모든 고양이와 모든 호랑이가 다 똑같지 않다는 것이다. **자연학자들**(natural

구성요소에 포함시켰다. 독일 자연철학자 중 하나인 Oken(1779~1851)은 신비스런 숫자를 논하면서 수학적으로 가장 완전한 수는 0이며, 따라서 사물의 "기본 개념(primal idea)"이나 신은 0이어야 한다고 주장했다.

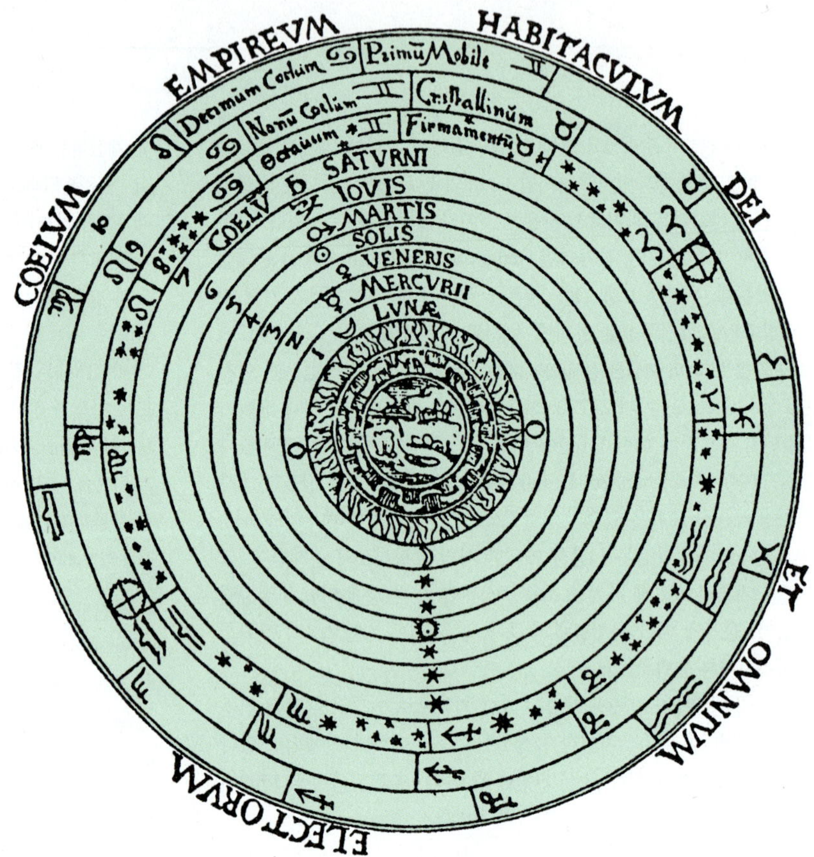

그림 1-1 중세시대 에이피안(Apian)의 Cosmographia(1539년 Antwerp에서 출판됨)는 우주를 이루는 10개의 구의 개념으로 중앙에 지구와 지구를 구성하는 네 가지 요소(흙, 공기, 불, 물)가 있다. 지구를 둘러싸고 있는 것은 투명한 크리스탈로 된 구이며 달, 수성, 금성, 태양, 화성, 목성, 토성, 항성이 순서대로 배열되어 있고, 이 구는 별들과 전체 우주의 움직임과 연관이 된다. 이 구의 밖은 천국이다(신과 구원받은 사람들이 사는 제국과 거주지).

scientists)[3]의 딜레마는 항상 한 그룹 내 구성원들 사이에 차이가 있다는 것과 그룹 자체의 실체가 없다는 것이다. 이상주의는 실제로 이 두 가지 면을 해결하지 못했다. 어떤 일반화를 만들어 내더라도 곧바로 이것으로 설명할 수 없는, 그래서 원래의 개념을 다시 변화시킬 수밖에 없는 새로운 사실이 등장하는 것이다.

경험은 지속적인 변화를 요구하고 일반화는 고정불변의 것을 변화시킨다. Heraclitus를 제외하고, 변화를 철학에 접목시키고자 한 그리스 철학자들은 별로 없었다. 그의 철학은 분명히 그러한 평형을 깨뜨렸다. 그는 모든 것이 불로 만들어졌고 그래서 모든 것은 계속 움직이고 변한다는 것이다. 우리가 금세 알 수 있듯이 "우리는 같은 강에 두 번 발을 넣을 수 없다"와 "변화를 제외하고 영원한 것은 아무것도 없다"라는 격언이 바로 그의 철학의 핵심이다. 그러나 생물학은 곧 변화다 — 결과가 정반대로 나타난 경우일지라도. 일정한 체온을 유지한다는 것도 초당, 분당에서 보면 엄청난 양의 변화를 내포하고 있다; 생리적 안정성(항상성)을 유지한다는 것은 곧 변화의 바람 속에서 일정함을 유지하기 위한 모든 것이다.

Plato는 기능이 구조를 결정한다고 믿었기 때문에 구조의 형태도 기능으로부터 유추할 수 있는 것이었다. 그래서 그는 우주의 형태는 천상의 창조자에 의해 만들어진 매우 훌륭하게 조화된 기능에서 기원한다고 믿었다. 생물학(여러 과학 분야들 중에서)의 창시자로 생각되는 Aristotle은 이러한 개념을 개체의 발생[4]에 접속시켜 발생의 마지막 단계, 즉 성체의 형태가 미성숙한 형태에서 변화를 거쳐 만들어진다고 주장했고, 이는 성체가 배(embryo)의 "궁극의 목적(telos)" 즉 최종 목표를 의미하기 때문에 목적론적(teleological)이라고 불리게 되었다.

이후의 많은 학자들은 **목적론**(teleology)을 Plato의 신비 과정과 결합하였는데, Plato 과정이란 우리가 알 수 없는 어떤 것이 초

[3] 우리는 *natural scientist*와 *natural historian*이란 용어를 20세기 이전의 연구자들을 언급할 때 사용한다. *scientist*라는 용어는 1830년에 도입되었다. *biology*라는 용어는 1800년에 처음 사용되었는데, Lamarck와 독일의 자연학자 Treviranus(1776~1837)가 각기 따로 사용하였다. *biologist*라는 용어는 Whewell(1794~1866)이 19세기에 처음 사용하였으나 20세기에 이를 때까지 널리 사용이 되지 못했다. 각기 동물학, 형태학, 식물학 또는 생리학을 연구하는 연구자들이 있었지만 이 분야들을 각기 지칭하는 세분화된 용어들은 없었다. 현재는 생물학이 너무 세분화, 특수화되었기 때문에 (1) 본 책과 같은 서적의 기능들 중 하나는, 또한 (2) 진화와 발생의 진화발달생물학으로의 통합 ("evo-devo"; Hall, 1999a; Hall and Olson, 2003)이나 (3) 통합생물학에 대한 요구 등이 21세기의 통합생물학을 탄생시키게 되었다. 하지만 이러한 통합은 19세기의 자연과학자들에게는 매우 자연스럽고 당연한 능력이었다.

[4] **발생학**은 20세기 중반까지 발생배의 발달에 대한 연구에 사용하는 용어였다. 20세기 초에는 발생학이 기재적인 부분과 실험적인 부분으로 나뉘어져 때로는 강의가 분리되기도 했다. 1950년 중반에 발생학은 **발달생물학**으로 이름이 바뀌었다.

기 단계에 영향을 주어 다음 단계로 나아가게 만든다는 것이다. 이상은 의식을 가진 창조를 의미하기 때문에 기관이나 개체는 특정한 목적에 맞게 설계되었고, 각 종은 미래의 사용을 예견하여 이상적으로 창조되었다는 것이다. Pliny the Elder(A.D. 23~79)는 이 개념을 사용해 모든 종이 인간을 위해 창조되었다고 주장하였고, 약 200년 후에 Lactantius(A.D. 260~340)는 "왜 신이 동물을 창조할 때 생명 자체를 주기 전에 그 뒤의 모습을 예견하지 못할 것이라 가정해야 하는가?" 라고 질문했다. 종에 대한 이러한 목적론적 해석은 중세에서 Darwin시대까지 유럽을 지배했던 기독교로 인해 더욱 굳어지게 되었다. 유명한 13세기 기독교 목적론자였던 St. Thomas Aquinas는 **신학대전**에서

> 지식이 결핍된 존재들은 지식과 지능을 가진 어떤 존재의 지시에 따르지 않으면 안 되며, 마치 화살이 궁사에 의해 나가는 것처럼 **지적인 어떤 존재가 존재하고 그에 의해 모든 자연적인 것들은 끝을 향해 나아가며** 우리는 그 존재를 신이라 부른다.

5세기가 지난 다음 스웨덴의 분류학자 Linnaeus는 목적론을 과학에 응용하였다.

> 어떤 창조자가 훌륭한 힘과 지혜를 가지고 마치 박물관을 만들듯이 지구를 만들었다면; 그의 작업 중 가장 완벽한 인간이 스스로 혼자 모든 것을 생각할 수 있다면; 인간은 창조주의 업적을 연구할 목적으로 만들어진 것이며 그 속에서 신성한 신의 지혜를 볼 수 있을 것이다(Linnaeus, 1754, *Reflections on the Study of nature*).

■ 존재의 대사슬

종에 대한 이상주의적 개념은 신의 창조나 자연에 대한 설계를 설명하는 데 사용되었다. Plato는 종을 나중에 만들어질 복사품을 위한 최초의 틀로 정의하였다: "신은 이 세상이 지성에 의해서만 이해될 수 있는, 가장 아름다운 존재들로 이루어진 가장 완벽한 것이 되기를 희망하면서 그 안에 자연을 포함하여 눈에 보이는 모든 살아 있는 존재들을 만들었다." Aristotle은 이러한 생각을 형태의 사슬로 확대시켰는데, 여기서 각 형태들은 가장 불완전한 것에서 완전한 곳으로 나아가는 사슬 속에서 하나의 연결부위를 대표하고 있다(**그림 1-2**). 그는 이것을 **자연의 등급**(Scale of Nature)이라고 불렀고, 이 개념은 오랫동안 유럽 역사를 지배하다가 다른 생각들과 결합하여 **자연의 사다리**(Ladder of Nature) 및 **존재의 대사슬**(Great Chain of Being)(Lovejoy, 1936)로 변화되었다.

존재의 대사슬 개념에서는 인간을 사다리의 맨 꼭대기나 그 가까이 놓지 않는다. 인간과 완전한 존재인 신 사이에 수많은 단계들이 있다고 생각했던 많은 사람들은 상대적으로 낮은 위치에 있는 인간에 대해 실망했지만, 더 낮은 단계의 존재들이 있다는 것으로 위로를 받을 수 있었다. 우리가 어떤 사람을 벌레라고 부른다면 매우 모욕적인 언사가 될 것이다. 여러 문제점에도 불구하고 존재의 대사슬이라는 개념은 18세기 내내 굳건히 살아남았다.

독일에서는 이 개념이 Herder(1744~1803)에 의해 더욱 보강되었고 곧 Goethe(1749~1832) 및 자연철학 학파 사람들도 모두 이를 받아들이게 되었으며, 이들은 생물학적 형태의 이상주의

그림 1-2 Aristotle의 자연의 사다리.(Guyenot, E., 1941, *Les Sciences de la Vie: L'Idee d'Evolution*의 기술에서 채택. ALbin Michel, Paris)

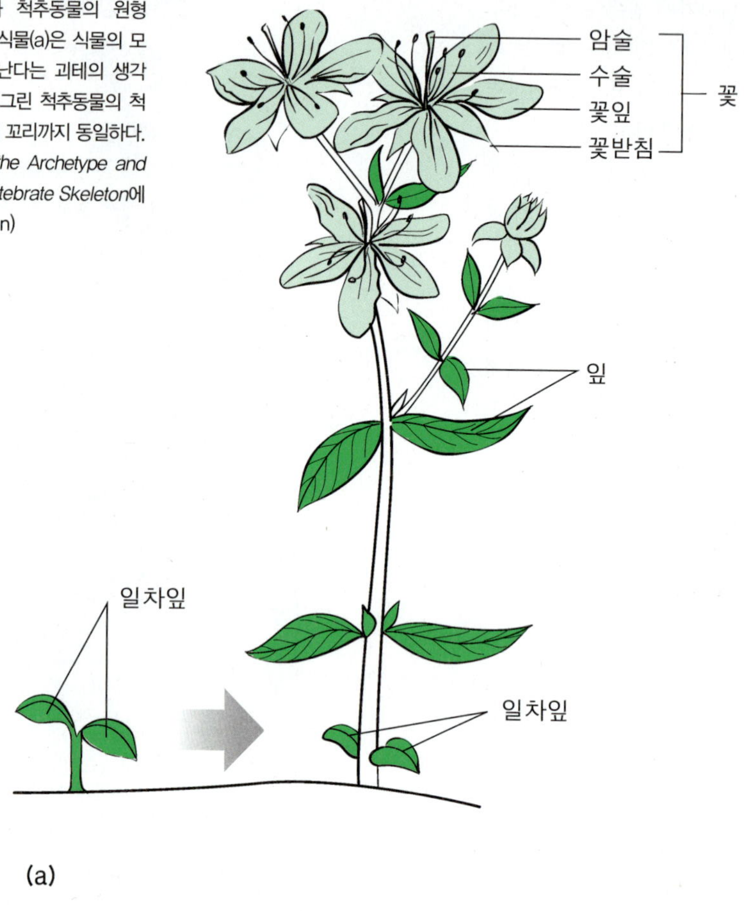

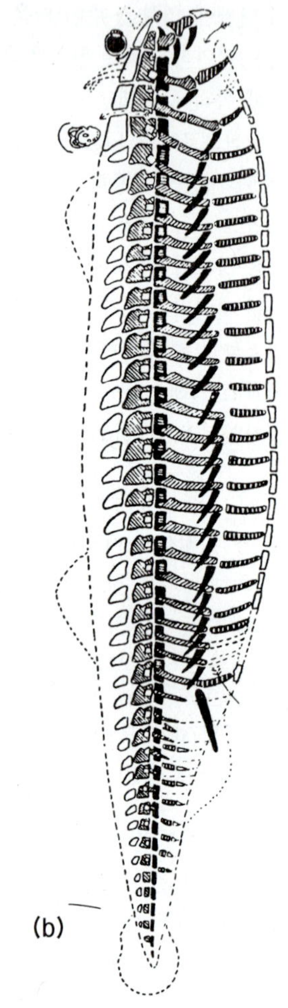

그림 1-3 식물과 척추동물의 원형(archetype). 이상적인 식물(a)은 식물의 모든 부위가 잎에서 생겨난다는 괴테의 생각을 보여 준다. Owen이 그린 척추동물의 척추 체절(b)은 두개골에서 꼬리까지 동일하다. (Owen, R., 1848, *On the Archetype and Homologies of the Vertebrate Skeleton*에서 각색. Voorst, London)

적 개념을 강하게 신봉하고 있었다. Goethe에 따르면 생물을 이루는 각 부분은 **원형**(archetype) 또는 **기본설계**(Bauplan)를 바탕으로 창조된 것이다. 예를 들어 그는 식물의 형태를 "Urpflanze" 즉 원래의 식물을 기본으로 하여 상상하였는데, 이는 원래 잎이라고 하는 한 기본 기관이 있고 거기서 줄기, 뿌리, 꽃 등 여러 다양한 부분이 만들어져 나오는 것이다(**그림 1-3a**). 두개골의 골격도 척추와 갈비뼈로만 되어 있는 동물의 원형 혹은 "원래의 골격"("Urskeleton")에서 척추가 변화된 것이라고 생각했다(**그림 1-3b**).[5]

대부분의 사람들에게 개체들 사이의 정확한 질서에 초점을 맞추는 이 자연의 사다리 개념은 상당히 편안하게 느껴졌고, 그 당시의 사회적 정치적 질서를 지지하고 정당화시켜 줄 수도 있었다. Soame Jenyns(1757)의 표현에 의하면:

> 우주는 마치 크고 관리가 잘되는 집안과 같은데, 그 안에는 많은 관리인들과 노예들, 가축들이 있고 이들은 적절한 관계 속에서 서로를 돕는다; 각자는 각자의 고유한 특권을 누리면서 서로 적절한 관계를 통해 전체의 행복과 성공을 위해 기여한다.

이러한 개념에 대해 논쟁을 벌인 몇 안 되는 사람들 중에서 특히 Voltaire(1694~1778)는 이 세속적인 모델을 날카롭게 비판했다. 그는 살아 있는 종중에서 이러한 틈을 채울 수 있는 것은 없지만, 그래도 그러한 틈은 사실이며 아마도 종의 멸종 때문에 생겼을 것이라고 제안했다. 이점에서 Voltaire는 본질적으로 철학자 Descartes(1596~1650)나 Leibniz(1646~1716)의 생각과 같았다.

완전을 향한 발전

라이프니츠는 종의 진화를 우주가 계속 완전을 향해 발전해 간다는 사실과 연결하여 생각했고, 그래서 그의 철학은 처음부터 완벽하게 창조된 우주가 아니라 완전한 모습으로 변해가는 우주로 생각을 바꾸게 되었다. 종이 완전을 향해 발전해 간다는 것은 Bonnet(1729~1793)같은 생물학자도 언급을 했는데, 그는 "정자"

[5] *Archetype*은 19세기에 오웬에 의해 관심이 대두되었다; 사지의 본질에 관한 그의 논문(재판)은 Amundson(2007)을 참조. Hall(1994)과 Bowler(2003)는 이 주제를 한층 더 깊이 다루었다.

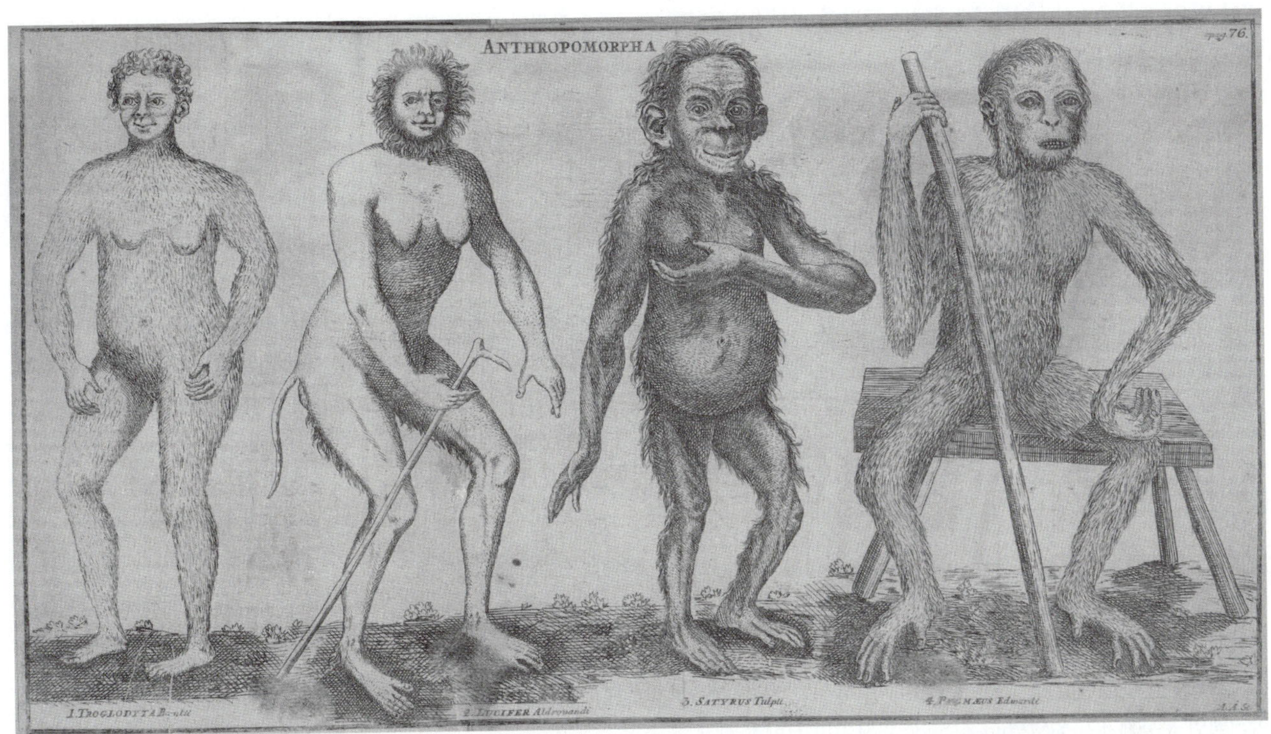

그림 1-4 자연의 사다리 내에서 유인원과 사람 사이의 "없는 연결고리"에 대한 추정 그림. 이 생물들은 각기 이명법에 따른 종명을 갖고 있고 Linnaeus는 이들을 모두 자연의 체계(Systema Naturae)에 넣으려고 시도했다. 이 그림은 Linnaeus의 학생이자 인간과 유인원이 매우 가까운 유연관계를 가진다고 말했던 Hoppius의 작업을 통해 18세기에 다시 재생되었다. 그는 "인간과 유인원 속의 특성 중 얼굴, 귀, 입, 이, 손, 가슴 같은 신체구조나 음식물의 소화, 몸짓이 너무 비슷하고 특히 직립해서 걷는 Anthropomorpha속은 구분을 하기가 어렵다"고 했다. 그러나 사회 전체가 이에 대해 강한 반감을 갖고 비웃었으며 오랑우탄이 인간의 선조라고 주장했던(1770년) DeLisle de Sales는 실형을 선고받았다.(Department of Special Collection of the University Libraries of Notre Dame의 진본에서 복제됨.)

에서 한 개체가 발생하는 것은 전 세대의 종자 속에 미리 유전되어 들어 있던 계획이 쭉 펼쳐지는 것이라고 했으며[6] 발전에 대한 이러한 개념은 목적론적인 골격 — "반드시 필요하고" 어떤 특정 목표지점을 향해 나있는 것 — 에 잘 들어 맞았다.

18세기의 많은 사상적 변화와 함께 진화의 굉음은 계몽주의, 경험주의의 대두, 교황의 권위에 대한 도전 등을 포함한 종교개혁에 뒤이은 큰 사회적 변화로 이어졌다. 14세기부터 상업의 발달과 함께 봉건주의가 점진적으로 쇠퇴하고 상인 계급이 새로운 권력이 되었으며, 그러한 변화는 기술의 빠른 발전과 산업혁명으로 인해 더욱 가속화되었다. 영토를 기반으로 한 기존 구조는 붕괴되고 사회단체나 사람들의 표현도 이러한 변화와 함께 훨씬 유동적이고 유연하게 변화되었다.

옥스퍼드의 역사학자 Roberts는 계몽주의의 본질을 다음과 같이 설명했다. "수천 명의 유럽사람들은 ... 이미 의심의 여지없이 지식이 확산되고 있음을 느꼈다; 정말로 당시의 사회적 흐름 속에서는 새로운 지식이 곧 발전이라는 생각 자체가 '계몽주의'의 또 다른 특징이었다." 그는 마음과 태도를 변화시키는 데 특히 중요한 네 가지 변화를 목격했는데, 모두 진화를 인정하는 데 영향을 주었다.

- 과학에 대한 새로운 강조와 격려 그리고 자연세계에 대한 과학의 조종;
- 종교적 신념을 약화시키는 새로운 회의론;
- 보다 더 인도적이기를 원하는, 인도주의가 "무엇보다도 가장 중요한 것이기를 바라는"욕구;
- 발전이 정상적으로 진행되고 있다는 생각의 확산(1985, 236쪽)

존재의 대사슬 개념은 식물, 동물 분류에도 큰 영향을 주었고, 이는 자연 사다리의 여러 계단을 점한다고 생각되는 살아 있는 개체들을 찾는 일에서 출발했다. 인간 종에 대해 쓴 몇 작가들은 인간이 "들판에 사는 사람(오랑우탄)"을 통해 다른 종과 연결된다는 제안까지 했다(**그림 1-4**). 일부 학자들은 인간과 동물 사이의 연결점이 남아프리카의 호텐토트라고 생각했고, 이들이 추리력에 있어 유인원이나 원숭이와 거의 같은 수준이라고 믿었다. 많은 종 사이의 틈에도 불구하고 생물은 연속적으로 모두 연결

[6] 본넷은 "진화"라는 용어를 발생동안 하나씩 펼침이라는 원래의 뜻으로 사용하였다.

되어 있으며, Leibniz는 이를 "자연에는 도약이 없다"고 표현했다. 종의 진화를 옹호하지는 않았지만 Kant도 같은 생각을 가지고 있었고 다음과 같이 표현했다. "여러 개념에 나타나는 공통적인 원리는 각 종이 점점 더 다양해지면서 다른 종으로 계속 변해 간다는 것이다."

그래서 이상주의라는 본래의 특성에도 불구하고 존재의 대사슬은 개체의 완전(화)라는 개념을 수많은 중간 단계를 필요로 하는 이론으로 거의 직접 유도해 갔다. 18세기에 **진화**의 기본개념, 즉 한 종이 다른 종으로 변화해 간다는 생각은 이미 존재의 사다리 내에 있는 수많은 단계들 사이의 변화에 대한 철학적 수용만을 남겨 놓은 상태였다.

분류와 종의 실체

그러나 생물학적 관점에서 종을 어떻게 정의할 것인지, 어떻게 분류할 것인지, 즉 한 종이 다른 종과 어떻게 다른지, 그들의 가장 중요한 특징을 추려내 어느 그룹에 놓아야 할지에 대해서는 여전히 상당한 어려움이 남아 있었다. 11장에서 다시 논의하겠지만, 합리적인 분류체계가 없었던 그 당시에 종 사이의 진화적 관계를 확립하는 것은 거의 불가능한 일이었다. 종의 **생물학적 중요성**을 인식하기까지도 상당한 시간이 걸렸다.

중세시대 유럽에서는 종이 일반적으로 요리나 의학적 목적으로 채집되고 기술되었다. 16, 17세기에는 탐험 및 무역이 전 세계적으로 확장되면서 새로운 동식물 종이 많이 발견되어 분류의 문제는 더욱 심각해졌다. 예를 들어, Moufet(1553~1604)은 메뚜기목과 메뚜기를 기술하면서 다음과 같이 썼다:

> 일부는 녹색이고, 일부는 검은색이며, 일부는 파란색이다. 일부는 한 쌍의 날개로 날며, 일부는 날개가 더 많다; 날개가 없는 종류들은 도약을 하며, 날지도 뛰지도 못하는 종류들은 걷는다; 일부는 다리가 길고, 일부는 짧다. 일부는 노래를 부르고, 일부는 소리를 못낸다. 자연에 수많은 종류의 메뚜기들이 있으므로 이름도 거의 무한대일 것이나, 자연학자들의 태만으로 인해 문제가 더 심각해지고 있다.

식물도 분류가 어렵기는 마찬가지였다. 중세 내내 명성을 얻었던 Al-Dinawari(820~895)의 책(Book of Plants)에는 다음 같이 기록되어 있다.

> 식물은 세 그룹으로 나뉘는데, 하나는 뿌리나 줄기가 겨울에도 생존하는 것이고, 두 번째 그룹은 겨울에 줄기는 죽지만 뿌리는 생존하는 것인데 이렇게 생존한 뿌리에서 식물이 다시 발생하게 된다. 세 번째 그룹은 줄기와 뿌리가 겨울에 모두 죽고 지표에 흩어진 씨에서 새 식물이 자란다. 모든 식물은 또 다른 세 그룹으로 정리될 수도 있는데 이 경우 일부는 줄기 하나만으로 지탱하고 나머지는 줄기로 서지만 기어오를 수 있는 지지대의 도움이 필요하고, 세 번째는 지표 위로 솟지 않고 지표면을 기면서 퍼져 나가는 것이다.

초기의 분류는 대개 큰 범주(예를 들어, "물질")를 만들고, 다시 이것을 작은 범주(예를 들어, "몸체", "동물")로 나누어 한 종이 특정한 작은 범주에 놓이게 될 때까지 계속 나누는 식의 Aristotle 방법으로 이루어졌다. 근대 계통생물학의 기반을 다진 Linnaeus(1707~1778)[7]는 훨씬 발전된 분류방법을 사용했는데 이는 각 종을 가능한 한 정확하게 기재하는 일에서부터 시작된다. 그런 다음 형태가 비슷한 종들을 무리를 지어 **속**(genus, 복수는 genera)(1세기 전에 Bauhin(1560~1624)이 제시했던 것처럼)이라는 범주에 넣고 관련이 깊은 속은 다시 **목**(order)으로, 다시 **강**(class)으로 그룹을 지었다. 이것은 **이명법**(binomial nomenclature) 체계를 만드는 데 도움이 되었고, 이명법은 각 **종**의 이름을 속의 구성원으로 정의하고, 각 종의 독특한 이름도 함께 쓰는 방법인데, *Homo sapiens*(사람)를 예로 들 수 있다.

종을 기본 분류 단위로 사용함으로써 Linnaeus는 종 간의 상호관계 속에서 예전의 인위적인 그룹들보다 훨씬 더 자연적으로 무리를 지을 수 있게 되었다. 종을 기본 구조에 따라 새로운 무리로 묶거나 분리할 수 있게 된 것이다. 다소 단순화시켜 하나의 예를 들자면 초기 분류에서는 동물을 날거나 못 나는 것으로 분류하였다. 그래서 나는 물고기는 조류와 물고기의 잡종으로 생각했다. 그러나 Linnaeus는 생활양식에 기초한 그룹을 무시하고 종 자체의 구체적인 묘사에 중점을 둠으로써 나는 물고기는 기본적으로 다른 물고기들과 깊은 관계를 가진 동시에 지느러미가 활주할 수 있도록 변형되었다고 설명할 수 있었다.[8] 따라서 모든 척추동물이 공통으로 갖는 특징을 제외하고 나는 물고기에서 조류의 구조는 전혀 찾아볼 수 없다. 비록 종을 이상적인 형태로 다루었던 그의 체계가 이상적이었지만 분류에 대한 린네의 공헌은 개체들 사이의 자연적인 진화관계를 가능하게 했다는 점이다.

그러나 그러한 공헌에도 불구하고 Linnaeus는 종을 고정된 존재로 생각했고, 그의 개념은 본질적으로 종을 공통 혈통에 근거하여 정의한 John Ray(1627~1705)로부터 비롯된 것이다; "황소와 암소, 남자와 여자의 특성은 같은 부모에게서 태어났다는 사실로부터 출발한다" 그래서 Ray는 종을 다른 조상으로 추적해 갈 수 있느냐에 따라 분리하려고 시도하였다; "종은 결코 다른 종의 종자에서 태어날 수 없다" 그래서 종은 아주 희귀한 경우를 제외

---

[7] 라틴화된 이름인 Linnaeus로 잘 알려진 Linne는 루터교 목사였던 아버지 Linnaeus로부터 식물과 그 이름들을 사랑하는 심성을 물려받았다.

[8] 지느러미와 사지의 발생, 변형, 진화에 대해서는 Hall(2007a)의 관련 부분을 참조.

하고 결코 변화할 수 없으며 최초의 조상은 신에 의해 창조되었다. Linnaeus는 본질적으로 이 관점을 따랐고, 종 내의 다양성은 그들 사이의 비유전적 차이라는 단서를 달았다. 그의 업적 중 두 가지를 예로 들면 1758년에 사람(*Homo sapiens*)을 4인종(아시아인, 아메리카인, 유럽인, 아프리카인)으로 나눈 것, 1753년에 비트를 *Beta vulgaris*라는 종으로 지정하고 그 재배된 품종(시금치비트, 근대, 비트루트, 사료비트, 설탕비트)들에 대해 바다비트에는 *Beta vulgaris perennis*라는 품종명을 지정한 것을 들 수 있다. Linnaeus는 1763년에 바다비트를 다시 다른 종인 *Beta maritima*로 정했다. 그러나 분류학자들은 현재 바다비트에 *Beta vulgaris subsp. maritima* (L.)라는 이름을 사용한다. 왜? 바다비트가 형태적으로 구별이 거의 불가능한 *Beta vulgaris*의 다른 경작 품종들과도 교배가 되기 때문이다; 한 종 내의 변이는 상당히 클 수가 있다. 또다시 우리는 Linnaeus의 종의 개념에서 이상주의를 엿볼 수 있다.

Linnaeus 이후에 계통생물학은 급속도로 발전하였다. 그러나 많은 종들이 주로 생식기관에 의해 기술, 분류되었고, 여기에는 자연적인 것과 인위적인 것이 혼재되어 있으나 일부는 현재까지도 사용이 되고 있다.[9] 분류학자들은 대개 자연행동과 기원을 모르는 채, 보존된 표본을 가지고 기술을 하였기 때문에 분류는 거의 항상 외형에 의해 이루어졌다. 이상주의자들과 마찬가지로 이들도 각 종은 고유한 특성을 갖도록 결정짓는 독특한 "본질"을 소유하고 있다고 믿었다. 이 **"본질주의자(essentialist)"** 혹은 종의 **"유형학적(typological)"** 관점은[10] 박물관이나 식물원에 "모식"("type") 종을 보관하는 방법을 연구하고 이러한 표본들을 모델로 하여 다른 표본들을 분류하던 분류학자들에 의해 더욱 발전하였다.

Linnaeus가 종이 분류의 실제 단위임을 특별히 강조하기는 했지만 종만이 자연적으로 존재하는 생물학적 단위라는 개념을 실제로 성문화한 것은 Buffon(1707~1788; **표 1-1**)이었다. Buffon은 그룹들 사이의 교배에 생식적 격리가 있는지 즉, 그 잡종이 불임인지 출산 가능한지의 여부를 기초로 종을 구별해야 한다는 생각을 처음으로 도입하였다:

> 우리는 교배에 의해 두 동물이 영속적으로 자손을 만들고 자신만의 특성을 보존할 수 있다면 같은 종에 속한다고 보아야 한다; 같은 방법으로 자손을 만들 수 없다면 다른 종에 속한다.

표 1-1 19세기 및 그 이전의 진화개념에 영향을 주었던 주요 인물들과 저서

저자	저서
Linnaeus 1707 - 1778	*System Naturae* (1735 - 1758)
Buffon 1707 - 1788	*Natural History* (1749 - 1767)
Malthus 1766 - 1834	*An Essay on the Principle of Population* (1798)
Cuvier 1769 - 1832	*Lessons of Comparative Anatomy* (1805)
Lamarck 1774 - 1829	*Zoological Philosophy* (1809)
Lyell 1797 - 1875	*Principles of Geology* (1830 - 1833)
Darwin 1809 - 1882	*Voyage of the Beagle* (1837) *On the Origin of Species* (1859)
Gray 1810 - 1888	*Darwiniana* (1876)
Mendel 1822 - 1884	*Experiments in Plant Hybridization* (1866)
Wallace 1823 - 1913	*Joint essays with Darwin* (1858)
Huxley 1825 - 1895	*Collected Essays* (1893 - 1894)
Weismann 1834 - 1914	*Studies in the Theory of Descent* (1882)
Haeckel 1834 - 1919	*General Morphology of Organisms* (1866)
Bateson 1861 - 1926	*Materials for the Study of Variation* (1894)

Buffon에게는 종 내의 개체들 사이에 상당한 변이가 있으며, 아마 시간이 많이 경과하면 결국 완전히 새로운 개체(예를 들어, 서로 다른 종류의 개)를 만들 수도 있는 것이었다. 그러나 이처럼 그가 종 변화의 가능성을 말하는 것처럼 보이고 또 실제로 그러한 변이들이 존재함에도 불구하고 그에게 종은 여전히 다른 종과 영구적으로 구별되는 것이었다(그리고 퇴화를 통하여[11]). 이는 아래의 인용 내용 마지막 부분에서 볼 수 있다:

> 나귀나 말 뿐 아니라 사람, 원숭이, 사지동물, 또는 모든 동물들을 단 한 개의 과로 구성할 수 있다... 만일 우리가 나귀와 말이 같은 과에 속하는데, 그렇게 서로 다른 이유가 원래의 형태에서 변형이 되었기 때문임을 인정한다면, 마찬가지로 원숭이도 인간의 과에 속하고 원숭이는 퇴화된 인간이며 인간과 원숭이는 공통의 기원을 갖는다라고 말할 수 있다; 사실상, 동물뿐 아니라 식물의 모든 과들도 단일의 무리에서 기원했다. 그리고 모든 동물들은 단 한 개의 동물로부터 기원했으며, 시간이 흐르면서 모든 동물 종들이 그 개체로부터 발전 또는 퇴화된 결과이다(*Natural History*, 4th volume, 1753).

그러나 진화에 대한 이러한 분명한 설명에도 불구하고 Buffon

---

[9] 잘 알려져 있지 않은 사실이지만, Linnaeus는 생의 많은 부분을 스웨덴 경제를 과학적 원리에 따라 체계화하는데, 벼나 차 같은 작물들을 북극의 툰드라에 적응시키고 엘크, 버팔로, 기니아 피그를 농장에서 가축화시키는 데 힘썼다.

[10] 많은 계통분류학 역사학자들(Steven, 1994; Winsor, 2003, 2006; Müller-Wille, 2003)은 Linnaeus를 비롯한 Darwin 이전의 대부분의 계통분류학자들이 본질주의자가 아니었다고 말한다.

[11] 발전이라는 관점에서 기생생물의 퇴화에 대한 보다 심층적인 논의는 글상자 19-1을 참조.

은 변형을 거부했는데, 그 이유는 종교의 교리에 어긋났기 때문이다("모든 동물은 직접적인 창조의 결과이다").

18세기에 진화를 수용할 수 없었던 가장 큰 장벽은 종의 실체였다. 종이 실재하는 것이라면 그것은 고정된 존재일 수밖에 없다는 생각이었다. 그렇다면 어떻게 새로운 종이 생길 수가 있겠는가? Buffon은 우주나 지질의 역사에서는 진화가 일어난다고 말하면서도 동시에 생물학적 진화를 반대하는 세 가지 논점도 함께 제시하였고 19세기의 비진화론자들도 이를 이용하였다:

- 기록된 역사 시기 동안에는 새로운 종이 나타나지 않았다.
- 다른 종 사이의 교배는 잡종의 생존불가능이나 불임의 원인이 되지만 동일 종 사이의 교배는 그렇지 않다. 그렇다면 어떻게 한 종 내의 개체들이 같은 종 내의 다른 무리들에서 분리되어 새로운 종으로 변화할 수 있겠는가?
- 한 종에서 다른 종으로 변형이 된다면 기존 종들 사이의 빈 연결부위는 어디에 있는가? 잃어버린 고리부분에 대한 상상은 수없이 많았지만(그림 1-4참조) Tyson이(1699) 1개의 모식(Type)이 변이된 것임을 증명하기 위해 원숭이, 오랑우탄, 유인원, 인간을 해부하여 비교해 보였음에도 불구하고 Buffon은 새로 발견된 것은 아무 것도 없다고 주장했다.

Darwin 이후까지도 이 논쟁에 대한 반론이 제기되지 않았음을 감안한다면 Darwin 이전의 가장 진지한 생물 진화론자였던 Lamarck(1744~1829)가 진화의 가능성을 입증하려면 종의 실재를 포기해야 한다고 느꼈던 것도 놀라운 일이 아니다. Lamarck는 모든 개체는 진화적 중간 형태에 의해 서로 연결되어 있으며 종을 구별하는 일은 분류에 도움이 되기는 하지만 인위적인 것이라고 했다. Lamarck에 따르면 종, 속, 과 사이에서 볼 수 있는 틈은 분명한 것 같이 보이지만 실재하는 것이 아니며, 모든 중간 형태가 지구상의 다양한 존재 혹은 종족으로 어딘가에 있으나 쉽게 발견되지 않을 뿐이라는 것이다.

따라서 종이 사라지지 않는다는 존재의 대사슬 개념을 Lamarck도 가지고 있기는 했으나, 그는 이것이 독립적으로 창조된 것이 아니고 서로서로에게서 진화해 나왔다고 제안했다. 사실상 그의 동물분류체계는(**그림 1-5**) 불완전한 데서 완전한 데로, 즉 한쪽 방향으로만 진행된다는 낡은 주장에 대한 직접적인 도전이었다: "내 생각에는 동물은 최소한 2개의 독립된 가지에서 출발하고 ... 경로를 따라 여러 개의 분지들이 생겨 동물을 특정 위치에 가져다 놓게 된다."

2장에서 다시 논의하겠지만, Lamarck의 견해는 이러한 진화적 변화가 맞지 않는 이유를 스스로 설명해 주고 있다. Lamarck의 설명이 일면 합리적인 것처럼 보이기도 하지만 진화에 대한 그의 가장 잘못된 생각은 생명 그 자체에 있었다: 종 세대 사이의 연속성은 필수적인가? 만일 매 세대마다 새로운 종이 만들어진다면?

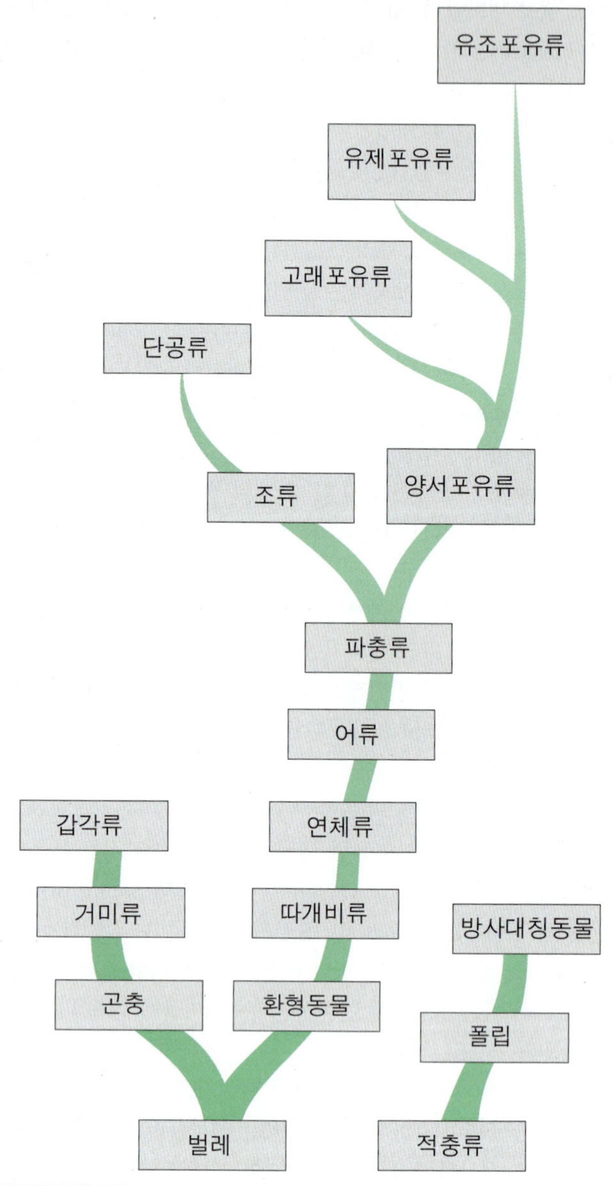

그림 1-5 Lamarck가 제시한 동물 사이의 진화 관계.

■ 자연발생설

19세기 중반까지 큰 개체들은 유성생식을 통해 발생하지만, 작은 생물들은 진흙이나 유기물로부터 자연적으로 생긴다고 믿었다. 일부 전설 속에는 큰 생물들이 죽은 후에 작은 생물들로 분해된다고 했고, 마술로 한 종이 다른 종으로 전환을 한다는 전설조차도 일반적으로 믿고 있었다(예를 들어, 늑대인간). 약 400년 전에 물리학자겸 화학자인 Johann van Helmont(1577~1644)는 다음과 같이 자연발생설을 주장했다.

> 만일 뚜껑이 열린 병에 밀을 넣고 땀으로 젖은 속옷조각을 넣어두면, 약 21일 후에 속옷의 냄새가 변하고 발효가 일어나서 밀의 껍질을 뚫고 들어가 밀이 생쥐로 변한다. 더욱 놀라운 것은 암수의 생쥐가 모두 생긴다는 것이며, 부모로부터 정상적으로 태어난 다른 생쥐와 교배가 가능하다... 그러나 더욱 놀라운 것은 속옷과 밀에서 나오는 생쥐는 작은 새끼나 크기가 작은놈 혹은 잘못된 놈이 아니고 정상적인 성체 쥐인 것이다!

진화론이 발전하기에는 두 가지의 다소 상반적인 장벽이 있었다. 하나는 종의 개념 정립에 대한 린네의 작업이 종의 기원에 대한 문제를 야기시키는 데는 도움이 됐으나, **종의 불변성**을 주장함으로써 종의 진화적 전환이라는 생각을 방해하였다는 점이다. 또 다른 하나는 **자연발생설**(spontaneous generation)로서 전자와는 대조적으로 종의 불변성과 모순되는 것처럼 보인 동시에 생물 사이의 연속성에 대한 의심을 불러일으켰다. 종이 아무 때나 새로 생기거나 다른 종으로 변화될 수 있다면 종의 기원이나 새로운 종의 출현에 대해 합리적으로 설명할 수 있겠는가?

그러나 다행히도 17세기말 생물학에 실험적 방법들이 사용되기 시작했고 많은 과학자들이 최소한 곤충에서는 자연발생이 일어나지 않는다는 것을 증명해 보였다. 1668년에 Redi(1621~1697)는 구더기는 파리가 낳은 알에서만 생기고 파리는 구더기에서만 발생함을 증명하였다. 성체 파리가 알을 낳을 수 없도록 고기를 보호하면 구더기도 파리도 생기지 않았던 것이다. 1년 뒤 Swammerdam(1637~1680)은 식물 혹 속의 곤충 유충이 성체가 낳은 알로부터 생긴다는 것을 보여 주었다. 그 후 100년 동안 수많은 실험이 이루어져 van Leeuwenhoek(1632~1723)는 썩거나 발효 중인 용액과 국물 속에서 현미경적 크기의 "작은 생물" — 그때까지 사람들이 이미 존재하는 어떤 것이라 설명해왔던 작은 입자 — 을 발견하였고 Abbe Spalanzani(1729~1799)는 밀봉된 그릇 속에 여러 가지 용액을 넣고 가열했을 때 현미경상에서 아무것도 관찰할 수가 없었고, 뚜껑이 열려 공기 중의 입자가 들어간 경우에만 생물이 자랄 수 있음을 보였다.

전성설

19세기에 Pasteur(1822~1895)와 Tyndall(1820~1893)의 결정적인 실험이 탄생할 때까지 자연발생설이 완전히 사라지지는 않았지만 점차 **전성설**(preformation)로 대체되고 있었다(Farley, 1977). Swammerdam의 말 속에서 전성설은 "자연에는 새로운 창조라는 것은 없고 단지 부분부분의 증가만 있다."라는 표현으로 나타났다. 수태될 때 배는 이미 성체구조의 완벽한 복제판으로 미리 만들어지고 단지 환경의 영양공급으로 크기가 더 자란다는 것이다.

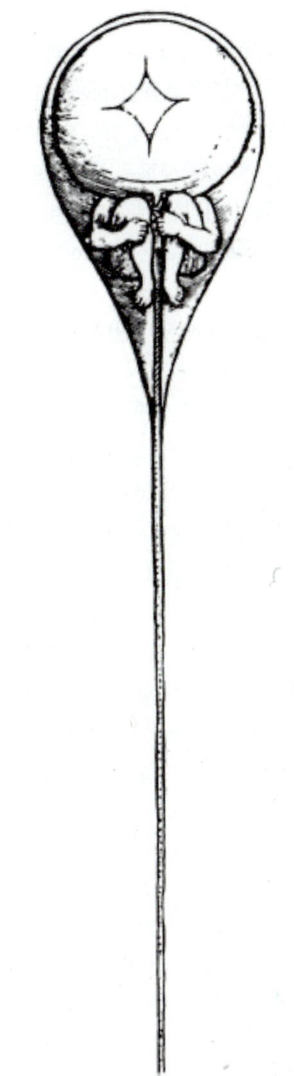

그림 1-6 Nicholas Hartsoeker(1694)가 상상했던, 정자의 머리 안에 들어 있는 완전히 형성된 인간(homunculus).

일부 전성설 주장자들은 알이 작은 성체를 만든다고 했고(*ovist*) 또 다른 일부 학자들은 수컷의 정액 속에 성체가 들어 있다고 했다(*spermist* 또는 animalculist) (**그림 1-6**).

전성설은 극단적으로 Bonnet 등이 신봉했던 **포장설**(emboît-ment theory)로 발전하기도 했는데, 이 이론은 종의 최초생물이 이후 모든 세대에 태어날 "종자"를 미리 만들어 담고 있다는 것이다. Bonnet를 비판한 Dumas(1800~1884)와 Prèvost(1790~1850)는 "자연이 만들어질 때 한꺼번에 현재 미래의 탄생을 모두 다 만들어버린다는 생각이 지속적인 생산활동보다 상상하기 더 쉬워 보인다"고 했다. 따라서 전성설은 생물의 성장 등 여러 측면을 설명하고 자연발생설과의 논쟁을 야기 시키기도 했지만 결국 종의 불변으로 돌아가 종의 기원을 신비적인 창조로 회귀시켰다.

후성설

그러나 19세기에 이르러 여러 실험기법과 현미경이 발달하면서 생물학자들은 전성설을[12] **후성설**(epigenesis)로 대체하게 되었다. 후성설에 따르면 배는 점진적으로 분화발달하며 미분화 조직은 교배 당시에는 없었던 새로운 기관으로 분화되어 나간다. 처음에는 미분화조직의 이러한 분화가 신비적인 비물리적인 힘, 예를 들어 정액의 "form"과 같은 Aristotle의 생각이나 Harvey (1578~1657)의 "*aura seminalis*"나 Wolff(1733~1794)의 "*vis essentialis*" 같은 것들에 의해 일어난다고 믿었다.

이를 **생기론**(vitalism)이라고 하며, 이 설은 생명체는 생기를 가지고 있고 이것은 물리, 화학적으로 설명할 수 없는 것이라고 주장하였다. 그러나 다행히도 Baer(1792~1876)의 시대에 이르러 후성설이 탄생함으로써 분화와 성장이 자연적인 것이고 다른 모든 과정처럼 설명 가능한 것으로 생각하게 되었다. 또한 Wohler(1800~1882)는 1828년에 생물체 밖에서의 첫 번째 합성 실험이었던 유기물(요소)의 생화학적 합성을 통해 유기분자에 신비적인 요소란 없고 화학법칙을 벗어나는 것이 없음을 증명해 보였다. 따라서 이런 합리적인 생각들에 의해 진화개념이 발전할 수 있는 생물학적 분위기가 조성되었다. 표 1-1은 18, 19세기의 진화개념 변화에 공헌한 주요 학자들을 보여 주고 있다.

■ 화석

과거 역사동안 일어난 생물들 사이의 진화 관계를 이해하는 가장 기본적인 방법은 **화석**(fossil)을 연구하는 것이다.

사람들은 오랫동안 현존 종들과 매우 다른 화석동물의 뼈를 보아왔고, 때로는 이상한 조개껍질이 산꼭대기같은 예상치 못한 장소에서 발견되기도 하였다. 고대 그리스인들도 그러한 화석을 잘 알고 있었고 여러 고대작가, 예를 들어 Herodotus(484~425 B.C.)는 그러한 현상이 바다와 육지의 위치변화 때문이라고 제안했으며, Aristotle는 이러한 변화가 상당한 기간에 걸쳐 일어났음을 의심치 않았다:

> 지구 상의 모든 과정은 점진적으로 일어났고, 우리의 인생과 비교할 때 그것은 너무 길어서 이러한 변화는 관찰이 불가능하다; 시작부터 끝까지 기록하기 전에 모든 국가는 번영하고 멸망한다(Aristotle, 기상학 논문).

그러나 유럽의 기독교 지배 아래서 영향력 있는 교회내 성직자들은 성경의 창세기에 나오는 아담 이후의 세대수를 가지고 지구의 나이를 계산하여 그 기원이 B.C. 4000~7000년 정도 된다고 주장하였다. 그러한 짧은 역사 속에서는 화석이 긴 과거 역사의 과정들을 설명해 주는 존재가 될 수 없었다. 16, 17세기에는 이러한 돌들(현재는 화석으로 알려진)이 "자연적으로 형성되었다"고 인정하면서도 신의 창조의 형상으로, 그리고 인간이 신을 찬양하고 사용할 수 있도록 신이 자연적으로 만들어 지구에 놓은 것이라 생각했다(**그림 1-7**).

그중 가장 중요한 것은 노출된 강둑, 광산, 침식된 지표 등에서 화석이 발견됨으로써 존재의 대사슬에 대한 도전이 시작된 것이었다. 화석을 찾는 일에 열중했던 사람 중 하나가 농학자이자 식물학자, 화석 수집가였던 미국의 제3대 대통령인 Thomas Jefferson(1743~1826)이었는데, 그는 한때 거대한 사자로 잘못 알려졌던 멸종된 거대한 발톱달린 나무늘보 *Megalonix jeffersoni* (**그림 1-8**) — 북아메리카의 미탐험 지역에 아직도 존재할지 모르는 — 를 발견하였다(Rudwick, 2005).

화석은 자연의 실수, 즉 일부 종을 멸종시킨, 자연이 저지른 실수의 한 단면인가? 당시 그런 현상들은 흔히 "자연의 농담(joke)"이라 불렸다. 자연의 사다리에 멸종된 종으로 인해 생긴 틈이 있는가? 이런 질문을 던졌던 많은 사람들처럼 Jefferson도 이 종들은 완전히 멸종된 것이 아니고 단지 드물게 발견되는 것뿐이라고 말했다: "이는 자연의 경제적 조치였을 뿐이다. 동물 종 하나가 멸종되도록 자연이 내버려둘 리는 없다; 거대한 작업 중 어느 일부분이 너무 약해서 전체가 무너지도록 내버려 두는 일도 없다." 또 다른 이들은 화석이 창세기에 나오는 노아의 홍수에 의한 것이라고 주장했고, 일부는 일부러 종교에 대한 인간의 믿음을 시험하기 위해 창조 당시 지구에 집어 넣은 것이라고 설명하기도 했다.

그러한 논쟁과 대조적으로 Hooke(1635~1703)와 Steno (1638~1686)는 화석종의 실재에 대해 주장하면서 화석의 기원에 대한 자연학적인 접근을 시도했다. 그래서 화석을 역사적 연대순으로 놓아 보았다: 깊은 층은 윗층보다 더 오래된 층이라는 층서학적 시대 구분을 하면 오래된 화석은 그 이후의 화석보다 현존 종과 더 많이 다르다는 것(그림 5-5)을 알 수 있고, 이는 시간에 따른 변화를 의미한다(**글상자 1-2** — 지층의 분류).

일단 화석과 멸종의 실재가 인정되면, 한 형태가 다른 형태를 대신한 "연속의 법칙"을 생각하는 것이 가능하였다.

1700년대 후반에서 1800년대 초반의 생물학자들을 지배했던 이론 중 하나가 **지각대변동설**(catastrophism)이었고, 프랑스 비교해부학자이자 고생물학의 창시자인 Cuvier(1769~1832)의 추종자들에 의해 전성기를 맞았다(표 1-1).[13] 대변동설에 따르면

---

[12] 전성설은 여기에서 설명된 내용 보다 훨씬 더 복잡하다. 오늘날, 우리는 전성설 대 후생설로 대비하거나 한쪽이 다른 쪽을 이겼다고 생각하지 않는다. 각 동물은 미리 형성된 난자로 생을 시작한다. 따라서 이러한 의미에서는 전성설이 아직 살아있고 또 맞는 이야기다. 난자의 핵, 막, 유전자 모두가 미리 만들어진다. 13장에서 더 논의를 하겠지만, 유전된 이 구조들이 발생과정에서 적절히 배치되고 정교해지는 것은 후생설에 해당된다.

[13] Weishampel과 White(2003)는 악어 화석에 관한 Cuvier의 7개 논문을 포함하여 공룡 화석의 발견에 대한 중요 논문들을 번역하고 다시 출판하는 데 기여했다.

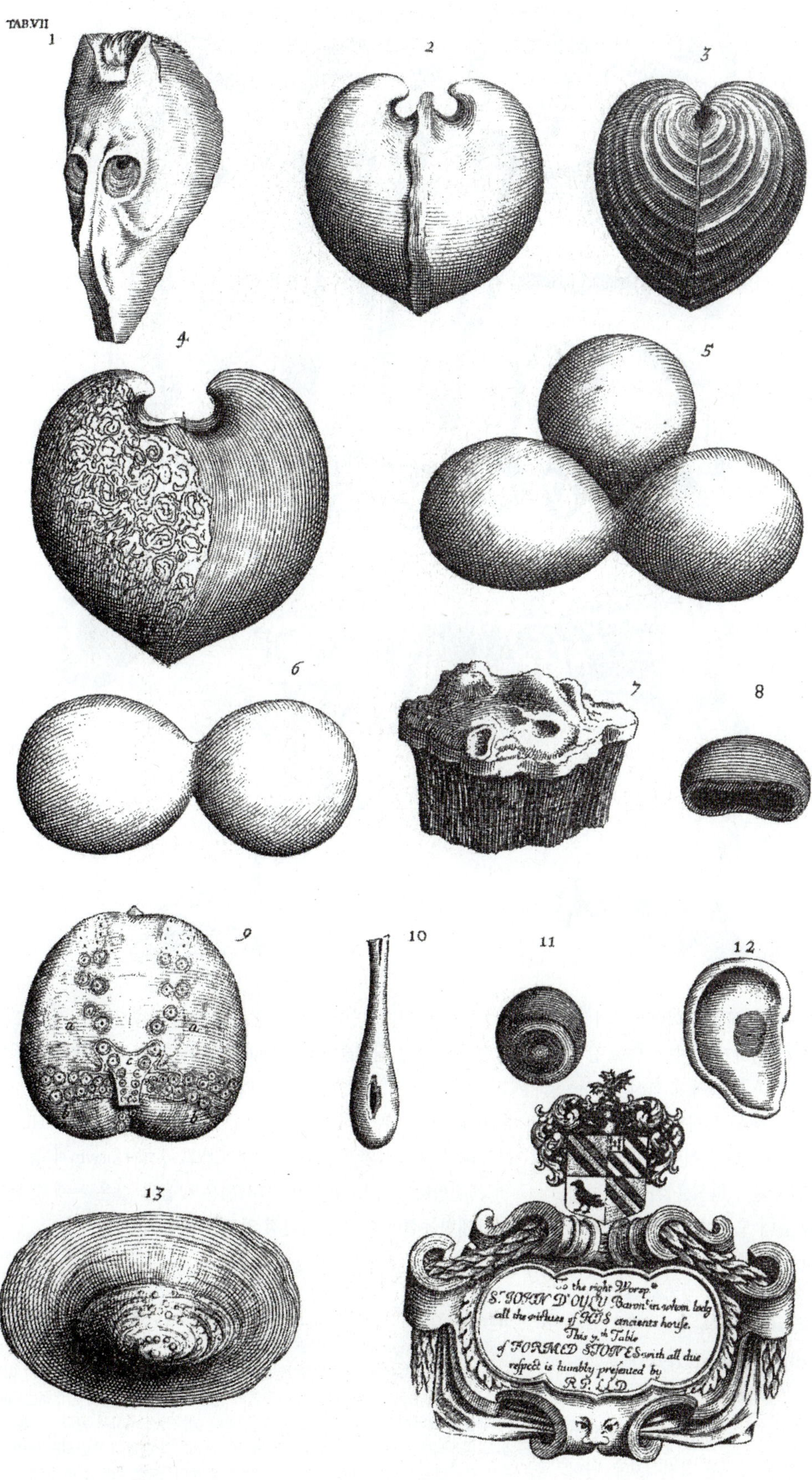

그림 1-7 Robert Plot(1676)의 *The Natural History of Oxfordshire*의 도판 7에는 다음 내용들이 들어 있다. 이것은 자연적으로 형성된 돌들을 그린 것으로 인간의 몸 부분들을 나타내는 것으로 해석되었다.: 심장(1~4) 1에 있는 구멍은 심실에서 혈액을 내보내는 주요 동맥으로 해석된다; 뇌(9, 소뇌, 연수를 보여줌); 신경(10, 후각신경); 백내장으로 혼탁해 보이는 눈(11); 귓바퀴(외이, 12).

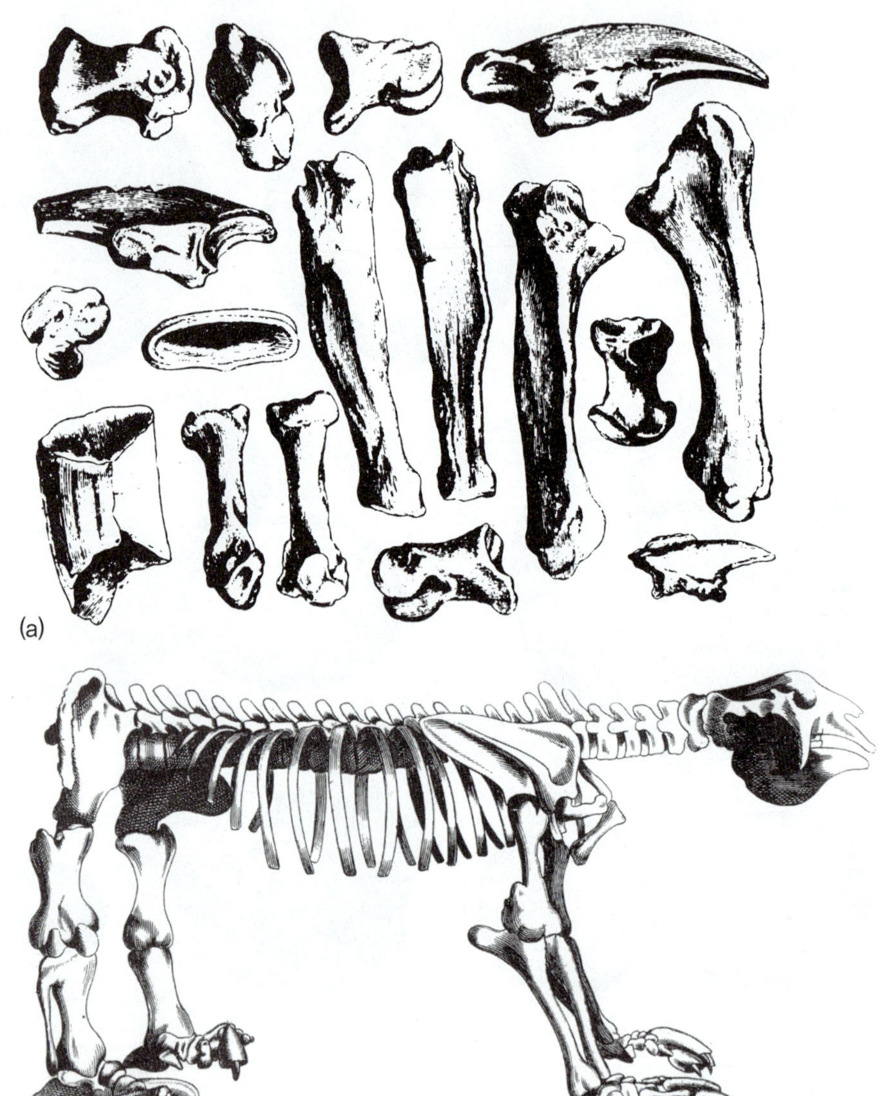

그림 1-8 (a) 멸종한 거대 나무늘보류(*Megalnix jeffersoni*)의 일부 뼈. 1776년 미국 버지니아주 서부에서 발견되었다.
(b) 역시 멸종한 비슷한 남아메리카 거대 나무늘보류(*Megatherium*)의 골격이 Cuvier에 의해 재구성되었다. 두 나무늘보는 모두 발톱을 가진 포유류의 빈치류로서 먹이를 자를 수 있는 이빨이 없었다. (Greene, J. C., 1959, *The Death of Adam*에서. Iowa State University Press, Ames)

지질학적 기록—암석층, 화석층, 해수화석의 담수화석으로의 변화—의 급격한 불연속성은 지각대변동, 빙하기, 홍수 등으로 갑자기 지각융기가 생겼기 때문이라는 것이다. 이들에게 화석은 멸종 종의 기록이었고, "그 층들이 현재 다른 종들로 채워져 있는 것은 스스로 파괴되었거나 다른 종에 의해 대체된 것이었다." 일부 성서적 설명 지지자들에게도 지각대변동설이 화석을 자연의 법칙과는 매우 다른 신의 의도로 설명하는 데 도움이 되었다. Agassiz(1807~1873) 같은 사람은 신의 창조가 많게는 50~100번 계속 일어났다고 설명했다. 이러한 접근은 화석 종과 성경상의 홍수의 존재 모두를 정당화시켰고 현존하는 생명체들은 모두 그 이전의 지질 시대와 상관없이 유대교의 경전이 제시하는 시기 내에 생겼다는 상상을 가능하게 했다.

Cuvier의 지각대변동설과는 대조적으로 Lamarck는 지질학적 불연속성이 종이 노출된 환경과 기후 속에서 점진적으로 변화했기 때문이고, 그러한 생물의 변화가 종의 변화로 이어졌다고 주장했다. 이러한 **균일론**(uniformitarianism) 개념, 즉 자연의 일정하고 균일한 힘의 작용이 현 지구의 모습을 만들어 왔다는 생각은 Buffon 및 그 외 일부 학자들에게서 시작되어 지질학자 Hutton(1726~1797)에 의해 크게 발달했다.[14] 그 후에 Darwin과 동시대의 지질학자였던 Lyell(1797~1875)은 다음과 같은 논쟁을 통해 **지각대변동설에 대한 균일론적 입장**을 표현했다.

1. 매우 넓은 지역에 걸쳐 지질학적 층을 조사하면 급격한 지각

[14] 물리학에서 Newton은 "자연에 존재하는 것의 동기, 원인은 진리이며 그 모습을 설명하기에 충분하다는 사실을 인정해야 한다."고 말했다. 이 경우, 각각 이전에 분리된 영역들 내에서 보다 깊은 공통의 원리를 발견하기 위해 종합하는 것이기 때문에 에너지가 물리학에 속하듯이 진화는 생물학에 속하게 된다. 그러나 물질의 물리적 상호작용을 다루는 물리 법칙이 에너지의 전달에 관련되는 반면, 생물학은 정보의 변형을 다루기 때문에, 생물학은 물리학으로 환원될 수 없다.

글상자 1-2 지층의 분류

18세기 및 19세기 초에 사용하던 지질학적 분류 시스템은 "이탈리아 지질학의 아버지"이자 광산 전문가였던 Giovanni Arduino(1714~1795)가 처음 제시한 것으로, 화석 없는 암석을 **1차 암석**이라 하였다. 이것은 지각 부위의 것으로서 전형적으로 층을 이루지 않고 광석이 들어 있는 산악 지역의 노출된 암석들이다.

지질학자들은 사암이나 대리석 같은, 화석이 많고 층을 이루는 암석들을 **2차 암석**이라 불렀다. 이 2차 지층은 현재와는 상당히 다르게 생긴 초기 물고기나 파충류(17, 18장 참조)를 비롯해 암모나이트나 베렘나이트(15장 참조)같은 고대 연체류 화석을 포함하고 있다. 또 지질학자들은 **3차 퇴적암**이 2차 지층으로부터 홍수, 침식, 화산활동 등에 의해 생겼으며, 포유류 같은 보다 최근에 등장한 생물들의 고대 모습이 들어 있다고 믿었다.

4차 암석은 상대적으로 최근에 생긴 빙하와 퇴적 사토 층에 해당된다. 그러나 모든 산, 모든 지층의 나이가 동일하지 않아 이러한 분류를 모든 경우에 똑같이 적용하기가 어렵기 때문에 3차와 4차를 제외한 내용들은 모두 파기되었다. **3차**는 신생대의 대부분에 해당하는 빙하기 전의 퇴적층 시기를 뜻하는 것이 되었고, **4차**는 플라이스토세 빙하기 퇴적층부터 현재까지를 말한다.

변동에 의한 불연속성은 없다. 실제로 넓은 지역에 걸쳐 형성되어 있는 층은 구조와 내용에 있어 상당한 규칙성을 보인다. 어느 특정 지역에서만 급격한 전이가 나타나는데, 이것은 그 지역에 일어난 특별한 변화 때문이다.

2. 지질학적 기록의 변화는 침식작용에 의한 것이며, 이는 비, 바람, 화산폭발, 홍수에 의한 퇴적 등의 자연의 힘 때문이다. 자연현상을 일으키는 운동과 중력의 법칙은 시간이 경과해도 일정하다. 따라서 과거에 일어난 현상은 화산폭발 같이 다소 특별한 경우가 있었을지는 몰라도 본질적으로는 현재의 현상들을 일으키는 것과 동일한 힘에 의한 것이다. 이는 자연현상을 설명하려고 초자연적인 힘을 빌리기 전에 현상을 일으키는 자연원인 모두를 조사해야 한다는 뜻이 된다.
3. 그러한 점진적 과정에 의해 수많은 지질학적 변화가 일어나기 위해서는 지구가 매우 오래되었음이 틀림없다.

Lyell이 1830년에 펴낸 「**지질학 원리**」의 권두 삽화는 이탈리아 Pozzuoli의 폐허가 된 "세라피스 사원"에 남아 있는 3개의 원기둥 그림이었는데, 이것은 해수면의 상승과 하강 역사를 보여 준다. 원기둥의 3m 부위에 연체류 이매패가 만든 구멍이 있는데 이것은 이 원기둥들이 한때 해수면에 일부 잠겨 있었음을 말해 준다. Lyell은 이 책이 12판까지 나오는 동안 내내 이 그림을 점진적인 지질학적 변화의 예로 사용했다. 따라서 균일론은 홍수, 화산폭발, 운석의 영향 같은 즉, 일반적으로 목격되고 기록된 사건들이 일으키는 갑작스런 지질학적 변화를 배제하지는 않았으나, 그러한 "대변동" 조차도 자연적으로 일어났고 합리적으로 설명될 수 있다는 관점을 유도하였다.

지각대변동설의 균일론으로의 전환은 그것이 예측 불가능, 설명 불가능한 변화에 의한 정적인 우주의 개념으로부터, 역동적이고 역사적으로 이해 가능한 것으로 과학적 사고를 해방시키는 데 도움이 되었기 때문에 매우 중요한 사건이었다. 그러나 최초로 생물의 역사적 변화에 대해 수용 가능한 설명, 즉 가계계통을 가진 집단, 다시 말해 **진화**에 의해 모든 생명체는 서로 연결되어 있음을 설명한 사람은 Charles Darwin이었다.

주요 용어

균일론(uniformitarianism)
기본설계(*Bauplan*)
목적론적(teleological)
생기론(vitalism)
원형(archetype)
이명법(binominal nomenclature)
이상주의(idealism)
자연발생설(spontaneous generation)
자연의 사다리(Ladder of Nature)
전성설(preformationism)
존재의 대사슬(Great Chain of Being)
종(species)
지각대변동설(catastrophism)
포장설(*emboîtement* theory)
화석(fossil)
후성설(epigenesis)

토의 및 질문

1. Plato의 이상주의는 무엇인가?
2. 이상주의가 어떻게 인간이 자연을 바라보는 중요한 관점의 하나가 되었는가?
3. 이상주의와 생물의 기재 및 분류와의 관련성은?
4. 존재의 대사슬(자연의 사다리) 개념이 이상주의적인가? 왜?
5. 이상주의를 확고히 믿는 사람도 생물진화 개념을 인정할 수 있을까?
6. 문화적 억제와 편견으로부터 자유로워지는 일이 왜 물리학이나 화학보다 진화 연구에서 더 어려운가?
7. 종의 자연발생설과 창조 개념이 어떻게 모순되는가?
8. 화석종의 실재를 인정하기 어렵게 만드는 장애물은 어떤 것이 있을까?
9. 진화적 변화에 대한 지각대변동설과 균일론의 차이점은?
10. 균일론을 간헐적인 지각대변동 변화들까지 포함하여 정의할 수 있을까?

Ernst Mayr

생일: 1904년 7월 5일
출생지: 독일
작고:2005년 2월 5일[15]
하버드대학교 명예교수

무엇이 진화에 대한 관심을 갖게 했습니까?

나는 애초에 자연학자로 태어났어요. 어렸을 적부터 들판과 숲을 거닐곤 했죠. 가장 흥미로웠던 것은 생명의 무한한 다양성이었어요. 왜 그렇게 많은 종류의 종이 있을까? 훗날 나는 이들이 어떻게 생겨났는가? 묻게 되었고 1920년대에 뉴기니와 솔로몬군도에 탐사를 가서 그 대답을 찾았죠.

과학에서 선생님이 발견하신 것 중 가장 가치있고 흥미로운 것은 무엇이라고 생각하십니까?

과학은 발견과 새로운 개념의 도입, 그 둘에 의해 발전하는데, 내가 공헌한 부분은 주로 후자입니다. 예를 들면,

- 생물학적 종의 개념
- 자매종의 개념
- 지리적 종분화의 중요성
- 창시자집단에 의한 종분화
- 새로이 나타나는 진화적 특징의 기원
- 섬에서의 종 전환
- 집단 크기와 진화의 관계
- 유전자형의 전체적 개념
- 유전자가 아닌 개체나 사회그룹이 선택의 목표라는 것 등이며,

내가 한 발견 중 가장 흥미로웠던 것은 기존의 종 경계선을 벗어나 격리된 작은 집단에서 진화 속도가 매우 빠르다는 사실입니다.

선생님의 실험실에서는 현재 어떤 연구를 하고 있습니까?

나는 현재 새로운 진화이론의 발견 결과를 철학적으로 탐구하고 있습니다.

선생님의 연구분야는 앞으로 어떤 방향으로 나아가야 한다고 생각하십니까?

유전자 내부의 구조, 중추신경계에 대한 연구, 생태계 내의 종 사이의 상호작용 등이 생물학에서 가장 흥미로운 분야라고 할 수 있지요.

진화분야에 관심이 있는 학생들에게 어떤 조언을 주실 수 있을까요?

이제 공부를 막 시작하는 사람들에게 내가 주고 싶은 조언은 특정 생물 그룹에 대해 철저히 익숙해지라는 것입니다. 새로운 아이디어나 이론은 확실한 사실들을 배경으로 해서 실험해보는 것이 바람직하니까요. 확고한 기반 없이 사색하고 모델 만들고 하는 것만으로는 발전할 수가 없습니다.

[15] 20세기의 가장 영향력 있던 진화생물학자 중 하나인 Ernst Mayer는 현대종합설의 창설에 주요한 역할을 했던 동시에 충실한 방어자였다. 2001년에 출판된 그의 마지막 책, **진화란 무엇인가**는 진화생물학의 완벽하고 사려 깊은 탐험서이다. "*Systematics and the Origin of Species: On Ernst Mayr's 100th Birthday*"에서는 진화생물학에 대한 그의 공헌을 크게 칭송하였고, 누구나 인터넷에서 이 내용을 읽어볼 수 있다.

추천 읽을 거리 진화의 역사적 측면

Appleman, P. (ed.), 2001. A Norton Critical Edition. *Darwin: Texts, Commentary*, 3d ed. Philip Appleman (ed.). W. W. Norton & Company, New York.

Bowler, P. J., 1996. *Life's Splendid Drama: Evolutionary Biology and the Reconstruction of Life's Ancestry, 1860–1940*. The University of Chicago Press, Chicago.

Bowler, P. J., 2003. *Evolution: The History of an Idea*, 3d ed. University of California Press, Berkeley, CA.

Bowler, P. J., 2005. Variation from Darwin to the Modern Synthesis. In *Variation: A Central Concept in Biology*, B. Hallgrímsson and B. K. Hall (eds.). Elsevier/Academic Press, New York, pp. 9–27.

Gould, S. J., 1977. *Ontogeny and Phylogeny*. Harvard University Press, Cambridge, MA.

Mayr, E., 1982. *The Growth of Biological Thought: Diversity, Evolution, and Inheritance*. Harvard University Press, Cambridge, MA.

Mayr, E., 2001. *What Evolution Is*. With a Foreword by Jared Diamond. Basic Books, New York.

Nyhart, L. K., 1995. *Biology Takes Form: Animal Morphology and the German Universities, 1800–1900.* The University of Chicago Press, Chicago.

Rudwick, M. J. S., 1985. *The Meaning of Fossils: Episodes in the History of Palaeontology*, 2d ed. The University of Chicago Press, Chicago.

Rudwick, M. J. S., 1995. *Scenes From Deep Time. Early Pictorial Representations of the Prehistoric World.* The University of Chicago Press, Chicago.

Rudwick, M. J. S., 2005. *Bursting the Limits of Time: The Reconstruction of Geohistory in the Age of Revolution.* The University of Chicago Press, Chicago.

Ruse, M., 1996. *From Monad to Man: The Concept of Progress in Evolutionary Biology*. Harvard University Press, Cambridge, MA.

Ruse, M., 2001. *The Evolution Wars: A Guide to the Debates*. Rutgers University Press, Rutgers, NJ.

2 Darwin과 자연선택

요약

진화설에 필요한 기본적인 생각들은 Darwin이 그 유명한 **비글호**의 항해를 시작하기 전에 이미 잘 갖추어져 있었다. 그러한 것들로는 지구가 오래되었다는 것, 화석은 멸종된 종의 유골이라는 것, 많은 종들이 아주 유사하다는 점, 생물은 이전에 존재했던 생물로부터 기원되어 내려온다는 점 등을 들 수 있다. 그러나 진화적 변화의 메커니즘 및 오랜 시간에 걸쳐 생물집단에 변화를 일으키고 새로운 종을 생기게 하는 요인 등은 아직 밝혀지지 않은 상태였다.

Darwin이 5년 동안의 항해에서 모은 정보는 훗날 그가 진화설을 발전시키는 기초가 되었다. 지질학과 자연 역사의 예리한 관찰자로서 Darwin은 생물들의 흥미로운 지리학적 분포와 종들의 유사성, 역사적 변화의 증거인 지질학적 형성 등을 주목했고 이러한 현상들을 합리적으로 설명할 수 있는 유일한 방법은 종의 변형뿐임을 인식했다. 그러나 처음에는 그러한 변화를 일으키는 메커니즘은 알 수가 없었다.

Darwin은 생물의 구조가 용불용을 통해 유지되거나 퇴화되고 그렇게 획득된 형질들은 유전될 수 있다는 Lamarck의 견해에 동의했다. 그는 또한 Lamarck의 획득형질의 유전 기작과 함께 양립될 수 있는 대안인 **자연선택**을 제안했는데 이것은 유전에 관한 지식을 필요로 했다. 맬더스의 글을 읽으면서(1장과 밑글 참조) 그는 제한된 자원을 차지하기 위해 경쟁하는 자손들이 늘 과도하게 많다는 생각을 했다. 그리고 이 "투쟁"이 한 집단의 조성을 변화시킨다는 시나리오를 쓰게 되었다. 환경에 더 잘 맞는 형질을 가진 생물들("**적응**")은 다른 개체들보다 더 성공적으로 생식하는 경향이 있고, 그러한 형질은 다음 세대에 보다 높은 비율로 전달된다. 따라서 집단들은 환경에 대한 적응을 계속 향상시킬 수 있을 것이다. 그리고 적응하지 못한 집단들은 멸종하게 될 것이다. 결국 모든 생물들이 직면하는 제한된 환경 자원이 생존을 평가할 수 있는 기준인 생식적 성공을 만들어 낸다는 것이다. 우연히 자연학자 Alfred Russel Wallace도 Darwin과 동시에 동일한 메커니즘을 제안했다. 두 사람의 논문은 1858년에 발표되었고, Darwin의 "**종의 기원에 관하여**"는 1859년에 출판되었다.

그러나 어떻게 생물이 변하느냐는 질문은 해결되지 못한 채 남아 있었다. 자연선택설은 선택이 작용할 수 있는 유전 가능한 변이에 달려있지만 Darwin도 Wallace도 어떻게 그러한 변이체가 만들어지는지에 대해서는 알지 못했다. 유전학이 발달된 후에야 이 문제들이 해결될 수 있었다(그러나 또 다른 어려운 문제들이 나타났다).

19세기 초에는 이미 사회내부에 다음과 같은 생물학적 진화에 필요한 기본 개념들이 존재하고 있었으므로 진화론의 발전 토대가 이미 마련되어 있었다고 볼 수 있다.

- Hutton같은 지질학자들은 **지구의 나이가 몇 백만 년 이상** 되었을 것으로 생각했다
- 자연 역사학자들이나 다수의 일반 대중이 **멸종한 화석종**의 실재를 인정했다.
- 계통분류학자, 비교해부학자, 발생학자들은 **서로 다른 많은 종들 사이의 유사성**을 주목했다.
- 대부분의 과학자들은 **생물들이 이전에 존재했던 생물로부터 유전되어 내려온다**고 믿었다.

그러므로 종 사이의 유연관계를 창조라는 초자연적인 힘으로 설명하기 위해 제시된, 신의 "공통 설계"라는 생각은 종의 관계가 공통 조상으로부터 유래한다는, 즉 "**원형에서 선조로**" 변화한다는 물질론자들의 진화적 생각과 약간의 차이가 있을 뿐이었던 것이다. 그럼에도 불구하고 물질론자들은 여전히 적어도 두 가지 중요한 질문에 직면해야만 했다. 어떤 자연의 원인 또는 메커니즘이 생물들이 변하는 이유를 설명할 수 있을까? 어떤 유전 메커니즘이 생물들을 변화시킬까?

Darwin(1809~1882)은 1859년에 첫 번째 질문의 답을 제공함으로써 생물학을 진화과학으로 전환시키는 데 큰 공헌을 했다. Darwin의 발표 직후에 Gregor Mendel(1822~1884)이 물질론적인 생물학 유전에 대한 기초를 제시했지만 두 번째 질문에 대한 구체적인 답은 결국 20세기까지 기다리게 되었다 (10장 참조).

그림 2-1 40세 때인 1849년의 Darwin의 초상화. T.H. Maguire 그림. © National Library of Medicine.

Charles Darwin

Darwin에 관한 전기들은 아주 많다(**그림 2-1**). 그는 자신의 사회적, 종교적 배경을 거부하고 매우 혁명적인 개념을 제시했으며, 또한 많은 동료들로 하여금 그러한 개념을 인정하게 만들었다. Desmond와 Moore의 말처럼, 그의 행동은 수수께끼였다.

어떻게 야망을 가진 30세 신사가 〔1837년에〕 비밀의 노트를 열었을까? 어떻게 그렇게 저돌적으로, 머리가 없는 자웅동체인 연체류가 인간의 조상이라고 제안할 수 있었을까? 게다가 그는 지방 명사의 아들이며, 캠브리지 대학에서 공부하고 한때는 성직자가 될 뻔했던 사람이었으며, 모든 가족이 "난폭하고 부도덕한" 급진적인 불량배들을 싫

어하지 않았는가.[1]

아주 짧게 말한다면, Darwin의 삶은 친절하고, 호기심 많고, 지적으로 창조적인 사람의 역사이다. 그는 용기는 있지만 여전히 겁이 많았고 많은 변화가 진행 중이던 사회에 살던 사람이다. 그는 영국의 중산층 가정에서 태어났고, 성공적인 의사였던 아버지 Robert Darwin(1766~1848)과 친조부 Erasmus Darwin(1731~1848)을 가진 행운아였다. 사실상 Erasmus Darwin은 초기의 진화론 보급자이기도 했으나 대부분의 동시대 사람들은 그를 과학적으로 볼 때 이론 전개가 거칠다고 평가했고 Charles 조차도 1830년대에 진화적 설명에 목마를 때에도 조부의 견해를 별로 심각히 고려하지 않았다. 어쨌든 역사가들은 진화에 대한 조부의 생각이 Charles에게 거의 영향을 주지 않았으리라고 생각한다. 흥미롭게도 "생존을 위한 투쟁"이라는 말을 만들었던 Herbert Spencer는 Erasmus Darwin에게서 많은 영향을 받았다 (Elliott, 2003).

16살에 Charles는 의학을 공부하려고 슈루스버리(Shrewsbury)에 있는 중등학교를 떠나 에딘버러(Edinburgh)대학교로 진학했다. 그 당시에는 외과공부가 대단히 잔인하였는데, 2개의 수술 — 그중 하나는 어린아이 — 을 참관하면서 곧 자신의 적성에 맞지 않는다는 것을 알아차렸고, 2년 뒤에는 다시 성공회의 목사가 되고자 캠브리지대학교로 전학했다. 그러나 그는 학문을 하는 것이나 성직자가 되는 일에 별 흥미를 느끼지 않았고, 사냥, 채집, 자연 역사, 식물, 지질학에 흥미가 있었다. 그는 전통적인 교육을 몹시 싫어했고 평범한 학생 이상도 아니었다. 아버지는 Charles가 근면한 프로정신을 가져야 한다는 가족의 믿음을 어겼다고 크게 화를 냈다. "너는 사냥하고 개 뒤나 쫓아다니고 쥐 잡는 것 외에는 아무 것도 관심이 없다. 너는 너 자신과 가족의 수치이다."

1831년에 캠브리지의 식물학 교수인 John Henslow(1796~1861)의 추천과 삼촌인 Josiah Wedgwood(1769~1843)의 주선으로, Darwin은 성직자의 길에서 더욱 멀어지면서 그 유명한 **비글호**(H.M.S. Beagle)(**그림 2-2**)의 세계일주 항해를 시작하게 되었다. 비글호에서의 그의 직함은 자연학자였지만 사실은 영국 해군성이 만든, 폭넓은 지리 탐사를 하는 해군 함정에서 무보수로 일하는 것이었다. 항해하는 동안 실제 Darwin의 주요 역할은 Robert Fizroy 선장의 식사 친구였고 자연학자로서의 임무는 부차적인 것이었다. 때문에 영국 해군본부에게는 Darwin이 자신을 학자로 분류하지 않았다거나 캠브리지에서 학업을 마친 것 등은 중요하지 않았다. 신사이고 명사수에 스포츠맨이었던 그는 그것만으로 자격이 충분했다.

비글호의 항해는 대략 5년 정도 걸렸고, 이 기간 동안 Darwin은 아마추어에서 헌신적인 지질학자, 생물학자로 변해갔다. 항해 동안 관찰했던 많은 것들에 대해 Henslow에게 쓴 그의 편지와 식물, 동물, 화석, 광물 등의 채집품들은 그가 영국으로 돌아오기 전부터 이미 상당한 과학적 관심을 자아내고 있었다. 이는 후에 연구지(*Journal of Researches*)로 출판되었고, 비글호의 항해(*Voyage of Beagle*)라는 제목으로 여러 번 재판되었던 Darwin의 항해는 19세기에 행해진 탐험 중 가장 흥미로운 역사가 되었다.

영국으로 돌아온 후에 상당한 수입과 유산으로 Darwin은 재정적인 문제에 매달릴 필요 없이 생물학에만 전념할 수 있었다. 그는 사촌인 Emma Wedgwood(1808~1896)와 결혼하여 1842년에 런던에서 16마일(25.7 km)[2] 떨어진 시골인 켄트의 다운마을 근처에 정착했다. 그곳에서 그는 아내와 함께 하인들의 도움을 받아 커다란 가족을 꾸렸다.

1882년에 사망할 때까지 40년 동안 Darwin은 거의 집안에서만 살았다. 그는 심장떨림증, 발진, 소화불량 등으로 고생했으며, 기생충 감염(Chagas 병을 일으키는 트리파노좀)에서부터 "치료제"로 인한 중금속(비소) 중독, "공황상태" 같은 심한 증후의 심신증에 이르기까지 추측도 다양한 정확히 알려지지 않은 원인들로 인해 제대로 활동을 할 수가 없었다. 원인이 무엇이었든 병으로 인해서 그는 편지를 쓰고 출판을 하는 일을 제외하고는 바깥세계와 격리된 채 살았다. 그러나 그는 편지 등을 통해 자연학자들, 학자들, 품종개량자들과 놀랄만큼 활발히 연락을 취하면서 사회적으로, 학문적으로 잘 소통하고 있었다. 그리고 이러한 아이디어의 교환이 결과적으로 그의 업적에 엄청나게 중요한 역할을 했다. Janet Browne(2006)이 주장하듯이 1660년에 창립된 영국 우편시스템의 발달이 Darwin 성공의 중요한 뒷배경이 되었던 것이다. 우표 값이 1 페니이던 당시, Darwin은 칩거하고 살던 1851년에 우표와 신문값으로 20파운드(현재 1,000파운드[1,890 미국달러]), 1877년에는 53파운드(2,650파운드 [5,000 미국달러])를 썼다.

신체적인 고통에도 불구하고, Darwin은 평화로운 삶을 살았던 것 같다. 아마 자신의 온유한 성격과 행동, 부인의 따뜻한 관심 때문이었을 것이다. Darwin은 완벽한 환자였고 부인은 완벽한 간호사였다고 전해진다.

비글호의 항해

5년 간의 **비글호**(**그림 2-3**) 항해를 통해, Darwin은 상당히 폭넓은 생물들과 지질학적 형성에 관해 관찰하고 생각할 수 있었다. 그는 브라질의 열대림에서 새, 곤충, 거미, 식물 등을 채집했고 아르헨티나의 해변 푼타 알타(Punta Alta)에서는 키가 6m나 되는 대형 나무늘보 *Megatherium*, 하마 비슷한 *Toxodon*, 대형 아마딜로

[1] 이것은 흥미로운 견해이다: 몇몇 학자들은 Darwin의 조부인 Erasmus Darwin이 약간 난폭하고 부도덕한 급진주의자였다고 생각한다.

[2] 책의 뒷표지 안쪽에 있는 척도 전환표를 참조.

그림 2-2 위: 남아메리카의 남쪽 끝에 있는 마젤란 해협에 있는 H.M.S. 비글호. 이 배는 10개의 포가 장착된 쌍돛대 군함으로 길이는 27m, 무게는 240톤이었다. Darwin이 항해를 시작했던 해인 1831년에, 비글호는 경도 표(longitudinal markings)를 정리하고 남아메리카 연안의 해도를 작성할 목적으로 세계 일주를 하게 되었다. (© SPL/Photo Researchers, Inc.) 아래: Darwin의 선상 친구가 그린 그림에 기초한 비글호의 측면도로 배의 모습과 약 70명의 선원들이 거주하는 비좁은 숙소를 보여 준다. (비글호 항해에 대한 최근의 글에서, 톰슨(Thompson)은 다음과 같이 언급했다: "비글호가 대단히 비좁았다고 말하는 것조차 사실 너무 관대한 표현이다. 야구장 1루와 2루 사이의 거리보다도 짧았다.") Darwin은 배의 선미에 있는 장교숙소에서 잠을 잤는데, 두 사람의 장교와 이 숙소를 함께 사용했다. 이 장교숙소에는 Darwin의 장비와 표본을 넣어두기 위한 서랍과 3×1.8m 크기의 해도 테이블과 여러 종류의 해도 보관함이 있었다. Darwin은 다음과 같이 기술하였다. "나는 단지 누울 수 있는 공간만을 가지고 있었고 그것이 전부였다." (© Mary Evans Picture Library/Alamy Images.)

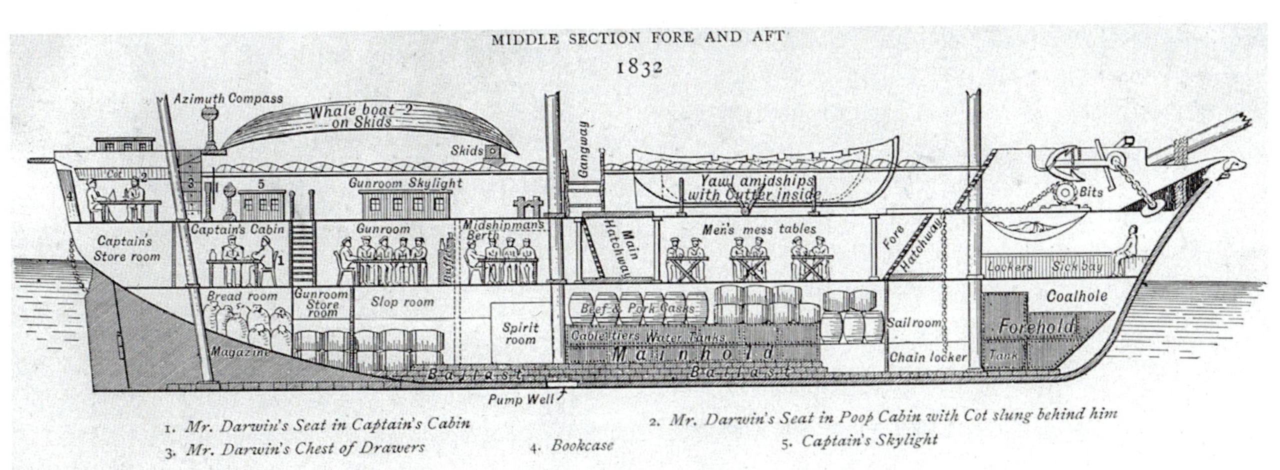

Glyptodon, 현생동물과 닮긴 했으나 확실히 다르게 생긴 많은 동물들의 화석 뼈들을 보았다. 남아메리카의 남쪽 끝에 있는 티에라 델 푸에고(Tierra del Fuego)에서는 인디안들의 원시성과 야생성, 그가 경험해 보지 못한 혹독한 환경에서 생존을 위해 격렬히 투쟁하는 그들의 삶에 큰 감명을 받았다.

항해를 하는 동안 Darwin은 Lyell의 **지질학 원리**("Principles of Geology")를 늘 소지하고 다녔으며, 많은 지형의 지질학적 특징들을 꾸준히 찾고 기록했다.[3] 그는 현재 모습의 남아메리카를 만들어 놓은 지질학적 변화 과정을 이해하기 위해 해수면 보다 높

[3] 지질학 교과서의 고전인 지구과학(Earth Sciences)은 현재 9판이 나와 있다(Tarbuck and Lutgens, 2006). 원래는 이 분야가 지질학(geology) 및 고전 과학으로 알려졌었지만(지질역사에 대한 연구 역사를 알려면 1~3장과 Rudwick, 2005를 참조), 많은 대학의 지질학과는 지구 연구에 대한 다양한 분야 및 그 분야들 사이의 관계를 모두 포함하는 접근을 위해 학과명을 지구과학과(department of earth science)로 바꾸어 왔다.

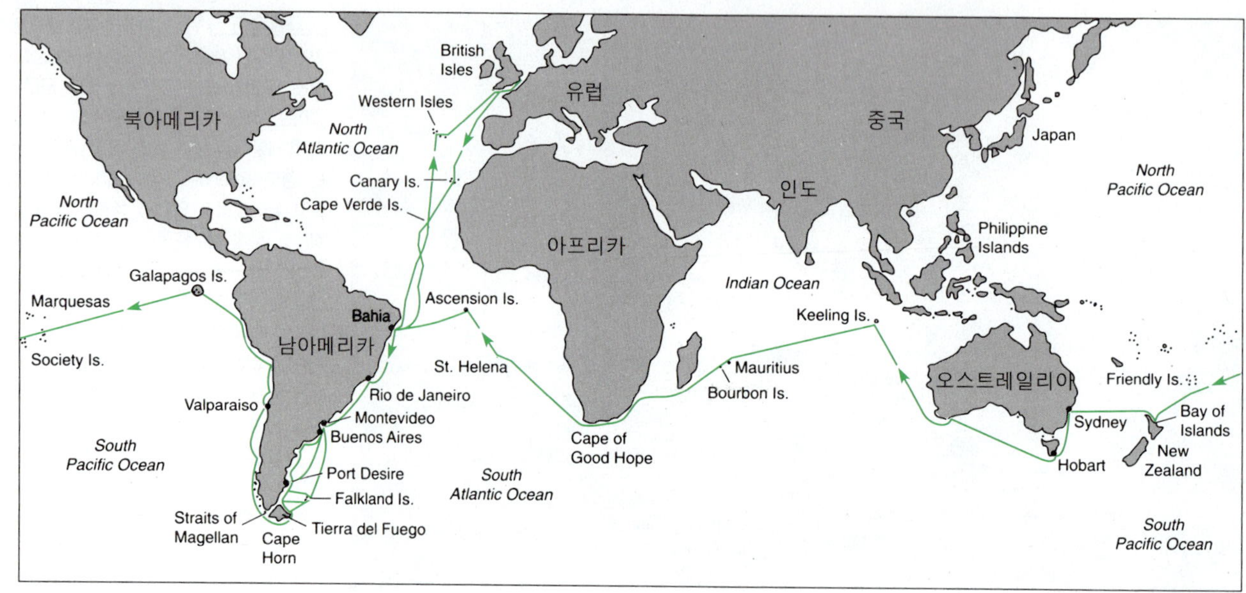

그림 2-3 1831년 12월에 영국 플리머스(Plymouth)에서 시작해서 1836년 10월에 영국 팔머스(Falmouth)에서 끝난 비글호의 5년 동안의 항로. 거의 4년을 남아메리카에서 보냈는데, 이 중 1835년 9월에서 10월까지 한 달 간은 갈라파고스에서 탐험했다.

은 여러 장소에 해산 조개껍질이 분포해 있는 것, 더 높은 고도에서 색소가 없어진 더 오래된 조개껍질을 발견한 것, 땅이 침식에 의해 계단식으로 변하는 등의 증거들을 모았다. 칠레 연안의 콘셉시온(Concepcion)만에서는 심한 지진으로 수면 위 약 60~90cm에서 높게는 3m나 되는 높이로 땅이 융기하는 것을 실제 경험하기도 했다. 이런 경험이 동일과정설이나 점진진화설에 대한 그의 믿음을 바꾸지는 않았으나 깊은 영향을 주었다.

> 한번은 심한 지진이 우리를 파괴했다. 단단함의 상징인 땅이 우리 발밑으로 움직였다. 마치 액체 위의 얇은 막처럼, 1초 정도의 짧은 시간 동안 불안하고 이상한 생각이 스쳐갔다, 몇 시간 심사숙고를 해도 할 수 없었을 그런 생각들이었다.

진화에 관한 Darwin의 생각에 가장 커다란 영향을 준 것은 에콰도르 연안에 있는 용암으로 덮인 황량한 **갈라파고스 섬**에서 보낸 기간이었다. 내륙에서 800km나 떨어진 이곳은 이상한 생물들 — 특이한 수많은 식물, 곤충, 도마뱀, 조개, 대형거북, 1m 가까이 되는 해상 및 육상 이구아나 — 의 집합소였다. 그는 항해를 하기 전에 이미 환경적으로 유사한 서식처라 할지라도 지리적 장소가 다르면 종도 다르게 생길 수 있음을 알았었다. 그러한 상황은 갈라파고스에서 가장 심했다. 곤충을 먹는 솔새나 딱따구리는 없었고, 대신 씨를 먹는 여러 종류의 방울새들이 있었다(**그림 2-4**). 또한 각 섬마다 독특하고 유연관계가 큰 종들로 이루어진 무리를 볼 수 있었으며 이는 중요한 질문을 던져 주었다. 생물들은 어떻게 이러한 분포를 갖게 되었을까? 이에 대해 Darwin은 다음과 같이 썼다.

> 각 섬들은 자신만의 독특한 육상거북, 지빠귀, 방울새, 수많은 식물 종을 가지고 있다. 이 종들은 서로 유사한 습성을 가지며, 유사한 습성을 가진 이들이 환경이 비슷한 이 군도의 자연 속, 같은 장소를 점하고 있다는 사실이 나에게 경이로움으로 다가왔다.

따로따로 창조하면서 장소마다 조금씩 다른 종들을 만들었을까? 왜? 그러나 Darwin이 "어떻게"라고 묻기까지는 몇 년이 더 걸렸다.

1831년부터 1836년까지의 비글호 항해에 관한 Darwin의 이야기는 1838년에 처음 출판되었고, 몇 년 뒤에 다시 수정되었다. 조류학자 David Lack을 비롯한 다양한 Darwin 역사가들은 연구지(*Journal of Researches*)에서 Darwin이 여러 가지 진화적 생각을 표현하기는 했지만, 영국에 돌아오기 전까지는 Darwin에게 갈라파고스 섬 등에서 행했던 관찰의 중요성이 그렇게 분명하지 않았다라고 말한다. 특히 갈라파고스 방울새는 확실한 사실인데, Darwin이 영국에서 1837년에 만났던 영국 조류학자 John Gould가 이 새들을 처음 분류했기 때문이다. 그때 비로소 Darwin은 노트를 뒤적여 어떤 섬에 어떤 종이 있었는가를 대략 정리하고 격리의 중요성을 들여다보기 시작했다(**글상자 2-1**). 상황과 날짜들을 잘 살피면서 책을 읽기 바란다.

비글호의 항해는 Darwin에게 진화사상의 씨를 심었고, 이로 인해 그는 1837년에 종의 변형(Transmutation of Species)에 관한 첫 번째 글을 쓰기 시작하였다. 그는 종 사이의 변화만이 현생 종

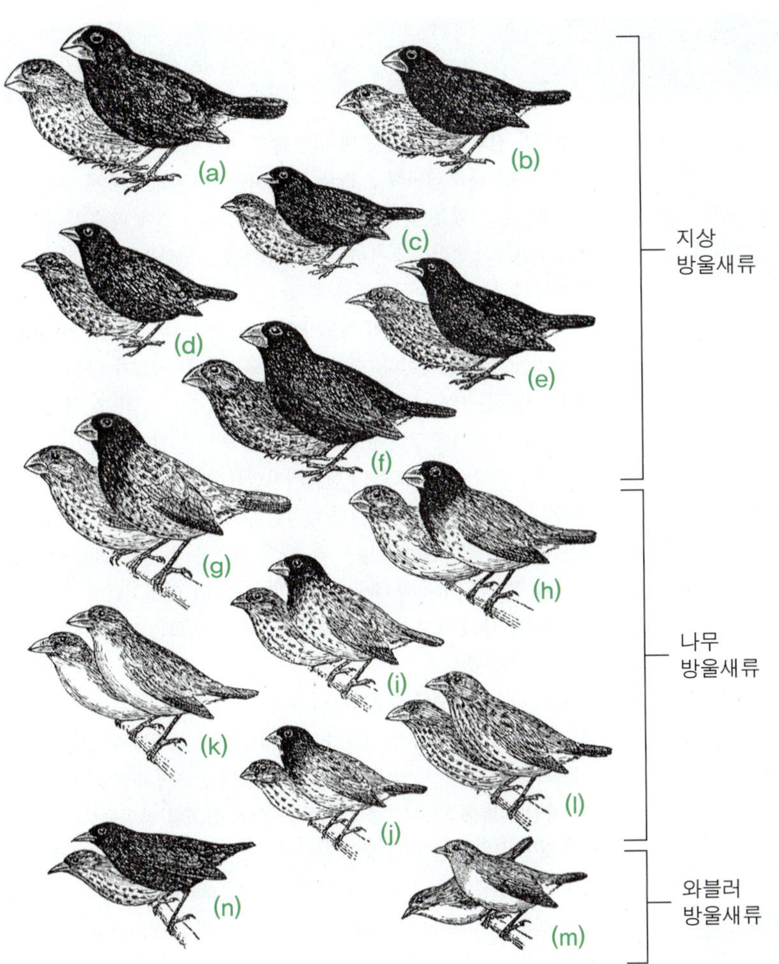

그림 2-4 Darwin이 갈라파고스 섬에서 관찰한 방울새의 종류(왼쪽 것은 수컷, 오른쪽 것은 암컷; 실제 크기의 약 20%). (a) *Geospiza magnirostris* (대형 지상 방울새), (b) *Geospiza fortis* (중형 지상 방울새), (c) *Geospiza fuliginosa* (소형 지상 방울새), (d) *Geospiza difficilis* (뾰족부리 지상 방울새), (e) *Geospiza scandens* (선인장 지상 방울새), (f) *Geospiza conirostris* (대형 선인장 지상 방울새), (g) *Camarhynchus crassirostris* (식물성 나무 방울새), (h) *Camarhynchus psittacula* (대형 선인장 지상 방울새), (i) *Camarhynchus parvulus* (소형 식충 나무 방울새), (k) *Camarhynchus pallidus* (딱따구리 방울새), (l) *Camarhynchus heliobates* (맹그로브 방울새), (m) *Certhidea olivacea* (와블러 방울새), (n) *Pinaroloxias inornata* (코코스 방울새). 이들 방울새류 사이의 진화적 유연관계가 그림 3-3에 그려져 있다. (*Darwin's Finches: An Essay on the General Biological Theory of Evolution*, 1947 (D. Lack)에서. Cambridge University Press에서 허락하에 재인쇄)

들이 과거 종들과 닮은 이유, 다른 종들끼리 유사한 구조를 공유하고 있는 이유를 합리적으로 설명할 수 있다는 견해를 밝혔다. "개체들 사이에서 볼 수 있는 유사성의 유일한 원인은 유연관계이다." 그는 지리적으로 장소가 다르면 식물상과 동물상에 차이가 있으며, 이는 애초부터 식물과 동물들이 전 세계적으로 동일하게 분포하지 않았기 때문이라고 생각했다. 예를 들면, 갈라파고스 섬들에 대해 다음과 같은 의문을 품었다.

> 과거 지질학적 시기에도 대양으로 덮여 있었음에 틀림없고, 용암으로 이루어져 아메리카 대륙과는 지질학적 특성이 다르며 특별한 기후의 영향을 받는 이 작은 땅덩어리에 왜 토착 거주 생물들이 아메리카 대륙과 비슷하게 창조되었겠는가?

Darwin에게는 갈라파고스 같은 섬들에는 대륙으로부터 이 먼 곳까지 이동할 수 있는 생물들만이 살고 있을 것이라는 사실, 그리고 그런 종들만이 진화에 의해 변형될 수 있음이 분명했다. "밀접하게 연관되어 있는 한 작은 그룹의 새들이 보이는 점진성과 다양성을 보면, 이 군도 안에서는 원래 적은 무리의 새들에서 출발하여 한 종씩 선택되어 서로 다른 목적으로 변형되었다는 것을 상상할 수가 있다."

그러나 종의 변형에 대한 메커니즘은 그러한 변형이 일어났다는 위의 가정 만큼 분명하지는 않았다. 종은 왜 변하는가? Darwin은 해답을 찾으면서 다양한 가설을 연구했다. 그중 가장 오랫동안 수용되었던 개념은 Lamarck의 것으로 후에 프랑스와 미국에서 많은 지지를 받았던 가설이다.

Lamarck의 유산

진화를 주창한 최초의 생물학자인 Jean-Baptiste de Lamarck (1744~1829)는 다른 사람들이 종 멸종(화석이 증거하듯이)으로 보던 것을, 긴 시간을 통해 점진적으로 개조된 것, 즉 **종의 연속성**을 가진 것으로 생각하도록 변화시켰다. 19세기 초까지 대부분의

글상자 2-1 Darwin의 방울새

젊은 Darwin은 짧은 시간 동안 머물렀던 갈라파고스 섬에서 본 야생의 다양성에 크게 감명을 받았다. 이 멀리 떨어진 섬에서의 관찰이 진화의 기작에 대한 그의 통찰력의 씨앗이 되었는지 여부는 모르지만, 그는 분명히 **종의 기원에 관하여** 전체를 통해 그것들을 예로 들며 비중 있게 다루었다. 그중 특히 탁월했던 것은 **비글호** 탐사에서 가지고 온 방울새에 대한 분석이었다. 이 일은 실제로 유명한 영국의 조류학자 John Gould에 의해 수행되었다.

굴드는 Darwin이 여러 분류군에 잘못 할당했던 새들이 사실상 대단히 다양한 그룹의 방울새였음을 Darwin에게 알려주었다. Darwin은 자신이 갈라파고스의 어느 섬에서 각 새들을 채집했는지를 기록하지 않았다. 그러나 기록을 가지고 있던 다른 승선원들이 채집한 새들을 조사하여 Gould는 몸의 크기와 부리의 모습이 매우 다른(**그림 2-5**), 다양한 방울새 종들이 특정한 섬에 국한된다는 것을 보여 주었다. 이를 알게 된 후, 이 중요한 관찰은 Darwin에게 큰 영향을 주었다. 왜냐하면 이는 해저의 화산폭발로 섬이 만들어진 후 균일한 방울새 집단이 이 섬들로 이주해 왔고, 각 섬들에서 다양한 형태로 진화해 왔음을 뜻하기 때문이다. 이렇게 Darwin이 만났던 갈라파고스 방울새를 비롯한 다양한 그룹들은 지리적 격리가 신종의 형성과 어떻게 관련이 있는가에 대한 그의 생각에 영향을 주었다.

그림 2-5 Darwin이 그린 4종의 방울새로 부리의 크기와 모습이 변이를 보인다. (© Photos.com.)

우리가 진화를 이해하는 데 있어서 이 새들은 1973년 이후 Darwin의 방울새를 계속 연구해 온 Peter와 Rosemary Grant 부부에 의해 더욱 중요해졌다. 그들은 몇 세대 동안 환경의 변화와 그에 따른 부리와 몸 크기의 진화적 변화를 조사하여 현재 진행중인 진화를 기록했다. Grant와 동료들의 초기 연구는 주요 환경 요인들의 변이 정도에 따라 그와 관련된 형태적 형질의 변이 정도가 달라질 것이라는, Leigh Van Valen의 예견을 확인한 것이다. 따라서 크기와 딱딱한 정도가 다른 먹이를 만나면 새들은 부리의 크기에 큰 변이를 보일 것이다. 각 종 내의 개체들은 자신의 부리에 알맞은 크기와 딱딱한 먹이를 선택한다.

작업이 진행되고 자료들이 만들어지면서, Grant 부부는 자연선택이 진화적 변화를 매우 급속하게 진행시킬 수 있지만 특정 집단의 선택 방향은 환경 조건이 변하는 데 따라 자주, 예측할 수 없게 변할 수 있음을 보여 주었다(Grant와 Grant, 2002; **그림 2-6**). 자연집단에서 일어나는 진화를 기록함으로써 Grant 부부는 우리가 진화의 과정을 이해하는 데 큰 공헌을 했다.

Darwin의 방울새에 대한 Grant 부부의 진화 연구는 유전적, 발생학적으로 보았을 때 어떻게 진화가 그렇게 급속히 진행될 수 있는가라는 질문을 야기시켰다. 만일 부리 크기와 모양의 변화에 대한 선택이 많은 유전자들의 발현 또는 기능의 변화 — 어떤 공조된 방법으로 — 를 일으킨 것이라면, 지난 30년 동안 갈라파고스 방울새에서 일어난 것 같은 빠른 속도의 진화적 변화는 불가능할 것처럼 보인다.

이 질문은 Abzhanov와 그 동료들의 최근 작업 즉, Darwin의 방울새의 부리 크기와 모습의 변이에 관한 발생학적 – 유전학적 근거에 대한 연구에서 통찰해 볼 수 있다. Abzhanov와 동료들은 한 단일 유전자, *Bmp*-4의 발현 양과 부위가 Darwin의 방울새의 부리 크기와 모습의 변이에 관련되어 있음을 보여 주었다(**그림 2-7**).

흥미롭게도 말라위 호수의 시클리드 물고기 중 조류를 물어뜯고 부수어 먹는 섭식자는 물 속에서 플랑크톤을 흡입해 먹는 같은 호수의 다른 시클리드 물고기 종류에 비해 *Bmp*-4의 수준이 높았다(Albertson et al., 2005).

먹이 섭취는 턱과 이빨의 영향을 받는다. 또 다른 연구(Wise와 Stock, 2006)는 3종(송사리, 일본 dedaka, 멕시코 tetra)의 물고기에서 이빨을 만드는 부위에는 *Bmp*-4의 발현이 보존되어 있는 반면 이빨이 없는 턱 부위에서는 발현되지 않음을 보여주는데, 이는 이빨의 손실과 *Bmp*의 진화적인 관계 및 이빨과 턱의 유전적 조절을 제시해 준다.

자연학자들은 획득형질의 유전, 특징의 유용성(적응성), 변화를 향한 어떤 내부의 힘에 대한 개념을 인정하고 있었다.

Lamarck는 다음의 내용을 통해 어떻게 변형이 일어나고 생물들이 어떻게 각자 자신이 처한 환경을 이용하면서 정교한 관계(**적응**, adaptation)를 맺어 가는지를 설명한 것으로 평가받고 있다.

- 생물 사이의 변이는 환경에 대한 반응 때문에 생긴다;
- 특정한 방향으로 반응하는 이러한 능력이 새로운 형질의 적응을 가져온다.

예를 들면, Lamarck는 백로 같은 물새들이 긴 다리를 가진

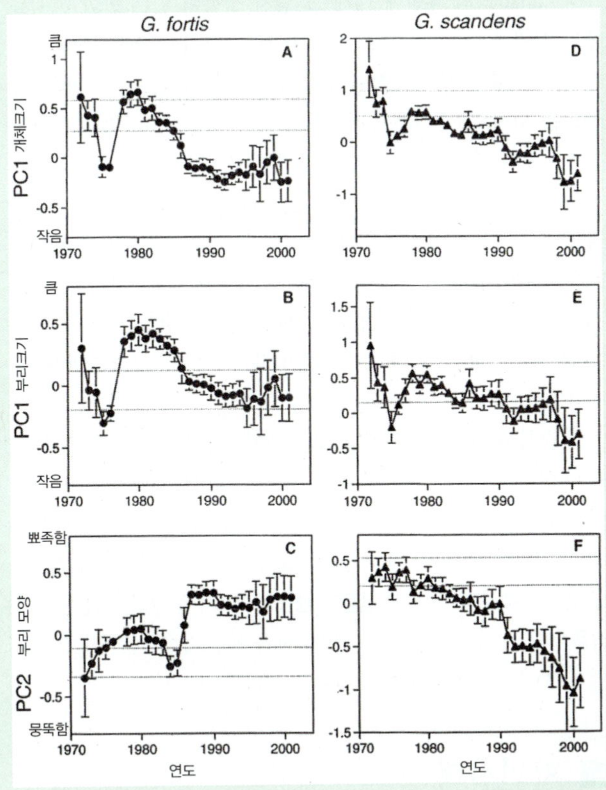

그림 2-6 Darwin의 방울새, *Geospiza fortis*(A to C)와 *G. scandens*(D to F) 2종의 성체에서 볼 수 있는 1973~2001년 사이의 형태적 변화. 수평의 점선은 영가설(the null hypothesis, 진화적 변화가 없다는)을 정의하는 신뢰 구간을 나타낸다. 이 결과들은 환경 조건이 변하는 데 따라 뚜렷한 진화적 변화가 일어나고 변화의 방향도 달라짐을 보여 준다(Grant, P.와 Grant, R. 2002. Science. 296, 707~711에서 복제. AAAS에서 허가하에 재인쇄).

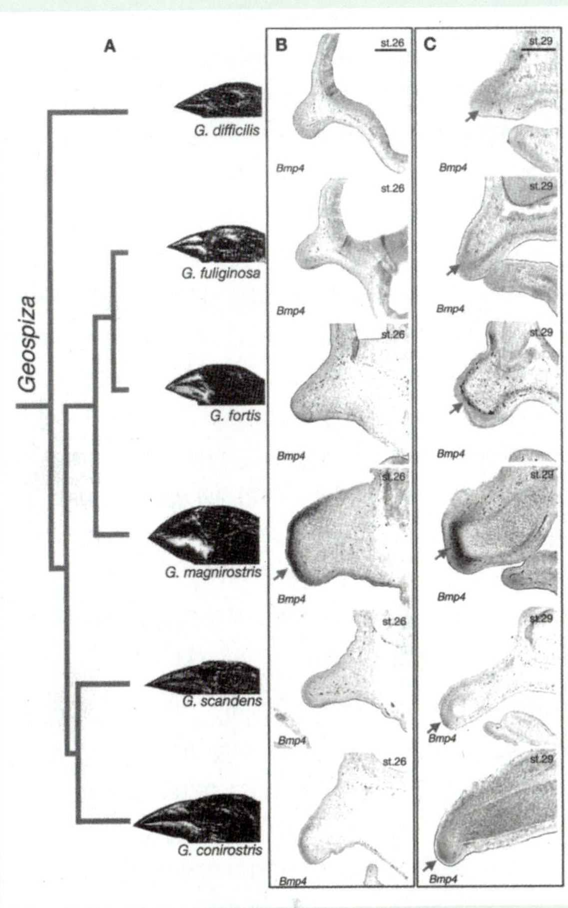

그림 2-7 Darwin의 방울새에서 *Bmp-4* 발현과 부리 형태의 변이의 관계. 사진 속 조직은 6종의 Darwin의 방울새 배에서 채취한, 발생 중인 얼굴 부위이다(발생단계 26과 29, 얼굴의 돌출부). 어둡게 염색된 부위는 *Bmp-4* 발현 수준이 높은 곳이다 (Abzhanov, A., Protas, M., B. Rosemary Grant, B. R., Grant, P. R.와 Tabin, C. J. 2004에서 복제. *Bmp-4* and Morphological variation of beaks in Darwin's finches. *Science*. 305; 1462~1465에서 허가하에 재인쇄).

이 결과들은 Darwin의 방울새(아마 다른 많은 새들의 계보에서도) 부리의 급속한 진화와 물고기의 먹이섭식과 관련된 턱과 이빨 형태의 급속한 진화는 상대적으로 단순한 발생학적-유전학적 기작이 부리의 크기와 모양의 변이 패턴을 만들어 낸다는 사실로 설명될 수 있음을 보여 준다. 24장에서도 종분화의 근간이 되는 또다른 유전적, 발생학적 기작을 공부한다.

것을 다음과 같이 설명하였다.

> 우리는 다음과 같은 사실을 볼 수 있다. 물가에 서식하는 새들은 헤엄치는 것을 좋아하지 않지만, 먹이를 찾아 물가로 가야 하는 상황에 처하고, 이때 진흙 속으로 가라앉기 쉽다. 이제 이 새들은 다음과 같은 행동을 시도해 본다. 몸이 물에 잠기면 안 되므로 다리를 뻗어야 하고 되도록 길게 뻗도록 노력한다. 이렇게 획득하여 오랫동안 지속한 습관 그리고 다리를 뻗고 가능한 길게 만들려는 지속적인 노력의 결과로 이들은 이제 마치 지주 위에 서있는 것처럼 서

있게 되었다. 그리고 점진적으로 넓적다리, 때로는 더 윗부분 까지 털이 없는 긴 다리를 갖게 되었다.

이 가설의 중심은 새로운 환경에 직면했을 때, 생물은 새로운 습관을 터득하고 완전해지고자 하는 내부의 어떤 원리를 연습하여 적절히 변화할 수 있다는 것이다. 이 특별한 힘은 환경이 요구하는 바를 감지하고 적절히 적응하는 방향으로, 대개 단순한 것에서 복잡한 쪽으로 새로운 형질을 발달시키는 방법으로 반응한다. 하지만 Lamarck에게는 그러한 방향성의 원동력이 분명하지 않았는데, Darwin이 후에 인식하게 된, 자연선택(natural selection)이 바로 적응 메커니즘의 도구라는 사실을 몰랐기 때문이다.

Lamarck는 진화의 "진보"를 때로는 신비주의의 생기론적인 생명(하늘의 불)으로 돌리기도 하고 또 어떤 때에는 그러한 초자연적인 원인을 부정하기도 했다. 그러나 그는 그 방향이 자연적인 또는 초자연적인 사건에 의해 야기되든 아니든 간에, 유기적 변화의 근원과 다음 세대로의 전달이 **두 가지의 일반적인 메커니즘에 의해** 일어난다고 믿었다. 그리고 이 메커니즘을 2개의 기본적인 **"자연의 법칙"**으로 성문화했다(이 두 개념 모두 민간 전승의 가설에서 추적해 볼 수 있고, Darwin의 조부인 Erasmus Darwin의 글 *Zoonomia* 속에서도 볼 수 있다).

1. **용불용설**(Principle of Use and Disuse): 성장 가능한 한계 내에서, 동물이 자주 계속적으로 어떤 기관을 사용하면 그런 기관들은 점차 더 강하게 발달하고 확장된다. 그리고 사용된 시간에 비례하여 힘도 더 강해진다; 반면에 어떤 기관의 영구적인 불용은 그 기관을 미세하고 약하게 만들며 점진적으로 기능이 줄어 마침내 사라지게 된다.
2. **획득형질의 유전**(The Inheritance of Acquired Characters): 오랫동안 살아온 환경의 영향을 받아 어떤 기관을 빈번히 사용하거나 영구적으로 불용하게 되면 그 결과 획득과 손실이 생긴다; 만일 그렇게 획득된 개조형질이 양쪽 성에 모두 나타나거나 최소한 새끼를 낳는 개체들에게 공통적으로 존재한다면 이런 형질은 생식을 통하여 새로이 태어나는 개체들에게도 보존된다.[4]

어떤 사람들은 완전함을 향한 돌진을 Lamarck의 핵심 생각 중 3번째 과정이라고 말한다.

Lamarck는 우리가 종이라 부르는 것은 단지 변화 과정에 있는 존재일 뿐이며, 다른 시점에 있는 생물들을 연결하는 연속적인 존재이기 때문에 종은 실재하는 것이 아니라 이름으로만 존재한다라는 생각을 하게 되었다. 따라서 그에 따르면, 화석 종은 멸종한 것이 아니라 시간이 흐르면서 개조되어 온 것이며 점차 보다 복잡한 생물로 진화했다.

Lamarck의 제안에 대해 그 당시 설득력 있는 반박 논쟁을 했던 사람은 George Cuvier(1769~1832)였다. George Cuvier는 서로 다른 종들 사이의 틈을 연결해 주는 중간형은, 살아 있는 생물로든 화석으로든 찾아볼 수가 없었다. 또한 때로 종들 사이의 잡종이 만들어졌을 때는 노새처럼 항상 불임이었다. 따라서 생물들이 완전함을 향해 애쓰고 있다는 Lamarck설은 우스워보였다. 동물에서 어떻게 이미 존재하는 기관 없이 헤엄 또는 비행같은 새로운 습관이 새로이 생길 수 있을까? Cuvier는 또한 4천 년의 역사에도 불구하고 새롭게 진화된 종은 없다고 주장했다. 왜 새로운 종이 진화할 수 있다고 생각해야 하는가? 비슷한 것이 비슷한 것을 낳을 뿐이다.

진화의 과정, 즉 획득형질의 유전과 용불용은 후에 옳지 않음이 밝혀졌지만, 그럼에도 불구하고 이 개념들은 본질적으로 균일론적인 것이었고, 이는 곧 진화가 초자연적, 대재앙적인 사건에 의존하지 않는다라는 것이었다. Lamarck는 **진화에 대한 물질론적 설명**(획득형질의 유전)과 **생물과 환경 사이에서 일어나는 밀접한 상호작용**을 담은 설명을 제안함으로써 진화 또한 다른 자연 현상과 동일한 방식으로 이해할 수 있다는 분위기를 고조시켰다.

자연선택

만일 시간이 흐르면서 생물이 변할 수 있고, 용불용이 생물에 영향을 준다는 기본적인 생각을 인정하고 변하는 방법에 대한 설명만을 제외한다면 남는 질문은 다음과 같다: 그들은 어떻게 변하는가? Darwin이 심혈을 기울여 진화기작 — **자연선택**(natural selection) — 을 설명하기는 했지만, 그가 생명체에 대한 선택을 생각한 첫 번째 사람은 아니다.

자연선택 개념의 짧은 역사

고대에 Empedocles(490~430 B. C.)는 생명이 처음 만들어질 때는 몸의 각 부분과 기관들이 자유롭게 떠도는 형태이다가 점차 함께 합쳐져서 전체 생물을 형성한다라고 주장했다. "어떤 목적"에 적응한 생물들은 생존하고 적응치 못한 것은 멸망하며, 그는 이러한 선택에 의해 모든 현존하는 생물들이 기원한다고 주장했다. Aristotle은 선택이 작용하는 Empedocles의 무작위(randomness) 개념을 반박했다. 그는 **자연의 등급**(*Scale of Nature*)도 다른 목적론적인 과정들처럼 가장 낮은 단계에서 가장 높은 단계로 발전을 통해 일어난다고 주장했다. 그러므로 이 발전과정에 선택이 요구될 수는 있으나 임의적이거나 무작위적인 것은 존재할 수 없다(1장 참조).

18세기에 Buffon은 자연선택(그리고 인간에 의한 가축과 농

---

[4] 현재는 모든 생물학자들이 부정하고 있지만, 1948~1963년 사이 소련에서는 작물의 환경적 적응이 유전된다고 주장한 러시아 농학자 T. D. Lysenko와 그 추종자들의 실험결과에 의하여 **라마르크설**(Lamarkism)의 한 형태가 공식적인 정책으로 채택되었었다.

작물에 대한 **인위선택**, artificial selection)을 종 멸종의 원인으로 보았다. 그러나 그는 자연선택을 새로운 종의 탄생 원인으로는 보지 않았고, 새로운 종은 자연발생에 의해 일어나며 발생 당시의 상황의 차이가 종들 사이의 차이를 가져 온다고 믿었다.

Lamarck는 초자연적 힘이나 생명력에 대한 믿음을 완전히 포기한 것은 아니었으나, 물질론자로서 자연현상에 대한 체계적이고 종합적이며 물질론적인 설명을 추구한 18세기 후반의 자연학자들 중 하나였다. Lamarck식의 견해에 따르면, 환경의 영향으로 변이가 생기며 변이는 적응하는 방향으로만 일어난다. 그래서 "불완전한" 또는 "결손이 있는" 종이 멸종하는 일은 있을 수 없다. 왜냐하면 생물들은 항상 변화하는 환경에 적응하고 그렇게 획득한 특징을 유전할 수 있기 때문이다. 그에게는 변이와 진화가 분리된 것이 아니었기 때문에 무작위적일 수가 없었고 따라서 적응 형질의 획득에는 선택이 필요 없었다.

19세기초에 William Wells(1757~1817)나 Patrick Matthew(1790~1874) 등의 많은 학자들이 변이의 기원을 변이를 보존하는 힘과 분리시키고, 자연선택의 원리를 종 내부의 변화를 설명하는 데 사용하기 시작했다. 그러나 충분한 지지 설명을 하지 못했기 때문에 이들의 생각은 매우 추상적으로 보였고, 이에 따라 그러한 작업들은 생물학자들이 별로 관심두지 않던 출판물에만 기록이 되었다.

Malthus와 Darwin

각각의 종은 생존할 수 있는 것 보다 훨씬 더 많은 수의 개체들이 태어난다. 그 결과 생존을 위한 투쟁이 계속 반복된다. 만일 복잡하고 다양한 상황 속에서 어떤 개체가 자신에게 조금이라도 이득이 되는 변이를 가진다면, 이 개체는 생존에 보다 유리한 기회를 갖게 될 것이며 따라서 자연적으로 선택이 될 것이다. 유전 원리에 따라 선택된 품종은 자신의 새롭고 개조된 형태를 전파시키게 될 것이다(Darwin).

이 단순한 설명 뒤에는 원인이 되는 복잡한 사건들이 있는데, Darwin은 일생의 대부분을 그것을 조사하는 데 소비했다.

Darwin이 자원이 지탱할 수 있는 것보다 더 많은 구성원을 낳는 — 경쟁과 선택에 이르는 일차적인 압력 — 종의 경향에 대해 생각하게 된 것은 생물학 문헌 때문이 아니라 당시의 사회 상황 때문이었음을 주목할 필요가 있다. 영국 빅토리아 여왕 시기에는 산업혁명으로 인해 빈곤층이 급속히 증가하면서 다양한 사회적, 경제적인 문제들이 드러나게 되었고, 이러한 빈곤문제는 영세 수공업자로부터 시작되어 엔클로저 조례(Enclosure Acts)에 의해 점차 농부들로 확산되면서 땅(the "commons")을 잃는 사람들이 생겨나게 되었다.

그 결과는 Rev. Thomas Malthus(1766~1834)의 그 유명한 표현처럼 가난한 사람들의 운명은 피할 수 없는 것이었다; 생식의 힘이 항상 존재의 수단을 고갈시킬 것이기 때문이다. Malthus는 식량의 공급은 기껏해야 경작지를 조금 더 늘리고 농업기술을 향상시켜 산술적으로 증가할 수 있는데(1 → 2 → 3 → 4 → 5 ...), 가난한 사람들의 수는 기하급수적으로 증가할 것이다(2 → 4 → 8 → 16 ...)라고 지적했다. 왜냐하면 보통 각 가정마다 애들을 2명 이상씩 낳기 때문이다. 따라서 기근, 전쟁, 병이 집단의 증가를 제한하는 주된 조절 요인이 된다.

1798년의 맬더스의 인구론 에세이는 Appleman(2001)에 의해 재출판되었다. 우리를 놀라게 하는 것은 아래의 발췌 부분에서 볼 수 있듯이 길이가 600개의 단어 밖에 안 된다는 것과 맬더스가 자신의 생각을 인간 뿐 아니라 모든 동물과 식물에 함께 적용했다는 점이다:

> 내 생각대로 가정을 해 보면... **첫째, 인간은 생존하려면 음식물이 필요하다. 둘째, 남성과 여성 사이에는 필연적으로 열정이 존재하며, 이것은 앞으로도 거의 현재 상태 그대로 존재하게 될 것이다...** 인구의 힘은 지구가 인간을 생존시킬 수 있는 힘보다 훨씬 더 크다.
>
> 조절하지 않는다면 인구는 기하급수적으로 증가한다. 그러나 생활수단은 산술적으로 증가한다. 숫자에 대한 약간의 지식만 있더라도 두 번째 힘에 비해 첫 번째 힘이 막대함을 알 수 있다.
>
> 인간의 생명에 필수적인 음식을 만드는 자연의 법칙에 의하면 이들 두 불균형적인 힘의 영향은 동일하게 유지될 것이다. 이것은 인류 집단에게 생존의 어려움이라는 강력하고도 지속적인 조정이 있음을 암시한다. 이 어려움의 화살은 누군가를 향하게 될 것이고 많은 인류가 결국 이를 떠안게 될 것이다.
>
> **동물과 식물계 모두에서** 자연은 풍부하고 관대한 손으로 생명의 씨를 널리널리 퍼뜨렸다. 그러나 자연은 그들을 키우기 위한 양분은 방 하나에만 넣어 놓고 아껴 왔다. 그곳에 떨어진 싹들은 충분한 음식과 공간을 만끽하며 수천 년에 걸쳐 온 세상을 채워갈 것이다. **그러나 도도한 자연의 법칙, 즉 부족함은 곧 그들을 정해진 한계 내로 억제하게 된다. 식물과 동물 종족들은 이 엄청난 제약의 법칙 아래에서 위축된다.** 그리고 인간의 종족 또한 어떤 노력으로도 이를 벗어날 수 없다. **식물과 동물에서는 그 결과가 폐기된 종자, 질병, 때 이른 죽음이다. 인간에서는 궁핍과 타락이다**(Malthus, *An Essay on the Principle of Population,* 10th ed., 1803; 강조 부분이 첨가됨).

맬더스가 가난한 사람들에게 제공할 수 있었던 유일한 희망은 스스로의 억제였다. 결혼을 늦추고 성적인 행동을 자제하는 것. 그는 빈민구제법이나 부의 재분배, 생활 조건의 향상 등 모든 다른 해결책들은 소용없다고 생각했다. 왜냐하면 그러한 조치들은 결국 가난한 사람의 수를 더욱 증가시킬 뿐이고, 다시 기근, 전쟁, 병의 악순환이 시작될 것이기 때문이었다.

맬더스는 진화학자가 아니었지만, 당시의 많은 사람들처럼 Darwin도 그의 주장에 깊은 감명을 받았다. 그러나 그것은 Darwin이 종의 변형 가능성을 인정하게 된 이후의 일이다. **맬더스는 집단의 증가를 제한하면 진화적인 변화를 막게 될 것이라고 믿었는데,** 왜냐하면 집단의 표준에서 떨어져 나오는 개체들은 절멸에 보다 더 쉽게 영향을 받기 때문이었다. 이것이 1830년대의 생각이였으며 많은 생물학자들이 이에 동의를 하였다. 그러나 Darwin에게 있어 맬더스 이론의 중요성은 집단에 필요한 자연 자원의 제한과 집단의 생식력 사이의 충돌이라는 문제에 있었다. 집단 증가를 완화시키자는 맬더스의 제안과는 달리 Darwin은 식물과 동물의 세계에는 그러한 대안이 없음을 지적했다. 동식물에게 "식량의 인위적인 증가가 있을 수 없고 짝짓기에 대한 자제가 있을 수 없다"는 것이다.

Darwin은 인위선택에 관한 많은 증거를 모았다. 이 자료들과 가축의 번식 연구를 통해 Darwin은 선택(이 경우에는 인위선택)이 유전적으로 영향을 나타낼 수 있다는 분명한 증거를 얻었다. 실제로 Darwin은 가축과 재배 작물들이 쉽게 변화할 수 있고 불과 몇 세대만에 이런 일들이 일어난다는 데 스스로도 놀랐다. 그는 계속해서 집필을 통해 인위선택과 자연선택에 관한 내용을 언급했다:

- 인위선택을 통해 변화를 일으키는 것이 얼마나 쉬운지;
- 지질학적 시간의 거대함;
- 균일론의 적용, 이 설에 따라 현재 일어나고 있는 과정을 과거로 확장시킬 수 있음;
- 자연선택자의 존재 즉, 한정된 자원의 압력,

위의 네 가지와 탁월한 통찰력으로 Darwin은 생존의 기회가 높은 개체들이나 종류를 생식에 선택함으로써 선택이 일어나고 그래서 집단의 조성이 변화되는 것을 보았다.

그러므로 맬더스는 Darwin이 자연선택을 진화적 변화의 기작으로 발전시키는 데에 매우 중요한 역할을 했다고 볼 수 있다. Darwin은 자서전에 다음과 같이 썼다.

> 나는 인간이 좋은 품종의 동식물을 만드는 데 있어서 선택이 성공의 관건임을 알게 되었다. 그러나 어떻게 선택이 자연 상태에서 살고 있는 생물에 작용할 수 있는가는 오랫동안 미스테리로 남아 있었다.
>
> 체계적인 연구를 시작한 지 15개월이 지난 1838년 10월에 우연히 '집단에 관한 맬더스'의 글을 읽게 되었고, 그때 나는 이미, 오랫동안 지속해 온 동식물의 관찰을 통해 생존을 위한 투쟁[5]을 인정할 마음의 준비가 되어 있었다. 그때, 득이 되는 변이는 보존될 가능성이 높고 해가 되는 변이는 파괴될 것이라는 생각이 내 머리를 스쳤다. 그 결과 새로운 종이 형성될 수 있을 것이다. 그 순간 나는 마침내 한 가지 가설을 정리하게 되었다; 그러나 나는 선입감을 갖고 싶지 않았고 그래서 그러한 나의 이론에 대해 당분간 한마디도 쓰지 않기로 결정했다. 1842년 6월, 나는 비로소 연필로 35쪽짜리 짧은 요약 집필을 마치고 스스로 만족하게 되었다; 이것은 1844년 여름에 230쪽으로 확장되었고, 나는 이것을 복사하여 아직도 지니고 있다.

Wallace와 Darwin

Darwin은 자신의 이론에 대한 출판을 일부러 지연시켰다. 이것은 자신의 이론을 일반화하는 데 대한 반대를 반박할 충분한 증거를 모으고자 했던 그의 의지를 보여 준다. 1852년 까지 자연선택이 종분화의 기작이라는 그의 이론은 불완전했다. 그때 Darwin은 **방산 원리** — **종의 기원에 관하여**에서는 그림으로만 보여 주었다 — 즉, 아집단 사이의 경쟁이 있으면 아집단들이 특수화되기 시작하고 종분화에 이를 정도로 방산할 수 있음을 생각해 냈다. 이것으로 Darwin은 **경쟁이 가장 강력한 선택 힘이며, 지리적 격리는 그보다 영향이 훨씬 적다**라는 생각을 유지할 수 있었다.

Darwin이 자신의 책에 대한 세간의 평판에 대해 조심스러웠던 세 번째 이유는 **창조에 관한 자연역사의 흔적**이라는 책 때문이었다. 이 책은 1844년에 익명으로 발표되었는데 저자가 죽은 이후, 이 책이 저명한 한 스코틀랜드 출판사의 회원인 Robert Chamber에 의해 쓰여 졌음이 알려졌다. 이 **흔적**이란 책은 모든 물질은 무기물이나 유기물, 무기물 먼지로부터 영양이나 환경의 변화에 의해 야기된 돌발적인 돌연변이가 축적되어 진화했음을 상세히 설명했다. 이 책은 한동안(영국에서 14판이나 이어지면서 대중적으로 많은 논의가 있었다) 엄청나게 인기가 있었지만, 상당한 종교적, 과학적 유탄의 대상이 되기도 했다. 그리고 이 때문에 Darwin은 자신의 생각이 조롱거리가 될까 두려워했다. **흔적**이란 이 책이 출판된 때는(1844), Darwin이 이미 자신의 설을 담은 긴 에세이를 마친 뒤였다. 집필을 끝냈으면서도 Darwin은 옆에 놓아두고 출판하지 않았다. **흔적**을 읽고 그에 대한 반응도 지켜본 후, Darwin은 자신의 설을 대중에게 공개(조롱받을 각오도 함께)하

[5] Darwin이 **최적자 생존**(*survival of fittest*, 글상자 22-1 참조)이라는 Herbert Spencer의 용어와 은유를 인정하고 사용하기까지는 상당한 시간이 걸렸다. 몇몇 편지에서 Wallace는 자신이 사용한 이 문구를 Darwin도 확신할 수 있도록 납득시키려고 노력하였다. 종의 기원에 관하여(*On the Origin of Species*)의 여러 판이 출판된 이후에야 비로소 Darwin은 세대를 거치며 일어나는 생물의 차별적인 생식으로 이어지는 과정에 이 용어를 사용하였다. 후에 Darwin은 자신이 생존을 위한 투쟁(struggle for existence)보다는 **생식을 위한 투쟁**(*struggle for reproduction*)을 사용하는 편이 더 나았을 것 같다고 썼다; 논의를 위하여 Huxley(1947) 참조.

기 전에 가능한 더 많은 증거를 모을 필요가 있다고 믿게 되었다.

1858년 동남아시아의 섬에서 주로 새, 곤충, 포유류를 채집하고 있었던 자연학자 Alfred Russel Wallace(1823~1913)가 자신의 출판 예정인 논문을 Darwin에게 보냈는데 거기에는 Darwin 자신이 생각해 왔던 자연선택설이 쓰여 있었다. Wallace 또한 진화의 메커니즘에 관한 수수께끼를 풀려고 노력해 왔으며 그 또한 Malthus를 읽었다. Malthus는 20년 전에 Darwin에게 했듯이 Wallace에게도 큰 영향을 주었던 것이다. Wallace는 다음과 같이 썼다.

> 그 당시(1858년 2월), 나는 몰루카(Moluccas)에 있는 테르나테(Ternate)에서 고열로 고생하고 있었다. 그때 무엇인가가 나로 하여금 몇 년 전에 읽었던 **"집단에 관한 수필"**에서 Malthus가 언급했던 양성적인 억제를 생각나게 했다. 그리고 내 마음속에 깊고 영원한 감명의 순간이 지나갔다. 그러한 조절요인 — 전쟁, 병, 기근같은 것들 — 이 사람뿐만 아니라 동물에게도 작용하는 것이 틀림없다는 생각이 들었다. 그리고 동물의 수가 엄청나게 늘어나는 문제를 생각해 보았고, 그런 경우 이들에 대한 조절이 사람의 경우보다 한층 더 효율적으로 진행될 것이라는 생각이 들었다; 이 사실에 대해 막연히 이리저리 생각하고 있는 중에, 갑자기 최적자 생존이라는 생각이 떠올랐다. — 이러한 조절요인에 의해 제거된 개체들은 대체로 생존한 개체들에 비해 열등한 것임에 틀림없다. 오한 발작이 끝나기 전 2시간 동안에 나는 이러한 전체 설에 대한 생각을 끝냈다. 그리고 같은 날 저녁 내 논문의 초안을 썼고 이틀 동안 생각을 다듬어 기록한 후 우편으로 Darwin에게 보냈다(*Natural Selection and Tropical Nature* 제2장 서문, 개정판, 1891).

Darwin이 자연선택을 먼저 발표할 수 있는 기회를 놓치지 않도록 하기 위해 Darwin의 친구인 Lyell과 Hooker는 1858년에 〈**린네 학회지**〉(The Journal of the Linnaen Society)에 두 사람이 공저로 짧은 논문을 출판하도록 주선했다.[6] 그러나 놀랍게도, 과학사회도 비과학사회도 그 당시 거의 아무 반응을 보이지 않았는데, 아마도 이론에 대한 증거가 없고 대규모의 진화적 현상을 나열하지도 않은 터라 큰 흥미를 이끌어내지 못했고, 이미 확립된 견해를 위협하지도 않았기 때문이었을 것이다. 1859년 11월, Darwin이 내용을 많이 첨가하여 두꺼운 책의 형태로 **종의 기원에 관하여**를 출판하자 비로소 세계가 주목하게 되었다.[7]

[6] 우리는 가끔 Wallace와 Darwin이 동일한 이론에 이르렀다는 인상을 받는다. 하지만 사실은 그렇지 않다. 그들은 Spencer의 용어인 생존 경쟁(struggle for existence)을 사용하는 것에서도 서로 달랐고, 더 근본적으로는 Wallace가 자연선택을 이해하는 수단으로서 인위선택을 활용하는 것에 대해 확신하지 못하였던 반면, Darwin에게는 인위선택과 자연선택의 이러한 조합은 필수적인 것이었다.

[7] 다른 사람들의 연구에서 수집된 자료들을 포함한 많은 증거들을 사용했음에도 불구하고, Darwin은 자신을 놀라게 했던 그 증거들의 출처에 대해서는 거의 기록을 남기지 않았다.

Darwin과 Wallace가 제시한 진화원리는 **그림 2-8**에 간략히 요약되어 있다. 진화과정은 지속적인 것이다; 적응을 한 개체들은 그렇지 못한 개체들보다 상대적으로 생식력이 증가하고, 제한된 자원에 대한 경쟁이 더 심해지면 자연선택도 더 커지게 될 것이다. 진화의 각 단계는 전 단계의 기초 위에서 생기기 때문에 진화과정은 연쇄적으로 어떤 특정한 환경에 대한 적응이 향상되는 방향으로 진행된다.

과정의 기부에는 돌연변이라는 "연료"가 있어서 선택이 작용할 수 있도록 새로운 유전적 변이가 계속 도입된다. Darwin은 유전이나 변이의 유전학적 지식이 없었기에 그의 주장은 이 점에서 가장 취약하다. 어떤 때는 환경의 변화나 개체 수의 큰 증가가 집단 사이의 변이를 증가시킬 수 있다고 제안했고, 또 어떤 때는 Lamarck의 용불용설을 따르기도 했다(Bowler, 2005).

그 당시의 다른 생물학자들과 마찬가지로, Darwin을 가장 어렵게 만들었던 것은 빨간 페인트에 흰 페인트를 섞으면 분홍색이 되는 것처럼 유전형질은 대부분 양친의 유전형질이 혼합되는 것이라는 설이었다. 제3장에서 논의되듯이, **혼합유전**(blending inheritance)은 적응적 변이들이 집단의 다른 구성원들과 교배하여 혼합되어 버린다면, 어떻게 적응적 변이가 자연선택에 의해 보존될 수 있는가하는 심각한 난관에 직면했다. **표 2-1**에 변이와 유전에 관한 여러 견해들을 비교하였다.[8]

Darwin은 몇 십 년 후 혼합설 대신 **범생설**(pangenesis)이라는 옛 가설을 다시 사용했다. 그는 양친의 조직에서 온 작은 원자적 **"게뮬"** 또는 **"판게네스"**가 양친의 배우자 속으로 침투해 들어간 다음, 수정이 일어날 때 이 배우자들이 합쳐지고 게뮬이 다시 퍼져나가 자식의 조직을 형성한다고 제안했다(**그림 2-9a**). 그러므로 범생설은 특정한 게뮬의 **빈도**에 의해 변화가 일어날 수 있다고 제안함으로써 용불용설을 설명하는 데 도움이 되었고, 동시에 게뮬의 **구조**가 변하지 않고 일정한 형태로 남을 수 있다고 가정함으로써 모든 형질이 혼합되는 것은 아니라는 점을 설명할 수 있었다(Vorzimmer, 1963).

그때까지 범생설의 증거는 없었다 — August Weismann(1834~1914)이 몇 년 뒤에 생쥐의 꼬리를 22세대 동안 잘라 관찰해 보고 꼬리의 길이가 각 세대에서 꼬리 게뮬의 손실에 전혀 영향을 받지 않는다는 것을 보여 주면서 이것이 범생설이 옳지 않음을 입증한다고 말한 사례는 있었지만. 획득형질의 유전을 반박하는 증거는 있었지만, 이것도 기껏해야 범생설에 반대하는 간접적인 증명일 뿐이었다. Darwin의 사촌인 Francis Galton이 좀 더 나은 실험을 했는데 토끼의 여러 품종들 사이에 혈액을 수혈했을 때 그 새끼들은 특성이 전혀 변하지 않았던 것이다(Galton, 1871a, b). 이때 Darwin은 Galton은 게뮬이 혈액 내에서 순환한

[8] Hallgrimsson과 Hall(2005)의 여러 장들이 생물학에서의 변이의 핵심적인 역할을 요약하고 있다.

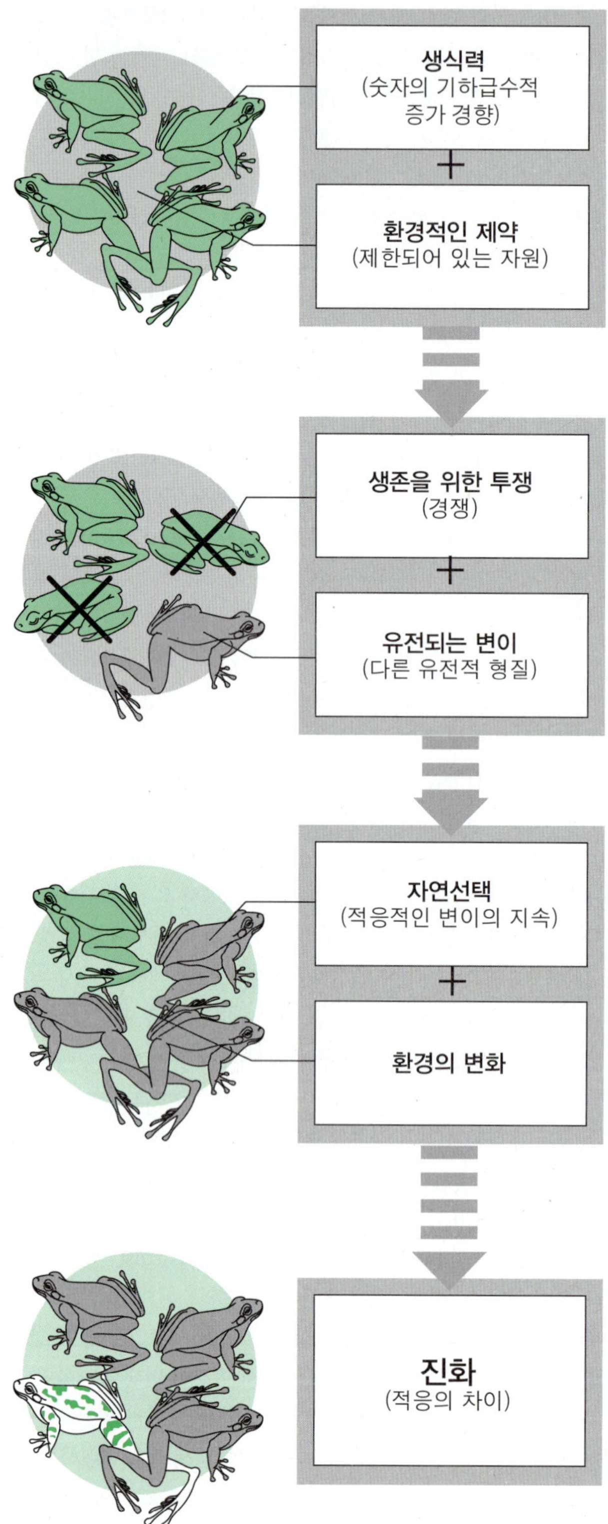

그림 2-8 Darwin과 Wallace가 제시한, 자연선택에 의한 진화의 주된 개념적인 개요를 보여 주는 모식도. 이 개요에 대한 최신 설명은 10, 21, 24장 참조 (Wallace, A. R., 1889, *An exposition of the Theory of Natural Selection with Some of Its Applications*에 있는 표에서 채택. Macmillan, London.)

다고 제안하지 않았다라는 반응을 보였다.

19세기 라마르크주의자들은 "획득형질"이 생식질조직의 지시 없이 각 세대에서 생성될 수 있고 체세포나 생식세포를 통해 전달될 수 있는 체성 형질이라고 이해했다. Weismann은 현대의 **생식질설**(germ plasm theory)을 제안했는데, 여기서는 단지 생식조직(정소와 난소) 만이 전체 생물의 유전형질을 전달할 수 있으며, 생식세포가 아닌 체조직에서 일어나는 변화는 전달될 수 없다 **(그림 2-9b)**.[9] 따라서 유전형질의 변화는 단순히 획득형질의 유전이나 용불용으로 설명될 수 없다.

유전물질과 유전에 관해서는 1900년에 Mendel의 업적이 재발견되면서 멘델주의자 세대가 생겼는데, 이들은 대부분 Darwin과 반대의 입장이었고 특히 자연선택에 대한 기작 부분에서 그랬다. 그들에게 진화는 매우 다른 특별한 어떤 것이었고, 그때는 Darwin이 직면했던 많은 문제들이 해결되기 전인 1930~40년대였던 것이다. Darwin설에 대한 그 시대 사람들의 생각은 다음 장에 나와 있다.

주요 용어

갈라파고스 섬(Galapagos Islands)
라마르크설(Lamarckism)
맬더스(Malthus)
범생설(pangenesis)
변이(variation)
비글호(*H.M.S. Beagle*)
생식질설(germ plasm theory)
용불용설(principle of use and disuse)
인위선택(artificial selection)
자연선택(natural selection)
적응(adaptation)
혼합유전(blending inheritance)
획득형질의 유전(inheritance of Acquired Characters)

토의 및 질문

1. 갈라파고스 제도에서 얻은 경험이 진화적 설명을 찾던 Darwin의 생각에 어떠한 영향을 미쳤는가?
2. a. 진화적 변화에 대한 Lamarck의 설명은?
   b. Lamarck의 설명이 현재 받아 들여지지 않는 이유는?
3. a. 자연선택의 개념은?
   b. 자연선택 개념이 발전될 수 있었던 동기는 무엇인가?
   c. Lamarck의 진화설명과 Darwin-Wallace의 자연선택 개념의 차이는?
4. Darwin의 자연선택 개념이 기린이 가뭄으로 치열한 경쟁을 하게 되면서 더 높은 나뭇가지에 닿기 위해서 기다란 목을 얻게 되었음을 설명한다면, 양은 왜 긴 목을 발달시킬 수 없었는지에 대한 설명은 어떠한가?
5. 범생설은 무엇이고, Darwin이 범생설을 지지한 이유는?

[9] **생식질 연속성**(continuity of the germ plasm)에 대한 Weismann의 설은 마치 이것이 모든 동물에 해당되는 것처럼 아무 비판 없이 너무 폭넓게 적용되었다. 생식질과 체세포의 분리는 동물계의 소수 문들에서만 가능하고, 식물, 균류, 원생생물에서는 불가능하다. 이는 그러한 생물에서는 배우자(동물) 혹은 새로운 개체(식물)가 아무 체세포에서나 생겨날 수 있음을 의미한다.

표 2-1 변이와 유전에 관한 견해의 비교

	창조론자	Lamarck	Darwin	현대생물학
어떻게 종들 사이의 유사성을 설명할 수 있는가?	신은 창조에 관한 설계(목적은 모른다)에 따라 기본적인 생물 "종류"를 만들어 냈다.	공동의 조상으로부터 왔다.	공동의 조상으로부터 왔다.	공동의 조상으로부터 왔다.
어떻게 한 종의 구성원들 사이의 변이가 생겼는가?	변이가 환경 때문에 생길 수도 있지만,[a] 그것도 신의 설계의 한 부분이다.	환경으로 인해 생긴다.	때때로: 알지 못하는 원인. 때때로: 변이는 어느 방향으로든 일어날 수 있지만 환경적인 변화가 새로운 변이를 일으킨다.	유전적 차이는 유전물질의 무작위적 변화(돌연변이)에 의해 야기된다. 비유전적 차이는 환경에 의해 야기된다.
시간이 흐르면서 특정한 기관과 구조가 생기는 것을 어떻게 설명하는가?	초기에 창조자에 의해 그렇게 설계되었다. 많은 현대의 창조론자들은 기관 결손, 병 등이 신의 은총을 잃거나 또는 악마 때문에 생긴다고 믿는다.	사용하는 것이 적응적 변이의 발달을 증가시킨다, 그리고 사용하지 않으면 비적응적인 것이 제거된다.	자연선택은 적응적 형질만을 지속시키며 비적응적인 성질은 제거한다. 때때로: 용불용.	일차적으로 자연선택, 그러나 22장에서 논의되듯이 다른 힘들이 관련될 수도 있다.
종들 사이의 변이를 어떻게 설명하는가?	각 종의 분리된 창조. 많은 현대 창조론자들은 원래의 생물들은 완벽했었고 종의 차이를 일으킨 변이들은 퇴화하고 있다고 믿는다.	각 종은 새로운 기관을 발달시키거나 오래된 기관들을 버림으로써 환경의 요구에 반응해 왔다.	때로는: 종들 사이의 선택적 차이가 유전 변화의 원인이다. 때로는: 특정한 기관의 사용과 불용이 유전 변화를 일으킨다.	돌연변이와 유전자 빈도를 변화시키는 여러 힘들을 통해 유전 물질에 변화가 일어난다.
어떻게 생물들이 부모와 닮는가?	메커니즘은 모르지만, 획득된 형질은 신의 설계의 한 부분을 통해 유전된다.[b]	용불용을 통해 획득된 형질들은 범생설과 같은 과정을 통해 유전된다.	때때로: 모른다. 때로는: 범생설	생식질을 통한 유전물질의 전달

[a] 창세기 30: 37~39의 야곱과 양의 이야기를 참조.

[b] "아버지의 죄를 자식에게 가하고, 자식의 자식 죄는 3대와 4대 자손에 가한다".(출애굽기34: 7.)

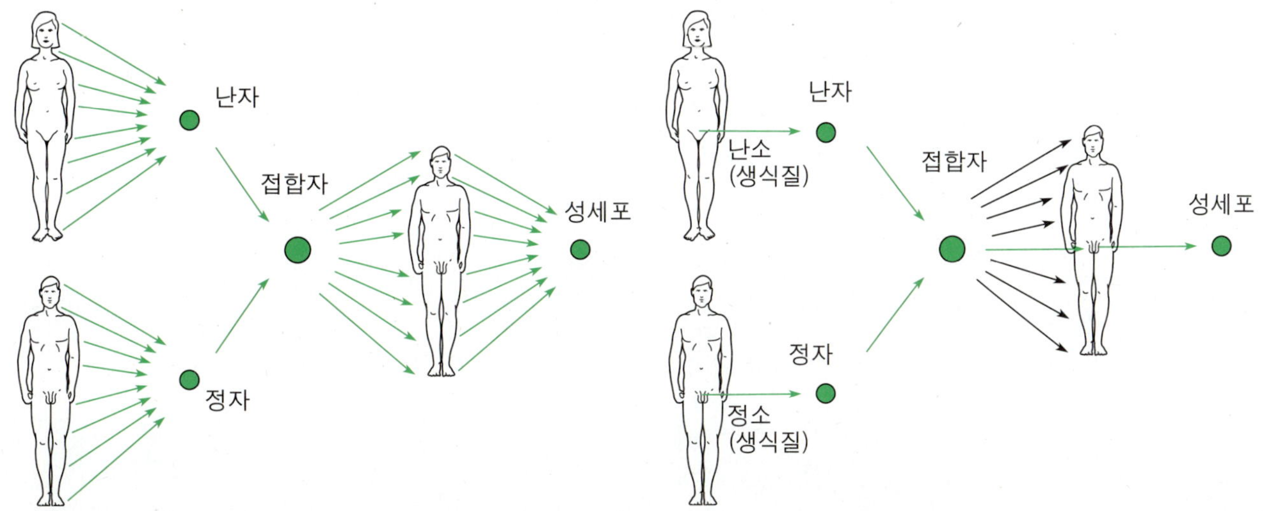

그림 2-9 인간의 형성에 대한 (a) 범생설과 (b) 생식질설 사이의 비교. 범생설에서는 몸 전체가 구조와 기관을 복사하여 성세포에 제공한다. 생식질설에서는 성기관만 몸 전체에 대한 설계를 제공한다. (Monroe W. Stricberger의 *Genetics* 3판에서. © Monroe W. Stricberger의 1985. Prentice Hall, Inc., Upper Saddle River, NJ에서 허가하에 재인쇄)

추천 읽을 거리 Darwin에 의한 Darwin에 대한.

Browne, E. J., 1995. *Charles Darwin: Voyaging.* Alfred A. Knopf, New York.

Browne, E. J., 2002. *Charles Darwin: The Power of Place. Volume II of a Biography.* Alfred A. Knopf, New York.

Darwin, C., 1845. *The Voyage of the Beagle* (Originally published as *Journal of Researches,* it has now appeared in numerous editions).

Darwin, C., 1859. *On the Origin of Species by Means of Natural Selection or the Preservation of Favoured Races in the Struggle for Life.* Murray, London.

Darwin, C., 1964. *On the Origin of Species.* Facsimile of the First Edition with an introduction by E. Mayr. Harvard University Press, Cambridge, MA. [paperback version, 2005]

Darwin, F., 1887. *The Life and Letters of Charles Darwin.* Appleton, New York.

Desmond, A., and J. Moore, 1991. *Darwin.* Warner Books, New York.

Ospovat, D., 1981. *The Development of Darwin's Theory: Natural History, Natural Theology, and Natural Selection, 1838–1859.* Cambridge University Press, Cambridge, England.

Richards, R. J., 1987. *Darwin and the Emergence of Evolutionary Theories of Mind and Behavior.* The University of Chicago Press, Chicago.

Richards, R. J., 1992. *The Meaning of Evolution: The Morphological Construction and Ideological Reconstruction of Darwin's Theory.* The University of Chicago Press, Chicago.

Thompson, K. S., 1995. *HMS Beagle: The Story of Darwin's Ship.* W. W. Norton, New York.

3 진화에 대한 논증과 실증

요약

1859년 Charles Darwin의 「종의 기원」이 발간되자 자연선택에 의한 진화에 대하여 많은 반론이 제기되었다. 그 당시에는 개체의 각 형질들은 양친의 형질이 혼합되어 유전된다는 것이 일반적인 믿음이었으므로 어떻게 형질이 선택될 수 있는지 이해하기가 쉽지 않았다; 즉 세대를 거듭하면서 어떤 형질이라도 적응성이 없는 다른 형질과 혼합되어 희석될 수 있기 때문이다. 진화란 작고 연속적인 변이에 작용한다는 Darwin의 주장 또한 비판을 초래하였는데, 이는 자연선택이 그와 같은 작은 변이에는 작용하기 힘들며, 따라서 새로운 종을 형성시킬 수 없을 것이라는 생각 때문이었다.

전적응을 통하여, 즉 기존의 구조가 변형되어서 새로운 용도로 사용되는 방식을 통하여 새로운 형질이 출현할 수 있다고 설명하였던 Darwin의 주장도 비판에 봉착하였다. 또한 자연선택을 통하여 한 종이 다른 종으로 진화할 수 있다고 하더라도, 한 종에서 얼마나 많은 종들이 나올 수 있는가를 이해하는 것도 쉽지 않았다. 그 당시 Darwin은 종의 집단들이 지역적으로 고립됨으로써 새로운 종으로 분지될 수 있다는 것을 그다지 강조하지 않았으나, Gulick이나 Wagner 등의 후학들에 의하여 한참 뒤에나 논증될 수 있었다. 마지막으로, 그 당시는 아직 지질학자들이 지구의 엄청난 나이에 대하여 밝히기 전이었으므로 많은 사람들은 진화가 일어날 수 있는 충분한 시간이 없었을 것이라고 생각하였다. 그럼에도 불구하고, Darwin의 진화론은 납득할 수 있는 기작, 방대한 증빙자료, 자연현상에 대한 성공적인 논증에 입각하였다는 이점을 갖고 있었다.

분류학자들이 관찰할 수 있는 중간단계의 형태들을 Darwin론으로 설명할 수 있었다. 지리적으로 가깝게 분포하는 생물집단들이 멀리 떨어진 집단보다 왜 유사한 형질들을 더 많이 공유하는지 진화론으로 설명할 수 있었다. 서로 다른 생물들이 일반적으로 비슷한 체제를 갖는 것 또한 공통 조상을 공유하는 유연 관계로서 설명할 수 있었다(상동성). 뱀이나 고래의 흔적뿐인 다리뼈 등의 흔적기관들도 조상이 갖고 있던 구조의 흔적이라고 설명할 수 있게 되었다. 실제로 고래의 배아는 뒷다리의 원기를 만들어 내지만 발생초기에 퇴화한다. 척추동물들이 배발생 초기에 유사성을 가지는 것 또한 과거에 진화의 역사를 공유했다는 증거로서 설명할 수 있었다.

특히 화석은 중요한 증거였다. 현존하는 생물체들의 중간형 화석들이 발견되었다(예를 들면, 파충류와 조류의 중간형인 시조새). 특히 말의 경우에는 거의 완벽하고 연속적인 화석기록이 확인된 예로서 유명하다. 즉 소형의 네 발가락을 가지고 풀을 뜯어먹던 조상형이 대형의 한 발가락을 갖고 거친 풀을 뜯어 먹는 데 적응한 지속적으로 자라는 치아를 가진 현재의 말로 진화하게 되었다. 결국 Darwin은 인간이 동식물을 사육 및 재배하는 데 있어 지속적으로 인간에게 유리한 형질들을 인위적으로 누대 선택함으로써 상대적으로 짧은 시간 내에 엄청난 변화를 초래하였다는 것도 설명할 수 있었다. Darwin 진화론에 대한 방대한 증거는 지속적으로 축적되고 있다.

1858년 Darwin과 Wallace가 자연선택에 관한 간략한 논문을 *Journal of the Linnaean Society*라는 학술지에 발표했을 때 대중들의 반응은 미미하였지만, 그 다음해 Darwin의 저서 「종의 기원」이 발간되자 큰 반향이 일기 시작하였다. 이 책의 초판은 발간되자마자 한 시간 이내에 매진되었으며, 사상 최초로 과학의 사회적 위치와 역할에 대한 범세계적이며 공개적인 논쟁을 촉발하게 되었다.

Darwin의 저서는 20년간의 심사숙고와 방대한 자료에 근거한 상세하고도 정연한 논거를 제시하였으므로 많은 생물학자들의 주목을 받게 되었다. 많은 사람들은 진화를 종다양성의 원인으로 인식하게 되었고, 상당수의 사람들은 정도의 차이는 있어도 자연선택을 진화의 중심이 되는 중요한 기작으로 받아들이게 되었다. 후일 Darwin의 공개적인 옹호자가 된 Thomas Huxley(1825~1895)는 다음과 같이 탄식하였다고 전해진다. "그것(Darwin 진화론)을 진작 생각해 내지 못하다니 얼마나 멍청했던가!" 자주 인용되는 이 문장에 따르면 Huxley는 Darwin 진화론의 핵심을 즉시 파악한 것으로 보인다. 그러나 잘 인용되지 않는 Huxley의 첫 문장은 "처음 기원의 중심적인 개념을 파악하려 했을 때, 내가 그것을 진작 생각해 내지 못하다니..."였다. 즉 그 당시 명망 있는 과학자였던 Huxley도 그 당시의 모든 통념들과 배치되는 Darwin의 혁명적인 아이디어들을 통달하기 힘들었던 것이다.[1]

[1] Huxley는 Darwin의 이론을 무조건 받아들인 것은 아니며, 자연선택을 인정하기 힘들어 했고, 종의 실체에 대해서는 Darwin과 의견을 같이하지 않았다. Thomas Huxley는 박학다식한 19세기 학자였다. 1866년 1월 6일 Huxley는 그 설득력으로써 과학사에 길이 남은 다음과 같은 내용을 강연에서 말한 바 있다: "모든 자연에 대한 지식의 근거는 인간의 이성이 자연의 진실(fact)에 직접적으로 맞닥뜨렸을 때 만들어진다. 예를 들면, 어떤 원시인이 한쪽 손의 손가락의 개수가 양쪽 손의 것보다 적다는 것을 알았을 때; 식물과 동물은 성장하고 죽는다는 것을 알았을 때; 만일 그가 동료 원시인을 때리면, 맞은 이는 화를 내며 반격을 할 것이고, 만일 과일을 주면 아마도 생선을 그 대가로 돌려 줄 수도 있다는 것을 알았을 때 등이다." (T. H. Huxley, 1910, pp. 48~49).

과학적 반론들

Darwin의 이론이 발표되자마자 그 당시 종교계로부터 많은 공격을 받게 되었을 뿐만 아니라 Darwin의 동료 과학자들도 다양한 반론들을 제기하기 시작하였다. 이에 대해서는 Darwin 또는 Huxley와 같은 옹호자들이 다양한 방식으로 해명을 하게 되었으며, 일부 예를 들면 다음과 같다.

혼합유전(blending inheritance)

그 당시 가장 일반적으로 통용되던 유전에 대한 개념이던 혼합유전이란 부계와 모계의 형질이 자손에서 혼합된다는 것이었는데, 이에 따른다면 새롭게 적응된 형질은 세대를 거듭하면서 교잡에 의해 희석될 수밖에 없다는 중대한 반론이 제시되었다. 즉 자연선택은 어떤 특성을 단지 몇 세대도 유지하지 못한다는 것이었다. Darwin도 이 주장에 대하여 애초부터 인식하고 있었으며, 이에 대하여 다음을 비롯한 다양한 해명을 제시하였다:

1. 이로운 특성은 그것을 보유하는 개체가 개체군 내에서 격리되었을 때 유지될 수 있다. Darwin은 동물 육종가들이 새로운 특성을 보유하는 개체와 그 자손들을 격리시키는 예를 들었다. 이 방식은 가축이나 작물의 새로운 혈통을 개발하는 방식으로 흔히 사용되어 왔으며, Darwin은 자연선택의 개념을 지지하는 증거로서 인위선택을 특히 강조하였다.
2. 어떤 특성은 "prepotent" 즉 우성으로서 다음 세대에도 희석되지 않는다.
3. 이로운 특성은 개체군 내에서 한번만 생겨나지 않으며 상당히 자주 생겨날 수도 있다. 이는 개체군 내에 높은 변이성이 있는 것으로 알 수 있으며, 변이성은 흔히 생겨나는 것이므로 상대적으로 희석되기가 어렵다고 하였다. Darwin은 특정한 변이를 보유한 개체들은 다음 세대에 같은 변이를 획득하

는 경향성까지 전달한다고 믿었다.

4. 자연선택은 이로운 변이를 가진 개체의 생식적 성공을 증진할 뿐만 아니라 해로운 변이를 가진 개체의 생식적인 성공을 감소시킨다. 따라서 이로운 변이의 비율이 증가하는 동시에 해로운 변이의 비율은 감소하기 때문에 이로운 변이성을 희석시킬 확률이 더욱 줄어든다.
5. 2장에서 설명한 바와 같이, Darwin은 유전현상을 설명하기 위해 게뮬(gemmule)에 의한 판게네시스(pangenesis)론을 제시하였다. 이 이론은 용불용(use and disuse)에 의해 영향받으며 유전현상을 결정해 주는 매개체로서의 일관성을 제시해 주었다. 각각의 특성에는 많은 게뮬들이 있다고 추정하였으며, 다음 세대로 전달될 때 그 숫자가 변동된다고 하였다. 즉 게뮬이 소실될 수는 있어도 혼합유전에 의해 변할 수 없다는 것이었다.

변이성

「종의 기원」에서 Darwin은 자연선택에 의한 진화를 작고 연속적인 변이에 국한시켰으며(이 책의 초기 판들에서는), 큰 변이는 이롭지 않다는 이유로 배제하였다. 그는 자연은 급변하지 않는다는 철학적 견해를 그대로 수용한 듯하다. 이에 대해서는 즉시 수많은 반론들이 제기되었다.

첫 번째 반론은 자연선택이 작용하는 대상인 변이성의 범위에 관한 것이다. 즉 매우 비정상적이거나 생식력이 없는 기형의 경우들을 제외한 대부분의 변이가 어떤 종의 특성의 범주에 들어가는 아주 작은 것들이라면, 어떻게 이로부터 새로운 종이 생겨날 수 있느냐는 것이 그들의 의문이었다. 이에 대하여 Darwin은 진화의 각 단계에서 종은 새롭게 형성된 변이성을 갖게 되며, 여기에 자연선택도 새롭게 작용하므로 선택이 작용하는 변이성의 범위는 있을 수 없다고 답변하였다. Darwin은 동시에 형성된 일련의 변화보다 오랫동안 점진적으로 생겨난 변화가 새로운 종을 형성할 수 있다는 의견을 견지하였다.

좀 더 자주 제기되었던 두 번째 반론은 어떻게 자연선택이 Darwin이 주장한 것 같은 작은 변화들을 식별할 수 있냐는 것이었다. 예를 들자면, 몸의 크기의 경우에 있어 매우 작은 차이는 생물체에게 특별히 이득을 줄 수 없는 반면 큰 차이는 쉽게 선택될 수 있다는 것이다. Darwin은 이에 대하여 명쾌하게 답변하지 못하였지만, 작은 변화의 누적에 대한 그의 의견을 완강하게 견지하였다. 결국 1900년대 초의 Mendel의 법칙 재발견을 필두로 한 현대유전학(10장)에서는 점진적인 변화를 뒷받침하는 유력한 증거들이 발견된 바 있다.

생물의 많은 특성들은 작은 변화의 정보만을 지니는 다양한 유전자들이 복합하여 발현된다(다원유전자, polygenes). 예를 들면, 몸의 크기의 변이성에 있어서 큰 개체들은 체형의 증가에 관련된 많은 유전자를 보유한 반면, 작은 개체들은 상대적으로 적은 수의 관련 유전자를 가지기 때문에 작은 체형을 지니게 된다. 따라서 크기의 차이는 작은 유전적 변화들에 기인하지만, 자연선택은 다양한 개체들에서 그와 같은 변화를 축적시키는 방향으로 작용할 수 있다(10장, 22장).

또한 자연선택이 작용하기 위해서는 어떤 특성 또는 기관이 최초에 어느 정도까지의 적응도를 획득하여야 하는가가 위 문제와 관련된 또 다른 의문이었다. 만일 그 특성이 자연선택이 작용하기 전부터 이미 존재하였다면, 계속적인 진화를 위해서는 아마도 그 특성의 양적인 발현만으로도 충분할 것이다. 예를 들자면, 큰 눈이 작은 눈보다 기능적으로 우월한 상황일 경우이다. 그러나 어떤 특성 자체가 이전에는 존재하지 않았거나 거의 존재하지 않는 것이나 다름 없었을 때는, 어떻게 그 상황에서 자연선택이 작용할 수 있겠냐는 것이다. 비판론자들은 눈이나 뇌 같은 복잡한 기관의 최초 단계는 현재의 것과 비슷한 어떤 기능도 갖지 않으며, 따라서 선택될 수 없었을 것이라고 하였다. 즉 눈이나 뇌 또는 다리를 구성하는 한 개의 세포의 적절한 적응성을 어떻게 상상이나 할 수 있을 것인가?

새로운 특성의 기원에 관한 답변은 Darwin도 인식하고 있었던 전적응(preadaptation)의 개념에서 나온다.[2] 이 개념에 따르면, 새로운 기관은 갑자기 생겨나지 않으며 현재의 기능과 다른 목적으로 이미 존재하고 있었다는 것이다. Darwin이 조개삿갓(barnacle)에 관한 모노그라프에서 제시한 예에 따르면, 현존하는 조개삿갓들이 기질에 몸체를 고착하는 기능은 이들의 난관이 알을 딱딱한 물체에 부착하는 기능과 관계가 있다. 즉 난관의 기능에 관련된 진화가 선행된 후에야 몸체를 기질에 부착하는 기능을 획득하였다는 것이다. 또 다른 예로서 어류의 부레에서 폐가 기원한 것을 Darwin은 다음과 같이 설명하였다 — "부력을 획득할 목적으로 형성된 기관이 후일 완전히 다른 목적, 즉 호흡의 기능으로 전환되었다." 이 외에도 최근에 발견된 증거를 하나 들면, 동굴동물에서 더 이상 필요 없게 된 시각신경이 새로운 후각 및 촉각 기능을 증진하는 데 사용될 수 있다는 것이다. 즉 미각과 측선과 같은 감각기관에 대한 자연선택은 컸던 반면 시각에 대한 자연선택은 없었던 점이 동굴어류 시각의 퇴화를 가져왔다는 것이다.[3]

계속되는 환경의 압력과 선택 하에 위와 같은 진화적 중간단계들은 흔히 예측할 수 있는 상황이다. 척추동물의 눈과 같이 매우 특수화된 기관은 한 번에 생겨난 것이 아니라 태고의 집광기관과 몇 개의 세포에서 시작된 관련 조직들이 단계적으로 진화를 거듭한 결과일 것이다. 20세기 초에 제시된 이와 비슷한 단계적 진화의 사례는 **글상자 3-1**에서 볼 수 있다. 눈의 구조에 있어 한 세

---

[2] 전적응의 고찰은 19장을 볼 것(exaptation).

[3] 이 예는 **글상자 13-2**, Jeffery et al. (2000), Franz-Odendall와 Hall(2006)에서 더 자세히 설명되어 있음.

글상자 3-1 눈의 진화

그림 3-1에서 볼 수 있듯이 다양한 연체동물에서는 단순한 것에서부터 매우 복잡한 수준까지의 다양한 집광기관(눈)을 관찰할 수 있다(복잡한 기관의 진화에 대해서는 **글상자 8-3** 참조).

(a) 아마도 동물계에서 가장 단순한 집광기관은 신경이 연결되어 있으며, 빛을 감지하는 안점일 것이다. 안점은 1개에서 소수의 세포로 구성되어 있다.

(b) 접혀진 부분에 색소세포들이 집중되어 빛을 좀 더 효과적으로 감지할 수 있다.

(c) 부분적으로 닫혀 있는 물이 채워진 공강을 통하여 바늘구멍사진기와 같은 원리로 색소세포층에 상이 맺힐 수 있다.

(d) 세포에서 분비된 투명한 세포액으로 채워져 내부의 색소세포층(망막)을 외부의 충격으로부터 보호한다.

그림 3-1 연체동물의 집광기관

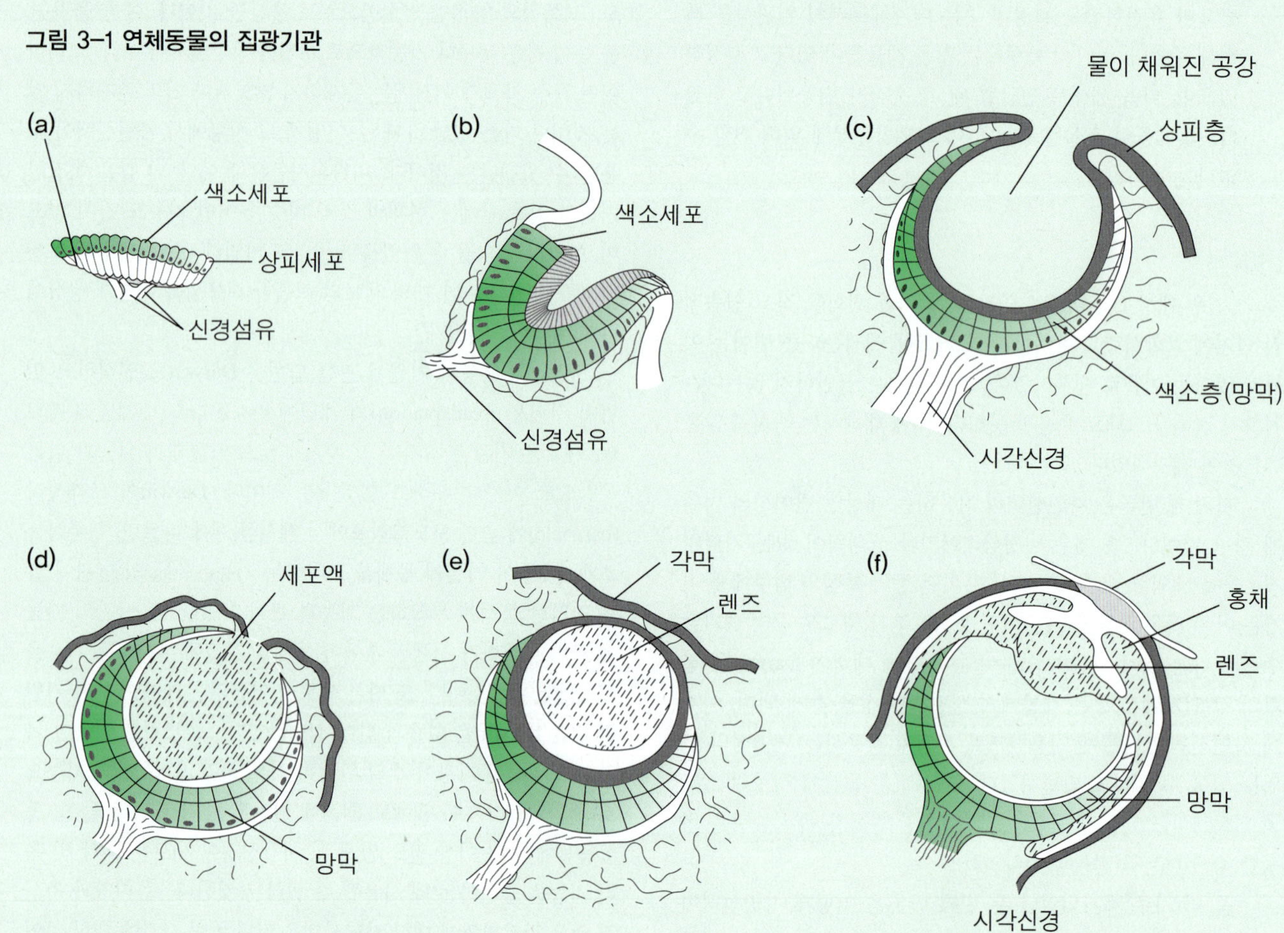

대에 1퍼센트에 불과한 작은 변화가 일어난다고 하더라도 매우 짧은 지질학적 시간 내에 상당히 큰 해부학적 변화가 일어날 수 있다. 즉 납작한 감광세포의 다발이 50만 년 이내에 굴절력이 있는 렌즈로 구성된 오징어의 매우 복잡한 눈으로 진화될 수 있다는 것이다(**글상자 3-1**; 눈의 진화에 대한 개괄은 Land와 Nilsson (2002)을 볼 것).

Darwin은 작은 변화에만 집착한 나머지, 많은 특성들이 명백한 단계와 차이를 지닌다는 것에 대하여 큰 비중을 두지 않았다. 예를 들면 색깔의 차이, 특정한 구조의 유무나 숫자 등이다. 후일 Huxley를 비롯한 많은 생물학자들이 주장한 바와 같이 이와 같은 큰 변이성도 자연선택에서 중요한 역할을 한다. 흥미롭게도, 후일 Mendel은 현저한 차이를 보이는 특징들을 이용하여 유전의 기본 법칙들을 발견하게 된다(10장). 20세기 이전까지도 다윈론자들은 어디서, 어떻게, 어느 정도까지 변이성이 기원하였는지 해결하지 못하였으며, 이것이 Darwin 진화론이 가장 비판을 많이 받았던 부분이었던 것이다.[4]

[4] 진화생물학에서 중요한 표현형의 변이에 대한 고찰은 Hallgrímsson과 Hall (2005)을 참조.

(e) 얇고 투명한 피부층이 눈을 감싸게 되어 추가적인 보호기능을 한다. 눈 속의 세포액 일부가 굳어져서 볼록렌즈를 형성하여 망막에 상이 맺히는 기능이 향상되었다[a].

(f) 오징어의 눈과 같이 조리개와 초점조절이 가능한 렌즈로 구성된 매우 정교한 눈(참고문헌 – Conn, 1900).

비슷한 유전요소(*Pax-6* 유전자)가 척추동물과 무척추동물의 전방위 감각기관의 형성을 조절하는 것으로 밝혀진 것은 흥미로운 일이다. 그러나 비슷한 조절기작에도 불구하고, 척추동물과 오징어(f)의 세포수준에서 눈의 발생과정은 현격하게 다르다. 오징어의 광감각 세포는 피부에서 유래하며, 척추동물의 망막은 중추신경계에서 유래한다. 이들의 외부적인 유사성은 공통 조상에서 유래한 때문이 아니라 비슷한 선택압 하에서 비슷한 구조가 형성될 수 있다는 수렴진화현상으로 설명할 수 있다. 이와 같은 형태적인 수렴은 비슷한 선택압 하에 있는 많은 동물군에서 독립적으로 관찰된다. 최소한 후생동물 진화 초기의 공동조상에서 집광 세포들의 또는 기관의 형성되었을 것이다[b].

그림 3-2의 모식도들은 눈의 구조의 무작위적인 변화로부터 좀 더 예민한 시각이 선택되는 진화과정을 보여 주는 컴퓨터 모델이다. (a) 빛에 민감한 중앙부위가 색소에 의해 둘러싸임. (b–e) 움푹한 구조의 형성을 통한 집광효율의 증가. (f–g) 초점을 조절할 수 있는 렌즈의 형성. (h) 렌즈와 망막의 거리가 초점거리와 동일한 납작한 홍채를 가진 눈의 형성(Nilsson과 Pelger, 1994).

[a] 이것은 4종류가 있는 crystallin이라는 단백질의 기능으로 밝혀진 바 있다(표 12–2; Land와 Nilsson, 2002; True와 Carroll, 2002).
[b] 눈과 광감응 색소의 진화에 대한 추가적인 고찰에 대해서는 Arendt(2003)을 볼 것.

그림 3–2 눈의 진화단계

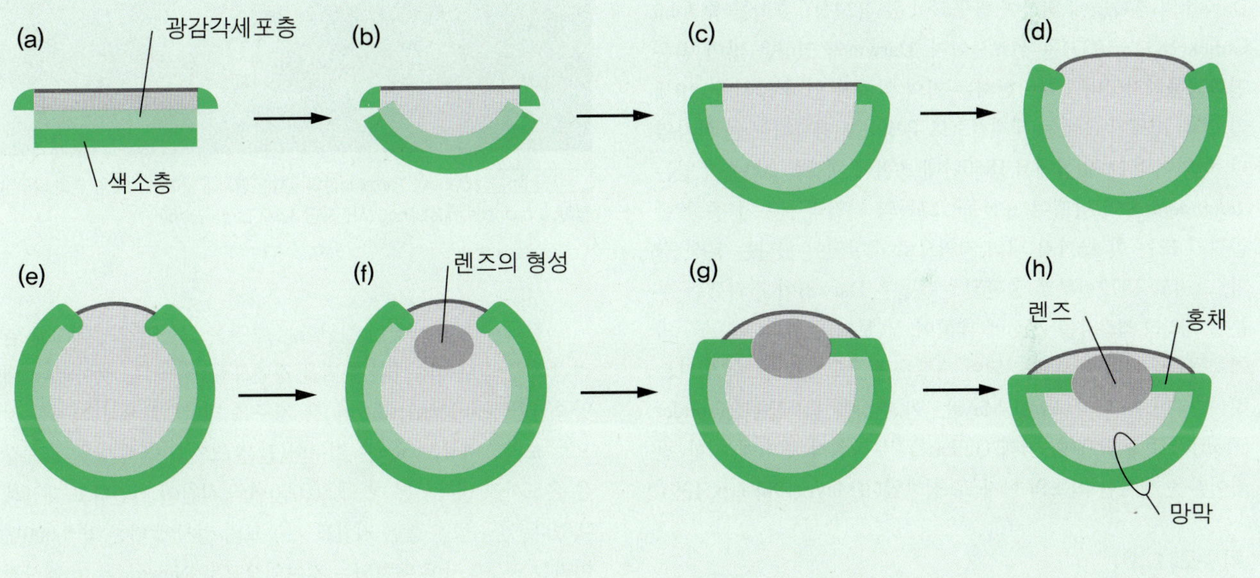

지리적 격리

비판론자들은 어떤 종이 또 다른 종으로 변해간다는 것에 Darwin이 너무 집착한 것을 지적하였다(계통진화, phyletic evolution; 11장). 그들은 어떤 특정한 종이 시간이 지나면서 진화하는 것에 대해서는 Darwin의 이론으로 설명할 수 있지만, 광범위하게 분포하는 많은 종의 분화에 관해서는 쉽게 설명할 수 없다고 하였다. 그렇다면 하나의 조상종에서 제2의 종으로의 변화가 아닌 많은 종들로의 분화를 어떻게 설명할 것인가? 더욱이 Moritz Wagner(1813~1887) 등은 어떻게 조상종이 존재하는 지역에서 다른 종이 진화할 수 있겠냐는 문제를 제기하며, 한 종이 다른 종으로 진화하는 것에 대해서도 충분히 설명하지 않았다고 지적하였다. John Gulick는 다음과 같이 주장하였다.

> 새롭게 생겨난 변종과 원래의 변화하지 않은 종류들을 자유롭게 교잡할 수 있게 한다면 새로운 변종은 원래의 형태로 돌아간다...인위선택 실험으로 확인할 수 있는 바와 같이, 동식물의 자유교잡은 새로운 품종의 형성을 막을 뿐 아니라 새롭게 형성된 변이체 역시 사라지게 한다.

Darwin이 1859년에 주장한 내용에서는 서로 다른 집단 간의 유전물질의 교환을 막아 각 집단이 독자적인 진화할 수 있게 하는 장벽의 중요성을 다루지 않았다.

Darwin은 집단 간의 격리가 진화의 주원인이라는 것에 중점을 두지 않았으므로, 독자적으로 진화하게 된 집단 간의 생식적인 격리가 진화에 도움이 될 것이라는 사실도 간과하였다. 한편, Wallace가 증명한 바와 같이 독특하게 적응한 고립된 집단들이 서로 다시 만나게 되었을 때, 불임의 자손을 생산하게 되는 것은 각 집단이 희석되지 않은 그 독특한 적응현상을 유지하게 함으로써 진화에 유리하게 작용한다는 것이다. 그러나 Darwin은 불임성은 단지 우연이라는 입장을 견지하였다. 이와 같은 견해 때문에 Darwin은 종간에 거의 예외 없이 생식적 격리가 존재하며, 이와 같은 생식적 격리가 근연종간의 분기진화(divergent evolution)의 원인이라는 사실을 충분히 설명하지 못하였다.

전체적으로 볼 때, Darwin은 격리가 집단의 진화에 중요하다는 사실을 인식하고는 있었지만, 종분화(speciation)가 격리 없이도 일어날 수 있다는 것을 납득시키는 것이 더욱 중요하다고 생각한 것 같다. 따라서 종의 형성에서 격리의 역할에 대해서는 Darwin의 후학들에 의하여 탐구되어 왔다(24장). 후학들 중 John Gulick(1832~1933)는 선교사이며, Darwin의 영향을 많이 받은 진화생물학자였다. 그는 현재는 거의 알려져 있지 않지만, 19세기 말과 20세기 초에는 세계적으로 유명하고 영향력이 큰 학자였다. 하와이의 Oahu섬에서 1850년대 초반에 채집한 200종이 넘는 *Achatinella*속의 달팽이 표본들[5], 그들의 지리적 분포가 종종 한 골짜기 또는 한 골짜기 내의 지역으로 국한되어 있다는 분석 결과, 그리고 1872년부터 출판된 논문들은 Darwin이 간과했던 부분인 **지리적 격리**라는 기작에 대하여 잘 보여 주었다. 즉 소수의 개체들이 모집단에서 격리되어 새로운 종으로 분화할 수 있다는 것이다. 한 세기 후 Ernst Mayr는 이 현상을 **창시자효과**(founder effect)라고 불렀으며, 이때 Gulick를 "무작위적 변이에 의한 진화이론을 제시한 최초의 학자"로 칭하였다(Mayr, 1988a, p. 139).

지구의 나이

Darwin의 주장 중에서 핵심적인 사항은 지구의 나이가 당시에 알려진 것보다 훨씬 오래 되었다는 것이다. Darwin은 1844년에 발표한 수필에서 다음과 같이 지적하였다:

> 인간으로서 백만 혹은 천만 년이라는 세월의 진정한 의미를 충분히 깨우칠 수 없으며, 따라서 수많은 세대동안 작은 변이들이 축적된 결과들을 이해할 수 없다.

그림 3-3 Oahu섬 Tantalus산의 열대우림지대 구아버 나뭇잎 위의 나무달팽이(*Achatinella mustalina*). (사진제공 Amy Tsuneyoshi)

진화가 오랜 세월이 걸린다는 주장은 그동안 일반적으로 알려진 지구의 나이에 대한 통념을 정면으로 거스르는 것이었다. 태양중심설(heliocentric theory)은 지구를 태양으로부터 기원한 것으로 보았으며, Newton은 지구와 같은 크기의 구체가 현재와 같은 온도까지 냉각되는 데 약 50,000년의 시간이 걸린다고 계산해 내었다. 이와 같은 짧은 기간도 기독교의 성서에 따른 약 5,000년이라는 지구역사에 배치되는 것이었으므로, Newton은 이 계산결과를 경건하게도 포기하고 말았다. 반면, Buffon은 지구의 나이를 약 75,000년(정확히는 74,832년)으로 계산하였다(미발표 논문 원고에 따르면 그의 추산은 천만 년에 이르기도 한다): "35,000년 동안 지구는 생명이 존재할 수 없을 정도로 뜨거운 불덩어리였으며, 15,000~20,000년 동안 지구표면은 바다로 둘러싸여 있었다."

Darwin과 동시대 사람인 William Thomson(=Lord Kelvin, 1824~1907)은 탄광의 갱도에서의 온도구배, 암석의 전도성, 그리고 태양의 추정 온도와 냉각률을 계산해 본 결과 지구표면의 나이가 1억 년 가량이 된다고 추정하였다. Thomson은 이 기간 중 마지막 2~4천만 년 정도에 생물이 살기에 적합한 온도였을 것이

[5] 하와이에서의 진화에 대한 내용은 인터넷에서 볼 수 있음. http://www.nap.edu/catalog/10865.html#toc. 지리적 격리에 관한 Gulick의 공헌에 대해서는 Hall(2006a, b)을 볼 것.

글상자 3-2 Darwin과 지구의 나이

비록 Darwin은 생물이 진화하는 데 필요한 긴 지질시대의 문제에 대하여 본격적으로 다룰 수 없었지만, 침식률에 대한 계산을 통해 지질시대가 무척이나 길었다는 것을 보여 주었다. 이는 Kelvin이 추정했던 1억 년 보다 긴 3억 년이었다.

흥미롭게도, Darwin은 이 계산결과를 「종의기원」 1판과 2판에는 포함시켰지만. 그 후에는 삭제하였다(많은 동료 과학자들의 반대를 수용). 2판에 포함되었던 부분은 다음과 같다.

> Ramsay 교수가 침식에 관한 뛰어난 보고서에서 보여 준 바와 같이, 고생대 지층에서는 만 피트 두께의 층이 침식된 경우도 있다. Weald[영국 남부 Kent 지방의 남북 Downs 사이의 시골]의 침식은 고생대 지층에서 관찰된 것에 비하면 하찮은 것이지만 예를 들어 볼까 한다. 북부 Downs에 서서 남부 Downs 쪽을 보면, 약간 서쪽으로 북부와 남부 단층애가 접하여 끝나는 지역이 있다. **우리는 여기서 백악기 후기 이후 얼마 동안 이곳에 바위들로 구성된 엄청나게 큰 반구형의 야산이 있었음을 상상할 수 있다.** 북부 Downs와 남부 Downs의 거리는 약 22 mile이며, Ramsay 교수가 일러준 바에 의하면 각 지층들의 두께는 평균 1100 feet 정도이다. 그러나 일부 지질학자들이 추측한 대로, 만일 일련의 더 오래된 바위들이 Weald 지방에 깔려 있었고, 옆 쪽으로는 그 위에 얇은 퇴적층이 형성되었다면 위의 계산은 아마도 맞지 않을 것이다. 그러나 서쪽 끝에 관한 이런 의심은 적용되지 않는다고 생각한다. 만일 바다가 어떤 높이의 절벽으로 된 해안선을 침식시키는 속도를 알 수 있다면, 우리는 Weald 지방의 침식에 걸린 시간을 측정할 수 있을 것이다. 물론 정확히 이런 계산을 할 수는 없는 것이지만, 이 주제에 관련된 개략적인 이해를 돕기 위해 바다가 500 feet 높이의 절벽을 1세기에 1 inch씩 침식한다고 가정할 수 있다. 이는 너무 작은 추정치 같지만, 1 yard 높이의 절벽을 해안선을 따라 24년마다 1 yard씩 침식한다는 가정과 진배없다. 가장 노출된 해안을 제외하고 어떤 암석이라도 이 정도의 빠른 속도로 침식되지는 않을 것이다. 물론 높은 절벽의 침식은 부서져 떨어져 나가는 암석쪼가리 때문에 더욱 빠를 것이다. 반면 10~20 mile 길이의 어떤 해안선도 전체적으로 일정하게 침식작용이 일어나지는 않을 것이다. 왜냐 하면 대부분의 지층은 바닷물에 의한 침식에 저항성이 높은 딱딱한 층도 포함하고 있기 때문이다. 결론적으로 500 feet 높이 절벽의 경우, 전체적으로 1세기에 1 inch 정도 침식된다고 하는 것도 비교적 큰 추정치라고 할 수 있다. 이 속도라면 Weald 지방의 침식에는 306,662,000년, 즉 3억년 정도가 걸렸을 것이라고 추정할 수 있다. 그러나 좀 더 안전하게 1세기에 2~3 inch로 추정한다 해도 1억 5천 또는 1억 년이 걸린 것으로 계산할 수 있다. 따라서 제2기의 후기 이후 3억 년 이상이 지났다 하는 것도 크게 잘못되지는 않아 보인다(Darwin, 종의기원, 2판, p.285).

1860년, 런던지질학회의 회장연설에서, 지질학자이며 고생물학자인 동시에 옥스퍼드대학 지질학 강사인 John Phillips(1800~1874)는 갠지즈 강의 퇴적률(Darwin은 침식률을 이용)과 알려진 지층의 두께에 기초하여 지구의 나이가 9천 6백만 년이라는 추정치를 발표하였다. 당시 진화를 인정하지 않았던 Phillips는 Darwin이 "산수를 남용"했다고 지적하였다.

Darwin은 본인의 지질학적 시간의 추산 때문에 상당한 당혹감을 느낀듯하다. 어떻게 영국 시골구석의 한 지역이 Kelvin이 추산했던 지구 자체의 나이의 세배나 될 수 있단 말인가? 특히 Kelvin은 물리적인 비율(본문을 볼 것)을 사용했고, Darwin은 대충 계산한 결과였다. 우리는 그가 막역한 친구였던 Charles Lyell에게 쓴 두 편의 편지에서 이를 알 수 있다. 1860년 1월 10일에 Lyell의 「종의 기원」 초판에 대한 검토에 대한 답신에서 다음과 같이 적었다: "...수정한 내용의 대부분은 당신 덕분이며, 언어적인 면에서도 당신과 다른 분들의 도움을 받았습니다. 나는 당신이 그것들을 인정한 것을 대단히 기쁘게 생각하나, 두 가지는 아직 꺼림칙합니다. 그것은 헷갈린 수백만 년(이것이 잘못되었다고 믿지는 않지만) 부분과, 책의 끝부분 요약에서 Wallace를 언급하지 않은 점이며, 누구도 이를 나에게 말해 준 적이 없었습니다." 같은 해 11월 20일, 그의 책 다음 판에 대한 수정에 관해서 Lyell에게 쓴 편지의 각주에서는 다음과 같이 적었다. "헷갈리는 Wealden 관련 계산을 제거할 것, 그리고 「Saturday Review」와 Phillips의 목차[a]에 입각하여 내가 그 부정확성에 대해 확신하게 되었다는 언급을 할 것."

Darwin은 그 후 지구의 나이에 대해서 전혀 언급하지 않게 되었다!

[a] Darwin이 목차라고 한 것은 1860년에 출판된 Phillips의 강의 내용이다: *Life on the Earth: Its Origin and Succession*(Phillips, 1860, 재판 1980).

라고 하였다. 이 수치는 비록 Phillips(1860)가 계산한 9천 6백 만 년과 비슷하지만(**글상자 3-2**), Kelvin의 생각에는 아직도 Darwin의 생물진화를 설명하기에는 너무 짧은 기간이었다.

Darwin은 위와 같은 다양하게 계산된 수치에 관해서 아무런 설명도 하지 못하였지만, **글상자 3-2**에서 언급한 대로, 나름대로 독자적인 계산을 해서 「종의 기원」 1판과 2판에 포함하기도 하였다.

Darwin에 대한 지지

Darwin과 그의 지지자들이 Darwin론에 대한 비판론자들의 반론을 모두 불식시킬 수 있을 정도의 충분히 자료를 제시한 것은 아니었지만, Darwin의 공헌으로 인하여 종의 진화라는 것이 받아들여질 수 있는 개념으로 부상하게 되었다. Darwin의 성공의 원인 중 하나는 그가 제시한 많은 가설들이 자연현상과 관찰에 의하여 증명될 수 있는 기작에 기초한 것이기 때문이었다(즉 생존경쟁, 자연선택, 종의 분화, 적응 등). 이런 자연현상들은 이전의 피상적이고 관찰 불가능한 원인에 의존하던 Lamarck 등의 진화론들과 대별될 수 있었다.

Darwin 이론의 또 다른 매력은 다른 생물과는 별개의 신성한 존재로 믿어졌던 인간을 포함하여 모든 생물들 간의 유연관계를 탐구하는 것을 생물학의 영역에 추가시킨 것이었다. 인류학에서 식물학 그리고 고생물학에서 동물학을 포함하는 모든 생물학의 분과에서 Darwin의 이론은 새로운 각도의 생각과 새로운 연구 분야들을 창출하게 하였다. 다른 종류의 세포, 세포 내의 각 부분, 또는 여러 종류의 꽃들 사이에는 어떤 연관성이 존재하는가? 어떻게 난초가 진화되었을까? 골격의 구조는 어떻게 변화되어 왔을까? 순환계나 신경계의 진화경로는? 왜 어떤 종은 다른 종을 의태할까? 일벌과 같은 불임의 곤충 계급이 어떻게 진화할 수 있었을까? 특정한 종의 지리적 분포를 결정짓는 요소는 무엇인가? 비록 각 주제는 서로 다른 기법과 연구를 요하지만, 모두가 논리적이고 이해할 수 있는 기작에 입각한 진화적인 해석이 가능하다. Darwin은 적응과 진화의 보편적인 관점을 제공함으로써 과학자들이 모든 과학의 분과를 유기적으로 연결하는 시대의 서막을 열어 주었다. 결국 진화를 증명할 수 있는 많은 직·간접적인 증거들이 빠른 속도로 축적되기 시작되었던 것이었다. 다음 절들은 이 증거들 중 일부를 간략하게 나열한 것이다.

우리는 간혹 Darwin이 자연선택에 의한 진화론을 증명하기 위해 제시한 증빙자료의 규모에 대하여 잊거나 간과할 때가 있다. 이 증거들은 그 양과 종류에 있어 실로 엄청나다고 할 수 있다. 실제로 Darwin의 증거들을 다양한 현대적인 학문의 분야별로 정리할 수 있다(**표 3-1**). 다음 절들을 읽을 때, 이 목록을 확인하면서 정독하면 유익할 것이다.

표 3-1 Charles Darwin이 자연선택에 의한 진화론을 주창할 때 사용했던 주요 증거의 요약[a]

증거의 종류	장
인위적 선택	1
비교해부학	14
비교발생학	14
발생학	14
화석과 지질학적 연속성	11
생물의 지리적 분포	12, 13
지질학적 기록	10
상동성	14
교잡	9
본능	8
변이의 법칙	5
형태	14
자연선택	4, 6, 7
생존경쟁	3
적자생존	4
계통분류학	12, 13
자연적인 변이	2
사육 및 재배생물의 변이	1
흔적기관	14

[a] 각 증거의 종류가 논의된 본문의 장

지리적 분포와 계통분류학

Darwin의 진화론 이후, 비록 간접적인 증거지만, 분류 과정에서 관찰되는 다양한 생물들의 계층성에 대하여, 단순한 것에서 복잡한 것으로든 한 가지 유형에서 다른 유형으로든 간에, 진화적인 유연관계를 통하여 가장 논리적으로 설명될 수 있다는 것이 명백해졌다(**그림 3-4**).

많은 생물학자들은 진화적으로 유연관계가 가까운 생물 집단들의 분포가 대개 지리적으로 연결되어 있음을 인식하게 되었다. 생물집단들이 대양이나 산맥 등과 같은 대규모의 지리적 장벽으로 격리되었을 때 상당한 차이를 획득하게 된다. 간혹 이와 같은 장벽을 뛰어넘는 이주자들의 경우에는 전혀 새로운 생물집단의 조상이 되기도 한다. 오래전 갈라파고스 군도에 정착한 핀치류(방울새류, finch)에서 수많은 종들이 진화적으로 방산한 경우가 이를 극명하게 보여 주고 있다. 즉 육지의 경우라면 다른 종류의 새들이 이미 차지하고 있었겠지만, 갈라파고스 군도에서는 비어 있었던 다양한 서식처에 평범한 핀치류로 추정되는 조상형이

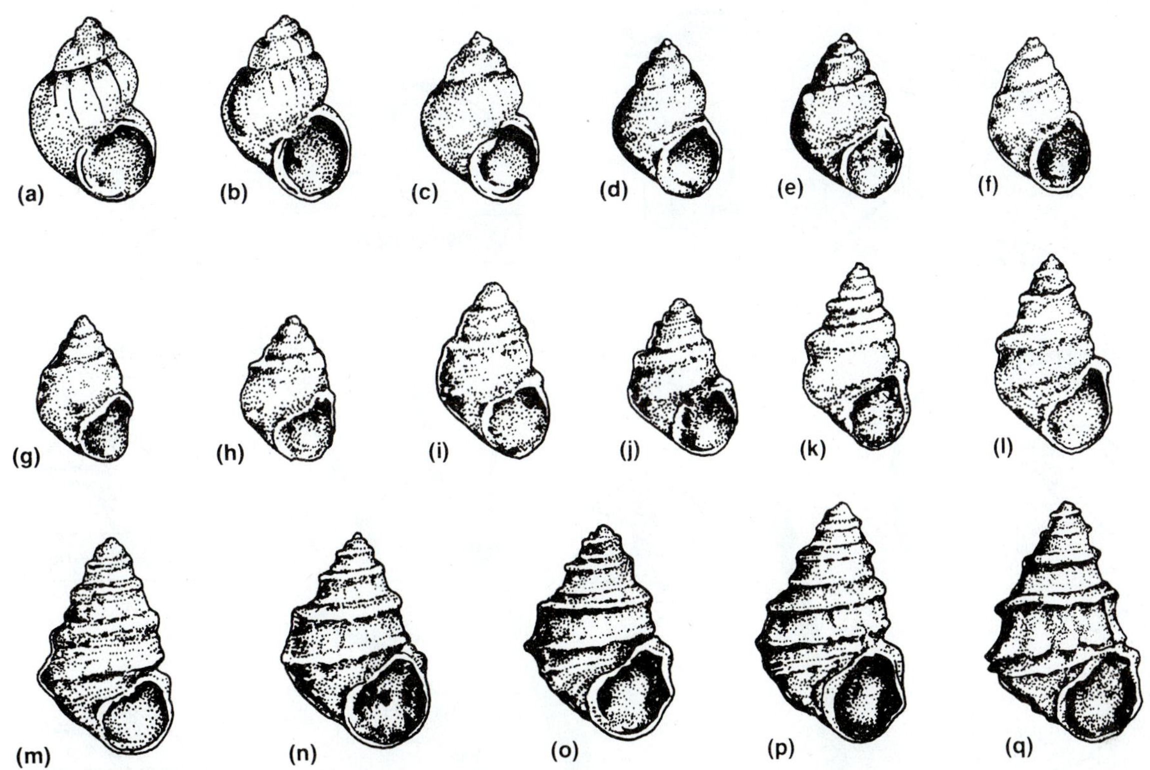

그림 3-4 *Paludina*속 연체동물 화석종들을 그린 19세기 도판으로서, 가장 오래된 *P. neumayri* (a)에서 최근의 *P. hoenesi* (q)까지의 뚜렷한 진화적인 유연관계를 보여 주고 있다. Darwin을 비롯한 많은 학자들은 이와 같은 차이점을 "알아보기 힘들 정도로 서로 섞여 있으나 실제적인 진화 패턴 보여 주는 것"이라고 생각하였다. (Romanes, G. J. 1910에서 인용.).

적응하여 수많은 신종들로 진화하였던 것으로 보인다(**그림 3-5**; 23장 참조).

위에서 설명한 현상을 **적응방산**(adaptive radiation)이라고 하는데, 이는 새로운 지역에서 하나 또는 소수의 생물 종류들이 다양한 비어 있는 서식처에 적응하여 각기 다른 많은 종류들로 진화하는 현상을 말한다. 오스트레일리아 대륙이 분리되어 고립되었을 때, 유대류가 태반포유류와 경쟁할 필요가 없었던 관계로 초식동물에서 육식동물에 이르기 까지 다양한 기능을 하는 수많은 종들로 진화한 경우가 적응방산이 어떤 방식으로 진행될 수 있는 지를 잘 보여 주고 있다(**그림 3-6**)[6].

비교해부학

비교해부학은 각기 다른 종들의 해부학적 구조의 연관관계를 탐구하는 생물학의 분과로서, Darwin 직후의 시기에 생물학 중 가장 인기 있는 분야로 각광받게 되었다. 비교해부학의 논리는 공동조상에서 물려받았기 때문에 생물들이 비슷한 구조들을 공유하게 되며, 진화적으로 분리되었을 때 상이한 구조들을 갖게 된다는 것에 근거한다. 따라서 특히 척추동물에 있어서 진화적인 유연관계를 밝힘으로써 뼈, 근육, 신경, 기관, 혈관 등의 단계적 변화를 추적할 수 있게 되었다(**그림 3-7**). 이와 같은 연구를 통하여 각 종이나 종들의 집단이 진화하면서 조상으로부터 물려받은 구조가 완전히 다른 방향으로 변형될 수 있다는 것이 확연하게 밝혀지게 되었다.

비교해부학자들은 비슷한 구조를 공유하는 생물들이 공통조상으로부터 유래하였으며, 상이한 구조들을 갖는 생물들이 진화적으로 분리되어 있다는 논리를 따른다. 그러나 유연관계가 먼 생물들이 비무작위적인 자연선택에 의해 비슷한 형태적인 특징을 획득하는 경우들도 Darwin 및 다른 해부학자들에게 매우 흥미로운 현상으로 부각되었다. 예를 들면, 유대류와 태반포유류(**그림 3-6**), 펭귄과 오리, 박쥐와 새 등등에서 이런 현상들이 관찰된다. 적응방산, 자연선택, 상동, 수렴진화는 유연관계가 먼 생물 간의 관계를 설명하는 데 필요한 네 가지 중요한 기작이라고 할 수 있다.

상동(Homology)

비록 현재는 다른 기능을 지닐 수도 있으나, 공통의 조상으로부터

6 Schulter(2000)는 생태와 적응방산의 관계에 대하여 심도 있는 분석을 실시하였으며, Selden와 Nudds(2004)는 생태계의 진화에 대하여 다루었다.

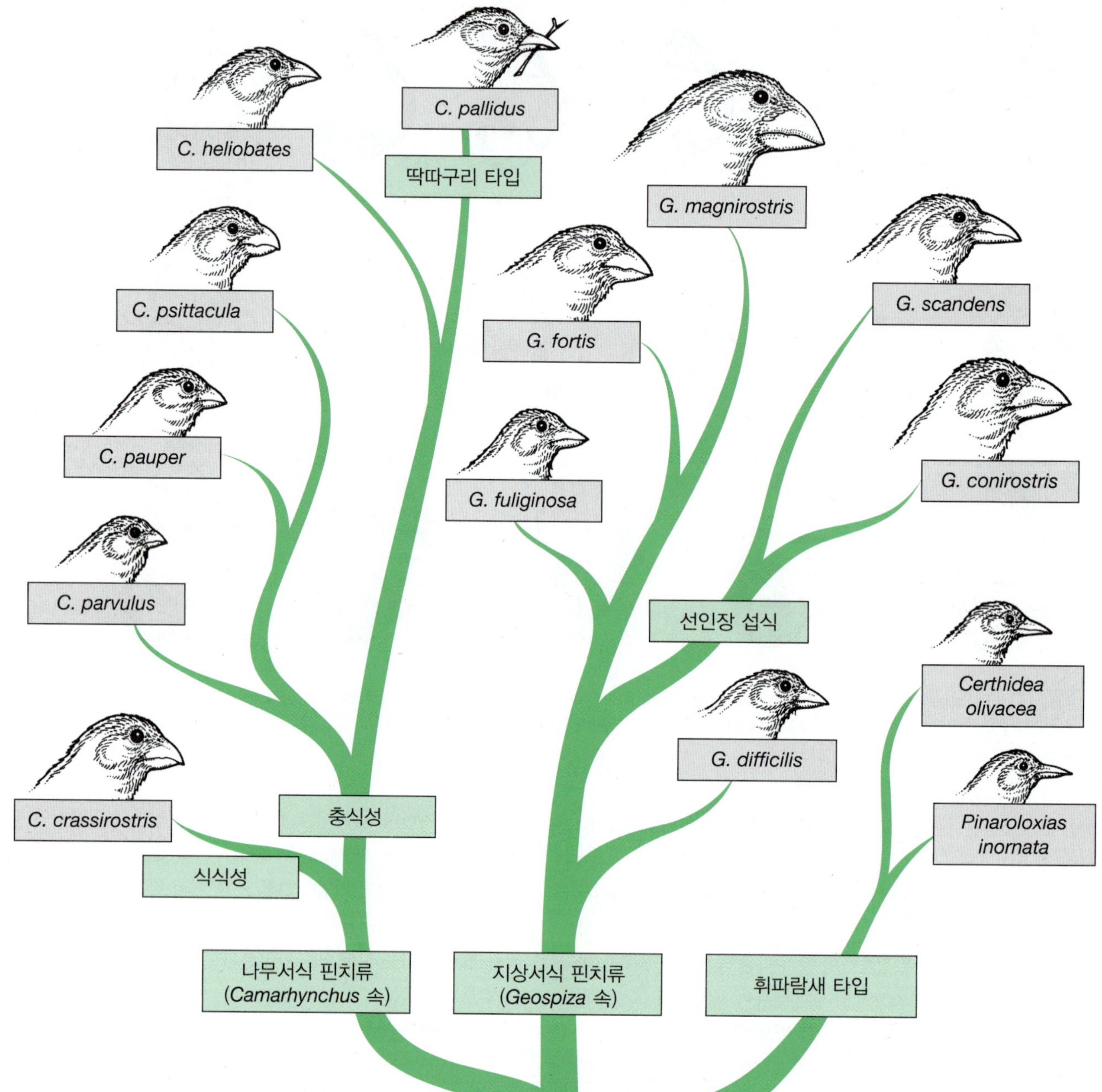

그림 3-5 각 종의 부리의 적응현상을 보여 주는 Darwin 핀치새의 계통수. Sato 등(1999)은 최근에 분자생물학적인 연구를 통하여 이 계통수와 상당히 일치되는 결과를 제시하였다(12장을 볼 것). 미토콘드리아 염기서열의 비교에 따르면, 나무에 사는 방울새와 지상에 사는 것들이 다른 집단으로 구분되지만, 각 집단 내에서의 종간 유연관계는 아직 밝혀내지 못했다. 이 분자생물학적 연구는 이들 모두가 초지에 서식하는 칙칙한 색깔의 조상 핀치새들에서 유래했을 것이라는 것도 시사해 주고 있다.

그림 3-6 오스트레일리아 유대류의 적응방산. 다른 대륙의 태반포유류와는 독립적이면서도 종종 평행하게 다양한 형태의 종류들이 형성되었다. 일부 유대류와 태반포유류 사이의 놀라운 유사점은 비슷한 환경에서 비슷한 적응현상, 즉 평행진화나 수렴진화가 일어난 것에 기인한다(그림 3-10 참조).

물려받은 기관들을 상동관계에 있다고 말하며, 이 용어는 Richard Owen(1804~1892)이 1840년대에 사용하기 시작한 바 있다. 예를 들면, 골격과 근육의 연구를 통하여 척추동물에서 걷기, 날기, 유영 등의 매우 다양한 기능으로 사용되는 앞쪽 부속지들이 진화적인 상동이라는 것을 밝혔다(**그림 3-8, 3-9**). 반면, 동일한 기능을 지니지만 구조적으로는 상이한 기관을 상사(analogy)라 한다. 예를 들면, 박쥐의 날개는 내골격을 중심으로 만들어져 있으며, 곤충의 날개는 완전히 다른 구조로서 공통적인 구조적 기본 설계를 갖고 있지 않다.

Darwin 이후, 이 상동성은 진화의 역사를 공유하는 생물들, 다시 말하면 공동조상을 갖는 생물들에서 나타난다는 것이 밝혀졌다. 비록 모든 생물들은 과거 어느 시점에서든 공동조상으로 연

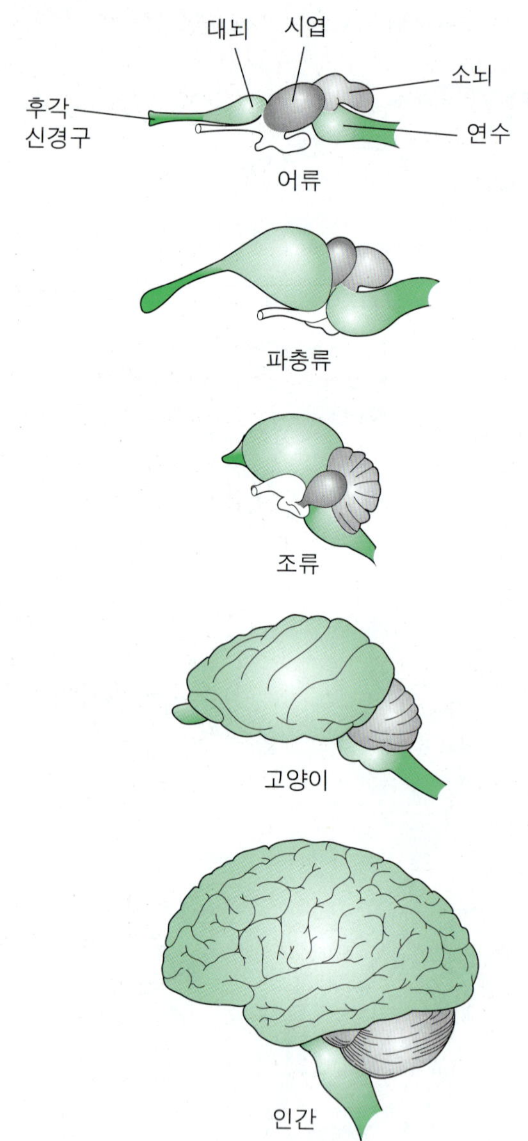

그림 3-7 19세기에 그려졌던 척추동물의 뇌의 모식도를 다시 그린 것. 이들이 공유하는 상동구조는 소뇌, 대뇌, 연수, 후각신경구, 시엽이다. 인간에서는 대뇌가 비대해져서 후각신경구와시엽을 덮고 있다(LeConte, 1888에서 인용).

결되지만, 상사는 일반적으로 가까운 공통 조상을 공유하지 않는 생물에서 발견되는 현상이다. 서로 다른 생물 또는 생물의 일부에서 비슷한 방향으로의 진화가 일어나는 것을 **수렴진화**(convergent evolution)라고 하는데, 이는 서로 다른 진화계통에서도 비슷한 서식처에서의 자연선택을 겪는다면, 기능적으로 비슷한 해부학적 구조를 획득할 수 있다는 것을 보여 주고 있다(**그림 3-10**).

생체구조의 정밀한 해부와 비교는 계통수를 정밀하게 추정하는 데 사용할 수 있는 기준을 제공해 준다. 19세기 생물학자들은 모든 생물이 인척관계로 연결되어 있다는 것과, 변화하면서 분화했다는 Darwin론의 증거를 찾기 위해 이러한 계통수를 추정하는 데 많은 노력을 경주하였다. 그러나 어떤 분류군 내에서 기관의 기능상의 변화(예를 들면, 고래의 물갈퀴) 또는 구조와 기능의 상실(예를 들면, 뱀에서 다리의 상실) 등과 같은 현상 때문에 이와 같은 비교 작업은 쉽지 않았다. 진화적인 맥락에서 상동성을 재정립하기 위한 최초의 시도로써, 활발하고 영향력이 큰 계통학자였던 Ray Lankester (1870)는 단 한 개의 Tree of Life[7]라는 주도적인 개념에 대하여 정리하였다.

> "많은 종류의 동식물들은 한 개의 거대한 계통수의 일부분들이며, 이들은 시간이라는 위대한 파괴자의 활동으로 인해 서로 다양한 길이로 떨어지거나 분지되어 있다..."

흔적기관

어떤 구조가 조상이 가지고 있었던 기능을 전부 혹은 일부 상실하는 것은 비교해부학적으로 매우 흥미로운 현상이다. 진화적인 관점에서 이와 같은 **흔적기관**(rudimentary 또는 vestigial organs)은 생물이 새로운 환경에 적응하면서 조상시대에 갖고 있었던 구조를 더 이상 필요로 하지 않는 상황에서 생긴다고 설명할 수 있다. 자연선택의 원칙에 따르면, 더 이상 필요 없는 구조를 지니고 유지하는 데 에너지를 적게 쓰는 개체들은 그렇지 않은 개체들보다 생식적인 성공률이 높다. 또한 필요 없는 기관이 새로운 적응에 저해가 되거나, 경우에 따라 완전히 새로운 진화적 적응을 보이는 수 도 있다. 후자의 예로서 파충류의 턱에 있던 뼈의 흔적구조들이 포유류에서 소리를 내이로 전달하는 기능을 하는 3개의 소골(ossicles)[8]로 획기적으로 변환된 경우가 있다(그림 19-7). 비슷한 예로, 시각을 상실한 동굴 동물들의 시신경이 새로운 후각 및 촉각신경으로 기능전환한 경우도 있다.

시간이 흐르면서 더 이상 쓸모가 없게 된 구조는 축소되면서 과거의 흔적만을 갖게 된다. 예를 들면, 고래나 뱀에 경우 **그림 3-11**에서와 같이 조상형에서 뒷다리를 구성했었던 뼈 조각들을 찾아 볼 수 있다. 실제로 최초의 뱀은 다리를 가졌었다.[9] 흔적뿐인 다리골격들은 다리 형성의 초기 단계가 다리가 없는 생물에서도 진행된다는 것을 보여 준다. 실제로 뒷다리의 원기들이 고래나 돌고래의 유생기에 관찰되며, 성체가 되면 이 구조는 사라지며 앞다리는 물갈퀴로 전환된다(**그림 3-12**).

[7] 생물계통수의 작성에 관한 최근의 진보에 대해서는 **글상자 12-4**와 14장을 볼 것.

[8] 원시적인 파충류에서 아래턱에 6~8개의 뼈가 있었다는 사실에 대해서는 잘 알려지지 않았다. 더 진보한 파충류에서는 이 중 3개가 중이의 소골들이 되었고, 일부는 그대로 남았고 일부는 소실되었다.

[9] '다리 있는 뱀'이라고 말하는 것은 일견 반어법으로 보이나, 현대 뱀들의 직계조상은 실제로 다리가 있었으며, 뱀의 진화는 다리의 소실과 몸의 신장을 수반하였다. 최소 4개 속의 다리 있는 뱀들이 화석으로 확인되었다: *Haasiophis, Pachyrhachis, Eupodophis,* and *Najash.*

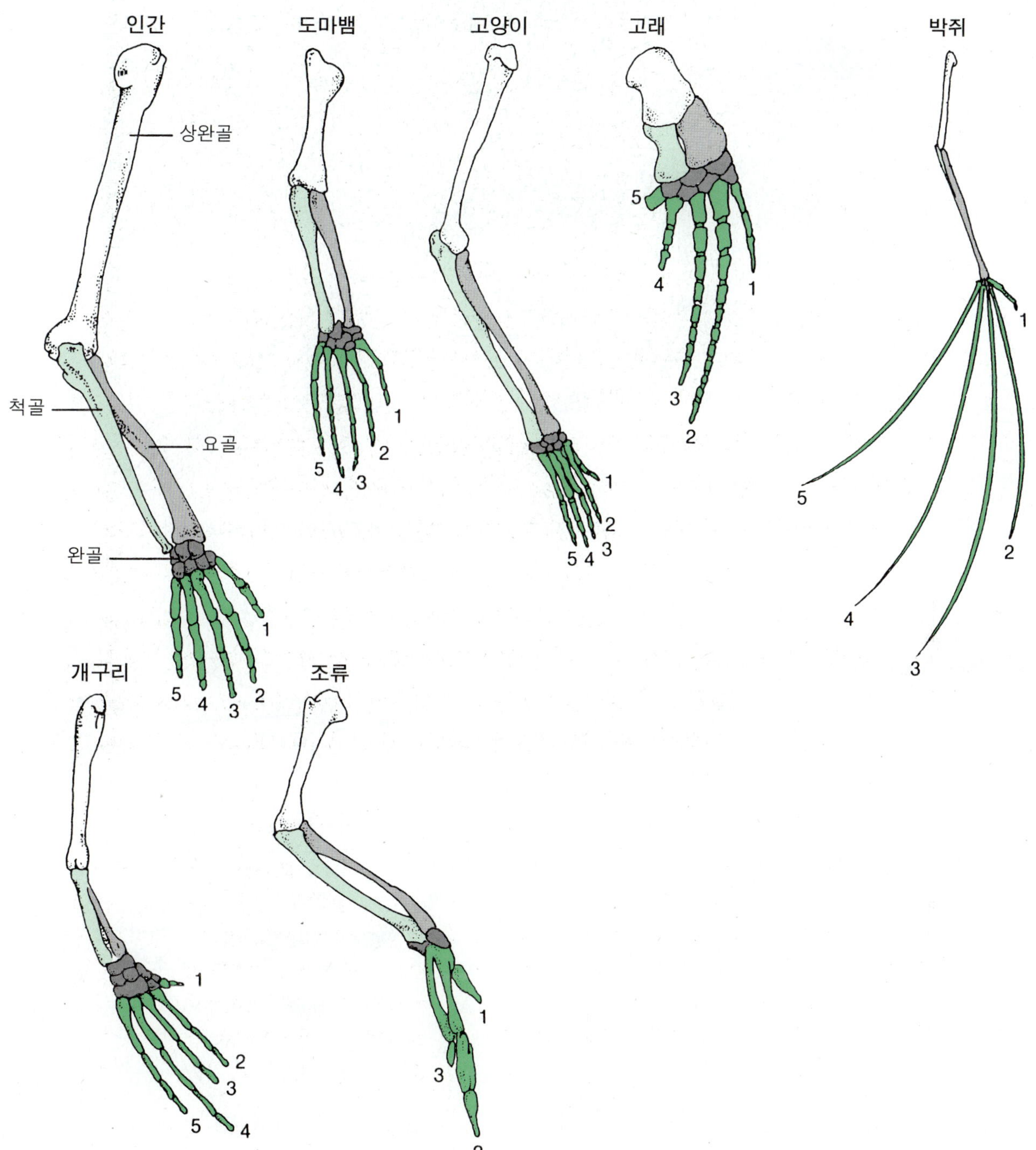

그림 3-8 다양한 네발 동물 앞다리의 골격구조는 각 뼈들 사이의 상동관계를 보여 준다. 비록 이들이 다른 방향으로 진화하여 골격구조의 크기나 모양, 기능이 현격하게 변했지만, 같은 종류의 뼈를 사용하는 동시에 이와 관련된 신경계, 순환계 또는 다른 기관들 역시 상동인 것이 비교해부학자들에 의하여 밝혀졌다. Darwin은 "인간의 쥐는 손, 두더지의 파는 앞다리, 말의 앞다리, 돌고래의 물갈퀴, 박쥐의 날개들은 모두 같은 패턴으로, 비슷한 뼈들을 같은 상대적 위치에 넣어 만들어졌다는 것이 얼마나 흥미로운 일인가?"라고 하였다. 그러므로 어떤 기능에 대한 설계를 강조하는 목적론적인 관점과는 달리 척추동물의 앞발은 다른 기능을 위하여 같은 기본적 조상형 구조로부터 만들어졌다.

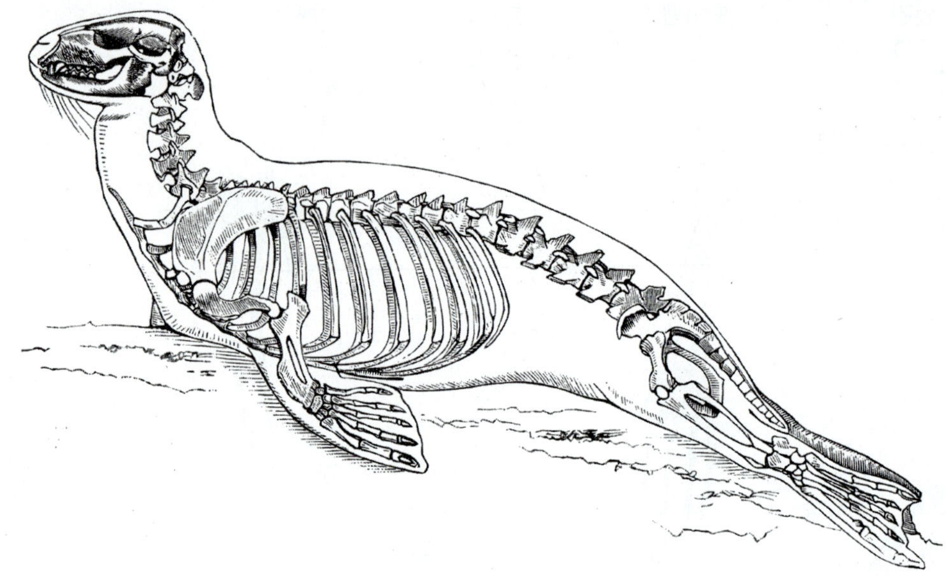

그림 3-9 바다표범(*Phoca vitulina*)의 골격은 이들의 물갈퀴가 다른 척추동물의 다리뼈와 상동 관계에 있다는 것을 명확하게 보여 준다.

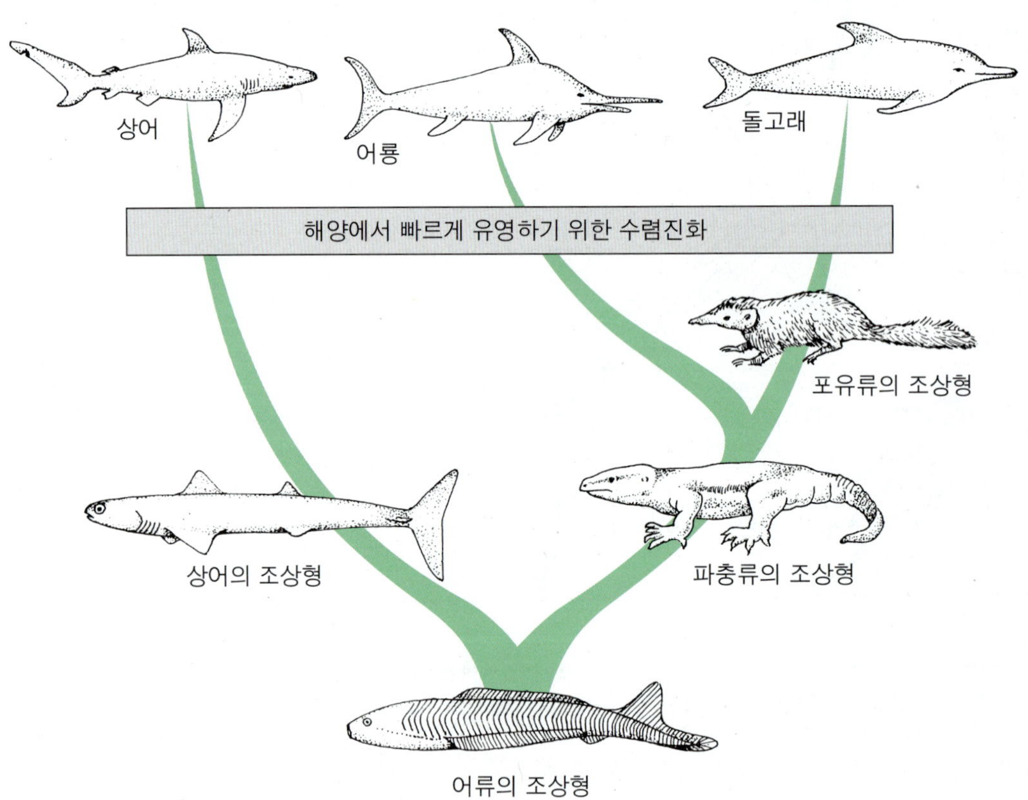

그림 3-10 서로 다른 조상에서 유래한 해양 포식자들의 수렴진화 – 상어(연골어류), 어룡(멸종한 파충류), 돌고래(태반포유류). 이 계통수는 각각의 세 계통에서 물속에서 빠르게 헤엄치기 위한 비슷한 적응현상이 독립적으로 나타난 것을 보여 준다.

그림 3-11 그린란드고래와 비단구렁이에서 볼 수 있는 뒷다리의 흔적. [Romanes(1910)를 인용하면서 일부는 추가시킴.]

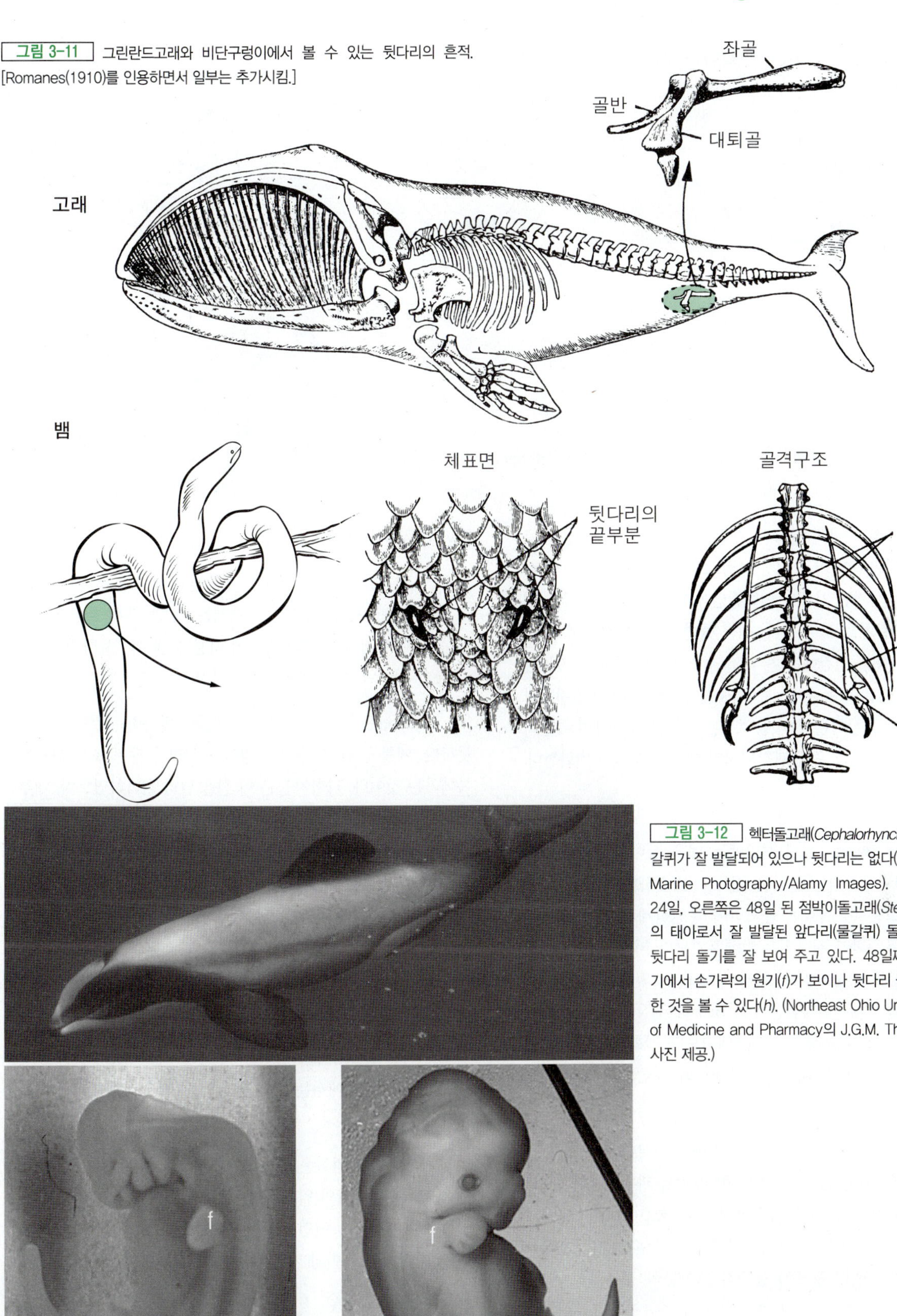

그림 3-12 헥터돌고래(*Cephalorhynchus hectori*)는 물갈퀴가 잘 발달되어 있으나 뒷다리는 없다(©Brandon Cole Marine Photography/Alamy Images). 아래쪽의 왼쪽은 24일, 오른쪽은 48일 된 점박이돌고래(*Stenella attenuata*)의 태아로서 잘 발달된 앞다리(물갈퀴) 돌기(*f*)와 흔적뿐인 뒷다리 돌기를 잘 보여 주고 있다. 48일째에는 물갈퀴 돌기에서 손가락의 원기(*f*)가 보이나 뒷다리 돌기는 거의 퇴화한 것을 볼 수 있다(*h*). (Northeast Ohio University College of Medicine and Pharmacy의 J.G.M. Thewissen 박사가 사진 제공.)

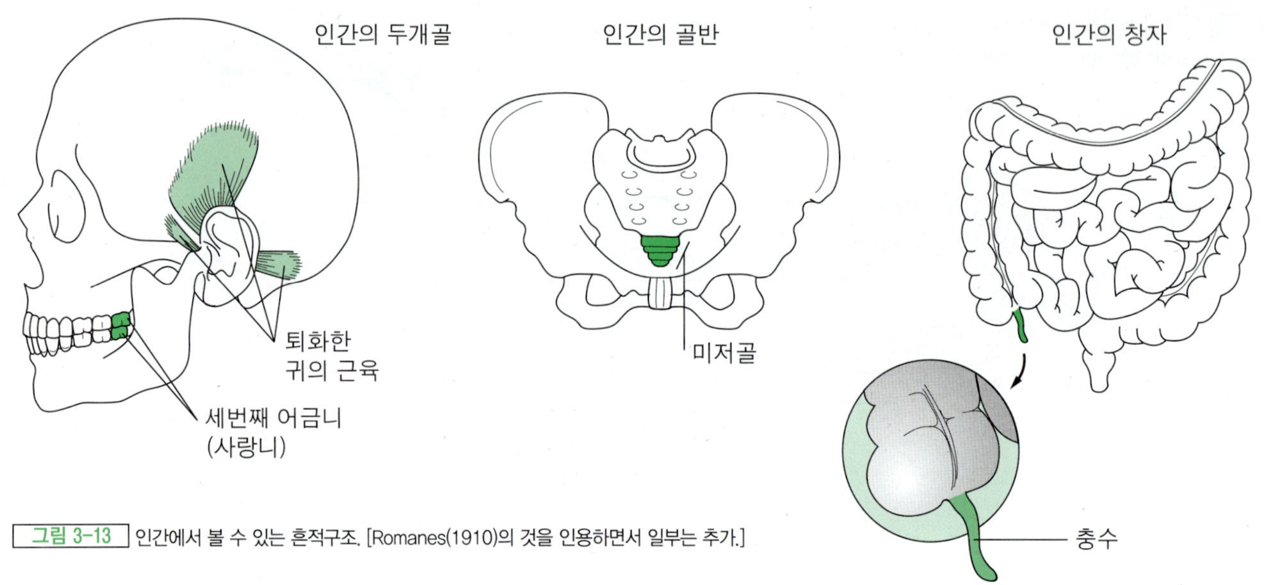

그림 3-13 인간에서 볼 수 있는 흔적구조. [Romanes(1910)의 것을 인용하면서 일부는 추가.]

또한 동굴성 장님 갑각류의 축소된 눈자루도 필요 없는 구조가 서서히 퇴화되어 가는 현상을 잘 보여 주고 있다. 인간의 많은 흔적기관들은 기관 자체의 퇴화뿐만 아니라 다른 포유류와 영장류와의 유연관계도 보여 준다. 예를 들면, 귀를 움직일 수 있는 근육과 머리근육은 인간에는 흔적만 남아 있으며 대부분 기능을 하지 않지만, 많은 포유류에서는 기능을 가지고 있다. 엄지발가락을 펴는 것을 포함하는 발의 움켜쥐는 기능은 영장류의 특징이며, 인간의 유아에서도 종종 관찰되지만 어른이 되면서 퇴화한다.

발생학

19세기 초 von Baer는 성체 시기에는 매우 상이한 척추동물들이 배(embryo) 시기에는 놀라울 정도로 비슷하다는 것을 확인한 바 있다. 그는 이 관찰에 근거하여 유연관계가 깊은 생물들의 초기배는 특수화가 진행되는 발생후기보다 더 많은 공통점을 지닌다는 법칙을 주창하였다. 따라서 Darwin 및 Ernst Haeckel (1834~1919)과 같은 학자들은 von Baer의 주장에서 한걸음 더 나아가, 발생의 초기는 성숙한 생물에서보다 진화적으로 보수적 또는 안정적이라고 믿게 되었다(**그림 3-14a**, 윗줄). 결국, Darwin은 다음과 같이 주장하게 되었다:

> 두 동물 집단의 구조나 습성이 매우 다르다고 할지라도 만일 그들이 동일하거나 비슷한 배발생 과정을 겪는다면, 그들이 같은 또는 비슷한 조상을 가졌으며 또한 그만큼 가까운 혈연관계가 있다는 것을 확신할 수 있을 것이다. 그러므로 배의 구조적 공통점은 혈통의 공통점을 시사해 준다.

독일에서 진화론의 대변자였던 Ernst Haeckel(1834~1919)은 위 개념을 더욱 발전시키고 보급시켜 생물발생법칙(biogenetic law)을 주창하였다:

> 개체발생(ontogeny)은 계통발생(phylogeny)을 짧고 빠르게 반복하는 것이다... 개체는 개체발생의 짧은 기간 동안에 유전과 적응의 법칙에 따른 오랜 고생물학적 진화 동안 일어난 가장 중요한 형태의 변화를 반복한다(1866).

Haeckel은 발생 초기가 조상형들을 반복하는 것이라고 믿은 듯하다. 예를 들면, 현대의 올챙이가 꼬리가 달린 조상형태의 반복이라는 것이다. 과학자들은 이 점을 널리 논박하였으며, 대부분의 생물학자들은 Haeckel의 법칙이 지나치게 단순화된 것이라고 생각하게 되었다. 이는 특히 다음과 같은 경우를 생각하면 문제가 있다는 것을 명확히 알 수 있다:

- 이 개념을 생애주기 동안 구조적 기능적으로 지속적인 변화를 일으키는 특징에 적용시켰을 때;
- 어떤 특징이 어떤 한 시기에는 있으나 다른 시기에는 없을 때;
- 어떤 한 분류군이나 계통에 나타나는 특징이 다른 분류군이나 계통에서는 나타나지 않는 경우(예를 들면, 거북이의 등껍질).

거북이의 등껍질은 오랫동안 골칫거리였다. 이 구조는 발생학적으로는 부속지의 원기에서 기원하나(**그림 3-15**), 거북이의 조상형으로 추정되는 어떤 생물에서도 이 구조는 전혀 나타나지 않는다. 따라서 거북이와 다른 파충류의 유연관계는 아직도 오리무중이다(18장 참조).

발생의 초기는 아마도 조상형의 발생 초기만을 반복한다는 것이 현대적인 견해이다. 이는 공동조상을 가진 생물들은 공통적인 초기 배발생 유형을 기반으로 하여 후기에는 성체시기의 서로

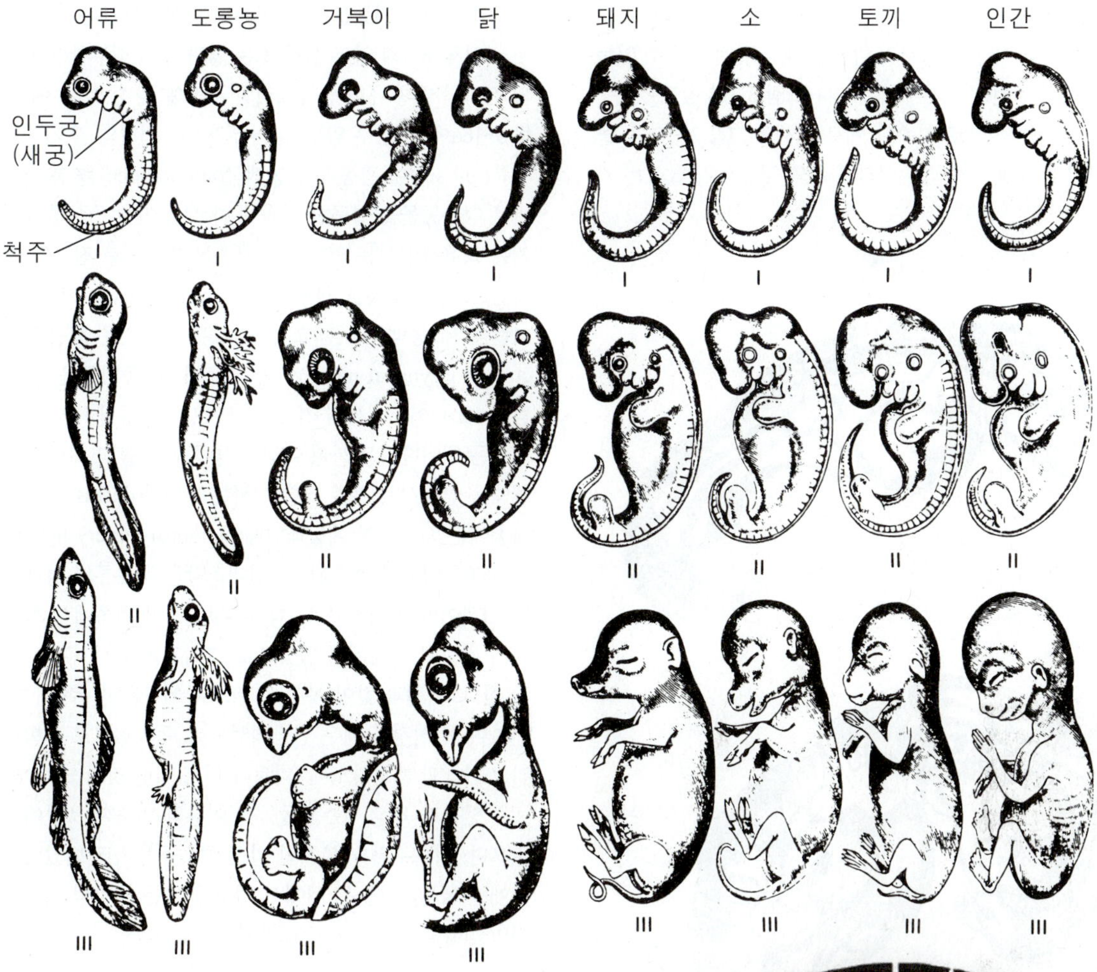

어류 도롱뇽 거북이 닭 돼지 소 토끼 인간

인두궁
(새궁)

척주

I I I I I I I I

II II II II II II II II

III III III III III III III III

(a)

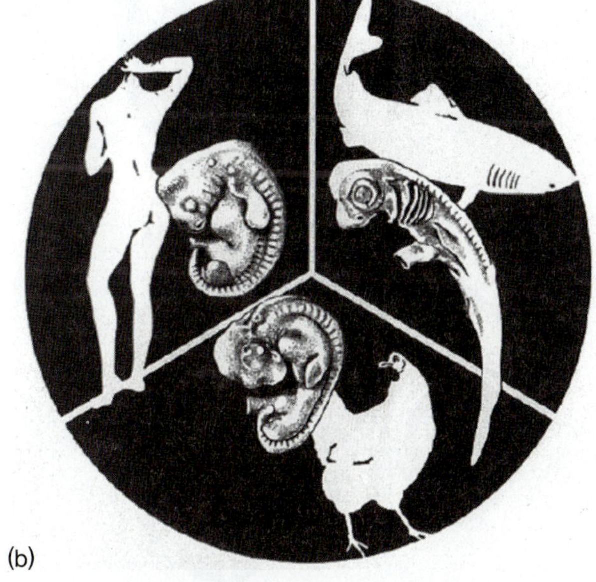

(b)

그림 3-14 (a) 다양한 척추동물 배발생 단계를 비교한 Haeckel의 그림. 비록 Haeckel은 이 그림을 다소 내키는 대로 그린 면은 있지만, 서로 다른 생물들의 배발생 초기가 매우 유사함을 명백히 알 수 있다. 각각의 초기배는 비슷한 수의 인두궁(pharyngeal arches—머리 아래쪽의 낭)과 한 쌍의 눈, 중앙에 있는 1개의 심장(그림에는 없음) 등을 공유한다. 일부 생물학자들은 이 시기를 척추동물문의 공통적인 신체구조의 특징적인 부분을 보여 준다고 하여 **phylotypic** 시기라 부르기도 한다(그림 13-9 참조). 발생 후기로 가면서 문 이하의 척추동물 분류군들의 전형적인 특징을 보이는 구조로 변형되어간다. (서로 다른 분류군의 배는 비교의 목적을 위하여 비슷한 크기로 변형시켰음.) (b) 상어, 닭, 인간에서 볼 수 있듯이 100년이 지난 지금도 성체보다는 유생기가 더 유사하다는 사실이 지속적으로 관찰되고 있다. [(a)는 Romanes(1910)에서, (b)는 de Beer(1964)에서 인용.]

다른 특성들이 추가되면서 변형되어 나아가는 듯이 보인다는 것이다. 이 견해는 유전학 및 발생생물학적 증거와 이 두 분야의 종합(evo-devo; 13장 참조)을 통하여 명백해졌다.

조상형의 유생 특징이 후손종의 성체에서 발견되는 경우도 있다. 예를 들면, 어린 유인원에서 발견되는 특징이 인간의 어른에서 발견되는데(**유생성숙**, Gould(1977)와 그림 20-26 참조), 이는 조상의 성체의 형태가 반복된다는 Haeckel의 주장과는 정면으로 배치되는 현상이다. 어떤 발생학적인 과정은 혈연적으로 가까운 종들에서 관찰될 가능성이 크다. 즉 근연종들은 일반적으로 수천만 년동안 지속되어 온 특징적인 발생 단계를 발현시킬 수 있는 공통의 유전적인 기전을 가지기 때문이다(그림 3-14 참조). 공통적인 기본형이 진화적으로 지속된 예로써 새궁(**그림 3-16**)을 들 수 있다. 인체의 발생시 새궁은 머리와 목의 구조로 발달하는 기

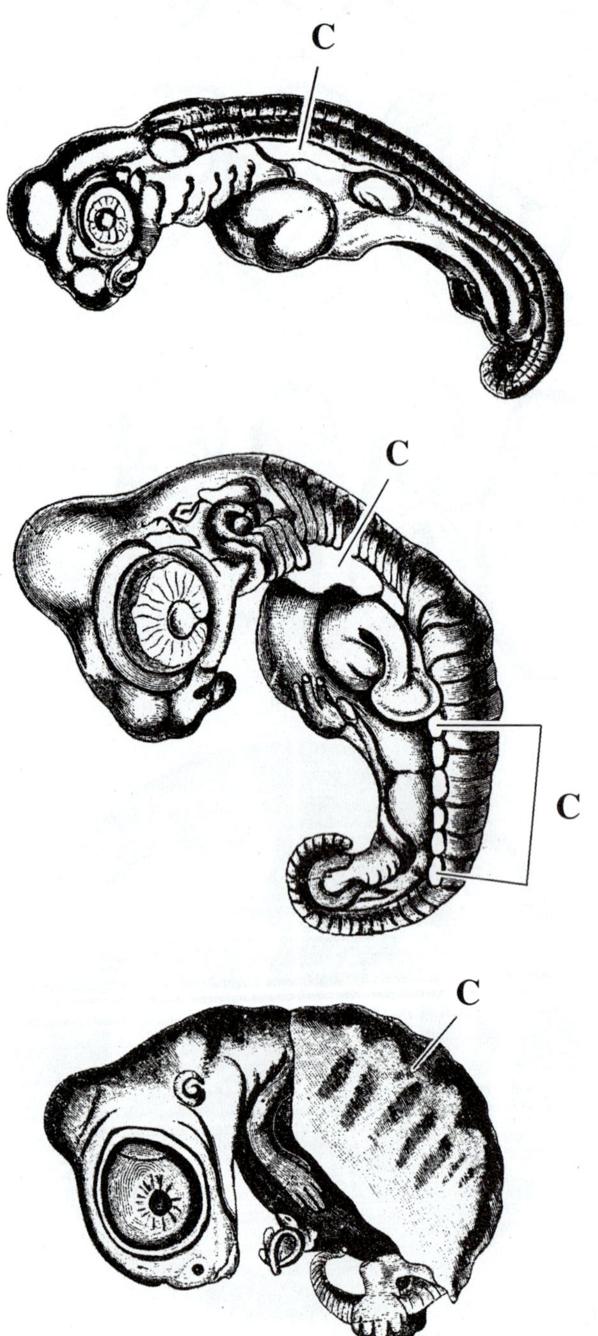

그림 3-15 유럽거북(*Chelonia midas*)에서 배발생 시기를 3단계로 보면 등껍질(C) 부분이 발생초기(윗그림)에서 중간단계에서는 몸의 축들 따라 옆으로 퍼지며(중간그림), 마지막 단계에서는 전형적인 등껍질의 구조(아래그림)를 보이게 되는 것을 알 수 있다. [Balfour(1880~1881)에서 각색.]

본구조이지만, 기능을 가진 아가미를 형성하지는 않는다.

성체에서의 일부 신경 또는 혈관 등의 해부학적 위치는 그들의 진화적 발생 유형을 통해서만 추정해 볼 수 있다. 예를 들면, **그림 3-16a**에서 볼 수 있듯이, 어류의 미주신경의 각 가지들은 아가미틈(gill slit)이 관통하는 동맥궁(arterial arch)을 통하여 지난다. 많은 척추동물을 연구한 결과에 따르면, 이 미주신경 중 2개의 분지는 포유류에서는 인두를 자극하는 기능으로 진화된 것으로 생각된다. 앞쪽의 것을 **전후두신경**(anterior laryngeal nerve)이라고 하는데 제3동맥궁을 감고 있으며, 뒤쪽의 것은 **회귀후두신경**(recurrent laryngeal nerve)이라 부르며 제6동맥궁을 감고 있다(**그림 3-16b**). 어류에서의 기능과는 달리 포유류에서의 제6동맥궁의 왼쪽은 태어나기 전까지 아직 발생 중인 폐를 피해서 직접 몸으로 혈액을 연결시켜 주는 역할을 하는 동맥관(ductus arteriosis)이며, 나중에는 쇠퇴하여 폐동맥인대(pulmonary artery ligament)가 된다. 제6동맥궁이 축소된 이 인대조각은 포유류의 성체에서는 심장 가까이에 위치하므로, 회귀후두신경이 왼쪽에서 회로를 완성하기 위하여 머리에서 가슴으로 그리고 또다시 후두로 접속되어야 한다. 기린과 같이 목이 긴 포유류에서는 이 추가적인 회로로 인하여 이 신경이 매우 신장되었으며, 독자적으로 진화했을 것이라고 가정할 때보다도 수 피트나 더 길어진 것이 명백하다.

인간과 육상 척추동물들은 어류와 비슷한 조상에서 유래하였으며, 이로부터 기본적인 발생 방식들을 전달받았다고 가정할 때에만 생물학자들은 위에서 설명한 모든 배발생 시기들과 변칙적인 상황들에 대하여 수긍할 수 있게 된다.

화석

화석은 바다, 호수, 강바닥, 사막 등에서 퇴적에 의해 형성되며, 일부 지역에서만 발견된다(**그림 3-17**). 심지어 적절한 퇴적 환경이 조성되어 있는 곳에서도 많은 죽은 생물들이 화석화되기 전에 부패하거나 화석화되더라도 침식작용에 의해 파괴 된다.

개체군은 격리에 의해서 진화적인 차이를 획득하고 유지될 수 있으므로, 같은 지역에서 변화 단계의 개체군과 그 조상형을 동시에 발견하는 경우는 거의 없다. 그러므로 가장 원시적인 것에서부터 최근의 단계까지를 포괄하는 일련의 화석들을 한 지역에서 발견한 적은 없다. 이와 같은 어려움에도 불구하고 생물학자들은 화석을 통하여 진화의 결정적인 증거를 얻을 수 있었으므로 화석을 발견하려는 많은 노력을 경주하고 있다.[10]

Darwin 시대의 화석기록은 우연히 발견된 경우가 대부분이었으므로 현재보다도 드물었다. 다행이 Darwin이 활동하던 시기에 그의 이론을 강력하게 뒷받침해 줄 수 있는 몇몇 고생물학적 발견이 이루어졌다. 이 중 하나가 1861년에 진정한 의미의 "잃어

[10] 화석기록의 분석에 관해서는 다음 문헌들을 참조할 것: Fortey(2002), Milsom and Rigby(2003), Benton(2004).

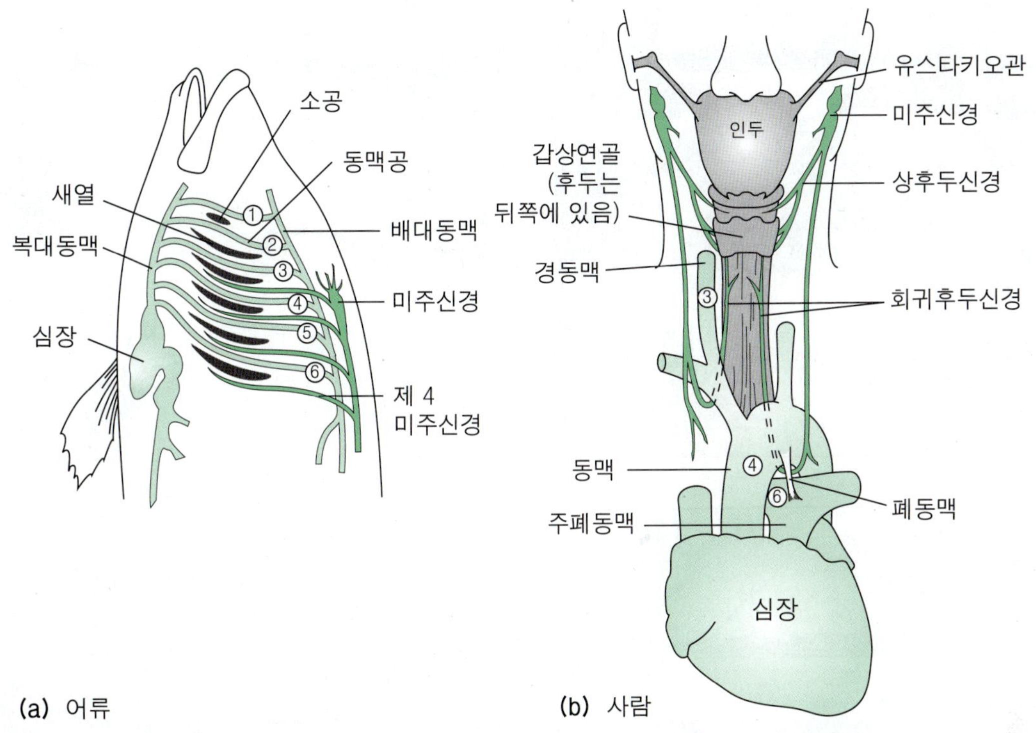

그림 3-16 어류(a)와 사람(b)에서 미주신경(vagus cranial nerve)과 동맥궁(arterial arches)과의 관계를 보여 주는 모식도. 제3, 제4동맥궁과, 제6동맥궁의 일부만을 태반포유류에서 찾아볼 수 있으며, 이 중 제6동맥궁은 태반에 혈액을 공급하는 역할만을 한다. 포유류의 제4미주신경(recurrent laryngeal nerve)은 물고기의 비슷하게 생긴 조상형과 마찬가지로 제6동맥궁을 감싸서 돌지만, 현재는 제6동맥궁의 흔적이 가슴에 위치하는 관계로 과거보다 길게 형성되어 있다.

버린 고리", 즉 파충류와 조류의 중간 단계로 제시된 동물의 화석이었다. **그림 3-18**에서 보는 바와 같이, 시조새(*Archaeopteryx*)는 치아와 21개의 척추골로 이루어진 꼬리를 비롯한 파충류의 특성들을 지니지만, 창사골(wishbone)과 깃털 등 조류의 특성도 다수 동시에 지니고 있었다. Huxley는 이들이 파충류(공룡)에서 조류에 이르는 혈통의 "사촌" 간일 것이라고 설득력 있게 주장하였다. 즉 진화를 통해서만 그와 같은 원시형이 존재할 것이라는 것이 예측 가능하며, 이것이 결국 진화론을 증명하는 데 유용하게 쓰일 수 있다는 것이었다.

「종의 기원」이 발간된 1년 후, Richard Owen(1804~1892)은 말과 비슷한 포유류 중 가장 오래된 화석인 *Hyracotherium*(일반명은 Eohippus 또는 dawn horse)을 기재한 바 있다. 이 동물의 키는 약 50cm, 몸무게는 23kg, 부드러운 발바닥이 있는 앞다리에는 4개의 발가락, 뒷다리에는 3개의 발가락이 있었으며(현대의 말들은 각 발에 1개씩의 발가락만을 가짐), 부드러운 식물을 저작하는 데 적합한 단순한 치아들을 갖고 있었다(**그림 3-19, 3-20**). 그 후 화석들이 계속 발견되면서 *Hyracotherium*속에는 집고양이 정도 크기의 종을 포함한 다양한 초식성 종들이 기록되었으며, 이들은 북미에서 유럽까지 널리 분포하고 있었던 것으로 확인되었다.

Hyracotherium 이후 6천만 년 동안 말들은 급진적으로 변화하게 되었다. 현재 말들은 굳은 땅바닥을 달릴 뿐만 아니라 실리카가 함유된 거친 풀을 주식으로 하는 환경에 적응한 특성들을 갖고 있다. 이들의 신장된 다리는 대부분의 근육들이 위쪽에 위치하므로 강력하고 빠른 휘두름을 가능케 하여 높은 속도를 낼 수 있도록 만들어져 있다. 현대의 말은 척추동물 중 유일하게 각 다리에 특수한 인대들로 연결된 1개의 발가락을 지니며, 이는 굳은 땅에서 달릴 때 용수철이 달린 장대(Pogo-Stick)를 타고 뛰는 것과 비슷한 작용을 한다. 그들의 치아 역시 거칠고 연마력이 강한 풀을 저작하는 데 특수하게 적응되어 있으며, 풀을 뜯어먹는 일반적인 동물의 것보다 길다. 어금니와 앞어금니는 같은 형태를 지니며, 태어나서부터 8년간 뿌리가 형성될 때까지 계속 자란다.

1870년대까지, Othniel C. Marsh(1831~1899)와 같은 고생물학자들은 북미와 유럽에서 발견된 화석을 근거로 척추동물 중 최초로 다양한 중간 단계들이 표시된 계통수를 작성할 수 있게 되었다(그림 3-19, 3-20). 결국 현재는 *Hyracotherium*부터 현대의 말에 이르는 거의 대부분의 중간 단계에 대하여 놀라울 정도로 잘 알려져 있다 — 즉 짧은 크라운에서 높은 크라운을 가진 치아로, 나무나 관목의 연한 잎을 먹는 습성(browsing)에서 바닥의 억센 풀을 뜯는 습성(grazing)으로, 부드러운 발바닥을 가진 다리(paded-foot)에서 용수철 같은 다리(spring-foot)로, 작은 뇌에서

그림 3-17 동물이 습지대에서 죽었을 때 일어날 수 있는 화석화 과정. 물속에서는 썩은 고기를 먹는 동물들의 공격을 피할 수 있으며, 깊은 물속의 저산소상태 가 파손을 방지해준다. 시체 위에 퇴적물이 쌓이면서 지층 속에 들어가 압력을 받으면서 퇴적암이 된다. 후일 침식작용에 의하여 화석이 외부로 노출되기도 한다. (Kardong, 2006에서 인용.)

그림 3-18 (a) 바바리아 지방의 쥐라기 초기의 석회암층에서 발견되어 베를린에 소장되어있는 시조새의 화석. (b) 시조새의 생시 모습을 복원시킨 19세기 그림. (Romanes, 1910에서 인용.)

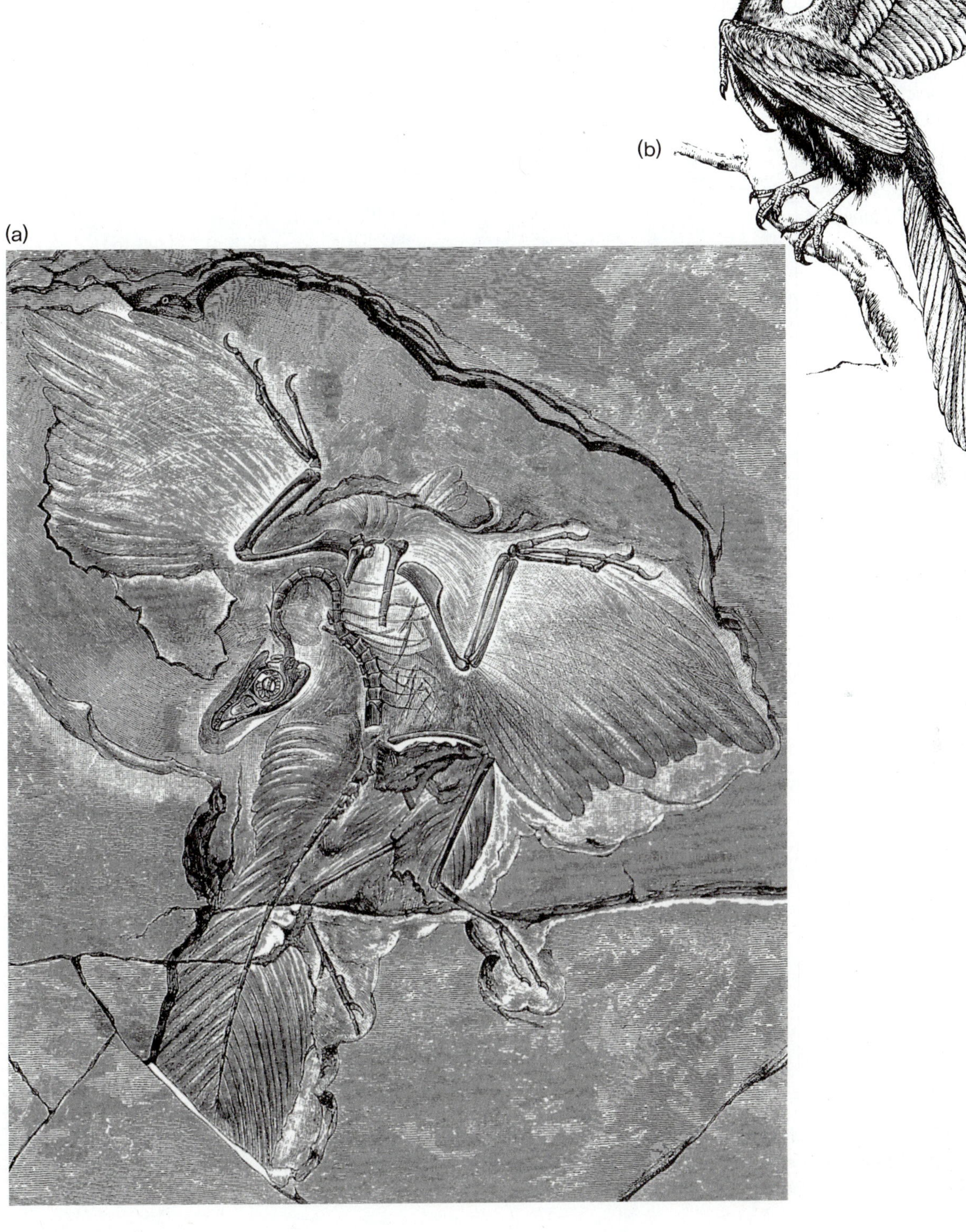

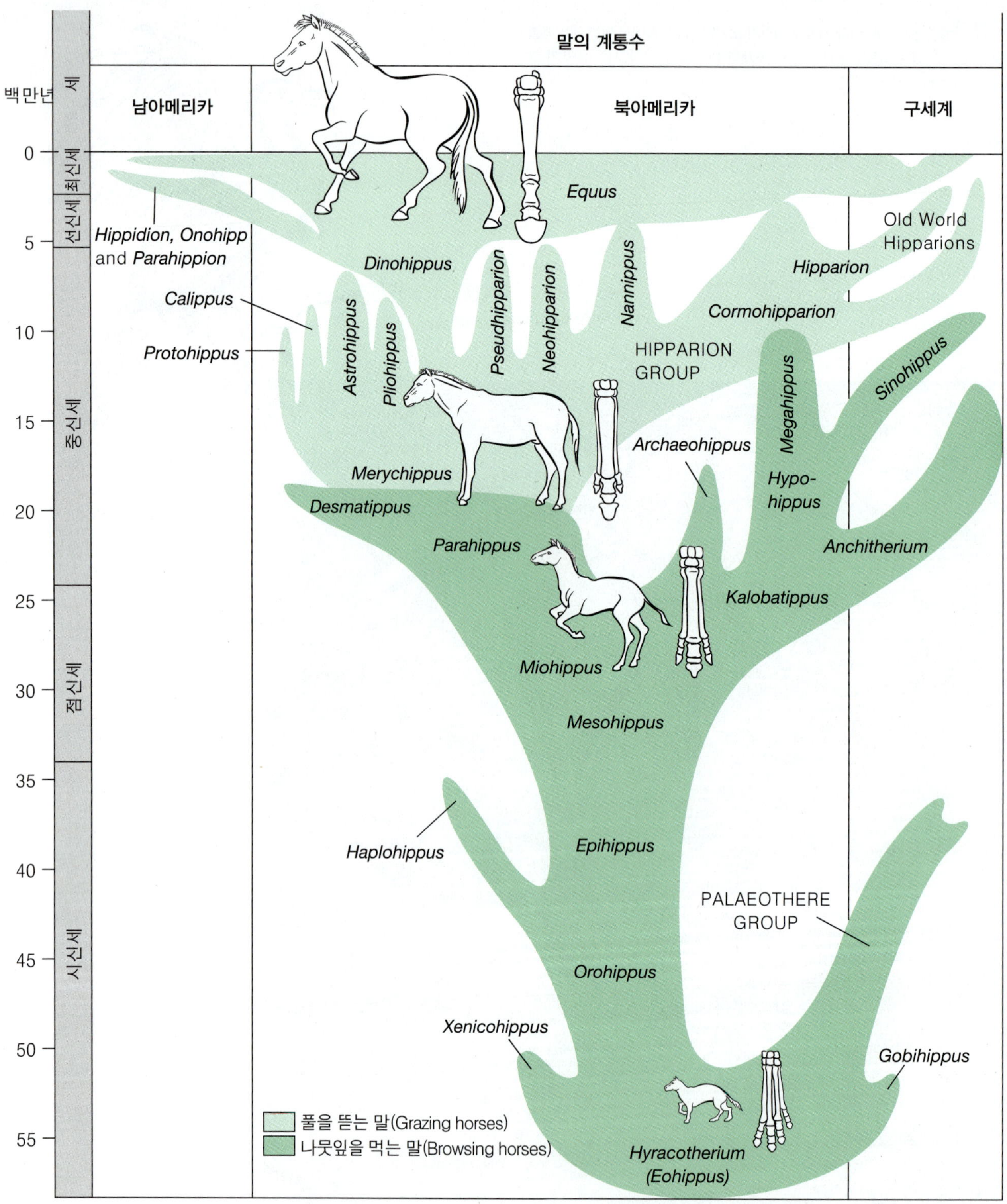

그림 3-19 말의 다양한 계통간의 진화적인 유연관계(북미와 구세계 분류군 위주로 작성). 일부 화석종과 현존 *Equus*속의 모습과 뒷발의 구조의 모식도. 말의 계통들은 두 가지 진화 패턴[분기진화(cladogenesis)와 향상진화(anagenesis)] 하에서 진화한 것을 알 수 있다(용어는 11장 참조). *Equus*는 신대륙에서는 멸종했으나, 유라시아에서는 계속 생존하였다. [MacFadden(1992)을 인용하면서 일부는 추가.])

큰 뇌로. 그러나 그림 3-19에서 보여 주는 바와 같이, 이 유형들의 진화는 항상 한쪽 방향으로만 진행(정향진화, orthogenesis)된 것은 아니다. 말들은 다양한 서식처에 여러 방식으로 적응한 듯 보이며, 몇몇 계통은 멸종될 때까지도 상당히 특수한 구조를 유지하였다. 그들 모두가 비슷한 서식처에서 생활하였지만, 각 종들은 서로 다른 자원을 활용했던 것 같다(**자원분할**, resource partitioning). 일부 종들은 관목과 나뭇잎을 뜯어먹은(browser) 반면 어떤 종들은 풀을 뜯어먹었다(graser). 또한 어떤 종들은 풀과 나뭇잎을 다 먹을 수 있는 습성을 획득하기도 하였다. 심지어 플로리다에 서식했던 어떤 말들 중 몇몇 종들이 바닥의 풀을 뜯는 습성에서 나무나 관목의 잎을 먹는 습성으로 반전된 경우도 있었다. 모든 종들이 높은 크라운의 어금니를 가졌으므로 조상형에서는 모두가 바닥의 풀을 뜯어 먹었던 것 같지만, 그 후 획득한 섭식 습성의 차이는 풀을 먹으면서 생긴 치아의 긁힌 흔적과 관목을 먹으면서 생긴 치아의 작은 구멍들로도 추정할 수 있다. 또한 풀과 관목의 탄소 동위원소($^{12}C/^{13}C$)의 비율 차이가 있는 것에 착안하여 치아의 동위원소 비율을 측정함으로써도 알 수 있다.

말의 각 계통 간에 있어서 어떤 특성의 진화속도는 일정하지 않았던 것 같다. 예를 들면, 몸의 크기는 초기 3천만 년 동안과 현재에 이르는 후기 수백만 년 동안은 상대적으로 작은 변화만을 겪었다(MacFadden). 심지어 말의 진화가 상대적으로 빠르게 진행된 중신세 동안에도 소형에서 대형까지의 다양한 크기의 종들이 진화하였다. 모든 계통에서 몸의 크기에 있어 정향진화의 경향성은 없는 듯하다. 이와 같이 수백 개의 화석에 입각한 자세한 계통

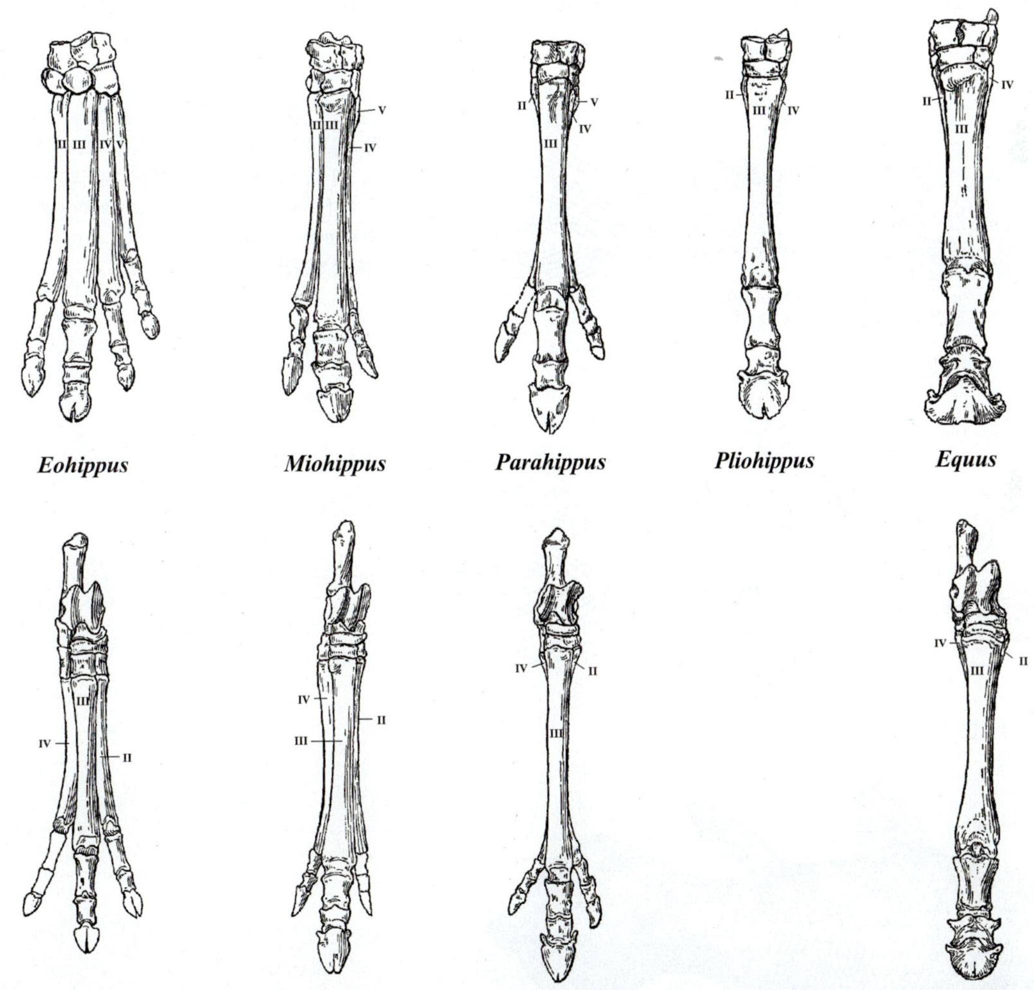

그림 3-20 시신세의 *Eohippus*(*Hyracotherium*)에서 최신세에 나타나 현재 지속되고 있는 *Equus*까지 볼 수 있는 앞다리와 뒷다리의 발가락 형태. 4개에서부터 1개까지 감소하는 패턴이 보임. *Miohippus*부터 1번과 5번 발가락은 이미 사라졌으며, *Parahippus*와 *Equus*에서는 3번 발가락은 그대로 남아있으나, 2번과 4번은 축소되거나 없어졌다. [Gregory(1951)에서 각색.]

수는 진화의 실체와 그 복잡성에 대하여 가장 잘 보여 주는 예 중에 하나라고 할 수 있다.

살아 있는 화석

흥미롭게도 일부 태곳적 계통들이 최소한의 형태적 변화만을 겪은 상태로 현재까지 잔존한 경우도 있다.

간혹 오래전에 멸종된 것으로 믿어지던 생물들을 발견하기도 하며 이들을 살아 있는 화석이라고 일컫는다. 이들의 예로서 철갑상어, 폐어, 투구게, 완족류의 *Lingula*속, 은행나무 등을 들 수 있다. 실러캔스(coelacanth)는 원시적인 총기류(lobe-finned fishes)(**그림 3-21**)로서 2억 년 전에 육상 척추동물로 진화한 생물과 유연관계가 있는 것으로 알려져 있다(17장 참조). 실러캔스의 화석기록은 3억 8천만 년 전인 데본기에 시작되어 8천만 내지 1억 년 전에 소멸되었으나, 남아프리카 동부 해안의 심해에서 살아있는 실러캔스(*Latimeriachalumnae*)를 그물로 낚아 올린 바 있다. 또한 데본기에 멸종된 것으로 믿어졌던 분절성 연체동물인 *Neopilina* 역시 캘리포니아 남부, 코스타리카, 페루 등지의 해안에 있는 해구에서 발견된 바 있다.

비록 이 발견들은 화석이 실제 존재했던 생물의 잔해라는 고생물학적 주장을 실증하기도 하지만, 동시에 고생물학적 기록이 불완전하다는 것을 시사해 준다. 다시 말한다면 어떤 화석기록이 특정한 지질시대의 지층부터 더 이상 발견되지 않는다고 해서 그 생물이 그때 멸종되었다고 확신할 수 없다는 것이다. 즉 "증거가 없다고 해서 없다는 증거는 아니다." 그러나 위에서 예시한 희귀한 살아 있는 화석들을 제외한다면, 대부분 화석들은 현존하는 생물들과 상이하며, 최근의 지층에서는 오래된 지층보다도 현존하는 생물과 비슷한 화석들이 발견되는 것이 일반적인 사실이다. 전체적으로 볼 때 화석기록은 진화를 강력하게 뒷받침해 주는 증거이다.

인위선택

진화적인 변화의 개념을 증명하기 위하여 Darwin은 자연이 아닌

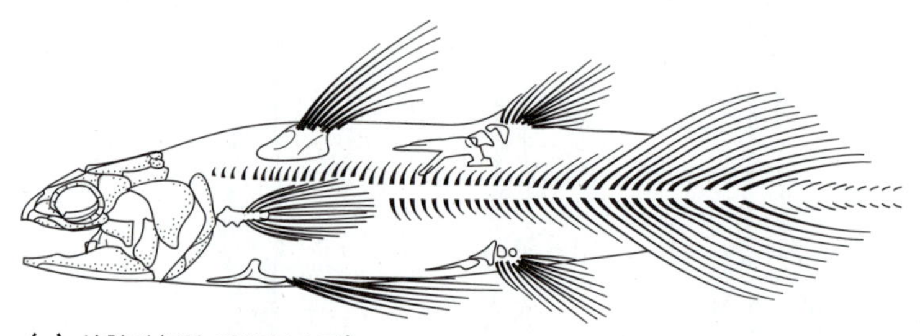

(a) 삼첩기(2억 3천만 년 전)

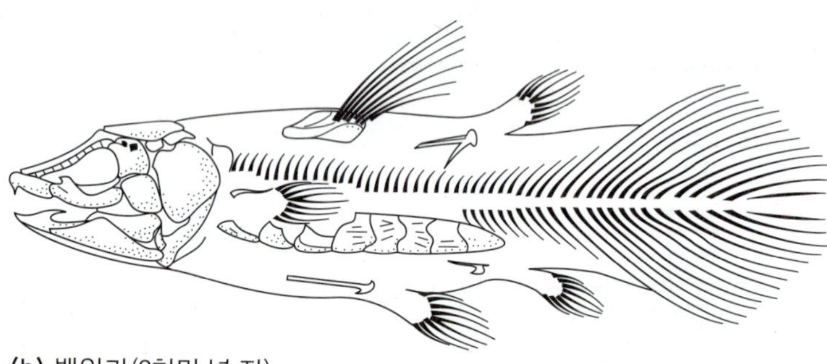

(b) 백악기(8천만 년 전)

(c) 실러캔스

그림 3-21 (a) 2억 3천만 년 전의 삼첩기 지층에서 발견된 육질의 지느러미를 가진 실러캔스(*Laugia groenlandica*) 화석. (b) 약 8천만 년 전의 백악기 후기의 *Maropoma mantelli*. (P. L. Forey, 1988. Golden jubilee for coelacanth *Latimeria chalumnae*. *Nature*, **336**, 727~732.) (c) 남아프리카의 동부해안에서 발견된 현존하는 실러캔스.

그림 3-22 컨트롤 사육라인의 암탉(왼쪽)과 shrank (발의 털이 없는 부분)의 길이가 긴 닭을 14년간 누대 선택하여 사육한 암탉(오른쪽)을 비교하면 shrank가 13.5% 신장된 것을 관찰할 수 있다. 흥미롭게도 다른 신체부위도 연관되어 커진 것을 볼 수 있으며 전체적으로 13% 이상 크다. 반면 적응도지수(index of fitness; 22장 참조)는 4.67에서 0.96으로 감소하였다. [Lerner(1954)에서 인용함.]

인간에 의한 선택의 결과로 생긴 진화의 예를 많이 설명하였다. **인위선택** 방식은 사육자들이 각 세대에서 가장 선호하는 개체들을 골라 번식시키거나 불량한 개체들은 걸러서 제거하는 것이다. 선택된 개체들(개, 고양이, 비둘기, 소, 말 등등)은 처음에는 다양한 자손들을 생산할 것이므로, 사육자들은 세대를 거듭하여 선호하는 방향으로 선택을 계속하게 되며 결국에는 원종에서 상당히 변형된 품종을 얻게 된다(**그림 3-22**). 예를 들면, 인간은 수천 년 동안 개를 선택하여 세인트버어너드에서 치와와에 이르는 다양한 크기와 그레이하운드에서 불도그에 이르는 다양한 형태의 품종들을 만들어 내게 되었다(**그림 3-23**). 비둘기 애호가들은 오랫동안 선택을 거듭하여 현재에는 부리, 자태, 깃털에 있어서 상당한 다양성을 보이는 품종들을 개발하였다. 마찬가지로 양이나 소를 비롯한 농업에 관련된 많은 동식물에 있어서도 이와 같은 현상을 쉽게 관찰할 수 있다.

Darwin과 그의 동료들은 계속적인 인위선택이 어떤 종에 있어서도 가시적인 변화를 일으킬 만큼 강력하다는 것을 확인하였다. 따라서 다윈론자들은 자연선택이 인위선택보다 훨씬 오랫동안 지속적으로 진행되므로 어떤 특별한 환경 하에서 더 큰 변화를

그림 3-23 애견가들에 의해 선택 육종된 개 품종들의 머리 모양. 미토콘드리아 DNA 염기서열에 입각한 증거에 의하면 집에서 키우는 개들은 개과의 동물 중 늑대에 가장 가까운 것으로 나타난다. 또한 이 증거는 개들은 아마도 지난 10,000~15,000년 사이에 여러 번 가축화 되었던 것을 보여 주고 있다. (American Kennel Club, *The Complete Dog Book*, 1985. Howell Book House, New York, p. 196에서 인용 및 각색)

일으킬 수 있으며, 결국 종화(speciation)가 일어날 수 있다는 것은 논리적인 귀결이라고 주장하였다.

자연선택이 인위선택보다 훨씬 효과적이라는 것은 수명이 짧은 생물에 대한 여러 세대에 걸친 실험을 통하여 증명할 수 있다. 균사를 내는 곰팡이인 *Aspergillusnidulans*를 이용하여 인위선택과 자연선택에 따른 균사의 성장속도를 비교했을 때, 자연선택 방식(매주 일부 포자를 새로운 배지로 옮기는 방식)이 인위선택 방식(매주 빠르게 자라는 곰팡이 부분을 골라서 새로운 배지로 옮기는 방식)보다 빠른 적응의 속도(진화)를 초래하였다.[11]

Darwin의 책이 효과적이었던 주된 원인은, 그 시대의 통념과 추론을 반박하기 위하여 같은 시대의 통념과 추론을 사용했다는 것이다. Darwin은 특히 자연선택을 주장하기 위해 본인이 축적한 방대한 인위선택의 증거를 이용하여 유추하였다. 즉 본인의 연구가 그 책의 주된 증거자료였던 것이다. 그는 불과 몇 세대 동안에 비둘기 사육자들이 머리가 너무 커서 날지도 못하는 비둘기를 육종해 낼 수 있다는 사실을 알고 있었다. 이런 변이체들은 몇 세대 전의 조상과 너무나도 달라서 야생에서 발견되었다면 다른 종으로 밖에 볼 수 없을 정도이다. Darwin은 Weald 지방의 침식작용을 계산해서 진화가 일어날 수 있는 충분한 시간에 대한 증거를 제시하기도 하였다. 그의 이론은 많은 이들에게 익숙한 자료에 입각하였기 때문에 많은 사람들이 받아들일 수 있었을 것이다. 만약 받아들이지 않는다면, 그들의 직접적인 경험과 자료를 부정하는 것이 될 테니까.

자연선택

Darwin의 자연선택의 개념을 다음과 같이 간단히 설명할 수 있다.

비록 진화하는 과정에서 우연한 일들이 일어나지만, 이는 근본적으로 역사적인 과정이다. 즉 진화는 항상 과거에 진화된 결과에만 의존한다. 그러므로 복잡한 구조는 갑작스럽게 생겨날 수 없으며, 항상 과거의 구조에 점진적으로 추가 및 개선하는 식으로 생겨난다. 예를 들면, 그릇 속에 각기 똑같은 빈도수의 10가지 글자(A, C, E, I, L, N, O, T, U, V)가 들어 있다고 가정하면, 9개의 글자를 차례로 뽑아 EVOLUTION이라는 단어를 우연히 맞출 확률은 매우 작다: $1/10^9=0.000000001$.

그러나 우리가 어떤 분자의 조합에 작용하는 선택의 기작이 있다고 가정한다면, 진화적으로 EVOLUTION이라는 단어를 집어낼 확률은 뜻밖에 매우 높아진다. 만일 E가 이들 중에서 혼자서만 살아남을 수 있는 유일한 문자라고 가정하면, 그릇에서 E를 꺼낼 확률은 평균 1/10이다. 여기에 덧붙여서, 만일 E가 V와 함께 조합되었을 때 생존할 확률이 더욱 크다면, EV 조합이 될 수 있는 확률은 다시 1/10이다(E가 이미 선택되어 생존했기 때문에 EV 조합이 될 확률은 이 시점에서 1/10이며, E와 V를 차례로 뽑을 1/100의 확률이 아님). 여기서 선택은 지속적으로 생존에 적합한 조합이 나타날 때까지 시도되므로 생각보다 훨씬 빠르게 적절한 조합이 찾아질 수 있다. 비슷한 방식으로 EV에 O가 추가되고 결국에는 각 단계별로 무엇이 적응력이 더 뛰어난가 하는 순수하게 확률적인 원리에 의하여 EVOLUTION이라는 단어가 높은 확률로써 선택될 수 있는 것이다. 그릇에 담겨 있는 문자들의 다른 조합들 또한 적응력을 갖는다면 비슷한 과정을 통하여 EVOCATION이나 ELEVATION 등의 단어들도 선택될 수 있다. EVOLUTION과 마찬가지로 9개의 문자를 한 번에 차례로 뽑아 이런 단어들을 찾을 확률은 매우 적으나 순차적인 선택과정을 통한다면 쉽게 이루어질 수 있다.

진화는 순차적으로 향상된 적응현상을 자연선택을 통하여 보존함으로써 눈 또는 뇌와 같은 복잡한 기관까지 만들어 낼 수 있다. 선택이 작용하는 변이성 자체는 무작위적이지만, 여러 세대에 걸쳐 선택된 구조들은 역사적으로 형상화되고 만들어진 전혀 무작위적이 아닌 결과이다. 그러므로 집단유전학자인 R. A. Fisher(1930)는 "자연선택은 확률적으로는 거의 일어날 수 없는 가능성을 실현하는 기작이다"라고 말하였다. Jacques Monod(1971)는 이에 덧붙여서 돌연변이가 제공한 무작위적인 잡음으로부터 무작위적이 아닌 음악을 선택해낼 수 있다고 하였다. Francois Jacob(1977)은 진화를 브리콜라주(bricolage = tinkering)라고 표현하였으며, 이는 유전자 이상의 수준에서 효과적으로 적용되지만 결국은 유전자들을 변형시킨다는 의미에서 적절한 단어의 선택으로 보인다.[12] 모든 생물은 역사를 가지며 진화는 그 역사에 관한 것이다. 세상에는 단 하나의 생명의 역사가 있을 뿐이며 진화는 그 역사의 원동력이다.

다윈론자들은 모든 생물적 특성이란 우연히 생긴다고 믿는다. 즉 어떤 목적이 없이 처음에는 무작위적으로 생기는 유전적인 변이일 뿐이다. 그러나 현존하는 생물적 특성들의 대부분은 적응성이 있는 것들이다. 즉 수많은 무작위적인 변수들 중에서 적응성 있는 조합만이 살아남는다는 것이다.

주요 용어

격리(isolation)
변이성(variability)
살아 있는 화석(living fossils)
상동(homologous)
상사(analogous)
생물발생법칙(biogenetic law)
수렴진화(convergence)
유형성숙(neoteny)
적응방산(adaptive radiation)
전적응(preadaptation)
정향진화(orthogenesis)
지리적 격리(geographical isolation)
흔적기관(vestigial organs)

[11] *Aspaergillus*에 관한 연구는 Schoustra et al. (2005), 인위선택 실험에 관련된 방법론은 Scheiner(2002), Darwin의 인위선택 실험은 Wilner(2006)를 참조.

[12] Duboule와 Wilkins(1988), Goode(2007)을 참조.

토의 및 질문

1. 융합유전과 자연선택이 왜 모순되는 개념이었는지 지적하라. 또 Darwin은 이 문제에 대하여 어떻게 설명하였는가?
2. Darwin은 진화란 오랜 시간동안 아주 작은 변화들이 축적되어 일어나는 매우 점진적인 현상이라고 믿었는데, 어떻게 다음과 같은 반론에 대하여 답변하였는지 설명하라.
   a. 개체의 변이가 매우 작다면, 어떻게 신종이 생길 수 있는가?
   b. 그렇게 작은 변이를 자연이 어떻게 선택할 수 있는가?
   c. 어떻게 새로운 기능을 가진 기관이 생겨날 수 있는가?
3. 반대론자들이 왜 다음 주제들을 이용하여 Darwin 이론을 반대하였는지 또 후일 어떻게 이 반론들이 해결되었는지 설명하라.
   a. 한 종에서 여러 종으로의 분화
   b. 지구의 나이
4. 19세기에 Darwin 진화론은 다음과 같은 다양한 분야와 연구에서 증명되었다: 계통분류학, 생물의 지리적 분포, 비교해부학, 발생학, 화석, 동식물의 인위선택. 이 분야들이 어떤 증거들에 의거하여 Darwin 진화론을 지지하였는지 논하라. (예를 들면, 적응방산, 상동, 상사, 수렴진화, 흔적기관, 살아 있는 화석이 어떻게 Darwin 진화론을 증빙했는가?)
5. 질문 4의 어떤 연구들을 통하여 다음 사항들이 증명되었는가?
   a. 진화는 항상 한 방향으로만 진행된다.
   b. 계통상에서 기관의 구조들이 항상 증가된다.
6. 흔적기관의 존재에 대하여 Lamarck의 용불용설과 Darwin의 자연선택설을 통하여 설명할 때의 차이점에 대하여 논하라.
7. Haeckel의 생물발생법칙이란 무엇인지, 또 현대생물학자들이 이 이론에 대하여 어떻게 생각하는지 설명하라.

추천 읽을 거리

Appleman, P., (ed.), 2001. *A Norton Critical Edition. Darwin: Texts, Commentary*, 3d ed. W. W. Norton & Company, New York.

Bowler, P. J., 1996. *Life's Splendid Drama: Evolutionary Biology and the Reconstruction of Life's Ancestry, 1860–1940*. The University of Chicago Press, Chicago.

Fortey, R., 2002. *Fossils: The Key to the Past*. Natural History Museum, London.

Haeckel, E., 1905. *The Evolution of Man*. Translated from the 5th German ed., by J. McCabe. Watts, London.

Hall, B. K., (ed), 1994. *Homology: The Hierarchical Basis of Comparative Biology*. Academic Press, San Diego, CA. (paperback, 2001)

Land, M. F., and D-E. Nilsson, 2002. *Animal Eyes*. Oxford University Press, Oxford, England.

MacFadden, B. J., 1992. *Fossil Horses: Systematics, Paleobiology, and Evolution of the Family Equidae*. Cambridge University Press, Cambridge, England.

Mayr, E., 1988. *Toward a New Philosophy of Biology: Observations of an Evolutionist*. The Belknap Press of Harvard University Press, Cambridge, MA.

Milsom, C., and S. Rigby, 2003. *Fossils at a Glance*. Blackwell Science, Oxford, England.

Nyhart, L. K., 1995. *Biology Takes Form: Animal Morphology and the German Universities, 1800–1900*. The University of Chicago Press, Chicago.

Oldroyd, D. R., 1980. *Darwinian Impacts: An Introduction to the Darwinian Revolution*. Open University Press, Milton Keynes, Oxford, England.

Rudwick, M. J. S., 1985. *The Meaning of Fossils: Episodes in the History of Palaeontology*, 2d ed. The University of Chicago Press, Chicago.

Rudwick, M. J. S., 1995. *Scenes From Deep Time: Early Pictorial Representations of the Prehistoric World*. The University of Chicago Press, Chicago.

Rudwick, M. J. S., 2005. *Bursting the Limits of Time. The Reconstruction of Geohistory in the Age of Revolution*. The University of Chicago Press, Chicago.

Ruse, M., 1979. *The Darwinian Revolution*. The University of Chicago Press, Chicago.

Ruse, M., 1988. *But Is It Science? The Philosophical Question in the Creation/Evolution Controversy*. Prometheus Books, Buffalo, NY.

Schulter, D., 2000. *The Ecology of Adaptive Radiation*. Oxford University Press, Oxford, England.

Scott, E. C., 2000. Not (just) in Kansas anymore. *Science*, **288**, 813–815.

Scott, E. C., 2005. *Evolution vs. Creationism: An Introduction*. University of California Press, Berkeley CA.

Scott, E. C., 2006. Creationism and evolution: It's the American way. *Cell*, **124**, 449–450.

Selden, P., and J. Nudds, 2004. *Evolution of Fossil Ecosystems*. Manson Publishing Ltd., London.

2부

기원

시간의 거대함

우주의 거대함이나 시간의 막대함을 이해하는 것은 불가능하다. 우주의 첫 10^{-35}초 동안의 짧은 순간에 일어났던 최초의 잠깐인 **빅뱅**을 어떻게 이해할 수 있는가? 또는 천억 개 이상의 항성들로 이루어진 천억 개의 은하와 같은 그 후의 천억 년 동안 있어났던 일련의 사건들과 그 영향을 어떻게 이해할 수 있는가? 하지만 이런 상상할 수 없는 사건들이 일어나지 않았다면 원자나 분자, 태양계, 지구, 그리고 우리가 아는 모든 생명이 존재하지 않았을 것이다.

2부의 다섯 개 장에서는 원자, 항성, 분자, 지구 형성을 통한 137억 년 전(Bya)에 일어났던 빅뱅부터 첫 원핵세포(35억 년 전)와 그후 첫 진핵세포(15억 년 전)의 기원까지 다룰 것이다. 이 내용은 이후 3부에서 어어질 유전과 발생에 대한 논의의 장을 마련한다.

4장에서는 본 책에서 다루는 범위를 훨씬 뛰어넘고 흥분되는 새로운 연구결과가 넘치는 과학분야인 우주 초기에 대한 현재 가설들을 간단하게 제시한다. 특히, 이 장에서는 우리가 항성이라고 부르는 불타는 핵융합실험로에서 만들어진(여전히 만들어지고 있는) 수소 다음의 주기율표에 있는 자연발생 원소들이 생성되는 방식들을 개괄한다.

5장에서는 태양계의 기원과 45.6억 년 전에 일어났던 지구의 기원에 집중한다. 자세하게는 지구의 대기권, 광물, 대륙과 대양들의 형성을 추적하고, 생물체가 생길 수 있는 환경이 어떻게 점진적으로 만들어지게 되었는지 기술하고, 지각을 구성하는 거대한 판들의 이동이 시간이 지남에 따라 생물체의 분포에 미치는 영향들에 대한 논의로 끝을 맺는다.

그러나, 생물체가 어떻게 생겨났는가? 이 질문에 답하기 위해서는 분자들이 어떻게 생겨났으며, 이것들 중 몇몇이 어떻게 자연선택의 영향을 받게 되는 생물학적인 구조들로 구성되는지 이해할 필요가 있다. 6장에서는 (a) 대표적인 생물(유기)분자들의 성질 (b) 처음에 이루어졌던 분자, 막, 원시세포들이 만들어지게 되는 조건들을 재현하기 위하여 시도되었던 실험연구 그리고 (c) 다른 분자들이 진화를 유발하는 자연선택의 과정의 시작을 논의한다(변이의 축적에 작용하는 방법으로 이를 통해서 있어 왔던 모든 생물들이 생겨났던 자연선택이 이 책의 주요 주제이다).

생물학의 중심가설, 센트럴 도그마(central dogma)에 의하면 DNA는 mRNA로 전사되고, mRNA는 단백질로 번역된다. 그러나, 어떤 분자들이 먼저 나타났을까? 논리적으로는 DNA부터 시작하는 순서로 진화되었을 것으로 보인다, 반대로, 이 세 가지 분자들의 기능이 예전부터 계속 보존되어 왔다고 가정한다면 단백질이 먼저 형성되고 유전암호가 이후에 발달되었다는 결론이 논리적으로 더 타당하다. 이 두 가지 가능성들이 광범위하게 연구되었지만, 7장에서 보듯이 최근의 결과들이 생존과 진화(효소로서 작용하는 능력 즉, 오늘날의 단백질이 수행하는 역할과 같은)할 수 있고 복제할 수 있는 능력(오늘날의 DNA가 하는 역할과 같은)있는 한 분자에 요구되는 두 가지 기능을 RNA가 수행하는 초기 RNA 세계에 부합된다.

어떻게 독립적인 분자들이 막을 만들고, 원시세포와 다음에 세포를 형성할 수 있었을까? 8장에서는 분자들과 막들이 35억 년 전에 원핵세포를 어떻게 만들었고, 원핵세포의 진화가 어떻게 20억 년 전에 핵이 있는 세포인 **진핵세포**의 기원으로 이어졌는지를 검토한다. 세포기능은 세포 외부의 물질과 에너지를 세포 내에서 일어나는 과정으로 변환하는 것에 의존하기 때문에 세포의 존재는 대사를 의미한다. 따라서, 8장에서는 대사경로들, 경로들의 진화와 세포활동을 이끄는 생화학을 소개한다.

4 우주의 구조와 화학 원소들의 기원

■ 요약

많은 과학적 단서들은 우리에게 우주에 대한 다음의 사실들을 알려 주고 있다: (1) 계속 팽창하고 있다 (2) 약 137억 년 동안 존재해 왔다 (3) 무한에 가까운 크기를 가지고 있다 (4) 우리에게 친숙한 종류의 물질이나 에너지는 물론이고, 발견되지 않은 것들로도 구성되어 있다 (5) 행성과 달부터 은하단까지의 단계마다 치밀한 구조를 보이고 있다. 빅뱅으로 도래된 초창기의 우주에서는 잘 알려진 물질이나 에너지(빛, 뉴트리노, 수소, 헬륨)뿐만 아니라, 빛과 반응하지 않아 중력에 미치는 영향을 통해서 존재가 입증된 암흑물질과 암흑에너지가 생성되었다. 물질 내의 미묘한 파동들이 중력의 영향을 받아 오늘날 우리가 관찰할 수 있는 모든 것, 즉 은하계, 별, 행성, 성단, 퀘이사(준항성) 등으로 발달했다. 이들 중에서 우리 행성계의 태양보다 더 거대하고 흥미로운 별들 안쪽에서는 작은 분량의 수소와 헬륨이 융합되어 모든 화학원소들이 만들어졌다. 특히 탄소, 산소, 질소, 인, 그리고 철과 같이 생명현상에 중요한 원소들도 이 중에 있었다. 이런 '화학적 진화'가 몇십억 년 동안 진행되어, 태양과 같이 주위에 행성들이 공전할 수 있는 항성들이 형성될 수 있었다.

제3판에서 4장의 제목은 '우주의 기원'이었지만, 천문학자들은 우리가 살고 있는 우주가 '빅뱅(Big Bang)'에 의해 탄생했어야 할 이유나, 다른 우주들의 존재의 가능성을 아직 설명하지 못하고 있다. 하지만 우리는 물리학을 이용한 계산이나 관찰 결과들을 정리하여 빅뱅 도중이나 이후의 현상들에 대한 많은 것들을 발견했다. 이것은 자신의 족보를 거꾸로 조사해 나가는 것과 같다. 아직 자신의 선조가 아담인지 원시적인 박테리아인지 몰라도 세대마다 차근차근 올라간다면 확실한 답을 얻을 수 있을 것이다.

우주론(Cosmology)은 우주를 연구하는 학문으로 흥미로운 연구가 진행되고 있는 분야다. 우리는 허블 우주망원경, 인공위성, 우주탐침, 그리고 지구에서의 연구를 활용하여 멀리 있는 별들과 그 주위에 있는 행성들 등을 발견하고, 더 먼 과거에 대해 알아가고 있다. 하지만 연구가 진행될수록 우주에 대한 우리의 무지함이 느껴진다. 암흑물질, 암흑 에너지, 그리고 블랙홀은 무엇일까? 다른 행성들에는 생명이 존재할까? 우리가 살고 있는 우주가 유일한 것일까?[1]

정상 상태 이론인가 진화 우주론인가?

'빅뱅'이라는 이름은 1948년 영국에서 정상 상태 이론을 제시한 프레드 호일 경이 빅뱅 이론에 반대하면서, 조롱하는 어조로 지어준 것이다. 그가 지지했던 이론은 고상했지만, 이후의 관찰과 맞지 않아 지금은 타당성이 인정되지 않는다.

빅뱅 가설은 우주의 탄생뿐만 아니라 진화도 설명하기 때문에 공식적인 명칭은 '**진화 우주론**(evolutionary universe)'이다. 천문학이나 우주론에서의 진화는 '펼쳐진다'라는 의미를 갖고 있으며, 생물학에서의 진화와는 다르고 더 근본적인 의미를 갖는다. 천문학에서의 진화는 개별적인 물체와 체계들이 시간이 지남에 따라 물리의 법칙(중력, 전자기력, 열역학, 양자역학 등)에 맞는 변화를 겪는 것을 의미한다. 생물학에서의 진화는 우연성의 영향을 많이 받지만, 우주학에서의 진화는 그렇지 않다(제1장 참조).

우주는 별, 행성, 은하수, 블랙홀 등 하늘에 보이는 모든 현상들 뿐만 아니라 그것들을 내포하고 있는 **시공간**(space-time), 그리고 지금까지 들어보지도 못한 현상들까지도 포함한다. 우주론은 거대구조(Large-scale structure)와 우주의 진화, 그리고 아직 확인이 되지 않는 다른 우주들의 존재유무를 논하는 학문이다.

현재 받아들여지는 우주가설에 대한 증거는 어디에 있을까? 다음은 빅뱅이론의 주장에 부합하는 관찰들이다:

- 1929년 Edwin Hubble이 우주가 **팽창하고** 있다는 것을 보였다. 다른 과학적 단서들과 종합해 볼 때, 지금의 팽창 속도는 우주의 나이가 약 137억 년이라는 것을 알 수 있다.
- **가장 오래된 별**들의 나이는 137억 년 보다 약간 적으며, 대부분 수소와 헬륨으로 구성되어 있다.
- 가장 오래된 별들 내의 **수소 대 헬륨 비율**은 원자 수의 기준에서는 10:1, 질량의 기준에서는 77:23이다. 이 비율은 초창기의 우주에서 고온의 환경에 존재했던 정상물질(**바리온 물질**)의 밀도를 반영한다.
- 관찰되는 우주는 극초단파 양자로 구성된 **우주배경**(Cosmic microwave background)으로 가득차 있다. 온도는 약 2.7 Kelvin이고[2], 장소에 따라 약 십만 분의 일의 오차를 보인다. 이런 미세한 변동들이 초창기의 우주의 모습을 그려낸다.
- 별의 폭발의 일종인 **1A형 초신성**(Type 1a supernova)들을 나이대 별로 주관적 밝기를 비교해 본 결과, 예상과는 달리 **우주의 팽창 속도는 계속 증가하고 있다**는 결론이 나온다.
- 우주 내 모서리나 복잡한 구조가 있다는 증거가 전혀 없다. 그러므로 우주 크기는 우리가 관찰할 수 있는 범위를 압도하고 있으며, 무한대에 가까울 확률이 높다. 현재 관찰되는 우주의 크기는 팽창의 영향을 고려하여, 빛이 137억년 동안 300,000 km/sec의 속도로 이동하는 거리로 정의된다.

우주의 팽창

'빅뱅'은 거대한 폭발을 뜻하지만, 우주의 탄생은 폭발을 수반하지 않았고, 특정한 장소에서 일어나지 않았으며, 이미 존재하는 공간 내에서 팽창이 일어나지도 않았다. 빅뱅이 일어나면서 동시다발적으로 공간이 생성되었다는 설명이 가장 정확하다.[3] **표 4-1**에는 우주의 탄생 이후의 100초 안에 일어난 일들에 대한 오늘의 추측들이 나열되어 있다. 이 모든 과정이 일어났던 속도나, 당시의 높은 온도와 압력, 그리고 첫 10^{-35}초에 우주가 10^{24}미터나 팽창했다는 것은 믿어지지 않을 만큼 놀랍다.

[1] 우주론에 대한 간략한 설명을 위해서는 *Wilkinson Microwave Probe*(WMAP)의 웹사이트 http://map.gsfc.nasa.gov/m_uni.html 참조. 특히 위 메뉴의 Universe를 누르고, Cosmology 101이 있는 곳까지 참조.

[2] Kelvin체계는 모든 분자운동이 멈추는 절대영도를 기준으로 한다. 뒤표지 안쪽에 표시된 Kelvin체계를 ℃, ℉로 환산한 표를 참조.

[3] NASA, 2006. Foundations of Big Bang Cosmology. http://map.gsfc.nasa.gov/m_uni/uni_101bb2.html 참조 (2007년 4월 기준)

표 4-1 우주속 생명의 첫 100초

시간(초)	사건	온도 (℃)
0	우주의 탄생	
10^{-43}	양자중력과 비정상적 물리학의 시대	10^{32}
10^{-35}	우주의 기하급수적인 팽창	10^{28}
10^{-11}	전자력과 약력의 분리, 쿼크와 글루온의 생성	10경
0.1 마이크로초		2000만조
1 마이크로초		600만조
10 마이크로초	쿼크들이 모여 양성자와 중성자를 형성	200만조
100 초	수소로부터 헬륨과 같이 원소들의 합성	10억

출처: Riordan, M. and Zajc, W.A., 2006. The first few microseconds. *Scientific American*. **294**, 24~31.

우주가 팽창한다는 가설은 25년 전에 고안되었고, 우주관찰 기술이 발달함에 따라 많은 실증을 거쳤다. 지금까지는 문제점이 없고 많은 것들을 설명하기 때문에, 우주 팽창론은 진화론과 같은 이론으로 취급되기도 한다. 하지만 이런 일들이 실제적으로 가능할까? 우주는 어떻게 빛의 속도 이상으로 팽창했을까?

답하자면 시공간 자체가 팽창했으며, 그 안에 포함되었던 물질들은 그저 옮겨졌다는 것이다. 빅뱅 이후로 우주는 보다 낮은 속도로 팽창을 계속했다(**그림 4-1**). 이 사실은 빅뱅 가설의 토대로서 "우리의 근원에 대한 가장 중요한 발견이다" (Lineweaver and Davis, 2005). 다른 은하계가 우리로부터 멀어지고 있는 것처럼 보여도 사실은 시공간이 팽창하는 것이다. 여러 은하계와 태양계들, 그리고 우리의 몸은 중력에 의해 유지되고 있기 때문에 팽창의 영향을 거의 받지 않는다.

우리는 이러한 사실들을 어떻게 알아낼 수 있었을까?

Einstein은 자신이 1916년에 발표한 **일반 상대론**(General Theory of Relativity)이 **팽창하는 우주**(expanding universe)를 암시한다는 것을 알았지만, 1929년에 Hubble이 가설을 확인시켜주기 전까지는 진지하게 생각하지 않았다. 그는 자신의 이론 속 우주의 크기를 고정시키기 위해서 **우주 상수**(cosmological constant)를 수식에 추가하였지만, 나중에 자신의 실수를 후회하게 되었다(아래 참조).

1965년에 미국 뉴저지 Murray Hill에 위치한 Bell Telephone Laboratories의 두 젊은 전파 천문학자 Arno Penzias(1933~)와 Robert Wilson(1936~)은 하늘 전체에 광자들로 놀랄 만큼 일정하게 퍼져 있는 것을 발견했고, 이는 George Gamow(1904~1968)가 1948년에 이전의 이론물리학을 기반으로 했던 예측에 부합했다. 우주배경(cosmic microwave radiation)을 발견함으로써 이 두 과학자는 노벨상을 받았고, 연구자들은 광자들의 **적색 이동량**(redshift), 즉 파장이 장파장측으로 치우치는 정

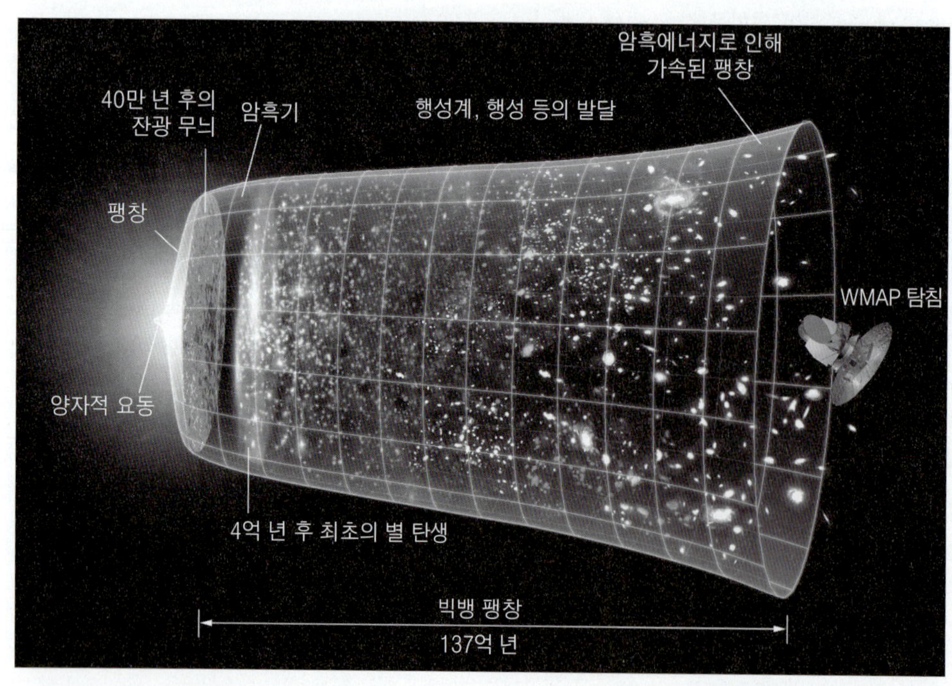

그림 4-1 빅뱅부터 지금까지 팽창하고 있는 우주를 보여 주는 종 모양의 연대표. 초기의 팽창은 첫 10^{-35}초에 일어났고 (왼쪽), 그 이후로는 속도가 현저하게 떨어졌다. 하지만 현재는 암흑에너지에 의해 팽창속도가 늘어나고 있으며(종의 끝부분이 휘어져있다), 영원히 지속될 것으로 보인다. NASA가 운영하는 우주 탐침 *WMAP*이 그려진 곳이 현재 시간을 나타낸다. (NASA/WMAP 과학연구팀에서 인용.)

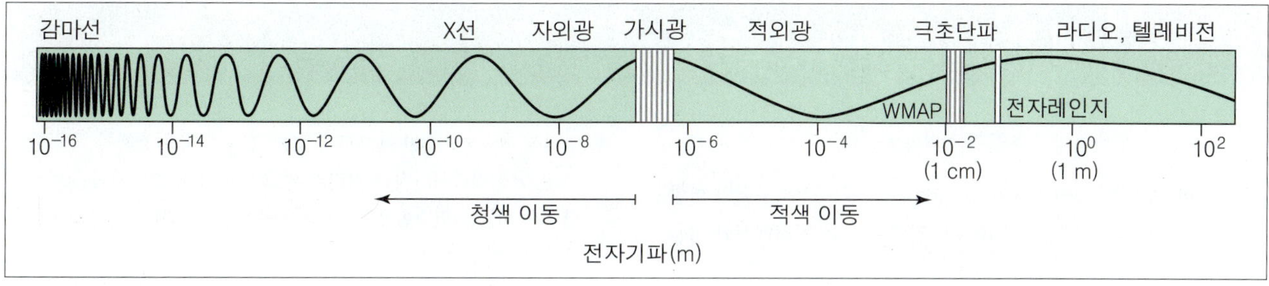

그림 4-2 전자파는 출처에 따라 파장의 길이가 달라진다. 이 그림에서는 가시광이 중앙에 위치하고 있고, 청색 끝부분이 왼쪽에, 적색 끝부분이 오른쪽에 있다. WMAP 탐침이 측정한 극초단파는 빅뱅 이후 우주팽창에 의해 적색 이동을 한 남은 빛 파동이다.

도를 이용하여 우주의 나이를 측정할 수 있었다(**그림 4-2**).[4] 광자는 빛과 같은 전자기복사의 기본 단위다.

천문학자들은 빛 또는 라디오파의 **우주론적 적색 이동**(cosmological redshift)을 측정하여 시간과 거리의 기본 단위로 사용한다. 이 단위는 'z'로 표기되고, 그 값이 클수록 물체의 나이가 더 많고, 관측자로부터의 거리가 긴 경우가 많으며, 두 물체 사이의 거리가 더 빠르게 늘어난다. **표 4-2**에는 z값의 예시 몇 가지를 나열해 놓았다.

우주배경에 대한 또 다른 중요한 사실은 구성이 완벽하게 균일하지 않다는 우주마이크로배경복사(CMB)에 관한 것인데 이것에 대해서는 나중에 다루고, 지금은 우주기원으로 돌아가서 우주단파복사의 기원을 다루겠다.

■ 우주의 처음 38만 년

표 4-1을 참고하면, 우주탄생 후 10 마이크로초 이내에 무수히 복잡한 물리현상들이 일어났고, 양성자와 중성자들이 생성되었음을 알 수가 있다. 뉴욕 Long Island에 위치한 Brookhaven National Laboratory에서 최근에 진행된 연구에 따르면, 이 시기의 우주의 모습을 간접적으로 볼 수 있다:

> 우주 초창기의 물질은 걸쭉한 죽의 형태를 하고 있었으며, 그 안에서 구성물질인 쿼크와 글루온들이 혼란스럽게 움직이고 충돌하고 있었다. 소량의 전자, 광자, 그리고 다른 기본 입자들이 이 죽에 맛을 더했다. 이 혼합물은 몇 조도의 엄청난 고온을 가졌으며, 이 온도는 태양 중심의 것보다 10만 배나 더 높았다(Riordan and Zajc, 2006).

기체보다는 플라즈마에 가까운 이 혼합물에서 수억의 별들, 천억 개의 은하계, 그리고 물질을 구성하는 원자 등 지금 존재하는 모든 종류의 것들이 생성되었다. 하지만 최근의 연구는 놀랍

[4] 안드로메다 은하계와 같이 가까이 있는 물체는 **청색 이동**을 보인다. 국부중력이 우주팽창의 영향을 이겨내고 물체를 지구 쪽으로 당기는 현상이다.

표 4-2 적색 이동량(z)의 몇 가지 예시와 그 값들에 해당하는 빅뱅 이후의 연대

적색 이동량(z)	빅뱅 이후의 연대
1100	38만
40	750억
20	1500억
6	1조
1	6조

게도 정상물질(**바리온**)[5]이 우주 내의 모든 물질의 4% 밖에 차지하지 않는다는 것을 밝혔다(**그림 4-3**). 오히려 자신과 바리온들에게

[5] 바리온(그리스어로 '무겁다')은 쿼크 3개로 구성된 원자 구성 입자들을 가리키는 말이다. 바리온은 양성자와 중성자를 포함하며, 바리온 물질(정상 물질)은 모든 원자들을 포함한다.

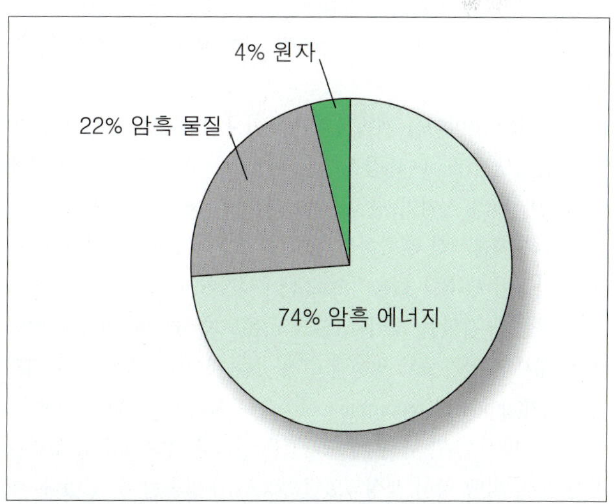

그림 4-3 우주의 구성물. 위의 그림은 우주를 구성하는 원자(바리온), 암흑 물질과 암흑 에너지의 비율을 나타내고 있다. 여기서 중요한 것은 우주의 대부분이 비어 있어 평균 밀도가 10^{-29}g/cm^3, 또는 세제곱 미터 당 수소 원자가 6개 밖에 되지 않는다. 우주에서 가장 많은 원소는 수소이다.

글상자 4-1 네 가지 기본 힘과 상호작용

네 가지의 기본 인력이 우주의 물질에 영향을 준다:

- **"강력한 핵력"**이 세제곱 인치 당 10억 톤의 밀도로 원자핵의 미립자들을 서로 당긴다. 인치의 $10/10^{18}$인 매우 짧은 거리에서만 작용한다.
- 강력한 핵력보다 백만배 약한 핵력인 **"약한 핵력"**은 방사성 붕괴에서 중성자가 전자를 배출하고 양성자로 전환하는 힘이 된다.
- 강력한 핵력보다 100~1,000배 약한 **"전자기력"**은 전자를 핵을 만드는 원자에 결합시키지만 거리가 멀면 약해진다. 전자기력은 약하지만 원자핵들을 연결함으로 "화학"을 우주에 도입하여 물질복잡성을 분자수준에 이르게 한다.
- 전기보다 10^{38}배 약한 **"중력"**은 물질을 모아서 구조와 배열을 만든다. 지구와 달과 사이, 태양과 행성들, 은하와 태양들과 같은 먼 거리에서도 작용한다.

중력을 가하고, 빛을 흡수/발산하지 않는 **암흑물질**(22%)과, 빛을 흡수/발산하지 않고 음의 압력을 가져 우주 팽창을 일으키는 **암흑 에너지**(74%)가 훨씬 더 많은 비율을 차지하고 있다. (모든 종류의 **복사**와 뉴트리노는 우주의 0.1% 정도를 이루고 있다.) 결론적으로, 우주의 대부분은 우리가 받는 중력의 영향을 통해서 간접적으로 확인하는 암흑 물질과 에너지로 이루어져 있다는 것이다.

이 결론은 물리학자들과 천문학자들도 이해하기 어려워하는 것이다. 하지만 기본 입자[양성자와 중성자 뿐만 아니라 쿼크와 구성물질인 렙톤을 포함]를 다루는 물리학 연구를 참고하면, 암흑물질의 성질을 가지고 있는 몇 가지 입자들[악시온, WIMP(약한 상호작용하는 소립자), 최소 질량 초대칭 짝입자]의 존재가 예측된다. 암흑 에너지의 정체는 아인슈타인이 일반 상대론에서 언급한 우주 상수일수도 있다. 이런 물질들의 존재가 확인된다면, 우주를 우리가 알고 있는 물리의 법칙으로 설명할 수 있을 것이다. 이 법칙들의 중심에는 네 가지의 인력(두 가지의 인력과 두 가지의 상호작용), 즉 전자력, 강한 핵력, 약한 핵력이 있다 (**글상자 4-1**).

아까의 이야기를 계속하자면(그림 4-1 참조), 우주 탄생 이후의 급속냉각(표 4-1 참조)에도 불구하는 고온의 환경 때문에 플라즈마 내의 전자가 중성자가 결합하여 중성 소수 원자를 형성하거나 헬륨핵과 결합하여 헬륨 원자를 형성할 수 없었다. 자유 전자들이 광자를 효율적으로 산개시키기 때문에 초기 우주는 짙은 구름과 같았을 것이다. 환경의 온도가 3000K 이하로 떨어졌을 때부터 원자들이 생성될 수 있었을 것이다. 이 시기는 "**재결합의 시기**(epoch of recombination)"으로 불리며, 1100의 적색 이동량, 즉 빅뱅 28만 년 후에 도래했을 것이다. 결과적으로 우주는 투명해져, 빅뱅 당시 생성되었던 광자들이 방출될 수 있었다. 이 때 방출된 복사는 오늘날의 우주배경이며, 초창기의 우주의 모습을 보여 준다.

우주학자들은 최근에야 우주배경을 해석하고 우주의 초기구조에 대한 단서들을 찾기 시작했다. NASA에서 발사된 2개의 인공위성들로부터 이런 단서들을 많이 찾을 수 있었다.

1992년 우주론 연구를 위해 최초로 발사되었던 인공위성 *Cosmic Background Explorer(COBE)*는 우주마이크로배경복사 온도에서 1억 분의 1의 작은 변동들을 감지하였는데, 그 평균이 2.725K이다. 이런 차이들은 이방성(anisotropy)라고도 불리며, 초기 우주 내 물질구성의 작은 변형들을 나타내며, 이후에 생성되는 구조의 중심이 되었다고 우주학자들은 말한다. 2006년에는 John Mather(1946~)과 George Smoot(1945~)가 COBE를 이용하여 초기 우주에 대해 측정함으로써 노벨 물리학상을 받았다.

2001년에는 두 번째 인공위성인 *Wilkinson Microwave Anisotropy Probe(WMAP)*가 발사되었고, 2009년까지 더 정확한 데이터를 지구로 보냈다. 다음은 그 관찰들의 일부이다:

- 우주의 나이는 약 137억 년 정도이다
- 우주마이크로배경복사 변동의 정확한 지도를 그릴 수 있다
- 우주마이크로배경복사가 진행된 시간을 알아내었다
- 최초의 별들은 빅뱅 이후 약 2억 년 후에 생성되었다

최초의 빛과 행성계의 형성

재결합의 시기 이후의 우주는 대부분 중성 수소와 헬륨, 그리고 조금의 리튬으로 구성되어 있었다. 아직도 고온, 고밀도, 그리고 빛이 투과되지 못하는 상태였는데, 이 시기를 **암흑기**(dark ages)라고 한다.[6]

[6] 근처의 복사 배경과는 다른 온도를 가진 중성 수소가 흡수하거나 방출할 수 있는 21-cm 전파 방출선을 살펴보면 암흑기에 대한 더 정확히 연구가 이루어질 수 있다. 이 종류의 복사는 우리가 살고 있는 은하계의 나선팔에서 항상 관찰되지만(이 사실을 통해 우리의 은하계가 나선형이라는 것을 알아냈다), 우주팽창의 영향으로 과거의 흔적은 먼 거리에 있을 것이다. 몇 년 이내에 LOFAR(LOw Frequecy ARray)가 완성되면, 이런 중립 수소 구조를 찾을 수 있을 것이다. LOFAR는 네덜란드와 북부 독일에 있는 안테나 수천 개로 이루어 질 예정이다.

이 시기의 우주는 소수의 원소들 밖에 없어 화학반응이 거의 일어나지 않았다. 여기서 최초의 구조형성의 배경에 대한 추측은 정말 다양하다. 슈퍼컴퓨터를 활용하면 암흑기가 끝나갈 무렵에 별들과 같은 광원들이 형성되고, 우주의 구조가 점점 더 선명하게 들어나게 되었다는 것을 알 수가 있다. 그 이전의 한 시점에서 암흑물질 입자들이 중력에 의해 뭉쳐지고, 수소와 헬륨 중성원자들이 중력에 이끌려 큰 안개구름을 형성하고, 이 안에서 최초의 거대 **별**이 탄생했다(Abel et al., 2002).

여러 연구자들이 독립적으로 암흑기에 대한 계산을 하고 있지만, 다행히도 비슷한 결과를 보여 주고 있다. 암흑물질이 뭉쳐 10^6에서 10^9의 태양질량(천문학자들의 기본 질량 단위, 2×10^{30} kg)을 이루면, 적색 이동량 40 정도에서 별들을 생성할 수 있는 정도의 기체를 가지게 된다. 별들은 순수한 수소와 헬륨으로 구성되어 있기 때문에 오늘날 관찰되는 별들(10에서 1000의 태양질량과 10억 년 정도의 짧은 수명, 그리고 고온의 표면을 가지고 있음)과는 차이가 있다.[7]

별들이 형성된 이후, 중력에 의해 **원시은하**(protogalaxy)들이 상호교류와 융합을 통해 오늘날 보이는 다양한 크기와 모양의 **은하계**(galaxy)들을 이루게 된다. 또한 은하계들이 중력에 의해 무더기를 이루게 되고, 더 큰 무더기와 나중에는 거대 무더기들을 이루어 매우 복잡한 구조를 보일수 있다.

허블 우주망원경으로 진행된 연구에 의하면, 빅뱅 9억 년 후의 별들 수백 개에서 방출된 빛이 지구까지 관측되었고, 발광하는 별은 전체의 극히 일부이기 때문에, 그 시대에 존재했던 별의 숫자는 훨씬 많았을 것이다(Bouwens and Illingworth, 2006). 허블 우주망원경은 또한 2억 년 전의 흔적에서 비슷한 밝기의 은하계를 찾았기 때문에, 은하계 융합의 속도가 어느 정도인지를 가늠할 수 있었다. (작은 은하계일수록 더 오랜 시간 동안 존재해 왔을 것이다.)

은하계들은 모양에 따라 분류되는데, 타원형 은하, 나선형 은하, 일자나선 은하, 불규칙 은하, 왜소구형 은하 등이 있다. 중요한 것은 각각의 은하계 융합단계마다 별들이 추가적으로 생성된다는 것이다. 모든 은하계들은 일생동안 적어도 한번은 태양과 같이 행성계가 있는 별을 생성할 수 있을 만큼의 기체와 탄소, 산소, 마그네슘, 그리고 철 등을 보유할 때가 있다.

융합과정은 오늘날도 진행되고 있다. 우리가 살고 있는 은하수(Milky Way)는 나선형 은하이며, 주위에는 크기가 더 작은(은하수는 10^{12}의 태양질량을 갖고 있는 것에 반해, 10^6에서 10^9의 태양질량을 갖고 있다) 은하계들이 배회하고 있다. 이 작은 은하계들 중 몇몇은 이미 붕괴되어 본체에 흡수되고 있고, 그 자리에는 기체 구름과 소수의 별들 밖에 남아 있지 않다. 대마젤란운과 소마젤란운과 같이 예외적으로 생존하는 은하계들도 있는데, 앞으로 수십억 년이 지나면 은하수의 중력에 의해 점점 가까워질 것이다. 100억 년 후에는 근처의 안드로메다 은하계(Messier 31)가 크기가 비슷한 은하수와 융합하며 타원형 은하계를 형성할 것이다.

다음 소단원에서는 우주의 핵융합 원자로 역할을 하는 별들의 탄생과 죽음에 대해 다루겠다. 별들이 존재하지 않았다면, 우주에는 수소와 헬륨 이외에는 원소가 존재하지 않았을 것이고, 지구상에는 생명이 존재하지 못했을 것이다. 인간의 신체는 오래 전에 죽은 별들의 먼지로 만들어진 것이다.

■ 항성과 화학 원소들의 형성

별들의 구조와 진화는 근대 천체물리학에서 현재 정확한 연구가 이루어지고 있는 부분이다. 별들 안에서 일어나고 있는 현상들을 설명하는 미분방정식을 세우고, 해답을 구하면 관찰 결과와 좋은 1:1 연관성을 보이기 때문이다. 별은 핵융합 반응으로 방출되는 에너지에 의해 발광을 하고, 이런 별들이 몇 세대를 걸쳐 오늘날 존재하는 모든 원소들과 동위원소들을 생성한다.

이 과정을 간단하게 설명하자면, 주기율표에서 중성자의 숫자가 적은 원소부터 많은 원소까지의 순서로 융합된다. 수소부터 융합을 시작해 헬륨 연소를 통한 헬륨 생성, 그리고 탄소와 산소핵이 만들어지는 반응이 일어난다. 그 다음은 철(원소번호 26번)과 주기율표 근처에 있는 원소들도 합성된다. 8 이상의 태양 질량을 가진 별들에서만 헬륨 연소 다음의 과정들이 진행된다. 철보다 무거운 원소들은 중성자들이 더해지면서 생성된다. 이 반응은 태양 이상의 크기를 가지는 별들과 죽기 직전의 거대 별들에서 일어난다.

중요한 것은 지구와 태양에 존재하는 원소들 중에서 무거운 쪽에 속하는 것들은 몇 세대 이전의 별들 내에서 조금씩 생성되어 쌓인 결과물이라는 것이다. 현재 형성되는 별들은 우주에 있는 중원소(주로 탄소, 수소와 산소)의 1.7% 정도를 가지고 있고, 가장 오래된 별들은 0.01% 이하를 가지고 있다. 첫 세대의 별들은 거대하고 온도가 높았으며, 수명이 짧았다. 오늘날의 별들과는 차이점이 많았지만 이들은 산소와 네온, 규소, 마그네슘, 황과 같은 중원소들을 생성하고 주위의 환경에 방출하는 중요한 역할을 하였다.

별 생성과정을 8단계로 나누면 다음과 같다:

1. 8개의 수소 원자가 헬륨으로 합성되면서 에너지를 빛이나 다른 형태로 발산한다. 모든 별들이 일생의 90%를 이 상태로 보낸다. 1938~1939년에 Hans Berthe가 이것이 일어날 수 있는 두 가지 반응 경로를 밝혀냈다.

첫 번째로 발달한 경로는 2개의 양성자가 만나, 하나

[7] 우주에서 방출된 첫 빛에 대한 추측은 많지만, 아직 증명할 것이 많다. 거대 회전별이 블랙홀로 빨려 들어가 감마선을 방출했다는 설도 있는 반면, 원시은하 중앙에 위치한 블랙홀에 부착된 별에서 빛이 나왔다는 설도 있다.

는 중성자로 변하고, 생성된 중수소핵이 주위의 입자들을 흡수하다가 2개의 양성자와 2개의 중성자가 있는 helium-4(^{4}He)핵으로 되는 것이다.

두 번째 경로는 탄소나 질소, 또는 산소가 촉매로 작용하여 4개의 수소가 하나의 헬륨과 에너지로 합성되는 것이다[중성미자(nutrino)가 생성될 때도 있다)]. 태양에서는 중성미자가 방출되는 것이 관측되었기 때문에 수소 융합이 일어나고 있다는 것을 알 수가 있다. 이런 반응에 필요한 온도는 10^7 K이다.

2. 수소를 거의 모두 소비한 별은 고온의 중심부 주위에서만 수소 연소가 일어나는 **적색 거성**(red giant)이 된다. **이 반응은 은 우주에 질소를 공급하여 생명체들이 필요한 단백질 합성에 기여하기 때문에 매우 중요하다.**
3. 별의 중심부는 계속 수축하고 10^8 K의 온도까지 가열되어, 헬륨 융합이 시작된다. 헬륨 3에서 탄소(^{12}C)가, 그리고 4개에서 산소(^{16}O)가, 거의 같은 비율로 생성된다. 태양과 같은 종류의 별은 이 단계에서 너무 밝아서 외층이 떨어져 나가고, 탄소와 산소로 구성된 중심부는 느리게 식는다.

   우리의 태양계는 앞으로 어떻게 될지 한번 생각해보자. 50억 년 후에는 태양이 수성과 금성을 삼킬 것이고, 가까워진 태양열은 지구의 온도를 물의 기화점 이상으로 만들 것이다. 마지막 단계(**백색 왜성**)에서는 태양의 수명이 마지막에 도달하면서 열의 발산이 약해져, 지구에는 빙하기가 올 것이다. 이것이 8 태양질량 이하의 별들, 즉 99.9%의 별들의 운명이다.
4. 더 큰 별들은 수축하면서 중앙이 10^9 K까지 가열된다. 여기서 일어나는 융합의 단계는 다음과 같다:

   - 탄소 연소(주생성물: 네온)
   - 네온 연소(주생성물: 산소, 마그네슘)
   - 산소 연소(주생성물: 규소)
   - 규소 연소(주생성물: 철, 철과 인접한 원소들)

   이 모든 단계들 중에도 별 주위의 양성자, 중성자 그리고 헬륨 핵들이 동원되어 탄소 연소의 결과로 ^{20}Ne 뿐만 아니라 희귀한 동위원소들도 생성된다.
5. 이제 별의 일생의 마지막에 가까워졌다. 다음 단계에 가기 전에 이전의 단계로 들어가 못 다한 설명을 마치겠다:
   a. 리튬, 베릴륨, 붕소는 이 단계에서 생성되지는 않지만, 수소보다 낮은 온도에서 합성된다. 위의 원소들이 별들 내에서는 금방 분멸되지만, 성간 가스 내에서는 빠르게 움직이는 양성자(우주선, cosmic ray)가 탄소나 수소, 또는 산소와 충돌하여 붕괴를 일으키면 생성된다.
   b. 3단계에서 추가적으로 일어나는 반응이 있는데, 수소와 헬륨이 순간적으로 탄소와 산소로 구성된 중심부를 주위로 각각의 얇은 막을 형성하는 것이다. 위와 아래로 향하는 증기 줄기들이 2개의 막을 부분적으로 접촉시키고 부속 반응들의 결과로 중성자들이 해방된다. 핵붕괴가 일어나는 와중에 이 중성자들은 하나씩 포획되어 핵 하나당 150개 정도가 모인다. 이 과정은 매우 느리기 때문에 *s*과정(slow process, *s*-process)이라고 부른다. 납과 비스무트까지의 모든 원소들의 핵종들이 생성되고 별의 외층과 함께 우주로 방출되고, 결과적으로 별은 회색 왜성이 된다.
6. 한편으로는 거대별의 안쪽에 철 중심이 생겨 반응들이 일어날수록 더 커진다. 철 중심이 임계질량에 도달하면 별의 중심부가 갑작스럽게 붕괴하면서 4단계에서 생성되었던 중원소들을 방출시킨다. 근처에 떠다니는 중성자들이 **r-과정**(rapid process, r-process)에 동원되어 우라늄, 토륨, 플루토늄 등 철 이후의 핵종들을 생성한다.
7. 별들이 한 세기 당 몇 개의 속도로 폭발하기 시작하며, 우리는 이 현상을 **초신성 2**(supernovae type II)라고 부른다. 함몰된 별 중심부는 대부분의 경우에는 **중성자별**(neutron star (1)) 또는 **펄서**(pulsar)가 되지만, 때때로는 블랙홀이 될 때도 있다.
8. 두 별이 가까운 거리에서 적색 거성으로 팽창하면 더 많은 반응과 과정들이 일어난다. 두 별 모두 백색 왜성이 되거나 하나의 적색 거성과 하나의 백색 왜성이 되는 특이한 경우도 있다. 결국은 두 별이 융합되어 임계질량 이상의 거대한 백색 왜성을 형성하고, 몇 초 이내에 폭발하여 많은 양의 철과 탄소 황 등의 원소를 생산하게 된다. 이것을 **초신성 1a**(Type 1a supernovae)이라 하며, 연구자들이 우주팽창을 연구함에 있어 시간적인 지표로 사용한다. 이 현상은 초신성 2보다 10배 정도 더 희귀하다.

은하계의 화학적 진화

은하수를 포함한 큰 은하계들은 주로 외각에 오래되고 금속이 적은 별들과 중심에 오래되고 금속이 많은 별들을 가지고 있다. 또한 이 종류의 은하계는 새롭거나 형성 중에 있는 별들을 주로 나선의 원반 부분에 가지고 있지만, 작고 불규칙적인 은하계들은 별의 대형을 거의 찾아 볼 수가 없고, 주로 기체와 금속이 적은 여러 나이대의 별들을 가지고 있다.

후자에서 전자의 경우로 발달하는 과정을 알기 위해서는 근처의 은하계들과 적색 이동 1에서 5를 보이는 은하계들을 살펴보아야 한다. 빅뱅 이후의 첫 십억 년 동안 몇몇의 은하계들은 중심

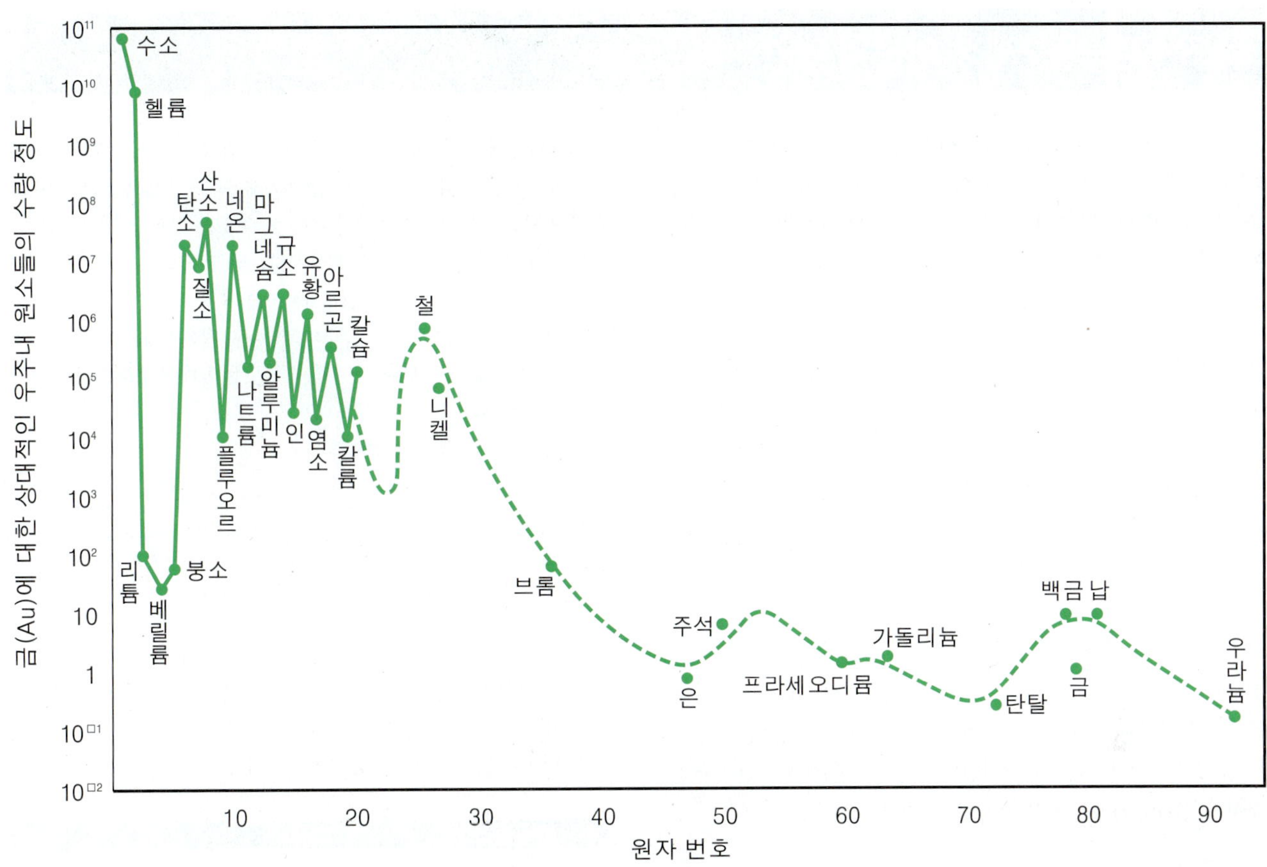

그림 4-4 금(Au)을 기준 1로 했을 때, 태양계, 그 외의 별들, 그리고 성간 가스 내에 있는 원소들의 상대적인 수량 정도. 단위는 대수(예를 들어, 10은 9보다 10배 더 크다)로 되어 있기 때문에 수소와 헬륨은 전체 원소의 100% 가까이를 차지하고, 철은 염전에 있는 요오드(생명현상에 필수적인 요소 중 가장 희귀함)보다 60억 배 더 흔하다. 그래프의 모양은 핵 고유의 특성(짝수의 양성자를 가지고 있는 원소들이 홀수의 양성자를 가지고 있는 이웃보다 더 흔한 것을 볼 수 있다)과 원소들이 우주 초창기부터 생성된 순서를 보여 준다. (Jastrow, R. and M. H. Thompson, 1972. *Astronomy: Fundamentals and Frontiers*. John Wiley, New York에서 인용)

부에 1%에서 2%의 중원소들을 응집하여 항성계를 형성할 수 있었다. 우리는 현재 160개의 항성이 신생 별 근처 원반에서 생성되는 것을 관찰하고 있다. 이 과정은 수소와 헬륨 이상의 중원소들로 이루어진 먼지가 응결되면서 이루어진다.

이 책의 마지막 단원들을 읽다 보면 생물들의 화학적 구성에 대한 설명을 볼 것이다. 원소 숫자를 기준으로는 빅뱅 이후 생성된 물에서 나온 수소가 가장 많다. 다음은 헬륨 연소의 생성물인 산소와 탄소이고, 네 번째는 질소이다. 나머지 중요한 원소들은 4단계의 중원소 연소에서 생성되었다. 가장 무겁고 희귀한 원소는 요오드이다. 결론적으로 우리는 별들에서 나온 흔한 먼지로 만들어져 있다는 것이다(**그림 4-4**).

우주의 형태와 미래

우주의 수명과 진화방식은 내용물에 따라 다르다. 내용물이 조금 더 있었으면 우주는 안쪽으로 붕괴되었을 것이고, 더 적었으면 우주는 별이 없고 영원히 팽창했을 것이다. 근래의 연구에 의하면 우주의 평균 밀도는 **임계 밀도**(critical density), 즉 위의 상황이 일어나지 않는 지점과 매우 가깝다. 이 값은 약 10^{-29}g/cm^3 또는 세제곱 미터 당 수소 6개의 밀도로 우주의 대부분이 빈 공간임을 나타내며, 우주의 형태를 결정한다(그림 4-3과 4-4 참조). 이 값 이상의 상황에서는 우주는 "닫힌" 모양, 즉 구형이고, 이하의 상황에서는 "열린" 모양, 즉 안장 모양이다. 하지만 임계 밀도 근처의 값에서 우주는 종잇장처럼 평평한 모양이다. WMAP 인공위공과 다른 출처들에서 얻은 정보를 종합해 보면, 우주가 평평하고, 암흑에너지가 발산하는 부압 때문에 팽창의 속도가 증가함으로 영원히 늘어난다는 결론을 내릴 수 있다(**글상자 4-2** 참조).

미래에는 어떤 일들이 벌어질까? 초창기의 우주에는 적은 수의 거대 은하계가 수많은 별들과 거대 블랙홀들을 내포한 채 존재했지만, 오늘날의 우주는 많은 수의 작은 은하계가 형성되는 분

글상자 4-2 우주팽창 이론의 대안

거의 모든 천문학자들과 물리학자들이 빅뱅의 탄생으로 고온, 고압의 환경에서 모든 물질과 복사가 생성되었다는 것에 동의하지만, 빅뱅 이론의 대안으로 제시된 가설들도 있다. 3개 이상의 차원의 존재를 제시하는 이론들이 대부분이고, 나머지는 자기증식 팽창이나 외부팽창을 주장한다. 이 이론들은 많거나 무한한 숫자의 우주들이 존재하고, 각각의 우주 안에 독립된 시공간 내용이 있으며, 우주마다 존재하는 에너지와 물질의 구성과 종류, 인력의 숫자와 크기 등이 다양할 것이라고 주장한다. 이런 우주관을 **다중우주론**(multiverse)이라고 하며, 특이한 점은 외부의 관찰자가 존재하는 우주에서만 인간과 같이 정체감에 의문을 가지는 생명체가 나올 수 있다는 것이다.

그렇다면 우리가 살고 있는 우주가 무작위의 조건들로 다시 만들어진다면 똑같은 결과가 나올 수 있을까? 태양과 근처의 항성계, 그리고 **은하수**(Milky Way)는 우주에서 흔히 볼 수 있는 현상들일까? 답은 '그렇다'이다. 우주학 연구자들은 다중우주론의 진위여부에 대해 큰 의견 차이를 보인다. 확답을 얻기 위해서는 이론이 주장하는 물리 법칙들을 입자 가속기나 우주배경, 또는 아직 고안되지 않은 방법을 사용해서 실험할 수 있어 있어야 한다. 천문학자들은 십년 내에 유럽에서 발사될 인공위성 *Plank*가 우주마이크로배경복사를 분석하여 은하계의 형성에 대한 단서를 찾을 것을 기대하고 있다.

산된 구조를 보인다. 결론적으로 "우주는 소형화를 거치고 있다" (Barger, 2005). 우리는 이런 상황의 원인은 아직 몰라도 은하수를 포함한 모든 은하계들이 결국에는 에너지원이 고갈되어 "우주는 암흑에 빠지고, 남은 것은 이전의 황금기의 은하계의 흔적뿐일 것이다" (Barger)라는 것을 유추할 수 있다.

주요 용어

광자(photon)
백색 왜성(white dwarf)
복사(radiation)
빅뱅(Big Bang)
시공간(space–time)
암흑기(dark ages)
암흑물질(dark matter)
암흑에너지(dark energy)
우주론(cosmology)
우주론적 적색 이동(cosmological redshift)
우주배경(cosmic microwave constant)
우주 팽창론(expanding universe)
원시은하(protogalaxy)
은하계(galaxy)
은하수(Milky Way)
임계 밀도(critical density)
재결합의 시기(epoch of recombination)
적색 거성(red giant)
적색 이동(redshifted)
정상물질(baryonic matter)
정상 상태 이론(steady state universe)
중성자별(neutron stars(pulsars))
진화 우주론(evolutionary universe)
초신성(supernova)
초은하단(supercluster)
팽창률(expansion rate)

토의 및 질문

1. 우주가 팽창하고 있다는 증거는 무엇인가?
2. 빅뱅, 재결합의 시기와 암흑기에 대해 토의를 하시오.
3. 항성에 대한 질문
   a. 항성은 어떻게 만들어지는가?
   b. 항성 진화에서 항성이 따르는 계열은 무엇인가?
   c. 매우 다양한 원소들이 어떻게 항성을 형성하는가?
   d. 적색 거성과 백색 왜성은 무엇인가?
4. 미래의 우주는 어떤 모습일까? 이유는?

추천 읽을 거리

Abel, T., G. L. Bryan, and M. L. Norman, 2002. The formation of the first star in the universe. *Science*, **295,** 93–98.

Barger, A., 2005. The midlife crisis of the cosmos. *Sci. Amer.*, **292**(1), 46–53.

Bouwens, R. J., and G. D. Illingworth, 2006. Rapid evolution of the most luminous galaxies during the first 900 million years. *Nature,* **443,** 189–192.

Hawking, S. W., 2001. *The Universe in a Nutshell*. Bantam Books, Toronto.

Kaler, J. B. 2006. *The Cambridge Encyclopedia of Stars*. Cambridge University Press, Cambridge, UK.

National Aeronautics and Space Administration (NASA), 2007. *Cosmology: The Study of the Universe*. (Web site devoted to the Wilkinson Microwave Anisotropy Probe.) Available at http://map.gsfc.nasa.gov/m_uni.html. Accessed March 2007.

Kragh, H., 1996. *Cosmology and Controversy: The Historical Development of Two Theories of the Universe*. Princeton University Press, Princeton, NJ.

Lineweaver, C. H., and T. M. Davis, 2005. Misconceptions about the Big Bang. *Sci. Amer.,* **292**(3), 24–33.

Loeb, A., 2006. The dark ages of the universe. *Sci. Amer.,* **295**(5), 46–53.

Longair, M. S. 2006. *The Cosmic Century*. Cambridge University Press, Cambridge, UK.

Virginia Trimble

생일: 1943년 11월 15일
출생지: 캘리포니아 주 로스앤젤레스
학사학위: 캘리포니아대학 로스앤젤레스 캠퍼스(University of California–Los Angeles)
박사학위: 이학석사: 1965년 캘리포니아공과대학(California Institute of Technology)
이학박사: 1968년 캘리포니아공과대학(California Institute of Technology)
문학석사: 1969년 영국 캠브리지대학
현 직책: 캘리포니아대학 어바인 캠퍼스(University of California–Irvine) 물리학 교수, Las Cumbres 관측소, Goleta, CA 직원[9]

무엇이 진화에 대한 관심을 갖게 했습니까?

생물진화에 관한 나의 관심은 열렬한 아마추어의 그것이며, 처음 진화에 관심을 갖게된 것은 초등학교 시절에 Amram Scheinfeld의 훌륭한 저작인 "You and Heredity"를 읽고 난 뒤 부터입니다. 개체와 개체군과 같이 항성과 은하가 진화한다는 것을 대학에 와서야 알게 되었습니다. 내가 계속 매혹되고 있는 항성과 은하 구조와 진화의 몇몇 측면들은 다음과 같습니다: (a) 지구의 실험실에서 우리가 연구하는 것과 같은 물리학 법칙(중력, 전자기학, 열역학 등)과 완전히 같은 법칙에 의해 기록될 수 있습니다. (b) 모두 잘 어울려서 일정한 패턴을 형성하는데, 유동적인 항성 집단들이 모여서 은하를 만듭니다. 이것은 현재 우리가 오래 전에도 또 멀리 떨어진 곳에서도 관찰할 수 있습니다. (c) 일부 사건들이 서로 상이하여도(헬륨 융합에 의해 탄소가 충분히 생기지 않고; 짧은 생명의 질량 큰 항성이 생기는 등) 우리가 여기서 과학적 문제들에 걱정하지 않아도 됩니다.

과학에서 선생님이 발견하신 것 중 가장 가치있고 흥미로운 것은 무엇이라고 생각하십니까?

나의 이학박사 논문은 1054년 관찰된 항성 폭발의 흔적인 게성운 연구인데, 논문에서 발견한 것은 이것이 폭발 이후로 계속 팽창한다는 것입니다. 또한, 자기장들과 고에너지 입자들에 의해 몰려지고, 속도가 증가하며, 성운 안의 물질의 양은 이러한 초신성 폭발을 일으켰다고 여겨지는 거대한 항성들의 진화와 일치합니다. 나의 논문에서 다루어졌던 다른 분야는 다음과 같습니다: (a) 백색 왜성의 특징들 중 몇몇을 결정하는 것이었는데, 태양과 같은 작고 생명이 긴 항성들이 사멸했을 때 항성들이 남겨진다는 것입니다. (b) 연성(binary star) 집단 연구들에 의하면 연성 형성은 항성 형성의 보다 일반적인 문제의 마지막 시기라는 것입니다. (c) 항성 진화에서 짧고 희귀한 시기들에 관한 연구들은 태양이 앞으로 하지 않을 것이지만 일반적 양상과 아주 잘 맞아떨어진다는 것을 알려 줍니다.

선생님의 실험실에서는 현재 어떤 연구를 하고 있습니까?

최근 몇 년에 scientometrics와 과학사(천문과 물리 학계에 관한) 분야에 집중하고 있습니다. 이 연구들로부터 나온 것은 상이한 망원경들이 얼마나 효과적이었는가, 상이한 연령의 천문학자들이 기대할 수 있는 경력은 무엇인가, 그리고 앞으로 계획할 때 학계를 위해 필요한 여러 사항들에 관한 정보였습니다.

선생님의 연구분야는 앞으로 어떤 방향으로 나아가야 한다고 생각하십니까?

나의 분야의 대부분 연구자들은 현대 천문학에서 가장 중요한 미해결 과제는 은하 형성이라는 데 동의합니다. 이 물체에 대한 기본문제는 모여서 크고 복잡한 응집을 이루면서 우주에 걸쳐 부드러운 우주 마이크로파 방사(뜨겁고 조밀한 빅뱅에 의해서도 우리에게 오는)를 남긴다는 것입니다. 은하 형성을 이해하기 위해서는 암흑 물질(dark matter), 입자물리학, 플라스마와 여러 다른 분야들의 정보가 요구됩니다.

진화분야에 관심이 있는 학생들에게 어떤 조언을 주실 수 있을까요?

2세대 이전의 위대한 여성 천문학자인 Cecilia Payne Gaposchkin가 말하기를 "여성은 다른 분야에 만족하지 못하면 천문학을 연구해야 한다. 왜냐하면, 다른 것들로부터 여성이 얻을 것이 없기 때문이다." 현재 이 조언에 변화가 있다면 다음과 같습니다: "여성" 대신에 "당신"으로, "천문학"을 "과학 연구"로 바꾸는 것입니다. 즉, 이것을 남성과 여성, 모든 인종, 모든 과학 분야에 적용합니다. 당신은 부자가 될 가능성이 없고, 유명해 질 가능성이 없고, 당신 가족이나 친구들에 의해 이해될 수 없습니다. 이전 사람이 발견하지 못했던 것을 발견하는 보상은 매우 크지만, 이것은 매우 열심히 일한 결과입니다. 그렇지만, 이것으로 인해 큰 지명도 혹은 부차적인 보상이 따르지 않습니다.

[9] 캘리포니아대학 어바인 캠퍼스(University of California–Irvine). Virginia Trimble (전기). http://www.ps.uci.edu/physics/trimble.html. 참고. (2007년 4월 기준). 최근의 발표물: text of the Klopsteg Lecture: Trimble, V., 2006. Early photons from the early universe. New Astron. Revs **50**, 844~849.

Rees, M. J. 2001a. *Our Cosmic Habitat*. Princeton University Press, Princeton, NJ.

Rees, M. J. 2001b. *Before the Beginning*. Addison Wesley, Reading, MA.

Riordan, M., and W. A. Zajc, 2006. The first few microseconds. *Sci. Amer.,* **294**(5), 24–31.

Trimble, V. 2003. Cosmology: Man's place in the universe. *Amer. J. Physics* **79,** 1175–1183.

5 지구의 기원

요약

태양계는 약 46억 년 전에 회전하던 가스 덩어리가 응축하여 탄생했을 것으로 생각된다. 이 중 중심 부분의 덩어리는 태양이 되었고, 주변의 덩어리들은 행성이 되었다. 태양에 가까운 4개의 행성은 지구와 유사한 암석으로 이루어져 있으며, 바깥쪽에 위치한 큰 4개의 행성은 가스로 이루어져 있다. 초기 지구 **대기**는 대부분 수소와 헬륨으로 이루어져 있었으나, 이후 2차 대기물질인 암모니아, 수증기, 메탄, 이산화탄소, 질소와 같은 화합물로 이루어졌으며, 산소는 아예 없었거나 거의 없었다. 현재 지구 대기의 높은 산소 비율은 광합성 생물의 작용으로 생겨났을 것이다.

지구의 내부는 구성 성분이나 물리적인 성질에서 서로 차이가 있는 여러 개의 동심원을 이루는 층으로 되어 있다. 핵은 주로 액체 상태의 철과 니켈로 이루어져 있으며, 두껍고, 부분적으로 액체 상태인 맨틀에 의해 둘러싸여 있다. 두께가 얇은 지각은 맨틀을 감싸고 있으며, 다양한 종류의 암석, 즉 화성암, 퇴적암, 변성암 등으로 구성된다. 형성 시기에 따라 다른 층을 이루고 있다. 퇴적암에 포함되어 있는 화석의 종류에 따라 지층의 연대를 구분할 수 있다. 하지만, 지층의 정확한 나이 계산은 우라늄과 같은 방사능 물질을 검출할 수 있는 기술이 개발될 때까지 기다려야만 했다. 이 방법을 이용하여 측정한 결과, 지구상의 가장 오래된 암석의 나이는 41억 년으로 추정되었다.

현존하는 지구의 대륙은 한때 하나의 거대 대륙, 즉 판게아(Pangaea)이었다는 Alfred Wegener(1880~1930)의 제안은 대륙간 해안선의 윤곽이 딱 맞아떨어지는 형태를 취한다는 것과 이 전에 붙어 있었던 지역의 암석과 화석의 유사성, 암석 내에 들어 있는 자기장의 방향, 젊은 해양저 구조 등의 증거들에 의해 많은 지지를 받았다. 우리가 오늘날 아는 바와 같이 약 2억 2천 5백만 년 전부터 판게아 대륙의 한 부분인 곤드와나가 남아메리카–아프리카와 인디아–남극–오스트레일리아로 쪼개지고, 다른 부분인 로라시아(북아메리카-유라시아)도 쪼개지면서 분리가 시작했다.

대륙의 역사 그리고 많은 지구의 특징을 오늘날 설명할 수 있게 되었다. 예컨대 지진대는 지구 표면의 암석권을 형성하는 최소 여덟 개 이상의 "판"의 움직임과 관계가 있다는 것을 알고 있다. 이런 판들은 분리되거나, 서로 미끄러져 교차하거나, 합쳐질 수 있다. 과학자들은 이런 활동을 판구조론 (plate tectonics)이라고 부르며, 이런 거대 대륙의 역사적인 합침과 분리에 근거하여 많은 생물체의 분포를 설명한다. 가장 주목할 점은 판게아에서 곤드와나 대륙이 분리되면서 다른 지역의 포유류는 태반류에 의해 대부분이 대치되었지만, 단공류는 오스트레일리아에, 유대류는 오스트레일리아와 남아메리카 두 대륙에서만 분포하게끔 제한되었다는 것이다. 다른 많은 예들도 지구 표면의 변화에 의한 생물학적 효과가 진화적 패턴에 영향을 끼쳤다는 것을 나타내고 있다.

1990년 2월 14일, 보이저 1호 우주선이 지구로부터 64억 km 떨어진 곳에서 목성과 토성의 모습을 찍어 지구로 보낸 다음, 카메라를 돌려 태양을 향해 찍은 사진을 보내 왔는데, 이것이 우리가 태양계의 모습을 볼 수 있었던 최초의 영상이었다.

행성의 기원

천문학자들은 태양계 내 행성의 생성에 대해 두 가지의 주요 이론을 제안해 왔다. 1749년 Buffon이 처음 제안하고 여러 사람들에 의해 20세기 초까지 다양한 형태로 발전해 온 충돌이론(collision theory)은 다른 항성 또는 혜성이 태양과 충돌할 때 떨어져 나온 조각이 행성과 그 외의 태양계 구성물이 되었거나, 중력장이 미치는 가까운 주변을 스치는 구성물이 끌려 들어와 뭉치면서 행성이 되었다는 이론이다. 하지만 이 이론에 대한 가장 심각한 반대 의견은 이러한 사건이 일어날 확률이 극히 낮다는 것이다. 천문학자들은 우리 은하계에는 행성을 가진 별이 10억 개 이상되지만, 최근 50억 년간에 별과 별이 충돌한 경우는 불과 10회 정도에 지나지 않았다고 예상하고 있다.

두 번째 이론은 Kant가 처음으로 주창하고, 후에 Laplace가 발전시킨 응축이론(condensation theory) 또는 성운가설(nebular hypothesis)로 오늘날 대부분의 천문학자가 지지하는 이론이다. 현대 응축이론에 의하면, 먼지와 가스의 거대 덩어리 중 우리 태양계 주변에 있는 것이 응축되고, 50억에서 56억 년 사이에는 자체 중력에 의해 뭉치기 시작하였다. 그 결과 별이 죽어가면서 대폭발이 일어나는 초신성 폭발(4장 참조)과 같은 현상이 생겼을 것이다. 약 46억 년 전 구름의 중앙에 있던 큰 덩어리가 계속 응축해 핵반응을 일으킬 수 있는 온도에 다다르면서 태양이 되었다. 나머지 부위에서는 소용돌이 부속 원반이 태양 주변에 형성되고, 더 작은 규모의 응축에 의해서 차가운 물질 덩어리들이 형성되었다(그림 5-1). 처음에는 먼지 입자들이 단순하게 서로 부착하지만, 이들이 점점 커져, 지름이 1km 이상되면 중력에 의해서 오늘날 미행성(planetesimal)이라 불리는 수많은 물질 덩어리가 빨려 들어가 서로 충돌하고 합쳐지면서 원시행성(protoplanet)이 되고 마침내 행성이 된다. 이 주변 덩어리들이 태양 궤도에 강하게 묶여 행성이 되었으며, 이들 행성도 작은 아행성 또는 달을 가지게 되었다(글상자 5-1).

4장의 내용을 상기하면, 우리 태양계는 1세대 별이 아니기 때문에 모든 종류의 원소를 가지고 있지만, 고르게 분포해 있지는 않다. 태양과 가까운 4개의 안쪽 행성(수성, 금성, 지구, 화성)은 주로 암석과 무기물로 이루어져 있고, 기본적으로 헬륨과 수소로 이루어진 거대한 구체로 띠와 많은 위성으로 둘러 싸여 있는 태양에서 먼 행성인 목성, 토성, 천왕성, 해왕성[1] 보다 밀도가 훨씬 높다. 안쪽 행성은 띠를 가지지 않고 위성의 수도 훨씬 적다. 행성은 태양과의 거리와 상관된 온도 기울기를 보인다. 안쪽 행성을 구성하는 물질과 달리, 수소와 헬륨은 극단적으로 낮은 온도에서만 고체화 될 수 있기에 태양 가까이에서는 응축되어 있을 수 없다. 따라서 이들 기체는 온도가 높은 안쪽 행성에서는 강력하고 빠른 물질 흐름에 의해서 생기는 태양풍을 견딜 수 없기에, 모든 씻겨나가 더 이상 이들 안쪽 행성에는 이들 가벼운 기체와 먼지가 남아 있지 않다.

태양 자체도 천문학적 시간 단위에서는 물론, 인간 관점의 시간 단위에서도 변화를 피해갈 수 없다. 천문시 관점에서는 태양은 50억 년 이전부터 지속적으로 뜨거워지고 있다. 1700년대 초기 이후로 태양의 자기력 활동은 11년 주기로 이루어지고 있다. 하지만 이 주기는 절대적인 것은 아니다. 1645년에서 1715년 사이의 흑점이 없는 70년 간에는 태양력이 0.5% 정도 줄었다. 이 정도는 매우 사소해 보일 수도 있지만, 북반구의 북쪽에 1850년에서 1900년 사이의 소빙하(a Little Ice Age)를 야기 시키기에는 충분하였다.[2]

과학자들은 오랫동안 우리 태양계 외에도 행성이 존재할까

[1] 2006년 8월 이후 작고 먼 곳에 위치한 명왕성은 행성의 지위를 잃었다(글상자 5-1 참조).

[2] 1645년 스위스의 몽블랑 산 아래에 위치하는 사모니(Chamonix) 마을의 주민들은 확장하는 빙하가 자기 마을과 농토를 덮고 망가뜨리지 않을까 걱정하였다. 그래서 그들은 제네바 교구의 주교를 불러 빙하 앞에서 주술행위를 여러 번 하였지만 소용이 없었다. 이들 마을은 북대서양을 결빙시키고 수백 년 된 중국의 오렌지 숲을 망가뜨린 소빙하에 들어가기 시작한 것이었다.

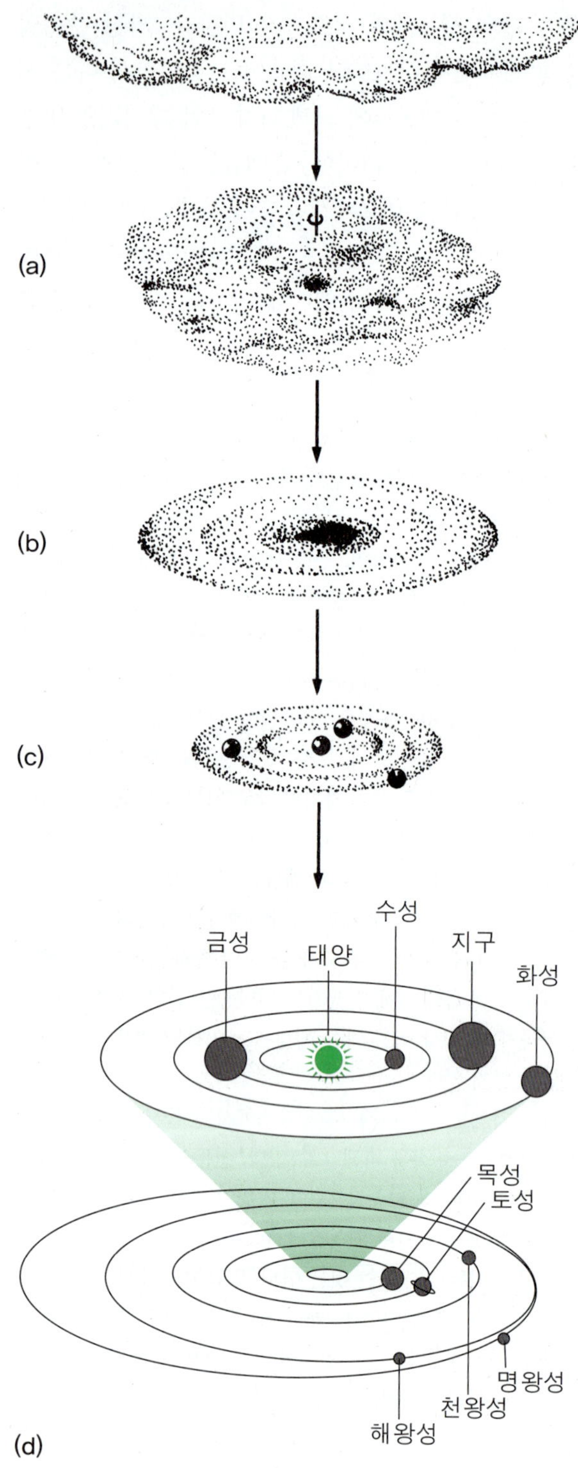

그림 5-1 응축을 통해 태양계 성운이 태양 행성을 형성하는 단계. (a) 성간 구름이 분리 조각나는 단계. (b) 태양 성운이 밀집되고 편평해지는 단계. (c) 성운 구성물이 응축되면서 운석화되고 원시행성체가 생성되는 단계. (d) 각 행성이 독립화하여 현재의 궤도에 안정화되는 단계. 최고 지름 1,000 km나 되는 수만 개의 덩어리가 우주띠(astroid belt)를 형성하여 화성과 목성 사이에 존재한다. 이 큰 덩어리가 작은 조각으로 된 것은 이들이 목성에 근접하면서 목성으로 흡수되거나 튕겨 나가면서 조각난 것으로 생각된다. 지구 궤도를 지나치는 혜성들과 대개 지름 1~10 km 이내의 우주띠 구성 성간물질을 합쳐 이만여 개의 운석이 매년 지구 중력장으로 진입한다.

에 대해서 의문을 가졌었다, 다른 별의 행성을 직접 관찰하기에는 너무 멀어 천문학자들은 간접적으로 관찰하는 방법에 의존할 수밖에 없다. 2006년 8월까지 천문학자들은 약 200여 개의 외행성을 발견하였는데, 이들 중 많은 것은 하나의 별에 1개 이상 존재하고 있는 것들이다. 글상자 5-2에서는 외행성 시스템이 과소평가되고 있는 것이 아닌가 하는 오래된 질문에 대해서 논의하고 있다.

지구 대기의 기원

지구의 **1차 대기**(first atmosphere) 성분인 수소와 헬륨은 오래가지 못했다. 초기 태양의 매우 강력했던 태양풍 때문에, 상대적으 로 중력이 낮았던 초기 지구는 비교적 가벼운 이들 기체를 잡아둘 수 없었고, 여기에 더해 지구 내부에서 발생한 열과 태양으로부터 온 복사열 등의 요인으로 인해서, 지구의 1차 대기는 지구에서 사라지게 되었다고 추측되어 왔다.

2차 대기(secondary atmosphere)는 42억에서 38억 년 사이에 형성되었는데, 주로 화산 활동이 활발한 시기에 화산 분출 가스에 의해 형성되었다고 본다. 한편 혜성도 수증기를 비롯한 2차 대기의 주요 성분을 제공하였던 것으로 생각된다. 2차 대기의 주 성분은 수증기와 이산화탄소였으며, 그 외 성분으로는 오늘날 화산이나 온천에서 많이 발생하는 수소, 일산화탄소, 질소, 암모니아, 메탄, 염산, 황화수소 등이었을 것이다. 일부 학자들은 메탄은 단세포 미생물인 메탄생성균(methanognes)에 의해 방출된 부산물이란 주장을 하기도 한다. 8장에서 논의될 연구에서 메탄과 메탄생성균이 35억 년 전의 암석에 존재하였다는 증거를 보여 주고 있는데, 이것은 1차 대기가 축적된 시기(38억~42억 년)보다 약간 뒤의 시기이다. 산소는 이 당시의 대기에 없었다. 초기 대기 상태에서는 태양에 의한 열 상승 효과가 오늘날의 80%에 지나지 않았지만, 이들 온실효과에 관여하는 가스에 의해서 빙하 조건을 피할 수 있었다(Kasting와 Catling, 2003). 실제 태양에서 지구에 도달하는 열의 양이 초기 지구 이후 꾸준히 증가하였다.

시간이 흐른 후, 지구의 표면이 식으면서 액체 상태의 물이 형성되고, 이산화탄소가 규산염과 반응하여 탄산염이 만들어지면서 대기 중 이산화탄소의 양이 줄게 되었다. 그리고 네온, 아르곤, 크세논 등 화학적 반응성이 없는 물질들이 비교적 많이 존재하였었다. 하지만 오늘날 이 물질들이 대기 중에 거의 없어진 이유에 대해서는 아직까지 해결되지 않은 의문이다.

어째든 초기 대기 중에는 산화제에 전자를 공급할 수 있는 수소 복합물이 많이 존재하였으므로, 초기 대기 상태는 강산화 상

글상자 5-1 행성과 왜소행성

명왕성은 주로 암석과 얼음으로 이루어져 있는데, 2006년 8월 24일 이전까지는 태양계의 9번째 행성으로 인정되어 왔었다. 이날 체코슬로바키아 프라하에서 있었던 2006년 국제천문연맹(IAU, International Astronomical Union) 폐막식에서 몇 개의 결의안을 통과시켰다. 그중 하나가 천체(celestial body)로서의 행성에 대한 정의였다. (1) 태양을 중심으로 하는 궤도를 갖는다 (2) 강체력(rigid body force)을 극복할 수 있는 자체 중력을 가져 유체정력학적 평형(hydrostatic equilibrium)을 유지할 수 있는 충분한 질량을 가져 원형에 가까운 모양을 가진다 (3) 그 궤도 주변의 다른 (작은) 천체를 흡수할 수 있어야 한다. 하지만 명왕성은 같은 궤도의 주변 천체를 압도하지 못하기에 이 조건을 만족시키는 데 실패하였다.

이에 따르면, 명왕성은 행성이 되지 못하는데, 그러면 무엇인가? 두 번째 합의문에 따라 명왕성은 태양계에만 제한적으로 적용되는 새로운 기준에 따라서 3개의 **왜소행성**(dwarf planet) 중 하나로 분류되었다. 나머지 2개는 세레스(Ceres)와 임시로 2003UB313로 이름 붙여진 왜소형성이다. 앞으로 더 많은 천체가 왜소형성의 리스트에 오를 것으로 예상되고 있다.

- **행성**(planet)은 태양 궤도를 갖고, 자체 중력에 의해서 구형을 유지할 수 있을 정도로 충분히 커야 하며, 궤도 주변의 운석, 혜성 그 외 작은 천체를 제거할 수 있을 정도로 압도적으로 큰 천체이다.
- **왜소행성**은 앞의 2 조건은 만족하지만, 3번째 조건을 충족시키지 못하는 천체이다.
- 운석, 혜성, 위성과 같은 **태양계의 천체**(solar system bodies)는 프라하에서 제3의 부류로 정의되었다.

말할 필요도 없이 일부 천문학자들은 투표를 통해서 명왕성을 행성에서 제외시킨 것에 불만을 가지고 있다. 실제 행성의 정의와 같이, 과학의 근본 문제를 투표를 통해서 결정한 것은 과학계에서는 이례적인 것이라 할 수 있다. 물론 이것은 표준 정의를 벗어난 부류 또는 중간 단계에서 발달이 멈춘 천체에 대해서 이름을 부여하는 것이 얼마나 어려운가를 반영하는 사건이라고도 할 수 있다. 왜소행성 또는 태양계 다른 천체와 행성과의 관계는, 아종 (subspecies) 또는 품종 (variety)과 종 (species)과의 관계, 원시세포 (protocell)와 세포 (cell)와의 관계와 같은 것이라 볼 수 있다. 역사적 사건을 사건에 직접 연관성이 있는 일부 단편적 사실이나 현재 진행되고 있는 과정의 일부 단편적 자료만으로 사건 전체를 재구성하는 것이 매우 어려운 것과 마찬가지로, 진화에 있어서도 진화의 모든 단계에 대한 전개 과정이나 패턴 또는 기원이나 최종 형태를 다루고 규명하는 것은 정말로 어려운 일이다.

태 또는 약산화 상태였을 것으로 추정된다. 이러한 증거는 30억 년 전에 형성되어 그 이후의 대기에 노출된 적이 없었던 남아프리카와 몇몇 다른 지역의 퇴적층에서 찾을 수 있다. 이 퇴적물에는 산소가 존재할 경우 강한 반응성을 가지는 철(FeS), 납(PbS), 아연(ZnS) 황화물이 포함되어 있다. 만약 그 당시의 대기에 산소가 존재하였다면, 황화물 형태보다는 황산염 형태(예, $FeSO_4$)로 퇴적되었을 것이다.

산소

오늘날 대기의 구성에 대해서 **표 5-1**에 나타내고 있다. 특이한 것은 산소의 비율이 21%를 차지한다는 것이다. 유리 산소가 23억 년 전부터 대기에 증가하기 시작했다는 점에 대해서는 일반적으로 지화학자들이 동의한다. 산소의 증가는 남세균(cyanobacteria)(12장 참조)에 의한 것인데, 남아 있는 남세균 화석은 35억 년 이상되었다. 남세균은 수생이며, 광합성을 한 생물이다. 8장에서 다루고 있듯이, 물 분자에서 수소 원자를 제거하는 광합성 과정의 전자전달을 통해 유리 산소가 생산되어 방출되었다는 것이다. 처음에는 유리 산소가 암모니아와 반응하여 유리 질소(N_2)를 형성하거나, 물질 표면에 있는 철과도 반응을 하였다. 결과적으로 수억년이 지나면서 대기에는 산소가 축적되게 되었다.

표 5-1 현재 지구 대기의 구성[a]

기체	부피 비율 (%)
질소(N_2)	78.09
산소(O_2)	20.95
아르곤(Ar)	0.93
물(H_2O)	다양(최고 1.00)
이산화탄소(CO_2)	0.038
네온(Ne)	0.002
헬륨(He), 메탄(CH_4), 일산화탄소(CO), 크립톤(Kr), 산화질소(N_2O), 수소(H), 오존(O_3), 크세논(Xe)	0.001 이하

[a] 지구에 관련된 측정값과 그림은 표 5-2 참조.

두 가지 다른 반응, 즉 광합성에 의한 흡수와 자외선에 의한 오존층 형성으로 인해서 대기 중 이산화탄소의 양은 줄어들게 되었다. 자외선을 차단하지 않고서는 육상 생물의 생존은 불가능하다. 이 주제에 대한 심도 깊은 토의는 뒤에 나오는 장에서 다룰 것이다. 어쨌든 산소는 지구의 생물체에 막대한 영향을 미쳤다.

글상자 5-2 우주 다른 곳에 생명체가 존재하는가?

우리가 살고 있는 우주와 우리 자신과의 관계에 대한 개념은 시대에 따라 급격히 변해 왔었는데 특히 지난 세기에 큰 변화가 있었다. 수십억 개도 넘는 은하 중 하나에 불과한 은하계, 그리고 천억 개가 넘는 별로 구성된 은하계 내에 있는 하나의 행성에 우리가 존재할 뿐이다. 4장에서 보았듯이, 천체물리학자는 우리가 존재하는 우주는 수없이 많은 우주 중 단지 한 개에 불과하다가 말하기도 한다. 이러한 사실은 불가피하게 다른 별에 속한 행성에 비록 다른 형태를 가지고 있을지 모르지만, 생명체가 출현하여 진화하고 있지 않나 하는 생각과, 이들은 지구의 생명체와 어떻게 다른가 하는 의문을 일으킨다. 증거에 의하면 지구 생명체는 다음의 특성에 기인했다고 본다.

- 적절한 원자 및 반응성이 있는 분자의 존재
- 태양의 크기가 적절하여(0.8~1.5 태양질량), 수십억 년간 에너지를 지속적으로 방출
- 지구는 태양과 적절한 거리를 둔 궤도에 있어 극단적인 온도 변화를 피할 수 있었음
- 반응성과 보호 능력 둘 다를 가진 대기
- 기본적 생화학적 반응이 가능할 수 있게 물이 액체 상태로 존재

이러한 특성이 지구에만 존재하는 것일까? 아니면 다른 곳에도 존재할까? 그리고 생명체는 이들 특성 중 한 두 가지가 없어도 존재할까? 제기된 대체 방법으로는 탄소 기반 및 물을 용매로 하는 생화학 반응 대신 규소를 기반으로 하고 암모니아를 용질로 하는 계가 제안되었다.[a]

내용부분에서 언급했듯이, 행성을 가지는 것이 우리 은하계에서는 보편적인 현상이며, 아마 대부분 또는 전 우주의 공통된 특성일 것으로 예상된다. 따라서 대부분의 천문학자들은 생명체 존재 특성이 전 우주를 통해 공통적으로 발달해 왔을 것으로 추정한다. 우리 은하계에 존재하는 천억 개 이상의 별 중에서 최소 1% 에서 지구와 유사한 환경의 행성이 있다고 가정하면 최소 10억 개 이상의 행성에서 생명체가 출현 진화했을 것으로 예상할 수 있다.

우리의 태양계로 눈을 돌려보면, 생명체가 출현하였을 당시의 주요 지구 환경적 특성을 초기 화성이 가지고 있었을 것으로 추정하고 있다: 열수천, 염수호, 강, 호수, 화산 등. 심지어 조수도 화성에 존재하였을 것으로 생각되는데, 태양에 의한 조수만 존재하였으므로 지구에 비해서는 매우 미약했을 것이다. 유기체가 형성될 수 있는 무기 환경 조건은 두 행성이 마찬가지였을 것으로 예상된다(6장 참조). 하지만 지구와 유사한 환경 조건이 생명 탄생에 필요한 시간만큼 화성에서 충분히 지속되었느냐에 대해서는 현재로는 확인될 수 없지만, 최근의 이론에 의하면 충분히 가능했을 것으로 예상된다.

외계 생명체 존재의 가능성을 밝히기 위해서 최근에는 두 가지 접근 방법이 사용되고 있다. 첫째, 지적 외계 생물로부터의 전자기 신호를 확인하는 것이다. 레이더, 라디오, 텔레비젼에 이용되는 신호처럼 거의 빛의 속도와 맞먹는 매우 빠르고 막대한 정보를 교신할 수 있는 신호를 이용해 펄스 또는 모듈 형태의 신호를 확인하는 방법이다. 두 번째는 다음 장에서 다루게 될 내용으로 운석에 포함된 유기물을 확인하는 방법이다.

[a] 규소 또는 암모니아 기반 체제에 대한 정보는 2007년 3월에 작성된 http://nai.arc.masa.gov/astrobio/feat_questions/silicon_life.cfm과 http://www.david-darling.info/encyclopedia/A/ammonialife.html에서 확인할 수 있다.

지구의 구조와 달의 기원

오늘날 지구는 주요 4개의 층상구조를 가지고 있다(**그림 5-2, 표 5-2**). 미행성들이 뭉쳐 지구가 형성되고, 기존에 존재했던 물질간의 충돌과 방사선 붕괴에 의해서 지구 온도 상승이 일어났다. 결과적으로 지구는 부분적으로 액체 상태로 되었으며, 따라서 물질들이 이동하게 되었다. 무거운 성분(특히, 철)은 아래쪽으로 침강한 반면에 가벼운 성분은 표면으로 올라오게 되었다(**그림 5-3**). 많은 사람이 믿는 지구 형성 시기인 45억 6천만 년 전으로부터 3천 4백만 년 뒤, 달이 형성되던 45억 3천만 년 전에 지구가 층상으로의 분화를 갖게 되었다고 믿어진다.

표 5-2 지구[a] 관련 주요 측정값

지름	12,756 km
질량	5.974×10^{24} kg
부피	1.08×10^{12} km^3
자전 주기	23.934시간
공전 주기	365.256일
태양과의 거리	147만에서 152만 km

[a] 지구의 대기 구성에 대해서는 표 5-1을 참조

달

달은 화성 정도 크기의 미행성이 지구에 사각으로 충돌하여 형성(일부는 이 사건을 빅스플레시(the Big Splash)라 함)되었다는 1975년 Hartman과 Davis의 제안이 일반적으로 받아들여지는 달의 기원 이론이다(달에는 철성분이 없기 때문에 철이 지구의 중심부로 침강한 이후에 충돌이 일어났음에 틀림이 없다). 충돌로 미행성의 핵이 지구에 융합되고, 결과적으로 지구의 상당부분이 녹았을 것이다. 충돌 후 이 미행성의 큰 부분과 일부 지구 물질이

그림 5-2 지구 내부의 단면. 지구의 지름은 양극점을 지나는 면에 대해서는 7,899.4 mile(12,713.5 km), 적도면에 대해서는 7,926 mile(12,756.25 km)이다. 암석권(lithosphere)은 비교적 딱딱한 판으로 암석으로 이루어진 지각과 맨틀의 상부층을 포함하는데, 해양지각에서는 약 50 mile(80 km), 대륙 지각에서는 60~90 mile(96~ 145 km) 정도의 두께를 갖는다. 암석권 아래는 보다 유동적이고 변형성이 큰 연약권(asthenosphere)이 있어, 위의 암석권이 이동할 수 있게 한다. 지각에 대한 보다 세분화된 구분은 Rogers(1993: *A History of the Earth*, Cambridge University Press, Cambride, England)의 설명을 참고하기 바란다.

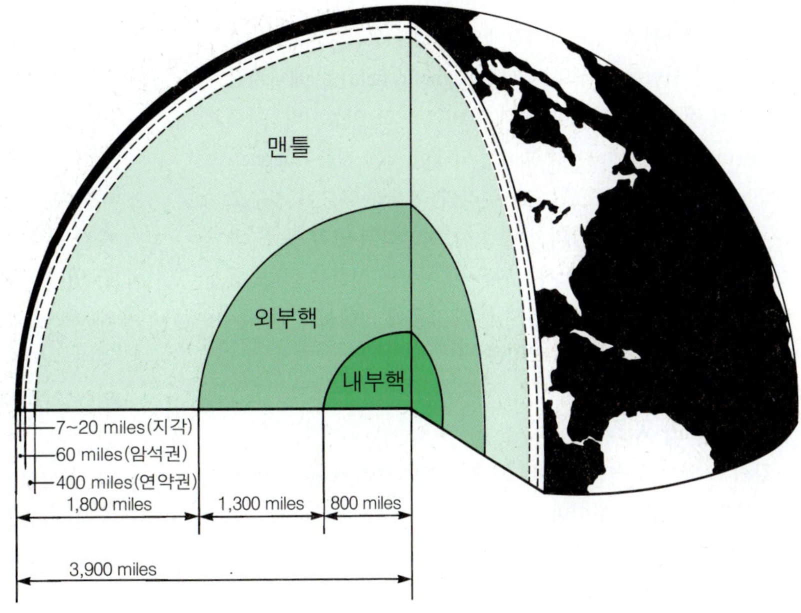

그림 5-3 지각의 단면. 지각은 바로 아랫부분에 비해 밀도가 낮아 맨틀 위에 떠 있을 수 있는데, 두께에 따라 수위의 차이가 있다. 즉, 두께가 더 두꺼워 더 큰 부력을 받는 대륙 지각이 두께가 얇아 부력이 작은 해양 지각보다 더 높이 떠 있다. 특정 지진파의 속도 변화가 급격히 일어나는 모호면을 지질학자들은 지각과 맨틀을 구분하는 경계라 생각한다.

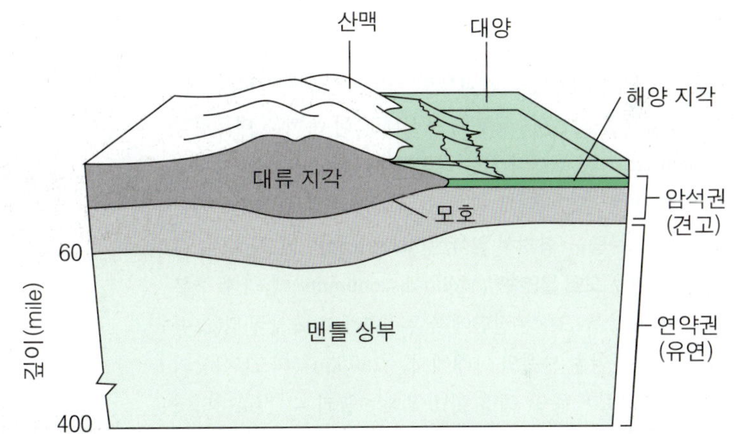

우주 공간으로 튕겨 나가 그 덩어리들이 뭉친 다음에도 지구 중력장 내어 머물게 되어 달이 되었다는 것이다. 이 사건 다음으로는 지구나 달 모두에 유성의 엄청난 폭격이 있었는데, 약 38억 년 전에 멈추었다. 이 유성의 폭격으로 인해 달에는 지름이 30km 이상 되는 웅덩이가 50여 개 생겼다.[3]

이 당시에는 지구의 표면이 안정화 될 수 없어 생명체의 출현은 그 이후였을 것으로 생각된다. 하지만 이러한 대 충돌로 인해서 지구에 물, 수소, 질소 그 외 다른 무기 물질이나 유기물이 막대하게 생성될 수 있었으며(그림 6-8 참조), 이로 인해서 지구에 생명체가 탄생할 수 있었다고 본다. Wetherill(1995)는 거대한 목성이 미행성과 같은 충돌 물질을 대부분 흡수해 버렸기 때문에, 그 후에는 태양계 내 행성에 대한 대 재앙적 충돌은 크게 줄어들었다고 주장하였다. 목성의 탄생은 지구 궤도 기후의 안정을 가져왔다. 지구의 온도가 내려가면서 지구 표면 껍질이 형성되고(아래 참조), 결과적으로는 물이 축적됨으로써 대양이 형성되었다.

지구의 핵

오늘날에는 지구 내부 구조에 대한 정보를 지진으로 인해서 만들어진 진동 파장을 분석하여 얻고 있다. 지진파가 지나는 곳의 구성 물질 성분, 유동성 정도, 두께 등에 따라서 지진파의 경로와 속도에 차이가 생기는데, 연구자들은 예민한 지진계를 이용하여 **지진파**(seismic wave)를 감지한다. 지구의 자기장, 전자장, 중력장 및 지진파 등에 대한 종합적 분석을 통해서 지구의 내부는 온도, 압력, 구성성분, 결정화 정도 등에 차이가 있는 몇 개의 동심원상 층으로 구성되어져 있다는 것을 알 수 있게 되었다. 지구의 중심을 핵(core)이라 하는데, 약간의 니켈을 포함한 철 성분으로 되어 있는 지름 1,287 km 정도 되는 고체 부위인 **내부핵**(inner core)과 이를 감싼, 황과 규소 성분이 포함된 액체 상태의 철로 된 지름

[3] Hartman and Davis(1975)와 Canup(2004)의 달의 기원 참조.

2,090 km 정도 되는 바깥의 **외부핵**(outer core)으로 되어 있다. 외부핵의 위치가 바뀌면 지구 자기장에도 변화가 생긴다.

대부분의 사람은 지구의 **자기장**(magnetic field)을 에너지장이 자기화된 것으로 생각한다. 하지만 이것은 그 이상이다. 지구는 **자기권**(magnetopshere)이라 불리는 막대한 자기 거품 (magnetic bubble)에 의하여 쌓여 있는데, 우리의 대기와 더불어 지구로 쏟아지는 방사선 (x-ray, 자외선, 우주선, 이온화된 먼지 등)을 막아 주는 역할을 한다. 하지만 자기권은 이 이상의 역할을 한다. 초속 400 km의 속도로 지구를 지나가는 태양풍에 의해서 운반되는 전기적 하전입자를 막아 주는 것이다.

지구의 맨틀과 지각

핵을 감싸고 있는 암석으로 이루어진 뜨거운 **맨틀**(mantle) 층은 두께가 약 2,900 km 정도이며, 지구 전체 부피의 3/4를 차지한다(그림 5-2). 맨틀층은 방사능, 압력, 국부적인 가열과 냉온 등의 작용으로 인해서 반복적으로 녹았다 굳어다 하므로 오늘날 지구과학자들은 맨틀층을 부분적으로 액화된 연약구조 지역의 특성을 갖는 부위라 말하는데, 핵에 가까워질수록 밀도가 높다.

맨틀의 표면에 떠 있는 암석으로 이루어진 얇은 **지각**(crust)은 두 가지 유형을 갖는다; 대부분 오래되고 더 두꺼운 **대륙지각**(continental crust)과 두께가 얇은 **해양지각**(oceanic crust) 지각을 이루는 암석은 성인에 따라 3 종류로 크게 구분될 수 있다. 지각과 맨틀의 최상부층을 합쳐서 **암석권**(lithosphere)이라 하는데, 지각과 맨틀 부위는 **모호 불연속면**(Moho discontinuity)에 의해 구분되는데, 지진파의 속도가 분절면에서 뚜렷하게 변화게 된다(그림 5-3 참조).[4] 암석권은 산맥의 아래에서는 250 km부터 그 이상의 두께를 가지고 있고, 중앙 해령 아래에서는 불과 수 킬로미터에 지나지 않는 등 두께가 다양하다.

지각은 크게 **세 가지 기본 암석**으로 구분할 수 있다.

1. **화성암**(Igneous rock): 화성암은 액상의 마그마가 지각의 갈라진 틈을 타고 분출하여 결정화된 암석이다. 만약 기존의 암석층 밑에 형성되면, 침식에 의해 덮고 있던 암석층이 제거되면서 외부로 노출된다. 마그마가 용암의 형태로 직접 지표면에서 결정화될 수도 있다. 화강암은 가장 일반적인 화성암의 종류이며, 화산의 용암이 결정화된 흑색의 치밀한 입자를 갖는 현무암도 있다.
2. **퇴적암**(sedimentary rock): 화산 활동으로 생긴 먼지나 방출물 또는 물, 바람, 화학적 작용으로 화성암이 침식되어 생긴 작은 돌 부스러기들이 운반되어 새로운 형태로 변모될 수 있다. 물의 흐름에 의해서 이러한 부스러기들이 운반되어 호수 바닥에 퇴적될 수 있다 — 바람, 파도, 빙하에 의해서도 모래, 자갈 등 지각 부스러기들이 운반되어 여러 다양한 곳에 쌓일 수 있다. 위층의 무게에 의한 압력이나 화학 작용 등으로 인해 이러한 지층이 딱딱해져 퇴적암이 형성된다. 이 과정에서 중력은 가장 일차적인 힘으로 작용하여 지질학자들이 볼 수 있는 안정화된 지층을 형성한다. 사암(모래에서 기원), 이암(진흙 기원) 또는 석회암(탄산칼슘 기원)이 퇴적암의 예이다. 석회암은 산호초나 얕은 해양에서 탄산칼슘을 골격이나 서식처 구조물로 이용했던 산호류, 연체류 그 외 생물체의 흔적이 쌓여 형성된 퇴적암이다.
3. **변성암**(Metamorphic rock): 변성암은 원래 화성암이나 퇴적암이었으나 열, 압력 또는 화학 작용에 의해 큰 변화를 겪은 암석이다. 예를 들어, 대리석은 석회암이, 점판암은 이암이 변성된 것이다. 지질학자에 의하면 일부 화강암도 변성암의 일종이라고 한다.

그림 5-4에서처럼 오랜 시간이 주어지면, 비록 변화율에는 차이가 있지만, 세가지 주요 암석 형태로 상호 순환하여 변환된다. 지질학자들은 현재 지구 지각은 65%의 화성암, 8%의 퇴적암, 27%의 변성암으로 이루어져 있다고 생각한다. 대륙의 표면층은 대부분 퇴적암으로 덮여 있다.

지질학적 시간

17세기와 18세기에 이르러 지질학자들은 다른 종류 암석의 상대적 위치를 비교하여 상대적 연대를 측정할 수 있다는 것을 알게 되었다. 화석의 유용성을 인식한 초기 지지자 중의 한 사람인 스테노(Steno)는 **누중의 법칙**(law of superposition)을 처음으로 정립한 사람 중 한 사람이다: 만약 퇴적암이 역전되지 않았을 경우에는 오래된 지층이 아래에 있고, 새로 형성된 지층일수록 위에 위치한다. 거의 1세기 이후 윌리암 스미스(William Smith, 1769~1839)[5]는 지층에서 발견되는 특정 화석을 이용해 지층의 연대를 확인하는 방법을 발견하였다. 그 후 큐비에(Cuvier) 등 관련 연구

[4] 지진의 강도는 두 가지 측정 값 중 한 가지를 사용한다. 하나는 지진파의 에너지를 측정하는 리히터 강도(Richter magnitude scale) (캘리포니아 지진학자의 이름에서 유래)이고, 파괴 규모를 나타내는 메르칼리 진도계급(Mercalli intensity scale)이다. 리히터 강도는 지수값으로 1~10으로 나타내며, 메르칼리 진도계급은 I에서 XII의 상수값을 쓴다. I의 경우에는 거의 지진을 감지하지 못하는 수준이고, XII의 경우에는 땅이 요동치고 거의 모든 것이 파괴되는 수준이다. (미연방재난관리위에서 관리하는 Web site인 http://sismo.unr.edu/ftp/pub/louie/class/100/mercalli.html 참조). 역사적으로 가장 강도 높은 리히트 값은 1960년 칠레에서 일어난 진도 9.5이다.

[5] Simon Winchester(2001)가 William Smith의 전기를 쓰고, Smith가 만든 지질도를 발간하였다. 고전적 지질학(geology) 교과서인 '지구과학(Earth Science)'은 현재 9판까지 나왔다(Turbuck and Lutgens, 2006). 지질학자 스미스가 geohistory로 칭한 과거 지질 분야를 연구하는 대학의 학과 이름이 과거에는 대부분 지질학과 (Department of Geology)였으나, 최근에는 지구에 대한 학제간 그리고 복합적인 분야란 의미에서 지구과학과(Department of Earth Science)로 개명되었다(1~3장과 Rudwick, 2005 참조).

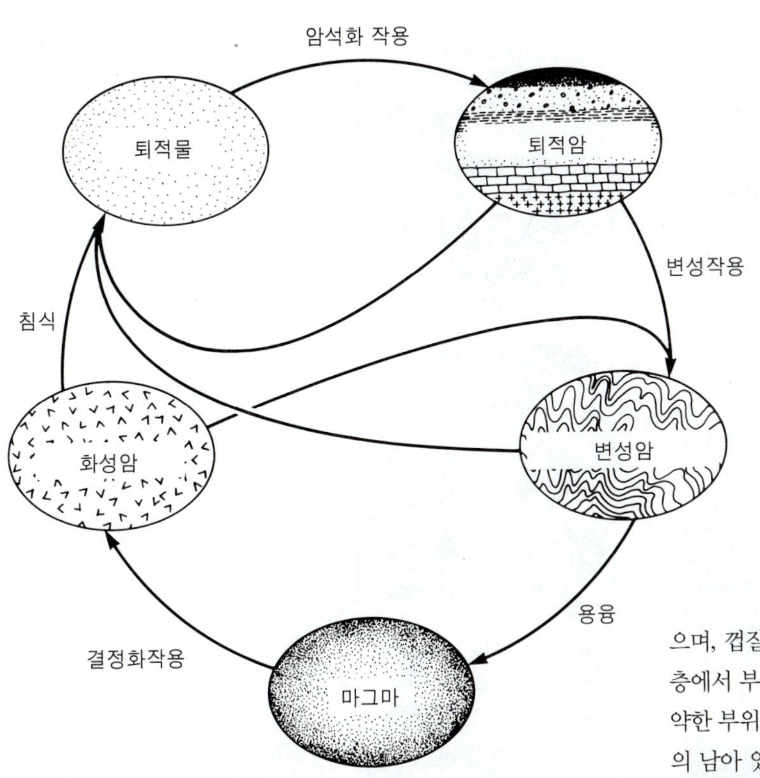

그림 5-4 암석의 순환 모식도. 지각을 이루는 암석에는 거의 37억 년 동안 변화하지 않았던 것도 있지만, 매우 많은 변화가 있었던 것도 있다. 지질학자들은 현재 지각을 이루는 암석의 약 반은 최근 6억 년 사이에 형성된 것으로 생각한다 [Hawkesworth and Kemp (2006). Evolution of the continental crust. *Nature*, 443, 811~817에서 인용].

자들이 화석의 상대적 연대는 화석이 발견된 지층의 상대적 연대와 관련되어 있다는 사실을 알게 되었다. 즉 퇴적암 상층에서 발견된 화석은 아래층에서 발견된 화석들보다 현생 생물에 더 가깝다는 것이다(**그림 5-5**; Rudwick, 2005). 층서학적인 방법으로는 다른 종류의 암석과 화석이 갖는 상대적 서열을 비교하여 상대적 연대를 확인할 수는 있지만 직접적으로 각 연대의 기간을 확인할 수는 없다. 퇴적물은 시간과 장소에 따라 동일한 두께로 퇴적되지 않는다. 더군다나 모든 지역의 지질학적 기록은 침식작용, 새로운 암석의 형성, 지구의 운동 등으로 인해 항상 파괴되고 있다. 따라서 어느 곳의 지질학적 기록도 우리가 현재로부터 연속적으로 과거의 흔적을 정확히 확인할 수 있도록 정확히 서열화되어서 남아 있는 곳은 없다.

이러한 지층 기록의 한계 때문에 화석은 다양한 지역에서 특정 지리학적 지층 또는 층군(group)을 과학적으로 발견하는 주요한 일차적 수단이 되었다. 예를 들어, 캄브리아계(Cambrian system) [1835년 세지익(Sedgwick)에 의해 웨일스 지역의 고생대 지층에 붙여진 이름]는 삼엽충, 완족동물, 단순한 연체동물 등의 해양무척추동물이 처음으로 나타나는 지층을 일컫는다. 캄브리아기 지층은 모든 대륙에서 발견되며, 다른 지층과 상대적 위치를 가진다. 즉 전 캠브리아기(딱딱한 껍질 화석이 존재하지 않는) 지층의 위, 오르도비스기와 실루리아기(산호, 극피동물, 그 외 작은 원시 어류 등이 발견됨) 지층의 아래에 위치한다.

불행하게도 화석은 모든 지질학적 지층을 통해서 흔하지 않으며, 껍질, 골격 등 딱딱한 부위가 적절한 환경에서 퇴적된 퇴적층에서 부분적으로만 존재하고 있다(그림 3-17 참조). 생체의 연약한 부위도 지층을 판단하는 데 이용될 수 있지만 화석으로는 거의 남아 있지 않다. 더군다나 많은 생물이 매우 제한된 서식지나 지역에 한정되어 살았기에 같은 종류의 화석이 같은 시대의 지층에서 항상 발견되는 것은 아니다. 그럼에도 불구하고 화석은 특정 연대의 지층을 확인하는 데 유용하게 이용될 수 있는데, 왜냐하면 대부분의 지층에서는 특정 시기를 대표하는 표준 화석 중 최소한 일부 종류의 화석을 항상 포함하고 있는 것이 일반적이기 때문이다.

이러한 이유로 지질학자들은 최근 5억 년 사이의 지층에서 엄청나게 많은 수의 딱딱한 몸 껍질을 가지고 있는 생물 화석을 발견하였는데, 이처럼 눈으로 확인할 수 있는 화석이 많이 형성된 시기를 지질학자들은 **현생이언**[Phanerozoic time scale(또는 eon)]으로 규정하였다. 이언은 가장 큰 지질시간 단위인데, 2개 또는 그 이상의 대(ear)로 구성된다. 현생이언은 3개의 주요 지질학적 대로 나누어지며, 처음으로 딱딱한 부위를 갖는 화석이 많이 형성된 시기인 고생대로부터 시작된다. **표 5-3**에서와 같이 대는 다시 **기**(period) 또는 더 세분화된 **세**(epoch) 등으로 구분된다. William Smith의 조카인 John Phillips가 처음으로 출현하는 화석군에 따라서 지구의 연대를 크게 3개의 시간대로 구분하였다. 즉, 고생대(palaeozoic, 오래된 생물이란 뜻으로 어류의 시대란 별칭을 갖는 시기), 중생대(Mesozoic, 중간시대의 생물이란 뜻을 가지며 파충류의 시대란 별칭을 가짐), 신생대(Caenozoic, 새로운 생물이란 뜻으로 포유류의 시대).[6]

[6] 어류, 파충류, 포유류의 진화는 이 책의 17~20장에서 다룬다. 고생대(Palaeozoic)와 신생대(Caenozoic)는 미국 영어에서는 Paleozoic과 Cenozoic로 쓴다.

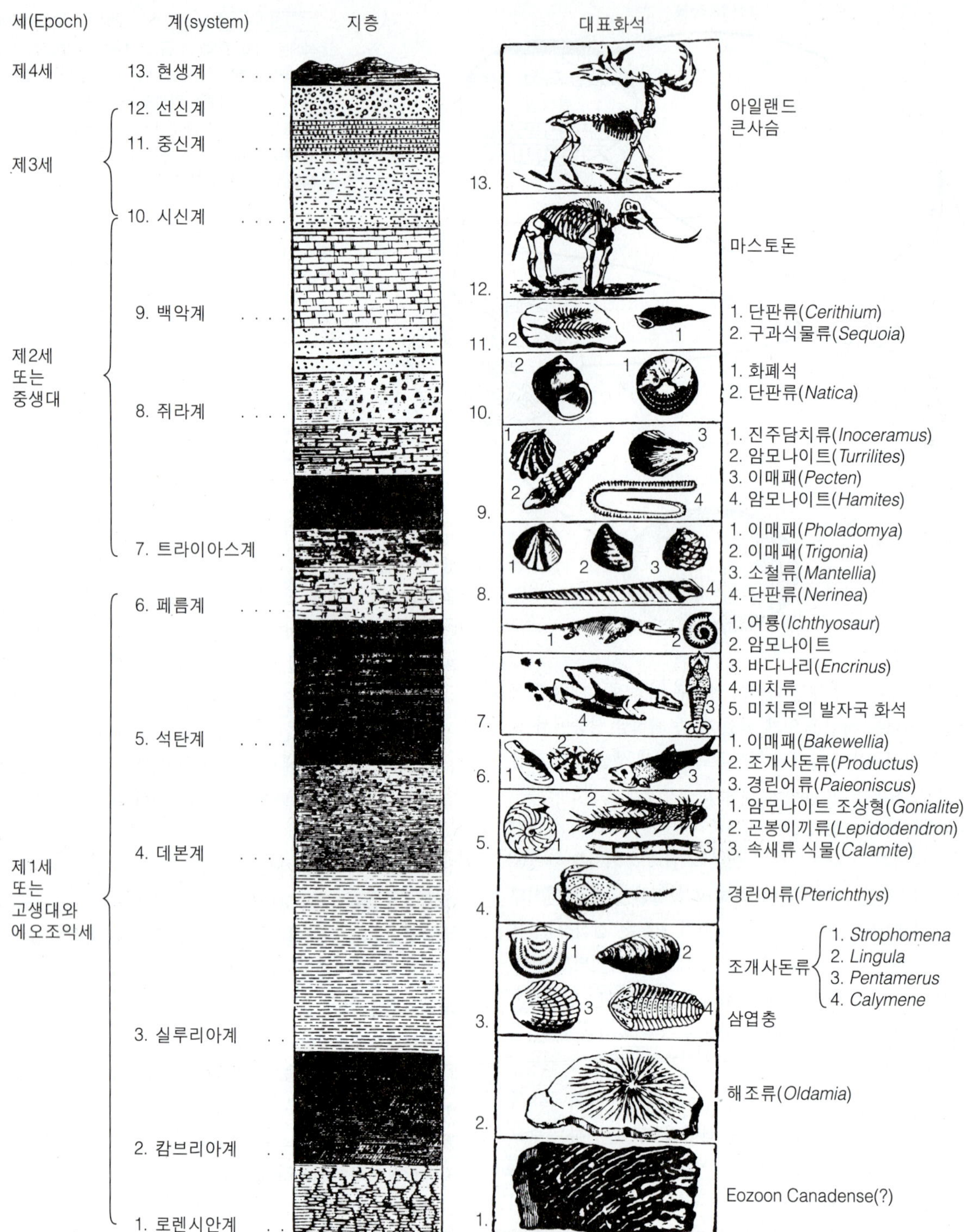

그림 5-5 19세기에 만들어진 지층 도해. 지층이 상대적 지질학적 시간으로 표시되어 있으며, 일부 화석이 각 시간대와 연관시켜서 표시되어 있다. (Clodd, 1988. *Story of Creation*. Longmans Green, London)

표 5-3 지질학적 연대와 관련된 생물학적 사건

이언	대	기	세	경과시간 (백만 년)	지속기간 (백만 년)	주요 생물학적 사건
현생대	신생대	제4기	현세 (최근 5,000년)	0.01	1.8	인간의 출현
			플라이스토세	1.8		
		제3기	플라이오세	5.3	3.5	포유류와 조류가 우점
			마이오세	23.8	18.5	경골어류의 번성
			올리고세	34	10.2	현생 포유류 및 현생 무척추동물 출현
			에오세	55	21	현화식물의 우점
			팔레오세	65	10	원시 포유류의 방산 적응
	중생대	백악기		142	77	현화식물 출현, 공룡의 멸종
		쥬라기		206	64	대형 공룡의 출현, 조류의 첫 출현
		트라이아스기		248	42	구과식물의 발달
	고생대	페름기		290	42	파충류의 번성, 원시형 무척추동물의 멸종
		석탄기	펜실바니아세	320	30	원시파충류 출현
			미시시피세	354	34	양서류와 곤충의 발달
		데본기		417	63	어류의 출현, 육상척추동물의 출현
		실루리아기		443	26	육상식물 및 육상무척추동물의 출현
		오르도비스기		495	52	무척추동물의 우점, 원시 척추동물 출현
		캄브리아기		545	40	무척추동물 화석의 급격한 증가
전 캄브리아대	원생대	전기		900	355	다세포생물의 출현
		중기		1,600	700	진핵생물의 출현
		후기		2,500	900	부유성 원핵생물 출현
	시생대			4,000–	1,400	퇴적암과 스트로마톨라이트가 나타남 저서성 원핵생물의 출현
	하디안대			4,400 4,560	160–560	지구 형성부터 첫 퇴적암 형성까지; 화석이 관찰되지 않음

* 주석: 대부분의 자료는 Gradstein et al (2004) *A Geological Time Scale* 2004. Cambridge University Press, Cambridge, England와 국제층서협의회(International commission on stratigraphy)의 http://www.stratigraphy.org에서 제공하는 지질연대표를 참조하였음. 지층의 분류 기준에 대해서는 글상자 1–2 참조.

방사성 원소를 이용한 시간 측정

특정 원소의 원자는 동일 수의 양성자를 갖지만, 중성자의 수는 다양할 수 있다(따라서 원자량도 다양할 수 있음). 이러한 다른 특성을 갖는 원소를 **동위원소**(isotope)라 하는데, 일부 동위원소는 시간이 지남에 따라 자연 붕괴하여 새로운 동위원소를 만들고 에너지도 방출한다. 이러한 방사성 동위원소의 자연붕괴 속도가 시간에 따라 일정하기 때문에 지질학자는 매우 작은 암석 조각을 이용하여 비록 수십억 년이 지난 암석일지라도 꽤 정확하게 연대를 추적할 수 있다. 표 5–4는 연대측정에 이용되는 방사성 동위원소의 종류를 보여 준다. **방사성 물질 연대 추적**(radiometric dating)은 다음 세 가지 요소가 고려되어 이용된다.

- 수많은 방사능 물질 중에서 연구자가 쉽게 발견하고 이용할 수 있는 원소
- 방사능 물질 중에서 어떤 원소로 붕괴되는가가 이미 알려져 있는 원소
- 붕괴율이 이미 알려져 있는 원소

예를 들어, 방사능 물질인 우라늄 238(^{238}U)은 화성암에서 발견되는 지르콘암에 포함되어 있으며, 붕괴되어 동위원소인 납

표 5-4 시간 측정에 이용되는 방사성 동위원소

모원자	자원자	반감기	측정 범위	측정 연대
사마륨 147	네오디뮴 147	1,100억 년[a]	> 10억 년	현무암, 오래된 운석
류비듐 87	스트론튬 87	490억 년	> 1억 년	화강암, 화성 및 변성암
토륨 232	납 208	140억 년	> 3억 년	지각의 무기결정
우라늄 238	납 206	45억 년	> 1억 년	지각의 무기결정
칼륨 40	아르곤 40	13억 년	> 10만 년	화산암
우라늄 235	납 207	7억 년	> 1억 년	관입암 및 무기질 입자
우라늄 234	토륨 230	25만 년	> 100만 년	동물의 뼈, 이빨, 산호 등
탄소 14	질소 14	5,730년	< 50,000년	유기 잔존물

[a] 자연에서 발견되는 동위원소 중 사마륨148(Sm^{148})의 반감기는 8,000조 년이며, 사마륨149(Sm^{149})는 1경 년이다.

(^{206}Pb)으로 변화하고, **반감기**(half-life)는 약 45억 년이다(그림 5-6). 따라서 우라늄 붕괴로 생성된 것이 아닌 납(^{204}Pb)을 제외시키고 두 방사능 동위원소가 완전히 남아 있다면(유실되지 않았다면), 특정 암석에 남아 있는 두 원소의 비율을 계산하여 오래된 암석의 연대를 정확하게 알 수 있다.

이러한 목적으로 과학자들이 이용하고 있는 간단한 식은 아래와 같다.

$$t = 1/\lambda \ \ln(D/P + 1)$$

여기서 t는 시간(년)이고, λ는 U의 연간 붕괴율(1.537×10^{-10})이

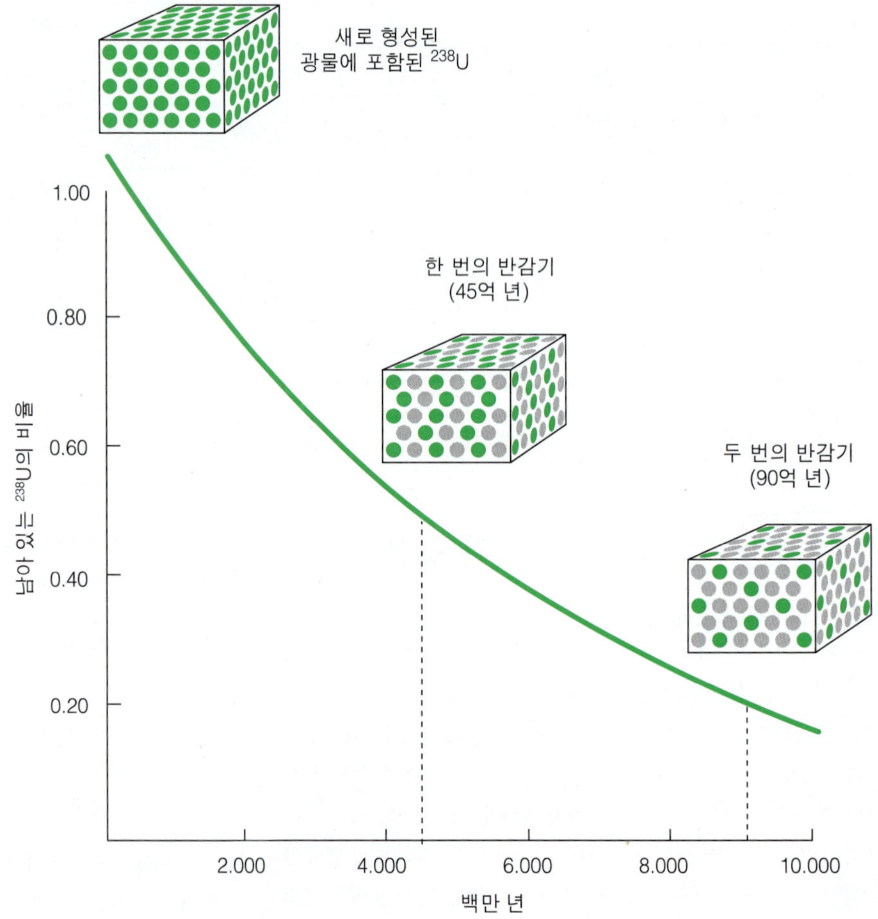

그림 5-6 수백만 년의 시간 경과 후, 남아 있을 수 있는 ^{238}U(반감기 45억 년)의 이론적 양. 여기에서 선이 직선이 아닌 곡선이라는 점에 유의하라. 원래의 우라늄이 결코 완전히 없어지지 않는데, 왜냐하면 반감기 동안 ^{238}U는 반으로 줄어들지만 만약 처음 우라늄의 양이 상당히 많았다면 원래 방사능 물질은 항상 일정량 남아 있게 된다. 특정 시간 x에 남아 있게 되는 우라늄의 양은$(1/2)^y$로 계산되는데, 여기서 $y = x/(4.5 \times 10^9)$이다.

며, ln은 자연로그를 말한다. *D*는 표본 내에 존재하는 자연 붕괴 후 새로 생성된 동위원소의 원자의 수이며, *P*는 붕괴되는 동위원소의 원자수이다. 따라서 만약 어떤 암석 시료의 $^{206}Pb/^{238}U$의 비율이 0.360이면:

$$t = 1/(1.537 \times 10^{-10})\ \ln(1.360) = (6.508 \times 10^{9})(.307)$$
$$= 1.998 \times 10^{9}\text{년}$$

따라서 ^{238}U이 이 암석에 유입된 이후 약 20억 년이 지났음을 알 수 있다. 연구자들은 같은 방식으로 동일 시료에 포함된 붕괴율을 알고 있는 다른 방사능 원소(예를 들어, ^{235}U가 ^{207}Pb로 붕괴되는데, 반감기는 7억 년)를 이용하여 연대를 재검증할 수 있다.

최근에 일어난 현상에 대한 연대 측정에는 **탄소14** (^{14}C가 질소14로 붕괴되고 반감기는 5,730년)를 이용한다. 대기 상층부에서 지속적으로 ^{14}C가 생성되기에 비방사성 탄소와 항상 일정한 고정된 비율이 유지되고 있으며, 광합성에 의해 식물에 유입되고 동물에도 유입된다. 생물이 죽은 이후에는 ^{14}C가 서서히 줄게 되므로, 생물의 죽은 연대를 정확히 계산할 수 있다. 이러한 방법으로 이집트의 미라, 메머드, 과거 식물 등의 연대를 측정할 수 있었다.[7] 또 다른 방법으로, 젊은 화산암의 연대 측정 등에서는 우라늄 원자가 지속적이고 안정되게 붕괴됨으로 인해서 시간과 함수관계로 나타나는 피션트랙(fission track)을 조사하는 방법이 있다.

현재로는 지질학자들이 화성암의 연대 측정을 위해서 방사성 시간 측정법을 가장 일반적으로 이용하고 있으며, 퇴적암의 연대 측정에는 **그림 5-7**과 같이 화성암과 퇴적암의 상대적 위치를 비교하여 연대 측정을 할 수 있다. 이러한 방법으로 캄브리아기 퇴적층과 함께 형성된 화성암의 나이는 약 5억 4천만 년정도 되었음을 알 수 있었고, 그 이후부터 최근까지의 퇴적암 나이는 표 5-4에 언급한 방사성 물질을 이용해서 비교적 정확히 연대를 측정을 할 수 있었다.

지구 자체의 나이를 알아보면, 현재 육상에 있는 가장 오래된 암석의 나이는 40억 년 이상 되었을 것으로 추정되는데, 만약 지구에 있는 모든 물질이 가지고 있는 납 동위원소의 구성비율($^{206}Pb/^{204}Pb$ 비율)을 고려할 경우에는 지구의 나이가 약 45억 6천만년 정도 되었을 것으로 추정된다. 이 추정 값은 아폴로 우주선이 가지고 온 달 암석과 천문학자들이 태양계 탄생 초기에 형성된 것으로 추정하는 운석을 조사하여 얻은 값과도 일치한다.[8]

따라서 과학자들은 지구는 처음 낮은 온도 상태에서 형성된 후, 방사능 붕괴로 많은 열이 방출되고, 지속적인 운석의 충돌로

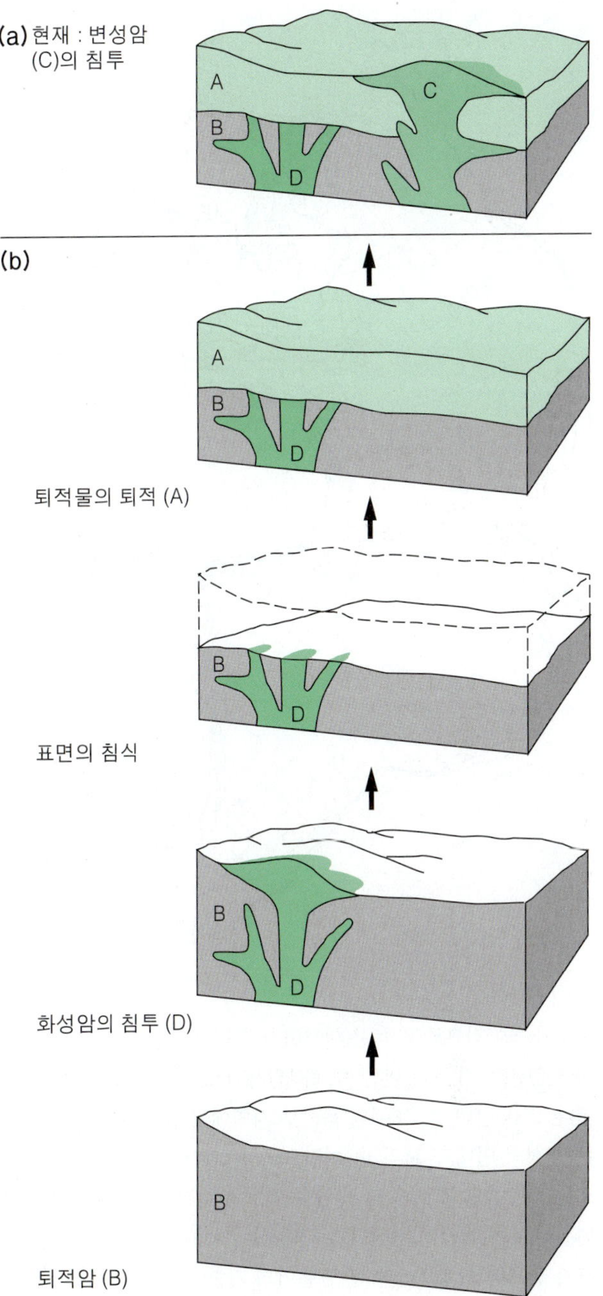

그림 5-7 퇴적암과 화성암의 연대 측정을 위한 상대시간 및 절대시간 추정 방법. (a) 두 종류의 퇴적암(A와 B)과 두 종류의 화성암(C와 D) 사이의 상관 관계를 나타내는 모식도. (b) 전통적인 추정방법인 누중의 법칙(새로운 지층이 오래된 지층 위에 위치)과 횡단관계법(횡단하는 화성암이 원래 암석보다는 새로 형성된 것임). 이들 원리에 따라 B 암석이 가장 오래된 것임을 알 수 있고, 화성암 D가 B를 침입하였음. 그 후 침식이 일어났으며, 그 위에 퇴적암 A가 형성되었고, 가장 최근의 일로 화성암 C가 퇴적암 A와 B에 침입하였다. 따라서 상호 연대를 살펴보면, B > D > A > C임을 알 수 있다. 따라서 방사성 시간 측정법으로 C와 D 화성암의 절대시간을 확인할 수 있으면 A 퇴적암의 최소 및 최대 한계시간이 결정될 수 있다.

7 통찰력 있는 독자들은 현대적 관점에서 ^{14}C는 미토콘드리아 DNA(mtDNA), 긴 반감기를 가진 동위원소는 리보솜 5S 유전자와 유사한 특징이 있다고 말하기도 한다. 두 유전자 모두 생물의 계통 연구에 사용되고 있다.

8 Norton(2002)과 미국 Geological Survey에서 제공하는 http://www.usgs.gov/ 참조

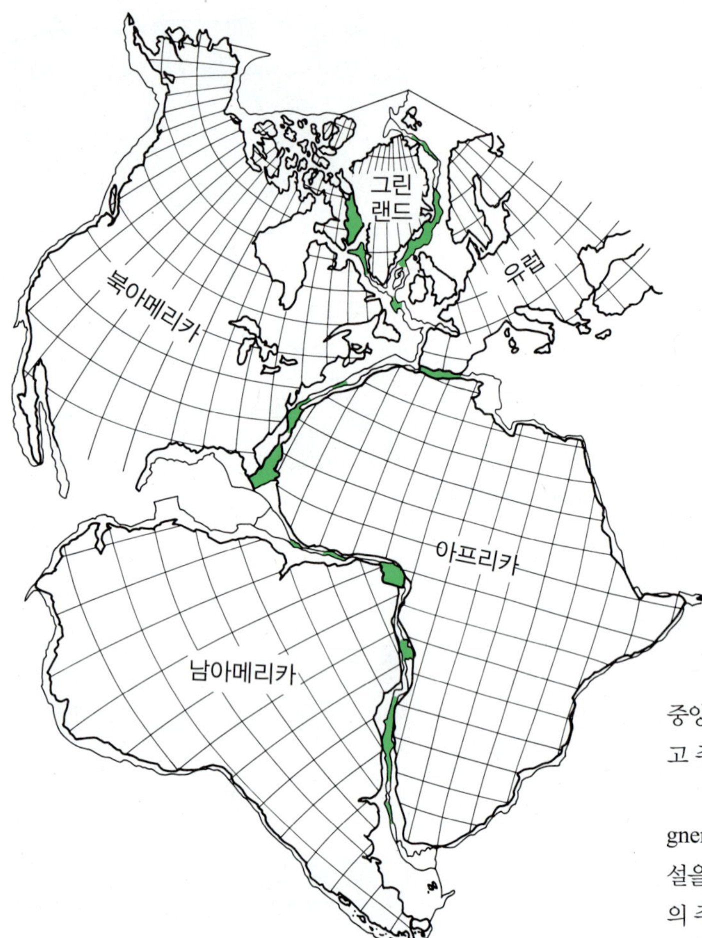

그림 5-8 대서양 반대편에 있는 대륙들 간에 해안선(약 900 m 깊이에 해당되는 지역)이 서로 일치하고 있다(Eicher, Don. L. A. L. McAlester, 1980. *History of Earth*에서 인용).

온도가 높아짐으로써, 녹은 마그마가 흘러 다니는 지옥 같은 공간이 되었는데, 첫 5억 년간 즉, **하데안기**(Hadean period)에 특히 심했다. 2000년대 초, 호주의 북서부 지역에서 발견된 수백개 지르콘 결정의 연대가 44억 년 이전으로 밝혀지면서 초기 지구의 온도는 생각했던 것보다 더 낮았을 것으로 예측된다. 왜냐하면, 발견된 지르콘 결정이 형성되기 위해서는 액체 상태의 물과 낮은 온도가 필요하기 때문이다. 연구 분야의 기술이 향상되면서 가장 초기의 지구 역사에 대한 우리의 지식은 점점 확대되고 있다.[9]

대륙의 기원

대륙이동

존재했던 대륙이 사라지기도 한다는 생각은 과거에서부터 있었던 생각이었다. 영국의 수필가이자 귀납론의 대가였던 베이컨(Francis Bacon, 1561~1626)은 아틀란타라 불리는 대륙이 한때 중앙아틀란타와 정확히 붙어 있었으나, 바다 아래로 침강하였다고 주장하였다.

1912년에서 1930년 사이에 기상학자인 베거너(Alfred Wegner)는 모든 대륙이 한때는 하나의 거대한 덩어리(대륙)였다는 설을 제창하였고, 그는 이 대륙을 **Pangaea(판게아)**라 불렀다. 그의 주장에 따르면 하나의 대륙이 분할하였고, 그 결과로 조각들이 이동하여 현재의 대륙이 되었다고 하였다. 그는 **대륙이동설**(continental drift)의 증거를 모으려고 노력하였으나, 어떻게 작동하는지에 대한 기작을 설명하는 데는 실패를 하였다.

그 후 몇십 년 간 대부분의 지질학자들은 확실한 증거로 더 이상 무시할 수 없을 정도로 압도적인 이론이 될 때까지 베거너의 가설을 상상 가능한 판타지 정도로 취급하였다.[10] 대륙이동의 증거로는 대륙간의 형태적 합치, 암석, 화석, 빙하작용의 유사성, 고지자기와 해양저 확장 등이 있다.

대륙의 형태적 합치

그림 5-8에서 보여 주듯이 가장 뚜렷한 지질학적 상호 일치점 중의 하나는 남아메리카 대륙의 동부 해안과 아프리카 서부해안이 정확히 일치한다는 것이다. 아주 명확하지는 않지만 주목할 만한 점은 북아메리카의 동부해안과 아프리카의 북서부해안의 합치다. 이런 사실과 그 외 다른 지질학적 사실들을 종합해 볼 때, 대륙들이 한때 붙어 있었거나 서로 아주 근접해 있었다는 것을 알 수 있다.

[9] 방사능 연대 추정에 대해서는 Norton(2002)과 미국 Geological Survey에서 제공하는 http://www.usgs.gov/, 지르코늄 결정에 대해서는 Valley(2005) 참조.

[10] 본 교과서의 저자인 브라이언 할(Brian K. Hall)은 1960대 초에 지질학을 배웠는데, 이 당시 대륙이동설을 지지하는 강사를 경험했었고, 또한 대륙이동설을 강력하게 비난하던 지질학과 교수의 강의를 들은 기억이 있다.

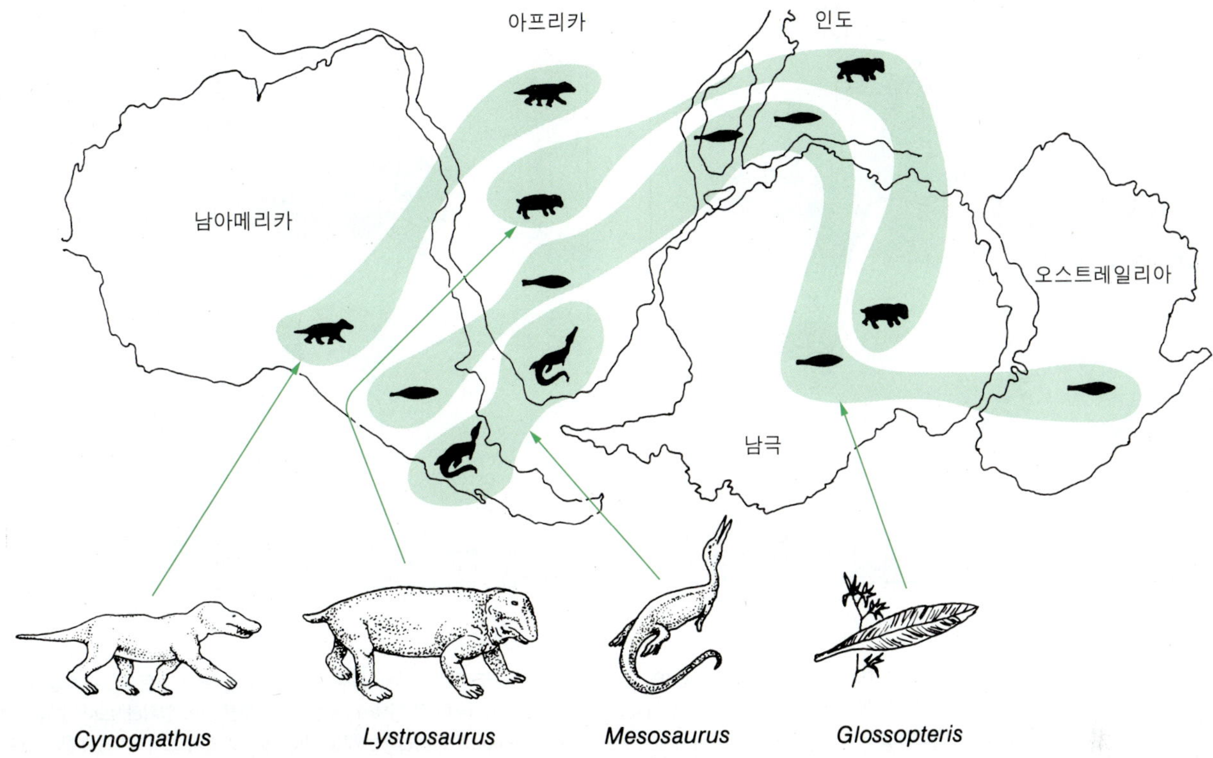

그림 5-9 곤드와나 대륙 전체를 통해 분포했던 다양한 식물과 동물의 화석. 그림에서는 페름기에서 트라이아스기 동안에는 서로 붙어 있었을 것으로 예상되는 대륙을 보여 준다. *Cynogmathus*는 남아메리카와 아프리카의 트라이아스기 퇴적암에서 발견되는데, 개와 유사한 독특한 두개골을 가지고 있어서 포유류 유사 육식성 파충류라 생각된다. *Lystrosaurus*도 트라이아스기 포유류 유사 파충류였는데, *Cynogmathus*보다는 몸집이 더 컸으며 부리 모양의 턱과 2개의 큰 어금니를 가졌던 초식동물로 생각된다. *Mesosaurus*속에 속하는 동물은 브라질과 남아메리카의 페름기 화석에서 제한적으로 발견되는 민물 파충류이다. 이 파충류는 길이는 약 45cm정도였는데, 특징적인 두개골과 갈비뼈를 가지고 있었다. *Glossopreris*는 많은 점에서 양치식물과 유사한 특징을 가지고 있었던 화석 식물인데, 큰 혀 모양 잎에 많은 그물맥이 분포되어 있었다. 이 식물은 곤드와나 지층 전체에서 발견되며, 페름기 초기부터 출현하였다(Colbert, 1973. *wandering Lands and Animals*. Hutchinson, London.에서 인용).

암석, 화석, 빙하 작용의 유사성

석탄기 후기부터 백악기 초기에 형성된 인도의 **곤드와나계**(Gondwana system)라 불리는 암석층과 남아프리카, 남아메리카, 남극대륙, 포클랜드제도 및 마다가스카르의 암석층은 서로 매우 유사한 성질과 구성을 보여 준다. **그림 5-9**와 같이 이들 곤드와나 지층에는 독특한 형태의 식물(*Glossopteris*)과 동물(*Mesosaurus, Lystrosaurus, Cynognathus*) 화석을 공동으로 가지고 있다. 더군다나 곤드와나 지층을 가지는 모든 지역과 오스트레일리아 대륙은 고생대 빙하기 동안 동일 빙하에 덮여 있었음이 거의 확실하다. 이 지역의 중심부가 현재 위치인 열대지역보다 과거에는 남극점에 더 가까이 위치하고 있었기 때문에 빙하가 보다 쉽게 형성될 수 있었다. 지질학자들은 이러한 관찰을 설명하기 위해서 곤드와나 지층을 가지는 모든 지역과 지금의 오스트레일리아 대륙은 한때 지구의 남방구에 있었던 **곤드와나**라는 하나의 거대한 대륙으로 존재했다고 주장한다.

고지자기

마그마가 식으면서 새로운 암석이 형성될 때, 암석에 포함되어 있던 철 성분(예를 들어, 자철광, Fe_3O_4)은 암석이 형성될 당시의 지구 자기장의 위치와 강도에 따라서 그 방향으로 자기를 띠게된다. 어떠한 이유에서든지 지구의 자기장에 변화가 생겼다면, 새로 형성된 암석 내 자기장 또한 변화가 일어났을 것이다. 지질학자들은 어떤 지질 시대, 어떤 대륙에 있는 암석일지라도 암석 내에 화석화되어 있는 자기장, 즉 **고지자기**(paleomagnetism)를 연구하여 이 암석과 이 암석이 형성될 당시의 지구 자극과의 거리 및 방향을 유추할 수 있다.

고지자기 연구를 통해 자기극이 지질시대 동안 매우 적게 이동해 왔을 것으로 추측되며, 극점이 과거에 수천 마일 이상을 이동하여 **오랫동안 서로 다른 대륙간에 지자기극이 불일치하였을 것이라고 생각되지는 않는다.** 예를 들어, 최근에 형성된 남아메리카와 아프리카의 화성암은 같은 자기방위를 보이지만, 더 오래된 고생대의 암석에서는 같지 않다. **그림 5-10a**은 두 대륙의 실루리아기에서 페름기 사이 암석의 지자기극을 분석한 결과를 보여 주는데 두 대륙이 각각 독자적인 지자기극을 보여 주고 있다. 각기 다른 지자기극이 동시에 존재할 수 없으므로, 이러한 혼란스런 현상은 두 대륙이 각기 달리 움직여 왔다고 설명하는 것이 가

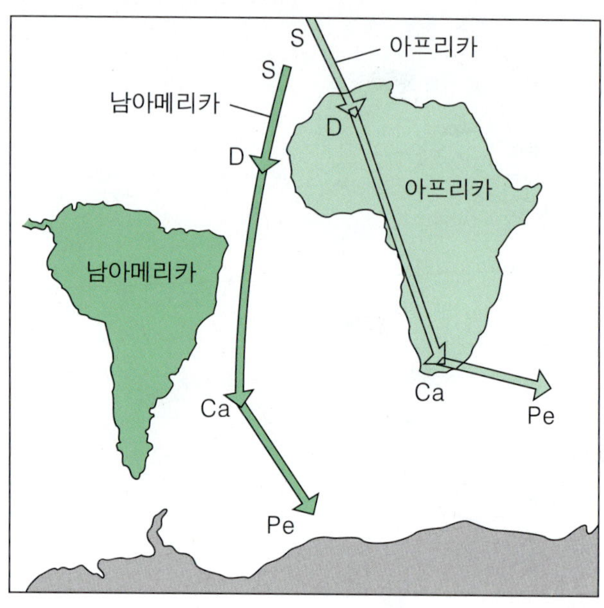

(a)

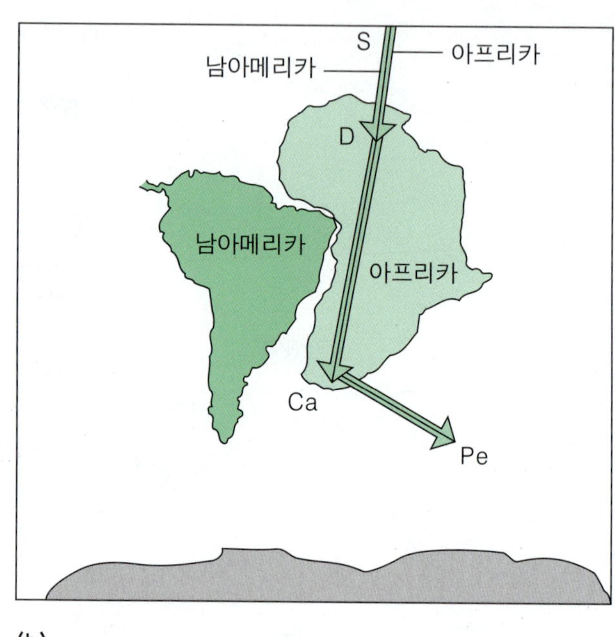

(b)

그림 5-10 남아메리카와 아프리카에서의 자기극 이동. (a) 두 대륙이 현재의 위치에 있었다는 가정 하에 유추한 실루리아기(S), 데본기(D), 석탄기(Ca), 페름기(Pe)의 남자기극의 위치. 만약 두 대륙이 현재의 위치에 계속 있었다고 가정한다면, 위의 4 지질시대동안 지자기극이 각 대륙에 대해서 서로 다른 곳에 위치하게되어 설명에 어려움이 따른다. (b) 그림 5-8에 의거해 두 대륙이 붙어 있었다고 가정하면, (a)에서 추적한 지자기극이 하나로 합치된다는 것을 보여 준다. 따라서 고지자기에 대한 정보는 이들 대륙들이 남극대륙과 함께 고생대 시기에는 한 덩어리로 움직였고, 중생대 동안에 서로 분리되기 시작하였다는 것을 알 수 있다(그림 5-12). (Cox and Moore, 2005. *Biogeography*, 7th ed. Blackwell, Oxford, England.).

장 합리적이다.

그림 5-10b는 실루리아-페름기동안 만약 남아메리카와 아프리카 두 대륙이 서로 병치해 있었을 경우에는 극점이 일치했음을 보여 주고 있다. 두 대륙이 고생대 동안에 붙어 있었기 때문에, 이 시기에 형성된 자철광의 자기 방위는 모두 남부 자기극에 대해 같은 지질학적 방위를 가리키고 있다. 중생대에 대륙이 나누어졌기에 '화석화된' 자기방위는 그림 5-10a에서 보여 주듯이 남자기극의 위치에 대해 두 대륙이 서로 명백히 다른 방향을 나타내고 있다. 변화된 것은 고생대의 지자기극이 아니라 고생대에 형성되었던 자기흔적의 지질학적 위치인 것이다.

해양저

해양은 형성 초기부터 지구 환경에 큰 영향을 받았지만, 반대로 해양이 지구의 기후에 큰 영향을 미쳤다. 전 세계 대양의 상층 2미터가 갖는 열 보관 능력은 전체 대기가 갖는 열 보관력과 맞먹는다. 따라서 어떻게 해양이 형성되었는가를 아는 것은 지구의 진화와 지구 생명체의 기원을 밝히는 중요한 요소라 생각할 수 있다.

해양저에 대한 샘플링이 일반화되면서 지질학자들은 매우 혼란스러운 사실(상대적으로 해양저가 젊다는 것)을 관찰하게 되었는데, 해양저 퇴적물은 1~2억 년을 넘지 않았으며 암석 구성물의 50% 정도가 신생대 제3기 이후에 형성된 것이었다. 또한 퇴적암이 주름지고 압착되어 형성된 대륙의 산맥과는 달리 해양의 산은 거의 예외 없이 화성암인 현무암으로 이루어져 있다. 해양이 지질학 역사에서 초기에 형성되었다는 것은 거의 확실하므로, 현재의 해양 분지가 상대적으로 젊다는 것은 오래된 해양저가 대치되었음을 확실히 보여 주는 것이라 할 수 있다.

또 다른 해양의 특이한 현상은 거의 모든 해양분지에는 긴 **중앙해령**(mid-oceanic ridge)이 존재하는데, 여기에 평행하게 자기벨트가 형성되어 있다는 것이다. 해령 양측의 자기 방향을 측정해보면, 해령을 축으로 양측의 자기방향이 동일하고 넓이도 거의 같은 벨트가 대칭적으로 존재하고 있음을 알 수 있다. 하지만 같은 사면에 있는 이웃 벨트는 서로 다른 자기를 띤다. 이들 벨트에 대해서 방사성 시간 측정법을 사용해 보면, 가장 최근의 벨트가 해령의 정상에서 가장 가깝고 오래된 벨트일수록 더 먼 곳에 분포하고 있음을 알 수 있다. 지질학자들은 인접한 벨트 사이의 지자기 변화를 **역전**(reversal)이라 부르는데, 이러한 역전은 지구 자기극이 180도 반전되었기 때문에 생긴다. 그것은 시간이 지남에 따라 자기장이 약해지고, 어떤 시점에서는 역전되어 나침반의 북극을 가리키는 바늘이 남극을 가리키게 된다는 것이다. 해양저 연구 결과와 그 외 다른 결과를 종합해서 지질학자들은 지자기의 역전이 일어나는 데는 수천 년에서 70만 년까지 다양하다

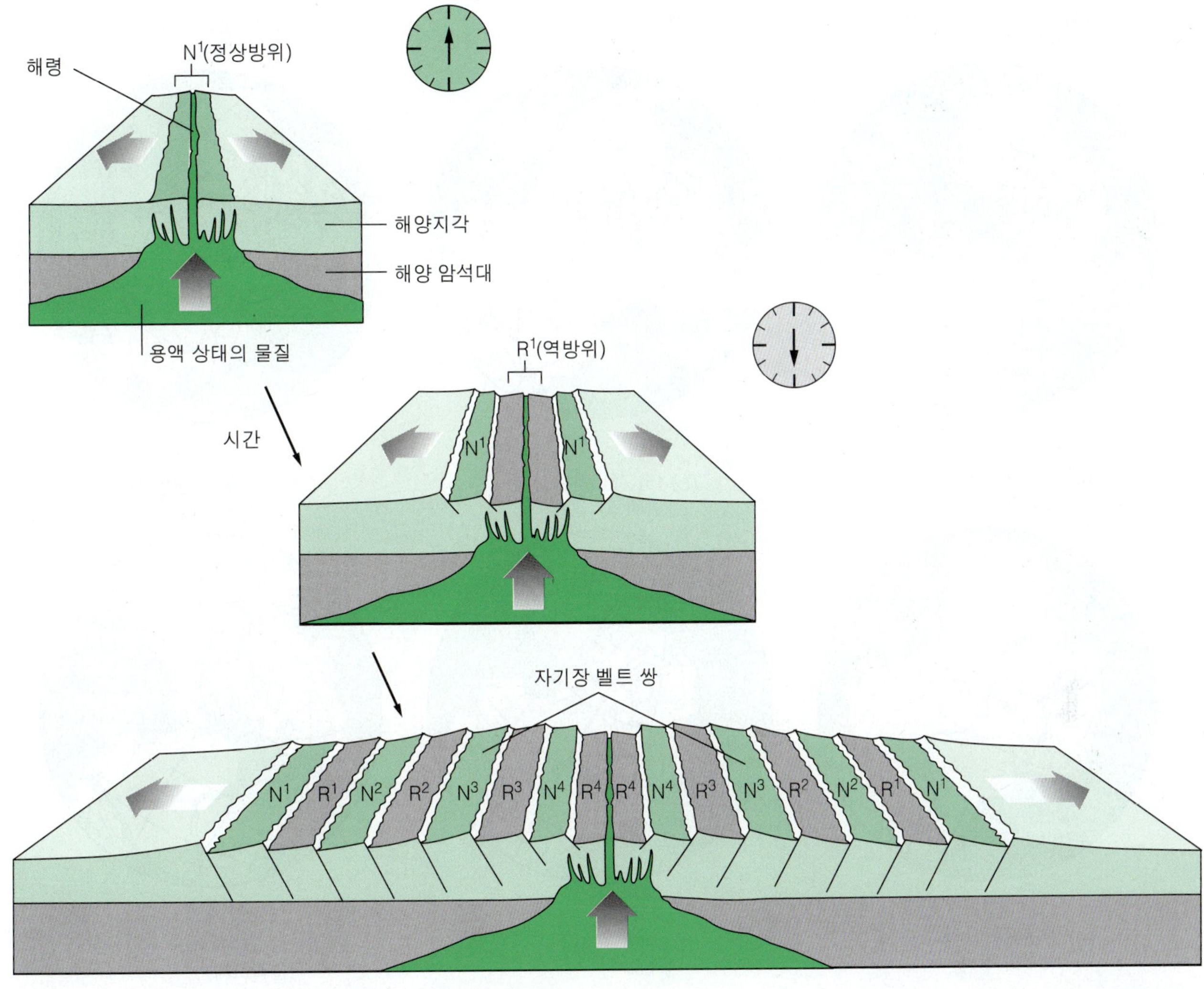

그림 5-11 해양저 확장이 어떻게 다른 지자기를 띠고 있는 벨트를 형성할 수 있는 가를 보여 주는 도식적 단면도. 맨틀로부터 뜨거운 용암이 해령으로 솟아올라 식으면서, 그 당시의 지구 자기장 방향에 따라 자기화가 된다. 시간이 지남에 따라 자기장의 세기와 방향에 변화가 생기는데, 새로운 용암이 해령에 분출되면서 인접한 벨트와는 지자기가 완전히 다른 한 쌍의 새로운 벨트가 형성된다.

는 것을 알게 되었다.

만약 중앙 해령이 쪼개져 새로운 해양저가 솟아 나오고, 이것이 양쪽 가장자리로 밀려나갔다고 가정해 보면 모든 관찰이 가장 잘 설명된다. 다시 말해서 용해된 암석이 해령에서 분출되어 식으면서 특정 방향의 자기를 띠게 되고, 이후에 나오는 해양저에 의해서 바깥자리로 밀려나갔다는 것이다(그림 5-11). 따라서 해양저는 나무가 연간 성장 나이테를 가지고 있는 것처럼, 생성 당시 지구의 지자기 방향으로 표식이 된 암석의 줄무늬로 자신의 역사를 간직하고 있다고 할 수 있다. 그러나 이러한 **해양저 확장**(sea-floor spreading)에는 지역간 차이가 커, 북대서양 해령은 연간 약 1cm, 남대서양 해령은 연간 3cm 확장되며, 동태평양의 어떤 곳에서는 연간 9cm까지 확장되는 곳도 있다.

판게아 대륙

이러한 연구들로부터 도출된 하나의 견해가 **그림 5-12**에 도식되어져 있다. 이 도식은 데본기의 지질도에서 시작되는데, **라우라시아**(Laurasia)라 불리는 북아메리카-유럽 그룹과 곤드와나 그룹이 갈라지게 된다(그림 5-12a). 오늘날 대부분의 지질학자들은 이 두 대륙 그룹이 고생대 말기까지는 서로 붙어 있어서 거대한 하나의 땅덩어리인 판게아로 되어 있었다는 점에 대해서는 동의하고 있다(그림 5-12b, c). 재구성해 보면 판게아 대륙은 약 2억 2천 5백만 년 전인 중생대 트라이아스기에 나누어지기 시작했다(그림 5-12d).

서부곤드와나(남아메리카와 아프리카 대륙)와 동부곤드와

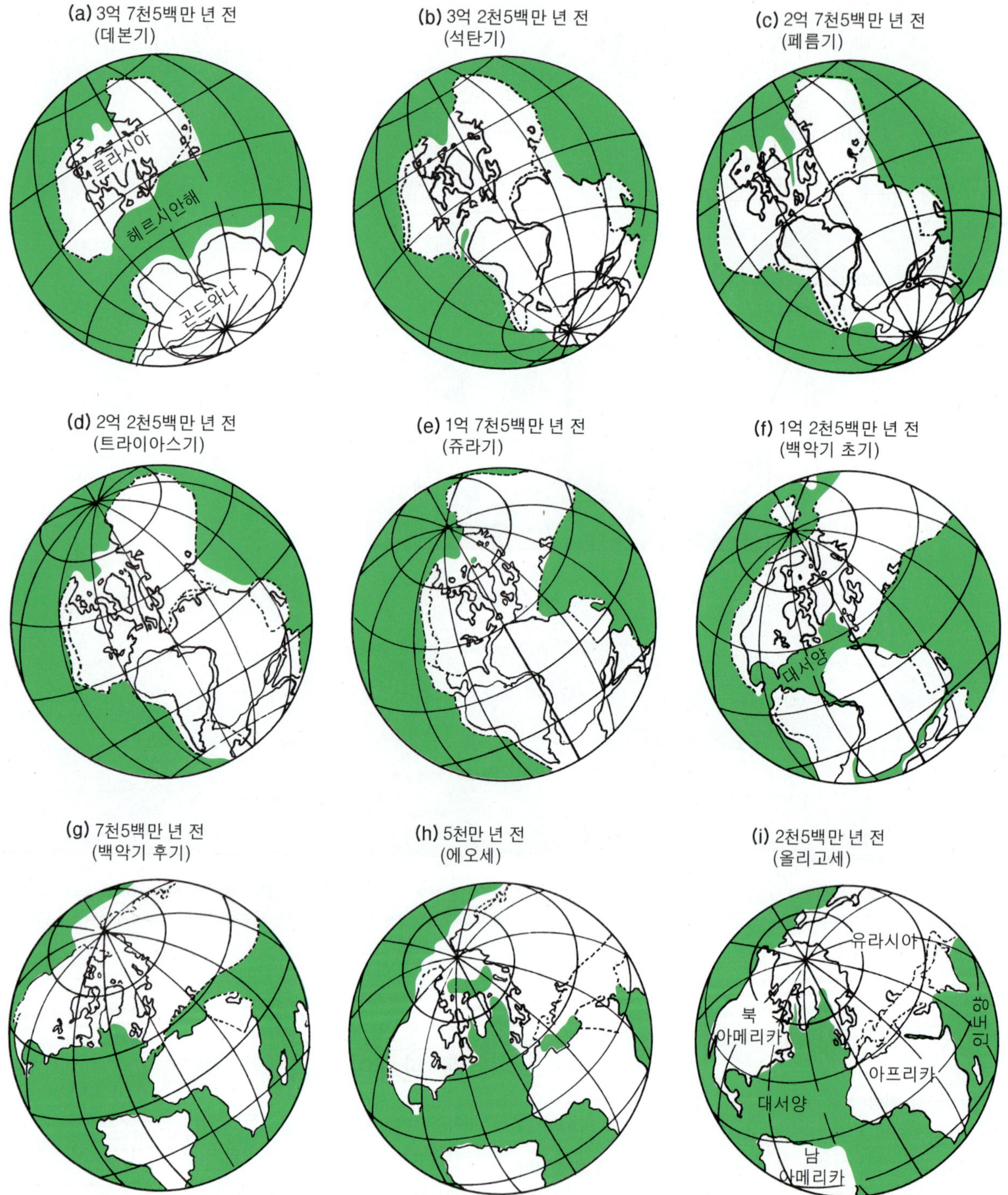

그림 5-12 데본기 이후의 대륙 이동에 의해 일어난 주요 지질학적 변화. (Irving, 1977. Drift of the major continental blocks since Devonian. *Nature* 270: 304~309에서 인용)

나(인도, 남극 및 오스트레일리아 대륙) 사이의 해양이 갈라지면서 **판게아 대륙의 분할**(fragmentation of Pangaea)이 시작되었고, 이후 해양 분열이 더욱 진행되어 서부곤드와나로부터 라우라시아가 분할했다(그림 5-12e). 쥐라기 후기까지는 해양저 확장이 진행되어 유럽 대륙에서 북아메리카 대륙이, 백악기까지는 아프리카 대륙에서 남아메리카 대륙이 분리되어 나왔다(그림 5-12f, g). 인도 아대륙은 백악기 중기 무렵부터 독립적으로 움직여 남극-오스트레일리아 그룹에서 떨어져 나오기 시작하여 남부아시

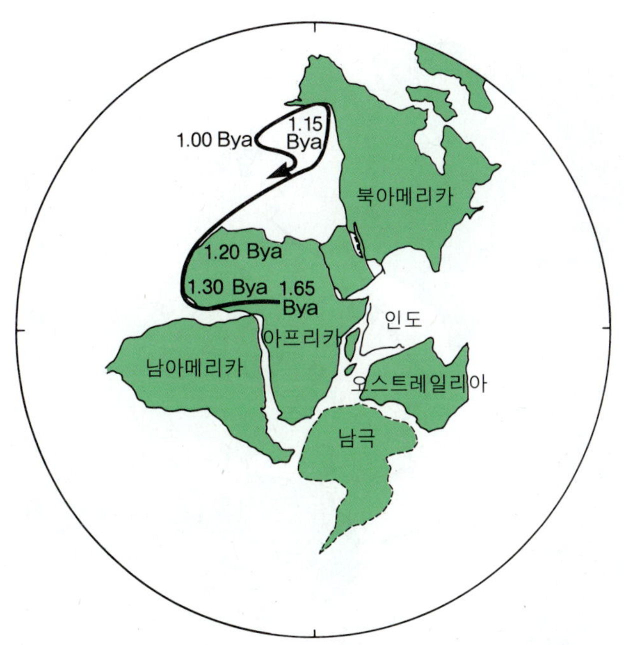

그림 5-13 10~22억 전 곤드와나-북아메리카 대륙의 위치를 재구성한 그림. 굵은 검은색 선은 그 당시의 대륙 위치를 결정하기 위해 이용된 자기극의 이동 경로를 나타냄(예를 들어, 12억 년 전 그 당시에는 지자기극이 아프리카 북서부 지역에 있었음). 남극의 위치는 불확실하다. Dalziel은 7,500~2,500만 년 사이의 북아메리카 대륙의 이동 시나리오를 보다 상세하게 제시하였다(Piper, 1974. Proterozoic crustal distribution, mobile belts and apparent polar movements. *Nature*, 251, 381~384에서 인용).

아에 도착한 4천만 년 전(신생대)까지 계속 북쪽으로 이동하였다. 히말라야 산맥의 조산 활동은 현재도 진행되고 있는 것으로 생각되는데, 인도와 아시아 대륙간의 충돌에 의한 압력에 의해 형성된 것으로 보인다.

서반구에서는 아프리카에서 떨어져 나온 남아메리카 대륙의 빠른 이동은 약 1억 년 전부터 시작되고, 결국 4~5백만 년 전에 북아메리카와 재결합하게 되었다. 남반구에서 뉴질랜드는 이미 백악기 말기 이전에 오스트레일리아-남극-남아메리카 그룹에서 분리되어 있었으며, 다른 남부 대륙은 약 6천 5백만 년 전인 제3기 초기까지 이동하여 연결되었다. 그러나 오스트레일리아 대륙은 2천만 년 후인 시신세부터 북쪽을 향해 이동하기 시작하였고, 결국에는 아시아 대륙과 만나게 되었다.

대륙 이동과 융합의 과정은 전캄브리아기 때도 있었다고 예상된다. 예를 들어, 지질학자들은 북아메리카 대륙과 곤드와나 그룹이 원생대에 10억 년 이상 동안 공동의 지자기극 이동 경로를 보여 주고 있음을 확인하였다(그림 5-13). 이러한 사실은 지구 표면의 대부분을 포함하는 하나의 거대한 대륙이 그 당시에 존재하고 있었음을 시사하는 것이기도 하다. 한편 북유럽은 고생대 중기까지는 북아메리카와 독립적으로 존재하였을 것으로 생각된다. 일부 지질학자들은 아시아대륙을 이루는 여러 부분들이 그 당시에는 서로 떨어져 있었으며, 유럽 대륙과도 중생대까지는 서로 떨어져 있었을 것이라고 주장하기도 한다(Ziegler et al., 1979).

판구조론

오늘날 과학자들은 다양하고 복잡한 대륙이동은 지구의 암석권으로 구성된 거대한 판(**텍토닉 플레이트**, tectonic plates)의 움직임에 기초한다는 것을 알고 있다. 연구자들은 대개 판의 움직임과 관련되어 있는 지진대를 기준해서 현재까지 8개의 주요 판과 몇몇 작은 부속판으로 구분하고 있다(그림 5-14).

일반적으로 지질학자들은 판 경계에서 일어나는 사건을 세 가지 유형으로 구분한다.

1. 지각은 **인접하는 경계**에 새로운 용암 물질이 더해지면서 **지각이 서로 떨어질 수 있다.** 이러한 작용은 해령에서 일어나는데, 해양저의 확장과 해양 분지의 크기 증가를 이러한 사실로 설명할 수 있다(그림 5-11).
2. 인접한 두 판은 크기의 큰 변화 없이 **공동 경계**, 또는 **단층**에서 **서로 빠르게 스칠 수 있다.** 한 예로 서부캘리포니아의 일부를 포함하는 태평양 판이 산안드레아 단층에 포함되어 있는 북아메리카 판을 스쳐 지나쳐 왔다. 이러한 일이 일어나는 속도는 일 년에 약 6cm정도인데, 약 천만 년이 지나면 로스앤젤레스를 샌프란시스코와 같은 위도로 끌어올릴 것이며, 6천만 년이 지나면 알래스카 근처의 알류샨 열도(Aleutian Islands)까지 끌어올릴 것으로 보인다.
3. 하나의 판이 **다른 판 쪽으로 이동하게 되면 수렴 경계면**(convergent boundary)이 형성된다. 해양지각을 운반하는 판이 수렴하게 되면 판을 이루는 지각들이 맨틀 속으로 빠져들어가게 된다. 예를 들어, 태평양판이 북쪽으로 이동하면서 협곡 아래에서 알류샨 열도와 사라지고 있는 주변부를[11] 만난다 (그림 5-15a). 아래쪽 판이 맨틀을 변화시키게 되면서 화

[11] 태평양 판이 밀었는지 밀렸는지는 명확하지 않기에 다소 중간적인 용어인 **침강부**란 용어를 사용하였다. 최근의 화산폭발과 관련된 연구를 통해서 대륙이동의 새로운 기작에 대한 사실이 밝혀지고 있다(Sigmundsson, 2006).

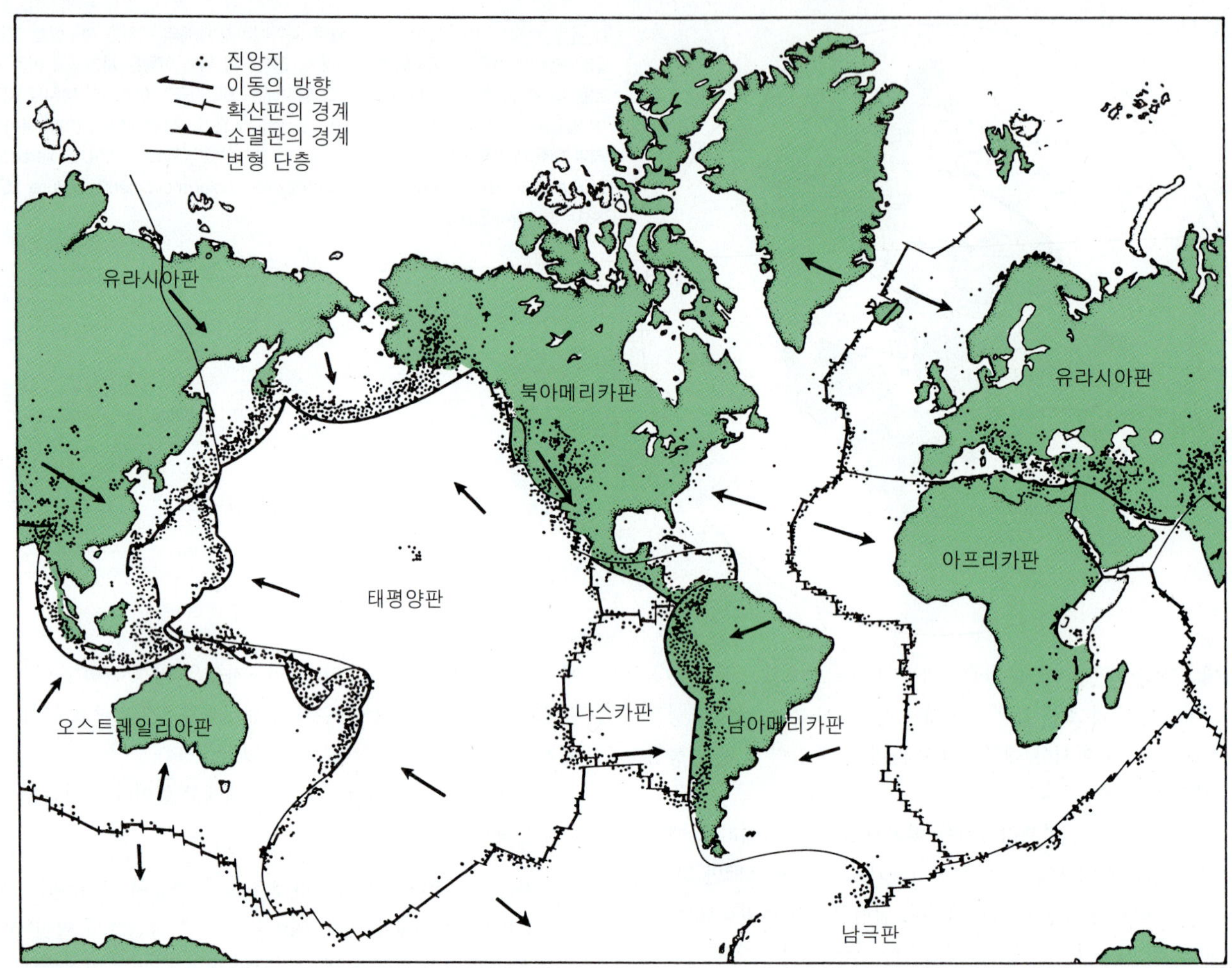

그림 5-14 지각 운동과 관련된 주요 지각판의 종류와 그 경계. (Cloud, 1978. *Cosmos, Earth and Man: A short History of the Universe*. Yale University Press, New Haven, CT, Fig. 11, p.82에서 인용).

산 활동이 생기고, 위쪽 지각에서 조산 작용이 일어나게 된다.[12] 이러한 과정으로 일부 지상의 화산대를 설명할 수 있다. 예를 들어, 알류샨과 자바 협곡 근접 지역의 화산활동 뿐만 아니라, 칠레 협곡 가까이 위치한 남아메리카 안데스산맥은 서쪽 방향으로 움직이던 아메리카 판을 태평양(나스카) 판은 막음으로해서 생성되었다는 사실도 설명할 수 있다(**그림 5-15b**). 일단 수렴 경계면에서 한쪽 판의 해양저는 계속해서 맨틀 아래로 침강하게 되는데, 수렴 경계면에 대륙면이 다다를 때까지 이 과정은 계속된다. 대륙을 형성하는 암석들은 해양저보다 가볍고 두껍기 때문에 다른 판 아래로 밀려들어 갈 수 없으며, 이에 따라 이런 지역에서는 결과적으로는 땅 덩어리간의 충돌로 인해 주름과 압력이 생겨 히말라야 산맥과 같은 것이 만들어지게 된다(**그림 5-15c**).

판구조론적 활동의 원인에 대해서는 아직도 정확히 알 수 없지만, **판구조론**(plate tectonics)은 중생대 이후 대륙의 상대적 이동, 곤드와나 대륙의 위치 확인, 열도궁(island arcs), 지진대 그 외 많은 지질학적 현상을 설명하는 데 다른 어떤 지질학적 이론보다 도움이 된다. 중생대 이전부터, 아마 고생대 이전에도 조산활동과 대륙이동이 확실히 일어났을 것으로 생각되지만, 이러한 판구조론적 활동이 정확히 얼마나 오래 전에 시작되었는지에 대해서는 확실치 않다. 일부 학자들은 판구조론적 활동은 맨틀의 화학적 분화가 시작되어 가벼운 물질(알루미늄, 규산염 광물)들

[12] 흥미롭게도 1838년 '런던 지질학회(London's Geological Society)에서 Charles Darwin 또한 화산활동과 조산 운동 사이의 관련성을 지적한 바 있다. "남아메리카에 일어나는 화산 현상에 대해 깊게 생각해보니, 칠레의 지각은 바위가 녹아 만들어진 호수 위에 떠 있는 것과 같다는 생각을 가지게 되었는데, 비록 그 변화 속도는 느리지만 큰 변화가 일어나고 있음을 감지할 수 있었으며. 산이 형성되고 화산이 폭발하는 것은 대륙 융기로 인해 발생하는 같은 원인에 의해 일어나는 부수적인 현상에 지나지 않는다고 생각할 수 있다. 다시 말해서 대륙 융기와 화산 활동은 현재 진행 중인 현상으로 지구 내부에서 일어나는 느리지만 큰 변화에 의해서 일어난다고 말할 수 있으며, 산맥의 형성도 같은 의미에서 현재 진행 중인 현상이라 말할 수 있다. 이러한 사실은 두 현상 모두를 통해 알 수 있지만, 화산의 성장 과정을 통해서 보다 명확하게 판단할 수 있다고 하겠다"

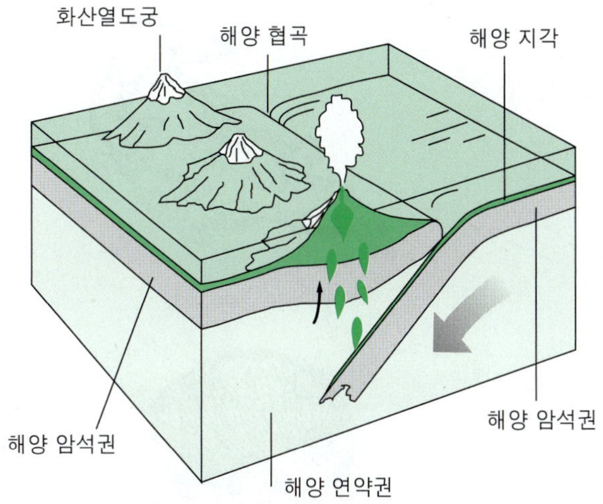

(a) 두 판의 해양 암석권이 서로 충돌

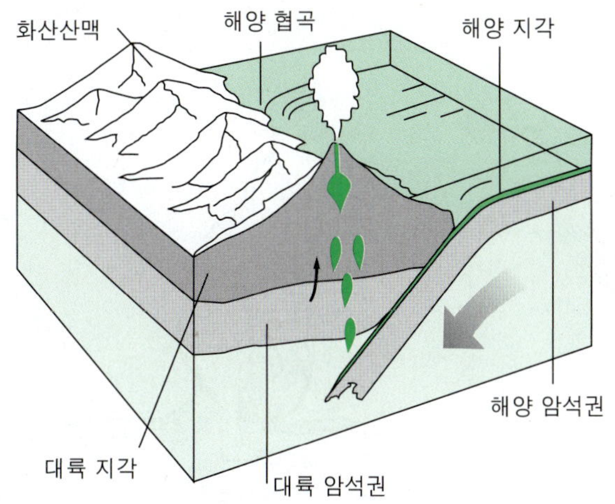

(b) 두 판의 해양 암석권과 대륙 암석권이 서로 충돌

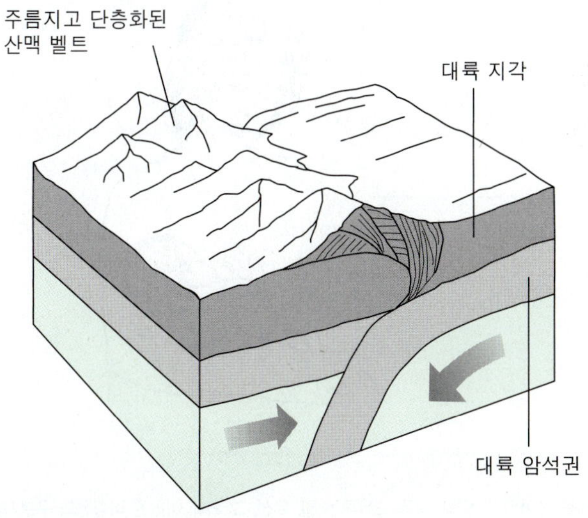

(c) 두 판의 대륙 암석권이 서로 충돌

그림 5-15 암석권 판 사이에서 일어날 수 있는 세 가지 타입의 수렴 현상. 조산 과정(c) 중 드물게 일어나는 충상 현상으로 인해서 오래된 지층과 신생 지층이 전위될 수 있음에 주목하라. 이러한 현상은 각 지층에 포함된 화석을 비교하거나, 지각 변동기 이전에 함께 형성된 상응하는 주변 지층의 구성물과 구조를 상호 비교하여 확인할 수 있다.

이 지표면에 분포하면서 시작되었다고 주장한다. 방사능 활동으로 인해 생성된 열의 양이 하데안기(45~39억 년 전) 때에는 현재보다 4배 이상 컸으며, 일부 학자들은 이러한 열로 인해 대류 흐름이 생겨, 화산암 재로 덮여 있던 지각이(판구조론적 활동과 유사한 방식으로) 움직이게 되었다고 주장한다. 하지만 판구조론적 활동으로 인한 원생대 이후부터의 땅덩어리의 분할과 만남은 중요한 생물학적 효과를 가져왔다. 왜냐하면 이러한 활동으로 생물의 분포가 결정되었으며, 이로 인해서 그 후의 진화 과정이 영향을 받았기 때문이다.

대륙이동의 생물학적 영향

판구조론적 대륙이동은 큰 생물학적 영향을 가져왔다. 큰 대륙 덩어리가 움직이면서 새로운 기후와 지질학적 관계가 형성되고, 이로 인해서 생물은 새로운 진화학적 적응이 시작되었다.

대륙이 갈라지게 되면서, 이전에는 하나로 묶여 있던 생물이 서로 갈라져, 서로 각자의 진화적 과정을 겪을 수밖에 없었다. 한편, 대륙이동에 의해서 분리되었던 대륙이 합쳐지면서, 이전에는 분리되어 독자적인 적응과정을 겪던 동물이나 식물이 서로 만나 경쟁하게 되었다. 이로 인해서 일부 생물 그룹에서는 복잡성이 증가하게 되었고, 일부 그룹은 멸종하게 되었다.

유기체의 분포와 진화에 미친 대륙 이동의 영향이 가장 두드러지게 나타나는 예는 오스트레일리아와 남아메리카 대륙에서 발견되는 독특한 원시적인 포유류 집단일 것이다.

포유류(Mammal), (피부의 털, 유선, 특별한 청각 관련 뼈; 제19장 참조)는 3개의 주요 그룹으로 구분될 수 있다. 즉, 오리너구리와 같은 **단공류**(Prototheria), 캥거루와 같은 **유대류**(Meatheria), 그리고 고양이, 개 사람과 같은 **태반류**(Eutheria)이다(그림 5-16). 플라이오세가 지나기 전에 원시적인 단공류와 유대류는 두 대륙을 제외한 모든 지역에서 태반류로 대체되었다.

오스트레일리아에는 여전히 단공류 2과와 유대류 13과가 존재하지만, 박쥐류를 제외한다면 최근에 이르기까지 연구자들이 이 지역에서 어떤 태반류도 발견하지 못했다. 남아메리카의 포유류는 오스트레일리아 포유류보다 좀 더 진보한 듯이 보이는데, 제3기 중기까지는 유대류 5과와 태반류 여러 과가 존재하였다. 하지만 남아메리카에 원래 살던 태반류는 대개 원시적이었던 것으로 생각되는데, 이것은 현재까지 남아 있는 아르마딜로, 개미핥기, 나무늘보 등의 포유류를 살펴보면 알 수 있다.

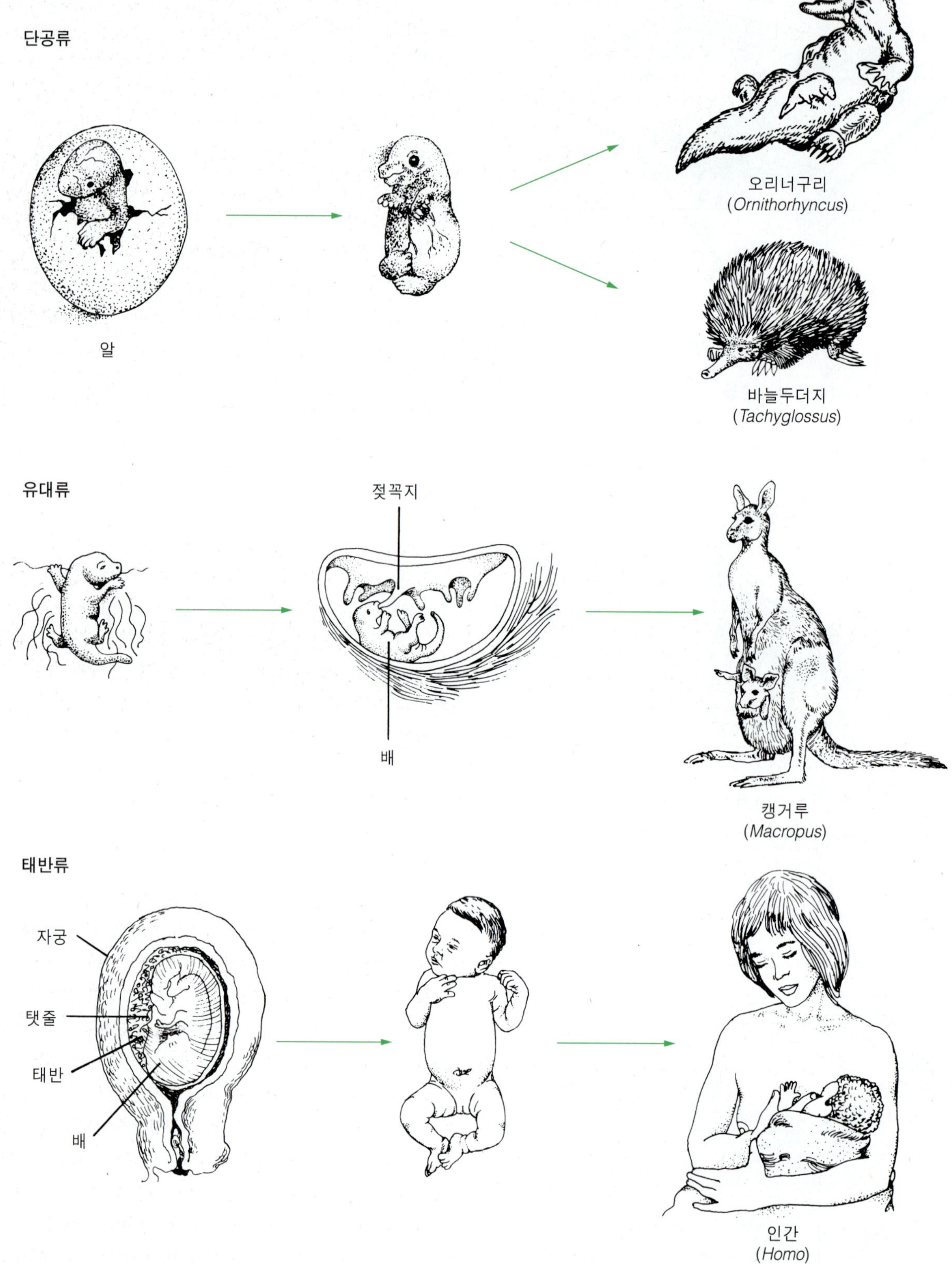

그림 5-16 현생 세 포유류 그룹. 왼쪽 그림은 발생 초기단계를, 오른쪽은 성체의 형태를 보여 주고 있다. 모든 포유류는 털, 유선, 그 외에 이들을 파충류와 구분지을 뿐 아니라 초기 발생기에 차이가 있어 포유류 그룹간에도 차이를 보이는 다른 특징들을 가지고 있다. (a) 단공류는 알을 낳는데, 알에서 부화한 배(embryo)는 유선에 연결된 어미의 배쪽털에 붙는다. (b) 유대류의 발생 중인 알은 자궁 내에 있지만, 미성숙한 상태로 태어난 배는 어미의 배에 있는 새끼주머니로 기어 올라가서 젖꼭지를 문다. (c) 태반류에서는 태아가 비교적 발생의 마지막 단계까지 자궁 안에서 머문다.

이러한 연구를 통해 포유류의 진화 과정을 예상해 보면, 단공류와 유대류는 아마도 쥐라기 초기에서 백악기 후기 사이에 판게아 대륙의 남부 지역으로 진출했을 것이라고 추측해 볼 수 있다(그림 5-17a). 뒤이어 일어난 오스트레일리아 대륙의 분리는 이 원시적인 포유 동물이 백악기 후기에서 제3기 초기 사이에 판게아 대륙의 서쪽에서 나타난 좀 더 진보한 태반류와의 경쟁을 피할 수 있게 했다(그림 5-17b). 남아메리카 대륙에서는 제3기 초기에서 중기 사이에 유대류와 원시 태반류가 단공류를 대체하였다. 하지만 이때는 남아메리카 대륙이 아프리카로부터 상당히 멀리 떨어져 나온 상태였고, 북아메리카 대륙과도 분리되어 있었다(그림 5-17c).

그런 이유로 인해서 분리 고립된 섬인 남아메리카 대륙에서의 포유류의 진화는 플라이오세에 남아메리카 대륙이 북아메리카 대륙과 파나마 지협에서 다시 합쳐지기 전까지는 다른 곳의 포유류 진화와는 매우 독립적인 양상을 보였다(그림 5-17d). 하지만 플라이오세에 이르러서는 남아메리카의 대부분 포유류가 여전히 상대적으로 원시적인 상태에 머물러 있었던 데 반해서, 아프리카와 로라시아 대륙(북아메리카와 유라시아)의 포유류는 진보된 형태의 태반류로 이미 상당히 진화해 있었다.

플라이스토세가 시작되었을 때, 중앙아메리카라는 대륙교량(land-bridge)을 통해서 진보된 북쪽 태반류가 남쪽으로 침입해 내려갔으며, 이로 인해서 남아메리카 대륙에 있던 많은 포유류들이 (19장 참조) 급속히 소멸하게 되었다. 반대로 주머니쥐는 매우 드물게 원시적인 남아메리카의 포유류가 성공적으로 북아메리카를 침입한 경우이다.

플라이오세와 플라이스토세 사이에 멸종된 포유류의 화석이 남아메리카에 많이 남아 있다는 점과, 현재까지 오스트레일리아 대륙에서는 태반류의 화석이 발견되지 않는다는 점이 대륙의 이동설과 포유류 진화 과정에 대한 우리의 견해를 지지한다. 이러한 견해는 인도나 남극 대륙처럼 오스트레일리아 대륙과 함께 동시

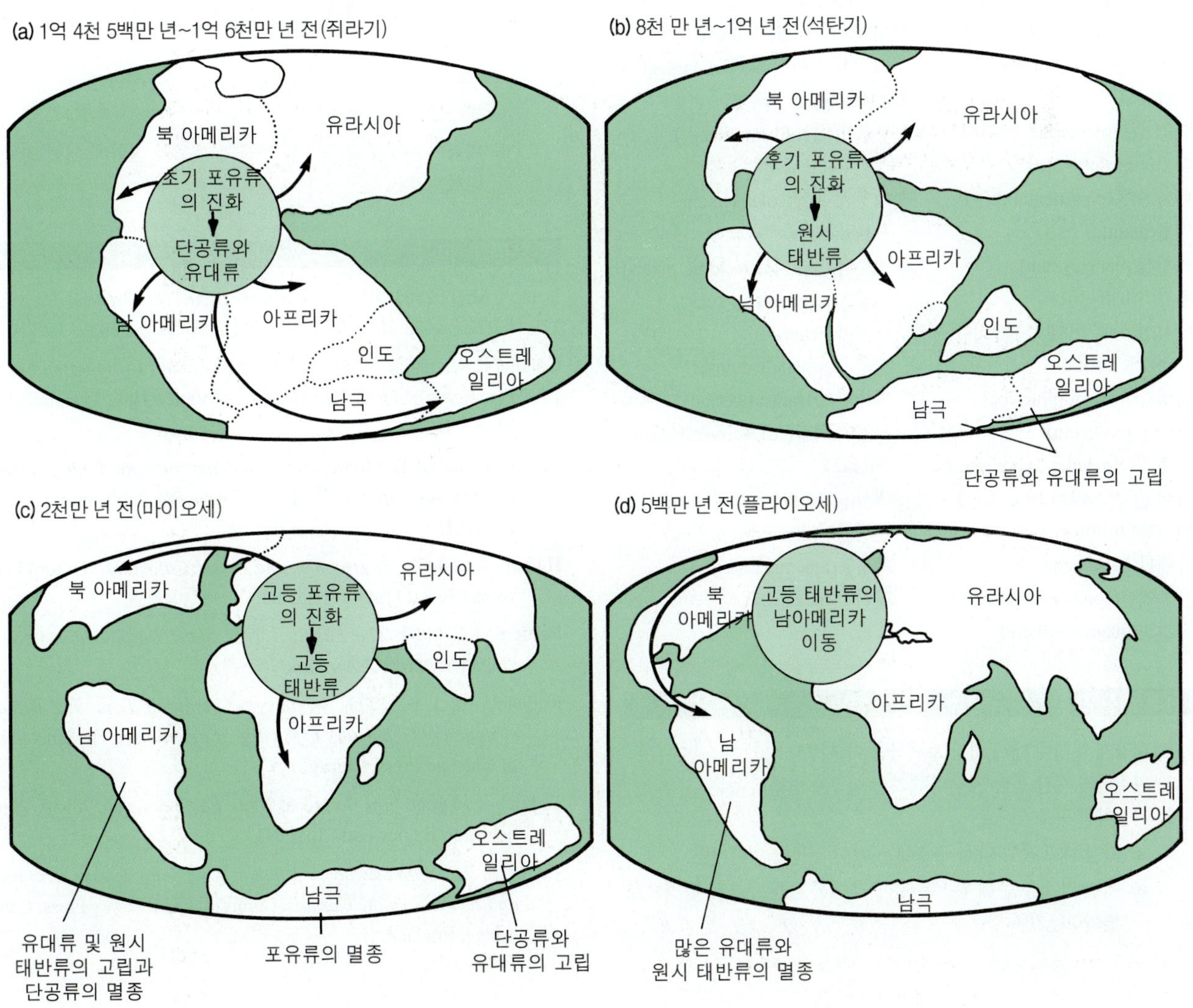

그림 5-17 (a-d). 주요 포유류 그룹의 분산과 격리에 미치는 대륙이동의 영향

에 판게아로부터 떨어져 나왔던 다른 대륙의 트라이아스기 초기 퇴적암 속에 단공류와 유대류의 화석이 많이 남아 있을 것이라는 예측을 가능하게 해 준다. 만약에 고생물학자가 그런 화석을 발견할 수 있다면, 이것은 대륙이동설이 예측에 매우 유용한 가치를 가진다는 것을 확인해 주는 것이라 할 수 있을 것이다.

이런 사실로부터 얻을 수 있는 중요한 교훈은 생물의 진화와 모든 종류의 역사적 상황 사이에는 밀접한 관련이 있다는 것이다. 앞서 보여 준 설명은 생물의 진화적 변화와, 다양한 생물이 상호 유기적으로 작용하여 결과적으로는 다른 진화적 결과가 일어나게 하는 환경작용을 유도하는 지질학적 변화를 결합시킬 수 있다는 것을 보여 주는 것이다. 이것이 생물학적 시스템의 발달과 생물학을 기본적으로 역사 과학으로 변모시킨 다양한 역사적 상황의 영향력을 함께 묶일 수 있게 하는 것이다.

주요 용어

고지자기(paleomagnetism)
곤드와나(Gondwana)
누중의 법칙(law of superposition)
단공류(Prototheria)
대기(atmosphere)
대륙 이동(continental drift)
맨틀(mantle)
미행성(planetesimal)
반감기(half-life)
방사성 물질 연대 추적(radiometric dating)
변성암(metamorphic rock)
산화적(oxidizing)
성운가설(nebular hypothesis)
암석권(lithosphere)
원시행성(protoplanet)
유대류(Metatheria)
응축이론(condensation theory)
자기권(magnetosphere)
지각(crust)
지진파(seismic waves)
지질학적 연대측정(geological dating)
충돌이론(collision theory)
태반류(Eutheria)
태양계 천체(solar system bodies)
텍토닉 플레이트(tectonic plates)
퇴적암(sedimentary rock)
판게아(Pangaea)
판구조론(plate tectonics)
하데인기(Hadean period)
해양저 확산(sea floor spreading)
핵(core)
행성(planets)
현생이언(Phanerozoic Eon)
화성암(igneous rock)
환원적(reducing)

토의 및 질문

1. 태양계 형성에 대해 가장 보편적인 이론은?
2. 지질학적 시간 동안 지구의 대기는 어떻게 변화해 왔는가?
3. 지질학적 구조
 a. 가장 대표적인 암석 구조에는 어떤 것들이 있는가?
 b. 어떤 과정을 통해 암석은 한 구조에서 다른 구조의 암석으로 변화하는가?
4. 지질학적 시간 측정
 a. 19세기 지질학자들은 어떤 방법으로 지층의 연대를 측정하였는가?
 b. 지질학자는 어떻게 방사능 연대 측정을 수행하는가?
 c. 지질학자는 어떻게 화성암을 이용해 퇴적암의 연대를 측정하는가?(어떻게 '누중의 법칙'과 '횡단 관계법'을 이용하는가?)
5. 지질학적 연대
 a. 현생이언에 속하는 각 대의 연대순서는?
 b. 각 대(era)를 설명하기 위해 어떤 기(period)를 사용하고 있나?
6. 대륙이동
 a. 어떤 증거가 대륙이동을 지지하는가?
 (대륙의 형태적 합치, 곤드와나, 판게아, 고지자기, 해양저 확산 등의 용어를 설명하라)
 b. 지질학자는 판구조론을 어떻게 설명하며, 판과 판은 어떻게 상호작용을 하는가?
 c. 중생대와 신생대에 있었던 대륙의 위치 이동에 관련된 큰 변화는 무엇인가?
 (북아메리카, 유라시아, 아프리카, 남아메리카, 인도, 남극 및 오스트레일리아)
 d. 대륙이동이 주요 포유류 그룹의 분포와 진화에 어떤 영향을 미쳤는가?

추천 읽을 거리

Benton, M. J., 2003. *When Life Nearly Died: The Greatest Mass Extinction of All Time*. Thames and Hudson, London.

Condie, K. C., and R. E. Sloan, 1998. *Origin and Evolution of Earth: Principles of Historical Geology*. Prentice Hall, Upper Saddle River, NJ.

Cox, C. B., and P. D. Moore, 2005. *Biogeography: An Ecological and Evolutionary Approach*, 7th ed. Blackwell Publishing, Oxford, England.

Hallam, A., 2005. *Catastrophies and Lesser Calamities*. Oxford University Press, Oxford, England.

Redfern, M., 2003. *The Earth: A Very Short Introduction*. Oxford University Press, New York.

Rudwick, M. J. S., 2005. *Bursting the Limits of Time. The Reconstruction of Geohistory in the Age of Revolution*. The University of Chicago Press, Chicago.

Tarbuck, E. J., and F. K. Lutgens, 2006. *Earth Science*, 9th ed. Prentice Hall, Englewood Cliffs, NJ.

Taylor, S. R., 1998. *Destiny or Chance: Our Solar System Evolution and Its Place in the Cosmos*. Cambridge University Press, Cambridge, England.

6 분자, 원시세포, 자연선택

■ 요약

진화의 실재를 믿는 사람들조차도 오랫동안 오늘날 존재하는 복잡한 막과 구분된 계를 가진 세포가 어떻게 생겨났는지 설명할 수 없었다. 최근 생화학자들은 세포 내에서 가장 중요한 분자들의 형성을 유도하는 화학적 경로를 확인했다. 어떻게 이러한 분자들이 지구 상에 출현하여 자연선택에 의해 생물학적 구조로 조직화되었을까? 이번 장에서는 (1) 주요 생명(유기적)분자들, (2) 원시지구 상태에서 발생했을 것으로 추정되는 생명분자의 조건을 재현하기 위한 시도로써 행해진 실험적 연구들, (3) 어떻게 자연선택의 기원이 더 복잡하고 효율적인 분자들로의 진화로 이어졌는지에 대해 논의하려고 한다. 7장에서는 생명분자인 DNA, RNA, 단백질에 대해 논의할 것이다.

펩타이드 결합에 의해 연결된 아미노산들의 특수한 선상의 서열로 구성된 단백질은 그것들이 갖는 촉매 기능 때문에 생물에서 매우 중요하다. 단백질의 구조는 세포 내에서 정보저장 분자로서 활동하는 핵산의 뉴클레오티드 순서에 의해 특징지어진다. 문제는 오늘날 완전히 상호의존적인 이런 분자들의 기원을 밝히는 것이다. 만약 생명이 특별한 창조나 포자가설(다른 계로부터의 '종자유입')에 의해서라기 보다 지구 상에서 화학적 방법에 의해 탄생했다면, 원시 지구에 존재했던 단순한 물질들로부터 복잡한 유기 분자가 탄생한 과정에 대해 설명할 수 있어야 한다. 특히 우주는 엔트로피가 계속적으로 증가하기 때문에 이러한 사건이 임의로 발생할 가능성은 무한히 적다. 만약 최초의 유기 분자가 오늘날 만큼 복잡하지 않고, 그런 분자를 생산하기 위한 쪽으로 화학반응이 편중되어 있었다면 유기 합성의 가능성은 증가한다. 앞 장에서 다루어진 바와 같이, 몇 십억 년 전 지구 상의 조건들은 아마도 매우 적합한 화학적 환경을 제공했을 것으로 생각된다: 즉, 풍부하고 지속적으로 공급되는 에너지, 탄소 및 다른 중요한 원소들의 존재, 우수한 용매로써의 풍부한 물의 존재, 환원된 혹은 부분적으로 환원된 대기를 만들어 주는 엄청난 양의 수소

(그리고 수소 화합물).

지금으로부터 대략 50년 전, 외부 에너지원에 노출된 단순한 화합물의 결합으로부터 단백질 생성이 가능하다는 실험적 증거가 발표되었다. 1953년 Miller는 아미노산과 다른 유기화합물들이 에너지의 존재 하에서 수소, 암모니아, 메탄, 그리고 물로부터 자발적으로 합성될 수 있다는 것을 입증해 보여 주었다. 아미노산은 질소화합물을 가진 알데히드의 상호작용과 시안화물-시안화물 반응에 의해 합성될 수 있다. 게다가 포름알데히드는 핵산에 이용되는 오탄당의 형태로 응축될 수 있다. 핵산에서 질소를 함유한 염기는 시안화화합물에서 생성된다; 단순한 화학물질로부터 지방산이 생성된다. 물의 제거는 단순한 소단위를 복잡한 분자로 중합시킬 수 있고, 열이나 농축 제제들은 중합반응을 촉진시킬 수 있다. Fox(1978)는 아미노산 혼합물로부터 임의의 아미노산 빈도와 낮은 수준의 촉매 활성과 같은 펩타이드 유사 특성을 가진 구조인 프로테노이드를 형성하기 위해서는 높은 온도가 필요함을 보여 주었다. 아미노산, 심지어는 뉴클레오티드까지도 특정 유형의 점토에서 중합할 수 있다. 이와 같은 발견을 통해 "기원분자는 단백질이었다"는 결론으로 추정할 수 있을 지의 여부는 7장에서 다루도록 하겠다.

최근의 관심은 어떻게 원시 복합분자가 세포로 구성되었는가에 집중하고 있다. 다시 말해, 세포의 기본 구성성분[(즉, 막계(membrane-bounded systems)로 이루어진 분자: 원시세포, protocells)]을 만들어 내기 위한 실험이 시작되었다. 분자 사이의 힘은 고분자들이 원시세포에 결합할 수 있게 하며, 이는 세포의 조직화, 선택적 투과, 에너지 사용과 같은 몇 가지 생물적 특징들을 나타내며, 자연선택의 대상이 될 수 있다. 바이러스와 유사한 생물학적 시스템처럼 원시세포는 비무작위적인 방식으로 자가조립(self-assemble)을 할 수 있다. 이러한 유사한 구조가 생명체로 가는 통로에 발생했을 수 있다고 생각된다. 스스로를 가장 잘 유지할 수 있었던 원시세포는 영속하였고, 후에 자손을 생산할 수 있게 된 원시세포는 비효율적이지만, 유익한 분자, 반응, 구조로의 확률을 연속적으로 높이는 자연선택에 의해 행동하게 되었다.

"흔히 일어날 수 있는 화학적인 방법들에 의해 생명이 어떻게 탄생될 수 있을까?"라는 의문은 오랫동안 풀기 어려운 숙제였다. 심지어 가장 기본적인 생명의 단위인 세포에서 조차도 엄청난 복잡성이 존재한다는 것을 고려해 본다면, 이것은 그리 놀랄만한 일은 아니다. 간단히 정리하면 하나의 세포는 여러 물질의 수송을 조절하는 단백질과 지질로 구성된 선택적인 막에 의해 둘러싸여 있다 (**그림 6-1**). 세포 내에서 세포질은 여러 다양한 화학물질들의 합성, 저장 및 분해와 관련된 다양한 구조들과 그 하위 구조물들로 구성되어 있다.

그림 6-1에 묘사된 바와 같이 세포를 비교하면, 진핵세포(식물과 동물)의 복잡성을 가장 먼저 확인할 수 있지만, 자세히 살펴보면 세 가지 유형의 세포간의 매우 높은 유사성을 볼 수 있다. 생물의 **원시 상동성**(deep homologies) 중에서 일부(세포막과 유전자)는 수억 년 전에 발생하여 분지되었다. 식물과 동물세포의 구성요소 중에서 핵, 리보솜, 골지체, 소포체, 세포골격의 경우, 초기 진핵생물에서 기원한 것으로 추정된다(8장 참조). 나머지 세포소기관인 미토콘드리아와 엽록체는 다소 최근에 분지되었으나, 이들의 본질적인 유사성을 살펴보면, 식물과 동물의 출현으로 이들의 기원에 대한 공통적인 의문에 대하여 해답을 얻게 되었다. 세포의(구조적)원시 상동성은 유전적, 분자적 원시 상동성과 같이 생명의 근원(기초)이 된다. 생물에서 가장 근원적이고, 생물간에 상동성을 가지는 분자는 단백질을 구성하는 아미노산(amino acids)과 DNA, RNA를 구성하는 **뉴클레오티드**(염기, nucleotides)이다.

아미노산(Amino Acids)

세포의 기능을 가능케 하는 대사 작용에서 가장 중요한 것은 생화학적인 반응을 조절하고 촉매하는 여러 종류의 **단백질**(protein)들이다. 기본구조에 있어 단백질은 소단위체인 **아미노산**(amino acids)으로 구성되며, 그 구조는 아래와 같다[1].

$$\begin{array}{ccccc} & & H & & O \\ & & | & & \| \\ H_2N & - & C^* & - & C - OH \\ & & | & & \\ & & R & & \end{array}$$

- α-탄소원자(C★)에 모든 다른 부분들이 부착되어 있다.
- 하나의 아미노기 그룹은 하나의 양전하(NH_2^+)를 가질 수

[1] 이 장에서는 기본적인 화학지식을 숙지하였음을 전제로 작성한 것이므로, 내용이해의 어려움이 있다면 일반화학 교재 또는 인터넷 자료를 통해 화학물질에 대한 이해를 선행하도록 제안한다.

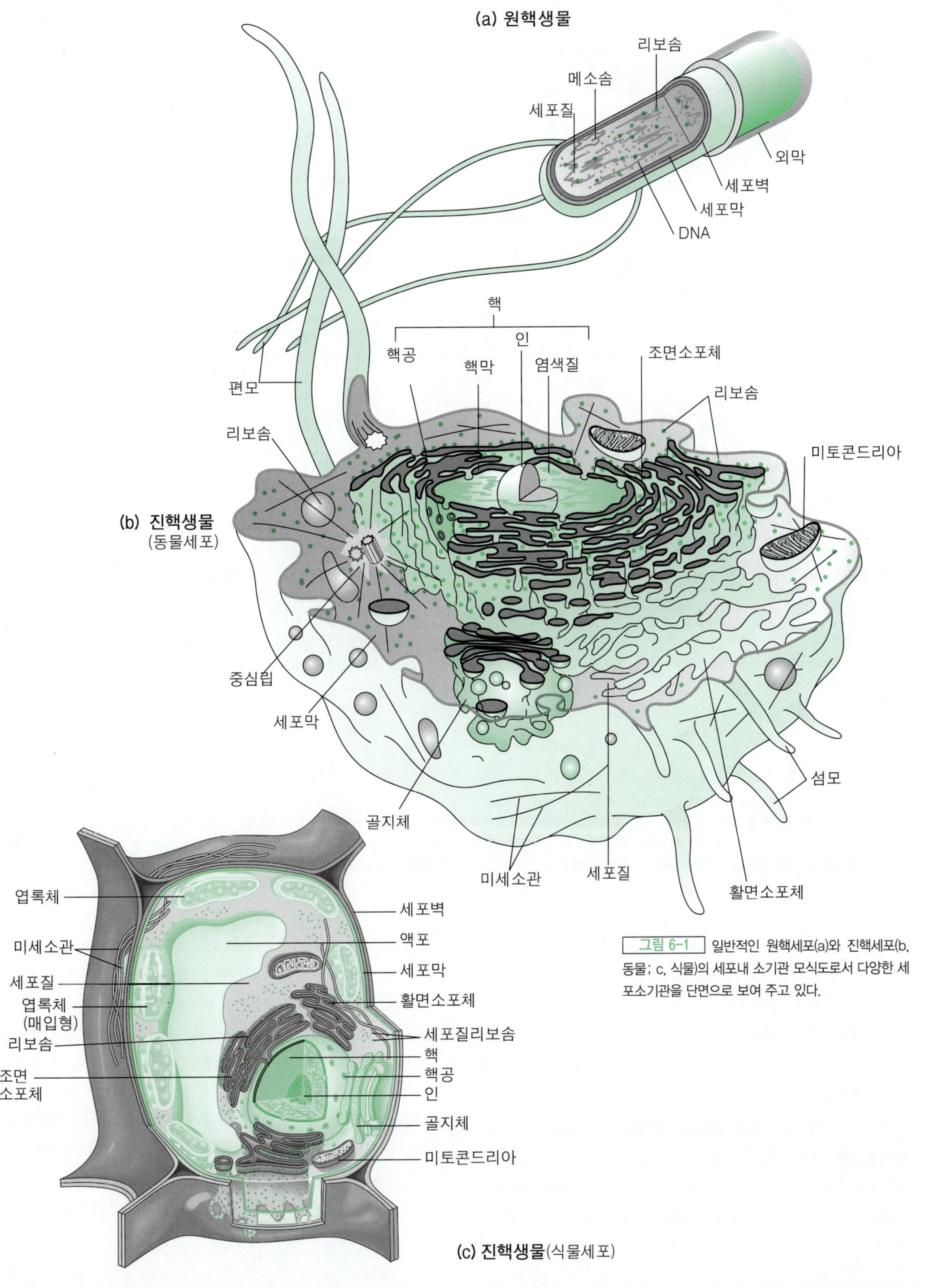

그림 6-1 일반적인 원핵세포(a)와 진핵세포(b, 동물; c, 식물)의 세포내 소기관 모식도로서 다양한 세포소기관을 단면으로 보여 주고 있다.

(a) 하나의 아민기와 하나의 카르복실기를 포함하는 아미노산

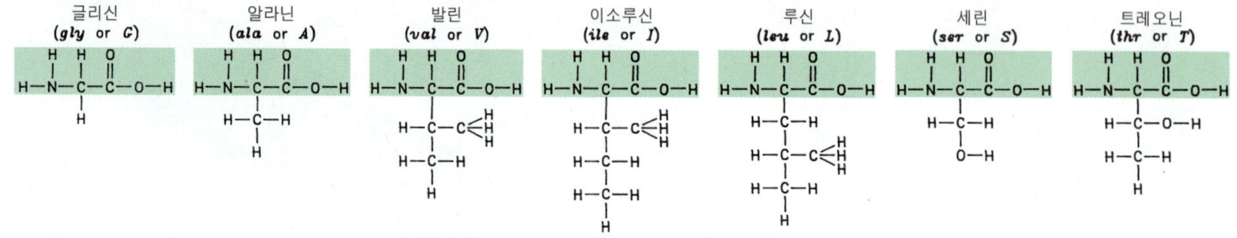

(b) 하나의 아민기와 2개의 카르복실기를 갖는 아미노산 **(c)** 디카르복실 아미노산의 아미드 **(d)** 염기성 아미노산(부가된 NH기)

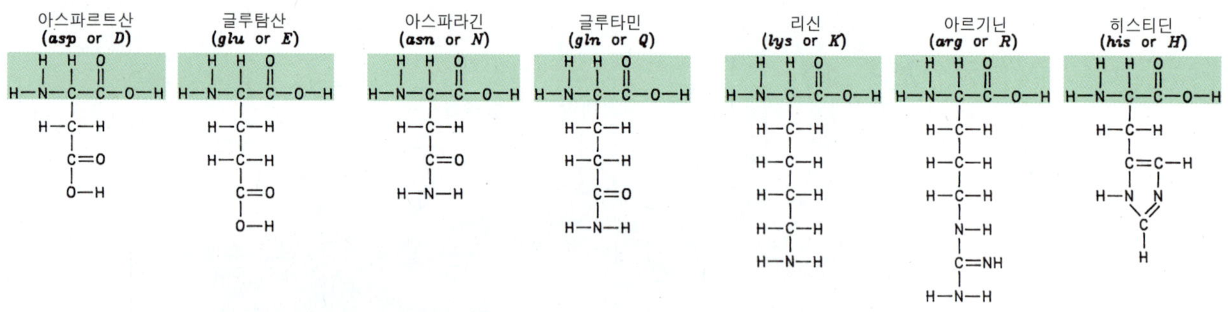

(e) 이미노 혹은 고리형 아미노산 **(f)** 방향족 아미노산(벤질 ⬡기를 함유) **(g)** 황함유 아미노산

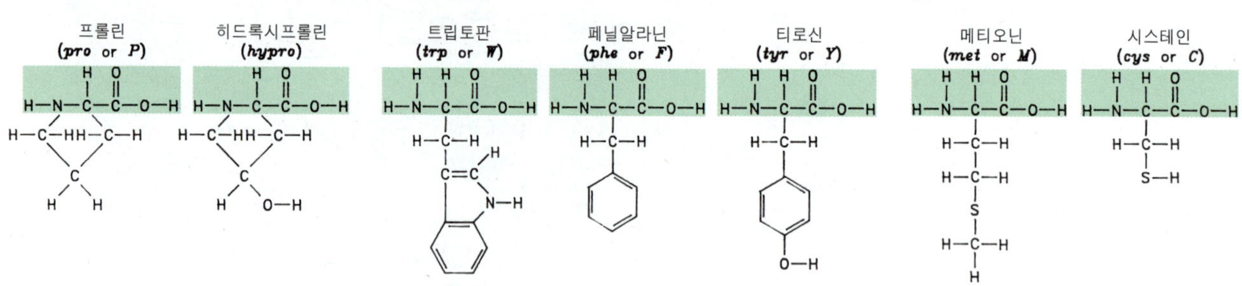

그림 6-2 단백질에서 발견되는 표준 아미노산 20가지의 구조는 아미노기와 카르복실기의 수(a, b), 아마이드의 유무(c), 아미노산 종류에 따라 6개의 그룹으로 나누어진다: 염기성(d), 이미노 또는 고리형(e), 방향족(f), 황함유(g). 그림을 보면, 20개의 아미노산이 아닌 21개의 아미노산이 표기되어 있음을 확인할 수 있다. 21번째 아미노산인 히드록시프롤린은 프롤린의 수산화를 통해 생성되며, 이후 이차적으로 혹은 전사후 변형(posttranscriptional modification)에 의해 아미노산이 된다.

있다.

- 하나의 카르복실기 그룹(COOH)은 하나의 음전하(COO^-)를 가질 수 있다.
- 하나의 수소원자
- 다양한 아미노산을 만드는 구조인 R사슬이 있다(**그림 6-2**).

이러한 아미노산들은 **펩타이드 결합**(peptide linkage)이라고 불리는 화학적인 결합에 의해 서로 연결되어 있다. 이 펩타이드 결합들이 선형으로 연결되어 단백질의 구성체인 **폴리펩타이드 사슬**(polypeptide chain)을 형성한다. **효소(촉매제,** enzyme)로서 기능을 하든 혹은 그 외의 다른 목적을 위한 기능을 하든, 고도로 특수화된 단백질 분자의 기능은 다양한 아미노산들이 정확히 선형으로 연결되는 것에서부터 시작된다. 이러한 특이적인 아미노산의 서열은 폴리펩타이드 사슬이 특이적인 3차원 형태로 꼬이게 함으로써 단백질의 특이적인 특성을 갖도록 해 준다. 대부분의 현존하는 생명현상(흡수, 감각, 운동, 구조 등)은 이러한 긴 아미노산 서열들을 촉매하고 조절하는 활동들에서 비롯된다는 주장은 합리적이다. 그러나 단백질을 구성하는 아미노산 서열이 또 다른 기본적인 분자 그룹인 핵산의 뉴클레오티드(nucleotide) 서열에 의해 결정되므로, 생명체의 복잡성은 단백질로만 국한되지는 않는다.

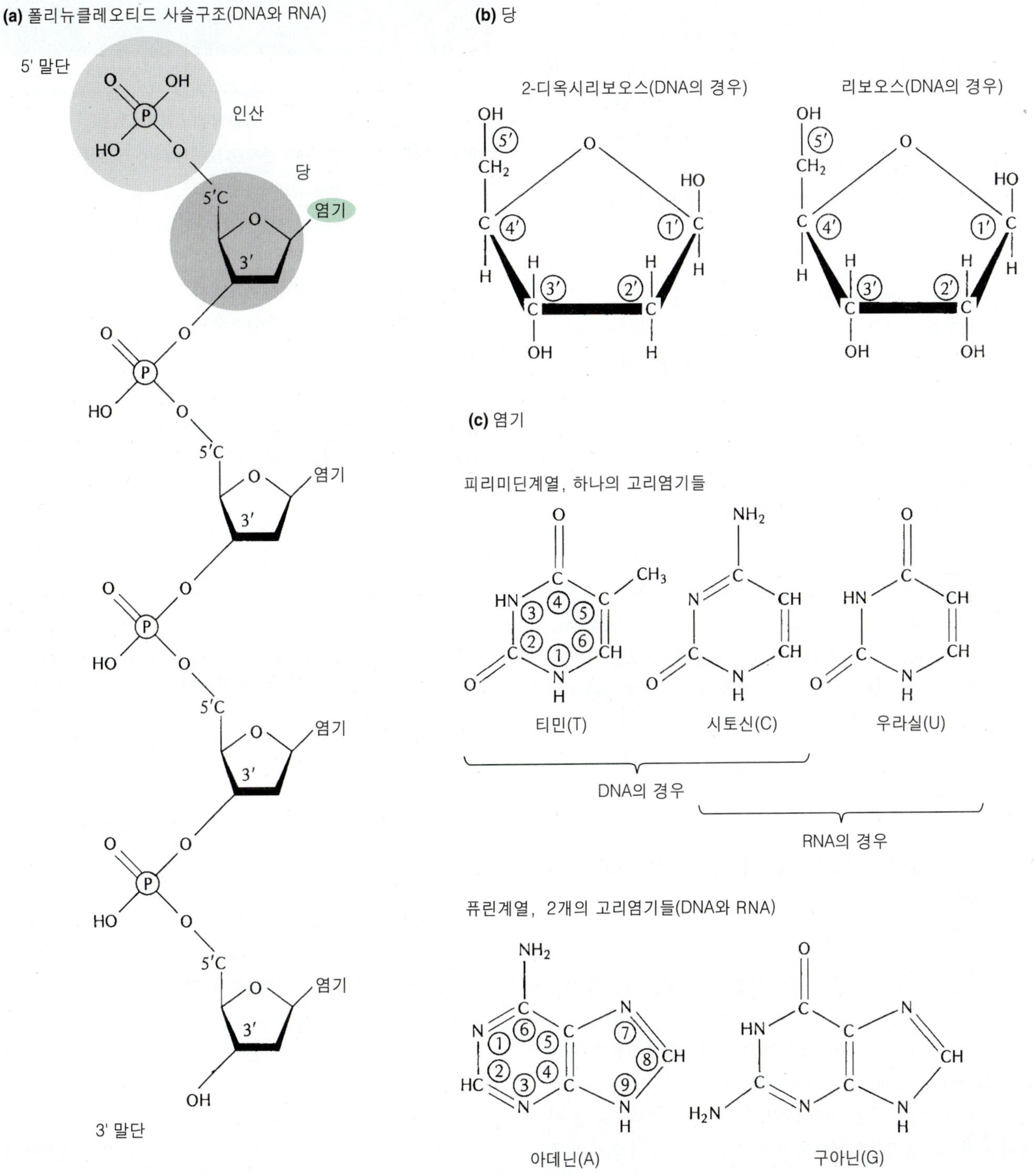

(a) 폴리뉴클레오티드 사슬구조(DNA와 RNA)

5' 말단
인산
당
염기
3' 말단

(b) 당

2-디옥시리보오스(DNA의 경우)
리보오스(DNA의 경우)

(c) 염기

피리미딘계열, 하나의 고리염기들

티민(T) 시토신(C) 우라실(U)

DNA의 경우
RNA의 경우

퓨린계열, 2개의 고리염기들(DNA와 RNA)

아데닌(A) 구아닌(G)

그림 6-3 (a) DNA와 RNA 사슬의 일반적인 구조. 뉴클레오티드 서열이 일렬로 연결되어 있으며, 엄청나게 긴 사슬들을 형성할 수 있다. (b) DNA(디옥시리보오스)와 RNA(리보오스)가 가지는 당들 간의 차이. (c) DNA(T, C, A, G)와 RNA(C, U, A, G)에 존재하는 질소함유 염기들의 기본적인 종류들.

핵산(Nucleic Acids)

핵산은 **뉴클레오티드**(nucleotide)로 이루어진 긴 사슬 분자이다. 이것은 하나의 5탄당(5−carbon), 하나의 인산기와 질산염기로 되어 있다(**그림 6-3**). 핵산의 당은 리보오스(2′ 탄소에 −OH기를 가지고 있음)와 디옥시리보오스(2′ 탄소에 −H기를 가지고 있음)로 두 종류이며, 이 당에 의해 두 종류의 핵산이 **리보핵산**(Ribonucleic acid, RNA)과 **디옥시리보핵산**(Deoxyribonucleic acid, DNA)이라는 이름을 가지게 되었다. 이 두 그룹의 핵산들에서 인산기는 동일한 위치에 존재한다. 인산기는 당의 3′ 탄소와 이웃하는 당의 5′ 탄소에 포스포디에스테르 결합(phosphodiester bond)으로 연결되어 있다. 각 당의 1′ 탄소에는 4종류의 질소성 헤테로싸이클릭 염기가 각각 결합되어 있는데, 2개의 퓨린계[A(아데닌, adenine), G (구아닌, guanine)–DNA와 RNA 모두]와 2개의 피리미딘계[C (시토신, cytosine), T (티민, thymine) – DNA의 경우; C (시토신, cytosine), U (우라실, uracil) – RNA의 경우]로 이루어져 있다.

단백질의 복잡성은 핵산의 복잡성에서부터 시작되기 때문에 4종류 염기를 가진 핵산을 생각하면, 단지 4종류의 메시지만을 전달할 수 있을 거라고 짐작할지도 모르지만, 그렇지는 않다. 핵산 분자들은 수천 혹은 수백만 개의 뉴클레오티드 길이를 가질 수 있고, 하나의 독특한 뉴클레오티드 선형 배열들이 각자의 독자적인 메시지를 암호화할 수 있다는 사실은, 엄청나게 다양하며 고도로 복잡한 메시지들을 운반하는 능력을 핵산이 가지고 있다는 것을 보여 준다. 어떤 하나의 뉴클레오티드 자리에 4개의 다른 메시지들(A, C, G, T)이 들어갈 수 있다; 직렬로 두 뉴클레오티드가 배열된다면 4^2, 즉 16개의 다른 메시지가 가능하다(AA, AG, AC, At, GG, GC, …); 기타 등등: *n*개의 뉴클레오티드를 가진 선형의 서열을 위한 간단한 법칙으로는 4^n의 서로 다른 가능한 메시지들이 암호화될 수 있다. 그러므로 10개의 뉴클레오티드가 선형의 서열을 이룬다면, 백 만개(4^{10}) 보다도 많은 서로 다른 메시지를 암호화하는 것이 가능하다.

복제(Replication)와 이중나선(Double Helix)

이 모든 생화학적 정보는 핵산의 정보 – 운반 관련 역할들을 설명하는 데에는 도움을 주지만, 그들이 **어떻게 복제되고 정보를 전달**하는지를 설명하지는 못한다. 오늘날에 받아들여지는 핵산 복제에 관한 모델은 1953년 Watson과 Crick이 처음으로 주장한 DNA의 **이중나선**(double helix) 구조에서부터 시작된다. **표 6–1**은 유전물질은 전달된다는 멘델 실험에서부터, 아미노산 번역 코돈을 사용하는 완벽한 유전암호 확립에 이르기까지의 유전학 역사의 주요 발견에 대한 타임라인(timeline)을 보여 주고 있다[2].

DNA의 이중나선 구조는 상보적으로 퓨린계와 피리미딘계가 서로 염기쌍을 이루며(A–T, G–C), 나선형으로 오른쪽 감김을 형성한 채 꼬여 2개의 변증(antiparallel) 구조를 형성한다. 가장 일반적인 DNA 형태인 B형은 **그림 6–4**에 도식화되어 있다.

[2] 표 25–3에서는 2003년에 완성된 인간유전체 염기서열 분석 사건이 추가되어 있다.

표 6–1 1900년대 이후 유전자, 유전체, 유전자 조절의 이해 증진을 위한 일련의 사건들

연도	사건
1900	멘델 유전법칙의 재발견과 중요성이 학계에 인정
1903	유전물질이 염색체에 존재한다는 가설(유전의 염색체설) 제안
1911	유전적 연관과 X-염색체의 발견
1913	최초의 유전자 지도 작성; 유전자 재조합의 발견
1941	효소(단백질) 생성에 관여하는 유전자 암호의 발견
1943	DNA가 유전물질이라는 증거 제시
1952	유전자에 기반하여 단백질이 유전물질이라는 가설을 기각
1953	DNA 이중나선 구조의 제안
1958	DNA 전사효소를 처음으로 추출
1959	인간에서 발견된 다운증후군의 염색체 이상에 대한 인식
1960	전령 RNA(mRNA)의 발견
1961	핵산 혼성화
1962	유전암호 해독을 위해 RNA 합성; 유전자 전사 억제제와 전사 조절 기작 발견
1966	코돈에 의해 아미노산으로 번역되는 완전한 유전암호 체계 구축

출처: Caskey, C.T. 1992. DNA–based medicine: Prevention and therapy. In *The Code of Codes: Scientific and Social Issues in the Human Genome Project*, Kevles, P.J. and L. Hood (eds.). Harvard university Press, Cambridge, MA, pp. 112–135; and Anderson, W.F. 1992. Human gene therapy. *Science*, **256**, 808–813; Anderson, W.F. 1998. Human gene therapy. *Nature*, **392** (suppl.), 25–30; and others.

DNA 이중나선 구조는 나선 1회전에 10개의 염기쌍이 포함되며, 나선형 축을 중심으로 하여 수직으로 염기쌍이 쌓여 있다. DNA는 상대습도, 염분농도 등에 따라 구조적 측면에서 여러가지 형태를 가진다. Rosalind Franklin은 X-선 크리스탈로그래퍼(crystallographer)였고, 그녀의 사진은 Watson과 Crick이 그들의 모델을 고안해 내는 데 주요한 정보를 제공하였다. 2개의 DNA 형태인 결정화된 상태(건조)와 젖은 상태(수화된)를 연구조사했으며, 이것을 각각 A형과 B형으로 칭하였다. A형은 나선의 1회전에 11개의 염기가 포함되어 있고, 이 염기들은 나선축을 기준으로 20° 정도 눈에 띄게 기울어져 있다.

DNA 이중나선 구조의 복제의 강력함은 새로운 상보적인 가닥(strands)들을 형성하기 위해 두 가닥 모두를 주형으로써 사용할 수 있는 능력에서부터 시작된다. 새롭게 형성된 두 가닥의 이중나선 구조물은 주형으로 삼은 모분자(parental molecule)와도 동일할 뿐만 아니라, 만들어진 두 가닥들 서로 간에도 상보적인 뉴클레오티드 서열들을 갖게 된다(**그림 6–5**). 정확한 분자 복제의 특성은 세대를 거쳐 유사한 메시지의 전달을 가능하게 하며, 핵산을 "**유전물질**"의 기능을 가지도록 만들어 준다.

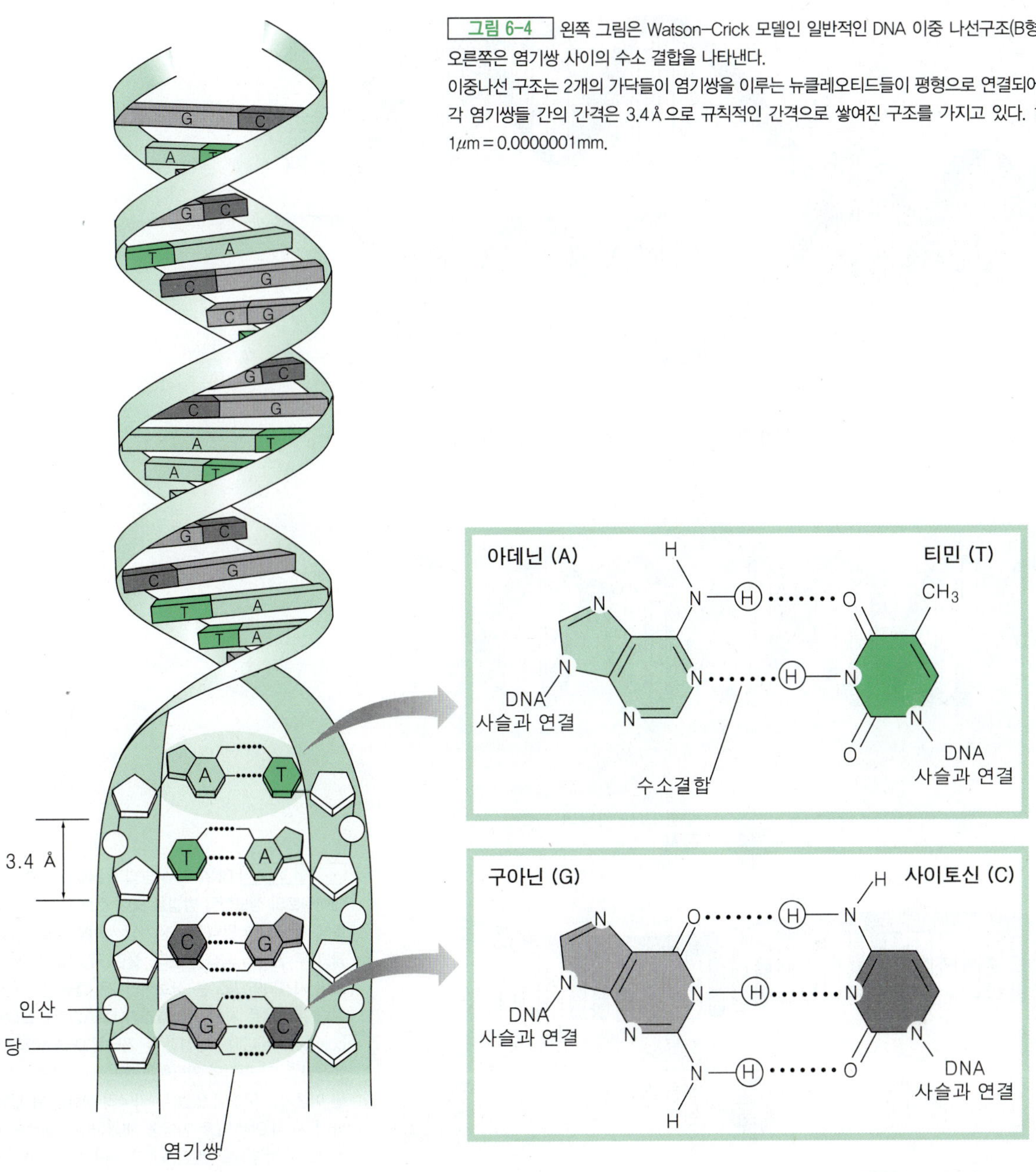

그림 6-4 왼쪽 그림은 Watson-Crick 모델인 일반적인 DNA 이중 나선구조(B형)를 나타내고 오른쪽은 염기쌍 사이의 수소 결합을 나타낸다.
이중나선 구조는 2개의 가닥들이 염기쌍을 이루는 뉴클레오티드들이 평형으로 연결되어 이루어지며, 각 염기쌍들 간의 간격은 3.4Å으로 규칙적인 간격으로 쌓여진 구조를 가지고 있다. 1Å=0.0001, 1μm=0.0000001mm.

전사(Transciption)와 번역(Translation)

유전물질과 단백질 사이의 관계를 이해하기 위한 한 가지 중요한 개념이 있다:

- 단백질의 3차원적 구조(형태, 모양, 연속된 기능)는 먼저 그것을 구성하는 아미노산 서열에 의해 결정되고, 이러한 선형의 아미노산 서열은 다시 서로 다른 세 종류의 RNA들을 포함하는 단백질 합성기구에 의해 순차적으로 핵산 염기서열에서부터 유래된다.

간단히 말해서, 그림 6-5에서처럼 유전물질들은 **전사**(transcription)과정을 통해 **전령 RNA**(messenger RNA, mRNA) 분자를 생성한다. mRNA의 염기는 DNA 가닥 중 어느 한 가닥과 상보적이다. **리보솜 RNA**(ribosomal RNA, rRNA)와 단백질의 복합체로 구성되어 있는 리보솜을 통해 mRNA 염기서열에서 아미노산 서열로의 번역과정이 일어난다. 아미노산 서열로의 번역은 3개의 mRNA의 염기서열이 단백질 합성 시 사용되는 20개의 다른 아미노산들 중에서 어느 하나로 지정되는 **트리플렛 규칙**(triplet rule)에 따른다.

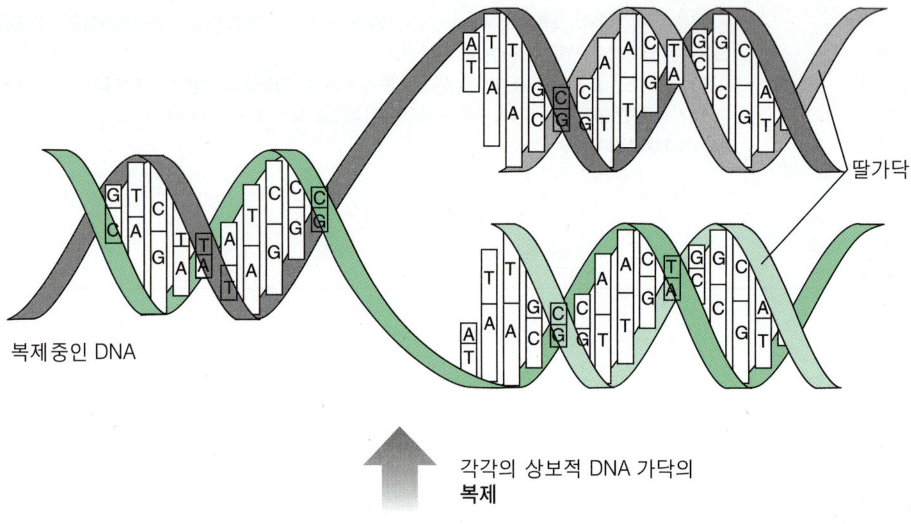

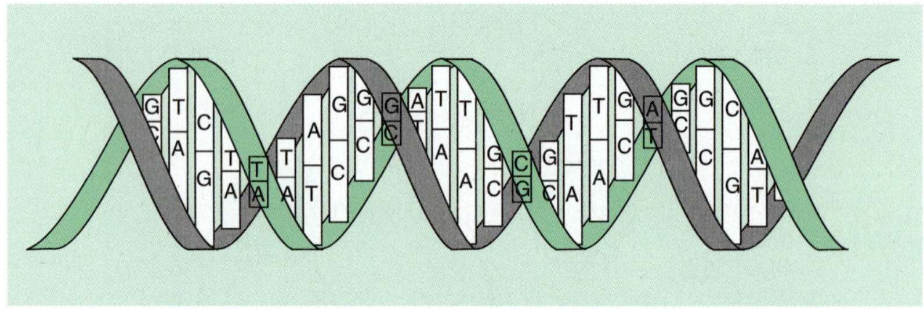

DNA

주형 DNA 가닥의
전사

GUCUUAUCCCAUUGCCAACUGGCA

전령 RNA

코돈

전령 DNA의
번역

아미노산

Valine Leucine Serine Histidine Cysteine Glutamine Leucine Alanine

폴리펩타이드

폴리펩타이드의 **나선화**(coiling)

단백질(미오글로빈)

그림 6-5 DNA 복제 방법과 DNA → RNA → 단백질로의 정보전달 방법을 보여 주는 모식도. DNA 복제 시 특별한 단백질이 염기쌍 사이의 수소 결합을 끊고 두 가닥의 사슬을 푼다. 풀린 각 사슬은 주형으로써 사용되어 새로운 상보적인 가닥들을 생성한다. 이때 촉매제로 사용되는 효소가 DNA중합효소(DNA polymerase)이다. 그 결과 두 가닥의 DNA 분자들이 생성되고, 그 각각의 가닥들은 처음에 주형으로 사용된 이중나선 구조에 있는 두 가닥의 정확한 복제품이다. 전사 시 DNA의 두 가닥중 하나(어두운 회색)는 주형으로써 전령 RNA로 전사된다. mRNA는 DNA 주형과 정확하게 상보적이며, 3개의 뉴클레오티드(하나의 트리플렛코돈)는 하나의 아미노산을 규정하는 메신저로써 사용된다(예를 들어, 24개의 뉴클레오티드들=8개의 아미노산들). 그림에 나타난 폴리펩타이드 사슬의 아미노산들은 오른쪽 감김을 형성하는 α-helix 구조를 형성하며, 이러한 독특한 구조는 세포 내로 산소를 운반하는 미오글로빈이라고 불리는 특수한 단백질을 적절한 구조로 접힐 수 있게 만들어 준다. 물론, 다른 종류의 단백질들은 이와는 다른 아미노산들을 포함하고 있어, β-병풍구조와 같이 그림에 도시된 것과는 다른 형태의 폴리펩타이드 구조를 형성할 수도 있고, 2개 혹은 그 이상의 폴리펩타이드 사슬들이 함께 하나의 단백질을 형성할 수도 있다.

번역 과정에서 어떤 물리적인 물질들이 mRNA에 의해 단백질에 삽입되는 일은 일어나지 않는다; **오직 정보만이 전해진다**. 즉, mRNA가 하는 역할은 단지 단백질 합성을 위해 아미노산들을 운반해 주는 **운반 RNA**(transfer RNA, tRNA)라고 하는 특수한 분자에게 아미노산들이 들어가야 할 선형의 위치들을 지정해 줄 뿐이다(**그림 6-6**). 리보솜과 다양한 효소들의 참여로 아미노산들이 펩타이드 결합을 통해 선형의 서열로 연결된다. 폴리펩타이드 사슬은 구성성분인 아미노산 각각의 정확한 위치를 유전물질이 지정함으로써 형성된다. DNA(혹은 바이러스의 RNA)는 한 생명체의 유전적 형질인 **유전자형**(genotype or genetic endowment)을 제공한다. [유전자형의 기본 단위라는 유전자(gene)의 정의를 쉽게 단언할 수는 없다. **글상자 6-1**에는 다양한 분야에서 유전자를 어떻게 정의하는지에 대해 기술되어 있다.] 핵산정보의 발현은 전사와 번역을 거쳐 생명체의 다양한 외양인 **표현형**(phenotype)으로 나타난다.

적절한 효소가 있어야 DNA의 염기서열이 복제될 수 있고, 적절한 염기서열이 있어야 효소구조가 결정되는 것과 같이, 이러한 모든 과정들은 순환론적 상호의존성을 나타낸다. 이것이 바로 생명의 기원에 대한 합리적인 설명을 찾기 어렵게 만드는 요소이다. 많은 생화학적 물질들 중 어느 것이 맨 먼저 출현했을까? 그것들은 어떤 방식을 통하여 발생했을까? 완전한 세포 구조를 형성하기도 전에 어떻게 그들이 기능을 수행하였을까?

생명의 기원에 대한 가설들

창조신화(Creation Myths)

지구 상에서 생명이 독자적으로 탄생하지 않았다고 믿는 생명 탄생의 개념은 거의 모든 인간 창조 신화에서 찾아 볼 수 있다. 이러한 신화들은 대개 스스로가 느끼고, 사고하고, 목적된 행동을 하는 등 생명의 특징들을 소유하고 있는 하나 혹은 그 이상의 뛰어나고, 지적이며, 전능한 존재에 의하여 지구 상의 생명이 특별히 창조되었다고 설파한다. 이러한 개념은 정신적인 것들이 자연의 사건들을 지배한다고 믿는 사람들에게 매우 매력적인 단순한 방식으로 생명의 기원을 설명한다. 그러나 이것은 최초 창조자의 근원을 설명하지 못하므로, 이것으로는 생명의 기원에 대한 근본적인 설명을 하지는 못한다.

자연발생(Spontaneous Generation)

또 다른 고대의 개념을 보면, 땀으로부터 곤충이 생겨나고 진흙으로부터 악어가 만들어진다고 생각하는 것처럼, 언제든지 **자연발생적으로**(spontaneously) 생명이 탄생될 수 있다는 주장도 있다. 이상하게도, 이러한 시각은 생명이 능력 있는 창조자에 의해 생겨났다고 보는 시각과 종종 동시에 나타났으며, 이는 중세시대의 유럽 내에서 인기가 있었다. 1860년대에 Pasteur와 다른 과학자들은 자연발생론(spontaneous generation theory)을 주장했으나, 그것은 제기된 이후 두 번 다시 주목을 받지 못했다. Pasteur의 증거는 맥주나 와인을 만드는 데 이용되는 발효과정을 이해하기 위한 실험 설계에서 우연히 발견되었다. Pasteur가 밀폐된 유리병에 담겨 있는 맥주를 밀봉했을 때 유리병 내부에는 어떠한 생물체도 자라지 않았다.

생명의 물질기원(Life in All Matter)

다른 가설로서 생명이 모든 물질에서 발생되고, 어떠한 원인에 의해서든지 물질의 창조는 생명의 창조에 책임이 있다는 제안이다. 분명히 이 철학적 개념은 생명을 자연적인 사건으로 간주하는 경향이 있지만, 생명을 생물과 무생물로 정의하는 것보다 생명의 서로 다른 이름으로 추정하며 더 이상 고려하지 않는다.

바이러스(viruses)와 **프리온**(prions)은 살아 있는 생물체와 연관이 있을 때 독립체처럼 기능을 한다. 감염물질 중에서 가장 작은 매개체로 여겨지는 프리온은 소수성 단백질 입자로만 구성되어 있으며, DNA 또는 RNA가 없다. 바이러스나 프리온이 살아 있는 세포 내에 존재하지 않고 독립적으로 있다면, 이를 살아 있

글상자 6-1 유전자란 무엇인가?

현재, **유전자**(gene), 즉 유전의 기본 단위에 대한 다양한 정의를 찾아볼 수 있다. 이는 많은 부분에서 다양한 전문가들이 다양한 방법과 서로 다른 접근 방식으로 연구를 진행하기 때문이다. 유전자 정의에 대한 다양한 접근법을 포괄하기 위해서 유전자를 다음의 특성 중 하나 또는 그 이상을 포함하는 생물학적 단위로 정의할 수 있다.

- 유전형질의 형성을 이끄는 활성성분으로서 DNA의 영역 — 발생생물학; 발생유전학
- 하나의 단백질 또는 RNA과 연관성이 있는 물질 — 생화학
- 암호화, 비암호화 영역을 포함하는 물질 — 분자생물학, 분자유전학
- 염색체 상에 위치하는 물질 — 세포학; 유전학, 특히 의학유전학
- 생식 또는 전달에 관련하여 세대간에 안정적으로 복제되어지는 물질 — 진화; 유전학, 특히 집단유전학
- 물리적으로 구획화할 수 있는 발생 자원 — 발생과 진화적 관점의 몇몇 철학적 접근

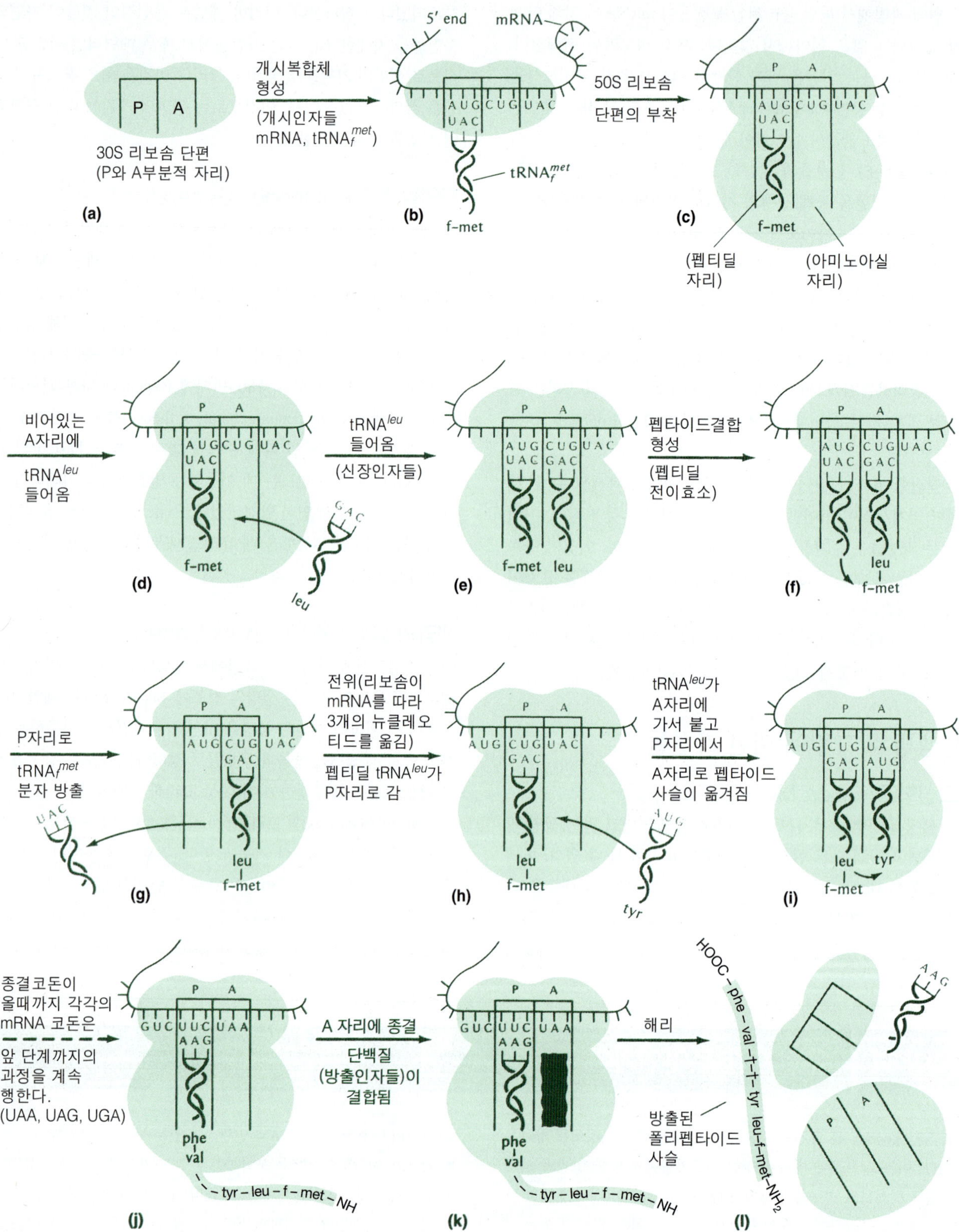

5′ end
mRNA
개시복합체
형성
(개시인자들
mRNA, tRNA$_f^{met}$)
50S 리보솜
단편의 부착
P
A
30S 리보솜 단편
(P와 A부분적 자리)
AUG CUG UAC
UAC
tRNA$_f^{met}$
f-met
(a)
(b)
(c)
(펩티딜
자리)
(아미노아실
자리)
비어있는
A자리에
tRNA^{leu}
들어옴
tRNA^{leu}
들어옴
(신장인자들)
펩타이드결합
형성
(펩티딜
전이효소)
GAC
leu
f-met leu
(d)
(e)
(f)
P자리로
tRNA$_f^{met}$
분자 방출
전위(리보솜이
mRNA를 따라
3개의 뉴클레오
티드를 옮김)
펩티딜 tRNA^{leu}가
P자리로 감
tRNA^{leu}가
A자리에
가서 붙고
P자리에서
A자리로 펩타이드
사슬이 옮겨짐
AUG
tyr
(g)
(h)
(i)
종결코돈이
올때까지 각각의
mRNA 코돈은
앞 단계까지의
과정을 계속
행한다.
(UAA, UAG, UGA)
A 자리에 종결
단백질
(방출인자들)이
결합됨
해리
GUC UUC UAA
AAG
phe
val
tyr – leu – f – met – NH
HOOC – phe – val – ~ – tyr leu–f–met–NH$_2$
방출된
폴리펩타이드
사슬
(j)
(k)
(l)

그림 6-6 박테리아인 대장균(*Eschericha coli*) 안에서의 단백질 합성의 일반적 모식도. 리보솜은 원심분리 시 침강속도에 의해 분리되는 2개의 소단위체인 30S와 50S로 구성되어 있다. 각 소단위체는 다양한 단백질과 리보솜 RNA로 구성되어 있다. (a) 30S 리보솜 소단위체는 부분적으로 2개의 펩티딜 자리(P)와 수용체 자리(A)를 가지며, 이러한 소단위체의 자리들은 50S 소단위체가 부착되어야만 비로소 완전한 기능을 발휘할 수 있게 된다. (b) mRNA와 번역과정에서 필수적인 개시 인자들의 존재 하에서 유일무이하게 특수화된 개시 인자인 포밀메치오닌 아미노산(f-met)과 결합된 tRNA($tRNA_f^{met}$)가 mRNA 개시 코돈의 상보적인 자리에 위치하면서 소단위체의 P자리를 불완전하게 점유하게 된다. (c) 그 다음에는 구아노신삼인산(GTP)에서 인산결합 하나가 끊어지면서 구아노신이인산(GDP)과 무기인산염(Pi)으로 바뀌게 되는 과정을 통하여 얻어진 인산결합 에너지에 의해 30S와 50S의 소단위체가 결합할 수 있게 된다. (d) 일단 70S 리보솜이 형성되고 나면, 완결된 리보솜의 A자리에 아미노아실기가 붙은 tRNA들(루신(leu)이나 티로신(tyr)과 같은 아미노산들을 붙인 tRNA들)이 들어가게 되며, 이러한 tRNA들의 안티코돈들은 mRNA의 코돈들과 A자리에서 상보적으로 병합된다. (e) 특이적 단백질 신장 인자(elongation factors)들이 아미노아실기가 붙은 tRNA를 A자리에 결합하도록 도와주는데, 이 단계 또한 GTP가 GDP와 Pi로 분해되면서 생성되는 에너지가 필요하다. f) P자리의 아미노산(혹은 펩타이드)은 50S 소단위체에 위치한 펩티딜 전이효소의 촉매작용으로 펩타이드 결합형성(그림 7-11a)을 통하여 A자리로 옮겨진다. 그 결과 이 그림의 하단(l번 그림)에서 보이는 것처럼, 아미노산의 아래쪽 끝부분에는 아미노기(NH2)가, 아미노산의 위쪽 끝부분에는 카르복실기(COOH)가 존재하게 된다. (g, h) 일단 펩타이드 결합이 형성되면, 아미노산이나 혹은 펩타이드를 A자리에 위치한 tRNA에 전달해 준 tRNA 분자들은 P자리로 이동함과 동시에, 리보솜은 mRNA분자를 따라 3개의 뉴클레오티드를 옮기게 되고, 결과적으로 새롭게 신장된 펩타이드 사슬을 가지고 있는 A자리에 있었던 tRNA가 P자리 내에 위치하게 된다. 추가적인 단백질 신장 인자와 GTP→GDP+Pi+E의 전이과정을 통하여 생성된 에너지가 이 과정을 위해 필요하다. 이러한 위치 이동과정은 하나의 새로운 mRNA 코돈이 새롭게 비어 있는 A자리에 위치하도록 해 준다. (i) P자리의 tRNA로부터 A자리의 tRNA로의 펩타이드 사슬의 전이와 리보솜의 이동은 A자리에 또 다른 하나의 아미노아실기가 붙어 있는 tRNA가 결합할 수 있도록 해 준다. (j) 이 과정은 리보솜이 종결코돈에 도착할 때까지 mRNA 분자를 따라 이동하면서 반복적으로 이루어진다. (k) 단백질유리인자는 A자리에서 종결코돈을 인식하고, mRNA 분자를 따라 이동하는 리보솜이 더 이상 이동하지 못하도록 한다. (l) 그 다음에 종결반응은 P자리의 tRNA로부터 펩타이드 사슬을 분리시키고 리보솜으로부터 tRNA 분자를 축출시킨다. 그후 리보솜은 mRNA와 분리되고, 30S와 50S 소단위체로 분리된다. (*Genetics*, 3rd ed., by Monroe W. Strickberger. ©1985 by Monroé W. Strickberger로부터 발췌. Prentice Hall, Inc., Upper Saddle River, NJ.의 허가하에 재발행)

다고 말할 수 있을까? "생명의 단위는 세포다"라는 Lynn Margulis (1998)의 생명에 대한 정의를 따를 수 없다면, 위의 질문에 긍정적인 답을 할 수 없다. 프리온은 비정상적인 단백질이고 세포의 부산물일 뿐, 살아 있는 세포에 편입되어 있지 않으면 내인성 단백질을 자신과 동일한 프리온으로 전환할 수 있는 기능을 할 수 없다. 이러한 특성이 프리온(또는 바이러스)을 생물 범주의 가장 바깥에 놓이게 한다(질병을 유발하는 프리온에 대한 정보는 글상자 7-1 참조).

바이러스와 프리온에 대한 논의는 우리로 하여금 자연스럽게 생물의 정의를 찾도록 한다. R. A. Wilson (2005)에 따르면 **생물을 정의**하는 9가지 가능성에 대해 기술하고 있는데, 이 목록은 매우 간결하면서도 모든 정의를 포함하고 있다(**글상자 6-2**).

생명의 우주기원(Extraterrestrial Origins of Life)

또 다른 변형된 이론은 지구 상의 생명은 멀리 떨어져 있는 별을 도는 하나의 행성체에서 발생하여 방사선에 내성이 있는 포자나 다른 수단에 의해 지구로 운반되었다고 제안한다. 이 가설은 지구 상의 생명기원 대한 화학적 설명을 찾아내는 어려움은 극복하였을지 몰라도 우주의 다른 장소(행성)에서 어떻게 생명이 기원했는지를 설명하진 못한다(글상자 5-1 참조).

이러한 개념은 **판스페르미아**(panspermia)라하며, 이것은 20세기 초에 Arrhenius(1859~1927)에 의해 주창되었고, 오늘날에도 여전히 몇몇 과학자들(예를 들어, Brooks와 Shaw; Crick; Hoyle와 Wicdramasinghe)은 이를 지지하고 있다.

가설로서 판스페르미아를 지지하는 데 어떤 종류의 데이터를 사용할 수 있을까? 판스페르미아 가설을 지지하는 몇몇 사람들은 **탄소질 운석**(carbonaceous chondrites) 내에서 탄수화물로부터 아미노산에까지 이르는 서로 다른 많은 유기 화합물들이 발견되었음을 지적한다. 그러나 자세히 살펴보면 이러한 탄소를 함유한 운석들 내의 아미노산의 구조적인 형태나 이성질체들은 두

글상자 6-2 생물이란 무엇인가?

R.A. Wilson(2005)에 기술된 기준에 따르면, 생물의 특징은 다음과 같다.

- 생물은 이질적이고 특화된 부분을 가진다.
- 생물은 다양한 내부 매커니즘을 포함한다.
- 핵산과 단백질을 포함한 다양한 유기분자로 구성된다.
- 성장하고 발달한다.
- 번식한다.
- 손상을 입었을 때 스스로 복구한다.
- 물질대사를 한다.
- 환경에 적응한다.
- 자신이 차지하는 지위를 구축한다[a].

[a] Wilson이 언급한 유기체에 대한 세 가지 관점이 무엇인지 이 목록에 포함한다. 유기체는 (1) 살아 있는 것(즉, 위에서 설명한 9가지 요소를 가짐), (2) 생식적으로 이어지는 계보(reproductive lineage)에 속함, (3) 최소한의 기능적 자율성을 가짐(2005, p.59). Wilson이 강조한 바와 같이, 이러한 정의는 식물, 동물, 고세균, 진정세균, 원생생물, 균류에 모두 적용된다.

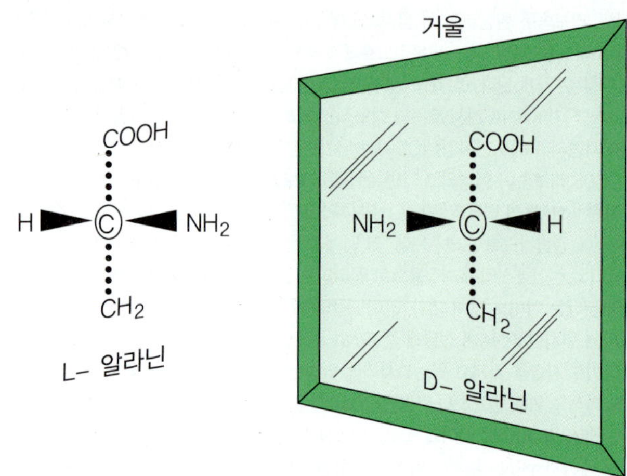

그림 6-7 아미노산의 L형과 D형 구조. 어둡고, 쐐기형으로 표시된 결합은 아미노기(NH_2)와 수소 원자(H) 그룹이 지면의 위쪽으로 돌출되어 나와 있음을 의미한다. D-알라닌은 L-알라닌의 거울상 이미지이다. 이 두 분자는 서로 포개어질 수 없으므로 동일한 분자라고 볼 수 없다. 각 입체이성질체들은 편광된 빛을 회전시키는 정도에 따라 측정할 수 있는 광학 활성(optical activity)을 가진다. 그러나 두 가지 형태는 서로 반대방향으로 빛을 회전시키는 특성이 있어,이 두 가지 이성질체들이 동일한 양으로 존재하면 광학 활성을 가지지 않게 된다.

가지 다른 종류(dextrotary와 levorotary)의 광학 활성(optical activity)을 거의 동일한 양으로 소유하고 있다. 따라서 광학적 활성이 거의 없는 라세미 혼합물(racemic mixture)로 구성된다. 이와는 대조적으로 살아 있는 생명체의 아미노산은 일반적으로 광학 활성의 오직 한 가지 형태인 L-form만을 보여 준다(**그림 6-7**).

게다가 운석 내의 많은 아미노산들은 단백질 내에서는 나타나지 않는다. 다른 관찰을 통해 이러한 발견들은 유기화합물들이 아마도 질서정연한 생명의 과정을 통해서라기보다는 운석 그 자체에서나 운석의 모체에서 무작위적인 화학반응을 통하여 형성되었다는 것을 보여 준다. 하지만 광대한 넓이의 우주공간은 너무 넓어서 극도로 적은 양만이 지구에 도달할 기회를 갖도록 분자들을 분산시켰을 것이다. 이런 의심은 분자생물학과 생화학의 이해력이 급격히 증가함에 따라 대부분의 과학자들이 생명의 지구기원설에 관심을 집중시키게 만든 원인이 되었다.

■ 생명의 지구 기원(Terrestrial Origin of Life)

지구에서 기원한 생명을 구체적으로 시각화시키는 데 있어서의 어려운 점은 근본적으로 오랜 시간 전에 일어났던 분자 환경과 사건들을 우선적으로 시각화시켜야 하는 것이다. 기껏해야, 우리는 현재 생명의 구조와 반응으로부터 원래의 분자 사건들의 일반적인 현상을 추론하기 위해 노력할 뿐이고, 실험적으로 주어진 조건 하에서 그런 사건들을 재구성하는 것 정도를 시도할 수 있을 뿐이다.

가능성(Likelihood)과 복잡성(Complexity)

대부분의 복잡한 유기물 구조가 자생적으로 만들어질 확률은 극도로 작다. 심지어 100개의 아미노산으로 구성된 짧은 단백질 효소의 배열조차도 무작위적으로 생성될 확률은 20^{100}($=10^{130}$)에 단지 한번 정도이다. 이 아미노산 서열 각각의 위치에 20개의 서로 다른 아미노산 종류가 들어 갈 가능성이 있기 때문에, 만일 무작위로 초당 새로운 100개 길이의 아미노산 서열을 만들고자 하면, 4×10^{122}년이 지나야 해당 효소의 서열을 볼 수 있다.

이 아미노산 서열 길이의 다양성에 대한 확률적 수치는 어마어마하다. 이론가들은 종종 열역학 제2법칙(second law of thermodynamics)에 근거하여 하나의 계(system) 내의 에너지는 농축보다는 확산 쪽으로 간다고 설명하고 있다. 다시 말해, 외부 에너지 자원 공급의 부재상태에서 모든 사건들이 발생하는 고립된 계(isolated system) 내에서 **엔트로피**(entropy, **무질서도**)는 감소하지 않고 오히려 증가하는 경향이 있고 이로 인해 질서화 된 상태로부터 무질서 상태로 이동한다는 것이다. 이를 근거로 보면 19세기에 Louis Pasteur가 했던 질문인 "물질이 자기 스스로 특정한 체제를 구성하고 조직할 수 있는가?"에 대한 대답은 부정적인 것일 수밖에 없다. 이러한 명백한 어려움들에 대한 대답으로서 오늘날의 많은 과학자들은 간과해서는 안 되는 세 가지 중요한 사항들을 지적하고 있다.

1. 원시 생명체들은 현재 생명체들만큼의 복잡성을 가지고 있지는 않았다라고 하는 가능성(글상자 8-3 참조).
2. 유기 분자들과 유기적 구조(생명의 구조)들의 형성은 화학적, 물리적 법칙에 따라 자연스럽게 이루어졌을지라도 전적으로 무작위적으로 발생한 사건들의 결과는 아니었다.
3. 생명은 질서화된 구조들을 유지할 수 조차 없는 그런 "고립된"계는 아니다. 생명은 죽을 때까지 "질서"를 유지시키기 위해, 지속적으로 필요한 에너지와 물질들을 외부로부터 공급받는다.

초기의 생명체들이 오늘날의 생명체들보다 훨씬 원시적이었다고 생각하는 첫째 항목은 매우 중요하다.

아마도 가장 원시적인 생명체에서도 반드시 존재했을 것으로 보이는 생명의 가장 **기초적인 특성**(basic quality of life)들은 **성장하고 생식하는 데에** 필수적인 반응들을 수행하는 능력이다. 조금 전에 배웠던 단백질과 핵산 사이의 복잡한 관계성에서 나타나는 대사와 정보 전달의 끝 없는 고리가 동일한 복잡성을 위하여 항상 필요한 것이 아님은 분명하다. 뒤에서 보게 될 내용이지만, 단백질-유사 성분들이 비록 무작위적이긴 하지만 핵산의 중재 없이도 아미노산의 반응 혼합물로부터 생성될 수 있고, 이러한 생성물들은 다양한 효소활성들을 나타낼 수 있다. RNA는 또한 특정 조건하에서 효소로서 기능을 할 수 있기 때문에 RNA와 단백질 중 무엇이 먼저 출현했는지에 대한 여부는 보류해야만 한다(8장 참조).

생명은 절대적인 혼돈 상태에서 기원하지 않았으며, 엔트로피를 감소시키는 외부의 힘들과 단절되어 있지 않다는 두 번째와 세 번째 항목들은 다양한 측면에서 지지되고 있다. 과학자들은 태양계의 진화가 생명의 탄생과 유지를 가능하도록 하는 데에 필수적인 조건(태양, 화학적 다양성, 지구궤도, 물)들을 충족시켜 주었다고 주장하고 있다.

원시물질 기원에 대한 필수 조건

1. 지구는 별의 진화에서 중요한 위치를 점하는 중간 크기의 태양을 가지고 있다. 이 태양은 지구에서 생명체의 탄생을 위해 충분히 오랜 시간 동안 지속적인 양의 방사선을 방출해 왔다. **표 6–2**에서 보는 바와 같이, 비록 다른 자원들로부터 얻어지는 에너지가 특정 화학작용을 촉발시키는 데에 중요한 작용을 할 수 있을지라도 태양 방사선으로부터 얻어지는 에너지의 양은 어떤 다른 자원들보다도 항상 훨씬 큰 것 같다.
2. H, O, C, N, S, P 등과 같은 요소들은 명백히 유기 화합물에서 가장 많이 나타나는 원자들이다. 이러한 원자들은 탄소를 포함하는 유기분자를 형성하는 데 필수적인 반응들이 일어나게 함으로써, 엄청난 화학적 다양성을 제공해 왔다. 탄소 원자의 중요한 화학적 특성으로는 외각전자의 배열 때문에 4개의 공유결합을 형성할 수 있다는 것인데 이 특성은 엄청난 3차원적 다양성과 복잡성을 가진 막대한 수의 서로 다른 안정된 분자들의 종류들을 형성할 수 있는 기회를 제공하였다. 흥미롭게도 그러한 분자들의 존재는 지구에만 있는 특성은 아니다. 스펙트로스코피(spectroscopy)를 이용하여 연구자들은 별들과 행성들로부터 기인한 밀도 높은 별들의 구름들에서 다양한 유기분자들을 관찰할 수 있었다(**그림 6–8**). 그러한 관찰들은 생명의 탄생에 필요한 많은 성분들이 태양계가 형성되는 동안과 그 이전에 이미 존재했었으며, 그것들의 합성은 살아 있는 생명의 계와는 무관하게 **무생물적**(abiotic) 화학 상호작용에 의하여 유도되었음을 시사하는 것이다.
3. 지구는 태양으로부터 명백히 일정한 거리에서 거의 원형의 궤도를 따라 돈다. 그러한 일정한 궤도는 유기분자들이 형성되고, 유지되고, 기능하는 것을 방해할 수 있는 극단적인 온도로 상승하는 것을 방지해 준다.
4. 지구에는 우수한 용매로 쓰일 수 있는 물이 굉장히 많이 존재한다. 그것들은 비교적 넓은 범위의 온도 전반에 걸쳐 액체 상태로 존재하며 안전하다. 물은 산과 염기들을 이온화시키며 반응시킬 수 있다. 물은 또한 결정화된 얼은 상태(얼음)에서는 부유(물에 뜸)한다는 장점을 가지고 있다. 이로 인해서, 유기물질을 함유하고 있는 물의 본체는 얼음의 표면 하에서 수용액으로 존재하며, 얼음이 물의 아래쪽에서부터 얼어서 올라와 축적이 일어나는 일은 없다. 지질화학자들은 물은 차갑게 식어가는 행성체(지구) 농축 단계인 지구 역사의 초기에 이미 존재했음에 틀림없고, 지각이 적당한 온도에 도달하자마자 액체 상태로 되었을 것이라고 믿고 있다. 게다가 물은 지금보다 예전에 훨씬 더 왕성했었던 화산 활동을 통해서 대기권으로 계속 방출되었을 것이다. 물은 돌을 부식시켜 퇴적암의 생성을 야기 하였기 때문에, 다량의 물의 존재는 지질학적 기록의 시초까지 거슬러 올라간다.
5. 우주 공간에 수소의 풍부함과 그로 인한 관련 성분들의 풍부함으로부터 유도된, 수소가 포함된 가스들은 지구 역사의 초기 단계에서부터 오랫동안 존재했었다. 비록 자유수소가 지구 역사의 초기 단계에서 소실되었을 가능성도 있지만, 지

표 6–2 원시지구 역사상 유기 합성을 위해 사용이 가능했을 것으로 여겨지는 에너지원

에너지원	에너지량(calories/cm²/year)
총 태양복사에너지량(모든 파장 포함)	260,000
자외선 파장(Å)	
3,000이하	3,400
2,500이하	563
2,000이하	41
1,500이하	1.7
전기방전(번개, 코로나 방전)	4
충격파(운석충돌, 번개, 분출 압력파)	1.1
방사능(1km 깊이까지)	0.8
화산(열에너지[a])	0.13
우주선	0.0015

[a] 모든 화산폭발에서 같은 양의 에너지를 방출하지는 않으며, 화산폭발의 네 가지 카테고리에 대한 설명은 다음과 같다. Mauna Loa와 같은 하와이 화산은 용암만 방출할 뿐이고, 다른 폭발이나 바위 파편을 분출시키지 않는다. Mt. Storable에서 발생한 Stumbling eruptions은 강렬한 섬광과 증기를 동반한 잦은 폭발에서 용암을 분출한다. 전 세계에서 두번째로 맹렬한 활화산인 Vulcan Ian eruptions은 공기 출입구가 막히면서 마그마 분출구가 열리고 이로 인해 가스가 축적된 후 강력하게 화산폭발이 진행된다. 마지막으로 Paleyan eruptions(카리브 해의 마르티니크 섬 Mt. Pelé의 이름을 따서 명명함)은 공기 중으로 암석, 화산재, 용암, 과열된 가스를 분출한다(*TIME Magazine*, 2006. Nature's Extremes. Inside the Great Natural Disasters that shape Life on Earth. Time, Inc., New York의 내용 참조).

출처: Miller, S.L. and L.E. Orgel, 1974. *The Origins of Life on the Earth*. (Prentice Hall, Englewood Cliffs, NJ.)의 허가를 받아 재인쇄

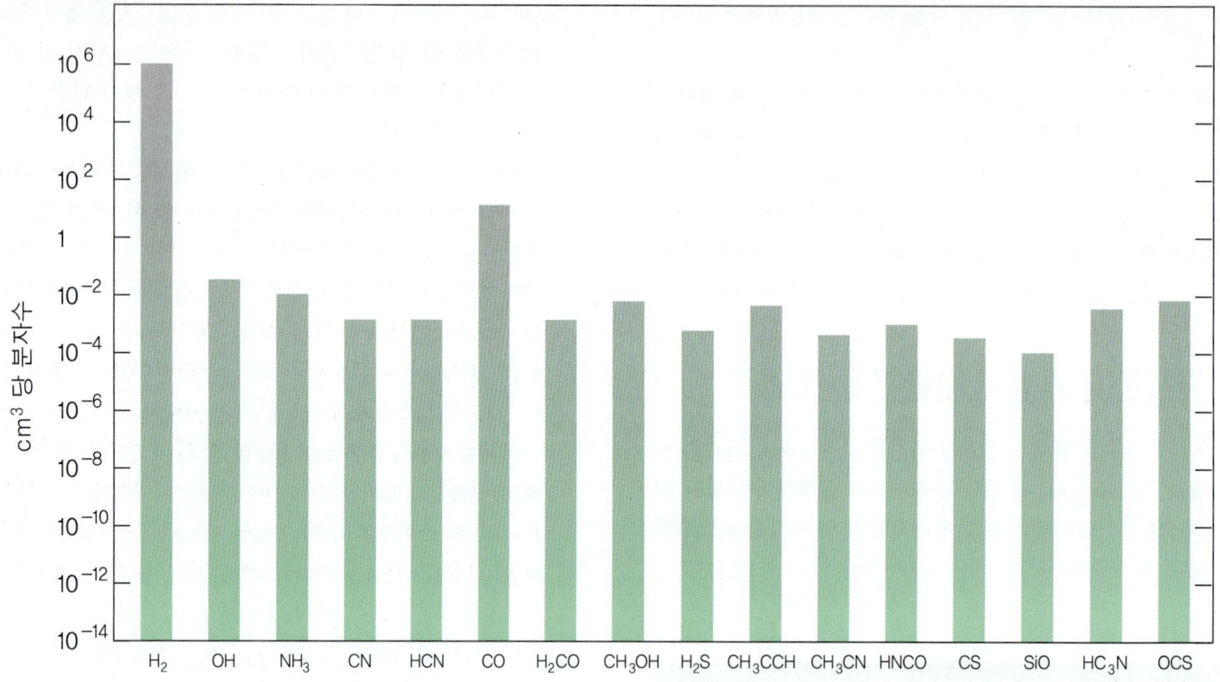

그림 6-8 은하계 내의 분자 구름들에서 관찰되는 다양한 분자들의 밀도. H_2=수소, OH=히드록실기, NH_3=암모니아, CN=시아노젠, HCN=시안화수소, CO=일산화탄소, H_2CO=포름알데히드, CH_3OH=메틸알코올, H_2S=황화수소, CH_3CCH=메틸아세틸렌, CH_3CN=시안화메틸, HNCO=이소시안산, CS=일황화탄소, SiO=일산화규소, HC_3N=시아노아세틸렌, OCS=황화카르보닐. (Buhl, D., 1974. Galactic clouds of organic molecules. *Origins of Life*, 5, 29–40로부터 각색)

구 내부로부터의 방출된 수소 관련 기체들이 대기를 부분적으로 환원시키거나 혹은 많은 장소에서 대기의 환원이 발생했을 수 있다. 환원된 대기가 있는 곳들에서 수소들은 수소와 결합 가능한 다양한 원소들(특히, 탄소)에 부착될 수 있었다. 태양광선과 자외선으로부터 얻는 에너지와 함께 그런 기체들은 생명의 과정(living process)에 필요한 에너지와 구조 모두를 동시에 제공해 줄 수 있는 다양한 유기분자들의 형성을 가능하게 하였다(예를 들면, 아미노산, 당, 지방산, 퓨린, 피리미딘).

지구의 초기 대기 구성과 관련된 이론은 강하게 환원되어있었다는 견해에서부터 중립적으로 약간 환원되었었다는 견해,전혀 환원되지 않았었다는 견해까지 다양하다. 그러나 지구의 내부로부터 방출된 가스들이 수소(H_2)와 메탄(CH_4)이라는 데에는 모든 이론적 가설에서 이견이 없다. 게다가 350℃에 이르는 심해 열수공(hydrothermal deep-sea)에서는 철이나 다른 미네랄 촉매들의 존재 하에서 과열된 물과 함께 질소나 질소 산화물들을 결합시킴으로써 다량의 암모니아를 생성할 수도 있다(Brandes et al., 1998; **글상자 6-3** 참조). "총체적인 유기 화학반응(universal organic chemistry)"의 기반이 되는 적당한 에너지원, 화학물질, 온도, 용매가 존재했었다.

발생할 수 있는 다양한 지구 화학반응의 종류를 연구하기 위해서 연구자들은 실험을 계획하고 운석으로부터의 증거를 수집했다.

실험과 운석들로부터의 증거

1920년대, 러시아 생화학자인 Aleksandr Oparin(1894~1980)과 영국 유전학자인 J.B.S. Haldane(1892~1964)은 독자적인 별도의 연구를 통해 각각 원시 지구 대기는 환원되어 있었으며, 그러한 대기에서 형성된 유기화합물들은 생명체들에 의해 사용되는 지금의 것들과 매우 비슷하다는 것을 제안했다. 이로부터 약 30년 후에야 이 가설이 실험적으로 증명되었다.

1953년 Stanley Miller는 메탄, 암모니아, 수소 가스들을 유리관에 넣었다(**그림 6-9**). 그는 큰 5리터 플라스크 내에 전기 스파크를 주면서 작은 플라스크에서 물을 끓여 스파크에 수증기를 제공하였고, 가스들이 순환하도록 장치를 하였다. 스파크에 의해 형성된 화합물들은 농축되었고, 만일 그것들이 휘발성이 있다면 재순환되었다. 일주일간 계속된 전기 방전 후에 그는 크로마토그래피 실험을 수행하여 수용액 층에 축적된 산물들이 무엇인지를 분석하였다. 생성된 화합물들은 분자적으로 간단하였으며, 대부분이 오늘날의 생명체에서 발견되는 아미노산들과 다른 물질들(예: 요소)이었다는 사실은 주목할 만하다(**표 6-3**). 당연하게도 모든 분자는 단순한 구조를 가지고 있지만, 생물에는 필수적인 요소로

글상자 6-3 심해 열수공에서 발생하는 분자의 기원

1977년에 발견된 심해 열수공(deep-sea hydrothermal vent)은 일반적으로 표면온도가 350℃에 이르는 지점으로 지난 10년 동안 원시지구의 초기 생명체일지도 모르는 유기분자의 기원에 대한 타당성이 있는 연구재료로 부상하였다. 아미노산 **알라닌**(alanine)의 생성과 다음의 순서로 진행되는 짧은 펩타이드 사슬로의 조립에 대한 증거들이 밝혀지고 축적되었다:

> 물과 금속이온들 → CO_2와 함께 초산(acetic acid)의 활성 → 피루브산(pyruvic acid)과 암모니아 → 작은 펩타이드 서열을 형성하기 위해 물과 상호작용을 할 수 있는 알라닌

초기 분자의 기원에 대한 Huber and Wächtershäuser의 시나리오에서는 금속성 이온이 현재의 효소와 같은 역할을 했을 것으로 제안한다; 해저 암석에는 황철광(iron pyrite)이 풍부하다. 산소, 수소, 탄소를 구성하는 가장 단순한 산성물질 중 하나인 초산은 현존하는 유기체에서 크렙스 회로(Krebs cycle)(8장에서 논의, 특히 글상자 8–4)를 포함한 많은 대사과정의 첫 번째 개시자로 작용한다. 1998년 100℃에서 초산을 생성하기 위한 실험적 증거들이 발표되었지만, 분자와 같은 생체 물질이 이러한 고온에서 살아 남을 수 없기에 반박 당했다. 다양한 범위의 온도와 해양의 깊이에서 발견된 압력 조건에 따른 실험을 통해 800℃ 고온에서 암모니아를 생성했다. 피루브산과 함께 결합했을 때, 아미노산 알라닌이 생성되고 짧은 펩타이드 서열을 형성했다.[a]

[a] 위에서 언급한 연구에 관해서는 Brandes et al. (1998)과 Huber, C., and G. Wächtershäuser (1998)을 참조하고, 이에 대한 전반적인 개론과 유기분자의 진화학적 기원에 대한 다른 연구는 Hazen (2005)를 참조

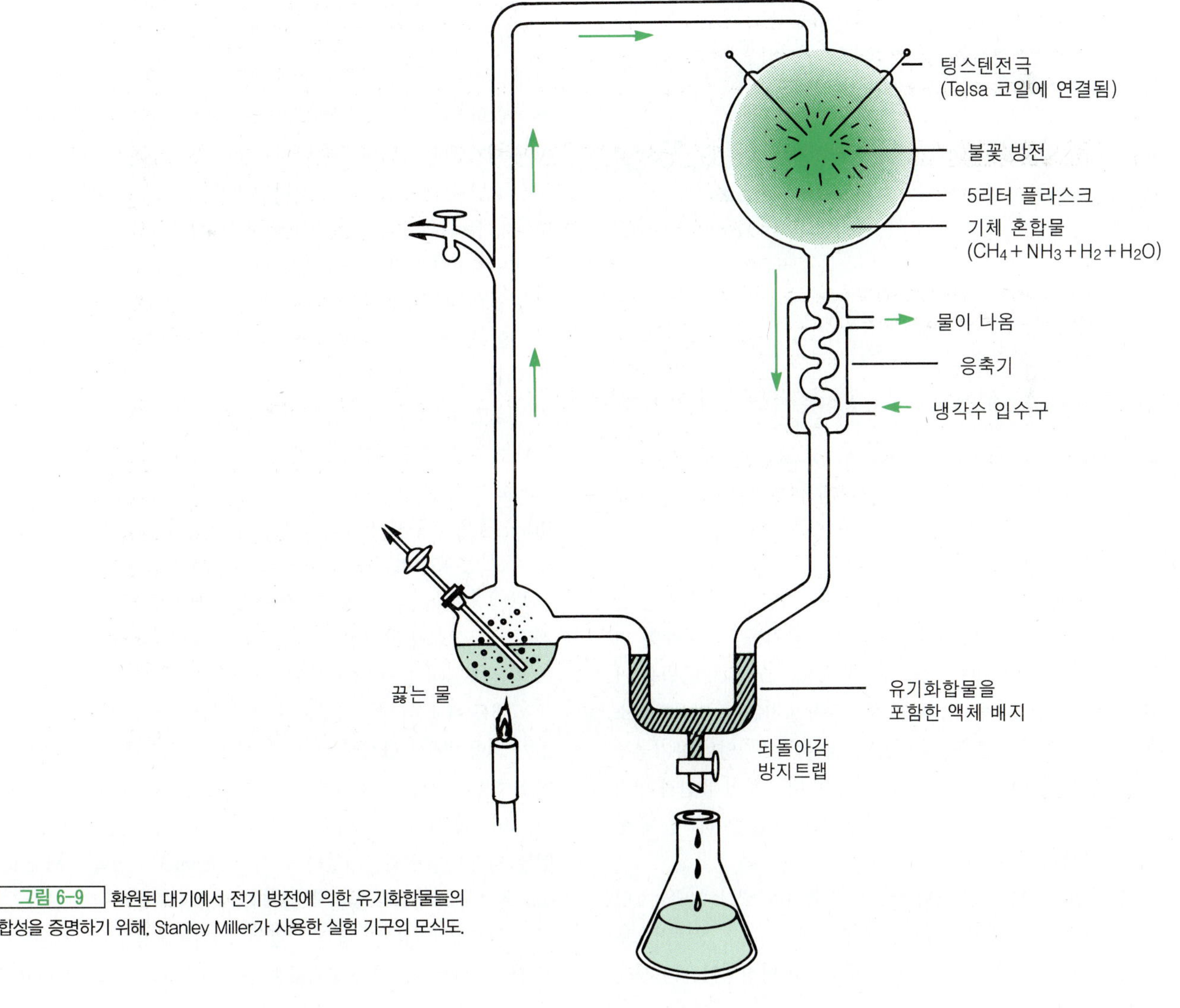

그림 6–9 환원된 대기에서 전기 방전에 의한 유기화합물들의 합성을 증명하기 위해, Stanley Miller가 사용한 실험 기구의 모식도.

표 6-3 물, 수소, 메탄, 암모니아 기체 혼합물을 전기 불꽃에 노출시켜 얻은 다양한 유기물들의 산출량[a]

화합물	산출양(%)[b]
글리신	2.1
글리콜산	1.9
사르코신	0.25
알라닌	1.7
젖산	1.6
N-메틸알라닌	0.07
α-아미노-n-부틸산	0.34
α-아미노이소부틸산	0.007
α-수산화부틸산	0.34
β-알라닌	0.76
숙신산	0.27
아스파르트산	0.024
글루탐산	0.051
이미노디아세트산	0.37
이미노아세틱프로피오닉산	0.13
포름산	4.0
아세트산	0.51
프로피온산	0.66
요소	0.034
N-메틸요소	0.051
(총)	15.2

[a] 이러한 산출물들은 실험기구에 첨가되었던 탄소 중 단지 약 15% 만을 대표한다. 나머지 탄소 생성물들은 대개 분석이 불가능한 타르와 같은 중합된 물질의 형태로 존재했다.

[b] 퍼센트 산출량은 혼합물에 메탄으로서 첨가되는 탄소의 양에 기초한 것이다.

출처: Mllier, S.L. and L.E. Orgel, 1974. *The Origin of Life on the Earth*. Prentice Hall, Englewood Cliffs, NJ.의 허가하에 재인쇄

알려진 화합물이다.

전기방전 이외에도 β-선, γ-선, X-선, 가열, 자외선 등과 같은 다른 에너지원들이 아미노산들과 다른 유기물들을 단순한 기체들로부터 생산해 낸다. 예를 들면 Fischer–Tropsch형 반응(가열된 숯 위에 수증기를 지나가게 함으로써 발견됨)은 일산화탄소와 수소의 가열된 혼합물이 촉매 위를 지나갈 때 다양한 유기물을 생산할 수 있다. Miller의 실험에서 만들어 내지 못한 퓨린과 피리미딘 계열의 뉴클레오티드 염기들을 암모니아의 첨가를 통해 생성시킬 수 있다.

당연한 무작위적인 화학 반응들을 통하여 생산해 낼 수 있는 복잡한 분자들 중에서 생명에게 필수적이면서도 상대적으로 간단한 상당한 양의 화합물들이 실제적으로 형성되었다는 사실

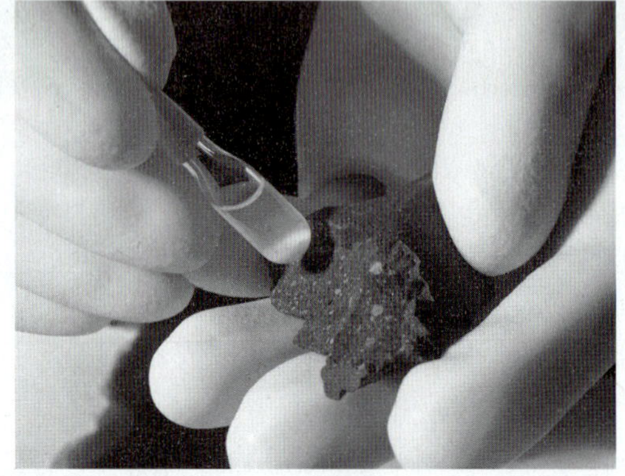

그림 6-10 시카고대학의 연구자에 의해 Muchison 운석 성분 추출(테스트 튜브, 별에서 떨어져 나와 응축된 이후 물질의 변화는 없었을 것으로 추정). 1969년에 오스트레일리아 빅토리아의 Murchison 근교에 떨어진 탄소를 함유한 Murchison 운석의 대략 5인치 정도 되는 단편으로 지구의 대기를 통과할 때의 마찰열 때문에 겉 표면이 숯처럼 검다. 지질화학자들은 Hadean 시기에 주요 운석 충돌들은 생물 반응의 기원에서 사용된 물과 유기물의 심대한 양을 제공하는데 기여했다고 제안했다. (ArgonneNational Laboratory에서 사진 제공)

이 주목할 만하다. 이 실험과 함께 뒤이어 수행된 다른 실험들은 생명의 탄생 이전에 존재했었던 화학적 환경들은 “혼돈(chaos)” 상태가 아니었으며, 오히려 생명체를 형성하는 데 기여할 수 있는 간단한 유기 분자들을 상당히 많이 가지고 있었을 가능성을 강하게 제기했다. 게다가 천문학자들은 그런 화합물들을 우리의 은하수에 별들 간 구름에서 관찰하였으며(그림 6-8), 46억 년 전에 태양이 응축하던 때에 우주상에 잔존해있는 물질을 대표한다고 여겨지는 다양한 **탄소함유 운석**(carbonaceous meteorites)들에서도 그와 같은 화합물들을 볼 수 있었다.

일례로서, 1969년에 오스트렐리아에 떨어진 **Murchison 운석**은 80kg 이상의 탄소물질을 함유하고 있었으며, 그중 약 1%가 유기 탄소였다(**그림 6-10**). 운석이 땅에 닿자마자 바로 그 성분을 분석하는 매우 많은 다른 실험실들에서 수행한 실험결과들이 전반적으로 너무나도 동일했기 때문에, 실험자들은 단백질 타입의 아미노산들은 지구에서 유래한 생물들의 오염으로부터 기인한 것일 수도 있다고 의심하고 있다. 또한 주목할 만한 것은 단백질이든 단백질이 아니든 간에 운석에서 발견된 모든 아미노산들은 실제적으로 실험자들이 실험실에서 혼합물에 전기 방전을 함으로써 얻은 것들과 유사하다(표 6-4).

생물 탄생 이전에 지방산이 합성되었다는 증거를 찾기 위해, 초기 태양계에서 합성되었던 화합물의 종류들을 함유하고 있는 탄소 함유 운석들에 초점을 맞춘 연구들이 진행되었다. 예를 들면, Murchison 운석의 안쪽 부분에 ~8개의 탄소 길이를 가지고 있는 지방산들이 관찰되었다. 더욱이 Deamer의 실험은 Murchison 운석의 오염되지 않은 부분에서 지방과 같은 구조이면서, 막 구조와 유사한 형태의 경계가 있는 소포를 생성할 수 있다는 것을 보여 주었다. 몇몇 연구자들은 중앙해령(mid-oceanic ridges)

표 6-4 Murchison 운석에 있는 아미노산들과 전기 방전 합성에서 생성된 아미노산들의 상대적인 풍부도(*)의 비교[a]

아미노산[b]	Murchison 운석	전기 방전
글리신	****	****
알라닌	****	****
α-아미노-n-부틸산	***	****
α-아미노이소부틸산	****	**
발린	***	**
노르발린	***	***
이소발린	**	**
프롤린	***	*
피페콜산	*	*
아스파르트산	***	***
글루탐산	***	**
β-알라닌	**	**
β-아미노-n-부틸산	*	*
β-아미노소이소부틸산	*	*
γ-아미노부틸산	*	**
사르코신	**	***
N-에틸글리신	**	***
N-메틸글리신	**	**

[a] 분석가들은 비생물학적인 피리미딘 계열(예를 들면, 4-히드록시피리미딘)을 언급한 적은 있을지라도 살아 있는 생명체들의 핵산으로부터 발견되는 퓨린과 피리미딘 계열의 화합물을 운석에서 관찰하진 못했다.

[b] 운석의 아미노산들은 D형과 L형 모두를 가지고 있으며 광학적으로 불활성화된 혼합물(라세미 혼합물)들이어서, 지구 상의 생물들에게서 L형만이 압도적으로 나타나는 것과는 다르다.

(*Cold Spring Harbor Symposia on Quantitative Biology*, Volume LII, 1987 by Cold Spring Harbor Laboratory에서 인용)

를 따라 흔히 발견되는 열수 기둥의 높은 온도와 압력들은 지구 상에 지방산 합성을 위한 적절한 조건들을 제공할 수 있었다고 제안한다. 이런 운석에서 발견되는 화합물들은 실험실에서 행하는 실험들이 원시 지구에서 생물 발생 이전의 유기 화합물의 합성에서 일어났던 실제의 화학적 공정을 반영한다는 것을 강하게 보여 준다[3].

원시 지구에서 일어난 것처럼, 단순한 조건하에서 주요 5개 유기 분자군(알데하이드, 당, 퓨린계와 피리미딘계의 염기, 지방산, 피롤/포르피린 고리/조효소)을 합성하기 위해 요구되는 반응과정들에 대해 **글상자 6-4**에 제시하였다. 이러한 반응경로에 대한 실험은 살아 있는 생명체들에서 사용되는 기본적인 유기 분자들의 대부분이 비교적 쉽게 여러 반응들에서 형성될 수 있다는 것을 보여 준다. 반응 당 생성되는 양은 일반적으로 작지만, 만약 메탄과 같은 반응성이 있는 화합물들이 충분히 존재한다면, 그러한 물질들의 전체적인 양은 꽤 많게 될 것이다. 심지어 사용 가능한 에너지만으로 반응들을 제한한다고 할지라도, 유기물질들의 상당한 농도가 생성되게 된다. 예를 들어, 1광자(photon)의 자외선 조사를 보면, 하나의 단순 유기 분자의 약 1/100,000에서 1/1,000,000 정도의 양자를 생성해 낸다고 한다.

물론 자외선과 열이 또한 유기물을 분해할 수도 있고, 그러한 분해 효과들은 상당히 클지도 모른다. 그럼에도 불구하고, 일단 유기물이 생성되면 의심할 여지 없이 그것들은 자외선에 의한 분해가 가능하지 않은 연못들이나 바다의 깊은 곳, 바위의 틈새와 같이 상대적으로 차갑고 보호된 장소들에서 축적될 수 있는 기회들을 많이 가지게 된다. 그러한 장소들에서, 유기물들의 농도는 축적을 통해 상당히 높을 수 있다.

농축과 중합

특정 장소들에서 아미노산, 당, 그리고 다른 분자들의 농축이 일어나면 그 이후의 화학적 진화는 이러한 단량체가 펩타이드, 다당류 등으로 바뀌는 것이고, 이를 위해서는 **중합**(polymerization)이나 **농축**(condensation)이 필수적이다.

그림 6-11에서 보여지는 것처럼, 대부분의 중합반응들은 농축된 단량체들로부터 물 분자의 제거를 통해 이루어진다. 예를 들면, 아미노산들은 일방적으로 **인산 결합**(phosphate-band) 에너지를 통해 세포내 리보솜에서 펩타이드들로 결합이 된다(그림 6-6 참조). 세포 밖에서는 이러한 일들이 훨씬 더 수행되기 어렵겠지만, 그럼에도 불구하고 이러한 결합들은 수용성 배지 또는 물이 완전히 제거된 상태에서 형성될 수 있다. 많은 수의 농축된 작용인자들은 **펩타이드 결합**(peptide bond)을 한다(**글상자 6-5**).

전혀 혹은 거의 물 분자를 가지고 있지 않은 무수 상태에서는, 열은 특별한 농축물의 부재에서도 화학적 기질들로부터 물 분자의 손실과 제거(탈수축합반응)을 통해 농축과 중합반응을 촉진시킬 수 있다. 실험실에서는 열에 의해, 유기체 내부에서는 효소에 의해 수행될 수 있는 반응 중에서 하나는 오르토인산(orthophosphate)으로부터 고 에너지 인산 결합들을 형성하는 반응이다.

$$2\left[O{=}\overset{\displaystyle O}{\overset{\|}{P}}{-}OH\atop \quad\ |\ \ OH\right] \longrightarrow O{=}\overset{\displaystyle O}{\overset{\|}{\underset{\underset{\displaystyle OH}{|}}{P}}}{-}O{-}\overset{\displaystyle O}{\overset{\|}{\underset{\underset{\displaystyle OH}{|}}{P}}}{-}O^{-} + H_2O$$

오르토 인산   피로 인산

농축물인시안산이 주요한 인산 광물질인 침전된 수산화인회석[$Ca_{10}(PO_4)_6(OH)_2$]과 반응함으로써 무기 피로인산(PPi)이 매

[3] Murchison 운석 실험은 Deamer(1986, 2003) 참조, 고온과 압력의 역할에 대한 내용은 Ferris(1992) 참조

글상자 6-4 5개 유기분자 그룹의 생성경로

원시 유기분자의 개시자의 설명 가능한 5개 생성경로는 다음과 같다.

■ 알데하이드(Aldehydes)

원시 지구상태 하에서 합성된 아미노산들은 먼저 알데하이드의 합성으로부터 비롯되는 것 같고,알콜의 산화로 인해 유기적 화합물을 형성하고 아래 그림과 같이 CHO 그룹을 포함한다(R 위치에는 어떤 그룹도 올 수 있다).

$$R-C(=O)-H$$

알데하이드를 형성하고 나서 암모니아, 아세틸렌, 시안화수소, 포름알데하이드, 아세트알데하이드를 생산하기 위해 암모니아, 시안화물과 함께 반응한다. 이러한 반응 화학물질들은 간단한 가스들로부터 유래되거나 이후 추가적인 상호작용으로부터 비롯된다:

암모니아

$$N_2 + H_2 \rightarrow NH_3$$
$$N_2 + H_2O \rightarrow NH_3$$

아세틸렌

$$CH_4 \longrightarrow C_2H_2\ (HC\equiv CH)$$

시안화수소

$$CH_4 + N_2,\ CH_4 + NH_4,\ CO + NH_3,\ C_2H_2 + N_2 \rightarrow HCN\ (HC\equiv N)$$

포름알데하이드

$$CH_4 + H_2O,\ CH_4 + CO_2,\ CO_2 + H_2,\ CO_2 + H_2O \rightarrow HCHO\ (HC(=O)H)$$

아세트알데하이드

$$CH_4 + H_2O \longrightarrow CH_3CHO\ (H_3C-C(=O)H)$$

아미노산 합성(Strecker 합성)의 가능한 경로들 중에 하나에 의하면, 그 후의 단계는 다음과 같다:

(1) 알데하이드 + HN_3로부터 알디민 형성

$$R-C(=O)-H + NH_3 \longrightarrow R-CH(OH)(NH_2) \longrightarrow R-C(=NH)-H + H_2O$$

(알디민)

(2) 알디민으로부터 아미노니트릴 형성

$$R-C(=NH)-H + HCN \longrightarrow R-CH(NH_2)-C\equiv N$$

(아미노니트릴)

(3) 아미노니트릴로부터 아미노아마이드 형성

$$R-CH(NH_2)-C\equiv N + H_2O \longrightarrow R-CH(NH_2)-C(=O)-NH_2$$

(아미노아마이드)

(4) 아미노아미이드로부터 α-아미노산 형성

$$R-CH(NH_2)-C(=O)-NH_2 + H_2O \longrightarrow R-CH(NH_2)-C(=O)-OH + NH_3$$

(α-아미노산)

만일 앞의 반응들에서 R이 수소 원자라면, 다시 말해서 만일 최초의 분자가 포름알데하이드(HCHO)라면

$$H-C(=O)-H$$

결과적으로 얻어지는 아미노산은 글리신이며, 자연계에서 생성되는 20개의 아미노산 중에서 가장 단순한 구조이다(그림 6-2 참조). 이 20개의 유기화학물은 카르복실기(COOH)와 아미노기(NH_2)를 포함하고 단백질의 주요 구성성분이 된다.

$$H_2N-CH_2-C(=O)-OH + NH_3$$

글리신

알칼리 조건하에서 글리신에 포름알데히드를 더하면, **다른 아미노산인 세린**을 생성할 수 있다(그림 6-2 참조):

$$H_2N-CH_2-C(=O)-OH + H-C(=O)-H \longrightarrow H_2N-CH(CH_2OH)-C(=O)-OH$$

글리신 포름알데하이드 세린

비록 서로 다른 생화학 경로로부터 합성된 것이지만, 단백질 합성에 현재 사용되고 있는 모든 20가지 아미노산들은 비슷한 구조적 패턴을 가지고 있다(그림 6-2 참조).

■ 당(Sugar)

꽤 간단한 조건하에서 쉽게 합성될 수 있는 다른 기초적인 유기 분자들 중에 당(sugar)이 있다. 예를 들면 "포르모스 반응(formose reaction)"에서, 포름알데하이드를 농축함으로써 작지만 상당한 양의 글루코스와 리보오스를 얻을 수 있다:

$$2\,H-C(=O)-H \longrightarrow H-C(=O)-CH(OH)-H$$

포름알데하이드 글리코알데하이드

$$H-C(=O)-CH_2(OH) + H-C(=O)-H \rightarrow H-C(=O)-CH(OH)-CH_2(OH) \rightleftharpoons H-CH(OH)-C(=O)-CH_2(OH)$$

글리세알데하이드 디하이드록실 아세톤

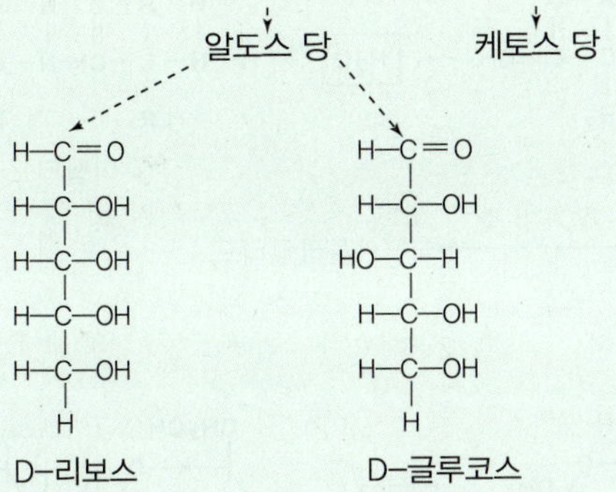

알도스 당 / 케토스 당

D-리보스 / D-글루코스

대개 신진대사의 연료로서 사용될 수 있는 가능한 모든 6탄당들 중에서, 글루코스의 우세는 대부분 환경적인 안정성과 관련이 있다. 안전성 때문에 초창기 생물학적 반응에서 기본적인 역할을 담당하면서 다른 당들보다 많은 양으로 축적된 것 같다. Gest and Schopf (1983)에서는 오직 당을 기반한 세포 시스템이 생화학적, 세포학적 진화에 성공적인 시작점을 제공한다고 제안하고 있다.

퓨린과 피리미딘 염기(Purine and Pyrimidine Bases)

핵산의 필수성분인 퓨린과 피리미딘 염기들은 생물발생 이전의 상태 하에서도 합성될 수 있다. 예를 들면, 시안화암모늄(HCN과 NH_4OH의 반응에 의해 생성됨)의 열처리한 수용액은 0.5%의 아데닌을 산출함을 보여 주었다. 유사하게, 시안화수소용액을 활성화시키는 자외선의 조사는 아데닌과 구아닌을 포함한 다량의 퓨린계염기들을 생산한다 (Chela-Flores et al., 2002).

아데닌 형성 시 일어나는 농축반응들은 비교적 상세하게 연구되었다. 한 예로, 아데닌은 시아노에틸렌으로부터 합성될 수 있다. 요소와 같은 시안화물들과 시아노아세틸렌의 반응은 다음에서 보여지는 것처럼 **피리미딘 계열의 시토신**(pyrimidine cytosine)을 생성한다:

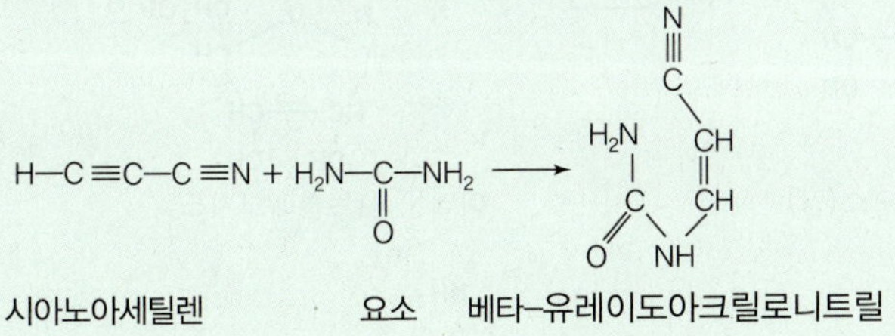

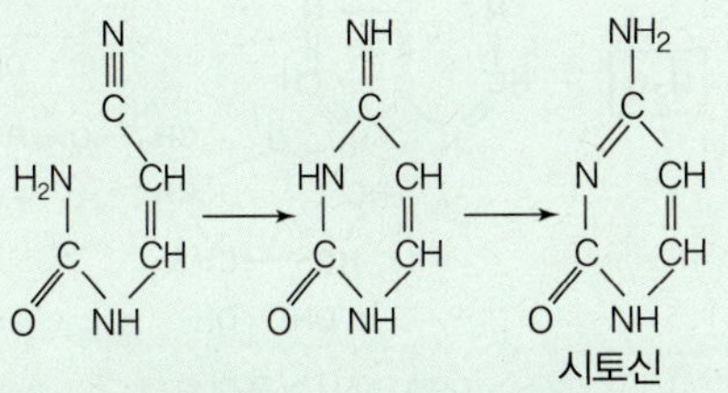

$$H{-}C{\equiv}C{-}C{\equiv}N + H_2N{-}\underset{\|}{\overset{}{C}}{-}NH_2 \longrightarrow \text{베타-유레이도아크릴로니트릴}$$

시아노아세틸렌 / 요소 / 베타-유레이도아크릴로니트릴

시토신

실험자들은 다른 피리미딘 계열인 우라실과티민에 대하여 유사한 합성 절차를 제안했다. 오르트산(Orotic acid, 피리미딘 계열)은 우라실의 전구체로서 생물학적으로 생성되었든 시안화수소의 중합에 의한 비생물학적으로 생성되어졌든 시작은 불명확하지만, 자외선에 의해 비교적 효율적으로 탈탄산 과정을 거쳐 우라실로 변형된다. Ferris와 Joshi는 우라실의 전구체로서 생물적으로 생성되거나, 시안화수소의 중합에 의하여 무생물적으로도 생성되는 오르트산(Orotic acid)은 자외선에 의하여 비교적 효과적으로 디카복실화되어 우라실로 바뀔 수 있다는 것을 보여주었다. 이 2개의 반응들이 매우 유사하기 때문에, 그들은 우라실 유도체의 초기 생물적 합성은 자외선이 아닌 촉매 기능을 수행할 수 있는 효소를 사용하여 무생물적인 합성 방식에 따라 손쉽게 이루어졌을 것이라고 제안하였다(이후 연구는 Ferris, 2005a 참조).

지방산(Fatty Acids)

현재 생물의 막과 저장 조직에 사용되는 지방산(fatty acids)은 에너지원으로서 감마선을 이용하여 높은 대기 압력 하에서 합성되어진 생명의 기초 분자들 중 하나이다:

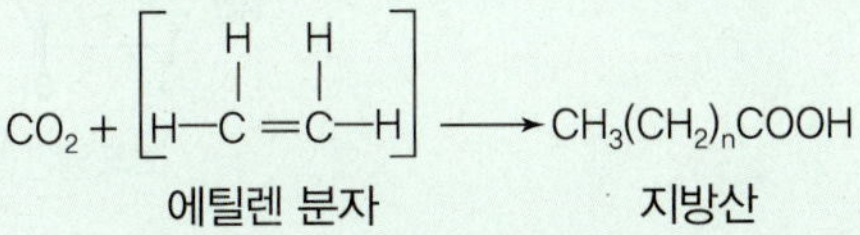

$$CO_2 + \left[H{-}\overset{H}{C}{=}\overset{H}{C}{-}H\right] \longrightarrow CH_3(CH_2)_nCOOH$$

에틸렌 분자 / 지방산

본문에서 논의한 것처럼, 탄소 함유 운석들의 안쪽 부분에 8개의 탄소 길이까지를 가지고 있는 지방산들이 관찰되었다.

피롤(Pyrroles), 포르피린 고리(Porphyrin rings), 조효소(Coenzymes)

포르핀 유사 화합물들의 전구체인 피롤(pyrrole)은 메탄(CH_4), 암모니아(NH_3), 물(H_2O)의 혼합물에서 합성될 수 있고, 포르핀 구조를 형성하기 위하여 포름알데히드와 반응할 수 있다. 비록 생물 탄생 이전의 단계에서는 가능하지 않을지라도, 그것은 다음 단계로 산화를 통해 헴(heme), 엽록소와 다른 색소들에서 발견되어지는 **포르피린 고리**(porphyrin ring)를 생성할 수 있다:

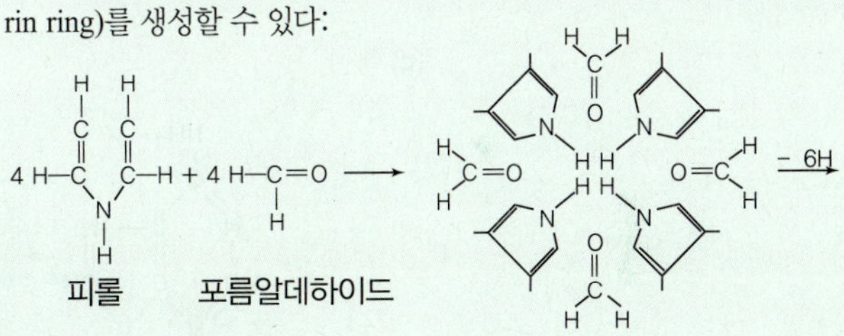

$$4\,\text{피롤} + 4\,H{-}C{=}O \longrightarrow \cdots \xrightarrow{-6H}$$

피롤 / 포름알데하이드

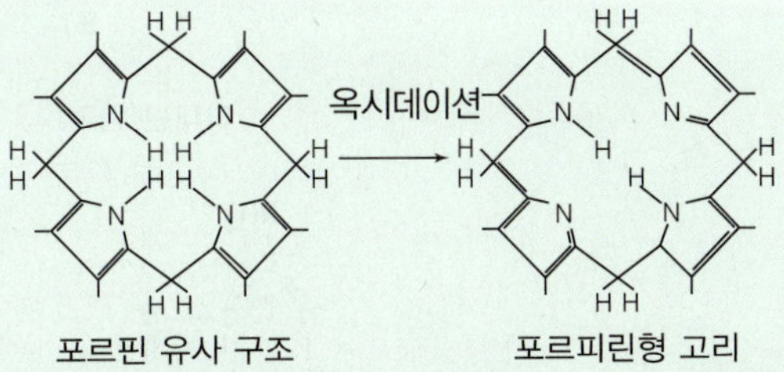

옥시데이션

포르핀 유사 구조 / 포르피린형 고리

포르피린 구조는 이중 결합과 단일 결합을 번갈아 가질 수 있는 구조를 가지고 있어, 그들의 구성 원자들의 위치 변화 없이 다양하게 다른 모양을 생성할 수 있는 "공명(resonance)" 구조를 가지고 있다. 그러한 공명 구조는 잉여의 전자들을 잡아 둘 수 있어, **전자 수용체(산화)**로서 기능을 하거나 **전자 공여자(환원)**로서 기능을 할 수 있도록 포르피린에 구조적 안정성을 부여한다. 유사한 산화와 환원 반응들이 니코틴 아미드 아데닌디뉴클레오티드(nicotinamide adenine dinucleotide, NAD)와 같은 뉴클레오티드 유도체들에서도 수행될 수 있는데, 이들은 광범위하게 다양한 화학 반응들을 촉매하는 단백질 효소와 함께 어울려 기능을 수행하는 까닭에 **조효소**(coenzymes)라 불린다.

그림 6-11 펩타이드, 다당류, 지질, 핵산의 형성을 이끄는 농축 반응의 예들. (d)에서 당 단위는 리보오스이고, 생성된 핵산은 리보핵산(RNA)인 반면, 디옥시리보핵산(DNA)에서의 당단위는 2′탄소 위치에 산소 원자가 없다. (Calvin,M., 1969. *Chemical Evolution*. Oxford University Press, Oxford, England.에서 각색)

(a) 단백질

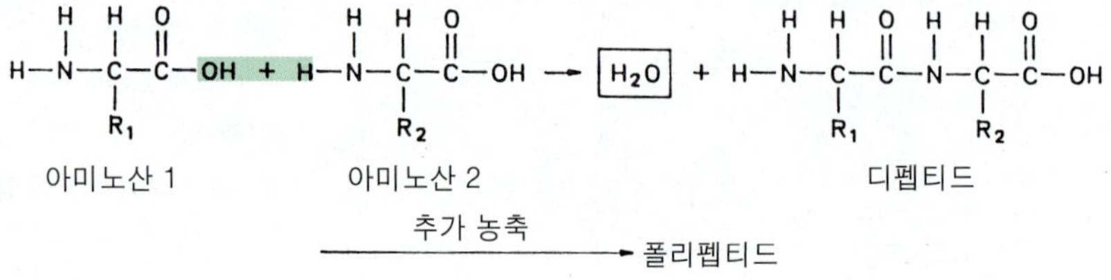

(b) 다당류

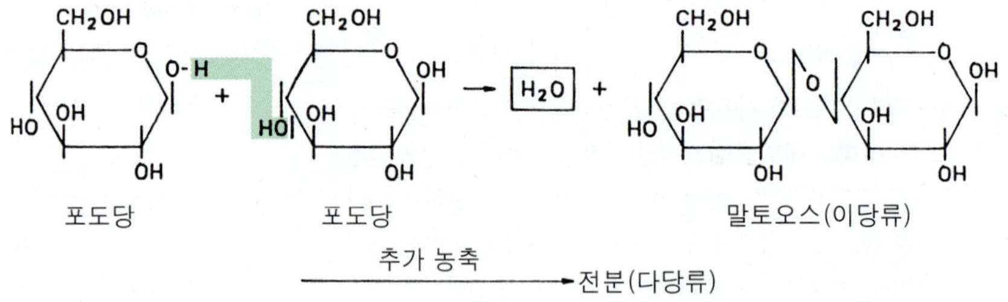

(c) 지질

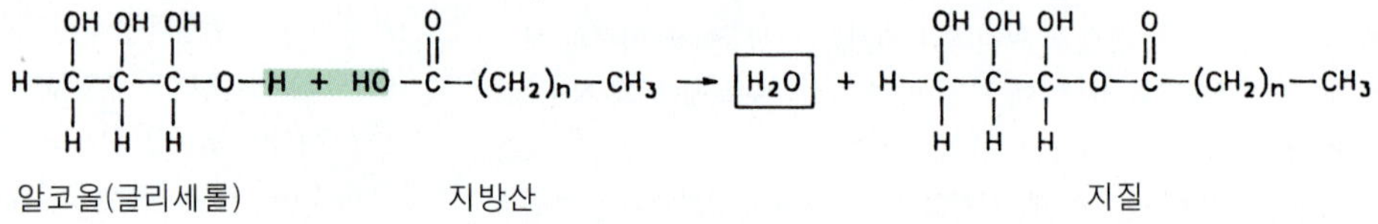

(d) 핵산

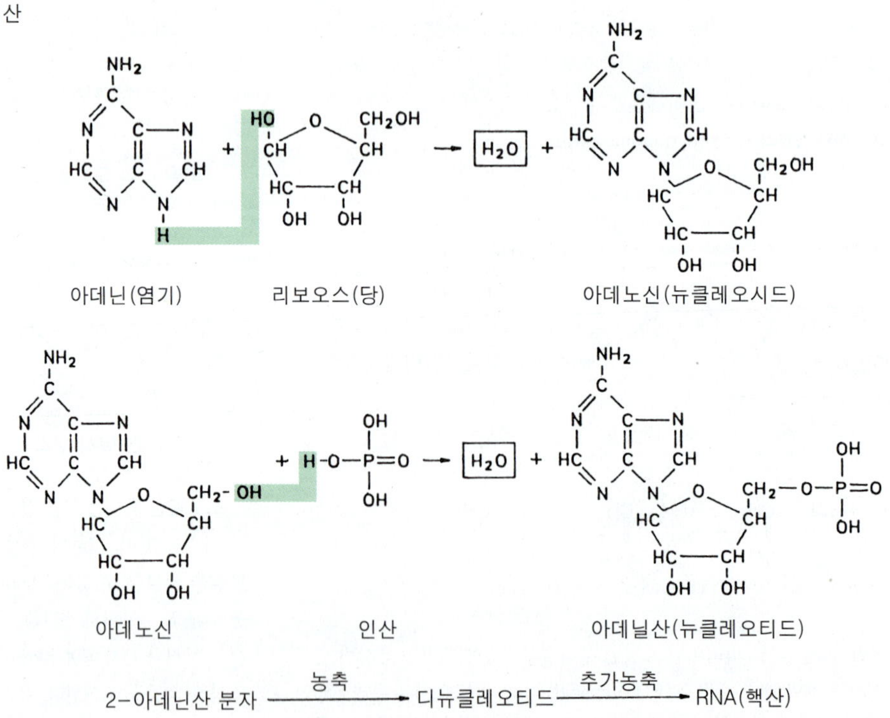

글상자 6-5 물질의 농축과 펩타이드 결합의 형성

지구 역사에서 초창기에 존재했을 것으로 생각되는 농축물들로서 확인된 화합물들은 다음과 같다:

$H_2N{-}C{\equiv}N$ 시안아마이드

$N{\equiv}C{-}C{=}C$ 시아노겐

$N{\equiv}C{-}NH{-}C{=}C$ 디시아나미드

$(H_2N)_2C{=}N{-}C{\equiv}N$ 디시안디아미드

$H{-}N{=}C{=}O$ 시안산

$H{-}N{\equiv}C{-}C{\equiv}N$ 시아노아세틸렌

시안아마이드와 같은 몇몇은 결정형이고 높은 산성물질이다. 시아노겐과 같은 화합물은 기체성분의 일가 라디칼이다. 이 분자들 각각의 경우에, 불포화 시아노-탄소-질소 결합들이 농축물들을 물과 결합하도록 하며, 이러한 수화작용을 수행하는 동안 에너지를 방출하게 된다. 예를들면,

$$H_2N{-}C{\equiv}N + H_2O \longrightarrow H_2N{-}C({=}O){-}NH_2 + \text{유리에너지}$$

시안아마이드 → 요소

또한 디펩타이드로의 두 아니모산의 농축은 시안아미드의 가수분해(hydrolysis)와 연관시킬 수 있다:

$$H_2N{-}CH(R_1){-}COOH + H_2N{-}CH(R_2){-}COOH + H_2N{-}C{\equiv}N \longrightarrow$$

아미노산 1 (R_1) 아미노산 2 (R_2) 시안아미드

$$H_2N{-}CH(R_1){-}C({=}O){-}NH{-}CH(R_2){-}COOH + H_2N{-}C({=}O){-}NH_2$$

$R_1 - R_2$ 디펩타이드 요소

그들이 음이온을 가지고 있는 유기분자들과의 반응에 대한 명백한 선호도를 가지기 때문에(예를 들면, 인산 HPO_4^-), 많은 시안화 농축물들은 심지어 수용액들에서 조차 아미노사들 사이에 펩타이드 결합을 생성한다. 시아노겐과 시안아미드와 같은 몇몇은 또한 **아데노신, 우리딘, 시토신을 인산화하여 뉴클레오티드들을 생성**한다.

우 높은 양으로 합성될 수 있다. 그런 피로인산들은 에너지를 생성하기 위해 가수분해로 뒤바뀔 수 있는 반응인 아데노신이인산(adenosine diphosphate, ADP)과 **아데노신삼인산(adenosine triphosphate, ATP)**의 형성을 가능하게 만들어 준다. 이 **가수분해(hydrolysis)** 과정에서 하나 또는 그 이상의 단계가 일어날 때, 세포는 주요 에너지를 얻을 수 있고, 농축 반응하는 동안 추가로 물 분자를 제거하는 주된 수단을 얻게 된다. 생화학자들은 다인산 사슬들은 최초의 생물들이 사용할 에너지원의 일부를 제공하였을 것으로 추정하고 있으며, 후에 효소 인지(enzymatic recognition)를 허용하는 표지자로서 작용할 수 있도록 하기 위해 ATP의 아데노신 성분이 추가되었을 것이라고 제안했다.

앞서 언급한 것과 같이, 글상자 6-5에 열거된 화학반응 중에서 어느 것이든지 원시 지구상태와 유사한 조건에서 실험을 한다면 실험실에서 재현될 수 있을까?

실험실에서 중합체(polymers) 생성

1950년대 Fox와 그의 동료들은 열을 이용해 아미노산 건조 혼합물로부터 **펩타이드(peptids)**를 생산해 낼 수 있는 기술을 개발했다. 혼합물에 포함된 아미노산의 종류에 따라 4,000~10,000달톤 정도의 분자량을 가지는 펩타이드 유사 산물의 40% 정도가 150℃~180℃의 온도에서 생산될 수 있다는 것을 발견했다. Fox는 이 **중합체(polymers)**를 **프로테노이드**(또한 열 단백질)라 불렀고, 이 화합물들이 단백질과 유사한 특징을 가질 것이라고 제안했다. 그들의 분석에 따르면 프로테노이드는 아미노산의 규칙적인 비율을 가진다; 즉, 프로테노이드의 구성은 단순히 초기의 혼합물 속에 서로 다른 아미노산들의 빈도에 의존하는 것이 아니라는 것이다(**표 6-5**).

또한 어떤 아미노산은 우선적으로 프로테노이드의 N과 C말단을 차지하므로, 중합체에서 아미노산의 위치는 사슬 내 아미노산의 전체 빈도에 기인하는 것은 아니다라고 그들은 제안했다. 이들 중합체는 모두 침전율, 전기영동 기법, 컬럼을 이용한 분획과 다른 측정법들에 의한 검사에서 유사한 특성이 발견됨으로써 프로테노이드 구조의 규칙성이 입증되었다. 프로테노이드 형성에 있어서 아미노산의 위치와 빈도는 아미노산들 사이의 몇몇 선호하는 상호작용으로 결정되는 것으로 설명할 수 있고, 이러한 상호작용은 생산된 분자의 종류에 어느 정도의 통일성을 가져오는 것으로 여겨진다.

비록 프로테노이드에서 형성된 아미노산간의 결합들이 일반적인 펩타이드의 변형들만 존재하는 것도 아니며, 분자들의 형태에 있어서도 단백질의 α-나선구조가 아닐지라도, 프로테노이드에는 여전히 단백질로써 그들을 특징지을 수 있을 만큼의 충분한 펩타이드 결합들이 있는 것 같다. 그 결과 프로테노이드는 단백질이 반응하는 시약으로 검사했을 때 양성의 반응 색깔을 나타내고,

표 6-5 초기 반응 혼합물과 비교하여 두 프로테노이드의 몰비에 따른 아미노산 조성

아미노산	2:2:1 프로테노이드 초기반응 혼합물	2:2:1 프로테노이드 프로테노이드 생성물	2:2:3 프로테노이드 초기반응 혼합물	2:2:3 프로테노이드 프로테노이드 혼합물
아스파르트산	42.0	66.0	30.0	51.1
글루탐산	38.0	15.8	27.0	12.0
알라닌	1.25	2.36	2.72	5.46
리신	1.25	1.64	2.72	5.38
세미시스틴	1.25	0.94	2.72	3.37
글리신	1.25	1.32	2.72	2.79
아르기닌	1.25	1.32	2.72	2.44
히스티딘	1.25	0.95	2.72	2.03
메티오닌	1.25	0.94	2.72	1.73
티로신	1.25	0.94	2.72	1.66
페닐알라닌	1.25	1.84	2.72	1.48
발린	1.25	0.85	2.72	1.16
루신	1.25	0.88	2.72	1.06
이소루신	1.25	0.86	2.72	0.90
프롤린	1.25	0.28	2.72	0.59
세린[a]	1.25	0.6	0.0	0.0
트레오닌[a]	1.25	0.1	0.0	0.0

[a] 세린과 트레오닌은 2:2:3 프로테노이드에서 생략되었다. 트립토판은 2:2:1 프로테노이드에 존재했다.

출처: From "mino Acid Compositions in Molar Percentages of Two Proteinoids Compared to the Initial Reaction Mixtures," by Fox, et al, in Arch. Biochem. & Biophysics 102:439, 1963. Reprinted by permission.

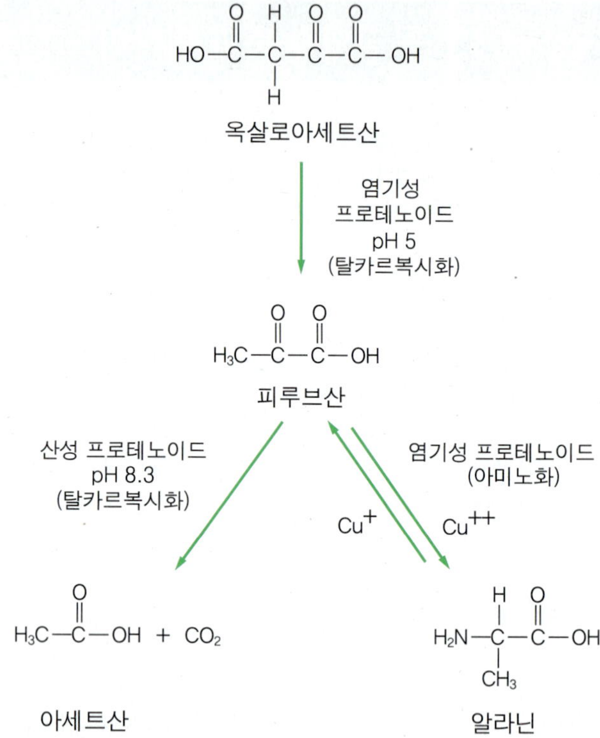

그림 6-12 일련의 순차적인 반응이 다른 프로테노이드나프로테노이드 복합체에 의해 촉매되는 것으로 생각된다.(Fox, S. W., and K. Dose, 1972. *Molecular Evolution and the Origin of Life*. W. H. Freeman, San Francisco. 에서 각색)

프로테노이드의 용해성은 단백질과 유사하다(**표 6-6**). **하나의 특별한 반응 순서를 가지는 몇몇 프로테노이드 생성 반응들은 이후에 물질대사의 기원으로서 작용했을지도 모른다.** 그러므로 옥살로아세트산의 탈카르복시화는 그 산물인 아세트산과 이산화탄소를 유도하는 피루브산의 탈카르복시화에 연이어 뒤따를 수 있다(**그림 6-12**). 게다가 어떤 프로테노이드는 심지어 비교적 복잡한 호르몬 활성을 보여 주기까지 하며, 멜라닌 생성세포의 생산을 자극할 수도 있다.

표 6-6 열에 의해 생성된 프로테노이드와 생물학적으로 생성된 프로테노이드의 공통된 특성들.

질적 아미노산 조성	어느 정도의 광학활성(L-아미노산의 중합체에 대해)
양적 아미노산 조성의 범위(세린과 트레오닌 제외)	흡광감소현상
제한된 이질성(heterogeneity)	적외선 흡수 패턴
분자량의 범위(4,000~10,000)	무기산 가수분해로 인한 아미노산의 회수성
색깔 검사 반응(뷰렛반응포함)	단백질 가수분해 효소에 대한 감수성
비아미노산기(철, 헴) 함유	다양한 효소 유사 특성
용해도 범위	완충용액에서 열에 의한 촉매의 불활성화
지질의 특성	영양상의 특성
염용해, 염침전성	호르몬 활성(멜라닌세포 자극)
단백질 시약에 의한 침전성	미립자 계 내로의 모이는 경향성

Source: Used with permission from Fox, S. W. and K. Dose, 1972. *Molecular Evolution and the Origin of Life*. W. H. Freeman, San Francisco.

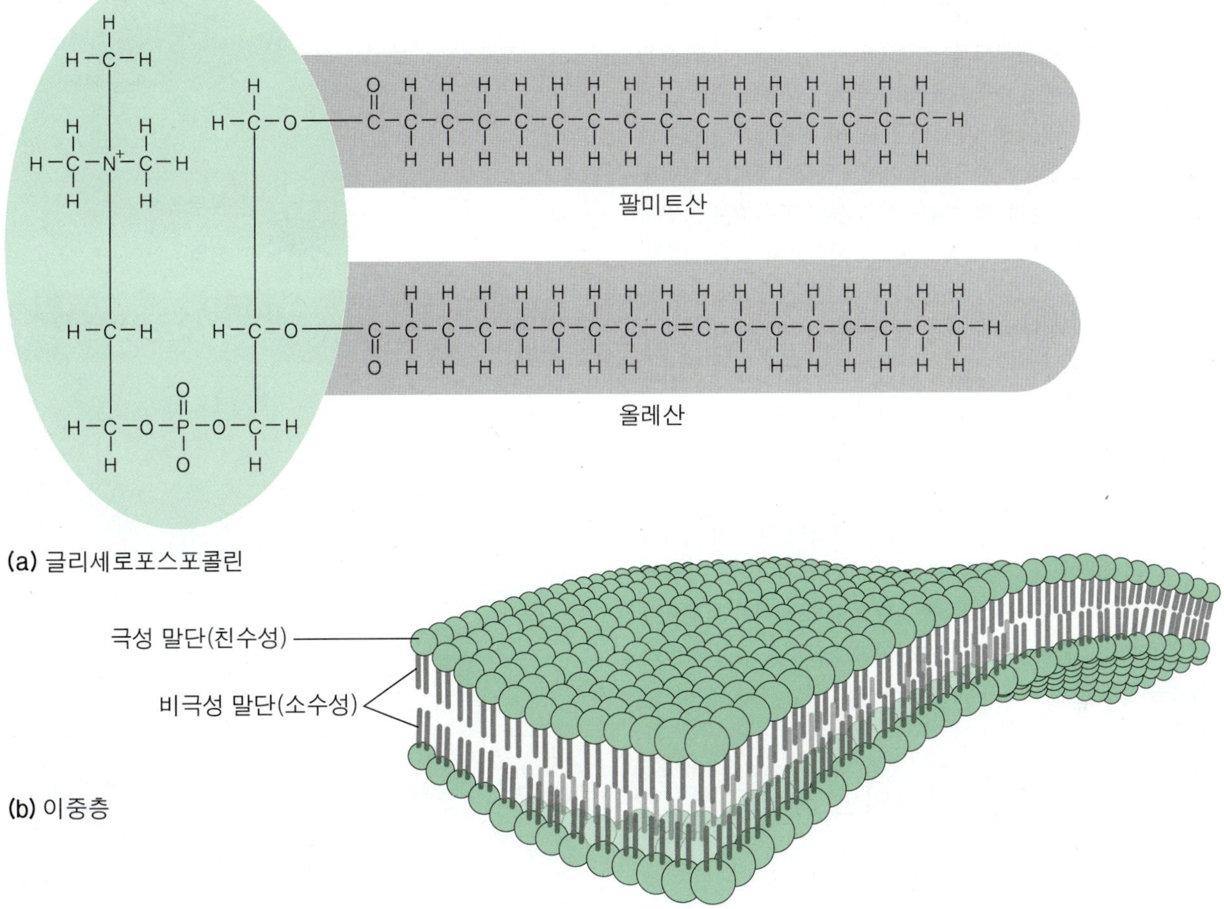

팔미트산

올레산

(a) 글리세로포스포콜린

극성 말단(친수성)

비극성 말단(소수성)

(b) 이중층

그림 6-13 (a) 인지질 분자, 레시틴. (b) 친수성인산기 머리(색칠된 원)를 수용액 쪽으로 향하고, 소수성 탄화수소 꼬리는 서로 마주보는 인지질 분자의 이중층. 이와 같은 극성-비극성 분자들은 양극성 또는 양친매성(amphiphilic 혹은 amphipathic)을 갖으며, 세포를 둘러싼 원형질막의 전형적인 특징이다.

분자 기원의 장소

연구자들은 단백질의 열 합성이 오늘날 자연환경에서 광범위하게 발생할 수 있는지 여부에 대해 논쟁을 벌여 왔음에도 초기 지구가 직면한 환경은 분명하게 알려져 있지 않다. 몇몇 화산지대 근처의 지표, 또는 천해 열수 기둥으로부터의 용승(upwelling)은 아미노산 농축을 위한 적절한 온도를 유지해 주었을 것이다. 차가운 비나 해수는 열에 의해 생산된 프로테노이드를 새로운 상호작용이 발생할 수 있는 장소로 퍼뜨렸을 것이다.

오세아니아 바다의 구멍, 끓고 있는 뜨거운 연못 등과 같은 비정상적인 생활환경에서 서식하는 최근에 발견된 생명체들은, 생명체가 극단적으로 혹독한 환경 하에서도 발생하여 유지될 수 있음을 보여 준다. 호열성(열을 좋아하는) 생물들은 오늘날 물의 끓는점 이상의 온도에서도 발견되며, 심지어 어떤 생물은 1마일 이상의 지표 아래에서도 발견되어 왔다. 350℃에 이르는 열수구(hydrothermal vents)에서는 철이나 다른 미네랄 촉매들의 존재 하에서 과열된 물과 함께 질소나 질소 산화물들을 결합시킴으로써 다량의 암모니아를 생성할 수도 있다. 게다가 글상자 6-3에 설명한 바와 같이, 심해구의 생명기원이 대한 가설은 상당히 많은 지지를 얻고 있다. 화산에 의한 퇴적물은 유기적 화합물을 촉매하고 유지하는 스폰지 같은 광물(지올라이트, *zeolites*)을 생산해 왔다. 초기 대륙이 대부분 화산섬으로 구성되어 있다는 것과 높은 이산화탄소 대기압력 때문에 10억 년 이상이나 지구 "온실(greenhouse)" 온도가 높게 지속되었다는 제안들은 그러한 혹독한 시나리오를 지지한다. 지금의 "온실효과(greenhouse effect)"가 없다면, 지구의 평균기온은 지금보다 대략 15℃ 정도 낮을 것이다. 이런 만일의 사태가 발생한다면, 2001년 지구의 평균기온은 14.5℃에서 0℃ 아래로 떨어지는 행복하지 않은 일들이 발생할 지도 모른다.[4]

[4] 호열성 세균에 대한 내용은 Kerr(1997), 과열 모의실험에 대한 내용은 Imai et al. (1999), 암모니아 생성에 대한 내용은 Brandes et al. (1998), 지올라이트에 대한 내용은 J. V. Smith(1998) 참조

많은 경우에서, 농축 기작들의 넓고 충분한 이해가 이루어져 왔는데, 그 중 몇몇 기작들은 원시 지구상에서 기능을 했을 수도 있다. 이들 중 **몬모릴로나이트**(*montmorillonite*)**와 같은 층이 진 점토**는 농축된 주형들을 중합시키는 작용을 했을 것이라고 몇몇 연구자들은 제안한다(5장 참조). 아미노아실아데닐산 같은 인산화로 인하여 활성화된 아미노산들이 폴리펩타이드 사슬로 형성하게 되는데, 형성되는 양을 높이기 위해서는 먼저 농축이 되어야 하고, 이를 위해 몬모릴로나이트와 같은 점토들이 사용되었다고 주장한다. 아데닐산들의 말단 아미노산은 분명히 점토의 좁은 층에 박혀 있고, 농축반응은 거기에서 발생한다. 다른 무기표면(수산화인회석, 일라이트와 같은)에서 아미노산이 펩타이드로 중합될 수 있는 것처럼, 뉴클레오티드는 몬모릴로나이트 점토 위에서 55개의 길이로 된 사슬로 결합될 수 있다(Ferris, 2005a, b).

시안아미드, 열, 점토, 그리고 다른 농축물의 원시 지구 상의 존재는 폴리펩타이드, 다당류, 지질, 그리고 심지어 폴리뉴클레오티드까지도 지구 역사의 초기에 출현했으며, 원시적인 생물유사 반응들과 구조들을 형성하기 위하여 이용되었을 가능성이 매우 높음을 시사한다.

막(membranes): 최초의 조직적 구조

적합한 유기 단량체와 중합체의 존재는 생명기원에 있어 단지 첫 걸음에 불과하다. 생명체를 구성하는 물질들이 고도로 구조화되어 있어야만 물질대사나 기능과 같은 살아 있는 과정들이 일어날 수 있다. 어떻게 그런 고도의 구조화가 일어날 수 있었을까?

최초에 있었을 법한 수소결합, 이온화, 용해성, 점착성, 그리고 표면장력과 같은 분자 사이의 상호작용들은 분자들이 상대적인 위치를 정하는 데에 도움을 주었음에 틀림없다. 예를 들어, 인지질은 한쪽 끝에 극성기인 인을 함유하고 다른 끝에 비극성 지방산 기를 가진 유기분자이다(**그림 6-13a**). 극성용매인 물에서 분자의 극성말단은 물 쪽(**친수성, hydrophilic**)을 향하는 반면, 비극성 말단은 물과 떨어져(**소수성, hydrophobic**) 반대쪽을 향한다. 그 결과 인지질의 비극성 부위들이 서로 모여 이중층으로 구성된 소포(vesicles)를 형성함으로써 인지질 막 구조가 빠르게 형성될 수 있다(**그림 6-13b**). 그런 소포들은 말랐다가 다시 젖고 젖었다가 다시 마르는 순환과정을 겪는 조수 웅덩이 내의 함유물들을 캡슐에 싸서 더 멀리 운반할 수 있게 한다(Monnard et al., 2002). 지방산 **막**(**membrane**)의 성장은 막간의 수소이온의 농도(pH) 경사를 만들 수 있다. 지질과 폴리펩타이드 또는 다른 분자들로 형성된 막형액적(**membranous droplets, vesicles**)이나 소포들이 지질표면 분자 피막의 기계적 교반(**그림 6-14**)에 의해서 심지어는 자연적으로 다량이 형성된다.[5]

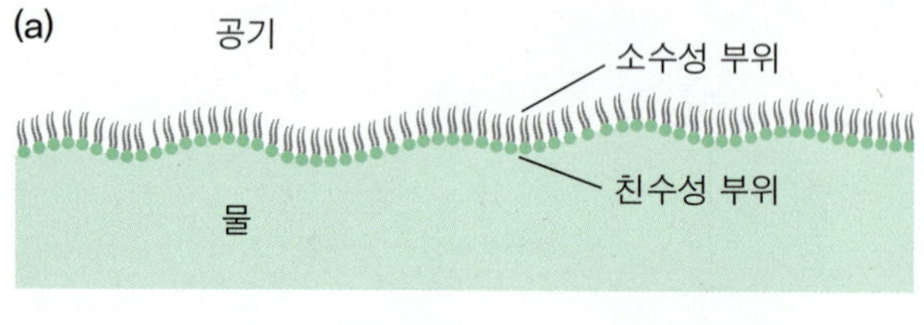

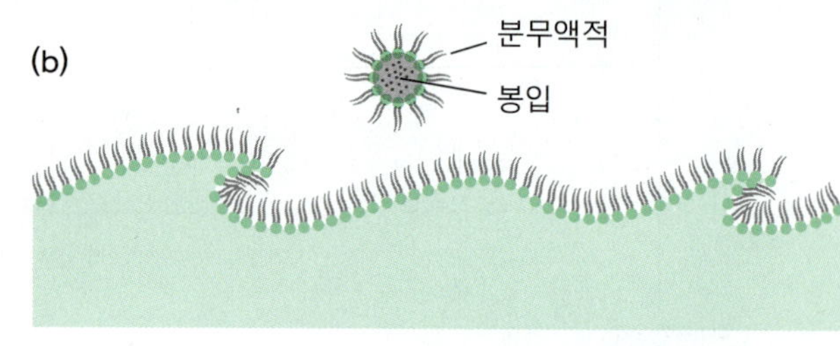

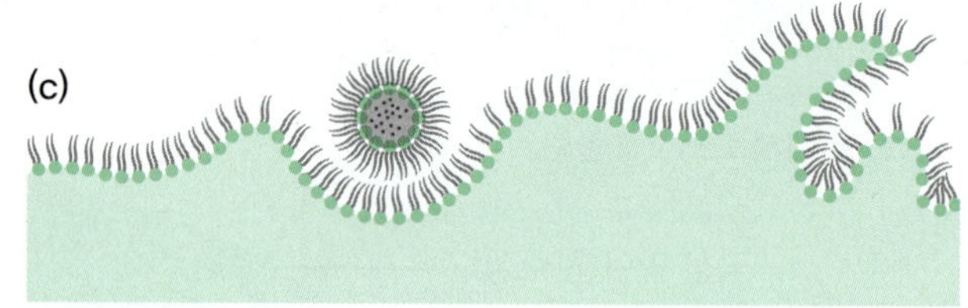

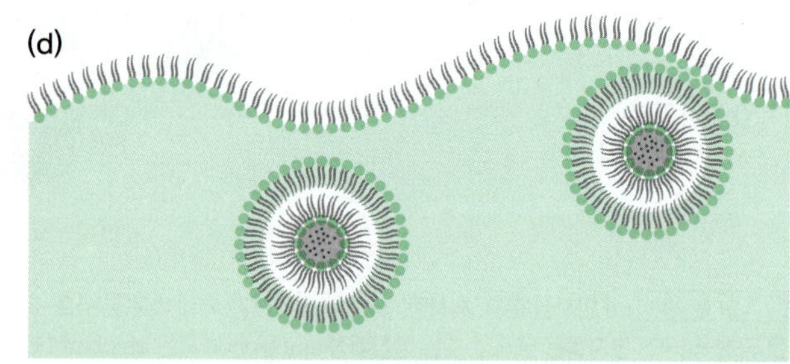

그림 6-14 친수성과 소수성 분자를 포함하고 있는 막 표면상의 기계적 파동효과(예: 거품). 지질과 같은 유기분자에서 탄화수소 사슬은 소수성이고 카르복실기 말단은 친수성이다. 파동작용은 액적을 형성하고, (d)에서 보이는 이중층의 소포를 만든다. 펩타이드 사슬의 표면 응집물, 핵산 염기서열, 또는 그들의 복합체들이 다양한 소포 함유물에 포함되어 있었을 것이다. 세포와 같은 이중막 구조의 출현은 하나의 이중층 소포가 다른 소포 내로 병합됨으로써 출현했을 것이다. 적어도 부분적으로라도 소수성 아미노산들(표 7-3 참조)로 구성된 다른 첨가물들은 외부와 내부 사이에 물질, 분자, 이온 등의 수송을 돕는 선택적 통로로 활동하면서 소수성 꼬리의 막 내에 잔존해 왔을 것이다.

원시세포(Protocells)

조직적인 구조를 이루기 위해 **액적단계(droplet level of organization)**를 가지는 것은 여러 가지 이유로 인해 생명의 기원에서 가장 중

[5] 수소이온(pH) 농도 구배에 대한 내용은 Chen and Szostak (2004), 기계적 교반에 대한 내용은 Deamer (1986, 2003), 피막형성의 성장과 분열과 같은 가능성에 대한 내용은 Hanczyc et al. (2003) 참조

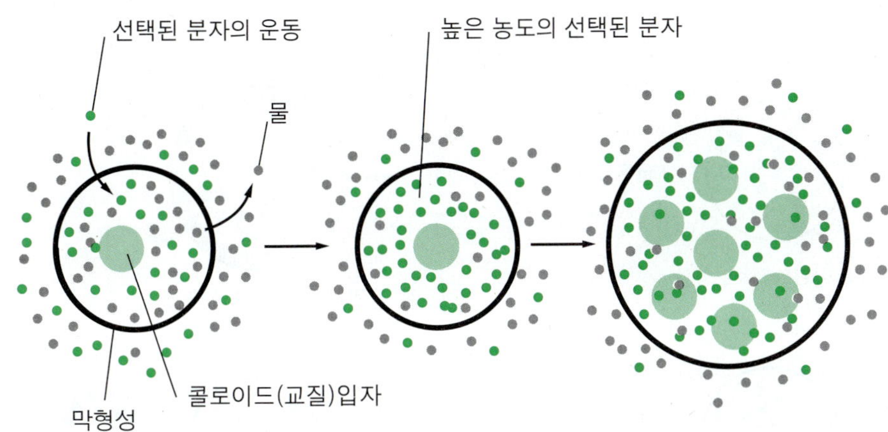

그림 6-15 결합된 콜로이드 입자(색칠된 원)로부터 물 분자(회색 점)의 제거를 통한 코아세르베이트의 형성. 탈수과정(예: 염 농도를 증가시킴으로서)에 의해서나, 콜로이드 입자들이 서로 반대 전하(예: 음전하를 띤 아라비아고무와 양전하를 띤 젤라틴)를 가지고 있거나 일부 콜로이드들이 염기성(예:히스톤)이고, 다른 것들은 산성(예: 핵산)이어서 서로 끌어당길 때 관련된 물 분자들은 제거될 수 있다. (Kenyon, D. H. and G. Steinman, 1969. *Biochemical Predestination*. McGraw-Hill, New York에서 각색)

요한 단계임에 틀림없다. 그 이유들은 액적을 둘러싸고 있는 막은 구조와 침투도에 따라 화합물이 환경으로부터 유입될지 액적으로부터 유출될지를 선택할 수 있다. 선택적 **투과성(selective permeability)**은 막 밖과 안쪽의 특정 화합물들에 있어 농도 차이가 나도록 하며, 이로 인해 액적의 외부에서는 발생할 수 없는 반응들이 액적 내부에서는 일어날 수 있게 된다.

기본적인 단백질의 존재는 액적 속으로 핵산을 끌어들이는 능력을 100배 이상 증가시킨다. Jay and Gilbert(1987)는 단백질이 포함된 캡슐화는 소포 체적 내에 단백질과 핵산이 높은 농도로 농축되게 하며, 이것은 낮은 친화력을 가진 분자들의 상호작용을 강화시키고, 생물학적 기능을 가진 집합체 형성을 유력하게 한다고 지적했다. 액적의 작은 크기는 일어나는 반응들의 네트워크나 연속된 연결을 가능하게 하여 하나의 반응 생산물은 다른 반응에 대한 기질로써 사용될 수 있다. 액적의 작은 크기와 내부의 다양한 물질들의 농축은 반응 특이성을 가능하게 만드는 액적 내의 하위구조나 구획들을 조성할 뿐 아니라 집적화되어 침전이 일어날 수 있도록 해 준다.

액적의 막은 "양극성" 펩타이드들(인지질 이중층에 걸쳐진 단백질)이 삽입되어 있어, 이온과 분자를 이동하는 통로 역할을 한다. 어떤 곳에서 몇몇 통로들은 에너지 운반과 축적을 위해 수소이온(H^+)의 농도 구배를 만들 수 있는 "양자펌프"로 진화할 수 있었다(그림 8-15 참조). 우리는 그들을 둘러싸고 있는 환경의 무질서나 엔트로피로부터 스스로를 부분적으로 분리함으로써 유기체의 구조를 보존할 수 있는 보다 진보된 액적을 상정할 수 있다. 다시 말해, 열역학 제2법칙에 의해 우주에서 **엔트로피가 증가**하는 경향이 있는 것은 사실이지만, 그들이 살아 있는 동안 그러한 하부구조(subsystem)에서 **엔트로피는 감소**될 수 있다. 반투성의 막 때문에 그들은 고립되지 않고, 생물 과정을 계속해 수행하는 동안 조직적이고 정보를 담고 있는 구조를 유지하고 강화하기 위해, 외부의 에너지와 물질을 얻을 수 있다(Van holde 참조).

생장, 물질대사, 생식이 가능한 구조가 오늘날의 생명체에서만이 찾아볼 수 있는 유일한 것이라고 여기는 것은 비현실적인 듯하다. 비록 현재의 형태가 대단히 효율적이고, 초기의 형태는 효율성 면에서 지금의 것보다 훨씬 낮은 수준으로 기능을 했을 수 있을지라도 그때에는 진보된 형태의 것들과 경쟁하지는 않았었다는 것을 감안해야 한다. 몇몇 "생명"의 특성을 보여 주는 최초의 원시적 형태들에서, 그것들이 자라고(예를 들어, 크기가 증가), 독립성을 유지하고, 분열하는 특성들을 가지기만 한다면 일단 생명으로 규정하기에 무리가 없을 것 같다. 혹자는 그런 특징들이 이분자(bimolecular) 소포(예를 들어, Morowitz, 1992, 2002) 때문에 발생했을 것이라고 주장하기도 하는데, 이 견해는 참 흥미롭다. 연구실에서 생성된 생명으로 인식될 수 있는 기본적인 필요조건을 가진 매우 단순한 구조들이 적어도 두 가지 형태가 있다: Oparin의 코아세르베이트와 Fox의 마이크로스피어. 이러한 구조가 인공적으로 만들어진 것은 사실이지만 비생물적인 막으로 둘러 싸여있는 것들(원시세포, protocells)도 비록 짧은 시간이지만 반응성 있는 체계를 유지할 수 있다는 가능성을 암시해 주고, 분자들을 포함한 막결합성 소포(membrane-bound vesicles) — 원시세포 — 의 실험적 생산에 대한 연구로 이어졌다.

실험실에서 코아세르베이트 합성

코아세르베이트(coacervates)는 특별한 산성상태, 온도 그리고 기타 이유로 인해 흩어진 콜로이드 입자가 우연히 용액의 바깥에서 액적 안으로 분리될 때 발생하는 것으로 알려져 왔다(**그림 6-15**). 만약 콜로이드 내에 한 가지 이상의 거대분자가 있다면, 복합 코아세르베이트는 다음과 같은 흥미 있는 많은 특성을 보여줄 수 있다:

- 코아세르베이트는 단순하지만 지속적인 체제를 가진다.
- 대부분의 코아세르베이트는 불안정함에도 불구하고, 어떤 코아세르베이트는 용액 속에서 장기간 존재할 수 있다.
- 코아세르베이트는 크기를 증가시킬 수 있다.

이러한 액적들에 집중적인 관심을 유발시킨 최초의 사람인

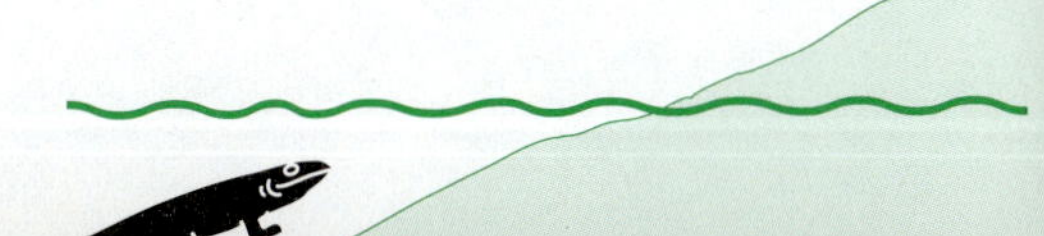

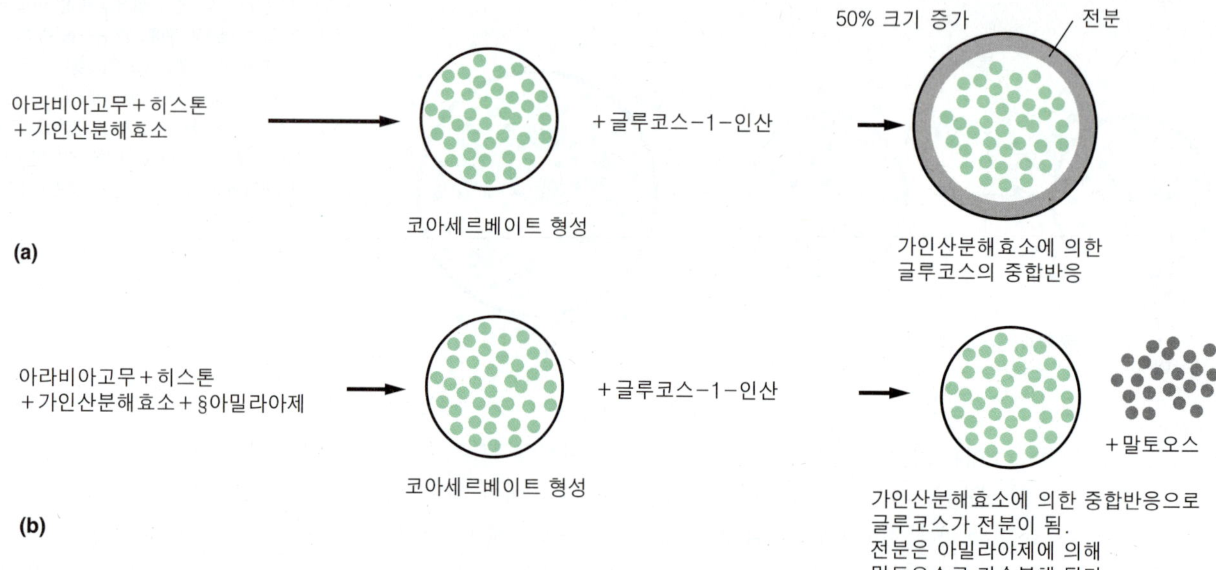

그림 6-16 액적(droplet) 내에 효소가 포함된 코아세르베이트 계의 전분 합성과 가수분해. (a) 인산화된 글루코스를 전분으로 중합하기 위해서 가인산화분해 효소가 작용하는 반면, 이 방법으로 형성된 전분(b)은 아밀라아제 효소에 의해 말토오스로 가수분해된다.

Oparin은 폴리뉴클레오티드 합성뿐 아니라 녹말의 가수분해와 합성(**그림 6-16**) 같은 기능을 수행하는 효소를 가지고 있는 인공적인 코아세르베이트 시스템을 개발했다.

Oparin과 그의 동료들은 엽록소를 포함하고 있는 코아세르베이트 시스템에 가시광선을 비출 때, 환원된 아스코르브산과 산화된 메틸렌레드가 지속적으로 유입되고, 그 다음 코아세르베이트 내에서 산화된 아스코르브산과 환원된 메틸렌레드로 바뀌어 지속적으로 밖으로 유출시키는 것을 보여 주었다(Oparin, 1924). 엽록소는 아스코르브산으로부터 전자들을 취해 메틸렌레드를 환원시키는 데에 그 전자들을 사용한다 — 조효소 $NADP^+$가 NADPH로 환원될 때 물 분자가 전자를 공급하는 일반적인 비순환적 광합성 과정과 유사한 과정임(9장 참조).

실험실에서 마이크로스피어 합성

Sidney Fox는 열성(thermally produced) 프로테노이드들을 물에서 끓인 다음, 식도록 방치했을 때 프로테노이드 1g당 10^8 또는 10^9개의 **마이크로스피어**(microsphere)가 형성되었다는 것을 보여 주었다. 마이크로스피어(특히 원시세포)는 크기가 일정하고, 안정되며, 세포와 다소 유사한 이중막에 의해 구획되어 있어 분열과 출아를 수행할 수 있다(**그림 6-17**). 마이크로스피어는 많은 수로 나타난다. 삼투성, 움직임, 순환 등을 관찰함으로써가 아니라, 마이크로스피어의 선택적 흡수와 특정 화학물질의 확산을 확인함으로써 마이크로스피어의 활발한 내부 작용을 가늠할 수 있다. 무엇보다도 마이크로스피어는 마이크로스피어 사이의 접합(junction)을 통해 프로테노이드 입자가 통과한다는 점에서 정보 운반의 가능성을 보여 준다.

소포, 코아세르베이트와 마이크로스피어 내부에서 일어나는 거대분자의 **자발적 조합**(self-assembly)은 초기 환경에서 그런 유사한 존재의 발생이 그리 드문 일이 아니라는 것을 보여 준다. 물론 그것은 세포는 아니며 더욱 복잡한 물질대사 능력을 가진 구조로 진화하기까지는 당연히 많은 시간이 필요했을 것이다. 그럼에도 불구하고 보다 복잡한 구조의 구성성분들이 이전의 직접적인 견본 없이도 자발적 조립을 할 수 있다는 것을 보여 주는 중요한 증거들이다.

좀 더 복잡한 구조의 구성 물질들도 이전의 형태에서 다른 조건 없이 자가조립을 할 수 있다는 상당한 증거들이 있다. 첫번째 예는 아래 선택의 기원에 제시한 대로 DNA에서 바이러스가 만들어지는 것이며, 두번째 예는 자연스럽게 발생하는 담배모자이크 바이러스이다.

담배모자이크 바이러스(Tobacco Mosaic Virus)

담배모자이크 바이러스의 단백질과 핵산 구성물질들은 활성 바이러스를 생산하는 데 필요한 정확한 형태로 자발적으로 한데 모인다. 다른 종류의 많은 단백질을 포함하는 T4(그림 13-1)와 같은 보다 복잡한 바이러스 또한 자발적 조립을 가능하게 하는 여러 단계를 가지고 있다. Nomura와 그의 동료들은 심지어 리보솜 같은 세포소기관도 구성 재료로부터 자발적 조립에 의해 형성될

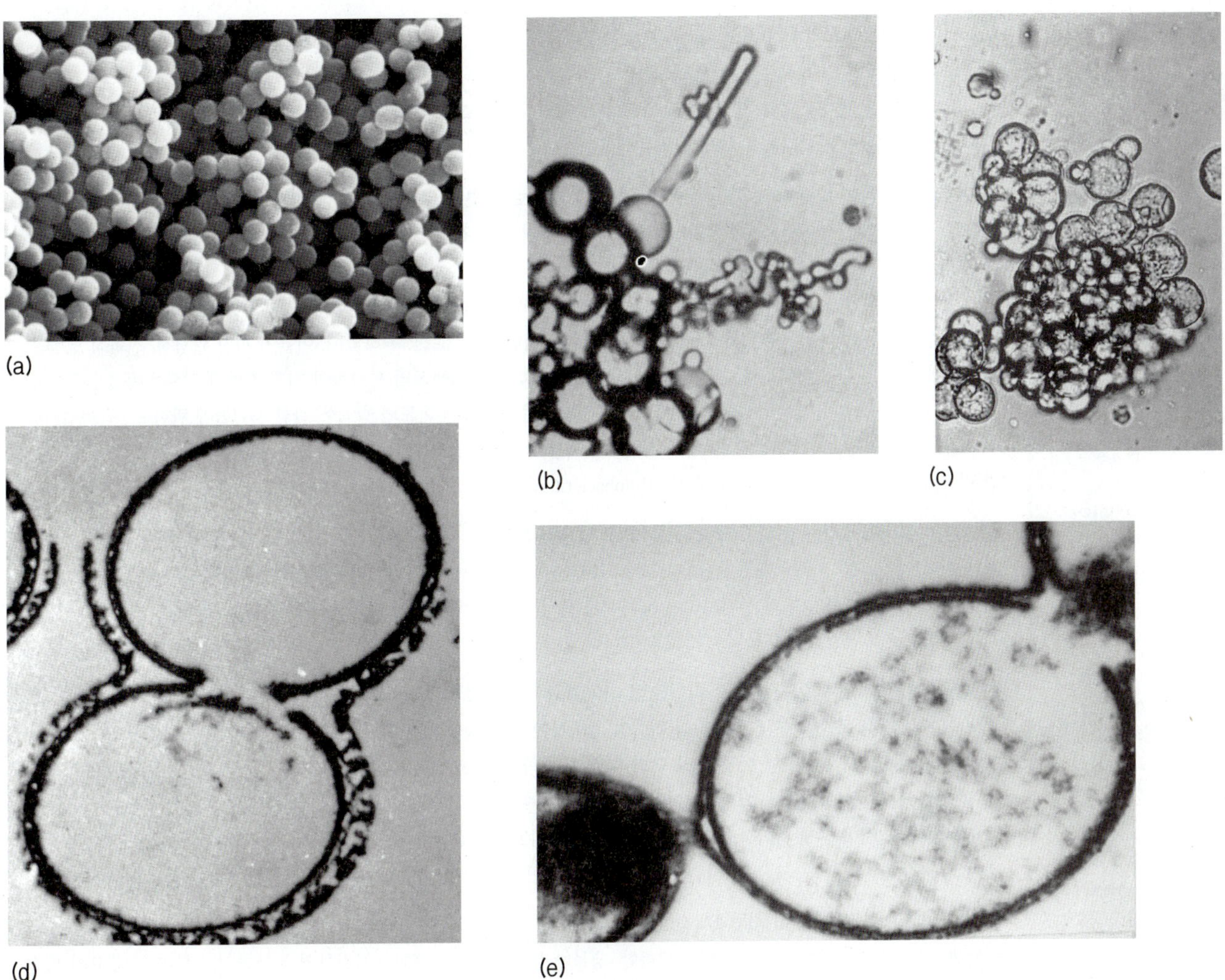

그림 6-17 실험실에서 만들어진 마이크로스피어. (a) 프테노이드마이크로스피어의 주사전자현미경(SEM) 사진. (b, c) 프로테노이드마이크로스피어의 성장과 출아에 대한 증거를 보여 주는 광학현미경 사진. (d, e) 프로테노이드마이크로스피어 출아의 증거와 이중막 구조를 보여 주는 투과전자현미경(TEM) 사진. (© Science VU/Dr. Sidney Fox/Visuals Unlimited)

수 있음을 보여 주었다. 단량체로부터 중합체로, 코아세르베이트로, 그리고 다양한 세포소기관으로 자발적 조립을 수행하는 각 단계들은 매 단계의 반응들에서 어떤 결합체들이 다른 것보다 더욱 빠르고 쉽게 형성된다는 점에서 비무작위적인(nonrandom) 사건들을 통하여 이루어지는 것 같다. 단백질과 핵산에서 나타나는 질서 정연한 단량체의 배열과 같은 생명체의 특성에서 가장 중요한 것들을 중심으로 살펴볼 때, 확실히 오늘날의 생명의 형태들은 단지 아미노산들 사이 혹은 뉴클레오티드 사이의 화학적인 인력들만으로 이루어진 것은 아니다. 동시에 그들의 특이성 때문에 정확히 질서정연한 서열들 내의 단량체 위치는 비무작위적인 원리에 기초하여 정해진다고 생각된다.

앞서 제시된 주제를 요약하면: 무질서로부터 아미노산과 뉴클레오티드 서열의 비무작위적인 생물적 질서가 어떻게 발생할 수 있었을까? 그 해답은 **선택**(selection)이다.

선택의 기원

코아세르베이트든지, 마이크로스피어든지, 또는 다른 집적화된 어떤 체제이든지 원시적 구조물은 하나의 중요한 진화적 특징을 가진다: 즉, 그러한 구조물들은 집단으로 그들의 환경과 상호작용할 수 있을 뿐 아니라, 역사상 최초로 환경과 구별되는 다양한 화학적 **개체들**(individuals) 혹은 막으로 둘러싸인 원시세포(protocell)들로서 작용했을 것이다. 그런 개체들은 다양한 이웃 및 자손들과 함께 **선택**(selection)이 일어나는 하나의 그룹이나 **개체군**(population)을 형성했을 것이다.

인공적으로 만들어 낼 수 있는 세포성생물 중에서 가장 단순한 형태는 대략 300여 개의 유전자를 생성해낸다(글상자 6-1). 손쉽게 이용가능한 DNA를 가지고, 실험실에서 5,386개의 염기서열을 가지며 박테리아에 감염하여 죽일 수 있는 능력을 가진

J. William Schopf

생일: 1941년 9월 27일
출생지: 일리노이 주
학사학위: 울버린대학(오하이오), 1963
박사학위: A.M. 하버드대학, 1965
이학박사: 하버드대학, 1968
현 직책: 로스앤젤레스의 캘리포니아대학 (UCLA) 순(純) 고생물학 (Paleobiology) 전공 교수 및 생명의 기원과 진화 연구센터 소장[6]

무엇이 진화에 대한 관심을 갖게 했습니까?

아버지가 Ohio 주립대학교의 지질과학과에 교수로 재직하셨고, 고식물학을 전공하신 학자셨습니다. 고등학교 시절, 부모님과 선생님 모두가 자연과학을 하도록 권유하셨습니다.

과학에서 선생님이 발견하신 것 중 가장 가치있고 흥미로운 것은 무엇이라고 생각하십니까?

하나의 새로운 학문 분야인 선캄브리아기 고생물학 분야의 학제 간의 틀을 구축하고 정착시키는 데에 일조한 것

이 학문 분야에 대한 국제적 활동을 촉진시킨 것

직접적인 화석 증거에 근거하여, 과학적인 측면에서 기초가 되는 새로운 질문들에 답하기 위해 노력한 것: 예를 들면 산소를 생성해 내는 광독립영양(photoautotrophy)이 언제, 어떤 방식으로 기원하였고, 이들이 끼친 환경적, 진화적 영향은 무엇인지에 관한 것과 진핵세포의 출현 시기와 진핵생물이 갖는 유성생식의 특성들이 끼친 진화적 영향은 무엇인지에 관한 것, 그리고 선캄브리아기(원핵생물)와 현생(진핵생물)의 진화 사이에 속도와 방식에 관한 차이들에 관한 — 것 등입니다.

지금까지 알려진 가장 오래된 화석들의 발견 — 서부 오스트레일리아 북서쪽의 Apex 규질암층에서 대략 34억 6천 5백만 년 전의 것으로 추정되는 남세균-유사(cyanobacterium-like) 세포 섬유들의 화석 발견

선생님의 실험실에서는 현재 어떤 연구를 하고 있습니까?

조금 전에 이야기한 연구 주제들 중 마지막 두 가지 연구 테마들 — 진핵세포의 출현 시기와 진핵생물이 갖는 유성생식의 특성들이 끼친 진화적 영향과 선캄브리아기(원핵생물)와 현생(진핵생물)의 진화 사이에 속도와 방식에 관한 차이 — 에 관심을 가지고 지속적으로 연구를 수행하고 있습니다.

선생님의 연구분야는 앞으로 어떤 방향으로 나아가야 한다고 생각하십니까?

주요하고 긴 기간 동안 일어났던 환경적 변화가 진화상에 끼친 영향에 관해서 집중적인 연구를 해야 할 필요가 있습니다. 예를 들면, 대략 지난 40억 년 이상 동안 낮의 길이, 대기의 조성, 태양광의 밝기, 환경의(지구의) 표면 온도에 어떤 변화들이 일어났었는지를 보다 구체적으로 알아야 할 필요가 있습니다.

현서종(현재 지구 상에 서식하고 있는 생물종)들을 가지고 생화학적 연구를 통해 얻은 "분자시계(molecular clock)"의 개념이 고대 진화적 변화 속도를 측정하는 데에 적용되는 것이 가능한 일인지에 관한 추가적인 연구들이 필요합니다.

진화분야에 관심이 있는 학생들에게 어떤 조언을 주실 수 있을까요?

대학생시절 초기에 학생들은 유기화학, 생화학, 생물학(분자생물학을 포함), 지질학의 튼튼한 기초를 다질 필요가 있습니다. 모든 진화적 관점들에서 자연은 어느 특정한 하나의 학문분야로 귀속되어 있지 않습니다. 즉, 자연을 이해하는 데에 주된 진보들은 탄탄한 기초가 다져진 학제간 연구들을 통해서 이루어질 것이라는 것을 의미합니다.

[6] Available at http://www.ess.ucla.edu/faculty/schopf/index.asp. Accessed March 2007. Recent publication: Schopf, J. W. (ed.), 2002. *Life's Origin, The Beginnings of Biological Organization.* University of California Press, Berkeley, CA.

바이러스를 만들어 낼 수 있다. 물론, 현재 생물의 특징이 되는 DNA-RNA, 단백질 시스템을 이용해 만들어지며, 이 간단한 생물은 선택에 의해 좀 더 복잡하게 변하게 될 것이다.

자연선택은 아래에 열거한 조건을 충족시켰을 때 발생한다:

- 개체들의 집단들이 존재할 때
- 개체들의 특성이 주위 환경의 물질을 흡수하거나 변형하여 자신의 물질로 만드는 반응들을 일으킬 때
- 개체들이 물질을 흡수하거나 변형하는 효율성에 차이가 있을 때
- 물질과 에너지의 유용성이 제한되어 개체의 모든 형태가 형성될 수도 없고, 모든 형태의 개체가 살아남을 수도 없을 때

원시세포는 그들로 하여금 성장, 분열, 영속하게 하는 대사적 특성과 조직을 스스로 통합하여 상대적 빈도의 측면에서나 차지한 면적의 측면에서나 가장 많이 증가했을 것이다.

원시세포의 형성을 가능하게 하는 메커니즘은 선택을 이해하는데 있어 중요한 부분이다. 만약 원시세포들이 단지 자기 복제에 의해서만 생겨날 수 있었다면, 이것은 선택이 상당히 정확하고 반복적인 메커니즘에 의해 유용한 형질을 다음 세대로 빠르게 전달하는 과정이 효율성 면에서 오늘날과 거의 차이가 없이 작용해 왔다는 것을 암시한다. 그러나 원시세포가 처음엔 단지 일반적인 환경의 화학작용을 통해 형성되었다면, 선택은 과거에 매우 비효율적이었고, 화학적인 비생식적 선택방식으로부터 좀 더 현대적인 생물학적 자연선택으로 진화해 왔을 것이다.

만약 원시세포가 자가분열에 의해서만 기원되었다면, 선택은 상당히 정확한 복제 메커니즘에 의해 다음 자손에게 빠르게 전해지는 이로운 형질과 함께 항상 지금과 똑같은 효율적인 기반에서 운영되어야만 한다. 하지만 만약 원세세포가 단지 환경 화학물질의 활동으로 처음 만들어졌다면, 선택은 아마 아주 효율적이진 않았을 것이며, 화학물질의 비생식적 선택에서 생물학적 자연선택으로 자발적인 진화를 겪었을 것이다.

다시 말해, 초기의 선택은 환경으로부터 대부분의 물질을 가져올 수 있고, 최소의 에너지 소비로 그들 자신의 이익을 위해 그것들을 변형시키는 비생식적 개체들의 생존에 국한되었을 것이다. 그러한 개체들 간의 차이가 정확하게 다음 세대로 전달될 수 없었음에도 불구하고, 몇몇 개체들은 살아남았으나 다른 개체들은 살아남지 못했다는 이 사실은 구성성분과 다음 세대의 상호작용에 그러한 차이들이 어떤 영향을 분명히 주었다는 것을 보여 준다. Kauffman(1993)은 구성성분이 상호작용하는 "혼돈계(chaotic system)"가 선택이 작용하는 질서 있는 계로 자발적으로 변할 수 있는 수학적 모델을 제안했다.

무엇을 위한 선택인가?

유물론적인 관점에서 보았을 때, 무한한 비율로 일어나는 우발적 사건들이거나 무한히 낮은 가능성을 가져 거의 일어날 가능성이 없는 이런 극단적인 상황들을 제외한다면, 선택은 화학적 진화(자손 생산이 불가능하거나 그 능력이 빈약한 분자나, 코아세르베이트나, 마이크로스피어 등과 같은 것들의 구성성분의 변화)와 생물학적 진화(생식하는 생물들의 유전적 차이에 있어서의 변화) 사이의 공백을 메웠음에 틀림없다. 선택은, 지금까지 우리가 아는 범위 내에서는, 비생식적 개체를 살아 있는 생명체의 방향으로 유도하는 창조적 변화에 대해 설명해 줄 수 있는 유일한 자연적 메커니즘이다: "분자들"로부터 → "기능"으로 → "정보"로. 그러한 일련의 창조적 변화 과정은 복잡할지는 모르지만, 그 생각의 도출은 매우 단순하다: **개선된 유용한 정보를 가지고 그들의 환경에 반응하는 생물체는 그러한 정보가 결핍되어 있는 생명체들을 대체하며 번성한다**(*organisms that react to their environment with improved useful information replace those that lack such information*). 실험실에서 특정 리보자임이 엄청난 양의 무작위적인 RNA 분자들 가운데서 단 몇번의 선발 과정으로 선택될 수 있다는 발견은 높은 수준의 구조가 없어도 선택은 분자들을 조절할 수 있다라는 것을 입증한다.

선택은 단순히 나쁜 것에서 좋은 것을, 비적응적인 것에서 적응하는 것들을 가려 내는 소극적인 의미에만 머무르지 않고, 역사적 연속성(긴 시간과 더불어)으로 인해, 세대를 이은 적응의 축적이 가능하게 되고, 결과적으로 완전히 새로운 것을 유도하게 된다. 그러므로 선택은 매우 불가능할 것 같은 생물학적 유기체의 형성을 가능하게 만드는 창조적 힘으로서 작용할 수 있다. 앞에 나온 예를 사용하면, 100개의 아미노산들이 특정 서열로 구성된 폴리펩타이드 사슬이 선택 없이 자발적으로 만들어질 가능성(10^{-130})은 극히 낮다. 7장에서 설명되겠지만, 만약 사슬의 성장 단계에서 정확한 아미노산이 삽입될 때 각 단계가 선택적 이점을 얻는다면, 기능적으로 유리한 폴리펩타이드를 얻을 가능성은 무한히 증대된다.

예를 들어, 20개의 각각 다른 아미노산이 생물환경에 동등한 빈도로 존재한다고 가정하면, 사슬의 특정 위치에 기능적으로 유용한 아미노산을 정확하게 공급할 임의의 기회는 1/20의 가능성을 지닌다. 그러므로 $100 \times 1/20 = 5$ 즉, 100개 중 5개만이 선택없이 우연에 의해 정확하게 아미노산이 위치하게 될 것이다. 남아있는 95개의 위치에서 선택이 작용하게 된다. 그 결과, 일단 정확한 아미노산에 의해 하나의 위치가 점유되고 나면, 다음의 계속된위치에 또 다른 선택이 가능하게 된다. 이런 계속되는(총 95번) 과정 중에서 한 위치에 적합한 하나의 아미노산을 넣기 위해서는 확률상 20회 정도의 시도가 필요할 것이고, 또 다른 위치에 적합한 아미노산을 넣기 위해 또 다시 20회의 시도가 필요한 그런 반복적인 과정을 거쳐야 한다. 100개의 길이를 가진 아미노산들의 사슬이 기능을 가진 특수한(기대하고 있는) 아미노산 서열을 갖도록 하기 위해서는 선택을 위해 총 1,900($=95 \times 20$)번의 연속된 시도가 필수적일 것이다 — 1/1,900의 가능성($\approx 2 \times 10^{-3}$)은 선택이 없을 때의 가능성인 10^{-130}과 큰 차이가 있다.

일찍이 생명의 게임이 시작되었을 때, 그들이 유전자들, 생물들, 종족들, 종들 또는 다른 존재들이든지 간에 정보를 가지고 있는 선수들의 진화적인 교체는 게임을 하는 데 그들의 능력(선택이 이전에 주형으로 삼았던 능력과 선택에 의해 새로 적응된 능력)과 강하게 결부되어 있다. 선수의 임의적 교체는 선택에 의해서 라기 보다는 오히려 우연에 의해 발생한다. 그러나 생존에의 참가는 생명의 자원이 어떤 방식으로든지 항상 제한되어 있으므로 당연히 선택적이다(2장과 22장 참조).

주어진 생식적 팽창, 제한된 자원, 전달된 변이 그리고 환경적 변화에서 선택은 필수불가결하고 지속적이다. 따라서 생명계를 특징짓는 선택에 의하여 생명의 기원이 시작되었을 뿐 아니라 생물들은 선택에 그들 자신들을 내맡기면서 지속적으로 생존하는 능력을 보유하고 향상시켜 나가고 있다. 다음 장에서 거론되겠지만, 이러한 생물의 능력은 생물들에게 상대적으로 빠른 진화속도를 갖도록 만드는 생식(생식 과정에서)과 기능들 사이에 연결고리를 만들어 준다. 이러한 유연관계가 어떻게 발생이 되고 진화하는지 다음 장에서 살펴보도록 하겠다.

주요 용어

가수분해(hydrolysis)
개체군(집단, population)
개체들(individuals)
뉴클레오티드(nucleotides)
리보솜 RNA(ribosomal RNA, rRNA)
마이크로스피어(microspheres)
막(membranes)
막형액적(membranous droplets)
무생물적(abiotic)
선택적 투과성(selective permeability)
소포(vesicles)
아데노신삼인산(adenosine triphosphate, ATP)
아미노산(amino acids)
운반 RNA(transfer RNA, tRNA)
원시세포(protocells)
유전자형(genotype)
농축(condensation)
이중나선(double helix)
인산결합(phosphate bond)
자발적-조합(self-assembly)
전령 RNA(messenger RNA, mRNA)
조효소(coenzymes)
중합체(polymers)
중합(polymerization)
코아세르베이트(coacervates)
탄소질운석(carbonaceous chondrites)
펩타이드 결합(peptide linkages)
폴리펩타이드 사슬(polypeptide chains)
표현형(phenotype)
퓨린(purines)
피리미딘(pyrimidines)
핵산(nucleic acids)
효소(enzyme)

토의 및 질문

1. DNA
   - **a.** DNA의 정보 전달 능력을 무엇으로 설명할 수 있나?
   - **b.** DNA는 어떻게 복제되는가?
   - **c.** DNA의 정보가 DNA로부터 단백질로 어떻게 전달되는가?
2. 유전자형과 표현형 사이의 차이는 무엇인가?
3. 생명의 지구 기원
   - **a.** 지구 상에 생명이 기원할 수 있도록 어떤 광범위한 환경 조건들이 있었을까?
   - **b.** 어떤 화학적 구성성분들과 반응들이 기초적인 생물분자들의 초기 기원을 설명해 줄 수 있는가?
   - **c.** 그러한 기초 유기 분자들을 농축하여 거대 분자들로 바꾸기 위해 어떤 반응들이 있었을까?
4. 프로테노이드
   - **a.** 어떻게 프로테노이드들이 형성되었는가?
   - **b.** 프로테노이드들은 어떤 생물학적 특성들을 가지고 있는가?
5. 원시세포
   - **a.** 어떻게 막 기능을 가진 원시세포들이 생물학적 분자들, 구조들, 반응들을 통제하고 체제를 구성하는 데에 강화된 효과를 줄 수 있었을까?
   - **b.** 왜 엔트로피는 그러한 계에서 감소하는가?
   - **c.** 코아세르베이트는 무엇이고, 생명체와 유사한 어떤 특징들을 가지고 있는가?
   - **d.** 마이크로스피어는 무엇이고, 생명체와 유사한 어떤 특징들을 가지고 있는가?
6. 선택
   - **a.** 선택이 일어나게 하는 조건들에는 어떤 것들이 있는가?
   - **b.** 비생식적인(자손을 생성하지 못하는) 특성을 갖는 것들에서 선택이 일어날 수 있을까?
   - **c.** 저절로 생성되지 않는 생물학적인 구성성분들과 구조들은 선택을 통하여 생성될 수 있을까?

추천 읽을 거리

Brandes, J. A., N. Z. Boctor, G. D. Cody, B. A. Cooper, R. Hazen, and H. S. Yoder, Jr., 1998. Abiotic nitrogen reduction on early Earth. *Nature*, 395, 365–367.

Chela-Flores, J., G. Lemarchand, and J. Oró (eds), 2002. *Astrobiology: Origins from the Big-Bang to Civilization.* Kluwer Academic Press, Dordrecht, The Netherlands.

Deamer, D. W., 2003. A giant step towards artificial life? *Trends Biotechnol.*, 23, 336–338.

Farley, J., 1977. *The Spontaneous Generation Controversy from Descartes to Oparin.* Johns Hopkins University Press, Baltimore.

Hazen, R. M., 2005. *Genesis. The Scientific Quest for Life's Origins.* Joseph Henry Press, Washington, DC.

Knoll, A. H., 2003. *Life on a Young Planet: The First Three Billion Years of Evolution on Earth.* Princeton University Press, Princeton, NJ.

Miller, S. L., 1992. The prebiotic synthesis of organic compounds as a step toward the origin of life. In *Major Events in the History of Life*, J. W. Schopf (ed.). Jones and Bartlett, Boston, pp. 1–28.

Morowitz, H. J., 2002. *The Emergence of Everything: How the World Became Complex.* Oxford University Press, New York.

TIME, 2006. *Nature's Extremes: Inside the Great Natural Disasters that Shape Life on Earth.* Time, Inc., New York.

Wilson, R. A. 2005. *Genes and the Agents of Life. The Individual in the Fragile Sciences*, Cambridge University Press, Cambridge, England.

7

분자에서 생명으로

요약

RNA는 3개의 뉴클레오티드 단위로 구성된 코돈을 단백질 합성 시스템에 전달해 주는데, 이 코돈은 유전 저장 분자인 DNA로부터의 유전정보 암호를 가지고 있다. 진화적인 관점 유전암호의 가장 핵심적인 특징은 보편성(universality)과 중복성(redundancy 또는 degeneracy; 동일한 아미노산의 결정에 여러개의 다른 코돈이 이용됨)이다. 현대 생물의 세포는 핵산주형(nucleic acid template) 및 단백질 생성과정을 단백질 촉매작용에 전적으로 의존하고 있다. 본 장에서는 생명역사 초기의 RNA 세계에 출현했었던 몇 가지의 핵산과 초기 기능체인 단백질에 대해서 논한다. 핵산과 단백질 두 분자는 촉매작용의 발전을 가져 왔으며, 그 기능 역시 자기복재능으로 발전하였을 것이다. 그러나 자기복재능은 폴리펩타이드보다 핵산에 더 적합한 기능으로 생각된다. 이전의 연구결과에서 박테리아 중 일부는 항생물질 합성에 중합효소를 주형으로 이용하는데, 이러한 경우 RNA는 이 박테리아 초기 진화에서 촉매작용을 하였을 것이다.

분자의 길이 연장은 구조와 기능발전에 매우 중요한 과제로, 분자 중합과정(polymerization)은 진화 중 초기에 등장한 세포내 대사과정 중 하나일 것이다. 만일 어떤 종류의 주형(RNA 리보자임 또는 펩타이드/핵산 결합체)과 중합효소가 존재하였다면, 자연선택은 아미노산을 주형으로 옮겨 주는 연결자 분자의 발달, 고에너지 분자를 이용할 수 있는 조효소의 발달, 연결자와 주형의 핵산 영역을 서로 인식할 수 있는 염기쌍 형성시스템의 발달, 그리고 이러한 모든 기능을 수용할 수 있는 원시형태의 리보솜의 발달을 가져 왔을 것이다. 이어서 저장 및 생산기능은 각각 다른 분자로 분리되었을 것인데, 일부 핵산은 유전정보를 저장하기 위한 핵산(DNA)으로 다른 핵산은 메신저, 연결자 및 조절자 역할을 위한 핵산(mRNA, tRNA)으로 분화되었을 것이다.

진화 초기의 유전암호는 비록 3개의 뉴클레오티드 단위로 구성되었겠지만 현재보다 적은 수의 아미노산에 대한 정보를 제공하거나 아미노산의 특성에 따른 일반적인 그룹에 대한 정보만을 제공하였을 것이다. 암호원판의 복제과정이나 이를 단백질로 번역하는 과정에서 오류를 최소화하기 위하여, 각 코돈의 세 번째 뉴클레오티드는 상대적으로 비결정적이다(중복성). 첫 번째와 두 번째 뉴클레오티드는 덜 유동적이며, 특정한 아미노산을 결정하거나, 친수성이나 소수성과 같은 특성에 근거하여 아미노산을 몇 개의 서로 다른 그룹으로 구분하였다. 각 코돈에서 정확히 번역되는 뉴클레오티드가 2개가 됨으로써, 결정할 수 있는 아미노산의 수가 증가하였고, 동시에 단백질의 일차 구조가 일정하게 유지되었다. 이 유전암호는 일단 20개의 아미노산이 규정되자 진화를 멈추었고 다수의 다양한 단백질이 합성되었다. 이때, 우리의 선조 생물군에서 유전암호가 "동결"되었고, 이후 모든 세포성 생물에서 아무런 변화 없이 유지되었다.

생물체의 기능은 생물체 외부의 물질과 에너지를 생물체 내부에서 진행되는 물질대사 과정으로 어떻게 전환시키느냐에 달려 있다. 세포 수준에서 생물진화의 핵심은 ATP(adenosine triphosphosphate)와 같은 화학적 에너지 제공자의 개발인데, ATP로부터 얻을 수 있는 인산결합 에너지는 적은 양이지만 세포의 효소 조력자로 대사작용이 일어나기에 충분한 양이다. **유기촉매**(organic catalysts) 즉 **효소**의 정교화는 화학반응을 세포 내에서 최적의 시기와 장소 및 최대 효율로 일어날 수 있게 하였다.

반응에 필요한 에너지가 줄어들면서 촉매기능의 활성빈도는 높아졌다. 효소 단백질은 반응물질을 모으고 조작할 수 있는 특정한 반응부위를 제공함으로써 반응속도를 더 증가시킨다. 예를 들어, 무기 철 삼가이온(Fe^{3+})은 과산화수소가 물과 산소로 분해되는 반응 등 다양한 반응에서 촉매 활성을 보인다(**그림 7-1a**). 그러나 이 이온이 포피린 분자에 포함되어 **헴**(heme)이 되면, 촉매 효과가 Fe^{3+} 이온 자체보다 1,000배 이상 증가한다(그림 7-1b). 헴에 다시 효소촉매의 단백질 부분이 추가되면 촉매 효과가 10억배 증가한다(그림 7-1c).

어떻게 이러한 단백질이 진화하고 단백질 자체를 생산하기 위한 유전정보와 연결되었으며 세대를 통해 전달될 수 있었을까? 제6장에서 우리는 생명과 연관된 다양한 종류의 분자가 실험적으로 또 비교적 쉽게 생성됨을 알아보았다. 그러나 이떠한 종류의 분자가 먼저 진화하였을까? "RNA 세계" 또는 "단백질 세계"에 생명은 존재하였었나? 앞으로 보게 될 "DNA 세계" 가설은 보다 타당한가?

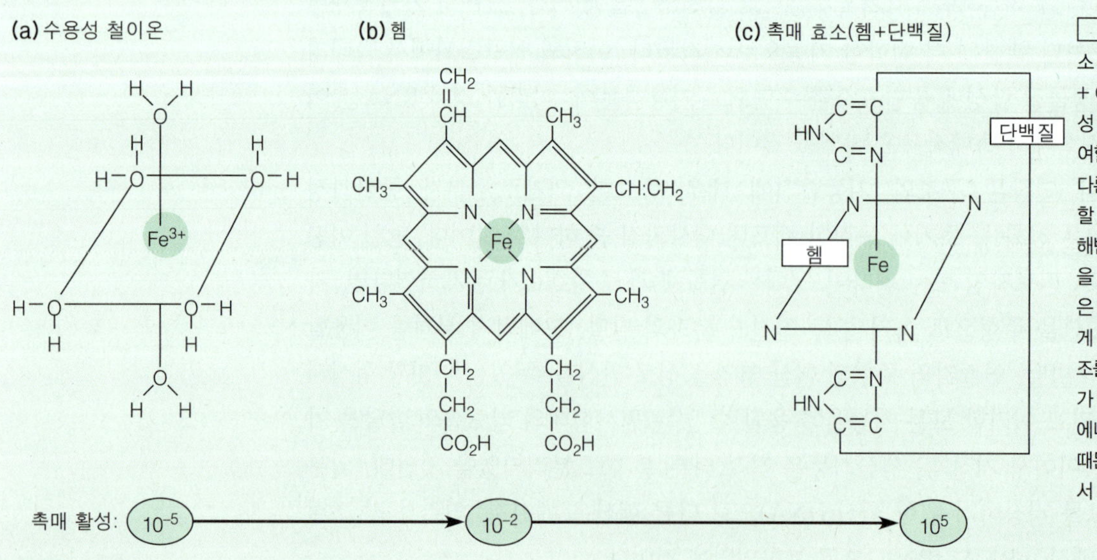

그림 7-1 과산화수소 분해반응($2H_2O_2 \rightarrow 2H_2O + O_2$)에서 철(Fe)의 촉매활성 변화. (a) 철이 반응에 참여할 때와(b, c) 철이 아닌 다른 분자가 반응에 참여할 때. 효소단백질(c)은 분해반응에 효소반응의 장점을 제공하는데, 효소단백질은 과산화수소 분자에 빠르게 결합하여 그 분자의 구조를 변형시킴으로써 효소가 없던 상태에 비해 활성에너지를 더 낮게 해 주기 때문이다. (Calvin 1969에서 인용)

RNA 세계

우리가 제6장에서 살펴본 것처럼, 현존하는 생물 및 10억 년 전 이전에 출현했던 생물의 효소 아모노산 서열은 RNA(리보핵산)으로부터 왔으며, RNA는 DNA(데옥시리보핵산)으로부터 나왔다. 이러한 일련의 과정인 **센트럴도그마**[central dogma: 복제(DNA → DNA), 전사(DNA → RNA), 번역(RNA → 단백질)]는 각 단계별 최적화된 효소에 의존한다(**그림 7-2**). DNA의 자기복제, RNA로의 전사 및 단백질로의 번역과정은 모든 생물에서 발견할 수 있으며 매우 독립적인 과정이다. 이러한 사실은 정보와 기능체계가 어떻게 서로 독립적으로 진화할 수 있었는지에 대한 중요한 질문을 제기한다.

단백질은 핵산보다 기능적으로 다양한 형태를 가지는 듯 했다. 다양한 단백질 기능설은 단백질이 가질 수 있는 아미노산 배열의 경우의 수가 무한하다는 것에서 나왔다. 예를 들어, 폴리펩타이드의 각 아미노산 위치에는 20개의 서로 다른 아미노산이 배열될 수 있으므로, 5개의 아미노산으로 이루어진 펩타이드는 20^5, 즉 3,000,000 이상의 서로 다른 조합이 가능하다. 이와 대조적으로 5개의 뉴클레오티드로 이루어진 핵산은 단지 4^5, 즉 1,024가지의 서로 다른 조합만이 가능하다. 더욱이, 많은 아미노산이 그 구조에 있어 대단히 다르다(그림 6-2). 이에 따라, 아미노산은 다른 아미노산은 물론, 물, 금속 이온, 다양한 단량체(monomer) 및 폴리머와 매우 다양한 방식으로 상호작용을 한다. 이러한 차이점으로 인하여 하나의 단백질에서도 천문학적으로 다양한 3차원적 구조가 나타날 수 있으나, 많은 핵산에서는 상대적으로 고정된 형태가 나타난다.

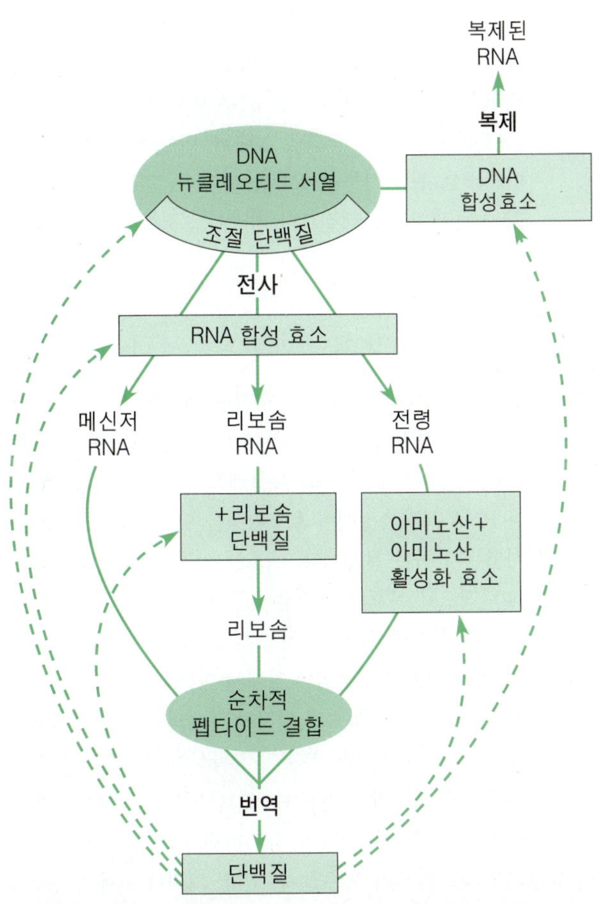

그림 7-2 염기서열(핵산)이 가지고 있는 정보와 단백질에 의해 조절되는 기능간의 상호의존성에 대한 모식도. 실선은 일반적인 정보전달방향을 보여 주고 점선은 이러한 과정을 조직하는 단백질을 나타낸다. 염기서열 정보는 명백하게 단백질의 아미노산 서열을 결정하며, 단백질은 역으로 염기정보전달을 촉매하며 조절한다. 각각의 과정은 매우 유기적이며 서로 독립적으로 발달할 수 없다.

아미노산 서열의 막대한 가능성에도 불구하고 오늘날의 단백질 합성은 항상 RNA와 DNA에 의존한다. 이러한 원리의 연장에는 핵산이 단백질보다 먼저 출현했다는 가정이 있다. 유전학자인 Herman J. Muller는 근본적으로 생물체의 외적형질은 유전형질로부터 기인하기 때문이며, 이 관계는 과거에도 존재했었을 것이기 때문에 이러한 원리를 제안하였다. 즉 유전형질은 진화과정에서 먼저 출현했다는 가설이다.

RNA 우선설

1908년대 초반 3명의 과학자(Leslie Orgel, Francis Crick, Carl Woese)는 RNA가 생존과 번성에 필요한 모든 분자를 촉매한다는 가설, 현재 **'RNA 세계'**로 알려진 생물진화 초기상태 가설을 각각 제시하였다. 핵산의 자기복제능은 선택압에 반응할 수 있게 하여 단백질 시스템 개발을 통한 보다 발전된 **자기복제(self-replication)**의 출현을 가능하게 하였다. 단백질 합성 기능은 아마도 특정 아미노산과 특정 핵산과의 직접작용의 결과 또는 핵산사슬에 아미노산을 가져 오는 아답터 분자와 같은 아미노산의 간접 치환과 같은 방법으로 진화하게 되었을 것이다. 'RNA 세계'가 '단백질세계'보다 먼저 출현하였을 것이라는 견해에 대한 이유는 앞으로 논의할 것이다. RNA는 생물진화 초기에 시작되었음에도 불구하고 유전분자가 되지 않았으며 유전암호를 형성하지도 않았는데 이에 대해서는 본 장의 끝에서 다룰 것이다.

핵산복제가 먼저 진화하였다는 견해를 지지하는 사람들은 자가복제 체계만이 협동적 기능체(cooperative functional unit: 즉 생명체)를 구축할 수 있는 자연선택 과정을 작동시키는 기반이 된다고 주장한다. 자가복제가 안되면 기능은 곧 사라질 것이며, 생명체(organism)는 자신을 유지할 수 없을 것이다. 과학자들은 **단백질의 도움 없이도 스스로 복제되는 "벌거벗은 유전자(naked gene)"**의 기원을 설명할 수 있는 **자가촉매(autocatalytic)** 과정을 찾아 왔다. 단백질이 없는 상태에서도 촉매 특성을 갖는 RNA 분자의 발견은 자가촉매에 의해 핵산복제(autocatalytic nucleic acid replication)가 가능함을 보여 주었다. **RNA 촉매**(RNA catalysts) 혹은 **리보자임**(ribozymes)을 사용하면 짧은 RNA 배열이 효소단백질의 도움 없이도 RNA 상보적 배열을 주형으로 이용하여 자기를 복제할 수 있게 된다(Loomis 1988).

자기복제 RNA 핵산서열에 의존하는 RNA 세계가 초기에 존재하였다는 주장이 점점 커져감에도 불구하고, G.F. Joyce와 동료들(1987)은 RNA 복제 과정이 생물체가 출현하기 이전에는 매우 제한적이었을 것이라고 지적한다. 왜냐하면, 리보오스-당 중추의 다양한 이성질체가 상보적인 염기쌍의 형성을 제한할 것이기 때문이다. 또한 당 분자들과 마찬가지로 리보오스는 매우 불안정하기 때문에(Larralde et al. 1995), 리보오스-당 중추 형성에 필요한 충분한 양의 리보오스가 지속적으로 공급되었다는 것에 의심의 여지가 많기 때문이다. 이러한 문제점에 대한 Joyce와 동료들은 다음과 같이 주장한다. 초기 핵산 유전물질이 리보오스를 함유한 뉴클레오티드로 구성되었다기 보다는, 리보오스보다 쉽게 합성되며 염기쌍 형성의 어려움도 최소화된 리보오스 유사물질로 구성되었을 것이다. Zielinski와 Orgel은 실험(1987)으로 이러한 시스템을 증명해 보이기도 하였다.[1]

RNA 세계가 세포의 효소단백질보다 먼저 출현하였다는 가설(최근의 리뷰논문, Hazen 2005, Penny 2005 참조)은 이제 다음과 같은 다양한 증거로 지지된다.

- RNA로부터 만들어진 리보자임(*ribozyme*)은 핵산 사슬을 자르고 붙일 수 있어 RNA 복제능을 가짐
- 원생 섬모동물 *Tetrahymena*에서 전사된 RNA의 한 "인트론" 부분이 전체 RNA 분자에서 스스로 절단되어 나가며, 양쪽의 단백질을 만드는 RNA를 서로 연결해 준다
- 일부 세포내 RNA 분자는 가장 일반적인 에너지 전달물질인 ATP가 결합되는 반응을 촉매하는데, 이것은 RNA가 RNA 세계에서 자기 자신을 복제할 수 있을 가능성을 높여 준다. Sassanfar와 Szostak(1993)의 실험에서, **RNA 복제**가 생물체 출현 이전의 환경에서 일어날 수 있음을 보여 주었다. 이들은 무작위적인 핵산으로부터 핵산을 결합할 수 있는 기능을 가지는 촉매를 얻을 수 있었다. 이 촉매는 삼인산(triphosphate)과의 반응을 통하여 에너지를 얻는데, 이것은 RNA **분자가 오늘날의 단백질 촉매와 같은 기능을 할 수 있음**을 보여 준다.
- 과학자들은 합성 RNA를 만들 수 있는데, 이것은 정교한 촉매작용을 할 수 있고, 리보핵산과 함께 복제할 때 일반적인 RNA 분해효소에 저항성을 가지게 된다.[2]
- 실험실에서 행해진 자연선택 실험에서 처음 보다 효소 활성이 수십에서 수백 배 강한 새로운 RNA 분자가 진화되었다(Lehman and Joyce 1993). 이렇게 선택된 리보자임은 심지어 리보오스 당과 티오우라실 염기(thiouracil base)를 무촉매반응 보다 천만 배 이상 빠른 속도로 결합시킨다(Unrau and Bartel 1998).
- 어떤 RNA 분자는 핵산에 붙어 유전자 발현을 조절하는 유전자 조절자로 기능한다.
- RNA 단편이 다양한 대사 반응에 참여하는 조효소에서 관찰된다(예, coenzyme A, FAD, NAD). 연구자들은 일부 화합물들이 RNA 단편의 기능을 전제로 구성되어 있다는 사실로부터 RNA 단편의 존재가 역사의 반영 — 초기 RNA 세계의 유물 — 이라고 생각한다(Benner et al. 1993).
- 모든 세포에서 단백질 번역 시스템이 다양한 RNA — 메신저 RNA, 리보솜 RNA, 전령 RNA 등 — 에 의존한다. 사실, 펩타이드의 형성에는 "펩타이드기 전달효소"라고 불리는 리보솜효소가 촉매 작용을 하는데 이 효소 작용은 리보솜 단백질 보다 리보솜 RNA에 더 의존한다. Zhang과 Cech(1997)은 추출된 상태의 비세포성 리보자임도 아미노산 부착 기능이 있음을 보여 주었다. 리보솜 안의 RNA는 리보솜 단백질보다 펩타이드 결합을 촉매하는 기능이 더 크다.

주형, 촉매반응 및 변이

이러한 발견들은 RNA가 애초에 주형이며, 동시에 촉매로도 작용하는 자가복제성 분자이었는지 여부에 대한 질문에 주목하게 한다. 즉, RNA가 그 자체를 RNA 뉴클레오티드 배열로 번역하였는가 혹은 RNA 복제과정에서 효소활성을 나타내는 리보자임으로 번역하였는가 하는 문제이다. 애초에 이들은 짧은 핵산 서열이었다. 일반적으로 복제의 정확성이 증가함에 따라, 비록 그 생존력이 다른 분자에 비해 낮을지라도 더 긴 RNA 분자가 남게 된다. 마찬가지로, 생존력의 우위도 길이에 영향을 준다. 한 분자의 생존력이 다른 분자 보다 높으면 일정한 복제의 정확성 하에서 더 긴 뉴클레오티드가 유지된다. 복제의 정확성이 90%라면 최대 12개 뉴클레오티드 배열이 보존될 수 있으나(일정한 생존력의 가정 하에), 복제의 정확성이 95%로 증가하면 이보다 약 두 배 길이의 뉴클레오티드 배열이 보존될 수 있다. 그러나 복제의 정확성에는 필요조건이 하나 있는데, RNA 분자 하나는 적어도 복제 효소로 작용할 만큼 길어야 한다는 것이다. Joyce와 Orgel(1993)은 RNA가 촉매 활성을 갖는 최소 길이가 3개의 줄기고리(stem-loop structure) 구조를 만들 수 있는 40~60개의 뉴클레오티드 정도로

[1] Deamer(2003), Orgel(2004) and Chen et al. (2005) for recent studies를 참조.

[2] Hanczyc et al. (2003) for an update를 참조.

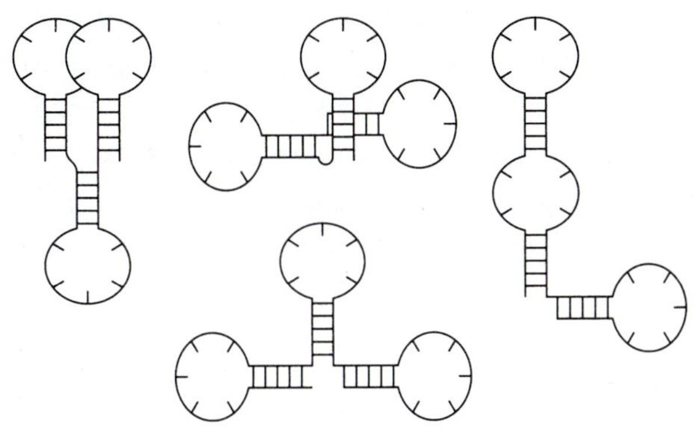

그림 7-3 RNA 분자가 취할 수 있는 3개의 줄기-고리(stem-loop) 구조. (인용, Joyce, G.F., and L.E. Orgel, 1993. Prospects for understanding the origin of the RNA world. In *The RNA World*, R.F. Gesteland and J.F. Atkins(Eds.) © Cold Spring Harbor Laboratory Press, Cold Spring Harbor, New York, pp 1–25).

보고 있다(**그림 7-3**). Fraser 등(1995)에 의하면, 가장 작은 생물인 *Mycoplasma genitalium*도 DNA 복제를 위해서는 30가지의 단백질이 필요하며, 번역을 위해서는 최소 90여 개의 단백질이 필요하다. RNA 복제의 정확성과 관련하여 또 다른 문제들이 존재한다. 알려진 RNA 중합효소들은 DNA 중합효소가 갖는 특징인 "재교정(proofreading)"의 기능이 없어 돌연변이율이 높다. 비록 **높은 돌연변이율**이 빠르게 진화하는 세계에서는 장점을 가지기도 하지만, 매 세대마다 점차 비효율적인 효소를 만들어 내게 된다. 더욱이, RNA 서열, 특히 구아닌 뉴클레오티드들은 자체적으로 감겨져 엉킨 형태가 되어 단백질이 관여하지 않으면 복제되지 않는다. 어떻게 RNA 서열이 RNA 만으로 복제될 수 있겠는가? 더욱이, RNA를 복제하는 효소단백질의 합성은 재교정이 없는 상태에서도 최소한 300개 이상의 아미노산을 결정하는 1000개 이상의 뉴클레오티드를 필요로 한다.

한 연구에 따르면, '효소는 충분히 긴 RNA 분자에 코딩되어야 하며, RNA 서열은 긴 효소에 의해 복제되어야 한다'는 딜레마는 길이가 짧으면서도 쉽게 복제되는 RNA 분자와 이로부터 만들어지는 길이가 짧으나 기능을 갖춘 폴리펩타이드 단위체가 있으면 해결된다. 이것은 시스템에서 **하이퍼사이클**(Hypercycle)이라고 불리는데(Eigen 1992), 이 단위체들은 각각의 기능을 순차적으로 연결함으로써 전체 시스템으로서 장점을 갖는 공생관계를 구성한다. 각 단위체가 다른 단위체의 복제를 도와 주는 네트워크를 형성함으로써 훨씬 길고 보다 정확하게 복제되는 염기서열을 만들어 낼 수 있는 것이다. 만일 그러한 시스템이 구획화된다면, 구획화의 성공여부(cell)와 각 구획의 구성물질 간의 공생관계 성공 여부는 상호 의존적이 되어 뒤의 23장에서 논하는 군 선택(group-selection)의 진화과정을 겪게 된다. 이러한 제안에 Maynard Smith와 Szathmary(1995)는 유전정보가 확대되는 과정을 설명할 수 있는 다른 시스템을 추가한다.

또 다른 방안으로 RNA가 4개의 탄소 원자를 가지는데 반해 리보오스는 5개의 탄소 원자를 가진다는데 착안한 *pyranosyl RNA*(pRNA) 합성이 제안되었다. pRNA는 이중선형구조 분자로 구조적 변이가 적고 서로 나선형으로 감기지 않으며 단백질 효소가 없는 상황에서도 보다 효과적인 복제방법을 제공할 수 있다.

RNA는 왜 아직도 존재하는가?

주어진 단백질 진화를 고려해볼 때, 왜 유전정보 해독에 여전히 RNA가 필요할까? 간단히 유전물질 DNA와 산물인 단백질의 중간 과정에 RNA 보다 더 성공적인 단계가 없었기 때문이었다고 할 수 있다. RNA는 상보적 염기서열을 가짐으로써 리보솜으로의 메신저 역할을 할 수 있으며, 코돈-안티코돈의 상보적 관계를 통해서는 아미노산을 단백질로 전달하는 아답터 역할을 할 수 있다. 현재 우리는 리보솜 자체에 대한 정확한 정보를 가지고 있지는 않다. 그러나 다양한 상보 염기쌍 및 다양한 상호작용을 필요로 하는 복잡함을 가졌음을 판단할 수 있다. 예를 들어, 리보솜 RNA의 염기서열은 코돈과 안티코돈의 상보적 결합에 의한 단백질 번역을 매개한다. 아마도 이와 같은 목적이나 다른 목적(예, 인트론 절단)에 RNA를 사용하는 대사경로가 일단 진화되었다면 이를 대치하는 다른 분자 기작은 너무도 많은 광범위한 변화를 필요로 함으로써 치명적인 결과를 초래하였을 것이다[동결된 우연(frozen accidents)]. 같은 이유로 세포외 물질분비, 보존된 조직, 일반적인 체형 등 생명체의 근본적인 특징이 보존된 점을 설명할 수 있다.

점토에서 나온 분자

Cairns-Smith(1982)는 원시 자가복제성 단위체가 핵산이 아닌 유기 점토성 규산염 결정이나 층상의 **점토 혼합물**(예, *montmorrillonite*)로 구성되었을 것이라고 제안한다. 결정은 매우 조직화된 구조에 새로운 단위체가 부가되면서 점점 커지는 특성이 있으므로 이를 **자가복제 능력**이 있는 것으로 간주할 수 있다. 이 견해에 따르면 RNA와 같은 핵산이 위와 같은 결정 구조 속에 포함되었고, 이것에 다시 아미노산이 붙고 펩타이드 결합이 형성되는 과정을 통하여 단백질 합성 시스템이 진화하였다고 생각한다.

무기물 표면이 생합성 작용의 현장으로 주목받기는 하였지만, 아직도 RNA 자가복제에서 단백질 합성에 이르기까지 매우 복잡한 대사작용이 이곳에서 발달했다고 상상하기는 쉽지 않다. 몇몇 생물학자들은 **단백질 자체**나 **단백질-핵산** 결합체가 최초의 자가복제 시스템이었을 가능성을 강조해 오고 있다. 진화 초기에 자가촉매들이 뉴클레오티드가 모이는 주형의 역할을 하고, 모여진 뉴클레오티드가 서로 결합되어 다시 펩타이드 복제의 정밀한 주형으로 사용되었을 것이다.

이러한 견해는 펩타이드 사슬과 뉴클레오티드 사슬의 복제가 진화 초기부터 서로 의존적인 메커니즘을 제공했음을 제시한다. 또한, 진화를 거치면서 하나의 사슬이 길어지면 상대 사슬의 길이도 길어지며, 현재 핵산 복제와 단백질 합성 과정에서 볼 수 있는 특징들이 나타날 때까지 복제 기능을 점진적으로 발전시켜 왔다고 설명할 수 있다. 그러나, 불행히도 벌거벗은 유전자에서 정밀하게 조직된 핵산 주형이 우연히 형성되었다고 상상하기란 쉬운 일이 아니다. 실제로 Ferracin(1981)은 이러한 생각을 모아 다윈의 선택설이 최초의 세포가 겪은 화학적 진화를 해설할 수 없으며 자기 집합과 연관된 무작위적 과정으로 최초의 유전학적 과정을 만들었다는 가설을 제안하였다.

단백질 우선설

다양한 가설들이 단백질 체계가 다양한 기능성 특징을 핵산의 자가복제 체계와 연계되기 **이전**에 만들어 냈을 것이라고 제시하였다. 많은 수의 과학자들은(예, S.W. Fox, 1978) 더 나아가 단백질 촉매 체계가 핵산 자가복제 체계보다 **먼저** 발전했을 것이라고 주장하였다.

그러나 다른 많은 과학자들은 이 견해에 심각한 결점이 있다고 느낀다. 만일 단백질이 처음 등장하고 원시세포 혹은 입자에서 기능적 목적으로 사용되었다면 어떻게 단백질이 핵산의 번역 시스템 없이 복제될 수 있었는가? 단백질 자체만으로 단백질을 합성할 수 있었겠는가? 제6장에서 언급한것과 같은 생물출현 이전의 환경조건을 가정한 화학실험에서 중합화된 핵산이 우연히 만들어지기는 어려운 반면에 긴 체인 형태의 폴리펩타이드는 상대적으로 쉽게 만들어지는 것으로 나타났다.

만일 우리가 현재의 생물만을 고려한다면, 핵산과 무관한 단백질 자체의 합성은 생각할 수 없다. 왜냐하면 핵산들 사이에는 상보적인 관계가 있으나 아미노산들 사이에는 명백한 상보적인 관계가 없기 때문이다. 다시 말해, 상보적인 뉴클레오티드 사슬 사이의 염기쌍(아데닌-티민, 아데닌-우라실, 시토신-구아닌)에는 핵산의 자가복제, 전사, 번역의 특성을 설명할 수 있는 정확한 입체화학적 **맞춤 관계**(stereochemical fit)가 존재하나 폴리펩타이드 사슬의 아미노산들 사이에는 이와 유사한 입체화학직 맞춤관계가 전혀 존재하지 않는다.

RNA가 관여하지 않는 단백질 합성

그럼에도 불구하고, 짧은 아미노산이지만 특정 기능을 가지는 단백질을 만드는 과정은 존재하는데, Lipmann(1971)과 다른 과학자들은 포자를 만드는 *Bacillus brevis* 박테리아가 메신저 RNA(mRNA) 없이 효소만으로 최소한 2개의 항생제(*gramicidin S*와 *tyrocidin*)를 만든다고 보고하였다. 이 두 항생제는 10개의 아미노산으로 된 원형의 올리고펩타이드(oligopeptides)로서 아미노산이 차례로 이어지며 만들어진다. 합성과정에서 만일 하나의 아미노산이 빠지게 되면 펩타이드 합성이 멈춰진다. 이것은 **효소가 아미노산 배열을 결정하는 정확한 주형으로 작용한다는 것을 시사**한다. 주형에서 아미노산이 채워지지 않은 빈자리가 그 양쪽 아미노산 간의 결합을 제한하는 것이다. 흥미로운 점은, 이 두 항생제는 덱스트로(dextro, D)와 레보로타토리(lavorotatory, L)의 두 가지 아미노산을 포함하는데 mRNA를 통하여 생산된 항생제는 L 아미노산만을 포함한다는 것이다.

이 항생제들에서 특별히 관심을 끄는 것은 펩타이드가 커가는 과정이다. 하나의 아미노산이 효소의 티올(−SH)기에 붙으면서 펩타이드 사슬 옆에 다가간 후, 티올기(sulfur, thiol)가 제거되면서 펩타이드 결합이 형성된다. 펩타이드 사슬은 그 앞 쪽에 티올기를 유지하면서 아미노산이 붙는 자리를 차례로 제공한다. Lipmann은 이 과정을 **머리-성장 중합반응**(*head-growth polymerization*)이라 부르면서 지방산 합성 과정의 탄소 중합반응(sulfhydryl 결합에 의한 중합), 리보솜 펩타이드 합성 과정에서 아미노산 중합반응(인산 결합에 의한 중합)과 유사하다고 지적하였다.

단백질의 진화적 기원에 관한 발견들과 관련하여 이러한 중합반응의 유사성이 화학 진화의 초기에 발달하였을 것으로 추측되는 공통의 중합반응을 보여 주는 것이 제안되었다. Heinen과 Lauwers(1996)는 티올 합성이 비환원성 대기환경에서도 가능했을 것으로 주장한다. 물론, 현재 펩타이드 항생제 합성에 관여하는 효소들은 유전물질에서 전달된 정보에 의해 합성된다. 그러나 이 시스템에서 단백질이 단백질을 생산할 수 있다는 사실은 15~20개의 아미노산으로 된 작지만, 기능이 있는 펩타이드가 과거에 핵산이 없는 상태에서도 반복적으로 복제되었을 가능성을 보여 준다.

이러한 가설을 지지하는 것으로서 최근 32개 아미노산으로 이루어진 나선형 단백질을 이용하여 자가복제 단백질 실험이 이루어졌다. 이 코일 구조는 17개나 15개의 아미노산으로 이루어지는 펩타이드 절편을 합성하는 데 주형으로 이용되고, 이 절편들은 다시 자가복제의 주형으로 쓰인다(Lee et al. 1996). 비록, 실험실 조건과 구성요소에 따라 달라지기는 하지만, 이러한 실험 결과는 짧은 알파-헬릭스 촉매 구조가 일단 한번 진화되기만 하면 자가복제가 될 수 있다는 것을 시사한다. 이러한 반응이 최초로 이루어진 곳이 앞 장에서 언급한 점토와 비석(zeolite) 결정이 될 수도 있고, Edwards(1998)가 지적한 황화철(iron sulfides) 광물표면이 될 수도 있다.

이러한 견해와 관련이 있을 수 있는 **프리온 단백질** 질환에 대하여 **글상자 7-1**에서 다루었다.

글상자 7-1 프리온 질환

제6장에서 논의한 생명의 정의와 같이, **프리온**(prion)은 **세포에서 기원**한 입자로 DNA와 RNA가 없는 소수성 단백질로 이루어져있다. 비록 프리온 단백질의 아미노산 배열이 유전적으로 결정된다 할지라도 그 구조를 변화시키는 상호작용은 세포 간, 개체 간에 유전적 정보의 교환 없이 전달되고 재생산된다. 따라서 프리온은 감염을 일으키는 가장 작은 물질이다.

프리온은 살아 있는 세포에 감염되었을때만 작용하는데, 이때 세포 내 단백질을 새로운 프리온으로 바꾼다. 정상상태에서는 해가 없던 프리온 단백질이 삼차원적 구조에서 병원성 변화를 겪어 구조가 바뀌면 다른 프리온 단백질을 병원성 형태로 변화시키는 역할을 하게 된다. 이러한 도미노 효과에 의해 점차 많은 프리온 단백질이 병원성 형태로 변하게 되고, **프리온 질환**은 "비핵산성 전염균"처럼 번지게 된다(Prusiner 1995).

프리온이 뇌에 들어가고 단백질합성을 장악하기 때문에 프리온은 사람의 크루츠벨트-제이콥병과 소의 광우병을 일으킨다고 알려졌다. 프리온은 또한 죽은 친척의 뇌를 먹는 풍습이 있는 뉴기니아의 Fore족에서 나타나는 쿠루병(kuru)의 원인으로 알려졌다. 쿠루병은 점염성 있는 스폰지 형태의 뇌변증으로, 조정력을 잃고, 치매증과 병세가 진전됨에 따라 나타나는 폭발적인 웃음을 특징적으로 보인다. 그래서 웃다죽는 병이라 불린다.

단백질 합성 시스템의 진화

아미노산을 결집시키는 주형의 초기 구성성분이 무엇이었던 간에 중합과정 자체는 자연선택(selection)이 작동하기 시작한 최초의 기능 중 하나였을 것이다. 아미노산은 펩타이드 형태에서만 촉매 특성을 나타내기 때문이다.

시간이 지남에 따라, 향상된 중합반응에 대한 자연선택 과정이 보다 효과적인 주형을 탄생시켰고, 그 자체도 보다 효율적인 중합반응 효소(polymerization enzymes)에 의해 중합되었을 것이다. 주형 자체를 합성할 수 있을 정도로 긴 효소를 만드는 주형의 발달이 아마도 자가복제성 분자 생명형태로 전이되는 가장 결정적인 단계였을 것이다. 자연선택이 순차적으로 주형이 길어지는 방향으로, 효소의 활성이 향상되는 방향으로, 혹은 두 과정 모두를(예, Szathmary 1989) 포함하는 그 어떤 방향으로 진행되었다 하더라도, 유전물질 양의 증가가 갖는 효과는 실로 대단했을 것이다. 좀 더 많은 양의 물질을 만들기 위해 환경과 반응하는 물질을 더 많이 만드는, 원형으로 이루어진 자가촉매성 생명 반복체가 진화 초기에 굳게 자리잡았을 것이라고 생각하는 것이 합리적이다.

단백질 합성의 진화는 폴리펩타이드와 기타 물질로 이루어진 주형에서 비효율적으로 복제되던 원시 중합효소로부터 시작되었을 것이다. 유기물 중합력의 원천은 아마도 아미노산을 물로부터 분리시키려는 다양한 아미노산 간의 소수성 반응으로부터 나왔을 것이다. 소수성을 소멸시키면서 가장적은 자유 에너지를 발생시키는 가장 안정적인 반응은 아마도 중합된 단백질을 구형 조직으로 만드는 데 있었다. 이러한 중합반응에 이르기 위한 에너지는 아마도 동시에 일어나는 다른 유기물질의 분해로부터 나왔을 것이다. 중합반응과 분해반응의 연결에 이어서 단백질 자체의 중합을 촉매할 수 있는 고분자의 선택이 진행되었을 것이다.

일단 펩타이드 중합반응이 정착되었다면, 자연선택이 각 원시세포내 중합효소의 숫자를 증가시키고 중합효소의 주형 효율성과 아미노산 집적 속도를 향상시켰을 것이다. 펩타이드 중합반응에서의 진화적 개선은 중합체복제, 대사경로, 주변환경 물질, 항상성 및 발생과 같은 다른 속성의 선택이 중요했을 것이다. 그 다음으로, 유전암호화 기능과 유전암호번역 기능은 세포의 각각 다른 부분으로 격리되었으며, mRNA는 유전정보가 저장되어 있는 장소에서 단백질 번역을 위해 리보솜으로 이동하였다. 결국, 세 종류의 각기 서로 다른 기능을 수행하는 뉴클레오티드 배열이 나타났다: **저장, 메신저, 번역(리보솜과 전달 연결자)** RNA. RNA는 현재에도 모든 생물에서 메신저와 연결자 분자로서 위의 두 가지 기능을 담당하고 있으며, 일부 바이러스에서는 유전자 저장물질로서도 사용되고 있다. 새로운 종류의 리보솜의 진화는 이제 리보솜이 특정한 소수의 단백질만을 만드는 데서 벗어나 **서로 다른 다양한 mRNA를 번역**할 수 있게 하였다. 이제 '어떤 단백질을 만들것인가'를 결정하는 부담이 리보솜에서 전사과정으로 이전된 것이다. 즉, 만들어지는 단백질의 종류가 이미 저장된 유전물질로부터 전사되는 mRNA 분자를 조절함으로써 선택될 수 있게 되었다. 이러한 과정은 결국 그림 10-13에서 볼 수 있는 복잡한 조절 체계를 탄생시켰다.

그림 10-13에 요약한 것과 같이, 이러한 혁신에 이어 새로운 변화들이 뒤따라 왔다. 다양한 기능과 낮은 결합 특이성을 갖는 소수의 효소와 단백질에 의존하던 체계에서 한정된 기능과 높은 결합 특이성을 갖는 다수의 효소와 단백질을 사용하는 체계로 변화되었다. 이러한 전이과정은 **유전자 중복**(duplication)에 의한 mRNA 분자 수의 증가에 수반되어 나타났다. 중복된 유전자 사이의 돌연변이와 이어지는 자연선택 과정은 각각의 유전자가 분화되고 새롭고 좀 더 특이적인 방향으로 진화될 수 있는 여지를 제공한다. 일단 유전자 수가 증가하면, 그들이 서로 결합하여 염

색체를 형성함으로써 각 세포 내에 모든 유전자가 집단적으로 존재할 수 있는 장점을 갖게 될 것이다. 염색체의 형성은 연합된 유전자들이 각기 서로 경쟁자가 아닌 하나의 동시성을 가진 단위로서 복제될 수 있도록 해 준다.

왜 DNA 인가?

RNA는 아마도 **유전정보 저장과 단백질 해독**의 시작부터 사용되었기 때문에 이 두 기능의 분리에 따르는 여려움은 유전정보의 저장만을 위한 DNA라는 새로운 핵산을 이용함으로써 생물에게 이점으로 해결되었을 것이다. RNA를 단백질로 해독하는 효소는 DNA에는 반응하지 않기 때문에 보다 획일적인 이중나선구조의 DNA는 유전정보의 저장에만, 그중 한가닥만이 mRNA 형성을 위한 전사만으로 제한된다. 세포대상경로에서 데옥시리보핵산이 리보핵산으로부터 합성된다는 관찰은 세포 진화에 있어서 DNA가 RNA보다 나중에 출현하였다는 개념을 지지한다.

일부 과학자들은 RNA의 리보솜당에 있는 2′ 하이드록실 그룹이 DNA의 2′ 데옥시리보스 그룹보다 빠른 가수분해반응을 일으키기 때문에 DNA 유전물질이 RNA보다 돌연변이로부터 보다 쉽게 보호할 수 있다고 제안하였다. 더욱이 DNA는 촉매작용을 전혀하지 않는데 반해 RNA의 2′ 하이드록실 그룹은 촉매작용을 한다. 게다가, 유전전물질로써 RNA에서 DNA로의 전환은 RNA를 DNA로 전사할 수 있는 특별한 **역전사효소**(reverse transcriptase)에 의해 쉽게 일어날 수 있다. 이러한 효소는 아마도 RNA 복제에서 기원하였을 것이며(RNA 중합효소로 작용 가능), 이후 유전정보를 RNA에서 DNA로 옮기는 데 기여했을 것이다.

왜 RNA와 DNA의 구성이 모두 4개의 서로 다른 염기로 한정되어 있으며, 각 염기는 상보적인 염기쌍을 왜 다른 염기 하나와 형성하는가에 대한 의문이 남는다(RNA에서는 아데닌-우라실, 구아닌-씨토신; DNA에서는 아데닌-티민, 구아닌-씨토신). 한 가지 가능한 대답은 염기쌍이 잦은 돌연변이에 취약하다는 것이다. 유전정보의 복제에 참여하는 염기의 종류가 많을수록 염기쌍 형성에 불일치(mismatch)가 발생할 가능성이 더 높아지며 복제의 정확성이 더 떨어지게 된다(Szathmary, 1991). 유전물질로서 RNA가 DNA보다 먼저 나타났으며, RNA 합성효소가 — 현재도 마찬가지이지만 — 염기쌍의 불일치 결함을 쉽게 치료할 수 없기 때문에, 높은 돌연변이율이 유전물질을 매우 짧은 염기배열로 한정시켰을 것이고, 이에 따라 작고 비효율적인 효소단백질만이 만들어졌을 것이다. 효소의 길이를 늘이고 기능을 향상시키기 위해서는 유전물질의 길이도 늘이고 복제의 정확성을 더 높여야 했을 것이다. 이러한 진화과정은 다양한 염기의 종류를 2개의 상보적인 염기쌍에 의해 복제되는 단지 네 가지의 유전자 알파벳으로 한정시켰을 것이다.

유전암호의 진화

산과 단백질 사이의 정보 교환은 유전암호에 따른다. 유전암호가 mRNA 상의 특정한 3개의 뉴클레오티드 배열에 대응하여 단백질의 특정한 한 아미노산 배열를 결정한다. **표 7–1**은 유전암호의 용어와 특성을 보여 주고, **표 7–2**는 유전암호 자체를 보여 준다.

아직까지 유전암호의 원형이 발견되지는 않았지만, 이 암호는 생물들의 다른 형질과 마찬가지로 좀 더 원시적인 형태로부터 진화했을 것이다. 유전암호의 진화를 재구성하려는 시도들은 10가지 기본적인 특징을 가지는 현 암호들의 특징에 대한 상세한 분석에 기초한다.

1. 메신저 RNA 분자들은 단지 **4개의 뉴클레오티드 염기**, 아데닌(A), 구아닌(G), 우라실(U), 씨토신(C)으로 구성된다. 이들은 길이가 다양하고 순서도 다양한 중합체 사슬을 만든다.
2. 하나의 특정 아미노산을 결정하는 mRNA의 코돈은 **3개의 뉴클레오티드** 사슬로 이루어진 삼철자 암호(triplet)이다.
3. 암호는 **비중첩성**(nonoverlapping, comma-less) 이다. 각 코돈은 mRNA 해독틀의 한쪽 끝에서 다른 쪽 끝까지 한 번에 3개의 뉴클레오티드씩 연속적으로, 끊김이 없는 배열로 번역된다.
4. 메신저 RNA의 **해독틀**들은 일반적으로 AUG 코돈으로 시작하고, 정지코돈 UAA, UAG 혹은 UGA로 마친다.
5. 코돈 배열은 특정 아미노산을 mRNA 코돈으로 가져 오는 연결자 혹은 tRNA 분자(**그림 7–4**)의 **안티코돈** 배열과 상보적이다.
6. 모든 생물은 표 7–2에 제시한(보편적인) 암호 사전을 공유한다. Mycoplasmas(다당류 세포벽이 없는 박테리아)와 섬포성 원생생물은 몇 개의 다른 코돈을 갖는다. 미토콘드리아는 몇 개의 코돈에서 세포 핵과 다른 것이 관찰된다.
7. 불명료한 코돈은 발견되지 않는다. 즉 **하나의 코돈이 2개 이상 다른 아미노산을 결정하지 않는다.**
8. 메티오닌과 트립토판을 제외하고는 **각 아미노산을 결정하는 코돈이 2개 이상 존재**한다.
9. 암호의 중복 양상은 대체로 **코돈의 세 번째 위치에 있다**. 예를 들어, 여덟 개의 아미노산(발린, 트레오닌, 알라닌 등을 포함)이 각기 4개의 코돈으로 결정되는데, 4개의 코돈은 세 번째 위치에서만 뉴클레오티드가 다르다.
10. 한 아미노산이 사중(quartet)코돈 중 2개의 코돈만을 이용할 경우, 이 두 코돈의 세 번째 위치는 모두 피리미딘(U와 C)이거나 모두 퓨린(A와 G)이지, 한 코돈에서는 피리미딘이고 다른 코돈에서는 퓨린인 경우가 없다.

표 7-1 현재 유전암호를 기술하는 일반 용어들에 대한 정의

용어	의미
암호 철자	뉴클레오티드. 예, A, U, G, C(mRNA) 혹은 A, T, G, C(DNA). 각 핵산 "알파벳"으로 4개의 암호 철자가 있으며, 이들은 두 종류의 상보적 염기쌍을 만든다: RNA에서는 A-U와 G-C, DNA에서는 A-T와 G-C.
Codon 혹은 code word	1개의 아미노산을 결정하는 뉴클레오티드 배열. 예, 류신의 RNA 코돈 = CUG(또는 DNA에서의 GAC).
안티코돈	코돈과 상보적인 tRNA 상의 뉴클레오티드 배열. 예, GAC = 류신의 안티코돈(그림 7-6).
유전암호 혹은 암호사전	모든 코돈과 그에 따라 번역되는 특정 아미노산을 대비시켜 놓은 표(표 7-2).
코돈길이 혹은 단어 길이	코돈의 철자 수. 예, **삼철자 암호**(triplet code)의 3개의 철자(이 수는 비중첩성 암호에서 코딩 비율과 동일하다).
비중첩성 암호	전체 염기배열에서 코돈의 수와 동일한 수의 아미노산이 결정되는 암호. 예, 삼철자 암호에서 UUUCCC = 페닐알라닌(UUU) + 프롤린(CCC).
과잉 혹은 중복	특정한 하나의 아미노산을 결정하는 데 하나 이상의 코돈이 존재하는 것. 예, UUU, UUC = 암호 = 페닐알라닌. 따라서, 20개의 아미노산은 모두 20개 이상의 코돈으로 암호화된다.
동명 코돈	중복 암호에서 같은 아미노산을 결정하는 서로 다른 코돈. 예, UUU = UUC = 페닐알라닌.
불명료 암호	하나의 코돈이 둘 이상의 아미노산을 결정할 수 있는 상태. 예, GGA = 글라이신, 글루탐산. 현 유전암호에는 불명료 암호가 존재하지 않으나 과거에는 존재하였을 수도 있다.
무여백성 암호	코돈과 코돈 사이에 공백이 없음. 예, UUUCCC = 2개의 아미노산을 암호화하는 삼철자 비중첩성 암호.
해독틀	하나의 폴리펩타이드를 결정하는 특정한 뉴클레오티드 배열로서, 특정한 위치에서 시작하여 마지막 코돈에 이르기까지 염기배열이 코돈으로 나뉘어진다.
틀이동 돌연변이	코돈 길이의 배수가 아닌 수의 뉴클레오티드 결실이나 삽입에 의해 발생되는 해독틀의 변화. 이것은 해독틀에서 기존 코돈의 배분을 변화시켜 새로운 코돈 시퀀스가 읽혀지도록 한다.
유의단어	단백질 상에 존재하는 아미노산을 결정하는 코돈.
치환 돌연변이	결실, 삽입, 치환 등에 의해 단백질 상에서 본래의 아미노산과 다른 아미노산(**과오돌연변이**, missense mutation)을 결정하게 되는 뉴클레오티드 배열의 변화. 예, UUU(페닐알라닌)가 UGU(시스테인)으로 변화함.
종결돌연변이	아미노산을 만들지 못하는 코돈으로 바뀌는 돌연변이. 예, UAG(사슬-종결 코돈(chain-terminating codon), 혹은 **정지코돈**(nonsense codon)으로 불린다).
보편암호	모든 생물에서 동일한 유전암호를 사용하는 것. 예, UUU = 페닐알라닌(박테리아, 쥐, 사람, 담배. 예외 미토콘드리아, 표 7-2).

출처: Strickberger MW. 1985. *Genetics*, 3rd Ed. Prentice Hall, Inc., Upper Saddle River, NJ에서 허가하에 인용. © 1985 Monroe W. Strickberger.

중복성

암호 중복성의 몇몇 특징들에 대해 설명을 찾는 것이 어렵지는 않다. 중복성은 부분적으로 하나의 아미노산에 대응하는 tRNA가 두 종류 이상 존재하는 데 기인한다. 예를 들어, 류신에 사용되는 tRNA는 안티코돈으로 AAU, AAC, GAG 등을 갖는다. Crick은 중복성 양상이 tRNA 안티코돈과 mRNA 코돈 사이의 세 번째 위치에서 형성되는 **동요 염기쌍**(wobble pairing)과 가장 관련이 있다고 설명한다.

Crick의 **동요 가설**에 따르면, 코돈의 세 번째 위치에 이노신(I)을 갖는 안티코돈은 U, A, C 등과 염기쌍을 형성할 수 있으며, G를 갖는 안티코돈은 피리미딘 염기(U, C) 어느 것과도, U를 갖는 안티코돈은 A나 G 퓨린 염기 어느 것과도 염기쌍을 형성할 수 있다. 이러한, 코돈의 세 번째 위치 염기의 중복성은 아미노산을 결정하는 데 코돈의 처음 두 위치가 중요하다는 것을 의미한다. 이 두 위치는 사중코돈을 암호로 이용하는 8종류의 아미노산을 결정하는 데 충분한 정보를 제공한다.

왜 이 유전암호인가?

유전암호의 놀라운 보편성은 — 모든 생물에 적용되고 모든 경우 20개의 아미노산을 결정한다는 점 — 다음과 같은 질문을 던지게 한다. 왜 이 특정한 유전암호인가? 64개의 코돈으로 21개의 서로 다른 조합(20개의 아미노산+사슬 종결)을 만드는 방법에는 최소

표 7-2 특정 아미노산을 결정하는 mRNA 코돈의 뉴클레오티드 배열: "표준" 유전암호[a]

코돈	아미노산	코돈	아미노산	코돈	아미노산	코돈	아미노산
UUU	페닐알라닌	UCU	세린	UAU	티로신	UGU	시스테인
UUC	페닐알라닌	UCC	세린	UAC	티로신	UGC	시스테인
UUA	류신	UCA	세린	UAA	정지[b]	UGA	정지[b]
UUG	류신	UCG	세린	UAG	정지[b]	UGG	트립토판
CUU	류신	CCU	프롤린	CAU	히스티딘	CGU	아르기닌
CUC	류신	CCC	프롤린	CAC	히스티딘	CGC	아르기닌
CUA	류신	CCA	프롤린	CAA	글루타민	CGA	아르기닌
CUG	류신	CCG	프롤린	CAG	글루타민	CGG	아르기닌
AUU	이소류신	ACU	트레오닌	AAU	아스파라긴	AGU	세린
AUC	이소류신	ACC	트레오닌	AAC	아스파라긴	AGC	세린
AUA	이소류신	ACA	트레오닌	AAA	리신	AGA	아르기닌
AUG[c]	메티오닌	ACG	트레오닌	AAG	리신	AGG	아르기닌
GUU	발린	GCU	알라닌	GAU	아스파르트산	GGU	글리신
GUC	발린	GCC	알라닌	GAC	아스파르트산	GGC	글리신
GUA	발린	GCA	알라닌	GAA	글루탐산	GGA	글리신
GUG	발린	GCG	알라닌	GAG	글루탐산	GGG	글리신

[a] 이 암호들에 예외인 경우가 여러 동물의 미토콘드리아에서 보여진다. 미토콘드리아에서는 AUA가 메티오닌을 결정하고, AGA가 세린을 결정하는 코돈이나 종결코돈으로 역할한다(Jukes and Osawa, 1991). 이러한 미토콘드리아의 변화는 상대적으로 적은 수의 폴리펩타이드를 만드는 세포내 소기관에서 tRNA의 종류를 절약하는 방향으로 진화하는 것으로 보인다. 다른 예외들도 그림 7-7에 제시된 바와 같이 여러 생물들에서 발견된다.

[b] 이 코돈들은 또한 **사슬-종결 코돈** 혹은 과거에는 **정지 코돈**으로 불린다.

[c] 이것은 단백질 합성을 개시하는데 공통적으로 사용되는 코돈이다.

1,070 가지가 있으므로 이에 해당하는 유전암호가 가능하다. 특정한 유전암호를 전적으로 사용하는 것은 우연의 산물이거나, 아미노산과 코돈(혹은 안티코돈) 사이의 어떤 상호관계가 다른 많은 가능성을 배제시켰거나, 이 두 요소들이 모두 작용하였기 때문일 것이다. 이 질문에 대한 두 가지 답변은 다음과 같다.

1. 몇몇 학자들은 아미노산들이 진화초기에 각각의 코돈(혹은 안티코돈)과 입체화학적 맞춤이나 친수성 혹은 소수성과 같은 보조적 특성에 의해 결합하였을 것이라고 제안한다. 예를 들어, 아미노산 페닐알라닌과 그 코돈인 UUC 혹은 안티코돈인 AAG가 어떤 형태이건 쌍을 이루었을 것이다. 그러나, 다른 학자들은, 아무리 찾아보아도 아미노산과 그 코돈 혹은 안티코돈 사이에 친화성(affinity)이 거의 보이지 않는다고 주장한다(Biro et al. 2003).
2. 따라서 이론학자들은 유전암호의 보편성은 과거에 실제 존재했던 여러 가지 암호 중 **자연선택 과정에서 유일하게 남게 된 암호에서 유래한다**는 다른 가설을 제시하였다. 즉, 진화초기에는 아미노산-코돈의 관계가 입체화학적 맞춤에 의해 제한적으로 이루어졌다기 보다는 주로 우연에 의해 이루어졌고, 이에 따라 많은 수의 서로 다른 원시 유전암호 체계가 나타났으며, 생물군마다 서로 다른 유전암호를 사용했을 것이다. 그러나 시간이 지나면서 특정 유전암호를 사용하는 하나의 생물군만이 생존하여 계속 진화하게 되었고 다른 유전암호를 사용하는 생물군은 멸종하게 되었다. 이로써 유전암호가 동결된 우연이라 불리는 사건 이후 현재의 상태에 이르렀다.

동결된 우연

현존하는 모든 생물에서 (1) 모든 단백질은 L-아미노산으로 구성되어있으며, (2) 모든 핵산은 D-당의 뉴클레오티드로 구성되어 있으며, (3) DNA의 이중나선구조는 오른쪽 방향으로 감겨 있다.

동결된 우연이라 알려진 현상은 모든생물에서 공통적인 구성과 구조를 설명하는 데 도움이 된다. 동일단 완성된 유전암호는 더 이상 진화가 제한되고, 그 상태에서 동결된 우연(frozen accident)으로 고정되었다. 왜냐하면, 완성된 유전암호는 단백질 합성

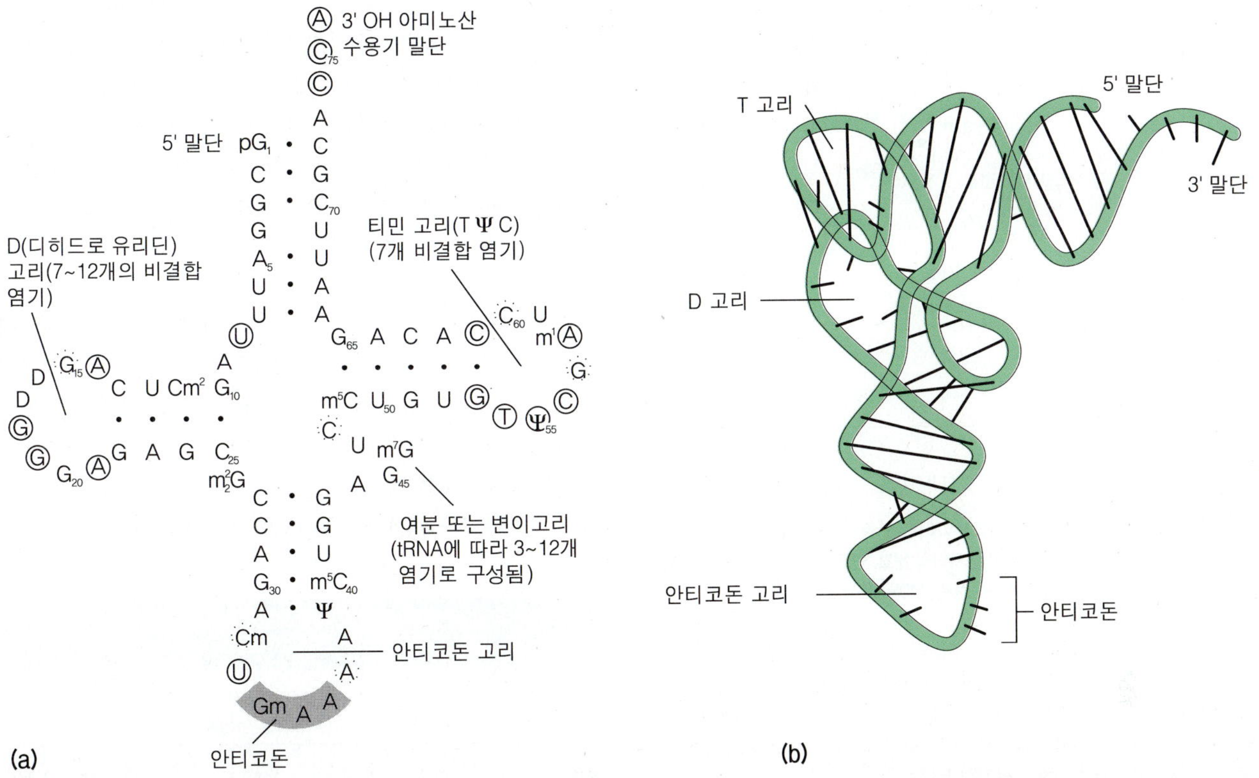

그림 7-4 (a) 효모의 페닐알라닌 tRNA 76개 뉴클레오티드 염기배열로 이루어진 클로버잎 형태의 2차원 구조. 다양한 생물에서 그 염기서열이 밝혀진 수백 개의 tRNA 분자들도 상보적인 염기 사이에 최대한의 염기쌍(dots)을 제공하는 클로버잎 형태를 갖는다. tRNA는 안티코돈 고리를 포함해 4개의 주요 고리로 구성된다. 본 그림의 경우, 페닐알라닌의 mRNA 코돈인 UUC(UUU도 포함, 동요 염기쌍 형성; 그림 8-6 참조)와 상보적인 AAG가 안티코돈 고리에 포함된다. 물론, 다른 아미노산을 결정하는 tRNA는 위와 다른 안티코돈 배열을 갖고 있으며, 분자 상의 몇몇 위치에서도 다른 염기배열을 갖는다. 본 그림에서 실선의 원으로 표시된 곳은 지금까지 조사된 모든 tRNA 분자에서 동일한 염기가 있는 위치이며, 점선의 원으로 표시된 곳은 변하기는 하지만 항상 같은 계통의 피리미딘이나 퓨린 염기가 위치하는 곳이다. (b) 위 분자의 기능적 형태인 3차원의 L-모양 구조. 2개의 뚜렷한 영역(특정 아미노산과 결합하는 수용기 영역과 mRNA의 특정 코돈과 결합하는 안티코돈 영역)이 90도 각도로 배치되어 있다. 어떤 연구자들은 수용기 영역이 먼저 진화하여 RNA 세계에서 RNA 복제 리보자임을 유인하는 표지로서 기능하였을 것이라고 제안한다(Maizels과 Weiner). 진화가 단백질 합성 쪽으로 진행되면서 이 표지의 몇 몇 시퀀스가 아미노산을 동반하고 있는 리보자임과 결합할 수 있는 "코돈"으로 역할하였을 것이다. 이렇게 결합을 이루던 시퀀스가 복제되면서 안티코돈 영역이 형성되고 mRNA에 결합할 수 있게 되었다. 이 같은 시나리오(Schimmel과 DiGiulio)를 배제하는 것은 아니지만, 진화 초기 RNA-단백질 세계의 전환기에 일어났을 다양하고 복잡한 사건들을 자신 있게 말하기란 쉽지 않다. 염기에 순서를 매기는 차례는 뉴클레오티드 염기배열의 5말단에서 시작된다. tRNA에서 발견되는 독특한 뉴클레오티드는 D = dihydrouridine, Ψ = pseudouridine, mX = methylated nucleotide, T=티민 등이다.)

과정에서 각각의 아미노산을 길고 다양한 모든 폴리펩타이드의 각 위치에 정확히 배치해야 하기 때문이다. 만일, 유전암호에서 어느 한 아미노산을 결정하던 암호가 변하면, 그 아미노산을 포함하는 다양한 많은 단백질이 심각한 변화를 겪게 될 것이다. 예를 들어, 페닐알라닌의 암호(UUU)가 세린의 암호(UCU)를 포함하게 되면, 페닐알라닌을 가져 오는 tRNA 분자가 본래 세린이 있던 폴리펩타이드의 위치에 페닐알라닌을 배치하게 된다. 이 두 아미노산은 그 구조와 기능이 매우 다르기 때문에, 이러한 갑작스러운 변화는 틀림없이 치명적인 결과를 가져오게 될 것이다.

유전암호는 현재의 상태로 고정되기 전에 단백질 합성에서 발생한 변화들을 수용하기 위해 진화하였음에 틀림없다. 본 장 초반에서 언급한 것과 같이 초기의 단백질들은 현재의 단백질보다 훨씬 짧았으며, 더 부정확한 번역체계에 의해 생산된 더 적은 종류의 아미노산으로 구성되어 선택압에 대한 반응으로 일부 코돈 간의 교체가 가능하였을 것이다. 더욱이 현존하는 모든 아미노산이 초기 유전암호에 포함되지는 않았을 것이다.

1. **뉴클레오티드 치환.** 뉴클레오티드 치환은 복제시 오류(돌연변이)에의해 유발되며 아미노산의 변화는 거의 일어나지 않는다. 선택은 동일한 아미노산을 위해 여러 가지 다른 코돈을 사용하려는 경향이 있었으며 무작위적인 염기의 변화는 가급적 동일한 아미노산을 생산한다.
2. **코돈빈도.** 각 아미노산을 위한 다른 코돈의 수는 단백질에 포함된 아미노산의 빈도와 대체적으로 비례한다. 각 아미노산에 할당된 코돈의 수와 관련하여, 대부분의 아미노산이 사용하는 코돈의 상대적인 비율과 단백질에서 그 아미노산이

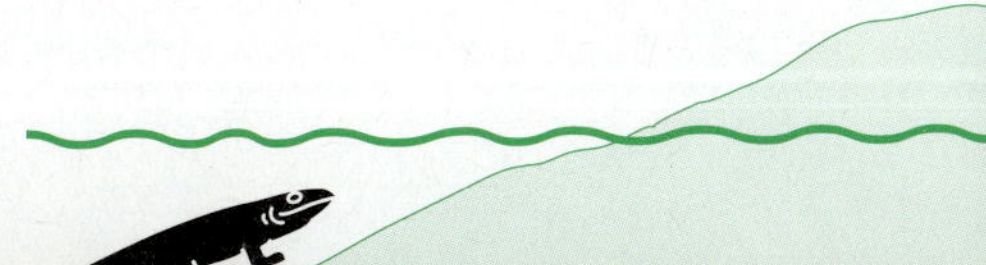

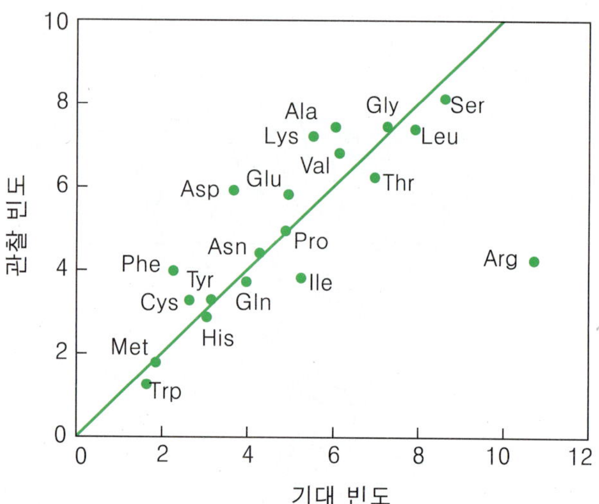

그림 7-5 척추동물의 53개 폴리펩타이드 5,492개 위치에서 관찰되는 각 아미노산의 실제 비율과 기대되는 비율 사이의 비교. 아르기닌을 제외하면, 이 자료의 상관계수는 0.89로서 높은 양의 상관관계를 보인다. (각 아미노산의 기대 비율은 mRNA에서 코돈의 처음 두 위치에 나타나는 뉴클레오티드 구성비(U = 0.220, A = 0.303, C = 0.217, G = 0.261)로부터 산정되었다. 이 구성비로부터 무작위적으로 만들어지는 삼철자 암호가 기대 비율을 제공한다.) (King J. L and Jukes T. H. 1969. Non-Darwinian evolution: Radom fixation of selectively neutral mutations. *Scinec*, **164**, 788–798. © 1969, American Association for the Advancement of Science에서 인용.)

출현하는 빈도 사이에 비례 관계가 있는 것으로 보인다(그림 7–5). 그러나 이러한 상관관계의 근원은 아직 분명치 않다. 이것은 선택적 관계(많이 사용되는 아미노산에 더 많은 수의 코돈이 할당되는 선택과정)일 수도 있고, 우연적인 관계(아미노산 코돈의 상대적인 비율에 의해 단백질의 전체 구성이 결정됨), 혹은 이 두 요소가 복합적으로 작용한 결과일 수도 있다.

3. **번역**. mRNA–tRNA 번역과정에서 발생하는 오류가 가급적 단백질에 치명적인 변화를 가져오지 않아야 한다.

번역과정의 오류를 최소화하는 세 가지 단계의 코돈 진화는 코돈의 할당에 중대한 영향을 미쳤을 것이다. 예를 들어, 세 번째 코돈 위치에서 흔히 발견되는 중복성은 이 위치가 번역의 오류에 가장 관계 있을 것이라는 예측과 정확히 일치한다. 즉, 다양한 사중코돈(quartets: GUU, GUC, GUA, GUG)과 이중코돈(duets: UUU, UUC)은 가장 쉽게 오류가 발생할 수 있는 코돈에 같은 아미노산을 배정하려는 자연선택의 결과이다. 다음으로 오류가 발생하기 쉬운 사건은 첫 번째 코돈 위치에서 발생한다. 이 위치에서 유전암호는 다시 약간의 중복성[예, UUA(류신) → CUA(류신)]을 보이거나 오류가 발생되더라도 대체로 유사한 기능을 갖는 아미노산으로 치환되도록 구조가 이루어져 있다(예, UUA(류신) → GUA(발린)).

일반적으로, 첫 번째 코돈 위치는 세 번째 코돈 위치에 비해 오류가 발생할 가능성이 훨씬 낮다. 왜냐하면, tRNA 분자에서 이 위치의 바로 곁에 있는 제 40번째 뉴클레오티드가 변형되었기 때문이다. 이러한 변형은 첫 번째 위치에 메틸기나 더 커다란 화학구조를 첨가시킴으로써 동요를 제한한 것이다. 예를 들어, 변형된 아미노산의 한 예가 트레오닐-6-아데닌으로서 그 곁에 위치한 U가 첫 번째 코돈 위치의 G와 동요 염기쌍을 형성하지 못하게 막는다.

두 번째 코돈 위치는 번역 중 오류가 발생하지 않아 한 때 아미노산들을 서로 다른 독특한 기능을 갖는 그룹으로 구분한다고 여겨졌다. 이러한 체계는 아미노산들이 그룹 간에 서로 치환되지 않도록 하는 선택적 장점을 갖고 있다. 이러한 그룹 설정이 지금까지 남아 있는 예가 코돈의 두 번째 위치의 U에 류신, 이소류신, 발린등 **소수성 아미노산**(hydrophobic amino acids)을 배정하

표 7–3 두 번째 코돈 위치의 뉴클레오티드와 측쇄의 수화 잠재력에 따른 18개 아미노산의 구분[a]

아미노산	두 번째 코돈 철자	수화잠재력 (k/cal/mole)	
Gly	G	+2.39	최대 소수성
Leu	U	+2.28	↑
Ile	U	+2.15	
Val	U	+1.99	
Ala	C	+1.94	
Phe	U	−0.76	
Cys	G	−1.24	
Met	U	−1.48	
Thr	C	−4.88	
Ser	C(G)	−5.06	
Trp	G	−5.89	
Tyr	A	−6.11	
Gln	A	−9.38	
Lys	A	−9.52	
Asn	A	−9.68	
Glu	A	−10.19	↓
His	A	−10.23	
Asp	A	−19.92	최대 친수성

[a] 일부 학자들은 첫 번째 코돈 위치가 생합성 경로의 유사성에 근거하여 아미노산을 구분하거나, 크기에 따라(크고 작음) 아미노산을 구분한다고 제안한다(참조, Maynard Smith and Szathmary, 1995). Wolfenden RV, Collis PM, Southgate CCF. 1979. Water, protein folding and the genetic code. *Science*, **206**, 575–577에서 인용.

(a) 초기 유전암호: 15개 아미노산을 결정하는 16개 안티코돈

UUU UUC UUA UUG **AAU** phe?	UCU UCC UCA UCG **AGU** ser	UAU UAC **AUG** tyr UAA UAG STOP	UGU UGC UGA UGG **ACU** cys?
CUU CUC CUA CUG **GAU** leu	CCU CCC CCA CCG **GGU** pro	CAU CAC CAA CAG **GUU** his?	CGU CGC CGA CGG **GCU** arg
AUU AUC AUA AUG **UAU** ile	ACU ACC ACA ACG **UGU** thr	AAU AAC AAA AAG **UUU** asn?	AGU AGC AGA AGG **UCU** ser?
GUU GUC GUA GUG **CAU** val	GCU GCC GCA GCG **CGU** ala	GAU GAC GAA GAG **CUU** asp?	GGU GGC GGA GGG **CCU** gly

tRNA 유전자 중복과 돌연변이 ------→ 새로운 안티코돈의 진화

(b) 후기 유전암호: 18개 아미노산을 결정하는 31개 안티코돈

UUU UUC **AAG** phe UUA UUG **AAU** leu	UCU UCC **AGG** ser UCA UCG **AGU** ser	UAU UAC **AUG** tyr UAA UAG STOP	UGU UGC **ACG** cys UGA UGG **ACU** trp
CUU CUC **GAG** leu CUA CUG **GAU** leu	CCU CCC **GGG** pro CCA CCG **GGU** pro	CAU CAC **GUG** his CAA CAG **GUU** glu	CGU CGC **GCG** arg CGA CGG **GCU** arg
AUU AUC **UAG** ile AUA AUG **UAU** ile	ACU ACC **UGG** thr ACA ACG **UGU** thr	AAU AAC **UUG** asn AAA AAG **UUU** lys	AGU AGC **UCG** ser AGA AGG **UCU** arg
GUU GUC **CAG** val GUA GUG **CAU** val	GCU GCC **CGG** ala GCA GCG **CGU** ala	GAU GAC **CUG** asp GAA GAG **CUU** glu	GGU GGC **CCG** gly GGA GGG **CCU** gly

(c) 현재 유전암호: 20개 아미노산을 결정하는 43개 안티코돈

tRNA 유전자 중복과 돌연변이 심화 ------→ 새로운 안티코돈의 진화 (ACG 안티코돈이 소실되며 UGA 종결코돈이 생성됨)

코돈	안티코돈		코돈	안티코돈		코돈	안티코돈		코돈	안티코돈	
UUU	**AAG**	phe	UCU	**AGI**	ser	UAU	**AUG**	tyr	UGU	**ACG**	cys
UUC		phe	UCC		ser	UAC		tyr	UGC		cys
UUA	**AAU**	leu	UCA	**AGU**	ser	UAA	STOP		UGA	STOP	
UUG	**AAC**	leu	UCG	**AGC**	ser	UAG			UGG	**ACC**	trp
CUU	**GAG**	leu	CCU	**GGI**	pro	CAU	**GUG**	his	CGU	**GCI**	arg
CUC		leu	CCC		pro	CAC		his	CGC	**GCG**	arg
CUA	**GAU**	leu	CCA	**GGU**	pro	CAA	**GUU**	gln	CGA		arg
CUG	**GAC**	leu	CCG		pro	CAG	**GUC**	gln	CGG		arg
AUU	**UAI**	ile	ACU	**UGI**	thr	AAU	**UUG**	asn	AGU	**UCG**	ser
AUC	**UAG**	ile	ACC	**UGG**	thr	AAC		asn	AGC		ser
AUA	**UAC***	ile	ACA	**UGU**	thr	AAA	**UUU**	lys	AGA	**UCU**	arg
AUG	**UAC**	met	ACG		thr	AAG	**UUC**	lys	AGG		arg
GUU	**CAI**	val	GCU	**CGI**	ala	GAU	**CUG**	asp	GGU	**CCG**	gly
GUC	**CAG**	val	GCC		ala	GAC		asp	GGC		gly
GUA	**CAU**	val	GCA	**CGU**	ala	GAA	**CUU**	glu	GGA	**CCU**	gly
GUG	**CAC**	val	GCG		ala	GAG	**CUC**	glu	GGG	**CCC**	gly

그림 7-6 Jukes의 제안에 기초한 유전암호의 진화과정. mRNA의 코돈은 각 네모칸의 왼쪽에, tRNA 안티코돈은 오른쪽에 음영처리한 대문자로 나타냈다. 별표로 표시된 UAC 안티코돈의 씨토신 뉴클레오티드는 아세틸기가 붙어있어, 그 tRNA 분자가 mRNA상의 AUA(이소류신) 코돈에만 한정적으로 결합한다. Osawa는 진핵생물, 원핵생물, 엽록체, 미토콘드리아에 들어 있는 안티코돈들의 리스트를 제공한다. (인용, Strickberger M.W. *Genetics* 3rd Ed. © 1985 by Monroe W. Strickberger. Prentice Hall, Upper Saddle River, NJ.에서 허가받아 사용)

고, A에 글루탐산, 히스티딘, 아스파르트산 및 다른 **친수성 아미노산**(hydrophilic amino acids)을 배정한 것이다. 첫 번째 그룹의 아미노산들은 모두 단백질의 안쪽에 위치하며, 두 번째 그룹의 아미노산들은 단백질의 표면에 주로 위치한다(**표 7-3**).

요약하면, 삼철자 유전암호는 처음에 상대적으로 적은 수의 아미노산을 결정하였을 것이다. 어쩌면, 두 번째 코돈 위치의 뉴클레오티드에 근거하여 아미노산을 일반적인 기능에 따라 그룹별로 분리하였을 것이다. 시간이 흐름에 따라, 첫 번째 코돈 위치가 아미노산을 결정하는 데 참여하기 시작하였다. 이것은 tRNA 분자 상에서 이 위치의 바로 곁에 변형 뉴크레오티드가 만들어진 데 원인이 있다. 이제, 코돈 상의 위치 두 곳이 정확히 번역되면서, 유전암호가 결정할 수 있는 아미노산의 범위가 확대될 수 있

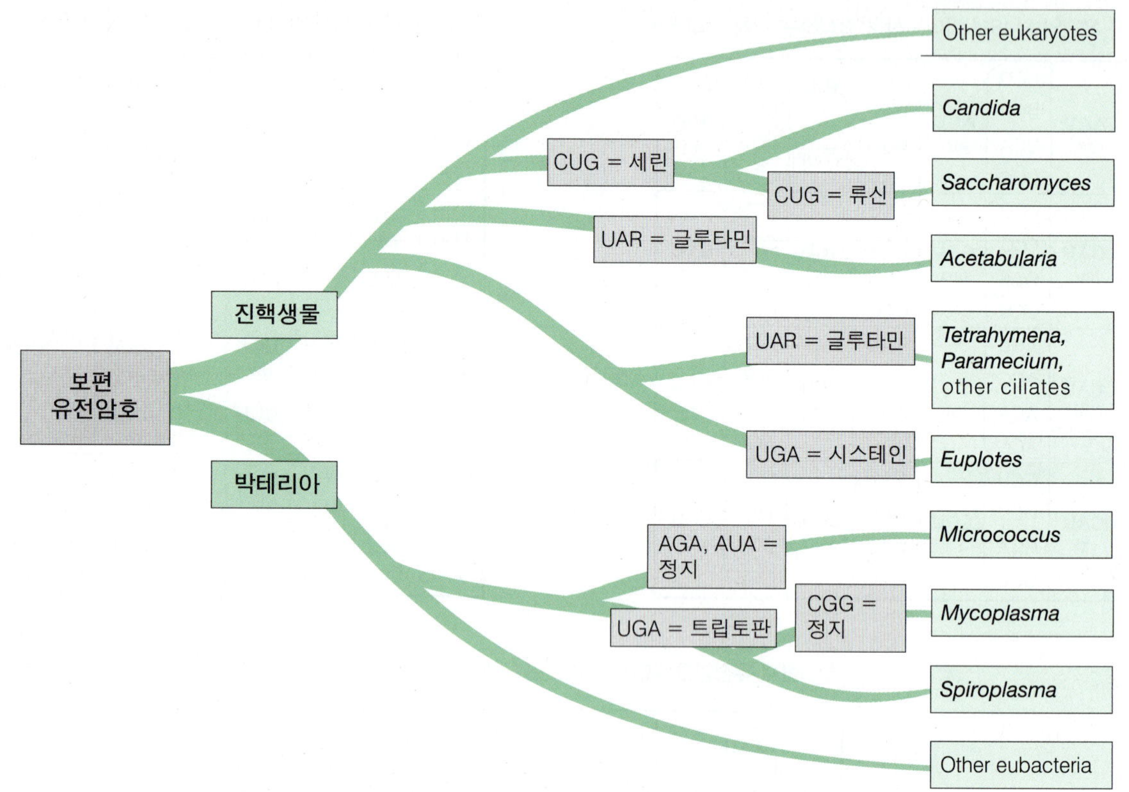

그림 7-7 진핵생물과 박테리아 중에서 원시형으로 생각되는 몇몇 생물군의 핵에서 발견되는 보편적인 유전자 암호의 변화. R은 퓨린 뉴클레오티드를 나타낸다. 예, UAR = UAA 혹은 UAG. (Osawa S. 1995. *Evolution of the Genetic Code*. Oxford University Press, Oxford, United Kingdom에서 인용.)

었다. 그리고 정확한 번역체계가 완전히 정착되기 전까지 서로 다른 아미노산 간에 코돈이 뒤바뀌거나, 전혀 새로운 아미노산이 번역에 참여하면서 기존의 아미노산이 사용하던 코돈의 전부 혹은 일부를 차용하는 일이 발생하였다. 세 번째 코돈 위치에서는 중복성이나 동요가 그대로 유지되어, 발린, 트레오닌, 알라닌과 같이 사중코돈을 이용하는 아미노산을 번역할 때 사용되는 tRNA의 분자 수가 줄어들 수 있었다.

이러한 이유로 Jukes는 **그림 7-6a**와 같은 초기단계의 유전암호 진화도를 제안하였다(Jukes와 Osawa 1991). 사중코돈(codon quartet) 혹은 코돈 4개로 이루어진 코돈 가족(codon family)이 아마도 하나의 아미노산을 결정하였고, 하나의 아미노산은 안티코돈이 코돈 가족의 4코돈에 모두 결합할 수 있는 한 종류의 tRNA 분자에 의해 전달되었다. (이러한 형태의 유전암호가 현재도 세포내 소기관인 미토콘드리아에서 흔히 발견된다. 미토콘드리아는 작은 크기와 한정된 기능으로 인해 tRNA와 생산되는 단백질의 종류를 최소화할 필요가 있다.) 이와 같이 극단적인 동요 형태는 유전암호를 15~16개 이내의 아미노산으로 제한하였다. 코돈 가족의 하나 혹은 그 일부 코돈은 이에 상보적인 안티코돈을 갖는 tRNA 분자가 존재하지 않아 번역을 종결시키는 데 사용되었다.

진화의 다음 단계에서(그림 7-6b, c) tRNA 유전자가 중복되면서 새로운 안티코돈이 진화하게 되었고, 그중 일부는 돌연변이 과정을 거쳐 새로운 아미노산과 결합할 수 있게 되었다. 이러한 수단으로 tRNA 분자의 종류가 증가하고 새로운 아미노산이 유전암호에 추가될 수 있다. 20개의 서로 다른 아미노산이 유전암호에 모두 포함되었을 때, 이 조상 생물은 길고 충분한 수의 단백질을 생산하게 되었을 것이다. 이제, 코돈 변화는 또 다른 아미노산을 포함하기 위해 필요하긴 하지만 많은 단백질의 기능에 이상을 가져오고 치명적인 결과를 가져 왔을 것이다. 이 시점에서 유전암호는 "동결"되고 코돈들은 이미 흔히 사용되고 있는 아미노산으로 한정되었다. **유전암호의 보편성**은(유전암호가 드물게 몇 개의 코돈에서 예외를 보이지만 모든 생물에 공통적으로 적용된다는 점) 이 특정한 암호를 갖고 있던 조상 생물들이 진화의 초기 단계에서 유일하게 살아 남았음을 시사한다.

미토콘드리아와 소수 원시생물체의 핵에서 보이는 유전암호의 예외적인 경우들은(**그림 7-7**) 이 단위체에서 몇몇 단백질들이 아미노산 구성의 변이나 사슬 종결을 무리 없이 견디어 냈음을 시사한다. Osawa(1995)는 이러한 예외들이 오래된 유물이 아니고 최근에 발생한 변화에서 유래한 것이며, 몇몇 코돈의 변화는 아직도 그러한 생물들에서 진화가 계속되고 있음을 보여 준다고 주장한다. 그는 또한 돌연변이나 자연선택이 특정한 코돈의 사용을 선호할 수 있으며, 이에 따라 사용되지 않는 코돈은 기존에 결합하던 아미노산과의 관계를 잃어버리고 새로운 혹은 다른 아미노산을 결정하는 데 "차용"될 수 있다고 주장한다.

주요 용어

RNA세계(RNA world)
RNA촉매(RNA catalysts)
과오 돌연변이(missense mutation)
단백질합성(protein synthesis)
단백질합성의 진화(evolution of protein sysnthesis)
동결된 우연(frozen accident)
동의코돈(synonymous codons)
디엔에이(DNA)
리보자임(ribozymes)
보편유전암호(universal genetic code)
비중첩성 암호(nonoverlapping code)
삼철자 암호(triplet code)
소수성 아미노산(hydrophobic amino acids)
안티코돈(anticodon)
역전사효소(reverse transcriptase)
유기촉매(organic catalysts)
유의단어(sense word)
유전암호(genetic code)
이철자 암호(doublet code)
입체화학적 맞춤(stereochemical fit)
자가복제(self–replication)
자가촉매(autocatalytic)
정지 돌연변이(nonsense mutation)
종결 돌연변이(stop mutation)
중복암호(degenerate code)
중합효소(polymerization enzymes)
친수성 아미노산(hydrophilic amino acids)
코돈(codon)
핵산복제(nucleic acid replication)

토의 및 질문

1. 현재 세포내 단백질, RNA, DNA 사이의 상관관계는 무엇인가?
2. RNA 세계가 단백질이나 DNA보다 먼저 출현하게 되었다는 증거는 무엇인가?
3. 핵산, 점토, 단백질
   a. 왜 학자들은 이 각각의 물질들이 최초의 자가복제성 유전물질 혹은 최초의 세포내 물질이라고 제안하였는가?
   b. 다른 연구자들은 이러한 제안에 대해 각각 어떤 반론을 제시하였는가?
4. 어떻게 단백질 합성이 진화하였는지 시나리오를 제시하여라.
5. 유전암호
   a. 현 유전암호의 주요 특징들은 무엇인가?
   b. 어떻게 동요 염기쌍형성이 암호의 중복성을 설명하는가?
   c. "동결된 우연"이 무엇이며, 이것이 어떻게 현 유전암호의 보편성을 설명하는가?
   d. 왜 현재의 유전암호가 이철자(doublets)나 단일철자(singlets)에 기초한 암호가 아니라 삼철자 코돈(triplet codon)에 기초한 암호에서 기원되었다고 믿는가?
   e. 특정한 코돈이 특정한 아미노산을 결정하도록 규정하는 데 영향을 준 것으로서 학자들은 어떤 자연선택적 요소들을 제안하였는가?
   f. 진화 초기의 유전암호에서 소수 밖에 되지 못하던 아미노산이 어떻게 증가하여 현 유전암호가 더 많은 수(20)의 아미노산을 결정하게 되었는가?

추천 읽을 거리

Biro, C., B. Benyó, C. Sansom, Á. Szlávecz, G. Fördös, T. Micsik, and Z. Benyó, 2003. A common periodic table of codons and amino acids. *Biochem. Biophys. Res. Commun.*, **306**, 408–415.

Joyce, G. F., and L. E. Orgel, 1993. Prospects for understanding the origin of the RNA world. In *The RNA World*, R. F. Gesteland and J. F. Atkins(eds.). Cold Spring Harbor Laboratory Press, Cold Spring Harbor, New York, pp. 1–25.

Loomis, W. F., 1988. *Four Billion Years: An Essay on the Evolution of Genes and Organisms*. Sinauer, Sunderland, MA.

Maynard Smith, J., and E. Szathmáry, 1995. *The Major Transitions in Evolution*. Freeman, Oxford, United Kingdom.

Osawa, S., 1995. *Evolution of the Genetic Code*. Oxford University Press, Oxford, United Kingdom.

Pagel, M., (ed. in chief), 2002. *Encyclopedia of Evolution*, 2 volumes. Oxford University Press, New York.

Szathmáry, E., 1991. Four letters in the genetic alphabet: A frozen evolutionary optimum? *Proc. Roy. Soc. Lond. (B)*, **245**, 91–99.

Unrau, P. J., and D. P. Bartel, 1998. RNA-catalysed nucleotide synthesis. *Nature*, **395**, 260–263.

8 세포와 생명의 기원

요약

원핵생물은 35억 년 전에 기원하였으며, 그 후 20억 년이 지나서야 일부가 진핵생물로 분화하게 되었다. 진정세균과 고세균으로 분류되는 현존하는 원핵생물들은 소형이며, 핵막과 복잡한 소기관이 없으며 이분법으로 분열한다. 진핵생물들은 일반적으로 호기성이며, 많은 소기관과 세포분열시 사용되는 미세소관을 갖는 등 훨씬 복잡하다. 진정세균과 달리 진핵생물의 핵산 염기서열에는 아미노산으로 번역되지 않는 인트론이라는 부분이 있다. 생체의 복잡성에 있어서는 진정세균과 비슷하지만, 고세균은 몇 가지 핵심적인 부분에 있어서는 진핵생물과 유사하다. 아마도 이 세 가지의 세포들은 하나의 공통 조상, 즉 원세균(progenote)로부터 분지되었을 것이다.

진핵생물의 소기관인 미토콘드리아와 엽록체의 특징으로 볼 때, 이들은 태곳적의 공생관계에서 기원한 것으로 추정되고 있다. 진핵생물에서 DNA의 양이 증대되면서, 이들이 분할되어 복수의 염색체를 갖게 되었고 미세소관에 의존하는 세포분열 방식이 진화하게 되었다. 감수분열은 거의 대부분의 진핵생물에서 일어나므로 오래전에 진화했을 것으로 추정된다. 아마도 현생이언 바로 직전에 다세포 진핵생물이 출현하여 몇몇 폭발적인 적응방산과정을 겪게 되었을 것이다.

많은 생물들에서 비슷한 대사과정이 공통적으로 발견되기 때문에, 비교생화학적 접근을 통하여 대사과정의 진화를 탐구할 수 있다. 혐기성 해당과정은 거의 대부분의 생물에서 일어나므로, 포도당이 분해하여 피르부산으로 되면서 에너지를 방출하는 이 반응과정이 매우 오랜 역사를 가진 것을 알 수 있다. 대사과정은 순차적으로 이루어지기 때문에 무작위적으로 기원할 수는 없으며, 존재하던 화합물에 의하여 이미 정해진 상태였을 것이다. 많은 반응과정들(그리고 각각의 반응에 관여하는 효소들)은 그들의 선택적 이점

(selective advantages) 때문에 존속하였을 것이다.

고에너지 탄소화합물이 점점 희소해지자 일부 생물들은 이산화탄소와 같은 풍부한 탄소원들을 막에 부착되어 있는 산화환원계를 이용하여 환원시킬 수 있게 되었다. 일부 생물들이 탄소를 환원시키는 데 빛에너지를 이용(광합성)할 수 있게 되면서 일대 변혁이 일어나게 되었다. 이런 환원반응은 전자를 필요로 하며, 최초에는 아마도 H_2S와 같은 물질이 사용되었을 것이다. 그러나 나중에는 훨씬 풍부한 물을 분해하는 것이 더욱 유리해졌을 것이다. 이 과정의 부산물인 산소의 농도가 꾸준히 증가하면서 결국에는 포도당을 분해하여 에너지를 얻는 반응에 사용하게 되었다. 원래는 혐기성 과정에서 기원하였던 이 새로운 반응과정, 즉 크렙스회로는 모든 과정을 산소에 의존하게 되었다. 이 회로에서는 화합물의 산화로 제거된 전자가 막에 있는 전자전달계에서 최종 전자수용체인 산소로 전달되는 것이다. 이 과정을 통하여 혐기성 해당과정보다 훨씬 많은 에너지를 얻게 되었다.

초기 세포의 화석

현재까지 알려진 바에 의하면, 대사과정의 진화는 다음과 같은 순서로 이루어졌을 것으로 생각된다.

- 태고의 "스프"로부터 에너지를 획득하는 간단한 **혐기성** 시스템에서,
- 햇빛에서 화학적 인산화 결합에너지를 만들어 내는 **독립영양** 시스템으로,
- 전자를 산소로 전달하면서 에너지를 생성하는 **호기성** 시스템으로.

그림 12-20은 **원핵생물**의 계통수로서, 단백질을 구성하는 아미노산 서열과 RNA의 염기서열에 기초하여 작성되었다.

원핵생물(prokaryotes)라는 용어를 사용하는 데 주의할 점은, 이들이 단세포 생물 중에서 1개의 단계통군(monophyletic group)이라고 착각할 수도 있다는 것이다. 뒤에 나오지만, 단세포 생물을 **진정세균**, **진핵생물**, **고세균**으로 나누는 훨씬 더 실질적인 분류법칙이 있다[**글상자 8-1**, **표 8-1**, **그림 8-1**; 전체적인 개관을 보려면 Pace(2006)을 볼 것].

언제 이런 진화단계가 일어났는지는 아직 모르지만, 다양한 세포와 비슷한 물체들이 35억 년 전 지층에서 발견된다. 이 지층들은 대부분 **수암**(chert)으로 알려진 변성되지 않은 암석들로 이루어져 있다. 수암은 탄소의 함량이 높아서 어둡고 검게 보이며, 상당양의 실리콘이 축적되어 있다.가장 오래된 수암은 오스트레일리아 서부의 와라우나그룹(Warrawoona group, **그림 8-2**)에서 발견되는데, 이는 다른 시생대의 수암과 마찬가지로 **스트로마토라이트**(stromatolites)라 부르는 층상의 유기퇴적물과 연계되어 있다. 2006년에 오스트레일리아 서부에서 다음 두 가지의 놀라운 발견이 있었으며, 이는 초기 시생대 생물의 탐색이 본격적으로 시작되어 중요한 실적이 쌓이기 시작하였음을 보여 주고 있다.

1. 오스트레일리아 서부의 Pilbara 대륙과 Dresser 층의 35억 년 이상된 수암층의 실리카 광맥의 분석을 통하여, Ueno 등(2006)은 미량의 액체 속에 미생물 기원의 메탄이 존재함을 확인하였다. 이들은 무생물과 생물 기원의 메탄을 구분하는 정교한 분석을 실시하였으며, 같은 층에서 가장 오래된 미생물인 필라멘트형(원핵) 세포들의 존재를 확인하였다. 결국 이들의 연구는 최초의 미생물이 최소한 35억 년 전에 기원하였음을 보여 주었다. Ueno 등은 더 나아가 미생물 기원의 메탄이 35억 년 전의 대기의 조성에 큰 역할을 하였다고 주장하였다.[1]
2. 두 번째는 오스트레일리아 서부의 해안부터 10km에 이르는 얕은 바닷가에 있는 34억 년 된 Strelley Pool 수암에서 7가지의 스토로마토라이트를 발견한 것이다(Allwood et al., 2006). 이로서 스토로마토라이트들이 광대한 생태계를 형성하고 있었을 것이라는 것이 명백해졌다.

스트로마토라이트(Stromatolites)

현존하는 스트로마토라이트는 미생물로 구성된 매트 같은 구조로서, 다양한 수중 침전물들이 축적되고 고착되어 생긴 얇은 판들이 겹쳐진 거대한 단추 같은 형상을 하고 있다. **그림 8-3**에서와 같이 현존 스트로마토라이트는 태곳적의 것과 매우 비슷하기 때문에 과거의 것들 역시 생물체들이 퇴적되어 형성된 것이 확실한 듯하다. Golubic와 Knoll(1993)에 따르면,

> 스트로마토라이트는 기질의 표면에 미생물들이 얇은 매트를 형성하는 것으로 시작된다. 그 매트 위쪽으로 계속하여 퇴적물들이 축적되면서 미생물들에 의해 서로 엉

[1] Methanogens에 관해서는 Ueno et al. (2001, 2006)을 볼 것. 다른 해석은 Garcia-Ruiz et al. (2003), 그리고 기후의 영향에 대해서는 Catling(2003)을 볼 것.

글상자 8-1 생물의 계 또는 도메인

■ 2개의 계

과거 2,000년 넘게 인간은 생물을 2개의 계, 즉 **식물계**(L. *planta*, plant)와 **동물계**(L. *anima*, breath, life)로 분류하였다. 이들은 구조와 기능, 물질대사에 입각하여 구분될 수 있다 — 식물은 광합성 — 동물은 움직임(동물은 장소를 옮겨 다니며, 식물은 씨나 포자의 분산 외에는 장소를 바꿀 수 없다).

■ 새로운 2개의 계

6장과 8장에서 제시한 증거에 입각하여 모든 생물을 2개의 포괄적인 도메인, 즉 35억 년 전에 출현한 원핵생물과 15억 년 전에 출현한 진핵생물(전형적인 동물과 식물 포함)로 나눌 수 있다. 그림 6.1은 이들의 예를 보여 주고 있으며, 이번 장의 초반에서 강조한 바와 같이, **원핵생물은 단계통군이 아니라는 것**을 기억하여야 한다. 진정세균과 고세균을 포함하는 단세포 원핵생물들은 매우 작으며, 핵막과 복잡한 소기관들이 없고, 이분법으로 분열한다. 반면 진핵생물들은 일반적으로 호기성이며, 많은 소기관들을 가지며, 세포분열에 쓰이는 미세소관계를 갖고 있다.[a] 또한 진핵생물의 유전자는 인트론을 가진다. 비록 진정세균의 한 계통과 생체의 복잡성은 비슷하지만, 고세균은 진핵생물과 몇 가지 중요한 공통점을 지니고 있다(본문과 아래에 기술한 "**3개의 도메인**"을 참조할 것).

■ 5개의 계

1959년에 Whittaker는 생물의 96개의 문들을 한 가지의 원핵생물과 네 가지의 진핵생물로 분류하였으며, 이로써 문제가 더 복잡하게 되었다(표 8-1).

표 8-1 생물의 5계

계	일반명[a]
원핵생물(모네라)	박테리아(17)
원생생물	조류, 원생동물, 점균류(27)
균류	균류, 버섯, 곰팡이, 지의류
식물	식물(선태류, 양치류, 겉씨 및 속씨식물; 10)
동물	동물(벌레, 성게, 게, 원숭이, 등등; 37)[b]

[a] Whittaker, R. H. 1959. On the broad classification of organisms, Quart. Rev. Biol., 34, 210–226. 원생생물, 균류, 식물 및 동물은 진생생물임. Phylum(동물분류의 가장 높은 계급 – 문) 또는 Division(식물분류의 가장 높은 계급 – 문)의 숫자는 괄호 속에 표시함. 다음 문헌을 볼 것: Margulis and Schwartz(1998), Hall(1999a).

[b] 동물의 문분류에 관해서는 글상자 11–2와 15장에서 고찰되어 있음.

"5개의 계"는 1982년 Lynn Margulis와 Karlene Schwartz가 초판을 출판했으며, 2번에 걸쳐 개정판을 발행한 유명한 책의 제목으로서, 이 분류체계를 널리 보급하는 데 큰 역할을 하였다. 이 시스템은 1980년대까지는 안정적이었으나, Woese(1981)와 Woese et al. (1990)이 원핵생물의 한 계통인 고세균의 rRNA 염기서열이 다른 원핵생물들과는 너무나 다르기 때문에 독자적인 도메인이나 디비전인 "**Archaea**"에 포함시켜야 한다는 주장을 하면서 문제가 제기되었다.

■ 3개의 계

200기압에 이르는 2,600m 심해에 서식하는 메탄 생성 박테리아인 *Methanococcus jannaschii*는 완전한 유전체 염기서열의 분석이 완료되었던 최초의 생물 중 하나이다(Bult et al., 1996). 진정세균은 히스톤

[a] Stanier와 van Niel은 1941년에 생물을 원핵생물과 진핵생물로 분류하였으며, 1961년까지는 원핵생물들을 진핵생물들로부터 구분할 수 있는 형질들을 정립하게 되었다. Stanier and van Niel(1941, 1962), Stanier(1970), Margulis and Schwartz(1998)을 참조.

> 겨 붙은 층을 형성한다. 미생물에 의한 탄산칼슘의 축적도 퇴적물의 형성과 안정화에 일조한다... 시간이 흐르면서, 흔히 판형의 구조로 고착되며, 각 판들은 이전에 살아있던 매트의 잔존물들이다... 현재는 필라멘트형의 남세균이 이와 같은 매트를 형성하는 주된 생물이나, 구형의 남세균, 다른류의 세균들, 다양한 진핵 조류들도 잘 조성된 매트를 형성한다.

현존하는 스트로마토라이트는 과거의 것들과는 분포 양상이 다르다. 현재의 것들은 달팽이나 성게 등과 같은 천적들의 공격을 피할 수 있는 매우 황량한 서식환경에서만 찾아볼 수 있지만(예를 들면, 정상적인 바닷물보다 염도가 10배 높은 곳이나 물의 온도가 65℃에 이르는 곳), 과거에는 그런 천적들이 존재하지 않았으므로 훨씬 광범위하게 분포하였을 것이다. 스토로마토라이트에 퇴적된 과거의 미생물들은 현존하는 원핵생물과 놀라울 정도로 유사하다(**그림 8-4**). Schopf, Hayes와 Walter(1983)는 다음과 같이 추정하였다.

1. 얕은 물이나 간헐적으로 노출이 되는 환경(아마도 육지나 대양에도)에는 최고 35억 년 전부터 원핵생물이 서식하였을 것이다.
2. 이들은 층상구조를 가지며, 퇴적층과 물의 접촉면에 서식하는 다양한 스트로마토라이트 생물군집으로 구성되어 있고, 이들 중 매트 구조를 형성하는 데 중요한 역할을 하는 분류군들은 아마도 필라멘트형의 빛에 민감하며, 주광성이고, 미끄러지듯이 움직일 수 있는 종류들이었을 것이다.

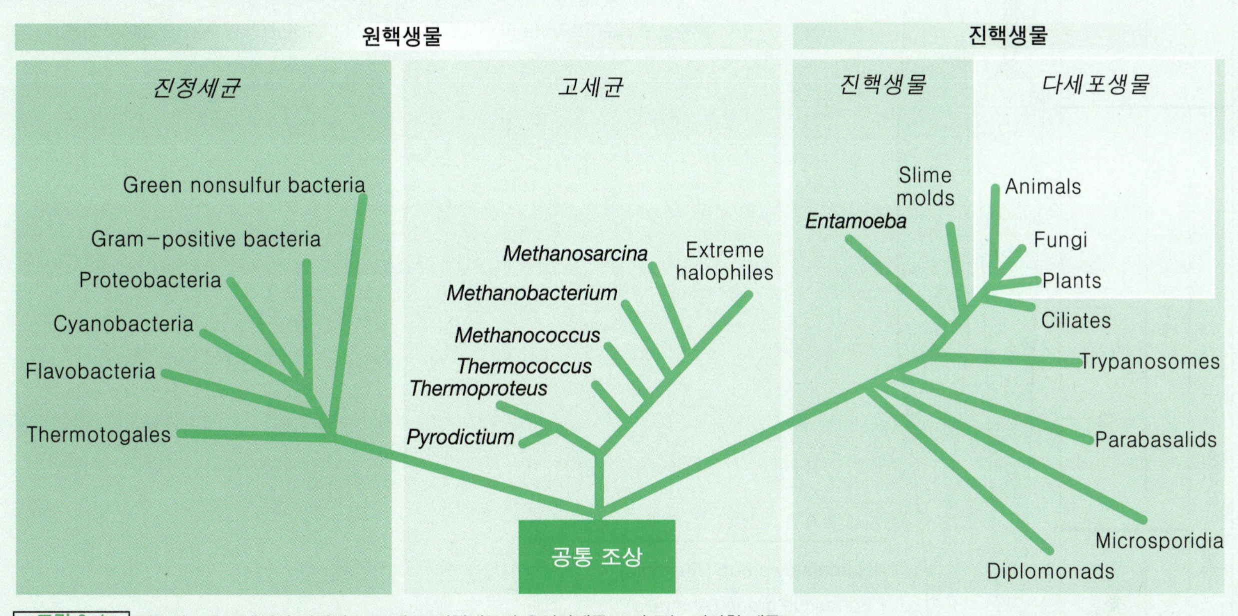

그림 8-1 생물의 3개 도메인인 진정세균, 고세균, 진핵생물의 유연관계를 보여 주는 간단한 계통도.

단백질이 없으나, *M. jannaschii*는 갖고 있다. 더구나 이들은 유전체의 56%가 다른 생물에서 찾아 볼 수 없는 부분이라는 것은 이들을 독자적인 도메인으로 분리하는 데 충분한 증거로 볼 수 있다. 따라서 추가적인 유전자 분석의 결과, 전통적으로 받아들여지고 있던 5개 또는 2개의 계를 재편성하여 진정세균, 고세균, 진생생물의 3개 도메인으로 생물을 분류하게 되었다(Wheelis et al., 1992). 세부적인 재편성의 예를 들면, 과거에 원핵생물로 분류되었던 점균류와 섬모충류는 현재 동식물과 함께 진핵생물[b]로 분류되고 있다(그림 8-1). 이 새로운 체계에 따르면 원핵생물은 두 그룹으로 분류되며, 진핵생물과 동등한 분류학적 지위가 부여되었다. 이는 고세균이 진정세균보다는 진핵생물에 더 근연이라는 현재의 의견 합의에 부합하는 분류체계이다.

최근에 생물을 5-6개의 거대 그룹으로 분류한 내용에 대해서는 **글상자 12-4**를 볼 것.

[b] Clayton 등은 1997년에 진핵생물로는 최초로 *Saccharomyces cerevisiae*(출아법으로 번식하는 효모)의 유전체 염기서열을 분석하였다.

3. 이 군집은 아마도 혐기성이며, 독립 및 종속영양 생물들을 포함하고 있었을 것이다.

Schopf(1996)는 서로 다른 광수용 색소를 이용함으로써 서식처를 분할하는 방식으로 호기성 남세균과 혐기성 세균이 스트로마토라이트에서 공존할 수 있다고 하였다.

산소를 생성하는 남세균은 스트로마토라이트의 가장 윗부분에 서식하며, 산소를 생성하지 않는 광합성 생물들은 바로 아래층에 서식한다. 남세균은 많은 빛에너지를 흡수하지만, 혐기성인 녹색황세균이나 자색세균은 표층의 남세균이 사용하지 않는 파장의 빛을 이용함으로 공존할 수 있는 것이다.

이런 세포 모양의 화석들이 실제로 생물체였다는 것은 탄소의 동위원소($^{13}C/^{12}C$) 비율에 의해서도 추측할 수 있다. 이 두 동위원소는 세포내 대사작용과 관련되어 다른 용도로 쓰이며, 생물체에서 이들의 비율은 무생물에서의 비율과 현저한 차이를 보인다. 이런 분석에 의하면, 35억 년 전 이후의 스트로마토라이트의 대부분은 생물이 많이 발견되는 석탄기 등의 화석층과 동위원소 비율이 일치함을 알 수 있다. 이런 생물에서 기원한 동위원소 비율은 Isua group의 퇴적암에서도 발견되며, 이에 따라 지구 상의 생물의 역사가 35억 년 이상되는 것으로 추정하는 것이다(H. D. Holland, 1997)

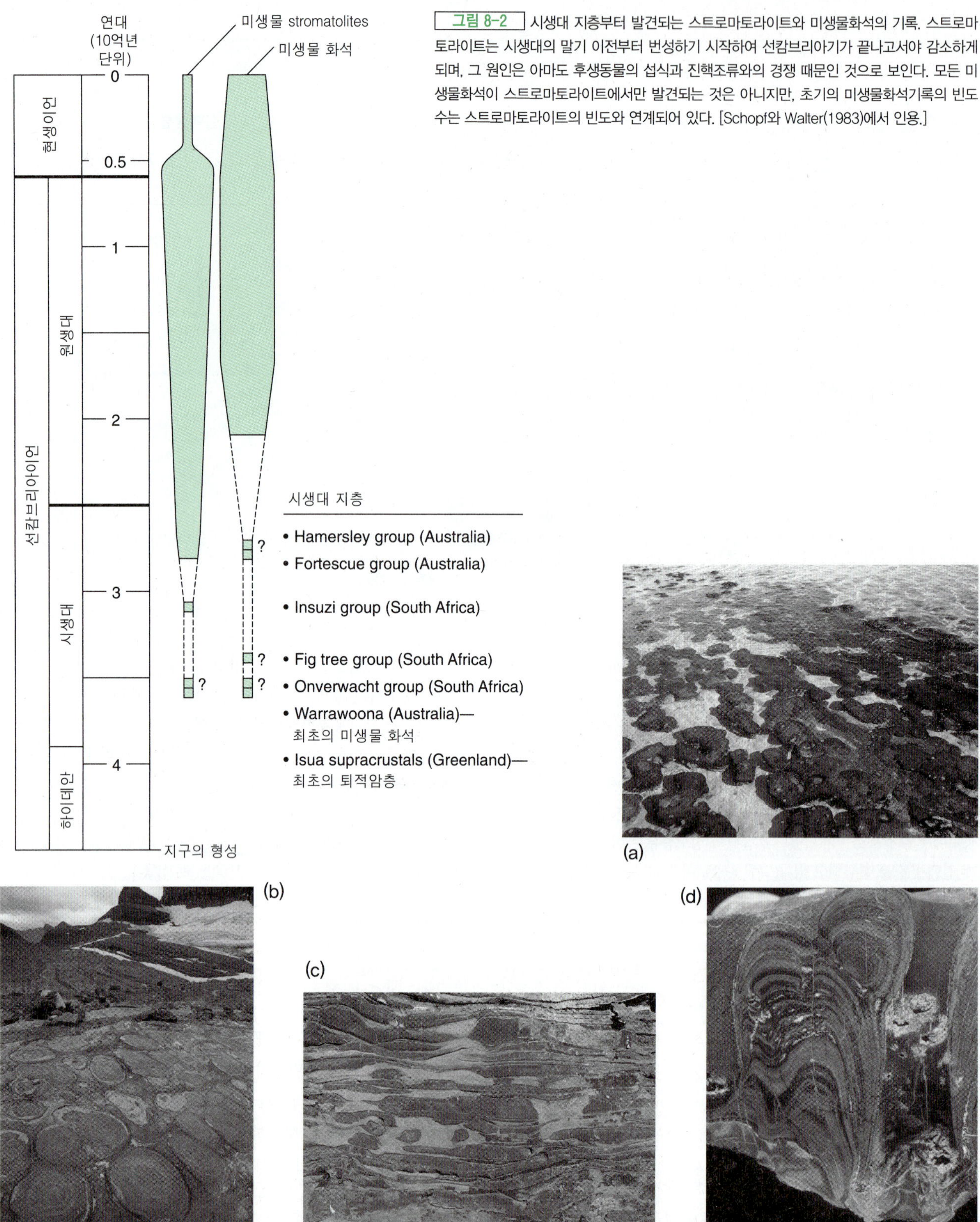

그림 8-2 시생대 지층부터 발견되는 스트로마토라이트와 미생물화석의 기록. 스트로마토라이트는 시생대의 말기 이전부터 번성하기 시작하여 선캄브리아기가 끝나고서야 감소하게 되며, 그 원인은 아마도 후생동물의 섭식과 진핵조류와의 경쟁 때문인 것으로 보인다. 모든 미생물화석이 스트로마토라이트에서만 발견되는 것은 아니지만, 초기의 미생물화석기록의 빈도수는 스트로마토라이트의 빈도와 연계되어 있다. [Schopf와 Walter(1983)에서 인용.]

그림 8-3 스트로마토라이트는 대형의 쿠션 모양의 덩어리이며, 가장 오래되고(35억 년) 길게 살아남은 생물인 남세균에 의해 분비된 탄산칼슘의 층으로 이루어져 있다. (a) 약 8억 년 되었으며 아직도 살아 있는 Namibia의 스트로마토라이트. (b) 몬태나의 Glacier 국립공원의 Helena 지층의 10~20억 년 된 스트로마토라이트의 화석. 탄산칼슘으로 이루어진 내부구조를 볼 수 있는 스트로마토라이트의 횡단면으로서, (c)는 Namibia 것이고, (d)는 화석임. (사진. [a] © Chung Ooi Tan/ShutterStock, Inc.; [b] © Marli Miller/Visuals Unlimited; [c와 d] © Sinclair Stammers/Photo Researchers, Inc.)

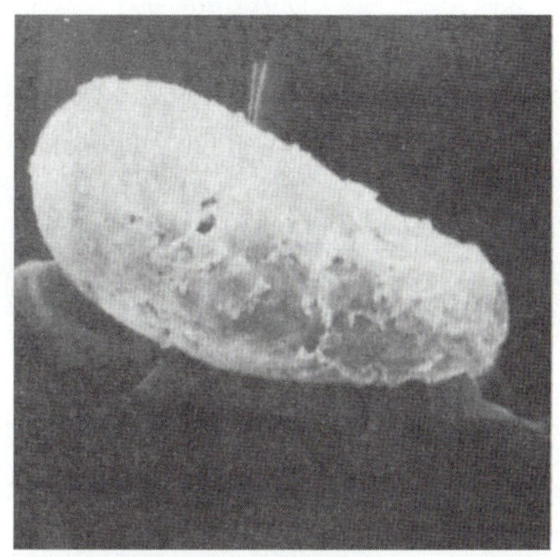
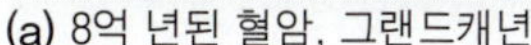

(a) 8억 년된 혈암, 그랜드캐년

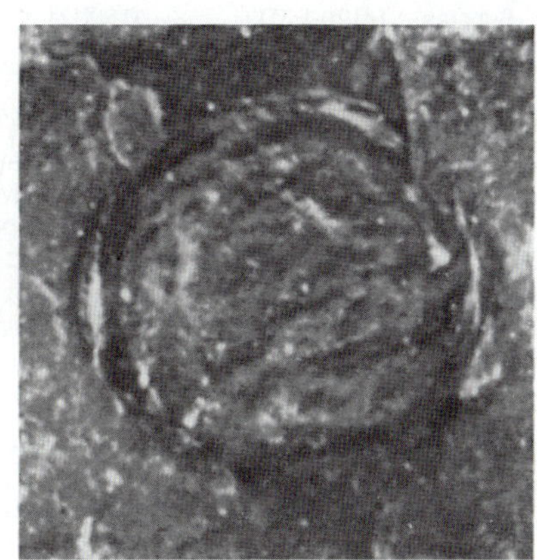

(b) 9억 5천만 년된 혈암, 유타

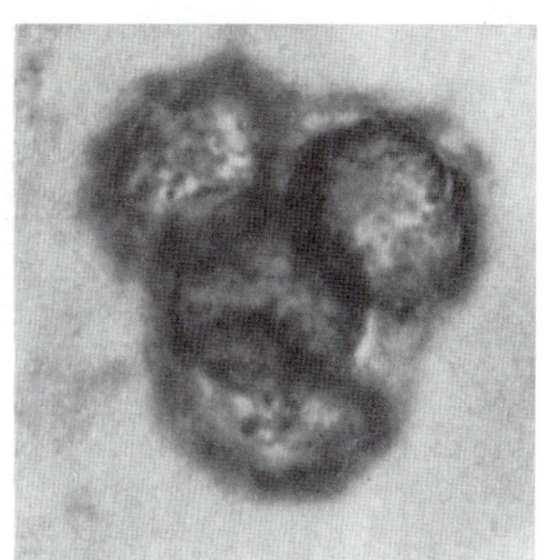

(c) 8억 5천만 년된 지층, 중부 오스트레일리아

그림 8-4 진핵세포로 추정되는 원생대의 미생물 화석. (a)와 (b)는 어떤 알려진 원핵생물보다도 여러 배 크며 복잡하다. (c)에서 볼 수 있는 세포들의 덩어리는 전형적인 진핵세포의 유사분열 4세포기로 추정되는 모습을 하고 있다. (*The Evolution of the Earliest Cell*, J. W. Schopf, *Scientific American* 239, 1978. 허가하에 재인쇄.)

Cloud(1974)는 가장 오래된 것이 37억 6천만 년에 이르는 **줄무늬철광석층**(banded iron formations – BIF)이 생물체에 의하여 형성되었을 지도 모른다고 하였다. 즉 내부의 산소원이 제1철과 제2철과 관련하여 일어나는 변화를 초래할 수 있으며, 이 산소원이 물 분자를 분해하여 산소를 방출시키는 원시 남세균이었을 것이라고 추정하였다.

$4FeO$	+	O_2	→	$2Fe_2O_3$
(제1철)		(광합성 생물에서)		(제2철)

제1철은 광합성에서 생성되는 산소분자를 흡수하는 역할을 하여 원시 광합성 독립영양생물의 혐기성 대사과정을 보호하는 역할을 하였다는 것이다. 즉 원시 광합성독립영양생물들이 제1철을 제2철로 침전시킬 수 있었으며, 산화된 BIF의 띠는 제1철의 분포에 따라서 그런 식으로 형성되었을 것이라고 하였다.

그렇다면 이 원시적인 생물체는 무엇일까? 우리는 다음 섹션에서 원핵생물과 진핵생물의 세포와 유전자의 특성을 검토하면서 이 질문에 대하여 해답을 제시할 것이다. 또한 이 최초의 생명체가 가지고 있던 대사경로에 대하여서도 살펴보도록 한다.

원핵생물과 진핵생물

그림 8-5에는 태곳적부터 5억 4천 5백만 년 전 캄브리아기부터 시작된 현생이언(Phanerozoic eon)까지의 중요한 생물학적·지질학적 사건들이 기록되어 있다. 광합성의 기원 못지 않게 획기적인 생물학적인 변화는 원핵생물(Prokaryotes)에서 진핵생물(Eucaryotes)로의 진화이다.

1. **원핵생물**은 모든 박테리아들을 포함하며, 현재 2개의 그룹으로 구분한다(**표 8-1, 글상자 8-1**).
    - **진정세균**(Eubacteria)에는 남세균을 포함하여 대부분의 세균류가 속하며, 거의 모두가 펩티도글리칸(peptidoglycan)이나 뮤레인(murein)을 함유하는 독특한 세포벽을 가지고 있다(당의 사슬이 짧은 일부는 D-아미노산을 함유하는 짧은 펩티드에 의해 교차결합되어 있는 형태).
    - **고세균**(Archaebacteria)은 세포벽에 다른 물질을 함유하고 있으며, 진정세균류에 비하여 유황천이나 염도가 매우 높은 지역 등 극한의 환경에서 서식한다.[2]
2. **진핵생물**은 광합성 조류나 **원생동물** 등의 단세포 생물과 식물, 동물, 균류 등의 다세포생물을 통칭하는 용어이다.[3] 다세포성은 진화역사에서 여러 번 나타난 성공적인 적응방식이다(**글상자 8-2**).

상대적으로 소형(0.5~10μm)인 원핵생물에는 대형(10~100μm)인 진핵생물에 있는 핵막이나 세포골격과 같은 막성구조물의 네트워크가 없으며, 이것이 이들의 가장 큰 차이점이다. 이외에도 원핵생물은 주로 **이분법**에 의하여 분열하는 반면, 진핵생물의 세포는 유사분열과정을 거친다. 따라서 원핵생물에는 방추사와 중심체 등의 유사분열에 관련된 소기관들이 결여되어 있으며, 염색체를 체계적으로 정리해 주는 역할을 하는 히스톤단백질도 없다. 원핵생물과 진핵생물 간의 세포의 복잡성의 차이에 대한 비교와 고찰을 통하여 우리는 두 가지의 중대한 의문점을 갖게 되

[2] 대양의 투광대에 서식하는 단세포생물의 10% 가량이 고세균이지만, 배양이 힘든 관계로 그들에 대해서는 잘 알려져 있지 않다(Alastair Simpson, 개인자료).

[3] 다세포성이란 용어를 해석하는 데는 주의가 필요하다. 예를 들면, 균류는 섬유상 조류와 비슷한 정도의 다세포성만을 가지며, 일부 갈조류는 다세포성이며, 많은 균류는 실제로 이스트들이다.

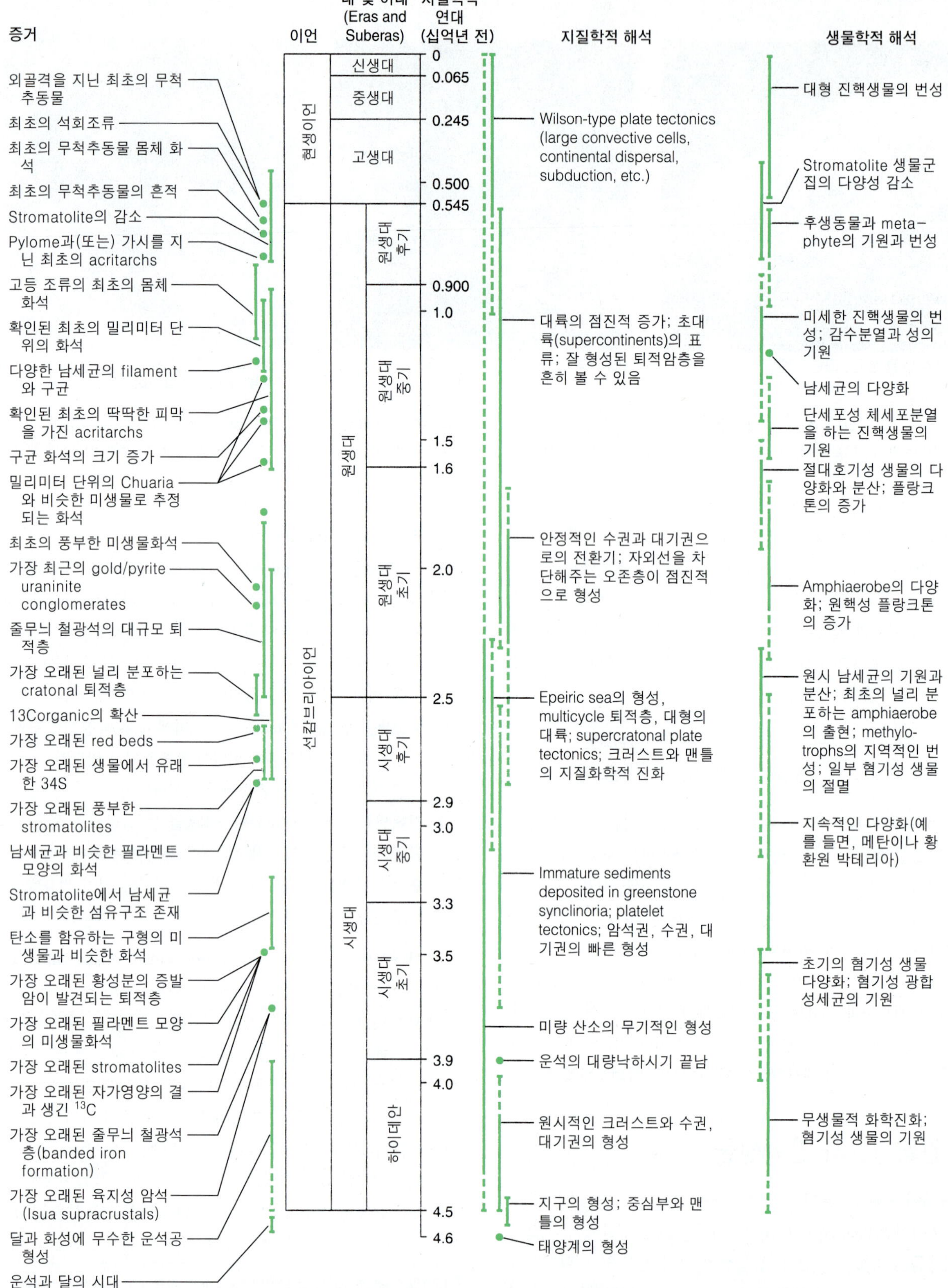

그림 8-5 선캄브리아기 진화에 대하여 관찰된 증거와 생물학적 해석을 종합한 도표. 아폴로 우주선이 채취해 온 달의 암석을 분석한 결과 41억 년과 39억 년 사이에 일련의 거대한 운석이 떨어졌던 것으로 해석하고 있다. 지질학자들은 이와 같은 충격으로 발생된 열 때문에 그 당시 생물이 지표면에 존재할 수 없었을 것이라고 한다. 따라서 일부 학자들은 생명이 아마도 38억 년 전에서야 기원했을 것으로 생각한다(Miller에 따르면 약 천만 년 이하의 기간 동안에). (J. William Schopf, ed., Earth's Earliest Biosphere: Its Origin and Evolution. ©1983 Princeton University Press.에서 각색)

글상자 8-2 다세포성과 군세포성

크기의 증가는 일반적으로 개체의 상대적인 적응도를 증가시킨다. 개체의 크기를 증가시키는 한 가지 방식이 다세포성(multicellularity)의 획득이며, 이는 한 개체가 2개 이상의 세포를 가지는 것을 의미한다. 유전체 또는 세포의 구성을 분석하든 계통수를 분석하든 간에 이와 같은 다세포성이 진화역사상 여러 번 출현하였음을 알 수 있다.[a] 식물(metaphytes), 동물(metazoans), 갈조류(Phaeophyta) 등은 다세포성이다.

다세포성과 비슷한 상태인 군세포성(pluricellularity)[b] 역시 단세포생물의 몇몇 계통에서 독립적으로 진화하였다. 군세포성이란 군체(colony), 필라멘트 또는 집단(aggregation)의 형성과 같이 다수의 개체들이 모여 있는 것을 말한다. 그렇다면 다세포성과 군세포성의 차이는 무엇인가? 간단히 말해서 전자는 여러 세포로 구성된 하나의 개체이며, 후자는 단세포의 여러 개체들이 모여서 군집을 형성한다는 차이가 있다. 성장의 조절, 세포간의 신호전달 및 협력체계에서 이 두 상태는 근본적으로 다르다. 서로 다른 형태의 군세포성이 세균에서 진화하였는데, 일부는 집단을 형성하며, 일부는 군체 또는 필라멘트를 형성한다. 따라서 이에 따라 이들을 분류하기도 한다.

다세포성은 진핵생물의 몇몇 계통에서 독립적으로 진화하였다. 예를 들면, 홍조류와 갈조류는 유관속 식물과는 독립적으로 다세포성을 획득하였다. 군세포성은 볼복스에서만 여섯 번 진화하였으며, 많은 종들이 복잡한 생활사를 가지며 군체 또는 다세포성 개체로 편모성 녹조류에서도 독립적으로 진화하였다. 소형의 다세포성 볼복스들은 4~64개의 세포가 공동의 세포외질 속에서 공존한다. 딱딱한 세포벽을 가진 계통에서 군세포성이나 다세포성이 진화하였을 경우에는 한 세포 내에서 여러 번의 분열이 일어나기도 한다(Bell and Koufopanou, 1991; Michod, 1997).

다세포성은 단세포성에 비해서 많은 우월성을 지니며, 대표적인 것들은 다음과 같다.

1. 몸 크기에 있어서 단세포의 면적대비 체적의 한계를 극복할 수 있다.
2. 먹이획득, 생식, 방어 등의 독자적인 기능을 지니는 특정한 세포 유형으로 분화가 가능하다.
3. 특히 유생시기에 개체의 분산이 더 용이하다.

일단 특정한 세포의 계통이 생겨나면 실제로 각 생물의 표현형인 이 세포의 계통에 자연선택이 작용하게 된다. 다세포성의 핵심적인 혁신은 다세포성인 배아 또는 개체 내에서 언제 그리고 어디서 전사가 일어날지 제어할 수 있게 된 것이다. 특정한 세포의 계통에 속하는 유전자들은 특정한 네트워크 또는 케스케이드(cascade)에 연계되며, 각각의 케스케이드들이 더욱 분화를 가속하게 된다. 따라서 다세포성은 생물의 복잡성을 증대시키는 역할을 하였다(**글상자 8-3**을 볼 것). Ravasz et al. (2002)은 43가지의 생물에서 정밀하게 구성되고, 연관되어 있는 물질대사의 네트워크가 매우 다른 수준으로 조성되어 있다는 증거를 제시하였다 — 시스템 수준의 특징으로서 다세포성의 진화와 연관된 자연선택에 강하게 반응했을 것으로 생각됨.

이분법으로 분열하는 단세포생물에서 다세포생물로 기원하기 위해서는 다음 중에서 하나의 기작이 관여되었을 것이다.

- **두 세포가 분리되는 것을 막음으로써** 동일한 유전적 조성을 가진 세포들을 가진 생물이 만들어졌거나,
- **다른 개체에서 만들어진 세포 또는 세포들과 군집의 형성**을 통하여 **유전적 조성**이 다른 세포들을 가지는 생물이 만들어졌을 것이다.

볼복스와 같은 다세포생물들은 세포들이 공존함으로써 기원하였으며, 점액세균(myxobacteria)이나 점균류(myxomycetes), dictyostelid 아메바, 일부 섬모성 원생생물들의 경우에는 군집의 형성을 통하여 기원하였다.

군집형성과 세포질분열의 차단은 서로 다른 기작이지만, 비슷한 분자생물학적 기반을 가질 수 있다. 군집형성에는 세포결합 분자(cell adhesion molecules, CAMs) 또는 이온결합이 필요하다. 세포질분열의 차단에는 세포들을 연결시켜 주는 기작이 필요하며, 여기서도 CAMs 또는 이온결합이 관여된다.

[a] J. T. Bonner는 2006년에 출판된 책인 "Why Size Matters: From Bacteria to Blue Whales"에서 생물체 크기의 중요성에 대하여 고찰하였다.
[b] Sina Adl(Dalhousie Univeristy)는 다세포성과 군세포성의 근본적인 차이점에 대하여 논하였다.

었다. 이런 복잡성을 측정하거나 평가할 수 있는가? 그리고 진화와 더불어 이 복잡성이 증대되었는가? 이 두 의문에 대해서는 **글상자 8-3**과 **그림 8-6**에서 다루었다.

상계(superkingdom)나 계(kingdom)를 어떻게 분류할 것인가에 대해서는 아직 학자들 간에 합의가 이루어져 있지 않다. 전통적으로는 원핵생물과 진핵생물로 나뉘었으나, Woese(1998b)는 **고세균**(archaebacteria), **진정세균**(eubacteria), **진핵생물**(eukaryotes)로 분류하였다(글상자 8-1, 그림 8-7 참조). 실제로, 여태까지 제시된 계의 숫자만 해도 2개에서 13개까지 이르며, 이는 많은 공통형질 중 일부는 유전자의 평행이동 내지는 단세포 생물과의 공생을 통해 세포내 소기관화했기 때문일 것이다.

소기관

원핵생물은 진핵생물에서 흔히 볼 수 있는 소포체(endoplasmic reticulum), 골지체(Golgi apparatus), 미토콘드리아와 같은 막성의 구조나 **소기관**이 없다. 진핵생물에서는 막으로 둘러싸여 있는 소기관을 통하여 특정한 반응 과정에 관여하는 효소들을 분리하는 효과를 본다(예를 들면, 핵에서는 전사, 세포질에서 번역, 미토

글상자 8-3 복잡성

단세포생물로부터 다세포생물로의 진화는 복잡성이라는 어려운 주제를 제기하였다. 어떤 생물들은 다른 생물들 보다 복잡한가? 이는 동물, 식물 또는 균류와 같은 다세포생물들을 단세포 원생생물과 비교해 보면 명약관화하다. 그런데 일부 다세포생물은 다른 다세포생물보다 복잡한가? 우리는 균류보다 복잡한가? 파리는 구더기보다 복잡한가?

진화생물학자들은 진보라는 개념뿐만 아니라 어떤 계통에서 진화가 진행되면서 복잡성이 증가한다는 개념을 회피하려는 경향이 있다. Szathmáry와 Maynard Smith(1995)는 다음과 같이 기술하였다:

> 진화의 계통에서 시간이 경과하면서 복잡성이 증가한다는 것을 입증할 이론적인 이유는 없으며, 경험적인 증거도 존재하지 않는다. 그럼에도 불구하고 진핵세포는 원핵세포보다 그리고 동물과 식물은 원생생물보다 복잡하며, 이런 예는 무수히 들 수 있다.

이를 Szathmáry와 Maynard Smith는 다음과 같이 설명하였다. "일련의 중요한 진화적 전이들의 결과로 복잡성이 증가할 수 있으며, 이 전이들은 정보가 저장되고 전달되는 방식의 변화들을 포함하고 있다."

그러나 다음과 같은 기준에 대해서는 논란의 여지가 많다: (1) 복잡성을 측정할 수 있는 "정보"의 정의; 또는 (2) 증가하는 복잡성을 파악하는 방식. 결국 모두가 진화를 통해 복잡성이 증가한다는 것에 동의하지 않으며, 이 주제는 과학의 범주인 만큼이나 철학적이기도 하다. 복잡성을 판단할 수 있는 기준들은 다음과 같다.

- 게놈의 크기 또는 생물의 유전자의 수;
- 단백질을 코딩하는 유전자의 수;
- 어떤 생물에서 부분 또는 유닛의 수(부분이란 분절, 기관, 조직 등을 의미할 수 있음);
- 어떤 개체가 갖고 있는 세포 유형의 수;
- 구획화(compartmentalization), 특수화 또는 기능의 세분화의 증가;
- 유전자, 유전자 네크워크, 또는 생물체의 부분을 형성하는 데 필요한 세포간 상호작용의 수;
- 생물체 내의 각 부분들 간의 상호작용의 수(기능적인 복잡성 혹은 집적화(integration)의 척도);
- 위 여덟 가지 기준들을 효과적으로 종합하는 방식으로써, 생물체를 기재하는 데 필요한 최소한의 서술문의 길이와 복잡성.[a]

어떤 생물들이 다른 생물들보다 더 복잡한가라는 질문에 대답하기 위하여 이 중 어떤 기준들을 사용할 것인가? 게놈의 크기, 유전자의 숫자, 유전자 네트워크, 구획화 등은 다른 장에서 논의되었으며, 가장 흔히 사용되는 기준인 세포 유형의 수와 위에는 언급되지 않은 개체의 크기는 다음과 같다.

■ 세포수의 증가

복잡성의 증가는 동물의 배발생 시기에 가장 쉽게 확인할 수 있을 것이다. 이때 1개의 수정난이 다세포생물로 성장하게 되며, 인간을 예로 들면, 수백 개 이상의 세포 유형과 100조 개의 세포를 지닌 어른이 된다. 아마도 발생과 진화의 진행결과로서(3장, 13장을 볼 것), 가장 흔히 사용되는 복잡성의 척도는 생물이 지니고 있는 세포 유형의 수일 것이다. 그림 8-6에 도식되어 있고, 이 글상자에서 논의한 대로 동물의 진화과정을 통해서 이 수치는 증가하여 왔다. 세포 유형의 종류는 해면동물과 자포동물에서 6-12개, 편형동물에서 20-30개, 연체동물, 절지동물, 환형동물, 극피동물에서 50-55개, 그리고 인간에서는 200-400개까지도

[a] 게놈의 크기에 관해서는 Cavalier-Smith(1985); 유전자수에 관해서는 Maynard Smith and Szathmáry(1995); 생물체 부분의 수에 관해서는 McShea(2005)와 Szathmáry and Maynard Smith(1995); 세포유형에 관해서는 Bonner(1988, 2006), Valentine et al.(1994), Bell and Mooers(1997), Vickaryous and Hall(2006a); 네트워크와 상호작용에 관해서는 McShea(2005), Larsen(1992), Hall(1999a)을 참조.

콘드리아에서의 유기성 대사 등등).

진핵생물들은 유사분열 및 단백질 합성과정을 가지며, 대부분은 호기성 생물이다. 혐기성으로도 생존 가능한 생물은 마이크로스포르디아와 이스트 등이 있고, 완전한 혐기성을 보이는 것은 *Giardia, Trichomonas, Pelomyxa* 등을 들 수 있으며, 이들도 호기성 조상들로부터 기원한 것으로 생각된다. 이스트인 *Saccharomyces*에서 호기성 환경에 적응한 것들은 *FLO11* 유전자에서 두 가지 돌연변이가 일어난 것들이며, 액성 기질에서 산소를 접하기 위하여 세포 표면의 소수성이 커지면서 수면에 뜨는 막을 형성한다. 돌연변이가 일어나지 않은 개체들은 혐기성의 기질에 국한되어 있어 호기성에의 적응이 돌연변이에 의한 것임을 보여 주고 있다. 이 돌연변이체에서는 억제부위(repression region)의 111번째 염기가 결실되어 유전자의 발현이 증대되며, 중앙부의 반복 도메인(tandem repeat domain)이 재배열되어 소수성 단백질이 발현된다(Fidalgo et al., 2006).

유전자의 구조

원핵생물에서 거의 찾아볼 수 없는 진핵생물의 특징 중 하나는 아미노산을 코딩하는 염기서열들이 수백 개의 코딩하지 않는 염기서열을 사이에 두고 두 부분 이상으로 분리되어 있다가, 최종 mRNA에서 합쳐져 1개의 폴리펩티드 사슬로 번역될 수 있는 **분할유전자**(split genes)를 갖는다는 것이다. 여기서 아미노산이 발

구분할 수 있다. James Valentine et al. (1994)은 후생동물의 신체 체제의 기원과 세포 유형의 숫자를 비교하여 그래프를 만들어 본 결과, 복잡성의 최고치는 가장 원시적인 후생동물인 해면동물에서 척추동물로 가면서 증대되었으며, 초기의 증가율은 척추동물 내의 증가율보다 높았다(**그림 8-6**). 다른 계(kingdom)의 생물도 비교를 실시하였다.[b]

비록 McShea(2005) 같은 사람은 시생대 초에 몸의 체제가 기원할 때 계층적인 복잡성이 증대되었다는 견해를 발표하였지만, 발생과정과 마찬가지로 지구 상의 진화역사에서 최소한 일부분이라도 생물의 복잡성이 증가하는 추세였다는 결론은 당연한 것 같다.

■ 생물체의 크기 증가

배발생(그리고 따라서 복잡성의 증가)은 크기의 증가를 수반하며, 생물 진화의 초기 단계 역시 생물체 크기의 증가를 수반하였다. 그렇다면 왜 이렇게 명확히 관찰되는 사실, 즉 **Cope의 법칙**[c]으로 알려진 사실이 복잡성의 척도로 사용되지 않는 것인가? 이는 동물의 많은 분류군에서 관찰되는 기생충 또는 혹은 해안가의 만조선의 모래알 사이에서 서식하는 동물에서 볼 수 있듯이, 진화는 종종 크기의 감소를 수반하기 때문이다. 생물의 복잡성을 크기 이외의 척도로 측정했을 때, 같은 크기지만 다른 분류군에 속하는 생물들은 다양한 복잡성의 수준을 보여 준다. 앞으로 나오는 장들에서는 어떤 생물의 계통에서 크기의 감소가 수반된 예와(18장–공룡), 크기의 감소가 실제로 생존을 도와서 진화를 촉진했던 예를 고찰할 것이다(중생대의 포유류–19장).[d]

[b] 세포 유형의 측정치에 관해서는 Bonner(1988), Vickaryous and Hall(2006a), 그리고 생물의 계를 포괄하는 비교에 관해서는 Bell와 Mooers(1997)을 볼 것.

[c] Cope의 법칙에 관해서는 Hall(1999a)을 볼 것. Moen(2006)은 현생 및 멸종한 거북이의 계통수의 6개의 계통에서 몸의 크기의 진화를 비교한 결과 Cope의 법칙에 대한 증거를 발견하지 못하였다.

[d] 복잡성의 측정치의 불일치에 관련해서는 Bell and Mooers(1997)와 Bonner (2006)을 침조.

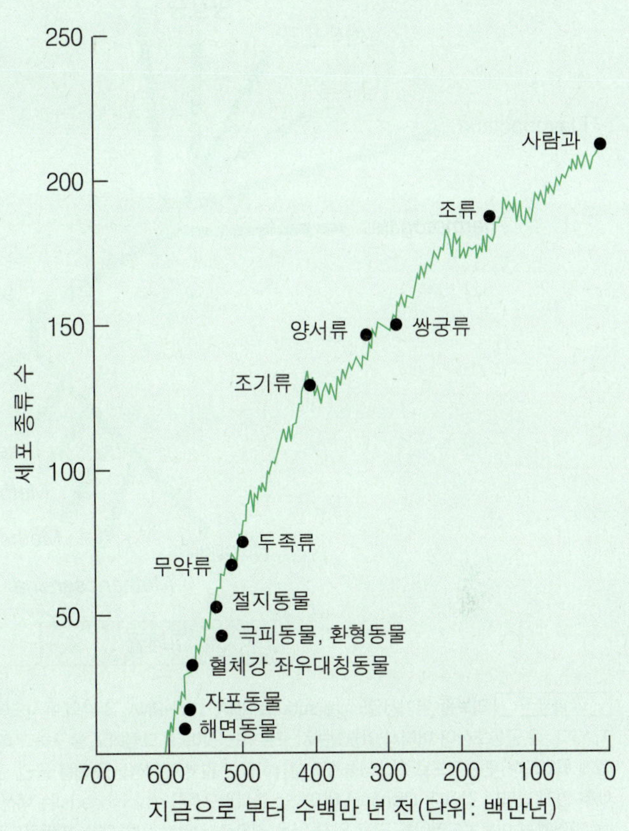

그림 8-6 다양한 후생동물군의 추정 기원시기와 개략적인 체세포 종류의 숫자. 많은 진화생물학자들은 세포 종류의 증가가 복잡성 증가의 척도로 믿고 있다. (Valentine, J. W., A. G. Collins, and C. P. Meyer, 1994. Morphological complexity increases in metazoans. *Paleobiology*, 20, 131–142.에서 허가하에 재인쇄)

현되는 염기서열 부분을 **엑손**(exons, expressed sequences) 그리고 중간의 발현되지 않는 부분들을 **인트론**(intron, intervening sequences)이라고 한다. 이 분할유전자들은 DNA에서 RNA를 전사하지만, 그 RNA가 가공되어 인트론 부분이 제거된 후 엑손 부분들이 다시 재접합(splicing)된다(**그림 8-8**). 이 과정을 통하여 만들어진 최종 mRNA 분자는 핵공을 통하여 세포질로 나와 폴리펩티드 사슬로 번역된다.

이 같은 엑손과 인트론 구조는 척추동물을 포함하는 대다수의 진핵생물의 단백질을 코딩하는 유전자에서 확인된다. 아마도 최초에는 각 엑손들이 어떤 특정한 기능을 하는 1개의 폴리펩티드를 코딩하였을 것으로 추정된다. 엑손의 재배열 및 인트론의 제거는 다소 유연성 있게 이루어지므로, 이 폴리펩티드의 서브유닛들의 암호를 갖고 있는 엑손들은 각각 **모듈**(module 또는 domain)의 역할을 하여 다양한 방식으로 재조합되어 새로운 유전자들을 만들 수 있다. 심지어는 1개의 유전자에서 엑손을 몇 가지로 다르게 조합하는 **대체재 접합**(alternate splicing)을 통하여 다른 기능을 가진 단백질들을 만들어 낼 수도 있으며, 이와 같은 현상은 후생동물에서 단백질과 기능적인 다양성을 형성하는 데 중심적인 역할을 하는 것으로 알려져 있다.[4]

[4] 대체재 접합을 위해서는 각기 다른 5′ 또는 3′ 부분, 인트론의 보전, 다른 엑손 부위, 다른 프로모터들 또는 폴리A 부분들의 형성을 통하여 전사 네트워크와 전

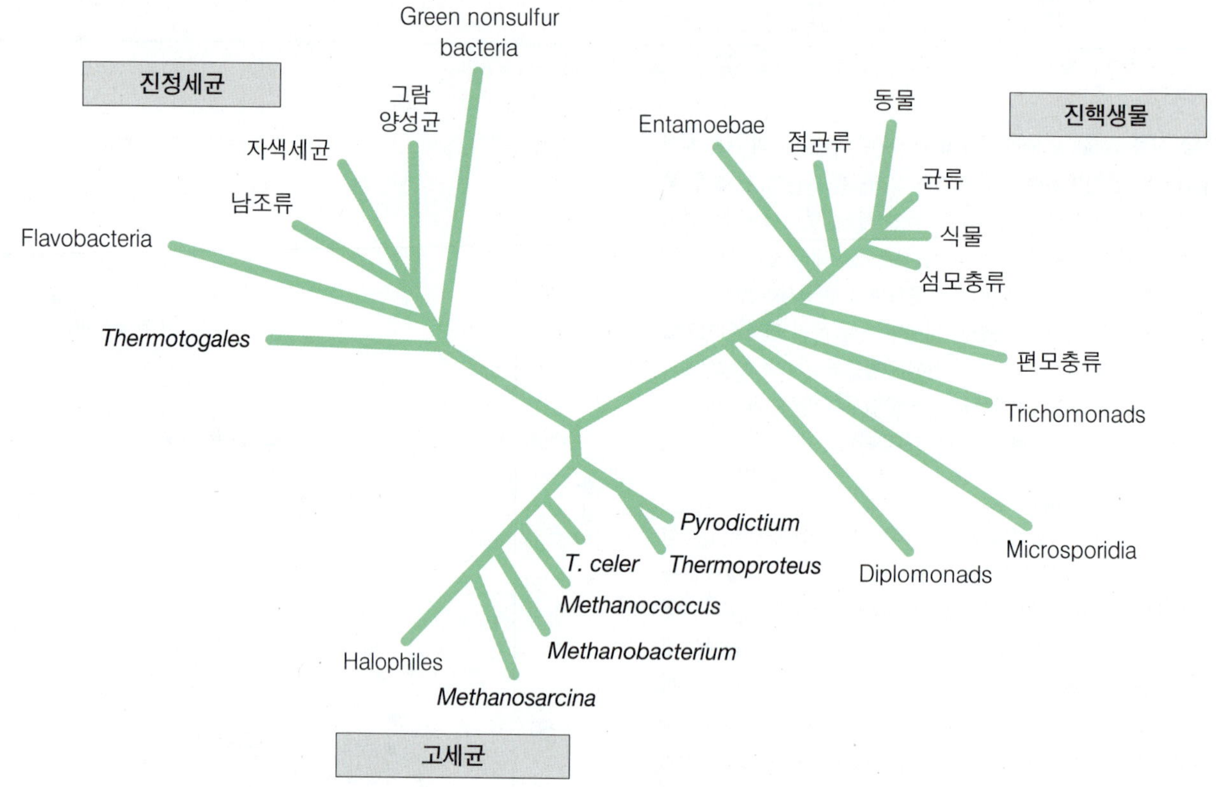

그림 8-7 리보좀 염기서열(small-subunit RNA, 16*S*-RNA) 일부의 유사도에 입각하여 추정된 생물계의 계통도. 이 그림에서는 계통도의 뿌리 부분은 표시되어 있지 않다. 즉 공통조상이 어디서 기원했는지 모른다는 것이다. 그럼에도 불구하고 이 계통도는 여러 가지 흥미 있는 관계들을 보여 주고 있다. 예를 들면, 동물과 균류가 가깝게 묶였으며, 전통적으로 원생생물계로 분류하였던 일부 진핵생물들(예를 들면, 편모충류, entamoeba, diplomonads, 섬모충류, microsporidia)의 유연관계를 실제로는 매우 멀게 나타낸 것이다. *Giardia*로 대표하는 중복편모충류(diplomonads)는 핵산 및 아미노산 서열에 의하면 진핵생물 중 가장 초기에 분지한 계통으로 보인다. *Giardia*는 과거에는 미토콘드리아를 갖고 있지 않은 것으로 알려져 있었지만, 미토콘드리아 소기관들이 현재 *Giardia*와 *Entamoeba*에서 확인되었다. *Giardia*와 *Entamoeba histolytica*가 현재는 세포질에서 사라진 과거의 원핵공생체로부터 전이된 유전자들을 핵 내에 보유하고 있다고 주장하였다 — "cryptic endosymbiosis" (Henze et al., 1995; Roger et al., 1998). (Sogin, M.L., 1991. Early evolution and the origin of eukaryotes.*Current Opinion Genet.Devel.*, 1, 457–463; Wheelis, M. L., O. Kandler, and C. R. Woese, 1992. On the nature of global classification.*Proc. Natl Acad. Sci. USA*, **89**, 2930–2934.에서 인용)

Introns Early or Introns Late

W. F. Doolittle(1978)과 다른 연구자들은 "*introns early*"라는 가설을 제시하였다. 즉 원핵생물과 진핵생물의 공통 조상인 단세포 생물들은 아마도 인트론–엑손 구조를 가졌으나, 원핵생물에서는 좀 더 능률적이 DNA 복제와 전사의 효율성을 높이는 방향으로 선택이 이루어져서 이 구조를 잃게 되었다는 것이다.

반면 "*introns late*" 가설은 원핵생물에서 분지된 후에 진핵생물의 유전자에 인트론이 삽입되었을 것으로 추정한다. 즉 초기 생물에서 유전자의 구성을 위해 우선적으로 인트론을 사용해 각 엑손들을 연결할 필요가 없었다는 것이다. 엑손과 단백질의 기능적인 유닛과의 연계성이 부족한 것과 몇몇 인트론들이 진핵생물에서 최근에 기원하였을 것이라는 증빙자료들이 이 가설의 증거로 제시되었다(Logsdon et al., 1998). 이 두 가설 중 어느 것이 맞는지는 아직 판명되지 않았다. 그러나 일부 과학자들은 이 두 가설이 다 맞을 수도 있다고 하였다. 즉 40%에 이르는 인트론들은 초기에 기원했으며, 나머지는 후기에 진핵생물에서 기원했으리라는 것이다(De Souza et al., 1998).

후기에 기원한 인트론이 어떻게 진핵생물의 유전자에 삽입될 수 있었을까? 왜 이 같은 구조들이 현재와 같이 흔한 것일까? 왜 이 구조들이 유지되는 것인가? 이 의문들에 대한 다양한 해답이 제시되었지만, 그중에서도 인트론들이 이동이 가능한 트랜스포존과 비슷하게 특정한 표적에 끼어들거나 또는 그로부터 빠져나오는 능력이 있는 이동성 DNA 염기서열이라는 주장이 많은 호응을 얻고 있다(10장). 이들이 삽입되어 있을 경우, 전령 RNA에 필요 없는 부분이 많이 생기기 때문에 유전자가 정상적으로 발현되지 못한다. 따라서 유전자가 번역되기 이전에 전사된 RNA로부터 빠져나오는 것은 생존이 걸린 문제인 것이다. 또 다른 견해

사후 및 번역의 중간부분을 조정하는 유전자 코드가 성립되어야 한다(Belncowe, 2006).

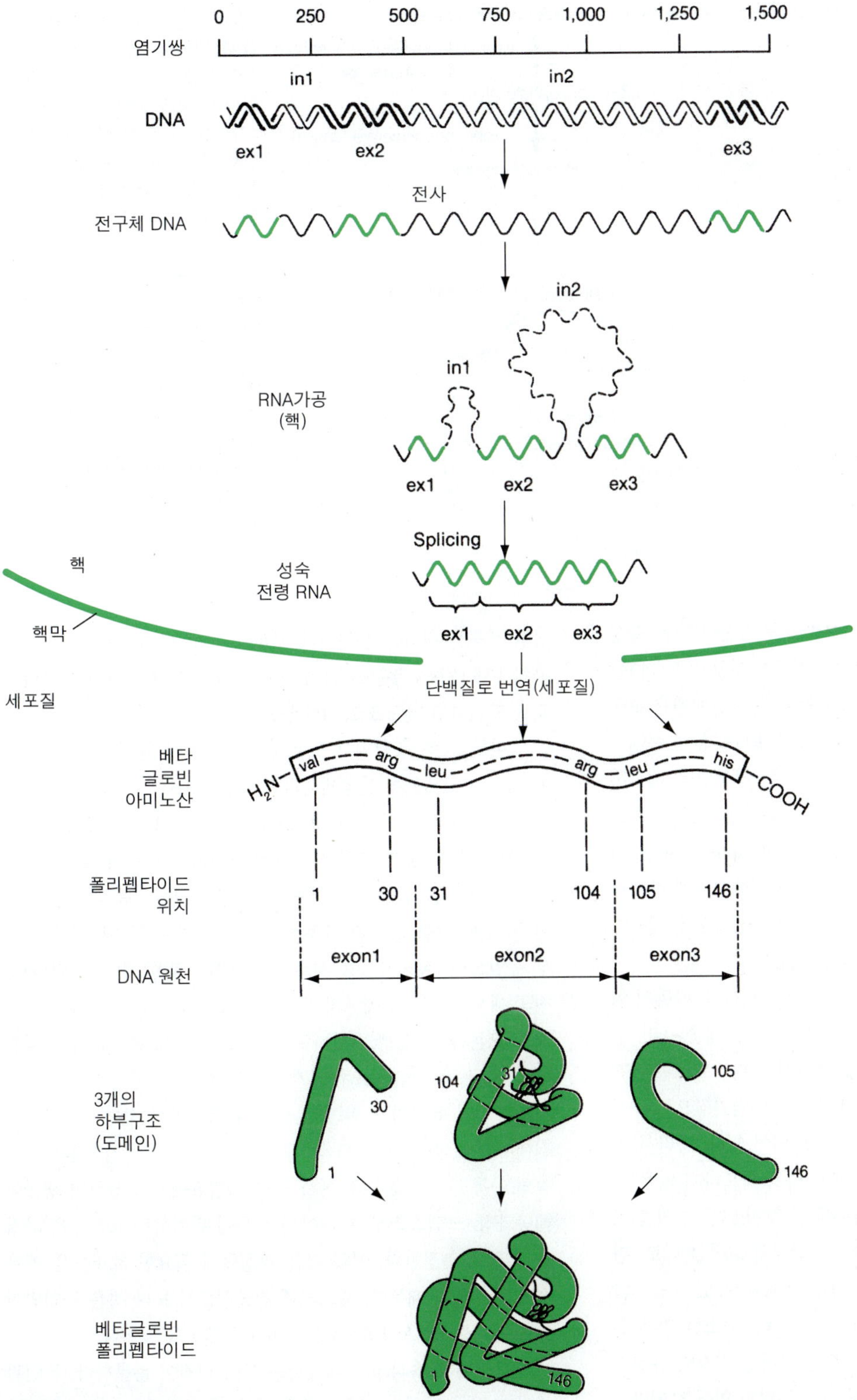

그림 8-8 인간에서 146개의 아미노산으로 이루어져 있으며, 정상적인 성인의 헤모글로빈 성분인 베타글로빈 폴리펩타이드를 합성하는 데 관여하는 인트론–엑손의 구조. 그림의 윗부분은 베타글로빈 DNA로서 2개의 인트론(in1, in2)과 3개의 엑손(ex1, ex2, ex3)을 포함하는 약 1,500 염기쌍으로 구성되어 있다. 인트론1은 130 염기쌍이며, 베타글로빈 사슬의 아미노산 30과 31에 해당하는 코돈 사이에 삽입되어 있다. 인트론2는 850 염기쌍 정도이며, 아미노산 104와 105에 해당하는 코돈 사이에 삽입되어 있다. 최초에 전체 DNA가 전사되어 mRNA를 만들지만, 핵 속에서 특수한 RNA 가공에 의하여 인트론이 정확하게 제거되며, 엑손의 서열들은 다시 이어져 완전한 베타글로빈 아미노산 서열로 해석된다. 이 그림의 맨 아랫부분에서는 완전한 베타글로빈 폴리타이드 사슬에서 각 엑손에 해당하는 부분을 도식적으로 분할하여 표시하였다. (Strickberger, M.W., 1985. *Gennetics*, 3rd ed. Macmillan, New York에서 인용.)

로서는 원핵생물에서 불과 수천 개 정도였던 유전자가 진핵생물에서 수만 개 이상으로 증가하면서 인트론이 아마도 유전자 조절 기능의 역할을 맡게 되었다는 것이다.

원핵생물에서 어떤 유전자에서 발현된 단백질이 다른 유전자의 발현을 조절하지만, 진핵생물에서는 인트론도 조절기능을 가진다는 보고들이 있다(그림 10-13). 원핵생물은 핵이 없기 때

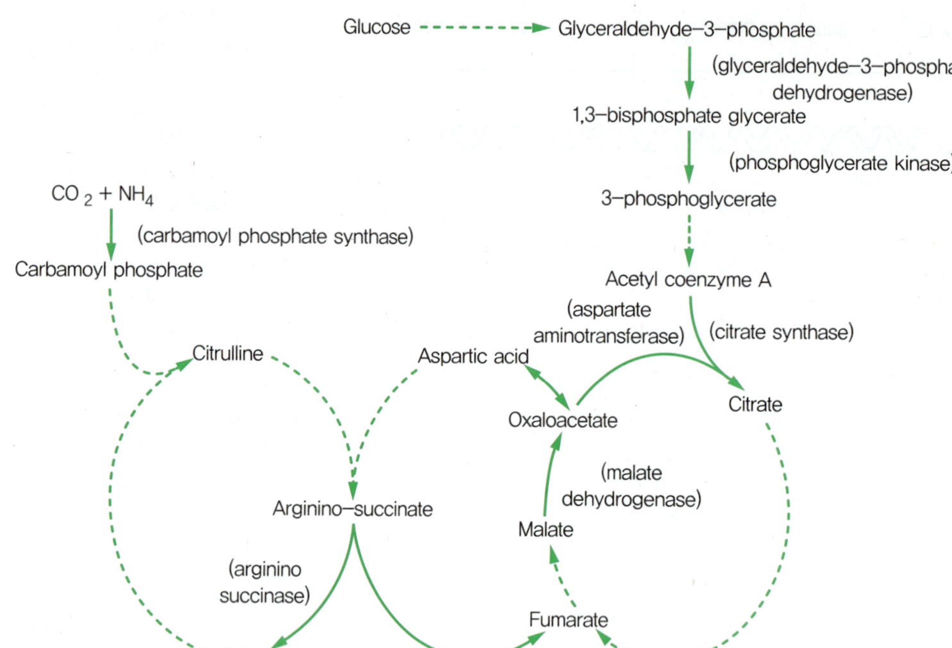

그림 8-9 고세균, 진정세균, 진핵생물의 공통 조상에서 존재했을 것으로 추정되는 일부 물질대사 과정. 이 분류군들에 공통으로 존재하는 효소(괄호)의 핵산염기서열 및 아미노산서열에 입각하여 추정되었음. 실선은 추정된 원시형의 효소에 의하여 촉매되는 과정이며, 점선은 효소의 구조는 모르지만 아마도 존재했을 것으로 생각되는 과정을 표시하였다. (Benner, S. A., et al, 1993. Reading the palimpsest: Contemporary biochemical data and the RNA world. In *The RNA World*, Gesteland R. F. and J. F. Atkins (eds.). Cold Spring Harbor Laboratory Press, Cold Spring Harbor, New York, pp. 27–70.에서 인용)

문에 전령 RNA의 전사와 동시에 리보좀이 붙어 단백질을 합성한다. 만일 원핵세포에 인트론이 있다면, 인트론 부분을 포함하는 전령 RNA를 전부 해독하게 됨으로써 기능이 없는 단백질을 합성하게 될 것이다. 그러나 진핵생물에서는 전령 RNA가 핵 속에서 가공되어 세포질에서는 인트론 부분이 제거된 부분만을 해독하게 됨으로써, 인트론이 전령 RNA에 영향을 주지 않는 동시에 조절 기능을 발휘할 수 있게 되었다는 것이다. Mattick(1994)은 이와 같이 인트론이 조절기능을 갖게 됨으로써 진핵생물에서 보다 복잡한 유전자 체계를 갖게 되었으며, 이것이 다세포성을 획득하는 데 기여했을 것이라고 추정하였다(**글상자 8-2**).

일부 유전자에서는 많은 수의 인트론이 존재하며, 따라서 이들이 전부 조절기능을 갖는 것이라고 보기 어렵다. 예를 들면, 결핍시 근위축증(muscular dystrophy)을 초래하는 디스트로핀 단백질 유전자의 경우, 인트론이 65개로서 총 200만 염기쌍으로 구성되어 있으나, 엑손은 14,000 염기쌍만으로 되어 있다. 따라서 인트론이 조절기능만을 갖는다고 보기에는 너무 과도하게 많은 숫자로 보인다. 전이성 인자의 복제 때문에 이 같이 많은 수의 인트론이 생겨나게 되었다는 주장도 있다. 10장에서 고찰한 대로, **전이인자**는 숙주염색체에 독립적이며, 자주 복제될 수 있으므로 많은 양의 "쓸모 없는 DNA"를 만들어 낼 수 있다. 최소한 일부 유전자에서 많은 인트론이 존재하는 이유는 전이성 인자의 유전자 조절기능보다는 "introns-late" 가설이 더 설득력이 있어 보인다.

생물의 조상형

원세균(progenote)는 고세균, 진정세균, 진핵생물의 가설적인 조상형 세포를 칭하는 용어이다. Woese et al. (1990)은 이 세 분류군의 16*S* rRNA 부분을 분석하여, 이들이 서로 명확히 다르다는 것을 확인하였다(**표 8-2, 그림 8-7**).[5]

비록 계속 축적되고 있는 분자생물학적 그리고 다른 자료에 의하면 고세균이 진정세균과 진핵생물 사이의 진화적 중간 단계라는 것을 보여 주는 듯 보이지만(그림 12-18, 12-20, 글상자 12-4), 그들의 공통 조상을 정확히 판명하기에는 이 자료들로서는 충분치가 않다. 아마도 어떤 한 그룹도 다른 그룹의 직접조상이 아니며, 그들 모두가 세포성 공통조상[혹은 돌연변이율이 매우 높았으며, 유전자들을 서로 자유롭게 교환할 수 있었던 태곳적의 세포군집 — 고세포의 개체군(Woese, 1998a)]에서 유래했을지도 모른다. 이를 뒷받침하는 증거로서 이 세 분류군들은 비슷한 DNA 복제방식(새로운 염기들이 분자의 3′ 말단에서 추가되는 것), 공통의 유전암호, 비슷한 단백질 합성방식, 많은 비슷한 물질대사과정, 비슷한 세포막의 구조, 분자의 막투과 기작(**능동수송**) 등의 공통점들을 갖는다. 예를 들면, **그림 8-9**는 조상형의 생물이 해당과정, 크랩스회로, 우레아회로 등에 관여하는 효소들을 가졌을 것으로 추정한다. 이와 같은 과정들에 필요한 효소들은 매우 정확해야 하기 때문에, 세포의 유전물질로서 보다 적은 돌연변이율을 가지는 DNA가 RNA를 이미 교체했었을 것이다.

그러나 후속과정에 대해서는 아직 의견이 분분하다. 유연관계의 추정이 어려운 이유는 그들의 기원이 너무 오래된 것과 한

[5] 16*S* rRNA는 리보좀에서의 단백질 합성에 필수적이며, 5*S* rRNA나 마찬가지로 수많은 생물에서 비슷하게 보전되어 있는 부분들이 많다. 원핵생물의 16*S* rRNA는 진핵생물의 16*S* rRNA와 상동관계에 있으며, 이들을 통칭하여 SSU rRNA(small subunit ribosomal RNA)라 한다.

표 8-2 진정세균, 고세균, 진핵생물의 16*S* 리보좀 RNA를 구성하는 일부 염기서열들의 유무와 빈도수

	백분율		
염기서열[a]	진정세균	고세균	진핵생물
CYUAAYACAUG	83	0	0
AYUAAG	1	62	100
ACUCCUACG	97	0	0
CCCUACG	0	97	0
ACNUCYANG	0	0	100
YYUAAAG	3	97	0
AUACCCYG	93	3	0
CAACCYUYR	91	0	0
CCCCG	0	100	0
UCCCUG	0	97	100
AUCACCUC	91	100	0

[a] R은 퓨린인 아데닌과 구아닌 중 하나를 표시하고, Y는 피리미딘인 우라실과 시토신 중 하나를 나타낸다. N은 네 가지 염기 중 어느 하나를 나타낸다.

출처: Woese, C. R. 1985. Why study evolutionary relationships among bacteria? *In Evolution of Prokaryotes,* Schleifer, K. H. and E. Stackebrandt(eds.). Academic Press, London, United Kingdom.에서 축약

생물의 DNA가 다른 생물로 이동하는 현상인 **수평유전자전달**의 결과로 생긴 혼돈 때문이다.[6] 이 세 분류군간의 유연관계를 기원이 불분명한 뿌리가 없는 계통수(unrooted tree)로 종종 나타내기도 한다(그림 8–7). 비록 그 "뿌리" 부분과 일부 가지부분이 불확실하지만(Pennisi, 1998), 일반적인 유연관계에 대해서는 어느 정도 추정해 볼 수 있다. 분자생물학적 연구 결과에 따르면, 최소한 진핵생물이 진정세균보다는 고세균에 가깝다는 것을 알게 되었다(Rowlands et al., 1994).

진핵세포에서 소기관의 진화

진핵세포의 미토콘드리아와 엽록체의 기원에 관한 정보들이 축적되어 왔다. 가장 호응을 많이 받고 있는 가설은 원핵생물이 세포질에 물리적으로 유입되어 진화하게 되었다는 것이다(Max Taylor가 처음으로, 그 후 Stanier와 Margulis 등이 주장). 이 이론에 의하면, 조상형인 혐기성 진핵생물에서 경직된 세포벽이 없어지면서 새롭게 진화한 유연한 세포막을 통하여 거대 분자 덩어리를 섭식할 수 있는 **엔도시토시스**(endocytosis) 능력을 획득하였다. 필라멘트와 미세소관(microtubles)으로 구성된 세포골격을 통하여 세포의 모양을 유지하게 되었고, 분자모터와 연계하여 세포가 움직이거나 모양을 변화시킬 수 있게 되었다. 이 변형능력은 원핵세포와 같은 거대 물질의 엔도시토시스, 즉 식세포운동(phagocytosis)으로 발전하는 데 큰 도움이 되었을 것이다.

유연한 외피를 갖게 되면서 일부 진핵생물의 계통은 포식성이 되었으며, 포식의 효율성이 증가하는 방향, 즉 크기, 움직임, 포획력, 소화력이 증대되는 쪽으로 자연선택이 이루어지게 되었을 것이다. 이들이 포획했던 원핵생물 중에는 **산화적 인산화반응**(oxidative phosphorylation) 능력을 지닌, 박테리아와 비슷한 호기성 생물 또는 광합성능을 가진 남세균들이 있었을 것이다. 따라서 언제부터인가 포획된 광합성 또는 호기성 원핵생물들과 공생관계를 획득한 것으로 추정된다는 것이다. 이와 같은 공생관계는 현재도 자주 찾아볼 수 있다(**그림 8–10**).

한 가지 이론에 의하면, 진핵생물들이 최초에는 물질대사의 효율성과 포식능력을 향상시키기 위하여 미토콘드리아와 비슷한 호기성 박테리아와 공생관계를 갖게 되었다고 한다. 나중에 이들 중 한 두 계통은 광합성 남세균과 공생하게 되었고, 이들이 다양한 조류와 식물들로 진화하게 되었다는 것이다(**그림 8–11**). 비록 진핵 조류가 또다시 다른 진핵생물에 의해 합쳐진 예(**2차 공생**)가 이런 해석을 상당히 복잡하게 하지만, 이 두 가지 공생관계를 갖게된 진핵 숙주생물들은 공생관계를 갖지 않는 생물들보다 진화적으로 매우 성공하게 되었다.

미토콘드리아와 엽록체가 독립적인 유전물질(DNA)을 지닌다는 것이, 이들이 공생관계로부터 기원했다는 설을 뒷받침해 주는 증거이다. 숙주의 세포질 내에 소기관 DNA가 존재함으로써, 돌연변이에 의해 서로 달라진 소기관 게놈 간의 바람직하지 않은 경쟁을 초래하여, 기능적으로 우수한 소기관이 우수하지 않지만 생식력이 강한 소기관으로 교체될 수 있다. 이 문제는 **단위생식**을 통해서 소기관의 유전적 다양성을 제한함으로써 해결된 듯하다. 즉 미토콘드리아나 엽록체는 한쪽 양친(주로 암컷)을 통해서만 후세에 전달된다(단위유전).

내부공생설을 지지해 주는 추가적인 증거들로, 리보솜의 크기, 항생제에 대한 민감도, 염기서열 등에 있어서 숙주보다는 원핵생물에 좀 더 가깝다는 것을 들 수 있다. 이 같은 유사성들은 민물에 서식하는 원생동물인 *Reclinomonas*에서 뚜렷하게 관찰된다. 이들의 미토콘드리아는 여태까지 알려진 어떤 종보다도 많은 수의 유전자를 지니며, 유전자의 유실이 일어난 고등생물의 미토콘드리아에 비해 원시적인 형태로 생각된다. *Reclinomonas americana*의 strain ATCC의 미토콘드리아 게놈은 97개 유전자를 코딩하는 69,034개의 염기를 갖고 있다. 반면 대부분의 미토콘

[6] 고세균의 기원에 관해서는 Woese의 다양한 논문들을, 진핵생물에서 원핵생물로의 유전자평행이동에 관해서는 Poole et al.(1998), 원색생물에서 진핵생물로의 이동은 Cavalier-Smith(1993, 2004)를 참조.

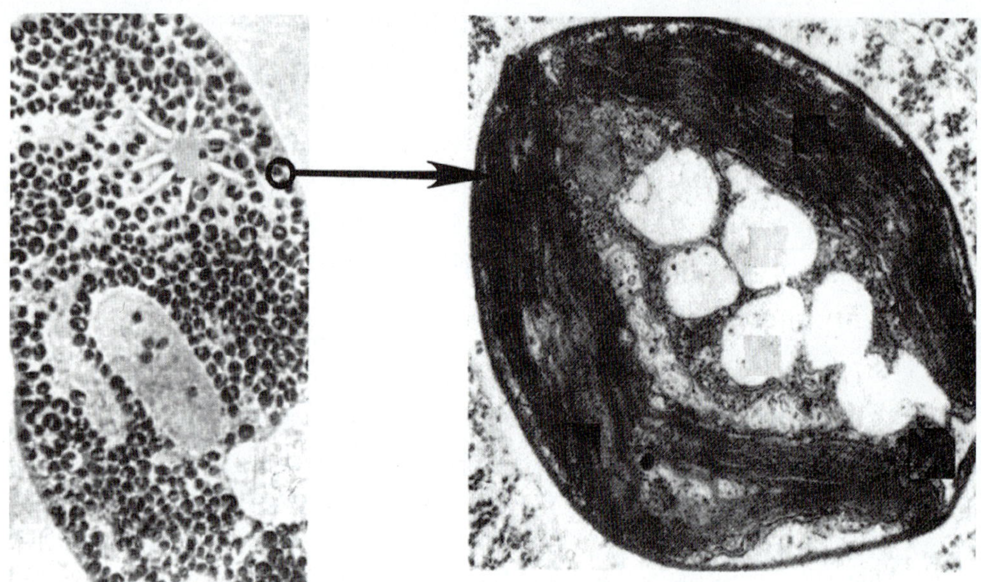

그림 8-10 진핵생물과 광합성 소기관들의 공생관계. 섬모충류인 *Paramecium bursaria*(왼쪽)는 수백 개의 공생조류(오른쪽)들을 갖고 있으며, 이들은 세포 밖에서도 배양이 가능하다. (Lynn Margulis, 1993. *Symbiosis in Cell Evolution*, New York: W. H. Freeman. 허락하에 재인쇄.)

드리아는 약 1/4 정도인 18에서 30개의 유전자 코드만을 갖고 있다. Anderson et al. (1998)에 의하면 *Reclinomonas*의 미토콘드리아에 남아 있는 유전자들은 티푸스를 일으키는 세포내부기 생성인 *Rickettsia prowazekii*와 놀라울 정도로 비슷하다고 하였다. 따라서 어떤 호기성 리케차의 조상이 진핵세포에 기생하다가 미토콘드리아가 되었다고 설명할 수 있다.

현재 미토콘드리아와 엽록체가 원핵성의 내부공생자로부터 기원(1차 공생)했다는 증거는 명백한 것 같다(그림 8-11). 일부 진핵조류가 원핵생물이 아닌 진핵생물로부터 2차 내부공생을 통해 엽록체를 획득했으리라는 증거도 있다. 이와 같이 엽록체를 가진 진핵생물의 2차적인 통합은 일부 기생성 원생동물의 내부에 조류에서 기원한 세포들이 존재하는 것으로 설명할 수 있다.[7]

일단 진핵세포질에 유합된 후, 이 공생 소기관들은 많은 유전자들을 진핵세포의 핵으로 전이시킨다. 또한 숙주의 핵에서 대신해 줄 수 있는 해당과정이나 아미노산 합성 등에 관련된 유전자들이 소실되기도 하였다. 이 같은 유전자의 이전이나 소실은 많은 소기관에서 각각 이 유전자들을 갖는 것보다 배수체의 숙주의 핵에서 한 쌍의 유전자만을 복제해 나아가는 것이 더 유리하기 때문에 가능하였을 것이다. 어떤 세포들은 엄청나게 많은 수의 소기관들을 가지므로(인간의 어떤 세포에는 8,000개 이상의 미토콘드리아, 일부 식물의 세포에는 더 많은 수의 엽록체), 소실이나 전이를 통하여 유전자 숫자를 감소시키는 것이 선택적으로 매우 유리했을 것이다. 핵의 유전자 중에서 공생 소기관의 단백질들을 코딩하는 많은 유전자들이 확인되었다(Gillham, 1994). 이 단백질들은 전형적인 세포질내 해독과정에 의해 합성되며, "신호"와 "운송" 펩티드를 이용하여 해당하는 소기관으로 이동된다.

핵

진핵세포의 핵 또한 내부공생에 의해서 기원하였다는 가설들이 있으나, 그 증거가 얼마나 명백한가? 핵의 게놈은 모자이크로서 많은 유전자는 고세균의 것과, 또 많은 유전자는 진정세균의 것과 유사하다.

Lake와 Rivera(1994)는 핵막은 포획된 원핵세포에서 유래했으며, 이 세포에서 일부 유전물질까지 유합되었을 것이라고 추정하였다. Gupta et al. (1994)은 DNA 염기서열 분석을 통하여 이 견해를 뒷받침하는 증거를 제시하였다. 원시적인 진핵생물인 *Giardia*(그림 8-7)의 소포체 유전자는 어떤 종류의 그람음성세균과 매우 유사하다.[8] 실제로 진핵세포의 이중막으로 된 소포체는 핵막과 연결되어 있는데(그림 7-1), 이 연구자들은 진핵생물이 고세균과 그람음성세균과의 접합을 통하여 형성되었을 것이라고 추정하였다. 좀 더 구체적으로 말하면, 고세균은 수소와 이산화탄소를 배출하는 그람음성세균과의 공생을 통하여 에너지와 탄소를 얻을 수 있다 — 진핵생물에서 흔한 **수소발생소포**(hydrogenosome)라는 소기관의 조상형. 현재 비슷한 공생관계가 수소발생소포를 갖는 진핵생물에서 확인되며, 이 소기관은 미토콘드리아와 기원은 같으나, 매우 다른 혐기성 에너지대사를 한다. 다른 미생물학자들은 "고세균"과 "진정세균"의 것과 비슷한 유전자들이 혼재하는 것은 한번의 극적인 세포접합에 의한 것이 아니라, 내부공

[7] 1차 또는 2차 내부공생에 관해서는 Gray(1993), Gray et al. (1999, 2001), Archibald와 Keeling(2002), Burger et al. (2004)을 참조.

[8] 이 연구에서 분석된 유전자는 대부분의 생물에서 발견되는 일련의 hsp 70이라고 하는 열충격 단백질을 발현하며, 이 단백질은 다른 단백질들을 세포 내에서 이동시켜 주는 안내자 역할을 한다.

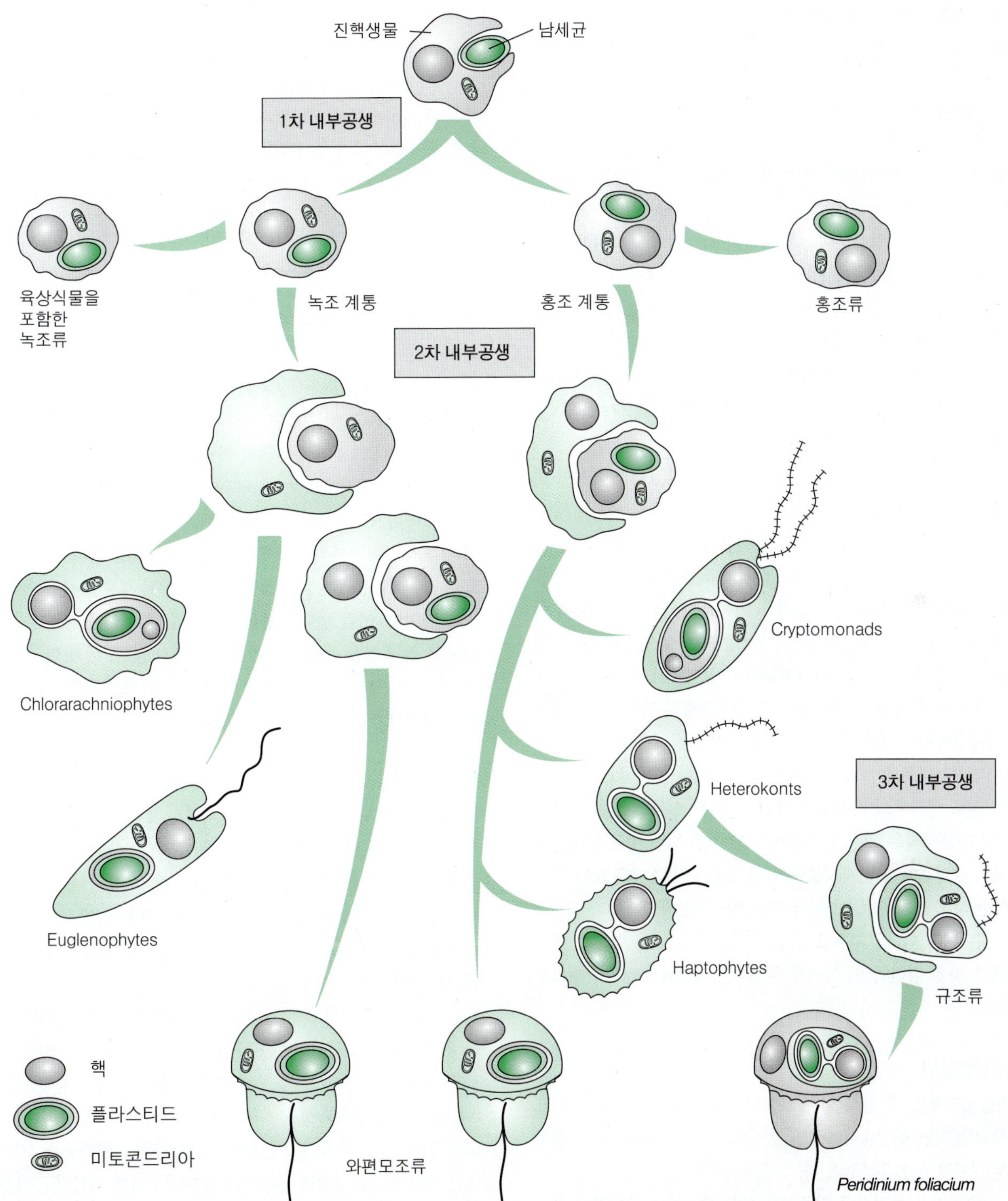

그림 8-11 조류, 육상식물, dinoflagellate, cryptomonada의 다양한 계통에서의 1차, 2차, 3차 내부공생 및 소기관의 진화. 본문에서 고찰한 대로, 각 계통간의 유전자 평행이동 때문에 소기관 진화의 계통수를 추정하는 것이 힘들다. (Cracraft, J. and M. J. Donoghue(eds), 2004. *Assembling the Tree of Life*. Oxford University Press, Oxford, United Kingdom.에서 각색)

생체와 포획된 생물로부터 여러 번의 유전자 수평이동에 의한 결과로 추정하기도 한다.[9]

■ 물질대사

세포 내의 단백질과 핵산의 합성이 진화하고 위에서 기술한 생물들이 출현하려면, 각 단계별 화합물과 각종 중합체들이 합성되면서 화학적 에너지가 사용되는 생화학적 과정이 선택되어야 한다. 현재 이와 같은 생화학적 선택의 결과는 흔히 관찰할 수 있다. 세포내 물질대사는 일어나는 시기와 장소가 고도로 조직화되어 있어서 각 과정이 매우 정확한 수순에 의하여 진행된다. 더구나, 서로 다른 대사과정들은 정확하게 연계되고 조절되어야만 한 과정의 산물(예를 들면, ATP)이 다음의 과정에 정확하게 사용될 수 있는 것이다.

태곳적의 연계되어 있지 않은 물질대사과정들의 화석이 존재할 수 없으므로, 세포가 생겨나기 이전 혹은 초기 세포내 물질대사에 대한 직접적인 증거는 확보할 수 없다. 그러나 다른 두 가지 부류의 증거가 있을 수 있다. 첫째, 비교생화학적인 연구를 통하여 대사작용의 진화를 어느 정도 이해할 수 있다는 것이다. 즉 서로 다른 생물체가 공유하는 대사과정 또는 순서를 찾은 후, 이 공통적인 과정이 관련된 생물체들의 조상형에서 존재했던 것으로 간주하는 것이다. 이 접근방식은 대사과정의 진화라는 맥락에서 아래쪽에서 논의할 것이다. 두 번째 접근 방식으로서, 전체 유전자 염기서열들의 계통적인 역사를 확인하는 것이며, 이는 지구상의 최초 생명체의 특성을 이해할 수 있는 설득력 있는 방법이다. 이 접근방식은 12장에서 고찰하였다. 세 번째 접근방식은 생물체의 유연관계를 분자생물학적 및 형태학적 증거를 토대로 작성하는 것에 기초하며, 이 역시 12장에서 고찰하였다.

수십 억 년 전 최초로 생명이 기원했을 때는 혐기성 환경이었던 것을 감안하여, 혐기성 물질대사과정에서부터 살펴보도록 한다.

혐기성대사

혐기성 해당과정, 즉 산소 없이 포도당이 분해되는 과정은 아마도 가장 기본적인 물질대사과정일 것이며, 모든 생물들이 이 과정의 부분 부분들을 공유하고 있다.

이와 같은 보편성은 현존하는 모든 생물들이 단당류를 분해하여 에너지를 얻기 때문일 것이다. **종속영양생물**의 경우에는 단당류나 단당류로 분해될 수 있는 영양분을 다른 생물로부터 취하며, **독립영양생물**들은 주로 이산화탄소의 환원을 통하여 영양분을 직접 만든다.

위 두 유형의 생물에서 해당과정은 포도당 또는 포도당으로 전환될 수 있는 물질(예를 들면, 설탕, 지방, 지방산 등)로부터 직접 시작된다. **엠덴-마이어호프**(Embden-Meyerhof) 해당과정은 피루브산(pyruvate)에 이르면 **세포내 에너지의 매개체인 ATP에 있는 2개의 고에너지 인산결합을 형성한다**(그림 8-12).

$$C_6H_{12}O_6 + 2ADP + 2P_i + 2NAD^+ \rightarrow$$
$$2C_3H_4O_3 + 2ATP + 2NADH + 2H^+ + 2H_2O$$

이 반응들 중에서 단 두 반응만이 ATP를 생성시키므로 다른 과정들은 준비단계라고 할 수 있다. 전 과정의 길이는 너무 확장되어 있는 듯이 보이며, 심지어는 비경제적이기까지 하다. 이 중에서 일부 과정은 과거에 있었던 에너지대사의 과정을 반복하는 것일지도 모른다. 예를 들면, 오래전에는 글리세르알데히드(glyceraldehyde)나 그것이 인산화된 형태의 작은 분자들을 직접 이용할 수 있었을지도 모르며, 이 경우에 불과 몇 단계의 상대적으로 간단한 에너지 대사가 이루어 질 수 있다. 이런 분자들이 고갈되어 상대적으로 구하기 쉬웠던 고분자화합물들을 글리세르알데히드로 전환시키는 반응과정에서 좀 더 확장된 경로를 사용하게 되었을 것이다. 이런 방식을 통하여, 새로운 생물들은 복잡한 물질대사의 전 과정을 새롭게 진화시킬 필요가 없이, 단지 한두 개의 효소들을 더하거나 변형시키면서 새로운 단계를 추가시키면 되었을 것이다.[10]

퇴행진화(Retrograde Evolution)

Horowitz(1945)는 필요한 분자가 서서히 고갈됨에 따라 다른 대체화합물을 이용하기 위해 생화학 반응경로가 길어졌을 것이라는 가설을 최초로 제기하였다. 과학자들은 이 과정을 퇴행진화(retrograde 또는 backward evolution)라고 하며, 궁극적으로 아미노산과 같은 화합물을 합성하는 생화학 경로의 다양한 중간단계의 기원이 될 수 있었다고 믿고 있다.

예를 들면, **그림 8-13**에 정리되어 있듯이, A가 세포의 기능을 위해 필수적인 물질이며, B가 A의 전구물질, 또 C가 B의 전구물질이라고 가정하자. A가 주변 환경에 많은 상태에서 생물체가 A를 합성하는 반응과정을 가질 필요가 없을 것이다. 그러나 A가 고갈되면서 전구물질인 B를 A로 전환시키는 촉매반응을 가지는 것은 선택적으로 상당히 유리하게 된다(효소 1에 의한다고 가정). 마찬가지로, B가 고갈되어 가는 상태에서는 전구물질 C를 B로 전환하는 반응이 선택적으로 진화할 수 있다는 것이다(효소 2). 이 같은 방식으로 물질대사의 연쇄적인 반응들이 형성될 수 있다는 것이다. 즉 효소 1, 2, 3의 순으로(간단한 전구물질들로부터 복잡한 분자가 합성되는 촉매반응 경로의 역순으로) 한 단계씩이

[9] 수소발생소포에 관해서는 Martin와 Müller(1998)를, 유전자평행이동에 관해서는 Doolittle(1998)을 참조.

[10] 진핵생물의 운동성의 진화에 대한 시나리오(엠덴-마이어호프 해당과정을 포함)에 관해서는 Margulis et al. (2006)을 참조.

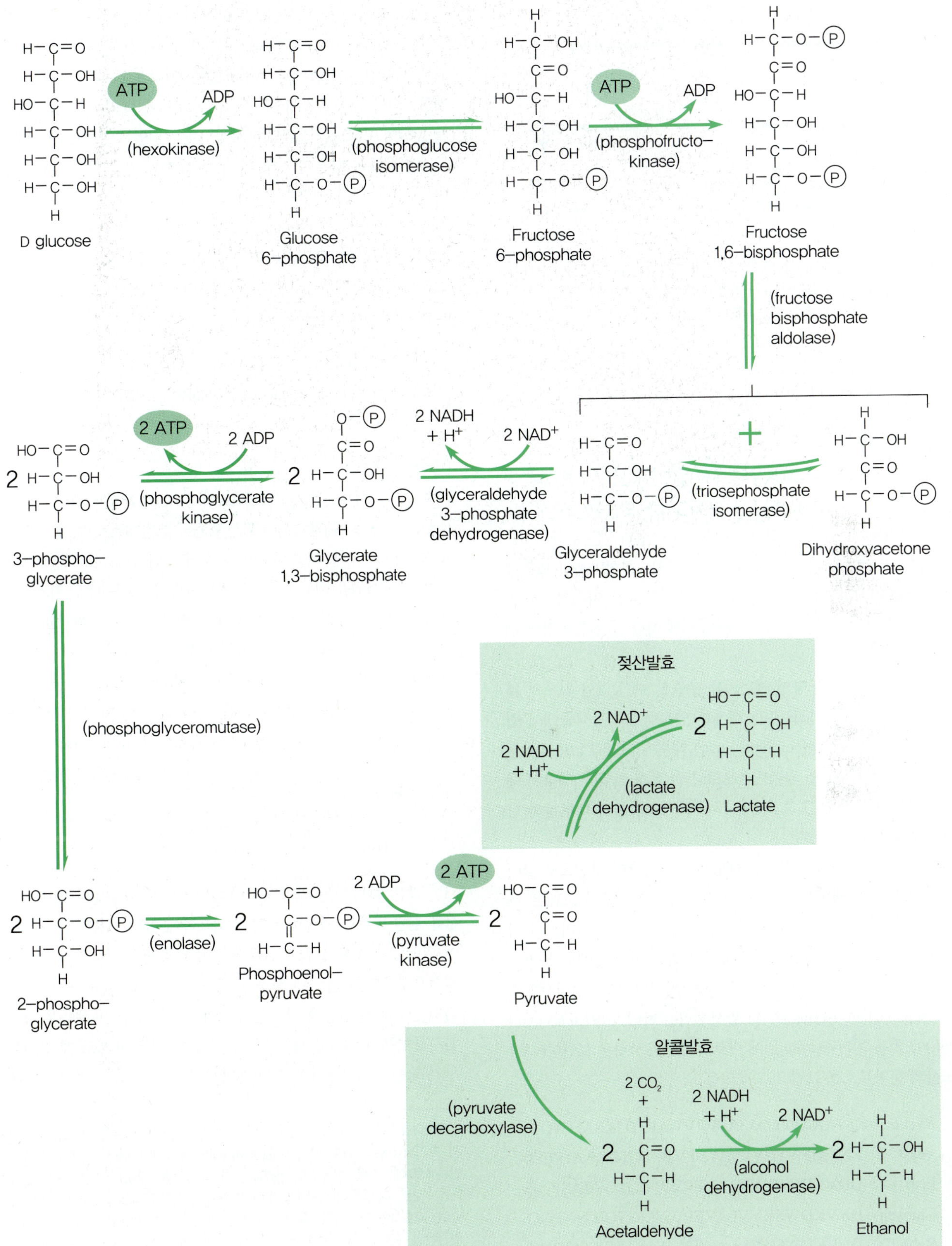

그림 8-12 포도당에서 피루브산에 이르는 혐기성 엠덴-마이어호프(Embden-Meyerhof) 해당과정. 한 분자의 포도당에서 시작하여 두 분자의 ATP를 ADP로 분해하거나 4분자의 ADP를 ATP로 인산화시킨다. P에 동그라미를 친 것은 인산기(H_2PO_3)를 의미하며, 각각의 반응에 필요한 효소들에는 괄호를 쳤다.

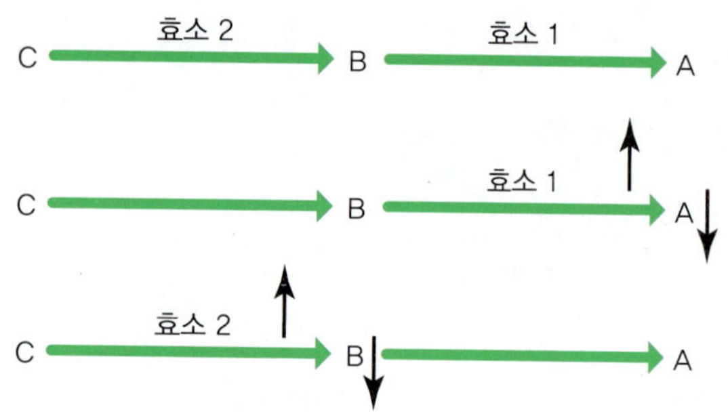

그림 8-13 기존에 존재하는 경로의 변형을 통하여 새로운 물질대사 경로가 진화됨. 생성물 A의 고갈은 효소 1의 자연선택을, 생성물 B의 고갈은 효소 2의 자연선택을 유도한다. 상세한 내용은 본문을 참조.

진화될 수 있다는 것이다.

변화의 법칙

순서적인 과정들은 화합물들의 유사성과 상호전환성 때문에 진화된 것 같다. 이는 해당과정의 각 단계들의 단순한 변화경로들을 보면 명확하게 알 수 있다. 즉 생화학적인 과정은 무작위적으로 생겨난 것이 아니라, 선택의 대상이 되는 화학반응의 법칙에 따른다는 것이다. 일단 어떤 반응과정이 진화하면, 지속적으로 일어나는 화학적 문제점을 극복하는 능력에 따라 그 반응과정이 선택될 확률이 크다.

예를 들면, **포도당**이 에너지를 추출할 수 있었던 최초의 분자가 아니었을지는 모르지만, 현재는 안정적이고 동식물에서 쉽게 얻을 수 있는 설탕(common sugar) 때문에 **해당**과정이 대부분의 생물에서 필수적인 화학반응으로 자리 잡게 되었다. 따라서 해당과정에 관여하는 각 효소들은 모든 다세포동물과 대부분의 단세포동물에서 확인된다.

한 가지 재미있는 사실은 해당과정이 정반대 방향으로 일어나는 포도당의 생합성에도 7가지 해당과정 효소들이 그대로 쓰인다는 것이다. 더구나 대부분의 해당과정 효소들의 아미노산 서열이 지난 10억 년 이상을 분지하여 진화한 생물 간에도 놀라울 정도로 비슷하다는 것이다. 예를 들면, 삼탄당인산이성질화효소(triosephosphate isomerase)의 활성부위는 박테리아(*Escherichia coli*)에서 옥수수(*Zea mays*)에 이르기까지 유사성을 보인다(아미노산의 문자부호는 그림 7-2에 있음).

E. coli	QGAAAFEGAVIAYEPVWAIGTGKSATPAQ
Yeast	EEVKDWTNVVVAYEPVWAIGTGLAATPED
Fish	DDVKDWSKVVLAYEPVWAIGTGKTASPQQ
Chicken	DNVKDWSKVVLAYEPVWAIGTGKTATPQQ
Rabbit	DNVKDWSKVVLAYEPVWAIGTGKTATPQQ
Corn	EKIKDWSNVVVATEPVWAIGTGKVATPAQ

서로 다른 기원을 가진 수많은 아미노산 서열들이 우연히 비슷하게 배열되었을 리는 없기 때문에, 이 생물들의 공통조상에서 원시적인 효소의 서열이 존재하였었을 것이다. 그 후 분지된 많은 계통에서도 같은 효소기능(해당과정의 필수단계)의 지속적인 선택을 통하여 아미노산 서열의 유사성이 유지되었을 것으로 생각된다.

학자들은 다른 혐기성 대사과정들도 대기가 거의 무산소 상태였던 태곳적에 기원했을 것으로 추측하고 있다. 그 한 예가 포도당-6-인산(glucose-6-phosphate)을 바로 피루브산과 같은 3탄당으로 전환시켜 엠덴-마이어호프 과정의 초기 단계를 우회하지만, 한 분자의 ATP만을 만들어 내는 반응인 엔트너-듀도로프(Entner-Doudoroff) 과정이다.

$$\text{Glucose} + 2\text{NAD}^+ + \text{ADP} + \text{P}_i \rightarrow$$
$$2\text{ pyruvate} + 2\text{NADPH} + \text{ATP}$$

산화–환원

어떻게 혐기성 대사과정이 진화했던 간에, 생물들은 결국 기질로 사용할 수 있는 환원된 탄소화합물들이 고갈되는 상황에 봉착하게 되었을 것이다. 따라서 CO_2와 같이 보다 단순하고 쉽게 얻을 수 있는 탄소원을 이용할 수 있다면, 진화적으로는 매우 획기적인 장점이 되었을 것이다. 그러나 CO_2는 전자와 수소를 제공하는 과정을 통해 환원되거나 고정되어야 효과적으로 이용할 수 있다. 아마도 H_2, H_2S, NH_3 등이 이 목적에 부합하는 환원화합물이었을 것이다. 초기의 생물들은 효소작용을 통하여 이 무기화합물들을 분해하였을 것이다(예를 들면, 수소화효소–hydrogenase). 이 과정에서 전자와 수소가 유리되어 에너지와 탄화수소를 합성하는데 사용될 수 있다.[11]

$$H_2(S) \xrightarrow{\text{Hydrogenase}} 2H^+ + 2e^- + (S)$$

많은 학자들은 위와 같은 많은 초기의 반응들이 연속적인 **산화–환원** 반응을 가능하게 하는 세포막에 있는 효소체계를 통하여 일어났을 것으로 믿고 있다. 즉, 이 효소체계는 산화형에서 환원형으로 전환되는 수용체들에 의해 전자가 받아들여지는 연속적인 산화환원 반응을 가능하게 한다. 이런 전자수용체들은 다시 전자공여체의 역할을 하여 전자를 이 연쇄반응 체계로 계속 진행시켜 최종 전자수용체에 까지 전달시킨다. 이 반응에 관여하는 운

[11] 수소화효소(hydrogenase)에 의한 모델과 비슷한 결과를 얻을 수 있는 모델로서, 초기의 생물이 황화수소에서 황철광(pyrite, FeS_2)이 만들어지는 다음과 같은 반응으로 에너지를 얻을 수도 있었을 것이라고 하였다. $FeS + H_2S \rightarrow FeS_2 + 2H^+ + 2e^-$. 여기에 이어지는 유기물들의 반응은 아마도 황철광 표면에서 일어났으며, 기초적인 대사과정들을 형성하였을 것이라는 설이다(글상자 6-3). 그러나 황철광의 표면에서 복잡한 반응들이 생겨나기 힘들다는 이유로 많은 반대 의견이 제시되었다. 그럼에도 불구하고 광석의 표면에서는 아미노산과 핵산의 중합이 일어나기 용이하기 때문에 이 이론은 분자유전학의 연구에서 중요 시 되고 있다.

반체 중 페레독신(ferredoxins)으로 알려진 철분을 함유하는 폴리펩티드가 있다(**그림 8-14**). 이들은 적절히 작은 크기이며, 자연계에 널리 존재하기 때문에 포피린(porphyrins)과 함께 최초의 세포 내 산화-환원제였을 것으로 생각되고 있다.

현재는 시토크롬과 같은 다른 운반체들이 관여되어 있는 전자전달계에서 산화-환원 반응과정에서 유리되는 에너지를 사용하여, 양성자를 세포막으로 통과시킨 결과 **양성자구배**(proton gradient, **그림 8-15**)를 형성하게 된다. 이 구배의 위치에너지는 ADP를 ATP로 **인산화**시키면서 화학에너지로 전환된다. 엠덴-마이어호프 과정을 통한 전체적인 이득은 결국 2개의 고에너지 인산결합을 획득하는 것이다. 또한 조효소 NAD^+는 NADH로 환원되며, 이 NADH는 수소와 전자를 공여하여 젖산이나 에탄올을 형성하는 반응을 통하여 다시 NAD^+로 전환된다.

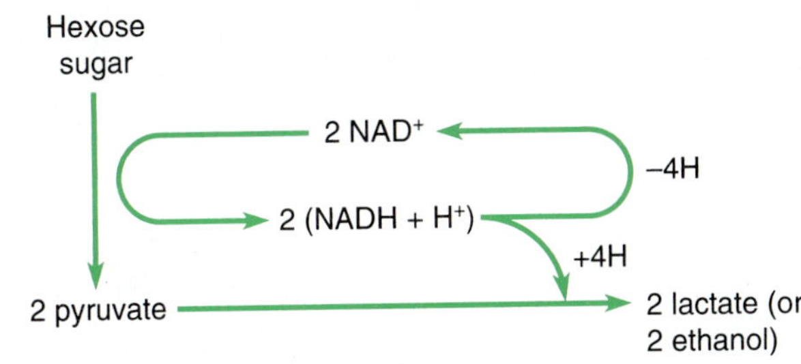

1 ... 28
A Ala-Phe-Val-Ile- Asn-Asp-Ser-Cys-Val-Ser-Cys-Gly-Ala-Cys-Ala-Gly-Glu-Cys-Pro-Val-Ser-Ala-Ile-Thr-Gin-Gly-Asp-Thr-
B Ala-Leu-Tyr-Ile- Thr-Glu-Glu-Cys-Thr-Tyr-Cys-Gly-Ala-Cys-Glu-Pro-Glu-Cys-Pro-Val-Thr-Ala-Ile-Ser-Ala-Gly-Asp-Asp-
C Ala-Leu-Met-Ile- Thr-Asp-Gin-Cys-Ala-Asn-Cys-Asn-Val-Cys-Gin-Pro-Glu-Cys-Pro-Asn-Gly-Ala-Ile-Ser-Gin-Gly-Asp-Glu-
D — Pro-Ile-Gin- Val-Asp-Asn-Cys-Met-Ala-Cys-Gin-Ala-Cys-Ile-Asn-Glu-Cys-Pro-Val-Asp-Val-Phe-Gin-Met-Asp-Glu-Gin-

29 ... 55
A Gin-Phe-Val-Ile-Asp-Ala-Asp-Thr-Cys-Ile-Asp-Cys-Gly-Asn-Cys-Ala-Asn-Val-Cys-Pro-Val-Gly-Ala-Pro-Asn-Gin-Glu
B Ile-Tyr-Val-Ile-Asp-Ala-Asn-Thr-Cys-Asn-Glu-Cys-Ala Ala-Cys-Val-Ala-Val-Cys-Pro-Ala-Glu-Cys-Ile-Val-Gin-Gly (60)
Gly Leu-Asp Glu-Gin
C Thr-Tyr-Val-Ile-Glu-Pro-Ser-Leu-Cys-Thr-Glu-Cys-Val Asp-Cys-Val-Glu-Val-Cys-Pro-Ile-Lys-Asp-Pro-Ser-His-Glu-...-Gly (81)
Val-Cys
Gly-His-Tyr-Glu-Thr-Ser-Glu
D Gly-Asp-Lys-Ala-Val-Asn-Ile-Pro-Asn-Ser-Asn-Leu-Asp-Asp-Glu-Cys-Val-Glu-Ala-Ile-Gin-Ser-Cys-Pro-Ala-Ala-Ile-Arg-Ser (56)
(a)

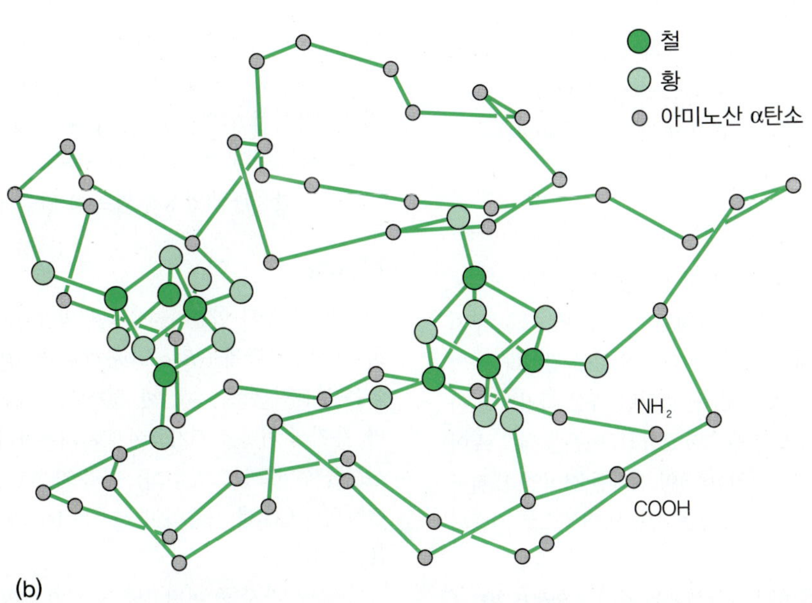

그림 8-14 (a) 세균 4종의 페레독신 아미노산 서열. A, *Clostridium butyricum*, 혐기성 발효세균; B, *Chlorobium limicola*, 녹색 광합성세균; C, *Chromatium vinosum*, 자색 광합성세균; D, *Desulfovibrio gigas*, 황-환원 세균. (Hall, D. O. et al., 1977). 이 서열의 전반부와(1-28번까지) 후반부에 상당한 유사성이 있는 것을 발견한 Eck and Dayhoff(1966)는 이 단백질이 복제에 의하여 기원하였을 것으로 추정하였다. (b) X-선 분석에 의해 추정된 *Peptococcus aerogenes* 페레독신 분자의 입체구조. 2개의 비슷한 찌그러진 육면체 구조를 볼 수 있는데, 각 구조는 (a)에서 사각형으로 칠해 놓은 시스테인 잔기의 황결합에 의해 지지되는 4개의 철 원자가 포함되어 있다. (다음 문헌을 따름: Adman, E. T., L. C. Sieker, and L. H. Jensen, 1973. The structure of a bacterial ferredoxin, *J. Biol. Chem.*, **248**, 3987-3996.)

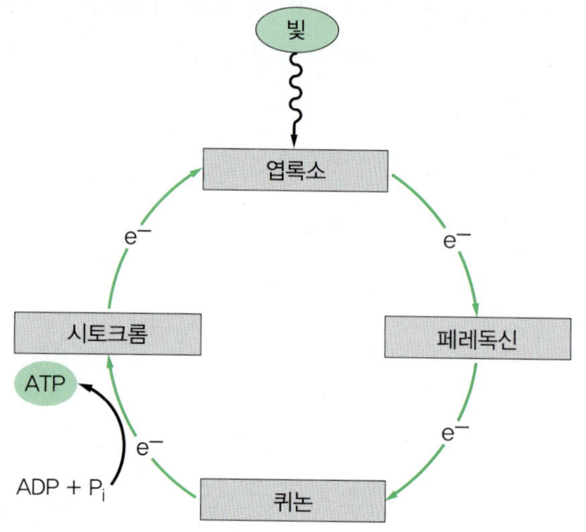

그림 8-15 순환적 광인산화반응의 모식도. 들뜬 엽록소 분자가 전자를 전자 수용체인 페레독신이 있는 음전극 쪽으로 밀어낸다. 전자는 퀴논이나 다양한 시토크롬 색소단백질을 포함하는 전자운반체를 통하여 다시 양극을 띠는 엽록체 쪽으로 돌아오게 된다. 양전극 쪽으로 전자를 전달하는 동안에 막을 따라 양성자구배가 생기며, 이 구배는 ADP가 ATP로 인산화되는 데 필요한 에너지를 공급하게 된다(그림 8-12를 참조).

해당과정 동안 형성된 중간물질들이 아미노산과 핵산을 합성하는 기질로도 사용될 수 있기 때문에 실제 과정은 위에 도식한 것 보다 더 복잡하다. 예를 들면, 3-phosphoglycerate는 Serin, Glycine 혹은 Cystein 아미노산이나, 퓨린염기를 합성하는 데 필요한 기질로도 사용될 수 있다. 이 장에 실려 있는 그림들을 보면, 다양한 카르복실 산들은 실제로는 양성자화된 형태(HO−C=O 혹은 COOH)이나 양성자화되어 있지 않은 것처럼($^{-}$O−C=O 혹은 COO^{-}) 명명되어 있다(예를 들면, pyruvic acid = pyruvate).

광합성

초기의 생물들이 전자전달계를 이용하게 됨으로써 많은 이득을 얻게 되었으나, 아직도 필수적인 에너지원으로 유기물 또는 무기물들이 존재하는 지역에 국한되어 서식하고 있었을 것이다. 아마도 이 같은 **환경의존성에서 탈피**할 수 있었던 가장 획기적인 사건은 포피린(porphyrins)이 광을 흡수하면서 H^+이온을 막으로 이동시켜 ATP를 형성하는 기작(광인산화)이 진화된 것이었다. 결국은 이 포피린과 비슷한 분자가 나중에는 감광성 반응으로 선택되지 않았나 생각된다.

비록 다양한 원핵생물들의 광합성에는 감광성 **양성자 펌프**로서 막횡단 단백질인 bacteriorhodopsin이 사용되지만, 현재 대부분의 광합성기작은 포피린에서 유래된 **엽록소**를 통하여 일어난다. Woese et al.(1985)은 5개의 주요 진정세균 분류군[그람양성세균(gram-positive), 자색세균(purple), 녹색황세균(green sulfur), 녹색무황세균(green nonsulfur), 남세균(cyanobacteria)]에 광합성을 하는 종들이 포함되어 있는 것을 근거로 현존하는 모든 박테리아들은 광합성을 하는 공통 조상에서 유래하였을 가능성을 제시하였다.

다른 포피린들과 마찬가지로, 엽록소 역시 안정된 분자구조를 가지지만, 단일결합과 이중결합이 다른 자리를 차지하고 있는 다양한 공명체들(resonance forms)로 구성되어 있다(**그림 8-16**). 이 공명구조를 통하여 엽록소는 빛에너지를 받아들이는 동시에, 다른 비슷한 분자로 에너지를 전달하거나 다른 파장의 빛에너지를 흡수하는 카로티노이드와 같은 분자들로부터 에너지를 전달받기도 한다.

태곳적에 유래된 것으로 생각되는 광합성 과정은 순환적 광합성 회로로 생각되며, 이는 광감성 엽록소가 빛을 받아 들뜨게 되면 전자가 다른 전자전달체로 이동해가는 식으로 이루어진다(그림 8-16; Knoll, 2003). 진화 초기단계에서는 이 시스템은 원시세포의 막에 결합한 후, 광에너지를 이미 존재하고 있던(ADP를 ATP로 전환할 수 있는) 시스템에 연계하였을 것이다. 이 새롭게 연계된 시스템을 통하여 생물은 포도당과 같은 에너지원이 없는 곳에서도 ATP를 생산하여 물질대사에 쓸 수 있게 된 것이다.

이와 같은 시스템 중 하나는 ATP가 ADP로 전환되면서 방출되는 에너지를 이용하여 양자(H^+)를 세포 밖으로 수송함으로써 세포 내부의 산도를 낮추는 기능을 갖는 막의 복합체에서 기원했을 것으로 추정된다. 혐기성 산화-환원효소들과 전자전달에 관여하는 구성요소들을 막에 부착함으로써, ATP → ADP 반응을 반전시킬 수 있는 시스템이 진화할 수 있는 여건이 조성되었을 것으로 생각된다. 즉 세포 내로 양자가 다시 들어가면서 얻는 에너지를 이용하여 ATP 형성과정이 진화되었을 수 있다는 것이다. 엽록소에서는 이와 같은 막의 요소들이 빛에 의하여 양성자 구배를 형성하는 반응과정(**양성자 펌프**)을 만들어 낸다.

탄소원

종속영양생물과 마찬가지로 독립영양생물에서도 탄소원은 중요하다. 자색무황세균(*Rhodospirillum*)과 같은 일부 광인산화세균들은 부분적으로는 복잡한 유기물을 탄소원으로 사용하고 있으며, 유기성 기질을 전자공여체로 사용하기도 한다(예를 들면, 숙신산을 푸마르산으로 산화). 반면 자색황세균(*Chromatium*) 등은 전적으로 CO_2를 사용하며 전자를 H_2S와 같은 무기물로부터 얻을 수 있다.

위 두 가지 중 어떤 것이 먼저였는지는 확실치 않지만, CO_2를 탄소원으로 삼는 능력 때문에 초기의 광합성생물은 그 분포구역을 확산시킬 수 있었을 것이다. 실제로 CO_2를 환원시키는 일반적인 과정인 **캘빈회로**는 거의 대부분의 광합성생물에서 확인된다. **그림 8-17**에서 볼 수 있듯이, 한 번의 회로가 돌 때마다 한 분자의 이산화탄소가 흡수되며, 각 CO_2 분자가 흡수될 때마다 리불로즈 2인산(ribulose bisphoshate) 1 분자가 재생된다. 한 분자의 포도당이 합성되려면 회로가 6바퀴 돌아야 하며 전체 반응은 다음과 같이 요약될 수 있다.

$$6CO_2 + 18ATP + 12NADPH + 12H^+ \rightarrow$$
$$glucose + 18ADP + 18P_i + 12NADP^+$$

어디서나 얻을 수 있는 CO_2와 광에너지를 사용할 수 있는 이점에도 불구하고, 초기의 광합성생물은 H_2S 등의 화합물을 수소원으로 사용했기 때문에 그 분포구역이 제한되어 있었을 것이다. 이 같은 상황은 현존하는 일부 광합성생물(자색과 녹색황세균)에서도 찾아 볼 수 있다.

$$2H_2S + CO_2 \xrightarrow{light} \underset{carbohydrate}{(CH_2O)} + H_2O + 2S$$

결국 광합성과정이 진화하여 물에서 전자를 추출할 수 있게 되면서 생물분포의 대혁신이 일어나게 되었다. 이 반응과정은 현존하는 광합성생물에서는 전자를 전달하는 약간 다른 단백질 반응중심을 가지는 2개의 엽록소 시스템(비순환적 광합성)에서 일어나는데, 이는 아마도 두 가지의 광합성 세균의 유전자 평행이동을 통해 기원하였을 것으로 추정된다. **그림 8-18**에서 볼 수 있듯이, 제2광계에서는 물을 산화하여 전자, 수소이온, 산소로 분해한다.

$$2H_2O \rightarrow 4e^- + 4H^+ + O_2 \uparrow$$

이 2개의 광계(제1, 제2광계)는 현재 고도로 특수화된 광합성 막(틸라코이드)에 위치하며, 틸라코이드는 남세균에서 그리고 식물과 진핵조류의 엽록체에서 발견된다. 이 두 광계의 결합은 이산화탄소를 효과적으로 제거함으로써 호기성 대기로의 전환을 촉진했다고 할 수 있다.

산소

광합성과정에서 전자와 수소공여체로 물을 사용할 수 있게 되었다는 것은 엄청나게 중요한 의미를 갖는다. 즉, 반응결과 발생하는 산소가 대기에 축적되면서 새롭게 형성된 산화성의 유산소환경은 과거의 환원적인 환경과는 화학적으로 매우 다르다는 것이다. 광합성에 의하여 산소가 얼마나 빠르게 대기에 축적되었는지는 아직 모르지만, 남아프리카의 불라와얀(Bulawayan)의 30억 년 전 석회암 및 부싯돌 지층에서는 남세균으로 추정되는 화석이 발견되었으며, 오스트레일리아 와라우나(Warrawoona)의 35억 년 전 지층에서는 섬유상의 세포가 발견되었다(**그림 8-19**).

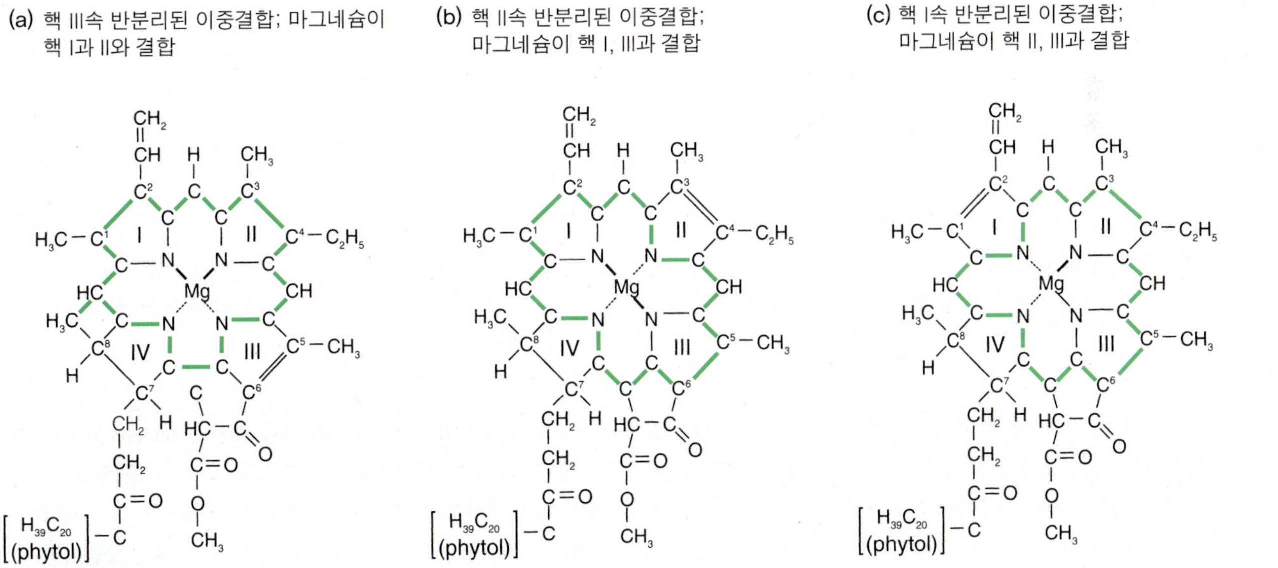

(a) 핵 III속 반분리된 이중결합; 마그네슘이 핵 I과 II와 결합

(b) 핵 II속 반분리된 이중결합; 마그네슘이 핵 I, III과 결합

(c) 핵 I속 반분리된 이중결합; 마그네슘이 핵 II, III과 결합

그림 8-16 이중결합과 단일결합이 고리 시스템(C^1–C^8)에서 자리를 바꾸며(채색한 선을 따라서) 안정성을 보이는 세 가지의 엽록체 공명구조. 공명할 수 있는 능력을 통하여 엽록체는 임시로 고전자에너지를 흡수할 수 있는데, 이는 적절한 파장의 빛을 받아 전자가 들뜨거나, 카로테노이드, 피코빌린, 플라빈 등의 다른 색소로부터 전자를 전달받음으로써 이루어 질 수 있다. 엽록체는 이와 같은 에너지를 광합성과정에 쓰이는 다른 분자들로 다시 전달할 수 있다.(Wald, G. 1974. Fitness in the universe: Choices and necessities. I n Cosmochemical Evolution and the Origins of Life, J. Oro, S. L. Miller, C. Ponnamperuma, and R. S. Young(eds.). D. Reidel, Dordrecht, N etherlands, pp 7-27에서 인용)

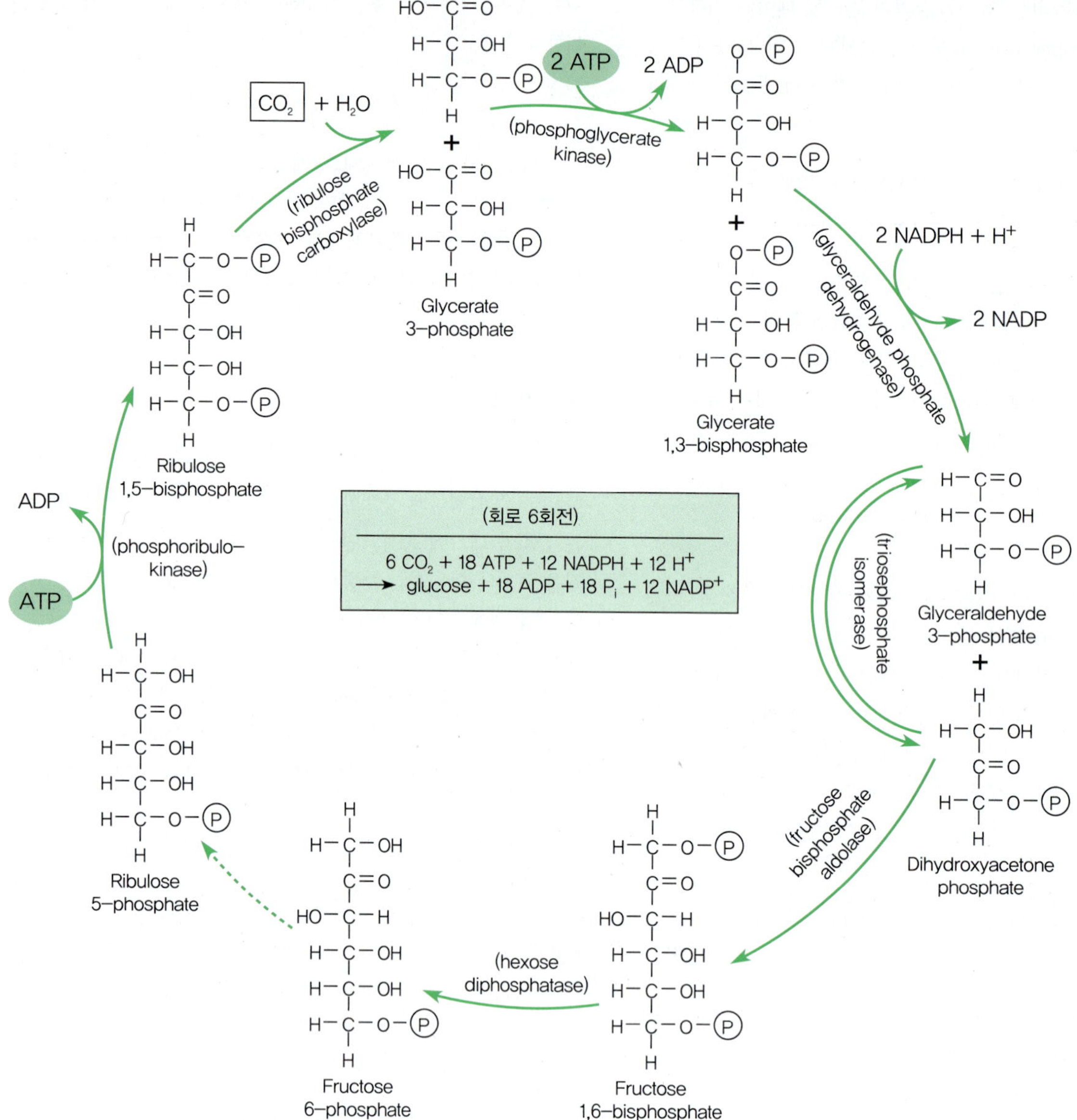

그림 8-17 광합성생물에서 이산화탄소를 고정하는 대사과정인 캘빈회로의 간단한 모식도. 이 반응은 광합성에서 형성된 NADPH의 환원력과 ATP에 의존하여 일어난다. ($NADP^+$는 조효소 NADP의 산화로 생성되며, NADPH는 환원형이다.) Glyceraldehyde 3-phosphate와 ribulose 5-phosphate의 사이에는 실제로 많은 반응과정이 있으나, 여기서는 2개의 산물만을 표시하였다(fructose 1,6-bisphosphate와 fructose 6-phosphate).

약 20억 년 전까지는 대기의 산소밀도가 현재의 1% 정도였으며, 그 후 광합성 생물들이 증가하면서 서서히 현재의 21%에 이르게 되었다고 과학자들은 추정하고 있다(5장). 아무튼 산소의 증가를 통하여 호기성 물질대사과정을 이용할 수 있는 많은 종류의 생물들이 진화하였을 것이다. 결국 캄브리아기를 전후하여 산소 밀도가 급격히 증가하면서 수많은 대형의 호기성 다세포생물들이 빠르게 진화하였던 것으로 믿어진다(15장).

산소는 반응성이 매우 높아서 다른 유기물들을 빠르게 "태워(산화시켜)"버리기 때문에, 산소성 대기에서 세포 내에 비타민 E와 K 그리고 카로틴 같은 **항산화제**(antioxidant compounds)를 증가시키는 것은 선택적 이점이 되었을 것이다(**그림 8-20**). 흥미롭게도, 발광박테리아와 같은 현존생물은 진화 초기의 것으로 생각되는 산소를 해독하는(detoxify) 방식, 즉 산화반응을 한곳에 집중시켜 형광을 발산하는 방식을 사용한다. 이런 생물들은 산화반응에 의해 과산화물을 형성한 후에, 이를 루시페라제(luciferase)와 반응시켜 유기산과 물을 형성하는 동시에 형광을 발산하는 것이다.

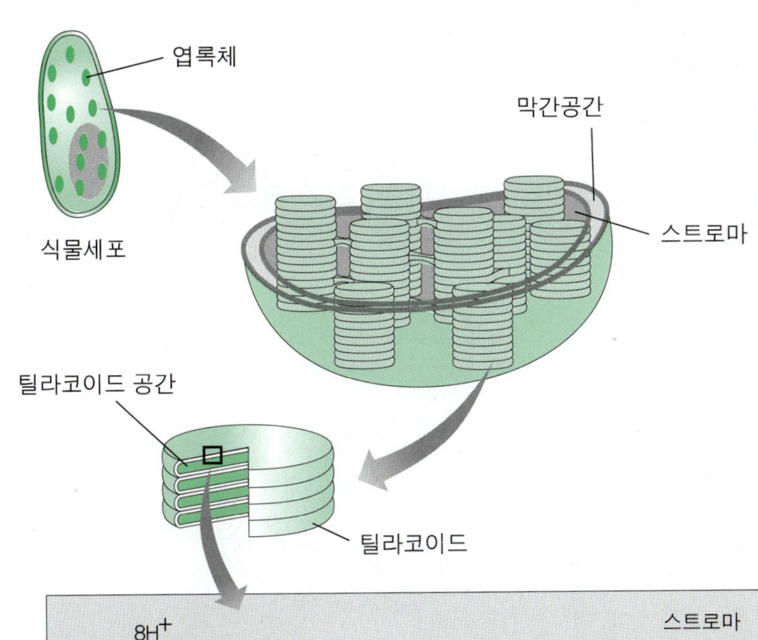

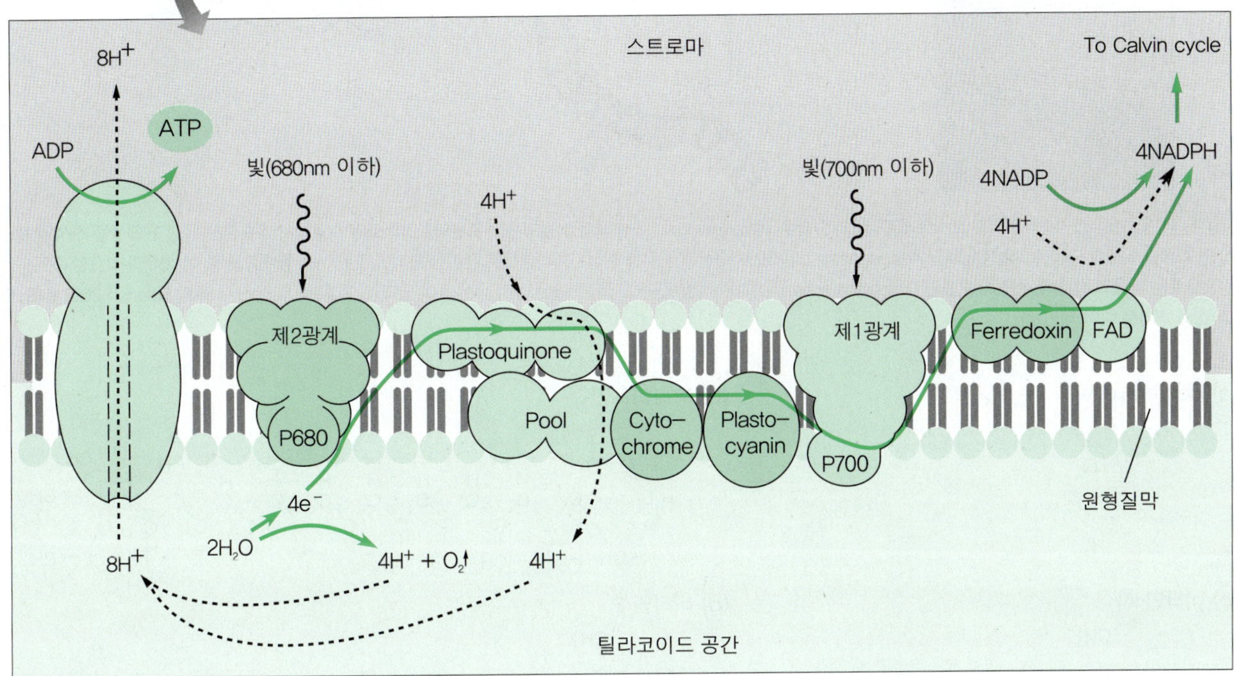

그림 8-18 물에서 얻은 전자를 전자수용체인 $NADP^+$로 전달하는 비순환적 전자전달과정의 모식도. 제1, 제2광계는 각각 다른 파장의 빛에 민감하여 높은 에너지 수준까지 활성화될 수 있으므로 전자가 연쇄적으로 전달될 수 있는 것이다. 제2광계로부터의 전자의 이동은 제1광계에서 $NADP^+$로 전자를 잃은 것을 상쇄한다. 순환적 광인산화반응과 마찬가지로 전자의 흐름을 통하여 양성자구배를 조성함으로써, ADP가 ATP로 인산화 되는 데 필요한 에너지를 공급한다. 이는 틸라코이드 막구조에서 ATP 합성효소인 ATPase가 양성자 펌프의 역할을 하여, 막을 통하여 틸라코이드 구획으로 흘러들어오는 H^+ 이온의 구배로부터 에너지를 얻어낸다(화학삼투). 두 광계의 일반적인 위치와 일부 전자전달 단백질도 이 그림에 표시되어 있다. 실선은 전자의 이동경로를 표시한 것이며, 점선은 H^+ 이온의 경로를 표시한 것이다. (막의 경로는 다음에서 인용함: Wolfe, S. L., 1981. *Biology of Cell*, 2d ed. Wadsworth, Belmont, CA.; Zubay, G., 1988. *Biochemistry*, 2d ed. Macmillan, New York. 다음 문헌을 참조할 것: Barber, J., and B. Andersson, 1994. Revealing the blueprint of photosynthesis. *Nature*, **370**, 31–34.)

■ 호기성 물질대사

대기에 산소가 축적됨으로써 생물의 물질대사에 변화가 일어나게 되었는데, 그중 가장 획기적인 것은 혐기성 반응에서보다 월등하게 많은 에너지를 형성할 수 있는 유기호흡과정의 진화일 것이다(**글상자 8-4**). 크렙스회로는 **호기성 물질대사**와 연계되어 있지만, 산소분자에 직접적으로 의존하지는 않기 때문에 혐기성 대사에서 기원했던 것으로 생각된다.

크렙스회로 자체는 산소를 쓰지 않지만, 산소가 최종 **전자수용체로 쓰이는 막**에 있는 전자전달계와 연관되어 이 회로가 진화한 것으로 보인다. 이 전자전달 과정에서 피리딘핵산조효소 NAD^+는 전자와 양성자(e^-, H^+)를 다양한 전자운반체로 구성된 호흡연쇄로 전달하며, 여기서는 최종 전자수용체인 산소까지 전달하여 물을 생성한다.

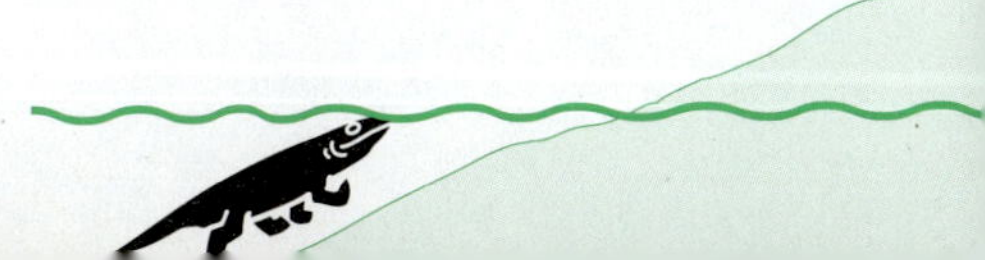

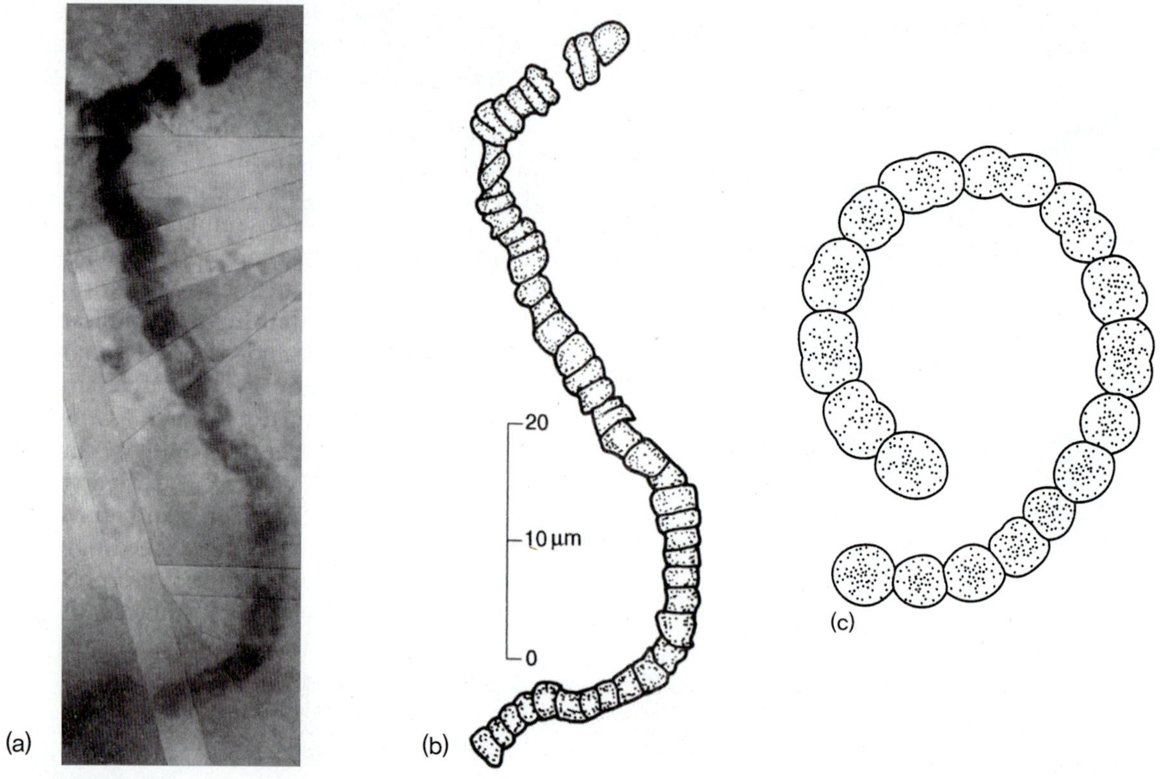

그림 8-19 (a) 35억 년 된 서부 오스트레일리아의 와라우나(Warrawoona) 지층에서 발견되는 스트로마토라이트의 수암에서 추출한 섬유상 원핵생물 화석의 절단면. (b) 이 화석을 복원한 그림. (c) 현생 남세균(*Anabaena* sp.)의 세포로 구성된 섬유를 위상차현미경으로 관찰한 모식도. 현존하는 원핵생물 중 이 화석과 비슷한 구조를 보이는 것으로는 무색의 황-활주세균(예를 들면, *Thioplaca schmidlei*)과 녹색황세균(*Oscillochloris chrysea*) 등이 있다.[J. William Schopf. 1993. *Science* **260**: 640–646. AAAS의 허가를 받아 재인쇄]

(a) Isoprenoid

(b) 베타카로틴

(c) 비타민 A_1

(d) 비타민 E

그림 8-20 이소프레노이드(isoprenoid) 화합물의 예. (a) 기본적인 5-탄소 이소프레노이드 유닛. (b) 베타카로틴(β-carotene), 가시광선 하에서 항산화 작용을 하는 식물성 이소프레노이드. (c) 비타민 A_1 (retinol 1), 동물에만 존재하는 지용성 비타민으로 카로틴이 분해되어 형성. (d) 비타민 E(α-tocopherol), 설치류에서 필수영양소인 식물성 항산화제.

$$O_2 + 4e^- + 4H^+ \rightarrow 2H_2O$$

그림 8-21에서와 같이, 이 전자전달은 전위차에서 형성된 위치에너지를 이용하여 3개의 단계(coupling sites)에서 ADP를 인산화하여 ATP로 전환시킨다.

결국 한 분자의 포도당이 산화적 인산화과정을 포함하는 호기성 산화과정을 거치는 동안에 최대 38분자의 ATP를 형성하게 되는 것이다(혐기성 해당과정에서는 단지 2분자의 ATP를 형성).

$$C_6H_{12}O_6 + 6H_2O + 6O_2 + 38ADP + 38P_i \rightarrow$$

$$6CO_2 + 12H_2O + 38ATP$$

만일 1몰의 ATP(507g)가 ADP로 가수분해될 때 최소 7Kcal의 에너지가 생성된다고 하면, 1몰의 포도당(180g)을 세포 내에서 분해하여 최대 38×7 = 266Kcal의 에너지를 얻을 수 있다는 계산이 나온다. 이는 1몰의 포도당을 공기중에서 연소시켰을 때 얻을 수 있는 687Kcal의 39%에 해당하는 수치이며, 이 수치는 인간이 설계한 내연기관과 대등하거나 높은 효율이다.

오존

산소성 대기는 물질대사에 큰 영향을 주었지만, 성층권에 **오존**(O_3)층을 형성시켜 짧은 파장의 자외선을 차단해 주는 역할도 하였다. 오존은 일반적으로 성층권에서 이가의 산소가 분해되면서 생성되며($O_2 \rightarrow 2O$; $O + O_2 \rightarrow O_3$), 위험한 자외선(대부분의 중간파장 자외선(UVB)과 거의 대부분의 단파장 자외선(UVA))을 차단해 준다. 환구조를 가진 유기물질(예를 들면, 핵산)이 자외선을 받게 되면 구조가 분해되거나 변형되기 때문에 생물의 치사율을 높인다. 따라서 오존층은 생물체가 해양의 표면이나 육지에서 생존할 수 있게 했던 매우 중요한 요소였던 것이다. 그러나 세포 내에서는 생물학적으로 파괴적인 산화제이기도 하다.

Feelish와 Martin(1995)은 원시대기에 풍부하였던 일산화질소(NO)가 오존의 산화작용을 저해하는 역할을 하기 때문에 최초의 항산화제로서 역할을 하였을 것으로 추정하였다. 또한 일산화질소가 세포내 대사계에 진입한 다음에는 혈관확장(vasodilation), 내분비, 신경신호전달 등에 차차 관여하게 되었다고 하였다. 불행하게도 현재 일산화질소는 자동차 배기가스나 공장 매연에서 많이 나오는 공해물질이며, 오존층을 감소시키는 역할을 한다.

진핵생물의 진화

막과 소기관들이 어떻게 기원되었는지는 잘 모르지만, 늦어도 15억 년 전에는 진핵생물이 출현하게 되었고 화석화되기도 하였다. 이들과 35억 년 전에 출현한 원핵생물 사이에는 20억 년의 오랜 간격(**그림 8-5**)이 있으며, 이는 세포의 구조와 기능에 많은 근본적인 변화들이 일어나는 데 그 만큼의 기간이 걸린다는 것을 시사해 주고 있다(*coadaptive mutations*). 원핵생물이 지배하는 세상에서 오랜 생존경쟁을 통하여 살아 남았을 것이다. 이들은 상대적으로 대형이며 복잡하기 때문에, 일반적인 원핵생물보다는 훨씬 많은 유전물질(DNA)을 지녔을 것이다. 따라서 한군데 씩의 복제 시발점을 가지는 1개 이상의 원형 DNA를 복제하고 조절하는 것은 상당히 어려웠을 것이고, 이에 따라 여러 개의 복제 시발점을 가짐으로써 신속하게 복제될 수 있는 선형 염색체들로 분할되었을 것이다.

원핵생물에서는 복제된 염색체가 신장되는 세포막에 부착되어 분리되나, 진핵생물에서는 미세소관으로 된 세포골격을 통하여 핵 염색체들을 분리하게 된다. 즉, 각각의 복잡한 복수의 진핵 염색체는 **중심체**(centromere 혹은 kinetochore)를 갖는데, 이것이 미세소관의 네트워크로 된 방추사에 연결되어 세포분열시 양극으로 미끄러지듯 이동한다. 우리는 아직 진핵세포에서 어떤 경로를 통하여 염색체의 구조와 세포분열이 기원하였는지 정확히 모르며, 이에 대한 몇몇 가설이 존재한다(예를 들면, Cavalier-Smith, 1985).

감수분열(meiosis)은 거의 모든 진핵생물의 주요 상위분류군에서 관찰되며, 단성생식을 하는 다세포 진핵생물들도 양성을 가진 것들에서 유래한 것을 볼 때, 감수분열은 **유사분열**이 진화된 직후에 바로 생겨났을 것으로 생각된다. 양성생식의 유리한 점과 수정이 일어나기 전에 염색체의 숫자를 반감시켜야 할 필요성에 대해서는 10장과 13장에 설명되어 있다.

비록 초기의 진핵생물은 모두가 단세포성 혹은 필라멘트를 형성하고 있었지만(그림 8-4), 그들이 어떤 원생생물에 근연관계를 갖는지는 확실치 않다. 따라서 이들을 "acritarchs"(그리스어 akritos, 미결이라는 뜻)라 칭한다. 현재 우리는 최소 10억 년 전에 매우 소형의 다세포 생물이 단세포 원생생물에서 진화하였을 것이라고는 생각하지만, 현생이언의 초기인 캄브리아기 직전에서야 육안으로 식별할 수 있으며, 몇 가지 세포형 또는 조직을 가진 대형 다세포생물이 나타나기 시작하였다. 이어서 5억 4천5 백만 년 전 캄브리아기 초에는 매우 다양한 형태를 가지며 화석화되기 쉬운 다세포 무척추동물이 돌연히 출현하게 된다. 약 1억 년 정도의 기간 동안 다양한 동물의 문들이 화석기록에 나타나는 폭발적인 적응방산이 일어났던 것이다. 진화생물학자들은 이들의 기원과 유연관계에 대하여 중점적으로 연구를 해 왔다.

그러나 위에서 기술한 현상에 대하여 논하기 전에 이 같은 진화의 원동력이 되었던 유전기작들에 대하여 이해하는 것이 중요하다. 즉 **생물체 간의 유전적 변이성의 기원과 세대에 걸친 전달과정**에 대해 이해하여야 한다. 어떤 종류의 유전적 변이성이 있나? 이 변이성의 원인은 무엇이며, 어떻게 다음 세대에 전달되는가? 다음 장에서는 이 주제에 대하여 간략하게 논의하겠다.

주요 용어

감수분열(meiosis)
고세균(Archaebacteria)
공생체(symbiont)
능동수송(active transport)
독립영양의(autotrophic)
물질대사(metabolism)
분할유전자(split genes)
산화적 인산화(oxidative phosphorylation)
소기관(organelles)
수암(cherts)
수평 유전자 전달(horizontal gene transfer)
스트로마토라이트(stromatolites)
양성자구배(proton gradient)
양성자 펌프(proton pump)
엑손(exons)
엔도시토시스(endocytosis)

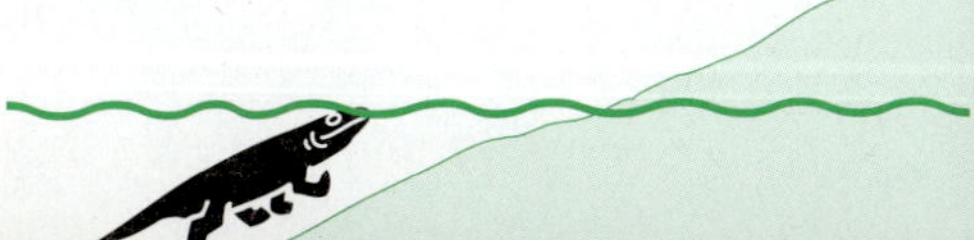

글상자 8-4 크랩스회로

이 물질대사 시스템은 효소반응들의 특수화를 통하여 이루어졌는데, 일련의 효소들이 피루브산을 활성 아세트산 그룹(아세틸조효소 A 또는 이 효소의 진화적 선구물질)으로 전환시킨 후, 이들을 이용하여 회로반응에서 이산화탄소를 형성하는 동시에 수소를 방출하는 과정이다.

$$CH_3COOH-\text{coenzyme A}+2H_2O \rightarrow 2CO_2+8(e^-+H^+)+\text{coenzyme A}$$

위의 반응과정은 크랩스회로(Krebs cycle), 시트르산회로(citric acid cycle), 또는 트리카르복시산회로(tricarboxylic acid cycle)로 불리며(**그림 8-22**), 회로에서 지속적으로 반응에 필요한 중간산물들이 형성되는 자기촉매(self-catalytic)의 특징을 갖는다(캘빈회로에서도 마찬가지). 예를 들면, 옥살로아세트산(oxaloacetic acid)은 회로가 시작할 때 아세트산과 결합하며 회로의 끝에서는 다시 말산(malic acid)으로부터 재생된다. 따라서 옥살로아세트산은 아세트산 분자를 끊임없이 회로로 받아들이는 역할을 한다.

Weitzman(1985)은 이 회로가 초기의 혐기성 생물에서 2개의 상이한 물질대사 반응계가 동시에 나뉘어서 진화한 것에 기인하였다는 가설을 제시하였다. 한 반응은 다음과 같은 환원반응계이다.

Pyruvate → oxaloacetate → malate → fumarate → succinate→ succinyl-coenzyme A

이 환원반응계에 연계하여 NADH를 NAD^+로 산화시키는 반응이 일어나 해당과정에서 ATP 생성을 돕게 된다.

다른 반응계도 피루브산에서 출발하지만 다음과 같은 산화과정이 일어난다.

Pyruvate → acetyl-coenzyme A→ citrate → *cis*-iconotate → *iso*citrate → α-oxoglutarate

이 산화반응계의 가장 중요한 기능은 탄수화물 합성과정에 환원된 핵산(NADH, NADPH)을 제공해 주며, 글루타민(glutamic amino acid)의 전구물질인 α-oxoglutarate와 같은 화합물을 제공해 주는 것이다. 이 2개의 반응계는 남세균이나 무산소 상태에서 배양한 대장균 등에서 아직도 관찰된다.

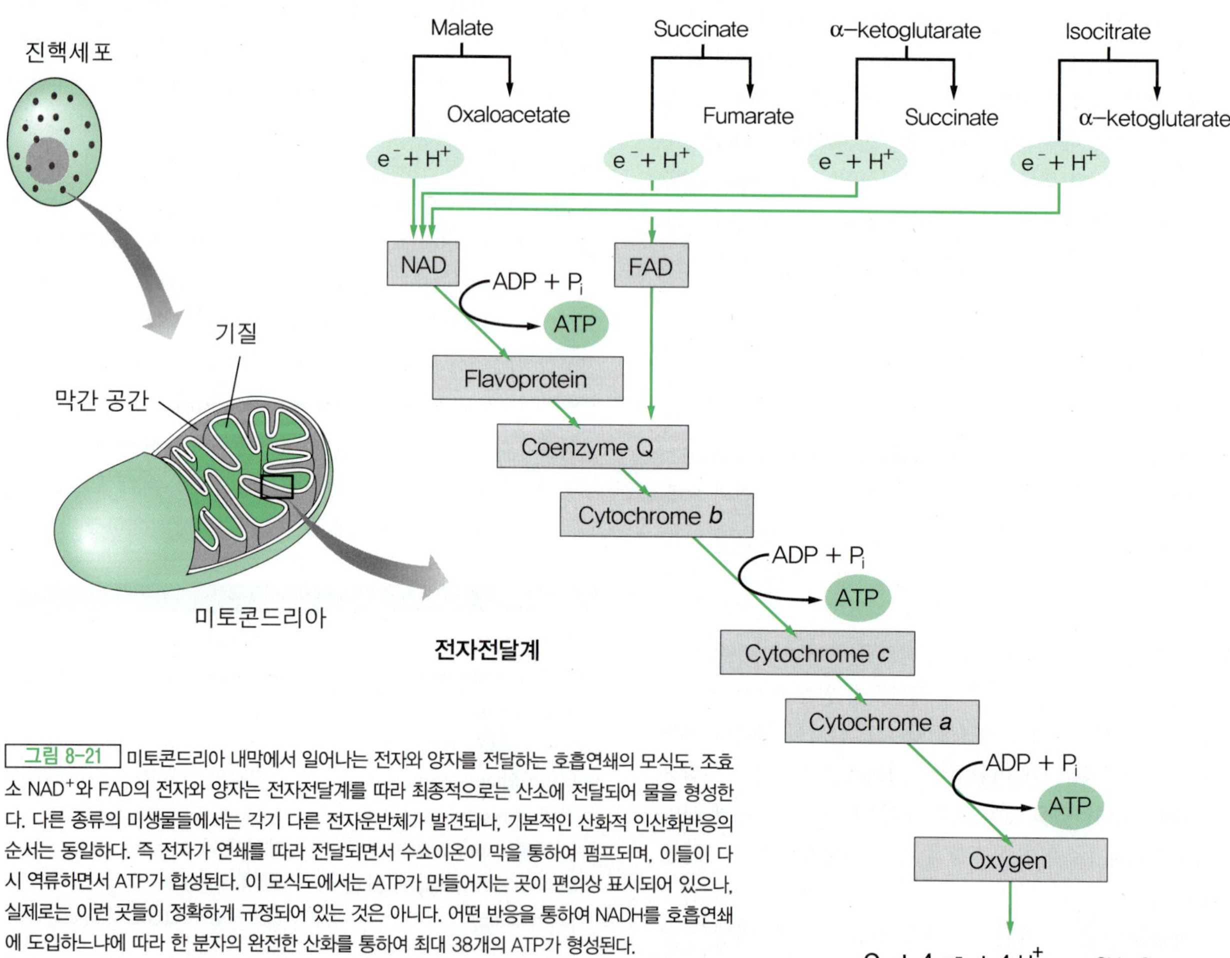

그림 8-21 미토콘드리아 내막에서 일어나는 전자와 양자를 전달하는 호흡연쇄의 모식도. 조효소 NAD^+와 FAD의 전자와 양자는 전자전달계를 따라 최종적으로는 산소에 전달되어 물을 형성한다. 다른 종류의 미생물들에서는 각기 다른 전자운반체가 발견되나, 기본적인 산화적 인산화반응의 순서는 동일하다. 즉 전자가 연쇄를 따라 전달되면서 수소이온이 막을 통하여 펌프되며, 이들이 다시 역류하면서 ATP가 합성된다. 이 모식도에서는 ATP가 만들어지는 곳이 편의상 표시되어 있으나, 실제로는 이런 곳들이 정확하게 규정되어 있는 것은 아니다. 어떤 반응을 통하여 NADH를 호흡연쇄에 도입하느냐에 따라 한 분자의 완전한 산화를 통하여 최대 38개의 ATP가 형성된다.

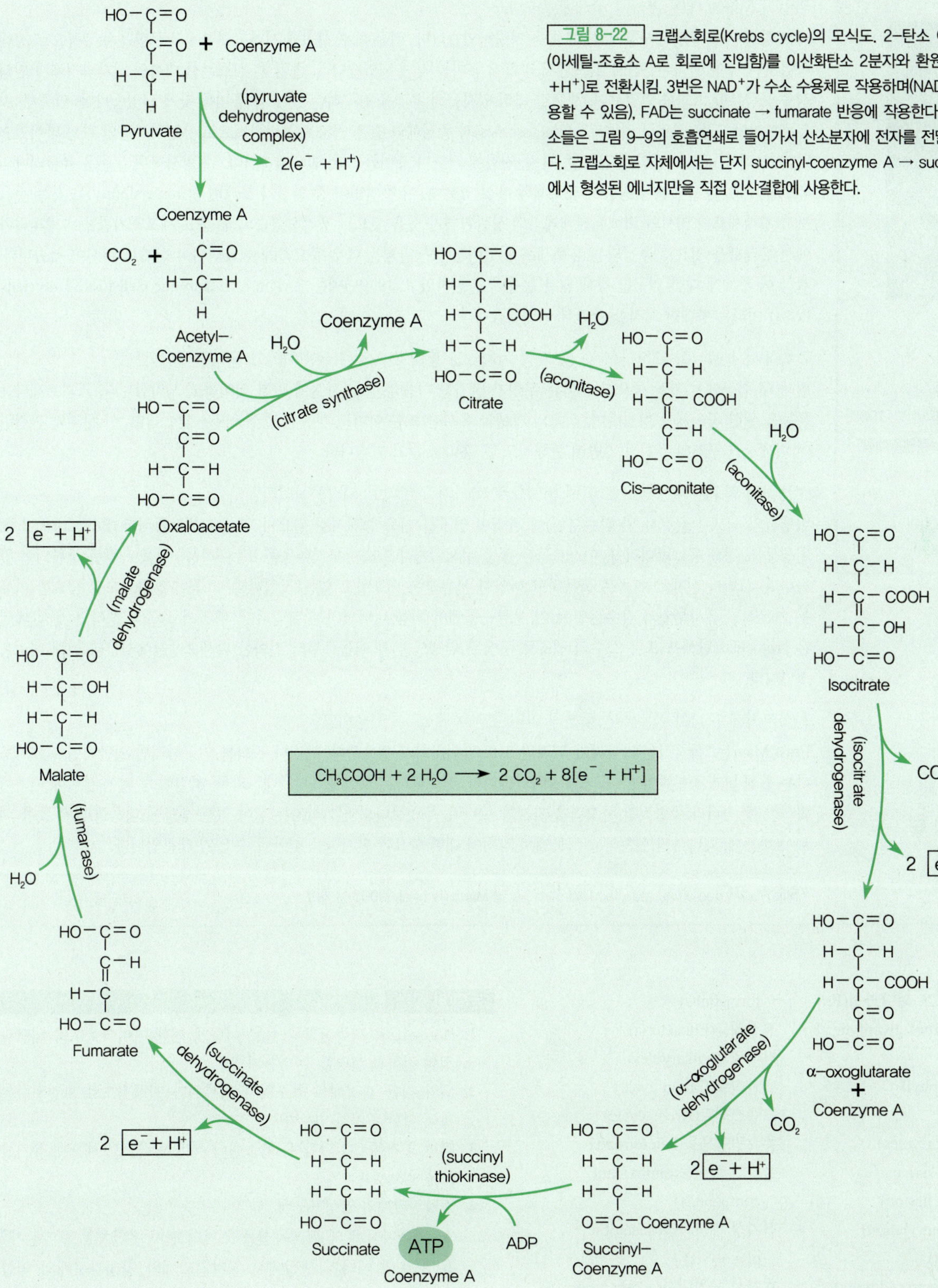

Pyruvate + Coenzyme A
(pyruvate dehydrogenase complex)
$2(e^- + H^+)$
CO_2 + Acetyl-Coenzyme A
H_2O
Coenzyme A
(citrate synthase)
Oxaloacetate
Citrate
H_2O
(aconitase)
Cis-aconitate
H_2O
(aconitase)
Isocitrate
(isocitrate dehydrogenase)
CO_2
$2\ [e^- + H^+]$
α-oxoglutarate + Coenzyme A
(α-oxoglutarate dehydrogenase)
CO_2
$2\ [e^- + H^+]$
Succinyl-Coenzyme A
(succinyl thiokinase)
ADP
ATP
Coenzyme A
Succinate
(succinate dehydrogenase)
$2\ [e^- + H^+]$
Fumarate
H_2O
(fumarase)
Malate
(malate dehydrogenase)
$2\ [e^- + H^+]$
Oxaloacetate

$$CH_3COOH + 2\,H_2O \longrightarrow 2\,CO_2 + 8[e^- + H^+]$$

그림 8-22 크랩스회로(Krebs cycle)의 모식도. 2-탄소 아세테이트 분자(아세틸-조효소 A로 회로에 진입함)를 이산화탄소 2분자와 환원에 쓰이는 $8(e^- + H^+)$로 전환시킴. 3번은 NAD^+가 수소 수용체로 작용하며($NADP^+$도 한번은 작용할 수 있음), FAD는 succinate → fumarate 반응에 작용한다. 이 환원된 조효소들은 그림 9-9의 호흡연쇄로 들어가서 산소분자에 전자를 전달한 후 재산화된다. 크랩스회로 자체에서는 단지 succinyl-coenzyme A → succinic acid 반응에서 형성된 에너지만을 직접 인산결합에 사용한다.

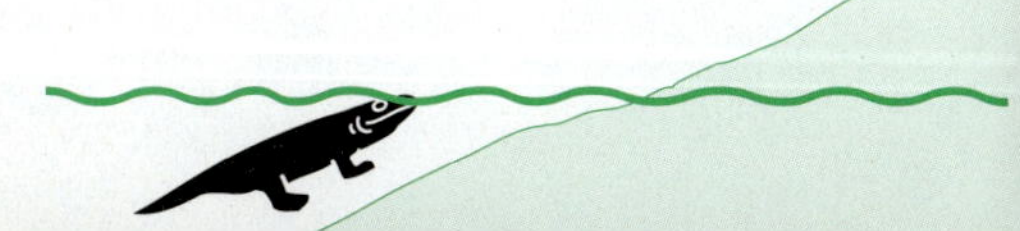

생일: 1938년 3월 5일
출생지: 시카고
학사학위: 시카고대학, 1957
박사학위: 캘리포니아 버클리대학, 1965
박사후 과정: 메사추세츠 브렌델스대학 연구원, 1964–1966
현 직책: Amherst에 소재한 메사추세츠대학의 지구과학과 석좌교수로 재직[12]

Lynn Margulis

무엇이 진화에 대한 관심을 갖게 했습니까?

나는 항상 자연과 생물다양성, 특히 숲을 사랑하였습니다. 비록 학부 시절에 시카고대학에서 문학을 주전공으로 선택하였지만, 추천 과학논문들을 읽으면서 과학에 흥미를 갖게 되었습니다. 졸업 후 위스콘신 대학의 석사과정에서 원생생물을 공부할 기회를 얻었으며, 세포질 내의 입자들의 유전을 탐구하는 것에 큰 흥미를 갖게 되었습니다. 엽록체, 미토콘드리아, 또는 섬모성 키네토솜(kinetosomes)과 중심체와 같은 입자들은 일반적으로 유전학자들의 관심 밖이었습니다. 그러나 나는 그들의 유전양상, 기원, 진화에 관하여 흥미를 느끼게 되었습니다. 내 박사학위 논문은 유글레나의 유도할 수 있는 돌연변이(광합성 색소체의 유실)였는데, 이 돌연변이 중 일부가 불개변성(irreversibility)을 갖는 것을 보고 진핵세포의 역사와 비핵유전체계와의 상관관계가 있을 것으로 생각하였습니다. 중요 세포소기관들이 박테리아에서 유래했을 것으로 추정되는 유핵세포에 있어서 공생관계는 매우 중요하게 취급되어야 한다는 확신이 섰습니다. 결국 이 주제에 대한 연구를 통해 많은 논문을 출판하였고, 1970년에는 "Origin of Eukaryotic Cells(Yale University Press)"이라는 방대한 서적을 출판하게 되었습니다.

과학에서 선생님이 발견하신 것 중 가장 가치있고 흥미로운 것은 무엇이라고 생각하십니까?

현재 내 연구에서 가장 중요한 분야는 우리가 발견한 다음과 같은 사실에 관한 것이라고 생각합니다. 스피로헤타는 운동을 위한 공동체를 형성하며, 섬모의 발생과 유사한 또는 아마도 상동인 발생과정을 갖습니다. 이 문제와 관련하여 미세소관 구조의 유전적 기반에 관해서도 큰 흥미를 갖고 있습니다.

선생님의 연구분야는 앞으로 어떤 방향으로 나아가야 한다고 생각하십니까?

미생물의 세포분열(유사 및 감수분열)에 관하여 연구를 더욱 증진시킬 필요가 있다고 생각합니다. Protoctists(조류, 원생동물, 점균 등), 박테리아, 이스트들은 종종 무시되거나 "작은" 무척추동물 또는 "하등" 식물로 잘못 분류되어 왔습니다. 그러나 실제로 이들은 독특하고 다양한 분류군을 대표하고 있는 것입니다. 그들이 진화적으로 중요한 이유는 기본적인 유사분열과 감수분열이 이 분류군들에서 처음 나타났다는 것입니다. 따라서 그들의 생장과 생식 패턴은 protoctists(단세포 또는 소수의 세포로 구성된 원생생물)와 이들로부터 진화한 다세포생물에서부터 전해 내려온 것입니다.

진화분야에 관심이 있는 학생들에게 어떤 조언을 주실 수 있을까요?

Ernst Mayr는 "독창적인 과학자가 되려면 고도의 전문화가 필요하다. 그러나 진화를 연구하려면 일반적인 전문가보다는 훨씬 넓게 공부해야 한다"라고 말하였습니다. 진화학자는 자연사, 화학, 대기과학, 지질학 등 많은 분야에 대하여 박식할 뿐 아니라 종합적인 사고력을 가져야 합니다. 무엇보다도 진화학자는 살아 있는 생물에 대하여 많은 것을 배워야 하는데, 왜냐하면 현존하는 생물에서 과거에 대한 중요한 단서들을 찾아낼 수 있기 때문입니다.

[12] http://www.geo.umass.edu/faculty/margulis 및 Margulis et al. (2006)을 참조.

엠덴-마이어호프 해당과정(Embden-Meyerhof glycolytic pathway)
엽록소(chlorophyll)
오존(ozone)
원핵생물(prokaryotes)
유사분열(mitosis)
이분법(binary fission)
인산화(phosphorylation)
인트론(introns)
전자공여체(electron donors)
전자수용체(electron acceptors)
줄무늬철광석층(banded iron formations)
진정세균(Eubacteria)
진핵생물(eukaryotes)
캘빈회로(Calvin cycle)
크렙스회로(Krebs cycle)
종속영양생물(heterotroph)
항산화 화합물(antioxidant compounds)
혐기성 해당과정(anaerobic glycolysis)
호기성 물질대사(aerobic metabolism)
환원-산화(reduction-oxidation)

토의 및 질문

1. Horowitz의 퇴행진화 가설로 어떻게 엠덴-마이어호프의 해당과정의 진화를 설명할 수 있는가?
2. 위와 같은 과정에서 효소의 활성부위가 진화적으로 보전된다는 것에 대한 증거가 있는가?
3. 진화 초기에 CO_2와 같은 탄소원이 어떤 방식으로 세포내 유기물로 환원되었는가?
4. 전자전달계와 양성자구배.
   a. 과학자들은 왜 페레독신을 초기의 전자 운반체로 보았는가?
   b. 세포내 에너지 생성에서 전자전달계와 양성자구배의 역할은?
5. 광합성.
   a. 광합성에서 엽록소를 갖는 것에 어떤 이점이 있는가?

b. 순환적과 비순환적 광합성의 차이점은? 이 중 어느 것이 먼저 진화했는가?

c. 광합성과 캘빈회로와의 관계에 대하여 논하라.

d. 비순환적 광합성이 대기의 산소와 오존의 농도에 미친 영향에 대하여 논하라.

e. 세포내 항산화물질에는 어떤 종류들이 있으며, 왜 이들이 선택적 우위를 제공하는지 논하라.

6. 호기성 물질대사

a. Weitzman은 크랩스회로가 어떻게 진화했다고 설명했는가?

b. 크랩스회로와 산화적 인산화반응의 관계는?

c. 혐기성 대사와 호기성 대사의 효율을 비교하라.

7. 스트로마토라이트의 구조가 어떻게 형성되었는지 설명하라. 그들은 얼마나 오래되었는가?

8. 원핵생물과 진핵생물.

a. 원핵생물과 진핵생물의 중요한 차이점에 대하여 논하라.

b. 언제 이들이 기원하였는지 논하라.

c. 분할유전자란 무엇이며, 어떤 기능을 갖는가?

d. 원세균의 개념에 대한 증거가 있는지 논하라.

e. 진핵세포의 소기관의 기원에 대한 가설을 열거하고, 이 중 가장 호응을 많이 받는 가설을 자세히 설명하라.

9. 만일 유전자가 공생 소기관으로부터 진핵생물의 핵으로 전이될 수 있다면, 왜 미토콘드리아에 아직도 유전자들이 존재하는지 논하라.

10. 계(kingdom) 또는 도메인들을 어떻게 분류하는 것이 생물 간의 유연관계를 가장 잘 나타내는 것인가를 판단하기 위해 과학자들은 어떤 방식을 사용하는가?

추천 읽을 거리

Adl, S. M., A. G. B. Simpson, M. A. Farmer, R. A. Andersen et al., 2005. The new higher level classification of Eukaryotes with emphasis on the taxonomy of protists. *J. Eukaryot. Microbiol.*, **52**, 399–451.

Allwood, A. C., M. R. Walter, B. S. Kamber, P. Marshall, and I. W. Burch, 2006. Stromatolite reef from the Early Archaean era of Australia. *Nature*, **441**, 714–718.

Bonner, J. T., 2006. *Why Size Matters: From Bacteria to Blue Whales*. Princeton University Press, Princeton, NJ.

Burger, G., M. W. Gray, and B. F. Lang, 2004. Mitochondrial genomes: Anything goes. *Trends Genet.*, **19**, 709–716.

Cavalier-Smith, T., 2002. The phagotrophic origin of eukaryotes and phylogenetic classification of Protozoa. *Int. J. Syst. Evol. Microbiol.*, **52**, 297–354.

Cavalier-Smith, T., 2003. Protist phylogeny and the high-level classification of Protozoa. *Eur. J. Protistol.*, **39**, 338–348.

Doolittle, W. F., 1999. Lateral genomics. *Trends Cell Biol.*, **9**, M5–M8.

Garcia-Ruiz, J. M., S. T. Hyde, A. M. Carnerup., A. G. Christy, et al., 2003. Self-assembled silica-carbonate structures and detection of ancient microfossils. *Science*, **302**, 1194–1197.

Gray, M. W., G. Burger, and B. F. Lang, 2001. The origin and early evolution of mitochondria. *Genome Biol.*, **2**, 1–5.

Keeling, P. J., G. Burger, D. G. Durnford, B. F. Lang, et al., 2005. The tree of eukaryotes. *Trends Ecol. Evol.*, **20**, 670–676.

Knoll, A. H., 2003. *Life on a Young Planet: The First Three Billion years of Evolution on Earth*. Princeton University Press, Princeton, NJ.

Lane, N., 2005. *Power, Sex, Suicide. Mitochondria and the Meaning of Life*. Oxford University Press, Oxford, United Kingdom.

Pagel, M. (ed. in chief), 2002. *Encyclopedia of Evolution*. 2 Volumes, Oxford University Press, New York.

Schopf, J. W., 1996. Metabolic memories of Earth's earliest biosphere. In *Evolution and the Molecular Revolution*, C. R. Marshall and J. W. Schopf (eds.). Jones and Bartlett, Sudbury, MA, pp. 73–107.

Simpson, A. G., 2003. Cytoskeletal organization, phylogenetic affinities and systematics in the contentious taxon Excavata (Eukaryota). *Int. J. Syst. Evol. Microbiol.*, **53**, 1759–1777.

Ueno, Y., K. Yamada, N. Yoshida, S. Maruyama, and Y. Isozaki, 2006. Evidence from fluid inclusions for microbial methanogenesis in the early Archaean era. *Nature*, **440**, 516–519.

Woese, C. R., O. Kandler, and M. L. Wheelis, 1990. Toward a natural system of organisms: Proposal for the domains Archaea, Bacteria and Eucarya. *Proc. Natl Acad. Sci. USA*, **87**, 4576–4579.

3부

유기적 구조

■ 유전자, 세포 그리고 발생

3부에 있는 5개의 장에서는 소위 “유기적 구조(organic framework)”라 하여, 유전성, 변이, 진화를 가져오는 유전적, 분자생물학적, 세포학적 그리고 발생학적 과정의 근간을 다루게 된다.

유전의 기작(mechanism)은 9장과 10장에서 다룬다. 세포분열의 근본적인 생물학적 과정, 멘델의 유전학 그리고 성결정(sex determination)은 9장의 논제이며, 염색체, 돌연변이 및 변이는 10장의 논제이다. 이 두 장을 통해 어떻게 유전자가 한 세대에서 다음 세대로 전해지는지(**유전**, inheritance), 어떻게 유전자에 변화(**돌연변이**, mutations)가 생기는지, 그리고 어떻게 이 변화된 유전자들이 쌓여 **유전적 변이**(*genetic variation*)를 가져오고 여기에 **선택**(selection)이 작용하게(진화, evolution) 되는지를 이해하기 위한 배경을 제공한다. 변이가 생산된다는 것은 자연도태의 과정에서 꼭 필요한 부분이라 하겠다. 변이는 같은 종 내에서 차이를 유발하고 새로운 종을 탄생시킨다.

11장에서는 종이란 무엇인가에 대해 알아본다. 얼핏 대답이 간단할 것 같지만, 여러 학자들이 지난 수백 년 동안 종을 연구해 왔음에도 불구하고(제1장 참조) 결코 쉬운 문제는 아니다.

생식적으로 격리된 개체들의 그룹 또는 집단(개체군)(population)으로서의 종의 개념—동물에 대해 사용하는 **생물학적 종의 개념**(biological species concept)—이 항상 적용될 수 있는 것은 아니다. 화석종처럼 형태적 특징이 우선적이면서 대개는 종 동정에 필요한 유일한 정보인 경우에 생물학적 종의 개념을 사용할 수 없으며, 특히 식물에서는 적용되지 않는 경우가 종종 나타난다. 더욱이 유성생식에 의한 개체들에 맞춰진 이 개념은 무성생식 종이나 단세포 생물에는 적용되지 못한다. 11장에서는 왜 그런지를 설명하고 있고, 이와 함께 종 및 상위 그룹이나 분기군(클레이드, clade)들이 어떤 식으로 계급체계(hierarchy) 내에 배치되는가에 대해 토의하고 있다. 분류방식은 오랜 세월동안 변화해 왔으며, 특히 12장에서 다루는 계통수 형성에 활용되는 분자생물학적 기준의 사용이 또 다른 분류체계의 변화를 가져왔다.

계통수를 만듦에 있어서 하나의 분자(18*S* rRNA 같은)를 근거로 하거나, 여러 개의 분자, 또는 형태적 특징을 근거로 하는 것이 서로 일치된 결론을 제시하지 않을 수 있다. 이것이 꼭 놀라운 일은 아니지만, 사실 일부 생물학자에겐 경각심을 일으킬 만하다. 진화는 모자이크방식이다. 한 생물체의 부분 부분들(“parts”)은 서로 다른 방식으로 서로 다른 선택압(selective pressure)에 대해 반응하며 진화한다. 따라서 하나의 특징에 근거하는 계통수에 이들 모두가 함께 반영되지는 않는다.

생물체 간의 서로 상동적인 부위를 찾는 것은 쉬워야 함에도, 때로는 매우 어려운데, 특히 그 부위의 형태적 모양이 진화의 역사를 거치면서 변화된 경우에는 더욱 그러하다. 전형적인 예를 들면, 경골어류의 지느러미와 인간의 팔다리 골격, 포유류의 중이(middle ear)에 있는 소골(ossicle)과 파충류의 턱뼈, 새의 깃털과 파충류의 비늘 등이 있다. 진화의 역사를 공유함으로써 부위가 서로 **유사한**(*are similar*) 것과 평행진화 또는 수렴진화에 의해 부위가 서로 **유사해 보이는**(*look similar*) 것을 나누는, 다시 말해서 **상동성**(homology)과 **상사성**(homoplasy)을 구분 짓는 것이 매우 중요한데, 이는 11장에서 다룬다.

거의 대부분의 **단세포생물**(*unicellular organism*)에서 발생 또는 성장이라는 표현을 할 수 없는 것은 하나의 세포로 시작해서 하나의 세포인 그 상태로 끝나기 때문이다. 예외로는 어떤 식으로든 상호성을 보이는 종류, 예컨대 군체를 형성하는 경우를 들 수 있다. 그러나 발생/성장은 동물, 식물, 그리고 균류처럼, **다세포생물**(*multicellular organism*)의 생활사에서는 유전자형(genotype)이 표현형(phenotype)을 만드는 것은 아니기 때문에 매우 중요한 것이다. 유전자는 주어진 환경 속에서만 작용한다. 그 환경이 세포이며, 배 발생의 첫 세포분열이 시작되면 다세포 환경에서 작용한다. 배 발생에서 이 점은 중요한 것인데, 진화에 있어서의 발생의 중요성은 굴곡이 있어 왔다. 진화발생학자(형태학자)들은 Darwin이 **종의 기원**(*On the Origin of Species*)을 출간한 이래 집중적인 관심을 보였던 반면, 멘델유전학 또는 집단유전학(2장)이 득세하면서부터 1980년대에 이르기까지는 관심이 적었다. 13장에서는 **발생에서의 변화가 진화적 변화를 유발하는 중요한 역할**(*important roles that changes in development play in mediating evolutionary change*)에 관해 알아본다. 발생에서의 변화는 매우 다양한 경우가 있는데, 세포 간의 상호작용을 변경하거나 발생과정상의 시기를 바꿈으로써 하나의 발생단계 또는 하나의 세포집단에 영향을 미치는 돌연변이의 경우에서부터, 다른 개체/종이나 환경요인이 주어져 발생에 영향을 주고 결국에는 진화에 영향을 미치는 경우도 있다.

이제 우리는 유전체의 상당히 많은 부분이 생물체 간에 공유되고 있고, 20억 년 이상된 진핵생물의 기원을 추적할 수 있는 진화 역사를 포함하고 있음을 알며, 그런 점에서 **유전자조절**(gene regulation)이 발생적, 진화적 변화에 중추적 역할을 함이 특히 강조되어야 한다. 조절유전자가 표현되는 수준이나 시점을 바꾸면 표현형이 바뀔 수 있다. 이 새로운 표현형에 대해 선택(selection)은 유전자 표현의 시점이 바뀐 채 집단 내에 퍼져 나갈 수 있고, 이로 인해 진화적 변화, 즉 변화된 후손을 퍼뜨릴 수 있게 한다. 9장부터 13장까지는 그런 변화가 어떻게 일어나는지에 대해 알게 하는 배경을 설명해 준다.

9
세포분열, 멘델의 유전학 그리고 성결정

■ 요약

생명(life)은 생물체가 유전정보를 후손에게 전달하는 충실도에 의존하지만, 진화(evolution)는 유전적 변이(genetic variability) 없이는 일어날 수 없다. 유전 형질은, 바뀌든 안 바뀌든, 한 세대에서 다음 세대로 세포분열에 의해 — 원핵생물(prokaryote)은 이분법(binary fission)에 의해, 진핵생물은 유사분열(mitosis; 체세포분열, somatic cell division) 또는 감수분열(meiosis; 배우자 생산적 분열, gamete-producing division)에 의해 — 전달된다. 유사분열에서는 모든 딸세포가 유전적으로 동일한 반면, 감수분열에서는 재조합에 의해, 또 염색체를 배우자(gamete)로 무작위 배열(random assortment)함으로써 상동염색체 간에 유전적 변이가 주어진다.

19세기 많은 생물학자들은 혼합적 유전성(blending inheritance)을 옹호 또는 믿었다. 1860년대 중반에 Gregor Mendel은 혼합적 유전과 배치되는 두 가지 유전 법칙을 제창했다: (1) 분리의 법칙(principle of segregation) — 한 유전자에서의 소위 대립유전자(allele)들은 각각 별개의 실체로서 서로 분리되어 배우자에 전해짐, (2) 독립(독립분리)의 법칙(principle of independent assortment) — 서로 다른 염색체에서 유전자의 대립유전자들이 독립적으로 분리되어짐. 비록 일부 유전자들의 표현형적 효과는 다른 유전자의 그것과 섞이는 경우도 있지만, 유전자 자체는 다른 유전자와 섞이지 않는다.

멘델에 따른 비율은, 상동염색체에서 한 유전자의 대립유전자들의 분리, 서로 다른 염색체쌍의 독립적 나뉨, 우성(dominance)이나 공동우성(codominance) 같은 한 유전자에서 대립유전자들의 상호작용, 그리고 상위(epistasis)처럼 서로 다른 유전자들이 포함된 상호작용에서 나타난다. Mendel의 비율에서 벗어나는 경우는, 동일 염색체상에서 둘 이상의 유전자가 가까이 위치한 경우인 연관(linkage), 성염색체상에서의 유전자의 위치에 해당되는 성 연관(sex linkage), 미토콘드리아나 엽록체의 소기관 염색체(organelle chromosome)에 위치한 유전자, 그리고 분리왜곡(segregation distortion)처럼 대립유전자들의 불균형된 전달에서 볼 수 있다.

변이의 유전적 원천에는, 대립유전자의 불완전우성(incomplete dominance)이나 공동우성, 한 유전자의 복대립유전자(multiple allele), 그리고 하나의 유전자 좌위(locus)가 다른 유전자의 표현형적 발현에 영향을 미치는 여러 경우(상위, epistasis) 등이 있다. 연관의 경우, 동일한 염색체에 위치한 유전자들은 재조합 빈도, 연관 거리 등 여러 모로 감수분열 동안 함께 있도록 제한을 받는다. 성 연관의 경우, 이형배우자적(heterogametic) 성(XY)은 우성 관계와 상관 없이 X 염색체에 놓인 모든 대립유전자를 표현한다.

생물의 진화는 유전학 또는 생물 유전성의 두 가지 면, 즉 **불변성**(constancy)과 **변이성**(variability)에 기초한다.

불변성과 변이성

불변성(*constancy*)은 **같은 것은 같은 것을 생산한다**(*like produces like*)는 유전적 관찰에 근거하며, 반보존성(semiconservative) 기작을 통해 복제되도록 하는 핵산분자의 능력으로부터 나온다(7장 참조). 불변성은 진화적 중요성을 갖는데, 그것은 생화학에서 행동까지, 생리학에서 집단까지, 에너지학에서 생태학까지, 발생에서 쇠퇴까지의 모든 생물적 과정이 이전 세대로부터의 정보전달에 달려 있다는 것이다.

반면에, **변이성**(*variability*)은 **같은 것이 같지 않은 것을 생산할 수 있다**(*like can produce unlike*)는 관찰에 근거한다. 생물정보의 복제가 항상 일정하거나 정확한 것은 아니며, 이는 유전자의 DNA에서의 변화(**돌연변이**, mutation) 때문이다. 동물세포에서 유전자의 돌연변이는 그 동물이 죽으면 사라진다. 반면 생식세포(germ cell)에서 유전자의 돌연변이는 다음 세대로 전달되어 유전적 변이의 기초적 원천을 제공한다. 유전적 변이성의 진화적 중요성은 역시 생명체로 하여금 조상과 달라지는 것을 허락함으로써 진화를 가속화할 수 있는 잠재력에 있다(10장 참조). 불변성과 변이성은 생물적 특징(**표현형**, phenotype)을 일차적으로 결정하는 유전적 정보(**유전자형**, genotype)을 통하여 진화에서 각인되어 나타나고 있다. 유전자형과 표현형 사이에는 일 대 일 대응성은 없다.

발생적, 환경적 신호는 어떤 유전자, 유전자 경로 및 유전자 네트워크가 생활사의 어느 시점/시기에 표현될 지에 영향을 주거나 심지어는 결정을 하며, 다수의 표현형이 하나의 유전자형으로부터 나올 수 있다. 예로서, 올챙이(tadpole)와 개구리, 배추벌레 같은 나비형 애벌레(caterpillar)와 나비, 그리고 여왕개미, 병정개미 및 일개미를 들 수 있다. 이 장은 생명체가 변화할 수 있게 하는 한편, 그들의 생물학적 특성을 유지하게 하는 유전적 시스템의 두 기초개념인 **유전적 불변성**(genetic constancy)과 **변이성**(variation)을 알아보는 것을 통해, **유전자형과 표현형의 관계**(genotype-phenotype relationship)에 대한 탐구를 시작한다.[1]

세포분열

생물학적 정보의 전달은 세포의 분열과정을 수반함으로써 부모세포와 딸세포가 동일한 정보의 복사본을 갖게끔 한다. 그러한 세포분열과정은 어떻게 막으로 둘러싸인 유기체가 스스로를 위험에 처하게 할 만큼 세포 자신을 크게 만들지 않으면서도 성장할 수 있는지에 대한 해결책으로서 생명의 역사 초기에 유래되었을 것임에 틀림없다. 생물적 정보는 긴 사슬형태의 핵산분자들에 기록됨에 따라, 세포분열에 있어서 이들 분자들을 구성하는 구조인 **염색체**(chromosome)는 적어도 복제와 분열이 이루어져야만 한다.

하나의 염색체만을 갖는 **원핵생물**(prokaryote)의 경우, 복제에 따른 두 염색체 산물은 세포막의 서로 다른 위치에 붙어 있게 된다. 세포가 길어지면서 2개의 딸세포가 형성되면, 이 두 염색체는 서로 떨어져 각 딸세포에 포함되어진다.

진핵생물(eukaryote)의 경우에는, 최소한 3개 이상의 염색체를 가지며, 보다 복잡한 세포분열과정을 거치는데, 여기에는 유사분열(mitosis; 체 조직에서의 세포분열)과 감수분열(meiosis; 배우자를 생성하는 세포의 분열)이 있다. 동물에서는 세포분열의 세 번째 유형인 **난할**(cleavage)을 볼 수 있는데, 이것은 수정란인 **접합체**(zygote)가 초기의 다세포성 배 단계인 포배(blastula)를 형성하기 위해 분열하는 것을 말한다.

동물에서 세포분열의 세 가지 종류는 세포 수준에서 다음과 같은 점에서 차이를 갖는다:

---

[1] 더 깊이 있는 내용은 Hartl and Clark(1997), Hartl and Jones(1998), West-Eberhard(2003), Weiss와 Buchanan(2004), 그리고 Hall et al.(2004) 및 Hallgrimsson and Hall(2005)의 장들을 참고.

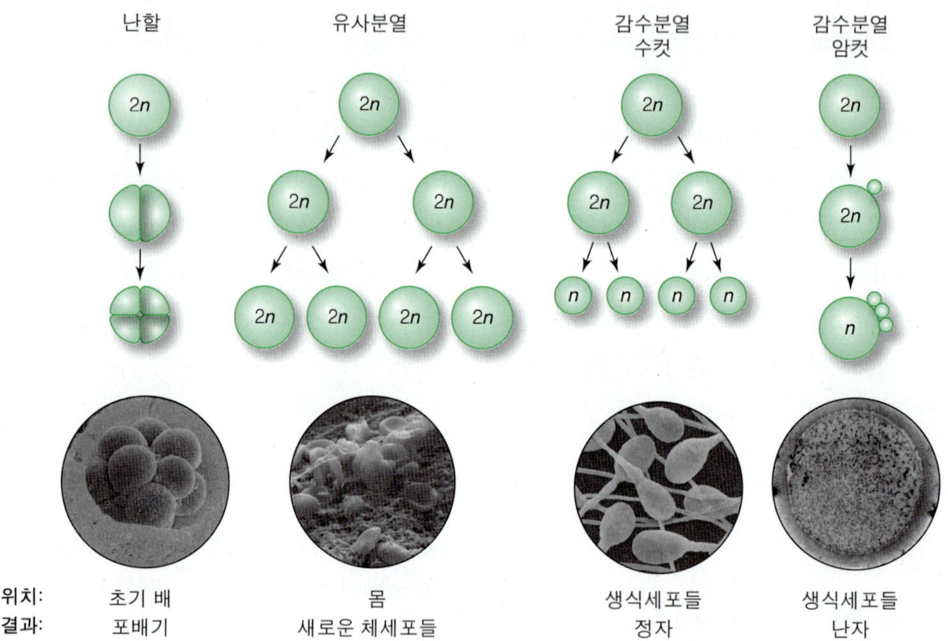

그림 9-1 동물에서 세포의 크기 및 염색체 수의 관점에서 본 난할, 유사분열 및 감수분열의 중요한 차이점. 난할의 경우, 세포의 크기는 각 분열 때마다 줄어드는데, 간단히 표현하면 그림처럼 세포질이 같은 크기로 나뉘는 것이지만, 종종 두 세포 간에 세포질의 양이 차이 나게 나뉘기도 하며, 분열된 세포들은 다세포성 배를 형성하기 위해 서로 붙어 있다. 모든 세포는(*2n*으로 표시된 것처럼) 이배체이다. 유사분열의 경우, DNA가 합성될 때마다 세포질의 합성(성장)이 일어나고 세포질은 각 딸세포로 동일하게 나누어지므로, 세포의 크기가 매번 분열 후에도 동일하게 된다. 딸세포는 동일하게 되거나, 또는 생식세포가 하나의 생식세포와 분화되는 또 하나의 세포를 만드는 경우처럼 동일하지 않게 되기도 한다. 모든 세포는 이배체이다. 감수분열 동안 염색체가 줄어드는 기작은 수컷이나 암컷의 생식세포에서 서로 동일하지만, 세포의 운명은 서로 다르다. 그림에서 보듯, 수컷 생식계열에서는 세포질이 동등하게 배포되고, 하나의 세포는 두 번의 세포분열을 거쳐 4개의 정자로 만들어진다. 살아가는 동안 훨씬 많은 분열이 있게 된다. 암컷 생식계열에서는, 그림에서 보듯, 세포질이 불균등하게 나뉘고, 첫 번째 분열에서 하나의 난자 형성 세포와 이 보다 훨씬 작은 극체(polar body)가 만들어지고, 두 번째 분열을 거치면 1개의 미래의 난자와 3개의 극체가 형성된다. 마찬가지로 살아가는 동안 훨씬 많은 분열이 있게 된다. 암수 생식계열 모두에서 감소적(감수) 분열은 배수체(*2n*)에서 반수체(*n*)로 염색체 수를 줄인다. ([a] © Phototake/Alamy Images, [b] © Eye of Science/Photo Researchers, Inc., [c] © Phototake/Alamy Images, [d] © L. Zamboni, D. W. Fawcett/Visuals Unlimited.)

- 각 분열에서 세포질(cytoplasm)이 똑같이 나눠지는지
- 성장(새로운 세포질의 합성)은 다음 분열 이전에 일어나는지
- 세포는 각 분열 때마다 분리되는지(유사분열, 감수분열) 아니면 서로 붙어 있는지(난할)

이 세 가지 관점과 함께, 세포가 한 세트의 염색체들을 갖는지 아니면 두 세트의 염색체들을 갖는지, 즉 반수체(단수체)(haploid)인지 배수체(diploid)인지에 관해 **그림 9-1**에 묘사되어 있다. [역자 주: 흔히 사용하는 용어인 '반수체'에서 'haplo-'는 절반을 의미하는 것이 아니라 '하나의(single)' 즉 1배수를 의미하는 것이므로 '단수체'가 의미상으로 더 맞는다고 볼 수 있다.]

유사분열

유사분열의 경우, 부모와 딸세포는 정확히 동일한 수 및 종류의 염색체를 갖는다. 감수세포분열은 생물체의 모든 체내 세포들로 하여금 동일한 염색체 구성, 즉 동일한 **핵형**(karyotype)을 갖게 한다. **그림 9-2**에서처럼, 유사분열의 시작은 전기(prophase)에 들어서면서 분명해지는데, 이때 점진적으로 응집된 염색체들은 복제를 실시하고, 이를 통하여 각 염색체는 동원체에서 서로 연결된 2개의 **염색분체**(chromatid)로 된다. 이어서 이들은 중기판(metaphase plate)에 나열되면서 염색분체쌍의 각 분체들은 양극으로 이어진 방추사(spindle fiber)들과 연결된다. 복제된 염색체의 염색분체들은 **후기**(anaphase)에 가서 분리되며(그림 9-2 참조), 두 극으로 이동한다(말기, telophase). 말기는 세포질분열(cytokinesis)로 이어져 세포질을 두 딸세포로 분획하게 되는데, 각 딸세포는 부모의 세포와 동일한 염색체 전체 세트를 갖는다. 유사분열은, 경우에 따라 무성생식을 포함하여, 다세포생물의 발생과 분화의 기초를 제공한다.

감수분열

감수분열의 경우, 진핵생물에서의 세포분열과정은 유성생식에 관여하며, 배우자는 각 염색체에서 단 하나씩의 대표만을 갖게끔 만들어진다. 감수분열은 **한 차례**(*one round*)의 DNA 복제(이로 인해, 각 염색체가 2개의 염색분체를 갖게 됨)와 두 번의 세포분열로 특징지어진다. 감수분열의 주요 특징은, 상동염색체의 접합(대합, pairing)을 거쳐, 감수분열의 첫 번째 주기 동안 두 염색

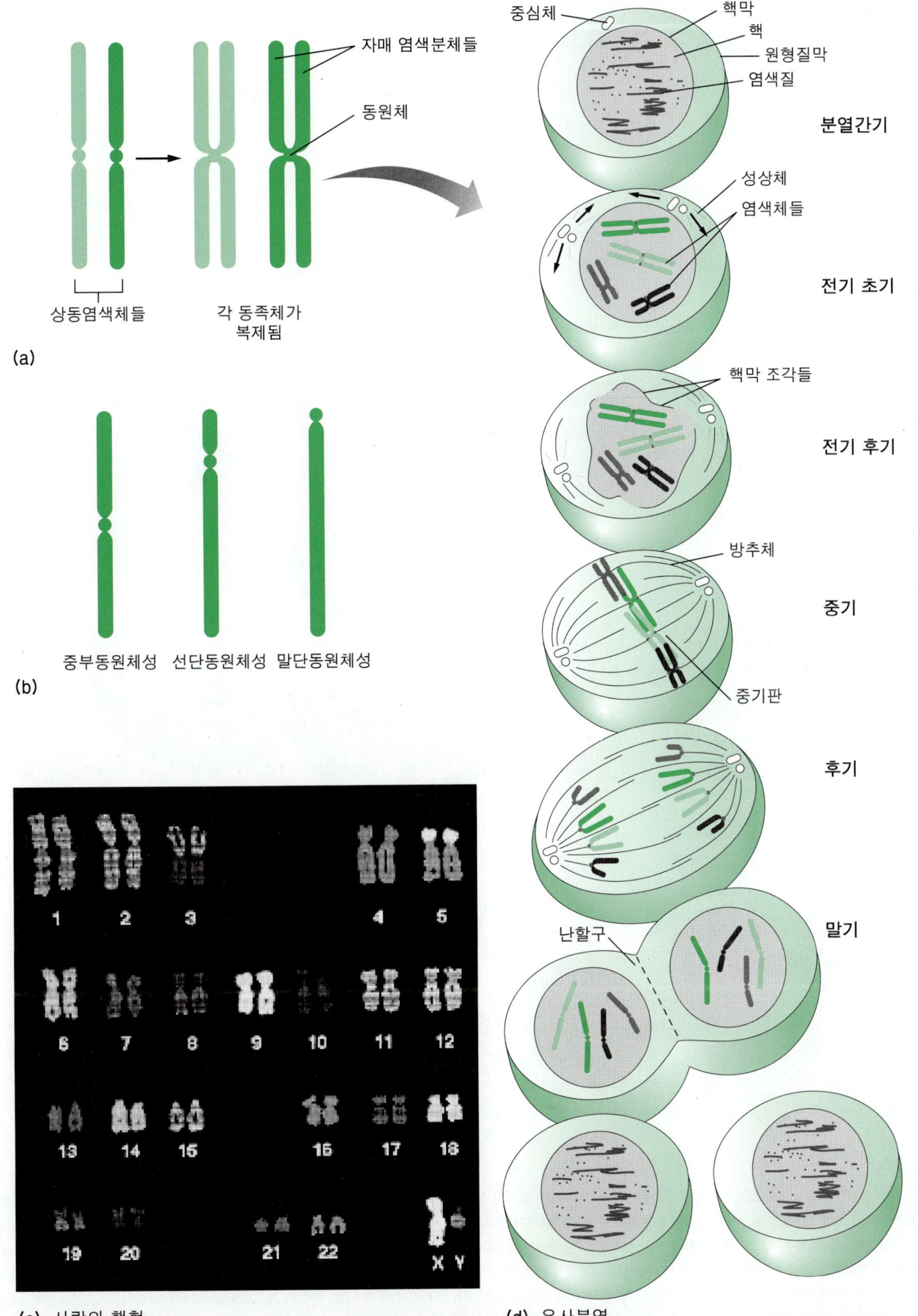

그림 9-2 체세포(somatic cell) 유사분열(mitosis)의 단계에 따른 도식. 전기 초, 중, 후기 동안 염색체는 굵어지면서 뭉쳐진다. 복제된 각 염색체는 중기판에 나란히 위치한다. 후기 동안 복제물인 딸염색체(daughter chromosome)들은 분리되어 서로 반대쪽 극으로 이동한다. 말기 동안 각 극의 이동된 딸염색체들 주위로 핵막이 다시 형성되고, 이들 염색체들은 긴 분열간기 시기에 들어간다. 원형질의 분리, 즉 세포질분열(cytokinesis) 또한 유사분열의 마지막 시기에 이루어진다. (Part [c]는 다음에서 인용함: Hartl, D. L. and E. W. Jones, 1998. *Genetics: Principles and Analysis*. Jones and Bartlett, Sunbury, MA)

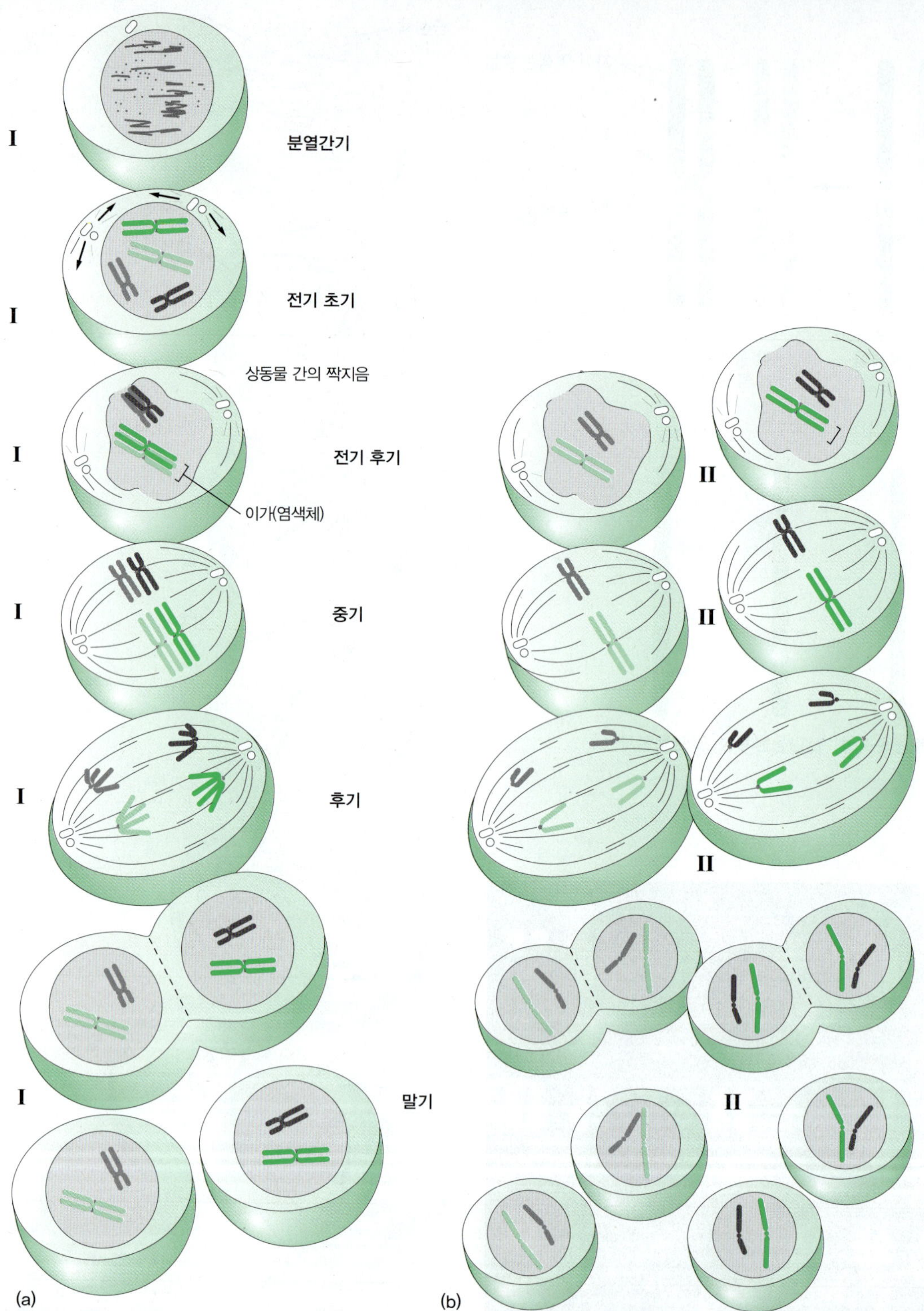

그림 9-3 감수분열의 주요 시기들로서, 1차(I) 및 2차(II) 감수분열을 보여 줌. (a) 상동염색체 간의 접합은 감수분열의 전기에 일어난다. 이때, 각 염색체는 복제되어 동원체에서 연결된 2개의 자매 염색분체를 만들고, 다시 상동물의 두 자매 염색분체들과 짝을 이루어 4개의 염색분체를 구성하면서 이가의(bivalent) 상동염색체 쌍을 형성한다. 비록 이 그림에서는 보여 주지 않고 있지만, 자매가 아닌 서로 다른 염색분체 사이에서도 일부 교환이 일어날 수 있거나, 이미 일어났다(그림 9-4 참조). 중기 I에서, 이들 접합된 그룹들은 분리되기 전에 중앙의 적도판(equatorial plate)에 배열된다. 이 두 염색체 쌍은 주어진 극을 향함에 있어 똑같은 확률을 갖는다. 후기 I에서 상동염색체 쌍의 두 구성원인 염색체들은 서로 떨어지게 되고, 각각은 서로 반대쪽의 극으로 이동한다. 말기에 이르게 되면, 일종의 세포질분열(cytokinesis)이 나타난다. 많은 생물들의 경우, 이 첫 감수분열은 한 핵내 상동물의 수가 둘에서 하나로 줄어들기 때문에 감수분열(reduction division)이라고 한다. 따라서, 만약 상동염색체 A^1과 A^2가 서로 다르다면, 1차 감수분열 후의 두 핵은 각각 A^1과 A^2 중 하나만을 가지게 되어 서로 같지 않게 된다. (b) 이어지는 감수분열 (II)에서는 각 염색체의 두 염색분체가 또 떨어지게 되고, 1차 분열에 의한 각 핵은 다시 2개의 핵으로 만들어진다. 따라서 감수분열을 거친 이배체 세포는 4개의 반수체 세포가 되고, 그 각각은 상동염색체 쌍의 각 하나(염색분체)씩을 갖게 된다. 정자를 생산하는 세포의 네 반수체 세포들은 모두 배우자로서 기능을 할 수 있고 정자가 생산되는 반면, 난자 생산 세포의 반수체 세포들 중 단 하나만이 배우자로서 기능할 수 있고 난자가 생산되게 된다(그림 9-1 참조).

체가 하나씩 규칙적으로 나뉘어 딸세포로 가게 하고, 염색체수를 절반으로 줄이며, 각각의 절반은 염색체 각 쌍의 단 하나의 상동물(homologue)을 갖게 하는 것이다. 첫 번째 주기에 이어 두 번째 분열이 나타나, 복제된 염색체의 두 염색분체가 수컷 또는 암컷 배우자를 형성할 2개의 세포를 만들게 된다. 수컷 배우자(정자)는 암컷 배우자(난자)와 수정을 통해 1개의 세포로 된 접합체(zygote)를 만든다. (미토콘드리아 유전자를 포함하여) 미토콘드리아와 접합체의 대부분의 세포질은 난자로부터 오지만, 각 배우자(난자와 정자)는 접합체의 핵에 같은 정도의 유전적 요소를 제공한다. 다음과 같은 두 가지 상황이 만들어진다.

1. 만약 기본 생활환이 **이배체**(diploid; 두 쌍의 염색체들을 가진 세포)인 생물에서 이러한 과정이 일어나게 되면, 이 생명체는 감수분열을 통하여 암컷과 수컷의 생식소 조직에서 이배체 배우자를 만들어 낼 때까지는, 유사분열을 통하여 매 체세포마다 일정한 수의 염색체들(핵형, karyotype)을 복제하게 되는 것이다.
2. 감수분열상의 배우자 각각은 하나의 **반수체(단수체**, haploid) 핵형(염색체 단 한 쌍)을 갖게 된다. 만약 기본 생활환이 반수체인 생물에서 접합체를 형성하게 되면, 이 경우 감수분열 과정은 이들 네 가지 핵형 중 하나를 갖는 비배우자성 세포를 생산하게 된다.

감수분열은, 생명체가 이배체든 반수체든 간에, 일반적으로 **그림 9-3**에 묘사한 시기들을 거치며, **상동물**(*homologue*)이라 불리는 유사 염색체들 사이에서의 가까운 상동대합(homologous pairing)에 기초한다. 상동물 간의 짝지음[역자 주: 'pairing'은 접합 또는 대합으로 용어적 번역을 하기도 하지만, 경우에 따라 일반적 의미로서 짝을 이룸을 뜻하기도 한다. 다만 짝짓기는 동물의 mating을 뜻하기도 하여 상황에 따라 짝지음 또는 짝형성이란 용어를 사용한다.]은 첫 번째 감수분열 끝에 가서 분리되어(disjoin), 각 배우자는 각각의 염색체를 대표하게 된다. **상동대합**(homologous pairing)은 염색체 간에 동등한 분열이 일어나 그들이, 꼭 같을 필요는 없지만, 유사한 유전자들을 갖도록 해 준다.

대개의 진핵생물의 경우, 각 상동염색체는 상동대합 과정이 시작되기 전에 복제를 실시하며, 유사분열에서처럼 두 자매 염색분체들이 만들어진다(그림 9-3).[2] 상동염색체 간 접합의 원인 또는 이에 동반되는 현상으로, **교차점**(chiasma; pl., *chiasmata*), 즉 쌍을 이룬 염색분체 간의 교차현상이 미세하게 관찰되었는데, 유전물질의 실질적 교환이 일어나는 것으로 믿어진다. 이러한 현상은 주로 감수분열에서 특징적으로 나타난다(**그림 9-4**). 유사분열에서의 염색분체의 복제와 분열에서 상동물 간의 접합은 일어나지 않는다.

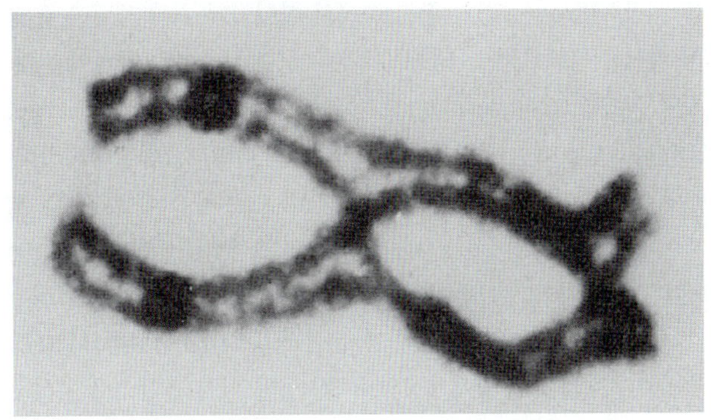
(a)

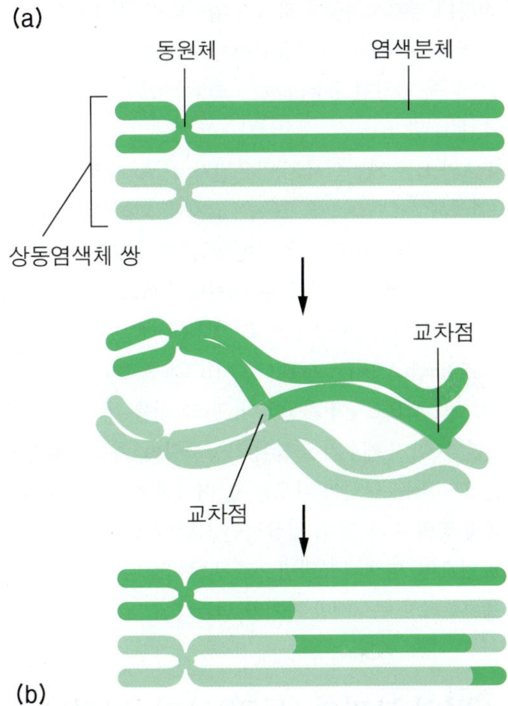

(b)

그림 9-4 감수분열시 상동염색체 간의 접합(상동대합)과 교차점(chiasma)에 대한 모식도. 전기 시기까지 각 염색체는 2개의 '자매(sister)' 염색분체로 복제된다. 두 상동염색체 간 및 그들 염색분체 간의 접합은 '네 가닥(four-strand)' 이 염색체를 형성하게 되며, 여기에는 서로 다른 상동물의 염색분체 사이에서 실질적인 교차(crossover)(교차점, chiasma) 현상이 뚜렷이 나타난다. (a) 교차점에서는 유전물질의 교환이 일어나는 것으로 알려져 있다. (b) 감수분열의 후기 I에서는 상동염색체의 두 염색체가 서로 분리되어지지만, 그 염색체의 두 자매 염색분체는 후기 II에 이를 때까지 분리되지 않고 있다(Hartl, D. L.과 E. W. Jones, 1998. *Genetics: Principles and analysis*. Jones and Barlett, Sudbury, MA.).

변이의 원천

유성생식과 이에 따른 감수분열은 변이성의 두 가지 중요한 원인

[2] 와편모조류(dinoflagellates; 편모를 갖는 해수성, 담수성, 그리고 기생성 원생생물)같은, 어쩌면 원핵생물과 진핵생물의 중간 단계에 놓인 일부 생물들(Morden과 Sherwood, 2002)에서, 상동염색체들은 염색분체의 복제 없이 접합을 이룬다. 그들의 상동염색체는 두 세포가 유성적으로 합쳐졌을 때 접합을 이루지만, 이어서 한 차례의 감수분열을 거치는 동안 양극 쪽으로 분리되면서 2개의 반수체 세포를 만들게 된다. 이처럼 한 차례의 분열만으로 구성되는 감수분열은 아마도 진핵생물이 유전자 교환을 위해 염색분체의 복제를 이용하고, 이를 위해 두 번의 감수분열을 필요로 하게 되기 이전의 원시적 단계였을 것이다.

을 제공하며, 이는 거친 환경 속에서 살아남기 위해 새로운 유전적 혁신을 필요로 하는 생물들에게 확실한 적응상의 이점이 된다. 첫째, **재조합**(recombination) 또는 유전적 교환 [genetic exchange; **교차**(crossing over)라고도 함] 현상으로 인하여, 상동염색체의 일부에서 물질이 교환되어지고, 이에 따라 다른 종류의 염기서열 [역자 주: '(nucleotide) sequence'는 '뉴클레오티드 배열'로 직역될 수 있으나, 유사 개념에 대한 일반적 사고의 편이를 위해 여기서는 '염기서열'로도 번역.]이 만들어진다 (그림 9-4 참조). 염기서열들이 **유전자**(*gene*)를 구성하므로(8장 참조), 재조합은 한 염색체상의 유전자들을 다른 조합으로 구성해 내거나, 유전자내 염기서열상에 교차가 일어나 다른 종류의 유전자를 만들어 낼 수 있다. 또한, 상동염색체 쌍의 수가 많을수록 감수분열과정은 더욱 **다양한 종류**(*numerous varieties*)의 염색체 조합을 만들어 내게 된다.

유전자 A와 B를 가지면서 대립유전자 A^1 A^2과 B^1 B^2를 갖는 두 상동염색체 쌍(A^1 A^2, B^1 B^2)은 교차에 의해 분리되면서 네 종류의 배우자(A^1B^1, A^1B^2, A^2B^1, A^2B^2)를 만들어 낸다. 세 좌위 (A, B, C)의 분리에서는, 각각 두 대립형질 (1, 2)가 있고, 각각이 3개의 다른 염색체 (A^1 A^2, B^1 B^2, C^1 C^2)에 있다면, 8가지의 다른 배우자 조합($A^1B^1C^1$, $A^1B^1C^2$, $A^1B^2C^1$, $A^1B^2C^2$, $A^2B^1C^1$, $A^2B^1C^2$, $A^2B^2C^1$, $A^2B^2C^2$)이 가능하다. 만약 이를 네 쌍의 염색체에 적용하면, 16가지 배우자 조합이 가능해지며, 가능한 배우자 조합의 수는 2^n이라는 규칙이 나오는데, 여기서 n은 감수분열을 거치는 염색체 쌍의 수가 된다. 정상적인 사람의 경우, 23쌍의 핵형을 가지고 있으며, 염색체 조합만으로 만들어질 수 있는 배우자의 가능한 종류는 2^{23}, 즉 8백만 가지가 넘는다.

Mendel의 분리와 (독립)분리 (법칙)

과거 유전학의 분자생물학적 기초가 알려져 있지 않았을 때는 기본적인 유전법칙은 보다 명백한 생물학적 특징의 전달을 관찰함으로써 이루어졌다. Gregor Mendel은 1860년대 초 체코슬로바키아의 브노(Brno)에서 처음으로 그 같은 관찰에 의한 유전적 법칙을 발견하였으나, 대부분의 생물학자들은 20세기 초까지 그의 연구를 잘 알지 못하였다.

제3장에서 다루었듯이, Mendel 이전 19세기까지의 유전에 관한 일반적 관점이란, 유전은 일종의 **혼합 유전**(blending inheritance) 과정을 따른다는 것, 즉 부모의 주로 겉모습(phenotype, 표현형)의 특징들을 섞거나 농도를 낮추어 자손에게 전달하는 과정을 거친다는 것이었다. Mendel의 결정적 공헌은 생명체는 특정한 단위들(현재 유전자로 알려진 것)을 통하여 생물학적 특징들을 전달하는 나름의 독특한 유전적 체계(현재 유전자형(genotype)으로 알려진 것)를 가지고 있음을 증명한 것이었다.

Mendel의 실험

Mendel은 *Pisum sativum*이라는 완두콩의 여러 가지 특징들을 실험함으로써 증명하였는데, 이 완두콩의 각 형질(character)은, 예컨대 매끈한 또는 주름진 콩, 노랑 또는 초록색 콩, 그리고 키 큰 또는 작은 식물 같은, 2개의 다른 모습 또는 **형질**(형질특성, trait) [역자 주: 'trait'는 일반적으로 character란 의미의 형질로 번역되지만 여기서는 character state, 즉 형질상태에 더 가까운 뜻임]을 갖는 것이었다. Mendel은 완두콩을 많은 세대에 걸쳐 키우면서 매 세대마다 개체들에 나타나는 형태를 관찰하고, 각각의 서로 다른 형질의 수를 세었다(콩껍질은 매끈한지 주름졌는지, 색은 노랑인지 초록인지, 꽃은 색을 띠었는지 아니면 흰색인지).

Mendel은 이 식물들이 실제로 교배가 이루어지는지를 확인하기 위해 2년(1856~1857)을 보냈다. 이것은 매우 중요한 것이었는데, 그가 선택한 형질 때문에도 그렇지만, 그가 실험에 사용했던 종은 37가지 변종(variety)을 포함하고 있었기 때문이다. 즉, 그중 일부는 아종이었고, 따라서 그의 결과가 곧 분류와 관련성과 연계되었다. Mendel의 실험 중 일부를 재연해 보고자 한다면, 아래에 열거한 그가 발견했던 가장 특징적이고 구분이 쉬운 형질들을 참고하기 바란다.

콩의 모양 — 둥근 또는 각지거나 주름진
콩의 색 — 연한 노랑/밝은 노랑/오렌지색 또는 녹색
콩 껍질의 색 — 흰색 또는 회색/회색을 띤 밤색/가죽에 가까운 밤색; 자주빛 점들이 있거나 또는 없는
다 자란 콩 꼬투리 — 부푼 또는 깊게 수축되고 주름이 적은
익지 않은(unripe) 콩 꼬투리 - 밝은 녹색에서 짙은 녹색 또는 선명한 노랑
꽃의 위치 — 주 줄기를 따라 또는 줄기 끝에
줄기의 길이 — 6~7 feet(=183~213cm) 또는 1 foot(=30.5cm)

7년 간(1856~1863) 멘델은 완두콩을 교배하고, 형질을 기록하며, 비율을 기록함으로써, **두 가지 유전의 근본 원칙: 분리의 법칙과 독립의 법칙**(*the principle of segrgation, and the principle of independent assortment*)을 탄생시켰다.

분리의 법칙(Principle of Segregation)

어떤 특징에서 서로 다른 두 순계 부모를 교배시키면, 그 첫 잡종후대(filial generation), 즉 F_1은 이 형질들의 각각에 대한 유전자를 가지게 된다. Mendel이 사용한 완두콩의 특징 중에는 콩의 외부를 싸고 있는, 콩껍질의 질감이었고, 그것은 씨가 매끈하냐, 주름졌냐 하는 것이었다. Mendel이 사용한 완두콩은 이배체이므로, 각 개체는 씨의 껍질의 질감을 위한 유전자를 한 쌍 가지고 있을 뿐 아니라, 씨의 색이나 식물의 크기에 대한 특징을 조절하는 유전자 쌍들도 가지고 있다.

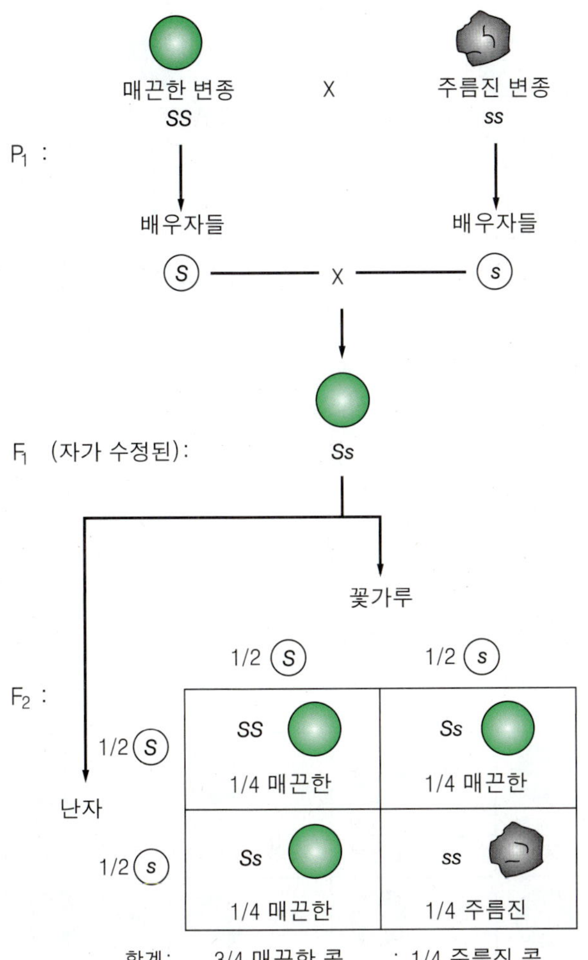

그림 9-5 정원 완두콩에서의 씨의 질감이 어떻게 유전되는가에 대한 멘델의 F_1과 F_2 관찰 결과를 설명한 것으로, 대립유전자 *S*(우성)와 *s*(열성)의 분리(segregation)에 기초하고 있다.

현대적 용어로 표현하면, 이러한 유전자 쌍의 두 구성원을 대립유전자 또는 대립형질, 즉 allele이라고 한다. 유전학자들은 대립유전자의 구분이 쉽도록 여러 가지 기호를 사용하는데, 이 책에서는, Mendel이 사용한 것처럼, 매끈한 대립유전자와 주름진 대립유전자를 각각 *S*와 *s*로 표기한다. 이 대립유전자들은 F_1 잡종의 배우자에서 분리가 일어나는데, 만약 교차가 일어나면 다시 합치면서 1 *SS*, 2 *Ss*, 1 *ss*의 예측 가능한 비율로 두 번째 잡종 후대인 F_2를 이룬다. 즉, 3개의 매끈한 씨와 하나의 주름진 씨로 표현된다. 이는 곧 이 예에서는 3개의 매끈한 씨와 1개의 주름진 씨가 나온다는 것을 뜻하는데, 그렇다면 왜 비율이 3:1일까?

그림 9-5에서 볼 수 있듯이, 이들 F_2의 비율이 나타나는 것은, 두 형질이 함께 존재하는 개체(*Ss*)에서 한 형질의 대립유전자(*S*)는 다른 **열성 대립유전자**(recessive allele)(*s*)에 대해 **우성 효과**(dominant effect)를 갖기 때문이다. 즉, *SS and Ss* 완두콩은 표면이 매끈하다. 유일하게 주름진 씨를 나타내는 것은 *ss* 유전자형을 갖는 것들이며, 따라서 3:1의 비율이 나온다. 어떤 형질에 대해 서로 다른 대립유전자들(예컨대, *Ss*)을 갖는 개체를 **이형접합체**(heterozygote)라고 하고, 2개의 동일한 대립유전자들(예컨대, *SS*, *ss*)을 갖는 개체를 **동형접합체**(homozygote)라고 한다. 멘델의 실험은 이러한 대립유전자들이 이형접합체에서 절대로 변하거나 섞이지 않고, 서로 분리되어, 구체적이고도 지속적인 입자로서 다음 세대로 전달됨을 보여 준 것이다.

독립(독립분리)의 법칙(Principle of Independent Assortment)

Mendel은 두 가지 서로 다른 형질(예컨대, 콩 껍질의 질감과 색)을 갖는 식물을 교배함으로써, 씨의 모양과 씨의 색처럼, 2개의 서로 다른 형질을 포함하는 교배의 경우, 만약 한 가지 형질이 또 다른 형질의 분리에 아무 영향을 미치지 않았다면, 교배의 결과가 예측 가능하다는 것을 Mendel은 증명하였다. 즉, 서로 다른 형질에 대한 유전자들은 서로 독립적으로 분리된다는 것이다. 이제 우리는 이 결과를 다음과 같이 표현한다: 만약 **하나의 형질**(씨의 질감)을 결정하는 여러 가지 유전자(대립유전자)형들이 **또 다른 형질**(씨의 색)에 대한 대립유전자의 분리에 아무 영향을 미치지 않는다면, 결과는 예측가능하다는 것을 Mendel이 발견하였다. 서로 다른 유전자의 대립유전자들은 서로 독립적으로 분리되는 것이다.

그림 9-6에서 보는 것처럼, 두 가지 다른 형질(매끈한 노랑 × 주름진 녹색) 간의 교배에서 나온 F_1은 우성 표현형(매끈하고 노란 콩)만을 보여 주지만, 그 F_2의 비율은 예측컨대 9:3:3:1, 즉 9/16은 매끈한 노랑, 3/16은 매끈한 녹색, 3/16은 주름진 노랑, 그리고 1/16은 주름진 녹색이 된다. 이러한 비율은 콩의 질감에 대한 대립유전자들(*S*와 *s*)과 콩의 색에 대한 대립유전자(*Y*와 *y*)는 서로 독립적 관계임을 말해 주는데, 이는 곧 각 유전자의 두 대립형질 중 하나씩을 갖는 네 가지 종류의 배우자(*SY*, *Sy*, *sY*, *sy*)는 모두 동일한 비율인 1/4씩 나타남을 뜻한다.

그러한 **독립적 분리**(independent assortment)를 세포적 수준에서 설명하면, 두 형질 각각의 유전자의 배치가 서로 다른 염색체 쌍에 놓이기 때문이다(**그림 9-7**). 즉, 한 쌍의 상동염색체가 감수분열 동안 서로 다른 극으로 나뉘어 배치되는 방식이 비상동적 쌍을 배치하는 방식에 아무 영향을 주지 않음을 뜻한다.

Mendel의 법칙에 근거한 우성 관계와 복대립유전자

이배체의 완두콩에서 Mendel이 관찰한 특정한 표현형적 F_2 비율 — 하나의 형질(씨의 색)에서의 3:1, 두 가지 형질(씨의 색과 씨의 질감)에서의 9:3:3:1 — 은 다음의 경우에만 맞는다.

1. 표현형적 차이가 한 가지 유전자에 의할 때;

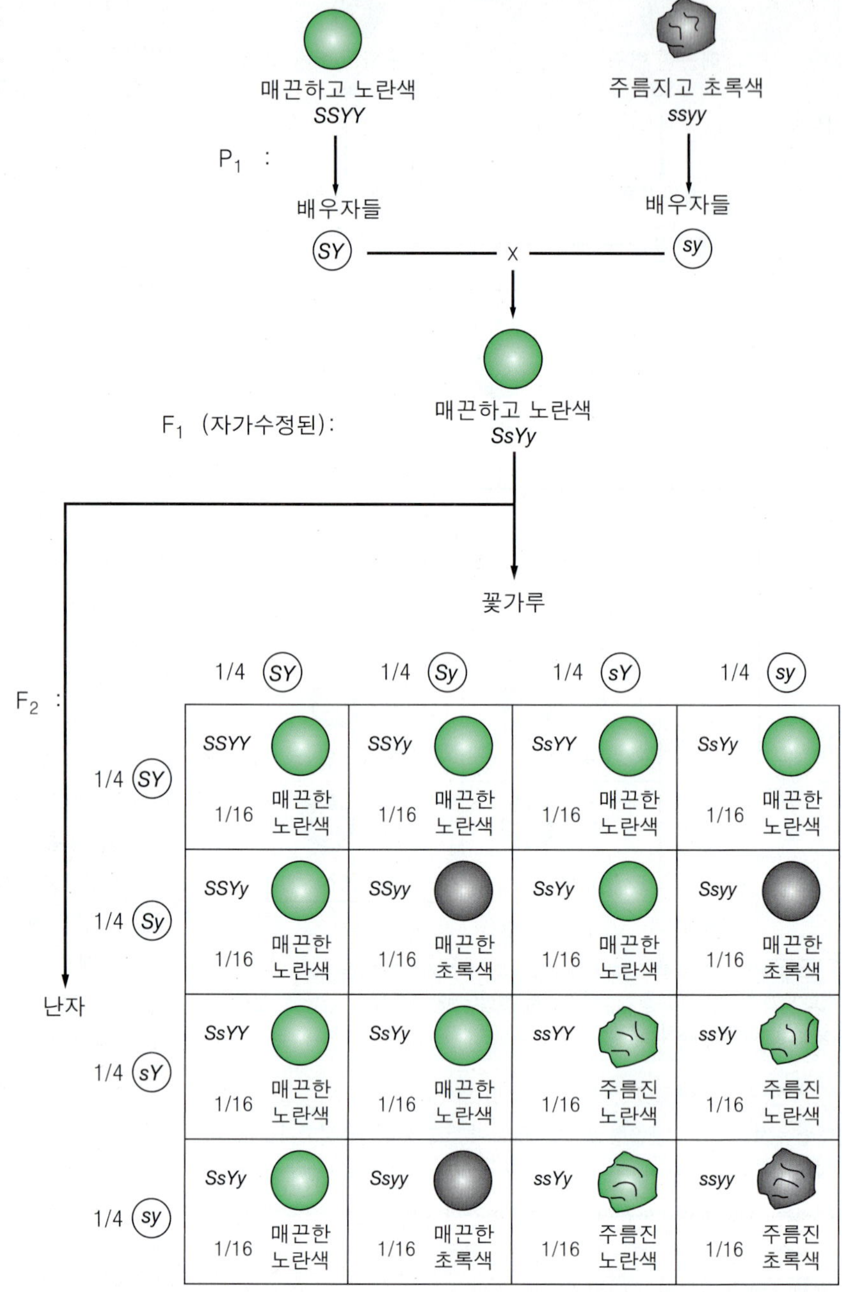

그림 9-6 두 쌍의 유전자에서 대립유전자의 분리와 조합에 관한 Mendel의 연구결과를 설명하고 있으며, *S*와 *s*는 씨의 질감을, *Y*와 *y*는 씨의 색을 나타낸다. (Strickberger, M. W., 1985. *Genetics*, 3rd ed.에서. ©1985 by Monroe W. Strickberger. Prentice Hall, Inc., Upper Saddle River, NJ의 허락하에 재인쇄.)

2. 관련된 유전자가 완전한 우성 및 열성을 보일 때; 그리고
3. 각 형질 당 2개의 대립유전자만 존재할 경우에만.

불완전우성과 공동우성

Mendel이 그의 연구결과를 1866년에 출간했음에도, 그 후 35년이 지나 4명의 연구자 각각이 이 결과를 발견할 때까지 아무도 관심을 두지 않았다.[3]

[3] Mendel의 논문형식은 잠시 언급할만한 가치가 있다. 최소한의 데이터의 분석에 비해 지나치리 만큼 설명 위주였던 Darwin의 담론형 문체적 "자연사(natural-history)" 형식과 달리, Mendel의 논문은 데이터, 분석, 비율, 지난 연구의 인용 및 보다 직접적인 형식을 띤 식물교잡연구의 전통을 따랐다(Mendel이 식물교배를 처음 시도한 인물은 아니었다). 실제로 우성형질을 *A*로, 열성을 *a*로, 잡종을 *Aa*로 보는 개념은 Mendel의 논문 전체에 적용되고 있다. Darwin도 식물교잡에 대한 실험을 했었고, 일부 형질특성이 3:1의 비율을 보임을 보고했으며, 분석에서 통계적 기법을 이용했었다. Darwin이 생물학에 있어서 고전적 문체를 사용했던 최후의 몇몇 작가 중 한 사람인지, 또 Mendel이 새로운 문체를 사용하기 시작한 최초의 몇몇 중 하나인지를 알려면 아마도 이에 관심 있는 문체 역사가의 연구가 필요할 것이다. 당시의 여러 가지 추론 형식에 관한 McOuat(2001)의 논문과, 웹사이트 http://www.mendelweb.org/MWsapp.intro.html에 있는 *불멸의 멘델(The Nine Lives of Gregor Mendel)*이란 제목 하에 Sapp이 분석한 내용을 보라. 또

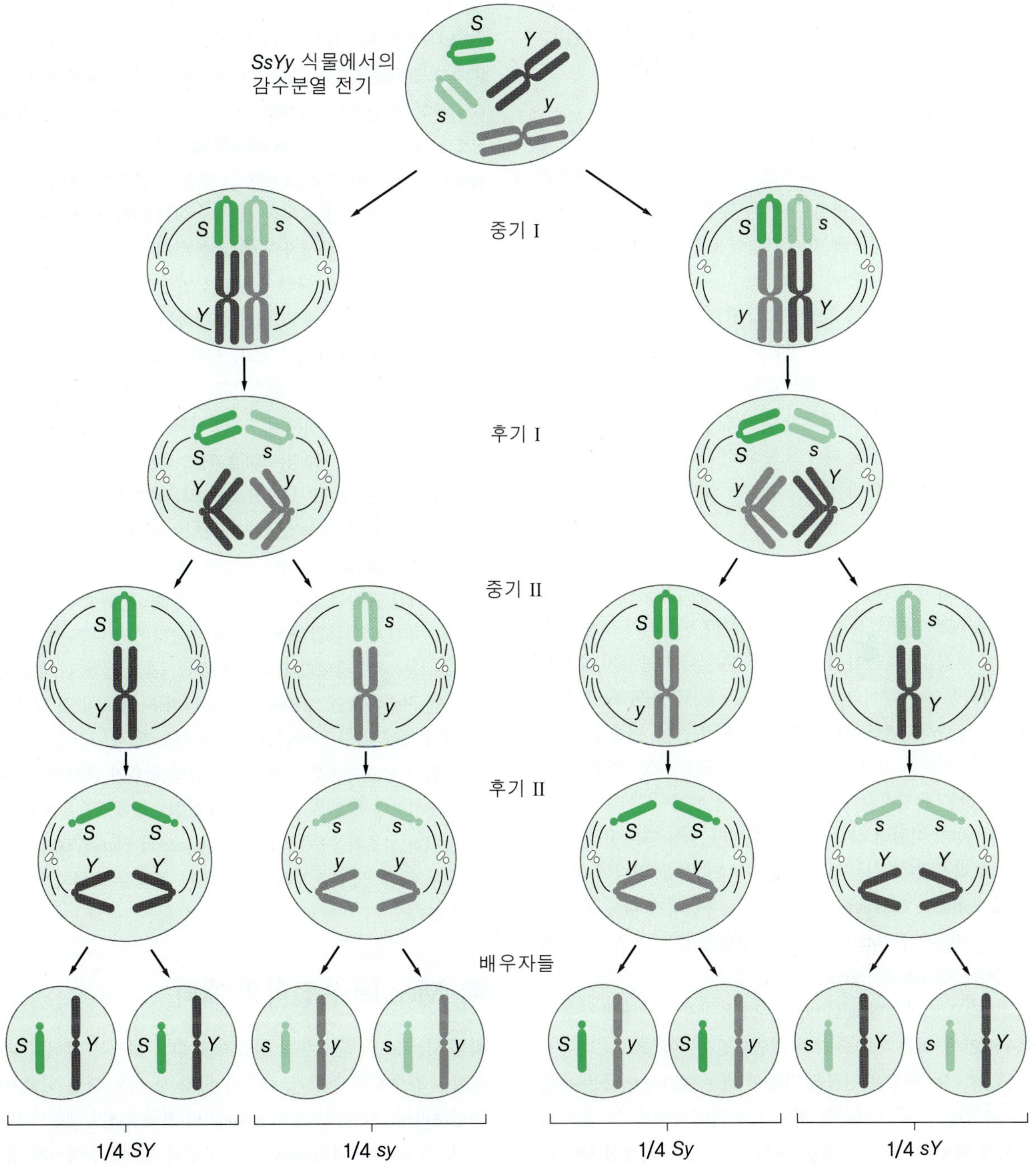

SsYy 식물에서의 감수분열 전기

중기 I

후기 I

중기 II

후기 II

배우자들

1/4 *SY* 1/4 *sy* 1/4 *Sy* 1/4 *sY*

그림 9-7 서로 다른 염색체에 위치한 유전자들(*S, s*, and *Y, y*)에 의한, Mendel의 실험에서 씨의 질감과 씨의 색의 분리와 독립 분리에 관한 설명. 독립 분리로 인하여, 배우자들에서의 모두 네 가지의 가능한 염색체 조합들은 유전인자의 모두 네 가지의 가능한 조합들과 일치한다. (Strickberger, M. W., 1985. *Genetics*, 3rd ed. Macmillan, New York에서 인용.)

1900년에 이르러 Mendel의 연구와 대립유전자에서의 분리의 법칙 및 독립의 법칙을 재발견하면서, 곧 유전학자들은 한 가지 표현형적 차이가 하나 이상의 유전자들의 차이 때문일 수 있으며, 대립유전자 간의 우성관계는 상당히 광범위할 수 있음을 깨닫게 되었다. 예를 들면, 어떤 식물의 꽃의 색에서 **불완전우성**(incomplete dominance)이 나타나는데, 이때 동형접합체 G^1G^1은 붉은 꽃을, 동형접합체 G^2G^2는 흰 꽃을, 그리고 이형접합체 G^1G^2는 그 중간색인 핑크 꽃을 만들어 낸다. G^1과 G^2는 이형접합체에

Gregor Mendel에 관한 더 많은 정보를 원하면 멘델 웹(Mendel Web) 사이트(http://www.mendelweb.org/; 2007년 3월 29일에 확인함)에서 여러 정보를 참조.

서 서로 구분되는 효과를 내므로 **공동우성**(codominance)으로 간주된다. 즉, 각각이 특정한 물질을 만들어 내어 이형접합체 G^1G^2에서는 두 화합물이 함께 나타나게 된다.

복대립유전자(multiple alleles)

심지어 특정한 형질을 결정하는 어떤 유전자는 셋 이상의 대립유전자, G^1, G^1, G^3, ...등을 가져, 예컨대 동형접합체 G^1G^1, G^2G^2, G^3G^3, ... 마다 서로 다른 색 또는 복합물을 만들어 내기도 한다. 또한 어떤 체계의 대립유전자 사이에는 서로 다른 우성관계가 나타나기도 하여, G^1은 G^2에 공동우성적 효과를 내지만 이들 대립유전자 G^1과 G^2는 G^3에 완전 우성인 것처럼 표현되기도 한다. 이러한 복수의 대립유전자적 체계가 나타나는 이유는, 하나의 유전자는 수백, 수천의 뉴클레오티드가 일렬로 배열되어 있고, 하나의 대립유전자의 차이는 그중 하나 또는 여러 위치에서의 단 하나의 뉴클레오티드 변이에 의해서도 나타날 수 있기 때문이다.

상위(epistasis)

더욱이, 서로 다른 대립유전자 체계에 있는 유전자 간에 상호작용이 일어나, 예컨대 대립유전자 G^1의 발현이 변화되기도 하는데, 이는 어떤 대립유전자들이 H^1 또는 H^2 같은 다른 종류의 유전자 쌍에 위치해 있기 때문이다. 이러한 상호작용에는 **어떤 특정한 대립유전자의 우성 관계를 변화시킬 수 있는** 경우도 있는데, 예를 들어 G^1의 효과는 H 좌위의 어떤 유전자형에서는 G^2에 우성이지만, 같은 H 좌위의 다른 유전자형에서는, 즉 유전적 배경이 틀려지면, G^2에 열성이 된다. 이처럼 하나 이상의 유전자 쌍이 다른 유전자 쌍에 의해 효과가 변화되는 경우에서의 상호작용을 일컬어 **상위적** 상호작용(epistatic interaction)이라 한다. 유전자가 다른 유전자의 기능을 변화시켜 질적 형질특성에 영향을 주는 경우, 이 유전자를 **변경유전자**(modifier gene)라고 한다.

일반적으로 야생형(wild type) 대립유전자는 이배체 생물의 경우 우성인데, 이는 아마도 다른 대립유전자들이 별로 유리하지 않거나 심지어는 해로운 산물을 만들어 내는 반면에 이들은 유리한 산물을 만들어 내기 때문일 것이다. 분자 수준에서 보면, 이러한 야생형 대립유전자의 산물은 주로 효소 같은 기능성 단백질이다. 돌연변이성 대립유전자의 산물은 흔히 무기능성 혹은 부분적 기능성이거나, 아예 없어진 비대립유전자(null allele)이다. 예를 들어, 멘델의 주름진 완두콩을 유발한 열성 대립유전자는 분지형 녹말 분자를 만들어 내는 효소의 정상적 발현을 막는다(Bhattacharyya et al., 1990).

다양한 대립유전자의 차이들과 여러 가지 우성 및 상호작용의 효과들이 가능하기 때문에, 발현될 수 있는 변이는 앞에서 감수분열 동안 염색체의 독립 분리에 관해 설명된 것보다 훨씬 크게 나타난다. 간단한 예로서, 4개의 대립유전자(G^1, G^2, G^3, G^4)를 갖는 유전자가 만들어 낼 수 있는 이배체 유전자형의 가능한 수는 10가지(G^1G^1, G^1G^2, G^1G^3, G^1G^4, G^2G^1, G^2G^2, 등)에 이른다. [역자 주: 원문에는 G^2G^1이 10가지 중 하나의 예로 나오지만, 실제로 10가지는 G^1G^1, G^1G^2, G^1G^3, G^1G^4, G^2G^2, G^2G^3, G^2G^4, G^3G^3, G^3G^4, G^4G^4 이고, G^2G^1은 G^1G^2와 같은 것으로 고려되어 서로 다른 10가지에 포함되지 않으므로, G^2G^1이 10가지의 예로 G^1G^2과 함께 포함된 것은 저자의 오류로 보임] 그 같은 유전자가 100개라면 가능한 유전자형의 조합은 무려 10^{100}에 이르는데, 이는 우주에 존재하는 모든 양자와 중성자의 예상 수치보다 큰 것이다. 세포성 생물이라면 적어도 100개의 유전자(첨언하면, 조상세포(progenote)가 처음 제시되었을 때 그 안에 존재하는 유전자의 개수가 100개였음)보다 더 많이 가지고 있고, 또 각 유전자는 이처럼 다양한 수의 대립유전자를 가지고 있으므로, 그 유전적 다양성의 잠재력은 아마도 어떤 가능한 실재적 수치보다도 수적으로 클 것이다. [역자 주: progenote는 두 가지 서로 다른 의미를 가질 수 있는데, 처음에는 원핵생물이나 진핵생물의 후기 공통 조상으로서 제시된 조상세포의 의미가 컸으나, 이후 그 자리에 원핵생물이 오는 것이 더 적합하다는 연구결과가 나오면서 progenote는 그보다 더 이전의 원시세포 단계를 의미하는 것으로 해석되곤 한다.]

상위를 유전적 상호작용의 하나로 보고, 생물학적 복잡성의 증가는 유전체의 복잡성을 반영할 가능성이 높다는 점을 고려할 때, 우리는 상위 자체가 진화되어 왔을지를 궁금해 하게 된다. 최근의 연구에 따르면, 그 대답은 그렇다가 되어야 할 것 같다. 생물의 여러 계에 걸친 광범위한 연구에 의하면, 바이러스는 적은 수의 상위적 상호작용을 나타내지만(만약 상위가 흔하면 돌연변이는 기대치보다 영향을 많이 미치지 못함), 진핵생물은 더 많은 수의 상위적 상호작용을 나타낸다. Sanjuán과 Elena(2006)는 그 이유를 두 그룹 간 유전체의 간결하거나 복잡한 특성의 차이 때문으로 본다.

Mendel 유전학의 예외

비록 Mendel은 원인은 잘 몰랐지만, 그의 법칙은 염색체 분리와 조합의 감수분열 과정과, 배우자 형성 시 서로 다른 염색체쌍의 독립분리에 근거하고 있다. Mendel의 연구결과가 세상에 알려지면서, 곧 Mendel의 법칙을 이끈 요인과 감수분열에서의 염색체 분포가 서로 관계가 있다는 것이 밝혀지게 되었으며, 이는 그 후 유전학이라는 새로운 과학의 근간을 제공하게 되었다.

곧 이어 수 년 내에 다양한 동식물을 대상으로 한 많은 연구결과들이 멘델의 법칙에 의한 비율과 변이에 대한 지지를 나타내었다. 진핵생물은 감수분열 과정을 공유하기 때문에, Mendel의 법칙은 — 상동염색체의 분리가 대립유전자의 분리를 유발함, 그리고 비상동적 염색체들의 독립적 분리(독립분리) — 유성생식을 하는 진핵생물에서는 거의 대부분 적용될 수 있었다(**글상자 9–1**).

이후 수십 년 동안, 멘델의 법칙을 벗어나는 두 가지 중요한 경우가 밝혀졌는데, 그것은 **핵외 유전**(*extranuclear inheritance*)과 **대립유전자들의 분리에서 나타나는 이상 형태**(*aberrant pattern*)이다. 두 가지 다 원래의 감수분열 원칙을 벗어나고 또한 두 가지 다 유전적, 진화적 중요성을 가지고 있다.

핵외 유전

그 첫 번째 예외적 발견은, 어떤 형질은 핵의 유전 방식을 따르지 않고 **난자의 세포질을 통해 전달된다**는 것이다. 그 같은 **핵외 유전**[extranuclear inheritance; **세포질 유전**(cytoplasmic inheritance) 또는 **모계 유전**(maternal inheritance)이라고도 함]이 이루어지는 것은 다음의 이유 때문이다:

- 미토콘드리아나 엽록체와 같은 세포질의 소기관이 자신의 DNA 유전물질을 따로 갖고 있고,
- 부모 중 암컷은 난자가 형성될 때, 그 안에 유전자 산물(단백질, mRNA들)을 저장한다.

난자의 수정이 이루어지는 동안, 실제로 이들을 포함한 거의 모든 난자 세포질이 모계로부터 유래된다. 정자는 기본적으로 핵 유전물질만을 제공하며, 잘해야 극히 일부 미토콘드리아를 제공할 뿐이다.

실제로 미토콘드리아와 엽록체에서 유전자가 처음 발견되고, 이들의 세포질 유전을 통해서, 세포소기관들이 공생을 통해 진핵생물로 들어갔다는 가설이 지지받게 되었다. 미토콘드리아, 엽록체, 핵 및 핵막, 그리고 세포질의 미세구조는 매 세대 초기마다 이미 **기형성 구조물**(*pre-formed structure*)로서 접합체 내에(실질적으로 알 안에) 존재한다. 그 같은 유전된 구조물은 곧 우리가 전성설 개념(notion of preformation)을 완전히 무시할 수만은 없는 증거이기도 하다(제1장 참조). 난자와 그 안의 모든 구성물은 유전된 구조물로 이미 갖춰지고, 또한 예를 들어 10장에 나오는 메틸화와 각인 과정(process of metylation and imprinting)과 같은 "유전자의 표현형(phenotype of the genes)"도 마찬가지이다.

분리의 예외적 유형

멘델의 법칙에서의 두 번째 이탈은, 어떤 핵 유전자는 **이형접합체에서 예상대로 분리가 일어나지 않는** 경우를 발견한 것이다. 이전에 설명한 바와 같이, 이형접합체에서 감수분열에 의해 만들어진 4개의 반수체 산물들은 4개의 배우자가 되어 2개는 한 가지 대립유전자를, 나머지 둘은 다른 한 가지 대립유전자를 가지게 된다(예, $Rr \rightarrow 2R{:}2r$). 그러나 드물게, **분리**(segregation)가 정상적이지 않아, 어떤 대립유전자를 가진 이형접합체는 한 가지 대립유전자를 다른 것보다 많이 만들어 낸다(예, $Uu \rightarrow 3U{:}1u$). **분리왜곡**[segregation distortion, 또는 감수분열성 몰기(meiotic drive)라 함]이라 하는 이러한 적 전달은 몇 개의 드문 유전자들, 특히 *Drosophila*속의 *segregation distorter*와 쥐의 *tailless* 유전자와 관계가 있음을 발견하였다. 비록 흔하지는 않지만, 감수분열성 몰기는 어떤 분리왜곡자 유전자가 설사 유해 효과를 갖는다 해도 그 유전자가 계속 유지되도록 할 수 있다.

어쩌면 또 하나의 Mendel의 유전학의 — 반대적이기 보다 사실상 다듬는 의미로서 — 예외는, 만약 유전자들이 같은 염색체상에 위치해 연관되어 있다면 유전자들은 반드시 서로 독립적으로 분리되지는 않는다는 것이다. 이러한 연구는 어떤 유전자들 — **반성 유전자**(sex-linked gene)들 — 이 X(성) 염색체에 위치해 있다는 추론으로부터 시작되었다. 이러한 추론은 성 결정(sex determination)(아래)에 관한 유전학, 성결정 기작(sex-determining mechanism)(글상자 9–1 참조)의 진화, 그리고 성 연관(sex linkage)에 관한 토의를 이끌었다.

■ 성 결정

유성생식은 2개의 서로 다른 성적 형태가 만들어지고, 여기서 생식은 그 두 개체의 성세포(배우자)의 연합에 따라 접합체라는 후손의 초기 세포를 형성함으로써만이 이루어지는 것을 말한다(그림 9–1 참조). 여기에는 여러 가지 흥미로운 면들이 있는데, 그중 하나로 다양성(diversity)을 들 수 있다. 실로, 인간 또는 어떤 한 종에서 나타나는 현상을 모든 종에서의 모델로 삼을 수 있다고 생각하면 오산이다. 생물체에서 성 결정을 위한 기작은 참으로 엄청나게 다양하기 때문이다. 그 예로서 **생식기 펜싱**(*penis fencing*)을 들어보자.

*Pseudobiceros hancockanus*라는 종은 비록 **자웅동체**(hermaphrodite)(즉, 암수 기관 모두가 각 개체에서 발견됨: 아래 참조)인 해수성 편형동물이지만 상대를 찾아서는 교미를 위해 싸움을 벌인다. 교미할 상대를 찾게 되면, 이 벌레는 생식기를 가지고 칼싸움을 시작한다. 실제로 어떤 개체는 두 개의 생식기를 가지고 있어서 훨씬 더 유리한 경우도 있다. 스스로에게 수정을 하면 되는 데도 불구하고 왜 그럴까? 동계교배(inbreeding)의 확실한 단점 말고도, 생식기로 누가 먼저 상대를 찌르느냐에 의해 개체의 성이 결정되기 때문이다. 먼저 찌르는 개체가 수컷이 되면서, 두 개의 꼬리를 가진 정자들을 한 웅큼 상대방에게 전달하고, 상대방은 어쩔 수 없이 암컷으로서 알을 낳기 위한 영양분을 확보하기 위해 애써야 한다.

아니면 **온도**를 예로 들어보자.

악어나 다른 여러 파충류들의 성은 알이 발달할 때의 온도에 따라 배발생 중에 결정된다. 어떤 종은 높은 온도가 수컷을 만드는 한편, 또 어떤 종은 낮은 온도가 수컷을 만들고 높은 온도가 암컷화(feminization)를 유도하기도 한다.

이번에는 성어가 되어서 **성을 바꾸는** 물고기를 살펴보자.

글상자 9-1 성 결정 체계의 진화

염색체적 성 결정이 일어나기 위해서는, 자웅동체성(monoecy 또는 hermaphroditism; 한 개체 안에 암수 생식계가 같이 있음)이 우선 자웅이체성(dioecy; 성이 분리됨)으로 바뀌어야만 하며, 타가수정(cross-fertilization; 이계교배, outbreeding)을 통해, 자가수정(self-fertilization; 동계교배, inbreeding)에서는 비교적 없는 유전적 다양성을 얻음으로써 추진되어질 것이다. 그러한 이점을 고려해 보면, 자웅동체 집단이 그 집단내 다른 개체의 수컷 배우자가 수정할 수 있는 암컷을 낳는 것은 분명 선택적 이익이 있다. **그림 9-8**의 위 쪽 순서에서 볼 수 있듯이, 자웅동체인 생물에서 그러한 암컷으로의 전환은 단지 수컷의 불임을 유발하는 단 하나의 돌연변이만으로도 충분하다.

이렇게 되면 암컷의 존재는 곧 수컷 배우자를 낳도록 특성화된 개체가 유리하도록 해 주며, 이들 또한 자웅동체적 생물체에서 나올 수 있지만, 돌연변이는 암컷 불임을 유발할 것이다(그림 9-8 아래쪽 순서). 그 결과, 이 예에서는 성 결정을 위한 두 종류의 염색체를 갖는 자웅이체 집단이 만들어지는데, X는 열성적 수컷 불임에 의해 구별되어지고, Y는 우성적 암컷 불임에 의해 구별되어진다.

수컷불임인 동시에 암컷불임인 개체는 번식할 수 없으며, 그림 9-8에서 보는 것처럼, 이들 유전자 간의 교배로부터 그러한 개체가 나올 수 있으므로, 순차적 결론들(아래에 10가지를 요약함)은 다음과 같다.

1. **교차를 막는 선택**(selection to prevent crossing over)은 유전자들이나 염색체 배열로 하여금 X와 Y 간의 재조합이 방해되도록 유도하며, 이형배우자적 성, 즉 수컷에게 중요한 Y 염색체에 있는 유전자들 간에 강한 연관을 유지하게끔 돕는다. 그러므로 성적 길항성 유전자(sexually antagonistic gene)들은, 수컷의 교미 성공을 위해서만 존재하는 유전자처럼, 수컷에게 득이 되고 암컷에게 해가 되며, Y 염색체에 모이도록 선택될 수 있으며, 따라서 Y를 갖는 자손에게만 전해지게 된다. 암컷에게 해가 되는 이런 효과에 반해, Rice(1998)는 X 염색체 연관유전자 및 상염색체성 유전자는 암컷의 적응을 선호하는 방향으로 선택된다고 제안하였고, 결과적으로 암수의 "길항성 공진화(antagonistic coevolution)"가 진화적 시소(evolutionary see-saw)같이 나타나는 것이다.
2. 일단 X-Y 간 재조합이 줄어들면, **Y 염색체에 해로운 돌연변이가 축적된다.** 한 예로 **뮬러의 깔쭉톱니**(*Muller's ratchet*)라고 알려진 과정을 보면, 표본 오차 때문에, 집단은 가장 적은 수의 해로운 돌연변이를 갖는 개체군을 보다 쉽게 잃게 되며, 따라서 그러한 돌연변이가 증가하는 군은 시간이 지날수록 늘어간다는 것이다. 원인이 무엇이든, Rice(1994)는 Y 염색체에 유해한 돌연변이의 증가가 재조합의 결핍과 관련이 있음을 실험적으로 증명하였다.
3. 이 같은 유해 돌연변이 효과를 없애기 위해서는(성 결정 유전자를 제외한) **Y 염색체의 비활성화가 선택적으로 유리해지며**, 그 결과 흔히

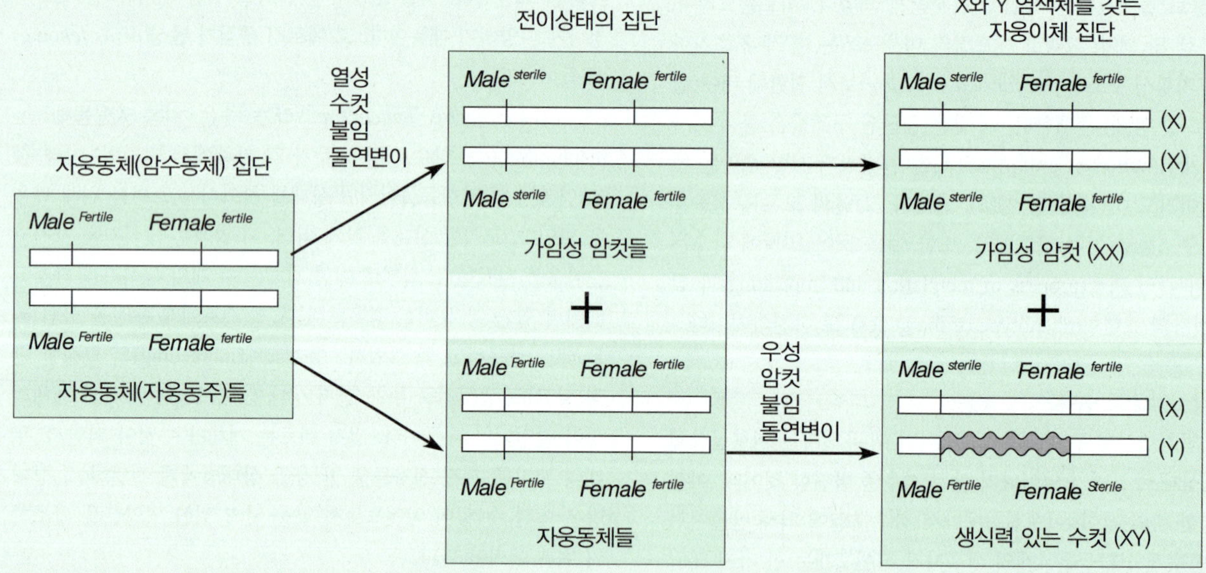

그림 9-8 자웅동체적 집단에서 자웅이체적 집단으로의 전이를 이끄는 핵 돌연변이의 발생 순서. 각 수평막대는 성염색체를 의미한다. 이 예에서 Y 염색체는 우성의 *Male*^{Fertile}과 *Female*^{Sterile} 대립유전자들 때문에 웅성 발달을 결정하는 반면, X 염색체는 이 좌위에서 열성대립유전자들(*Male*^{sterile}, *Female*^{fertile})을 가지며, Y 염색체가 없으면 암컷이 만들어진다. (초기의 우성적 *Male*^{Sterile}과 *Female*^{Fertile} 돌연변이로 인해 암컷이 만들어지는 것 같은 다른 종류의 돌연변이들이 일어나면, 이형배우자적 ZW 암컷이나 동형배우자적 ZZ 수컷이 만들어질 수도 있음을 유의하자.) Y 염색체의 *Male*과 *Female* 유전자 사이의 물결 부분은 재조합 결핍 구간(가까운 연관에 의해, 또는 역위 같은 교차억제인자에 의해 유발될 수 있음)을 나타내는 것으로, 만약 교차가 일어난다면 불임 개체가 *Male*^{sterile}과 *Female*^{Sterile} 대립유전자 둘 다를 가지고 있을 수 있으며, 또한 자웅동체적 상태인 *Male*^{Fertile} *Female*^{fertile}로 돌아갈 수도 있을 것이지만, 재조합 결핍 구간은 교차를 방해한다. (Charlesworth, B., 1996. The evolution of chromosomal sex determination and dosage compensation. *Current Biol.*, 6, 149-162에 기초하여 일부 수정.)

보는 X–Y 성염색체 핵형이 유지된다. 염색체의 비활성화는 전체 염색체 또는 부분들에서 관찰할 수 있는데, 정상적으로 활성을 갖거나 변경되지 않은 부분인 **진정염색질**(euchromatin)과 달리 이들 **이질염색질**(heterochromatin)은 현미경 하에서 다르게 염색이 된다. Y 염색체의 비활성화에 따라 전이성 인자(전위인자, transposable element)(10장 참조)나 반복 DNA 염기서열(repetitive DNA sequence) 생존력에 있어서 능동적으로 도태되지 않으므로 염색체에 계속 남아 있을 수 있고, 또 재조합이 이들을 제거시키지도 않으므로, 결과적으로 이들의 수가 증가된다.

4. X 염색체와의 재조합이 줄어듦에 따라 Y 염색체의 많은 부분이 비활성이 되므로, **Y 염색체는 크기가 줄어들 수 있다**. 선택압은 더 이상 Y 염색체를 보존하기 위해 작동하지 않으며, 이는 많은 XX–XY 종에서 볼 수 있는 하나의 특징이다.

   인간의 Y 염색체는 특히 집중적으로 연구되어 왔다. 인간의 X 염색체가 약 165Mb의 크기에 약 1,000개의 유전자를 가지고 있는데 비해, Y 염색체는 단 60Mb의 크기에 더 적은 수의 유전자를 갖고 있다. Y 염색체가 특별한 도태압에 지속적으로 노출되어 왔고 지금도 그러하다는 점이 더욱 분명해지고 있으며, 또한 포유류의 유전체에서 다른 어떤 유전자에 비해 높은 수준의 돌연변이(mutation)와 결실(deletion) 및 삽입(insertion)이 일어나고 있다. 따라서 포유류의 Y 염색체는 인간의 Y 염색체가 멸종에 가까워졌다는 점에서 체계적으로 이루어지고 있는, 퇴화가 현재 진행 중인 것으로 간주된다(Graves, 2006).[a]

5. 이 과정 중에, 성 결정 유전자 외에는 **Y 염색체는 기능성 유전자가 거의 없으며**, 만약 이들이 다른 곳으로 전좌(translocation)되거나 그 기능이 다른 염색체에 있는 유전자에 의해 발휘된다면, 그 결과, *Drosophila*처럼 성 결정이 X/A 비율에 따르는, XX 암컷과 XY 수컷인 종이 나타날 것이다. *Drosophila melanogaster*의 경우, 성 결정은 X 염색체와 상염색체(autosome)의 비율에 의해 정해진다. 비율이 1(X 염색체 2개와 상염색체 2조)인 개체는 암컷이 된다. 비율이 0.5(X 염색체 1개와 상염색체 2조)인 경우, 수컷이 된다. 성 결정에 관여하는 주요 조절 유전자는 *Sxl*(*Sex lethal*)인데, 이것이 발현되면 암컷이, 그렇지 않으면 수컷이 된다. *Sxl*을 작동시키고 안 시키고 하는 것은 X 염색체와 상염색체에 있는 어떤 유전자들 간의 관계로부터 유발된다. X 염색체와 상염색체의 비율이 1이면 *Sxl*이 켜지고, 비율이 1/2이면 *Sxl*이 꺼진다.[b] 반대로, Y와 상염색체 간의 **전좌**(translocation)는 "신-Y" 염색체("neo-Y" chromosome)를 만들어 내는데, 이는 감수분열에서 그 전좌가 일어난 상염색체(X_2)뿐 아니라 그 전의 X(X_1)와도 쌍을 이루면서, X_1X_2Y 수컷 / $X_1X_1X_2X_2$ 암컷 성염색체 조성을 만든다. **그림 9–9**는 X와 Y 염색체의 변화의 순서를 보여 주는 *Drosophila* 핵형(karyotype)들의 예이다.

6. 어떤 경우에는 성적으로 차이나는 발달과정이 시작되기 위해 **단 하나의 성결정 유전자만 있으면 된다**. 포유류에서 Y 염색체에 있는 SRY 유전자가 수컷 발달에 있어 그 역할을 담당한다. 어류에서 파충류에 이르는 다른 척추동물에서는 SRY의 포유류 성염색체 좌위를 공유하지 않으므로, 포유동물에서의 그 역할은 아마도 특별한 척추동물의 기능으로부터 나오게 되었을 것이다.[c]

7. 이형배우자와 동형배우자간의 X(또는 Z) **염색체 유전자량**(chromosome gene dosage)**의 차이는** 여러 가지 방법으로 **보정될 수 있다**. 한 가지 방법은, 만약 X(또는 Z) 염색체가 작고 활성 유전자가 얼마 없다면 그냥 무시하는 것이다. 새나 나비의 경우 ZW 암컷은 ZZ 수컷의 Z 유전자 산물의 양의 절반 정도만 만들어 내는데, 그 차이는 발달에 별 영향을 주지 않는다.

   X 염색체가 크고, 많은 활성 유전자들을 가지고 있는 경우, **유전자량 보정**(dosage compensation)은 크게 두 가지 체계가 알려져 있다. *Drosophila*의 경우, 수컷에서 1개의 X 염색체는 암컷의 두 개의 X 염색체 각각에 비해 두 배 정도 높은 활성을 띠고, 태반포유류(placental mammals)의 경우, XX 암컷의 각 세포 중 1개의 X 염색체만이 활성을 띤다. 이 두 가지 체계에 따라 XX 암컷은 기본적으로 XY 수컷과 같은 정도의 X 염색체 유전자량을 갖게 된다. 유전자들 중 일부는 성 결정에 관여하고 있고, 이 중 많은 것들이 밝혀졌으며, 특히 *Drosophila* 노랑초파리와 *Caenorhabditis* 선충에서 잘 알려져 있다.[d]

8. 동물의 종간 결손형 교잡을 설명하는 데 유용한 **할덴의 법칙**(Haldane's rule)에 의하면, 두 서로 다른 동물 품종 간의 F_1 자손에서 한쪽 성이 결여되거나, 드물거나, 불임인 경우 그 성은 이형접합체적(이형배우자적–XY, XO, ZW, 또는 ZO) 성이다. 유전학자들은 흔히 이 법칙의 원인을 반성(sex-linked) 유해 열성 대립유전자 때문이라고 한다. 다른 종의 반성 열성대립유전자와 불화합성인 어떤 종의 상염색체 대립유전자를 갖는 종간잡종(interspecific hybrid)은 이형배우자적 성에서 더 쉽게 유해 효과를 나타낸다. 예를 들어, XY 수컷에서 X 염색체 연관 유해 열성대립유전자(X-linked deleterious recessive allele)는 동형배우자적 XX 암컷에서처럼, 다른 하나의 X 염색체에 있는 우성대립유전자에 의해 숨겨질 수 없다. 이 설명에 추가적 연구가 이어지면서 두 가지 개

[a] 밑씨보다 화분의 더 높은 돌연변이율에 대하여는 Whittle and Johnson(2003)을 보라. 또 다른, 아직 연구나 이해도가 부족한, 부분으로 어떤 종은 두 종류의 정자 또는 두 종류의 화분 알갱이를 생산하는데, 당연히 이럴 경우 정자 또는 화분 알갱이들 사이에 경쟁이 유발된다(Till-Bottraud et al., 2005).

[b] *Drosophila*에서의 성 결정에 관하여 Cline(1993)과 Parkhurst와 Meneely(1994)를 참조. 그러나 이 기작이 모든 파리류에 다 적용되는 것은 아니다.

[c] 고전이라 할 수 있는 White(1973, 1978)와 Bull(1983)의 책은 다양한 유전적, 염색체적 변이로부터 나타나는 성 염색체의 많은 다른 예들을 제공한다.

[d] 유전자량 보정에 관하여는 Charlesworth(1996), Cline과 Meyer(1996) 그리고 Lucchesi(1998)을 참조.

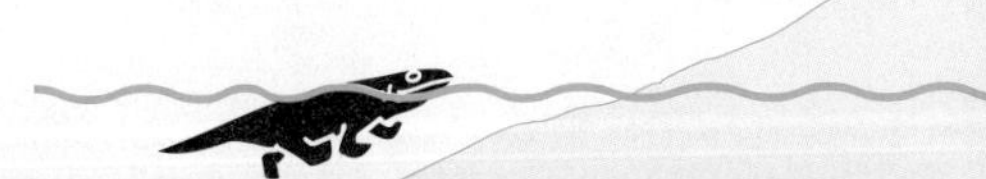

글상자 9-1 성 결정 체계의 진화(계속)

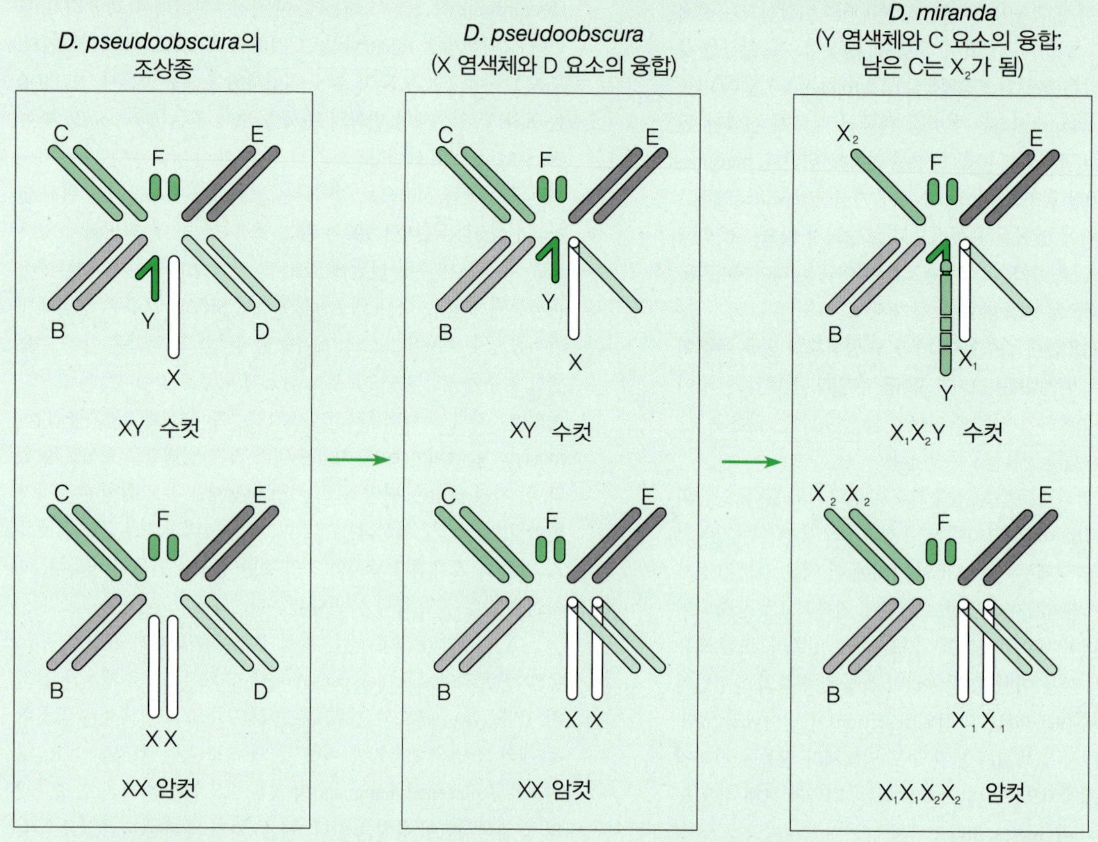

그림 9-9 *Drosophila miranda*가 형성되어가는 계통에서 성염색체의 변화를 도식화한 모습. 보는 바와 같이, *Drosophila*속의 원래의 염색체 구성요소는 보통 여섯 개의 글자, A–F로 표시하며, A 요소는 성염색체를 의미한다. 왼쪽의 종은 가설적 조상을 나타내며, 일반적인 XY 염색체 핵형을 가지고 있다. 이어서, *D. pseudoobscura*에서는 X가 D와, *D. miranda*에서는 Y가 C 요소와 융합이 일어났다. 따라서 *D. miranda*의 성염색체 조성은 X_1X_2Y 수컷과 $X_1X_1X_2X_2$ 암컷이며, 암수는 각각 세 쌍의 상염색체(B, E, F 요소들)도 갖는다. (Lucchesi, J. C., 1994. The evolution of heteromorphic sex chromosome. *Bioessays*, 16, 81–83.에서 수정 인용.)

어떤 환경에 노출되면 수컷인 동물에서 암컷의 특징이 나타나게 하는(여성화, feminization) 화학물질들이 많이 있다는 것을 아마도 다들 알 것이다. 다들 잘 모르는 사실은, 열대 산호초의 물고기들의 대부분이 살아가는 동안 성을 바꾼다는 사실, 그것도 종종 몇 시간 만에, 어떤 종은 수컷에서 암컷으로, 어떤 종은 암컷에서 수컷으로, 또 어떤 종은 상대의 성을 가진 물고기를 막지 않아도 스스로 자웅동체로 바꿀 수 있다는 것이다. 연구가 더 필요하지만 이는 아마도 호르몬이 중요한 역할을 하는 것으로 생각되는데, 왜냐하면, 비록 성을 바꾸는 것이, 실험실에서의 조치를 요하기는 하지만, 새의 경우 성 전환에서 호르몬이 중요한 역할을 하기 때문이다.

수컷 병아리는 오른쪽과 왼쪽의 정소(testis)의 크기가 비슷하다. 암컷도 비슷한 크기의 생식선 흔적기관(gonad rudiment)이 있는데, 왼쪽 것만 기능성 난소(ovary)가 되고 오른쪽 것은 흔적만 남은 채로 있게 된다. 만약 난소가 제거되면 이 흔적기관이 발달하여, 때로는 난소가 되기도 하고, 때로는 정소가, 그리고 때로는 양쪽 성의 특징을 모두 갖는 "난정소(ovotestis)"가 되기도 한다. 척추동물과 달리, 호르몬이 유발요인이 되는데, 수컷을 에스트로겐으로 처리해도 "난정소"가 발달하게 된다.[4]

마지막 예의 경우, 꿀벌 수컷은 무정란에서 만들어지므로 반수체가 된다. 암컷은 수정란에서 발달하므로 배수체가 된다(**반배수성** 또는 **단배수성**(*haplodiploidy*); 16장을 참조). 그러나 단 하

[4] Davison(2006)과 동물계 전체에서 나타나는 난정소에 관한 연구들을 참조.

념이 더해졌다: (1) 수컷의 성적 형질들(sexual traits)은 빠르게 진화하는 특별한 유전자 조합들에 의해 만들어지며, 이로 인해 일부 또는 많은 수컷들이 잡종불임성(hybrid sterility)에 더 민감해진다, (2) 성적으로 편향된 잡종 열세(sex-biased hybrid inferiority)는 유전자 유동(gene flow)을 방해할 수 있는 고립 기작(isolating mechanism)으로 작용할 수 있다.[e]

9. 비록 이형배우자적 성이 이론적으로는 같은 수의 암컷 및 수컷 결정 배우자들을 만들어 내지만, **같은 성비가 필연적으로 나타나는 것은 아니다**. 어떤 핵 유전자는 수컷이나 암컷의 접합체의 생존력에 영향을 준다. 또 다른 유전자의 경우, 감수분열 동안 X나 Y 염색체들이 정상적으로 분리되는 능력을 바꿔놓기도 한다("분리왜곡자(segregation distorter)"). 생존력에서나 배우자의 분리에서 나타나는 이러한 비정상적 유형은 수컷이나 암컷의 빈도에 영향을 줄 수 있다. Y 염색체의 불활성화(inactivation)는 X 보다 Y를 갖는 배우자를 더 많게 하여 결국 암컷보다 수컷이 더 많게 만드는 분리왜곡자를 불활성화 시키는 장점을 갖는다.

많은 종에서 동수의 암수 성비가 지배적인 이유를 알아보는 방법으로 한 가지 성이 줄어들면 어떻게 되는지를 고려해보면 된다. 집단 내 암컷이 드물다고(예를 들어, 수컷:암컷 성비가 5:1이라) 하면, 암컷은 이제 더 자주 교미를 할 것이고 따라서 짝을 찾기 힘든 수컷에 비해 많은 자손을 낳을 것이다. 이러한 상황은 수컷보다 암컷을 더 많이 낳는 유전자형을 선호하게 될 것이며, 결국 변형된 성비는 다시 정상화될 것이다.

[e] 잡종불임성에 관해서는 Turelli(1998)를, 방해된 유전자 유동에 관해서는 Wang (2003)을 참조.

[f] 안정적 성비에 관하여는 Fisher(1958)를, 플라티(platyfish)에 관하여는 Basolo (1994)를, 그리고 Drosophila에 관하여는 Cavalho and coworkers(1998)를 참조.

반대로 수컷이 드문 상황이라면, 암컷보다는 수컷을 더 많이 낳는 유전자형이 유리해지고 따라서 성비도 다시 정상으로 돌아갈 것이다. 어느 때에 이르러 집단에서 성비가 1:1로 안정화되면, 한쪽 성을 더 낳는 유전자형은 더 이상 득이 되지 않게 된다. 실험에 따르면, 플라티(platyfish)라는 열대어인 *Xiphophorus maculatus* 개체군들이 여러 가지 성비 유전자형을 가지고 있으며, 위에 설명한 방향으로 진화되어 가는 것을 보여 주었으며, *Drosophila*에서도 같은 결과를 보여 주었다.[f]

10. 흥미롭게도, 온도나 호르몬 등에 대한 민감성 때문에 XY나 XX 핵형의 한 가지 또는 둘 다에서 성이 바뀌는 경우처럼, 염색체적 성결정은 또한 **환경적 성 결정으로 변환될 수 있다**.

성전환의 다양한 예가 존재하며, 환경이 전체적으로 일정하기보다 지역적("patchy")이 되면 환경적 성결정 체계가 만들어지는데, 즉 환경의 일부에서 한 가지 성을 다른 성보다 더 선호하는 것이다. 예를 들면, 어떤 지역에서는 먹이공급이 충분해 보다 큰 암컷이 나올 수 있는 반면, 영양이 나쁜 지역에서는 작은 수컷이 만들어진다. 이 같은 차이점은 이어서 환경에 따른 구분이 없는 유전적 또는 염색체적 기초보다는 환경적 민감성에 기초한 성결정을 설정하는 중요한 선택요인으로 작용한다.

성비에 대한 환경적 영향을 보여 주는 예를 *Acrocephalus sechellensi*, 세이셸개개비(Seychelles warbler)라는 새[역자 주: 휘파람새과 개개비의 일종]에서 볼 수 있는데, 이들은 보통 자신의 암컷 새끼를 이후에 낳은 새끼를 기를 때 도우미로 활용한다. 먹이가 충분할 때는 도우미 암컷 새끼들이 부모의 생식 성공률을 높여 새끼의 암수 비율이 6:1이지만, 먹이가 부족하면 한정된 먹이로 인한 경쟁 때문에 부모의 생식 성공률을 낮춰 새끼의 암수 비율은 1:3으로 떨어진다(Komdeur et al., 1997).

나의 암컷만이 여왕이 되어 알을 낳는다. 모든 다른 암컷들은 여왕의 알을 돌보고, 간접적이지만 여왕 암컷의 생식적 성공에 기여한다(혈연도태 또는 혈연선택(kin selection); 20장을 참조). 여왕은 이러한 불임 일벌들의 공헌을 그저 수동적으로 받는 것은 아니다; 여왕은 호르몬을 분비하여 일벌들의 생식력(fertility)을 억제하는 것이다(16장을 참조).

성 결정의 유전학

일반적으로 수정을 통해 합쳐지는 두 부모의 배우자들은 서로 실질적인 차이가 있으며(정자와 난자), 서로 다른 기관으로부터(정소와 난소) 형성된다. 한쪽 성은 크고 정적인 난자를 만들도록 선택되고, 다른 한 성은 작고 유동적인 정자를 만들게 선택된 이러한 일의 분담은 배에 충분한 양분을 제공하는 커다란 접합체를 만들게 하는 적응적 이점이 있으면서도 각 부모로부터 비슷한 양의 핵 유전자 정보를 받는다; 단, 난자에 대한 모계로부터의 세포질상의 공헌을 기억하자.

대개의 식물과 많은 "하등한" 동물에서는 서로 다른 성적 기관이 자웅동체의(hermaphroditic) 또는 **자웅동주의**(monoecious) 개체 하나에 함께 존재하며, 각 개체는 두 가지 성의 배우자를 모두 생산할 수 있다. 반면에 일부 식물(그리고 대부분의 동물들)에서는 암수가 서로 다른 **자웅이체(자웅이주)의**(dioecious) 상태이며, 각 개체는 꽃가루(pollen)나 밑씨(ovule)(정자 또는 난자)를 생산하지만 두 가지를 다 생산하지는 못한다. 유성생식에 의해 발생하는 유전적 그리고 표현형적 변이는 끊임없이 변화하는 환경에 노

출된 생물들이 오랫 동안 살아남는 데 필수적인 것으로 보인다.

성 염색체

특히 포유류 같은, 다양한 생물들에서 성 결정은 두 성 간의 염색체의 차이와 관계된다. 즉 XX는 여성, XY는 남성이며, Y 염색체는 남성을 결정하고 수정하는 데 관여하는 유전자를 제외하면 주로 더 작고 대부분이 비활성적이다. 비록 비활성적이지만, Y 염색체는 감수분열에서 X 염색체와 짝을 이뤄 후기(anaphase)에 두 염색체가 서로 다른 극(pole)으로 이동할 수 있도록 하는 역할을 담당한다. 그럼으로써 **이형배우자적**(heterogametic) XY 개체는 X를 갖거나 Y를 갖는 두 종류의 배우자를 같은 비율로 생산할 수 있고, 이로써 자손에 있어서도 대략 같은 성비를 갖도록 한다.

그러나, 이것이 유일한 성 염색체 체계만은 아니다. 다른 체계의 예로는, XX 암컷과 XO 수컷, XX 자웅동체와 XO 수컷, 이형배우자적(ZW) 암컷과 **동형배우자적**(homogametic)(ZZ) 수컷, 그리고 XXXX 암컷과 XXY 수컷 등이 있다. 놀랍게도, 단공류(monotreme)는 2억 1천만 년 전(210Mya)에 태반성(placental) 동물과 갈라졌기 때문에, 오리너구리(platypus)(*Ornithorhynchus anatinus*)는 5개의 X와 5개의 Y 염색체를 가지고 있으며, 이들은 감수분열시 전좌 사슬(translocation chain)을 형성하는데, 이것은 일부는 더 원시적인 파충류나 새의 성 결정 체계를 물려받고, 또 일부는 포유동물의 X 염색체 체계가 변형되면서 만들어진 체계다.[5]

상염색체와 성 결정

이성을 갖는 종에서 성염색체가 거의 모두 발견된다고 해서 그것이 곧 성 발달에 영향을 주는 유일한 염색체일 필요는 없다.

성이란, 성과 관계없는 여러 가지 염색체의(**상염색체성** autosomal) 유전자들의 영향을 받는 복잡한 발생적 특징을 갖는다. 예를 들어, *Drosophila*에서는 X 염색체의 상염색체 세트에 대한 비율(X/A)이 성을 결정짓는다: 배수체에서(2조의 상염색체), 암컷은 X/A비가 1(2X/2A)을, 수컷은 X/A비가 1/2(1X/2A)을 갖는다. 이 비율을 벗어나는 경우에 성적 비정상(sexual abnormality)이 나타나는데, 예를 들면 삼배체(triploid, 세 쌍의 상염색체들)에서 X/A비가 2/3(2X/3A)이 되면 간성(intersex)을 만들어 낸다.

대개의 경우, 암수로의 발달 가능성은 성염색체의 부여와 관계 없이 수정이 될 때 나타난다. 따라서 *Drosphila*의 *transformer* 같은 유전자 돌연변이는 XX 접합체를 수컷으로 만들고, 사람에게 고환성 여성화 증후군(testicular feminization syndrome)을 일으키는 유전자는 XY 접합체를 암컷으로 만든다. 성염색체나 X/A비의 기능은 결국 생물체가 가질 수 있는 여러 성 중 하나 — 수컷 또는 암컷 — 로 발달하도록 정해 주는 "스위치" 기작의 일부로 작용하는 것이다.

이러한 여러 가지 발견을 통해 생긴 많은 종류의 질문 가운데는 다음과 같은 것들이 있다.

- 어떻게 성결정이 성염색체와 연관지어졌는가?
- 성염색체 핵형의 여러 가지 변이는 어떻게 만들어졌는가?
- 이형배우자적 XY 또는 XO(또는 ZW) 성은 단 한 조의 X(또는 Z) 염색체 유전자들을 가지는 반면, 동형배우자적 XX(또는 ZZ) 성은 두 조를 가지고 있는데, 그렇다면 이처럼 유전자 양에 있어서의 차이를 보상할 어떤 기작이 있을까? 그리고 그것은 어떻게 진화했을까?
- 두 종 간의 교잡에서 나온 자손 중에 한쪽 성만이 불임이거나 생존하지 못하는 경우, 이는 왜 거의 모든 경우 이형배우자적 성에서 나타날까("Haldane의 법칙")?
- 일반적으로 관찰되는 1:1의 암수 성비에는 어떤 장점이 있을까?
- 어떤 종은 어떻게, 그리고 왜 염색체적 성 결정 방법을 버리고 환경적 성결정을 택하였을까?

여러 학자들이 이 질문에 대한 해답을 제시하였고, 그중 일부는 글상자 9–1에 요약하였다.[6]

환경적으로 유발된 성 결정

순전히 유전적 기작에 의한 경우에 반해, 많은 동물 및 분리된 성을 갖는 식물에는 **환경에 의해 정해지는 성 결정 기작**도 나타난다.[7]

1. 익충류 바다 벌레(echiuroid sea worm)인 *Bonellia*의 경우, 자유유영을 하고 바다 밑에 정착하는 유충은 10~20cm의 몸체와 1m에 이르는 긴 주둥이(proboscis)를 가지면서 암컷으로 발달한다. 암컷의 주둥이에 내려앉은 유충은 1mm 길이의 매우 작은 수컷으로 발달하여 소화기관도 없이 암컷의 생식관에 기생형태로 살면서, 정자만을 생산해 낸다. (글상자 11–2에 설명된 뼈를 먹는 바다 동물 *Osedax*의 기생성 수컷도 참조.)

[5] 다른 종류의 성염색체 체계에 관하여는 Scherer과 Schmid(2001)를, 그리고 오리너구리에 관하여는 Grützner et al. (2004)를 참조.

[6] 진화와 성의 유지에 관한 발생 연구에 관하여 Maynard Smith(1978, 1988a), Bull(1983), Hodgkin(1992) 그리고 Charlesworth(1996)을 참조.

[7] 서로 틀린 암수 개체의 형성으로 정의한다면, 성 결정은 유전적이든 환경적이든 대개의 식물에는 적용되지 않는다; 씨를 갖는 식물의 약 90%가 암, 수 배우자를 함께 가지며, 5%는 암수가 따로이고(자웅이체성 dioecy; 14장 참조), 5%는 암컷 또는 자웅동체이다(자화양성화이주, gynodioecy). 자웅이체 종의 일부만이 성염색체를 갖는다. 성 염색체 없이도 성 결정은 유전적일 수 있다(또는 환경적일 수 있다; 우리는 다만 대부분의 종들에 대해 잘 모르고 있을 뿐이다). 흥미롭게도, 현존하는 식물 중 가장 원시적인 것 중 하나인 은행나무(*Ginkgo biloba*)는 성 염색체를 갖고 있다(Mark Johnson, 개인 정보).

표 9-1 사람과 그 외 포유류에서 X 염색체에 연관된 어떤 유전자 산물과 질병

사람에서 반성인 경우	포유류에서 반성인 경우
α-galactosidase 결핍증	침팬지, 고릴라, 양, 소, 돼지, 토끼, 햄스터, 생쥐, 고양이, 개, 캥거루를 포함하여 25여 종
무한성 외배엽 이형성	소, 개, 생쥐
브루톤형 무감마글로불린혈증	생쥐, 소, 말
동 이동 결핍증	생쥐, 햄스터
뒤시엔느/베커 근이영양증	생쥐, 개
글루코스-6-인산 탈수소효소 결핍증	침팬지, 고릴라, 양, 소, 돼지, 말, 당나귀, 산토끼, 햄스터, 고양이, 생쥐, 캥거루, 주머니쥐를 포함하여, 30여 종
A형 혈우병(factor VIII deficiency)	개, 고양이, 말
B형 혈우병(factor IX deficiency)	개, 고양이, 쥐
Hypoxanthine-guanine phosphoribosyl transferase(레쉬-니한 증후군)	말, 햄스터, 개, 고양이, 생쥐, 소, 긴팔원숭이, 돼지, 토끼, 캥거루를 포함하여 25종 이상
Ornithine transcarbamylase deficiency	생쥐, 쥐
Phosphoglycerate kinase	침팬지, 고릴라, 소, 말, 햄스터, 생쥐, 캥거루, 주머니쥐를 포함하여 30여 종
Steroid sulfatase deficiency(비늘버즘)	생쥐, 레밍의 일종
고환 여성화 증후군	소, 개, 생쥐, 쥐, 침팬지
비타민 D-저항성 구루병	생쥐
Xg 혈구 항원	긴팔원숭이

자료: Strickberger, M. W. 1985. *Genetics*, 3rd ed. Macmillan, New York에서 수정 및 첨가하여 인용함. 보다 많은 자료는 J. R. Miller(1990)를 참조.

2. *Dinophilus*속 바다 벌레는 알의 크기가 성을 결정하는 기작인 듯한데, 큰 알은 암컷이, 작은 알은 수컷이 된다.
3. 앞에서 소개한 것처럼, 어떤 파충류는(예컨대, 도마뱀 중에서 붉은머리바위아가마도마뱀(red-headed rock agama), *Agama agama*의 경우) 알이 높은 온도로 품어지면 대부분 수컷이 나오지만, (예컨대, 그림거북(painted turtle)[역자 주: 외래종 붉은귀거북과 가까운 종류], *Chrysemys picta*의 경우) 포란온도가 높으면 대부분 암컷이 나오기도 한다.
4. 어떤 물고기에서는 사회성 행동이 성을 결정짓기도 해서, 그룹에서 사회적으로 우세한 수컷들이 없어지면 그룹내 우점 암컷의 성전환이 일어난다. 어떤 산호초 물고기에서는, 성전환이 시각적 자극의 결과로 나타나는 것 같은데, 어떤 그룹에서 암컷은 주변의 동료들이 비교적 작은 크기인 경우 수컷이 된다.
5. 속새(horsetail), *Equisetum*의 경우, 좋은 성장 조건에서 자랄 때는 자성(female)의 특징이, 나쁜 조건에서는 웅성(male)의 특징이 나타난다.
6. 어떤 벌은 알을 곤충의 애벌레 안에 낳는다. 암컷 기생봉(parasitic wasp)은 커다란 숙주 애벌레(host larva; pl. host larvae)에 장차 암컷으로 커갈 알을 낳는다. 숙주 애벌레의 크고 작은 크기는 벌에게 있어서 유용 가능한 자산의 크기를 의미한다; 크기에 차이가 있는 한, 벌들은 이를 구분하려 할 것이며, 그래서 더 큰 숙주 안에서 더 크게 자랄 수 있게 하여 이 암컷들이 후에 더 많은 알을 낳을 수 있도록 한다.

성 연관(sex linkage)

20세기 초, 유전학자들은 여러 가지 유전자들이 성 결정과 관련된 특정 염색체에 위치해 있음을 발견하였다.

그 대표적인 예로서 혈우병(*hemophilia*; "bleeder" disease)을 들 수 있는데, 사람과 다른 포유류의 X 염색체에 위치해 있으며, 수컷이 XY, 암컷이 XX이다. 수컷(**이형배우자적 성**, heterogametic sex)은 X 또는 Y 염색체 중 하나를 갖는 정자를 만드는 반면, 암컷(**동형배우자적 성**, homogametic sex)은 X만을 갖는 난자를 만들게 된다. 만약 X와 Y를 갖는 정자가 같은 비율로 나오면, 수정 역시 두 성을 같은 비율로 만들어 낼 것이다. 그러나 수컷은 단지 하나의 X 염색체만을 가지고 있고, 또 Y 염색체는 대부분 비활성적이므로, 비록 어떤 대립유전자가 암컷에서는 열성으로 나타난다 해도 그 대립유전자가 수컷에서는 효력을 나타내게 된다. 그러므로, XY를 갖는 수컷의 X 염색체에 있는 1개의 혈우병 발

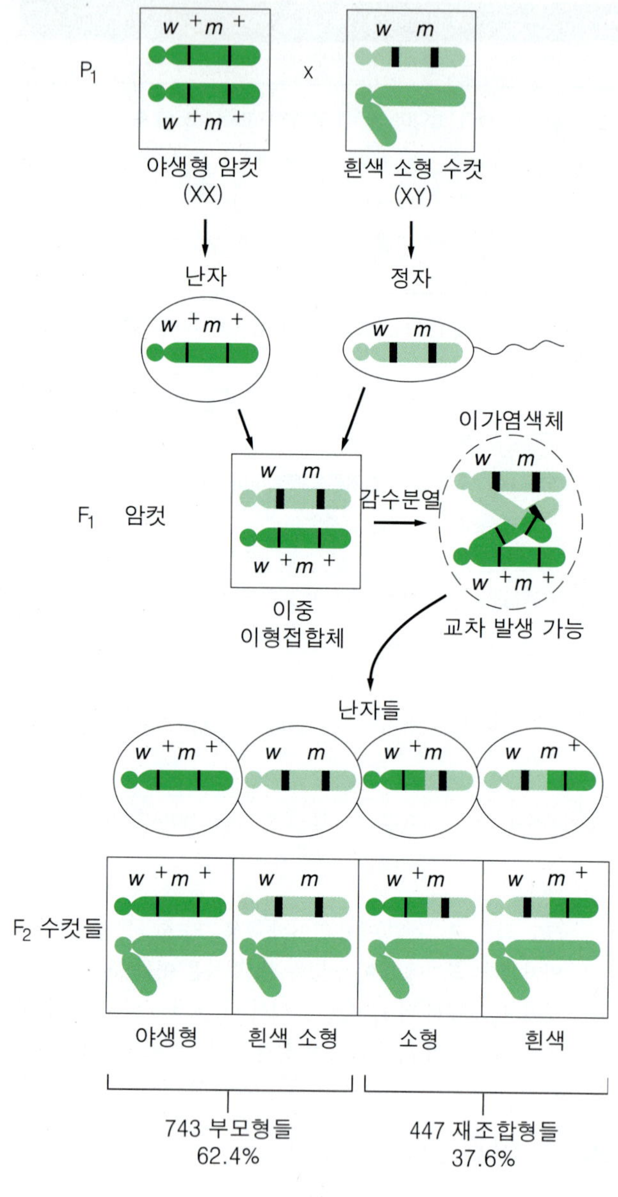

그림 9-10 *D. melanogaster*에서, F_2 수컷의 재조합체(recombinant) 종류들에 의해 증명된, 반성유전자인 *white*와 *miniature*간의 재조합. 부로부터 자손에게 전해지는 성염색체는 Y 밖에 없으므로, 이중형접합체적 F_1 암컷에서의 감수분열은 *white*와 *miniature*에 있어서 F_2 수컷의 표현형을 결정짓게 된다. 그림에서 보는 바와 같이, 이들 감수분열은 4-염색분체 시기(4-chromatid stage), 또는 이가 시기(bivalent stage)에 염색분체간의 교차를 수반한다(그림 9-3 참조). 어느 2개의 주어진 연관 유전자 간의 재조합이 관찰된 빈도는, 그러한 감수분열상의 교차가 그 두 유전자 간에 일어난 빈도에 따른다. (Strickberger, M. W. 1985. *Genetics*, 3rd ed. Macmillan, New York에서 인용.)

생 대립유전자는 전형적인 혈우병(hemophilia disease)을 일으키게 되는 반면, XX 암컷에서는 드물게도 2개의 그러한 대립유전자가 동시에 있기 전에는 혈우병이 나타나지 않는다.

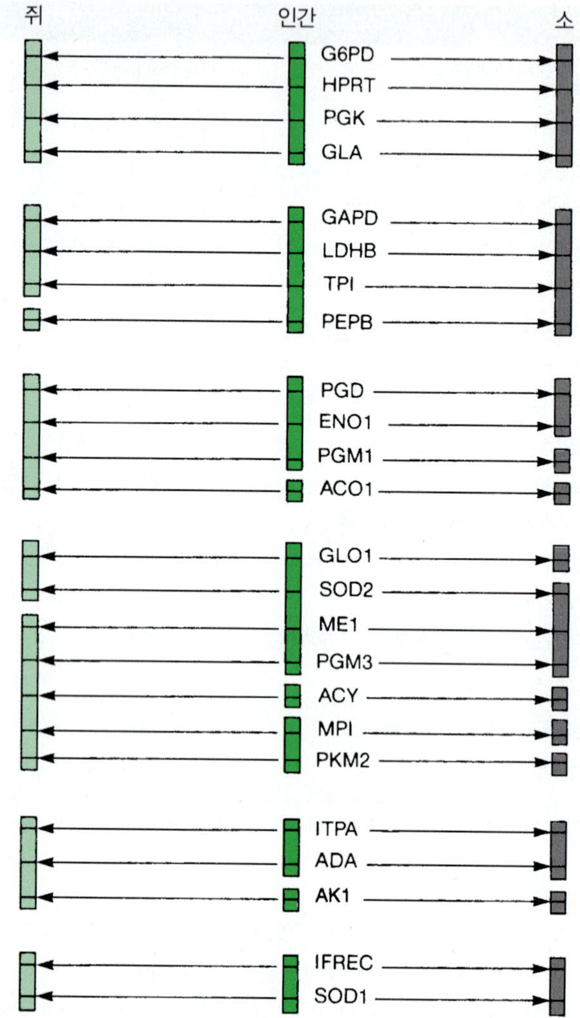

그림 9-11 24가지 인간의 유전자 좌위(가운데 열) 간의 연관 관계를 쥐(왼쪽 열)와 소(오른쪽 열)의 경우와 비교한 그림. 위아래로 긴 직사각형 모양으로 표시한 유전자 각각은 각 종에서의 염색체를 뜻한다. 예를 들어, 각 열의 맨 위의 네모들은 각 종의 X 염색체에 있는 4개의 유전자들의 상대적 위치를 나타낸다. 많은 유전자좌위에서의 연관 순서가 3종 간에 동일한 것을 볼 수 있는데, 이는 수많은 연관 관계들이 진화적으로 보존적임을 의미한다. (Womack, J. E., and Y. D. Moll, 1986. Gene map of the cow: Conservation of linkage with mouse and man. *J. Hered.*, 77, 2–7에서 인용.)

Ohno(1979)는 한 포유동물에서 발견된 어떤 반성유전자(sex-linked gene)도 다른 포유류에서 역시 반성일 것으로 기대할 수 있다고 제안하였다. 흥미롭게도, 사람에게서 유전학자들이 발견한 100여 개의 반성 유전자들 중 대부분이 다른 포유동물에서도 반성으로 나타난다(**표 9-1**). 포유류의 X 염색체에도 같은 유전자들이 보존되었다는 것은 이 염색체의 많은 부분이 포유류의 진화를 통해, 적어도 9천만년(90 My) 이상 유지되어 왔음을 의미한다. 글상자 9-1은 성결정 기작의 진화과정과 일부 효과들에 대하여 간략히 토의한 것이다.

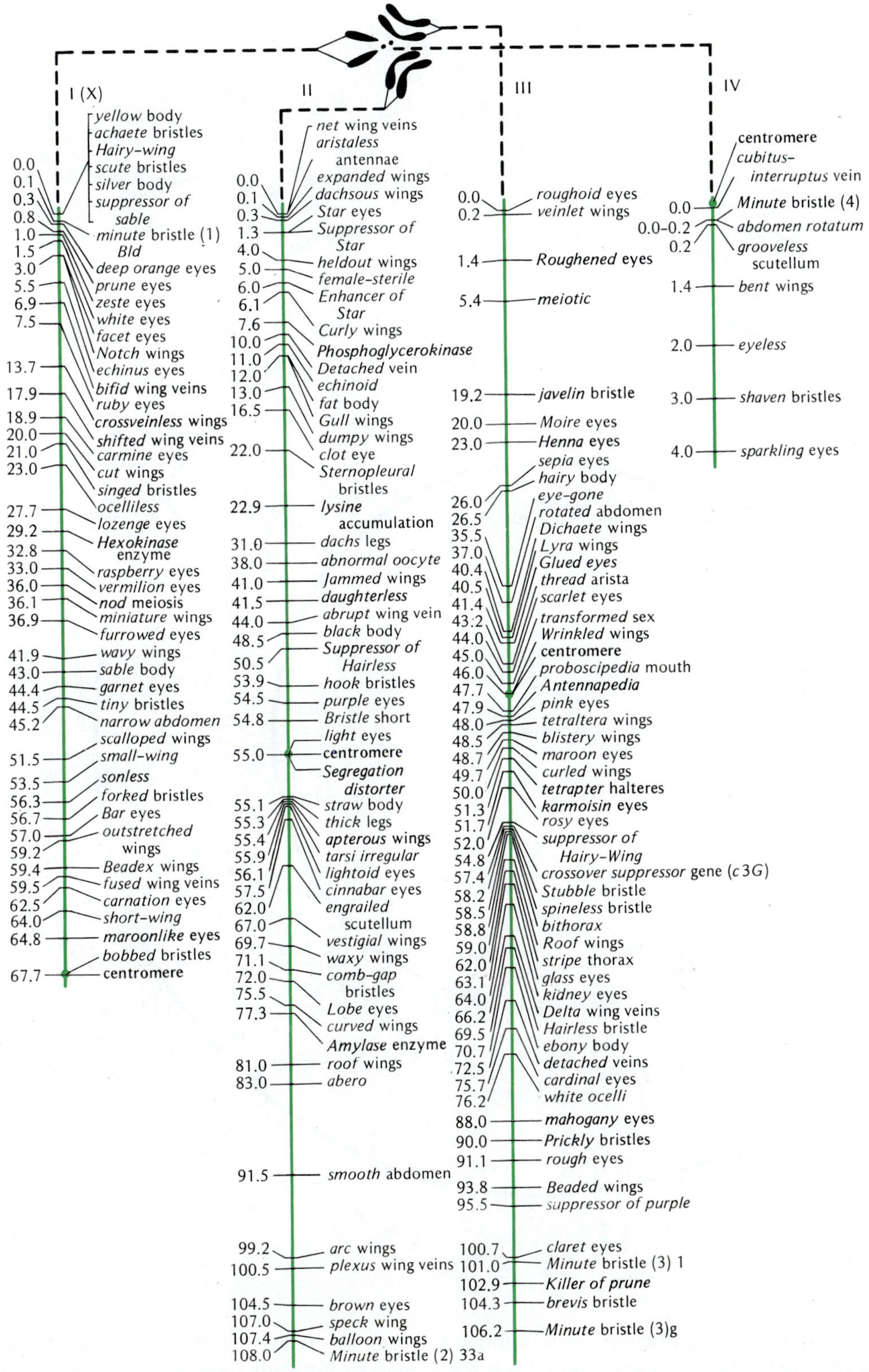

I (X)

0.0, 0.1, 0.3, 0.8, 1.0, 1.5, 3.0, 5.5, 6.9, 7.5, 13.7, 17.9, 18.9, 20.0, 21.0, 23.0, 27.7, 29.2, 32.8, 33.0, 36.0, 36.1, 36.9, 41.9, 43.0, 44.4, 44.5, 45.2, 51.5, 53.5, 56.3, 56.7, 57.0, 59.2, 59.4, 59.5, 62.5, 64.0, 64.8, 67.7

yellow body
achaete bristles
Hairy-wing
scute bristles
silver body
suppressor of sable
minute bristle (1)
Bld
deep orange eyes
prune eyes
zeste eyes
white eyes
facet eyes
Notch wings
echinus eyes
bifid wing veins
ruby eyes
crossveinless wings
shifted wing veins
carmine eyes
cut wings
singed bristles
ocelliless
lozenge eyes
Hexokinase enzyme
raspberry eyes
vermilion eyes
nod meiosis
miniature wings
furrowed eyes
wavy wings
sable body
garnet eyes
tiny bristles
narrow abdomen
scalloped wings
small-wing
sonless
forked bristles
Bar eyes
outstretched wings
Beadex wings
fused wing veins
carnation eyes
short-wing
maroonlike eyes
bobbed bristles
centromere

II

0.0, 0.1, 0.3, 1.3, 4.0, 5.0, 6.0, 6.1, 7.6, 10.0, 11.0, 12.0, 13.0, 16.5, 22.0, 22.9, 31.0, 38.0, 41.0, 41.5, 44.0, 48.5, 50.5, 53.9, 54.5, 54.8, 55.0, 55.1, 55.3, 55.4, 55.9, 56.1, 57.5, 62.0, 67.0, 69.7, 71.1, 72.0, 75.5, 77.3, 81.0, 83.0, 91.5, 99.2, 100.5, 104.5, 107.0, 107.4, 108.0

net wing veins
aristaless antennae
expanded wings
dachsous wings
Star eyes
Suppressor of Star
heldout wings
female-sterile
Enhancer of Star
Curly wings
Phosphoglycerokinase
Detached vein
echinoid
fat body
Gull wings
dumpy wings
clot eye
Sternopleural bristles
lysine accumulation
dachs legs
abnormal oocyte
Jammed wings
daughterless
abrupt wing vein
black body
Suppressor of Hairless
hook bristles
purple eyes
Bristle short
light eyes
centromere
Segregation distorter
straw body
thick legs
apterous wings
tarsi irregular
lightoid eyes
cinnabar eyes
engrailed scutellum
vestigial wings
waxy wings
comb-gap bristles
Lobe eyes
curved wings
Amylase enzyme
roof wings
abero
smooth abdomen
arc wings
plexus wing veins
brown eyes
speck wing
balloon wings
Minute bristle (2) 33a

III

0.0, 0.2, 1.4, 5.4, 19.2, 20.0, 23.0, 26.0, 26.5, 35.5, 37.0, 40.4, 40.5, 41.4, 43.2, 44.0, 45.0, 46.0, 47.7, 47.9, 48.0, 48.5, 48.7, 49.7, 50.0, 51.3, 51.7, 52.0, 54.8, 57.4, 58.2, 58.5, 58.8, 59.0, 62.0, 63.1, 64.0, 66.2, 69.5, 70.7, 72.5, 75.7, 76.2, 88.0, 90.0, 91.1, 93.8, 95.5, 100.7, 101.0, 102.9, 104.3, 106.2

roughoid eyes
veinlet wings
Roughened eyes
meiotic
javelin bristle
Moire eyes
Henna eyes
sepia eyes
hairy body
eye-gone
rotated abdomen
Dichaete wings
Lyra wings
Glued eyes
thread arista
scarlet eyes
transformed sex
Wrinkled wings
centromere
proboscipedia mouth
Antennapedia
pink eyes
tetraltera wings
blistery wings
maroon eyes
curled wings
tetrapter halteres
karmoisin eyes
rosy eyes
suppressor of Hairy-Wing
crossover suppressor gene (c3G)
Stubble bristle
spineless bristle
bithorax
Roof wings
stripe thorax
glass eyes
kidney eyes
Delta wing veins
Hairless bristle
ebony body
detached veins
cardinal eyes
white ocelli
mahogany eyes
Prickly bristles
rough eyes
Beaded wings
suppressor of purple
claret eyes
Minute bristle (3) 1
Killer of prune
brevis bristle
Minute bristle (3)g

IV

centromere
cubitus-interruptus vein
0.0 Minute bristle (4)
0.0-0.2 abdomen rotatum
0.2 grooveless scutellum
1.4 bent wings
2.0 eyeless
3.0 shaven bristles
4.0 sparkling eyes

그림 9-12 *D. melanogaster*의 4개 염색체에서 중요한 유전자 일부에 대한 연관지도. 유의할 것은 여러 가지 다양한 유전자들이 눈의 색, 날개 모양, 털 등의 특정 형질에 영향을 주며, 이는 곧 특정한 기능의 발달과정에 여러 단계들이 있으며, 각 단계는 떨어져 있는 다른 유전자를 조정하거나 또는 다른 유전자에 의해 조정될 수 있다는 것이다. (Strickberger, M. W., 1985. *Genetics*, 3rd ed., ©1985 by Monroe W. Strickberger에서. Prentice Hall, Inc., Upper Saddle River, NJ의 허락하에 재인쇄)

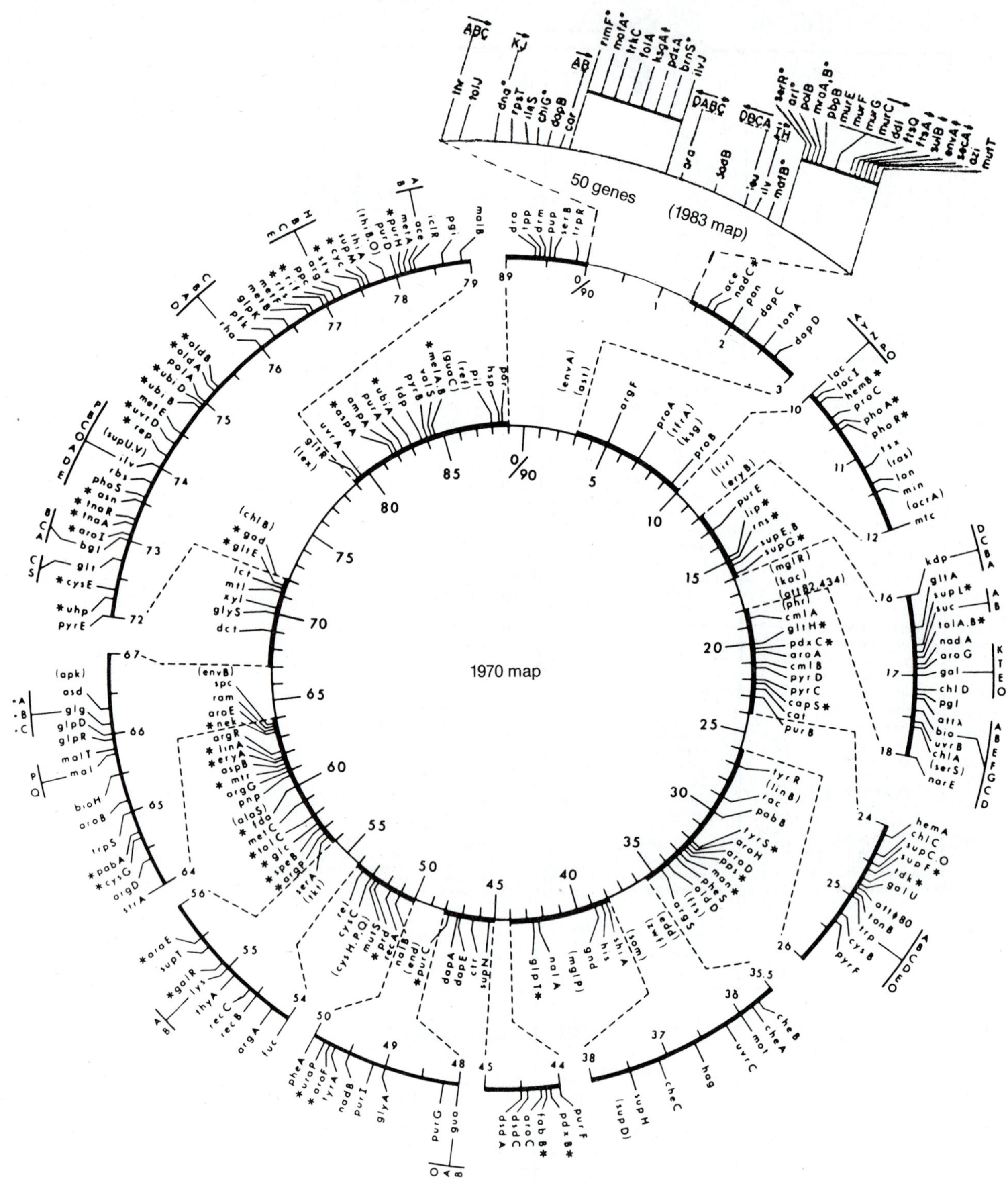

그림 9-13 *E. coli* 염색체의 초기 연관지도(Taylor, 1970). 유전학자들은 새로운 유전자를 발견하고 위치를 확인함에 따라 이 지도를 끊임없이 확대해 왔다. 예를 들어, 오른쪽 위의 작은 부분은 전체 유전체의 50분의 1 정도인데, 1970년에 18개 유전자가 배치되었고 1983년에는 50개 유전자가 배치되었다. (B. J. Bachmann, 1983. Linkage map of *E. coli* K-12 ed. 7 *Microbiological Reviews*, **47**, 180–230. 허락하에 인용.)

연관과 재조합

유전학자들은 처음 초파리의 일종인 *Drosophila melanogaster*를 통해서 X 염색체에 여러 가지 유전자들이 위치해 있음을 보여 주었으며, 이는 그 **유전자들 간의 거리**를 정하는 계기가 되었다. 그러한 결정[**연관**(linkage) 관계]은 교차나 재조합을 통해 이루어지는데, 교차나 재조합 등의 교환은 쌍을 이룬 동형 염색체의 염색분체들 간에 일어난다. 예를 들어, 그림 9–10에 도식화된 실험은 흰 눈(*white eyes*)(w^+와 w)과 소형 날개(*miniature wings*)(m^+와 m)를 갖는 두 *Drosophila* 반성 유전자들이 새로운 염색체 조합을 만듦에 있어서 약 38%의 빈도로 재조합이 일어난다는 것을 보여주고 있다. 수컷 *Drosophila*에서는 유전적 교차가 보통 일어나지 않으며, 또한 수컷은 1개의 X 염색체만을 가지고 있으므로, 이러한 재조합은 암컷에서 일어난다. 흥미로운 것은, *Drosophila* 계통간의 어떤 특정한 교차는 교잡 이상(hybrid anomaly)을 일으키며, 상당히 많은 수컷 재조합이 일어난다. 어떤 집단에서는 P 전위인자(P transposable element)의 침입이 그 같은 결과를 야기하기도 한다.

이 재조합 빈도가 한 염색체내 유전자 간의 연관거리(linkage distance) 정보를 제공하는데, 재조합 빈도가 클수록 거리가 멀다. 그러므로, *white eyes*와 *cut wings* 유전자간 재조합 빈도가 *white*와 *miniature*간 빈도의 반 정도이므로, 유전학자들은 *white*와 *miniature* 사이의 연관거리가 *white*와 *cut* 사이 거리의 두 배 정도라고 예측할 수 있게 된다. 반성 및 비반성(상염색체적) 유전자들에 의한 그 같은 재조합를 통하여, **그림 9–11** 및 **그림 9–12**에서 보여 주는 것과 같은 연관지도(linkage map)가 만들어지고, 여기에 염색체들이 유전자의 선형 배열, 즉 **좌위**(유전자좌)(locus; 복수는 loci)들로 구성되어 있으며 그 좌위간 상대적 위치는 첨가적이 된다(예컨대, 3개의 유전자가 H–G–I 순서로 연관되어 있다면, H–I 연관거리는 H–G와 G–I의 거리의 합이 된다.).

염색체상의 유전자들 간의 상대적 위치는 다른 여러 가지 현대적 방법을 통해 확인할 수 있다. 여기에는 유전자 특이적 DNA 마커 분리, 중기 염색체에서 유전자 특이적 DNA의 동소보합법(*in situ* hybridization; [in–sáitjuː]), 또는 결실(deletion)이나 염색체 이상(chromosomal aberration)과 관련된 체세포교잡(somatic cell hybridization) 등이 있다. 인간을 포함한 많은 종에 대한 전체 DNA 염기서열을 확보하는 것은 염색체상의 유전자들의 관계를 가장 상세하게 제공해 준다. 감수분열 중 두 유전자 사이에서의 재조합 비율에 의존하는 유전자 간 연관 관계와는 달리, 후자의 방법은 두 유전자 간 염기쌍에서의 실질적 차이를 제공해 준다.

이러한 방법들을 통해서, 23개 사람 염색체들에서 모든 유전자들의 특정한 염색체의 위치를 알아냈다. 더욱이, 포유류의 반성 유전자들과의 유사함으로 인해 특정한 사람 염색체에 위치한 유전자들[특별한 밴딩(banding) 양상에 의해 구분됨; 그림 10–7 참조]이 다른 포유류들(예컨대, 양, 소, 고양이, 쥐 및 생쥐)의 유사한 염색체에 놓여 있음을 예측할 수 있다 — **좌위열유사성**(synteny)이라고 불리우는 현상임. 또한, 그림 9–11과 같이, 이들 포유류에서 유사한 기능을 갖는 유전자들 간에 연관 관계가 있기도 하다. 그림 10–13와 같은 정교한 연관지도가 박테리아와 바이러스에 대해 만들어졌다. 가까운 관계의 종들 유전자 간 연관 관계를 유지하는 것을 보면 좌위열유사성의 개념이 맞는 것으로 보이며, 이는 진화가 이루어지면서 이들 관계가 계속 유지되었음을 의미하는 것이다.

이러한 모든 연구들은 재조합이 엄청난 변이성(다양성)을 유발할 수 있음을 말하고 있다; 즉, 어떤 염색체도 대립유전자들의 독특한 조합을 가짐으로써 자신과의 상동물과 달라질 수 있는 것이다. 다음 장에서는 변이가 어떻게 발생하는가를 살펴보겠다.

주요 용어

감수분열(meiosis)
공동우성(codominant)
교차(crossing over)
대립유전자 또는 대립형질(allele)
독립분리(independent assortment)
돌연변이(mutation)
동형배우자적 성(homogametic sex)
동형접합체(homozygote)
말단동원체성(telocentric)
모계 유전(maternal inheritance)
반수체(단수체)(haploid)
변경유전자(modifier gene)
변이(variation)
변이성(variability)
분리(segregation)
분리왜곡(segregation distortion)
불완전우성(incomplete dominance)
상동대합(homologous pairing)
상염색체상(상염색체의)(autosomal)
상위(epistasis)
성 연관(sex linkage)
세포질 유전(cytoplasmic inheritance)
역위(inversion)
연관(linkage)
열성 대립유전자(recessive allele)
염색분체(chromatid)
염색체(chromosome)
우성 대립유전자(dominant allele)
유사분열(mitosis)
유전자형(genotype)
이배체(diploid)
이질염색질(heterochromatin)
이형배우자적 성(heterogametic sex)
이형접합체(heterozygote)
자웅동체 또는 자웅동주 (hermaphrodite)
재조합(recombination)
전좌(translocation)
접합체(zygote)
좌위(pl. loci)(locus)
좌위열유사성(synteny)
중부동원체성(metacentric)
진정염색질(euchromatin)
표현형(phenotype)
할덴의 법칙(Haldane's rule)
핵외 유전(extranuclear inheritance)
후기(anaphase

토의 및 질문

1. 왜 불변성과 변이성 둘 다 유전물질에 있어서 필수적이라 할까?
2. 세포 분열

  a. 유사분열과 감수분열의 차이를 나타냄에 있어서 상동염색체는 어떤 역할을 할까?
  b. 어떤 세포분열 방식이 변이성을 발생시키며, 어떻게 이것이 성취되는가?
3. Mendel의 분리의 법칙과 독립 분리의 법칙은 어떻게 다른가?
4. 우성 관계, 복대립유전자 및 유전자 상호작용이 어떻게 변이성을 유발하는가?
5. 하나의 포유류 종에서 성과 연관된 유전자는 다른 포유류에서도 또한 성 연관되어 있을 것이라는 Ohno의 제안은 어떤 발견에 의해 지지되는가?
6. Ohno의 제안은 성과 연관되지 않은 유전자들에서도 적용될까?

추천 읽을 거리

Adams M

Bull, J. J., 1983. *Evolution of Sex Determining Mechanisms.* Benjamin/Cummings, Menlo Park, CA.

Carvalho, A. B., M. C. Sampaio, F. R. Varandas, and L. B. Klaczko, 1998. An experimental demonstration of Fisher's principle: Evolution of sexual proportion by natural selection. *Genetics,* 148, 719–731.

Fisher, R. A., 1958. *The Genetical Theory of Natural Selection,* 2nd ed. Dover, New York.

Grützner, F., W. Rens, E. Tsend-Ayush, N. El-Mogharbel, P. C. O'Brien, and R. C. Jones, 2004. In the platypus a meiotic chain of ten sex chromosomes shares genes with the bird Z and mammal X chromosomes. *Nature,* 432, 913–917.

Haldane, J. B. S., 1922. Sex-ratio and unisexual sterility in hybrid animals. *Genetics,* 12, 101–109.

Hallgrímsson, B., and B. K. Hall (eds), 2003. *Variation: A Central Concept in Biology.* Elsevier/Academic Press, Burlington, MA.

Hartl, D. L., and E. W. Jones, 1998. *Genetics: Principles and Analysis.* Jones and Bartlett, Sudbury, MA.

Mendel, G., 1866. *Versuch über Pflanzenhybriden. Verh. Natur. Brünn,* 4, 3–47. (This is Mendel's classic paper, originally published in the Proceedings of the *Brünn Natural History Society.* It was translated into English by William Bateson in 1901 under the title *Experiments in Plant Hybridization.* Available at http://www.mendelweb.org/Mendel.html. Accessed March 29, 2007.

Ohno, S., 1979. *Major Sex Determining Genes.* Springer-Verlag, Berlin.

Pagel, M., (ed. in chief), 2002. *Encyclopedia of Evolution.* 2 volumes, Oxford University Press, New York.

Scherer, G., and M. Schmid, (eds), 2001. *Genes and Mechanisms in Vertebrate Sex Determination.* Birkhäuser Verlag, Basel.

Strickberger, M. W., 1985. *Genetics,* 3rd ed. Macmillan, New York.

Weiss, K. M., and A. V. Buchanan, 2004. *Genetics and the Logic of Evolution.* Wiley-Liss, Hoboken, NJ.

West-Eberhard, M. J., 2003. *Developmental Plasticity and Evolution.* Oxford University Press, Oxford, United Kingdom.

10 염색체, 돌연변이, 유전자 조절 및 변이

요약

비록 과거 일부 생물학자들은 **유전자**(gene)가 환경의 요구에 부응하여 변이가 일어난다고 믿었지만, 이제는 선택(selection)이 현존하는 변이체(variant)들에 작용한다는 것이 명백해졌다. 대개의 집단(개체군, population)은 아주 다형적(polymorphic)이며, 많게는 유전자 좌위(유전자 자리; locus; *pl.* loci)의 3/4 정도가 둘 이상의 대립유전자를 갖고 있다. 이러한 변이성의 커다란 저장소가, 돌연변이에 의해 새로운 변이체가 나타나길 기다릴 필요 없이, 집단으로 하여금 진화적 압력에 대응할 수 있도록 해 준다.

염색체 수에 있어서, 전체 세트(**정배수성**, euploidy)든 하나의 염색체(**이배수성**, aneuploidy)든, 변화가 생기거나 또는 염색체의 구조에 결실, 중복, 역위, 전좌 등의 변화가 생기게 되면, 변이(variation)가 심해진다. 전좌는 염색체의 크기, 구성, 심지어는 수까지도 변화시킨다. 작은 부분적 염색체 변이(돌연변이)는 뉴클레오티드 또는 그 서열상의 변화에 기인하는데, 이로 인해 유전자 산물에 변화가 생길 수 있다. 조절성 돌연변이는 유전적 활성을 조절하는 체계에 영향을 미친다. 고전적인 예로, 박테리아에서 젖당을 활용하는 효소를 암호화하는 유전자의 발현 조절을 담당하는 조절 유전자에서의 돌연변이를 보여 주었다. 이러한 연구는 지금의 원핵생물과 진핵생물에서의 유전자 조절에 관한 이해를 위한 원천이 되었다. 한 유전자 내에서의 돌연변이는 일반적으로 드물게 일어나며, 보통 특징적인 빈도를 보인다. 그러나 환경, 그리고 **전이인자**(*transposon*)라고 하는 특별한 이동성 DNA 염기서열은 돌연변이율에 영향을 미친다. 연속적인 변이는 종종 유전자 묶음을 갖는 염색체의 부위들에 의해 일어난다(**양적형질**좌위; *quantitative trait* loci). 돌연변이의 임의성, 유전자 간 및 종 간 돌연변이율의 변이성, 그리고 DNA의 자가수정 능력, 이런 모든 것들이 개체 내 유전적 다형성을 유지하게 함으로써, 진화의 기본물질로 작용하는 유전적 변이(variable)의 원천을 제공하고 있다.

Darwin의 가장 근본적인 통찰은 집단 내 개체들 간의 작은 차이들이 진화의 원천이라는 것이었다. 그러나 그 이전과 그 당시만 해도 대개의 학자들, 특히 다윈을 지지했던 Thomas Huxley(1825~1895)와 같은 사람들도, **도약진화**(saltation)(표현형적으로 큰, 연속성 없는 변화들)가 진화에 관련되는 변이 수준이라고 믿었다. 당시로서는 작은 변화와 큰 변화에 관한 중요한 논제를 해결하는 것이 불가능했는데, 이는 아직 유전의 기작을 이해하지 못했기 때문이다. 예를 들어, Darwin과 당시 사람들은 자손이 부모의 부위들을 완벽히 또는 섞어서 닮는다고 생각했다. Bowler(2005)가 지적했듯, **이러한 관점은 변이를 유전에 대해 상반된 과정으로 놓았고**, 이때 변이는 부모와 자손 사이에 예상되는 물려받는 유사함으로부터 멀어진 정도를 대표하는 것이었다.

진화와 관련된 다윈의 변이에 대한 개념은 집단보다는 개체들에 초점을 맞추었다. 그러나 오늘날 우리는 변이를 개체보다는 집단의 특성으로서 이해한다. 변이에 대한 최근의 시각 — 집단은 선택이 작용하는 개체수준의 변이를 모은 저장소라는 것 — 은 현대적 종합을 통해 마침내 표현형적 변이의 양적 분석을 접목한 새로운 유전학 분야로 발돋움하였다. 변이에 대한 접근을 개체에서 집단으로 전환한 것은 Ernst Mayr에 의해 가장 두드러졌는데, 그는 "진화생물학에서 집단의 근본적 중요성을 인지했다."[1] 변이의 존재, 중요성, 원인을 연구하는 것은 결국 우리가 진화 과정을 조금씩 알아가는 원천이 되어 왔다.

변이와 변이성

Gunter Wagner와 그 동료들(1997)은 **변이**(variation)와 **변이성**(variability)에 대해 정확한 구분점을 제시했다. "용해성(solubility)"이나 "부서지기 쉬움(fragility)"처럼, variability는 variation의 어떤 예라기보다 variation을 나타내는 경향이나 특성을 뜻한다. 변이성의 연구, 또는 변이 패턴의 결정요인들에 관한 연구는 변이가 진화의 원천이기 때문에 중요하다.[2] 따라서 Mayr가 다음과 같이 한탄한 것은 매우 놀라운 것이다:

> 진화의 연구에서 자연 집단에서의 변이가 얼마나 소홀히 다루어졌는가에 놀라울 따름이다. 놀라운 이유는 자연선택이 변이 없이는 의미가 없기 때문이다. 이러한 결론은 나로 하여금 **자연선택의 한 과정으로서 변이의 생산**을 믿게 만든다(Mayr, 2005, p. xviii; 강조가 더해짐).

유전적 변이와 변이성, 그리고 진화적 잠재력은 진화라는 한 동전의 양면과 같다. 이 장의 주제 — 변이가 여러 다른 수준에서 어떻게 발생하는가 — 는 진화의 중심일 뿐 아니라 이해 정도가 가장 미흡한 진화의 기작의 중심이 된다. 변이와 변이성에 관한 물음들은 진화생물학 내의 여러 주제에 걸쳐 제시된다. 이 장에서 시작되는 이러한 논제에 대한 토의가 이 책의 대부분이지만, 특히 13장, 21장, 그리고 23장에서 논의될 것이다. 이 논제들이 **글상자 10-1**에 5가지 해결되어야 할 질문으로 나열되어 있다. 우리는 이 글상자에 요약된 변이와 변이성에 관한 중요 질문들을 언급할 것이다.

염색체 수의 변이

염색체의 수적 변이에는 두 가지가 있다: (1) 염색체들 전체 세트(entire sets of chromosomes)의 수적 변화, 즉 정배수체 변이(euploid variation), 그리고 (2) 한 세트 내 단일 염색체들(single chromosomes within a set)의 수적 변화, 즉 이수체 변이(aneuploid variation)이다. 대개의 유성생식성 진핵생물들은 두 세트의 염색체들($2n$)을 갖는 이배체이므로, 정배수체 변이는 **표 10-1**처럼 반수체(단수체, haploid) 또는 일배체(monoploid) 조건(n)에서 다양한 수준의 **배수성**(polyploidy)($3n$, $4n$...)을 갖게 되었을 것이다. 이러한 현상은 난자 하나에 둘 이상의 정자가 수정되거나, 또는 세포분열의 실패로 인해, 예컨대 반수체보다는 배수체 배우자가 만들어지는 경우 나타날 수 있다.

표 10-2에서처럼, 이수체(aneuploid)들에서는 염색체가 정상적 세트에서 더해지거나 빠질 경우 광범위한 변이가 나타날 수 있는데, 이는 상동적 염색체간 감수분열상의 분리(meiotic disjunction)가 비정상적이기 때문(**비분리현상**, nondisjunction)일 것이다. 비록 식물이 동물에 비해 그러한 염색체적 변이의 내성은 훨씬 큼에도, 이수체들은 양쪽 모두에서 발견되고 있다.

배수성

한 종 내에서 가외적인(extra) 염색체 세트가 나타나는 현상, 즉 **동질배수성**(autopolyploidy)은 이끼, 사과, 배, 바나나, 토마토, 옥수수 등 많은 종류의 식물에 흔한 진화방식인 듯하다. 서로 다른 종간 교배를 통해 나온 동질배수성(polyploidy), 즉 **이질배수체**(allopolyploid)는 밀(wheat)을 포함한 일부 식물에서 나타난다(아래 참조). 예를 들어, 어떤 종 *A*의 배우자는 종 *B*와의 교잡으로 배수체 잡종 *AB*를 생산하고, 동질배수성을 거쳐 *AABB*라는 이질사배체를 형성하거나, 또는 **그림 10-1**에서와 같은 여러 가지 변이를 만들 수 있다. 동질 및 이질배수체 모두 콜히친(colchicine) 같은 화학약품에 노출함으로써 만들어질 수 있는데, 이는 방추사 미세소

---

[1] Hallgrímsson과 Hall(2005, p. ii)에서 Ernst Mayr가 서문(foreword)을 쓴 부분을 인용함.

[2] **진화성**(*evolvability*)의 개념을 통해, 왜 어떤 구조/생물체는 진화를 거치면서 다른 것들에 비해 더 많이 변하는가에 대한 기초를 이해하고자 한다. 이에 "상반된(opposite)" 경향에는 계통진화적(phylogenetic) 불활동(타성, inertia)이 있는데, 그러나 불활동은 선택에 있어서 긍적적인 면과 부정적인 면이 다 있을 수 있다(Blomberg와 Garland, 2002). 세 가지 개념 모두 유전자형적 또는 표현형적 수준에서 연구될 수 있다.

글상자 10-1 진화에 있어서 변이와 변이성에 관한 주된 질문

진화에 있어서 변이 및 변이성과 관련하여 아직 답이 명확하지 않은 5가지 질문을 아래에 요약한다. 하나의 질문을 논의하는 것 자체가 훌륭한 수업 과제라 할 것이다. 각 질문은 그것에 대해서만 수업할 만한 토픽을 제공할 것이다. 각각은 훌륭한 기별 논문(term essay)이나 집에서 푸는 시험(take home exam)일 수도 있다. 정말로, 이들은 중요한 질문들인 것이다.

1. 한 세대에서 다음 세대로 전해지는 **유전적(유전자형적) 변이**(*genetic(genotypic) variation*)와 선택(selection)의 직접 대상인 **표현형적 변이**(*phenotypic variation*)의 관계는 무엇일까? 이 질문은 진화발생생물학의 중요한 관심사이다(13장을 보라).[a]
2. 종 간 표현형적 변이의 **생태적 발생적 결정인자**(*ecological and developmental determinants*)는 무엇인가? 여기에는 몸의 크기, 지리적 구역, 거주 구역(home range)의 크기, 생태적 지위의 깊이(niche width), 환경적 스트레스, 집단의 크기와 밀도가 어떻게 집단의 성향으로 하여금 표현형적 변이를 나타내게 하는가 하는 질문들을 포함하고 있다(23장을 보라).[b]

[a] 이 중요한 질문에 대해서 논한 최근의 도서, *Genetics and the Logic of Evolution*(Weiss and Buchanan, 2004)의 리뷰는 다음과 같이 시작한다:

> 유전자형–표현형 지도의 문제를 다루는 것은 현대 생물학에서 가장 중요한 도전 중 하나라고 감히 말할 수 있을 것이다. 이와 똑같이 힘든 추론으로, 유전자형의 진화적 동력과 표현형적 진화의 패턴을 연결시키는 것을 들 수 있다. 이러한 논제를 해결하기 위한 핵심 현상이 바로 생물학적 발생이다.

3. **동계교배**(*inbreeding*)와 **이계교배**(*outbreeding*)가 어떻게 표현형적 변이성에 영향을 미치는가? 동계교배에 관한 집단유전학은 잘 연구된 편이나, 자연집단에서 동계교배와 표현형적 변이성과의 관계는 그렇지 않으며, 적극적인 연구가 이루어지고 있는 분야이다(21장과 22장을 보라).
4. **선택 강도와 표현형적 변이성**(*selection intensity and phenotypic variability*)의 관계는 무엇일까? 서로 다른 종류에서 그리고 서로 다른 환경에서 나타나는 선택의 유전적 변이에 대한 효과는 현재도 그렇지만 앞으로도 집단유전학 연구의 활발한 분야가 될 것이다(21장과 22장을 보라).
5. **돌연변이**(*mutation*)는 어떻게 변이성에 영향을 주는가? 돌연변이는 변이의 원천이므로 표현형적 차이(variance)를 반드시 늘려나갈 것이다. 아직 분명치 않은 것은, 돌연변이가 발생에서의 파괴적 효과(disruptive effect)를 통해 차이(variance)에도 영향을 미칠 수 있는 가능성이다(13장을 보라).

[b] 최근의 도서, *Variation: A Central Concept in Biology*, edited by Hallgrímsson and Hall(2005)의 리뷰에서 다음을 볼 수 있다:

> 유전될 만한 표현형적 변이(heritable phenotypic variation)는 자연선택에 따른 진화에 필수적이다. 이는 다소 덜 알려진 유전자들의 교차, 발생의 과정들, 그리고 환경에 의해 일어난다. [유전될 수 있는 표현형적 변이라는] 그 같은 중심 개념의 특징은, 그 생산, 조절 및 측정과 더불어 현대 연구의 주제가 되고 있는 것은 전혀 놀라운 일이 아니다.

관(spindle fiber microtubule)들을 부숴 세포분열 동안 염색체 분리를 방해함으로써 이루어진다.

빵을 위한 밀가루를 만들 때 사용하는 밀(*Triticum aestivum*)의 진화는 염색체 중복에 대한 예로 종종 사용되는데, 마지막 빙하기 이후 농업의 전파과정과 연관되어 있다. 내용은 다음과 같다:

- 최소 3만 년 전, 서남아시아의 비옥한 초승달 지역(Fertile Crescent)[역자 주: 메소포타미아 계곡과 나일 계곡 사이 이스라엘 주변의 곡창 지대이자 문명의 발상지]에서 14개 염색체를 갖는 공통점을 가진 두 종, 즉 *Triticum*의 한 종(야생 외알밀, wild einkhorn)과 일종의 염소풀(goat grass) 사이에서 자연적

표 10-1 전체 염색체 세트가 해당되는 정배수체 변이들.

정배수체형	각 염색체에 있는 상동물의 수	예
반수체(단수체) 또는 일배체	One(1n)	A B C
이배체	Two(2n)	AA BB CC
배수체	둘보다 많음	
삼배체	Three(3n)	AAA BBB CCC
사배체	Four(4n)	AAAA BBBB CCCC
오배체	Five(5n)	AAAAA BBBBB CCCCC
육배체	Six(6n)	AAAAAA BBBBBB CCCCCC
칠배체	Seven(7n)	AAAAAAA BBBBBBB CCCCCCC
팔배체 등	Eight(8n), etc.	AAAAAAAA BBBBBBBB CCCCCCCC, etc.

출처: Strickberger, M. W. 1985. *Genetics*, 3rd ed. Macmillan, New York에서 인용.

표 10-2 하나의 이배체 조 안에서 각 염색체들에 해당되는 이수체 변이들

유형	존재하는 염색체 수	예
이염색체 (정상적 이배체)	2n	AA BB CC
일염색체	2n − 1	AA BB C
무염색체	2n − 2	AA BB
다염색체	가외적인 염색체들	
삼염색체	2n + 1	AA BB CCC
복삼염색체	2n + 1 + 1	AA BBB CCC
사염색체	2n + 2	AA BB CCCC
오염색체	2n + 3	AA BB CCCCC
육염색체	2n + 4	AA BB CCCCCC
칠염색체	2n + 5	AA BB CCCCCCC
팔염색체 등	2n + 6, 등.	AA BB CCCCCCCC, 등.

출처: Strickberger, M. W. 1985. *Genetics*, 3d ed. Macmillan, New York에서 인용.

잡종(hybrid)이 형성되었다. 수렵-채집인(hunter-gatherer)들은 이 새로운 28-염색체 식물(**야생 에머밀**, *wile emmer*)의 씨앗을 수천 년간 수확했다. 약 1만 년 전, 빙하기가 끝날 무렵, 사람들은 이 잡종을 경작하기 시작했다. 9천 5백년 전에 이르러, 경작물 중 제일 나은 것으로 고르면서 원하는 질적 수준을 위한 선택이 이루어졌고, 이는 하나의 종을 간주되는, 에머 밀의 새로운 품종이 만들어졌다.

- 재배용 에머밀은 7천 년간 중요한 곡물로서 근동(Near East) 전역 및 이집트(Egypt)로 퍼져 나갔다. 그러나 한편, 9천 년 전 쯤 카스피해(Caspian Sea) 남서부 지역에 이르러서 이 재배용 에머 밀은 또 다른 14−염색체 염소풀과 접촉하게 된다. 그 새로운 잡종이 **스펠트밀**(*spelt*)이며, 42개의 염색체를 갖는다. 에머밀도 스펠트밀도 재배가 쉽지는 않았지만, 500년 정도 지나 뜻밖의 돌연변이가 일어나면서 이삭의 특성이 바뀌어, 타작이 가능한 껍질을 갖게 되었다. 그러나 이는 또한 더 이상 자연적으로 번식되지 않음을 뜻하기도 했다.
- 그 후, 진화연쇄의 마지막 종 — 빵 밀(일반 밀, bread wheat, *T. aestivum*) — 은 상당한 변화를 거쳐 왔다. 수천 년 간 농부들은 이전 해에 수확한 씨를 반복적으로 뿌림으로써, 지역의 조건에 맞는 수많은 "지역종(land race)"이 만들어졌다. 최근에는 농경학자들이 보다 향상된 변종을 만들어 내면서 수확량을 대거 늘려왔다.
- 약 7천 년 전, 재배용 에머밀은 또 다른 방향으로 진화가 이루어졌는데, 이 역시 돌연변이에 의한 것으로, 탈곡이 쉬워 농업의 전파를 촉진시켰다. 에머밀에서 바로 진화된 이 *Triticum durum*(마카로니밀 또는 두룸밀, macaroni or durum wheat)은 마찬가지로 28개의 염색체를 가지고 있다. [역자 주: 이 문장의 경우, 원문에는 스펠트밀에서 바로 진화된 것으로 써 있으나, 그 바로 앞 문장에서는 에머밀에서 진화가 이루어졌다고 써 있으며, 참고자료를 찾아보면 두룸밀은 에머밀과 비슷하게 외알밀의 일종과 염소풀의 일종의 교잡종으로 나와 있다. 다만, 염소풀의 일종으로 *Aegilops searsii* 또는 *A. speltoides*를 언급하고 있는데, 그 중 하나의 이름이 스펠토이데스, 즉 스펠트와 어원을 같이 하는 이름이어서 혼동이 있었던 것으로 보인다. 실제로 스펠트밀에서 교잡 없이 바로 생긴 것이라면 스펠트밀과 마찬가지로 42개의 염색체를 가지고 있어야 하지만, 두룸밀은 28개의 염색체를 가지고 있다.]

첫 번째로 **실험실 내에서 만들어진 종** 역시 두 종의 담배(나

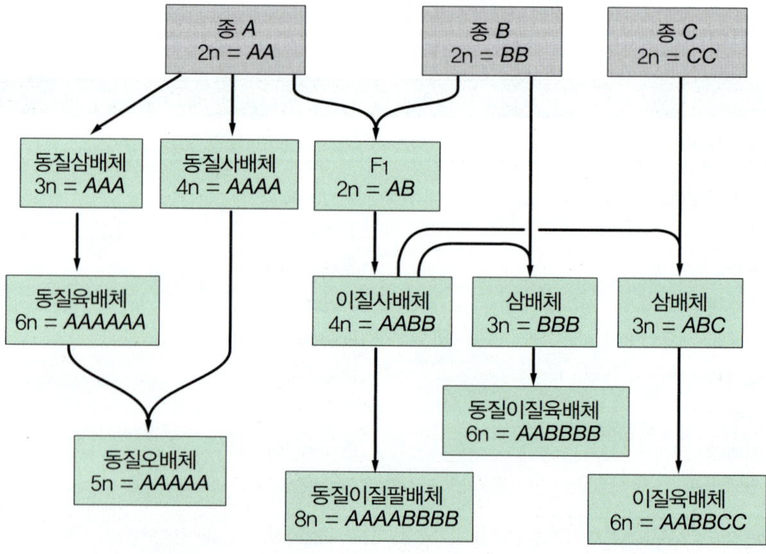

그림 10-1 여러 가지 배수체들에 사용되는 용어들과, 그들이 유래된 과정의 일부. (Strickberger, M. W. 1985. *Genetics*, 3rd ed. Prentice Hall, Upper Saddle River, NJ에서 인용.)

무), *Nicotiana tabacum*(48 염색체를 갖는 이배체이며, 그 반수체 배우자 수, *n*은 24임)과 *N. glutinosa*(24 염색체, *n* = 12) 사이의 교잡물이었다. **그림 10–2**에서처럼, 그 잡종은 불임성(sterile)이었다. 이러한 경우, 감수분열 동안의 우수적(짝수적, 동수적) 분열(even division)은 상동적 염색체들 간의 접합(pairing)에 의존한다. 두 교잡에 의한 종 사이에 염색체 차이가 나타날 때는 이들 상동물이 형성되지 않는다. 이 잡종 담배는 영양형 꺾꽂이(vegetative cutting)를 통해 번식되었다. 마침내, 염색체-배가(chromosome-doubling)라는 사건이 임성(수정성)(fertile) 이질배수체를 만들어냈고, 이제 각 염색체는 짝을 이룰 염색체가 있어 정상적인 감수분열을 이룰 수 있게 되었다.

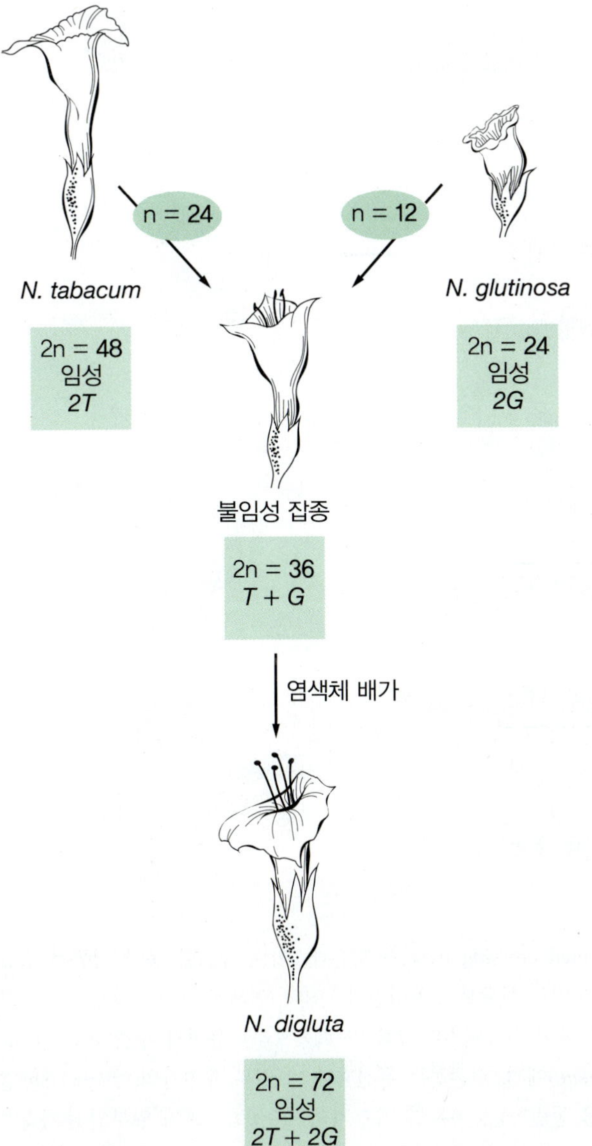

그림 10–2 *Nicotiana tabacum, N. glutinosa* 및 그들의 이배체 잡종과, 불임 잡종에서의 염색체 배가를 통한, 새로운 이질사배체(복배수체)의 꽃과 핵형들.

그 결과 이종, *N. digluta*는 72개의 염색체를 갖게 되었고, 동종교배에 의해서만 임성이었으며, 이는 자신의 모든 염색체들이 상동적 쌍을 이루었음을 말해 주는 것이다. 부모종 어느 것과의 교배로도 자손을 볼 수 없는 불임(단지 일부 염색체들만이 그들의 부모종과 상동적 쌍을 이룰 수 있음)인 종이 탄생한 것이다. 대개의 식품점이 라이밀(triticale)을 판매한다. 이 역시 배수성의 원칙에 따라 밀과 호밀(rye)를 교잡하여 만들어 낸 새로운 종이다.

배수성은 식물에서보다 동물에서 훨씬 드문 편인데, 이는 대개의 동물들이 염색체 수의 작은 변화에도 발생적으로 훨씬 민감하기 때문이다. 이러한 민감성은 염색체적 성결정 기작에도 해당되어, 동물의 배수체는 정상적 배수체에 존재하는 X와 Y 염색체의 동일 비율을 유지하기가 힘들다. 예를 들어, 수컷 XY와 암컷 XX로부터 만들어진 배수성은 XXYY 수컷과 XXXX 암컷을 만들게 되는데, 이들의 배우자들로부터의 조합(XY 정자 + XX 난자)은 XXXY라는 완전한 수컷도 완전한 암컷도 아닌 개체를 만들게 된다. 그러므로 만약 동물 배수체 종이 만들어지는 경우, 그들은 보통 **단성생식**(parthenogenesis, 수정 없이 난자의 배 발생이 일어남)과 같은 **무성생식**(asexual reproduction)의 형태를 갖는다.

그럼에도 불구하고, 배수성은 어쩌면 장점을 갖기도 한다. 식물 및 동물에서, 가외적인 배수체적 염색체들은 여러 가지 생리적 과정이나 해부학적 특징에 있어서 다중적 완충액과 같은 역할을 할 수도 있으며, 따라서 보다 활력을 띠고, 새롭고 거친 환경을 이겨낼 수 있도록 만들어 준다. 그러한 상황에서는 배수체의 생산은 이배체를 대체하기에 충분할 지도 모른다. 더욱이, 추가적인 염색체들은 그들 유전자들의 가외적인 세트로 하여금 다양성(diversity)과 잡종성(heterozygosity)를 늘리는 방향으로 진화할 기회를 제공하기도 한다(Soltis and Soltis, 1995).

염색체의 표현형

염색체 구조에서 나타나는 다양한 종류의 변화를 **그림 10–3**에 도식화 하였다. 이들이 염색체의 모습에 있어서의 변화이기 때문에, 이를 **염색체의 표현형**(phenotype of the chromosome)이라 말하는 것이 타당할 것이다. 이는 마치 메틸화와 각인의 위치를 보이게 할 때 **유전자의 표현형**(phenotype of the gene)이라 하거나, 또는 형질을 비교하면서 **개체의 표현형**(phenotype of the individual)이라 말하는 것과 같다.

결실 또는 결손(결핍)

결실(deletion) 및 결손(또는 결핍, deficiency)이라는 용어는 염색체 물질의 상실을 의미한다(그림 10–3a). 일반적으로, 결실이 초래하는 심각함은 얼마 만큼인지 그리고 어느 뉴클레오티드 또는 유전자들이 결손되었는지에 따라 다르다. 만약 기능성 유전자가

그림 10-3 (a–e) 변이가 일어난 상동물과 그렇지 않은 상동물을 모두 갖고 있는 이형접합체에서, 감수분열 접합시 나타나는 주요 구조적 염색체 변이와 이에 따른 영향들. (실제로는 두 상동물 간의 감수분열 접합에 네 개의 염색분체가 해당되지만, 그림의 단순화를 위해 각 염색체의 이중 염색분체 구조는 생략함.)

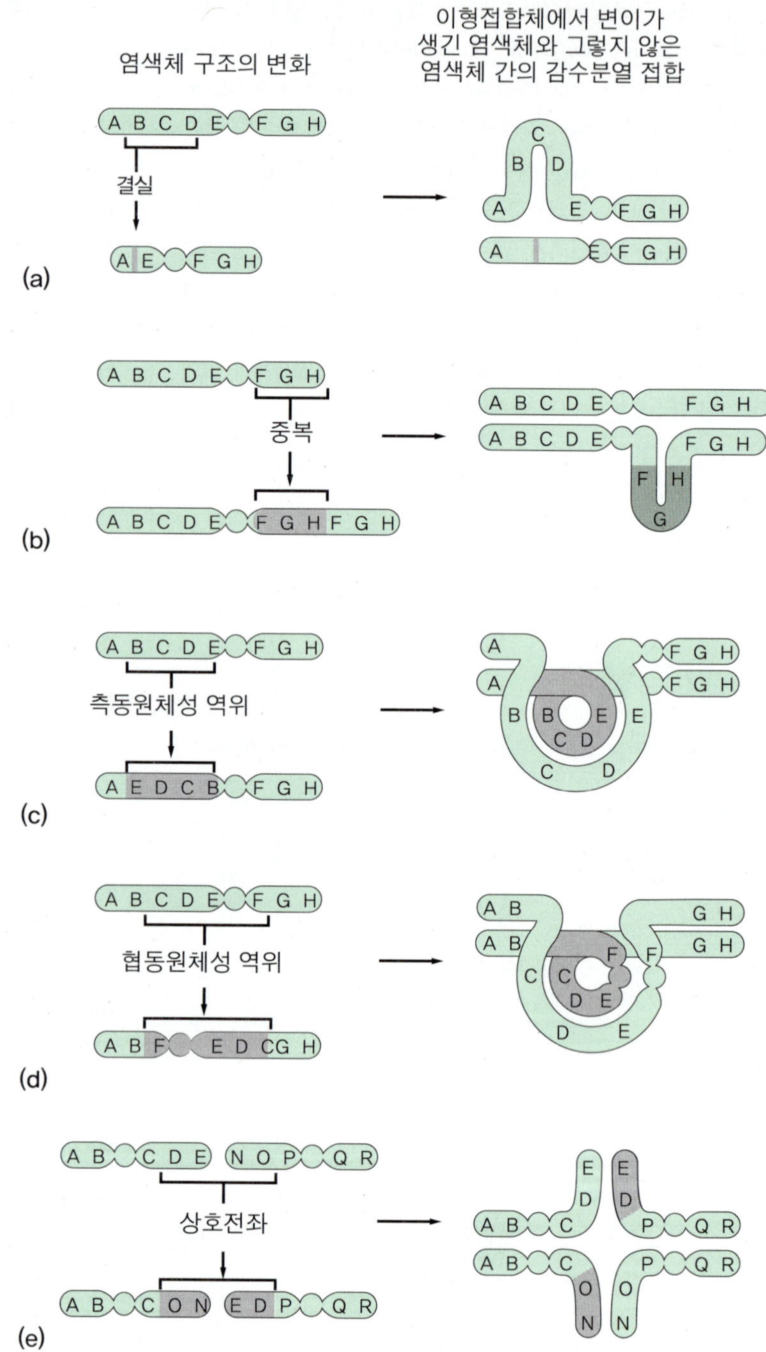

포함되었다면, 결실은 이배체와 반수체에서는 매우 심각할 수 있지만, 다배체와 이수체의 경우 그 같은 유전자가 가외적 염색체에 있을 경우 반드시 해롭지는 않을 수도 있다.

중복

중복(duplication)은 한 유전체내 복제된 염기서열로부터 나온 가외적 염색체 조각을 뜻한다(그림 10–3b).

염색체 수준에서 중복을 일으키는 기작 중에는 **부등교차**(unequal crossing over)가 있는데, 이는 재조합 동안 상동적 접합이 약간 한쪽으로 쏠리면서 가외적 염색체 물질을 포함하는 교차 산물이 만들어진다(**그림 12–4를 보라**). **유전자 수준**(*level of the gene*)에서, 현존하는 유전자나 그 일부 유전자의(아마도 재배열을 동반한) 중복은 그 유전자의 또는 그 유전자 일부의 추가적인 복제물(들)을 만들어낼 것이다. 다양한 종에서, 유사한 또는 같은 유전자들의 **유전자족**(gene family)이 많이 존재하는데, 이는 중복이 진화 과정에서 매우 흔하였음을 의미한다.

여러 가지 진핵생물들에서, 중복된 유전자들의 긴 순차배열(tandem array)군으로부터 리보솜(ribosome)의 RNA 구성요소들을 만들어 낸다. 또 다른 예로서, 여러 가지 헤모글로빈형 단백질들을 만드는 유전자들을 보면(그림 12-3과 12-5를 보라), 중복된 유전자들은 서로 다른 과정을 거쳐 진화하면서 여러 가지 적응된 기능들을 수행할 수 있게 되었고, 또한 12장에서 논의하는 바와 같이 진화적 변화를 조정하게 되었다.

역위

역위(inversion)는 염색체 유전자 순서의 역전현상으로, 때때로 이형접합체에서 감수분열 접합시 고리(loop)를 형성하는 것을 통해 관찰될 수 있다(그림 10-3c, d). 역위는 보통 거꾸로 된(역위된) 염기서열 내에서는 재조합 빈도를 낮추게 되는데, 즉 이형접합체에서 그러한 염기서열내 교차(crossing over)는 염색체의 비정상화를 가져올 수 있다. 그 결과, 역위 내에 포함된 유전자들은 비재조합체 구획(nonrecombinant block)으로서 함께 남아 있는 경향이 있으며, 학자에 따라 **슈퍼유전자**(*supergene*)이라고도 부른다.

진핵생물에서 알려진 역위에는 두 가지 종류가 있는데, (1) 동원체(centromere)를 포함하지 않는 **측동원체성**(*paracentric*)(그림 10-3c)과 (2) 동원체를 포함하는 **협동원체성**(*pericentric*)(그림 10-3d)이 있다. 협동원체 역위의 영향 중에는 그림 10-3d와 같은 동원체의 상대적 위치 변경이 있다. 어떤 경우에는 이동 정도가 커서 동원체가 염색체의 가운데(중부동원체성(metacentric) 위치)로부터 한쪽 끝(선단동원체성, acrocentric)으로 옮겨지기도 한다. 사슴쥐속인 *Peromyscus*에서, 어떤 종은 48 염색체들이 모두 중부동원체성(예컨대, *P. collatus*)인 반면, 어떤 종은 거의 모두 선단동원체성이다(예컨대, *P. boylei*).

전좌

전좌(translocation)는 기본적으로 염색체 물질의 이동이 하나의 염색체에서 하나의 비상동적 염색체로 일어나는 것을 말한다. 그러한 물질 교환이 상호적인 경우, 그림 10-3e와 같은 **상호전좌**(*reciprocal translocation*)가 일어난다.[3] 이러한 전좌는 이형접합체에서 감수분열 접합 동안 전좌된 염색체와 비전좌된 염색체 간에 십자가 모양의 형상이 나타나는 것을 통해 알 수 있다. 그 같은 감수분열은 중복과 결손을 포함하는 배우자를 만들게 되므로, 전좌 이형접합체는 보통 불임을 나타낸다.

전좌 이형접합체에 의해 만들어진 임성이며 활성을 띠는 배우자는 기본적으로 **교대분리**(alternate segregation)에 의한 것인데, 이는 그림 10-3e의 염색체들의 대각선 조합에서 보는 것처럼, 전좌된 염색체들이 전좌되지 않은 염색체들과 따로 분리되는 것이다. 따라서 그 같이 이형접합체에서 전좌된 염색체와 그렇지 않은 염색체의 유전자들은 분리된 구획(block)으로서 유전되는 경향이 있으며, 마치 하나의 구획 내 모든 유전자들은 서로 연관되어 있는 것처럼 행동한다.

전좌는 이형접합체에 있어서 여러 가지 불임 및 임성 문제점들을 야기하기 때문에, 전좌에 동형접합적인 개체는 비전좌 염색체에 동형접합적인 개체들로부터 격리되는 것이 유리하다. 염색체 종분화(chromosome speciation) 가설의 지지자에 의하면, 이들 두 그룹 간의 분리를 위한 선택(selection)은 쉽게 종분화를 이끌어낼 수 있으며, *Clarkia*와 같은 식물들의 예가 그러한 일이 일어났음을 보여 준다. 비록 인간과 침팬지의 분리에 포함된 것처럼 염색체 종분화로 설명될 수 있다고 제안되기는 했지만, 어떤 염색체 변이들은 서로 다른(염색체) 배열에 대해 동형접합적인 그룹들 사이에서 나온 잡종의 생식 성공률을 낮추기도 한다(20장을 보라).[4]

세포학적 효과로 볼 때, 전좌는 염색체의 수와 구조 모두를 변경할 수 있다. 예를 들면, 전좌는 2개의 서로 다른 비상동적 염색체들을 하나의 커다란 염색체로 합하거나(**그림 10-4a**), 염색체의 모양에 심각한 변화를 가져 오거나(그림 10-4b), 또는 분열이 일어나 염색체의 수가 증가할 수도 있다(그림 10-4c). 이와 같이, 유럽산 야생 쥐 *Mus musculus* 집단에서는 보통의 20쌍의 염색체에서 적게는 11쌍으로까지 감소가 일어나기도 한다. 아시아산(짖는 사슴류인) 먼잭사슴(muntjac deer)의 경우, 인도먼잭사슴(Indian muntjac)(*Muntiacus muntjac*)은 단 3쌍의 아주 커다란 염색체들을 갖고 있기도 하고, 검은먼잭사슴(black muntjac)(*Muntiacus crinifrons*)은 4쌍을, 그리고 중국먼잭사슴(Chinese muntjac)(*Muntiacus reevesi*)은 23쌍을 갖는다(**그림 10-5**). 두 종간 상대적 DNA 함량은 거의 같은데, 먼잭사슴의 대형 염색체는 먼잭의 소형 염색체들을 합하는 전좌가 연속해서 일어났기 때문이다.

반면, 염색체의 보존성(chromosomal conservatism)은 다른 포유류에서는 강하게 작용하는 것 같다. 예를 들면, 현생종인 아시아산 쌍봉낙타(Bactrian camel)와 아프리카산 단봉낙타(dromedary camel), 그리고 남미의 라마의 일종들인 구아나코(guanaco), 비쿠나(vicuna), 라마(llama) 및 알파카(alpaca)는 3천만 년된 동일 계통군에 속하는데, 모두 정확히 74개의 유사한 형태의 염색체들을 가지고 있다. Qumsiyeh(1994)는 염색체 쌍의 수는 그 종의 적응력을 반영하는 것이라고 제안하였는데, 즉 더 많은 수는 곧 유전적 재조합의 증가를 유발함으로써 더 높은 변이성(variability)과 환경적 유연성(environmental flexibility)을 낳게 되고,

[3] 그림 10-3e에 있는 전좌 이형접합체에 의해 만들어진 배우자가, 만약 2개의 위쪽 염색체가 한쪽 극으로 가고 2개의 아래쪽 염색체는 반대쪽 극으로 가면, 중복과 결손이 나타나게 된다는 점을 기억하도록 한다.

[4] 염색체 종분화에 관하여는 M. King(1993)을, *Clarkia*에 관하여는 H. Lewis(1973)을 참조.

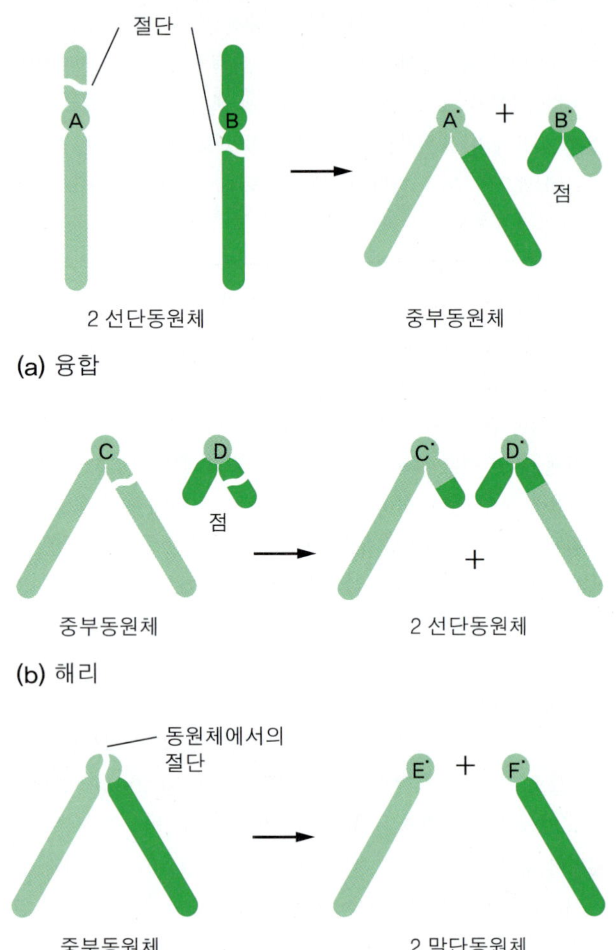

그림 10-4 (a) 전좌에 의한 두 선단동원체성 비상동염색체(A와 B)의 팔(arm) 사이의 융합(fusion)으로, 1개의 중부동원체성 염색체(A˙)와 아주 적은 양의 염색체 물질만을 갖는 1개의 점 염색체("dot" chromosome)(B˙)가 만들어진다. 이배체에서, 점 염색체의 손실은 염색체 수를 2만큼 줄게 하며, 이제 중부동원체에 대한 동형접합체는 이전에 두 선단동원체가 갖던 염색체 물질을 가지게 된다. (b) 해리(dissociation)의 역과정은 중부동원체(C)와 점(D) 염색체 간의 상호전좌를 가져와 C˙과 D˙ 선단동원체들을 만들게 된다. (c) 분열(fission) 기작은 2개의 팔을 갖는 중부동원체 또는 선단동원체로부터 1개의 팔을 갖는 말단동원체성(telocentric) 염색체를 만들어 내는 기원을 설명해 준다. (*Genetics*, 3rd ed by Monroe W. Strickberger에서. Prentice Hall, Inc., Upper Saddle River, NJ의 허락하에 재인쇄.)

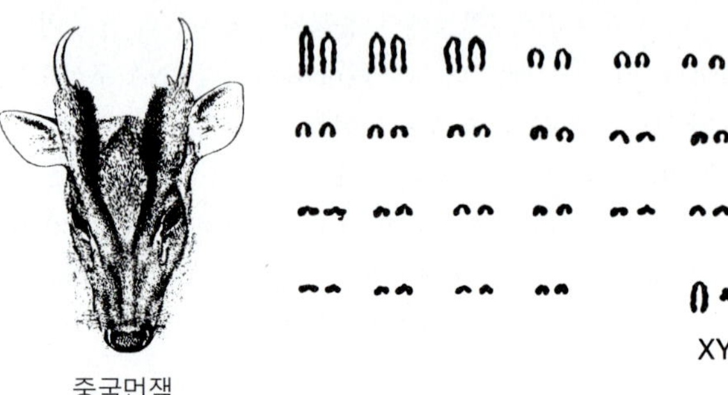

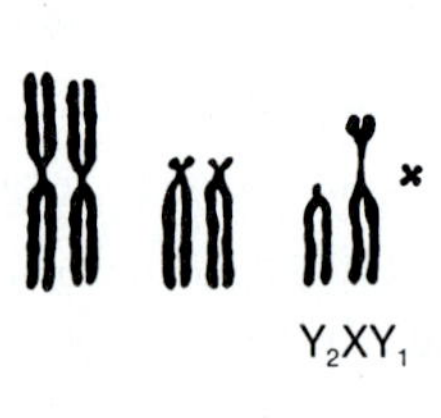

그림 10-5 중국산 및 인도산 먼잭사슴(*Muntiacus reevesi, M. muntjac*)과 그들의 핵형. 인도먼잭은 두 쌍의 상염색체와 3개의 성염색체를 가지고 있는데, 포유류의 알려진 염색체 수로는 가장 적은 수이다. (Austin, C. R., and R. V. Short, 1976. *The Evolution of Reproduction*. Cambridge University Press, Cambridge, England에서 인용.)

더 적은 수는 유전적 조합이 유지되게끔 함으로써 특이환경에 더욱 특수화(특성화, specialization)할 수 있도록 한다는 것이다.

*Drosophila*와 영장류에서의 염색체 진화

만약 염색체를 따라 횡으로 뚜렷한 밴드들이 구분되어질 수 있다면 염색체 진화를 상세히 도표화할 수 있을 것이다. *Drosophila* 및 다른 유사한 곤충에서는 침샘(salivary gland) 세포들 및 어떤 조직들의 염색체들이, 여러 차례 복제를 하면서도 각 복제물은 동일 핵 안에서 계속 서로 가까이 붙어 있다. 그 결과, 그러한 다사염색체(polytene chromosome)는 엄청나게 커지면서 길이 방향으로 매우 구체적인 밴딩 구성(banding configuration)을 보여 주는데, 심지어는 아주 작은 염색체 변화도 감지할 수 있도록 해 준다. 유전학자들은 실제로 수백 종의 파리들의 진화에 있어서의 염색체 변이들을 모두 설명하고 있는데, 그 예는 **그림 10-6**과 같다.

비록 많은 생물들에서 다사염색체가 나타나지 않지만, 새로운 염색체 염색기법이 개발되어 비교적 작은 포유류 염색체들 간에도 구체적인 비교가 가능하게 되었다. **그림 10-7**에 묘사된 G-밴딩 기법은 사람, 침팬지, 고릴라, 및 오랑우탄의 염색체들을 비교할 수 있도록 해 준다. 이러한 밴딩을 통하여 어떤 염색체들(번호 6, 13, 19, 21, 22 및 X)은 실제로 4종 모두에서 동일하며, 다른 염색체들에서도 다양한 팔 또는 부분적으로 모두 상동적이다.

우리는 영장류의 진화가 이루어지는 동안 나타난 변화를 앞에서 언급한 간단한 염색체 변이로 설명할 수 있다. 따라서, 사람(n=23)과 털 없는 원숭이(ape)(n=24)의 염색체수 차이는 그림

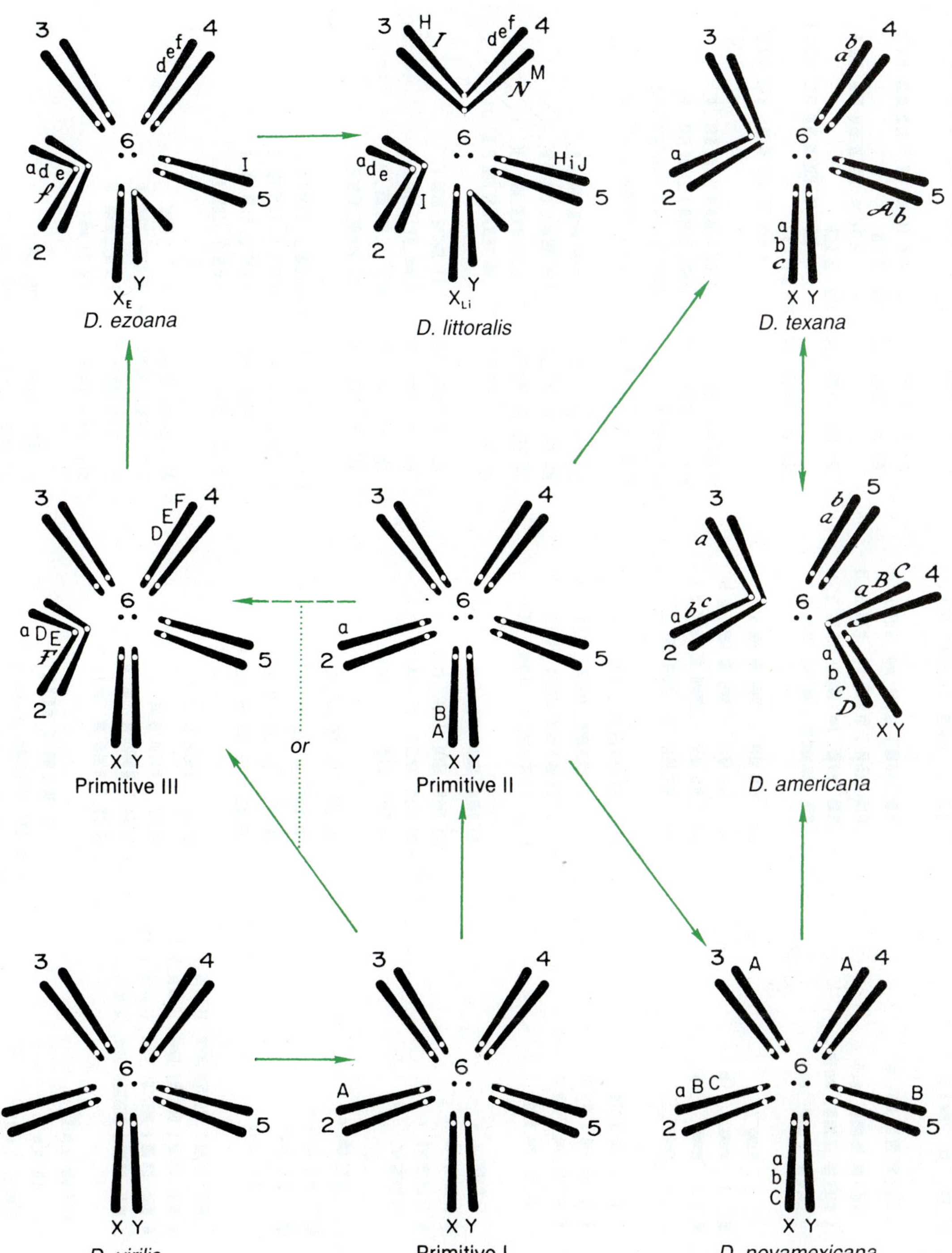

그림 10-6 *Drosophila*의 *virilis* 그룹 종들에서의 염색체 진화 과정. *Drosophila*속의 초기 핵형으로 생각되는 염색체들(왼쪽 아래)에 번호를 1(X)에서 6까지 붙였으며, 특징적인 염색체 밴딩 배열들은 숫자로 표시하였다. (Stone, W. S., 1962. The dominance of natural selection and the reality of superspecies(species groups) in the evolution of *Drosophila*. *Univ. of Texas Publ.*, **6205**, 507–537.에서 인용.)

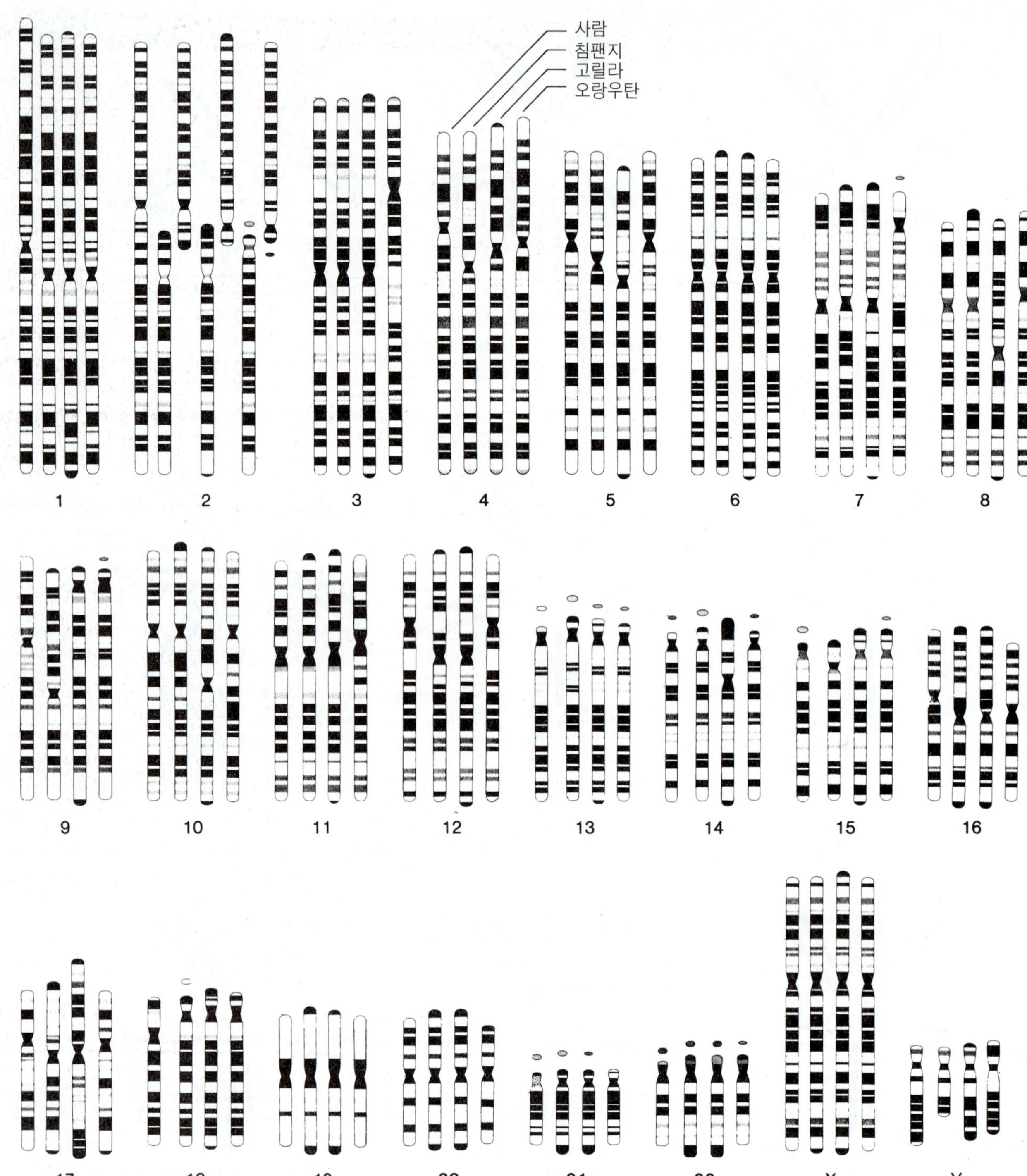

그림 10-7 각 염색체의 왼쪽에서 오른쪽 순서로, 사람, 침팬지, 고릴라, 오랑우탄의 염색체들의 밴딩 배열을 보여 줌. 유인원(great ape)들의 24쌍의 염색체들은 사람에서 23쌍(번호 1–22 + XY)으로 줄어 들었으며, 이는 2개의 다른 염색체들이 사람의 2번 염색체로 융합되었기 때문이다. 이 융합과 또 다른 변화들(예컨대, 염색체 1번과 18번의 역위)은 사람과 침팬지의 공통 조상(common ancestor)으로부터 사람 계통이 분리된 이후에 일어났음이 틀림없다. 전체적으로 볼 때, 이들 밴딩 배열은 사람이 고릴라보다 침팬지와 더 가까운 진화적 관계를 가지고 있으며, 오랑우탄과는 보다 먼 관계라는 것을 말해 주고 있다.(Yunis, J. J.의 *The Origin of Man: A Chromosomal Pictoral Legacy*에서 ©1982 American Association for the Advancement of Science의 허락하에 재인쇄.)

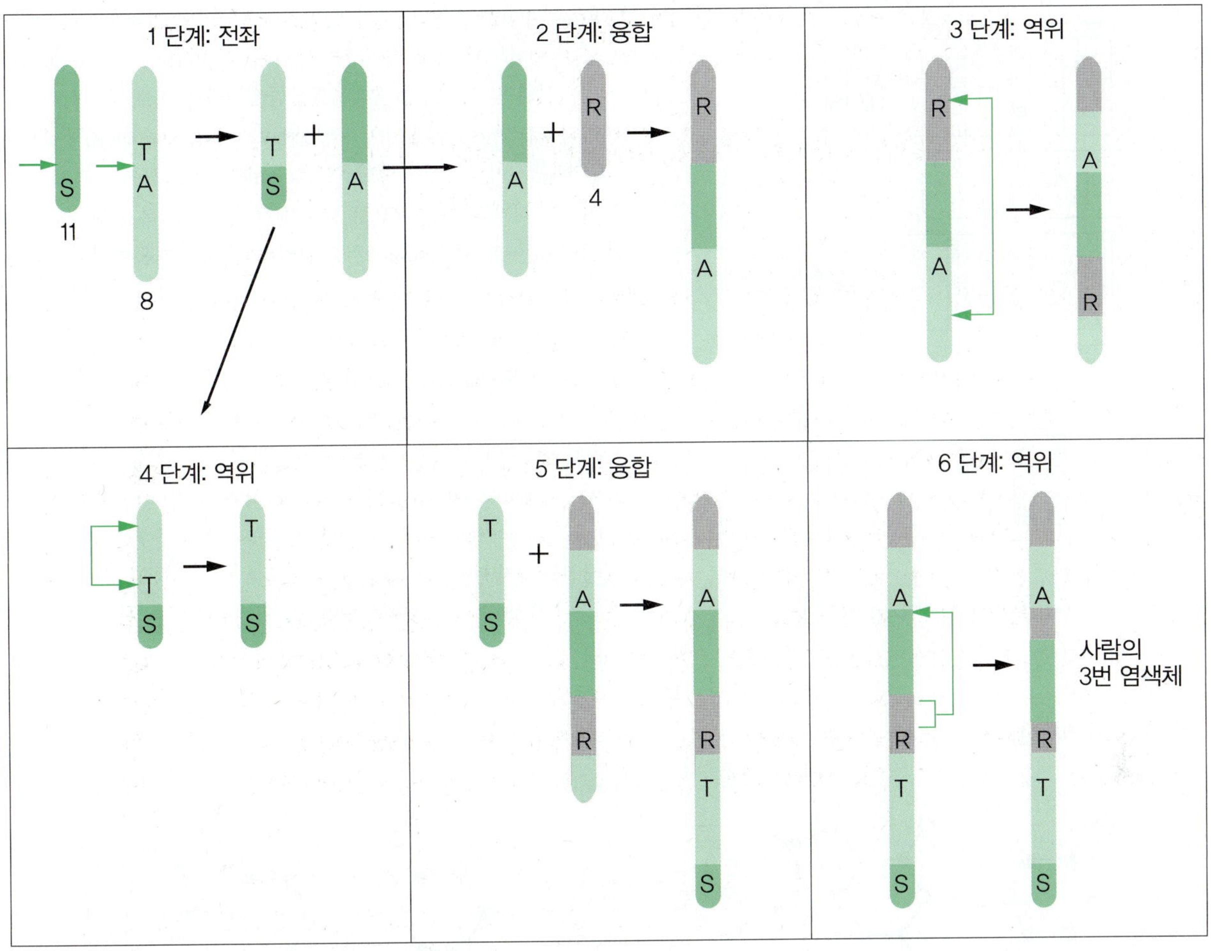

1 단계: 전좌

2 단계: 융합

3 단계: 역위

4 단계: 역위

5 단계: 융합

6 단계: 역위

사람의 3번 염색체

그림 10-8 백악기(Createaceous) 즈음 두 쥐와 유사한 염색체의 8번과 11번 사이의 전좌로 시작된, 사람의 3번 염색체의 진화를 설명하는 주요 6단계. 이어서 1개의 전좌 염색체가 4번 쥐 염색체와 융합이 일어난다. 그 다음 보는 바와 같이, 나머지 1개의 전좌 산물과의 융합을 통한 염색체 길이의 증가와 두 번의 역위가 이어진다. 글자 A, R, S, 및 T는 쥐, 사람 및 다른 포유류로부터 그 좌위를 알고 있는, 네 가지 마커 유전자를 나타낸다: A = aminoacylase-1, R = rhodopsin, S = somatostatin, T = transferrin. 단순화하기 위해, 쥐와 유사한 염색체 2, 14, 15 및 16번에서의 작은 부분들의 삽입 등, 다른 알려진 염색체 변이들은 이 그림에서 표시하지 않았다. (Hino, O., J. R. Testa, K. H. Buetow, T. Taguchi, et al., 1993. Universal mapping probes and the origin of human chromosome 3. *Proc. Natl Acad. Sci. USA*, **90**, 730–734에서 수정하여 인용.)

10-7에 나타나 있듯, 두 표시된 침팬지형 염색체들이 융합되어 사람의 2번 염색체가 만들어졌기 때문이다. DNA 염기순서결정(DNA sequencing)은 사람의 3번 염색체의, 어쩌면 9천만 년 전의 초기 쥐와 유사한 집단으로부터 유래했을지도 모르는, 참으로 흥미로운 진화의 여정을 나타내고 있다(**그림 10-8**).

유전자 돌연변이(Gene Mutations)

유전자 돌연변이(mutation) 혹은 점돌연변이(point mutation)는 유전자 자체의 뉴클레오티드 구조에 영향을 주므로 염색체 수준에서는 관찰이 어렵다. 많은 유전자돌연변이들은 뉴클레오티드 순서결정(nucleotide sequencing; 염기서열결정)을 통해 직접적으로, 또는 돌연변이가 단백질의 아미노산 순서에 미치는 영향을 통해 간접적으로 알아낼 수 있다.

분자수준에서의 여러 가지 돌연변이성 변화 중에는 **염기 치환**(base substitution), 즉 염기 하나가 다른 염기로 바뀌는 뉴클레오티드의 변화가 있다. **그림 10-9**에서 보는 것처럼, 학자들은 퓨린(purine) 사이의 변이(A ↔ G) 또는 피리미딘(pyrimidine) 사이의 변이(T ↔ C)가 일어나는 경우를 비교차형염기전이(transition)라고 하고, 퓨린이 피리미딘으로 또는 그 반대(*vice versa*)로 일어나는 변이(A, G ↔ T, C)를 교차형염기전이(transversion)라고 한다.

치환은, 예컨대 드물지만 A(adenine)와 C(cytosine) 간의 혹은 G(guanine)와 T(thymine) 간의 상보적 쌍을 이루게 하는 뉴클레오티드 염기변이에 의한 복제오류들을 통해, 끊임 없이 일어난다(**그림 10-10**). 또, 아질산(nitrous acid) 또는 질소 머스타드(ni-

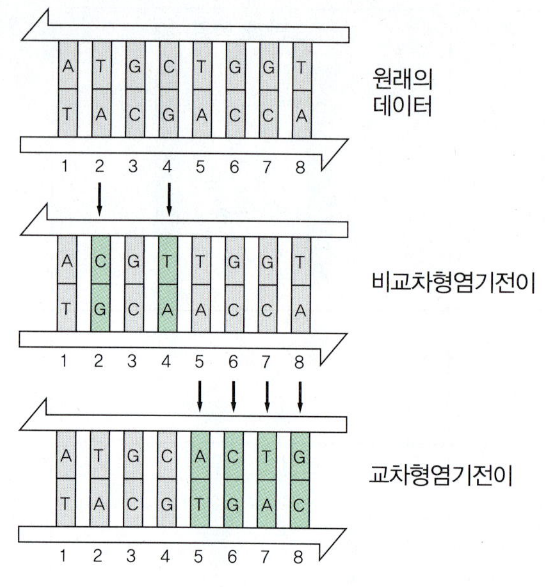

그림 10-9 이중나선 DNA 부분에서 특정 염기쌍의 변이 예.

trogen mustard)와 같은 돌연변이 유발물질(mutagenic agent)들에 의해서도 염기 치환이 일어난다. 또한 어떤 경우에는, 특정한 염기서열이 주변의 뉴클레오티드들에 돌연변이를 증가시키기도 한다. 그러한 "돌연변이의 가열점(hot spots of mutation)"은 DNA 분자를 꼬아서 DNA 중합효소(polymerase)로 하여금 복제 오류가 일어나게끔 하는 것으로 보인다. 중합효소의 복제 정확도 역시 달라서, 어떤 계통(strain)은 확실히 다른 것보다 돌연변이 오류가 더 잘 일어나는 효소를 갖는다.

그 밖에 다른 분자 수준에서의 돌연변이들로는 뉴클레오티드 결실(deletion), 중복(duplication) 및 삽입(insertion)이 있는데, 세포 내에서 끊임 없이 일어나거나, 또는 아크리딘 염료(acridine dye) 같은 외부로부터의 돌연변이 유발물질로 인해 나타난다. 또한, 역위(inversion; 뉴클레오티드 순서의 역전)나 전좌(transposition; 염기서열의 다른 위치로의 이동)와 같은 뉴클레오티드의 재배열도 발생한다.

일반적으로, 이러한 기작들에 의해 나타나는 돌연변이 효과

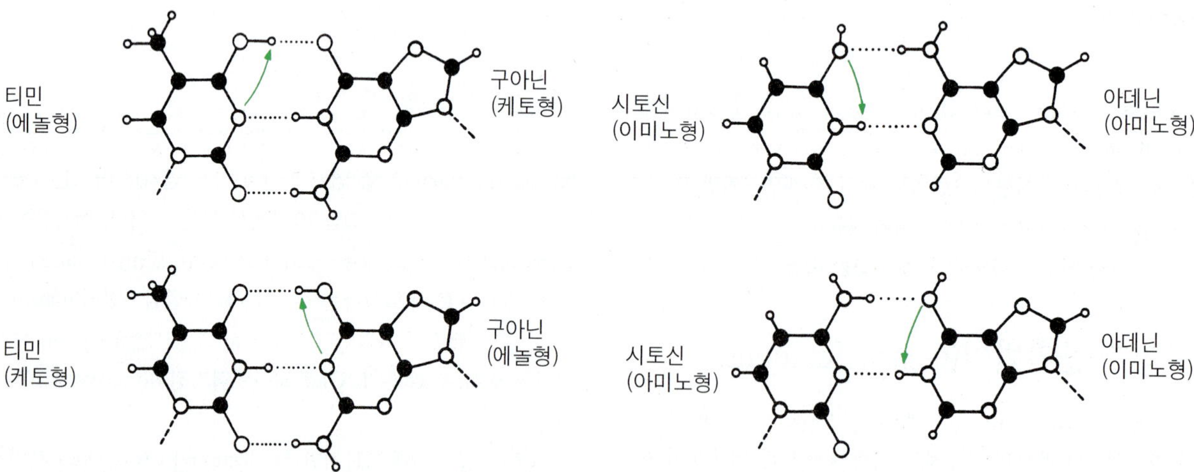

그림 10-10 (a) DNA 복제 동안 뉴클레오티드 염기들 간의 정상적인 상보적 쌍형성(complementary pairing). (b) 토토머형(tautomeric) 분자 변이로 인한 변경된 염기쌍형성(base-pairing) 관계. 그러한 변화로 인해 염기 치환이 일어나면, 예컨대 T–A 염기쌍이 C–G 염기쌍으로 비교차형염기전이가 일어날 수 있다. (Drake, J. W., 1970. *The Molecular Basis of Mutation*. Holden-Day, San Francisco로부터 인용.)

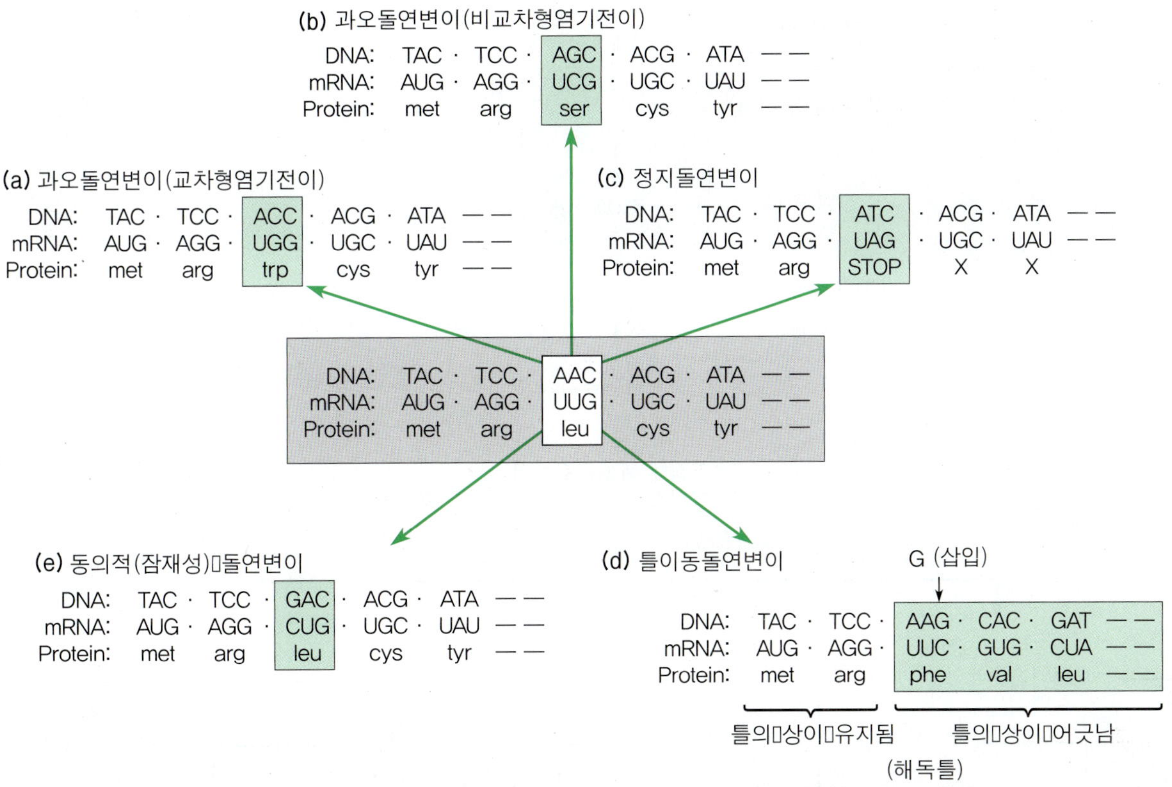

그림 10-11 표시된 뉴클레오티드 변이들에 의해 생성된 여러 가지 돌연변이들. 여기에서의 모든 염기서열들은 전령 RNA의 AUG 코돈이 아미노산으로의 해독을 시작시킨다. 돌연변이에도 불구하고, (c)에서 멈춤코돈(stop codon)이 전령 RNA의 더 이상의 해독을 막는 것을 제외하고는, 해독은 계속 진행된다. 뉴클레오티드들의 멈춤코돈이 없는, 해독될 수 있는 서열(예컨대, *a, b, d, e*)을 개방해독틀(open reading frame)이라고 한다.

는 두 가지 수준의 유전자 활성에서 나타난다: (1) **유전자 산물 자체 내에서의 변화**(예컨대, 특정 단백질의 아미노산 조성에서의), (2) **유전자 산물의 조절에서의 변화**(유전자 산물 자체는 영향이 없으나, 그 생성 시점이 정상과 다른 경우).

변화된 유전자 산물을 만들어 내는 돌연변이 효과는 뉴클레오티드의 변화가 다음을 야기하게 때문에 일어난다.

- **과오돌연변이**(*missense mutation*), 단백질에서 하나 이상의 아미노산을 치환(**그림 10-11a, b**).
- **정지돌연변이**(*nonsense mutation*), 유전자 염기서열 중간에 단백질 종결코돈(termination ("stop") codon)을 삽입하는 변화를 가져옴으로 인해 폴리펩티드연쇄합성(polypeptide chain synthesis)의 이른 종결(termination)을 가져옴(그림 10-11c).
- **틀이동돌연변이**(*frame shift mutation*), 전령 RNA(messenger RNA, mRNA)의 단백질 해독(translation)을 위한 해독틀(reading frame)을 변경하는 뉴클레오티드 삽입 또는 결실로 인해 새로운 다른 서열의 코돈들이 형성됨(그림 10-11d).
- **동의적(또는 잠재성) 돌연변이**[*synonymous*(*or silent*) *mutation*], 사실상 모든 아미노산이 하나 이상의 코돈들로 암호화되어 있으므로, 아미노산 치환 없이도 아미노산 코돈이 바뀔 수 있음(그림 10-11e).

다양한 돌연변이 가능성들은 생물체에 중대한 결과를 초래한다. 이는 돌연변이가 너무 많거나 또는 너무 적어도 적응에 문제가 생기기 때문이다. 너무 많은 또는 너무 적은 돌연변이는 유전적 변이에 나타나는 자연선택의 효과를 방해하다. 너무 많은 돌연변이는 이미 환경에 적응된 생물체에 계속적인 오류를 제공하게 된다. 너무 적은 돌연변이는 자연선택이 적응으로 이끌 기회를 줄이게 된다. 따라서 최적의 돌연변이율이 가장 유리하다(Orzack and Sober, 2001).

그러나 위치에 따라 다르지만, 심지어는 단 하나의 뉴클레오티드 돌연변이도, 비록 긴 연쇄 단백질에서 1개의 아미노산 치환만을 야기함에도, 생물체에는 중대한 결과를 초래하기도 한다. 그러한 효과의 대표적인 예가 사람에게 있어서 낫세포(sickle cell) 돌연변이에 의한 것인데, 미국의 경우 이 유전자는 거의 흑인에게만 한정되어 있다.

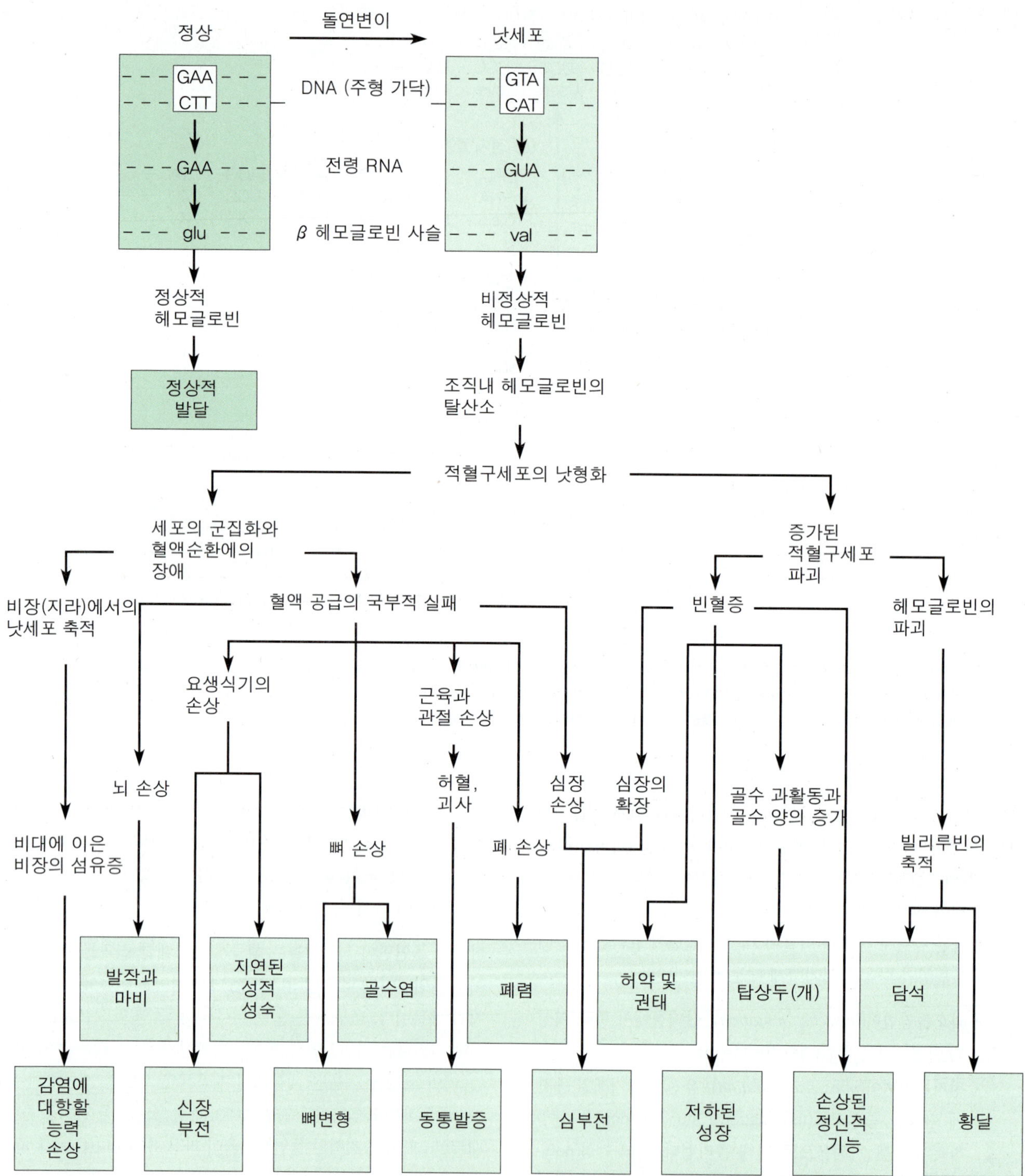

그림 10-12 낫세포 돌연변이의 여러 가지 다형질발현 효과들. β-헤모글로빈 유전자의 DNA 주형 가닥(DNA template strand)에서 티민에서 아데닌으로의 교차형염기전이로부터 시작된다. 그 결과인 GUA 삼뉴클레오티드(trinucleotide)(트리플렛, triplet) 암호 서열은 전령 RNA에서 정상의 글루탐산 대신 발린 아미노산으로 해독하게 되고, 이로 인해 낫세포 동형접합체에 심각한 영향을 주는 발육 결과를 초래한다. (Monroe W. Strickberger의 Genetics 3rd ed., ©1985 by Monroe W. Strickberger. Prentice Hall, Inc., Upper Saddle River, NJ의 허락하에 재인쇄.)

글상자 10-2 Barbara McClintock과 전이인자(transposon)의 발견

전이인자의 발견에 관한 역사는 매우 흥미로우며, 과학계에 새로운 아이디어에 대한 열린 마음에 대하여 많은 것을 가르쳐 준다.

현재 전이인자로 알려진, 특정한 유전적 요인에서의 염색체 간의 전좌, 그리고 유전자 발현에서 전이된 요소의 조절 역할(즉, 유전자 조절)은 모두 1940년대 및 1950년대에 옥수수에 관해 연구했던 식물 세포 유전학자인 Barbara McClintock(1902–1992)에 의해 발견되었다(McClintock, 1950). 만약 더 최근의 역사, 특히 유전자 조절에 관하여 안다면 두 가지 이유에서 이 발견이 더욱 놀라운 것이라 하겠다.

- 전이인자의 발견은 주로 1970년대 초 박테리아에 관한 연구로부터 나왔는데, 이는 McClintock의 연구보다 30년 정도 뒤늦은 것이다.
- 원핵생물(prokaryote)에서 유전자가 조절됨에 관한 지식은 대장균(*E. coli*)에서 락오페론(*lac* operon)에 관한 Jacob and Monod의 연구로 거슬러 올라가는데(그림 10–13), 이것은 1961년에 출판되었으며, 이 연구로 두 사람은 1965년에 노벨상을 수상하였다. 그러나 진핵생물(eukaryote)의 유전자가 또한 조절됨에 관한 지식은 그보다 더 최근 것이며, 대개 *Drosophila*나 ***Costridium elegans*** [역자 주: Caenorhabditis elegans(예쁜꼬마선충)의 오기로 보임. 유사어로 Clostridium(병원균의 한 종류)이 있으나 Clostridium elegans라는 종은 확인되지 않음]와 같은 동물에 대한 연구를 통해서이다(13장 참조).

McClintock의 이름은 모든 분자생물학자들에게 기억되어야 하며, 한편으로는 그렇기도 하나, 유전자 조절에 있어서 그녀의 놀라운 업적에 관한 인용이 매우 드물게 이루어지는 것을 보곤 한다. 1983년, 유전적 전좌를 발견한 공로로 그는 뒤늦게 노벨 생리의학상을 수상했다. 같은 해 출판된 그의 전기(Keller, 1983)는 또한 그의 빛나는 경력을 드러내는 계기가 되었다. 그의 많은 또 다른 업적 중에는, 감수분열 동안 교차에 의한 유전자 조합을 발견하고, 옥수수의 유전자 지도를 처음으로 만들어서 실제 형질을 염색체의 특정 부위와 연결시킬 수 있게 하고, 유전적 정보를 유지함에 있어서 말단부(telomere)와 동원체(centromere)의 중요성을 증명한 사실 등이 있다(9장 참조). 1944년부터 1953년 사이 옥수수 씨앗의 모자이크 컬러패턴의 기초(그리고 이 특성의 알려진 불안정한 유전)에 관한 연구를 통해 얻은 전좌(transposition)에 관한 중요한 발견들을 아래에 요약한다.

1. McClintock은 우성이며, 서로 영향을 주는 2개의 유전자좌위인 분리자(*Dissociator, Ds*)와 활성자(*Activator, Ac*)를 확인하였으며, *Ds*는 근처 유전자에 영향을 주되 *Ac*가 존재할 때만 그렇다는 사실을 발견하였다. 놀랍게도, *Ds*와 *Ac*는 한 염색체에서 그 위치를 옮길 수 있다는 점이다.
2. 여러 세대에 걸친 교잡을 거치면서 옥수수알(kernel)의 색과 힘든 세포유전학적 연구를 통해, *Ds*의 전좌는 *Ac*에 의해 조절되며, 여기에는 염색체 절단(chromosomal breakage)이 요구된다는 결론을 얻었다. *Ds*는 보통 색 유전자를 억제하며, 색 유전자는 *Ds*가 옮겨갔을 때만 활성화된다. 전좌는 무작위적이어서, 어떤 세포는 색을 생성하고 어떤 것은 그렇지 않으며, 결과적으로 옥수수알의 특성인 색섞임증(color mosaicism)이 나타나게 된다.
3. 1940년대 후반에 이르러, McClintock은 이 두 이동성 요소는 일반 유전자와 다른 조절 인자라는 가설을 세우고, 이러한 유전자 조절 가설을 모든 다세포 생물에 적용시켰다. 그러나 생물학적으로 DNA 이전, 특히 분자 이전이라는 것은 곧 유전적 물질의 특성이 여전히 애매함을 뜻하였다. McClintock의 유전체 개념은 너무 동적이어서 유전자는 예정된 지령 또는 청사진을 세포에 제공하는 것으로만 생각하던 당시의 개념을 적용시킬 수가 없었다.
4. 1961년에 락오페론의 발견이 보고되자, McClintock은 박테리아와 옥수수 간의 유전자 조절에 관하여 자세히 비교하는 보고를 하였다. 그러나 McClintock의 유전자 전좌에 관한 발견이 인정받게 된 것은 1960년대 후반 전이인자가 다시금 발견된 이후였다. 물론 그녀의 유전자 조절에 관한 선구적 연구는 지금까지도 충분히 인정받지 못한 상태이다. 분리자, 활성자, 그리고 McClintock이 발견한 세 번째 이동요소인 **억제자–돌연변이유발인자**(*Suppressor-mutator, Spm*)는 현재 모두 전이인자로 알려져 있으며, 이들은 보통 이들을 가지고 있는 세포가 스트레스를 받고 있을 때에만 (이로 인해 염색체 절단으로 연결되면) 이동한다. Ds와 Ac는 현재 분자생물학자들이 식물의 유전자 조절을 연구하는 데에 일상적으로 사용되고 있다.

Barbara McClintock은 그 분야에서 몇 십 년을 앞서 갔다. 그러나 그녀가 연구결과를 주요 저널(Genetics, PNAS)[a]에 출판하고, 학회에서 발표하였으며, 학생들을 연구시키고 이끌었음에도 불구하고, 동료들은 그녀의 발견을 회의적으로 생각했다. 그리하여 1953년, 그녀는 마침내 전좌와 관련된 출판을 멈추고, 대신 남아메리카에서 옥수수 품종의 세포유전학적, 민족식물학적(ethnobotanical) 측면에 대한 연구를 하게 된다.

그녀는 University of Leeds의 한 유전학자가 1973년 9월에 개최된 워크샵에 자신을 초청하자 거절하면서 이러한 좌절감에 대하여 편지를 보냈다. "1950년대에 유전자의 행동이 어떻게 이루어지고, 어떻게 조절되는가에 대해 유전학자들에게 증명하려던 시도들"에 대한 편지에서 그녀가 계속 적어나갔다. "많은 사람들이 옥수수의 조절 인자의 특성에 대해 가지고 있는 고정관념을 깨닫는 것이나, 그들의 행동방식의 고정성을 깨닫는 것은 모두 다 고통스러운 것이다. **사람은 관념의 변화를 위한 적절한 때를 기다려야만 하는가 보다.**"라고 강조했다.

[a] *Proceedings of the National Academy of Science U.S.A.*의 2006년 11월호는 전이성인자(transposable element)에 관한 8개의 논문을 특별편으로 포함하고 있으며, 그 중에는 서론(pp. 17600–17601)에 McClintock의 연구상황과 당시까지 알려진 전이성인자의 종류에 관한 요약을 포함하고 있다.

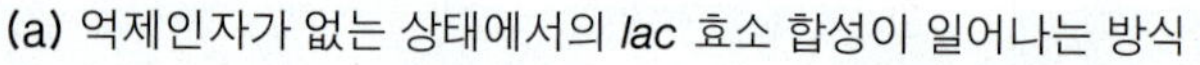
(a) 억제인자가 없는 상태에서의 lac 효소 합성이 일어나는 방식

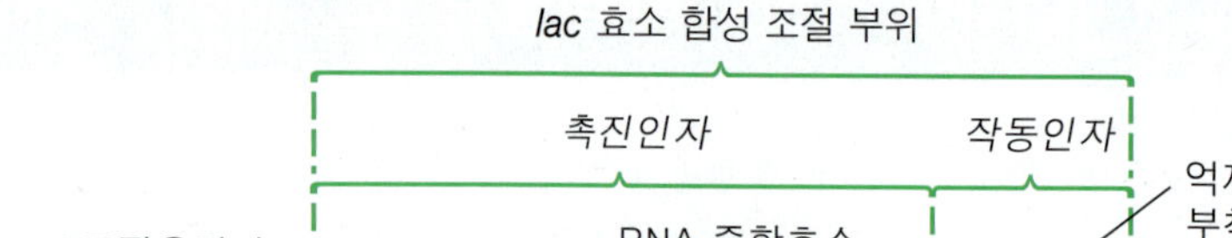
lac 효소 합성 조절 부위
촉진인자
작동인자

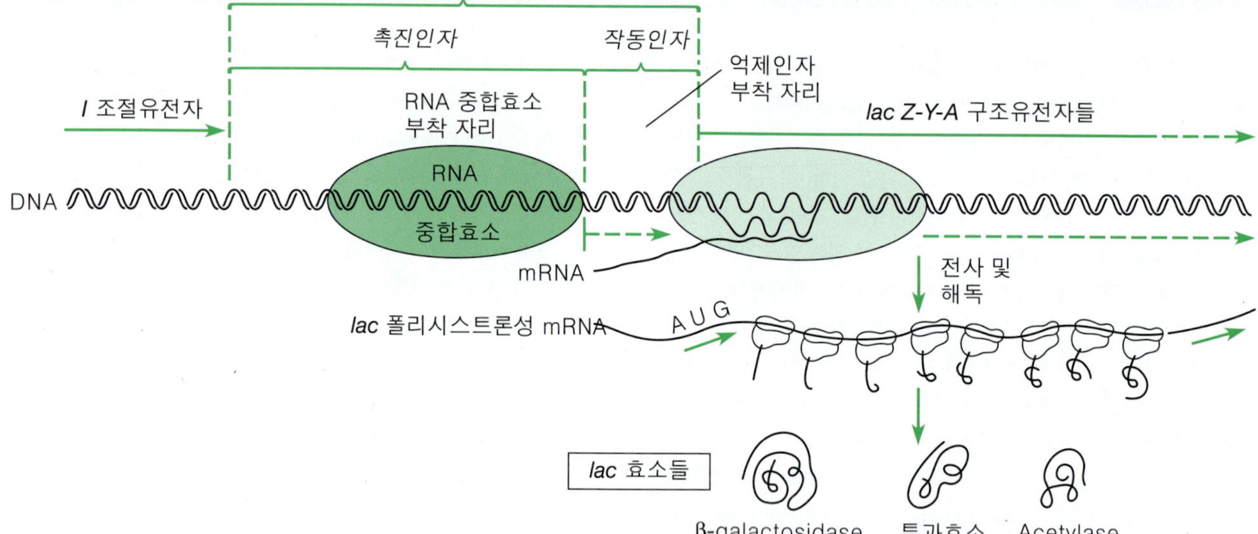
억제인자
부착 자리
I 조절유전자
RNA 중합효소
부착 자리
lac Z-Y-A 구조유전자들
DNA
RNA
중합효소
mRNA
전사 및
해독
lac 폴리시스트론성 mRNA
AUG
lac 효소들
β-galactosidase
투과효소
Acetylase

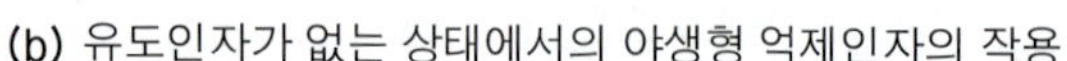
(b) 유도인자가 없는 상태에서의 야생형 억제인자의 작용

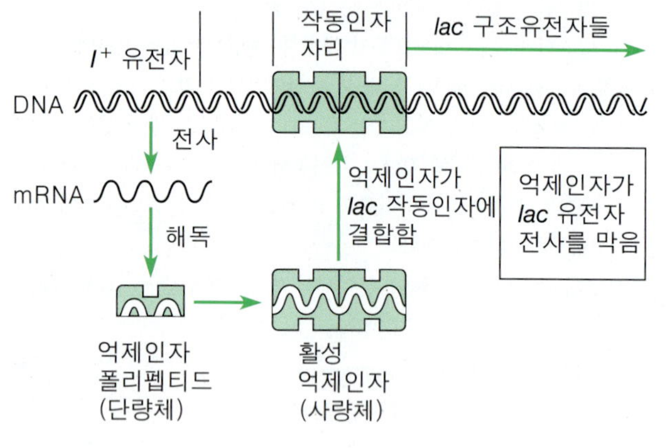
I^+ 유전자
작동인자
자리
lac 구조유전자들
DNA
전사
mRNA
해독
억제인자가
lac 작동인자에
결합함
억제인자가
lac 유전자
전사를 막음
억제인자
폴리펩티드
(단량체)
활성
억제인자
(사량체)

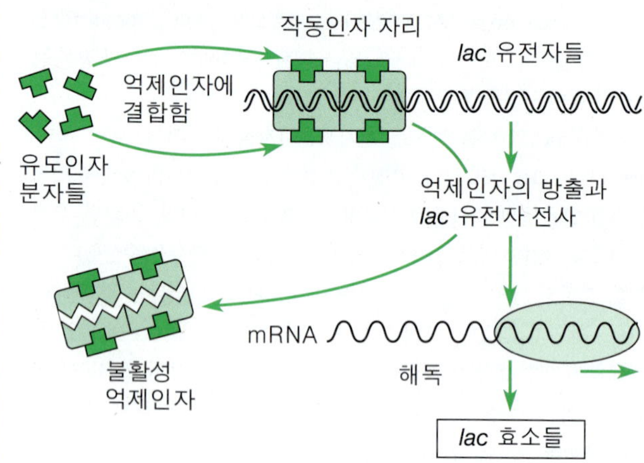
(c) 유도인자의 억제인자에 대한 효과:
유도된 lac 효소 합성
작동인자 자리
lac 유전자들
억제인자에
결합함
유도인자
분자들
억제인자의 방출과
lac 유전자 전사
mRNA
불활성
억제인자
해독
lac 효소들

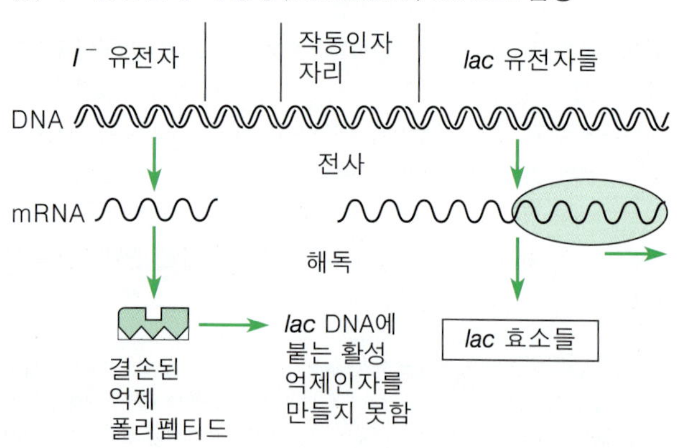
(d) I^- 돌연변이: 구성성(constitutive) lac 효소 합성
I^- 유전자
작동인자
자리
lac 유전자들
DNA
전사
mRNA
해독
결손된
억제
폴리펩티드
lac DNA에
붙는 활성
억제인자를
만들지 못함
lac 효소들

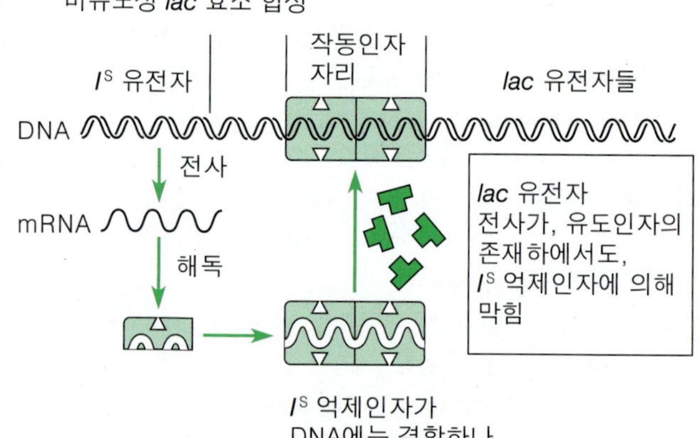
(e) I^S 초억제인자 돌연변이:
비유도성 lac 효소 합성
I^S 유전자
작동인자
자리
lac 유전자들
DNA
전사
mRNA
해독
lac 유전자
전사가, 유도인자의
존재하에서도,
I^S 억제인자에 의해
막힘
I^S 억제인자가
DNA에는 결합하나
억제인자에는 결합하지 않음

그림 10-13 *E. coli*에서 *lac* 효소 합성의 일반적 개요와, 이 유도체계에서 억제인자의 기능 및 기능장애(dysfunction)의 효과들. (a) *lac* 구조유전자인 *Z*, *Y* 및 *A*의 전사를 조절하는 DNA 부위는 두 주요 조절성 자리인 작동인자와 촉진인자로 구성되어 있으며, 각각은 특정한 단백질과 결합하게 한다. 억제단백질이 없는 경우, RNA 중합효소는, 억제인자가 붙는 위치이기도 한, 작동인자에서 전사를 개시한다. (*lac* 억제인자 자체는 *lac* 좌위에 가까운 조절인자 자리인 *I*에서 암호화되지만, 억제유전자에 의해 조절되는 모든 체계에서 반드시 그러한 근접성이 나타나는 것은 아니다.) 보는 것처럼, *lac* 유전자들의 전사는 해독을 거쳐 세 가지 *lac* 효소들을 합성하게 된다. (b) I^+ 정상 유전자의 전사와 해독은 정상적인 억제단백질을 만들고, 이는 *lac* 좌위의 작동인자 자리에 붙어 RNA 중합효소에 의한 *lac* 유전자의 전사를 막게 된다. 이러한 억제상태는 젖당 배지에서 자라지 않은 정상적인 *E. coli* 세포에서 나타난다. (c) 젖당 배지로 세포를 옮기면 이질젖당 유도인자가 만들어지면서, 억제인자로 하여금 작동인자의 DNA 결합 자리로부터 떨어져 나오게 만든다. 이로 인해 *lac* 구조유전자의 전사가 시작되고, 해독이 일어나 *lac* 효소의 합성을 완성한다. 도표에서 보는 바와 같이, 억제인자는 4개의 폴리펩티드 사슬로 구성된 분자인 사량체(tetramer)이며, 하나 이상의 결합 부위를 갖는 점에서 중요한(이 경우, 한 자리는 DNA, 또 한 자리는 유도인자가 붙음), 조절단백질(regulatory protein)의 역할을 한다. 유도인자가 억제인자에 붙게 되면, DNA 결합 부위의 형태나 입체배치(steric configuration)에 변화가 생겨 억제인자가 불활성이 된다. (d) I^- 돌연변이가 불활성 억제인자를 만들게 되면, *lac* 작동인자에 우선적으로 붙지 못하게 되고, 억제인자는 *lac* 유전자의 전사를 막지 못하게 된다. 따라서, *lac* 효소의 합성은 유도인자가 없는 상태에서도, 설사 젖당 없는 배지에서 자라더라도, 구성적으로("constitutively") 진행되게 된다. (e) *I* 좌위에 초억제인자(super repressor) 돌연변이가 일어나면, 이로 인해 생성된 *lac* 억제인자는 더 이상 유도인자는 인식하지 못하지만, 정상적인 *lac* 작동인자 결합을 위한 자리는 유지하게 된다. 그 결과, 유도인자가 있어도 *lac* 효소 합성은 억제된다. (Monroe W. Strickberger의 Genetics, 3rd ed., ©1985 by Monroe W. Strickberger에서 Prentice Hall, Inc., Upper Saddler River, NJ의 허락하에 재인쇄.)

정상적이라면, 사람의 적혈구에 있는 성인의 헤모글로빈 분자는 4개의 폴리펩티드 글로빈 사슬, 즉 2개의 α 헤모글로빈과 2개의 β 헤모글로빈으로 구성되어 있고, 각각은 자신만의 특정 염기서열로서 약 140개의 아미노산으로 되어 있다. 그러나 낫세포 유전자(Hb^s/Hb^s)의 동형접합체에서는, 두 β-글로빈 사슬들이, 6번 위치에서 글루탐산(glutamic acid) 코돈인 GAA가 낫세포의 발린(valine) 코돈인 GUA로 교차형염기전이가 일어나면서, 정상적인 β-글로빈과 다르게 된다. **그림 10-12**에서 보는 바와 같이, 이 1개의 유전적 돌연변이의 효과는 엄청나서, 다양한 표현형적 변이를 유발하며 때로는 죽음에 이르게 한다. (하나의 유전자의 다중적 표현형 효과를 말할 때, **다형질발현**(pleiotropy)이란 표현을 쓴다.) **낫형적혈구빈혈증**(sickle cell anemia)은 미국에서 동형접합체성 흑인의 10%를 나이 20이 되기 전에 사망에 이르게 하며, 아마도 의학시설이 부족한 아프리카에서는 더욱 그 영향이 클 것이다. 흑인 집단에서 이 유전자의 빈도가 높은 것은 말라리아가 흔한 지역에서의 낫세포 이형접합체의 선택적 장점과 관련이 있으며, 이 주제는 22장에서 토의될 것이다.

유전자 조절

지난 10년 간 진화생물학에서 더욱 놀라운 발전을 보인 것은 유전자의 DNA 염기서열과 그 단백질 산물의 아미노산 조성에 영향을 미치는 돌연변이가 생물에서 유전자산물이 언제, 어디에서, 얼마나 표현되는지에 영향을 미치는 돌연변이보다 덜 중요할 수 있음을 인지한 것이다. 비록 조절성 돌연변이(regulatory mutation) 개념이 1970년대 중반, 그리고 그 이전(**글상자 10-2**)에 시작되었지만, 지난 10년 동안의 경험적, 생물정보학적, 개념적 진보가 종합된 결과, 조절(regulation) 연구가 그 중심에 서게 되었다.[5]

[5] 조절에 관한 독창적 아이디어에 관해서 King과 Wilson(1975)와 Jacob(1977)을 참고하고, 최근의 접근방법에 관하여는 Hall et al. (2004)와 S. B. Carroll(2005a, b)를 참조.

*Escherichia coli*에서의 유전자 조절

바이러스와 원핵생물들은 유전자 수준에서 조절성 기작들에 대한 보다 많은 정보를 제공해 왔다. 유전자 조절의 발견을 이끈 첫 연구는 Jacob과 Monod(1961)가 *Escherichia coli* 박테리아의 젖당 대사(lactose sugar metabolism)에 관여하는 효소의 생산을 조절하는 유전자에 관한 연구를 한 것으로(**그림 10-13a**), 이들과 연구가 수행된 파스퇴르연구소(Pasteur Institutue)의 소장인 André Lwoff는 이 기초적 발견으로 1965년 노벨 생리의학상을 수상하였다.

*E. coli*는 젖당을 접할 기회가 별로 없기 때문에, 특정한 조절성 작동인자 자리(regulatory operator site)를 차지하고 있는 **억제단백질**(repressor protein)은 보통 *lac* 효소 합성에 사용되는 유전자(**구조유전자**, structural gene)가 mRNA로 전사되는 것을 막고 있다. 억제인자(repressor) DNA와 작동인자(operator) DNA 간의 분자적 결합은, RNA 중합효소(polymerase)가 전사 개시점 근처에 있는 **촉진인자**(promoter)에 결합하는 것을 막는다. 그 결과, *lac* 효소 유전자의 mRNA로의 전사가 차단된다(그림 10-13b). 그러나 박테리아가 배지(medium)에서 젖당을 접하게 되면, 일부 젖당 분자가 소위 **이질젖당**(*allolactose*)으로 바뀌면서 유도인자(inducer)의 역할을 하며 억제인자와 결합한다. 이 결합은 작동인자 자리에서 억제인자를 떨어지게 하여, RNA 중합효소로 하여금 젖당을 대사시키기 위한 유전자들을 전사하게 한다(그림 10-13c).

조절체계의 복잡성 때문에, 다양한 종류의 돌연변이들이 유전자 생산의 양과 시기에 영향을 미친다. 예를 들어, *lac* 억제인자를 생산하는 *I* 조절유전자(*I* regulator gene)에 일어나는 어떤 돌연변이는 억제인자가 작동인자에 결합하는 것을 막아, 유도인자가 없는데도 *lac* 효소 합성이 일어나게 만든다(그림 10-13d). 반대로, 다른 종류의 *I* 돌연변이는 유도인자와 결합이 안되는 억제단백질을 만들어 냄으로써, 유도인자가 있어도 억제인자가 계속 작동인자 자리에 붙어 있게 하여 *lac* 효소 합성을 막는다(그림 10-3e). 더욱이, **촉진인자 자리**(promoter site)의 DNA에 일어

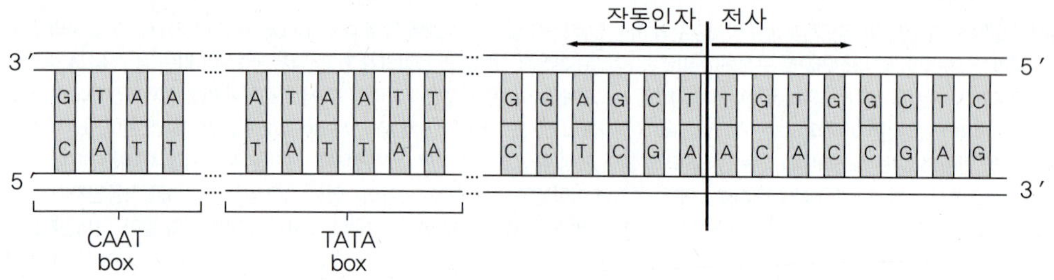

그림 10-14 thymidine kinase 효소를 만드는 유전자를 조절하는 진핵성 염기서열. 이 유전자의 작동인자 부위(RNA 중합효소 및 다른 전사 도우미 단백질들의 부착이 이루어짐)는 *CAAT* 와 *TATA*라고 하는 2개의 짧은 염기서열 또는 박스로 구성되어 있으며, 다른 유전자의 작동인자 부위에서도 또한 발견된다. 이 염기서열에 변화를 주면 유전자발현(gene expression) 수준을 줄인다(Felsenfeld). 작동인자에 더하여, 증폭인자("enhancer")를 통해서도 전사에 영향을 미치는데, 그 위치는 종종 작동인자와 떨어져 있으면서도 RNA 중합효소 부착에는 영향을 미친다. 세포외적인 신호(신호(정보)전환, signal transduction)에 의한 전사 효과에 대해서는 그림 13-3을 참조.

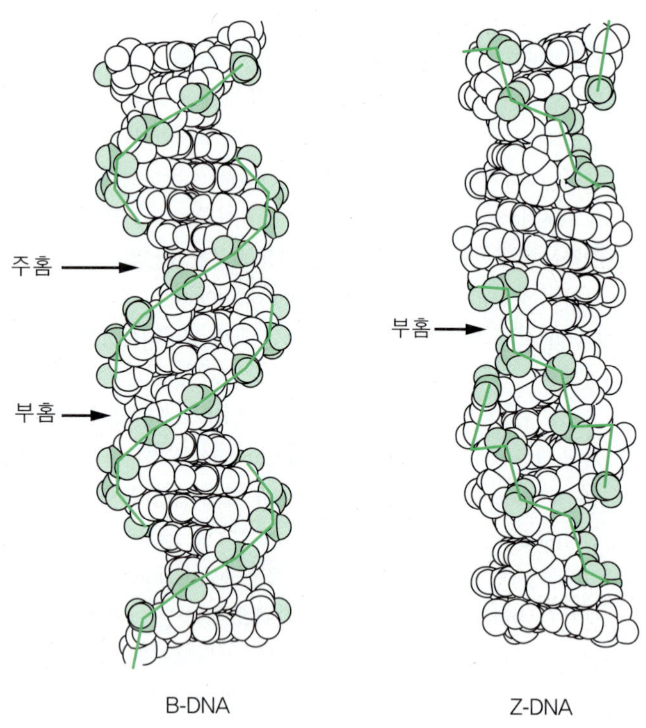

그림 10-15 B-DNA와 Z-DNA 이중나선 분자들의 공간채움형(space-filling) 모델. 각 사슬에서 인산기(**색칠된 부분**)를 연결한 **선**이 Z-DNA에서 인산의 지그재그식 배치를 보여 주는 반면, B-DNA에서는 대조적으로 부드러운 곡선을 그리고 있다. B-DNA에서의 주홈(major groove)과 부홈(minor groove)은 깊이에 있어서는 달라도 중앙축(central axis)까지 가지는 않지만, Z-DNA의 홈은 이중나선의 축을 통과한다.(Rich, E., A. Nordheim, and A. H.-J. Wang. 1984. The chemistry and biology of left-handed Z-DNA. Ann. Rev. Biochem., 53, 791–846.으로부터 Annual Review of Biochemistry, Volume 53, ©1984 by Annual Reviews, Inc.의 허락하에 인용.)

날 수 있는 다양한 돌연변이들은 RNA 중합효소의 부착을 선택적으로 촉진하거나 억제함으로써, 전사율을 늘리거나 줄일 수 있다. RNA 중합효소는 진핵세포에서도 작동하는데, 2006년 노벨화학상이 진핵생물에서 RNA 중합효소의 역할을 밝혀낸 공로로 Roger Kornberg에게 수여되었다.[6]

진핵생물에서의 유전자 조절의 단계

진핵생물에서는 유전자 발현의 조절이 몇 단계에 걸쳐 이루어진다. 다음의 네 가지 요약이 그것인데, *cis*-, *trans*-, miRNA-, 그리고 RNAi-조절이 있다.

[6] Kornberg의 연구 내용은 Landick(2006)를 참조.

1. **시스-조절**(cis-regulation): 한 단계는 DNA 염기서열에서 CAAT와 TATA 상자(TATA box)라는 특정한 부위가 관련되는데, 특정 단백질이 붙어 전사를 허용하게 한다(**그림 10–14**). 일부 진핵생물의 조절 부위에 해당되는 DNA 이중나선이 오른쪽으로 꼬이지 않고 왼쪽으로 꼬이기도 하는데, 이 경우 인산기(phosphate group)는 지그재그로 붙어 있는 모양을 한다(**그림 10–15**). 이러한 부위는 그들이 조절하는 유전자와 가까이 있으면서 유전자들의 촉진유전자(promoter)와 상호작용을 하며, 시스-조절요소(*cis*-regulatory element)로 알려져 있다(**그림 10–16**). 시스-조절에서의 변화(및 진화)는, 기존의 cis-조절요소의 변형이 전사 활성자 또는 억제자가 붙을 위치를 변형시켰거나, 기존 요소의 중복(복제, du-

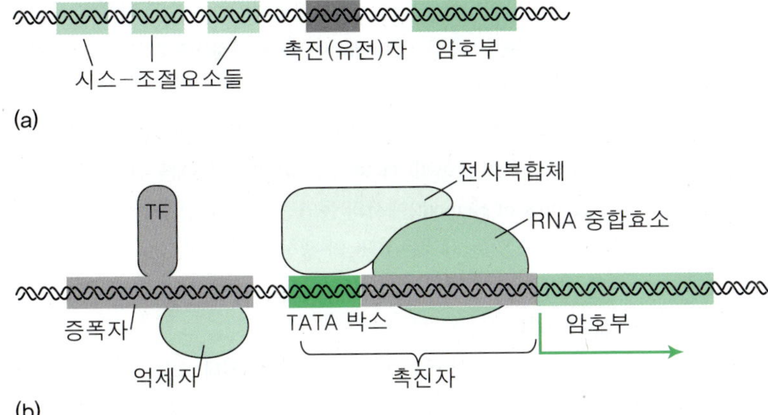

그림 10-16 동물에서의 시스-조절요소와 유전자 전사. (a) 촉진유전자(촉진자, promoter)와 암호부(coding region) 위쪽에 위치한 3개의 시스-조절요소. (b) [억제자(억제인자, repressor)가 보조억제자(corepressor)와 함께 하듯] 보조활성자(coactivator, 그림에는 나타내지 않음)가 시스-조절요소에 결합함과 함께 하는 전사인자(transcription factor, TF). 전사인자는 RNA 중합효소 II(RNA)와 함께 촉진자의 TATA박스(TATA box)에 전사복합체(transcription complex)를 형성하여 전사를 개시한다(화살표). (Carroll et al., 2005. *From DNA To Diversity*, 2nd ed., Blackwell Publishing, Malden, MA, 2005에서 각색.)

plication) 또는 선임(co-option) 및 기능의 확장에 의해 이루어지는데, 지금은 진화에 있어서 형태적 변화를 유도하는 유전적 변화의 중요한 기작으로 인식되고 있다(13장 참조).

2. **트랜스-조절**(trans-regulation): 두 번째 단계에는 **이러한 시스-조절요소에 결합하는 단백질**이 해당된다. **전사인자**(transcription factor)라는 이 단백질은 가까운 위치가 아닌 곳에서 유전자의 전사를 조절한다. 전사인자는 그들이 조절할 유전자와는 다른 염색체로부터 전사되기도 하므로 트랜스-조절요소(*trans*-regulatory element)라고 불린다(그림 10-16).

3. **RNA 간섭**(RNA interference) **즉 RNAi**는 작은 간섭 RNA (*small interference* RNA, siRNA)를 이용하여 유전자 전사를 조절하는 과정을 말한다. RNAi는 식물에 색소를 만드는 유전자의 복제유전자들을 추가로 삽입하면 색소 발현이 중단되는 실험을 통해서 증명되었다. RNAi는 매우 많고 무척 보존적이다. 1개의 RNAi는 RNA 간섭 경로에서 많은 수의 전사를 조절할 수 있는데, 여기서 이중가닥의 RNA가 20에서 25개의 뉴클레오티드로 된 siRNA들이 되고, siRNA는 RNA-유도 침묵복합체(RNA-induced silencing complex, RISC)들을 구성하게 된다. siRNA 가닥들은 RISC들을 상보적 RNA 분자로 이끈 다음, RNA를 쪼개고 부순다; siRNA는 포유동물의 세포에서 RNAi를 유도할 수 있다. 수백 개의 RNAi 종류가 알려져 있으며, 많은 수가 두 가지 가장 중요한 세포내 과정이라 할 수 있는 분열(division)과 분화(differentiation)에 관련되어 있으므로, 그들의 조절적 역할은 엄청나다 하겠다; 미국 연구자 Andrew Fire와 Craig Mello는 그들의 동물에 대한 RNAi 연구로 2006년 노벨 생리의학상을 받았다.[7] *Drosophila* 유전체는 100개 이상의 RNAi를 포함하고 있으며, 인간의 게놈은 800종류 이상을 만들어 내는 것으로 보인다. 대부분의 발생 및 생리적 측면에서 RNAi가 유전자 발현을 조절하므로, 그들의 활성에 영향을 주는 돌연변이는 진화적으로 심각한 변이를 유발하는 잠재적 원인이 될 것이다.

4. **microRNA**: 네 번째 단계는 미세 RNA(microRNA, miRNA)에 의한 전사 후 조절(post-transcriptional regulation)이다. miRNA는 비암호(non-coding) 외가닥(single-stranded) RNA로서 짧은(18~25 뉴클레오티드) 염기서열을 가지고 있으며, 동식물에서 일치하는 목표 mRNA와 결합하여 mRNA를 파괴함으로써 단백질 해독(번역, translation)을 조절한다. miRNA는 DNA로부터 전사된 RNA 유전자에 의해 암호화된다. miRNA는 단백질을 만들지 않는다. 그 보다는 기능성 miRNA 전사체가 하나 이상의 mRNA의 3′-비해독 영역에 결합하여 파괴하게 된다. miRNA는 일종의 살해자 RNA로 보면 된다. miRNA에는 수백 종류가 있고, 각 miRNA는 많은 수의 유전자를 조절하므로, miRNA의 유전자 조절에서의 역할은 엄청나다고 하겠다.[8]

유전자 조절은 어떻게 작동하는가

어떤 돌연변이는 유전자 산물 자체에는 영향이 없다 하더라도 그 산물이 생성되는 비율에 영향을 준다.

한 예로서 **지중해빈혈**(*thalassemia*)이라는 유전병이 있는데, 이는 α 또는 β 헤모글로빈 사슬의 생산을 막거나 줄인다. 이 돌연변이는, 낫세포 대립유전자처럼, 동형접합체에서 치사성(lethality)을 보이지만, 또한 무서운 말라리아 기생원충으로부터 보호하

[7] 그들의 연구에 대한 요약은 Zamore(2006)을 참조할 것. RNAi에 대한 첫 번째 연구는 식물에서 수행되었다; Hamilton과 Baulcombe, 1999를 참조.

[8] miRNA에 대한 연구는 활발한 상태이다. 침팬지와 사람의 뇌에서 447개의 새로운 miRNA 유전자가 최근 기재되었고(Berezikov et al., 2006), 인간의 miRNA가 선택(selection)에 반응함이 증명되었으며(Chen and Rajewsky, 2006), 원구동물(protostome)과 후구동물(deuterostome)에서는 miRNA들의 핵심세트(core set)가 발견되지만, 해면(sponge)이나 자포동물(cnidarian)에서는 발견되지 않았고(Sempere et al., 2006, 및 16장 참조), 닭, 쥐, 두 종류의 물고기[송사리(Japanese medaka)와 제브라피쉬(zebrafish)] 사이에서의 miRNA 다양성은 그들 간의 생리적 차이와 연관된다고 제안되었다(Ason et al., 2006).

그림 10-17 *bithorax* 좌위에 발생한 돌연변이에 의해 야기된 네 날개형(four-winged) *Drosophila*. 모든 파리류 곤충에서처럼 만약 정상이라면 *Drosophila*는 한 쌍의 날개를 3개의 가슴마디(thoracic segment) 중 두 번째에 가지고 있어야 한다.(파리의 두 번째 날개 한 쌍은 균형을 잡는 기관인 평균곤(haltere)으로 진화되었다.) 보는 바와 같이, *bithorax* 돌연변이는 세 번째 가슴마디에 또 한 쌍의 날개를 만들어, 선조형 네 날개형 파리로 돌아가게 하였다. 이 돌연변이 및 다른 이와 유사한 돌연변이들은 발생을 조절하는 유전자에서 일어나며, 이 내용은 13장에서 다루게 된다. (사진은 E. B. Lewis로부터 허락하에 재인쇄.)

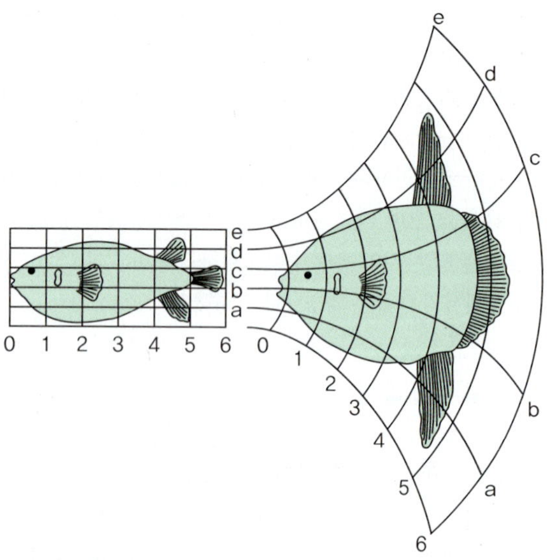

그림 10-18 어떻게 서로 전혀 다른 성체의 형태가(이 경우는 물고기) 기하학적 좌표의 단순한 발생적 변화에 의해 만들어질 수 있는지를 보여 주는 D'Arcy Thompson의 증명. 비록 마치 한 성충 개체를 다른 개체로 변화시킨 것처럼 보이지만, 그 변화는 차등적 성장의 발생적 비율에 기인한 것이다. 만약 복어(puffer fish), *Diodon*(왼쪽)의 수직 좌표들을 동심형 원(concentric circle)으로 바꾸고, 수평 좌표들을 쌍곡선들(hyperbolas)로 하면, 그 결과는 개복치(sun fish), *Orthagoriscus*(오른쪽) 모습이 된다. 그러한 변화는 아마도 새로운 또는 돌연변이된 발생상의 형태발생물질(형태유발인자, morphogen)(13장을 참조)에 의해 세포 생산이 앞쪽(anterior)에서 뒤(posterior)로, 가운데서 위로(dorsally) 및 아래로(ventrally) 구배(gradient)를 따라 움직이면서 늘어나기 때문일 것이다. (Thompson, D'A. W., 1942. *On Growth and Form*, 2d ed. Cambridge University Press, Cambridge, England.에서 인용.)

기도 한다. 아마도 이러한 일부 지중해빈혈 이형접합체의 특별한 이점 때문에, 사람의 집단에서 이들 유전자빈도가 유지되고 있는 것으로 보인다.

또 다른 예로, 돼지에서 인슐린-의존성 성장인자II(insulin-dependent growth factor II, *IGF2*) 유전자를 위한 억제자 요소(repressor element)에서의 돌연변이를 들 수 있다. 이 돌연변이를 가지고 있는 돼지는 IGF_2의 생산이 세 배에 달하는데, 이로 인해 더 근육질이면서 기름기가 적은 표현형이 된다(Van Laere et al., 2003).

다른 조절성 돌연변이들은 발생중 **언제**, 그리고 해부학적 위치상 **어디서** 유전자 생산물이 나오는지에 영향을 준다. 예를 들어, Sean Carroll과 그의 동료들의 연구는 *Drosophila* 날개 색과 수컷 배의 색상 패턴에서의 진화적 변화를 연구하였는데, 어떻게 날개의 *yellow* 유전자 발현의 공간적 분포를 결정하는 시스-조절 요소의 변화에 의해서, 그리고 복부 세포에서 *yellow* 유전자 작동상의 시스-조절자에서의 **호메오박스**(homeobox)-단백질 결합부위(binding site)의 증가에 의해서 진화적 변화가 나타날 수 있는지를 보여 주었다. 이러한 변화는 *Drosophila melanogaster* 종에서 날개의 점무늬 5개가 독립적으로 소실되거나, *D. obscura* 종에서 2개가 독립적으로 추가되는 결과를 낳았다(S. B. Carroll, 2005a,b; Jeong et al., 2006).

모든 대사작용의 시기와 위치에서 조절(regulation)이 필수적인 역할을 하기 때문에, 조절상의 돌연변이는 어떤 생물이든 형태와 기능에 쉽게 영향을 미칠 수 있으며, 이 주제는 제13장에서 좀 더 깊이 있게 다룰 것이다. 유전자 조절의 좀 더 인상적인 예로는 생물체의 전체 부분들의 발생을 변화시키는 돌연변이를 들 수 있다. 예를 들면, *D. melanogaster*의 이중흉부 좌위(*bithorax* locus)는 가슴(thorax)이라는 특정 마디를 규정짓는데, 돌연변이가 발생하면 뒷가슴마디가 가운데가슴마디로 바뀌고[역자 주: 저자는 책에서 배마디가 가슴마디로 바뀐다는 표현을 썼으나, 이는 잘못된 표현으로 보임] 평균곤(haltere)[역자 주: 저자는 평균곤을 배의 부속지라 표현했으나 이는 잘못된 것이며, 평균곤은 원래 파리의 뒷가슴에 날개가 퇴화된 대신 붙어 있는 비행보조기구임]은 날개로 바뀌면서(원래의 한 쌍에서) 또 한 쌍의 날개를 갖게 된다(**그림 10-17**).[9] 발생적 생장 좌표(developmental growth coordinate)들에 영향을 주는 변이는(그림 10-18에서 두 종류의 성어 간의 차이에서 보여 주듯) 유형성 유전자(paterning gene)에서의 조절적 변화에 의해 나타나는 것으로 보인다; 최근의 증거들이 날개와 평균곤의 크기 차이가 데카펜타플레직 유전자(gene decapentaplegic) 단백질로부터 나온 확산성 생성물의 **혹스 유전자**

[9] 만약 자연에서 이 돌연변이가 날개의 두 번째 쌍을 만들어 내었다면, 이는 곤충학자로 하여금 특별한 목(상위 분류군, 11장 참조)을 구성하게 했을 것이다.

(hox gene) 조절[10]에 의해 영향을 받는다는 점을 보여 준다(Crickmore and Mann, 2006).

시스-작용 및 트랜스-작용 조절성 요소, 또는 전사후 조절에서의 돌연변이가 종내 개체들 간에 또는 종 간에 볼 수 있는 표현형적 차이를 가져오는 정도가 점점 더 명확해지고 있다. 이 분야의 저명한 연구자들 중 한 사람을 인용하면:

> 내 생각에, 시스-조절성 정보 처리과정, 그리고 유전자 조절망 순환단계에서의 정보 처리과정은 동물 발생의 진정한 비밀이다. 어쩌면 정보처리를 할 수 있는 유전체 조절 체계의 출현이야 말로 동물 진화를 가능케 한 것이라고 하겠다(Davidson, 2006, p. *x*).

실제로 조절 유전자에서의 돌연변이가 진화에 매우 중요하다는 시각에 대한 상당한 이유가 있으며, 그중 네 가지를 아래에 요약한다.

1. **종 간 유전자 염기서열의 꽤 높은 보존성**. 유전자 산물은 구조나 기능이란 측면에서 보면 종 간에 상당히 보존적인 편이다. 이것은, 만약 유전자나 그 단백질 산물에서의 구조적 그리고 기능적 변이가 대부분의 생물의 다양성에 기여한다면, 우리가 예상하는 것과는 반대인 것이다.
2. 우리는 이제 예상과 달리, **후생동물 유전체들에서 많은 경우 적은 수의 유전자를** 갖고 있다는 점, 그리고 **대개의 유전자는 복수의 발생적, 생리적 기능을 수행한다**는 점을 알고 있다. 따라서 유전자 산물의 구조에 영향을 주는 돌연변이는 드물며, 이런 돌연변이는 흔히 서로 관련 없는 표현형의 몇 가지 점에서 문제를 일으키는 경향이 있다. 반면에, 조절에 영향을 주는 돌연변이는 다른 생물체의 다른 부분 또는 생활사의 다른 시기에서 유전자의 다른 기능을 방해하지 않으면서, 표현형의 특정 부분에서 유전자의 역할에 영향을 줄 수 있다. 유전자 조절에서의 변이는 어떻게 이처럼 적은 수의 유전자가 자연에서 나타나는 끊임 없는 변이를 유발시킬 수 있는지를 설명하도록 돕는다.
3. 유전자 조절에 의한 진화는 왜 **진화적 수렴**(evolutionary convergence)**이 우연에 의한 것보다 더 흔한** 지를 설명해 준다. 만약 개개의 유전자나 단백질의 표현을 상향 – 또는 하향 – 조절함으로써, 또는 각 부분의 운명을 결정하는 단계적 과정을 켜거나 끔으로써, 복잡한 발생 경로가 조정될 수 있다면, 어떻게 유전자 조절에서의 변화가(비록 드물게 똑같지만) 비슷한 진화적 변이를 계속 발생하도록 할 수 있는지를 쉽게 알 수 있을 것이다.
4. 유전자 조절의 중요성은 왜 **많은 후생동물 유전체들의 대부분이** 과거 "쓰레기(junk)" DNA로 취급되었던 **비암호 부위로 구성**되어 있는 지를 설명해 줄 것으로 보인다. 다량의 비암호 DNA는 어쩌면 다세포 생물에서 나타나는 일시적, 조직, 부위, 그리고 생리적 상태-의존적 유전자 조절에서의 복잡한 패턴에 필요한 것인지도 모른다.

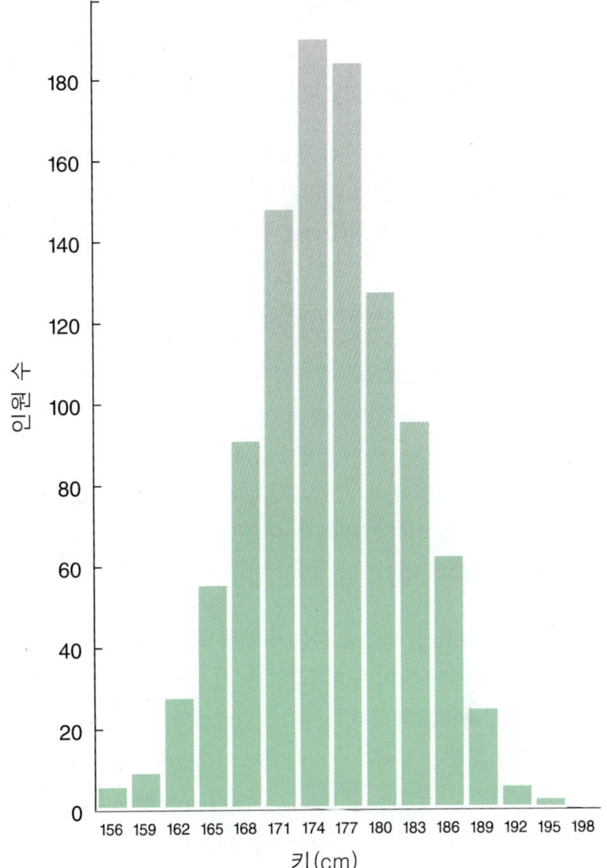

그림 10-19 나이 18에서 25세 사이의 하버드대 학생 1,000명의 키 분포. (Castle, W. E., 1932. *Genetics and Eugenics*, 4th ed. Harvard University Press, Cambridge, MA.에서 인용.)

설사 유전자 조절이 유전체의 진화적 변이가 일어나는 중요한, 심지어는 중심적인 단계라 할지라도, 유전자에서 염기서열의 변이에 의해 유발되는 유전자 기능의 변화가 또한 중요하지 않은 것이라는 뜻은 아니다. 무척추동물에서 어떻게 Hox-유전자 기능에서의 돌연변이가 형태적 진화와 관련되는지에 대한 분석은, 어떻게 Hox 유전자 발현에서의 시스-조절, **그리고** Hox 유전자 자체에서의 염기서열 변이가, 진화적 변화를 이끌도록 상호작용을

[10] 척추동물에서 호메오박스-함유 유전자(Homeobox-containing gene)는 혹스 유전자(Hox gene)라고도 하는데, Ho는 호메오영역(homeodomain)을, x는 척추동물(vertebrate)을 의미한다. 그래서 척추동물의 *Pax-6*는 *Drosophila* 쌍지배(*paired rule, Pa*) 유전자의 상동물(homologue)이며, x를 붙여서 *Pax*로 쓴 것이다. 여기서 6은 *Pax-6*가 명명되기 전에 Pax 종류에 이미 5가지가 알려져 있었음을 의미한다. 관례에 따르면(항상 관례대로 따르지는 않지만) homeobox나 *Hox* 유전자들은 이탤릭체로 적지만(*antl*) 유전자의 단백질은 그렇지 않으며, 인간의 *Hox* 유전자는 이탤릭체 대문자(*HOX*)를 사용한다.

하는지를 보여 주었다(Ronshaugen et al., 2002).

연속변이(continuous variation)

이 장의 앞에서 변이(variation)와 변이성(variability)을 소개할 때 나왔지만, Darwin 자신으로부터 시작하여, 많은 진화론자들은 오히려 작지만 유전되는 변화(change)들이 자연선택이 작용하는 변이의 대부분을 제공한다고 제안하였다. 「종의 기원」(*On the Origin of Species*)에서 Darwin의 글은 이렇게 적고 있다:

> 한 종의 구조와 습성에서의 극히 작은 변화로도 다른 개체들에 비해 그 개체에 종종 이점을 제공한다; 또한 그런 종류의 좀 더 큰 변화는 역시 좀 더 증가된 이점을 제공하게 된다... 자연 속에서, 구조나 구성에서의 최소한의 차이라도 생존을 위한 투쟁에서 잘 조화된 등급이 될 수 있고, 그리하여 보존되게 될 것이다.

작은 변화냐, 큰 변화냐 하는 상대적 중요성은 오랫동안 진화론자들 사이에서 주요 논쟁거리였다. 21장에서 논의하는 바와 같이, 이러한 문제는 유전적 차이가 집단에서의 유전자 빈도와 그들에게 영향을 주는 힘이라는 관점에서 이해될 수 있게 되면서부터 명확해지기 시작했다. 유전자간 차이가 무엇이든, 그것이 진화적 변화의 기본 요소를 구성한다는 점과 유전자 빈도와 분포가 진화적 변화의 원인을 규명하는 수단을 제공한다는 점이 인식되었다.

그럼에도 불구하고, 크기나 산출(물) 같은 많은 측정 가능한 형질에 대해서, 의학 및 농학 분야의 유전학자 같은 연구자들은 보통 작은 변화들 또는 **연속변이**(continuous variation)에 보다 제한적으로 초점을 맞춘다. 이는 종종 사람의 키의 경우처럼, 종 모양의 곡선(정규분포, normal distribution)으로 분포되는 형질(character)들에서 나타난다(그림 10-19). 진화적 시각에서 볼 때, 그러한 작은 차이가 선택을 거쳐 쌓이면 큰 양적 차이를 가져올 수 있음은 확실하다. 예를 들면, 그림 10-20을 보면, 네덜란드 토끼(Dutch rabbit)의 흰 점들이 있고 없고에 따른 선택은 완전히 진한 또는 완전히 하얀 토끼 계통을 만들어 내게 한다. 이러한 변화에 대한 유전적 원인은 바로, 작은 표현형적 효과(phenotypic effect)를 갖는 유전자들 — **다원유전자**(polygene), 그리고 **양적형질좌위**(guantitative trait locus, QTL) — 로서, 그들이 독립적으로 분리되는 경우, 정규분포를 만들어낼 수 있게 된다.

각각 두 가지 대립유전자 — 하나는 유색, 하나는 백색 — 를 갖는 세 쌍의 유전자에 대한 이형접합성 밀(wheat) 계통을 교배시키면 그림 10-21처럼 완전히 유색인 것에서부터 완전히 백색인 것까지의 표현형들을 얻을 수 있다. 이런 종류의 실험과 분석을 통해, 우리는 각각의 작은 효과가 쌓여 큰 표현형적 차이를 낼 수 있는 단순한 멘델성 유전자들의 분리와 조합에 기초하여 양적 형질에 대한 선택을 설명할 수 있다.

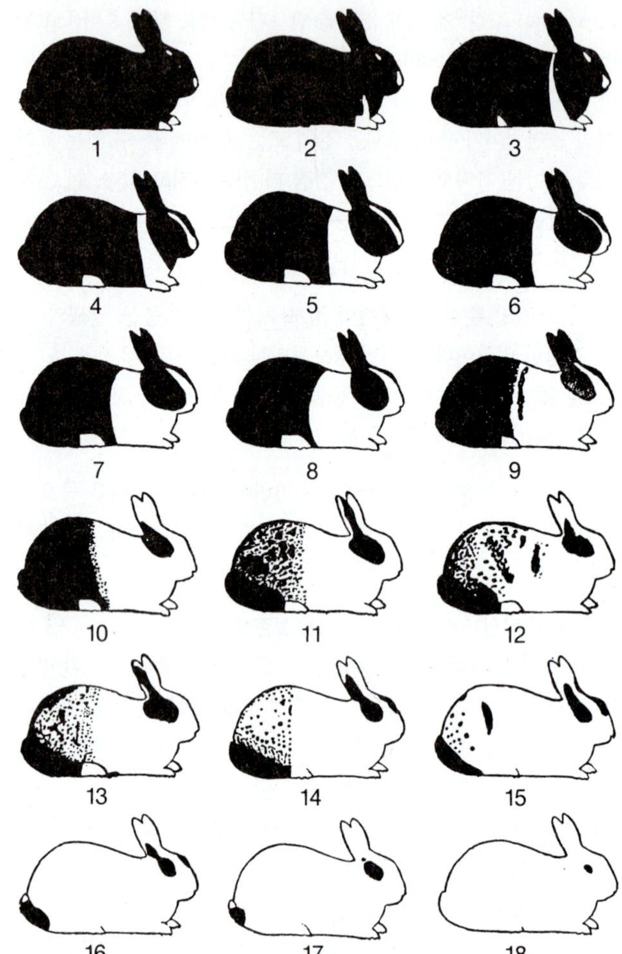

그림 10-20 네덜란드 토끼(Dutch rabbit)의 흰 얼룩형성(white spotting)은 거의 흰 점이 없는 경우(단계 1)부터 완전한 흰색의 경우(단계 18)까지 있다. 중간 정도의 얼룩상태(예컨대, 단계 7에서 12까지)인 토끼에 대한 선택 실험은 얼룩형성이 증가될 수도, 감소될 수도 있음을 보여 주었다.(*Genetics and Eugenics: A Text-book for Students of Biology and a Reference Book of Animal and Plant Breeders* by W. E. Castle, Cambridge, Massachusetts: Harvard University Press, Copyright ©1916, 1920, 1924, 1930 by the President and Fellows of Harvard College로부터 허락하에 재인쇄.)

양적형질좌위

양적형질좌위(QTL)란 용어는 크기나 모양과 같은 양적 표현형에 영향을 주거나, 또는 크기나 모양에 영향을 미치는 성장이나 형태발생과 같은 과정에 영향을 주는 어떤 염색체의 특정 부위에 있는 모든 유전자(대립유전자, allele)를 짧게 표현한 것이다. 과거에는 QTL 분석을 하던 학자들은 작은 영향을 주는 많은 유전자들의 누적된 작용이 QTL 효과를 유발한 것이라고 가정하였다.

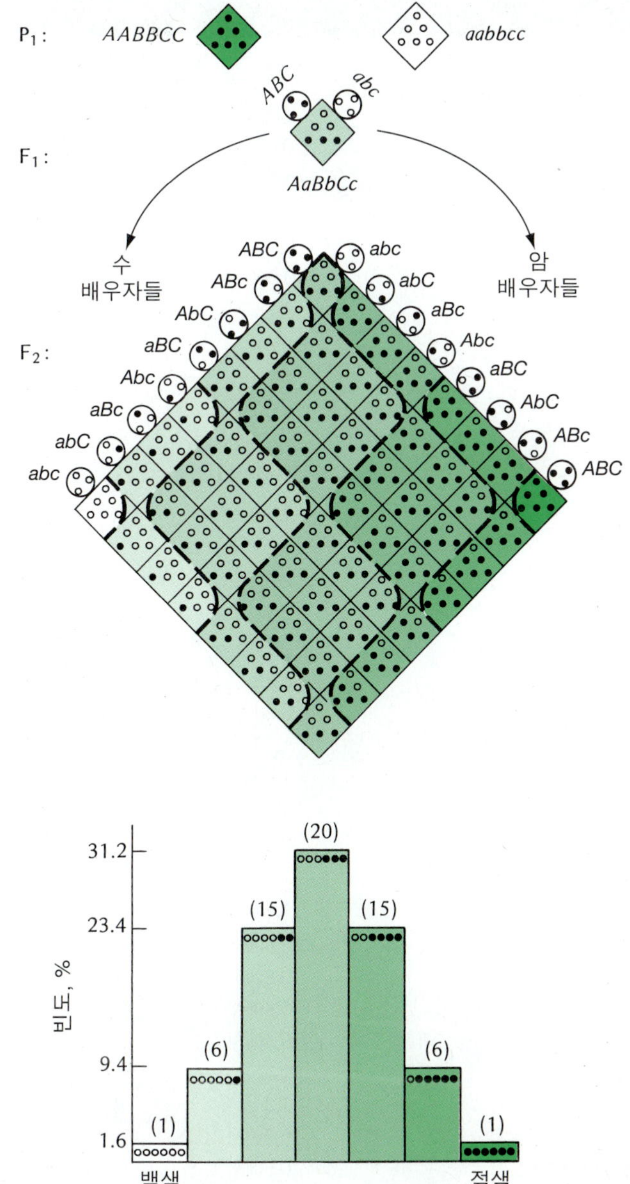

그림 10-21 낟알의 색을 결정하는 세 가지 유전자 쌍에 있어 차이를 갖는 두 종류의 밀(wheat) 계통간의 교잡 결과. 각 유전자 쌍은 다른 것들과 독립적으로 분리되며, 각 유전자쌍에서 대립유전자는 우성을 갖지 않으므로, 예를 들어 *Aa*는 *AA*와 *aa*의 중간색을 갖는다. 세 가지 색(*ABC*)과 세 가지 무색(*abc*)의 대립유전자들을 갖는 F_1은 따라서 부모 원종(stock)의 중간색을 띠며, F_2는 여러 가지 색을 히스토그램에서 나타낸 빈도에 따라 만들어낸다. (*Genetics*, 3rd ed, by Monroe W. Strickberger. ©1985 by Monroe W. Strickberger로부터. Prentice Hall, Inc., Upper Saddle River, NJ의 허락하에 재인쇄.)

Drosophila, 쥐, 물고기에 대한 보다 최근의 분석 결과, QTL 내 일부 유전자들은 QTL 효과에 불균일하게 영향을 주는 것이 밝혀졌다. 물론, 양적 유전(quantitative inheritance)은 큰 효과를 갖는 요인을 제외시키는 것은 아니다: *Drosophila*의 강모(bristle)의 수처럼 상세하게 분석되어진 형질은 여러 가지 영향에 의한 유전자들의 결과이다.[11]

QTL의 수와 염색체상의 위치를 파악하는 것이 용이해진 것은 그러한 유전자가 연관되어 있을 특징적인 DNA 염기서열이 있기 때문이다. 이들의 DNA 염기서열간의 차이는, 이후 논의되겠지만 — 단연쇄다형성(short tandem repeat polymorphism, STRP)과 제한효소단편길이다형성(restriction fragment length polymorphism) — 분자 수준에서 동정 가능한 유전자 표지(gene marker)로서의 역할을 한다. 이들 특정한 연관 위치에 있는 표지들은 어떤 형질(trait)의 특정한 측정치와 관련지어질 수 있으며, 이에 따라 양적 좌위들의 수와 대략적 위치를 나타내게 된다.

QTL 분석은 개체발생(ontogeny)시 특정의 단계에서 표현형의 특정 부분에 작용하는 일련의 유전자들을 구분해낼 수 있으며, 그들의 다른 것에 대한 상대적 효과를 결정할 수 있다. 예를 들어, 선발된 쥐 계통에서 4개의 QTL이 꼬리의 성장과 몸무게에 영향을 주었다. 한 세트는 두 형질에서 상당한 영향을 미쳤으며, 발생과정 내내 영향을 주었다. 두 번째 QTL은 발생 후기에 큰 영향을 주었으나, 초기에는 단지 미미한 효과만을 나타냈다. 세 번째는 상반된 패턴을 보였지만, 네 번째는 한두 개의 구체적인 단계에서 적은 정도의 영향을 주었다(Cheverud, 2004).

두 번째 예는 British Columbia의 호수에 사는 큰가시고기(threespine stickleback, *Gasterosteus aculeatus*)[역자 주: British Columbia는 캐나다 서쪽에 있는 주(state)이며, 큰가시고기, *G. aculeathus*는 국내에도 서식하는 종임.]의 자연집단에서 볼 수 있다. 큰가시고기는 등쪽 가시의 길이, 갑옷을 이루는 표피판(dermal plate)의 수, 아가미갈퀴(gill raker)의 수에 변이가 나타나는데, 이들 각각은 QTL의 영향을 받는다. 한 QTL은 판의 수의 변이 대부분을 설명해 주고, 2개의 QTL은 아가미갈퀴 수의 변이를 66% 설명해 준다.[12]

외적 상태(주어진 먹이, 빛, 수분 등)와 같은 환경 효과 역시 크기나 생산량에 영향을 주는 등의 역할을 한다. 이러한 다양한 영향들을 구분해 내고, 유전자의 중요성을 측정하는 것, 그리고 특정 환경에서 서로 다른 유전자가 나타내는(또는 서로 다른 환경에서 각각의 유전자가 나타내는) 환경 효과는 정교한 통계분석을 요하며, 따로 이를 위한 설명서를 가질 만하다.[13] 이러한 연구에서 나온 한 가지 일반적인 측정치로 **유전력**(heritability)이 있는데, 이는 유전적 차이가 형질(character)에 영향을 주는 정도를 말한다. 즉, 어떤 형질이 선택에 의해 변형될 수 있는 정도를 의미한다. 22장에서 논의되는 선택의 여러 종류들은 유전되는 변이(heritable variation)에 의존한다.

[11] *Drosophila*에서의 QTL 분석에 대해서는 MacKay(1996, 2004), 그리고 Mackay와 Lyman(2005)를 참조.

[12] 가시고기에 대한 연구는 Peichel et al. (2001)과 Bell et al. (2004)를 참조.

[13] Falconer와 Mackay(1996), Lynch와 Walsh(1998), 그리고 Roff(1997)의 교과서를 참조.

표 10-3 여러 종류의 생물체에서 특정 좌위의 자연(발생적) 돌연변이율

생물	형질	돌연변이/100,000 배우자[a]
DNA 바이러스[b] : T4 박테리오파아지	신속 용균(rapid lysis)($r^+ \rightarrow r$)	7.0
	새로운 기주(숙주) 범위($h^+ \rightarrow h$)	0.001
박테리아(세균): *E. coli*(대장균)	스트렙토마이신 저항성	0.00004
	파아지 T1 저항성	0.003
	류신 독립성	0.00007
	아르기닌 독립성	0.0004
	아라비노오스 의존성	0.2
Salmonella typhimurium (식중독 원인 균의 일종)	트레오닌 저항성	0.41
	히스티딘 의존성	0.2
	트립토판 독립성	0.005
진균: *Neurospora crassa*(붉은빵곰팡이)	아데닌 독립성	0.0008에서 0.029
	이노시톨 독립성	0.001에서 0.010
곤충: *D. melanogaster*(노랑초파리)	y^+를 *yellow*로	12.0
	bw^+를 *brown*으로	3.0
	e^+를 *ebony*로	2.0
	ey^+를 *eyeless*로	6.0
식물: *Zea mays*(옥수수)	*Sh*를 *shrunken*으로	0.12
	*C*를 *colorless*로	0.23
	*Su*를 *sugary*로	0.24
	*Pr*를 *purple*로	1.10
	*I*를 *i*로	10.60
설치류: *Mus musculus*(생쥐)	a^+를 *nonagouti*로	2.97
	b^+를 *brown*으로	0.39
	c^+를 *albino*로	1.02
	d^+를 *dilute*로	1.25
영장류: *Homo sapiens*(사람)	연골발육부전	0.6에서 1.3
	무홍채(無虹彩)	0.3에서 0.5
	긴장성 근이영양(筋異營養)	0.8에서 1.1
	결절성 경화	0.4에서 1.0
	헌팅톤 무도(舞蹈)	0.5
	장폴립	1.3
	신경섬유종(神經纖維腫)	5.0에서 10.0
	망막모세포종(~母細胞腫)	0.5에서 1.2

[a] 바이러스, 박테리아, 진균(fungus; 복수는 fungi)에서의 돌연변이율 측정은 배우자가 아닌 입자 또는 세포의 수에 기초한다.
[b] 일반적으로 RNA 바이러스의 돌연변이율은 DNA 바이러스보다 훨씬 높아서, 복제당 유전체당 하나의 돌연변이를 보이기도 한다(Drake 1993). 이처럼 높은 RNA 바이러스의 돌연변이율에 대한 이유로는 RNA 중합효소에 교정(proof-reading) 기능이 없는 점과, DNA 염기쌍의 짝짓기 오류(mismatch) 교정기작과 같은 수정 기작의 부족을 들 수 있다.
출처: Strickberger, M. W. 1985. *Genetics*, 3rd ed., Macmillan, New York에서 인용.

돌연변이율

지금까지 논의된 전체를 고려해 보면, 모든 종류의 돌연변이가 만들어질 기회가 다양한 곳으로부터 나올 수 있으며, 또한 여러 가지 표현형적 효과를 가질 수 있음을 알 수 있다. 새로 만들어진 돌연변이는 그 효과에 있어서 해로울 가능성이 크다. 널리 퍼진 유전자형(genotype)은 보통 그들의 특정 환경에 잘 적응된 상태이며, 대부분의 변이는 이를 더욱 향상시키기가 쉽지 않다.

그러므로 돌연변이와 돌연변이율(mutation rate)은 유전자의, 좀 더 엄격히는 대립유전자(대립형질, allele)의 특성이며, 따라서 표현형의 특성이 아니라 유전자의 특성으로서 표현되어야 한다. 하지만 새로운 돌연변이는 보통 우리가 표현형에서의 새로운 유해효과를 관찰함으로써 이루어지며, 그 일부는 **표 10-3**과 같다. 평균 돌연변이율은 따라서 DNA가 복제될 때마다, 즉 매번 세

포가 분열할 때마다, 하나의 대립유전자(정확히는 하나의 뉴클레오티드 쌍)가 변화될 정도에 함수관계를 갖는다. 이러한 기초 하에 보면, **평균 돌연변이율/뉴클레오티드/복제**(*average mutation rate/nucleotide/replication*)**은 100억 분의 1**(10^{-10})**이다**. 실제로, 돌연변이율/뉴클레오티드쌍(mutation rate/nucleotide pair)은 진핵생물 유전체 내에서 차이가 있다. 하나의 진핵생물의 생애 동안 전체 게놈에서의 돌연변이율을 따진다면, 돌연변이율은 0.1에서 100 돌연변이/게놈/세대(mutations/genome/generation)로 다양하다. 기능성 유전자의 돌연변이를 본다면, 돌연변이율은 세대당 0.003 돌연변이 정도를 나타내는데, 이는 원핵생물 유전체에서와 비슷한 비율이다.

이 데이터에서 돌연변이율은 보통 낮은 편으로, 한 유전자의 100,000 복제본당 약 하나의 돌연변이가 나온다. 사람처럼 반수체 유전체당 대략 25,000개의 유전자를 갖는 생물의 경우, 이 정도는 곧 각 정자와 난자가 하나 미만의 새로이 나타난 돌연변이를 가지거나, 또는 이배체의 수정된 접합체에 평균 0.4개의 돌연변이를 가짐을 의미한다. 그러나 더 많은 수의 유전자에서 새로운 돌연변이와 새로운 많은 뉴클레오티드 변이들을 찾는다면, 사람의 돌연변이율은 아마도 보다 높아질 것이다.

사람의 돌연변이율에 대한 주요 연구로서, Eyre-Walker와 Keightley(1999)는 사람과 침팬지 계통이 나뉜 시기 동안 발생했던 변이들을 알아내기 위해 46가지 단백질들의 아미노산 조성을 둘 간에 비교하였다. 60,000개 유전자를 포함할 것으로 예상되는 유전체의 크기에 기초하여, 그들은 각 세대당 평균 4.2개의 아미노산이 바뀌는 "과오(missense)" 돌연변이를 계산하고, 그들 중 적어도 1.6개(38%)는 유해하다는 이유로 자연선택에 의해 제거됨을 알았다. 사람의 유전체는 아마도 이보다는 클 것이며, 또한 돌연변이는 비단백질 유전자에도 일어날 것이기 때문에, 이러한 세대당 1.6개의 유해 돌연변이(deleterious mutation)라는 것은 최소한의 측정치이다. 현대의 사람들은 이러한 유해 효과에 대하여 의학적 치료나 향상된 환경을 통하여 잘 대처하고 있다. 그러나 그러한 돌연변이들이 축적되어 나타나는 효과는 여전히 해로울 수 있으며, 그러한 효과가 결국은 우리의 건강과 생활스타일에 심각한 영향을 미치게 될 지도 모른다(25장을 볼 것; Crow, 1997도 볼 것).

어떤 식으로 발생하든, 돌연변이율이 항상 일정할 수는 없다. 돌연변이율을 변경할 수 있는 원인 중에는 DNA를 복제하는 중합효소를 위한 유전자가 있다. 이 유전자의 어떤 대립유전자는 돌연변이율을 몇 배로 증가시킨다. 다른 대립유전자는 항돌연변이유발인자(antimutator)로서 돌연변이율을 감소시킨다. 다른 필수적인 형질들처럼 돌연변이율도 최적치로서 선택되어, 우세한 적응적 특징을 나타내지 않는 것은 아니면서도 또한 새로운 변이가 일어나게는 하는, 그런 민감한 적응 선상에서 균형을 유지하고 있다.

외적 요인도 돌연변이율에 상당한 영향을 미칠 수 있는데, 여기에는 놀랍게도 다른 개체로부터 전달되는 전염성 요소들이 포함된다. 단순포진(herpes simplex), 풍진(rubella, German measles), 수두(chicken pox)와 같은 바이러스들은 숙주 DNA를 공격할 수 있는 핵산가수분해효소(nuclease)를 분비하기 때문에 염색체의 절단과 결실을 유발할 수 있다.

DNA 수선 기작

자외선 방사(ultraviolet radiation)를 포함한 여러 가지 영향력으로부터 핵 손상을 보정할 수 있는 중요한 요인으로서, 다양한 **DNA 수선 기작**(*DNA repair mechanism*)을 들 수 있다. 이 효소 체계는 DNA 분자의 변형된 부분을 잘라낸 다음, 재조합 때 도입된 DNA 가닥과 같은 어떤 특정 DNA 가닥으로부터 정상적인 염기서열을 집어넣음으로써 돌연변이 뉴클레오티드 서열을 대체한다. 비록 대부분이 *E. coli* 박테리아로부터 알려진 것이지만, DNA 수선 기작은 실질적으로 모든 세포에 존재하는 것으로 보이며, 이는 모든 생명체는 DNA 손상이란 문제에 직면하고 있음을 의미한다.

어떤 생물체에서 돌연변이에 의한 당장의 문제를 겪지 않으면서 돌연변이들을 축적할 수 있는 확실한 방법은 그들 유전자 산물을 열충격단백질-90(heat shock protein-90)과 같은, 정상 상태에서는 다른 단백질들을 따라다니며 보호하는 열충격 단백질에 부착시키는 것이다. 그러한 보호성 열충격 단백질이 기능을 잃으면, 가려져 있던 돌연변이 산물 집단은 심각한 발생상의 변이를 초래할 수 있게 되며, 아마도 새로운 진화적 기회를 맞게 할 것이다(Rutherford and Lindquist, 1998).

어떤 의견에 의하면, 향상된 DNA 복제 및 수선 기작, 특히 이배성(diploidy)과 유성생식(sexual reproduction)에 동반되는 기작들이 소형의 원핵성 유전체에서 훨씬 큰 진핵성 유전체로 전이가 이루어지는 데 필요하였다. 그것이 어떻게 일어났든, 그 기작의 가치는 여전한데, 왜냐하면 DNA 손상을 고치지 못하면 치명적이기 때문이다. 사람의 경우, 그러한 결함이 색소성 **건피증**(*xeroderma pigmentosum*)과 같은 유전병에서 나타나며, 암의 발생률이 높아져 종종 죽음에 이르게 된다.

반면에, 불완전한 DNA 수선 체계는 광범위한 돌연변이들을 제공함에 있어서 중합효소만큼이나 중요할 수 있으며, 어떤 경우에는 생물체로 하여금 새로운 환경적 도전에 직면하게 한다. 그러한 예들의 하나로서, *E. coli*와 *Salmonella enterica*의 계통들을 들 수 있는데, 이들의 불완전한 DNA 수선 체계는 돌연변이율의 증가를 야기하여(LeClerc et al., 1996), 어떤 돌연변이체(mutant)들은 항생물질과의 싸움을 피할 수 있으며, 박테리아의 감염성

(infectivity)과 병원성(pathogenicity)이 증가되고, 음식과 관련된 여러 가지 심각한 유행병들(epidemics)을 일으킨다.

전이인자, 수평유전자전달, 그리고 이기적 DNA

전이인자

원핵생물과 진핵생물 모두에서 돌연변이를 일으킬 수 있는 또 다른 유발원으로, 스스로 다른 유전자좌위로 전좌(transposition)할 수 있는 염기서열인 **전이인자**(transposon)가 있다. 전이인자의 발견의 역사를 보면 시대를 앞서 가는 생각을 받아들이는 것이 어렵다는 점을 보여 준다(글상자 10-2를 보라).

전이인자는 특수한 전이효소(transposase)를 만들어 전이인자의 복제본(copy)이 여러 가지 목표 자리(target site)로 삽입되게 한다. 예를 들면, **그림 10-22**에 묘사된 IS1 전이인자는 9개의 뉴클레오티드로 된 염기서열의 양 끝을 엇갈리게 잘라내고, IS1의 복제본을 잘라낸 사이에 삽입한다. 전이인자가 어디에 삽입되느냐에 따라 갖은 종류의 돌연변이가 발생할 수 있으며, 목표 자리의 반복부(repeat)에 의해 표시가 나는데, 이는 유사한 염기서열들이 삽입된 자리 양 끝에 역으로 배열되어 나타나기 때문이다.

수평유전자전달

역반복부(inverted repeat)는 여러 가지 종으로부터 전이성 인자(transposable element)의 존재를 확인하는 데 사용되었다. 그러한 반복부들은 전이인자가 DNA 염기서열을 집어내어 재조합에 의해 다른 DNA 위치로 옮길 수 있음을 의미한다(Mizuuchi, 1992를 참조). 예를 들어, 항생물질저항성 유전자(antibiotic resistance gene)들은 전이인자가 삽입된 **플라스미드**(plasmid)라는 작은, **환상 DNA 입자**(*circular DNA particle*)들에 의해, 박테리아 균주들 간에 전파될 수 있다.

그 같은 예는 곧, 전이인자가 옮길 수 있는 어떤 유전 형질들은 세대 간의 정상적인 "수직적"(배우자의) 전달을 통해서가 아닌, 동일 세대내 개체 간에 수평적으로(옆으로) 전해질 수 있다는 것 — **수평유전자전달 또는 가로유전자전달**, horizontal gene transfer or lateral gene transfer) — 을 의미한다. 수평유전자전달이 일어나려면, 전체 유전자를 구성하는 DNA가 바이러스나 플라스미드의 도움을 받아 다른 세포로 이동하며 살아남는다(그리고 물론, 세포는 외부 분자들을 제거하는 기작을 가지고 있다). 만약 그 유전자가 살아남는다면, 숙주 유전체에 통합되어야만 하며, 숙주에 충분한 이득을 제공해서(또는 충분히 중립적이어서) 살아남아 선택에 의존될 수 있어야 한다. 성공적 전달은 유연관계가 가까운

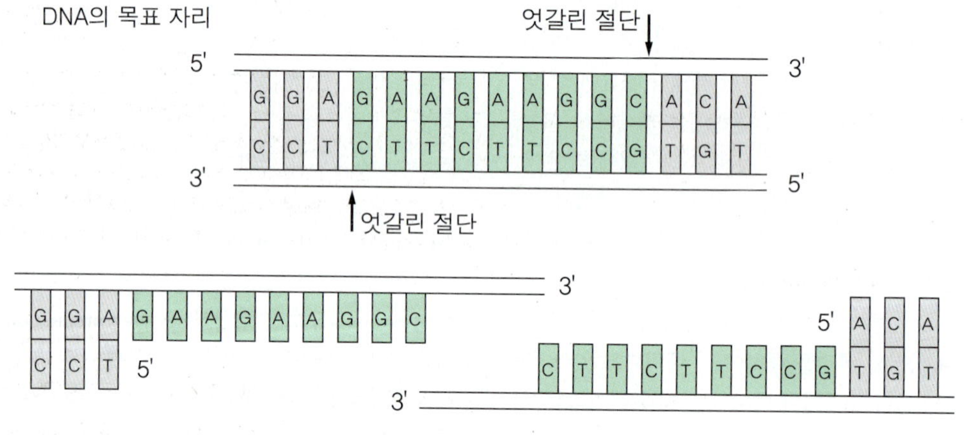

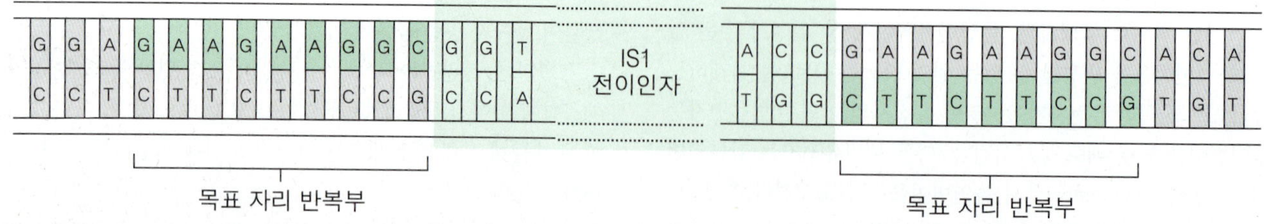

그림 10-22 IS1 전이인자의 삽입 방식. 전이인자는 위의 그림처럼 9개의 염기쌍으로 된 DNA 서열을 목표 자리로 인식하여 화살표 위치에서 자르게 된다. 잘려진 사이로 IS1이 들어가면, 목표 자리 끝의 외가닥 부위에 DNA가 상보적으로 합성된다. 이 과정에서 전이인자의 양 끝에 동일하지만 서로 역순의 염기서열 반복부가 위치하게 된다.(Strickberger, M. W., 1985. Genetics, 3rd ed. Prentice Hall, Upper Saddle River, NJ에서 인용.)

단세포 생물 사이에서 가장 흔하다(아래 참조). 일단 새로운 숙주에 정착하게 되면, 수평 전파된 유전자(horizontally transmitted gene)들은 더 많은 돌연변이를 거쳐 완전히 새로운 형질들을 만들 수 있게 된다. 따라서, 빠른 적응 진화의 예로서, 여러 가지 병원성 세균들은 10년 이내에 저항성의 범위를 다양한 항생물질 약품들에 대하여 넓혀 갔다.[14]

보다 긴 진화의 기간 동안, 많은 수의 그러나 확실하지 않은, 수평적 유전자 전달이 여러 박테리아 균주들에서 일어난 것으로 생각된다. Lawrence와 Ochman(1998)에 의하면, *E. coli*는 1억 년 전 *Salmonella* 계통에서 분리된 후 지금까지 200번 이상 그러한 사건들이 있었음에 틀림없으며, 이는 *E. coli* 유전체의 거의 20%가 수평유전자전달에 의해 얻어졌음을 뜻한다. 수평유전자전달은 서로 유연관계가 먼 생물들로 하여금 공통 조상을 통해서 보다 수평유전자전달을 통해 유전자나 염기서열을 얻게 하는 바람에, 계통분류학적 관계를 알기 어렵게 한다는 점을 알 수 있다.

그렇다면 어떻게 그와 같은 전달 사건을 재구성해 내는가? 엄청나게 많은 데이터 세트를 이용해서이다(12장을 보라). 144개 원핵생물들의 전체 염기서열이 확보된 유전체로부터 22만 개 이상의 단백질을 분석함으로써, Beiko et al. (2005)는 유전자 공유의 패턴을 추론할 수 있었다(11장을 보라). 계통분류학적 관계와는 별도의 방법을 통해서, Dagan와 Martin(2007)은 190개 유전체 내 57,670개 유전자족(gene family) 중에 최소한 2/3, 어쩌면 모든 유전자군이 그들의 진화과정상 어느 때엔가는 수평유전자전달을 겪었을 것으로 결론지었다. 수평유전자전달, 내부공생을 통한 세포소기관(및 그들의 유전자)의 기원, 그리고 유전체 융합(genome fusion)을 더하면, 우리는 생명체 계통이 새로운 유전정보를 획득하는 세 가지 중요한 수단을 갖는 것이다.

전이인자 계통의 하나{*P*전이인자(*P* transposon) 또는 *P*인자(*P* element)}에서의 수평전달이 또한 몇몇 진핵생물체에서 증명되었다. 초파리류의 한 예를 보면, *Drosophila willistoni*에서 흔한 전이성 인자(transposable element)로부터 기원된 *P* 전이인자(*P* transposon)는 50년 전 처음 *Drosophila melanogaster*에 퍼진 이래, 지금은 그 종의 모든 야생 집단에서 발견되고 있다. 원래의 *willistoni*와 *melanogaster*간의 수평전파로 시작되었을 우도(likelihood), 즉 가능성은 두 종이 그들의 유전자 염기서열에 큰 차이를 보여 약 2천만 년 전에 서로 종분화 되었음을 보여 주는 반면, 그들의 *P*전이인자는 단 하나의 뉴클레오티드만이 차이가 나는 것을 통해 지지되고 있다(Daniels et al., 1990). 보다 최근의 연구에 의하면 *P*인자들은 *Drosophila*속 초파리에서 종간 격리를 여러 차례 넘나든 것으로 밝혀졌으며, 또한 유사한 속들에도 퍼져간 것으로 확인되었는데, 이는 분자 데이터에 기초한 종의 테두리를 잠재적으로 혼란스럽게 하는 것이다.

비록 수평적 전달을 수직적 전달과 구분하는 것이 어렵기는 하지만, *Hobo*와 같은 다른 전이성 인자들 또한 수평전파의 증거를 보여 주고 있다. 이러한 현상은 대부분의 유전학자들이 예상하는 것보다 더 흔할 것이다. 동물 간에, 식물의 미토콘드리아 유전자들 간에, 그리고 더 최근에는 기장(millet)과 벼의 핵 유전자 간에, 전이인자-유도 수평유전자전달에 관한 증거들이 현재 많이 축적되고 있다.[15] Kidwell 등(1994)이 지적한 바와 같이, 수평전파에 의해 전이인자가 얻게 되는 한 가지 중요한 장점이란, 종간 생식적 격리(reproductive isolation)의 벽을 넘을 수 있어, 한 종이 사라지게 될 때, 수직적 계통에서는 피할 수 없는(전이인자의) 멸종(extinction)을 피할 수 있다는 것이다.

놀랍게도, 비록 그들의 단순한 전파 기작으로 인해 유전체 내 전이인자의 수가 많이 늘어날 것으로 예상되지만, 이는 항상 그렇지가 않다. 예를 들면, *Drosophila* 유전체는 단 30~50개의 *P*인자(*P* element)들을 가지고 있고, 또한 *copia* 전이인자(*copia* transposon)의 수도 이와 비슷하다. 전이인자 내 조절성 인자가 그들의 수를 조절함으로써 그들의 돌연변이유발 효과를 제한하는 것인데, 이는 그들의 숙주를 살게 함으로써 자신들이 그 안에 살아남을 수 있도록 선택되어진 특징일 것이다.

그러나 이러한 수적 제한이 모든 전이인자에 해당되는 것은 아니다. 예를 들어, 영장류에서 300개의 염기쌍으로 이루어져 있으며 전이인자와 유사한 *Alu*는 사람의 이배체 세포당 백만 개 이상의 복제본을 가지고 있다. 12장에서 논의되는 이런 종류의 보다 작은 반복서열(반복배열, repetitive sequence)들 또한 다양한 진핵생물들에 널리 퍼져 있다. 예를 들면, 사람의 DNA 중 단 3%만이 단백질을 암호화하고 있는데 반해, 그 나머지는 여러 종류의 반복성 요소들로 구성된 비암호 염기서열(noncoding sequence)들로 구성되어 있다(표 12-4를 보라). 외적인 DNA로 보이는 이들이 널리 퍼져 존재하는 이유를 어떻게 설명하면 좋을까?

이기적 DNA(selfish DNA)

일부 분자생물학자들에 따르면, 여러 가지 전이성 인자(transposable element) 및 반복 배열(반복 서열, repeated sequence) 형태들은 그들의 숙주 세포에 기능적 공헌을 하는 일이 거의 없다.[16] DNA 복제과정은 기능성과 비기능성 염기서열을 구분할 수 없으므로, 삽입된 어떤 DNA 서열도 복제하게 된다. 따라서 전이인자 DNA와 반복 서열은, "쓰레기(junk)" 또는 "**이기적**(selfish)" **DNA**로서 기생하면서 영속할 수 있는 것이다. 다른 종류의 설명

[14] 항생제에 대한 저항성에 관하여 Davies(1994)를 보라. Hey et al.(2005)의 여러 장들에 수평유전자전달에 관한 현재의 전망에 관한 논의가 있다.

[15] 수평 및 수직 전달(horizontal and vertical transmission)을 위해서 Cummings(1994)를 보고, 동물 종간의 전달과 식물 종간의 전달은 Silva and Kidwell(2000)과 Diao et al.(2006)을 각각 참조.

[16] Orgel and Crick(1980)과 Doolittle and Sapienza(1980)이 이러한 관점을 제창하였다.

들이 제안하는 것들로는 어떤 염기서열은 조절성 유전자 활성에 있어서 필수적인 요인으로 작용한다거나, 염색체의 구조와 원형(integrity)을 유지하게 한다거나, DNA 복제의 기점이 된다거나, 또는 새로운 적응적 돌연변이를 제공하는 유전자로서 기능한다는 것 등이 있다.[17] 염기서열의 이기적인 또는 그렇지 않은 정도를 어떻게 측정할 것인지에 대한 합의된 견해는 없으며, 어쩌면 어떤 반복 서열들은 다른 역할을 감당할 지도 모른다.

돌연변이의 무작위성

1950년대까지, 많은 세균학자(bacteriologist)들의 견해는, 세균은 "유연한 유전(성)(plastic heredity)"을 가지고 있어서, 환경의 필요성에 따른 즉각적인 반응으로서 적당한 돌연변이가 일어난다는 것이었다.

이러한 개념은 어떤 바이러스나 항생물질(antibiotic)에 노출된 박테리아가 빠르게 저항성(내성) 형(resistant form)을 만들어 내는 것을 관찰함으로써 지지 받는 듯하였다. 이에 대한 설명은, 돌연변이가 어떤 선택적 작용인자(selective agent)에 노출되기 전에 무작위적으로 발생하지[**전적응적**(preadaptive) 돌연변이] 않는다고 하기보다는 적합한 돌연변이가 어떤 선택적 작용인자에 노출된 후에야 발생하도록[**후적응적**(postadaptive) 돌연변이] 자극되어진다는 것이었다. Lamarck도 그랬듯이, 후적응적 돌연변이 개념은 Darwin의 자연선택(natural selection)이 이미 존재하던 전적응적 유전인자(hereditary factor)들 중에서 선택하게끔 하는 대신, 환경으로 하여금 새로운 적응적 유전인자의 형성을 직접 유발하게 하는 어떤 미지의 신비스런 작용(agency)에 의존해야 했다.

J. and E. Lederberg(1952)는 복제평판법(relica-plating)이라는 신기술을 이용하여 전- 및 후-적응적 모델을 평가하는 중요한 시험을 실시하였다. 그들은 페트리접시(petri dish)에서 자라는 세균의 "잔디밭(lawn)"(주 평판, master plate)으로부터 샘플을 채취하여 바이러스(박테리오파아지, bacteriophage)나 항생물질(스트렙토마이신, streptomycin) 같은 선택배지(selective medium)가 포

[17] 돌연변이가 자신이 원하는 대로 적응하는 것이 아니라 선택에 반응할 뿐이라는 점이 논의된 바, "적응돌연변이(adaptive mutation)"라는 용어의 사용이 이상하게 느껴질 지도 모른다. 실제로 이 용어는 장기적인 선택에 대한 적응이라는 관점에서 사용되고 있는데, 이는 Kugelberg 등(2006)이 박테리아의 락오페론에서 돌연변이를 연구하면서 사용한 것으로, 선택이 작용할 더 많은 대상을 추가함으로써 염기서열 변화가 더 가능하게 하는 방식의 유전자 복제를 선택이 더 선호하는 상황, 즉 돌연변이를 기반으로 돌연변이를 갖는 경우이다.

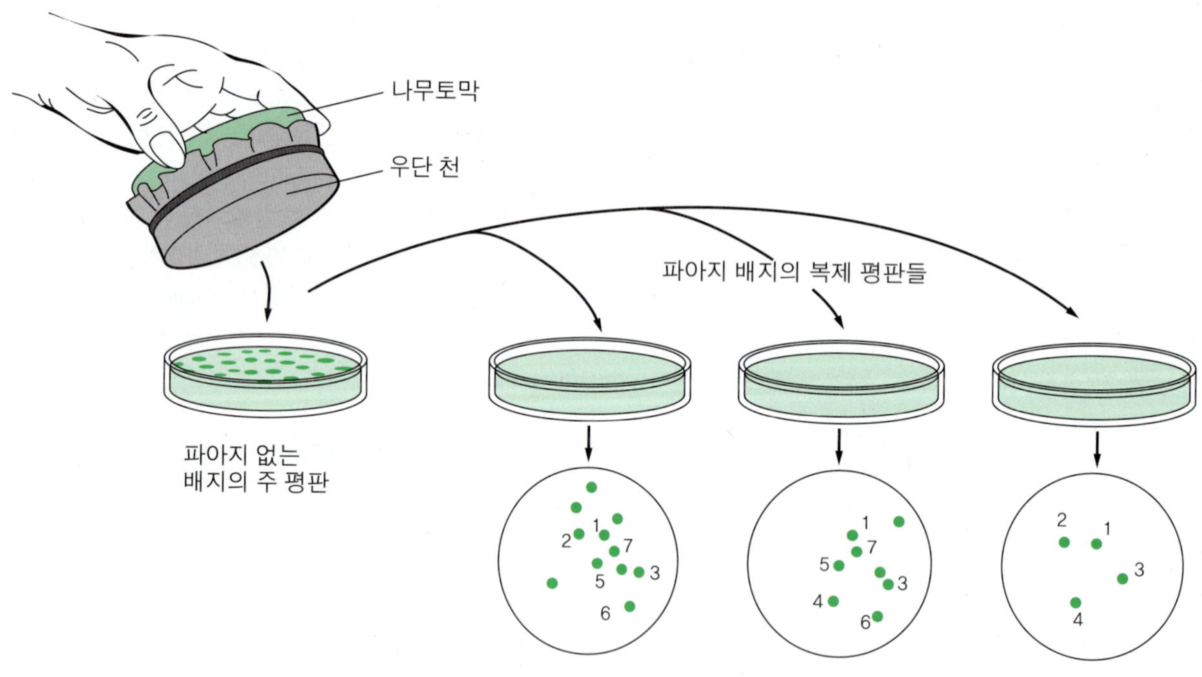

그림 10-23 T1 박테리오파아지(바이러스)에 저항성인 *E. coli*의 위치를 시험하기 위해 사용된 복제물 평판배양 기법(relica-plating technique). 시험의 시작인 주 평판에 파아지 없는 배지에서 파아지-감수성(phage-sensitive)인 *E. coli*가 자라도록 한다. 우단(velvet)을 씌운 나무토막을 주 평판에 찍은 다음, 파아지 T1이 든 배지를 갖고 있는 페트리접시들 표면에 항상 같은 방향으로 옮겨 찍어서 복제물(replica)들을 만든다. 한 개의 주 평판의 세균의 수는 많은 수의 복제 평판들에 콜로니(군체)(colony)를 형성할 만큼 충분하다. 복제 평판들은 동일한 위치에 저항성 콜로니가 발생함(예로서, 1, 3, 4)을 보여 주며, 이는 파아지 T1에 대한 저항성이 주 평판의 각 위치들에 존재하고 있었다는 것을 의미한다.(Strickberger, M. W., 1985. *Genetics*, 3rd ed. Prentice Hall, Upper Saddle River, NJ에서 인용; Lederberg, J., and E. M. Lederberg, 1952. Replica plating and indirect selection of bacterial mutants., *J. Bact.*, **63**, 399–406.에서 인용.)

함된 다른 페트리접시(복제 평판, replica plate)로 옮겼다. 이때 주 평판의 특정 클론(clone)에서 나온 박테리아는 복제 평판에서도 똑같은 위치에 옮겨지도록 하였다(**그림 10-23**). 그 결과 저항성 박테리아가 여러 복제 평판들에서 동일한 위치에 있음을 발견하였고, 이는 곧 그들이 주 평판의 같은 클론에서 나왔음을 의미하며, 이는 그 클론이 복제 평판의 선택배지에 노출되기 전부터 있었음을 뜻한다. 다시 말하면, 이들 돌연변이는 주 평판에 있는 공동의 전적응적 기원(origin)을 함께 나누고 있으며, 선택배지에 의한 자극에 따른 라마르크적 반응(Lamarckian response) 때문에 후적응적으로 만들어진 것이 아니다.

그러나 돌연변이는 특정 돌연변이가 환경상의 요구에 반응하여 일어남을 보여 주지 않을 때에만 무작위적이다. 그 외에는 돌연변이는 무작위적이지 않다. 예를 들어, 돌연변이는 **기능이란 측면에서 무작위적이지 않다**. 기능을 방해하여 적응도를 떨어뜨리는 돌연변이는 적응도를 높이는 돌연변이보다 훨씬 더 흔하다. 마찬가지로, 돌연변이는 **단백질 구조에 대한 효과라는 측면에서 무작위적이지 않다**. 대부분의 생물체에서, 단백질의 구조나 기능에 아무 영향이 없는 돌연변이가 영향이 있는 돌연변이보다 더 흔하다. 여러 **돌연변이 유형들은 발생 확률에서 차이가 있으며, 따라서 무작위적이라 할 수 없다**. 예를 들면 염기쌍 치환(base pair substitution)에서, 가능한 수의 교차형염기전이(transversion)가 비교차형염기전이(transition)에 비해 두 배나 많음에도 불구하고 비교차형염기전이가 교차형염기전이보다 훨씬 더 흔하다. 마지막으로, Y 염색체 유전자들의 돌연변이율은 X 염색체에서보다 더 높다(글상자 9-1을 참조).

유전적 다형성(Genetic Polymorphism): 변이의 보편성

진화적 잠재력과 유전적 변이성은 하나의 진화 동전의 양면이라 하겠다.

비록 일부 돌연변이는 그 영향에 있어서 중성이거나, 또는 비교적 드문 동형접합체를 이룰 경우에만 유해하지만, 유익한 영향을 즉시 나타내는 새로운 돌연변이도 일반적으로 상당히 드문 편이다. 따라서 중성 또는 유해하지만 열성인 그런 돌연변이들

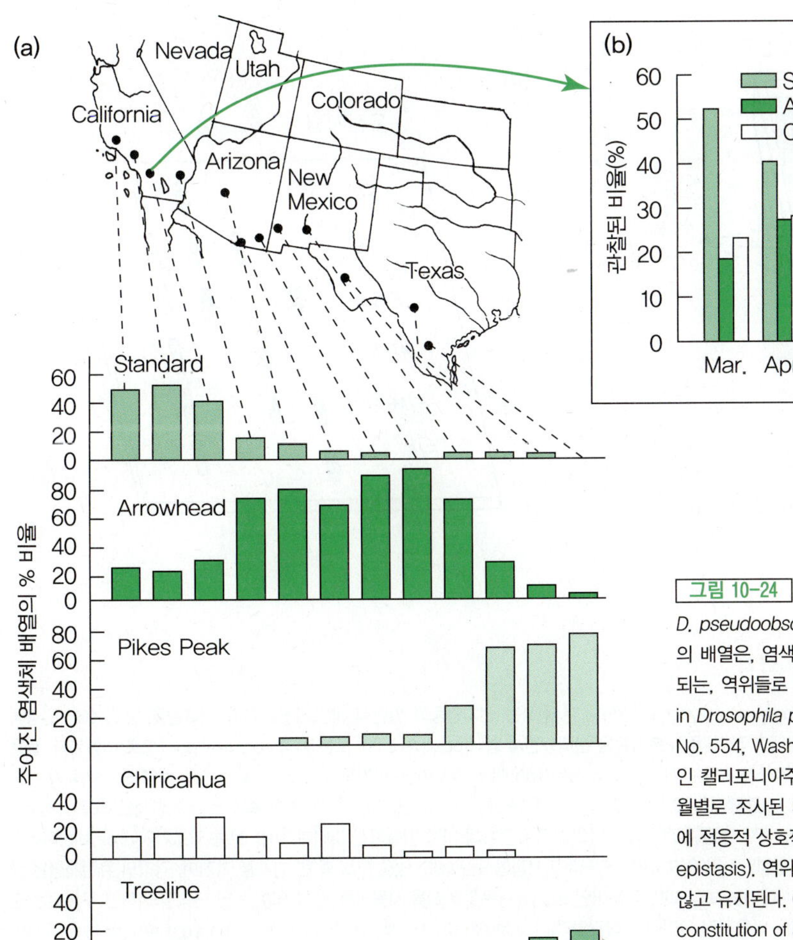

그림 10-24 (a) 미국-멕시코간 국경을 따라 동서로 위치한 12개 지역에서 *D. pseudoobscura*의 5가지 서로 다른 3번 염색체 유전자 배열들의 빈도. 각각의 배열은, 염색체 밴딩 양상(banding pattern)의 하나의 독특한 체계로서 관찰되는, 역위들로 구성되어 있다.(Dobzhansky, Th., 1944. Chromosomal races in *Drosophila pseudoobscura* and *D. persimilis*. *Carnegie Inst. Wash. Publ.* No. 554, Washington, DC, pp. 47-144.로부터 인용함.) (b) 대상 지역 중 하나인 캘리포니아주 San Jacinto 산에서 *D. pseudoobscura*에 대하여 일 년 동안 월별로 조사된 3번 염색체 배열별 비율. 각 염색체 배열은, 구성 대립유전자간에 적응적 상호작용이 가능하게 하는, 특정한 유전자 조합을 유지하고 있다(상위, epistasis). 역위는 재조합을 막기 때문에, 그러한 대립유전자의 조합이 파괴되지 않고 유지된다. (Dobzhansky, Th., 1947. A directional change in the genetic constitution of a natural population of *Drosophila pseudoobscura*. *Heredity*, 1, 53-64.에서 인용.)

은, 종종 원치 않는 심각한 효과를 즉시 나타냄이 없이, 집단 내에 축적되어 있으면서 유전적 변이성의 저장소를 구축하기도 한다.

유전적 변이성(genetic variability)은 집단 내에 유전학적으로 다른 둘 이상의 형태(form)들이 존재함 — **다형성**(polymorphism) — 으로써 표현되는데, 이는 또한 역위(inversion), 전좌(translocation) 및 가외 염색체(extra chromosome) 같은 여러 가지 염색체 이상(chromosomal abnormality)을 유지하는 것도 포함하고 있다. 예를 들어, 미국 서부의 여러 지역에서의 *D. pseudoobscura* 초파리의 경우, 여러 가지 제3염색체 유전자 배열에 있어서 다형적(polymorphic)이다(**그림 10-24a**). 그러한 배열의 빈도는 계절에 따라 변하는데(그림 1-24b), 이것은 이 종에 있어서 염색체 다형성이 비교적 적응적이라는 것을 말할 뿐 아니라, 그 집단이 특정 환경에서 특정 시기에 적응함에 있어 특정한 다형적 변이가 보다 선호적으로 적합하다는(adaptive) 것을 의미한다.

유사종 간의 염색체 수 변이도 또한 적응적 특징과 관련될 수 있다. Nevo와 동료 연구자들(1994)에 의하면, 이스라엘과 터키의 *Spalax*속 몰랫(mole rat, 두더지쥐; 역자 주: 쥐목 Spalacidae과로 두더지과와 다름) 집단에서 주기적인 건조상태(aridity)나 예기치 못한 고난과 같은 긴장된 생태적 조건이 염색체 수와 관련이 된다고 한다. 즉, 해리(dissociation) 또는 융합(fission)(그림 10-4b, c)에 의한 염색체 증가가 여러 가지 염색체 조합의 수를 늘려 유전적 다양성을 높이고, 이에 따라 그 지역의 종으로 하여금 적시의 생태적 변이에 잘 살아남을 수 있도록 특화할 수 있게 된다.

DNA 수준에서, 다양성은 특정 염기서열의 존재, 또는 CACA, CACACA, ... CA_n 같은 반복된 뉴클레오티드 열(nucleotide string)의 수를 알아내는 분자 기법(12장을 보라)에 의해 결정될 수 있다. 후자와 같은 반복부를 **단연쇄반복다형성**(short tandem repeat polymorphisms, STRP)이라 하는데, 이들은 유전체 전체에 분포되어 있다. 반복부 수에서의 차이는 특정 염색체의 위치를 알아낼 수 있는 유전자 표지(genetic marker)로 이용된다.

유전자 수준에서, 연구자들은 대립유전자의 차이를 보이게 하는 기법을 이용해서 다형성의 크기를 알아낼 수 있다. 그러한 방법 중에는 전기영동 방법(electrophoretic method)이 있는데, 이는 전기장(electric field)에서 단백질의 이동성(mobility)을 측정하여, 입체구조(conformation) 및 전하(electric charge)에서의 미세한 차이를 구분해 내는 방법이다(**그림 10-25**). 한 단백질의 각

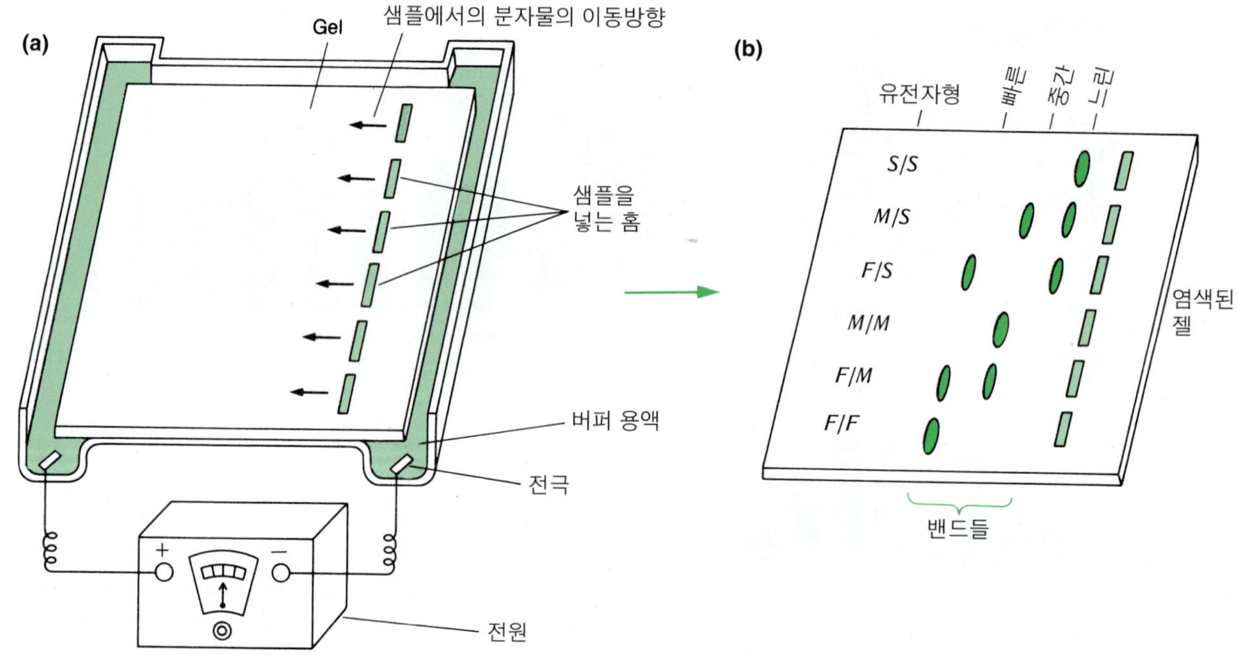

그림 10-25 (a) 겔(젤, gel)(녹말 또는 폴리아크릴아미드, starch or polyacrylamide)을 사용하는 전기영동의 일반적 방법. 행을 따라 샘플들을 넣고 수성 완충액(aqueous buffered solution)에 전기를 흐르게 한다. 크기와 전하에 따라, 샘플의 분자들은 분리되면서 양극(positive pole) 또는 음극(negative pole)으로 이동한다. 겔을 분자적 또는 효소적 활성을 분석할 수 있는 작용물질(agent)로 처리하거나 또는 자외선(ultraviolet light)에 노출시키면, 전기적 구배(gradient)상에서 차지하는 위치가 밴드로 나타난다. (b) 특정한 효소 활성에 민감한 염료로 처리한 결과, 이 겔에서의 효소는 세 가지 다른 형태를 가지고 있으며, 각각은 양극 쪽으로 특정한 정도(느린, 중간의, 빠른)로 이동하였다. 이 세 가지 효소 형의 각각은 이 단백질 *S, M, F*를 만든 유전자의 하나의 대립유전자에 의해 만들어진 것이며, 이를 보통 알로자임(allozyme)이라고 한다. 그러므로, 하나의 개체는 6가지 유전자형(genotype), 즉 동형접합적인 *S/S, M/M, F/F*나 이형접합적인 *M/S, F/S, F/M* 중 한 가지를 가지며, 각각의 유전자형은 알로자임의 전기영동 패턴에서 구분 가능하게 나타난다. (어떤 용어상에서는 보다 일반적 용어인 isozyme(동질효소)을 사용하는데, 그 의미는 한 단백질의 어떤 구분되는 전기영동 형을 뜻하며, 이 경우 그 특정성(uniqueness)은 유전적이든 비유전적 요인이든 상관없다.) (Strickberger, M. W., 1985. *Genetics*, 3rd ed. Prentice Hall, Upper Saddle River, NJ에서 인용.)

표 10-4 전기영동 연구에 기초한, 자연 집단에서 발견된 유전적 변이성의 측정치

시험된 생물	조사된 종의 수	조사된 종별 평균 좌위(단백질)수	다형적 좌위의 비율	좌위당 이형접합성
식물	15	18	.259	.071
무척추동물				
곤충을 제외한 다양한 그룹들	27	25	.399	.100
초파리과를 제외한 다양한 곤충들	23	18	.329	.074
*Drosophila*속 종들	43	22	.431	.140
척추동물				
어류	51	22	.152	.051
양서류	13	22	.269	.079
파충류	17	23	.219	.047
조류	7	21	.150	.047
영장류를 제외한 포유류	43	26	.148	.036
영장류				
사람	1	71	.28	.067
침팬지	1	43	.05	—
마카크원숭이(일명 짧은꼬리원숭이)	1	29	.10	.014
합계 및 평균	242	23	.263	.074

출처: Strickberger, M. W., 1985. *Genetics*, 3rd ed. Macmillan, New York으로부터; 데이터는 Nevo, E., 1978. Genetic variation in natural populations: Patterns and theory. *Theor. Pop. Biol.*, 13, 121–177.에서 인용.

기 다른 전기영동 형(electrophoretic form)들은 보통 서로 다른 아미노산 서열을 의미하므로(즉, 그것들을 만든 유전자에서의 서로 다른 뉴클레오티드 서열을 뜻하므로), 그들은 각각 대립유전자적 차이, 즉 **알로자임**(allozyme)을 뜻하는 것이다. 1966년 Harris의 연구와 Lewontin and Hubby의 연구로부터 시작되어 자연 집단(natural population)에 이 기법을 활용한 결과, 집단은 이전의 예상보다 훨씬 많은 유전적 변이성(genetic variability)을 유지하고 있다는 놀라운 결과를 나타냈다. **표 10-4**에서 보는 것처럼, 많은 수의 종에서 시험한 모든 좌위들의 약 1/4(one quarter)이 알로자임의 차이를 보이고 있으며, 이는 한 개체가 어떤 특정의 시험된 좌위에 대해서 이형접합적일 확률이 7% 이상이라는 것을 말한다.

단백질의 아미노산 변이 중에 단 1/3 정도만이 전기영동 기법에 의해 감지되는 것으로 예상되므로, 이러한 관찰치들은 아마도 3배로 계산되어야 할 것이다. 대다수 종들에 있어서 모든 좌위의 약 2/3 내지 3/4은 다형적이며, 한 개체는 평균적으로 모든 좌위의 약 1/4 내지 1/3이 이형접합적이라 하겠다. 이것은 곧, *Drosophila* 종의 경우, 측정된 2,000개의 유전자좌위에서, 한 개체당 약 500개 또는 그 이상의 유전자에서 이형접합적이라는 뜻이 되며, 25,000개의 측정된 유전자 좌위를 갖는 사람의 경우, 한 사람은 많게는 6,250개 유전자에서 이형접합적이 된다. 예를 들어, Britten(1986)은 반수체 사람 유전체의 30억 뉴클레오티드 중, 한 사람이 평균 5백만 개의 좌위에서 다른 사람과 차이를 보이는 것으로 예상하였다. 분명한 것은, 유전적 변이성의 큰 부분은 각 세대에서 발생하는 매우 적은 수의 새로운 돌연변이들에 의한 것보다는 과거에 축적된 것이라는 것이다.

유전적 다형성은 많은 집단들로 하여금 매우 다양한 돌연변이를 통해 새로운 환경적 도전에 대처할 수 있게 하며, 그중 일부는 아마도 새로운 환경에서 유리한 것이었을 것이다. 예를 들면, DDT(dichloro-diphenyl-trichloroethane) 살충제에 노출된 곤충 집단은 다음과 같은 다양한 DDT-저항성 기작들의 빈도가 높아지게 하였다.

- 체내 다른 부분들로부터 지용성(fat-soluble) DDT가 떨어질 수 있도록 하기 위한 지질(lipid) 함량의 증가
- DDT를 비교적 저독성 산물로 바꾸는 효소의 출현
- 신경계의 DDT에 대한 독성 반응의 감소
- 곤충 표피(cuticle) 투과성(permeability)의 DDT 흡수에 대한 변화
- DDT와의 접촉을 줄이는 행동적 반응

따라서, 살충제 저항성이 수많은 유전자와 관련이 있다 해도 놀라울 것이 없다. 예를 들어, *Drosophila*에서 DDT 저항성에 관한 유전자는 모든 주요 염색체에 분포되어 있으며, 각 유전자가 약간의 증가 효과를 내는 다원유전자(polygene)로 작용한다(**그림**

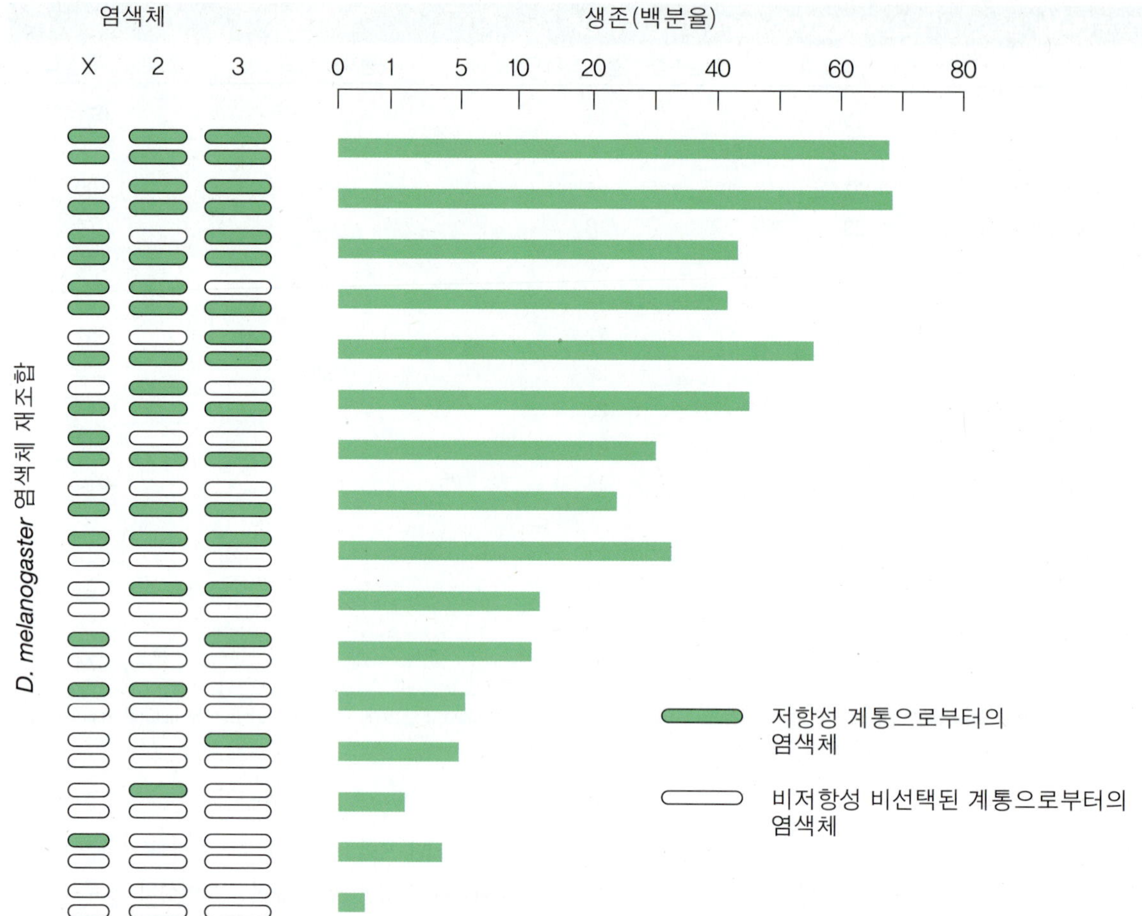

그림 10-26 일정량(a uniform dose)의 살충제 DDT에 노출된 *D. melanogaster*의 16가지 다른 형(type)들의 생존율. 각 파리 형은 DDT-저항성 및 DDT-비저항성 계통으로부터 유래된 나름의 염색체 세트를 가지고 있다. 분명한 것은, 저항성 계통의 염색체의 수가 많을수록 DDT 저항성이 커진다. (Crow, J. F., 1957. Genetics of insect resistance to chemicals. *Ann. Rev. Entomol.*, 2, 227-246.에서 인용.)

10-26). 이와 유사한 항살충제 선택적(anti-pesticide selective) 변화들은 흔한 것으로, Roush와 McKenzie(1987)는 이러한 경우를 400건 이상 나열하고 있다.

변이는 분자유전학에서부터 대진화동역학(macroevolutionary dynamics)에 이르기까지 다양한 수준에서 연구될 수 있기 때문에, 여기서는 다른 활발한 연구분야에 대한 논의를 하지 않았다. 이들은 글상자 10-1에 요약되어 있다. 비록 변이와 변이성의 이론적 중요성을 이해한다는 차원에서 Darwin 이래 오랜 시간을 지내 왔지만, 자연에서 표현형적 변이 패턴을 야기하는 것이 무엇인지, 그리고 어떻게 변이가 생물의 계급체계에서의 단계 사이에서 전달되는지에 대하여는 여전히 알아야 할 부분이 많다. 제13, 21, 22장은 이러한 중요한 이슈에 대하여 좀 더 다루게 된다. 그러나 이러한 문제를 논하기 전에, 우리가 연구하고자 하는 생물체 및/또는 유전자들 간의 유연관계를 어떻게 결정하는지에 대한 골칫거리부터 돌아볼 필요가 있다. 이것이 다음 장에서 다룰 문제다.

주요 용어

DNA 수선 기작(DNA repair mechanism)
개방해독틀(open reading frame)
결실(deletion)
구조유전자(structural gene)
낫형적혈구빈혈증(sickle cell anemia)
다사염색체(polytene chromosome)
다원유전자(polygene)
다형성(polymorphism)
다형질발현(pleiotropy)
단성생식(parthenogenesis)
단연쇄반복다형성(short tandem repeat polymorphism(STRP))
대립유전자 또는 대립형질(allele)
동질배수성(autopolyploidy)
무성생식(asexual reproduction)
반복 DNA(repetitive DNA)
배수성(polyploidy)
변이(variation)
부등교차(unequal crossing over)
상호전좌(reciprocal translocation)
수평(가로)유전자전달(horizontal (lateral) gene transmission)
알로자임(allozyme)
양적 변이(quantitative variation)
양적형질좌위(복수: ~ loci, QTLs)(quantitative trait locus (QTL))

억제단백질(repressor protein)
역위(inversion)
연속변이(continuous variation)
염기 치환(base substitution)
유전력(heritability)
유전자(gene)
유전자족(gene family)
이기적 DNA(selfish DNA)
이배수성(aneuploidy)
이질배수체(allopolyploid)
전적응적(preadaptive)
전좌(translocation)
점돌연변이(point mutation)
정배수성(euploidy)
정향진화(orthogenesis)
중복(duplication)
촉진인자 자리(promoter site)
측동원체성 역위(paracentric inversion)
표현형(phenotype)
플라스미드(plasmid)
협동원체성 역위(pericentric inversion)

토의 및 질문

1. 염색체 수에 있어서 변이의 주요 형태는 어떤 것인가? 정배수성 종류? 이배수성 종류?

2. 새로운 이질배수체(복배수체)성 종은 어떻게 자연에서 또는 실험실에서 빠르게 형성되는가?

3. 염색체 구조에 있어서 변이의 주요 형태로는 어떤 것들이 있는가?

4. 어떤 구조적 염색체 변화가 염색체 수에 있어서의 변화를 유발할 수 있는가?

5. 일부 인원류(hominoid, 사람과 유인원)에서 어떤 종류의 염색체 변화(change, 변이)가 일어났을까?

6. 뉴클레오티드 수준에서 돌연변이성 변화의 종류에는 어떤 것들이 있으며, 어떻게 나타나게 되는가?

7. 다형질발현이란 무엇인가? 그 예를 들어라.

8. 원핵생물에서 조절되는 젖당 대사에서 효소를 만들어 내는 유전자가 어떻게 이용되는가?(유도(인)자, 억제(인)자, 작동(인)자, 그리고 촉진(인)자라는 용어들을 설명하라.)

9. 진핵생물에서 유전자 조절의 몇 가지 예를 들어라.

10. 중복인자 또는 다원유전자가 어떻게 연속 양적 변이(continuous quantitative variation)를 설명할 수 있을까?

11. 유전자 돌연변이율이 집단에서 유전자 돌연변이가 널리 나타나는 것을 설명할 수 있을까?

12. 전이인자.

a. 전이인자는 어떻게 돌연변이를 유발할까?

b. 전이인자는 왜 유전체 내에 계속 존재할까?

13. 돌연변이는 적응적 또는 비적응적 효과에 상관없이 무작위적으로 발생하는지(전적응적으로), 아니면 돌연변이는 특정의 선택적 환경에 대한 적응적 응답으로써 발생하는지(후적응적으로)를 어떻게 구별할 수 있을까?

14. 다형성.

a. 염색체 및 유전자 다형성에는 어떤 예들이 있는가?

b. 그러한 다형성은 어떤 진화적 가치를 제공하는가?

15. 글상자 10−1에 있는 각 질문에 대하여 5쪽씩 논술하라.

추천 읽을 거리

Carroll, S. B., 2005. *Endless Forms Most Beautiful.* W. W. Norton & Co., New York.

Carroll, S. B., J. K. Grenier, and S. D. Weatherbee, 2005. *From DNA to Diversity. Molecular Genetics and the Evolution of Animal Design,* 2nd ed. Blackwell Publishing, Malden, MA.

Falconer, D. S., and T. F. C. Mackay, 1996. *Introduction to Quantitative Genetics,* 4th ed. Longman, Harlow, Essex, UK.

Graves, J. A. M., 2006. Sex chromosome specialization and degeneration in mammals. *Cell,* **124,** 901–914.

Hey, J., W. M. Fitch, and F. J. Ayala(eds), 2005. *Systematics and the Origin of Species on Ernst Mayr's 100th Anniversary.* The National Academies Press, Washington, DC.

Jacob, F., 1977. Evolution as tinkering. *Science,* **196,** 1161–1166.

Jacob, F., and J. Monod, 1961. Genetic regulatory mechanisms in the synthesis of proteins. *J. Mol. Biol.* **3,** 318–356.

King, M. C., and A. C. Wilson, 1975. Evolution at two levels: Molecular similarities and biological differences between humans and chimpanzees. *Science,* **188,** 107–116.

Mackay, T. F. C., 2004. The genetic architecture of quantitative traits: Lessons from *Drosophila. Curr. Opin. Genet. Dev.,* **14,** 253–257.

Pagel, M.,(ed. in chief), 2002. *Encyclopedia of Evolution.* 2 Volumes, Oxford University Press, New York.

Roff, D. A., 1997. *Evolutionary Quantitative Genetics.* Chapman and Hall, New York.

11 종, 계통 및 분류

요약

Darwin 시대 이전 분류는 유기체들 간의 유사점과 차이점을 관찰하는 데 그들의 기원을 고려하지 않았다. 그러나 Darwin 이후 분류학자들은 진화적 관계를 나타내는 체제를 만드는 데 노력을 기울이고 있다. 전통적으로 진화 계통 분류학의 주요 목표는 분류의 가장 기초 단위인 종을 형태를 이용하여 확인하고 기록하며 이들을 가능한 계통 체계로 배열하고 나타내는 것이다.

많은 경우에서, 형태학적 분류는 많은 종으로 이루어진 분류군을 분류하는 데 믿을 만하고 실제적인 방법이다. 형태학적 분류는 간혹 더 최신 방법과 일치하기도 하지만 때때로 차이들은 이성적인 방법으로 해결되기도 한다. 분자 계통학의 발달로 전통 형태학적 접근 방법은 때때로 새로운 기술과 철학으로 대치되기도 한다. 평행진화나 수렴진화로부터 기원하는 진화 양상 때문에 분자적 기술 방법을 통해 나타난 결과들은 그 생물의 생활사를 잘 아는 분류학자를 통해서만 해석되기도 한다. 그러한 정당성 입증의 필요성은 모든 유기체에서 훈련된 분류학적 전문가가 지속적으로 필요하다는 것을 강조하고 있다.

Grande(2004)는 형태학과 형태학적 변이를 분류학적(분류군 간의 차이), 개체발생학적(개체의 성장과 발달 단계 사이에서의 차이) 및 개체적(같은 종 내에서 개체들 간 또는 개체들 내)등 세 가지 방식으로 보고 있다고 주장하였다. 개체군들이 상호 교배하고 생식력이 있는 개체를 낳을 수 있는 능력은 생물학적 종 개념에서 사용되는 종 경계를 결정짓는 주요한 기준이다. 그러나 막대한 종 수와 종의 지리적 분산 그리고 많은 종이 현재 멸종했기 때문에 이러한 기준으로 종을 구분하기는 불가능하다. 게다가 생물학적 종 개념은 화석에는 적용할 수 없고, 오직 소수의 식물에만 적용할 수 있다.

진화학적 종 개념은 종이란 각자 진화적으로 독립되어 왔다는 점을 기초로 정의함으로써 이러한 차이점을 극복하고자 한다. 이상적으로 이 방법은 다른 방법과 마찬가지로 형태학적, 유전적, 분자적, 행동학적 및 생태학적 형질을 이용하지만 종 분류에 내재되어 있는 모든 문제를 풀 수는 없다. 왜냐하면 모든 형질들이 같은 속도나 순서로 진화하지 않기 때문이다(모자이크 진화).

과거에는 종 계통을 만드는 것보다 종을 동정하는 것이 더 쉬웠다. 표현형은 형태적으로 유사한데; (1) 공통 기원을 가지고 있거나(**상동성**), (2) 진화적으로 별로 멀지 않은 조상으로부터 각자 진화하는 동안 유사한 진화적 양상을 나타내거나(**평행진화**), 또는 (3) 완전히 다른 조상으로부터 유사한 형질이 발달하기(**수렴진화**) 때문이다. 별로 멀지 않은 조상과 완전히 다른 조상 사이의 차이점을 구별하기는 쉽지 않기 때문에 평행진화와 수렴진화는 공통적으로 **진화적상동**(homoplasy)이라고 한다.

전통적 분류는 유기체를 분류군으로 정렬하는 데 자연적인 기준을 바탕으로 계층 체계를 세운다. 하지만 그러한 분류군은 꼭 단계통군(공통조상으로부터 나누어지는 그룹)이 아니므로 이러한 분류방법은 논쟁거리가 된다. 최근 접근 방법은 이러한 문제들을 단계통군을 확인하는 방법을 통해 해결하기 시작했는데 여전히 진화적상동을 확인하는 것은 문제가 되고 있다. 분지계통학은 계통을 연속적인 양축분지로 인정하며, 각 분지의 분기점은 같은 계층의 분류군으로 나누어지는 곳이다. 다중방산(여러 분기점을 가지는 것)은 분지계통학에서 문제가 된다. 분자 데이터가 생겨나면서 오직 분자 데이터만 이용한 계통수를 만들거나 형태적 변이가 거의 없는 분류군(예를 들어 많은 고세균들)에 대한 관심의 증대는 분자 계통학을 전방에 나서도록 하였으며, 계(Kingdoms)의 갯수와 같은 많은 전통적인 분류방법에 혁신을 가져오게 되었다.

4부에 있는 여러 장들은 일반적으로 다양한 유기체의 진화 과정에서 일어날 가능이 있는 일들을 약술하였다. 이러한 노력들은 대개 형태상 또는 유기체들 사이에서의 기능적 유사점이나 차이점을 세거나 비교하는 데 근거를 두고 있다. 이것이 분류 및 계통학의 전통적 영역이다. 비록 몇몇 분류학자(G. G. Simpson)들은 계통학이 훨씬 넓은 영역이라고 보고 있지만 계통학, 분류(classification) 및 분류학(taxonomy)은 섞여 쓰인다: 유기체의 다양성과 비교 해부학, 비교 생태학, 비교 생리학, 비교 생화학과 같은 영역을 포함하는 비교학 및 진화적 관계를 연구하는 것으로 정의된다. Robert Wilson(2005)은 그의 최근 책인 「Genes and the Agents of Life」에서 분류학의 본질과 역할을 표현했는데:

> 분류학은 단순히 범주와 종류들이며 그리고 생물학 내에 존재하고 있다…. 생물학에서 분류학적 활동들은 탄소 연대 측정에서부터 고동물학에서 화석들의 해부학적 재구성 그리고 미생물 및 식물 계통에서 분자 계통학적 분석 및 여러 생물학적 계층을 올리거나 내리는 것 등이다… 유전학적 발생학에서 분류학적 범주들은 세포, 유전자, 조직, 기관, 뼈, 세포골격구조, 세포막, 생화학 경로, 기준 치수, 분자 및 다양한 생물학적 계(신경, 소화, 면역, 호흡계) 등을 포함한다. 생태학에서는 유기체, 뎀(demes), 적응적 생태학적 지위, 생태계, 군집, 공생 생물, 포식자 – 피식자 계 등을 포함한다(p. 31).

이 장과 12장에서는 분류와 계통 간 상호관계를 다루고 있으며, 하나의 장인 것처럼 읽어야 한다. 이 장은 여러 종 개념, 진화적 상호 유연관계 및 계통을 결정하는 특성, 상호 유연관계를 논의하거나 계통을 세울 때 오직 상동 기관만이 반드시 비교되어야만 하는 필요성 등을 이야기한다. 강조되어야 할 것은 역사가 있는 기초 개념으로 이것은 여기에서 다룰 것이다. 예로 사용되는 대부분의 형질은 형태학적, 행동학적 및 생태학적 형질이다. 12장에서는 상호 유연관계나 계통 및 조상성(ancestry)을 추론하는데, 이러한 형질에서 점차적으로 분자 형질을 사용하는 것을 보여줄 것이다. 이러한 방법은 이것 아니면 저것과 같은 방법이 아니다. 이들은 다른 장에서 소개되는데, 그 이유는 종을 인식하고 유연관계를 보는 것이 너무나 다양하고 진화 연구에 중심이 되기 때문이다.

■ 분류와 계통적 유연관계

1장에서 보았듯이, 자연사 연구자들은 우리가 분류하고자 하는 생물들 간의 유사점이나 차이점이 진화로부터 이루어진다는 개념이 받아들여지기 훨씬 이전부터 유기체들을 분류하는 기술을 만들었다. 실상 유기체들 간의 공통 기원을 밝히지 않고 이들 간

의 차이를 이용하여 생물을 분류하는 것은 쉽다. 예를 들면, 물고기와 고래, 파리와 새, 개구리와 악어 및 다람쥐와 원숭이로 분류할 수 있다.

계통분류학자들에게 Darwin의 진화론은 분류에 진화적 유연관계를 반드시 반영해야만 하는가 아니면 반영할 수도 있는가와 같은 추가적인 개념을 고려하도록 하였다. 많은 생물들은 상당히 많은 유사한 특징을 가지고 있어 함께 묶을 수 있으며, 공통조상으로부터 분기되어 왔다고 여겨지는 확실한 증거가 있다. 그러나 그러한 결정은 진화적 분류의 한 단면만을 나타내고 있다. 다른 단면은 몇 안 되는 형질을 공유하는 그룹들 간의 계통을 추적하는 것이다. Darwin이 이야기하듯이 "우리는 분류가 가능하도록 만들어야 한다면 계통이어야 할 것이다… 우리는 자연적인 계통들에서 유전되었을 것으로 여겨지는 모든 종류의 형질을 이용하여 계통들을 찾고 추적해야 할 것이다."

고생물학자들이 형태학적 자료를 이용하여 계통적 유연관계를 찾는 과정에서 어려움을 겪는 이유는 다른 그룹을 연결하는 조상들의 연결고리를 찾는 것이 어렵기 때문이다. 말과 같은 몇몇 그룹에서는 완벽한 화석자료를 찾을 수 있는 반면 새, 고래, 곤충, 초기 현화식물 및 기타 많은 생물들의 완벽한 화석자료를 찾기는 쉽지 않다. 화석자료가 불충분한 이유는 다음과 같은 이유 때문이다:

- 이들은 몸 일부만이 화석화되며, 주로 강, 호수 및 바닷가와 같은 전에는 수상 환경으로 이루어진 곳에서 국지적으로 일어난다(그림 3-12 참조). 열대 강둑에서 발견되는 10-15종에서 얻어지는 개체들의 일부는 그곳에 살았을 것으로 여겨지는 적어도 10,000개체 이상 생물들에서 나온 것으로 추정하고 있다. 보존된 종의 비율은 석회암 암초와 같은 몇몇 바다환경에서 높게 나타나지만 그곳도 1-2%를 넘지 못한다.
- 강한 바람, 센 파도 또는 다른 잠재적 힘들이 퇴적층 형성을 방해할 수 있다.
- 퇴적층이 생겨난 후에도 여러 지질학적 사건들은 화석을 침식시키거나 움직여 화석자료를 불연속적으로 만들 수 있다
- 우리는 화석이 들어 있는 매우 작은 비율의 퇴적층 암석에만 접근할 수 있다.
- 마지막으로 많은 현생 생물들이 계절이나 행동적 장애로 분리되어 있는 것을 알고 있기 때문에 화석자료로 동정된 종 역시 전체 종 분포 범위에서 생식적 상호작용 부족과 함께 계절적 또는 행동적 장애로 아종으로 더 나누어지지 않을 것이라고 확신할 수는 없다.

이러한 어려움에도 불구하고 화석들은 계통적 형질들이 생겨나거나 손실된 것이 들어 있는 역사적 순서를 보여 주는 중요한 장점을 제공한다. 그리고 화석은 고생물학자들에게 중요한 그리고 이용 가능한 유일한 기록이다.

분류학적 지식이나 접근방법은 정체되지 않는다. 결론적으로 분류와 유기체들 간의 유연관계는 시간이 흐름에 따라 변한다. **그림 11-1**에서 보는 것처럼, 곤충학자들은 동일한 곤충에 대하여 서로 다른 5개의 분류체계를 가지고 있다. 식물의 *Rubus*속(검은딸기, 나무딸기, 로건베리)을 식물학자는 500개 종, 또는 200개로, 그리고 25개로도 나눈다. 이것은 당신이 가장 최근의 연구결과에 따라야 한다는 것을 의미하면서도 분류학적 분석의 정당성이나 중요성을 감소시키는 것은 아니다. 분류학적 동정이나 비교 및 분류는 건강, 환경, 산업 및 보전과 같은 분야에서 아주 중요하다. 라임 질병을 운반하는 것이 저 진드기인가? 이 외래 물고기 종이 토종보다 더 우세할까? 이 딱정벌레가 임업 산업 전체에 영향을 미칠까? 분류학은 이러한 질문들에 대한 답변을 제공한다.

종 개념

분류학적 문제는 적어도 두 가지이다:

- 분류의 기본 단위인 **종**을 어떻게 인식할 것인가와 가능하다면 근본적인 진화적 단위와 종을 어떻게 연결시킬 것인가.
- 종을 체계 속으로 배열하는 데 이들 체계가 상당히 정확한 **계통** 체계 속에서 어떻게 연결될 수 있는가.

형태학적 종

종을 정의하는 오래된 개념인 "종이란 유능한 분류학자가 그것이 종이다 라고 말하는 것이다"는 종을 동정하는 데 특별한 지식이 필요하다는 것과 그러한 전문가를 지속적으로 훈련시킬 필요가 있다는 것을 나타낸다. 지금까지 나타난 다양한 종의 정의 중에서 분류학자들은 일반적으로 형태학적 기준을 사용하는데 이것은 모든 사람들이 비교하는 방법이기 때문이다. 그러므로 고전 교과서인 Davies와 Heywood(1963)에서는 **형태학적 종**을 **"개체들의 집합으로 공통적인 형태학적 형질을 가지고 있으며 여러 다양한 특징을 통하여 그들과 같은 다른 집합과 형태적인 불연속성으로 분리할 수 있는 것"**이라고 하였다. Davies와 Heywood는 모두 자신 연구 분야의 전문가들이다.[1]

분류학에서는 형질을 확인하는 네 객관적인 방법을 쓰기 위한 노력이 점차 커지고 있다. 어떤 분류학자들은 수학적 방법을 제안하였는데, 분류학적 차이는 가능한 한 많은 형질들에서 통계학적 유사 정도를 근거로 이루어진다. 많은 형질들에서 개체들 간

[1] 종 정의를 위한 다학제적 접근 방법을 위해서는 R. A. Wilson(1999)의 논문을 참조. 종 개념의 훌륭한 논의는 R. A. Wilson(2005)의 논문을 참조.

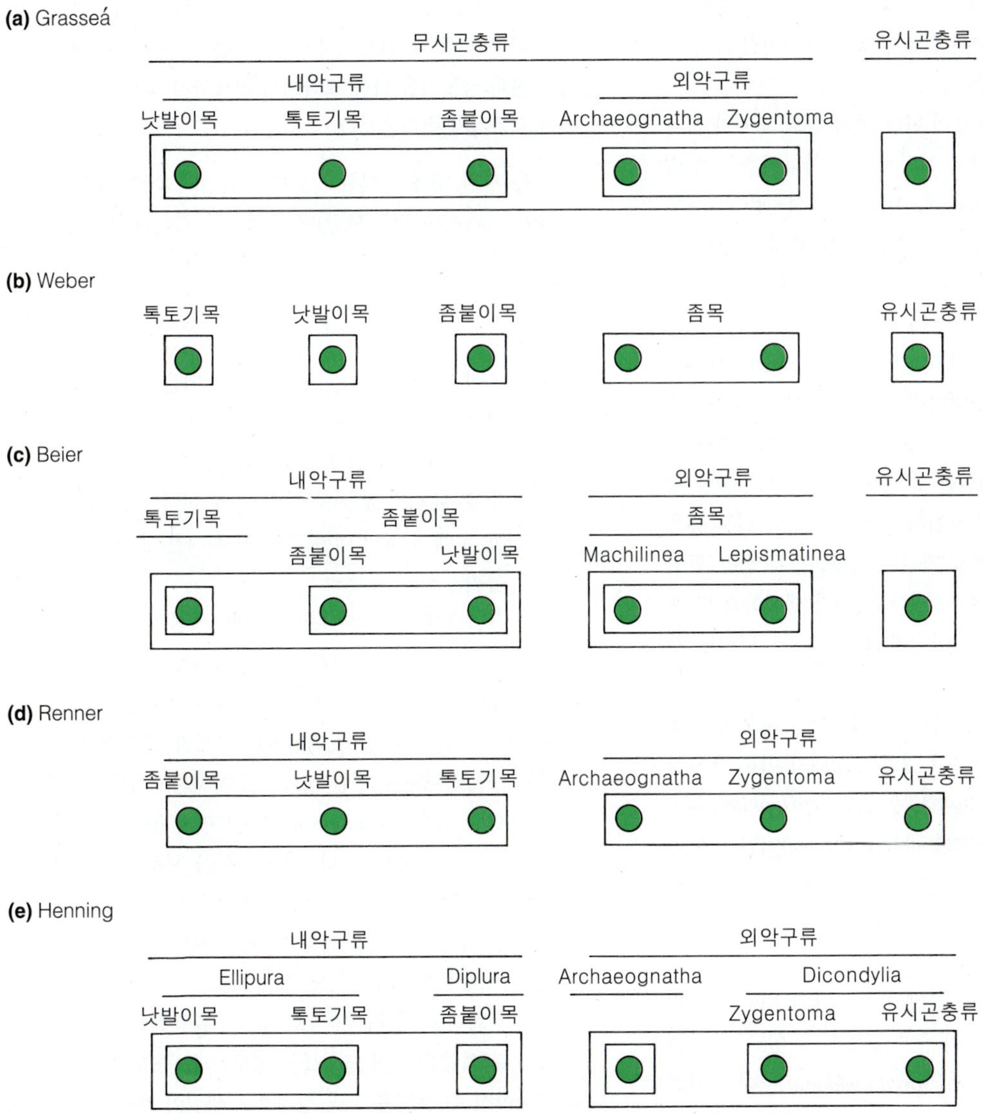

(a) Grasseá

무시곤충류 / 유시곤충류

내악구류 / 외악구류

낫발이목 톡토기목 좀붙이목 Archaeognatha Zygentoma

(b) Weber

톡토기목 낫발이목 좀붙이목 좀목 유시곤충류

(c) Beier

내악구류 / 외악구류 / 유시곤충류

톡토기목 / 좀붙이목 / 좀목

좀붙이목 낫발이목 Machilinea Lepismatinea

(d) Renner

내악구류 / 외악구류

좀붙이목 낫발이목 톡토기목 Archaeognatha Zygentoma 유시곤충류

(e) Henning

내악구류 / 외악구류

Ellipura / Diplura / Archaeognatha / Dicondylia

낫발이목 톡토기목 좀붙이목 Zygentoma 유시곤충류

그림 11-1 동일한 6개 곤충 그룹을 분류한 5가지 다른 분류법(a–e). 진한 원으로 표시한 이들 그룹은 아강(subclass)부터 아목(suborder)까지 분류학적 범주로 배열된다.(Hennig, 1975, Cladistic analysis or cladistic classification? A reply to Ernst Mayr. Syst. Zool. 24, 244–256로부터 가져온 것임.)

상관관계가 높다는 것은 동일한 종이나 그룹이라는 것을 가정한다. 상관이 낮다면 다른 종이나 그룹으로 나누어지는 지점을 이야기한다. 이 방법은 **수학적** 또는 **표현형적**(*phenetic*) **분류학**이라고 하며, 분류학자들이 직관적으로 사용한 많은 과정들을 형식화하고 양적이면서 수학적인 일관성 정도를 추가한 것이지만 현재는 다른 분류학적 방법으로 대치되고 있다.

전통적인 형태학적 방법을 사용하든 양적이면서 통계학적 계산방법을 사용하든 이들 모두 어느 정도는 주관적인 판단이 필요하다. 즉 모두 인위적인 선택을 포함하는데, John Locke는 *An Essay Concerning Human Understanding*(1689, http://plato.stanford.edu/entries/substance/)에서 "종을 분류할 때 사용되는 종의 경계는 사람에 의해 만들어진다"라고 말하고 있다. Darwin에게도 "종이라는 용어의 핵심"을 찾는 노력은 "헛된 것"이었다.

생물학적 종

많은 생물학자들은 **생물학적 종 개념**을 선택한다. Buffon과 다른 많은 사람들이 만든 것으로(1장 참조), 이 개념에서 종은 성적으로 상호 교배가 가능하거나 잠재적으로 서로 생식이 가능한 그룹으로 **생식적 격리**라고 하는 유전적 교환이 없는 것을 통해 다른 종과 구별되는 것을 말한다. 이 종 개념의 뚜렷한 장점은 종 구별을 상대적으로 단순한 2개 기준을 통해 객관적으로 시험할 수 있다는 것이다:

- 같은 지역에 살고 있는 개체군의 개체들은 상호 간에 생식이 가능한가?
- 상호교배가 일어난다면, 배아는 발생하고 교미로 얻은 자손은 생존하면서 생식이 가능한가?

만약 이 둘 중 하나라도 "아니오"라는 답변을 얻는다면, 우리는 대상 개체군이 생식적으로 격리된 장벽을 통해 나누어진 다른 종이라고 인식할 수 있다(24장 참조).

종을 부정적인 특성, 예를 들어 다른 종과 상호 교배가 불가능한 특성으로 종을 정의하는 대신 어떤 진화 생물학자들은 좀 더 긍정적인 접근 방법을 제시하였는데, 이는 종 구성원을 묶는 **포괄적**인 양상을 강조한다. Paterson(1985)은 **인식적 개념**(recognition concept)을 사용하였는데 여기에서 종 구성원들은 "공통적인 수정 체계"로 결정된다; Van Valen(1976)은 종은 자신만의 독특한 생태학적 **적응 지대**를 차지한다고 단언한다; Templeton(1989)은 종을 Van Valen의 동일한 생태학적 지위 개념에 종 구성원끼리 유전 물질을 전달할 수 있는 능력을 추가하여 **고유의 결합 기작**을 소유하고 있는 것으로 정의한다. 긍정적인 특성은 항상 쉽게 구별되지는 않는다; 두 종이 결합하여 생식 능력이 없는 종을 생산하더라도 동일한 수정 체계를 가질 수 있으며, 두 종은 동일한 적응 지대를 차지하고 있을 수도 있다. 게다가 생태학적 및 생물지리학적 분기는 종 사이 뿐만 아니라 종 내에서도 일어날 수 있다[2].

생물학적 종 개념은 분류학자들이 통상적으로 사용하는 형태학적 분류 기준을 통해 분리할 수 없었던 형태가 아주 유사한 개체군을 구별하도록 해 준다. 초파리 두 종인 *Drosophila pseudoobscura*와 *D. persimilis*는 **자매종**(sibling species)이라고 불리는데, 이들은 형태상으로 거의 유사하지만 상호교배가 일어나지 않는다. 또한 풀협죽도과(Phlox)의 *Gilia tricolor*와 *G. angelensis*도 마찬가지이다.

생물학적 종 개념은 형태 및 지리 기준을 통해 별개의 종으로 구분되었던 여러 종들을 하나의 종으로 묶을 수 있도록 해 준다. 그 예로 북미산 참새 종류인 *Passarella melodia*는 여러 지리적 아종으로 나누어져 있었는데, 이들을 하나의 종으로 묶어 **다형종**(polytypic species)이 된 것이다. *Achilla* 식물도 유사한 예로 특정한 환경에서만 자라는 독특한 생태학적 적응 양상을 보이는데(그림 24-1, 24-2 참조), 이들은 종보다는 품종으로 구별된다. 그 이유는 서로 만날 경우 유전자를 교환할 수 있기 때문이다.

하지만 주의할 점이 있다. 종을 생식적 격리만으로 구별하는 경우에 식물에서 조차도 생물학적 종 개념에 잘 들어맞는 비율이 실제로는 꽤 낮다는 것을 볼 수 있다. 매사츠세츠주 콘코드(Concord)에서 838종의 식물을 대상으로 생물학적 종 개념을 적용한 결과 93%만을 구별할 수 있었다. 이러한 장점에도 불구하고 생물학적 종 개념을 일괄적으로 적용하는 데에는 아래에 나타낸 5가지 어려움에 직면한다. 이것들은 단순히 분류학자들에게만 적용되는 비밀스런 주제가 아니다. 이들을 하나의 기작으로만 진화를 설명하고자 할 때 적용된다. 만약 이들 문제들이 존재하지 않는다면 진화 생물학을 다룰 교과서가 필요하지 않을 것이다. 이것들이 바로 5가지 어려움이다.

1. 같은 지역 내에 서식하고 있는 그룹간(**동소족 개체군**, *sympatric populations*, 24장)에서 생식적 격리를 관찰할 수 있지만 멀리 떨어져 있는 그룹간(**이소적 개체군**, *allopatric populations*)에도 교배를 제한하는 많은 실질적인 한계점이 있다.
2. 우리는 이소족 개체군 간 교배 실험을 하는 경우에도 인위적인 결정을 해야 한다. 예를 들어 상호 교배 실험을 통해 여러 번 반복하여도 전혀 유전적 교환이 이루어지지 않기도 하지만 꽤 높은 유전적 교환이 일어나기도 한다(**그림 11-2**). 우리는 **상호 교배 수치**의 어떤 값을 서로 다른 종이라고 구별할 수 있을까?

   흥미롭게도, 몇몇 이소적 개체군에서 유전자 교환이 완전히 불가능하지는 않더라도 이들을 서로 다른 종으로 구별하는 것이 적절하다. 왜냐하면 그들은 자연에서 서로 교배하지 않기 때문이다. 잘 알려진 예는 2개의 멀리 떨어진 나무 개체군으로 서로 유사한 서식지를 차지하고 있는데, 중국에 있는 중국 개오동(*Catalpa ovata*)과 미국 동부에 있는 인도콩나무(*C. bignoides*)이다. 비록 이들을 서로 교배시키면 생존하면서 생식이 가능한 잡종을 생산하지만, 이들은 수백만 년 동안 떨어져 있었기 때문에 식물학자들은 이들을 서로 다른 종으로 동정하기로 하였다.
3. 우리는 **화석종 개체군**이 상호 교배가 가능한지 시험해 볼 수 없다. 화석종은 항상 차이를 근거로 종을 구별한다.
4. 생물학적 종 개념은 **오직 성적으로 생식이 가능한 동물**에게만 적용되지 식물에는 적용할 수 없다. 무성 생식을 하는 동물의 경우 분열이나 처녀생식으로 생식이 일어난다고 하더라도 개체들의 각 클론은 다른 모든 클론과 유전적으로 분리된다. 그럼에도 어떤 생물학자들은 각 클론을 별개의 종으로 기재하는 것을 고려하기도 한다[3].
5. 한때 다른 종 사이에서 플라스미드를 통해(plasmid-mediated) 일어나는 **수평적 유전자 교환**(*horizontal gene transmission*)은 흔하지 않고 원핵생물이나 과거에만 일어나는 것으로 여겼지만, 이것은 생식적 격리를 넘어설 수 있으며 종(그리고 클론까지도)을 구별하는 데에도 의문을 제기한다. 예를 들면 *Escherichia, Salmonella, Shigella* 등과 같은 많은 세균 클론과 종 그룹은 유사한 유전자나 유전자 배열순서를 가지

---

[2] 이들 다양한 종 개념에 대한 간단한 논의와 평가는 Endler(1986)와 R. A. Wilson(1999)를 참조. 생물학적 종에 대한 정당성 및 실제성에 대한 심오한 분석은 Lee(2003)을 참조.

[3] Ernst Mayr(1987)은 무성생식 그룹을 측종(paraspecies)이라고 했으며 Michael Ghiselin(1987)은 위종(pseudospecies)이라고 불렀다.

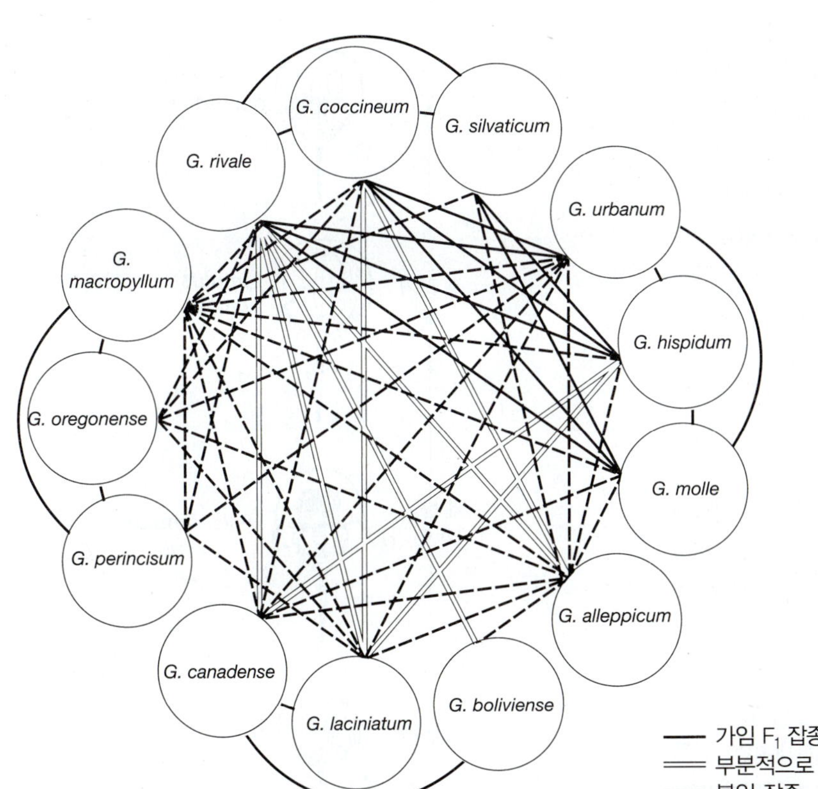

그림 11-2 다년생 식물 *Geum*속 13종 사이에서 교배로 얻어진 F_1 잡종들의 수정능력 차이들. (Evolution in the Genus Geum, *Evolution* 13, 378~388, by W. Gajewski.에서 허가하에 재인쇄.)

고 있어 관계가 없거나 유연관계가 아주 먼 그룹 간에 유전자 교환(수평적 유전자 교환)이 일어났다는 것을 의미한다. 이들 세균을 감염시키는 바이러스(박테리오파지)는 큰 공통 유전자 풀에 수평적 유전자 교환을 통해 접근하는 것을 보여준다(Hendrix et al., 1999)(10장 참조).

Beiko et al.(2005)은 15개 문 144종 원핵생물 게놈의 전체 유전자 배열 순서로 얻은 약 220,000개 단백질을 분석하여 두 가지 계통 종류(한쪽에는 가까운 근연 관계의 분류군이 다른 쪽에는 서로 유사한 환경에 살고 있지만 근연 관계가 먼) 사이에서 유전자 공유 고속도로(Highways of gene sharing)라고 부를 수 있는것이 있다는 것을 확인하였다. Beiko와 그 동료들이 수평적 유전자 교환이 전혀 또는 거의 일어날 수 없는 것(16*S* rRNA, 세포벽, 세포 분열 및 리보솜 단백질을 발현하는 유전자)을 쉽게 전이할 수 있는 것(아미노아세틸, tRNAsynthetases)으로부터 구별할 수 있는 능력은 우리가 수평적 유전자 전이가 일어날 가능성이 적은 유전자에 집중하여 좀 더 정확한 유연관계를 만들 수 있다는 희망을 제공한다. 그럼에도 불구하고 수평적 유전자 교환은 단세포 유기체들의 생명 계통수를 작성하기 위한 시도에 주요한 문제점을 야기시킨다(글상자 12–4 참조). 원핵생물 간에는 실제로 많은 유전자 교환(아마도 그들 게놈 전체 1/3 정도)이 일어나기 때문에(12장 참조) 원핵생물의 생명 계통수 개념 자체는 원핵생물의 진화를 나타내는 데 아주 부적절할 것이다.

진화적 종

이들 문제를 재조정하거나 진화를 확실하게 고려하기 위하여 고생물학자, 분류학자 및 진화생물학자들은 **진화적 종 개념**(*evolutionary species concept*)을 제안하였다. 이 개념에서 종은 성적 격리 보다는 성적 격리가 하나의 측면인 진화적 격리를 바탕으로 생겨난 차이를 통해 정의된다. Simpson(1961)에 따르면 "진화적 종은 하나의 가계(lineage, 개체군의 조상–후손들로 이어지는 순서)로 자신의 독특한 진화적 역할 및 경향을 지니고 다른 가계와 구별되면서 진화해 나간다". 여기에서 처음으로 종개념에 정적인 특성 대신 변화(진화)를 삽입하였으며 종은 진화적 실체이다. 이러한 접근 방법은 종 사이의 경쟁이나 상호작용으로부터 발생한 변화들을 고려하는 근거가 되었다.

진화적 종 개념을 정의하는 데에도 문제가 생긴다. 종 분화는 진화적 과정으로 다루어지기 때문에 유기체 그룹이 완전한 종 분화에 이르렀다고 정의할 수 있는 단계는 주관적이다. 이것이 왜 종은 개체군들이고 한 종은 하나의 개체로 다른 개체군들과 확연히 구별되는 것이라고 과대하면서 단순한 정의를 내리는 이유이다.[4] 그럼에도 불구하고, 진화적 종 개념은 진화적 분기나 거리를 판단하는데, 생태, 행동, 유전 및 형태 증거를 이용하는 것을 정당화한다.

[4] 종이 개체인가, 군 또는 개체군인가에 대한 심도 있는 논의는 Ruse(1987)을 참조하기 바란다.

요약하면, 종 분류에서 어려운 점은 크게 보면 종 분화과정 자체에서 발생한다는 것이다. 비록 이것은 명백하게 보일지라도 변종, 아종 또는 종으로 분류하기가 어려운 개체군들 사이에 나타나는 차이들이 진화의 강도, 순서, 기간 및 생활사, 장소 그리고 환경에서의 시간이 달라지면서 진화적 변화가 이루어진다는 사실에서 기인한다는 것을 완벽하게 이해하기는 쉽지 않다(22장부터 24장까지 참조). 표현형 및 유전형 차이들은 그룹들 사이에서 일정하지 않게 진화한다. 그룹들을 비교하면 여러 형질들에서 다양한 변화 정도가 나타난다. 성적 형태에서 볼 수 있는 차이들의 전체 결과는 성적 격리와 형태적 독특성의 차이 정도에서 나타난다. 무성생식 형태에서 나타난 진화적 차이는 성적 격리 보다는 다른 차이를 나타낸다.

양성 및 무성 생식 모두에서 종 구성원들은 후손들의 집합체를 공유하는데, 후손들의 집합체는 비록 개체들이 고정되고 변하지 않는 실체의 구성원들이라고 이야기할 수는 없지만, 그들이 지닌 많은 공통 특징들로 설명할 수 있다. 종 구성원들은 그들의 유사성으로 동정되지만 클론은 예외로 드물지만 그들의 유연관계는 그들이 공유한 역사에서 유래하며 그 결과 한 종의 모든 개체들은 동일하다. 종 이름은 **단수**(*singularity*)를 나타내지만 각 구성원은 **변이**를 나타낸다. 모든 개체들은 기준 표본과 동일하지 않다. 그러므로 분류와 진화는 유기체의 다른 측면을 강조한다. 비록 진화적 설명은 분류학자들의 임무를 항상 쉽게 만들어 주지는 않지만 종 동정에서 발생하는 어려움을 설명해 주기는 한다.

■ 계통

종은 기존에 있는 종에서 진화하기 때문에 「**종의 기원**」에 대한 질문은 본질적으로 **새로운** 「**종의 기원**」에 대한 질문이 된다.

Darwin은 자연선택 하에서 한 종이 시간을 통해 어떻게 변화하는 가를 설명하는 데 자신의 일생을 바쳤다. **그림 11-3**은 계통 진화로 하나의 가계 내에서 연속적으로 변해가는 것을 그린 것이다. 그러나 중요한 점은 종이 다분화한다는 것이다. 어떻게 조상이 하나 이상의 종, 즉 종 집합 또는 **분지**(clade)로 분기하는 지점이나 분기를 설명하는 것이다. 이 양상은 **계통적 분지** 또는 **분기진화**(cladogenesis)로 알려져 있는데(**그림 11-4**), 1860년대 Haeckel이 그린 계통수 그림으로 유명해졌다. 분기진화의 개념은 Lamark가 만들었지만 식물학, 광물학, 지질학, 기후학 및 지진 연구에 큰 기여를 한 의사이자 자연사 학자인 Vitaliioan Donati(1771−1762)가 처음으로 계통적 분기에 적용할 것을 제안하였다.[5]

말의 진화에서 보이는 것처럼(그림 3-14 참조), 시간을 통하

[5] 퀸스랜드 대학의 Mark Ragan가 Donati를 주목하도록 하였다. Donati는 자연을 "많은 실들의 조직으로 서로 의사를 전달하고 연결되며 합쳐진다"고 기술하였다.

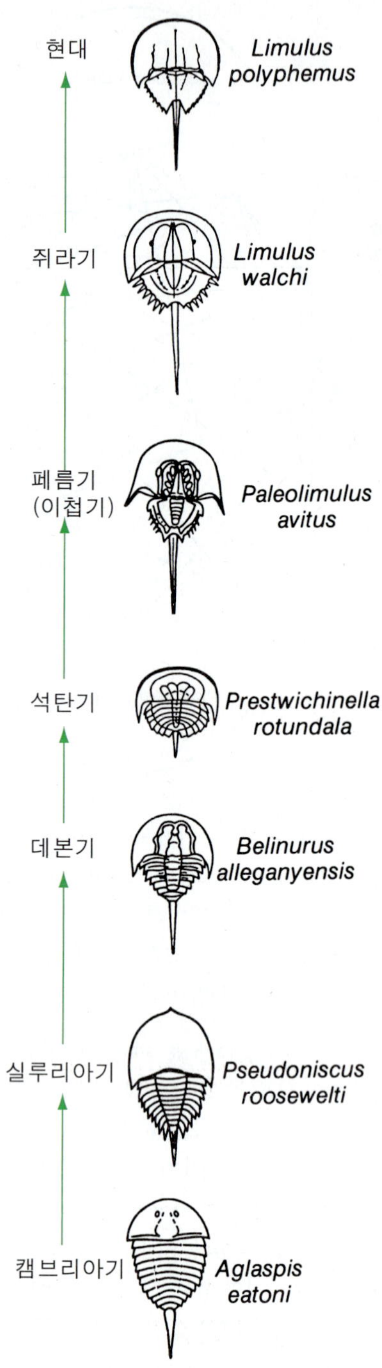

그림 11-3 퇴구강 절지동물(말발굽 게, horseshoe crab)의 계통적 진화(phyletic evolution)(향상진화, anagenesis)로 긴 시간동안 상대적으로 적은 표현형적 변화를 보여 준다. 이렇게 선형적 순서로 보이는 진화는 당연히 도식적인 환상이다. 다른 배열순서는(그림 3-14) 이들 순서 내의 각 단계들 사이 또는 내에서 변이가 있다. 지금은 받아들여지지 않는 개념으로 선택 없이 선형으로 진화가 일어나는 것으로 가정한 정향진화(orthogenesis)는 변이가 어떻게 생겨나고 유지되는가를 설명하는 유전학이 발달되기 이전 고생물학자들 사이에서 유행했었다(10장과 21장). (Newell, N. D. 1959, The nature of fossil record. *Proc. Amer. Phil. Soc.*, 103, 264–285에서 인용.)

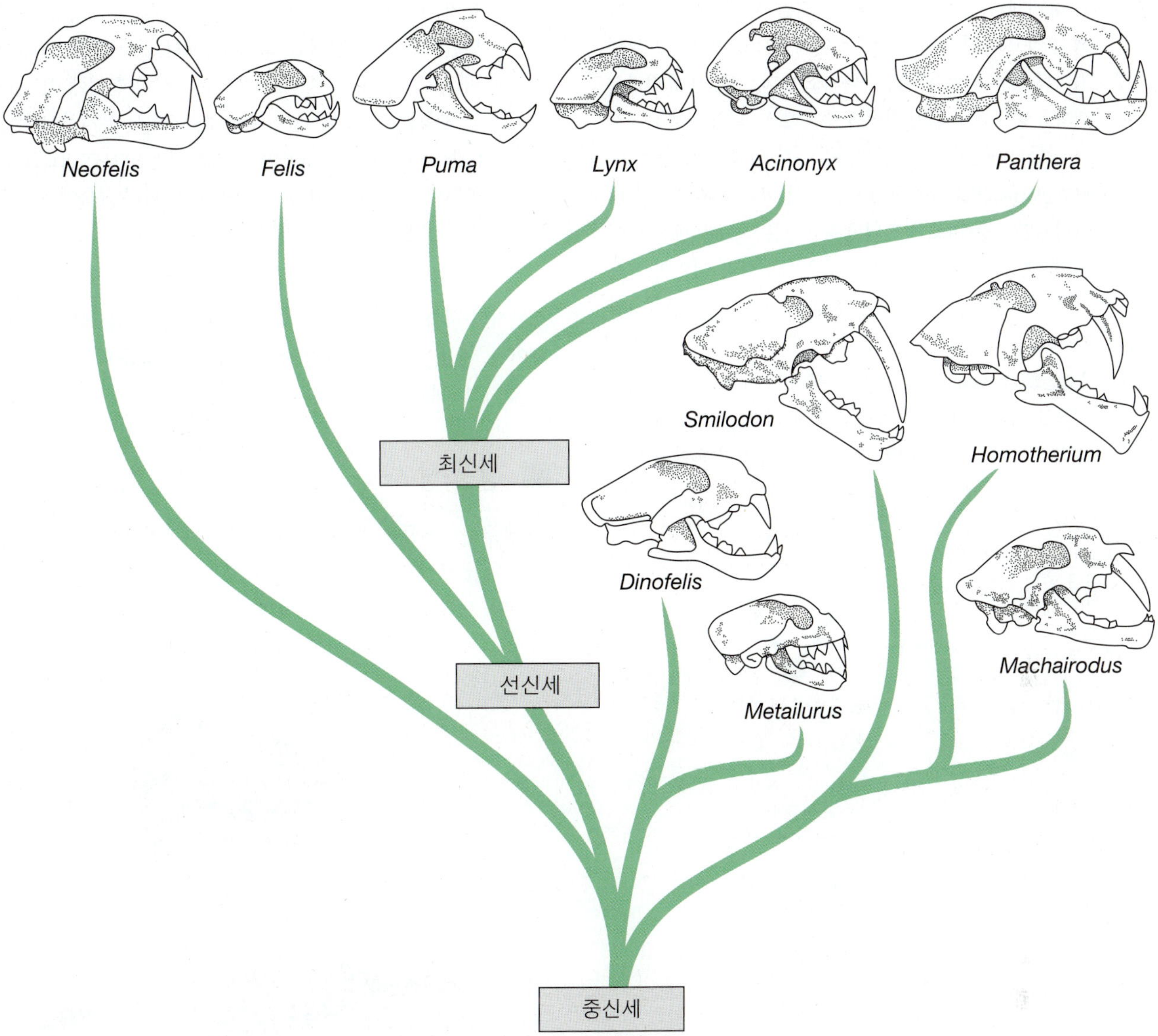

Neofelis Felis Puma Lynx Acinonyx Panthera

최신세

Smilodon Homotherium Dinofelis

선신세

Metailurus Machairodus

중신세

그림 11-4 약 2000만 년 전인 중신세(Miocene)에 기원한 고양이과의 계통적 가지치기(분기진화, cladogenesis). 가장 윗줄의 6개 그룹은 현재 생존해 있지만 아래 오른쪽 다른 5개 그룹은 멸종하였다. (Benton, M.J., 1991, *The rise of the Mammals*, Apple Press, London에서 각색.)

여 발가락 수의 감소와 종 분화는 반듯하며 직선으로 진행된 것처럼 보인다. 그러나 전에 설명하였듯이 계통수를 만드는 것은 쉽지 않다. 왜냐하면 많은 그룹 유기체들의 공통조상은 아주 오래전 멸종되었고 화석 기록은 그것을 통하여 계통을 직접 파악하는 데 충분하지 않기 때문이다. 그럼에도 불구하고 지구 상에 출현한 생명의 증거를 찾아보기 위하여 5억 년 전으로 돌아가 보면 진화적 역사를 찾기 위한 상당히 많은 지식과 이해가 화석을 바탕으로 하고 있다. 비록 화석 기록이 완전하지 않더라도 그것은 진화의 중요한 증거이자 정당성을 제공한다. 완전한 화석 정보가 없어 현존하는 생물이나 화석을 비교하여 계통을 만드는 과정은 그 자체로 어려움이나 한계점이 생긴다.

공통적인 유전 특성을 많이 공유할수록 공통조상에서 갈라진 후손일 가능성이 높다. 그러므로 분류학자들은 종 간 비교를 하는데 형태, 발생, 행동, 생리, 생화학, 유전 및 염색체와 같은 가능한 모든 유전 형질들을 비교 검증한다. 종이 유사한 특징을 공유하고 있다 하더라도 유전형은 다른 진화적 원인에서 나타나게 되는데 이것은 특별하면서 유서 깊은 이름을 가지고 있다.

- **상동**(Homology). 같은 특징이 다른 종에서 나타나는 것이다. 그 이유는 같은 특징을 가지고 있던 공통조상으로부터 갈라져 나왔기 때문이다. 예를 들어 척추동물 앞발(forelimb)의 여러 유사한 특징은 척추동물의 공통조상으로부터 갈라져 나왔다는 것을 나타낸다(그림 3-6). 그러

나 유기체의 특징은 형태나 구조적인 것 이외에 생리, 발생 그리고 유전적이므로 어떤 단계에서 상동이라고 보일지라도 다른 단계에서는 아니기도 한다. 상동성 유전자는 비상동성 구조를 직접 발현할 수도 있고, 비상동성 유전자는 상동성 구조를 직접 발생시킬 수도 있다(13장 참조)

- **평행진화**(parallelism). 유사한 특징이 서로 다른 종에서 나타나지만 그들 바로 직전의 공통조상은 다르다. 예를 들어 개미핥기(anteater)와 같은 특징은 개미핥기 이외의 그룹으로부터 분리되어 온 다른 포유류에서도 나타난다(그림 11-6).
- **수렴진화**(convergence). 유사한 특징이 다른 종에서 독립적으로 나타나며, 이들 종들의 조상 가계는 꽤 오래 전에 분리되었다. 우리는 수렴진화의 한 예로 바다 속에서의 구동기작(hydrodynamic)을 물고기, 파충류 및 포유류 등 유연관계가 매우 떨어진 유기체들에서 찾아볼 수 있다(그림 3-7). 평행진화와 마찬가지로 유사한 환경에 있는 다른 계통들 사이에서 일어나는 수렴진화는 유사한 선택압(selective force)이 작용한 결과로 여겨진다. 그러므로 공통적인 적응 형질(adaptive feature)은 다른 그룹에서 독립적인 유전적 변화를 통해 얻어졌을 것이다.

비록 평행진화와 수렴진화의 차이가 가장 최근 공통조상으로부터의 시간에 기초를 두고 있지만, 이러한 차이는 인위적으로 보이며, 지금 이 둘은 하나의 용어인 **진화적 상동**(*homoplasy*)으로 합쳐져 부른다.

상동성

두 생물 유기체들을 비교하는 것은 가장 기본이기 때문에 상동성은 깊이를 가지고 논의할 것이다. 대부분의 생물학자에게 **상동성**은 비록 다른 분류군에서는 유사한 특징이 명백하게 적을지라도

(a) 상동성 : 두 종이 같은 유전자형을 지닌 공통조상에 의해 생겨나 같은 표현형을 보이는 것

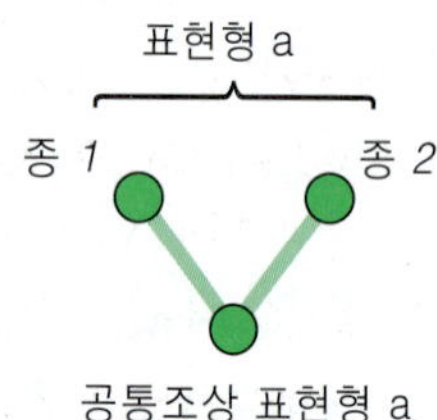

(b) 평행진화 : 같은 표현형을 가진 두 종으로 이 종들은 다른 표현형과 유전자형을 가진 공통조상으로부터 갈라져 나온 것

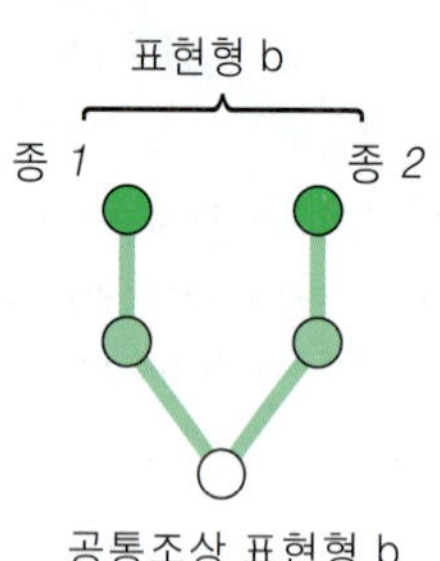

(c) 수렴진화: 두 종이 같은 표현형을 보이며 꽤 먼 과거(distant past)에 공통조상을 가지고 있는 것

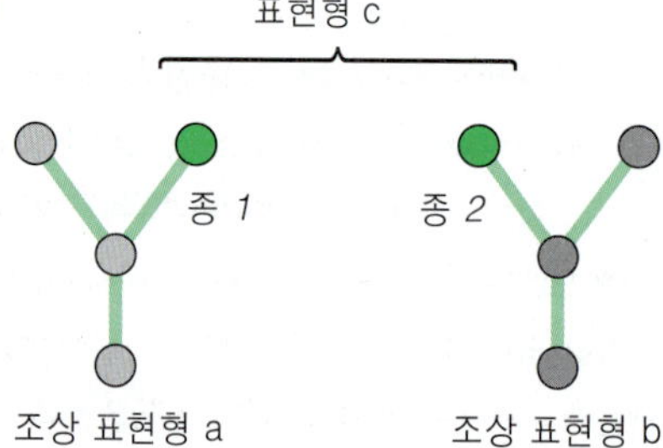

그림 11-5 표현형적으로 유사한 1과 2로 나타낸 2종에서의 특정한 형질(예로, 길거나 짧은, 둥글거나 색깔을 지닌 등) 상태를 상동성, 평행진화, 수렴진화로 나타낸 그림. 평행진화와 수렴진화를 구별하는 것은 인위적이다. 왜냐하면 평행진화에서 공통조상으로부터 얼마나 멀리 떨어져 있는가나 수렴성을 보이는 계통에서 멀리 떨어져 있지만 공통조상과 얼마나 떨어져 있는가를 결정하는 특별한 규칙이 없기 때문이다.

원수류(Prototheria) (*Echidna*)

후수류(Metatheria) (*Myrmecobius*)

진수류(Eutheria) (*Myrmecophaga*)

그림 11-6 현생세 포유류의 각 그룹에서 독립적으로 분화한 개미핥기들이 가지고 있는 유사한 표현형적 특징들(긴 코와 혀, 강한 발톱). 공통조상으로부터 얼마나 차이가 있는가에 따라 이들 동물들을 평행진화(포유류 조상을 공유하는 것)나 수렴진화(다른 포유류 그룹으로부터 갈라져 나온 것)로 간주할 수 있다.

공통조상을 공유하고 있는 분류군에서 나타나는 표현형을 설명하는 특징으로 사용되는 용어이다.

아주 중요하게 여겨지지만, 상동 관계를 만드는 것은 단순한 작업이 아니다. 그 이유 대부분은 진화적 상동인 평행진화와 수렴진화가 공통조상을 가졌다는 잘못된 가정을 이끌기 때문이며, 상동성의 유전 및 발생학적 기초가 항상 동일하지 않기 때문이다. 유전정보에서 기능까지의 연속적인 유기체적 양상을 보면 다음과 같다:

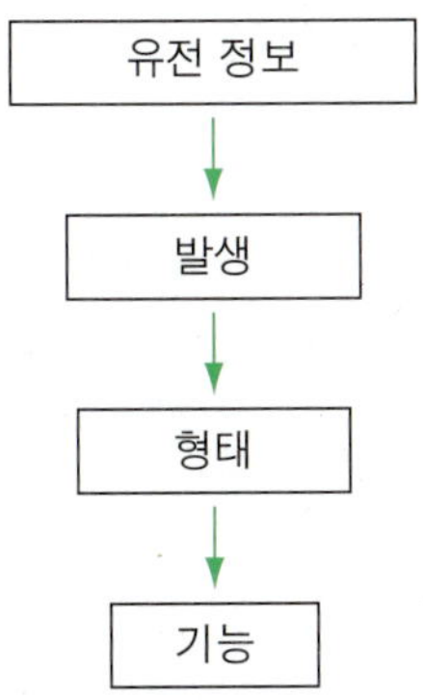

여기 순서에서 유전 정보로부터 기능까지 거리가 멀어질 수록 환경적 비유전성 인자의 영향이 더 커질 것으로 보이며 그러므로 수렴진화는 관계가 없는 유기체에서 비슷한 형태가 선택되도록 영향을 줄 가능성이 커진다.

연속 상동성(serial homology)은 예를 들면 척추의 여러 형태(목, 가슴, 꼬리)나 헤모글로빈 분자(α, β, γ 등등)와 같이 동일한 개체나 유기체의 부분들 사이에서 유사한 것을 나타내는 데 쓰이는 용어이다. 연속 상동성은 특정한 구조를 만들거나 영향을 주는 유전자의 **중복**을 나타낸다. 그러한 중복은 유사한 특징에서 기원하지만, Darwin이 지적한 것처럼(비록 유전자를 말한 것은 아니지만) 다른 생물들 사이에서 다르게 진화하기도 한다.

우리는 이미 여러 번 반복하는 부분은 수와 구조가 다양한 것을 보았다. 그 결과 긴 변형 동안 자연선택은 원래 유사한 부분의 특정한 수와 수 많은 반복을 다양한 목적에 맞게 적응하도록 했을 것이다. 기능적 분기 때문에 중복 현상은 새롭고 전에 시도되지 않았던 유전자 배열로 만들어진 새로운 유전자에 비해 중요한 진화적 이점을 제공할 수 있다.

상동성이 분자나 표현형 등 서로 다른 수준에서 결정되더라도 수렴진화는 일어날 수 있다(글상자 12-3 참조). 게다가 유기체들은 그 아래 단계에 기반을 둔 정보와 함께 계층적으로 배열되어 있다(글상자 8-1 참조). 만약 진화가 안정화 선택(stabilizing selection)과 같은 것에 의해 고정되어 있다면(13장 및 22장 참조) 우리는 상동성 특징을 만들어 내는 유전 또는 발생 과정에서 진화적 변화가 아주 적을 것으로 예상한다.

그러나 상동성 특징은 상동적인 발생 과정을 통해 나타날 필요는 없다. 유미류(urodeles) 배아의 눈에 있는 렌즈와 유미류 성체에서 렌즈를 제거한 후 재생되는 렌즈는 렌즈라는 것으로 상동이지만, 하나는 미분화한 외배엽 세포에서 나오는 것이고, 다른 것은 홍체의 색소 세포가 탈분화한 것이다(Hall, 1999a). 구조적으로 비상동인 표현형 특징들(사지동물에서 팔, 다리나 생식기)은 상동성인 유전자나 유전 경로를 공유하지만, 유전자와 같은 단계에서 상동성은 존재하나 구조와 같은 다른 단계에서는 존재하지 않는다. 그러므로 어떤 단계에서 상동성을 나타내는지를 지정하는 것은 매우 중요하다. 방금 사용한 예에서 처럼 우리는 유미류 렌즈의 상동성, 유전 경로의 상동성 및 팔다리나 생식기의 비상동성을 지정해야 한다.[6]

상동성, 부분 상동성 및 유사성 퍼센트

분자 염기 서열 자료가 생겨나고 비교를 하면서 상동성이라는 용어는 염기서열의 유사도에도 적용되기 시작하였다. 유기체들 사이의 유전자와 다른 종과 공유하는 유전자에서 종 내 복제되는 유전자를 구별하기 위해서 Fitch and Margoliash(1967)는 paralogous와 orthologous 유전자라는 용어를 만들었다:

- Orthologous 유전자(orthologues)는 **다른 종 사이에서 복제된 유전자들**이다
- Paralogous 유전자(paralogues)는 **종 내에서 복제된 유전자로 유전자 여분의 복제물**이다(12장 참조).

Orthologous 유전자들 사이의 비교를 통해서만 계통적 유연관계를 밝혀낼 수 있다.

상동성의 정성적인 사용(두 형질이 상동성인가 아닌가)과는 다르게 분자를 비교하는 초기 연구에서는 퍼센트 유사도나 퍼센트 상동성을 사용하였다. 두 염기서열이 70퍼센트 유사하다면 상동성이고 50퍼센트 유사하다면 비상동성이다. 그러나 상동성은 이것 아니면 저것으로 표현할 수 없다. 비교는 임신처럼 부분적으로 임신했다고 말할 수 없는 것처럼 부분적으로 상동이다라고 할 수 없다. 분자 진화학의 실제적 대가인 Reeck와 그의 동료들이 1987년 *Cell*에 실은 저명한 논문에서는 부분적인 염기서열의 유사성 사용을 강력하게 반대하였으며, 비록 유사성 정도가 매우 높다고 하더라고 두 분자가 공동 조상 분자로부터 나왔다기 보다는 평행으로 진화했을 가능성이 높다고 강조하였다. 그들의 주장은 확실하게 받아들여졌다. 부분 상동성에 대한 어떠한 개념도 이제는 없어졌다.

[6] 생물학적 조직의 다른 단계에서의 상동성에 대한 논의를 위해서는 P. C. J. Donoghue(2002), Hall(1995, 2003a, 2006c), Hall와 Olson(2003)을 참조. 분자적 상동성 논의는 Hillis(1994)를 참조.

글상자 11-1 계층구조

만약 복잡성의 가장 중요한 측면이 계층구조 조직 내의 수적 증가가 아니라면 중요한 것은 글상자 8-3에 나와 있는 기준을 나타낼 것이다. Simon(1962)은 이 기본적인 계통 구조 특성을 "복잡성 건축기술"이라고 부르고, 크기가 같은 경우 계층구조는 비계층구조보다 훨씬 빨리 진화한다고 강조한다.

아마도 가장 잘 알려진 생명의 계층구조는 다음과 같다: 유전자 → 분자 → 세포 소기관 → 세포 → 조직 → 기관 → 유기체 → 개체군 → 종.

과학 철학자인 Sandra Mitchell은 계층구조들에서 반영되는 복잡성을 세 가지 범주로 간주하였다:

- **구성적 복잡성**(constitutive): 유기체들은 수 많은 부분으로 구성되어 있다;
- **역동적 복잡성**(dynamic): 발생 및 진화적 과정은 유기체를 생산해 낸다;
- **진화적 복잡성**(evolved): 유사한 적응적 도전들은 유기체들을 하나의 형태로 만들지 않고 수 많은 형태로 만들어 왔다(Mitchell, 2003).

지난 40년 간 진화를 이해하기 위한 계층적 접근 방법은 한 단계의 사건을 설명하기 위해서는 더 근원적인 단계에 근거를 둔 설명으로 줄여 나가야 한다고 주장하는 환원적 접근 방법을 대치하거나 병행하면서 태어나고 단단해져 왔다[a].

왜 진화생물학은 환원적 접근 방법으로 줄어들지 않는가? 1장의 서론에서 논의한 것처럼 우리는 새롭게 생겨나는 특성과 늘어나는 복잡성을 정확하게 설명하기 위해서는 여러 기작들의 계층 구조가 필요로 한다. 왜냐하면 한 단계에서의 특성은 그 보다 높은 단계에서의 특성을 설명하기에는 부족하기 때문이다. 생물학은 물리학과 다르다. 여기 여러 계층구조의 단계에서 한 단계에서의 기능의 원리나 설명이 다른 단계까지 확장되지 않는 예를 보여 줄 것이다:

- 세포 내에서 억제물질 분자(molecule)는 이것의 원자구조가 결정하지만, 다른 조절자들과 공유하는 분자의 억제 기능은 특별한 분자적 특성으로 원자 특성으로는 전혀 불가능한 것은 아니지만 예측하기가 어렵다.
- 해당과정(glycolysis)은 여러 대사 과정이 공유되어 나타나는 특성으로 특정한 분자 구조에 의해 나타난 특성이 아니다.
- 우성은 여러 유전자에 의해 공유되는 특성으로 염기서열의 특성이 아니다.
- 성적 행동은 여러 유기체들이 공유하는 특성으로 난소나 정소의 특성이 아니다.
- 개체군 밀도는 유기체들 그룹의 특성이며, 한 유기체의 특성이 아니다.

개념과 이들 보기를 통하여 계층구조는 원자부터 분자, 세포, 조직, 기관, 개체, 개체군, 종 및 문화까지 수 많은 단계를 통하여 확장될 수 있으며, 이들 각 단계는 나름대로 독특한 구조적 기능을 가지고 있다. Francois Jacob(1977)은 이러한 연속적인 계층 구조의 통합은 한계점들과 각 단계에서 새로운 특성들이 생겨나는 것으로 특징을 지을 수 있다…. 주어진 단계에서의 각 체계는 단순화한 단계의 몇몇 체계를 구성원으로 사용하며 단지 몇 개만 사용한다.

상동성과 계통수 제작

상동성은 계통 가계도를 만드는 기초가 된다; 어떠한 형질이라도 공통조상을 지녀 유사성을 나타내는 것은 다른 어떠한 이유보다 유기체들 사이의 가까운 유연관계가 있다는 것을 강조한다. 그러므로 계통은 수렴진화를 최소화하여 조상에서 유래된 상동성을 통해 분류군 간 유연관계를 나타내야 한다. 일반적으로 종끼리 공유하는 어떤 형질들이 유연관계가 먼 조상에서 갈라져 전해오고 다른 몇개는 더 최근의 조상에서 유래되었다는 것은 계통수를 만드는 방법이 된다.

4개의 형질로 작성한 가상 계통수를 **그림 11-7**에 나타내었다. 8개의 후손들(종 *H–O*)은 꽤 오래된 공통조상 *A*에서 나온 형질 4번을 공유하고 있다. 비록 이 **기저 형질**이 8개 모든 종을 묶지만 계통수의 더 자세한 분기점은 좀 더 직전의 조상에서 나타나는 덜 원시적이면서 더 분화된 형질과 같은 정보로 만들어진다. 그러므로 종 *H–K*는 더 최근의 공통조상인 *B*와 유연관계를 나타낸다. 왜냐하면 이들은 4번 외에 2번 형질을 공유하기 때문이다. 유사하게 종 *L–O*는 더 최근 공통조상인 *C*와 3번 형질로 묶여 있다. 이러한 형질들을 이용하여 종 *H*와 *I*는 더 최근의 공통조상인 *D*에서 갈라져 나오는데 형질 1을 공유하기 때문이다. 유사하게 *J*와 *K*는 *E*(3번 형질 공유)에서 나오고 *L*과 *M*은 *F*(2번 형질 공유)에서 그리고 *N*과 *O*는 *G*(1번 형질 공유)에서 갈라져 나온다.

수렴진화와 평행진화

유사한 생물 유기체가 서로 다른 지역이지만 유사한 환경에 노출되었을 때, 진화는 구조나 기능 또는 행동에서 놀라운 수렴 또는 평행진화 특징을 만들어 낸다.

새와 박쥐의 날개는 손가락이 있는 팔과 상동인데, 이들은 손가락을 가진 공통조상을 공유하기 때문이다. 박쥐나 새의 날개는 곤충의 날개와는 상동이 아닌데, 이 두 생물은 날개 형태를 지닌 공통조상이 없기 때문이다. 곤충과 척추동물에서의 날개 진화는 수렴 진화의 한 예다.

Losos와 그 동료들은(1998) 카리브해 4개 섬에 정착한 아놀린(anole) 도마뱀들이 그들의 조상에서 각 섬으로 독립적이면서 복합 구성체의 하부 단위라는 특성 때문에 계층구조는 모든 단위가 한꺼번에 조립되어야 하고 어떤 하부 단위가 빠졌을 때 전체 조립체를 간섭하게 만드는 비계층구조보다 안정적이고 쉽게 만들 수 있다. 예를 들면, 여러 하부 체계로 이루어진 세포는 유사한 구성체이지만, 하부구성 체계가 없고 이들의 화학적 구성원이 완전하면서 동시에 합성되어야만 기능을 하는 것 보다 사고에 덜 치명적이고 더 쉽게 합성된다. 복잡한 기능적 구성요소를 유지하는 비계층적 체계를 만든다는 것은 어렵다.

계층적 체계는 유기체가 새로운 기능적 요소를 삽입시키고 변화나 교체로 어떠한 구성요소가 불량이 되었을 때 급격한 파편화가 일어나는 것을 방지함으로써 진화를 돕고 안정화시킨다. 세포들 사이에서 경쟁에서 협동으로의 진화 선택의 급격한 변화는 단세포생물에서 다세포생물로 변화하는 과정에서 이익을 보았다는 것을 보여 준다. 그와 유사한 협동적인 변화는 단독 개체가 사회 그룹으로 변화하는 과정에서도 일어난다. 복잡한 생물학적 조직의 구성체들은 독립에서 벗어나 협동을 향하는 진화과정으로 변형될 수 있다.

계층적 구조의 구성들은 새롭고 "창발적(emergent)"이기 때문에 어떤 사람들은 계층적 구조의 단계들을 이해할 수 있고 인과관계에 근거를 두어 분석할 수 있는지 또는 계층구조의 복잡성이 계층구조를 공통적인 과학적 방법으로 분명하게 볼 수 없는지 궁금해 하고 있다. 그러나 계층적 구조 단계는 설명이 가능하다. 비록 설명하는 과정에서 사용한 용어는 단계들 사이에서는 서로 교환이 불가능하지만, 위에서 소개한 4개의 예들을 이용하여 우리는 다음을 분석할 수 있다:

- 생화학적인 해당과정(그림 9−1 참조)
- 효소적인 우성(10장 참조)
- 유전적인 성적 행동(그림 24−6 참조)
- 생태학적인 개체군 밀도(23장 참조).

이러한 설명에도 불구하고 생물학적 계층구조의 여러 측면들에서 문제가 발생한다. 계층적 구조 특성이 독특한 진화적 가치를 부여하기 때문에 진화 생물학자들은 각 단계는 진화 선택의 특별한 단위(분자적, 조직, 기관 및 종 선택)라고 주장하였다. 계층적 조직이 결정론적이지도 않고 유전적 프로그램이 자동 실행도 아니라는 것을 인식하고 있다. 계층적 구조의 구성은 환경 영향에 독립적이지는 않다; 환경적인 상호작용은 유전자와 표현형을 변화시킨다. 온도, 빛, 밀도, 경쟁 등은 유기체의 특성을 변화시킨다.

[a] 생물학에서 계층구조에 대한 전개는 Mitchell(2003)과 Newman(2003)을 참조. 미소 및 거대 진화에 대한 계층적 접근방법을 위해서는 Jablonski(2000)를 보길 바라며, Hill(1994)이 쓴 책의 여러 곳에서 상동성에 대한 계층적 접근 방법을 다루고 있다.

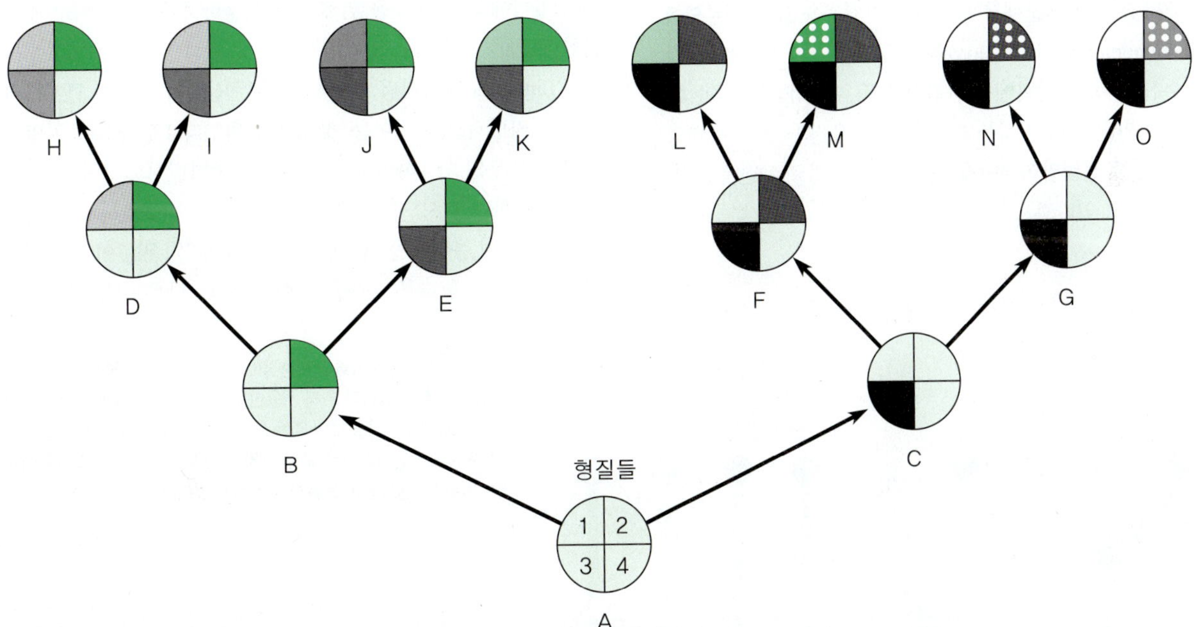

그림 11-7 15종(8개 현존종과 7개 조상종)과 4개 형질을 이용하여 단순화한 계통수로 각 종은 이들 형질들의 변이(형질상태, character state)를 지니고 있어 서로 연결할 수 있다. 본문에서 설명한 바와 같이 종이 공유하고 있는 형질들은 진화적 유연관계를 나타낸다. 예로 모든 종은 4번 형질을 공유하며 *H–K*는 2번 형질을, *L–O*는 3번 형질을, *H–I*는 1번 형질을 공유한다. 공유한 형질은 이들 변이들이 처음으로 나타난 공통조상을 나타내며, 여기에서 조상종들 *A, B–C, D–G*이다. 하지만 형질은 공통조상을 지니기보다는 평행진화나 수렴진화로 인해 공유할 수 있다. 이 그림에서 종 *K*와 *L*은 1번 형질을 공유하지만, 2번과 3번 형질관점으로 보면 이들은 서로 다른 계통(조상 *E*와 *F*)으로부터 분화되어 왔다.

생태적으로 유사한 지대를 차지하고 형태적으로 유사한 종으로 진화하는 것을 보여 주었다. 이들 경우에서 진화는 유사한 유전 배경과 환경 선택압 아래에서 꽤 정확하게 스스로 반복하는 것으로 보인다. 이것과 비교할 만한 예로 유연관계가 먼 fiddler 게들이 동일한 번식 행동 양상을 가진 데에서 찾아볼 수 있다(Sturmbauer et al., 1996). 그럼에도 불구하고 **수렴** 현상으로 **구분이 안 가는 표현형**을 만들어 내는 경우는 최근 공동 조상을 공유하지 않는 유기체들에서 흔하지는 않을 것으로 보여진다.

결과적으로 유기체들의 계통성 유연관계를 결정할 때, 상동을 수렴이나 평행진화와 같은 진화적 상동으로부터 구별할 수 있다는 것은 매우 중요하다. 실제로 그러한 구별을 짓는 것은 쉽지 않다. 예를 들면 여러 근거 즉 하나의 뼈(치골)로 구성된 하악, 치골 – 인골부(squamosal) 턱관절(jaw joint), 3개의 소골(ossicles)로 된 귀(19장 참조)를 통해 포유류 화석을 정의할 수 있으며, 원시 파충류인 수궁류(therapsids)까지 포유류의 조상을 역 추적할 수 있다. 이러한 근거를 이용하여 몇몇 고생물학자들은 수궁류들 사이의 다른 그룹들이 조직이나 기능까지 평행진화 때문에 **독립적으로 진화**했을 것이라고 주장하고 있다(Kermack 와 Kermack, 1984; Miao, 1991 참조). 그것은 초기 포유류의 여러 계통에서 공유하고 있는 특징이 서로 공유한 공통조상에서 나타나지 않고(즉 상동성이 아님) 단지 평행진화만을 나타낸다는 것을 보인다. 우리는 특정한 조직 단계에서 독립적으로 진화해 온 여러 다른 유기체들을 나타내는 예를 **다계통성 진화**(polyphyletic evolution)라고 부르며, 하나의 조상 개체군에서 분기한 유기체들을 표현하는 **단계통성 진화**(monophyletic evolution)와 비교된다(그림 11–8). 우리는 지난 수십 년 동안 진화에서 진화적 상동은 흔하다는 것을 확인해 왔고, 확인된 진화적 상동의 양을 통해 유전과 발생 체계의 유연성과 유사한 선택압이 작동할 때 유사한 방법으로 반응할 것이라는 것을 알고 있다.

계통수

계통(phylogeny)은 무언가가 일어났다는 것을, 분류(classification)는 그것의 결과를 배열한 것이라는 데 근본적인 차이가 있다. 비록 계통은 실제로 긴 시간 동안 작동하는 것을 관찰할 수는 없지만, 생물들(유기체) 사이에 벌어졌던 일들의 연속적인 순서로 존재하며, 철학적 또는 논리적으로 이것은 객관적이며 자연에서는 실제적이다. 분류는 그렇지 않다. 이것은 객관적 실체가 없는 인위적 산물이다. 이것은 그것을 만들고 배우며 사용하는 사람들 마음 속에서만 생겨나고 존재한다(G. G. Simpson, 1980).

이상적으로 가장 정보를 잘 나타내는 특정한 유기체 개체군의 계통수는 많은 가지가 있는 나무의 한 부분이 되는데, 이것은 모든 현존 및 과거 조상 개체군들을 연결하는 가지들을 가지고 있으며, 연결 고리를 통하여 다른 모든 개체군과 어느 정도는 유연관계가 있다는 것을 나타낸다(**그림 11–9**).

1,000만에서 3,000만 종의 이름이 붙여졌거나 또는 이름이 아직 붙여지지 않은 유기체와 대부분 알려지지 않은 과거의 수 백만 종들이 있기 때문에 완벽한 계통수를 만드는 것은 불가능하며, 수 많은 계통수들 간 차이를 기술하거나 계산하고자 하는 꿈은 꿀 수도 없다. 50개의 현존 분류군만 가지고도 3×10^{76}개의 가능한 계통수(고정된 이분 계통수)가 공통조상과 이들 종을 연결할 수 있는데, 이 수는 지구 상 존재할 수 있는 양자와 중성자 수 (2.4×10^{70})를 넘어선다. 그럼에도 불구하고, 특정한 형태의 계통수가 있어야 하며, 이것을 위해 많은 생물학자들은 분류학자에 의존한다.

Linnaeus 방식처럼 전통적 분류는 진화적 기준에 근거하기보다는 자연적으로 보이는 것에 의존하였다(1장 참조). 자연적인 유연관계를 이용하여 유기체들을 단순하면서도 소수의 범주로 조직화하려는 시도는 계층적 분류 체제를 만들었는데, 이것은 생물학자들이 유기체를 특정한 종으로 놓는 것 뿐만 아니라 계급이 있는 범주, 즉 다른 종들을 포함하는 속, 다른 속을 포함하는

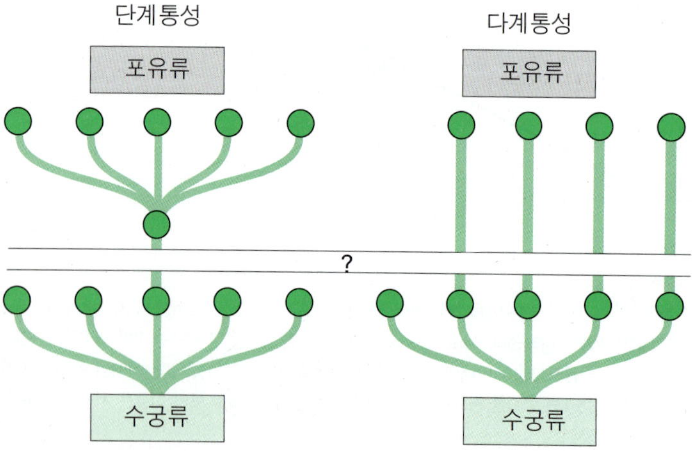

단계통성 | 포유류 | 수궁류
다계통성 | 포유류 | ? | 수궁류

그림 11–8 수궁류성 파충류(therapsid reptiles)에서 분기한 포유류 진화를 설명하기 위해 사용한 단계통성(monophyletic)과 복계통성(polyphyletic)을 보여 주는 그림이다. 단계통성의 경우, 단 하나의 수궁류가 방사진화한 포유류 조상으로 작용한 반면 복계통성은 둘 이상의 수궁류들이 포유류로 진화한 것이다.

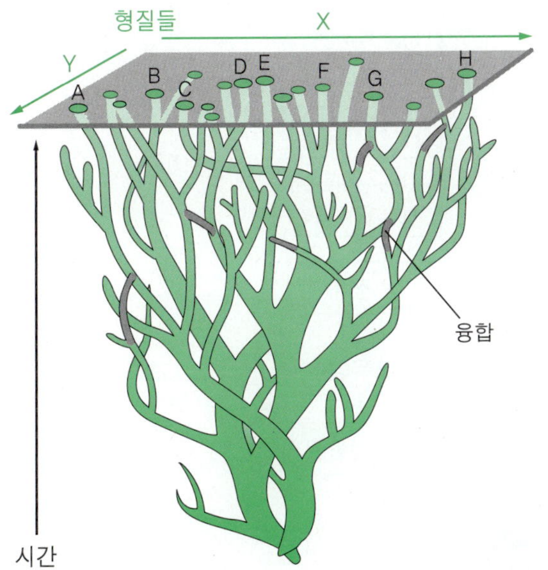

그림 11-9 시간이 흐르면서 진화적 변화가 일어나 연속적으로 분기되는 것을 나타내는 유연관계가 가까운 유기체들 간의 계통수. 어떤 개체군들은 멸종하고 다른 것들은 합쳐지거나(망상진화, reticulate evolution), 새롭거나 다른 형태를 만들어 내도록 분기하였다. 이 그림에서와 같이 시간을 세로축(Z)으로 놓으면 X와 Y축 사이의 거리는 유전적 형질이나 다른 형질들의 측정값에서 나타난 차이들이다. 그러므로 그림 제일 위에 나타낸 현시대 개체군들인 A와 H는 다른 분류학적 범주로 나누는데 충분하며, 다른 개체군들(D와 E 등)은 분류학적으로 뚜렷하게 나누어지지 않는다. 2개의 다른 계통 사이의 수렴성(B와 C)은 측정된 형질을 고려할 때 그들 사이의 진화적 분리를 감출 수 있다. (Levin, D. A. (ed.), 1979, *Hybridization: An evolutionary perspective*. Dowden, Hutchinson and Ross, Stroudsburg, PA에서 인용.)

과나 목 등 같은 범주에 놓을 수 있다. 비록 Linnaeus 이후 그 수는 늘어나 있지만, 오늘날 우리는 이 체계를 여전히 이용하고 있다. 그러나 예를 들면 Linnaeus의 자연적이라는 생각은 현재 우리 것과는 다르다.[7]

분류학자들은 분류의 각 단위가 특정한 종, 속, 과 또는 무엇이든 간에 분류군(taxon, 복수형 taxa)이라고 부르며, 각각에 특유의 이름을 붙인다. 분류학자들은 분류군을 상호 연결된 범주 속에 배열함으로써 상위 범주에 있는 분류군은 하나 또는 그 이상의 하위 범주 분류군을 포함하고 있다. 인간(*Homo sapiens*)과 초파리(*Drosophila melanogaster*)를 분류하는 데 사용하는 범주와 분류군을 **그림 11-10**에 나타내었다.[8]

이러한 분류 방식은 수 많은 생물 종을 동정하고 목록화하기 쉬운 그림을 제공한다. 예를 들면, 우리는 많은 동물을 구별하기 위하여 절지동물문이나 척삭동물문을 사용하고 포유류를 구별하기 위하여 영장류나 설치류를 사용한다.(글상자 11-2는 문에 대한 추가적인 정보를 제공한다). 진화적 관점으로 볼 때 파리나 영장류들처럼 종들의 유연관계가 아주 가까운 분류 방법은 개선할 여지가 많이 있다. 중요한 것은 이러한 분류 방식이 각 분류군이 포함되어 있는 상위 분류군에서 기원했을 것으로 여겨지는 계통 양식을 나타낸다는 것이다. 우리는 여기에서 그랬을 것이라는 단어를 사용했는데, 그 이유는 종 이상의 분류군은 진화적 영향이 없는 인간이 만들어 낸 산물이기 때문이다. 이러한 분류 방법을 더 잘 표현하는 방법은 분류군들이 다른 분류군과 상호 연결되어 있다라고 하는 것이다.

게다가 각각 전통적으로 인식되는 그룹은 항상 단계통군(하나의 공통조상에서 갈라져 나온 것)이 아니며, 이러한 의미에서 이들 분류 방법은 진화적 역사를 반영하지도 않는다. 전에 설명한 것처럼(5장 참조), 포유류는 복계통성(polyphyletic)군이다. 또한 여러 무척추동물학자들이 결론 지은 것처럼 외골격과 관절을 가진 부속지를 가지고 있는 것으로 특징을 삼는 절지동물 단계는 평행진화를 거듭해 온 여러 분절된 벌레와 같은 생물체를 나타내기도 한다. 어떤 것은 고대 삼엽충으로 또 다른 것은 갑각류나 곤충과 같은 그룹의 조상으로 작용하였다(16장 참조). 전통적인 단계통성군은 포유류 식충목과 같은 작은 분류군에서는 당연하게 받아들여졌으나 지금은 논란이 되고 있다(19장 참조). 주요 식물 분류군 — 선태식물, 관다발식물, 겉씨식물, 속씨식물 — 역시 여러 기원을 가졌을 것으로 여겨지는 복계통성 그룹인데(14장 참조), 이것은 전통적인 분류와 계통 사이의 상관관계를 더 약화시키고 있다[9].

더 심각한 문제는 종 개념처럼 여러 수준에서의 분류는 주관적인 요소를 지니고 있다는 것이다. 예를 들면 절지동물이나 속씨식물과 같은 유기체를 다루는 분류학자들은 어떤 그룹이 어떤 과로 속하는 가에 대하여 의견을 달리한다. 어떤 분류학자들은 고양이과 포유류를 28개 속으로 분류하는 반면 어떤 사람은 하나 또는 2개의 속으로 합친다. 특정한 그룹을 어떤 범주나 그 보다 더 상위의 범주로 놓는 데에도 설명 방식을 달리한다. 예를 들면, 어떤 무척추동물학자들은 선충을 대형동물문 내의 한 강으로 분류하지만, 다른 사람들은 하나의 독립된 문으로 분류하기도 한다. 종 보다 상위의 단계에서 유기체를 분류하는 데 생기는 어려움은 분류 방식을 더 객관적으로 하도록 다양한 제안을 이끌어냈다. 하나는 수리분류학에서 생겨난 **표형론**(phenetics)이다. 다른 것은 **분지론**(cladistics)으로 이전 방식에서 갑자기 떨어져 나온 것이다. 이 두 방법은 분류군을 상위 분류군으로 배열하는 데 객관적인 측면을 해결하고자 하였지만, 조상-후손 간의 상호관계에 관한 정

7 Linnaeus와 우리가 어떤 것이 자연형이라고 말하는 가에 대한 논의는 Mayr(1981), Kingsland(1995) 및 Winsor(2003, 2006)를 참조.

8 어떤 분류에서는 그림 11-10에 나타난 범주 외에 새로운 용어를 붙이거나(예를 들어, 과나 속 사이에 족) 또는 접두사인 *super-*, *sub-* 및 *infra-* 등을 주어진 범주에 붙여 추가적인 범주를 사용하기도 한다. 결국 포유강은 척추동물 아문에 포함되면 영장류 목은 진수하강(Eutheria)에 속한다.

9 식물 진화에 대해서는 Thomas와 Spicer(1987), Stewart와 Rothwell(1993) 및 Niklas(1997)에 있는 논의를 참조.

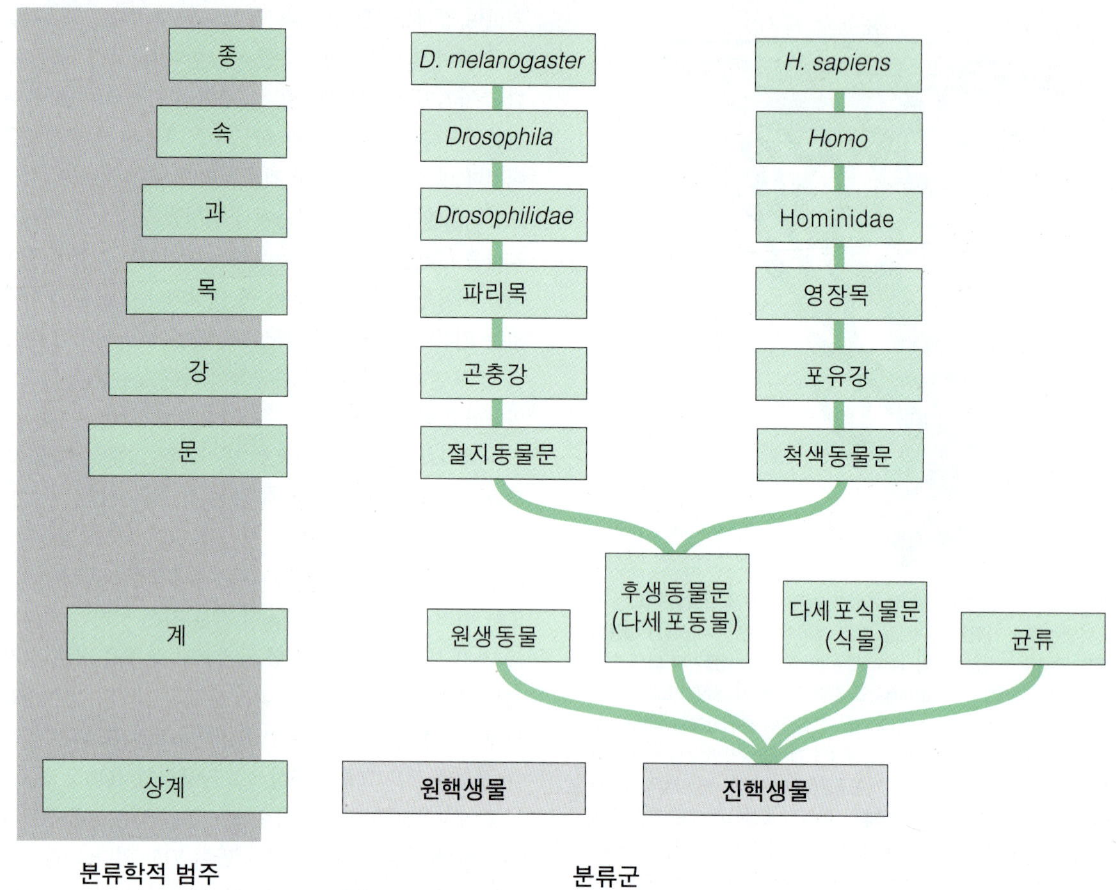

그림 11-10 초파리와 사람의 분류. Wheelis와 동료(1992)들은 여기에 나타낸 것처럼 원핵생물(prokaryote)과 진핵생물(eukaryote)의 상계(superkingdoms) 대신 3개 범주인 고세균(Archaea), 세균(Bacteria) 및 진핵생물(Eucarya)로 나타내었다(그림 8-7 참조). 글상자 8-1에서 처럼 계(kingdon) 범주에서의 재고찰 또한 그 수가 2개(동물과 식물)부터 많게는 13개까지 다양하다. Whittaker(1959; Margulis, 1998)가 처음 제안한 보편적인 분류체계는 5개의 주요 계를 사용한다: 세균계(Monera, prokaryotes), 원생생물계(Protista, 단세포성 진핵생물로 원생동물, 조류, 점균류(slime molds) 및 다른 그룹들) 및 다세포성 진균류(multicellular Fungi), 식물계(Plantae) 및 동물계(Animalia). 하지만 그림 8-7에서와 같이 원핵생물과 진핵생물 가지들 사이의 큰 차이는 분자적 수준에서 볼 경우 통상적인 "계" 분류를 사용하는 것이 부적절한 것으로 나타난다. 예로 중복편모충성 원생동물(diplomonad protistans)이 소포자낭(microsporidia)과 떨어진 차이보다 식물은 진균류나 동물로부터 덜 떨어져 있다.

보가 불분명하며, 진화적 상동을 찾는 데 어려움이 있다. 표형론 분류는 더 이상 사용되지 않는다. 그러나 분지론은 분류와 궁극적으로는 진화 생물학에 큰 영향을 미쳤다.

분지론

분지론(또는 **계통 분류학**, phylogenetic systematic)은 분지에 기초를 둔 분류 방법이다. 이 방법을 처음 제안한 사람은 Willi Hennig(1913−1976)로 분지론을 세우는 데 중요한 역할을 하여 분지론을 전공하는 학회인 Willi Hennig Society의 이름으로도 사용되고 있다[10]. 이 체계에서는 모든 진화적 단계는 2개로 나누어지는 이분지를 나타내어 분류 등급상 동일하면서 유전적으로는 분리된 2개의 자매 분류군(sister taxa)을 만들어 낸다. 이러한 자매 그룹 단계는 이들을 만들어 내는 부모 그룹 단계보다 아래에 있기 때문에 그룹들의 상하 관계 또는 단계는 논리적으로 이들의 가계 위치에서 생겨난다.

예를 들면, 새와 악어는 파충류 공통조상에서 갈라져 나왔으므로(Hedges, 1994), 분지론자들은 이들을 파충류보다 아래 단계로 서로 연결된 조룡류(Archosauromorpha) 내의 동일한 단계의 자매 그룹으로 생각한다(17장 참조). 분지론자들은 조류(조강)와 파충류(파충강)를 나누는 일반적인 분류 방법은 따르지 않는다. 분지 분석에서 공동 조상의 모든 후손들을 포함하지 않는 그룹, 예를 들어 파충강은 포유강이나 조류의 곁 가지들을 모두 포함하지 않는 **측계통군**(paraphyletic)으로 분류군으로 인정하지 않는다. 유사하게 분지론은 절지동물문이나 수렴 또는 평행진화 가

[10] Willi Hennig Society(http://www.cladistics.org)는 Cladistics라는 잡지를 발행하는데, 이것은 Hennig의 이름을 생생하게 만들고 분지론을 창설하는 데 중요한 역할을 하고 있다.

글상자 11-2 문(Phyla)

문은 전통 분류 방식에서 계 바로 밑에 있는 분류학적 범주로 공통 계획을 공유하는 동식물 그룹이며, 같은 문의 동식물들은 다른 문의 동식물보다 진화적으로 더 가까운 유연관계를 지니고 있다.

약 2백만의 동물 종이 알려져 있는데, 이들은 약 37개 문에 속해 있고 문에 대한 더 자세한 설명은 16장부터 19장에 나와 있다. 절지동물문(Arthropoda)은 100만종 이상을 가지고 있으며, 선충류는 약 50만 종이다. 판형동물문(Placozoa, 편평한 동물이라는 라틴어에서 나왔다)은 유일한 해양 생물인 *Trochoplax adhaerens*로 되어 있으며, 이 생물은 길이가 300μm(이것은 뚜렷한 대칭구조를 가지고 있지 않기 때문에 우리는 짧거나 수평으로 잰 길이라고 해야 할 것이다), 4개의 세포형, 12개 염색체 및 낮은 DNA밀도(1000달톤)를 가지고 있다. 유전자 수는 알려지지 않았다(16장 참조). 원포자강(Cyclopora, 작은 수레바퀴를 가지고 있다는 라틴어에서 유래)도 하나의 작은 해양 생물 종인 *Symbion pandora*로 구성되어 있으며, 이 생물은 노르웨이 가재인 *Nephrops novergicus*의 구기나 부속지에 붙어 일생을 보낸다.[a]

비록 지난 100년 동안 약 30개의 문이 알려져 있고, 어떤 문은 150년 동안 알려져 왔지만 6개는 지난 70년 사이에 확인되고 만들어졌으며, 가장 최근 문은 1955년에 알려졌다. 이것들의 알려진 년도를 괄호안에 넣어 표기하였다.

- 유수동물문(Pogonophora, 수염동물)은 모두 해양성으로 약 100여 종이 있다(1937)
- 고배류(Archaeocyatha)는 멸종한 동물문으로 해면동물과 비슷하며 모래톱에 서식하는 동물로 캠브리아기에만 알려져 있다(1955)
- 악구동물문(Gnathostomulida)은 미소 해양성 동물(0.5–1.0 mm)로 100여 종이 알려져 있다(1969)
- 동갑동물문(Loricifera)은 해양성 10여종 생물로 퇴적층에서 살고 있으며 "털 모양의 머리를 가지고 있다"(1983)
- Vestimentifera는 6종의 저서층에 살고 있는 빨간색 관 모양 생물로 길이가 3미터까지 자란다(1985)
- 원포자강(1995)은 위에 언급되어 있다.

말할 것도 없이 이들 유기체들의 실체에 대한 연구는 계속되고 있다. 여러 전문가들은 고배류를 해면동물로 분류하거나 어떤 전문가는 문 지위를 없애고 vestimentifera를 유수동물과 합쳐 환형동물내의 Siboglinidae과에 편입시키기도 한다.

[a] 문을 어떻게 구분하는지와 문에 대한 기재사항을 알기위해서는 Budd(2003), Hall (1999a), Margulis and Schwartz(1998), Valentine(2004)을 참조.

계를 지닌 그룹들인 복계통군 역시 제외시킨다. 오직 단계통군이면서 의심의 여지가 없는 경우에만 분류군은 분류학적 위치를 차지하는데, 이 그룹은 그들의 공통조상과 모든 후손들을 포함한다. 새는 공룡과 상관관계가 있는데, 새는 공룡의 후손일 뿐만 아니라 공룡(그리고 파충류) 자체이다(Padian and Chaippe, 1998; 글상자 11–3).

분지 방법론을 사용하지 않는 사람들은 어떤 그룹이 측계통군이나 복계통군 또는 단계통군이나 일부 분류군을 그룹으로 나누는 것이 분류학자들의 편의로 이루어졌다고 주장하고 나눔 방식이 다른 것보다 더 사실이기 때문은 아니라고 한다. 비록 조상과 그것의 후손들 사이에 연속성이 있고 분류학은 진화적 관계를 반드시 고려해야 함에도 후손들을 그룹으로 만드는 방법은 때때로 생각의 산물이라고 여긴다.

분지론자들은 조상 형질(**원시형질**, plesiomorphic)을 새롭게 진화한(**파생형질**, apomorphic) 것과 분리하는 것을 강조하며, 파생형질이 계통을 만드는 데 중요하다고 한다. 파생형질을 공유하는 것(**공유파생형질**, synapomorphy)은 계통을 나타낸다. 예를 들면, 종 A, B, C가 어떻게 연관되어 있는 가는 새로 파생된 형질을 공유한 곳이 어느 지점인가를 확인하여 결정된다. 그러므로 A와 C가 특별한 X형질을 공유했다는 것은 B보다 더 유연관계가 가깝다는 것을 나타낸다. 즉 A, C는 공동 조상에서 함께 떨어져 나온 반면에 B는 따로 떨어져 나왔다(**그림 11–11a**). 이러한 파생 공유형질을 강조하는 것은 표형론 분류보다 가지가 떨어져 나오는 지점에 대한 더 정확한 정보를 제공하는데, 이것은 일반적인 유사성만을 제시하고 이분지를 만들어 내는 직접적인 방법은 제시하지 못한다. 그리고 이것은 어떤 종이 조상인지 알 수 없다(그림 11–11a와 11–11b).

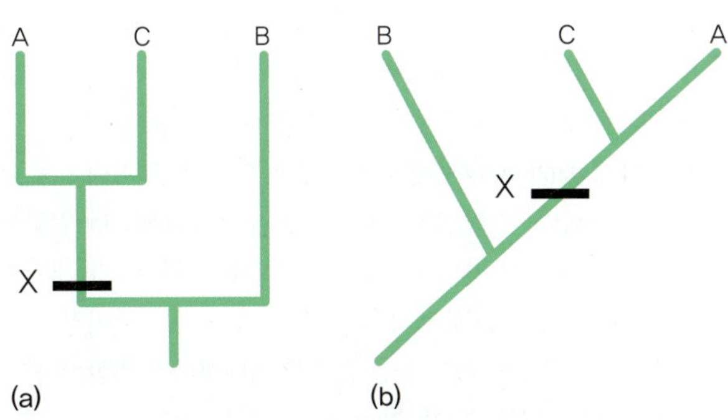

그림 11–11 3종 간 유연관계를 나타낸 것으로 조상성에 대하여 어떠한 논의를 나타내지 않는 분지분석인 (a) 그림에서 2종은 새로 파생된 형질(x)를 공유하고 있다. 더 전통적인 계통수인 (b)에서는 B종이 A와 C종에 비해 더 조상종이다. 두 계통수 모두 A와 C종이 B종보다 더 유연관계가 가깝다는 것을 나타낸다.

글상자 11-3 계통학적 종

분류군을 그들의 분지론적 유연관계를 통하여 엄격하게 정의하기 위한 노력은 분지론을 사용하는 학자들이 생물학적 종 개념을 계통학적 종 개념으로 바꾸도록 하였다. Cracraft(1983)는 계통학적 종이란 "조상과 후손 간의 부모 양상을 나타내는 개개 유기체들의 최소 인식 단위체"로 구성된 단계통군이라고 제안하였다. 여기에서 "인식"이라는 요소는 유사한 형질과 수리 분류학에서 사용되는 측정값에 기초를 둔 것이지만, 이들 형질과 측정값을 정의하는 데에는 문제가 발생한다. 또한 "최소 인식 단위체"만 강조하게 되면, 변종을 인정하고 유전적으로 조금 다른 그룹을 별개의 종으로 말하게 된다. 많은 사람들은 이것이 불필요하면서 비현실적인 종의 중복이라고 생각한다.[a]

모두가 분지계통수와 진화적 유연관계가 상호 일치해야 한다고는 동의하지 않는다. 어떤 사람들에게 계통분류학의 목표는 자연의 양상을 발견하고 규정하는 것이며 분류학자들에게는 유기체들이 공유하고 진화하는 파생형질에 집중하는 것이다. 이러한 견해에 따르면 진화적 선입견은 계통분류학의 핵심인 계통수에 사용된 형질을 통하여 "분명하게 분류군을 정의하고 이들 분류군을 진화론과 무관한 자연적 순서로 배열하는 것"(Rieppel, 1984)에서 주의를 돌린다고 한다.

계통수는 진화적 현상으로 나타나는 확연히 구별되면서 파생되고, 조상형이면서 수렴되는 형질에 기초를 두고 있기 때문에 진화에서 계통수가 독립되었다는 주장은 실제가 아닌 듯하다. 분지론을 이용하는 많은 학자들에게 Ghiselin(1984)은 계통수는 "형질들을 서로 연결한 것이지 진화적 순서를 강조하는 기재가 아니다"라고 주장한다. 분지론적 분류군은 동일한 범주의 다른 분류군에서 진화할 수 없으며, 상위 범주의 분류군 내에서 서로 "연결"되어 있어야 한다. 그러므로 포유류는 파충류에서 분기된 주요 척추동물 그룹이 아니고 수궁류(Therapsida)의 한 가지이며, 이 수궁류는 단궁류(Synapsida)의 한 가지로(18, 19장 참조), 이것은 양서류나 어류 등과 비슷한 분류군으로 연속적으로 연결되는 상위분류군에서 갈라져 나왔다. 계통이 데이터나 추론되는 유연관계의 가설보다는 계통 자체로 끝나게 되는 이러한 접근 방법은 위험하다.

[a] 갈색 곰의 측계통적 기원을 다룬 연구를 위해서는 Talbot와 Shields(1996)을 참조. "통계학적 계통지리학"은 유기체 계통의 분포를 조절하는 과정을 연구하는 것으로 여기에서 이용되는 분석 방법은 Knowles(2004)을 참조.

이러한 접근 방법은 많은 형질을 이용하여 여러 분류군으로 확대할 때 상당히 복잡한 계통이 생겨날 가능성이 많다. 이들 가능한 가설 중 유연관계를 잘 나타낼 하나의 가설을 선택하기 위해서는 가장 그럴듯한 계통수를 유추하는 데 정교한 통계학적 방법이 사용된다(예, Felsenstein, 1982, 2004). 흔히 쓰이는 기술은 진화적 경로를 설명하기 위하여 필요한 형질의 수를 최소화하는 계통수를 선택하는 것이다(parsimony method).

간단한 예를 사용하여 나타낸 것이 **그림 11-12**로 만약 어떤 계통수에서 특정한 형질이 다른 계통수에서 떨어진 것보다 더 멀리 떨어져 진화하는 양상을 나타내면 나중 계통수가 선택되는데, 이는 진화는 단순히 2개로 분지되는 것으로 가정하기 때문이다. 그림 11-12의 계통수 a는 b보다 더 잘 선택이 되는데, a는 주어진 자료를 설명하기 위하여 2번의 진화적 과정을 필요로 하는 반면 b는 3개를 필요로 하기 때문이다. 계통수 a가 b보다 더 간결하다. 명백하게 parsimony는 통계적 방법이 아니다. 결과적으로 더 보편적으로 사용하는 방법은 maximum likelihood estimation방법으로, 이것은 통계적 방법으로 1920년대 초 R.A. Fisher가 개발한 확률 분포에 기반을 둔 통계적 방법이다. 이 방법은 주어진 자료를 대상으로 가장 가능성이 높은 분포를 최대화하기 위한 방법으로 굉장히 많은 자료를 다룰 수 있다.

정형화된 용어, 정확한 규칙 및 분기점이나 양상을 나누는 데 엄격한 계통적 일관성 때문에 maximum likelihood 분석을 적용한 분지 분류법은 인기가 매우 높아지고 있다(글상자 11-3 참조). 이러한 인기는 "자매군(sister group)", "공유파생형질(synapomorphy)", "측계통성(paraphyly)" 및 "진화적 상동(homoplasy)"과 같은 용어들이 흔하게 사용되도록 하였다. 분지론은 많은 주제들을 불러 일으키게 되었고, 그중 몇 개는 여기에 나타내었다. 생물학적 종 개념에 의해 제기된 주제와 함께 다음 6개 주제는 진화론 사실보다는 진화 기작에 대한 우리의 불충분한 지식을 반영하고 있다[11]:

1. 만약 어떤 분지가 전의 조상 개체군과 같다고 하더라도(**그림 11-13**) 분지론에서는 각 분지에 대해서 완전히 새로운 분류학적 위치를 배당하지 않기 때문에 많은 분지들의 이름이 붙여지지 않은 채 남겨진다.
2. 계통도 복잡한 망상 구조로 되어있기 때문에 이분지 방법은 진화적 과정을 너무 단순하게 한다. 분지론은 직접적으로 계통을 복구하기 위한 시도가 아니고 단지 계통을 추론하는 것으로 각 계통수는 유연관계를 나타내는 가설이라는 것을 명심하기 바란다. 계통수에서 나타나는 분지 양상과 관목의 가지 사이를 비교하는 유추법이 만들어지곤 한다. 계통은 교배(24장 참조), 수렴진화 또는 멀리 떨어진 계통 사이에서도 수평적 유전자 전이를 통하여 연관된 계통을 유전적으로 연결

[11] 분지분류에 대해서는 Forey et al.(1992), Minello(1993)을 참조. 제기된 문제들에 대해서는 Ghiselin(1984), Panchen(1992)을 그리고 역사적 설명에 대해서는 Hull(1988)을 참조.

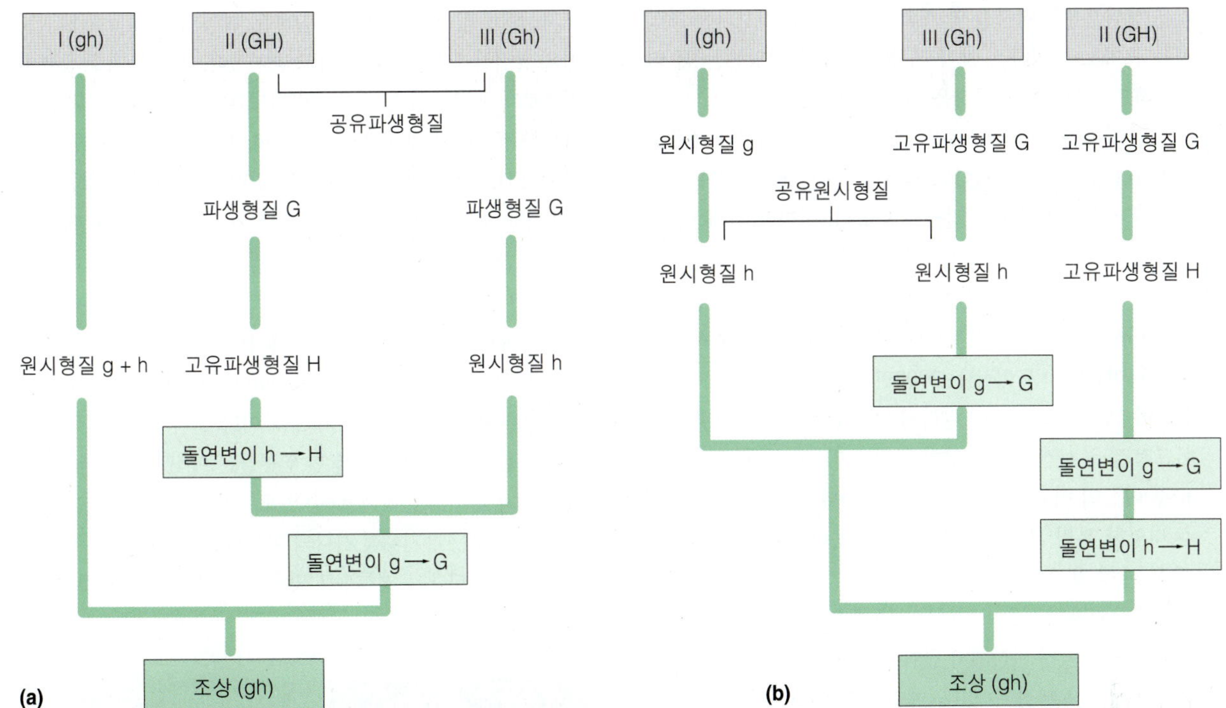

그림 11-12 가상적 분류군 Ⅰ, Ⅱ, Ⅲ과 이들 가상 공통조상에서 2개의 형질 g와 h의 변화를 나타낸 분지도. 분류군 Ⅰ은 원시형질인 g와 h를 가지고 있으며, 분류군 Ⅱ는 파생형질인 G와 H를, 분류군 Ⅲ은 파생형질인 G와 원시형질인 h를 지니고 있다. 여기처럼 2개의 계통수가 가능하다. 각 단계는 단순하게 표현해 하나의 돌연변이로 나타난다고 가정한다. (a)에서는 Ⅱ와 Ⅲ이 공유하고 있는 형질인 G가 g에서 한번의 돌연변이로 만들어졌으며, H 형질은 Ⅱ번 분류군에서 h가 한번 돌연변이를 일으켜 진화한 것이다. 그러므로 Ⅱ와 Ⅲ은 공유파생형질인 G를 지니고 있으며 자매종 관계이다. 반면 분류군 Ⅰ은 (Ⅱ+Ⅲ)그룹의 자매 분류군이다. (b)에서는 Ⅰ과 Ⅲ이 자매종인데, 근거로는 원시형질인 h를 공유(공유원시형질, symplesiomorphy)하고 있기 때문이다. 그리고 분류군 Ⅱ는 (Ⅰ+Ⅲ)의 자매 분류군이다. 하지만 (b)계통수를 받아들이기 위해서는 2개의 돌연변이(g에서 G로 그리고 h에서 H로)가 필요하다. 그러므로 parsimony 원리에 의하면 3개의 돌연변이와 공유원시형질로 만들어진 (b) 계통수보다 2개의 돌연변이를 가지고 있고, 공유파생형질로 만들어진 (a) 계통수를 선호한다. 파생된 형질이지만 다른 계통과 공유하지 않고 단독으로만 가지고 있는 형질을 비공유파생형질(autapomorphies)이라고 하며 유연관계를 나타내지는 않는다.

할 수 있다. 이러한 계통은 단순한 이분지를 나타낸 계통수가 아니라 네트워크이다.

3. 분지론은 분류군 간의 유연관계를 나타내는 것이지 조상에 대한 것을 나타내는 것이 아니다. 분지론 용어에서 새로운 분류군을 만드는 부모 분류군은 기본적으로 조상-후손 간의 관계를 제거하고 그 자손의 자매군이 된다. 이것은 유기체들 간의 유연관계나 계통을 밝히기 위하여 사용하는 분지론 및 다른 방법들을 사용하는 것을 나타낸 14장에서 20장까지 보았듯이 조상 분류군을 확인하는 데 상당한 어려움에 직면한다. 분자 계통학자들은 화석이 비교적 귀하고 형태적으로 불완전하기 때문에 화석 자료를 무시하고 현생 생물만을 이용한 계통수를 기초로 해야 한다고 제안한다. 그러한 계통수들은 진화에 대한 확실한 증거를 인위적으로 무시하고 계통적 결과를 못보고 지나칠 수 있다.

4. 종 내 계통적 변화는 시간을 통하여 일어나지만(그림 3-4, 11-3), 분지 분류법은 진화를 통하여 구별이 가지 않는 분지를 만들어 내는 그룹에 대해서도 같은 이름을 사용한다. 이

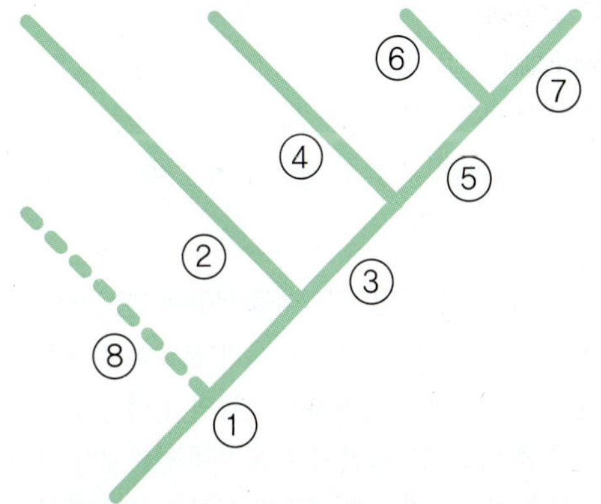

그림 11-13 분지분류학에서 통상적으로 쓰이는 것(Hennigian comb이라고 부름)으로 각 가계는 가지의 갈래(branched fork)에서 나온 분지(node)로부터 뻗어온 것으로 별개의 분류군을 나타낸다. 그러므로 1, 3, 5, 7 분류군들은 유전적으로 같게 인식되더라도 다른 분류학적 범주로 놓여진다. 만약 새로운 유기체의 가계도(점선으로 표시된 8번)가 1번 개체군으로부터 나누어진 것을 발견한다면 분지론자들은 1번 개체군을 위하여 분류학적 범주를 변경하므로 이러한 분기 이후 분류체계는 변화하게 된다. 이것은 어떠한 분기라도 하나가 다른 분류군의 조상이 되는 것이 아니라 같은 분류학적 범주를 지니고 있는 2개의 새로운 자매종을 만들어 내며, 이러한 자매종을 만들어 내는 분류군은 멸종한다는 가정에 근거를 두고 있다.

것은 상위분류군 이름을 몇 개의 형질을 가진 것보다는 조상성을 근거로 정의하는 것이 계통적 진화를 설명하는 데 더 적합하므로 늘어나는 양상을 띠고 있다.

5. 초기 분지론 연구에서 새로운 가지는 상당히 일정한 비율로 생겨난다고 가정하고 있다; 오래된 그룹은 새로운 그룹보다 상당히 많은 분류군으로 갈라져 나왔다. 이러한 견해는 5억 년 전 보다 이전인 캠브리아기에 새로운 다세포성 동물 문의 급격한 탄생과 그 후 다양한 강이나 목과 같은 하부 범주군으로 방사한(14장 참조) 것으로 지지되었다. 그러나 하와이의 초파리과(800종 이상)는 3000만 년 전쯤 하나 또는 두 조상종이 그 섬에 도착하여 갈라져 나왔을 것으로 여겨지는데, 비교적 짧은 시간 동안 다양하게 갈라지기도 한다. 유사하게 40종 이상의 하와이 벌새들은 식물 화밀을 먹기 위하여 아주 다양한 부리 모양을 가지고 있는데, 이들은 초기에 이주해 온 한 종의 후손들이다.

6. 오직 공유파생형질을 포함하는 계통들은 분지계통수가 유전적 또는 발생학적 기작에서 진화적 변화와 동일하지 않을 때 진화적 정보가 빠질 수 있다. 예를 들면 렌즈 결정 단백질을 가지고 있어 유연관계를 나타내는 분지 계통수는 이들 유전자가 형질로 사용되지 않는 한 비상동성 유전자로 생겨난 이들 단백질(**표 12-2** 참조)을 못보고 지나칠 수 있다.

요약하면, 이들 모든 분류학적 체계의 다양한 논쟁으로부터 우리는 많은 생물학자들에게 바람직한 분류의 목표는 다음 사항을 포함한다고 이야기할 수 있다:

- 그룹들을 그들의 진화적 유연관계(계통)을 잘 반영하는 양상으로의 배열 그리고/또는
- 그룹을 참조 체계로 배열함으로써, 그들의 중요 특징이 쉽고 효과적으로 기술되고 동정(*정보의 저장 및 복구*)할 수 있도록 한다.

여기에 나타낸 어떠한 분류 방법도 이들 목표를 완벽하게 성취하지는 않았다. 전통적인 형태 분류 및 수리 분류는 유기체를 분류 체계로 단순히 배열하기는 하였지만 그들의 진화적 유연관계를 무시하는 위험을 안고 있다. 분지 분류는 유연관계의 가설을 제시하지만 새로운 자료가 생기면 새롭게 시험을 해야 한다.

분류학에서 유연성과 변화에 대한 필요성은 새로운 분자 정보로 인해 기존에 받아들여졌던 계통에 대한 도전이 늘어나고 분지 분석이 새로운 유연관계를 나타내면서(12장 참조) 명백해지고 있다. 예를 들면 18장에서 논의한 것처럼, 새는 날아다니는 파충류이다. 오랜 시간 동안 고래목(Cetacean) — 고래와 돌고래 — 은 다른 포유류 그룹으로 분류되었다. 최근 화석과 형태 및 분자 자료(12*S*, 16*S* rRNA 염기서열)를 이용한 분석 결과 고래목은 낙타, 돼지, 하마 및 반추동물을 포함하는 현생 우제목(artiodactyls)과 매우 밀접하게 연관되어 있다고 밝혀졌다. 초기 고래 화석은 형태적으로 우제목과 유사한 것이 밝혀졌는데, 이들은 변형된 발목 접합부를 공유하고 있다(Bejder와 Hall, 2002). 미토콘드리아, 핵 및 염색체 DNA를 통한 최근 증거는 고래목이 우제목 안쪽 깊은 곳에서 분화되었다고 밝혀졌다. 고래목과 우제목은 단계통군이다.

또한 단세포 생물이나 식물처럼 계통을 복잡하게 하는 것은 완전히 다른 계통들 사이에서 수평적 유전자 교환을 통하여 키메라(Chimera)를 만드는 것이다. 정교한 통계분석과 추론이 가능하게 하는 방법들(예를 들면, maximum likelihood나 Baysian inference[12])을 통합하면서 "계통 내재적"이나 "수평적 전이" 양상과 같은 용어를 사용할 수 있도록 한 연구들은 아직 갈 길이 많지만, 생물의 지난 과거의 흔적을 볼 수 있도록 해 준다. 이상적인 생물 분류 체계는 모든 유기체를 하나의 이상적인 종 개념이나 하나의 생물 전체를 나타내는 계통수로 맞추는 것처럼(글상자 12-4 참조) 달성하기 어려울 것이다.

주요 용어

maximum likelihood estimation
parsimony method
계통(phylogeny)
계통(systematics)
계통 분류(phylogenetic systematic)
계통적 분기(phylogenetic branching)
공동파생형질(synapomorphy)
공유 원시형질(symplesiomorphic)
다형종(polytypic species)
단계(grade)
단계통성 진화(monophyletic evolution)
복계통성(polyphyletic)
분기진화(cladogenesis)
분류(classification)
분류군(taxon)
분지(clade)
분지론(cladistics)
비공유파생형질(autapomorphic)
상동성(homology)
생물학적 종 개념(biological species concept)
생식적 격리(reproductive isolation)
수렴진화(convergence)
수리 분류학(numerical taxonomy)
연속 상동성(serial homology)
원시형질(plesiomorphic)
자매 분류군(sister taxa)
자매종(sibling species)
종(species)
진화적 상동(homoplasy)
진화적 종 개념(evolutionary species concept)
측계통성(paraphyletic)
파생형질(apomorphic)

[12] 베이시안 추론은 Thomas Bayes(1702–1761)에서 이름을 따 왔다. Bayes의 가정은 확률에서 사전 분포와 관찰된 분포를 통한 자료에서 분포의 매개변수(말하자면 죽을 때 나이)를 예측하여 문제를 푸는 것이다. "스팸" 여과장치는 베이시안 분석을 사용하여 들어오는 메시지가 대량으로 발송하는 정크 메일이고, 스팸 폴더로 옮겨지거나 이상적으로는 완전히 제거하도록 하는 가능성을 분석하도록 한다. 사전 분석의 정당성을 통계적으로 분석할 수 없기 때문에 베이시안 분석은 논쟁에 휩싸이고 있다. 더 자세한 분석을 위해서는 Gelman et al. (2003)을 참조.

토의 및 질문

1. 분류와 계통을 정의하시오. 이들 개념은 서로 연결되어 있는가? (설명하라)
2. 모든 생물에서 화석기록이 계통을 제공하지 못하는 이유는 무엇인가?
3. 종의 정의 개념을 보편적으로 적용하려고 할 때 겪는 어려움은 무엇인가? (형태학적 종, 수리적 종, 생물학적 종 및 진화적 종 개념들에 대하여 논의한다)
4. 초계의 숫자(super Kingdoms, 2, 3 또는 그 이상)가 서로 다르다면 당신이 지지하는 것은?(그림 11-10을 보기 바란다)
5. 당신은 Darwin이 종이라는 용어의 기본을 찾고자 한 노력이 헛된 탐색이라는 데 동의하는가?
6. 평행진화와 수렴진화는 진화적 결정에 어떻게 영향을 미치는가?
7. 계통에서 복계통 진화의 예를 들 수 있는가? 되거나 되지 않는 이유는 무엇인가?
8. 전통적인 형태, 표현형 및 분지 분류법을 적용하여 계통을 만드는데 어떠한 문제가 생겨나는가?

추천 읽을 거리

Ax, P., 1987. *The Phylogenetic System: The Systematization of Organisms on the Basis of Their Phylogenesis.* Wiley, Chichester, UK.

Beiko, R. G., T. J. Harlow, and M. A. Ragan, 2005. Highways of gene sharing in prokaryotes. *Proc. Natl Acad. Sci. USA,* 102, 14332–14337.

Felsenstein, J., 2004. *Inferring Phylogenies.* Sinauer Associates, Sunderland, MA.

Hall, B. K., (ed.), 1994. *Homology: The Hierarchical Basis of Comparative Biology.* Academic Press, San Diego, CA. [paperback issued 2001]

Hall, B. K., 1999. *Evolutionary Developmental Biology,* 2nd ed. Kluwer Academic Publishers, Dordrecht, Netherlands.

Hall, B. K., and W. M. Olson (eds.), 2003. *Keywords & Concepts in Evolutionary Developmental Biology.* Harvard University Press, Cambridge, MA.

Kingsland, S. E., 1995. *Modeling Nature: Episodes in the History of Population Ecology,* 2nd ed. The University of Chicago Press, Chicago.

Lee, M. S. Y., 2003. Species concepts and species reality: Salvaging a Linnean rank. *J. Evol. Biol.*, 16, 179–188.

Mayr, E., 1982. *The Growth of Biological Thought. Diversity, Evolution, and Inheritance.* Harvard University Press, Cambridge, MA.

Valentine, J. W., 2004. *On the Origin of Phyla.* The University of Chicago Press, Chicago.

Wilson, R. A. (ed.), 1999. *Species. New Interdisciplinary Essays.* MIT Press, Cambridge, MA.

12 유전자와 계통적 유연관계

요약

계통적 유연관계를 결정하는 방법에는 형태학적으로 공통 특성이 없는 경우라도 분자비교를 통해 결정할 수 있는 여러 가지 방법이 있다.

각 단백질의 아미노산 염기서열은 각 유전자의 진화적 정보를 갖고 있다. 예로, 아미노산 염기서열의 비교는 원시적인 글로빈 유전자가 어떻게 복제되어 미오글로빈과 헤모글로빈의 여러 다른 유형으로 발전하였는지를 보여 준다. 이와 같은 현상은 매우 흔한 일로 여러 복제된 유전자들이 다른 방향으로 진화하여 다른 기능을 수행하는 것이다.

여러 다른 종들 간에 같은 단백질의 아미노산 염기서열을 비교하고, 하나의 아미노산에서 다른 아미노산으로 변환하는 데 필요한 돌연변이 수를 계산함으로써 연구자들은 계통적 거리를 결정할 수 있다. 그러나 실질적인 계통수를 만들기 위하여 우리는 여러 단백질에 관한 정보가 필요하다. DNA량을 정량화하는 방법들은 DNA량이 언제나 분류군의 분류학적 위상과는 비례하지 않을 수 있음을 보여 준다. 생물체 내의 DNA형을 분석한 결과 많은 DNA가 반복적으로 또는 고단위 반복적으로 존재함을 알게 되었다. 몇몇 연구자들이 사용하는 방법 중에 하나는 다른 생물체의 DNA를 잡종화시켜 그 정도를 결정하여 이들의 상동성을 평가하고 계통학적 관계 규명과 여러 분류군의 분화시점을 추측하는 데 이용하는 것이다.

DNA의 특정위치를 절단하는 제한효소도 다른 종들의 DNA 비교연구에 이용된다. 이들 방법 중 가장 어렵고 정보적인 것은 여러 다른 원천으로부터 정확한 DNA 염기서열을 비교하는 것이다. 예로 연구자들은 5S 리보솜 DNA의 염기변화를 진화거리의 추정치로 이용하여 계통수를 제작한 바 있다. 연구자들은 DNA염기와 단백질 서열을 동시에 계통수 제작에 이용할 수 있다. 또한 어렵기는 하지만, 죽었거나 화석화된 생물로부터 DNA

를 분리(고생 DNA)하여 염기서열을 결정하는 시도도 이루어졌다.

어떤 연구자들은 돌연변이란 비교적 일정한 율(분자시계)도 도입되므로 여러 유전자에서 분자변화율은 분화시간 이후 일정하다고 가정한다. 그러나 하나의 시계가 공통적으로 적용되는 예는 없고, 게놈의 부분에 따라, 또는 분류군에 따라 다른 분자시계를 적용하여야 한다.

종분화를 포함한 주요 진화적 변화는 단백질 구조에 관여하는 유전자보다는 조절유전자의 변이에 의하여 일어날 가능성이 높다. 그러므로 생물군 간에 여러 단백질의 아미노산 서열이 거의 동일하지만, 형태적으로는 매우 다를 수 있다.

최근에 과학자들은 실험실에서 미생물의 돌연변이를 유도하고, 이를 선택압에 노출시킴으로써 분자진화 과정을 연구하고 있다. 이와 같은 상태에서 효소가 새로운 기질에 적응하고 단백질이 새로운 기능을 갖도록 변환되는 진화적 과정을 입증할 수 있다. 바이러스 유전체 또는 이 보다 더 작은 염기서열의 진화도 여러 다른 분자선택 압력에 따라 어떻게 변화하는지 입증할 수 있다.

11장에서 언급한 계통발생적 문제를 풀려고 하는 최신의 시도 중에는 형태학적 자료에만 전적으로 의존하기보다는 분자생물학적 정보를 이용하는 것이 포함된다. 분자 수준에서는 여러 단백질 분자들을 비교하거나 DNA나 RNA 분자들의 염기서열을 비교하게 된다.

분자생물학적 연구방법은 현존하는 생명체 간의 현상학적 특징들이 얼마나 차이가 있는지에 상관 없이 아미노산과 염기서열의 치환변화라는 단순하고 정량적인 진화적 변화로 바꿀 수 있다는 장점이 있다. 즉, 우리는 다른 생물종 간의 차이를 형태적, 행동적, 생태적, 생리적 등의 방법으로 단순히 정량화할 수 없을 때, 아미노산이나 염기서열의 단위로 간단히 그 차이를 측정하고 비교할 수 있다. 생물체 간의 분자비교는 유전적 교환과 같은 전통적 실험방법으로는 연관관계를 추정할 수 없는 문제점을 해결시킨다. 예로 우리는 특정 단백질의 아미노산 서열을 사람과 세균에 이르는 다른 생물체 간에도 쉽게 비교할 수 있다(**그림 12-1**).

진화역사학적 사건의 이론적인 설명에서부터 모든 생명체 간의 관찰가능하고 연속적인 관계를 만드는 일은 분자생물학적 자료가 진화학적으로 전환됨과 같다고 인식된다. 즉, 과거와 현재의 생명체는 유전된 염기서열과 이들의 변화의 연결고리에 의하여 진화적 현상을 통해 긴밀히 연결시킬 수 있다. 이와 같은 염기서열 정보에는 전사되는 염기서열이든지 안 되는 염기서열이든지 상관 없이 생명체 간의 특성을 결정시키는 모든 유전적 정보를 포함한다.

단백질과 계통적 유연관계

초기 비교분자생물학적 방법의 단순한 것 중에 하나는 면역학적 방법을 이용하는 것이었다. 즉 특정 생물에서 항원단백질을 분리

세균	P L F D F A Y Q G F A R G - L E E D A E G L R A F A A M H K E L I V A S S Y S K N F G L Y N E R V G
효모	A L F D T A Y Q G F A T G D L D K D A Y A V R X X L S T V S P V F V C Q S F A K N A G M Y G E R V G
알파파(식물)	P F F D S A Y Q G F A S G S L D A D A Q P V R L F V A D G G E L L V A Q S Y A K N M G L Y G E R V G
닭	P F F D S A Y Q G F A S G S L D K D A W A V R Y F V S E G F E L F C A Q S F S K N F G L Y N E R V G
쥐	P F F D S A Y Q G F A S G D L E K D A W A I R Y F V S E G F E L F C P Q S F S K N F G L Y N E R V G
말	P F F D S A Y Q G F A S G N L D R D A W A V R Y F V S E G F E L F C A Q S F S K N F G L Y N E R V G
돼지	P F F D S A Y Q G F A S G N L E K D A W A I R Y F V S E G F E L F C A Q S F S K N F G L Y N E R V G
사람	P F F D S A Y Q G F A S G N L E R D A W A I R Y F V S E G F E F F C A Q S F S K N F G L Y N E R V G

그림 12-1 8개 생물 간의 asparate transaminase의 50개 아미노산 염기서열 부위의 비교. 아미노산 약자는 그림 6-2 또는 표 12-3을 참고. (Benner et al., 1993. Reading the palimpsest: Contemporary biochemical data and the RNA World. In The *RNA World*, R. F. Gesteland and J. F. Atkins 9eds.). Cold Spring Harbor Laboratory Press, Cold Spring Harbor, New York, pp. 27-70.에서 각색).

하여 항체를 만들고, 이를 특정 종의 항원단백질과 항원-항체반응을 시키고, 그 정도를 이용하여 생물체 간의 유연관계를 추정하는 것이다. 예로, 종 A에서 유래한 항체가 종 B의 항원단백질보다는 종 C의 항원단백질과 보다 많은 항원-항체반응을 통하여 침전하였다면, 우리는 A와 B종 단백질간의 진화적 유사성보다는 A와 C종간 단백질의 유사도가 높다고 가정할 수 있다.

연구자들은 여러 다양한 항체를 이용하여 자료를 양산하고, 계통도를 만들기 위한 여러 가지 수학적인 법칙을 이용하여 면역학적 자료를 분석할 수 있다. 즉, 현존하는 두 종간에 공통조상을 공유한 이후로 두 종간의 분화시간을 가장 잘 반영하는 면역학적 거리와 진화적 거리를 연결시킬 수 있다. 만약 종 A가 B보다는 C와 면역학적으로 가깝다는 것은 세 종의 관계에서 B종이 먼저 분지하여 나갔고, A와 C가 보다 최근의 공통조상을 공유한다고 가정할 수 있다. 점진적으로 이와 같은 비교가 전체 계통수를 완성할 때까지 모든 가능한 종의 쌍으로 확대되는 것이다. **그림 12-2**(20장 참조)는 면역학적 자료에 의한 유인원(사람, 영장류, 원숭

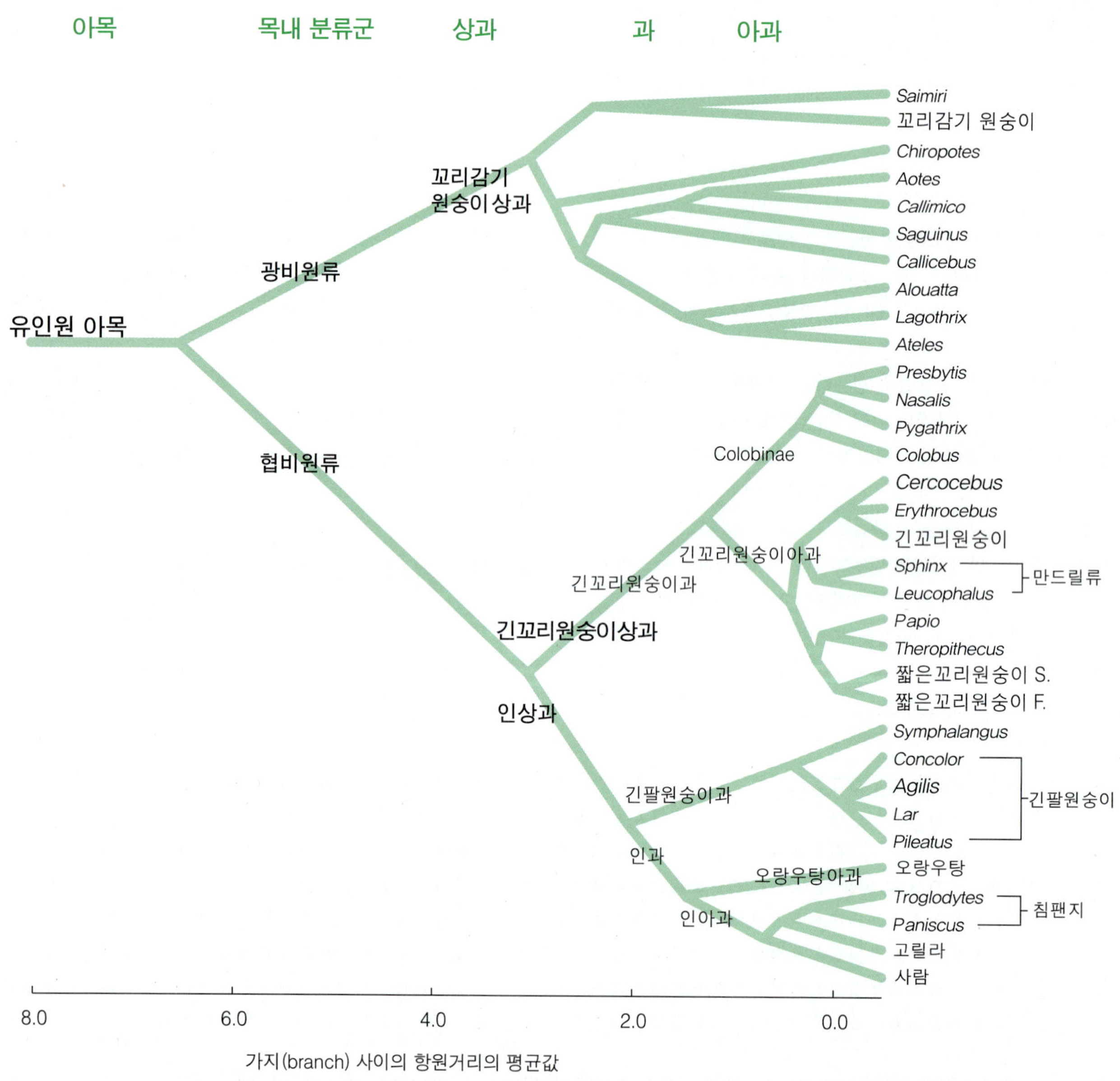

그림 12-2 혈장 항원으로부터 만들어진 면역학적 거리에 기초하여 만들어진 유인원의 계통수. (Dene, H.T., M.Goodman, and W.Prychodko, 1976. Immunodiffusion evidence on the phylogeny of primates. In *Molecular Anthroplogy*, M. Goodman and R . E. Tashian (eds.). Plenum Press, New York, pp.171–195.에서 각색).

이류 등)의 연관관계를 보여 주고 있다. 전통적인 분류에서 생각하는 것과는 달리, 면역학적으로는 사람(*Homo*), 고릴라(*Gorilla*), 침팬지(*Pan*) 간의 관계가 아시아의 오랑우탕(*Pango*)보다는 서로 가깝다는 것을 보여 주고 있다. 이와 같은 방법을 이용하여 사람, 고릴라, 침팬지 속을 오랑우탄 속과 분리하고 이들을 하나의 군으로 처리할 수 있다.

다른 면역학적 방법으로는 Sarich와 Wilson이 이용한 미세보체고정(micro complement fixation)이 있는데, 이 방법은 전체 단백질보다는 혈청단백질 (알부민 또는 transferin 등) 또는 가수분해효소와 같은 효소, 즉 특정 단백질에 대하여 만들어진 정제된 항체를 사용한다. 연구자들이 항원-항체 반응의 정도를 측정함으로써 계산하는 면역학적 거리는 비록 약간의 차이는 있지만, 비교적 다른 분류학적 방법으로 획득되는 계통도을 지지하는 경향을 보여 주고 있다.

아미노산 염기서열: 헤모글로빈의 계통

분자계통학적 접근방법의 보다 직접적이고 널리 이용되는 방법은 생화학적 방법으로 특정 단백질의 아미노산 염기서열을 결정하고 같은 단백질의 염기서열을 여러 다른 종들과 비교하는 것이다. 초기에 아미노산 염기서열이 결정된 단백질 중의 하나가 헤모글로빈(hemoglobin)인데, 이는 아마도 단백질 중 가장 많이 연구된 것 중의 하나이다. 헤모글로빈 단백질의 기본단위는 산소와 가역적으로 결합하는 철을 함유하는 하나의 폴피린 헴(heme)이 부착된 하나의 글로빈 폴리펩타이드인데, 보통 140여 개의 아미노산으로 구성되어 있다(10장 참조).

헤모글로빈과 유사한 분자는 무척추동물, 척추동물 뿐만 아니라, 식물, 곰팡이, 세균 등과 같은 전 생명체에 널리 분포하는 것으로 보아 아마도 이 단백질의 기원은 생명의 기원 역사 이전으로 거슬러 올라갈 것으로 추정된다. 척추동물에서는 헤모글로빈이 적혈구의 주요 단백질이며, 다량의 본 단백질을 쉽게 분리 및 정제할 수 있다.

10장에서 설명한 바와 같이, 성인에서 적혈구 헤모글로빈은 두 개의 펩타이드가 쌍으로 존재하는 $\alpha_2\beta_2$의 4분체로 구성되어 있다. 어떤 성인에서는 β 체인 대신 δ 체인으로 구성된 $\alpha_2\delta_2$를 이루며, 배 발생 단계에서는 $\alpha_2\gamma_2$, 태아 단계에서는 $\alpha_2\varepsilon_2$의 형태로 존재하기도 한다. 다른 조직에서는 미오글로빈이라는 헤모글로빈과 유사한 분자가 존재한다. 이들 각각 다른 체인 단위는 약간 다른 분자 특성 및 아미노산 염기서열에 의하여 구별된다. 한 종이 여러 다른 종류의 글로빈 분자를 가질 수 있고 각 분자들은 종 간에 다를 수 있으므로, 글로빈 진화에는 두 가지의 주요 쟁점이 나타난다.

- 진화과정에서 다른 종류의 글로빈 체인이 나타나 특정 척추동물에서는 여러 가지 다른 종류의 글로빈이 관찰된다.
- 특정 글로빈 체인이 각각의 진화과정에서 달라져 다른 종간에 아미노산 변화로 나타난다(α 체인은 종간에 다르고, β 체인도 종간에 다르다).

첫 번째의 예로 **표 12-1**에 보여준 바와 같이, 사람의 글로빈 체인은 5가지의 다른 형태가 관찰된다. 이들은 모두 체인의 길이가 유사하며, 기능적으로 주요한 많은 위치의 아미노산이 같으며, 모든 인간의 글로빈 유전자들이 같은 엑손-인트론 구조(3개의 엑손과 2개의 인트론)를 가지고 있다(그림 9-14). 이들 단백질의 3차원적 구조도 유사하며, 유사한 생리적 기능을 갖고 있다. 이에 부과하여, α체인은 16번 염색체에 위치하지만 β, γ, δ 유전자들은 11번 염색체에 긴밀히 연관되어 위치한다.

유전자 복제와 분화

염기서열이 유사한 여러 헤모글로빈 체인의 관찰은 이들이 각기 다른 유전자로부터 진화하여 우연히 유사한 염기서열과 유사한 기능을 갖도록 발전되었다기 보다는 하나의 글로빈형 유전자가 **유전자 복제**에 의하여 여러 가지 다른 체인으로 발전되었다는 것을 의미한다. 일단 복제된 글로빈유전자가 만들어지면 각각 자신의 진화적 변화 과정을 거치게 된다. 유전자 복제의 순서는 두 개의 체인간의 아미노산 순서의 변화 정도로 유추가 가능한데, 최근에 복제된 것일수록 아미노산의 변화 정도가 낮으며, 오래 전에 복제된 것일수록 공통조상으로부터 분화된 아미노산의 염기서열 차이가 크다. 따라서 다음과 같은 세 가지 관찰결과를 토대로 복제의 순서를 결정할 수 있다.

1. 미오글로빈 체인은 100개 이상의 아미노산이 달라 체인 중 가장 다르다.
2. α 체인은 β 체인과 77개의 위치가 다르다.
3. β 체인은 γ 체인과 39개의 위치가 다르며, δ 체인과는 10개 위치만 다르다.

이와 같은 발견은 미오글로빈 유전자가 초기의 복제에 의하여 형성된 후, α와 β 유전자가 복제되었고, β와 δ 유전자는 비교적 최근에 복제되었음을 의미한다.

그림 12-3은 5개의 글로빈 유전자의 유전적 계통을 보여주는데, 각 유전자의 아미노산 차이와, 진화학자들이 가정하는 유전자 복제가 일어난 연대를 표시하고 있다. 이 그림으로부터 우리는 초기에 미오글로빈 유전자와 α 체인과 같은 유전자가 동시에 존재하였는데, 전자는 세포 내의 기능을 후자는 순환계 기능을 담당한 것으로 가정할 수 있다.

α 체인과 같은 유전자가 복제되어 β 체인과 같은 유전자로 진화됨으로써 2개의 다른 체인이 쌍으로 존재하는 4 분체의 해모글로빈 분자가 발달되었으며, 이는 산소분자와 효율적으로 결합

표 12-1 사람의 myoglobin과 4개의 hemoglobin 체인(α, β, γ와 δ)의 아미노산 서열

	1		2	3	4	5	6	7	8	9	10	11	12	13	14	15	16	17	18	19
Myoglobin	G	—	L	S	D	G	E	W	Q	L	V	L	N	V	W	G	K	V	E	A
α chain	V	—	L	S	P	A	D	K	T	N	V	K	A	A	W	G	K	V	G	A
β chain	V	H	L	T	P	E	E	K	S	A	V	T	A	L	W	G	K	V	—	—
γ chain	G	H	F	T	E	E	D	K	A	T	I	T	S	L	W	G	K	V	—	—
δ chain	V	H	L	T	P	E	E	K	T	A	V	N	A	L	W	G	K	V	—	—

	20	21	22	23	24	25	26	27	28	29	30	31	32	33	34	35	36	37	38	39
Myoglobin	D	I	P	G	H	G	Q	E	V	L	I	R	L	F	K	G	H	P	E	T
α chain	H	A	G	E	Y	G	A	E	A	L	E	R	M	F	L	S	F	P	T	T
β chain	N	V	D	E	V	G	G	E	A	L	G	R	L	L	V	V	Y	P	W	T
γ chain	N	V	E	D	A	G	G	E	T	L	G	R	L	L	V	V	Y	P	W	T
δ chain	N	V	D	A	V	G	G	R	A	L	G	R	L	L	V	V	Y	P	W	T

	40	41	42	43	44	45	46	47	48	49	50	51	52	53	54	55	56	57	58
Myoglobin	L	E	K	F	D	K	F	K	H	L	K	S	E	D	E	M	K	A	S
α chain	K	T	Y	F	P	H	F	—	D	L	S	H	—	—	—	—	—	G	S
β chain	Q	R	F	F	E	S	F	G	D	L	S	T	P	D	A	V	M	G	N
γ chain	Q	R	F	F	D	S	F	G	N	L	S	S	A	S	A	I	M	G	N
δ chain	Q	R	F	F	E	S	F	G	D	L	S	S	P	D	A	V	M	G	N

	59	60	61	62	63	64	65	66	67	68	69	70	71	72	73	74	75	76	77
Myoglobin	E	D	L	K	K	H	G	A	T	V	L	T	A	L	G	G	I	L	K
α chain	A	Q	V	K	G	H	G	K	K	V	A	D	A	L	T	N	A	V	A
β chain	P	K	V	K	A	H	G	K	K	V	L	G	A	F	S	D	G	L	A
γ chain	P	K	V	K	A	H	G	K	K	V	L	T	S	L	G	D	A	I	K
δ chain	P	K	V	K	A	H	G	K	K	V	L	G	A	F	S	D	G	L	A

	78	79	80	81	82	83	84	85	86	87	88	89	90	91	92	93	94	95	96
Myoglobin	K	K	G	H	H	E	A	E	I	K	P	L	A	Q	S	H	A	T	K
α chain	H	V	D	D	M	P	N	A	L	S	A	L	S	D	L	H	A	H	K
β chain	H	L	D	N	L	K	G	T	F	A	T	L	S	E	L	H	C	D	K
γ chain	H	L	D	D	L	K	G	T	F	A	Q	L	S	E	L	H	C	D	K
δ chain	H	L	D	N	L	K	G	T	F	S	Q	L	S	E	L	H	C	D	K

	97	98	99	100		102		104		106		108		110		112		114	
Myoglobin	H	K	I	P	V	K	Y	L	E	F	I	S	E	C	I	I	Q	V	L
α chain	L	R	V	D	P	V	N	F	K	L	L	S	H	C	L	L	V	T	L
β chain	L	H	V	D	P	E	N	F	R	L	L	G	N	V	L	V	C	V	L
γ chain	L	H	V	D	P	E	N	F	K	L	L	G	N	V	L	V	T	V	L
δ chain	L	H	V	D	P	E	N	F	R	L	L	G	N	V	L	V	C	V	L

	116		118		120		122		124		126		128		130		132		134
Myoglobin	Q	S	K	H	P	G	D	F	G	A	D	A	Q	G	A	M	N	K	A
α chain	A	A	H	L	P	A	E	F	T	P	A	V	H	A	S	L	D	K	F
β chain	A	H	H	F	G	K	E	F	T	P	P	V	Q	A	A	Y	Q	K	V
γ chain	A	I	H	F	G	K	E	F	T	P	E	V	Q	A	S	W	Q	K	M
δ chain	A	R	N	F	G	K	E	F	T	P	Q	M	Q	A	A	Y	Q	K	V

		136		138		140		142		144		146		148		150		152	
Myoglobin	L	E	L	F	R	K	D	M	A	S	N	Y	K	E	L	G	F	Q	G
α chain	L	A	S	V	S	T	V	L	T	S	K	Y	R						
β chain	V	A	G	V	A	N	A	L	A	H	K	Y	H						
γ chain	V	T	G	V	A	S	A	L	S	S	R	Y	H						
δ chain	V	A	G	V	A	N	A	L	A	H	K	Y	H						

주안점: 아미노산은 그림 6-2와 표 12-3과 같이 하나의 알파벳으로 표시하였다. 체인들은 myoglobin의 153개 아미노산과 정열하였으며, 글상자는 모든 체인에서 아미노산이 동일함을 의미하며 숫자는 아미노산의 위치를 표시한다.).

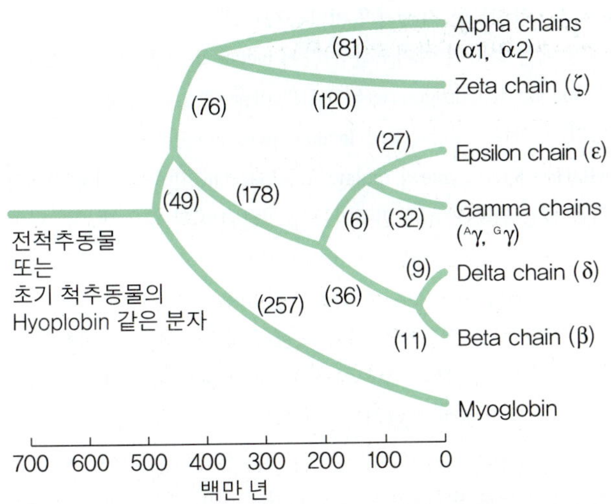

그림 12-3 사람에서 발견되는 globin형 단백질 간의 계통적 유연관계를 이들이 분화한 시간을 추정하여 보여 주는 계통도. 관찰된 아미노산 변환의 원인이 되는 염기서열의 변화 수를 추정하여 각각의 구간에 해당하는 위치에 괄호 안에 표시하였다. (Monroe W. Strickberger의 *Genetics Third Edition*. Prentice hall, Inc., upper Saddle River, NJ.의 허가하에 재인쇄)

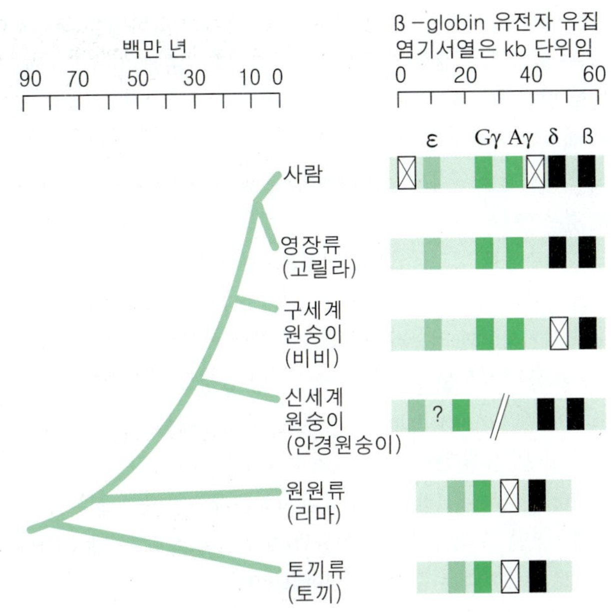

그림 12-5 다섯 가지의 다른 영장류와 토끼의 β-globin형 유전자들의 염색체상에서 유집되어 분포된 형태(오른쪽)를 계통수(왼쪽)와 함께 보여 주는 그림. 이들 유전자들은 같은 염색체상에 유집되어 분포한다. 예로 사람의 경우 β-globin 유집은 염색체 11번 상에 60,000 염기정도 길이에 위치하고 있다. 각각의 유전자는 작은 직사각형으로 표시하였으며, 왼쪽에서 오른쪽으로 전사되는데, 배발생과 태아 발생과정에 관여하는 유전자는 왼쪽(연한 직사각형), 성인의 β-globin 생성에 관여하는 유전자는 오른쪽(진한 직사각형)에 위치한다. 십자형 직사각형으로 표시한 것은 위유전자로, 복제된 후 여러 가지 이유로 기능이 없어진 것이다. Nadeau와 Sankoff는 위유전자의 원인이 된 복제된 유전자에 해로운 돌연변이가 유전자가 복제되어 기능적으로 분화되던 초기 척추 동물 분화시기에 일어났을 것으로 추정하였다. (M. W. Strickberger, 1985. *Genetics*, 3rd ed. Macmillan, New York에서; Jeffreys et al., 1983. Evolution of gene families: The globin genes. In *Evolution from Molecular to Men*, D. S. Bendall (ed.). Cambridge University Press, Cambridge, England, pp. 175–195.에서 각색)

하는 특성 때문에 척추동물의 혈액을 순환하는 기능을 담당하면서 보존된 것으로 보인다. β 체인과 같은 유전자가 형성된 후, β 유전자는 염색체의 전좌 현상에 의하여 α와는 다른 염색체로 이동한 것으로 생각된다. 그러고 나서 β 체인과 같은 유전자의 순차적인 복제가 일어나 최근의 β, γ, δ 유전자들이 형성된 것이다.

이와 같은 유전자 복제현상은 매우 흔한 현상으로 **부등교차**(unequal crossing over)현상에 의하여 쉽게 형성될 수 있으며, 이 결과로 염색체가 길어지고 짧아질 수 있다(**그림 12-4**). 예로, 인간의 α 유전자는 $\alpha1$과 $\alpha2$가 복제되어 바로 옆에 존재하며, β 유전자는 2개의 유전자가 일렬로 존재하는 하나의 **유전자계**(gene family) 또는 **다형유전자계**(multigene family)라 불리는 7개 유전자로 구성된 β 유전자 유집군(β gene cluster)으로 존재한다(**그림 12-5**).

글로빈 체인과 유사한 예로 세린프로테아제(예로, chymotrypsin과 trypsin)들과 젖당 가수분해효소들의 경우는 복제된 유전자가 정확히 같은 기능은 아니지만 유사한 기능으로 보존된 경우이다.

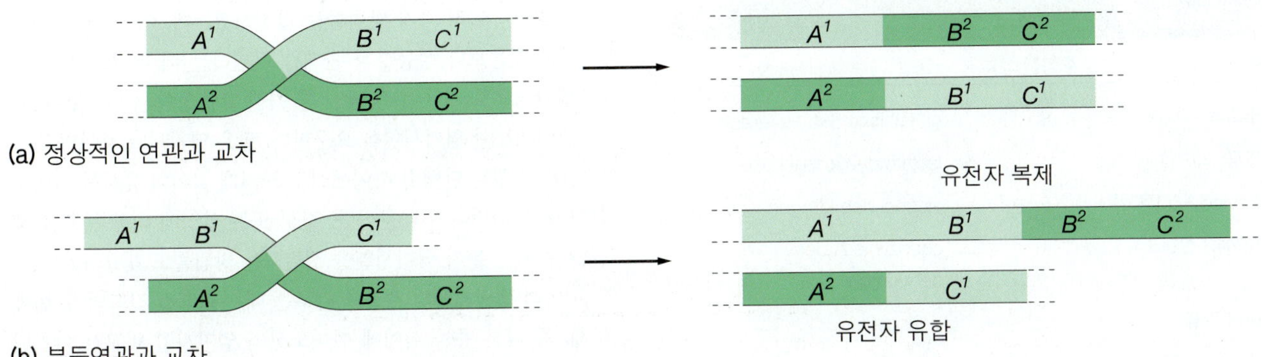

그림 12-4 하나의 염색체상에서 3개 유전자 부위의 동일과 부동일 교차현상의 결과.
(a) 2개의 염색체상의 동등한 부위끼리 짝이 동등하게 이루어질 때, 교차산물은 동일한 양의 염색체를 갖는다(양자 모두 *A*, *B*, *C* 유전자 부분을 갖는다.).
(b) 두 염색체 간의 짝짓기가 부등일 경우, 교차산물의 하나는 유전자 복제를, 다른 교차산물은 *B* 부분이 결여되고, *A*와 *C* 유전자 부분이 연결된 상태가 된다.

다른 예로는, 복제된 유전자가 돌연변이에 의하여 전사 및 전위가 될 수 없어서, 유전자 기능을 완전히 상실한 **위유전자**(psedogene) 들로 발전하는 경우가 있다. 진화학적 관점에서 가장 중요한 것은 복제된 유전자가 서로의 관계를 표시할 수 있을 만큼 아미노산 염기서열을 공유하지만 완전히 다른 기능의 방향으로 진화하는 경우이다.

척추동물의 교감신경과 신경절로부터 신경세포가 생장하는 것을 촉진시키는 신경생장인자 단백질은 인슐린과 유사한 아미노산 염기서열과 기능적 유사성을 동시에 가지고 있다(Frazier et al.). 또한 포유동물의 우유 속에서 젖당 합성효소로 이용되는 효소의 일부인 α-lactalbumin 단백질은 눈물 속에서 세균의 세포벽의 점성다당류를 분해하는 lysozyme효소와 아미노산 염기서열이 너무나 유사하다(Hill et al.). 이 유사성은 두 단백질이 모두 분비선세포였던 조직(유선세포, 눈물샘)의 산물이고, 모두 당 분자를 기질로 이용한다는 증거를 반영하고 있다.

자연선택은 하나의 효소를 하나 이상의 적응의 목적으로 이용할 수 있으며, 눈의 구조에서 투명체 단백질의 경우에 그 증거가 명백하다. 최소한 10개의 이와 같은 렌즈 크리스탈린이 척추동물에서 연체동물에 이르는 다양한 분류군에서 발견되며, 각각 기능적인 효소인 알콜 가수분해효소(alcohol dehydrogenase), α-endolase, glutathione S-transferase(**표 12-2**) 등과 연관된 것으로 보인다. 악어류와 어떤 조류에서는 실제로 ε-crystallin과 젖당가수분해효소 모두 하나의 유전자 산물로부터 유도된 것으로 보이며(Piatagorsky andWistow, 1989), 이는 한 분자 또는 구조가 새로운 구조(lens crystallin) 이전에 형성되었으나 그 이전의 효소촉매기능을 유지하고 있는 것이다. 이와 같은 하나의 유전자산물이 2개의 전혀 다른 기능을 가진 것을 Piatagorsky 와 Wistowsms 유전자공유라고 정의하였다.

복제된 유전자가 얼마나 빨리 기능이 다양화되는가는 얼마나 많은 아미노산 치환이 일어나는가와 관련이 있다. 하나의 급진적인 예는 하나의 아미노산 변환이 lactate dehydrogenase(LDH)를 malate dehydrogenase(MDH)로 바꿀 수 있는 데서 찾아볼 수 있다. LDH는 해당과정의 lactate-pyruvate 반응에 이용되는데, MDH는 Kreb cycle의 malate-oxaloacetate 반응에 이용된다(**그림 8-12**). Wilks와 공동연구자들에 의하면 이와 같은 변화는 단백질의 102번째 아미노산인 glutamine을 단순히 arginine으로 치환시킴으로써 인위적으로 유도할 수 있다.

물론 다른 적응적 변환은 이보다 많은 아미노산 변환을 요구하며, 이들의 일부는 고분자 생화학(paleomolecular biochemistry) 과정에 의하여 재현시킬 수 있다. 이와 같은 방법은 특정 위치의 아미노산을 *특정위치 돌연변이*를 유발하는 기술을 이용하여 의도적으로 변환시킴으로써 과거의 아미노산 치환을 추론할 수 있다(Golding and Dean, 1998).

복제 현상은 유전자 자체 내부에서도 일어난다. 예로 immunoglobulin G 항체의 γ heavy 체인 내의 3개의 상동성을 갖는 아미노산 지역(polypeptide domains)의 존재를 들 수 있다. 사람의 haptoglobin α-2 혈장 단백질에서는 59개 아미노산 지역(13번에서 71번)이 바로 인접하여(72번에서 130번) 그대로 반복된다. 연구자들은 생체 내의 생화학 반응의 전자수용체인 ferredoxin 단백질(**그림 8-14 참조**), glutamate dehydrogenase 효소와 여러 다른 단백질들에서도 반복된 아미노산 지역들을 찾을 수 있다.

제한된 아미노산 수에 의한 작은 크기의 ferredoxin 단백질은 세포대사에서 가장 기본적인 전자수용체로써 단순하게 철 원자와 결합하는 위치를 갖고 기능을 수행할 수 있다. 복제구조를 갖는 ferredoxin은 보다 원시적인 주형 팹타이드로부터 기원하였음을 제시한다. 복제 이전의 ferredoxin의 기본 아미노산은 28개로 구성되었다.

위와 같은 명확한 예들이 있음에도 불구하고, 아미노산 염기서열 사이의 유사도에 근거한 원시 상동성을 유추하는 것이 언제나 명확한 것이 아니다. 연구자들은 아미노산 염기서열 유사도를 추정하는 여러 가지 방법들을 발전시켰는데, 이 중 어떤 것들은 다른 것들보다 상동성적 관계를 구별하는 데 더 효율성이 높다. 일반적으로 이들 추정 방법 중 가장 효율성이 높은 것은 비교적 긴 아미노산 염기서열을 요구한다. 짧은 염기서열 사이의 경우는 연관이 없는 단백질 사이에서도 3~4개 길이의 유사한 아미노산이 종종 나타나기 때문이다. 결실 또는 삽입에 의한 문제를 해결할 수 있는 분자 염기서열을 정렬하는 방법들도 개발되었다.[1]

여러 생명체들의 계통을 다루는 데는 단백질 진화의 두 번째 문제, 즉 다른 종들 사이에 아미노산의 염기서열 비교가 야기된다. 이와 같은 비교를 정당화시키기 위하여, Fitch와 Margoliash

표 12-2 여러 분류군에서 렌즈 수정질(crystallin) 단백질로 사용되는 효소들

분류	수정질 종류	효소
두족류	S	glutathione S-transferases
조류, 악어류	ε	lactate dehydrogenase B
Cavies, 낙타류	ξ	alcohol dehydrogenases
토끼류, 산토끼류	λ	coenzyme A derivative dehydrogenases
여러 종류	τ	α-enolase
포유류의 각막	BCP54	aldehyde dehydrogenase III

Wistow, G. J., 1993. Identification of lens crystalline: A model system for gene recruitment. *Methods in Enzymol.*, **224**, 563-575.에서 요약.

[1] 개발된 방법들은 Nei(1987), McClur et al.(1994), Glodman(1998)을 참조.

(1967)는 두 가지의 주요 상동적 유전자에 다른 용어를 제안하였다.

- **측상동유전자**(Paralogous genes), 하나의 종 내의 유전자복제(예로, 사람 hemoglobin α, β와 γ 유전자)와
- **직상동유전자**(Orthlogous genes), 다른 종간의 같은 유전자의 복제(예로, 사람과 말에서의 α hemoglobin)이다.

유전자복제, 특히 전체 유전체 복제에서 제기된 문제중 하나는 이와 같은 사건이 새로운 기관, 새로운 생물체, 특정 분지군의 방사진화를 유도하였는가이다. 육상식물의 기원과 경골류의 기원이 유전체의 복제와 연관되었고, 조류와 포유류의 기원은 그렇지 않으므로 유전체의 복제가 새로운 분지군 기원의 측상동적 복제가 특정 분류군의 방사진화와 일치하는 것은 방사진화와 관련된 선택의 결과로 보는 것이 타당할 것이다. 이 장의 후반부에서는 직상동 유전자의 비교가 유전자 자체의 계통관계 및 생물체 자체의 계통관계 확립에 중요하다는 시실을 탐구하게 될 것이다.

■ 다수의 계통수와 하나의 계통

직상동적 아미노산 염기서열로부터 계통을 결정하는 방법은 다른 종들 간에 하나의 알려진 단백질들을 정렬하여 보다 정확한 위치에 근거한 자료를 유추하는 것을 제외하고는 기본적으로 면역학적 거리에 근거한 방법과 유사하다. 일단 서열이 정렬되면 같은 위치에서 하나의 아미노산이 다른 아미노산으로 치환되는 데 필요한 최소 돌연변이의 수(**표 12-3**에 제시한 것과 같음)를 추론하게 된다.

이와 같은 자료로부터 생산된 연관관계를 선택하는 데는 간결원칙 또는 최대가능성의 추론을 거치게 된다(11장과 그림 11-

표 12-3 한 아미노산(종열)에서 다른 아미노산(횡열)으로 변환시키는 데 필요한 최소 핵산 염기서열의 치환 수를 표시한 자료 횡렬

	약자		염기치환의 최소수																			
아미노산	3-약자	1-약자	A	C	D	E	F	G	H	I	K	L	M	N	P	Q	R	S	T	V	W	Y
Alanine	Ala	A	0	2	1	1	2	1	2	2	2	2	2	2	1	2	2	1	1	1	2	2
Cysteine	Cys	C	2	0	2	3	1	1	2	2	3	2	3	2	2	3	1	1	2	2	1	1
Aspartic acid	Asp	D	1	2	0	1	2	1	1	2	2	2	3	1	2	2	2	2	2	1	3	1
Glutamic acid	Glu	E	1	3	1	0	3	1	2	2	1	2	2	2	2	1	2	2	2	1	2	2
Phenylalanine	Phe	F	2	1	2	3	0	2	2	1	3	1	2	2	2	3	2	1	2	1	2	1
Glycine	Gly	G	1	1	1	1	2	0	2	2	2	2	2	2	2	2	1	1	2	1	1	2
Histidine	His	H	2	2	1	2	2	2	0	2	2	1	3	1	1	1	1	2	2	2	3	1
Isoleucine	Ile	I	2	2	2	2	1	2	2	0	1	1	1	1	2	2	1	1	1	1	3	2
Lysine	Lys	K	2	3	2	1	3	2	2	1	0	2	1	1	2	1	1	2	1	2	2	2
Leucine	Leu	L	2	2	2	2	1	2	1	1	2	0	1	2	1	1	1	1	2	1	1	2
Methionine	Met	M	2	3	3	2	2	2	3	1	1	1	0	2	2	2	1	2	1	1	2	3
Asparagine	Asn	N	2	2	1	2	2	2	1	1	1	2	2	0	2	2	2	1	1	2	3	1
Proline	Pro	P	1	2	2	2	2	2	1	2	2	1	2	2	0	1	1	1	1	2	2	2
Glutamine	Gln	Q	2	3	2	1	3	2	1	2	1	1	2	2	1	0	1	2	2	2	2	2
Arginine	Arg	R	2	1	2	2	2	1	1	1	1	1	1	2	1	1	0	1	1	2	1	2
Serine	Ser	S	1	1	2	2	1	1	2	1	2	1	2	1	1	2	1	0	1	2	1	1
Threonine	Thr	T	1	2	2	2	2	2	2	1	1	2	1	1	1	2	1	1	0	2	2	2
Valine	Val	V	1	2	1	1	1	1	2	1	2	1	1	2	2	2	2	2	2	0	2	2
Tryptophan	Trp	W	2	1	3	2	2	1	3	3	2	1	2	3	2	2	1	1	2	2	0	2
Tyrosine	Tyr	Y	2	1	1	2	1	2	1	2	2	2	3	1	2	2	2	1	2	2	2	0

출처: Fitch W. M., and E. Margoliash, 1967. Construction of phylogenetic trees. *Science*, **155**, 279–284.)

12 참조). **간결**(Parsimony)은, 되도록 적게 가정하는 것이 가능성이 높은 설명이라는 것이다. 덜 절약적인 설명이 잘못된 것은 아니지만 보다 *충분한 정보가 없는 상태*에서는 최대절약적인 선택을 하게 된다. **최대가능성의 추론**(Maximum likelihood estimates)은 자료 세트의 가장 가능성이 높은 분포를 의미한다.

보다 많은 종들에 대한 돌연변이 자료를 이용한 **계통수 제작**에서는 여러 가지 다양한 수리적, 연산적 방법들이 이용되고 있다. 이들 방법론들은 이 교과서 밖의 문제이며, 분류군이 증가하면 가능한 계통수도 기하급수적으로 증가하며, 이 중 알맞은 것을 선택하는 데 매우 정교한 수학적 방법들이 동원되고 있다.[2]

여러 가능한 계통수가 있으나 실제 계통은 하나라는 것을 생각할 때, 채집된 자료는 이를 반영하지 못할 수 있다. 통계학자들은 제안한 계통수의 신뢰도를 평가하는 방법을 개발하여 왔다. 현재 널리 이용되는 방법이 부츠스트래핑(bootstrapping)인데, 자료를 반복적으로 샘플링하고 치환시켰을 때 계통수의 특정 절 또는 분지의 받아들일만한 단계통성의 정도를 퍼센트로 나타내 준다.

예로, 종간연관관계를 만드는 데 사용된 10개 아미노산 차이를 이용하였다면 100회 이상 자료를 다시 샘플링하는 데 어떤 차이는 제거되기도 하고, 어떤 차이는 한번 이상 선택되기도 한다. 각각 재선택된 자료를 분석하여 부츠스트랩 값을 합산한다. 부츠스트랩 값은 각 가지가 나타나는 비율이다. 이 방법을 이용하여 시클리드 어류의 계통수를 평가한 것을 그림 12-19에 보여 주고 있는데, 여기서 Malawi 호수에 생육하는 6종의 공동 절은 2,000번 반복된 샘플링 자료에서 99% 나타난다는 것을 의미한다.

불행하게도, 부츠스트랩 값이 이용 가능한 자료의 양과 종류에 제한을 받으므로 (즉, 얼마나 자료가 계통을 잘 대변하느냐) 절대적인 예견치는 아니다는 것이다. 예로, 연구자들이 절지동물문의 대표종을 새우류에서 거미류로 바꾸면, 절지동물문의 연체동물문과 척색동물문과의 관계 또한 바뀐다(Maley and Marshall, 1998). 또 다른 복잡한 문제에 더불어 어느 계통수에서나 문제를 일으키는 비상동형질과 수평적 유전자이동의 문제가 있고(11장 참조), 높은 부츠스트랩 값은 신뢰도를 증가시키지만 진짜 계통을 확증하지는 않는다는 것이다.

그럼에도 불구하고, 연관된 군 간에 **염기서열**이나 아미노산의 변화가 충분하도록 정렬된 긴 길이의 서열일 경우에는 최대절약의 법칙과 다른 방법들이 믿을 만한 결과를 제공하게 된다(Russo et al., 1996). **그림 12-6**은 이와 같은 예로 α-hemoglobin을 이용한 29개 척추동물 간의 계통을 보여주는데, 전체 630개의 염기서열치환을 기초로 한 것이다.

헤모글로빈 계통은 무척추동물, 식물류, 곰팡이류 등을 포함하지 않으므로, 과학자들은 이를 포함한 다양한 생물군의 비교를 위하여 보다 광범위하게 분포하는 단백질을 이용하게 되었다. 이 중 하나의 단백질이 cytochrome *c*인데, 헴을 포함하고 있으며 일반적으로 호기성 생명체에서 전자전달계의 일부로 기능을 한다(그림 8-21). **그림 12-7**은 cytochrome *c*의 53개의 다른 아미노산 서열에 기초한 계통수를 보여 주고 있다.

하나 또는 2개의 단백질에 기초하여 유도된 계통이 언제나 진짜 진화 역사를 반영한다거나, 다른 종간의 관계를 정확히 구별한다고 이야기할 수는 없다. α-hemoglobin 계통수에서 사람과 침팬지 사이에 차이가 없고, cytochrome *c* 아미노산 서열에서 낙타와 고래 사이에도 마찬가진데, 이는 이들의 진화적 변화를 반영하지 못하고 있다(또한 소, 돼지, 양 간에도 서열이 유사하다). 그러나, 단지 2개의 단백질의 제한된 샘플로부터 얻어진 정보가 비교해부학이나 고생물학의 광범위한 연구로부터 얻어진 계통관계에 근접한 결론을 얻고 있다는 사실은 매우 놀랄만하다.

수렴분자진화

여러 긴 계통의 가지 간에 단백질의 아미노산 염기서열의 유사성의 존재는 같은 기능에 대한 선택압의 존재를 의미한다(그림 12-1 참조).

재미있게도, 이와 같은 선택압은 원래는 다른 기능을 갖는 단백질의 다른 가지에 작용하여 유사한 기능의 단백질을 만들기에 충분하기도 한다. 즉, **수렴분자진화**를 일으킬 수 있다. 예로 유대류인 반추동물(예, 소)과 원숭이 종류 중 유일하게 전위를 갖고 반추를 하는 langur 원숭이의 경우, 발효 세균의 세포벽을 파괴하는 가수분해효소의 다섯 가지 아미노산이 서로 유일하게 공유하도록 변환되었다. 이 중 어떤 가수분해효소의 변환은 전위를 갖고 발효하는 조류의 일종인 호아친(hoatzin)새에서도 볼 수 있다. 이 경우 이러한 공통단백질의 변환은 독립적으로 변환된 것이 분명하다. 분자수렴 현상의 다른 하나는 혈관 피브린과 결합하여 동맥경화와 심장마비를 일으키는 포유동물 단백질이다. 대부분의 포유동물에서는 이 단백질, 아포리포단백질(apolipoprotein) A1이 결여되었지만, 사람과 고슴도치에서는 발견이 되는데, 하나의 plasminogen 유전자의 독립적인 복제에 의하여 독립적으로 기원한 것으로 보인다.[3]

보다 더 먼 분자수렴 현상은 계가 다른 균류와 동물 사이에서 볼 수 있는데, 특정 파리류 곤충(*Chironomus*)과 균사성 곰팡

[2] 수리적 접근은 Felsenstein(1988, 2004), Nei(1987), 그리고 Swofford et al.(1996)를 참조. 예를 들어 5개의 분류군에서 가능한 계통수는 100개 정도이지만, 20개 분류군에서는 천만 개, 20개 분류군에서는 200억 개(8.2×10^{21}) 이상이 된다. 50개 분류군에 도달하면 지구 상의 원자의 개수보다 많은 계통수(10^{74})가 만들어질 수 있다. 한번에 부분적으로 계통수를 고려할 수 없음을 고려하면 이는 수학적으로 복잡하고도 어려운 일이다.

[3] 발효연구에 대해서는 Stewart and Wilson (1987)과 Kornegay et al. (1994)을 plasminogen 유전자에 대해서는 Lawn et al. (1997)을 참조할 것

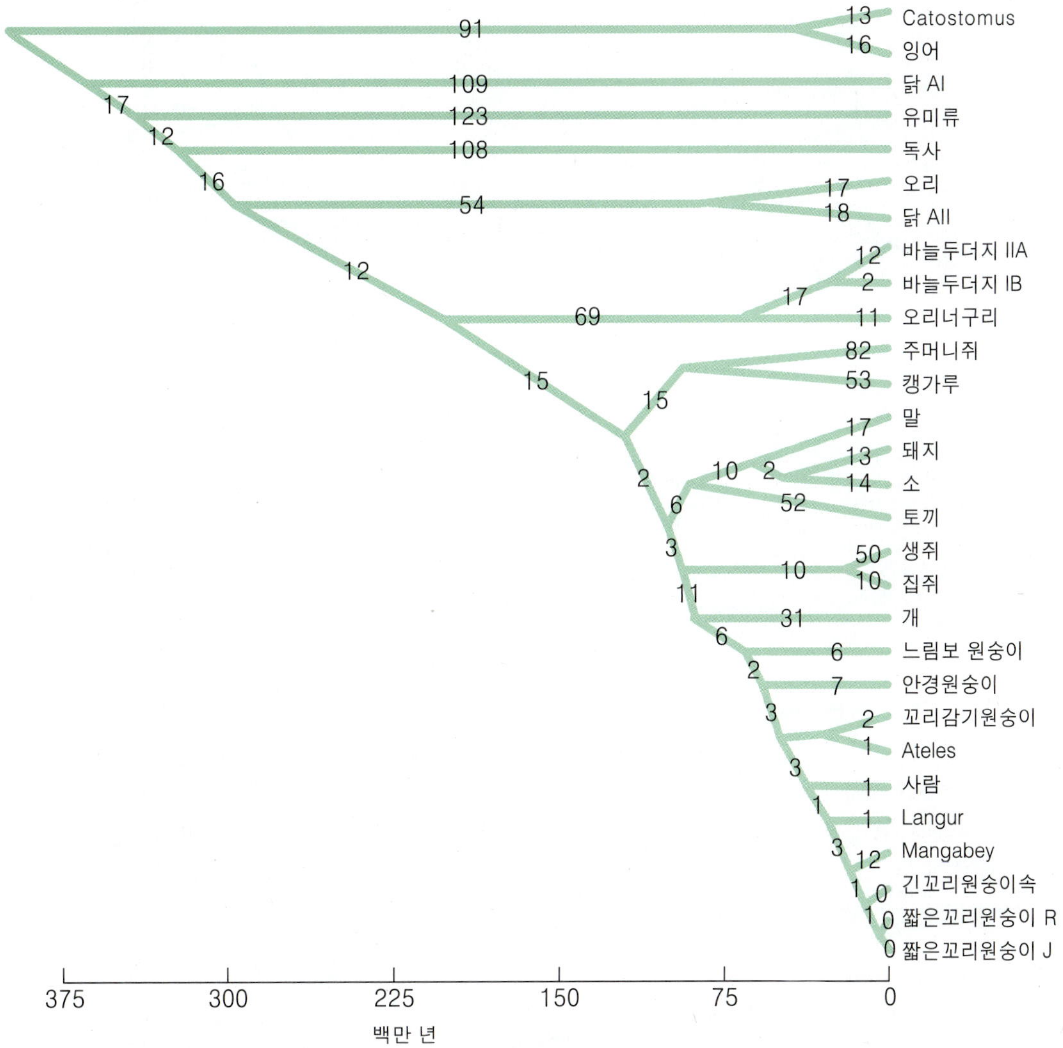

Catostomus
잉어
닭 AI
유미류
독사
오리
닭 AII
바늘두더지 IIA
바늘두더지 IB
오리너구리
주머니쥐
캥거루
말
돼지
소
토끼
생쥐
집쥐
개
느림보 원숭이
안경원숭이
꼬리감기원숭이
Ateles
사람
Langur
Mangabey
긴꼬리원숭이속
짧은꼬리원숭이 R
짧은꼬리원숭이 J

375 300 225 150 75 0
백만 년

그림 12-6 관찰된 아미노산 치환 수를 염기서열 치환 수(각 절간에 표시)로 계산하여 만든 척추동물의 α-hemoglobin 체인의 계통. 아래에 표시한 연대는 백만년 단위로 각 가지의 공통조상에 해당하는 연대를 고생물학적으로 추정하여 계산한 것이다(Goodman, M., 1976. Toward a genealogical description of the primates. In *Molecular Anthropology*, M. Goodman and R. E. Tashian (eds.). Plenum, New York, pp. 321–353.에서 각색).

이(*Trichoderma*)에서 볼 수 있는 매우 유사한 세포벽 단백질이다. Rey와 공동연구자(1998)들은 39 염기로 구성된 반복서열이 두 분류군에서 독립적으로 수렴진화에 의하여 발생하였음을 설명한 바 있다.[4]

진화역사를 보다 더 잘 반영하기 위해서는 상동성을 잘 인지하고 수렴진화의 효과를 최소화하는 것인데, 매우 다른 아미노산 위치 사이의 비교가 가능하도록 여러 다른 단백질의 자료를 하나로 유합하여 평가하는 것이다. 비록 과정상의 어려움이 있기는 하지만 이와 같은 시도가 이루어지고 있다. 그 하나의 예를 **그림 12-18**에 보여 주고 있다. 또 다른 예로는 단백질과 핵산 염기서열을 동시에 다루는 것인데, 이 예는 후반부에서 살펴본다.

[4] M. S. Y. Lee (1999)는 분자수렴의 여러가지 다른 예들을 논의하였다.

DNA와 반복서열

최초의 자가복제 생명체는 비교적 비경쟁적 환경하에서 자신의 보존에 필요한 소수의 기능만을 유지하기에 충분한 소량의 유전정보를 갖는 것으로 생각된다.

시간이 흐르고 이들 생명체들이 보다 도전적인 환경에 처함에 따라, 유전자의 기능과 조절을 증진시키는 것이 선택적으로 유리하게 됨으로써 유전정보량도 점진적으로 증가되었다. 환경에 대한 성공적 적응을 위한 생명체 간의 경쟁은 이들이 갖는 유전자의 종류와 수에 의존하게 되고, 진화적 변환은 이들 변환이 선행되게 된 것이다. 이와 같은 진화적 요인을 평가하는 방법 중의 하나는 다른 생명체 간의 유전물질의 양을 측정하는 것이다(**글상자 12-1**). 다음의

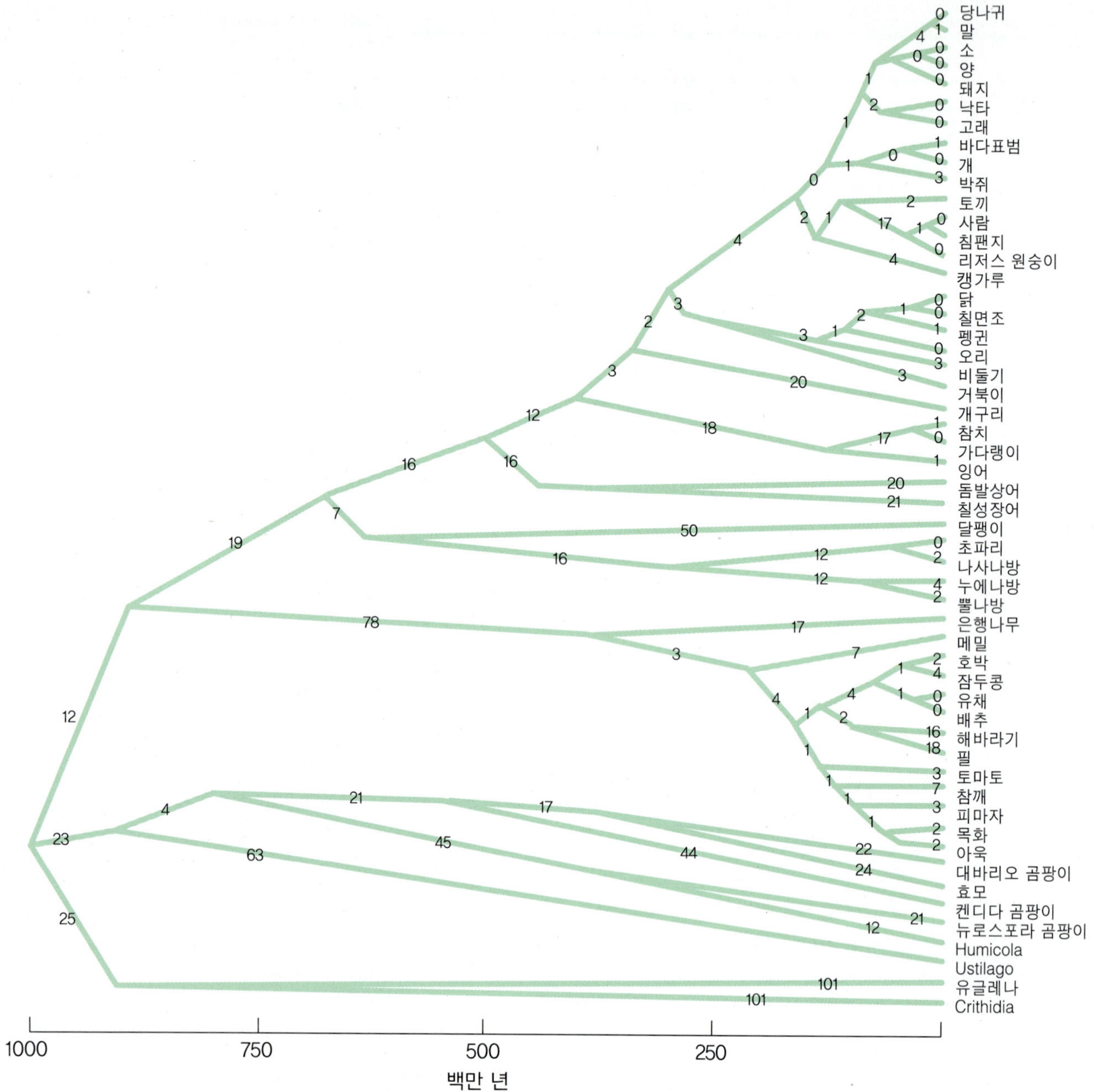

그림 12-7 곰팡이, 식물, 다양한 동물 간의 연관관계를 보여주는 cytochrome *c* 계통수. 추정한 분화 연대는 아래 수평 눈금으로 표시하였고, 각 절 간의 진화에 필요한 염기서열 치환 수는 절 간에 표시하였다. 염기치환 수가 5 이상이면 연구자들은 발견되지 않는 역행, 평행 돌연변이가 일어났다고 가정하며, 이는 그 수에 비례하여 증감할 것으로 생각된다. (Goodman, M., 1976. Toward a genealogical description of the primates. In *Molecular Anthropology*, M. Goodman and R. E. Tashian (eds.). Plenum, New York, pp. 321–353.에서 각색).

접근방법은 DNA를 보다 세밀하게 분석하기 위하여 한 생명체에 존재한다는 DNA의 종류간의 차이점을 결정하는 것이다.

이와 같은 연구는 Britten(1986)의 발견에 의하여 시작되었는데, 그는 DNA를 일정한 크기로 잘라서 이를 단일나선으로 분리하고 이것이 다시 염기서열의 특성에 따라 이중나선으로 복원되는 율을 측정한 것이다. 예로 DNA의 한 단일나선이 게놈 상에 완전히 결합할 수 있는 여러 번 반복되는 서열을 갖고 있다면, 희귀한 복잡한 서열보다는 훨씬 빨리 이중 나선 분자를 형성하게 된다(연구자들은 DNA의 단일나선에서 이중나선으로 변환시 관찰되는 광학적 변화를 측정함으로써 재 결합율을 정량화할 수 있다). 이러한 방법을 통하여 Britten과 공동연구자들은 DNA를 자주 나타나는 반복서열, 한 번 나타나는 유일한 서열 등으로 구분

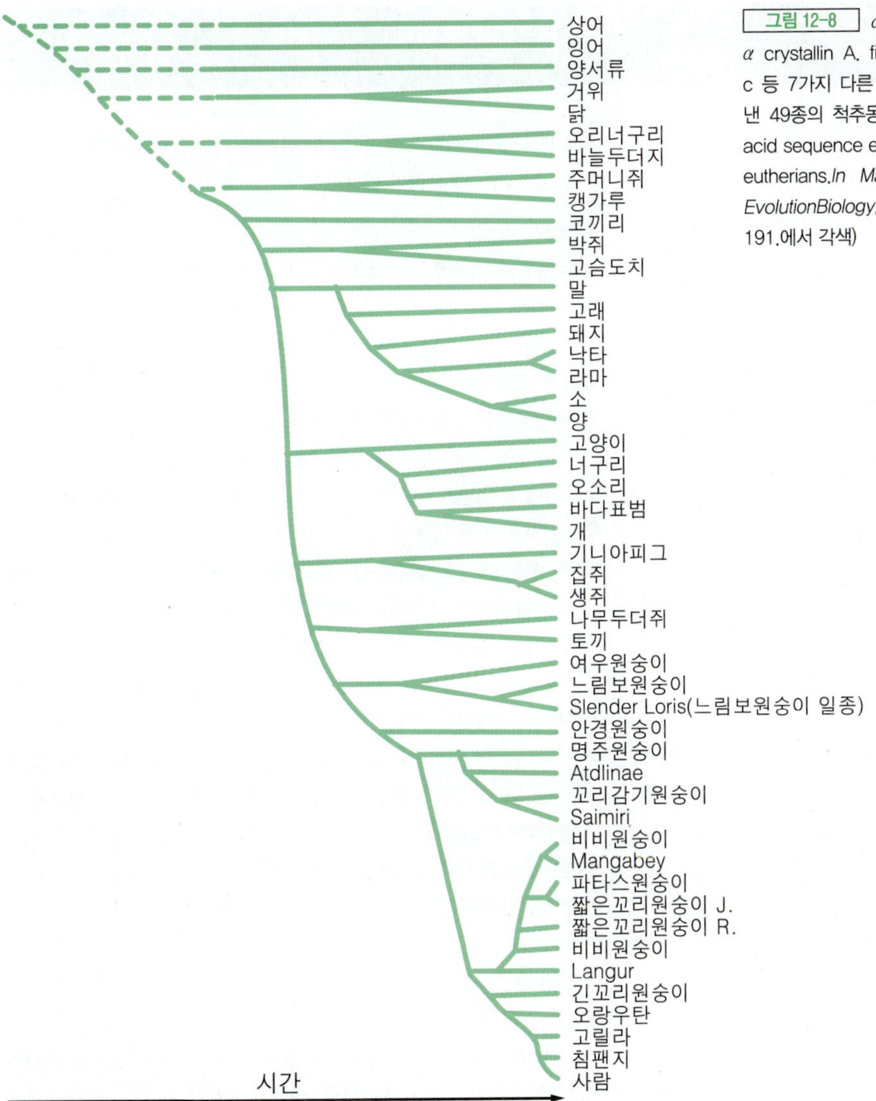

그림 12-8 α-hemoglobin, β-hemoglobin, myoglobin, lens α crystallin A, fibrinopeptide A, fibrinopeptide B와 cytochrome c 등 7가지 다른 유전자의 아미노산 서열을 유합 · 정열하여 만들어 낸 49종의 척추동물 계통수. (출처 Goodman et al., 1982. Amino acid sequence evidence on the phylogeny of primates and other eutherians.*In Macromolecular Sequences in Systematic and EvolutionBiology*, M. Goodman (ed.). Plenum, New York, pp. 115–191.에서 각색)

할 수 있었다.[5] **표 12-4**는 조사된 진핵세포 DNA의 상당부분이 반복서열이며, 어떤 서열은 200번 이하로 존재하고 어떤 반복서열은 백만 번 이상 나타나기도 한다.

이들 **반복 DNA** 단위의 길이는 100 이하에서 2,000 염기 이상의 길이이다. 초파리를 제외하고 비교적 짧은 반복서열은 그 기능은 모르지만, 비반복적 유일 DNA 서열 사이에 산재된 것으로 보인다. Davidson과 Britten과 같은 연구자들은 이들 산재된 서열이 원핵세포의 오퍼레터(operator)의 프로모터(promoter)와 유사하게 조절유전자로써 작용한다고 생각하며(10장 참조), 다른 연구자들은 이들 염기서열이 이질적 핵 RNA(HnRNA)의 긴 전사체로 전사되어 성숙한 mRNA로 변환되는 데 관여한다고 생각한다. 실제로 많은 진핵세포 mRNA 분자는 모체가 되는 HnRNA 분자보다 짧다는 것은 이를 가르키며, 하나의 유전자 내의 많은 DNA 염기가 단백질로 전위되지 않는다. 이들 중 일부는 유전자의 끝부분을 형성하고, *인트론*(intron)으로 알려진 것은 진핵단백질 유전자의 전체에 분포한다(그림 9–13 및 8장 참조).

긴 길이를 갖는 반복 DNA서열 가운데 어떤 것은 수회 반복적으로 배열된 리보솜 RNA (rRNA) 유전자들, 전사 RNA(tRNA) 유전자들, 히스톤(Histone) 유전자들과 같이 여러 번 반복된 다량유전자군계(multigene family)를 형성하는 것이 있다.

염기서열 상동성을 유지하는 하나의 기구는 *유전자치환*(gene conversion)이라는 전사오류 수정 방법으로 염색체 구조형성에 관여하는 히스톤 유전자와 같은 다량유전자군계의 동질성에 관여한다. 이 메카니즘은 둘 또는 이상의 유전자 간에 염기서

[5] 반복서열에 대해서 Britten and Kohne(1968), Britten and Davidson(1971), Britten(1986, 1998)을 참조.

글상자 12-1 정량적 DNA 측정

■ DNA 함량

Mirsky and Ris(1951)가 여러 다른 생물체의 DNA량을 측정한 이래 현재 1,000종 이상의 DNA량이 보고되었다. 이 방법은 다음 사항이 포함된다.

- 세포 내의 염색된 DNA량을 측정한다(포일겐 염색, Feulgen staining).
- 일정한 숫자의 세포로부터 DNA를 화학적으로 분리하여 평균 DNA량을 계산한다.
- 염색체 크기 또는 핵의 부피로부터 직접 DNA 함량을 계산한다.

이 방법에 근거하여, **그림 12-9**는 관찰된 세포내 DNA량의 평균 범위를 염기쌍으로 나타낸 것이다(1 picogram = 10^{-12}gm = 2.01×10^9 염기쌍). 이 자료는 DNA량과 일반적 진화상태 사이의 연관관계를 보여 주는데, 양이 작은 바이러스와 세균으로부터 비교적 양이 많은 고등진핵세포의 순이다. 그러나 이와 같은 순서는 일정한 것이 아니고 여러 군중 원시적이라고 생각하는(예로 양치류, 솔잎란류, 폐어류, 도롱뇽류) 군들이 비교적 많은 양의 DNA를 갖고 있다(*Protopterus*라는 아프리카 폐어는 사람의 40배에 해당하는 DNA를 갖는다).

DNA의 상대량은 포유류와 나자류와 같이 매우 다른 생물체들이 정확히 같은 양의 DNA를 갖고, 분명히 연관이 깊은 양서류 내에 또는 다른 군들 내에서 DNA량이 극히 다른 것으로 보아 복잡성이나 계통적 관계를 나타내는 단서는 아니다. 다세포생물에서 게놈 크기와 표현형의 복잡성 간의 불일치성을 '*C-값 paradox*'라고 부르는데, C-값은 DNA 염기쌍의 수 또는 무게의 단위로 게놈의 크기를 나타낸다(글상자 8-3 참조).[a]

그럼에도 불구하고, 어떤 저자들은 이들 자료로부터 몇 가지 일반적인 결론을 유도하고자 하였다. 몇몇 군 내에서 일반적인 종들보다 DNA량이 적은 특수한 종들이 존재하는데, 예로 연어나 청어와 같은 일반적인 어류는 DNA량이 1.2~4.4 picogram 범위인 반면, 바다말과 angler 어류 등과 같은 특수화된 어류는 0.45~0.80 picogram의 범위이다. 그러나 같은 시간에 조류, 원생동물, 양치류, 양서류의 여러 종들은 많은 양의 DNA를 갖도록 특수화되었다. DNA량과 염색체수의 관계는 연속성의 또 다른 변수이다. 식물과 어류의 경우, DNA량과 염색체 수는 상관관계를 보이지만 포유류의 경우는 그렇지 못하다.

■ DNA 함량과 염색체 수

DNA 함량과 염색체 수의 관계는 변이에 대한 또다른 특성이다. 식물과 어류에서는 DNA 함량과 염색체 수 간에 연관관계가 있으나 포유류에서는 그렇지 않다. 중국과 인도의 문착사슴(*Muntiacus reevesi* and *M. muntjac*)의 경우, 형태적으로 매우 유사한 포유류이지만 염색체 내에 분포된 DNA량은 유사하나 수는 매우 다르다(그림 10-5 참조). 일반적으로 DNA량에 관한 자료만으로는 진화역사를 이야기하기 불가능하며 보다 많은 자료의 분석이 필수적이다.

■ 유전자 수

다른 생물체의 염기 수를 측정하는 것 외에 진화상태의 정보를 얻기 위한 또 다른 접근 방법으로 **유전자 수를 비교**하는 것이다.

최근 DNA 염기서열 결정 기술과 생물정보학 기술의 비약적인 발전에 힘입어 DNA 염기서열은 급진적으로 증가하고 있다. 2006년 6월 현재 476종의 생물체의 유전체가 해독되었다. 이에는 46종의 고세균, 319종의 세균, 41종의 진핵세포 종들이 포함된다(글상자 8-1 참조). 어떤 분류군은 1종 이상의 유전체가 해독되었는데, 초파리속의 경우 7종의 유전체 정보가 있어서 종 수준의 진화의 이해에 사용가능하다. 이 수는 앞으로 급격히 증가할 것이며, 608종의 진핵세포를 포함한 2,037종의 유전체 분석이 진행되고 있다. 이들 결과는 생명수의 주요군간에 유전자 수를 추론하는 좋은 정보가 될 것이다. 유전자의 수는 대부분의 진화학자들이 예견한 것 보다는 실제 적었다. 표 12-6은 정보가 알려준 종들을 선별하여 실제와 추정한 유전자 수를 보여 준다. 글상자 12-4에서 생명수를 5 또는 6개의 대군으로 구별하여 설명하였다.

아직도 전반적인 결론을 내리기에는 유전자 수에 대한 정보가 극히 제한적이다. Bird(1995)는 생물군 간의 유전자 수 차이(표 12-6)는 유전자 산물의 비효율성을 제한하는 기구 때문이라고(noise reduction) 예견하였다. 따라서, 원핵세포는 세균의 전사조절(그림 10-13)이 많은 수의 유전자에는 비효율적이므로 평균적으로 수천개 이상의 유전자 밖에 가질 수 없고, 기능이 필요치 않는 유전자들도 상시로 켜져 있는 상태라는 것이다.

Bird에 따르면, 진핵세포는 핵막이 전사와 단백질 전위를 분리하여 이와 같은 잡음을 방해하므로, 전사된 mRNA 서열만 핵질로 보내는 여과작용을 하며, nucleosome과 histone 단백질을 이용하여 기능적으로 필요 없는 유전자들은 단단하게 접혀 있게 한다는 것이다. Bird의 주장은 이전에 transposon과 같은 게놈 기생체를 억제하는 데 이용됐던 척추동물에서는 DNA cytosin 메틸화가 추가되어 이와 같은 전사제어기구가 보강되었다는 것이다. 이와 같은 억제기구가 단계적으로 추가되어 전사 및 전위단계의 낭비를 방지하게 되고, 생물체가 적절하게 유전자를 표현하도록 보다 많은 유전자를 가질 수 있게 되었다는 것이다. 그러나, 이와 같은 기구가 복제와 돌연변이 수선의 증진된 시스템에 원인이 있는지 그 결과인지는 아직 알려지지 않고 있다.

[a] 본 내용에 대한 소개와 최신 개요는 각각 Cavalier-Smith(1985)와 Greilhuber et al. (2005) 참조. 조류의 유전체 크기는 Gregory (2002), 식물의 유전체 크기는 Bennett and Leitch (2005), 예쁜꼬마선충(*Caenorhabditis* (100Mb), 초파리(*Drosophila* (175Mb), 애기장대(*Arabidopsis* (157Mb)의 유전체 크기 비교는 Bennett et al. (2003)을 참조

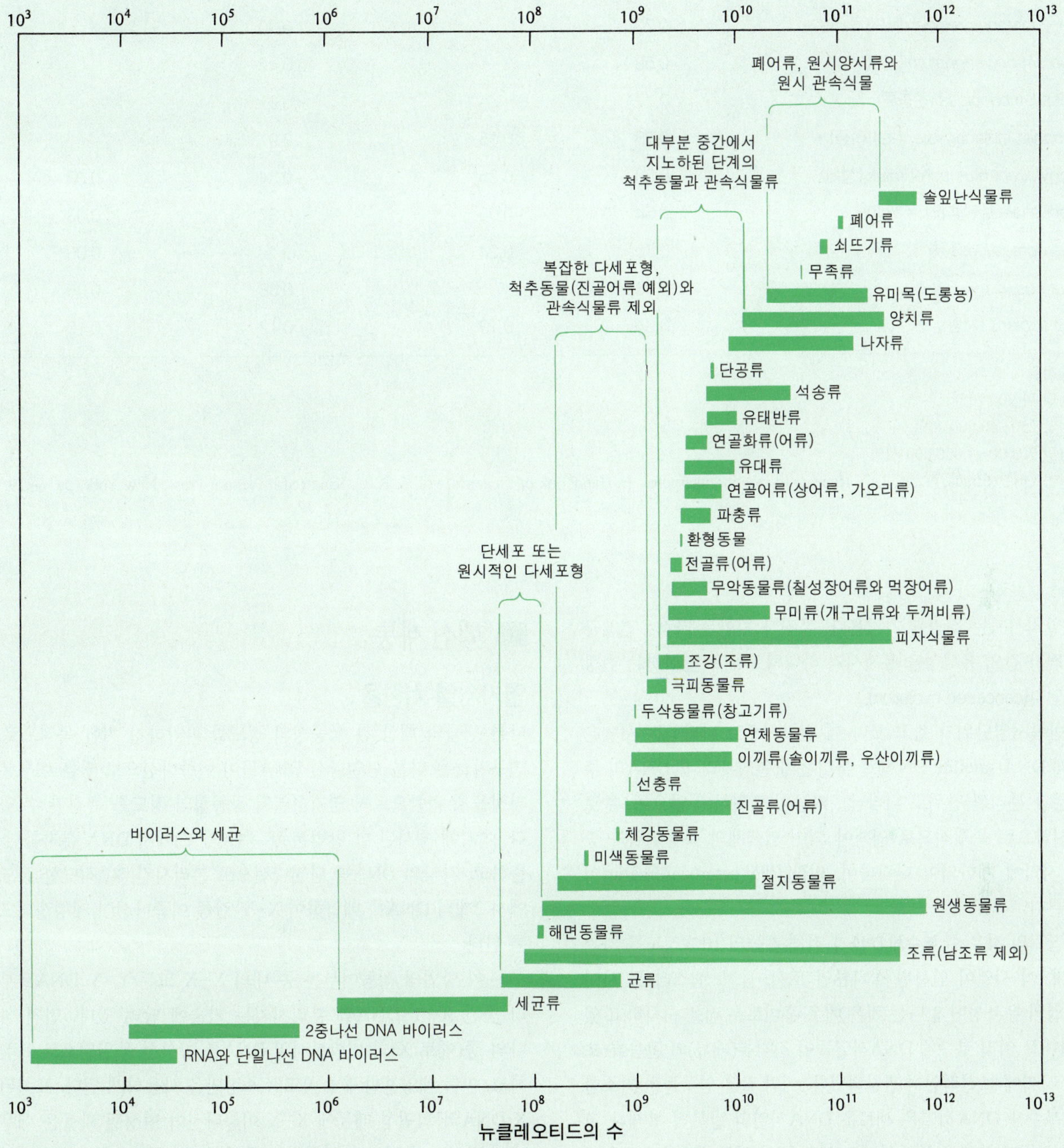

그림 12-9 여러 생물체 간의 유전물질의 양을 염기서열 수로 비교한 자료. 각 수평그래프는 각 군 내의 조사된 종간에 발견된 염기서열 수의 범위를 나타낸다. 염기서열 수의 값은 한 생물의 반수성 게놈 내의 핵산의 무게를 측정하고, 이를 1 gm의 핵산 = 2.0×10^{21} 염기서열 수라는 공식에 의하여 계산한 것임. 따라서 배수체의 사람 염색체(6.4×10^{-12}gm)을 가지므로 $(6.4 \times 10^{-12}) \times (2.0 \times 10^{21}) = 12.8 \times 10^9$ 염기서열 수 또는 이중나선 DNA의 염기쌍은 6.4×10^9이라는 계산이 나온다. 이는 길이로 2m 이상이다(2.9×10^6 염기쌍 = 1 milimeter). (M. W. Strickberger, 1985. *Genetics*, 3rd ed. Macmillan, New York에서; Sparrow, A. H., H. J. Price, and A. G. Underbrink, 1972. A survey of DNA content per cell and per chromosome of prokaryotic and eukaryotic organism: Some evolutionary considerations. *Brookhaven Symp. Biol.*, **23**, 451–493.에서 각색).

표 12-4 여러 게놈에서 비반복 DNA서열과 세 가지 단계의 반복 DNA서열의 비율을 추정한 자료

Organism	비반복 서열[a]	부분반복 서열[b]	중단위 반복서열[c]	고단위 반복서열[d]
Chlamydomonas reinhardtii (조류)	0.70		0.30	
Physarum polycephalum (균류)	0.58		0.42	
Ascaris lumbricoides (선충류)	0.77		0.23	
Drosophila melanogaster (초파리류)	0.78	0.15	0.07	
Strongylocentrotus purpuratus (성게)	0.38	0.25	0.34	0.03
Xenopus laevis (삽다리 두꺼비)	0.54	0.06	0.37	0.03
Gallus domesticus (닭)	0.70	0.24		0.06
Bos taurus (소)	0.55		0.38	0.05
Homo sapiens (사람)	0.64	0.13	0.12	0.10

[a] 단일서열
[b] 게놈당 약 200 서열
[c] 게놈당 250~60,000 서열
[d] 게놈당 70,000~1,000,000 서열
출처: 데이터는 Straus, N. A., 1976.Repeated DNA in eukaryotes. In Handbook of Genetics, vol. 5, R. C. King (ed.). Plenum Press, New York, pp. 3–29. 에서).

열을 일치시키는 결과를 가져온다. 유전자 치환은 다량유전체군의 유전자 간의 유사성을 유지시켜 하나의 단위로 진화하는 현상을 보인다(concerted evolution).

반복서열단위가 짧고 보다 더 반복적으로 나타나는 서열은 부수체 DNA(satellite DNA)로 불리는데(원심분리 후 DNA의 주요부분과 분리된 단위로 나타남), 기능이 명확하지 않으며, 주로 염색시약으로 특징적으로 염색이 되며 염색체의 특정부위와 중심체 지역에 제한되어 나타나며, **이질염색질**(heterochromatin)이라 부른다.

집쥐의 경우 한 **부수체 DNA**가 전체 게놈의 10% 정도를 차지하는데, 이 서열이 연관된 설치류인 토끼, 들쥐, 햄스터 등 사이에 서열의 유사성이 없다는 것은 매우 흥미로운 점을 시사하고 있다. 반대로 여러 부수체 DNA서열들이 갑각류(게류)와 곤충류(초파리) 사이에 보전적임이 관찰되었다. 이와 같은 연구들은 최소한 어떤 부수체 DNA서열은 새로운 DNA서열의 반복적 복제나 조상 DNA 특정서열을 복제시킴으로써, 종의 진화과정에서 급진적으로 형성되었음을 의미한다. 여러 다른 종류의 부수체 DNA, 양의 차이, 여러 다른 기원의 가능성들은 이들의 기능이 다양하거나 또는 기능이 없다는 것(Miklos)을 의미한다. 10장에서 논의한 바와 같이 여러 생물학자들은 이들 서열 중 많은 것들이 '이기적 DNA (selfish DNA)' 라고 생각한다.[6]

[6] 이기적 DNA는 Doolittle and Sapienza (1980), Orgel and Crick (1980), Charleworth et al. (1994)를 참조할 것

핵산계통

염기서열 치환율

다른 생물의 핵산 간 상동성의 정도를 파악하기 위한 목적으로, 연구자들은 다른 단일나선 DNA들이 이중나선으로 쌍을 이루는 과정을 추적함으로써 염기서열의 상동성의 정도를 측정할 수 있다. 여기에 제시된 한 방법은 두 종(X와 Y)에서 DNA 분자를 추출하고, 각각의 DNA를 단일나선으로 분리시킨 후, 적당한 온도에서 2개의 DNA를 배양하여 X–Y 잡종 이중나선이 재형성되도록 한다.

이 방법의 성공여부는 종 내의 X–X 또는 Y–Y DNA로부터 종간 X–Y DNA를 분리시키는 기술에 달려 있다. 먼저 하나의 종(예로 X)의 비반복서열 DNA를 방사선 동위원소로 표식하고, 이를 배양혼합체에 비교적 소량만을 사용하게 된다. 표식된 X DNA의 희귀성 때문에 X–X 이중나선이 형성될 확률은 매우 낮고 방사선 추적자로 표식된 이중나선 DNA는 모두 X–Y로 여기게 된다. 다음 단계로 이중나선 DNA를 hydroxyapatite 결정체상에서 추출하여 이 특성을 관찰한다. 만약 X와 Y의 DNA가 완전히 같고 염기서열상에 차이가 없다면 (즉, 동일종), 잡종 X–Y DNA가 단일나선으로 녹는 온도(melting temperatore)는 물론 X–X, Y–Y의 경우와 같을 것이다 (**그림 12-10**). 그러나 X와 Y 서열이 다르다면, X–Y 잡종은 일부 염기서열의 비결합 때문에 안정성이 감소하므로 보다 쉽게 분리되며, 녹는 온도는 낮아지게

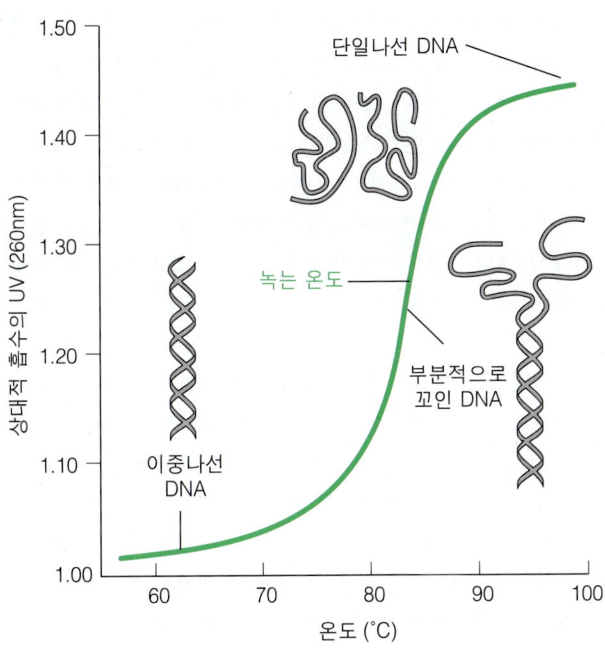

그림 12-10 T4 bacteriophages의 DNA 녹는 온도 곡선. UV 흡광도가 DNA의 50%가 이중나선에서 단일나선으로 변환되는 84℃ 정도에서 크게 변환된다. (Monroe W. Strickberger의 *Genetics Third Edition*. Prentice hall, Inc., upper Saddle River, NJ.의 허가하에 재인쇄).

될 것이다. 여러 실험 결과 X와 Y 사이에 염기서열이 1% 다르다면 X–Y 잡종 DNA의 온도 안정성은 1°C씩 낮아진다는 결론이다.

이와 같은 방법은 동시에 10억 개 이상의 염기서열을 비교할 수 있으므로, 제한된 개수의 형질을 비교함으로써 정보를 얻을 때 보다 훨씬 더 많은 정보를 제공받을 수 있다. Sibley와 Ahlquist(1987)는 과거에는 어렵거나 불가능하다고 생각했던 조류의 계통을 이 방법에 근거하여 완성하였다. 이들은 또한 과거에는 불확실했던 사람–침팬지–고릴라의 관계를 DNA–DNA 비교에 근거하여 영장류의 계통을 성공적으로 작성한 바 있다(**그림 12–11**). 나아가 Sibley와 Ahlquist는 이와 같은 과정에 수천만 개의 염기서열이 관여하며 염기변화는 수백만 년 단위로 일어나므로 시간의 변화에 염기서열의 일반 변화율을 비교적 신뢰할 수 있을 정도로 추정이 가능하다고 주장하였다. 고생물학적 증거로 보아 신대륙 원숭이류와 유인원–사람류 혈통은 3천 3백만 년 전으로 추정되고(20장), 이들 그룹간의 관찰된 열 안정성의 변화는 7.7°C이므로, 33/7.7 = 4.3으로 1°C의 변화에 약 4백 30만 년이 소요된다는 계산이 나온다. 따라서 그림 12–11의 아래 눈금에 여러 유인원 분류군들이 분화된 시점을 추정하여 나타낼 수 있었다.

이와 같은 방법은 **DNA–DNA잡종** 자료로부터 얻어진 염기서

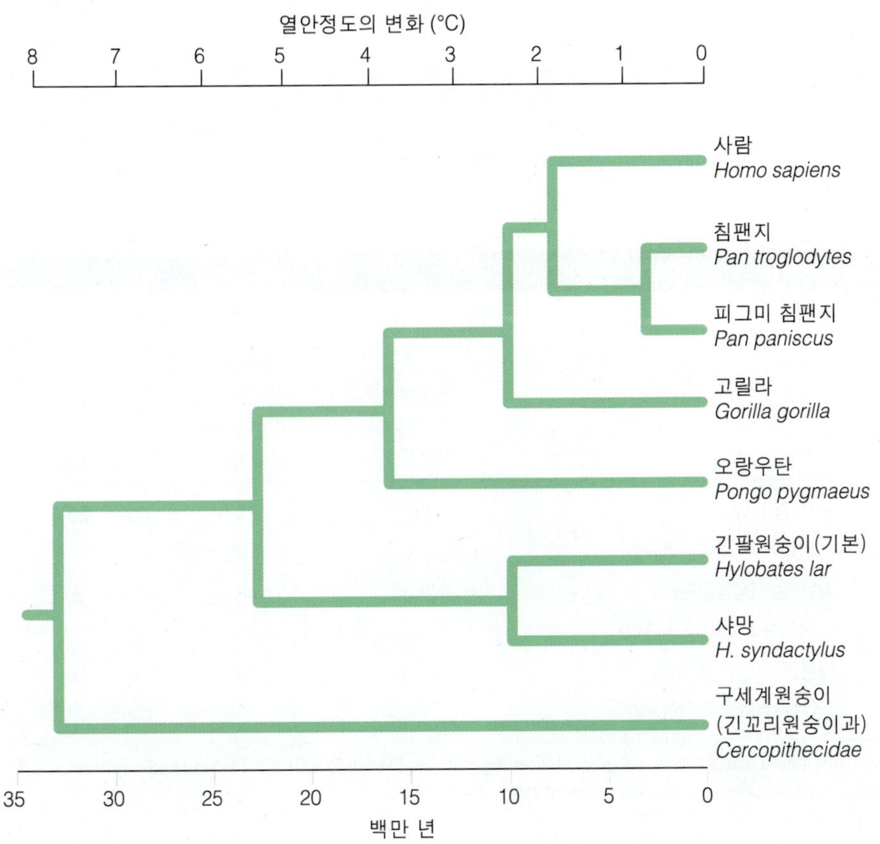

그림 12-11 DNA–DNA 잡종연구에 기초한 사람, 유인원, 구대륙 원숭이 간의 계통수와 분화시점.
Templeton(1986)은 이 계통수와 침팬지–고릴라 계열이 함께 사람에서 분리된 것으로 보는 계통수(P. Andrews,1987)의 구별이 쉽지 않다고 주장하였다. 반면, DNA–DNA 잡종 이외의 다른 방법을 이용한 연구에서는 Sibley와 Ahlquist(1984)의 결론을 지지하였다.(Sibley, C. G., and J. E. Ahlquist, 1984. The phylogeny of primates as indicated by DNA–DNA hybridization. *J. Mol. Evol.*, **20**, 2–15.에서 각색).

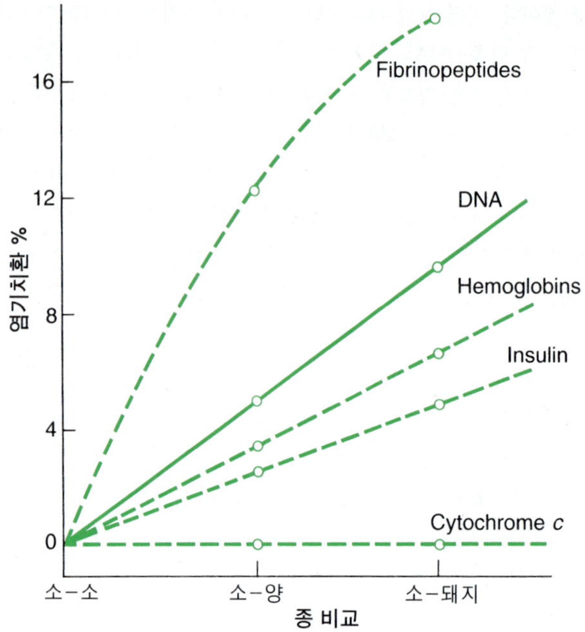

그림 12-12 Artiodactyls의 3종 간에 관찰된 염기서열의 차이. 본 자료는 DNA-DNA 잡종자료(실선), 여러 단백질들의 아미노산 서열분석으로부터 추정된 염기치환 값(점선)에 기초한 것이다. (McCarthy, B. J., and M. N. Farquhar, 1972. The rate of change of DNA in evolution. *Brookhaven Symp. Boyl.*, 23, 1-41.에서 각색).

열 치환율과 이미 알고 있는 단백질의 아미노산 치환율의 비교를 가능하게 하였다. 예를 들어 Thorpe(1982)가 했던 것처럼 **그림 12-12**에서 보여주는 바와 같은 비교를 하였을 때, 연구자들은 DNA 변화율이 fibrinopeptides를 제외한 모든 단백질의 변화율보다 높음을 알게 되었다.[7] 따라서 조사된 DNA 서열의 많은 부분이 cytochrome과 insulin과 같은 필수 단백질을 코드하지 않거나 아마도 단백질을 전혀 코드하지 않는 것으로 보인다. 대개 쓰레기(junk)DNA 또는 이기적(selfish)DNA인 이러한 서열은 엄격히 선택되는 단백질을 코드하는 유전자보다 더 빠르게 변화를 축적한다. 여러 진핵세포에서 이와 같은 비암호화(noncoding) 쓰레기(junk) DNA의 부분은 비교적 크다. 예를 들어, R. Nowak(2006)는 단백질과 기능적 RNA 서열 중 어떤 것도 코드하지 않는 DNA가 전체 DNA의 97%를 차지할 것으로 추정했다. 이들 부가적 DNA 서열에는 인트론(그림 9-13) 및 부수체와 같은 반복적 서열, 미소부수체와 *Alu* 서열과 같은 산재요소(interspersed elements)까지 포함된다. 따라서 시간에 따라 돌연변이의 수도 증가한다고 예상하지만, 아미노산 변환을 허용하는 돌연변이의 수가 단백질 기능과 밀접한 관련이 있다는 것을 생각해 볼 수 있다.

단백질의 기능과 돌연변이의 변환의 관계는 생명체의 아미노산 코돈 내의 고정된 돌연변이의 숫자의 비교에 의하여 알아낼 수 있다. **표 12-5**에 보여 준 바와 같이, 분류군 간의 거리가 멀수록 공통조상으로부터 나뉜 시간도 길어지고, 아미노산의 변화를 일으키지 않은 잠재돌연변이(synonymous mutation, 상동돌연변이)의 수도 비례하여 증가한다.

반면 고정된 아미노산이 치환되는 돌연변이 수는, 몇몇 단백질에선 수용 가능한 변이가 많이 일어나고 다른 단백질에서

[7] Fibrinopeptides에서 일어나는 변화들의 비교적 빠른 시간 내에 축적되는 것은 그들의 기능과 연관하여 설명할 수 있다. Fibrinopeptides는 혈병(피떡) 형성시 제거되는 fibrinogen 분자의 부분들이기 때문이며, 이 부분에서 아미노산 서열변환은 fibrinogen활성에 거의 영향을 주지 않는다.

표 12-5 여러 생물체로부터 상동단백질의 상동치환(잠재치환)과 비상동치환(아미노산 변환치환)의 비를 비교한 자료

			1억년 당 100개의 아미노산의 변환수		
상동적 단백질	비교된 종류	관계	공통조상으로부터 두정된 연대(백만년)	상동적 돌연변이 (아미노산 변화 없음)	치환적 돌연변이 (아미노산 치환)
β hemoglobin	토끼 : 쥐	같은 강(포유강, 다른목(포유강 : 조류강)	80	34	25
Cytochrome *c*	설치류 : 닭	같은 문(척색동물문), 다른강(포유강 : 조류강)	250	43	8
Histone 3	성개 :송어	다른문 (극피동물문 : 척색동물문)	650	50	0.8

출처: Jukes, T. H., 1996. How did the molecular revolution start? What makes evolution happen? In *Evolution and the Molecular Revolution*, C. R. Marshall and J. W. Schopf (eds.). Jones and Bartlett, Sudbury, MA, pp. 31-52의 표에서 변형).

는 변이가 적게 일어나므로 기능에 기반한 패턴을 가진다. 예로, DNA와 결합하여 DNA 분자의 굽힘에 관여하는 histone 3 단백질의 경우 모든 진핵세포 생물에서 거의 변화가 없다. 이는 같은 전사과정을 수행하고 같은 DNA 복제기구가 같도록 공통적 염기성 염색체 구조를 제공하는 것이다. 이와 같은 기능적 선택 때문에 histone 3 단백질은 hemoglobin이나 cytochrome *c* 단백질에 비하여 실제적으로 아미노산 변환을 허용하지 않는 것이다. 돌연변이 과정은 임의로 일어나고, 이들 단백질에 잠재돌연변이는 일정한 비율로 일어나므로, 고단위의 선택적 과정이 아미노산 치환을 제한하거나 허용하는 주된 요인 임을 알 수 있다.

제한효소단편길이다형성(RFLP)

비교학적으로 DNA를 분석하는 하나의 접근방법은 특이적으로 짧은 염기서열을 인지하여 자르는 **제한효소**를 이용하는 것이다. 예로, 대장균에서 분리한 *Eco*RI 효소는 다음과 같은 이중나선 DNA의 6개 염기서열 GAATTC/CTTAAG를 인지하여 화살표로 표시한 바와 같이, 양방향의 A와 G 사이를 잘라낸다.

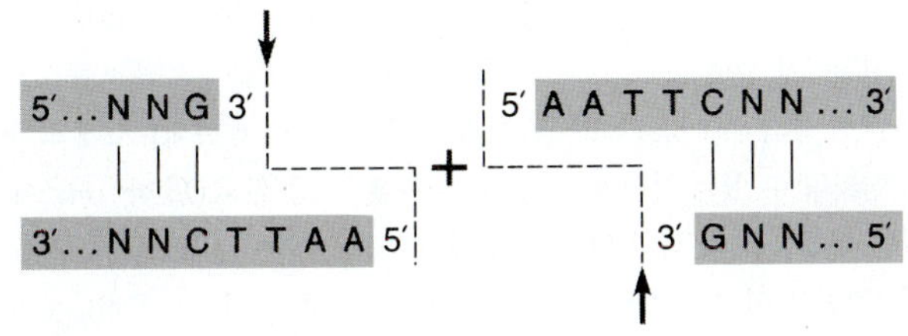

DNA 분자는 각각 염기서열이 다르므로, *Eco*RI 효소에 의하여 인지되는 장소의 수와 위치가 다르게 되며, 각각의 DNA는 이들 효소로 처리할 경우 특징적인 절편을 만들게 된다 (**글상자 12-2 및 표 12-6**). 또한 여러 가지 제한효소가 각기 다른 위치를 인지하고 자르기 때문에, 하나의 DNA 분자에 여러 다른 효소를 처리하여, 각각의 DNA에 특이적인 절단산물을 만들 수 있다. 개체 간의 유전적 절단 패턴의 차이(**제한효소단편길이다형성, RFLP**)를 기록하여 집단 내의 유전적 변이를 추정할 수 있고(Nei, 1987), 각각의 유일한 형태를 **반형(haplotype)**으로 정의할 수 있다.

제한효소 절단 DNA의 특이적 위치는 비교적 작은 반복 DNA서열에서 미토콘드리아 DNA와 길게는 염색체 전체 DNA에 이르기까지 제한효소 지도로 나타낼 수 있다. 예로 Ferris와 공동연구자(1981)들은 사람과 유인원의 미토콘드리아 DNA를 19개의 다른 효소들을 이용해 분석한 후 지도를 작성하였다. 이들 효소는 각 미토콘드리아 DNA를 약 50개의 지점에서 끊는데, **그림 12-14**에 5종 간의 상세한 위치를 표시하고 있다. 이전에 결정된 계통과 동일하게 사람은 오랑우탄과 긴팔원숭이보다 침팬지와 고릴라와 더 많은 위치를 공유하고 있다.(Smouse and Li, 1987).

염기서열 비교와 상동성

계통결정의 보다 정확한 방법은 DNA 잡종연구나 제한효소 지도 연구로부터 연관관계를 추론하는 것보다는 **다른 생물종 간에 직접 핵산염기서열을 비교하는 것**이다. 이 방법은 단백질 코딩 DNA와 코딩을 하지 않는 DNA 염기서열 간의 변화를 비교할 수 있고, 아미노산 코딩 지역 내에서 비상동치환과 상동치환의 정도를 결정하는 등의 장점이 있다. 현재 바이러스에서 진핵세포에 이르는 20만 종 이상의 생물체로부터 9천만 이상의 염기서열 정보가 이용가능하다(**그림 12-15**). 이들 자료는 GenBank(http://www.ncbi.nlm.nih.gov/Genbank/)에서 얻을 수 있다. 완성된 유전체 정보도 900종 이상의 생물에서 알려졌고, GenBank에서 얻을 수 있다.

진화적 관점에서 염기서열 결정 기술이 발전되고 자동화됨에 따라 분자 자료는 급속도로 누적되고 있으므로, 다양한 범위에서 비교유전학적 연구를 수행할 기회가 주어진 셈이다. 예로 9개의 완전히 해독된 원핵세포의 게놈을 보면 다음과 같은 주요한 진화적 특성이 나타난다.

- 게놈 간의 상당한 양의 수평적 유전자 전위
- 유전자 복제의 양을 볼 때, *Bacillus subtilis* 게놈의 경우 25% 이상이 복제산물
- 고생세균의 단백질 서열이 진핵세포단백질보다는 진정세균 단백질에 보다 높은 유사성을 보임
- 반대로 복제, 전사 및 전위에 사용되는 단백질들의 경우 고생세균과 진핵세포 사이에 보다 높은 유사성을 보임
- 어떤 게놈들의 경우 50% 이상의 유전자가 그 기능이 알려져 있지 않음
- *Mycoplasma genitalium*에서 480개의 유전자가 있음을 볼 때, 이 이하의 유전자 수가 세포의 생명을 유지하는 데 필수적인 숫자로 보임.

이 장이 기술된 시점(2006년 11월)에서 가장 최근에 척추동물에 가까운 극피동물의 보라성게의 유전체 서열이 완성되었다.

글상자 12-3에 논의한 바와 같이, 특히 중합효소연쇄반응(PCR, **그림 12-16**)과 같은 기술적 발달은 화석재료의 DNA로부터도 염기서열 결정이 가능하도록 발전하였으며, 최근에는 네안데르탈인과 현생인류 사이에 유전체가 98%가 같다는 것도 밝혀졌다(20장 참조).

현생 생물의 특정유전자를 대상으로 한 PCR 증폭을 통한 비교연구는 예상치 않은 연관관계에 대한 결과를 도출하기도 한다. 그 한 예가 여러 영장류에서 *β-globin 유전자군집*의 DNA 서열을 형질로 하여 작성한 하나의 계통수이다 (**그림 12-5 참조**). 또 다른 예는 여러 다른 아미노산들을 수용하는 다른 tRNA 분자의 리보솜 결합에서 기능을 하는 2개의 리보솜 단위 중 큰 것의 조성 성분인 5*S* rRNA와 같은 보다 널리 분포하는 핵산구조로부터

글상자 12-2 실험관에서 분자진화

생물학에서 분자정보의 현상적 성장은 진화과정을 자연이 아닌 순차적 변화를 보다 잘 분석할 수 있는 실험실에서 증명할 수 있는 여러 시도를 불러일으켰다. 이 과정은 많은 양의 생화학적 분석과 빠른 세대 및 유전적 및 환경적 조건의 엄밀한 조절 등이 요구되므로 연구자들은 대부분 미생물을 대상으로 본 연구를 실시하였다.

시험관 진화의 공통적 방법은 세균 균주를 세포가 쉽게 대사할 수 없는 새로운 탄소 원(예, 자일리톨) 또는 질소 원(예, 부티르아미드)에 배양하는 것이다. 연구자들이 이와 같은 세포를 돌연변이 유발물질에 동시에 노출시켰을 때 돌연변이 비율이 증가하고 어느 정도의 적응적 돌연변이도 증가하게 된다. 그리고 자연선택이 새로운 요구된 환경에 대한 물질대사 효율성이 증가된 이들 세균 균주들의 생존을 허용하는 새로운 목표를 향한 방향으로 진행된다. 이런 종류의 진화적 변화는 새로운 기질에서 초기에 비효율적이었던 효소들이 처음에는 주로 다른 목적으로 사용되었으나, 이들이 부분적 선 적응의 새로운 역할을 시작하는 효소의 적응을 통하여 종종 일어나고 있다. 여러 연구들이 다양한 이와 같은 적응변화(Clarke)를 중요하게 다루고 있다.

1. 비효율적 효소의 합성은 조절 돌연변이를 통하여 구성효소가 된다. 따라서 새로운 기질의 존재 하에 이 효소의 존재량이 증가한다(그림 10–13d).
2. 한 조절돌연변이는 새로운 기질이 비효율적인 효소의 합성을 유도할 수 있게 할 수 있다.
3. 돌연변이는 기질이 세포에 보다 쉽게 들어올 수 있게 할 수 있다.
4. 유전자복제는 비효율적 효소의 생성을 증가시킬 수 있다.
5. 돌연변이가 효소의 구조적 유전자에 일어나서 이전에 비효율적 효소가 새로운 기질을 보다 효과적으로 물질대사를 할 수 있도록 할 수 있다.

E. coli 단백질에 대한 실험에서 Campell과 공동연구자들은 효소진화의 놀랄만한 결과를 보여 주었다. 비현실적인 인공적 배지에 세균을 적응시키는 대신에 β-galactosidase Z 유전자가 결여된 세균 균주를 젖당배지에 노출시켰다(그림 10–13a). β-galactosidase의 부재시 lactose(젖당)은 가수분해되지 않으므로, 특별한 색깔을 띠는 배지에서 이와 같은 세균군집은 빨간 색깔인데 반하여, 젖당을 사용하는 군집은 흰색을 띄므로 연구자들은 이를 쉽게 구별할 수 있다. 젖당 함유배지에서 이들 세균을 한달 정도 키우자 효율은 낮으나 젖당을 사용하는 흰색 군집이 나타나는 것을 발견하였다. 이들을 더 생장시키고 선택하여 젖당을 보다 효율적으로 사용할 수 있는 새로운 젖당 이용세포를 만들 수 있었다. 최종적으로 선정된 진화된 *β-galatosidase* (*ebg*)라 부르는 세균 균주를 다른 당들을 보강하지 않은 젖당 배지에서 키웠을 경우 야생형 *E. coli*와 같이 빨리 군집을 형성하였다.

여러 실험을 통하여 *ebg* 균주는 β-galatosidase와 전혀 다른 젖당 분해 효소가 진화되었음이 입증되었다. 이 새로운 효소는 β-galatosidase보다 분자량이 크고, 면역학적 특성도 다르며 다른 전하를 갖는 것으로 판명되었다. 흥미롭게 Hall과 Hartl은 β-galatosidase와 유사하게 젖당이 새로운 효소의 생성을 조절하는 것을 알아냈다. 이 유전자의 염기서열을 결정하여 Stokes와 Hall은 EBG 시스템이 *E. coli lac* operon의 과거 복제 산물이었음을 알아냈다. 이 연구는 특정기능에 대하여 유사성이 낮은 단백질이 돌연변이와 선택을 통한 진화과정을 통하여 기능이 높은 단백질로 변환될 수 있음을 보여 주고 있다.

핵산수준에서 Mill와 공동연구자들(1973)은 실험관에서 아주 작은 자가복제 분자의 진화과정을 증명하였다. 이들은 Qβ 바이러스의 4,220bp의 분자를 복제 효소와 여러 화학 물질을 공급하여 복제하였다. 초기 복제분자만 다음 단계의 새로운 배양계로 전이시켜 고속 복제의 선택압을 주었다.

이 상태에서 성공적인 Qβ 분자는 배양액 내에서 복제효소에 의하여 인지될 수 있는 서열만을 갖도록 요구된다. 즉 원래 Qβ 바이러스에 있는 복제효소 및 과피 단백질 등 불필요한 부분 등은 필요없게 된다. 연구자들은 이 과정에서 선택압을 가중시켜 전체 배양액에 1개의 분자만이 복제될 수 있도록 하였다. 이 하나의 단일나선 분자는 복제효소를 재빨리 불러들여 새로운 나선을 합성하고 이 과정을 반복한다. 이 과정을 통해 단지 220bp로 구성된 독립적으로 복제하는 RNA 분자를 유도하였다(**그림 12–13**).

더 나아가 Eigen과 공동연구자들은 이 실험과정이 가역적인지를 실험하였다. 즉 주형 RNA 서열없이 Qβ replicase가 나뉘는지 검증하였다(그림 12–13). 나아가 이 Qβ replicase가 여러 다양한 환경 하에서 복제 가능한 다른 분자로 변형되는지를 실험하였다. 이러한 실험을 통하여 돌연변이 서열을 일으키는 RNA 나선의 빈도를 염기서열 별로 결정하고, 고단위의 복제성을 갖는 최적 돌연변이체를 유도하는 데 필요한 사이클의 수를 결정하였다.

특정염기서열에 대하여 복제의 에러율을 이겨내도록 선택적 이득이 있을 때, 야생유전자형의 안정성이 유지된다. 만약 에러율이 너무 높으면 유전자형은 적응의 정보를 잃게 되고, 에러율이 너무 낮으면 적응에 대한 발전 역량이 감소하여 최적 돌연변이율을 갖는 계열에 비하여 이들 계열은 아마도 멸종하게 될 것이다.

이들 결정요인은 분자 내의 염기서열의 길이이다. 예로 Eigen이 지적한 바와 같이, RNA polymerase는 DNA polymerase보다는 복제의 정확도가 떨어지고 단일나선 RNA 바이러스의 RNA의 길이는 10^4 bp보다 길지 않으며, 이 값은 에러율과 선택적 이용성으로 부터 계산할 수 있을 것이다.

빨리 진화하는 새로운 분자를 만드는 시험관 진화의 장점은 여러 생물학자들을 흥미롭게 하고 있다. 예로 Breaker와 Joyce (1994)와 공동연구자들은 그림 12-13에 보여 주는 Qβ서열의 반정도 크기의 RNA 분자들이 시험관 복제에서 자체의 신호로 복제되면서 진화함을 입증하였다. 이들은 하나의 RNA 촉매제(Ribozyme)가 단지 52시간 내에 14,000배 이상 효과적으로 복제되면서 연속적으로 진화하는 시스템을 발전시켰다.

또한 이들 연구자들은 Stemmer (1994)가 보여 준 시험관 진화에 성을 도입시켰다. 즉 유전서열을 분획시켜 이들을 PCR 방법(그림 12-15)을 통하여 여러 방법으로 재조합시켰다. 이들 새로 재조합된 염기서열은 재조합 없이 만들어진 염기서열보다 수천배 효율적(항생제 저항성)이었다(23장 참조). 실험적 분자진화는 분자수준에서 일어나는 변화를 이해하고, 이들의 생화학적 및 진화학적 유의성을 이해하는 데 도움이 되며, 새로운 기능을 갖는 분자를 만들어 내는 등 매우 유망한 분야로 발전하고 있다.

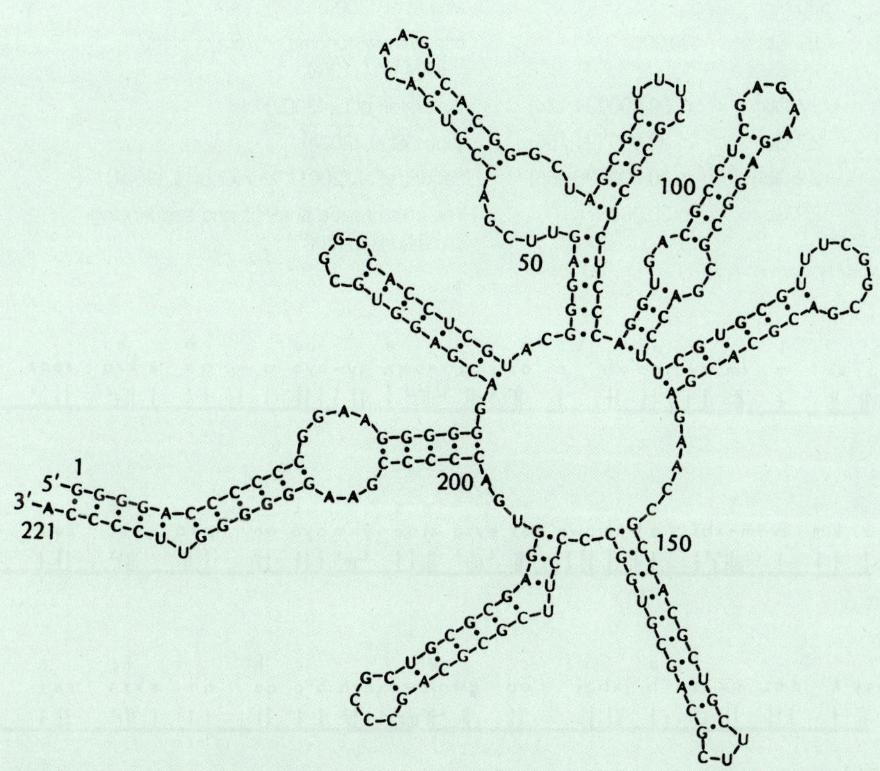

그림 12-13 Qβ 바이러스의 복제효소를 포함하는 혼합물에서 자가복제가 가능한 가장 최소단위 RNA 분자의 염기서열과 2차구조(Miele, E. A., D. R. Mills, and F. R. Kramer, 1983. Autocatalytic replication of a recombinant RNA. *J. Mol. Biol.*, 171, 281-295.에서 각색).

표 12-6 18개 분류군에 대한 유전체 염기서열수와 추정 유전자 수

Species	Number of Nucleotides	Estimated Number of Genes	Reference
Yersinia pestis (림프절 페스트와 폐렴성 페스트를 일으키는 박테리아)	4.5 Mb	3,956	Chain et al. (2006)
Escherichia coli (박테리아)	5 Mb	3,470	Chen and Szostak (2006)
Saccharomyces cerevisiae (효모)	12 Mb	6,604	The Yeast Genome Directory (1997)
Cryptococcus neoformans (효모)	20 Mb	6,500	Loftus et al. (2005)
Caenorhabditis elegans (선충)	97 Mb	19,000	The C. elegans Sequencing Consortium (1998)
Arabidopsis thaliana (flowering plant from the mustard family)	115 Mb	25,498	Arabidopsis Genome Initiative (2000)
Drosophila melanogaster (초파리)	137 Mb	14,100	Adams et al. (2000)
Ciona intestinalis (해초류)	160 Mb	15,852	Dehal et al. (2002)
Anopheles gambiae (모기)	278 Mb	13,683	Holt et al. (2002)
Takifugu rubripes (Fugu)	365 Mb	c. 30,000	Aparicio et al. (2002)
Tetraodon nigroviridis (민물 복어류)	370 Mb	27,918	Jaillon et al. (2004)
Oryza sativa (쌀)	466 Mb	c. 50,000	Yu et al. (2002)
Bombyx mori (누에)	530 Mb		Mita et al. (2004)
Danio rerio (zebrafish)	1.7 Gb	30,000	http://www.genome.org/cgi/content/full/11/11/1958
Mus musculus (house mouse)	2.4 Gb	c. 30,000 (24,174)	Waterston et al. (2002)
Rattus norvegius (Norway rat)	2.7 Gb	c. 30,000 (21,166)	Gibbs et al. (2004)
Homo sapiens (사람)	2.9 Gb	c. 30,000 (26,966)	Lander et al. (2001); Venter et al. (2001)
Pan troglodytes (침팬지)	2.9 Gb	c. 30,000	The chimpanzee analysis and sequencing consortium (2005)

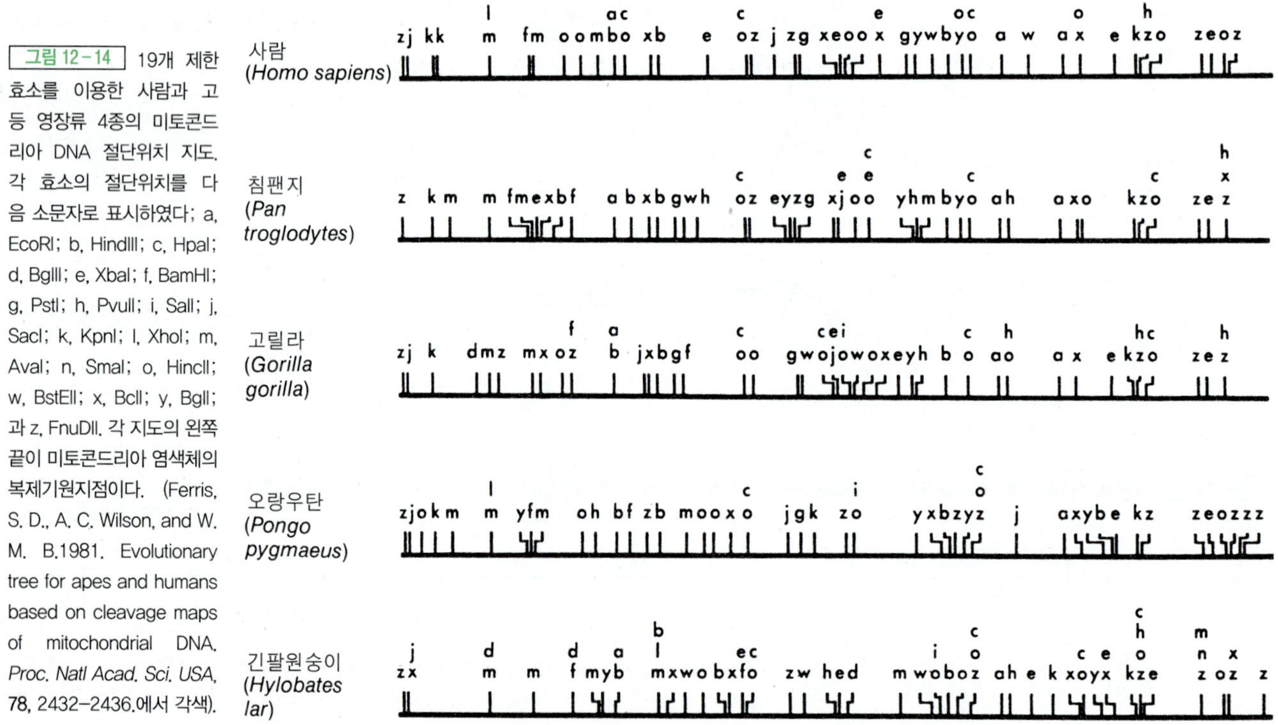

그림 12-14 19개 제한효소를 이용한 사람과 고등 영장류 4종의 미토콘드리아 DNA 절단위치 지도. 각 효소의 절단위치를 다음 소문자로 표시하였다; a, EcoRI; b, HindIII; c, HpaI; d, BglII; e, XbaI; f, BamHI; g, PstI; h, PvuII; i, SalI; j, SacI; k, KpnI; l, XhoI; m, AvaI; n, SmaI; o, HincII; w, BstEII; x, BclI; y, BglI; 과 z, FnuDII. 각 지도의 왼쪽 끝이 미토콘드리아 염색체의 복제기원지점이다. (Ferris, S. D., A. C. Wilson, and W. M. B.1981. Evolutionary tree for apes and humans based on cleavage maps of mitochondrial DNA. *Proc. Natl Acad. Sci. USA*, 78, 2432–2436.에서 각색).

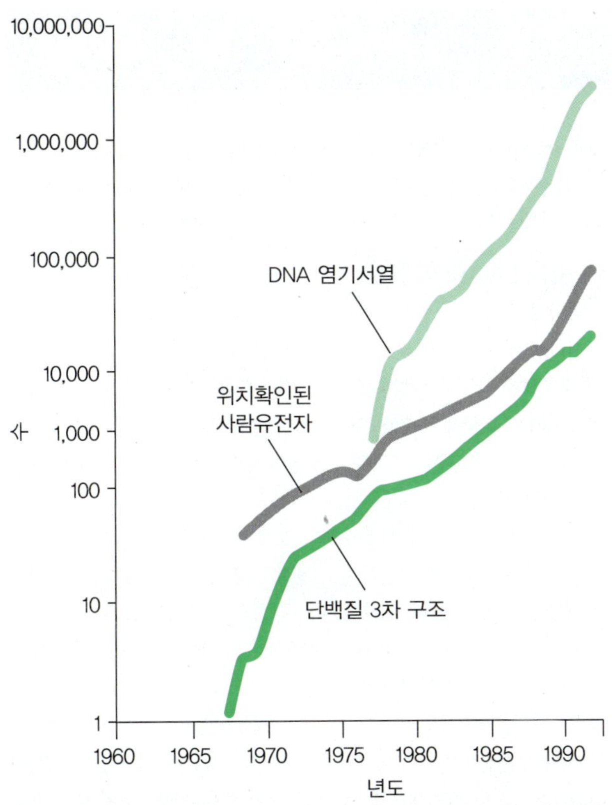

그림 12-15 지난 수십 년간 얻어진 생물 분자 정보량의 증가를 보여 주는 자료. GenBank에서 202,000종, 250만 이상의 다른 DNA서열을 이용가능하고 (2005년 9월, 900만 bp). 이 양은 매 18~24개월마다 배로 증가하고 있다. 3만 개의 사람 유전자지도가 작성되었고 단백질 정보은행에 약 37,000개의 단백질의 3차구조가 저장되어 있다. (Boguski, M. S., 1998. Bioinformatics–A new era. In *Trends Guide in Bioinformatics*. Elsevier Trends Journals, Haywards Heath, West Sussex, UK, pp. 1–3.에서)

온 것이다. 이와 같은 기본적인 단백질 합성기구는 일단 진화하면 불가능한 건 아니지만, 변화하는 것이 어렵고 모든 생물체에서 진화적으로 보존적이다. 5*S* rRNA의 2차 구조는 모든 생명체에서 공통적으로 같으므로(**그림 12-17**), 이를 이용하여 여러 다양한 5*S* rRNA들의 각각의 염기서열 위치를 정열시킬 수 있다. 이와 같은 정렬이 효과적일 때, 연구자들은 5*S* rRNA 간의 차이점을 이용하여 염기변화를 진화적 거리로 계산하여 계통수를 제작할 수 있다.

그림 12-18에 보인 바와 같은 계통수는 원시 원핵세포와 원시 진핵세포가 곰팡이류(예, 효모)와 동·식물류의 분화보다 5% 정도 빨리 진행되었음을 보여 준다(Gouy andLi, 1989 참조). 생물학자들은 후자의 분화가 약 12억 년 전에 일어난 것으로 추정하므로, 초기 원핵-진핵세포의 분리는 18억 년 전에 일어났을 것으로 추정되는데, 이는 원고생대(Proterozic 시대)에 진핵세포화석이 발견됨으로 지지되고 있다(9장 참조).

5*S* rRNA 분자는 동물 미토콘드리아에는 없고, 복잡한 분자 계통을 세우는 데는 너무 짧으므로 다른 긴 리보솜 RNA서열을 광범위한 염기서열 비교에 이용된다. 예로 그림 12-17은 큰 18*S* rRNA서열에 근거한 진핵생물의 계통을 보여 주며, 그림 8-7(생명계 전체 계통수)은 이 분석을 진정세균, 고세균 및 진핵생물로 확장한 것이다.

M.W. Gray와 공동연구자들(1984)은 미토콘드리아와 엽록체 RNA를 이용한 연구에서 이들 기관이 진정세균에 속하는 것을 밝혀 이들 세포내 소기관의 내공생설을 입증하였다. 흥미롭게 이 연구에서 동물과 곰팡이의 미토콘드리아는 비광합성 호기성세균으로부터 기원하였으나, 식물미토콘드리아는 남세균에서 독립적으로 기원하였음을 보여 주었다. 이후 연구에서(1989), 이 연구자들은 식물미토콘드리아가 2개의 다른 내공생에 의한 합성진화로 기원했을 가능성을 언급한 바 있다. 미토콘드리아가 세균으로부터 기원하여 공통적인 유전자 코돈을 가졌다는 것은 미토콘드리아의 코돈변화가 공통코돈이 형성된 이후 변화되었음을 의미한다.

미토콘드리아 DNA

생물학자들이 척추동물군, 포유동물군, 사람 등의 좁은 범위의 생물군을 비교할 때는 보통 **미토콘드리아 염기서열**을 이용한다(Avise, 1994 참고).

미토콘드리아 DNA의 장점은 쉽게 분리가 가능하고 최근에 분화한 생물체들을 인지하고 유사성을 논의하기에 충분한 빠른 속도로 진화한다는 것이다. 하나의 예로, 미토콘드리아 DNA 서열분석은 남아프리카의 형태적으로 다양한 시클리드 어류 종들이 하나의 공통조상에서 단계통적으로 기원하였지만, 다른 호수에서 볼 수 있는 유사성들은 공통조상이라기보다는 평행진화와 역행진화에 의하여 형성되었다(**그림 12-19**)는 결론이다. 이와 같은 분자연구의 명백한 교훈은 형태적 특징만으로는 언제나 충분한 계통을 세울 수 없다는 것이다. 예로, 수렴진화가 여러 다양한 대형동물(aschelminthes) 그룹간의 형태적 상동성의 원인이 되며, 분자적 발견은 이들이 독립적인 조상을 가지고 있음을 보여 준다.[8]

효소적 전좌자료를 (동위효소) 이용하는 것에 부과하여, 연구자들은 종간보다 더 가까운 연관관계, 즉 레이스 간의 연관관계, 또는 한 레이스 내의 개체 간의 연관관계 등을 분석하는 데 핵산분석방법을 이용한다. 예로, 20장에서 논의하는 바와 같이, 미토콘드리아 DNA 연구는 현존하는 여러 사람 레이스 간의 연관관계를 밝혀내는 데 이용되었다.

[8] 시클리드종분화는 Meyer et al. (1990), Goldschmidt (1996)을 참조하고, 대형동물(aschelminths)에 대해서는 Winnepenninckx et al. (1995)와 16장을 참조.

글상자 12-3 고대 DNA

DNA는 죽었거나 화석화된 생물체에서도 추출할 수 있다. 이러한 DNA를 "고대 DNA"라고 부른다.

처음에는 세포 내에 존재하는 분해효소 때문에 생물이 죽은 후 DNA는 빨리 분해되며, 나중에는 산화, 가수분해 및 빛에 의하여 분해가 진행된다. 죽은 후 DNA는 시간이 지남에 따라 더 잘게 분해된다. 대부분의 고대 DNA는 미토콘드리아 DNA를 분석하는데, 이는 미토콘드리아 DNA가 핵 DNA보다 양이 많아 더 잘 보존되기 때문이다. 두 번째로 중요한 문제는 오염이다. 고대 DNA에는 충분한 길이의 보존된 DNA가 너무 적으므로 주변의 DNA로부터 쉽게 오염이 된다. 따라서 고대 DNA를 다룰 때는 항상 기술적으로 어려움이 있다.

죽은 생물체의 DNA를 분리하여 서열을 결정하는 방법은 1984년에, 현재는 멸종한 말의 일종인 콰가얼룩말(quagga)의 140년된 박물관 표본의 근육세포에서부터 시작되었다. Higuchi와 공동연구자들(1984)은 콰가얼룩말의 미토콘드리아 DNA 229염기 쌍을 분석하여 현생 얼룩말(*Equus zebra*)의 같은 부위의 미토콘드리아 DNA서열과 비교한 결과 12염기가 치환되었고, 이 중 2개만 아미노산 치환을 일으킨 것임을 알아냈다. 이들 자료는 이들 종이 말과의 공통조상을 공유하고 콰가얼룩말이 멸종된 이후 DNA염기서열에 큰 변화가 없었음을 나타낸다.

그러나, 여기에 여러 제한점이 있었다. 첫째, 연구자들은 너무 짧은 DNA서열을 추출하였고, 어느 것도 100–200bp를 넘지 않았으며, 이집트 미이라의 Alu 반복서열 분석도 마찬가지였다.[a] 둘째, 더 중요한 것은 세균에 cloning하기에 충분한 양의 DNA를 획득하기가 매우 어려웠다는 것이다.

■ 중합효소연쇄반응(PCR)

다행스럽게 1980년대 중반 Kary Mullis에 의하여 **중합효소연쇄반응(PCR)**이 발견되어, 연구자들이 극소량의 DNA만 존재하여 성공적으로 많은 양의 DNA를 증폭할 수 있는 길이 열렸다. 1990년대까지 수천 곳의 실험실에서 고대 DNA 분석을 포함한(Mullis 등) 여러 목적으로 PCR방법을 이용하였다.

간단히 요약하면, PCR은 복제하고자 하는 목표 DNA(고대 DNA)의 양끝에 짧은 한 쌍의 primer 서열을 위치시키고, 여러 복제 cycle을 반복하는(그림 12–16 참조) 과정이다. 각 cycle을 거치면서 목표 DNA수는 기하급수적으로 증가하는데, 30~40 cycle 후에는 최초 DNA수의 수백만에 해당하는 복제품이 만들어진다. 이와 같이 많은 양의 DNA를 만들어 연구자들은 정확하게 목표 DNA의 염기서열을 결정할 수 있다.[b]

PCR방법은 핵산추출이 가능한 어떤 조직에서든 정확한 염기서열결정을 가능케 함으로써 분자유전학의 혁명을 가져왔다. 이 방법으로 여러 화석생물에서 분석된 DNA서열은 캥거루쥐; 유대류여우 (Tasmanian wolf); 호박속의 곤충, 식물 및 척추동물; 극지방과 플로리다 산성늪지에 남아 있는 사람의 조직, 뉴질랜드의 날 수 없는 새(ratites), 화석 식물조직과 종자, 곰팡이 포자 등등 광범위하다.

■ 고대 DNA의 발견

그러나 화석의 퇴행 때문에 화석 DNA는 매우 드물게 남아 있고, 발견되더라도 매우 심하게 분절되거나 변형된 경우가 많다. 예견된 바와 같이 생명체의 활동기간에는 문제가 없던 세포내 및 외적의 여러 인자들이 고대 DNA 상해의 주요 요인들이다. RNA는 단일나선이어서 DNA의 이중나선 보호, 분자구조의 안정성이 없으므로, 보다 급속도로 변화가 일어난다.

이와 같은 제한에도 불구하고 고대 DNA연구는 급속도로 신장하고 있으며, 여러 고생물학적 언쟁에 답을 주고, 문제가 되는 계통의 해결에도 도움을 주고 있다. 이스터섬의 사람의 뼈로부터 나온 고대 DNA는 정착자들이 네델란드 탐험가 Thor Heyerdahl이 제시한 남아메리카 인디안이 아니고 다른 태평양섬으로부터 온 Polynesian임을 입증하였다. 또한, Cooper와 공동연구자들(1992)은 날지 않는 뉴질랜드 조류연구에서 키위새와 멸종한 모아새가 이전에 제시된 것보다 훨씬 연관이 멀고, 키위새는 오스트레일리아 에뮤와 화식조에 보다 가깝다는 것을 알았다.

흥미로운 발견 중 하나는 3만~10만년 된 네안데르탈인의 뼈에서 분리한 특징적인 고대 미토콘드리아 DNA이다. 네안데르탈인과 현대인과의 관계에 대한 여러 의문에 대한 답을 얻고자(20장 참조) Krings와 공동연구자들(1997)은 네안데르탈인 서열이 정상적인 사람의 샘플변이보다 훨씬 독특함을 보여 주었다. 이들의 발견에 따르면, 네안데르탈인 계열은 현대인과 60만년 전에 분화하였고, 현대인의 미토콘드리아에 기여한 바 없이 멸종되었다는 것이다.

이들 결과들과 다른 연구들이 진화 이해에 긍정적이지만, 오랜 생명체의 재생성의 의미는 극히 제한적이다. 분석하기에 알맞은 고대 DNA의 발견의 어려움과 적게 분절된 DNA의 발견이 어려운 점은 고대 DNA로부터 고대 생물을 재현한다는 것을 전적으로 불가능하게 한다. 단세포 생물이 수천 개 유전자를 갖는다고 생각하면, 대부분의 다핵생물체는 수만 개 이상에 의존한다. 우리는 한 동물에서 분리한 수백만 개의 DNA 단편을 어떻게 기능적인 세포의 염색체로 짜 맞추는지 모르고 있고, 수천 개의 유전자가 발생과정을 조절하도록 이를 어떻게 맞출지도 전혀 모르고 있는 것이다.

[a] 이집트 미라에서 추출한 DNA 연구는 Pääbo, 1993, 2003 참조. 3만 년 전 9세에 왕위에 올라 18세까지 이집트를 지배했던 소년왕 투탕카멘의 DNA를 분석함.
[b] 다양한 멸종생물 DNA 분석과 관련된 연구는 Herrmaan and Hummel (1994)이 편집한 논문집을 참조

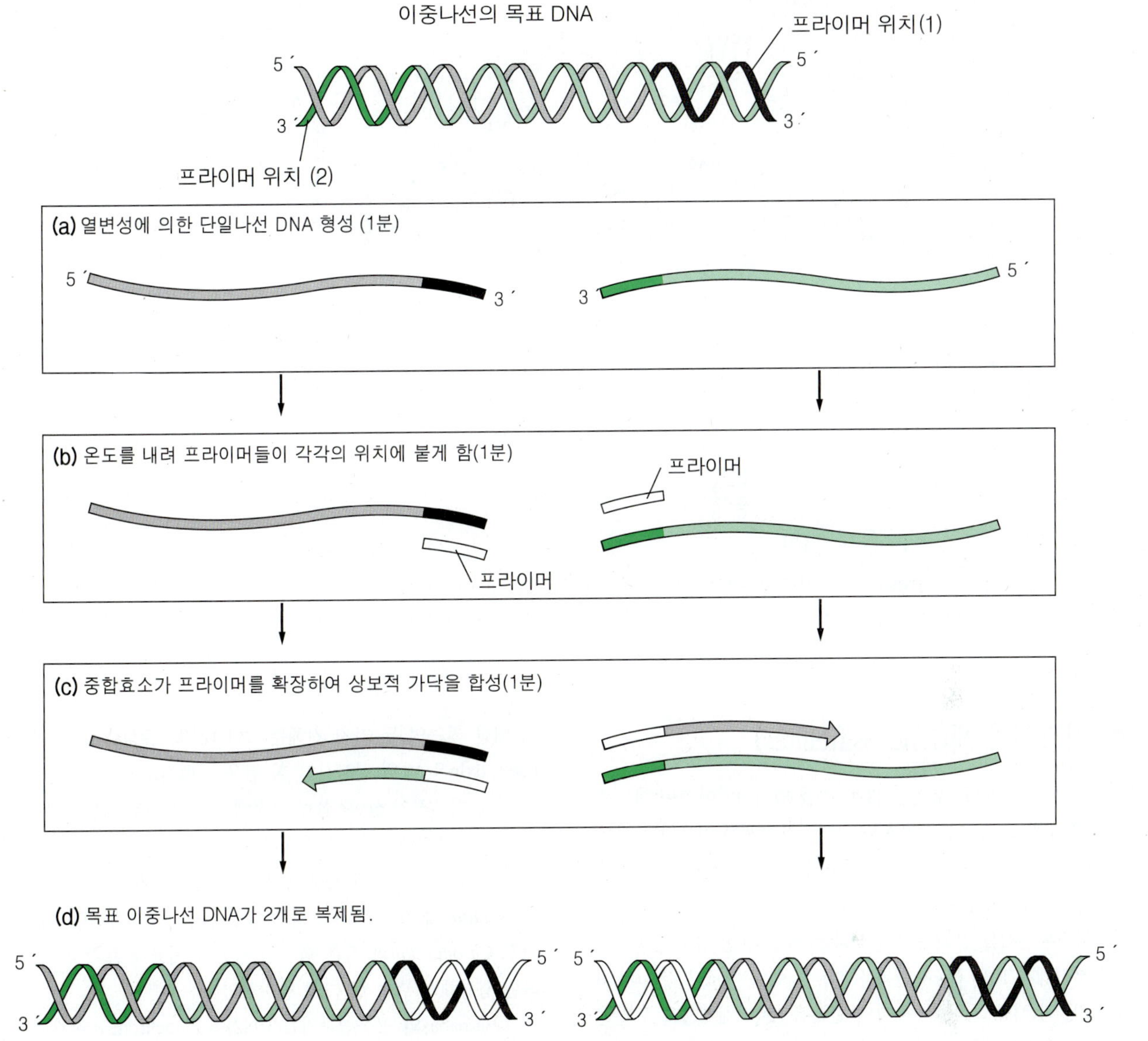

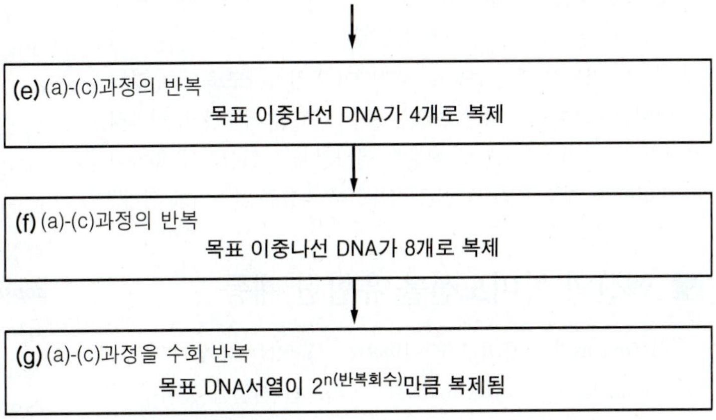

이중나선의 목표 DNA

프라이머 위치(1)

5´ 5´ 3´ 3´

프라이머 위치 (2)

(a) 열변성에 의한 단일나선 DNA 형성 (1분)

5´ 3´ 3´ 5´

(b) 온도를 내려 프라이머들이 각각의 위치에 붙게 함(1분)

프라이머

프라이머

(c) 중합효소가 프라이머를 확장하여 상보적 가닥을 합성(1분)

(d) 목표 이중나선 DNA가 2개로 복제됨.

5´ 5´ 5´ 5´ 3´ 3´ 3´ 3´

(e) (a)-(c)과정의 반복
목표 이중나선 DNA가 4개로 복제

(f) (a)-(c)과정의 반복
목표 이중나선 DNA가 8개로 복제

(g) (a)-(c)과정을 수회 반복
목표 DNA서열이 $2^{n(\text{반복회수})}$만큼 복제됨

그림 12-16 DNA염기서열을 2kb 이상까지 복제하는 중합효소연쇄반응(PCR)의 기본단계를 간단히 보여 주는 모형도. 목표 DNA의 양끝에 짧은 primer 위치를 위치시키고(a), DNA를 단일나선으로 변성시켰을 때 primer위치에 붙을 수 있는 핵산서열을 합성한다(b). Primer로부터 상보적인 가닥의 DNA를 합성할 수 있도록 열에 저항성을 갖는 DNA 중합효소를 이용하여 핵산을 합성한다(c). 원래의 목표 DNA서열의 2개의 이중나선 복제물을 만든다(d). 반응액을 데우고 식히고를 반복하면 각 cycle(a–c)마다 DNA는 기하급수적으로 복제되며(e–g), 25 cycle 후엔 원래보다 100만배 이상($2^{25} = 4 \times 10^6$) 증폭된다. a–c단계의 시간은 실험과정에 따라 다를 수 있는데 주로 primer와 목표 DNA의 길이 및 조성에 의하여 결정된다.

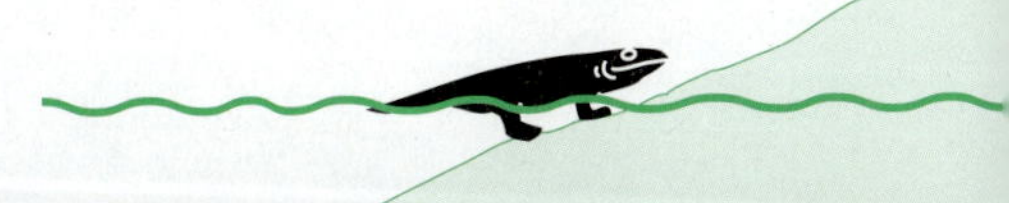

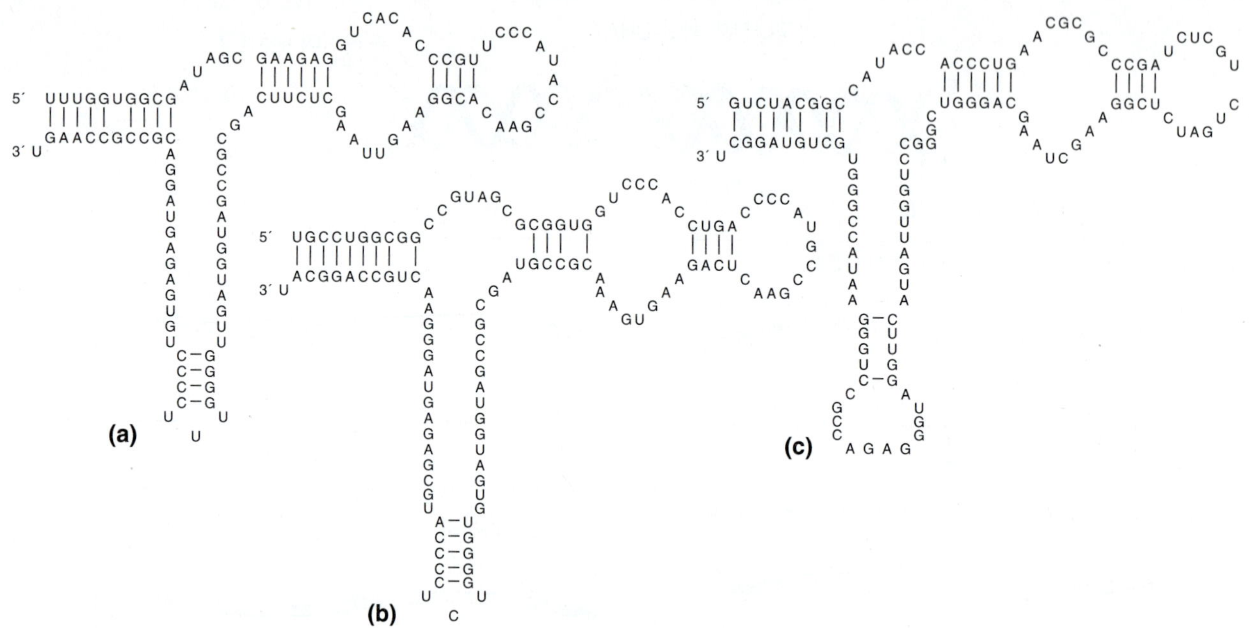

그림 12-17 3개의 다른 생물체로부터 5S 리보솜 RNA분자의 2차 구조를 보여주는 모델. (a) *Escherichia coli*(대장균세균), (b) *Bacillus subtilis*(세균의 일종) (c) 사람. (Hori, H., andS. Osawa, 1979.Evolutionary change in RNA secondary structure and a phylogenetic tree of 54 5S RNA species.*Proc. Natl Acad. Sci.* USA. **76**, 381–385.에서 각색).

미소부수체(Microsatellites)

DNA 분석의 또 다른 유형은 짧은 핵산 염기서열이 연속적으로 반복되는 (예로, CAACAACAA…) 미소부수체를 이용하는 것인데, 이는 특정 염색체 위치에서 반복되는 숫자가 개체 간에도 다를 수 있기 때문이다.

미소부수체를 분리하고 분석하는 방법을 통하여 염색체의 특정 전좌에서 10번 CAA 반복을 갖는 개체와 이보다 많거나(10회 이상) 작은(10회 이하) 숫자의 반복을 갖는 개체들을 구별할 수 있다. 다양한 미소부수체 전좌가 존재하고(사람의 경우 반수체 게놈당 5만 개 이상의 전좌가 존재), 단백질을 해독하는 서열에 비하여 비교적 빠른 속도로 돌연변이가 일어나므로 개체 간의 차이와 연관관계를 추적할 수 있는 좋은 기회를 제공한다. 일반적으로 모든 분자자료로부터 계통적 연관관계를 건설하기 위하여 여러 다양한 수학적 분석기법을 이용하여 자료를 분석하게 된다.[9]

핵산과 아미노산을 유합한 계통

Barnabas와 공동연구자들(1989)은 5*S* rRNA의 염기서열과 ferredoxin 및 *c*–형 cytochromes의 아미노산 서열을 동시에 이용하여 포괄적인 **생명계통수**를 작성하였다(진핵생물의 계통수에 대한 최근의 두 가지 견해는 **그림 12-20, 글상자 12-4** 참조). Ferredoxin은 매우 원시적인 철 함유 단백질로써 세포 내의 여러 가지 기본적인 산화–환원 과정에 관여하는데, 계통수의 기본적인 위치인 진화의 초기 단계에 복제가 일어났다. 원시적 복제분자의 유추된 서열에 가장 가까운 ferredoxin을 갖는 생명체는 *Clostridium*과 같은 혐기성 종속 영양세균으로 생각된다. 이것이 이후 *Chromatium*과 같은 혐기성 광합성 세균과 호기성 호흡을 하는 생명체의 주요계통으로 발전하였다.

Barnabas와 공동연구자들(1982)이 cytochrom *c* 분석을 통하여 보여 준 계통에서는 진핵서열은 비유황적색 광합성세균(Rhodospirillaceae)의 cytochrome *c*2 서열과 가장 유사하다. Cytochrome *c*의 기능이 진핵세포의 미토콘드리아(비록 핵의 DNA에 의하여 code되어 있지만)에만 제한되어 있으므로 미토콘드리아 세포내 기관 자신이(진핵세포라기보다는) 세균계열에서 기원된 것으로 보는 것이 가장 타당하다. 5*S* rRNA 연구도 이와 같은 가정을 지지하며(**그림 12-20**), 실제로 진핵세포는 후기의 *Rhodopseudomonas*계열에서가 아니고 초기 원핵세포형으로부터 분화되었음을 보여 준다. 실제로 cytochrome *c* 유전자는 미토콘드리아가 진핵세포 세포내 기관으로 포함된 이후에 진핵세포의 핵속으로 이동된 것이다.

비슷하게 cytochrome과 ferredoxin 서열로 본 남세균과 식물엽록체 간의 강한 상동성의 증거는 진핵성 식물세포가 일전에 원핵성 남세균이었던 것을 엽록체 세포내 기관으로 포함시켰다

---

[9] 미소부수체에 대해서는 Queller et al. (1993), 계통분석 방법들에 대해서는 Swofford et al. (1996)을 참조.

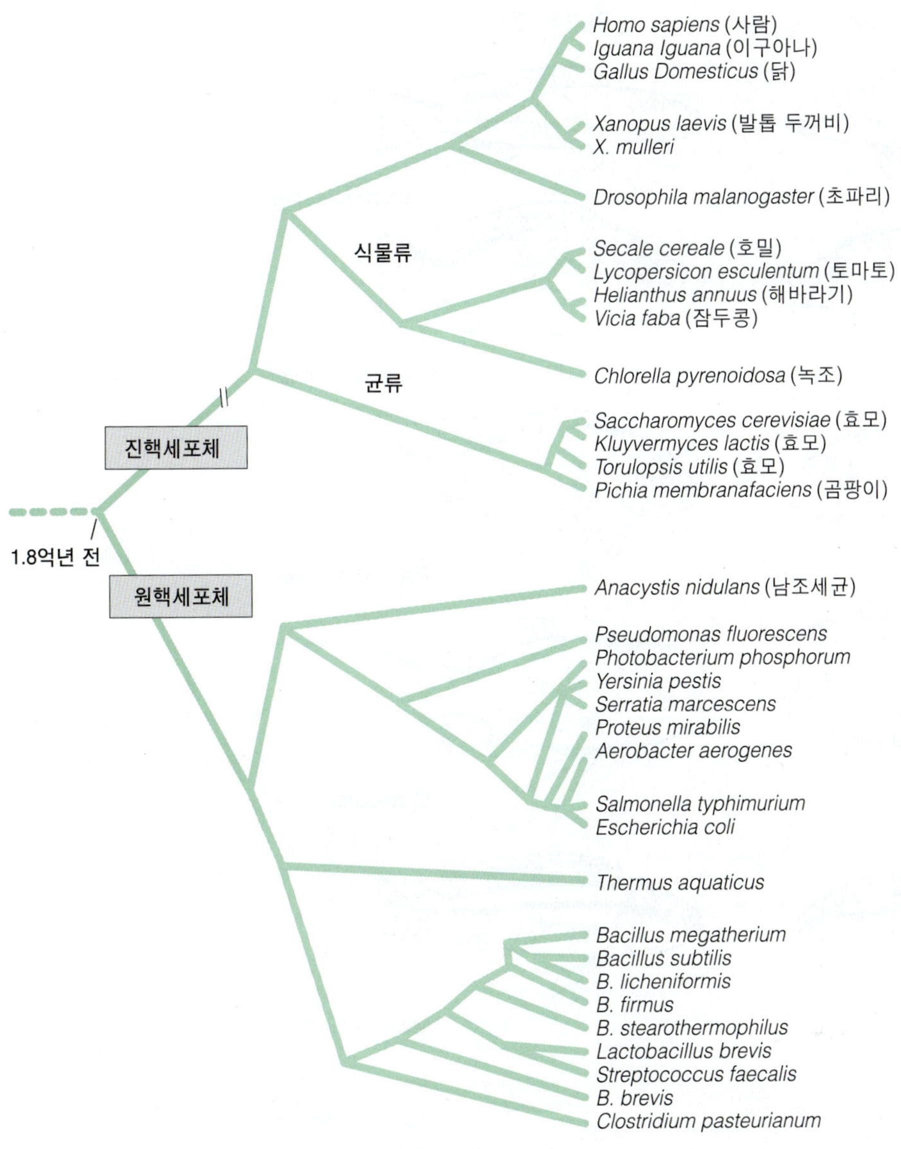

그림 12-18 여러 다른 생물종 간의 5*S* rRNA 핵산염기서열을 비교하여 얻어진 최적 계통수. 진핵세포와 원핵세포의 분리는 약 20억 년 전으로 추정된다. 진핵 및 원핵세포의 57개 효소를 비교하여 얻어낸 다른 연구에서도 두 군은 20억 년 전에 공통조상을 공유한 것으로 추정되었다(Feng 등, 1997). 부수적인 문제로 이와 같은 연대추정이 화석학적으로 이보다 훨씬 먼저 나타난 stromatolites (제9장)에서 발견된 복잡한 세포의 종류에 관한 추정이 남아 있다. 이 세포가 진핵 또는 원핵세포의 변형체인지 또는 완전히 다른 것인지에 대한 것이다. 이 장에서 모든 자료에 하나의 분자시계를 적용하는 데 어려움이 있다는 점을 논의한다. (출처: Hori, H., andS. Osawa, 1979.Evolutionary change in RNA secondary structure and a phylogenetic tree of 54 5S RNA species.*Proc. Natl Acad. Sci. USA*, **76**, 381–385. 허가하에 재인쇄).

고 볼 수 밖에 없다. 이와 같은 계통은 진핵세포내 소기관의 공생적 기원에 대한 강한 증거를 제공한다(9장 참조). 이와 같은 내공생은 한번 이상 일어났으며, 어떤 진핵 조류의 엽록체는 다른 진핵세포로부터 2차 내공생에 의하여 획득되었다.[10]

내공생은 세포질에만 제한적인 것이 아니며, **세포내 소기관 유전자의 핵내 유입**도 포함된다. 엽록체는 이 기관이 이용하는 유전자의 일부만 가지고 있으므로 유전학자들은 원래 남세균에서 내공생으로 유입된 많은 유전자들이 핵으로 이전하였으며, 이들 단백질 산물이 다시 엽록체로 재도입된다는 점을 지적하고 있다. 하나의 증거로 엽록체 캘빈사이클에 이용되는 glyceraldehyde-3-phosphate dehydrogenase(GAPDH)의 경우 핵 유전자에서 만들어지는데(그림 8-17), 이 유전자의 염기서열은 남세균 *Anabaena variabilis*에 있는 3개의 GAPDH와 유사하다. W. Martin과 공동연구자들은(1993) 또 다른 *Anabaena* GAPDH 유전자가 모든 식물, 동물 및 곰팡이의 해당과정에 관여하는 GAPDH와 염기서열이 유사한다는 것을 밝힌 결과이다. 따라서 원핵공생체는 진핵세포의 미토콘드리아나 엽록체에서 이용하는 것 이외의 다양한 유전자를 진핵세포로 전달하였다는 것이다. 그러므로 진핵세포는 여러 원핵세포의 구성성분이 부분적으로 조합된 **키메라**(Chimera)이다.

[10] 세포내 공생에 대한 연구는 M. W. Gray et al. (1989, 1999, 2001), Douglas and Turner (1991), Palmer (2003), Burger et al. (2004), Keeling et al. (2005), Margulis et al. (2006)을 참조.

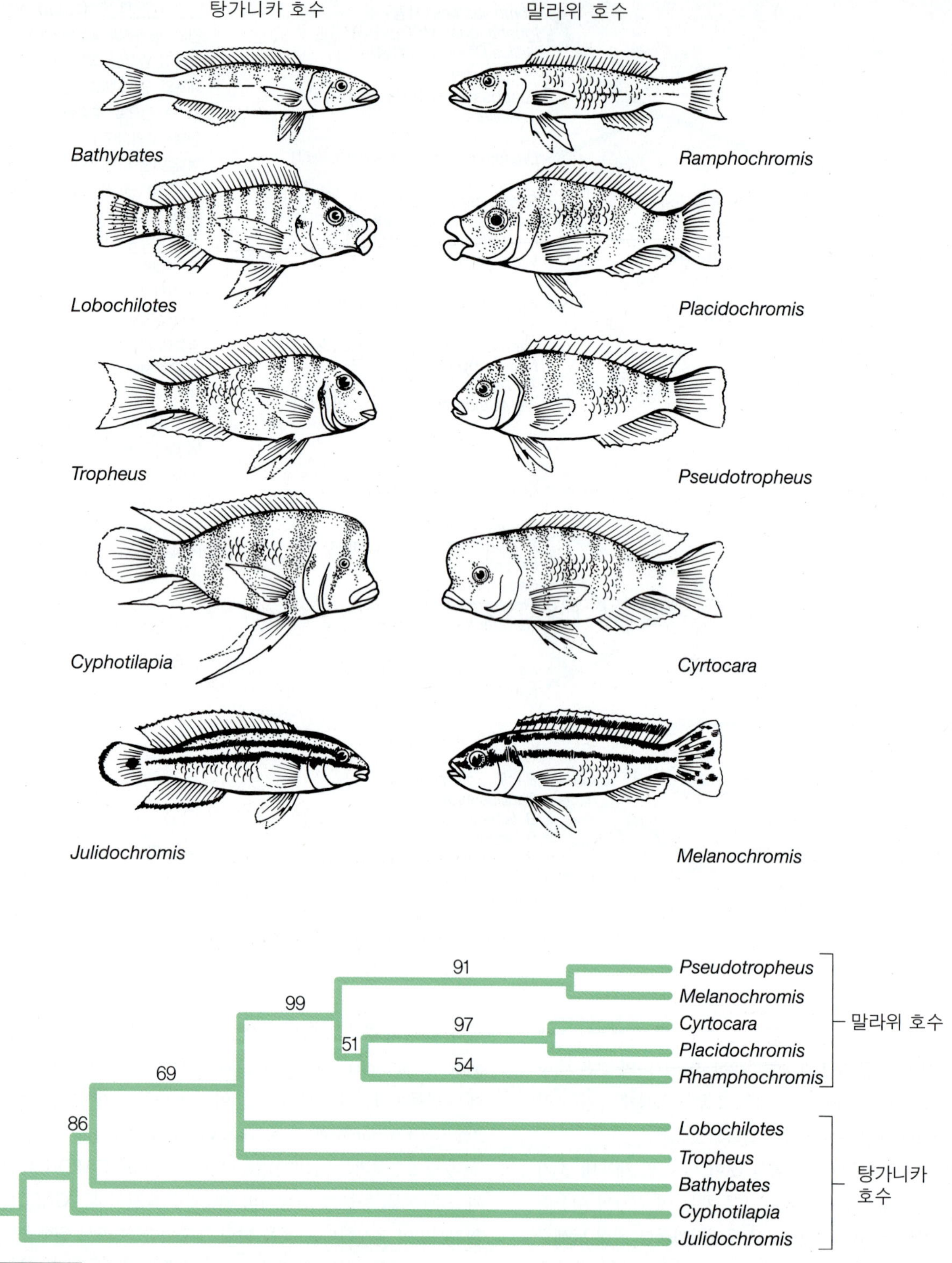

그림 12-19 (위) 동아프리카의 Tanganyik와 Malawi호수에서 발견되는 12 속의 시클리드어류종들 간의 유사한 식별 형질의 비교.
(아래) 이들 종들의 독립적인 기원을 보여 주는 계통수로 형태적 유사성은 상동성이 아니고 수렴진화의 결과임을 나타내고 있다. 여기 보여 주는 종들은 동아프리카의 여러 호수와 강에 서식하는 수천 종류의 시클리드어류 중 일부에 해당한다. 이들이 3~4백만 년 전 이후에 기원했음을 고려하면, 이들 ciclid 어류는 척추동물 내의 폭발적 방사진화의 보기 드문 예를 보여 준다. 이들의 변이는 먹이, 생식, 서식, 섭식 행위가 특수화되도록 인두턱의 구조가 변환되기 때문이다. 가장 괄목할 만한 종 분화가 동아프리카의 가장 최근의 호수인 Victoria호에서 나타난다. 이 호수는 12,400년 전 최근의 빙하기에 완전히 말랐으며, 그 이후 약 500여 종의 새로운 종이 생성되었다(Galis와 Metz, 1998)(Kocher et al.,1993. Similar morphologies of cichlid fish in Lake Tanganyika and Lake Malawi are due to convergence. *Mol. Phylog., Evol.*, 2, 158–165.에서 각색).

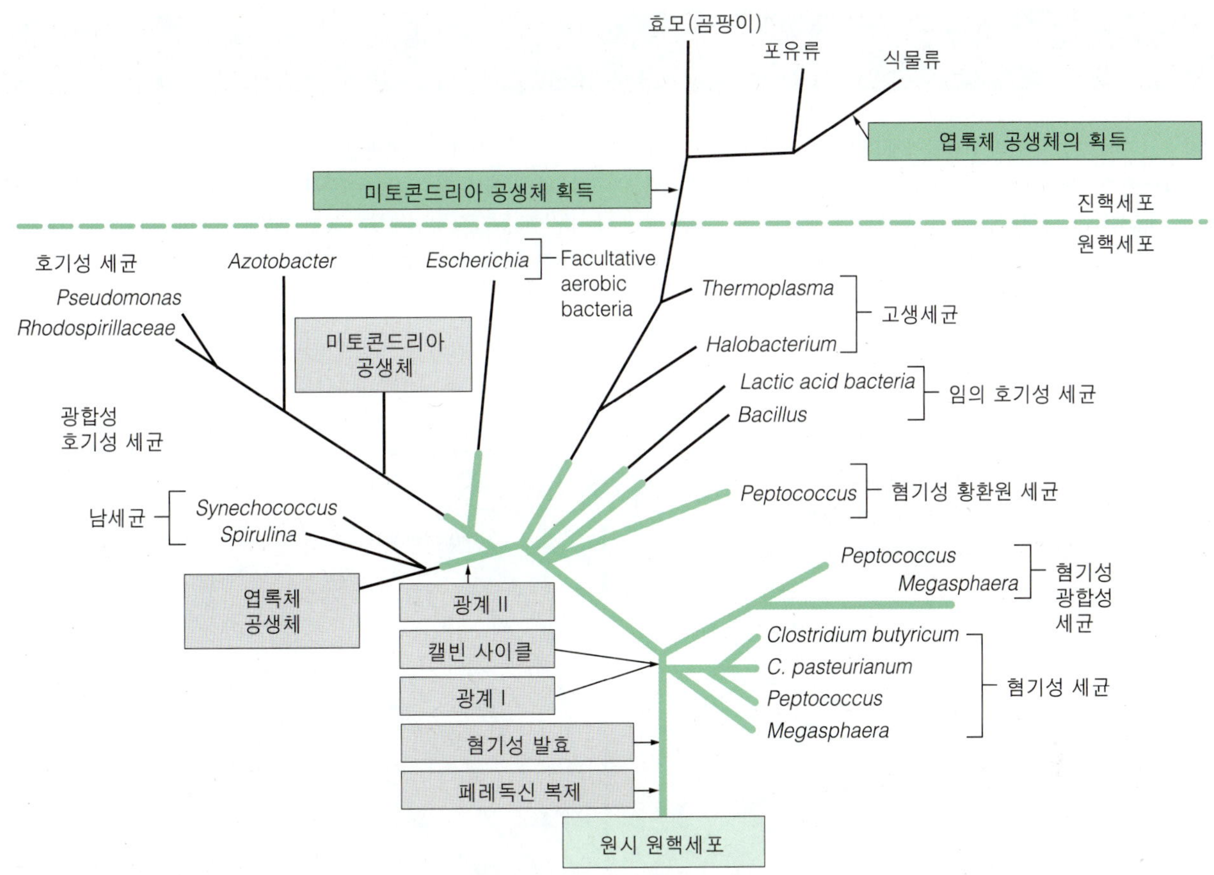

그림 12-20 Ferredoxin, *c*-형 cytochromes과 5S 리보솜 RNA의 염기서열분석에 기초한 복합진화계통수. 색깔을 띤 선은 혐기성물질대상에 의존하는 계통수의 부분을 나타내며, 얇은 검은 선은 호기성 호흡을 이용하는 군을 나타낸다. 모든 분지관계가 완전한 해상능을 갖는 데 주목하라. 광합성은 원핵세포 계통에서 비교적 빨리 진화하였고, *Bacillus*와 진핵세포와 같은 계열이 유도되면서 독립적으로 소실되었으나, 진핵식물에서는 남조균에 가까운 계통으로부터 엽록체가 들어옴으로써 다시 획득되었다. 이 계통수에 따르면, 초기의 진핵세포는 아마도 임의적 호기성으로 추정되는데, 이유는 그 기원이 대장균과 *Bacillus* 세균에 유사한 계열로 거슬러 올라가며, 후에 이 과정이 미토콘드리아의 공생에 따라 도입된 보다 진보된 호기성 시스템으로 치환되었기 때문이다. 점선은 원핵(아래)과 진핵세포(위)를 구별한다. (Barnabas, J., R. M. Schwartz, and M. O. Dayhoff, 1982. Evolution of major metabolic innovations in the Precambrian.*Origins of Life*,12, 81–91.에서 각색).

분자 변환율: 분자시계

모든 다양한 계통에서 내제된 생물체 간의 진화적 차이는 돌연변이적 차이에서 생긴다는 개념이다. 따라서 생물체 간의 돌연변이적 차가 크면 클수록 진화적 거리도 커진다.

지금까지 살펴본 계통의 어떤 것들(예로 그림 12-11)에서 진화학자들은 진화시간적 단위를 도입함으로써 이런 생각을 구체화하였는데, 이들은 돌연변이가 시간에 대하여 상당히 일정한 비율로 일어난다고 가정하고, 계통적 구간에 대한 돌연변이 거리의 정도는 계통적 진화가 일어난 시간의 길이와 상관관계를 보인다고 생각하였다. 다르게 말하면, 특정 유전자의 변화를 생각할 때 분자수준에서 **분자시계**는 여러 돌연변이가 고정되는 비율에 의하여 결정된다고 가정할 수 있다. 돌연변이의 고정은 적응적 또는 선택적 값보다는 시간에 의존한다는 것이며, Kimura와 다른 유전학자들(23장에서 논의한 바와 같음)은 돌연변이는 1차적으로 중성적(**분자진화의 중립설**)이라는 제안을 하였다. 중립설의 이론적 기조, 즉 분자시계의 이론적 개념은 분자계통보다는 집단유전학적 개념에 근거하고 있다 (23장의 진화의 가지와 중립설학자들의 입장 참조). 그러나 분자시계가 분자자료를 이용한 계통수의 제작에 널리 이용되므로 이 개념을 이 장에 포함하였다.

분자시계의 개념을 지지하는 하나의 중요한 발견은 각기 다른 척추동물에서 같은 헤모글로빈 체인에 대한 아미노산 서열의 차이가 일정한 수로 나타난다는 것이다. 특히 α-헤모글로빈에 대한 상어의 서열을 비교해 보면 다른 척추동물들과 비슷한 숫자의 아미노산의 차이를 볼 수 있다. 즉 소와는 85, 도룡뇽과는 84, 닭과는 83, 쥐와는 79, 사람과는 79개의 차이를 보인다. 이와 같은 발견은 지난 4억 년 동안 다른 계통들 간에 많은 형태적 변화가 일어났음에도 불구하고, 최소한 몇몇 단백질에 대해서는 돌연변이가 일정한 비율로 일어났음을 가르킨다.

이보다 더 명백한 시계 같은 효과는 두 쌍의 생물체 간에 돌

글상자 12-4 진핵세포 생명수에서 5개 또는 6개 대군(Supergroup)

글상자 8-1에서 생물체 간의 연관관계에 대한 우리의 이해가 시간에 따라서 2개군(원핵세포와 진핵세포), 2계(식물계와 동물계), 5계(원핵세포계, 원생생물계, 균계, 식물계 및 동물계), 3영역(세균, 고세균 및 진핵생물)으로 어떻게 변하여 왔는지 살펴보았다

지난 20년간 진핵생물의 4계를 포함하여, 생명계를 5개로 인지하는 것이 진화학적 연관관계를 반영하지 못하고 있다는 우려가 제기되어 왔다. 예로, 원생생물계에는 동물계에 유사한 깃편모충류, 식물계에 유사한 홍조류, 유연관계가 동물계와 균계 사이보다도 더 먼 섬모충류와 점액균류 등을 포함하고 있었다(그림 8-7, 12-21).

분자 및 진화생물학자들은 새로운 유형의 자료와 보다 다양한 생

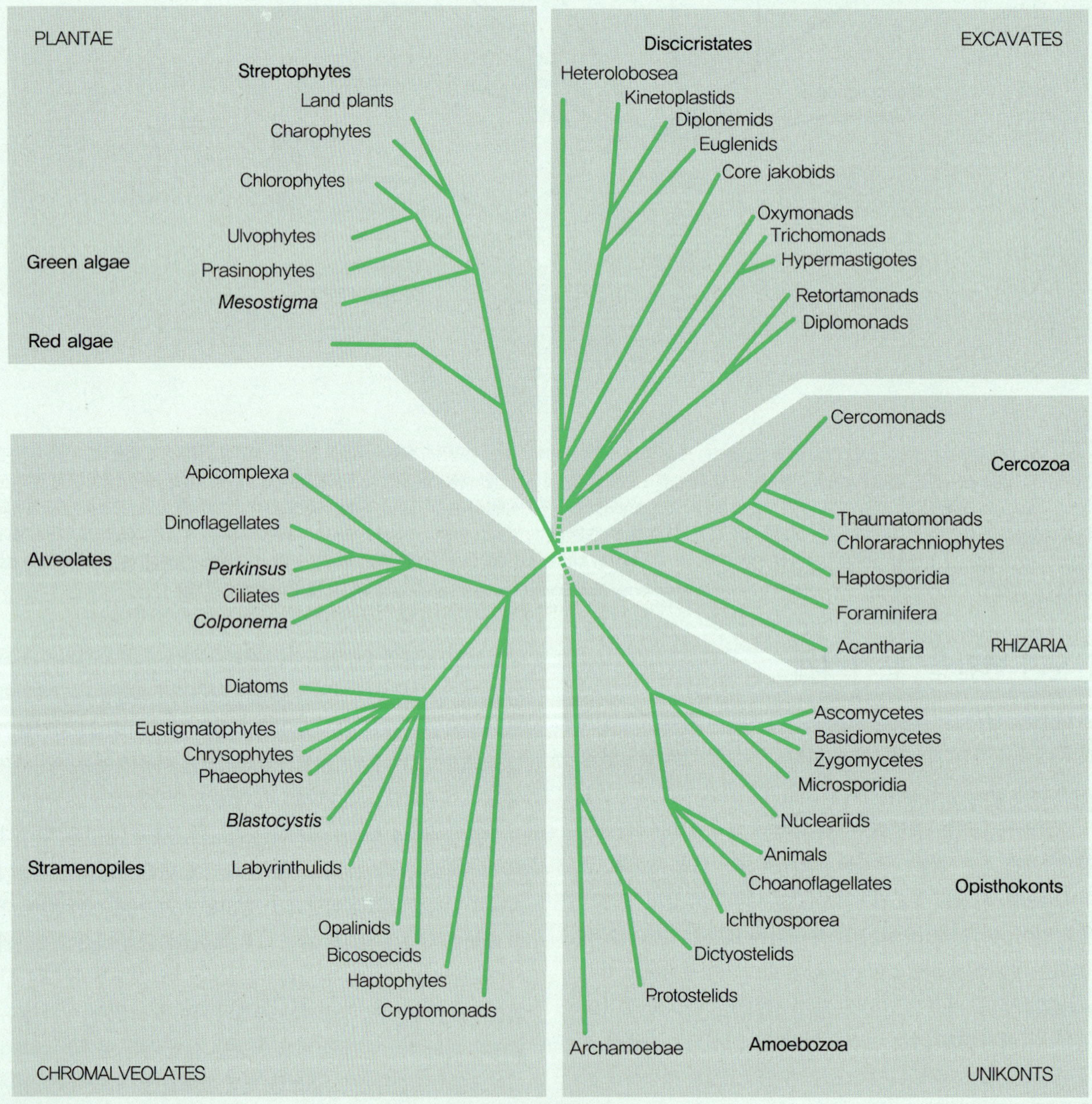

그림 12-21 5개 대군을 나타내는 진핵세포의 생명계통수. 계통관계는 풀리지 않음. (Keeling et al., 2005. The tree of eukaryotes. *Trends Ecol. Evol.*, **20**, 670–676.에서 변형)

물체에서 유전자 정보를 생산하여 생명계통수(Tree of Life, TOL) 또는 전체 생명계통수(Universal Tree of Life, UTOL)라 부르는 계통수를 작성하였다. 10장에서 논의하였고, 이 장의 끝부분에서도 논의하는 바와 같이, 이 생명수는 원핵세포 간의 수평적유전자이동을 심각하게 고려한 것이다. 그러나 수평적유전자이동이 진핵세포 진화에서는 크게 영향을 미치지 않으므로 진핵세포의 계통을 재생하는 것은 보다 현실적일 것이다. 최근의 분자생물학적 자료, 세포생물학적 관점 및 세포 내 부구조의 다양성을 모두 고려할 때 4개의 진핵생물계는 5–6개의 대군으로 분류하는 것이 보다 타당하다. 대군간의 관계는 풀리지 않았지만(그림 12–21), 대군 내의 구성 생물간의 관계는 대군간의 관계보다 훨씬 유연관계가 깊다.

다음은 진핵생물 TOL의 이 두 가지 대안을 설명한다.

진핵생물의 5개 대군

- **고색소체류(Archaeplastida, 식물계로도 알려짐)**: 홍조, 녹조, 육상식물을 포함하는 대군으로 최초로 광합성을 했던 조상으로부터 엽록체가 1차 내공생으로 진화한 군이다.
- **섭식구굴착류(Excavata)**: 이전에는 원생생물로 분류한 군이다. 잘 알려진 섭식구굴착류에는 내장에 기생하여 병을 일으키는 내장흡반편모충(*Giardia*), 수면병의 원인이 되는 파동편모충(*Trypanosoma brucei*), 성병의 원인이 되는 질세모편모충(*Trichomonas*) 등이 포함된다. 섭식구굴착류의 모든 구성 군이 공유하는 분자생물학적 형태학적 특징은 없다. 이 대군 내에서 미세형태학적 및 분자생물학적 특징은 서로 중복적으로 10여 개의 아군을 인지한다. 따라서 이군에 대한 최근의 분석 (**그림 12–22**와 Keeling et al., 2005 참조) 결과는

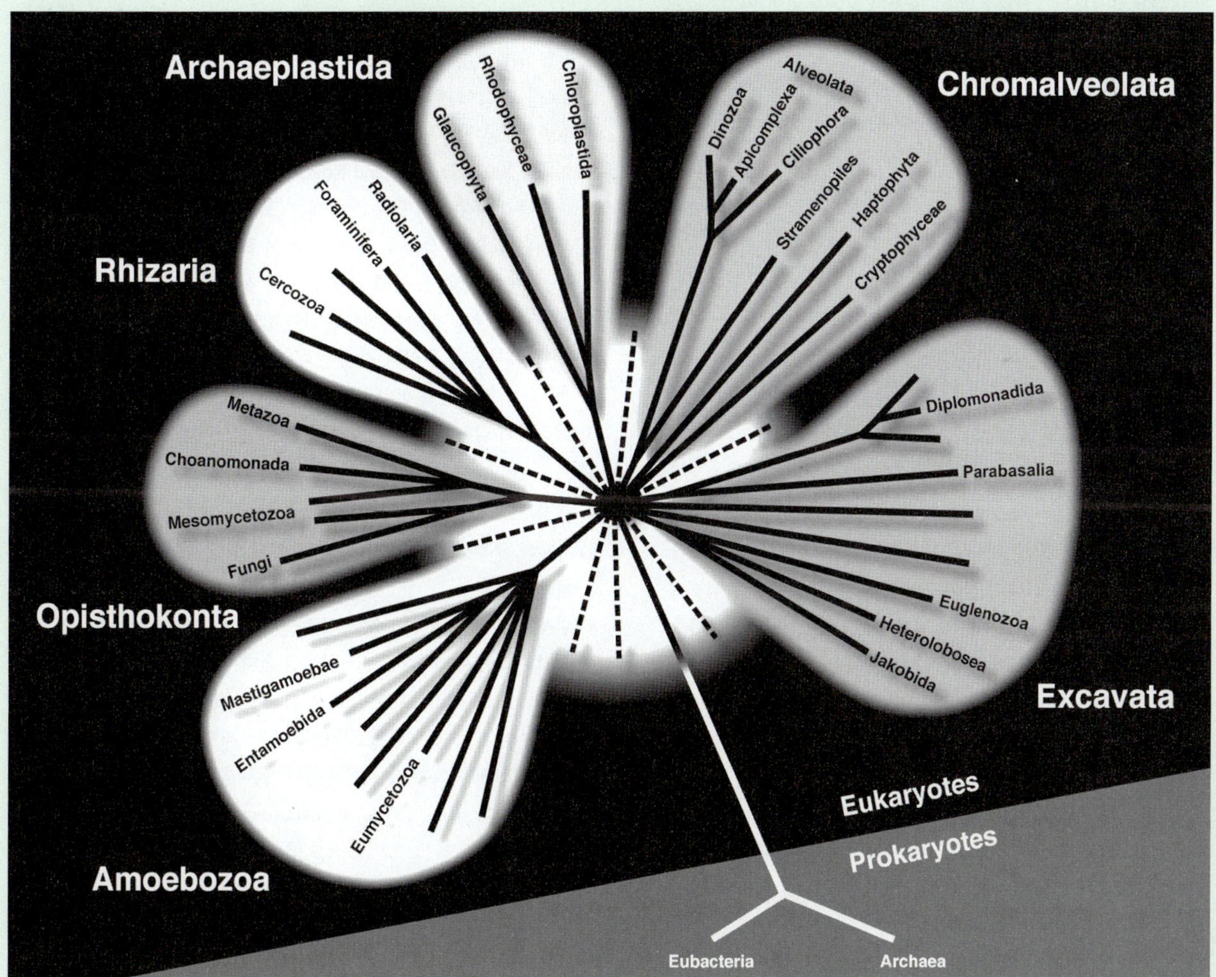

그림 12–22 6개 대군을 나타내는 진핵세포의 생명계통수. 계통관계는 풀리지 않음. (Adl, Sina M., Alastair, G. B., et al. 2005. 52(5):399–451. Copyright © 2005 blackwell Publishing. www.blackwell-synergy.com. Courtesy of Dr. Sina M. Adl.에서 재현)

글상자 12-4 진핵세포 생명수에서 5개 또는 6개 대군(계속)

유연관계에 대해 많은 이견을 야기하고 있다.

- **유색피하낭류(Chromalveolata):** 이 대군은 엽록체가 2차 내공생으로 기원한 여러 다양한 조류(갈조, 과편모조류, 규조류), 주요한 비광성 군인 섬모충류 및 기생성 정복합체포자충류(말라리아[a]의 원인이 되는 열원충, *Plasmodium*) 등을 포함하는 23개 정도의 구성군을 포함한다. 하나의 아군인 피하낭류(포자충류, 정복합체포자충류 및 와편모충류)는 핵 유전자의 계통에서 잘 정의되는 군이다. 그러나 유색피하낭류의 단계통성에 대하여는 아직 논란이 있다.
- **근족사상류(Rhizaria):** 분자 자료에 의해서만 Cavalier–Smith(2002, 2003)에 의하여 인지된 진핵생물의 한 군이다. 학자들에 따라 생명계통수에서 분자자료의 우수성을 입증하는 자료로 보지만, 또 다른 학자들은 형태적 유사성을 갖지 않는 실망할 군으로 생각하기도 한다. 많은 근족사상류(전부는 아님)는 타가영양세포로 다른 진핵세포나 원핵세포의 먹이를 잡는 데 위족을 이용한다. 아마도 가장 잘 알려진 근족사상류는 4,000여 종이 알려진 유공충류와 방산충류로 Haeckel은 매우 자세한 그림을 제시한 바 있다(**그림 12–23**).
- **단편모류(Unikonta):** 후편모류(Opisthokonta)와 아메보조아류(Amebozoa) 등 2개의 주요 군으로 구성된다(Cavalier-Smith, 2002). 후편모류는 동물류, 균류, 일부 아메바류, 일부 병원성 원생생물 및 깃편모충류를 포함하는데, Whittaker의 5계 중 3계가 포함된 것이다(**표 8–1**). 아메보조아류는 점균류 및 여러 유형의 전형적인 아메바류를 포함한다. 단편모류는 동물류, 균류, 점균류, 여러 아메바류, 여러 기생성 원생생물을 포함하는 표 8–1에서 이전의 5개 계 중 4계 구성군을 포함하는 예견치 않은 분류군이다.

생명계통수에서 동물계의 위치는 단편모류의 5개 분류군 중 깃편모충류를 자매군으로하여 배치되는 계통이 Haeckel의 인간의 계통도와 대비된다. Haeckel은 인간이 맨 위에 있고, 인간 중 독일인이 맨 위에 있고, 독일인 중 비스마르크를 맨 위에 위치시켰다.

■ 진핵생물의 6개 대군

국제 원생생물학회에서는 여러 분류군의 전문가(조류학자, 균류학자, 기생충학자 등)들과 긴밀히 협의하여 진핵생물계를 그림 12–21과 같이 6개의 대 분류군으로 대별하였다. 5개 대군과 6개 대군의 구별상의 차이는 후자가 단편모류를 하나로 인지하지 않고 후편모류와 아메보조아류류 2개의 대군으로 인지한 것이다. 즉 원생생물 내에서 추가적인 단계통군을 인지한 것이다(Adl et al., 2005). 간단히 6개 대군은:

- **고색소체류(Archaeplastida):** 홍조류, 녹조류, 식물류, Glaucophyta (남세균같은 엽록체를 갖는 단세포성 편모충류), 차축조류, *Mesostigma*.
- **섭식구굴착류(Excavata):** 첨예편모충류, 중복편모충류, Jakobids (유글레나와 깊은 유연관계가 있음), 종속영양 편모충류(일부)
- **유색피하낭류(Chromalveolata):** 섬모충류, 와편모충류, 정복합체포자충류(피하낭류로 통칭), 갈조류, 규조류, 유주자성균류 (대부분), 오팔충류, 착편모조류, 은편모조류
- **근족사상류(Rhizaria):** 유공충류, 방사충류 (대부분), 아메바성편모충류 (대부분)
- **후편모류(Opisthokonta);** 동물류, 균류, 해면동물류, 입금편모충류, Mesomycetozoa (기생성 원생생물), 중생동물, 판형동물
- **아메보조아류(Amebozoa):** 아메바류 (대부분), 점균류, 유각아메바류 (대부분), 육질편모충류 (일부), 여러 미토콘드리아가 결여된 군

5–6개 분류군으로의 분류는 모두 동물계, 식물계, 균계와 같은 다세포성 생물이 원생생물로부터 단계통적으로 기원했음을 보여 준다(후편모조류에서 동물계와 균계, 고색소체류에서 식물계) (A. G. B. Simpson, 2003, Simpson and Roger, 2004).

양쪽 계통수에서 모두 식물계는 고색소체류를 포함하는 개념으로 확장할 수 있으며, 식물류, 홍조류 및 녹조류 등 연관이 깊은 단계통성 원생생물을 포함한다. 양쪽 계통수 모두 생물의 분류와 명명은 생물의 유연관계, 기원 및 진화를 반영하여야 한다.

그러나 현재 우리의 지식은 우리가 어떤 분자를 분석하고, 어떤 미세구조를 얼마만 복잡한 방법으로 분석하는 것과는 별개로 여러 가지 어려움이 남는다. 아직까지 고려하지 않은 어려운 문제점 중에는

- 특정유전자의 진화율
- 유전자의 진화속도가 시간에 따라 어떻게 변하는지
- 사용한 계통학적 방법론의 정밀도와 유의할 결과를 결정할 만한 통계학적 유의성
- 수평적 유전자 이동의 역할(특히 원핵세포의 조상들을 포함한 계통수의 제작에서 계통수를 만드는 데 어떤 문제를 어느 정도 야기하는지 (W. F. Doolittle, 1999, 2000; Doolittle et al., 2003)
- 대부분의 생물체는 체세포 라인과 생식세포 라인을 구분하지 않으므로 진화적 변화는 다른 세대에는 다른 세포 라인에서 일어날 수 있다는 점이다 (Hall, 1999a; Extavour and Akam, 2003).

[a] Nature Genetics(2007, 39, 113–130)에 출판된 3편의 논문은 *Plasmodium falsiparum*의 전체 유전체 지도를 제공하고, 종이 생성된 이래로의 유전자의 변화(즉 진화)를 확인하고, 16종의 개별 기생생물을 이용해서 약제내성과 연관된 46,937개의 SNP를 확인하였다.

그림 12-23 Ernst Haeckeldl 그린 유공충류의 다양성을 보여 주는 그림 일부.
(Haeckel, E., 1904. *Kunstformen der Naur*.에서)

표 12-7 척추동물 β-hemoglobin체인에 대한 시간에 따른 (분자시계) 아미노산 치환의 점진적 증가의 증거.

비교된 생물체	100개 코돈당 변화된 아미노산의 수	공통조상에 대한 추정시간 (백만년)
(a) 사람/원숭이	5	30
(b) 사람/소	18	90
(c) 유대류/유태반류	27	130
(d) 조류/포유류	32	250
(e) 양서류/양수성 척추동물류	49	320
(f) 경골류/사족 척추동물류	50	400
(g) 상어류/경골 척추동물류	65	500

출처: Jukes, T. H., 1996. How did the molecular revolution start? What makes evolution happen? In *Evolution and the Molecular Revolution*, C. R. Marshall and J. W. Schopf (eds.). Jones and Bartlett, Sudbury, MA, pp. 31–52에서 요약 및 변형).

연변이적 차이가 증가하면 증가할수록 분리된 시간도 증가함을 보여 주는 자료에서 볼 수 있다(**표 12–7**). 따라서 약 3천만 년 전에 하나의 공통조상으로부터 분리된 사람과 원숭이 계통 간의 β-헤모글로빈 체인의 차이는(a), 사람과 artiodactyls의 비교에서는 3배 이상 증가하고(b), 유대류와 태반포유류 간의 비교에선 5배 이상 증가하며(c), 상어류와 경골척추류의 비교에선 12배 이상(g)으로 증가한다(**표 12–7**).

따라서 만약 분자시계가 존재한다면 다음 두 가지 결과를 기대할 수 있다.

1. 하나의 공통조상으로부터 모든 동시대의 후손들에 이르는 계열은 분화 후 비슷한 진화시간을 경험하였으므로 유사한 비율의 고정된 돌연변이를 보인다.
2. 한 유전자의 다른 유전자의 고정률에 대한 상대적 고정률은 후손계열에 상관없이 일정하게 남아있다.

한 고전적 연구에서 Fitch andLangley(1976)는 그들이 조사한 18 척추동물 분류군의 7가지 단백질 아미노산 염기서열에 대한 분자시계 가정에 관한 특성을 시험하였다. 분자시계를 보정하기 위하여 이들 분류군의 여러 공통조상에 대한 분화시점을 일반적으로 받아드려지는 시간을 이용하였다. 연구자들은 각각의 분리된 후손들의 임의적 길이를 얻어낼 수 있었다. 이는 모든 단백질을 함께 또는 각각의 단백질을 독립적으로 주어진 시간 내에 일어난 염기서열치환의 수를 비교하는 것이다. 시험의 결과 모든 단백질은 다른 후손 계열내의 다른 가지 사이에 유의할 만하게 다른 율로 변화됨이 관찰되었는데 이는 분자적 변화가 지리적 시간동안에 일정하지 않다는 것을 의미한다.

더군다나 같은 가지 내에서도 단백질 대 단백질의 상대 변환율이 다름으로써 이와 같은 단백질 변환율의 차이가 다른 후손

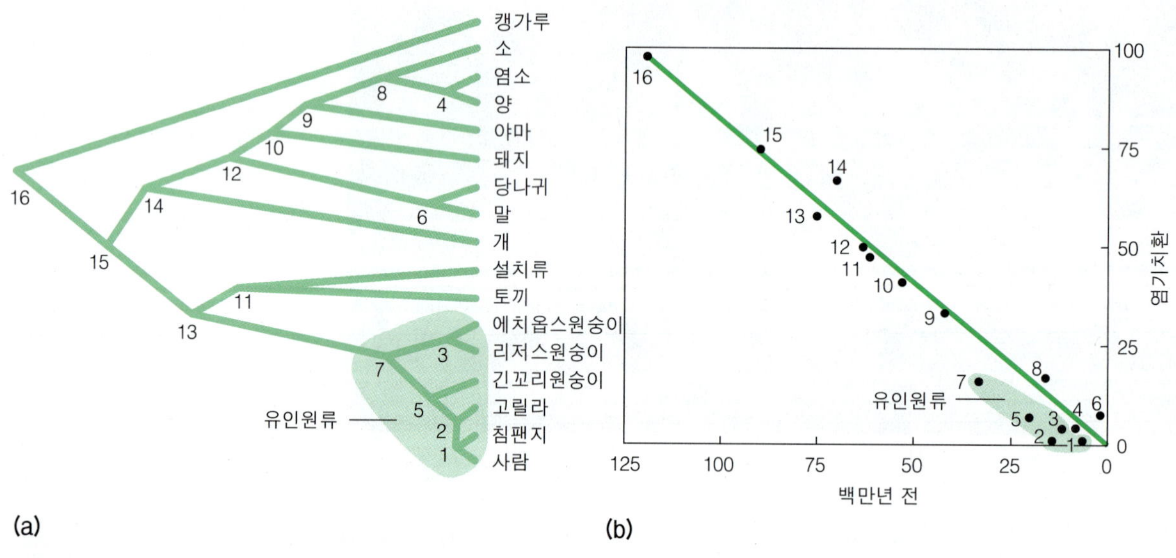

그림 12-24 (a) 7개의 단백질의 아미노산 서열에 근거한 17종의 척추동물 계통. 각 노드에 표기된 숫자는 각 노드에서 두 개로 분지된 가지에 대한 공통조상을 나타냄. (b) 화석 증거에 근거해 각 노드의 가지가 분지하였을 시기를 예측하여 각 노드에서 염기치환이 일어난 평균 개수 사이의 관계. 이것은 유전자의 변화를 시간에 관련시켜서 각각 간격 사이에 대한 분자시계를 측정한다. 직선은 원점에서 가장 멀리 떨어져있는— 분자시계로 예측했을 때 약 120만 년 전 분지한 태반류 — 유대류 가지(16번)로 향한다. 직선의 경사도는 10억 년당 0.47의 염기치환율을 나타낸다. 영장류 진화율(1, 2, 3, 5, 7번)을 제외하면 대부분의 노드 포인트는 이 값과 상당히 근접하게 떨어진다. 영장류에서 왜 염기치환율이 감소되는지에 대한 이유는 알려지지 않았다; 염기치환수가 다른 그룹보다 변동이 심하고, 영장류 분지의 예측 시간은 일반적으로 받아들여지는 시기보다 늦으며 일부 영장류의 돌연변이율이 감소되었거나 어떤 다른 영향들이 적용되었을 것으로 생각된다(Fitch, W. M. 그리고 C. J. Langley. 1976. Protein evolution and the molecular clock. Fed. Proc., 35, 2092–2097.에서 각색).

가지에서의 세대 기간의 차이에 의한다고 단순히 설명하기도 어렵다. 만약 세대 기간 차가 분자 변환율에 영향을 미쳤다면 우리는 어느 특정가지에서의 각 단백질의 상대적 변환율을 일정하다고 예견할 수 있다. 이와 같은 결과는 이들 7개 단백질의 분자 분자시계가 세대 또는 시간의 관점에서 보아 계통수의 각 가지에서 일정하지 않음을 보여 주고 있다.

그럼에도 불구하고, 계통수의 각 분지점에 대한 7개 단백질 전체의 염기치환을 평균해 보면(각각으로 계산하거나 합하지 않고 평균치로 계산) 시간에 따라 변환율이 매우 일정함을 발견하게 된다.

그림 12-24a는 각 분지점의 평균 염기변환 수에 근거한 돌연변이 거리자료로부터 유도된 포유동물의 계통을 보여 주는데, 분화시간과 직선의 상관관계에 있음을 알 수 있다(그림 12-24b). 즉 이들 단백질들에 대한 진화분자시계의 보정과정은 시간의 변화와 연결시킬 수 있게 된다.[11] 이와 같은 직선의 상관관계 하에서, 우리는 아미노산 변환을 일으키는 염기치환의 전반적인 율을 산출하기 위하여 다음의 계산을 사용할 수 있다. 그림 12-25의 직선의 상관관계에서 가장 먼 지점의 평균 염기치환이 98.17 지점(16번)이며, 이때의 분화시간은 1억 2천 년이다. 전체 7개 단백질의 염기(578코돈×3염기)는 1,734개가 존재하므로, 1억 2천 년 동안 평균 염기치환율은 98.17/1734 = 0.057이다. 즉 이 기간동안 아미노산 변환을 일으키는 염기는 100개 당 약 6개이다. 따라서 1년 당 아미노산 변환을 일으키는 염기치환율은 0.057/ $(120\times10^6) = 0.47\times10^{-9}$이 된다.

1년 당 염기치환율을 얻기 위하여 여러 다른 유전자의 평균치를 구하는 필요성은 하나의 진화 분자시계를 모든 염기서열에 적용할 수 없다는 당위성을 가르킨다. 가장 적당한 이유는 게놈의 부위에 따라서 선택압이 다르므로 다른 율로 돌연변이가 고정된다는 것이다. 부가해서 Britten(1986)이 지적한 바와 같이, UUU(phenylalanine) → UUC(phenylalanine)의 변화와 같은 상동적 코돈의 변환과 같은 표현형에 중립적 영향을 미치는 염기치환도 분류군 간에 크게 다르다는 것이다.

이와 같은 치환을 고려해 볼 때 자료는 지금까지 **두 가지의 다른 율**을 보이고 있다. 즉, 사람, 유인원, 조류 등의 변환율은 *느리고*, 설치류, 하등영장류, 초파리, 성게류에서는 *빠르다*. Britten은 낮은 돌연변이율에서 낮은 변환율의 가능한 이유로 증진된 DNA 수선시스템의 결과를 지적하였다. 이와 같은 낮은 돌연변이율은 부모의 자손에 대한 투자가 증가하도록 진화하는 (즉, 산아율이 감소하고, 산출 후의 보호는 더 커지는) 군에 유익하다고 생각된다. 반대로 Wilson과 공동연구자들(1974)은 Britten이 이용한 분류군 간의 진화율의 차이는 아마도 예외적일 것이라고 주장하였다. 대신에, 그들은 세균과 포유동물의 여러 다른 유전자를 연구한 결과 *상동적 코돈 위치*(**그림 12-25**)*의 염기치환율이 비교적 일정함*을 제시하였다. Riley(1989)는 초파리 종들의 종 특이적인 치환율이 작동한다고 주장하였다. 현재 우리가 할 수 있는 이야기는 여러 다른 계열의 자료에서 분자시계가 존재한다는 증거가 있을지라도, 모든 분류군에, 모든 유전자에 또는 모든 단백질에 동일한 율로 작동하지는 않는다는 것이다.[12]

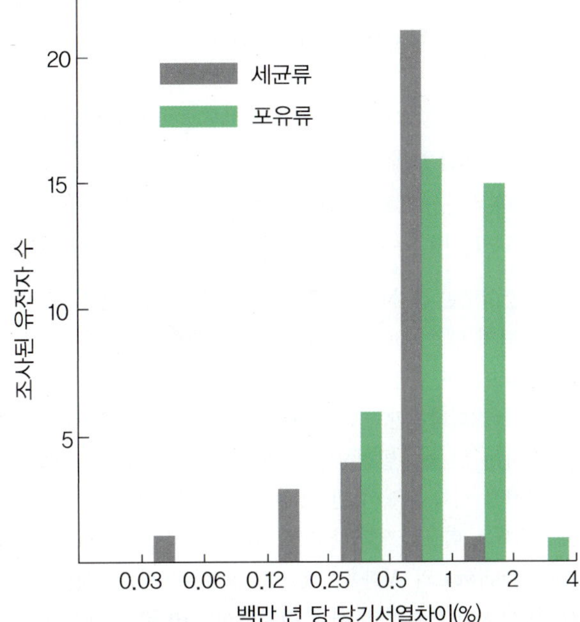

그림 12-25 30개 세균 유전자와 38개 포유동물 유전자에서 상동적 코돈 위치에서 1백만 년 당 염기치환율을 보여 주는 자료.(Wilson, A. C., H. Ochman, and E. M. Prager, 1987. Molecular time scale for evolution. *Trends in Genet.*, 3, 241-247.)

분자시계의 변이의 이유로는 유전자 및 분류군에 따른 선택압의 차이, DNA 수정기구의 효율성 차이, 경험한 돌연변이원의 차이, 생체 내의 물질대사율의 차이 및 염기 세대 기간의 차이 등이 제시되고 있다. 예로, 다른 특성을 갖는 단백질을 암호화하는 상동유전자의 염기치환율이 매우 다르다. Saenz-de-Miera와 Ayala (2004)는 다른 기질에 특이성을 갖는 decarboxylase를 동물에서 3개 (뇌의 전달물질로 기능), 식물에서 2개 (2차 대사과정에 관여) 비교분석하였는데, 효소에 따라 그리고 비교 대상에 따라 염기서열치환율에 큰 차이가 있음을 밝혔다.

[11] Müller and Reisz (2005)는 척추동물 진화에 관한 연구에서 화석 기록으로부터 4개의 보정 연대를 이용하였다: 폐어와 사지류 분지는 4억 8백만 년 전에서 4억 1천 9백만 년 사이, 조류와 악어류는 2억 4천 3백만 년에서 2억 5천 1백만 년 사이, 조류와 도마뱀류는 2억 5천 2백만 년에서 2억 5천 7백만 년 사이, 앨리게이터와 카이만은 6천 6백만 년에서 7천 1백만 년 사이.

[12] 분자시계의 진행율에 대해서는 Li(1993), Gibbs and Dugaiczyk(1994), Sáenz-de-Miera and Ayala(2004)를 참조

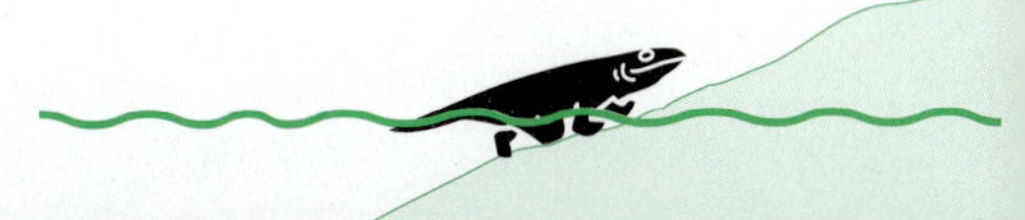

- 같은 포유동물군에서 측계통유전자들 간에(dopa–와 histidine decarboxylase간)에 4.13:1.95의 치환율 차이를 보임.
- 파리류와 포유류 간의 같은 직상동유전자에서 7.62:4.13로 차이를 보임.
- 초파리 종류 간에 dopa-carboxylase의 경우, 3.7에서 54.9 ($\times 10^{-10}$ substition/site/year)의 변이를 보임.

이 결과는 일정한 분자시계가 존재하지 않음을 나타낸다.

두 번째 예로, Buggiottiand Primer (2006)는 조류와 포유류의 성장호르몬 유전자를 비교하여 조류에서는 비교적 일정한 비율로 진화하지만, 포유류에서는 특정 계열에서 급진적으로 진화하는 현상을 발견하였다. 포유동물에서는 25~50배 정도의 급진적 진화 현상이 반추류와 영장류에서 발견되었다. 조류계열에서는 비교적 일정한 0.56~0.80 $\times 10^{-9}$ substition/amino acid site/year의 치환율이었으나, 포유류에서는 기본적으로 0.21~0.28 $\times 10^{-9}$ 이었고, 빠른 경우 5.60~10.80 $\times 10^{-9}$ 정도를 나타냈다. 분자진화의 시간적 변화에 대한 여러 연구와는 달리 이들 진화생물학자들은 다른 진화율이 포유류와 조류의 성장을 조절하는 성장호르몬의 기능적 역할의 차이라는 측면에서 분자시계보다는 적응의 관점에서 해석하고 있다. 그중 하나가 조류 유전자에서 기능적으로 중요한 위치는 양의 선택압력을 받고 있음을 제시하였다.

조절유전자와 진화의 결과

분자수준에서 다른 생물체를 비교하는 것은 *생물체 간에 공유라는 단백질의 수를 따져보는 것이다*(13장 참조).

예로, 생물체가 원핵성이든 진핵성이든 간에, 해당과정, 아미노산 합성, DNA 복제와 단백질 합성과 같은 기본적인 생화학적 과정에 관여하는 유사한 효소들을 공유하고 있다. 즉, dehydrogenase, kinase, polymerase, protease, ferredoxin, cytochrome, nuclease와 수많은 유전자 산물들이 생명계에 널리 분포하는 공통적인 효소이다. 하나의 분류군(예로 척추동물) 내의 구성 생물체간의 특징적인 구조적 차이점을 자세히 보면, 이들 차이는 이들이 갖는 단백질 종류와 차이와는 별 상관이 없고, actin, myosin, collagen, albumin과 같은 다양한 공통단백질이 어떻게 체계화되고 조절되는가에 더 의존적인 것 같다.

고양이와 개, 고양이와 쥐를 해부학적으로 비교해 보면 차이점이란 1차적으로 공통조직(예로 뼈, 근육, 신경)의 정도(양)와 위치에 의한 차임을 알 수 있다. 조직의 양과 위치의 조절은 발생과정에서 조절유전자의 현상으로부터 기인하며, 10장에서 논의하고 13장에서 보다 자세히 논의한 바와 같이 진핵세포의 비교대상인 원핵세포에서는 쉽게 돌연변이에 의하여 변형시킬 수 있는 현상이다. **그림 12-26**에서 보여 주는 바와 같이, 결실, 복제, 역위, 전좌와 같은 간단한 유전자의 재배열 현상이 유전자 기능에 영향을 미치는 조절유전자의 급격한 변화를 유도할 수 있다. 유전자 조절이 매우 중요하므로(10장 참조), 다수의 진화학자들은 조절과정의 변화가 진화의 주요 변화의 **원동력**(오래된 포도주를 새로운 병에 담는 격)이라고 강조하고 있다(13장 참조).

Wilson과 공동연구자(1974)들은 개구리류와 유태반포유류를 비교하는 연구를 수행하였다. 초기 개구리류는 약 2억 년 전의 중생대 삼척기에 출현한 반면, 유태반포유류는 약 9천만 년 전인 중생대 백악기까지는 화석학적으로 나타나지 않는다. 개구리류는 오래된 진화역사를 갖으며 많은 종으로 분화했지만, 매우 다양한 형태로 방사진화한 유태반포유류에 비하여 진화과정 중에 거의 형태적 변화가 없었다.

3,000종 이상의 개구리류는 모두가 형태적으로 비슷하며(**그림 12-27a**), 분류학자들은 이를 하나의 목(Anura)으로 포함시키고 있다. 반면에 4,300종에 이르는 유태반포유류(이 중 2,000종이 설치류임)는 형태적으로 매우 다양하여 박쥐류, 영장류, 고래류(**그림 12-27b**) 등을 포함하는 18개 목으로 분류한다. 개구리류의 형태적 유사성은 유태반포유류에 비하여 조절유전자 돌연변

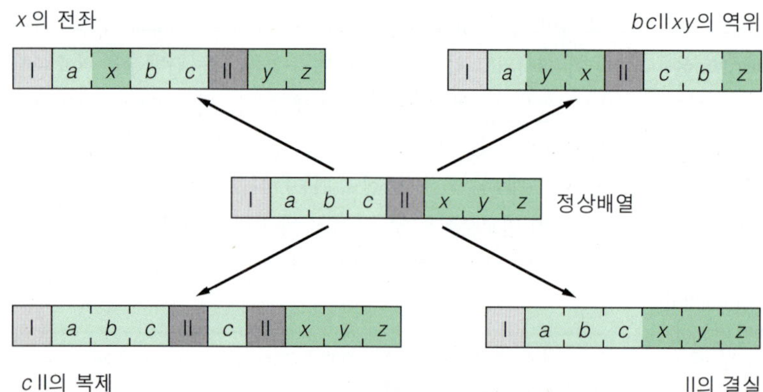

그림 12-26 두 세트의 구조유전자들(*a*, *b*, *c*와 *x*, *y*, *z*)을 포함하는 유전자서열 내에서 일어날 수 있는 재배열의 일부의 예. 각 세트는 독립된 조절유전자 I, II에 의하여 조절되며, 각각의 변화는 매우 다른 돌연변이 효과를 일으킬 수 있다. 예로, 구조유전자 *x*, *y*, *z*를 조절하는 조절유전자 II의 결실은 *x*, *y*, *z* 유전자가 조절유전자 I의 영향하에 놓이게 되며, 제시한 전좌현상이 이전에 유전자 *b*, *c*와 *x*, *y*의 조절에 관여하는 현상을 역전시키게 된다. (Strickberger, M. W., 1985. *Genetics*, 3rd ed. Macmillan, New York.에서 각색; Wilson.에서 각색)

Walter M. Fitch

무엇이 진화에 대한 관심을 갖게 했습니까?

물고기, 파리, 지렁이, 식물, 버섯 등의 조상이 어떻게 연관되었는가를 말하는 것은 놀랄만한 일입니다. 이와 같은 가능성 또는 반대적인 증거를 찾는 것은 한 사람의 인생을 보낼만한 가치가 있는 일입니다.

과학에서 선생님이 발견하신 것 중 가장 가치있고 흥미로운 것은 무엇이라고 생각하십니까?

나의 가장 흥미로운 경험은 단백질의 아미노산 서열을 분석하는 방법론을 개발하고, 이를 20개의 cytochromec *c* 단백질에 적용하여 하나의 작은 단백질로부터 전체 진핵세포를 아우르는 비교적 정확한 계통수를 제작한 것입니다(이 결과는 1967년 E. Margoliash와 함께 Science에 출판하였다).

선생님의 실험실에서는 현재 어떤 연구를 하고 있습니까?

나는 현재 여러 염기서열의 동시정열, 분자 계통수의 제작, 계통수에 진화적 사건(유전자 치환 포함)을 포함시키는 것, 망상진화(계통수보다는 계통 망)의 검증과 계산, 사람 독감 바이러스의 미래의 진화에 대한 방향 예견 등의 분야에서 보다 진보된 방법들을 개발하고 있습니다. 나는 현재 이들 방법론을 여러 분야에 적용하고 있는데, 특히 바이러스(독감, HIV, 수포성 구내염)에 관심이 높습니다. 분자시계 문제도 좋아하는 주제입니다.

선생님의 연구분야는 앞으로 어떤 방향으로 나아가야 한다고 생각하십니까?

위의 답을 보세요. 언제나 결과가 모호하면, 이 문제가 자료에 있는지 방법에 있는지 의문을 가져야 합니다. 방법에 문제가 있다면, 이 문제를 인지한 것이고, 만약 당신이 이 문제를 해결하였다면, 당신이 최초로 새로운 방법을 개발한 것이고, 보다 강력한 기술을 다른 여러 분야에 적용 가능하며, 다른 사람의 질의에도 답할 수 있는 것입니다.

진화분야에 관심이 있는 학생들에게 어떤 조언을 주실 수 있을까요?

진화를 제외하고 생명과학에서 모든 것을 알 수 없습니다. 좁게 보다는 넓게 훈련하여야 합니다. 새로운 시각은 종종 다른 분야의 다른 관점에서 순간적으로 영감을 얻을 수 있습니다. 보다 많은 문제점을 인지할수록 보다 많은 해결책이 마련됩니다. Pasteur의 말과 같이 우연이란 준비된 사람의 몫입니다. 달리 말하면 보물은 당신의 기대 속에 있는 것입니다.

생일: 1929년 5월 21일
출생지: 캘리포니아주 샌디에고
학사학위: 버클리대학
박사학위: Ph.D. 버클리대학, 1958
박사후 과정: 스탠포드대학, 1959–1961; 런던대학, 1961–1962
현 직책: 캘리포니아대학 얼바인 캠퍼스 생명과학과의 진화 생물학 그리고 생태학 교수[14]

[14] Accessed April 2007. Recent publication: Fitch, W. M., R. M. Bush, C. A. Bender, K. Subbarao, and N. J. Cox, 2000. On predicting the evolution of human influenza A. J. *Heredity*, **91**, 183–185

이가 비교적 적었기 때문이라고 Wilson은 제안하였다.

사람과 아프리카 유인원과 같은 연관 종간에 크게 다른 표현형을 보았을 때 조절변환의 중요성은 명백하다. 두 군은 뇌의 크기, 면상구조, 양 발로 걷는 운동성 등등 많은 차이가 있으므로 많은 인류학자들은 2개의 다른 과(Hominidae, Pongidae)로 구별하는데, 구조 단백질의 조성은 매우 유사하다. 즉, myoglobin과 hemoglobin 체인들, cytochrome 단백질들 나아가 fibrinopeptides(표 20–3 참조)까지도 거의 같다. 실제로 이 두 군 간의 여러 단백질을 조사한 결과, 아미노산 서열에서 평균 98% 이상이 같다는 결론을 얻었다(King and Wilson, 1975).

이들과 다른 예들로 볼 때 조절유전자의 돌연변이가 여러 구조적 유전자들의 변환보다도 종의 형태적 기능적 분화에 커다란 역할을 한다는 것이 분명하다. 어떤 유전학자들은 이와 같은 관찰을 토대로 비교적 단기간 동안에 주요 분류군을 생성할 큰 형태적 영향을 미칠 수 있는 조절적 변환으로부터 새로운 종, 새로운 속, 새로운 목이 만들어진다는 생각에 지지를 보내고 있다(대진화, macroevolution). 반면 하나의 집단은 하나의 조절적 변환이 첨가되어 하나 또는 그 이상의 분리된 그룹이 급진적으로 진화되어 상위의 분류군으로 발전할 수 있을 때까지 오랜 기간 동안 존속하는 점진적인 변화(소진화, microevolution)만을 걷게 된다.[13]

척추동물, 연체동물과 다른 동물군들의 화석자료의 어떤 것들은 진화적 활동의 주기적 대변환이 관찰되므로 Eldredgeand-Gould(1972)와 같은 고생물학자들은 이를 **단속평형**(punctuated equilibrium)이라는 이름으로 표현하였다. 즉, 화석학적으로 집단의 동질성이 오래도록 유지되다가, 지질학적으로 짧은 시간 동안에 급격한 종분화가 일어나 집단이 단절된다는 것이다. 다른 연구자들은 화석자료는 gap이 존재하므로, 단속평형이란 표면적인 것일 뿐 실제는 그렇지 않으며, 빠른 지리적 시간이란 것도 실제로 수 천 세대가 관여한다고 말하고 있다.

이와 같은 언쟁이 많은 반론과 재반론을 야기시켰지만(24장의 논의 참고), 모든 진화학자들은 점진적 변화와 급진적 변화가

[13] **대진화**란 종종 이러한 개념으로 이용되지만, 그 변화 기구에 상관없이 원래 종이 상의 수준에서 진화에 이용된 개념이고, **소진화**란 종 내의 수준에서 진화를 의미한 것이다. 이에 대한 논의는 24장을 참조.

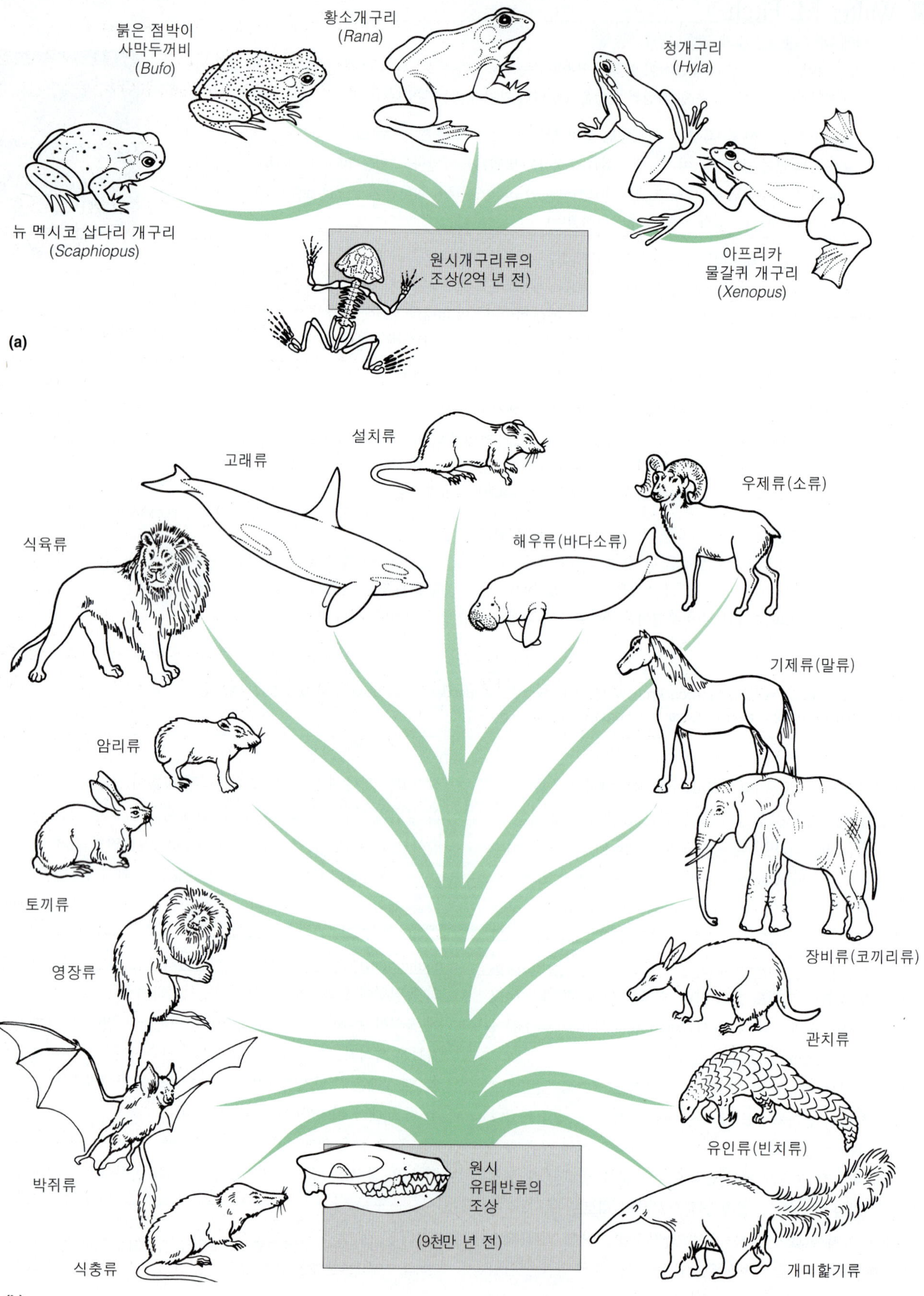
붉은 점박이
사막두꺼비
(*Bufo*)
황소개구리
(*Rana*)
청개구리
(*Hyla*)
뉴 멕시코 삽다리 개구리
(*Scaphiopus*)
원시개구리류의
조상(2억 년 전)
아프리카
물갈퀴 개구리
(*Xenopus*)
(a)
설치류
고래류
우제류(소류)
식육류
해우류(바다소류)
기제류(말류)
암리류
토끼류
장비류(코끼리류)
영장류
관치류
유인류(빈치류)
박쥐류
원시
유태반류의
조상
(9천만 년 전)
식충류
개미핥기류
(b)

그림 12-27 (a) 2억 년 전경(중생대 삼척기)에 기원한 현존 개구리류의 주요 형태적 변이.
(b) 9천만 년 전(중생대 백악기)에 기원한 유태반 포유류의 현존하는 15개 목을 대표하는 형태적 변이. 비록 개구리류는 성체의 표현형이 유사하지만, 발생과정은 종 간에 다를 수 있으며, 미성체의 태어날 때 형태 또한 올챙이에서 새끼개구리까지 다양하고, 발생하는 기질도 물에서 혈액낭까지 다양하다(414–415 페이지). (Strickberger,M. W., 1985. *Genetics*, 3rd ed. Macmillan, New York.에서 각색)

진화과정에 동시에 존재한다고 동의한다. 아직 우리가 해결하지 못한 것은 종분화와 고등분류군의 진화에 이들 변화의 상대적 중요도에 대한 것이다. 현상학적 수준에서 어떤 종분화는 분명히 점진적인 것 같다. 예로 초파리의 자매 종들은 매우 비슷하다. 하지만 초파리의 자매 종간보다 더 최근에 분화한(예로 침팬지와 사람) 다른 연관 종들은 매우 다르게 보인다. 즉, 점진적이 아니다. 이와 같은 관찰에 근거하여 제기되는 문제 종에는 다음의 것들이 포함된다.

- 새로운 종을 만드는 데 얼마나 많은 유전적 차이가 필요한가?
- 종간의 형태적 차이가 유전적 차이의 수와 연관되어 있는가?

이들 문제에 대답하기는 아직은 어렵지만(24장 참고), 분자연구가 매우 중요한 정보를 제공한다. 예로, *Drosophila simulans-mauritania* 잡종에서 남성불임인자의 DNA 지도작성 결과 이들 형태적, 분자적으로 유사한 자매 종간의 생식적 격리에는 100개 이상의 유전자가 관여함이 알려졌다(Davis and Wu, 1996). 다른 근연의 다른 종간의 생식적 격리에 이렇게 많은 수의 유전자가 필요한지는 확실치 않지만, 이와 같은 발견은 어떤 종분화에는 형태적 또는 발생학적으로 새로운 한두 개의 전좌만 관여하는 것이 아니고, 잡종불임의 표현에 많은 전좌 사이의 유전적 상호작용이 관여함을 가르켜 주고 있다. 이와 같은 내용을 지지하는 것으로 어떤 분류군에서는 형태적 차이의 정도와 분자진화적 차이의 정도가 서로 연관되었음을 Omland(1997)는 지적한 바 있다.

염기서열 결정방법의 발전과 분자정보량의 급진적 증가는 연관관계가 오랫동안 애매모호했던 군들의 계통을 밝히는 일을 가능하게 하고 있다. 리보솜 RNA 염기서열분석이 원핵세포 간의 새로운 주요 군, 고세균을 정의하게 되었고(그림 8–7 참조), 진핵세포문간의 연관관계를 결정하는 데도 사용되고 있다(예로 그림 15–7 참조). 나아가, 연구자들은 염기서열비교방법을 이용하여 실험실에서 분자진화를 연구하기도 한다(글상자 12–2 참조).

주요 용어

DNA–DNA 잡종(DNA–DNA hybridization)
간결(parsimony)
계통수(Phylogenetic tree)
뉴클레오티드(nucleotide)
다형유전자(multigene family)
단속평형(punctuated equilibrium)
대진화(macroevolution)
반복DNA(repetitive DNA)
반수제(haplotype)
부등교차(unequal crossing over)
부수체 DNA(satellite DNA)
분자시계(molecular clock)
분자클로닝(molecular cloning)
미소부수체(microsatellites)
소진화(microevolution)
수렴(convergences)
유전자 유집군(gene cluster)
유전자 전환(gene conversion)
유전자 조절(gene regulation)
유전자계(gene family)
유전자 중복(gene duplications)
이질염색체(heterochromatin)
위유전자(pseudogenes)
중합효소연쇄반응(polymerase chain reaction, PCR)
제한효소 단편길이 다형현상(restriction fragment length polymorphism, RFLPs)
제한효소(restriction enzyme)
직상동유전자(orthologous genes)
최대가능성의 추론(maximum likelihood estimates)
측상동유전자(paralogous genes)
클로닝(cloning)
헤모글로빈(hemoglobin)
협동진화(concerted evolution)

토의 및 질문

1. 계통을 결정하는 데 있어서 단백질과 핵산을 이용하는 것의 장점은 무엇인가?
2. 중합효소연쇄반응(PCR)은 계통 연구에 어떻게 이용되는가?
3. 측상동유전자와 직상동유전자가 왜 만들어지는가? 이들의 진화에 대하여 예를 들어라.
4. 생명체간 DNA의 상대적 양이 계통학적 위치를 반영하는지 설명하라.
5. DNA–DNA 잡종에 기초하여 계통의 타당성을 논의하는 것에 대해 진화학자들은 어떠한 근거와 찬반입장을 제시하였는가?
6. 진화과정 중 천천히 바뀌는 DNA 염기서열과 빨리 바뀌는 서열 중 어느 것이 연관이 깊은 종 간의 계통수 제작에 더 좋은 결과를 제공할 수 있는가?
7. 연구자들은 왜 핵산계통에서 5S rRNA를 이용하는가?
8. Barnabas와 공동연구자들(그림 12–19)은 진핵세포의 미토콘드리아와 엽록체가 원핵세포와의 공생관계로부터 기원했다는 개념을 어떻게 발견하였는가?
9. 진화학자들은 생물의 관계를 가장 잘 규정할 수 있는 상계(super kingdom)의 개수를 어떻게 결정하는가? 정확한 생명수(Tree of Life)를 완성하는 것이 가능하다고 생각하는가?
10. 분자시계의 타당성에 대해 진화학자들은 어떠한 근거와 찬반 입장을 제시하였는가?
11. 유전자 조절
    a. 조절유전자의 변화란 무엇인가?

b. 어떻게 이와 같은 변화가 일어나는가?

c. 조절유전자의 변화는 왜 구조유전자의 변화보다 큰 진화적 결과를 초래하는 것으로 여겨지는가?

12. 효소적 진화

a. 실험실에서 어떻게 효소변화를 선택하는가?

b. 어떤 종류의 적응적 효소변화가 관찰되는가?

c. 대장균의 EBG 효소 계열은 어떻게 진화되었는가?

13. 어떻게 실험실에서의 선택이 QβRNA 세균의 유전체 길이를 감소시켰는가?

추천 읽을 거리

Adams M. D., S. E. Celniker, R. A. Holt, C. A. Evans, et al., 2000. The genome sequence of *Drosophila melanogaster. Science,* **287,** 2185–2195.

Aparicio S., J. Chapman, E. Stupka, N. Putnam, et al., 2002. Whole-genome shotgun assembly and analysis of the genome of *Fugu rubripes. Science,* **297,** 1301–1310.

Arabidopsis Genome Initiative, 2000. Analysis of the genome sequence of the flowering plant *Arabidopsis thaliana. Nature,* **408,** 796–815.

Burger, G., M. W. Gray, and B. F. Lang, 2004. Mitochondrial genomes: anything goes. *Trends Genet.*, **19,** 709–716.

Feng, D.-F., G. Cho, and R. F. Doolittle, 1997. Determining divergence times with a protein clock: Update and reevaluation. *Proc. Natl Acad. Sci. U. S. A.*, **94,** 13028–13033.

Herrmann, B., and S. Hummel (eds.), 1994. *Ancient DNA.* Springer-Verlag, New York.

Krings, M., A. Stone, R. W. Schmitz, H. Kainitzki, M. Stoneking, and S. Pääbo, 1997. Neanderthal DNA sequences and the origin of modern humans. *Cell,* **90,** 19–30.

The *C. elegans* Sequencing Consortium, 1998. Genome sequence of the nematode *C. elegans:* a platform for investigating biology. *Science,* **282,** 2012–2018.

Venter J. C., M. D. Adams, E. W. Myers, P. W. Li, et al., 2001. The sequence of the human genome. *Science,* **291,** 1304–1351.

13

유전자, 발생 그리고 진화

■ 요약

바이러스와 원핵생물의 분자생물학적 연구를 통해 유전자들의 분화조절에 대한 많은 사실들이 밝혀졌다. 예를 들어, 유전자들은 주위 환경과 상호작용하여 바이러스 성장, 박테리아의 대사작용과 포자 형성을 억제하거나 활성화시킨다. 발생 — 다세포 생물이 알에서 성체가 되는 과정 — 은 대부분 시간과 공간에 따라 조절되는 유전자와 세포 활동의 결과이다.

진핵생물 발생에 관한 초창기에는 형태를 주로 관찰했고, 이후 세포간, 세포와 세포외질간, 조직간 상호작용에 관한 연구에 중점을 두었으며, 이후 발생에 관여하는 유전자들의 역할에 관한 연구로 연구 영역이 확대되었다. 유전자를 찾아내고 배발생 단계에서 발생학적 차이를 일으키는 이들의 역할과 어떻게 이 같은 유전 효과들이 일어나는 가를 밝히는 것이 새로운 관심사가 되었다.

발생과정에서 세포의 구조와 기능의 변화는 유전자 전사에 의한 세포 단백질의 **존재 여부 및 활성도 차이** 때문이다. 어떤 유전자가 메신저 RNA로 전사되고 어떤 전사체가 단백질로 해독되며, 어떤 단백질이 활성화되느냐 여부는 대개 서로 다른 유전적 조절 경로 또는 네트워크를 일으키는 신호로부터 시작되는 상호작용의 결과이다. 시공간에서 세포와 조직의 발생학적 위치가 변화하면 이들은 새로운 세트의 신호가 되어 다음 단계의 발생학적 결과로 이어진다. 또한 같은 세포 궤적을 가진 세포 계보(모듈)가 고유한 기능을 수행하는 특정 조직으로 분화한다. 유전적 변화는 Francois Jacob이 땜질이라 명명했던 신호 수신에서 시작된 전사와 해독까지의 과정과 조절인자들에 영향을 주어서 각 발생 단계를 조정할 수 있다.

유전적 변이성으로 인해서 유전자가 원래의 해부학적 위치에서 벗어나서 발현되거나, 기관들이 예정된 몸체절에서 벗어난 위치에 발생하는(homeotic mutations) 등 많은 종류의 발생유전학적 변화가 일어난다. 발생학적 창조는 유전자의 발현 위치 또는 시간(이시성과 이소성), 성장률 변화(상대 성장) 그리고/또는 다른 사건들이 조절되고 변화하여 발생한다. 조절 복잡성이 증가하면 발생학적 새로움이 증가하게 되는 것이다.

유전자들과 그 대립인자들이 기능적 가치로 인해 선택해 왔던 여타 다른 형질들처럼, 개체 발생은 역사적인 진화 과정의 결과물이다. 새로운 돌연변이들이 성공적으로 생물의 발생 과정에 관여하느냐의 여부는 돌연변이들이 어떻게 기존의 발생 과정과 상호작용하느냐에 달려 있다. 이런 상호작용은 발생을 이끌며 진화적 변화를 위한 기회를 제한하거나 만들어 낸다. 진화적 효과 중에서도, 생물이 다양한 다른 자극에 직면하였을 때 선택된 유전형이 발생에 영향을 주어 1개의 적응적 표현형을 유지시키거나 다수의 변이 표현형들의 생산을 증가시키는 것이다.

분화(differentiation)란 주로 개체의 각 구조 간의 구조적 또는 기능적 차이를 일으키는 발생 과정을 설명할 때 사용된다. 발생학자들은 종종 '분화'를 세포들이 서로 달라지는 과정 또는 계열화되는 초기 단계에서 세포들이 달라지는 과정으로 한정 짓는다: **세포분화 또는 특수화**. 따라서, 연골세포가 이전 연골모세포, 조연골세포, 연골세포, 비대연골세포와 같은 4단계로 분화하는 경우나, 하나의 공동 줄기세포가 특정 환경적 상황하에서 2개의 세포형인 근육세포와 조연골세포로 만들어지는 경우 등을 예로 들 수 있다.

단세포 생물에서 분화란 하나의 세포 또는 세포의 일부분을 말한다. 다세포 생물에서 분화란 세포가 분화해서 서로 다른 세포, 조직, 기관들을 만들어 내는 것을 말한다. 다세포생물에서 분화는 각 생물의 부위에 따라 유전자 산물이 양적 또는 질적으로 다르게 생산되기 때문에 나타나는 결과로, 세포 계보상에서 **내재적인 모계 조절** 때문이거나 세포와 세포산물(성장인자, 호르몬) 간의 **후성적** 상호작용이거나 또는 몇 가지 환경 요인들(예를 들면, 포식자-피식자 밀도, pH, 온도 같은)에 반응해서 일어난다.[1]

진핵생물의 발생과정

형태란 생물의 모양 또는 특징을 말한다. **형태발생**은 모양이 만들어지는 일련의 과정들이다. 형태발생의 범위는 광범위하지만, 형태발생 과정들은 제한적이다.

진핵생물의 분화에 대한 관심은 아리스토텔레스 시대에까지 거슬러 올라가게 된다. 예를 들어 아리스토텔레스는 닭의 배아 발생과정을 자세히 연구했는데, 초기 발생단계에서는 거의 구조가 없이 보이는 닭배아가 발생 후기에는 복잡한 분화과정을 통해서 발생한다고 기록했다. 그러나 오랜 기간 동안, 발생과정을 통해 부모의 미니어처 형태로 부모의 완벽한 복사체가 만들어진다고 믿어왔다. 1장에서 논의되었듯이, **완성주의자**의 관점은 18, 19세기에 들어 초기 배아에는 없는 성체의 구조가 배 발생과정을 통해 새롭게 획득된다는 **후성적** 관점으로 바뀌게 되었다.

발생이 순차적으로 일어나는 것은 생물 자체의 연속적인 진화 양상을 반영한다. 즉, 생물과 생물 내 기관들은 *갑자기 새롭게* 나타나는 것이 아니라, 더해지고 증가하여 모양을 만들어낸 결과이다 (그림 3-1 동물 예, 그림 14-10 식물 예). 다세포 발생에서, 한꺼번에 즉흥적으로 분화가 일어나 개체가 만들어지는 것이 아니라, 단지 몇 종류의 세포들에서 시작해서 세포가 나뉘고 증가하는 연속적인 분화를 통해 기관들이 만들어진다.[1]

발생과 진화

Darwin의 「종의 기원」이 발간된 이후 몇 십 년 동안 많은 발생학자들이 진화학 분야를 연구하기 시작하였는데, 발생과정은 배발생 과정에 대한 상호 비교를 통해서 연구될 수 있는 독자적인 연구 분야임을 강조하였다. 그들은 척추동물 배의 형태 변화, 연체동물의 껍질 봉합선, 그 외에 다른 비교 자료에서 볼 수 있는 발생과정의 변화에 대해 많은 연구 저서를 남겼다. 개체발생(develop-

[1] 발생의 내재적, 후성적 조절에 대해서는 Hall(1999a), Pigliucci(2002), Hall et al. (2004)를 참조.

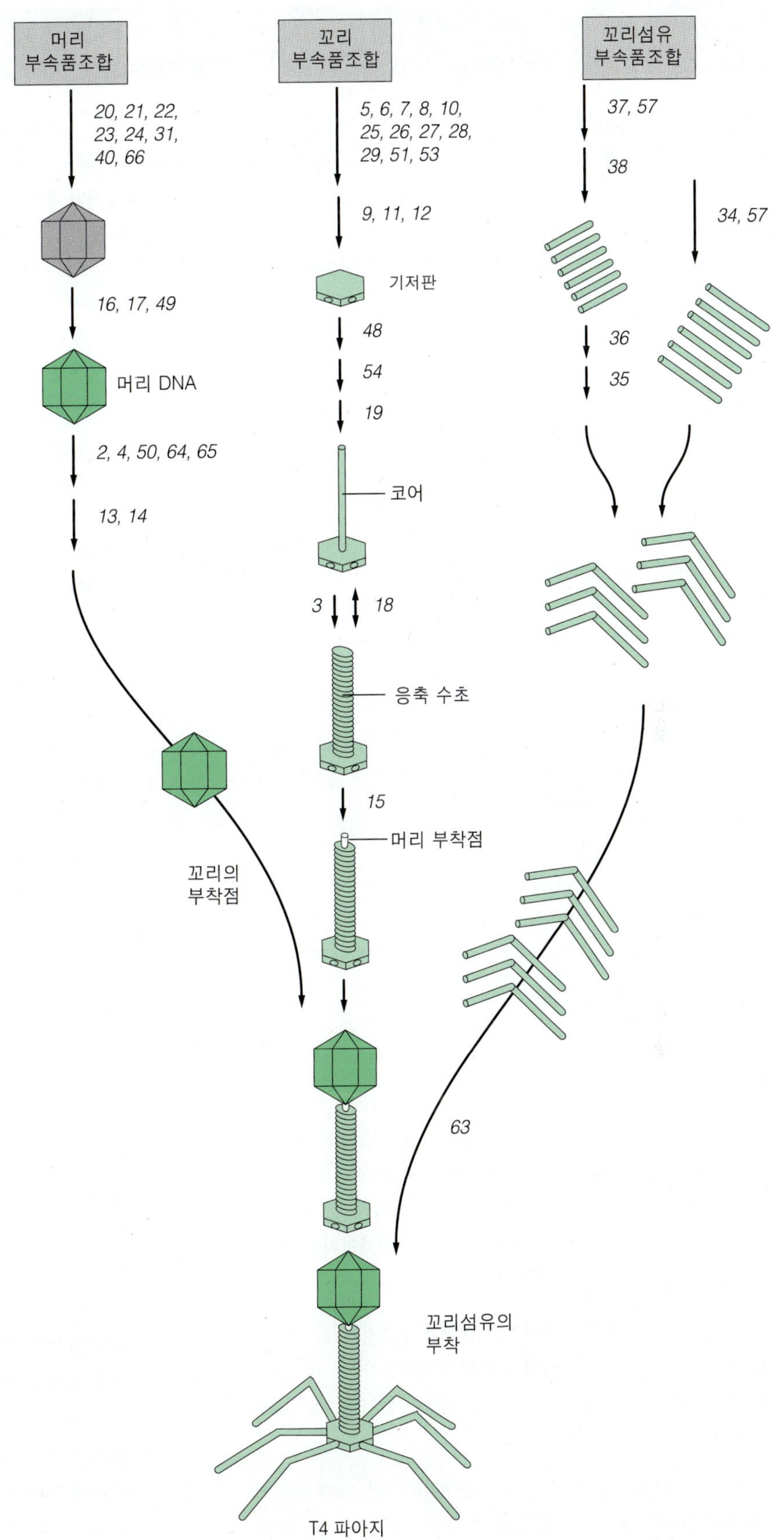

그림 13-1 T4 파아지의 발생 단계와 다양한 형태형성 과정에 관여하는 유전자들. 많은 유전자들(숫자로 표시)이 단백질 또는 폴리펩타이드를 만들어 직접적으로 T4 파아지 형성에 이용되지만, 일부 유전자 산물들(예: 38, 57, 63)은 조립 과정 필요하나 직접 구성물로는 이용되지는 않는다. (Wood, W. B. 1980. Bacteriopahge T4 morphogenesis as a model for assembly of subcellular structure. *Q. Rev. Biol.*, 55, 353–367.에서 각색)

글상자 13-1 바이러스와 박테리아: 복제와 형태분화

■ T4 박테리오파아지의 형태발생

박테리오파아지는 박테리아를 용균하는 바이러스이다. T4 박테리오파아지는 흔한 대장균인 *Escherichia coli*(간단히 *E.coli*로 불림)를 감염시킨다.

T4 박테리오파아지가 만들어지는 동안 발생하는 형태분화는 유전적 조절을 받는다(그림13-1). T4가 가지고 있는 DNA 염기쌍 168,800개는 숙주인 박테리아의 DNA 의존 RNA중합효소(DNA-dependent RNA polymerase)를 이용하여 파아지메신저 RNA가 만들어진다. 파아지 RNA는 숙주의 리보솜에서 해독되어 파아지 DNA 합성에 필요한 많은 "초기" 단백질들을 만든다. 이렇게 초기에 만들어진 효소들에 의해 감염 후 5–7분 이내에 "영양체" 파아지 DNA 섬유집단이 형성된다.

초기 바이러스성 단백질 합성이 중단되면 "후기" 단백질이 다량 형성되는데, 여기에는 머리 껍질을 형성하는 **머리 단백질** 분자들이 자리를 잡도록 도움을 주는 지지역할을 하는 단백질도 포함된다. T4 파아지 DNA가 이 바이러스성 껍질에 들어가 자리를 잡으면, 지지역할 단백질은 파괴되고 머리 껍질 내에 DNA가 둘러싸이게 되어 DNA 봉합이 완성된다. 다른 후기 단백질에는 다양한 꼬리 구조를 구성하는 단백질뿐 아니라 숙주의 세포벽을 파괴하는 데 사용하는 라이소자임이 포함된다. 완성된 파아지는 약 30–40개의 서로 다른 구성물로 구성되어 있는데, 이들 구성물들은 형태분화 과정이 조화롭게 이루어질 수 있도록 단계별로 순서에 따라 만들어지게 된다.

■ λ 박테리오파아지의 복제

대부분의 바이러스들은 단지 단순한 수동적 기생복제자처럼 보이지만, 일부 바이러스들은 복제 여부를 스스로 선택할 수 있는 유전자를 진화적 선택과정을 통해 획득하였다. 예로서 람다 박테리오파아지를 들 수 있는데, 이들은 숙주 내에 DNA 주형처럼 조용히 남아 있을 수도 있고 복제되어 숙주를 **용해**시키고 파괴시킬 수도 있다. 이러한 경로는 숙주의 상태에 따라 정해지게 되는데, 숙주민감성 단백질을 단계적으로 생산하는 유전자의 작용에 의해 람다 박테리오파아지의 반응이 정교하게 이루어진다. 즉, *cl* 유전자의 단백질은 복제에 필수적인 바이러스 유전자에 대한 **억제자**로 작용하여 바이러스의 복제를 막게 되는데, 스트레스나 자외선에 의해 숙주의 상태가 좋지 않게 되면, *cl* 단백질이 쪼개지게 되어 복제가 진행되고 숙주를 용혈시키는 과정이 진행되게 된다 (Ptashne, 1992)

■ 박테리아의 포자 형성

미생물은 다양한 발생단계와 그들의 원인적인 유전 요소에 대한 생화학적 세부 분석이 가능한 생물로서, 심지어는 박테리아의 포자 형성과 같은 꽤 복잡한 형태분화도 분자수준에서 연구가 잘 되어 있다. 예를 들면, 고초균(*Bacillus subtilis*)과 같은 몇몇 박테리아의 포자 형성은 종종 이용 가능한 영양물, 특히 탄소와 질소가 부족할 때에 일어나게 된다. **그림 13–2**에서처럼, 이 새로운 경로는 효소의 단계적 작용을 통해 세포의 형태변화가 일어난다. 전사과정의 정확한 유전적 조절을 통해 특정 박테리아 효소의 양적 증가나 감소 또는 특정 효소의 발현에 의해서 이러한 박테리아의 발생 과정이 나타난다. 새로운 유전자 세트에 대한 메신저 RNA가 전사될 수 있게 하는 새로운 형태의 RNA중합효소가 단백질 구성물의 변화를 통해 생산된다. 이것은 열악한 상황에서는 수백 년 동안 복제가 일어나지 않고 대사활성도 없는 포자가 적당한 성장환경에 노출되면 발아하여 생장과 복제를 통해 정상적 형태와 기능을 회복하게 된다.

ment of an individual)은 연속인 조상의 발생과정을 반영한다는 개념을 이끌었던 Haekel의 "생물발생법칙" (3장 참조)도 이런 업적 중의 하나이다. 배발생 단계는 생물간의 계통관계 규명에 이용되는 형태적 형질의 하나로 이용될 수 있는 것이다.

이 같은 연구는 상당히 명확한 정보를 제공하였지만, 다음 세 가지의 해답 없는 문제를 남겼다.

1. 어떤 요인이 **알에서 성체까지의 변화**를 일으키는가?
2. 어떻게 이러한 변화가 **세대를 통해 전달**되는가?
3. 어떤 힘에 의해 다른 그룹과 다른 세대간에 서로 다른 발생학적 변화가 일어나게 되는가?

분자유전학이 발전하기 이전인 1950년대까지, 몇몇 유전학자들(아래 인용된 저서들을 참조)은 정상과 돌연변이 생물의 발생과정에 미치는 유전자의 영향을 연구해 왔는데, 예를 들면,

- 후반부에 다룰 이시성의 개념을 발전시킨, 생리현상의 진행 속도를 조절하는 유전자(Richard Goldschmidt);
- 돌연변이 표현형 종류를 결정하는 유전자들(Hermann Muller)과 인간의 대사 질환에 관계된 유전자(Archibald Garrod);
- 꽃의 색소 발생(H.Onslow, R. Scott–Moncrieff)과 초파리 망막 세포 관련(George W. Beadle과 Boris Ephrussi) 유전적 기초
- 생쥐의 척수 발생(L. C. Dunn, S. Gluecksohn-Schoenheimer, Hans Gruneberg)
- 초파리의 다면발현효과(Ernst Hadorn)

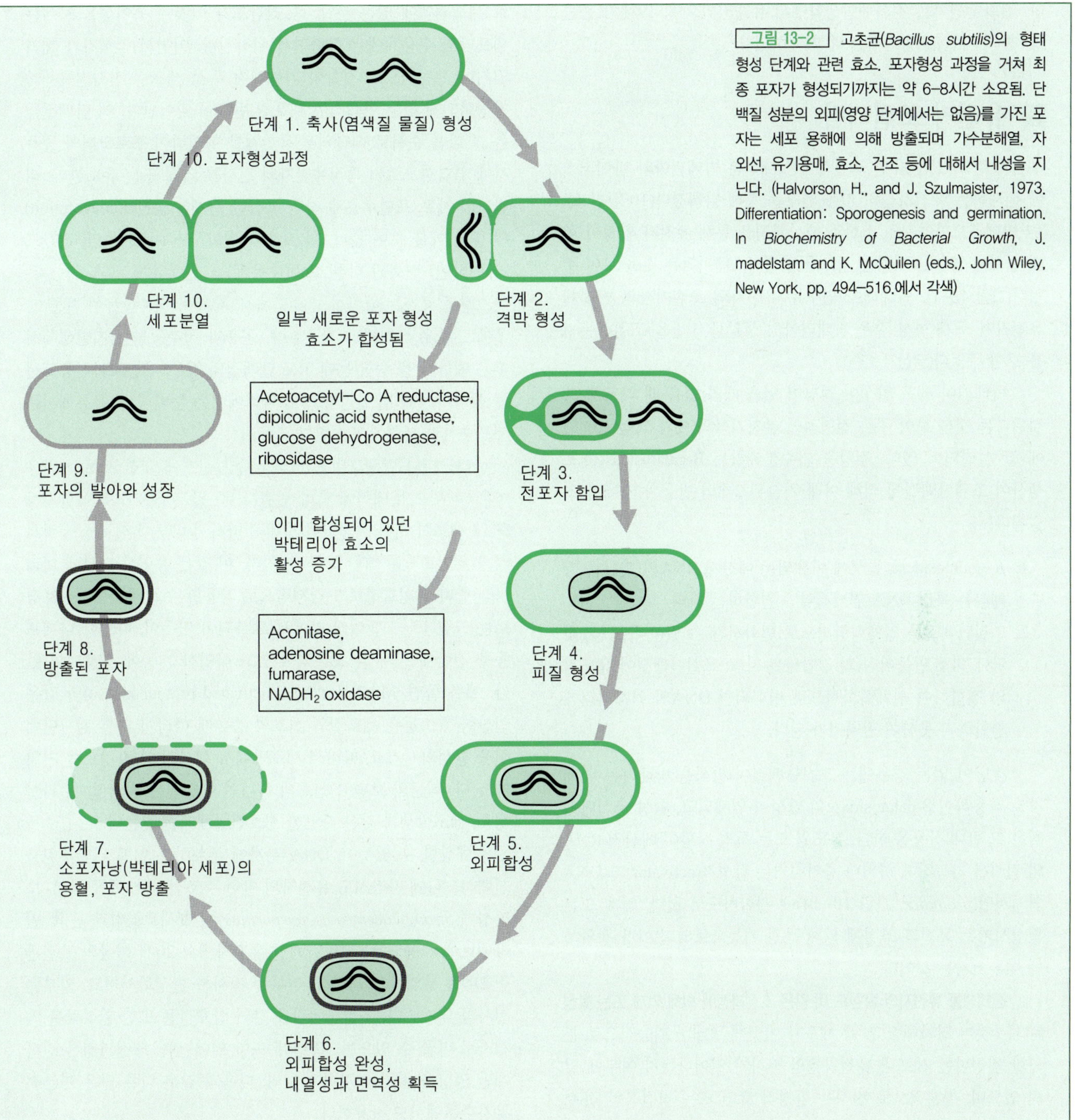

그림 13-2 고초균(*Bacillus subtilis*)의 형태 형성 단계와 관련 효소. 포자형성 과정을 거쳐 최종 포자가 형성되기까지는 약 6-8시간 소요됨. 단백질 성분의 외피(영양 단계에서는 없음)를 가진 포자는 세포 용해에 의해 방출되며 가수분해열, 자외선, 유기용매, 효소, 건조 등에 대해서 내성을 지닌다. (Halvorson, H., and J. Szulmajster, 1973. Differentiation: Sporogenesis and germination. In *Biochemistry of Bacterial Growth*, J. madelstam and K. McQuilen (eds.). John Wiley, New York, pp. 494–516.에서 각색)

- 붉은빵곰팡이의 대사변화 과정(George W. Beadle, E. L. Tatum)

이들의 노력과 후학들의 광범위한 연구에도 불구하고, 많은 형태학자들은 표현형과 유전형간의 차이가 너무 커서 상호 연결고리를 찾기가 매우 힘들며, 유전학은 발생에 대한 매우 제한되고 적은 정보만을 제공할 뿐이라고 주장하였다.

Richard Goldschmidt, L. C. Dunn, George Beadle, Boris Ephrussi와 그외 다른 많은 연구자들에 의해서 시작된 연구를 바탕으로 앞에서 언급한 해답 없는 세가지 문제점에 대한 해답을 얻기 위해서 배발생학에서 발생유전학으로 이동하게 되었다. 과거 20년 동안, 유전학적 연구는 분자생물학 기술의 경이적인 성장과 더불어 빠르게 가속화 되었으며, 분자, 발생, 진화 연구의 통합을 이끌어 현재 진화발생학(또는 evo-devo로 알려진)으로 자리잡았다. 진화발생학은 진화배발생학에서 유래되었으며, 19세기 중반에 「종의 기원」을 출간하는 데 기여하였다.[2]

유전자 조절기작

우리가 알고 있는 유전 조절기작은 대부분 박테리아와 바이러스에 존재하는 유전자들의 기능 연구를 통해 밝혀졌다(10장 참조). T4 박테리오파아지의 조합과 생산과정을 통해 유전자 활성이 형태 변화에 영향을 미치는 정교한 발생시스템이라는 것을 보여 주었다(**그림 13-1**). 박테리아 연구는 유전자의 조절기작과 어떻게 유전자가 포자 형성 같은 박테리아의 생활사 전반을 조절하는지를 보여 주었다(**글상자 13-1**).

박테리아 세포 활성이 젖당이 있을 때와 없을 때 다르게 조절된다는 것을 보여 주는 전형적인 분자기작의 예가 그림 10-13에 잘 설명되어 있다. 젖당을 가수분해하는 B-galatosidase효소 생산이 조절단백질에 의해 아래 기술된 2개의 반응 위치에서 조절된다.

1. β-galatosidase 합성에 이용되는 메신저 RNA의 전사를 방해하는 특정 DNA 염기서열에 결합하는 자리
2. 조절단백질을 입체화학적으로 변화시킬 수 있는 유도원 (젖당에 의해 만들어짐)과 결합하는 자리. 조절단백질이 유도원의 결합하여 입체화학적으로 변화되면 DNA의 억제자리에 결합하지 못하여 빈자리가 된다.

젖당이 없는 경우에는 조절단백질이 합성을 방해하는 억제자로 작용하여 β-galatosidase의 합성이 억제되고, 활성 조절단백질은 그 반대 작용을 한다. 유도원 또는 특정 상황이 메신저 RNA의 전사를 가능하게 하거나 증가시키는 활성자(activator)가 DNA 염기서열(*promoter*, 그림 10-14)에 결합하도록 한다. 억제 또는 활성시키는 유전적 조절에 의해 특정 기능으로의 전이가 정확하게 이루어지는 것이다.

진핵생물 유전자의 발현도 이 같은 조절과정에 의해 억제 또는 활성된다는 것이 명확해졌다. 즉 세포가 어떻게 형태나 기능적으로 분화할 것이냐는 세포내 유전자들의 전사가 일어나는지 여부에 달려 있으며, 결론적으로 전사는 환경적 요인 또는 직접적인 접촉, 확산 등으로 세포 간에 일어나는 — "신호" — 자극에 영향을 받는다. 이 같은 신호는 유기물 혹은 무기물일 수도 있으며, 원형질막을 통해서 직접 세포로 들어가거나, 발생단계의 일반적인 방법인 막수용체와 결합하여 **신호전달**(signal transduction) 기작에 의해서 신호가 세포질 내에서 증폭된다.

그림 13-3에서 설명하고 있듯이, 신호전달체계는 일반적으로 세포외액에 있는 분자, 즉 **리간드**가 이것에 특이성을 보이는 세포막의 수용체에 결합하면서 시작된다. 이어서 억제자가 제거되거나 기능적으로 결합이 가능해져 특정 세포질 전사전구체가 활성화되게 하는 연쇄적인 세포질 반응이 일어난다. 이 단백질들은 그 다음 순서로 핵단백질 복합체를 형성하여 프로모터와 증폭자에 결합함으로써 특정유전자의 전사를 억제 또는 유도한다. 리간드와 세포 표면수용체 간의 복잡한 관계는 **공진화**(coevolution)의 좋은 예를 보여 준다. 한 요소가 변화하면 (예를 들면, 리간드가 변하면) 변화된 다른 요소(수용체)를 선택하게 된다. 이 같은 신호경로 체계는 다양한 분류군에서, 심지어 최종산물이 다른 경우에도 매우 유사하게 작용한다. 곤충과 척추동물 사지발생에서 좋은 예를 찾을 수 있는데, Ras 단백질의 경우, 예쁜꼬마선충에서는 생식기 구조를 결정하고, 초파리에서는 눈발생, 포유류에서는 세포증식과 분화에 관여한다.

더군다나 발생과정은 역동적이라 신호에 대한 세포의 반응성은 그 세포의 내력에 따라 변한다. 즉 같은 신호경로라 할지라도 그 세포가 처한 시공간적 상태에 따라서 다른 유전자를 발현시키거나 억제하는 역할을 할 수 있다. 이 같은 유연성 덕분에 여러 목적에 따라 신호경로가 경제적으로 작용할 수 있게 된다. 신호경로는 그림 13-3과 여러 곳에서 묘사되어 있듯이, 다양한 다세포동물 전반에 걸쳐 잘 보존되어 있고 다양한 기능에 적용되어 왔다. 예를 들면, MAPK(mitogen-activated protein kinase)와 같은 인산화 효소들은 세포질외 신호의 종류에 따라서 다른 전사단백질을 활성화시키고, 따라서 세포막에서 핵까지 다른 경로를 거치게 된다. 식물의 보편적 신호의 하나인 에틸렌은 씨의 발아, 과실 성숙, 세포발생과 같은 다양한 신호전달체계를 갖는다.[3]

예상할 수 있듯이, DNA 분자에 존재하는 어떤 결합부위를 선택하느냐에 따라서도 유전자의 발현은 조절된다. 예를 들어, 보라성게(*Strongylocentrotus purpuratus*)에서(세포골격과 근육 필라멘트에 사용되는) 액틴단백질 유전자에서 20개 이상의 조절관련 DNA 부위가 알려졌다. 일부는 전사를 활성화시키고, 일부는 전사를 억제한다. 조절단백질들 간의 상호작용 또한 활성자를 억제자로 바꿀 수 있으며, 그 반대 또한 일어난다. 조절과정은 전사에만 영향을 미치는 것이 아니라, 다음과 같은 다른 많은 기본적 분자수준에서도 작용한다.

- **염색체상의 변화**는 DNA 부위 또는 전체 염색체에도 영향을 미칠 수 있다. 메틸화, 각인, 초파리의 X 염색체 불활성화를 일으키는 변화들이 한 예이다(10장 참조). 시토닌에 메틸화가 일어나면 유전자 기능을 막거나 조절하는 데

---

[2] Evo-devo의 역사에 대해서는 Bowler (1996a), and Hall (1999a, 2006d), Olson (2003), Nyhart (1995)를 참조.

[3] 신호전달의 보존성에 대해서는 Davidson (2006), S. B. Caroll et al. (2005), M. Freeman (1998), Gerhart and Kirschner (1997), 그리고 Wilkins (2002)를 참조.

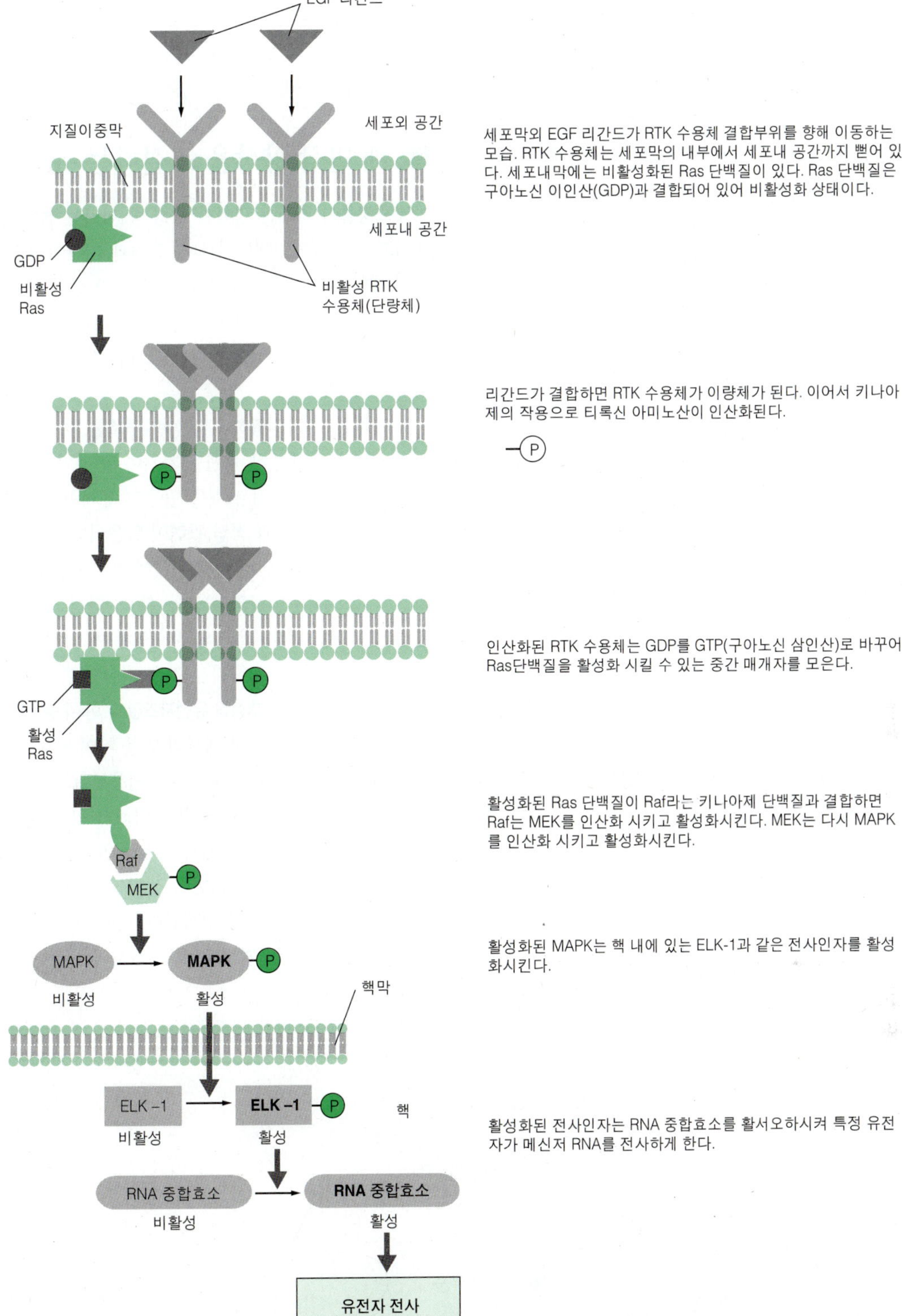

그림 13-3 세포외표피성장인자(EGF)가 막관통수용체(RTK)와 결합함으로써 티록신키나아제를 활성화시키고, 이어지는 세포내 단백질의 연쇄반응이 일어나 마침내 특정 유전자의 메신저 RNA가 전사되는 신호전달체계를 모식적으로 나타낸 그림. 다양한 동물계 전반에 걸쳐 이와 같은 신호체계가 매우 보존적임을 알 수 있다. *Ras* 단백질을 통한 세포내 조절은 예쁜꼬마선충(*Caenorhabditis*)의 생식기 구조 결정, 초파리 눈의 발생, 포유류의 세포생장과 분화과정에서도 볼 수 있다. 일반적으로 *Ras*와 같은 G 단백질은 GDP와 복합체를 형성하고 있는 동안에는 비활성화 상태이고, GDP가 인산화 되어서 GTP로 변화하면 활성화된다. 일부의 경우에는 표적단백질이 사이클릭아데노신일인산(cAMP) 또는 사이클릭구아노신일인산(cGMP)과 같은 2차신호 전달자를 생산하게 되는데, 2차신호 전달자는 글루코스 대사, 지방 저장, 응결과 분비같은 세포내 반응에 영향을 미칠 수 있다.

중요한 역할을 한다. 2006년 9월, 현화식물 애기장대에서 밝혀진 최초의 전체 게놈의 DNA "메틸화 지도"는 발현유전자들(항상 활성상태에 있는 유전자들)의 1/3 이상에서 전사부위가 메틸화되어 있는 반면, 발현유전자들의 promoter에서는 단지 5% 만이 메틸화되어 있는데 후자의 경우는 대개 조직 특이 발현인 경우가 대부분이다. 이 같은 사실은 메틸화가 유전자 조절에 중요한 역할을 한다는 것을 보여 준다(Zhang et al., 2006).

- **메신저 RNA의 전사 후 변형**은 다른 스플라이싱 패턴을 통해서 같은 전구체 분자를 전혀 다른 성숙한 메신저 RNA를 생산하게 하거나 염기전이(C → U), 결실, 삽입 등을 통해 직접적으로 메신저 RNA 염기를 변경시키는(RNA 편집과정) 과정을 통해 일어난다. 예를 들면, 경작되는 벼는 *Waxy* 유전자의 염기서열이 1개 바뀌어진 결과, 인트론스플라이싱이 변형되어 밀납단백질이 덜 만들어지는 품종으로 진화되었다(Hirano et al.,1998).
- **메신저 RNA의 해독**은 **메신저 RNA의 분해율** 또는 메신저 RNA 분자에 상보적인 RNA 염기서열(안티센스 조절)이나 단백질의 결합에 의해서 조절된다.
- 단백질의 해독 후 변형은 일부 아미노산을 제거하거나 화학적으로 아세틸렌, 당, 인산을 아미노산 잔기에 첨부(아세틸화, 글리코실화, 인산화)하는 **차별적 접합과정**을 통해 일어나게 된다.

분명한 것은 이처럼 많은 조절경로와 네트워크(**유전자 조절**)가 존재하고, 이들이 시간, 장소에 따라 특이적으로 활성화됨으로써 다세포생물에 다양한 종류의 세포가 존재할 수 있었다는 것이다. DNA 복제로부터 시작되는 유전자 활성의 모든 단계는 정교하고 민감하게 유전적으로 조절된다는 것이 점점 밝혀지고 있다. 시간에 따른 이들 유전자와 이들의 대응자에 작용하는 선택 과정이 기능, 형태 그리고 발생의 방향을 좌우하여 왔다.

배 발상 양상을 조절하는 유전자들

다세포생물이 가지는 명확한 특징 중 하나는 몸이 전후, 좌우 대칭이고, 부속지가 쌍을 이루며, 조직과 기관이 공간적으로 일정하게 배열되어 있다는 것이다. 즉 생물의 신체 각 부분은 형태적으로 다르나(머리에서 꼬리, 팔에서 다리), 한 개체 내에서 일정한 위치를 차지하고 있어서 다른 개체들 간에도 동일한 양상을 보여 주고 있다.

이처럼 매우 정확하고 일정한 구조를 가지기 위해서는 정확히 순서가 정해진 발생 패턴을 가져야 할 것이다. 세포가 다른 세포들과 특별한 공간적 관계를 만들고 유지할 수 있는 것은 이들 세포의 예정된 운명과 직접 관련이 있음이 틀림없다.

일반적으로 패턴의 개시는 알에서 시작한다. 알의 세포질 내에 있는 모계유전물질의 불균등 분포, 인접 영양세포에서 생산된 물질, 혹은 중력과 같은 외부 요인 등에 의해서 발생이 지역적으로 차이가 나기 시작한다는 것은 의심의 여지가 없다. 이 같은 영향은 **발생에 있어서 후성적 유전자조절**의 한 부분을 보여 준다. 발생상 차이를 갖기 위해서 세포의 반응 차이가 나타날 수 있게 하는 형태형성 물질("morphogen")을 이용한다. 초파리 *bicoid* 유전자를 예로 들면, 알의 길이 방향을 따라서 이 단백질의 농도가 점차적으로 감소하는 농도구배가 생겨서 알의 앞과 뒤의 패턴이 결정된다. *bicoid* 유전자에 결함이 생기면 머리는 없고 양쪽 끝 모두에 꼬리를 가지는 배가 형성된다. *gurken* 유전자도 등과 배의 분화를 결정하는 메신저 RNA를 생산하여 유사한 작용을 한다(**그림 13-4**).

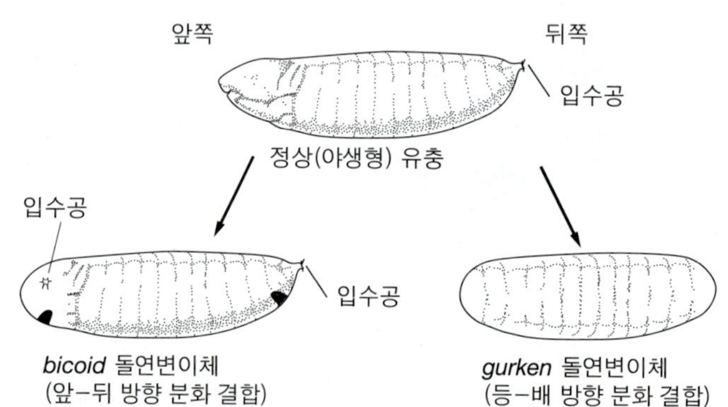

그림 13-4 초파리 유생발생에 영향을 미치는 두 가지 돌연변이. *bicoid* 유전자의 돌연변이에 의해서 앞-뒤 비대칭 발생이 일어나 머리가 없는 개체가 형성된다. *gruken* 돌연변이에 의해서는 등쪽 조직이 형성되지 않아 양측 모두가 복화된 유생으로 발생한다. 흥미로운 것은 이러한 형태형성에 관련된 유전자 지식을 활용하면 다양한 조작 실험을 할 수 있다. 예컨대 앞쪽 조직의 국소화에 관련하는 *bicoid* 유전자의 염기조각을 생식기 조직을 알의 뒤쪽 극에 국소화시키는 *oskar* 유전자에 이식시키면 생식소가 뒤쪽이 아닌 앞쪽에 형성된다. (Ephrussi, A. and R. Lehmann, 1992, Introduction of germ cell formation by *oskar*. *Nature*, **358**, 387–392.)

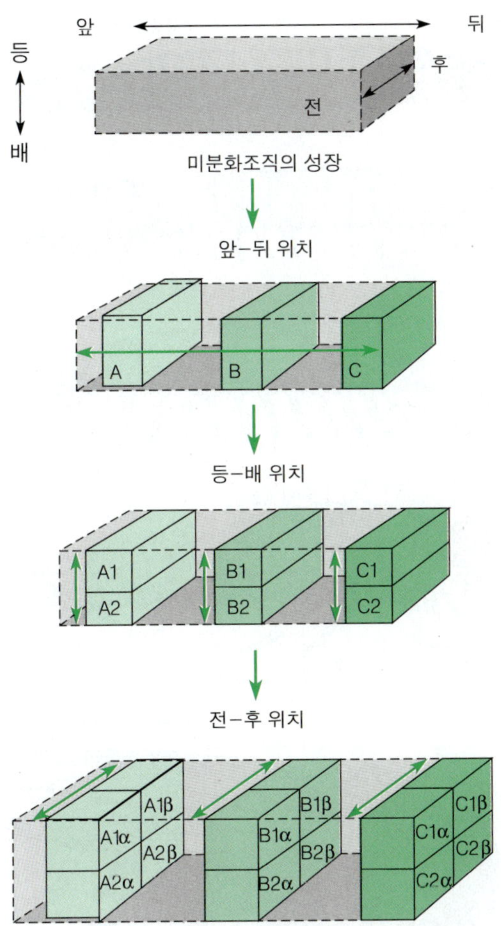

그림 13-5 발생이 진행되는 동안 어떻게 일부 세포 또는 조직이 몸의 주요 축을 따라서 위치할 수 있는가, 즉 위치정보를 갖는가를 보여 주는 도식적 설명. 세포 또는 조직 A, B, C가 앞-뒤 축에 대한 상대적 위치와 농도 구배를 보여 주고 있다. (단순화를 위해 앞-뒤 축에 대해 단지 3개의 조직 블록만을 나타내었다. 일반적인 발생과정이라면, 이들 각 블록들은 수평적인 분화가 더욱 진행되어 각각 3개 또는 그 이상의 소구역을 갖게 되어 적어도 9개 이상의 분화된 조직 블록을 앞-뒤 축을 따라 갖게 될 것이다). 성장과 분화가 더욱 진행되어 A, B, C 각각에 대한 등-배 (그림에서 1, 2로 표시), 좌-우(그림에서 α와 β로 표시)를 나타내는 복제 조직이 형성될 것이다. 결과적으로 이들의 지리적 위치와 특정 선택유전자의 작용에 의해서, 예컨대 조직 A의 많은 세포는 독자적으로 발생학적 반응을 하게 되어 조직 B, C는 물론, 조직 A의 다른 중복 복제된 부위와도 다르게 발생 분화하게 될 것이다. 형태형성물질(morphogen)의 농도 차이를 세포의 색 차이로 표현하는 단순 구배 모델을 프랑스 삼색기(위는 파란색 가운데는 하얀색 아래는 빨간색으로 이루어져 있는 국기)라 부르기도 한다. (Strickberger, M. W., 1985. *Genetics*, 3rd ed. Macmillan, New York.)

그림 13-5는 세포 또는 조직이 이 같은 농도구배의 영향으로 어떻게 위치에 대한 정보를 얻는가를 보여 주는 그림이다. 이 위치정보는 다음 단계에 영향을 미치게 되는데, 다른 세포 그룹을 새로운 위치로 이동하게 하거나 이들 세포에 발생학적 구배를 형성시키는 물질(유도원)을 생산하게 하여 다른 발생학적 패턴을 보이게 한다. 과학자들은 새로 형성된 위치 조정 물질이 특정 세포로 하여금 특정 위치에서 특정 발생 방향을 갖도록 유도하는 특정 선택유전자를 활성화시킬 것이라 주장하였다. 연속적으로 위치 영향에 노출되면 다른 종류의 선택유전자가 다른 역할을 진행하도록 활성화시킨다.

동일종 내 다른 개체에서 유사한 발생 패턴을 볼 수 있는 것은 조절 사건이나 발생 패턴의 과정이 서로 유사하거나 동일하기 때문이다. 발생 과정의 변화, 즉 유도원의 종류, 조직에 의해 형성된 농도구배, 위치정보 인식 능력에의 변화 등이 있었다면 표현형의 변화가 역시 생기게 된다. 예를 들면, 초파리의 *antennapedia* 돌연변이는 머리의 안테나 구조를 다리로 변형시킨다. 특정 신체 기관의 체절을 몸의 축을 따라 나타나는 정상적인 다른 부위의 체절과 유사한 형태로 바꾸기 때문에(**호메오시스**), 그러한 돌연변이를 **호메오틱** 돌연변이라 부르게 되었다. 안테나 부위와 다리 부위를 상대 대응해 보면 두 부위가 동일한 위치정보를 가지고 있음을 알 수 있는데, *antennapedia* 돌연변이체에서는 이 위치에 안테나가 아닌 다리가 형성되어야 한다고 해석한다(**그림 13-6**).

정상적인 기능을 가지는 *antennapedia* 유전자는 *Antp*+를 생산하는데, 이들의 선택유전자적 작용에 의해서 가슴부위에 다리가 형성된다. *antennapedia* 돌연변이체에서는 이 유전자가 비정상적(기능 획득)으로 작동하여 머리 앞쪽 부위에서 활성화되면서, 머리 앞쪽에 안테나가 형성되게 하는 유전자의 작용을 억제한다(Casares and Mann, 1998). 연관된 *antennapedia* 유전자좌군을 흔히 *antennapedia* 복합체라 부르는데, 모두 유사한 조절 기능을 가지고 있는 것으로 알려져 있다.

6개의 유전자로 구성된 *antennapedia* 복합체와 유사하게, E. B. Lewis에 의해 발견된 *bithorax* 복합체(3개의 유전자로 이루어

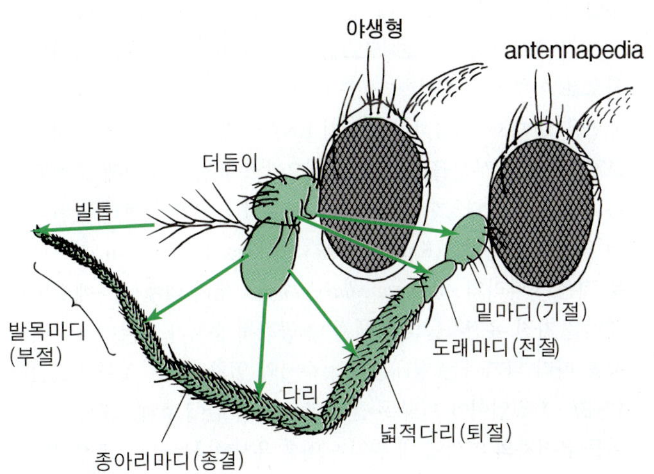

그림 13-6 호메오 안테나페디아(homeotic *Antennapedia*) 돌연변이를 보이는 노랑초파리에서 안테나 부위와 다리 부위의 상대 위치를 표시한 그림. 돌연변이에 의해 안테나가 다리로 바뀌어 있음

진)도 호메오틱 효과를 보이는데, 제2가슴마디의 뒤쪽 부위부터 배의 끝부분까지에 나타나는 다양한 구조의 운명을 조절하는 수십 개 이상의 유전자들로 이루어진다(16장 체절에 대한 논의 참조). 만약 앞복부에서 정상적인 *ultrabithorax* 유전자가 제대로 발현되지 않으면, 이 부위의 체절은 복부가 아닌 흉부처럼 발달하게 된다(그림 10-17).

*Bithorax*와 *antennapedia* 두 복합체가 유사한 기작으로 초파리의 체절구조 형성을 결정하기 때문에, 이들 복합체에 속하는 유전자들은 단순한 반복 체절구조를 가진 세포의 분화에 역할을 수행하였던 이들 조상형 유전자가 중복 복제(duplication)를 통해 복제된 것으로 생각된다. 이러한 원시형 유전자 또는 그 복합체의 중복 복제로 만들어진 복제 유전자는 독자적인 돌연변이를 거치면서 분화되었는데 여전히 체절화 과정과 상호작용에 필요한 기본 염기서열을 유지하고 있어 체절화 과정에 각자 특이 기능을 수행하는 독자적 발생 경로를 겪게 되었다. 단순 반복 체절을 가지고 있던 곤충 조상으로부터 초파리와 같이 복잡한 체절 구조를 갖는 곤충(**그림 13-7**)으로 진화하면서 조절 유전자의 수는 증가하게 되었고, 독특한 구조를 갖게 된 각 체절이 개별적으로 조절되게 되었다. 초파리, 다른 절지동물 및 무척추동물에서 발생한 중복복제는 동물이 폭발적으로 다양하게 진화하는 데 중요한 역할을 하였다(16, 17장 참조).

호메오박스 유전자와 배아단계의 보존

발생 관련 유전자들이 진화 과정 중에 중복복제되고 분화되었음을 지지하는 **호메오박스**(체절결정유전자박스)를 McGinnis와 그의 동료들(1984)이 발견하였다. 호메오박스는 염기서열 상관성이 높은 여러 유전자들로 이루어진 단위체로 *bithorax*와 *Antennapedia* 복합체 뿐만 아니라 초파리 게놈 내 여러 부위에서 발견된다.

각 호메오박스는 **호메오도메인**이라 불리는 약 60개의 아미노산으로 이루어진 폴리펩타이드를 암호화하고 있으며, 호메오도메인은 DNA에 결합하여 메신저 RNA의 생산을 조절하는 전사조절인자의 일부분을 이룬다. 호메오박스 유전자에 의해 조절되는 유전자들은 다양한 생물에서 세포분화나 위치 선정과 관련되어 역할을 수행한다(Kappen, 1993; Niklas, 1997). 특히 흥미로운 것은 초파리의 *Antennapedia-bithorax* 무리 내에서 호메오도메인을 가진 유전자들의 염색체 내 공간적 순서가 초파리 앞-뒤 축을 따라 나타나는 형태분화의 순서와 일치한다는 것이다(**그림 13-8**). 그 원인이야 어떻든 간에 많은 동물 간에 호메오도메인과 이들 유전자의 염색체 내 위치가 매우 유사하다는 것이 관찰되었는데(**그림 13-8, 13-9**), 이같이 서로 다른 동물 문 간에 특정 위치 정보를 공유한다는 것은 이들이 공동 진화기원을 갖는다는 것을

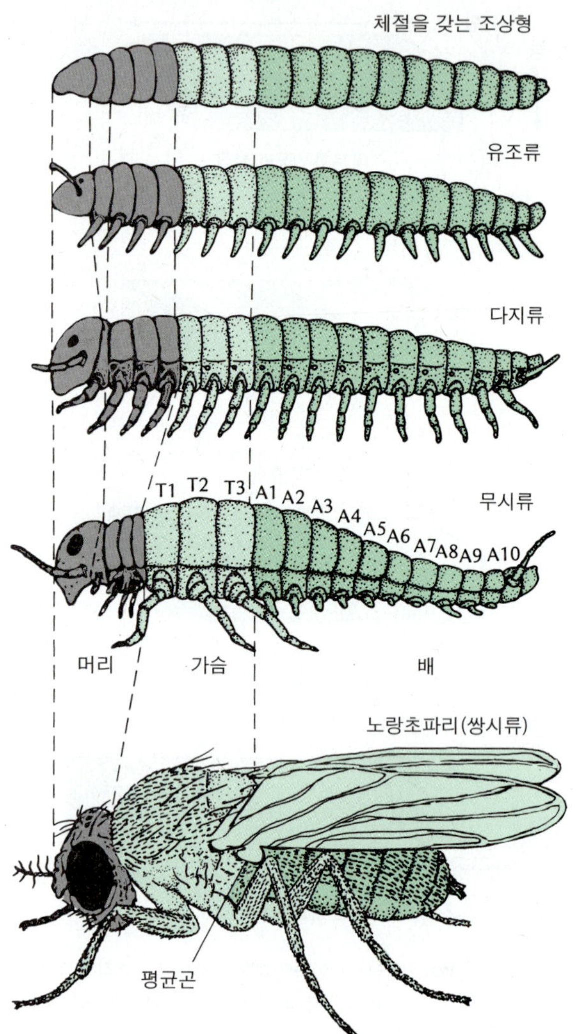

그림 13-7 제안된 곤충의 체절화 진화 과정. 처음에는 상대적으로 단순 반복적 체절 구조를 가졌으나 진화 과정을 거치면서 좀 더 복잡한 구조를 가지게 되었다. 일부 복부 체절을 제외하면 쌍시목 (맨 아래 그림)에서는 각 체절이 복잡화되었을 뿐 아니라, 체절 간에도 서로 차이가 나는 구조를 가지게 되었다. 예를 들어 초파리에서는 각 가슴마디에 다리를 가지고 있는데, 제2가슴마디에만 날개가 있고 제3가슴마디만이 평형기관인 평균곤을 가지게 되었다. 초파리의 세 가슴마디는 머리쪽에서부터 순서대로 T1, T2, T3으로 붙여졌고, 배마디는 가슴마디 이후부터 번호가 붙여져 총 8개가 있다. 머리 부분에는 몇 개의 마디가 있는지 정확히 파악되지 않고 있다. (Srickberger, M. W. 1985. *Genetics*, 3rd ed. Macmillan, New York.에서 각색)

시사한다고 말할 수 있을 것이다.[4]

더군다나 특정 호메오박스 단백질은 때때로 다른 생물 간에도 유사한 기능을 수행할 수 있는 것으로 알려져 있다. 예를 들

[4] 제10장 각주 10번에서 나타내었듯이, 척추동물의 호메오박스 유전자를 homeodomain의 *Ho*와 vertebrate에서 *x*를 따 *Hox* 유전자라 부르고 있다. 따라서 *Pax-6*은 초파리의 *paired rule (Pa)* 유전자와 상동성을 가진다. 그래서 인간의 호메오박스 또는 호메오 유전자는 이탤릭으로(*antl*) 표기하기로 했지만, 단백질 유전자는 아니다. 그리고 인간의 *Hox* 유전자는 대문자 이탤릭(*HOX*)으로 표기한다.

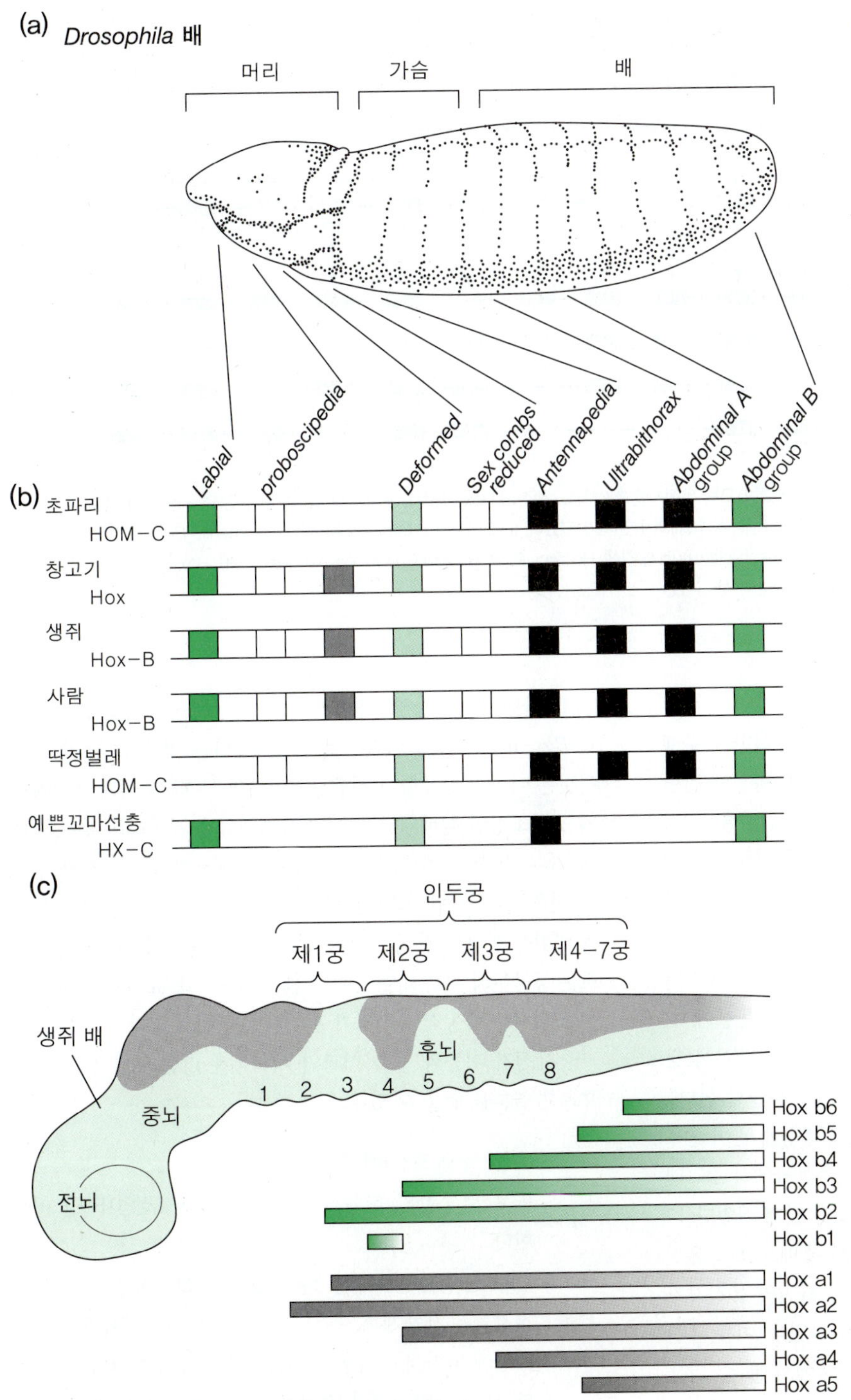

그림 13-8 여러 모델 동물에 존재하는 호메오박스 유전자들간의 연관성. 대부분의 유전자들이 염색체상에 위치(b)와 배의 앞-뒤 축(a와 c)을 따라 보여 주는 발생학적 기능 순서가 매우 잘 보존되어 있음을 보여 준다. (a) 초파리 호메오박스 유전자의 염색체 내 연관 관계와 배의 앞-뒤 축을 따라서 조직에 미치는 이들의 위치. (b) 초파리, 창고기, 쥐, 인간, 딱정벌레(*Tribolium castaneum*)와 예쁜꼬마선충(*Caenorhabditis elegans*)의 호메오박스 유전자 무리. 상동유전자는 그림에서 같은 열에 위치하고 있다. (c) 쥐 배아의 앞 부위에서 발현되는 *Hox-a*와 *Hox-b* 유전자들. 회색 막대의 왼쪽 끝은 각 유전자의 앞쪽(주둥이 쪽) 발현 범위를 표시하는데, 이 같은 발현범위로 이동하는 신경제세포들 무리들(검은색) 간의 경계, 인두궁 1에서 7까지의 위치, 후뇌 내부의 8등분 등과 같은 중요한 경계를 결정한다. (여러 자료에서 수정, 발췌 후 인용)

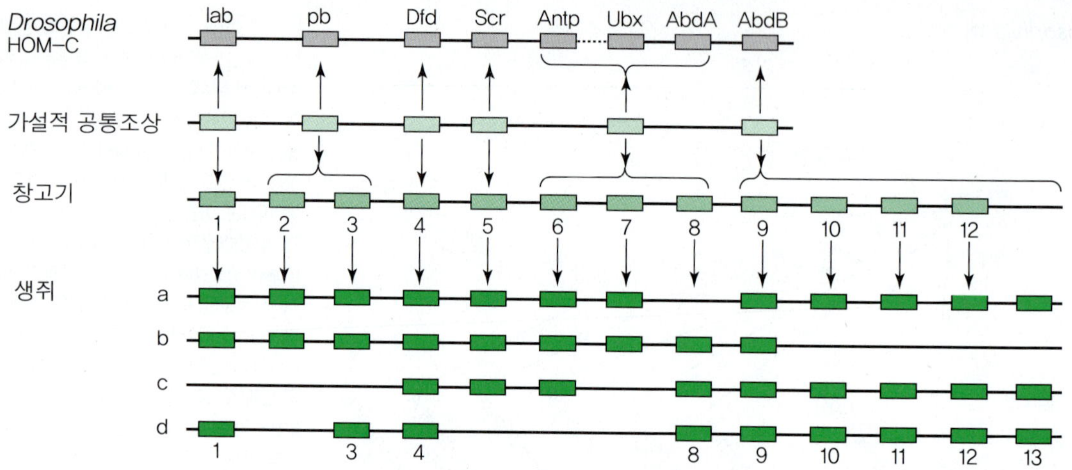

그림 13-9 절지, 척추동물의 가상적 공통조상의 호메오틱 유전자들과 양서류, 생쥐의 Hox 유전자, 초파리의 호메오틱 유전자 무리 간의 관계도. 공통조상에 있는 6개 유전자들이 팽창하여 초파리 8, 생쥐 13개의 유전자가 되었다. (Hall, 1999a. *Evolutionary Developmental Biology*, 2nd ed. Kluwer Academic Publishers, Dordrecht, The Netherlands.에서 각색. Holland, P. W. H., and Garcia-Fernandez, 1996. Hox genes and chordate evolution. *Devel. Biol.*, **173**, 382–395.에서 각색)

어 생쥐 *Hox–b* 유전자의 단백질 산물이 상동유전자인 초파리 *Antennapedia* 호메오박스 유전자의 역할을 거의 완전하게 수행할 수 있는 것으로 알려져 있다. 또한 배아의 체절띠 형성에 관련이 있는 초파리의 *engrailed* 유전자의 역할은 곤충, 갑각류, 환형동물, 척추동물 등 다른 생물 *engrailed* 상동유전자 산물에 의해서도 수행될 수 있다고 한다. 절지동물과 척추동물에서 서로 다른 구조에서 발현되는 것에 상관 없이 공통적인 호메오박스 유전자 양상이 앞–뒤 축 구조를 결정한다는 것을 볼 때, 이미 150년 더 이전에 Geoffroy Saint-Hilaire가 주장하였던, 모든 동물에 기본적인 하나의 일관된 구조적 설계를 부여하는 '구성통합'은 상당한 통찰력이었다: "모든 동물은 척추가 없거나 절지동물로 산다". 또한 *Dhox* 유전자가 A–P 축을 따라 창자관을 형성에 관여하며, 또다른 유전자 계열인 *distal–less* (*Dlx*)는 척추동물에서 등–배 축을 따라 발생하는 머리형성에 관여한다는 것을 알게 되었다(17장). Zhang과 Nei(1996)는 후생동물 계통에서 호메오박스 유전자는 2개의 연관된 좌위에서 출발하였는데, 각 좌위의 유전자가 앞쪽과 뒤쪽 발생에 각각 관련했을 것이라 제안하였다. 이들 유전자들이 계속 중복복제되어 결국에는 삼배엽동물에서 볼 수 있는 호메오박스 유전자 무리를 형성하였을 것으로 추정된다.[5]

상동유전자가 유사 기능을 수행하는 예는 선형동물과 척추동물의 신경축사 성장, 선형동물, 초파리, 그리고 생쥐의 근육 발생에 관련된 유전자에서도 볼 수 있다. 심지어 사뭇 다른 생물군 예컨대 인간, 어류, 연체류, 선형동물류, 곤충류의 앞쪽 감각기관(예를 들면, 눈)과 중앙신경계의 발생 과정에 공통된 조절 유전자인 *Pax–6* 유전자의 염기서열이 관계한다는 것을 알 수 있는데, 이것은 이들의 상동성이 선캄브리아기의 무척추동물과 척추동물의 공통조상인 삼배엽 동물에서 유래하였을 것이라는 추측을 하게 한다. 또한 초파리에서 발현되는 호메오박스 유전자가 심지어 선형동물인 예쁜꼬마선충에서는 비체절화 경향을 가지게 하는 역할을 한다는 것이 알려져 있다. 선구동물에서 후구동물에 이르는 동물문의 부속지 형성에는 신체 좌–우 축 표면의 과대 성장을 조절하는 상동적 유전자가 관여함이 알려져 있다.[6]

유전자 기능과 구조 비교연구를 통해 다음과 같은 몇 가지 중요한 결론을 얻을 수 있다.

- 동물 발생(조절)에 중요한 유전자들은 모두 공통적으로 매우 잘 보존된, 진화적으로 오래된 **전사조절인자**들을 이용한다.
- **진화하는 동안 변화해 온 것은 상호작용이다.** 즉, 잘 보존된 조절자들은 세포계보, 조직, 기관 뿐 아니라 진화와 발생의 시간에 따라서 특화된 기능을 다양하게 수행한다.
- 잘 보존된 발생관련 유전자들은 현화식물과 균류에서도 볼 수 있는데, 이들은 후생동물처럼 호메오도메인 단백질들을 가지고 있다. 그러므로 이들 단백질들은 식물, 동물, 균류가 갈라지기 이전의 초기 진핵생물에서 중복복제 과

[5] 삼배엽성 동물의 homeobox gene clusters에 대한 추가 연구는 Finnetry and Martindale(1998)를 참조.

[6] 삼배엽 동물의 조상에 대해서는 Land and Nilsson(2002)과 Nilsson(1996)을, 체절화는 Hunter and Kenyon(1995)를, 부속지에 대해서는 Pangarian et al.(1997)을 참조.

정을 통해 출현하여, 진핵생물 역사 초기부터 기능해 온 것으로 보인다(Bharathanet al., 1997).

이와 같은 상동성은 공통된 유전적 진화기원을 가지고 있다는 사실 뿐만 아니라 신체의 축을 결정하는 기본 발생 경로가 진화적으로 보존되어 왔다는 점을 암시하는 것이라 할 수 있다. 예를 들어, Slack과 동료 연구자들의 주장(1993)에 의하면 모든 동물은 그들 조직의 기본적 공간 배치를 관장하는 공통의 유전발생 체계, 즉 **동물형**을 이용하였으며, 유전적 공통 조상형에서 출현하여 공동의 발생가치가 높아 계속 선택 유지되어 왔는데, 이것이 동물계가 갖는 하나의 특징이라 할 수 있다. 그들에 따르면 "동물형은 배 발생과정의 특정 단계에서 명확하게 발현된다". 이러한 단계를 **계통발생형 단계**라 부르는데, 후생동물 그룹에서는 동물형 발생관련 유전자가 잘 보존되어 발현된다는 것을 **그림 13-10**에서 설명하고 있다. 이 같은 단계는 발생에서 부분들(유전자, 세포, 상피조직, 간엽조직) 간의 상호작용이 가장 중요하게 작용하는 시기이기 때문에 선택 유지되어 온 것으로 보인다.

발생에 관련된 유전자들이 기능적으로 안정되게 잘 보존되어 있다고 본다면, 어떻게 발생에서 변이가 발생하며, 유전적 변형이 다음 세대로 이어질 수 있을까? **유전자 조절**은 발생과 진화적 변화를 설명하는 주요 기작으로 발전하였다. 많은 연구자들을 분자생물학 분야로 이끌었다고 인정받고 있는 François Jacob(1977)의 영향력 있는 논문을 보면, 조절(그가 땜질이라고 명명한)을 발생과 진화에 중요한, 자연선택의 궁극적 대상으로 보았다.

자연선택은 숙련된 기술자들이 일하는 것과는 다르다. 자연선택은 말하자면 땜질과 같다 — 어설픈 땜쟁이들은 자신이 뭘 만드는지 잘 모른다. 서로 다른 개체를 만든다는 것은 유전자 산물의 구조가 조금 다른 것이 아니라, 유전자 산물의 조절시간이 변하고 상대적 양이 변한다는 것을 말한다. 이것은 구조의 문제가 아니라 조절의 문제인 것이다(Jacob, 1977, p.1163).

조절유전자와 진화적 변화

체절처럼 오랜 진화기간 동안 유지해 온 발생 양상일지라도 상황이 바뀌면 새로운 방향으로 옮겨갈 수 있다. 16장에서 다룰 절지동물의 체절의 경우 체절의 숫자와 기능이 분류군에 따라서 서로 큰 차이를 보여 주며(그림 13-7), 연체동물에서는 체절이 대폭 감소했거나 소실되었다. 선형동물, 절지동물, 척추동물 같은 후생동물들 모두 호메오박스 유전자를 가지고 있으면서도 다양한 분

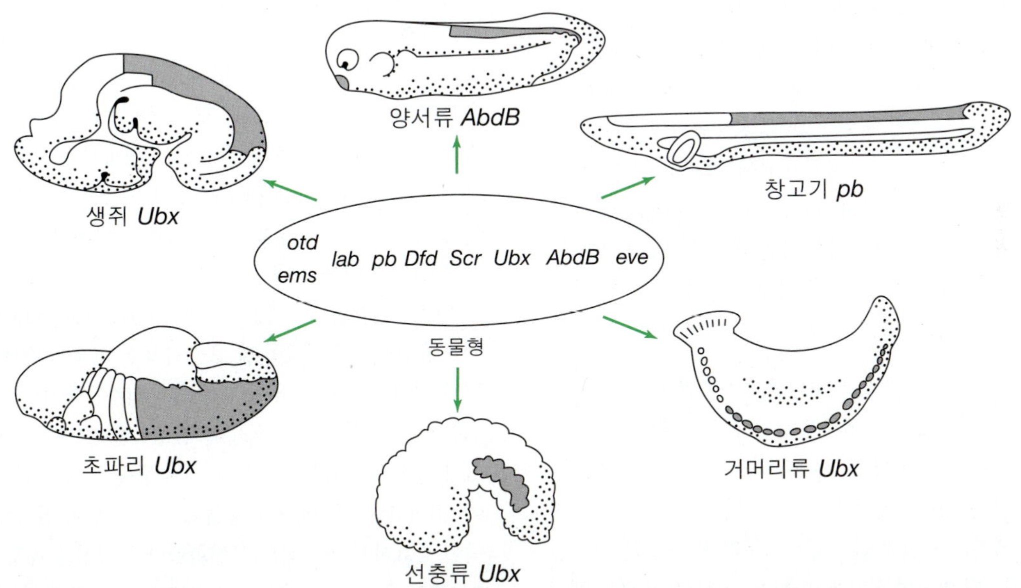

그림 13-10 기본 동물형이 다양한 다세포동물 각각의 독특한 계통형의 발생공간을 조정한다는 Slack과 그의 동료의 제안을 도식적으로 나타낸 그림. 동물형에 있는 유전자는 초파리 유전자의 약어를 따랐음(*otd=orthodenticle, lab=labial, pb=proboscipedia, Dfd=Deformed, Scr=Sex combs reduced, Ubx=ultrabithorax, AbdA=Antennapedia–Abdominal A group, AbdB= Abdominal B, eve=even–skipped*). 이 그림에서 보여주고 있는 동물 문에 따라서 나타나는 다양한 계통형은 척추동물의 인두에 해당된다. 호메오박스 유전자는 다양한 몸의 체계 형성에 관여할 수 있다. 하지만 다양한 몸의 체계 형성에는 호메오박스 유전자만 작용하는 것이 아니라, 각 계통형에서 생산하는 다양한 유전자 산물의 상호작용도 중요한 역할을 한다. (Slack, J. M. W., P. W. H. Holland, and C. E. Graham, 1993. The zootype and the phylotype stage. *Nature*, **361**, 490–492. 에서 각색)

류군들 만큼이나 서로 다른데, 이로 인해 같은 상동적 조절 분자라도 다른 발생학적 경로에 작용할 수 있으며, 그 결과 동물 문에 따라서 형태적으로 비상동적인 독특한 특징을 만들어 낼 수 있다 (Hall, 1994, 2003a).

상동적 유전자에 의해 매우 다른 생김새의 생물이 만들어질 수도 있고 또는 비상동적 유전자에 의해 계통이 다른 생물이 외견이 서로 닮아가는 수렴 현상이 일어날 수 있기 때문에, 만약 유전적 기초를 무시하고 형태와 기능만을 고려한다면 상동(homology)이란 말은 매우 애매한 개념이라 할 수 있다. 따라서 상동과 수렴은 유전 및 발생학적 관점에서 서로 구분하여야 할 것이다.[7] Abouheif와 그의 동료들(1997)은 상동에 대해 다음과 같은 언급을 하였다:

> 상동은 매우 강력한 개념이다. 상동이란 말을 명확히 하기 위해서는 분류군간 비교를 할 때에 이들이 가진 특징이 공동의 진화적 기원을 가지고 있을 때에만 상동이란 말을 사용하여야 한다. 다른 경우, 특히 기능적 유사성을 기반으로 이 말을 사용하게 되면 잘못된 결과를 가져올 수 있다. 상동이란 형질의 진화적 기원에 대한 가설로서 비록 이들만이 유일한 기준이지는 않지만, 유전자의 발현에 대한 데이터는 형태적 특징에 대한 상동성을 지지할 수 있는 강력하고 가치 있는 증거가 될 수 있다. 유전자 발현을 기초로 한 형태적 상동성에 대한 가설을 세우기 위해서는 다음의 세 가지 내용이 잘 정립되어 있어야 한다. (1) 분류군 간에 안정된 계통 관계가 규명되어 있어야 한다. (2) 서로 발현을 비교하는 유전자에 대한 진화적 역사가 재구성되어 있어야 한다. (3) 진화적 정보를 갖는 넓은 범위의 종들이 많이 이용되어야 한다. (4) 상세한 비교해부학 및 비교발생학적 정보가 갖추어져야 한다. 더군다나 제안된 상동성이 잘못될 수 있으며, 유사한 유전자 발현 패턴이 공통조상에서 유래했다기보다는 수렴진화에 의해서 올 수 있다는 가정을 두고 검정해 볼 필요가 있다.

일부 호메오박스 유전자는 특이한 척추동물의 기관, 예를 들면 신경관, 아가미궁과 같은 곳에서 발현된다. 곤충류에서는 심지어 동일한 무리에 포함되어 있는 호메오박스 유전자가 서로 다른 체절 경로를 이끄는 경우도 있다. 예를 들면 단기형 곤충(예: 딱정벌레)의 복부 체절은 체절의 한쪽 끝으로부터 새로운 체절이 단계적으로 생기는 데 반하여 장기형 곤충(예: 초파리)의 모든 체절은 동시적으로 형성된다(Raff, 1996).

이러한 조절 유전자의 새로운 기능은 변경된 수용체와 보조인자의 상호작용에 의해 형성되는 것으로 여겨진다. 예를 들어, 어떤 전사단백질이 특정 RNA 중합효소의 프로모터에 부착하여 A라는 기능을 하지만(그림 10–14), 이 단백질이 다른 프로모터에 부착하는 새로운 전사조절인자와 결합하게 되면 B라는 기능을 수행하는 경우도 있다. 다른 경우로 한 종에서는 프로모터의 반응부위가 전사를 촉진하는 기능을 가지지만 다른 종에서는 이 부위가 전사를 억제하는 기능을 가질 수 있다(Singh et al., 1998). 비슷한 예로 중합효소의 프로모터 반응 부위의 이용에 영향을 미치는 전사조절 관련 증폭자(enhancer)에 돌연변이를 일으켜 유전자의 조절기능을 변화시키는 경우도 있다(Belting et al., 1998).

발생학적 혁신은 완전히 새로운 형태를 갖는 조절자를 만들기보다는 기존에 이미 존재하는 조절자가 새로운 역할을 할 수 있도록 하는 단순하고 경제적인 방법을 더 선호하는 것으로 보인다. 비록 많은 경우가 아닐지 몰라도 최소한 일부 주요 표현형적 변화는 많은 유전자들에서 일어난 조그마한 변화가 모여 일어나기보다는 적은 수의 유전자들에 많은 변화가 생겨서 일어난다. 따라서 염색체상 특정 부위가 복잡한 형질 발현에 영향을 미치는 양적형질유전좌(quantitative trait loci, QTL) 연구가 점점 중요해지고 있다(10장 참조).[8]

Averof and Patel(1997)는 조절유전자의 기능 변화가 중요 진화 현상에 어떻게 영향을 미쳤는가에 대한 중요한 예를 보여 주었다. 호메오 유전자인 *Ubx*와 *abdA*(그림 13–8)의 발현은 갑각류에서는 가슴체절 부위에 일반적으로 다리가 형성되게 하는데, 보다 진화한 절지동물류에서는 보다 뒤쪽에서 이들 유전자가 발현된다. 이와 같은 지연된 발현에 의해 앞가슴체절이 보다 머리와 유사한 형태를 가질 수 있게 한다. 즉, 보다 크고 가슴 근육의 특징을 가진 머리와 유사한 작은턱이 형성된다. 이러한 새로운 부속지는 먹이 취득과 보행(턱다리)에 이용된다. 이와 유사한 예로는 갑각류에서 아가미 발생에 관련된 유전자가 곤충류에서는 날개 형성에 관여 하는데, 이를 통해 아가미에서 날개로 조절 경로가 이끌어졌다는 것을 예견할 수 있다(Averof and Cohen, 1997).

유전자 조절기작이 잘 보존되어 온 예로 오랫동안 중요한 진화적 변이로 여겨져 온 절지동물과 척추동물에서의 등 — 배 역위를 들 수 있다. 절지동물과 환형동물에서는 순환계가 등쪽에 있고 신경관은 배쪽에 있는데, 척추동물에서는 정확히 반대로 되어 있다(그림 17–2). 척추동물에서는 등쪽이, 절지동물에서는 배쪽이 중요하게 근본적으로 진화했다는 사실은 매우 놀라운 일이다. 여러 유전자 중 이러한 역위에는 두 쌍의 유전자가 관여한다. *Dpp*와 *bmp* 한 쌍은 절지동물(초파리의 *dpp*)에서 등쪽 발생에 관여하고 척추동물(지브라피쉬와 양서류의 *bmp*)에서는 배쪽 발생

[7] 계층적 상동의 개념은 Koonin et al. (1996), Wray and Abouheif (1998), Hall (2003, 2006c)를 참조.

[8] 진화적 변화와 연관된 발생학적 변화를 연구하는 데 양적형질유전자(QTL) 분석을 적용한 예는 Albertson et al. (2000)과 Cheverud (2004)를 참조.

에 관여하며 다른 한 쌍(*sog, ch*)은 정반대의 역할을 하는데, *sog*는 절지동물의 배, *ch*는 척추동물의 등분화에 관여한다.[9]

■ 유전자 네트워크와 모듈화

보다 넓은 관점에서 생각하면 모든 종류의 조절 유전자 돌연변이는 생물체 진화에 주요 요인이 된다. 어린이들의 블록 쌓기 놀이 기구인 레고에서 각 모듈 블록을 쌓는 것에 따라 전체 구조의 모양이 달라지듯이, 발생진화 과정에서도 조절유전자에서 생긴 돌연변이에 의해 신호의 변화, 경로의 변화, 신호전달체계의 목표 변화 등 구성요성의 재구성에 의해서 다양한 새로운 기능이 만들어질 수 있는 것이다. 이러한 변화는 유전되어 발생 과정에 영향을 미치는 것이다. 예를 들어 Akam(1998)이 지적했듯이, 초파리에서 뒷날개구조(평균곤)의 분화에 관련이 있는 호메오 유전자인 *ultrabithorax*는 최소 30여 개 유전자가 관여하는 신호와 경로에 영향을 미친다. 이와 같은 유전자들의 변이는 식물과 동물 모두에서 알려져 있다.[10]

조절 경로가 확장, 변화, 상호작용하면서 생물이 완성되고 복잡해진다. 이 같은 사실은 배발생 단계에서 보여 주는 발생학적 큰 변이들이 초기 다세포 생물의 진화과정에서 일어났으며, 왜 현존하는 생물에서는 이 같이 진화적으로 중요한 변화가 일어나지 않는지를 설명해 주는 중요한 이유 중 하나이다.

비록 자연선택 하에서는 다르게 작용하겠지만, 유사한 유전자 네트워크가 같은 개체 내에 여러 장기들 간에 이용될 수 있는데, *hedgehog*(*Hh*), *Pax-6*, *Prox1*(*prospero-related homeobox1*) 유전자들이 그 예로, 이들은 다양한 생물의 감각기관 발생에 관여하는 유전자 네트워크를 조절한다. 이들 유전자들이 조절하는 멕시칸테트라(*Astyanax mexicanus*) 물고기의 두 가지 형태를 살펴보자.[11] 하나는 호수 표면(the surface morph)에서 발견되는 앞을 볼 수 있는 물고기와 다른 하나는 동굴에 살고 있는 장님 물고기이다. 시력을 잃은 동굴 물고기는 색소체 없이 흔적으로 남은 눈 대신 몸 전체에 나 있는 옆줄(측선계)에 감각시스템과 미뢰가 확장되어 있다.

Hh/*Pax-6*은 눈 감각 모듈의 발생을 조절하는 유전자 네트워크를 움직인다. 호수표면에 사는 물고기에 *Hh* 유전자를 과발현시키면 눈발생이 저해되고 대신 미뢰가 증가하는 것을 볼 수 있다: 측선계에 대해서는 잘 알려져 있지 않다. 우리가 아는 것은 호메오박스 유전자, *Prox1*이 눈조절 경로에서 상위 조절자로써, 눈감각에 관여하는 3개 모듈 모두에서 발현된다는 사실이다(**그림 13-11**). 말했듯이, *Prox1*과 *Hh*가 상위 조절자로 작용하는 3개의 모듈을 가지고 있다(눈, 미뢰, 옆줄). 선택은 다 자란 동굴 물고기 표현형에도 작동할 것이고, 감각 모듈, 공통적인 유전자 네트워크에도 작동하겠지만, 모든 경우에서 감각기관과 *Prox1*를 상위에 가진 유전자 네트워크의 모듈화(그림 13-11)가 동굴 물고기의 옆줄과 미뢰의 확장을 책임진다는 것이다(Franz-Odendaal과 Hall, 2006).

유전자 네트워크는 발생이 모듈화되고 있다는 하나의 예이다(**글상자 13-2**). 동물 물고기에서도 설명했듯이, 유전자 네트워

(a)

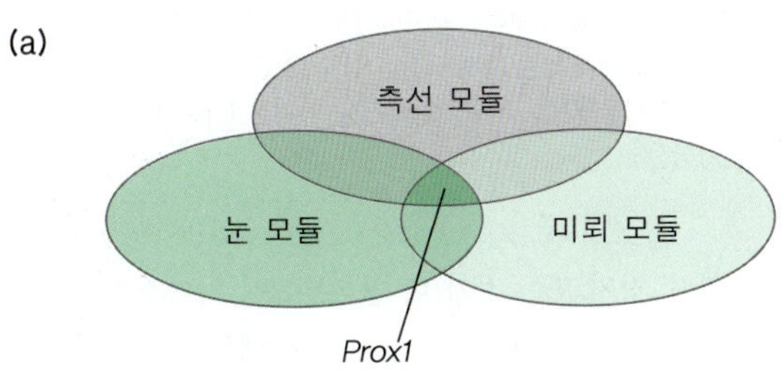

(b)

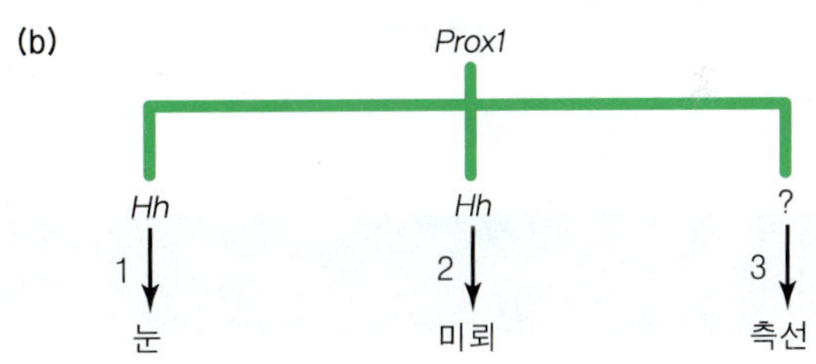

(c)

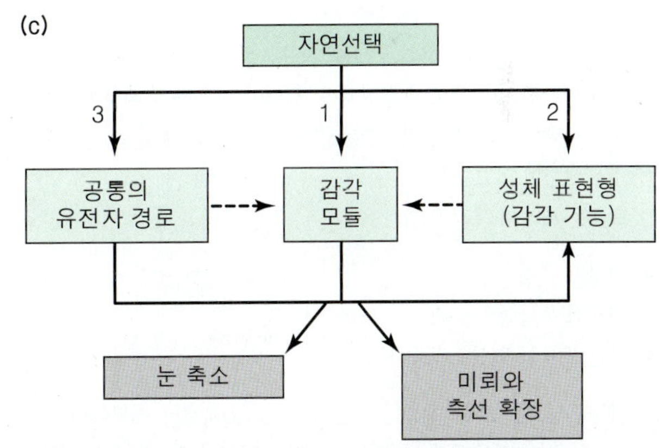

그림 13-11 (a) 장님 동굴 물고기인 멕시컨 테트라(*Astyanax mexicanus*)의 3개 모듈(옆줄, 미뢰, 눈)은 유전경로에서 상위조절자 *Prox1* 유전자를 공유한다. (b) *Prox*1 유전자는 두 경로로 hedgehog(*Hh*)를 통해 신호를 보내는데, *Hh* 같은 위치에서 옆줄에 관여하는 유전자는 아직 밝혀지지 않았다. (c) 공통 상위 유전자 *Prox1*를 통한 조절은 1, 2, 3 중 어느 경로로도 작용하여 옆줄과 미뢰 모듈의 확장, 눈 모듈의 축소를 일으킬 수 있다(Franz-Odendaal과 Hall, 2006. 결과 참고 후 인용).

---

[9] 등배 축(dorso-ventral axis)과 배등 축(ventro-dorsal axis)에 대한 논의는 Hall (1999a, b)과 Jenner (2005)를 참조하고, *bmp*, *sog* 그리고 *chordin*에 대해서는 Nübler-Jung (1994, 1999)와 Ferguson (1996)을 참조.

[10] 진화와 발생에서 네트워크의 중요성에 대해서는 Moriyama and Powell(1996), Purugganan and Suddith(1998), Wilkins(2002), Davidson(2006)을 참조.

[11] 시클리드의 인두측턱과 이빨의 두 가지 형태에 대해서는 그림 17-27을 참조.

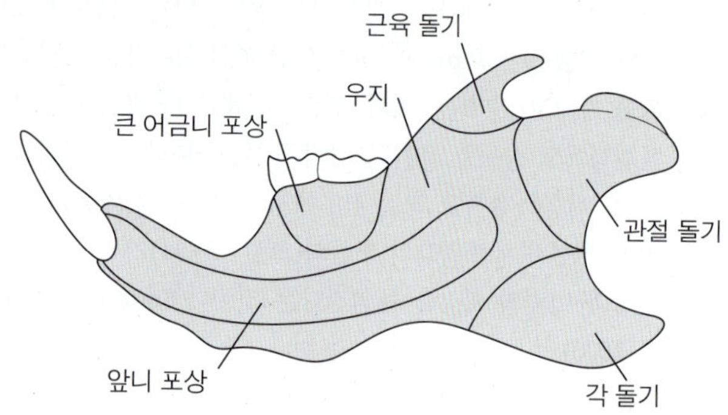

그림 13-12 설치류 하악의 치골을 위해 6개의 모듈이 작용하는 데 복잡하지만 통일된 하나의 치골을 만들어 낸다. 그림 19-6 초원 들쥐의 치골을 참고하라. 어금니와 앞니가 들어가는 치조 유닛(unit)은 바로 그 어금니와 앞니를 만드는 세포들에서 만들어진다(참고로 설치류는 송곳니나 작은 어금니 같은 종류의 이들이 없다). 치아형성에는 관계가 없는 세포 무리인 하악세포군은 치골 전체를 만든다. 구상돌기, 과상돌기, 각골돌기는 각 돌기들이 맞닿아 있는 인접 세포 무리들의 일부분들에서 만들어진다.

크는 여러 조직, 장기 또는 장기 내 일부분에서 차별적으로 변하는 것이다. 유사한 예로, 상완골 또는 손가락 뼈를 만드는 세포들은 세포 수준에서 봤을 때 응축(condensation)이라 불리는 모듈들이다. 압축 내에 있는 세포들은 관여하는 유전자 및 유전자 네트워크와 함께 작용하여 응축 외에 있는 세포들과 다른 활동성을 보이게 된다. 연골을 만드는 응축에서, 연골 타입 콜라겐(타입 II collagen)을 만드는 메신저 RNA는 증가하지만 미오신을 만드는 메신저 RNA는 변하지 않으며, 반대로 근육을 만드는 응축에서는 타입 II collagen을 만드는 메신저 RNA는 변하지 않는다.

그림 13-12, 13-13에 세포와 유전자 수준에서 모듈화의 예가 잘 나와 있다. 포유류에서 아래턱뼈를 만드는 tentary라 불리는 뼈는 6개의 모듈로 구성되는데, 각 모듈은 독립적인 유전자 조절 하에 각기 다른 세포군으로부터 만들어진다(그림13-12). 따라서 유전자 1개가 결실되면 관련된 1개의 모듈에만 문제가 생기고 나머지 모듈들은 정상적으로 발달한다(그림 13-13). 예를 들면 들쥐, 생쥐와 달리(그림 13-12, 19-6) 꽃의 꿀샘을 핥아 먹는 서부 오스트리아산 유대목 서호주꿀주머니쥐(*Tarsipes rostratus*)의 치골은 거의 사라지고 없다(그림 19-5). 이처럼 발생과 진화 측면에서, 모듈화는 자연선택에 의한 모자이크 진화와 독립적, 통합적인 배발생을 가능하게 한다(글상자 13-2).[12]

[12] 발생과 진화에서 모듈화의 개념의 발달과 적용에 대해 Atchley and Hall(1991), Gass and Bolker(2003), Hall(2003b), Schlosser and Wagner(2004), Emlen et al. (2005) 그리고 Franz-Odendaal and Hall(2006)을 참조하고, 포유류 진화에 적용한 예는 Kemp(2007) 참조.

글상자 13-2 모듈화

최근에, 모듈화가 세포군집을 통한 유전자 네트워크에서부터 기관 원시세포에 이르기 까지 모든 수준에서 구성원리로 제시되고 있고 있으며, 발생유전학, 발생생물학, 진화학, 진화발생학에 적용되고 있다. 모듈은 생물학적 단위들로 이루어지며, 선택이 작용하기 때문에 모듈의 개념은 어떻게 표현형이 발생했는지, 표현형과 유전형을 연결하여 이해하는 핵심이 되고 있다.

모듈은 세가지 특징이 있다.

- 변별적 운명
- 내재적 종합성
- 다른 모듈들과 상호작용하는 능력

생물구성에 필요한 상동성 때문에, 모듈은 체계의 개념이다. 지아(Limb bud)는 배아에서 날개나 다리 또는 둘 다 될 수 있는 발생학적 모듈(Franz-Odendaal과 Hall, 2006)이며, 앞-뒤 축 지아는 유전자 네트워크 상에서 연골 또는 근육으로 분화하는 모듈들을 공유하지만, 앞-뒤 축 생기는 사지의 경우 다른 유전자 네트워크에 존재하는 모듈이 작동한다.

모듈화는 단순히 이론적인 구조가 아니며 모듈은 검증될 수 있다. 원래는 앞다리로 분화하는 초기 척추동물의 배아의 한 부분을 배아의 다른 부위로 이식해도 여전히 앞다리로 분화한다. 배아의 다른 부위에서 활성화하여 앞다리를 만든다는 것은 앞다리에 관여하는 **유전자 네트워크가 모듈로서 작동하는 동시에 세포들을 새로운 위치에 집어넣는 구조화 능력을 가지고 있다는 것**을 말한다.

모듈은 자연선택에 의한 진화의 산물이며, 다음 경우들을 통해 대체로 같은 방식으로 새로운 유전자들을 만들어 낸다.

- **복제**를 통해, 복제 유전자 중 하나는 새로운 기능을 습득
- **분리**를 통해, 공간적(호메오틱 돌연변이들) 또는 시간적(이시성)으로 분리되어 있는 하나의 모듈이 새로운 기능을 습득
- **협조**를 통해, 모듈간의 합체(Raff, 1996).

이같은 경우들은 상호배타적인 과정들이 아니라는 것이 확실해질 것이다.

[a] 이 글상자는 저자와의 동의하에 Budney et al. (2005). *The Palaeontological Association Newsletter* (60, 10-12).에서 인용.
[b] Gass와 Bolker (2003)가 쓴 모듈화 개요, Franz-Odendaal 와 Hall (2006), 모듈화의 계층적 성질에 대한 예를 참조할 것.

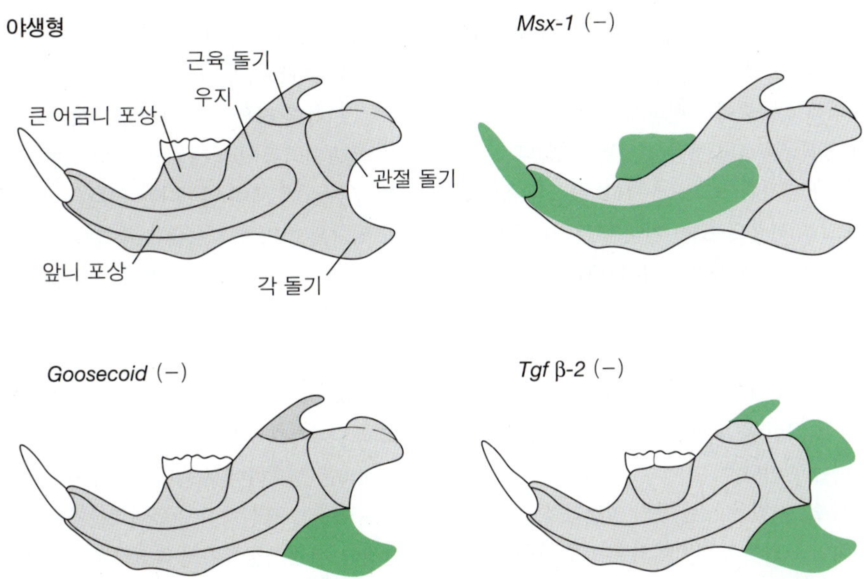

그림 13-13 설치류 하악의 치골을 만드는 모듈들은 관련 유전자들 knock-out 연구를 통해 독립적인 유전조절을 받는다는 것을 보여 주었다. 정상적으로 6개의 모듈들이 작동하는 데 특정 유전자 결실은 한정된 부위에만 비정상적인 발육을 보여 주며, 나머지 부분은 정상 발생한다. *Msx-1*결실은 치조 유닛, *Goosecoid* 결실은 구상과 각골 유닛, *TGFβ-2* 결실은 3개의 뒤쪽 돌기들의 비정상 발생을 일으킨다. 자세한 내용은 Hall(2003) 참조.

선택과 억제

유전자 또는 유전자 네트워크의 활성을 조절 또는 제한하는 기작들에는 발생학적 상호작용, 운하화(canalization)와 발생학적 가소성과 변이 또는 일관된 표현형을 유지시키기 위한 유전적 억제 등을 들 수 있다(그림 13-15). **억제**의 개념은 장 후반에 다룰 주제이다. 진화적 보존 또는 형태 변화를 이해하기 위해 억제가 일어나는 과정들을 다음에 이어지는 자연선택과 함께 통합적으로 다룰 것이다.

가령 조절경로를 갖고 있는 발생시스템이 있어서, 이러한 시스템이 구조 또는 기능적 변이성을 제한하거나 한쪽으로 치우치게 하는 억제로 작용하여 장차 일어날 진화의 방향과 틀을 규정하는가에 대한 의문을 가질 수 있다. 예를 들어, 생물의 이동에 사용되는 다리가 여러 개 일수도 있고 심지어 없을 수도 있는데, 왜 곤충은 6개이고 육상 척추동물은 4개의 다리를 가지는가에 대한 의문을 가질 수 있다(제16장). 어떤 임무 하에, 만약 그런 게 있다면, 곤충과 무척추동물의 다리수를 결정하는 억제가 작용하며, 또 선택은 여기에 어떻게 관여하는 것일까?

비록 억제가 선택으로 일어나는 형태변화를 조절하기는 하나, 그에 대한 해답은 전혀 간단하지 않다. Schwenk(1995)는 형질의 발현을 제한하는 "내부적" 유전 **발생학적 억제**와 계통에 영향을 미치는 "외부적" **선택 억제**를 구분시켜야 한다고 지적하였다. 하지만 계통적 경향에 영향을 미치는 선택이 진화적 방향에 영향을 미치는 형질 요소에도 관여하는 것이 확실하기 때문에, 두 요인에는 중복되는 부분이 있을 수 있고 따라서 두 요인을 실질적으로 구분하기는 쉽지 않으므로 **억제와 선택의 상반상호작용**으로 보는 것이 타당해 보인다.[13]

곤충, 척추동물에서 발생하는 모든 다양한 종류의 기형 중에는 실제 팔다리수가 변하는 기형도 많이 일어나는데, 이러한 돌연변이의 경우에는 주요 신체 부위의 심각한 장애가 동반되어 대부분이 생존할 수 없거나 생식 불능이 된다. 그래서 비록 큰 발생학적 변화가 일어나는 것은 가능할지라도, 일부 특정적인 변화, 특히 커다란 변화가 생길 경우에는 이들 변화가 다른 발생 단계에 성공적으로 통합될 수 없기 때문에 대부분의 경우에 치사된다. 즉, 통합에 결합이 생기면 개체의 발생은 종종 치명적으로 망가지게 된다.

Raff와 그의 공동연구자(1991)에 따르면 통합의 필요성에 의해 발생학적 억제가 생기게 되는데, 물질대사 경로, 세포, 조직, 기관, 그 외 발생시스템의 구성 요소간의 상호작용의 정도에 의존하여 억제의 한계가 결정된다. 다시 말해 상호작용이 매우 많이 일어나는 배 단계 — 동물형(zootype)이거나 공통된 계통발생 단계 — 가 그보다 상호작용이 적은 다른 발생단계보다 더 중요하고 억제요인의 영향을 더 많이 받게 된다. 배단계가 공통된 계통발생 단계로 정해지면, 억제, 생존, 선택으로 발생하는 변이 양이 줄어드는 현상, 즉 병목현상을 보이게 된다(그림 3-14, 그림 13-10).

[13] 억제에 대한 추가 연구는 Gibson and Wagner(2000)와 Schwenk and Wagner(2003)를 참조.

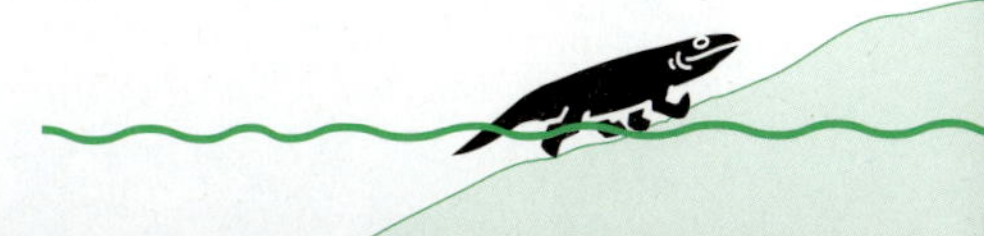

발생학적 억제에 대한 해부학적 예는 포유동물의 회귀후두신경(recurrent laryngeal nerve)의 위치에서도 볼 수 있다. 척추동물의 6번 동맥궁은 중요한 배 발생단계 동안 우선 앞쪽에서 형성되는데, 이러한 구조에 의해서 나중에 출현하게 되는 두개골에서부터 뻗어 나와 이 6번 동맥궁을 고리처럼 감싸는 회귀후두신경의 후두부에 이르는 거리가 결정된다(그림 3-16). 포유류에서는 동맥궁이 나중에 가슴으로 내려감으로, 이 거리가 두 배 이상 거리를 돌아 나와야 함으로 매우 길어져 있으며, 기린에서는 이 신경의 길이가 심지어 1.8m 이상이다. 다시 말해, 적응선택에 의해서가 아니라 동맥궁의 발생 특성이 신경의 길이와 위치를 결정한다고 볼 수 있다. 또한 발생학적 억제의 또다른 좋은 예는 목이 짧은 동물(고래)이나, 긴 동물(기린)을 포함하는 모든 포유동물에서 실제적으로 목뼈는 7개라는 점이다.[14]

다른 예로, 동물에서 볼 수 있는 뉴런 간의 연결과 식물의 뿌리 간의 연결같은, 잠재적인 표현형적 변이체의 무리를 만들어 내는 유사한 유전적 시스템이 존재한다는 것을 의미한다. 이러한 시스템은 생물의 복잡한 생리적, 형태적 그리고 행동적 패턴을 발생시켰는데, 이를 통해 생물체는 유전될 수 있는 다른 가능한 행동양식 중에서 선택을 통해 특별한 환경적 자극에 대해서 올바르게 반응할 수 있게 되었다. 신호전달체계에서 작용하는 것과 유사하게 이러한 자극이 환경신호에 반응하여 유기적이든 무기적이든 간에 유전적 시스템으로 작동시키게 된다(그림 13-3). 이 같은 조절의 좋은 예가 **표현형적 가소성**이다

표현형적 가소성

유전자들은 세포가 분열하는 데 필요한 역사적 정보를 제공하며 세포와 세포, 세포와 환경 간에 상호작용을 통해 최종 표현형인 형태와 관계를 결정한다(그림 13-15). 이 같은 상호작용들은 제한된 지시로부터 복잡한 발생 패턴을 포함한다. 예를 들어, 포유동물의 면역시스템에서 생산될 수 있는 서로 다른 수백만 개의 항체는 하나하나 모두 유전체에 의해 코드화 된 것은 아니다. 대신에 새롭게 형성된 염기서열 배열 무리 중에서 어떠한 환경적 항원에 대해서도 상호작용할 수 있는 거의 모든 항체를 생산할 수 있는 것을 선택하여 만드는 발생학적 시스템에 의해 생산된 것이다. 그러므로, 진화적 적응이 무엇인가 하면, 하나 또는 다수의 특정한 항체의 출현을 말하는 것이 아니라, 이들을 만들 수 있는 잠재력을 가진 유전형을 선택하는 것이다.[15]

하나의 유전형당 하나의 표현형으로 여기는 논리적 경향이 있는데, 즉 사람의 유전형은 사람을 만들고 벌레 유전형은 벌레를 만든다는 것이다. 물론, 유전형과 표현형 간의 관계는 그렇게 간단하지는 않다. 개구리 유전형은 올챙이와 다 자란 개구리를 만드는데 이것은 2개의 다른 표현형이다. 개미 유전형은 3개의 표현형, 즉 여왕개미, 일개미, 병사개미를 매 세대 반복해서, 유전적인 조절하에 만들어 낸다.

또 다른 경우로, 하나의 유전형이 환경, 먹이 또는 포식자 같은 외부 자극들에 의해 여러 개의 표현형을 만들어 낼 수 있으나, 이 경우는 매 세대 일어나는 일들은 아니다. 만약 개체들이 자신의 세대에 환경적 신호에 노출되지 않는다면 관련된 표현형들은 나타나지 않지만, 그 능력은 다음 세대에 전해진다. 이처럼 하나의 유전형이 여러 개의 표현형을 만드는 표현형적 가소성을 조건적 능력(facultative ability)이라 부른다.

표현형적 가소성의 효용과 편재는 많은 분야에서 연구 주제로 다루어지고 증명되어 왔다.[16] 실제로, **생활사 이론**(life history theory)은 생태학에서 숙련된 연구자들이 주로 연구해 왔는데, 현재는 어떻게 표현형이 만들어지는지에 관심을 가지게 된 진화학, 발생학, 분자생물학자의 주요 분야가 되었다. 표현형적 가소성에 대한 예들이 너무나 잘 알려져 있어서, 우리는 전혀 의심 없이 한 개의 게놈이 올챙이와 개구리, 유생과 성체, 일개미와 여왕개미 같은 다양한 표현형을 만들어낼 수 있다는 걸 받아들인다. 이보다 좀더 복잡해서 단순히 이해하기 어려운 예들을 들어보면 다음과 같다.

1. 포식자인 잠자리 유생이 있는 경우, 오스트리아산 갈색 줄무늬 습지개구리(*Limnodynaste speroni*)의 올챙이들은 살아남을 확률을 높이기 위해 근육량과 꼬리 길이를 늘이는 특징적인 발생양상을 보인다.
2. 개체수가 많거나 먹이가 제한되어 있는 경우, 몇몇 집게류와 양서류의 올챙이들은 머리가 커지고 거대한 턱이 발생하는 변형된 발달을 보임으로써, 형제 자매종들을 잡아먹는 데 유리해진다.
3. 알에서 깨어날 동안에 포식자가 있으면 윤형동물들은 여분의 가시들을, 물벼룩(*Daphnia*)은 확대된 가시들과 헬멧처럼 생긴 보호구를 만들어 낸다. 이들 가시들과 보호헬멧은 포식자들에게 잡아 먹히는 걸 막아 준다(**그림 13-14a, b**).
4. 북미 나방(*Nemoria arizonaria*) 애벌레는 먹이인 꽃더미가 많은 봄에 부화하면 꽃더미 모양을 하고, 꽃더미가 떨어지고 난 여름에 부화하면 잔가지 모양으로 자란다. 이것은 계절적 다형현상으로 먹이 속 탄닌 양에 따라 결정된다.
5. 큰가시고기(*Gasterosteus aculeatus*)는 **생물적 요인**(포식자 부재)과 **무생물적 요인**(호수 내 칼슘 용존량)에 따라 배지느

[14] 이에 대한 예시는 Galis(1999)와 Galis et al. (2001)을 참조.

[15] 면역계 진화에 대한 개요는 Danilova(2006)를 참조.

[16] Stearns(1998), Hall et al. (2004), Pigliucci(2001), Pigliucci and Preston (2004), 그리고 Sultan and Stearns(2005)에서는 다양한 관점에서 표현형적 가소성에 대해 다루고 있음

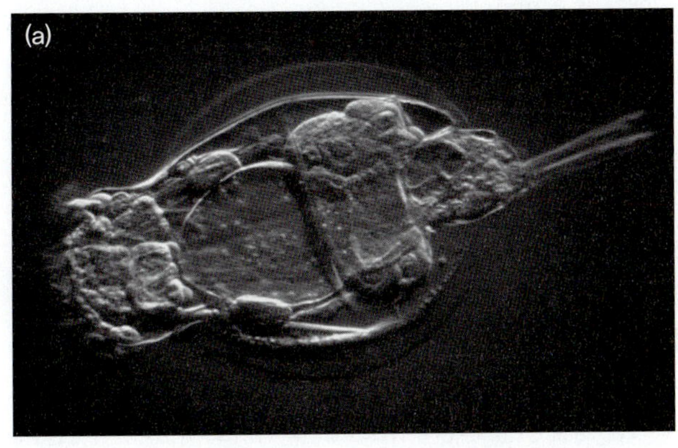

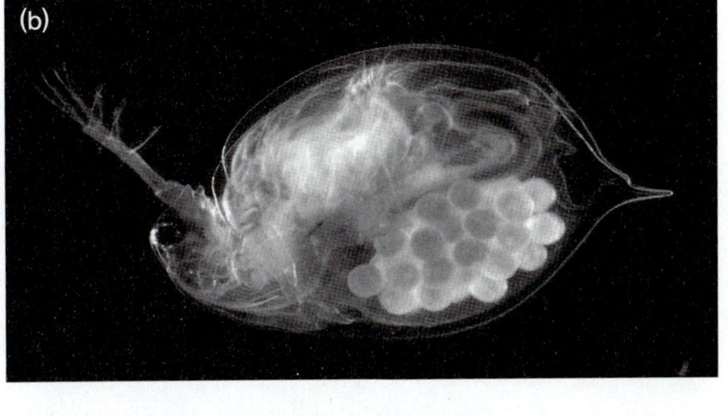

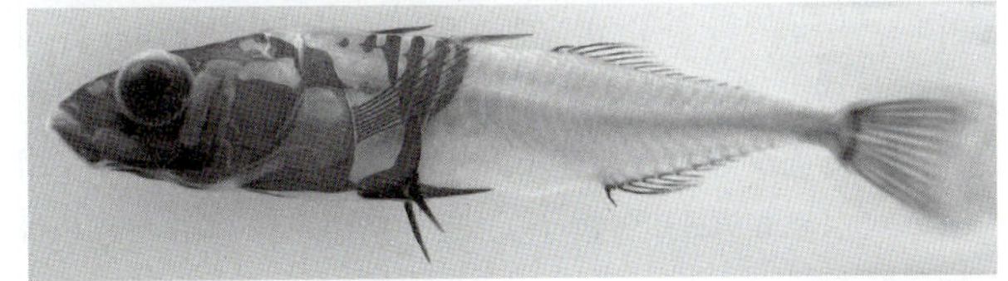

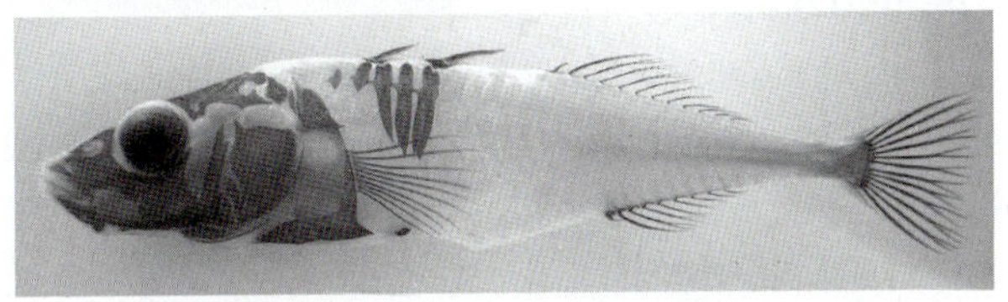

그림 13-14 포식자가 방출하는 화학적 신호로 인해 발생하는 표현형적 가소성의 세 가지 예. (a) 윤형동물 가시의 추가 생성(© Tom E. Adams/Visuals Unlimited). (b) 물벼룩의 헬멧 모양 보호구(© Nigel Cattlin/Visuals Unlimited). (c) 큰가시고기 배지느러미 가시 갯수의 감소. (Elsevier의 허가를 얻어 *Trends in Ecology & Evolution*, vol. 19 (9), Foster, Susna A. and Baker, John A., Evolution in parallel…, pp. 456–459, copyright 2004.에서 복사. Photo courtesy of Dr. Willian A. Cresko, University of Oregon.)

러미 가시 갯수(1~3개)가 변한다(**그림 13-14c**).[17]

이 같이, 표현형적 가소성은 아래 경우 같은 상호작용이 중요하다.

- **개체 내**(올챙이에서 개구리로의 탈피와 티로이드 호르몬)
- 같은 종 또는 다른 종의 **개체 간**(포식자가 방출하는 화학적 신호, 박테리아와 오징어의 공생관계)
- 먹이 또는 환경 내 무생물적 요소(용해된 칼슘 농도 등)

유전과 발생학적 억제

각 세대에서 기능적 역할이 되풀이 되기 위해서는 발생학적 요인과 그들의 상호작용이 유전적 기초하에 이루어져야 한다. 생물의 어떤 특징보다도, 생물의 유전 현상은 변이와 생존에 주요 영향을 끼칠 수 있는 자연선택 과정이 포함되는 진화적 과정과 동일한 생물의 특징이라 할 수 있다(제22장 참조).

척추동물의 척색이 발생 과정 중에 잘 보존되어 있는 이유는 척색이 50억 년 동안 골격지지대 역할을 해왔기 때문이 아니라, 외배엽세포를 신경세포로 분화하도록 유도하고 척추를 만드는 세포들과 상호작용하기 때문이다. 척색과 중추신경계가 함께 발달하도록 한 발생학적 선택 때문에 척색이 보존될 수 있는 것이다.

포유동물의 회귀후두신경의 여분의 길이는(보기에 따라서 포유동물에서 불필요한 흔적기관으로 여겨지는) 과거에 기본적인 유전형질이었기 때문에 발생 시스템에 의해서 선택되어졌고, 현재에도 이들의 보존적 특성이 여전히 선택되고 있다고 볼 수 있는 것이다. 후두신경의 기능과 이것의 우회적 위치는 선택에 의해 유지되고 있는 분리된 다른 유전적 경로 — 신경학적 활동과 골격 구조를 유지하기 위한 경로 — 에 의해 결정된 것으로 보인다. 포유동물에서 6번 동맥궁이 흉부라는 다소 의외의 장소에 위치하게 된 것은 포유동물의 목이 길어지는 방향으로 진화한 자연선택의 과정이었다고 할 수 있다.

관찰에 의하면 발생학적 억제는 과거의 진화적 사건과 억제 요인에 포함된 우연성에 얽매여져 있다는 것을 알 수 있는데, 다른 것보다 일부분은 더욱 깊게 연관되어 있음을 알 수 있다. "치사" 돌연변이는 이전의 출현과 생존을 가능케 한 진화시스템에 성공적으로 상호작용하는(물질대사적, 생리적, 해부학적, 행동적,

[17] 이에 대한 예시와 고찰은 Hall(1999a), Hall et al. (2004), Pigliucci(2001), Pigliucci and Preston(2004), Kraft et al. (2006), Shapiro et al. (2007)을 참조.

기타 등등) 유전적 변이체를 무력화시키는 기작이라고 말할 수 있다. 그래서 넓게 보면, 한 생물체를 제한하는 돌연변이가 다른 서식지를 차지하고, 또 다른 환경을 경험하고, 다른 선택적 역사를 가지고 다른 생물화 과정을 겪고 있는 생물체까지 제한할 필요는 없는 것이다. 실제 교배시킨 실험 쥐들에서도 돌연변이 유전자들의 표현형은 특정교배종의 유전적 배경에 따라 다른 효과를 나타낸다. 기존에 작용했던 자연선택적 과정과 복잡하게 얽히며 안정화된 발생 유전학적 상호작용간의 네트워크가 다음 단계의 진화를 이끈다. 새로운 표현형적 형질이 기존에 정착되어 있는 유전적 기능과 잘 부합하면 강력한 선택기작으로 작용하는 것이다.

발생학적 억제를 일으키는 유전적 근거는 많은 상호작용들의 맨 마지막 단계에서 표현형으로 나타나는 것이기 때문에 분명하지 않을 수 있다. 예를 들면, 비록 어떤 유전자가 구조나 조절 산물에(예, 그림 10-13) 일차적으로 작용하는 것일지라도, 이 산물이 다른 유전자나 환경 요인에 대해서도 연속적 상호작용을 지속시킬 수 있기 때문에 2차, 3차 또는 그 이후에도 계속 영향을 미칠 수 있다. 겸상적혈구 돌연변이와 같이 심각한 영향을 생물의 발생적 측면에 **다면적인 영향**(pleiotropy)을 미치는 일도 발생한다(그림 10-12).

적합한 적응변이가 없이도 억제가 일어날 수 있는데, **선택** 또한 더욱 그렇다. 적합한 적응변이가 없을지라도 억제가 될 수 있는 것처럼 선택 또한 더 강한 억제로 작용할 수 있는데, 한쪽 방향으로 억제가 작동함으로써, "적응성" 돌연변이로 만들면 다른 기능을 완전히 부적합하게 만들어 버린다. 예를 들면, 헤엄치기에 유리한 선택은 달리기에도 유리할 수 있다. 그러나 달리기에 유리한 선택은 비행 능력 등을 희생시킨다. 헤엄치는 능력에는 성공적인 선택이 최상의 달리기 능력에는 나쁜 영향을 줄 수 있다. 유사하게, 최상으로 달리기 위한 선택은 최상으로 날기 위한 것 등등을 희생시켜야 한다. 모든 가능한 경우를 성공적으로 대처할 수 있는 유기체적(생물학적) 적응은 어떤 계통에서도 도달하기 어려운 것이다. 왜냐하면 다른 형질에 영향을 미치지 않으면서 한 가지 형질을 무제한적으로 극대화시킬 수 없을 뿐 아니라, 어떤 유전자가 한 개체에서 모든 경우의 상호작용에 대해 완전히 적응적일 수도 없는 것인데, 이것은 생물체가 무제한적으로 내부의 자원을 점유할 수 없다는 단순한 이유 때문이다(Nijhout and Emlen, 1998). 선택은 "모든 직업의 허드레꾼"으로 되는 것을 막아줌으로써 생물체로 하여금 "한 직업의 전문가"가 되는 방향으로 나아가게 한다.

적응은 과거에 있었던 선택의 역사에 의해서 제한을 받기 때문에 이러한 경로를 적응의 억제(adaptive constraint)라고 부른다. 선택은 2개의 수준에서 표현형적 억제로 작용할 수 있다.

1. 현재 발현된 새로운 형질이 미래에는 선택되지 않을 수도 있고/혹은 있거나
2. 과거에는 한번도 나타나지 않았던 형질일 수도 있다.

그럼에도 불구하고, 적응의 역사는 억제로 인해 과거의 형태로 못 돌아가는 것은 아니라는 것을 보여 준다. 즉, 어떤 조건에서는 구조적으로 제한되었던 생물의 요소가 다른 조건하에서 새로운 방향으로 진화될 수도 있다는 것이다. 예를 들면, 충분한 시간과 새로운 기회가 주어졌을 때 물고기에서 기어다니는 육상동물 형태로 진화했던 척추동물 계통이 다시 헤엄치는 해양생물 형태(어룡)로, 그리고 심지어 전혀 새로운 형태의 날개를 가진 공중에 사는 생물형태(새와 박쥐)로 재진화하기도 하였다. 비슷한 예로 세발가락 나무늘보(8~9개)와 해우(6개)와 같은 일부 포유동물은 7개 목뼈의 일정성을 벗어났고, 백악기에 존재했던 장경룡류인(*Elasmosaurus*)는 76개의 목뼈를 가지고 있었다. 발생학적 억제가 진화적인 변화를 막을 필요는 없다. 억제는 변이를 제한하는 것이지 변화를 막는 게 아니기 때문이며, 따라서 억제는 변이가 어떻게 제한되는지를 정확히 이해하는 것이 중요하다는 것을 보여 준다.

환경요인 또한 적응을 어느 범위로 한정시키는 제한요인이 될 수 있음을 생각할 수 있다. 생물체가 적응하기 위해서는 유영속도의 선택에 관련된 유체역학의 법칙이나 공중비행이나 꽃가루나 종자가 퍼지는 선택과 관련된 기체역학의 법칙과 같은 선택의 환경을 좌우하는 물리적 법칙을 극복해야 한다. 환경은 살아남기 위한 요구가 생물체의 발생 한계를 초과할 경우 멸종까지 일으킬 수 있다. 좀 더 넓은 관점에서 생각해보면, 적응억제는 또한 다른 생물체 그룹과의 상호관계에 의해서도 또한 영향을 크게 받는다. 예를 들어, 캄브리아기 방사 이후에 새로운 후생동물의 몸체제(body plan)의 출현이 나타나지 않는 것은 기존에 이미 매우 잘 적응된 동물 문에 의해 포화가 된 기존의 서식지에 새로운 문의 접근이 제한되기 때문이라 생각할 수 있다(그림 15-1). 또한 새로운 불포화된 환경의 경우에도 경쟁을 통해서 성공적으로 이미 존재한 오래된 문의 체형 변이보다는 완전히 새로운 형태의 형질 출현이 더 제한받게 된다. 그러나 종의 경우에는 누구에 의해 아직 점령되어 있지 않은 새로운 환경에 들어가면, 기회적 적응과 형태적 다양성을 통해 적응방사가 쉽게 일어날 수 있다(그림 3-4).

비록 항상 명백한 것은 아니지만, 적응억제가 유전적으로 의존한다는 것은 발생에 영향을 끼치는 많은 수의 조절유전자를 통해서 증명되고 있다. 여기에 발생 **항상성**과 운하화의 유전적 기작이 더해질 수 있는데, 이들을 통해 비록 환경이나 유전자형에 다소의 변화가 있더라도 발생 형질이나 패턴의 발현이 일정하게 유지된다는 것을 설명할 수 있다.[18]

[18] 운하화에 대해서는 Lerner(1954)와 Waddington(1962)를 참조하고, 발생학적 항상성에 대해서는 Hall(1999a, 2005b), Wilkins(2003), Flatt(2005)을 참조.

초기 멘델주의 유전학의 초기 발생 과정에서 소개된 후, Richard Goldschmidt, Ivan Schmalhausen 같은 학자들이 사용했던 용어에 따르면, 환경적 변화에 의해 표현형이 달라지는 개개 유전형의 표현형 **반응기준**(reaction norms)이라는 것이 있다. 표현형 반응표준은 온도, 포식자 수 같이 실험적으로 다른 환경에서 키운 개체들에서 볼 수 있는데, 특정 상태에 따라 변화하는 형질(부속지 크기, 생존 등)들을 관찰하고 가변적인 환경에서 나타나는 표현형을 구분한다. 그러므로, 표현형 반응기준은 생물-환경간 상호작용의 지표이며, 또 한편으로는 유연성/가소성-운하화/억제의 목차이기도 하다.

경우 당 한 개의 표현형 반응기준은 매우 짜임새 있게 집중된다. 표현형 반응기준이 많다는 것은 반응에 대한 가소성이 크다는 것을 의미한다. 인간의 혈액형(예를 들어, *ABO* 또는 *MN*형)은 환경적 요인에 거의 영향을 받지 않으며 일단 유전적으로 정해지면 전 생애에 걸쳐 변화하지 않는다. 반면에 당뇨병의 경우에는 환경변화(예를 들어, 체중조절 또는 인슐린)에 매우 민감하게 반응한다.[19]

Schlichting와 Pigliuccci(1998)는 표현형 반응기준이 서로 다른 발생학적 환경에서 만들어지는 표현형들에도 적용할 수 있다고 주장하였다. 즉, 적응에 유리한 표현형을 생산해 낼 수 있도록 발생학적 가소성에 의해 유전형을 선택한다는 것인데, 이 개념은 Waddington의 **운하화** 이론과 관련이 깊다. Waddington의 운하화 실험에 따르면 환경 스트레스 하에서 초파리의 *ultrabithorax* 유전자가 균일하게 발현하는 것은 "바탕" 유전자들 때문이다. 이처럼 일정하게 발현될 수 있는 유전적 기반은 Gibson와 Hogness(1996)가 *ultrabithorax*의 전사 안정성을 유지해 주는 특정한 유전자 좌위를 발견함으로써 더욱, 분명해졌다. Waddington(1957) 또한 초파리의 무횡맥 날개처럼 환경적 자극에 의해 나타나는 형질도 유전적으로 연결되어 환경적인 자극이 없을지라도 발현될 수 있다고 하였으며, 이것을 유전적 동화라고 명명했다. 하지만 이것은 환경에 의해 직접적으로 영향을 받는 라마르크식 과정이 아니라, 이런 자극에 반응할 수 있는 유전자형이 선택되어서 일어나는 것이다. 환경 자극에 대한 생물의 유연한 변화가 유사하게 일어나는 것은 바탕 유전자를 기반으로 하는 유전적 산물 때문이다. Suzuki and Nijhout(2006)은 토마토 박각시나방(*Manduca quinquemaculata*)에서 환경적 신호에 민감하게 반응하는 유충의 몸 색깔 다형성을 호르몬 조작을 통해 잘 보여 주었다. 원래는 온도에 따라 나타나는 여러 몸 색깔들을 온도 자극 없이도 만들어 냄으로써, 환경 자극으로 유도된 형태가 환경 자극이 없는 상황에서도 발생할 수 있도록 유전적으로 동화되었음을 보여 주었다.

[19] 반응 표준과 표현형적 가소성 연구에 대해서는 Schichting와 Pigliucci(1998) 및 Sultan와 Stearns(2005) 참조.

운하화

운하화 개념은 진화, 유전, 발생, 배 발생물학에서 흥미로운 역사를 가지고 있다.

Waddington(1942)는 운하화에 대해 다음과 같이 정의하였다.

> 운하화 또는 발생학적 운하화란 배발생 동안에 하나 또는 아주 적은 수의 안정된 표현형만이 나타나도록 유도하는 골짜기화된 길들이 있어서 발생과정에서 겪게 되는 유전적, 후생학적 또는 환경적 영향으로 너무 큰 변화가 일어나 발생에서 일탈하는, 즉 죽는 것을 막는다.

1966년에 Waddington와 Robertson은 발생학적 운하화가 일어나는 경우에 대한 실험 결과를 발표하였는데, 발생이 진행되는 과정에서 일정한 길로 진행되어 표현형이 선택된다면, 이러한 과정에 관련된 형질과 선택이 있어야 한다는 것이다. 말하자면:

> ……**발생운명적 선택**은 환경에 반응하여 다양한 표현형 또는 특정 형질을 너무 많이 발현시키는 유전형을 제거함으로써 유전형질을 제한하는 것인데, 즉 **유전적, 후생학적, 또는 환경적 영향에 의해 형태적으로 너무 많이 변하는 개체들의 유전형질을 제거**한다는 것이다.

그러므로, 운하화의 핵심은 모든 발생학적 또는 유전학적 결과물이 다 고정되는 것이 아니라는 것이다. 운하화의 증거로 실제 자연계에서 기대했던 것보다 훨씬 제한적으로 변이가 나타나는 양상을 들 수 있다. 예는 무궁무진하다.

- **생물 수준에서**: 이매패류에 속하는 생물들은 매우 제한적인 형태공간(morphospace)을 가진다(그림15-5).
- **기관 수준에서**: 3000마리의 토끼에서 대동맥궁은 단 6개 타입의 변이만을 보이는데, 그중 2개 패턴이 97%를 차지한다.
- **유전자 수준에서**: 유전자의 기능 부위는 비기능 부위보다 더 운하화되어 있다.

그림 13-15는 Rendel(1967)에 의해 고안된 실험을 도해한 것인데, 집단에서 발생 항상성이 어떻게 선택되어져서 다양한 유전자형이 특별한 최적의 표현형으로 발현되는지를 보여 주고 있다. 초파리 집단에서는 *scute* 유전자의 돌연변이에 의해서 강모 수에 변화가 생기는데, 다음의 두 가지 방향으로 선택되어진다.

1. **방향성 선택**(Directional selection): *scute* 돌연변이체 집단에서 주요 강모 결정 유전자형의 발현에 의존하는 방향으로 변화된 것이 일차적으로 선택되어짐 — 평균적으로 2개에서

그림 13-15 유전적 제약이 일어나 한정된 표현형이 발현되는 운하화 모형. 왼쪽 아래에서 오른쪽 위로 그어진 사선은 유전형(y축)과 표현형(x축)의 발생학적 관계를 표시한다. 사선이 가파를수록 같은 표현형을 만들어 내는 유전자 개수가 많아짐을 의미한다. (a) 사선이 상대적으로 편평한 경우 적은 수의 유전형이 적정량의 표현형을 만든다. (b와 c) 운하화가 일어나면, 다양한 유전형들이 같은 표현형만을 생산하도록 유전적 제약이 발생하여 많은 수의 유전형들이 적정량의 표현형을 만드는 데 사용되기 때문에 사선이 S로 구부러진다. 이는 여러 환경적 영향에도 불구하고 일관된 표현형을 발현하여 유지하도록 하는 유전적 제약을 보여 준다. (Strickberger, M. W., 1985. *Genetics*, 3rd ed. Macmillan, New York.에서 각색)

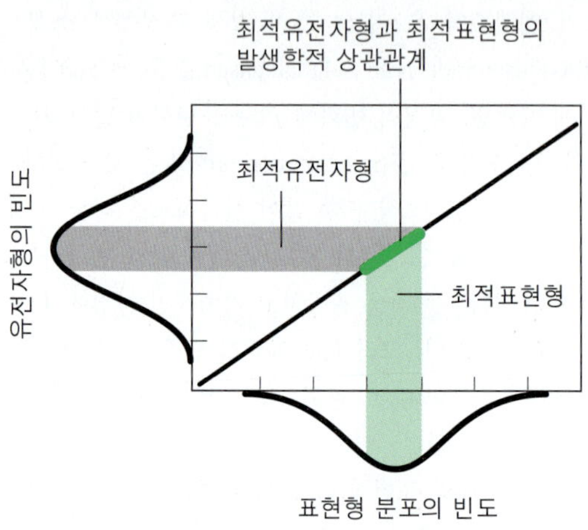

(a) 발생항상성 선택 전

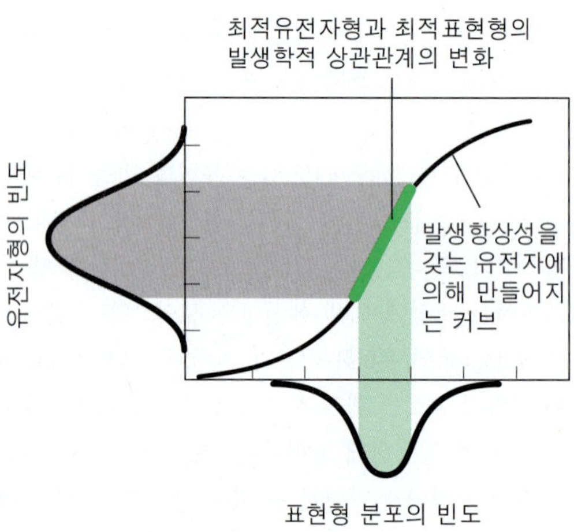

(b) 발생항상성 선택

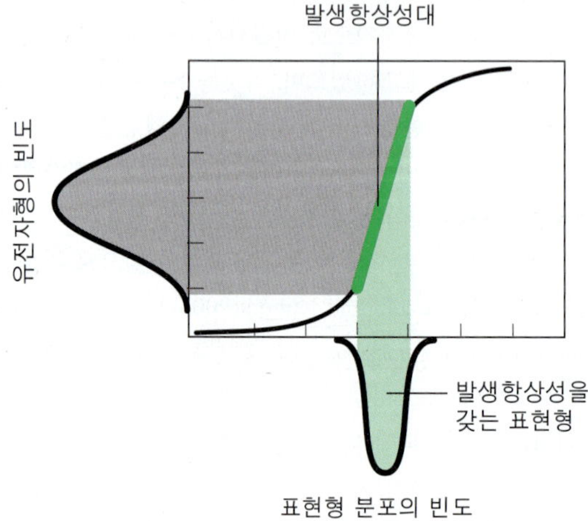

(c) 발생항상성 선택 완성후

정상인 4개의 강모를 가진 개체 분포를 보임

2. **안정화 선택**(Stabilizing selection): 발생항상성대(zone of canalization)에 분포하는 변화가 선택되어짐으로 해서 비록 유전자형에는 변이가 있더라도 대부분의 개체가 비슷한 수의 강모를 가짐

새로운 적응 특성이나 새로운 패턴을 만드는 발생학적인 혁신은 **발생 항상성대**의 성질에 영향을 주는 변경된 유전자에 대한 선택에 의해서 다양한 상황에 적응하기 위해서 억제될 수 있다. 선택은 형질의 변이성에 영향을 줄 뿐 아니라 표현형에 대한 완전히 새로운 적응 범위를 가지게 하는 변이성의 패턴을 심하게 변화시킬 수도 있다.

근래에, 진화생물학자들은 **환경적 운하화**로부터 유전자를 분리하기 시작했는데, 이것은 운하화의 계통성을 하나의 과정으로 내세우고 환경적 요소와 유전적 의미를 따로 생각할 필요가 있기 때문이다.[20]

하지만 선택적인 변화에서도 억제는 지속적으로 유지된다. 생물체의 특징은 독립적으로 생기거나 존재할 수 없기 때문에 모든 표현형은 모든 형질에 영향을 미치며, 서로에게 많든 적든 간에 억제요인일 수 있는 형질간, 환경과의 상호 관계의 결과물이라 할 수 있다. 예를 들어, 유전적으로 서로 관련된, 서로 의존하는 형질들은 다른 형질을 망가뜨리지 않고 쉽게 변할 수는 없는 것이다. 비록 이러한 효과를 확인하기는 어렵지만 특정 억제는 발생학적으로 확인하여야 하며, 이것이 역사적 그리고 계통학적인 배경이 되어야 한다.

이시성과 상대성장

억제가 빈번히 일어남에도 불구하고 어느 정도는 억제가 건너뛰는 경우가 있어서, 적절한 돌연변이(대개 조절유전자들)가 유전

[20] 운하화는 Stearns et al.(1995), Gibson and Wagner(2002) Debat and David (2001), Hallgrímsson et al. (2002), Wilkins(2003) 참조.

적 네트워크에 성공적으로 부합하게 되면 일부 억제요인의 영향에서 벗어나 새로운 발생학적 혁신이 일어날 수 있다. 이러한 사건 중에는 위에서 언급된 몸체절의 재배치, 반복, 소실과 같은 구조적 변화가 생기게 하는 위치정보에 관련된 호메오 돌연변이를 들 수 있다.

그 외에 다른 발생학적 혁신으로는 다른 발생단계 또는 사건에 대해 상대적 시간 이동에 의한 시차 관련 유전자의 변화에 의해서 생기는 **이시성**(heterochrony)을 들 수 있다. 나중에 다루게 될 내용인 해초류의 유생에서 볼 수 있는 성적 성숙이 이러한 예의 하나이며, 멕시코산 도롱뇽의 일종인 *Ambystoma mexicanum*는 성체가 올챙이의 특징적 형질을 가지는 전형적 유형생식의 예를 보여 준다. 또 다른 혁신으로 알 크기의 증가라는 매우 단순해 보이는 변화가 근본적인 발생학적 큰 변화를 일으키는 현상임을 성게에서 볼 수 있다(Raff, 1992).

또 다른 기작으로 개체발생 중 기관의 상대 성장률의 차이에 의해서 나타나는 — **상대생장**(allometry) — 을 들 수 있는데, 이 상대생장 때문에 종간 차이를 보인다. 예를 들면, 그림 20~40에서 보여 주는 것과 같이 사람은 매우 독특한 머리와 다리의 상대생장을 영장류 내에서 보여 주고 있다. Niklas(2003)는 육상생물의 진화를 통해 상대생장의 중요성을 요약했으며, Webster et al.(2004)은 성숙, 한 배의 크기(한 배당 새끼 수와 새끼의 크기), 출산 당시 모계 연령, 출산 간격 같은 육식진화 역사의 중요한 양상들을 통해 체형의 반복적인 진화적 변화를 설명하였다. 그렇다고 체형이 종분화로 연결되거나 종분화를 예측하는 지표라는 걸 의미하는 건 아니며, 따라서 후생동물의 분류학적 다양성과는 상관이 없다(Ormeet al., 2002).

발생은 오랫동안 생물의 형태나 모양 같은 개체발생학적 변화를 강조하며, 진화는 유전적 변이를 통해 발생한 적응에서 보여 주는 계통발생학적 변화를 강조한다. 둘다 제한적인 관점이라 형태, 변이, 진화적응 사이에 일어나는 관계를 수립하고 설명하기에는 부족하다(Hallgrimsson와 Hall, 2005). 생물학적 진화는 형태, 생리, 행동 같은 요소들에서 일어나는 변화를 통해 나타나며, 이것은 발생학적 변화로 이어진다. 이제부터는 진화발생생물학 같은 영향력 흐름에 편승하여 변이, 발생학적 기작, 유전자 조절, 돌연변이와 자연선택간의 관계를 완전히 이해하는 것이 앞으로의 큰 과제가 될 것이다(제10, 22, 23장 참조).

주요 용어

계통발생 단계(phylotypic stage)
공진화(coevolution)
동물형(zootype)
반응기준(reaction norms)
발생적 억제요인(developmental constraint)
분화(differentiation)
상대생장(allometry)
신호전달체계(signal transduction)
억제요인(constraint)
억제자(repressor)
완성주의자(preformationist)
운하화(canalization)
유전자 조절(gene regulation)
이시성(hetero*chrony*)
항상성(homeostasis)
형태분화(morphogenesis)
호메오도메인(homeodomain)
호메오돌연변이(homeotic mutations)
호메오박스(homeobox)
호메오시스(homeosis)
hox 유전자(*hox* gene)
후성적(epigenetic)

토의 및 질문

1. 다음에 대해서 당신의 생각을 기술하라.
   a. 환경적 변화에 의해서 유전 가능한 발생적 변화가 일어날 수 있다.
   b. 유전 가능한 발생적 요인은 환경 변화에 반응할 수 있다.
2. 초기 또는 후기 발생 과정 중 어떤 단계가 발생 과정에 더 큰 영향을 미치는가? 또 어떤 단계가 억제요인에 더 큰 영향을 받는가?
3. 동일한 세포외 신호에 의해서 한 유전자의 전사에서부터 다른 유전자의 전사까지를 변화시킬 수 있는 신호전달체계의 과정을 한 번 제안해 보시오.
4. 지질학적 대절멸 전후에 서식했던 생물에서 공통으로 발견될 수 있는 동일한 종류의 발생 억제요인이 있을 수 있다고 생각하는가?
5. *Antennapedia* 돌연변이가 어떻게 두부체절 형성에 영향을 미치는가? 또 *ultrabithorax* 돌연변이가 어떻게 흉부체절 형성에 영향을 미치는가?
6. 어떤 발생학적 변화를 이시성으로 증명하기 위해서는 어떤 정보가 필요한가?

추천 읽을 거리

Albertson, R. C., J. T. Streelman, and T. D. Kocher, 2000. The beak of the fish: genetic basis of adaptive shape differences among Lake Malawi cichlid fishes. Assessing morphological differences in an adaptive trait: a landmark-based morphometric approach. *J. Exp. Zool.*, **289,** 385–403.

Carroll, S. B., 2005. *Endless Forms Most Beautiful.* W. W. Norton & Co., New York.

Carroll, S. B., J. K. Grenier, and S. D. Weatherbee, 2005. *From DNA to Diversity: Molecular genetics and the Evolution of Animal Design.* 2nd ed. Blackwell Publishing, Malden, MA.

Davidson, E. H., 2006. *The Regulatory Genome: Gene Regulatory Networks in Development and Evolution.* Elsevier/Academic Press, Burlington, MA.

Emlen, D. J., J. Hunt, and L. W. Simmons, 2005. Evolution of male- and sexual-dimorphism in the expression of beetle horns: Modularity, lability and developmental constraint. *Am. Nat.,* **166,** S42–S68.

Gould, S. J., 1977. *Ontogeny and Phylogeny.* Harvard University Press, Cambridge, MA.

Hall, B. K., 1999a. *Evolutionary Developmental Biology,* 2nd ed.

Kluwer Academic Publishers, Netherlands. [Japanese translation, Kosakusha, Tokyo, 2001.]

Hall, B. K., and W. M. Olson (eds.), 2003. *Keywords and Concepts in Evolutionary Developmental Biology.* Harvard University Press, Cambridge, MA.

Hallgrímsson, B., and B. K. Hall (eds.), 2005. *Variation: A Central Concept in Biology.* Elsevier/Academic Press, New York.

Land, M. F., and D.-E. Nilsson, 2002. *Animal Eyes.* Oxford University Press, Oxford, UK.

Niklas, K. J., 1997. *The Evolutionary Biology of Plants.* The University of Chicago Press, Chicago and London.

Pagel, M., (ed. in chief), 2002. *Encyclopedia of Evolution,* 2 Volumes. Oxford University Press, New York.

Pigliucci, M., and K. Preston (eds.), 2004. *Phenotypic Integration: Studying the Ecology and Evolution of Complex Phenotypes.* Oxford University Press, Oxford, UK.

Raff, R. A., 1996. *The Shape of Life: Genes, Development, and the Evolution of Animal Form.* University of Chicago Press, Chicago.

West-Eberhard, M. J., 2003. *Developmental Plasticity and Evolution.* Oxford University Press, Oxford, UK.

Wilkins, A. S., 2002. *The Evolution of Developmental Pathways.* Sinauer Assoc., Sunderland, MA.

DNA로부터 유기체의 세상으로

우리의 논의가 진화를 뒷받침하는 유기적 체계—유전자, 세포, 발생—에서 "존재해 왔으며, 진화하고 있는" 생명체의 다양성으로 옮겨가는 것은, 우리의 관심에 DNA(a)에서 유기체로 전환됨을 의미한다. Charles Darwin은 유기체를 "가장 아름답고 가장 놀라운 무한한 형태(endless forms most beautiful and most wonderful)"라고 규정했는데, 구체적으로 해바라기꽃이 갖는 경이로운 기하학적 대칭성과 섬세함(b), 앵무조개의 껍질에 남아 있는 발생과 성장의 흔적(c), 버려진 빵조각에 핀 곰팡이의 규칙성(d)에서 그의 의도를 발견할 수 있다.

4부

생물

생명의 다양성

6장에서 8장까지에서는 **생명의 기원**을, 9장에서 13장까지에서는 진화를 위한 **유기적 체제**에 대해 다루었고, 이제 우리는 14장에서 20장을 통해 오늘날 살고 있거나 과거에 살았던 지구 상의 모든 생물들과 **생명의 역사**를 다루려고 한다. 우리의 접근법은 몇몇 단계에서 절충하는 것이다.

우리는 동물, 식물, 미생물, 균류 또는 원생생물과 같은 생물 분류를 이해하거나 일반적으로 잘 알려진 생물들에 대해 다루는 것에는 익숙하다. 그러나 지난 20년 간 수행된 계통학적 연구의 결과는 이것이 자연분류가 아님을 설득력 있게 보여 주고 있다; 최근의 분류 체계에서는 식물(식물계(Plantae); 글상자 12-4)이라는 용어를 포용한다. 그래서, "우리는 오랫동안 사용한 이름에 기반해 생물에 접근해야 할까?" 아니면 "가장 최근의 생명의 계통수(tree of life)에 따라 생물을 분류해야 할까?" 우리는 이 두 가지 질문에 성공적으로 답하도록 노력할 것이다.

이러한 의문과 관련한 가장 전형적인 예 중 하나는 조류(birds)가 파충류(reptiles)에서 기원했음에도 파충류라고 부르는 동물 그룹에는 조류가 포함되어 있지 않다는 것이다. 계통분류학적으로 파충류는 **파충류**에서는 발견되지 않는 특징(깃털)을 가지는 파충류의 후손들(예를 들어, 조류)을 포함하고 있지 않다.

분기학적 전문용어로 파충류는 측계통(paraphyletic group)이므로 유효한 분류군이 아니다. 측계통이란 하나의 공동조상에서 나온 모든 후손들이 아니라(조류가 포함되어 있지 않다), 일부 후손들만을 포함하는 그룹을 일컫는다. 분류학적으로 파충강(Reptilia)은 모든 파충류, 그들의 후손들(조류)과 그들의 공동조상을 모두 포함하고 있다. 그래서 새는 날아다니는 공룡이 된다. 따라서, 18장에서 우리는 "파충류는 무엇인가?" 그리고 "왜 오랫동안 사용한 명칭인 파충류가 단계통 그룹이 아닌가"에 대해 전달하기 위해 더 역사적인(전통적인) 연구와 용어들을 최근의 분류학적 분석들과 함께 통합하려고 한다.

파충류에서 포유류가 기원한 것으로 묘사되는 포유류-유사 파충류(mammal-like reptiles)라는 오래된 이름은 다음과 같은 이유로 더 이상 적절하지 않은 것으로 간주된다.

1. 수궁류(terapsids) 다양하고 독립적인 라인으로 구성되어 있는데, 포유류의 기원은 그들 가운데 단 하나이거나 소수의 계통이다.
2. 이 용어는 stem group(다른 하나의 그룹을 만들어 내는 가계)과 crown group(진화적 가계에서의 정점이 되는 그룹) 사이에 혼란을 준다.
3. "포유류 유사 파충류"는 꼭 어떤 파충류가 포유류가 되고자 노력한 것처럼 들린다

마지막 문제는 **선택적 진화**(*exaptation*)와 **전적응**(*preadaptation*)이라는 용어의 전환으로 이어졌다.

이러한 목적들을 충족시키기 위해 14장에서 20장까지는 친숙한 생물 그룹을 중심으로 조직되어 있다; 14장은 식물과 균류, 16장은 무척추동물, 17장에서 20장까지는 척삭동물과 척추동물이다. 이 장들에서 우리는 독자들이 친숙한 그룹들의 다양성과 다른 그룹과의 유연관계를 인식할 수 있는 방법으로 유연관계와 용어의 변화에 대해 논의할 것이다. 예를 들어, 16장에서는 무척추동물의 주요 그룹의 분류학적 특성을 묘사할 뿐만 아니라 많은 무척추동물 그룹이 어떤 그룹과 연관되어 있으며, 어떻게 진화해 왔는지에 대해 이해하기 위한 체계를 제공하고 있다. 20장에서는 주요 영장류 그룹의 특성을 제시하는 것에만 그치지 않고 어떠한 영장류에서 인류가 분화해 나왔는

지에 대해 이해할 수 있도록 체계를 제공하려고 한다. 기원을 강조하기 위해 15장과 17장은 조상형에 대해 명쾌하게 다루고 있다: 15장에서는 다세포생물의 기원을, 그리고 17장에서는 척추동물의 기원을 다룬다.

공간이 허락되는 범위 내에서 우리는 다양한 단계(유전자, 발생, 형태, 기능, 다른 생물과의 상호작용, 환경 혹은 생태와의 상호작용)에서의 주요 생물 그룹에 대한 정보를 제공할 것이다. 생물학자들에게 가장 오래되었고 흥미로운 이슈인 "수중에서 육상으로의 척추동물 이동"에 대해서는 18장에서 다룰 것이다. 그리고 생명의 역사에서 몇 번에 걸쳐 일어났던 대멸종 사건을 함께 다루려고 한다. 우리 인간에 대한 호기심을 고려해서 20장에서는 영장류 행동 진화에 대해 다소 자세히 다룰 것이며, 이에 앞서 19장에서는 포유류의 개요와 포유류 진화에 대해 공부하게 될 것이다.

14 식물과 균류의 진화

요약

50만 종이 넘는 육상식물은 녹조류와 일부 공유하고 있으며, 현존하는 일부 녹조류와 유사한 생물체에서 기원된 것으로 알려져 있다. 육상식물과 녹조류가 공유하는 형질은 전분의 저장, 세포질 분열시 세포판 형성과 광합성 과정에서 엽록소 *a*와 *b*를 사용하는 것이다. 그 밖에 육상식물의 조류 혹은 조류와 유사한 조상들이 가졌을 것으로 추정되는 특징은 이배체 세대와 반수체 세대로 이루어진 세대 교번과 감수분열에 의한 포자의 형성이다. 조류 혹은 조류와 유사한 조상들이 다세포성 생물체로 진화하는 과정에서 각각 세포들의 분화가 일어나고, 개별적인 운동성을 잃어버리게 된 것이다.

생물학자들에 의하면 감수분열에 의하여 초래된 자손들 사이의 유전적 변이는 대부분 진핵생물체의 생식과정에서 감수분열이 필요하게 하였다. 감수분열은 진화 초기의 유성생식 생물체에서 변이가 증가함으로써 선택의 효율이 높아지는 유성생식의 장점이 되는 반수체의 조건을 재확립할 수 있게 하였다. 2개 세트의 유전적 정보를 가지는 장점으로 인하여, 초기의 단순한 배수체 시기는 여러 형태로 상당한 오랜 기간 지속되어 왔다.

초기 육상식물인 선태식물류의 진화적인 기원은 확실하지 않다. 선태식물류는 습기 찬 곳에 서식하면서, 간단하지만 수분과 영양분을 운반하는 조직과 명확한 생활 주기를 가지고 있는데, 배수체 세대인 **포자체**가 반수체 식물인 **배우체**에 기생하는 양상이다. 그러나 육상식물에서는 감수분열에 의하여 반수체의 배우체로 발아하는 내구성이 강한 포자가 생성되고, 배우체에서 생성된 배우자의 수정으로 이배체의 포자체가 만들어진다. 배우체 세대는 모든 육상식물에서 나타나지만 포자체가 우세하게 되었다.

가장 초기의 유관속 식물(석송류, 속새류와 고사류의 조상)은 잎과 뿌리가 없었다. 이들 식물에서의 진화적인 경향은 두 종류의 **포자**를 형성하고(이형포자 형성), 큰 잎(대엽)

과 점차적으로 복잡한 유관속 조직의 분화가 일어나는 것을 포함하고 있다. 또한 식물체 역시 건조한 육상 생활을 위하여 수분의 손실을 최소화하는 방향으로 발달하였다.

배가 수중 환경으로부터 독립하고, 종자 속에 위치하게 되면서 배우체는 현격하게 크기가 작아졌다. 겉씨를 생성하는 나자식물과 속씨를 가지는 피자식물은 형태적으로 완전히 육상생활에 적합하게 되었다. 피자식물은 이배체의 배 뿐만 아니라 삼배체의 영양분을 제공하는 배젖을 형성하는 중복수정과 수분매개체를 끌어들이는 복잡한 구조인 꽃을 가지게 되었다. 피자식물의 기원은 상대적으로 잘 알려져 있지 않지만, 화분 화석이 백악기 초기의 지층에서 나타난다. 피자식물이 기후적으로 불안정한 고지대의 목본성 관목 혹은 저지대의 열대 식물로 출현하였을 것이라는 두 가지 이론이 제시되고 있다. 피자식물의 특성, 특히 생식 과정의 특징, 즉 배우자 형성이 지극히 축소되고, 효율적인 수분과 잘 보호된 종자의 특성으로 인하여 피자식물은 다양한 환경에서 우세하게 되었다.

오래되었지만, 빠르게 진화하고 있는 균류는 단세포성, 다핵성, 혹은 다세포성인 부생 또는 기생성 생물체 이다. 균류는 엽록소가 없는 단순한 식물로 더 이상 간주되지 않으며, 동물과 식물의 자매 분류군으로 제3의 중요한 생물군으로 인정되는 다세포성 생물체로서(일부 단세포성인 경우도 있음), Whittaker가 주장하는 5개 생물군 분류체계 중의 하나로 인정받고 있다. 엽록소가 없다는 것은 균류의 생활 양상을 보여 주게 되는데, 균류는 살아 있는 숙주에 기생하거나 죽은 유기물에 부생하여 영양분을 얻는다. 균류들은 아마 화학합성 영양체의 원생생물이나 차후 부생생활을 하게 된 절대 기생생물체로부터 진화되었을 것으로 생각된다.

육상식물의 기원은 오랫동안 주의를 끌어왔다. 육상식물의 조상이 되는 광합성을 하는 진핵생물체가 현존하는 일부 녹조류와 유사할 것이라는 전제는 오래된 생각이며, 다윈의 「**종의 기원**」의 출판보다도 앞서고 있다.

지금까지 알려져 있는 지식을 기초로 한 육상식물의 초기 진화과정의 단계는 다음과 같다:

1. 단세포 생물에서 수평적 유전자 이동과정을 통한 새로운 유전자(10장 참조)와 세포내 공생 과정에 의한 세포소기관의 유입이 일어나고, 세포분열 후 각 세포들이 분리되지 않는 상태가 유지되어 다세포 광합성 생물체로의 변환이 일어났다.
2. 이와 같은 초기의 작은 다세포성 '식물체'에서 계속하여 수평적 유전자 이동 과정을 통한 유전자 유입이 계속되었다.
3. 이와 같은 과정으로, 이들 생물체의 크기가 커지고, 세포소기관이 증가하였으며, 유전체 조성이 복잡해지면서 생물체를 구성하는 각 세포의 구획화와 분화가 일어나게 되었다.
4. 진화가 계속되면서, 대부분 혹은 모든 세포가 완전한 새로운 개체로 번식할 수 있는 생물체에서, 개체의 대부분 세포는 체세포이고, 극히 일부만이 생식세포로 작용하는 생물체로 변화하게 되었다.

식물계의 조상에 관하여 논의하기 전에, 녹조류로부터 육상식물로 이어지는 진화적 과정은 *Chlamydomonas*에서 *Volvox*로 이어지는 일연의 분류군에서 잘 반영되고 있다(**그림 14-1**; 글상자 8-2 참조, 다세포성와 세포군체성). 그러나 그림 14-1에서 보여주는 분류군들은 조상 생물체가 아닌 고도로 진화된 현존하는 생물체이다; 11장과 4부의 서론에서 논의한 바와 같이, 계통수의 분지 끝에 위치한 분류군은 다른 분류군의 조상이 될 수 없다. 더욱이 육상식물의 조상은 차축조 식물과 유사한 조류에 속하였을 것으로 알려져 있으며, 이에 반하여 *Volvox*는 녹조류 계열에 속하였을 것이다(다음을 참조).

형태적(특히, 미세구조) 특징을 근거로, 육상식물의 조상은 편모를 가지고 있는 녹조류의 일종인 *Mesostigma viride*와 어느 정도 유사한 편모를 지닌 단세포성 녹조류로서, 이 녹조류는 원래 원핵성의 엽록체와 유사한 공생체가 들어온 진핵생물체에서 진화되었을 것으로 추정되고 있다(글상자 8-1 참조, 생물계와 영역). 육상식물의 다유전자군이 이 조류에서 확인된 것은 *Mesostigma*가 육상식물과 가장 가까운 동족일 것이라는 것을 지지하고 있다(Nedelcu et al., 2006). 정확히 언제인지는 확실치 않지만, 궁극적으로 편모를 가진 녹조류가 편모로 인한 운동성을 잃어버리고 부착생활을 하게 됨으로써, 유관속 식물로 이어지는 계통이 시작되었다. 수생 조류가 여러 차례를 통하여 육상으로 진출한 것은 이와 같은 시나리오에 신빙성을 더해 주고 있으며, 이 사실은 18*S* rRNA와 엽록체 유전자인 *rbcL*, 핵과 미토콘드리아 유전체에 대한 연구로 인하여 더욱 확실시 되고 있다. 결론적으로 분자계통분석에 의하여 1개의 공통조상에서 2개의 주된 계열

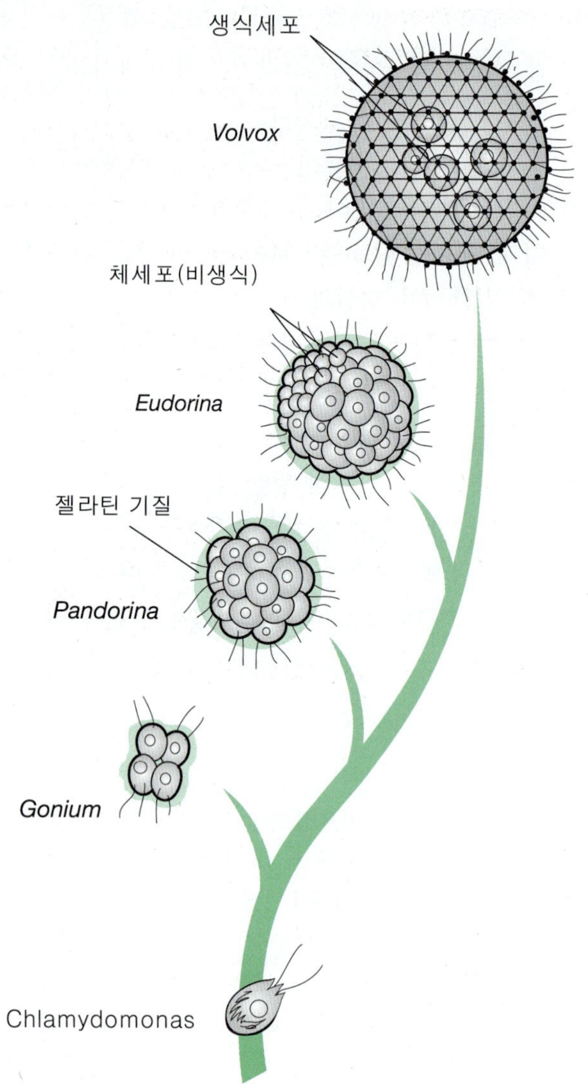

그림 14-1 *Volvox*와 같은 다세포 군체성 조류의 기원을 보여 주는 계통도. 파생된 형태의 순서를 보여 주지만, 반드시 조상-후손 관계를 나타내지는 않는다.

이 형성되었다:

- 녹조류 계열 그리고
- 차축조 식물 및 유배 육상식물 계열

18*S* rRNA 염기서열 분석은 차축조(차축조식물문)가 육상식물의 자매군임을 매우 강력하게 뒷받침하고 있다. 흔한 차축조 식물인 *Chara vulgaris*의 미토콘드리아, 핵 및 2개의 엽록체 유전자의 연구와 미토콘드리아 유전체 전체를 분석한 연구는 18*S* rRNA의 결과를 지지하고 있으며, 엽록체 유전자인 *rbcL*의 분석에 의한 결과는 차축조류 홀로, 혹은 미세 사상체 조류의 종류(Coleochaetales)와 함께 육상식물의 자매군으로 나타났다. 육상식물과 가장 가까운 종족의 확인이 불안전한 상황이지만, 미국과학재단이 지원하는 프로그램인 'Assembling Tree of Life'(http://atol.sdsc.edu; 2007. 4. 23)은 식물의 기원과 계통유연 관계에 대한 이해를 한층 드높일 수 있을 것이며, 마찬가지로 모든 다세포 생물체의 계통유연 관계도 더욱 깊이 이해할 수 있게 될 것이다.[1]

■ 육상 조류

수억 년의 진화과정을 거치면서 현존하는 부착성 조류가 육상식물의 조상이 지녔던 일부 특징을 보여 주기도 하지만, 그들 조상의 과거 모습을 그대로 나타내고 있지는 않다.[2]

상당수의 **조류**가 토양 혹은 나무 위에서 부착생활을 영위하고 있으며, 운동성을 지닌 종류들처럼, 단세포 혹은 다세포 구조로 되어 있다(글상자 8-2 참조). *Coleochaete*와 같은 일부 육상 조류들은 실루리아기 후기에서 데본기 전기의 지층에서 발견되어 4억 년 이상의 것으로 추정되는 화석식물인 *Parka*와 형태적으로 유사하다(**그림 14-2**). *Coleochaete* (수생식물의 표면에 착생하는 녹조류의 일종으로 약 5종으로 이루어진 속)가 현존하는 육상

[1] 2개의 주요 계열 확립은 Delwiche et al. (2002) 참조. 유전자 연구에 관한 논의는 Louis와 McCout(2004), Tree of Life project는 Rokas et al. (2003, 2005). 타는 듯한 사막, 염분도 10% 이상 및 산성도 pH2 이하와 같은 혹독한 환경에서도 살아갈 수 있는 일부 녹조류의 적응력은 조류와 식물과의 관계를 열어가는 방안도 새롭게 구축하게 하였다.

[2] 현존하는 분류군을 포함하는 그룹 중에서 다른 분류군보다 원시적인 특징을 가지고 있는 경우 같은 방식의 추론이 적용된다. 척추동물의 진화적 기원을 구명할 때, 현존하는 우렁쉥이와 반색동물들이 이와 같은 추론으로 적용되었다(17장).

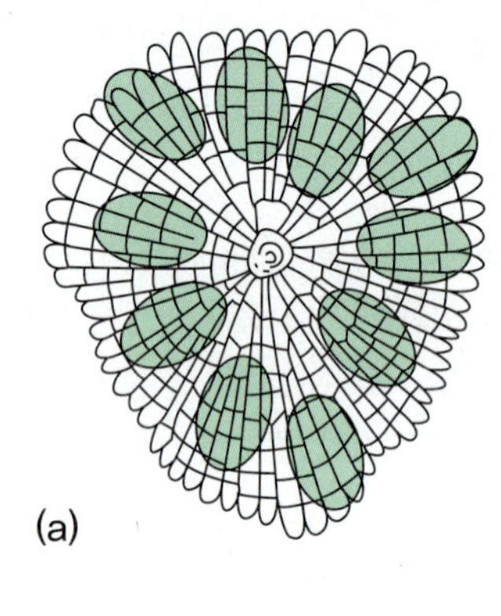

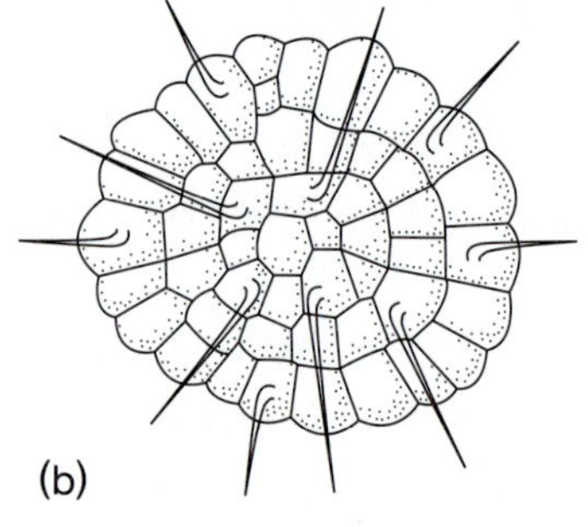

그림 14-2 (a) 4억 년된 화석식물 *Parka decipiens*의 재구성. (b) 현존하는 녹조류 *Coleochaete* 식물체. (Taylor, T. N. and E. L. Taylor, 1993. *The Biology and Evolution of Fossil Plants*. Prentice Hall 출판사의 허락하에 재인쇄)

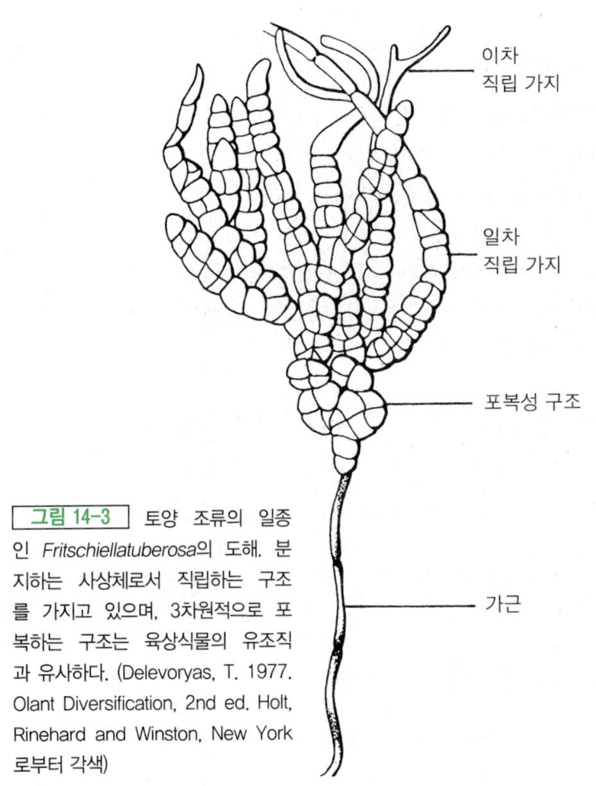

그림 14-3 토양 조류의 일종인 *Fritschiellatuberosa*의 도해. 분지하는 사상체로서 직립하는 구조를 가지고 있으며, 3차원적으로 포복하는 구조는 육상식물의 유조직과 유사하다. (Delevoryas, T. 1977. Olant Diversification, 2nd ed. Holt, Rinehard and Winston, New York로부터 각색)

식물의 원시 형태를 보여 줄 수도 있다는 가능성은 생화학적으로 유사하고, 세포분열시 세포질 수축 대신 세포판이 형성되어 세포분열이 완성되기 때문이다. 많은 식물학자들이 *Coleochaete*가 현존하는 조류 중에서 차축조식물 및 관속식물과 가장 가까운 것으로 간주하고 있다.[3]

한편, 또 다른 녹조류의 일종인 *Fritschiella tuberosa*는 *Coleochaete*보다 육상식물의 조상계열에 더욱 먼 것으로 추정되지만(Stewart와 Rothwell, 1993), 육상생활에 적응하기 위하여, 지하에 침투하는 가근을 형성하고, 포복성과 직립성의 분지하는 다세포 사상체로 되어 있다(**그림 14-3**). *Fritschiella*는 반수성의 배우체와 배수성의 포자체 세대가 번갈아 나타나는 생활사를 가지고 있으며, 이는 녹조류와 모든 육상식물에서 공통적으로 나타나는 특징이다(**그림 14-4**); 즉, 이 양쪽 세대가 다세포성이고, 정

[3] 현존하는 육상식물의 원시형태로서의 *Coleochaete* sp. Delwiche et al.(1988, 2002)와 L. E. Graham(1993) 참조.

그림 14-4 일종의 수생 녹조류(예; 파래류)에서 나타나는 단상과 복상의 세대교번의 양상. 배우체(n)와 포자체(2n)의 모양이 유사한(동형) 것을 보여 주고 있다. 육상식물에서는 포자체의 배가 배우체의 조직 속에 포함되어 영양분을 공급받아 배우체와는 다른 형태로 성숙한다(이형세대교번). 선태류에서는 본문의 설명처럼, 포자체는 배우체에 의존하고 있으나, 관속식물(관속식물문)에서는 포자체가 독립적인 생활을 영위한다.

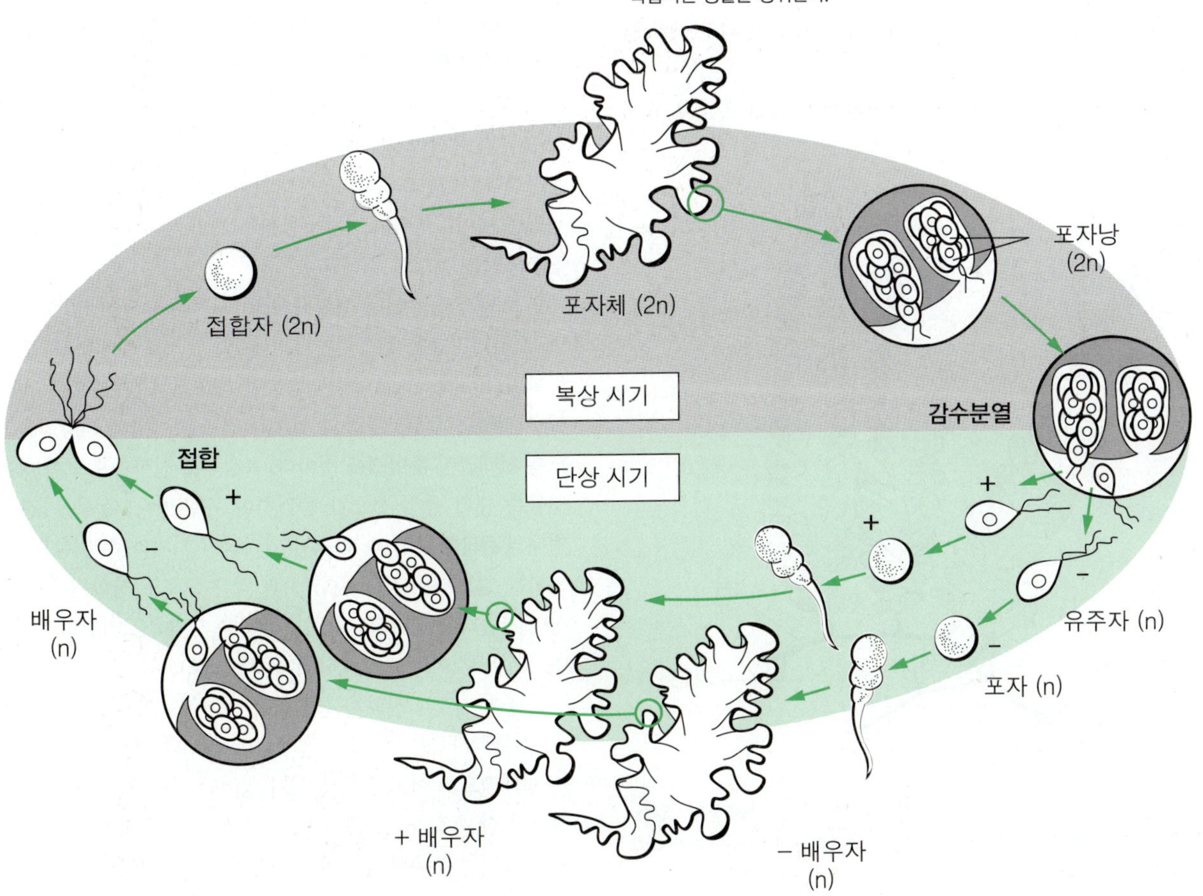

상적인 유사분열에 의하여 성장되지만, **이 조류들은 포자체에서 감수분열이 일어남으로써 배수체에서 반수체로 변하게 된다.** 포자체에서 형성된 반수성의 포자는 배우체 세대로 발달하고, 배우체에서 유사분열에 의하여 유성의 배우자가 형성된다. 배우자가 결합하여 다시 배수성의 접합자가 만들어지고, 계속해서 포자체로 성장한다.

녹조류와 육상식물은 또 다른 유사성을 가지고 있다. 녹조류는 탄수화물을 전분의 형태로 저장한다. 많은 녹조류 역시 셀룰로오스를 함유하는 단단한 세포벽을 가지고 있다. 최근 연구에 의하면 조류와 육상식물의 세포벽은 진정세균류가 조류와 식물의 공통 조상에 내재공생을 하게 되고, 수평적 유전자 이동이 일어나면서 기원되었을 것이라는 사실을 확실하게 뒷받침하고 있다(Niklas, 2004). 그 뿐만 아니라, 녹조류와 관속식물은 유사한 형태의 엽록소(*a*와 *b*)와 카로티노이드(*a*와 *b*)를 가지고 있다. 파래(*Ulva* sp.)와 옥덩굴류(*Caulerpa* sp., "맹렬한 침투종"인 *C. taxifolia*를 포함하는 녹조류의 한 속)와 같은 상당수의 녹조류는 일부 고등한 관속식물의 외형을 닮은 엽상체의 모양을 지니지만, 다른 조류와 같은 사상체 시기를 거치기 때문에, 진화적으로 볼 때 아직 조상 상태를 보여 주고 있다(**그림 14-5**).

육상생활에 적응하기 위한 가장 중요한 형질은 세포면에서의 증발작용으로 인한 수분의 유실을 방지하기 위한 기작이다. 수분 유실은 수중생활을 하는 조류에서는 전혀 문제시 되지 않았으나, 조류에서 탈수(**건조**)가 일어날 경우, 이를 대처하기 위하여 두 가지 기작이 진화되었다. 하나는 *Trentepohlia*같은 조류에서 세포 성장이 수중의 조건에서만 일어나고, 건조 상태에서는 휴면상태로 빠져드는 방법으로, 이 조류들의 세포에서는 공기 중에 산포되는 다른 식물의 포자와 같이 상당한 수분을 함유하는 액포가 없으며, 이와 같은 세포에서는 커다란 액포를 지닌 세포와는 달리 탈수가 일어날 경우에도 세포의 모양과 부피에 거의 변화가 일어나지 않는다.

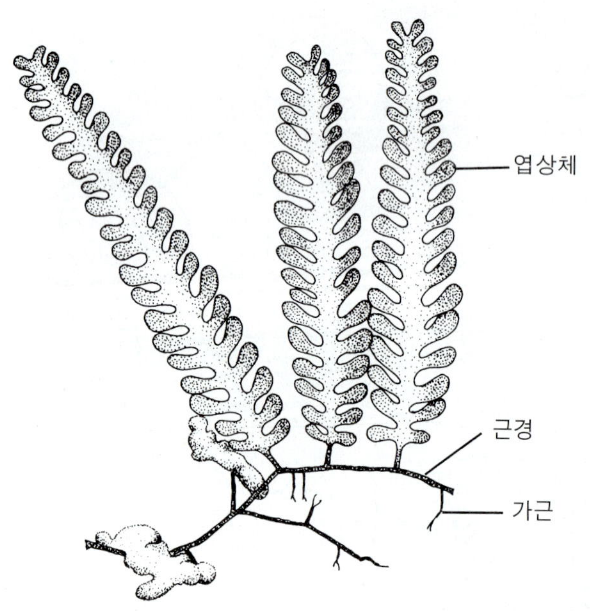

그림 14-5 *Caulerpa*. 잎과 유사한 형태를 지닌 녹조류의 일종. (Delevoryas, T. 1977. Plant Diversification, 2nd ed. Holt, Rinehard and Winston, New York에서 각색)

반면에 *Cladophorella*와 *Fritschiella*와 같이 수분이 차 있는 액포를 가진 세포로 이루어진 종들은 지상에 노출된 부위에 왁스 형태의 큐티클로 표면을 보호하여 수분의 유실을 방지한다. 액포는 세포가 마치 해양의 안정된 상태에 있는 것처럼 대사활동을 지속적으로 수행할 수 있도록 하고, 기기적인 견고성(팽압)을 제공하여 세포가 붕괴되는 것을 방지한다. 액포가 세포의 가운데 부분에 큰 부피를 차지하고 있기 때문에 세포질은 세포의 변두리를 따라 얇은 층을 이루게 되는데, 이로 인하여 광합성 면적이 최대한으로 확보된다.

육상식물의 기원

여러 가지 면에서, 얕은 물이나 진흙 속에 서식하는 녹조류들은 육상생활에 이르는 진화과정에 미리 적응되어 가는 모습을 나타낸다. 어떤 종류들이 이와 같은 전이과정을 거쳤는지는 아직 정확히 추정할 수는 없지만, 대부분의 식물학자들은 *Coleochaete*로 분화된 녹조류의 계열에서 육상식물의 기원을 찾을 수 있을 것으로 추정하고 있다. 그럼에도 불구하고, L. E. Graham(1993)은 육상 조류가 육상에 적응한 것은 단 한번만 일어난 사건이 아니라고 주장한다: "아마도 녹조류는 여러 차례에 걸쳐 육상 환경을 개척하였을 것이다." 아마, 이들 중 한두 개가 궁극적으로 관속식물로 진화되었을 것으로 추정된다.

조류가 육상에서 생활하게 된 시기는 정확히 알 수는 없지만, 식물학자들은 캠브리아기 이후 일 것으로 추정하고 있다. 오르도비스(Oldovician) 빙하기 동안 해수면이 낮아지면서 해안가에 서식하던 수생조류들의 일부가 건조한 생활에 저항성을 가지도록 선택압이 주어졌을 것이다. 육상식물 진화를 유도한 다른 요인들은 대기 중의 산소가 증가하여 큐틴(방수기능을 가진 왁스 형태의 **큐티클** 물질)과 리그닌(기기적인 지지와 수분 통도조직의 목화를 일으키는 경화 중합체)과 같은 고도로 산화된 중합체 형성이 가능하게 되었고, 대기 중 해로운 자외선을 차단하는 오존층이 형성된 것이라고 주장하였다(8장 참조).

조류에서의 진화계통학적 유연관계는 아직 명확하지 않으나, 식물학자들은 황갈조류(Chrysophyta)와 갈조류(Phaeophyta)가 형태적으로 어느 정도 분화가 일어난 점을 중시하여 상대적으로 고등한 특징을 가지는 것으로 인식하고 있다. 이 조류들은 운동성을 지닌 **부유성** 형태와 운동성이 없는 **저서성** 형태, 두 가지

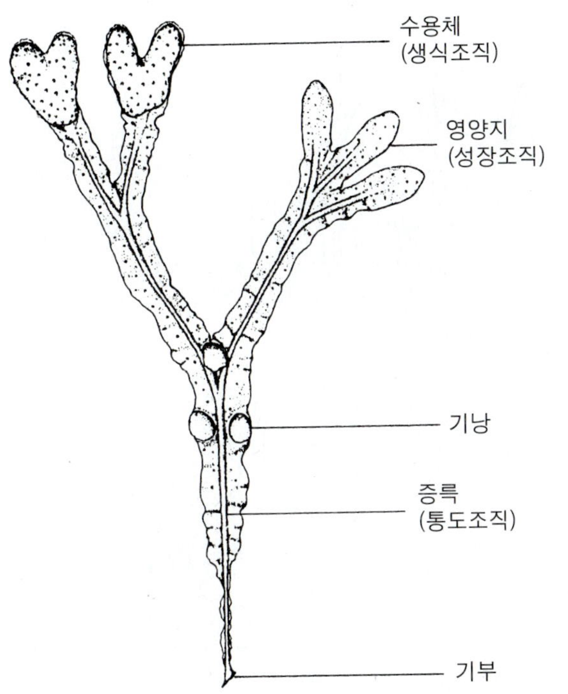

그림 14-6 *Fucusvesiculosis*의 생육 형태. 갈조류로서 북유럽 해안의 조간대에 흔하게 나타난다. (Bold, H. C., C. J .Alexopoulos, and T. Delevoryas, 1980. Morphology of Plants and Fungi, 4th ed. Harper & Row, New York 에서 각색)

종류를 모두 포함하고 있는데, 저서성 조류는 주로 연해의 해저에 서식하고 있다. 북미의 태평양 해안에 서식하는 가장 흔한 대형 조류인 *Fucus*(**그림 14-6**)와 같은 일부 갈조류는(관속식물처럼) 세포분열이 식물체의 정단부 바로 아래에 위치한 특정 **분열조직** 부위에서만 국한되어 일어나며, 정자와 난자를 형성하는 생식기관이 별도로 분화되어 있다. 그리고 몸체를 이루는 조직이 비교적 복잡하여 육상식물 사부조직의 사부세포와 유사하게 통도기능을 담당하는 세포가 분화되어 있으나, 이는 수렴진화의 한 예이다. 다른 조류와 공유하는 특징 중 하나는 황갈조류와 갈조류는 육상의 건조 상태를 방지하는 방수 큐티클이 발달되지 않는다는 것이다. 그럼에도 불구하고, 식물학자들은 일반적으로 이들 조류가 육상식물로 이어지는 조상일 것으로는 생각하고 있지 않다. 그 이유는 광합성 색소(엽록소 *c*, 푸코크산틴 등)와 광합성 저장 산물이 매우 다르기 때문이다.

생식기관은 역시 육상식물과 조류를 구분하는 매우 중요한 특징이 된다. 진정한 육상식물, 즉 육상에서 생존하며, 생식을 수행할 수 있는 능력을 가진 광합성 진핵생물(Niklas, 1997)은 **유배식물**이라고 불린다. 단순한 **이끼류**에서부터 복잡한 **피자(속씨)식물**에 이르기까지, 유배식물은 생식기관에서 배우자의 형성과 발달을 보호하는 하나 혹은 다수의 세포층이 존재하는 것으로 특징지어지며, 난자 형성에서는 이를 싸고 있는 "불임"의 세포층이 배발생 과정에서 난자에 필요한 영양분을 제공한다. 그와 반대로, 조류의 생식기관은 단순하며, 배우자 발생에서 이와 같은 다세포성의 주머니가 존재하지 않는다.

선태류

식물학자들은 전통적으로 가장 단순한 육상식물들을 — 우산이끼류, 뿔이끼류, 이끼류 등 — **선태류**라는 하나의 군으로 취급하고 있으나, 일부 학자들은 이끼류만을 엄격하게 선류로, 우산이끼와 뿔이끼를 태류로 따로 구분하기도 한다.

선태류는 육상식물들이 공유하는 특징을 가지고 있는데, 다세포로 이루어진 생식구조, 지상부를 싸고 있는 큐티클, 그리고 이산화탄소, 수분, 산소 등이 조직과 대기 사이를 통과할 수 있도록 표피 상에 많은 구멍(기공)들이 존재하는 것이다. 선태류의 일부는 고등한 유관속식물의 목부와 사부처럼 효과적이지는 않지만 영양분과 수분 이동조직을 가지고 있기도 하다. 이와 같이 영양분과 수분의 이동에 제한을 받기 때문에 선태류는 키가 작을 수밖에 없으며, 대부분 식물체의 표면을 따라 수분 이동이 가능한 습한 지역에 서식하고 있다. 따라서, 일반적으로 극지방이나 건조한 지역에서는 선태류들이 따뜻하고 습한 계절이 시작될 때가지 성장을 멈추고 있다.

선태류의 공통된 특징 중의 하나는 반수성의 배우체 세대가 독립적으로 살아가고, 배수성의 포자체 세대가 그 위에 부수적으로 부착되어 살아가는 **세대교번**을 하는 것이다. *Marchantia*(**그림 14-7**)나 *Sphaerocarpos*와 같은 우산이끼류에서 포자체는 상대적으로 분화가 덜 이루어져 있고, 그와 반면에 뿔이끼, *Anthoceros*, 에서는 비교적 복잡한 구조를 이루고 있다.

선태류의 직접적인 기원과 주된 분류군 간의 계통학적 유연관계에 대하여 정확하게 알려진 바는 없지만, 식물학자들은 이들 식물이 수생 조류에서 기원하였을 것으로 믿고 있으며, 이들은 포자와 배우체를 형성하는 조직이 다양한 조류에서 발견되고, 일부 녹조류에서 나타나는 사상체 모양의 성장 양상이 많은 이끼류에서 나타나는 분지된 사상체 모양의 원사체 시기와 매우 흡사한 것을 지적하고 있다. 그리고 대부분의 선태류가 거의 수중에 가까운 환경에 서식하는 사실과 생식과정에서 반드시 수분이 필요한 점들은 선태류가 수생에서 기원되었을 것임을 재확인시켜 주는 것이다.

예전에 제시된 일련의 진화과정에서는 조류에서 선태류로 진화하였고, 다시 관속식물(예, 양치류)로 진화된 것으로 간주되었다. 그러나 현재 대부분의 식물학자들은 선태류와 육상식물이 너무 상이하기 때문에, 이들은 각각 독립적으로 조류로부터 기원하여 각각이 독립된 진화과정을 거쳤다고 주장하고 있다. 실질적으로 어떤 분자계통학적 연구는 선태류 조차도 다계통분류군으

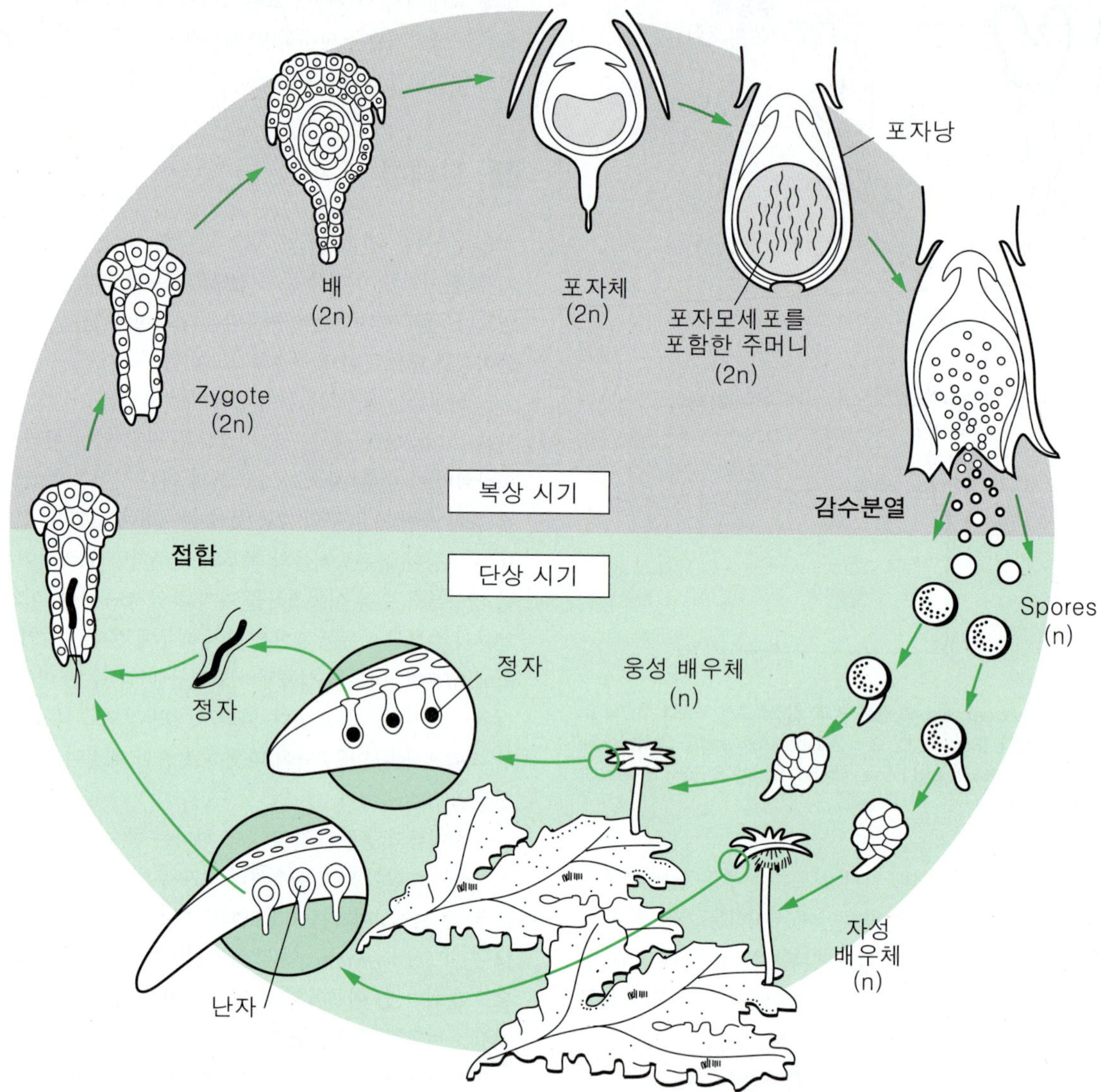

그림 14-7 *Marchantia*속 우산이끼 종류의 생활사. 배우체는 엽록소를 가진 납작한 엽상체로서 표면 아래에 뿌리와 유사한 가근을 가지고 있다. 구형의 포자체는 배우체의 조직위에 자라고, 그 내부의 각각의 포자모세포는 감수분열하여 4개의 단상의 포자로 구성된 사분체를 형성하게 된다. 포자는 발아하여 배우체를 만들고, 그림에서 보여 주는 것처럼 생활사를 반복하게 된다. 배우체에서 *장정기*는 정자를 형성하는 조직이며, *장란기*에서는 난자를 만든다.

로 여러 분류군들이 각각 독립적으로 분화가 일어난 것을 암시하기도 한다. 선태류의 포자체는 배우체로부터 영양분을 공급받고 의존하여 살아가나, 관속식물의 포자체는 완전히 독립적으로 살아가고 있기 때문에, 선태류와 관속식물은 각각 다른 조류로부터 기원되었다는 설명이 더욱 자연스러울 것이다.

선태류로 확실한 가장 오래된 화석적 기록은 우산이끼류가 데본기에, 이끼류는 석탄기에 나타나는 데 반하여, 육상 유관속식물로 여겨지는 화석은 더 빠른 실루리아기 지층에서 나타난다. 최근에 우산이끼류, 이끼류, 뿔이끼류 및 관속식물들을 망라하여 세 종류의 분석자료(핵 유전자, 엽록체 유전자와 구조적 형질)를 수집한 계통학적 분석 결과는 우산이끼류가 다른 모든 육상식물의 자매군으로, 뿔이끼류가 관속식물의 자매군으로 나타나는 사실을 강력하게 지지하고 있다(Qiu et al., 2006). 이 자료의 또 하나의 중요한 암시는 선태류는 2개의 전이과정에서 중요한 위치를 점하고 있는데, 물에서 육상으로 전이하는 과정과 반수성의 배우체가 우세한 생활사로부터의 전이이다.

이들의 유연관계가 어떻든 간에, 육상생활을 영위하기 위하여 아주 낮은 적응능력을 가진 "단순한 생물체"가 고도의 적응력을 갖춘 "복잡한 생물체"가 출현하였음에도 불구하고, 아직 존재한다는 것에 주목해야 한다. 비관속식물은 관속식물이 진화하였음에도 불구하고 아직 존재하고 있으며, 양치류 같은 포자식물도 종자식물의 출현에도 불구하고 아직 생존하고 있다; 약 22,000 종류의 선태류와 10,000 종류의 양치식물이 현존하고 있다.

유성생식, 감수분열, 세대교번

유성생식

9장에서 언급된 바와 같이, 유성생식의 중요한 결과는 생물체의 집단에서 다양한 유전형이 생겨나서 선택의 효율성이 높아지게 된 것이다. 이러한 변이가 생기는 것은 양쪽 부모로 물려받은 염색체가 감수분열이 일어나는 자손의 생식조직에서 재조합되고, 이로 인하여 각 부모와는 다른 염색체와 유전적 조합이 일어나기 때문이다. 이러한 새로운 조합을 가진 배우자는 다음 세대를 위한 접합자를 형성하여 새로운 유전적 배합이 일어나고, 다음 세대에서 염색체의 새로운 재조합이 일어나고, 이 과정은 계속된다(9장 참조).

지속적으로 변화하는 환경에 대응하는 집단에서는 새로운 대립유전자의 조합을 형성하는 데 **유성생식**이 훨씬 유리하며, 새로운 조합 중의 일부는 적응력이 향상되어 생존할 수 있도록 한다. 무성생식으로 인한 변이가 없는 계통에서는 변화하는 환경에서 더욱 쉽게 멸종할 수 있다. 무성생식의 경우에서 나타나는 자료에 의하면 무성생식 생물체들이 유성생식 생물체들보다 멸종률이 높은 것으로 보이는데, 종수가 많은 분류군에서의 특징 중의 하나는 무성생식의 경우가 드물게 나타나고, 종수가 적은 분류군에서는 더욱 빈번히 나타난다. 무성생식만을 하는 과나 진화된 종류가 없는 것은 무성생식이 어떤 계열에서 주된 형질로 남을 만큼 오랫동안 지속될 수 없기 때문이다.

지속적으로 같은 환경에 오랫동안 노출되는 집단에서는 그 환경에 잘 적응할 수 있도록 유전자형이 진화되어, 대부분의 새로운 유전조합은 부모집단보다 낮은 적응력을 가지게 될 것이다. 따라서 이러한 일정한 조건에서의 유성생식의 이점은 명확하지 않다. 실질적으로 **많은 식물에서는 유성생식 기능이 소실**되어 체세포생식이나 처녀생식(미수정란을 통한 번식 — 일부 동물에서도 관찰됨) 등의 무성생식에 의존하는 경우가 종종 관찰된다. 일부 무성생식에 의존하는 식물들이 지리적으로 넓은 범위에서 관찰되지만, 그들의 성공은 종종 특이한 환경이나, 교차수정이 극도로 제한된 경우에 한정되어 있는데, 이는 집단내 생식이 일어나는 작은 집단만이 생존할 수 있기 때문이다. 그러나 환경조건이 때때로 변화하기 때문에, 진핵생물체는 일반적으로 생활사의 일부분에서 감수분열로 인한 유성생식 과정을 거치며, 무성생식의 부류들이 오랜 진화 기간 동안 생존하는 경우는 매우 드물다.

감수분열의 진화

언제 유성생식과정의 감수분열이 기원했는지는 정확히 알 수는 없지만, 유성생식 수정의 진화와 동시에, 혹은 바로 그 후에 일어났음이 틀림없다. 어떤 증거는 반수체–배수체 주기가 유성생식의 기원보다 앞서며, 배수체 시기 동안 기능을 가진 유전물질이 증가하는 등의 이점이 있기 때문에 일부 무성생식 원생생물에서 남아 있게 되었다는 주장을 뒷받침하고 있다. 이 가설에 의하면, 유성 결합은 배수체에서 반수체 세대로 주기적으로 전환이 일어날 수 있게 하는 감수분열 기작이 진화된 후에나 진화되었을 것이다(Kondrashov, 1994).

배우자에서 염색체 수를 줄이는 기작이 없다면, 유성생식의 접합에 의하여 핵이 배가 되고, 결국에는 염색체수가 두 배로 증가하는 것이다. 따라서 유성생식 세대가 계속될수록 염색체 수는 기하급수적으로 증가하여, 기능적으로 조화로운 통제가 힘든 큰 핵을 형성하게 된다. 배우자의 염색체 수를 반으로 줄이는 감수분열 기작이 유리하게 선택되어 왔다. 원시적인 생물체의 어느 생활시기에 감수분열이 일어나는 것이 유리한지는 추측에 의존할 수 밖에 없지만, 다음의 주장이 설득력을 가진다.

체세포에서 염색체 수의 배가는 원시적인 반수성의 생물체보다 직접적으로 유리한 점은 없었을 것이기 때문에, 감수분열은 아마 배수성의 접합체 세포로의 수정 직후에 일어났을 것이다. 이러한 유성의 생물체들이 긴 배수체 시기를 가지지 아니하고 바로 반수체의 조건을 즉시 회복하고는 하였을 것이다. *Chlamydomonas*와 같은 조류나 *Neurospora* 같은 균류에서 이와 유사한 양상이 나타난다.

그러나 복상의 시기를 연장하는 데는 장점이 있기도 하는데, 단순히 그러한 세포들이 양쪽 부모로부터 전해 받은 두 종류의 유전적 정보를 가지는 것뿐만 아니라, 한 종류의 생물체가 다른 환경조건에 대하여 다른 발생학적 과정을 거칠 수 있다는 것이다. 더욱이, 복상의 세포에서 한 유전자에 대한 2개의 대립인자는 각기 다른 생성물을 만들어서, 어느 특정한 환경에서 발생학적으로 균질성을 확보하여 상호 완충작용을 가능하게 한다(**이형접합자 우세**, 22장 참조). 배수성 현상은 역시 우세한 유전적 관계를 제공하여 악성의 열성인자의 발현을 억제하고, 동시에 열성인자가 장래에 유리하게 작용할 수 있는 시점까지 이러한 열성유전자를 보유하게 하는 기회를 제공하는 것이다. 또한, 한 쌍의 상동염색체는 손상을 복원하는 과정에서 한쪽이 다른 편의 주형으로 작용할 수 있도록 한다. 수정 후 바로 감수분열이 일어날 경우, 단지 한번의 감수분열이 일어나기 때문에 상대적으로 제한적인 유전적 변이만이 배우자에서 나타나게 된다. 예를 들면, 세 쌍의 염색체(혹은 세 쌍의 유전자), 즉 A^1, A^2, B^1, B^2, C^1, C^2를 가진 배수체의 세포는 감수분열로 인하여 $A^1B^1C^2$, $A^1B^1C^2$, $A^2B^2C^1$, $A^2B^2C^1$로 구성되는 4개의 반수체의 배우자를 형성할 수도 있을 것이다.

세대교번

배수체 단세포 생물체와는 반대로, 배수성의 다세포 생물체는 수많은 감수분열이 다수의 모세포에서 일어나기 때문에 다양한 종류의 배우자를 생성할 수 있다. 그러므로 이러한 생물체에서의 어떤 감수분열 세포는 $A^1B^1C^2$와 $A^2B^2C^1$의 배우자, 다른 것들은 $A^1B^2C^1$와 $A^2B^1C^2$의 배우자 혹은 $A^2B^1C^1$와 $A^1B^2C^2$ 등을 생성할 수 있는 것이다. 따라서 다른 이점과 함께, 복상의 감수분열 조직이 다세포인 생물체 집단에서는 자손들이 매우 다양한 유전적 변이를 가지게 되어 복상의 감수분열 시기가 단세포인 생물체 집단보다는 진화적으로 훨씬 유리한 것이다(유성생식의 기원과 성의 유지에 대한 구체적인 가설을 위하여 글상자 9–1, 진화와 성의 결정 기작 참조).

어떤 생물체의 주된 생활사 시기로서 **반수체를 유지하는 것**은 반수체가 배수체 시기에서 보호받을 수 있는 악성의 대립인자를 제거할 수 있는 속도와 관련이 있을 것이다. Mable과 Otto (1998)에 따르면, 반수체가 유리한 경우는 "(i) 유성이 드물거나, (ii) 재조합이 드물거나, (iii) 자가번식이 흔하거나, (iv) 동류교배가 흔할 때이다". 그러나 다음과 같은 것을 지적하고 있다:

> 일단 어느 배수성 수준이 특정 분류군 내에서 우세하게 되면, 다른 배수성 상태로 확장되기가 어렵다. 그 이유는 필요한 돌연변이가 일어나지 않거나, 비정상적인 배수성 상태가 정상적으로는 일어나지 않기 때문이다. ..... 생물체는 적절한 배수성을 가진 상태에서 발생학적 과정을 전개한다.

동물에서는 배수체의 시기가 연장되는 것이 생활사 가운데에서 주된 특징이 되었고, 현재 반수체의 시기가 거의 배우자에만 국한되고 있다. 식물에서는 배수체의 시기가 연장되어 포자체로 되고, 역시 동물과 마찬가지로 감수분열의 생성물을 만드는데, 이들은 배우자보다는 포자라고 불린다. 감수분열의 결과로 생성된 포자는 반수체의 배우체로 발달하고, 이 반수체의 배우체에서 유사분열에 의하여 배우자가 형성된다.

식물이 포자체와 배우체가 번갈아 나타나는 세대교번(그림 14–8)을 가지게 된 이유는 정확히 알 수는 없지만, 여러 가지로 설명되어 왔다. 예를 들면, 배수체의 상태를 유지하는 이점 외에도, 포자체는 건조 상태를 잘 이겨내고, 멀리 퍼져나가는 포자를 생성할 수 있다는 것이다. 반면에, 동물뿐만 아니라 식물의 배우자는 상대적으로 보호가 덜 되어 있다. 유성 배우자의 육상 조건에 대한 취약성은 배우체 시기가 동물에서는 빨리 사라지고, 식물에서는 오래 지속되어야 하는 이유를 잘 설명하고 있다. 건조한 환경에서도 잘 견딜 수 있어서 육상에 적응이 가능한 포자체의 특징은 배우자의 전달과정에서 수중 환경이 반드시 필요한 배우체의 특징과는 상당히 다른 것이다. 식물체에서 포자체가 배우체로부터 독립된 상태로의 진화는 포자의 생성뿐만 아니라 배수성이 지니는 이점을 반영하는 것이고, 배우체 세대의 유지는 운동성이 없는 배우자를 형성하는 개체가 물속에서 서로 근접해서 자라는 것이 유리하다는 것을 반영하고 있다.

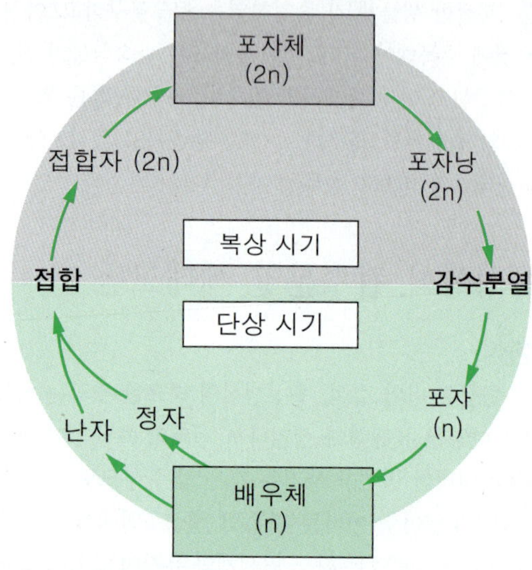

그림 14–8 식물체의 생활사에서 나타나는 배우체와 포자체의 세대교번 (그림 14–4 참조). 일부 식물에서는 배우체가 단성으로, 웅성 혹은 자성으로 되며, 다른 식물에서는 배우체가 양성, 즉 자웅동주로서 웅성과 자성의 양쪽 조직을 모두 형성한다.

식물과 동물의 또 다른 차이는 **생식세포**가 다른 조직과 어떻게 분리되어 있는가 하는 것이다. 동물에서는 발생과정에서 세포들이 활발하게 이동하여 생식세포가 특정한 생식기관 — 난소와 정소 — 에 자리 잡게 되지만, 식물에서는 발생과정에서 거의 상대적인 위치가 유지되어 각기 다른 구간에서 체세포들이 변하여 배주와 화분으로 발달하게 되는 것이다. 동물의 생식은 생식질을 하나의 조직에 국한시켜서, 식물의 생식세포에서 흔하게 일어나는, 체세포에서 유도되는 돌연변이를 피함으로써 유전적 안정성을 향상시키는 이점을 가지게 되었다.

동형 또는 이형

오랫동안 식물학자들은 세대교번에서 두 세대가 애초에 형태가 서로 비슷하였는지, 혹은 달랐는지에 대하여 논쟁을 계속해 오고 있다. 대조 혹은 보간 이론에 의하면, 초기 식물들은 모두 배우체로서 배수체의 접합자를 형성하였으나, 이들 중의 일부에서 감수분열이 지연되어 유사분열이 지속적으로 일어났다. 이러한 기생성의 배수체 조직이 초기의 미발달된 포자체로, 기능적으로나 형태적으로 원래의 배우체와는 상당히 달랐다. 육상으로 진출함에 따라, 확대된 포자체 조직은 점차 광합성 능력을 지닌 영양체로서의 목적을 담당하고, 결국은 포자체로 독립하게 되었던 것이다.

이에 반하여 상동 혹은 변형이론에 의하면, 포자체나 배우체 모두 동일한 생물체에서 유래되어 유전적 조성이 같기 때문에 같은 생장 양상을 가져 애초의 포자체는 배우체와 거의 유사한 모양을 나타내었다. 상동이론을 뒷받침하는 것은 많은 조류에서 포자체와 배우체가 서로 유사하고, 양치류와 유사한 *Psilotum*의 줄기와 *Stromatopteris* 같은 원시 양치류의 줄기가 구조적으로 매우 유사하다는 사실이다. 또한 기본적인 발생과정에서도 다음과 같은 유사성이 나타난다: 포자체 조직이 배우체에서 배우자의 수정 없이 발달하기도 하고(무배생식), 어떤 포자체는 포자의 형성 없이 배우체를 형성하기도 한다(무포자생식). 상동이론의 지지자들의 일부는 육상식물의 진화는 결국 포자체와 배우체의 형태적인 분화로 이어졌으며, 전자는 직립하게 되고, 후자는 더욱 포복성으로 변화하게 되었다는 것이다.

초기의 관속식물

어떤 배우체가 초기의 육상식물 중의 일부였을 것이지만, 포자체의 기원에 대한 의문은 해결하지 못하고 있다. 전반적으로 육상식물의 진화는 포자체의 중요성이 점차 증대하는 것으로 특징지을 수 있다. 실질적으로, 육상식물은 포자체가 없는 차축조류에서 기원하였으나, 관속 육상식물의 유관속 조직은 포자체에서 국한되어 존재한다(Gensel and Edwards, 2001). 조류와 관속식물을 이어 주는 화석적 증거가 없는 것은 이 조상이 왜소한 조류성의 비포자체였기 때문일 것이다.

육상식물의 기원이 무엇이건 간에, 화석적 증거는 4억 년 전 이상의 실루리아기에서 처음으로 출현한 이후 급속하게 분화가 일어난 것을 보여 주고 있다.[4] 중기에서 말기 데본기까지 분열조식의 진화로 인하여 식물체의 크기가 데본기 초기에 비해 한 자릿수만큼 커졌다. 그로부터 7500만 년에서 1억 년 이후가 되는 데본기의 말기까지는 상대적으로 매우 다양한 목본으로 이루어진 숲이 잘 발달하게 되었다. 이와 같은 성공적인 육상식물들은 수분을 식물체의 각 부분으로 잘 운반시켜 주는 통도조직(**목부**)과 영양분을 전달해 주는 조직(**사부**)으로 이루어진 유관속을 가지고 있었다. 식물학자들은 이 식물들이 유기물(예, 리그닌)이 집적되어 액체를 운반하고 직립 생장을 위해 기계적 지지를 해 주는 관모양의 가도관(tracheid)을 가지고 있기 때문에 **관속식물문**(Tracheophyta)이라고 부르기도 한다.

가장 오랜 실루리아기 관속식물 화석은 잎이 없는 줄기를 가진 매우 단순한 식물로서, *Cooksonia*속으로 분류되는 상당수의 식물을 포함한다(**그림 14-9a**). 이들은 정단부에 **포자낭**(sporangia)을 가지고 있다. 중국에서 발견된 것들은 가도관을 가지고 있다. 잎과 뿌리가 없는 다른 화석식물과 같이, 이 식물들은 현존하는 솔잎난속 식물(*Psilotum*)과 어느 정도 유사하며(그림 14-9c), 학자들에 의하면, 이러한 초기의 식물들은 초본성의 데본기 속인 *Psilophyton* (그림 14-9b)과 같은 식물로 급속하게 진화한 다분지 형태의 식물의 조상이었다.

처음으로 잎이 없는 원시적인 식물 역시 데본기에서 출현했는데, 포자낭이 정단부에 달리는 *Cooksonia*와는 다르게, 이 식물은 줄기에 측생하고 있다. 식물학자들은 이 식물들이 — 예를 들어 *Zosterophyllum*(**그림 14-10a**) — *Asteroxylon* (그림 14-10b)과 같은 초기의 **석송류**(club mosses 또는 lycopods)의 조상이 되고, *Asteroxylon*은 다시 *Lepidodendron* (그림 14-10c)과 같은 목본성의 석송류로 진화하였고, 석탄기에 매우 번성하였으며, 일부 초본의 석송류는 아직까지 현존하고 있다.

데본기에서는 속새류(horsetail)가 출현하였는데, 줄기가 마디로 이루어져 있으며 측지와 잎이 윤생하였다. 이들 식물은 중생대에서도 매우 흔하게 출현하였으며, 거대한 목본으로 석탄기의 석탄숲(**그림 14-11a**)을 구성하였으나, 현재에는 약 25종의 초본성 쇠뜨기속(*Equisetum*)만 남아 있다(그림 14-11b).

양치식물

진화적인 측면에서, 초기 포자식물 가운데에서 현재까지 살아 있는 종류는 **양치식물**이며, 현재 약 10,000종 정도 알려져 있으며, 포자낭이 엽상체에 직접 달려있다(**그림 14-12**).

처음부터 양치식물은 왜소한 종류와 거대한 목본고사리들을 포함하고 있다(**그림 14-13**). 양치류는 석송류나 속새류들이 가지는 왜소한 잎(소엽)과 대비되는 크기가 크고 뚜렷한 잎(대엽)을 가진 첫 번째 식물이다. 이들 잎의 형태에 대한 기원은 아직도 알 수 없으며, 식물학자들 사이에 상이한 이견이 제시되고 있고, 2개의 주된 이론은 텔롬설과 분지설이다.[5]

반세기 전 Walter Zimmermann(1959)이 발전시킨 **텔롬설**(telome theory)에 의하면, **텔롬**이라고 불리는 기본적인 가느다란 줄기들이 두 방향으로 진화하였다:

- 첫째는 점점 복잡하고 유관속화가 이루어져서 양치류와 고등식물의 잎과 줄기가 되었고;
- 둘째는 분지가 되지 않은 하나의 형태로 회귀하여 결국은 뿔이끼 *Anthoceros* 같은 이끼류로 이르게 되었다는 것이다.

이 가정에 따르면, 잎(대엽)은 같은 평면에 놓인 작은 줄기들로부터 기인되었다는 것이다. **그림 14-14a**에서 보는 것처럼, 평면

[4] 관속식물의 방사성 분화에 대해 Gensel과 Edwards(2001) 및 Kenrick과 Davis(2004) 참조.

[5] 잎 형태의 진화적 기원은 모르지만, 잎의 형태에 대한 호르몬과 유전적 기조는 Hay et al. (2006)의 연구에 의하여 밝혀지고 있다. KNOX 같은 전사인자가 식물 호르몬 일종인 옥신의 농도 구배를 형성하고, 이 구배에 따라서 잎의 모양이 조절된다; KNOX는 *knotted1*과 유사한 호메오박스 유전자족으로 잎과 줄기의 발생이 조절되는 정단분열조직에서 활성화된다.

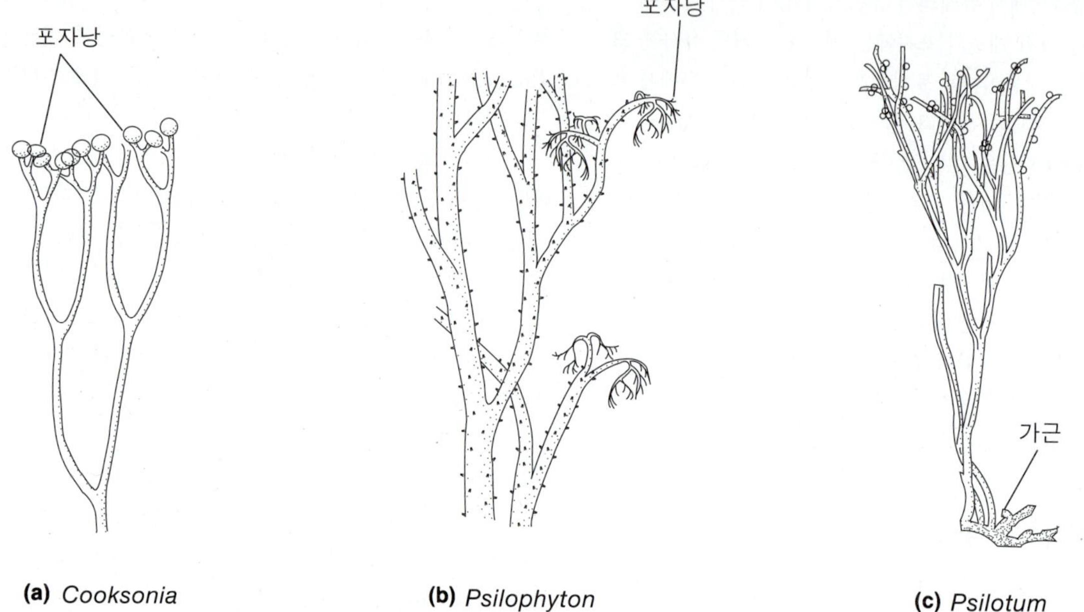

그림 14-9 솔잎난강에 속하는 화석식물과 현생종의 재구성. (a) 실루리아 후기의 식물인 *Cooksoniacaledonica*. 크기가 약 2.5cm 정도이며, 뚜렷한 잎과 뿌리를 가지고 있지 않고, 이차 분지된 가지의 정단부에 포자낭이 달린다. 유사한 화석이 스코틀랜드 Rhynie 지역의 데본기 지층에서부터 오랫동안 알려져 왔으며, 이 전체 종류를 *Rhyniophyta*로 부르고 있다. (b) *Psilophytonprinceps*. 잎이 없는 화석 식물로서 *Cooksonia* 이후 약 1,000만 년 내에 처음 출현. 주축과 측지가 구분되고, 측지의 끝에 포자낭이 달리고 있으며, 유관속은 *Cooksonia*보다 크게 나타나므로, Psilophyton은 더욱 크게 성장할 수 있었을 것으로 추정된다. (c) 현생하는 *Psilotumnudum*은 화석식물과 매우 유사한 특징을 많이 보여 주고 있는데, 단순한 줄기, 거의 알아보기 힘든 잎, 뿌리 조직이 발달되지 못한 점들이 이에 속한다. 이 식물이 화석적 시대의 잔존식물인지, 더욱 고등한 형태에서 이차로 분화된 것인지는 확실치 않다(Stewart and Rothwell, 1993). (a와 b는 Taylor, T.N. and E.L. Taylor, 1993. *The Biology and Evolution of Fossil Plants*. Prentice Hall에서 발췌, c는 Bold, H. C., C. J. Alexopoulos, and T. Delevoryas, 1980. *Morphology of Plants and Fungi*, 4th ed. Harper & Row, New York에서 각색)

그림 14-10 데본기 식물의 재구성. (a) *Zosterophyllummyretonianum* (약 10.5cm). (b) *Asteroxylonmackiei* (키는 약 60cm). (c) *Lepidodendron* 종류 (키는 약 46m). *Lepidodendron*의 줄기 상단부에 나타나는 흔적은 가늘고 긴 잎이 성장 초기에 달렸던 흔적이다. 무겁고 아래로 처지는 구과에 포자낭이 형성되었다. (a와 b는 Foster, A. S. and M. Gifford Jr., 1974. *Comparative Morphology of Vascular Plants*, 2nd ed. Freeman, San Francisco; c는 Stewart, W. N., and G. Rothwell, 1993. *Paleobotany and the Evolution of Plants*, 2nd ed. Cambridge University Press, Cambridge, UK.에서 각색)

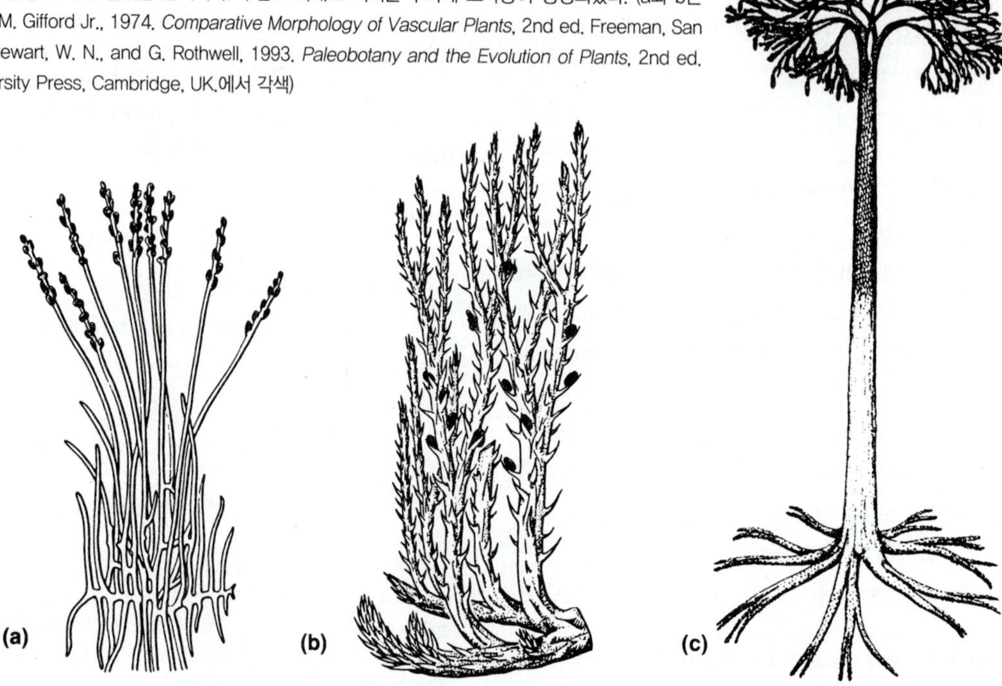

그림 14-11 속새강의 고대 종과 현생 종. (a) *Calamites*의 재구성. 석탄기 동안에 흔했던 목본으로 높이가 27–30m, 직경은 약 60cm 정도. (Foster, A. S. and M. Gifford Jr., 1974. *Comparative Morphology of Vascular Plants*, 2nd ed. Freeman, San Francisco에서 각색) (b) 현생하는 *Equisetum arvense*. 영양지와 생식지가 구분되어 있고, 크기가 비슷한 동형포자를 형성하는 포자낭이 포자혜에 달린다. (Bold, H. C., C. J. Alexopoulos, and T. Delevoryas, 1980. *Morphology of Plants and Fungi*, 4th ed. Harper & Row, New York에서 각색)

(a)

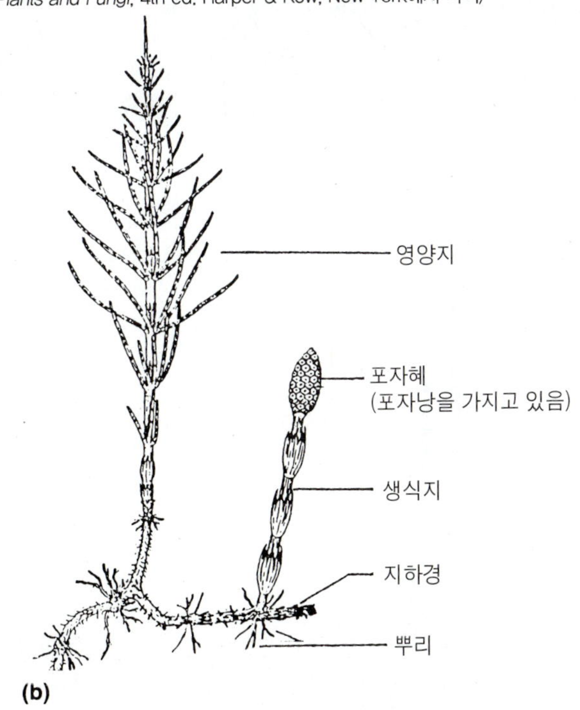

그림 14-12 일반적인 양치식물의 일종인 *Polypodiumvulgare*의 생활사.

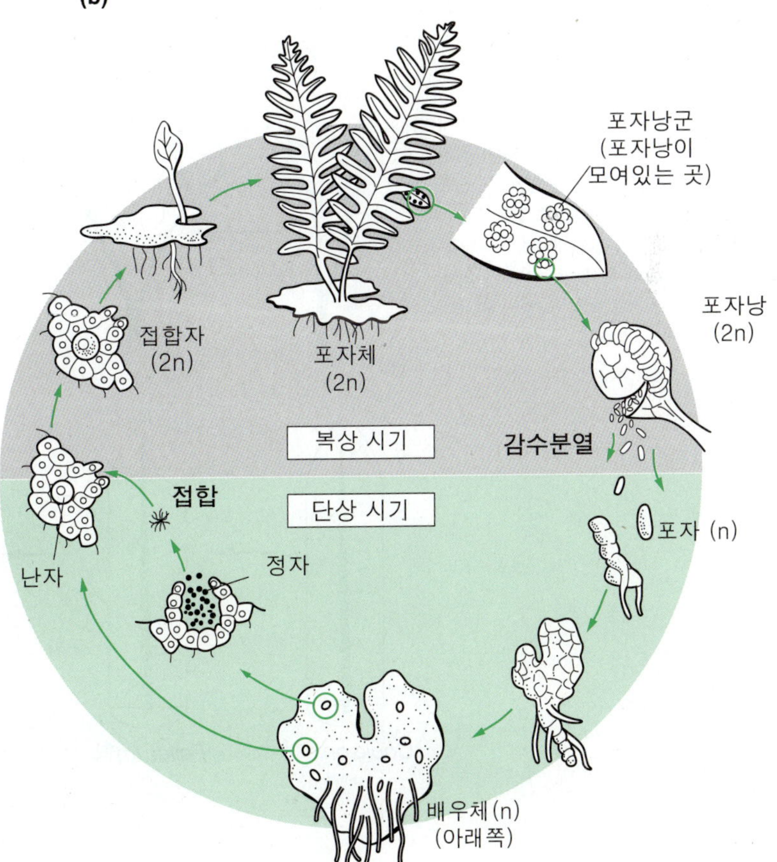

그림 14-13 석탄기의 목본 양치식물의 일종인 *Psaronius*의 재구성. 키는 약 7.6m 정도. 성장 초기에 형성된 엽상체가 떨어져 나간 엽흔이 줄기의 상단부에 보이고, 줄기를 싸고 있는 부정근으로 인하여 아래로 갈수록 굵어져서 줄기는 긴 원추모양으로 나타난다. 뿌리의 구조로 보아 이 목본 양치식물은 습지에 서식하였던 것으로 추정된다. 목본 양치식물에서 미토콘드리아 유전자와 형태학적 진화는 과거 2억 년 동안 매우 느려서 목본 양치식물은 분자생물학적으로 살아 있는 화석으로 불린다(Soltiset al., 2002). (Foster, A. S. and M. Gifford Jr., 1974. *Comparative Morphology of Vascular Plants*, 2nd ed. Freeman, San Francisco에서 각색)

상의 줄기 사이에 많이 형성되어서 결국은 잎과 같은 구조물로 변화되었다는 것이다. 텔롬설은 기본적인 발생 과정에서의 비교적 단순한 변화에 근거하고 있는데, 발생과 진화를 결부시킨 식물진화에 대한 첫번째 이론이다. 이 이론의 재분석에서, Stein과 Boyer(2006)는 식물에서 알려진 발생 역학의 규칙을 확장하고, 진화 과정에서 하나 이상인 다수의 발생 궤도가 작용하는 것을 강조하면서 Zimmermann의 이론의 근본적인 요소를 유지하고 있다.

다른 제안은 **엽상돌기(확장)설(그림 14-14b)**로서 초기의 잎(소엽)은 줄기를 따라 작은 조직이 돌출되어 원시적인 잎으로 되었으며, 화석 석송류인 *Asteroxylon*의 소엽과 같은 것들이다. 그 이후에 이러한 잎들은 유관속을 가지게 되었다.

어느 이론이 정확한 것인지는 판정할 수 없다; 텔롬설은 대엽의 진화를 잘 설명하며, 엽상돌기설은 소엽의 진화를 잘 설명하고 있다.

육상식물의 역사를 계통적으로 재구성하면, 어떤 기작으로

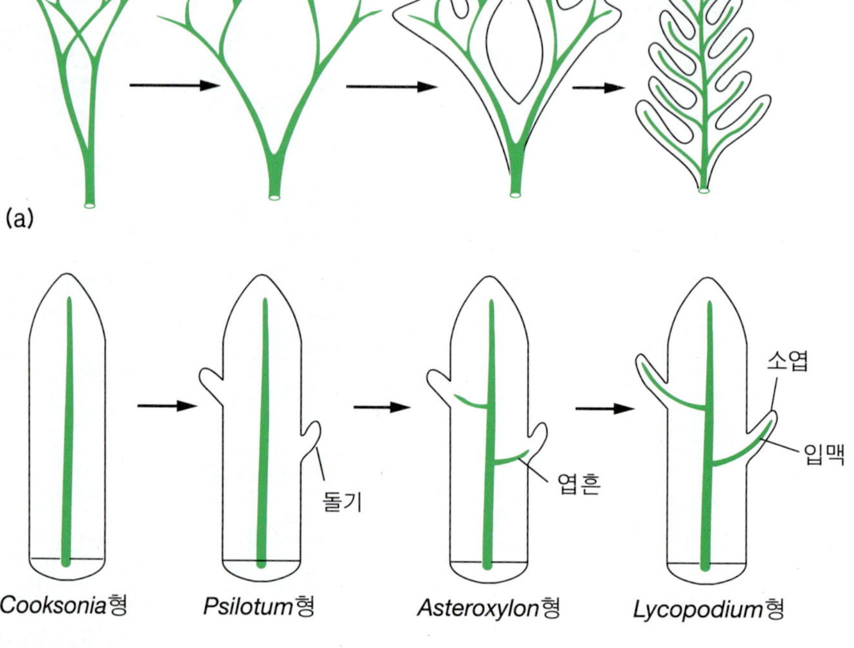

그림 14-14 잎의 기원을 설명하는 두 가지 이론의 도해. (a) 텔롬설에 의하면 가지가 평면을 이루고, 이들 사이가 그물처럼 형성되어 평편하고 망상의 잎맥을 가진 대엽으로 발달. (b) 엽상돌기설에 의한 소엽의 진화. (Bold, H. C., C. J. Alexopoulos, and T. Delevoryas, 1980. *Morphology of Plants and Fungi*, 4th ed. Harper & Row, New York에서 각색)

든 **잎의 진화는 여러 번 일어났으며**, 각각의 배우체 세대와 포자체 세대에서 세 번의 진화가 독립적으로 일어난 것을 보여 준다:

- 우산이끼에서 두 차례, 이끼류로 이르는 계열에서 한번 즉 배우체 세대에서 세 차례와 그리고;
- 석송류 한 차례, 양치식물과 유사한 형태에서 한 차례, 종자식물에서 한 차례, 즉 포자체 세대에서 세 차례.[6]

물론, 진화적인 변화가 이러한 초기 식물들의 모든 면에서 중요한 영향을 미친 것임에는 틀림없다. 예를 들면, 처음 포자를 가지는 식물에서 시작하여 모든 포자의 모양이 유사한 **동형포자성**에서 크기가 큰 **대형포자**(200μm)와 작은 직경을 가진 **소형포자**를 동시에 생성하는 **이형포자성**으로 점차적으로 변화하였다.

데본기 후기에 이르러서는 이형포자에서 대형포자가 직경이 2,000μm 이상인 것이 나타났다. 이와 같은 대형포자의 크기의 증가는 대형포자낭에서 형성되는 포자의 숫자의 감소로 이어져, 결국은 단지 하나의 사분포자를 형성하게 되었고, 이들 중 3개는 도태되고 하나의 대형포자만이 발달하였다(**그림 14-15**). 식물학자들이 지적하였던 것처럼, 거대한 대형포자가 자성배우체에서 형성되어 충분한 영양원을 가지게 되고, 수정 후 포자체의 배가 발달하는 데 필요한 저장 영양분을 제공하게 되었다. 대형포자는 **종자**의 진화에서 하나의 작은 단계를 대표하지만, 종자는 대형포자의 잔재물과 부모의 배수체, 부모의 반수체 및 배로 구성된 3개 세대의 조직으로 되어 있는 복잡한 구조이다.

줄기 구조는 통도, 지지, 저장 등과 수반되어 복잡하게 변화되어 갔는바, 초기의 **원중심주**에서 기원되었다. 원중심주는 유관속 조직이 초기에는 단순하게 배열되었으며, 진화과정에서 차후 점차 다양하게 전개되거나 동심상의 배열로 변형되었다(**그림 14-16**). 이와 같은 변형들이 제공하는 구조적이나 기능적인 이점은 식물체의 직립을 가능하게 한 것이며 키가 큰 교목이나 다양한 모양의 관목의 진화를 가능하게 하였다.

석탄기에 이르러서는 매우 울창한 수풀이 북미주의 동해안과 이와 유사한 유럽과 북아프리카의 해안지역을 따라 방대한 습지에 발달하였다. 이 시기의 많은 목본의 줄기에서 나이테가 없는 것은 기후가 거의 열대성이어서 성장이 매우 빨랐다는 것을 암시하고 있다. 이와 같은 환경에서는 습지에서 쓰러진 나무들은 염기성의 박테리아를 제외한 다른 종류들로부터 보호되어 바로 썩지 않게 되었다. 이러한 지역에서는 해면의 수준이 변화하여, 반복적으로 습지가 형성되고 침수됨으로써 두꺼운 유기물 층이 토탄으로 변화되었다. 점차로 퇴적이 일어나고 압축되어, 휘발성의 탄화수소는 방출되고 매우 두텁고 방대한 석탄층이 형성되었다.

습지에서 고지로

석탄기의 포자를 형성하는 식물들은 다습한 환경에 국한되어 있었는데, 그 이유는 운동성을 지닌 웅성의 배우자가 자성배우체로

[6] 식물의 잎과 다른 기관의 진화에 대하여 Niklas(1997)과 Friedman et al.(2004)를 참조.

그림 14-15 큰 대형포자가 난자를 가지는 배우체로 발전하는 진화과정의 예시. 우측의 데본기 나자식물의 종자(*Archeopsermaarnoldii*)의 재구성에서 보여 주는 것처럼, 이러한 경향의 이점은 크기가 큰 난자의 발달로 배의 영양분이 증가될 수 있기 때문이다. (Niklas, K. J. 1997. *The Evolutionary Biology of Plants*. University of Chicago Press, Chicago에서 각색)

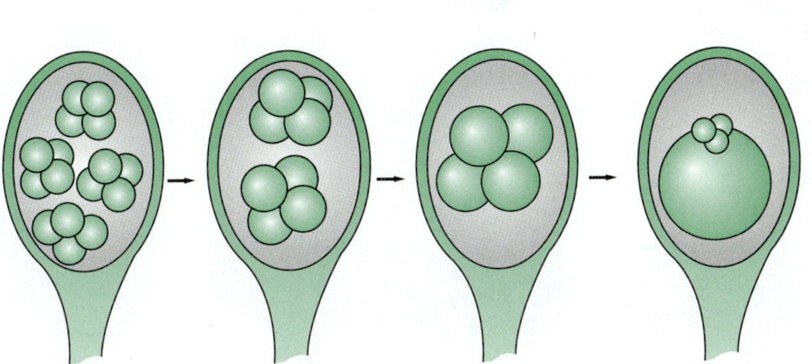

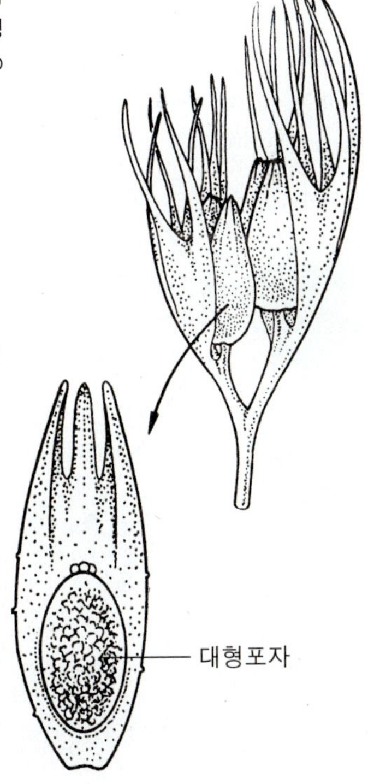

접근하기 위해서는 수중 상태에서만 이동이 가능하였기 때문이다. 식물들이 건조한 육상으로 범위를 확장할 수 있었던 것은, 바람에 의한 전파와 같이 물에 의존하지 않고 수정이 일어나게끔 배우체가 건조 상태로부터 보호되도록 진화가 일어난 이후의 일이다. 한편으로는 포자체의 배가 보호되어 부모의 배우체로부터 독립적으로 새롭게 분포할 수 있는 이점이 있게 되었다. 즉, 배우체의 크기가 축소되고, 쉽게 전파되는 **화분**(웅성배우체)과 **종자**(포자체의 배)의 진화가 결국에는 건조한 육상에의 생활을 가능하게 하였던 것이다.

아직까지 어떻게 초기의 관속식물이 화분을 형성하고 종자를 맺는 식물로 진화되었는지는 정확히 알려지지 않고 있다. 화석적 기록에 의하면, **나자식물**은 석탄기 동안 상당히 빈번하게 출현하였고, 종국에는 소나무, 삼나무, 세코이아를 위시한 약 750종의 송백류를 비롯하여, 은행, 소철류를 포함하는 현생종으로 진화하게 되었다. **피자식물**은 현재에는 가장 주된 육상식물로서 약 220,000종으로 모든 식물종의 80% 이상을 차지하고 있으며, 중생대 백악기 이전에는 화석적으로 나타나지 않는다. 아직까지 나자식물이나 피자식물로 이어지는 중간단계의 화석 형태가 아직 발견되지 않고 있으나, 데본기의 것으로 추정되는 *Archaeopteris* 같은 화석은 아마도 모든 종자식물의 조상군의 식물을 대표하는 것으로 추정된다.

그림 14-17에서 보여주는 것처럼, *Archeopteris*는 키가 큰 교목으로 현존하는 구과식물과 유사하여, 잎을 가진 수관을 형성하였다. 식물학자들은 이들이 보호된 종자 대신에 포자를 형성하지만, 줄기는 나자식물과 공통된 특징을 많이 가진 것으로 추정하고 있다. Beck와 Bank 등을 위시한 학자들은 이러한 고생대의 식물들을 **원나자식물**로 부르고, 이들은 포자를 방출하는 생식의 양상과 큰 줄기 등과 같은 보다 진보된 해부학적 구조를 지니고 있으며, 상대적으로 건조한 중생대 동안에 크게 번성하였던 나자식물로 진화되었다(**그림 14-18**).

원나자식물에서 진화된 다른 화석 종류는 고사리와 유사한 식물로서 포자 대신에 종자를 가졌다(**그림 14-19**). 이와 같은 종자고사리류(Pteridospermales)는 매우 다양한 형태의 종자를 가지고 있는데, 종자의 주피가 자성배우체를 점차적으로 둘러싸는 과정이 잘 나타난다(**그림 14-20**). 그러나 **그림 14-21**의 계통도에서, 종자가 하나의 원나자식물군에서 기원되었는지(단계통 기원), 혹은 여러 군에서 기원되었는지는(다계통 기원) 정확하게 알 수 없다. 하여간 이와 같은 진화는 일찍이 일어났다: 화석 종자는 데본기 후반, 즉 3억 5천만 년 전으로 거슬러 올라간다.

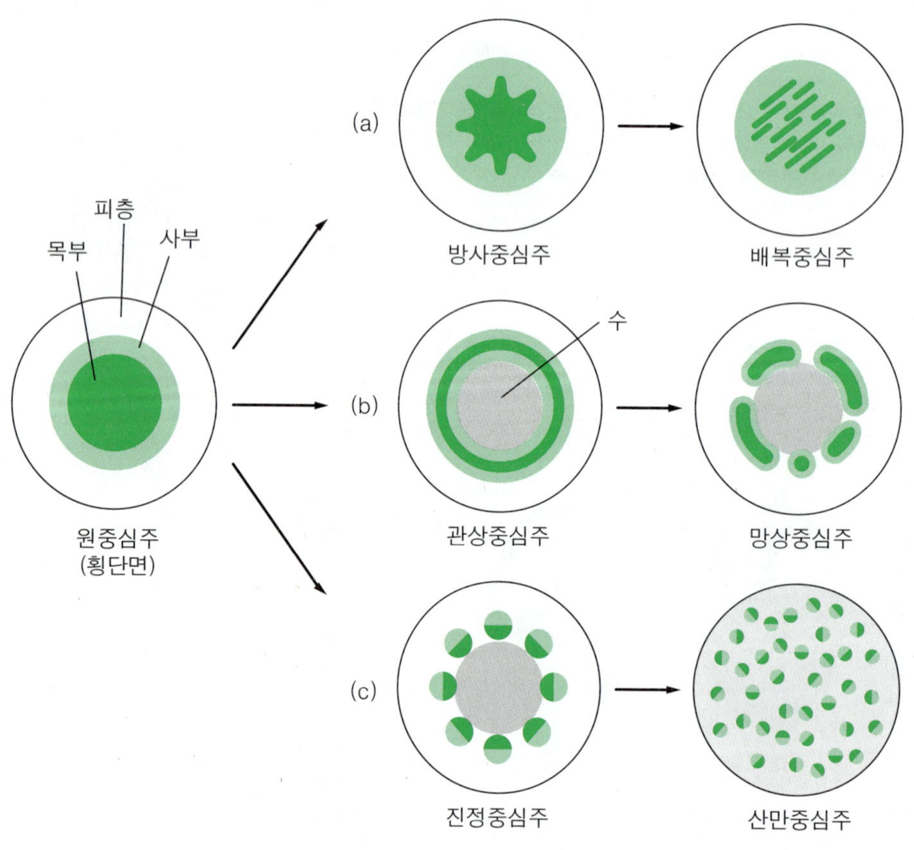

그림 14-16 식물에서 관찰되는 중심주의 진화적인 관계의 제시. 다양한 원중심주(a)는 원시적인 것으로 추정되며, Rhynia형의 식물에서 나타난다. 관상중심주와 망상중심주(b)는 많은 양치류에서 나타난다. 진정중심주(c)는 여러 가지 종자식물에서 나타나고, 일부 복잡한 산만중심주는 피자식물에서 나타난다.

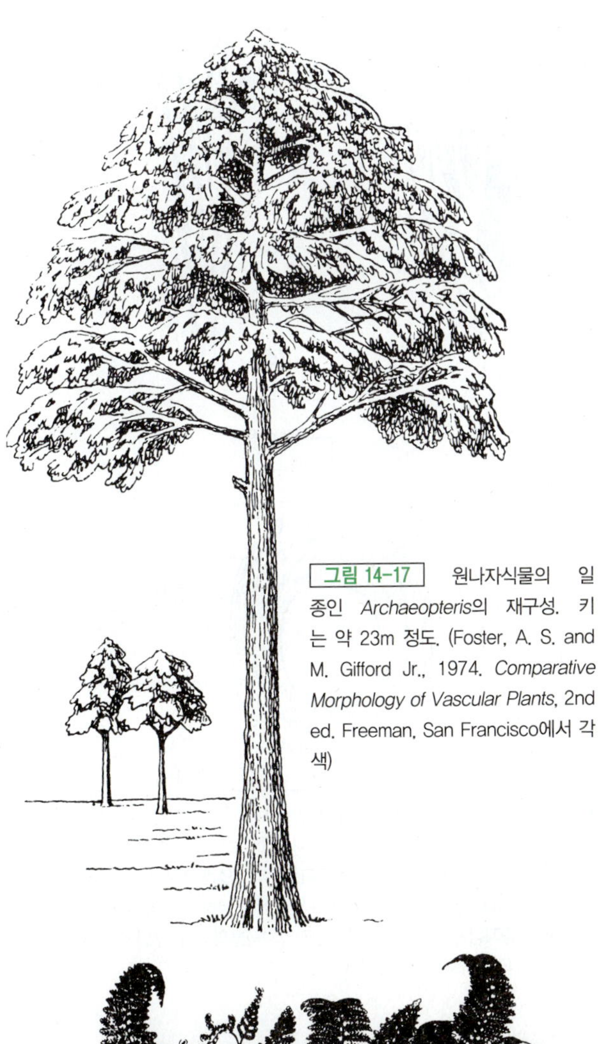

그림 14-17 원나자식물의 일종인 *Archaeopteris*의 재구성. 키는 약 23m 정도. (Foster, A. S. and M. Gifford Jr., 1974. *Comparative Morphology of Vascular Plants*, 2nd ed. Freeman, San Francisco에서 각색)

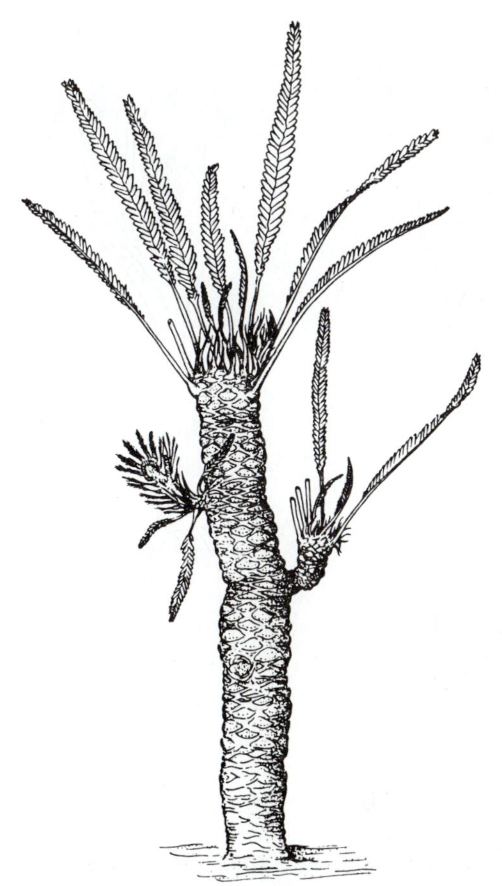

그림 14-18 소철류나자식물의 일종인 *Williamsoniasewardiana*의 재구성. 인도의 쥐라기 지층에서 발굴. 소철류는 공룡시대에 매우 번성하였기 때문에, 이 시기를 소철류 시대(Age of the Cycads)라고 부르기도 한다. 공룡처럼 이 식물의 대부분은 멸종하였고, 현재는 약 100종 정도가 대부분 열대지방에서 생존하고 있다. 한편, 살아 있는 화석으로 불리는 은행나무(*Ginkgo biloba*)는 은행강에서 유일하게 생존하고 있는 종이며, 역시 중생대에 매우 번성하였다. (Andrews, H N. Jr., 1961. *Studies in Paleobotany*, John Wiley, New York에서 인용)

피자식물

피자식물은 맨 나중에 진화된 주요 식물군으로 백악기 초기에 처음으로 출현하여, 폭발적으로 증가하여 백악기 말기에는 매우 풍부하고 다양하게 나타났다.[7] 여러 가지 특징 중에서, 특히 피자식물들은 곤충이나 새들이 수분을 매개하는 꽃을 가지고 있으며, 다

[7] 피자식물 계통 연구 그룹(Aangiosperm Phylogeny Group)에서는 최근의 피자식물의 분류체계(APG II, 2003)를 포함하는 웹사이트를 운영하고 있다(http://www.f-lohmueller.de/botay/apg/apg_ii.htm; 2007. 4. 23.)

그림 14-19 종자양치식물의 일종인 *Medullosa*의 재구성. 키는 약 3.6–4.5m. (Andrews, H N. Jr., 1961. *Studies in Paleobotany*, John Wiley, New York에서 각색)

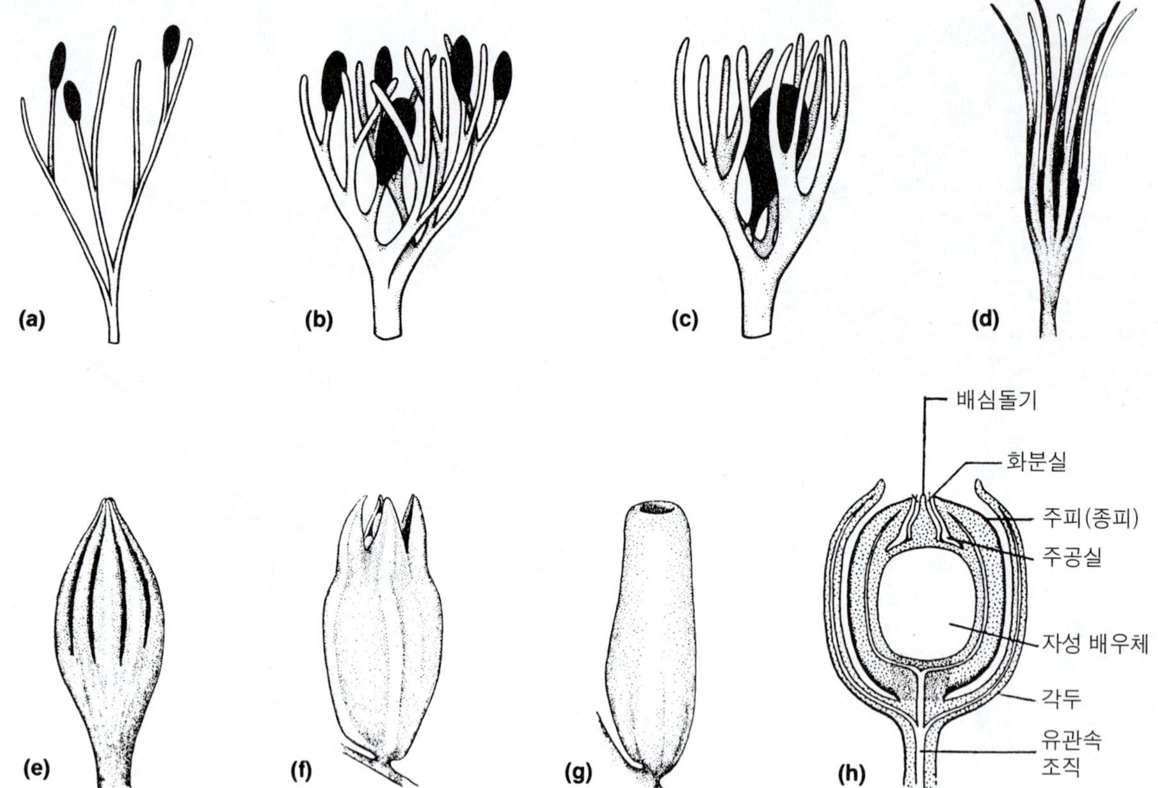

그림 14-20 (a–g) 종자양치식물의 종자의 진화과정의 예. 대형포자를 형성하는 노출된 포자낭이 점차 싸이게 되어, 대형포자로부터 형성된 배우체는 포자체 조직(주심) 속에서 완전히 보호된다. 화분관(웅성배우체의 일부분)이 주공을 통하여 자라날 때 수정이 이루어지고, 정자는 자성배우체의 난자에 도달하게 된다. 접합자를 싸고 있는 전체 종자와 발달되는 배는 포자체에 의하여 형성된 주피로 완전히 둘러싸이게 된다. (d–g) 화석 종자양치식물의 종자. (h) 종자양치식물의 배주의 단면. (Foster, A. S. and M. Gifford Jr., 1974. *Comparative Morphology of Vascular Plants*, 2nd ed. Freeman, San Francisco에서 각색)

른 동물에 의하여 전파가 되는 종자를 형성하기도 한다.

동물에 의한 수분의 이점은 바람에 의한 무작위 수분에 필요한 방대한 화분의 양에 비하여 훨씬 작은 양의 화분으로 동종의 다른 개체와 타가 수정을 가능하게 하는 것이다. 결국, 피자식물의 꽃은 잎으로부터 꽃잎, 꽃받침과 부수적인 구조들이 변형되어, 식물체가 형성한 기관 중에서 가장 복잡하고 매혹적인 기관이 되었다(**그림 14-22**). 꽃들은 특정한 동물매개체를 유인할 수 있도록 크기, 색깔, 냄새 등에서 차이가 나고, 매우 가까운 식물 간에도 수분매개체를 구분할 수 있도록 꽃들이 진화되고, 동시에 수분매개체는 특정한 잎에서 대가를 얻을 수 있도록 공진화되었다(**그림 14-23**과 **글상자 14-1**). 현재 16,000종 이상이 되는 벌에 대한 분자생물학적 자료와 형태 자료를 합한 분석 결과는 초기에서부터 중반 백악기의 계열이 숙주식물에 따른 특정 곤충을 포함하고 있어서, 숙주식물 특이성이 피자식물의 진화에서 매우 오래된 특징임을 지지하고 있다.[8]

[8] 공진화에서의 꽃 냄새의 역할은 Dudareva와 Pichersky(2006), 벌의 계통에 대해서는 Danforth et al. (2006) 참조.

자가불임과 중복수정

기본적인 유전적 관점에서 자가수분을 방지하는 매우 중요한 기작은 **자가불화합성** 혹은 **자가불임 대립인자**의 발달로 배주와 동일한 대립인자를 가진 화분은 암술대에서 발아하지 못한다. 예를 들면, S^1 자가불임 대립인자를 가진 반수체의 화분은 S^1S^3를 가진 암술대에서 발아하지 못하지만, S^2S^3 혹은 S^3S^4 등을 가진 식물체에서는 성공적으로 수정이 일어날 수 있는 것이다. 포자체 자가불임성에서는 S^1S^2 포자체에서 생성된 S^1 화분은 S^1이나 S^2 대립인자를 가지고 있는 어떤 개체에서도 수정이 일어나지 않는다. 이러한 기작은 근친교배를 피하고, 유성생식으로 유도된 유전적 변이를 유지하고자 하는 것이다.

중복수정은 피자식물에서 매우 특징적인 현상이다: 화분관 속의 2개의 배우자 핵은 자성배우체를 수정하게 되는데, 하나는 배수체의 배 핵을 형성하고, 나머지는 종종 다배체(주로 삼배체, 3n)의 **배젖** 핵을 형성하여 배 발생시 영양분으로 쓰여지게 된다. 수정된 배주는 피자식물의 종자로 성숙하는데, 나자식물에서는 1개의 주피로 싸여있지만, 피자식물의 종자는 2개의 주피를 가

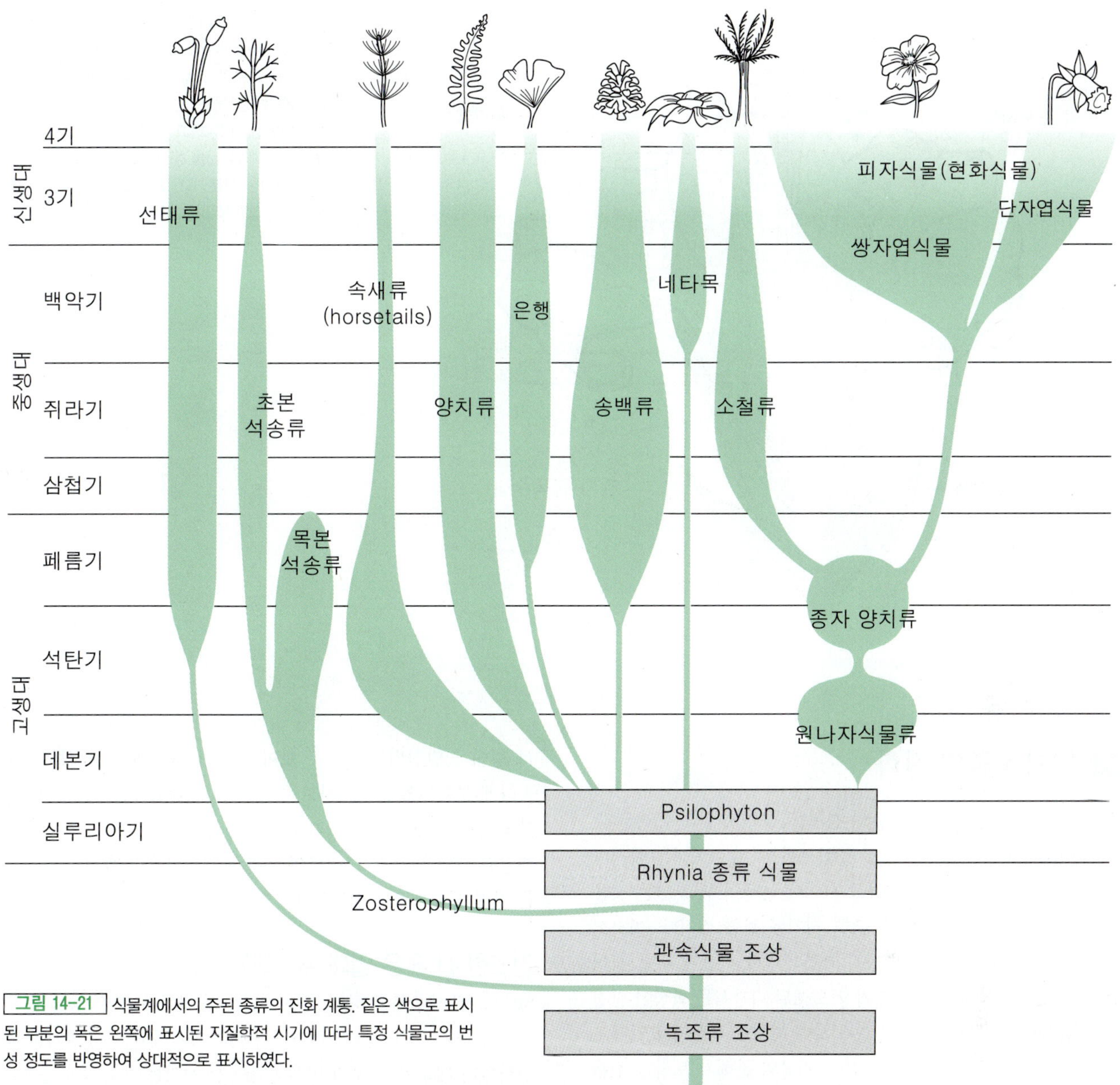

그림 14-21 식물계에서의 주된 종류의 진화 계통. 짙은 색으로 표시된 부분의 폭은 왼쪽에 표시된 지질학적 시기에 따라 특정 식물군의 번성 정도를 반영하여 상대적으로 표시하였다.

진다. 피자식물이라는 이름이 나타내는 바와 같이, 이러한 종자는 종종 껍질을 가지는데, 육질의 열매 조직이나, 부착성을 지니는 갈고리, 깃털모양의 낙하산 혹은 종자를 확산시키는 데 필요한 동물이나 그 이외의 다른 요소를 이용할 수 있는 형태로 변화되기도 한다.

확산의 능력은 종자에 가해지는 선택압 중의 하나로 작용된다. 그 외에는:

- 종자를 포식자로부터 보호하거나 내용물을 보호할 수 있는 종피의 유무
- 배 발생을 위한 적절한 양분 저장의 필요성
- 적당한 환경에 맞추어서 적절한 시기에 생장할 수 있게 하는 종자의 발아

이 모든 요인들은 특정한 해부학적 생리학적 적응으로 이어진다. 또한 장거리 전파를 위하여 크기가 작고 많은 수의 종자를 형성할 수도 있으며, 반면에 배 수준에서 극심한 경쟁이 일어나는 경우는 종자가 크고, 수가 적은 전략을 택하게 된다(23장에서 논의될 **r-과 K-선택**). 대체로 종자의 크기와 수는 이러한 다양한 요소와 환경의 물리적인 한계 사이에 적절한 절충에 의하여 이루어진다.

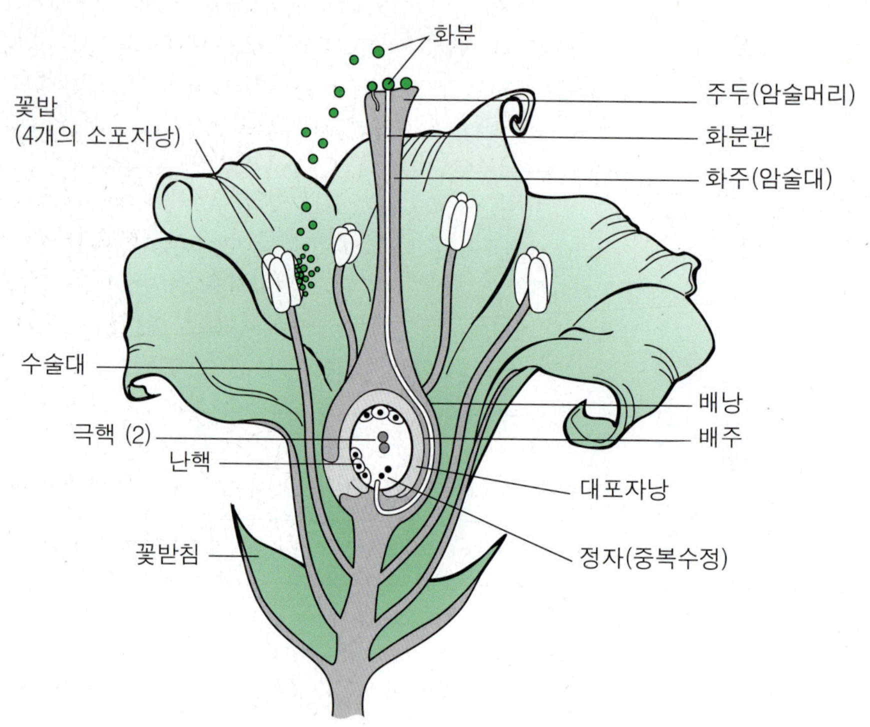

그림 14-22 수정 후 피자식물의 꽃의 일반적인 도해. 자성 배우체는 배주 안에 있으며, 웅성 배우체는 화분관 내에 있다. 웅성 배우체는 두개의 정핵을 생성하는데, 하나는 난핵과 수정하여 접합자(2n)을 형성하고, 나머지는 두개의 극핵과 수정하여 배젖(3n)을 생성한다. 꽃잎은 꽃에서 색깔이 화려한 부분이고, 윤생으로 나열되어 있으며, 전체를 화관이라고 부른다.

피자식물의 진화

한 세기 전에, 다윈은 피자식물의 진화를 "도저히 풀기 어려운 수수께끼(abominable mystery)"로 불렀으며, 이 수수께끼는 아직까지 풀리지 않고 있다. 식물학자들 사이에 논쟁이 되고 있는 것은 피자식물의 기원뿐만 아니라, 출현 시기에 관한 것이다. 피자식물의 출현 시기는 고생대의 초기 페름기에서 석탄기 후반 사이(Savard et al., 1994)에서부터 가장 오래된 피자식물 화석이 발견되는 중생대 후기에서 백악기 초기 사이 까지로 주장되고 있다.

발견된 대부분의 식물화석은 유기물의 분해가 토사나 진흙에 의해 저해되는 저지대의 습지지역과 연관되어 나타나기 때문에, 피자식물의 기원이 중생대 초기나 고생대로 주장하는 학자들은 피자식물이 초기에 고지의 산지에서 진화되어 화석으로 남기 어려웠을 것으로 주장한다. 이와 같은 견해를 뒷받침하는 근거는 초기의 피자식물의 잎의 화석에서 상당한 분화가 일어났으며, 마치 상당한 진화적 시간이 이미 경과한 것으로 추정되는 것에서 찾을 수 있다(**그림 14-25**). 마치 꽃의 수분에 적응된 듯한 입의 구조를 지닌 쥐라기 후기의 곤충화석은 석탄기 이전에 피자식물이 진화하였다는 것을 뒷받침하기도 한다(Ren, 1998).

이와 반면에, 확실하게 피자식물의 것으로 추정되는 초기의 화석 화분은 — 1개의 홈을 가진 단구형이며 — 백악기 초기의 것이다. 이후 곧 많은 형태의 화분이 출현한다. 이 시기에 다양한 화석 형태가 발견되는 것으로 보아 백악기 초기에 피자식물이 급속하게 분화되었을 것이라고 주장된다. Stebbins(1974)은 상당한 양의 정보를 종합하여 피자식물의 조상은 관목으로 나선상으로 배열된 단엽을 가지고, 하나의 유관속 다발로부터 형성된 목질부를 가졌을 것으로 가정하였다.[9]

건조한 산 혹은 열대 저지대?

Stebbins(1974)에 의하면, 피자식물의 진화를 유도한 생태적 요인은 건기와 우기가 교대로 나타나 빠른 배우체와 배의 발생을 촉진하였기 때문이다. 우기 이후의 평온한 시기는 개화되어 곤충이 수분할 수 있는 기회를 제공하게 되었으며, 심피가 밀봉되어 종자를 보호하는 구조를 촉진하게 되었던 것이다.

이러한 조건이 어떤 곳에서 이루어졌는지는 명확하지 않지만, Stebbins는 매년 건기가 나타나는 약간 건조한 산지가 피자식물의 초기 진화 기회를 제공하였을 것으로 주장하고 있는데, 이는 남아프리카, 에티오피아, 에콰도르, 멕시코 지역에서 공통적으로 산지에 분포하는 피자식물에서 진화 속도가 빠른 것으로

9 Stebbins는 식물을 현재 융합학문의 틀에서 인식한 생물학자로 알려져 있다. *Variation and Evolution in Plants and Microorganisms: Toward a New Synthesis 50 Years After Stebbins*(2000), http://nap.edu/openbook/0309070996/html/index/html(2007. 4. 23)에 전통적인 분석이 기술되어 있다.

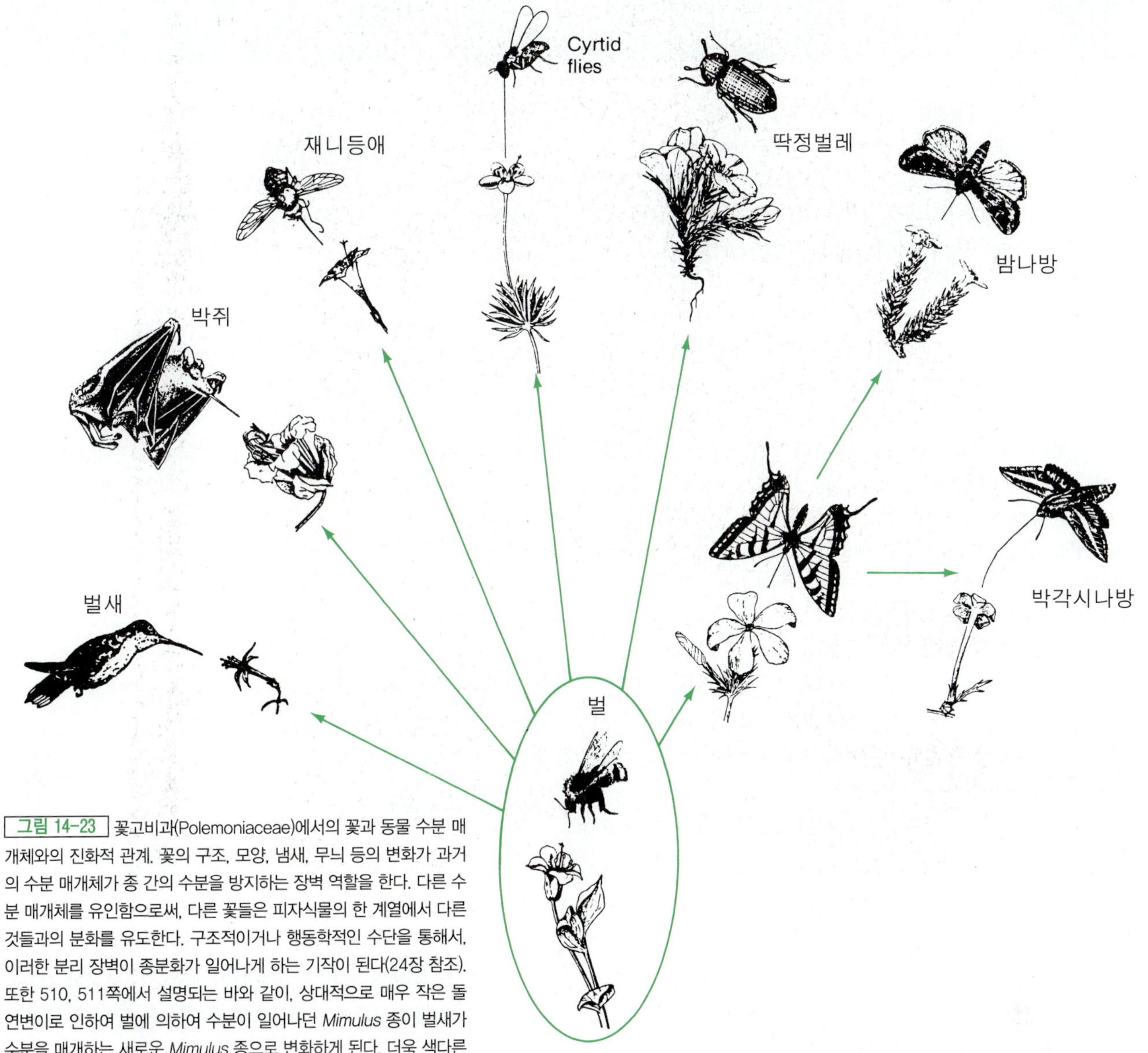

그림 14-23 꽃고비과(Polemoniaceae)에서의 꽃과 동물 수분 매개체와의 진화적 관계. 꽃의 구조, 모양, 냄새, 무늬 등의 변화가 과거의 수분 매개체가 종 간의 수분을 방지하는 장벽 역할을 한다. 다른 수분 매개체를 유인함으로써, 다른 꽃들은 피자식물의 한 계열에서 다른 것들과의 분화를 유도한다. 구조적이거나 행동학적인 수단을 통해서, 이러한 분리 장벽이 종분화가 일어나게 하는 기작이 된다(24장 참조). 또한 510, 511쪽에서 설명되는 바와 같이, 상대적으로 매우 작은 돌연변이로 인하여 벌에 의하여 수분이 일어나던 *Mimulus* 종이 벌새가 수분을 매개하는 새로운 *Mimulus* 종으로 변화하게 된다. 더욱 색다른 경우는 다른 식물종은 수분 매개체의 몸체의 다른 부위에 화분이 달라붙게 하여, 같은 종의 수분 매개체가 다른 식물종의 수분을 각각 매개할 수 있기도 하다. 이러한 관계는 상호 호혜적이어서 식물은 동물을 최대한으로, 동물은 식물을 최대한으로 이용하는 것이다. (Grant, V and K. A. Grant, 1965. *Flower Pollination in the Phlox Family*. Columbia University Press, New York에서 각색)

관찰되기 때문이다. 이 가설은 Huges와 Eastwood(2006)가 안데스 산맥에 자생하는 콩과식물의 일종인 루핀속(*Lupinus*)에 속하는 81종을 분석하여 재확인하였다. 이 연구에 의하면 100만 년에 2.5~3.5종의 빠른 분화가 일어나는 것으로 대륙에서 가장 빠른 종의 분화가 일어난 기록이며, 안데스 산맥의 융기에 의하여 생태계가 다양해진 결과이다.

미국 태평양 연안을 따라 서식하는 800속 이상에 속하는 8,000종 이상을 대상으로 한 Stebbins(1974)의 결과는 산지, 사막, 호수, 습지 및 늪 같은 생태적으로 특수한 지역에서는 평야, 초지 및 펼쳐져 있는 산림과 같이 생태적으로 더욱 다양한 서식처 보다 속당 종의 수가 더 적은 것으로 나타났다. 수적으로 보면 생태적으로 특수한 지역에서는 속당 4~5종 정도이지만, 생태적으로 다양한 지역에서는 속당 약 10종이 포함되어 있다. 이는 생태적으로 다양한 지역이 생태적으로 특수한 지역보다 진화적 기회가 크기 때문이다.

Stebbins는 열대식물 군집을 "박물관......과거 5천~1억 년 동안 가장 해를 적게 입어 근본적으로 변화되지 않은 조건 속에서 가장 고대의 형태들이 잘 보존되어 있는 식물 군집."이라고 불렀다. 열대 군집이 오히려 기원이 일어난 곳보다 고대 식물 종류를 더 잘 보관하고 있는 장소이다. 이러한 시나리오는 열대식물상

글상자 14-1 식물과 곤충의 공진화

꽃과 수분매개체 간의 **공진화**를 다윈도 명확하게 인식하였는데, 난과에서 매우 이상한 구조의 꽃이 다양하게 있는 것을 깨닫고(**그림 14-24**), 매우 특이한 구조의 꽃을 가진 난초는 그때까지는 알려지지는 않았지만 대응되는 수분매개체를 가질 것으로 주장하였다. 그의 예견은 마다가스카르 별난초(*Angraecum sesquipediale*)에 관한 것인데, 꿀샘이 약 깊이 25cm 되는 화관의 기부에 위치하므로 다윈은 비슷한 길이의 혀를 가진 수분매개체가 있을 것으로 예견하였다. 그 당시에는 수분매개체가 확인되지 않았지만, 다윈의 예견은 자기의 몸통보다 길이가 긴 30cm 길이의 혀를 가지는 대형의 박각시나방(*Xanthopan morgani pradicae*)이 수년 후에 발견됨으로써 입증되었다. 공진화 과정을 통하여, 어떤 박각시나방이 긴 화관을 가진 별난초의 수분을 매개할 수 있도록 혀가 더욱 길어지게 되었던 것임에 틀림없다(L. A. Nilsson, 1998).

박각시나방과 마다가스타르 별난초 사이의 공진화에 상응하는 놀라운 발견이 이 책의 4판이 발간될 때에 발표되었다. 다른 나방과 난초 사이의 공진화가 아니라, 이번에는 꿀을 먹는 박쥐, *Anoura fistulata*의 혀가 에콰도르 안데스 산맥의 운무림에 사는 *Centropogon nigricans*의 화관의 길이와 공진화가 일어난 것이다. 같은 속의 다른 종 박쥐는 혀의 길이가 37~39mm인 데 반하여 꿀을 먹는 박쥐의 혀는 길이가 85mm까지 늘어났으며, 몸길이의 1.5배에 달하는데, 이는 카멜레온 다음가는 놀라운 능력이다. 혀를 사용하지 않을 때는 혀를 흉곽안 특별한 관에 보관한다(Muchhala, 2006).

동물 수분매개체는 피자식물의 유성생식 과정에 상당한 영향을 끼쳤음에 틀림없다. 왜냐하면 다른 식물체로부터의 화분이 자신의 배로 수정됨과 동시에 자신의 화분을 그 동물 수분매개체에 제공하는 것이 매우 유리하였기 때문이다. 즉, 꽃은 동물이 한번 방문하였을 때 화분을 제공하고, 동시에 수정이 일어나도록 진화되었을 것이다. 따라서 곤충에 의하여 수분이 일어나는 초기의 피자식물의 꽃은 아마도 양성화였을 것이며, 이와 반면에 풍매화는 같은 꽃에서의 화분과 배주 사이에 자가수분을 방지하기 위하여 단성화였을 것이다.

피자식물의 몇 종류는 수분형식의 진화에서 역전이 일어났을 것으로 추정되는 풍매종을 가지고 있다. 무화과 식물(*Ficus* sp.)의 진화과정에서 이러한 역전이 한번 이상 일어났으며, 처음에는 조상군인 꿀을 만드는 쐐기풀과에서 충매에서 풍매로 진화되고 다시 뽕나무과에서 다시 충매로 역전되어, 무화과속(*Ficus*)에서는 거의 예외 없이 장수말벌이 수분을 매개한다.

자가수분을 일으키는 새로운 기작의 극적인 예는 핑크색 꽃을 피우는 난초의 일종인 *Holcoglossum amesianum*이 수술을 중력의 반대 방향으로 회전시켜서 화분이 암술머리에 떨어져서 자가수분이 일어나게 하는 것이다. 이 종은 중국 운남성 지역 1,200~2,000m 고지에서 나뭇가지 위에 서식하는데, 이 종이 개화하는 2~4월의 건조한 시기에는 수분을 매개할 수 있는 바람과 곤충이 거의 없다.[a]

[a] 난초 연구는 Liu et al. (2006) 참조. 난과식물의 생식적 적응의 도해 분석은 Alcock (2006)을 참조.

에서의 피자식물 다양성이 열대지방으로부터의 기원이라기보다는 열대지방으로의 확산임을 제안한다. 열대 저지대는 곤충 집단이 크기 때문에 바람에 의한 수분보다 곤충에 의한 수분에 의존한 식물들이 살아가기에 적합하다. 백악기 동안 열대 기후 지역이 상당히 확장되었기 때문에 Stebbins는 이러한 환경으로 인하여 초기 피자식물들이 퍼져나가 우세하게 될 수 있었다고 주장하였다.

기원

피자식물이 기원한 장소 역시 "풀기 어려운 난제"의 하나이며, 피자식물의 조상 역시 수수께끼이다.

피자식물의 계통 관계를 풀기 위하여 식물학자들은 목련목과 같은 피자식물의 "원시적인" 목의 식물에서 나타나는 구조를 가진 식물군을 탐색하였다. 예를 들면, 과거 식물학자들은 목련꽃이 나자식물, 소철류, 그리고 멸종한 *Benettitales*의 포자낭을 형성하는 구조가 축을 이루어 모여 있는 것(strobilus)과 매우 유사한 것으로 가정하였다. 화석 종자를 분자생물학적 분석, 특히 MADS 박스 유전자(아래 참조)와 함께 세밀하게 분석한 결과는 *Bennettitales*가 소철류의 자매군으로 초기의 종자식물인 것으로 나타났다.

Taylor와 Hickey(1990)는 화석적 연구에 의하여 작은 꽃을 가진 왜소한 초본이 피자식물의 조상일 것으로 다음과 같이 주장하고 있다:

> ...... 백악기 초기(pre-Albian층) 이전의 피자식물의 화석이 존재하지 않는 것은 그것들이 왜소한 형체를 지니기 때문이며, 그러한 왜소한 크기와 조사 대상의 크기를 부정확하게 추측하였기 때문에 피자식물의 조상을 인지하는 데 실패하였다.

현재까지 다른 가능한 조상형들을 제외하고, 일반적으로 피자식물의 조상은 종자고사리류로부터 나왔을 것으로 추정한다. 어떤 식물학자들은 여러 가지 특징들에 의해서 피자식물의 기원이 단계통일 것으로 제시하고 있는데, 이러한 특징들이 다른 종류

그림 14-24 Ernst Haeckel이 그린 난과 식물 꽃의 다양성. (*Kunstformen der Natur* 1904에서 인용)

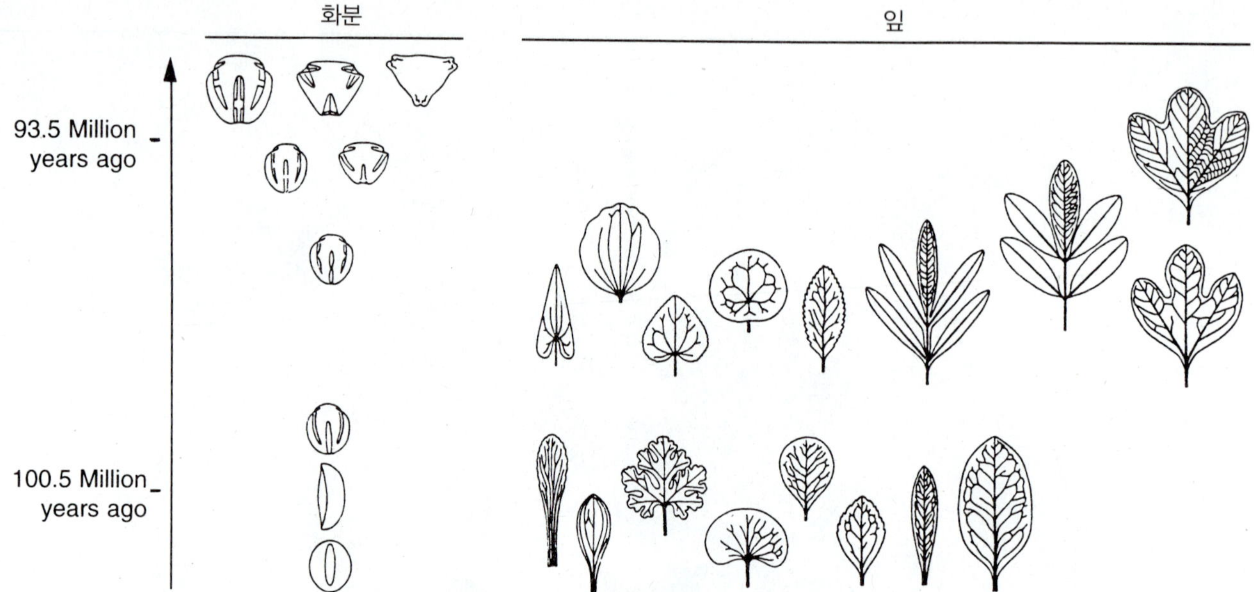

그림 14-25 미국 중동부 백악기의 다른 시기의 지층(Potomac Group)에서 출현하는 피자식물의 화분과 잎의 종류. 가장 초기의 화분은 하나의 홈을 가지나, 시간이 지날수록 점차 복잡한 구조로 변해갔다. 잎은 점진적인 엽맥의 복잡성을 보여 준다: 1차 엽맥, 2차 엽맥, 늑간엽맥 등. (Doyle, J. A. and L. J. Hickey, 1976. Pollen and leaves from the mid-Cretaceous Potomac Group and their bearing on early angiospem evolution. In *Origin and Early Evolution of Angiosperms*, C. B. Beck (ed.). Columbia University Press, New York, 139–206에서 각색)

나 혹은 같은 종류에서 한번 이상 여러 번 독립적으로 진화되기는 매우 어렵기 때문이다.[10]

이러한 특징들 중에서 생식 기작이 대표적인 예로써, 단상의 소형포자와 웅성 배우자 생성 사이에는 단지 2번의 세포분열이, 대형포자와 다핵의 배낭 사이에는 단지 3번의 세포분열이 일어난다. 그리고 피자식물만이 중복수정의 결과로 복상의 포자체 접합자와 대체로 삼상의 영양분을 제공하는 배젖이 동시에 형성하는 것이다.

아직, 꽃잎, 꽃받침, 도관 및 다른 형질들이(Stewart와 Rothwell, 1993) 모든 피자식물에서 공통적으로 나타나지는 않고, 나자식물이나 다른 유관속식물에서도 유사한 구조가 형성되는 것으로 간주한다. 그러므로 일부 식물학자들은 피자식물에서 발견되는 특징의 조합은 다수의 조상군에서 기인된 것으로서 피자식물이 다계통 기원을 가질 수도 있다고 주장하기도 한다.

화석 종자, 잎, 꽃의 더욱 세밀한 분석, 새로운 화석의 발견과 MADS 박스[11] 및 엽록체 유전자들의 분석으로 피자식물의 기원에 대해서 모두 일치하지는 않지만, 최근에는 많은 진척이 있었다. 현존하는 2개의 분류군, 수련(*Nymphaea* sp.)이 피자식물 계통에서 기부에 위치하고, 남태평양의 뉴칼레도니아에서만 발견되는 *Amborella trichopoda*가 맨 아래에 위치하는 관목이다. *Amborella*는 수분을 운반하는 유관속부가 없으며 다른 원시적인 특징도 가지고 있다. 1억 3천만 년 전의 지층에서 발견된 꽃은 전술한 2개 속의 식물과 유사하고, 이 두 식물에서 나타나는 원시적인 특징과 일치하고 있다. 새로운 화석 잎의 분석에 의하면 육상식물 진화 초기에 단자엽식물이 쌍자엽식물로부터 분화되었다는 사실이 의문시 되고 있다(아래 참조).

하여간 피자식물은 배우자 형성이 매우 빠르고, 배젖의 형성에 양부모가 기여하며, 수분과정이 향상되었으며, 종자를 둘러싸고 열매가 발달되는 등의 이점으로 인하여 생태적으로 매우 다양한 서식지에 퍼져나가 많은 곳에서 우위를 점할 수 있게 되었다. 피자식물은 보호되고 영양이 수반되는 종자를 가짐으로써, 마치 태아를 가지는 포유류처럼, 건조하거나, 습한 기후이거나, 다양한 형태의 환경에 적응될 수 있도록 발달되었다. 어떤 종류는 해양에 서식하고, 일부는 기생하거나, 끈끈이주걱 등과 같은 식충식물로까지 발전하게 되었다.

이와 같이 매우 다양한 적응의 과정에서 **수렴진화**가 일어나는 것은 별로 새삼스럽지 않다. 즉, 완전히 계통이 다른 식물체 간에 완전히 다른 지리적 위치에서 비슷한 환경의 압력으로 인하여 유사한 발현형이 나타나는 것이다. 신대륙의 선인장과 아프리카의 대극과 식물에서 매우 좋은 예를 찾아볼 수가 있는데, 둘 다 사

[10] 종자 양치류의 기원에 대하여 Thomas and Spicer(1987), Crepet(2000) 참조.
[11] 호메오박스 유전자와 같이 식물, 균류 및 동물의 MADS 박스는 DNA에 식물체의 여러 발생과정과 부위에 작용하는 전사인자 역할을 하는 단백질이 결합하는 유전자족에서 동일한 염기서열을 가진 DNA 부분이다.

그림 14-26 대표적인 사막 식물인 북미 선인장(좌)과 아프리카 대극과 식물(우) 사이의 수렴진화. (Niklas, *The Evolutionary Biology of Plants*, 1997. University of Chicago Press의 허가하에 재인쇄)

막에서 자라기 때문에 열을 발산하고, 수분을 함유하는 육질의 줄기를 보호하도록 날카로운 가시를 지니는 등의 극히 유사한 형태를 지니고 있다(**그림 14-26**). 이와 같은 진화적 수렴은 동물과 마찬가지로(그림 3-7), 다른 유전적 대사과정의 변화를 통하여 유사성이 나타나는 것에 불과하다: 선인장에서의 가시는 잎이 변형된 것이며, 대극과 식물의 가시는 가지가 변형된 것이다.

그림 14-27은 피자식물의 조상군을 나무 둥치의 중앙부분에 위치하게 하고, 다양한 피자식물의 목을 그 주위에 가지로 나열한 가상적인 진화 계통수의 횡단면을 보여 주는 것이다. 이 그림은 조상형에 가까이 위치한 것이 초기 피자식물의 특징과 비교하여 더욱 원시적인 특징을 지니는 것을 보여 준다. 아직까지 많은 부분이 잘 알려져 있진 않지만, 피자식물의 성공적인 분화를 잘 나타내고 있으며, 이들의 뛰어난 진화적인 적응성, 그리고 그들 사이의 계통적인 측면을 어느 정도 반영하고 있다. **그림 14-28**은 현존하는 식물의 24개 과 사이의 계통 유연관계를 보여 주고 있다.

균류

화석적 기록으로는 **균류**는 초기의 관속식물과 함께 실루리아기에서 발견된다.

세포벽을 가지며 포자를 형성하기 때문에 과거 생물학자들은 균류를 식물계로 포함시키고, 때로는 "엽록소가 없는 단순한 식물"로 정의하기도 하였다. 그러나 최근에는 균류가 매우 독특한 특징들을 가지고 있으므로, 현재 생물학자들은 일반적으로 균

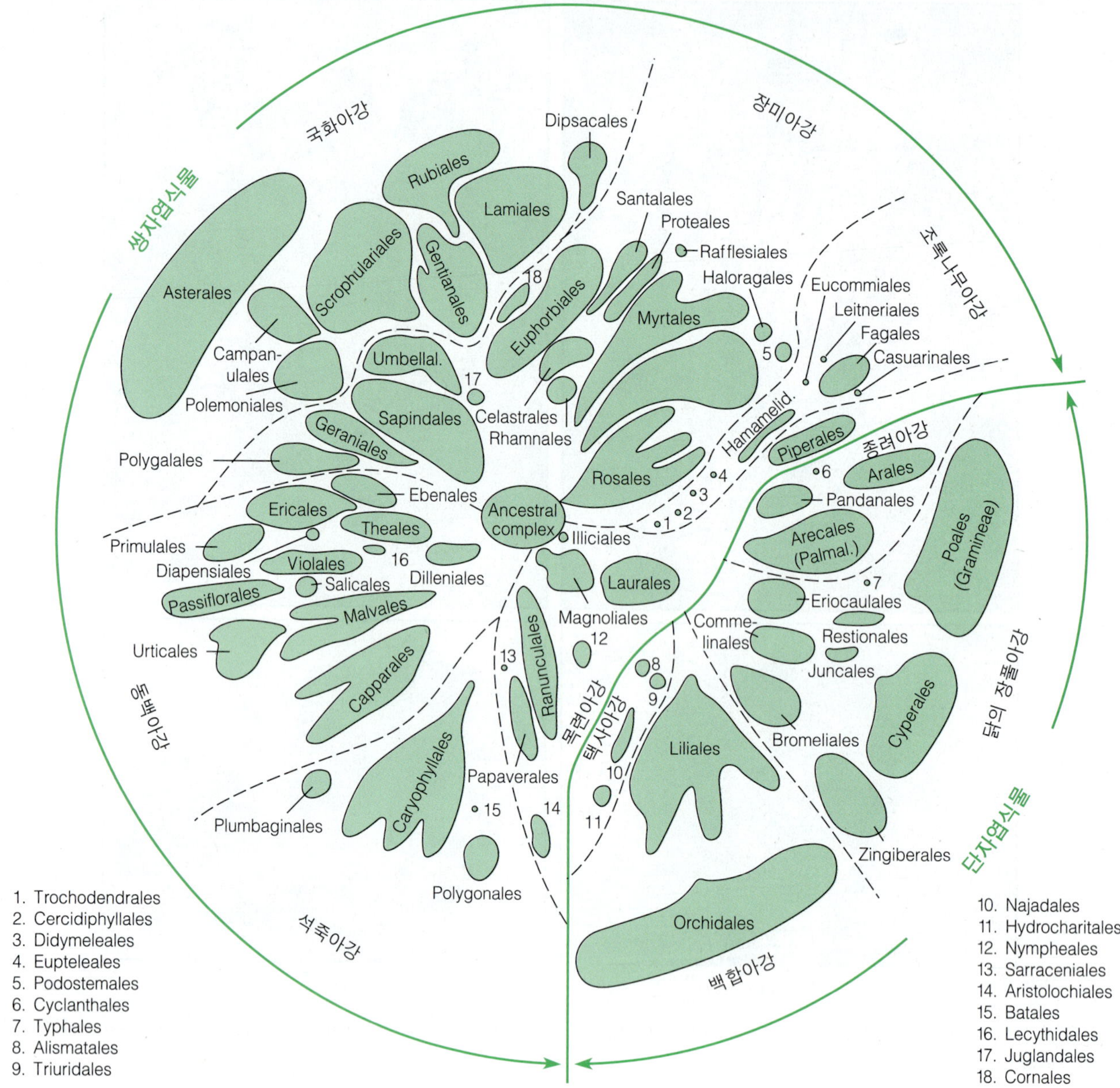

그림 14-27 Stebbins(1974)가 제시한 피자식물 주요 분류군의 진화학적 관계. 많은 식물학자들은 2개의 떡잎을 가진 쌍자엽식물이 1개의 떡잎을 가진 **단자엽식물**보다 먼저 진화하였다고 주장한다. 아강과 목 사이의 계통 유연관계는 도해에서 상대적인 위치로 나타내었다. 예를 들면, Hamamelidae(조록나무아강)은 Magnoliidae(목련아강)에서 분화되었을 것이다. 각 아강내에서, 각각의 목이 차지하는 면적은 각각의 분류군의 상대적인 크기를 의미한다. (Stebbins, G. L., 1974. *Flowering Plants: Evolution above the Species Level*. Harvard University Press, Cambridge, MA.에서 각색)

류를 독립적인 분류계로 간주하고 있다. 현재 채택되고 있는 분자생물학적 계통 체계에 의하면, 균류는 다세포 동물의 "자매군"이다(그림 9-16, 11-10 참조). 뉴크리어리드 아메바(nucleariid)가 균류의 단세포성 자매군일 것이지만[12] 균류 및 다른 생물군들의 다세포성에 관하여는 8장(특히 글상자 8-1, 8-2)을 참조하라.

[12] 동물계의 자매군으로서의 균류는 Wainright et al. (1993) 및 Baldauf와 Palmer (1993) 참조, 뉴크리어리드 아메바는 Media(2005) 참조.

약 120,000종 가운데 일부 균류는 효모와 같이 단세포이지만, 상당수는 영양세대가 거의 분지된 다세포나 다핵의 사상체 형태의 **균사**로 이루어져 있고, 덩어리로 모여 **균사체**를 형성하기도 한다. 성장 형태와 엽록소가 없으므로 결국은 **기생하거나**(살아 있는 숙주), **부생하여**(죽은 유기물) 영양분을 얻는 타가영양 방식을 택하고 있다. 기생-부생의 전이는 균류의 진화에서 쌍방향으로 여러 차례 일어났다.

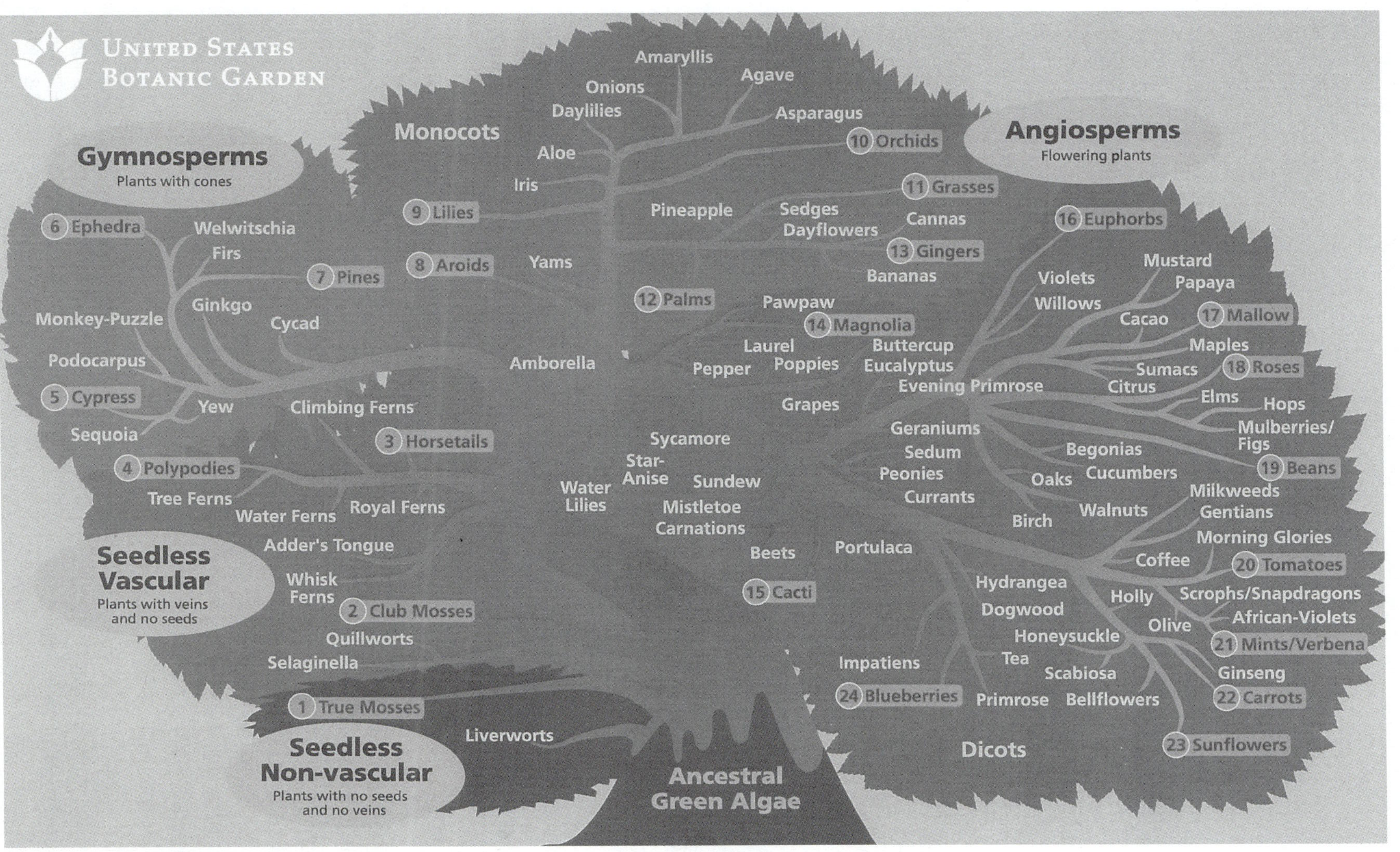

그림 14-28 비관속식물, 관속식물, 나자식물 및 피자식물 24 과의 계통수. (U.S. Botanic Garden.)

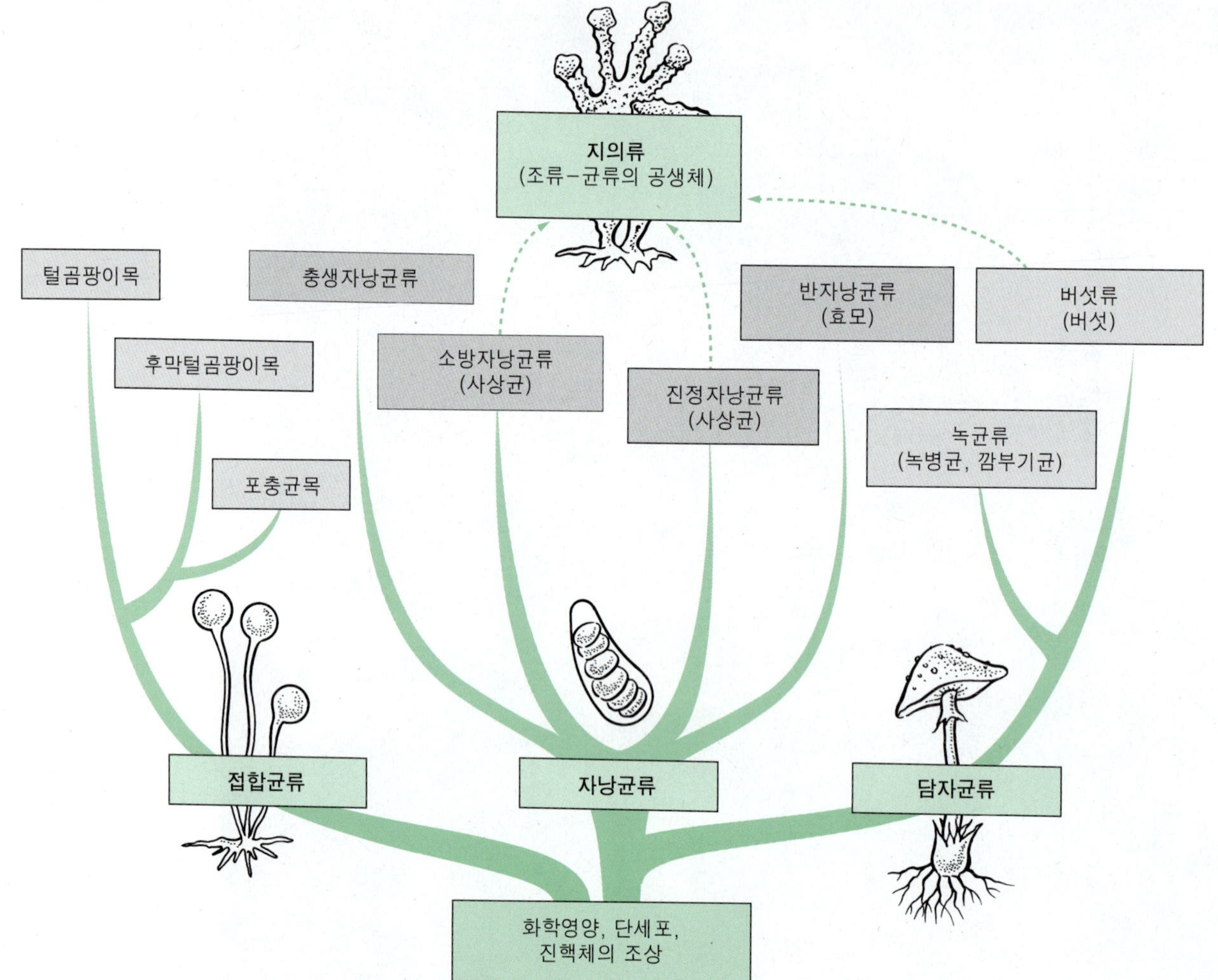

그림 14-29 편모가 없는 균류인 3개의 아문인 접합균류, 자낭균류, 담자균류의 계통유연관계에 대한 추정. 네 번째 분류군인 불완전균류는 약 25,000종으로 구성되어 일반적으로 잘 알려진 *Penicillium* 등을 포함하고 있다. 학자들은 불완전균류 중의 일부는 자낭균류나 담자균류에서 기원되었을 것으로 믿고 있다. 이러한 편모가 없는 균류 외에, 난균류와 호상균류를 포함하는 편모를 가지는 종류와 별도로 분류되는 변형균류가 있다. 본문에서 서술된 바와 같이, 분자생물학적 분석은 균류의 계통을 풀기 시작하였다. (Margulis, L and K. V. Schwartz, 1998. *Five Kingdoms: An Illustrated Guide to the Phyla of Life on Earth*, 3rd ed. W. H. Freeman, New York에서 각색)

균류는 셀룰로오즈를 소화시킨다. 대부분의 분류방식은 균류를 아메바성 세대를 지니는 변형균류(진성점균류와 세포성점균류로 이루어진 Myxomycetes)로부터 분리하지만, 균류와 세포성점균류는 공통된 조상을 가지는 것으로 간주하고 있다.

다른 제안에 의하면, 초기의 균류는 무기황이나 질소를 에너지로 사용하는 화학영양의 편모를 가진 세포와 공통 조상을 가진다. 균류로 변화된 화학영양체들은 이전의 생물체에 의하여 합성된 영양분에 의존하는 부생의 형태로 진화되었다는 것이다. 균류의 세포가 진핵이라는 사실로 인하여 일부 학자들은 어떤 중간 단계의 과정이 원생동물과 비슷한 형태를 거쳐 일어났다고 제안하기도 하였다. 살아 있는 숙주에 기생하는 상태를 채택하게 되어 초기의 수생 균류(아마 현재의 난자균류 및 호상균류와 관련된)가 육상식물의 숙주 조직 안에서 건조한 상태를 견디어 낼 수 있게 되었고, 궁극적으로 공기 중에 산포하는 포자를 형성하는 현재의 형태로 진화되었을 것이다(**그림 14-29**).[13]

화석적 기록의 해석에 따른 일부 견해에 의하면, 어떤 균류 집단이 선캄브리아기에서 성공적으로 일어났으며, 그들로부터 고생대 말기에 이르러서는 현재 관찰되는 대부분의 형태로 이미 진화되었던 것으로 추정된다(**그림 14-30**). 균류의 외형적인 모

[13] 200종에서 6개의 유전자에 대한 최근 포괄적인 분석에 의하면 유영에 사용되는 포자의 편모는 균류의 진화과정에서 독립적으로 4 차례 소실된 것으로 추정된다. 편모의 소실은 포자의 전파를 위한 새로운 기작의 진화를 수반하게 되었다(James et al. 2006). 담자균류와 자낭균류는 *Dikarya*(이핵체)로 묶이고, 이들은 생활사의 일부분 중에 2개의 핵을 가지는 세포 시기가 있다.

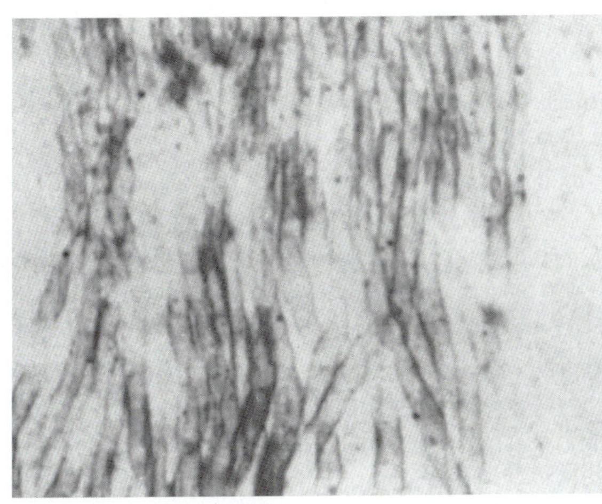

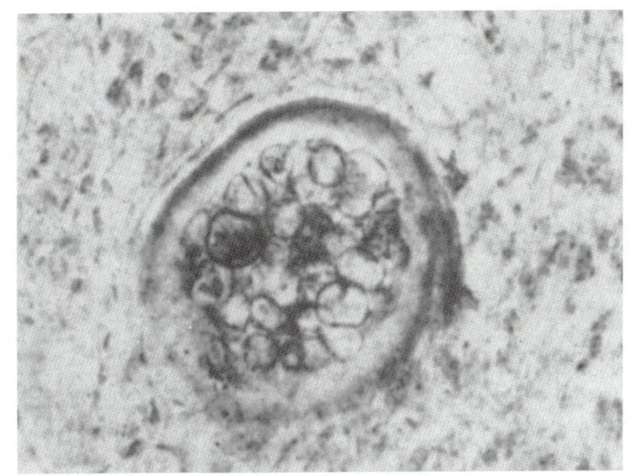

그림 14-30 데본기 균류의 일종인 *Palaeomycesgordonii*의 여러 부위 화석. (좌) 균사. (우) 포자. (T.N. Taylor, 1981. *Paleobotany*. The McGraw-Hill Company의 허가하에 재인쇄)

양이 별로 변화되지 않았더라도, 기생 균류는 현재에도 매우 활발하게 유전자 수준에서 진화가 일어나고 있는데, 이를 숙주와 기생 생물 간의 일종의 무기 경쟁이라고도 한다. 숙주의 새로운 유전적 변이체는 균류 기생체에 대한 저항력을 제공하게 되지만, 이는 균류의 유전적 변이체가 더욱 높은 빈도로 나타나게 함으로써 다시 숙주를 감염시킬 수 있게 된다.

Darwin 이전에는 식물학자들이 종종 균류는 일종의 조류로 받아들여, 분지하는 실모양의 사상체로 운동성을 가진 조류와 비슷한 유주자를 형성하는 **엽상식물문**으로 조류와 함께 하나의 문으로 처리하였다. 「**종의 기원**」이 출간된 이래, 식물학자들은 균류의 조상을 조류, 특히 홍조류에서 찾고자 하였다. 그들은 균류가 조류에서 광합성을 담당하는 엽록체가 소실되어 기생이나 부생하게 되었을 것으로 믿었다. 균류와 조류 간의 유사성(세포벽의 존재, 비운동성)은 동일한 조상에서 유래된 것보다는 수렴에 의한 결과로 비롯된 것으로, 학자들은 다른 가설을 내세우고 있다. 무게가 실리는 가설은 균류는 동물계의 자매군으로 동물과 깃편모충과 같은 조상을 공유한다는 것이다(글상자 12-4 참조). 균류가 식물보다는 동물에 더 가깝다는 사실은 다음 장의 주제가 되는 동물의 기원에 대한 이해를 넓혀갈수록 과거의 개념이 변화하게 되는 것 중의 하나라고 할 수 있다.

주요 용어

관속식물(vascular plants)
관속식물문(Tracheophyta)
건조(desiccation)
균류(fungi)
균사(hyphae)
균사체(mycellium)
기생(parasitism)
꽃(flowers)
나자식물(gymnosperms)
단자엽식물(monocotyledons)
대형포자(megaspores)
동형포자성(homospory)
배우체(gametophytes)
배젖(endosperm)
부생(saprophytic)
석송류(club mosses, lycopods)
선태류(bryophytes)
세대교번(alternation of generation)
소형포자(microspores)
쌍자엽식물(dicotyledons)
양치식물(ferns, lycopods)
엽상돌기설(enation theory)
원나자식물(progymnosperms)
원중심주(protostele)
유배식물(embryophytes)
이형포자성(heterospory)
자가불임 대립인자(self-sterility alleles)
자가불화합성 대립인자(self-incompatibility alleles),
저서생활(benthic)
조류(algae)
종자(seeds)
종자양치식물(seed ferns)
중복수정(double fertilization)
큐티클(cuticle)
텔롬설(telome theory)
포자(spores)
포자낭(sporangia)
포자체(sporophyte)
피자식물(angiosperms)
화분(pollen)

토의 및 질문

1. 어떤 근거에서 육상식물이 조류에서 기원되었다고 주장되는가?
2. 유성생식과 감수분열
   a. 감수분열로 인하여 유성생식 생물체가 가지는 이점은?
   b. 생물체가 다세포로 이루어짐으로써 감수분열에 의하여 유전적 변이가 증가하게 되는 이유는?
3. 세대교번
   a. 식물에서의 배우체-포자체 세대교번은 어떻게 설명될 수 있는가?
   b. 다세포성 배우체 세대가 식물에서는 존재하고, 동물에서는 존재하지 않는 이유는?
4. 초기의 육상식물의 잎, 포자, 유관속에서 일어난 진화상의 주된 변화는 무엇인가?
5. 종자의 기원을 설명할 수 있는 식물학적 근거는 무엇인가?
6. 피자식물

a. 피자식물의 특징은 무엇이며, 이 특징들로 인한 적응상의 이점은 무엇인가?

b. 피자식물의 기원에 대하여 어떠한 가설들이 제시되고 있는가?

7. 균류의 기원과 진화에 대하여 어떠한 가설들이 제시되고 있는가?

추천 읽을 거리

Alcock, J., 2006. *An Enthusiasm for Orchids: Sex and Deception in Plant Evolution.* Oxford University Press, Oxford, UK.

Crepet, W. L., 2000. Progress in understanding angiosperm history, success, and relationships: Darwin's abominably "perplexing phenomenon." *Proc. Natl. Acad. Sci. U.S.A.,* **97,** 12939-12941.

Darwin, C., 1862. *On the Various Contrivances by Which British and Foreign Orchids Are Fertilized by Insects, and on the Good Effects of Intercrossing.* Murray, London, UK.

Gensel, P. G. and D. Edwards, (eds), 2001. *Plants Invade the Land: Evolutionary and Environmental Perspectives.* Columbia University Press, New York.

Hughes, C. and R. Eastwood, 2006. Island radiation on a continental scale: Exceptional rates of plant diversification after uplift of the Andes. *Proc. Natl. Acad. Sci. U.S.A.,* **103,** 10334-10339.

Kenrick, P. and P. Davis, 2004. *Fossil Plants.* Natural History Museum, London.

Louis, L. A. and R. M. McCourt, 2004. Green algae and the origin of land plants. *Am. J. Bot.,* **9,** 1535-1556.

Margulis, L. and K. V. Schwartz, 1998. *Five Kingdoms. An Illustrated Guide to the Phyla of Life on Earth,* 3rd ed. Freeman, New York.

Mauseth, J. D., 1998. Botany: *An Introduction to Plant Biology,* 2nd ed. Jones and Bartlett, Sudbury, MA.

Niklas, K. J., 1997. *The Evolutionary Biology of Plants.* University of Chicago Press, Chicago.

Stewart, W. N. and G. Rothwell, 1993. *Paleobotany and the Evolution of Plants,* 2nd ed. Cambridge University Press, Cambridge, UK.

Thompson, J. N., 2005. *The Geographic Mosaic of Coevolution.* The University of Chicago Press, Chicago.

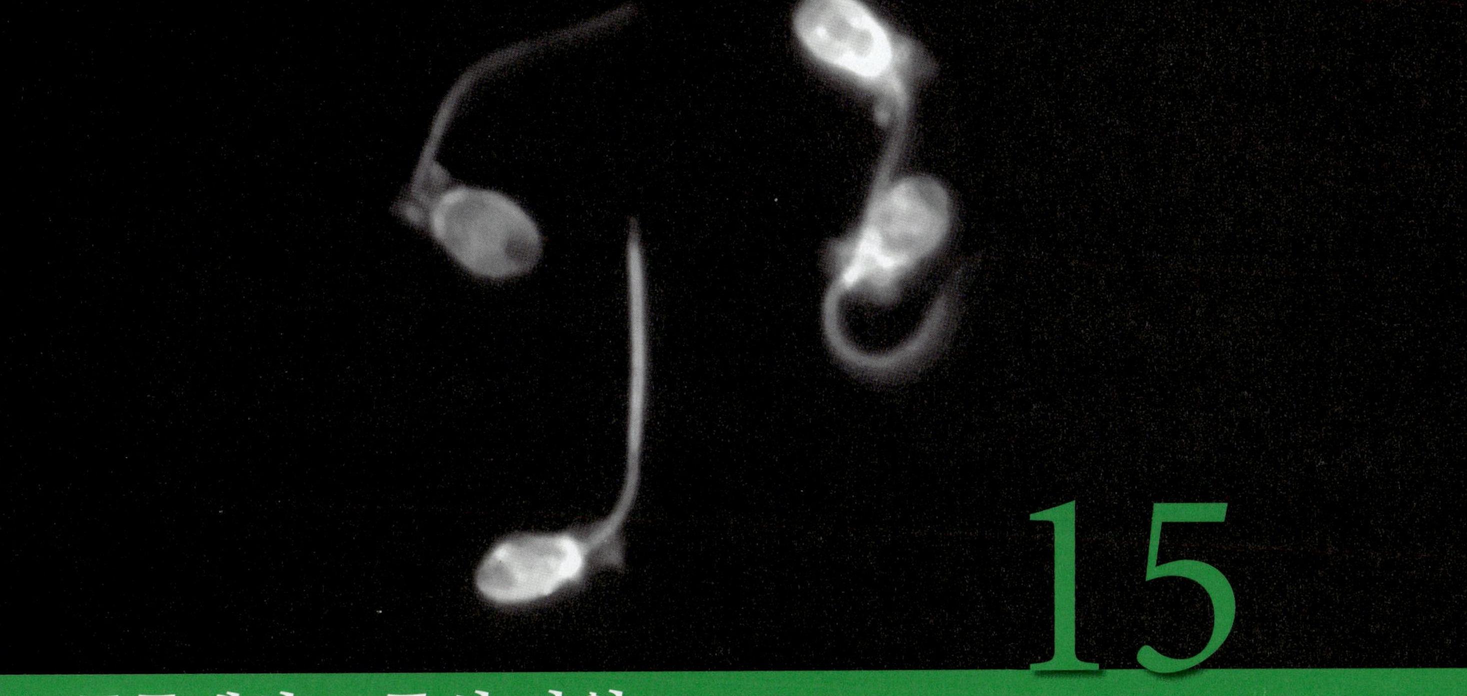

15 동물계와 그들의 기원

요약

에디아카라 화석으로 알려진 대단히 흥미롭지만 불가사의한 선캄브리아기 생물들은 납작하거나 혹은 분명한 기관이나 부속지, 입, 항문 등이 없으며, 잎의 모양처럼 생겼음을 화석을 통해 알 수 있다. 그러나 어떤 화석들은 그 길이가 2 m까지 된다. 다양하게 독립된 계를 가지는 Vendozoa계와 Rangeomorpha계는 복잡한 생태계를 형성했지만, 이들은 캄브리아기 초기에 사라졌다. 후생동물과 어떤 관계가 있는지는 아직 풀리지 않는 문제로 남아 있고 실제로 관계가 있지 않았을 수도 있다.

약 5억 4천5백만 년 전 캄브리아기 초기에 다세포생물의 폭발적인 방사가 있었고, 이는 화석자료로 남아 있다. 비록 오래 전의 생물은 딱딱하지 않은 몸체를 가졌다는 증거가 있지만, 보호를 위해 외골격이 발달했다는 것이 캄브리아기 화석을 통해 밝혀졌다. 문(phylum)과 그에 속해 있는 생물들의 몸의 형태의 기원은 활발히 연구되고 있는 분야이며, 버제스 혈암의 동물상이 전형적인 예이다. 완전한 구조를 가진 생물들의 출현은 그들의 조상에 대한 의문과 왜 후생동물들이 캄브리아기 초기에 빠르게 방사되고 다양화되었는지에 대한 의문을 만들었다. 이에 대한 설명으로는 대기 중 산소의 생산과 지질학적 특징의 진화가 같이 거론된다. 또한 생물체가 발생하거나 살아가는 것을 막는 눈덩이 지구 이론이 생겼고, 유전자 조절의 다양화와 종속영양성인 메뚜기가 자가영양집단을 잡아 먹음으로써 포식자-먹이의 상호 진화가 일어나는 것과 같이, 새로운 생태적 지위가 생겨났다. 원핵생물의 발생 후 10억 년 동안 후생생물의 극적인 출현은 많은 의문을 만들어냈다: 후생생물과 원핵생물에는 어떤 관계가 있는가? 후생동물이 원생생물로부터 기원한 것인가? 다세포성의 중요성과 장점은 무엇인가? 많은 다세포화가 일어남으로써, 다세포성은 세포의 분화와 섬모세포를 가진 후생생물이 더 크고 양방향 대칭인 섬모를 가지도록 진화한 것과 같이, 좀 더 효과적인 먹이 채집을 가능하게 했다.

종속영양성 원생생물이 다세포성 동물로 진화했다는 것에 대한 여러 가설들 중 가장 오래된 두 가지 가설이 있다. 이 두 가설은 모두 후생생물의 배아 발달과정의 이해에 따른 것이다. 하나는 Haeckel에 의해 1874년 발표된 편모를 가진 집단을 이루어 사는 원생생물이 **양방향 대칭성**이 되고, 낭배모양의 구조를 형성하는 낭배동물과 같이 소화를 위한 세포에 함입부가 생겼다는 가설이다. 또 다른 하나는 후생동물의 유충에서 발생하는 것처럼, 플라눌라 유생과 같이 공모양의 세포가 내부의 소화세포와 외부의 운동세포로 분화한다는 가설이다. 13장에서 논의하였듯이, 많은 유전자들은 체절화된 또는 체절화되지 않은 동물에서 역할을 하고 있으며, 상동 염기서열, 유사 연결 순서와 심지어 유사한 발달 대상을 공유한다. 발생단계의 비교를 위한 유전적 분석은 이러한 변화 기능과 어떤 관계가 있는지와, 이러한 변화가 진화단계 동안 어떻게 선택되고 전달되는지에 대한 발생 변화의 여러 형태들의 깊은 이해를 제공하고 있다.

우리는 16~18억 년 전의 단세포 진핵생물의 화석들을 추정하거나, 21억 년 된 진핵조류의 화석들이 있다고 주장하지만, 사실 다양하고 더 복잡한 다세포생물들은 이보다 늦은 10억 년 전에 지구상에 나타났다[1].

■ 다세포생물의 발생

우리는 여전히 어떤 변화들이 다세포동물(**후생동물, metazoans**)의 출현을 이끌었는지 알 수 없지만, 약 5억 4천 5백만 년 전의 선캄브리아기 초기까지 다양하고 골격화된 많은 생물체들이 나타났다. 비교적 짧은 지질시기 동안, 다세포 진핵생물들의 폭발적인 분화로 인해 많은 독특하고 다양한 체형이 보여진다(**그림 15-1~15-3**). 에디아카라 생물체와 후생동물 사이의 관계가 밝혀지기 어렵고 존재하지 않을 것이라 생각되어 왔지만(**글상자 15-1**), 완전히 다른 다양하고 정체를 알 수 없는 또 다른 생물군, 즉 **에디아카라 동물군**(Ediacaran fauna)(**그림 15-4**)은 선캄브리아기 초기와 캄브리아기 초기에 출현했다.

이번 장에서는 많은 불확실한 사실들이 있음에도 불구하고, 생물체와 그들이 살고 있는 환경과 기후 조건에 관련된 일련의 사건들에 대한 몇몇 가능한 설명들을 요약하였다. 우선 공인된 캄브리아기 동물군, 버제스 혈암의 화석들에 대해 먼저 살펴보자.

■ 버제스 혈암 동물상

많은 다양한 후생동물의 체형이 캄브리아기 시대의 시작부터 알려져 있다(그림 15-1). 이러한 체형이 캄브리아기 말기에 모두 살아남지 못하고, 환경에 덜 적합한 구조를 가진 생물체들은 멸종과 함께 사라졌다고 생각하고 있다. 보존된 캄브리아기 생물체들 중 가장 잘 알려진 형태는 캐나다 브리티시 콜롬비아주에 위치한 요호 국립공원의 버제스 혈암의 160m에서 20km 이상 깊이에 있는 석회암초에 있다. 버제스 혈암 동물상에 있는 동물들은 독립적으로 진행된 진화현상은 아니지만, 캄브리아기 초기에서 중기의 일반적 상황을 대표할 수 있다. 적어도 12개의 다른 지점들에서는 체형이 동일한 범위의 동물들을 포함한다. 이는 펜실베니아, 북그린랜드, 중국, 스페인, 폴란드 그리고 중국의 첸지앙의 동물군을 포함한다[2].

버제스 혈암은 1909년에 워싱턴 D.C.에 있는 스미스 소니언 협회의 비서인 Charles Doolittle Walcott(1850~1927)에 의해 발견되었고, 1911년과 1926년 사이에 그에 의해 설명되었지만, 버제스 혈암이 124속, 140종을 포함한다는 사실은 1960년대 말의 조사에서야 드러났다. 속(genera)의 1/3을 넘는 수가 절지동물(특히, 삼엽충)이다. 그러나 해면동물, 완족동물, 다모류 동물, 극피동물, 자포동물, 연체동물도 모두 나타났다. 그래서 고생물학 외에도 버제스 혈암 동물군의 학명이 잘 알려져 있다.; *Marrella splendens*와 *Nanadapsos perfecta*(절지동물)과 *Hallucigenia sparsa*(그림 15-3)는 일반인들에게도 친숙하다. 일부 종들은 매우 많은 표본들을 갖고 있으며, *Marrella splendens*는 적어도 15,000개의 표본이 알려져 있다. *Pikaia gracilens*종은 인간이 속하는 척추동물로 이어지는 첫번째 척삭동물일지도 모른다. 캄브리아 초기 척삭동물일 가능성은 중국 윈난성 첸지앙에서 초기 캄브리아기에 형성되고, 버제스 혈암보다 천만 년 정도 오래된 2개의 잠재적인 척삭동물 조상인 *Cathaymyrus diadexus*와 *Yunnanozoon lividum*의 발견으로 인해 더 커졌다.

[1] 10~20억 년 전 화석에 대한 정보는 Mendelson(1993), Han and Runnegar(1992), Knoll(1992) 참조.

[2] 버제스 혈암에 대한 정보는 Conway Morris(1989, 1998a), Briggs et al.(1992), Gould(1989), Hall(1999a), 중국의 첸지앙 동물상에 대한 정보는 Hou 등(2004)를 참조.

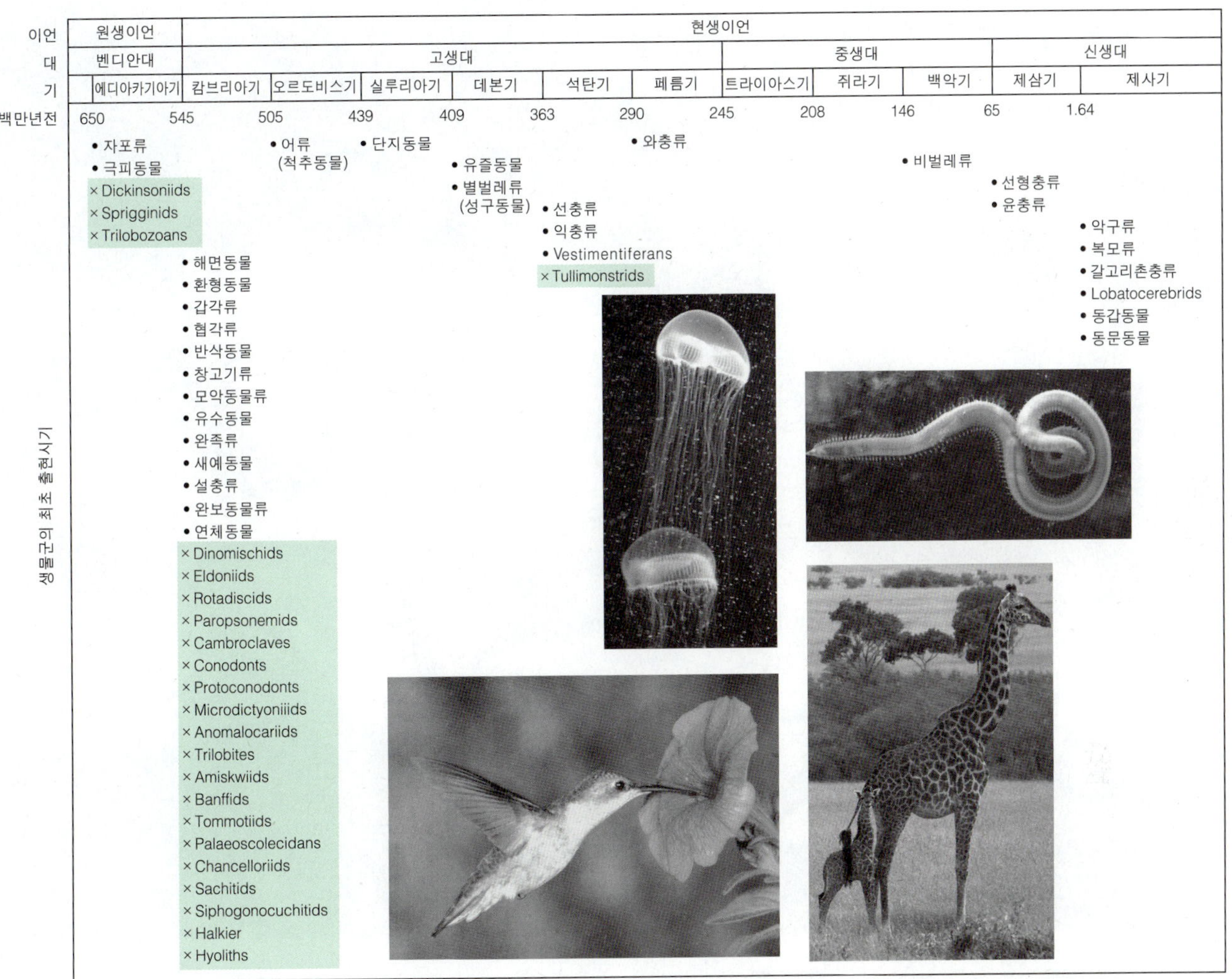

그림 15-1 다양한 주요 후생동물군이 화석 기록에 최초로 나타난 지질학적 시기. 까만 작은 동그라미는 현존하는 후손들이 있는 분류군을 표시하나, 그 선조들은 오래 전에 멸종되었다. x로 표시된 박스의 무리는 살아 있는 후손들을 알 수 없는 멸종된 목이나 문의 분류군들을 나타낸다. (Conway Morris, S., 1993. The fossil record and the early evolution of the metazoa. *Nature*, **361**, 219–225.와 Conway Morris, S., 1998. *The Crucible of Creation: The Burgess Shale and the Rise of Animals*. Oxford University, Oxford, England.로부터 얻어낸 자료에 근거함.)

독특한 체형이 문의 특징으로 규정되었을 때, 문과 같은 분류군으로 생물체를 분류한 것은 최근의 일이다. 전제조건으로:

- 생물체가 이미 현재의 문의 범위를 규정하는 특징들로 진화해 왔다;
- 형태적 차이가 우리가 1개의 문에 한 개체를 할당할 수 있고, 또 다른 문에 할당할 수 없는 정도로 문을 나눈다;
- 조상그룹(stem group)은 더 이전의 형태(earlier forms)들을 추구해야 한다.

고생물학자이자 순고생물학자인 David Raup(1966)는 삼차원적인면에서 생물체의 형태를 구성하기 위한 접근법을 개발했다. 그런 후, 그는 이를 각각의 축을 따라서 생물체의 다른 특징을 가진 입방체를 나타내는 morphospace라 명명하였다(**그림 15-6**). 즉, 만약 모든 형태들이 가능하다면, 그 입방체, 즉 morphospace는 채워질 것이다. morphospace의 오직 한 부분에만 사용된 형태적 특징이 한 집단만 가리키는 것이 가능하다면, 그 특징은 적응하고 살아남는 것이 가능하다. 껍질을 가진 무척추동물(이매패류, 완족류, 두족류, 복족류)에 대한 Raup의 분석은 그들의 알려진 형태집단이 morphospace의 한 부분에 위치한다는 것을 보여 준다(그림 15-6). 그러나, 확실한 결론은 모든 형태들이 가능하다는 것은 아니다. morphospace의 비워진 부분은 불가능한 형태들, 적응하지 못한 형태들, 생물체들의 집단들 사이의 차이나 형태의 제한을 나타낸다고 할 수 있다. Hall(2002)은 이 접근법을 요약했다.

캄브리아기 때의 기록이 남아 있는 종을 비교할 때, 더 어려운 점은 우리가 잘 알려진 종에 기준을 두는 것이다. 형태를 기준으로 하는 고생물종은 생식적 격리를 기준으로 하는 생물학

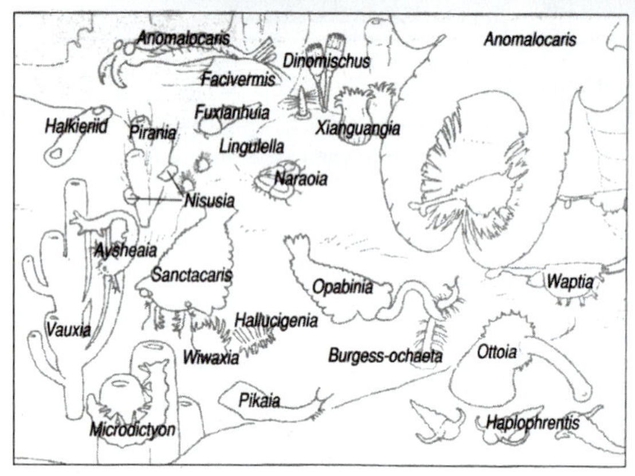

그림 15-2 캐나다의 브리티시 콜롬비아주에 있는 중기 캄브리아기의 버제스 혈암에 있는 몇몇 이국적인 형태를 포함하는 다양한 캄브리아기의 동물들. 대부분은 삼엽충류(*Naraoia*) 등 절지동물들이다. 해면동물을 먹고 사는 *Aysheaia*는 원시 절지동물 계통이라 생각되며, 유조동물(비단벌레)과도 관련된다. *Pikaia*는 추정상의 척삭 및 어류와 유사한 지그재그형의 근육을 가지고 있었으며, 유사한 척삭동물로 발견된 첫번째 화석으로 척추동물의 조상이라고 여겨진다; 더 자세한 연구는 아직 공개되지 않았다. 이들과 다른 버제스 혈암 동물들의 생활양식은 Conway Morris가 기재하였다(1998a). (Erwin, D., J. Valentine, and D. Jablonski, 1997. "The origin of animal body plan." *The American Scientist*, 85, 126–137.에서 인용 D. W. Miller의 허가하에 재인쇄)

적 종도, 진화적 종도 아니다(조상과 후손 개체군의 연속; 11장).[3] Conway Morris는 이 문제들을 해결하는 우리의 능력에 대하여 매우 비관적이었다:

> 문 수준에서 그들의 체형의 정의와 불가분의 관계에 있는 개념인, 생물학적 실재론이 주장되었다. 현생대의 대부분 기간 동안, 문(그리고 강)의 지위는 분류학적 재지정과 재분류의 끊임 없는 과정의 한 고정된 부분으로서 쉽게 변경되지 않았다. 그러나 캄브리아기의 방사 때문에 그러한 법칙이 무너지기 시작하고 분류 기준이 타당성을 잃었다(1989, p.345).

[3] 종(species) 종류에 대한 논의는 Simpson(1961), Conway Morris(1989), Hall(199a), Levinton(2001) 참조

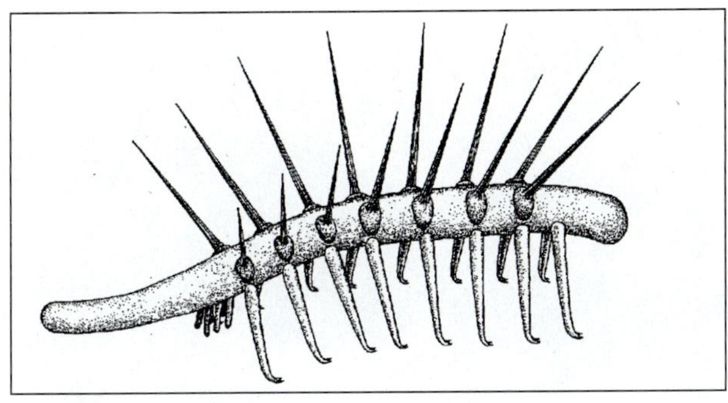

그림 15-3 버제스 혈암으로부터 발견된 *Hallucigenia sparsa*의 재구성은 유조동물 또는 초기 절지동물과 연관있다고 생각된다. (Ramsköld, L. and X.-G. Hou, 1991. New early Cambrian animal and onychophoran affinities of enigmatic metazoans. *Nature*, 351, 225-228.에서 각색)

체형의 대부분이 선캄브리아기에 나타났다. 왜 그렇게 많은 동물의 체형이 선캄브리아기에 나타났고, 그 후 진화가 거의 일어나지 않았나?

캄브리아기의 "폭발"

캄브리아기의 생물체의 다양성은 많은 새로운 생태학적 기회들이 다양한 방법으로 진화하는 능력을 갖는 생물체들을 가능하게 만드는 적응 방산을 보여 준다(그림 15-2). 이러한 환경은 빠르게 포화상태가 되어 왔기 때문에, 멸종이 일어났을 것이다; 다른 기간 동안은 선택적 그리고 우발적인 요인들 둘 모두가 멸종 또는 생존과 적응에 영향을 주었다.[4]

다양하지만 중복된 특징들을 갖는 많은 집단들 사이에 이용 가능한 자원들에 대한 생존경쟁은 그들 사이의 자연선택을 이끌어 냈다. 환경적인 기후와 같은 우발적인 요인들은 '가장 적합한 생존'과 '가장 운 좋은 생존' 두 가지를 조절하면서, 멸종하기 쉬운 구성원, 서식, 생활양식을 가진 집단에 심각한 영향을 줬다. 많은 생물학자들은 가장 최근에 생긴 문에 속하는 다세포생물의 계통이 다양한 방법으로 캄브리아기 방사에서 생존하여 더 넓은 범위의 체형을 조절함으로써, 성공적으로 경쟁할 수 있다고 생각했다; 처음의 체형들은 나중에 나타난 체형을 위한 기회들을 제한했다. 원시적인 다세포생물 형태인 편형동물과 같은 몇몇 집단들의 화석의 부재는 화석화될 수 있는 상피세포의 각피층이 부족하기 때문이라고 설명할 수 있다.

비록 조상의 연관관계가 불분명하지만, 캄브리아기에 출현한 골격화된 일부의 생물들은 선캄브리아기 생물들로부터 완전히 새롭게 적응 방산되었음을 보여 준다. 상당한 양의 뉴클레오타이드 염기서열 자료들에 의한 진화적 분자시계는 캄브리아기의 주요 생물군들 간의 분기가 7억 년 이전부터 이미 시작되었음을 시사하고 있다(Ayala 등, 1998; Valentine, 2004). 캄브리아기 동안, 앞서 나타난 골격이 없는 생물들이 단단한 부위가 생기고 무기질 골격을 가지는 변형을 보였다. 단단한 무기질의 골격들은 근육의 발달에 영향을 주거나, 기관을 지탱하고, 아가미와 여과기관을 덮어 주고, 보호 패각과 가시가 되었다. 캄브리아기의 다른 조건에서와 마찬가지로, 조직의 무기질화를 유도한 요인들은 아직도 알지 못한다. 아마도 캄브리아기의 온난화가 무기질화를 촉진하였다고 생각된다. 아니면 광합성을 통하여 충분히 축적된 대기의 산소가 무기질화를 유도하고, 후생생물의 결합조직 단백질(콜라겐)의 산소 의존적 합성을 활성화시켰다고 볼 수도 있다.

캄브리아기의 폭발의 설명

산소

40년 전에는 호기성 대사를 하는 후생동물의 진화는 아마 현재 대기 산소의 1%에 해당하는 대기 중의 산소를 필요로 한다고 생각했다. 지금은 조류에 의해 만들어지는 유리 산소가 캄브리아기보다 10억 년 전 또는 그 이전에 존재했다는 것을 안다.

Knoll(1992)에 의하면, 배 발달의 새로운 더 복잡한 조절들과 관련하여 비록 원생대의 산소 압력이 낮았다고 하더라도, 선캄브리아기 동안 배 발달의 더 새롭고 복잡한 조절들과 관련하여 큰 다세포 후생동물들의 진화적 폭발을 유도했을 수도 있는 산소의 주된 증가에 대한 몇몇 증거들이 존재한다. Ohno(1996)는 캄브리아기 초기 산소를 이용할 수 있는 동물들은 콜라겐을 교차결합하기 위해 산소를 이용하는 리실산화효소에 대한 유전자, 산소분자를 나르는 헤모글로빈, 방향의 축을 따라 몸의 형태의 방향을 결정하는 호메오박스 단백질을 포함하여 일련의 공통 유전자들을 가진다고 주장했다(13장 참조).

확실히 오존 방어층을 형성하는(5장 참조) 산소 덕분에 다세포동물들은 얕은 물이나 다양한 지구 표면에서 급속도로 방사 진화하며 증가하였으며, 아울러 골격화와 연조직 적응의 기회를 가졌다.

Fenchel과 Finlay(1994)는 혐기성 대사는 낮은 에너지 효율을 가지며, 그로 인해 생물량 생산성이 낮아지기 (10% 생장률) 때문에 큰 생물체의 진화를 위해 산소가 있는 환경이 필요했다고 제안했다(그러나 몇몇 rangeomorph들은 길이가 2미터에 이른다는 것을 상기하라). 혐기성 대사는 유기물을 섭취하는 세균에서 세균을 섭취하는 단세포 진핵생물까지의 2단계로 먹이사슬을 제한하였다. 반대로, 유산소 환경에서 에너지 생산 효율은 4배 이상으로, 먹이사슬에서 추가적인 단계를 허용할 만큼 충분한 생물량을 생산하며, 이로 인하여 상위 단계로 갈수록 개체 수는 감소되지만 각 단계마다 형태적 크기가 증가된다. 비록 생리학

[4] 캄브리아기 생물상에 대해서는 Conway Morris(1998a, b), Schulter(2000), Seldon and Nudds(2004) 참조.

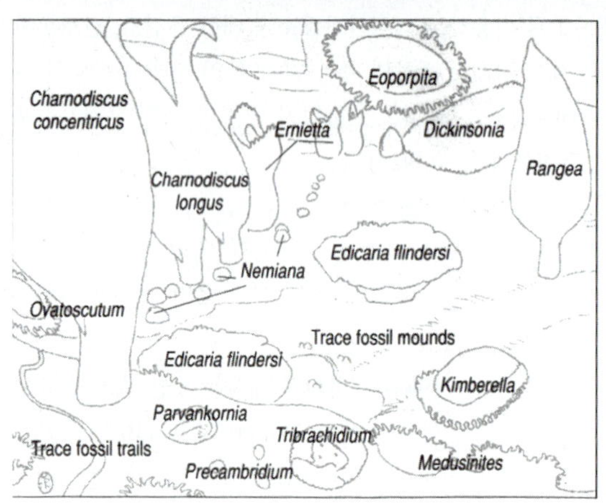

그림 15-4 남 호주를 비롯한 전 세계 10군데 이상의 에디아카라 조간대 지층에서 발견된 다양한 연성 동물군. 이들은 대부분 캄브리아기 이전 약 5억 4천 5백만 년에서 6억 5천만 년 전에 출현하였다. *Edicaria*와 *Charniodoscus*와 같은 화석들의 일부는 현생 해파리와 바다조름 등의 자포동물과 유사한 반면, 일부는 체절이 있는 환형동물(*Dickinsonia*), 극피동물(*Tribachidium*), 연체동물들(*Kimberella*)과 상당히 흡사하다. (Erwin, D., J. Valentine, and D. Jablonski, 1997. "The origin of animal body plan." *The American Scientist*, 85, 126–137. 로부터. D. W. Miller의 허가하에 재인쇄)

자들은 대사율이 몸의 질량과 1 대 1로 비례하지 않고, 3/4의 힘($M^{0.75}$)을 낸다고 일반적으로 여기지만, 대양과 해양 생물체들 사이의 크기 비례는 다양하고, 유생에서는 크기 비례가 1 대 1에 가깝지만 성체에서는 $M^{0.75}$인 것처럼 생활사 동안 다양할 수 있다; 즉 또 다른 특징처럼 대사와 대사율은 진화적인 변화의 대상이다 (Glazier, 2006).

지질학적 조건

산소 농도의 변화는 캄브리아기의 폭발의 **많은 가능한 원인들 중 하나**일 뿐이다.

글상자 15-1 에디아카라 화석군(The Ediacaran Fauna)

캄브리아기의 단단한 껍질로 쌓인 동물들이 급증했던 이유가 무엇이던, 선캄브리아기의 사우스오스트레일리아의 에디아카라층(에디아카라 화석군이라 알려진)과 최근 세계의 여러 지역의 퇴적층에서 발견된 단단하지 않은 몸을 가진 생물의 화석이 후생생물의 기원의 이해를 바꿔놓았다. 미국의 뉴펀들랜드의 Mistaken Point에 있는 화석은 가장 오래된 에디아카라 화석군을 만든, 우라늄-납 연대측정법을 통해 5억 6천 5±3백만 년 전이라는 것을 알아낸, 두꺼운 화산재의 아래에 보존되어 있고, 이는 선캄브리아기의 생태계에 대한 많은 정보를 제공한다.

그림 15-4에서 보여지는 것과 같이, 일부 에디아카라 화석은 해파리와 바다조름과 같은 자포동물과 닮았다. 또 다른 화석은 분절된 환형동물, 연체동물, 극피동물과 유사하다. 에디아카라 화석이 생물의 다양한 계통을 나타낸다는 결론은 러시아 백해의 에디아카라 동물군 중 킴베렐라에 의해 강하게 지지되고 있다. 포배 모양의 생물인 킴베렐라는 연체동물 또는 관련된 무척추동물의 공통 조상일 것이다.[a]

고생물학자들은 어떠한 에디아카라 화석에서도 현재 생물의 눈, 입, 항문, 장 또는 운동 부속지와 같은 기본적인 구조적 특징의 어느 것도 분명하게 찾지 못했기 때문에, 캄브리아기의 후생생물과 이러한 생물들의 관계를 이해하기 어렵다고 한다. Glaessner(1984)는 킴베렐라를 후생동물문의 대표로 제안했다. Seilacher(1989, 1992)는 킴베렐라를 Vendozoa계로 분리하고 다른 후생생물과는 관련이 없다고 생각했다. 특징의 부재는 보통 먹이 포획과 관계가 있고, 소화기관은 많은 에디아카라 동물들이 광합성에 의존적이거나 공생자 형태라는 제안을 이끌어냈다. Retallack(1994)는 대부분이 실제로는 규암퇴적물에 의해 압축되어 납작한 균류와 조류 사이의 공생관계인 지의류였다고 말했다. 다른 사람들은 이 관점에 대해 반박하고 있다.

오늘날 대부분의 흥미로운 주제는 rangeomorph로 분류되는 주된 그룹인 에디아카라 생물들의 분석에서 잎 모양의 반복에 근거한 반복적인 구조(modularity)를 예로 든 Guy Narbonne(2004)로부터 나왔다(**그림 15-5**). Narbonne은 rangeomorph가 후생동물인지 다세포성인 대표적인 진화 단계 생물인지에 대해 의견을 피력하는 것에 대해 신중하다. Rangeomorph는 1개 이상의 영양단계에서 복잡한 생태적 무리를 조직화했다. 그중 한 종인 *Charnia wardi*는 뉴펀들랜드의 캘버트 근처의 Drook Formation에서 발견되었고, 거의 2미터의 길이를 가지며, 5억 7천만 년~5억 7천 5백만 년에[b] 존재했던 가장 오래된 동물상 중 대표적인 종이다. 그들의 관련성이 무엇이든, 그들의 형태적인 차이는 이미 다양한 진화적 역사를 가지는 다양한 에디아카라 생물들이 캄브리아기 근처까지 존재했음을 보여 준다. 비록 일부는 캄브리아기에 살아남았지만 그들은 지금 멸종되었다. 왜일까? 우리는 모른다. 방어장치의 부재가 새로운 이동성 캄브리아기 포식자의 쉬운 먹이가 되도록 했을지도 모른다.

[a] Kimberella에 대해서는 Erwin et al. (1997)과 Erwin and Davidson(2002) 참조.
[b] rangemorphs와 다른 에디카라 화석종에 대한 정보는 Clapham et al. (2003), Narbornne and Gehling(2003), Brasier and Antcliffe(2004), Narbonne(2004) 참조.

그림 15-5 보여지는 크기(축척은 0.25cm)의 rangeomorph 엽상체와 반복적인 가지가 나오는 양상. (Guy Narbonne, 2004. *Science* 305: 1141-1144. AAAS의 허가하에 재인쇄)

이전의 일반적인 가설은 조산 운동과 같은 지질학적 과정들과 연관 있는 열과 압력 때문에 대부분의 생물 흔적들은 현생대보다 더 빠르게 지층에서 사라졌다고 주장했다. 이후에는 생물체가 담수계에서 대부분 진화되었다고 생각했다. 그러므로 화석은 근본적으로 해양 기원인 선캄브리아기 지층에서는 존재하지 않는다는 것이다. 그러나 원생생물과 선캄브리아기의 진핵생물체들과 같은 상당한 증거들이 있기 때문에 캄브리아기의 불연속은 실제인 것 같고, 단지 지질학적 변성작용이나 불완전한 화석화의 결과는 아닌 것 같다. 만약 나중에 나타난 후생 생물의 선캄브리아기 조상들이 없다면, 그것은 그 조상들이 몇 mm도 안 될 만큼 매우 작아서 화석화가 가능하지 않기 때문일 것이다.

캄브리아기의 폭발을 설명하는 다른 물리적 원인들은 기후와 환경의 막대한 변화를 초래하는 대륙의 이동에 기인한 해안선의 형태와 넓이의 변화를 들 수 있다(6장 참조). 빙하작용을 동반하는 해수면의 변화는 특히 "눈덩이 지구 가설(snow-ball Earth theory)"이 사실이라면, 같은 유사한 영향을 받았을 것이라는 사실은 의심할 바 없다(**글상자 15-2**). 몇몇 주장들은 심지어 달에 의한 조석현상을 제안한다. 확실성을 가진 어떤 생각들을 배척할 수

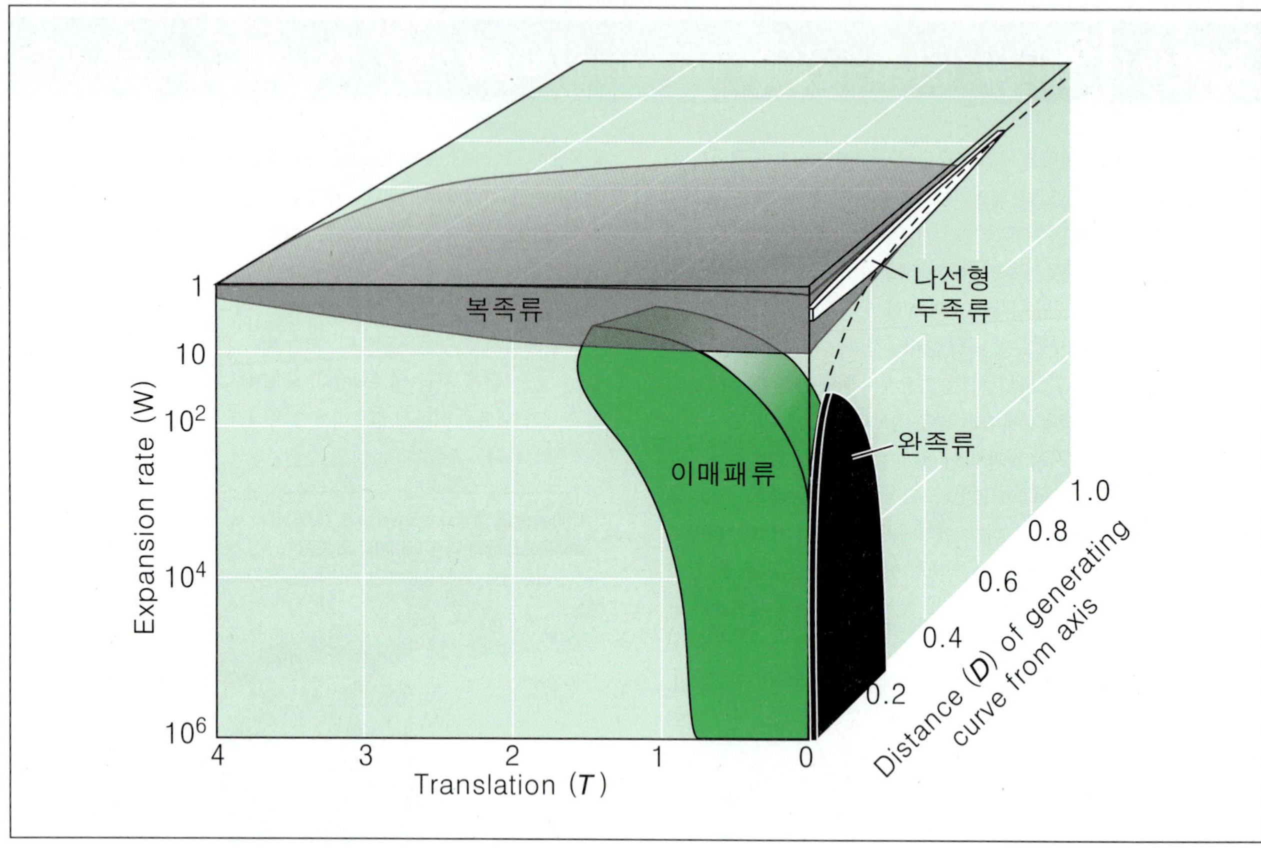

그림 15-6 이론상으로 존재하는 morphospace(3차원 공간으로 표시된)의 일부분에만 이매패류, 복족류, 완족류, 나선형 두족류의 껍질 형태가 속한다. 축은 껍질의 형태/성장에 대한 3가지 척도를 나타낸다. 축은 껍질의 형태/성장에 대한 세 가지 수치를 나타낸다. (Hall, B. K., 1999a. *Evolutionary Developmental Biology*, 2nd ed. Kluwer Academic Publishers, Dordrecht, The Netherlands; Raup, D. M., 1996. Geometric analysis of shell coiling에 의해 수정됨: General problems. *J. Paleontol.*, **40**, 1178–1190. 에서 각색)

없고, 각각은 후생 생물의 진화에 몇 가지 영향을 줄 수도 있다.[5]

유전자와 종의 수

생물학자들은 일반적으로 진핵생물 **유성생식의 유전적 변화**와 다세포 발생을 조절하는 **조절유전자**의 진화는(10장, 13장 참조) 해부학적 복잡성과 다양성을 촉진하였고, 이는 곧 캄브리아기 폭발을 유도하였다고 생각하고 있다. 이러한 의견은 선캄브리아기에 다세포생물종이 거의 존재하지 않았기 때문에, 그들의 기하급수적 증가는 캄브리아기 초기에 역치수에 도달한 후에 현저하게 돋보일 수 있었다는 가설을 더 할 수 있다. 마찬가지로, 이러한 생각들을 증명할 만한 어떤 자료들도 없으며 — 사실, 우리는 유성생식과 발생적 조절요인들이 캄브리아기 훨씬 이전에 존재했다고 주장할 수 있다. — 또한 어떤 종의 "역치수"를 산정할 만한 방법도 없었다.

수확(Cropping)

Stanley(1973)가 주장한 더욱 연구된 생물학적 원인은 **수확**(cropping)의 원리에 의존한다.

수확에서 포식자는 가장 풍부한 피식자들을 포식하며, 따라서 피식자들의 수는 감소하게 되고, 기존에 우점했던 피식자들이 독점하였던 자원을 다른 종들이 이용하게 된다. 예를 들면, 단 하나의 식물종이 우점했던 곳의 수확은 곧 다른 식물 종들에게 생태적 지위를 개방하여 과거에는 배제되었던 지역에서도 자라게 된다. 수확의 진화적 가치는 피드백 주기를 통하여 포식자들까지 확대된다. 피식종의 다양화는 포식종의 다양화로 이어졌다. 피식–포식 적응은 끊임없는 공진화적 생존 경쟁으로써 빠르게 확대되었다. 피식자의 보호장치에 대한 포식자의 적응과 포식자의 공격장치에 대한 피식자의 적응이 끊임없이 선택된다. 각각의 환경적 상호작용 속에서 새로운 적응 형태와 생존전략이 선택되었고 결과적으로 다양성이 촉진되었다.

일단 다세포 종속영양 **초식동물**들이 출현하게 되면, 겨우 한두 단계의 진화를 통하여 초식동물은 다시 **육식동물**로 되고, 이는 다시 육식동물을 먹는 육식동물이 되어서, 캄브리아기의 폭발적인 적응 방산을 유도하게 된다. 그러므로 포식으로부터 보호되는 정도에 따라 다양하지만, 딱딱한 외골격의 출현은 아마도 캄브리

[5] 이러한 관점에 대한 상술은 Valentine et al. (1991), Valentine(2004) 참조.

아기의 다양한 생물 종들에게 공통적인 기능을 제공하였을 것이다. 이 시기의 진행생물들이 유성생식법을 진화시켰다는 사실은 그들이 새로운 기능과 유용한 서식처를 다양화 할 수 있는 가능성을 증가시켰다.

선캄브리아기의 화석 기록은 이용 가능한 빛과 영양에 의한 제한요소에 통제 받지 않는 시아노박테리아 스트로마톨라이트의 광범위한 존재를 나타낸다(8장 참조). Stanley(1973)는 "우리는 일반적으로 독립영양 생산자로 포화되어 있고 생물학적으로 단순한 세상의 선캄브리아기의 모든 생산자를 상상할 수 있다."고 말했다. 수확이 없는 상태에서 새로운 조류 원핵생물들과 심지어 새로운 조류 진핵생물들은 이러한 지역을 먼저 차지하여 점유해야 했다. 원핵조류는 산성 환경에서 존재하지 않았다. 그것은 아마도 그들의 엽록체 분자들이 상대적으로 세포막에서 보호받지 못하였기 때문이다. 그리고 그러한 환경적으로 제한받는 지역은 진핵조류의 군체를 위한 첫 번째 기회가 제공된 것이라 생각한다.

매력적이기는 하지만, Stanley 가설의 대부분은 캄브리아기 직전에 효율적인 종속영양 수확자들의 새로운 출현을 전제로 하고 있으며, 이러한 견해에 대해 다른 연구자들은 동의하지 않는다. 종속영양 비광합성 생물체들은 선캄브리아기의 새로운 생물이 결코 아니었으며, 이미 생명의 기원시기 만큼이나 오래 전에 탄생하였다는 것이다. 그러나 캄브리아기 초기에 가장 작은 플랑크톤들을 먹었던 여과기를 갖는 갑각류들의 최근 발견은 효율적인 수확 생물들의 갑작스런 출현을 시사한다고 볼 수 있으며, 이들은 캄브리아기의 생물학적 증폭의 원동력이 되었을 것이다(Butterfield, 1994). 이 증폭의 단 하나의 원인도 아직 일반적으로 받아들여지지 않고 있으며, 캄브리아기의 변화는 아마도 여러 개의 복합적 상황에서 일어났을 것이다.

■ 단세포생물부터 후생동물까지

선캄브리아기의 후생동물의 선조들로부터 유래된 원시적인 체형은 캄브리아기 중기의 화석을 통해 보여졌다. 그들은 그 이후로 더 이상 존재하지 않는 일부의 외래적 생물종을 포함한다. 다세포 동물의 진화에서 첫 단계들은 무엇일까?

글상자 8-1(생물의 계와 영역)에서 살펴볼 수 있듯이, 5계 구성은 모든 **단세포 진핵생물**을 **원생생물계**로 분류한다. 이들은 (1) 먹이를 직접 섭취하는 **원생생물**, (2) **광합성 조류** 및 (3) 일부 **부생균**을 포함한다(14장 참조). 원생생물은 하나의 커다란 집단을 형성하고, 10만 종 이상을 포함한다; 가장 최근의 계통수에서 5계 또는 6계 중 하나로서 그들의 위치를 글상자 12-4에서 설명하였다.

진화적으로 원생생물의 조상은 오래되었고, 역사가 16~18억 년이나 된다. 후생동물과 원생생물과의 유연관계는 일반적으로 받아들여져, 16*S* rRNA[6] 염기서열 분석을 통해 분자적으로 지지되고 있다. 그리고 그 결과는 현존하는 생물 중 단세포의 황금편모류(둘둘 말린 스펀지 모양의 편모조류; 16장 참조)가 후생동물과 가장 근연의 생물군임을 나타낸다. 그러므로 원생생물의 다양한 유형과 이들이 다른 생물군에 영향을 미치는 여러 가지 요인들 이외에도, 원생생물은 초기 시원세포와 모든 다세포 진핵생물 사이의 필수적인 연결 고리이다.

8장에서 논의한 바와 같이, 현재 생물학자들은 원생생물이 내공생을 거쳐서 미토콘드리아, 엽록체 및 기타 기관들을 갖게 되었을 것이라고 생각한다. 이들 기관들과 더불어, 원생생물은 다른 진핵생물들과 많은 특징들을 공유한다. 즉, 핵막을 포함하여, 중앙에 2개의 미세소관을 9쌍의 미세소관이 둘러싸는 구조(9+2 배열)의 섬모(cilia)와 편모(flagella)를 갖는다.

모든 광합성 원생생물이 동일한 광수용색소를 갖는 것이 아니기 때문에, 광합성 원생생물이 진핵세포 안으로 한 번 이상 들어갔을 것이라고 주장하고 있다. 비록 진핵생물 안으로 엽록체가 들어가는 것을 설명하는 많은 내공생 과정은 여전히 물음으로 남아있지만, 대부분은 엽록체의 근원이 시아노박테리아라는 것에 동의한다. Delwiche와 그의 동료들(1995)은 단백질 합성 시 사용되는 신장인자 유전자인(*tuf*A)의 염기서열 분석을 통해 단계통의 시아노박테리아의 기원에 대한 자료를 얻어냈다.

이러한 내공생 과정을 거쳐서 완전히 독립영양인 원생조류가 생긴 반면에, 다른 내공생 과정을 통하여 독립영양으로부터 종속영양으로 바뀌는 유글레나와 같은 원생생물이 생겨났다. 엽록체가 원래부터 없었든 혹은 중간에 소실되었든 간에 엽록체의 부재는 종속영양의 원생생물 혹은 원생동물의 다양성을 증폭시켰다.

그림 15-7은 원생생물의 진화는 미토콘드리아와 이미 내공생의 관계에 있는 원편모류(protoflagellate)로부터 시작된다는 원생생물의 방사 모식도를 보여 준다. 이들의 영양 방식은 종속영양이며, 노출된 세포막을 통한 식세포 작용에 의존한다(Cavalier-Smith, 1993, 2004 참조). 초기 원생생물의 세포분열은 두 방향으로 진화되었다: (1) 원핵생물의 염색체 분열과 비슷하게 유사분열 중에 핵막이 유지되는 방향(**닫힌 분열**)과 (2) 핵막의 분해를 수반하는 유사분열(**열린 분열**). 계통학적 제안들은 유연관계에 대한 가설이기 때문에, 원생동물에서 후생동물로의 전이에 대한 연구는 새로운 접근(그중 많은 것들이 다세포생물의 진화적 결과들에 적용되어 왔다)의 도움을 받는다.

[6] 16*S* rRNA 분자는 리보솜 단백질 합성에 중요한 역할을 하고, 5*S* rRNA처럼 염기서열의 일부분이 전 생물에서 골고루 발견되는 매우 보존적인 서열이 포함되어 있다(Wainright et al., 1993).

글상자 15-2 눈덩이 지구(Snowball Earth)

1960년대 중반부터 지구가 약 6억 년 전에 1km 정도의 두꺼운 양의 얼음으로 덮여 있었다는 증거들이 계속해서 나타났다. 그리고 이 몹시 추운 상태가 천만 년 동안 지속되었고, 이 기간 동안 평균 기온이 약 −40℃를 맴돌았다.[a] 훨씬 더 놀라운 것은 최소 2개에서 4개의 사건이 7억 5천 년 전부터 6억 년 전 사이에 일어났다. 그러나 쌓여가는 지질학적 증거에도 불구하고, 생물학자들과 고생물학자들은 1990년대 초기에 "눈덩이 지구"라고 붙여진 가설을 계속해서 받아들이지 않았다. 왜냐하면 생물체가 그러한 환경에서 살아남는 것은 아마 어렵다고 생각했기 때문이다. 지금부터 이 가설이 어떻게 발달되었는지 알아보자.

1964년까지 지질학자 Brian Harland가 나미비아의 더운 사막지역에서 6억 년 전의 빙하 퇴적물의 존재를 보고하였을 때 비로소 열대지방에도 빙하기의 특징인 대륙빙하가 있었다는 것이 알려졌다. 모든 대륙에서 발견되는 유사한 퇴적물들을 보고하면서, 그는 극빙기의 존재를 처음으로 주장하였다. 모든 대륙에 있는 비슷한 퇴적물이 보고되었고, 그는 극심하게 추운 긴 기간을 처음으로 제안했다.[b]

Mikhail Budyko에 의해 1970년대에 발달된 수학적 모델은 특정 환경에서 지구 전체가 통제가 불가능하도록 꽁꽁 어는 것은 불가피하다는 것을 보여 준다. 그러나 −50℃ 정도로 낮은 온도에서 지구가 어떻게 빠져나올 수 있었을까? 이 이야기는 다음에 계속된다:

- 화산의 강한 열은 빙하를 뚫을 수 있고, 온실 가스인 CO_2를 계속 방출한다.
- 공기로부터 CO_2를 씻겨 내려줄 비가 내리지 않았기 때문에, 시간이 지나면서 공기 중의 CO_2의 농도는 증가했다.
- 결국, 공기 중의 CO_2는 온실효과가 나타나기 시작하는 높은 수준에 달하였고, 빙하가 녹기 시작하는 수준의 온도까지 올라갔다. CO_2 농도는 10%, 현재의 거의 260배 정도 높아졌다고 가정한다.
- 이 가정에 따르면, 빙하가 1,000년이라는 짧은 시간 동안 사라질 것이다.[c]

오늘날 지구 기후의 변화가 이산화탄소 양의 매우 작은 변화에 의해 일어나고 있다. 산업혁명 전 0.03%보다 적었던 이산화탄소 양이 현재는 0.038%까지 증가했다. 10% 이산화탄소 농도의 영향에 대해 생각해 보라. 지구 온난화의 가속화는 당연한 결과이다. 그리고 이것이 지질학자들이 나미비아의 또 다른 문제를 설명하는 방법이다; 매우 빠르게 퇴적되어 온 모든 흔적을 보여 주는 빙하 퇴적물과 탄소를 포함한 암석의 두꺼운 층의 존재 — 그리고 이들은 물 안에서만 형성된다. 이러한 발견은 전 세계에서 반복되고 있다.

- 온도가 갑자기 급증하면 — 지구에서 가장 추웠던 환경에서 가장 뜨거웠던 50℃까지 올라가면 — 바다는 증발이 되고, 이로 인해 폭우가 발생한다. 이러한 과정이 수세기 동안 이어진다면 공기 중의 이산화탄소가 다 씻겨질 것이다.
- 물에 용해된 이산화탄소는 약산성을 띠고 탄산을 만든다. 이러한 환

다세포생물의 결과들

단세포생물에서 다세포생물로의 변화는 많이 일어났고, 생물체의 다른 계통을 생기게 했다. 예를 들어, 다세포생물의 진화는 사상 남조류, 점액세균, 군체아메바(예를 들면, Dictyostelids), 조류(갈조류, 홍조류, 녹조류), 그리고 군체 섬모원생동물(Zoothamnium), 게다가 14장에서 논의한 식물과 균류와 같이 유연관계가 거의 없는 집단들에서 일어났다.

모든 후생동물의 진화의 기원에 대한 가설은 다세포생물의 이점을 추정한다(글상자 8-2 참조, Multicellularity와 Pluricellularity). 다세포생물의 세포가 늘일 수 없는 곳까지 세포를 늘림으로써 먹이를 모으는 표면적 증가는 작고, 단세포성이다. 이 증가는 훨씬 먹이 분배가 균등하지 않은 모든 세포들에게 더 안정적인 먹이 공급을 보장하고, 다세포생물이 공격하는 것과 단세포생물이 분비할 수 있는 것보다 더 많은 양의 소화 효소를 분비함으로써 더 큰 음식 덩어리를 소화시키는 것을 가능케 했다.

그러한 발달을 돕는 것은 세포가 직접 움직이고, 공격하고, 분열하고, 다른 조직으로 분화하도록 지시하는(일의 분열) 신호 체계이다(13장 참조). 증가되는 유전자의 수와 조절 경로에 따라 결정되는 다세포생물은 보호, 분산, 먹이 모으기, 생식, 분비, 그리고 기타 기능들에 대한 범위를 넓히는 형태적, 기능적인 쇄신을 제공한다. 최근 Nichols와 그의 동료들(2006)에 의한 최근 연구에 따르면, 후생동물의 세포 표면의 수용체와 세포외기질 단백질을 암호화하는 세포 표면의 세포 부착 유전자군의 주요 집단이 해면동물 *Oscarella carmela*에 존재한다는 사실이 발견되었다. 그러므로 그 집단은 해면동물의 방산보다 먼저 발생하였고, 그들의 기원은 오래되었다는 것이다. 과거 생물학자들은 후생동물 특징들의 다양성을 그들의 다양한(다계통적) 기원의 가능성을 나타내기 위해 사용하였지만, 그에 대한 분자적 증거는 정반대의 결과를 보여 주었고 잠재적 후생동물의 조상으로 원생동물인 깃편모충(choanoflagellates)을 지적하고 있다(그림 15-8; 글상자 12-4 참조).

복잡성의 증가

진화과정 동안 복잡성이 증가하는지 아닌지에 대한 문제는 글상자 8-3에서 논의한다. 체형의 기원과 관련된 후생동물의 다른 집단들 사이의 차이점은 아마도 진화와 함께 복잡성의 증가에 대한 가장 명확한 지표를 제공한다(McShea, 2005). 이러한 특징들의 대부분은 생활방식과 관련되어 있다; 주로 섬모운동에 의한 해저 위에서 유영을 하는 초기 대양의 후생동물은 해층을 따라 기고,

경에서 폭우가 쏟아지면 엄청난 양의 탄산이 암석과 반응하여 침식이 일어날 것이다. 탄소 퇴적물은 빙하 위에 덮개로 형성되어 남는다. 결국, 환경은 적정 온도와 이산화탄소 농도로 되돌아갈 것이다.

여전히 남아 있는 문제: 생물들이 어떻게 추운 환경에서 살아남았는가? 결국에는 심지어 가장 지구가 뜨거웠던 부분도 최소 10미터의 두께인 얼음으로 뒤덮였다. 두 가지 증거가 단서로 남겨져 있다.

- 남극에서 수행된 실험에서 10미터 두께의 얼음으로 뒤덮인 바닷속에서도 많은 생물이 발견되었다. 그 답은 얼음이 형성되는 속도에 있다. 얼음이 형성되는 속도가 느릴 때, 빛이 상당히 깊은 깊이를 통과할 수 있다.
- 생물들은 극한 환경에서도 잘 번성해 왔다: 예를 들면, 깊은 바다의 열수 분출공 주위, 극지방의 눈 속이나 아래, 온천과 같은 환경. 이러한 서식지는 눈덩이 지구 이론을 뒷받침한다.

이 논의에서 중요한 것은 시간과 관련 있다: 지질학적 관점에서 처음으로 복잡한 큰 생물이 화석자료로 발견되기 바로 전 짧은 시간. 또 중요한 것은 이러한 화석에서 보여 주는 새로운 몸의 형태를 가진 독특한 개체군이다. 마지막으로 중요한 요점은

- 대부분의 생물체가 얼음과 눈에 의해 멸종되고 살아남은 나머지 생물들은 고립되고 산재한 지역에서 살아남았다는 것이 확실하다면, 급격한 환경 변화속에서 고립된 개체들이 만났을 때 폭발적 진화를 야기할 수 있었을 것인가?[d]
- 1억 5천만 년이 넘는 기간 동안 지구가 눈덩이 상태였다는 가설을 통해 왜 새로운 몸의 구조가 발생하기 이전 진화의 소강상태가 오랫동안 지속되었을지 설명할 수 있을까?
- 얼음이 간빙기에 출현했던 진화의 산물 대부분과 생존한 일부 생물들을 멸종으로 이끄는 진화의 여과장치로서 역할을 하였는가?

이러한 흥미롭지만 풀리지 않는 질문들은 진행되고 있는 연구의 결과를 기다리고 있다. 약 22억 년 전부터 시작된 그리고 남아프리카에서 발견된 빙하 퇴적물에 근거하여 가정된 눈덩이 지구 이론은 생물에게 중요한 영향을 주고 있다.[e] 나미비아 경우 처럼, 고지자기 증거로 확인된 지역에 있는 이러한 퇴적물은 당시에 열대지방이었음을 말해 준다.

[a] 이 내용의 개론은 Hoffman and Schrag(2000) 참조
[b] 눈덩이 지구의 초기 이론에 대해서는 Harland(1964)와 Harland and Rudwick(1964)를 참조
[c] CO_2의 증가와 해빙에 관련된 내용은 Kirschvink(1992)와 Kirschvink et al. (2000) 참조
[d] 22억 년 전으로 거슬러 올라가 초기 원시지구의 기후변화와 생물의 생존에 대한 최근 연구결과는 Narbonne and Gehling(2003)과 Kopp et al. (2005) 참조
[e] 22억 년 전의 눈덩이 지구에 대해서는 Evan et al. (1997) 참조

축적된 유기 퇴적물을 먹는 저서성 동물이 되었다.

많은 진화적 단계들은 불가피하게 저서성 생활을 수반한다. 뿔뿔이 흩어진 먹이 자원의 분배는 더 빨리 더 많은 음식을 먹을 수 있는 생물에게 선택적 이점을 준다. 그리고 크기의 증가와 선택적인 소화를 할 수 있는 입과 위의 진화를 유도한다(Bonner, 2006). 큰 동물에게 느리고 복잡한 이들의 특성에 의한 섬모운동은 거머리같이, 환상근과 종주근을 사용하여 운동하는 부속지가 되었을 것이다(글상자 16-3에서 논의한 바와 같이, 운동의 문제에 대한 진화적 해결책).

저생 섭식자들의 성공과 증식이 증가하면, 운동 속도와 입 또는 다른 포획 기관의 발달이 중요한 육식동물에게 적합한 생태적 지위가 마련된다. 효과적인 포식에 대한 선택은 먹이를 방어하고 도피시키는 더 나은 수단에 대한 선택을 유도한다. 그 결과가 생존 경쟁(arms race)이다. 모든 먹이와 포식자의 다른 다양성들 사이의 경쟁은 폭발적인 방사진화를 유도한다. 그리고 많은 다양한 형태와 적응하는 전략을 야기한다.

후생동물 진화의 몇몇 주요 특징들은 그림 15-8에서 보이고 있다. 이 그림은 다른 문 사이에서 리보솜 RNA 염기서열(16*S*와 18*S* rRNA)을 비교한 연구를 통해 얻어낸 후생동물의 계통을 나타낸다. 이 연구는 진보적으로 진화의 후기 단계에서 일어나는 특징과 유연관계가 있는 생물을 함께 묶을 수 있는 특징을 정의한다. 콜라겐과 같은 몇 가지 특징들은 후생동물의 기본적인 특징(공동파생형질)이고, 그래서 계통수의 가장 밑에 나타난다. 그림 15-8에서 보여지는 다음 특징은 **낭배**(gastrula)이다. 원장(archenteron)이라 부르는 내부 소화강을 둘러싸고 있는 2개의 조직층(**외배엽**과 **내배엽**)으로 된 컵 모양의 낭배는 보편적인 동물의 배 단계이다(그림 15-11과 15-12 후반 참조). **낭배**는 2개의 배엽(외배엽, 내배엽)으로부터 발달하고, 3번째 배엽인 중배엽을 가지는 모든 무척추동물에서 찾아볼 수 있다(그림 15-8).

중배엽을 갖는 후생동물의 진화적 특징들(그림 15-11, 15-12 참조)은 혈관계와 중배엽 내부 배아의 내엽의 체강 형성에 의한 중배엽 내부의 **혈체강**(homocoel) 또는 **체강**(coelom)의 정교화를 포함한다. 그림 15-8에서 정의되는 마지막 특징은 주로 중배엽에서 일어나는 배의 전후 축을 따라서 순서대로 일어나는 배가 전후 축을 따라서 **구획**(segment)으로 분열이 일어나는 것과 관련 있다. 비록 **체절의 분열**이 환형동물과 절지동물에서 발생할지라도, 이것은 다른 원리에 의한 작용이며, 두 계통은 독립적으로 진화해 왔다는 것을 가정한다(Valentine, 2004; Valentine 등, 1994).

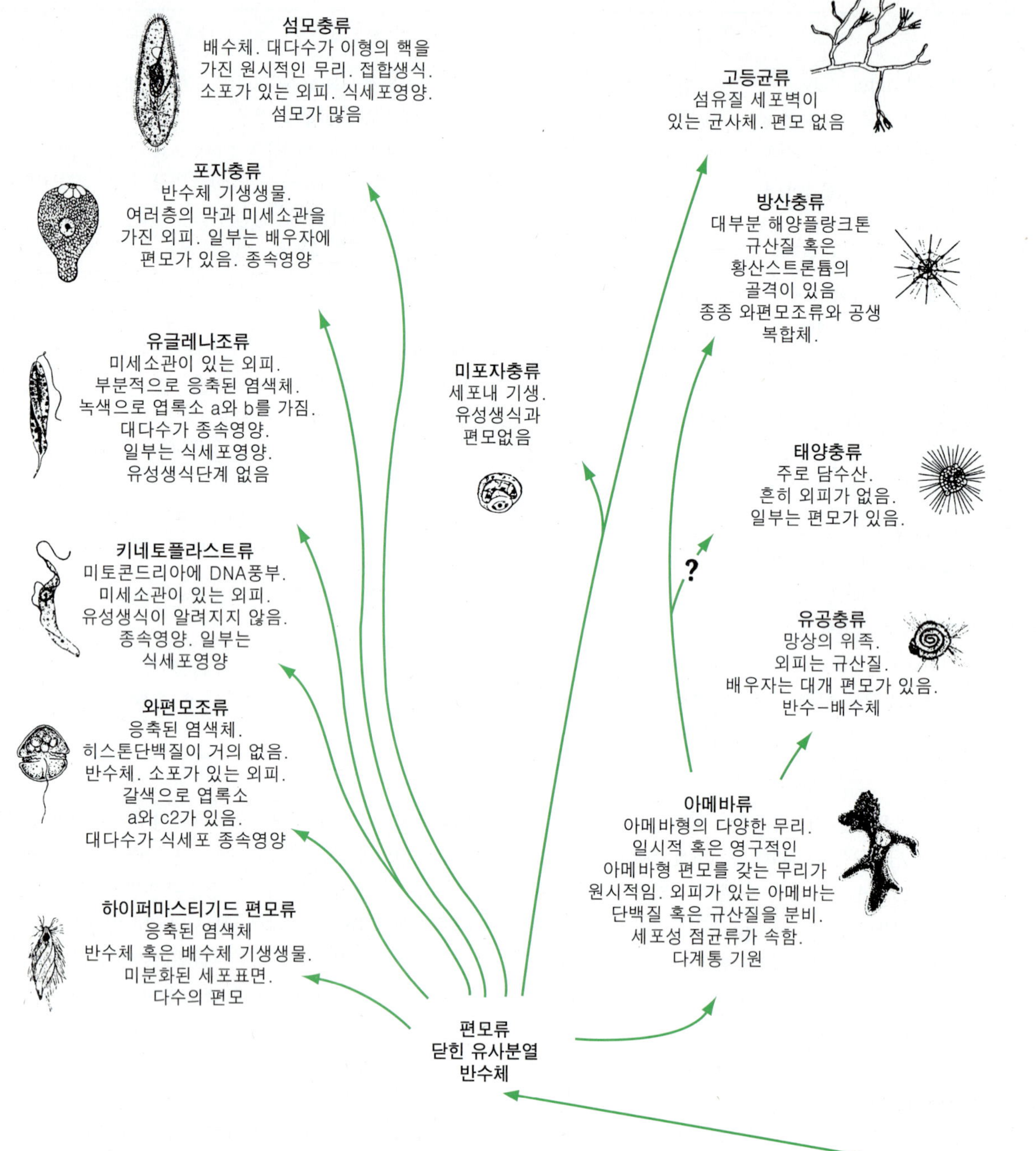

그림 15-7 후생동물, 균류 및 육상식물로 이어지는 다양한 원생생물의 초기 계통수. 원생생물에서 다양한 분류체계와 가능한 계통관계를 어떻게 규명하는가는 오랫동안 활발한 연구의 대상이 되어 왔다. 리보솜 RNA염기서열과 여러 단백질의 아미노산 서열에서 얻은 분자자료는 원생생물, 후생동물 및 균류간의 보다 명확한 유연관계를 결정해 줄 뿐만 아니라 분류를 해결하는 데 도움을 주고 있다(그림 9–16 참조). (*The Orisin of Majot Invertebrate Grooup*. M. R. House(ed.). Academic Press, London, pp. 23–54.에서 Sleigh., M. A., 1979. Radiation of the eukaryote Protista.에서 각색)

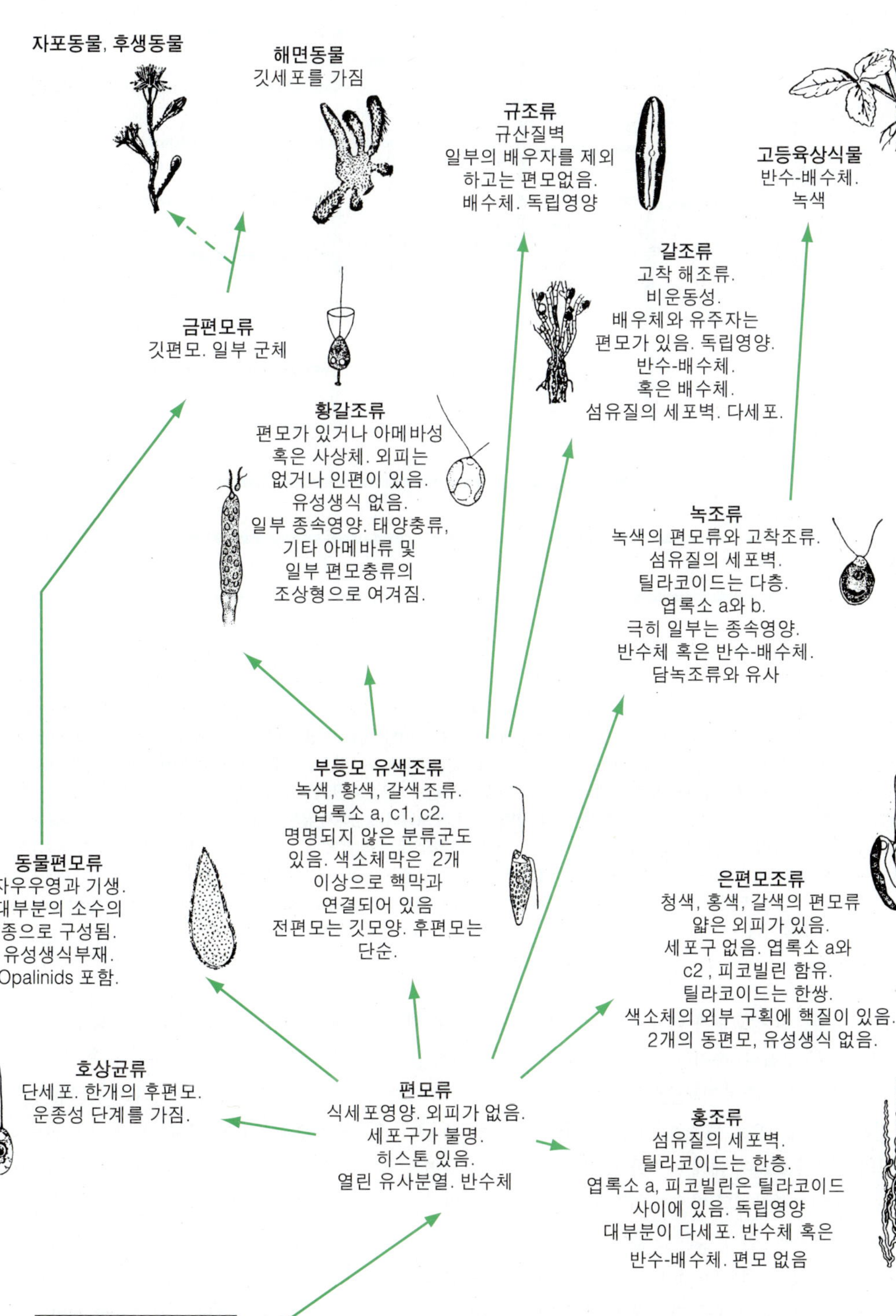

자포동물, 후생동물
해면동물
깃세포를 가짐
규조류
규산질벽
일부의 배우자를 제외
하고는 편모없음.
배수체. 독립영양
고등육상식물
반수-배수체.
녹색
갈조류
고착 해조류.
비운동성.
배우체와 유주자는
편모가 있음. 독립영양.
반수-배수체.
혹은 배수체.
섬유질의 세포벽. 다세포.
금편모류
깃편모. 일부 군체
황갈조류
편모가 있거나 아메바성
혹은 사상체. 외피는
없거나 인편이 있음.
유성생식 없음.
일부 종속영양. 태양충류,
기타 아메바류 및
일부 편모충류의
조상형으로 여겨짐.
녹조류
녹색의 편모류와 고착조류.
섬유질의 세포벽.
틸라코이드는 다층.
엽록소 a와 b.
극히 일부는 종속영양.
반수체 혹은 반수-배수체.
담녹조류와 유사
부등모 유색조류
녹색, 황색, 갈색조류.
엽록소 a, c1, c2.
명명되지 않은 분류군도
있음. 색소체막은 2개
이상으로 핵막과
연결되어 있음
전편모는 깃모양. 후편모는
단순.
동물편모류
자우우영과 기생.
대부분의 소수의
종으로 구성됨.
유성생식부재.
Opalinids 포함.
은편모조류
청색, 홍색, 갈색의 편모류
얇은 외피가 있음.
세포구 없음. 엽록소 a와
c2 , 피코빌린 함유.
틸라코이드는 한쌍.
색소체의 외부 구획에 핵질이 있음.
2개의 동편모, 유성생식 없음.
호상균류
단세포. 한개의 후편모.
운종성 단계를 가짐.
편모류
식세포영양. 외피가 없음.
세포구가 불명.
히스톤 있음.
열린 유사분열. 반수체
홍조류
섬유질의 세포벽.
틸라코이드는 한층.
엽록소 a, 피코빌린은 틸라코이드
사이에 있음. 독립영양
대부분이 다세포. 반수체 혹은
반수-배수체. 편모 없음
원편모류
산소 종속영양.
유사분열, 감수분열
미토콘드리아,
히스톤 부재

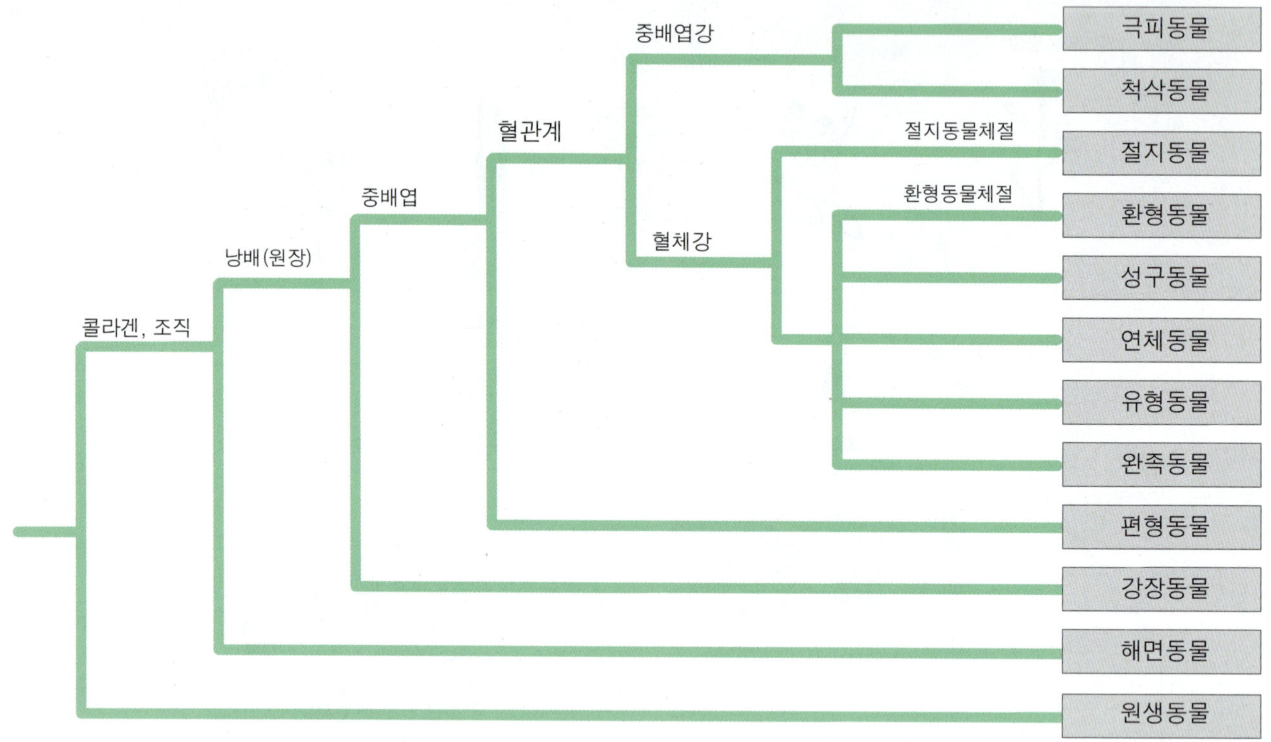

그림 15-8 다양한 문 수준에서 리보솜 RNA(16*S*, 18*S*) 염기서열 비교에 근거한 후생동물의 계통수. 이 RNA 분자들은 5*S* RNA처럼 리보솜 단백질 합성에 필수적이며, 이 부위의 염기서열은 다양한 종류의 생물들 간에도 보존적이다. 후생동물의 진화에서 특성들이 나타났을 시기를 보여 준다. Valentine 등(1884)이 언급한 것과 같이, 일부의 혁신적인 특징들은 생물체의 복잡한 변화와 연관된 것 같다. 간략히: 콜라겐=동물의 결합조직에 있는 독특한 섬유성 단백질; 낭배=발생 단계의 하나로 2개의 조직 층(외배엽과 내배엽)으로 형성된 컵 모양의 구조가 원장이라 부르는 내부 원시 소화강을 둘러싸는 시기임. 중배엽=낭배형성 후 형성되는 세번째 조직층; 혈관계=혈액이 이동하는 관체계; 중배엽 체강=중배엽 조직에서 형성된 체액으로 채워진 체강; 혈체강=초기 포배의 할강에서 유래한 체액으로 채워진 체강; 환형동물 체절=초기 배아의 전후 축을 따라 형성된 체절; 절지동물 체절=연속적 분할에 의하여 생기는 체절 혹은 기본적으로 외배엽의 배가로 형성됨. 우리는 이와 같은 특징들이 언제 출현했는지에 대한 지질학적 연대를 알 수 없으나, 대부분 선캄브리아기에 기원했을 것으로 추측된다. 화석 증거는 없지만, Bromham과 그의 동료들(1998)은 분자자료로 후생동물문의 대부분이 장기간의 선캄브리아기에서 분기되었다고 주장하였다(그림 16-1 참조). (Valentine, J. W., 1994. Late Precambrian bilaterian: Grades and clades. *Proc. Nat. Acad. Sci.*, 91, 6751-6757.에서 각색)

16장에서 우리는 내부의 체강의 정교화가 어떻게 일어나는지에 대해 논의한다. 체강의 유무에 따라, 우리는 생물을 체강동물(체강을 가진), 무체강동물(체강의 없는), **가체강동물**(가짜 체강 또는 혈체강을 가진)과 같은 주요 유형으로 묶을 수 있다.[7] 우리는 또한 기관들과 운동 방식의 분할의 효과에 대해 논의한다.

이런 모든 특징들은 초기 캄브리아기의 버제스 혈암에서 발견되는 동물들에서 나타나기 때문에, 훨씬 많은 동물들이 선캄브리아기에서 비롯된 것을 알 수 있다. Bromham과 그의 동료들(1998)은 후생동물문이 선캄브리아기의 확장된 기간 동안 다양화되었음이 틀림없다는 것을 보여 주는 분자적 자료들과 함께 특히 배 발달 과정 중의 형태적 증거에 중점을 둔 의견을 지지하였다(그림 16-1 참조).

비록 과거 생물학자들은 후생동물 특징들의 다양성을 후생동물 다세포생물에 대한 다기원(다계통)의 가능성에 대한 지표로 사용하였지만, 분자적 증거는 반대를 말하며, 후생동물과 원생생물 깃편모충과의 가까운 유연관계를 나타낸다(글상자 12-4; 그림 15-8 참조). 후생동물에서 보여지는 것과 같이 단세포생물 또는 깃편모충과 같은 다세포생물이 어떻게 더 복잡한 다세포생물로 변화를 시작하는지에 대한 가설들은 다음 절에서 논의한다.

발달 과정

비록 우리가 모든 후생동물이 공통 조상이라고 생각하지만, 생물학에서 가장 어려운 질문 중 하나는 여전히 남아 있다: 어떻게 단세포 조상들이 후생동물의 후손들로 변형되었을까?

주요 어려움은 어떤 분류군에 대한 조상의 특성을 찾는 사람들이 직면한다. 많은 접근법들은 현존하는 분류군과 그와 관련된 분류군들의 조상이 존재한다는 것을 알게 해 준 현존하는 분류군들(근본적인 또는 최소한 계통수로부터 도출된 전형적인 분류군

[7] 중배엽과 체강 발달의 최근 깊이 있는 분석결과들에 대해서는 Freeman and Martindale(2002), Martindale et al., (2002, 2004) 참조.

들)의 특징들에 대해 찾는 것과 관련되어 있다. 그러나 특정 현존하는 집단(예를 들면, 환형동물)의 가장 원시의 구성원은 예를 들어, 절지동물의 조상형의 대리로서 사용하는 것을 제외한 도출된 특징들을 보여 준다.

후생동물의 기원에 대한 연구는 100년이 넘는 기간 동안 활발히 진행되고 있으며, 다양한 제안들을 유도하고, 몇몇은 다른 것들보다 더 집중을 받는다. 모두 발생학적 증거를 바탕으로 하는 통합가설에 대한 3개의 후보들은 간단히 아래에 설명되어 있다. 세 가지 후보에 대한 근거는 포배가 낭배로 되었을 때, 동물의 배 발달과정에서 하나의 세포인 접합자가 체강이 발달하는 **포배**(초기 다세포성배)로 변하는 것에 대한 우리의 지식을 진화적 과정들에 적용하는 것이다. 이제 진화의 기원에 대한 잘 알려진 개념상의 접근법으로서 시간을 거스른 현재의 체제들인 이 추론을 알아야 한다. 분자와 유전암호의 기원에 대한 실험(6, 7장 참조)에서 사용된 이 접근법은 어떻게 세포와 세포분열이 일어나는지에 대한 가설을 검증하기 위해 사용된다(8장 참조).

다핵 원생동물의 세포분화

19세기 중반에 처음으로 제시되었고, 후에 Hadzi(1963)에 의하여 발전된 가설에 의하면, 일부 초기 다핵 원생동물(multinucleate protozoans)들은 전후 축을 기준으로 하는 좌우대칭이며, 편형동물문(**그림 15-9**)과 유사한 최초 "편형동물"로 진화되었다. Hadzi는 가장 초기의 후생동물의 조상들과 가장 닮은 것으로서 편형동물을 선택했다. 왜냐하면 그들은 체강(coelom)이 없고(무체강, 즉 무체강동물; 그림 15-8참조), 소화기관의 세포분화가 완전히 이루어지지 않았으며, 장관과 다른 체강들도 없기 때문이다(그림 15-8c, 16-6a, 16장 참조). 이들이 원생동물들과 연결되는 다른 원시적 특징들은 체장이 작고(1~2mm), 외피에 섬모가 있고, 입은 복측에 있고, 배설관은 없으며, 세포내 소화를 하고, 비교적으로 분화가 덜 되 있다는 것 등이다; 예를 들면, 난소와 정소로 분화되기 보다는 난자와 정자들이 이웃하여 모여 있다.

무체강 영양(내공생 조류에 의존하는)의 매우 공통적인 특징은 내공생 조류에 의존하여 고도로 분화되었다는 것이기 때문에, 일부 동물학자들은 편형동물이 필연적으로 가장 원시적인 좌우대칭 후생동물들(종종 *bilaterians*라 부름)이라는 사실에 동의하지 않는다. 대부분의 무척추동물학자들은 **2개의 배엽층**(외배엽, 내배엽)을 가진 이배엽성(diploblastic)인 자포동물(강장동물)과 유즐동물이 더 원시적이고, 진화적으로 **3개의 배엽층**(외배엽, 내배엽, 중배엽)을 가진 삼배엽성(triploblastic)인 편형동물보다 더 오래되었다고 생각한다(그림 15-8, 15-12).

원생동물-무체강 진화설의 일부라도 옹호하려는 시도 중의 하나는 자포동물은 원생생물에서 독립적으로 기원하였으며, 따라서 자포동물과 편형동물은 직접적인 관계가 없다는 제안이었

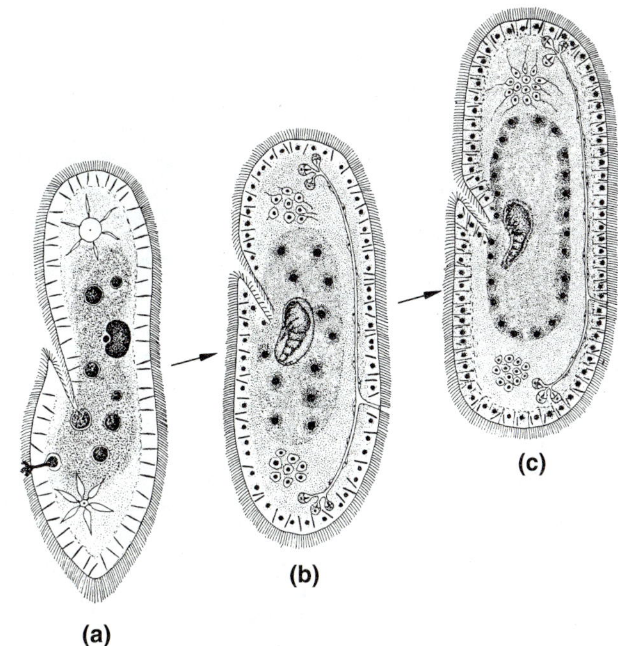

그림 15-9 섬모가 있는 짚신벌레류의 원생생물(a)에서 원시적인 와충류 후생동물(c)로 바뀌는 가설적 변형. (Hadzi, J., 1963. *The Evolution of the Metazoa*. Macmillan, New York.에서 각색)

다. 다양한 종류의 진핵생물의 18*S* 리보솜 RNA를 비교한(**그림 15-10**) Field와 그의 동료들(1988)의 연구는 후생동물의 다계통 기원을 지지하는 것 같다. 그러나 그림 16-1을 보면, 그들의 염기서열 비교는 자포동물, 균류, 식물은 다른 후생동물과는 완전히 분리된 원생생물의 기원으로부터 유래했다는 것을 보여 준다. 그러나, 모든 후생동물들이 단계통 기원을 갖는다고 가정할 지라도(그림 15-8), 무체강 편형동물은 최초의 좌우대칭 삼배엽 동물임을 잘 나타내고 있다. 분자 연구에 의하면, 무체강동물은 어떤 다른 생물보다도 현존하는 모든 삼배엽성 후생동물의 기저에 위치한다(이후 설명은 16장 참조).[8] 따라서 편형동물과 유사한 생물체들이 하나의 단세포 원생생물에서 직접 기원하였다는 Hadzi의 가설을 받아들이기 어렵다.

군체 원생동물의 낭배형성

1870년대 Haeckel은 현생 조류인 *Volvox*(그림 14-1)와는 유사하지만, 엽록체가 없고 편모가 있는 속이 비어 있는 공 모양의 원생생물들 군체가 전후 축을 발달시켰다고 주장하였다. 섬모운동은 이와 같이 원시적인 포배(blastula)(Haeckel가 많은 후생동물의 포배발생 단계에서 반복되는 것으로 추측하는 단계) 속에 있는 먹이 입자들을 후극으로 이동시키고, 후극의 세포들은 소화 기

[8] 단계통성에 대한 논의는 Wainrigt et al., (1993)과 Borchiellini et al., (1998) 참조. 무체강동물의 계통학적 위치는 Ruiz-Trillo et al., (1999) 참조.

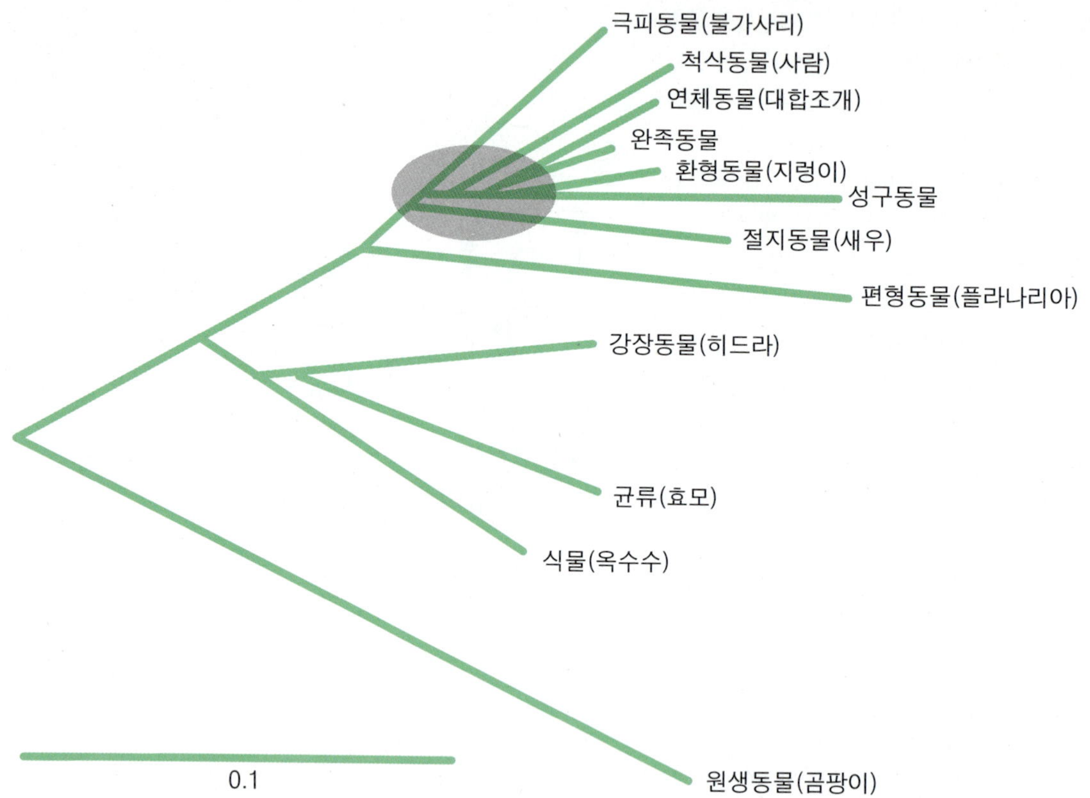

그림 15-10 1988년에 결정된 다양한 생물군 간에 18*S* 리보솜 RNA 염기서열 비교에 근거한 진화 계통수; 2002년 계통수인 그림 16-1과 비교해 보아라. 나타나는 것처럼, 편형동물과 이후에 나타난 진체강동물은 원생생물에서 유래하였고, 자포동물, 균류 및 식물은 다른 계통의 원생생물에서 진화했다. 안타깝게도 어둡게 표시된 타원 내의 정확한 분기 순서에 대한 해상력은 없으나, 타원 내의 여러 무리들은 체절성 체강동물에서 비교적 빠르게 방사진화된 것은 분명한 것 같다. 좌측 하단의 눈금은 비교된 염기서열(총 800 염기 이상)에서 각 염기 위치에 대한 0.1 치환의 거리를 나타낸다. (Field, K. G., G. J. Olsen, D. J. Lane, et al., 1988. Molecular phylogeny of the animal kingdom. *Science*, **239**, 748-753; 그림 2와 그림 5.에서 각색)

능을 갖도록 분화되었다.

Haechel과 그의 동료들은 이러한 소화 세포들은 함입되어 **원구**(blastopore)를 거쳐 속이 빈 내부 구조가 되고, 결국 내부소화관 또는 **원장**(aschenteron)(**그림 15-11**)을 형성한다고 주장하였다. 이들은 바깥쪽의 외배엽(ectoderm)과 안쪽의 내배엽(endoderm)의 2층 구조로 된 컵 모양의 새로운 생물은 현존하는 후생동물의 발생 단계 중의 하나인 낭배(gastrula)와 비슷하다고 믿었다. **가스트레아설**은 해면동물과 자포동물의 원시적인 특징이 이배엽성 낭배기 수준에서도 지속적으로 나타난다고 제안한다(그림 15-11, 15-12).

가스트레아설에 대한 주요한 반대는 그림 15-11에서 보여지는 것과 같이 함입에 의한 낭배형성이 많은 후생동물들의 발생단계에서 일반적이지 않다는 것이다. 낭배단계의 진화의 예시로 Haeckel이 추정한 히드라충류의 자포동물에서도 내배엽 조직들이 컵 모양의 함입 과정이라기보다는 완전한 상피 표면에서 유동하는 외배엽 세포들에 의하여 형성된다. 발생 양식이 진화과정에서 보존되는 정도에 따라서(13장 참조), 함입에 의한 낭배 형성이 자포동물 간에 유지되는 원시적인 방식으로 보이지는 않는다.

플라눌라설(Planula설)

더 일반적으로 받아들여지고 있는 가설은 포배 다음 단계가 낭배기가 아니라, 단단하고 구형의 세포덩어리(**플라눌라**)의 형성 단계라는 것이다. 플라눌라에서 외배엽 세포들은 운동을 위하여 분화되었고, 내배엽 세포들은 소화를 위하여 분화되었다(**그림 15-13**). **플라눌라설**(planula hypothesis)에 따르면, 속이 빈 원장과 개방형 원구의 형성은 진화단계의 후기에 일어났을 것이다(그림 15-13, 오른쪽 위).

19세기에 Metschnikoff(1884)와 여러 사람들이 보여 준 것처럼, 많은 후생동물은 소화가 포식작용 또는 세포 간에서 일어나므로 입과 소화관이 필요하지 않았다. 해면동물과 자포동물과 같은 후생동물에서 플라눌라 유생의 발견과 편형동물의 다양한 집단이 내배엽성 세포로 채워진 단단한 소화관을 갖고 있다는 관찰은 플라눌라형 생물들이 생존하였을 것이라는 것을 시사한다.

18*S* 리보솜 RNA 염기서열의 분석을 바탕으로 Collins(1998)

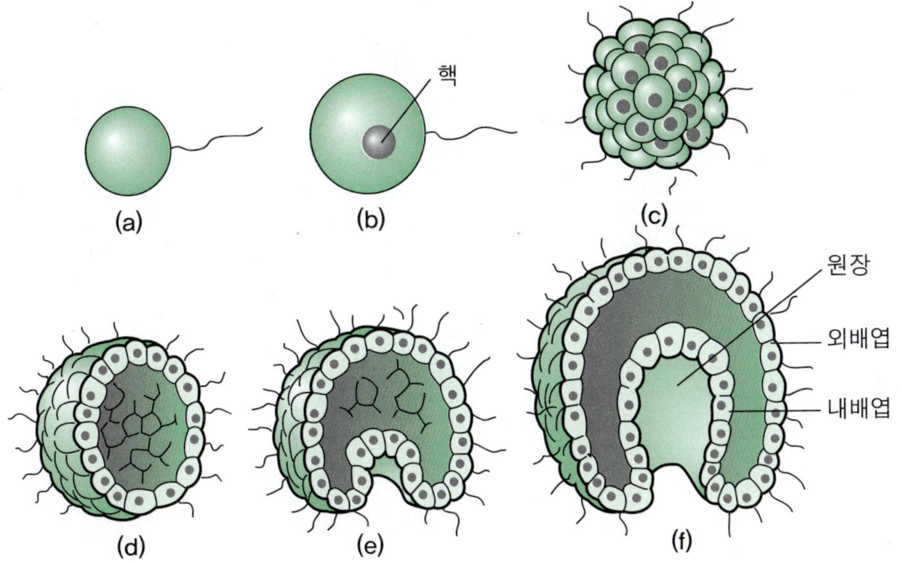

그림 15-11 Haeckel(1874)에 따른 다세포생물의 진화 단계. 핵이 없는 Monerula(a); 핵이 있는 cytula(b); Haeckel의 가스트레아설에서 morula(c)는 세포들이 밀집된 단단한 공모양 구조; 포배(d)는 속이 빈 단층의 세포구; 낭배(e, f)는 두 층의 생물체로서 하나의 외공이 있음. (Haeckel에 의한 Kerkut, G. A., 1960. *Implications of Evolution*. Pergamon Press, Oxford, England.에서 각색)

그림 15-12 세로 방향(중간)와 가로 방향(오른쪽)에서 보여지는 이배엽성 배(윗줄)와 삼배엽성 배(아랫줄)의 발달 과정을 비교하는 단일 포배(왼쪽)에서 낭배로 변형(실선 화살표). 이 과정들은 또한 구성의 이배엽체에서 삼배엽체 단계로 계통적 변화(점선 화살표)를 보여 준다. 내배엽(유색)이 빈 위장과 원장을 형성하기 위해 합입된다(A). 외배엽(회색)은 배아의 바깥쪽을 둘러싼다. 간엽세포(검은색)로 묘사되는 중배엽은 삼배엽체의 세 번째 배엽층을 형성한다. (Hall, B. K., 1999a. *Evolutionary Developmental Biology*, 2nd ed. Kluwer Academic Publishers, Dordrecht, The Netherlands.에 근거하여 수정)

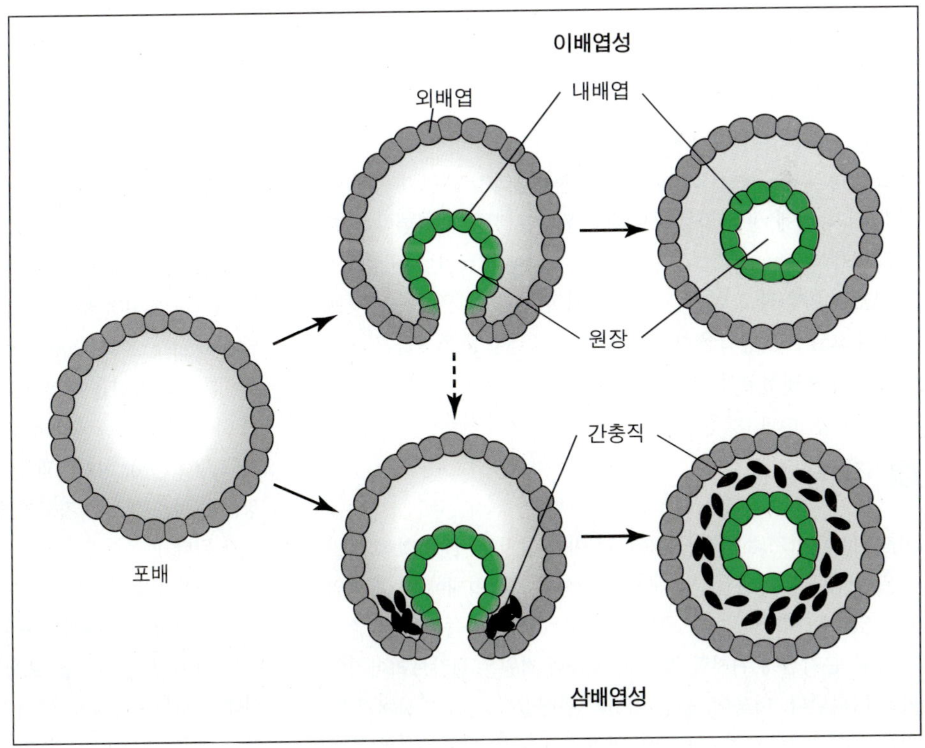

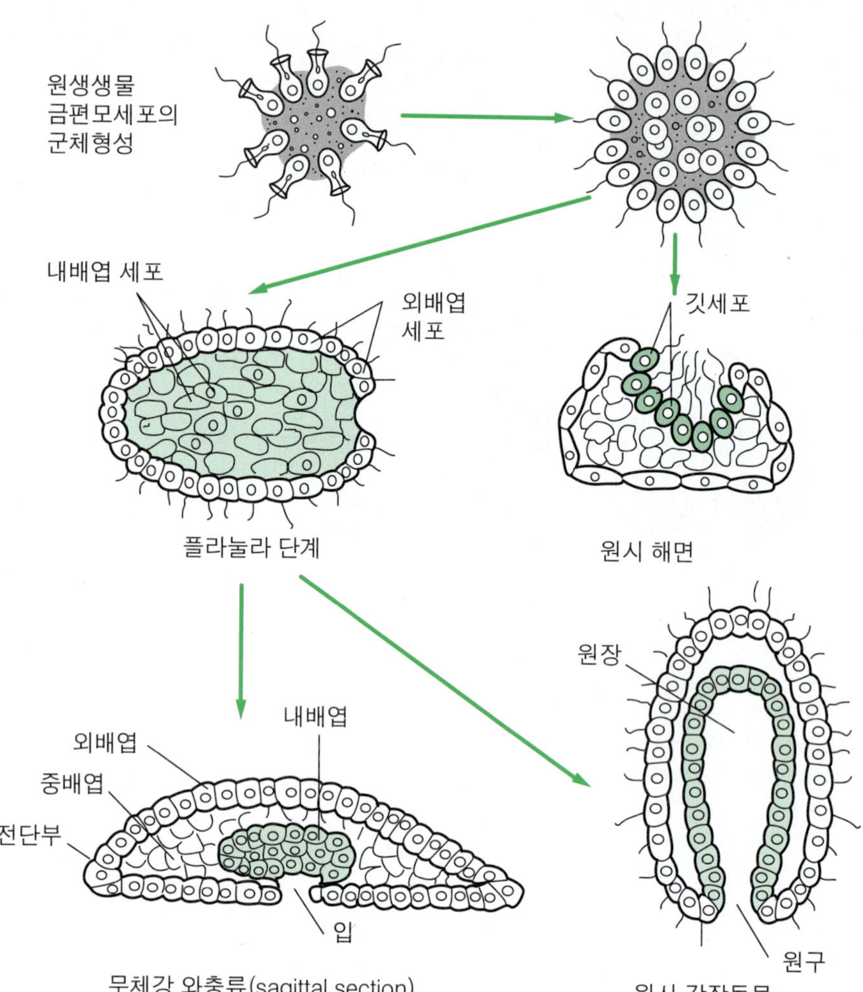

그림 15-13 군체 깃편모충류에서 시작하여 플라눌라형 생물로 진화되는 플라눌라설의 한 단면의 모식도. 이 가설에 따르면, 이들은 다시 해면, 자포동물과 좌우대칭의 포복성 와충류로 진화된다. (Glaessner, M. F., 1984. *The Dawn of Animal Life*. Cambridge University Press, Cambridge, UK; Ivanov.에서 각색)

는 조상형의 자포동물에 의해 생성된 플라눌라형 유생이 성체 단계가 되기 전에 생식 가능한 상태가 된다는 것을 제안했다. **패도모포시스**(paedomorphosis, 미성숙한 단계들에서 나타나는 성체의 특징들의 혼합)라고 불리는 이 발생의 변화가 이 유생들이 자포동물의 요골신경 발달을 벗어나게 하고, 중배엽성 조직을 정교화시키고, 좌우대칭형이 되게 한다(그림 16-1).

결론

비록 캄브리아기의 화석군은 원시적이지 않지만, 원시 화석의 발견은 우리에게 파생된 분류군으로 구성된 조상형태에 더 가까워지고 있다는 희망을 준다. 초기 캄브리아기의 생물들은 문 수준에서 많은 분기점에 위치할 것이고, 그들의 기원은 선캄브리아기였다고 나타난다. 더욱이, 훨씬 이전의 벌레같이 생긴 피신처의 발견은 선캄브리아기의 동물들의 몇몇 특징들에 대한 물리적 증거를 제공한다(Seilacher et al., 1998; Valentine, 2004).

분기학적 접근법들(11장 참조)이 지지를 받으며, 더 파생된 특징들일수록 더 원시적인 특징들로부터 분리되게 하는 후생동물 사이의 유연관계를 설립하는 방법이 많은 사람들에 의해 사용된다(Jenner, 2005, 2006, 최근, 화제가 되는 분석결과에 대해 참조). 분자적 특징을 바탕으로 하는 계통수는 계통수를 그릴 수 있게 하는 형태적 특징의 계통적 독립을 형성하는 수단으로 사용된다(그림 15-8). 형태적과 분자적 특징을 유합하여 조상형을 재구성하는 것은 새로운 자료가 발생할 때 검사할 수 있는 더 좋은 자료가 된다.

가장 유용한 접근법 중 2개는 다른 후생동물들에서 유전자 발현의 분석을 통해서든 또는 자연적이거나 유도된 변이에 의해서든 간에 발달(난할을 포함하여)의 유전적과 세포적 기초를 드러내는 것들이다. 13장에서 논의하였듯이, 특정 유전자들은 분할 양상, 분할 테두리, 분할 조직들이 날개나 다리와 같이 특정한 구

James W. Valentine

ㄹ: 1926. 11. 10
ㅐ지: 캘리포니아주
ㄹ스앤젤레스
ㅏ학위: 1951년 Oklahoma,
nid, 필립스 대학
ㅏ학위: 로스앤젤레스의
ㄹ리포니아대학 M.A, 1954.
h.D. 로스앤젤레스의
ㄹ리포니아대학, 1958.
직책: 생물학 명예 교수 및
쿠레이터, 캘리포니아대학 버클리
ㅓ스, 생물박물관[9]

무엇이 진화에 대한 관심을 갖게 했습니까?

2차 세계대전 때 나는 군인으로 대학에 갈 계획은 없었지만, 교육받기 위하여 월급을 모았고, 처음 등록할 때는 많은 전공들 중에 무작정 지질학을 선택하였습니다. 고생물학은 나에게 매우 흥미 있었고, George Gaylord Simpson의 *Tempo and Mode in Evolution*을 읽으면서, 화석 기록이 진화과정의 가설들을 설정하는 데 증거로 사용될 수 있음을 깨달았습니다. 유전학, 동물학, 식물학 및 다른 생명과학 자료들이 유합된다면, 고생물학은 진화론에 크게 기여를 할 것으로 확신하였습니다.

과학에서 선생님이 발견하신 것 중 가장 가치있고 흥미로운 것은 무엇이라고 생각하십니까?

가장 큰 기쁨은 발견하는 것 보다는 오히려 화석기록을 생태적 극장으로 취급하거나, G. Evelyn Hutechinson의 은유를 이용하려는 시도에 있습니다. 진화의 연극을 제작하는 과정들을 보여 주는 단서를 발견하는 것은 매우 즐거운 일입니다.

선생님의 실험실에서는 현재 어떤 연구를 하고 있습니까?

나는 현재 "캄브리아기 폭발" 즉, 약 5억 3천만 년 전에 시작되어 9백만 혹은 천만 년 동안에 나타났던 많은 현생하는 동물문들의 체형을 가진 화석들에 관심이 많습니다. 캄브리아기의 폭발은 화석에 의하여 기록된 가장 커다란 사건들 중 하나로서 후생동물 발생시스템(developmental systems)의 초기 진화과정을 포함하고 있으나, 시기적으로 너무 오래되고 독특하여 해석하기가 어렵습니다. 지질학 연구실의 새롭고 매우 정확한 기술과 분자생물학 실험실에서 얻어지는 결과들을 통합함으로써, 이와 같은 화석 무리들의 연령을 측정하는 일들이 시작되었고, 캄브리아기 폭발을 유도한 일련의 진화적 사건들의 자세한 구조를 규명할 수 있습니다. 나의 연구실에서는 살아 있는 생물들의 관찰과 분자적 연구를 유합하여서, 그와 같이 다양한 체형을 빚어낸 진화의 여러 가지 경로의 모델들을 만들고 있습니다.

선생님의 연구분야는 앞으로 어떤 방향으로 나아가야 한다고 생각하십니까?

화석 기록에 의한 진화 가설들은 분자생물학의 수단에 의해 검증되어야 합니다. 이처럼 외견상 멀리 떨어져 있는 분야들도 서로 많은 정보를 제공합니다.

진화분야에 관심이 있는 학생들에게 어떤 조언을 주실 수 있을까요?

고생물학의 기초는 물론 관련 교과목들을 충분히 공부하는 것 이외에 특히 가치가 있다고 생각되는 다음의 세 가지 충고를 하고 싶습니다. 첫째로 어떤 분야이든 일반적으로 가장 좋은 아이디어, 즉 권위 있는 어떠한 사실에도 의문을 갖는 일입니다. 둘째로, 다른 분야들에서 널리 알려진 생각들과 서로 대조하여 보아야 합니다. 왜냐하면 한 영역에서 다른 영역으로 연구의 방법의 변화는 가장 창의적인 결과들을 만들 수 있으며, 또한 영역간의 대조가 오히려 새로운 통찰을 유도할 수 있기 때문입니다. 끝으로, 당신이 연구에 관심이 있는 것과 마찬가지로, Peter Medawar가 말한 것처럼 하십시오. 당신이 해결할 수 있다고 생각하거나 혹은 적어도 증진시킬 수 있다고 생각되는 가장 중한 문제들을 공격하십시오.

[9] 출판된 논문목록은 http://www.ucmp.berkeley.edu/people/jwv/jwv.html에서 이용 가능함. 2007년 4월 24일에 홈페이지가 개설되어 이용 중. 최근 발표논문: Valentine, J.W. 2004. *On the Origin of Phyla*. The University of Chicago Press, Chicago.

조로 분화될 수 있는 능력에 대한 조절을 한다. 더욱이, 분할이 되든 분할이 되지 않든 모든 동물계에서 다른 발달 양상을 통제하는 유전자는 동일한 염기서열, 비슷한 계통 목과 심지어는 비슷한 발달 대상들을 공유한다. 발달의 유전적 분석은 어떻게 기능이 변하고, 진화하는 동안 그러한 변화가 어떻게 선택되고 유전되는 지에 대한 발달 변화들의 유형에 대한 깊은 이해를 제공한다(13장 참조). 다음 4개의 장에서는 지난 6억 년 그 이상 동안 동물에서 일어난 진화적 변화들을 살펴본다.

주요 용어

가스트레아설(Gastraea hypothesis)
가체강동물(pseudocoelomate)
낭배(gastrula)
내배엽(endoderm)
삼배엽성(triploblastic)
수확(cropping)
심해성(pelagic)
에디아카라 동물군(Ediacaran fauna)
외배엽(ectoderm)
원구(blastopore)
원생생물(Protista)
원장(archenteron)
육식동물(carnivores)
이배엽성(diploblastic)
저서성(benthic)
좌우대칭(bilaterally symmetry)
중배엽(mesoderm)
체강(coelom)
체절(segments)
초식동물(herbivores)

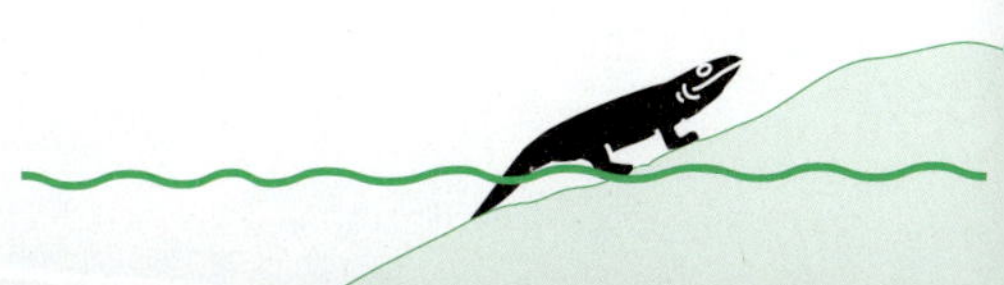

카브리아기 폭발(Cambrian explosion)
포배(blastula)
플라눌라설(planula hypothesis)
후생동물(metazoans)

토의 및 질문

1. 고생물학자들은 캄브리아기 전후의 다세포동물의 증식을 "수확"의 원리로 어떻게 설명하나?
2. 선캄브리아기의 다세포생물은 캄브리아기 이후와 동일한 문으로 분류할 수 있나?
3. 후생동물의 기원
   a. 동물에서 다세포성의 장점은 무엇인가?
   b. 후생동물의 기원설들에서 찬반양론은 무엇인가?
4. 체강의 발달은 연충류와 같은 동물에서 이동의 진화에 어떻게 영향을 끼치는가?
5. 체절성은 후생동물에게 어떤 이점을 제공하는가?
6. 왜 다른 현존하는 분류군의 조상으로서 현존하는 분류군을 고려하지 않는가?
7. 후생동물의 유연관계에 대한 최근의 분자적 연구는 발달과정을 바탕으로 하는 후생동물의 기원에 대한 세 가지 가설 중 일치하는 것이 있는가?

추천 읽을 거리

Ayala, F. J., A. Rzhetsky, and F. J. Ayala, 1998. Origin of the metazoan phyla: Molecular clocks confirm paleontological estimates. *Proc. Natl. Acad. Sci. U.S.A.,* **95,** 606–611.

Bonner, J. T., 2006. *Why Size Matters: From Bacteria to Blue Whales.* Princeton University Press, Princeton, NJ.

Brusca, R., and G. Brusca, 2003. *Invertebrates,* 2nd ed. Sinauer Associates, Inc., Sunderland, MA.

Cavalier-Smith, T., 2004. Only six kingdoms of life. *Proc. Roy. Soc. Lond. B. Sci.* **271,** 1251–1262.

Clapham, M. E., G. M. Narbonne, and J. G. Gehling, 2003, Paleoecology of the oldest-known animal communities: Ediacaran assemblages at Mistaken Point, Newfoundland. *Paleobiology* **29,** 527–544.

Erwin, D. H. and E. H. Davidson, 2002. The last common bilaterian ancestor. *Development,* **129,** 3021–3032.

Hall, B. K., 1999a. *Evolutionary Developmental Biology,* 2nd ed. Kluwer Academic Publishers, Dordrecht, Netherlands.

Hoffman, P. F., A. J. Kaufman, G. P. Halverson, and D. P. Schrag, 1998. A Neoproterozoic snowball Earth. *Science,* **281,** 1342–1346.

Hou, X-G., R. J. Aldridge, J. Bergström, D. J. Siveter, and X-H. Feng, 2004. *The Cambrian Fossils of Chengjiang, China: The Flowering of Early Animal Life.* Blackwell Science, Oxford, UK.

Levinton, J., 2001. *Genetics, Paleontology, and Macroevolution.* 2nd ed. Cambridge University Press, Cambridge, England.

Nielsen, C., 2001. *Animal Evolution: Interrelationships of the Living Phyla,* 2nd ed. Oxford University Press, Oxford, UK.

Schulter, D., 2000. *The Ecology of Adaptive Radiation.* Oxford University Press, Oxford, UK.

Valentine, J. W., 2004. *On the Origin on Phyla.* The University of Chicago Press, Chicago.

16 무척추동물의 진화

요약

후생동물은 복잡한 몸의 체제를 진화시켜 왔는데, 몸의 체제는 발생학적 특징과 함께 무척추동물 분류의 기초를 이룬다. 문을 나누는 기준은 조직과 기관의 유무, 대칭성, 체절제, 체강의 존재와 기원 등이다.

해면동물, 중생동물, 판형동물은 가장 단순한 후생동물로서, 진정한 조직과 기관은 없으며, 몇 가지 종류의 세포로 이루어져 있다. 해면동물은 일반적으로 피층(편평세포층)과 내층(동정세포층) 그리고 그 사이의 젤라틴성 중교로 이루어져 있다.

이들보다 더 복잡한 체제의 동물은 방사대칭동물로서 자포동물과 유즐동물을 포함한다. 방사대칭동물은 위수강과 진정한 조직을 갖는다는 점에서 해면동물보다 더 진화한 동물이다. 자포동물의 특징은 플라눌라 유생, 자포, 그리고 폴립과 메두사의 두 가지 형이 생활사에서 나타난다는 점이다. 중배엽을 가진 삼배엽성 무척추동물들에서는 기관계 수준의 체제, 몸의 크기 증대 및 좌우대칭성이 나타난다. 편형동물문의 몸은 중배엽 조직으로 가득 차 있고(무체강동물), 복잡한 생식계와 더불어 단순한 삼투조절기관, 신경계, 소화계를 가진다.

대형동물류로 분류된 여러 동물군은 더 이상 단계통군으로 여겨지지 않지만, 겉으로는 의체강이라고 불리우는 불완전한 중배엽성의 체강, 외부 큐티클, 입과 항문을 다 갖춘 소화관 등의 특징을 공통적으로 나타낸다. 체액으로 채워진 체강은 환상근과 종주근으로 덮여 있으며, 유체골격으로 기능한다.

진체강동물은 중배엽성 복막으로 둘러싸여진 체강을 가지는데, 체강의 진화적 기원은 명확하지 않다. 다수의 무리에서 체강은 유체골격으로 작용한다. 일부 동물은 몸마디를 따라 기관들이 연속적으로 배열하는 체절성을 보이기도 한다. 이 중에서 소수의 그룹은 완전히 체절화하였는데, 각 마디마다 일부 기관들이 쌍을 이루어 배열한다. 체절화의 진화적 원천은 아직 알려져 있지 않다. 다만, 체절화에 따른 이점으로써, 일부 체절이 소실되었을 때 기관들을 대체하기가 쉽고, 물속을 헤엄칠 때 유연성이 증대된다는 것을 생각할 수 있다. 이후의 적응과정은, 특히 딱딱한 외골격을 가진 무리에서는, 몸 체제의 변화, 즉 체강이나 체절제의 변형이 대부분의 동물군에서 나타나게 되었다.

진체강동물은 발생학적 기준에 따라 2무리로 분류된다. 후구동물은 원구로부터 항문이 발생하며, 체강은 중배엽이 원장 쪽에서 주머니 모양을 이루면서 생기고(장체강동물), 방사 난할과 비결정형 난할 등의 발생학적 특징을 나타낸다. 이와는 대조적으로 선구동물에서는 원구가 입이 되며, 원구 쪽의 중배엽이 쪼개져서 이루어지는 체강(열체강), 나선형 난할, 결정형 난할 등의 특징을 나타낸다. 어떤 진체강동물은 체절성을 보이는 것이 있으며, 또한 일부 무리는 섬모가 나 있는 촉수의 다발(촉수관)로 먹이를 잡는 동물도 있다. 선구동물은 탈피동물군(절지동물, 선형동물 등)과 촉수담륜동물군(연체동물, 환형동물 등)의 두 계열로 분지하였다.

연체동물은 다양하게 분화한 무리로서 대부분 패각을 가진다. 근육질의 발(족)로 바닥을 기며, 체벽이 주름져서 생긴 외투막을 소유한다. 이러한 구조는 강에 따라 크게 변형되어 있다. 두족강은 발과 대부분의 패각이 소실되었으며, 분사 추진식 유영형으로 분화하였다. 일부 분자진화적 증거는 연체동물, 환형동물, 절지동물이 같은 조상계열에서 유래했음을 시사해 주기도 한다.

환형동물은 체강이 내부 격벽으로 나뉘어진 체절성 동물로서, 연동운동과 굴착생활을 발전시켰다. 다모강은 측각이라고 불리는 측면 부속지를 발달시켜 유영하는 데 사용하였으나, 육질의 부드러운 몸 때문에 부속지 근육이 효율적으로 작용하지는 못했다.

절지동물에서는 외골격이 근육의 확고한 착점으로서 역할을 한다. 체강은 연동운동과 굴착생활에 더 이상 필수적이지 않으므로 상당 부분 축소되었다. 진화적으로 유리한 몸의 체제 덕분에 절지동물은 대단한 진화적 성공을 거두었고, 다양한 무리로 분화하였다. 곤충은 대부분의 육상 서식처에 진출하였으나, 외골격 및 기관을 이용한 가스 교환의 한계 때문에 몸의 크기를 증가시키는 데는 한계가 있었다.

극피동물은 후구동물에 속하며, 중배엽성 골격과 이동 및 순환의 기능을 수행하는 수관계를 가지고 있다. 극피동물은 자유 유영을 하는 좌우대칭형의 조상들로부터 물려 받은 특징, 즉 흔적적인 신경계, 해수와의 등삼투성(isosmolarity), 좌우대칭형의 유생 등의 형질을 보유하고 있으나, 성체에서는 오방사대칭성을 나타낸다.

다세포동물의 99% 이상은 **무척추동물**(invertebrates)이다. 무척추동물은 해파리, 지렁이, 꼴뚜기, 불가사리, 새우, 파리, 다지류 등을 포함한다. 무척추동물(invertebrate)이라는 용어는 지금껏 본문 중에서 별다른 주석 없이 사용되었는데, 여기서는 무척추동물이라는 용어에 대한 언급이 필요하겠다.

우리는 무척추동물이 무엇인지 알고 있다. 즉, 척추가 없는 동물, 다시 말해 척추동물이 아닌 동물을 일컫는다. 이것은 19세기 중반에는 합당하게 붙여진 생물군 명칭일지는 모르겠다. 그러나, 오늘날의 기준으로 보아서는 지렁이류, 어류, 양서류, 파충류 등과 같이 독자들에게 쉽게 연상된다는 점에서 유용하게 사용되기는 하지만, **이러한 명칭들이 모두 단계통군을 이루는 동물군을 지칭하고 있지는 않음을 유의해야 할 것이다.** 그렇기 때문에 이런 명칭들은 사용하지 말아야 하겠으나, Brusca and Brusca(2003)이나 Ruppert et al. (2004) 등과 같은 주요한 책들에서도 "무척추동물(Invertebrates)"이나 "무척추동물학(Invertebrate Zoology)"과 같이 사용되고 있다. 우리들은 무척추동물이라는 용어를 여러 사람들이 인정하는 하나의 집합적인 용어로서 계속 사용하고는 있으나, 이것이 하나의 단계통군을 지칭하는 용어는 아니라는 점을 잘 기억해야 할 것이다.

형질과 기원

동물(후생동물)을 계통분류하는 데 사용되는 기본적인 형질에 대해서는 15장에서 개관하였고, 분자계통과 대별하여 도시한 바 있다(그림 15-8). 이번 장에서는 무척추동물을 공부하면서, 배엽, 체강, 체절 같은 형질에 대해 보다 상세하게 고찰해 보고자 한다.

동물들은 모두 후생동물(metazoans)이고, 모든 후생동물은 동물이다. 좌우대칭동물(Bilateria)은 (1) 좌우대칭성, (2) 삼배엽성, (3) 체강동물을 총칭하는 명칭으로, 이배엽성의 조직 수준의 동물(자포동물과 유즐동물)과 아직 조직 단계에 이르지 못하는 무리들(해면동물, 판형동물, 중생동물)을 제외한 거의 모든 동물이 망라된다. 성체 시기에 방사대칭형을 나타내지만, 유생 시기에는 좌우대칭인 극피동물 역시 좌우대칭동물에 포함된다. 좌우대칭동물에서는 감각기관의 집중화와 머리 등 앞부분의 구분 등이 나타난다.

진화과정에서 몸의 크기가 작아지고 단순해지는 기생(parasitism)성인 것을 제외하고는, 자유생활하는 무척추동물은 몸의 체제가 더 복잡해지는 방향으로 진화해 왔다. 그리고 주변의 환경에 더 잘 적응할 수 있도록 새로운 진화적 혁신을 획득했는데, 즉 굴착을 하거나, 포복을 하거나, 헤엄을 치거나, 먹이를 잘 선택할 수 있는 능력을 갖게 되었다. 이러한 적응을 통해 다양한 기관(외피, 근육, 신경 등)들이 조화롭게 작용하는 구조적인 틀, 즉 **체제**(body plan)를 구성하게 되었고, 이를 통해 생존과 생식 등의 과정에서 나타나는 세세한 문제들에 잘 대처할 수 있게 되었다. 몸의 체제에 따라 현생 무척추동물을 대략 36개의 문으로 분류하는데, 주로 발생학적 특징과 형태적인 특징이 분류 기준이 된다. 여기서 "대략"이라고 하는 이유는, 학자들에 따라 문의 수가 다르기 때문이다(글상자 8–2. 생물계와 도메인 참조)[1].

편형동물(Platyhelminthes)은 15장에서 이미 다루었고, 또 아래에서 언급하게 될 **체강**(coelom)을 소유하지 않으므로 좌우대칭동물의 다른 문들과 구별된다. 체강의 유무는 몸 내부의 정교한 변형과 관련되며, 결국 **체절성**(segmentation)의 여부와 상관이 있다. 마찬가지로, 자포동물의 방사대칭성은 **좌우대칭** 동물과 운동 양식의 차이를 나타내며, 부분적으로는 서식처의 차이와도 관련이 있다. 또한 배발생의 측면에서 보면, 뒤에서 다시 다루게 될 것이지만, 원구의 운명이 입이 되느냐 또는 항문이 되느냐에 따라 **선구동물상문**(Protostomia)과 **후구동물상문**(Deuterostomia)으로 나뉘게 된다. 이런 형질들의 정교한 변형과 분화에 대한 분석을 다루는 것이 이 장의 주요한 목적이다. 나아가 이런 여러 형질에 따라 후생동물을 여러 문들로 분류하게 되는데, **표 16–1**은 그중 대표적인 분류체계를 보여 준다.

진화적인 관점에서 보면 형태적 차이와 발생학적 차이는 생물들의 진화적인 변화이며, 이 생물군의 조상 — 후손 관계를 반영해 주고 있다. **그림 16–1**은 진화적 유연관계에 따라 동물의 여러 문들을 분류한 한 가지 보기이다. 이 그림의 아래쪽 부분에서 나타난 바와 같이, 선캄브리아기인 7억 5천만 년 전에 벌써 조상 계열로부터 여러 문들이 나타났다. 그러나 아직까지는 각 계열들 사이에 뚜렷한 형태적 차이가 나타나지 않았고, 각 분지 간의 형태적 차이가 뚜렷해지는 것은 고생대에 들어서였다(15장 참조).

한 분지와 다른 분지, 여기에서는 문과 문 사이에서 중간 연결형을 발견할 수 없었던 것은 선캄브리아기 시대에서는 많은 이행적 사건들이, 작고 연약한 몸을 가졌기 때문에 화석으로 남기 어려웠던 생물군 사이에서 일어났기 때문이다(**그림 16–1**). 게다가 각각의 분지들은 서로 다른 몸의 체제를 나타내고 있으며, 각 문의 구성원들은 다른 문의 구성원과는 서로 다른 새로운 먹이 획득 메커니즘, 대사적 요구와 생식 방법을 가지고 있다. 이러한 각 문에서의 차이는 작은 개체군에 국한되어 나타난 유전적, 형태적 변화에서부터 비롯되었을 것인데, 이 과정에서 화석이 남게 될 가능성은 매우 낮다.

새로운 계열이 처음 나타났을 때, 이 생물들은 매우 불리한 경쟁 관계에 직면할 수 밖에 없다. 화석군 사이에서, 또는 현생종들 사이에서 전이형이 희소한 것은 — 이러한 경우를 찾기 어려운 이유는 11장에서 개괄적으로 설명하였다 — 그들이 매우 짧은 기간 동안만 생존할 수 있다는 것을 반영하고 있고, 또한 각각 다른 적응 범위를 가진 주요한 진화 계열 사이에는 상당히 큰 진화적 갭이 존재함을 보여 주고 있다.

일부 연구자들은 환형동물과 같은 굴착동물이 11억 년 전에 출현했다고 주장하고 있다. 그리고, 지난 십여 년 동안 초기 고생대 지층에서 알과 후생동물의 배(embryo)가 발견되고 있다. 비록 많은 수량은 아니지만, 이런 표본들을 통해서 자포동물이 5억 3천만 년 전에 기원하였고, 체절이 아마도 선구동물의 배아에서 발생했다는 것을 짐작할 수 있게 되었다. 화석의 경우처럼, 유생이 많이 남아 있지 않은 것은 초기 후생동물이 유생 시기를 거치지 않고 직달발생을 했다는 것을 강력히 시사해 주고 있으나, 아직 완전히 해결된 이슈는 아니다[2].

분자진화학 연구는 다양한 방법으로 측정된 진화시계를 통해서 선구동물과 후구동물이 대략 7억 5천만 년 전에 분지했다는 것을 알게 되었다. 1997년에 Aguinaldo와 공동연구자들은 선구동물을 **탈피동물군**(절지동물, 새예동물, 선충 등)과 **촉수담륜동물군**(연체동물, 환형동물, 완족동물 등. 글상자 16–1 참조)으로 분류하였다.

Collins(1998)의 분류체계에서는, 중배엽성 조직을 가진 자포동물류의 플라눌라 유생(15장 참조)이 유형성숙을 통해 삼배엽성 동물로 진화했다고 주장한다. 18*S* 리보솜 RNA 염기서열을 조사한 결과는 이러한 주장을 뒷받침하고 있는데, 흔히 편형동물에 포함하고 있는 무장류(acoelans)는 편형동물보다 훨씬 더 원시적이며, 초기 삼배엽성 동물임을 나타내고 있다. Valentine(1997)은

---

[1] 동물의 문(phylum) 수에 관한 논의는 Hall(1999a), Nielson(2003), Valentine(2004)를 참조.

[2] 초기 캄브리아기 지층에서 나온 배(embryos)에 대해서는 Bengtson and Yue(1997)와 Conway Morris(1998c)를, 캄브리아기 중기와 후기에서 나온 배에 대해서는 Dong et al. (2004)를 각각 참조.

표 16-1 형태와 발생학적 기준에 따른 후생동물의 문 준위 분류체계

기준	문	종수
I. 조직과 기관이 명확하게 분화되어 있지 않거나 없음		
	해면동물	〉8,000
	판형동물	1
	중생동물[a]	50
II. 조직과 기관이 분화됨		
A. 방사대칭	자포동물	10,000
B. 좌우대칭[b]	유즐동물	100
1. 무체강동물	편형동물	24,000
	악구동물	100
2. 의체강동물[c]	복모동물	500
	윤형동물	〉 1,800
	구두동물	1,150
	선형동물[d]	〉200,000
	유선형동물	325
	동문동물	150
	새예동물	9
	동갑동물	10
3. 유연관계가 불확실		
4. 진체강동물		
a. 선구동물		
i. 촉수관(촉수 다발)을 가짐[e]	태형동물	5,000
	내항동물	150
	추형동물	14
	완족동물	350
ii. 촉수관이 없음		
(a) 비체절성 또는 의체절성 체제		
	연체동물	70,000
	성구동물	300
	유형동물	1,150
	완보동물	〉500
	오구동물	100
(b) 체절성 체제		
	환형동물	14,000
	유수동물	100
	의충동물	150
	유조동물	〉10
	절지동물	1,113,000
b. 후구동물	극피동물	6,000
	반삭동물, 익새동물, 장새동물	92
	척삭동물	52,000

[a] 이 문 준위 분류체계는 일반적인 것이지만, 어떤 학자들은 이 분류에 동의하지 않고 있다(글상자 8-1. 생물계와 도메인 참조). 또한, 일부 중요한 문이 아닌 것 중 위치가 명확하지 않은 것은 이 표에서 제외되었다. 그리고 어떤 무리들은 아직 충분히 해명되지 않은 것들도 있다(Nielson, 2001을 참조). 중생동물은 별개의 2문으로 분류해야 한다는 주장도 있다(그림 16-6을 참조).

[b] 18S 리보솜 RNA 염기서열 분석과 삼배엽성 호메오박스 포함 유전자(*Hox*)의 발견을 토대로, 과거 원생동물로 다루어졌던 점액포자충류(Myxozoa)는 현재 후생동물의 한 무리(기생성 히드로충류로 추정됨)로서 분류되고 있다.

[c] 일부 무척추동물학자는 이 무리를 대형(袋形)동물(Aschelminthes)로 분류하기도 한다.

[d] 선충의 종수는 500,000종으로 추산되는데, 대부분은 아직 기재되거나 명명되지 않았다.

[e] 선구동물은 촉수담륜동물군과 탈피동물군의 2개의 단계통군으로 분류된다. 글상자 16-1을 참조.

출처: Lutz, P. E., 1986. *Invertebrate Zoology*. Addison-Wesley, Reading, MA. 종수는 Hall(1999a)과 Ruppert et al. (2004)에서 인용.

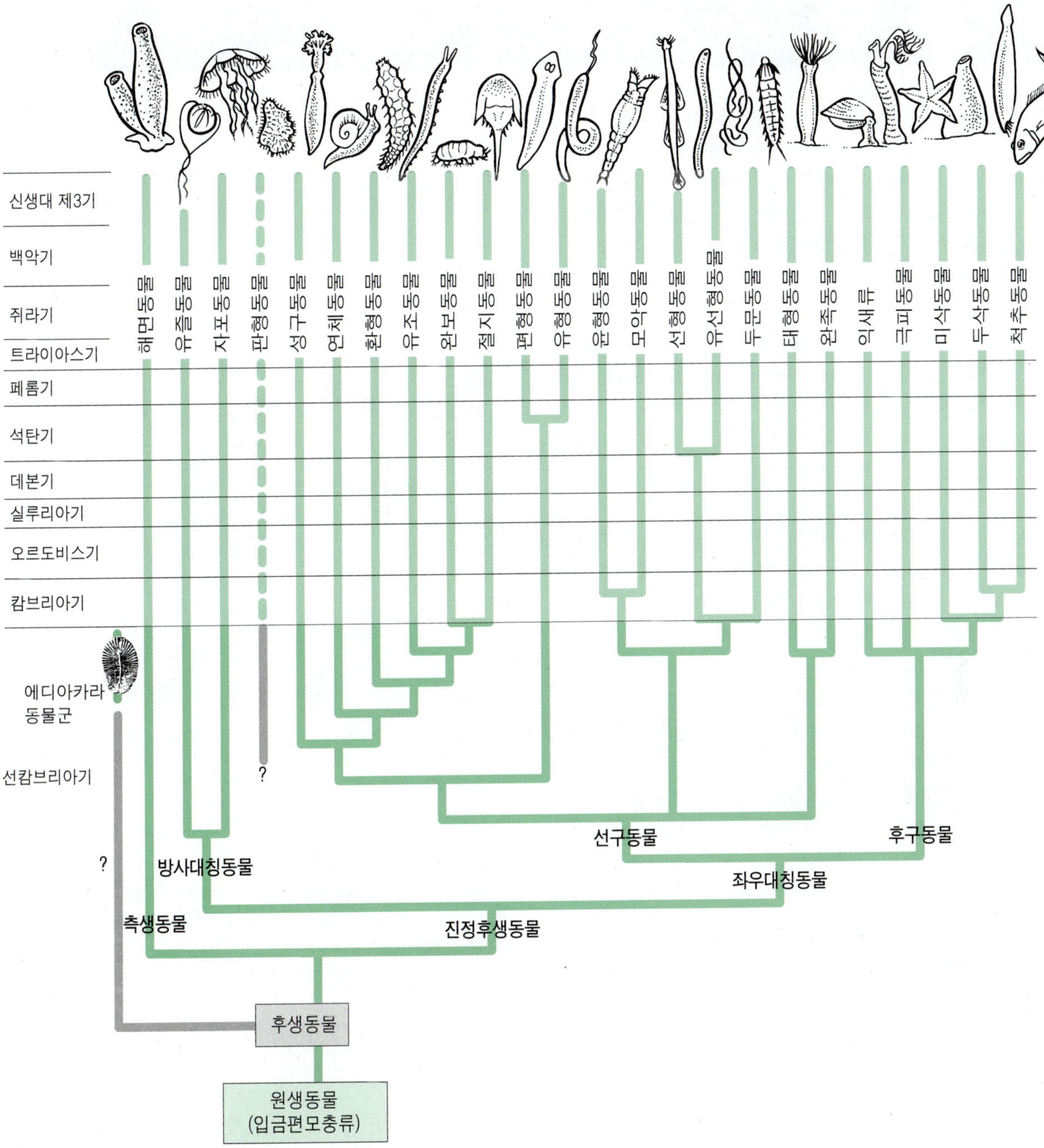

신생대 제3기
백악기
쥐라기
트라이아스기
페름기
석탄기
데본기
실루리아기
오르도비스기
캄브리아기
에디아카라 동물군
선캄브리아기

해면동물 유즐동물 자포동물 판형동물 성구동물 연체동물 환형동물 유조동물 완보동물 절지동물 편형동물 유형동물 윤형동물 모악동물 선형동물 유선형동물 두문동물 태형동물 완족동물 익새류 극피동물 미삭동물 두삭동물 척추동물

?
?
방사대칭동물
측생동물
진정후생동물
선구동물
후구동물
좌우대칭동물
후생동물
원생동물 (입금편모충류)

그림 16-1 주요 후생동물의 문 계통도. 각 계열의 대표 동물의 그림에서 각 파란색 선은 화석 생물의 계열을 나타내며, 대부분 초기 캄브리아기까지 거슬러 올라간다. 그 이전의 지층에는 에디아카라 화석군과 몇몇 관계가 불확실한 계열이 포함되어 있다(그림 15-4와 15-5 참조). 캄브리아기에 이르면 각 분류군들은 이미 뚜렷하게 분지되어 있는데, 이것은 그림의 아랫 부분에서 도시되어 있는 것과 같이 선캄브리아기에서의 가설적 계통 유연관계를 시사해 주고 있다(선의 길이는 시간적 길이와 일치하지 않는다). (Fortey, R., 2002. *Fossils: The Key to the Past*. Natural History Museum, London, UK.를 각색)

리보솜 RNA 서브유닛의 염기서열 분석과 난할 패턴을 통해 방사 난할이 나선형 난할(**그림 16-4**)보다 선행하였으므로 후구동물이 선구동물보다 원시적이라는 주장을 하였다[3].

분자생물학적, 유전학적, 발생학적 정보가 더욱 가용해지면서, 이런 저런 연구를 통해 후생동물의 유연관계에 대해 보다 명확히 알 수 있게 되었다. 수십억 개 이상의 염기쌍으로 이루어진

3 후구동물-선구동물-판형동물의 유연관계에 대해서는 Sidow and Thomas(1994), Nielson(2003), Colins(1998)을, 18*S* 리보솜 RNA 분석에 대해서는 Ruiz-Trillo 등(1999)을, RNA와 난할 양식의 분석에 대해서는 Valentine(1997)을 각각 참조.

글상자 16-1 탈피동물군과 촉수담륜동물군

1997년에 Aguinaldo 등은 18*S* rRNA의 분석을 통해 선구동물은 절지동물, 윤형동물, 선형동물, 유조동물, 완보동물을 포함하는 탈피동물군(Ecdysozoa)과 환형동물, 연체동물, 완족동물을 포함하는 촉수담륜동물군(Lophotrochozoa)의 2개의 단계통군으로 이루어진다는 설을 제기하였다.

탈피동물군은 큐티클 골격을 가지며 탈피(ecdysis)를 한다. 탈피는 탈피호르몬이라는 스테로이드계 호르몬의 조절에 의해 큐티클 외골격이 허물을 벗는 과정으로, 여기서 이 분류군의 이름이 유래한다. 다수의 탈피동물은 성이 분리되어 있고, 수컷이 암컷의 체 내에 정자를 주입한다.

촉수담륜동물군은 담륜자 유생(trochophore larva)(**그림 16-2와 16-3**) 시기를 거치는데, 촉수관(lophophore)이라고 하는 촉수 다발을 지닌다(촉수담륜동물들 모두가 담륜자 유생시기를 거치면서 동시에 성체 때 촉수관을 가지는 것은 아니다). 촉수담륜동물은 물 속에 배우자 세포를 방출하여 생식을 한다[a].

이러한 분류체계가 받아들여지기까지는 시간이 필요했다. 한편으로는 전문 분류학자들간에 다른 해석이 뒤따랐다. 현생 또는 멸종 생물들에 대한 형태학적 증거를 통해 Nielson(2003)은 절지동물을 환형동물의 자매군으로 다루면서, 절지동물의 위치 설정에 난색을 표했고, 분자 데이터가 이와 같은 절지동물-환형동물 무리짓기와 부합하지 않는다는 것을 인정하였다. 다른 한편으로는 다른 유전적 분석의 결과들이 이 탈피동물군-촉수담륜동물군 분류체계를 뒷받침하는 데 실패했기 때문이다. 그러나, 이후 대규모 유전적 분석, 예를 들어 Hervé 등(2005)에 의한 35종에서 146개 유전자의 35,371 염기 위치 분석은 탈피동물군과 촉수담륜동물군이 각각 단계통성임을 강력히 지지하였으며, 오늘날에는 이 분류체계가 일반화되게 되었다.

[a] 상세한 내용은 Brusca와 Brusca(2003), Halanych(2004), Ruppert 등(2004)을 참조.

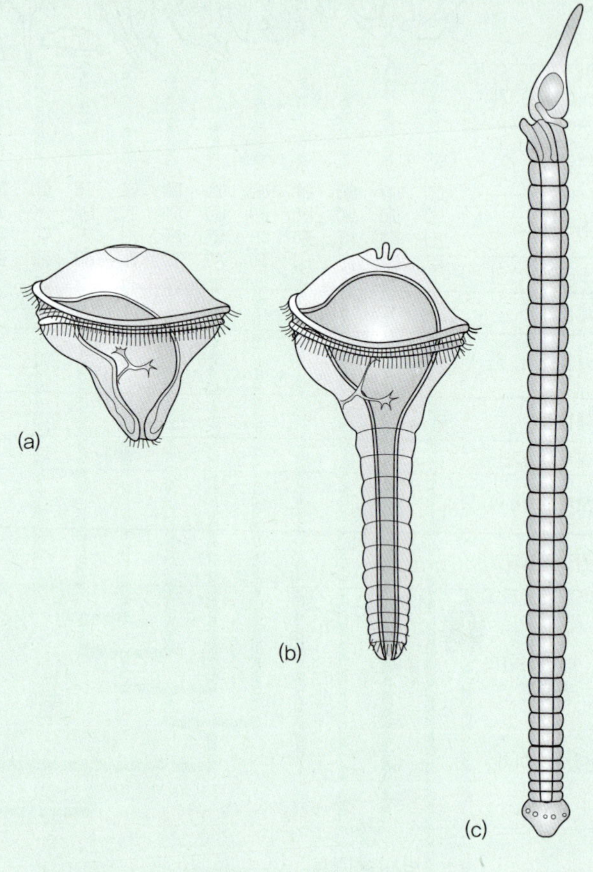

그림 16-2 유형성숙을 나타내는 해양 환형동물 *Polygordius* sp.의 생활사 중 세 단계. (a) 전형적인 담륜자. (b) 유생 단계(12개의 체절의 앞뒤로 특수화한 체절이 있다). (c) 성체.

후생동물의 유전체에 대한 분자계통진화 연구를 통해 많은 후생동물의 계통을 파악할 수 있었으며, 한편으로는 고생물학적인 연구를 통해 후생동물의 형태와 기원에 대하여 잘 이해할 수 있게 되었다[4].

이제 무척추동물이 진화과정 중에서 복잡성이 증가하게 된 몇몇 단계를 지시해 주는 주요 형질들을 개관하게 될 것이다. 즉, **배엽**, **체강**의 유무, **체절성** 등의 주요 형질들을 기준으로 **이배엽성 동물**(그림 15-12 참조), 단순한 위수강(강장)을 가지는 동물, **삼배엽성**이지만 아직 **무체강**성인 동물, **체강동물**(의체강과 진체강), 비체절성과 체절성 동물, 그리고 절지동물과 극피동물을 차례로 고찰해 보자.

[4] 후구동물의 유연관계에 대한 상세한 분석은 Conway Morris(1998a), Adoutte 등(1999), Nielson(2001), Brusca and Brusca(2003), Ruppert 등(2004), Jenner(2006), Siedel and Schmid(2006)를 참조.

세포와 원시 조직 수준의 동물

해면동물(Porifera)

해면동물은 후생동물 중에서 가장 단순한 동물이다. 몸의 체제(**그림 16-5**)는 수류를 일으켜 물속에 포함되어 있는 먹이 입자를 포착한 뒤 세포내소화를 하는 구조이다. **동정세포**(choanocytes)가 편모를 이용해 수류를 일으키면, 물은 작은 입수공을 거쳐 해면의 내부로 밀려 들어온 뒤 대공이라고 불리는 커다란 분출구로 빠져나가게 된다. 먹이를 많이 획득하기 위해서는 충분한 물을 거르고 체 내로 다시 물이 역류하지 않도록 멀리 분출해야 하는데, 동정세포의 편모는 초당 6인치 이상의 강한 분출 수류를 일으킬 수 있다. 이러한 시스템을 효율적으로 작동시키기 위해서는 스폰지 모양의 몸은 곧추서야만 하는데, 해면섬유라고 하는 콜라겐성 섬유

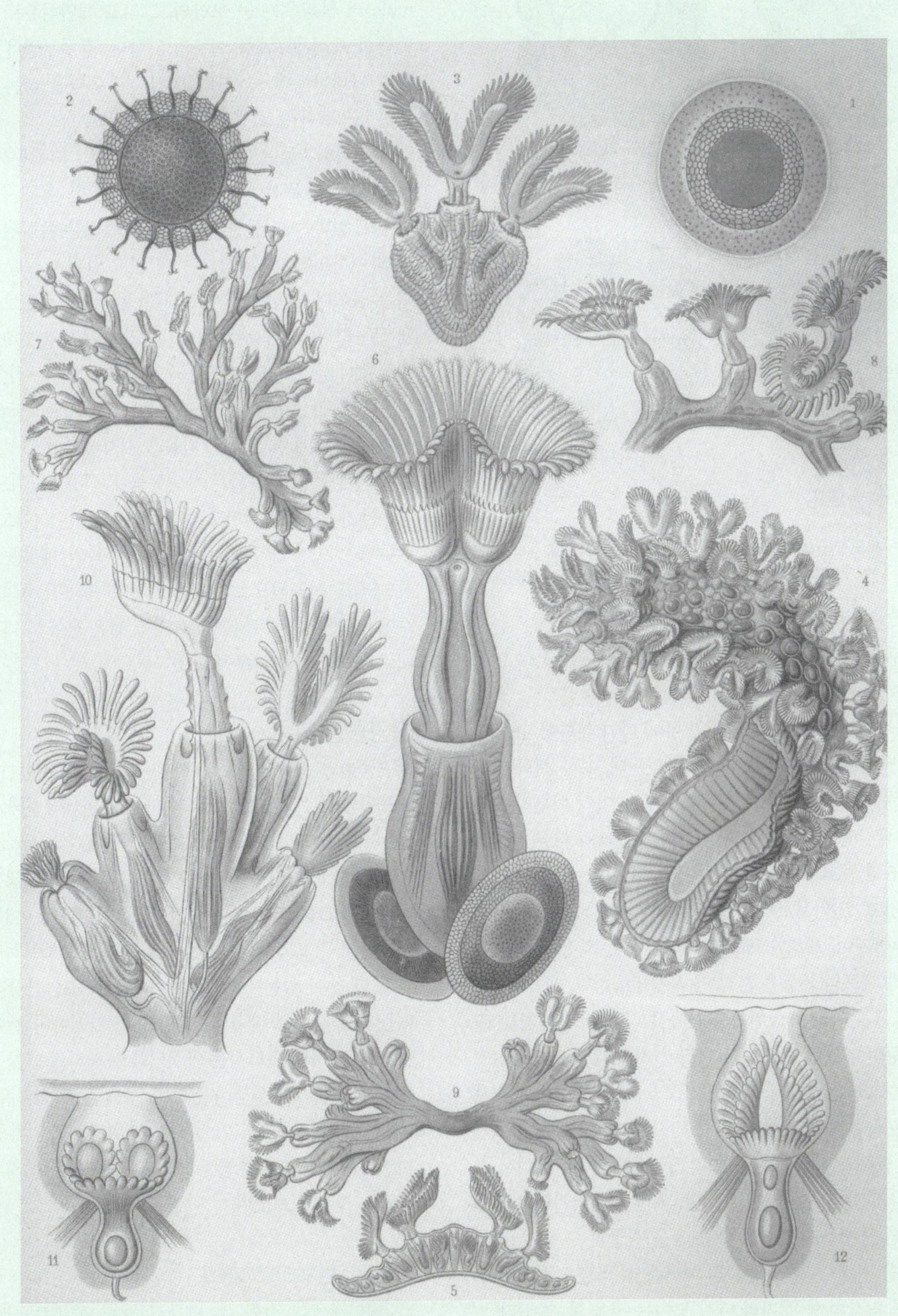

그림 16-3 핵켈(Ernst Haeckel)이 그린 태형동물 몇 가지. 특히 6번과 10번에서는 촉수관(촉수 다발)이 잘 나타나 있다. (Haeckel, E., 1904. *Kunstformen der Natur*.에서 인용)

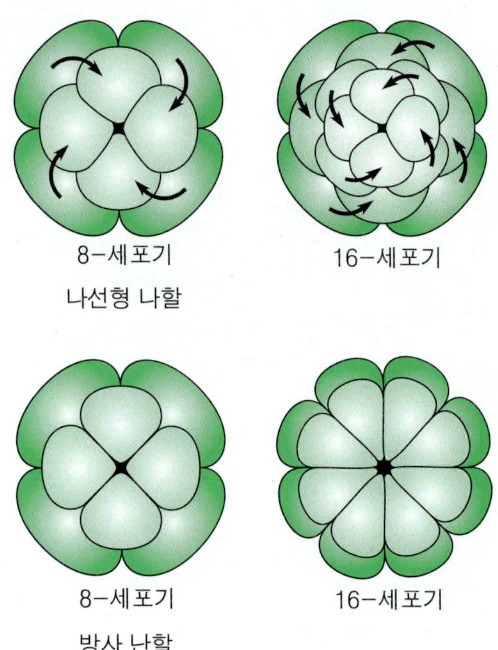

그림 16-4 8-세포기와 16-세포기의 나선형 난할과 방사 난할. Valentine (1997)에 따르면, 난할 양식은 중배엽 조직의 기원과 체강 형성 등에 영향을 끼친다.

의 그물모양 구조와 함께 칼슘 또는 규질성의 작은 골편들로 이루어진 골격에 의해 지지된다.

해면동물은 몸의 체제와 골편의 종류에 따라 분류한다. 해면동물에는 많아야 8~10 종류의 세포들이 있는데, 보다 진화한 다른 후생동물들에서 볼 수 있는 조직이나 기관을 아직 이루지 못하고 있다(최근에는 해면동물에 조직이 없다는 견해와 다른 분석도 있다. **글상자 16-2** 참조). 예컨대 해면동물은 소화기관, 근육 조직, 신경망 등을 갖고 있지 못하다. 기능은 일부 특정 세포에서만 부분적으로 이루어지며, 세포와 직접 접촉되어 있는 작은 범위에 국한된다. 게다가 세포의 기능은 흔히 매우 광범위하다.

해면동물에서 가장 광범위하게 기능을 하는 세포는 **원시세포**인데, 아메바형의 커다란 세포로서 여러 가지의 다른 세포형으로 분화될 수 있다. 또한 이렇게 분화된 세포들 중의 다수는 원시세포로 다시 역분화될 수도 있다. 따라서 원시세포는 일종의 줄기세포와 같다. 고전적인 실험으로서, 해면 덩어리를 체를 통해서 부스러뜨리고 걸러진 해수에 받아 놓으면, 해면 부스러기들이 완전한 해면 덩어리 군체로 재분화될 수 있음을 관찰할 수 있다. 그리고, 다른 색깔을 가진 두 가지 종류의 해면을 섞어 놓고 유사한 실험을 시행하면 각각의 종에 따라 다시 모이는 것을 볼 수 있다[5].

해면은 피층(편평세포층)과 내층(동정세포층), 그리고 그 사이에 젤라틴성의 기질로 이루어진 중간층(mesohyl)이 있는데, 여기에는 원시세포(archaeocyte)와 여러 종류의 세포들이 함유되어 있다. 원시세포는 출아 등의 무성생식에 역할을 하고, 아구(gemmule)라 불리우는 공 모양의, 그리고 해면섬유로 둘러싸인 작고 딱딱한 생식세포체를 이루기도 한다. 감수분열을 통한 유성생식 또한 나타나는데, 방사대칭형의 자유유영을 하는 유생을 만들어 확산함으로써 분포 범위를 넓히게 된다.

분류학자들은 해면동물을 원시적인 후생동물의 한 문(해면동물문)으로 두거나 또는 후생동물의 한 아계(측생동물아계)로 다루고 있다. 해면동물의 원시적인 특징은 독립된 입과 조직으로부터 이루어진 기관, 상피 등이 없고 앞뒤의 구분이 뚜렷하지 않다는 점이다. 해면동물의 또 다른 특징은 입금편모충 원생동물(그림 15-13 참조)과 매우 유사한 동정세포를 비롯하여 다른 후생동물류에서 볼 수 없는 세포들을 가지고 있다는 점이다. 일부 연구자들이 절멸된 문인 아케오씨아티드(Archaeocyathids)가 해면동물과 유연관계가 있을 수 있음을 시사했지만(글상자 11-2 참조), 다른 후생동물의 문들은 해면동물에서 진화하지도, 명백하게 유연관계가 있는 것 같지도 않다. 해면동물은 적어도 고생대부터는 수류를 일으켜 먹이를 취하는 단순한 몸의 체제를 갖추었으며, 또한 아직도 성공적으로 생활하고 있다. 약 8천 종의 해면동물이 담수에서 해양에 이르기까지 그리고 얕은 물에서 매우 깊은 물속에 이르기까지 널리 분포하고 있다.

판형동물(Placozoa)

해면동물과 형태적으로 유사한 후생동물로서는 매우 단순한 다세포동물인 2개의 문이 있다. 하나는 털납작벌레(*Trichoplax adhaerens*) 1종으로 이루어진 판형동물문(Placozoa)이다. **판형동물**은 납작하고 직경이 수 mm 정도로 작은, 자유생활을 하는 해양동물이다(**그림 16-6a**). 위쪽과 아랫면은 털이 나있는 상피세포로 이루어져 있고, 그 사이에 섬유질성의 중교세포들이 느슨하게 배열된 한 층이 있는데, 이것은 중배엽 조직을 연상시킨다. 몸의 형태는 불규칙한 모양을 띠고 있으며, 아메바와 같이 바닥을 기다가 먹이 입자를 덮고서는 아랫면을 통해서 소화를 시킨다. 분열과 출아를 통해서 무성생식을 하며, 중교층 속에서 유성생식성인 알이 발견된 적도 있다. 이 원시적인 후생동물은 비록 아직 잘 알려져 있지는 않으나, 분명히 초기 후생동물의 한 가지 흔적임에 틀림없는 것으로 보인다.

중생동물(Mesozoa)

단순한 체제를 가진 또 다른 하나의 후생동물은 **중생동물**(그림 16-6b, c)인데, 해양 무척추동물에 기생하는 약 50여 종이 알려져 있다. 몸의 크기는 매우 작으나, 판형동물보다는 복잡한 생활사를 보여 준다. 즉, 암수의 구별이 있고, 여러 가지 유생 단계를 거친다. 중생동물은 편형동물의 한 무리이었으나 기생생활을 하

[5] 이 실험을 하는 데 필요한 것은 바닷가 암석 표면에 붙어 있는 작은 해면 조각, 바닷물, 스타킹 같은 나일론 천이면 충분하다.

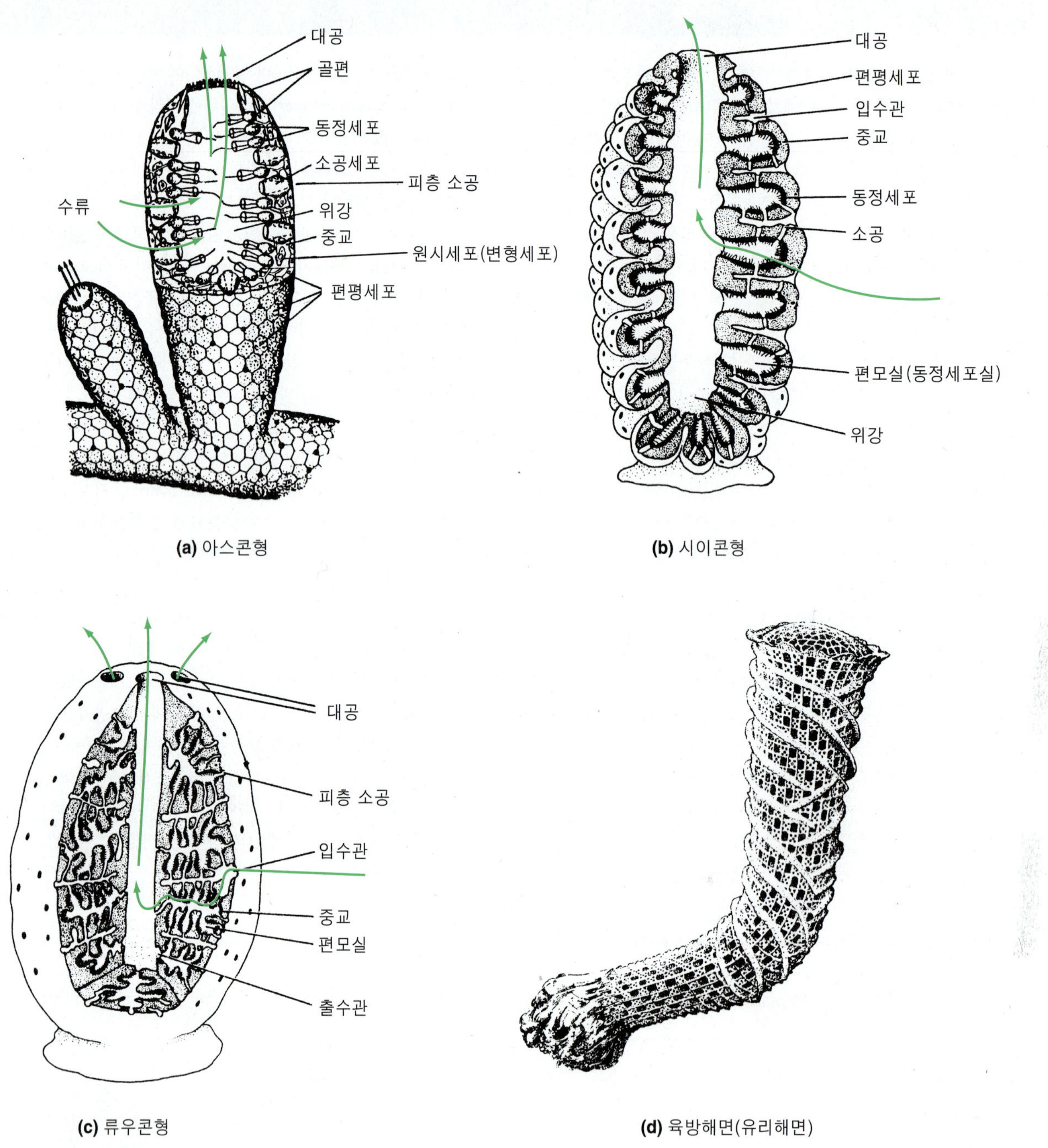

그림 16-5 해면동물의 세 가지 수관계: (a) 아스콘형, (b) 시이콘형, (c) 류우콘형. 석회해면강(Calacarea)에서는 세 가지 형이 모두 나타나고, 보통해면강(Demospongiae)과 골해면강(Sclerospongiae)에서는 류우콘형만 나타난다. 육방해면강(Hexactinellida, 유리해면류)는 골격 구조(d)가 뚜렷이 다르고, 다른 무리에서와 같은 피층(편평세포층)을 가지지 않으며, 많은 세포와 세포 사이에서 세포벽으로 나뉘어지지 않으므로(다핵세포체), 별개의 문으로 분류할 것을 제안하는 학자들도 있다. (Bergquist, P. R., 1985. Poriferan relationships. In *The Origin and Relationships of Lower Invertebrates*,S. Conway Morris, J. D. George, R. Gibson, and H. M. Platt(eds.). Clarendon Press, Oxford, England, pp. 14–27에서 인용)

글상자 16-2 해면동물은 조직이 있는가?

본문에서 '해면동물은 조직을 갖추지 못하고 있다'라는 고전적 견해를 반복하였는데, 이러한 견해는 19세기 중반에 조직학이 개시된 것만큼이나 오래된 역사를 가지고 있다. 이런 논지의 밑바탕에는 해면이 아직 조직이나 기관을 만들 정도로 "충분히 진화"하지 못한 동물이라는 전제가 깔려 있다. 그러나 본문에서 해면동물은 "진정한" 조직과 기관을 갖지 못하고 있다라고 서술하였음을 기억할 수 있을 것이다. 과연 진정한 조직과 기관을 갖추고 있다라고 말할 수 있기 위해서는 어떤 자격을 갖추어야 할까? 과연 해면동물이 조직 수준의 동물인지에 대해 다음과 같은 두 가지 면에서 접근해 보자.

처음으로 생각나는 것은, 척추동물과 다른 동물들은 척주(脊柱)가 없다는 이유로 모두 무척추동물로 분류한다는 것이다. 삼배엽성 동물에서 나타나는 전형적인 조직이 없다는 이유로 해면동물은 상대적으로 조직이 없는 동물로 다루어진다(Cole and Hall, 2004). 그래서 원시 조직(prototissue)은 과연 어떠했을까 하는 질문에 답을 할 수 없게 된다. 해면동물은 상피성의 동물이고, 피층과 내층으로 이루어진 2층으로 된 동물이다. 해면동물은, 낭배 단계에서 외배엽층과 내배엽층 사이에서 나타나 근육과 여러 구조를 만드는 중배엽을 갖고 있지 못하다. 해면동물은 두 상피층 사이에 아메바 모양의 세포들이 포함된 젤라틴성의 중간층(mesohyl)이 있는데, 이것을 원시 중배엽(protomesoderm)이라고 할 수 있을는지 모르겠다. 그래서 해면동물이 삼배엽성 동물들에서 나타나는 전형적인 중배엽층을 갖고 있지 못하다라는 명제는 옳지만, 또한 해면동물의 그것을 단순한 젤라틴성의 주머니라고만 치부할 수는 없다. 해면동물은 삼배엽성 조직들에서처럼 구조적 통합성과 기능적 특수화를 이루고 있다.

두 번째 문제는 단순한 질문 그 이상이다. 만약 해면동물에서 조직이 없다면, 조직이 다른 동물에서 어떤 기능을 수행하는 것처럼 해면동물에서는 어떤 몸의 체제가 이러한 역할을 할 수 있는 것일까? 알버타 대학의 Sally Leys는 조직이라면 기본적으로 다음과 같은 세 가지 필수 요소를 보여 주어야 한다고 주장한다[a].

1. 조직을 이루는 세포들이 극성(polarity)을 나타내야 한다.

2. 빈 틈을 메꾸고 연결하며 결합하여야 한다.

3. 기저막(basement membrane) 위에 자리 잡아야 한다.

실제로 석회해면의 피층 세포들은 극성을 보이며, 보통해면의 피층은 편평세포라고 불리우는 납작한 세포들이, 마치 물고기의 아가미 상피층에서처럼 납작한 보도 블럭 모양으로 촘촘히 배열하며, 표면에는 점액질이 분비된다. 이렇게 세포들이 모여 빽빽하게 빈틈을 메꾸고 결합하여, 삼배엽성 동물의 *cadherins*는 아니더라도 *protocadherins*를 형성한다고 볼 수 있는데, 이것은 충분히 원시 조직(prototissue)이라고 여겨질 만한 것이다. 이 특수하게 분화된 세포층은 고유한 기능을 수행하는데, 물이 몸 안으로 확산되는 것을 막는다. 이것은 몸 안으로 물을 흡입하는 기능을 하는 소공 세포와 차별화된다. 즉, 피층에서도 몸 안으로 물을 빨아들이는 과정에 기능이 서로 다른 두 가지 형의 세포군이 존재한다.

20가지 이상의 콜라겐 분자 중에서 IV형 콜라겐이 삼배엽성 동물의 상피세포외층(epithelial extracellular matrice, 기저막)에서 발견된다. 해면동물에서는 기저막으로 구분된 곳과 중간층(mesohyl)에서 IV형 콜라겐이 있는데[b], 한 가지 형의 세포 구조체가 다른 형으로 분화되는 중요한 발전을 나타낸다.

후생동물에서 세포 표면 수용체와 세포외기질 단백질을 발현시키는 세포 부착 유전자군 중 주요 그룹(Wint, Tgf-β, receptor tyronsine kinase, Notch, Hedgehog)이 해면동물의 1종인 *Oscarella carmela*에서도 발견되었다(Nichols 등, 2006). 이것은 과거 추정되었던 것보다 훨씬 더 세포간 상호작용, 세포 신호 등의 기능이 해면동물에서 가능하다는 것을 말해 준다. 그래서 해면동물이 구조적, 지역적 특수화를 통해 다른 동물군이 조직을 가지고 했던 것처럼 기능할 수 있다는 것, 그리고 삼배엽성 동물들이 조직을 사용하여 보여 주었던 여러 특징들의 일부는 이 해면동물의 원시조직에서도 보여 줄 수 있다는 것을 확신을 가지고 주장할 수 있다.

[a] 사신(私信)에 의함.
[b] IV형 콜라겐에 대해서는 Boute 등(1996)과 Boury-Esnault 등(2003)을 참조.

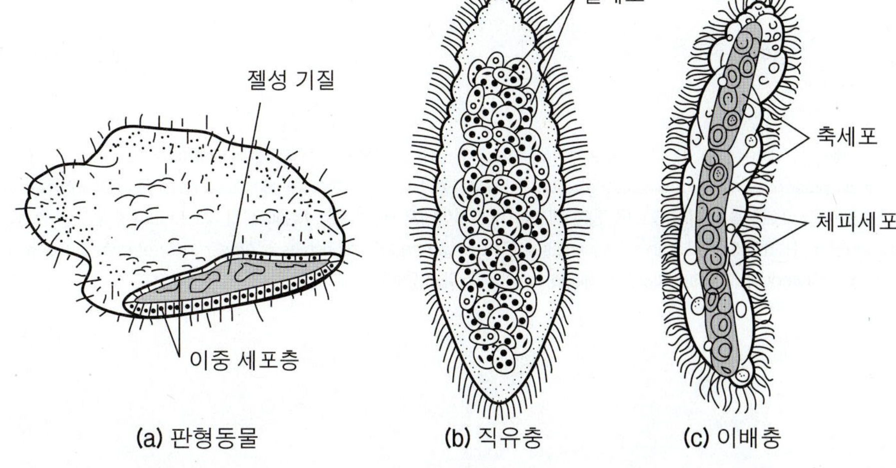

그림 16-6 (a) 털납작벌레(*Trichoplax adhaerans*)는 판형동물문에서 유일하게 기록된 종이다. 직유충(b)과 이배충류(c)는 함께 중생동물문에 속해 있으나, 18*S* 리보솜 RNA의 염기 배열 분석 결과에 따르면 두 무리는 별개의 조상으로부터 유래한 것으로 보인다. Pawlowski 등(1996)은 각각 별개의 문으로 분류할 것을 제안하고 있다.

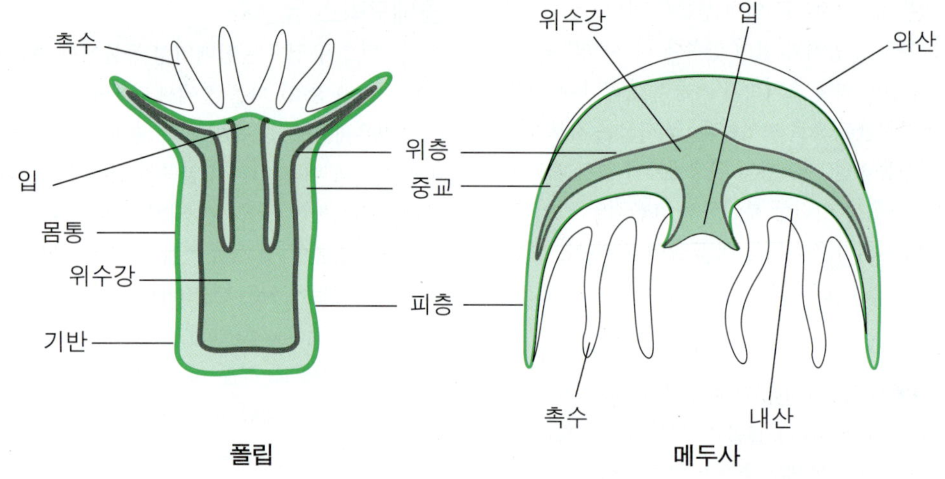

그림 16-7 자포동물의 두 가지 기본형. 이 두 가지 형은 메두사에서 중교층이 더 두텁다는 것 외에는 서로 뒤집어진 모양일 뿐 기본적인 형태에서는 차이가 없다. (Barnes, R. D., 1980. *Invertebrate Zoology*, 4th ed., Saunders, Philadelphia에서 각색)

게 되면서 조직이 퇴화하여 단순해진 것으로 알려지고 있다. 그러나 대부분의 계통분류학자들은 아직 중생동물을 하나 또는 2개의 문으로 분류하고 있고, 진화 초기에 기생생활을 시작했던 것으로 보고 있다.

아직까지는 판형동물과 중생동물, 그리고 다른 후생동물 사이의 유연관계는 아직 밝혀지지 않고 있다. 18*S* 리보솜 RNA에 대한 광범위한 염기서열 분석을 통해서 Collins(1998)는 판형동물(그림 16-1)이 좌우대칭동물(선구동물과 후구동물)과 밀접하게 근연관계임을 제시하였다.

■ 이배엽성의 조직 수준 동물군

자포동물과 유즐동물

자포동물(산호, 해파리, 히드라)과 **유즐동물**(빗해파리)은 입과 특수화된 위수강(강장)이 발달함으로써 후생동물의 체제에서 중요한 진보를 보여 주고 있다. 위수강은 늘어날 수 있으므로 해면동물이 걸러 먹을 수 있는 것보다 훨씬 더 큰 먹이 입자를 집어넣을 수 있으며, 먹이생물을 세포외적으로 분해시킨 후, 세포 내로 흡수한다.

조직의 체제 또한 해면동물에서보다 진화하였는데(글상자 16-2 참조), 뚜렷하게 조직화된 바깥 상피층과 안쪽의 위층이 있다. 이 두 층은 더 진화한 삼배엽성 후생동물에서의 외배엽층과 내배엽층에 각각 상동하는 것으로 믿어지고 있다. 예를 들어, 상피층과 위층의 근육조직은 그물 모양의 단순한 신경과 연계하여 운동이나 포식 등의 다양한 운동을 가능케 한다. 유즐동물도 근육을 갖지만, 운동을 좌우하는 것은 자오선 방향으로 배열해 있는 8줄의 즐판대이다(**그림 16-7**). 중간층인 **중교**(mesoglea)는 주로 젤라틴성이며, 다른 두 층이 대부분의 생체 기능을 수행한다. 하지만 독자적으로 순환, 호흡, 배설 기능만을 전적으로 담당하는, 특수하게 분화된 세포나 조직은 아직 발견되어 있지 않다[6].

방사대칭동물이란 말은 자포동물과 유즐동물 모두 중심축에서 어느 방향으로 대칭면을 두더라도 거울대칭을 이룬다는 것이다. 유즐동물에서는 한 쌍의 긴 촉수를 지니므로, 방사대칭과 함께 좌우대칭성을 갖게 된다. 또한 두 문 모두 유연성 있는 몸과 신축성이 있는 촉수로 먹이를 구강 안으로 넣을 수 있다. 방사대칭동물은 유연성 있는 몸의 구조 덕분에 여러 가지 모양으로 변할 수 있다. 연안에 서식하는 자포동물 중 산호초를 형성하는 것들은 조직 속에 공생성 조류(갈충조)를 정착시키고 있는데, 이 조류 세포들은 광합성을 통해 영양분을 산호충에 제공하게 된다.

발생학적으로 방사대칭동물은 유성생식과 무성생식 방법 양쪽을 다 이용할 수 있다. 배우자 세포를 형성하고 수정란을 만든 후에 단단하고 섬모가 나 있는 **플라눌라**(planula) 유생으로 발생한다. 플라눌라 유생은 15장에서 후생동물 기원에 관한 가설에서 언급한 적이 있다. 플라눌라 유생의 발생은 무리에 따라 다르지만, 자포동물에서의 유성생식 과정에서는 언제나 나타나며, 유즐동물의 한 속에서도 볼 수 있다.

자포동물에서는 10,000종 이상이, 유즐동물에서는 약 80여 종이 기재되어 있다. 현생 방사대칭동물은 육식성인데, 먹이를 획득하는 방법은 두 문 사이에서 차이가 있다. 두 문 중에서 더 흔한 자포동물의 경우, 촉수와 위층에 **자포**(nematocyst)라는 작은

[6] 자포동물의 조직 체제 및 삼배엽성 좌우대칭동물에 대한 자포동물의 공통조상성에 대한 최근의 분석은 Seidel and Schmid(2006)를, 선구동물과 후구동물에서는 miRNA가 발견되었으나 해면동물과 자포동물에서는 그렇지 않다는 것이 기관의 기원과 miRNA가 연관되어 있음에 대해서는 Sempere et al. (2006)을 각각 참조.

독침 세포를 갖고 있는데[7], 이것으로 먹이 생물을 마비시킨 후 위수강으로 흡입한다. 자포는 공격과 방어 양쪽에 다 사용되며, 그 기원은 자포동물문의 진화 역사 초기까지 거슬러 올라간다. 자포는 분비선 세포에서 기원한 것으로 보이는데, 그 까닭은 자포동물의 자포와 명확하게 상동적인, 자포형의 원생생물이 없기 때문이다. 자포가 어떻게 기원했든 이러한 특이하고 효율적인 먹이 획득 방식이 자포동물의 진화가 지속되는 데 도움이 되었다는 것은 분명한 사실이다.

폴립과 메두사

자포동물은 발생과정에서 **폴립**(polyp)과 **메두사**(medusa)라는 두 가지 체형을 보여 준다(그림 16-7). **폴립**은 주로 정착(고착)성이고 관상(대롱 모양)이다. 구부 쪽에는 촉수가 입 가장자리를 따라 배열하며, 반구부 쪽에서는 기반(basal disk)으로 바닥에 고착한다. 이와 대조적으로, **메두사**는 보통 자유유영형이며, 우산을 뒤집어 놓은 것과 유사하다. 메두사의 아래쪽 중앙에 입이 있으며, 우산 가장자리를 따라 촉수들이 늘어뜨려져 있다. 자포동물의 일부 무리에서는 메두사 시기를 지나 바닥에 고착하는 과정에서 메두사에서 폴립으로의 변환 과정이 잘 드러난다.

일반적으로, 폴립은 정주하여 먹이를 획득하고, 메두사는 분산하는 역할을 하지만, 자포동물의 강에 따라서는 두 가지 생활형의 중요성이 다르다. 즉, 산호충강(말미잘과 산호)에서는 메두사가 전혀 나타나지 않으며, 해파리강의 일부 무리에서는 폴립이 나타나지 않거나 불확실하다. 히드로충강과 입방해파리강에서는 두 가지 체형이 모두 나타난다.

자포동물과 유즐동물은 여러 가지 형질에서 다르지만, 많은 무척추동물 학자들은 두 무리가 계통적으로 밀접하게 근연인 것으로 생각하고 있다. 결과적으로, 그 동안 어떤 새로운 자료가 생길 때마다 동물학자들은 자포동물과 유즐동물 사이의 진화적 유연관계에 대해서 여러 가지 다른 견해를 표명해 왔다. 그러나 실제로 방사대칭성이고 이배엽성 체제를 기반으로, 두 무리는 오랫동안 강장동물이라는 하나의 문 아래 함께 분류되어 왔다(이제는 강장동물이라는 용어는 주로 자포동물류를 지칭하고 있다). 방사대칭성이라는 형질을 공유하므로, 어떤 분류 체계에서는 좌우대칭동물상문(Bilateria)과 구별하여 방사대칭동물상문(Radiata)으로 분류하기도 한다(그림 16-1).

자포동물은 선캄브리아기의 화석 생물들과 형태적으로 상당한 유사성을 보여 준다. 새로운 증거들을 통해서 선캄브리아기의 어떤 계열에서 폴립형 유생과 메두사형 성체가 생겼고, 여기에서 다양한 자포동물류와 아마도 유즐동물까지 유래했다는 결론을 유추할 수 있게 되었다(**그림 16-8**).

[7] 유즐동물은 자포가 없는 대신 교포(*collocytes*)를 사용하여 촉수에 먹이를 붙여 잡는다.

호메오박스 유전자

호메오박스 유전자는 삼배엽성 동물에서 주요한 역할을 하는데(그림 13-9 참조), 다음 절에서 다루게 된다.

좌우대칭성, 즉 몸이 왼쪽 편과 오른쪽 편으로 나뉘게 됨에 따라 등쪽과 배쪽, 그리고 앞쪽과 뒤쪽이 구분되고, 이를 통해 체제의 복잡성이 이루어지게 되었다. 모든 좌우대칭성의 삼배엽성 동물들은 다음의 세 가지 조절유전자를 사용하여 전후극성을 결정하게 되었는데, Hox와 ParaHox 유전자, even-skipped(*evx*) 유전자, empty-spiracles(*emx*) 유전자가 그것이다. 결론적으로 모든 좌우대칭동물의 최종 공통조상에서 이러한 유전자나 패턴형성 메커니즘이 존재했었다는 것은 부인할 수 없는 사실인 것 같다. 놀랍게도, 자포동물은 후생동물의 진화과정에 있어 예상치 못한 통찰력의 원천이 되었는데, 왜냐하면 좌우대칭동물이 기원하기 전에 이미 자포동물과 유즐동물이 분지한 것으로 보이기 때문이다.

호메오박스 유전자는 이배엽성 동물의 두 갈래인 자포동물과 판형동물에서 이미 발견된 바 있다. 자포동물인 *Nematostella vectensis*의 유전체에는 7가지의 Hox와 ParaHox 유전자가 있는데, 유전자의 수는 삼배엽성 동물에 비해 적으나 삼배엽성 동물에서와 같이 하나의 염색체상에 모여 있다. 자포동물은 좌우대칭성은 없으나, 성체에서 전후 축(구부-반구부 축)이 나타난다. 자포동물의 구부-반구부 축이나 좌우대칭 동물의 전후 축(A-P axis)은 모두 Hox 유전자에 의해 형성된다. 히드라에는 6개의 유사 Hox 유전자가 있는데, 이중 2개는 구부 극(oral pole)을 결정한다. 결론적으로, 구부-반구부 축은 전후 축(A-P axis)과 상동적이며, 자포동물이 오랫동안 알고 있던 것처럼 이배엽성이거나, 또는 삼배엽성 동물의 조상이었는데, 진화과정 중에 2차적으로 이 유전자를 상실했다는 것을 함축하고 있다. *Nematostella*가 발생 초기에 좌우대칭성을 가지고 있다가 나중에 방사대칭성이 된다는 것을 발견함으로써, 자포동물과 삼배엽성 동물이 공통조상으로부터 유래했다는 견해를 유지할 수밖에 없게 되었다[8].

■ 무체강동물

외배엽과 내배엽으로 이루어진 **이배엽성**(diploblastic) 동물에서 중배엽을 포함하는 **삼배엽성**(triploblastic) 동물로의 진화는 세 가지 종류의 배엽을 구성하는 다양한 세포들의 수적 증가와 복잡

[8] 자포동물과 판형동물에 관해서는 Finnerty(2001), Schierwater and Kuhn(1998), Darling et al. (2005)을, 히드라(*Hydra*)에 관해서는 Bode(2001)를 각각 참조. Chourrout et al.(2006)은 최근 *Nematostella vectensis*와 *Hydra magnipapillata*에서 전체 Hox/ParaHox 유전자를 분석하였는데, 조상형 protoHox유전자군은 2개의 앞쪽 유전자로 이루어지며, Hox와 ParaHox 유전자군에서의 뒤쪽 유전자들은 자포동물과 좌우대칭동물에서 서로 독립적으로 출현한다는 것을 시사해 주는 결과를 얻었다.

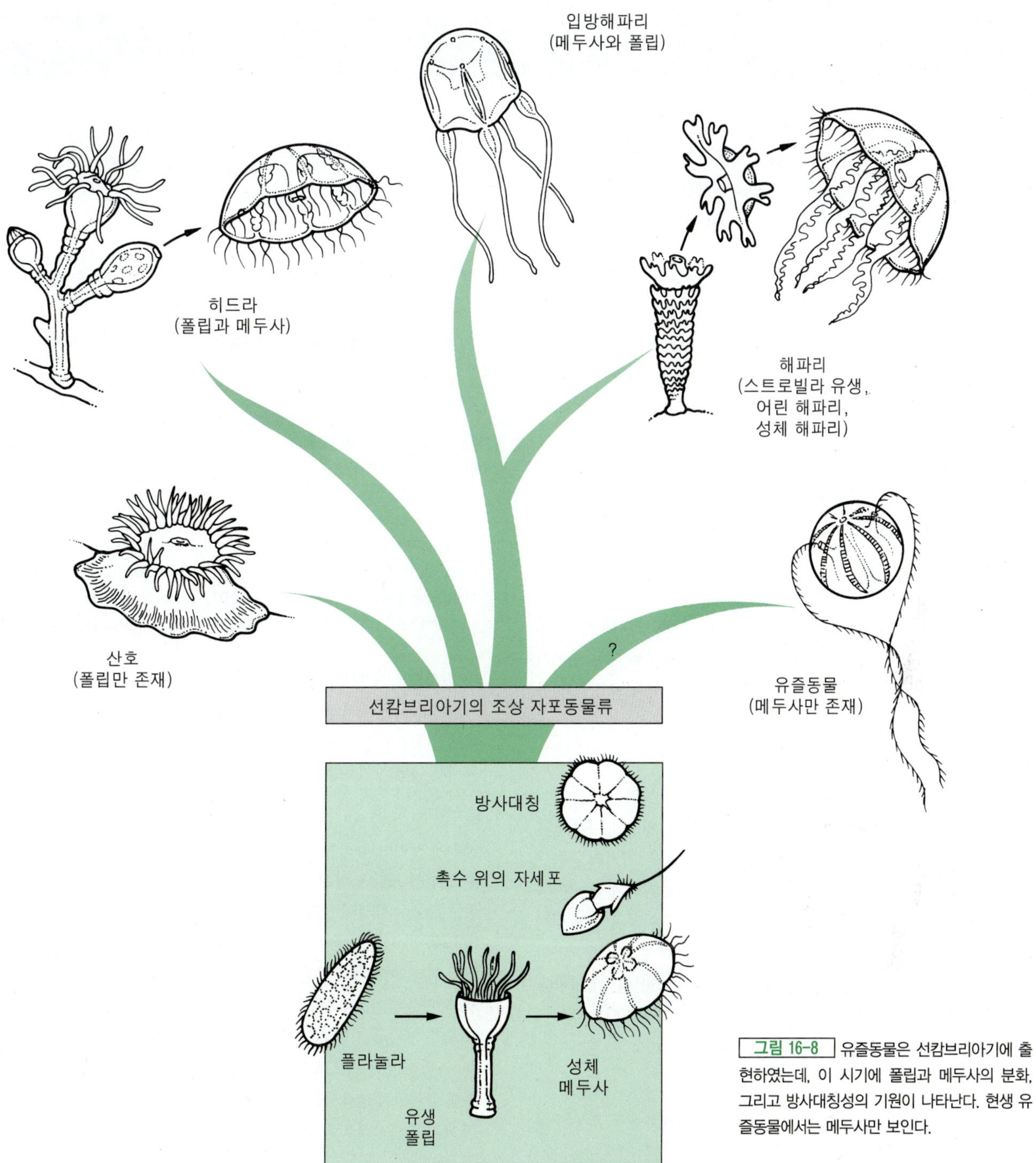

그림 16-8 유즐동물은 선캄브리아기에 출현하였는데, 이 시기에 폴립과 메두사의 분화, 그리고 방사대칭성의 기원이 나타난다. 현생 유즐동물에서는 메두사만 보인다.

성 증대를 이루게 되었다. 이러한 변화를 통해 환상근과 종주근, 배설기관, 순환기관과 조직, 그리고 복잡한 생식계 등의 다양한 조직과 기관이 출현할 수 있었다. 생물체의 크기 또한 증가하였고, 활발하게 이동하는 것이 가능하게 되었다(**글상자 16-3**). 몸의 전후 방향성(극성)이 나타났는데, 이를 바탕으로 먹이를 쉽게 획득하게 되었고, 다양한 동물에서 좌우대칭성이 나타나게 되었다.

편형동물과 무체강동물

편형동물은 삼배엽성 동물의 초기 진화과정에서 성공한 무리로, 별개의 문 속에 대략 20,000여 종을 포함하는데, 현재로서는 다계통적인 것이 거의 확실하다.

등배로 납작한 편형동물의 몸은 근육 조직과 잘 발달한 자웅동체 생식기관, 아직 단순한 삼투조절 기관(원신관)을 포함하고 있으나, 가스교환을 위한 순환계는 아직 없다. 형태적으로 보

글상자 16-3 이동 문제에 대한 진화적 해결

동물의 먹이 획득은 어쩔 수 없이 다양한 적응, 즉 감각, 운동, 소화 등과 밀접하게 결부되어 있다. 기능 진화생물학자들은 동물군 간의 이동(locomotion) 행동의 차이를 통해 **적응적 변화의 기초 개념**을 연구할 수 있다.

단세포 수준에서의 작은 크기의 이동은 상대적으로 단순한 섬모, 편모, 위족, 심지어 브라운 운동을 통해 가능했다. 하지만 일단 후생동물 체제 수준이 되었을 때, 이동 세포는 상대적으로 큰 덩치를 조화롭게 움직이게 해야 한다는 과제에 부닥치게 된다. 플라늘라를 닮은 초기의 후생동물은 아마도 섬모 운동을 통해 움직일 수 있을 것이라 추정되는데, 이것은 오늘날의 몸 길이 1mm 미만의 **무장류**(acoelans) 와충동물이 배쪽의 섬모세포들을 사용하여 포복하는 것과 크게 다르지 않았을 것이다.

방향을 고려한 이동은 동물의 전후 극성(앞뒤 방향성)과 조응하는데, 몸의 앞쪽에는 환경 변화를 감지하고 대응하는 데 필요한 적응이 나타나게 되었다. 좌우대칭성, 즉 몸의 좌우측의 구별은 곧바로 등쪽과 배쪽, 그리고 앞쪽과 뒤쪽의 차이를 가져 왔고, 이는 체제의 복잡화와 직결된다. 한편으로는, 운동 방법에도 새로운 요구를 불러일으키게 되었다. 섬모는 상대적으로 작은 힘만을 만들 수 있으므로(**그림 16-9**), 동물의 몸 크기가 커짐에 따라 섬모만으로 빠른 이동을 하는 데는 한계가 있었다. 이에 따라, 다른 이동 방법, 즉 잘 조직화된 근육 조직을 사용하여 이동하게 되었다.

■ 환상근과 종주근

삼배엽성 동물에서 가장 단순한 형태의 조직 체제는 지렁이 모양이다. 길고 유연성 있는 몸은 근육성의 체벽으로 둘러 싸여 일정한 체적을 유지하였다. 근육 조직은 서로 반대 방향으로 작용하는 두 가지의 근육군으로 구성되는데, 환상근이 수축하여 몸의 지름을 줄이면 몸길이가 늘어나게 되고, 반대로 종주근이 수축하면 몸길이가 짧아지는 대신 몸의 지름이 늘어나게 된다. 이렇게 두 가지의 근육이 반대 방향으로 작용한다는 것은 한쪽이 늘어나면 다른 종류의 근육은 수축한다는 의미이다. 하지만 근육의 크기, 배치 그리고 체벽에 부착하여 변형시키는 정도에서 근육 운동에는 아직 한계가 있었다.

■ 족부 운동

무장류보다 훨씬 큰 몸을 가지게 된 많은 와충류에서는 이동 운동은 거의 전적으로 족부(足部, pedal foot)에 의존하게 된다. **족부 이동**(pedal locomotion)은 바닥과 접촉하는 배쪽 종주근의 수축과 이완에 의해 이루어진다. 이러한 포복 방법은 세포로 가득 채워진 몸을 가진 무체강동물에서 이동이 가능케 하였다.

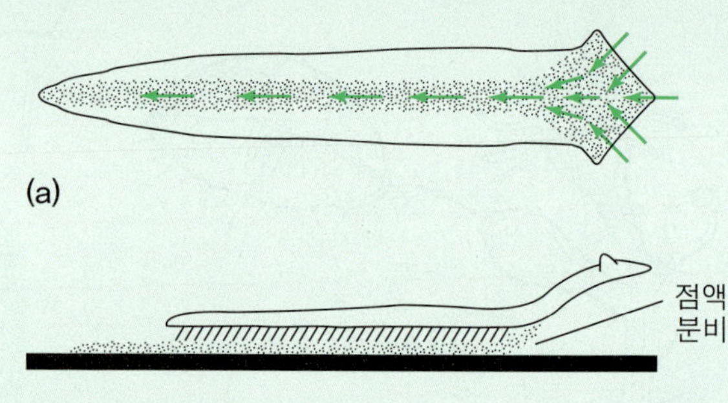

그림 16-9 와충류 편형동물인 플라나리아(*Planaria*)에서의 섬모 분포와 운동. (a) 플라나리아 복면에서 섬모의 물결 운동 방향. (b) 포복 운동 방법. 바닥에 점액을 분비한 후 섬모의 물결 운동을 통해 움직인다. 섬모운동을 통한 포복의 효율성은 상대적으로 작은 몸의 크기와 가능한 납작한 복면의 너비에 따라 결정된다. 몸이 더 커지고 원통형으로 된 편형동물에서는 섬모를 이용한 포복은 전부는 아닐지라도 대부분 없어지게 되었다. (Clark, R. B., 1979. Radiation of the metazoa. In *The Origin of the Major Invertebrate Groups*, M. R. House(ed.), Academic Press, London, pp. 55-102; Clark, R. B., 1964. *Dynamics in Metazoan Evolution*. Clarendon Press, Oxford, England에서 각색)

■ 연동 운동

몸속에 체액이 축적됨에 따라, 근육에 의한 운동 효과는 더 멀리 미칠 수 있어서 보다 향상된 이동을 보이게 되었다. 예를 들면, 끈벌레(유형동물문)에는 체강이 없지만, 일부 종은 젤라틴성의 유조직이 있어서 속이 가득 차 단단한 몸을 가진 무리보다 근육 수축이 효과적으로 잘 전달이 된다. 이제 종주근을 몸의 이쪽 저쪽으로 수축하면서 꿈틀대며 유영하는 것이 가능하게 되었다. 나아가서 어떤 유형동물에서는 체액이 차 있는 체강을 가진 체강동물의 중요한 특징인 연동 운동의 기미마저 볼 수 있다. 본질적으로 체강은 정수압(定水壓, hydrostatic pressure)을 통해 유체골격(流体骨骼, hydrostatic skeleton)을 제공하며, 근육 수축의 효과가 즉각적으로 몸의 다른 부위에 전달되도록 한다.

아 편형동물은 신경기관과 감각기관이 머리 쪽에 집중화된 전후 극성의 체제를 갖는다는 점에서 중요하다. 편형동물 등 무체강동물은 체강이 없다는 점에서 다음 절에서 다루게 될 두 가지 형의 체강을 가진 삼배엽성 동물과 구별된다.

자유생활하는 편형동물인 와충강(Turbellaria)은 배쪽의 입이 소화기관의 입구이면서 동시에 배출구로서 작용한다. 와충강 중의 무장목(acoelans)에서는 이 기관이 교호성의 세포 덩어리(**그림 16-12a**)인 반면, 다른 와충강의 목들에서는 1개 이상의 맹낭으로 구성되어 있는데, 마치 강장동물의 위수강과 유사하지만 상동적이지는 않다(그림 16-12b). 어느 경우에서든 조직은 내부기관과 체벽 사이의 공간을 채워 주고 있으며, 체강은 없다. 일반적으로 와충류의 이동은 섬모의 운동과 배쪽 근육의 운동으로만 이루

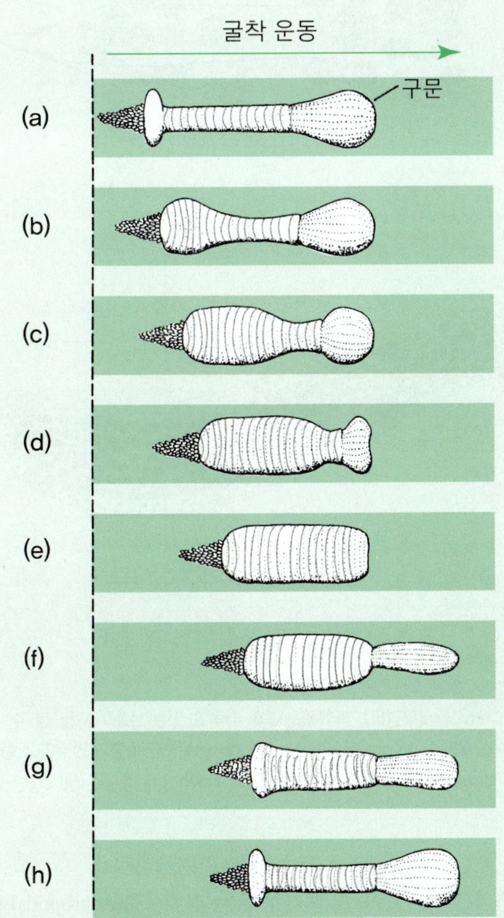

그림 16-10 새예동물인 자지벌레(*Priapulus*)의 구멍 파기. (a) 길이 방향으로 몸이 늘어나고, 구문부는 팽창한다. 구문부는 몸이 앞쪽(그림에서 오른쪽)으로 움직이는 데 닻의 역할을 한다. 몸이 오므라들면서 직경은 늘어난다(b–e). 단계(f–h)에서는 구문부가 다시 늘어나면서 새로운 주기를 반복한다. 천천히 진화하고 있는 새예동물의 미토콘드리아 유전체의 분석에 대해서는 Webster et al. (2006)을 참조. (Clark, R. B., 1979. Radiation of the metazoa. In *The Origin of the Major Invertebrate Groups*, M. R. House(ed.), Academic Press, London, pp. 55–102.에서 각색)

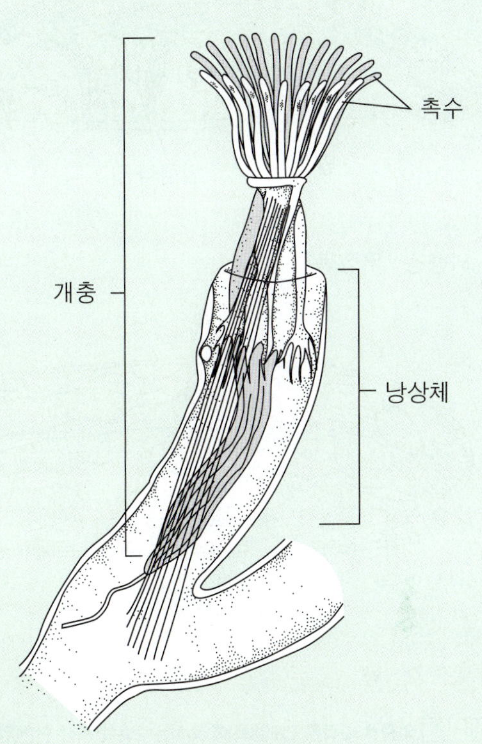

그림 16-11 촉수관을 내뻗은 외항동물(이끼벌레) *Fredericella sultana*. (Clark, R. B., 1979. Radiation of the metazoa. In *The Origin of the Major Invertebrate Groups*, M. R. House(ed.), Academic Press, London, pp. 55–102.에서 각색)

연동 운동 — 환상근의 수축에 이은 종주근의 수축 패턴이 연속적으로 나타남 — 은 무체강동물의 이동에 비해서 훨씬 더 큰 위력을 보인다. 이는, 전체 유체골격과 모든 체벽이 함께 연관되어 있기 때문이다. 연동 운동은 몸 전체를 바닥 속으로 밀어 넣도록 함으로써 굴착생활을 하는 동물의 상대적응도(relative fitness)를 향상시켰다. 또한, 체액으로 가득 찬 체강은 정수압만으로도 구문부나 촉수관을 빠르게 내 뻗을 수 있게 하였는데, 새예동물이 재빨리 구멍을 파고 들어 가거나 (**그림 16-10**), 이끼벌레가 촉수관을 내뻗고 오므려 들이는 것에서(**그림 16-11**) 잘 드러난다.

어진다(그림 16–9). 편형동물의 다른 두 강은 모두 기생성이다. 흡충강(Trematoda, 디스토마)은 와충류와 같이 입과 소화관이 있는 반면, 조충강(Cestoda, 촌충)은 체벽을 통해서 숙주로부터 영양분을 흡수한다.

기생

잠재적인 숙주로서 대형동물이 진화함에 따라 편형동물도 **기생**(parasitism)이라는 성공적인 생활 방법을 획득하게 된다. 기생생활에의 적응은 숙주생물의 조직에 달라 붙는 장치, 즉 갈고리나 흡반과 같은 것을 포함하고 있으며, 감각기관과 소화기관 등은 축소되거나 소실된다. 중요한 것은 기생충을 막기 위하여 숙주생물

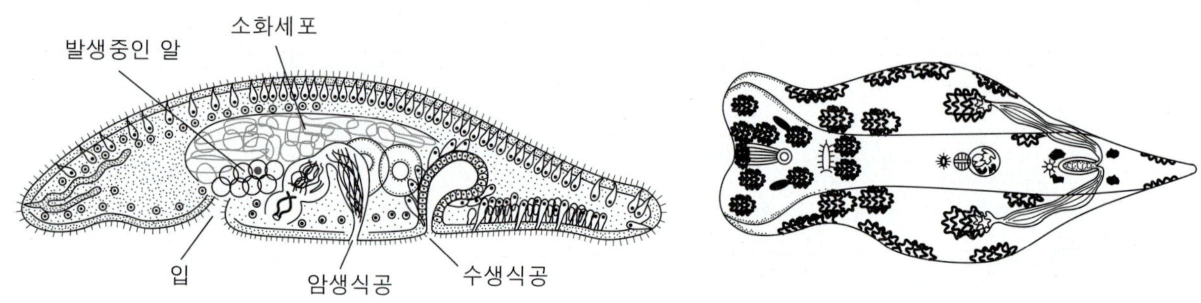

(a) 와충강: 무장목

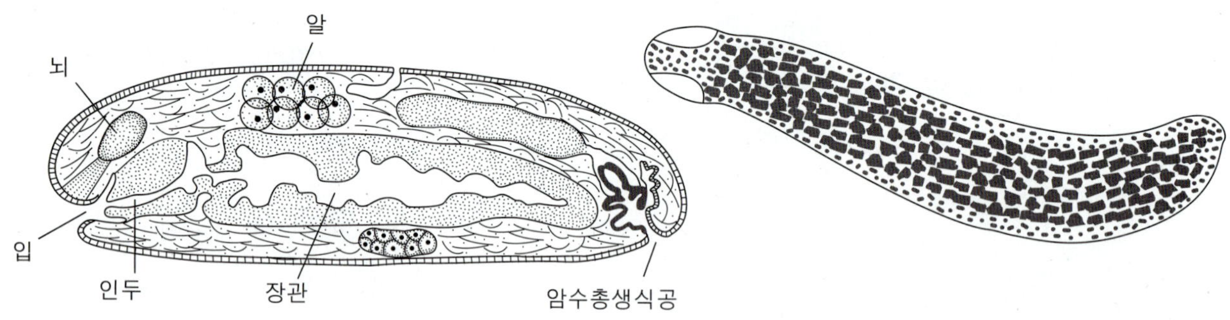

(b) 와충강: 목

그림 16-12 와충류의 다른 2계열(목)에 속하는 2속의 시상 단면(왼쪽)과 등면(오른쪽). (a) *Convoluta*(무장목). 다핵세포체를 이루고 있는 소화세포를 볼 수 있다(Barnes, R. D., 1980. Invertebrate Zoology, 4th ed., Saynders, Phildelphia에서 각색). (b) 담수산 와충류 *Hydrolimax*(Prolecithophora목), 근육질의 인두와 소화관을 가지고 있다. (Hyman, L., 1951. *The Invertebrates: Platyhelminthes and Rhynchocoela, the Acoelomate Bilateria*, McGraw–Hill, New York.에서 각색)

에서 효소와 항체가 개발되면, 기생충에서는 이를 견딜 수 있는 표피층이 진화함으로써, 기생충과 숙주생물이 서로 공진화한다는 것이다. 기생충이 숙주의 지리적 분포 구역 전체에서 나타나지 않을 때, 기생충의 적응성은 기생충에 감염된 지역의 비율에 반비례하며, 적어도 2개 이상의 분포 중첩 역치가 있는데, 이것은 대립유전자 빈도의 안정성과 기생충의 적응성에 영향을 미친다. 분포 범위가 완전히 중첩될 때 기대되는 것은 숙주와 기생충의 공진화이며, 드디어 "화끈한 공진화(coevolutionary hot spot)"를 만들어 내게 된다[9].

생활사

기생 생활 때문에 흔히 기생충의 여러 기관들은 단순하게 변하거나 사라지지만[10], 생활사는 더 복잡해지고 다수의 중간 숙주를 거치게 된다. 예를 들어 일부 촌충류는 절지동물(arthropods)에서 어류에 이르는 몇 단계의 중간숙주를 거치고 난 후 성체 단계에서 포유동물 숙주에 감염한다. 이러한 발생과정에서의 숙주-기생충 연계는 다른 진화적인 사건들에 힘입어 새로운 기회를 맞기도 한다. Hyman(1951)에 의하면, 이생목(Digenea)에 속하는 흡충류의 한 무리는 원래 연체동물에만 감염하였으나, 어류나 다른 척추동물들이 진화함에 따라 흡충류들이 이 새로운 숙주에 침입하였고 연체동물은 중간 숙주로 남게 되었다고 한다.

이러한 복잡한 생활사의 적응적인 이점은 중간 숙주 속에서 개체군 크기를 증가시킴으로써 주(主) 숙주에의 감염 기회를 증가시키게 된다. 또한 유생시기 때 여러 중간 숙주에 걸쳐 기생함으로써 주 숙주의 자원을 고갈시키지 않도록 하며, 성체 기생충이 주 숙주 내에서 오랜 기간 동안 생식할 수 있도록 해 준다. 예를 들어 적도 지방에 광범위하게 펴져 있는 주혈흡충증(Schizostomiasis)을 일으키는 주혈흡충(Schistosoma)의 성체는 30년 동

[9] 분포 범위에 대해서는 Nuismer et al. (2003)을, 기생충의 진화생태학에 관해서는 Poulin(2006)을 각각 참조.

[10] Dollo의 법칙에서는, 어떤 진화 계열이 앞서의 진화과정에서 소실한 구조를 다시 회복하거나, 또는 그러한 방향으로 다시 진화(re-evolve)한다 할지라도 조상형과 똑같은 구조를 획득할 수는 없다고 주장한다. 오랫동안 기생충이 Dollo 법칙의 좋은 보기로 여겨져 왔으나, 최근의 여러 연구를 통해 기생(parasitism) 때문에 생긴 기관 소실이 진화적 일방통행로가 아닐뿐더러 진화적 막다른 길도 아니라는 것이 알려지기 시작했다(Cruickshank and Paterson, 2006).

안 살 수 있고, 인간에 감염하는 어떤 촌충류는 인체 내에서 20년 이상 활동할 수 있다.

생식

이러한 기생충의 특징은 엄청난 생식 능력에 있다. 종종 무성생식 단계가 있어 유성생식을 보충해 주는데, 어떤 종에서는 성체 한 마리가 수십만 마리의 자손을 생산해 낼 수 있다. 심지어 흡충과 촌충은 몸속에 생식기만을 지니고 또 생식기관만이 기능을 하는 것처럼 보일 정도이다. 이들 기생성 편형동물의 자손은 오랜 진화 과정에서 선택된 숙주 분포와 감염 등 많은 기회요인과 위험에 직면하게 됨으로써 생존율이 극도로 낮다. 극히 한정된 개체만이 생존할 수 있다는 것은 왜 소수의 숙주생물이 특정 시기에 특정한 기생충에 의해서만 감염되는지를 설명해 주고 있다.

일반적으로 기생성 편형동물의 강들은 와충류로부터 진화했다고 믿어지고 있다. 왜냐하면 와충류가 편형동물문에서는 가장 덜 분화된 형질들을 소유하고 있기 때문이다. 하지만 원시 와충류가 장이 없는 무장류(acoelans)인지, 또는 단순한 장을 가진 무리(그림 16-12b)인지는 아직 명확히 밝혀지지 않고 있다. Ruiz-Trillo 등(1999)은 분자 진화 연구를 통해 무장류가 모든 삼배엽성 좌우대칭동물의 진화적인 바닥을 이루고 있으며, 심지어는 다른 편형동물류와 구별되는 별개의 무리인 것으로 주장하고 있다.

■ 체강동물

체강

15장에서 언급한 것처럼, 체강은 중배엽층 안에 형성된 체 내의 빈 곳(1872년에 Haeckel이 정의한 대로)인데, 초기 후생동물의 적응에서 가장 성공적인 것 중의 하나이다. 체강은 하나의 상피층으로 둘러싸이는데, 종종 정소나 난소를 포함하고, 외부로 배우자 세포나 노폐물을 내보내는 도관을 가지고 있다. **그림 16-13**에서 나타난 것처럼, 체강동물에는 두 가지 종류가 있다.

- **의체강동물**: 체강(혈강이라고도 함)은 포배강이 변형되어서 생기며, 바깥쪽 한 편으로만 중배엽층이 둘러싸고 있음.
- **진체강동물**: 체강은 중배엽성 조직 속에서 강소가 나타남. 따라서 체강은 안팎으로 중배엽층에 의해 완전히 둘러싸임.

의체강동물과 진체강동물에서 체강은 체액으로 차 있으며, 다른 기능과 함께 유체골격으로서의 기능을 수행하는데, 압력을 한 곳에서 다른 곳으로 전달할 수 있다. 따라서, 체강동물에서는 연동운동이 무체강동물에서 보다 훨씬 강력하게 작용하고, 환상근과 종주근의 수축이 유체골격을 통해 보다 쉽게 전달될 수 있다. 이러한 다이내믹한 운동의 전달을 통해 꿈틀대며 헤엄칠 수

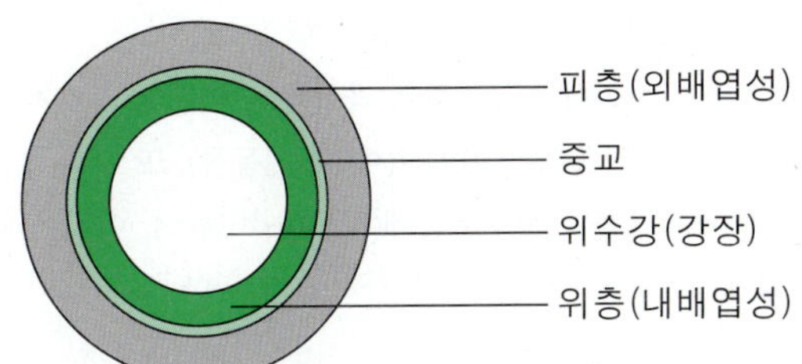

(a) 강장동물(이배엽성)

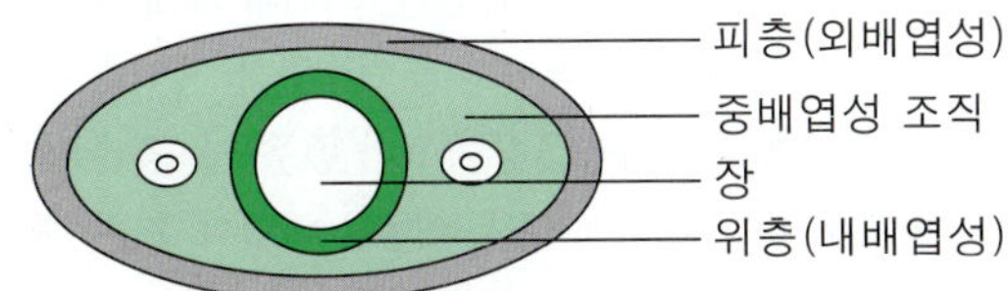

(b) 무체강동물(삼배엽성)

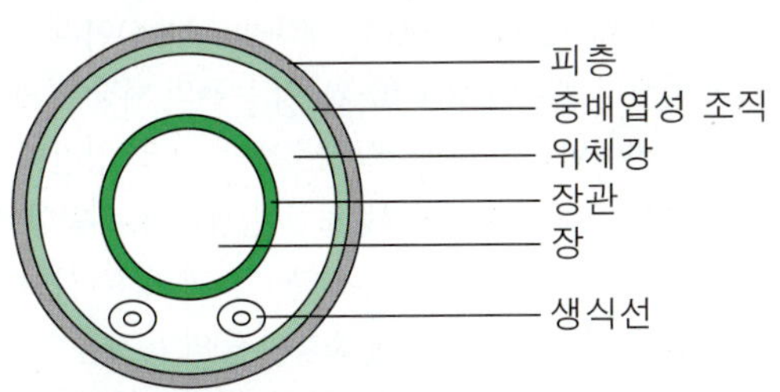

(c) 의체강동물

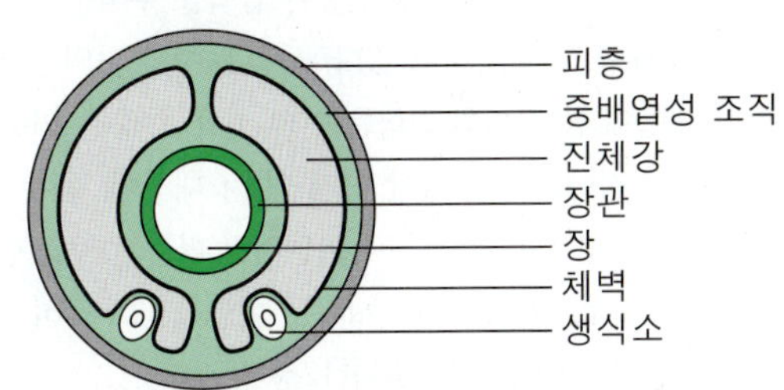

(d) 진체강동물

그림 16-13 후생동물의 체강(모식도). (a) 자포동물의 이배엽성 체제. (b) 삼배엽성 체제나 체강은 없다(무체강). 편형동물에서 나타난다. (c) 여러 대형동물(Aschelminthes)에서 보이는 의체강. 중배엽성 조직이 한쪽에만 열지어 있다. (d) 절지동물, 환형동물, 척삭동물, 극피동물에서 보이는 진체강.

있을 뿐 아니라, 훨씬 더 효율적인 굴착을 통해 보다 빠른 먹이 획득과 도피가 가능하게 되었다.

체강의 진화적 기원에 대한 가설은, 체강이 하나의 기원이든지 아니면 여러 기원이든지 간에, 언제나 원장에서 작은 주머니를 형성하는 것에서 시작하거나 또는 중배엽층 속에 체액이 차 있는 세포간 강소(intercellular cavity)로부터 시작한다. 이러한 발생학적 양상(앞에서부터 각각 장체강과 열체강)은 체강의 다계통적 기원설을 뒷받침한다. 그것의 기원이 어떻든, 체강동물의 어떤 계열은 체강을 통한 수압의 기계적 전달이 주는 진화적 유리함을 누

릴 수 있게 되었다.

이 계열이 진화하고 분기하는 과정에서, 어떤 무리가 비체절 형태에서 체강을 사용하게 되었다(예: 새예동물). 또 다른 무리들은 다양한 체절제를 채택하였는데(표 16-1 참조), 이것은 향후 진화과정에서 엄청난 파급효과를 가져 오게 된다.[11]

의체강동물(대형동물군)

의체강을 가진 많은 종들은 의체강이라는 조건과 그에 따르는 다양한 적응을 통해 중요한 진화적 성공을 거두었다. 체액으로 채워진 튜브 모양의 의체강은 큐티클성 체표와 종주근을 갖추었으며, 수압을 이용한 유체골격 기관으로서 이동을 하였다. 또한 대사산물, 배설물, 가스 등을 운반하는 데 크게 유리하였다.

형태와 구조는 상당히 다르나, 체강을 소유한 가장 단순한 후생동물은 흔히 **대형동물**(袋形動物, Aschelminthes)이라는 이름으로 묶여진 일련의 문들이다(**표 16-2**). 이 문들의 체강은 체벽 쪽에만 복막으로 싸여있고, 소화관 쪽에는 복막, 근육, 장간막 등이 없다(그림 16-13). 대부분의 대형동물류는 큐티클로 덮인 상피, 점착관, 종에 따라 일정한 세포 수(*eutely*), 입과 항문 사이에 근육질의 펌프 인두 및 장으로 이어진 소화관 등의 특징을 가진다.

대형동물 중 가장 흔하고 대표적인 문은 **선형동물**(Nematoda)로서, 꽉 채워진 소시지처럼 체 내의 높은 압력을 두꺼운 큐티클로 유지하며 긴 대롱 모양을 하고 있다. 선충은 항상 거의 완전히 늘어져 있기 때문에 몸 길이의 변화는 거의 없다. 선충은 연동 운동을 요구하는 굴착에는 적응되어 있지 않는, 대신에, 종주근의 작용으로 회초리 모양의 파동 운동과 코일처럼 휘는 운동을 한다. 가장 잘 알려진 *Caenorhabditis elegans*는 실험동물로 흔히 사용되며, 최근에 완전한 게놈이 밝혀졌다(12장 참조).

일부 연구자들은 대형동물군이 여러 가지 특징을 공유하고 있기 때문에 하나의 분류군으로 묶을 것을 제안해 왔다. 그러나 대부분의 동물학자들은 대형동물군 사이의 계통유연관계를 뚜렷이 구분하기가 어려우며, 별개의 문으로 분류할 정도로 그들의 차이는 충분히 크다는 데 동의한다. 이들 중에서 복모류는 수생생활을 하고 배쪽에 섬모열이 있다는 점에서 가장 원시적인 문으로 간주되고 있다.

연구자들은 또한, 이들 문 중의 일부는 서로 유연관계가 있겠지만, 이 밖의 다른 무리의 의체강 공유는 **수렴진화**의 결과이며, 따라서 대형동물군은 여러 조상 계열에서 유래한 **다계통군**일 가능성이 대단히 높다고 주장하고 있다(Winnepenninckx et al., 1995). 예를 들어, 복모동물, 선충, 유선형동물 등은 무장류(편형동물문 와충강)의 한 무리에서 유래한 것에 대해 다른 4개의 문은 다른 무장류에서 각각 독립적으로 파생한 것으로 보고 있다. 한편, 일부 대형동물은 본래 진체강성이었으나 몸 크기가 축소됨에 따라 진체강성 구조들을 소실한 것으로 생각하는 학자도 있다.

진체강동물: 선구동물과 후구동물

종수, 서식처 분포, 생물량 등을 놓고 볼 때, 이른바 고등동물이라 할 수 있는 진체강동물은 가장 성공적인 후생동물이다.

이들은 16~18 문으로 분류되며, 정도의 차이는 있으나 모두 중배엽성 조직으로 둘러 싸여진 진체강을 소유하고 있다(그림 16-13). 이들 진체강동물들은 발생 과정에서 나타나는 입의 위치에 따라 보통 두 무리로 대별된다.

- **선구동물**에서 입은 원구 또는 원구 근처에서 발생한다. 원구를 통해 내배엽 함입이 일어나고 이어서 장이 형성된다(그림 15-13 참조).
- **후구동물**에서는 원구는 항문으로 발생하며, 입은 다른 곳에서 나중에 2차적으로 발생한다(15장 참조).

크기가 작고 연약한 몸을 가진 생물의 화석 기록은 항상 불완전한 것이지만, 대부분의 체강동물은 선캄브리아기에서 기원하는 것으로 알려져 있다(그림 16-1 참조). 분명한 것은 캄브리아기까지는 선구동물과 후구동물의 분지가 완료되었다는 것이고, 고생대에는 대부분의 후생동물의 체제(body plan)가 확고해졌다는 것이다.[12] 초기 난할 과정도 선구동물과 후구동물에서 서로 다르다. 선구동물에서는 **나선형 난할**(spiral cleavage)이 일반적이고, 후구동물에서는 **방사 난할**(radial cleavage)이 나타난다(그림 16-4 참조). 선구동물에서는 난의 구역에 따라 각 할구의 운명이 발생 초기에 결정되는 결정형 난할(determinate cleavage)을 보이는 데 반해, 후구동물에서는 그렇지 않은 비결정형 난할(indeterminate cleavage)을 보인다.[13]

여러 가지 유리한 점에도 불구하고, 커다란 체강은 지속적인 연동운동을 위해서 근육계에 전적으로 의존할 수 밖에 없다는 것을 의미한다. 성구동물이나 의충동물과 같은 비체절성 체강동물의 경우, 정수압(hydrostatic pressure)을 국부적으로 집중하여 작용시킬 수 없기 때문에, 일반적으로 천천히 움직이거나 정주성이

[11] 체강의 진화에 관해서는 R. B. Clark(1979), Marindale et al. (2002, 2004), Valentine(2004)을 참조. 최근, 새예동물인 자지벌레(*Priapulus caudatus*)의 미토콘드리아 유전체 전체 분석과 42개의 핵 유전자를 분석한 결과, 이것의 미토콘드리아는 매우 천천히 진화하였다는 것을 알게 되었는데, Webster 등(2006)은 새예동물이 캄브리아기에 살았던 탈피동물 조상의 유전체를 짐작하게 하는 일종의 살아 있는 화석으로 볼 수도 있다는 견해를 밝히기도 했다.

[12] 각각의 동물문에 대한 고찰은 이 책의 범위를 넘어서므로, 여기에서는 일반적인 진화 경향에 대해서만 다루고 있다. 더 알고 싶다면 Nielsen(2001), Brusca와 Brusca(2003), Ruppert et al. (2004), Valentine(2004) 등의 교재, 그리고 Conway Morris et al. (1985)와 Jenner(2006) 등이 편집한 관련 논문집을 참조.

[13] 이후의 결과를 보면, 선구동물의 발생은 주로 **결정형 난할**(모자이크란)인데, 알의 각 부분이 비균질적이어서, 발생 초기에 각 할구의 운명이 결정되어 있다. 따라서 세포를 다른 곳으로 이식하면 정상 개체로 발생하지 못한다. 대부분의 후구동물은, 알이 균질적이고 비결정형 난할(조정란)을 보인다. 난할 초기에 세포가 분리되더라도 일반적으로는 완전한 정상 개체로 발생할 수 있다.

표 16-2 의체강동물의 특징

문[a]	기재 종수(추정)	예시(성체)	생활형	서식처	특징
선형동물 (선충)	12,000		자유생활, 기생생활	해양, 민물, 토양	큐티클은 복잡하고 유연성이 있으며, 편모나 섬모가 나 있지 않음, 관상의 배설계, 주로 암수딴몸에 의한 양성생식
유선형동물 (연가시벌레)	230		성체는 자유생활, 유생은 절지동물에 기생	주로 민물과 물기 많은 토양	두껍고 유연성이 있는 큐티클, 성체는 소화관이 없음, 암수딴몸
복모동물	400		자유생활	해양과 민물	복면에 섬모가 많고, 의체강은 축소되거나 없음, 주로 암수한몸(일부는 동정생식)
윤형동물 (윤충, 물수레벌레)	1,800		주로 자유생활(일부는 갑각류에 기생); 고착생활을 하거나 군체를 이루는 것도 있음	주로 민물, 일부는 이끼 틈과 해양성	섬모환, 저작형의 인두, 암수딴몸으로 양성생식을 하거나 동정생식
구두동물 (구두충)	500		기생성	유생시기에는 절지동물에 기생, 최종 숙주는 척추동물	구문은 몸 안으로 들여 넣을 수 있음, 체벽은 짧은 가시들로 덮힘, 소화관은 없음, 암수딴몸
동문동물	100		모두 자유생활	해양 저질 입자 틈	체절성의 큐티클, 외부 섬모는 없음, 몸통에 가동성의 커다란 가시들이 나 있음, 암수딴몸
동갑동물	1		자유생활	해양 저질 입자 틈	머리에 가시열이 있고, 입은 돌출할 수 있음, 복부는 판(동갑)으로 싸여 있음, 유생 시기에는 꼬리에 2개의 돌기가 있어 유영을 함, 암수딴몸

[a] 일부 학자는 새예동물(Priapulida)을 의체강동물류에 포함시키고, 동문동물 및 동갑동물과 유연관계가 깊은 것으로 봄.

되는 경우가 많다. 후생동물의 진화과정에서 **체강의 분획**은 적어도 다음과 같은 두 가지 방향으로 나타났다:

- 체절의 분절수가 적은 경우: 체강은 크게 3부분으로 나뉘는데, 가장 앞부분은 전체강(protocoele)으로서 쌍을 이루지 않은 주머니 모양을 나타내고, 이어서 중체강(mesocoele)과 후체강(metacoele)이 각각 한 쌍씩 있다. 별벌레아재비류(*Balanoglossus*)나 익새류(**그림 16-14**)와 같은 반삭동물, 그리고 극피동물에서 이렇게 3부분으로 나뉘어진 주머니 모양의 체강을 볼 수 있다.
- 다수의 체절로 이루어진 경우: 체강은 다수의 체벽으로 나뉘는데, 연동 운동이 체절을 따라 순차적으로 이루어진다(**그림 16-15**). 지렁이와 같은 빈모류에서 땅을 굴착할 수 있는 것은 이와 같은 다수의 체절 덕분이다.

몸이 **체절화**함으로써, 체강의 압력을 몸의 일부분에만 국한하여 전달할 수 있게 되었다. 이로써, 체강의 압력이 몸 전체로 분산됨에 따라 전체 근육계에 동시에 영향을 미치는 것을 극복할 수 있게 되었다.

여기서 한 가지 주의해야 할 점은, 여러 다양한 계열의 동물군 중에서 진정한 체절성(metameric)을 통한 분절이 아니라 겉보기만의 분절이 보여진다는 점이다. 대표적인 예가 촌충인데, 길다란 몸을 구성하는 많은 마디(횡분체)들은 거의 대부분 생식기관으로 이루어지며, 엄청난 수의 알을 만들어 내고 있다. 다른 예로, 어떤 동물에서는 고리 모양의 구조들이 몸의 일부분 또는 전체를 둘러싸고 있으나, 이것들은 체절과 관련이 없으며, 각각의 마디들은 피상적일 뿐이다.

체절화(Segmentation)

체절화는 몸의 전후 축을 따라 **연속적으로 체절**이 나타나는 것인데, 환형동물, 절지동물, 척삭동물 등의 후생동물에서 보여진다(17장 참조).

환형동물은 **작은 고리**라는 학명에서 알 수 있듯이, 가장 체절이 잘 발달한 동물이다(그림 16-2). 잘 분화한 머리와 항절을 제외한 몸 전체가 체절로 이루어져 있다. 절지동물에서도 체절성이 뚜렷한데, 다만 많은 분류군에서 체절이 고도로 분화하고 융합하는 경향을 나타낸다. 때로는 체절이 소실되기도 한다. 척추동물에서는(17장 참조), 배 발생 과정 중에 체절이 현저하게 나타나며, 성체에서는 갈비뼈나 척추, 주변 근육에서 볼 수 있다. (절지동물과 척추동물의 배 발생 과정에서 체절을 형성하는 호메오박스 유전자의 역할은 13장에서 다룬 바 있다.)

환형동물과 절지동물에서 신관(nephridia), 생식소, 신경절과 같은 기관들은 체절마다 반복적으로 존재하며, 흔히 체절 사이에서 체벽 근육이 응축되거나 체강이 반복되는 것이 뚜렷이 나타난다. 현존하는 동물 중에는 몸 전체가 동일한 체절로 이루어진 것은 없으며, 알려져 있는 모든 체절성 동물에서는 머리나 항절 등에서 다른 체절과 다르다(그림 16-2).

일단 체절이 나타나면, 곧 이어서 운동기관, 즉 다모류의 측각과 같은 기관이 발달한다(**그림 16-16**). 하지만, 운동에 따르는 이점에도 불구하고, 체절화는 단점을 가지고 있다. 격벽으로 나뉘는 각각의 체절에는 신경절, 신관, 생식소, 근육이 별도로 존재한다. 그 결과, 체절은 물론 체강의 수나 종류는 행태나 기능의 변화에 따라 불가피하게 변형되거나 줄어들 수밖에 없다.

체절성은 환형동물이 절지동물의 조상이라는 것을 보여 주는 중요한 증거로 생각되었다. 그러나 최근에 발견한 후생동물의 축 형성에 관여하는 유전자나 조절인자를 보면, 체절 형성 기작은 모든 후생동물에 흔한 현상이며, 여러 계통에서 각기 서로 다른 방법으로도 발현될 수 있는 것이라는 것이 밝혀졌다.

상위 분류군(Supergroups)

체절간 격벽을 특화시키는 "engrailed" 유전자와 같은 발생상 상동적인 유전자는 선구동물과 후구동물 양쪽 모두에서 기능한다(13장 참조). 따라서 배 발생 과정에서 보이는 체절 현상은 선구

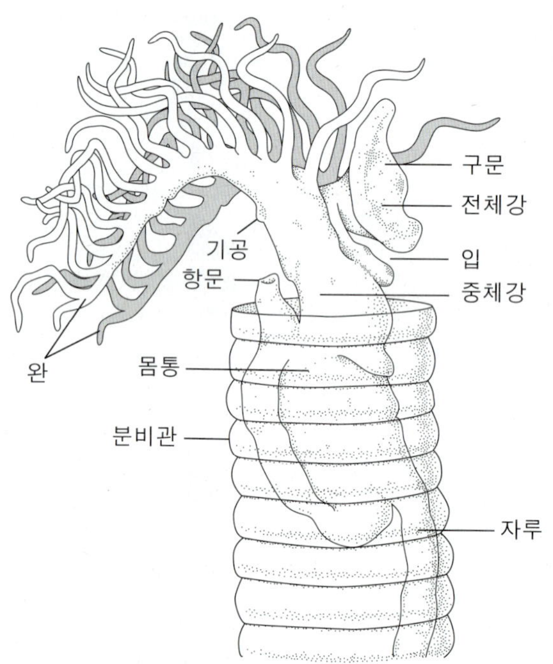

그림 16-14 *Rhabdopleura*, 초기 군체 동물(익새강). 동물학자들은 척삭동물과 진화적으로 유연관계가 깊은 것으로 생각하고 있으며, 반삭동물문(Hemichordata)에 넣지만, 다계통적인 것으로 보인다. 각 개체들은 3부분으로 나누어진 체강을 지닌다: 구문부 또는 두판에 있는 전체강, 목 부분에서 촉수 완(팔)까지 뻗쳐 있는 1쌍의 중체강, 몸통에 있는 1쌍의 후체강. (Boradale, L. A., F. A. Potts, L. E. S. Eastham and J. T. Saunders, 1959. *The Invertebrata*, 3rd ed., revised by G. A. Kerkut, Cambridge University Press, Cambridge, England에서 각색)

동물과 후구동물이 같은 조상에서 유래했음을 짐작케 한다. 또한, 선구동물과 후구동물 모두 기본적으로 고착성이고 촉수관(lophophore)이라고 하는, 섬모가 열지어 있는 촉수의 다발을 가지고 수중의 먹이 입자들을 포획하는 동물들을 포함하고 있다. 이 촉수관이라고 하는 형질은 Aguinaldo와 공동연구자들이 1997년에 **촉수담륜동물군**(Lophotrochozoa)이라고 하는 상위 분류군을 설정하는 데 사용되었다. 촉수담륜동물군에는 완족동물, 환형동물 등이 포함되어 있다. 촉수담륜동물들은 뒤쪽 *ABD-B*-like Hox 유전자를 공통적으로 소유한다. 또 다른 상위분류군은 **탈피동물군**(Ecdysozoa)으로서, 선형동물, 절지동물 등이 포함되는데, 큐티클 골격을 갖고 탈피를 한다는 공통점이 있다(글상자 16-1 참조). 촉수담륜동물군과 탈피동물군의 공통조상은 8개에서 10개의 Hox 유전자를 가지고 있었다고 추정되는데(그림 13-9 참조), 이것은 좌우대칭동물이 나타나 적응방산하기 전에 Hox 유전자의 큰 확장이나 분지가 있었다는 것을 시사해 준다(de Rocha et al., 1999; Martindale and Kourakis, 1999).

이제 선구동물에 속하는 3개의 문(연체동물, 환형동물, 절지동물)과 후구동물에 속하는 1개의 문(극피동물)에 대해 고찰해 보고, 다음 17장에서 후구동물 중 가장 큰 무리이자 척추동물을 포함하고 있는 척삭동물에 대해 공부하도록 한다.

연체동물

5만 종 이상의 현생종으로 이루어진 연체동물문(Mollusca)은 초식성의 후생동물 중 가장 초기의 무리였으며, 얕은 바다의 바닥

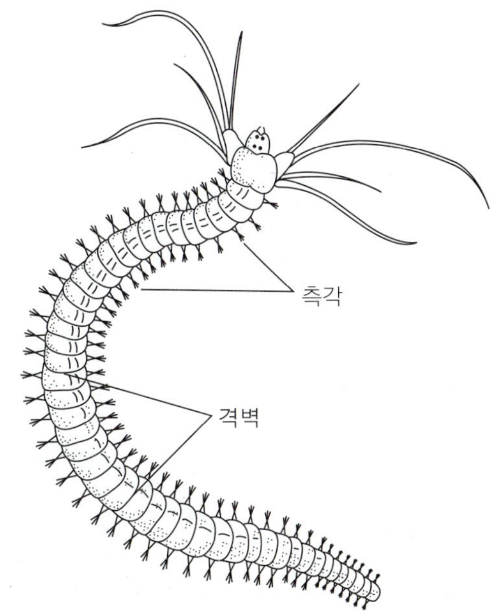

그림 16-16 자유생활하는 다모류 환형동물, *Platynereis*(유영목). (Smith, J. E. (ed.), 1971. *The Invertebrate Panorama*. Universe Books, New York에서 각색)

위를 포복하는 몸의 체제를 지녔을 것으로 추정된다(**그림 16-17**). 연체동물의 뚜렷한 특징 중의 하나는 **치설**(radula)인데, 키틴질의 이빨들을 입 밖으로 내밀어 바위 표면에 있는 조류들을 갉아 먹는 기관이다. 연체동물의 일부 무리는 초식 생활에 필요한 치설을 잃어버린 대신 새로운 섭식 습관을 가지게 되었지만, 치설의

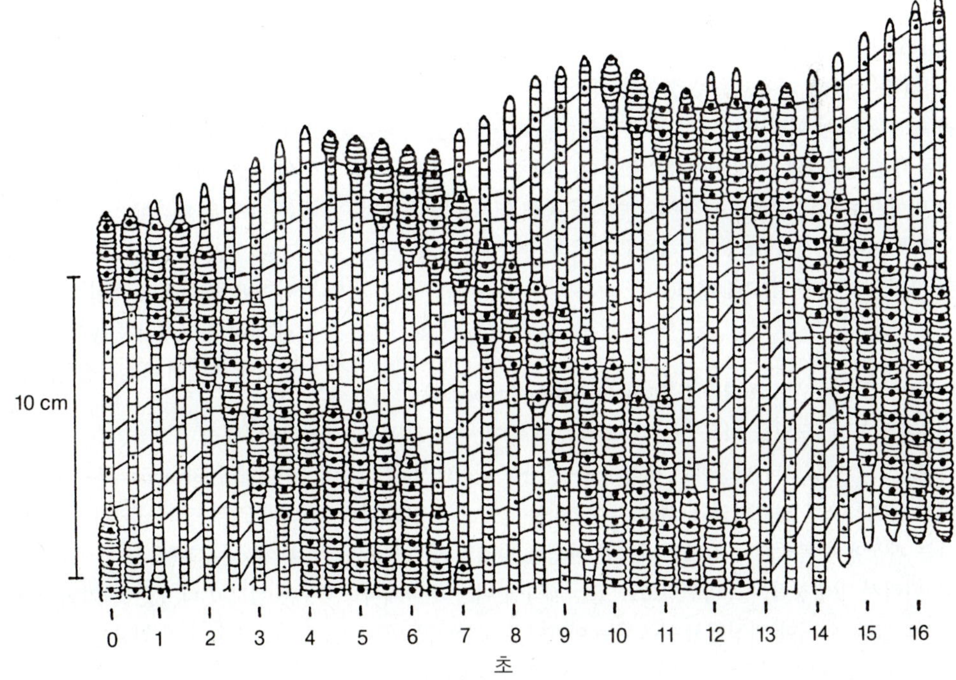

그림 16-15 굴착성 지렁이의 연동운동과 각 체절에서의 직경 변화. 앞쪽 일부 체절에서 종주근이 짧아지면서 폭이 넓어지는데, 이것은 지렁이 구멍에 쐐기를 박는 역할을 한다. 다음 몇 체절에서 종주근이 수축하면 길이가 줄어들면서 앞으로 당겨지는데, 이때 "닻"의 역할을 하는 체절의 숫자가 늘어나는 것을 볼 수 있다. "닻"의 역할을 하던 체절들에서 환상근이 수축함에 따라 길이가 늘어나면서 몸은 앞쪽으로 내뻗게 된다. 이렇게 길어진 체절들은 다시 폭이 넓어지면서, 사이클을 반복하게 된다. 연결선은 각 체절들의 상대적 이동을 나타내 준다. (Clark, R. B., 1979. Radiation of the metazoa. In *The Origin of the Major Invertebrate Groups*, M. R. House (ed.), Academic Press, London, pp. 55–102와 Gray and Lissmann에서 각색)

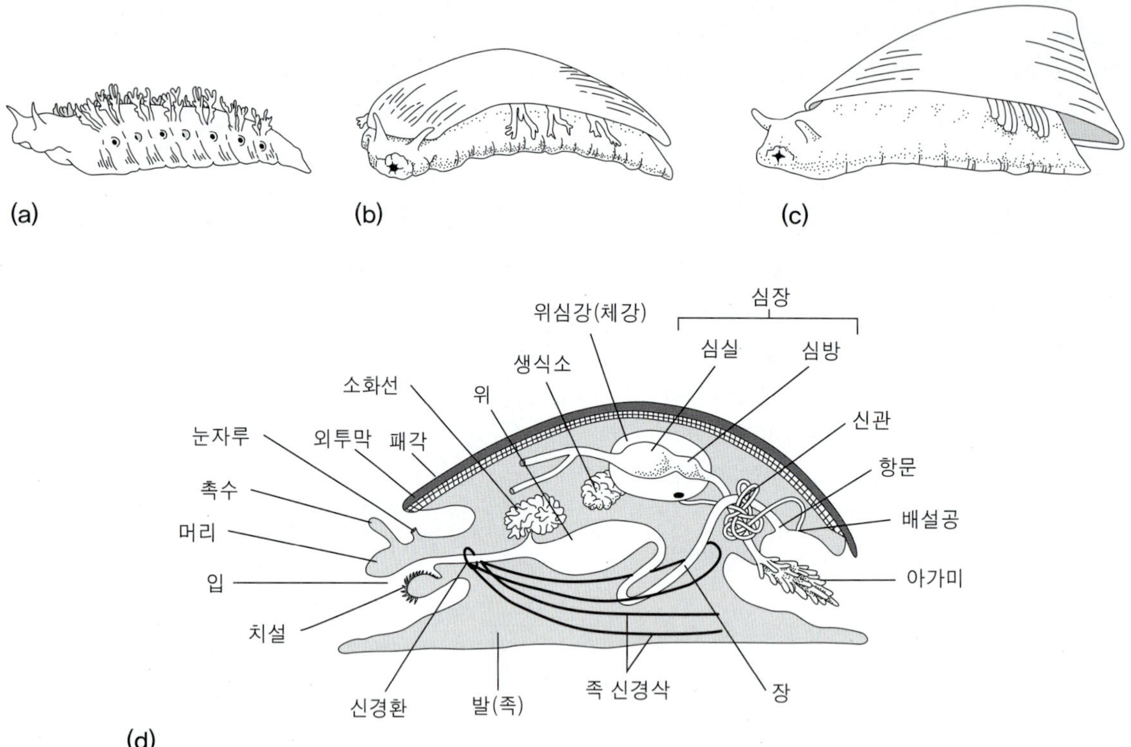

그림 16-17 연체동물의 가설적 초기 진화과정. (a) 바닥을 포복하는 벌레 모양으로, 외부에 노출된 아가미와 배설공이 반복적으로 배열한다. (b) 방패 모양의 탄산칼슘성 각판이 등면을 덮고 있다. (c) 각판이 패각으로 발달하고, 패각은 앞쪽으로 이동하여 머리를 덮는다. (d) 이후 더 진화한, 가설적인 원시 연체동물의 기본 체제 (측면). (Lutz, P. E., 1986. *Invertebrate Zoology*. Addison-Wesley, Reaing, MA와 Solem, G. A., 1974. *The Shell Markers*. John Wiley, New York에서 각색)

흔적은 남아 있다.

이러한 초기의 초식 습성 때문에 **연체동물**들은 등쪽에 길다란 소화관을 가졌고, 따라서 배쪽에는 바닥 위를 포복하는 기관, 즉 발(족, foot)이 자유로울 수 있었다. 내장 부위를 보호하고 호흡을 하기 위해서 패각과 아가미가 나타났는데, 아가미를 둘러싸고 있는 주름을 **외투막**(mantle)이라고 부른다. 이러한 초기 기본 구조를 바탕으로 여러 무리들이 체제의 변화를 통해 연체동물 특유의 구조를 이루며 진화했으나, 연체동물의 무리 사이에는 서로 상당한 차이를 보여 준다(**그림 16-18**).

복족류

달팽이, 골뱅이, 삿갓조개를 포함하는 **복족류**(Gastropoda)는 보통 원추형의 고둥 모양을 하고 있는데, 원래는 등쪽에 방패 모양의 각판으로 덮였었으나 나중에는 패각이 몸 전체를 둘러싸서 보호하는 은거용으로 발달하였다. 몸이 대형화하는 방향으로 진화해가는 과정에서 복족류의 길다란 패각은 균형을 맞추기 어려웠으며, 따라서 비대칭적이고 나선형으로 꼬인 패각이 여러 계열에서 선택되었다. 이러한 과정에서 복족류는 아가미를 포함하고 있는 외투막이 뒤쪽에서 앞쪽을 향해 비틀리고(**비틀림**, torsion), 이에 따라 내장의 뒤틀림이 수반되게 되었다. 이러한 뒤틀림 과정에서 머리를 움츠려 들일 수 있는 공간이 마련되었고, 한편 물은 몸의 뒤쪽보다는 앞쪽의 외투강을 통해 몸 안으로 들어오게 되었다.

몸의 뒤틀림 과정에서 정화의 문제가 복족류에서는 심각한 문제로 되었다. 왜냐하면 외투강 안에는 호흡을 담당하는 아가미와 함께 배설기관이 위치하기 때문이다. 구멍삿갓조개에서는 항문 바로 위 패각에 작은 구멍이 열려있으므로, 배설물은 아가미를 지나지 않고 몸 바깥으로 배설할 수 있다. 일반적으로는 한 쌍의 아가미 중 한쪽이 소실됨으로써 몸 안으로 들어오는 수류가 나머지 한쪽의 아가미를 통해서만 들어오고, 항문과 배설공이 열리는 반대편 쪽에서 배설물을 몸 밖으로 뿜어낸다.

이매패류

이매패류(Bivalvia=부족류, Pelecypoda)는 대합과 홍합 등 몸의 좌우로 두 장의 납작한 패각을 가진 연체동물을 망라한다. 이매패류에서는 복족류보다 아가미가 훨씬 더 큰데, 대부분의 **이매패류**는 섬모가 나 있는 아가미의 통로를 따라 먹이 입자를 입으로 끌어들인다. 먹이 입자는 상대적으로 작고 분산되어 있으므로 복족류와 같이 치설을 필요로 하지 않으며, 정주 생활을 하면서 먹이

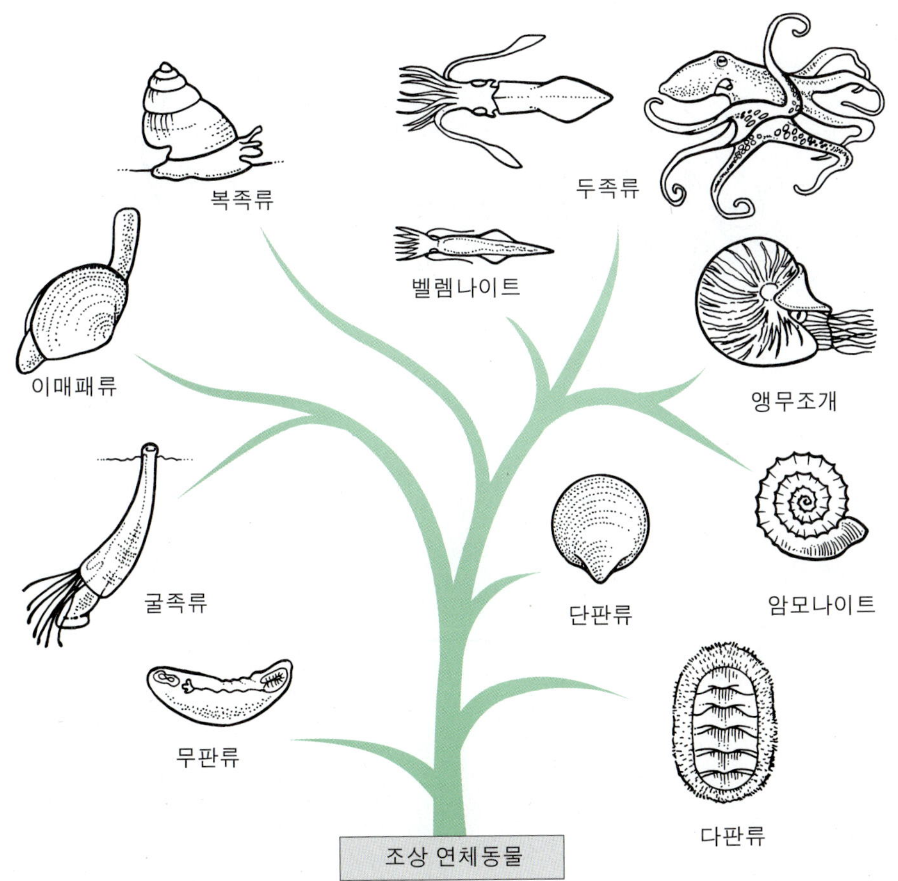

그림 16-18 연체동물문에 속하는 여러 강들의 가설적 계통수. 패각을 가진 연체동물들은 여러 화석층에서 출현하는데, 이 중 고생대까지 거슬러 올라가는 것이 앵무조개류(*Nautilus*속만 현존)이다. 암모나이트처럼 감겨진 패각을 가진 두족류는 백악기 말에 멸종되었다. 패각이 외투막 안쪽에 있는 벨렘나이트류 또한 같은 시기에 멸종되었으며, 이들은 현대의 꼴뚜기류나 문어류와 유연관계가 깊다. 연체동물의 형태 및 분자 계통에 관한 다른 가설들은 Winnepenninckx 등(1996)을 참조.

를 획득할 수 있다. 머리는 더 이상 방향 탐지기관으로서 작용할 필요가 없기 때문에 대단히 축소되어 있고, 발(족)은 축소되거나 굴착하는 도구로 전환되었다. 일부 이매패류에서는 입수와 출수의 수류가 완전히 분리되는 쪽으로 진화가 이루어졌다.

두족류

두족류(Cephalopoda)는 꼴뚜기와 문어와 같은 활동성이 큰 연체동물을 포함한다. 복족류에서는 발(족)이 운동기관의 중심부를 점유하고 있었지만, 두족류에서는 무척추동물 중에서 가장 크고 복잡한 뇌를 가지고 있는 머리가 그 자리를 차지하고 있으며, 발은 머리 둘레를 따라 다발 모양의 촉완으로 전환되었다. 외투막은 단단하게 근육질화 하였다. 두족류는 **누두깔대기**(siphon)라고 불리우는 튜브 모양의 출구를 통해 물을 제트 분사하여 어느 방향으로든 추진할 수 있다. 이것은 수동적인 생활 방식에서 빠른 활동성을 갖는 공격적인 생활 방식으로 전환되었음을 나타내 준다. 이에 따라 두족류는 중생대를 통해서 매우 성공적인 진화를 이루었으며, 많은 수의 암모나이트 화석과 벨렘나이트 화석을 남기게 되었다.

먹이 사냥을 통해서 두족류는 신경계와 시각기를 매우 발달시켰으며, 특히 눈은 척추동물의 눈과 유사할 만큼 뚜렷한 상을 맺는다는 점에서 수렴진화를 보여 준다(글상자 3-1, '눈의 진화' 참조). 앵무조개류를 제외한 현생 두족류는 패각의 크기와 복잡성이 축소되었는데, 꼴뚜기류에서는 키틴질의 판으로 축소되어 내골격의 기능을 하고, 문어에서는 미소한 패각이 흔적적으로만 남아 있다.

기타 연체동물

이밖에 다른 연체동물로서는 체절적 구조를 보여 주는 군부(다판강, Polyplacophora)와 단판류(Monoplacophora)의 두 강이 있다. 후자는 데본기 말에 멸종된 것으로 알려져 있었으나, 1950년대 덴마크의 해저 탐험에 의해 *Neopilina*속에 속하는 현생종들이 발견되었다. 단판류는 아가미, 근육, 신경계 등의 기관에서 반복구조를 보여 주고 있는데, 이것은 연체동물과 환형동물이 밀접하게 관련되어 있음을 시사해 준다. 이러한 관점을 뒷받침해 주는 것이 연체동물과 환형동물에서 공통적으로 나타나는 **담륜자 유생**(trochophora larva)이다(**그림 16-2, 16-19**).

진체강동물의 체절형성은 앞에서 고찰하였다. 어떤 동물학자는 연체동물과 환형동물이 공통조상에서 유래했다 할지라도 연체동물의 반복적 배열구조가 반드시 환형동물의 체절구조와 동일하지 않을 수 있다는 것을 지적하였다. 어떤 이들은 한 걸음

그림 16-19 환형동물(a)과 연체동물(b)의 담륜자 유생. (Lutz, P. E., 1986. *Invertebrate Zoology*. Addison-Wesley, Reading, MA, 그리고 Barnes, R. D., 1980. *Invertebrate Zoology*, 4th ed. Saunders, Philadelphia에서 인용)

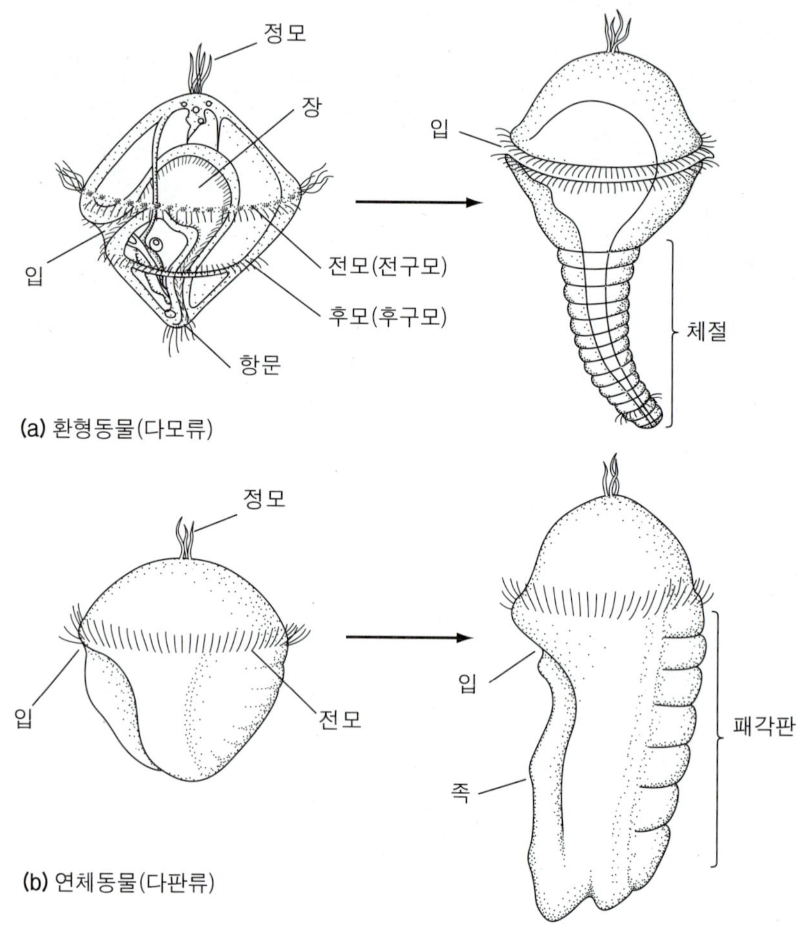

더 나아가, 연체동물의 체강, 즉 위심강이 환형동물의 체강과는 독립적으로 유래했을 것이라고 주장한다. 연체동물의 체강에 대한 별다른 증거가 없으므로, 이들은 연체동물이 와충류나 유형동물과 유사한 저서 무체강동물로부터 유래했다고 주장하고 있다. 앞으로 이 문제가 어떻게 해결될지는 아직 불분명하다. 그러나 분자 계통진화 연구(그림 15-8 참조)는 체강과 체절을 가진 환형동물과 연체동물 또한 체절성 절지동물의 조상으로부터 유래했을 수 있음을 시사해 주고 있다.

환형동물

환형동물(Annelida)은 약 15,000종이 기록되어 있으며, 격벽으로 분리된 많은 수의 체절로 이루어진 진체강동물이다. 앞쪽과 뒤쪽 끝마다는 **전구엽**(prostomium)과 **항절**(pygidium)로써 다른 체절과 다른 독특한 구조로 되어 있다(그림 16-2).

비체절성 체강동물인 성구동물문(Sipunculida, 별벌레)과 의충동물문(Echiurida, 개불)은 비록 굴착을 하지만 서식 습성은 상대적으로 정주성으로, 지속적으로 굴착하지는 않는다. 이 두 진체강류는 연동 운동을 통해 해양의 저질 사이를 천천히 움직인다. 오로지 환형동물과 같은 체절성 진체강동물만이 특정 체절에 수압을 집중할 수 있는데, 이것은 왕성한 굴착 생활에 적응한 결과이다[14].

환형동물에는 빈모강(Oligochaeta), 거머리강(Hirudinea), 다모강(Polychaeta)(**그림 16-20**)의 3계열이 현존하고 있는데, 이 중 첫 번째 것이 아마도 가장 초기의 저서성 조상으로부터 유래한 것으로 보인다. **빈모강**은 우리에게 친숙한 지렁이류를 포함하며, 가시 모양의 강모를 끌면서 끊임없이 굴착을 함으로써, 토양의 비옥도를 높여 준다.

빈모강과 유연관계가 있는 것이 질강(Hirudinea, 거머리류)이다. 이 두 강은 모두 자웅동체이며, **환대**(clitellum)라고 불리는 분비기관이 있다. 환대는 몸의 앞쪽에 있는 5~10개의 체절로 이루어져 있는데, 점액질을 분비하여 두 개체가 서로 교미하는 것을 도와 준다. 분비된 점액질로부터 고치가 만들어지며, 여기에 수정란을 낳는다. 환대는 두 무리의 상동적인 기관으로 보이므로 빈모

[14] 전문학술지 〈*Integrative and Comparative Biology*〉 최신호(2006년, 46권, pp. 481~568)에 환형동물의 구조, 발생, 진화, 계통유연관계를 다룬 7편의 논문이 실려 있다.

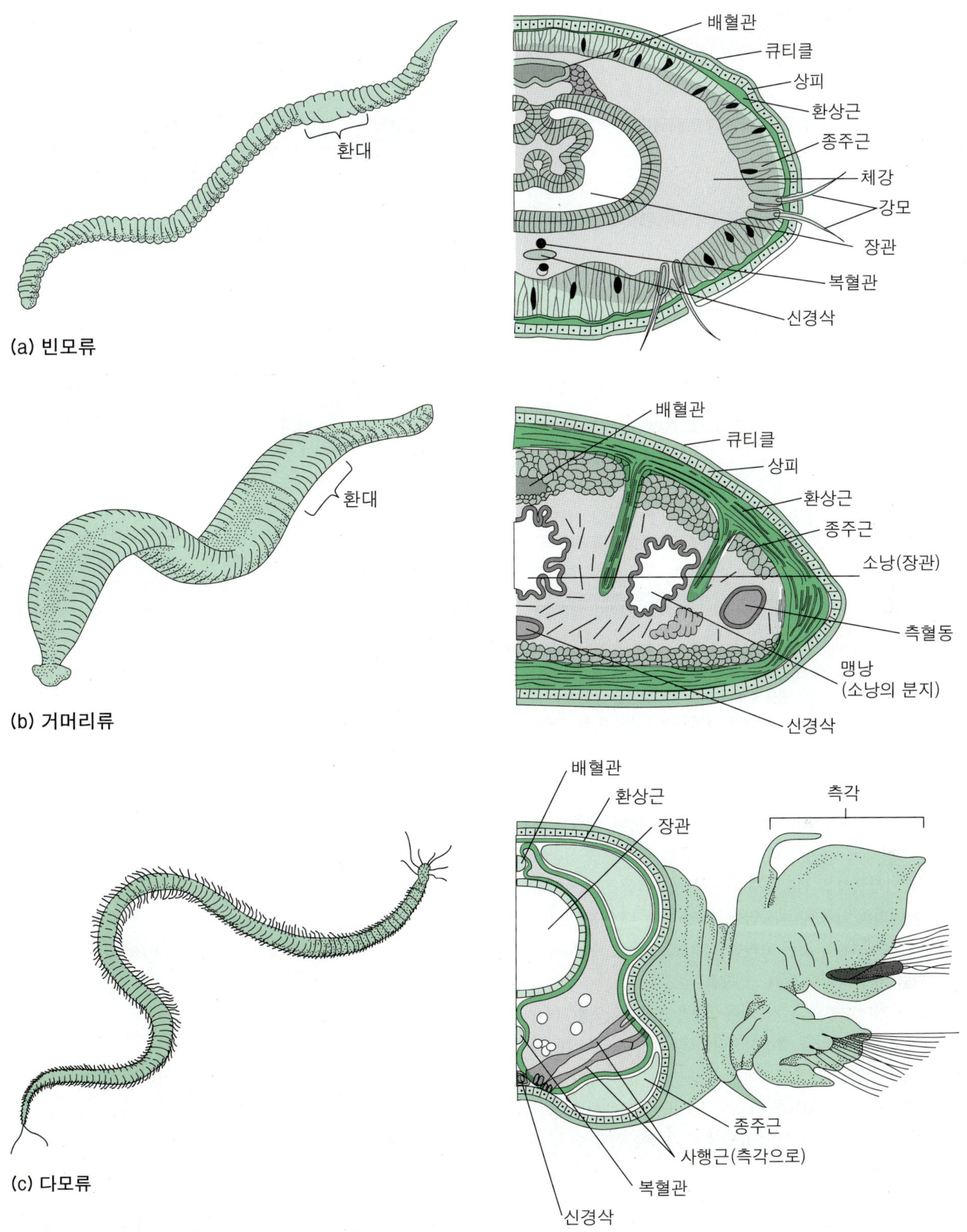

그림 16-20 환형동물의 3강. 왼쪽 그림은 전체 모양(머리가 오른쪽 위를 향함)이고, 오른쪽 그림은 한 체절의 횡단면을 모식도로 나타낸 그림이다.

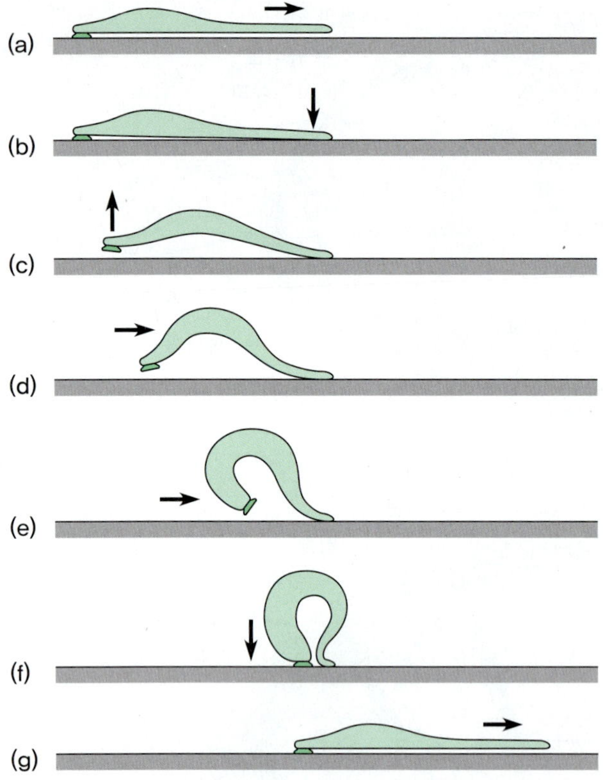

그림 16-21 거머리의 이동. (a) 뒤쪽 흡반(그림 왼쪽)을 바닥에 붙이고, 몸의 앞쪽 끝(그림 오른쪽)을 앞쪽(화살표 방향)으로 내뻗는다. (b) 앞쪽 흡반을 바닥에 붙인다. (c–e) 뒤쪽 흡반을 떼고, 몸을 수축한다. (f) 뒤쪽 흡반을 앞쪽 흡반 바로 뒤에 붙인다. (g) 앞의 과정을 다시 처음부터 반복한다. (Clark, R. B., 1964. *Dynamics in Metazoan Evolution*. Clarendon Press, oxford, England에서 각색.)

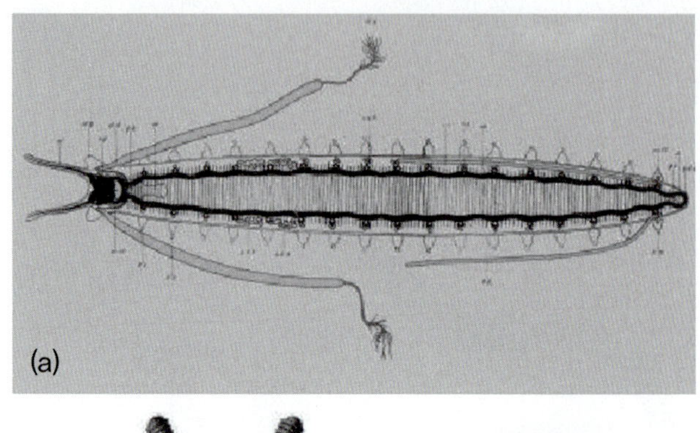

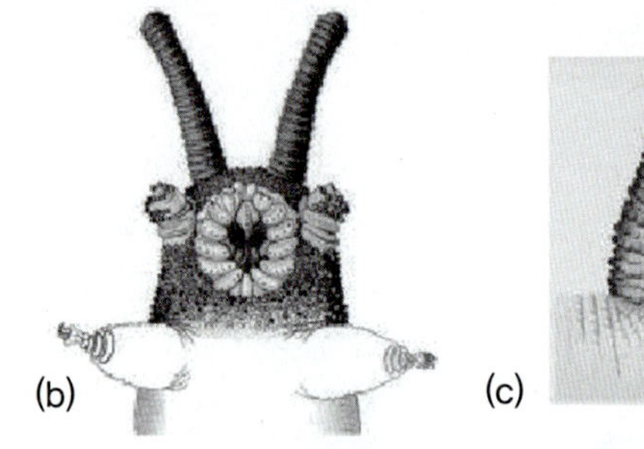

그림 16-22 발톱벌레(유조동물문). (a) 신경계와 감각기관, (b) 머리의 상세도(배쪽), (c) 발톱이 달린 부속지의 상세도. 이런 세밀화를 그릴 정도의 관찰력에 숨막힐 정도로 아찔함을 느낀다. (Balfor, F. M., 1883. The anatomy and development of *Peripatus capensis*. [Edited by H. N. Moseley and A. Sedgwick]. *Q. J. Microsc. Sci.*, **23**, 213–259.)

류와 거머리류는 환대강(Clitellata) 또는 아문 수준의 하위 분류군으로 다루어지기도 한다. 그러나 거머리류는 먹이를 포식하거나 피를 빠는 기생생활을 선호하게 되면서 굴착생활을 포기하였다. 그리고 거머리의 이동 양식은 연동운동을 하는 대신 환상근과 종주근을 함께 수축하는, 소위 고리만들기(looping)에 주로 기초하고 있다(**그림 16-21**)(글상자 16-3 참조).

빈모류와 거머리류와 달리 자유생활을 하는 **다모류**(Polychaeta)는 **측각**(parapodia)을 발전시켰다(그림 16-16, 14-16 참조). 측각은 굴착생활을 거의 포기하게 하는 대신 덜 딱딱한 저질 사이를 빠르게 운동할 수 있도록 적응시켰다. 측각을 통해 다모류는 저질 속에 숨는 것보다는 바닥 표면에서 먹이를 취할 수 있는 기회를 더 갖게 되었다.

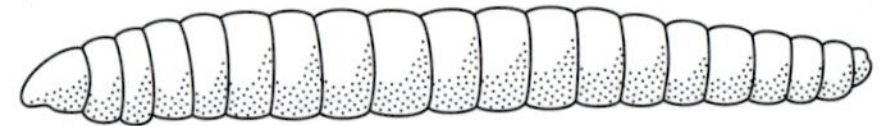

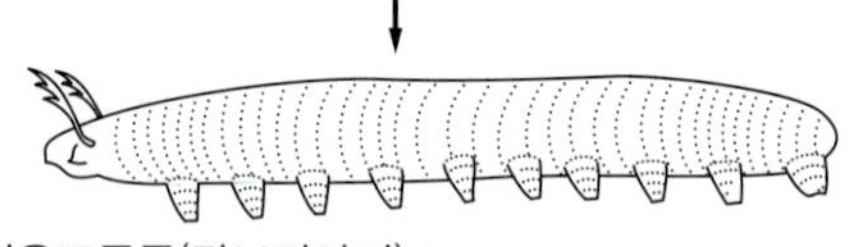

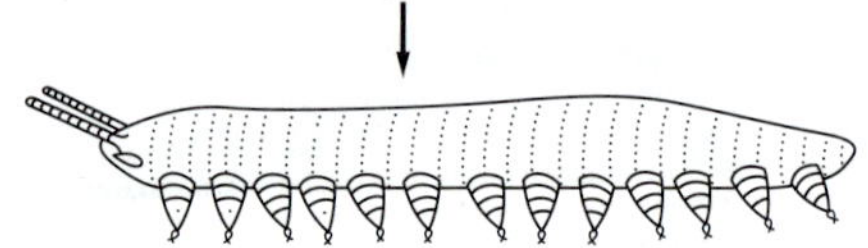

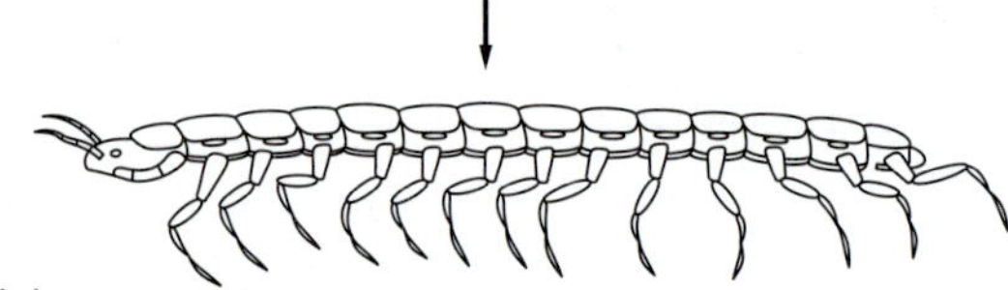

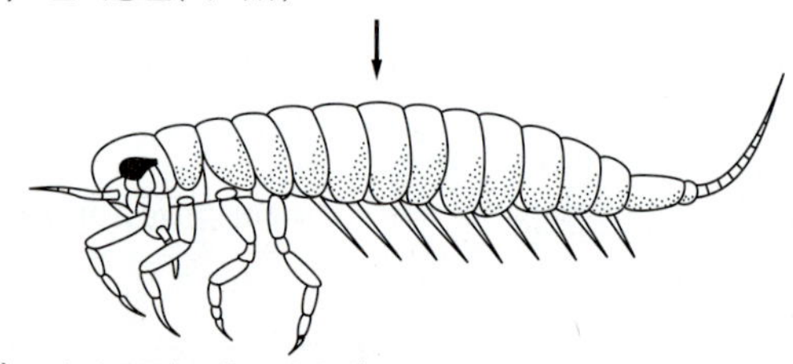

그림 16-23 절지동물의 진화 가설. 지렁이 모양의 체절성 조상으로부터 유조동물과 유사한 가설적 중간형을 거쳐 절지동물로 진화한다(그림 13-7을 참조). (Clarke, K. U., 1973. *The Biology of Arthropods*. Arnold, London에서 각색)

절지동물

절지동물(Arthropoda)에서는 키틴질의 큐티클성 외골격이 관절 부속지를 위한 경첩의 역할을 해 주고 있다. 굴착을 하거나 부드러운 몸을 가진 일부 절지동물의 유생을 제외하면, 외골격 때문에 유체골격은 불필요하게 되었으며, 체강은 축소되어 배설기관 주위에 국한된다.

내부 격벽은 사라졌지만, 동물군에 따라 정도를 달리하고, 체절성이 남아 있으며, 이를 통해 절지동물은 유조동물(발톱벌레, **그림 16-22, 16-23**)과 같은 무리를 거쳐 진화했다는 것을 짐작할 수 있다. 앞서 언급한 대로 분자 계통진화 연구 결과는(그림 15-8 참조), 절지동물과 환형동물의 체절성이 공유파생형질이라기 보다는 수렴진화의 결과라는 것을 시사해 주고 있다[15].

외골격

절지동물은 관절이 있는 부속지, 내부 근부착돌기를 가진 큐티클성 외골격, 새로운 종류의 두부 구조의 발달 등을 통하여 진화적 적응 방산이 가능하였다. 오늘날 알려진 동물 종수의 80%가 절지동물(주로 곤충)이며, 지구 상의 거의 모든 서식처에서 출현하고 있다.

주요 절지동물군 사이의 계통유연관계가 아직 명확하게 밝혀져 있지 않으므로, 절지동물의 분류 체계는 학자에 따라 다소 차이가 있다. 가장 일반적인 분류체계의 하나는 **표 16-3**에서 보는 것처럼 4아문으로 분류하는 것인데, Ballard 등(1992)의 분자 계통진화 연구도 이 견해를 지지하고 있다(이들은 유조동물을 절지동물에 포함시키고 있다). 다리를 발생하게 하는 유전자가 상동적인 것을 보면 적어도 갑각류와 곤충 사이의 유연관계는 매우 밀접한 것으로 보인다(Panganiban et al., 1997).

Manton(1977)과 다른 연구자들에 의한 또 다른 견해는 4개의 분류군을 각각 다른 문들로 분류하는 것인데, 아마도 4무리가 각각 선캄브리아기에 환형동물류의 서로 다른 조상으로부터 유래하였으므로, 절지동물은 **다계통적으로** 진화하였다고 추정되기 때문이다. 이러한 견해는 발생과 형태를 바탕으로, 배발생의 차이, 다리 구조의 차이, 몸의 분절 차이에 포인트를 두고 있다. 이런 견해에 대한 반론으로써, 그러한 차이들은 단계통 기원에서 유래하는 서로 다른 특징들을 나타내 주고 있을 뿐이라는 주장도 있다. 분자계통학적 연구 중에서는 단계통설을 지지해 주고 있는 것도 있는데, 두부 체절화에 영향을 미치는 Hox 유전자 발현은 협각류(거미, 진드기, 전갈)나 다지류(노래기)나, 갑각류(게, 새우, 가재)나 곤충 등에서 모두 같다는 것이다. 일부 계통유연관계는 아직 불확실해 보이는데, 보다 확실한 결론을 위해서는 유전자 분석이 더 진척되어야 할 것이다[16].

그 기원이 어떠하든 간에 절지동물은 외골격과 관절을 갖춘 몸의 체제를 바탕으로 곧바로 진화적 성공을 거두게 되었다. 고생대 캄브리아기 동안 삼엽충과 퇴구류는 몸의 크기(일부 광익류 화석은 몸길이가 거의 3미터에 달한다), 활동성, 포식 능력 면에서 해양 동물계를 지배할 수 있었다. 그러나 고생대 후기에서는 이렇게 특수하게 분화한 무리는 더 진화한 절지동물과 다른 무척추동물, 그리고 척추동물과의 경쟁에서 쇠락하게 되었다(17장을 참조).

육상으로의 진출: 곤충

절지동물이 해양에서 육상으로의 진출하면서 육상 거미류와 약간의 육상 갑각류 그리고 단지류가 진화하였다. **단지류**는 **곤충**, 배각류(노래기), 순각류(지네) 등을 포함하는데, 모두 다리가 내·외지의 구별 없이 한 갈래로 이루어진다는 특징을 공유한다.

육상생활을 위한 전적응으로서, 왁스 물질이 칠해진 큐티클성 외골격은 체내 수분의 손실을 막아 주었고, 물 가장자리의 모래와 토양 속으로 굴착할 수 있는 능력은 육상생활을 위한 교두보가 되었다. 그리고 약간의 변화를 거쳐서 아가미는 허파로 기능할 수 있었다. 절지동물 중에서도 **곤충류**(육각강, Hexapoda)는 후생동물 중에서 가장 폭발적인 적응방산을 겪었다. 이들은 실질적으로 모든 육상 서식처(일부 극한 서식처를 포함)를 점유하였다(**그림 16-23, 16-24**. 곤충의 진화는 Grimaldi and Engel, 2005 참조). 곤충학자들은 대략 75만 종을 기재하였고, 아마도 그 두 배 이상이 기록되지 않은 상태로 남아 있는데, 특히 열대 지방에 많다고 추정된다.

곤충의 모듈화된 체제는 호메오틱돌연변이(13장 참조)와 같은 조절적 변화가 각 개별 체절을 연속적인 반복 배열 구조로 변화시킬 수 있었고, 다양한 형태의 적응을 가능케 할 수 있었던 편의성에서 기원한 것으로 보인다. 이러한 방법으로, 여러 가지 부분적 단위(모듈)를 교체하고 치환하는 방법을 통해서 모자이크 진화 또는 팅커링이 가능하였으며, 작은 스크래치로 완전히 새로운 구조를 만들어 내려고 시도하는 것보다 훨씬 더 빠른 속도로 진화를 일으키게 한다[17].

Marden와 Kramer(1994)는 수서 환경에서 노를 젓는 데 사용했던 아가미판이 곤충의 날개로 진화했다고 추정했다. 이런 곤충 날개의 기원에 대한 증거로서, 그들은 강도래를 든다. 강도래는 수면에서 날개를 퍼덕거리는데, 공기역학적인 양력을 얻는 것이 아니라 날개로 공기를 세차게 밀어 제친다. 일단 그런 방식으

[15] 전문학술지 〈Development, Genes and Evolution〉 최신호(2006년, 216권, pp. 355~465)에는 절지동물의 발생, 진화, 계통유연관계에 관한 10편의 논문이 실려 있다.

[16] 절지동물에서 Hox 유전자 기능의 보존에 관해서는 Regier and Shultz(1997)과 Damen et al. (1998)을 참조.

[17] 적응에 관해서는 Whiting and Wheeler(1994)를, 팅커링(tinkering)에 관해서는 Dubdoule and Wilkins(1998), Goode(2007), West-Eberhard(2003), Wilkins (2002)를 각각 참조.

표 16-3 절지동물 4아문의 특징 비교

아문	현존종수 (추정)	(성체)	예시 서식처	촉각의 수 (쌍)	다리의 수 (쌍)	특 징
삼엽충아문 삼엽충	멸종		해양	1	다수	몸은 다양한 수의 체절로 이루어져 있고, 세로로 좌우 및 중앙의 3부분으로 나뉨, 2분지형의 다리
협각아문 퇴구강 (투구게, 광익류)	4		해양	0	5	전단 부속지는 협각(집게형이나 독니로 변형), 다리는 단지형, 책아가미, 왁스로 덮힌 큐티클, 근육질의 펌프형 인두
주형강 (전갈, 거미, 진드기, 응애 등)	73,400		주로 육상	0	4	
갑각아문 갑각강 (게, 닭새우, 새우, 요각류, 등각류, 따개비류)	40,000		주로 해양, 일부 민물 또는 육상	2	다수	이분지형의 다리, 갑각, 쌍을 이룬 복안, 유생이 존재할 경우에는 노우플리우스 유생
단지아문 다지류 (지네류, 노래기류)	10,500		육상	1	다수	단지형의 다리, 2쌍의 소악, 배설기는 말피기관, 쌍을 이룬 복안, 변태(다수의 곤충은 번데기 시기를 거침), 기관 호흡
곤충 (파리, 닥정벌레, 노린재, 벌, 여치 등)	750,000		육상과 수생	1	3	

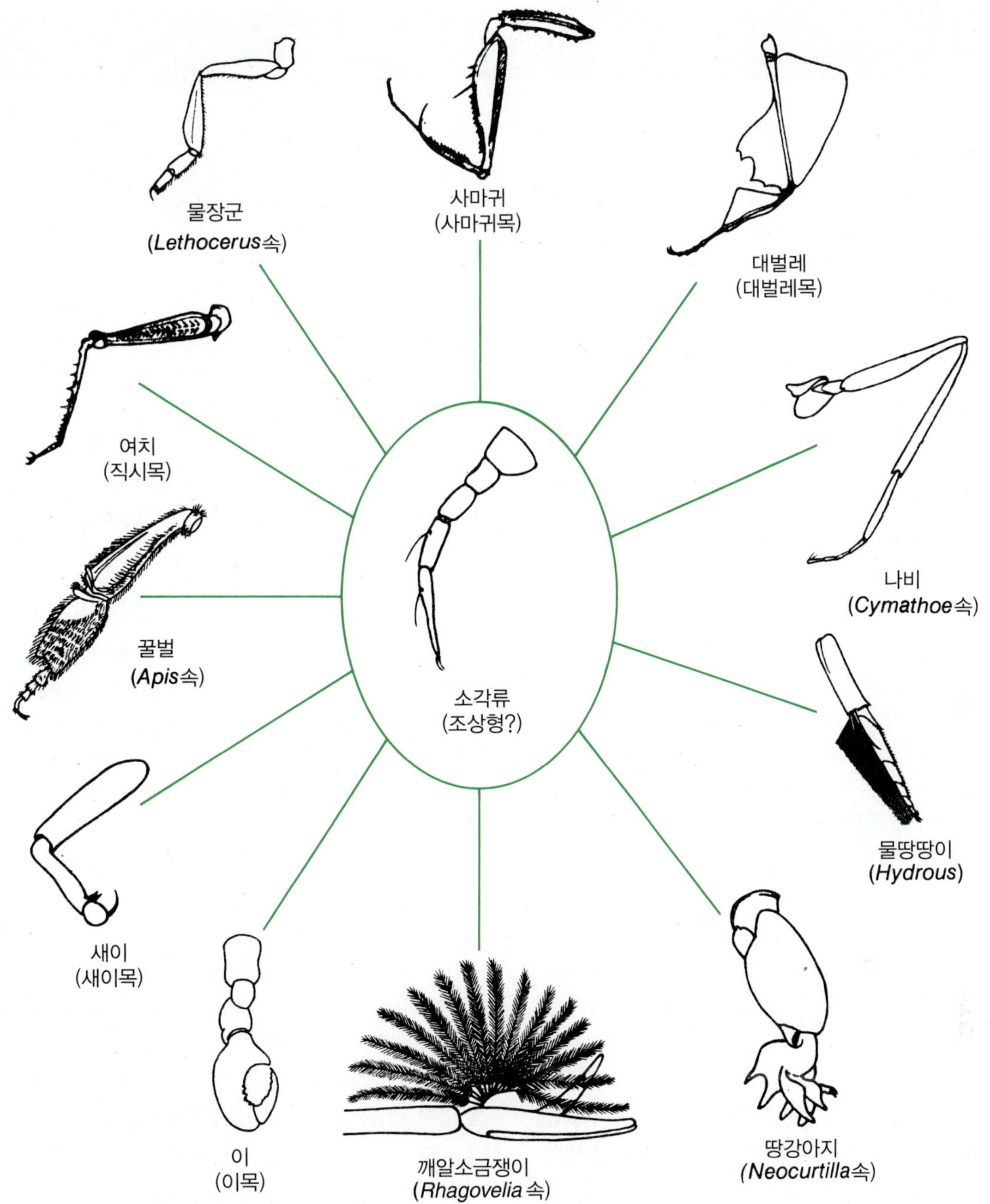

그림 16-24 여러 가지 곤충류의 다리. (Fox, R. M., and J. W. Fox, 1964. *Introduction to Comparative Entomology*. Reinhold, New York에서 각색)

로 진화가 이루어진 후에는, 수면을 긁어 제치는 '날개'가 보다 더 강력해지고 크기도 커지면서 비행이라는 선택을 받게 되었을 것이다. 아가미 부속지를 날개로 변환하는 데 필요한 유전적 기초는, 갑각류의 이분지(biramous)형 다리에서 아가미를 발현시키는 데 사용되는 조절유전자의 변화를 통해서 나타났을 것이라고 추정된다. 초파리의 *engrailed* 유전자와 상동인 갑각류의 어떤 유전자들이 전후 체절 배열의 발생을 조절하고, *apterous* 유전자와 상동인 다른 유전자들이 등 배 패턴의 발생을 이끌어 낸다(Averof와 Cohen, 1997).

곤충 유생의 진화

곤충에서 나타난 또 다른 진화적 이점으로는 성체와 다르게 생활하고 먹이를 섭식하는 **특수하게 분화된 유생 단계**를 거친다는 것이다. 특히 성체가 날개를 갖는 형일 때는 자원을 세분화하여 나누어 가질 수 있고, 훨씬 광범위한 서식처와 먹이를 이용할 수 있

글상자 16-4 사회성 곤충에서의 친족 선택과 반수이배체성

흰개미류에서는 암컷과 수컷 모두 수정란에서 나온다. 그러나 막시류(벌, 개미)에서는 수컷은 비수정란(반수체 알)으로부터 발생하고, 암컷만이 수정란에서 나온다(반수성 수컷, 배수성 암컷). 이러한 막시류의 **반수이배체성**(haplodiploidy)은 특히 사회성의 진화를 초래하는 경향이 있는데, **그림 16–25**에서 보는 바와 같이, 여왕벌소생의 배수성 딸자식은 그 자신의 딸들과 자신 사이에서보다(50%) 자신의 자매 사이에서(75%) 더 많은 유전자를 공유한다.

유전적 관계는 집단에서의 성비에 관한 갈등을 초래하기도 한다. 유전적 관계가 자매들 간에서 가장 높기 때문에, 일벌들은 관계가 먼 수벌보다는 암벌(일벌)들의 부양을 통해서 유전적 이득을 취한다. 이와 대조적으로, 여왕벌은 아들과 딸이 동등하게 자기와 유전적 관계가 있으므로, 아들과 딸의 성비가 같은 것이 유리할 수도 있다. 일벌들은 알을 돌보는 과정에서 알이 성체로 발생하는 것을 조절하게 되므로, "수컷 형제(남동생) 살해"가 여러 발생 단계에서 나타날 수도 있다(Seger, 1996). 여왕벌이 여러 번 교미를 하게 되면, 일벌(자매) 사이의 유전적 관계가 감소하게 되겠지만, 그래도 자매의 소생들보다는 관계가 가깝다. 따라서, 일벌이 다른 일벌의 알들을 파괴하는 현상에 대한 설명이 가능하다. 암컷 일벌과 수컷 사이의 유전적 관계는 여왕벌이 교미를 한 번만 하느냐 그렇지 않으면 여러 번 하느냐에 따라 상당히 다른 양상을 보여 준다.

막시류의 반수이배체성은 다양한 환경 요인에 따라 성비를 달리할 수 있음에도 불구하고, 밀바구미(*Sitophilus granaries*)의 유충에 기생하는 말벌(*Lariophagus distinguendus*)의 암컷은 숙주 유충이 들어 있는 밀알의 크기에 따라 숙주 몸 속에 다른 성을 가진 알을 주입한다(Charnov, 1982). 즉, 밀알이 상대적으로 크면 말벌은 바구미 유충 몸속에 수정란(암컷)을 주입하고, 밀알이 작으면 수정을 하지 않은 알(수컷)을 주입한다. 이런 차이는 수컷과 암컷의 발육에 필요한 자원의 크기가 다르기 때문일 것이다. 부연하면, 큰 밀알에 들어 있는 바구미 숙주는 암컷 말벌 새끼가 보다 생산성이 높은 암컷으로 자랄 때까지 많은 자원을 제공할 수 있을 것이고, 한편 비록 작은 밀알에 들어 있는 바구미 숙주일지라도 말벌의 수컷 새끼가 자라서 상당수의 정자를 생성할 정도로 자랄 때까지 충분히 부양할 정도는 되기 때문이다.

Hamilton(1964)에 따르면 반수이배체성은 결과적으로 **혈연선택**(kin selection)을 초래하는데(이 용어는 John Maynard Smith가 만듦), 그 이유는 유전적 관계가 먼(50%) 자기 딸들을 생산해 내는 것보다 자기와 유전적 관계가 보다 밀접한(75%) 자매(누이동생)들을 양육하는 데 전념하는 것이 선택적으로, 즉 후세에 자기의 유전자를 공여하는 데 더 유리한 것이다. 진화학적인 술어로 말하면, 생식 능력이 없는 암컷 일벌들이 여왕벌 어미를 도와 생식 능력이 없는 일벌 자손을 양육하는 이런 **이타행동**(altruistic behavior)이 막시류에서는 흔하게 일어날 수 있는 현상이다. 막시류의 세 그룹에서 독립적으로 일어난 이러한 이타행동의 진화는 — 개미류에서는 최소한 한 번, 벌류에서는 8번 이상, 말벌류에서는 2번 이상 나타남(**표 16–4**) — Hamilton의 가설과 잘 부합한다.

비록 사회화가 명백히 이로운 것처럼 보이지만, 모든 반수이배체성

다. 곤충의 또 다른 적응 유형으로서, 30만 종 이상이 기재되어 있는 딱정벌레는 손상되기 쉬운 날개를 포함하여 몸을 매우 두꺼운 키틴질의 방호 갑옷으로 무장함으로써 포식자나 기생충으로부터 자신을 보호한다.

일단 이렇게 고도로 적응적인 형질이 나타난 후에는, 절지동물은 비어 있는 다른 거의 모든 육상 서식처에도 진입하고 번성할 수 있게 되었다. 즉, 육상 서식처들을 점유하고 있는 후생동물 중에서는 곤충이 제일 먼저 새로운 서식처에 도달하고, 또한 제일 먼저 적응함으로써 승리를 차지했던 것이다.

곤충과 사회 조직

척추동물 외에 유일하게 사회 조직이 출현한 것은 곤충에서이다.

사회 조직(social organization)은 필연적으로 구성원들 간의 분업을 수반하는데, 이동하는 메뚜기 떼나 나비의 풀쐐기 유충이 만드는 텐트를 훨씬 넘어서는 현상이다. 진정한 사회 조직을 가진 곤충 사회로는 흰개미류(등시목, Isoptera)와 개미, 꿀벌, 말벌 등의 막시류(Hymenoptera)가 있다.

이러한 곤충 사회에서는 여러 가지 형태(계급, caste)와 연령군이 서로 다른 사회적 기능을 수행한다. 예를 들어, 여왕은 보통 생식능력이 유일한 암컷으로서, 알을 낳고, 한 마리 이상의 수컷은 알의 수정에 종사한다. 한편, 생식능력이 없는 여러 마리의 일꾼 계급은 전적으로 먹이를 모으고, 알을 보호하며, 둥지를 유지하고, 집단을 수호하는 일에 종사하게 된다. 일벌에서는 다시 연령에 따라 일의 분업이 이루어지는데, 젊은 꿀벌은 알을 돌보고 둥지를 유지하는 일에 관여하는 데 반해, 나이가 든 꿀벌은 먹이를 모으거나 집단을 방어하는 일에 종사한다. 꿀벌(*Apis mellifera*) 유전체의 염기서열 분석이 완료됨에 따라, 사회 계급과 먹이 수집에 관련한 여러 가지 다른 유전자 발현이 있음이 밝혀지게 되었다[18].

[18] 꿀벌 유전체의 염기서열 분석에 관해서는 The Honeybee Genome Sequencing Consortium(2006)을 참조. 사회 곤충 외에서 볼 수 있는 사회 계급의 한 예로 아프리카 동부에 분포하는 벌거숭이두더지(*Heterocephalus glaber*)를 들 수 있는데, 수태 능력이 있는 여왕 두더지와 불임성 시녀 암컷들 사이에는 완전한 성적이형이 존재한다. 이 성적이형은 여왕 두더지의 요추 뼈 사이가 길어지면서 나타나기 시작한다(O'Riain et al., 2000).

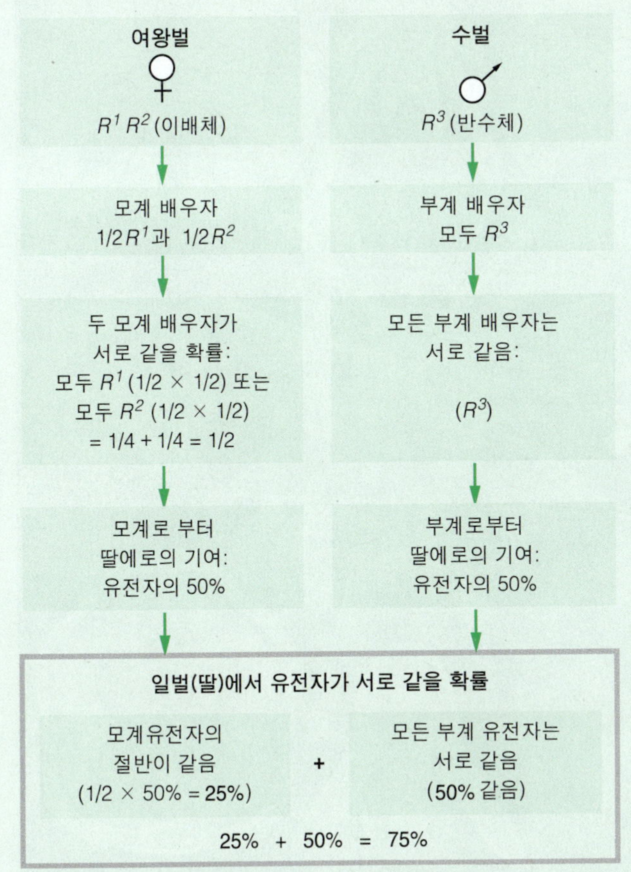

그림 16-25 막시류의 반수이배체성이 동일한 어미(여왕벌)와 아비 사이에서 태어난 자매들(일벌) 사이의 유전적 관계에 미치는 효과를 보여 주는 도표. 가상의 유전자 *R*에서 세 가지 대립유전자가 존재한다고 할 때, 암컷 일벌 사이에서 공유하는(서로 같은) 유전자의 50%가 반수체 수컷 아비로부터 물려받은 것인데, 수벌은 모든 딸들(일벌)에게 동일한 유전자를 전부 물려주기 때문이다. 그리고 나머지 50% 유전자의 절반(0.5×0.5, 즉 1/4)은 이배체 어미(여왕벌)가 낳은 반수체 난자에서 대립유전자가 서로 같을 확률이다. 따라서 일벌 사이에서 같은 유전자를 가질 확률은 0.5+(0.5×0.5)=0.75이다. 반대로, 이 일벌들(R^1R^3 또는 R^2R^3)은 여왕벌 어미(R^1R^2)와 단지 50%의 유전자만 동일하다. 왜냐하면, 여왕벌과 일벌들은 아비가 서로 다르고(예를 들어 R^2와 R^3 수벌), 수벌은 각각 모든 암벌 유전자의 50%를 기여하기 때문이다. 이렇기 때문에, 일벌들은 자기 자신의 딸들(일벌)을 낳거나, 그보다 관계가 먼 자매들의 소생을 만들기보다는 어미 여왕벌에 의존하여 자기와 유전자가 같을 확률이 가장 높은 자매(누이동생) 일벌들을 만들려고 하는 것이다.(Ratnieks, F. L. W. and P. K. Visscher, 1989. Worker policing in the honeybee. *Nature*, 342, 796–797에서 각색)

표 16-4 말벌의 사회적 진화와 계급 제도의 분화를 일으키는 일련의 행동 변화 과정(가설)

1. 암컷이 먹이를 쏘고, 여기에 알을 주입한다.
2. 암컷이 먹이를 쏘고, 그것을 적당한 서식처로 옮긴 뒤 여기에 알을 낳는다.
3. 암컷이 먹이를 쏘고, 그 자리에 둥지를 만든 다음 여기에 알을 낳는다.
4. 암컷이 둥지를 만들고, 먹이를 쏜 다음, 둥지로 먹이를 옮겨와 알을 낳는다.
5. 암컷이 둥지를 만들고, 먹이를 쏜 다음, 둥지로 먹이를 옮겨와 알을 낳는다. 그리고 알이 부화하기 전에 몇 마리의 먹이를 더 비축한다.
6. 5와 같으나, 먹이는 유충이 성장함에 따라 단계적으로 공급한다.
7. 6과 같으나, 먹이는 처음부터 단계적으로 공급된다.
8. 미리 만들어진 둥지에서 먹이를 공급하는 것 외에도, 어미가 먹이를 씹어서 잘게 부순 뒤 새끼에게 먹인다.
9. 최초의 어미가 오래 살아남으면, 자손들이 둥지에서 어미와 함께 생활한다. 자손들이 방을 추가로 만들고, 그 자신들의 알을 낳는다.
10. 서로 협력적인 일련의 암컷 무리가 액상의 양분을 서로 교환한다(tropholaxis).
11. 여왕벌과 일벌 계급 사이에 행동적 차이가 나타난다. 수정하지 못한 일벌은 아직 알(수컷을 만드는 반수체란)을 낳을 수 있다.
12. 유충들에게 차별을 두어 먹이를 먹인다. 이 결과로 여왕벌과 일벌들은 생리적으로 차이가 있다. 그러나 아직은 중간형들이 흔하게 존재한다.
13. 일벌 계급은 물리적으로 강하게 분화하지만, 중간형들은 희소해지거나 없어진다.

출처: Hölldobler, B., and E. O. Wilson, 1990. *The Ants*. Havard University Press, Cambridge, MA; Evans, H. E., 1958. The evolution of social life in wasps. *Proc. 10th Int. Congr. Entomol*., **2**, 449–457.

막시류가 다 사회적인 것은 아니며, 진화생물학자들은 아직도 사회화의 원인에 대해 확신하지 못하고 있다. 진화생물학자들은 공동으로 집짓기, 포식자와 기생충에 대한 공동 방어, 공동으로 먹이 모으기 등이 사회화의 요소들이라는 데 동의한다. 협동은 유전적으로 근연관계인 개체들 사이에서 선택적 가치가 높으며, 집단생활 중에 초래되는 전염병의 증가 등의 사회적 문제를 훨씬 능가하는, 집단 전체의 사회적 이익을 가능케 한다(**집단선택**, group selection).

이러한 행동적 차이는 유충 호르몬(juvenile hormone)의 차이와 관계가 있다. 즉, 어린 꿀벌은 나이든 꿀벌보다 소량의 호르몬을 갖는다. 호르몬은 환경 변화를 유전자 행동과 연관시키거나 통합시키는 기작을 제공하는 한편 표현형에 변화를 일으키는데, 이런 기작은 곤충과 같이 생활사에서 한 가지 이상의 표현형을 보이는 무리에서 잘 나타난다. 발생과 행동에 영향을 주는 화학 물질 또한 생식능력이 있는 여왕벌과 생식능력이 없는 일벌에 대해서 다르게 영향을 미친다. 여왕벌은 페로몬을 분비하여 일벌의 생식능력을 억제하지만, 이것은 특별한 먹이(예를 들어, 꿀벌의 로얄제리) 등 다양한 환경적 영향 요인에 의해 극복할 수 있다. 활

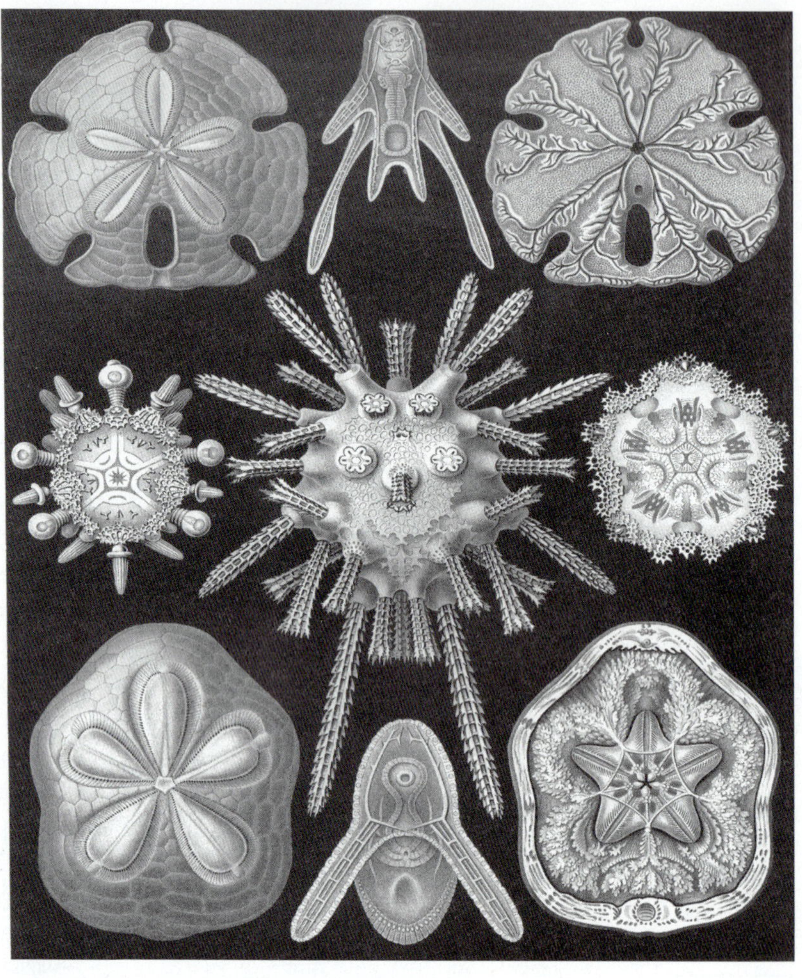

그림 16-26 에른스트 핵켈이 그린 성게(연잎성게류)의 다양성과 플루테우스 유생(맨 윗줄과 맨 아랫줄의 중간). (출전: Haeckel, E., 1904. *Kunstformen der Natur*)

동일주기(circadian rhythm)는 보통 23~24시간 주기인데, 연령에 따라 다르게 나타난다. 왜냐하면, 초파리의 *period* 유전자와 상동인 어떤 유전자가 있는데, 먹이 수집을 담당하는 일벌에게는 주간 활동의 임무를 부여하도록 발현되는 데 반해, 알을 돌보며 불규칙한 주간 활동을 하는 어린 꿀벌에서는 유전자 발현이 되지 않기 때문이다[19].

성(sex)과 생활형에 따라 수정란 및 비수정란의 다른 발생 과정, 그리고 동족선택(kin selection)에 의한 독특한 곤충 사회가 **글상자 16-4**에 잘 나타나 있다.

요약하면, 곤충의 진화적 성공은 사회적 · 비사회적을 가리지 않고 거의 모든 육상 생활 환경에 널리 이루어졌으며, 그 역사는 적어도 석탄기로 거슬러 올라간다. 곤충과 척추동물만큼 육상 생활에 성공적으로 진화한 무척추동물은 거의 없으며, 선충, 지렁이, 복족류 정도만이 습기찬 토양 조건과 같은 특별한 환경에 국한하여 성공을 거두었다.

그럼에도 불구하고, 양쪽 날개의 길이의 합이 60 cm가 넘었던 석탄기의 잠자리류와 같이 초기의 일부 곤충류를 제외하고는 몸의 크기가 작은 상태로 남아 있다. 이것은 대부분의 척추동물류와 비교할 때 대조적이다. 아마도 가스교환을 효율적으로 할 수 있는 기관의 용량에 한계가 있었던 것으로 보인다. 또한, 곤충의 크기를 더욱 더 제한하는 요소는 곤충의 외골격으로서, 곤충의 몸 크기가 증가할수록 훨씬 더 무거워지고 거추장스럽게 되기 때문일 것이다.

극피동물

극피동물(Echinodermata)은 현재 약 7,000종이 기록되어 있는, 척추동물을 제외하고는 후구동물 중에서 가장 큰 문이다(17장을 참조). 극피동물은 주로 해양의 바닥에 살며, 다음과 같은 중요한 특징을 가진다.

- 피하 탄산칼슘성 각판 또는 골편(성게에서는 두 가지가 종종 융합됨)으로 이루어진 중배엽성 골격(**그림 16-26**)

[19] 환경의 영향에 대한 연구에 관해서 Hall and Olson(2003), Hall et al. (2004), Flatt et al. (2005), Abouheif(2004), Emlen et al. (2005)을 참조. 초파리의 활동일주기에 관해서는 Robinson(1998)을 참조.

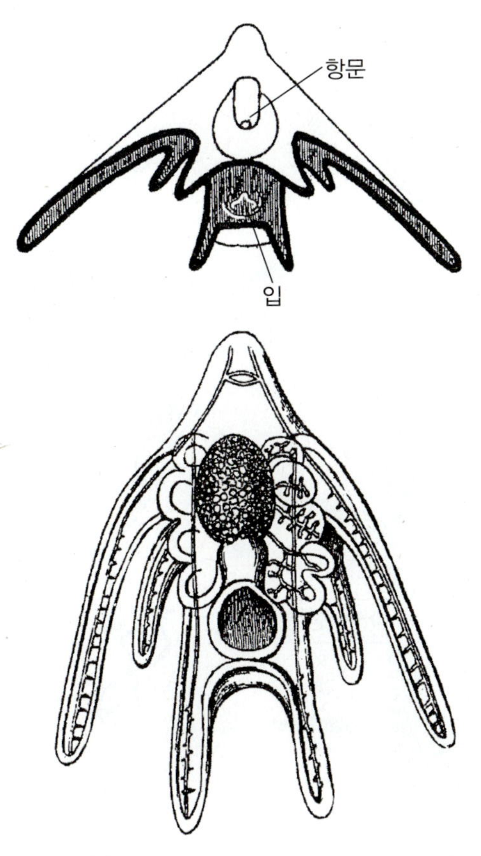

그림 16-27 거미불가사리의 플루테우스 유생. 항문과 입이 보인다.

- 플루테우스유생 시기에는 좌우대칭이나(**그림 16-26, 16-27**), 성체에서는 **오방사대칭**을 이룸
- 체강에서 유래한 수관계를 가짐. 몸의 표면에 있는 작은 관족들은 내부 수관계와 연결되어 있으며, 이동과 먹이 획득에 사용됨

현생하는 극피동물의 강은 절멸한 강들과 마찬가지로 고생대의 여러 지층에서 발견된다. 이것은 극피동물이 화석기록에 나타나기 훨씬 오래 전부터 이미 진화했었음을 시사해 준다.

표영성(漂泳性, pelagic)이면서 좌우대칭성인 유생형을 놓고 보았을 때, 극피동물은 자유생활을 하고 좌우대칭 체제를 지닌 후구동물성의 한 조상형으로부터 진화한 것으로 보인다[20]. 이 조상형의 체강은 수관계, 장을 둘러싸고 있는 체강, 그리고 순환계의 역할을 하는 다양한 혈동(sinus)으로 나뉘어진다. 아마도 극피동물의 초기 진화 단계에서 체액과 바닷물 사이의 유사한 삼투압과 단순한 신경계 등의 일부 특징이 나타났을 것으로 보인다. 극피동물은 배설기관이나 삼투 조절기관이 없고, 뇌신경절과 같은 전체부의 분화가 일어나지 않았다.

Arenas-Mena 등(1998)에 따르면, 극피동물의 유생 발생은 좌우대칭동물의 진화에 단서를 제공한다고 한다. 극피동물의 유생시기에는 매우 작은 수의 호메오박스(Hox) 유전자만 발현하고 나머지는 성체로 발생시 기능을 한다. 그들은 좌우대칭동물에서 이러한 패턴이 기본적인 것이라고 주장하는데, 단순한 유생형일 때에는 매우 작은 수의 조절유전자 만을 필요로 하고, 더 복잡한 성체 형성 시기에는 저장된 호메오박스 조절유전자를 사용한다고 주장한다.

극피동물의 조상형은 초기에는 자유생활을 하였으나, 나중에 해양의 저질 표면에 고착하는 생활방식을 채택했을 것이다. 이때 입 부분은 촉수관처럼 생긴 촉수 다발로 둘러싸인 채 위를 향하게 되었다. 바다나리와 같이 고생대의 많은 극피동물은 방사대칭형의 체제를 보여주는데, 이는 고착생활 방식을 수반하였다. 흥미롭게도 원시 극피동물은 머리 구조가 없으면서도 후구동물의 앞쪽(전체부)을 발생시키는 Hox 유전자를 보유한다는 것이다(Martinez et al., 1999). 이것은 조절유전자가 다른 동물군에서는 다른 기능을 수행하도록 조정되어 있다는 것을 명백히 보여 주는 것이다.

보라성게(*Strongylocentrotus purpuratus*)의 유전체 분석을 위해 전 세계 70개 기관에서 240명의 연구자가 참여하였으며, 우선 완성된 부분에 대한 연구 결과물이 출판되었다[21]. 전체 23,300 유전자 중 10,000개가 분석되었는데, 1/3은 인간에서도 발견되는 것이며, 다른 것 중에는 척추동물 중에서 조류와 포유동물에서만 발견되는 유전자도 있다. 극피동물이 시각과 후각을 갖지 못하지만, 보라성게의 유전체 중에는 1,000개의 유전자가 다른 후생동물의 시각과 후각과 관련된 유전자이다. 이렇게 많은 수의 유전자를 공유한다는 것을 수렴진화로 설명하기에는 무리가 있다. 특히 선택이 관련되었음에 틀림없을 감각 기능이 소실되었다는 것에서 그렇다. 다수의 유전자를 공유한다는 것은 아마도 공동 기원에서 진화했음을 시사해 준다고 보는 것이 보다 타당할 것이다. 극피동물은 인간처럼 선천적 면역계를 가지고 있는데, 인간에서는 후천적 면역에 비해 선천적 면역이 아주 작은 부분만 역할을 하는 데 반해, 극피동물은 인간에서 보다 10배 이상의 유전자가 선천적 면역과 관련이 있다. 극피동물의 이런 부분은 면역의 진화를

[20] 척추동물에서 비대칭적으로 발현되는 것으로 알려진 유전자를 연구하면서 성게와 불가사리에서도 비대칭적으로 발현된다는 것이 밝혀지게 되었다. 극피동물에서는 유전자 발현이 척추동물의 경우와 반대 방향으로 나타난다. 예를 들어, 척추동물에서는 왼편에서 발현되는 *Pitx* 유전자가 극피동물의 유생에서는 오른편에서 발현된다. 즉, 좌우 축이 서로 뒤바뀌는 셈이다(Hibino et al., 2006).

[21] The Sea Urchin Genome Sequencing Project Consortium(2006). 학술지 〈*Developmental Biology*〉 (2006) 300권 1호("The sea urchin genome" 특간호)에는 성게 게놈 프로젝트를 통해 작성된 논문 36편이 실려 있다.

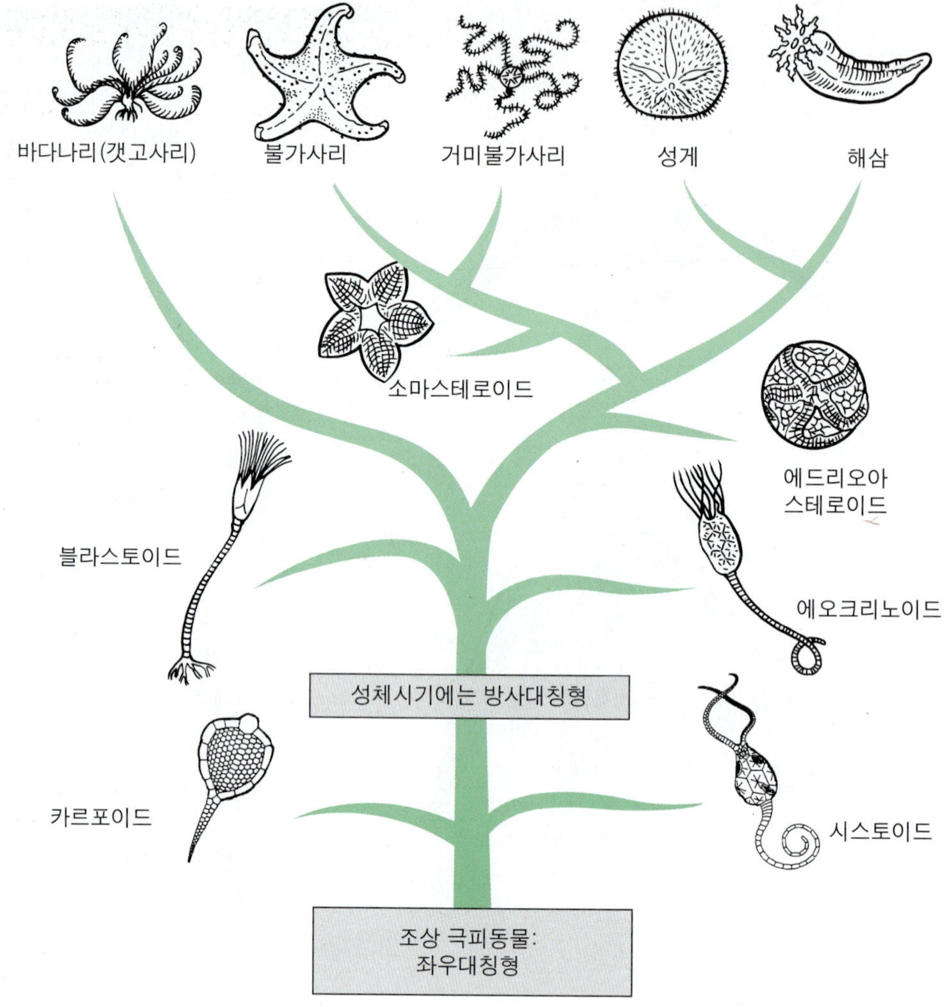

그림 16-28 극피동물의 계통. 꼭대기의 다섯 무리는 현생하는 무리이고, 그 아래의 무리들은 절멸된 것들이다. (극피동물의 유생 진화는 Brusca와 Brusca, 2003과 Smith, 1997를 참조.)

연구하는 데 있어 대단히 매력적인 가능성들을 열어 주고 있다.

방사대칭형의 극피동물이 왜 오각형 모양을 나타내느냐 하는 질문에 대해서, 우리는 아직 유전체의 염기서열 분석을 통해서는 답을 얻지 못하고 있다. 동물학자들은 두 가지 가설을 제시하고 있다. 하나는, 극피동물의 조상형에서 5개의 촉수로 이루어진 촉수관(촉수 다발)을 소유했었는데, 이것이 후손에서 오방사대칭형으로 남게 되었다는 것이고, 다른 한 가지 가설은 오각형 구조가 비틀리는 힘을 받을 때 반대편 쪽의 틈에 쪼개지는 힘이 덜 가해진다는 것이다. 즉, 입 주변 판을 가진 동물에서 다음과 같은 오각형 구조는

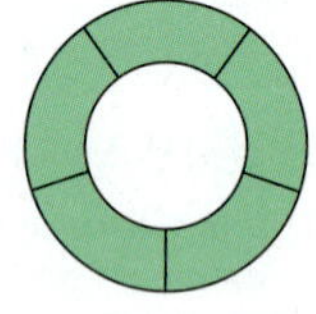

아래와 같은 사각형 구조를 가진 경우보다 덜 쪼개지는 경향을 보이는 것이다.

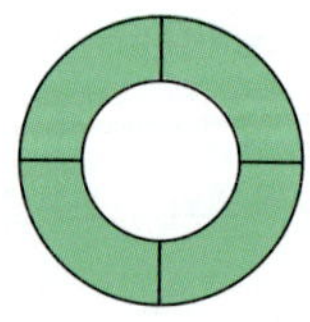

아직 불확실한 채로 남아 있지만, 극피동물의 조상형은 오방사대칭을 갖지 않는 고착형 동물인 것으로 최근의 연구들은 일관되게 주장하고 있다. 그러나 극피동물은 탄산칼슘 골격 덕분에 충분한 화석 기록이 남아 있어서, 대부분의 중요한 극피동물군 사이의 잠정적인 유연관계를 재구성할 수 있다. **그림 16-28**은 하나의 가능성 있는 계통수를 보여 주고 있다.

주요 용어

강장동물(coelenterates)
거머리(leeches)
결정형 발생(난할)(determinate development)
곤충(insects)
극피동물(echinoderms)
기생(parasitism)
나선형 난할(spiral cleavage)
누두깔대기(siphon)
다모류(polychaetes)
담륜자 유생(trochophore larva)
대형동물(Aschelminthes)
동정세포(깃세포)(choanocytes)
두족류(cephalopods)
메두사(medusa)
무척추동물(invertebrates)
반수이배체성(haplodiploidy)
방사 난할(radial cleavage)
방사대칭동물(Radiata)
복족류(gastropods)
비결정형 발생(난할)(indeterminate development)
비틀림(torsion)
빈모류(oligochaetes)
사회조직화(social organization)
삼배엽성(triploblastic)
상문(superphylum)
선구동물 상문(protostome superphylum)
선형동물(nematodes)
연체동물(mollusks)
오방사대칭(pentameral radial symmetry)
외투막(mantle)
원시세포(archaeocyte)
의체강동물(pseudocoelomates)
이매패류(bivalves)
이배엽성(diploblastic)
이타행동(altruistic behavior)
자포(nematocysts)
절지동물(arthropods)
족(연체동물)(mollusc, foot)
중생동물(mesozoans)
체제(*bauplan*, body plan)
촉수관(lophophores)
측각(parapodia)
치설(radula)
혈연선택(kin selection)
판형동물(Placozoa)
편형동물문(platyhelminthes)
폴립(polyp)
플라눌라(planula)
환대(clitellum)
환형동물(annelids)
후구동물 상문(deuterostome superphylum)

토의 및 질문

1. 후생동물의 문들(표 16-1)을 분류할 때 사용하는 기준을 그들의 계통유연관계를 결정할 때도 역시 사용할 수 있는가? 이에 대한 근거는?
2. 해면동물이 자포동물보다 초기 후생동물과 더 유연관계가 깊음을 설명하시오.
3. 기생성 편형동물이 복잡한 생활사를 가지게 된 진화적 과정을 설명하시오.
4. 의체강동물의 다양한 무리들(표 16-2)을 대형동물(Aschelminthes)이라는 1개의 문으로 묶을 수 있는가? 이에 대한 근거는?
5. 선구동물과 후구동물을 분류하게 하는 주요한 특징은 무엇인가?
6. 연체동물의 주요한 무리들의 진화과정에서 족(foot)과 패각에 나타난 변화는 어떤 것이 있는가?
7. 연체동물은 체절을 가진 진체강동물에서 기원했다고 보는가? 그렇다면 그 근거는?
8. 주요한 동물 문들 사이를 이어주는 전이형이 부재하는 경우가 많은데, 이러한 현상을 어떻게 설명할 수 있는가?
9. 다모류와 같이 부속지를 가진 환형동물이 절지동물에서처럼 다양한 진화적 지위를 차지하면서 적응방산하지 못한 이유가 무엇이라고 생각하는가?
10. 사회조직화한 곤충에서 반수이배체성 발생(반수체란에서는 수컷이, 이배체란에서는 암컷이 출생)이 왜 중요한가?
11. 둘 다 광범위하게 적응방산한 동물군이면서도 곤충은 왜 척추동물에 비해 몸집이 작은 것일까?
12. 극피동물이 오방사대칭 체제를 가지게 된 이유를 설명하시오.
13. 무척추동물의 여러 문들이 다계통 기원을 통해 진화했다고 할 수 있는가? 그렇다면 그 근거는 무엇인가?
14. 체강의 발달이 지렁이 같이 긴 벌레들의 운동이 진화하는 데 어떻게 영향을 미쳤는지 생각해 보자.

추천 읽을 거리

Brusca, R. C., and G. J. Brusca, 2003. *Invertebrates,* 2nd ed. Sinauer Associates, Sunderland, MA.

Carroll, S. B., 2005. *Endless Forms Most Beautiful.* W. W. Norton, New York.

Carroll, S. B., J. K. Grenier, and S. D. Weatherbee, 2005. *From DNA to Diversity: Molecular Genetics and the Evolution of Animal Design,* 2nd ed. Blackwell Publishing, Malden, MA.

Grimaldi, D., and M. S. Engel, 2005. *Evolution of the Insects.* Cambridge University Press, Cambridge, UK.

Hall, B. K., and W. M. Olson (eds), 2003. *Keywords and Concepts in Evolutionary Developmental Biology.* Harvard University Press, Cambridge, MA.

Hervé, P., N. Lartillot, and H. Brinkmann, 2005. Multigene analyses of bilaterian animals corroborate the monophyly of Ecdysozoa, Lophotrochozoa, and Protostomia. *Mol. Biol. Evol.*, 22, 1246–1253.

Nielsen, C., 2001. *Animal Evolution: Interrelationships of the Living Phyla,* 2nd ed. Oxford University Press, Oxford, UK.

Raff, R. A., 1996. *The Shape of Life: Genes, Development, and the Evolution of Animal Form.* University of Chicago Press, Chicago.

Ruppert, E. E., R. S. Fox, and R. D. Barnes, 2004. *Invertebrate Zoology: A Functional Evolutionary Approach,* 7th ed. Brooks Cole, Thomson Learning, Belmont, CA.

Valentine, J. W., 2004. *On the Origin on Phyla.* The University of Chicago Press, Chicago.

17 척삭동물과 척추동물의 기원

요약

척추동물들은 공통적으로 인두열, 척삭, 중배엽과 신경능에서 발달한 내골격, 꼬리 그리고 등 쪽의 속이 빈 신경색 등 척삭동물의 공유파생 특징들을 가지고 있다. 척삭동물의 기원은 환형동물이나 절지동물에 있을지도 모르지만, 발생학상의 공통점을 보아 척삭동물은 아마도 극피동물과 공통 조상을 가지고 있을 것이다.

현존하는 척삭동물들 중 몇몇은 척동물의 조상과 닮은 점을 비교적 많이 보인다. 둘 다 현존하는 동물문이기 때문에 두색류 동물은 척추동물의 조상이 될 수 없지만, 원척추동물로 추정되는 종의 특징인 수중생활과 여과섭식의 특징을 보인다. 많은 종류의 멍게류 유충은 내부의 아가미 구멍과 척삭, 그리고 등쪽 신경삭 등의 특징을 가지지만, 착생생활을 하는 성체에서는 이 특징들이 퇴화된다. 이 유충들이 유형진화를 거쳐 번식했다면 자유 유영성의 척삭동물, 그리고 결국은 척추동물로 진화했을 것이다.

코노돈트(conodonts)가 척추동물로 인정되기 이전에는 무악어류들이 가장 오래된 화석 원시척추동물로 생각되었다. 많은 종류의 무악어들은 피부가 골판과 비늘로 덮여 있었고, 여과섭식기관에서 포식 기관으로 바뀐 근육성 인두를 가지고 있었다. 현존하는 무악류로는 칠성장어와 먹장어가 있다.

턱의 발달은 악구류(턱을 가진 척추동물)를 발생시킨 매우 중요한 진화과정이었다. 연구자들은 오랜 시간 동안 턱이 여과섭식에 사용되는 인두궁에서 적응되어 몇몇 어류들이 효율적인 포식자가 되도록 해주었다고 생각했다. 최초의 악구류인 가시상어류와 판피류 척추동물은 멸종하면서 연골어류와 공기주머니 혹은 허파를 가진 경골어류에 의해 자리를 뺏겼다. 두 어류는 복잡하고 진화된 지느러미를 가지고 있다. 꼬리와 등쪽의 지느러미는 물론이고, 항문 쪽에도 있어 안정적인 유영이 가능하고, 가슴과 골반에 한쌍의 지느러미가 있다. 흥미롭게도 연골어류들이 경골어류들보다 더 연대가 늦은 화석들에서 발견된다는 것이다. 많은 혈통에서 뼈가 연골보다 지지조직으로서의 장점이많다.

경골어류들은 조기류(기조가 있는 어류)와 육기류(잎 모양의 지느러미가 있는 어류)로 나뉘어졌다. 현존하는 조기류로는 철갑상어, 동갈치, 진골류 등이 있다.육기류는 경골어류의 송과안과 고대 조기류의 폐, 그리고 독특한 지느러미 지지와 내비공을 가진다. 종수를 측정하면 진골류가 진화학적으로 가장 성공한 척추동물로, 두개골의 변화, 그리고 이동과 섭식에 관련된 지느러미와 비늘 구조에 따라 24,000의 종이 있다.

고대 조기류의 폐는 부레로 점차 변화되었다. 폐는 산소함량이 낮은 민물에서 생활하는 생물들 내에서 발달했으며, 육지에서 확대되었다. 현존하는 폐어류와 한 때 멸종한 것으로 알려졌던 colelacanth은 살아 있는 화석이다. 육기아강 화석들 중에는 osteolepiforms와 panderichthyids도 있는데, 이들은 최초의 육지동물들의 조상인 사지류(tetrapods)와 가깝다.

척추동물을 무척추동물과 구별하는 것은 인간이 자신과 비슷한 동물과 그렇지 않은 동물을 구별하는 것과 같은 유일한 특성이 있다. 이 구별의 기준은 척추의 존재 유무이다. 또한 척추동물은 척삭동물문(Chordata)의 구성원으로 약 47,200종이 있고 작은 어류와 양서류부터 매우 큰 고래에 이르기까지 크기가 다양하며 심해에서 산 정상까지 여러 서식처에서 산다.

척삭동물(chordates)을 다른 동물과 구별하는 특징은 무엇인가? **그림 17-1**이 척추동물에 속하지만 멀리 떨어진 어류와 인간의 합성을 보여주지만 이 그림은 척삭동물문의 형태적 특징들(공유파생형질, 상동형질)을 잘 나타낸다.

- 특정 발생시기(pharyngula)에 흔히 나타나거나 몇몇 무리에서 성체시기에 나타나고 인두로부터 밖으로 통해 있는 쌍으로 된 일련의 갈라진 틈(**인두열**(pharyngeal cleft)(그림 3-10)
- 발생시기의 신축적 관인 척삭(notochord)로부터 유래된 체축의 앞뒤를 따라 있는 **내부골격구조**(internal skeleton). 척추동물의 성체시기에 척삭은 연골과 경골의 **척주**(vertebral column)로 대치되지만 척삭 구조는 이들이 속한 **척삭동물문**(Chordata)의 특징이다.
- 하나의 **속이 빈 신경삭**(hollow nerve cord)이 척삭 위 **등쪽**(dorsal)으로 달린다.
- **꼬리**(tail)가 특징적인데 모든 척추동물 배(embryo)의 항문 위로 뻗어있지만, 모든 성체들도 꼬리가 있는 것은 아니다.

그림 17-1 척추동물의 여러 특징들을 보여주는 인간과 어류의 합성그림 (Ohno, S., 1996. The notion of the Cambrian pananimalia genome. *Proc. Acad. Sci.*, 93, 8475–8478.로부터 각색)

척추동물 기원에 대한 가설들

동물학자들은 19 세기부터 지금까지 척추동물의 기원을 형태학적, 발생학적 그리고 더 최근에는 분자생물학적인 기법을 동원하

여 찾고 있다. 척추동물의 기원에 대한 세 가지 가설들을 살펴보겠다.

환형동물–절지동물 기원

가장 오래된 제안 중에서 여러 유사성에 의한 척추동물의 환형동물 혹은 절지동물 기원에 대한 제안이 있다(**표 17–1a**). 그러나, **그림 17–2**에서와 같이 환형동물/절지동물로부터 척추동물로의 전이는 배쪽에 있는 환형동물/절지동물의 신경삭을 등쪽으로 재배치, 척추동물의 등쪽 신경삭과 순환계에 이르도록 혈류 방향을 뒤집기 등의 커다란 변화가 요구된다. 즉, 이는 몸의 위와 아래가 뒤바뀌고 입이 위에서 아래로 재배치되는 것이다. 이러한 혁신적인 형태적 변화, 발생학상의 변화가 아닌 성체의 변화, 그리고 두 동물의 커다란 차이들(표 17–1b)로 인해 일반적으로 연구자들은 환형동물/절지동물 기원설을 인정하지 않았다. 그러나, 이 가설은 분자 증거들에 의해 최근 개정되었다.

절지동물과 척추동물의 등배 발생에 관계되는 유전자들 중에서 2쌍의 상동유전자들이 알려져 있다.

- 한 쌍인 초파리의 decapentaplegic(Dpp)와 척추동물의 bone morphogenetic protein(bmp)는 절지동물을 등쪽으로 배열하고, 척추동물을 배쪽으로 배열하는 단백질들을 만든다.
- 다른 한 쌍인 초파리의 short order gastrulation(sog)과 척추동물의 chordin은 이와 반대로 작용한다.

이들 유전자쌍들이 공통 조상+을 공유하고 서로 상보적인 등배 발생 양상을 보여줌으로 절지동물/척추동물의 공통 조상+은 절지동물과 척추동물의 체형구조(body plan)를 모두 갖고 있고 각 체형구조는 서로의 전위라는 것을 가리킨다. 작고 몸이 부드러운 선캄브리아기의 동물들은 화석으로 될 기회가 적어서 이러한 변화를 보여줄 수 없다. 결론적으로 척추동물은 환형동물이나 절지동물에서 진화하지는 않았지만, 이 셋은 19세기에 환형동물–절지동물 기원론을 옹호했던 과학자들의 주장보다 **역사가 깊은 상동관계**(deep homology)를 가지고 있다.[1]

극피동물 근연관계

오늘날 가장 일반적인 가설은 극피동물과 척추동물의 공통 조상+ 개념이다. 이 개념은 19세기에 발견되어 환형동물이 속한 선구동물(protostomes)과 극피동물이 속한 후구동물(deuterostomes)

[1] 분자생물학 연구는 DeRobertis and Sasai(1996), Arendt and Nubler–Jung(1994, 1999), Ferguson(1996), Gerhart(2000)를 참조. 19세기의 견해는 Nyhart(1995)과 Bowler(1996)를 참조.

표 17–1 척추동물의 환형동물/절지동물 기원을 지지하거나 반박하는 주된 형태학적 근거들에 대한 요약

	환형동물/절지동물	척추동물
(a) 환형동물 기원을 지지하는 증거들		
좌우대칭	예	예
체강의 존재	예	예
체절구조	예	예
정단생장	예	예
등과 배의 종주혈관	예	예
앞쪽의 뇌	예	예
(b) 환형동물 기원을 반박하는 증거들		
체벽을 따라 완전한 체절화	예	아니오
체강 발생	열체강	장체강
신경삭의 위치	배	등
골격[a]	외골격	내골격
인두열	아니오	예
등혈관내 피흐름	앞쪽	뒤쪽
배혈관내 피흐름	뒤쪽	앞쪽
원구의 운명	입(선구동물)	항문(후구동물)

[a] 척추동물과 무척추동물의 골격진화에 대한 자세한 정보는 Hall(2005a)에서 참조

출처: Neal, H. V. and H. W. Rand, 1939. Comparative Anatomy. Blakison, Philadelphia.에서 각색

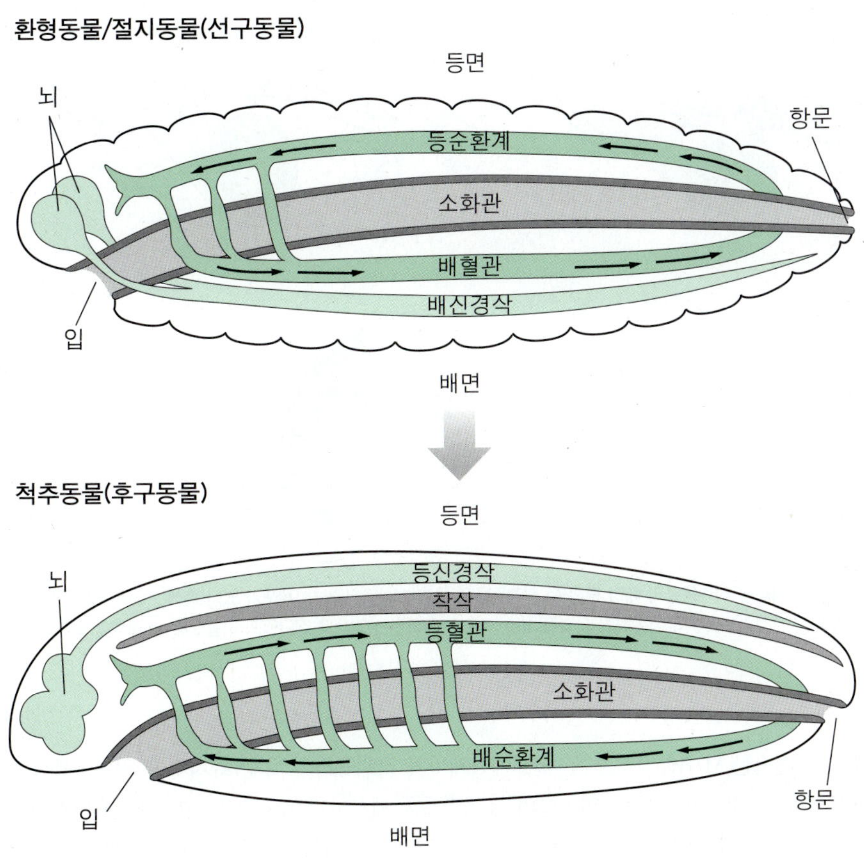

그림 17-2 선구동물과 척추동물이 서로 뒤집히는 변화를 통해 설명되는 환형동물/절지동물과 척추동물의 상동성을 보여주는 모식도. 이러한 역전이 일어나면 배신경삭이 등쪽에 위치하고 배대동맥에서 피가 앞쪽으로 흐르고 등대동맥에서 뒤쪽으로 흘러야 하는가. 이러한 가설의 반대 주장은 이러한 역전이 일어나면 새로운 배면에 새로운 입이 생겨야 하고 척삭이 소화관과 신경삭 사이에 새로 생겨야 한다는 것이다. 이러한 극적인 변화는 동물학자들이 별로 지지하지 않는다. 이러한 커다란 재구성이 일어나면서 동물이 어떻게 먹고 움직이는가?

을 구별하는데 이용되는 매우 보존성이 높은 여러 형질들에 기반하고 있다. 가장 최근의 구분 기준은 Aguinaldo and colleagues (1997)의 연구에 기반을 두고 있으며, 극피동물, 척색동물, 반색동물을 후구동물로 그리고 탈피동물상문과 촉수담륜동물상문(글상자 16-1)을 선구동물로 분류한다. 극피동물과 척색동물이 공통적으로 가진 형질은 다음과 같다:

1. 극피동물과 척추동물의 **원구**(blastopore)는 성체 항문을 발생시키지만, 환형동물의 원구는 입으로 발생한다.
2. 극피동물과 척추동물의 초기 접합체에는 선구동물에서 나타나는 나선난할(spiral cleavage)(그림 16-4)이 아니고 접합자의 방사상난할(radial cleavage)이 나타난다. 더구나 극피동물과 척추동물 양서류의 분리된 접합자 세포들은 정상적인 배로 발생함으로 이들의 발생을 비결정적(indeterminate) 난할이라고 하고 나선난할의 경우 비정상적인 배가 됨으로 이를 결정적 난할(determinate development)이라고 한다(16장 참조).
3. 극피동물과 척추동물의 **체강**(coelom) 기원은 발달 중의 장(장체강적(enterocoelous))인 반면 환형동물은 중배엽 내의 분열(열체강적(schizocoelous))(16장 참조)이며, 이 형질들은 진화의 영향을 적게 받았다. 극피동물과 유전적으로 가까운 **반삭동물**(hemichordates)의 경우에는 종에 따라 체강이 두 곳 중 하나에서 기원한다. 이 특징은 안정성이 떨어지며, 오히려 수렴진화와 가깝기 때문에 반색동물의 경우에는 정의를 내리기가 어렵다.
4. 과거에는 척추동물과 극피동물의 골격이 중배엽 조직으로부터 발생하지만, 환형동물은 외배엽 조직으로부터 온다는 주장이 받아졌었다. 하지만 외배엽에서 발달되는 **신경관**(neural crest)(**그림 17-3**)이 척추동물의 골격형성세포를 생성하는 것으로 밝혀지면 골격의 중배엽/외배엽 근원의 구분이 애매해졌다. 극피생물과 척추동물의 골격이 모두 중배엽에서 발달했다는 이전의 주장은 둘의 구조의 구성과 모양의 차이가 많기 때문에 지금은 신빙성이 떨어진다.[2] '새로운 머리 가설'에 대해서 Northcutt and Gans (1983), and Northcutt (2005)

[2] '새로운 머리 가설'에 대하여 Northcutt and Gans(1983), and Northcutt(2005)를 참조하고, 신경능선과 골격발생/진화에 대해서는 M. M. Smith and Hall(1990, 1993) and Hall(1999b, 2000a,b)를 참조하고 신경능선에 대해서는 **글상자 17-2**와 Stone and Hall(2004)를 참조. 신경능선이 머리와 안면골격을 만들고 외배엽 조직이 척추 치아의 에나멜과 상어 비늘 형성에 깊게 관련되는 것이 발견됨으로서, 척추골격 형성이 중배엽에만 제한된다는 추정에 의문을 제시한다.

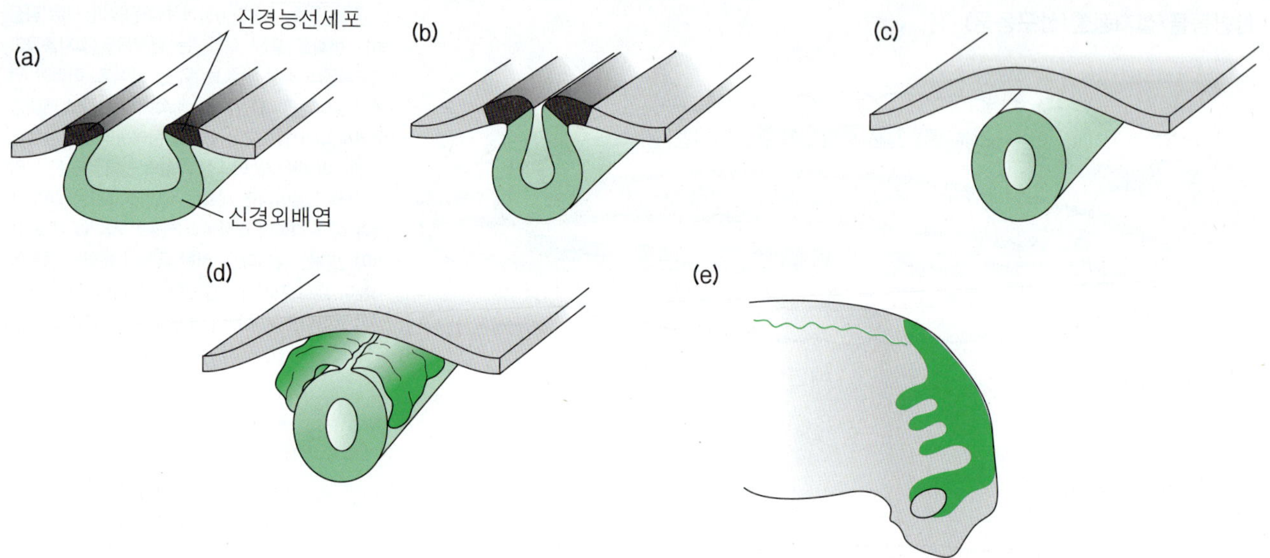

그림 17-3 (a,b) 신경외배엽(흑색)에서 신경관이 발달되기 시작한 척추동물의 배아 단면도. 신경주름의 돌출부에는 신경능선세포가 있다(흑색). (c-e) 신경관이 신경주름을 위로 닫히면서 신경관이 만들어지면서(c), 신경세포들이 신경관으로부터 이동하기 시작한다(d). 이후의 독특한 신경세포 집단들의 이동으로 눈 주위를 둘러싸고 아가미궁으로 들어간다.

를 참조하고, 신경능선과 골격발생/진화에 대해서는 M. M. Smith and Hall (1990, 1993) and Hall(1999b, 2000a,b)를 참조하고 신경능선을 위해서는 **글상자 17-2** Stone and hall (2004)를 참조. 신경능선이 머리와 안면 골격을 만들고 외배엽조직이 척추치아의 에나멜과 상어 비늘 형성에 깊게 관련되는 것이 발견됨으로서 척추 골격 형성이 중배엽에만 제한된다는 추정에 의문을 제시한다.

5. 극피동물의 유생은 성게류의 아루리쿨라리라유생과 같은 플루테우스 형이다(그림 16-26 참조). 반면에 환형동물은 담륜자유생이다. 반삭동물인 별벌레아재비(Balanoglossus, acorn worm) (**그림 17-4a**)는 아루리쿨라리라유생과 비슷한 유생(토르나리아유생)시기가 있어서 반삭동물(hemicordate)이 원시적이지만 척삭동물에 소속되었고 이는 다시 극피동물과 척추동물의 관련성을 제시한다(그림 17-4c, d). 반삭동물인 *Saccoglossus kowalewski*의 혹스(Hox) 유전자 집합체 3개가 포유류의 유전자와 상동을 보여 반삭동물과 척삭동물이 유전적으로 가까움을 보여 준다(**글상자 17-1**).

많은 생물학자들이 극피동물/척추동물의 유연관계를 인정하지만, 다른 학자들은 반론을 제기하고 있다. 예를 들어, 원구는 특정 동물문에서 항상 일정하게 특징적으로 발생하지 않는데 선구동물인 환형동물, 절지동물, 완족동물, 연체동물 일부에서는 원구가 닫히고 입이 다른 곳에 생긴다. 또한, 난할 양식을 정확히 파악할 수 없는데 절지동물 일부에서 나선난할이 보이지 않고 환형동물 일부에서는 난할이 항상 결정적 난할이 아니다(Valentine, 1997).

별벌레아재비와 극피동물의 유생 유사성이 척추동물과 극피동물의 유연관계를 제시하지만, 이것은 별벌레아재비가 척삭동물에 속한다는 제안에 근거한 것으로 1866년 Bateson에 의해 제기된 이후 반박되어 왔다. Bateson은 별벌레아재비의 분기구강(preoral gut diverticulum)이 일종의 척삭이라고 믿었는데 분기구강 안에 척삭이 있는지는 확인되지 않았다(그림 17-4b). 그렇지만, 많은 동물학자들은 인두열이 있고 인두열 내배엽의 Pax1/9와 공간 조직의 역할을 하는 Hox유전자의 분자적 유사성에 의하여 별벌레아재비와 척추동물의 유사성을 인정하고 있다.[3]

최근에는 많은 생물학자들이 뉴클레오티드 서열 비교에 더 집중하고 있다. 분자 연구들은 극피동물과 척추동물의 가까운 유연관계를 보여주고 있다. 이들 두 무리의 체형구조의 차이(척추동물-좌우대칭, 극피동물-오방사대칭)를 고려하면 이들의 가까운 유연관계를 인정하지만, 이것이 선캄브리아기와 같은 먼 과거에 있어, 결론적으로는 유연관계가 멀었음을 인정해야한다. 아마도 캄브리아기의 화석에서 척삭동물의 조상을 찾을 수 있을 것이다. 최근에 발견된 화석들은 작은 바다생물인 두삭동물과 미삭동물을 척추동물과 연관시켜 지난 세기반의 동물학적 연구축적을 입증하고 있다. 두삭동물과 미삭동물, 그리고 반색동물이 얕은 물가에서 서식하는 해양동물이라는 사실은 초기의 척추동물이 바다와 강어귀에서 생활을 했다는 가능성을 높여준다.

[3] 별벌레아재비에 대한 더 자세한 연구는 Pendleton et. al(1993)과 Ogasawara et. al.(1999) 참조.

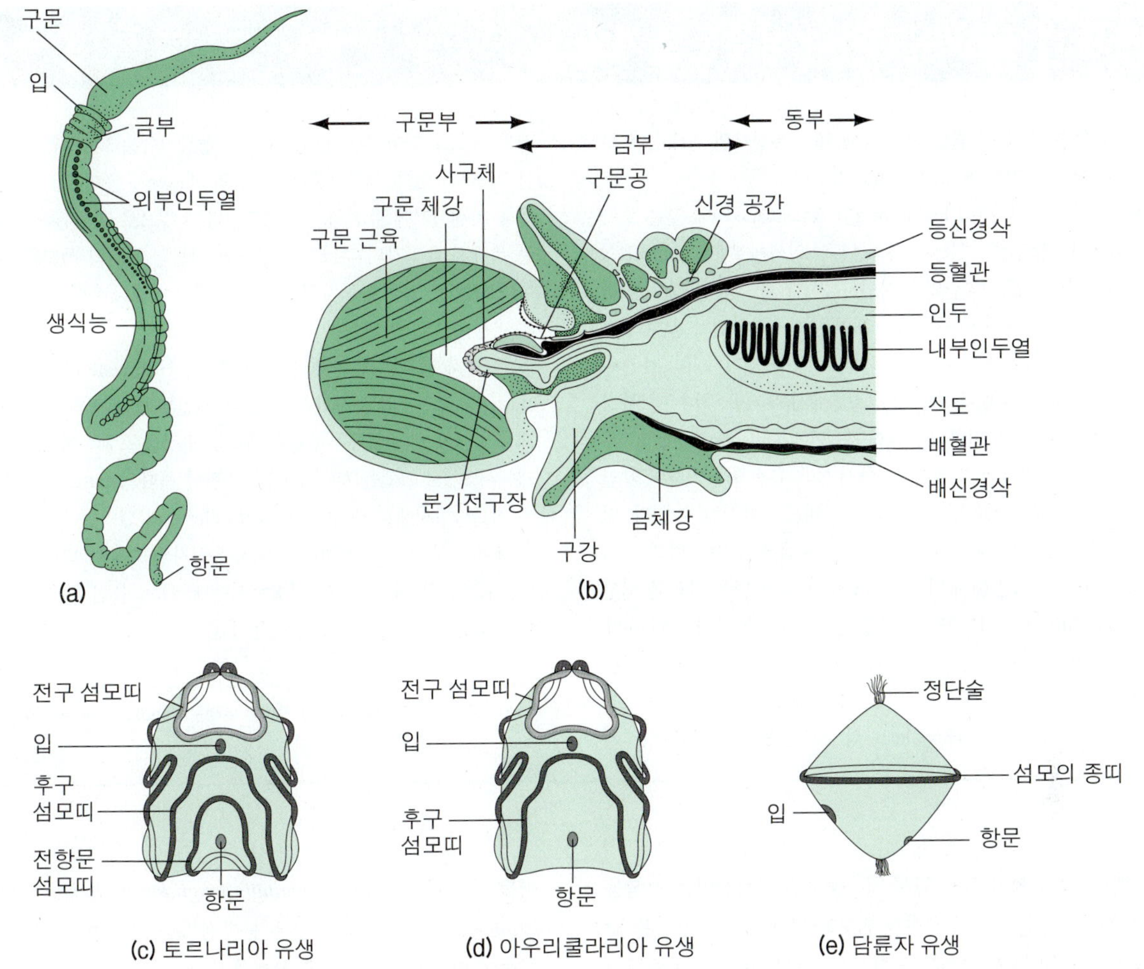

그림 17-4 (a) 별벌레아재비 속(Balanoglossus)에 속하는 반삭동물 성충. (b) 별벌레아재비 앞부분의 내부구조. 몇몇 동물학자들은 분기전구장(preoral gut diverticulum)이 척삭과 상동기관이라고 보지만, 이 주장은 더 이상 받아들여지지 않는다. (c) 별벌레아재비의 토르나리아 유생. (d) 극피동물 해삼류의 아우리쿨라리아 유생. (c)와 (d)의 뚜렷한 차이점은 항문 둘레의 섬모대(ciliated band)의 존재 유무이다. (e) 환형동물과 연체동물의 담륜자 유생(그림 16-2, 16-19 참조).

■ 두삭동물

척추동물을 포함하여 척삭동물문은 몇 개의 아문들로 분류된다. 이들 아문들이 척추와 같은 척추동물의 특징들을 가지고 있지 않지만 이들은 원시 척추동물을 닮았다고 판단할 수 있는 형질들을 공유하고 있다. 이들 중 가장 척추동물과 닮은 것은 **창고기**(amphioxus)라고 불리는 *Branchiostoma*가 속한 **두삭동물**(cephalochordates)이다. 이것들은 길이가 25–50mm 정도 되는 어류와 닮은 바다동물로 척삭을 따라 있는 체절적으로 구성된 근육들을 움직여서 헤엄친다(**그림 17-5, 17-6**). 초기의 척삭동물은 보조 골격이 멍게 유충의 척삭과 모양이 비슷했을 것이고(**그림 17-7**), 근육들은 척삭에 직접적으로 연결되었을 것이다. 진화가 진행됨에 따라 등쪽 중배엽의 세분화가 수직격막을 기준으로 반복된다(칠성장어의 한 종인 *Petromyzon*의 유생에서 이것을 관찰할 수 있다). 이런 조직화는 세로힘살이 더 효율적으로 운동할 수 있도록 해준다.

창고기 성충은 한 곳에 살며 해저바닥에 구멍을 파고 머리를 물 밖으로 내서 지나가는 먹이입자들을 걸러 먹는다. 두삭동물은 인두에 큰 바구니모양의 아가미주머니가 있는데 여기에 200개에 이르는 인두열이 나있고 입으로 들어온 물이 인두열을 통과하면 먹이들(대부분 녹조류)을 걸러서 장으로 이동시킨다.

두삭동물의 척삭, 인두열, 신경삭, 체절 구조, 등혈관과 배혈관 혈류 방향이 서로 반대인 점, 갑상선과 같은 척추동물의 특징적 기관을 갖는 점이 두삭동물과 척추동물과의 연관성을 시사한다. 두삭동물과 척추동물에서 이렇게 많은 기본적인 형질들이 수렴에 의한 것으로 보기는 어렵다. 두삭동물이 현생 척추동물과 직접적인 원시형은 아닐지라도 두삭동물이 원시 척추동물들이 공유했던 수중생활과 **여과섭식**(filter feeding)을 보여 준다고 가정하는 것이 이치에 맞다. 적어도 두 가지 증거가 이 가설을 지지한다.

글상자 17-1 Hox 유전자와 척추동물 기원

척삭동물과 척추동물의 기원을 찾는 중에 Hox 유전자의 중요성이 부각된 경위는 매우 흥미롭다(12, 13, 16장 참조).[a]

척추동물 Hox 유전자는 Ultrabithorax나 Antennapedia와 같은 초파리 유전자와 서열상동성이 있는데 척추동물의 염색체 4개에 homeobox cluster로 배열되어 있는 일련의 전사인자들이다. 초파리의 경우와 같이 homebox cluster 내의 Hox 유전자 배열은 전-후 유전자 발현의 순서를 반영한다. 쥐를 이용한 Hox 유전자의 기능을 제거하거나 증진시키기 위한 유전자 제거와 유전자 삽입 실험에서 두개골, 척추 등 특징들이 더 앞쪽의 부위로 변화되는 **호메오틱 변화**(homeotic transformation). 가 발생하여 생명체의 형태형성에서 Hox 유전자의 역할이 확인된다. Hox 유전자를 조작하면 양서류의 팔다리를 복제시킬 수 있다. 몇몇 개구리 종의 경우는 잘린 꼬리가 호메오 유전자 조작에 의해 몸의 뒷부분을 복제하고 배열해서 하지대가 붙고 꼬리가 없는 다리를 재생시킬 수 있다(Müller et.al., 1996). 예를들어, 초파리에 쥐 Hoxb-6 유전자를 감염시킨 결과, 더듬이의 자리에 다리가 형성되었는데, 이것은 결과적으로 척추동물과 초파리 유전자 기능의 보전을 나타낸다.

척추동물의 종류에 따라 Hox cluster의 숫자는 달라진다. 쥐에는 유전자 39개로 되어있는 cluster 4개, 칠성장어에는 3개 그리고 진골류에는 7개까지 있다. 척추동물에게 4쌍의 cluster가 존재하는 이유는 척삭동물 기원시기에 유전체가 복제되었다는 것으로 설명된다. 이런 복제는 복제된 유전자의 추가적인 구조와 기능의 분화와 특화를 가능하게 한다. 진화로 인해 유전자의 기능이 변화를 상호배타적이지 않은 네 가지 가능성으로 설명할 수 있다.:

두 가지 경우는 유전자 수의 변화, 즉 Hox gene cluster의 숫자나 cluster당 유전자와 숫자와 관련 있다. 진골류 발생 전의 Hox cluster 복제는 염색체 전체나 대부분을 복제하는 과정을 포함하여 염색체 수를 4개에서 8개로 늘렸을 것이다. 여기서 만약 하나의 cluster가 소실되었다면 제브라피시에서 볼 수 있는 7개의 cluster가 설명된다.

나머지 두 경우는 개별적인 Hox 유전자의 기능이 변하거나 유전자 네트워크간의 상호작용이 복잡해지는데, Hox 유전자들의 상류 조절 또는 하류조절작용이 바뀌기 때문이다.

[a] Hox 유전자의 역할에 대한 더 자세한 설명은 Pendleton et. al. (1993), Carroll et. al. (2005) 참고

첫째로, 턱과 뼈가 없는 원시 척추동물인 칠성장어는 척삭동물의 유생과 비슷한 여과섭식하는 **암모쾨테스**(ammocoetes)을 갖는다. 둘째로 가장 초기 척추동물 화석은 의심의 여지없이 인두근육으로 물을 빨아들여서 아가미주머니로 보내는 여과섭식자이다.

5300억년 동안 형성된 중국 윈난성의 청장 암층에서 최근에 발견된 화석들을 살펴보면 초기 두삭동물의 모습과 구조를 가늠할 수 있다. 인두열, 근분절과 골격구조가 있는 발달된 등지느러미를 가진 두 속, *Myllokunmingia fengjiaoa*와 *Haikuichthys ercaicunensis*는 먹장어와의 많은 공통점들을 보이며, 같은 지역에서 화석이 발견되었다. 3종을 살펴보자:

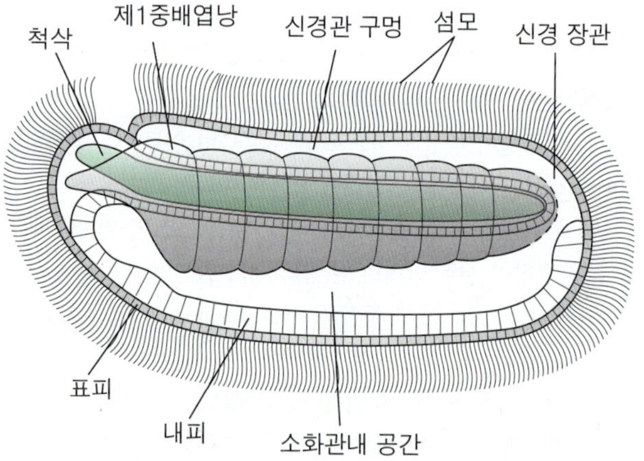

그림 17-5 섬모가 있는 어린 창고기 유생. 척삭이 왼쪽인 앞쪽에서 뒤쪽으로 뻗어있다.

1. 1966년에 22mm 길이의 *Cathaymyrus diadexus* 표본이 기록되었다. *Cathaymyrus*는 척삭동물의 특징인 인두열과 인두, 그리고 근분절을 가지고 있다. 척삭으로 추정되는 구조도 발견되었다.
2. *Yunnanozoon lividum*은 1995년에 처음 발견됐을 당시 척삭동물로 구분되었지만, 지금은 반색동물로 재분류되었다. 이 종의 특징은 13쌍의 대칭적인 생식샘과 인두에 있는 1mm의 작은 이빨인데, 체절화된 근육 특성을 보여 준다.
3. 이후에는 *Haikouella* 속 내의 하나 또는 2개의 종의 표본 수백 개가 발견되었는데, 표본의 길이는 40mm에 달했다. *Yunnanozoon*보다 더 파생된 *H. lanceolata*와 *H. jianshanensis*는 척삭, 6 개의 인두궁, 심장, 인두치, 그리고 지느러미가 달린 꼬리로 추정되는 기관이 있다.[4]

몇몇 형태학자들은 두삭동물의 척삭이 뇌보다는 머리의 앞부분과 연결되어 있어 초기 척삭동물과 충분히 닮지 않았다고 주

[4] *Cathaymyrus diadexus*에 대한 자세한 정보는 Shu et. al, 참조. *Yunnanozoon*은 J.-Y.Chen et. al, She and colleagues (1996, 2003a)과 Mallatt et. al. 참조.

장한다. 그러므로 두삭동물은 현존하는 생물체 중에 척추동물과 가장 가까운 친척이 아닐지도 모른다. 사실은 **피낭류**(tunicates)가 가장 가까운 친척일 수 있지만, 18S rRNA유전자 분석과 형태학적 분석으로 보면 두삭동물은 척추동물과 가장 가깝다.[5]

하지만, 두삭동물과 척추동물 간의 다른 상동관계들도 있다:

- 두삭동물은 척추동물의 감각기관과 뇌와 상동적인 안점과 머리구조가 있다.
- 전-후 축을 중심으로 한 조직/발현 및 레티노산을 이용한 Hox 유전자의 조절은 두삭동물과 척추동물 모두가 갖고 있는 특징이다.
- 양쪽 모두 Hox, Pax, engrailed, 그리고 distalless 유전자 (**그림 17-8**)가 발현되는 상동적인 체절을 갖고 있다.
- 두삭동물은 척추동물의 간과 상동적인 간게실(hepatic diverticulum)을 갖고 있다.
- 창고기류는 간에서 발견되는 효소인 플라스미노겐을 갖고 있다.[6]

창고기류는 적어도 12 개의 유전자(AmphiHox-1~-12, **그림 17-9**)가 있는 하나의 Hox gene cluster를 갖고 있다. 이 사실은 두삭동물로부터 척추동물이 분화되면서 하나였던 Hox cluster가 복제됐었다는 가정에 부합하다. 즉, 창고기류의 성질은 선조형은 아니지만, 척삭동물 공통조상과 비슷하다고 볼 수 있다(그림 17-9). 척삭동물로부터 창고기류가 분화되면서 유전자 복제는 계속되었다. Brachyury 유전자는 창고기의 경우에서는 복제되지만, 척추동물에서는 그렇지 않다(유전자 복제는 Hox 유전자 뿐만 아니라 engrailed, Msx, Otx, MyoD, globin 유전자군 그리고 인슐린유사성장인자와 같은 조절 유전자에서도 일어난다. 이것은 유전체의 전체가 복제되면서 이후에 특정 혈통에서 선택적으로 유전적 정보가 상실되지 않는다는 것을 알려준다).

[5] 조상으로서 피낭류(tunicates)에 대한 정보는 Delsuc et. al. (2006) 참조. 18S rRNA에 대한 연구는 Wada and Satoh(1994) 참조.

[6] 안점과 뇌에 대한 연구는 Lacalli(2004)와 Wicht and Lacalli(2005) 참조. 공유 유전자는 L.Z. Holland et.al.(2004)와 Benito-Gutierrez 참조. 간에 대한 연구는 Liang and Zhang(2006) 참조.

미삭동물

많은 동물학자들에 의하면 수중생활을 하며 여과섭식을 하는 작은 미삭동물들은 고착에서 유영생활로의 변화를 보여 준다.

미삭동물(urochordates) 중에서 가장 큰 무리는 해초류(ascidians, 피낭류(tunicates), 바다물총(sea squirts)이라고도 함)로 성충이 고착성이고 커다란 인두 아가미주머니를 통해 물을 흡수하여 걸러서 많은 인두열들을 통해 물을 내보낸다(**그림 17-10**). 유생은 인두열뿐만 아니라 등 신경삭과 척삭을 가지고 있고(그림 17-7a, d) 유생의 기능은 고착성 성충(그림 17-7b, c)으로 변태하기 전에 적당한 서식처를 찾는 것이다.

해초류는 다음과 같은 척삭동물의 근본적인 발생학적인 특징들을 보인다:

- 기본적인 기관 형성(그림 17-7d)
- 척삭
- 척삭으로 인한 신경판의 유도

글상자 17-2 숨은 상동성

턱이 발달하지 않은 동물 즉, 턱이 없는 척추동물에서 턱의 전구 기관을 이야기하는 것은 놀랍다. 발생학적인 관점에서는 아래턱이 없는 칠성장어와 같은 동물에서 하악궁을 어떻게 찾아야 하는가?라는 질문이다. 증거는 형태학적, 발생학적 그리고 분자생물학적인 연구를 통해 알아낼 수 있다.[a]

상동성, 특히 숨은 상동성의 관점에서 무악어류에서 하악궁을 (17장) "포유류와 같은 파충류"에서 중이소골 전구체를(18장 참조), 해면에서 원형조직을(글상자 16-2), 해초류와 창고기에서 원형신경능과 같은 특징들을 알거나 식별할 수 있는 것이다(2장 참조). 숨은 상동성을 통해 두 형질이 형태학적으로 같거나 비슷하지 않아도 형질을 구별할 수 있다. 조기류와 파충류의 하악은 포유류의 중이소골과 형태학적으로 다르지만, 전자에서 후자로의 진화의 흔적을 화석과 유대류의 중이소골의 발생 과정에서 찾아(19장 참조) 몇몇의 하악골들이 중이소골과 상동임을 확인할 수 있다. 파충류의 하악골은 중이소골은 아니지만, 진화적인 전구기관이다(Hall, 2003a, 2006c, Stone and Hall, 2004 참조).

만약 하악궁이 무악류의 첫째 인두궁에서 진화되었다면, 무악류의 첫째 인두궁이 유악류의 하악궁과 숨은 상동적이고, 첫째 인두궁의 골격이 하악골의 골격과 상동적이라고 할 수 있다. 이 이론은 19세기부터 지금까지 받아들여지고 있다.

하지만, 가장 앞쪽의 궁이던간에 아래턱이 인두궁에서 진화하지 않았다면, 유전학적, 발생학적, 그리고 구조적으로 많은 공통점이 있음에도 불구하고 둘은 상동적이지 않고, 척추동물 아래턱은 독자적으로 진화된 기관이라고 결론지을 수 있다.

[a] 140년간의 형태학적 근거는 Liem et. al.(2001) 또는 Kardong(2006)과 같은 척추동물 해부학 교과서 참조. 발생학적, 분자생물학적 근거는 Kuratani et. al.(2001) 참조하고, 신경능과 척삭동물의 기원으로 예가 되는 숨은 상동성은 Stone and Hall(2004) 참조.

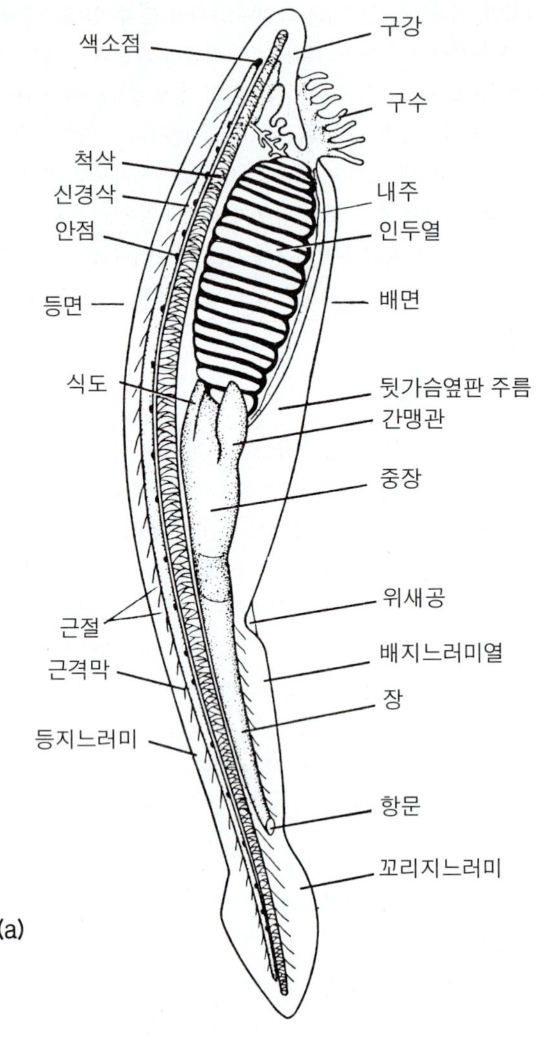

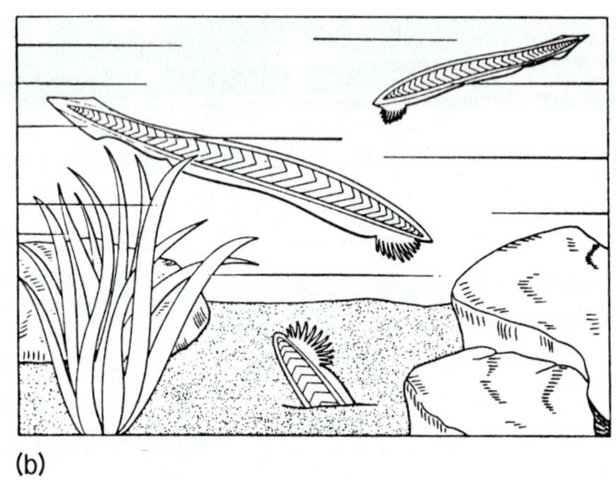

그림 17-6 두삭동물 창고기(*Branchiostoma*)의 해부학적 특징들(a)과 서식처(b).

- 형성 중인 등쪽신경관에 의한 감각색소세포의 유도(Satoh, 1994)
- 레티노산에 의해 조절되는 한 쌍 이상의 Hox 유전자
- 신경관을 결정하는 Pax 유전자(HrPax37)에서 Hr은 *Halocynthia roretzi*의 약자이고, 37은 척삭동물 유전자 Pax-3과 Pax-7와 상동관계라는 뜻이다(Wada et. al., 1996).

결론적으로는 해초류가 척추동물로 진행되는 혈통이었거나, 미삭동물과 척추동물의 공통조상들이 이미 이런 유전자들과 유전적 기능들을 공유하고 있었다. 기원에 대한 단서는 해초류 성체가 아닌 유생에서 찾아야 한다.

유생진화: 유형진화와 유형성숙

1920년 초에 Gastang이 제안하여 생물학자들에게 인정되고 있는 개념에 의하면 유영 유생이 스스로 성적으로 성숙될 때까지 여러 세대에 걸쳐 변태(metamorphosis)가 지연되었다고 한다. 이러한 과정을 **유형진화**(paedomorphosis)라고 하는데 성충의 성적 특성들이 미성숙 초기 발생단계에 나타나는 것이다. Gastang은 유형강(Larvacea)에 속하는 미삭동물은 유형진화에 의해 생겼고 성적으로 성숙한 유생이라고 가정하였다. Garstang은 1951년에 멕시코도롱뇽(*Ambystoma mexicanum*)의 유형진화를 시적인 언어로 설명했다:

> *Ambystoma*는 늪지대에서 서식하는 큰 도롱뇽이다
> 다른 도롱뇽들처럼 새끼가 물고기 같다
> 유생들은 아가미가 있어 수중 생활을 누리지만
> 도롱뇽으로 변해야할 때는 버릇없고 변덕스럽다
> 물이 너무 흐려지면 본능적으로 변하는데
> 허파를 사용하여 육지로 올라간다
> 하지만 호수물이 맑고, 공기가 잘 통하며, 먹이가 많으면
> 그들은 유생단계에서 머무르며, 올챙이와 같은 새끼들을 낳는다[7]

Gastang의 제안을 확대하여 생물학자들은 척삭동물과 비슷한 유생 시기를 가진 조상으로부터 내려온 과정과 같이 초기 유영 척삭동물이 유형진화를 거쳤을 것으로 제안하였다. 즉, 유생이 포식자를 피하고 새로운 먹이를 찾는데 유리했을 것임으로 척삭동물 초기형의 유영 섭식성 유생이 고착성 성충을 대치했을 것이다. 유생 특징을 보전하는 것으로 선택이 작용하여 성적성숙이 고착성 성충을 우회하여 유동성의 성숙된 척삭동물이 진화되었다.

반색동물 별벌레아재비(*Balanoglossus*)의 토르나리아 유생과 극피동물의 아우리쿨라리아유생의 유사점의 계통발생적인 원인을 찾는 연구자들에게 두 혈통 사이의 변화가 유생단계에서 이

[7] Garstang(1951). Larval Forms and other Zoological Verses. Blackwell Publishers, Oxford, UK. 참조.

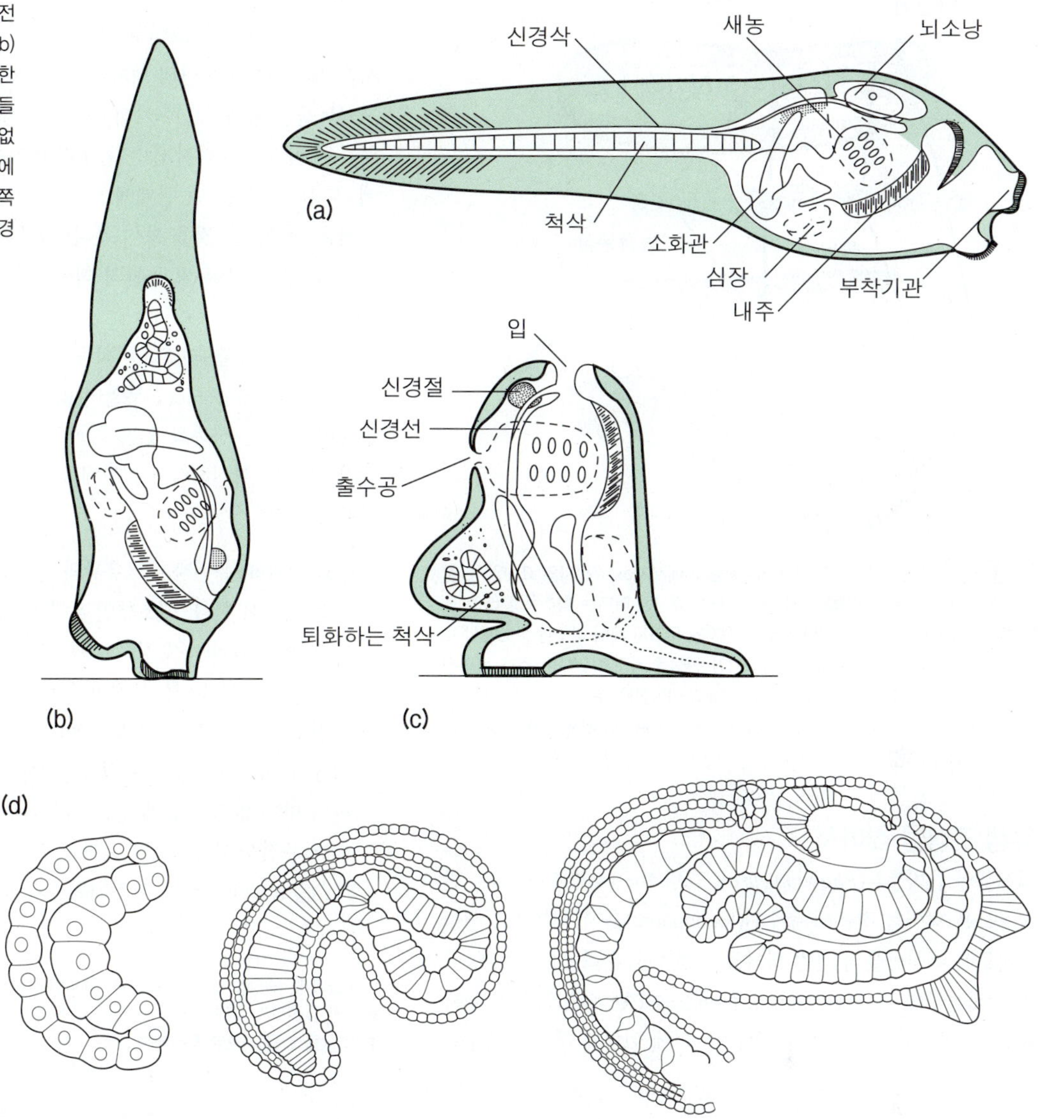

그림 17-7 (a) 변태 이전 자유유영하는 멍게류 유생. (b) 흡반으로 저질에 유생이 부착한 후 척삭이 사라지고 내부기관들이 회전한다. (c) 꼬리가 거의 없어지고 내부기관이 성체 위치에 있는 단계 (d) 왼쪽부터 오른쪽으로 초기 포배기, 낭배기, 신경배기(기관형성단계).

(a) 신경삭 새농 뇌소낭 척삭 소화관 심장 내주 부착기관

(b)

(c) 입 신경절 신경선 출수공 퇴화하는 척삭

(d)

루어졌다고 한 Garstang의 주장은 매력 있었다. 그는 극피동물이 척삭동물로 진화하면서 아우리쿨라리아유생의 섬모띠가 등쪽 신경주름으로 변화되고 인두열과 척삭이 발달되었다고 생각했다. 이 가설은 나중에 발달된 구조의 기원이나 비정상적인 유생이 성적으로 성숙하게 된 과정을 설명하지 못했다. 중요한 것은 Garstang의 이론은 Haeckel의 반복설을 뒤집어서 생각한 것이다. Haeckel은 개체발생이 계통발생을 반복한다고 하였지만, Garstang은 개체발생이 계통발생을 창조한다고 하였다.

일반적으로 척추동물과 미삭동물의 유연관계를 고려하면 척삭동물의 초기형태는 자유유영하는 여과섭식 동물로서 유형진화에 의해 이들이 기원되었다고 여겨진다. 이 과정을 **유형성숙**(neoteny)(미성숙 형태형질이 성충 시기에도 유지됨)이라고 하는데 이 과정은 매우 드문데 도마뱀은 위의 시에서 묘사된 것 같이 아가미를 가진 미성숙 형태로 발생한다.[8]

[8] 진화생물학자들와 발생생물학자들은 유형진화와 유형성숙과 같이 발달 속도의 진화적 변화(이시성, heterochrony)를 일컫는 용어들을 다양한 뜻으로 사용한다. 예를 들어서 어떤 생물학자들은 유형진화를 유형성숙의 결과물로 정의하는데, 이것은 비생식 조직의 발달 속도가 생식 조직의 것보다 느려지면(유형성숙), 결과적으로 성체가 성적성숙한 유생의 특징들을 가진다(유형진화)는 얘기다. 이런 현상들 중 또 한 가지는 **조기생식**(progenesis)으로 성적발달의 속도의 증가로 인한 빠른 성적 성숙을 말하고, 결과적으로 성체의 크기가 기생생물인 *Bonellia* 수컷의 것과 같이 성체의 크기가 매우 작다; 이시성의 종류에 대해서는 McKinney and McNamara(1991), Zelditch(2001) 참조.

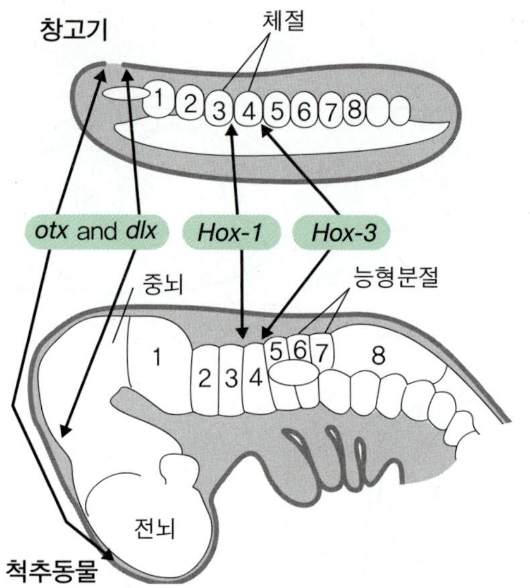

그림 17-8 창고기와 일반적인 척추동물 배에서 Hox 유전자의 표현양식. 창고기 배의 체절(몸통 마디)을 나타내는 숫자가 표시된 마디는 척추동물 배의 능형분절(신경계 마디)에 해당한다. Hox 유전자는 두가지 배의 비슷한 장소에서 표현되어서 이들이 상동적 구조이며 창고기가 전뇌를 가지고 있다는 것을 가리킨다. 척추동물과 창고기의 Hox 유전자 cluster의 상동성은 그림 13-8에 표시되어 있다. (Stokes, M. P. and N. D. Holland, 1998. The lancelet. *Amer, Sci,* 86, 552-560에서 인용)

유생 조상을 찾아서

익새류인 간벽충류(*Rhabdopleura*)(그림 16-14 참조)와 같은 반삭동물은 먹이를 잡는데 촉수관(lophophore)을 이용함으로 생물학자들은 척삭동물의 기원 영역을 추형동물, 완족동물, 외항동물과 극피동물의 바다나리류와 공유하는 촉수관 기원으로 더욱 확대할 수 있다고 제안하였다. **그림 17-11**에 이렇게 제안된 촉수동물기원으로부터 척추동물에 이르는 계통수가 나타나 있다.

그러나 이것은 그럴듯 하지만 선캄브리아기까지 이르는 원시적 계통양식은 논란의 여지가 있다. 예를 들어 미삭동물과 다른 척삭동물은 형태적으로 가깝지만 현재까지 분자 분석에 의한 결과들은 이를 지지하지 않는다. 18S rRNA 유전자를 이용한 분석에 의하면 이들은 먼 관계에 있지만 근육 액틴 유전자는 이들이 가까운 관계라는 것을 보여 준다. 그래서 고착 미삭동물의 유형성숙에 의한 자유유영 동물의 척삭동물 기원설 등이 제안되었다 (Wada and Satoh, 1994).

그럼에도 불구하고, 미삭동물의 올챙이유생이 척삭동물과 매우 유사한 체형구조(인두열이 많은 바구미모양의 인두가 있고 근육이 부착된 신축성 있는 척삭을 움직여서 헤엄친다)를 보여준다는 것은 확실하다. 이 견해를 지지하는 발생학적 상동성은 다음과 같다:

1. Brachyury유전자가 포유류와 멍게류 유생의 척삭 분화에 같은 작용을 한다. 해초류인 유령멍게(*Ciona intestinalis*)는 척추동물 Notch 신호경로에 관련된 조절인자를 사용하여 척삭에서 Brachyury를 조절한다. 그러므로 Brachyury유전자는 척추동물 기원 이전부터 척삭형성에 기여했다.[9] 두삭동물인 창고기는 Brachyury유전자 2개를 갖고 있고 척추동물은 하나 밖에 없기 때문에 창고기가 척추동물로부터 분화된 후에도 유전자 복제가 일어났다고 할 수 있다.
2. 척추동물의 두개골 감각기원판과 해초류 유령멍게의 여과섭

[9] 말똥성게(*Hemicentrotus pulcherrimus*)의 2차 간엽조직에서 Brachyury와 상동적인 유전자가 발견되어 Brachyury 유전자가 척삭동물의 발생 이전에도 특정한 역할을 했을 것으로 추정된다.

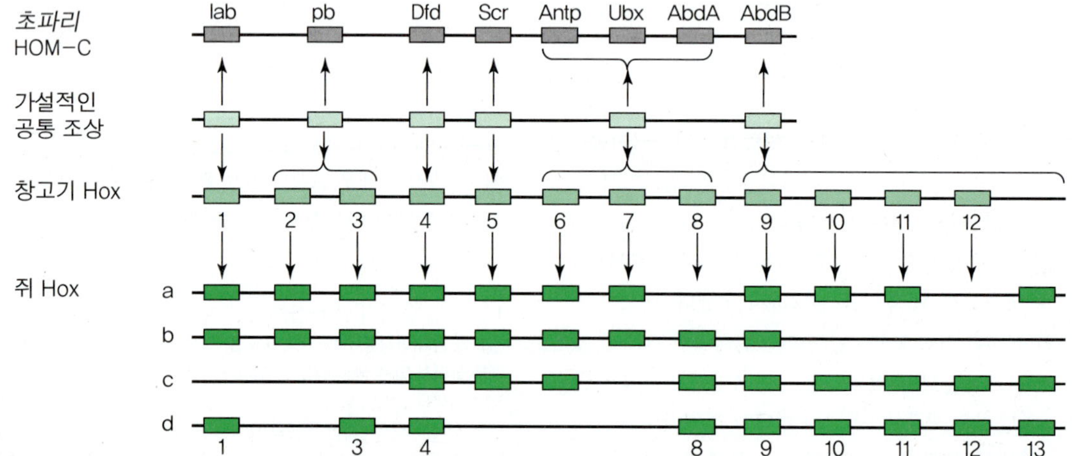

그림 17-9 창고기(*Branchiostoma*)의 Hox gene cluster와 6개의 조상 Hox 유전자, 초파리 유전자 8개, 그리고 쥐 유전체에 있는 Hoxa-Hoxd와의 관계가 설명되어있다. (Hall, B. K., (ed), 1999a *Evolutionary Developmental Biology*, Second Edition. Kluwer Academic Publishers, Dordrecht, The Netherlands에서 인용; Holland P. W. H., and J. Garcia-Fernàndez, 1996. Hox gene and Chordate evolution. *Dev. Biol.*, 173, 382-395에서 각색.)

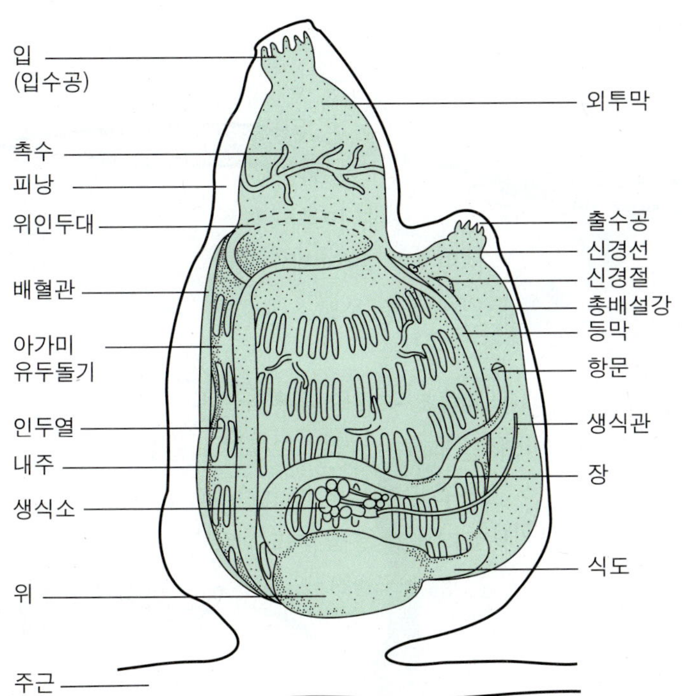

그림 17-10 군체멍게(*Perophora*) 성충의 내부 해부학적 특징들.

식의 특수화에 관련된 유전자를 공유한다.[10]

3. 신경계 내의 유전자가 보존된다. 예를 들어서 유령멍게의 뇌의 한부분에 관련된 Pax유전자(Pax2/5/8)는 척추동물의 중뇌–후뇌 경계와 상동적이고, 이 양식은 창고기류에서 발견된다.[11]
4. 유령멍게의 운동뉴런과 관련된 Ciphox2와 CiTbx20등의 전사조절인자들이 척추동물의 후뇌와 상동적인 부위에서부터 생성되어 보존된다(Dufour et. al.,2006).

현재는 유령멍게의 유전체 염기서열이 분석되어 해초류와 척추동물의 관계를 연구할 수 있는 많은 기회들이 생겼다(Dehal et. al, 2002). 유전체는 1만 6천 개의 유전자로 되이 있는데, 이것은 척추동물의 것의 반절 정도가 된다. 다른 점은 유령멍게가 대부분의 유전자 사본을 하나 밖에 가지고 있지 않은 반면, 척추동물은 사본을 2개씩 가지고 있다는 것이다. 유령멍게 유전자의 80%정도는 척추동물에서 발견되며, 이 중에는 뇌와 척추의 생성 및 특수화, 눈과 같은 감각 기관의 형성, 심장의 형성, 면역계와 갑상선의 형성에 기여하는 유전자들이 있다. 이런 척추동물의 기관계는 유령멍게의 해당기관과 상동성을 가진다.

하지만 유령멍게나 다른 해초류들은 척추동물의 조상이 아니다. 이들은 특수화된 생물체로, 척추동물의 원조무리로 부터 출발했지만 독자적으로 진화했다. Dehal and Colleague(2002)가 유령멍게의 셀룰로오스(외피를 구성) 합성관련 유전자를 발견했고, 이것이 동물에서 발견되지 않았지만 박테리아와 균류의 것과 비슷하다는 것을 발견했다. 척추동물과 해초류가 공통의 조상을 가지고 있었다는 사실은 다윈에게 많은 기쁨을 줬을 것이다. 그는 그의 저서 The Descent of Man (1871)에서 "한 혈통이 진화적으로 후퇴하여 오늘날의 해초류를 형성하고, 다른 혈통이 동물계의 정점인 척추동물을 형성했다"라고 말한 바가 있다.

캄브리아기 이전의 화석들이 점점 발견되면서 척추동물의 기원에 대해 우리가 좀 더 확신을 가질 수 있게 되었다. 현재의 고고학적인 증거들은 모두 검토된 것들이다.

코노돈트(conodont)

코노돈트(conodont)라고 부르는 몇몇은 뱀장어 비슷하며 부드러운 몸을 가진 것으로 몇 인치 정도로 날카로운 골격으로 된 인두의 요소로 먹이를 잡고 부수었다(**그림 17-13**). 여러 고생대 지층에서 발견되는 이러한 톱니모양의 구조들이 최근에 코노돈트와 관련되었다. 이 구조들을 이루는 조직이 분석되었지만, 조직 내에 뼈야 상아질(척추의 구성 조직)이 있었는지는 불확실하다. 많

[10] 기원판(placode)의 특수화는 Northcutt(2004) 와 Mazet and Shimeld(2005) 참조.

[11] Pax유전자는 Lacalli(2006)와 Rosa-Molinar and Pritz(2004) 참조. 모든 비교생물학자들이 이 주장에 찬성하지는 않는다. Wada et. al.(1998)은 Pax2/5/8를 전, 중, 후뇌로 추정되는 부위와 연관시켰다. L.Z and N.D. Holland(1998)은 AmphiHox 1, 2, Otx, Dll과 Engrailed유전자를 전뇌와 후뇌로 추정되는 부위와 연관시켰다.

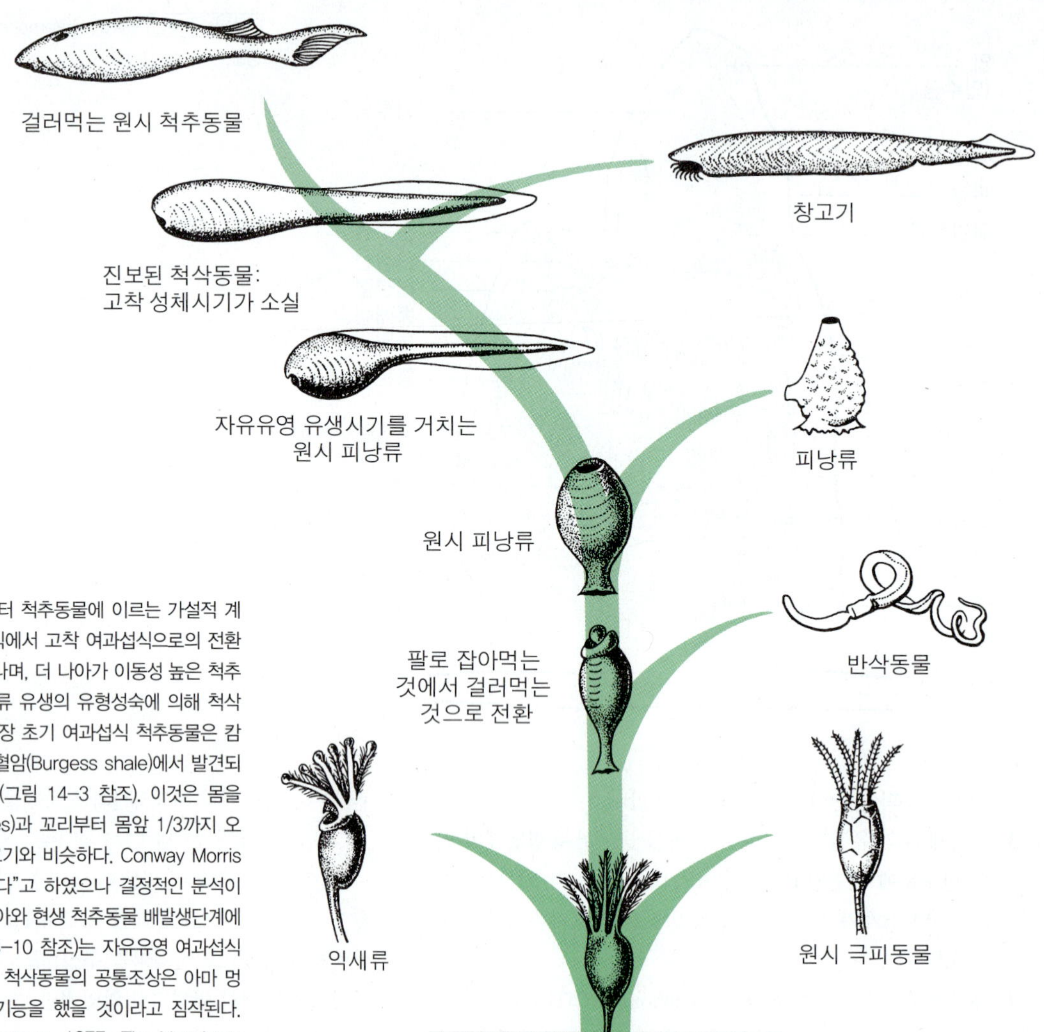

그림 17-11 촉수동물로부터 척추동물에 이르는 가설적 계통. 촉수동물의 먹이 섭식 방식에서 고착 여과섭식으로의 전환은 인두열이 생김으로서 일어나며, 더 나아가 이동성 높은 척추동물의 먹이섭취 방식은 멍게류 유생의 유형성숙에 의해 척삭이 도입됨으로서 일어났다. 가장 초기 여과섭식 척추동물은 캄브리아기 중기 캐나다 버제스혈암(Burgess shale)에서 발견되는 화석 피카이아(Pikaia)이다(그림 14-3 참조). 이것은 몸을 따라 반복되는 근절(myotomes)과 꼬리부터 몸앞 1/3까지 오는 척삭을 가지고 있어서 창고기와 비슷하다. Conway Morris는 "이것은 원시 어류와 가깝다"고 하였으나 결정적인 분석이 출판되지 않았다. 성체 피카이아와 현생 척추동물 배발생단계에서 인두열이 있는 시기(그림 3-10 참조)는 자유유영 여과섭식의 유사성을 보여주고 있어서 척삭동물의 공통조상은 아마 멍게류 유생과 비슷한 모양과 기능을 했을 것이라고 짐작된다. (Romer, A. S., and T. S. Parsons, 1977. *The Vertebrate Body*, 5th ed. Saunders, Philadelphia.에서 각색.)

은 전문가들은 코노돈트를 척삭동물로 분류하고, 이 중에서 척추동물로 인정하는 사람들도 있다.[12]

■ 화석 무악류

무악류(jawless vertebrates)의 이빨과 피부판(피골)이 후캄브리아기에서 후 데본기까지의 해저층에서 발견되고 있다. 무악류는 하나의 동물류로 묶이기도 하지만(**그림 17-14**), 하나의 문(phylum)으로 구성된 것은 아니다. '무악류'는 서로의 유전적 관계가 불분명하고 턱이 없는 생물체들을 포괄하는 개념이다.

이형갑주어(heterostracans)이라는 초기 어류는 몸길이가 20-30cm 정도로 몸 앞쪽에 커다란 표피판(dermal plates)이 뒤쪽은 작은 비늘들로 덮여 있다(그림 17-14). 몸 옆에 있는 2개의 눈과 등에 가운데 눈구멍이 있다. 어떤 것들은 복부에 눈이 있고 바닥에 살거나, 어떤 것들은 등에 눈이 있고 플랑크톤을 먹는다.

이형갑주어와 이것과 관련된 coelolepids(속이 빈 비늘을 가진 어류; 그림 17-14b)는 콧구멍이 2개여서 콧구멍이 1개인 다른 무악류와 구별된다. 콧구멍이 하나인 무악류 중에는 단단한 골격을 가진 osteostracans(그림 17-14c)와 가볍게 무장하였지만 기동성이 있는 anaspids(그림 17-14d)가 있는데 이것들은 실루리아기 중기에 나타나서 데본기에 멸종했다.

어떤 연구자들은 4개의 무악류 무리들을 **갑주어**(Ostracoderms; 그림 17-14, **17-15**)라고 불렀고 이들은 커다란 근육성 인두(muscular pharynx)로 먹이가 들어있는 물을 여과섭식하여 무척추동물보다 빨리 그리고 많이 삼켰다고 주장하였다. 반면에, 1983년에 Northcutt and Gans는 이런 초기 척추동물이 인두를 물을 삼키고 여과섭식할 때 이용하였지만 갑주어 성체에서는 인두

[12] 코노돈트와 인두의 요소는 Donoghue(2000)와 Donoghue et. al. (2002) 참조.

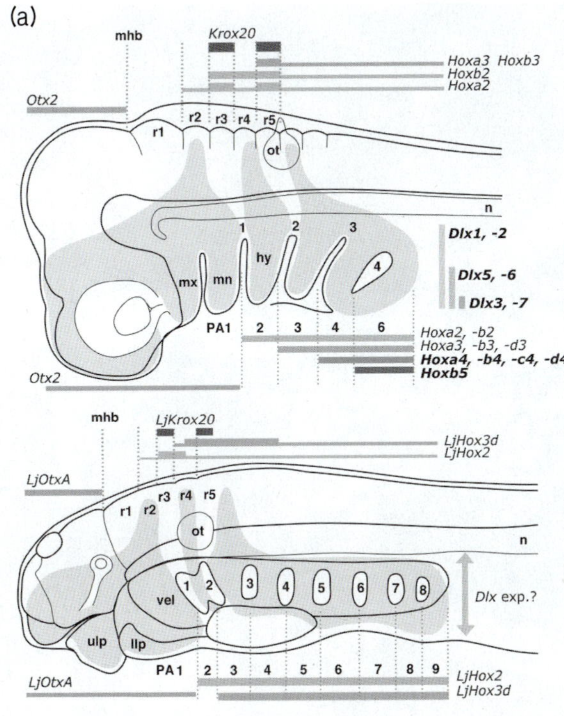

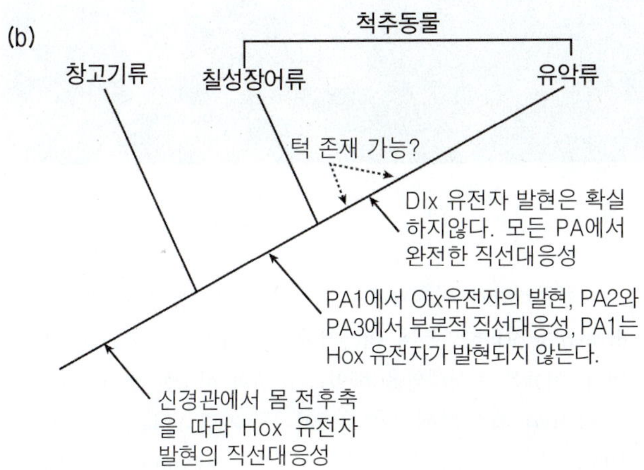

그림 17-12 유전자 발현 패턴과 턱의 기원 (a). 일반적인 유악류 배아(위)와 칠성장어 유생(아래)의 Hox 발현양상을 간단히 나타낸 그림. 유악류 특이 유전자는 굵은 글씨로 표기되어 있고, 신경능 세포 이동경로는 회색으로 표기되어 있다. 유악류의 경우에는 일련의 Hox 전사체들이 인두궁 내에 있다(PA1–6). 하악궁(mn, PA1)은 Hox 유전자가 발현되지 않고, Otx2 유전자가 발현되는 것으로 구별된다. 제2, 3 인두궁의 Hox 발현없는 앞쪽 경계면과 Hox의 앞쪽 발현 경계면은 유악류와 칠성장어가 동일함으로, 깊은 상동관계를 암시한다. Dlx1–7 유전자 배열은 유악류(위)에서 각 인두궁의 등/배 패턴 형성에 기여하지만 칠성장어에서는 발견되지 않았다(Dlx exp.?). 그 외의 약어들은 다음과 같다: hy, 설골궁; llp 아랫입술; mhb, 중뇌–후뇌 경계; mn, 하악돌기; mx, 상악돌기; n, 척삭; ot, 이소포; pa1, 제 1 인두궁; r1–5, 후뇌의1–5번 능형분절; ulp, 윗입술; vel, 개막; 1–8; 2–8; 제1–8, 2–8 인두궁. (b)는 Otx, Dlx, Hox유전자 발현조절의 진화변화 시나리오를 보여 준다(Center for Developmental Biology의 Shigeru Kuratani의 호의).

가 포식 기관으로 진화했다고 제안하였다. 또한, 무악류에서 인두는 작은 부드러운 먹이나 약간 단단한 골격을 가진 저서동물을 퍼올리는 역할을 했다고 한다.

기능이 향상된 여과섭식이든 저서 포식성이든 간에 인두의 기능 적응은 갑주어의 초기 진화에 많은 기여를 했는데 갑주어는 캄브리아기 후기와 오르도비스기 초기에 걸친 해양에서 정착하였고 데본기 북미, 유럽의 담수, 기수 및 해수에서 널리 분포하였다.

현존하는 무악류

데본기 이후에 갑주어는 화석기록에서 사라지지만 1개 이상의 무악류 혈통들이 살아남았다. 현존하는 무악류(**원구류**, cyclostomes)들 간의 관계나 이들과 고대 무악류들의 관계에 대해서는 아직도 활발한 연구가 고생물학, 분자생물학, 발생생물학 등의 분야에서 진행되고 있다(**그림 17–16**).

그림 17–14e, f에 원구류(cyclostomes)라고 불리는 입이 둥근 현생 무악류 2종이 있다. 이들은 칠성장어(lamprey, 칠성장어목(Petromyzontiformes))와 먹장어(hagfish, 먹장어목(Myxiniformes))로 체외기생(칠성장어) 혹은 퇴적물섭식동물과 땅을 파는 부식동물(칠성장어)로서 널리 분포하지만 제한된 생태적지위를 가지고 있다. 화석학자들은 화석 anaspid *Jamoytius*는 뿌리가 되는 무리와 분화되어있지만, 갑주어, 현생 칠성장어, 먹장어의 직계 혈통이라고 보고 있다. 전에 언급했듯이 캄브리아기의 두 먹장어종 *Myllokunmingia fengjiaoa*와 *Haikouichthys ercaicunensis*은 초기의 두개 동물로 여겨진다. 화석 칠성장어인 *Mesomyzon mengae*는 내몽골에 위치한 1250억 년 선의 담수퇴적물에서 발견되어 백악기 전기부터 민물로 이동했다는 것을 알려준다. 최근에 화석으로 발견된 *Priscomyzon riniensis*는 데본기 후기에 남아프리카 강어귀에서 서식했던 칠성장어로 현생의 칠성장어들과 비슷한 점들(구반, 입 속에 둥글게 나있는 이빨)을 보여 이 특징들이 더 일찍 발현됐음을 보여 준다.[13]

턱과 지느러미를 가진 새로운 척추동물은 데본기 중기에 나타나는데 경골조직으로 된 구조와 보호막을 가지고 있었다. 연골은 뼈보다 구조적으로 약하지만 상어와 같은 후대 혈통에서 주된 구조 조직으로 나타난다. 뼈(수산화인회석으로 미네랄화 되어 있

[13] 캄브리아기의 먹장어는 Shu et. al.(2003b) 참조, 화석 칠성장어는 Chang et. al.(2006)과 Gess et. al.(2006) 참조.

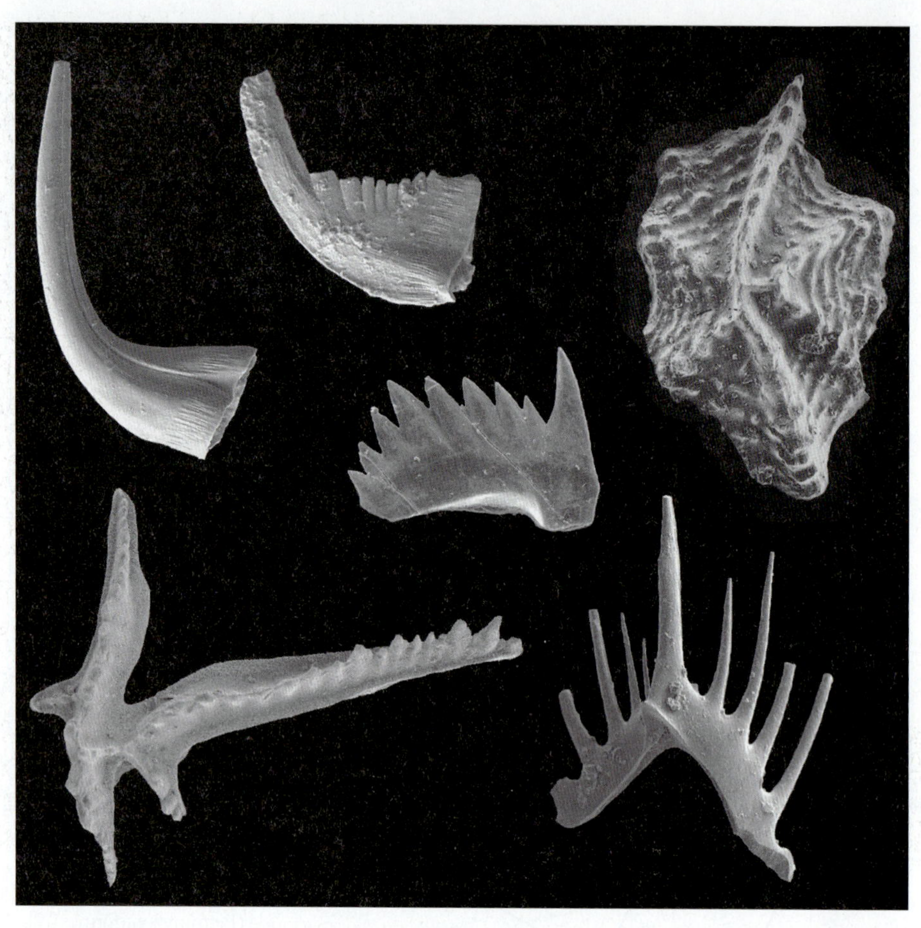

그림 17-13 코노돈트의 다양성 (Dr. Richard J. Aldridge, F. W. Bennett Professor of Geology University of Leicester의 호의)

는 유기단백질 기질)은 척추동물에게 진화적 성공을 주었던 조직이다. 뼈는 칼슘 이온과 인산염을 저장하여 대사율 증가에 따른 산의 분해로부터 보호해줬다(표 17-2). 화석학자들은 이러한 경골 방어구조들이 전갈과 비슷한 바다전갈류(eurypterids)(척추동물이 중요한 포식자가 되기 이전에 널리 분포했던 강력한 포식자)의 포식공격을 견뎌내도록 했을 것으로 보고 있다.[14]

유악 척추동물의 진화

실루리아기에 나타난 가장 초기의 화석 **유악류**(jawed vertebrates)는 2개의 무리로 나뉜다.

가시상어류(acanthodians, spiny sharks; **그림 17-18에서 17-20 참조**)은 몸이 80mm 정도로 작고 쌍으로 되어있거나 쌍으로 되어 있지 않은 가시가 난 지느러미를 가진 *Climatius*가 대표적이다. 초기 화석들이 바다에 사는 것과는 달리 이들은 고생대 후기까지 담수에 서식하였다.

[14] 이 주제에 대한 더 자세한 설명은 R. L. Carroll(1988), Hall(1999a)과 Benton (2004) 참조.

실루리아기 마지막까지 또 다른 유악류인 판피류(placoderms)가 진화하였는데 데본기에 번성하였다가 빠르게 멸종하였다. 이들은 저서생활을 하였는데 뱀과 비슷한 rhenanids(그림 17-19a)와 체절로 된 가슴지느러미를 가진 antiarchs(그림 17-19b)가 속한다. 몸길이가 9m일 정도로 거대한 arthrodire *Dunkleosteus*(그림 17-19c)는 포식성이었다.

턱과 쌍으로 된 지느러미는 가시상어류와 판피류의 뚜렷한 특징이다. 턱은 이전 동물의 생활형인 여과섭식과 흡입에서는 취할 수 없었던 새로운 먹이들을 취할 수 있도록 초기 척추동물에게 생활양식의 혁명을 가져다 주었다. 어류들은 움켜잡고 찢고 씹을 수 있어서 모든 크기의 먹이들을 취할 수 있는 포식 행동이 가능해졌다. 납작하고 서로 엇갈려 있는 이빨들은 동물들이 이전에 먹을 수 없었던 딱딱한 껍질로 된 먹이(연체동물)들을 갈고 빻을 수 있게 되었다. 원시적인 턱에 달린 이빨은 먹이를 자르는 기능을 가졌는데 방어용 피부 돌기 혹은 판피류에서와 같이 턱에 있는 날카로운 가장자리에서 진화하였다. 또한, 턱에 의한 방어적이고 공격적인 행동들은 둥지를 만들고 교미 시 배우자를 잡는 등 환경을 이용할 수 있는 더 큰 가능성을 제공하였다

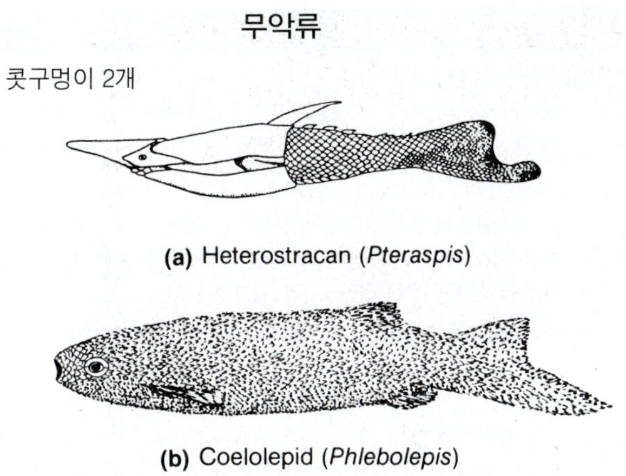

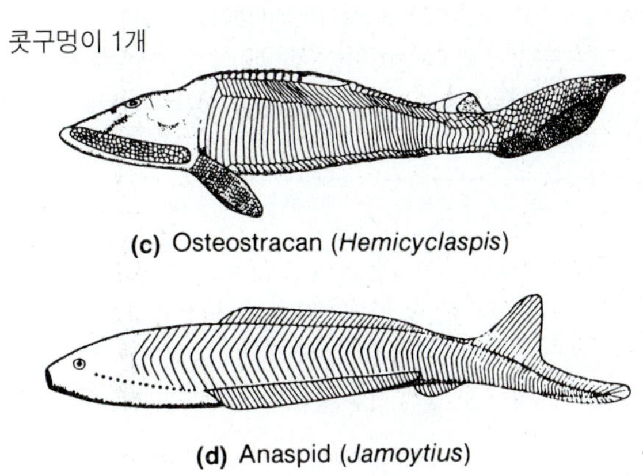

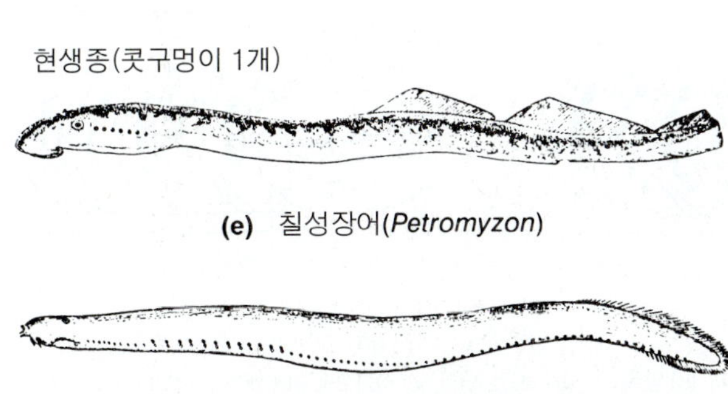

그림 17-14 화석(a–d)과 현생(e, f) 무악류. 이들은 꼬리 구조가 서로 다르다는 것을 주의하라: 체축지지 요소가 상엽(upper lobe)에 있는 경우(이형꼬리, heterocercal) 혹은 하엽(lower lobe)에 있는 경우(하형꼬리, hypocercal). 현생 무악류인 원구류(*cyclostomes*)는 둥글고 빨아들이는 입이 있고 쌍으로 된 지느러미와 진피성 골이 없다. 렌즈가 없는 눈, 단순한 후뇌(hindbrain)와 같은 원시적 특징들로 인해, 먹장어가 모든 척추동물 혈통의 가장 원시적인 동물이라고 주장되기도 하였다.

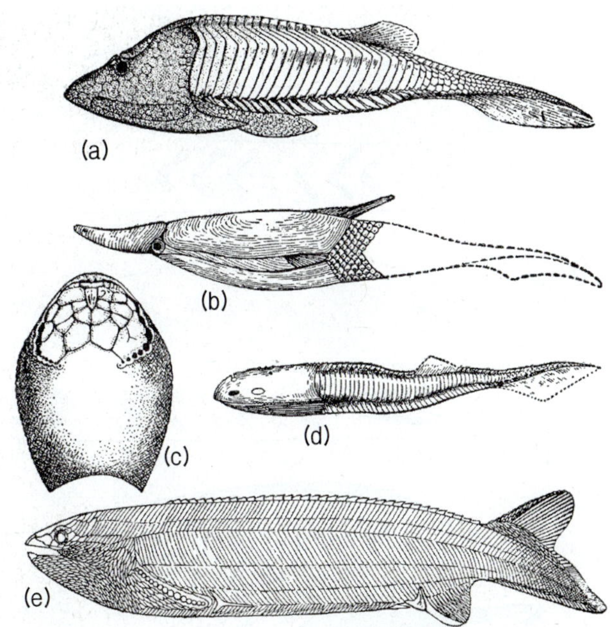

그림 17-15 후기 실루리아기와 데본기의 다양한 갑주어의 다양성을 보여주는 네 가지 분류군들: (a) *Pterolepis*; (b,c) *Tremataspis* (c는 머리 쪽 갑주의 등면이다.); (d) *Pteraspis*; (e) *Cephalaspis*. (Gregory, W. K., 1929. Our *Face from Fish to Man. A Portrait Gallery of Our Ancient Ancestors and Kinfolk together with a Concise History of Our Best Features*. G. P. Putnam's Sons, London, UK.에서 인용)

현생하는 어류들은 턱구조가 너무나도 비슷하기 때문에 대부분이 하나의 공통조상으로부터 턱을 물려받았을 것으로 생각된다. 턱의 기원에 대한 두 가지 가설이 있는데, 하나는 인두성 새궁에서 진화됐다는 내용이고, 다른 하나는 아가미 외의 부분에서 진화됐다는 내용이다.

턱의 인두성 새궁 기원

화석기록에는 무악류와 유악류의 중간화석이 없지만 생물학자들은 턱이 원시 동물의 여과섭식과 호흡을 담당했던 **인두성 새궁**(pharyngeal gill arches)이 변형된 것으로 보고 있다(그림 17–16과 17–17). 이 가설에서 중요한 것은 턱이 없는 생물에서 턱의 진화적 전구 기관을 찾는 것이다. 이것을 숨은 상동성이라고 하며, 글상자 17–2에서 자세히 설명되어 있고, Stone and Hall(2004)에서 신경능과 척추동물의 기원과 연관되어 다뤄지고 있다.

새궁(Gill arches)은 양옆 쌍으로 되어 있고 그 끝이 뒤로 향한 V모양의 격자구조로 되어 있다. 그러나, 새궁의 앞 쌍들은 운명은 퇴화됐거나, 두개골에 융합되거나, 1개 혹은 그 이상의 입 구조로 변형됐을 수도 있어 운명이 불분명하다. 19세기의 가설에 의하면 새궁의 앞 쌍 바로 뒤의 제1새궁의 격자 구조 위는 위턱(혹은 구개방형골(palatoquadrate bone))이 되고 아래는 아래턱(mandible)이 되었다(그림 17–17과 17–20). 이 구조 뒤에 설궁

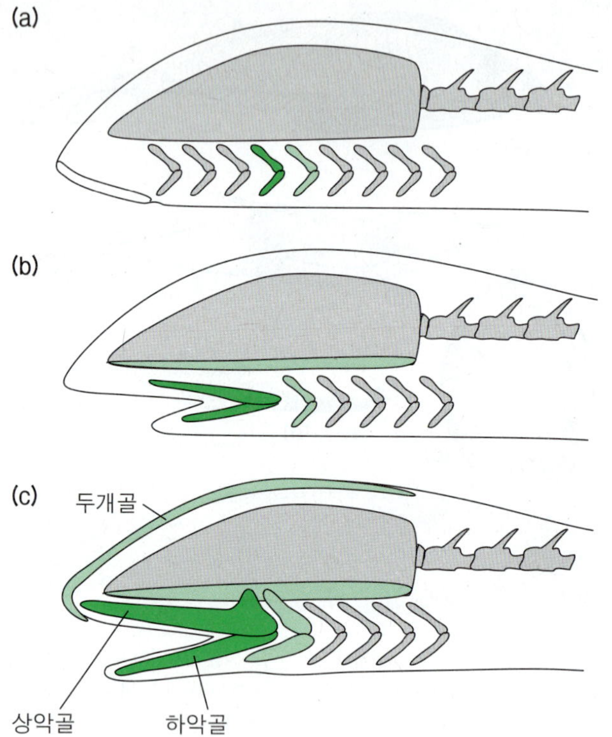

그림 17-16 무악류의 인두궁(a; 뇌 아래, 척추 앞의 검은 V들)의 유악류의 상악골과 하악골(b)으로의 가설적인 변화를 무악류의 측면에서 나타낸 그림. 이후의 진화로 턱은 설궁의 골격에 의해 보강되었다(c).

표 17-2 척추동물의 진화적 성공을 가능하게 한 뼈의 성질[a]

1. 피부와 아기미로부터 확산되는 여분의 칼슘이온들을 삼투압 불활성 물질로 피부에 축적하여 배출되는 칼슘 이온 에너지를 보존하게 된다.
2. 조직에 칼슘과 인산이 축적되어서 부분적인 경골의 탈회(decalcification)로 인해 필요로 하는 가용한 대사비축물을 제공한다. 이러한 목적으로 연골도 골화되고 동원되며 사용된다.
3. 상아질과 에나멜과 같은 인산칼슘 조직은 부근의 전기감각 조직(예, 측선-먹이에서 나오는 전류를 감지한다)을 결정화할 수 있는데 이를 통해 체내전류를 이 기관들과 격리시켜서 기관들의 방향성 해상도를 향상시킨다. 기관 아래의 진피골구조는 이들 기관의 위치를 기계적으로 안정화시킨다(Northcutt and Gans, 1982 and Northcutt and Northcutt 2004).
4. 골구조를 세련되게 함으로서 이들이 방어적인 진피 무장이 된다.
5. 단단하게 된 치아표면이 발전하여 먹이를 잡고 씹도록 된다.
6. 골화된 내부골격은 척삭보다 훨씬 강한 근육과 기관 부착을 위한 단단한 지지구조가 된다.

[a] 척추동물과 무척추동물의 진화에 대한 자세한 정보는 Hall(2005a)를 참조.

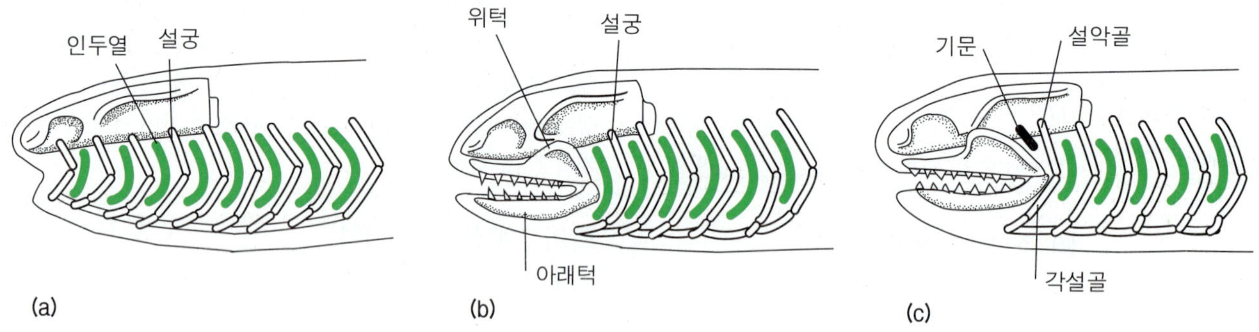

그림 17-17 앞쪽 새궁 하나로부터 척추동물의 턱이 진화하는 단계들. (a) 턱이 없는 상태. (b) 앞쪽 새궁이 턱으로 변환. (c) 설궁으로부터 뼈가 융합되어 턱의 격자를 지지한다. 이렇게 진행되면서 설궁 앞의 인두열이 분수공으로 줄어든다. 진화과정이 더 진행되면 각설골(ceratohyal)과 설악골(hyomandibular)이 각각 양서류와 파충류 턱 관절의 관절골(articular bone)과 방골(또는 방형골, quadrate bone)이 된다. 포유류에서 이 관절이 측두린-치골격자(squamosal-dentary hinge)로 대치된다. 청각을 증진하는 선택이 작용하여 관절골/방골 연결이 추골/침골 소골로 전환되었다.(그림 19-7 참조). (Romer, A. S., and T. S. Parsons, 1977. *The Vertebrates Body*, 5th ed. Saunders, Philadelphia.에서 각색.)

(hyoid)라고 불리는 구조가 턱의 격자를 두개골에 붙이도록 등부분을 제공함으로서 복잡한 구조로 편입된다.

이러한 견해를 지지하는 증거로는 가시상어류, 상어류, 경골어류에서 보이는 위턱 (palatoquatrate)과 아래턱과(그림 17-20) 이 구조들이 초기 신경능선세포(중뇌부분)으로부터 발달했다는

그림 17-18 등 중앙 및 배쪽에 기부가 넓은 가시지느러미 2열이 있는 가시상어류(acanthodian) *Climatius*. 작고 단단한 비늘이 완전하게 지느러미를 덮고 있다. (Colbert, E. H. and M. Morales, 1991. Evolution of the Vertebrates: *A History of the Backboned Animals Through Time*, 3rd ed. Wiley, New York. 에서 각색.)

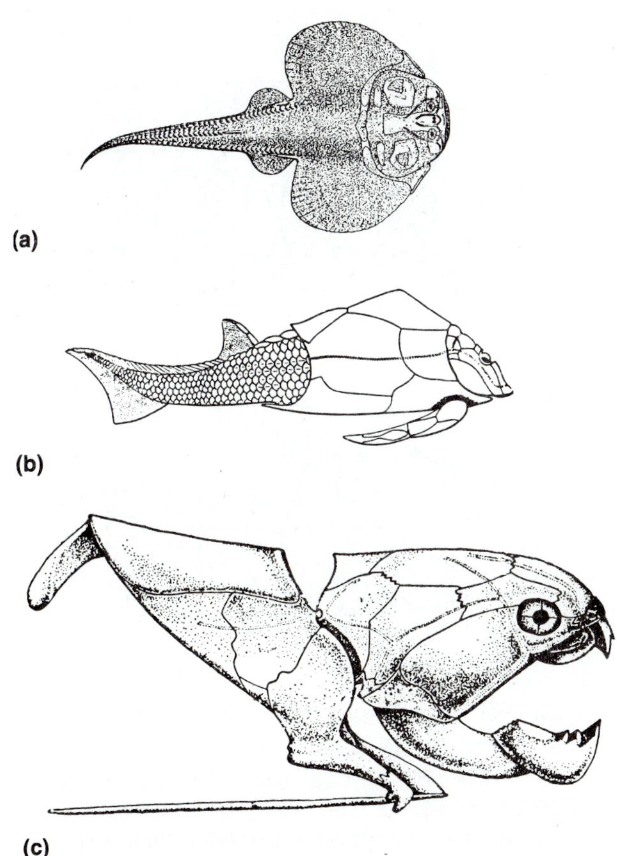

그림 17-19 판피류. (a) 홍어와 닮은 큰 옆지느러미가 있는 rhenanid (*Gemuendina*). (b) 몸 뒤가 비늘로 덮여 있고 앞가슴과 머리가 강하게 무장되어 있는 antiarch (*Pterichthyodes*). antiarch의 가슴지느러미는 해저를 기어다닐 수 있게 경골판으로 싸여 있다. (c) 몸길이가 39m 정도되는 절경류(arthrodire) *Dunkleosteus*의 앞 경골방패는 3m 정도 된다. 이 동물의 몸길이는 9m이다. (Romer A. S., 1968. *The Procession of Life*. World Publishing, Cleveland, OH. 에서 각색.)

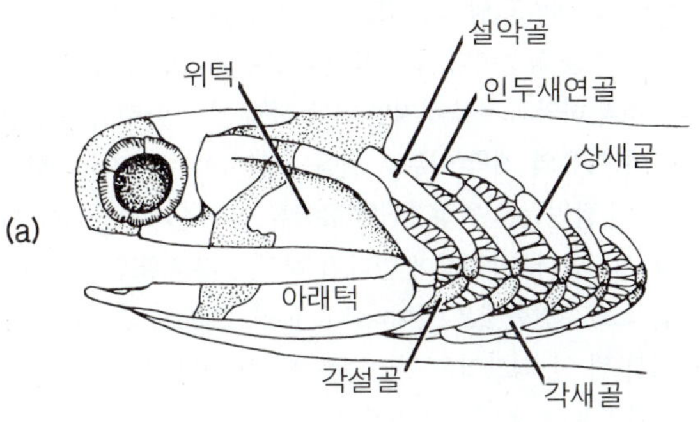

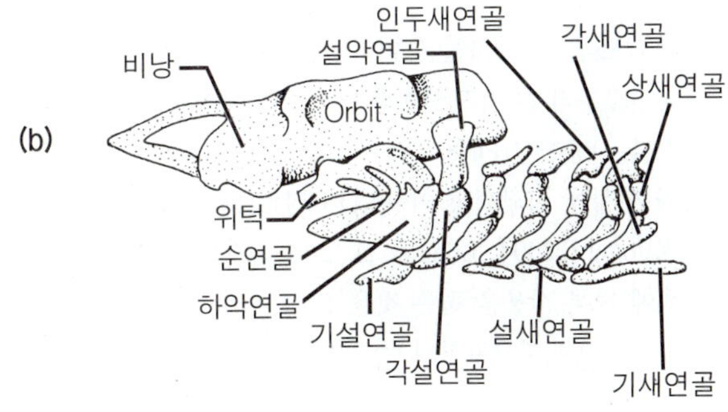

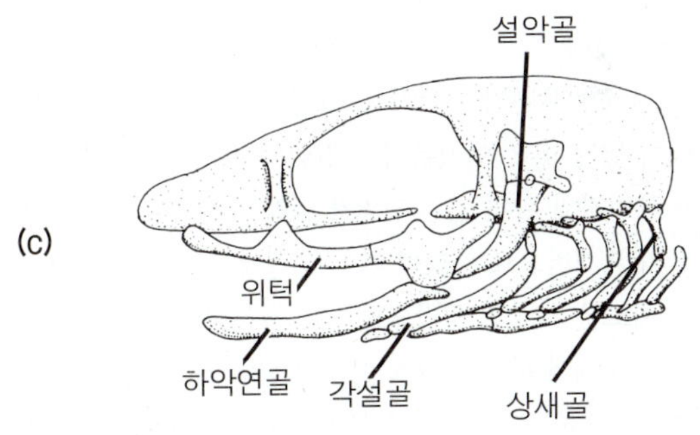

그림 17-20 화석 시상어류의 두개와 아가미, 입 구조(내장궁과 골격)(a), 상어(b), 경골어류 배(c)(Romer, A. S., and T. S. Parsons, 1977. *The Vertebrates Body*, 5th ed. Saunders, Philadelphia.에서 각색.)

것이 있다(그림 17-3). 턱-인두열관계를 더욱 지지하는 것은 상어류의 삼차뇌신경(trigeminal cranial nerve)의 한 가지가 아래턱으로 내려 달라고 다른 가지는 새공이 한 점으로 모이는 것처럼 앞쪽으로 달려서 위턱으로 향하는 것이다(**그림 17-21**). 삼차뇌신경 앞으로 뇌신경들이 있는 것을 턱형성에 관계되는 구조들 앞에 새공이 존재했었다는 증거로 제시한다.[15]

턱의 다른 기원

인두성 새궁에서 턱이 진화되지 않았다는 가설들은 턱과 인두성 새궁이 상동성이 없다고 가정한다(글상자 17-2 참조). 이 가설은 원시 척추동물과 현생 척추동물 모두에서 입 앞에 새궁의 흔적에 대한 분명한 증거가 없다는 것이다. 이 견해에 의하면 위턱과 아래턱 골은 아가미 지지대로 기능하지 않았고 입과 주변 지지구조들은 인두와 항상 뚜렷하게 구별되었다고 한다.[16]

이 가설의 근거는 두개골 발생에 대한 재분석과 두 가지의 칠성장어 종(그림 17-12 참조)의 두개 발생에 관련된 Hox 유전자의 분포와 기능에 있다. 칠성장어의 계통위치는 **그림 17-22**에 있다. 이러한 증거들을 요약하면 다음과 같다:

[15] 신경능의 발달과 진화는 Hall(1999b, 2000a) 참조. 발생예정도는 Kuratani(2004) 참조. 최근의 연구는 신경능이 전뇌와 중뇌의 발달에 중요하고 이전에 알려지지 않았던 역할을 하는 것으로 밝혔다(Creuzet et. al., 2006).

[16] 턱의 기원에 관한 논의는 R.L.Carroll(1988), Mallat et. al.(2003), Karatani(2004)를 참조.

1. **유악류의 하악궁 앞쪽의 세포**들은 칠성장어의 것과 다른 종류로 구조를 형성한다. 칠성장어의 인두굽이 앞쪽 세포들은 유악류의 하악과 비슷하지만, 상동하지 않는 아랫입술과 칠성장어 특유의 개막(인두로 물을 유입시키는 기관)을 형성한다. 이 발견들은 칠성장어와 유악류 입구조의 상동성에 이의를 제기한다. 상동성이 없다면 턱의 일부분 또는 전체가 독립적으로 진화했을 것이다(Kuratani, 2004). 칠성장어 유생에서 턱 앞 외간엽은 윗입술을 형성하지만, 유악류의 턱 앞 외간엽은 척삭 앞 두개골을 형성한다.
2. 칠성장어와 유악류에서 입 속의 구조를 형성하는 **세포 종류가 다르다**. 이 세포들은 머리의 다른 부위들에 위치한 초기 상피로부터 온 유도신호를 받고 분화하지만 상동적인 유전자를 사용한다(Fgf8, Dlx1: Bmp2/4, Msx). 이 사실은 턱의 형성에 이좌성과 이시성(13 장)이 기여했음을 알려주며(Kuratani, 2004; Long et. al., 2006), 같은 유전자가 다른 부위에 다른 작용을 하는 것을 잘 보여 준다. 하지만 이 사실만으로 인두궁으로부터 턱이 발달하지 않았다고 입증되지는 않는다.
3. **Hox가 없는 세포들**. 유악류의 턱과 칠성장어 머리의 해당부분이 하악 인두궁의 세포들 중 *Hox* **유전자를 발현하지 않는**(그러나, Otx유전자 발현하는, 그림 17-8과 17-12 참조) 것들에서 발달한다. 이것은 칠성장어와 유악류의 공통조상에 *Hox* 유전자와 관련 없는 부위가 있었을 것이며, *Hox* 유전자 발현의 부재만으로는 턱의 기원을 설명할 수 없다고 알려준다.[17] 새로운 시각의 등장으로 *Hox* 유전자가 앞뒤축의 중요 구조 형성에서 하는 역할에 대한 관심이 커지고 있다.
4. 강에서 서식하는 칠성장어 *Petromyzon marinus*의 배아를 살펴보면 SoxE 유전자가 뒤쪽 인두 굽이의 형성에 중요한 역할을 하지만, 첫째 인두굽이의 형성에는 그렇지 않다. 이것은 앞쪽과 뒤쪽의 인두굽이가 상동적이지 않거나, SoxE 유전자가 칠성장어와 유악류의 공통조상에서 유래되어 독립적으로 진화되었다는 증거가 된다(McCauley and Bronner Fraser, 2006).

150년의 연구와 최근의 발견을 참고해도 턱의 기원에 대한 두 가설을 정확히 구분하기가 어렵다. 하지만 분자학적, 발달학적 지식을 활용한 진화의 연구는 매우 흥미로우며, 앞으로도 많은 연구 결과가 나올 것이다.

[17] 유악류에서는 등배축 방향으로 인두궁 형성에 distalless (Dlx)유전자가 이용된다(그림 17-12). Dlx 유전자는 칠성장어의 인두궁에서도 발현되지만(Neidert et. al. 2001), 이 사실만으로는 턱이 인두궁으로부터 발달하지 않았다고 할 수 없다.

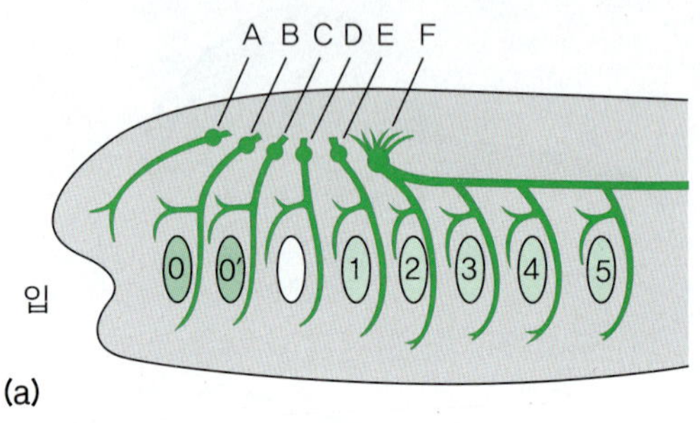

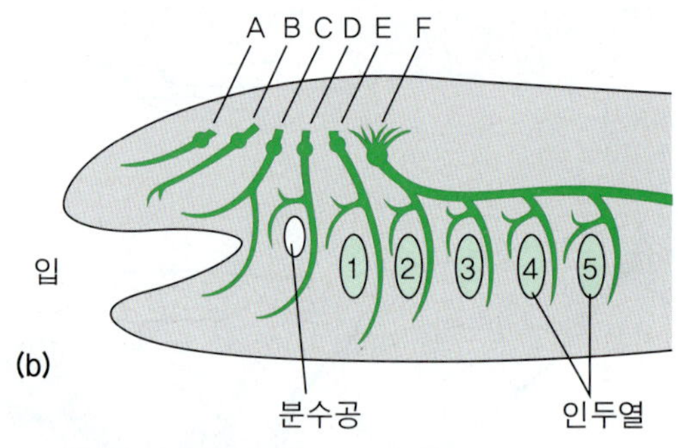

그림 17-21 새궁을 자극하여 활동시키는 뇌신경의 등뿌리의 모식도. (a) 가설적인 원시 어류. (b) 상어와 같은 턱이 있는 어류. 0와 0′는 턱이 생기면서 사라진 인두열들을 나타내고 분수공은 상어에서 분수공으로 되는 인두열이고, 1-5는 분수공 뒤에 있는 인두열들이다. A-F는 뇌신경들을 가리키는데 A는 여러 척추동물에 있는 말단 뇌신경으로 가장 앞쪽의 아가미 열들을 자극하여 활동하게 한다. B는 포유동물에서 독립적으로 있다가 삼차신경과 융합하는 신경이다. C는 모든 척추동물에서 위, 아래턱을 자극하여 활동하게 하는 삼차신경이다. D, E, F는 각각 안면신경(facial nerve), 설인신경(glossopharyngeal nerve), 미주신경(vagus nerve)을 가리킨다(어류와 포유류의 미주신경 자극 비교를 위해서는 그림 3-16을 참조). (Romer, A. S., and T. S. Parsons, 1977. *The Vertebrates Body*, 5th ed. Saunders, Philadelphia.에서 각색.)

연골어류와 경골어류의 진화

판피류와 분리된 유악류의 한 무리로부터 진화된 완전히 새로운 형태들이 데본기에 나타난다. 신경과 근육의 조화에 의한 효과적인 유영과 점진적인 유선형의 몸구조가 이러한 성공을 가능하게 하였다. 이들을 분류학적으로 보면 **연골어강**(Chondrichthyes)의 구성원인 연골어류와 **경골어강**(Osteichthyes)에 속하는 경골어류이다(그림 17-22 참조)

연골아강(상어, 홍어, 가오리)은 연골성으로 몇 조직은 골화될 수 있고, 골조직이 척추나 치근에 미세하게 존재한다(Hall, 2005a). 거의 모든 연골어류는 꼬리지느러미는 초기 경골어류와 같은 이형(heterocercal) 꼬리이다. 현생 연골어류(상어, 홍어, 가오리류)의 기원은 쥐라기로 거슬러 올라가지만, 은상어류(chimaeras)와 같은 무리들은 기원이 더 오래된 석탄기로 올라간다.

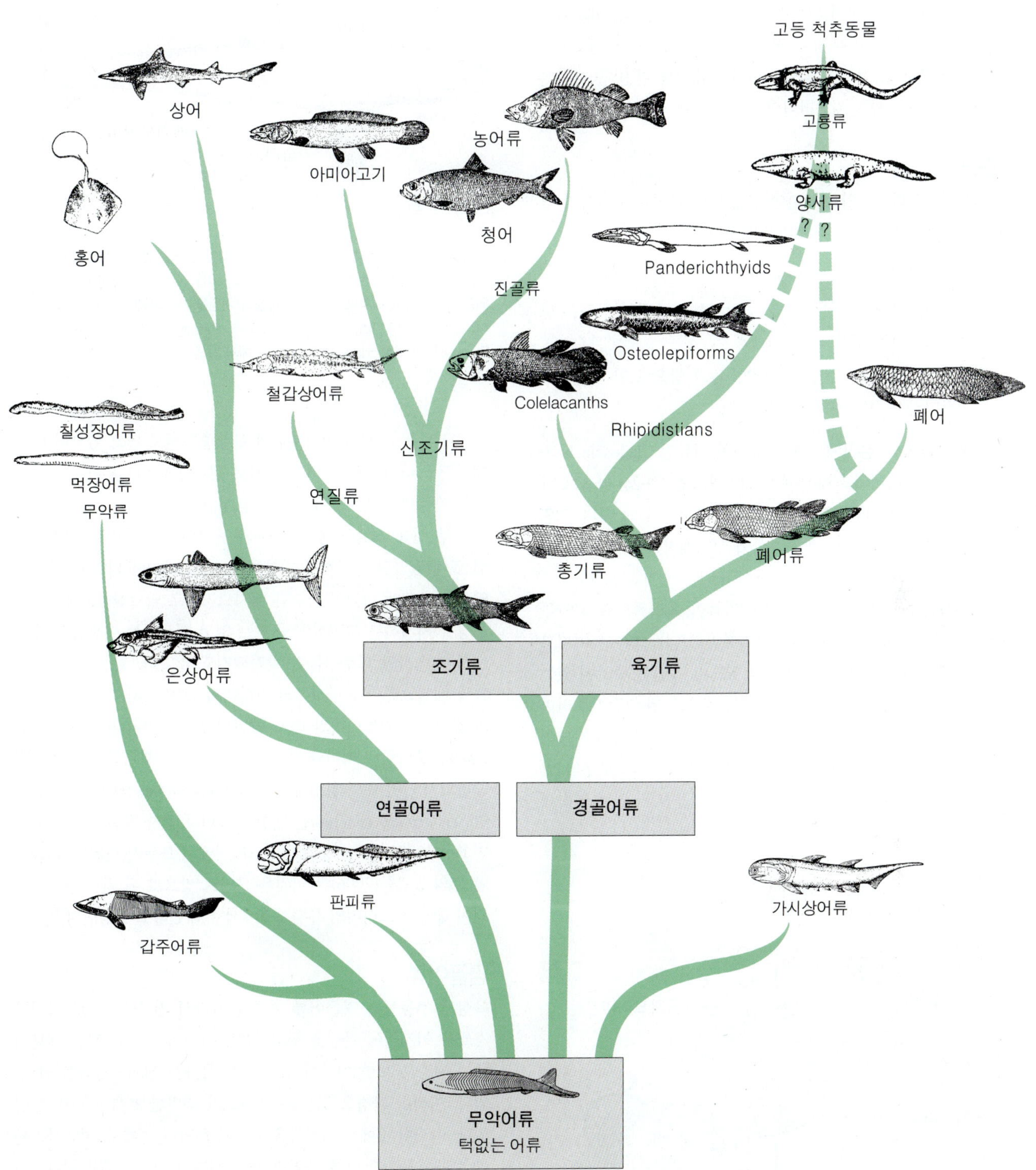

그림 17-22 여러 어류 혈통의 전통적인 계통유연관계. 각 혈통의 조상은 도시된 종일 필요는 없지만, 비슷한 특징을 가진 종이다. 분자수준에서 Rasmussen and Arnason (1999)은 다음과 같은 의문을 던졌다: 상어와 홍어류는 중생대 이전에 기원했는가? 고등 척추동물의 조상은 화석학자의 주장과 같이 턱이 있는 어류의 더욱 원시적인 무리에서 유래한 경골어류인가?

이것은 연골어강이 단계통군이 아닐 수 있음을 알려준다.

경골어강은 한 쌍의 지느러미가 있고 두개골, 턱, 아가미덮개, 비늘, 척추골, 갈비뼈 등이 경골로 되어 있다. 또한, 연골어류와 달리 부력을 조절하는 **부레**(swim bladder)를 가진다. 다음은 자세하게 알려져 있는 지느러미의 진화에 대해 설명한다.

지느러미

가시상어류와 판피류와 비교하여 연골 및 경골어류는 다음과 같은 새로운 지느러미 기능과 배열을 보인다.

- 추진력을 얻는 꼬리지느러미
- 회전하고 옆으로 미끄러짐을 방지하는 움직임이 적은 등지느러미와 뒷지느러미
- 상하운동을 조절하는 움직임이 많고 쌍으로 된 가슴지느러미와 배지느러미(그림 17-23).

예를 들어, 데본기에 상어와 유사한 어류인 Cladoselache의 쌍으로 된 지느러미의 기부는 매우 넓지만(**그림 17-24**) 다음에 나타나는 어류들의 지느러미 기부는 더 좁고 움직임이 많다. **그림 17-25**에서 볼 수 있듯이 몇몇 경골어류의 배지느러미는 빨판으로 변형됐다(Hall, 2007a).

1800년대 중반에 3명의 동물학자들이 독립적으로 고안한 지느러미주름("fin-fold")가설은 아직까지도 넓게 받아들여지고 있다. 정확히 말하자면 2개의 가설이 있으며, 첫째는 중앙에 있는 하나의 지느러미를 설명하고 두 번째는 쌍으로 된 가슴지느러미와 배지느러미를 설명한다. 첫 번째 가설은 등, 꼬리, 항문지느러미들이 등중앙선을 따라 있었던 연속적인 피부주름으로부터 발달했다고 한다. 배발달을 살펴보면 등중앙선을 따라 있는 연속적인 피부주름이 꼬리 형성부위와 복부중앙선도 덮고 있으며 이후에 등지느러미, 배지느러미 그리고 뒷지느러미로 분화하는 것을 관찰 할 수 있으므로, 이 가설을 받쳐준다.

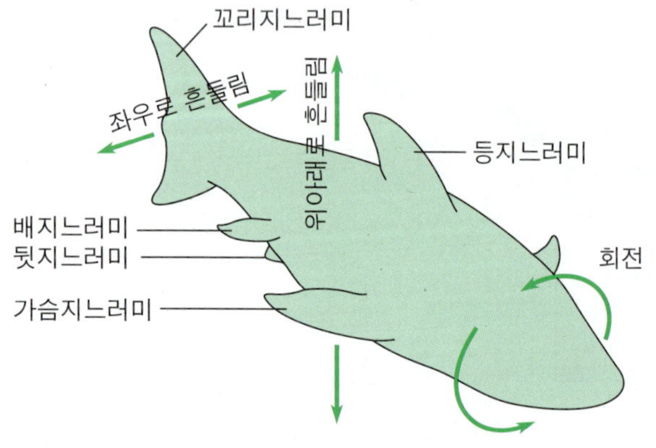

그림 17-23 한쪽으로 흔들림, 앞뒤로 흔들림, 회전하는 것과 같은 혼란을 일으키는 힘을 대처하고 조절하면서 빠르게 물을 가르고 헤엄 칠 수 있는 현생 어류의 일반적인 디자인. (Waterman et al. 1971. Chordate Structure and Function. Macmilan, New York. 에서 각색.)

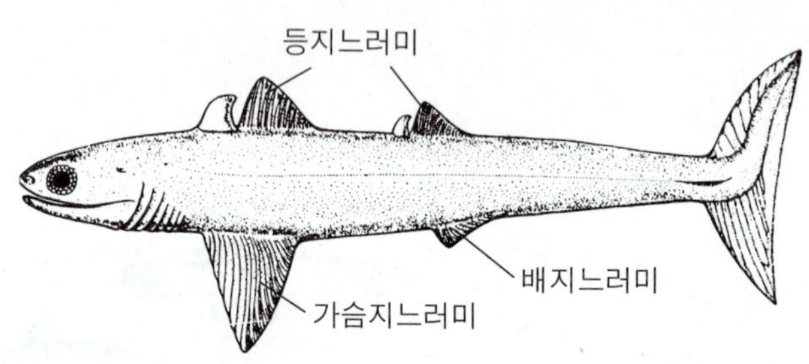

그림 17-24 0.45-1.2 미터 정도 되는 데본기 후기의 상어와 비슷한 어류인 *Cladoselache*. 등 중앙부의 지느러미들과 쌍으로 된 가슴지느러미와 배지느러미를 가지고 있고 각 지느러미는 서로 단절된 두꺼운 연골막대의 열들로 차있다. 몇몇 연구들은 *Cladoselache*가 상어와 홍어와 같은 현대 혈통의 조상인가에 의문을 제기하고 이것보다 후기의 중생대 기원을 제시하였다.(Rasmussen and Arnason, 1999) (Romer, A. S., and T. S. Parsons, 1977. The Vertebrates Body, 5th ed. Saunders, Philadelphia.에서 각색.)

두 번째 가설은 쌍으로 된 가슴, 배지느러미가 몸통의 중앙선 옆에 있었던 연속적인 피부주름으로부터 발생되었고, 중앙선 역시 이후에 독립적인 가슴과 배지느러미로 발달했다고 한다. 이 주장을 지지하는 고고학적 근거는 없고 현생하는 어류들의 배아에서 연속적인 피부주름이 발견되지도 않았다. 확실한 것은 가슴과 배지느러미가 사지류의 팔다리와 같이 각각 독립적으로 진화했으며, 배지느러미가 먼저 발현되었다는 것이다(Hall, 2005a, 2007a). 중앙 지느러미와 쌍으로 된 지느러미 사이의 관계는 아직 증명되지 않았지만, 칠성장어인 *Petromyzon marinus*와 두톱상어인 *Scyliorhinus canicula*을 대상으로 한 유전자 발현 조사에 따르면 Hoxd와 Tbx18이 양쪽의 지느러미에서 모두 발현된다. Freitas와 그의 동료들(2006)은 이것을 근거로 쌍으로 된 지느러미의 기원이 중앙 지느러미의 유전자망에서 유래됐다고 주장한다.[18]

경골어류

육상 척추동물은 경골어류 혈통을 따라서 진화했음으로 화석학자들은 이것들에 관심을 두고 있다. 이들이 처음 발견된 데본기 중기 지층을 보면 이들이 주로 얕은 물에서 진화되었음을 알 수 있다. 이러한 환경으로는 호수, 산소가 희박한 흐름이 느린 강이 있다. 이러한 곳에서 이것들은 산소가 희박한 물에서 피에 산소를 공급하는 특수한 호흡 조직과 구조(허파, lung)를 개발하는데 선택적으로 유리하였을 것이다. 초기 조기아강 어류에 허파가 있다는 것은 초기 해양 어류가 얕은 물로 들어가서 부레를 **허파**(lungs)

[18] Tbx18은 T-box 전사인자의 한 무리로서 이들은 배의 경계와 지역의 특정화에 관여한다.

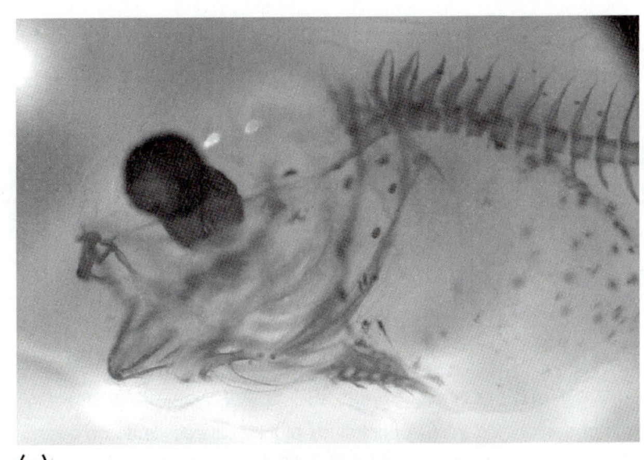

(a)

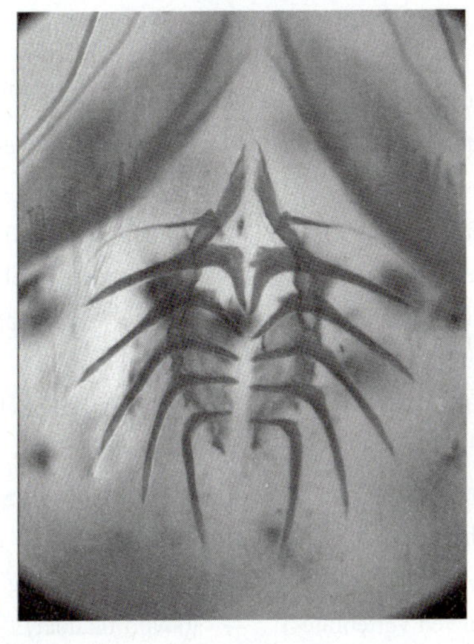

(b)

그림 17-25 5m 길이의 분홍꼼치 (*Liparis inquilinus*)의 복부흡반을 (a) 측면에서 아가미와 비교하여 보여 주며 (b) 복면에서는 지느러미 열로 구성된 흡반의 왼쪽과 오른쪽 절반을 보여 준다.(Lisa Budney 그림 제공)

로 진화시켰다는 주장을 받쳐준다.

그러나 Farmer (1997)는 허파가 부력을 위한 것이든 호흡을 위한 것이든간에 허파가 심장에 산소공급을 증가시킬 수 있는 가에 그 중요성이 있음으로 공기호흡을 하는 어류가 무산소 환경에서도 근육운동을 증가할 수 있었을 것이라고 제안하였다. J. B, Graham (1994)은 허파호흡은 한번 이상에 걸쳐(67번 정도)진화되었다고 하였다. 그래서 허파와 부레는 서로 반대의 기능을 했을 것인데 각기 다른 선택을 받았고 한 구조가 다른 구조에 대해 전적응(preadaptation)으로 적용했을 것이다.

지느러미 구조와 다른 구조에 의하면 데본기에 출현한 최초의 경골어류는 부챗살 모양의 지느러미가 있는 조기류와 잎 모양의 지느러미가 있는 육기류로 확인할 수 있었다(그림 17-22 참조).

조기류(Actinopterygians)

조기류의 부챗살 모양의 지느러미는 체벽 근육에 의해 움직이며, 몸기부에서 바깥으로 거의 병행으로 뻗어있는 경골의 줄모양의 구조로 구성되어 있다. 조기류는 모두 하나의 공통 조상에서 진화한 것 같은데 조상은 쌍으로 된 가슴지느러미와 배지느러미, 하나씩 있는 등지느러미와 뒷지느러미를 갖고 있었다. 최근의 연구는 조기아강과 연골어류에서 지느러미 발달의 유전자 네트워크가 sonic hedgehog 유전자의 발현과 조절에 기반을 둔다는 것을 밝혔다(Dahn et. al., 2007).

조기류는 골격의 골화 정도, 비늘의 종류, 꼬리 구조, 턱구조, 지느러미 위치가 다른 여러 무리로 진화되었다. 가장 원시적인 조기류인 원시조기아강(Chondrostei)에는 철갑상어(sturgeon; *Acipense* spp.)와 주걱철갑상어(Mississippi paddlefish; *Polydon spathula*)같은 현생종들이 포함된다. 보다 발전된 종류인 신기하강(Neopterygii)에는 아미아류(bowfin; *Amia*)와 가파이크류(garpike; *Lepisosteus*)와 같은 몇몇 무리들과 고도로 골화된 골격, 가는 비늘, 다양한 지느러미 분화 등으로 특정되는 가장 발전된 경골어류가 속한다(그림 17-22, **17-26**). **경골어류**(teleosts)는 백악기에서부터 수와 다양성이 증가하여 현생이 40목에 20,000종에 이른다. 여기에는 현재 서식하는 거의 모든 경골어류가 속한다. 이들이 이렇게 번성한 이유는 섭식기구의 신축성, 운동 적응과 관련된 새로운 지느러미와 비늘의 개발 등과 같은 여러 환경을 이용하는 능력이다(**그림 12-18**과 글상자 17-3 참조).

육기류(Sarcopterygians)

육기어류(lobe-finned fish)[19]는 지느러미가 지느러미 축을 따라서 배열되거나 몸과 평행하게 열로 된 작은 연골들로 지지된다. 지느러미 안에 있는 근육이 지느러미 운동을 조절한다. 원시 육기어류는 2개의 등지느러미가 있었다. 어떤 것은 공기호흡을 하는 내부 콧구멍이 있었다.

육기어류 중에서 한 무리가 현생하는데 이들은 아프리카, 오스트레일리아, 남미에 서식하는 **폐어**로 **폐어류**에 속한다(**그림 17-29a**). 건기에 물이 마르면 아프리카와 남미의 폐어는 진흙으로 몸을 싸서 자신이 판 굴의 구멍을 통해 한 쌍의 허파로 호흡한다. 오스트레일리아 폐어는 보다 원시적인데 물밖에서 살 수 없어서 다음과 같은 행동을 한다: 건기에 표면으로 나와서 1개의 허파로 공기호흡한다. 아프리카, 오스트레일리아, 남미 폐어의 현재 분포는 중생대의 곤드와나대륙 갈라진 이들 대륙의 관계를 보여 준다(5장 참조).

[19] 육기류란 용어는 현재 두 가지로 사용된다. 하나는 경골어류의 한 아종을 가르킨다. 두번째는 분기학적 용어로 원래 아종과 모든 후손 즉 모든 사지동물을 가르킨다(Maisey, 1996 참조). 포유동물은 분기학적으로 육기류이다. 여기에서는 어류에 사용하는 원래 의미로 사용하였다.

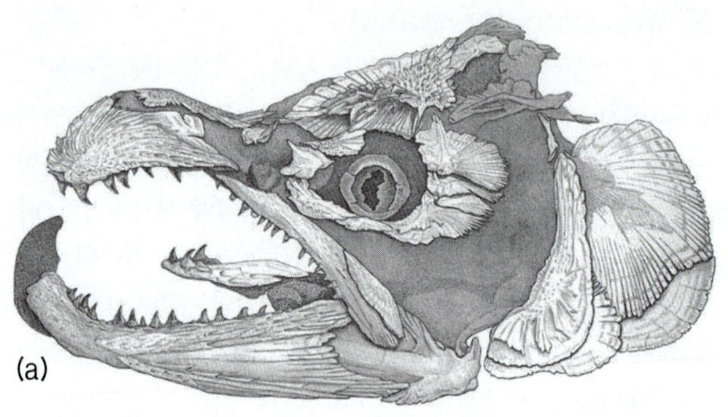
(a)

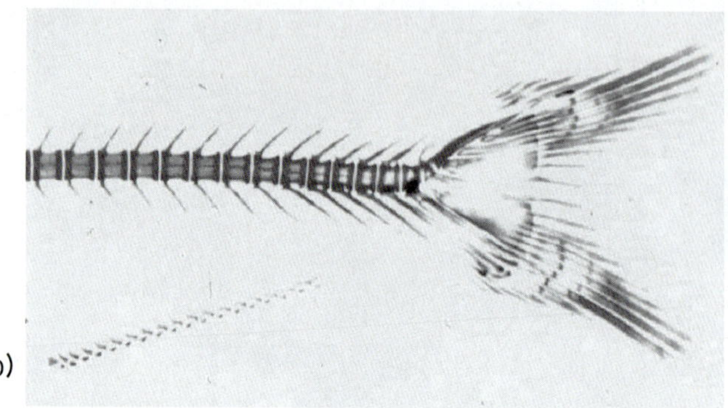
(b)

그림 17-26 (a) 뼈의 광범위함과 정교함을 보여주는 수컷 대서양 연어(Salmon salar)의 두개골. 혀와 이빨의 뼈를 주목하라. 아래 턱 끝의 구부러진 구조(회색)는 수컷 대서양 연어가 산란하기 위하여 이동할 때 발달하게 된다. (Tchernavin, V, 1937. Skulls of salmon and trout. A brief study of their differences and breeding changes. *Salmon and Trout Magazine*, 88, 235-242에서 인용) (b) 청어과 어류인 Alewife(*Alosa Pseudoharengus*)의 꼬리 골격에서 보여지는 특수화로 두 갈래로 된 꼬리 골격에서 중복이 있었다. (T. Miyake가 만들고 Brian Hall의 사진 협조)

육기어류에서 육상 척추동물인 **사지류**(tetrapods)가 진화했음(18장 참조)으로 육기어류의 계통유연관계는 매우 관심이 높다. 전통적인 분류는 다른 문에 속한 생물들을 같이 묶을 수 있는 불확실성이 있으며, 육기어류를 폐어류와 독특한 골격 골화 등의 양상을 보이는 다계통의 **총기류**(crossopterygian group)로 나눈다. 다시 총기류(crossopterygians)는 주로 민물에 살았던 rhipidistians(그림 17-29b, c)와 기원이 데본기에 이르고 주로 바다에 살았던 coelacanths로 나뉜다. rhipidistians은 대부분 민물고기였고, 공극어류는 바다고기였다. 공극류 화석은 데본기 중기부터 나오는데 1938년 현생 공극류인 공극어(*Latimeria chalumnae*)(그림 3-21)가 발견되기 전까지 생물학자들은 이들이 백악기에 멸종했을 것으로 보았다. 그후 공극어 여러 마리가 아프리카와 마다가스카르 사이의 인도양과 인도네시아에서 발견되었다. Zardoya와 그의 동료들 (1998)에 의하면 총기류의 후손으로 보는 공극어류가 폐어보다는 사지류 혈통에 더 가깝다. **그림 17-30**은 아프리카에서 서식하며, 겉아가미와 두드러진 꼬리 등 유미목 양서류 와 비슷한 특징을 보이는 폐어의 유생을 보여 준다.

Rhipidistians에는 2개의 혈통(panderichtyids와 osteolepiforms)(그림 17-29)이 진화했는데 이들은 내부 콧구멍과 다리와 두개골 구조에서 초기 사지류와 매우 유사하여(**그림 17-31**) 사지류의 **조상 혈통**(stem group)으로 생각된다. 다음 장에서는 화석과 현생 동물의 분자 서열의 분석이 이러한 중간 단계 생물들에 대한 이해를 돕는 것을 다루겠다.

주요 용어

가시상어류(acanthodians)
조기류(actinopterygians)
암모쾨테스 유생(ammocoete larva)
창고기(amphioxus)
경골어류(bony fish)
연골어류(cartilagonous fish)
두삭동물(cephalochordate)
연골어강(Chondrichthyes)
척삭동물(Chordates)
공극어류(coelacanths)
총기류(crossopterygians)
원구류(cyclostomes)
후구동물(deuterostomes)
폐어류(dipnoans)
배신경삭(dorsal hollow nerve cord)
여과섭식(filter feeding)
새궁(gill arch)
반삭동물(hemichordate)
이시성(heterochrony)
이좌성(heterotopy)
유악척추동물(jawed vertebrates)
무악척추동물(jawless vertebrates)
폐어(lungfishes)
폐(lungs)
근육성 인두(muscular pharynx)
유형성숙(neoteny)
신경능(neural crest)
척삭(notochord)
경골어강(Osteichthyes)
osteolepiforms
갑주어(ostracoderms)
유형진화(paedomorphosis)
쌍으로 된 지느러미(paired fins)
panderichthyids
인두열(phayngeal arches)
판피류(placoderms)
선구동물(protostomes)
rhipidistians
육기어류(sarcopterygians)
부레(swim bladder)
꼬리(tail)
경골어류(teleosts)
사지동물(tetrapod)
피낭류(tunicates)
미삭동물(urochordates)
척추(vertebrae)

토의 및 질문

1. 척삭동물과 여타 동물을 구별하는 특징들은 무엇인가?
2. 척삭동물의 환형동물/절지동물(a)과 해초류(b) 기원에 대한 화석학자들의 주장을 입증하거나 반대하는 증거는 무엇이 있는가?
3. 최근에 발견된 화석들은 초기 척추동물의 기원에 대해 무엇을 알려주는가?
4. 어류진화에서 다음 형질들을 가짐으로서 얻는 유리한 점들은 무엇인가?
   a. 근육성 인두
   b. 골조직
   c. 턱
   d. 지느러미

글상자 17-3 시클리드 어류의 인두측 턱

몇몇 혈통의 경골어류는 **두 번째의 턱**의 진화로 섭식기관을 여러 가지 용도로 활용할 수 있는 유연성으로 인하여, 다양한 종류의 환경을 이용할 수 있는 능력의 아주 좋은 예가 된다.(**그림 17-27**). 이러한 진화적인 가소성과 진화능(evolvability)은 동아프리카의 시클리드들과 같은 어류들이 호수의 다양한 미소환경들과 먹이를 이용할 수 있고 빠르게 특수화되게 하였다. 발생학적, 형태학적 가소성, 환경변화에 맞춰 표현형을 변환시킬 수 있는 능력, 짧은 세대 기간, 다양한 먹이의 종류, 세력권 보호 습성과 둥지를 공격적으로 보호하는 특징들이 조합되어 시클리드는 종분화에서 표현형 가소성을 강조하는 빠른 진화적 변화의 교과서적인 예가 되었다.

아프리카의 Victoria, Malawi, Tanganyika 호수에는 각각 300종, 200종 그리고 125 종의 고유한 시클리드가 서식하며, 이들은 동소적 종분화를 통해 빠르게 발생한 것으로 보인다(24장 참조). Victoria 호수는 형성된 지 75만 년 정도가 됐지만, 다른곳에서 볼 수 없는 300종이 서식한다.. Victoria 호수는 지질학적 근거에 의하면 1만 2,500년과 1만 4000년 사이에 말랐었다면 시클리드 종들은 놀라울 정도의 속도로 발생했을 것이다. 최근에 남아프리카의 시클리드 속 *Apistogramma*과 관련된 발견이 사실이라면, 우리가 아는 것보다 훨씬 많은 시클리드 종들이 존재할 것이다. Ready et al.(2006)은 *Apistogramma caetei* 같은 집단 내에서 색깔만 다른 개체들은 암컷의 상대선택에 의해 상호교배를 못하는 것을 보여줘 이들이 다른 생물학적 종으로 구분될 수 있음을 보여주었다.

시클리드의 형태학적인 특수화는 섭식 기관에서 두드러진다. 여러 종류의 먹이(플랑크톤, 퇴적물, 곤충, 곤충유충, 어류, 어류 유생을 먹고, 조류를 뜯고, 달팽이를 분쇄한다; T. Goldschmidt, 1996)에 적응하기 위한 생태적 분화를 반영한다.

특히 달팽이를 으깨어 포식하는 시클리드 특성화에서는 인두성 턱의 발달이 보인다(그림 17-27). 이 기관은 이름에서 알 수 있듯이 하악의 경우(첫째 인두궁에서 형성됨)보다 더 뒤쪽(5-7번 째)에서 형성되었다. 연골로 미리 형성된 인두성 턱은 골화된다. 골화되는 연골과 융합되는 진골에서 인두치가 나온다. 인두성 턱과 인두치는 먹이를 처리하는데 사용되며 '진정한' 하악과 상악이 먹이를 포획하는데 사용되게 하고 시클리드의 다른 특징들과 같이 분화를 자극하여 종분화를 가능하게 하였다. **그림 17-28**을 보면 인두성 턱은 큰 분쇄판과 먹이의 단단함에 따라 형태학적으로 분화된 기관들로 구성되어 있다.

Karel Liem(1974)는 인두성 턱의 진화를 "특화되고 매우 통합적인 혁신"인 진화적 사태로 설명했으며 순차적으로 일어난 세 가지 변화를 언급했다:

- 4번째 외거근(levator externus muscles)의 삽입점의 이동
- 좌측과 우측의 4번째 각새골이 융합되어 인두성 하악턱을 형성했다
- 인두성 상악턱과 두개골 밑면 사이에 운동관절의 형성

뼈 혹은 연골 주위의 세포가 물리적 자극에 반응함으로(Hall, 2005a) 새로운 관절의 생성은 외부의 작용 필요하지 않았고, 발생학적으로나 진화학적으로 짧은 시간 안에 일어났을 것이다. Liem (1974)가 설명했듯이 "이전에 존재했던 요소들이 높은 적응 가치가 있는 새롭고 크게 효율적인 시클리드 적응 복합체로의 변환은 개체발생적 메커니즘의 진화적 변화에 관련하는 유전자형의 재구성에 작용하는 강한 적응압의 영향하에서 빠르게 일어났다."불행하게도 이전에 존재했던 요소들이 빠른 속도로 크게 효율적인 시클리드 적응 복합체로 변환되었듯이 지난 40년 동안 Victoria 호수에서 시클리드의 감소는 지구의 어느 호수보다 가장 빠르고 극적이었다. 남획, 외래종의 도입(특히 나일 틸라피아 *Oreochromis niloticus*와 나일 농어 *Lates niloticus*), 오염, 주변토지의 관리 소홀 등으로 산소가 고갈되어 조류로 호수가 가득차게 되어 자생 시클리드의 절반이 현재 멸종되었다. 1982년에는 남조류를 포함하는 조류의 대번성과 부레옥잠의 증식으로 물 흐름을 막히고 빛의 투과를 감소된 반면에 나일 농어가 호수 생물량의 80%를 차지하였다. 시클리드가 유일한 멸종위기종은 아니다. 3천만명의 사람들이 삶과 생존을 Victoria 호수에 의지하고 있다. 종분화의 중심지였던 호수는 죽음의 구덩이가 되었다.

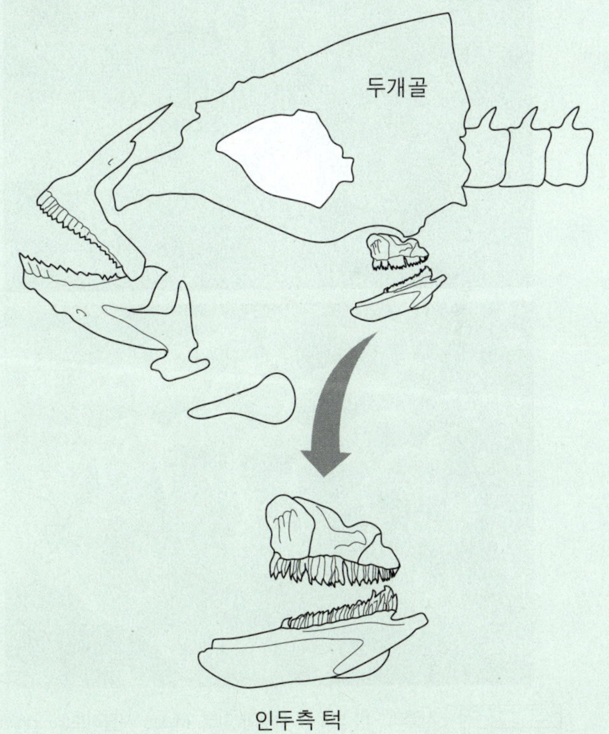

그림 17-27 시클리드의 머리에서는 하악과 두개골의 밑면 사이에 위치하는 인두성 상악과 하악을 보여 준다. 밑의 그림에는 인두측 턱과 이빨이 확대되어 있다(그림 7-29 참조).

글상자 17-3 시클리드 어류의 인두측 턱(계속)

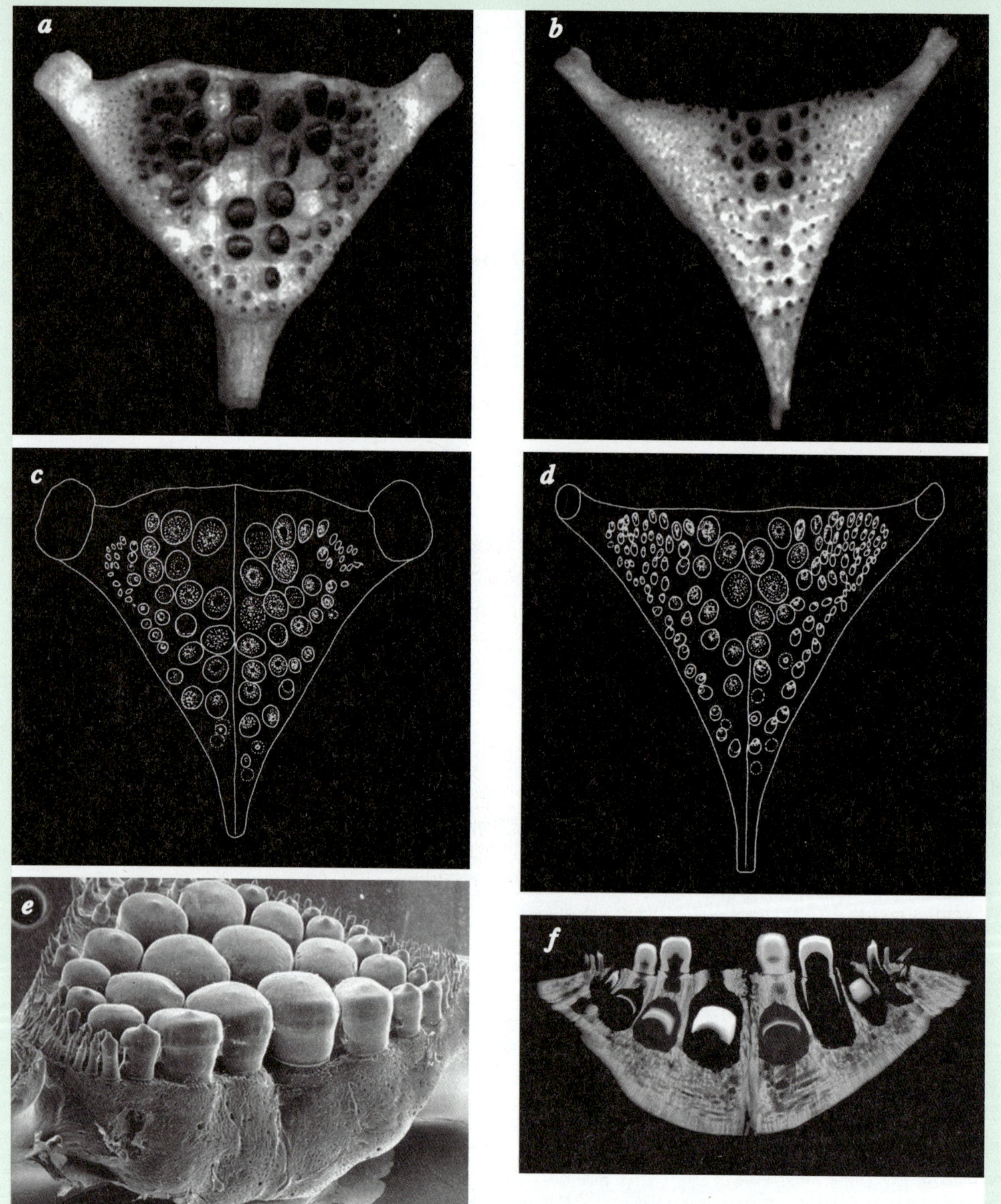

그림 17-28 시클리드의 인두성 하악과 이빨. Midas 시클리드(*Amphilophus citrinelllus*)는 다형성을 보이는데, 한 형태는 어금니 모양의 이빨을 가진 인두성 하악을 가지고(a) 다른 형태는 유두상의 이빨을 가져서(b) 두 형태는 다른 종류의 먹이를 섭식한다는 것을 보여 준다. East African cichlid Allauad's haplo(*Astatoreochromis alluaudi*)도 두 가지의 형태를 보이는데, 한 형태는 어금니 모양의 이빨(c)을 가져 딱딱한 먹이를 섭식하고 다른 형태는 유두상의 이빨(d)을 가져 연한 먹이를 섭식하는데. 먹이의 종류를 바꾸면 형태를 변환시킬 수 있다(a–d는 입 안쪽에서 본 것이다). e는 Midas 시클리드의 어금니 모양 이빨을 주사전자현미경으로 관찰한 것이고 f는 Allauad's haplo의 인두성 하악의 x-ray단면도이다. (a, b, e: Dr. Axel Meyer, University of Konstanz; c, d, f: Dr. Ann Huysseune, Ghent University 사진 제공).

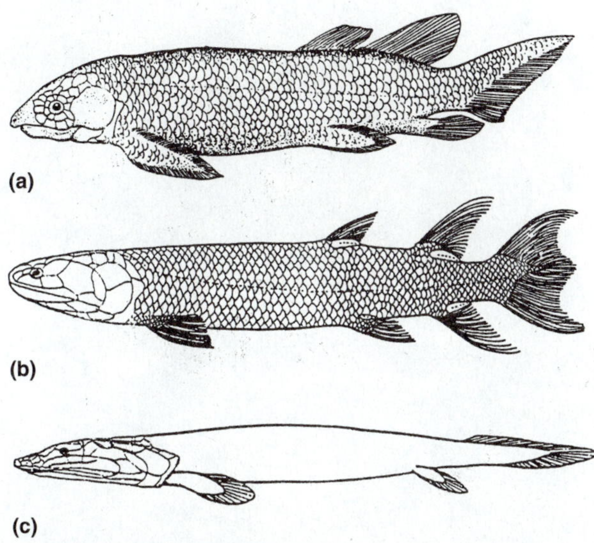

그림 17-29 원시 육지 사지동물의 조상이라고 여겨지는 데본기에 서식했던 3개의 총기류 혈통들의 재구성. (a) 폐어류 *Dipterus*. (b) osteolepifom에 속하는 *Eusthenopteron*. (c) *Panderichthys*.

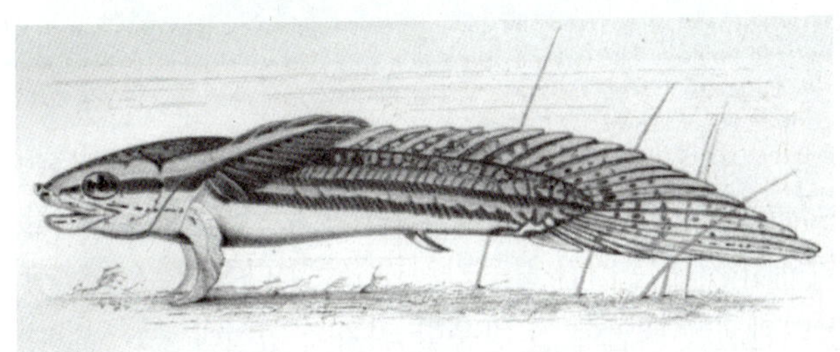

그림 17-30 아프리카에서 서식하는 3cm 길이의 폐어인 Protopterus로 1901년에 페어 유생과 배아들 최초로 채집한 John Budgett이 표본을 참고하면서 그림. 눈의 띄는 외부아가미와 넓은 꼬리는 호흡에 사용됨을 유의하라.

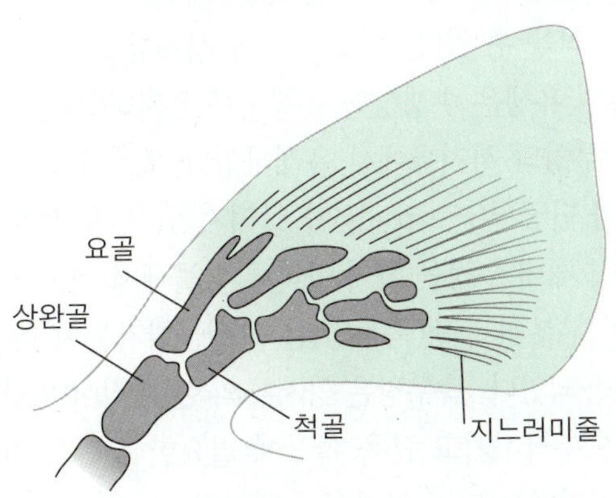

그림 17-31 지느러미에서 앞다리로 진화하는 과정의 중간 단계의 표현. 몸에 가까운 부분들은 사지동물의 상완골(H), 요골(R), 척골(U)와 상동적인 뼈들이지만, 지느러미줄(FR)이 아직 존재하고 있다. (Hall, B. K., 1999a. Evolutionary Developmental Biology, 2nd. Kluwer Academic Publishers, Dordrecht, The Netherlands.에서 각색; Shubin, N., 1995. The evolution of paired fins and the origin of tetrapod limbs. *Evol. Biol.* 28, 39–86.에서 변형.)

e. 허파

5. 털의 형태진화를 설명하기 위해서 화석학자, 발생학자, 분자생물학자들이 제시하는 가설들은 무엇인가?
6. 육기류의 주요한 하위그룹과 이들 사이의 계통유연관계는 무엇인가?

추천 읽을 거리

Aguinaldo, A. M. A., J. M. Turbeville, L. S. Linford, et al., 1997. Evidence for a clade of nematodes, arthropods and other moulting animals. *Nature,* **387**, 489–493.

Arendt, D., and K. Nübler-Jung, 1994. Inversion of dorsoventral axis? *Nature,* **371**, 26.

Benton, M. J., 2004. *Vertebrate Palaeontology,* 3rd ed. Blackwell, Oxford, UK.

Carroll, R. L., 1988. *Vertebrate Paleontology and Evolution.* Freeman, New York.

Dehal, P., Y. Satou, R. K. Campbell, J. Chapman et al., 2002. The draft genome of *ciona intestinalis:* Insights into chordate and vertebrate origins. *Science,* **298**, 2157–2167.

Goldschmidt, T., 1996. *Darwin's Dreampond. Drama in Lake Victoria.* MIT Press, Cambridge, MA.

Hall, B. K., 1999b. *The Neural Crest in Development and Evolution.* Springer-Verlag, New York.

Hall, B. K., 2005a. *Bones and Cartilage: Developmental and Evolutionary Skeletal Biology.* Elsevier/Academic, London, UK.

Hall, B. K., (ed.), 2007a. *Fins into Limbs: Development, Evolution, and Transformation.* The University of Chicago, Chicago.

Kardong, K.V., 2006. *Vertebrates: Comparative Anatomy, Function, Evolution,* 4th ed. McGraw-Hill, New York.

Liem, K. F., W. E. Bemis, W. F. Walker, Jr., and L. Grande, 2001. *Functional Anatomy of the Vertebrates. An Evolutionary Perspective,* 3rd ed. Harcourt College Publishers, Fort Worth TX.

Maisey, J. G., 1996. *Discovering Fossil Fish.* Henry Holt, New York.

Northcutt, R. G., and C. Gans, 1983. The genesis of neural crest and epidermal placodes: a reinterpretation of vertebrate origins. *Q. Rev. Biol.,* **58**, 1–28.

Ready, J. S., I. Sampaio, H. Schneider, et al., 2006. Color forms of Amazonian cichlid fish represent reproductively isolated species. *J. Evol. Biol.*, **19**, 1139–1148.

Zelditch, M. L., (ed.), 2001. *Beyond Heterochrony. The Evolution of Development.* Wiley-Liss, New York.

18 물에서 뭍으로, 하늘로: 양서류와 양막류

요약

더 고도로 파생된 육기류 물고기들(기반 사지류)은 이미 허파와 근육성 지느러미를 갖고 있었기 때문에, 처음에는 물 밖에서 지내는 기간을 증가시키고, 그 다음에는 육상 생활로 전환하여 땅을 차지하는 것과 연관된 선택압에 잘 반응할 위치에 있었다. 그들은 땅에 진입하면서 습지 서식지에서 사는 경쟁자와(또는) 포식자들에게도 반응해야 했다. 우리는 데본기에 살았던 7 종류의 기반 사지류와 초기 수생/반육상 사지류를 통해 그들이 물을 떠나 육상 동물이 되어 가는 변화에 관한 지식을 얻을 수 있다. 특히, 사지, 척주, 흉대와 요대의 변화에 관한 상당한 정보를 얻을 수 있다. 최초의 육상 사지류인 "양서류"는 이들 수생 형태에서 유래하였고, 양서류의 유생은 수생성인 올챙이를 유지하였다.

초기 양막류는 작은 도마뱀 모양의 무양막 사지류에서 유래하였다. 2개의 조상 양막류 계통으로는 사우롭시드(sauropsids)와 단궁류(synapsids)가 알려져 있다. 양막란의 진화는 이미 그 이전부터 땅에서 알을 낳고, 체내 수정을 하여 양막류가 물에서 의존하는 것에서 벗어나게 하였다. 두개골 관자놀이 부분의 구멍(측두창)은 고생물학자들이 화석 양막류를 분류하기 위한 기준으로 흔히 사용되었다. 측두창은 양서류의 한 특징이며 양막류에서 발달되었는데, 강력해진 턱 근육을 부착시키고 근육 확장에 필요한 공간을 마련해 주었다. 이것은 땅 위에서 먹이를 잡고 처리하는 것과 연관되어 있었다.

초기 양막류(전통적인 용어로는 파충류)는 많은 육상 서식지로 퍼져나가 중생대 시대에는 가장 지배적인 사지류가 되었다. 포유류의 조상인 수궁류는 체온 조절 기작을 가졌던 것으로 보이며, 최초의 내온성 동물이었을 것이다. 사지 뼈의 특수화는 사우롭시드의 두발걷기를 촉진시켰고, 이들의 호흡활동을 증진시켰다. 가장 유명한 조룡류인 공룡은 거의 모든 육상 서식지로 방산되었고, 일부는 몸 크기가 육상동물의 한계에 이를 정도로 몸집이 커졌다. 뼈와 외피 구조, 자세와 생물지리적 분포에서 나온 증거를 통해 일부 공룡은 내온성이다는 것을 알 수 있다. 그러나 다른 거대 해양동물과 더불어 대부분 공룡과 다양한 무척추동물들이 몇 번의 대멸종을 겪으면서 사라졌다. 각각의 대멸종은 커다란 소행성 충돌에 의해 촉진되었을 것이다.

지속적 비행을 위한 적응은 익룡과 조류에서 각각 독립적으로 일어났다. 익룡의 경우, 몸통과 앞다리 사이에 비행막(patagia)과 속이 빈 뼈가 발달하였고, 어떤 경우에는 꼬리와 이빨은 사라지고 턱은 부리로서 남게 되었다. 조류(새)는 두 발로 걸으며, 땅 위에서 살거나 또는 나무 위에 사는 육식성 공룡으로부터 유래하였다. 깃털은 일반적으로 비늘과 상동이고 비늘에서 유래한 것으로 간주된다. 깃털은 절연 도구, 그리고/또는 과시를 위한 도구로 진화한 것으로 보인다. 조류는 변형된 뼈 구조와 증대된 뇌용적을 가지며, 일부는 날지 못하는 상태로 돌아갔다. 최근 중국과 다른 지역에서 화석 조류가 발견되기까지, 우리는 고생물학 수준에서 조류들 사이의 진화적 관계에 대해 거의 아는 것이 없었다. 분자 기법은 조류를 포함하는 사지류 진화에 관해 새로운 계통발생학적인 정보를 제공한다.

이 책의 4부(생물체) 소개글에서 언급한 분류, 용어, 계통적 유연관계에 관한 주요 사항을 반복하는 것으로 본 18장을 시작하고자 한다.

우리는 척추동물이 어류, 양서류, 파충류와 같이 일반적으로 알려져 있고 이해되고 있는 범주의 동물군으로 이루어져 있다는 관행에 익숙하다. 그러나 지난 수십 년 간에 걸쳐 수행된 계통학적 분석 결과는 이 범주가 '자연적'인 것이 아니라는 사실을 매우 설득력 있게 보여 준다. 여기서 '자연적'이라는 말은, 각 동물군의 구성원이 모두 하나의 조상 계통으로 추적 가능하다는 것, 즉 해당 동물군 범주가 단계통군임을 의미한다. 최근 조류(새, birds)가 하나의 독립된 동물군 범주에서 제거되고 "조류"를 나르는 공룡으로 인식하게 된 점은 충분한 근거를 가지고 있으며, 이것은 진화 역사의 탐구라는 항해 노선에 잠복하고 있는 장애물의 위험성을 보여 주는 예이다.

앞의 17장에서 본 것처럼 "물고기(어류)"는 다계통(polyphyletic)이면서 많은 특성을 공유하고 있는 동물군의 이름이다. 그러나 이들은 단일 진화적 기원이라는 특성을 공유하지는 않는다. 그러므로 "물고기란 무엇인가"와 "왜 물고기는 하나의 단계통이 아닌가"라는 질문에 대해 설명하기 위해서는 좀 더 역사적(전통적)인 연구 성과를 최근의 분기학적 분석 결과와 통합시켜야 하며, 이때 오래된 용어와 분류체계를 언급하게 될 것이다. 최초의 사지류(양서류)는 물고기의 한 그룹(육기류, sarcopterygians)에서 유래하였다. 육기류와, 더 파생된 육기류 물고기(사지류가 유래한)를 어떻게 구분할 것인가? 육기류의 한 속인 팬더익시스류(*Panderichthyids*)는 이들 물고기 중 가장 파생된 육기류이기 때문에, 일부 연구자들은 이것보다 더 파생된 분류군을 "postpanderichthyid stem tetrapods"로 부른다. 이제 우리는 이들 사이의 관계에 대한 충분한 정보를 갖게 되었으며, 이를 분명히 할 수 있게 되었다.

"포유류형 파충류, mammal-like reptiles"는 포유류로 발달한 파충류를 지칭하기 위해 한때 사용되었던 구식 용어인데, 이제는 더 이상 적합한 용어로 간주되지 않는다. 그 이유는:

- 이 생물들(수궁류, therapsids)은 여러 개의 독립적인 계통으로 이루어져 있으며, 이들 중 단 하나 또는 몇 개만이 포유류로 발달하였다;
- 이 용어는 **정상군(頂上群**, crown group, 진화 계통의 정점)과 **기반군(基盤群**, stem group, 다른 그룹으로 진화한 계통) 사이에 혼동을 일으킨다; 그리고
- 이 용어는 마치 일부 파충류가 포유류가 되고자 노력했었고, 따라서 포유류와 비슷했었다는 것처럼 착각을 일으킨다.

척추동물의 형태학(대부분 육안 관찰에 의한)은 단세포생물에 대한 연구(주로 현미경 관찰 그리고/또는 분자적 분석으로 이뤄짐)보다 한 세기 반 먼저 시작되었음에도 불구하고, 사지류에서의 용어와 그룹 간의 관계에 대한 문제들은 단세포생물의 세계에서와 같이 여전히 유동적이다(8장 참조). 그러므로 이 책은, 특히 이 장에서는 독자가 오래된 문헌과 최신의 문헌 모두를 탐색하는 데 도움이 되게 하기 위해, 독자가 용어와 관계에 익숙해지도록 노력하였다. 우리는 이를 위해, 때로 독자가 2개의 그림을 비교하도록 권하기도 하고, 때로는 하나의 접근법에 대해 논의하면서 또 다른 접근법에 대해서도 언급하기도 하였다. 이러한 배경을 염두에 두고, 이제 앞 장의 끝에서 언급하였던 육기류 물고기에서부터 시작해 보자.

■ 물에서 뭍으로

앞 장의 마지막 부분과 그림 17-29에서 육기류 물고기의 세 혈통

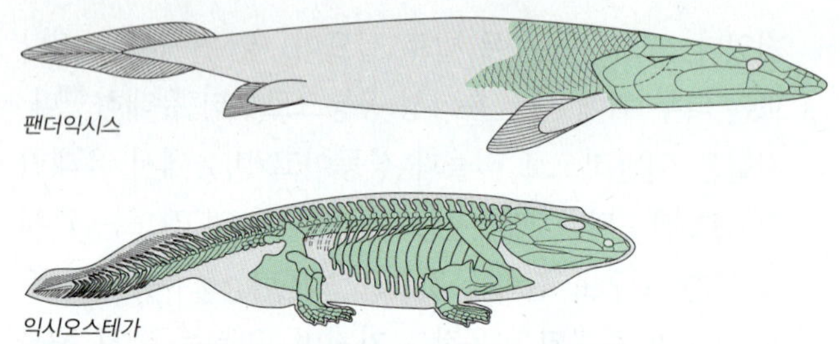

그림 18-1 근육성 지느러미를 가진 파생 육기류 물고기 **팬더익시스**(*Panderichthys*; 위)와, 반은 수생성이고 반은 육상성인 기반 사지류 **익시오스테가**(*Ichthyostega*; 아래)를 재구성한 그림.

— 팬더익시스류(panderichthyids), 오스테올레피스류(osteolepiforms), 폐어류(dipnoans) — 을 소개하였는데, 이들은 사지류의 조상, 즉 기반군으로 간주된다. 이들 물고기들은 제 역할을 하는 허파와, 뼈가 지탱하는 두 쌍의 근육성 지느러미를 갖고 있었다(**그림 18-1**). 이들은 이 지느러미를 이용해 몸을 움직이고 바닥에 서있을 수 있었으며, 짐작컨대 뭍으로의 짧은 나들이도 했을 것이다.

되돌아 생각해 보면, 이들 물고기 중 많은 종들은 최소한 부분적인 육상생활을 위해서 그리 많은 변화가 필요하지 않았던 것으로 보인다(그림 18-1, **18-2**). 사지류는 지느러미 대신 팔다리, 아가미 대신 허파를 가지는 특징을 가지고 있는데, 이런 특징들은 아직도 수중생활을 하고 있는 육기류 물고기에서는 확인되고 있다. 전적인 수중생활에서 부분적 수중/부분적 육상생활을 거쳐 전적인 육상생활에 이르는 변화는 거의 틀림 없이 몇 개의 혈통에서 독립적으로 일어났다. 물론, 이들이 허파와 사지를 가졌다면 물고기가 아닌 기반 사지류(stem tetrapods)라 부를 수 있다. 몇 십 년 전만 해도 이들을 "사지류형 물고기"라고 말했겠지만, 이러한 용어 때문에 이들이 기반군이 아닌 정상군인 것 같은 착각을 일으킨다.

왜 물을 떠나 뭍으로 옮아 갔을까?

우리는 한때 뭍으로의 이동을 물고기가 육상생활을 위해 얕은 물 서식지를 포기한 것처럼 설명하였는데, 이것은 실제 일어난 일보다 훨씬 급격한 변화가 일어난 것 같은 느낌을 준다. 특히, 이제 우리는 수중생활을 하는 생물에서 이미 사지의 형성이 시작되었으며, 이들이 물바닥에서 이동하기 위해 사지를 이용했을 것이라는 것을 알고 있다(그림 17−30, 17−31). 그러므로 물에서 뭍으로의 이동은 어느 날 갑자기 일어난 변화에 의한 것이 아니었다. 그러나 물바닥에서 "걸어 다니는" 것을 지탱해 주는 사지와, 몸무게를 땅 위에서 지탱해 주는 사지 사이에는 커다란 차이가 있다. 이들 물고기는 땅 위의 먹이를 급습하였고, 이러한 행동은 더욱 강력한 사지를 갖게 하는 변화(또는 그 반대방향의 변화)를 이끌어 내었다.

유명한 Romer(1968)의 고전적 가설은 물에서 뭍으로의 전이를 설명하는 것으로, 수심이 낮고 산소가 적은 서식지에 살던 고대 육기류들 가운데 몇몇 종은 대기 산소 호흡을 할 수 있는 허파를 가지고 있었다. 그래서 자신들이 살던 서식지의 물이 마르거나 또는 정체되어 썩었을 때 새로운 연못의 물을 찾기 위해 나섰고, 이들은 아마도 땅 위에서 짧은 기간 동안 살아 남을 수 있었을 것이라는 것이다. 지금은 이 가설이 그리 일반적으로 받아들여지고 있지 않지만, **초기 사지류는 육상동물이었다**[1]는 설익은 가정과 연관되어, 40년 전에는 이 가설이 완벽하게 합리적인 것이었다. 그 당시에 대부분 척추동물 생물학자/고생물학자는 Romer의 가설에 동의했다. 초기 데본기 퇴적층을 재분석해서 그 당시 환경의 성격에 대해 훨씬 더 많이 알게 되었고, 또 새로운 화석이 많이

[1] 여기에서 Romer의 가설을 소개하는 이유는 가설이 만들어질 당시에 가설이 유용한 증거의 해석에 어떻게 의존하는지를 보여 주기 때문이다. 옳거나 그른 가설은 존재하지 않는다. 오직 더 그럴 듯한 또는 덜 그럴 듯한 가설, 그리고 시험 가능한 또는 불가능한 가설이 존재할 뿐이다.

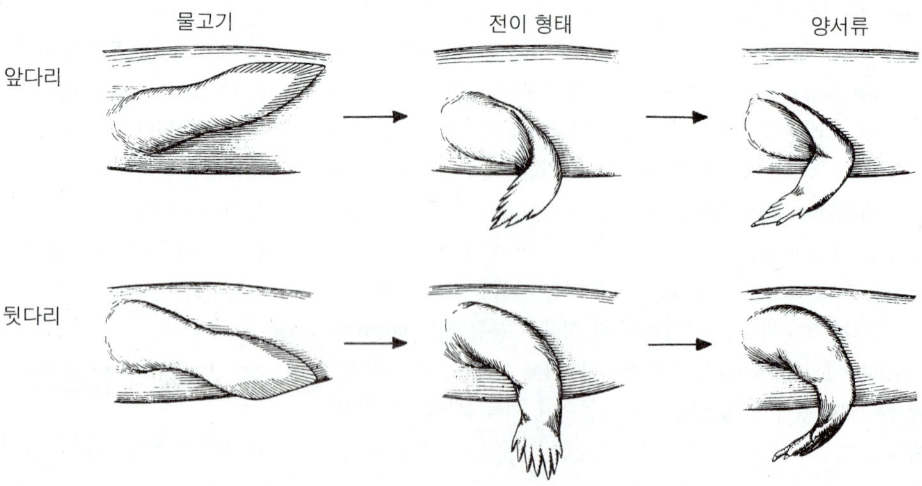

그림 18-2 물고기에서 사지류로 변이 되는 과정에서 흉부의 다리(앞다리)와 골반부위 다리(뒷다리)의 위치 이동. (Romer, A. S.와 T. S. Parsons, 1977. *척추동물의 몸 The Vertebrate Body*, 5판. Saunders, Philadelphia에서 인용.)

발견되었기 때문에, 이제 우리는 **초기 사지류**가 민물에 살고 있던 **수생동물**이었다는 것을 알고 있다. 그러므로 초기 사지류의 특징들(팔다리, 허파)은 수생 환경에서 발달하였으며, 단지 나중에 더 영구적인 육상생활에 적응된 것뿐이다.

요즈음 더 일반적으로 받아들여지고 있는 또 하나의 가설이 있다. 이 가설은 이들 수생동물들은 따듯한 습지 서식지에서 공간, 먹이, 번식 장소에 대한 경쟁, 그리고 늘어나는 포식자들(아마도 다른 물고기들)에 의한 압력을 받았기 때문에 그 당시 습한 열대 기후의 땅 위로 이주하였을 것이란 것이다. 이것은 물 밖에서 일어난 짧은 먹이 사냥 가설과도 일치한다. 생태, 환경, 기후가 한꺼번에 변화하면서, 점진적으로 더 긴 시간을 땅 위에서 보내는 혈통에게 강력한 선택 이득을 주게 되었다. 육지에는 분명히 풍부한 먹잇감이 있었다: 다른 무척추동물과 함께 절지동물은 이미 육상으로 올라왔고, 육상 식물들은 데본기 전체에 걸쳐 그 수와 다양성을 확장하고 있었다. 더 많은 선택 압력이 여러 수준에서 작용하여 호흡 능력을 향상시키고, 이산화탄소를 배출하며, 건조에 대한 저항성을 증가시키고, 목의 유동성을 증가시켰으며, 또 다른 변화를 촉진시켰을 것이다. 여러분은 이러한 변화를 현생 물고기에서도 볼 수 있다. 짱뚱어(mudskippers), 등목어(登木魚, climbing perch), 걷는메기(walking catfish) 같은 어떤 경골어류들은 심지어 나무 위에 올라가서 공중의 먹이를 잡을 정도로 육상생활에 적응하였다.

사지류의 기원

고생물학적 증거에 따라, 우리는 육상 척추동물이 팬더익시스류와 오스테오레피스류(rhipidistians)인 엽상지느러미 어류의 후손들이고, 폐어류 또는 실러캔스류로부터 기원한 것이 아니라고 결론 내리게 되었다. 현재 폐어류와 실러캔스류는 사지류의 사촌 정도로 간주되고 있다. 물고기가 네발 달린 사지류로 변화한 시기는 데본기 말, 약 3억 5400만 년 전부터 3억 6000만 년 전까지, 1500 내지 2000만 년이 넘지 않는 시대로, 지질 연대상 비교적 짧은 기간이다(그림 17–28, 18–1 참조).[2]

오랫동안 데본기 사지류의 화석으로 발견된 것은 아칸소스테가(*Acanthostega*)와 익시오스테가(*Ichtyostega*), 2개의 주요 속 뿐이었다(**그림 18–3**). 그러나 그 후 벤타스테가(*Ventastega*), *Hynerpeton, Tulerpeton*이 발견되었고 기재되었는데, 이들은 모두 데본기 후기의 것이고, **글상자 18–1**에 요약된 것처럼 잘 발달된 사지류의 특징들을 가지고 있다.

이들 데본기 후기 사지류들 사이의 관계는 그림 18–8에서 볼 수 있다. *Tulerpeton*이 가장 많이 파생된 군이고, 벤타스테가(*Ventastega*)는 가장 적게 파생된 군이다. 모두가 데본기 마지막 600만 년 기간(3억 5400만 년 전부터 3억 6000만 년 전까지) 안에 발견되었다. 이들 중 어느 것도 이후의 석탄기에는 발견되지 않는데, 이때 쯤, 약 3억 2800만 년 전부터 3억 4800만 년 전 사이에 더 파생된 사지류 다섯 군이 발달하였다.

여기에서 화석 기록의 성격에 대해, 특히 화석 기록에서의 공백과 관련하여 언급하는 것(사실은 주의를 환기시키는 것)이 적절해 보인다.

3억 6000만 년 전에서 3억 4500만 년 전 사이에 육상 척추동물의 화석이 거의 없다는 사실은 지난 40년 간 잘 알려져 있었다. 1500만 년에 이르는 간극을 "로머 공백기(Romer's gap)"라고 부르는데, 이는 이 사실을 처음 지적한 Alfred Sherwood Romer(1894~1973)의 이름을 딴 것이다. 로머 공백기 직전과 직후의 퇴적층에서는 많은 화석이 발견되었지만, 이 공백기 동안은 육상 절지동물의 화석이 거의 발견되지 않는다. Ward와 공동연구자들(2006)은 O_2 수준의 감소가 로머 공백기와 일치하고, 척추동물과 절지동물의 "육상화(terrestrialization)"가 두 단계에 걸쳐 일어났다는 것을 밝혔다: 첫 번째 단계는 6500만 년 간(4억 2500만 년 전~3억 6000만 년 전, 작은 동물이 육상화 됨)에 해당되고, 두 번째 단계는 3억 4500만 년전부터 페름기 초기까지 이르는 기간(큰 동물이 육상화 됨)에 해당된다. 이 두 기간 사이에 로머 공백

[2] 사지류의 기원에 관한 개괄적인 내용은 R. L. Carroll(1995), Clack(2002), Carroll과 Holmes(2007), Coates와 Ruta(2007) 참조.

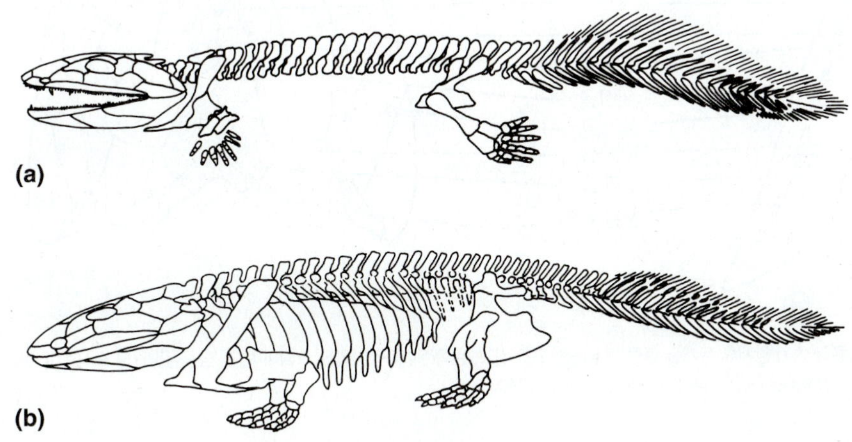

그림 18–3 후기 데본기 두 종류의 사지동물 골격(실제 크기의 비율이 아님). (a) *아칸소스테가(Acanthostega)*, 60cm 길이의 후기 데본기 사지동물로서 물고기 같은 내부 아가미를 가지고 있으면서 수중생활을 할 수 있었고, 그 다리들도 육지에서보다는 물속에서 사용되었다(Coates와 Clack[1991], Clack[2002], Coates와 Ruta[2007] 참조). (b) 억센 다리를 가진 1.5m 길이의 *익시오스테가(Ichthyostega)*는 비늘, 등꼬리지느러미, 유선형 몸체 등 물고기 같은 특징들을 많이 지니고 있었고, 이것은 이들이 아마도 얕은 수중환경에서 생활하였을 것이라는 점을 시사한다.

글상자 18-1 데본기 기반 사지류와 초기 사지류

후기 데본기의 기반 사지류(LATE DEVONIAN STEM TETRAPODS) 모두는 잘 발달된 사지류의 특징을 갖고 있었다:

1. 두개골은 많은 진피골(dermal bones)을 포함한다. 팬더익시스류와 데본기 사지류는 전두골(frontal bones)의 양상이 유사하다(**그림 18-4**). 비록 아가미 뚜껑은 잃었지만, 이들은 전새개골(preopercular bones)의 잔존물을 유지하고 있어 물속에서의 호흡이 줄어들었다는 것을 반영하고 있다.
2. 지느러미는 이제 사지가 되었다(그림 18-3). 사지의 뼈들과, 이들은 지지하는 흉대와 요대가 초기 사지류의 그것과 상동을 이룬다(**그림 18-5**, 그림 17-30 참조).
3. 오스테올레피스류와 데본기 사지류의 치수강은 둘 다, 복잡한 미로 같은 비슷한 접힘 구조를 갖고 있다(**그림 18-6**).
4. 오스테올레피스류의 두개골을 가로지르는 감각측선계는, 사지류 두개골에 묻혀 있는 비슷한 양상의 감각관과 상동으로 간주된다(그림 18-4; R. G.와 M. S. Northcutt, 2004).
5. 초기 사지류는 등지느러미 가시를 갖고 있어, 명백히 물고기 형태의 계보임을 보여 준다(그림 17-29와 그림 18-1, 18-3 비교).
6. 반면, 초기 사지류의 척추골은 오스테올레피스류 rhipidistians의 척추 구조에서 크게 달라지지 않았다(**그림 18-7**).

사지류 형질의 점진적인 축적과 모자이크 형태의 진화는 사지류 진화의 초기 단계를 특징짓는 양상인데, 이를 예시하기 위해 7종류의 데본기 사지류와 기반 사지류의 주요 특징들이 아래에 요약되어 있다(**그림 18-8**). 특히, 파생된 육기류 물고기의 전형적인 형질과 초기 사지류를 특징짓게 되는 형질을 강조하였다.

■ 파생 육기류

팬더익시스류

팬더익시스류는 가장 고도로 파생된 육기류 물고기로서, 육기류 형질 대부분을 지님과 동시에 가장 많은 수의 초기 사지류 형질을 갖는 물고기이다. 현재의 증거에 의하면, 팬더익시스류를 육기류와 사지류 사이의 고리로 간주하는 것이 상당히 타당하며, 이것은 그 동안 찾아왔던 잃어버린 고리로서의 분류군 형태와 정확히 일치한다.

2개의 알려진 종들은 길이가 90에서 130cm이다(그림 17-27과 18-2 참조). 많은 수의 두개골 뼈들은 전형적인 육기류 물고기의 특징을 보인다. 길고 납작한 머리, 꼬리의 특성, 등지느러미와 뒷지느러미의 부재, 이 모든 것들은 물고기보다는 사지류의 특성들이다. 앞다리 상완골이 길어진 것과 동시에 사지류와 더욱 비슷해진 척추골은, 이들이 땅 위에서의 운동으로 인해 짧은 기간 안에 적응된 사실을 반영한다. 앞다리와 뒷다리에 모두 지느러미 가시가 존재하고 손발가락은 존재하지

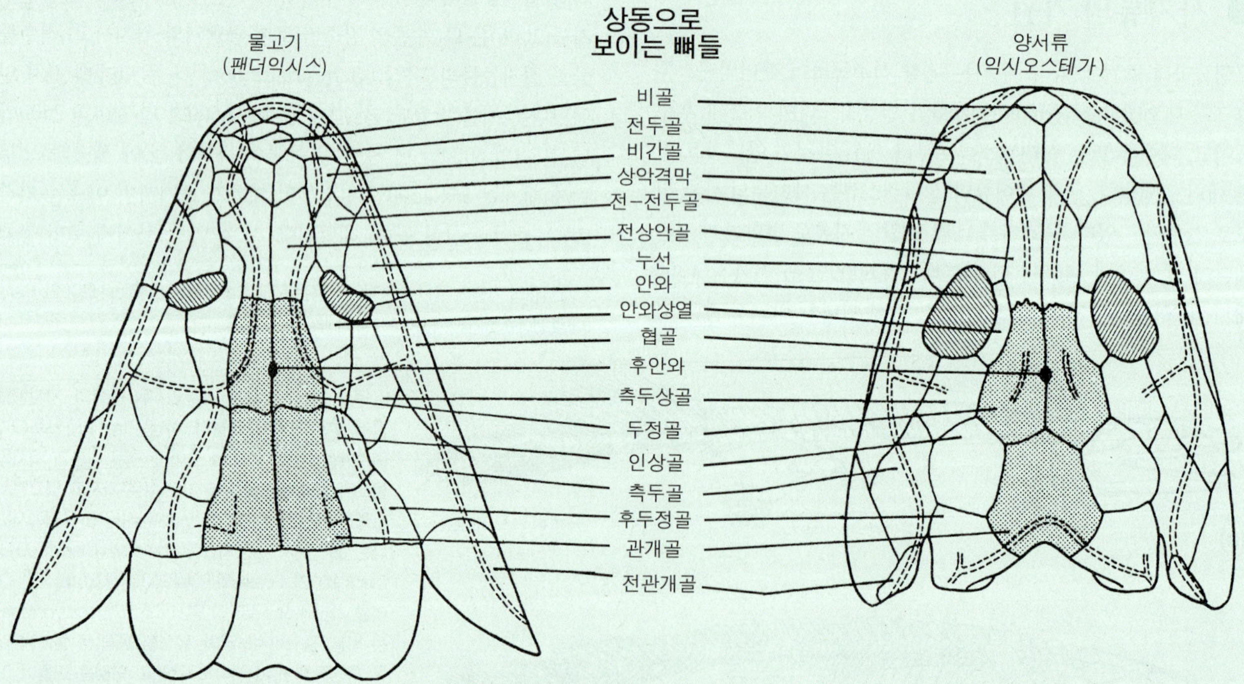

그림 18-4 오스테올레피스류(osteolepiforms) 한 종류와 초기 양서류 두개골 뼈들의 상동성 구조 비교. 등쪽(위)에서 바라본 그림이며, 점선은 감각관을 표시한다. (W. E. Duellman과 L. Trueb, 1986. *양서류의 생물학 Biology of Amphibians*. McGraw-Hill, New York에서 인용.)

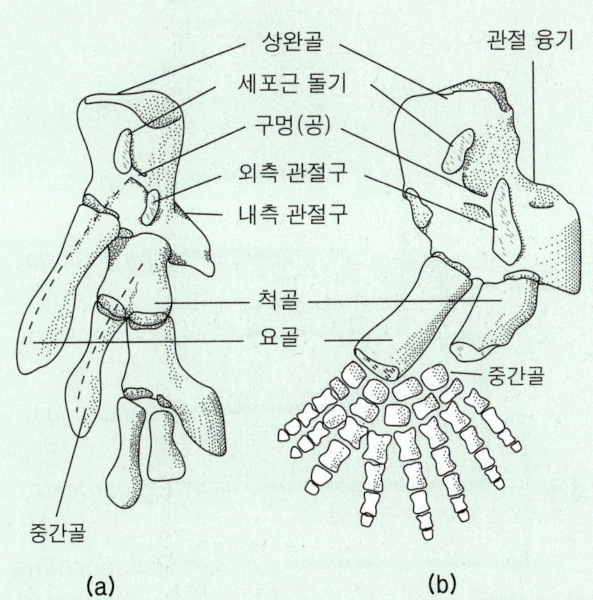

그림 18-5 오스테올레피스류의 하나인 *Eusthenopteron*(a)의 가슴지느러미 뼈들과, 후기 데본기 사지류 *아칸소스테가*(b)의 앞다리 뼈들의 비교. 그림에서처럼, 데본기 사지류들은 많은 현생 사지류의 특징인 다섯 개보다 더 많은 수의 발가락을 갖고 있었다. *아칸소스테가*는 앞발에 8개의 발가락이 있었고, *익시오스테가*는 뒷발에 7개의 발가락이 있었다. 후에 여분의 발가락을 잃음으로써 다섯 발가락 사지가 진화되었을 것이다. (M. I. Coates와 J. A. Clack, 1990. Polydactyly in the earliest known tetrapod limbs. *Nature*, 347, 66–69에서 인용.)

않는다는 사실(그림 17-27)은, 아마도 민물, 조수대, 또는 강 하구 환경에서 살았던 종의 사지에서 모자이크형 진화가 일어났음을 보여 준다.

틱타알릭

최근 캐나다 Nunavut에서 발견된 또 하나의 육기류인 틱타알릭(*Tiktaalik roseae*)은 약 3억 7500만 년 전의 것이다. 이들은 허파, 하나

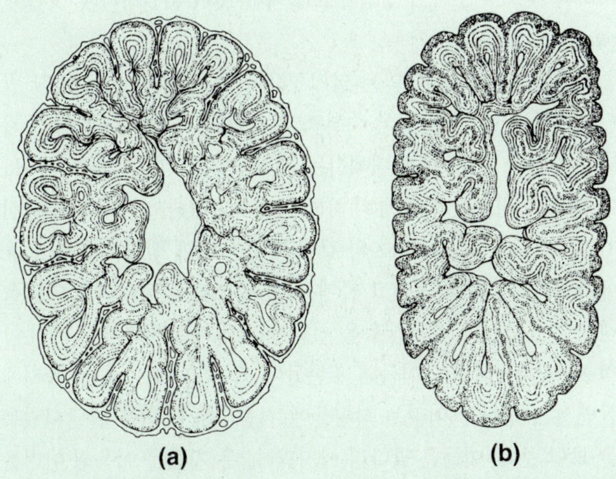

그림 18-6 오스테올레피스류의 하나인 *Polyplocodus*(a)와 데본기 사지류 *Benthosuchus*(b)의 치아 단면 구조.

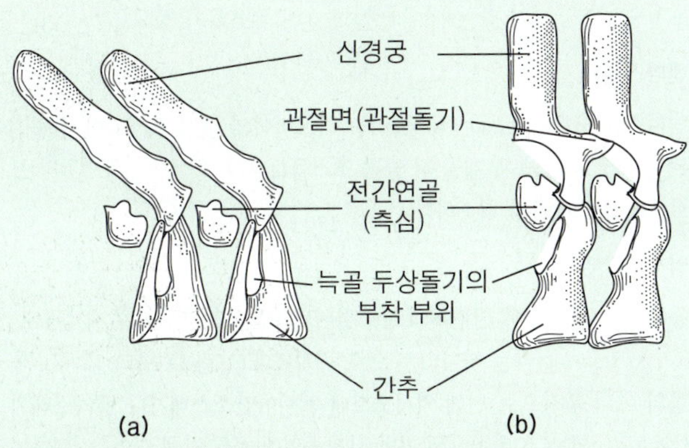

그림 18-7 오스테올레피스류의 하나인 *Eusthenopteron* (a)와 후기 데본기 사지류 *익시오스테가*(b)의 척추골 측면. (A. S. Romer와 T. S. Parsons, 1977. *The Vertebrate Body*, 5판. Saunders, Philadelphia에서 인용.)

의 작은 아가미, 손목, 가운데귀와 척추골의 변화(움직일 수 있는 목을 포함해서)와 같은 특징을 갖는데, 이 특징들로 인해 계통발생적으로 팬더익시스와 **아칸소스테가**(*Acanthostega*) 사이에 위치하게 된다(그림 18-8).

엘지너페톤

엘지너페톤(*Elginerpeton pancheni*)는 *Obruchevichthys*와 밀접히 연관된다. 1.5m 길이로 추정되었고, 턱, 지대, 두개골 모두가 육기류와 사지류의 모자이크 형질을 갖는다. 화석화된 부속기관(지느러미/사지?)이 없기 때문에 엘지너페톤의 정확한 위치를 판정하기가 어렵다. 엘지노페톤은 육기류에서 파생된 것인가 팬더익시스 이후의 기반 사지류인가? 길다란 몸체는 육기류임을 암시하나 지느러미/사지가 없이는 단정할 수 없다.

■ 팬더익시스 이후 기반 사지류

아칸소스테가

아칸소스테가(*Acanthostega*)는 어떤 다른 종보다도 초기 사지류에 대한 우리의 생각에 대해 큰 영향을 주었다. *A. gunneri*는 길이가 60cm에 달하며 동부 그린랜드에 존재하는 풍부한 화석에 의해 알려졌다(그림 18-3과 18-5). **아칸소스테가**는 손발가락을 갖는 기반 사지류로서는 가장 오래된 것이다. **아칸소스테가**에서 확인된 손발가락의 존재, 손목뼈나 발목뼈의 부재, 엉덩이 관절의 특징들에 의해, 고생물학자들은 수생생물 형태가 아직 그 일부 생활을 수생환경에서 하고 있을 때 사지 진화가 시작되었다고 결론 내리게 되었다. 내부 아가미와 측선계(육기류의 특징)는, 초기 사지류가 수생 생물이었다는 것과 사지, 허파, 감각계와 같은 주요 기관계가 모자이크 진화를 했다는 사실을 극적으로 보여 준다. 더 극적인 결과는, **아칸소스테가**의 앞다리에 존재하는 8개의 발가락과 뒷다리에 존재하는 **최소** 8개의 발가락이다(그림 18-5). 다리 하나에 5개의 발가락을 가진다는 것은 오랫동안 사지류의 기반이 되는

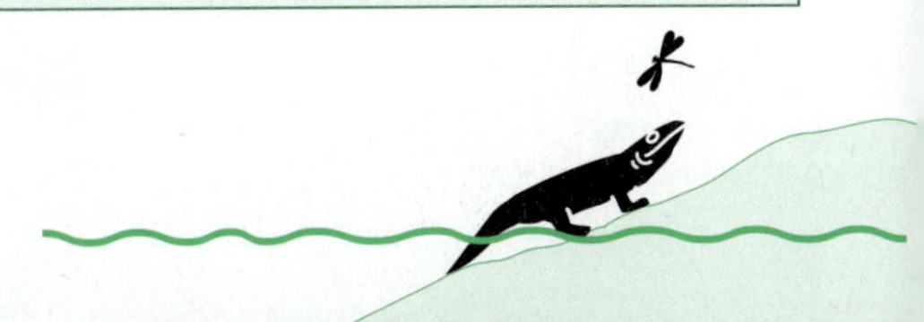

글상자 18-1 데본기 기반 사지류와 초기 사지류(계속)

조건으로 간주되어 왔는데, 이것은 더 이상 유효하지 않다.

벤타스테가

벤타스테가(*Ventastega uvronica*)는 라트비아의 해변 퇴적층에서 발견된 두개골 하나와, 두개골 뒤 골격 조각들로부터 알려졌으며, 일반적으로 **아칸소스테가**와 비슷하다.

익시오스테가

동부 그린랜드에서 발견된 1.5m 길이의 여러 표본들은 이제 *Ichthyostega stensioei*라는 하나의 종으로 해석된다.(그림 18-1과 18-8). 이들의 여러 특징으로 인해 **익시오스테가**는 **아칸소스테가**나 **벤타스테가**(*Ventastega*)보다 더 파생된 기반 사지류의 위치를 갖게 되었다: 뒷다리에 7개의 발가락(그림18-5), 가장자리가 넓고 서로 겹치는 갈비뼈, 다른 초기 사지류 및 사지류 닮은 척추동물에서 볼 수 없는 귀의 특수화(그림 18-7). 익시오스테가가 아가미를 가졌는지는 알려져 있지 않다.

툴러페톤

*Tulerpeton curtum*은 러시아에서 발견되었고, 앞다리와 뒷다리 모두에 6개의 발가락이 있다. **툴러페톤**(*Tulerpeton*)은 데본기 후기의 것이기 때문에, 다섯 발가락 조건은 석탄기까지 확립되지 않았던 것으로 보인다. 흉대와 앞다리, 특히 상완골은 **익시오스테가** 또는 **아칸소스테가**보다 더 사지류를 닮았다.

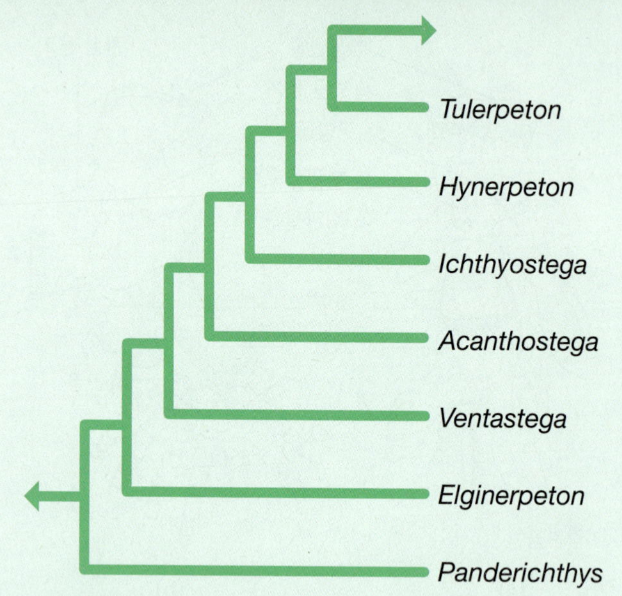

그림 18-8 팬더익시스 이후의 기반 사지류 사이의 관계를 보여 주는 분지도. 이들 중 팬더익시스(*Panderichthys*)가 가장 기저에 있고, *Tulerpeton*이 제일 많이 파생된 종류이다. (M. I. Coats와 M. Ruta, 2007. Skeletal changes in the transition from fins to limbs. In *Fins into Limbs: Evolution, Development and Transformation*, B. K. Hali (ed). The University of Chicago Press, Chicago, pp. 15–38.)

기가 끼어 있다.

그림 18-8은 2개 이상의 기저 속(basal genera)을 보여주고 있다. Panderichthyis는 3억 7400만 년 전, Elginerpeton은 3억 6700만 년 전의 것이다. Panderichthyis와 Elginerpeton은 사지류와 육기류 물고기를 잇는 가장 오래된 연결고리이다. 둘 다 팔다리가 아닌 지느러미를 가지고 있기 때문에, 이들은 사지류로 간주되지 않는다. 이들은 기반 사지류이다.

사지류 특징이 점진적으로 진화해 왔다는 것을 이해할 수 있도록 글상자 18-1에 7개의 데본기 사지류와 기반 사지류에 대한 개요를 제시하였다. 책을 더 읽기 전에 이 글상자의 내용을 검토하길 바란다.

사지류의 적응과 다양화

초기 사지류는 석탄기에서 삼첩기까지 번성하였는데, 이 시기에는 악어처럼 생긴 *Eryops*(**그림 18-9**)에서부터 작고 등에 갑피가 있는 *Cacops*에 이르기까지 다양한 형태의 생물들이 출현하였다.

각 추골(척추골, vertebrae)의 몸(추체, centrum)은 두 가지 요소에서 유래한다. 하나는 간추(intercentrum)이고 또 다른 하나는 측심(pleurocentrum)이다. 추체의 등쪽에는 신경궁(neural arch)이 형성된다. 삼첩기에 이르기까지, 간추 하나만으로 주요한 척추의 중앙 요소를 형성하는 생물이 출현하였다. 이 새로운 동물군 중에는 납작한 머리를 가진 다양한 형태가 있었는데, 이들을 *stereopondyls*라 부른다. 이 중에는 짧은 머리에 갑피를 두른 형태(*Gerrothorax*)도 있었는데, 이들은 성체 단계에서도 아가미를 유지하는 것으로 보아 수생생활로 돌아간 것이 확실하다(유형진화, *paedomorphosis*).

비록 현생 사지류와는 달리 많은 초기 사지류 동물이 잘 발달된 외골격을 갖고 있어 수분의 손실이 감소되었지만, 초기 사지류의 연한 몸 구조에 대해서는 거의 알려진 바가 없으며, 이들이 어떻게 건조한 환경에 대처하였는지에 대해서는 아무런 단서가 없다. 많은 현생 양서류와 같이 이들은 생애 상당 부분을 민물에서 지냈고, 성체도 결코 물에서 멀리 떠나 돌아다니지 않았을 것으로 생각된다. 수생생활을 청산한 후에 이루어진 많은 해부학적 혁신들은 이들과 이들의 후손들이 적어도 척추동물이 육지에 살면서 당면하는 어려운 상황들에 적응하는 해법을 발달시켰음을 보여 준다. 이들은 팔다리(사지)와 같은 기관을 이용해 어려움을 극복하였는데, 이런 기관은 이들의 선조가 수생생활을 할 때 처음 나타났던 것이다.

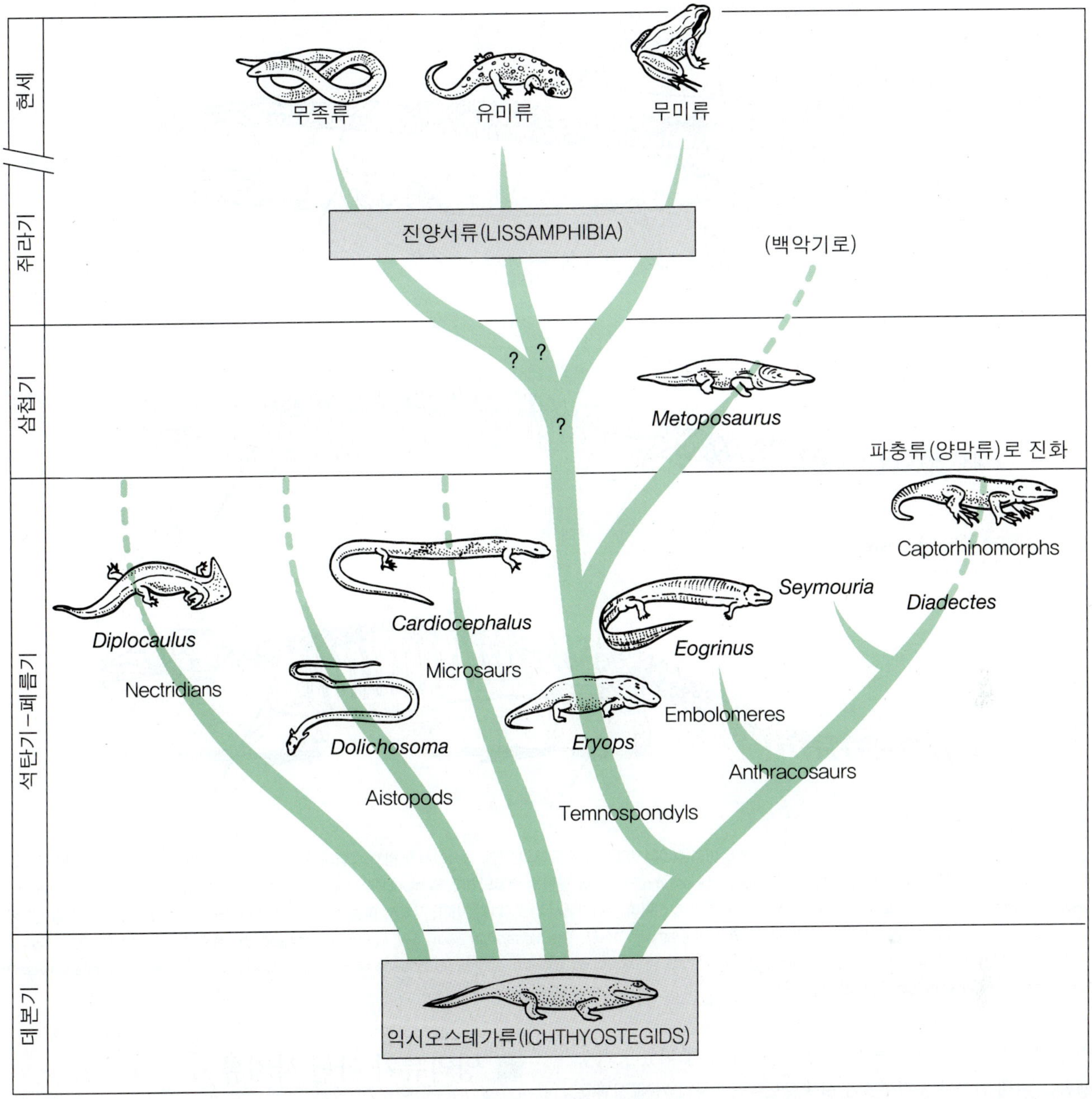

그림 18-9 진양서류로 연결되는 주된 계통들을 보여 주기 위해 제안된 계통도. 많은 계통들이 페름기 말까지 멸종되었다는 점을 기억하라. 우리는 현생 양서류(Lissamphibia)의 어떤 그룹도 이들 고대 형태들의 어떤 것과도 직접 연결시키지는 못하고 있다. (더 세밀한 계통도는 Benton, 1997 참조)

초기 육상생활에서 닥쳤던 문제 중 하나는 **육상에서 이동할 때의 충격이 뇌두개로 전달되는 것을 막아야 하는 것**이었다. 이것은 사지를 두개골로부터 분리시킴으로 가능하게 되었다. 오스테올레피스류의 가슴지느러미는 두개골의 뒤쪽에 연결되어 내부기관을 유동성 없게 둘러싸는 "곽"을 형성한다. 이러한 체계는 아가미로 호흡하는 수생생물에게는 문제없이 작동하지만, 허파를 사용하는 육상생물의 경우 이렇게 견고한 곽은 허파를 압박하기 때문에 제대로 작동할 수가 없다.

그러므로, 육상생활에서 생기는 두 번째 문제는 **사지(limbs)와 지대(肢帶, limb girdles)의 움직임으로 인해 내부 장기들이 압박받는 것을 방지해야 하는 것**이었다. **그림 18-10**에 나타나 있는 것처럼, 사지와 흉대 및 요대(이들은 고대 물고기에 존재했다)와의 관계를 변화시킴으로 해결되었다. 요대는 천골(sacrum)에서 척주와 융합하였으나 흉대는 척주에 덜 의존하게 되어 "현수교(suspension bridge)"처럼 육지에서의 움직임에 따르는 충격을 흡수하게 되었고, 머리를 경추 앞으로 툭 튀어나온 위치에 둠으로

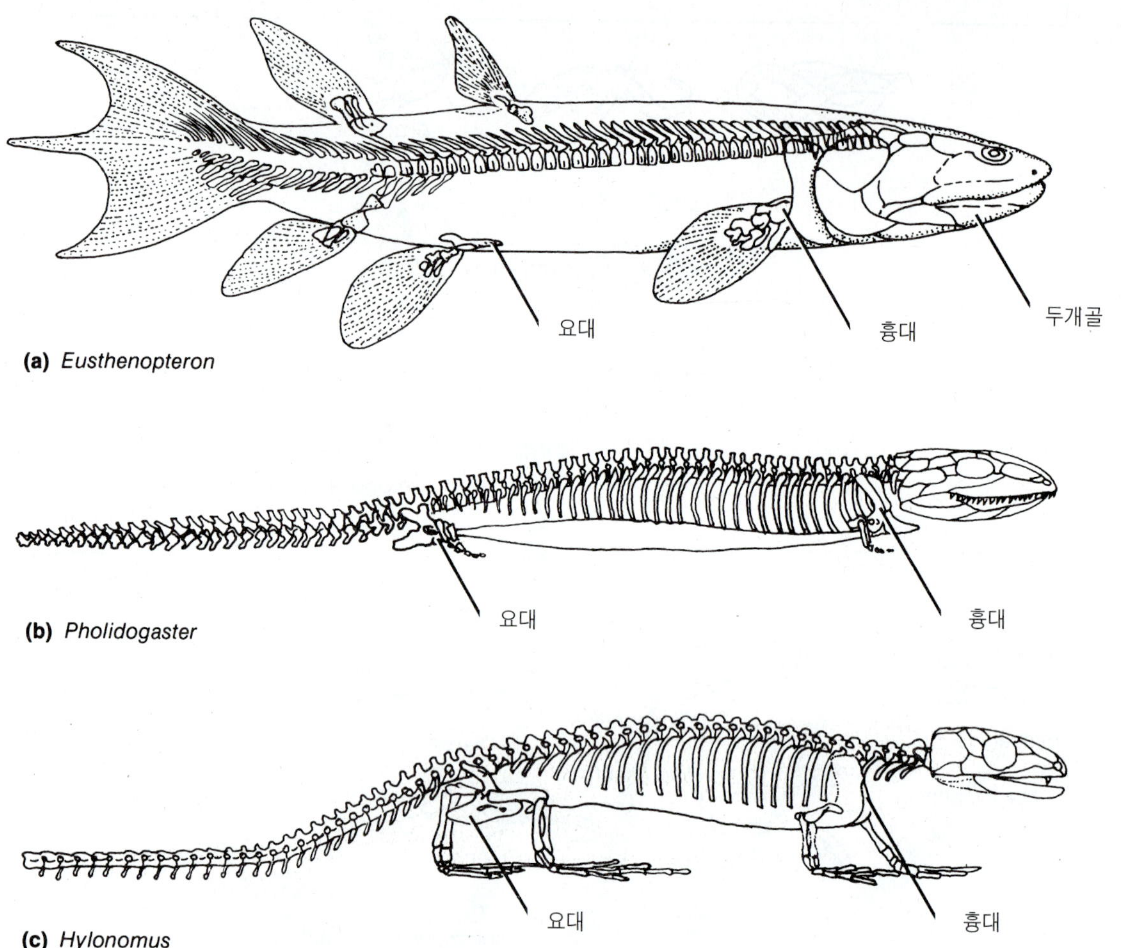

그림 18-10 오스테올레피스(a), 초기 양서류(b), 초기 파충류(c)에서의 흉대와 요대의 연결. 물속에서 헤엄치던 형태가 육지에서 걷는 형태로 변화하면서 직접 연결되어 있던 두개골과 흉대는 분리된 반면, 요대는 척주(vertebral column)의 천골에 단단히 연결되었다. Benton(1997)이 지적한 것처럼, "사지류의 운동은 마치 외바퀴 손수레(wheelbarrow)를 미는 것과도 같은데, 이들이 걸을 때 주된 추진력이 뒷다리에서 나오기 때문이다. 따라서 미는 힘을 좀 더 효과적으로 전달하기 위해 천골과 골반은 단단해질 필요가 있었다." (그림 a와 b는 A. S. Romer와 T. S. Parsons, 1977. The *Vertebrate Body*, 5판. Saunders, Philadelphia에서 인용.; 그림 c는 R. L. Carroll, 1991. The Origins of Reptiles. *In Origin of the Higher Groups of Tetrapods: Controversy and Consensus*, H. P. Schultze와 L. Trueb (eds.). Cornell University Press. Ithaca, New York, pp. 331-353에서 인용.)

써 몸과는 별개로 고개를 돌리고 들어 올릴 수 있게 되었다. 육상 생활을 위해 견고한 골격구조가 선택됨으로써 여러 가지 결과를 가져왔는데, 특히 척추 요소들이 강화되었고 인접한 추골 사이에 접촉면이 커졌다(**그림 18-11**).

석탄기 사지류의 한 그룹인 **anthracosaurs**는 다계통의 조합이며, 페름기 말에 멸종되었다. 다른 계통 하나는 *Seymouria*(**그림 18-12a**, 그림 18-9 참조) 같은 굵은 다리를 가진 육상 동물을 생성하였다. *Seymouria*의 유생이 발견되기 전까지는 *Seymouria*와 가장 가까운 친척들(Seymouriamorpha)을 양막류로 간주하였는데, 이것은 진화에서의 전이가 얼마나 점진적으로 일어나는지를 극적으로 보여 준다(**그림 18-13**).

이제 최초의 양서류가 나타난 지질 시대에 가까이 와 있기 때문에 그림 18-13에 제시된 계통도를 참조하는 것이 도움이 될 것이다.

양막류가 아닌 사지류

초기 양서류는 모두 새로운 척추와 골격 구조를 가지고 있었다. 이들 중 흔히 microsaurs라고 불리어지는 한 그룹은 극단적으로 변이가 심한 몸 비율과 척추 구조를 가지고 있었다. 이들을 양막류 조상으로 제안하기도 했지만, R. L. Caroll(1997)과 다른 연구자들은 이 가설에 반박하는 증거를 대며 이들에게 특이한 분화가 많다는 사실을 지적하였다. 그림 18-13에서 보는 것처럼 microsaurs도 사지가 없고 뱀 같이 생긴 aistopods나, 두개골 뒤쪽 뼈에 독특한 뿔 같은 돌출부를 가지고 있는 nectridians와 같이 양서류에 속하지만, 이들의 정확한 계통발생적 위치는 규명되지 않은 상태이다(그림 18-9). 이렇게 작은 수생 생물들은 석탄기에 번성하다가 페름기가 끝나기 전에 사라졌다(그림 18-9).

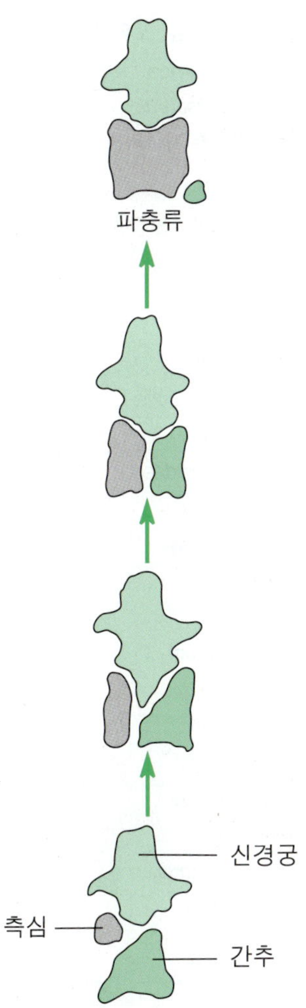

그림 18-11 확장된 intercentrum(*파란색*)을 갖는 초기 사지류(아래)에서 시작하여, anthracosaurs에서 나타나는 단계들을 거쳐 초기 파충류(위)에 이르기까지 척추 중심요소(vertebral central elements)의 진화(측면). 파충류, 조류, 포유류에서는 전체 척추 중심요소가 확장된 측심(pleurocentrum; *회색*)으로 구성되어 있다. (A. S. Romer와 T. S. Parsons, 1977. *The Vertebrate Body*, 5판. Saunders, Philadelphia에서 인용.)

■ 양서류

동물학자들은 현생 양서류를 **진양서류**(Lissamphibia; 그림 18-9)로 분류하고, 이들을 세 그룹으로 나눈다: **무족영원류**(*caecilians*, 다리가 없고 지렁이 같으며, 굴을 파는 것들), **무미류**(*anurans*, 개구리와 두꺼비), 그리고 **유미류**[*urodeles*, 영원(newts)과 도롱뇽류(salamanders)]. 비늘이 있는 초기 양서류의 피부와는 대조적으로 현대의 진양서류의 피부는 어느 정도의 물과 가스 교환이 가능하도록 투과성이 있으며 분비선이 분포되어 있다(무족영원류에 속하는 어떤 종은 피부 비늘주머니에 작은 비늘들이 묻혀 있는 경우도 있다).

투과성 피부 때문에 이들의 활동영역이 습한 환경이나 수중으로 제한되게 되었지만 진양서류는 환경변화에 대하여 다양하고 놀라운 적응능력을 보여 준다. 예를 들어, *Scaphiopus* 및 *Pelobates* 종들, 그리고 물을 저장하는 개구리인 *Cyclorana* 종들과 같은 개구리류는 사막에 서식한다. 이들은 흙에서 습기를 흡수하거나 비교적 불투과성인 막으로 물에 젖은 몸을 감쌈으로써 땅 속의 구덩이에서 가뭄이 오랫동안 지속되어도 살아남을 수 있다(Kley와 Kearney, 2007). "고무 장어(rubber eel. *Typhlonectes*)"와 같은 어떤 무족영원류의 경우, 갓 태어난 새끼의 크기가 거의 어미 몸 길이의 절반만 하고 난관에서 공급되는 영양 물질을 섭취한다.

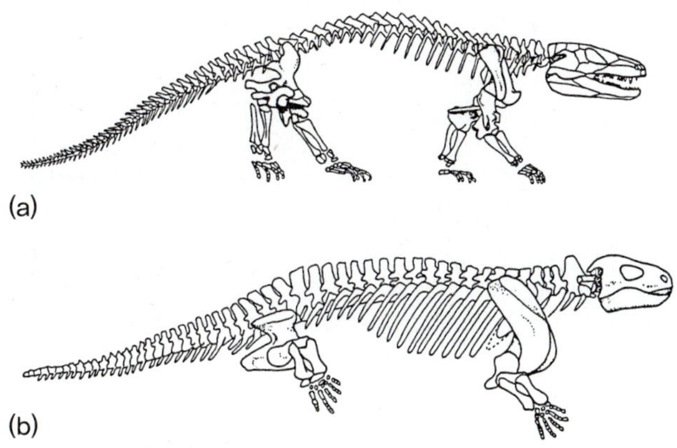

그림 18-12 파충류와 비슷한 특징을 갖는 초기 페름기 사지류 두 종류의 골격. (a) *Seymouria*, 약 50cm 길이. (b) *Diadectes*, 약 2.4–2.7m 길이. 본문에서 지적한 것처럼, 아가미가 있는 유생 seymouriomorphs가 발견됨으로써 이 그룹은 파충류에서 제외되었다. (M. J. Benton, 1997. *Vertebrate Paleontology*, 2nd ed. HarperCollins, London, UK에서 인용.)

진양서류의 번식 양상은 다양하다: 물속에 낳은 알에서 아가미를 가진 유생이 발생하는 유형, 잘 발달된 새끼를 낳는 태생(viviparous), 유생(올챙이) 단계를 억제하고 직접발달을 하는 유형에 이르기까지 넓은 범위의 번식 양상을 보인다. 어떤 개구리 종의 알들은 자유롭게 헤엄치는 전형적인 올챙이로 발달하지만 어떤 종들은 올챙이나 자신의 새끼들을 보육주머니(parental brood pouches) 안에서 기른다. 직접 발달을 하는 종들은 올챙이 단계를 아예 생략하고 사지의 발달을 가속시키는데, 이는 배아가 기본적 몸 설계를 구성하고 있을 때 이미 시작되어(**그림 18-14**) 작은 개구리로 부화하게 된다. 직접 발달은 도롱뇽과 무족영원류에서도 일어난다. 직접 발달을 하는 종들은 생활사에서 변태 단계를 생략했거나 또는 부화되기 전에 변태 단계를 완성하게 되는데(전문가에 따라 시각이 다름) 이것은 진화에 의해 일어난 변화의 한 놀라운 예이다.

진양서류는 여러가지 뚜렷한 특징들과 분화된 특성(파생형질, apomorphies)을 공유한다:

- 대부분의 진양서류는 석회화된 치근과 치관을 분리하는 섬유조직대 안에 이빨을 가진다.

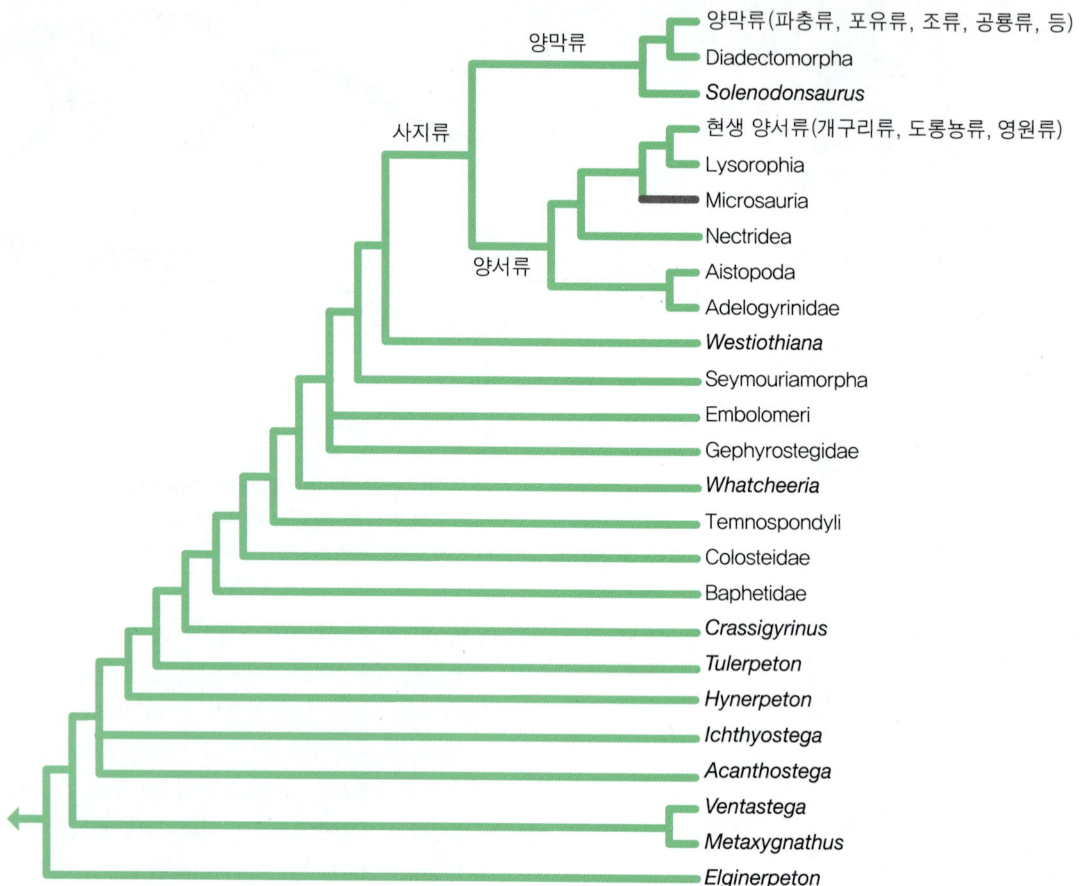

그림 18-13 기반 사지류 그리고 양서류와 양막류로 연결되는 사지류 사이의 계통발생적 관계. 현생 양서류와 양막류를 제외하고는 모든 계보가 멸종되었다.

- 두개골격을 이루는 뼈의 양이 매우 감소되어 있다.
- 대부분 초기 화석 사지류와 달리 현생 무미류와 유미류의 앞발은 5개가 아닌 4개의 발가락을 가진다[3].
- 무미류와 유미류는 2개의 이소골(auditory ossicles), 등골(stapes), 덮개뼈(operculum)를 가지고 있는 데 반해, 초기 사지동물들은 오직 등골(stapes)만 가지고 있었다.

이러한 목록에도 불구하고 진양서류의 계보를 규명하는 일에는 문제가 많다; 오히려 현생 양서류 내의 관계가 더 확실하게 알려져 있다[4].

그림 18-13에서 보는 것처럼 현생 양서류와 가장 가까운 친척은 모두 멸종되었다. 비록 일부 중생대의 개구리와 유미류 화석이 알려져 있지만(**그림 18-15**), 이들은 이미 너무 분화되어 있어 그 계보를 추적하기란 쉽지 않다(Carroll과 Holmes, 2007).

계통발생에 존재하는 다른 많은 공백들과 마찬가지로 중간 형태의 결손은 양서류가 단계통 또는 다계통 기원을 가지고 있는지에 대한 의문을 일으킨다. 일부 연구자들에 따르면 진양서류는 다계통이다; 개구리류는 temnospondyls에서 유래하였고, 유미류와 무족영원류는 별개의 계보를 가진다(그림 18-9 참조). R. L. Caroll(1997)은 지적하기를,

> 해부적 양상을 공통으로 가진 [양서류] 집단 내에서 방산이 연속적으로 일어났던 것처럼 보인다(succession of

[3] 1990년대 초까지, 사지류 진화 전체에 걸쳐 보전된 발가락 수는 5개로 이해되고 있었다(오지 상태, pentadactyly). 초기 사지류는 최소 7 내지 8개, 어떤 것은 11개(상자 18-1)에 이르는 발가락을 가졌었다는 Coates와 Clack(1990)의 발견은, 5개 발가락이 기본 형태였다는, 한 세기 동안 우리가 가져왔던 생각을 완전히 뒤집었다. 초기 사지류는 때로 *polydactylous*하다고 불리는데 그 의미는 일반적인 발가락 수보다 많은 수의 발가락을 가지는 것을 말한다. 그러나 발가락 수가 5개 보다 많은 것은 기저의 조건이었고, 이후의 척추동물들은 hypodactyly(발가락 수가 감소된 상태)를 보인다.

[4] 현생 양서류 내의 관계에 대해서는 양서류 Tree of Life(Frost 등, 2006)에 요약되어 있다. 다음 인터넷 사이트에서 볼 수 있다: http://digitallibrary.amnh.org/dspace/handle/2246/5781(2007년 5월 2일 접속).

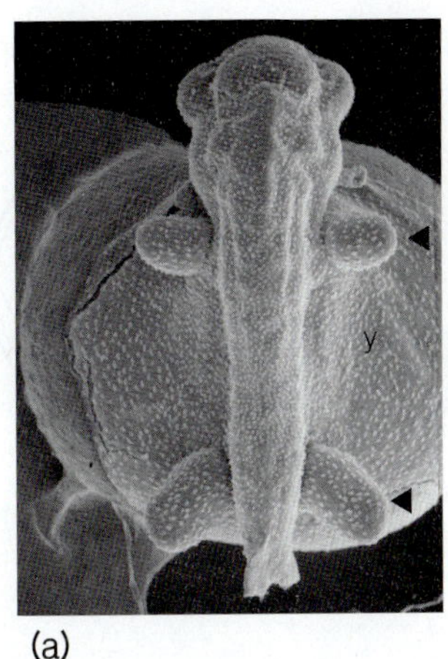

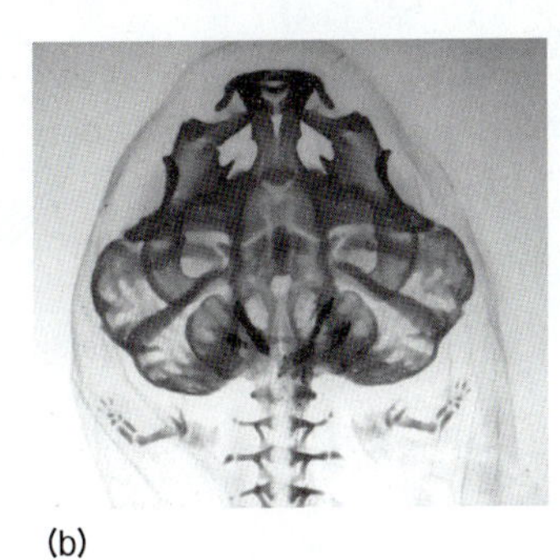

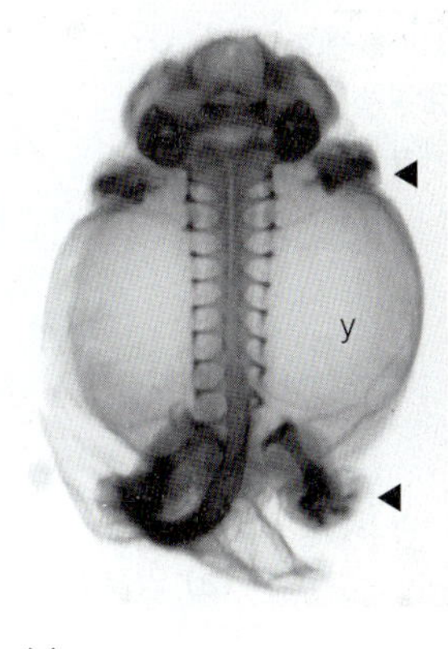

그림 18-14 푸에리토리코의 직접 발달 개구리 *Eleutherodactylous coqui*의 초기 배아 단계 사진(a와 c).[6] 사지 원기의 발달이 이미 매우 진전된 상태로서, 배아가 커다란 난황(y)에 부착되어 있는 시기에 원기가 존재하는 것을 투사전자현미경(a)과 오른쪽(c) 사진으로 볼 수 있다. (c)는 배아의 초기 골격을 "연골형" 콜라젠에 대한 항체로 염색시켜 볼 수 있게 하여 찍은 사진으로, 골격 요소들이 이미 자리를 잡고 있다. 이러한 개구리와 두꺼비에서의 precoicious 발달을 올챙이가 성체로 변태되는 단계의 사진 (b)와 비교하라. 사진 (b)는 무당개구리 *Bombina orientalis*의 변태 초기 단계에서 완전히 발달한 머리와 아가미 골격, 그리고 초기 앞다리의 사지 발달을 보여 준다. 이것은 coqui의 발달 시기보다 훨씬 늦은 것이다. (사진 a는 Texas A&M University의 생물학 부교수 Dr. David Moury가 제공한 것임-Corpus Chrisit; 사진 b와 c는 하바드대학 비교동물학박물관의 Dr. James Hanken이 제공한 것임.)

radiations). 여기에는 고생대 "미치류(labyrinthodonts)"와 "공추류(lepospondyls)," 그리고 초기 중생대 "stereospondyls", 또 중생대와 신생대의 "진양서류"가 포함된다. 그러나 이들 그룹 중 어느 것도 단계통으로 확립되지 않았다.

그러나 개구리 및 유미류와 어느 정도 닮은 초기 쥐라기 시대의 무족영원류가 발견됨으로써 진양서류의 단계통성이 어느 정도 지지받게 되었다. 그러나 이 유사성은 수렴의 결과일 수도 있다.

Rudyard Kipling의 유명한 책 "그래서 그런 거야 (Just-so)" 이야기와 같이 과거에는 진화적 기원을 추측할 때 현재 우리가 생각할 수 있는 관점에서 이야기하는 경향이 있었다. 러시아의 진화형태학자 Ivan Schmalhausen(1884~1963)은 모두는 아니더라도 일부 진양서류가 격리된 산간지역의 연못이나 계류에서 진화하였을 것이라고 제안하였다. 이런 서식환경은 춥고 다른 초기 사지동물들이 살기에 그다지 적당하지 않았기 때문에 진양서류들이 보호받을 수 있었다는 것이다. 현재도 일부 추운 지역에서는 도마뱀이나 뱀보다 양서류가 더 흔하다. 이 시나리오가 사실이든 아니든 간에 이들이 2억 년 이상 존속해 왔고 현재도 상당수의 종(약 4,000)이 존재한다는 사실을 고려하면, 진양서류는 비범하게 성공한 계통이다. 그럼에도 불구하고 많은 양서류가 멸종되었다; 이

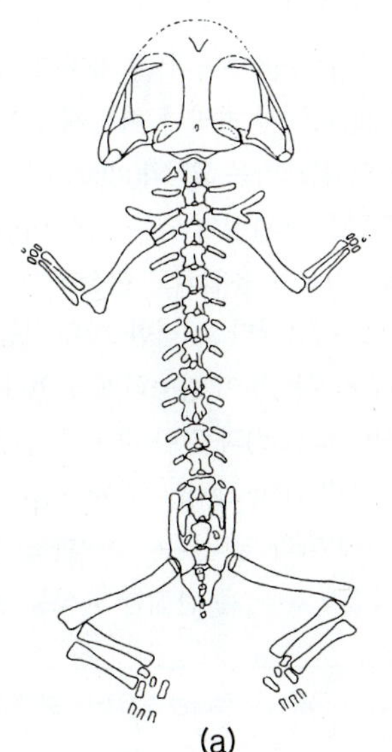

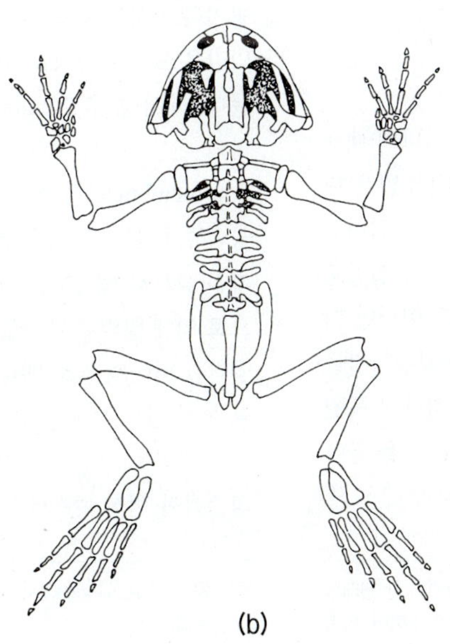

그림 18-15 2종의 개구리 모양 중생대 화석 골격의 재구성: 후기 삼첩기 지층에서 발견된 *Triadobatrachus* (a)와 초기 쥐라기의 *Neobatrachus* (b). 유미류와 영원류에서는 쥐라기까지 올라가는 화석 기록이 존재하며, 이것은 이들 세 그룹이 삼첩기 또는 그 이전에 기원하였음을 의미한다.

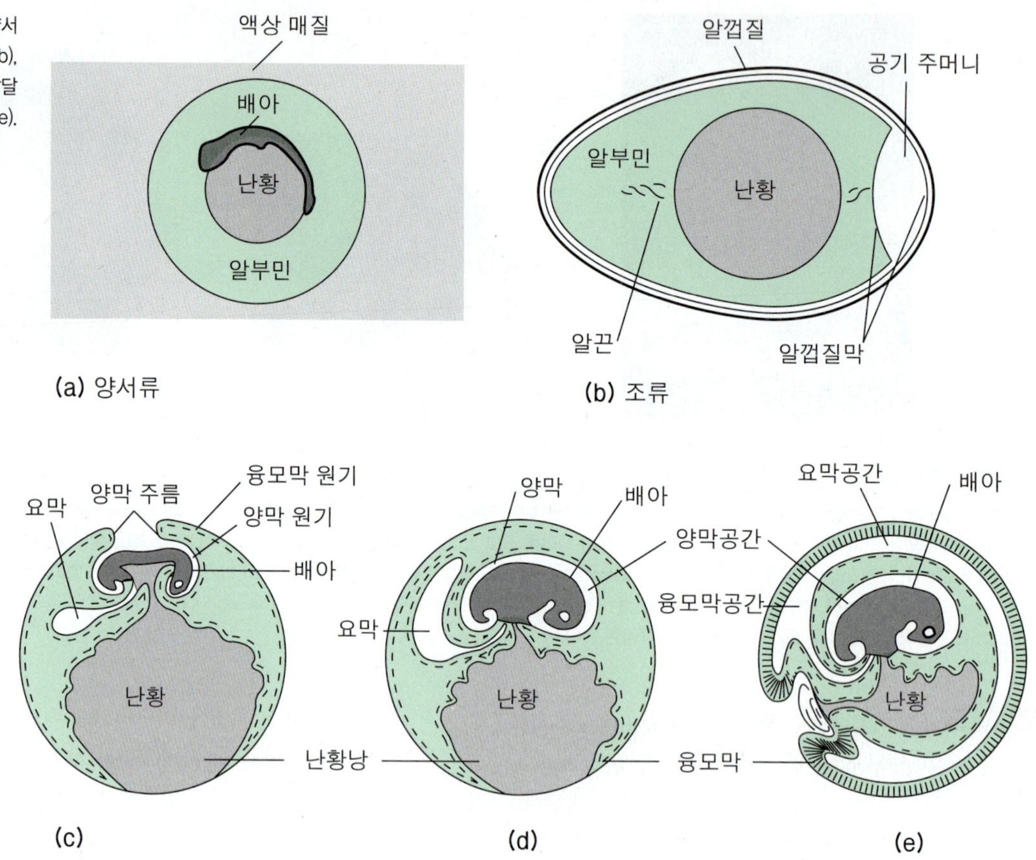

그림 18-16 일반적인 양서류의 알(a)과 양막류 새의 알(b), 그리고 조류 발생의 몇몇 발달 단계에서 형성되는 배아막(c–e).

들이 적응된 특성만으로는 변화하는 환경 조건에서 살아남기가 쉽지 않았으며, 이러한 조건에서는 오히려 양막란을 발달시킨 사지류가 생존하기에 유리하였다. **양막류**(amniotes)라고 알려져 있는 동물 중의 한 계통이 사우롭시드류(sauropsids, 조류 및 조류가 아닌 파충류 포함)로 발달하였으며, 또 다른 한 계통은 포유류를 포함하는 단궁류(synapsids)로 발달하였다.

최초의 양막류

양막류(amniotes)를 하나의 그룹으로 통합시키는 단 하나의 대표적 특성을 꼽으라면 **양막란**(amniotic egg)을 가진 것이다. 많은 현생 양서류들도 알을 땅 위에 낳기는 하지만, 석탄기 동안 일어났던 주요한 진화적 혁신은 배아를 감싸고 보호하는, 특히 껍질로 둘러싸인 알이 진화한 일이었다(**그림 18-16**). 처음으로 이러한 혁신이 나타난 척추동물을 양막류라 부른다. 많은 계통분류학자들은 양막류에서 파생된 모든 동물군 — **파충류**, **조류**(하나의 독립된 그룹으로서, 또는 파충류 내에 포함되어서), **포유류** — 을 양막류(Amniota)라는 하나의 그룹으로 분류한다(그림 18-13).[5]

모든 척추동물의 배아가 소화관 벽에 연장된 난황막(yolk sac membrane)을 가지고 있지만, 양막류 배아는 배체벽(embryonic body wall)과 이어지는 막이 부수적으로 형성되어 배아 자신을 둘러싸면서 외부 융모막(chorion)과 내부 양막(amnion)을 이룬다(그림 18-16). 양막강(amniotic cavity)은 배아와 껍질이 직접적으로 접촉하지 못하도록 막음으로써 이 둘이 유착되는 것을 방지하고 온도 변화로부터 배아를 보호하도록 돕는다. 게다가 양막란은 **요낭**(요막, allantois)이라 불리는 낭(주머니)을 가지고 있는데, 배아성 후장(embryonic hindgut)에서 자라나 빠르게 융모막의 내부 표면을 덮어 많은 혈관이 분포하는 **요장막**(allantochorion membrane)을 형성한다. 요장막은 투과성이 있는 껍질(어떤 양막류에서는 태반)을 통해 산소가 안으로 유입되고 이산화탄소가 바깥으로 배출되는 호흡기관으로 작용한다. 이러한 호흡 기능으로 인해 양막류 배아들의 크기가 커지는 것이 가능하게 되었다. 양막류 배아의 질소 배출물은 요산(uric acid)과 같이 비교적 물에 잘 녹지 않는 무독성 침전물로 요강(allantoic cavity)에 저장된다.

껍질을 가진 양막란이 진화함에 따라 양막류는 수생환경에 의존했던 번식 방식에서 자유로워졌고, 지금은 완전한 육상동물

[5] 분류학적 적합성의 문제에 더해서, 분지계통학자들은(11장 참조) 이러한 형태의 파충류 분류를 받아들이지 않는데, 그 이유는 파충류가 측계통이기 때문이다. 파충류는 용각류(sauropod)에서 유래한 조류와, 단궁류에서 유래한 포유류를 포함하지 않는다.

로 간주된다. 이들의 분화는 고생대 후기부터 사우롭시드(공룡을 포함하는)의 단계에 이르기까지의 막대한 양의 양막류 화석을 통해서 잘 알 수 있다. 사우롭시드는 그 수, 몸집, 전체 생물량 측면에 있어 중생대 전체에 걸쳐 주요 육상 척추동물이었다(Tanke와 Carpenter, 2001).

양막류 화석은 석탄기 펜실베니아 지층에서 처음 나타난다. 고생물학자들은 이들이 아마도 이전 미시시피 후기에 anthracosaurs에서 유래하였을 것이라고 제안한다(그림 18-9). R. L. Carroll(1988)은 이들의 화석화 과정에서의 특이성을 지적하였는데, 이것은 화석화에 있어 우연적인 요소가 얼마나 중요하게 작용하는지를 잘 보여 준다:

> 이들 화석들은 대부분 석탄기 사지류들이 발견되었던 석탄-습지 지층에서 발견되지 않는다. 오히려 수직으로 선 거대한 석송나무(lycopod) *Sigillaria*의 그루터기 안에서 발견된다. 이 나무들은 주기적으로 범람하는 지역에서 자랐고, 이로 인해 수 미터 깊이의 퇴적물 속에 파묻히게 되었다. 나무들이 죽고 줄기 부분은 썩어 없어졌지만, 가장자리 껍질 부분은 견고하기 때문에 그루터기의 실린더 모양을 유지하였다. 물이 빠진 다음 새로 형성된 땅 위에서 살던 동물들이 간혹 속이 빈 그루터기에 빠지는 일이 있었고 결국 이들이 죽고 나서 퇴적물이 덮여 화석화 되었다.

앞부분에서 논의한 *Seymouria*와 대부분의 사지류는 육식성이므로 아마도 무척추동물, 물고기, 또는 다른 사지류를 잡아먹었을 것이다. 후기 석탄기-초기 페름기 그룹에 속하는 *Diadectes*(그림 18-12b 참조)는 최초의 초식성 사지류였거나, 또는 적어도 초기 초식성 사지류 그룹 중 하나였다(그림 18-13). 이들은 무거운 척추골과 함께 거대한 골격을 갖고 있었는데, 이는 아마도 육중한 몸무게를 지탱하기 위해 필요했을 것이다. *Diadectes*와 다른 diadectomorphs가 양서류와 초기 양막류 특성을 둘 다 갖고 있었다는 사실은 이 그룹이 *Seymouria*와 그 친척들(seymouriamorphs)보다 양막류 조상에 더 가까웠다는 것을 암시한다. 또는 *Diadectes*가 양막류의 자매군에 속했을 수도 있다. Diadectomorphs는 현재 양막류(Amniota)와 가장 가까운 자매 분류군으로 알려져 있다(그림 18-13).

■ 양막류(Amniota)

페름기 초기까지 매우 다양한 양서류와 함께 사우롭시드와 단궁류(**그림 18-17**)로 알려진 새로운 양막류 그룹이 하나씩 나타나기 시작했다. 양막류와 현생 양서류를 구분할 수 있는 주요한 5가지 특징은 다음과 같다:

1. **알과 배아막**: 양막류는 막으로 둘러싸여 보호하는 껍질을 가진 알을 만드는데, 젤로 둘러싸인 양서류의 알에는 이런 양막류의 막에 해당되는 것이 없다.
2. **두개골과 골격의 차이**: 현생 양서류가 2개의 후두관절구(occipital condyle)를 가진 것에 비해 sauropsid의 두개골은 하나만 가지고 있고, 파충류의 천골(sacrum)은 최소 2개 이상의 척추골이 융합되어 있는데 비해 양서류는 1개의 척추골로 이루어져 있다.
3. **심장**: 양서류는 하나의 심실을 가지고 있다. Sauropsid의 심실은 부분적으로 나뉘어져 있어 왼쪽은 산소와 결합된 혈액을 경동맥으로 보내고 오른쪽은 정맥혈을 폐동맥으로 보낸다(그림 18-18). 조류, 악어류(crocodilians), 포유류는 4개의 방으로 된 심장을 갖는다.
4. **표피**: 양서류의 표피는 일반적으로 부드럽고 촉촉하여 어느 정도 가스와 물의 교환이 가능한데 반해, 파충류의 표피는 두껍게 각질화 되어 있어 탈수를 방지한다. 그러나 이로 인해 가스교환도 불가능하다.
5. **생식관과 배설**: 많은 수컷 양서류의 경우, 단일 배설관 시스템은 성선과 신장을 위한 공통 배관으로 사용된다. 그러나 sauropsid는 이들 두 시스템을 충족시키기 위해 각각 분리된 배관을 갖는다(**그림 18-19**). 사우롭시드는 배출되는 질소대사산물을 농축시킬 수 있기 때문에(요소와 요산) 이들을 제거하는 데 많은 양의 물을 필요로 하지 않는다. 많은 양서류에서 오줌은 상당히 희석되어 있고 상당량의 암모니아를 포함하기도 한다.

양막류가 새로운 환경을 이용할 수 있게 하였던 특징들 중, 가장 의미심장한 것은 양막란이었다. 일부 태생 형태를 제외하고는 습기에 의존하는 양서류 알은 양서류가 물 또는 습한 환경과의 연계를 유지할 수 있게 해 주는 중요한 요소이다. 반면 양막류는 자신의 알을 매우 다양한 육지 환경에서 낳을 수 있고, 양막액(amniotic fluid)은 수생환경을 제공한다. 대부분의 양서파충류학자들은 양막란과 이와 관련된 진화적 변화의 복잡성 — 체내 수정, 육지에 알 낳기[7], 유생 단계에서의 아가미 소실 — 을 고려해 볼 때 양막류로의 전환은 오직 한 번만 일어났을 것이라고 추측하며, 따라서 양막류 진화의 단계는 거의 틀림없이 단계통일 것이라고 본다.

Skulan(2000)은 사지류의 확산과 분화를 위해 꼭 양막란의 발달이 필요했었는지에 대해 다시 검토해 볼 필요가 있다고 지적하였다. 한 가지 증거는 환경과 관련된 것이다. 다시 말해 그의 주장은 알이 물속에서 경험했던 것보다 땅 위에서 경험한 조건이 오히려

[6] 아마도 가장 작은 사지류는 또 다른 직접 발달 개구리인 *Eleutherodactylous* 속의 종 *E. iberia*로, 그 길이가 10mm(코에서 vent까지)에 불과하다.

[7] 공룡 알에 관한 축적된 정보에는 둥지에 낳거나 땅 표면에 묻힌 알을 부모가 품기도 한다는 증거가 포함되어 있다.

- 닭기러기상목(Galloanserae; 오리, 기러기, 메추라기, 꿩)

이 모두는 대부분 현생 조류를 포함하는 신조류(Neoaves)에 속한다.

현생 조류

치조류와 신조류 새들은 구개의 성질, 구개가 두개골과 연결되는 방식, 골반(융합되었는지 아닌지), 흉골(용골이 있는지 없는지), 가운데 귀(중이)의 세부 구조에 근거하여 형태적으로 구분할 수 있다. 최근 **깃털 달린 공룡**의 발견이 고생물학자들 뿐 아니라 공룡에 매료된 모든 사람들을 흥분시키고 있을 때, 35개 정도의 조류 분기군(목, orders) 사이의 관계를 규명하기 위해 일부 분자적 연구가 시작되었다.

현재 계통분류학자들은 조류를 35개의 주요 분기군(목)으로 분류하고, 그 아래에 약 200개 정도의 계보(과)로 다시 나누고 있다. 이들 그룹들 사이의 구분은 미세한 외부 형태의 특징에 근거한 것이다. 현생 조류 9,600종들 중 고기 섭식에서부터 과즙 섭취까지, 빠르게 달리기부터 활강, 급강하, 잠수 및 헤엄치기까지(**그림 18-34**) 식이와 이동 형태에 있어 매우 다양한 적응 양상을 볼 수 있다. 일부 연구자들은 이러한 다양한 적응 중 일부의 원인이 되었을 진화적 변화에 대해 제안하였지만 중간 화석이 없다보니 현생 조류 그룹들 사이의 관계, 특히 숲에서 생활하는 종들 사이의 관계를 확실하게 알 수 없다. 이 문제에 대한 분자적 접근(12장 참조)은 현재 풀리지 않은 조류 및 다른 사지류의 관계를 명확히 할 대량의 정보를 제공해 줄 것이다.[19]

화석 조류

아마도 가장 유명한 새 화석은 ***Archaeopteryx*(시조새)**일 것이다. 시조새로 분류된, 조류와 닮은 이 최초의 화석들은 바바리아(Bavaria)에서 쥐라기 위층 석회석 퇴적물에서 발견되었다. 알려진 7개의 시조새 화석 중에서 4개는 거의 완전하고, 일부에서는 자연스런 자세에서 날개와 꼬리의 비행 깃털들을 볼 수 있다(**그림 18-35, 18-36b**).

시조새와 공룡과의 유사성은 너무나 확연해서 만일 시조새가 깃털이 없었다면 고생물학자들은 시조새를 공룡으로 분류했을 것이다(그림 18-36a). 조류는 이제 *archosauromorphs*로서 공룡류 안에 포함된다.[20] 가장 인상적인 것은 이들과 작은 육식성 공룡과의 유사성(그림 18-36)인데, 이빨, 발톱이 있는 분리된 발가락, 뼈가 있는 긴 꼬리, 그리고 수 십 가지의 다른 특성들은 이들

[19] 조류의 계통발생에 관한 분자적 연구에 대해서는 Sibley와 Ahlquist(1990) 참조. 최근 조류의 계통발생에 관해서는 Cracraft 등(2004) 참조. 화석에 보존된 분자의 분석에 관해서는 글상자 12-2, 고대 DNA 참조.

[20] 시조새의 Solenhofen 표본을 기재한 Richard Owen의 1864년 논문을 Weishampel과 White(2003)가 재발행하였다. 비행을 위한 적응 진화에 대해서는 Heilmann(1927), Zhou와 Zhang(2002), Gatesy와 Middleton(2007)을 참조.

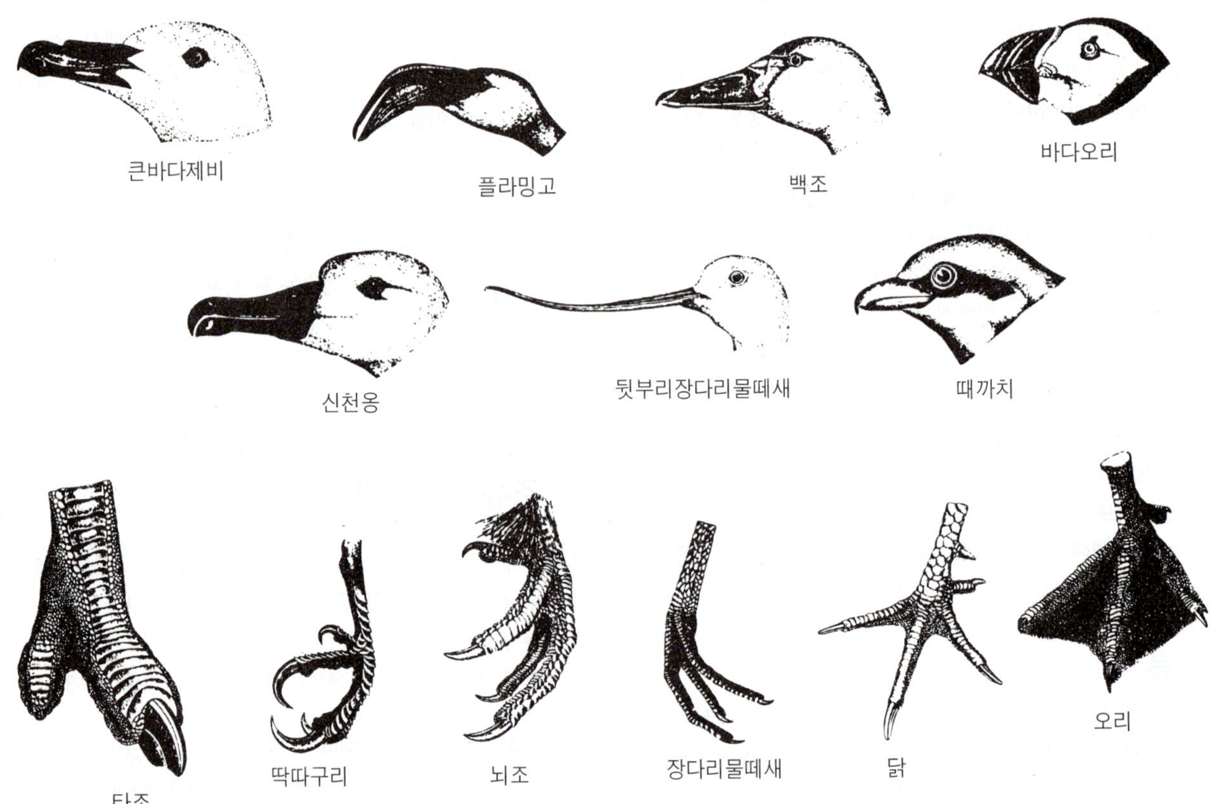

그림 18-34 일부 새들의 부리(위)와 발(아래)의 여러 적응 형태. (A. Feduccia 1980. *The Age of Birds*. Harvard Unversity Press, Cambridge, MA에서 인용.)

이 초기 수각류(theropods)와 현생 조류 사이의 연결 고리로서의 위치를 차지하고 있음을 보여 준다.[21]

[21] 산더미 같은 다른 증거들이 조류가 공룡에서 유래했다는 것을 지지함에도 불구하고, 수궁류 공룡에서 차골(쇄골)이 없다는 사실은 1920년대 후반부터 1970년대에 이르기까지 조류가 공룡으로부터 유래할 수 없다는 결정적 증거로 사용되었다(Heilmann, 1927). 1970년대부터 공룡에서 쇄골이 확인되면서 이러한 시각은 뒤집어졌다. 비록 조류와 파충류 쇄골 사이의 상동성에 관해서는 논란의 여지가 있지만, 수궁류 공룡이 조류의 기원이라는 — 사실상 새가 파충류(날아다니는 공룡)에 속한다는 — 시각이 이제는 지배적이다(Vickaryous와 Hall, 2006b).

시조새는 **"잃어버린 고리"**가 아니다; 이것은 이미 발견되어 있을 뿐 아니라, 최초의 새이기에는 너무 진보된 상태였다(아래 참조). 초기 백악기까지 짧은 지질학적 기간에 많은 종류의 물새와 바닷가새들이 나타났는데, 이것은 급속한 종분화와 서식지 이용이 일어났음을 의미한다. 이런 화석의 일부에는 플라밍고, 아비류 물새(loons), 가마우지(cormorants), 도요새(sandpipers) 그룹들이 있었으나, *Hesperornis*같은 일부 종들은 여전히 이빨을 가지고 있었다. 알려진 대부분 현생 조류의 목(order)으로 분류될 수 있는

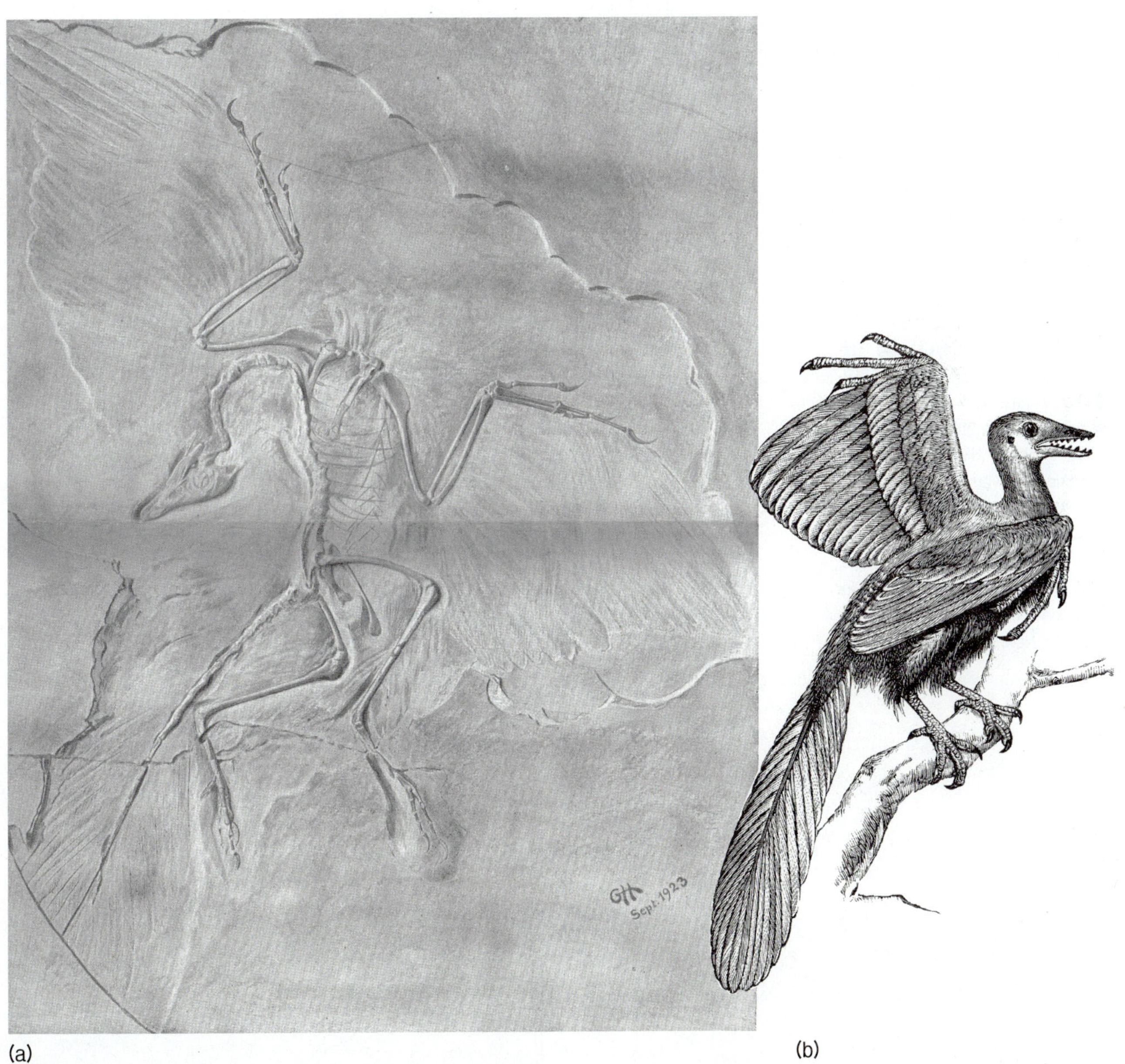

그림 18-35 (a) Gerhard Heilmann이 1923년에 그린 *Archaeopteryx*(시조새). 이 그림의 정확성을 같은 표본으로 작업한 그림 3-18a의 석판과 비교하라. 두 그림 다 날개와 꼬리에 나타난 비행 능력에 관한 특성을 보여 준다. (b) 시조새의 살아 있는 모습을 재현한 Heilmann의 그림. (a와 b는 G. Heilmann, 1927. *The origin of Birds*. Appleton, New York에서 인용. 1972년 Dover Books, New York에서 재인쇄.)

계통들은 약 6000에서 9000만 년 전에 기원한 것으로 보인다.[22]

그림 18-37은 조류의 상대적인 위치를 보여 준다. 시조새는 조류 내에서 기반을 이룬다. *Confuciusornis*(공자새)는 중국에서 1억 2000만 년 전(백악기 하층) 지층에서 발견되었다. 그 부리에는 이빨이 없는데, 이것은 조류가 그 진화 초기에 이빨을 잃었음을 의미한다. 앞다리의 커다란 발톱은 몇몇 알려진 종들이 시조새와 같은 발톱을 유지하고 있었음을 보여 준다. *Nanantius eos*와 같은 *Enantiornithines*(거울상 조류)는 현생 조류의 많은 특징을 보유하고 있던 계통을 이룬다. 이들은 횃대를 움켜쥘 수 있는 발과 잘 발달된 비행 능력을 가졌으나, 6500만 년 전에 일어났던 대멸종 기간에 살아남지 못했다.

현대의 조류와 매우 닮은, 가장 오래된 화석 조류는 아비류 물새와 비슷한 바닷가새인 *Gansus yumenensis*이며 중국의 백악기 지층에서 발견된 5개의 표본에 근거하여 기재되었다. *Gansus*와, 6000에서 6200만 년 전 팔라오세(Paleocene) 뉴질랜드에서 발견된 가장 오래된 펭귄(이미 날 수 없는)인 *Waimanu*는 미토콘드리아 DNA 분석을 통해 조류의 기원과 분화에 관한 새로운 시각을 제공하였는데, 이러한 시각은 몇 해 전만 해도 상상할 수 없는 것이었다.[23]

[22] 수궁류-조류의 연결에 관해서는 Ostrom(1991)을, 화석 조류에 관해서는 Currie et al. (2004)과 Zhou와 Zhang(2002)을 참조하라.

[23] *Gansus yumenensis*에 관해서는 You et al. (2006)을, 미토콘드리아 DNA 연구에 관해서는 Slack et al. (2006)을 참조.

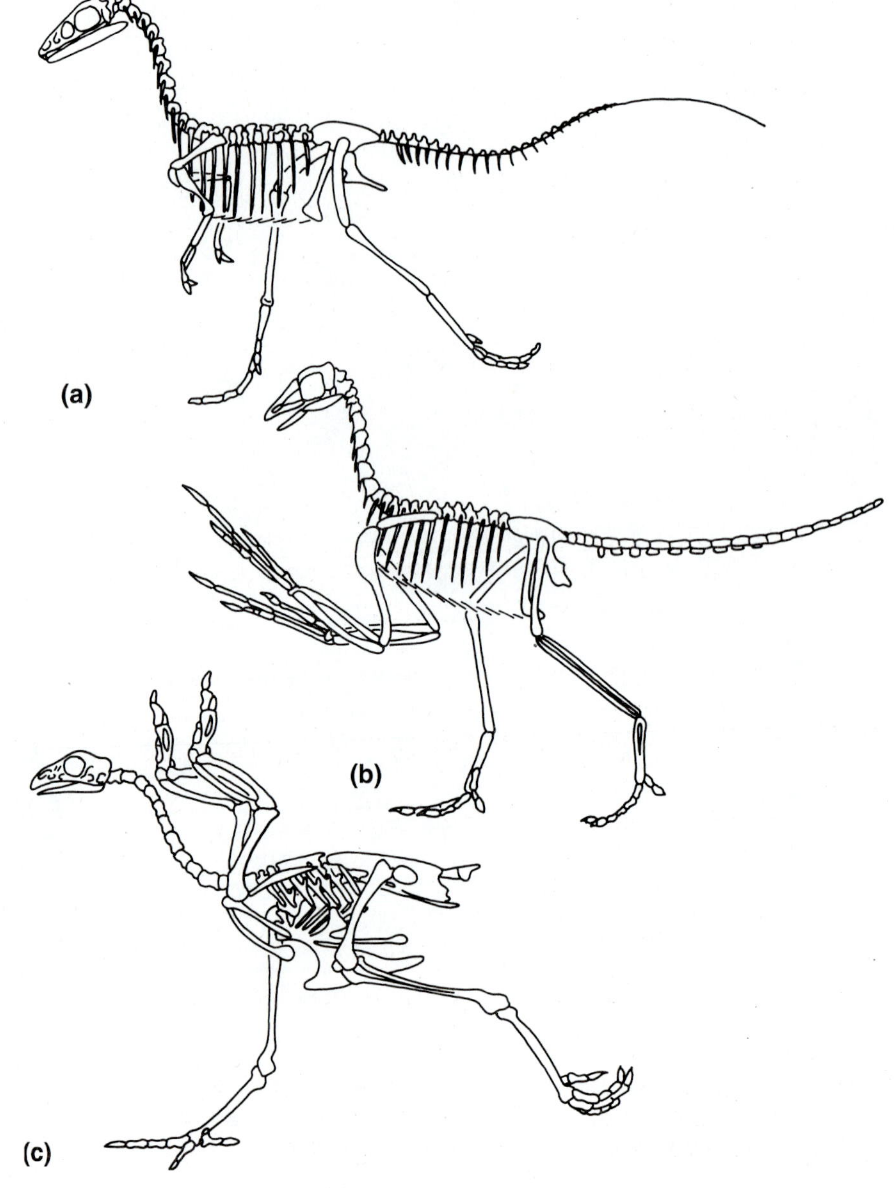

그림 18-36 (a) 공룡의 한 종류인 *Compsognathus*, (b) 화석 조류인 시조새(Archaeopteryx), 그리고 (c) 닭 Gallus의 골격들. 비록 시조새가 *Compsognathus* 보다 비례적으로 긴 팔과 손을 가지고 있지만, 조류와 공룡은 공통적인 골격 특징을 많이 공유한다. 새들은 두드러진 구조적 변화를 거쳤다: 골반(pelvis)과 천골(sacrum)은 하나의 구조로 유합되었고, 흉골(sternum)은 날개 근육들의 확장과 함께 확대되었으며, 손뼈들은 융합되었고, 기다란 꼬리뼈는 쇠퇴하였다. [(a)와 (b) Cambridge University Press의 승인 하에 *Patterns and Processes of Vertebrate Evolution*, Robert Lynn Carroll, ©1977에서 인용. (c) L. Dingus와 T. Rowe, 1998. *The Mistaken Extinction: Dinosaur Evolution and the Origin of Birds*. W. H. Freeman, New York에서 인용.]

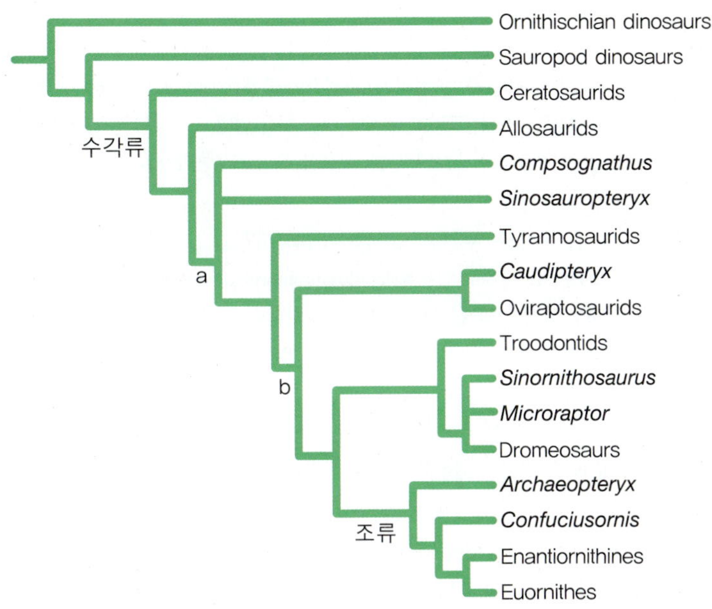

그림 18-37 조류, 용각류, 조반류 사이의 계통발생 관계. 그림 a는 단순한 깃털의 존재를; b는 더 복잡한(본질적으로 현대적인) 깃털의 존재를 보여 준다.

깃털과 조류(새)의 기원

최근까지 연성 조직이 보존된 시조새 조상(pre-*Archaeopteryx*) 화석이 발견되지 않았기 때문에 언제, 어떻게 깃털이 처음 발달하였는지 조류 비행의 기원에 관한 문제도 논쟁거리로 남아 있었다. 실제로 최근의 화석 발견은 우리가 깃털을 가져야만 조류(새)라고 부를 수 있는지에 대해 의문을 제기한다.

- 깃털이 새들의 조상으로 생각되는 내온성 파충류를 보온하기 위한 주요 목적으로 적응된 것이었는가, 아니면 일차적으로는 비행과 관련되어 있었고 단지 이차적 기능으로 보온 효과가 있었는가? 깃털 달린 공룡 화석은 이것이 절연/과시를 위한 기능을 가졌음을 암시하거나 — 또는 더 나아가 — 증명한다. 그러나 이들은 이미 잘 발달된 깃털이지 원시적인 깃털이 아니었으며 우리는 깃털의 정확한 기원을 아직도 알지 못한다.
- 원시 조류 조상의 기원은 나뭇가지 사이를 활공하기 위해 발달된 날개를 사용한 **수상생활**(*arboreal*) 파충류들이었는가, 혹은, 땅 위에 사는 **주행성**(cursorial) 생물이 달리는 속도를 증가시키도록 활주용 표면으로서 형성된 깃털을 가진 것이 기원이 되었는가?

그림 18-38 Gerhard Heilmann이 그린 가상적인 "원시조류," 그리고 역시 Heilmann이 골격을 "재구성"한 그림은 조류의 조상을 50년 간 탐색하는 데 영향을 주었다. (G. Heilmann, 1927. *The origin of Birds*. Appleton, New York에서 인용. 1972년 Dover Books, New York에서 재인쇄.)

일반적으로 고생물학자들은 시조새가 새의 긴 진화 역사에서 이미 상당히 진보된 단계를 대표한다는 점에 있어 동의하지만, 시조새 자체에 관해서는 여러 다른 의견들이 남아 있다. 시조새의 일차 깃털은 현대의 날아다니는 조류의 날개 (비행) 깃털 구조와 놀랍도록 비슷하며 이것은 시조새가 날 수 있었다는 것을 의미한다. 날지 못하는 새들의 깃털은 조류가 아닌 육식성 공룡에서 발견되는 깃털과 비슷한 구조를 가진다.

Ostrom(1974)는 깃털이 원래 몇몇 내온성 공룡에서 체온 상실을 조절하기 위한 수단으로써 발달하였다는 의견을 제시하였다. 깃털, 특히 앞발에 있는 깃털은 곤충 같은 먹이를 잡는 데도 도움이 되었을 수 있다. 이런 종류의 깃털 "곤충망"[24]은 비대해진 가슴근육과 같은 근육의 적응과 더불어 초기의 **날개**로써 작용했을 것이다.

[24] Anthony Russell(캘거리 대학)은 공기가 투과되는 "망(그물)"과 같은 구조는 그 앞에 압력파를 만들 수 없고, 따라서 "날기 도구"로서 효율적이지 않았을 것이라는 점을 지적하였다.

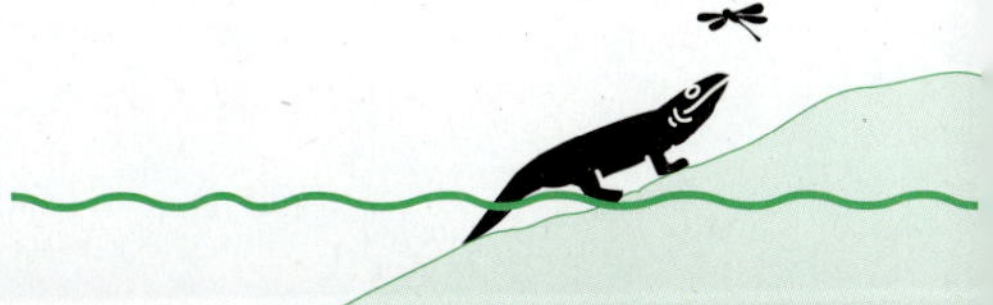

생일: 1956년 4월 8일
출생지: 스코틀랜드 에버딘
학사학위: 에버딘대학(동물학)
박사학위: Ph.D. 뉴캐슬대학, 1981
박사후 연수: 옥스포드대학 1982–1983
현 직책: 브리스톨대학 (영국 브리스톨) 지구과학과 척추동물 고생물학 교수[25]

Michael J. Benton

무엇이 진화에 대한 관심을 갖게 했습니까?

7~8살이었을때 처음 고생물학을 접하게 되었습니다. Zim과 Shaffer가 쓴 컬러판「소책자인 공룡에 대한 소중한 안내」(*The Golden Guide to Dinosaurs*)를 선물 받았는데, 그 책에 푹 빠졌습니다. 그리고 다윈에 대한 책을 읽었고 진화학 연구가 종합 학문임에 매료되었습니다. 다윈 시대나 지금이나 다른 것이 없습니다. 동물학자들, 식물학자들, 고생물학자들, 생태학자들, 실험생물학자들 그리고 철학자들 모두 중요한 역할을 담당합니다.

과학에서 선생님이 발견하신 것 중 가장 가치있고 흥미로운 것은 무엇이라고 생각하십니까?

기반 이궁 파충류의 분기도(cladogram) 작성을 처음 시도 한 것, 그리고 인룡류(lepidosauromorphs; 도마뱀 그룹)와 조룡류(archosauromorphs; 새-악어 그룹) 간의 분화 시점이 매우 오래 되었다는 것을 발견한 것입니다. 일부 사람들이 제안한 것처럼 화석기록이 그렇게 나쁜 것이 아니라는 논증이 계통학과 단층학의 양적 비교에 의해 평가되었습니다.

선생님의 실험실에서는 현재 어떤 연구를 하고 있습니까?

생명체가 장기간에 걸쳐 어떤 형태로 분화해 가는가를 결정하는 일과 이것이 단속평형설과 일치하는가에 대한 연구입니다. 분기도의 정확성 실험: 이들이 얼마나 계통(phylogeny)을 정확히 재현하는지? 북아프리카 튀니지아에 있는 백악기 중기의 커다란 공룡 뼈의 발굴.

선생님의 연구분야는 앞으로 어떤 방향으로 나아가야 한다고 생각하십니까?

현재 우리는 진화 양상에 대한 연구에 있어 매우 흥미로운 시대에 살고 있는데, 이 연구는 1970년대에 시작되어 계속 이루어지고 있습니다. 이제 우리는 생물의 계통(진화 양상)을 재현할 수 있는 분지계통학과 분자계통학이라는 두 가지 독립된 방법을 가지고 있습니다. 이 분야에서 일하는 생물학자들과 고생물학자들은 진정한 선구자들입니다. 이제는 예전의 가설들을 시험해 볼 수 있고, 커다란 하나의 생명 진화계통수의 양상에 대하여 놀라운 새로운 발견들이 이루어졌습니다. 이것은 이 시대에 한 번만 이루어지는 사업이며, 앞으로 여러 세기에 걸쳐 사람들은 1970년에서 2010년까지를 생명 진화의 틀이 시험 가능한 방식으로 명확히 정의된 시기로 기억하게 될 것입니다.

진화분야에 관심이 있는 학생들에게 어떤 조언을 주실 수 있을까요?

크게 관심사가 되고 있는 계통발생의 재현과 대진화(macroevolution)에 헌신하고 싶어 하는 학생들은 생물학과 지질학에 관한 광범위한 지식을 쌓아야 합니다. 다행히 많은 업적들이 알기 쉽게 읽을 수 있는 이름난 책들에 수록되어 있습니다. 그리고 학생들은 첨단지식을 얻기 위해 최신의 전문잡지들을 광범위하게 읽어야 합니다. 학생들에게는 열정과 열의가 필요하며 공룡, 커다란 소행성 충돌, 그리고 지질학 시대의 광대함, 이런 것들에 대해 상상의 꿈을 꾸는 것이 나쁠 것은 없습니다. 하지만 수량적 접근방식에도 통달해야 하며, 엄밀한 질문으로 사물을 검증하는 방식에 익숙해지는 것이 중요합니다.

[25] A list of publications is available at http://palaeo.gly.bris.ac.uk/personnel/benton/Benton.html. Accessed May 2, 2007. Recent publication: Benton, M. J., 2004. *Vertebrate Palaeontology,* 3rd ed., Blackwell Publishers, Oxford, UK.

그림 18-39 멸종된 대형의 날 수 없는 새 몇 종을 재현시킨 그림으로 그들의 상대적인 크기를 비교할 수 있다. *Diatryma*는 초기 신생대의 새이고, 다른 것들은 훨씬 더 후기인 최신세의 새들이다. (A. Feduccia 1980. *The Age of Birds*. Harvard University Press, Cambridge, MA에서 인용.)

P.-J. Chen과 그 동료들은 *Compsognathus*를 닮은 화석에서의 등쪽 아래에 있는 깃털 갈기에 대해 보고하였는데, 이는 즉각적인 논란을 일으켰다. (기반 수궁류인 *Compsognathus*의 계통발생적 위치를 그림 18-37에서 참조.) 깃털 갈기는 깃털을 가진 공룡에서 조류가 기원하였다는 Ostroms의 개념을 강력히 지지했다. 이후, 14개 속에 속하는 "깃털 달린 공룡" 종들이 발견되었다. 이 중 가장 기반을 이루는 *Sinosauropteryx*(그림 18-37)는 약 1억 5000만 년 전에서 1억 2000만 년 전까지 쥐라기-백악기 경계의 것인데 전체 몸속에 속이 빈 깃털 같은 구조를 갖고 있었다. *Protarchaeopteryx*와 *Caudipteryx*는 둘 다 약 1억 3500만 년 전에서 1억 2100만 년 전까지의 것으로, 날아다니는 새들의 깃털과 매우 닮은 깃털을 가지고 있었다(Currie 등, 2004).

이들 동물들이 놀라운 것이 사실이지만 더 놀랍게도 *Microraptor*는 앞다리와 뒷다리 **둘 다** 깃털을 갖고 있었다. 이것은 4개의 날개가 달린 수궁류가 백악기 숲에서 활강했다는 것을 강력하게 암시한다(Xu et al., 2000). 이 동물은 25cm 길이의 꼬리를 포함해 전체 길이가 40cm로 시조새와 몸 크기가 비슷했으며, 분명히 작으면서 충분히 가벼웠을 것이다. 가상적인, 잃어버린 "조상새(Proavian)" 골격을 재구성한 Gerhard Heilmann이 1923년에 그린 "조상새" 그림은 진실로 앞을 내다본 것이었다 **(그림 18-38)**.

위에 언급된 두 번째 쟁점, 즉 새들의 직전 조상이 수상생활을 하는 활강자들이었는지, 또는 전적으로 땅 위에 살았던 동물이었는지에 대한 문제는 커다란 흥미와 논쟁을 일으켰다. Burgers와 Chiappe(1999)는 "시조새는 깃털 달린 날개를 파닥거림으로 공중에 뜰 수 있는 속도를 얻을 수 있을 정도로 빠르게 달릴 수 있었을 것"이라고 계산하였다. 반면에 Feduccia(1999b)는 조류 비행이 땅에 거주하는 것에서 기원하였다는 이론은 "생물물리학적으로 거의 불가능에 가까운"것이며 긴 깃털을 이용하여 활공하는 형태는 분명히 나무에서 발달된 것이라고 주장한다.

현생 조류의 어린 개체는 비스듬한 또는 수직 경사면을 오를 때 견인력을 유지하기 위해 퍼덕이는 날개 운동을 이용하는데, 이러한 활동은 "반쯤 발달한 날개(half a wing)"의 적응 가치(상대적 적응도)를 설명하는 데 사용되어 왔다. 이들 단어들은 St. Geroge Mivart(1871)가 다윈의 진화론에 대한 도전을 제기하였을 때 처음 나타났는데, 그는 중간 형태의 적응 가치에 대해 "반쯤 발달한 날개를 도대체 어디에 쓸 수 있는가?"라고 질문하였다. 만일 퍼덕이는 날개 운동이 원시 형질이라면 Dial의 실험이 그 답을 마련해 줄 수 있을 것이다. 이러한 제안은 "반쯤 발달한 날개"가 원시 형질일 때만 그 **기원**에 대한 진화적 설명을 제공한다.[26]

일단 그 시작 단계를 넘어서자 조류의 진화는 백악기로부터 제 삼기 초기에 걸쳐 빠르게 진행되었다. 백악기의 새들은 뇌용량의 증대, 두개골 뼈들의 융합, 작아진 측두창 등의 특징을 보인다. 어떤 종들에서 매우 크게 확대된 흉골은 비행을 위한 강력한 근육들이 부착되었다는 것을 시사한다. 골반과 천골의 융합과 같은 다른 골격에서의 변화도 일어났다. 조류 화석들이 결코 풍부하지는 않지만 중국의 에오세, 올리고세, 백악기 지층들에는 충분한 수와 종류들이 있다. 이것들은 현생 조류의 거의 모든 주요 분기군(목으로 알려진)들이 이미 그 당시에 발달하였음을 나타내고, 이들 중 일부는 아마도 후기 백악기까지 거슬러 올라가는 것으로 보인다.[27]

날지 못하는 새들

공룡의 멸종으로 말미암아 생긴 극적인 적응 기회가 생겼다. 그 중 하나는 크고, 날지 못하며, 땅 위에 사는 다양한 조류들이 적합하게 진화해 들어갈 수 있는 육상 서식지 틈새 공간이 많아졌다는 것이다. 이들 중에는 키가 2.1m에 달했던 *Diatryma*(그림 18-39)와 높이가 3m 또는 그 이상에 까지 이르는 종류들이 나중에 신생대에 멸종될 때까지 광범위하게 분포했었다. 현재는 날 수 없는 새들이 그리 많이 남아 있지 않다. 아프리카의 타조, 호주의 에뮤, 남미의 레아, 그리고 키위나 islands rail 같이 날 수 없는 소형 종들은 사라져 가는 서식지에 대부분 한정적으로 살고 있다.[28]

날지 못하는 새의 진화는 진화적 선택 방향의 변화와 관련된 것으로 보이는데, 이러한 변화는 포식자의 부재 또는 해양 서식지에 대한 반응으로 인하여 일어난다. 전자의 경우, 주요 육식성 동물이 존재하지 않는 외딴 섬이나 보호받을 수 있는 서식지에서는 지역(토착) 조류들이 육상 먹이 사슬을 우점하며 진화될 수 있다. 일단 이런 역할을 담당하게 되면 이전에 비행을 위하여 발달되었던 구조들이 퇴화되는 방향으로 선택하는 것이 그들의 에너지 사용을 감소시킬 수 있었을 것이다.

해양 서식지에서는 많은 새들이 "물속을 날아다닌다." 공중과 물속을 비행하는 데 있어 주요한 차이는 매질의 밀도이지 이러한 형태의 운동 역학에 차이가 있는 것은 아니다. 펭귄이나 배오리(steamer ducks) 같이 거의 공중에서는 날아다니지 않는 일부 해양 조류들은 물속에서의 추진력을 향상시키는 대신 공중 비행 능력이 낮은 날개 구조로 변형시키는 선택이 작용하였을 것이다.

[26] "퍼덕이는" 날개 운동에 관한 Dial(2003), 그리고 Dial et al. (2006)의 연구를 참조.

[27] Gee(2001)는 *Nature* 학술지에 출판된 중국 화석의 기재 자료를 수집하였다. 화석 조류의 주요 그룹에 관해서는 Feduccia(1995), 그리고 Dingus와 Rowe(1998)를 참조.

[28] Murray와 Vickers-Rich(2004)는 호주의 날지 못하는 새 그룹 "천둥새(thunder birds)" (Dromornithidae)에 관해 좀 더 읽기 쉽게 분석을 했다. 이 천둥새 그룹에는 아마도 역사상 가장 커다란 새, *Dromornis stirtoni*가 포함되는데, 이 새의 몸무게는 570kg에 도달했던 것으로 추정된다.

주요 용어

공룡류(dinodaurs)
날개(wing)
내온성(endothermic)
단궁아강(Synapsida)
두발보행(bipedalism)
멸종(extinction)
무궁아강(Anapsida)
사지류(tetrapod)
수각류(theropods)
수궁류(therapsids)
시조새(*Archaeopteryx*)
양막류(Amniota)
양막란(amniotic egg)
양서류(amphibians)
외온성(ectothermic)
요낭(요막, allantois)
용반류(Saurischia)
이궁아강(Diapsida)
익룡류(pterosaurs)
잃어버린 고리(missing link)
정향진화(orthogenesis)
조룡류(archosaurs)
조류(birds)
조반류(Ornithischia)
주행성(cursorial)
창(fenestrae)
anthracosaurs
pterodactyloids
rhamphorhyncoids

토의 및 질문

1. 육기류(sarcopterygian) 물고기와 기반 사지류가 육상생활로 전환하게 된 이유에 대하여 고생물학자들은 어떻게 설명하는가?
2. *Ichthyostega*와 같은 데본기 사지류가 rhipidistian(sarcopterygian, 육기류) 물고기와 관련이 있다는 어떠한 증거가 있는가?
3. 사지류의 다리는 물속에서 발달했다는 어떠한 증거가 있는가?
4. 진양서류(lissamphibia)의 기원에 관하여 어떠한 가설이 제안되었는가?
5. 양막란은 파충류에게 어떠한 이점을 제공하였으며, 양막란이 성립하기 위해 어떠한 선행단계가 필요하였는가?
6. 어떠한 요인이 수궁 파충류의 방사와 멸종을 설명하는가?
7. 내온성과 외온성에는 각각 어떠한 이점과 약점이 있는가?
8. 어떠한 선택적 요인이 다음 두 가지 특징을 설명하는가?
   a. 많은 공룡들의 커다란 몸집?
   b. 공룡, 특히 수각류에서의 두 발 보행?
9. 공룡의 내온성에 관한 논쟁에 있어 지지자와 반대자의 논점은 무엇인가?
10. 백악기 말기의 대멸종을 설명하기 위하여 고생물학자들은 어떠한 가설들을 제안하였는가?
11. 파충류 익룡과 조류는 어떠한 관련이 있는가?
12. 초기의 새들이 수상생활을 하였는지 또는 달리기에 적합했는지에 대한 가설을 지지하기 위하여 고생물학자들은 어떠한 증거를 사용하는가?

추천 읽을 거리

Benton, M. J., 2003. *When Life Nearly Died: The Greatest Mass Extinction of All Time.* Thames and Hudson, London.

Benton, M. J., 2004. *Vertebrate Palaeontology,* 3rd ed. Blackwell, Oxford, England.

Carpenter, K. (ed), 2001. *The Armored Dinosaurs.* Indiana University Press, Bloomington, IN.

Carroll, R. L., 1988. *Vertebrate Paleontology and Evolution.* Freeman, New York.

Carroll, R. L., 1997. *Patterns and Processes of Vertebrate Evolution.* Cambridge University Press, Cambridge, England.

Chiappe, L. M., and L. Dingus, 2001. *Walking on Eggs: Discovering the Astonishing Secrets of the World of Dinosaurs.* Little Brown, Boston.

Clack, J. A., 2002. *Gaining Ground: The Origin and Evolution of Tetrapods.* Indiana University Press, Bloomington. IN.

Curry Rogers, K. A., and J. A. Wilson (eds), 2005. *The Sauropods: Evolution and Paleobiology.* University of California Press, Berkeley, CA.

Erwin, D. H., 1993. *The Great Paleozoic Crisis: Life and Death in the Permian.* Columbia University Press, New York.

Erwin, D. H., 2006. *Extinction: How Life on Earth Nearly Ended 250 Million Years Ago.* Princeton University Press, Princeton, NJ.

Frost, D. R., T. Grant, J. Faivovich, R. H. Bain et al., 2006. The amphibian tree of life. *Bull. Am. Mus. Nat. Hist.,* **297**, 1297.

Hall, B. K., 2005a. *Bones and Cartilage: Developmental and Evolutionary Skeletal Biology.* Elsevier/Academic Press, London.

Hall, B. K. (ed), 2007a. *Fins Into Limbs: Evolution, Development, and Transformation.* The University of Chicago Press, Chicago.

Hallam, A., 2005. *Catastrophes and Lesser Calamities.* Oxford University Press, Oxford, England.

Maisey, J. G., 1996. *Discovering Fossil Fish.* Henry Holt, New York.

Schluter, D., 2000. *The Ecology of Adaptive Radiation.* Oxford University Press, Oxford, England.

Skelton, P., (ed.), 2003. *The Cretaceous World.* The Open University, Milton Keynes, England.

Weishampel, D. B., P. Dodson, and H. Osmólska (eds.), 2004. *The Dinosauria,* 2nd ed. University of California Press, Berkeley, CA.

Weishampel, D. B., and N. M. White, (eds), 2003. *The Dinosaur Papers 1676–1906.* Smithsonian Books, Washington and London.

Zhou, Z., and F. Zhang, (eds), 2002. *Proceedings of the 5th Symposium of the Society of Avian Paleontology and Evolution, Beijing, 1–4 June, 2000.* Science Press, Beijing, China.

19 포유동물의 진화

요약

가장 진화한 단궁류(synapsids)인 포유류와 그들의 양막류 조상을 구분하는 많은 특징들이 있다. 유선, 태생, 4실의 심장, 횡경막, 가슴과 요추의 구별, 두개골과 두부 영역에서의 골격 변화 그리고 항온성 적응이 바로 그것이다. 고생물학자들이 가장 포유류와 가까운 인척이라 생각하는 수궁류(therapsids)는 아마도 내온성이었으며, 먹이를 잘게 갈 수 있는 끝이 뾰족한 치아와 비도를 막아 먹이를 입 속에 물고 있을 수 있게 해 주는 이차구개를 가지고 있었다.

대부분의 포유류에서는 단 한번 치아가 교체되는데, 포유류의 양막류 조상들은 지속적으로 치아를 교체했다. 치아의 구조와 기능이 변화되면서 턱과 저작근육 또한 변화하였다. 두개골과 턱을 연계하는 관절골과 방형골은 중이소골로 변형되어 내이로 소리의 진동을 전달하고 증폭시킴으로써 예민한 청력을 가진 소형 포유류의 진화를 이끌었다.

삼첩기에 나타난 화석동물인 몰가뉴코돈트(morganucodontids)는 가장 초기 포유류로 알려져 있는데, 3개의 돌기가 있는 어금니와 위아래가 정밀하게 교합되는 어금니를 가지고 있었다. 아마도 그들로부터 하늘두더지나 오리너구리로 대표되는 현존하는 원수류 또는 난생 포유류가 출현하였을 것으로 생각된다. 이후에 분기된 하나의 진화적 계통에서 새로운 종류의 먹이를 먹을 수 있도록, 먹이를 가는 기능이 있는 턱과 좀 더 정교하고 뾰족한 어금니를 가진 수류(therians)가 나타났다. 중생대 동안 조룡류(archosaurians)의 포식활동 때문에 대부분의 포유류들은 아마도 뛰어난 감각기관을 가진 야행성이었을 것이다.

수류의 선택 반응은 태생과 모체 보호 그리고 빠른 태아기 발달을 이끌었다. 유대류 계통에서는 짧은 배아기의 대부분이 압껍질에 둘러 싸여 있고, 모체의 유선으로 영양을 공급해야 하는 미성숙 상태로 태아가 수란관에서 외부로 나온다. 태반 포유류는 알껍질막을 버리고 좀 더 오랜 기간 동안 영양과 산소를 제공하고 노폐물을 제거할 수 있는 태반을 가진 자궁 내에서 태아를 발생시킨다. 아마 대부분의 유대류는 새로 태어난 그들의 미성숙 자손에게 상대적으로 적은 에너지를 쏟았기 때문에 태반 포유류와 함께 존속할 수 있었을 것이다.

백악기말 공룡이 절멸한 이후, 포유류는 특수화된 사지(limb)와 같은 새로운 적응을 통해 여러 서식지에서 다양화되었다. 대륙 이동으로 남미와 호주대륙에 격리된 유대류에서 광범위한 방산이 일어났다. 남미 대륙에서 유대류는 잡식성 분류군으로서(대부분 주머니쥐류) 다양한 생태학적 지위를 가지며 번성하였다. 선신세(플라이오세)에 남미와 북미가 연결되었을 때 많은 유대류가 멸종하였고, 이후 북미에서 유입된 태반포유류들은 급격히 다양화되어 유대류를 대신하였다.

우리가 알고 있는 가장 진화한 단궁류는 포유류이다. 포유류 진화 연구를 통하여 다수의 원리들이 새롭게 대두되었다.

- 특정한 시간에 특정한 그룹의 우점은 장기간에 걸친 진화적 성공에 필수적인 것은 아니라는 것이다.
- 새로운 환경들에 적응할 수 있는 특징들을 미리 가지고 있는 그룹들에게는 중대한 진화적 이점들이 존재한다
- 그룹 간에 일어나는 장기적 관점에서의 진화적 대체는 누구도 예측할 수 없다.
- 생물 체제의 새로운 방식은 그 그룹의 생존 능력을 향상시킬 수 있다.
- 새로운 단계의 생물 체제(조성)는 오랜 기간 동안에 복합적인 상호 조율적 변화들 때문에 일어난다.
- 일단 어떤 새로운 단계들이 획득되면, 폭 넓은 방산이 종종 시작될 수 있다.
- 비록 필연적인 것은 아닐지라도, 크고 급격한 환경 변화에 적응하는 종의 능력은 제한적이라서 멸종은 흔히 일어난다.

포유류의 특징

포유동물은 출산 후, 그들의 새끼를 양육하기 위해 암컷의 **유선**(mammary glands)을 사용하는 데에서 그 이름이 유래되었다. 포유동물의 독특성은 중생대를 거치면서 진화된 해부학적, 생리학적, 행동학적 형질들로부터도 찾아볼 수 있다.

유선 이외의 포유동물 몸체 중 **부드러운 부위**(soft-body)의 특징들은:

- **태생**(단공류 제외; Griffiths, 1978);
- 체온조절(**내온성**, endothermy) — 열의 손실을 조절하기 위해 털로 덮여져 있고, 증발과 식힘을 촉진시키는 땀샘과 같은 적응들로 인해 관련 능력 증대
- 활발한 대사활동에 필요한 산소의 흡기와 이산화탄소의 호기를 증가시키기 위한 **횡경막**(diaphragm)
- 정맥의 피와 산소가 풍부한 동맥의 피를 철저하게 구분해 주는 **4실의 심장**(2심방 2심실)
- 뇌의 **신피질**(neocortex) 확장으로부터 유도된 뛰어난 지능

골격 부위에서 다른 척추동물과 구분되는 현존하는 포유류들의 특징들은:

- 첫 번째 경추골(목등뼈)과 함께 관절 두개골의 후미에 **이중 후두관절구**(double occipital condyle)
- 두개골의 인골과 관절로 이어져 있는 관절구와 더불어 단일 뼈로 구성된 큰 턱(mandible)
- 예전에 턱 관절에 사용했던 파충류의 방형골과 관절로 된 뼈들이 소리 전달에 사용되는 침골과 추골인 **중이소골**(middle ear ossicles)로 변형
- 입으로부터 비도(nasal passage)를 분리시키는 **뼈로 된 이차구개**(bony secondary palate)
- 두개골의 단일 비도 개구(single nasal opening)
- 견갑극(scapula spine)
- 상대적으로 큰 두개골(large braincase)
- 치아들은 크게 분화되어 있음(**이형치열**, heterodont dentition) 치아 표면에 끝이 뾰족한 왕관모양의 돌기들(multicusped crown)을 가진 뿌리가 여러 개인 어금니들(multirooted cheek teeth; 뒤 어금니들, 앞 어금니들)로 이루어짐

몸체의 부드러운 부위(soft-body)의 특징들에 대한 기원을 추적하는 것이 현재까지는 불가능하기 때문에, 알을 낳는 양막류로부터 척추동물이 기원했다는 가설은 주로 화석화된 골격들의 연구로부터 얻어졌다. 포유류의 조상에 대한 가장 유력한 후보자는 석탄기 시대에 처음으로 출현한 **단궁류**(synapsids)의 멸종한 부류들 중 하나이다(18장 참조). 이첩기에 이르러 반용류

그림 19-1 초기 삼첩기에 존재했던 약 1.2m의 육식성 시노돈트(cynodont) 수궁류인 *Cynognathus*의 재구성. (Colbert, E. H. and M. Morales, 1991. *Evolution of the Vertebrates: A History of the Backboned Animals through Time*, 4th ed., John Wiley, New York.에서 각색)

(pelycosaurs)(그림 18-23)가 가장 먼저 육상 서식지에 적응한 수궁류 형태로 다양하게 진화하였다(그림 18-24). 많은 고생물학자들은 초기 삼첩기 때까지 일부 진보된 수궁류들이 최초의 내온성 척추동물이 되었고, 다른 포유류의 부드러운 몸의 특징을 가졌을 지도 모른다고 생각하였다.

골격으로 보면, 수궁류는 다른 양막류(amniotes)와는 확실히 차이가 나며, 분명히 포유류 형태로 진화하는 선상에 있었다. 예를 들면, 파충류의 팔다리를 뻗는 듯한 자세에서 변화한 개와 유사한 **시노돈트 수궁류**(cynodont therapsids)에서는 앞쪽에는 무릎이 뒤쪽에는 팔꿈치를 가진 포유류와 유사한 수직적인 팔다리의 형태를 가지고 있었다(**그림 19-1**). 이것은 땅으로부터 몸을 들어 올려 앞과 뒤로 직접적으로 다리를 움직일 수 있게 됨으로써 결과적으로 운동성을 향상시켰다. 후대의 수궁류들은 턱 관절은 여전히 파충류로서 관절골과 방형골 사이에 있지만, 큰 턱은 포유류처럼 거의 완전하게 치골(dentary bone)로 구성되어 있다(**그림 19-2, 19-3**).

치아

상당히 중요한 수궁류가 갖는 또 다른 포유류 유사 특징들은 서로 다르게 특수화된 치아들(**이형치**, heterodont)의 발달이다: 앞니, 송곳니, 어금니.

수궁류들은 먹이의 큰 덩어리를 삼키거나, 먹이 전체를 삼키는 파충류의 방식을 사용하지 않고, 크고 작은 어금니들의 왕관 모양으로 뾰족한 표면을 사용하여 먹이를 잘게 부수거나 잘랐다. 계속해서 숨을 쉬는 것은 포유동물의 대사활동에 필수적이므로, 치아로 음식물을 씹는 동안에 입 안에 남아 있는 음식물에 의한 호흡의 방해를 극복하기 위해, 포유동물로의 진화과정에서 다

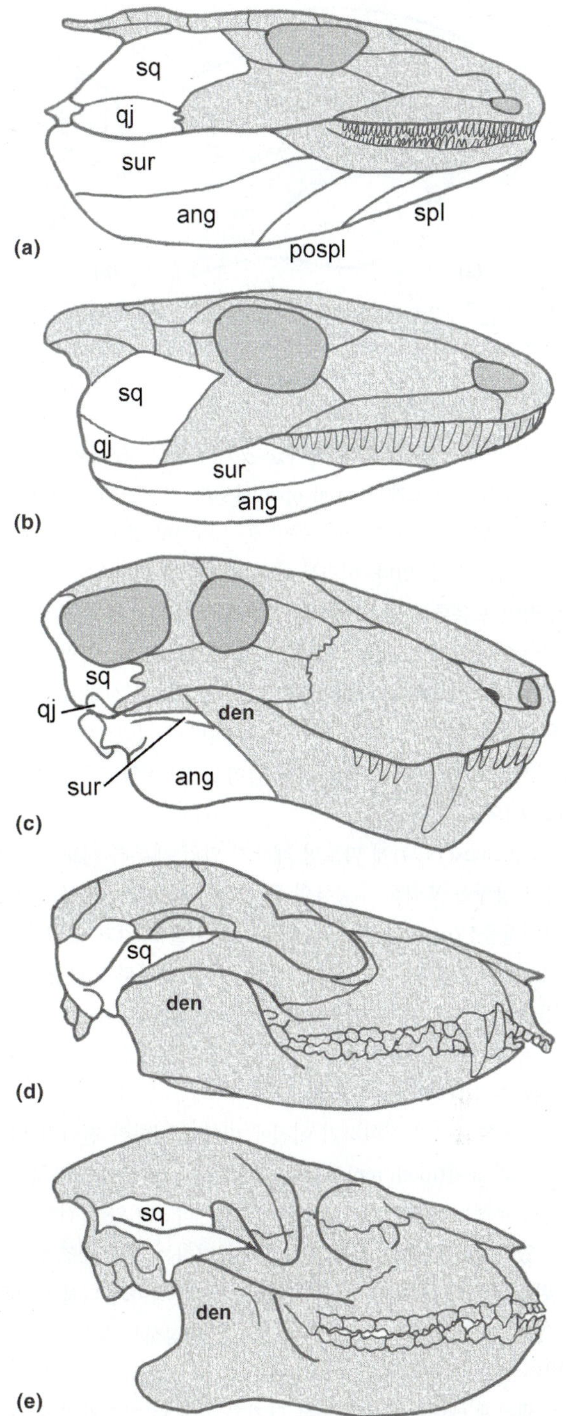

그림 19-2 Gregory(1929)의 고전 교과서에서 묘사한 포유류 턱관절의 진화와 연관된 두개골의 변화. 하악골인 방협골(quadratojugal, qj)과 인상골(squamosal, sq)이 드러나 있음. 석탄기 하부 지층에서 발견된 상각골, 방협골, 인상골로 이루어진 하악골과 관절부에 복합골을 가지는 초기 labyrinthodont(*Palaeoherpeton*). 하악 앞부분 뼈들이 소실된 석탄기-페름기의 원시 파충류(cotylosaurian) *Seymouria*. 현재는 *Seymouria*가 수궁류 계통이 아닌 독립된 계통에서 유래하였다고 인정되고 있다. 그 당시 턱의 진화는 평행진화였음을 증명하고 있다. 상각골이 소실되고 턱관절에 각골이 연결된 페름기 수궁류 *Scymnognathus*. 백악기 후기에 발견된 하악이 하나의 뼈인 치골이 되며, 인상골이 턱관절에 연결된 원시 유대류 *Eodelphis*. 치골의 후측 돌기를 주시하라. 하악턱과 인상골이 연결된 치골을 가진 에오신 초기의 영장류 *Notharctus* Ang, 상각골(angular); den, 치골(dentary); pospl, 후접형골(postspenial); spl, 판상골(spenial); sur, 상각골(surangular)(Hall, B. K. 2005a. *Bones and Cartilage: Developmental and Evolutionary Skeletal Biology*. Elsevier Academic press, London, UK; Gergroy, 1929.에서 각색)

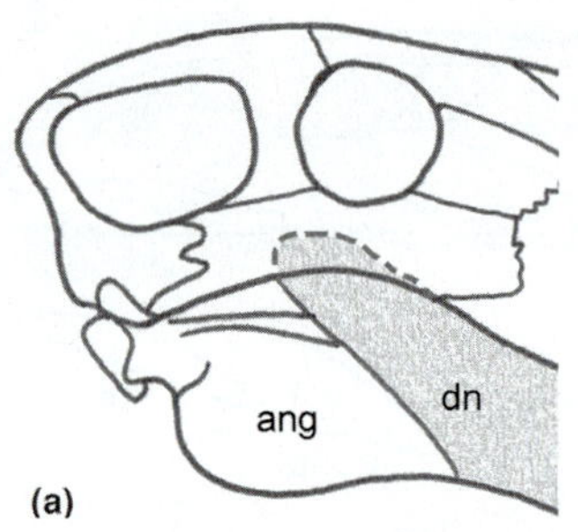

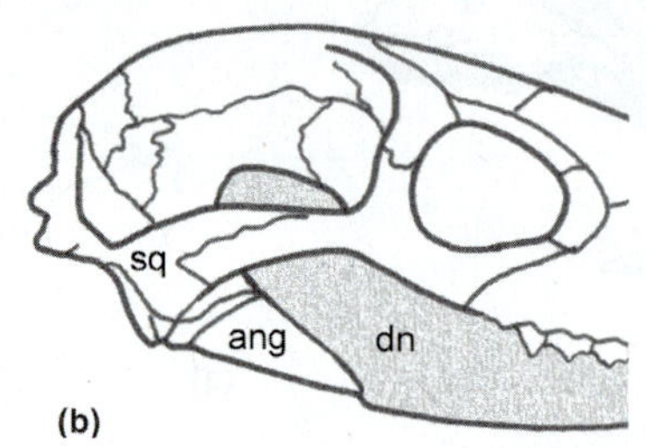

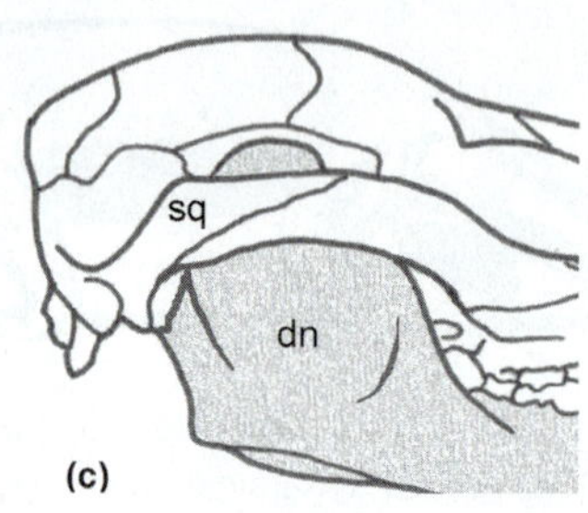

그림 19-3 포유류 턱관절의 발생과 연관한 치골과 각골의 변화. 치골(dentary, den)의 정교함과 상부 성장 그리고 각골(angular, ang)의 소실이 초기와 후기 수류인 *Scymonognatus* (a), *Ictidopsis* (b)와 초기 유대류인 *Thylacinus* (c)에서 나타난다. (Hall, B. K. 2005a. *Bones and Cartilage: Developmental and Evolutionary Skeletal Biology*. Elsevier Academic press. London, UK; Gergroy, 1929.에서 변형)

양하고도 혁신적인 변화가 일어났다. 대부분의 양서류와 육상의 파충류에서는 비도개구(nasal openings)가 입의 앞쪽 부분에 있어, 입 안에 음식이 가득 있는 동안에 큰 악영향 없이 호흡을 일시적으로 중단할 수 있다. 이와는 대조적으로 계속적인 산소호흡이 필수적인 포유류는 만약 음식물 덩어리를 입 안에서 충분히 씹기 위해 오랫동안 호흡을 중단한다면 질식할 수 있다. 이러한 이유로 이차구개(secondary palate)를 얻을 수 있도록 선택(selection) 작용이 포유류-유사 진화 선상에서 나타나게 되었으며, 이로 인해 공기가 기관 근처의 입 부위를 넘어 오갈 수 있도록 진화하였다(**그림 19-4**).

Hillenius(1994)에 따르면 페름기 말엽 때부터 시노돈트 포유류 조상형을 포함한 수궁류의 두 아목들은 호흡막이 붙어 있는 비갑개골융선(nasal turbinate bony ridges)을 가지고 있었다. 그는 또한 "빠르고 지속적으로 일어나는 폐의 환기로 인한 건조 현상"을 감소시키기 위해 이용되는 그러한 특성들은 내온성 포유류와 조류에만 있는 특성들이며, 파충류나 다른 냉혈동물에게서는 찾아볼 수 없다는 것을 지적했다.

포유류로까지 진화하기 이전에 나타난 커다란 진화적 변이는 치아의 교체(tooth replacement) 현상이다. 일반적으로 치아의 추가와 교체는 성장기 동안 두개골과 치아의 크기와 밀접한 상관성이 있다. 섭취하는 음식물의 크기가 증가하는 것에 보조를 맞추기 위해 커다란 치아의 수가 증가하게 되고, 치아와 더불어 머리와 입의 크기가 커지는 일련의 상관성은 성장하는 동물들에게는 상당히 중요한 의미가 있다.

새롭게 태어난 파충류들은 크기가 작아 턱 가장자리를 따라 자란 치아들도 크기가 작은데, 이러한 작은 치아들은 교차적인 양상(alternative pattern)을 띠면서 보다 더 큰 치아들로 교체된다. 각 치아들이 완전해지고, 턱 가장자리에 더욱 견고하게 고정되어 짐에 따라, 인접해 있는 오래된 치아들은 약해져 결국은 교체된다. 완전히 성숙한 파충류의 경우, 치아의 교체가 시작되는 때의 두개골보다 10배나 더 커진 두개골을 가지기 때문에, 이러한 교차적인 주기는 항상 적당한 크기의 단단한 치아가 유지될 수 있

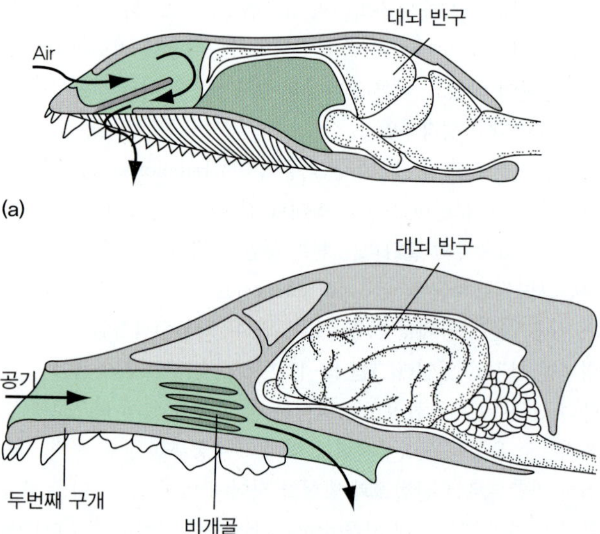

그림 19-4 파충류(a)와 포유류(b)의 호흡을 위한 공기의 통로. 입 안에 남아 있는 음식물과 인두로 들어가는 공기를 분리시켜 주는 포유류의 긴 이차구개를 볼 수 있다. 포유류의 비갑개골(turbinal bone)을 덮고 있는 점액성 막은 들어오는 공기를 데워 주고 수분을 제공하여 적절한 습도를 유지하도록 해 준다. (Romer A. S., 1968. *The Procession of Life*. World Publishing, Cleveland, OH.에서 각색)

도록 만들어 준다. 포유류에서 일어나는 이와 같은 교차적인 방식의 지속적 치아 교체는 효율적으로 음식물을 씹기 위해 필요한 윗니와 아랫니의 교합의 정확성을 떨어뜨리게 된다. 그러므로 포유류에서는 한 벌 단위(set, 위아래가 쌍으로)로 **탈락치**(deciduous teeth, **혹은 젖니**)들이 교체되는데, 교체되는 젖니들로는 앞니, 송곳니, 송곳니 뒤쪽의 젖니성 어금니 등이 있다. 이 젖니성 어금니는 미성숙한 포유류에서는 씹는 기능을 수행하지만, 후에 이 보다 더 입 안쪽에 위치하게 되는 성체용 어금니가 나기 시작하면 영구적인 앞 어금니로 교체된다.

포유류에서 오직 한번의 치아 교체가 일어나는 까닭은 포유류 신생아의 크기가 상대적으로 크고, 태어날 때보다 머리가 훨씬 더 커질 때까지는 어머니의 젖을 먹고 살 수 있어, 치아의 필요성이 거의 없기 때문이다. 젖니들이 빠지고, 젖을 뗀 유년기 포유동

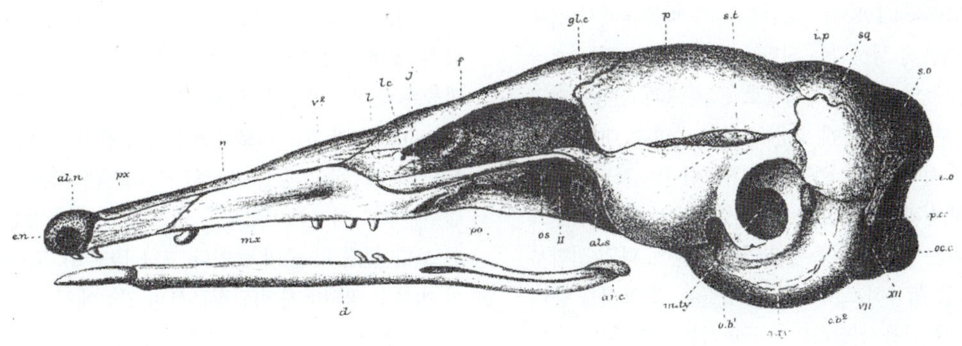

그림 19-5 서호주 꿀주머니쥐(*Tarsipes rostratus*)는 아마도 포유류 중에서 가장 축소된 턱과 치아를 가지고 있을 것이다. 치골이 너무 축소되어 실린더 형태의 앞으로 돌출된 앞니와 못과 같은 어금니를 가진다. (Parker, W. K. 1890. On the skull of *Tarsipes rostratus*. *Stud. Mus. Zool. Univ. Coll. Dundee*, **1890**, 79–83 + plate. 에서 재구성).

물들은 성체들이 먹는 음식들을 먹고 살아가게 되는데, 이때 쯤 그들의 두개골은 완전히 성장했을 때 크기의 약 80% 정도에 달한다. 그러므로 젖니들이 모두 영구치로 대치되기 전까지 단지 약간의 두개골 성장만 있으면 된다.

그림 19-5에서 우리는 꽃의 꿀을 따먹는 서호주 꿀주머니쥐(*Tarsipes rostratus*)에서 치아와 치골이 극도로 축소된 예를 볼 수 찾아볼 수 있다. 그들의 섭식방식은 턱에 최소한의 압력을 가하게 하고, 그 결과로 부목 같은 치골, 작아진 못과 같은 어금니, 그리고 앞으로 돌출된 앞니를 가지게 되었다.[1]

턱과 청각

윗니와 아랫니가 정확하게 맞아 들어가는 포유류의 어금니들은 향상된 저작 활동을 위해 선택된 결과물들이며, 턱 근육과 치아 형태 둘 다에 변화가 일어났다. 파충류의 턱이 가지는 상대적으로 제한된 기능들인 움켜잡기나 벌리기를 포함하여, 포유류는 앞니와 어금니를 이용하여 자르고, 으깨고, 분쇄하는 역할들 까지도 수행할 수 있게 되었다. 어금니가 엄청난 힘과 다양한 저작방식으로 음식물을 다룰 수 있도록 해 주는 근육들이 있다; 씹는 동안 횡으로 턱을 움직이는 근육(내부 익상근)과 입 속에서 음식물들을 움직이는 근육(협근과 혀). 치골의 근육돌기(coronoid process)와 각돌기(angular process)가 길어지면서(**그림 19-6**), 포유류의 턱 근육의 재배열과 변화가 일어나 턱 관절의 압력을 감소시킨다. 이러한 변화와 함께 턱의 뒷부분 뼈인 등골(stapes)을 가진 중이소골(middle ear ossicles)과 같이, 청각 기능을 하는 것으로 생각되는 관절골과 방형골의 손실이 일어났다.

이러한 변화들을 위한 하나의 주요한 자극 — 눈앞에 직접 보이지 않는 포식자들을 피하고, 먹이를 잡기 위한 향상된 청각 — 이 초기 사지동물(tetrapods)에게 작용했던 주된 선택적 힘 중 하나였음에 틀림없다. 이것은 청각과 후각이 중요시 되는 **야행성**(nocturnal) 환경에 돌입한 중생대에 "파충류의 횡포(reptilian tyranny)"에서 살아남은 포유동물의 경우에는 특히 그렇다. 이러한 사건들에 대한 가능한 진화의 순서가 **그림 19-7**에 도식화되어 있다.

공기로 생성되는 소리들의 수용기능을 수행하는 팽팽하며 드럼과 같이 생긴 **고막**(tympanic membrane)은, 초기의 육상 척추동물에서나 심지어는 땅으로 전달되는 진동에 의지하며 살았던 초기 단궁류 파충류들에서 조차도 존재하지 않았던 것 같다(그림 19-7a). 이러한 수궁류 조상형들에서는 소리가 두개골의 방형골과 아래턱의 관절 둘 다와 연결되어 있는 상대적으로 두꺼운 등골을 경유하는 방식, 즉 주로 뼈를 통하여 땅에서 내이(inner ear)로 이동되는 방식이었다(그림 19-7b).

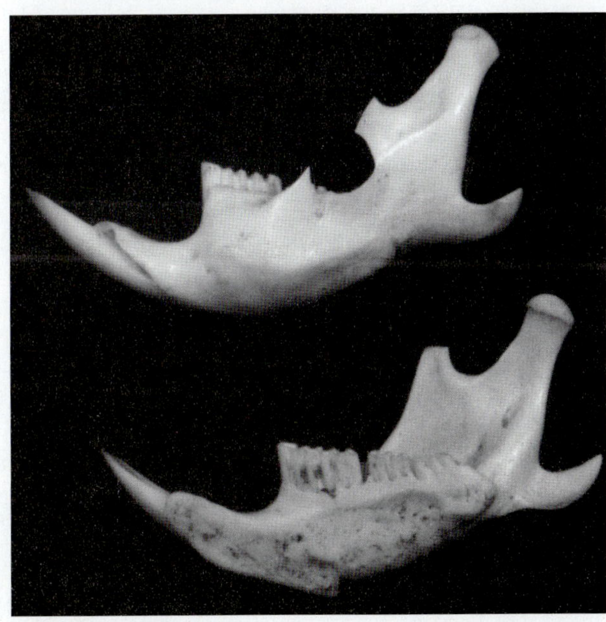

그림 19-6 마들렌느 섬에 서식하는 목초지 들쥐의 아종인 Microtus pennsylvanicus magdalensis의 치골. 포유동물의 치골은 아래턱에 하나의 뼈로 이루어짐. 위의 사진은 치골의 측면이며, 아래 사진은 안쪽면을 나타낸다. 우측 치골 뒷면 끝 부위에 두드러지게 나타난 3개의 돌기뼈를 주목(사진은 Brian K. Hall 제공).

---

[1] 꿀주머니쥐는 포유류 중 출생시 몸무게가 가장 작지만(5 mg 이하), 정자의 길이는 가장 길다(360 μm).

Kermack와 Mussett(1983)는 포유류-유사 파충류에서 진동판(tympanum)이 새롭게 생성되는 진화는 공기로 운반되는 소리를 들을 수 있게 만들었으나, 상대적으로 큰 중량과 진동판막과 내이 사이 뼈들의 부동성 때문에 넓은 범위의 주파수 대역을 감지하는 데에 비효율적이었다고 주장하였다(그림 19-7c). 이러한 진화의 과정에서 관절과 방형골이 턱의 접합부로서 사용되어 그것들의 크기를 줄이는 데에 어려움이 있었기 때문에, 턱의 접합부를 위해 다른 뼈들을 활용하고, 관절과 방형골은 그 크기를 줄여 소리를 전도하는 기능만을 전담하도록 국한하는 것이 하나의 해결책이었을 것이다.

이러한 과정은 이미 *Scymnognathus*와 *Diarthrognatus*와 같은 몇몇 삼첩기 수궁류들에게서 나타났으며, 이들은 오래된 파충류 관절과 방형골 이외에도 아래턱에 치골과 윗 턱에 인골(squamosal)이 있는 **새로운 포유류와 같은 턱관절**을 보여 주었다. *Morganucodon*과 같은 초기의 포유류들에서는 비록 턱 접합부의 일부분으로 여전히 사용되긴 했으나, 관절과 방형골의 크기가 이전 보다 훨씬 더 줄어 들었다(그림 19-7d). 쥐라기 시대에 와서야 비로소 명백하게 턱관절로서의 기능에서 벗어나게 된 방형골과 관절은 각각 침골과 추골과 같은 작은 소골들로서 포유류의 중이에 자리하게 되었다(그림 19-7e, f). 포유류의 태아에서 방형골

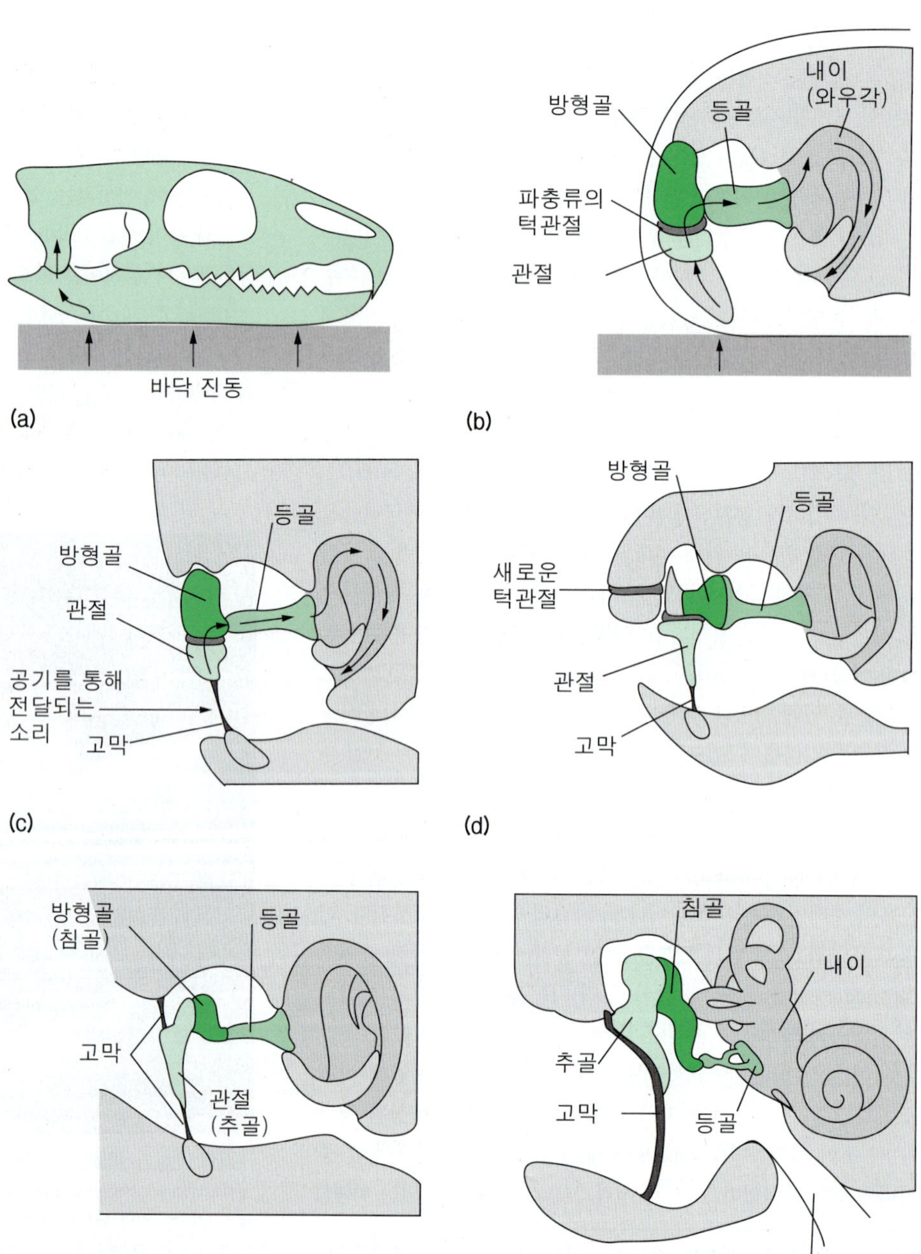

그림 19-7 땅의 흔들림을 뼈의 전도(a, b)를 통해 감지해 내던 육상 사지동물(tetrapods)들에서부터 시작되는 귀 기관의 진화 단계. 포유류-유사 수궁류로 진화하게 되는 파충류인 수궁류에서(c), 고막은 공기를 통해 전달되는 소리를 감지하여, 턱 접합부의 관절과 방형골에 전달하고, 이것은 다시 내이와 연결되어 있는 등골(stapes)로 전달된다. 수궁류의 진화 과정에서처럼 새로운 포유류의 턱 관절이 개선된 어금니의 씹는 기능에 대한 선택작용 때문에 진화하게 된다(인골-치골). 삼엽기 초기의 포유류인 Morganucodon에서(d), 관절-방형골-등골의 크기가 작아지긴 했지만, 관절과 방형골은 그대로 존재한다. 삼엽기 말엽에(e), 인골-치골 관절이 턱의 접합부가 되고, 관절-방형골-등골은 듣는 기능만을 담당하게 되었다. (f)에서는 현대 포유류의 귀에서 이러한 뼈들의 형태와 위치를 해부학적으로 보여 주고 있다. (Kermack, K. A., F. Mussett, 1983. The ear in mammal-like reptiles and early mammals. *Acta Palaeontolgica Plonica*, 28, 147-158.에서 각색)

과 관절은 발생학적으로 처음에는 파충류처럼 턱 쪽에 위치하다가 뒤에 가서는 포유류의 이소골 쪽으로 이동하게 되는 것을 보여 주는 발생학적인 연구결과들이 이러한 관점들을 지지해 준다.

초기 포유류

극히 초창기의 포유류 화석들은 매우 드물기 때문에 수궁류가 언제, 어디서 포유류로 진화했는지 우리는 아직까지도 알지 못하고 있다. 초기 포유류들은 작은 크기였고, 생쥐나 집쥐 정도의 크기였으며, 그들의 몸은 화석화되기 쉬운 부분에서 조차 대개는 급격하게 관절들의 소실이 있었다. 몇 가지 예외적인 경우를 제외하고는, 지금까지 발견된 완전한 포유류의 골격은 쥐라기 후기에 하나 발견된 것 이외에는 대부분이 백악기 시대 말엽 이후의 것들이다. 그러한 이유로 초기 중생대의 포유류를 연구하는 연구자들은 전적으로 치아와 턱의 화석에 의존하여, 그것들이 어떠한 진화적 경로를 겪어 왔는지를 추정하여 왔다.

포유류 그룹을 정의함에 앞서 대비되는 2개의 의견이 있다.

- 하나는 치골과 측두린(squamosal)의 연결 관절을 공유파생형질로 보는 것인데, 이러한 관점으로 본다면 **몰가뉴코돈트**는 최초의 포유류가 된다.
- 두 번째 관점은 좀 더 제한적인데, 단궁류인 유대류와 태반포유류의 마지막 공통조상을 포유류로 본다. 이러한 정의하에서는 좀 더 진화된 그룹이 초기 포유류가 된다.

이 장에서는 좀 더 오랫동안 일반적으로 인정되어 온 첫번째 관점으로 서술하였다(Kemp, 2007).

삼엽기 말엽-쥐라기 초기의 지층에 널리 분포하는 몰가뉴코돈트류(morganucodontids)라 불리는 수궁류 화석들로부터 초기 포유류가 시작되었다고 생각한다(**그림 19-8, 19-9**). 처음으로 뒤쪽 송곳니들이 앞 어금니와 뒤 어금니로 분화하기 시작했다. 유일하게 마지막 앞 어금니의 치아 교체가 일어난다는 증거를 발견하였으며, 뒤 어금니들의 경우에는 포유류처럼 치아 교체가 없이 영속성(태어날 때 가지고 있던 치아를 죽을 때까지 사용함)을 가지고 있었다. 기존의 파충류들과 구별되는 몰가뉴코돈트(morganucodont)의 특징은 위와 아래턱 사이에 정확한 교합이 이루어졌다는 것이다. 이것은 어금니의 표면이 일관적인 모양을 하고 있었기 때문에 가능한 일이었다(그림 19-9).

일반적으로 몰가뉴코돈트의 어금니는 치아의 앞뒤축을 따라 배열된 3개의 뾰족한 융기들이 있는 **삼추치**(triconodont)라 불리는 배열 구조를 갖는다. 이들과 유사한 배열 양상을 가지거나 혹은 이들로부터 유래된 화석 삼추치류들은 중생대 전반에 걸쳐 그 잔존 흔적들이 나타나며, 전통적으로 **원수아강**(Prototheria)으로 분류되는 다양한 그룹들에 속해 있다.

그림 19-8 삼엽기 말엽-쥐라기 초기 시대에 살았던 포유류들인 몰가뉴코돈트류인 *Megazostrodon*의 골격과 몸 전체 형상의 재구성. 약 10cm 정도의 길이였으며, 몸무게는 대략 30g 정도였다. (Crompton, A. W., C. R. Taylor, and J. A. Jagger, 1978. Evolution of homeothermy in mammals. *Nature*, 272, 333–336.에서 각색)

이미 언급한 바와 같이(그림 5–16), 현재까지 남아 있는 원수류 계통은 오스트레일리아와 뉴기니아에 서식하는 굼벵이와 새우를 먹는 오리너구리(*Ornithorhyncus*)와 개미를 먹는 바늘두더지(*Tachyglossus*와 *Zaglossus*)로 대표되는 알을 낳는 포유류인 **단공류**(monotremes)들이다. 비록 이러한 동물들이 지금은 매우 드물고, 그들의 화석기록 역시 빈약할지라도, 이들이 갖는 특징들 중 일부는 중생대에 엄청나게 많은 수로 서식했던 원수류 조상의 특징들을 반영하고 있을지도 모른다.

예를 들면, 단공류들은 여전히 직장과 비뇨생식기의 공통적인 개구(openings)들로서 파충류의 배설강(알을 낳는 기능 이외에)을 이용하고, 파충류의 두개골 특징들을 많이 가지고 있다. 좀 더 진화된 유대류나 태반포유류와는 대조적으로 단공류 흉근의 환대(pectoral girdles)에 견갑골 가시(scapular spine)가 결핍되어 있고, 또 다른 원시적인 포유동물 그룹의 하나인 삼첨기-쥐라기 포유동물인 양치류(docodont)와 훨씬 더 유사한 하상쇄골(interclavicle)을 가지고 있다.

단공류에서 치아의 부재는 추정하기에 어려운 그들의 계통을 이해하는 데 도움을 주는 드문 특수한 현상이지만, 진흙을 파고들거나 개미를 먹거나 하는 둘 중 어느 하나로 제한된 진화 역

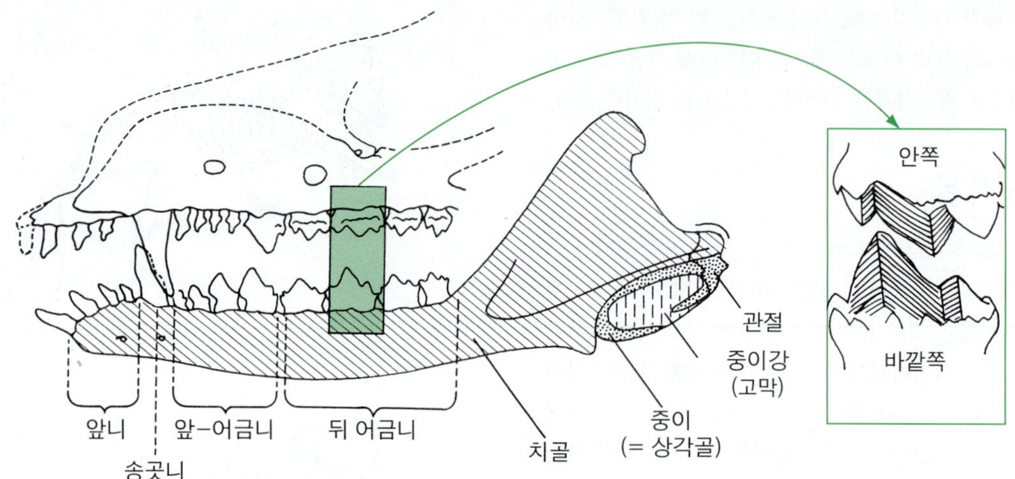

그림 19-9 삼엽기 말엽 몰가뉴코돈트류 중의 하나인 *Morganucodon*의 25mm 길이 턱의 측면도. 어금니는 다른 파충류보다 더 정확하게 맞물려있다. 그리고 그림에서 볼 수 있는 것처럼, 위의 어금니의 안쪽 표면과 아래 어금니의 바깥쪽 사이에 마모된 면이 일치하는 것을 보여 준다. (Adapted from Crompton, A. W., and F. A. Jenkins, Jr., 1979. Origin of mammals. In *Mesozoic Mammals: The First Two-Thirds of Mammalian History*. J. A. Lillegraven, Z. Kielan-Jaworowska, and W. A. Clemens (eds.). University of California Press, Berkeley, pp. 59-73.)

사로 설명될 수 있다. 상대적으로 고립된 대륙인 오스트레일리아 대륙에서 그 같은 독특한 특수화 현상이 지속된 것이, 아마도 중생대에 잔존해 있었던 단공류성 동물들이 그렇게 오랜 기간 동안 살아남아 지속되게 만든 원동력이었던 것 같다.

다양한 화석치아의 발견은 삼첩기 말엽에 이르러 몰가뉴코돈트들과 그것 이후에 나타난 원수류들과는 구별되는 **수류**(therian)라고 불리는 하나의 새로운 그룹의 형성을 이끄는 중요한 포유류 분화가 일어났었다는 것을 보여준다.[2] 수류는 매우 복잡한 어금니의 구조를 가지고 있다는 점에서 이전 것들과 구분이 된다. **삼융기치(tribosphenic 혹은 tritubercular)**라 불리는 수류의 어금니들은 위 어금니들의 표면에 뾰족하게 돌출된 모양이 삼각형의 배열을 이루고 있다는 데에서 원시류의 것들과는 차이가 있으며, 뾰족한 돌출부위 중 하나(protocone)는, 마치 약사발의 사발과 절구공이와 같이, 아래 어금니의 움푹 들어간 분지(talonid)와 거의 딱 맞게 이루어져 있다(**그림 19-10a, b**). 뾰족한 돌출부와 분지가 맞물려 작용하는 분쇄 활동 능력은 진화된 수류 계통들의 진화과정에서 볼 수 있는 것처럼, 3개에서 6개까지 돌출부와 분지의 조합 수가 수적으로 증가 · 향상되면서 베고 자르는 표면들의 증가로 인해 더욱 증진되었다(그림 19-10c~g). 초창기 포유동물에서 이미 나타나기 시작한 특징인 좌우로 으깨는 활동을 가능하도록 하는 근육의 탄출(sling)에 의존하는 좁아진 아래턱의 진화에 의하여 이러한 활동들은 더욱 강화되었다. 이러한 향상된 입의 분쇄기작은 소화의 효율성을 증가시켰을 뿐만 아니라 새로운 음식물들을 먹이로 삼을 수 있는 기회를 제공해 준 것 같다.

삼융기치 어금니가 있었음직한 그 이전의 조상으로서 몰가뉴코돈트와 동시대에 서식했던 kuehneotheriids가 있는데(그림 19-10C), 몇몇 고생물학자들은 이것을 서로 다른 수궁류들의 집단들로부터 포유류가 이중기원(diphyletic) 혹은 다중기원(polyphyletic)을 통하여 출현한 것을 보여 주는 증거로 여기고 있다. 다시 말해서, 뾰족하게 돌출된 표면을 갖는 어금니에 의해 다른 것들과 구분되는 포유류-유사 수궁류들 중 두 계통 이상의 진화적 계통들(즉 몰가뉴코돈트, Keuhnotheriid, 일부 또 다른 초창기 포유류 계통)로 진화해와 각자가 포유류의 서로 다른 기원이 되었을 것이라고 생각한다.

수류와 무수류(atherian) 포유류들 사이의 중요한 두개골의 유사성들은 다른 고생물학자들에게 포유류의 단계통 기원을 채택하게 하는 단초를 제공하였다. 이러한 관점들 사이에서 명확한 판단을 내리려면, 폭넓은 범주를 가지고 있는 다양한 시노돈트 수궁류 그룹들에서 초창기 포유류 진화의 복잡성을 추적하여 간파해 내는 것이 절대적으로 필요하다. Kemp는 정기적으로 건기가 오는 사바나와 같은 환경에서 항상성에 의한 체온 조절 능력과 신진대사 능력의 증가가 동시에 일어나는 예를 보여주며, 포유류 진화의 **상관진행**(correlated progression)을 주장하였다. 이첩기 중기의 이러한 환경과 기후대 사이의 지리적 연속성은 이 시기 수궁류의 폭발적인 방산을 가능하게 하였다.[3] 중국 랴오닝성의 이시안 지층(Yixian Formation)에서 새로운 초기 백악기 포유류 화석이 8종 발견되었다. 두 종은 트리코노돈트(triconodont)로 레페노마무스 기간티쿠스 *Repenomamus giganticus*(키 1m, 몸무게 12~

[2] 포유류의 치아 형태 진화에 대해서는 Hunter and Jernvall(1995)와 Jernvall et al. (1996)을 참조.

[3] 수류 계통은 Kermack and Kermack (1984)를, correlated progression에 대해서는 Kemp 92005, 2006, 2007)을 참조.

14kg)와 레페노마무스 로부스투스 *R. robustus*(키 0.5m, 몸무게 9~12kg)인데, 이들은 지금까지 발견된 백악기 포유류 가운데 가장 크며, 화석의 위 속에 보존되어 있던 어린 공룡의 흔적으로 판단하건데, 우리가 일반적으로 그리고 있던 초기 백악기에 살았던 작은 야행성 식충 포유류(Hu et al., 2005)의 이미지와는 상반되게 작은 공룡을 사냥하여 먹이로 삼았던 포유류이다. 에오마이아 스칸소리아(*Eomaia scansoria*)는 털과 골격이 거의 완전히 유지된 화석이다. 그들은 왜소하였고(키 10cm, 몸무게 20~25g), 주로 나무에서 서식하였는데, 태반포유류로 이어지는 계통의 기저그룹으로 여겨진다. 시노델피스 살레이(*Sinodelphys szalayi*) 는 지금까지 알려진, 가장 오래된 유대류 화석인데, 나무에서 서식하는 식충동물이었으며, 아마도 주머니쥐의 조상형일 가능성이 높다.

초기 포유류의 서식 형태

화석 증거가 빈약하여 많은 공백(gap)들이 존재할지라도, 초창기 포유동물의 삶과 행동양식의 일부 모습들을 우리는 재구성할 수 있다.

아마도, 조그마한 몸집을 가진 중생대 포유류들의 향상된 치아와 음식을 씹는 방법의 개선은 음식물의 빠른 소화흡수를 촉진시킴으로써 몸의 온도를 일정하게 유지하는 데 도움을 주었음에 틀림없다. 이러한 원시 포유동물들은 내온성(endothermy)이었기 때문에 그들의 포식자들인 외온성(혹은 변온성, ectothermy) 파충류들이 활동하지 않는 상대적으로 온도가 낮은 저녁때에 주로 기능을 하는 야행성(nocturnal)이었고 식충성(insectivorous)이었을

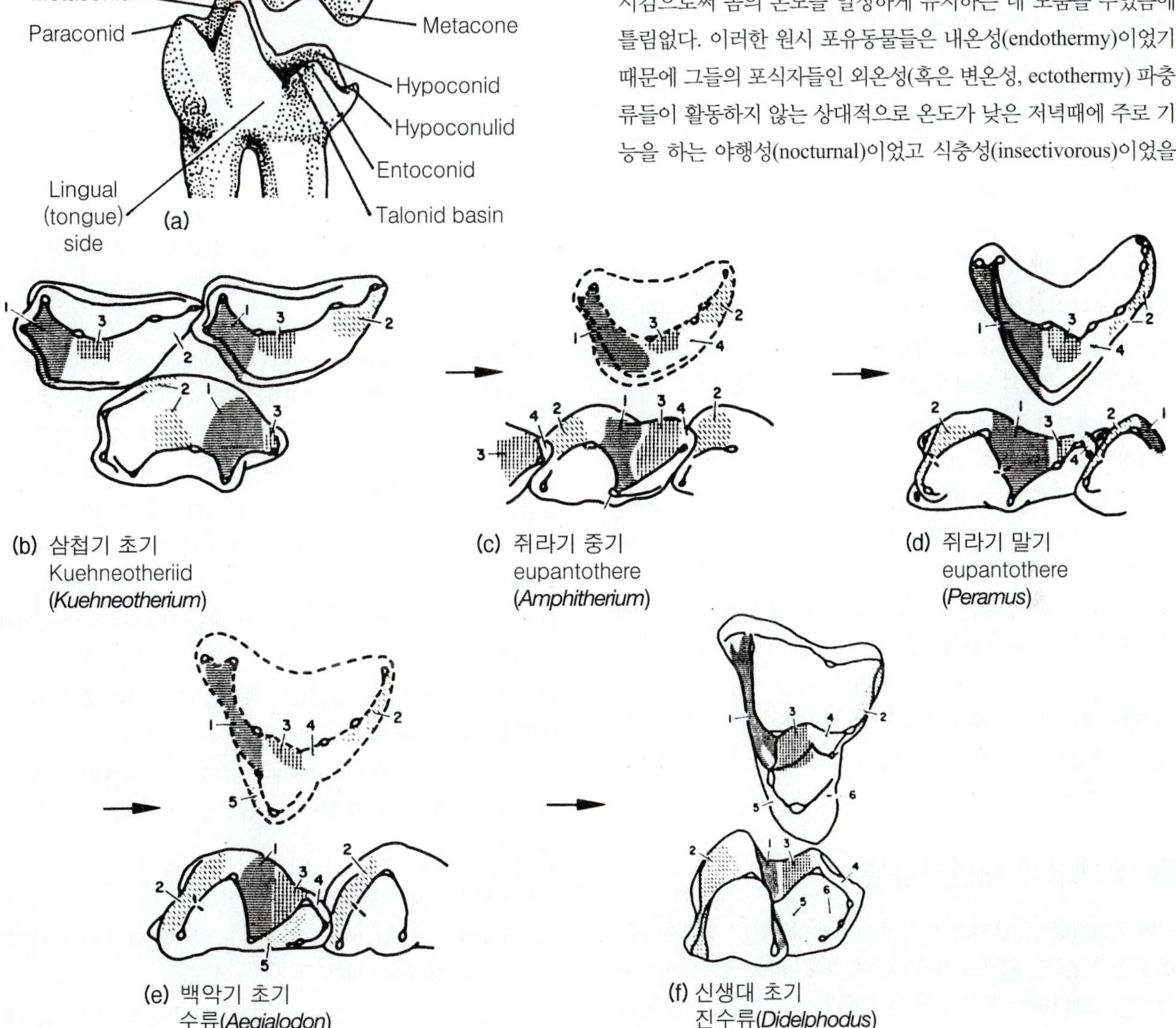

그림 19-10 (a) 오늘날의 수류인 주머니쥐 *Didelphis*의 어금니에 근거해서 일반화한 위 아래의 삼융기치 어금니들. (b~f) 수류 삼융기치형의 일반적인 진화 단계들을 나타내는 것으로 위 어금니(위)와 아래 어금니(아래)의 왕관과 같은 모습을 볼 수 있고, 음영을 넣은 곳이 위아래 치아들이 서로 마주치는 면이다. (c와 e의 경우는 단지 아래 어금니만이 화석으로 남아 알려졌다).

글상자 19-1 진보

비록, 시간이 진화적 변화의 방향을 지시하는 화살표가 되고 진화적 경향성이 진보를 나타낸다고 할지라도(1장 참조), 진보에는 수많은 진화적 계보와 하나 이상의 방향이 존재한다.

어떤 이는 세포 형태의 수적 증가를 증거로 진보가 형태적 복잡성이 증가한 것이라고 생각한다(글상자 8-3, 그림 8-6). 그러나 많은 진화적인 계보는 그런 경향을 보여 주지는 않는다. 에너지 소모가 불필요한 기간들을 소실한 기생충들은 그런 구조들을 지속적으로 유지하는 기생충들을 확실히 대체하게 된다. 이런 경우 단순화와 감소가 복잡성보다 오히려 더 진보적이다. 우리가 복잡성이 증가되는 것을 진보라고 규정하더라도, 그것의 측정은 해결 불가능하다. 대부분의 생물학자들이 35억 년 전 생물보다 현재의 생물이 더 복잡하다고 인정하더라도 말이다.[a]

만약 생물체들과 그들의 서로 다른 생활사를 통해 일관된 진화의 과정이 이어졌다면, 그것은 그들의 조상형들의 초기 진화단계에서 깊게 스며들어 있는 기회주의(opportunism)의 결과이다. 우리는 이러한 기회주의의 결과를 진보라 부를 수 있다. 그러나 그것의 의미론적 모호성, 모순, 사회학적으로 도덕적 판단의 함축이라는 관점에서 이러한 용어나 다른 가치 판단들이 우리가 진화를 이해하는 데 도움을 줄지는 의문스럽다. 다윈의 말을 인용해 보면, 자연선택 혹은 적자생존은 필수적으로 진보적인 발달을 포함하지 않는다. 그것은 단지 생명의 복잡한 관계성 하에서 각각의 생명체들에게 이익이 되는 그런 변이들 만을 이용한다. 그러므로 진보는 원인이 아니라 기껏해야 진화적인 결과에서 나타난 것들에 관한 기술에 불과하다. 생물학적인 진화는 오직 기회주의적 경로를 따르며, 생존 이외에는 다른 목적을 가지고 있지 않다.

[a] 진보에 관한 다양한 접근은 Vqlentine et al. (1994), McShea(1996, 2005), Valentine(2003, 2004)와 Vickaryous and Hall(2006a)을 참조

가능성이 높다. 이러한 야행성 활동을 지지하는 증거로 원시 포유류의 뇌가 심지어 진보된 수궁류보다도 세 배에서 네 배 정도로 더 컸다는 것을 들 수 있다(**글상자 19-1**). 이러한 증가된 뇌의 상당 부분이 야행성 활동에 적응하는 것과 관련되어 청각(아마도 후각과 시각도 포함)의 민감성을 증대시키는 추가적 신경계 연접에 대한 선택 작용과 관계가 있을 것이라고 볼 수 있다.[4]

턱으로부터 관절과 방형골이 자유로워지고, 그것들을 좀 더 효율적인 중이소골들로 변형시킴으로써 얻어진 포유류 청각기관의 가속화된 특수화는 아마도 야행성으로 활동하면서 빛이 감소된 서식지에서 살아남기 위해 향상된 감각기능에 대한 선택 작용이 있었음을 보여 준다. 야행성 포유류가 포유류의 원시 조상이었을 것이라는 주장에 대한 증거로서 오늘날에 서식하고 있는 대부분의 원시적인 포유류들(예, 식충성 포유류)의 망막이, 낮의 강렬한 빛에 적응된 파충류(예, 도마뱀, 거의 완전히 원추형 광수용체로 되어 있음)의 망막과는 대조적으로 희미한 빛을 감지할 수 있는 풍부한 간상형-광수용체(rod-photoreceptors)를 가지고 있다는 사실을 들 수 있다.

유대류과 태반포유류

아마도 야행성이었던 생활 방식에 의해서 야기된 초기 포유류들의 치골의 변화는 쥐라기 시대 전반에 걸쳐 지속적으로 이어져온 것 같다. **그림 19-11**은 화석 어금니들을 통해 그러한 변화들을 도식화하여 보여 주고 있다. 백악기 초기에 최초로 정확한 형태의 삼추치형(tribosphenic) 어금니가 두 그룹에서 동시에 출현하였는데, 남반구에서는 단공류와 연관이 있는 australosphenidan(*Ausktribosphons*)이, 북반구에서는 고생물학적(화석적)으로 풍부하게 출현한 북아메리카와 아시아 대륙의 태반포유류(placentals)와 북아메리카 대륙에서는 유대류(marsupials), 즉 2개의 주요 수류 계통과 연관이 있는 boreosphenidan(*Montanalestes*)이 나타났다.

이런 고생물학적인 그룹핑(그룹 묶기)과는 대조적으로 Janke와 그 동료들(1997)은 뉴클레오티드 염기서열과 아미노산 서열을 근거로 하여 유대류와 태반포유류로 수류를 나누어 그룹핑하는 것에 대한 이견을 제기했다. 대신에 그들은 1억 3천만 년 전 백악기 초기와 중기에 태반포유류로부터 떨어져 나온 단공류/유대류의 자매군을 제안하였다. 그들의 분자시계에 따르면, 단 1천 5백만 년 후인 1억 1천 50만 년에 단공류와 유대류의 분지가 이루어졌다. 그렇지만 다른 분자시계의 척도들은 초기의 유대류의 분지가 더 오래 전인 중생대에 속하는 1억 7천만 년 전이라고 하였다(Kumar and Hedges, 1998).

이 두 가지 주요 수류(therians) 그룹들의 화석은 두개골과 치아의 구조에서 차이가 난다. 다음은 유대류가 갖는 독특한 특징들이다:

- 비교적 작은 두개(braincase)
- 뒤쪽의 앞 어금니는 탈락치이고, 앞쪽의 다른 뒤 어금니들과는 현저하게 다름
- 앞니의 수가 비교적 많음: 전체 위턱에서 8개 혹은 그 이상
- 어금니의 뾰족한 부분과 융기된 부분의 독특한 배열
- 몇몇 백악기 후두개골 골격에서 보여지는 골반의 상치골(epipubic bone)

[4] Jerison(1973), Northcutt(2001), Keilan-Jaworowska et al.(2004)를 참조.

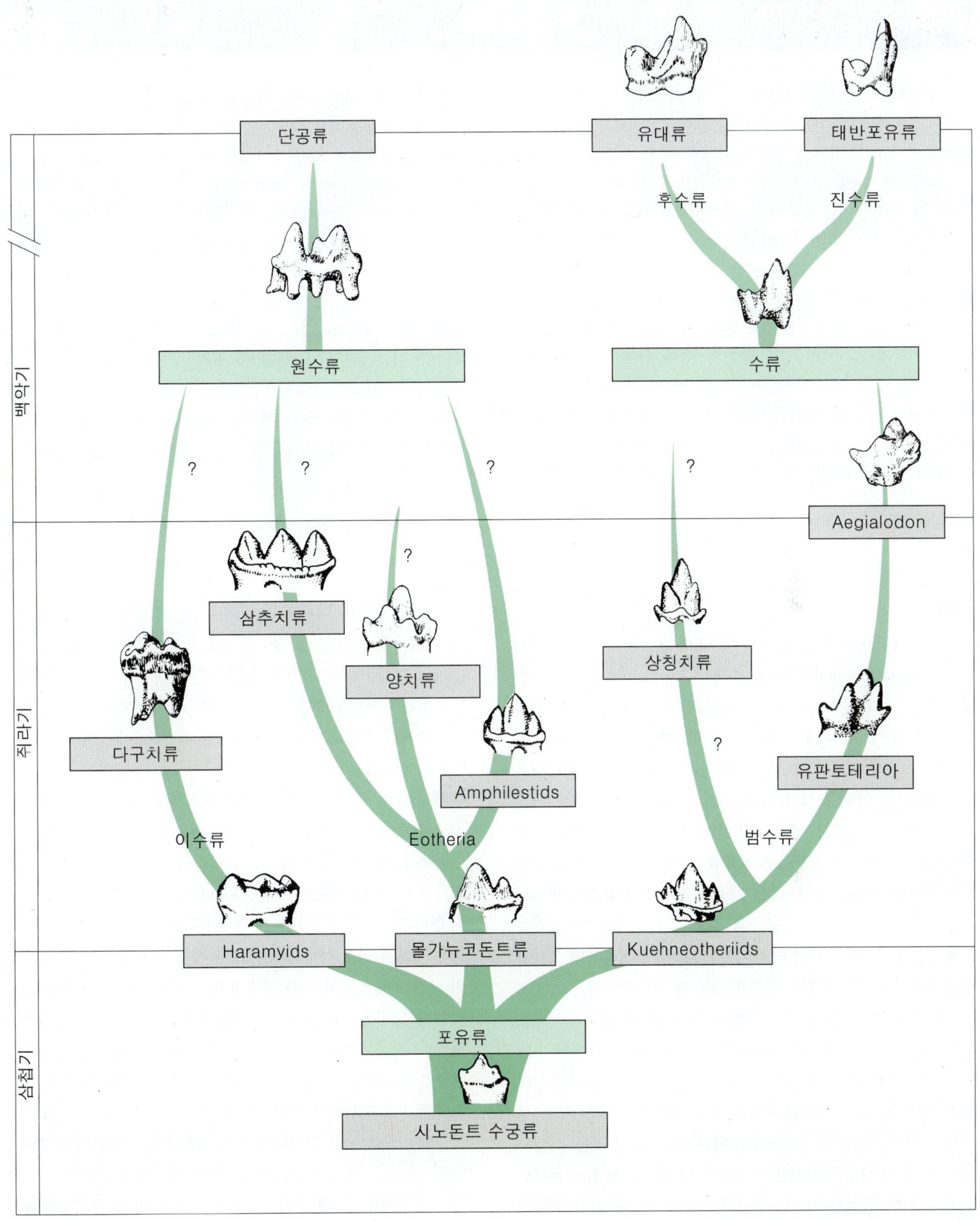

그림 19-11 삼첩기에서 신생대 사이의 어금니의 진화적 변화를 중심으로 작성된 포유류간의 유연관계. Q. Ji와 그의 동료 연구자들(1991)에 의하여 중국에서 발견된 완전한 삼추치 골격은 삼추치 구조(그리고 흉근의 환대와 같은 형태)가 독자적으로 나타난 사건이 아니라, 다른 포유류의 진화적 계통들에서 물음표로 표시한 것처럼 수렴의 결과임을 보여 준다. (원수류–수류 나눔은 Carroll, R. L., 1998. *Vertebrate Paleontology and Evolution*. Freeman, New York.의 견해를 따름)

글상자 19-2 유대류와 태반포유류의 배발생

유대류는 임신 기간 동안 주요 부분인 배아를 얇고 투과성이 있는 알껍질이 둘러싸고 있는데, 그 기간이 종에 따라 11일에서 38일 사이의 범위를 가진다. 이 기간 동안 유대류의 배아는 알의 영양분과 모체의 자궁으로부터 양분을 얻지만, 짧은 임신기간 때문에 매우 미성숙한 형태로 질을 통해 태어난다. 유대류의 새끼들이 육상에서 움직일 수 있기까지 생후 2~3달 정도가 걸렸던 것 같다.

태반포유류에서는 껍데기로 싸여진 배아 단계는 더 이상 찾아볼 수 없고, 임신 기간이 매우 길어졌고, 태어난 새끼의 크기가 유대류에 비해 크며, 훨씬 더 진보된 형태를 띠고 있다. 종종 태어난 후 얼마 되지 않아 독자적인 운동능력을 가진다. 몇몇 저자들에 따르면, 유대류와 태반포유류 사이의 임신기간 차이는 태아에게 반응하는 모체의 면역반응에서의 차이 때문일지도 모른다: 유대류 태아는 모체의 면역체계에 대해 방어능력이 없으며, 모계의 백혈구 침투로 인해 손상을 입기 전에 알이 부화하면 곧 자궁을 떠나야만 한다. 대조적으로 태반포유류의 태아를 둘러싸고 있는 영양포막(trophoblastic membrane, 역자 주: 포유류의 초기 배반포 벽을 이루는 박막)은 일상적으로 모체와 태아의 조직들 사이에서 교환이 일어나는 것을 저해함으로써 태아가 면역학적으로 거부되어지지 않도록 유지하는 데에 도움을 주는 장벽으로서 작용을 한다.

일단 면역학적 방어가 일어나면, 태아의 자궁 내에서의 존속은 태아와 모체의 막 모두를 진정수류(eutherian)의 태반에 결합시킴으로써 연장될 수 있다. 다양한 내분비(endocrine secretion)에 의해 유지되는 그러한 태반은 태아에게 영양분을 주고 급속한 배 발달 과정 동안 요구되는 산소를 공급하며, 노폐물을 제거하는 시스템으로 작용한다. 생식의 어떤 다른 형태와 비교했을 때, 자궁의 발달은 가장 손상되기 쉬운 단계인 배아 형태의 생명체들에게 강력한 방어 기능을 제공한다. 또한 모체–새끼의 밀착은 새끼가 태어난 후에도 젖먹이기를 통하여 지속되기 때문에, 그 단계는 지능과 배움이 강조되는 연장된 가족관계로 자리 잡았다.

생식

유대류와 태반포유류 간의 중대한 차이가 생식 방식에 있기 때문에, 연조직(soft tissue)의 화석화 부재는 그들이 정확히 어떻게 진화되었는지에 관해 재구성하는 것을 어렵게 만든다. 다양한 유력한 가설들 중에 포유류의 진화에서 생식방법의 변화에 대한 다음과 같은 가설을 제시하고자 한다. 작은 몸집, 내온성, 이형치열로 특징지워지는 아주 초기의 포유동물들은 대부분이 아마도 크기가 작은 알을 낳았던 것 같다. 그러한 환경 아래에서, 부화의 미성숙 단계를 지난 어린 개체들을 양육할 수 있는 능력을 지닌 동물들은 중요한 선택상의 이점들을 가졌을 것이다. 포유류의 모계의 유선으로부터 제공되는 **젖 분비**(lactation, 수유)는 명백히 그러한 문제점을 성공적으로 해결해 줄 수 있었으며, 추정하건데 오늘날의 단공류가 이러한 진화적 단계의 잔존 형태일 것이다.

모친의 보호, 방어, 영양분 등이 제공되는 체계가 주어졌을 때, 알의 크기가 작아지고 부화하기 전에 더욱 빠르게 태아의 발생이 진행되는 방향으로 선택이 지속되어졌을 수 있다. 내온성이라는 특성이 그러한 진화를 용이하게 만들었는데, 부화된 새끼들을 모체 옆에 가까이 둠으로서 효소의 최적온도를 유지할 수 있도록 할 수 있기 때문이다. **태생**(viviparity)의 생식이 **난생**(oviparity)을 대체할 수 있었던 이유는 부화가 모체의 수란관 자체 내에서 일어나도록 하는 데에 단지 매우 적은 추가적인 돌연변이 단계들만이 필요하기 때문인 것 같다. 배아는 종국적으로 자궁(uterus)이 될 수란관의 특정 영역 내에서 모체의 혈액으로부터 양분을 공급받을 수 있었다. 비록 우리가 이 가설을 입증할 만한 방법은 없지만, 포유류의 태생 생식은 배 착상 능력을 획득한 Hox 유전자(HoxA-10과 HoxA-11 유전자)를 가진 유대류와 태반포유류에만 이루어진다(**글상자 19–2**; Lynch and Wagner, 2006).

어쨌든 엄청나게 많은 장점들을 태반포유류들이 지니고 있었을지라도 그들은 유대류를 제거해 내지는 못했다는 사실은 매우 중요하다. 유대류는 적어도 태반포유류 만큼이나 긴 역사를 가지고 있으며, 여전히 오스트레일리아에서 번성하고 있고, 다양한 태반포유류들이 우점하고 있는 지역들에서 태반포유류들과 성공적으로 경쟁하고 있는 주머니쥐(opossum)를 포함하여 270여종의 현서종들이 존재한다. 유대류가 존속할 수 있었던 근본적인 이유는 비교적 적은 생식적 투자에서 비롯됐다: 그들이 태어날 때의 크기가 매우 작아서 큰 모체의 손실 없이도 생후 곧 자손을 포기할 수 있지만, 태반포유류는 대조적으로 초기의 생식 단계에서 훨씬 더 많은 자원들을 부여하며, 종종 심각한 모체의 희생에 직면하면서도 임신을 지속시키게 된다. 따라서, 유대류의 생식은 적절한 환경적 조건들에 훨씬 더 쉽게 적응할 수 있다: 즉, 환경 조건들이 이로울 때는 생식과 양육은 계속되며, 조건들이 열악하게 바뀌었을 때는 새로 태어난 조그마한 새끼를 버림으로써 작은 손실을 입게 된다. 반면 태반포유류들은 훨씬 더 큰 생식적 위험을 안게 되는데, 그 이유는 그들 자손에 대한 그들의 의무는 더 커지고(흔히 중단하기가 어려운 임신), 엄청난 손실을 감내해야 하기 때문이다.

■ 중생대의 경험: 진화의 새로운 규칙

모든 진화적 역사에서 배울 것이 있는 것처럼, 우리들은 중생대로부터도 8개의 교훈을 얻을 수 있다.

1. **우세와 장기적 성공**(Dominance and long-term success). 특정한 시간에 특정한 그룹의 우세는 장기간에 걸친 진화적 성공에 필수적인 것은 아니라는 것이다. 이 교훈은 사실임이 반복적으로 입증되고 있다: 다양한 수류들은 서로를 대체했고, 공룡류는 수궁류를 대체했으며, 후기의 공룡류는 그 이전의 공룡류들을 대체하였다. 백악기 말엽에 1억 년 이상 동안 다양한 형태로서 우점해 왔으며 지구 상에 존재했던 가장 큰 육상 척추동물인 공룡류조차도 다른 척추동물인 포유류에게 지배권을 양도하였다.
2. **전적응**(Preadaptation). 한 그룹에서 다른 그룹으로의 전이는 두 번째 교훈인 전적응의 중요성에 대하여 이야기해 주고 있다. 모든 양막류 계통에서 공룡이나 수류로 진화된 것은 아니며, 모든 수류의 계통에서 포유류로 진화된 것 또한 아니다. 비록 다른 목적으로 사용되었다 하더라도 포유류 진화를 이끈 선택압에 반응하여 그들에게 용이하도록 진화 과정 동안 획득하여 소유하고 있던 형질들을 이용한다. 예를 들어, 공룡의 두 발 보행과 포유류의 내온성은 각각 어떤 초기의 조룡류(achosaurs)에서 양다리로 서기 시작한 것과, 어떤 수류들 중에서 내온성이 시작된 흔적들이 나타난다. 모든 형질들이 그런 것은 아니지만, 대부분의 형질들이 적응적이거나 적응되어져 왔을지라도, 미래의 진화적 필요성을 예상하는 데에 대한 생명체들의 무능력은 이러한 형질들 중 어느 것이 전적응적인지에 대해서는 알 수가 없다. 전적응이라는 용어가 미래의 필요성을 예측하는 형질이다라는 의미를 함축하고 있어서 일부 진화생물학자들은 1982년 Gould and Vrba가 제안한 **선택적 진화**(exaptation)라는 용어를 사용하기도 한다.
3. **예측불능성**(Unpredictability). 세 번째 교훈은 장기간의 진화적 계승에 대한 예측불능성이다. 진화와 관련된 모든 종류의 생물학적, 환경적 변화들은, 진화적인 시간대의 긴 시간에 걸쳐(혹은 심지어 비교적 짧은 시간에 걸쳐서라도) 고찰해 보면, 비록 개별적으로는 원인과 그에 따른 영양으로 이해할 수 있을지라도, 전체적으로 놓고 보면 무작위적으로 작용하는 것으로 보인다. 진화는 역사적인 우연성(불확실성)과 밀접하게 관련되어 있다. 예를 들어, 삼첩기에 어느 누가 원시 포유류들의 어떤 계보가 1억 5천만 년이나 뒤에 오는 신생대까지 살아남는 자손들을 제공하고, 심지어 쥐라기를 넘어 이후로도 7천만 년 이상 동안을 더 지속하리라고 예상을 할 수 있었겠는가?
4. **체제의 새로운 방식**(NewModes of Organization). 어떤 특정한 진화 선상에서 도사리고 있는 위험 속에서, 우리는 네 번째 교훈을 얻게 된다: 생물학적 조성의 새로운 방식들은 생존에 대한 기회를 향상시킨다. 진정으로, 모든 삼첩기에 살았던 포유류들의 모든 계보가 신생대에까지 살아남지는 못했지만, 어떤 것들은 살아남았으며, 살아남은 계보들에서는 온도조절, 생식방식, 육아습관, 감각의 수용, 뇌의 발달, 혈액의 순환, 산소의 이용, 운동성, 치열 등과 같은 많은 것들이 향상된 모습으로 나타난다. 의심할 여지없이, 대개 혹은 전적으로 이러한 생물학적 혁신들 때문에, 작은 체구와 더불어, 몇몇 포유류들은 중생대 파충류의 횡포시기를 견뎌낼 수 있었으며, 공룡의 멸종이 일어난 백악기 말엽의 대멸절 시기에도 안전하게 생존할 수 있었다(글상자 18-2)
5. **체제의 새로운 단계**(NewLevels of Organization). 다음 교훈은 주된 생물학적 적응들이 갖는 복잡성에서 나온다(Box 19-1). 포유류와 같은 새로운 수준의 체제로의 진화는 상당한 기간에 걸쳐 종종 발생하는 많은 다른 형질들이 서로 조화를 이루면서 변화되는 양상을 보인다. 예를 들면, 비록 우리들이 포유류를 그 자체가 갖는 독특한 형질들 중 하나 혹은 또 다른 하나의 형질로 특징지을 수 있을 지라도 치열이나 생식의 방식과 같은 형질, 그 자체는 많은 연속적인 돌연변이들로부터 비롯된 것이며, 그러한 돌연변이들의 각각은 전체의 유전학적 구조 속에서 서로 밀접하게 연관되어 있음이 틀림없다.

대부분의 형질들(모두는 아니겠지만)은 단지 하나의 적응적 기능을 극대화하기 위하여 독자적으로 진화할 수는 없다. 오히려 가능한 그들 사이에서 발달적 상호작용들이 적합성을 감소시키는 일이 없도록 하기 위해 다른 형질들과 더불어 공진화를 수행하는 것이 분명하다. 양막류로부터 태반포유류로 전이되는 데에 무려 7천 5백만 년에서 1억 년이 걸렸는데, 이는 광범위한 **무작위적** 돌연변이가 생명체들을 진화시키기 위하여 통합되어야 했기 때문이다.

또한, 이러한 통합적인 과정의 복잡성은 그것이 수많은 다른 진화적 계보들에서 동일한 유전적 변화들을 똑같이 지속적으로 이어나가는 것을 매우 어렵게 만든다. 그리고 물론, 동일한 2개의 계보은 없다. 각각의 계보는 다른 위치에서 시작한다. 수궁류로부터 초기 포유동물로 전이되는 과정에서 관찰되는 것처럼 만약 다른 진화적 계보에서 유사하게 진화가 이루어진다면, 그것은 평행진화 혹은 수렴진화 때문에 유사한 형질들이 다른 유전적 사건들을 통해서 진화가 이루어졌으므로, 그것들의 유전적 계보는 다르다. 더 나아가서, 진화의 경쟁적(sweepstakes) 특성 때문에 심지어 그러한 평행진화들 조차도 신생대 때 동일한 태반포유류의 특징을 가지고 있었던 모든 진화적 계보들과 중생대 전반에 걸쳐 서식했던 다양한 수궁류들에서 지속되는 것이 어려웠다.

6. **방산**(Radiation). 일단 하나의 새로운 적응 혁신이 나타나거나 혹은 적응된 체제(조성)가 하나의 새로운 수준에 도달하고 나면, **광범위하게 방산**(radiation)**될 기회**가 뒤따르게 된다는 것이다. 포유류의 치열의 향상과 개선이 파충류들이 지금까지 개척하지 못했던 새로운 먹이 사슬의 생태적 위치를 점하게 해 주었던 것처럼, 포유류의 내온성은 포유류의 많은 진화적 계보들이 야행성의 생태적 위치를 점하게 해 주었음이 틀림없다. 그러한 방산들에 의하여 생성된 다양성은 수동적이 아니라 환경적인 차이들에 직면한 생명체들이 가진 돌연변이의 차이들에 작용하는 선택들로부터 기인한다.
7. **공진화와 공멸**(Coevolution and Coextinction). 중생대에서 얻는 일곱 번째 교훈은 어떤 집단의 생존이나 멸종은 다른 집단의 생존이나 멸종과 밀접한 연관이 있다는 것이다. 즉, 한 특정 그룹에 속하는 개체들은 연관된 생명체들의 전체적 무리들의 존재에 의존적임을 의미한다. 예를 들어, 공룡이 수류를 대체함으로써 새롭게 우점하는 육상 척추동물들이 되는 사건은 수많은 속이나 과가 포함되는 대규모 현상이다. 또한, 이미 언급하기도 했고 후에 논의되어질 내용이지만, 신생대 동안 일어나는 포유류 방산의 중요한 원인도 공룡의 멸종으로 인해 포유류들에게 가능해진 수많은 새로운 기능적 역할과 행동양식들이었다.
8. **제약**(Constraint). 아마도 마지막 교훈이 될 것 같은데, 다른 많은 것들이 중생대로만 한정되어 있지 않은 것처럼, 유전적인 제약 때문에 동물 계통의 사라짐과 대체 등을 통한 멸종은 매우 빈도 높게 일어날 것으로 전망된다는 것이다. 한 그룹의 유전체들은 그것이 직면하게 될 모든 환경 변화에 적응할 수 없다. 즉 유전형들 사이에서 일어나는 선택이 하나 혹은 그 이상의 방향으로 적응을 일으킬 수 있을지라도 그것은 다른 것들에서 적응을 제한하는 요인이 된다. 암벽 등반에 우수성을 부여하는 선택이 성공적일지라도 그것은 수영의 우수성을 보장해 주는 형질들에 영향을 주게 된다. 유사하게, 수영을 잘 하도록 하는 선택은 달리는 것에 대한 우수성을 손상시킨다. 미래에 대한 대비가 요구되거나 예상치 못하게 찾아온 적응 환경 — 예를 들면, 동식물의 발달에 불리한 환경에 오래 지속될 때, 상황이 호전될 때까지 발달을 지연시키는 것— 속에서도 멸종을 여전히 일어날 수 있다. 물리적 또는 생물학적 환경 스트레스는 한 생물종의 저항력과 발달 능력의 한계치를 뛰어넘는 적응이 있어야만 피할 수 있기 때문이다.

이 마지막 교훈을 약간 다른 각도에서 살펴보면, 멸종(죽음)은 생명체를 위협하는 환경적인 영향들이, 하나의 종이 성공적으로 그 환경에 부응하는 데에 필요한 적응적 변화들이 일어나는 것보다도 훨씬 더 빠르게 일어날 수 때문에 나타날 수 있는 결과이다. 단기간의 적응들이 반드시 장기간의 이점들을 수반하지는 않는다. 멸종은 악운과 나쁜 유전자들 모두에 의해 일어난다.

신생대: 포유류의 시대와 북대륙

중생대에 포유류 진화의 극적인 장이 열렸지만, 포유류의 방산은 신생대 4기에 완전히 꽃을 피웠다. 이 절에서는, 포유류가 변화하는 환경에 맞서 이룬 다양화와 방산에 대해 논하고자 한다.

공룡의 멸종은 수많은 중생대 포유류들의 환경적 제약들을 제거해 준 것 같다: 그들은 포유류와 유사하게 초식성과 육식성의 생태적 지위를 점할 수 있었고, **주행성**과 야행성의 습성을 모두 가질 수 있었다. 새로운 포유류의 생활방식은 효신세(Paleocene epoch)때부터 나타나기 시작했지만, 눈에 띄는 형태학적인 차이들은 서서히 축적되고 있었다.

공룡의 멸종으로 새로운 적응적 생태지위(adaptive niche)가 열리면서, 중생대에 시작된 거대한 판게아 대륙의 붕괴와 신생대를 걸쳐 계속된 구조판(tectonic plate)의 이동이 포유류 방산을 자극하는 중요한 요인들이 되었음에 틀림없다. 이러한 지질학적인 변화들은 변화된 연결과 분리들을 통하여 신대륙들을 만들게 되었을 뿐만 아니라(그림 5-12), 주요 포유류 집단들의 분산과 고립을 이끌었다(그림 5-17).

기후, 환경, 지역화에 엄청난 영향을 끼친 이러한 대륙의 이동 외에도, 록키, 안데스, 알프스, 히말라야 산맥 등의 형성을 이끌었던 백악기 때에 발생한 산맥들의 융기를 들 수 있다; 천해의 침몰과 복귀; 새로운 해안선의 생성. 이 시기동안 특히 속씨식물의 출현과 같은 식생에 있어서의 변화들이 일어났는데, 이러한 변화들은 초원, 사바나, 삼림과 같은 새로운 육지의 환경들을 만들어 냈다(**그림 19-12**). 이러한 새로움과 변화됨은 포유류들의 적응, 변이, 분포 등에 영향을 끼치는 전혀 다른 새로운 서식지의 형태를 만들어 냈다.

효신세의 중기와 말엽에 이르기까지, 급격한 진화적 변화들이 있었다는 증거는 특히 북아메리카, 그리고 또한 유럽, 아시아 등의 몇몇 중요한 기점들에서 나타난다. 정량적인 측면에서 보면, 포유류의 방산은 상상을 초월한다: 백악기 말엽에 21과(Family)로 나누어지던 포유류들이 효신세 초기에는 37과, 효신세 말기에는 86과로 증폭(Benton, 1997). 또한 환경에도 커다란 분획이 일어났다: 북아메리카의 화석의 동물상을 살펴보면, 백악기 후기의 지층에서 약 20~30종의 포유류 화석들이 나타났지만, 효신세 중기에 이르러서는 50~60종의 화석이 발견된다.

백악기 이후 2~3천만 년이 지난 중 · 후기의 시신세(Eocene) 쪽으로 오면, 기어가기, 뛰기, 파기, 수영하기, 날기, 올라가기 등을 위한 포유류의 골격계의 적응들로 인해, 원시적인 고래

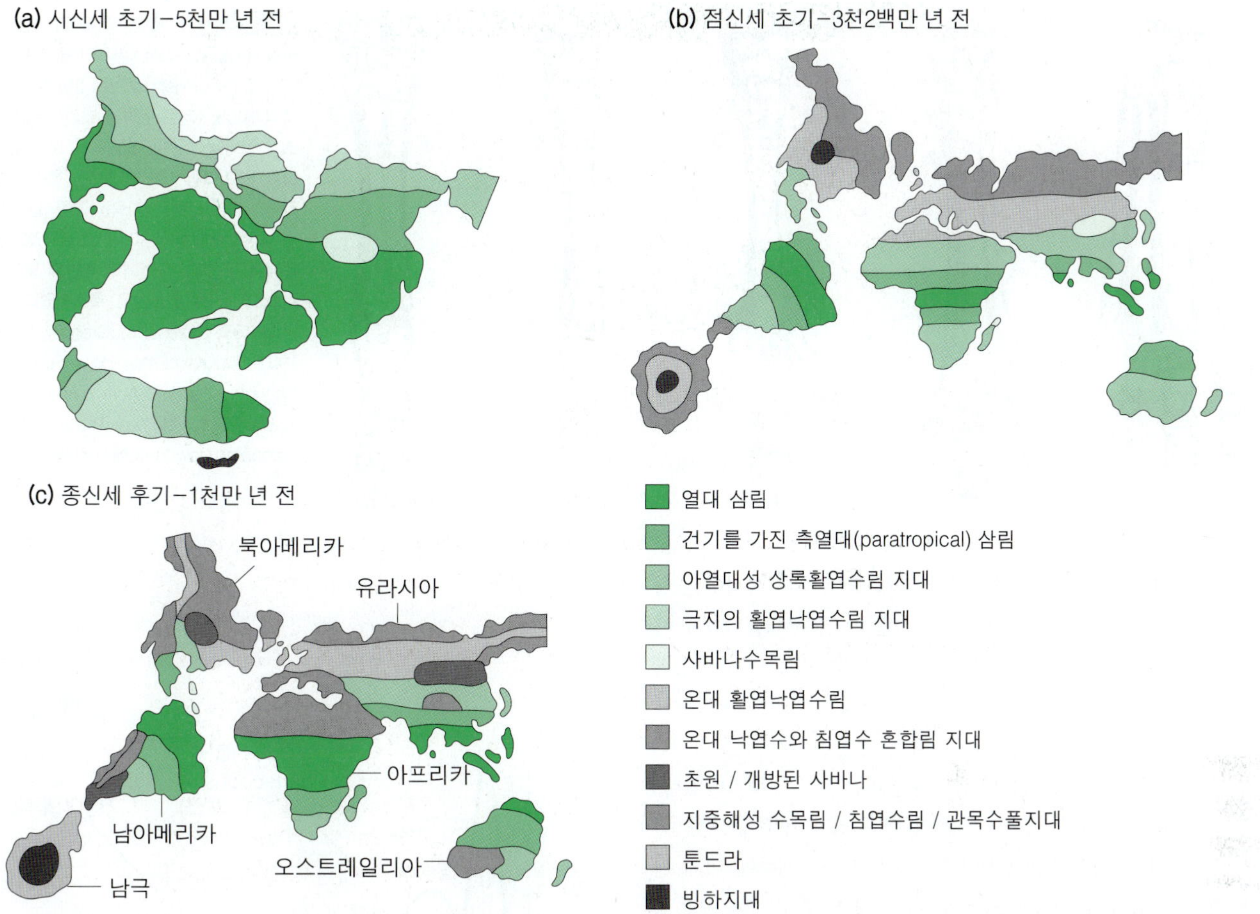

(a) 시신세 초기–5천만 년 전

(b) 점신세 초기–3천2백만 년 전

(c) 종신세 후기–1천만 년 전

북아메리카
유라시아
아프리카
남아메리카
오스트레일리아
남극

- 열대 삼림
- 건기를 가진 측열대(paratropical) 삼림
- 아열대성 상록활엽수림 지대
- 극지의 활엽낙엽수림 지대
- 사바나수목림
- 온대 활엽낙엽수림
- 온대 낙엽수와 침엽수 혼합림 지대
- 초원 / 개방된 사바나
- 지중해성 수목림 / 침엽수림 / 관목수풀지대
- 툰드라
- 빙하지대

그림 19–12 신생대 동안 세 단계에 따른 대륙의 위치와 식생의 종류와 분포를 보여 주는 모식도. (a) 시신세 초기, (b) 점신세 초기, (c) 마이오세 후기. (Janis, C. M., 1993. Tertiary mammal evolution in the context of changing climates, vegetation, and tectonic events. *Ann. Rev. Ecol. Syst.*, 24, 467–500.에서 각색)

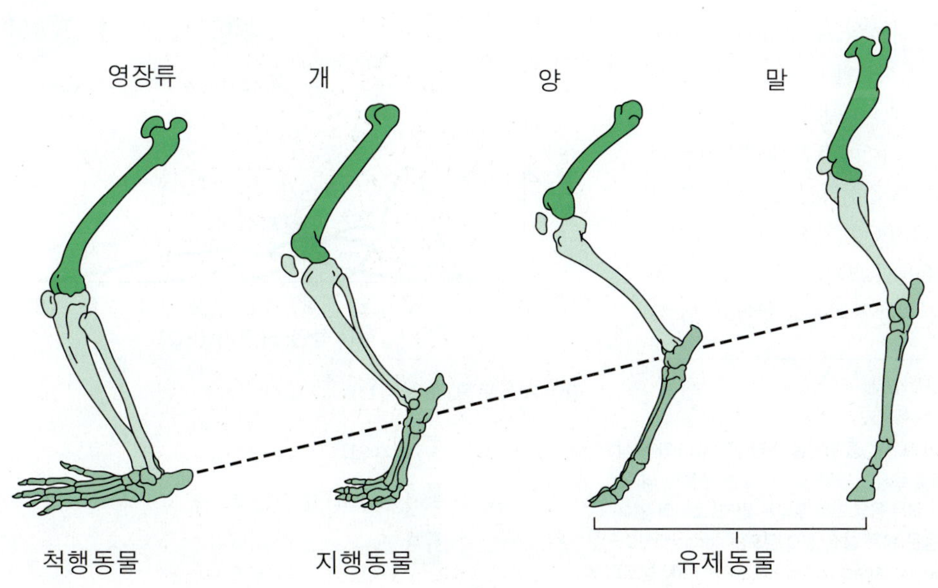

그림 19–13 일반적으로 달리는 속도의 증가와 관련되어 있는 포유류 뒷다리의 일련의 연속적인 변형들(왼쪽에서부터 오른쪽으로). 발 뼈(땅에서부터 점선의 높이까지가 발뼈임)가 길어지고 발가락 위에 달리는 발이 위치하게 되며, 달리는 동안 다리의 회전을 방해하는 경골과 비골(또한 앞다리의 요골과 척골)이 융합하게 되는 독특한 다리 구조의 변형이 일어났다. (Savage, R. J. G., and M. R. Long, 1986. *Mammalian Evolution*. British Museum, London.에서 각색)

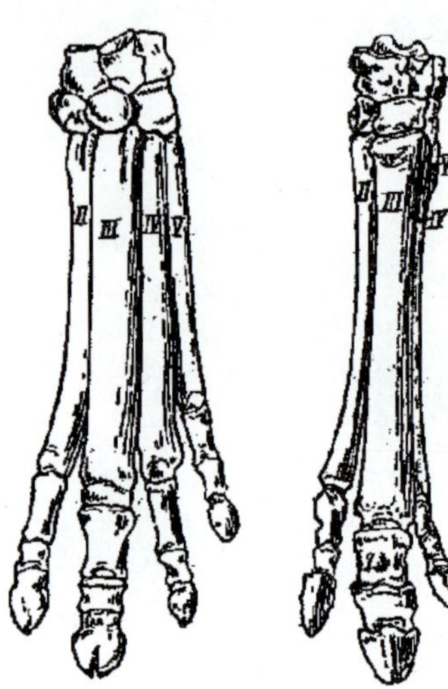

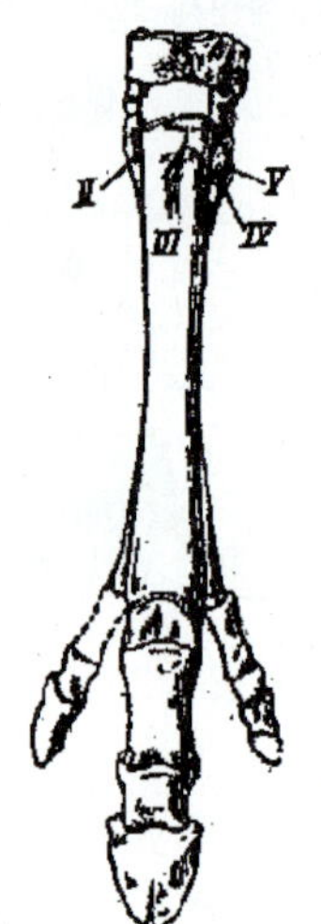

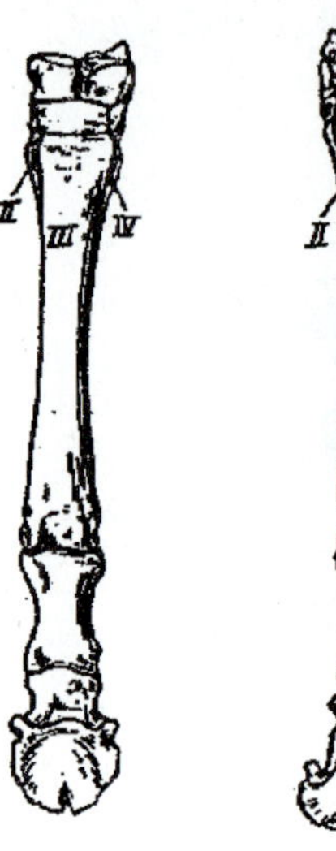

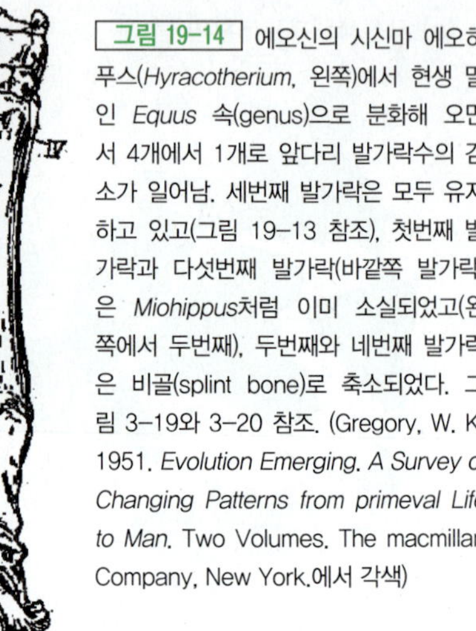

그림 19-14 에오신의 시신마 에오히푸스(*Hyracotherium*, 왼쪽)에서 현생 말인 *Equus* 속(genus)으로 분화해 오면서 4개에서 1개로 앞다리 발가락수의 감소가 일어남. 세번째 발가락은 모두 유지하고 있고(그림 19-13 참조), 첫번째 발가락과 다섯번째 발가락(바깥쪽 발가락)은 *Miohippus*처럼 이미 소실되었고(왼쪽에서 두번째), 두번째와 네번째 발가락은 비골(splint bone)로 축소되었다. 그림 3-19와 3-20 참조. (Gregory, W. K. 1951. *Evolution Emerging. A Survey of Changing Patterns from primeval Life to Man*. Two Volumes. The macmillan Company, New York.에서 각색)

들로부터 박쥐들에까지 걸쳐서 이때 발견되는 주된 화석들은 형태학적으로 상당히 분화되어 있었다(**그림 19-13**, Polly, 2007). 예로 이후의 변화들은 편평 발굽의 다리에서 발가락 끝이나 발가락 운동으로 육상에서 이동하는 동물들의 아래쪽 다리를 변화시켰다. 발가락수의 감소와 다리와 발 뼈 길이가 길어져(**그림 19-14**) 말이나 발굽을 가진 동물들의 집단은 달리는 속도가 증가하였다.

포식자는 먹이를 잡는 데 훨씬 더 유리한 재주에 대해 선택 받게 되고, 피식자는 포식자를 피하는 더 큰 재주에 대해 선택 받게 되었다. 끊임없는 경쟁의 일환으로 인해, 감각과 운동정보를 통합하는 능력의 잣대가 되는 대뇌의 크기가 피식자와 포식자 모두에게서 있어 몸의 크기에 비례해 상대적으로 증가되었다(**그림 19-15**).

그림 19-15에서 상대적인 뇌 크기의 측정은 동일한 몸의 크기를 가지고 있는 동물들에게서 기대되는 뇌의 중량과 실제 뇌 중량 사이의 비를 구해 나타내는 대뇌화지수(encephalization quotient, EQ)로서 이루어졌다(Jerison에 따르면 다양한 포유류들에 대해 기대치 뇌 중량은 0.12×그램으로 나타낸 몸의 중량으로 구할 수 있다).[5] 비록 뇌의 크기와 지능 사이에 정확한 상관성은 없을지라도 EQ에서의 큰 차이는 아마도 정신적인 능력에서 큰 차이를 나타내는 것은 분명하다. 0.5의 EQ를 가진 동물은 동일한 몸무게를 갖는 평균적인 현대 포유들의 크기의 반이 되는 뇌를 소유한다. 이것은 상대적으로 작은 지능을 가지고 있었고, 털 복

[5] 인류의 대뇌화지수(EQ)는 표 20-6에 제시하였다.

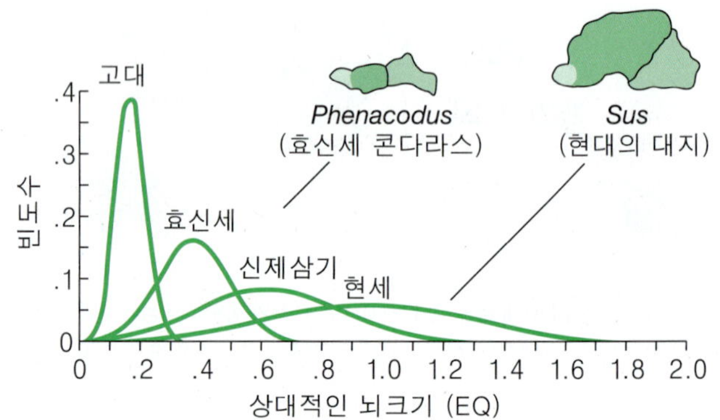

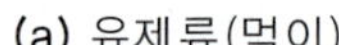
(a) 유제류(먹이)

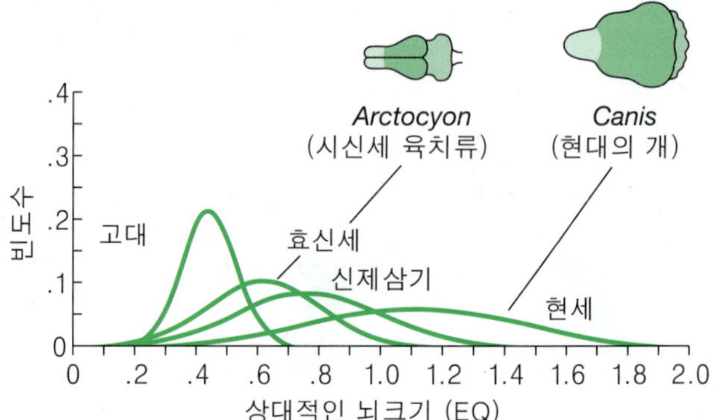

(b) 육식동물(포식자)

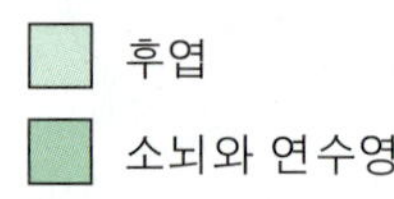

그림 19-15 신생대의 서로 다른 시기에 포유류 중 발굽을 가진 유제류(a)와 육식성 동물(b)의 상대적인 뇌 크기의 분포. 몇몇 유사한 몸의 크기를 갖는 종들의 뇌 윤곽을 아울러 보여 주고 있음. (대뇌 반구는 짙은 음영으로, 후엽은 밝게, 소뇌와 연수는 중간 음영으로 나타내었음.) 자세한 내용은 본문 참조. (EQ 분포는 Jerison H. J., 1973. *Evolution of the Brain and Intelligence*. Academic press, New York. 참조)

잡한 행동들을 수행했었음을 암시하는 것이다. 대조적으로 2.0의 EQ는 기대되는 뇌 크기의 2배가 됨을 의미하며, 아마도 기대되는 정신능력보다 훨씬 더 큰 정신 능력을 가지고 있음을 의미한다.

피식자는 포식자가 공격을 위해 투자하는 것 보다 방어를 위해 더 많은 자원을 투자한다. Dawkins(1986)가 지적했던 것처럼, 경쟁적인 투쟁들은 서로 다른 요구들과 관련되어 있다. "토끼가 여우보다 더 빨리 달린다. 왜냐하면, 토끼는 그의 생명을 위하여 달리지만, 여우는 저녁 식사 거리를 구하기 위해 달리기 때문이다.". 속도와 탈출하는 능력을 향상시키기 위하여 주요한 자원들을 집중시키는 것이 토끼에게는 유리할 것이지만, 여우의 경우에는 다른 먹이를 또한 탐색하고 달리는 것과는 다른 별개의 전략들을 이용하는 것이 오히려 유리하다.

많은 다른 것들 뿐만 아니라, 그러한 진화적인 변화들은 원시적인 중생대 포유류 형태와 신생대 초기 포유류 형태들의 대체를 이끌었고, 이 과정은 신생대 제 3기에 걸쳐서 지속되었다. 약 2백만 년 전인 선신세(제 3기의 최신세) 말엽에 이르러서는 말, 사슴, 박쥐, 식충동물, 코끼리, 설치류, 육식동물, 초기 영장류들과 같은 수많은 포유류 집단들이 진화하였다(**그림 19-16**). 형태진화에 관한 두가지 예시를 **그림 19-17**과 **그림 19-18**에 도식화하였다.

비록 이런 형태적으로 구별되는 특징들이 현저하고 더욱이 오늘날에는 증가되는 분자적 정보들을 이전보다도 훨씬, 더 손쉽게 접할 수 있을지라도, 포유류들의 진화적 계통의 병합(ties)과 분지에 관하여 언급하는 것은 여전히 어렵다. 수많은 포유류 분류군들로부터 얻어진 미토콘드리아와 핵 유전자들의 염기서열들을 분석한 결과를 **그림 19-19**에서 보여 주고 있다. 그들의 결과는 고래와 우제류(사슴, 소 등) 간의 관계성을 포함한 몇몇은 이전에 언급된 바 있는 것들이지만, 이와 더불어 두더지류와 땃쥐류로부터 금두더쥐가 분리된 것으로 보아 식충동물의 다계통적 기원(polyphyletic origin)을 제안하였다. 일부 공통된 식충동물들의 형태 형질들은 수렴진화(convergence, homoplasy — 진화적 상동)일 것이며, 상동적 형질(homology)들은 아니다.

빙하기

현대적인 포유류의 형태로 생각되는 많은 포유류들이 출현한 시기인 홍적세 전반에 걸쳐 포유류의 다양성이 지속되었다. 기후적으로, 홍적세는 또한 빙하가 지구 표면의 1/3을 뒤덮은 일명 빙하기(Ice Ages)로 불리는 기간을 적어도 7번이나 가지는 특징이 있다.

털이 많은 맘모스와 털이 많은 코뿔소는 이 기간동안 거대한 사슴, 거대한 들소, 큰 동굴곰과 더불어 북대륙에 출현하였다. 흥미롭게도, 이러한 덩치가 큰 포유류들 모두는 말, 낙타, 다양한 다른 그룹들과 더불어 대략 1만 1천 년 전 북아메리카에서 멸종되었다. 45 킬로그램(100 파운드) 이상의 몸무게가 나가는 대략 79종의 포유류 종들 중 57종(72%)이 그 시대에 멸종되었다. 이러한 제한적 멸종은 유럽에서도 일어났다.

이러한 홍적세 말엽에 일어났던 일대 멸종에 대한 가능한 여러 가지 설명들 중에, 큰 동물들에 대한 기후적 장점들이 반복해서 닥쳐오는 빙하기로 인해 급속하게 사라져 결과적으로 멸종하게 되었을 것이라는 가설이 있다. 또 다른 가설은, 인류의 포식자 역할이 있다: 유럽과 북아메리카에서 이전에 빙하로 뒤덮였던 지역들에 출현한 석기시대의 사냥꾼들에게 이런 거대 포유류들은 큰 몸집 때문에 쉽게 사냥꾼의 표적물이 될 수 있었고, 이로 인해 이런 거대 포유류들의 대학살(과도한 도살)이 일어났을 것으로 이 가설은 보고 있다. 그 당시에 우리의 조상들이 이러한 역할을 했든 안 했든, 멸종을 일으키는 원인자로서의 역할은 불행하게도 오늘날의 우리 인류들이 더욱 더 크게 담당하고 있는 것 같다(25장 참조).

2개의 섬 대륙: 오스트레일리아와 남아메리카

오스트레일리아와 남아메리카 두 대륙에 서식하던 유대류들도 중대한 진화적 변화들을 겪긴 하였지만, 새로운 적응방산(adaptive radiations)의 대부분은 태반포유류 사이에서 일어났다(3장 참조).

남쪽에 위치한 이 두 대륙들에 서식하는 유대류에서 방산이 일어난 원인은 백악기 후기와 신생대 초기 동안의 대륙이동(continental drift)으로 이들 지괴가 고립된 것에서부터 기인하였을 것으로 보고 있다(5장 참조). 고생물학자들이 다양한 시나리오를 제시했지만, 대부분의 연구자들은 일반적으로 유대류가 백악기 중기에 북아메리카에서 기원하여, 한 쌍의 원시 태반포유류 그룹과 더불어 백악기 말엽 이전에 중앙아메리카 쪽으로 이동해 내려와서 다시 남아메리카로 이주해 내려갔다고 생각하고 있다.

유대류는 남아메리카에서 현재보다 엄청나게 따뜻했을 것으로 생각되는 남극대륙으로 분산(disperse)해 나갔고, 태반포유류들이 이루지 못한 오스트레일리아로의 분산도 지금으로부터 약 5천만 년 전인 시신세(Eocene) 초기에 이루어졌다. 500만년 후쯤인 시신세 중기에 오스트레일리아 대륙은 남극 대륙으로부터 분리되어, 고립된 유대류 개체군들과 함께 아시아 대륙이 있는 북쪽을 향해 대륙 이동을 시작하였다. 북아메리카의 유대류 군집은 또한 시신세 초기에 유럽에 도달하였으며, 짧은 기간 이어가다 계보가 끊기게 될 유대류들이 아시아와 아프리카 쪽으로 건너갔는데 아마도 북대서양-그린랜드-유럽의 경로를 이용한 것으로 보인다. 중신세(Miocene) 동안 두 북 대륙들의 유대류 집단들은 멸종되었고, 단지 선신세(Pliocene)의 사건들이 다시 일어났을 때 북아메리카와 남아메리카의 대륙의 이어짐은 북아메리카 유대류

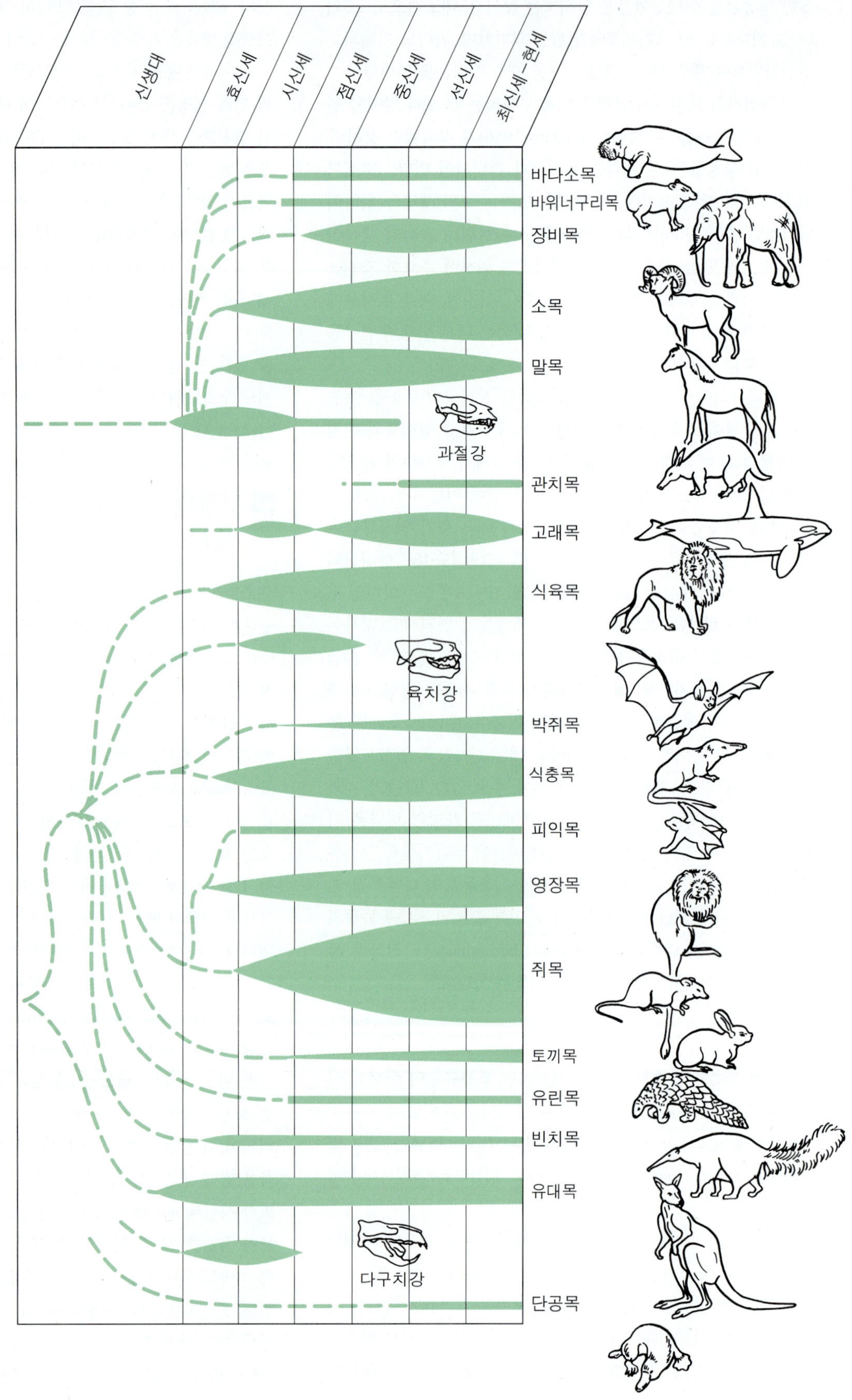

그림 19-16 멸종된 세 그룹(다구치류-multituberculates, 과절류-condylarths, 육치류-creodonts)을 포함하여 백악기에 시작된 포유류들의 방산 패턴. 음영 처리된 막대의 넓이는 여러 지질학적 시기에 나타난 화석상의 상대적 풍부도를 대략적으로 추정한 것이다. 많은 포유류의 목들 간에 정확한 계통유연관계는(점선) 고생물학자들 간에 아직도 논쟁이 되고 있으며(Benton, 1998; Novacek 등), 그림 19-19에서 보이는 것과 같이 분자계통은 코끼리와 일부의 식충동물(insectivores)들 간에 근연성과 같은 전혀 새로운 관계성들을 보여준다. 분지한 시기의 추정은 분자계통학적 연구 자료와 화석 기록 간에 차이가 있다: 고생물학적 연구에서는 주요 포유동물의 방산이 백악기와 신생대 3기의 경계를 전후한 6천 5백만 년 전쯤에 이루어졌다고 주장하지만, 분자 계통학적 분지 시점은 그것의 두 배 이상이다(Bromham et al., 1998, Foote et al., 1999). 그러한 차이들은 아직 해결되지 않고 있다. (Gingerich, P. D., 1998. Vertebrates and evolution. *Evolution*, 52, 289-291.의 자료 이용)

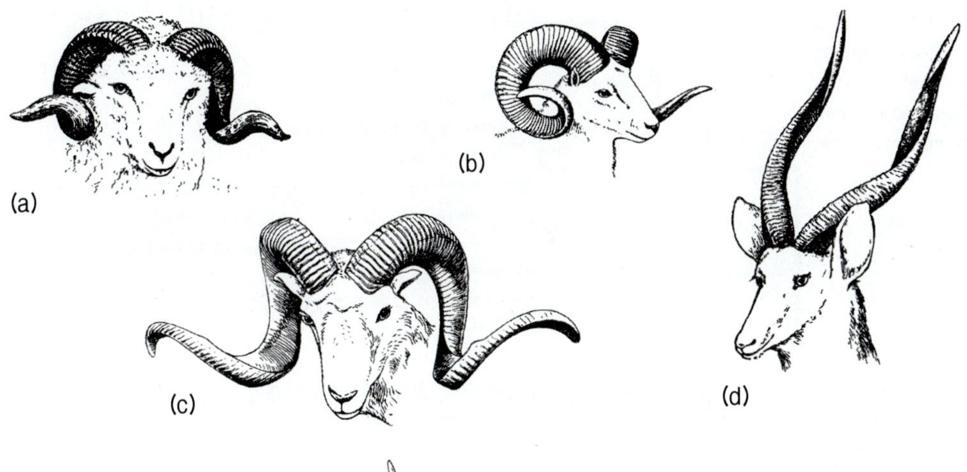

그림 19-17 야생양과 염소의 나선형 뿔 다양성. (a) 양털의 질이 좋은 품종인 메리노 면양 수컷의 뿔, (b) 중국, 인도, 네팔에서 볼 수 있는 티베트산 큰뿔양 *Ovis ammon hodgsoni*, (c) 뿔의 길이가 170cm이며, 몸무게가 250kg인 야생에서 가장 큰 양 마르코폴로 큰뿔양 *Ovis ammon poli*, (d) 남아프리카 원산으로 나선형뿔을 가진 영양 니알라 *Tragelaphus angasi*. (Cook, T. A., 1914. *The Curves of Life*. Constable, London. 에서 각색)

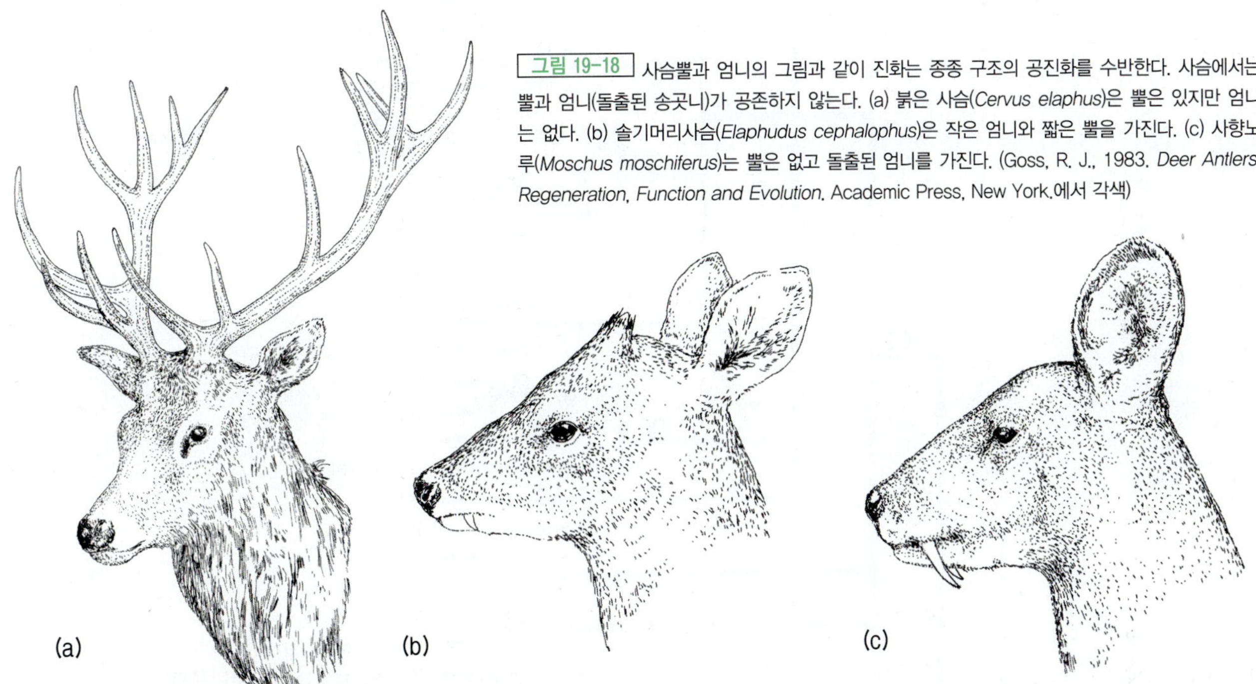

그림 19-18 사슴뿔과 엄니의 그림과 같이 진화는 종종 구조의 공진화를 수반한다. 사슴에서는 뿔과 엄니(돌출된 송곳니)가 공존하지 않는다. (a) 붉은 사슴(*Cervus elaphus*)은 뿔은 있지만 엄니는 없다. (b) 솔기머리사슴(*Elaphudus cephalophus*)은 작은 엄니와 짧은 뿔을 가진다. (c) 사향노루(*Moschus moschiferus*)는 뿔은 없고 돌출된 엄니를 가진다. (Goss, R. J., 1983. *Deer Antlers. Regeneration, Function and Evolution*. Academic Press, New York.에서 각색)

일부가 남쪽으로 재이동하도록 해 주었다. 뉴질랜드는, 백악기 전에 곤드와나 대륙으로부터 일찍 분리되었을 것이다. 단지 고유한 유대류와 박쥐류가 쥐 크기의 중신세 포유류가 관찰된 최근까지, 태반포유류로부터 유대류의 분화 전에 이들이 나타났던 시기와 일치하게 뉴질랜드에서 발견되고 있다(Worthy et al., 2006).

고생물학자들은 오스트레일리아에서 방산(그림 3-4)이 일어날 때, 초식성과 육식성 유대류들의 다양성과 성공은 태반포유류 경쟁자들이 없었기 때문이라고 생각하고 있다. 오스트레일리아에 서식하는 유일한 다른 하나의 포유아강인 단공류는 아마도 너무 원시적이거나, 너무 특수화 되어 있어서 그리 많은 경쟁들을 유발하지는 않았을 것으로 보인다. 결과적으로, 중신세 중기 때까지 적어도 유대류 15과(families)가 존재했었으며, 이들 중 대부분은 최소한 두 그룹의 육식동물과 함께 온대 우림의 식물을 주식으로 하는 소나 사슴류(browsers)들이었다.

다른 포유류 그룹인 단공류가 오스트레일리아에 등장하였는데, 이들은 다양한 경쟁 수용을 통해 매우 특수화되었을 것이다. 단공류의 화석 증거는 비록 최신세(Pleistocene) 퇴적층들이, 오리너구리(platypus)와 가시두더지(echidna) 속들의 형태로, 그 당시에 오스트레일리아에서 단공류가 서식하였음을 보여 주고는 있으나, 전반적으로 극도로 빈약하며 연구자들은 기껏해야 중신세 중기의 화석에서 오리너구리형 동물들에 속할지도 모르는 이빨의 화석을 발견한 것이 전부이다. 쥐라기 말엽-백악기 초기 무렵에 오스트레일리아에서 단공류들이 아마도 기원했거나 다른 곳에서 이주해 왔을 것이라는 것을 암시하는 소수의 백악기 오리너구리와 유사한 화석의 조각들이 또한 보고되어 있다.

중신세 후기까지 건조한 기후 조건은 초지(grasslands)의 확

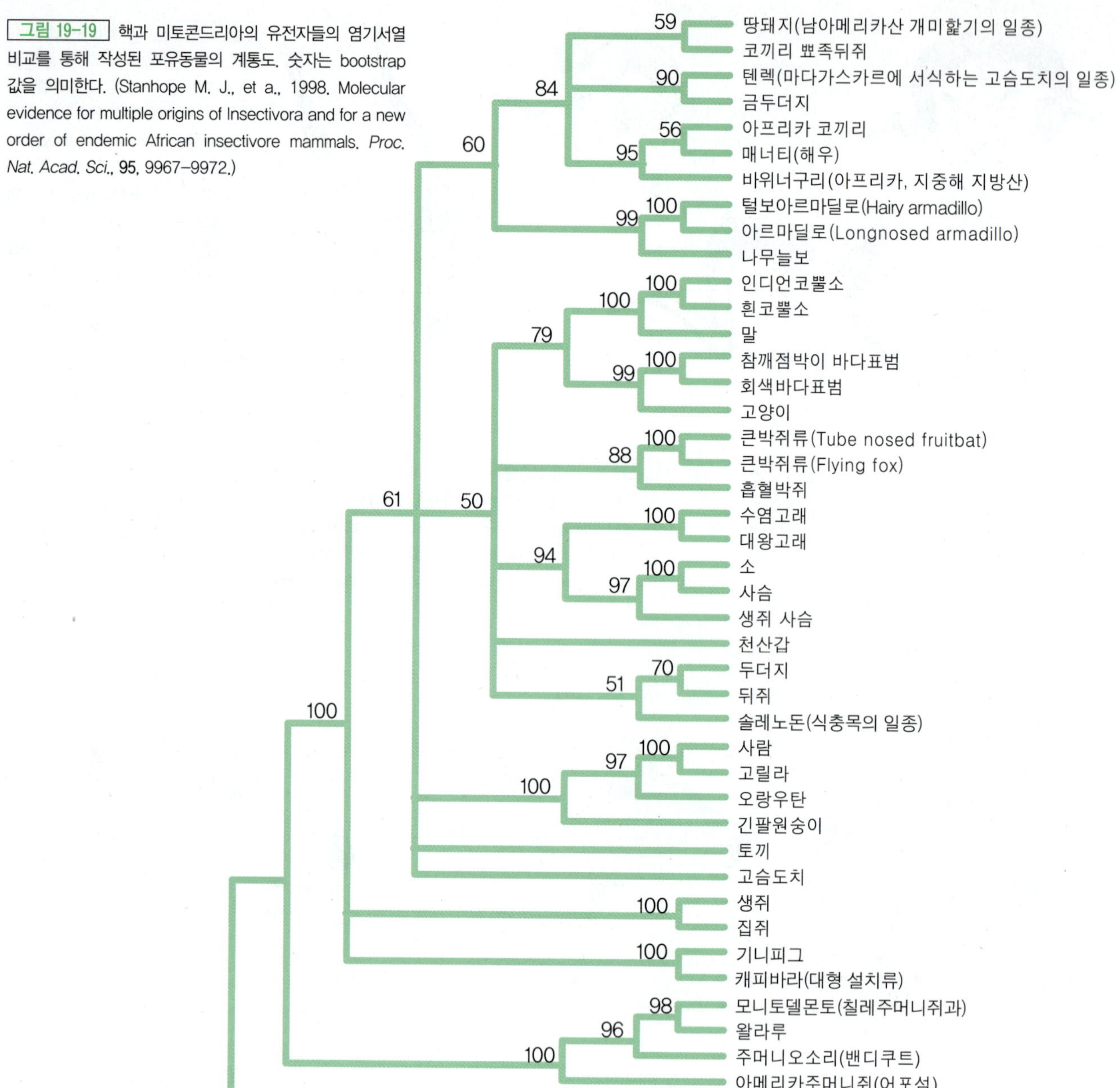

그림 19-19 핵과 미토콘드리아의 유전자들의 염기서열 비교를 통해 작성된 포유동물의 계통도. 숫자는 bootstrap 값을 의미한다. (Stanhope M. J., et a., 1998. Molecular evidence for multiple origins of Insectivora and for a new order of endemic African insectivore mammals. *Proc. Nat. Acad. Sci.*, **95**, 9967–9972.)

장을 가져 왔고, 성체가 되면 10피트 정도가 되는 최신세의 종을 포함한 많은 다른 종류의 초식 캥거루(grazing Kangaroo)들의 진화가 뒤를 이었다. 최신세와 그 보다 더 최근의 기간 동안 인간이 오스트레일리아에 들어가 정착하면서 많은 태반포유류(개, 토끼, 양, 설치류 등)들도 함께 유입되었다. 그 결과 유대류들은 태반포유류와의 경쟁에 노출되게 되었고, 특단의 보호 조치 없이는 생존하기가 어렵게 되었다.

남아메리카에서는 다른 패턴들이 유대류의 방산(radiation)을 이끌었다. 왜냐하면 태반포유류인 초식성동물과 빈치류(edentates, 개미핥기, 나무늘보, 아르마딜로 등의 무리)의 존재로 인해, 유대류들은 육식과 곤충을 섭식(insectivorous)하는 생태학적인 지위(niche)를 가지게 되었기 때문이다. 이 동물들은 주머니쥐를 닮은 didelphids에서부터, 뛰는(jumping) 형태, 갉는(gnawing) 형태, 개를 닮은 형태에 이르기까지 다양하다. 고생물학자들은 후자(뛰는, 갉는, 개-유사 형태들)에 속하는 borhyaenid류의 일원들 중 몇몇이 선신세에 남아메리카에 서식했던 유대류인 사브르 모양의 이빨(saber-toothed)을 가졌던 호랑이(*Thylacosmilus*)(**그림 19-20a**)의 조상일 것으로 믿고 있다. 이 육식동물은 최신세에 북아메리카에 서식했던 큰 포유류인 사브르 모양의 이빨를 가졌던 고양이(*Smilodon*)과 매우 유사하다(그림 19-20b). Borhyaenids

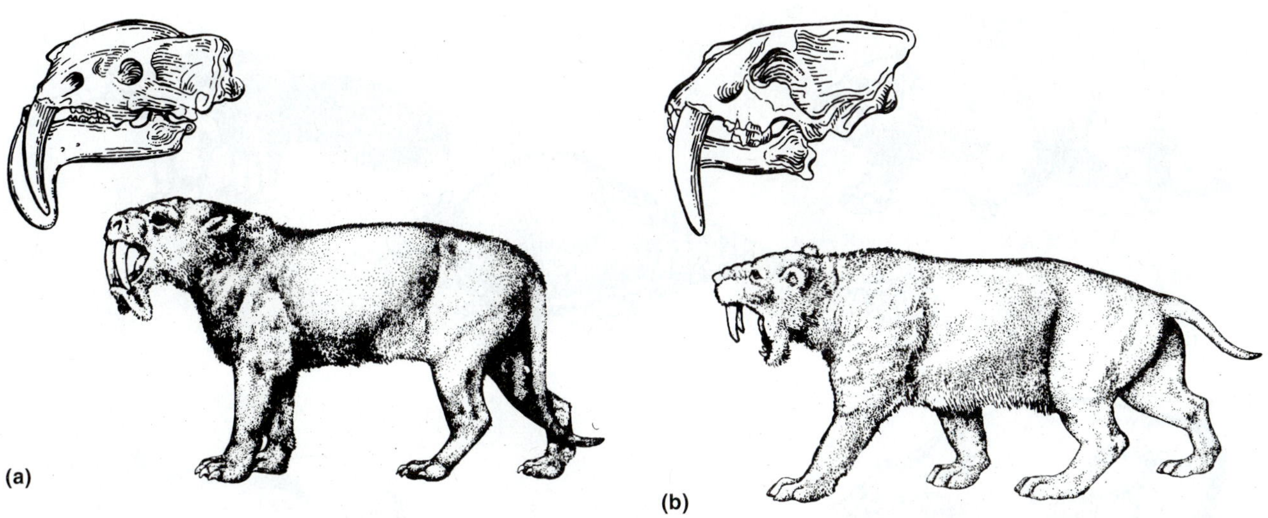

그림 19-20 남아메리카의 선신세 퇴적층에서 발견된 사브르 모양의 이빨(saber-toothed)을 갖는 육식성 유대류인 *Thylacosmilus* (a)와 최신세 말엽 북아메리카의 퇴적층에서 발견된 사브르 모양의 이빨을 갖는 육식성 태반포유류인 *Similodon* (b)의 두개골 재구성.

(a) Borhyaenid 유대류(중신세, 아르헨티나)

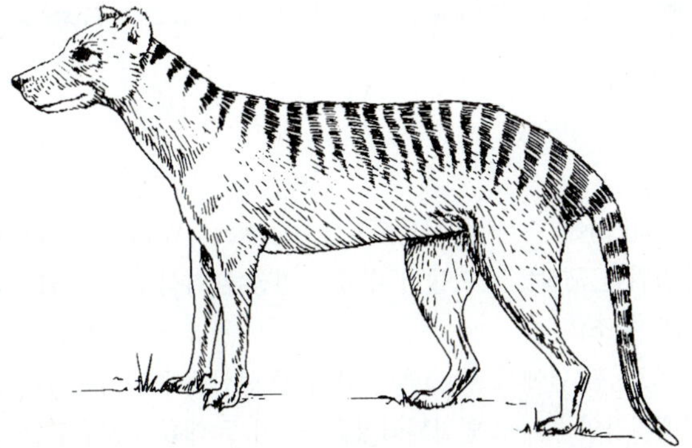

(b) 유대류-타즈마니아 늑대(타즈마니아, 오스트레일리아)

(c) 태반을 가진 늑대(북아메리카)

그림 19-21 (a) 남부 아르헨티나에서 중신세 초기에 발견된 borhyaenid 유대류 중 하나인 *Prothylacynus patagonicus*. (b) 최근에 멸종된 유대류인 타스마니아 늑대 *Thylacinus cynochephalus*. (c) 현대의 태반포유류인 북아메리카 늑대 *Canis lupus*. (Marshall, L. Q., 1980. Marsupial paleogeography. In L. L. Jacob (ed.). *Aspects of Vertebrate History*, Museum of Northern Arisona Press, Flagstaff, pp. 345-386.)

들은 또한 타스마니아늑대(Tasmanian wolf)(**그림 19-21**)가 속한 오스트레일리아 유대류의 한 과인 주머니늑대류와 매우 유사하다. 생물체에게 가해진 유사한 방식에 대한 선택 때문에 기인하는 수렴진화 또는 평행진화는 서로 다른 2개의 대륙들에서 유전적으로 서로 다른 태반포유류와 유대류에게 모두 유사한 구조를 만들어냈다.

남아메리카의 태반포유류는, 단지 일부 유제류(ungulates)와 빈치류(Xenarthrans)로부터 시작되었다고 할지라도(의아한 연결인데), 이 고립된 대륙에서 유제류가 방산했던 것 보다 훨씬 더 급격하게 방산이 이루어졌을 것이다. 초기 시신세(Eocene)까지, 백악기 말엽에 그들의 최초의 군집이 형성된 후 1천 5백만 년에서 2천만 년 이내에, 태반포유류들은 75에서 100개의 새로운 속들(genera)을 생성하였으며, 우리는 그것들을 약 15과로 분류하고 있다. Xenarthrans(감소되고 억눌린 치열 때문에 **빈치류**(edentates)라고도 불림)는 동물우화집에 나오는 이상한 동물들과 같은 아르마딜로, 조치수(glyptodonts), 나무늘보(sloths), 개미핥기(anteaters)와 같은 동물들을 포함한다(**그림 19-22a**). 또한 넓게 방산한 것은 대부분 발굽달린 유제류들이지만, 고생물학자들은 이

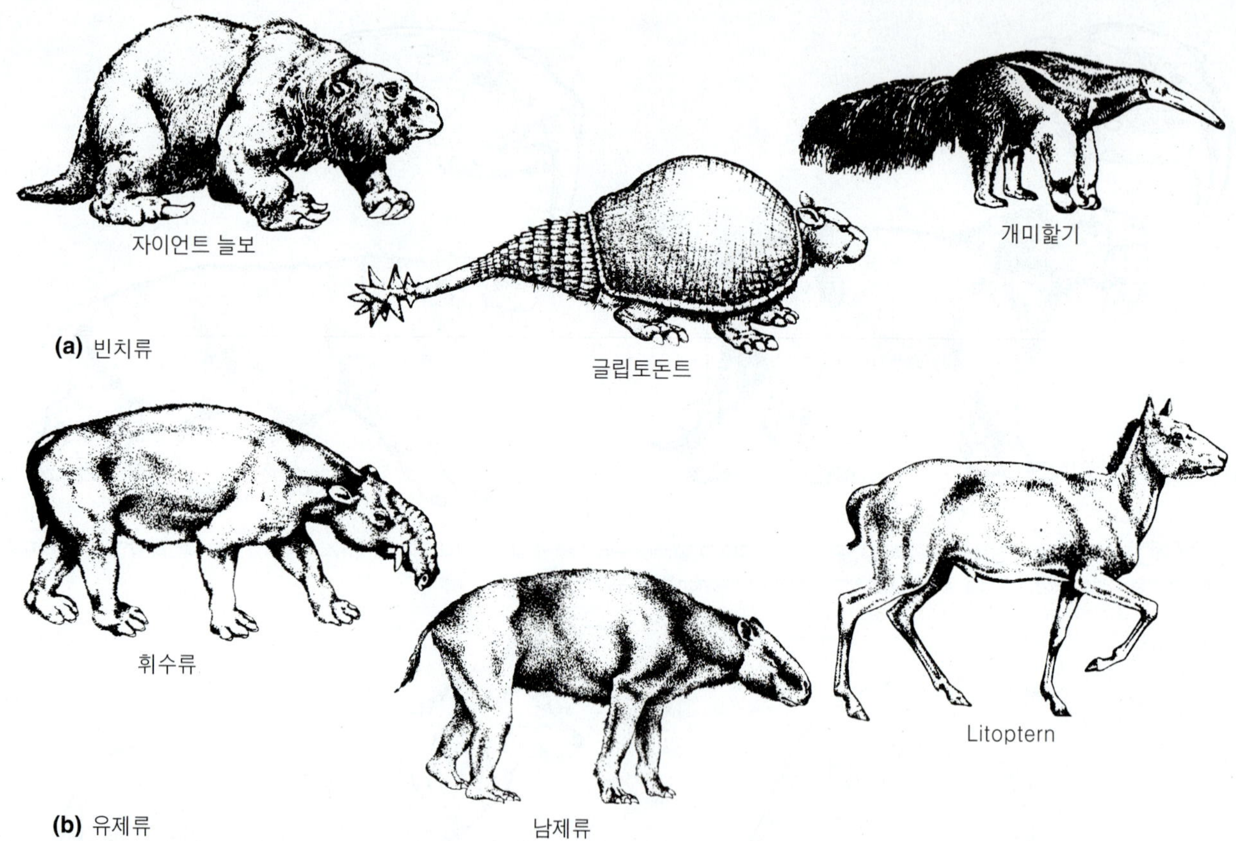

그림 19-22 남아메리카 태반포유류의 방산에 의해 생성된 빈치류(edentates) (a)와 유제류(ungulates)에 속하는 일부 종들에 대한 재구성. Flynn and Wyss (1998)는 남아메리카에서 오스트레일리아로 유대류의 이주는 빈치류와 유제류와 같은 다른 남아메리카 그룹들이 오스트레일리아에 존재할 것이라는 것을 기대할 수 있도록 만들어 준다고 지적했다. 오스트레일리아에서 그들의 부재는 지금까지 설명이 불가능하다. (Steel, R. and A. P. Harvey, 1979. *The encyclopaedia of Prehistoric life*. Mitchell–Beazley, London.에서 각색)

들이 **과절류**(condylarths)(그림 19–22b)라 불리는 조상형 초식동물의 일단으로부터 기원하였다고 믿고 있다. 다시 말하면, 수렴진화 또는 평행진화들은 놀랄만한 유사성을 갖도록 하는 결과를 낳았다: 분명히 풀을 뜯고, 빨리 달리는 쪽으로 선택된 중신세 초기에 살았던 일부 남아메리카의 골거목류(litopterns)는 약 2천만 년 후 북아메리카에서 최초로 발달한 하나의 발굽을 가진 말들과 대단히 유사했었다.

점신세(Oligocene) 초기 혹은 말기에, 이와 유사한 급격한 방산이, 그 당시에 남대서양에서 융기된 해양 지각들 위에 연속되어 나타나는 섬들을 따라, 섬 건너뛰기(island hopping)를 통하여 아프리카에서 남아메리카로 건너온 설치류와 영장류들에서 시작되었다. 설치류(rodents)는 특별한 턱 근육 부착에 의해 구분되는 엄청나게 다양한 기니피그류(caviomorphs)들을 생성했다. 대개 열대지역으로 국한된 영장류들은 신세계원숭이상과(superfamily Ceboidea)에 속하는 신세계원숭이들(New World monkeys)의 광범위한 군집들을 만들어 내었다(영장류 화석 기록은 Hartwig, 2002 참조).

3천만 년에서 3천 5백만 년 후인 선신세에 남아메리카가 북아메리카와 하나로 연결되어졌을 때, 이 두 대륙간 포유류들 사이에 폭발적인 상호 교류가 일어났다. 적어도 부분적으로라도 훨씬 더 경쟁력 있는 북아메리카의 태반포유류들과 경쟁을 해야 했기 때문에, 육식성 유대류와 태반포유류인 유제류(placental ungulates)를 포함한 많은 남아메리카 그룹들이 멸종하였다. 일부 성공적으로 이주한 북아메리카 그룹들은 매우 급속하게 다양화되었다. 다른 경우에서처럼, 남아메리카에서 방산과 멸종 모두가 함께 나란히 일어난 것은 진화적 변화가 근본적으로 기회주의(opportunism)에서 기인한다는 것을 다시 한번 입증해 주는 것이다.

주요 용어

4실 심장(2심방 2심실, four-chambered heart)
과절류(condylarth)
난생(oviparity)
내온성(endothermy)
단공류(monotremes)
단궁류(synapsids)
대뇌화지수(encephalization quotient, EQ)
몰가뉴코돈트류(morganucodontids)
방형골 또는 방골(quadrate)
빈치류(edentates)
뼈로 된 이차구개(bony secondary palate)
삼추치(triconodont)
시노돈트 수궁류(cynodont therapsids)
신피질(neocortex)
야행성(nocturnal)
야행성(nocturnal)
원수아강(Prototheria)
유대류(marsupials)
유선(젖샘, mammary glands)
이중후두관절구(double occipital condyle)
이형치(heterodont)
자궁(uterus)
젖분비(lactation)
중이소골(middle ear ossicles)
치골(dentary bone)
큰턱(mandible)
탈락치(젖니, deciduous teeth)
태반포유류(placentals)
태생(viviparity, live birth)
횡경막(diaphragm)

토의 및 질문

1. 포유동물이 다른 척추동물들과 구별되는 주된 특징들은 무엇일까?
2. 고생물학자들이 수궁류형 파충류들 중에 포유류의 조상형이 있다고 생각하는 이유는 무엇일까?
3. 내온성과 지속적인 대사 활동에 대한 선택이 어떻게 포유류 구개와 포유류 치열에 영향을 미쳤을까?
4. 어떤 진화적 단계들로 파충류 턱의 뒤쪽 부위에 위치한 요소들인 관절과 방형골을 포유류의 이소골로 변형시킨 것을 설명할 수 있을까?
5. 생물학자들은 초기 포유류의 진화에 대한 가설을 만드는 데에 화석상의 치아 형태 변화들을 어떻게 이용해 왔는가?
6. 고생물학자들은 중생대 포유류들이 어떤 생활 방식을 가지고 있다고 제안하였으며, 이러한 관점을 지지하는 증거는 무엇인가?
7. 단공류, 유대류, 태반포유류들 중에 생식 방식에 있어서 주된 차이들의 진화를 우리는 어떻게 설명할 수 있을까?
8. 진화가 취하는 방향성들(방산패턴, 먼 훗날에 대한 예측성, 체제의 새로운 수준들, 그룹 상호작용들과 대체와 같은)의 관점에서 중생대 동안 파충류와 포유류의 진화로부터 우리가 배울 수 있는 몇 가지 교훈들은 무엇인가?
9. 남아메리카와 오스트레일리아에서 포유류들이 서식하고 있고, 화석상으로도 서식했었음이 밝혀졌는데, 주요 그룹들의 분포와 진화를 어떻게 설명할 수 있을까?

추천 읽을 거리

Archer, M., and G. Clayton (eds.), 1984. *Vertebrate Zoogeography and Evolution in Australia.* Hesperian Press, Carlisle, Australia.

Benton, M. J., 2004. *Vertebrate Palaeontology.* 3rd ed. Blackwell Publishers, Oxford, England.

Carroll, R. L., 1988. *Vertebrate Paleontology and Evolution.* Freeman, New York.

Griffiths, M., 1978. *The Biology of the Monotremes.* Academic Press, New York.

Hartwig, W. C. (ed.), 2002. *The Primate Fossil Record.* Cambridge University Press, Cambridge, England.

Jones, S., R. D. Martin, and D. R. Pilbeam, (eds), 1996. *The Cambridge Encyclopedia of Human Evolution.* Cambridge University Press, Cambridge, England.

Milner, R., 1990. *The Encyclopedia of Evolution. Humanity's Search for Its Origins.* Facts On File, New York.

Kemp, T. S., 2005. *The Origin and Evolution of Mammals.* Oxford University Press, Oxford and New York.

Kielan-Jaworowska, Z., R. L. Cifelli, and Z-.X. Luo, 2004. *Mammals from the Age of Dinosaurs: Origins, Evolution, and Structure.* Columbia University Press, New York.

Novacek, M. J., A. R. Wyss, and M. C. McKenna, 1988. The major groups of eutherian mammals. In *The Phylogeny and Classification of the Tetrapods,* vol. 2, M. J. Benton (ed.). Oxford University Press, Oxford, England, pp. 31–71.

Valentine, J. W., 2004. *On the Origin of Phyla.* The University of Chicago Press, Chicago.

Vickaryous, M., and B. K. Hall, 2006a. Human cell type diversity, evolution development classification with special reference to cells derived from the neural crest. *Biol. Rev. Camb. Philos. Soc.*, **81**, 425–455.

20 영장류의 진화와 인류의 기원

■ 요약

영장류 모두는 새로운 적응 형태(예: 뇌 용량이 커지는 것)에 적응하는 것 외에 과거에도 수상(樹上) 생활에 적응하며 살았다는 걸 암시하는 특징들을 공유하고 있다. 영장류들은 장기간에 걸쳐 소수의 자손을 키우는데, 부모는 자손이 유년시절에서 벗어날 때까지 오랫동안 자손들을 가르치고 보살핀다. 여우원숭이(lemurs), 로리스원숭이(lorises)와 안경원숭이(tarsiers) 등을 원원류(prosimians)라 부르는데, 이들에게는 발톱외에 또 다른 원시적인 초기 영장류의 특징이 잘 나타난다. 즉, 원원류 대부분은 밤에 활동하는 야행성이며, 희미한 빛에서도 사물을 볼 수 있게 하는 망막융단층(retinal tapetum)을 갖고 있다. 한편 진원류(anthropoids)에는 구세계원숭이(Old World monkeys)와 신세계원숭이(New World monkeys), 유인원(apes)과 인간들이 포함된다. 이들은 보통 낮에 활동하는 주행성으로, 정면을 향한 눈을 가지고 있고, 원원류(prosimians)보다 큰 뇌를 가지고 있다. 호미노이드(hominoids, 사람상과)에는 긴팔원숭이(gibbons), 오랑우탄(orangutan), 침팬지(chimpanzee), 고릴라(gorilla), 인간 등이 속해 있는데, 인간은 그 가운데서도 두 발로 걸어 다니는 보행(bipedal locomotion) 활동에 가장 잘 적응되어 있다.

영장류들은 8천 5백만 년 전인 백악기 후기(Late cretaceous)에 나타났다. 곧 이어 여우원숭이와 로리스원숭이를 비롯한 원원아목(Strepsirrhini)과, 안경원숭이와 진원아목과 같은 진원아목(Haplorhini)의 분화가 곧 일어났다. 분자생물학적 데이터에 의하면, 3천 4백만 년 전부터 2천 9백만 년 전까지의 신생대 제3기 올리고세(Oligocene) 초기에 원숭이로부터 진원류과 유인원이 분기되었고, 6백 3십만 년보다 더 가까운 시간에 침팬지와 호미닌(Hominins)이 분기되었다는 것을 알 수 있다.

아프리카에서 발굴된 3개의 화석 종 — 사헬란트로푸스 차덴시스(*Sahelanthropus*

tchadensis), 오로린 튜게넨시스(*Orrorin tugensis*), 그리고 아르디피테쿠스 카답바(*Ardipithecus kadabba*) — 들은 가장 먼저 등장한 호미닌(hominin)의 후보들이다. 이들 세 화석들은 인간과 침팬지가 분기된 시점에 존재하였으며, 두 발 보행과 같이 호미닌에서 볼 수 있는 복합적인 특징들을 보여 주고 있다. 위의 세 화석들은 오스트랄로피테쿠스(*Australopithecus*)속에 포함된 인간과 유사한 종의 특징을 가진다. 그들의 후두개골(postcranial) 화석들은 결론적으로 두 발 보행의 증거를 보이는데, 치아와 턱의 분화는 자신들에게 적합한 음식을 먹을 수 있도록 특수화되었으며, 뇌 용량도 약간 늘었다.

화석 증거를 비교해 보면, 인류와 침팬지의 마지막 공통 조상들은 인간보다 침팬지를 더 많이 닮았고, 몸 크기도 침팬지와 비슷했고, 무릎관절이 네 발로 걷기에 적합했다. 두 발 보행으로의 진화는 수렵 채집, 포식자 피하기, 식량 운반하기, 도구와 무기를 사용하는 데 유리하다는 이론들이 수없이 설명되고 제시되었다. 직립 자세로 진화하면서, 골반이 변화하고, 다리는 낮아졌으며, 척주(Vertebral column), 발과 두개골의 변형이 일어났다.

호모속 중 가장 오래된 화석은 약 200만 년 전의 것이고, 화석 안 호모속의 뇌는 오스트랄로피테쿠스 속의 뇌보다 훨씬 컸다. 호모속 가운데 네 종이 240만 년에서 160만 년 전 사이에 아프리카에에 출현하였다. 그들 가운데, 호모 에르가스테르(*Homo ergaster*)로부터 호모 에렉투스(*Homo erectus)*가 유래하였고, 이들은 다음 백만 년 동안 호미닌(hominin)의 우점종이 되었다. 호모 에렉투스는 아마 꽤 오랫동안 남동아시아 지역에서 살았을 것으로 생각된다. 약 50만 년 전에 기록된 화석은 종종 "고대 호모 사피엔스" 로 한데 묶어 정의되곤 했다. 흥미롭게도, 점점 이러한 표본들은 호모 하이델베르겐시스(*Homo heidelbergensis*), 호모 헬메이(*Homo helmei*) 그리고 호모 로데시엔시스(*Homo rhodesiensis*)와 같은 뚜렷한 종으로 분류되고 있다.

해부학적으로 현생 인류는 에티오피아에서 16만 년 전 처음으로 나타났다. 그들의 고향은 아프리카로, 점점 유럽, 아시아, 급기야는 신대륙에까지 널리 퍼져 나갔다. 그럼에도 불구하고 지역적 인간 개체군에서 현생 인간 개체군으로의 확장이 일어나는 것과 같은 유전자 이동(gene flow)의 범위에 대해서는 논란이 있다. 호모 네안데르탈렌시스(네안데르탈인)은 약 25만 년 전, 아마 호모 하이덴베르겐시스로부터 분지해 나온 것으로 추정된다. 그들은 늦어도 2만 4천 년 전 스페인과 지브롤터 지역에서 살았는데, 아마 유럽인의 일부로서의 현생 인류와 동시대에 함께 살았을 지도 모른다.

영장류들은 다른 개체들에게 여러 감각적인 기작(sensory mechanisms), 즉 냄새, 털 손질, 제스처와 표정, 과시하기와 소리 등등을 통해 서로 신호를 전달한다. 특히 현대 인류의 확실한 특징은 언어로서의 기호를 사용한다는 것이다. 하지만 인간의 진화 역사상 언어의 기원은 잘 알려져 있지 않다. 비록 혀가 발달하고, 연구개와 후두를 갖고 있어, 해부학적으로 현대 인간이 다른 영장류와는 다르게 다양한 소리를 내지만, 인류 진화에서 언어의 기원은 거의 알려지지 않고 있다.

침팬지들은 언어구사능력에 대해 몇몇 기본적 개념을 가지고 있으나, 성도(vocal tract, 성대에서 입술 또는 콧구멍의 통로) 구조가 해부학적으로 다르기 때문에 음성언어를 구사할 수 없다. 비슷한 예로, 침팬지는 한 때 인간에게만 있을 것이라고 생각했었던 많은 특징들, 이를테면 도구의 사용과 변형, 계획 세우기, 조직화된 공격술과 복잡한 소셜 네트워크(사회 연락망) 등과 같은 행동을 하는 것으로 밝혀졌다. 현대에는, 인간에만 있을 것이라고 보았던 많은 특징들이 유인원에서 적게나마 드러남으로써, 유인원과 인간 사이가 좁혀지고 있다.

인간이 속해 있는 포유류인 영장류는 수상(樹上, arboreal) 생활에 적응을 하였음을 짐작하게 해주는 많은 특징들을 보여 준다(**표 20-1**). 표 20-1에 나열된 많은 특징이 모든 영장류에서 나타나는 것은 아니지만, 이러한 특징들은 모든 현생 영장류들을 땃쥐(shrew), 다람쥐와 아메리카너구리(raccoon)과 같은 다른 수상 포유류들과 뚜렷하게 구분해 준다. 특징은 다음과 같다:

1. 다양한 방향으로 손발을 움직일 수 있는 능력

2. 손과 발의 쥐는 힘

3. 손과 발의 표면에 미끄럼을 방지하는 피부표면의 융기(*dermatoglyphics*)와 촉각을 느끼는 특수화된 미세한 기관(Meissneer's corpuscle, 마이스너 소체)
4. 팔의 움직임을 보장하기 위해서 전지 연결대를 지지해 주는 쇄골(collar bone)의 유지력
5. 비틈이나 회전을 가능하게 하기 위한 척추의 유연성

게다가 고도로 발달된 두뇌를 가진 진원류의 영장류(원숭이, 유인원, 인간)는 비교적 적은 수의 자손을 낳아 오랫동안 보호하면서 양육한다. 이러한 선택값 때문에 자손의 수는 제한적이다. 자손들은 성공적으로 태어나 활동성 많은 포유류에 의해 키워진다. 또한 그들은 꽤 복잡한 환경과 사회적 다양성에 대처하게 하기 위해 오랫동안 부모 의존적 교육을 받는다.

표 20-1 영장류에서 발견되는 기본적인 특성과 경향
• 사지를 자유롭게 움직임
• 손과 발의 첫 번째 손가락, 발가락이 마주 볼 수 있음(엄지손가락, 엄지발가락)
• 마지막 사지의 뼈 위의 손끝과 발끝을 지지하기 위해서 갈고리 발톱에서 손톱, 발톱으로의 대체
• 치아와 소화계가 잡식성으로 적응
• 반쯤 직립한 자세는 손 조작을 가능케 했고, 점프를 하는 데 보다 좋은 예비 자세를 제공
• 중력의 중심이 뒷다리에 가깝게 위치
• 잘 발달된 눈과 손의 연합 운동 작용
• 음식물의 위치와 나뭇가지의 정확한 삼차원적인 위치를 알기 위한 시야의 겹침과 같은 시력의 적응
• 뼈에 의해서 완전히(진원류) 또는 부분적으로(원원류) 둘러싸여 있는 눈 (안와뼈, bony orbit)
• 코의 퇴화로 인한 얼굴이 짧아짐
• 주행성 종에서 후각 기관의 축소
• 실제적으로 다른 포유류와 비교해 볼 때, 신체 크기에 비해 크고 복잡한 뇌를 가지고 있음

영장류의 분류

현재 230여 종의 영장류가 존재하는데, 영장류를 연구하는 학자들은 전통적으로 영장류를 2개의 아목 — 원원류(prosimians)과 진원류(anthorpoids) — 으로 나눈다(**표 20-2**, **그림 20-1**). 최근 연구된 분자적 증거에 따르면, 현생 영장류는 여우원숭이(lemurs)와 로리스원숭이(lorises)가 속해 있는 한 계통과, 진원류와 안경원숭이(tarsier)가 속해 있는 또 다른 계통으로 명백하게 나뉜다. 여우원숭이와 로리스원숭이는 **원원아목**(Strepsirrhini)에 속해 있는데, 이들의 코와 주둥이(입술) 부분은 개처럼 생겼고, 물기가 많아 축축하다. 진원류(anthropoids)과 안경원숭이는 **진원아목**(Haplorhini)에 속하는데, 이들의 코와 주둥이(입술) 부분의 피부는 메말라 건조하거나, 털로 덮여 있다. 또 다른 주장도 있다. 즉, 안경원숭이를 보통 원원아목(안경원숭이류)에 포함시켰으나, 안경원숭이가 유인원숭이아목과 유연관계가 더 가까워 측계통(paraphyletic) 분류군으로서의 아목으로 취급하였다.

원원아목은 일반적으로 유인원숭이아목에 속하는 영장류보다 초기 포유류의 특징을 더 많이 갖고 있다(예: 갈고리 발톱, 긴 코, 얼굴 측면에 붙은 눈). 백악기 말기에 아프리카 섬으로부터 떨어져 나온 마다가스카르 섬에서만 사는 몸집이 큰 안경원숭이류를 제외하고, 이들 안경원숭이류들은 유인원숭이아목으로 진화되기 전 단계로서 몸집이 작고, 밤에만 활동하는 야행성이었다.

진원아목에는 원숭이, 유인원과 인간이 속해 있는데, 이들은 안경원숭이류 보다 몸집이 크고 야행성이기보다는 대체로 낮에 활동하는 주행성이다. 안경원숭이류와 비교해서 진원아목은 이미 위에서 언급한 영장류의 특징에 보다 가깝다. 예를 들면 얼굴은 짧아지고, 눈은 앞을 향하고 있고, 뇌의 용량은 커져 뇌기능은 더욱 복잡해졌다.

여우원숭이(Lemurs)

여우원숭이는 마다가스카르 섬에서만 산다. 여우원숭이는 비교적 잘 보호되고 외부와 격리된 섬에서 살면서 작은 종과 큰 종으로 분화되었는데, 이들은 보통 본토에서 서식하고 있는 숲속 원

표 20-2 현존하는 영장류의 하위 그룹들의 전통적 분류체계와 그들의 일반명
원원아목
레무로이데아상과(여우원숭이)*
로리스상과(로리스, 갈라고스원숭이–부시베이비)*
안경원숭이상과(안경원숭이)
진원아목
광비류(신세계원숭이)
꼬리감기원숭이상과
마모셋, 타마린
카푸친, 울음원숭이, 거미원숭이
협비류(구세계원숭이)
긴꼬리원숭이상과
비단원숭이과(마카쿠, 배분, 구에논, 벨벳원숭이)
긴꼬리원숭이과(카푸친스, 짖는원숭이, 거미원숭이)
인간상과
긴팔원숭이과(긴팔원숭이, 시아망)
성성이과(오랑우탄, 고릴라, 침팬지 그리고 보노보)
인간과(인간)

* 이들은 원원아목(Strepsirrhini)에 속한다. 다른 분류군에서 때때로 진원아목(Haplorhini)에 속할 때도 있다.

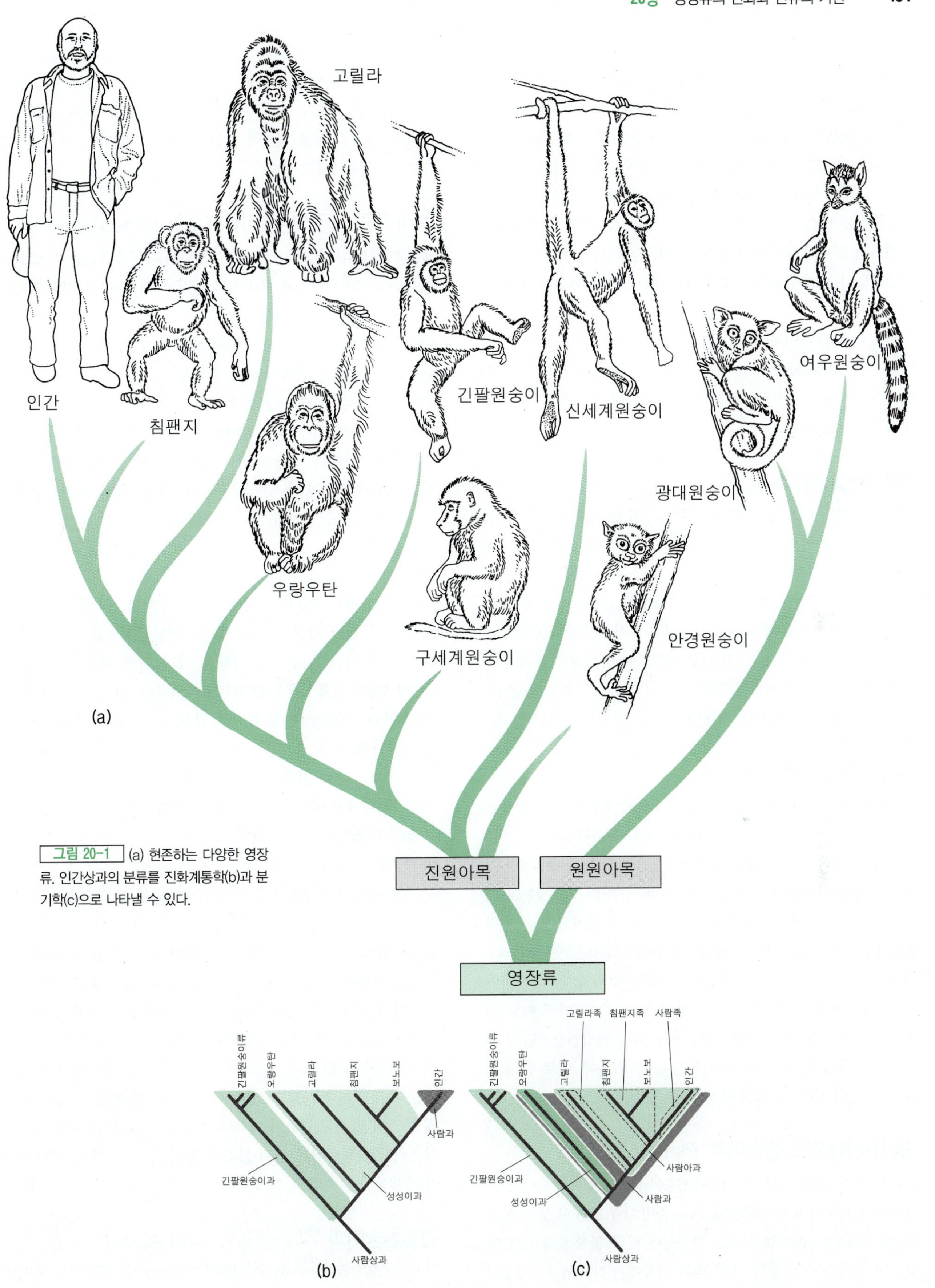

그림 20-1 (a) 현존하는 다양한 영장류. 인간상과의 분류를 진화계통학(b)과 분기학(c)으로 나타낼 수 있다.

숭이들과 동등한 역할을 한다. 하지만 여우원숭이는 원숭이보다 원시적이라서 주둥이가 보다 더 길고, 코와 윗입술 사이의 인중(philtrum) 부분이 축축한데, 이는 냄새를 맡는 감각기관의 기능을 증진시킨다. 여우원숭이들도 두 번째 손가락에 특이하게 생긴 갈고리모양의 손톱을 가지고 있고, 온 몸이 두꺼운 털로 덮여 있으며, 민감한 센털(vibrissae, facial haris, 동물의 입가에 붙어 있는 센털)을 가지고 있다. 또한 털 고르기와 섭식활동에 사용되는 아래턱의 앞니와 송곳니가 잇몸에 거의 닿을 정도로 수평적으로 배열되었다. 여우원숭이는 망막층(망막을 통해 들어오는 빛을 반사하는 층)을 가지고 있기 때문에 어떤 무리는 아직도 밤에만 활동하는 야행성(쥐여우원숭이, 난쟁이여우원숭이) 활동을 한다. 반면에 어떤 여우원숭이들은 낮에 활동하는 주행성(참여우원숭이)일 뿐만 아니라 땅거미가 지는 황혼 무렵이나 동이 트는 이른 새벽에도 활동을 한다.

로리스원숭이(Lorises)

로리스원숭이는 아프리카(포토와 갈라고, 또는 부쉬베이비)와 동남 아시아(홀쭉이로리스, 슬로우로리스)의 밀림에서 발견된다. 주둥이는 여우원숭이보다 짧다. 비교적 큰 눈이 앞쪽을 향하고 있는데, 이것은 전뇌가 보다 커지는 과정에서 적응된 것으로 보이고, 또한 시력에 의존해 먹이를 사냥하는 과정에서 강화된 것으로 보인다. 로리스원숭이는 망막층을 포함한 여러 가지 적응에 힘입어 밤이나 어스름할 때도 활동하는 게 가능했다. 로리스원숭이도 여우원숭이와 같은 치열과, 아래턱, 축축한 인중을 가지고 있다.

안경원숭이(Tarsiers)

안경원숭이는 동남아시아에서 사는 야행성 영장류로, 여우원숭이와 로리스원숭이에 비해 진원아목(원숭이와 유인원)과 더 가까운 친척 관계이다. 비록 그들이 진원아목처럼 각각의 발에 2개의 갈고리 발톱을 가지고 있고, 머리 크기에 비해 엄청나게 큰 눈을 가지고 있다 해도, 여우원숭이와 로리스원숭이가 가지고 있는 망막층은 없다. 물론 안경원숭이에게는 진원아목의 특징이 나타난다. 그 특징들을 살펴보면, 인중은 메말라 있고, 코와 입술 사이엔 털이 나 있으며, 아래쪽 앞니가 똑바로 서 있고, 눈 주변엔 뼈로 된 눈 테두리가 부분적으로 둘러쳐져 있다. 특히 안경원숭이만의 특징은 종아리의 경골과 비골의 결합을 들 수 있는데, 이로 인해 그들은 한 번에 무려 2미터도 넘게 뛸 수 있다.

광비원류(넓은코원숭이류, Platyrrhines)

신세계원숭이라고도 부르는 **넓은코원숭이류**는, 중앙아메리카와 남아메리카 지역에서 발견되는데, 모든 종이 나무 위에서 생활을 한다. 광비원류의 코는 넓은데다, 콧구멍은 각각 옆쪽에 놓여 있어 콧구멍 간의 거리는 넓다. 또한 턱의 옆쪽에는 작은어금니가 3개 붙어 있다. 마모셋과 타마린은 비단원숭이과(callitrichidae)에 속하는 작은 동물인데, 그들은 엄지만 빼고 모든 손가락에 갈고리 발톱을 가지고 있다. 또 다른 예로 꼬리감기원숭이과(Cebidae)의 종들은 갈고리 발톱 대신에 손톱을 지니고 있으며, 감아올릴 수 있는 꼬리를 가지고 있다.

협비원류(좁은코원숭이류, Catarrhines)

좁은코원숭이류(협비원류)는 긴꼬리원숭이과(구세계원숭이, Cercopithecidae)와 사람상과(유인원과 인간, Hominoidea; **그림 20–1b**) 등 2개의 상과로 구성되어 있다. 그들의 콧구멍은 아래쪽으로 향하고 있어 콧구멍 사이의 간격이 좁고, 치열의 배열은 2.1.2.3식(중앙을 기준으로 양쪽의 아래턱과 윗턱 모두–앞니 2개, 송곳니 1개, 작은어금니 2개, 어금니 3개)이다. 좁은코원숭이류는 대부분 신세계원숭이들보다 크며 감아올리는 꼬리를 지니지 않는다. 좁은코원숭이류에는 나무 위에서 생활하는 종 말고도 육상생활을 하는 종들(개코원숭이, 만드릴원숭이, 비벗원숭이, 파타스원숭이와 짧은꼬리원숭이)이 포함되어 있다.

호미노이드(인간류, Hominoids)

좁은코원숭이류 가운데 유인원과 인간은 다른 좁은코원숭이류들과 다른 특징을 가지고 있다. 그 특징은 지상생활에 대한 적응과는 다른 차원인 나무 위 생활을 하기 위해, **양손을 번갈아가며 나무에 매달려 다른 나무로 건너다녔다**(arm-hanging and–swinging, brachiation). 현존하는 유인원과 인간의 몸 비율은 **그림 20–2**에 잘 나타나 있다.

아마도 나무 위의 생활을 하는 유인원은 머리 위쪽에 있는 나뭇가지를 잡아야만 하는 쪽으로 적응해야 했기 때문에, 그들의 자세는 원숭이보다 더 직립에 가까워야 했을 것이다. 물론 매달려 이동하는 행동 때문에 그들의 팔과 어깨는 더욱 더 유연해졌고, 손목관절과 팔꿈치 또한 더욱 나긋나긋하게 유연해졌으며, 등뼈는 점점 짧아지고 단단해졌다. 유인원과 원숭이들을 어떻게 구분하는지에 대한 또 다른 견해는 다음과 같다. 우선, 직립하는 몸무게를 지탱하기 위하여 골반이 더욱 커지고 넓어졌다. 또한 직립생활에 용이하게 위, 소장과 간 등을 보호할 수 있도록 내장의 배치가 이뤄졌고, 꼬리뼈가 퇴화되었으며, 아랫어금니 돌기부는 5개로 원숭이(4개) 보다 많고, 더욱 좋은 직립의 자세를 위해 넓고 얇은 가슴부분(흉부)을 가졌고, 팔을 옆쪽으로 뻗을 수 있게 흉부의 등면에 있는 견갑골이 어깨와 결합했다. 또 다른 유인원의 특징은 구세계원숭이에 비해 몸집이 훨씬 크고, 출생 후 발달과정이 오랫동안 지속되고, 복잡한 사회적 상호작용을 한다는 점이다.

긴팔원숭이과 유인원(Hylobatid Apes)

아마도 **긴팔원숭이**(gibbons)와 **시아망**(simangs)은 현존하는 호미노

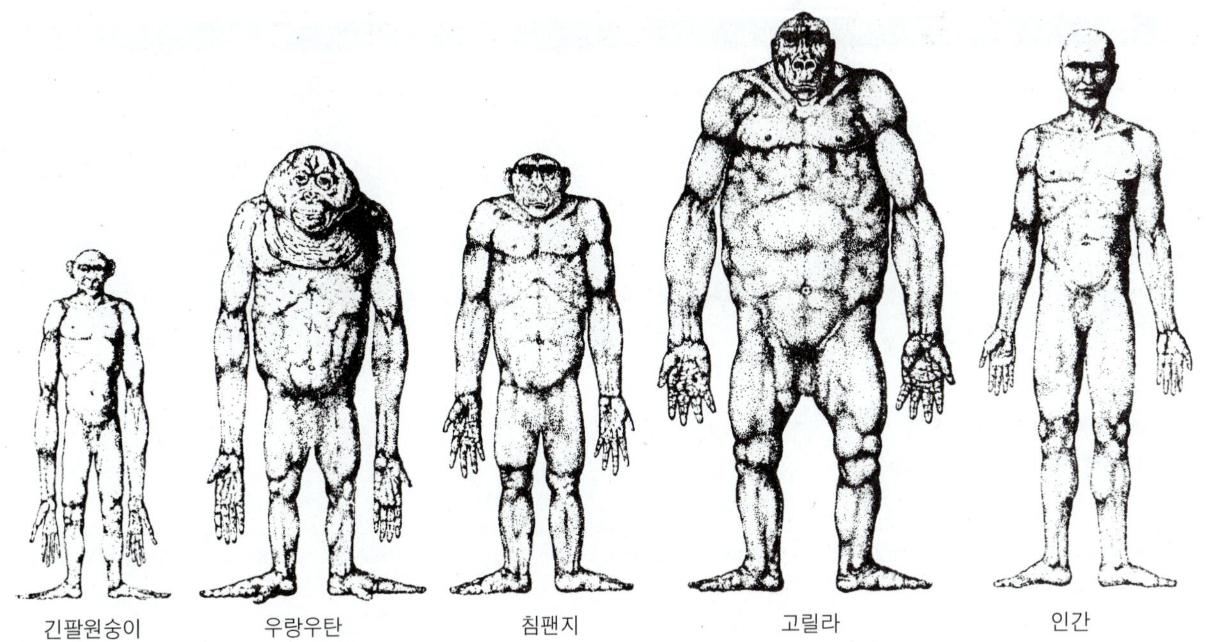

그림 20-2 모든 털이 제거된 성인 수컷 유인원과 인간의 몸 윤곽과 비율. 같은 축척으로 그림. (Schultz, A.H., 1969. *The Life of Primates*. Universe Books, New York.에서 인용.)

이드(hominoids, 인간상과) 중에서 최근에 갈라져 나온 영장류로, 동남아시아에서 살며 대부분이 수상생활을 한다. 그들의 몸집은 비교적 작은 편(몸무게가 11kg 이상 되는 개체가 거의 없음)이고 좌골은 딱딱한데(좌골과 결합되어 있는 방석처럼 각질화 된 부분), 이는 구세계원숭이의 특징이기도 하다. 그들은 다른 인간상과에 비해 긴 팔을 이용해서 나무 사이를 이동할 수 있도록 잘 적응된 종이다. 그들의 다리는 때때로 아래쪽에 접혀 있고, 팔을 이용해서 나무 사이를 이동하는 것이 불가능할 때는 기어오르거나 걷기도 한다.

긴팔원숭이는 몸의 크기 면에서 최소한의 성적이형(sexual dimorphism)을 보여 준다. 암수 모두 나무와 나무 사이를 이동할 때 도약하면서 **팔을 교대로 이용해 이동**(richochetal brachiation)하는 독특한 행동을 보인다. 그들이 팔을 이용해 수상생활에 적응하면서 그들의 근육은 숲의 수관부 사이를 이동할 수 있도록 특화되었다(Tuttle, 1972). 분자생물학적 연구에 따르면 약 1천 5백만~1천 8백만 년 전에 긴팔원숭이, 성성이과(pongid)의 유인원과 인간이 분기된 것으로 알려졌다.

오랑우탄(Orangutan)

오랑우탄은 대형 영장류(어떤 수컷은 90kg 이상)로, 보르네오섬과 수마트라섬에서만 서식한다. 오랑우탄은 뚜렷한 성적이형(sexually dimorphic) 현상을 보이는데, 수컷이 암컷보다 2배 정도 무겁다. 성숙한 수컷의 경우를 제외하고, 그들은 대부분 수상생활을 한다. 땅에서는 대부분 주먹을 쥐어 윗 몸통을 지지하면서 4발로 이동한다. 나무에서 오랑우탄은 어떤 의미에서 묘기에 가까울 정도로 나뭇가지를 잘 오르는데, 손과 발을 다 사용해 나뭇가지를 꼭 잡고, 종종 수관부에 틈을 만들 때는 나뭇가지를 구부리기도 한다. 오랑우탄은 때때로 팔을 이용해 나뭇가지를 잡고 이동하기도 하지만, 짧은 거리를 움직일 때는 긴팔원숭이에 비해 좀 천천히 움직이고, 좀 더 조심스럽게 행동한다. 그들의 좌골은 침팬지와 고릴라처럼 딱딱하지 않다. 분자생물학적 연구에 따르면 약 1천 3백만 년 전에 긴팔원숭이, 아프리카유인원(African apes)과 인간이 분기된 것으로 알려졌다.

일반 침팬지와 보노보(Common Chimpanzee and Bonobos)

침팬지(*pan troglodytes*)에는 두 종이 있는데, 하나는 일반 침팬지이고 다른 하나는 보노보(*Pan paniscus*)이다. 이들은 모두 적도 근처의 아프리카에서 발견되는데, 보노보는 자이르의 중심부에서만 발견된다.

일반 침팬지의 수컷은 평균 45kg, 암컷은 약 40kg이지만, 이러한 수치는 지역마다 다르게 나타난다. 보노보의 수컷은 40kg, 암컷은 32kg으로 침팬지의 평균 몸무게에 비해 약간 적다. 보노보는 종종 "피그미 침팬지"라고 불리는데 이는 오해이다. 침팬지와 보노보의 몸집 크기 차이는 과장되게 부풀려졌을 뿐이다. 더 중요한 것은 보노보는 몸집이 일반 침팬지들 중 단지 몸집이 작은 형이 아니라 엄연히 독특한 특징을 가진 종이란 점이다.

보노보는 일반 침팬지에 비해 가냘프고 얼굴이 덜 튀어 나왔

표 20-3 침팬지와 인간의 9개 단백질 간 아미노산 차이

단백질	단백질 숫자	인간과 침팬지의 차이
Hemoglobins		
α chain	141	0
β chain	146	0
$^{G}\gamma$ chain	146	0
$^{A}\gamma$ chain	146	0
δ chain	146	1
Myoglobin	153	1
Cytochrome *c*	104	0
Fibrinopeptides A and B	30	0
Carbonic anhydrase I	25	3
Totals	1,037	5

출처: Diamond, J.M., 1995. The evolution of human creativity. *In Creative Evolution?!*, J.H. Campbell and J.W. Schopf (eds.), Sudbury, MA: Jones and Bartlett Publishers, www.jbpub.com.의 허락을 받아 재인쇄

다. 두 종은 50~120마리 정도의 개체가 꽤 큰 집단을 이루며 사는데, 큰 집단 내에서는 일시적으로 작은 무리를 이루며 산다. 침팬지와 보노보는 복잡한 사회 구조를 갖는데, 이들은 행동적 측면과 심리학적 측면에서 인간과 매우 밀접한 관계가 있기 때문에 앞으로 더 연구해야 할 대상이다.

침팬지는 대부분의 시간을 땅에서 보내지만, 많은 시간을 나무에서 지내면서 식사도 하고, 잠도 자고, 털고르기(몸단장)을 하면서 보낸다. 그들 또한 고릴라처럼 가운데 손가락의 마찰력 방지 패드를 이용해 "너클 보행(knuckle-walking : 앞발로 땅을 짚고 걷는 자세)"을 하면서 땅 위를 걸어 다닌다. 그들은 대부분 과일을 먹지만, 때때로 흰개미를 잡아먹기도 하고, 어린 개코원숭이(baboon)와 원숭이를 잡아먹기도 하며, 심지어 어떤 때는 어린 침팬지까지도 잡아먹는다. 인간을 제외한 다른 영장류와 비교를 해 볼 때, 침팬지는 굉장히 풍부한 표현력, 자세와 몸짓을 보여 준다.

고릴라(Gorillas)

고릴라는 가장 큰 대형 영장류(일부 수컷은 227kg 또는 그 이상)이고, 주로 적도 부근에 위치한 아프리카의 두 지역에서 두 무리가 살고 있다. 한 무리는 콩고 유역의 서쪽 저지대에서 사는 고릴라이고, 다른 무리는 동쪽의 산악 지방에서 사는 고릴라이다. 다 자란 수컷은 잠 잘 공간을 땅에다 만들고, 나무 위에는 거의 올라가지 않는다. 보통 10마리 이하가 모여 한 마리의 으뜸 수컷(silver back : 완전히 성숙해서 은빛 등의 털을 가진 개체)을 중심으로 사회적인 집단을 이루며 사는데, 때때로 다른 성숙한 수컷도 함께 살기도 한다. 어린 고릴라들은 가끔 시간을 나무에서 보내지만, 거의 대부분은 육상 생활을 한다. 고릴라도 침팬지처럼 네 발을 이용해 너클 보행을 한다. 그들은 침팬지처럼 활동적이지 않으며, 거의 초식성이다.

인간과 유인원의 비교

다른 유인원들과 달리 인간은(호미닌, hominins) 두 발로 땅 위를 걸어다는 데 가장 잘 적응을 한 종이다. 인간은 다른 유인원들과 다르게 다리가 팔보다 길다(그림 20-2). 또한 인간은 손으로 자신의 몸을 지지하지 않아도 되기 때문에, 한층 자유로워진 손을 이용해 사물을 조작하는 기술을 발전시켰다. 또한 인간만이 갖는

그림 20-3 1938년의 **정글 사랑**(*Jungle Love*)의 영화 장면에서 나오는 침팬지와 영화 배우(Dorothy Lamour). (Mann, W. M., 1938, Monkey folk, *Nat. Geograph.*, **73**, 615–655.에 있는 사진에서 인용.)

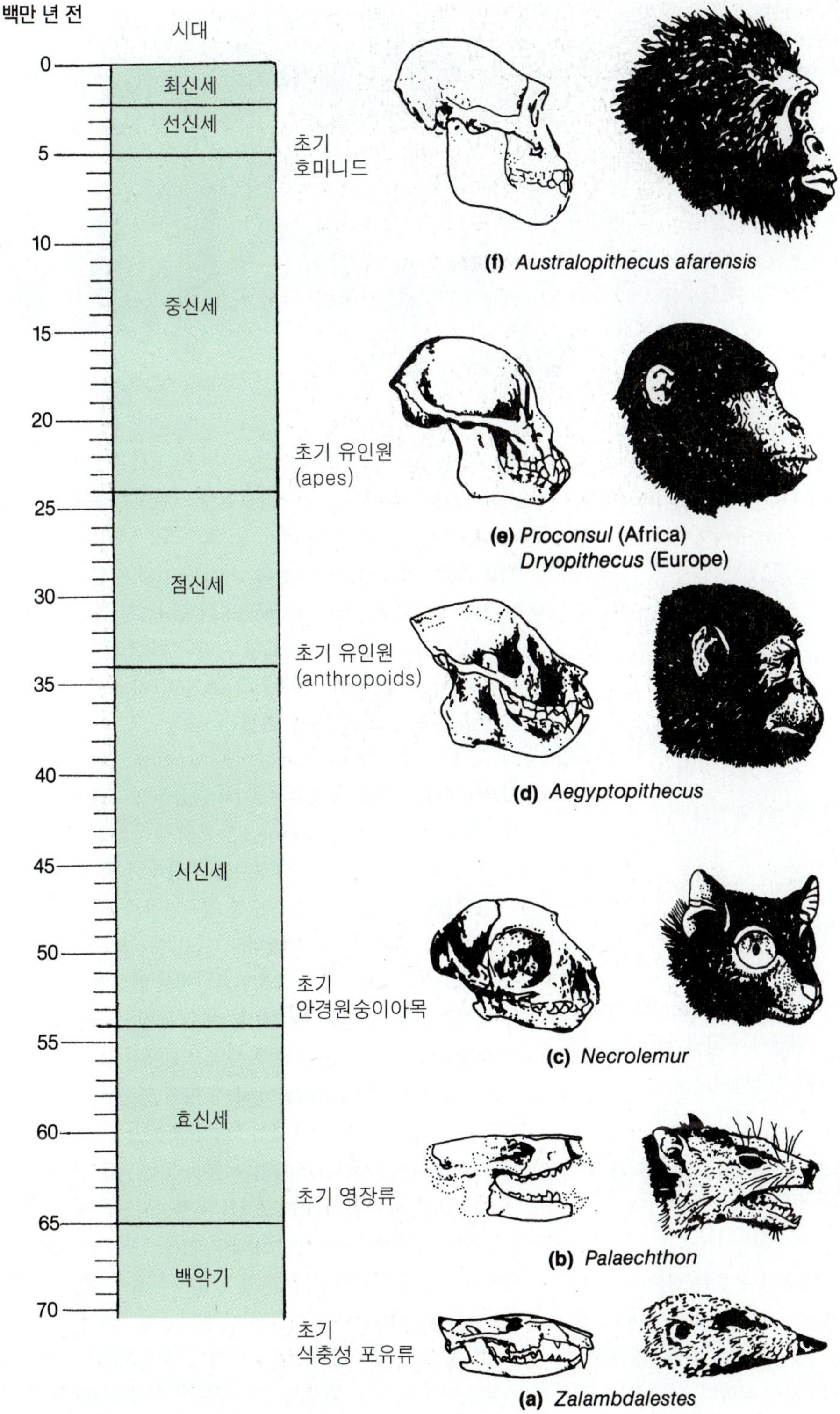

백만 년 전

시대

백만 년 전	시대
0–5	최신세, 선신세
5–24	중신세
24–34	점신세
34–54	시신세
54–65	효신세
65–70	백악기

초기 호미니드

(f) *Australopithecus afarensis*

초기 유인원 (apes)

(e) *Proconsul* (Africa) *Dryopithecus* (Europe)

초기 유인원 (anthropoids)

(d) *Aegyptopithecus*

초기 안경원숭이아목

(c) *Necrolemur*

초기 영장류

(b) *Palaeechthon*

초기 식충성 포유류

(a) *Zalambdalestes*

그림 20-4 중신세의 초기 식충류로부터 (a) 영장류의 진화적 계통수의 줄기를 (b–f) 연대순, 두개골과 화석을 바탕으로 복원된 모습을 보여 주고 있다.

독특한 해부학적인 특징으로는, 비교적 큰 용량의 뇌와 작은 얼굴, 짧은 송곳니, 감소된 피부의 털, 많은 두개골과 치아와 뼈의 모양 등을 들 수 있다.

이러한 차이에도 불구하고, 분자적인 유사성이 많이 존재한다. 예를 들어서, 인간과 침팬지의 단백질 서열과 유전자 서열을 비교해 보면 96% 이상의 유사성을 보여 주며, 이것은 다른 유사한 종들과의 차이점보다 훨씬 적은 분자적 차이를 나타낸다(표 20-3).

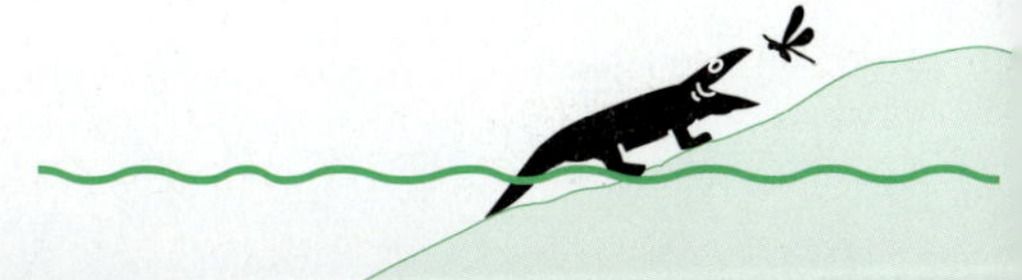

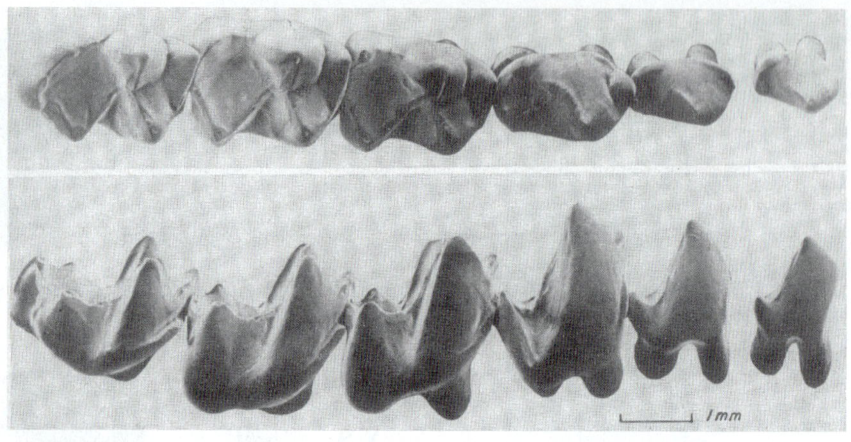

그림 20-5 *Purgatorius unio*의 치아. (William A. Clemens, *Science* 184: 903-905으로부터 재구성. AAA. Courtesy of William A. Clemens, University of California, Berkeley.의 허가하에 재인쇄.)

해부학적으로 뼈, 근육, 기관을 비교해 보면, 비록 조성의 차이는 있지만 놀랍게도 인간은 유인원과 비슷하다(그림 20-2). 또한 행동과 몸짓에서도 인간과 유인원은 서로 유사하다.

- 팔을 옆쪽으로 뻗을 수 있고, 팔꿈치와 어깨를 매우 자유롭게 움직일 수 있기 때문에 옆쪽에서 머리의 뒷부분을 긁을 수 있다(이에 비해 원숭이는 앞쪽에서 머리의 뒷부분을 긁는다).
- **그림 20-3**에서 볼 수 있듯이, 팔의 위치는 놀랍게도 유사하다. 인간과 침팬지는 모두 손으로 자신의 뺨을 괴고 있고, 다리를 꼬고 있다. 심지어 얼굴의 표정도 어떤 면에서는 비슷하다(그림 20-34).
- 걸을 때 인간과 침팬지는 발뒤꿈치가 먼저 땅에 닿는다. 반면에 원숭이는 발허리뼈(metatarsals, 발목과 발가락 사이의 뼈)가 먼저 닿는다.
- 미국 풋볼선수가 운동장에서 주먹으로 체중을 버티면서 경기 시작을 기다리는 자세는, 침팬지와 고릴라들이 땅에서 이동할 때의 일상적인 자세와 비슷하다.

인간(호미닌)이 등장할 때까지의 영장류 화석기록

화석기록에 따르면, 중생대에 살았던 많은 포유류는 현존하는 나무두더지(tree shrew)와 비슷하게 생겼다(**그림 20-4a**, 또는 그림 19-11). 나무두더지는 숲바닥(임상), 교목 및 관목 등에 둘러싸인 환경에서 곤충을 잡아먹는 생활에 적응하며 살았다. 영장류는 백악기(Cretaceous)의 포유류 계통 중 하나로부터 유래하였다. 분자학적 연구에 따르면, 약 8천 5백만 년 전 백악기 후기에 영장류가 분기되었지만, 보다 상세한 영장류의 기원은 여전히 애매모호한 상태이다. 이러한 연구를 하는 데는 많은 어려움이 따르는데, 그 중 하나가 퇴적암 속에는 숲속 동물의 화석이 상대적으로 적게 묻혀 있다는 점이다. 일반적으로, 나무 위 생활을 하는 수상생물의 사체는 숲 바닥에 떨어지자마자 곧바로 완전히 분해되는데, 매우 희귀한 경우에만 그들의 뼈가 강, 호수 또는 해양 바닥의 퇴적층으로 흘러 들어가 화석이 된다. 가장 초기의 영장류로 알려져 있는 푸르가토리우스(*Purgatorius*)속의 경우, 처음에 치아와 턱 조각만이 발견되었다. 분석해보니 치아와 턱 조각의 주인공은 2종이었는데, 이들은 백악기 후기와 효신세(Paleoocene) 초기에 각각 살았던 종들이었다(**그림 20-5**).

효신세의 영장류: 플레시아피폼(Plesiadapiformes)

효신세의 중기까지, 초기 원시 영장류의 특징을 잘 나타내고 있는 화석들은 많다. 이들 원시 영장류들은 플레시아피폼이라 부른다. 이 동물들은 특수한 구조를 가진 청각기관과 치아를 가지고 있어 영장류로 명확하게 분류된다. 그들은 여러모로 영장류의 특징을 가지고 있지만, 그중에서도 어금니에서 앞니가 분리되면서 틈이 벌어진 앞니(설치류와 비슷)는 매우 특징적이다. 그래서 아마도 영장류의 조상을 플레시아피폼의 조상에서 찾지 못할 것이다.

플레시아다피드(plasiadapid)가 아닌 영장류 가운데 가장 초기의 영장류는 효신세 후기(5천 5백만~6천만 년 전)에 출현한 알시아틀라시우스(*Altiatiasius*)이다. 분자적 연구에 의하면, 살아 있는 영장류의 주요 무리는 원원아목과 직비원아목인데, 이들의 분기는 알시아틀라사우스의 시기보다 이른 이른 7천 7백만 년 전 백악기 후기에 일어났다. 최초의 영장류 화석은 명백히 현존하는 이들 두 계열에 속해 있지만, 시신세(약 5천 5백만 년 전)까지도 등장하지 않았다. 이렇게 긴 시간적 공백이 있어도 이런 현상이 이상한 것은 아니다. 화석기록은 다른 어떤 것들보다 몇몇 시대를 잘 설명해 준다. 또한, 분기시점은 언제나 가장 최초로 분기되었다는 것을 보여 주는 화석보다 더 오래되었기 때문이다.

시신세의 영장류: 아다피폼과 오모미폼

시신세의 영장류는 아다피폼(adapiforms)와 오모미폼(Omomy-

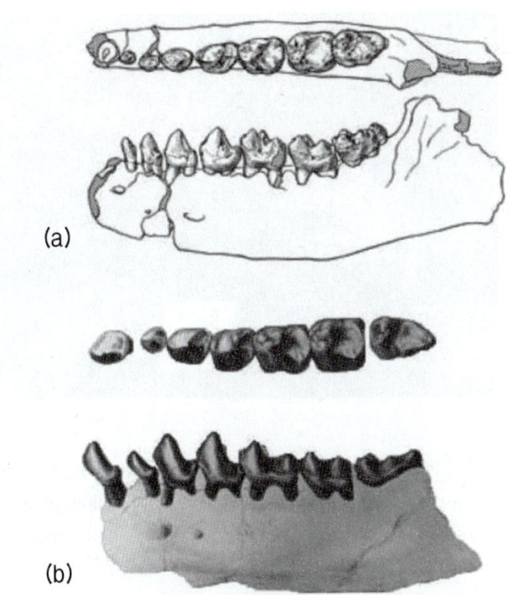

그림 20-6 시신세 영장류의 주된 두 계통의 예. (a)는 아다피폼(adapiforms)인 *Cantius torresi*를 나타내고, (b)는 오모미폼(omomyiforms)인 *Teilhardina americana*를 나타낸다. (Miller E. R., Gunnell, G. F., and Martin, R. D. 2005. Deep time and the search for anthropoid origins. *Am. J. Phys. Anthropol. Suppl.* 41, 60–95.에서 인용.)

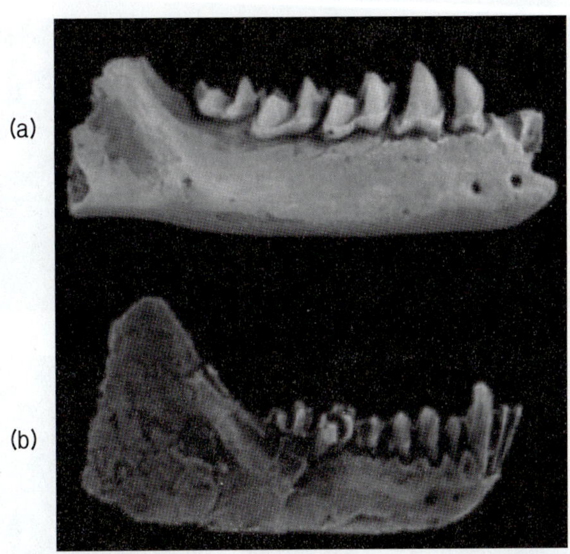

그림 20-7 시신세 중기를 대표하는 안경원숭이와 진원아목. (a)는 타시포미드(tarsiiformid)인 *Xanthorhysis tabrumi*를 나타내고, (b)는 에오시미드(eosimid)인 *Eosimias centennicus*를 나타낸다. (Miller E. R., Gunnell, G. F., and Martin, R. D. 2005. Deep time and the search for anthropoid origins. *Am. J. Phys. Anthropol. Suppl.* 41, 60–95.에서 인용.)

iforms)으로 분류할 수 있다. 어떤 연구자는 아다피드(adapids)(**그림 20-6a**)에 여우원숭이와 광대원숭이의 조상이 포함되어 있다고 주장했다. 물론 이 주장은 최근의 화석 데이터와 일치하지 않는다. 오히려 이 주장은 오모미드(omomyides)(그림 20-6b)에서 더 잘 들어 맞는데, 오모미드에는 안경원숭이와 진원아목의 조상종이 포함된다. 시신세 중기까지의 화석에서 발견된 화석종은 현생 안경원숭이와 진원아목의 조상들과 밀접하게 관련되어 있다(**그림 20-7**).

분자적 증거에 의하면, 진원아목 영장류는 구세계원숭이(협비원류)와 신세계원숭이(광비원류)로 약 3천 5백만 년에서 4천만 년 사이에 분기되었다. 가장 초기의 광비원류는 아프리카로 혹은 아시아에 살았으나, 현대의 대표 무리는 중남미에 산다. 가장 초기의 협비원류 화석은 남아메리카에서 발견되었는데, 화석의 나이가 약 2천 6백만 년 전까지 거슬러 올라간다. 이는 신세계원숭이가 초기 점신세에 1000km도 넘게 멀리 떨어진 남아메리카로 섬과 섬을 통과해 들어왔는지, 아니면 남극대륙을 가로질러 육상을 통해 남아메리카에 들어왔는지에 대한 논쟁거리를 제공한다.

신생대의 안경원숭이류 화석이 남아메리카에서 발견되지 않거나, 신생대의 유인원숭이아목 화석이 북아메리카에서 발견되지 않기 때문에, 직비원아목은 아마 이들 두 대륙에서 기원하지 않았을 것이다. 오히려 신세계원숭이는 아프리카에서 왔을 것이라고 보는데, 왜냐하면 판구조론으로 따져볼 때 초기 그리고 중기 신생대에는 오늘날에 비해 남아메리카와 아프리카 더 가까이 있었기 때문이다(그림 6-12). 이 시대에는 두 대륙이 하나 혹은 더 많은 섬들(군도)로 연결되어 있었고, 광비원류는 후에 가라앉은 어떤 섬을 여행의 중간기착지로 사용했을 가능성도 있다.

중신세의 영장류: 호미노이드와 구세계원숭이

협비원류는 차례로 유인원(인간상과)와 구세계원숭이(긴꼬리원숭이과)로 분기되었다. 분자적 증거에 따르면, 이러한 분기는 2천 9백만 년에서 3천 5백만 년 전 사이에 일어났을 것이다. 협비원류의 궤적을 따라가 보면 이 분기와 가까운 것은 이집토피테쿠스(*Aegyptopithecus*) (그림 20-4d)이다. 이집토피테쿠스는 점신세의 것(3천만 년 전)의 것으로, 이집트의 Fayum 지역에서 발견된 초기 유인원숭이아목의 화석이다. 긴꼬리원숭이류(cercopithecoid)의 분기는 빅토리아피테쿠스(*victoriapithecus*)와 같은 화석종으로 알 수 있다. 빅토리아피테쿠스는 네 발 보행을 하는 원숭이로 중신세(miocene) 중기에 동아프리카 지역에서 많이 살았다(**그림 20-8**). 빅토리아피테쿠스는 확실히 구세계원숭이인데, 그는 현존하는 두 그룹인 긴꼬리원숭이아과(cercophithecines)와 콜로부스아과(colobines)의 특징과 전혀 일치하지 않는다.

긴꼬리원숭이류(cercopithecoids)의 분기가 더 일찍 일어났음에도 불구하고, 가장 최초의 호미노이드는 중신세 초기(약 2천 만 년 전)에 발생했다는 설이 유력하다. 이들 중 가장 잘 알려진 속은 프로콘술(*Proconsul*)속이다(그림 20-4e). 아프로피테쿠스(*afropithecus*)와 케냐피테쿠스(*kenyapithecus*)와 마찬가지

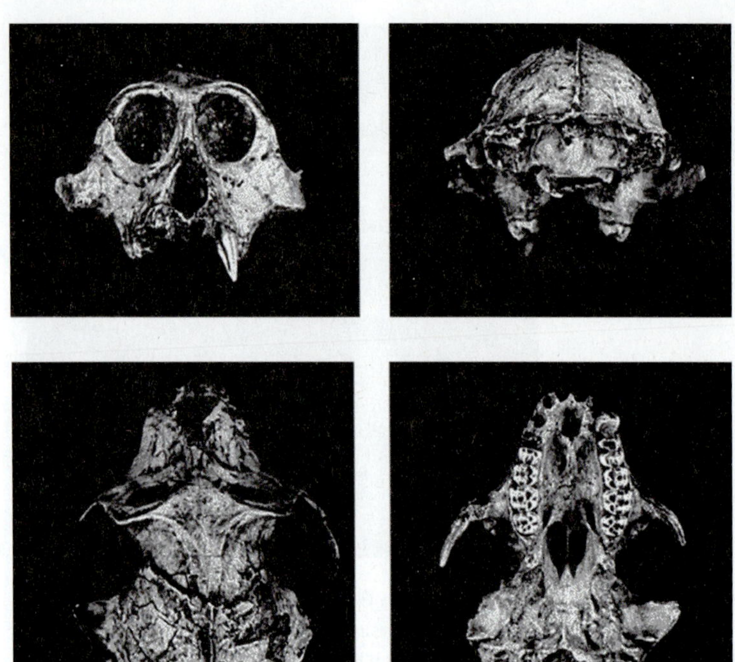

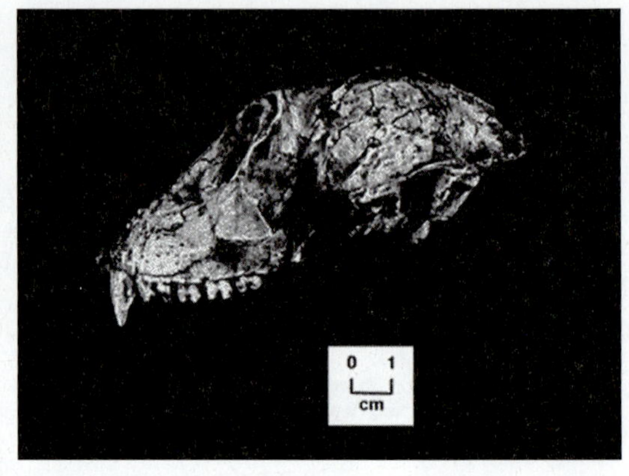

그림 20-8 (a–e) *Victoriapithecus*의 거의 완벽한 두개골. 1400만 년~1600만 년 전의 동아프리카에서 살았던 구세계원숭이이다. (Benefit, B. R., and M. L. McCrossin, 1997. Earliest known Old World monkey skull. *Nature* **388**, 368–371.에서 인용.)

로 프로콘술속은 모든 호미노이드가 공유하는 특징을 갖지 않는다. 이는 덩치큰 유인원(great ape)과 작은 유인원(lesser ape)이 분기하기 전에 호모노이드의 계열이 갈라졌다는 것을 시사한다.

하지만 가장 최초로 알려진 호미노이드는, 2천 60만 년 전 살았던 모로토피테쿠스(*morotopithecus*)이다(**그림 20-9**). 상대적으로 큰 몸집을 가진 유인원은 덩치큰 유인원(great ape)과 많은 특징을 공유하고 있어 이들 계통을 대표하는 최초의 조상으로 여겨진다. 하지만 여기엔 문제점이 있다. 분자 연구 데이터에 따르면, 덩치큰 유인원과 작은 유인원은 1천 8백만 년 전 분기된 것으로 추측되는데, 이는 모로토피테쿠스 표본보다 시기적으로 늦다. 이는 덩치 큰 유인원과 모로토피테쿠스가 평행진화하였거나, 덩치 큰 유인원이 가지고 있는 많은 특징들은 실제로 모든 호미노이드의 초기의 특징이거나, 작은 유인원(lesser apes)이 더 많은 파생형질을 가졌다는 것을 의미한다. 이런 해석은 중신세와 후기 점신세에 나타난 호미노이드의 성장에 관한 데이터로 증명된다.

오늘날 그들은 상대적으로 개체수가 줄어들었는데, 초기 중신세와 중기 중신세에는 생김새가 유인원 같은 개체들이 원숭이보다 더 많았다. 그들은 유난히 유럽과 아시아 지역에서 많이 살았다. 또한 유럽과 아시아 지역에는 다양한 호미노이드들이 살았는데, 대표적인 예로 덩치

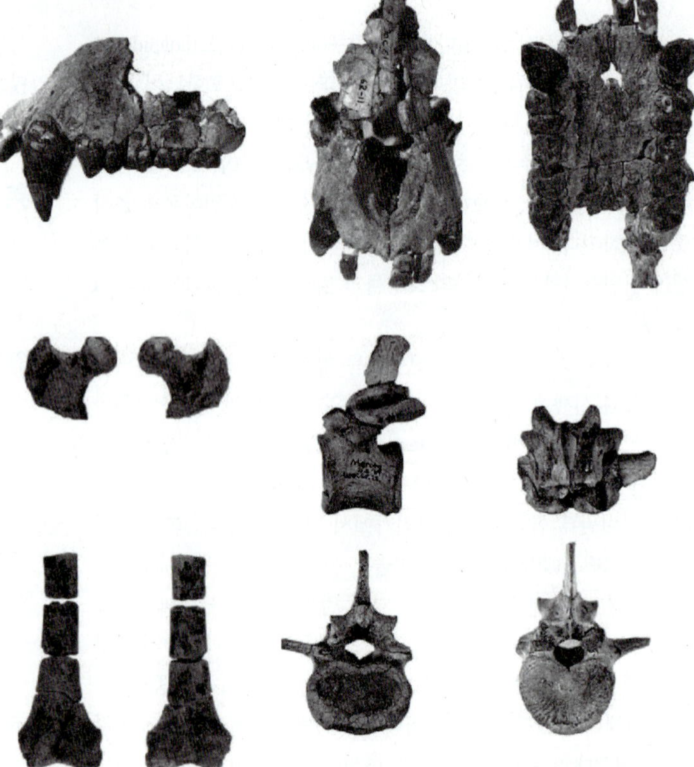

그림 20-9 모로토피테쿠스(*Morotopithecus*)의 두개골과 후두개골 표본. 가장 초기의 호미노이드로 증명되었다. (*Journal of Human Evolution*, vol 46(2), Young, N.M., and Maclatchy, L., The Phylogenetic position of *Morotopithecus*, pp. 163–184, copyright 2004. Elsevier의 허가 받은 것을 재구성. 사진은 Dr. Nathan M. Young, Harvard University.의 허락을 받아 인쇄)

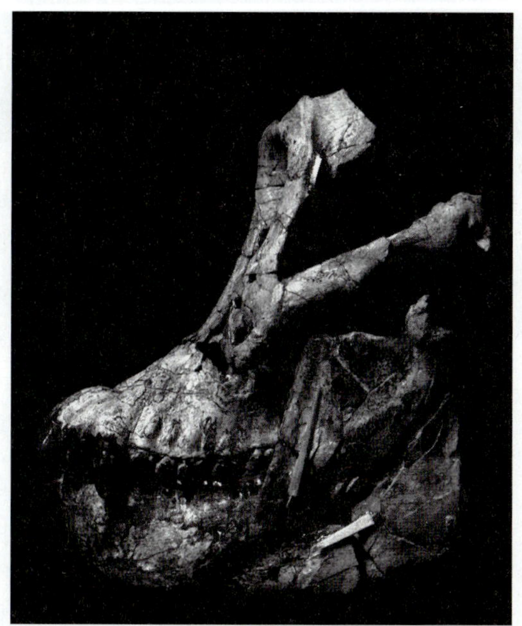
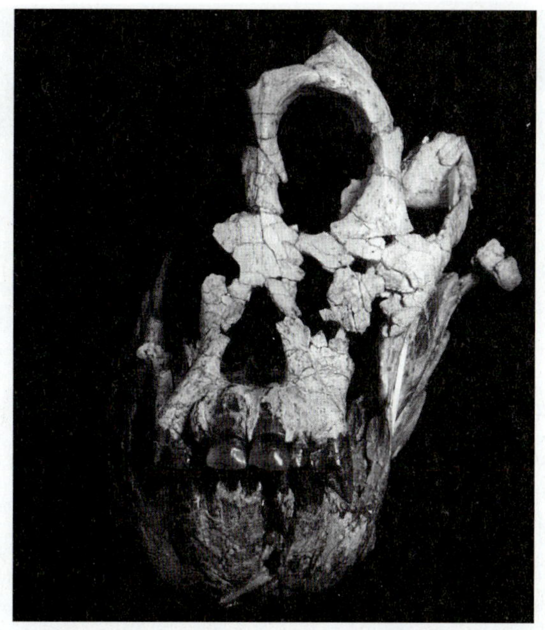

그림 20-10 아름답게 보존된 시바피테쿠스(*Sivapithecus*)의 표본은 이 속(genus)에서 오랑우탄과 닮은 모습을 보여 준다.(사진의 저작권은 Steve Ward/Anthro.에 있음.)

큰 유인원의 계통인 드라이포이테쿠스속(*Drypoithecus*), 오레오피테쿠스속(*Oreopithecus*), 시바피테쿠스속(*Sivapithecus*)와 루펭피테쿠스속(*Lufengpithecus*)에 속한 종들을 들 수 있다. 이들 중 몇몇 속은 현존하는 유인원의 속들과 계통상 확실한 유연관계가 있다. 예를 들면, 시바피테쿠스(**그림 20-10**)는 확실히 자매그룹(속)이거나 오랑우탄의 직계 조상이다. 드리오피테쿠스와 루펭피테쿠스 역시 오랑우탄아과에 속하는데, 이들은 현존하는 덩치큰 유인원과 같은 과이다. 한편, 오레오피테쿠스 같은 무리는(현재는 멸종되었지만) 호미노이드(인간상과, hominoidea)에 속한 과들을 대표하는 대표적인 무리이다.

유인원과 원숭이의 상대적인 종 풍부도와 다양성은 후기 중신세에 역전되어 원숭이의 개체수가 유인원에 비해 더 많이 증가해 여러 곳으로 퍼져나갔다. 중신세 기간에 구세계원숭이의 식성은 변화가 있었던 것으로 추정된다. 즉, 호모노이드는 성숙한 열매와 과일을 즐겨 먹었지만, 구세계원숭이는 채 익지 않은 열매와 과일을 먹고 소화시키는 기능을 발달시킴으로써, 수상생활을 하는 수많은 유인원과의 먹이경쟁에서 성공했다는 주장이다. 원숭이의 빠른 번식률 또한 유인원과의 경쟁에서 우위를 차지하게 되어 사바나 같은 새로운 서식지에 적응방산하는 데 일조하였을 것이다. 원호미노이드 계열(protohominin)을 제외하고는 대부분의 유인원은 점점 축축하게 물기가 있는 숲에서만 살게 되었다.

다양한 수상 환경에서 원숭이가 유인원과의 경쟁에서 이길 수 있었던 중요한 이유는 지상생활에 적응하도록 몇몇 유인원(그리고 몇몇 원숭이) 종들 사이에서 선택압을 받았기 때문이다. 결국 후기 중신세 동안 땅에서 거주했던 유인원 중의 하나가 인간의 조상이다.

인간(hominini)의 기원

인간은 오랑우탄보다는 아프리카 유인원과 더 가까우며, 고릴라보다는 침팬지와 더 가깝다. 최근 분자 연대측정 결과에 따르면, 인간과 침팬지가 계통상 분기된 시점은 약 630만 년 전이고, 인간족(Hominini, 사람이 속해 있음)에 속해 있는 초기종들이(**글상자 20-1**), 곧 등장하였다.

3개의 아프리카의 화석종 — 사헬란트로푸스 차덴시스(*Sahelanthropus tchadensis*), 오로린 투겐시스(*orrorin tugensis*)와 아르디피테쿠스 카답바(*ardipithecus kadabba*) — 가운데 어떤 종을 가장 최초의 호미닌(hominin, 초기인류)으로 지정해야 할지는 논쟁거리이다. 이 세 가지 화석종은 지난 10년 동안 알려진 호미닌 화석기록으로, 인간과 침팬지가 언제 분기했는지를 보여 주고, 두 발로 걸어서 이동했다는 걸 뒷받침하는 특징을 보여주고 있다. 이 화석들이 발견되기 전에는 호미닌과 패닌(panin, 침팬지류)의 분기시점이 미궁 상태였다. 하지만 지금은 인간과 침팬지 계통의 뿌리를 짐작할만한 형태학적 변화를 어렴풋이나마 알아차릴 수 있다. 지금까지의 가장 놀라운 발견은 아마도 분기시점에 보여지는 형태(form)의 다양성일 것이다. 최근에 일어난 호미닌의 진화 과정, 즉 점점 인간의 모습으로 변해가는 단일 계통에 관한 우리들의 초기 시각은 분명히 인간중심적(anthropocentric)으로 해석한 지나친 간략화 현상(oversimplification)이다.

글상자 20-1 호미니드(hominids)와 호미닌(hominins): 우리 인류 계통수에 있어서의 계통분기학(cladistics)

11단원에서 설명했듯이, 계통 분류학 혹은 계통 분기학(cladistics)은 어떻게 생명의 다양성을 체계적인 분류체제에 조직할 것인가에 대한 견해에 많은 영향을 주었다. 계통 분기학에 있어서, 모든 분류군은 한 분류군의 기원에서 갈라져 나온 모든 자손들을 포함하는데, 하나의 계통은 여러 다양한 자손을 가질 수 없다. 이러한 시각을 제의한 사람은, 이것은 내부적으로 일관되고 고정된 분류를 만들어 낼 수 있다고 주장한다.

오래된 많은 분류군들은 모든 자손을 가지지 않는다는 점에서 **측계통**(paraphyletic)이다. 유명한 예로 파충강를 들 수 있는데, 이들은 계통분류학적으로 포유류와 조류 둘 다를 포함한다. 우리의 가까운 근연종 가운데, 성성이과(pongidae)는 인간이 포함되지 않는다는 점에서 일종의 측계통이다(그림 20-1).

인간과 아프리카 유인원(특히 침팬지) 사이가 가깝다는 것이 꽤 명확해졌음이 밝혀지고, 인간과 덩치큰 유인원과 관련된 다양한 화석종이 발굴됨에 따라, 많은 고인류학자들은 인간과 인간의 근연종에 대한 전통적 분류로는 자연에서 우리의 위치를 설명하기엔 부적합하고 모순이 있다는 것을 느꼈다. 이런 이유로, 호미노이드에 대한 계통분류학적 분류는 최근 주목받게 되었다(그림 20-1 b, c). 이러한 변화의 결과로 인간과 덩치큰 유인원은 현재 "호미니드"로 분류되게 되었다. 다양한 분류 단계마다 할당되는 특정 끝 단어가 있는데, 분류학상 과(family)에 해당될 경우 끝은 항상 "~idae"로 끝나기 때문에, 인간과 덩치큰 유인원은 사람과(hominidae)에 속하게 될 것이고, 사람과 모두는 호미니드이다. 이전에는 호미니드라는 단어를 인간을 제외한 인간의 근연종 화석에서만 제한적으로 사용하였다. 계통분류학적 분류에서, 인간과 절멸한 인간의 근연종을 호미니니족(tribe hominini)이라고 한다. 호미니니는 분류학적 계급상 아과(subfamily)와 속(genus) 사이에 있는 범주이다. 고인류학자들은 최근 문헌에서 호미니니를 사용하고 있는데, 이 용어는 옛 문헌에서 사용된 "호미니드(hominid)"와 같은 의미이다. 이러한 명명법은 명명법 그 이상의 효과가 있다. 이러한 변화는 우리가 어떻게 생명의 다양성과 자연에서의 우리의 위치를 분류할 것인가에 대한 시각을 변화시키는 데 영향을 준다.

사헬란트로푸스 차덴시스(Sahelanthropus tchadensis)

사헬란트로푸스 차덴시스(**그림 20–11**)는 650만 년~740만 년 사이에 출현했는데, 분자적 기법으로 인간과 침팬지의 분기를 측정하기 전에 명명되었다. 최근 발견된 종의 표본들은 호미닌이 가진 몇몇 특징들을 공유한다: 짧고 보다 덜 튀어 나온 턱을 가진 얼굴, 넓은 눈확(안와) 간의 기둥과 더 커진 눈확 위 부분의 융기 등등의 특징을 가진다. 하지만, 최근 수량학적 형태 분석을 통해, 사헬란트로푸스는 분류학적으로 호미닌보다 침팬지에 더 가까운 것으로 알려졌다. 이 종이 초기 호미닌이냐 아니냐를 떠나, 사헬란트로푸스 차덴시스는 인간과 침팬지의 계열의 분기와 매우 밀접하게 관계되었다는 것을 보여 주는 데 의미가 있다.

오로린 투겐시스(orrorin tugensis)

초기 호미닌의 또 다른 후보는 오로린 투겐시스(**그림 20–12**)이다. 이들의 특징은 현재 남아 있는 아래턱 조각, 후두개(머리 뒷부분, postcranial) 조각, 3개의 대퇴골 표본에 나타나는데, 이는 땅 위에서 습관적으로 두 발로 서 있었다는 것을 의미한다. 팔(상지)의 구조에 침팬지처럼 나무 위에서 생활했다는 흔적이 역력한 걸 보면 이들은 꽤 많은 시간을 나무에서 보냈던 것 같다

아르디피테쿠스 카답바(ardipithecus kadabba)

초기 호미닌의 대표 자리에 도전하는 세 번째 종은 아르디피테쿠스 카답바로, 비교적 최근인 약 560만 년~580만 년까지 살았다(**그림 20–13**). 오로린처럼, 이 종도 상대적으로 후두개골(postcranial) 표본은 잘 남아있지만, 두개골 표본은 온전하게 남아있지 않다. 이 종은 확실히 두 발로 걸어 다녔던 것으로 여겨진다. 또한 후두개골과 치아구조 등의 특징은 원시적인 모습(예: 큰 송곳니)을 지닌 후기 오스트랄로피테쿠스류와 공유한다. 한 편에선 아디피테쿠스가 호미닌이 명백하다고 주장하지만, 여전히 이들과 호모속(*Homo*)의 조상이 속해 있는 후기 호미닌과의 유연관계에 대해선 논쟁이 존재한다.

인간 유래의 요소

인간의 진화적 기원은 다윈이 쓴 「종의 기원」과 그 후에 출간된 '인간의 유래' 이후에 집중적으로 고찰되었고, 이론으로 정립되었다. 제안된 인간 기원 모델들은 실험하기 어렵고, 일련의 가능한 시나리오들은 이용 가능한 자료일 경우에만 받아 들였다. 화석 기록에 대한 지식이 축적되면서, 전에는 그럴 듯했던 몇몇 가능성들은 사라져 갔다.

예를 들어, 다윈은 두 발 걷기, 뇌 용량의 증가와 도구의 사용은 서로 꽤 밀접하게 연관되어 있다고 주장했다. 하지만 두 발로 걸어 이동하는 행동은 뇌 용량의 증가와 도구의 사용 이전에 진화되었기 때문에 이 주장은 기각되었다.

우리는 기록이나 우리와 가장 가까운 친척들이 누구인지에

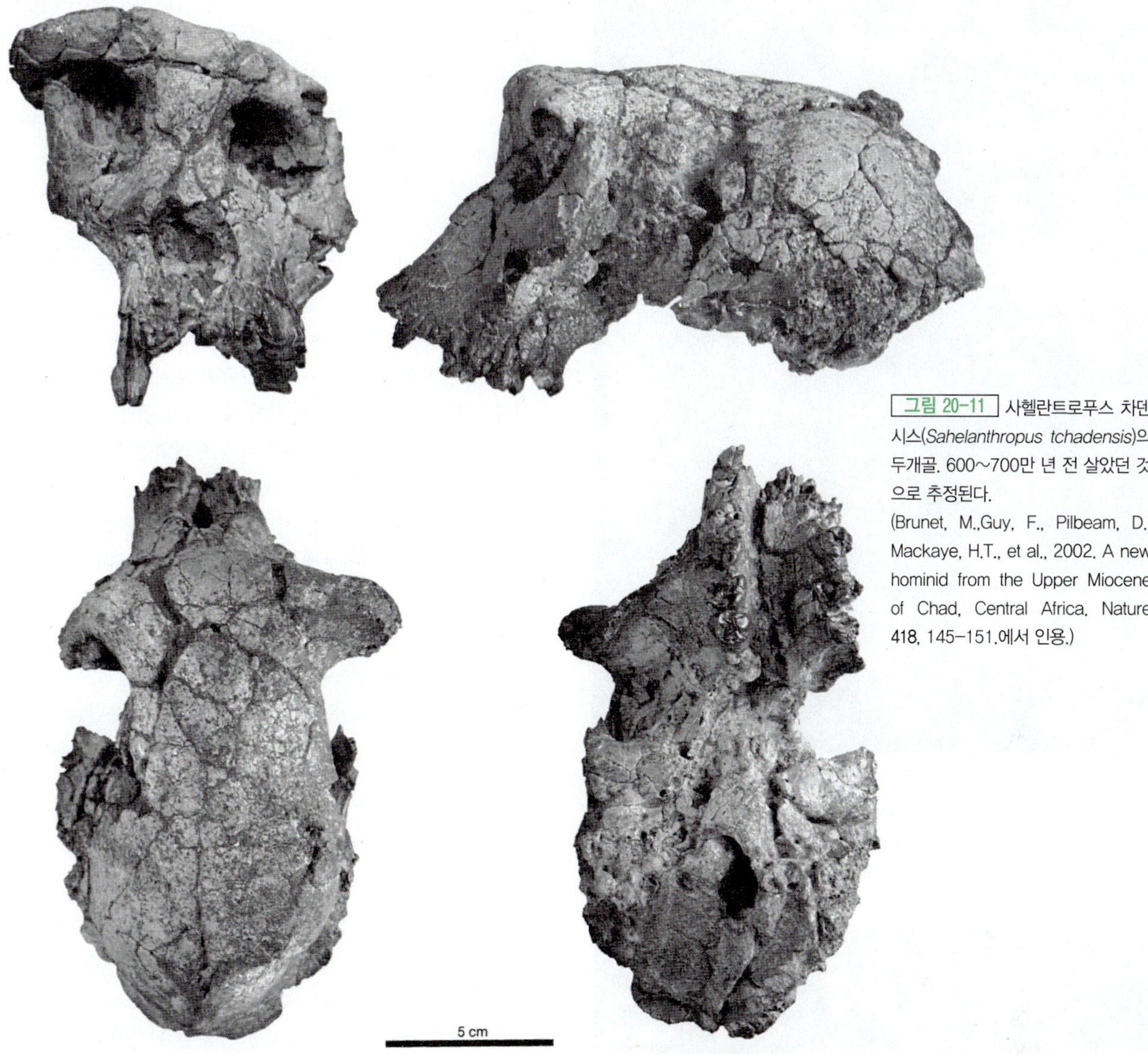

그림 20-11 사헬란트로푸스 차덴시스(*Sahelanthropus tchadensis*)의 두개골. 600~700만 년 전 살았던 것으로 추정된다.
(Brunet, M.,Guy, F., Pilbeam, D., Mackaye, H.T., et al., 2002. A new hominid from the Upper Miocene of Chad, Central Africa. Nature 418, 145-151.에서 인용.)

대한 관심이 커질수록, 인간기원에 대한 해답을 찾기 위해 여러 주장을 계속 고찰할 것이므로, 이러한 제안들은 꽤 희망적이다.

우리는 이번 절에서 인간계통의 기원과 관련된 여러 요소에 대해 논의할 것이다.

두 발 보행(Bipedalism)

고인류학자(paleoanthropologist)들은 호미닌 계통의 오래된 특징으로 두 발 보행을 든다. 하지만 두 발 보행이 왜, 어떻게 일어났는지에 대한 논쟁은 백여 년 넘게 진행되었지만, 두 발 보행의 기원은 여전히 논쟁거리로 남아 있다(Henke과 Tattersall, 2007). 두 발 보행이 호미닌의 진화과정 초기에 이뤄졌는데, 우리는 이것이 인간과 연관되는 적응으로 이끄는 **혁신의 열쇠**라는 것을 잘 알고 있다. Day(1986b)는 선택압이 두 발 보행을 촉진시키게 만든 3가지의 조건을 제안했는데, 그것들은 각각 서로 영향을 주고 받는다. 그 3개의 조건에는 음식의 획득(acquisition of food), 포식자를 피하는 능력(avoiding predators)과 번식 능력(reproductive success)의 증대가 포함된다.

향상된 음식 획득 능력

후기 중신세 초반부터 선신세-최신세까지 이어지는 동안, 지구의 온도는 주기적으로 낮아졌고, 남극과 북반구에서는 빙하의 형성이 시작되었다. 얼음이 물을 가두면서, 다양했던 육상지역은 상대적으로 메말라 갔고, 삼림지대와 초지와 같은 열린 환경(개활지)은 많은 열대 지역에서 열대우림으로 변했다.

초기 호미닌들은 삼림지대와 사바나(비교적 마른 초원지역과 군데군데 나무가 있는 숲지대)가 군데군데 섞인 곳에서 살았

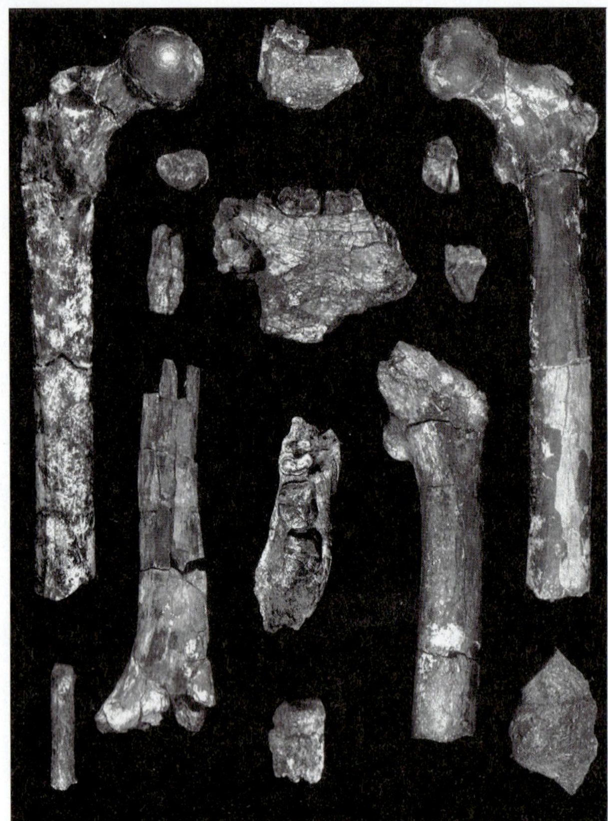

그림 20-12 오로린 투겐시스(*Orrorin tugensis*)의 표본. 580만 년 전에 살았던 것으로 추정된다. [Senut, B., Pickford, M., Gommery, D., Mein, P., et al., 2001. First hominid from the Miocene. (Lukeino formation, Kenya). *C. R. Acd. Sci. Paris, Science de la Terre et des planetés / Earth and Planetary Sciences*, 332, 137–144.에서 인용.]

그림 20-13 아르디피테쿠스 카답바(*Ardipithecus kadabba*)의 표본. 520만 년~580만 년 전에 살았던 것으로 추정된다.(Haile-Selassie, Y., 2001. Late Miocene hominids from the Middle Awash, Ethiopia. *Nature*, 412, 178–181.에서 인용.)

는데, 이러한 환경은 계절마다 다른 음식을 제공했다. 이러한 서식지 환경에서는 잡식성이 유리한데, 이런 환경에서 음식을 찾으려면 국소적인 동일한 환경에서보다 더 먼 곳으로 이동하는 데 많은 시간과 노력을 투자해야 했다. 똑바로 선 자세로 두 발로 성큼성큼 걷는 것은 다른 장소에서 모은 음식을 손으로 들고 운반하도록 만들어, 결국은 먼 거리까지 나가 음식을 구하는 데에 도움이 되었다.

Tanner(1987)는 음식을 모으는 일은 근원적으로 여성의 역할이라고 주장했다. 여성들은 모아온 음식을 자신의 자손들과 나누고, 음식을 모을 때에는 도구를 사용하였고, 또 도구를 발명하기도 했다. 안타깝게도 우리는 그들이 초기에 모으고 운반한 음식이 무엇인지, 심지어 그 음식이 식물인지, 동물인지조차도 모른다. 산재해 있던 식물을 주식으로 먹으려면 초기 호미닌의 유인원과 닮은 치아를 가져야 한다. 아직도 일부 연구자들은 초기의 인간들이 이동하는 유제류 떼의 죽은 시체에 의존했다고 주장한다. 또한 그들은 두 발 보행을 함으로써 땅 위에서도 이동할 수 있고, 어린 자손을 손으로 운반하는 것이 가능했다고 주장을 한다.

아마도 두 발 보행은 네 발로 걸어 이동할 때 지지대 역할을 했던 앞발의 이용 감소에 따른 적응의 부산물일 것이다. 손이 뭔가를 쥐고, 조작하고, 음식물과 도구와 자식을 운반할 수 있도록 특수화되면서, 자세는 똑바로 서는 쪽으로, 그리고 뒷다리는 이동에 유리한 쪽으로의 선택이 일어 났을 것이다.

포식자를 피하는 능력의 향상

두 발 보행은 호미닌의 신장을 증대시켜서, 키가 큰 풀이나 장애물 너머의 포식자를 관찰할 수 있는 능력을 향상시켰다. 또한 그들은 포식자를 피해 안전한 곳을 찾으려 깊은 물속을 헤치며 나가기도 했다. Day(1986b)는, 그들은 나무를 오르는 능력 덕분에 포식자를 피할 수도 있었고, 주변 환경을 잘 관찰할 수 있어 위험을 한층 더 잘 감지할 수 있었을 것이라고 주장했다. 초기 오스트랄로피테쿠스류(australopithecine)와 초기 호모속(호모 하빌리스)는 구부러진 팔과 다리, 그리고 상대적으로 긴 팔을 가지고 있어서 나무를 타고 오를 수 있는 능력을 계속해서 유지할 수 있었다

증대된 번식 능력

Lovejoy(1981)는 두 발 보행 덕분에 성인 남자는 손으로 음식을 모아 부인이나 자식에게 가져다 줄 수 있었는데, 덕분에 부인과 자식은 이동하지 않고 한 곳, 즉 집에 머물었다고 주장했다.

이러한 양식 공급 체제는 여성들이 자신과 자식의 먹이를 찾기 위해 끊임없이 이동해야 하는 수고를 덜어 주었다. 이는 3가지의 중요한 장점을 제공하는데 다음과 같다:

- 비교적 안정된 집을 가짐으로써, 사회적 관계가 더 잘 유지되고, 자식과 어미의 관계도 더욱 끈끈해져 자식의 생존

률이 높아졌다;

- 어린 아이(자식)는 이동하는 어미의 몸에 붙은 체로 항상 따라다니지 않아도 되었기 때문에 상처를 덜 입게 되었다;
- 부모가 자녀를 더욱 성공적으로 보살피면서 출산 간격이 줄어들었다.

성적 유대(Sexual Bonding)

인류학자들은 위에서 언급한 역사적 사건에 대한 제안과 몇몇 불일치된 제안들을 두고 여전히 논쟁하고 있다. — 예로 Kinzey(1987)가 편집한 사건들을 보자 — Foley(1987)는 다음과 같이 지적하였다. "진화는 수렵행동만큼 중요한 생식전략이다" 그것은 아마 두 발 보행에 의존한 생존전략으로 보이고, 한 지역에 정착하는 것은 또 다른 적응과 전적응(preadaptation)을 필요로 한다. 예로 남성과 여성 간의 **성적 유대**를 들 수 있다. 이는 특별한 여성과 유대관계를 맺고, 먹이를 계속 찾아 자신의 가족에게 식량을 공급하게 했다. 또한 남성은 자신이 훌륭하고 확실한 아버지임을 확인시키려 자손을 돌보는 일에 참여하게 되었다.

확실히, 인간의 성적 결합을 촉진시키고, 일 년 내내 성적 결합을 할 수 있게 만드는 중요한 요소 중 하나는 다음과 같다. 겉으로도 알아차릴 수 있는 특이한 신호(은폐된 배란, concealed ovulation)로 인해, 주기적인 발정기가 없어졌다. 사춘기 이후에 발달하는 인간의 2차 성징은 남녀 모두 성적 결합에 대한 관심을 지속적으로 갖게 만든다. 이러한 성적 특징으로는 비교적 큰 남성의 성기, 여성의 큰 유방과 피하지방의 축적(예, 엉덩이)이 포함된다. 이것 말고도 남녀 모두의 몸에는 음모가 나고 아포크린샘(땀샘 분비샘의 일종)이 생기게 된다. 이러한 성적 특징들 중 몇몇은 두 발 보행과 관련이 있고, 오스트랄로피테쿠스부터 시작되어 호모속에 이르기까지 더욱 진화된 과정을 보여 준다.

두 발 보행은 막대기 휘두르기와 돌 던지기와 같이 손으로 조작하는 무기를 사용하는 데 도움이 되었다. 이 때문에 호미니드는 동물 경쟁자, 포식자 그리고 피식자의 치아, 턱과 다른 방어체계를 압도할 수 있었다. 또한 두 발 보행 덕분에 호미닌은 도구와 무기를 한 장소에서 다른 장소로 옮길 수 있게 되었으며, 자신의 자손을 한 서식지에서 다른 서식지로 옮길 수 있게 되었고, 또는 한 먹이 공급처(원산지)에서 다른 먹이 공급처로 이동할 수 있게 되었다.

두 발 보행의 해부학적 기초

몇몇 주요 해부학적 특징들은 두 발로 걸어 이동한 것과 연관되어 있다. 고생물학자들은 호미닌의 위치 행동(운동과 움직임)을 알아보기 위해 호미닌 화석에 나타난 모습과 특징을 사용한다. 이러한 특징들은 기능적으로 서로 연관된 쌍(한 쌍)으로 이루어져 있는데, 그 가운데 가장 중요한 것은 아래와 같다:

1. **상대적으로 늘어난 하지의 길이**. 걷기는 역진자(inverted pendulum)를 모델화했다. 걸음을 옮길 때마다 몸통의 무게중심은 앞으로 이동한다. 이 때, 두 다리 중 하나가 아래로 내려가면서 마치 진자처럼 반원을 그린다. 그 다음 몸은 반원을 그린 다리의 앞쪽으로 움직이게 된다. 다리가 길어짐에 따라 걸음의 속도도 빨라지고, 진자와 같은 걸음걸이의 효과가 높아졌다(**그림 20-14**).
2. **외반족 무릎**(外反足, valgus knee, 다리를 곧게 폈을 때 앞쪽으로 굽은 것). 걸을 때, 걸음의 여러 단계 중 발 하나로 몸을 지탱해야 될 때가 있다. 이 때 몸의 무게중심이 옆으로 쏠리는 것을 최소화하기 위해, 두 발은 가능한 한 몸의 정중앙에 가깝게 있어야 한다. 이러한 이유로, 인간의 대퇴골 각은 몸의 정중앙을 향한다. 이것은 **그림 20-15**에서 볼 수 있듯이 몇몇 독특한 형태적 특징과 연관된다.
3. **요추만곡**(lumber curvature, 척주 중 허리뼈가 약간 굽어 있는 것). 호미닌이 습관적으로 직립자세를 유지하게 끔 만든 주요 요인은 허리뼈가 늘어나고 굽어지는 쪽으로 진화한 것이다(**그림 20-16**). 사실, 호미닌의 골반 모양이 인간에서 크

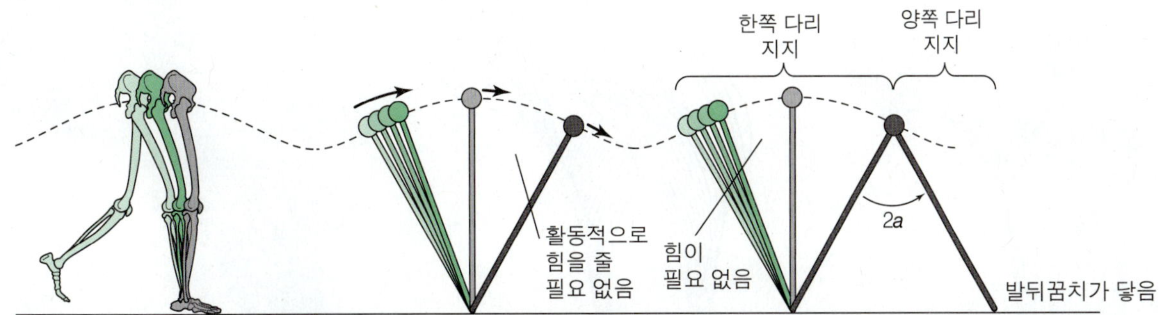

그림 20-14 인간 보행의 역진자 모델. 이 모델에서, 걸음에 따른 진자의 기계적 위치가 바뀔 때 거의 에너지가 들지 않는다. 걸을 때 다양한 위치에서 조절함으로써 앞으로 나아가는데, 앞으로의 추진력은 종아리 근육의 수축에 의해 얻어진다. 또한 발의 발바닥 쪽 굽힘이 추진 전에 일어난다. (Kuo A.D., J. M. Donelan, and A. Ruina, 2005. Energetic consequences of walking like an inverted pendulum: step-to-step transitions. *Exerc. Sport Sci. Rev.*, 33, 88–97.에서 인용.)

게 바뀌었지만(**그림 20-17**), 골반의 기원은 실제로 침팬지나 다른 사지동물과 매우 유사하다. 요추만곡의 기능적 비용을 따져보면, 낮아진 요추로 인해 불안정성이 커졌으나 요통은 줄었다.

4. **내전된 엄지발가락**(Adducted hallux, 몸의 중심으로 모아진 발가락). 인간이 두 발로 걸을 때, 걸음걸이의 각 단계마다 일련의 자세가 취해지는데, 이 때 체중은 발뒤꿈치에서 발의 볼록한 부분, 최종적으로 엄지발가락(**그림 20-18**)으로 이동한다. 엄지발가락은 짧아졌지만, 발가락뼈는 더욱 튼튼해져 결국은 두 발로 걷고 달리는 데 잘 적응하였다.
5. **넓어진 발뒤꿈치와 안정된 발목**. 그림 20-18에서 볼 수 있듯이, 발뒤꿈치뼈는 발을 발바닥 쪽으로 구부리는 큰 근육을 위해 지렛대 역할을 한다; 그래서 넓어지고 탄탄해진 발뒤꿈치뼈는 호미닌이 두 발 보행에 적응하는 데 큰 역할을 했다. 이에 맞춰, 발목을 고정시키고 발목이 움직이는 것을 막아주는 발목의 관절표면과 인대도 변화를 하게 된다. 반대로, 나무를 오를 때에는 고도로 잘 움직이는 발목이 중요하다.
6. **짧아지고 측면으로 돌아간 장골**(ilium). **그림 20-19**에서 볼 수 있듯이, 3개의 엉덩이 근육인 큰, 중간, 작은 둔부근(*Gluteus maximus*, *medius*, *minimus*)는 장골의 등쪽 표면으로부터 유래한다. 침팬지와 다른 사지동물들에서, 장골의 등쪽 표면은 등쪽을 향하며, 중간 둔부근과 작은 둔부근은 대퇴골의 신근(extensor)으로 작용한다. 큰 둔부근은 비교적 작고, 대퇴골의 외전근(abductor)으로 작용한다. 호미닌의 큰 둔부근은 위의 세 엉덩이 근육 중 가장 커서 넓적다리의 주된 신근으로 자리 잡았다. 한편, 중간 둔부근과 작은 둔부근은 대퇴골의 외전근이 된다. 하지만 그들의 주요기능은 걸음걸이 단계마다 자세가 취해지는 동안 서 있는 몸의 균형을 잡는 것이다. 이것은 인간 골반 경사 기작으로 알려져 있다.

침팬지가 두 발로 걸을 수 있는 능력이 있지만, 그들의 두

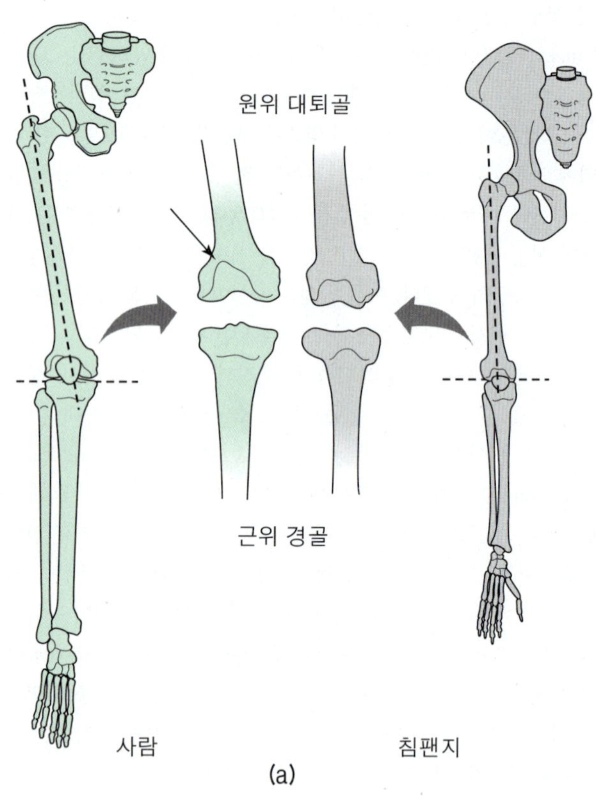

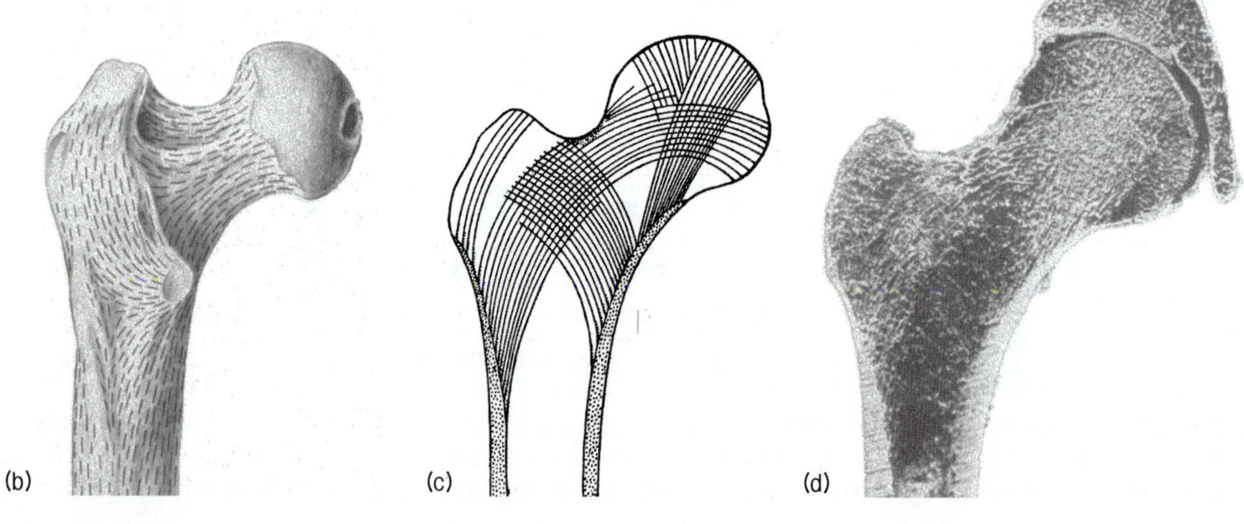

그림 20-15 (a) 대퇴골 모서리에 있어서 대퇴골 말단과 인접하는 경골을 크게 확대한 인간과 침팬지의 비교. 대퇴골의 중간막 각도가 더 커지고, 위관절융기와 슬개골 구멍의 측면 확장(화살표)과 같은 대퇴골 말단에서 구분된다. 여기에는 호미닌 간 서로 다른 많은 이동 유형이 적용된다. (b–d) 뼈 섬유주의 적응. 인간 대퇴골의 머리 부분의 주된 모양을 보여 준다. (a는 Aiello, L., Press, London. b–d, from Hall, B. K., 2005a. *Bones and Cartilage: Developmental and Evolutionaly Skeletal Bilogly*. Elsevier Academic Press, London, UK, modified from Murray, 1936.에서 각색.)

발 보행 기작은 인간과는 드라마틱하게 다르다. 그 이유는 침팬지는 위에 언급한 특징들에 대해 적응하지 못했기 때문이다. 침팬지의 무게중심은 골반을 중심으로 봤을 때 상당히 앞쪽에 위치하기 때문에(**그림 20-20**), 침팬지는 완전히 수직으로 서 있을 수가 없고 그들의 몸통을 뒤쪽으로 기대지 않고는 걸을 수 없다. 대신에, 그들은 등을 구부리고 걷는다. 그들의 중간 둔부근과 작은 둔부근은 신근으로 작용할 뿐 외전근으로 기능하지 않는다. 또한 짧고 경직된 요추부분의 등뼈 때문에, 침팬지들은 한 쪽에서 뻗은 다리 쪽으로 균형을 맞추기 위해 몸을 휘둘러야 한다. 이런 이유로, 침팬지들은 몸을 옆에서 옆으로 흔들흔들 하면서 걷게 된다(그림 20-20).

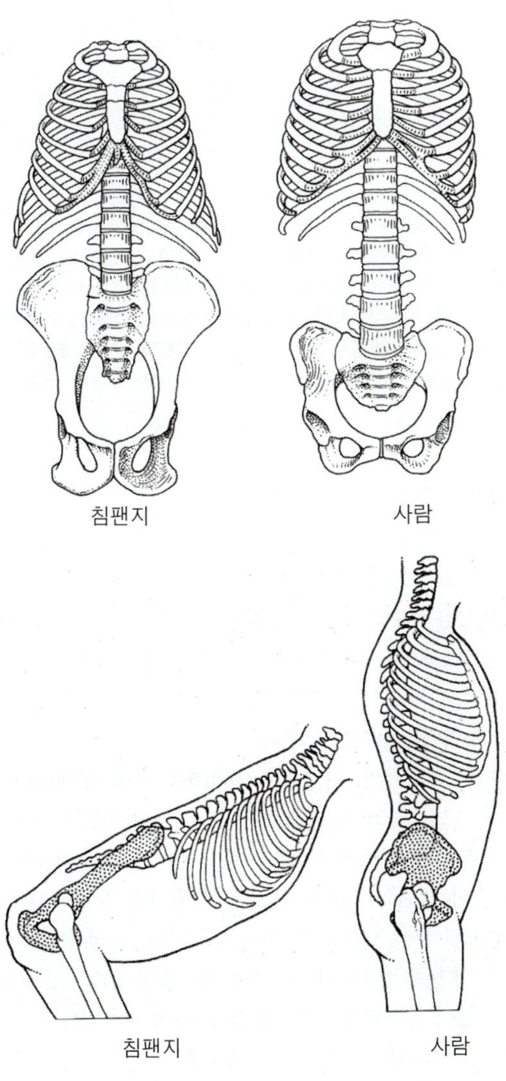

그림 20-16 침팬지와 인간 사이의 몸 골격근의 비교. 인간에서, 등뼈의 요추부분이 더 길어지고 굽어 있다. 인간의 골반은 더 짧아졌는데, 전체적인 모양에 비추어 보아 약간 변경되었다. (Aeillo, L., and C. Dean, 1990. *An Introduction to Human Evolutionary Anatomy*. Academic Press, London, UK.에서 인용.)

어떻게 침팬지들은 인간과 유전적으로 유사한가?

침팬지들은 우리의 가장 가까운 종이기 때문에, 행동, 형태 그리고 유전적 측면에서 인간과 침팬지를 비교하려는 많은 노력이 진행되었다. 비교해 본 결과, 행동과 형태적 차이는 뚜렷하지만, 유전적 차이는 미묘하다는 놀라운 사실을 알게 되었다.

현재 인간과 침팬지의 분기가 약 6백만 년 전에 일어났다는 것이 상대적으로 받아들여지고 있다. 이러한 추정은 Patterson

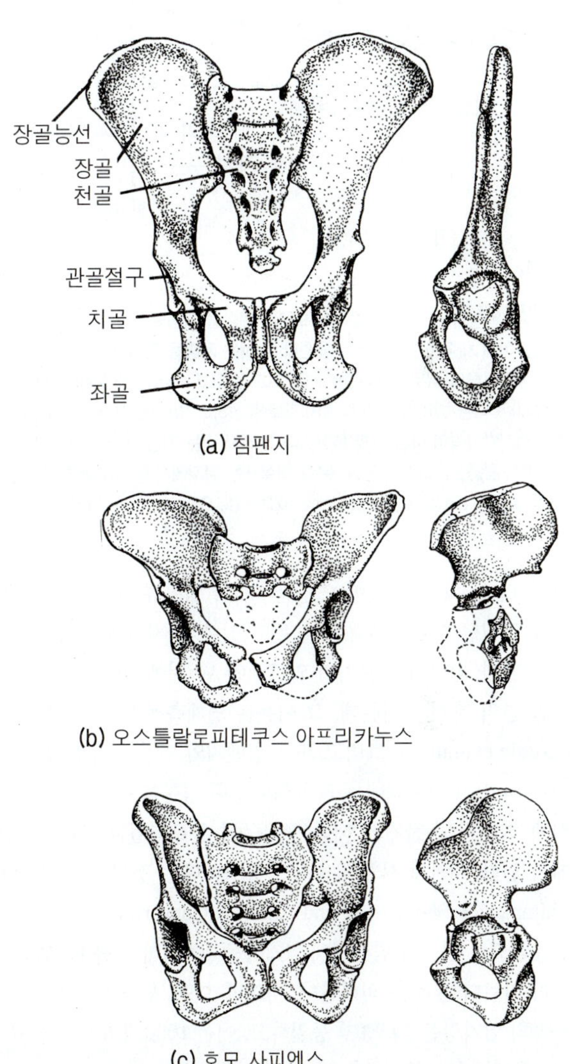

그림 20-17 침팬지(a)와 오스트랄로피테쿠스(b) 현대 인류(c)의 골반 비교. 전면의 모습이 왼쪽이고 측면의 모습이 오른쪽이다. 아프리카누스에서 좌우측의 관골절구 사이의 간격이 인간보다 좁은 것에 주목하자. 관골의 내부 간격의 증가는 인간에서 명백히 비교적 큰 구멍을 형성해서 오스트랄로피테쿠스보다 큰 신생아의 두개골이 지나갈 수 있는 길을 만들었다. (Rosenberg와 Trevathan, 1996 참조; 글상자 20-5 역시 참조). (Le Gros Clark, W. E., 1978. *The Fossil Evidence for Human Evolution*, 3rd ed. University of Chicago Press, Chicago.에서 인용.)

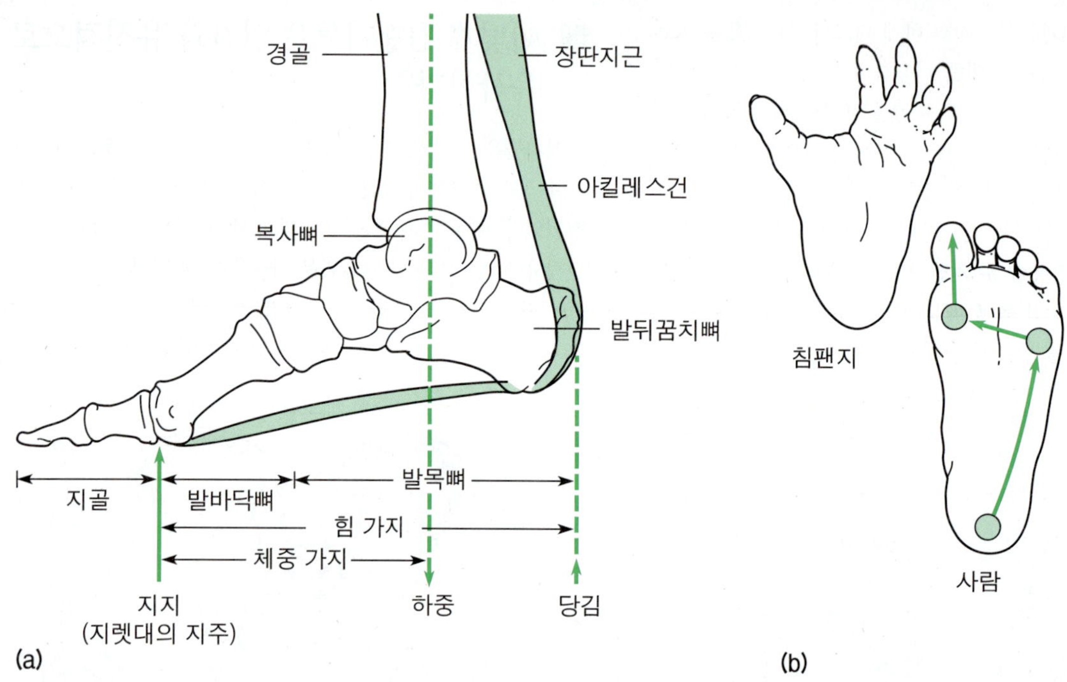

그림 20-18 (a) 인간의 발에서 보행의 체중을 지탱하기 위한 지레 장치. 종아리에서 장딴지근과 가자미근의 수축은 아킬레스근을 발꿈치에 닿게끔 당긴다. 이것은 힘을 만들어서 체중을 발바닥뼈로 옮긴다. 가벼운 체중을 가지고 점프를 하는 영장류에 있어서 체중가지는 힘가지와 길이가 같다. 따라서 스프링 점프를 한다. 그 반면 인간과 고등영장류의 경우에는 체중가지가 비교적 짧고, 파워는 뜀뛰기의 소비로 증대된다. (b) 침팬지와 인간의 발바닥 모습. 침팬지에 있어서 첫 번째 발바닥 뼈와 그것의 지골(엄지)은 다른 발바닥 뼈와 명백히 각을 형성하고 있으며, 그 지골은 비교적 길고, 휘어있다. 그리고 발은 쥐는 데 이용될 수 있다. 인간의 지골은 짧으며, 첫 번째 발바닥 뼈와 엄지발가락이 다른 것과 평형이다. 그래서 걷는 기능이나 앞으로 뛰는 기능이 증대되었다. 비록 인간의 발이 좁지만, 그것은 3점을 기점으로 무게를 효율적으로 분산시키면서 활동한다(3개의 원을 주목). 화살표는 엄지에서 어떻게 체중이 옮겨와서 "밀어냄(pushoff)"을 하는지 보여준다. (Campbell, B. G., 1998. *Human Evolution: An Introduction to Man's Adaptations*. Aldine de Gruyter, New York.에서 인용.)

과 그의 동료(2006)들이 연구한 5개의 영장류 종의 2천만 염기쌍을 정렬한 데이터에 기반을 두고 있다. 하지만 화석 증거로 보면 인간과 침팬지의 분기가 약 7백만 년 전에 일어났다. 여기서 백만 년의 차이가 나는데, 그 이유는 연대측정법, 모자이크 진화(mosaic evolution), 그리고/또는 침팬지와 인간이 유전적으로 분리가 되기 전 이종교배 등의 불확실성이 영향을 미쳤기 때문이다. 전체 침팬지 유전체의 해독은 최근에 완료되었고, 염기쌍 단계에서 인간 유전체 서열과 96%가 유사하다는 것이 밝혀졌다(The Chimpanzee Sequencing and Analysis Consortium, 2005). 이는 평균적으로 인간과 침팬지의 염기쌍을 100이라고 볼 때 오직 4개만이 다르다는 것을 의미한다. 비교해 보면, 무작위로 선정된 두 사람의 염기쌍은 99.9%가 동일하고, 이는 1000개의 염기쌍 중 오직 하나만 다르다는 것을 의미한다.

기능적 관점에서 이러한 차이가 의미하는 것이 무엇인지에 대한 연구는 여전히 남아 있지만, 지금까지의 연구에서 침팬지와 인간의 유전자 기능과 서열 사이에서 상당한 유사성이 발견되었다. 따라서 최근 이론으로는, 침팬지와 인간에서의 대부분 차이는 유전자 각각의 기능적 차이로 보지 않는다. 대신 이러한 유전자가 발생 과정동안 그리고 그들의 일생동안 어디서, 언제 그리고 어떻게 발현되는지에 대한 차이라고 생각한다. 다시 말하면, 침팬지와 인간의 대부분의 차이는, 유전자 그 자체라기보다는 유전자의 조절 차이라고 할 수 있다. 발생에 있어서 믿을 수 없을 정도로 복잡한 성질은 유전자의 기능 혹은 발현패턴에 있어서의 작은 차이에서 비롯되었고, 이는 표현형의 큰 변화를 일으킨다. 인간과 침팬지 사이의 가장 중요한 차이점은 아마도 오직 4% 정도의 염기쌍 서열의 차이에 있을지도 모른다.

유전자 조절의 다양성은 **마이크로어레이 분석**(microarray analysis, 12장 참조)을 통해 연구될 수 있다. 인간(*Homo sapiens*), 침팬지(*Pan troglodytes*), 오랑우탄(*Pongo pygmaeus*)과 붉은털원숭이(*Macaca mulatta*)의 간에서 추출한 상보적 DNA(cDNA)의 배열 분석으로 유전자들을 두 부류로 동정하였는데 다음과 같다. 첫 번째는 위의 4종이 공통적으로 공유하고 있는 유전자다 — 그들이 분기되기 전인 7천만 년 전에는 안정화 선택(stabiliziing selection)을 했다는 것을 나타냄 — 두 번째는 유전자 부류(전사인자의 초과)는 사람이 다른 3종과 확연하게 다른 발현을 보이고 있는데, 이는 방향선택(directional selection)이 일어났다는 것을 나타낸다. 이는 다른 거대 유인원으로부터 분기한 사람에게서 전사조절의 진화가 일어났다는 것을 함축하고 있다(Gilad

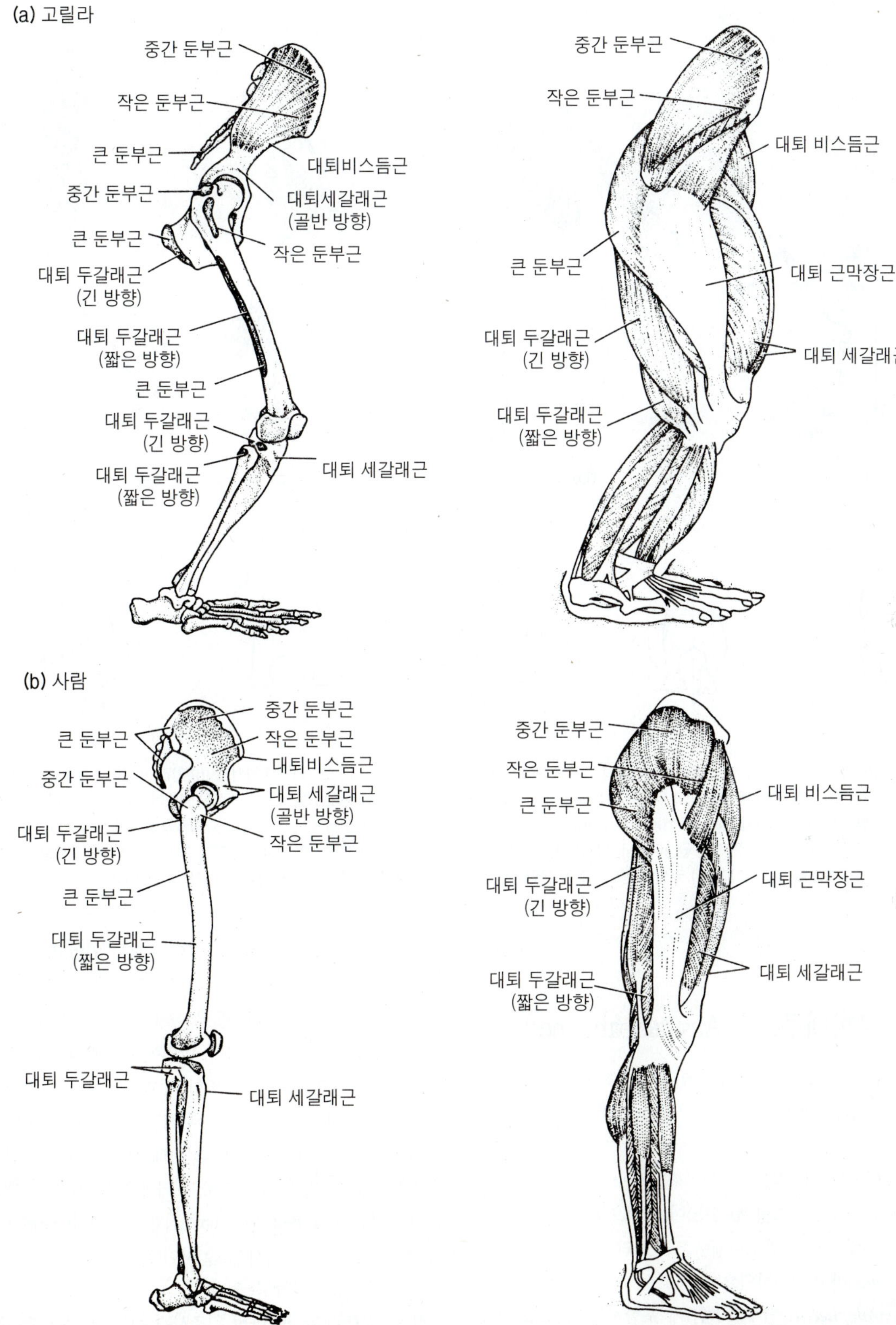

그림 20-19 뒷다리 뼈의(왼쪽) 기원과 주요 근육(오른쪽)을 보여 준다. 이 두 영장류에서 근육 대퇴부를 골반과 연결하여 앞쪽으로 움직일 수 있게 하는 것이 대퇴 비스듬근과 네갈래근이다. 그러나 확대된 인간의 골반은 개체가 서고자 할 때, 이 근육으로 하여금 미는 힘을 가지게 했고, 반면에 고릴라는 구부린 자세에서만 이러한 미는 힘을 갖게 되었다. 유사하게 인간의 대퇴근을 뒤로 할 수 있는 능력(신장근)은 중간 둔부근이 대퇴근에 확장되어 골반의 면에 닿아있는 것 때문에 직립에서 획득되었다. 반면에 고릴라의 대퇴근의 신장은 신장근으로써 대퇴 두갈래근을 사용함으로써 그것의 굽히는 자세에 의존하게 되었다. (Lovejoy, 1988 참고.) (*Paleoanathropolgy*, 1980 by M.H. Wolpoff. © The McGraw-Hill Companies, Inc.에서 인용.)

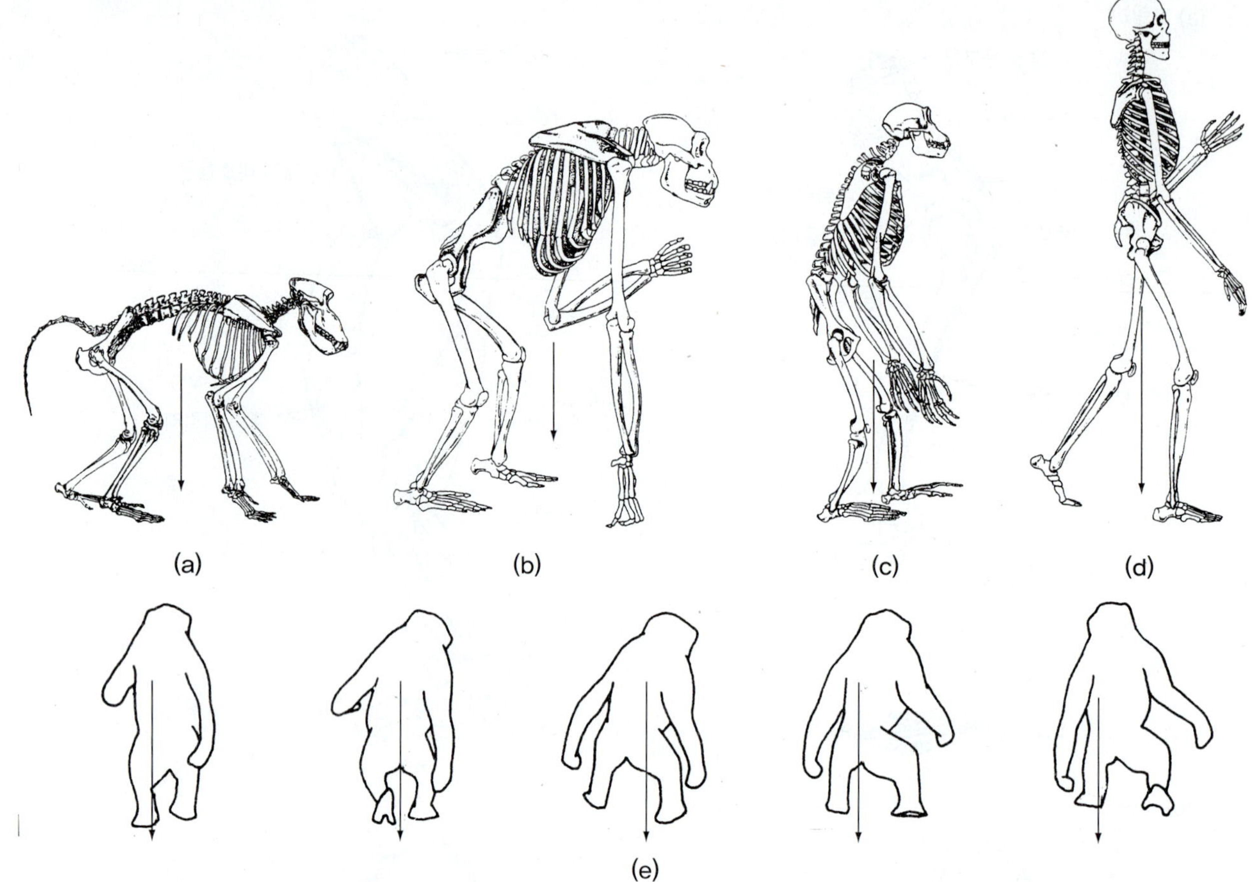

그림 20-20 땅을 걸어 다니는 4종 영장류의 일상적 자세에서의 무게 중심(화살표). (a) 배분(baboon), (b) 고릴라, (c) 침팬지, (d) 인간. 인간이 걸을 때의 무게 중심은 거의 같은 수직선상에 존재하며, 척추의 만곡은 엉덩이와 무릎의 선상에서 상체의 무게를 지지하는 것을 돕는다. 그들의 무게 중심은 엉덩이 앞쪽에 있기 때문에, 원숭이는 앞쪽으로 넘어지는 것으로부터 몸을 유지하기 위해 근육활동이 필요하다. 인간이 앞쪽으로 구부리거나 기울어서 걷는 것과 같다. 대퇴골과 엉덩이 사이의 외전근은 후방의 안정성을 유지하기 위해 인간의 보행에서 사용되지만 원숭이에서는 신장근으로 사용된다. 따라서 걷는 원숭이가 그의 왼발을 옮기면, 그가 그의 흉부를 오른발 위로 구부려서 평행을 획득하지 못하면 왼쪽으로 기울 것이다. (e) 두 발 보행으로 걷는 유인원은 좌우로 기울면서 무게 중심을 옮겨 근육의 도움으로 이동하게 된다.

et al., 2006).[1]

오스트랄로피테쿠스속(Australopithecines)

1925년에 인류학자 Raymond Dart는 초기 인류의 화석을 남아프리카의 cape 지방에 있는 Taung의 석회채석장에서 발견해 학회에 보고했다.

이 화석의 주인공은 6살 먹은 어린아이(타웅 소년)로, 두개골의 앞부분과 아래턱 대부분(**그림 20-21b**)이 화석으로 남아 있었다. Dart는 이 화석을 오스트랄로피테쿠스 아프리카누스(*Australopitecus africanus*)라고 명명하였으며, 새로운 속인 오스트랄로피테쿠스속(*Australopitecus*: 남부유인원)에 포함시켰다. 오스트랄로피테쿠스 아프리카누스의 젖니는 모두 있었고, 첫째 어금니는 영구치 상태로 있었다. 비록 이러한 치아들이 대체적으로 인간의 치아보다 크지만, 그 치아들은 인간처럼 앞쪽 젖니 어금니의 끝부분이 복잡하게 뾰족뾰족하다. 반면에 유인원의 앞쪽 젖니 어금니 끝은 단순하게 뾰족하다. 또한, 두개골에 있는 초승달 모양의 고랑(lunate sulcus, 월상고랑; 뇌 시각영역의 앞쪽 경계)은 보통 유인원의 경우보다 더 뒤쪽에 있는데, 이는(초승달 모양의 고랑의 위치) 사람의 것과 더 비슷하다. 타웅의 두개골을 토대로 유추해보면, 성인의 뇌 용량은 450cm^3(침팬지와 고릴라 사이) 일 것이고, 성인의 몸은 18kg에서 32kg 사이(40~70 파운드)로 침팬지보다 작을 것으로 추정할 수 있다.

필트다운(Piltdown) 화석 위조사건 때문에(**글상자 20-2**), 타웅의 화석은 발견된 지 20년도 넘는 세월동안 대부분의 인류학자들에게 인간을 닮은 오스트랄로피테쿠스속 화석으로 인정받지 못했다. 그때까지 고생물학자들은 아프리카의 다른 지역에서 많

[1] Edwards 등(2005)은 인류 분기에 있어서 조절억제를 강화하는 것에 대해 연구하였다. 인간 유전체에 위치한 약 1,400개의 보존된 단백질을 암호화하지 않지만, 조절요소로 작용하는 것들이 경골어류(teleost fish)인 복어 유전체와 공유하고 있었다.

은 화석들을 발굴했는데[예: 스테르크폰테인(sterkfontein) 지역에서 발견된 성인 오스트랄로피테쿠스속 화석], 이들은 타웅의 화석과 별반 다를 것이 없었다(그림 20-21의 d~g). 그들 화석의 치아에 에나멜이 두껍게 덮여 있다는 사실은 상아질이 드러나기 전 평평한 치아를 사용했다는 것을 암시하는데, 이는 치아가 튼튼했다는 것을 말해 준다(아마 유인원보다 수명이 길었을 것으로 추정함). 또한 스테르크폰테인 화석들을 보면, 비록 오스트랄로피테쿠스속의 작은어금니와 어금니가 인간의 것보다 크지만, 송곳니가 유인원의 것에 비해 작았고, 치열이 더 이상 위로 돌출되지 않았다. 고생물학자들은 이 화석의 연대를 250만 년~300만 년 전으로 잡고 있다.

Robinson(1972)과 다른 연구자들은 머리보다 뒤쪽에 있는 오스트랄로피테쿠스속의 뼈 표본에 주목했다. 즉, 이들의 골반과 척추는 사람과 비슷한데, 특히 척추의 요추만곡은 직립자세를 취했다는 것을 말해 준다(**그림 20-22**). 인간의 경우, 직립자세를 취할 때 무릎의 관절구 바깥쪽을 통해 수직으로 짓누르는 몸무게가 전달된다. 오스트랄로피테쿠스 역시 두 발 보행을 했지만, 그들이 움직일 때의 방식은 인간과 다르다(Kingdon, 2004). 오스트랄로피테쿠스속의 균형기관(귀에 있는 골성 반고리관)에 관한 연구에 따르면, 그들은 두 발 보행을 할 때 마치 공중을 오르는 것과 같은 느낌을 받았을 것으로 추정된다(Spoor 외, 1994).

다른 지역, 다른 발견

당시에는 고대 인류 화석이 발견되지 않았던 남아프리카 지역에

(a) 침팬지(Pan troglodytes)

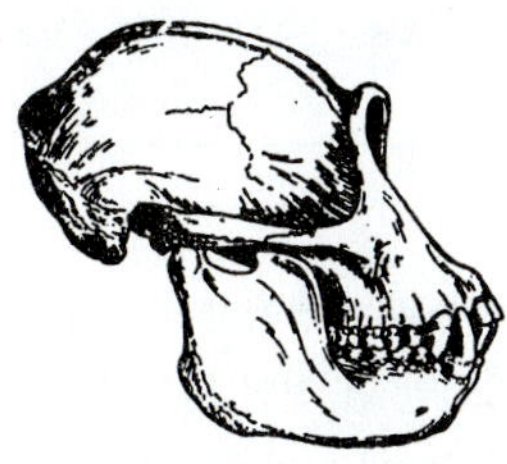
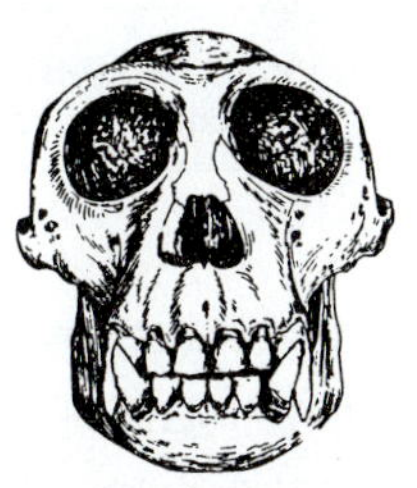

(b) 타웅아이(유아 아프리카누스, *A. africanus*)

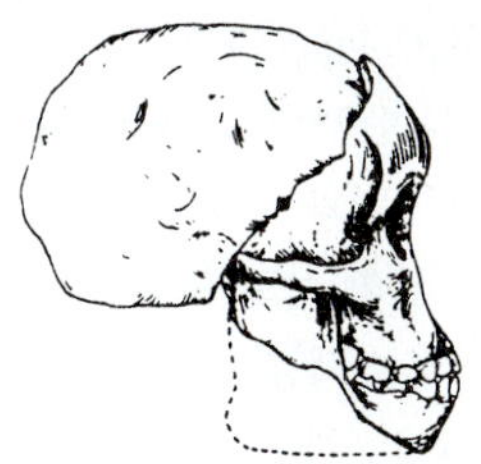

(c) 필다운 인간(Piltdown man)

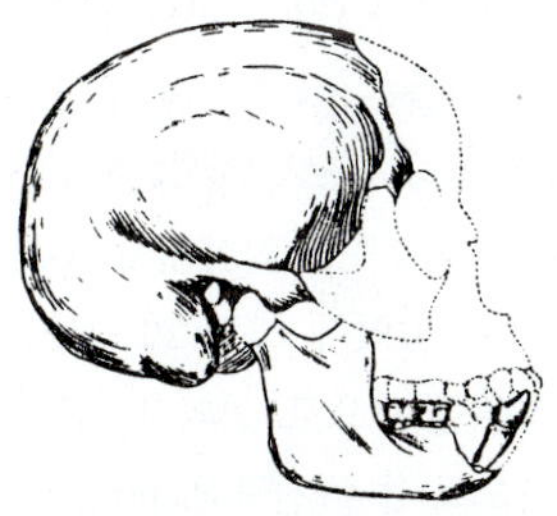
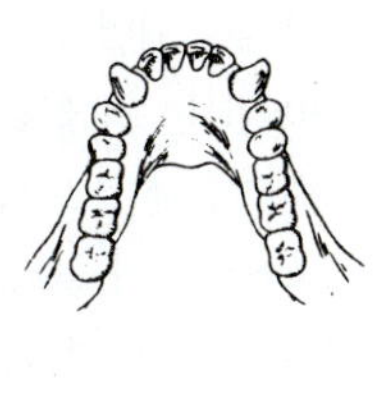

(d) 성인 아프리카누스(*A. africanus*)

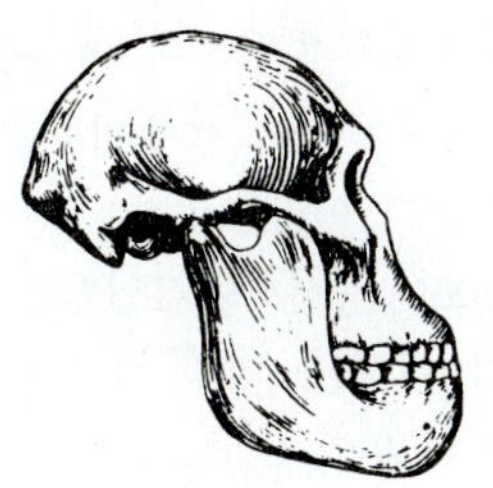
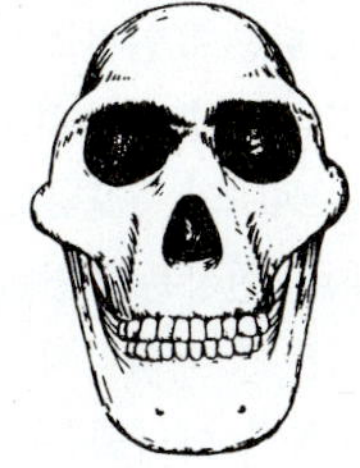

(e) 오스트랄로피테쿠스 로부스투스(*A. robustus*)

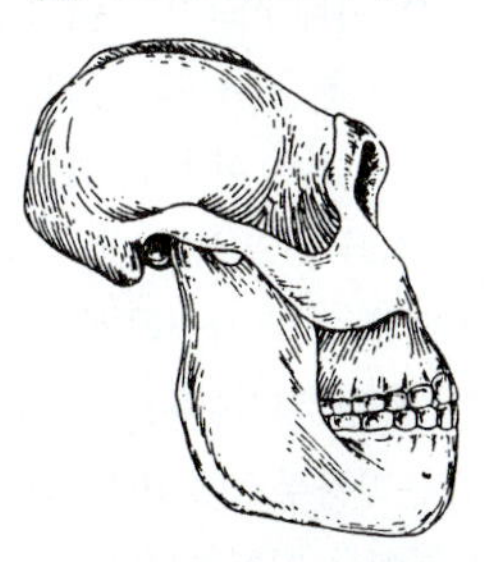
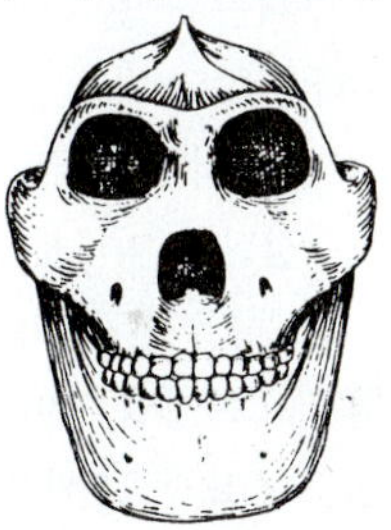

(f) 오스트랄로피테쿠스 보이세이(*A. boisei*)

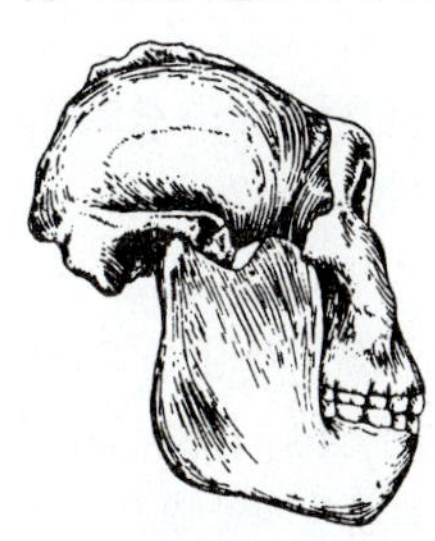
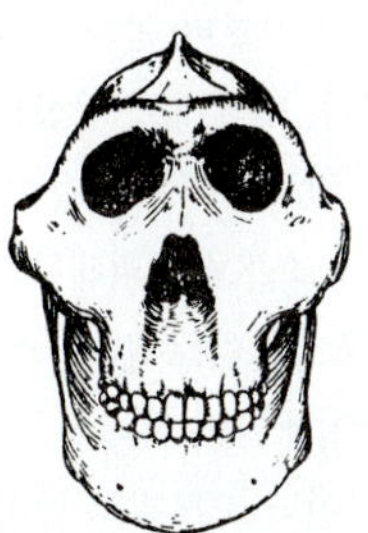

(g) 오스트랄로피테쿠스 아파렌시스(*A. afarensis*)

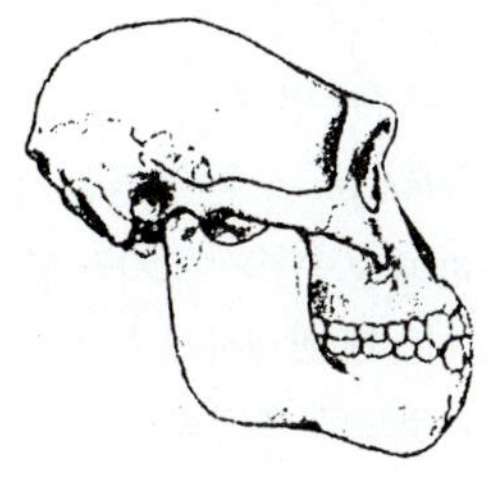

그림 20-21 (a) 침팬지의 두개골과 텍스트에 묘사되어 있는 유인원의 화석들이다. 물론 (c)는 위조된 필트다운의 아래턱과 두개골의 부분이다. (Johanson, D., and M. Edey, 1981. *Lucy: The Beginnings of Mankind*. Simon and Schuster, New York.에서 인용.)

글상자 20-2 필트다운(Piltdwon) 인간

초기 호미닌 화석이 남아프리카의 타웅에서 발견되었을 때, 대부분의 고생물학자는 이 화석을 초기 인류가 큰 뇌를 가지고 있고, 유인원과 비슷한 턱과 큰 송곳니를 가지고 있다는 것을 나타내는 증거라고 해석했다. 이러한 주장을 뒷받침하는 증거는 영국의 필트다운(Piltdown)에서 1912년 발견된 두개골과 아래턱 화석이었다(그림 20-21c). 많은 고생물학자들은, 필트다운 화석이 날조였다는 것이 완전히 밝혀지기까지, 약 40년 동안이나 초기 인류의 화석으로 받아들였다: 치아는 인공적으로 갖다 붙인 것이었고, 두개골은 아래턱과 시기가 달랐으며, 뼈에 인공적인 색소가 칠해져 있었고, 어금니의 뿌리는 유인원의 그것처럼 깊었다. 더구나, 이것과 관련된 필트다운 지역의 동물 화석은 방사선을 띠는 염들이 많이 축적되어 있었는데, 이 화석의 기원을 추적해 보니 튀니지에서 발견된 것으로 나타났다. 결국 **필트다운 인간**은, 인간의 두개골과 암컷 오랑우탄의 아래턱을 합친 것으로 판명이 났다. 이러한 사기극에서 이 화석은 아주 정교하게 제작되었을 뿐만 아니라, 쉽게 알려질 수 있는 증거물인 턱 연결 뼈를 제거한 것으로 보아, 잘 아는 이에 의해 행해진 것으로 보인다.[a] Spencer(1990)은 필트다운 사기극을, 필트다운 화석의 최초 "발견자"인 Charles Dawson이 영국의 우수한 해부학자이며 생리인류학자였던 Arthur Keith와 공모하여 저질러졌다고 주장한다. 그들 사기의 동기는 아마 자기중심적인 것에서 비롯된 것이다: Dawson은 왕립학회 회원(FRS, Fellow of the Royal Society)이 되고 싶어 했고, Keith는 커다란 인간의 뇌를 설명하고 있는 자신의 견해를 지키고 싶었던 것이었다. 비록 다른 과학역사가들이 다른 측면을 제시하였지만, 사기꾼(들)임을 입증할 어떤 증거도 나타나지 않았다. 누구든지 이러한 사기를 치면, 시간이 흐른 후에는 결국 잘못된 사실에서 비롯된 잘못된 견해로만 남을 수밖에 없다. 잘못된 사실은 과학이란 이름으로 도전을 받을 것이며, 잘못된 견해는 대체될 것이다.

[a] Weiner (1955), Spencer (1990), Millar (1998) and Russell (2003) for the story of Piltdown man 참조.

서 호미닌 화석이 발견되었다. 그 화석은 호미닌으로는 몸무게가 36kg(80파운드) 이상 나가는 다소 큰 화석으로, 오스트랄로피테쿠스 로부스투스(*Australopitecus robustus*)라고 명명되었다(그림 20-21e). 이들 무리는 — 종종 오스트랄로피테쿠스 아프리카누스에서 갈라져 나온 종의 대표 — 몸집이 클 뿐만 아니라, 치아와 턱도 굉장히 크다. 이러한 차이로 미루어 이들은 아마도 초식성이었을 것으로 추정된다. 따라서 그들은 식물성 음식(씨앗, 견과류, 덩이줄기 식물 등)을 원활하게 먹기 위해 보다 강력하게 빻을 수 있는 치아를 필요로 했을 것이다. 오스트랄로피테쿠스 로부스투스의 뇌 또한 오스트랄로피테쿠스 아프리카누스에 비해 더욱 커서 용적은 550cm^3 정도였지만, 뇌 용적이 증가한 이유는 지능이 증가한 것이라기보다 몸의 크기가 커졌기 때문으로 추정된다.

동아프리카 지역에서 선신세 때 살았던 오스트랄로피테쿠스속인, 오스트랄로피테쿠스 보이세이(*Australopitecus boisei*, 그림 20-21f)는 오스트랄로피테쿠스 로부스투스보다 훨씬 큰 어금니를 가졌다. 오스트랄로피테쿠스속 중 몸집이 가장 큰 오스트랄로피테쿠스 보이세이의 두개골은 다양하게 적응되었다. 즉, 이 종은 단단한 껍질이나 꼬투리로 둘러싸인 과일과 씨앗 같은 질긴 식물성 음식을 먹기 위해 잘 씹을 수 있는 강력한 아래턱 근육을 가지게 되었다.

흥미롭게도, 초기 오스트랄로피테쿠스속인 오스트랄로피테쿠스 에티오피쿠스(*Australopithecus aetheopicus*)는 튼튼한 몸을 가졌는데, 케냐에 있는 투르카나(Turkana) 호수 속에 250만 년 동안 묻혀 있다가 화석으로 발견되었다. 이렇게 거대하게 형성된 오스트랄로피테쿠스류는 각각 진화했을 것으로 추정되지만, 아프리카누스-로보스투스의 계통과는 평행하게 진화했을 것이다. 우리가 선신세로부터 불과 2백만 년 전인 최신세까지 이런 계통들을 추적해 본다면, 시간이 지남에 따라 어금니는 더욱 커지고, 얼굴이 짧아지고, 더욱 직립에 가까운 자세를 하고, 점점 인간과 비슷해지는 것을 알 수 있다. McCollum(1999)에 따르면, 그들의 골격이 유사한 것은 계통적 공동파생형질(cladistic synapomorphy)이라기보다는 오히려 치아의 크기와 조성의 생성물 발달에 의한 수렴진화의 결과라고 한다. 이렇게 서로 다른 2개의 계통에서 수렴/평행의 상호 변화(일반적인 선택압이 작용하고, 선택압에 평행하게 반응함을 나타냄)는 중요하다.

위 그룹보다 더 연대가 빠른 초기의 화석들은 동아프리카의 라에톨리(Laetoli), 탄자니아와 에티오피아의 Afar(Hadar) 지역에서 발견되었다. 인류학자들은 이 화석의 주인공들이 390만 년~300만 년 전에 걸쳐 살았다고 보는데, 그들 오스트랄로피테쿠스속 가운데는 오스트랄로피테쿠스 아파렌시스(*Australopithecus afarensis*)라 불리는 종이 있었다. 그림 20-21g는 이러한 초기 호미닌 종의 얼굴을 복원한 것으로, 안와상 테두리는 두껍고, 앞머리는 낮고, 입은 앞쪽으로 돌출(전구식, prognatous)되어 있다. 그러한 유사성에도 불구하고, 오스트랄로피테쿠스 아파렌시스는 다른 유인원들과 비교하여 두개골, 치아, 뼈 등에서 많은 중요한 차이를 보여 주고 있다. 예를 들어, 남자 아파렌시스의 송곳니는 여자의 송곳니보다 더 크다. 이러한 성적이형(sexual dimorphism) 현상은 유인원이나 초기 중신세의 유인원과 비슷한 화석에서는 잘 나타나지 않는다. 이러한 선택은 치아 배열의 변형을 유도하고, 에나멜층을 한층 더 두껍게 만들었고, 자르고 가는 기

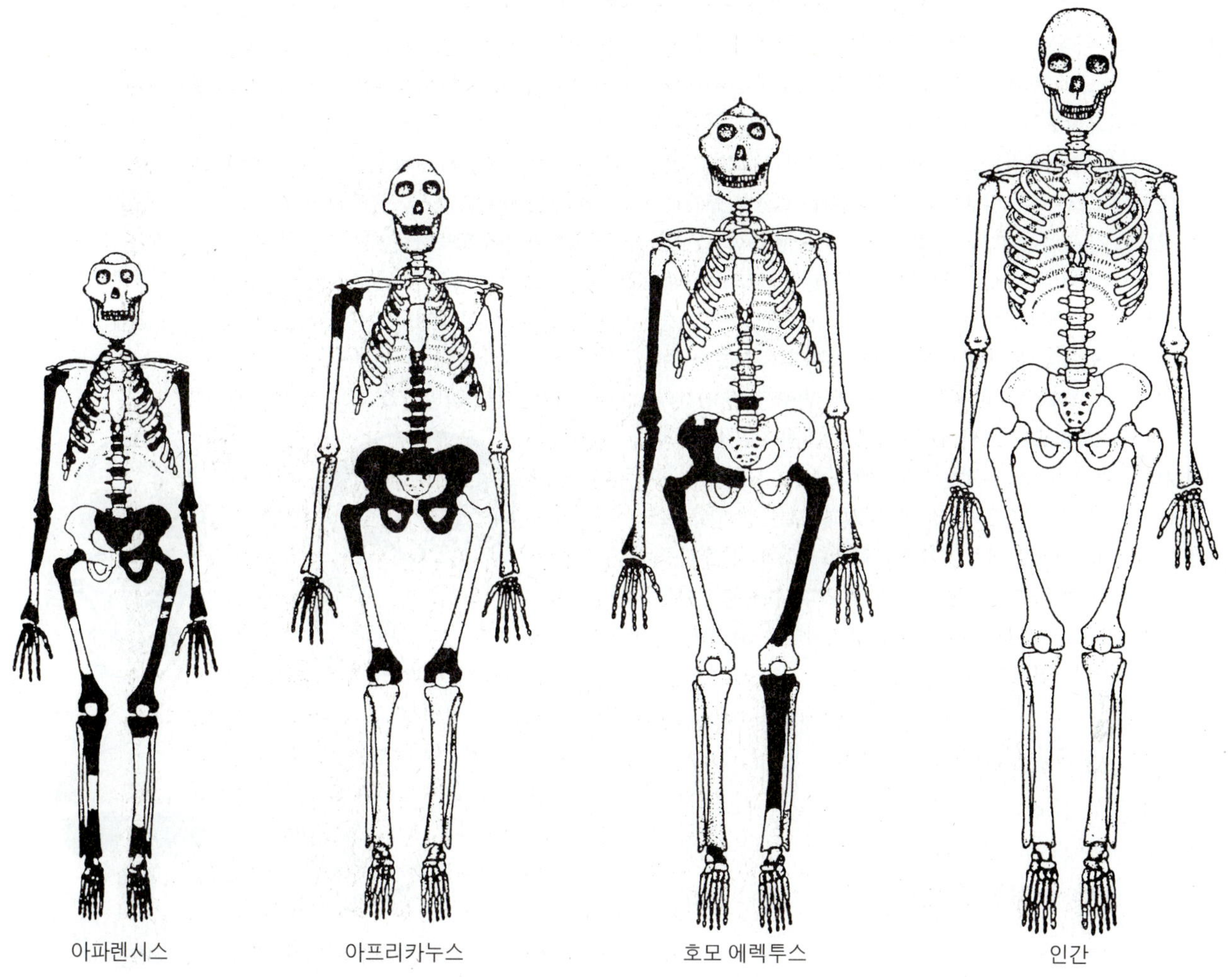

그림 20-22 3명의 오스트랄로피테쿠스의 골격과 현대의 인간. 검은 부분이 오스탈로피테쿠스 골격에서 발견된 화석이다. 이러한 모든 호모니드에서, 골반은 비교적 좁고, 둥글다. 그리고 대퇴골은 가운데를 향해 기울어져 있다. 이 구조는 골반이 흉부를 지지하고, 직립할 때는 몸무게를 직접적으로 아래로 보내는데 엉덩이를 통해 무릎을 지나서 전이시킨다. 다른 오스트랄로피테쿠스 중에서 인간을 닮은 특징은 그들의 전지의 구성, 즉 비교적 짧은 발가락, 큰 뒷발꿈치뼈에서 볼 수 있다. (*Lucy: The Beginnings of Humankind* by Donald Johanson & Maitland Edey. New York, Simon & Schuster, Inc., 1981. © 1981 by Donald C. Johanson and Maitland A. Edey.에서 인용.)

능을 가진 넓은 턱이 잘 움직이도록 치아표면은 다각형화 되었다.

아마도 가장 초기의 오스트랄로피테쿠스류 화석은 아르디피테쿠스 라미두스라고 이름 붙여진 초기 에티오피아 종이다. 이 종의 화석은 430만 년~450만 년 전의 것으로 알려졌다(White 등, 1995). 이 라미두스 종은 성적이형의 송곳니가 퇴화되었다. 또한 척추신경이 두개골로 들어가는 통로인 앞면의 대후두공이 앞쪽에 위치한 것을 근거로 직립했었을 것으로 추정한다. 아르디피테쿠스 라미두스이 화석으로 남아 있는 부분은 대부분의 치아인데, 이것이 라미두스와 현재 대형 영장류인 침팬지와의 관계를 밝혀 준다. 발굴자들은, "아르디피테쿠스 라미두스는 현재까지 알려진 것 중 가장 유인원 같은 인간의 조상이다" 라고 말한다. 아마 인간과 닮은 그 어느 화석들 보다, 아르디피테쿠스 라미두스는 인간과 유인원 사이의 "잃어버린 고리"(missing link) 라고 불릴만 하다.[2]

오스트랄로피테쿠스 라미두스의 두개골 후부(postcranial) 화석이 아직 발견되지 않았기 때문에, 대략적인 몸 크기와 행동방

[2] 인류분기에 있어서 조절억제를 강화하는 것에 대해 아르디피테쿠스 라미두스가 "missing link"에 가장 가까울지도 모른다는 사실에도 불구하고, 이는 아직 잘 알려져 있지 않다. 피테칸트로푸스 에렉투스(*Pithecanthropus erectus*, 현재 호모 에렉투스)가 "missing link"로서 잘 알려져 있고, 이것의 특징은 에른스트 헤켈(Ernst Haeckel)이 1868년에 예상하였다. 헤켈은 이 화석에게 이름까지 "피테칸트로푸스 알랄리(*P. alali*)"로 지었고, 유젠느 듀보아(Eugene Dubois)에 의해 에렉투스가 자바에서 1891년에 발견될 때까지 이렇게 불렸다. 에렉투스의 표본은 논쟁과 대립 그리고 음모의 중심이 되었다. 듀보아는 20년 동안(1900~1920) 불굴의 노력과 호전성을 발휘하며, 사회적 접촉을 거부하고 — 타인에게 화석표본을 보게 하는 것을 거부하고 — 과학집단을 양분화 시켰고, 역설적으로 고인류학의 발견에 기여했다(Theunissen, 1981; Shipman, 2001; Shipman and Storm, 2002).

식은 여전히 알 수 없는 상태이다. 하지만, 초기 호미닌류인 오스트랄로피테쿠스 아파렌시스는 몇몇 관련된 정보를 제공한다. 예를 들어, 여성인 오스트랄로피테쿠스 아파렌시스, "루시"의 완전한 골격이 에디오피아의 아파르 지역에서 발견되었다(그림 20-22a). 루시는 작고, 근육질로 된 단단한 몸을 가지고 있었고, 키는 아마도 1m~1.2m 정도 되었을 것이다. 그녀는 현생 인류에 비해 상대적으로 긴 팔을 가지고 있었지만, 두 발 보행을 한 자세를 보여 주었다. 초기의 두 발 보행의 흔적은 370만 년 전으로 거슬러 올라가는데, 그 화석은 화산재로 덮인 Laetoli 지역의 퇴적층에 잘 보존되어 있었다. 화석에는 두 개체가 같은 길을 약 21m 이상 걸었던 흔적이 나타나는데, 이는 확실히 두 발로 걷는 인간의 흔적이다. 이를 통해 두 발 보행이 뇌 용량의 증가와 같은 다른 적응현상보다 먼저 일어났다는 것을 알 수 있다.

아파렌시스로 시작된 골격 복원작업 결과, 모든 오스트랄로피테쿠스류는 직립자세를 취하고 있다(그림 20-22). 따라서 나중에 이들로부터 진화한 현생 인류의 속인 호모속(*Homo*)은, 이들 무리의 한 개체군으로부터 진화한 것임에 틀림없다. 그럼 초기 호미닌 종 내에서 어떤 것이 정확한 계통일까?:

- 라미두스는 두 발 직립을 한 오스트랄로피테쿠류일까? 아니면 나무를 타고 오르며 사는 다른 속의 무리일까?
- 아파렌시스는 아프리카누스의 초기 형태였을까?
- 아파렌시스는 그들의 후손이 강력한 턱을 가진 오스트랄로피테쿠스(예: 로부스투스나 보이세이)처럼 음식물을 으깨어 갈아 먹는 방향으로 종 분화가 일어났을까?
- 혹은, 아프리카누스를 두 종으로 상정할 때, 한 종은 오스트랄로피테쿠스 속의 로보스투스이고, 다른 한 종은 호모속에 속하는 현생 인류의 조상 계통일까?

어떠한 경우든지 아파렌시스가 계통학적으로 인간 계통이거나 인간에 가깝다는 건 의심의 여지가 거의 없다. 그것은 오스트랄로피테쿠스가 상당한 진화적 변화를 겪었던 무리이고, 두 발로 걷는 열대 유인원의 빠른 적응방산의 전형적인 예라는 걸 말해 준다.

호모속의 기원(Origins of Homo)

호모속의 화석은 동아프리카에서 처음 발견되었는데, 화석은 약 240만 년 전의 것이었다. 오스트랄로피테쿠속(가장 초기의 표본은 호모속으로 편입됨)의 특징은 두개골의 용적(600~700cm^3)은 커지고 어금니의 크기는 작아진다는 점이다. 많은 연구자들은 초기 호모속에 속한 두 종에 주목하는데, 한 종은 2백 4십만 년~1백 8십만 년 전 동아프리카에 출현했던 호모 루돌펜시스(*Homo rudlofensis*)이고, 다른 한 종은 같은 지리적 범위에 2백만 년~1백 6십만 년 전에 나타났던 호모 하빌리스(*Homo habilis*)이다. 이 초기 두 종은 **그림 20-23**에서 볼 수 있다.

호모속의 등장과 함께 인위적으로 만든 유물도 등장했다. 새 호미닌들은 비슷한 모양의 석기(stone tool)를 만들었는데, 이 석기들은 올도완(oldowan)이라고 불리어졌다(**그림 20-24a**와 **글상자 20-3**). 이러한 도구들은 식물 재료를 가공할 때 뿐만 아니라 동물을 사냥하고 도축하는 데 사용되었고(작은 파충류, 설치류, 돼지, 영양 등), 아마 코끼리만큼 큰 짐승을 작게 자르는 데에도 사용되었을 것으로 추정한다. 어떤 도구들은 250만 년 전에 사용되었을

(a) 호모 하빌리스

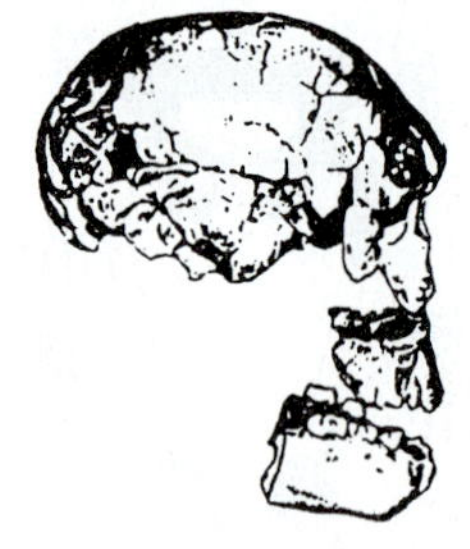

(b) 호모 에렉투스

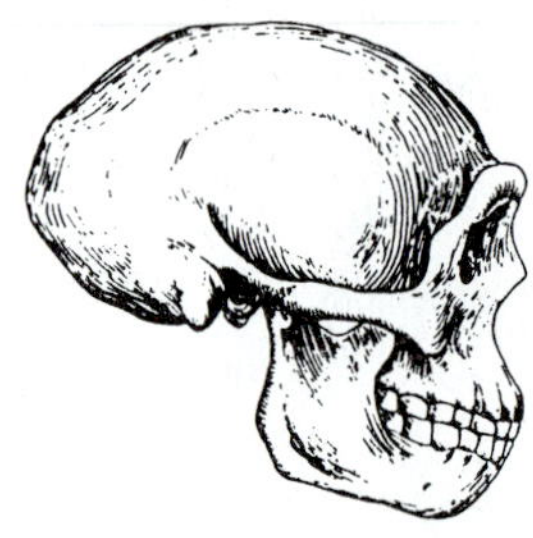

(c) 호모 사피엔스 네안데르탈렌시스

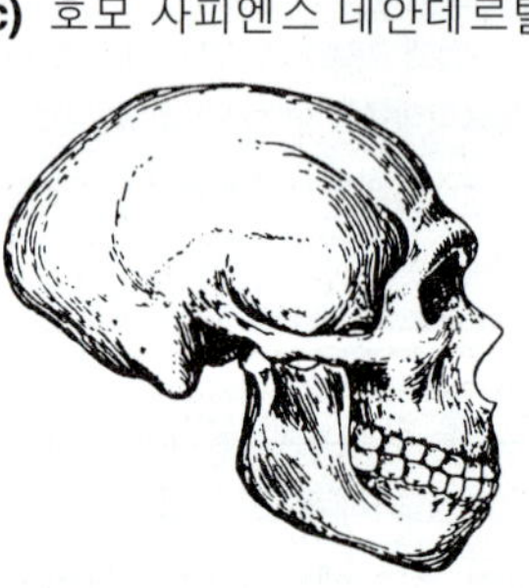
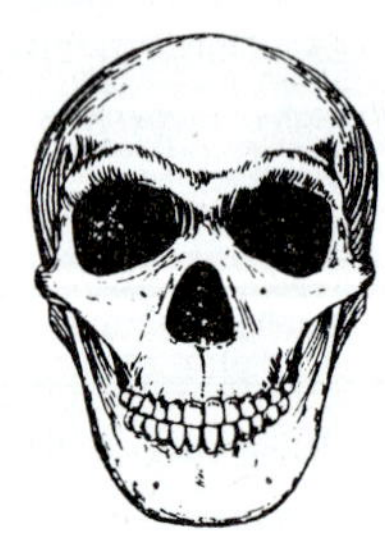

(d) 호모 사피엔스 사피엔스

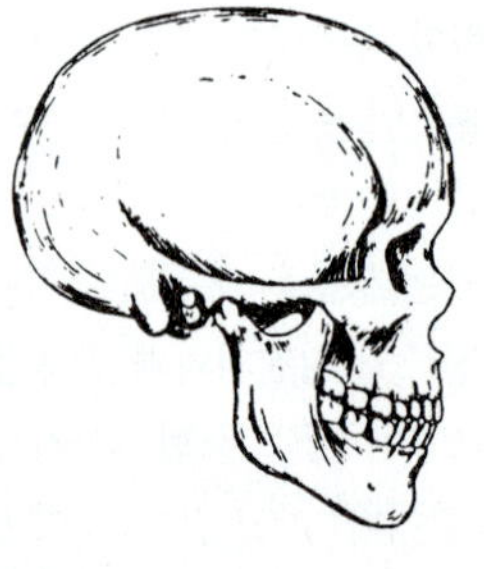

그림 20-23 (a-d) 호모속의 각 종별 두개골 표본.

글상자 20-3 호미닌 도구와 도구-시대 문화

고인류학자들은 인간의 진화에 있어서 도구 생산 시대를 4개의 주된 연대로 나누어 설명한다(**그림 20-24**). 가장 최초로 나타난 도구는 약 250만 년 전의 것이었다. 가장 마지막 시기는, 1만 2천 년 전에 종식된 **마들렌기**(magdelenian)이고, 이 시기에 처음으로 돌에 그림을 그렸다.

올도완 도구(Oldowan tools)는, 가장 최초의 호미닌이 사용했었다(그림 20-24a). 이들은 240만 년 전 처음 등장하였는데, 동물의 사체를 잘게 분리하거나, 골수강을 쪼개고, 거친 식물의 섬유를 벗겨 낼 때, 날카로운 끝을 가진 쪼갠 돌을 사용하였다. 이런 도구는 큰 돌을 한 번만 강타하면 뾰족한 끝을 가진 돌이 만들어지는데, 그들은 이런 방법으로 도구를 만들었다. 올도완 도구는 호모 하빌리스의 화석들과 연관된다.

아슐기 도구(Acheulean tools)들은 150만 년 전에 등장하였고, 호모 에르가스터와 호모 에렉투스의 화석과 연관이 있다. 아슐기 도구들은 양쪽 끝에 뾰족한 면이 있는데, 그들은 큰 돌을 여러 번 강타해서 만들었다(그림 20-24b). 잎 모양의 도구들("손도끼")은 약 100만 년 전 등장하였다.

50만 년 전까지, 아슐기 도구들은 호모 하이델베르겐시스와 함께 유럽 전역으로 퍼져 나갔다. 아슐기 도구들은 약 20만 년 전까지 존재했던 것으로 보인다.

무스테리안기 도구(Mousterian tools)들은 20만 년 전에 등장해서 4만 년 전까지 존재했다. 이 도구 문화는 유럽에서 호모 네안데르탈시스와 관련되는데, 다른 대륙에서는 네안데르탈인 및 호모 사피엔스와 연관되기도 한다. 무스테리안 도구들은 다양한 크기와 모양으로 재탄생되었는데, 날카로운 것 혹은 모양을 고친 것 등이 있기에 도구의 생산을 몇몇 단계로 특징지어 볼 수 있다. 그들은 사냥을 위해, 그리고 동물 가죽을 벗겨 내기 위해 날카로운 창의 끝을 사용하였다(그림 20-24c).

후기 구석기 시대 도구(Upper Paleolithic tools)들은 아프리카에서 9만 년 전, 아시아에서 4만 년 전에 처음으로 나타났고, 1만 2천 년 전까지 존재했었다. 지역적 차이는 있으나, 이러한 도구들에는 특히 바느질을 위한 바늘과 낚시를 위한 낚시 바늘을 포함되어 있는데, 정교하였다. 몇몇 기간이 다음과 같이 구분된다:

- **오리냐크기**(Aurignacian period, 4만 년~2만 8천 년 전)는 호모 사피엔스(크로마뇽인)와 호모 네안데르탈렌시스와 연관이 있다(그림 20-24d).
- **샤텔페로니안기**(Chatelperronian period, 4만 년~3만 4천 년 전)는 유럽에서 호모 네안데르탈렌시스와 연관이 있다.
- **그라베트기**(Gravettian period, 2만 8천 년~2만 2천 년 전)는 상아 구슬과 여성 비너스상 조각이 포함된다.
- **솔류트레기**(Solutrean period, 2만 2천 년~1만 9천 년 전)는 열을 가하거나 식혀서 모양을 만든 도구와 관련된다.
- **마들렌기**(Magdelenian period, 1만 8천 년~1만 2천 년 전)에는 하나 혹은 여러 개의 작살 사용 기록이 있고, 날카로운 촉을 가진 화살과 나무도구를 사용했었다(던지는 창의 재료는 뼈, 가지진 뿔, 나무). 또한 자연재료로 최초로 돌에 그림을 그린 것과 관련이 있다.

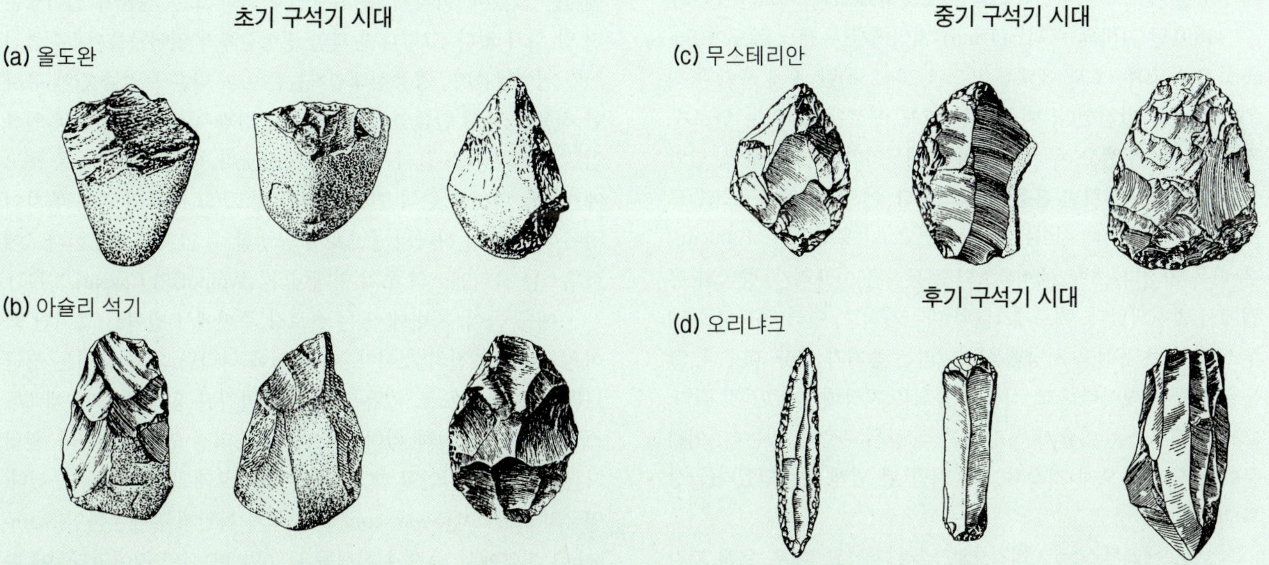

초기 구석기 시대

(a) 올도완

(b) 아슐리 석기

중기 구석기 시대

(c) 무스테리안

후기 구석기 시대

(d) 오리냐크

그림 20-24 석기시대의 단계의 시작은 올도완 석기로 시작한다(a). 현재, 적어도 250만 년 전(Semaw 외, 1997)에 시작되어서 100만 년 전까지 지속되었다고 보고 있다. 몇몇 고생물학자(Wood, 1997)들은 올도완 도구가 전통적으로 호모 하빌리스의 것으로 생각되었는 데도 불구하고, 초기 호미닌까지 사용했었다고 주장한다. 이 경우, 큰 식칼과 손도끼를 사용한 아슐기 석기(b)가 약 150만 년 전, 갑작스럽게 등장하게 되는데, 일반적으로 에렉투스일 것으로 생각된다. 그 후의 단계는 다른 집단과 연관되는데: (c) 무스테리안(호모 사피엔스 네안데르탈렌시스), (d) 오리냐크와 후기 구석기(호모 사피엔스 사피엔스)로 구분된다. 이러한 제조 및 문화는 고생물학자들의 구석기 시대를 구성한다. 중석기 그리고 신석기 시대를 따라, 1만 년 전에는 광이 나는 석기와 도기를 썼고, 동물을 사육했으며, 식물을 재배하고 옷을 바느질했다.

것으로 보는데, 이는 초기의 호모속 무리들이 짐승을 사냥하고 해체했다는 것을 말해 준다. 오스트랄로피테쿠스류의 종들은 아마 일찌감치 간단한 석기 도구, 뼈 그리고 막대기를 사용하였을 것으로 추정된다. 이는 침팬지도 단순한 도구를 사용하고 변형시킨 걸 감안하면 오스트랄로피테쿠스 무리가 이런 일을 한다는 건 충분히 가능한 일이다.

호모 에렉투스(Homo erectus)

약 190만 년 전, 호모 하빌리스/루돌펜시스의 시대가 조금 지난 후, 새로운 호미닌 화석의 무리가 발견되었는데, 이들은 키가 1.7m 또는 혹은 그 이상으로 선대 호미닌보다 더 컸다.

아프리카에서, 호모 에르가스터(*Homo ergaster*)는 호모 하빌리스나 호모 루돌펜시스로부터 분화되어 나왔다. 호모 에르가스터는 초기 호모에 비해 뇌용량(750~1100cm^3)과 몸집이 굉장히 컸다. 또한 에르가스터는 불을 사용하고, 아슐기(Acheulean, 구석기 전기의) 형의 커다란 손도끼 같은 석기를 사용했던 흔적들이 흔치않게 나온다(그림 20-24b). 여러 증거들을 미루어 짐작해 보면, 호모 에르가스터 무리는 큰 동물을 사냥했다는 걸 알 수 있다. 하지만 이 가설을 사체를 먹고 살았다는 또 다른 가설과 비교해 보고 실험해 보기는 매우 어렵다. 초기 호모속과 후기 호모 에렉투스와는 대조적으로, 호모 에르가스터의 개체들은 큰 키와 비스듬한 체구를 가지고 있었다. 이런 사실은 완전한 형태로 발견된 호모 에르가스터 화석이 증명해 준다. 이 에르가스터 화석의 주인공은 나리오코도메(Nariokotome) 소년으로, 160만 년 전에 살았을 것으로 여겨진다(**그림 20-25**, Walker와 Leakey, 1993).

1891년 자바의 트리닐(Trinil) 지역에서 유젠느 듀보아(Eugene Dubois)는 호모 에렉투스(그림 20-23b)란 종에 포함된 최초의 화석을 발견했다. 이 개체는 호모 에르게스터와는 다르게, 두개골은 더 두껍고, 무거운 안와상 테두리가 더 육중하고, 안와상융선 뒤쪽에 뚜렷한 홈을 가지고 있다. 에르게스터처럼 그들도 초기 호모속에 비해 치아는 더 작아졌고, 뇌 용적(750~1200cm^3)은 더욱 커졌다. 호모 에렉투스의 표본들은 아프리카, 중국과 유럽에서 발견되었다. 에르게스터와 마찬가지로, 여러 정황상 에렉투스 역시 큰 동물을 사냥했을 것이라는 증거가 있다. 더구나, 그들은 동물을 찾아다니고, 식물성 음식을 저장해 놓았던 것 같다. 호모 에렉투스는 아슐기 석기 문화와 깊은 관련이 있는데, 이런 문화는 상당히 오래 지속되었고, 백만 년 넘게 보존되었다(글상자 20-3).

호모 에렉투스는 지리적으로 널리 퍼졌고, 매우 오랜 기간 동안 지구에 존재하였다. 만일 우리가 호모 에렉투스의 모든 개체를 다 검토할 수 있다면, 시간이 흐르면서 에렉투스의 여러 다른 무리들 간에 다양한 특징들이 생겼을 것이므로, 에렉투스로부터 새로운 종을 구분해 내기 충분했을지도 모른다. 하지만, 새로운 종을 구분할 수 있는 특징들은 해부학적 특징과 행동적 특징 모두를 포괄하는 것들인데, 안타깝게도 그런 특징들을 화석단계에서는 없었다. 따라서 우리는 언제 분화 또는 전환이 일어났는지 알 수가 없다. 그렇다면 과연 평행진화가 일어났을까? 수렴진화가 일어났을까? 공통선택인자들은 아마 다른 무리들 간에 유사한 적응을 하게 만들었을 것이다. 그 결과 에렉투스와 현생 인류인 호모 사피엔스 간의 구분이 모호해졌다. 어떤 연구자들은 호모 에렉투스 화석들 간의 변이가 너무 많고, 그 이후의 종들과 차이점이 거의 없어 하나의 종으로서 규정할 수 없다고 주장한다. "에렉투스는 사피엔스의 초기 형태이다" (Wolpoff와 Caspari, 1997).

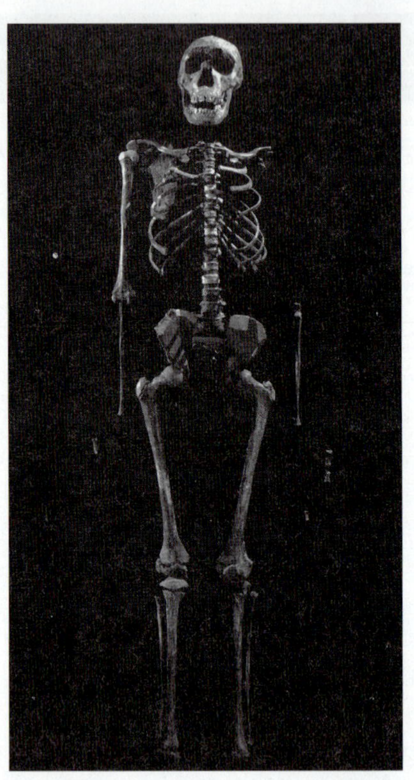

그림 20-25 나리오코도메의 골격. 이 남자 청소년은 호모 에르가스터로 밝혀졌고, 160만 년 전에 살았던 것으로 추정된다. (© Kenneth Garrett.)

예를 들어, 자바에 있는 솔로강 주변에서 발견된 호미닌 화석은 25만 년 전의 것이다. 이 화석에 나타난 뇌의 용적은 평균 1100~1200cm^{3}으로, 같은 지역에서 발견된 홍적세 중기 에렉투스 화석보다 확실히 컸다. 하지만 두드러진 안와상융선과 몇몇 다른 특징들을 감안할 때, 그들은 다른 오래된 화석과 비슷했다. 영국의 스윈즈컴(Swanscombe) 지역과 독일의 슈테른하임(Steinheim) 지역에서 발견된 화석들은 20만 년 전의 것이었다. 이 화석들 역시 뇌 용량이 커졌을 뿐만 아니라 해부학적 특징도 에렉투스와 사피엔스 중간 정도 되었다. 대부분의 고인류학자들은 이들을 보다 현대적인 새로운 종으로 인식하여, 호모 하이델베르겐시스로 명명했다. 또한 많은 학자들은 호모 하이델베르겐시스가

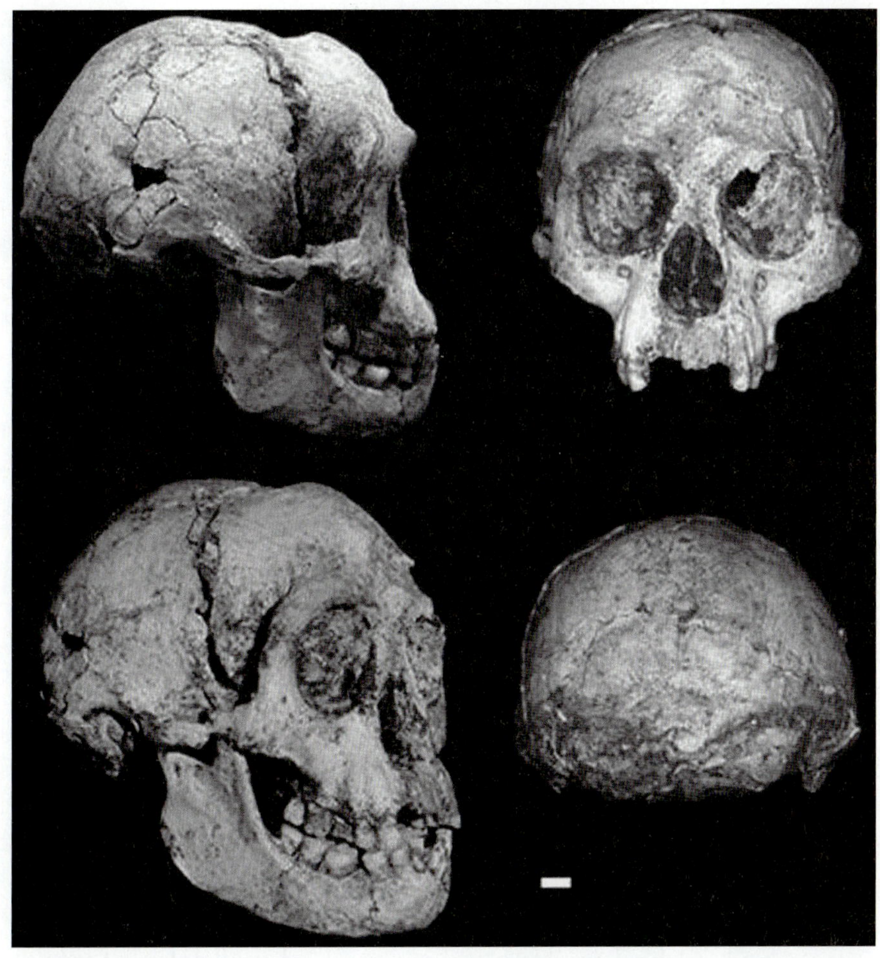

그림 20-26 플로렌스 섬에서 발견된 호미닌의 완전한 두개골. 이 개체와 다른 개체는 1만 8천 년 전까지 남아 있었는데, 에렉투스의 왜소한 형태의 개체군을 나타낸다(각주 3번 참조). 각각의 후두부를 기초로 신장을 잰 결과 1m를 약간 넘겼고, 다리에 비해 상대적으로 팔이 길었고, 비범한 어깨와 나약한 하악을 보여 준다. (Brown, P., Sutikna, T., Morwood, M. J., Soejono, R. P., Jatmiko, T., Saptomo, E. W. and Due, R. A., 2004. A new small-bodied hominin from the Late Pleistocene of Flores. *Nature*, 431, 1055–1061.에서 각색.)

당시 널리 퍼진 에렉투스가 아닌 에르게스터로부터 유래하였다고 결론지었다. 현재 에렉투스는 하이델베르겐시스가 나타난 이후에도 오랫동안 공존하였다고 본다. 에렉투스는 동남아시아(자바)에서 5만 년 전까지 살았다. 놀랍게도, 최근 인도네시아의 플로레스(Flores) 섬에서 발견된 화석은 남아 있던 왜소한 에렉투스의 개체군으로 추정되는데, 이들은 최근 1만 8천 년 전까지 살았다(**그림 20-26**). 이런 결론은 모순적이지만, 다른 학자들은 잘 보존된 작은 몸을 가진 플로레스 섬의 개체들은 더 현대적인데 다만 병적으로 왜소하다고 주장한다. 하지만 현존하는 호모속의 오직 한 종만 있는 현 상태는 우리의 속(*Homo*)의 역사에서 흔한 일은 아니다.[3]

[3] 피그미족의 왜소 현상의 발견은 매우 최근인데, 이러한 발견은 예상치 못한 발견과 해석이었다. 특히 이들이 호모속의 새 종을 나타낸다는 것을 제외하고, 빠른 속도로 진행되었다. 최근 140개의 뇌의 특징에서 이들은 초기 피그미족의 완전한 두개골(그림 20-26 참조)을 조사한 결과, 이들은 발생학적으로 비정상적이었고 소두증(작은 뇌이기에 작은 두개골을 가짐)이 있다는 결론을 이끌었다. Jacob 외의 2006년 연구에서는, 사피엔스의 개체군이, Martin 외(2006) 그리고 Richards(2006)의 연구 결과와 같이, 소두증을 가진 사피엔스와 비교해, 성장 호르몬 유사 인슐린 성장인자 1과 MCPH(첫 번째 소두증의 염색체의 열성) 유전자족의 돌연변이가 소두증을 유발하고, 이로써 그들의 작아진 크기를 설명할 수 있다고 한다.

최근에 많은 고인류학자들은 사피엔스가 하이델베르겐시스로부터 진화했다고 보고 있다. 분자적 증거에 따르면, 사피엔스를 발생시킨 조상 개체군은 20만 년 전 아프리카에서 하이델베르겐시스로부터 갈라져 나왔다고 한다(**글상자 20-4**). 고생물학 증거 역시 아프리카에서 분기되었다고 보고 있는데, 이는 가장 초기의 현생 인류 화석들이 아프리카에서 발견되었기 때문이다. 논쟁은 계속되지만, 분자적 증거는 조상 개체군(혹은 개체군들)과 다른 하이델베르겐시스 개체군 간에 유전자 이동(gene flow)이 일어날 가능성이 낮다는 것을 배제하기도 하고, 받아들이기도 한다. 또한 꽤 명확하게 알려진 가설은 인간의 또 다른 종 역시 유럽에서 하이델베르겐시스로부터 유래하였다는 것이다. 이 종은, 네안데르탈렌시스이다. 네안데르탈렌시스는 고대 인간의 첫 유적이 1856년 독일의 네안데르 계곡에 있는 동굴에서 발견된 이래로 연구자들과 대중들의 상상력을 흔들어 놓았다.

네안데르탈인(Neanderthals)

네안데르탈인(호모 네안데르탈렌시스, *Homo neanderthalensis*)은 현생 인류보다 짧은 기간 동안 존재하였다. 네안데르탈인의 특

글상자 20-4 호모 사피엔스가 한 지역에서 생겨났을까? 여러 지역에서 생겨났을까?

호모 에렉투스의 조상으로부터 현대 인류의 기원을 찾는 데 두 가지의 주된 견해가 있다(**그림 20-27**).

- 단일기원 이론("아프리카로부터" 또는 "노아의 방주" 모델이라고도 부름)은 호모 사피엔스의 기원이 단일 지역(아프리카)에서 시작되어, 후에 다양한 대륙으로 퍼져 나갔다는 가설이다(그림 20-27a).
- 다기원 이론(촛대모델이라고도 부름)은 호모 사피엔스가 서로 연결되지 않는 다른 지역에서 평행하게 기원한다는 이론이다(그림 20-27b).

이러한 상반된 주장 중에서, 하나를 결정을 하기 위해 고려되어야 하는 중요한 요인은 현대 인간의 마지막 조상의 시기이다. 만약 이 개체가 100만 년 전이나 그 이전에 존재했다면, 그 시기는 아프리카에서 호모 에렉투스가 퍼져 나간 시점과 부합된다. 이는 다른 대륙에서 발견된 현생 인류는 지리적으로 분리된 지역에서 각각 살았던 호모 에렉투스로 시작된 진화적 줄기(계통)의 끝에 있는 종이라는 것을 의미한다 — 이는 다기원 이론을 지지하는 것(Henke와 Tattersall, 2007)이다. 그러나 만약 사피엔스의 조상이 그보다 더 최근에 에렉투스가 퍼져 나간 다음, 사피엔스가 퍼져 나갔다면 — 예를 들어 10만 년~50만 년 전 — 사피엔스의 개체군이 에렉투스가 이미 살고 있던 지역으로 들어가, 결론적으로는 초기의 호미닌을 대체했을 것이므로 이 증거는 단일기원 이론을 뒷받침한다.

Cann과 그의 동료(1987)들이 주장한 현대 인류의 미토콘드리아 유전자(mtDNA, 약 20만 년 전의 mtDNA) 연구가 광범위하게 논쟁이 되었기 때문에, 분자인류학자들은 많은 분자학적 연구를 진행하였다. 어떤 연구자들은 인간과 침팬지의 분기가 400만 년~600만 년 전이라는 데이터(12장 참조)를 이용하여 미토콘드리아 유전자의 염기서열의 치환율을 계산하였다. 또 다른 연구자들은 6만 년 전 자료를 이용해서, 파푸아뉴기니에 처음으로 집단을 형성한 시기를 토대로, Papuan들의 서열의 분기를 계산하였다. **표 20-4**에서 보여 주듯이, 이러한 모든 연구는 비교적 최근인 20만 년 전의 단일기원을 지지한다. 심지어 가장 높은 한계치인 50만 년 전에 기원했다는 설은 너무 최근이라서 다기원 가설에서 예상하는 백만 년 전 또는 그 보다 더 오래된 시기에 맞출 수 없다.

미토콘드리아 DNA

단일기원 가설을 지지하는 이론 중 네 가지 발견이 mtDNA 관련 연구와 관련되어 있다:

- 아프리카 외 지역의 모든 미토콘드리아 서열은 아프리카 지역의 미토콘드리아 유전자의 변종이다. 만약 아프리카 외 지역의 미토콘드리아 유전자가 아프리카가 외 지역에서 거주하는 집단에서 온 것이라면, 아프리카가 아닌 지역의 미토콘드리아 유전자의 더 많은 다양

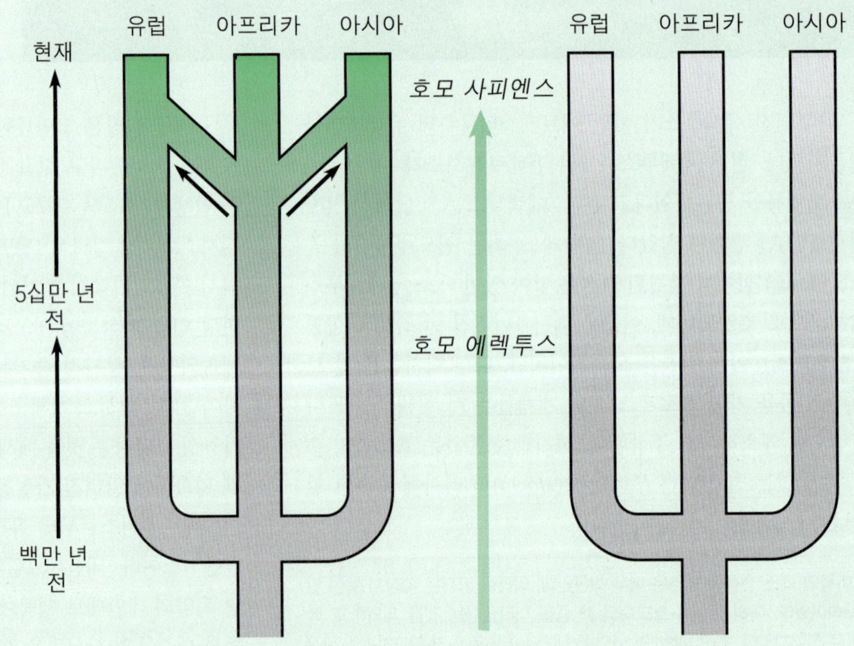

그림 20-27 현생 인류(*Homo sapiens*)에 대한 2가지의 모델을 그림으로 제시하고 있다. (a)에서는 현생인류(색깔이 있는 부분)는 한 지역에서 기원했고(아프리카) 그 뒤에 다른 대륙으로 이주해서 이미 백만 년 전에 그 지역에 살고 있던 호모 에렉투스(회색부분)종을 대체함을 보인다. (b)에서는 현생 인류는 다른 무리와는 무관한 다른 지역에서 기원함을 보인다. 어떤 다기원론자에 따르면(다지역 모델, Wolpoff, 1989 참조) 아마도 어떤 유전자는 상호 이동에 의해 대륙 간에 상호교환을 했는데, 다양한 진화 무리들은 결국 호모 사피엔스로 도달한 것으로 본다.

성이 예상되지만 실제로는 명백하게 아프리카 외 지역의 미토콘드리아 유전자형은 알려지지 않았다.

- 대부분의 미토콘드리아 유전자 서열의 다양성은 아프리카 개체군 가운데 발견되는데, 즉, 이것은 현생 인류 중 가장 오래된 미토콘드리아 유전자 개체군이고, 아프리카 외 지역의 개체군은 그들에게서 유래했다는 것을 시사한다.
- 다기원 이론에 따르면 모든 개체군이 아주 긴 시간 동안 평행적으로 진화해 왔기 때문에, 우리는 그들이 유사한 다양성을 많이 가질 것으로 예상했지만 결과는 정반대였다.
- Storeking(1993)도 가장 최근의 미토콘드리아 유전자 조상의 시기가, 이 조상이 분기되었던 개체군의 시기보다는 더 오래됐다고 지적한다. 예를 들어 미토콘드리아 조상의 시기가 20만 년 전이라는 것은, 이 조상으로부터 분기된 개체군의 시기가 더 최근이라는 것을 의미한다.

Y 염색체

이러한 이점에도 불구하고, mtDNA는 단일 유전적 요인으로만 작용하는데, 그것의 족보가 다른 유전단위와 일치할 필요는 없다.

표 20-4 인류 공통조상의 mtDNA 연대를 95%의 신뢰구간(confidence interval)으로 측정함.

공통조상의 연대	95% 신뢰구간
280,000년	180,000~380,000년[a]
400,000년	200,000~600,000년
207,000년	110,000~504,000년
160,000년	80,000~480,000년
211,000년	0~433,000년[b]
101,000년	0~205,000년[c]
213,000년	102,000~389,000년
133,000년	63,000~356,000년[d]
137,000년	63,000~416,000년[d]
195,000년	85,000~349,000년[e]
143,000년	125,000~161,000년[f]

[a] 처음 9개체에 대해 연구는 Stoneking, M. 1993. DNA and recent human evolution. *Evol. Anthropol.*, **2**, 60–71 참조.
[b] 조절지역 서열(control region sequences).
[c] 해독서열(coding sequences).
[d] 조절지역 서열: 두 가지 방법.
[e] Ruvolo, M., S. Zehr, M. von Dornum, et al., 1993. Mitochondrial COII sequences and modern human origins. *Mol. Bol. Evol.*, **10**, 1115–1135.
[f] Horai, S., K. Hayasaka, R. Kondo, et al., 1995. Recent African origin of modern humans revealed by complete sequences of hominid mithchondrial DNAs. *Proc. Nat. Acad. Sci. USA*, **92**, 532–536.

미토콘드리아 유전자가 아닌 유전자는 아프리카 외의 대륙을 기원으로 삼는가? 다른 연구들은 핵 유전자로부터 정보를 찾게 되었다. 아주 좋은 예가 인간의 Y염색체인데, 이는 단지 남성을 통해서만 유전된다. 모계 유전되는 미토콘드리아 유전자와는 반대이다.

Y염색체도 미토콘드리아 유전자와 같이 재조합이 일어나지 않는 부분이 있어, 그곳에서의 돌연변이는 계통분류학적인 연대순의 계통수를 그리는 데 이용될 수 있다. Hammer와 그의 동료(1998)들은 Y염색체 유전자를 연구하였는데, 그들은 모든 대륙과 많은 인종으로부터 1,500 개체 이상을 조사하여 15만 년 전의 현대의 조상 종을 추적할 수 있었다. 재미있게도 "미토콘드리아 이브"와 마찬가지로 "Y염색체 아담"도 아프리카 기원이었다. 그러나 아프리카 개체군 Y염색체는 아시아로부터 되돌려 받은 것이다(미토콘드리아와 마찬가지로, 우리는 Y염색체의 조상도 X염색체 1쌍을 포함한 22개의 상염색체 쌍의 유전자 중에서 일부만을 반영하는 것이라는 것을 알아야 한다)

상염색체 유전자(Autosomal Genes)

보다 더 많은 데이터를 얻기 위해 상염색체상의 유전자(autosomal genes)까지 확장하여 연구되었다.

예를 들어, Nei와 Roychoudhury(1993)는 29개의 다른 핵 유전자를 (그림 24-3) 알아보기 위해, 26개 인간 개체군의 유전적 거리를 계산하였다. 그들 또한 단일 아프리카 기원의 호모 사피엔스가 지리적으로 퍼져 나갔다고 제안하였다(**그림 20-28**). Mauntain과 그의 동료(1992)도 유사한 결과를 제시하였다. Alu 유전자 서열의 다형형질은 인간에게 특이한 것인데, 이것도 최근의 인류의 조상이 아프리카 조상임을 지지한다(Batzer 등, 1994.)[a]

해부학적 구조

그것이 미토콘드리아 유전자, Y염색체 또는 상염색체든지 간에, 유전적이고 분자적인 자료들은 모든 고생물학자들을 확신시키지는 못했다.

다기원설을 지지하기 위해 제공한 주요 증거는 중국과 오스트레일리아에서 발견된 원인들의 화석으로, 이들의 모습은 해부학적으로 연관이 있다(연속적)라는 것이다. 이 지역에서 발견된 화석의 특징은 다음과 같다. 즉, 안와상의 테두리와 두개골 크기가 호모 에렉투스와 닮은 것부터 현재의 호모 사피엔스를 닮은 것까지 꽤 연속적으로 존재하는데, 이는 그들이 독립적으로 기원했음을 시사한다.

그러나 만약 각각의 개체군이 독립적으로 진화했다면, 어떻게 그들은 그렇게 닮게 되었을까? 인간은 색깔이나 다른 최소한의 특징들은 다르지만, 그들은 모두 기본적으로 호모 사피엔스의 특성을 공유한다. 어디서 그리고 어떻게 그들은 이러한 유사한 특성을 획득했을까? 그에 대한 답변으로 고생물학자인 Wolpoff(1989)는 호모 사피엔스 개체군은 서로 완전히 격리된 집단으로부터 진화한 것이 아니라, 어떤 유전자를 교환했을 것이라고 주장한다. 즉 개체군 상호간의 유전자 교류가 진화하는 무리들을 현대의 같은 호모 사피엔스의 단계까지 이르게 하였

글상자 20-4 호모 사피엔스가 한 지역에서 생겨났을까? 여러 지역에서 생겨났을까?(계속)

다 — 새로운 다기원 모델은 **다지역적 진화**라고 부른다.

■ 다지역적 가설(Multiregional Evolution)

다지역적 가설은 아프리카 기원 모델과 촛대 모델 간의 명백한 타협인데, 이 또한 논쟁이 되고 있다.

유전자의 흐름만으로 필수적인 전이를 설명할 수 없고, 화석의 형태상의 정량적인 시험은 다기원설과 상반된 것이라는 주장이 있다. 다른 한편으로 Templeton(1997)은 유전학을 이용하여 다지역 가설을 지지하는 강력한 증거를 제출하였다. 그는 그것을 "격자(trellis)" 모델이라고 말했는데, 지리적으로 이동 가능한 조상종의 인간이 개체군 간의 유전자를 교환해서 아프리카 기원으로부터 퍼져가듯이 유전적인 격자를 형성했다는 것이다. 아프리카 안팎에서 이동이 있었으나, 유전자가 가까운 거리에서 교환되었기 때문에, 거리가 먼 개체군 간의 유전적인 차이는 더 증가하였다("거리로 인한 격리").

비록 많은 분자적인 증거들이 단일기원 가설을 지지하지만, 예외가 존재한다(Ayala 등, 1994). 그리고 그 데이터는 여전히 언제 어떻게 단일기원이 일어났는지에 대해서 논쟁거리로 남게 했다. Harris와 Hey(1999)에 의하면, X염색체 유전자의 서열 분석은 20만 년 전 아프리카와 그 외 개체군 간의 주요한 유전적 분리를 시사한다. "해부학적으로 현대" 인간의 기원인 10만 년~13만 년보다 앞선 기록이므로, 그러한 데이터는 아프리카와 그 외 지역에서 처음 분리된 이후에, 다른 지리적 장소에서 현대 인간이 기원했다는 가설을 지지하는 것 같다.

요약하자면: 인류학자들과 영장류동물학자들은 끊임없이 더욱 많은 분자적인 증거들을 모으고 평가해서, 결국에는 이러한 가설 중 하나 또는 그 외의 것을 증명할 것이다. 그러한 과정은 더욱 뒤얽힌 통계학적인 분석과 집단유전학(Mountain, 1998)에 달려 있다. 일부 고생물학자들은 그것이 실제의 화석이 부족하기 때문이라고 주장한다. 앞으로 호미닌을 전략적으로 발견하고 핵 유전자에 대한 정보를 증가시킴으로써 이러한 문제를 해결해야 할 것이다. 현재 일부 연구자들은 다소 중간적인 입장을 수용하고 있다. "섞인 집단을 가진 아프리카 기원이 매우 가능성이 있어 보인다" (Jorde 외, 1998).

[a] DNA의 Alu 서열은 300개 정도의 염기쌍으로 되어 있는데, SINE(short interspersed nuclear elements)와 같은 DNA의 반복서열(repetitive DNA elements) 중의 하나이다. 인간유전체는 백 만 개 이상의 Alu 서열을 포함하고 있다. Alu 서열들은 인간 유전체의 엑손에서 눈에 띄는 특징을 가지나, 다른 포유류 유전체에서는 찾아볼 수 없다(Zhang과 Chasin, 2006).

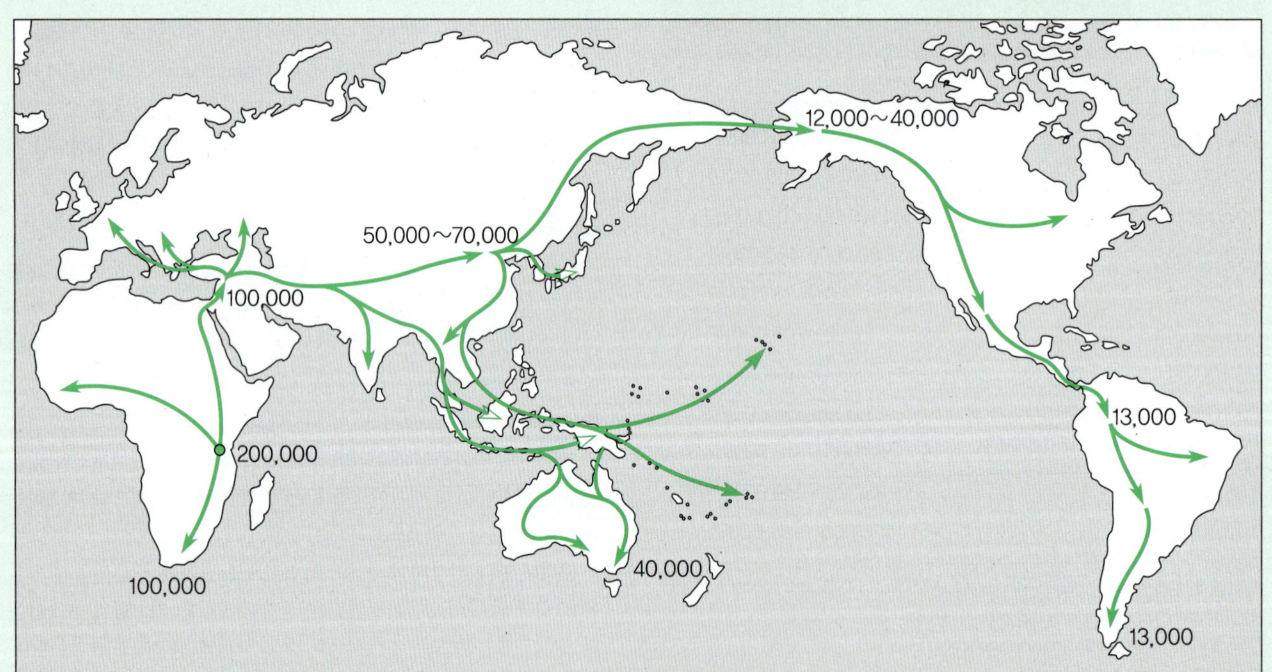

그림 20-28 아프리카 기원으로부터 호모 사피엔스의 지리학적인 이동경로를 예상한 것이다. 숫자는 26개 인간집단에서의 유전적 거리의 계산에서 유래된 것이고, 다양한 행선지에 이러한 집단이 도달한 시기를 나타낸다. Cavalli-Sforza와 그의 동료(1992)들은 이러한 이주는 많은 주요한 언어의 진화 양상과 상호 일치한다고 주장한다. 놀랍게도, 일부 본토 미국인 유전자의 기원은 유럽이나 아시아의 소수민족과 공유하고 있으며, 이것은 유럽에서 중앙아시아와 동아시아를 거쳐 북아메리카로 가는 긴 이주를 시사한다(Brown 등, 1998). (Nei, M., and A. K. Roychoudhury, 1993. Evolutionary relationships of human populations on a global scale. *Mol. Biol. Evol.*, 10, 927-943.에서 인용.)

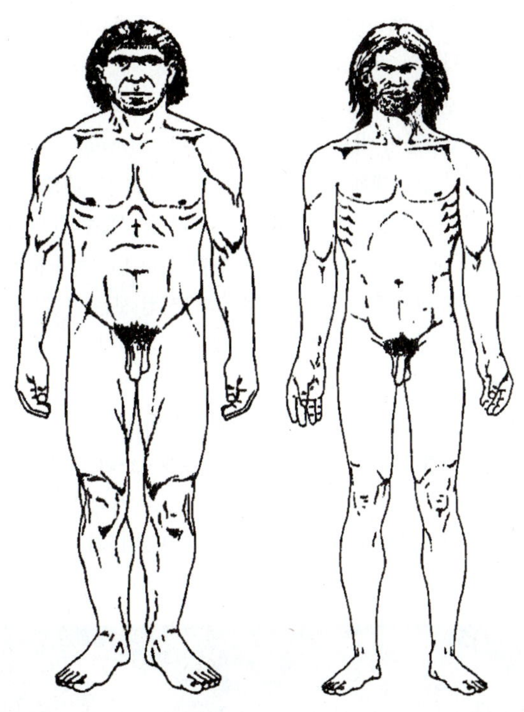

그림 20-29 일반적인 네안데르탈인의 남성의 몸 형태(좌측)와 현대의 크로마뇽인의 몸(오른쪽)을 재현한 그림. 어떤 인류학자에 따르면 네안데르탈인의 땅딸막한 몸은 추운 환경에 적응하기 위한 것에서 비롯된 것이라고 하였다(그림 24-5 참조). 그들의 탄탄한 몸과 함께 근골도 건장해져 몸무게는 현재의 인간보다 30% 더 나간다(Ruff 등, 1997). (Pour La Science: *Pour La Science*, **64**, 2/1983. 허락하에 재인쇄.)

징으로는 뚜렷한 안와상 테두리, 큰 턱, 작은 뺨, 강한 골격과 굽은 대퇴골체, 사지 말단의 크고 둥근 지골 등을 들 수 있고, 이 외에도 현생 인류에서는 관찰되지 않는 여러 해부학적 특징이 있다(**그림 20-29**, 그림 20-23c도 볼 것). 뇌 용량도 현생 인류보다 10% 정도가 더 컸다. 네안데르탈인들은 여러 면에서 사회적으로 그리고 행동적으로도 꽤 '진보'하였다. 그들은 동굴의 곰과 맘모스처럼 큰 동물을 능숙하게 잡는 사냥꾼이었으며, 복잡한 석기를 많이 제작하였고, 죽으면 무덤 위에 꽃을 얹어 놓는 등 사회적인 의례의식을 치루기까지 했다. 네안데르탈인들은 30만 년에서 3만 년 전까지 유럽과 서아시아 지역에서 살았다. 전부는 아니지만 많은 인류학자들은 네안데르탈인을 호모 사피엔스만큼 머리가 좋은 고등한 무리로 보고 있다; 말하자면, 호모 사피엔스 사피엔스(그림 20-23d)가 약 4만 년 전 세계 여러 곳에서 네안데르탈인을 대체하기 시작했을 것으로 보고 있다.[4]

네안데르탈인이 갑작스럽게 사라진 이유에 대해서는 거의 알려져 있지 않다; 그들 개체군 중 어떤 무리는 죽었을 것이고, 또 다른 무리들은 새 우점형질을 가진 종(dominant forms)과 결합되었을 것이다. 가설 중 하나는 네안데르탈인이 인간의 계통으로 갈라져 나온 후손을 대표한다는 것인데, 이는 네안데르탈인을 앞서는 사피엔스 무리와 네안데르탈인 후에 나타난 사피엔스 무리가 다르다는 것이다(Stringer와 Gamble, 1993). 이러한 가설을 지지하는 입장에서는 네안데르탈인의 미토콘드리아 DNA의 서열이 보통 호모 사피엔스의 유전적 변이성의 한계에서 벗어난다는 것을 제기한다.

Krings와 공동연구자(1997)들에 따르면, 이러한 증거들은 "네안데르탈인의 미토콘드리아 DNA와 인간 조상의 미토콘드리아 DNA의 유전자급원(gene pool)은 상당한 시간 동안 분리된 독립체로서 진화되었다는 것을 보여 준다. 하지만 이는 네안데르탈인이 현생인류의 유전자군의 미토콘드리아 DNA에 기여했었다는 의견에 대한 어떤 근거도 되어 주지 않는다." 네안데르탈인의 비정상적으로 큰 얼굴은 세게 물어뜯는 힘을 강화시키는 생물학적 혁신을 야기했다는 지적도 있다. 이로(물어뜯는 힘이 커짐) 인해 앞니는 더 힘을 쓰게 되어 다른 사피엔스 무리보다 앞니가 더 커지고 치근의 위치가 더 깊어지게 되었다. 앞니와 송곳니가 종종 두꺼운 보호막으로 싸여있다는 사실은 네안데르탈인이 이런 치아로 질긴 음식 혹은 짐승의 가죽, 또는 둘 다를 씹었다는 것을 말해 준다. 큰 얼굴에 있는 확장된 비강은 라디에이터(방열체) 기능을 했는데, 즉 확장된 비강은 많은 유럽 네안데르탈인이 살았던 건조하고, 춥고, 빙하와 같은 기후에서 흡입한 공기를 따뜻하고 축축하게 만들어 주었다.[5]

지브롤터(Gibraltar, 스페인 남부) 지역의 악마의 탑(Devil's tower)에서 최근에 발굴된 화석은 네안데르탈인이 늦어도 2만 8천 년 전에(어쩌면 2만 4천 년 전), 유럽의 일부 지방에서 살았다는 것을 보여 준다(Finlayson 외, 2006). 이 경우, 이 종은 유럽에서 해부학적으로 현생 인류와 함께 존재하였다는 것이 확실시된다. 어쨌거나 사피엔스와 네안데르탈인 두 종 사이의 실제 상호작용이 있었는지 아닌지는 추측으로 남아 있다.

최근 정보에 근거하여 호미닌의 3종이 함께 존재했다는 사실을 요약한 내용은 다음과 같다.

- 호모 사피엔스: 50만 년 전부터 현재
- 호모 네안데르탈렌시스: 50만 년 전부터 2만 4천~3만 년 전까지
- 호모 에렉투스: 50만 년 전부터 25만 년 전까지(플로레스섬의 호미닌이 호모 에렉투스일 경우에는 1만 2천 년 전으로 추정)

[4] harvati와 harrison(2006)의 최근 네안데르탈인에 대해 재해석한 논문을 참조.

[5] 13개체의 최근 인간 개체군에 대한 연구로, 지리적 기후적 지역에서 골격에서의 얼굴의 위치는 기후와 낮은 상관관계를 보여 준다는 연구가 있다(Harvati와 Weaver, 2006).

해부학적으로 현생 인간

해부학적으로 가장 최초의 현생 인간의 화석 증거는 아프리카에서 발견되었다.[6] Tim White와 Berhane Asfaw가 이끄는 연구팀은 에디오피아의 Herto 지방에서 약 16만 년 전의 유적을 발견했는데, 그 유적에는 해부학적으로 명확한 현생인류 화석이 최소한 3 개체가 포함되어 있었다(**그림 20-30**) (White 등, 2003).

현생 인류의 초기 화석 중, 이스라엘의 Mount Carmel에서 발견된 화석은 약 9만 년 전의 것으로 예상되었다. 또 다른 변형된 형은 모두 무스테리안기(유럽의 중기 구석기 시대)의 석기 시대와 연관되어 있다(그림 20-24c, 글상자 20-3). 무스테리안 문화는 네안데르탈인과 관련되어 있기 때문에, 어떤 문화권에서는 다양한 사피엔스 무리들이 서로 중첩될 수도 있다.

약 3만 5천 년 전, 후기 구석기 시대(upper paleolithic)는 — 초창기 구석기 시대(old stone age)의 후반부 — 유럽에서 시작되었다. 이 시기에는 석기를 부싯돌로 갈아 만드는 새로운 방법이 등장했다. 이런 문화와 함께 인간 화석에 있어서도 상당한 변화가 나타났는데, 그것들 중 가장 최초의 문화는 오리냐크 문화(aurignacian)이다(그림 20-24d, 글상자 20-3). 네안데르탈인 대신에 현생인류(해부학적으로)인 호모 사피엔스가 나타났는데(종종 유럽에서는 크로마뇽인이라고 부름), 그들은 보다 작은 안와상 테두리, 아치형으로 높아진 두개골, 작고 앞쪽으로 덜 튀어나온(prognathic) 얼굴을 가지고 있었다.

행동적으로는, 인간의 생활방식 진화는 기술적 지적 소양이 증가하는 것과 발맞춰 일어났고, 환경을 이용하고 조절하는 쪽으로 일어났다(**표 20-5**). 많은 예술작품(구상화)이 나타났는데, 동굴 벽에 그림(벽화)을 그렸고, 진흙이나 뼈로 만든 작품을 만들기도 했다. 몇몇 고생물학자들은 현생 인류들(해부학적으로)이 성공적으로 예술적인 표현을 한다는 것은 사회적 유대의 발달과 언어 사용 능력의 결과라고 주장한다. 본질적으로, "해부학적으로 현생"인 인류들은 유럽을 비롯한 여러 곳에 살았었다. **그림 20-31**은 유추가 가능한 하나의 계통분류학적인 체계를 보여주는데, 400만 년 전부터 알려지기 시작한 다양한 호미닌 화석 무리들 간의 관계를 넓게 그리고 있다. 호미닌 화석들은 산발적으로 발견되기 때문에, 우리는 그들의 무리들 사이에서 일어난 구체적인 진화적 사건을 알지 못한다. 그럼에도 불구하고 많은 화석들이 과도기 상태이다. 예를 들어, **그림 20-31**에서 보듯이, 2개로 갈라진 오스트랄로피테쿠류 계통의 경우가 있고, 혹은 오스트랄로피테쿠스 로보스투스와 보이세이를 하나의 같은 계통으로 묶어야 하는가라는 경우도 있다. 또한, 두드러진 골반 특징과/또는 추정되는 언어능력의 한계 때문에, 몇몇 물리인류학자들은 네안데르탈인을 호모 사피엔스의 아종으로 보기보다는 호모 네안데르탈렌시스에서 분리된 종으로 본다.

인류학자들이 아르디피테쿠스 라미두스(*Ardipithecus ramidus*)의 원시성에 대해서는 의문을 가지지 않는다 해도, 어떤 학자들은 아르디피테쿠스 라미두스가 호미닌 계통수의 뿌리 위치에 있다는 것을 확신하지 않는다. 또한 여러 인류학자들이 화석에 붙여진 다른 종명들을 이 계통에 포함시킨 것은 여전히 논쟁거리이다. 예를 들어, 어떤 학자들은 호모 루돌펜시스는 호모 하빌리스와 동시대에 살았거나 더 앞선 시기에 살았을 것으로 생각한다; 호모 에르가스테르에서 호모 에렉투스와 호모 사피엔스가 두 갈래로 갈라져 나왔고, 호모 하이델베르겐시스의 조상은 네안데르탈렌시스라고 여긴다. 많은 학자들은 호모 사피엔스와 네안데르탈렌시스는 에르가스테르로부터 곧바로 갈라져 나왔고, 반면

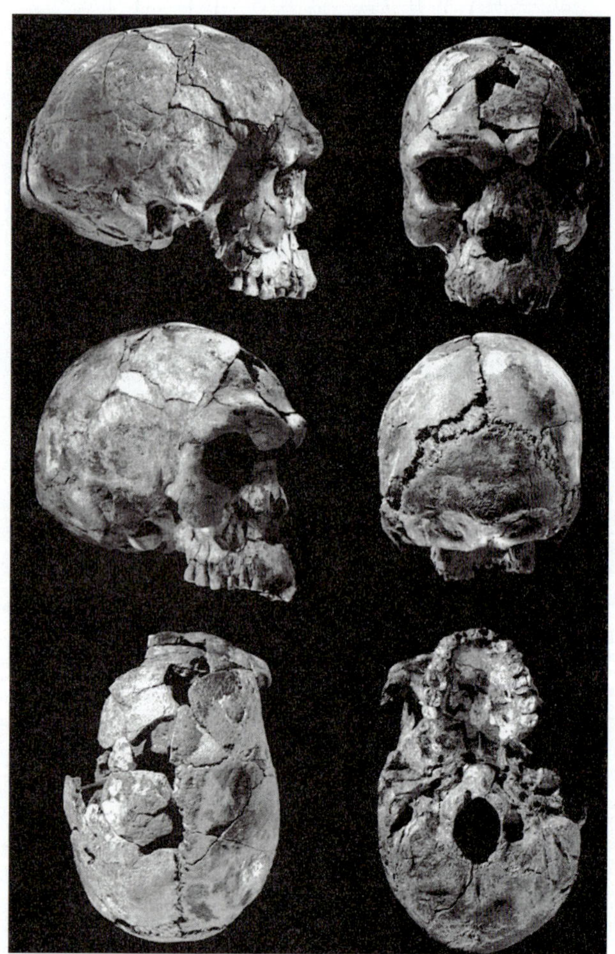

그림 20-30 에티오피아의 Herto에서 발견된 세 개체의 두개골로 16만 년~15만 4천 년 전에 살았던 것으로 추정된다. 각각의 개체들은 해부학적으로 가장 오래된 현생 인류로 알려져 있다. (T.D., B. Aspaw, D. DeGusta, H. Gilbert, et al., 2003. Pleistoncene *Homo sapiens* from Middle Awash, Ethiopia. *Nature*, **423**, 743–747.에서 인용.)

[6] 책을 통해, 우리는 "현대적" 그리고 "진보적" 이라는 용어 사용을 꺼려해 왔다. 여기서는 초기 인류와 우리 같은 현생 인류를 구분하기 위해 이런 용어를 쓰는 것이 합리적인 것 같다. 따라서 우리는 본문에서 해부학적으로 현생 인류, 현대 인간, 혹은 진보적 문화라는 용어를 사용하였다.

표 20-5 인류의 진화에 있어서 적응, 행동과 생태학적인 요인에 관한 간략한 추론

계통[a]	추정되는 시간(년 전)	적응, 행동 그리고 서식지	화석과 고고학적인 증거
인류의 조상	800~500만 년	비교적 큰 체구를 가진 원숭이가 중앙아프리카와 동아프리카에서 숲과 산림지역을 가로질러서 모자이크식으로 분포하고 있다.	아직 발견된 화석기록은 없지만, 인간이나 침판지의 조상의 무리가 존재했을 것이라고 예상된다.
오스트랄로 피테쿠스속	400~200만 년	땅에서는 두 발로 보행하고, 때때로 수상생활을 했으며, 개활지인 사바나, 목초지와 삼림지역에서 서식. 섬유성 식물을 주식으로 하지만 고기도 먹었다.	대규모의 화석이 동아프리카와 남아프리카에서 발견되었다. 큰 이빨과 턱을 가지고 있다.
호모 하빌리스	선신세~최신세, 200~150만 년	보다 발전된 두 발 보행을 했고, 식량을 조리하고 조달하기 위해 도구를 사용했다. 서식지는 건조한 지역이었는데, 이것은 보다 큰 주거 범위를 나타낸다. 살아 있는 동물을 사냥하였다.	골격이 변화하였고, 뇌의 크기가 커졌다. 초기 석기 유물이 발견되었다.
호모 에렉투스	초-중기 최신세, 150~50만 년	새로운 서식지와 지리적으로 새로운 지역으로 퍼져 갔다. 명백한 형태의 도구가 있으며, 불을 다룰 수 있고, 활발한 활동과 골격이 증대하였다.	화석은 아프리카가 아닌 지역에서도 발견된다. 석기시대가 발전되었다. 두개골과 후두개골이 발전되었다. 불을 피운 흔적이 발견되었다.
"오래된" 호모 사피엔스	중기 최신세, 50~15만 년	지리학적인 분기와 생태적인 적응. 훨씬 복잡한 도구를 사용하였다.	구대륙의 지역에 명백한 지역적인 특징을 가지고 분포했다. 양면이 있는 도끼가 발견되었다. 아슐기-무스테리안 석기시대.
호모 사피엔스 네안데르탈렌시스	후기 최신세, 15만 년~3만5천 년	크고 건장한 개체. 사회적으로 더욱더 복잡해지고 의식이 발달하였다. 보다 정교화된 도구를 사용하였다.	큰 두개골, 전 두개골 발달. 시신의 매장. 석기 종류의 증가.
호모 사피엔스 사피엔스	후기 최신세~현재	활동과 골격의 감소. 기술의 증대. 복잡한 문화의 발달. 집단 크기의 증가	"해부학적인 현생인류" 출현. 후기 구석기시대(오리나크 석기시대)부터 부수적인 의사소통과 농경의 시작과 확대.

a "계통"은 특수한 기간에 발견되는 주요한 일반적인 그룹을 가리킨다. 본문에서 지적했듯이, 다른 이름들은 화석의 무리를 위해서 사용되었다(예 : 호모 에르가스테르, 호모 로데시엔시스, 호모 하이델베르겐시스). 다양한 무리들은 당연히 중복된다.

b 에티오피아에서 발견된 250만 년전 유인원은 행동의 변화가 구석기시대의 기술과 증대된 잡식성(도살된 영양, 말, 다른 동물들)에 관련 있음을 시사하는데, 이것은 동 아프리카에서 발견된 오스트랄로피테쿠스 아파렌시스로부터 시작된 호모 계통의 출현과 부합된다.

에 호모 에렉투스는 플라이스토세 후기까지 하나의 계통을 이루었다고 여긴다. 다르게 제안된 이름은 다음과 같은데, 아프리카에 살았던 에렉투스를 호모 로데시엔시스로, 호모 사피엔스와 호모 네안데르탈렌시스 모두의 조상으로 알려진 스페인의 화석을 호모 안테세소르라고 이름 붙였다. 수많은 호미닌 변종들을 고려해 보면, "인간이 사다리의 꼭대기에 있는 것이 아니라, 인간은 덤불 속에 있는 하나의 작은 가지일 뿐이다(Foley 1995)라는 게 명확하다. 주된 관심은 계통수의 마지막 가지, 즉 인간의 기원이다. 이 주제에 대해서는 글상자 20-4에 보다 심도 있게 서술하였는데, 이 박스 내용은 1987년에 Cann과 공동연구자들이 논문에서 밝힌 내용 — 현생 인류의 미토콘드리아 서열은 14만 년~29만 년 사이에 아프리카에서 기원했다 — 을 바탕으로 해서 기술하였다.

미토콘드리아 DNA (mtDNA)

다양한 분자적 연구의 기술 중에서(12장 참조), 영장류의 미토콘드리아 유전자를 진화 연구에 활용하는 것은 꽤 많은 장점을 가진다.

- mtDNA는 원형의 분자이고, 16,569bp의 길이를 가지며, 전체 뉴클레오티드 서열은 **그림 20-32**에 있다.
- mtDNA는 기본적으로 모계를 통해 유전된다. 완전하지 않지만, 핵 내와 격리되어 세포질 내의 반수체 단위(수정될 때 남성의 정자는 세포질을 난자에게 전달하지 않는다. 아주 작은 양의 미토콘드리아가 들어가긴 하지만, 곧 계속되는 거대한 수의 난자의 분열에 의해 희석되어진다)로서 모계 유전을 한다. 또한 일반적으로 핵 내 유전자 및 다른 미토콘드리아 유전자와 재조합이 이뤄지지 않는다[비록 어떤 연구자들(예: Wallis의 1999년 논문)이 미토콘드리아 재조합이 일어난다고 제안했지만, 다른 연구자들은 그러한 발견에 의문을 가지고, 거의 드문 일시적인 현상으로 생각하고 있다].

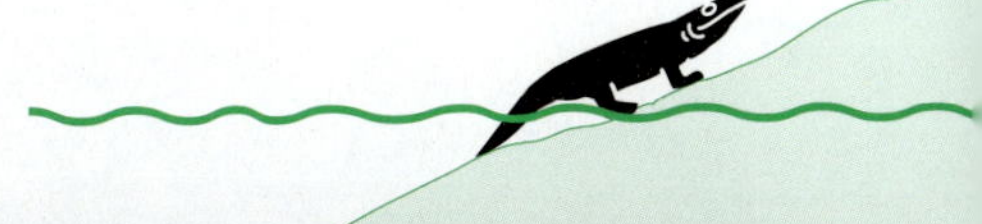

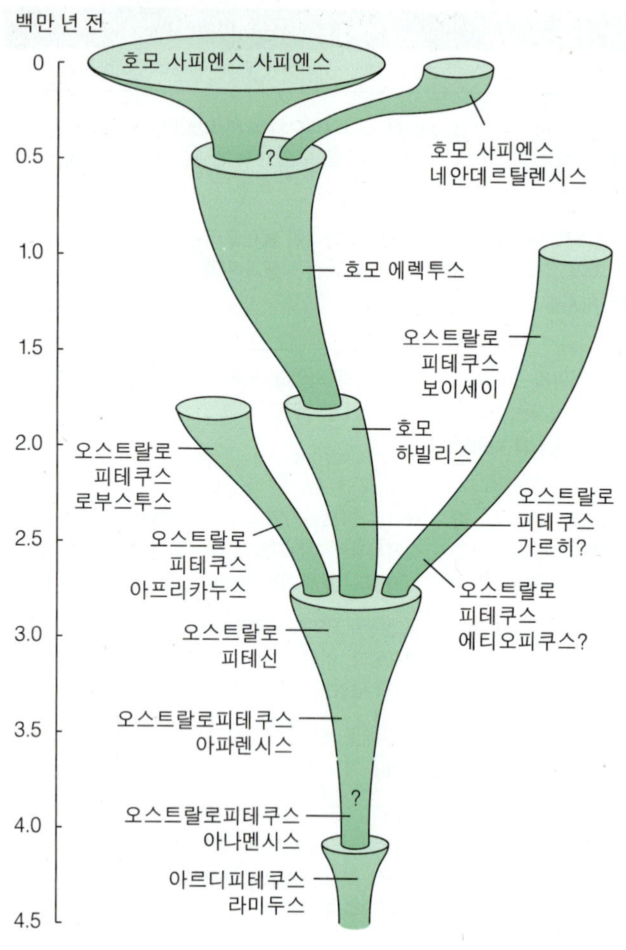

그림 20-31 알려진 인류의 종들 중에서 진화적으로 가능한 관계를 나타내는 계통 체계의 하나이다. 이렇게 세 갈래로 뻗어나간 계통수는 오스트랄로피테쿠스 보이세이 형태의 발견에 기초를 두는데(오스트랄로피테쿠스 에티오피쿠스?), 이것은 보이세이의 갈래가 아프리카누스-로부스투스 계통과 관계가 없거나 평행진화했음을 시사한다(McCollom, 1999). 그리고 다른 오스트랄로피테쿠스 계통인 에티오피아의 오스트랄로피테쿠스 가르히는 "초기 인류의 후보적인 조상이다." 어떠한 그림은 로부스투스와 보이세이를 단일 계통으로 합치고 아프리카누스에서 기인한 단지 2개의 가지만을 제안하는데 — 하나는 로부스투스로 향한 것이고, 다른 하나는 호모로 향한 것이다. 예상한 대로, 전통적인 화석으로서 종을 구별짓는 것은 명확히 정립된 기준 없이는 힘들다. 속을 지명하는 문제 또한 논쟁거리이다. 예를 들어 Wood와 Collard(1999)가 주장하기를, 호모 속은 단계통이 아니다라고 한다. 왜냐하면 호모 하빌리스와 루돌페니스가 호모 사피엔스의 조상종과 다른 호모 사피엔스와 공유한 특징보다, 오스트랄로피테쿠스에 더 밀접하게 관련되어 있기 때문이다. 화석 기록에서 명백한 차이점은 그들의 특이한 진화적인 위치와 기능에 의해서 일부 그룹이 구별될 수 있음을 나타낸다. 그러한 그룹이 얼마나 많이 있는가? 그들은 어떻게 구별할까? 확장된 화석의 방향과 어떻게 연관된 것인가? 수집 가능한가? 어떻게 일부의 고인류학자들에게 지지를 받을 수 있는가? (Day, M.H., 1986a. *Guide to Fossil Man*, 4th Edition. Cassell, London, UK.에서 인용.)

- 그러므로, 돌연변이(보통 단일 염기 치환)에 의해 염기쌍이 변하지 않는다면, mtDNA 분자는 한 세대에서 다음 세대로 불변 상태로 남게 될 것이고, 개체 내에서 동일하게 존재할 것이다.
- 개체마다 약 10^{16}개의 mtDNA 분자가 존재하고 있고, 세포마다 수천 개의 복사본이 존재하기에 연구자들은 인간의 조직에서 더욱 쉽게 분리할 수 있다(한 세포 당 단지 2쌍이 존재하는 핵 내의 DNA 유전자에 비해).
- 핵과는 반대로, 미토콘드리아는 복원효소가 없고, 돌연변이는 핵과 비교해 10배 정도 더 많이 발생한다. 이렇게 빠른 진화 때문에, 연구자들은 느리게 진화하고 더욱 복잡한 핵 유전자 서열을 연구할 때 비교대상으로써 mtDNA를 사용할 수 있다.
- 추측컨대 대부분의 mtDNA의 변화는 변이에 거의 영향을 주지 않고, 그러한 돌연변이는 꽤 일정한 속도로 일어난다. 때문에 mtDNA의 서열 차이를 통해 분자시계로 활용할 수 있고, 유전자가 분기한 시점을 알 수 있다. mtDNA의 "계통수"는 연대순의 "계통수"로 사용될 수 있고, 이러한 계통수로 분자시계가 얼마나 정확히 측정되었는지(12장에 논의됨)에, 그리고 분류군 사이의 변이성을 설명할 수 있다.
- 가장 중요한 것은 유전자의 염기서열을 결정하는 기술인데(12장에 논의됨), 이러한 기법의 향상은 연구자로 하여금 개체간 mtDNA의 차이를 추적하는 것을 가능하게 했다. 즉, 그들의 분기를 추측함으로써 진화적인 유연관계를 결정하는 것을 가능하게 하였다.

그림 20-33에서 보듯이, Cann과 공동연구자들(1987)은 현생 인류의 mtDNA의 진화적인 계통수를 분석한 후, 이들은 아프리카에서 살았던 단일 조상의 서열에서 기원했다고 제안하였다(그림 20-33a). 이것은 주된 아홉 자손의 서열(그림 20-33 b~j)이 아프리카를 시발점으로 다른 지역으로 퍼져 나가 급기야는 분기되었음을 의미한다. 그 이유는 아프리카 바깥 지역에서 하나 이상의 독특한 mtDNA 계통을 가진 무리들을 발견할 수 있는데, 자손에게 자신들만의 특징적인 mtDNA를 물려 주는 여성들이 여러 지역에서 집단을 이루었기 때문이다. 예를 들면, Cann과 공동연구자들은 뉴기니의 Highlanders 지역의 미토콘드리아 유전자를 분석해 보니, 서로 다른 7개의 모계 기원이 있었다라고 제안했는데, 이들 대부분은 아시아에서 왔고, 나머지는 아마 호주로부터 왔을 것으로 추정했다.

mtDNA 서열의 분기율을 측정함으로써 이들의 이주의 시기를 결정할 수 있는데, 공통 조상의 mtDNA 서열 간의 차이를 측정하는 방법으로 대략적인 시기를 추정할 수 있다. Cann과 공동

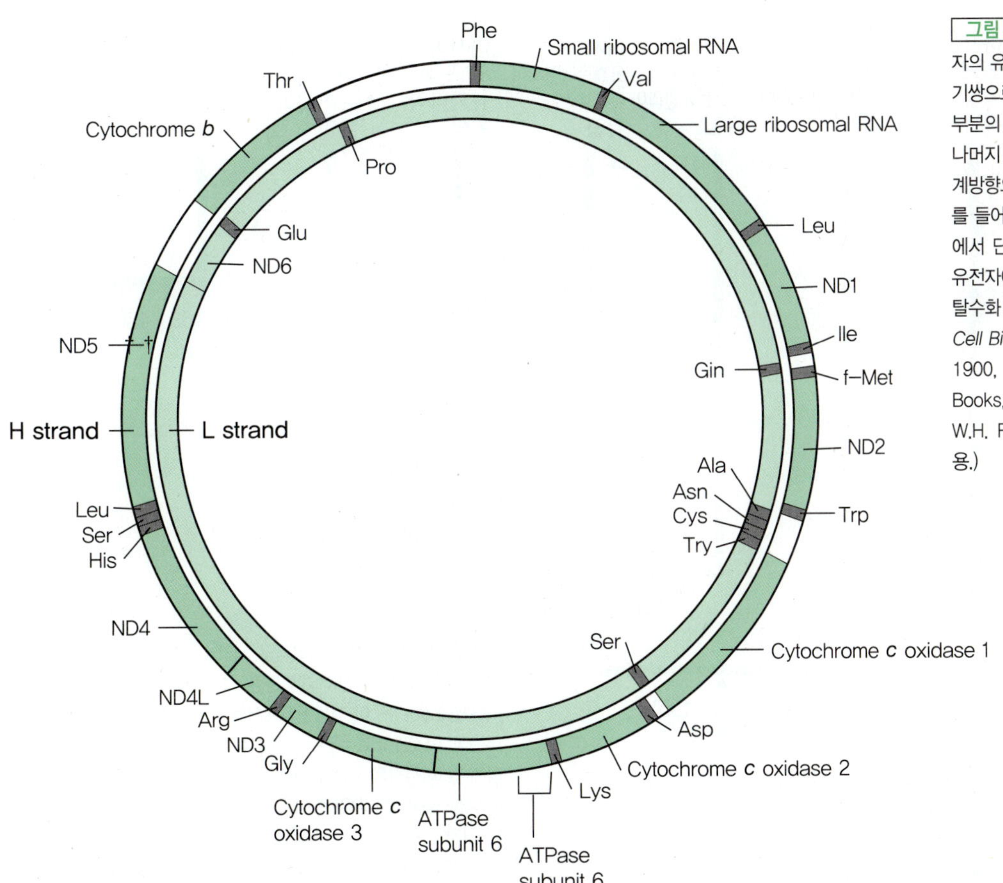

그림 20-32 인간 미토콘드리아 유전자의 유전적 구성. 그것은 16,569개의 염기쌍으로 구성되어 있고, 바깥 가닥(H) 대부분의 유전자는 시계방향으로 전사되고, 나머지 유전자는 안쪽 가닥(L)에서 반시계방향으로 전사된다. 아미노산 약어(예를 들어 phe, val, leu)는 미토콘드리아 내에서 단백질 합성에 사용되는 운반 RNA 유전자이다. ND가 앞에 붙은 것은 NADH 탈수화 보조 요소를 나타낸다. (*Molecular Cell Biology* by Lodish et al., © 1986, 1900, 1996 by Scientific American Books, Inc. Used with permission by W.H. Freeman and Company.에서 인용.)

연구자들에 따르면, 이 분기율은 척추동물의 경우, 백만 년 당 거의 2~4% 정도의 뉴클레오티드 변화가 있고, 이는 그림 20-33에서 잘 설명되어 있다. 이 결과를 통해 호모 사피엔스의 초기 형태가 10만 년에서 20만 년 사이에 아프리카에서 존재했고, 다른 장소로 퍼지며 적응방산되어 다양한 무리로 분기되었으며, 급기야는 호모 에렉투스와 같은 토착종을 대체했음을 알 수 있다.[7]

이 자료에서 중요하고 흥미로운 점은, 연구자들이 통계적인 이의를 제기하는 데 오랜 시간이 걸리지 않았다는 것이다. Cann과 공동연구자들(1987)이 제시한 계통수는 나올 수 있는 수많은 계통수 중 하나일 뿐이라는 점이 제기되었고, 그중 어떤 것은 데이터를 더 잘 설명해 줄 수도 있다고 지적했다. 연구자들은 또한 Cann과 동료들이 제시한 아프리카 기원설에 대해서도 이의를 제기했다; 최근 연구를 통해 새로운 자료들이 추가되고 있는데, 그 자료 중 어떤 것은 글상자 20-4에 제시되고 있다. 논쟁은 계속되고 있지만, Cann과 공동연구자들이 내린 호모 사피엔스의 단일 아프리카 기원설이란 결론은 클라시스(Klasies) 강 하구, 남아프리카 그리고 에티오피아의 Herto 지역에서 발견된 화석들을 통해 실체화되고 있다.

■ 사냥하는 호미닌(Hominin)

많은 인류학자들은 과거의 환경이 다양한 인간 특성들에 어떻게 영향을 미쳤는지, 또 인간이 어떻게 환경에 영향을 주고 환경을 선택해가는 지에 대해 이해하고 싶어 한다.

앞서 언급한 것처럼, 두 발 보행과 정착생활의 도입은 초기 호미닌들이 여러 환경을 이용할 수 있도록 영향을 주었다. 그들은 이제 이전보다 더 편하게 숲에서부터 대초원까지 이동하게 되었고, 먹이를 구하기 위해 더 많은 지역을 누비고 다니게 되었다. 하지만 대초원에서 구할 수 있는 먹이는 숲에서 구할 수 있는 먹이와는 달랐는데, 이 새로운 환경은 많은 새로운 행동과 적응을 하도록 부추겼다.

Boesch-Achermann과 Boesch(1994)는 숲에 사는 침팬지가 행동, 도구 사용, 사냥과 음식 공유 등에 있어서 대초원에 사는 침팬지에 비해 더욱 재능이 있다고 설명한다. 또한 그들은 침팬지와 인간의 계통분류학적 유연관계는 매우 가깝고, 산림지대의 환경

[7] 호미닌 유전체의 최근 분석은 mtDNA에 대한 이야기를 포함하고 있는데, 호미닌의 mtDNA에 다양하고 많은 진화적 역사가 모여 있기 때문이다; 더 최근의 데이터에 대해 알아보려면 Pääbo(2003), Garrigan 그리고 Hammer(2006) 참조.

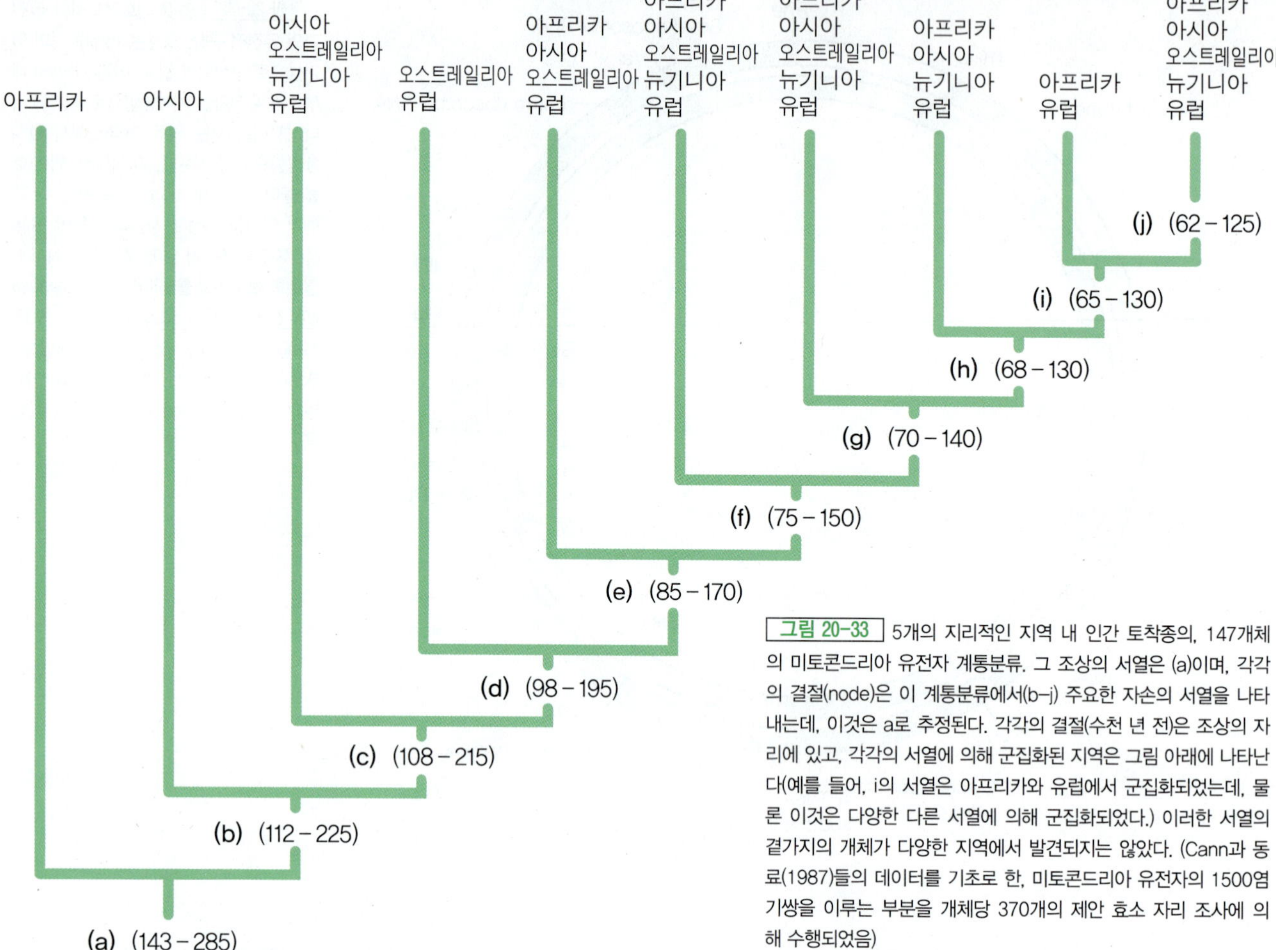

그림 20-33 5개의 지리적인 지역 내 인간 토착종의, 147개체의 미토콘드리아 유전자 계통분류. 그 조상의 서열은 (a)이며, 각각의 결절(node)은 이 계통분류에서(b–j) 주요한 자손의 서열을 나타내는데, 이것은 a로 추정된다. 각각의 결절(수천 년 전)은 조상의 자리에 있고, 각각의 서열에 의해 군집화된 지역은 그림 아래에 나타난다(예를 들어, i의 서열은 아프리카와 유럽에서 군집화되었는데, 물론 이것은 다양한 다른 서열에 의해 군집화되었다.) 이러한 서열의 곁가지의 개체가 다양한 지역에서 발견되지는 않았다. (Cann과 동료(1987)들의 데이터를 기초로 한, 미토콘드리아 유전자의 1500염기쌍을 이루는 부분을 개체당 370개의 제안 효소 자리 조사에 의해 수행되었음)

은 살아가는 개체로 하여금 명백히 더 많은 것을 요구하고 선택적이기 때문에, 초기 호미닌의 진화는 근본적으로 숲에서의 경험과 관련이 있다고 주장한다.

비교적 대초원의 적은 강수량은 숲에 비해서 보다 질이 낮은 식물성 먹이를 제공하고, 어떤 식물이 특정 장소에만 자라고 다른 곳에서는 자라지 않게 하는 등 식물의 분포도 고르지 않게 만든다. 이렇게 식물의 분포가 고르지 않고, 계절에 따라서도 분포가 달라지기 때문에 호미닌은 더 많이 이동을 하게 되고, 다양한 음식을 먹게 되고, 음식을 찾는 데 보다 유연한 전략을 세우게 되었다. 또한 대초원에는 이동을 하는 거대한 포유류의 무리들 같은 다양한 초식동물이 산다. 따라서 비교적 초기에는 고기를 먹을 기회가 생겼고, 이러한 포유류를 잡아먹는 대형 포식자들과 경쟁을 하고 또는 포식자들을 피할 수 있는 전략을 발전시키기도 했다.

이러한 호미닌들의 생활상에 변화가 일어났는데, 그중 가장 중요한 변화는 식습관의 변화로 상대적으로 고기를 먹는 육식의 비율이 많이 증가했다는 점이다. 사실 **동물 사냥**(Animan hunting)은 영장류에 있어서 그다지 새로운 특성은 아니다; 많은 연구자들은 개코원숭이와 침팬지 무리가 자신들보다 작은 동물을 사냥하는 예를 기록해 놓았다.[8] 영장류 가운데, **고기를** 가장 많이 **섭취**하는 무리는 인간이다. 이와 같은 식습관은 시간에 따라 다르고, 장소에 따라서 매우 다양한데, 이것은 인간 역사의 초기에 확립되었을 것으로 보고 있다. 따라서 이미 숲에서 살던 시절부터, 초기 호미닌들은 비록 적은 양이라도 고기를 먹기 시작했을 것이다.

고기 섭취의 증가는 초기 호미닌에게 많은 장점을 제공한다:

- 고기는 리신, 트립토판, 히스티딘과 같은 단백질 합성에 필요한 필수 아미노산이 풍부하다.
- 고기는 대부분의 식물성 음식물에 비해 무게 당 더 많은 열량을 제공한다.

[8] Harding 그리고 Teleki(1981), Goodall(1986) 참조. Goodall은 탕가니카(Tanganyika) 호수 근처에서 곰베(Gombe) 침팬지가 콜로버스 원숭이를 잡거나/혹은 잡아먹는 사건들을 200건 넘게 발견하였고 목록화하였다. 더구나, 많은 다른 포유류의 동족 잡아먹기 및 사냥과 소비 역시 관찰하였다. Teleki는, 곰베 지방의 침팬지들은 1년에 225~300마리의 포유류를 죽이는데, 이는 "몇몇 대형 육식 동물이 죽이는 수와 같다"라고 언급했다.

- 고기는 잘 포장하고(작은 동물의 경우), 혹은 자르고 찢어서(큰 동물의 경우) 작은 단위로 만들 수 있어 그들의 주거지로 쉽게 운반할 수 있다.
- 큰 동물을 한 마리만 잡더라도, 한 무리의 개체들이 하루 이상 먹을 수도 있다.
- 고기는 식물성 음식이 사라진 건기에도 이용할 수 있다.
- 열악한 환경에서 음식물이 제공될 때에도, 고기는 여분의 에너지를 제공해서 더욱 증대된 뇌의 유지와 발달을 도와준다.

수렵-채집 사회(Hunter-Gatherer Societies)

비록 큰 차이는 있지만, 우리는 중앙 아프리카(*Mbuti Pygmies*), 남 아프리카(*Kalahari Bushmen*), 그리고 오스트랄리아(*Aborigines*)에서처럼 오늘날까지도 끊임 없이 **수렵-채집 사회**(hunter-gatherer societies)를 이루고 사는 무리로부터 초기 호미닌들의 생활양식에 대한 아이디어를 얻을 수 있다. 이런 무리는 사회적 공동체나 또는 어떤 무리를 형성하는데, 보통 남성은 사냥을 하고 여성은 식물을 모은다. 그들의 식성은 잡식성이라서 계절적으로 다양한 식물과 동물을 먹기도 하고, 각각의 무리는 다른 정착지를 찾아 일 년에 몇 번씩 꽤 넓은 지역을 이동해 다닌다.

Kalahari Bushmen의 무리들 중에서 여성은 전체 음식 중 야채와 과일로 된 음식물을 60% 정도 충당하고, 남성은 동물사냥으로 전체 음식 중 대략 40%를 가져온다. 음식물을 공유하기 때문에 Bushmen은 음식을 거의 버리지 않고, 모든 구성원이 음식을 나눠가질 확률을 최대화한다(silberbauer, 1981).

우리는 아직까지 고대 호미닌들의 식습관에서 식물성과 동물성 음식물의 비율에 대한 정보를 가지고 있지 않다. 특히 호미닌들이 주로 이용했을 많은 식물들은 화석으로 남아 있지 않거나, 남아 있어도 매우 빈약하게 보존되어 있다. 그럼에도 불구하고 동아프리카 지역에서 발견된 호미닌들의 뼈를 통해 그들의 활동을 추적해 보면, 그들의 수렵 채집은 약 2백만 년 전인 최신세 초기까지 다양하게 이뤄져, 그들의 생활에서 매우 중요한 부분을 차지했다는 것을 알 수 있다.

협동 사냥

그래서 비록 우리가 인간의 역사에서 언제부터 사냥을 시작했는지 정확하게 모르지만 그것은 인간의 행동에 심각한 영향을 줄 만큼 긴 기간 동안 — 많은 사회에서, 약 1만 5천 년에서 1만 년 전(신석기 시대) 농업혁명 전까지 — 행해졌던 중요한 산업 활동이었다. 심지어 우리가 식물성 음식이 초기 인류의 역사에서 최소한 고기만큼 중요한 자원이었다는 것을 인정한다 해도(Tanner,1987), 여러 가지 많은 의문이 남는다. 어떤 선택적인 힘과 효과가 사냥을 하게 했는가? Tooby와 DeVore은 "사냥은 호미닌의 진화에서 설명이 어렵던 부분을 훌륭하고 경제적으로 설명할 수 있게 해 준다"라고 주장한다.

첫째로, 중간 크기나 큰 먹잇감을 성공적으로 사냥하기 위해서는 사냥꾼들 간에 적극적인 협동이 뒤따라야 한다. 우리는 심지어, 먹이를 찾아다니는 침팬지 무리(보통 2~5마리의 수컷)에서도 이런 협동 활동을 볼 수 있는데, 침팬지들은 원숭이를 몰아가고 나서 전략적 위치에서 자리를 잡고 원숭이를 둘러싸면서 그들의 도주로를 차단한다. 호미닌 사냥꾼들은 나무 작살, 곤봉, 손도끼 같은 간단한 무기로 무장한 채 다음과 같은 여러 사냥기술을 이용한다. 추적; 몰래 따라다니기; 사냥감을 쫓아가 막다른 곳으로 몰아넣거나 늪지나 절벽너머에서 잠복하기; 또는 지칠 때까지 계속해서 쫓아다니기 같은 사냥기술을 사용한다. **협동 사냥**(cooperative hunting) 덕분에 인간은 홀로 사냥할 때보다 큰 동물을 훨씬 더 쉽게 제압할 수 있게 되었다.

둘째로, 협동 사냥과 큰 동물의 사냥은 사냥을 하고 사냥한 먹잇감을 분배하는 동안 사회적인 응집력을 높이는 데 기여한다. 성공적으로 사냥하는 기술의 전수는 필수가 되었고, 이는 후에 전체 무리가 사회적 상호작용하는 데 중요한 기능을 수행하게 되었다. 말하자면, 향상된 의사소통은 각 개체가 계획, 사냥, 협동, 먹잇감 모으기, 먹잇감 나누기, 아동 돌보기, 어린 아이들 교육 등 복잡한 활동을 하도록 유도했다.

셋째로, 사냥을 성공적으로 수행하기 위해서는 이동 경로, 물의 위치, 집(정착지)에 대해 정확히 인식해야 하고, 정보를 보유해야 한다. 이미 그들의 지리학적인 위치는 집(정착지) 영역(한 무리가 습관적으로 차지했던 구역)을 넘어, 대부분의 다른 영장류나 육식동물이 차지했던 구역보다 훨씬 넓은 구역을 차지하였다(Foley, 1987). 호미닌 사냥꾼들은 자신들의 경험과 관찰을 지적으로 분석하여 지리학적, 생태학적 특징, 피식자의 행동, 날씨에 따른 영향, 계절적 변화들을 지적으로 분석해야 했다. 그리고 이런 정보들을 축적하고 종합하여 소통 가능한 지적 지도를 만들었는데, 물론 이 지도 덕에 사냥 행사를 예상, 계획, 변형을 할 수 있게 되었다. 시공간적 추리의 진화와 선택에 대한 유전적 설명은 유전자 결손 때문에 특정 능력이 결여된 증세인 윌리엄 증후군(Williams syndrome)을 가진 인간을 예로 추정할 수 있다.

넷째로, 호미닌은 사냥을 함으로써 추적에 대한 인내심(인간은 많은 다른 큰 동물들 보다 오랜 시간 동안 지속적으로 먼 거리를 계속해서 달릴 수 있다), 사냥 작전 능력, 아주 무거운 짐을 운반하면서도 먼 거리를 여행하거나 주거지 사이를 이동하는 등 이동에 대한 적응능력이 향상되었다. Bramble과 Lieberman(2004)는 호모닌이 먼 거리를 달릴 수 있게 한 해부학적, 생리학적 적응 증거들은 호모 에렉투스로부터 유래한 호모속의 특징이라고 최근에 발표했다. 또한 많은 연구자들은 이러한 추적 행동은 증대된 대사적 열의 확산을 위해 영장류 중에서 사람만의 특징인 체모의 손실을 불러오고, 땀샘의 수를 증가시키는 쪽으로 선택하게 했다고 지적했다.

다섯째로, 발톱이 없고, 송곳니가 없는 호미닌들이 대형의 동물을 잡고, 도살하기 위해서 기술적인 도구들은 필수적이었다. 따라서 그들은 다양한 올가미, 무기와 도구, 그리고 호모 하빌리스 때에 사용된 석기 같은 것을 만들어 내었다(그림 20–24). 화석에 나타난 도구에서처럼, 그런 기술에는 재료를 다듬고 작업이 끝났을 때 그것이 무엇처럼 보일까를 예상하면서 형태를 만드는 작업도 포함된다. 이렇게 연장을 만드는 기술에는 손재주, 손과 눈의 협력 작용, 상당한 집중력 뿐만 아니라, 계획을 세우고, 처음에는 전혀 다른 모형이었던 원재료로 특정 형태로 만들어가는 능력이 포함된다. 장인은 3차원적 구조 속에서 도구의 마지막 형태를 구상하고, 그것을 만들기 위해 일련의 기술을 습득한다. 이는 적합한 기술의 발견과 인지도 포함하는데, 그들은 광범위하게 널려있는 노두(露頭) 상태의 돌들을 가져와 정교하게 치고 다듬어서 도구의 형태로 만들었다. 또한 연장을 만드는 사람은, 그런 기술들을 다른 전수자에게 전해주기 위해서, 사회적인 의사소통을 할 수 있는 지적인 능력까지 갖춰야 했다.

마지막으로, 사냥은 더 나아가서 작은 무리들간의 음식교환을 가능하게 함으로써 거주지에서의 사회적 기능을 강화시켰다. 특히 사냥에서 흔히 발생하는 것처럼 음식물의 공급이 규칙적이지 않기 때문에 이는 더욱 강조되었다. 거주지는 여성이 임신을 하고 양육을 하는 데 더욱 중요했는데, 거주지가 있으므로 여성이 큰 사냥에 참여하기 위해 굳이 먼 거리 이동을 하지 않아도 되기 때문에 더욱 유용했다. 거주지는 음식을 나누는 곳, 은신처, 사냥을 준비하는 곳, 성적인 결합 장소, 아이를 돌보는 곳, 그리고 사회 구성원들을 하나로 묶어 주는 사회적 훈련을 하는 곳이다.

그러나 두 발 보행의 기원에서처럼, 어떤 인류학자들은 인간의 조상 중에서 사냥이 차지하는 역할에 대해서 심각하게 토론을 했는데, 그것은 초기 인류가 어느 정도로 사냥을 했는지를 모르기 때문이다(Harding과 Teleki, 1981). 그럼에도 불구하고, 우리는 현재의 수렵 채집하는 무리로부터 추측할 수 있고, 심지어 스포츠로서 사냥을 하는 사람들로부터 추측할 수 있는데, 사냥활동은 그것의 기능이 무엇이든 간에 다양한 감정을 표출하게 만든다; 그 예로, 먹이를 찾고 피식자를 정복하는 데에 대한 기쁨; 정확한 목표물 겨냥에 필요한 던지기와 붙잡기 같은 물리적인 기술 습득에 만족감; 공격 전략과 방어 전략의 발명에 필요한 지적 기술의 습득 등을 들 수 있다. 이런 행동들은 인간 발달 단계 중 초기에 일어났는데, 특히 아동기와 청소년기에서 나타난다. 그리고 완전히 성숙한 성인 시기는 알려진 다양한 역사적 문화에서 증명되었다. 최근 대부분의 현대 인간 사회가 더 이상 음식을 위해 사냥할 필요가 없다 해도, 이런 행동에 대한 흥미는 줄어들지 않았다; 그러한 기술을 발달시키는 운동선수 그리고 "전사"는 종종 크게 존경을 받는다.

의사 소통

의사소통은 한 개체의 자극이 다른 개체의 반응을 유발하는 수단이다. 의사소통 방법은 감각 기관(후각, 촉각, 시각과 청각)을 통하여 이뤄진다. 실제로 서로 상호작용하는 모든 동물들은 하나 또는 더 많은 의사소통 방법을 사용한다. 특히 사회적 동물들의 의사소통방법이 잘 발달되었는데, 사회적 동물들의 경우, 다른 개체들에게 먹이 자원, 포식자와의 만남, 영역의 표시, 성적인 흥분의 표시, 사회의 순위 표시(우점)과 감정의 상태 등과 같은 신호를 제공하는 데 있어 정보는 필수적이다. 우리는 영장류를 통해 이 같은 예를 발견할 수 있다.

예를 들면, 다양한 원시원숭이와 원숭이는 특수한 샘에서 특별한 오줌이나 냄새를 분비해서 흔적을 나타내고 영역을 표시한다. 그들은 또한 일반적으로 **후각신호**(olfactory cue)를 사용하여 짝짓기 할 배우자를 유혹하고 배란이 시작되었음을 알린다. 그러한 의사소통은 인간과도 일치할 때가 있는데, 인간은 겨드랑이와 생식기 부분에서 냄새를 풍긴다. 비록 서양 문화권에선 사람들이 일반적으로 이런 냄새를 방취제와 향수로 없애거나 가리지만, 실험을 해보면 많은 사람들은 이성간이나 개체들 간에서도 몸에서 나는 냄새로 상대방을 구별해낼 수 있다.

촉감 의사소통(tactile communication)의 가장 일반적인 예로는 털 고르기를 하거나, 손가락과 입술과 이빨로 털을 깨끗이 손질하는 것을 들 수 있다. 이는 많은 포유류 무리에서 볼 수 있는 가장 확실하고 빈번한 상호작용 중의 하나이며, 개체들 또는 무리를 하나로 결속시키는 데 중요한 역할을 하는 사회적 행동으로 여겨진다. 침팬지는 털고르기 이외에도 손을 잡는다던지, 툭툭 친다던지, 껴안는다던지, 키스를 한다든지 등 다른 접촉 방법으로 의사소통을 한다. 인간은 상대적으로 털이 매우 적게 가지고 때문에 영장류처럼 털 고르기는 하지 않지만, 촉감을 통해 서로에게 안심을 주기도 한다.

영장류의 **시각적 신호**(visual signals)에는 자세, 부푼 생식기, 혼인색(짝짓기 신호로서의) 등과 같은 물리적 몸짓 또는 해부적 표시가 포함한다. **그림 20–34**를 보면, 얼굴 표정이 아주 다양한데, 이러한 표정은 얼굴에 털이 없는 경우에 더욱 잘 보인다. 노려보고 소리 지르는 것 같은 어떤 표정들은(그림 20–34a와 c) 아마도 영장류에서는 위협의 표시이며, 심지어 인간의 문화권에서도 공격적인 태도의 표시이다(그림 20–34 b와 d).

최근 인간의 얼굴표정을 관찰하는 흥미로운 연구가 수행되었다. 각각의 피실험자들이 출생에서부터 슬플 때, 화날 때, 그리

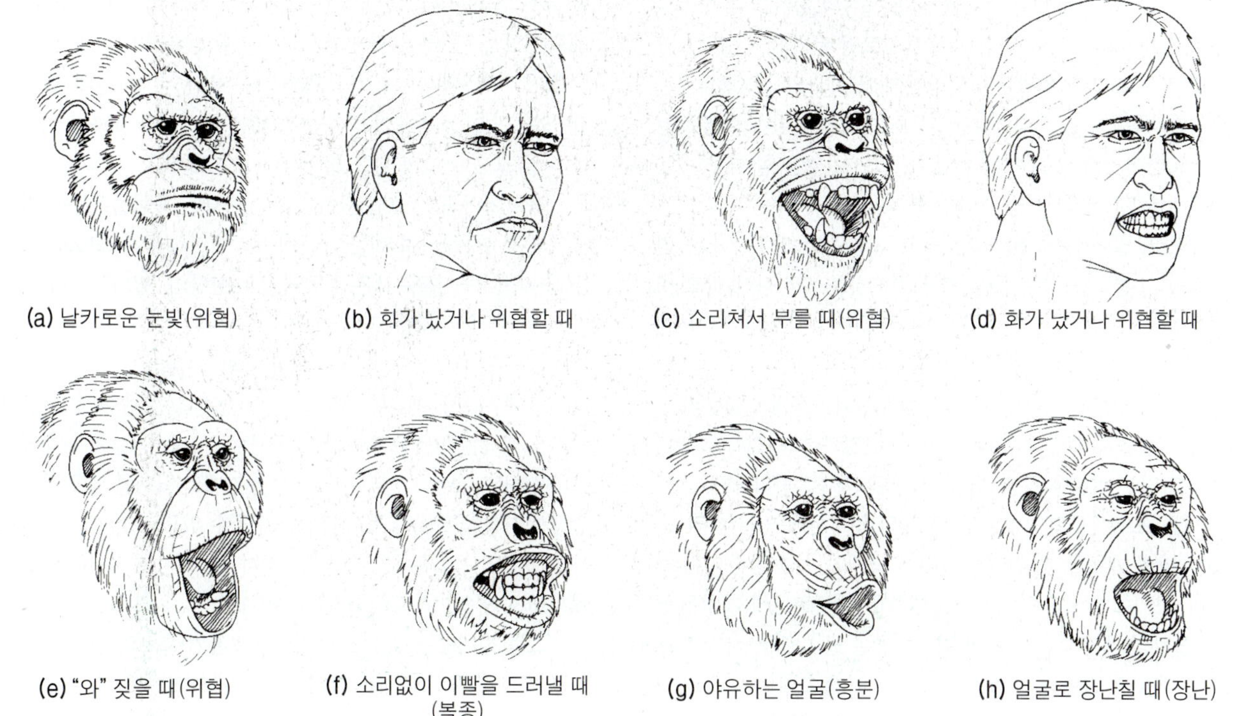

그림 20-34 침팬지 얼굴에 표현되는 순간적인 모습은 다양한 감정 상태를 가리키며, (b)와 (d)는 인간 표현을 보여 준다. (Chevalier-Skolnikoff, S. 1973. Facial expression of emotion in non-human primates. In *Darwin and Facial Expression*. P. Ekman (ed.) Academic Press, New York.에서 각색.)

고 생각에 집중하고 있을 때(실험 참가자들은 이 실험을 의식하지 않고)의 표정을 관찰하는 것이었다. 그 결과, 친척관계가 아닌 경우보다 친척관계인 피실험자들의 얼굴표정이 더 비슷했는데, 이는 얼굴표정을 짓는 데도 유전적 요인이 작용한다는 사실을 의미한다(Peleg 등, 2006).

시각적 표현과 비교해 볼 때, 발성의 장점은 발성을 하는 동안에 손과 몸이 자유로워 다른 행동을 할 수 있게 한다는 점이다. 또한 입으로 내는 소리는 발성한 사람이 자신이 발성한 것을 들을 수 있게 하여, 발성되는 동안(또는 아마 그 전에도) 발성을 조절 할 수 있게 피드백을 해 주는 장점이 있다. 더욱이 비록 소리가 빠르게 사라지더라도, 가깝거나 멀거나, 어떤 방향에 있던지, 심지어 시각적 의사소통을 방해하는 장애물이 있던지 간에 어떤 경우라도 발성은 전달된다.

일반적으로 소리는 기록을 남기지 않기 때문에, 대부분 영장류는 포식자에 대한 경보나 영역 표시에 대한 소리를 낼 때는 보통 짧고 단순한 메시지를 보낸다. 어떤 영장류의 발성에는 다양한 단계가 있는데, 각 단계는 미묘한 의미를 제공한다. 그래서 일본 마카크원숭이는 암컷이 그들의 새끼와 접촉할 때, 서열 높은 으뜸 개체가 서열이 낮은 개체와 접촉할 때, 암컷이 발정을 할 때, 무리로부터 수컷이 분리될 때 같이 특별한 상황에서 "쿠" 소리를 다양하게 구사한다.

다른 영장류 발성은 발성자의 감정 상태뿐만 아니라 특별한 외부 사건에 대한 직접적인 경고도 반영된다. 한 예로, 벨벳원숭이(vervet monkey)는 포식자의 종류에 따라 서로 다른 세 가지 경보 소리를 낸다:

- 매를 발견했을 때 "rraup" 소리를 내어, 신속하게 무리에 알려 위를 쳐다보게 한 다음, 낮은 쪽 나뭇가지에서 은신처를 찾는다.
- 포식성 포유동물을 보았을 때 "chirp" 소리를 내어, 무리가 숲의 수관부(canopy)로 신속히 올라가게 한다.
- 뱀을 발견했을 때 "chutter" 소리를 내어, 무리가 신속히 땅에서 전투적인 자세를 취하게 하는 것 같다.

이런 소리들은 그 소리 자체와는 관계 없는 목표물을 표현한다는 점에서 **상징적**이다(예를 들어, chirp는 표범이 아니다). 그리고 이러한 소리는 인간의 의사소통(단어의 소리음은 뜻과 일치하지 않음)을 낳은 영장류의 전적응 과정이라고 추정할 수도 있다.

말

영장류의 발성에서 가장 상징적인 것은 인간의 **말**(speech)과 **언어**(language)이다. 여기에서 우리는 다른 의미를 가진 단어들을 여러 방법으로 섞은 뒤, 다른 소리를 내는 음절의 범위를 가지고 새로운 특징을 소개하고자 한다. 단일 음조로만 된 소리의 연속성과는 대조적으로, 인간의 말은 상대방에게 빠르게 의사를 전달하는 수단이다. 예를 들면, 점과 선(모스 부호)으로 연결된 모스 부호는 1분에 50단어 이하로 해석할 수 있다. 반면에 말을 할 때 쓰이는 음절은 1분에 150단어까지 전달할 할 수 있다.

인간의 말에 대한 진화 분석에서, 오랫동안 해부학자, 물리 인류학자와 행동생물학자들이 연구했던 것은 고전적인 비교 비교해부학에서부터 — 인간과 침팬지 신생아의 성도(vocal tract)는 네안데르탈인의 성도와 비슷하다고 간주되었다 — 인간의 언어와 두 발 보행과 음악적 재능(능력[9])의 진화과정에서 음운의 필수적인 역할을 논의할 해부학, 고고학, 신경과학, 심리학 그리고 음악학과 같은 학문을 종합적으로 접근한 분야를 망라한다.

다른 포유동물의 발성처럼, 도관의 윗부분에 있는 **후두**(larynx)는 말의 기초를 제공한다. 그것은 소리와 연관되어 있는 게 아니라, 초기에 원시적으로 공기로 숨 쉬는 어류로부터 기원을 했다. 오늘날의 폐어처럼, 초기의 척추동물은 물 밖으로 나왔을 때는 인두의 바닥 판이 열려 폐로 숨을 들이키게 도와 주고, 물속에서는 판이 닫힌다. 육지 척추동물들이 이런 공기 호흡을 지속적으로 선택함에 따라, 후두판은 섬유와 연골로 발달하여 인두 확장을 좀 더 정밀히 조절하게 하고, 필요할 때 공기를 많이 들이 쉬는 동물로 진화되게 하였다. 다른 많은 진화적 특징처럼, 소리를 만들어 내는 인두의 능력은, 이미 존재하는 기관을 다른 목적으로 이용하는 한 예이다.

소리를 만들 때, 후두는 목관 악기의 리드처럼 폐에서 내쉰 공기가 호흡(숨)의 형성을 막도록 후두를 빠르게 열고 닫음으로써 목소리의 높이를 조절한다: 입 안에 공기가 많이 모일수록, 음의 높이가 높다. 하지만, 인간처럼 모음을 발음하기 위해서는, 후두 불기가 관처럼 된 공기의 길(인두)을 통과해야 하는데, 그것의 길이와 모양은 최종적인 방출 빈도 패턴을 결정해 결과적으로 서로 다른 모음 소리의 질을 결정한다(**그림 20-35**).

육지에서 공기 호흡을 하며 소리를 내는 동물들은 개구리에서부터 포유동물까지 다양한데, 이들은 이런 **발성**(vocalization)법을 사용한다 — **후두 같은 출구와 후두 상단의 "필터"**. 게다가 이런 동물의 신경계의 청각의 단위는, 특수한 빈도의 범위에 최대한의 감도로 반응한다. 이렇게 특유한 신경계의 감각은 황소개구리에서 볼 수 있는데, 황소개구리는 자신과 같은 종이 부르는 사랑의 노래에는 반응을 하지만 다른 종이 부르는 사랑의 노래에는 반응을 하지 않는다. 인간은 특별한 신경계의 회로를 뇌에 가지고 있어서 다양한 장르의 소리를 알아차릴 수 있으므로, 결국은 서로 다른 종류의 음절을 구분해 낼 수 있다. 이 능력은 명백히 영장류에서 진화한 것이다(Lieberman, 1991).

그림 20-36a는 성인의 상층부의 호흡기 통로와 소리를 생산하는 공기 길을 나타내는 그림인데, 공기의 흐름은 후두에서 시작해 인두와 입을 거쳐 지나간다. 침팬지와 비교하여 성인 인간의 아래턱은 상대적으로 짧게 앞쪽으로 돌출되었다. 줄어든 아래턱(그 결과로 치아가 빽빽하게 배열됨)의 크기와 소리를 낼 때 낮아진 인간 후두의 위치는 결과적으로 혀를 두껍고 둥글게 만들어서 인두의 앞쪽 벽을 형성하게 했다(그림 20-36b). 침팬지(인간 신생아 포함)의 경우, 구강통로의 인두 절단면은 더 짧고, 후두개(음식이 들어오는 동안 호흡관을 덮는 데 사용)는 연구개(soft palate)와 겹쳐져 있다. 결과적으로 혀는 인두와 비강을 통해 정상적으로 들어오는 호흡과 분리되어 있다. 영장류와 인간 신생아는(그림 20-36c) 액체가 식도 주위로 지나가는 동안 비강 호흡 기관이 폐

[9] 해부학적 연구로 Lieberman(1991) 참조, 그리고 리듬의 역할에 대하여 Mithen (2006) 참조.

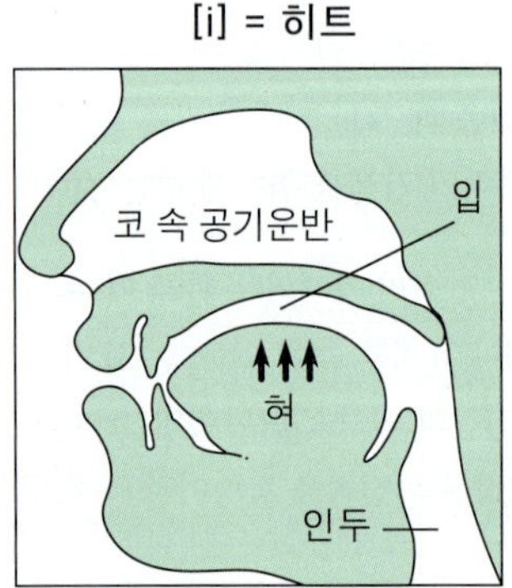

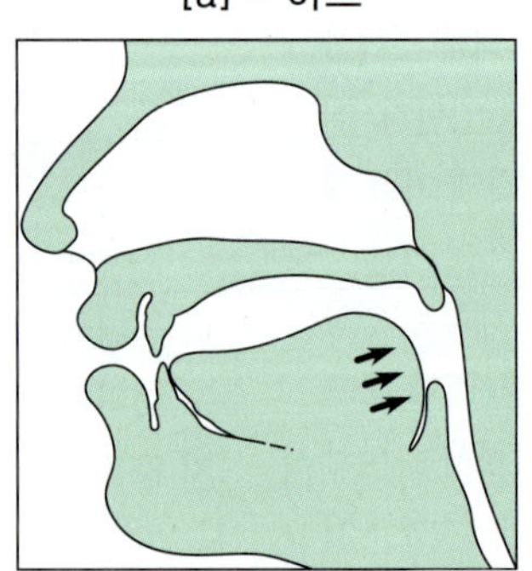

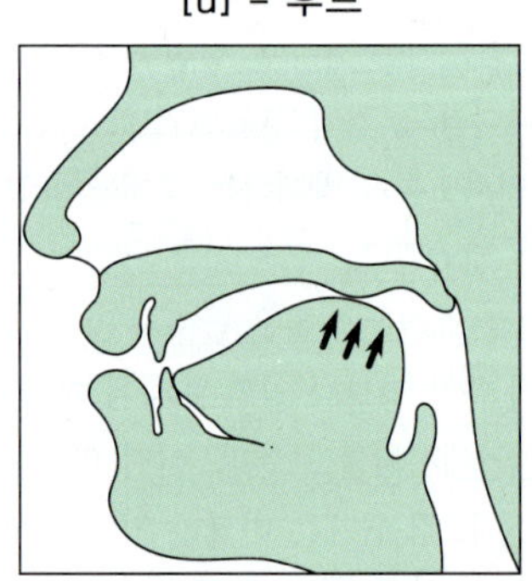

그림 20-35 성인 인간의 구두 내 공기 통로의 다른 부분에서 혀의 위치에 따라(화살표) 세 가지 모음 소리가 나오는 모습을 그림으로 나타낸 것이다. 공기 통로의 나눠진 구역을 날카롭게 구부려(경구개 위의 입과 인두의 뒷벽에 의해 형성) 오른쪽으로 각이 진 입과 인두절단이 되게 하는데, 이는 모음소리를 내는 데 필요하다. 반대로, 침팬지와 신생아의 목소리 공기 통로는 약간 짧고, 약간 굴곡진 관 모양이며, 뚜렷한 구별이 없는 모음을 만든다. (Aiello, L., and C. Dean, 1990. *An Introduction to Human Evolutionary Anatomy*. Academic Press, London, UK.에서 인용)

로 연결되어 있기 때문에, 동시에 마실 수도 있고 숨을 쉴 수도 있다. 그래서 영장류와 새로 태어난 인간 신생아의 경우에는 숨 쉬고 삼키는 행동이 잘 분리되어 있지만, 인두강 안에서 혀를 조절하여 어른들처럼 말을 할 수 있는 능력은 없다.

말은 화석화되지 않기 때문에, 말의 계통분류적 역사를 파헤치기는 어렵다. 하지만 우리는 두개골 구조와 후두의 위치, 혀의 크기와 인두의 길이를 추적함으로써 그들 간의 상호관계를 알 수 있다. 연구에 따르면, 오스트랄로피테쿠스류의 목소리 통로(그림 20-36d)는 아마도 영장류(인간 제외)와는 차이가 없는 것 같다. 또한 이것은 에렉투스로 분류된 계열과도(전부는 아니더라도) 거의 유사할 것으로 추정된다.

Lieberman(1991)과 다른 연구자들은 말의 패턴만 볼 때, 호모 사피엔스 네안데르타렌시스가 침팬지와 비슷한 목소리 기관을 가졌다고 주장했다. [i], [a], [u], [k]와 [g]처럼 인두의 모양과 조절에 따라 나는 소리는 현저히 왜곡되는 것으로 여겨진다. 침팬지와 새로 태어난 인간 신생아처럼, 네안데르탈인은 비강이 인두를 폐쇄시킬 수 없기 때문에 비음화된 말을 했다. 만약 이런 견해가 옳다면 네안데르탈인과 현대 인간이 분기된 첫 번째 이유는 음

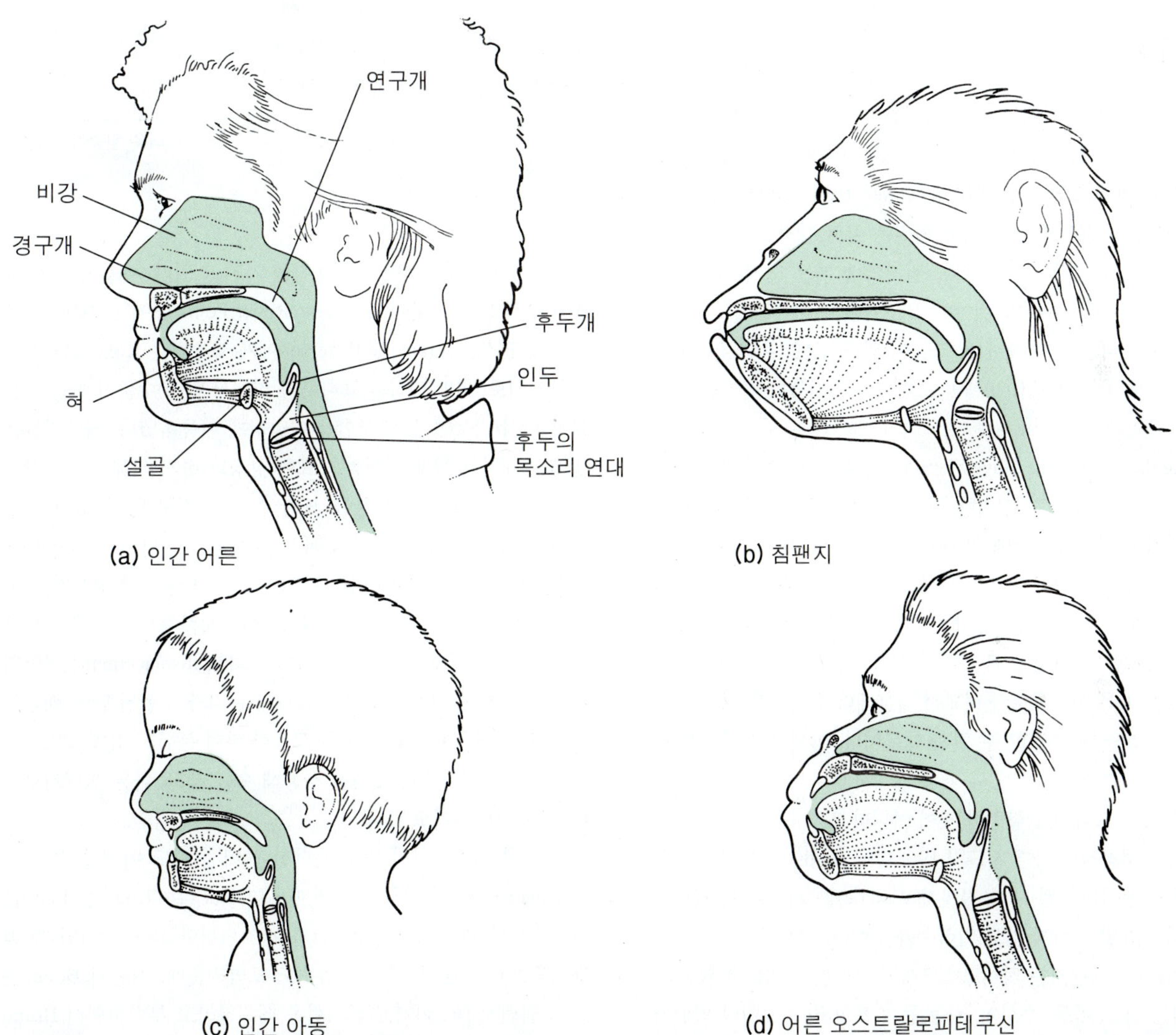

그림 20-36 인간 어른(a), 침팬지(b), 인간 아동(c), 그리고 어른 오스트랄로피테신(d)의 호흡계 주요구조와 관련된 발성을 보여 주고 있다. 인두는 인간 어른이 침팬지보다 길다. 왜냐하면 후두는 목에서 내려가는 것을 대신하고, 인두의 지금 형태인 앞 벽 턱의 단축에 의해 부풀려진 혀를 형성케 하기 때문이다. (설골과 후두개의 낮은 위치 또한 특징이다.) 결과적으로, 인간은 모음과 음절을 입과 인두 내의 혀의 위치에 의해서 좀더 명확하게 발음할 수 있다.(신생아(c)는 비인간 영장류(b)처럼 후두개와 연구개 사이가 겹쳐져서 보이지만, 아동기와 유아기를 거치면서 인두가 길어진다. 따라서 애기 때 코로 숨쉬던 상태에서 성인기의 입으로 숨쉬는 상태로 바뀌는 것이다.) (d)는 어른 오스트랄로피테신의 위 호흡계를 재구성한 것이다. 비인간 영장류에 의하면, 후두개가 부드러운 판과 겹쳐 있고, 혀의 뒤로 인두가 도달하지 않고 인두가 비교적 높은 목소리 특성을 갖는다. (Conroy, G.C., G.B. Weber, H. Seidler, P.V. Tobias, et al., 1998. Endocranial capacity in an early hominid cranium from Sterkfontein, South Africa. *Science*, 280, 1730–1731; *after Evolution of Speech, Thought, and Selfless Behavior. Harvard* University Press, Cambridge MA.에 기초를 둠.)

성적 차이, 각각 사용한 언어의 차이, 그리고 획득된 사회적·기술적 체제의 수준의 차이로 볼 수 있다.

상반된 견해로는 60,000년 전 네안데르탈인 뼈에서 후두 근육 조절을 위해 사용된 설골뼈의 발견에 기초한 것이다. Arensburg와 공동연구자들(1989)에 따르면, 이 결정적인 뼈는 현대 인간과 거의 차이를 보이지 않는데, 이는 네안데르탈인과 현대 인간이 유사한 언어능력을 가졌을 것이라는 것을 보여 준다. 이런 화석이나 초기의 화석으로는 인두와 다른 부드러운 조직의 위치를 알 수 없기 때문에, 네안데르탈인이 우리와 유사한 발성구조를 가졌을 것이라는 확실한 증거는 없다.

언어

다윈은 〈인간의 유래〉란 책에서 "인간이라는 용어를 사용할 때 어떤 확실한 정의를 내리고 사용하는 것은 불가능하다"라고 언급했다. 이와 반대로 막스 뮐러(Max Muller, 1834~1898)라는 어학자는 언어는 우리만의 것이며, 유인원은 결코 감히 그 영역을 침범하지 못할 것이라고 주장했다. 뮐러의 한계는 단지 유인원에게 인간의 언어를 가르쳐 줘야만 유인원은 언어 한계를 극복될 수 있는 것이다. 비록 유인원은 그들이 의사소통할 수 있는 것 이상으로 이해하긴 했지만, 20세기 초기에 시도되었던 다양한 실험은 실패하였다.

Keith와 Catherine Hayes(1951)는 언어의 장벽을 메우기 위해 처음으로 오랜 기간 진지한 시도를 했다. 그들은 정상적으로 사는 인간의 환경에서 새끼 침팬지(Viki)를 키우면서, 인간의 언어를 가르쳤다. 하지만 그 시도는 실패로 끝났다. 6년 뒤 비키는 4가지 단어 밖에는 말하지 못했다: "아빠", "엄마", "컵", "위로". 이미 지적된 것처럼, 침팬지는 꽤 제한된 영역의 소리만 낼 수 있다. 그것은 그들의 목소리 통로가 비교적 짧은데다 유인원은 그 목소리 통로의 모양을 잘 조절할 수 없기 때문이다. 야생 서식지에서 사는 침팬지는 보통 자극 받았을 때를 제외하고는 항상 조용하기 때문에, 그것은 그다지 놀랄만한 것이 아니다.

더욱 성공적인 다른 시도가 1965년에 Gardners에 의해 이루어졌다. 그는 10달 된 새끼 침팬지(Washoe)를 키웠는데, 침팬지의 관리인은 말을 하지 않고 미식수화를 했다. 새끼 침팬지가 5살이 될 때까지 침팬지는 적어도 132개의 다양한 신호를 배웠는데, 신호에는 이름, 행동, 수식어, 기능 등이 포함된다. 그러나 침팬지가 구사한 문장은 대부분 하나 또는 2개의 단어를 넘어가지 못하거나, 그것들을 반복한 것이었다. 이것은 침팬지의 언어구사 능력이 사람으로 치면 2~3살 아이의 수준에 머물러 있다는 것을 의미한다. 또한 다른 침팬지들에게도 Washoe와 똑같은 미식수화를 가르쳐 줘도 같은 결과를 보여 주었다.

표 20-6 일반적인 어휘 항목 없이, 침팬지와 고릴라가 만든 신호 결과(단어 조합)

항목	신호 결과
양파, 무	"울게 하는 과일", "울게하고 아픔을 주는 과일"
수박	"사탕같은 과일", "마시는 과일"
알카린 탄산수	"소리를 들을 수 있는 음료"
라이터	"금속의 뜨거움"
반지	"손가락 팔찌"
고니	"물의 새"
타조	"기린 같은 새"
브라질 견과	"돌같은 과일"
싫은 대상	"더러운..."[a]

[a] 대개 배설물을 의미, 예를 들어, "더러운 구속", "더러운 원숭이", "더러운 로저."

이런 한계에도 불구하고, 침팬지는 비록 인간보다 훨씬 낮은 초보 수준이지만, 언어적인 능력을 가지고 있다. 예를 들어서 **표 20-6**에서 보여 주듯이 Gardners, Roger Fouts 등에게 수화교육을 받은 침팬지는, Francine Patterson에게 교육받은 Koko 고릴라와 마찬가지로, 어떤 대상을 표시하기 위해서 단어 수준이 아닌 적절하고 상상 가능한 신호 조합을 다양하게 사용하였다. 침팬지들은 실제 존재하는 물체와 행동을 표현(상징화)하기 위해서 자신만의 단어(또는 기호)를 사용한다. 또한 속이고, 정보를 얻고, 그들 주변의 세상에 대해 설명을 할 때도 자신들만의 단어를 사용한다. 침팬지들은 그들이 사용하는 단어에 없는 사물을 설명하기 위해서 단어의 조합을 만들기도 한다. 그들은 시간적 또는 공간적으로 떨어져 있는 사물과 행동을 언급하고(**치환**, displacement; 언어의 중요한 특성 중 하나), 원인과 결과의 논리가 포함된 단어 배열을 이해하고, 새로 나타난 사물을 그룹화 하여 분류하고(예, 과일, 도구), 그리고 아라비아 숫자를 사용해 수를 세고, 다른 침팬지로부터 신호를 배우기도 한다.

침팬지는 심지어 몇몇 간단한 단어 순서도 이해할 수 있다 — Roger Fouts가 관찰한 바에 따르면, Lucy는 "Roger는 Lucy를 간지럽힌다"와 "Lucy는 Roger를 간지럽힌다"를 구분하였다. 침팬지의 의사소통 중에는 속임수도 포함되는데, 침팬지 Booee는 동료 침팬지 Bruno에게 간지럼을 태워달라고 부탁하면서 Bruno 소유의 건포도를 가져가려 시도했다.

David Premack(1971)은 침팬지에게 다소 추상적인 2차원적 언어를 가르쳤는데, 단어를 표현하기 위해 임의의 모양(그림문자)이 새겨진 뒷면이 금속으로 된 플라스틱 토큰을 자석 칠판 위에 수직으로 배열하였다. Duane Rumbaugh(1977)는 위의 방식을 더욱 발전시켜, 그림문자가 양각된(새겨진) 키보드와 연결된 컴퓨터를 사용하였다. 키보드가 눌러지면 화면에 순차적으로 빛이 들어와 밝아진다. Lana는 컴퓨터로 훈련된 침팬지 중 하나인데, 그녀는 위의 시스템을 사용하여 "지적인" 질문을 했다. 예를 들어, "이름의"라는 상징을 배웠다면, 그녀는 그것을 사탕처럼 소중한 물건을 담아두는 물건("상자")을 뜻하는 정체모를 단어를 유추해 냈다. 처음으로 그녀가 질문했던 것은, "Tim은 Lana에게 이것의 이름을 주었다"였고, "이름"이란 단어를 주었을 때는 바로 "상자"라는 단어로 반응을 했다. 아마 더 훌륭한 언어학적인 업적을 이룬 침팬지는 Sarah일 것이다. Sarah는 Premack의 플라스틱 토큰으로 만들어진 언어교재로 교육받았는데, 그는 "if-then"의 인과 관계를 이해하기 위해서 플라스틱 언어교재를 사용하였다: 예를 들면, "만약 Sarah가 사과를 가져가면 — 그때 Mary는 초코렛을 Sarah에게 준다; 만약 Sarah가 바나나를 가져가면 — 그때 Mary는 초코렛을 Sarah에게 주지 않는다."

도구 만들기와 사용

많은 관찰자에 따르면(물론 전부는 아니지만) 유인원은 그들이 어떻게 생겨나고 서로 어떻게 관련되어 있는지를 인지하기 위해 사건과 사물을 단지 지각하는 것 이상의 능력을 가진다(Savage-Rumbaugh and Rumbaugh, 1993).

야생의 서식지에서 침팬지는 흰개미를 낚시하기 위해 잔가지와 덩굴을 사용하는 등 도구를 만들고 사용하는데, 이런 행동들은 침팬지가 성취한 확실한 업적이다. 흰개미 낚시에 성공하려면, 침팬지는 낚시가 잘 되는 시기(10월과 11월), 흰개미 굴의 위치, 0.8km 이내에서의 필요한 도구의 공급, 나뭇가지에서 잎을 제거해 모양을 손질하는 것, 적절한 길이로 만들기 위해 도구(나뭇가지 등)의 끝을 물어 자르는 것, 적절히 흔들어 도구를 흰개미의 구불구불한 터널에 끼워 넣기, 병정 흰개미들이 잘 물도록 적당히 진동 일으키기, 흰개미들이 떨어지지 않게 조심스럽게 빼내는 것 등을 잘 알아야 한다. 이러한 것을 배우는 데는 수년이 걸리는데, 심지어 인류학자가 몇 달 동안 이러한 기술을 연습한다 해도 초보 침팬지가 하는 것보다 더 잘 할 수 없었다.

위의 경우와 비슷한 경우는 침팬지가 견과류를 깨어 먹을 때도 일어났다. 침팬지는 견과류를 깨기 위해 적절한 크기의 돌, 망치 역할을 하는 딱딱한 나무, "모루" 역할을 하는 나무뿌리를 선택한다. 그리고 정확하게 나무뿌리 위에 각각의 견과류를 올려놓는데, 이 때 서로 다른 견과류 종은 각각 다른 위치에 올려놓는다. 그런 후 망치의 가장 효과적인 부분을 잡고, 적절한 힘으로 휘둘러 알맹이가 가장 많이 나올 수 있게 견과류 위를 정확하게 친다. Boesch(1993)에 따르면, 어린 침팬지가 이런 기술을 어미를 따라하며 배웠다 하더라도, 어미는 자식이 견과를 깨는 데 실패하면 망치잡는 것을 가르치고, 견과류의 위치를 다시 바로 잡아주는 등 적절한 시범을 보이면서 적극적으로 자식들을 교육한다.

Liberman(1991)과 다른 연구자들은 그러한 일련의 작용들에 관련된 "규칙"은 언어를 위한 전 적응과정으로, 문장은 명사, 동사, 형용사와 주어 같은 요소들이 모여 만든 어구이기 때문에, 반드시 **배열 규칙**(sequencing rules)이 뒤 따랐을 것이라고 주장하였다. 그런 규칙을 고안하고 따르는 능력은 명백히 뇌의 중앙과 관련이 되어 있다. 명백히 단어가(예를 들어, 청각적 자극) 사물이나 행동(예를 들어, 시각적 자극)을 표현하려면, 신경계의 연결 중추에서는 그러한 통합들이 만들어져야 한다. 이른바 **두감각 통합**(cross-modal association)은 포유류에서 존재하기 때문에, 그들은 이해하고, 자신들에게 전해진 말을 행동으로 옮길 수 있는 것이다. 유인원과 심지어 원숭이의 경우에서도, 두감각 통합은 실제로 보지 못했지만 자신들이 볼 수 있는 능력을 갖게 해 준다. 예를 들어, 유인원의 연구를 보면, 사진을 어렴풋이 봤다 해도 숨겨진 다른 사물 중에서 어렴풋이 봤던 사물을 느낌으로 정확하게 골라낸다.

우리는 아직 뇌의 어떠한 부분이 두감각 통합을 가능하게 하는 알 수 없지만, 신경과학자들은 **그림 20-37**에서처럼 인간에게서는 **각이랑**(angular gyrus)이 중심이라고 보고 있다. 이런 부분 근처에는, 좌측 대뇌반구의 두정부의 돌출부 위에, 이해중추(Wernicke's area)가 있는데, 이 부분은 지적인 말을 이해하고 조직화하는 것과 연관이 있다; 이 부분이 손상이 된 사람은 말을 더듬게 되어 제대로 정보를 전달할 수 없게 된다. 좌측 전두엽에 있는 운동중추(Broca's area) 부분이 손상된 환자는 말을 할 때 어려워하는데, 이는 손상된 부분이 소리를 내는 근육의 운동을 조절해 주는 영역이기 때문이다.

우리는 인간의 지적인 속성이 인간과 침팬지가 서로 공유할 만큼 충분히 일찍 일어난 진화적 사건으로 본다고 결론 내릴 수 있다. 인간과 침팬지 둘 다 복잡하고 변화하는 사회적 규칙 속에서 끊임 없이 상호작용해 왔고, 그들의 공통 조상도 그랬을 것이다. **자가인식**(self-awareness)과 언어는 전적으로 사회적 상호작용과 연관되어 있으므로 — 타 개체와 분리된 어린 침팬지는 자가인식을 하지 못하고, 역시 타인과 분리된 인간 어린이는 언어를 구사할지 모른다 — 복잡한 사람 상호간 관계의 환경 뿐만 아니라, 끊임없이 도전해야 하는 음식 모으기와 사냥은 진화의 궤적에서 중요한 역할을 했다.

탄력적이고 복잡한 인간 행동의 특징들이 초기 집단이 살았던 환경조건에 적응하게 되고, 이어서 이들은 이런 환경조건에 영향을 주었다. 한번 시작되면, 그렇게 인간과 환경조건 상호간에 영향을 주는 과정은 더욱 더 빠르게 진행되고, 결국은 의사소통(언어)이 중요시 되는 행동의 복잡성을 더욱 더 증가시켜 합리적이고 창조적인 활동 및 뇌의 진화에 영향을 주었을 것이다 (**글상자 20-5**).

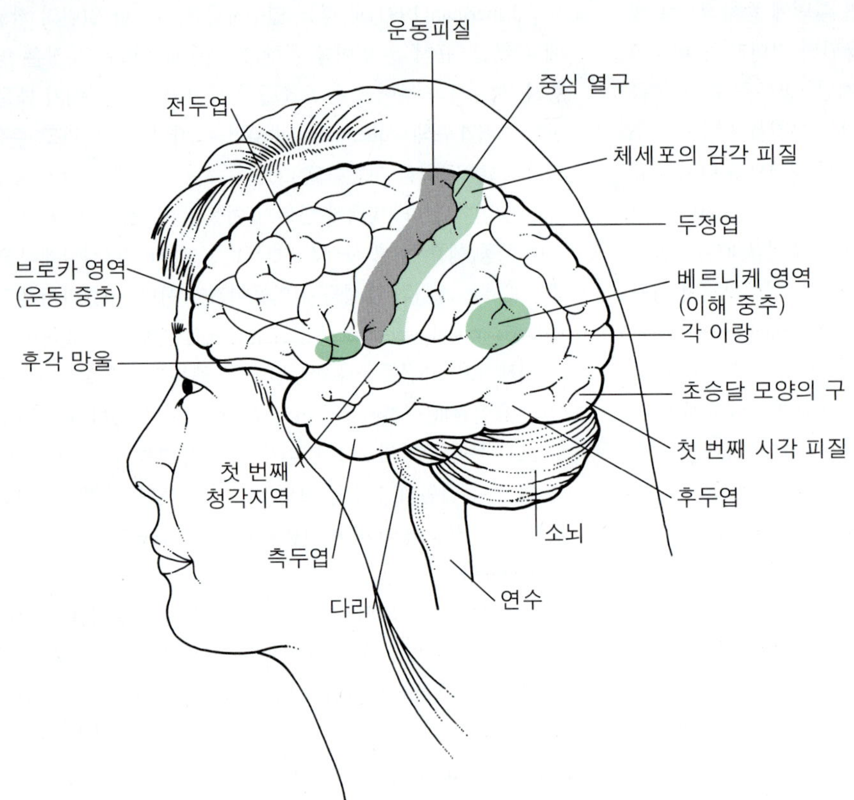

그림 20-37 해부학적 모식도(예, 월상고랑과 중심열구)와 중추와 관련된 인간 좌측 대뇌 반구의 기능적 분화. 말(speech)은 좌측 전두엽 내 브로카 영역과 좌측 측두엽 내 베르니케 영역을 포함하여 관련되어 있다.

이타주의와 친족선택(Kin selection)

행동과 의사소통의 기술을 발달시키는 데 있어서, 사회적인 상호작용이 영장류 무리에서 중요한 역할을 하는데, 이는 일련의 고함소리, 찡그린 얼굴, 몸짓, 사회적 위치(예: 서열, 종속, 무리 가입)를 과시할 때 쓰는 행동, 욕구(예: 음식, 짝짓기, 안심시키기), 영역에서의 변화(새로운 사회적 위치, 동맹, 성적 상태, 또는 식사에 대한 흥미도) 등을 보면 알 수 있다. 이런 행동의 범위는 개체들 간에 단지 정보만을 전달하는 것에서부터 다른 무리들의 생존에 즉각적으로 영향을 주는 것까지 미친다.

다른 무리의 생존에 영향을 미치는 정보는 거의 명확한데, 예를 들어, 원숭이가 우연히 표범을 만났을 때 큰 비명을 지르면, 주변에 있던 다른 동료들은, 소리를 듣고 재빨리 숨는다. 비록 이러한 경고음이 피식자를 노리는 포식자에 노출되어 자신의 생존 확률을 줄어들게 하지만, 경고음은 친척들이나 동료가 살 수 있게 도와준다.

Haldane(1932)과 Wright(1949) 등의 집단 유전학자들은 (23장 참조) 자신은 위험해지더라도 유전적으로 가까운 유전형질들을 구하는 **이타주의적 행동**(altruistic behavior)에는 유전적인 장점이 있다고 주장한다. 1964년 Hamilton은 이러한 협동적인 작용을 친족선택(kin selection)이라고 했고, 그것의 장점을 평가할 수 있는 공식을 제공했다(Hamilton, 1964a, b). Maynard Smith(1983)는 "친족선택이 협동의 진화에서 중요한 기작이 될 수 있었던 주된 이유는 대부분의 동물 사회는 사실 인척으로 구성되어 있다는 점이다." 라고 설명했다.

상호적 이타주의(Reciprocal Altruism)

hamilton이 제안을 한 지 약 20년 후, Trivers(1985)는 이타주의(altruism)라는 개념을 도입했는데, 이것은 인간의 사회적 행동에 특별히 응용할 수 있는 것이다.

Trivers가 제안한 **상호적 이타주의**(reciprocal altruism) 이론은 다음과 같다. 이타주의는 개인 간의 상호작용이 빈번히 일어나는 무리에서 생겨날 수 있고, 이로 인해 그들의 생활 주기는 이타적 행동을 받으면 다시 호의를 되돌려 줄 수 있을 만큼 길어졌다. 그러한 이타적 행위에 참여한 개인에게 돌아오는 이점은 가치로 계산할 수 없는 것이다. 왜냐하면, 비록 이타적인 에너지를 조금 썼다 해도(예: 물에 빠진 사람에게 구명할 수 있는 물체를 던짐) 그것이 자신에게 다시 이타적인 행위로 돌아올 때는 중요한 이익이 될 수 있다(목숨을 구할 수도 있다). 종종 상호작용과 역할의 변화(때로는 이타주의자가 되고, 때로는 이타적 행동의 수혜자가 됨)는 애초에 "협잡꾼"을 구분해 내기 위해서 필요하다 — 그들은 이타적 행동의 수혜자로서 계속해서 활동하고, 이타적 행동을 하는 자를 착취한다. 중요한 것은 개체들 간의 역할 변화가 정확하게 계산되어야 하고 균형을 맞추어야 한다.

서열 관계(Dominance Relations)

사회적 동전의 뒷면은 서열관계이다. 이러한 서열관계는 지배권 때문에 생기고, 하나 혹은 다수의 우위에 있는 자들이 협력적 관계를 대체함으로써 일어난다. 어떤 상황에서는, 상호적 이타주의는 사회적 유대가 확립된 곳을 제외하고 없거나 사라져간다 — "만일 내가 X를 지배하도록 너가 돕는다면, 나는 너가 Y를 지배하는 것을 도울게" — 혹은 서열 관계가 배제되기도 한다(사냥을 하는 침팬지는 그들의 서열이 높든지 낮든지 간에 사냥감의 소유자라고 인정하고, 그들 전체 무리는 나눠 갖기 위해 모였을 것이다)

하지만, 인간 사회에서 조차 서열 관계에 대비되는 모습이 나타나는데, 발견되지 않은 상태의 속임수가 실제로 일어나거나, 혹은 지역 상태가 그것을 일어나도록 할 수 있다(예, 밀수). Trivers(1985)에 따르면, 인간은 "그들이 보여 주는 이타성의 정도, 그들이 속임수를 쓸 상태에 따라" 다르다고 한다. 어떤 사회든지 사기꾼들이 "범죄자"로 간주되고, 사회적이고 경제적인 착취(사회적 요구와 다른 목적으로 공동사회의 자원이 쓰임)가 일어나고 제도화된다.

도덕성과 감정(Morals and Emotion)

처벌과 추방을 통해 다른 구성원의 이타적인 행동을 기대하고, 사기꾼을 거부함으로써 도덕적인 잣대는 발달했고, 이러한 체제를 받아들인 협력적인 무리에서 강화되었다. Trivers(1985)에 의해 지적된 것처럼, 그러한 체제는 다양한 **감정적인 특성**(emotional traits)을 도입하고 보충함으로써 유지되어 갔다.

- **우정**: 서로를 위해 이타적으로 행동하는 개체들 간에 형성된 감정적인 결합이다.
- **도덕적 분개와 분노**: 사기꾼과 압제자에 대해서 느끼는 정의감과 적의의 감정으로 그들에 대항하게 한다.
- **감사**: 이타적인 행동에 대한 감정적인 반응이다.
- **동정, 친절과 관대함**: 개체가 이타적인 행동을 하게끔 하는 감정적인 동기이다.
- **범죄와 후회**: 계속된 속임수 행동으로 인한 위태로운 감정, 또는 속임수를 막거나 배상을 하게 해서 사회적으로 파멸되는 것을 막게 하는 감정.

비록 이러한 감정이 일괄적으로 느끼거나 모든 상황에서 모든 개체들에 의해 표현되는 것이 아니지만, 사랑이나 편안함 같은 감정처럼, 그들은 복잡한 상호작용을 토대로 사회적인 무리가 유지되도록 돕는다. 다윈은 그의 저서 〈종의 기원〉에서, 사회적 상호작용의 가치는 진화에서 본질적인 "도덕적 장치"라고 강조했고, 이러한 사회 작용은 칭찬을 "사랑"으로 이끌고, 비난을 "공포"로 이끈다고 지적했다.

인간의 도덕성과 그에 동반되는 공정성과 정당성 같은 감성은 인간의 사고로부터 완전히 나온 것이 아니다. 초기 호미닌 무리 또는 그 보다 더 이전으로 거슬러 올라가는 진화적인 역사에서 나온 것이다. 동정이나 연민같은 감정은 인간이 "도덕적 판단"과 "도덕적 양심"이라고 불리는 능력을 갖게 했는데, 이를 통해 옳고 그름을 따지는 "윤리학"을 생겨나게 되었다.

Goodall(1986)과 다른 연구자들이 보여 주는 것처럼, 다른 영장류에서도 이러한 감정의 일부가 존재한다는 암시가 있다. 게다가 모든 공포와 같은 감정은 매우 잘 표현되어 있다. 신경과학자들은 다른 환자들의 어떤 사회적-상호적인 행동들은("감정의 작용") 뇌의 같은 부분에 위치한다고 밝혔는데, 이런 특징은 유전적인 기반, 따라서 진화적 역사를 가지고 있었다. 이성적인 판단을 하는 것은 대뇌 피질의 전두엽에서 일어나고, 공포의 행동과 우울한 행동은 편도와 갑상선 등 뇌 중앙 부분에 연결되어 있다. 우리의 감정에 대한 인식은 특정한 뇌 부분에서 한다. 그런 견해는 쌍생아 연구에서 제시되고 있는데, 함께 자라 온 이란성 쌍둥이에 비해 다른 곳에서 서로 떨어져 자라 온 일란성 쌍둥이들이 감정을 더욱 잘 공유하고 있었다. 일란성 쌍둥이 간에 유전적으로 공유된 행동들은 감성이입과 이타주의와 같은 특징에서도 비슷한 양상을 보인다.[10] 이러한 것들의 영향에서 볼 수 있듯이, 감정의 기원은 확실히 의문스럽지 않다; 감정들은 개개로 하여금 그들의 보호 또는 그들이 속한 집단의 보호에 필요한 행동을 수행한다. 감정의 진화 또한 의문스럽지 않다: 전적응으로서의 감정은 하나의 목적에 사용될 수 있고, 그 뒤에 다른 목적으로 변경될 수 있다. 견고한 감정적인 결합은 그러한 결합이 깨어졌을 때 감정적인 반응에 반영된다. 결합이 견고할수록 고통도 커진다. 그러한 중요한 행동적인 영향은 예의의 문제를 야기했고, 진화적으로 감정과 전략("진화심리학")의 문제까지 확대되었다. 물론 이것이 오늘날의 사회행동이 생겨나게 했을 것이다. 이러한 주제에 관련된 것을 사회 생물학이라고 부르는데, 이것은 논쟁을 많이 불러 일으켰으며, 그것들 중 몇몇 논쟁은 24장과 25장에서 논의되고 있다.

[10] 진화적 역사에 대해 Damasio 등(1994) 참조, 그리고 뇌 구역의 지역화에 대해 Phillips 등(1997) 참조.

글상자 20-5 인간 뇌의 진화

인간진화에서 가장 독특하고 흥미로운 특징을 많은 사람들에게 이야기 하라고 해 보면, 대부분이 뇌라고 말할 것이다. 이 기관은 행동과 의사소통 측면에서 인간을 다른 영장류들로부터 분리시키고, 인간 자신들이 사고하는 과정에서 독특한 통찰력(의식이라고 부름)을 일깨워 주었다.

뇌의 가치와 중요성 때문에, 영장류학자들에서 심리학자들 그리고 동물학자들까지 모든 분야의 과학자들은, 그것의 진화를 이해할 수 있게 설명을 해 왔다. 많은 측면에서, 이러한 가설들은 일반적으로 두 가지로 분류할 수 있다.

- 큰 뇌로의 진화는, 증가하는 수행 능력에 꼭 필요한 신경 세포들의 수를 증가시키는 쪽으로 적응해 왔다.
- 더 복잡한 하부구조와 통합된 신경망의 진화는, 신경의 미세한 기능을 가능하게 한다.

이 두 가지의 넓은 개념들은 뇌가 커지는 것과 복잡해진 것 모두를 포함하기 때문에 서로 모순되는 것은 아니다. 또한 인간의 뇌는 이 두 가지 형태의 진화로 인해 현재 상태에 도달할 수 있다. 뇌 크기의 측면에서 보면, 우리는 신생대동안 포유류인 유제동물과 육식동물 사이에서 뇌 크기가 상당히 증가했음을 이미 지적했고(그림 19–15), 아래의 **표 20–7**에서는 화석 호미닌, 인간, 침팬지와 고릴라의 평균 뇌의 크기를 비교했다.

표 20–6의 마지막 열에서는, 현존하는 호미닌의 상대적인 뇌의 크기가 초기 오스트랄로피테쿠스의 것보다 거의 세 배 정도 크고, 또한 현존하는 덩치큰 유인원들 보다 세 배가 더 크다는 것을 보여 준다. 이렇게 다른 증가율은 **그림 20–38**에 나타낸 것처럼, 대부분 대뇌 피질의 영역이 두꺼워지는 것과 관련이 있다(**그림 20–39**). 침팬지도 다른 유인원처럼 출생 후 두개골의 발달은 턱을 크게 하고, 두개골각을 증진시키고, 큰 근육을 발달시키는데, 뚜렷한 안와상 테두리에 의해 명확화 된다. 대조적으로, 현생 인류에서 크게 강조된 것은, 출생 후 뇌의 발달과 두개골의 수직적 균형인데, 침팬지에 비해 씹는 힘은 많이 줄게 된다. 이러한 특징의 선택은 작은 턱과 치아, 동그란 돔형의 두개골, 돌출되지 않은 안와상 테두리와 긴 목과 같은 영장류의 유아기 특징이 출생 후부터 어른이 될 때까지 유지하게 한다. 그런 인간의 유태성숙형(neotenous) 특징은, 얼굴의 아름다움과 여성의 성적 어필과 같은 대부분의 문화적 개념에서 매력적인 것이 되고, 보통 청소년기와 같은 젊은 시기의 이미지와도 연관이 된다. 인간의 또 다른 특징으로는, 커진 대뇌 피질과 긴 다리로 들 수 있으나, 이는 확실히 유태성숙형은 아니지만, 성숙한 어른 영장류의 특징과 같은 발달을 한다.—이를 페라모르포시스(peramorphosis, 조상의 발생서열 끝에서 새로운 단계의 첨가가 발생속도의 진화적인 변화로부터 일어나는 결과)라고 부른다. 일반적으로, 인간의 특징은 많은 성장 패턴의 모자이크로 보이고, 몇몇은 유태성숙형이고, 몇몇은 페라모르포시스형이고, 몇몇은 발달 시기별로 완전히 서로 다른 관계를 보인다(heterochrony, 이시성, 개체발달 및 한 기관의 발생이 촉진 또는 지체되는 것). 따라서 어떤 단일 기술적 패턴도 인간발달을 충분히 설명할 수 없다. 유인원의 뇌는 소뇌의 분화를 보여 준다. 인간 뇌

표 20–7 몇몇 호미닌 종들의 상대적인 뇌의 크기 측정

종	연대(현재로부터 몇 년 전인가)	측정된 체중(kg)[a]	평균 뇌 부피(cc^3)	상대적인 뇌 크기(EQ)[b]
Homo sapiens	40만~현존	54	1350	5.8
Late *Homo erectus*	50만~30만	58	980	4.0
Early *Homo erectus*	180만~150만	55	804	3.3
Homo habilis	240만~160만	42	597	3.1
Australopithecus robustus	180만~100만	36	502	2.9
Australopithecus boisei	210만~130만	42	488	2.6
Australopithecus aethiopicus	270만~230만	?	399	?
Australopithecus africanus[c]	300만~230만	36	420	2.5
Australopithecus afarensis	400만~280만	37	384	2.2
Chimpanzee (*Pan troglodytes*)	현존	45	395	2.0
Gorilla (*Gorilla gorilla*)	현존	105	505	1.7

[a] 평균은 McHenry(1994)에 의해 구해진, 수컷과 암컷의 체중 조합에 따름.

[b] 상대적인 뇌 크기를, 실제적인 뇌의 중량 또는 부피와, 그 몸 크기의 포유류에서 예상되는 중량 또는 부피와, 그 비율로부터 측정된 대뇌지수(EQ)로 나타내었다(그림 19–10 참조). McHenry는 $0.0589 \times (\text{종의 체중 g})^{0.76}$ 라는 수식으로, 이 자료들의 예상되는 뇌의 부피를 측정하였다.

[c] Conroy와 그의 동료(1998)들은, 특수한 방법으로 측정한 오스트랄로피테쿠스 아파렌시스 두개골 내부가 515cc의 두개골 내부 용량이라고 보고하였다. 그들은 다른 측정들도 재측정될 필요가 있을 것이라고 주장한다.

출처: modifi ed from mchenry, h. m., 1994. Tempo and mode in human evolution. Proc. Natl Acad. Sci. USA, 91, 6780–6786.

그림 20-38 침팬지(a), 3개의 호미닌 화석(b-d), 그리고 현생 인류(e)의, 두개골 내부 표면에서 얻은 주형(cast)의, 각 뇌의 우측면과 우측 전두엽(frontal lobe)을 보여 주고 있다. 유인원의 뇌의 크기의 증가는 높이의 증가에 의해 야기되는데, 이런 현상은 호모 사피엔스로 가면서 계속 일어나 대뇌피질의 확장까지 관찰된다. (Aiello, L., and C. Dean, 1990. *An Introduction to Human Evolutionary Anatomy*. Academic Press, London, UK; after Holloway.에서 인용)

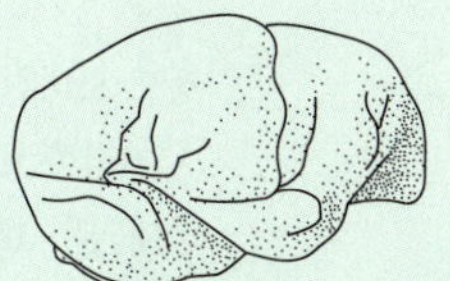

(a) 침팬지 *(Pan troglodytes)*

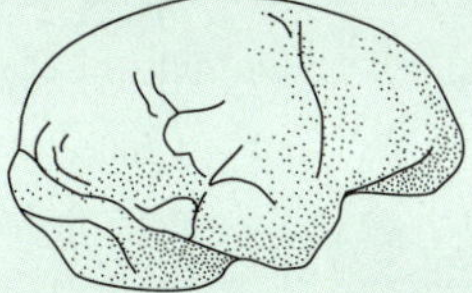

(b) 오스트랄로피테쿠스 아프리카누스

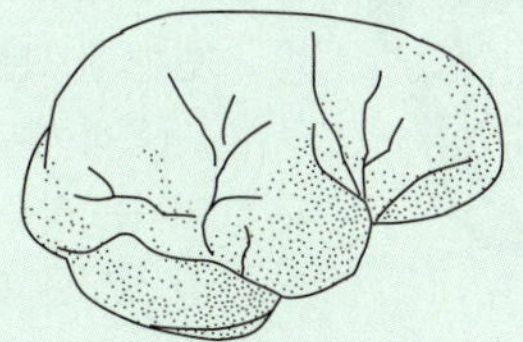

(c) 오스트랄로피테쿠스 로부스투스

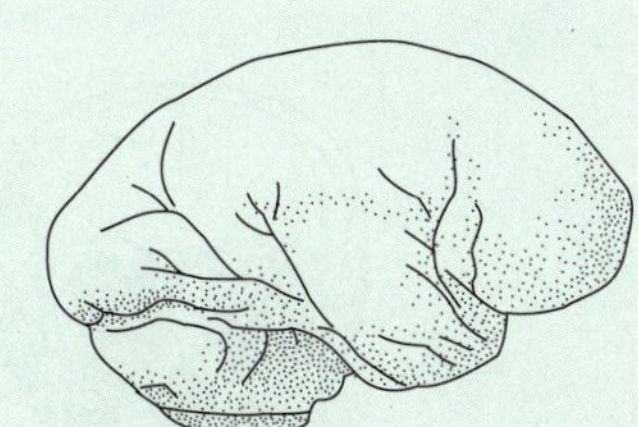

(d) 호모 에렉투스

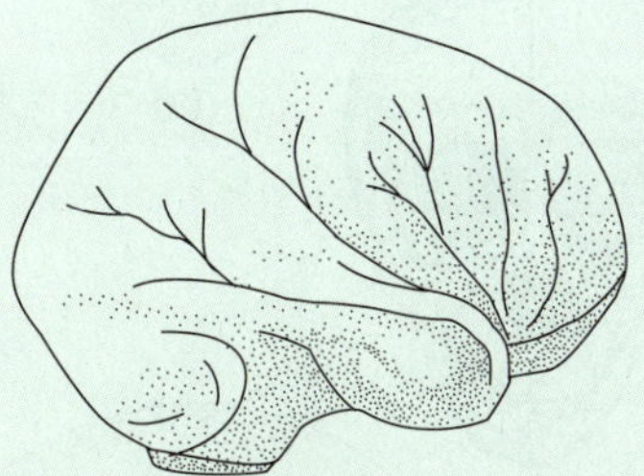

(e) 호모 사피엔스

의 분화는 신피질(neocortex)의 증가와 같이 불균형적이고, 대뇌와 피질 간의 연결은 증가된다. 각 종들의 피질 크기를 비교해 보자. 쥐(rat) 뇌의 피질은 우표 크기와 비슷하다. 반면, 원숭이 뇌의 피질은 엽서 크기이다. 침팬지 뇌의 피질은 책의 한 페이지 크기인데, 사람 뇌의 피질은 책의 네 페이지를 합친 크기이다. 다른 특징으로는 상대적으로 불균형적인 몸 크기이다(예, 유인원과 비교해서 짧은 팔과 긴 다리). 호미닌에 있어서 커진 뇌는 상대성장(allometry : 다른 구조의 증가율에 상대적으로 발달과 진화 동안 특정 형질의 증가율의 차이)의 예이다: 특정한 특징이 발생 및 진화과정에서 자라는 비율이 다른 것은 다른 구조의 성장률과 관련 있다(**그림 20-40**, 그리고 13장 참고). 최근 분자적 연구를 보면 인간 유전체의 49개 영역이 많은 포유류에서 보존되어 있으나, 인간이 침팬지와 분기된 이래로 빠르게 분기되었음을 알 수 있다(pollard 등, 2006). 놀랍게도, 이것들은 게놈의 단백질을 암호화하지 않고 신경발달을 조절하는 유전자가 대상이 되었다.

큰 몸을 동반하지 않은 채 상대적으로 큰 뇌 크기를 얻기 위해서, 인간 뇌는 다른 포유류, 혹은 다른 영장류의 패턴과는 다른 뇌 발달 기작이 필요했을 것이다. 많은 포유류와 영장류에서, 뇌의 성장은 태아 단계에서는 몸의 성장에 비해 빠르나, 출생 후에는 이러한 비율이 감소된다. 반면 인간의 경우, 태아의 뇌 성장 역시 몸의 성장에 비해 꽤 빠르고, 이러한 비율은 태아가 생후 1년이 될 때까지 감소되지 않는다(Martin, 1990). 태어난 후 첫 해에 인간의 뇌 무게는 약 300~900 그램으로 거의 세 배 정도 증가하고, 그 후에는 보통의 영장류의 뇌—몸 성장 비율을 따르는데, 성인(약 15~20세)의 전체 크기는 거의 1,350 그램에 달한다.

이것은 태어난 초기의 빠른 뇌 성장률이 인간의 임신기간 9개월에 자궁 외 발달의 12개월을 더해 21개월까지 반드시 연장된다는 것을 것을 강조한다(Portmann, 1990). 신생아의 무력함과 연약함을 나타내는 의존성은 증가하는 뇌 크기의 이점으로 인한 필연적인 결과이다. 그들의 사회적인 상호작용은 그러한 의존성을 지지하고, 태어난 후 뇌의 발달을 자극하는 학습 경험을 제공하기 위해 요구되는 쪽으로 선택압이 크게 작용할 수밖에 없었다. 몇몇 인류학자들에 따르면, 인간의 뇌발달 증가로 인한 유아기의 연장은 성적으로 성숙한 어른에서 유아기 때 얼굴의 특징들을 보존하게 하는 두개골 유생성숙(neoteny)을 가져온다.

큰 뇌와 긴 양육 기간으로 인해 늘어난 인간의 유년기를 설명하는 대신, Hawkes와 그의 동료(1998)들은 증가된 여성 수명의 결과 미성숙한 기간이 늘어났다고 설명한다. 이것은, 폐경기의 (생식을 할 수 없는) 늙은 여성에게서 나타난 것이었다. 그들은 늙은 여성이 분만 가능한 딸의 자손에게 음식을 제공함으로써, 아이들로 하여금 더 일찍 젖을 떼게 하고, 그래서 유아에서 성적으로 성숙할 때까지의 청소년기가 연장되었다고 설명한다. 대조적으로, 또 다른 의견이 있는데, 폐경기에서 죽기까지의 기간은 — 인간에서는 30에서 40년 정도의 기간 — 여성이 자신이 마지막 낳은 아이가 독립할 수 있도록 도와 주기에 충분한 기간이다. 이렇게 관점이 다른 것은 길어진 유년기에 대한 궁금증이 아직 풀리지 않았다는 것을 의미한다.

신생아의 큰 두개골 부피는 — 뇌의 확장에 따르는 또 다른 비용 — 인간 여성이 분만할 때(그림 20-17 그리고 20-41) 직면한 어려움을 설명해 주고, 사회적인 지원과 분만 보조에 대한 필요성을 공유하게 했다. 더욱이, 그런 큰 부피의 신경 조직의 대사활동이 활동적으로 유지하기 위해서는 에너지가 상당히 요구된다.[a] 그것은 비록 성인 인간의 뇌가 몸 전체 무게의 2% 밖에 안 되지만, 공급되는 에너지는 전체의 20%

글상자 20-5 인간 뇌의 진화(계속)

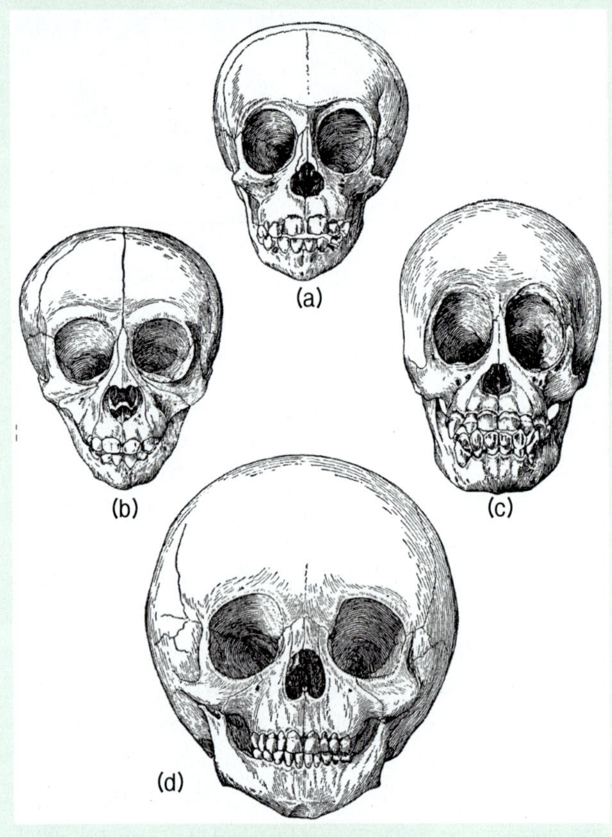

그림 20-39 청소년기의 침팬지 두개골(Pan troglodytes) (a), 고릴라 두개골(*Gorilla gorilla*) (b), 오랑우탄 두개골(*Pongo pygmaeus*) (c), 그리고 인간 두개골(*Homo sapiens*) (d). 이들은 서로 다른 상대적 비율을 보여 준다. (Gregory, W. K., 1929. *Our Face from Fish to Man. A Portrait Gallery of our Ancient Ancestors and Kinfolk together with a Concise History of Our Best Features*. G. P. Putnam's Sons, London, UK.에서 각색.)

정도 소비한다.

이러한 비용이 드는 데도 불구하고, 뇌 크기의 증가에 따른 이익이 증대되는 효과를 어떻게 설명할 수 있을까? 일반적인 가정이지만, 오늘날의 자료들은 일반적으로 뇌 크기의 증가가 항상 지능(어떻게 측정되든지 간에)의 향상과 상관관계가 있다는 주장은 지지하지 않는다. 극단적인 예를 들어보면, 지적으로 문제가 있는 몇몇 개체의 뇌 부피는 1,500cc^{3}이상 일수 있고, 몇몇 "천재"들은 1,000cc^{3}이하 일수 있다. 우리는 전체적인 뇌의 부피와 특수한 행동과 기술 사이의 어떠한 상관관계가 있는지 알 수 없다.

호미니드의 경우, 지난 4백 만 년 이상 동안 두개골 크기의 괄목할 만한 진보는 정신적인 능력에서 어떤 결정적인 변화를 보인다는 것이다(특히 해부학적, 대사적으로 매우 값비싼 대가를 치렀기 때문에). 제기되는 질문들 중에서: 정신 기능의 어떤 이익이 이런 뇌 크기의 증가를 설명할 수 있는가? 우리는 그들의 대뇌 위치를 동정할 수 있는가? 이러한 기능들이 어떻게 진화할 수 있는가? 고신경생물학은 아주 최근에 만들어진 학문이기 때문에, 아직 많은 대답들을 들을 수 없지만, 우리는 지난 몇 백 만 년 동안 변화된 몇몇 일차적인 정신적 기능들을 나열할 수 있다.

■ 언어 능력

언어의 측면에서 보면, 문법적 구문(문맥, syntax)이나 단어 같은 언어의 사용은 브로카 영역의 앞쪽에 위치한 전전두 대뇌 피질의 신경망과 관련이 있는 것처럼 보인다. 전전두 대뇌 피질의 비대칭적인 확장은 근대 호모 사피엔스의 분명한 특징이다(**그림 20-41**; Rosa-Molinar와 Pritz, 2004).

■ 기술적인 재능

도구 사용과 구두 언어는 공통의 신경학적인 기원을 공유한다는 제안이 있는데, 이는 청각 언어와 몸짓 언어가 신경학적으로 관련이 있다고 앞서 제안한 것과 그리 다르지 않다.

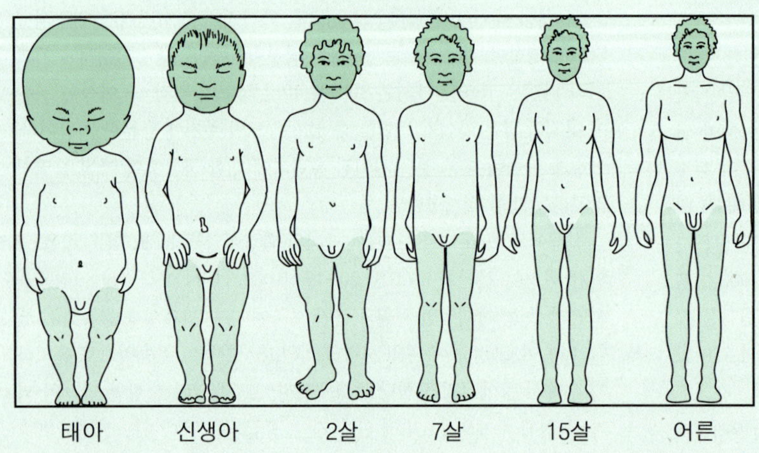

그림 20-40 인간 몸의 각 부분의 상대적 성장 비율의 차이–상대 성장(allometry). 정상적으로 성장하는 동안 몸 크기가 증가하는 비율을 살펴보면, 머리(30% 음영)는 덜 빠르게 자라고, 다리는 좀 더 빠르게 자란다(10% 음영). 다른 영장류에서, 머리와 다리의 성장은 덜 분명한 상대 성장 방식을 따른다. (Beck, F., D.B. Moffatt, and J.B. Lloyd. 1973. Human Enbryology and Genetics. Blackwell, Oxford, England.에 기초를 둠.)

언어와 도구의 제작은 둘 다 연속적으로 관련되어 일어나는 과정이다. 석기의 출현이 호모니드의 브로카영역의 출현과 일치하므로, 그것들의 진화적인 성장은 함께 시작되었을 것이다. 그 두 기능 사이의 연관은 오른손잡이들의 좌반구 또는 "지배적인" 반구에 공통적으로 위치한다는 것으로 알 수 있다(인간 개체군의 약 93%가 오른손잡이이다.) 손의 조절 중추가 우반구에 놓여있는 왼손잡이들에서는, 언어 조절영역도 종종 같은 위치(우반구)에서 찾아졌다.

이렇게 좌측 또는 우측 지배 반구로의 뇌의 "측면화(lateralization)"는 중요한 행동 패턴이 다른 쪽 반구에서보다 한쪽 반구에 더 많이 위치한 많은 생물들에서 진화적으로 선행되었다. 많은 새들의 노래 소리는, 일본 마카쿠 원숭이들이 "쿠" 신호에 대해 청각적으로 인식하는 것처럼, 좌반구와 거의 관련이 있다. 인간에 있어서 우반구의 특수화는, 특히 공간 지각, 리듬이나 음악 연주 능력 같은 비언어적인 특성에서 잘 나타난다.[b] 유사하게, 설치류들이 미로를 빠져 나가기 위해 사용하는 공간 지도제작은 우반구와 관련있다. 반구 우세(hemisphere dominance)는 특수한 기능을 담당하는 신경망들의 치밀한 내부 연결을 가능하게 함으로써 특수화되었다.

■ 사회적인 상호작용을 위한 능력

정신적인 유연성을 연습해야 하는 사람들이 적절한 사회적인 선택을 하기까지 한 가지 기능만 수행할 때보다 더욱 많은 지능을 필요로 할까? Ridley(1996)는 흡혈 박쥐가 사회적인 복잡성을 갖는 것은 아마도 어떠한 박쥐 종들 보다 도 큰 대뇌 신피질을 가지고 있기 때문이라고 말했다. 살아남기 위해서, 이러한 박쥐들은 그들이 사냥에 실패했을 때 그들에게 혈액 먹이(역류에 의해)를 제공해주는 이웃들의 흔적을 알아차리고 보존해야 한다: 말하자면, 그들을 도왔던 이들을 돕고, 그렇지 않은 이들은 거부함으로써("상호적인 이타주의") 개체들을 구별한다.

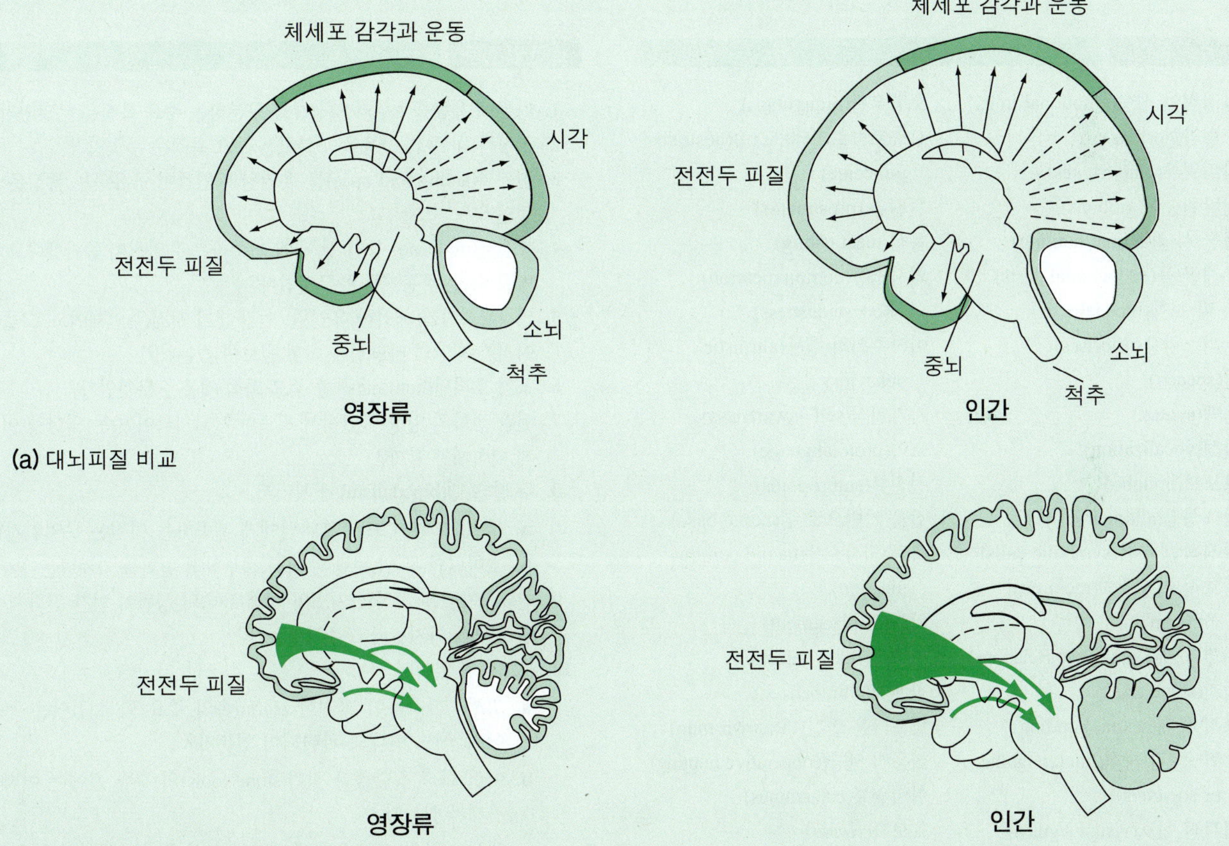

그림 20-41 전형적인 영장류(좌측 옆)와 인간의 확대된 대뇌(우측 옆) 사이의 피질 영역의 비교. 인간의 불균형한 피질확대의 대부분은 전전두피질(a)에서 일어나는데, 중뇌 변연계의 막대한 영향을 미쳐 많은 감정의 반응을 지배한다(b). Deacon(1990)에 따르면, 전전두 피질은 예상되는 유인원의 뇌 크기보다 2배 이상 크다. (Deacon, T.W., 1990. Rethinking mammalian brain evolution. Am. Zool., 30, 629–705.를 각색)

글상자 20-5 인간 뇌의 진화(계속)

■ 언어 진화

언어의 발달로 진화된 발성은 사회적 상호작용을 발전시키는 상호유대에 의해 자극 받았다. 언어란 어떤 것을 상징적으로 나타내거나 경험을 이해하는 것을 의미한다. 언어는 언어 그 자체가 갖는 진화의 궤도 안에 인간을 끌어넣는 능력이 있다. 그러한 것들은 여전히 알려지지 않았지만, 그것은 진화된 복잡한 특징처럼 보인다(예, 시각; 그림 3-1 참조). 문맥의 진화에는 선택적 단계의 연속성이 포함한다. 어떤 기본적인 언어 발전 역시 선택값(selective value)을 가진다. 대뇌의 일차적인 기능은 감각신경으로부터 받는 정보를 분석하고 선택하는 것이고, 이를 저장된 정보(예, 기억)와 조화시키는 것이고, 이러한 자극은 뇌의 다른 부분(예, 운동신경)에 저장시키거나 이동시켜 자극을 유발하기도 한다. 증가된 신경연결 덕분에 대뇌기관은 확장이 되고 정교한 구조를 가진다, 영장류 뇌의 이러한 특징의 발달은 인간에서 특히 강조되었다. Deacon(1990)은, 이런 피질 영역들이 순차적으로 조작되는 활동을 포함한 다양한 과정에 개입되기 때문에, "기초적인 신경회로의 연관된 재구성"이 인간 전전두엽의 불균형한 성장을 잘 설명할 수 있을 것이라고 강조했다. (그림 20-41).

[a] 큰뇌의 물질대사 비용에 대해 Parker(1990), Martin(1990) 그리고 Bonner(2006) 참조.

[b] 강제적인 경우, 음악의 생물학과 언어의 생물학 사이의 깊은 연관이 있다고 밝힌 Fitch(2005)는 복잡한 노래를 배우는 수렴진화의 예로 새, 고래 그리고 물개를 든다. Fitch는 음악의 기능 모델로서, 다윈의 진화 모델이기도 한 다윈의 유사-노래 뮤지컬인 조어(protolanguage) 진화 모델로 거슬러 올라가는 음악 기능을 위한 모델을 검토했는데, 그는 음악과 언어의 진화의 증거가 많은 부분에서 일치하는 걸 알아냈다.

주요 용어

감정적인 성향(emotional traits)
고릴라(gorillas)
광비원류(platyrrhines)
긴팔원숭이(gibbons)
동물 사냥(animal hunting)
두개골 틀(endocranial casts)
두 발 보행(bipedalism)
로리스원숭이(lorises)
말(speech)
문맥(syntax)
발성(vocalization)
보노보(bonobo)
상대성장(allometry)
상징적인 부름(symbolic calls)
상호적 이타주의(reciprocal altruism)
서열 관계(Dominance Relations)
석기(stone tools)
성적 유대(sexual bonding)
수렵-채집 사회(hunter-gatherer societies)
시각적 신호(visual signals)
안경원숭이(tarsiers)
언어(language)
여우원숭이(lemurs)
연속되는 규칙(sequencing rules)
오랑우탄(orangutans)
오스트랄로피테쿠스속(australopithecine)
원원류 (prosimians)
육식(meat eating)
의사소통(communication)
의식(consciousness)
이타주의적 행동(altruistic behavior)
자가인식(self-awareness)
조어(protolanguage)
진원류(anthropoids)
집을 기반으로 함(home base)
촉감 의사소통(tactile communication)
치환(displacement)
친족선택(kin selection)
침팬지(chimpanzee)
필트다운 인간(Piltdown man)
협동적 사냥(cooperative hunting)
협비원류(catarrhines)
호모속(*Homo*)
호미노이드(hominoids)
호미닌(hominins)
후각신호(olfactory cue)
후두(larynx)

토의 및 질문

1. 다른 포유동물로부터 영장류를 구분하는 주요 특징은 무엇인가?
2. 영장목 내 주요 아목을 구분하는 주요 특징은 무엇인가?
3. 진원류(anthropoid apes)를 유인원과 인간이 공유하는 특징은 무엇인가?
4. 중신세(miocene) 동안 땅 위에 거주하는 유인원이 증가했다고 설명할 수 있는 증거들은 무엇인가?
5. 영장류학자가 제안한 유인원-인간 분기 시점은 언제이고, 그들은 이러한 제안의 타당성을 어떻게 보여 줬는가?
6. 초기 호미닌(hominins) 중 주요 화석 계통은 무엇인가?
7. 인간 진화의 양상에 있어서 필트다운 사기극이 주는 영향을 어떻게 해석해야 할까?
8. 두 발 보행(bipedalism)에 있어서,
   a. 두 발 보행이 초기 호미닌에게 제공하는 이점은 무엇인가?
   b. 호미닌의 두 발 보행은 어떤 해부학적 변화를 가져왔는가?
9. 인류학자들은 가정의 기초와 성적 유대의 성립이 인간 진화에 어떤 효과를 가져왔다고 주장했는가?
10. 호모속에 있어서,
   a. 고생물학자들이 발견한 Homo속의 주요 화석 집단은 무엇이며, 어느 연대와 관련되어 있는가?
   b. 이런 화석 집단들과 석기(stone tools)의 종류 간에는 어떠한 관계가 있는가?
   c. 현생 인류의 기원에 대해 제시한 화석 증거는 무엇인가?
   d. 유전학자들은 현생인류의 기원과 이주 궤적을 추적하기 위해 어떻게 mtDNA를 사용했는가?
   e. 공통조상의 Y 염색체 염기서열이 찾아졌다고 가정할 때, 과연 개개인들이 그들의 공통조상이 가진("Y-염색체 아담") 원래

의 서열을 그대로 유전한다고 할 수 있는가(마치 동시대의 "미토콘드리아 이브"처럼)? 그렇다면 왜 그렇고 그렇지 않다면 왜 그렇지 않은가?

11. 사냥에 있어서,

  a. 고기 섭식이 영장류에게 제공하는 이점은?

  b. 어떤 사회적, 행동학적 특성이 수렵 사회 내에서 선택적 가치(selective value)인가?

12. 의사소통에 있어서,

  a. 영장류가 사용하는 의사소통의 모델은?

  b. 의사소통의 다른 모델을 넘어선 발성이 제공하는 이점은?

  c. 상징적 의사소통과 비상징적 의사소통의 차이점은?

13. 말에 있어서,

  a. 인간의 발성 통로와 다른 영장류의 발성 통로를 구분할 수 있는 해부학적 특징은?

  b. 이러한 특징은 발성에 어떻게 영향을 주는가?

14. 언어에 있어서,

  a. 유인원과 의사소통하기 위해 사람들은 어떤 기술을 사용하는가?

  b. 유인원이 가진 언어적 능력의 종류는 무엇인가?

15. 어떻게 영장류들은 비언어적 형태로 자기인식을 증명할 수 있는가?

16. 어떠한 선택적인 이점이 이타주의적 행동을 유발시키는가? 상호 이타주의는 무엇인가?

17. 어떠한 종류의 감정이 사회에 의존하는 복합체이며, 상호사회관계로 발달 또는 향상시키는가?

18. 영장류와 인간의 어떤 특징 중, 육체적으로 그리고 정신적으로, 전적응으로 설명될 수 있는 기원은 무엇인가?

19. 인간이 고대의 유인원과 비슷한 영장류 중 하나를 조상으로 가졌기 때문에, 우리는 인간을 지적이고, 벌거벗고, 두 발 보행 유인원으로 설명할 수 있다는 말에 동의한다면 왜 그런가? 동의하지 않는다면 왜 그런가?

추천 읽을 거리

Batzer, M. A., M. Stoneking, M. Alegria-Hartman, H. Bazan, et al., 1994. African origin of human-specific polymorphic Alu insertions. *Proc. Natl. Acad. Sci. USA,* **91,** 12288–12292.

Bickerton, D., 1995. *Language and Human Behavior.* University of Washington Press, Seattle.

Carlson, B., 2005. *Human Embryology and Developmental Biology,* 3rd ed. Mosby, Philadelphia, PA.

Cinque, G., 1999. *Adverbs and Functional Heads: A Cross-Linguistic Approach.* Oxford University Press, Oxford, UK.

Fitch, W. T., 2005. The evolution of music in comparative perspective. *Ann. N.Y. Acad. Sci.* **1060,** 29–49.

Fleagle, J. G., 1988. *Primate Adaptation and Evolution.* Academic Press, San Diego, CA.

Foley, R., 1995. *Humans Before Humanity.* Blackwell Publishers, Oxford, UK.

Gilad, Y., A. Oshlack, G. K. Smyth, T. P. Speed, and K. P. White, 2006. Expression profiling in primates reveals a rapid evolution of human transcription factors. *Nature,* **440,** 242–245.

Hammer, M. F., T. Karafet, A. Rasanayagam, E. T. Wood, *et al.*, 1998. Out of Africa and back again: Nested cladistic analysis of human Y chromosome variation. *Mol. Biol. Evol.,* **15,** 427–441.

Harvati, K., and T. Harrison (eds.), 2006. *Neanderthals Revisited: New Approaches and Perspectives.* Springer, Netherlands.

Henke, W., and I. Tattersall (eds.), 2007. *Handbook of Paleoanthropology. Vol. 1: Principles, Methods and Approaches. Vol 2: Primate Evolution and Human Origins. Vol 3: Phylogeny of Hominines.* Springer-Verlag, New York.

Howells, W., 1993. *Getting Here: The Story of Human Evolution.* Compass Press, Washington, DC.

Jones, S., R. Martin, and D. Pilbeam (eds.), 1992. *The Cambridge Encyclopedia of Human Evolution.* Cambridge University Press, Cambridge, UK.

Kingdon, J., 2004. *Lowly Origin: Where, When, and Why Our Ancestors First Stood Up.* Princeton University Press, Princeton, NJ.

Mithen, S., 2006. *The Singing Neanderthals: The Origins of Music, Language, Mind, and Body.* Harvard University Press, Cambridge, MA.

Moore, K. L., and T. V. N. Persaud (eds.), 2003. *The Developing Human,* 7th ed. W. B. Saunders, New York.

Russell, M., 2003. *Piltdown Man: the Secret Life of Charles Dawson & the World's Greatest Archaeological Hoax.* Tempus Publishing, Gloucestershire, UK.

Shipman, P., 2001. *The Man Who Found the Missing Link: The Extraordinary Life of Eugene Dubois.* Simon & Schuster, New York.

Spencer, F., 1990. *Piltdown: A Scientific Forgery.* Oxford University Press, Oxford, UK.

Wood, B, 2005. *Human Evolution. A Very Short Introduction.* Oxford University Press, Oxford, UK.

5부

집단과 종형성

■ 종내 및 종 간 변화

생명의 계통수(Tree of Life)(제4부)를 구축해 가는 동안 생명체와 그 안의 다양한 계통들을 조사해 왔으므로, 이제 집단과 그 과정, 즉 개체마다 세대를 반복하여 나타나는 변이의 자연 선택에 그 기원을 갖는 종분화(speciation)에 관하여 알아보자.

유전자빈도(gene frequency)는 집단에 대한 모든 진화적 분석의 중심이다. 1930년대까지 진화는 돌연변이, 선택 및 유전적 부동(genetic drift)에 관한 결과로서 나타나는 집단 내 유전자 빈도의 변화로서 표현될 수 있다고 알려졌다. 실제로 진화는, 유전자빈도의 변화가 집단, 종 그리고 마침내 상위 계통군(clade)에서의 차이를 이끌어 낸다고 보는 신다윈주의적 또는 현대적 종합설(neo-Darwinian or mordern synthesis)로 정리되어 있다(혹자는 굳어져 있다고 함).

오늘날 우리는 유전자가 무엇인가에 대한 여러 개념을 가지고 있다. 집단의 유전자 빈도 분석에서, 유전자는 대립유전자(대립형질, allele)를 대표하며, 따라서, 하디-바인베르그 평형(Hardy-Weinberg equilibrium)(법칙; 21장)에 따라 측정되는 바와 같이, 유전자 빈도는 대립유전자의 빈도와 같은 의미이며, 유전자풀(gene pool)은 집단 내 모든 대립유전자들을 의미한다. 대립유전자가 평형상태로 유지되는 조건—**대립유전자빈도의 보존**—도 21장에서 논의된다.

대립유전자 빈도의 변화는 22장의 주제이며, 21장에서 대립유전자 빈도의 보존이란 측면에서 다룬 바와 같이 돌연변이, 선택, 그리고 유전적 부동에 의해 나타나는 상호 간의 그리고 서로 영향을 미치는 역할들을 알아본다. 유해한 효과를 갖는 대립유전자가 어떻게 쇠퇴하는지와 적응도(fitness)를 향상시킨 것들은 어떻게 살아남고 축적되는지를 조사해 보며, 유전적 변이가 쌓이는 자연선택의 여러 종류, 그리고 안정화하거나, 방향성, 분단성, 또는 다양화하는 주된 종류들을 알아본다.

13장에서 깊이 있게 논의한 바와 같이 최근 진화에 관해 열광하는 것의 대부분은 유전체학과 발생학, 즉 우리의 진화 메커니즘의 이해를 돕는 분야에 관한 지식이 최고조로 확장되어 있기 때문이다. 그럼에도 불구하고, 개체들과 환경 간의, 또는 다른 개체들과의 상호작용과 구조를 분석해야만 이해할 수 있는 상호작용, 그리고 23장에서 다루게 될 집단의 상호작용은 모두 진화의 기초에 근거한다. 집단 구조에 대한 과거의 많은 분석들이 집단의 크기를 조사하고, 이어서 어떻게 집단 크기가 변하는 지를 이해하려고 시도하였으며, 또한 집단의 성장을 제한하는 조건을 발견하고자 노력했다. 조건에 대한 두 가지 광범위한 세트가 **r- 및 K-선택**(r- and K-selection) 제하에 요약되어 있는데, 이는 각각 자손의 수를 증가시킴(*r*)과 적은 수의 자손의 선택적 이득을 증가시킴(*K*)을 축약한 것이다. 세 번째 것이 유전적 부하(genetic load), 즉 집단에 대한 유해 대립유전자의 효과이다. 이 세 가지 개념은 집단 구조의 생태학적 측면과 유전학적 측면을 통합시키기 시작했다. 23장에서 논의되겠지만, 경쟁(competition)과 포식(predation)은 집단의 구조를 결정하는 또 다른 중요한 요소이다.

23장에서 집단이 어떻게 유지되는지를 논의하였는바, 종분화는 집단 내에서 일어나므로, 이제 24장에서는 집단에 새로운 종을 형성하는 조건들을 토의한다. 이러한 조건에는 지리적으로, 유전적으로, 생식적으로, 그리고/또는 행동적으로 격리된 그룹들로 나뉘어지는지가 포함되는데, 이들은 모두 종분화에 필요한 우선조건인 유전자 확산(gene flow)을 방해하는 것들이다.

집단의 구조와 유지에 관한 23장과, 어떻게 신종이 기존의 집단으로부터 만들어지는가에 대한 24장은 함께 읽어야 한다. 비록 진화에 관한 최근의 연구 대부분이 유전체학과 발생학을 포함하고 있지만, 개체 생물 사이의 상호작용이나 생물의 환경과의 상호작용이 자연 집단에서 일어나고 있다. 따라서, 집단의 구조, 역학, 그리고 성장을 이해하는 것은 장기적인 진화적 변화를 이해하는 근본이 된다. 이 점에서 우리는 집단의 두 가지 면에 대해 꽤 알고 있다: (1) 특히 환경의 수용 능력(*K*)의 생태적 연구에 관련해서 집단이 어떻게 유지되고, 줄어들고, 또는 커지는지, (2) 서로 다른 종 간에 개체들이 어떻게 경쟁과 포식을 통해 상호작용하는지. 유전학자들은 집단 내 유전적 변이의 양과 종류에 대해 강조한다; 실질적으로 모든 자연 집단 내에 존재하는 많은 양의 유전적 변이성이 유전적 진화적 변화를 이끌어 낸다. 일부 유전적 변이체들은 특정한 시기에 또는 특정한 상황에서 중성(neutral)이기도 하나, 환경이나 유전적 배경이 바뀌어 종분화를 이끌 수 있는 변화를 위한 기초가 제공되면 선택적 가치를 갖게 된다.

모든 종은 비록 집단들이 서로 유전적으로 차이가 있더라도 공동의 유전자풀을 공유한다. 24장에서 우리는 (1) 종을 유지시키는 적응(adaptation), 행동 전략(behavioral strategy) 및 성적 경쟁(sexual competition)의 메커니즘과, (2) 종분화를 야기하는 격리(분리, isolation), 잡종화(잡종형성, hybridization), 병목현상(bottleneck) 및 창시자효과(founder effect)의 메커니즘을 논의한다. 종분화는 격리된 집단 간의 유전적 교환이 제지되었을 때, 유전적 차이가 천천히 쌓이거나 또는 몇 개체 정도의 집단 일부가 격리되면서(창시자효과) 일어난다.

21 집단, 유전자빈도, 그리고 평형

요약

(자연선택에 의한) 종의 기원(*On the Origin of Species by Means of Natural Selection*)의 출판에 이어, Darwin은 자연선택이 작고 연속적인 유전적 변이에 작용한다고 주장했다. Francis Galton 등은 진화는 받아들였으나, 변이가 급격하고 불연속적이라고 주장하였다. 그 논쟁은 여러 개의 유전자들이 각각 작은 효과를 갖지만, 또한 한 가지 표현형적 형질의 표현에 공동으로 영향을 미칠 때는 큰 효과를 갖는다는 것을 보여 줌으로써 해결되었다. 1930년대에 이르러, 유전학이라는 학문을 통하여 (1) 진화란 집단 현상으로서, (2) 선택이나 유전적 부동과 같은 다양한 자연적 힘에 의한 유전자빈도의 변화로서 대표할 수 있는 것이고, (3) 이들 변화가 품종, 종 및 상위 분류군 간에 차이를 일으킬 수 있다는 점이 명백해졌다. 이 진화에서의 집단 위주의 관점은 신다윈주의(neo-Darwinism) 또는 현대적 종합설(the modern synthesis)로 알려지게 되었다.

집단유전학에서 우리는 유전자를 대립유전자로서, 그리고 유전자빈도(gene frequency)를 대립유전자빈도(allele frequency)로서 다룬다. 대립유전자빈도와 유전자풀(gene pool)은 집단의 두 가지 주요 속성이며, 교배 가능한 개체들의 모임이다. **대립유전자빈도**(*allele frequency*)는 한 집단에서 어떤 유전자의 개개의 대립유전자들의 빈도이다. 하나의 **유전자풀**(*gene pool*)은 그 집단에서 모든 대립유전자들로 구성되고, 따라서 현재의 세대에 존재하는 모든 변이를 대표하며, 돌연변이를 포함하지 않더라도, 변이는 다음 세대에 기여할 수 있다.

하디-바인베르그 법칙(Hardy-Weinberg principle)에 따르면, 유전자빈도는 임의 교배 집단에서, 외적 요인이 작용하지 않는 한 보존적이며, 유전자형 빈도의 평형(예컨대, 하나의 좌위에 2개의 대립유전자가 있다고 할 때, $p^2 + 2pq + q^2$)이 유전자빈도로부터 나온다.

재조합이 일어나거나 두 쌍 또는 그 이상의 유전자가 독립적으로 분리조합되면, 많은 다양한 대립유전자들이 존재할 수 있다. 유전자쌍이 많을수록, 전체적인 유전자형의 평형을 이루는 데 더 많은 시간이 걸린다. 연관의 경우, **연관된 유전자들**(*linked genes*) — 즉 한 염색체상의 뉴클레오티드 위치들(유전자를 정의하는 또 하나의 방법) — 사이에 재조합 빈도가 높을수록, 평형에 이르는 시간이 짧아진다. 유전자가 X 염색체에 연관되어 있는 경우, 비록 두 성 사이에 최초 빈도가 다르면 수많은 세대가 걸릴 수도 있지만, 평형에서의 유전자빈도는 두 성에서 동일할 것이다.

자연집단에서, 만약 어떤 대립유전자도 우성이 아니라면, 유전자형 빈도를 결정할 수 있다. 그러한 경우는 일반적으로 하디-바인베르그 평형이 이루어졌음을 보여 주는 것이다. 그러나 이제 유전자 염기서열 데이터가 확보 가능한 상황에서, (1) 이러한 설명은 한 염색체에서 서로 상당히 멀리 떨어져 있는 유전자 간에 개개의 자리들(single sites)에만 유효하게 적용되며, (2) 평형의 개념은(우리가 평균을 강조할 때도 그렇듯) 집단 내에 존재하며 선택에 필요한 변이의 중요성을 축소시키는 것이다. 동일한 하디-바인베르그 평형에 놓인 2개의 집단은 아마도, 아니 거의 확실하게, 선택에 서로 다른 반응을 보일 것이다.

만약 두 대립유전자 중 하나가 우성이라면, 우리는 하디-바인베르그 평형의 가정 하에, 동형접합적 열성 개체의 빈도를 유전자형 평형 공식에서의 q^2로 활용하여 유전자빈도를 계산할 수 있다. 낮은 빈도로 존재하는 다양한 종류의 열성 조건에서 이를 계산해 보면, 이형접합적 "담체(운반자, carrier)"의 빈도가 의외로 높다(왜냐하면 $2pq$는 q^2보다 훨씬 크므로)는 것을 알 수 있다. 복대립유전자(multiple allele)의 경우, 하디-바인베르그 공식의 다항전개식을 통해 유전자형 빈도를 계산할 수 있다. 유전자풀은 상당히 안정적이며, 선택이나 다른 조건들이 방해받지 않는 한, 일반적으로 평형을 유지한다는 것이 대부분의 관련된 연구에서 나타나고 있으나, 그러한 측정치는 많은 좌위(locus; pl., loci)에 존재하는 수많은 대립유전자들을 고려하지 않은 것이다. 동계교배(inbreeding)는 유전자빈도를 바꾸지는 않지만, 동형접합성을 증가시켜 비교적 드문 열성 대립유전자가 표현되도록 한다. 만약 이들 대립유전자가 유해하다면, 근교약세(inbreeding depression)가 일어나게 된다.

집단 수준에서 유전자 지도작성(gene mapping)(연관 지도작성, association mapping)과 그 활용에 대한 새로운 방법의 개발은 인간 유전자와 연관된 유전자들이 지도작성되고 동정될 수 있도록 하며(the HapMap Project; 역자 주: 프로젝트명은 haplotype(단상형) map의 축약형으로, 인간의 건강과 관련된 유전적 변이체를 찾아낼 목적으로 2002년 시작된 국제적 연합 프로젝트임), 자연 집단에서 유전적 변이의 정도를 보여줄 가능성이 높아, 우리로 하여금 복잡한 유전형-표현형 지도(genotype-phenotype map)를 만들어낼 수 있게끔 이끌고 있다.

다윈의 진화설의 중심에는, 대물림되는 작은 변화들이 자연선택이 적용되는 **연속변이**(continuous variation)를 만들며 각 종은 그러한 작은 변화들의 특정한 축적의 결과, 즉 "종이란 단지 뚜렷이 눈에 띄는, 중간 단계가 빠진 변이들"이라는 개념이 자리 잡고 있었다.

「종의 기원」이 출판된 얼마 후, 다윈의 삼촌인 Francis Galton은 유전에 대한 수학적 접근을 통하여, 진화는 급격하고 불연속적인 단계를 거쳐 일어난다는 것을 확신하게 되었다. 1871년에 이미 Galton은 토끼 계통 간의 수혈이 유전에 아무 효과가 없다는 것을 보여 줌으로써 다윈의 판게네시스설(pangenesis theory)(2장 참조)를 부정하였다.

체세포적으로 획득되는 "아구(芽球)"(gemmule)들 대신 Galton은, 그 후의 August Weismann의 생식질설(germ plasm theory)에서처럼, 유전물질이 세대 간에 거의 변화 없이 전해진다고 제안하였다. 어떤 연속적인 양적 형질, 예컨대 키의 경우, 평균에서 훨씬 떨어진 키를 갖는 부모는 부모대보다 평균에 더 가까운 자손을 낳는 경향(Galton의 회귀법칙, law of regression)을 갖는다고 Galton은 생각하였다. 그는 연속변이는 신종의 기원을 유도하는 매개자가 아니며, 섞이지 않는, **불연속변이**(discontinuous variation; "sports", 돌연변이들, 변종들)야말로 종 간의 급작스런

변화를 제공한다고 추측하였다. 변이와 변이성(변하려는 성질, 경향) 모두 10장에서 논의하였다.

변이론자와 선택론자: 연속 및 불연속 변이

19세기 말, 영국에는 두 가지 학파가 형성되었는데, **연속변이**(continuous variation)에 기초한 쪽과, **불연속변이**(discontinuous variation)에 기초한 쪽이었다. 전자는 현재 주로 **변이론자(돌연변이론자**, mutationist) 또는 **멘델주의자**(Mendelian)으로 알려져 있고, 후자는 **선택론자**(*selectionist*)로 알려져 있다.

진화에서의 연속변이의 중요성을 지지하는 사람들에는 수학적 분석을 위주로 하는 **생물계측학자**(*biometrician*)들인 W. F. R. Weldon과 Karl Pearson이 있었다. 그 반대편에는 William Bateson과 그의 지지자들이 있었다.

멘델의 1865년 완두의 유전에 대한 논문이 1900년 재발견되자, 변이론자들과 선택론자들은 더욱 양극화되었다. Bateson과 변이론자들은 대부분의 유전적 특성은 불연속적이며 멘델 인자들의 분리에 의해 설명될 수 있다고 하였다. Weldon, Pearson 및 선택론자들은 대부분의 특성들은 연속적이며 멘델 인자들은 그저 예외적 형질에 해당될 뿐이라고 주장했다. De Vries 등과 같은 멘델주의자들에게는, 진화가 유일하게 효과적일 수 있는 경우는 선택이 달맞이꽃(evening primrose)인, *Oenothera*의 품종(race)이나 종(species)을 만들어 내는 것과 같은 큰 돌연변이에 적용되는 경우뿐이었다. 생물계측학자들은 다윈의 원래의 개념을 받아들이면서: 작은 차이들에 적용되는 선택이 진화적 변화를 위한 기본 기작이라고 믿었다.

선택은 동형접합적인 순계(pure line; 근교계, inbred line)들에서 나온 콩의 크기를 양적으로 변화시키는 효과를 주지 못한다는 결론을 내렸던 Wilhelm Johannsen의 실험적 관찰이 변이론자들의 입장을 지지하였다. 더욱이 선택이 서로 다른 순계 간의 교잡(cross)을 통해 나온 콩에 적용되었을 때도, 그들 자손들에서 크기의 차이는 교잡의 F_2 세대에서 초기에 관찰된 값의 범위에 비해 별로 차이가 없는 것으로 나타났다. 콩의 크기에서의 현저한 변화는 Johannsen의 실험에서 관찰된 적은 차이들 사이의 선택에서보다는 큰 효과를 갖는 돌연변이들(**대돌연변이**, macromutation)들로부터 올 수 밖에 없어 보인다.

여러 생물학자들은 이러한 관점에서 더 나아가, 어떤 특별한, 심지어는 비적응적인 방향으로의 돌연변이압에 의한 단 하나 또는 몇 번의 돌연변이들에 의해서도 새로운 종이 생겨날 수 있다는, **도약진화**(saltation)라고 알려진 견해를 제시하고 있는데, 이에 따르면, 느리고, 끈기 있는 과정의 다윈의 선택설은 진화를 설명하는 데 더 이상 필수적이지 않다.

이 논제에 관한 다양한 견해가 많이 제시되어 왔다. 예를 들면, 선택이란 단지 "부적합(unfit)"을 제거하기만 할 뿐 "적합(fit)"을 만들어 내는 역할은 하지 못하는, 그저 하나의 수동적인 "체(sieve)"에 해당된다고 믿는 많은 사람들은, 일반적으로 돌연변이를 진화에서의 기본적인 창조력으로 간주한다. 이러한 창조성은 직접 새로운 종을 만들어 내는 것 같은 중대 효과를 내는 단 한 번의 돌연변이에 의해(대돌연변이), 또는 특정한 진화과정에서의 발달에 영향을 주는 비교적 작은 연이은 변화들에 의해(**정향진화**, orthogenesis) 야기되어지는 것으로 생각되곤 한다. 후에 논의되지만, 어떤 고생물학자(paleontologist)들은 화석기록의 불규칙함과 새로운 분류군의 예상되는 기원을 설명하기 위해 도약진화 개념과 함께 대돌연변이를 적용시킨다. 돌연변이를 거친 정향진화 역시 유사한 개념이 적용되었다.

반면에 Castle과 Phillips(1914)는 선택을 통해 hooded rat(역자 주: *Rattus norvegicus*, 실험 및 애완용 쥐의 일종)에서 완전히 새로운 외피색을 만들어 낼 수 있음을 증명하였다. 즉, 선택된 몇몇 계통은 알비노(백화개체, albino)를 제외한 어떤 알려진 형(type)보다 더 적은 색소를 가지게 되는 반면, 다른 계통은 너무 짙게 색소화되어 배에만 흰색이 있는 "Irish type"으로 통용된다. 비록 이 연구가 양적 효과에 대한 특정 유전자를 밝혀내진 못했으나, 다른 생명체에서의 유사한 결과들(그림 10-20 참조)은 선택이 작은 연속적인 형질에 작용하여 표현형적으로 큰 변화를 일으킬 수 있다는 것을 보여 주었다.

비록 진화의 기본적인 기작을 설명함에 있어서 변이론자(mutationist)들과 선택론자(selectionist)들 사이의 불화는 1920년대와 1930년대까지도 계속 되었지만, 키나 몸무게와 같은 **양적 형질**(quantitative character)들에 대한 계속된 실험을 통해 그 간격은 줄어들기 시작하였다. 예를 들어, 많은 서로 다른 유전자쌍들(다중 요인, multiple factors)이 함께 작용하여 하나의 양적 형질에 영향을 주고, 이로 인해 다양한 배열의 유전자형(genotype)들 각각이 다른 표현형(phenotype)을 가진 채 나타날 수 있음을 실험적으로 보여 주었다. 전형적인 멘델주의적 방식으로 분리되는 대립유전자들이, 많이 관찰되는 연속적 형질의 분포를 설명해 주고 있다(그림 10-21).

마침내 양적 형질에 대한 다윈주의적 선택을 멘델주의로 해석하는 데도 별 어려움이 없고, 아주 큰 영향을 주는 돌연변이들을 도입시키지 않고도 대개의 기본적인 진화적 변화를 설명할 수 있게 되었다. 작은 연속적 형질을 통해 진화에 대해 강조한다는 것이 곧 표현형에 큰 영향을 주는 대립유전자가 항상 비적응적이라는 뜻은 아니다. Orr와 Coyne(1992)이 지적한 것처럼, "큰 효과를 내는 돌연변이는 동물이나 식물의 교배에 있어서 분명 상당한 역할을 한다". 자연집단 역시 그 같은 효과를 보여 주고 있다. 예를 들어, 살충제 저항성(insecticide resistance)은 흔히 단 몇 개

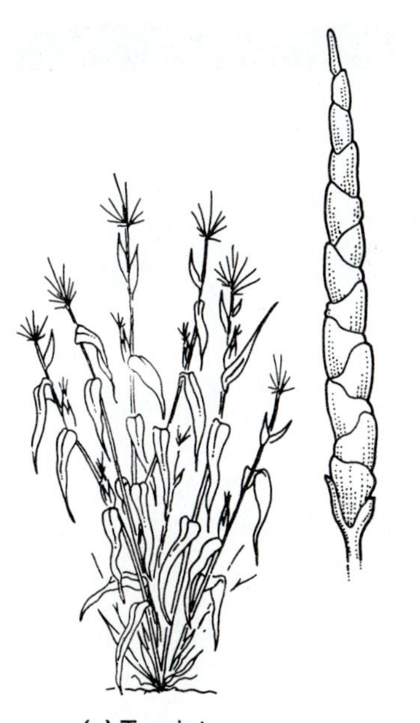

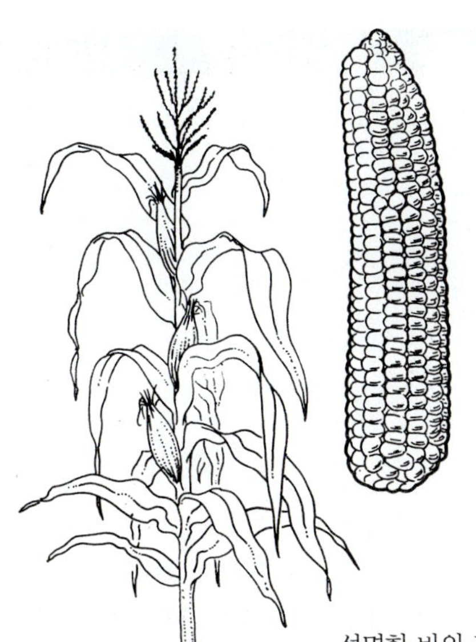

그림 21-1 (a) 재배형 옥수수(maize)의 야생 조상형인 teosinte(티어신티) (*Zea mays parviglumis*)의 다 자란 모습과 낟알이 맺힌 열매, (b) 그 후손인 현대의 옥수수(*Zea mays mays*)의 다 자란 모습과 열매. 식물의 모습과 열매의 구조가 크게 다르지만, 이들 두 형은 비교적 몇 안되는 유전자에서만 차이를 나타낸다.

의 작용 가능한 돌연변이에 의해 나타나며, 낟알을 먹는 아프리카산 낟알을 먹는 되새(finch), *Pyrenestes* 종류의 크고 작은 부리의 크기에 대한 다형성(polymorphism)은 한 좌위에서 단 2개의 대립유전자의 분리의 결과로 나타난 것이다(T. B. Smith, 1993).

일부 적응에는 중대한 표현형적 효과를 갖는 유전자가 해당되고 있으나, 이들 효과들은 그 하나씩을 볼 때 대변이론자들이 생각했던 것과는 사실 다르다고 하겠다. 즉, 복잡한 기관이나 새로운 종이 단 한 번의 변화로 생겨나지는 않는다. 큰 효과를 가지고 있고 상당한 형태적 차이를 야기할 수 있는 대립유전자가 선택될 수 있는데, 야생형 선조인 teosinte(티어신티)로부터 나온 재배형 옥수수(maize)의 진화에 대한 연구를 통해 밝혀졌다. 비록 이들 식물이 생김새는 매우 다르지만, 대략 다섯 가지 유전자에서의 변화가 그 차이를 가져오는 것일 것이다(**그림 21-1**; Doebley et al, 1995.). 마찬가지로, Bradshaw와 공동연구자들(1995)은 *Mimulus*(monkey flower, 현삼과 물꽈리아재비류)에서, 꽃의 구조에 있어서 몇몇 돌연변이에 의한 변화[붉은 꽃 색, 긴 부리-모양의 화관통(corolla tube), 튀어나온 꽃밥(anther)과 암술머리(stigma)]가 벌(bee)에 의한 수분(pollination)에서 벌새(hummingbird)에 의한 수분으로의 전이를 설명해 주며, 이로 인해 새로운 종인 *Mimulus cardinalis*가 만들어진 것을 보여 주었다. 연속적, 그리고 불연속적인 유전적 변이는 존재하며, 돌연변이적 기반을 가지고 있고, 표현형에 대한 선택에 반응하여 변형될 수 있다.

세 가지 요인이 변이론자-선택론자의 싸움에 불을 지폈다: (1) 1979년 Kimura에 의해 소개된 돌연변이는 효과가 중립적일 수 있다는 개념(23장 참조), (2) 효소와 다른 단백질 좌위에서의 다형성 확인, (3) 분자생물학/분자진화학으로부터의 다음 예에서 설명한 바와 같이, 유전적 부동의 중요성 인식.

DNA의 구아닌(guanine)-시토신(cytosine)(G-C) 함량은 서로 다른 유기체의 유전체가 갖는 특징이며, 이로 인해 분류학적 분석에서 분자 형질로서 이용되어 왔다. 말라리아의 원인이 되는 원생생물(protist)의 하나인 *Plasmodium falciparum*(열대열원충)은 G-C 함량이 20%[나머지 80%는 아데닌(adenine)-티민(thymine) 또는 A-T 함량]이다. 물냉이류(watercress)인 *Arabidopsis thaliana*(애기장대)는 36%, 효모(yeast)인 *Saccharomyces cerevisiae*(맥주효모균의 하나)는 36%, 그리고 박테리아인 *Streptomyces*(방선균의 일종)은 72%이다. 유전자 내에서, 엑손(발현부위, exon)은 인트론(비발현 부위, introm) 보다 G-C 함량이 높은 편이며, G-C결합(G-C bond)은 A-T결합에 비해 높은 온도와 같은 조건에서 더 강하다. 우리는 여기서 해석을 달리 할 가능성을 볼 수 있는데, 선택론자들은 이 특성이 적응적이며, 따라서 선택된 것이라고 하고, 변이론자들은 이것은 돌연변이상의 편파성(bias)을 반영하는 것이라고 한다. 표현형 수준에서 변이의 무작위성은 유전자 수준에서 G-C 함량의 변이와 같은 것이 아니기 때문에, 또 선택은 표현형에 작용하지만 돌연변이는 유전자형에 작용하기 때문에, 돌연변이는 "유전자의(genic, genetic) 그리고 표현형의 수준에서 모두 진화를 위한 원동력(driving force)이다"(Nei, 2005).

집단 유전자빈도

집단이란 한 종에 속하며(동종의 conspecific), 대체로 잘 정의된 지리적 영역을 차지하고 있고, 세대에 걸쳐 생식적 영속성을 보이는 생물의 한 그룹이다.

선택론자와 변이론자 간의 논쟁과 함께, 유전학자들은 개체보다는 집단이 중요한 진화적 중심이라는 점을 강조하는 중요한 새 개념을 소개하였으며, 따라서 유전학자들은 단지 하나의 유전자가 있는지 없는지 보다 집단의 유전자빈도에 관심을 가져야 했다.

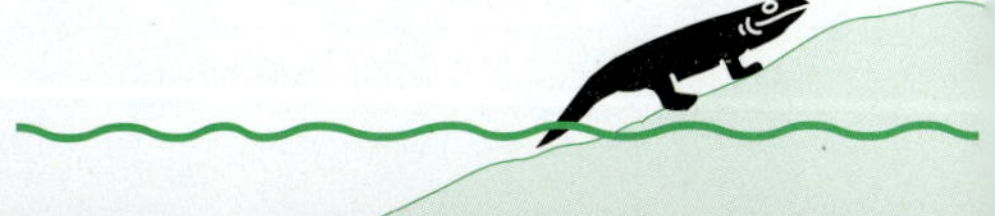

표 21-1 집단의 특징과 비교된 개체의 특징들

특징	개체	집단
수명	한 세대	많은 세대
공간적 연속성	제한됨	넓음
유전적 특징들	유전자형	대립유전자빈도들
유전적 변이성	없음	상당함
진화적 특징들	한 개체는 하나의 유전자형만을 가지고 있으며, 한 세대로 제한되어 있으므로 변화 없음	진화는 세대 간에 일어나므로, 진화될 수 있음 (대립유전자빈도의 변화)

한 집단이 다음 세대에 물려 줄 배우자(gamete)들 전체는 곧, 자손이 그들의 여러 가지 유전자형적 조합들을 무작위로 뽑아낼 수 있는 커다란 유전자 풀에 해당된다는 것이 분명해졌다. 유전자빈도들을 변화시킬 다른 요인이나 선택이 없는 상태에서는, **하디–바인베르그 평형**(Hardy-Weinberg equilibrium)에 따라 이러한 빈도들이 유지되는 경향을 갖는다.

1920년대에 Ronald Fisher, Sewall Wright, 그리고 John(J. B. S.) Haldane은 **진화를 유전자(대립유전자)빈도의 변화로서 간주**하는 수학적 접근방법을 매우 상세하게 연구하였다. 그들은 이러한 접근방향을, 동계교배(inbreeding)의 효과, 우성(dominance)의 진화, 대립유전자빈도에서의 선택의 효과, 그리고 돌연변이, 이주(migration) 및 유전적 부동(genetic drift)의 효과에 관한 여러 가지 연구가 이루어졌다. 1930년대 초기, 이러한 연구들은 여러 가지 논문과 책으로 완성되면서, **집단유전학**(population genetics), 즉 대립유전자의 빈도와 그 변화에 대한 연구의 기초를 이루었다.[1]

이러한 수학적 모델들과 함께, 선택이 적용될 수 있는 상당한 유전적 변이가 자연 집단들에서 관찰되었다. 이러한 모든 연구들은, 집단이 시간 및 공간적으로 진화적인 유전적 변화를 설명할 수 있는 변이를 가지고 있는 반면, 개체(individual)는 시공간적으로 극히 제한되어 있다는 개념을 설정하게끔 하였다(**표 21-1**). 한 집단의 유전자형들 간의 차이들은 그들 간에 서로 다른 생식적 비율을 갖게 하는 반면, 한 개체의 유전자형은 출생부터 죽을 때까지 일정하다; 즉, 진화적 변화는 유전자형들 간의 분화(differentiation)에 의존하는 것이다: 집단은 진화하나, 개체는 그렇지 않다.

■ 신다윈주의적 또는 현대적 종합설

집단의 유전학에서의 이러한 강조는, 진화적 사고를 보다 현대적인 형태, 즉 소위 신다윈주의적 종합설(Neo-Darwinian synthesis; 또는 현대적 종합설, modern synthesis)로 전환하는 것을 도왔다. 이러한 종합설의 근간은, 돌연변이는 무작위로 일어나며, 유전적 변이를 도입함으로써 진화를 위한 에너지를 공급한다는 개념이다. 그렇다면 진화의 정의란, 무작위적 돌연변이가 항시 변하는 빈도를 갖는 유전자(대립유전자[2])에게, 유일하진 않으나 어떤 변화를 야기하는 데 가장 중요한 것으로 간주되는 자연선택을 적용시키는 하나의 진행 중인 과정이라고 할 수 있겠다; 다른 요인들로는 이주나 유전적 부동이 있으며, 22장에서 논의한다. 정적 유형(분류)학(typology)을 강조하는 다른 생물학적 규율에 반해, 유전학은 진화가 일어나게끔 하는 요소들, 즉 유전되는 변이(*inherited variation*)의 전달(*transmission*), 지속(*persistence*) 및 수정(*modification*)을 이해하고 강조하는 이점을 제공한다. 그러므로:

생물학자들은 목적론(teleology)을 바로 거부하는데, 왜냐하면 선택이 만약 현존하는 변이만을 거를 수 있다면, 미래에 필요할 것을 오늘 만드는 선견지명을 가질 수가 없기 때문이다. 선택은 단지 어제의 돌연변이를 기초로 오늘의 환경에 조금 더 가깝게 내일의 세대를 가져갈 수 있을 뿐이다(Weiss, 2002, pp. 4~5).

어떤 식으로든 대립유전자-빈도 차이가 쌓이면, 결국 서로 다른 곳에 있는 집단 간에 더욱 두드러진 차이를 나타낸다. 우리는 "어떤 식으로든"이란 표현을 쓰는데, 왜냐하면 유전적 변이는 대립유전자의 빈도에서의 변화보다 더 많은 것들로 구성된다는 것을 지금 알고 있기 때문이다. 다음의 모든 발견들은 어떻게 유전적 변이가 증가하고 그리고/또는 유지될 수 있는지를 보여 준다.

- 대부분의 유전자는 하나의 우성(dominant)과 열성(recessive)대립유전자인 기본적인 멘델주의적 상태 이상을 갖고 있다(10장 참조);

[1] 집단유전학의 최고의 역사를 알려면, Provine(1986)과 Crow(1988a)를 참조.

[2] 유전자빈도보다는, 대립유전자가 집단유전학에서 계산되는 기본적 유전단위이다. 우리는 이제, 돌연변이로부터 유발된 대립유전자빈도의 변화에, 유전자 복제(gene duplication)와 엑손 뒤섞기(exon shuffling) 때문에, 유전자빈도에서의 변화를 추가할 수 있다. 더욱이, 전이성 인자와 반복부(transposable element and repeat)들은, RNA간섭(RNA interference, RNAi), mRNA의 차등적 이어맞추기(differential splicing), 시스–조절(cis–regulation), 그리고 해독 후 변형(post–translational modification)과 마찬가지로, 추가적인 유전적 변이의 원천이 된다. 21 및 22장에서는, 각 유전자가 단 2개의 대립유전자를 갖고 있고, 그중 하나(A)는 다른 하나(a)보다 우성인 것으로 가정된 집단에서의 전형적인 유전자빈도 분석이 강조되어 있다(또한 그런 예들을 뽑아 두었다).

- 유전자는 물론 전체 유전체도 복제되고 또한 복제되어 왔다(12장 참조);
- 복제된 유전자는 그 기능을 바꿀 수 있다(13장 참조);
- 엑손은 유전자 사이에서 뒤섞일 수 있다(7장 참조);
- 반복 염기서열(반복배열, repeat sequence)은 대부분의 유전체에 걸쳐 퍼뜨려져 있으며, 종종 유전체 내에서 상당량의 DNA로 구성된다(7장 참조);
- 전이성인자가 새로운 변이를 가져온다(글상자 10–2 참조)
- 유전자의 조절은 변경될 수 있어서, 한 개의 "유전자"로부터 하나 이상의 생산물이 나올 수 있게끔 한다(10장 및 13장 참조).

우리가 유전자 그 이상으로 DNA의 염기서열로서 바라본다면, 두 가지 다른 발견에서 유전적 변이의 또 다른 원천을 발견하게 된다: (1) **교대성 이어맞추기**(alternate splicing)가 하나의 유전자로부터 복수의 mRNA를 만들어 낼 수 있고, (2) RNAi와 **해독 후 변형**(post-translational modification) 모두, 주어진 유전자가 제공할 수 있는 생성물의 수를 늘릴 수 있다(10장 참조).

집단 간의 유전자 교환이 생식적 격리로 인해 더 이상 일어나지 않게 되면, 서로 다른 종이 형성된다. 필연적으로, 이러한 접근은 **생물학적 종의 개념에 대한 유전적 선호**(11장 참조)를 두 가지 방식으로 나타낸다.

1. 하나의 종은 특정한 유전적 변이를 갖는 개체들의 한 집단으로서, 유전자 교환을 막는 생물학적 기작에 의해 다른 종들과 격리됨을 이해함으로써. 이제 우리는 하나의 우성, 하나의 열성인, 좌위당 2개의 대립유전자라는 멘델주의적 견지로부터 더 멀리 떨어져서, 모든 개체는 유전적으로 다르며, 그 일부는 단일 좌위에서의 복수의 대립유전자 때문이라는 점을 기억해야 한다. 이것은 멘델주의적 견해에 관한 위 언급이 틀리다는 뜻이 아니라, 어떤 집단에서든 상황은 위에 말한 것보다 훨씬 더 복잡하다는 의미이다.
2. 작동되었을 때 새로운 변종이나 종을 만들어 내는 돌연변이 및 선택의 기작이, 우리가 모든 생물 종을 더 높은 분류군에 배열하는 것이 가능하도록 그렇게 충분히 일반적인가를 보임으로써, 이 접근방식은 한 가지 중요한 깨달음을 준다: 어떤 그룹들이 특정한 환경을 차지하고 있든, 유전자형이든 더 상위 분류군으로 정해져 있든, 그들 그룹 사이의 선택적(selective) 상호작용은 그들의 진화에 있어서 필수적인 요소가 된다.

변이와 선택

위에서 논의한 바 대로, 신다윈주의적 종합설은 **어떻게 돌연변이가 변이를 유발했고, 어떻게 선택이 적응과 "디자인"을 가져 왔는지를** 설명하도록 해 주었다.

비록 종분화의 주요 기작이지만, 돌연변이가 유일한 기작은 아니다. 중요한 것은, 예컨대 유전적 부동이나 생식적 격리를 유발하는 염색체 변화와 같은 것들 중에도 첫 단계로서 표현형의 적응적 변화를 요구하지 않는다는 것이다. 이 종합설은 대립유전자빈도와 집단 내 대립유전자빈도의 양적 변화가, 세월이 흐르는 동안 생물체가 그들의 환경과 상호작용하면서, 일부 그룹을 변종이나 아종으로 바꾸고 일부 변종/아종은 종으로 바꾸는 그러한 질적 변화로 바뀐다는 점을 제시하였다(Bowler, 2005). 이 과정을 간략히 요약하면:

돌연변이나 유전적 부동은 선택에 의해 좌우되는 변이를 낳고, 이는 표현형적으로 적응적 변화를 가져오며, 이 과정이 계속되면, 생물의 다양성으로 이어진다. 현대적 종합설은 개념적 순서를 제공함으로써 유전자에서 유기체로, 그들의 단체로, 그리고 다시 앞으로 돌아가는 사건의 연속을 설명하도록 돕는다.

비록 신다윈주의적 종합설이 발생학, 계통분류학, 고생물학과 같은 다양한 분야에서 공통적인 진화상의 유전적 논제를 제공하는 데 있어서 영향력을 발휘했지만, **다윈의 변이**(*variation*)**와 분기**(*divergence*)**에 대한 근본 개념의 유전적 기초를 소개한 것일 뿐**이다. 즉, 비록 다윈이 변이의 근원이나 측정, 또는 정도에 대해 인식하지 못했다 하더라도, 하나의 종은 충분한 만큼의 변이를 유지하고 있어서 새롭고 상이한 환경조건에서의 선택으로 인해 서로 분화되어 변종(variety)과 아종(subspecies)으로 진화할 수 있다는 것을 이해하고 있었다(Ospovat, 1981). 변이와 선택의 최종 결과로서의 점진적 분기가 시간이 흐르면서 종에서 문(phylum; 복수: phyla)에 이르는 진화적 계급구조의 엄청난 다양성과 그들 간의 수 없이 복잡한 상호관계를 만들어낸 것이다. 신다윈주의적 유전학은 선택과 변이를 과학적으로 이해할 수 있도록 하였으며, 진화형과 적응의 유전학을 위한 연구, 즉 **발생 유전학**을 연구하게 하였다. 이러한 연구에 분자생물학적 기법이 도입되면서, 유전자와 형태적 패턴 간의 많은 복잡한 관계가 증명되고 있다(13장).

현대적 종합설에 의해 유발된 질문들

이러한 연속체를 이해하기 위한 일반적인 관념적 체계를 제공함으로써, 신다윈주의적 종합설은 많은 진화생물학자들로 하여금 어떻게 그리고 왜 특정한 진화적 사건과 적응이 일어나는지에 관하여 깊이 있게 질문하고 또 답하도록 동기를 부여했다. 그러한 질문은 다음과 같은 매우 기본적인 단계에서부터 시작되었다:

- 집단에서 대립유전자빈도란 무엇인가?
- 어떻게 대립유전자빈도가 변하는가?
- 왜 유전자빈도가 변하는가?
- 어떤 유전적 차이가 품종을 나누는가? 종의 경우는?

- 이러한 차이는 어느 정도의 속도로 일어나는가?
- 과거의 어떤 현상이 이러한 차이를 설명할 수 있을까?

아마도 이 같은 연구 중 가장 뛰어난 것으로, Theodosius Dobzhansky(1938~1976)와 그 공동연구자들에 의한, **자연집단의 유전학**(*Genetics of Natural Populations*)이라고 하는, *Drosophila* 종에서의 연구들을 꼽을 것이다. 1950년대까지, 이 논문들은 다음에 있어서 널리 영향을 미쳤다.

> 다형성에서의 시간적 변이와 안정성에 대한 관찰, 이주와 유효집단(effective population) 크기의 측정, 자연에서 선택적 차이의 존재의 증거, 그리고 선택이 증명되고 측정될 수 있는 실험실 모델 집단의 구축을 포함하여, 자연집단에서 어떻게 유전적 변이가 연구될 수 있는가 하는 모델을 구성함(Lewontin, 1997).

Dobzhansky(1937)와 Julian Huxley(1942)가 책을 통해 널리 알린 신다윈주의적 종합설은 생물학에 큰 영향력을 미쳤는데, 그 이유 중 하나로는, 본질적으로 유물론적인 접근방법 때문이기도 하고, 또 도약진화(saltation)이나 정향진화(orthogenesis)와 같은 라마르크주의적 개념과 이론을 배제했기 때문이기도 하다. 이 종합설의 필수요소인 집단유전학의 영향은 또한 개체군통계학(demography), 생태학(ecology), 역학(epidemiology), 식물 및 동물 육종(breeding)은 물론 유전자 변이와 분포가 생물들의 관계와 생활 방식에 영향을 미치는 다른 여러 분야에까지도 나타난다.

집단과 대립유전자빈도

유전학자들은 보통, 집단을 성적으로 교배 가능한(interbreeding) 또는 잠재적으로 교배 가능한 개체들의 그룹으로 **정의하면서**, 주어진 정의에 기초하여 전문가들에게 "대응몫"을 제공한다.

멘델의 법칙이 이러한 이배체 개체들 간에 유전자의 전달에 적용되며, Wright는 이러한 그룹을 **멘델집단**(Mendelian population, **자유교배가능집단**)이라고 명명하였으나, 반수체, 무성생식으로 증식하는 집단에는 적용하지 않는다. 교배가능한 집단의 크기는 다양할 수 있으나, 보통 그것은 **최소교배단위**(deme)라고도 불리는 하나의 그룹으로 간주되며, 그룹의 각 구성원은 반대편 성의 다른 어떤 구성원과 교배(mating)할 동일한 정도의 기회를 갖는다. 개체들이 건널 수 없는 강 또는 산사태와 같은 구조적 지형은 유효 최소교배단위의 크기를 줄여 지리적으로나 생태적으로 정의된 집단보다 더 작게 줄임으로써, 집단 내 변이 (및 잠재적 변이)를 줄일 수 있다. 그 같은 상황에서는, 선택은 최소교배단위를 다른 방향으로 이끌고 갈지도 모른다. 대부분의 가설과 실험은 이배체 생물의 집단을 강조한다. 이어지는 논의는 대개 이러한 경우를 다룬다.

대립유전자빈도와 유전자풀

이배체이든 반수체이든, 집단은 2개의 중요한 속성, 즉 대립유전자빈도들과 하나의 유전자풀을 갖는다. **대립유전자빈도**란 단순히 한 집단의 유전자들에서 서로 다른 대립유전자들의 비율이다. 이 빈도를 얻으려면, 그 집단에서 다양한 유전자형들을 갖는 모든 유기체의 수를 세고, 해당되는 대립유전자들의 상대적 빈도를 측정하면 된다. 배우자(gamete)와 간헐적인 돌연변이를 제외하곤, 하나의 다세포생물에서 모든 세포들의 유전적 구성은 동일하다. 그러므로 우리는, 반수체 생물은 어떤 한 좌위에서 단 1개의 유전자를 가지고 있고, 이배체는 2개, 삼배체(triploid)는 3개 등을 가지고 있다고 정하면 될 것이다.

단순한 예를 들면, 화학물질 페닐티오카바미드(phenylthiocarbamide)의 맛을 감지할 수 있는 사람과 그렇지 못한 사람의 차이는 두 대립유전자, *T*와 *t*에서의 단 하나의 유전자 차이 때문이라고 할 수 있다. 맛에 대한 대립유전자에서 *T*는 *t*에 대해 우성이므로, 동형접합체적 *TT*와 이형접합체적 *Tt*의 두 유전자형이 맛감지자를 뜻하며, 비감지자는 *tt*가 된다. 어떤 200명으로 구성된 어떤 집단이 90 *TT*, 60 *Tt*, 50 *tt*로 구성되어 있다면, 이는 이 좌위에 모두 400개의 대립유전자가 있음을 뜻한다. **표 21-2a**에서 보듯이, 그중 240개는 *T*(.60(=0.60)의 빈도)이고, 160개는 *t*(0.40의 빈도)이다. 다음의 공식을 이용해 3개의 유전자형 빈도로부터 동일한 유전자빈도들을 계산할 수 있다: 대립유전자의 빈도 = 그 대립유전자의 동형접합체의 빈도 + 각각이 둘 중 하나의 대립유전자를 갖는 이형접합체의 빈도의 1/2(표 21-2b).

유전자풀은 한 집단의 생식가능한 배우자들에서 전체 대립유전자들의 합이다. 그것은 배우자풀(gametic pool)로서, 표본이 무작위로 추출되어 다음 세대의 접합자들을 이루는 것으로 간주된다. 전체 세대와 그 다음 세대 간의 유전적 관련성은 부모와 자손 간의 유전적 관계와 매우 흡사하다. 새로운 세대의 유전자의 빈도들이 적어도 어느 정도는 그 전 세대의 빈도에 따라 정해지므로, 우리는 유전자보다는 대립유전자빈도가 집단에서 대물림된다고 표현해도 될 것이다.

그럼 어떤 식으로 세대 간의 이러한 유전자빈도 관계를 표현하고 분석할 수 있을까?

대립유전자빈도의 개념을 사용한 첫 시도 중 하나가 생물계측학자와 멘델주의자들 간의 논쟁에서 일어났다. 혹자는 우성대립유전자는 그 초기 빈도가 어떠했건 상관없이 멘델의 분리법칙을 따라 결국 세 우성 개체대 한 열성 개체라는 빈도로 안정되게 될 것이라고 주장하였다. **단지증**(*brachydactyly*; 짧은 손가락들) 같은 매우 낮은 빈도의 우성대립유전자에서는 그러한 비율이 관찰되지 않았는데, 이는 곧 집단이 멘델의 법칙을 따르지 않으며, 유전자빈도는 진화연구에서 무시될 수도 있음을 증거하는 것이었다.

표 21-2 200 개체의 이배체 집단에서 대립유전자빈도를 얻는 방법

A. 수적으로 유전자 수를 이용하는 경우(200 이배체 개체에 400 유전자가 있음):

T =	180 (in *TT*)	+ 60 (in *Tt*)	=	240/400	=	.60
t =	100 (in *tt*)	+ 60 (in *Tt*)	=	160/400	=	.40
				Total		1.00

B. 유전자형의 빈도를 이용하는 경우:

T =	.45 *TT*	+	1/2 (.30 *Tt*)	=	.45	+	.15	=	.60
t =	.25 *tt*	+	1/2 (.30 *Tt*)	=	.25	+	.15	=	.40
								Total	1.00

참고: 이 개체들은 다음과 같은 형(type)을 갖는다:

90 *TT* + 60 *Tt* + 50 *tt* = 200 개체

.45 *TT* + .30 *Tt* + .25 *tt* = 1.00(유전자형)

비록 초기에는 그러한 해석이 널리 받아들여졌지만, 영국의 Geoffrey H. Hardy(1877~1947)와 독일의 Wilhelm Weinberg(1862~1937)는 각각 이를 반증하였다. 그들은 대립유전자빈도는 우성이나 열성에 의해 정해지는 것이 아니며, 어떤 조건하에서는 한 세대에서 다음에 이르기까지 근본적으로 변함이 없다는 것을 증명하였다. 그 같은 대립유전자빈도 보존(conservation of allele frequency)은 이 장에서 짧게 논의된다. 22장에서는 대립유전자빈도를 변화시키는 힘에 관해 다룬다.[3]

유전자빈도의 보존

Hardy와 Weinberg에 의해 발견된 이 법칙은 앞에서 설명한 맛에 관한 예를 통해 설명될 수 있다.

예를 들어, 한 섬에 유전자형이 0.45 *TT*, 0.30 *Tt*, 0.25 *tt*이고, 대립유전자빈도가 0.60 *T*와 0.40 *t*인 한 그룹의 어린이들을 둔다고 하자. 이렇게 새로 형성된 집단의 크기가 크며, 맛을 감지할 수 있고 없고는 생존력(생존, viability), 수정능력(fertility), 또는

[3] Hardy와 Weinberg의 역할에 관한 역사에 관해서는 Crow(1988a)를 참고하라. Falconer와 Mackay(1996), Hartl과 Clark(1997), Hedrick(2000), 그리고 Gillespie(2004) 등의 다양한 책들이 집단유전학의 기초적인 이론적 원칙을 더 깊이 있게 다루며, 보다 완전한 공식 도출과 충분한 예제를 제공하고 있다.

표 21-3 표 21-2에 주어진 빈도를 갖는 한 집단에서 개체 간 무작위 교배에 의해 나타나는 대립유전자빈도

		남성		
		TT = .45	*Tt* = .30	*tt* = .25
여성	*TT* = .45	.2025 ①	.1350 ④	.1125 ⑦
	Tt = .30	.1350 ②	.0900 ⑤	.0750 ⑧
	tt = .25	.1125 ③	.0750 ⑥	.0625 ⑨

부모				자손		
유전자형의 짝짓기	위 칸에서의 번호		짝짓기 빈도	*TT*	*Tt*	*tt*
TT × *TT*	①	=	.2025	.2025		
TT × *Tt*	② + ④	=	.2700	.1350	.1350	
TT × *tt*	③ + ⑦	=	.2250		.2250	
Tt × *Tt*	⑤	=	.0900	.0225	.0450	.0225
Tt × *tt*	⑥ + ⑧	=	.1500		.0750	.0750
tt × *tt*	⑨	=	.0625			.0625
			1.0000	.3600	.4800	.1600

자손에서의 대립유전자빈도들:

T	=	.36 *TT*	+	1/2 (.48 *Tt*)	=	.45 + .15	=	.60
t	=	.16 *tt*	+	1/2 (.48 *Tt*)	=	.25 + .15	=	.40
						Total		1.00

이성간 매력에 아무 영향을 주지 않는다고 가정하자.

이 어린이들이 성장하면, 임의로 이성을 선택할 것이다. 우리는 두 유전자형 간의 짝짓기를 전적으로 집단의 유전자형 빈도에 기초하여 예측할 수 있을 것이다. **표 21-3**에서 보는 것처럼, 9지 다른 형의 짝짓기가 나타날 수 있으며, 그 중 세가지는 다른 형과 상호적이다(예컨대, *TT* × *tt* = *tt* × *TT*). 전체적으로 볼 때, 이 6가지 짝짓기 조합은 나타내진 비율에 따라 자손을 생산한다.

유의할 것은 **임의교배**(random mating)가 유전자형(genotype)의 빈도를 변화시키더라도, 자손에서의 대립유전자빈도는 변하지 않는다는 것이다. 자손의 대립유전자빈도는 이전과 정확히 똑같이, *T*에서는 0.36 + 1/2(0.48) = 0.60이고, *t*에서는 0.16 + 1/2(0.48) = 0.40이다. 이러한 조건에서는 세 유전자형의 초기 빈도가 어떤 값이었든, 다음 세대의 대립유전자빈도는 부모세대의 빈도와 똑같게 된다. 예를 들어, 이 섬의 창시집단(founding population)이 0.40 *TT*, 0.40 *Tt*, 0.20 *tt*를 가지고 있다면, *T*의 대립유전자빈도는 그 전과 똑같이 0.40 + 1/2(0.40)이 되고, *t*는 0.20 + 1/2(0.40)이 된다. 그러나 **표 21-4**에서 보는 것처럼, 다른 초기 유전자형 빈도에도 불구하고, 자손은 다시 0.36 *TT*/0.48 *Tt*/0.16 *tt*의 비율로, 또는 0.60 *T*/0.40 *t*의 대립유전자빈도로 나타난다. 두 가지 중요한 결론은 다음과 같다:

1. 모든 유전자형들이 같은 생존력을 갖는 큰 집단에서의 **임의교배**(**유전자혼합**, panmixia) 조건하에서, 어떤 특정 세대의 대립유전자빈도는 유전자형 빈도가 아닌 이전 세대의 대립유전자빈도에 따라 정해진다.
2. 임의교배를 통해 생성된 서로 다른 유전자형의 빈도는 대립유전자빈도에 따라서만 정해진다.

이 두 가지는 모두, 유전자형보다는 대립유전자에 주의를 기울임으로써, 외적 요인이 그 빈도를 변화시키지 않고 모든 유전자형 간에 임의교배가 일어난다면, 미래 세대에서의 대립유전자와 유전자형 빈도를 예측할 수 있음을 의미한다. 이전에 묘사한 것을 계속해 보면, 이러한 조건하에서 맛을 볼 수 있고 없는 집단

표 21-4 0.40 *TT*, 0.40 *Tt*, 그리고 0.20 *tt* (대립유전자빈도: 0.60 *T*, 0.40 *t*)의 유전자형 빈도를 갖는 어떤 집단에서 개체들 간의 임의교배에 의해 생산된 대립유전자빈도

		남성		
		TT = .40	Tt = .40	tt = .20
여성	TT = .40	.1600 ①	.1600 ④	.0800 ⑦
	Tt = .40	.1600 ②	.1600 ⑤	.0800 ⑧
	tt = .20	.0800 ③	.0800 ⑥	.0400 ⑨

부모				자손		
유전자형의 짝짓기	위 칸에서의 번호		짝짓기 빈도	TT	Tt	tt
TT × TT	①	=	.1600	.1600		
TT × Tt	② + ④	=	.3200	.1600	.1600	
TT × tt	③ + ⑦	=	.1600		.1600	
Tt × Tt	⑤	=	.1600	.0400	.0800	.0400
Tt × tt	⑥ + ⑧	=	.1600		.0800	.0800
tt × tt	⑨	=	.0400			.0400
			1.0000	.3600	.4800	.1600

자손에서의 대립유전자빈도들:

T = .36 TT + 1/2 (.48 Tt) = .45 + .15 = .60
t = .16 tt + 1/2 (.48 Tt) = .25 + .15 = .40
Total 1.00

들에서의 초기 대립유전자빈도는 다음 또는 그 후 세대에서도 변하지 않을 것임을 예상할 수 있다. 더욱이, 첫 번째 세대 이후, 그 유전자형 빈도들은 안정적이 되어, 즉 **평형**(equilibrium)에 이르게 된다.

하디-바인베르그 평형

안정적인 대립유전자빈도와 임의교배에 기초한 유전자형 평형(genotypic equilibrium)을 설명하는 이론이 **하디-바인베르그 평형(원칙 또는 법칙**, principle or law)이며, 집단유전학의 기초정리

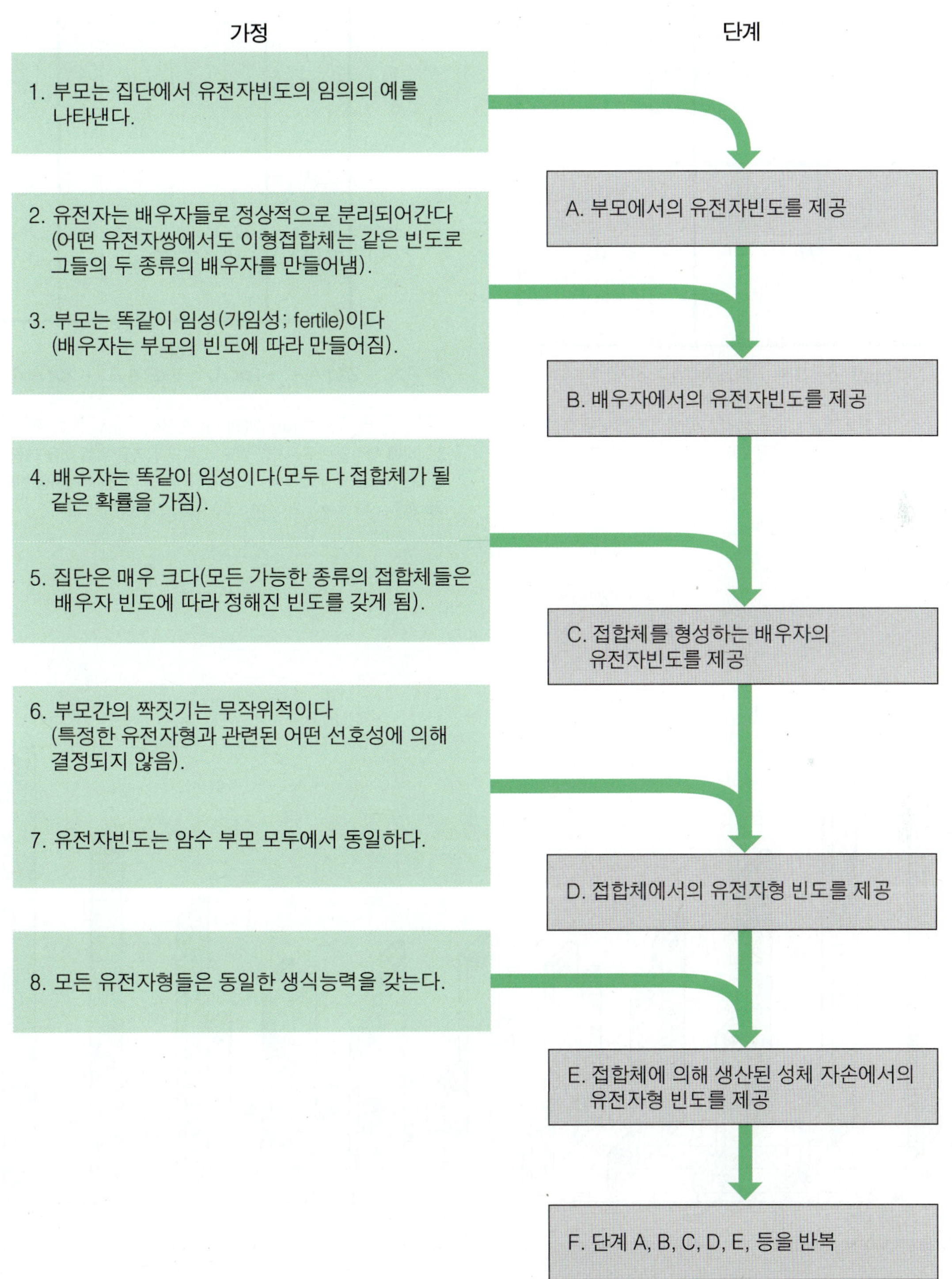

그림 21-2 하디-바인베르그 평형에서의 가정과 단계들. (Falconer, D. S., and T. F. C Mackay, 1996. *Introduction to Quantitative Genetics*, 4th ed. Longman, Harlow, Essex, UK.에서 인용.)

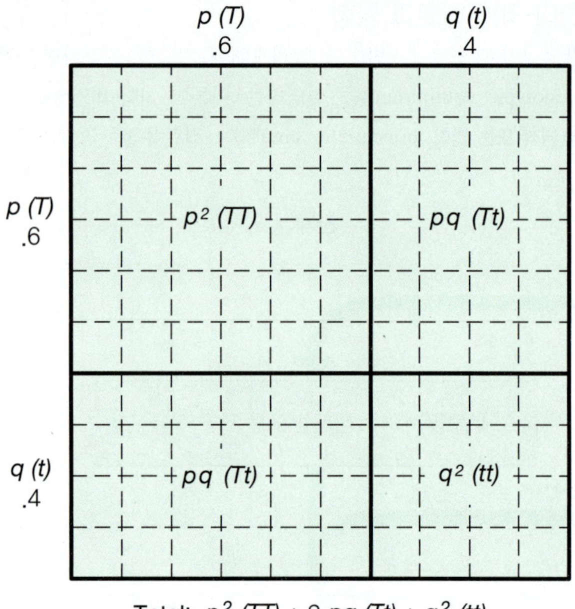

그림 21-3 각각의 빈도가 $p = .6$, $q = .4$일 때, 한 좌위에서 두 대립유전자들의 임의교배의 조건하에 형성되는 유전자형 빈도. 평형 유전자형 빈도는 따라서 .36 *TT*, .48 *Tt*, .16 *tt*이다.

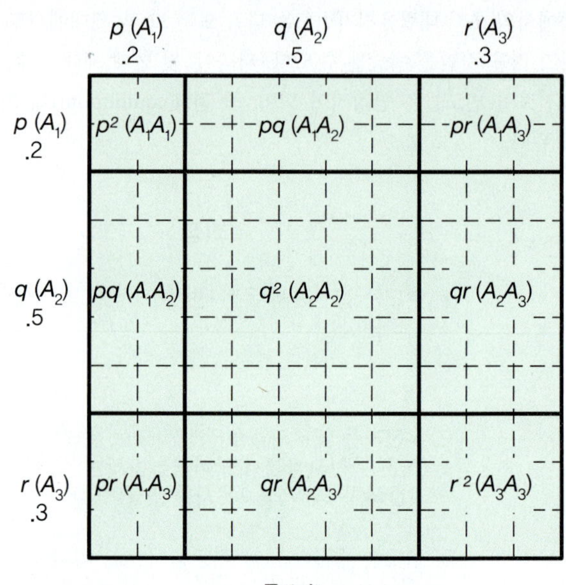

그림 21-5 한 좌위에 3개의 대립유전자, A_1, A_2, A_3가 존재할 때 임의교배 조건하에 생성되는 유전자형 빈도. 그림의 설명을 위해 이들 대립유전자들의 각 빈도는 $p = .2$, $q = .5$, $r = .3$으로 한다. 따라서 평형 유전자형 빈도는 .04 A_1A_1, .20 A_1A_2, .12 A_1A_3, .25 A_2A_2, .30 A_2A_3, .09 A_3A_3가 된다.

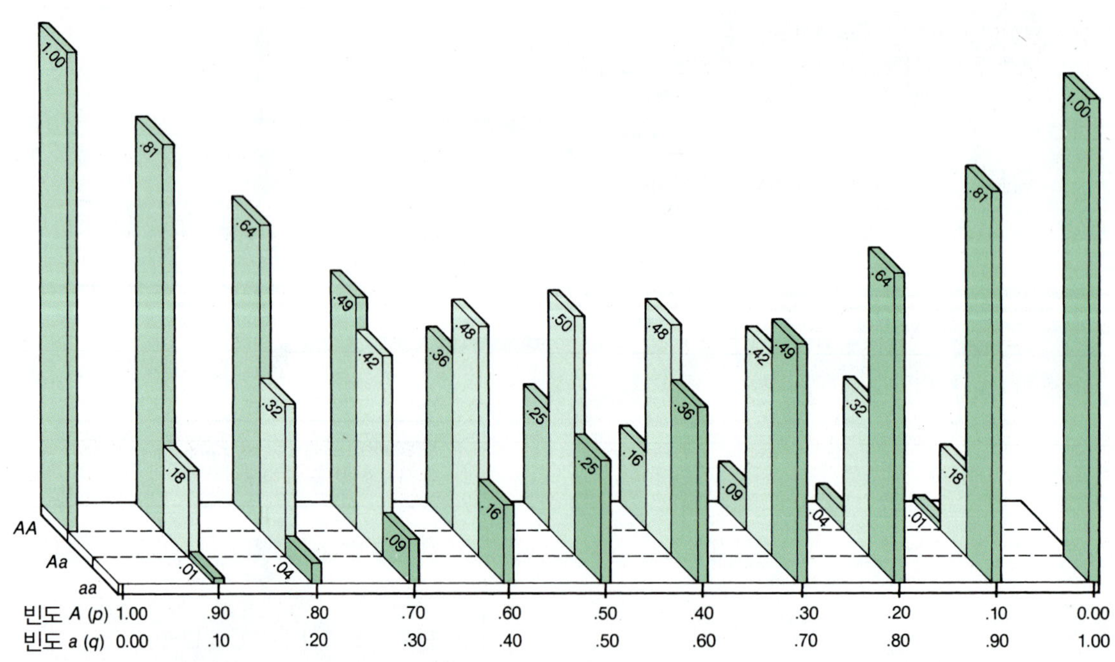

그림 21-4 *A* (*p*)와 *a* (*q*)의 다양한 대립유전자빈도의 경우 하디-바인베르그 평형에서의 유전자형 빈도들. (Wallace, B., 1970. *Genetic Load: Its Biological and Conceptual Aspects*. Prentice Hall, Englewood Cliffs, NJ.에서 인용.)

(founding theorem)가 된다. 이 법칙의 진화적 사고에 대한 중요한 공헌을 꼽는다면, 아마도 임의교배 집단에서의 유전적 차이는 외부요인에 의하지 않는 한 일정하게 유지된다는 것을 증명한 것이며, 이는 유전이 형질의 혼합을 이루며, 교배가능한 각 세대마다 묽어진다는 멘델 이전의 개념과는 반대되는 것이다. **그림 21-2**는 하디-바인베르그 평형의 주요 가정과 단계를 축약한 것이다.

대립유전자빈도와 유전자형 빈도 사이의 일반적인 관계는 하디-바인베르그 법칙에 따라 대수적 항으로 다음과 같이 묘사될 수도 있다. 만약 p는 임의교배적 집단에서 어떤 유전자의 빈도이고(예컨대, T), q는 그 좌위의 또 다른 대립유전자의 빈도이면서(예컨대, t), $p + q = 1$이 되면(즉, 다른 대립유전자는 더 없으면), 유전자형의 평형 빈도는 $p^2(TT)$, $2pq(Tt)$, $q^2(tt)$ 항으로 표현된다. 만약 T와 t의 대립유전자빈도가 각각 $p = 0.6$, $q = 0.4$라면, 평형 빈도는 다음과 같을 것이다.

$$(0.6)^2(TT) + 2(0.6)(0.4)(Tt) + (0.4)^2(tt)$$
$$= 0.36\ TT + 0.48\ Tt + 0.16\ tt$$

이러한 관계는 유전자형 빈도가 p와 q의 빈도를 갖는 대립유전자들 사이에서의 임의교배로부터 나오도록 바둑판에 그려봄으로써 시각화할 수 있다(**그림 21-3**). 동일한 결과가 **이항 전개식**(binomial expansion) $(p + q)^2 = p^2 + 2pq + q^2$에 의해 유도된다. 그러므로 주어진 p와 q, 그리고 유전자형 사이의 임의교배 하에서, 세대가 겹치지 않는 상태에서의 어떤 집단의 한 세대면 유전자와 유전자형의 빈도에서의 평형을 충분히 이룰 수 있다. 일단 한번 이루고 나면, 평형은 대립유전자빈도가 변할 때까지 지속될 것이다.

그림 21-4는 두 대립유전자 좌위의 경우 하디-바인베르그 평형에서의 유전자형 빈도를 보여주는데, 각 대립유전자의 빈도는 0에서 1 사이가 된다. 이형접합체의 빈도는 결코 .50을 넘지 않지만, 드문 대립유전자의 경우에는 동형접합체의 빈도보다 월등히 높다는 점에 유의한다(예를 들어, a가 0.1일 때, aa는 0.01이지만 Aa는 0.18임).

한 좌위에는 흔히 둘 이상의 대립유전자가 존재하는 경우(일반적인 상황), 우리는 각 대립유전자빈도를 다항 전개식(multinomial expansion)에서의 하나의 요소로 간주해야 한다. 예를 들어, 어느 좌위에 3개의 대립유전자, A_1, A_2, A_3가 존재하고, 각각의 빈도는 p, q, r로서 $p + q + r = 1$이라면, 삼항 전개식(trinomial expansion) $(p + q + r)^2$이 유전자형 평형 빈도를 결정하게 된다. 그 6가지 유전자형 값은 다음과 같다.

$$p^2A_1A_1 + 2pqA_1A_2 + 2prA_1A_3 + q^2A_2A_2 + 2qrA_2A_3 + r^2A_3A_3$$

어떤 하나의 유전자 좌위에서 각 반수체 배우자는 단 하나의 대립유전자를 가지므로, 접합체 조합은 각 대립유전자의 빈도에만 의존하게 될 것이며(**그림 21-5**), 두 가지 대립유전자만이 있는 경우이므로 평형은 임의교배의 한 세대 만에 이루어지게 된다.

둘 이상의 좌위에서 평형에 이르기

한 세대에서의 평형의 확립은, 다른 유전자 좌위에서는 어떻게 되었든 상관 없이, 한 개의 유전자 좌위만을 독립적으로 고려하는 한 유효하다. 그러나 만약, 예컨대 Aa와 Bb 같은, 두 서로 독립적으로 분리하는 유전자 쌍의 산물이라면, 가능한 유전자형의 수는 3^2 ($AABB$, $AABb$, $AaBB$, $AaBb$ 등)으로 증가된다. 예상할 수 있듯이, 다항 전개식에서는 더 많은 항들이 포함되어서, 만약 A, a, B, b의 대립유전자빈도를 각각 p, q, r, s라고 한다면, 그 유전자형의 평형 비(equilibrium ratio)들은$(pr + ps + qr + qs)^2$ 또는 $p^2r^2\ AABB$, $2p^2rs\ AABb$, $2p^2s^2\ AAbb$, $2pqr^2\ AaBB$, .., $q^2s^2\ aabb$로 표현된다.

이 평형식은 pr, ps, qr, qs 항에 따라 다른데, 그 각각은 배우자 AB, Ab, aB, ab의 평형 빈도다. 일단 배우자 빈도가 평형값에 도달되면, 평형 유전자형 빈도 또한 도달하게 된다. 평형에 도달하는 문제는 그 배우자 빈도가 이 값들에 도달되면서 저절로 해결된다. 만약 모든 유전자의 빈도가 다 같은(즉, $p = q = r = s = 0.5$) 이형배우자($AaBb \times AaBb$)에서 시작한다면, 배우자(AB, Ab, aB, ab)의 모든 네 가지 형이 평형 빈도(0.25)로 바로 나타나며, 유전자형 평형은 1 세대 안에 도달한다.

그러나 이형배우자의 최초 집단이 평형에 빠르게 도달하는 유일한 조건이다. 하나의 극단적인 경우를 보면, 만약 유전자형 $AABB$와 $aabb$로 시작한다면, 단 두 가지 형의 배우자(AB와 ab)가 만들어질 것이며, 많은 유전자형들이 존재하지 않기 때문에(예를 들어, $AAbb$와 $aaBB$) 모든 유전자형에 대한 평형은 다음 세대에도 도달할 수 없게 된다. 일반적으로, 우리는 두 가지 질문을 던질 수 있다:

1. 배우자의 기대 평형 빈도(expected equilibrium frequency)는 얼마일까?
2. 이 빈도는 얼마나 빨리 얻어질 수 있는가?

이 질문들을 다루기 위해, 우리는 AB와 ab 배우자를 이 경우에 **비재조합체**(*nonrecombinant*)로 또는 **짝지음 상태**(*in coupling*)로, 그리고 Ab와 aB 배우자를 이 경우에 **재조합체**(*recombinant*)로 또는 **짝물림 상태**(*in repulsion*)로 특징지을 수 있다. 하지만 그렇게 정했어도, 두 배우자형 모두는 같은 대립유전자들(A, a, B, b)을 가지고 있으며, 이는 한 가지 형(예컨대, 짝물림)에서의 각 대립유전자의 빈도가 다른 형(예컨대, 짝지음)에서의 빈도와 같다는 것을 의미한다. 이때 우리는, 두 가지 형의 배우자들에

표 21-5 두 연관되지 않은 유전자쌍 *Aa*와 *Bb*의 빈도가 *A* = 0.6, *B* = 0.4이고, 초기 유전자형 빈도가 *AABB* = *AAbb* = *aabb* = 0.30, *aaBB* = 0.10인 어떤 집단에서, 배우자들의 평형 빈도와 *d*의 계산

배우자의 평형 빈도

최초 집단	배우자들 형	초기 빈도	평형 빈도	
30% *AABB*	*AB*	.3	.32 − *d*	(.6 x .4 = .24)
30% *AAbb*	*Ab*	.3	.31 + *d*	(.6 x .6 = .36)
30% *aaBB*	*aB*	.1	.11 + *d*	(.4 x .4 = .16)
10% *aabb*	*ab*	.3	.32 + *d*	(.4 x .6 = .24)

d = (*AB*)(*ab*) − (*Ab*)(*aB*) = (.3)(.3) − (.3)(.1) = .06

재조합이 연관에 의해 방해되지 않는 경우 평형에의 도달

세대	더해진(*AB*, *ab*) 또는 빼진(*Ab*, *aB*) 정도	남은 비평형 비율	배우자들 *AB*	*Ab*	*aB*	*ab*
1		1.0*d*	.3	.3	.1	.3
2	.5*d*	.5*d*	.27	.33	.130	.27
3	.75*d*	.25*d*	.255	.345	.145	.255
4	.875*d*	.125*d*	.2475	.3525	.1525	.2475
5	.9375*d*	.0625*d*	.24375	.35625	.15625	.24375
.	.	.	.	.	.	.
.	.	.	.	.	.	.
.	.	.	.	.	.	.
평형	*d*	0*d*	.24	.36	.16	.24

출처: Strickberger, M. W., 1985. *Genetics*, 3rd ed. Macmillan, New York.에서 인용.

서의 빈도들의 산물(product)들은 평형 상태에서 같아지는 것, 즉 (*AB*) × (*ab*) = (*Ab*) × (*aB*)를 예상하게 된다.

예를 들어, 만약 *A*와 *B*의 빈도가 각각 0.6이고, *a*와 *b*의 빈도가 0.4이면, 평형에서 (0.36)(0.16) = (0.24)(0.24) 또는 두 산물 모두 0.0576으로 같아진다. 만약 최초 집단에서 짝짓기와 짝물림 산물이 서로 다르면, 이 차이는 곧 평형 값에 도달하기 위해 일어나야 할 배우자 빈도에서의 변화를 나타내는 것이다. 이 차이를 비평형(disequilibrium), *d*라고 하며, 그 값이 양수이여서, 짝지음 − 짝물림 〉 0인, 예컨대 (*AB*)(*ab*) − (*Ab*)(*aB*) = + *d*이면, 평형 상태에서는 이 값이 각 짝지음 배우자에 더해지는 한편, 각 짝물림 배우자에서는 빼지게 될 것이다. 만약 *d*가 음이면, 반대의 상황이 일어나게 된다. 두 경우 다, 비평형은 감소되어 0이 되고, 평형이 이루어지게 될 것이다.

최종적인 배우자 비율에 이를 때까지, 평형까지의 차이의 절반씩 매 세대마다 줄어들어서, 평형 빈도까지의 차이의 90% 이상이 4~5 세대 내에 모든 배우자들에 의해 달성되거나, 또는 10% 이하의 비평형 값이 남는다고 하겠다. **표 21-5**는 어떻게 *d*를 계산하는지와 평형을 이룰 때까지 어떻게 배우자 빈도에서의 변화가 일어나는지를 보여 주고 있다. 세 유전자 쌍의 경우, 평형에 이르는 속도는 더욱 더 느려지며, 더 많은 유전자가 해당될수록 느려지게 된다.

연관 비평형

평형 대립유전자빈도의 전통적인 개념은 말 그대로 전통적이다. 유전자가 하나 또는 몇 개의 대립유전자로 구성되는 상황에서는 맞는 얘기다. 그러나 대개의 종에서 대부분의 경우에는, 단순한 대립유전자상의 평형은 실재하기 힘들다. 다수의 대립유전자가 관련되는 경우에는 상당한 우연성(확률성, 무작위성, stochasticity)의 요소가 있게 되는데, 이는, 어느 주어진 한 때에 어떤 집단 또는 아집단(소집단, subpopulation)에서의 대립유전자빈도의 패턴은 돌연변이[모든 재조합 과열점(hot spot) 또는 냉점(cold spot)을 포함한] 유전적 재조합, 한정된 집단이나 아집단(무작위적 교배를 벗어남을 의미]에서 교배 선호성, 선택, 집단의 구조 등에서의 기회 양상(chance aspect)에 따라 다르다는 것을 의미한다.

예상할 수 있듯이, 심지어는 지금까지 든 단순한 예에서도, 두 좌위 사이의 연관은 평형에의 도달을 복잡하게 만드는데, 이는 모든 서로 다른 형태의 이중유전자잡종(또는 양성잡종, dihybrid)

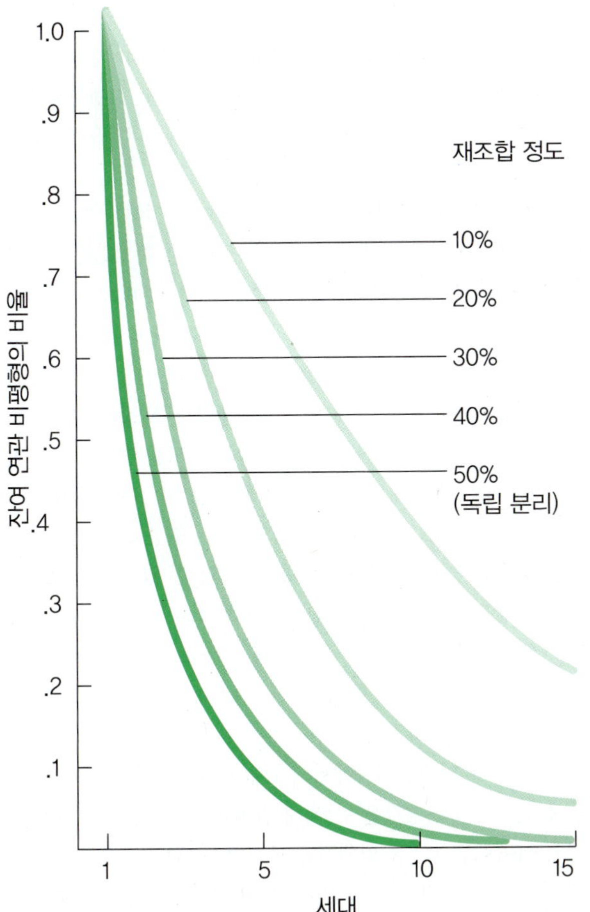

그림 21-6 두 좌위 간에 서로 다른 정도의 재조합이 일어날 때, 세대별 남아 있는 연관 비평형의 비율(초기값 1.0에서 시작). (Strickberger M. W., 1985. *Genetics*, 3rd ed. Macmillan, New York.에서 인용.)

배우자들이 나타날 확률이 두 좌위 간의 교차 빈도(crossover frequency)에 따라 정해지기 때문이다. 연관이 가까울수록, 짝지음 배우자의 빈도가 짝물림 배우자의 빈도와 같아지는 데 오래 걸린다. 다시 말해서, 그러한 **연관 비평형**(linkage disequilibrium)은 재조합 빈도에 의해 정해지며, 연관된 좌위 사이에서의 낮은 재조합 빈도가 그에 따라 평형에의 도달을 지연시킨다(**그림 21-6**). 일단 평형에 이르면, 독립분리에서 출발한 것인지를 테스트하는 것 외에는 연관 또는 비연관 유전자를 구분할 방법이 없게 된다(그러나 서로 다른 염색체에 있는 유전자라 할지라도 그 염색체들이 독립분리하지 않으면 연관 비평형을 보일 지도 모른다는 것을 인식해야 함).

이러한 이론에도 불구하고, 여러 가지 이유로, 자연집단에서 연관된 좌위의 배우자들이 모두 평형 빈도에 도달하는 것은 아니다. 예를 들면, 어떤 연관 비평형은 대립유전자간 재조합이 매우 드문 경우에 나타난다. 연관 비평형이 지속되는 경우도 있는데, 이는 어떤 연관된 대립유전자 재조합이 이로운 것이어서, 한 좌위에서의 대립유전자의 생식적 성공이 다른 좌위에서의 특정한 대립유전자에 따라 정해지기 때문이다(**상위**, epistasis). 그러므로, *Drosophila pseudoobscura*에 공통적으로 존재하는 세 번째 염색체의 유전자 배열은 특정 환경 조건에서 유리한 연관된 유전자 그룹을 나타낸다. 이들 유전자가 재조합을 제한하는 역위(inversion) 안에 포함되므로, 그들 연관이 비교적 오랜 시간 동안 유지될 수 있고, 따라서 **상호적응 유전자복합체**(coadapted gene complex)들을 형성하게 된다. 한 좌위에서 자신은 생식적 성공에 눈에 띌만한 영향이 없는 "중성(neutral)"인 배우자가 적응 효과를 갖는 배우자와 가깝게 연관되어 있을 때는 다른 연관 효과들도 나타날 수 있다. 연관 재조합 때문에, 이런 중성 배우자는, **"무료 편승**(*hitchhiking*)"의 형태를 통한 연관된 유리한 배우자와의 결합으로 인해 그 빈도를 높이게 될 것이다.

연관 지도작성과 햅맵 프로젝트

유전자 지도작성(*gene mapping*), 즉 표현형에 기여하는 유전자의 각 염색체에서의 위치를 표시하는 것은, 사람에게 있어서 질병과 증후군(syndrome)에 관련된 유전자의 위치를 파악하는 데 있어서 매우 중요해졌다. 유전자의 위치를 아는 것은 Tay-Sachs과 같은 질병[역자 주: 테이-삭스, 두 사람의 의사 이름을 딴 유전병으로, 지질대사 장애로 신경계에 지질이 축적되면서 일찍 사망에 이르는 병]에 관련된 유전자의 대립유전자를 동정할 수 있게끔 해 준다. 개인의 유전자형을 분석하면 이러한 대립유전자를 찾아낼 수 있다. 이 대립유전자의 염기서열을 확인하면 기능을 분석할 수 있고, 치료약을 만들거나 치료법을 찾아낼 수 있다.

유전자 지도작성을 위해 오랫동안 활용된 방법이 가족력 또는 혈통(pedigree)이 알려진 **개인**(*individual*)에 대한 연관 분석(linkage analysis)이다(이 장의 연관 비평형에 관한 절을 보라). 특정의 질병과 관련된 또는 관련되어 있다고 믿어지는 대립유전자 가까이에 위치한 표지유전자를 유전자형 분석하는 것이, 여러 가지 질병과 증후군에 영향을 미치는 많은 유전자들을 확인하게끔 해 주었다.

유전자 지도작성을 위한 보다 최근의 방법은 **집단**(*population*) 수준에서 유전자 간의 연관에 기초한 것이다. 연관 또는 비평형 지도작성은, 어떤 질병과 관련 있는 돌연변이된 대립유전자가 일반적으로 어떤 특정한 유전적(단상형, haplotype) 배경에서 표현된다는 점을 활용하는 것이다. 예를 들어, 어떤 쥐 계통은 다른 계통에 비해 구순열(cleft lip) 및/또는 구개열(cleft palate)이 훨씬 더 쉽게 걸린다: 선천적 이상(선천성 기형, congenital anomaly)의 우세는 사람의 경우 인종(민족, ethnicity)에 따라 차이가 난다(표 24-1 참조). 연관 지도작성(association mapping)은 기본적으로 연관 분석에 의한 지도작성이지만, 집단 수준에서 이루어지며, (1) 대립유전자의 과거 역사에 대한 훨씬 더 완벽한 유전적 분석과, (2) 대립유전자의 훨씬 더 자세한 지도작성을, 그리고 (3) 드문 대립유전자 또는 적은 효과를 나타내는 대립유전자가 개인의 유전체에 지도작성되는 경우보다 더 쉽게 확인되는 것이 가능하게 해 준다.[4]

6개국 연구자들의 모임인 국제 햅맵 프로젝트(HapMap Project)는 세계 여러 지역의 사람들 그룹에 따른 유전적 변이를 지도로 작성하고 목록을 만들기 위해 설립되었다. 이 엄청나게 유용한 데이터베이스는 질병 치료를 위한 약 또는 다른 방식을 개발하기 위한 장기적인 목표를 가지고 인간에게 영향을 주는 질병과 관련된 유전자를 동정하는 일에, 그리고 약이나 치료요법 또는 환경적 요인에 대한 개인의 반응을 확인하는 일에 관심을 갖는 다른 연구자들이 사용하게 될 것이다. 암 치료요법(cancer therapy)은 이미 "동일한(same)" 암을 가진 사람들에서 다양한 세포 집단의 존재를 목표로 두고 있으며, 그리하여 각각의 세포 집단을 기초로 하여 치료법을 강구하고 있다. 현재 이것은 참으로 지적인 구상이다. 4개의 인종적 집단으로부터 개인들 간의 유전적 차이를 초기 선발하는 일이 시작되었다.

연관 지도작성이 사람들 보다는 집단에서, 특히 전체 유전체가 염기서열 분석되었고 그리고/또는 전체 유전체의 지도작성이 이루어진[두 경우 모두, 유전체학과 발생학 연구에서 이용되는 모델 관다발식물(vascular plant)인, 애기장대(mouse ear water cress; 역자 주: 보통 mouse-ear cress라고 함), *Arabidopsis thaliana*의 경우임] 종에서, 자연적인 유전적 변이를 분석하는 강력한 방법을 제공한다는 것을 깨달을 것이다. 물론, *Arabidopsis*에서도 사실로 확인된 바 있듯이, 집단의 어느 일부분이라도 그 같은 분석을 어렵게 만든다. 그럼에도 불구하고, Aranzana와 그 동료들(2005)은 그들이 시험한 모든 표현형에 대한 주요 유전자를 동정할 수 있었는데, 이는 연관 지도작성 방법이 계속해서 진화해 갈 것이고, 자연적 변이의 분석에서 역할을 강화하며, 물론 따라서 어떻게 유전자형이 표현형과 연결되는지에 대한 우리의 이해도가 증진될 가능성이 올라간다는 뜻이다.

성 연관(Sex Linkage)

성 연관된 유전자(sex-linked gene)의 경우, 가능한 유전자형의 수가 늘어나는데, 이는 동형배우자와 이형배우자 성 간의 염색체 수의 차이 때문이다. 만약 암컷이 염색체상으로 XX이고 수컷이 XY라면, 대립유전자 *A*와 *a*의 성 연관된 쌍으로는 다섯 가지 유전자형이 나타날 수 있다: 암컷에서 세 가지(*AA*, *Aa*, *aa*), 그리고 수컷에서 두 가지(*A*, *a*). *A*와 *a*를 각각 빈도 *p*와 *q*로 표시한다면, 암컷에 있어서 평형 유전자형 값은 상염색체 유전자와 동일한 p^2 *AA*, $2pq$ *Aa*, q^2 *aa*가 되지만, 반접합성(hemizygous) 수컷에서는 바로 *p A*와 *q a* 유전자형으로 표현된다. 평형상태에서 성 연관 대립유전자빈도는 비록 유전자형이 다르더라도 양 성에서 같게 된다.

성 연관된 유전자에서 모든 유전자형이 동일하게 활성을 갖는다고 하면, 암수 간의 대립유전자빈도 차이는 곧 그 집단이 평형에 있지 않음을 의미한다. 예를 들어, 수컷에서 0.20 *A*/0.80 *a*의 비율을, 암컷에서 0.20 *AA*/0.60 *Aa*/0.20 *aa*의 비율을 갖는 집단에서, *A*의 빈도는 수컷에서 0.2, 암컷에서 0.5이다. 수컷에는 X 염색체(성염색체에 해당)가 1개, 암컷에는 2개 있으므로 암수 동수의 교배집단에서 성 연관 유전자의 평균 빈도는 수컷에서의 빈도의 1/3과 암컷에서의 빈도의 2/3를 합친 값, 즉 $p = 1/3\ (p_{\text{males}}) + 2/3\ (p_{\text{females}}) = (p_{\text{males}} + 2p_{\text{females}})/3$이라는 점을 고려함으로써, 모든 5개 유전자형들의 평형 빈도를 계산할 수 있다. 이 예의 경우, *A* (*p*) 빈도는 $[0.2 + 2(0.5)]/3 = (1.2)/3 = 0.4$이고, *a* (*q*) 빈도는 0.6이 된다. 기대 평형 유전자형 값(equilibrium genotypic value expected)들은 암컷에서는 0.16 *AA*/0.48 *Aa*/0.36 *aa*이고, 수컷에서는 0.4 *A*/0.6 *a*이다.

그러나 두 대립유전자에서의 1개의 상염색체 좌위에 반해, 이들 유전자형의 평형값은 한 세대 만에 도달될 수 없다. 수컷은 그들의 어미로부터만 X 염색체를 물려받기 때문에, 수컷들 간의 성 연관 유전자의 빈도는 모계의 빈도와 같게 되는 반면, 딸들 간의 유전자빈도는 암컷들 각각이 부와 모로부터 하나씩의 X 염색체를 물려받으므로, 부와 모의 빈도의 평균값이 된다. 만약 창시 집단에서 암컷들이 0.5의 *A* 빈도를 갖는 반면 수컷들이 단 0.2의 *A* 빈도를 가졌다면, 그 딸들은 $(0.2 + 0.5)/2 = 0.35$의 *A* 빈도를 갖게 되고, 그 아들들은 그 모계의 빈도인 0.5를 갖게 된다.

따라서 임의교배의 첫 세대에서 딸들은 *A* 평형값인 0.4에 이를 수 없고, 아들들은 그 값을 넘어설 것이다. 두 번째 세대에서는 평형값과의 차이가 줄어들게 되지만, 이번에는 아들들이 평형에 이르지 못하고($A = 0.35$), 딸들은 넘어설 것이다[$A = (0.35 + 0.5)/2 = 0.425$]. **그림 21-7**에서 보는 것처럼, 다음 각 세대마다 이런 식의 반전(reversal)을 보이게 되지만, 그럼에도 불구하고 계속적으로 가까워져 최종적인 평형값을 얻게 된다.

자연집단에서의 평형

자연집단에서 우리는 한 가지 좌위에서 한 유전자의 모든 분리자들을 기록하여 대립유전자빈도를 측정할 수 있다. 이어서 우리는 이 값들을 이용하여, 관찰된 유전자빈도들을 그들의 예상 평형값과 비교할 수 있다.

간단한 예를 하나 들면, MN 혈액 그룹 좌위에서의 공동우성

[4] 연관 지도작성에 대해서는 Hästbacka et al. (1992)를 참조하고, 드문 대립유전자의 지도작성에서의 활용에 대해서는 Thompson(1998)과 Morton(2005)을 참조.

(codominance)을 통해(단 두 가지 대립유전자, *M*과 *N*을 사용하여), Boyd(1950)는 그의 개척적인 연구에서, 104명의 미국 유티 인디언(American Ute Indian; 역자 주: 미국 유타주 부근의 Shoshoni족 북미토인)들을 0.59 *MM*, 0.34 *MN*, 0.07 *NN*의 유전자빈도로 분류하였다. 대립유전자빈도는 *M*의 경우 0.59 + 0.17 = 0.76이고, *N*은 0.07 + 0.17 = 0.24이므로, 기대 유전자형 빈도는 *MM*은 $(0.76)^2$ = 0.36, *MN*은 2(0.76)(0.24) = 0.36, 그리고 *NN*은 $(0.24)^2$ = 0.06이다. 유전자형 값의 관찰치와 기대치 간의 가까운 상관관계는 곧 이 집단이 이들 두 대립유전자에 대하여 하디–바인베르그 평형에 도달하였음을 뜻한다.

집단에서 교배가 이루어진 쌍의 유전자형을 알 수 있으면, 또한 임의교배의 가정을 테스트할 수 있다. 임의교배 하에서, 서로 다른 교배 조합들의 빈도는 그들의 유전자형의 빈도들에만 의존하게 된다. Matsunaga와 Itoh(1958)가 모은, 일본의 어느 도시에 거주하는 741쌍(또는 1,482명)의 혈액형에 관한 데이터 세트는, 0.274 *MM*, 0.502 *MN*, 0.224 *NN*의 유전자형 빈도를 보여주었다. (대립유전자빈도가 0.525 *M*과 0.475 *N*이므로, 기대 평형 유전자형 빈도(expected equilibrium genotypic frequency)는 0.276 *MM*, 0.499 *MN*, 0.225 *NN*이며, 이 또한 이 좌위가 평형에 있음을 뜻함.) **표 21–6**은 이들 간의 임의교배를 보여 주고 있으며, 마지막 열에 서로 다른 조합의 관찰 교배 수를 보여 주고 있다. 이 열의 바로 왼쪽에, 기대 교배 조합 빈도가 *M*에는 p, *N*에는 q라는 대립유전자빈도를 기초로 계산되어 있다. 예를 들어, *MM* 유전자형의 빈도는 평형상태에서 p^2이므로, 임의교배 조합 *MM* × *MM*은 p^4가 되어야 한다; 관찰된 값을 기대 빈도와 비교해 보면 임의교배 가정과 잘 맞아든다.

자연집단에서의 보다 흔한 경우로는, 어느 좌위에서 한 대립유전자의 효과가 다른 대립유전자에 완전 우성이어서 동형접합적 우성(예컨대, *AA*)을 이형접합적 유전자형(예컨대, *Aa*)으로부터 표현형적으로 구분할 수 없을 때이다. 이러한 경우는, 공동

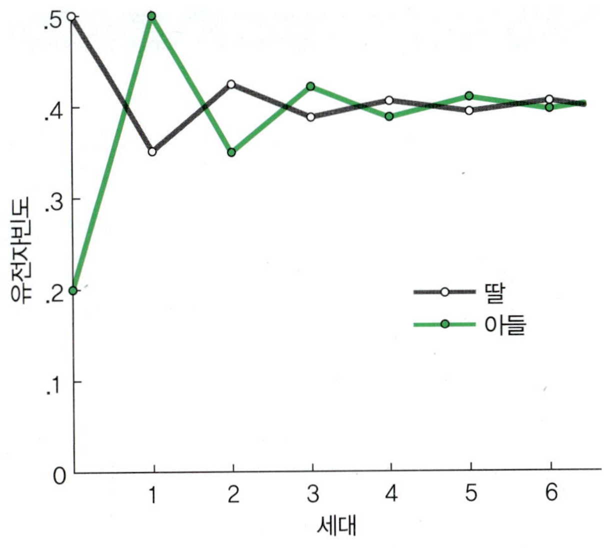

그림 21–7 임의교배 조건에서 최초 빈도가 수컷에서 .2, 암컷에서 .5인 경우, 연속되는 세대에서 아들들과 딸들의 성 연관 유전자 *A*의 빈도.

우성에서처럼 대립유전자형 빈도를 바로 얻을 수 없는데, 이는 두 가지 유전자형 빈도 (*AA*, *Aa*)를 알 수 없기 때문이며, 대신 유전자형 빈도가 그 표현형 빈도와 일치하는 특징적인 열성 동형접합자 (*aa*)에 의존해야 한다; 즉, 만약 그러한 집단이 하디–바인베르그 평형(p^2 *AA*, $2pq$ *Aa*, q^2 *aa*)에 도달해 있다면, 그 열성 동형접합자들은 열성대립유전자빈도, q의 제곱인 q^2의 빈도로 존재할 것이다. 만약 q^2가 0.49이면, q는0 .49의 제곱근인 0.70이 되고, 우성대립유전자 p의 빈도는 $1 - q$, 즉 0.30이 된다. 그러므로, 우성 동형접합자들은 $p^2 = (0.30)^2 = 0.09$의 빈도를 가지며, 이형접합자들은 $2pq = 2(0.30)(0.70) = 0.42$의 빈도를 갖는다.

이러한 분석을 통한 결론 중 하나는, 열성 표현형이 드문 경우, 표현형적으로 우성처럼 보여지는 담체 이형접합자(carrier heterozygote)들이 의외로 비교적 높은 빈도로 존재한다는 사실

표 21–6 임의교배에 따라 예상되는 교배 조합들과 Matsunaga와 Itoh가 관찰한 741 쌍에서의 관찰치들의 비교 (p = .525, q = .475)

교배 조합	기대 빈도					기대 관찰 수(빈도×741)	관찰 수
MM x *MM*	$(p^2)(p^2)$	=	p^4	=	.0760	56.3	58
MM x *MN*	2 x $(p^2)(2pq)$	=	$4p^3q$	=	.2749	203.7	202
MM x *NN*	2 x $(p^2)(q^2)$	=	$2p^2q^2$	=	.1244	92.2	88
MN x *MN*	$(2pq)(2pq)$	=	$4p^2q^2$	=	.2487	184.3	190
MN x *NN*	2 x $(2pq)(q^2)$	=	$4pq^3$	=	.2251	166.8	162
NN x *NM*	$(q^2)(q^2)$	=	q^4	=	.0509	37.7	41
Total					1.0000	741	741

출처: Strickberger, M. W., 1985. *Genetics*, 3rd ed. Macmillan, New York.에서 인용.

표 21-7 열성대립유전자에 의한 일부 사람의 질병들에 대한 유전자형 빈도들

질병	집단	유전자빈도 (q)	동형접합자의 빈도 (q^2)	이형접합자 담체의 빈도 ($2pq$)	동형접합자에 대한 이형접합자 담체의 비율 ($2pq/q^2 = 2p/q$)
완전색맹	Pingelap (Caroline Islands)	.22	1 in 20	1 in 2.8	7/1
겸상적혈구빈혈	아프리카 (some areas)	.2	1 in 25	1 in 3	8/1
백색증	파나마 (San Blas Indians)	.09	1 in 132	1 in 6	21/1
연골 외배엽 이형성(異形性)	Old Order Amish	.07	1 in 200	1 in 8	26/1
겸상적혈구빈혈	미국 흑인	.04	1 in 625	1 in 13	48/1
낭성섬유증	미국 백인	.032	1 in 1000	1 in 16	60/1
태이색스병(가족성 흑내장성 백치)	애쉬커나지 유태인	.018	1 in 3000	1 in 28	108/1
백색증	노르웨이	.010	1 in 10,000	1 in 50	198/1
페닐케톤뇨증	미국	.0063	1 in 25,000	1 in 80	314/1
시스틴요증	영국	.005	1 in 40,000	1 in 100	400/1
갈락토스혈증	미국	.0032	1 in 100,000	1 in 159	630/1
알캅톤뇨증	영국	.001	1 in 1,000,000	1 in 500	2000/1

출처: *Genetics* Third Edition by Monroe W. Strickberger. Copyright ©1985 by Monroe W. Strickberger.에서 Prentice Hall, Inc., Upper Saddle River, NJ.의 허락 하에 재인쇄.

이다. 예를 들어, **백색증**(*albinism*, **백화현상**)은 어떤 집단에서 20,000명 중 1명 꼴로, 또는 $q^2 = 1/20.000 = 0.00005$로 나타난다. 알비노 유전자의 대립유전자빈도 q는, 따라서, 0.007이고, 알비노가 아닌 대립유전자의 빈도 p는 0.993이다. 이형접합적 알비노 운반체(담체)의 빈도는 결국 $2(0.993)(0.007) = 0.014$, 또는 대략 70명 중 1명 꼴이 된다. 그러므로 이 형질에 대한 이형접합자는 동형접합자보다 $0.014/0.00005 = 280$배나 많다. 이와 마찬가지로, 다른 열성 형질 운반체들이 높은 비율로 유지되는 것은 드문 유해 열성인자들을 제거하기 어렵다는 것을 뜻하는데, 이는 그러한 유해 대립유전자들이 대부분 표현되어 나타나지 않는 이형접합적 상태로 전달되기 때문이다(**표 21-7**).

한 좌위에 둘 이상의 대립유전자가 있을 경우, 하디-바인베르그 평형은 원문의 p.550에 묘사된 것과 같은 다항 전개식에 기초하게 된다. 3개의 대립유전자 (A_1, A_2, A_3)의 예에서, 우리는 6가지 유전자형을 예상할 수 있고, 각 대립유전자 (p, q, r)의 빈도를 다음의 식으로 계산할 수 있으며, 여기서 A_1A_1, A_1A_2, A_1A_3 등은 각 부문별 유전자형의 수를 뜻하고, N은 기록된 전체 개체수를 말한다.

$$p = 2\,\frac{(A_1A_1) + (A_1A_2) + (A_1A_3)}{2N}$$

$$q = 2\,\frac{(A_2A_2) + (A_1A_2) + (A_2A_3)}{2N}$$

$$r = 2\,\frac{(A_3A_3) + (A_1A_3) + (A_2A_3)}{2N}$$

이런 형태의 체계가 여러 가지 산성 인산가수분해효소(acid phosphatase, 적혈구 세포 효소)를 갖는 사람의 집단에 나타나며, 이는 한 좌위의 대립유전자 A, B, C의 모든 조합에 따라, 6가지 유전자형, AA, BB, CC, AB, BC, AC로 표시할 수 있다. **표 21-8**에 보는 것처럼, 어느 브라질 집단에 대한 조사에서 산성 인산가수분해효소 조합의 관찰된 표현형적 빈도들이 하디-바인베르그 평형이 예측하는 값을 잘 따르고 있음을 나타내었다. 비록 예외적

표 21-8 369명의 브라질 사람들을 대상으로 한 경우에서, 관찰된 산성 인산가수분해효소 표현형과 하디-바인베르그 평형에 따른 기대치와의 비교

표현형	AA	BB	CC	AB	AC	BC
관찰치	15	220	0	111	4	19
기대치	14.4	219.9	0.4	112.2	4.4	17.7

출처: Lai, L., S. Nevo, and A. G. Steinberg, 1964. Acid phosphatases of human red cells: Predicted phenotype conforms to a genetic hypothesis. *Science*, **145**, 1187–1188.

인 경우가 점점 나타나고 있지만, 하디–바인베르그 평형에의 일치는 상염색체 유전자 및 성 연관 유전자들에서 매우 흔하게 나타나고 있으며, 성적으로 이계교배하는(sexually outbreeding) 다양한 생물들에서 나타나고 있다. 앞에서도 언급한 바와 같이, 일반적으로 이러한 연구들이 강조하는 것은 집단의 유전자와 유전자형의 빈도는 원인이 없이는 변하지 않는다는 것이다.

동계교배

비임의교배(nonrandom mating)는 하디–바인베르그 평형을 방해하는 조건 중 하나다.

대표적인 경우로, 유사한 유전자형을 갖는 관련 개체들이 서로 간에 선호성 교배가 **동계교배**(inbreeding, **근친교배**)에서 일어난다. (동계교배의 극단적인 예로, 한 개체의 두 배우자가 합하여 임성 접합자를 형성하는, **자가수정**(self–fertilization)은 이 장의 나중에 언급되어 있다.) 비록 동계교배 효과가 전체적인 대립유전자빈도를 변화시키지는 않더라도, 동형접합적 유전자형의 증가는 유발하게 된다. 따라서, 동계교배는 드문 열성대립유전자가 임의교배 상태에서보다 더 높은 동형접합자 빈도를 나타내게 하여, 드문 열성인자들이 선택에 더 많이 노출되게 한다.

근교계수

우리는 보통 임의교배를 **근교계수**(inbreeding coefficient), *F*를 통해 측정하는데, 이는 이배체 접합자에서 한 유전자의 두 대립유전자가 동일할 확률; 즉 하나의 조상 대립유전자로부터 전해진 정도를 측정한다. 예를 들어, 이형접합적 이배체, A^1A^2에서 시작한다면, 정상적인 멘델의 분리법칙에 따라 각 F_1 자손이 동일한 A^1 대립유전자를 받을 확률은 1/2이 된다. 다음, F_1 개체가 그 자손에게 전달할 대립유전자가 선조의 대립유전자와 같은 것을 가질 확률은 1/2이다. 이는 만약 그러한 두 F_1 자손 간에 교배가 일어나면, 그들의 자손 중 하나인 F_2가 갖는 두 대립유전자가 물려진 것(A^1A^1)과 같을 확률은 1/2 × 1/2 × 1/2, 즉 근교계수는 1/8이 된다.

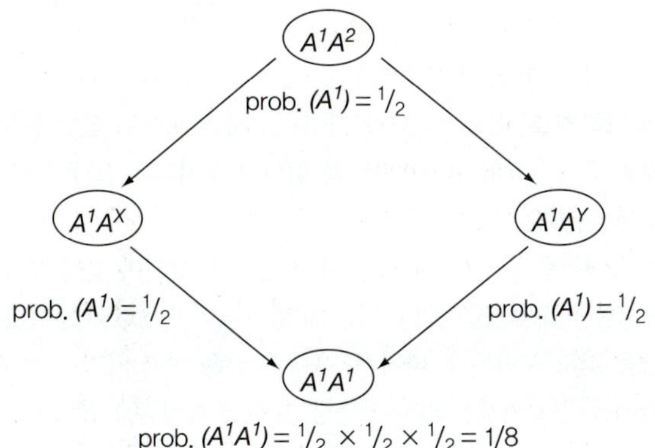

물론 동일한 대립유전자를 갖는다는 것은 동형접합성(homozygosity)을 의미하며, *F*는 1(완전 동형접합성)에서 0(완전 **이형접합성**, complete heterozygosity) 사이의 값이다. *F*로 측정된 동계 비율(inbred proportion) 중에, 일부는 *AA*이고 일부는 *aa*일 것이며, 각 빈도는 그들의 각 집단 대립유전자빈도 *p*와 *q*에 따라 정해진다. 따라서, 동계교배에 의해 *pF AA*와 *qF aa* 유전자형들이 나타난다. 그러나 이와 더불어, 이 집단의 나머지 개체들 (1–*F*)은 하디–바인베르그 평형, p^2 *AA*, 2*pq Aa*, q^2 *aa*에 따라 정해진 빈도를 갖는 유전자형을 갖게 된다. 그 세 가지 유전자형은 다음의 빈도를 갖게 된다:

$$AA = -p^2(1-F) + pF = p^2 - p^2F \pm pF$$
$$= p^2 + pF(1-p) = p^2 + pqF$$

$$Aa = 2pq(1-F) = 2pq - 2pqF$$

$$aa = -q^2(1-F) + qF = q^2 - q^2F + qF$$
$$= q^2 + qF(1-q) = q^2 + pqF$$

각 동형접합자형(homozygote type)의 빈도에서의 *pqF* 만큼의 증가가 이형접합자 빈도에서의 그만큼의 감소(–2*pqF*)에 따른 것임을 쉽게 알 수 있다. 또한 이러한 **이형접합자**(heterozygote)에서의 감소는 대립유전자빈도 *p*와 *q*에 동일하게 영향을 미쳐서, 단지 유전자형 빈도만이 변한다는 점을 유의하자. 동계교배가 없는 경우, *F* = 0이며, 앞의 식은 하디–바인베르그 빈도인 p^2 *AA*, 2*pq Aa*, q^2 *aa*가 된다. 동계교배가 완전한 경우, *F* = 1, 2*pq* – 2*pqF* = 0이 되고, 유일하게 남는 유전자형은 *pAA*와 *qaa*가 된다.

자가수정

동계교배는 자가수정(self-fertilization)(예컨대, **자웅동체 또는 자웅동주**, *hermaphrodite*) 하에서 가장 심하며, 여기서 *F*는 첫 세대에 0.5에 이르고, 4~5 세대 만에 1에 이르게 된다. **그림 21–8**에서 보는 것처럼, 어떤 다른 교배 방식도 동계교배 비율을 느리게 한다. 이와 유사하게, **그림 21–9**에서처럼, 집단의 크기가 또한 동계교배에 영향을 미칠 수 있는데, 이는 그 크기가 작을수록, 가까운 개체들 간에 교배가 일어날 확률이 높아지기 때문이다. **유전적 동류교배**(*genetic assortative mating*)는 개체들이 그들의 유전적 관계에 기초하여 교배가 일어나는, 형제-자매 교배(brother-sister mating)나 사촌 교배(first-cousin mating)와 같은 체계를 뜻하는 용어이다.

그러나 표현형적 유사성 또한 선호적인 교배를 야기하기도 하며, 많은 인간사회의 경우, 키, 피부색, 얼굴의 형태(최근의 연구에 의하면, 특히 대칭성), 근육 발달정도, 그리고 지능 등의 특징에 따라 짝이 선택된다. 동형접합성(homozygosity)은 이러한 **표현형적 동류교배**(*phenotypic assortative mating*)에서 여전히

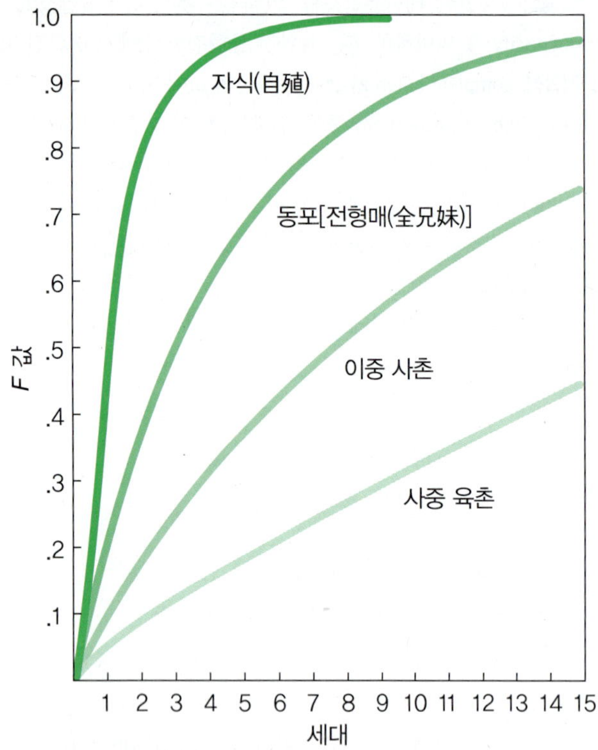

그림 21-8 4가지 동계교배 체계의 세대 1에서 15 사이의 근교계수들[가계(pedigree)들은 Strickberger(1985)에 주어짐]. Wright(1921)의 이 분야에서의 기초연구를 통해 다른 동계교배 체계에서 F를 계산하는 식을 구할 수 있다. Wright의 생애와 공헌을 보려면, 그리고 집단유전학의 최고의 역사를 보려면 Provine(1986)이 쓴 자서전 참조.

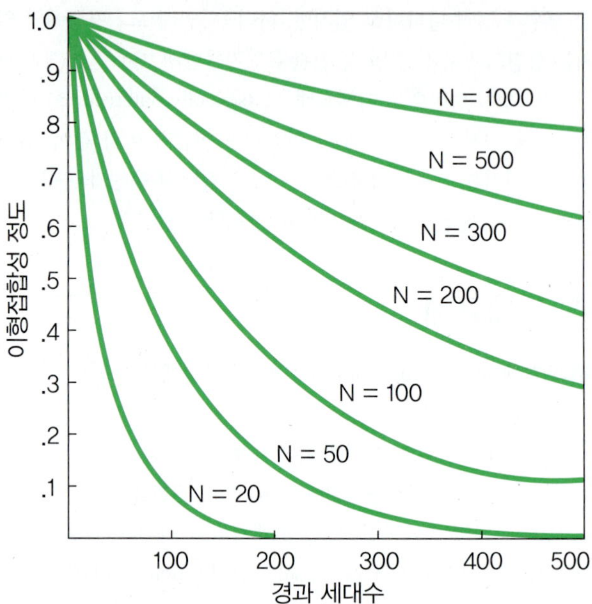

그림 21-9 배우자간 임의교배 하에, 집단의 크기에 따른, 주어진 세대 후에 남은 이형접합성(이형접합자 빈도) 정도. 계산은 초기 이형접합성을 1.00으로, 즉 $F = 0$으로 시작하였다. (Strickberger M. W., 1985. *Genetics*, 3rd ed. Macmillan, New York에서 인용함.)

증가될 수 있지만, 선호적 교배의 근간이 된 형질이 해당되는 좌위에서만 그렇다. 이것은 모든 좌위에서 동형접합성이 증가되는 **유전적 동류교배**와는 상반된 것이다.

교배의 또 다른 형태로, 비동류교배(disassortative mating)가 있는데, 이는 서로 비슷하지 않은 유전자형 또는 표현형을 갖는 개체들이 짝을 이루고, 이에 따라 동계교배를 막고 이형접합자 빈도(이형접합성, heterozygosity)를 유지하도록 돕는 경우다. 이에 대한 예로서 식물에서 같은 유전자형의 난자와 수정을 시도하게 되면 수컷 배우자의 불임성이 나타나게 하는 대립유전자(**자가불임성 대립유전자**, *self-sterility allele*)가 있다.

근교약세

비록 대개의 이계교배 집단에서도 어느 만큼의 동계교배는 일어나지만, 동계교배가 많이 일어나면, 동형접합적 빈도가 증가하면서 드문 유해 열성인자가 나타나게 되는 현상, 즉 **근교약세**(inbreeding depression)가 일어난다. 만약 유전자형 *aa*를 갖는 열성 질병(recessive disease)이 임의 이계교배 집단(random outbred population)에서 q^2의 빈도로 발생한다면, 그 빈도는 유도된 바와 같이 동계교배 집단에서의 pqF 만큼 증가할 것이다. 그러므로, 동형접합적 열성인자에 있어서 이계교배 빈도에 대한 동계교배의 비율은 다음과 같게 된다.

$$\frac{q^2 + pqF}{q^2} = \frac{q(q + pF)}{q^2} = \frac{q + pF}{q^2}$$

물론, 만약 q가 크고 F가 작으면, 동계교배 증가분 pF는 비교적 적을 것이며, 동형접합적 열성인자의 증가된 빈도는 거의 표시나지 않을 것이다. 그러나 만약 q가 드물고 p가 크면, pF는 설사 F가 꽤 작다 해도, 열성인자에서 눈에 띌만한 증가가 나타난다. 예를 들어, 만약 q가 0.5라면, 사촌 교배(first cousin mating) ($F = 0.0625$)는 동형접합자의 동계 대 이계 비율이 다음과 같이 나올 것이다.

$$\frac{q + pF}{q} = \frac{0.5 + (0.5)(0.0625)}{0.5} = \frac{0.53125}{0.5} = 1.06$$

그러나 만약 q가 0.005라면, 이 비율은 0.067/0.005 = 13.4로 증가하게 된다. $q = 0.0005$인 경우, 사촌 교배로 인한 동형접합자의 증가는 0.0630/0.0005, 즉 임의로 교배되는 집단에서보다 126배나 된다.

동형접합적 열성인자가 하나 또는 그 이상의 형질에 양적 효과를 갖는다고 하면, 동계교배는 이 형질들의 측정값이 열성 값의 방향을 갖도록 만든다. 따라서, 옥수수 같은 여러 가지 이계교배 집단에서, 근교약세는 키나 산출량 및 다른 특징들을 감소시킬 수 있다. 그러나 근교약세는 모든 종에서 나타나는 보편적인 현상은 아니며, 특히 정상적으로 자가수정되며 거의 모든 유해 열성인자들을 제거해 낸 많은 종에서는 더더욱 그렇다. 전체적으로 볼 때, 비록 일부 계통은 비교적 적은 수의 유해 열성 유전자를 가지고 있어 소멸되지 않기도 하지만, 대부분의 정상적으로 타가수정하는 종들은 지속적인 동계교배 현상을 저하시키며 심지어는 소멸시키기도 한다(Saccheri et al., 1998).

주요 용어

근교계수(inbreeding coefficient)
근교약세(inbreeding depression)
대돌연변이(macromutation)
대립유전자빈도(allele frequency)
도약진화(saltation)
동계교배(inbreeding)
멘델주의자(멘델주의적)(Mendelian)
멘델집단(Mendelian population)
불연속변이(discontinuous variation)
비임의교배(nonrandom mating)
상호적응 유전자복합체(coadapted gene complex)
신다윈주의(적)(Neo-Darwinian)
양적 형질(quantitative character)
연관 비평형(linkage disequilibrium)
연속변이(continuous variation)
유전자빈도(gene frequency)
유전자풀(gene pool)
유전자혼합 또는 임의교배(panmixia)
이항 전개식(binomial expansion)
이형접합성(heterozygosity)
이형접합자(heterozygote)
임의교배(random mating)
자가수정(self-fertilization)
집단유전학(population genetics)
최소교배단위(deme)
평형(equilibrium)
하디-바인베르그 평형(원칙 또는 법칙)(Hardy-Weinberg equilibrium(principle or law))
현대적 종합설(modern synthesis)

토의 및 질문

1. 연속변이와 불연속변이
  a. 멘델주의자들과 생물계측학자들 간에 어떤 논쟁이 있었는가?
  b. 변이론자들과 선택론자들 간에 어떤 논쟁이 있었는가?
  c. 이러한 논쟁에서, "순계", "대돌연변이", "도약진화" 및 "양적 형질"들은 어떤 역할을 했는가?
  d. 이러한 여러 가지 논쟁들이 어떻게 해결되었는가?
2. 신다윈주의적 (현대적) 종합설의 요소들은 무엇일까?
3. 모든 유전자형의 빈도들을 알 수 있는 경우, 우리는 이배체 집단에서 대립유전자빈도를 어떻게 결정하는가?
4. 하디-바인베르그 평형(원칙)
  a. 대립유전자빈도는 어떤 조건에서 보존적일까?
  b. 유전학자들은 어떻게 하디-바인베르그 원칙에 따라 유전자형 빈도를 알아내는가?
5. 둘 이상의 좌위에서 유전자(대립유전자)간의 평형
  a. 어떤 집단이 한 세대 만에 다중좌위 평형(multilocus equilibrium)을 얻는 경우는 왜 드물까?
  b. 연관과 재조합 빈도가 어떻게 평형에의 도달에 영향을 미치는가?
6. 유전자형 평형을 이룸에 있어서, 상염색체 좌위와 성 연관된 좌위는 어떻게 다를까?
7. 자연집단에서 어떤 특정한 유전자 분리에 대한 하디-바인베르그 원칙에서의 임의교배 가정을 어떻게 조사할 수 있을까?
8. 만약 열성 동형접합자의 빈도만을 안다면, 이배체 집단에서 어떻게 유전자와 유전자형 빈도를 알아낼 수 있을까?
9. 어떤 열성대립유전자의 빈도 (a)와 그 대립유전자에 있어서 동형접합자에 대한 이형접합자 담체의 비율 (b)는 어떤 관계가 있는가?
10. 동계교배가 어떻게, 그리고 왜 동형접합자 유전자형의 빈도에 영향을 미치는가?

추천 읽을 거리

Crow, J. F., 1988a. Eighty years ago: The beginnings of population genetics. *Genetics,* **119,** 473–476.

Dobzhansky, Th., 1937, 1941, 1951. *Genetics and the Origin of Species* (three eds.). Columbia University Press, New York.

Dobzhansky, Th., 2003. *Dobzhansky's Genetics of Natural Populations I–XLIII,* R. C. Lewontin, J. A. Moore, W. B. Provine, and B. Wallace (eds.). Columbia University Press, New York. [This volume is a collection of the 43 papers in Dobzhansky's influential series on *Drosophila* population genetics, with various coworkers, along with introductory articles by Provine and Lewontin.]

Falconer, D. S., and T. F. C. Mackay, 1996. *Introduction to Quantitative Genetics,* 4th ed. Longman, London, UK.

Gillespie, J. H., 2004. *Population Genetics: A Concise Guide,* 2nd ed. Johns Hopkins University Press, Baltimore, MD.

Hartl, D. L., and A. G. Clark, 1997. *Principles of Population Genetics,* 3rd ed. Sinauer Associates, Sunderland, MA.

Hedrick, P. W., 2000. *Genetics of Populations* 2nd ed. Jones and Bartlett, Sudbury, MA.

Pagel, M. (ed. in chief), 2002. *Encyclopedia of Evolution.* 2 Volumes, Oxford University Press, New York.

22 유전자빈도의 변화

요약

진화적인 변화가 일어나기 위해서는 돌연변이에 의해 생겨난 새로운 대립유전자가 개체군집단 내에서 지속적으로 유지되어야 한다. 대부분의 진화적 모델이 무한한 대립유전자와(또는) 특별한 변이에 기반을 두고 있으나, 우리는 토론과 예를 멘델의 유전자로 단순화시켰다. 전통적인 멘델유전자는 우성대립유전자 *A*와 열성대립유전자 *a*로 존재하며, 돌연변이는 열성대립유전자 *a*에 작용하여 *a*의 빈도수를 증가시킨다. 그러나 실제로는 복잡하고 상호작용하는 유전자좌의 중복우성이 단독우성과 단독열성대립유전자 홀로 작용하는 것보다 훨씬 더 흔히 나타난다.

돌연변이평형은 돌연변이 단독에 의해서는 거의 도달하지 못하기 때문에, 돌연변이에 의해 도입된 대립유전자의 빈도수에 영향을 미치는 다른 방법이 반드시 존재해야 한다. 그 가운데 선택이 가장 주요한 방법이다. 만약 특정 대립유전자가 대립유전자를 갖는 쪽의 번식성공률(예. 적응도)을 증가시킨다면 그 대립유전자는 점점 더 빈도수가 높아지는 경향이 있다. 선택은 서로 다른 형질 사이에서 적합성의 차이에 작용한다. 표현형에 대해 세대를 거치는 동안 체계적이고 지속적인 선택은 대립유전자빈도를 변화시킨다. 약한 선택은 보통 흔한데, 이는 대립유전자빈도의 변화를 아주 더디게 이끌며 종종 유전적 부동과 별반 차이가 없다.

유해한 효과를 나타내는 대립유전자는 빈도가 줄어들게 되며, 줄어드는 비율은 대립유전자의 빈도, 집단 내 유전적 부동의 양, 그리고 다른 유전자 혹은 유전자복합체와의 상호작용 혹은 연관에 따라 다르게 나타난다. 예를 들면 유해한 열성대립유전자는 높은 빈도에서는 아주 빠르게 감소하지만, 낮은 빈도에서는 매우 느린 속도로 감소한다. 어떤 경우든, 선택은 결국 유해한 대립유전자를 집단으로부터 제거하거나 대립유전자를 유지

(평형)하는 결과를 낳는데, 이는 새로운 돌연변이와 같은 요인에 달려있다.

낫형적혈구빈혈증(겸상적혈구빈혈증)과 같이 이형접합 유전자형이 동형접합 유전자형보다 선택에 유리할 경우 또는 대립유전자의 빈도가 적응도에 영향을 미칠 경우에, 선택은 집단 내에 유전적 변이성(다형현상)을 유지시킬 수 있다. 또한 대립유전자의 빈도는 영국의 회색가지나방의 예처럼 오염되지 않은 지역에서는 밝은색 나방의 수가 훨씬 많고, 공업지역에서는 어두운색 나방이 많은 것과 같이 환경에 따라 다르게 나타날 수 있다.

선택은 다음과 같은 여러 가지 방법으로 집단에 작용한다: (1) 만일 일반형(정상형)과 거리가 먼 표현형의 적응도가 낮거나(안정화 선택) 또는 선택이 평균으로부터의 편차에 비례하는 경우, (2) 해로운 돌연변이의 즉각적인 제거를 통하여, (3) 만일 극단적인 표현형이 적응도를 가질 때(방향성 선택), (4) 서로 다른 표현형이 특정한 환경에서 더 잘 적응하는 경우(분단성 선택), 그리고/또는 (5) 면역과 후각계에서 발생하는 잡종강세의 경우(다양화 선택). 선택이 일어나기 위해서는 유전적 변이가 존재해야 한다. 유전적 변이가 크면 클수록 적응도를 증진시킬 가능성은 보다 커진다. 돌연변이와 선택은 모두 대립유전자의 빈도에 영향을 미치므로, 선택이 유해한 유전자를 가진 대부분의 개체를 제거한다 해도, 돌연변이는 아마 유해한 유전자까지도 집단 내에 유지시킨다. 유전적 부동 또한 집단 간의 유전자빈도에 영향을 미친다.

돌연변이, 선택, 유전적 부동 그리고 이주는 특정한 대립유전자의 고정과 다른 대립유전자의 소실을 낳거나, 대부분의 대립유전자는 고정되거나 소실되는 운명을 갖는다. 또는 유전적 평형에 이르게 할 수 있으며, 유전자빈도는 큰 모집단의 유전자빈도와는 다른 적은 수의 개체(창시자)로 시작한 새로운 집단에서는 보다 빠르게 변할 수 있다. 유전적 부동과 다른 임의적 요인들은 예측할 수 없는 집단의 유전적 변이를 확립하는 데 있어서 돌연변이나 선택보다 더 중요하게 작용한다.

집단이 진화하기 위해서는 — 다시 말해서, 집단의 **유전자빈도**(gene frequencies)가 변하기 위해서는 — 돌연변이는 처음에 그런 변화를 일으키는 뉴클레오티드 차이를 집단에 새롭게 도입해야 한다.

그러나 단지 새로운 유전자들(대립유전자)의 출현만으로 그들이 집단 내에서 유지된다거나 혹은 다른 것들에 비해 우세할 것이라는 보장은 없다. 예를 들면, *a*와 같이 새롭게 돌연변이된 유전자(예. $A\times a$)가 다음 세대로 전달될 것인가 하는 것은 불분명하다. 왜냐하면 그것을 보유한 개체(예. *Aa*)의 생존 가능성과 다른 개체와의 교배 가능성이 불분명하기 때문이다. 대부분의 안정된 집단에서는 교배의 많은 부분(40%)이 자손이 생존치 못하거나(*a*의 소실) 혹은 하나의 자손만을 남기는(감수분열과정에서 *a* 중의 50%가 소실될 가능성을 가짐) 가계를 형성하므로, 설령 *Aa*의 돌연변이체가 다른 개체들과 교배($Aa\times AA$)를 한다 할지라도, 돌연변이된 *a* 유전자가 다음 세대로까지 전달되는 기회는 감소하게 된다. 보다 큰 구성원을 가진 가계의 경우 역시 유전자 *a*를 잃을 수도 있다. 예를 들면, $Aa\times AA$ 가계가 2개의 자손을 생산하는 경우마저도 돌연변이 유전자의 25%(0.5×0.5)가 그들 중의 어느 하나로 전달되지 않을 가능성이 있다.

Fisher(1930)는 다양한 크기를 가진 가계에서 무작위적 소실에 의해 새롭게 돌연변이된 유전자의 33% 이상이 불과 한 세대 내에 제거된다는 사실을 계산하였다. 새로운 돌연변이가 도입된 후, 30세대에 이르게 되면 돌연변이 유전자가 소실될 가능성은 거의 95%까지 증가하였다. 많은 돌연변이들의 유지 기작과 빈도의 증가현상을 설명하기 위해서 우리는 원래 일어났던 돌연변이 사건 이외의 다른 요소들에 주목해야할 것이다.

돌연변이율

대립유전자빈도에 영향을 미치는 하나의 요소는 돌연변이의 빈도이다. 대부분의 경우 무한한 대립유전자와/또는 특별한 돌연변이가 있어야 하지만, 관례적으로 전통적인 멘델유전법칙으로 단순화시켜 설명하고 예를 든다. 전통적인 멘델유전자는 우성대립유전자 *A*와 열성대립유전자 *a*로 존재하며, 돌연변이는 열성대립유전자 *a*에 작용하여 *a*의 빈도수를 증가시킨다. 그러나 실제로는 복잡하고 상호작용하는 유전자좌의 중복우성이 단독우성과 단독열성대립유전자 홀로 작용하는 것보다 훨씬 더 흔히 나타난다.

대부분의 돌연변이는 한두 개의 대립유전자의 단순한 돌연변이만을 포함하는 것이 아니고, 뉴클레오티드 배열에 영향을 미치는 새롭고 종종 특별한 돌연변이의 집단내 축적을 의미한다. 안

정화된 인구구조를 가진 개체군집단 내에서 이형접합성의 평형 상태는 도달할 것이며, 이는 원래의 대립유전자와 새로운 대립유전자의 뉴클레오티드 다양성을 반영한 것이다.[1] 염기서열계통(sequence clade)은 유전자 염기서열이 분석되었을 때 알 수 있다. 이것의 훌륭한 예는 말에서 찾을 수 있다. 현생하는 사육 말 191 개체의 미토콘드리아 유전자의 조절부위 염기서열과 고고학 발굴 지역과 홍적세 말기 퇴적층에서 추출한 고대 DNA의 염기서열을 분석한 결과, 말의 오랜 진화과정에서 모계(어미–딸 가계)의 광범위한 통합이 있었음을 알 수 있다(Vila 등, 2001). 따라서 단순화한 대립유전자는 변화를 유발하는 원리를 설명하기 위하여 사용되는 것으로, 복잡한 대립유전자의 상호관계를 설명하지는 않는다는 것을 명심해야 한다.

만일 A가 a로의 돌연변이가 계속적으로 일어난다면, 세대가 거듭될수록 집단 내 a의 빈도는 증가하게 될 것이다. 일정한 크기를 가진 한 집단에서 충분히 오랜 기간 동안 이러한 **돌연변이율**(mutation rate)이 지속된다면 결국 a가 A를 대체할 수 있게 된다. 물론 돌연변이율은 항상 한 방향으로만 일어나는 것은 아니다(특히 복대립유전자좌의 경우). 예를 들어서 u를 A에서 a로의 돌연변이율이라 한다면, 대립유전자 a는 v 빈도로 A로 재 돌연변이한다. 대립유전자 A와 a의 최초 빈도를 각각 p_0, q_0라 할 때, 한 세대동안 돌연변이가 일어난 후 A의 빈도는 $p_0 + vq_0$, a의 빈도는 $q_0 + up_0$로 각각 변화되는 것으로 추정할 수 있다.

만일 우리가 대립유전자 중의 하나인 a에만 주목을 한다면, a 빈도는 분명히 up_0만큼(새로운 a 대립인자) 증가할 것이고, vq_0 만큼(새로운 A 대립인자) 잃게 될 것이다. 달리 말하면, Δq로 표시되는 a 빈도의 변화는 $\Delta q = up_0 - vq_0$로 표현될 수 있다. 따라서 p가 상대적으로 크고 q가 작으면, Δq는 커질 것이고 집단 내의 q의 빈도는 빠른 속도로 증가할 것이다; q가 커지고 p가 점차 작아질 때 Δq는 감소하게 될 것이다. Δq가 0이되는 지점 — 즉, p와 q가 돌연변이 빈도에 대해 서로 균형을 이루고 더 이상의 변화가 없는 지점 — 을 우리는 **돌연변이평형**(mutational equilibrium)이라 부르고(a의 빈도 = $\hat{q}$), 이것을 수식으로 나타내면: $\hat{q}$에서 $\Delta q = 0 = up - vq$, 또는 $up = vq$가 된다. 그러나 대립유전자 A, a만이 있으므로 $p = 1 - q$, 이는

$$up = vq$$
$$u(1-q) = vq$$
$$u = uq + vq = q(u+v)$$
$$\hat{q} = \frac{u}{u+v}$$

A의 빈도에 동일한 과정이 적용되면 $\hat{p} = v/(u+v)$, 따라서 $\hat{p}/\hat{q} = [v/(u+v)]/[u/(u+v)] = v/u$. 그러므로 돌연변이율이 동일할 경우($u = v$), **평형유전자빈도**(equilibrium gene frequencies) $\hat{p}$와 $\hat{q}$은 같아질 것이다. 만일 돌연변이율이 다르면 평형유전자빈도도 다르게 된다. 예컨대, 만약 $u = 0.00005$, $v = 0.00003$이라면 평형유전자빈도 $\hat{q} = 5/8 = 0.625$, $\hat{p} = 3/8 = 0.375$가 된다. 하지만 돌연변이가 평형유전자빈도에 이르는 속도는 매우 느리므로 우리는 이를 미분법을 이용하여 Δq로부터

$$(u+v)n = \ln[(q_0 - \hat{q})/(q_n - \hat{q})]$$

로 나타낼 수 있다. 여기에서 n은 유전자빈도가 q_0로부터 시작하여 q_n에 도달하는 데 필요한 세대수를 나타낸다. 바로 위의 예에서 q 유전자빈도가 1/8에서 3/8에 까지 이르는 데 필요한 세대수를 계산해 보면

$$(0.00008)n = \ln\frac{0.125 - 0.625}{0.375 - 0.625}$$
$$= \ln 2.00 = 0.69315$$
$$n = \frac{0.69315}{0.00008} = 8{,}664\text{세대}$$

그러므로 일반적으로 관찰되는 돌연변이율 5×10^{-5} 또는 그보다 적은 수치(표 10–3)를 기초로 했을 때 평형에 이르는 속도는 매우 느리며, 특히 돌연변이율은 일정하지 않기 때문에 이 같은 돌연변이평형은 설령 일어난다 할지라도 극히 드물게 일어난다.

선택과 적응도

일반적으로 돌연변이평형을 이루는 것만이 현존하는 집단의 유전자빈도를 설명할 수 있는 유일한 방법이라고는 생각하지 않는다. 유전자빈도가 어떻게 변화하는지를 설명하는 데 보다 효과적인 기작은 Darwin이 제안한 **"면밀한 과정"**인 **선택**(selection)의 효과이다.

일부는 선택이 애초에 표현형으로 나타나는지 아니면 유전자형으로 나타나는지 고려해야 한다고 논쟁을 제기한다. 이에 대해 우리는 다음의 견해를 따른다. 비록 진화는 표현형의 변화로 뚜렷이 드러나지만, 세대 간의 그러한 변화의 전파(진화)는 유전자형으로 나타난다. 하지만 그 유전자형은 개체의 유일한 표현형일 필요는 없다. 부모의 유전자(모계유전자효과)와 다른 유기체의 유전자 산물 또는 환경으로부터의 후생적인 영향(13장 참조)도 역시 세대 간의 변화를 전파하는 방법이다; 이는 유전자형의 유전이 직접적이거나 간접적으로 일어난다는 것을 의미한다.

- 선택은 유전자형의 번식성공에 영향을 미치는 표현형에 작용하는 생존과 번식방법의 총계이다.
- 어느 한 유전자형이 주어진 환경 속에서 다른 유전자형과 비교해 다음 세대의 자손에 기여하는 정도를 유전자형의 **상대적응도**(relative fitness)라고 한다.

표현형의 차이는 유전적 변이 때문에 생기므로, 생존과 번식

[1] 보다 심도 깊은 논의는 Hartl and Clark(1997), Hedrick(2000) 또는 Gillespie(2004) 참조.

글상자 22-1 선택과 최적자의 생존

비판자들은 종종 "최적자의 생존(survival of the fittest)"이 순환적이며, 동의반복이거나 증명 불가능한 서술이라서 어떠한 도전도 허용하지 않는다고 주장한다. 왜냐하면 이는 생존한 것을 가장 적합한 것으로, 또 가장 적합한 것은 살아남은 것으로 정의하기 때문이다. 일부 철학자들은 최적자의 생존이라고 하는 기준을 버려야 한다고 주장한다. 이와는 달리 다른 이들은 최적자생존이 가지는 현실적인 가치가 있다고 주장한다. 표현형적인 특징에 대해 자연선택은 유전자빈도를 변화(진화) 시키는 원인이 될 수 있으나, 자연선택이 유전자빈도의 변화와 같은 것은 아니다. 선택은 단일 세대에 살아남은 표현형의 형태를 변화시킬 수 있다. 유전자의 비율이 변화되기까지 대부분의 유전자는 수 세대에 걸친 동일한 방향으로 작용하는 선택이 필요하다(본문 참조).

예를 들면, 유해한 열성대립유전자의 빈도는 만약 이형접합 우세가 존재한다고 가정하면, 그 유전자의 동형접합자에 불리하게 작용하는 선택에도 불구하고 안정적으로 유지될 수 있다. 바꾸어 말하면 유전자형의 상대적응도는 그것의 생존에 영향을 미치는 유일한 요인이 아닐지도 모르며, 진화론에서 제시하는 **최적자생존**은 오해의 소지가 있거나 사실과는 다를 것이다. 사실 1930년에 발표한 그의 고전적인 논문 **자연선택의 유전적 이론**에서 Fisher는 "자연선택은 진화가 아니다"라고 명시하였다. 만약 우리가 진화를 시간의 경과에 따른 유전적인 변화라고 규정한다면 선택은 비록 중요한 것이기는 하지만 **집단의 유전적인 변화를 유발시키는 유일한 과정은 아니다.** 즉 돌연변이, 이주, 그리고 유전적 부동과 같은 제2장에서 언급한 진화적인 방법 또한 유전자빈도에 영향을 미친다. 더욱이 선택은 과정이며 생존은 그 과정의 산물이다. 자연선택과 그와 상응한 일상회화적인 표현인 "최적자생존"은 단순한 유의어의 반복이 아니다.

적응도에 영향을 미치는 요인들 간의 상호작용에 대한 예로 적응도는 종종 빈도 의존적인 것을 들 수 있다. 특히 변이 대립유전자가 흔하거나 혹은 드물게 나타나는 경우에 나타나는데, 이는 드물게 나타나는 변이성을 유지시키는 것은 현존하는 변이성을 증가시키는 것을 의미한다. 게임 이론에서 유래한 **빈도 의존적 적응도 혹은 적응역학의 분석**은 수학적으로 소심한 것이 아니다.[a] 획일적인 표현형을 변경시키는 돌연변이는 집단에 "침입"한 것으로 얘기할 수 있다. 집단에 침입한 후 돌연변이의 적응도는, Wright의 적응지형도와 유사한 개념으로, 침입적응도 기울기와 침입적응도 지형도를 만들 수 있는 침입적응도가 된다.

빈도 의존적 적응도는 동일한 표현형을 가지는 성의 구분이 없는 개체로 구성된 집단에 적용할 때 가장 잘 들어 맞는다. 비록 이는 아주 극심한 제약이긴 하지만, 이러한 방법은 단일 돌연변이의 기원과 확산이 모델이 되어, 이와 같은 단일 진화 전략을 진화적인 안정화 전략과의 비교가 되는 한번의 진화적인 사건을 허용한다는 점에서 이점이 있다. 그러므로 빈도 의존적 적응도를 이해하는 것은 진화에 있어서의 분기점을 알려줄 수 있는 잠재력을 지니게 되는 것으로, 이를 가장 잘 적용한 것은 동소적 종분화의 기초를 이해하고 실현가능한 모델링을 구축하는 것을 들 수 있다.

[a] Geritz 등(1998) 적응역학의 기원에 대한 기술적인 논문과 Waxman과 Gavrilets(2005)의 기술역학에 대한 20개의 질문에 대한 대답을 기초로 한 전반적인 소개를 참조.

능력에 있어 표현형들 사이에 존재하는 차이는 유전자형의 빈도에 영향을 미친다. 만일 A 유전자를 보유하고 있는 개체들이 a를 보유하고 있는 개체들보다 생존능력이 우월하고 번식력이 풍부한 자손을 보다 더 성공적으로 생산할 수 있고, 또한 선택에 유리한 충분한 수의 유전자가 생겨나 단순한 기회로 인한 손실을 극복할 수 있다면, 집단 내에 A 대립유전자의 빈도는 a에 비해 상대적으로 증가하게 될 것이다.

한 집단 내에 존재하는 특정 형질에 미치는 선택의 유전적 효과는 그 특정 형질에 영향을 미치는 서로 다른 유전자형들 간에 적응도의 차이로 설명될 수 있다. 이 장의 후반부와 **글상자 22-1**에서 기술된 바와 같이 선택의 과정이 작동할 때, 집단이 아직 유전적 평형에 도달하지 않았다면, 집단의 유전자빈도는 세대에 따라 계속적으로 변화하는 경향을 나타내게 된다. 단순하게 선택과 **적응도**(fitness)의 역학관계는 집단 간의 유전자 교환 혹은 다른 집단과의 경쟁보다는 폐쇄된 집단 내에서의 상대적인 기여도로 산출될 수 있다. 그러한 상황은 보다 더 복잡하고 논란의 여지가 있는 모델을 필요로 한다.

가장 간단한 형태로서, 적응도와 선택은 한 유전자형으로부터 생산된 자손들의 수와 다른 유전자형에 의해 만들어진 자손의 수를 비교, 산출함으로써 나타낼 수 있다. 예를 들어, 만일 A 유전자형 개체는 생식적으로 성숙된 100개체의 자손을 평균적으로 생산하는 반면, B 유전자형 개체는 동일한 환경 하에서 90개체의 자손들을 생산한다면, B의 A에 대한 상대적인 적응도는 10개체의 자손 감소 혹은 10/100 = 0.1로 표시할 수 있다. 만일 우리가 한 유전자형의 적응도를 W로 표시하고 상대적인 적응도를 감소시키는 역할을 한 선택효과를 s(**선택계수**, selection coefficient)라 한다면, 앞의 예에서 A에 대한 $W = 1$, $s = 0$, 그리고 B에 대한 $W = 0.9$, $s = 0.1$로 표시할 수 있다. 특정 유전자에 대한 W와 s 사이의 관계는 $W = 1-s$, 혹은 $s = 1-W$로 표시된다.

선택은 배우자 단계의 반수체 또는 접합자 단계의 이배체에 영향을 미치거나, 또는 이들 두 단계 모두의 경우에서 나타날 수 있는데, 이는 어느 단계에서의 유전자 발현이 생존율과 번식률에

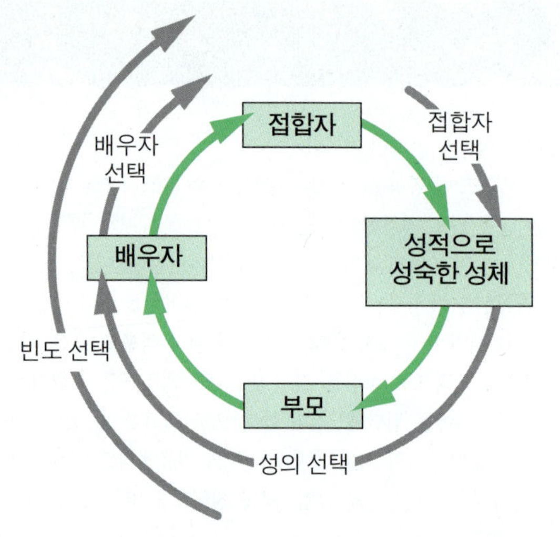

그림 22-1 접합자로부터 접합자("수정란에서 자손")에 이르기까지 한 세대 동안 생활사 단계별로 가해지는 선택의 작용을 단순화한 도식도.
정자와 꽃가루의 경쟁 이외에도 성 선택에는 상대방의 성을 선택하는 것도 포함된다. 포유류와 같은 동물에서는 적응도가 세대와 세대사이에 중복되기 때문에 보다 복잡해진다. 왜냐하면 어린시기의 적응도는 그들 자신들이 가지는 특성에 의해서만이 아니라 부모로부터 얼마만큼 보호를 받느냐에 따라(이전 세대 개체들의 적응도에 따라) 달라질 수 있기 때문이다. (Christiansen, F. B., 1984. The definition and measurement of fitness. In *Evolutionary Ecology*, B. Shorrocks (ed.). Blackwell, Oxford, England, pp. 65–79에서 인용.)

영향을 미치는가에 달려 있다(**그림 22-1**). 어느 단계이던, 선택의 효과는 눈에 두드러질 정도로 분명하거나 혹은 그 효과를 알아차리기 힘들 정도로 미세한 경우도 있으며, 그 효과가 완전 치사 또는 불임으로부터(s = 1) 상대적인 적응도가 미세하게 감소(예, s = 0.01)하는 것에 이르기까지 다양하다. 선택이 반수체 사이에서 일어날 때, 우성유전자와 열성유전자 사이에는 우열의 차이가 없는데, 그 이유는 이들을 보유하고 있는 보유자는 두 대립인자를 모두 표현형적으로 나타내기 때문이다.

따라서 우리가 기대하는 것처럼, 반수체에 대한 선택의 효과는 유해열성대립인자들이 이배체에서와 같이 이형접합자의 형태로 집단 내에 감추어질 수 없기 때문에, 그 선택의 효과는 이배체에 작용하는 것보다 보통 훨씬 더 빠르고 직접적으로 나타나게 된다. **표 22-1**은 여러 가지 다양한 선택 조건 하에서의 반수체 내에 있는 유해한 유전자의 빈도변화를 일으키는 데 요구되는 세대 수의 추정치를 나타낸 것이다. 이배체의 경우(표 22-3 참조)와는 대조적으로 반수체는 1세대가 지난 후 **유해치사유전자**(s = 1)를 완전히 제거하고 이보다 훨씬 작은 선택계수 마저도 비교적 빠른 속도로 유전자빈도를 변화시킨다는 사실에 주목해야 한다.

대부분의 고등 동·식물의 경우, 선택은 주로 이배체 혹은 접합자, 또는 접합자 형성 이후에 일어난다. 그러나 이배체의 경우에는 단일유전자 좌위에서 3개의 유전자형(AA, Aa, aa)으로 차이를 나타낼 수 있고, 이들에 대한 선택의 효과는 **우성**(dominance)의 강도에 따라 좌우된다. **표 22-2**는 완전우성이 존재하고 선택이 열성유전자인 aa에만 불리하게 작용할 때, 한 세대 동안 a 유전자의 빈도변화(Δq)를 계산한 것이다. **표 22-3**은 다양한 선택계수에 대하여 일정 기간동안 선택의 효과를 산출했을 때 유해한 열성유전자의 빈도를 변화시키는 데 필요한 세대의 수를 요약하고 있다. 선택계수가 s = 1로부터 s = 0.10까지 범위에 있는 경우 유전자빈도의 변화는 0.99로부터 0.10까지 상대적으로 빠르게 진행된다는 사실에 주목해야 한다. 그러나 그 이후의 추가적인 유전자빈도의 감소는 상당히 느리게 일어난다. 유전자빈도가 0.01 이하로 감소하기 위해서는 선택계수가 상대적으로 높은 경우라 할지라도 수천 세대가 요구된다. 제21장에서 지적된 바와 같이, 희귀열성유전인자가 선택에 덜 민감한 이유는 대부분의 열성유전인자는 이형접합자의 상태로 존재하여 선택으로부터 보호될 수 있기 때문이다. 한 대립유전자가 집단에서 보다 희귀하게 나타나면 나타날수록, 동형접합자와 비교했을 때 그것이 이형접합자 상태로 보다 빈번히 나타나게 된다(표 21-7 참조).

선택은 우성인 대립인자가 도태되고 오히려 열성인자가 선

표 22-1 반수체에서 다양한 선택계수에 따른 유해한 대립유전자의 빈도변화(q_0 에서 q_n)를 일으키는 데 요구되는 세대 수.

유전자빈도변화		서로 다른 선택계수(s)에 따른 세대 수						
From (q_0)	To (q_n)	s = 1	s = .80	s = .50	s = .20	s = .10	s = .01	s =.001
0.99	0.75	↓	4	7	17	35	350	3,496
0.75	0.50	↓	1	2	5	11	110	1,099
0.50	0.25	↓	1	2	5	11	110	1,099
0.25	0.10	1	1	2	5	11	110	1,099
0.10	0.01	↓	3	5	12	24	240	2,398
0.01	0.001	↓	3	5	12	23	231	2,312
0.001	0.0001	↓	3	5	12	23	230	2,303

출처: *Genetics* Third Edition by Monroe W. Strickberger.

표 22-2 유해열성대립유전자(a)의 유전자빈도변화(Δq)

	AA	Aa	aa	합계	a의 빈도
초기유전자빈도	p^2	$2pq$	q^2	1	q
상대적응도	1	1	$1-s$		
선택후 유전자빈도	p^2	$2pq$	$q^2(1-s)$	$p^2+2pq+q^2-sq^2$ $=1-sq^2$	
선택후 상대유전자빈도	$\frac{p^2}{1-sq^2}$	$\frac{2pq}{1-sq^2}$	$\frac{q^2(1-s)}{1-sq^2}$		$\frac{pq+q^2(1-s)}{1-sq^2}$ $=\frac{pq+q^2-sq^2}{1-sq^2}=\frac{q(1-sq)}{1-sq^2}$

Δq = 선택 후 a의 상대빈도 − a의 초기 유전자빈도

$$\Delta q = \frac{q^2(1-sq)}{1-sq^2} - q = \frac{q(1-sq)}{1-sq^2} - \frac{q(1-sq^2)}{1-sq^2} = \frac{q-sq^2-q+sq^3}{1-sq^2} = \frac{-sq^2+sq^3}{1-sq^2} = \frac{-sq^2(1-q)}{1-sq^2}$$

출처: Strickberger, M. W., 1985. *Genetics*, 3rd ed. Macmillan, New York.

표 22-3 이배체에서 다양한 선택계수에 따른 유해한 열성대립유전자의 빈도변화(q_0에서 q_n)를 일으키는 데 요구되는 세대 수.

유전자빈도변화		서로 다른 선택계수(s)에 따라 주어진 유전자빈도수와 유전자형 빈도수를 획득하는 데 요구되는 세대 수					
From (q_0)	To (q_n)	s = 1 (치사성)	s = .80	s = .50	s = .20	s = .10	s = .001
0.99	0.90	↓	3	5	13	25	250
0.90	0.75	1	2	3	7	13	132
0.75	0.50	↓	2	3	9	18	176
0.50	0.25	2	4	6	15	31	310
0.25	0.10	6	9	14	35	71	710
0.10	0.01	90	115	185	462	924	9,240
0.01	0.001	900	1,128	1,805	4,512	9,023	90,231
0.001	0.0001	9,000	11,515	18,005	45,011	90,023	900,230

출처: *Genetics* Third Edition by Monroe W. Strickberger.

택되는 방향으로 거꾸로 일어날 수도 있다. 이럴 경우, **유해우성유전자**는 이들이 나타나는 모든 유전자형에서 선택의 대상이 되기 때문에, 선택은 더욱 효과적으로 진행될 것이다. 예를 들어 우성인 대립인자가 치사성을 나타낸다면, 단 한 세대 만에 그 빈도는 0으로 떨어질 것이다. 하지만 우성대립인자에 대한 선택계수가 감소됨에 따라 열성인자들에 의한 대체효과는 상당히 느리게 진행될 것이다. **표 22-4**에서와 같이 일반적인 경우에 있어서, 유전자빈도 p를 갖는 우성대립인자에 대한 선택의 결과 나타나는 빈도의 변화는 다음과 같다.

$$-sp(1-p)^2/[1-sp(2-p)]$$

만약 s가 작다면, 분모는 1에 가깝고 Δp는 사실상 $-sp(1-p)^2$와 같다. 각각 $1-p$는 q, p는$1-q$이므로 Δp는 $-sq^2(1-q)$ 또는 낮은 선택계수 하에서 유해한 열성인자의 경우 Δp는 Δq와 동일하다. 이러한 조건하에서 표 22-3에 나타난 값들을 역순으로 활용할 수 있다. 즉, 우성인자에 대한 선택계수가 0.10인 경우(열성인자에 유리한), 열성인자의 빈도가 0.0001부터 0.001까지 증가하거나 혹은 우성인자의 빈도가 0.9999부터 0.9990까지 감소되는 데에는 90,023세대가 필요하다. 이후의 후속적인 빈도 변화는 일단 선택에 유리하게 작용하는 열성동형접합자의 빈도가 높아지게 되면서 보다 빠르게 진행된다.

선택에 유리하게 작용하는 대립유전자가 불완전한 우성을 나타내면, 이형접합자의 표현형은 최소한 부분적으로는 유해하기 때문에, 이형접합자는 경우 유해한 효과를 나타내게 된다. 만일 우성이 완전히 없어지고 이형접합자의 표현형이 두 동형접합자사이의 중간형을 나타낸다면, 이것의 선택계수는 유해한 동형

표 22-4 서로 다른 우성의 정도 하에서 주어진 선택계수에 따른 단일세대에서 일어나는 이배체 유전자형의 대립유전자빈도 변화

	초기의 Hardy-Weinberg 평형상태에 있던 유전자형 빈도에 대한 상대적응도			
주어진 3개의 유전자형에 대한 우성관계	*AA* p^2	*Aa* $2pq$	*aa* q^2	유전자빈도변화[a]
완전우성: 열성대립유전자에 불리한 선택	1	1	$1-s$	$\frac{-sq^2(1-q)}{1-sq^2}$
완전우성: 우성대립유전자에 불리한 선택	$1-s$	$1-2s$	1	$\frac{-sp(1-p)^2}{1-sp(2-p)}$
우성의 부재: 이형접할일 경우 *a* 대립유전자에 대한 불리한 선택도 일어남	1	$1-s$	$1-2s$	$\frac{-sq(1-q)}{1-2sq}$
초우성: 두 동형접합자에 불리한 선택	$1-s$	1	$1-t$	$\frac{pq(ps-qt)}{1-p^2s-q^2t}$

[a] 제21장에서 언급한 바와 같이, 다양한 공식들의 수학적인 유도과정은 단순화를 위해 생략되었으나 이들의 유도과정은 다른 많은 집단유전학 교과서에서 참고할 수 있다

접합자들 사이에서 나타나는 값의 정확히 절반 $[(1)+(1-2s)]/2 = (1/2)+(-s) = 1-s$이 된다. 표 22-4에서 보여 주듯이, 한 세대가 지난 후의 유전자빈도변화 $[-sq(1-q)]/[1-2sq]$는 배우자 선택계수인 $[-sq(1-q)]/[1-sq]$와 거의 동일하다.

다시 말하면, 우성이 없어지게 되면 유해한 대립인자들을 노출시켜 이들 모두가 선택의 영향을 받게 해서 표 22-1에서 관찰된 순서에 따라 대부분 유전자빈도에 급격한 변화를 가져오게 된다. 따라서 이형접합자가 유해한 유전자를 표현하는 정도에 따라 선택의 효과는 크게 영향을 받게 된다. 집단유전학자들은 대부분의 열성유전자는 어느 정도 이형접합자의 형태로 표현된다고 믿고 있기 때문에, 그들에게 유리하게 작용하거나 혹은 불리하게 작용하는 선택의 효과는 느린 진행과정(완전우성의 경우)과 빠른 진행과정(우성이 없는 경우)의 양 극단 사이에 위치할 것으로 예상한다.

■ 이형접합 우세

방금 전 논의된 선택의 예들은 한 방향 즉, 유해한 대립인자를 제거하거나 혹은 보다 유리한 대립인자를 집단 내에 확립 또는 **고정**(fixation)하는 방향으로 진행된다.

선택계수가 변하지 않는 한, 대립인자들 사이에서의 평형은 새로운 돌연변이가 없으면 불가능하다. 그러나 여러 가지 다양한 조건들은 이들 두 대립인자들이 집단 내에 반영구적으로 유지되도록 함으로써 평형에 도달하게끔 한다. 그러한 조건들 중의 하나로서 이형접합자가 두 종류의 동형접합자 모두에 비해 생식적으로 보다 적응력이 있는 **초우성**(overdominance)이 일어나는 경우가 있다.

이형접합자의 우월성은 **잡종강세**(heterosis 또는 hybrid vigor)로 불리며 긴 수명, 높은 생식능력, 그리고 높은 질병에 대한 저항성 등의 특징을 나타낸다. 자주 인용되는 잡종강세의 예는 선택된 근친계통간의 교배에 의해 탄생한 잡종 옥수수를 재배함으로써 얻어지는 농업수확량의 급격한 증가에서 볼 수 있다. 1920년대에는 에이커 당 평균 약 25부셸(곡물량의 단위, 1부셸=약 36리터) 정도의 수확량을 기록하였으나, 잡종 옥수수의 경우 에이커 당 140부셸 정도로 수확량이 증가되었다(Crow, 1998b). 그러나 농업 유전학자들은 잡종강세가 특정한 유전자 차이에 따른 이형접합자 우월성(초우성)으로부터 생겨났는지, 아니면 유해한 열성을 나타내는 동형접합자 유전자좌에 새로운 우성대립유전자의 도입과 같은 다른 요인에 의해 생겨난 것인지에 대한 해답을 찾기 위해 여전히 노력하고 있다.

$\Delta q = 0$일 때 유전적 평형이 이루어진 상태이고, 따라서 유전자빈도는 더 이상 변하지 않을 것이다. 수식에서 분자인 $[pq(ps-qt)]$가 0이 되고, 따라서 Δq가 0이 되게 하는 3가지 가능한 조건이 있다. 처음의 두 조건하에서는(p 또는 q가 0일 때) 어느 대립인자도 집단 내에 동시에 존재할 수 없으며, 따라서 유전적 균형 혹은 평형이 없을 것이다. 세 번째 조건은 $ps = qt$일 때 일어나는데, Δq의 분자는 $pq(0) = 0$이 된다. 이러한 현상이 나타난다면 다음과 같은 관계를 유추할 수 있다.

$$ps = qt$$

qs를 위 등식의 양쪽에 더하면	pt를 위 등식의 양쪽에 더하면
$ps + qs = qt + qs$	$ps + pt = qt + pt$
$S(p+q) = q(s+t)$	$p(s+t) = t(q+p)$

$p + q = 1$ 이므로

$$q = \frac{s}{s+t} \qquad p = \frac{t}{s+t}$$

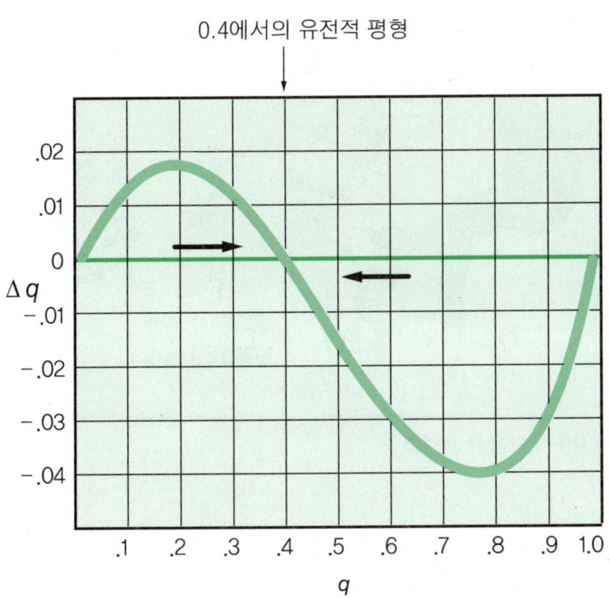

그림 22-2 집단의 크기가 무한히 크고 유전자형의 상대적응도가 AA = 0.8, Aa = 1.0, aa = 0.7일 때 대립유전자 a의 빈도변화(Δq). 이 수치는 q = 0.4에서 Δq = 0인 안정적인 평형다형현상이 유지되도록 한다. 즉 q가 0.4보다 적으면 Δq가 양수(q가 증가)가 되고, q가 0.4 보다 크면 Δq는 음수(q가 감소)가 된다. 만약 하나의 대립유전자가 우연히 제거되면(즉 q = 0 또는 q = 1), Δq는 0이 되고 따라서 다형현상을 잃게 된다. (Li, W.H., 1993. So what about the molecular clock hypothesis? *Curr. Opin. Genet. Devel.* **3**, 896–901에서 인용.)

만일 s와 t가 일정한 값을 유지한다면, p와 q가 안정적으로 평형에 도달하는 것을 쉽게 알 수가 있다; 만일 q가 평형 값을 벗어나게 되면, 선택압이 작용하여 p와 평형에 이르도록 되돌려 놓을 것이다. 다시 말해, Δq가 양수이면 유전자빈도 q는 증가하게 되고, Δq가 음수이면 q는 감소하게 된다[Δq의 부호(양수 혹은 음수)는 q가 평형 값 보다 높은 수치냐 혹은 낮은 수치냐에 따라 달라진다]. 예를 들면 s = 0.2, t = 0.3일 때 q에 대한 평형 값은 $q = s/(s+t) = 0.2/(0.2+0.3) = 0.4$가 된다. **그림 22-2**에서 보는 바와 같이, 이러한 이형접합자 강세 효과는 집단의 두 대립유전자의 빈도를 q = 0.4에서 안정적으로 유전적 평형에 이르게 한다.

그러나 모든 유전적 평형이 영구적이거나 혹은 안정적인 것은 아니다. 불안정한 평형은 평형빈도를 방해하는 요소가 두 대립유전자 중 하나의 빈도를 유전적 평형으로부터 지속적으로 벗어나게 함으로써 일어나기도 한다. 그러한 불안정한 평형은 선택이 2개의 대립유전자를 갖는 유전자좌에서 이형접합자에 불리하게 작용할 때 일어난다. 만약 2개의 동형접합자가 동일한 상대적 적응도를 가지고 있고 이형접합자는 열등하다면, 유전적 평형은 두 대립유전자가 정확하게 동일한 빈도(0.5)를 가질 때에만 일어나게 되는데, 이때 두 대립유전자는 완벽하게 균형을 이룬다. 이형접합자에서는 두 대립유전자가 동일한 빈도로 나타나지 않으므로, 유전자형 빈도는 각각 0.25(AA), 0.50(Aa), 그리고 0.25(aa)로 나타난다. 그러나 이러한 유전자빈도에서 약간이라도 벗어나게 되면, 낮은 빈도수의 대립유전자는 이형접합자에서 높은 빈도수를 가지는 대립유전자에 비해 훨씬 더 높은 빈도수를 가지게 된다. 예를 들면, 배우자인 A의 빈도가 0.6으로 우연히 증가하고 a의 빈도는 0.4로 하락한다면, 무작위적 교배가 일어나는 상황에서 유전자빈도는 0.36(AA), 0.48(Aa), 그리고 0.16(aa)가 되고, 이형접합자는 대립유전자 A보다 훨씬 더 높은 빈도수의 대립유전자 a를 가지게 된다(a의 경우 0.24/0.16 > A의 경우 0.24/0.36). 그러므로 만약 이형접합자가 치사성을 나타낸다면, 대립유전자 A의 빈도는 0.36/(0.36 + 0.16) = 0.69가 되며, 대립유전자 a의 빈도는 0.16/(0.36 + 0.16) = 0.31이 된다. 다음 세대에서 이형접합자의 지속적인 치사성으로 인해 대립유전자 A의 빈도는 0.83으로 증가하는 반면, 대립유전자 a의 빈도는 0.17로 감소된다. 상대적으로 짧은 시간 내에 대립유전자 A는 집단 내에 고정되고 대립유전자 a는 집단에서 제거될 것이다.

선택과 다형현상

서로 다른 유전자형이 이형접합자 우세 현상을 통하여 유지되는 것은 **평형다형현상**(balanced polymorphism)의 한 예이다. 이 용어는 E. B. Ford가 선택을 통하여 유전적 변이성이 집단 내에 유지되는 현상을 표현하기 위해 만들었다.

다형현상이란 일반적으로 최소한 2개 이상의 대립유전자가 존재하고, 대립유전자의 빈도가 두 번째로 높은 대립인자 빈도의 최소한 1% 이상이 될 때, 우리는 이 유전자좌가 다형현상을 나타낸다고 간주한다. 선택계수를 자연집단 내에서 측정하는 것이 매우 어려운 일이지만, 이러한 유전적 다형현상은 현재까지 연구자들이 연구해 온 모든 집단에서 염색체(그림 10-35) 및 유전자 수준(표 10-5) 모두에서 나타난다. 초우성에 의해 유발되는 다형현상의 가장 두드러진 예는 인간의 낫형세포 유전자인데, 이형접합자(Hb^A/Hb^S)가 정상적인 동형접합자(Hb^A/Hb^A)나 낫형세포 동형접합자(Hb^S/Hb^S) 보다 말라리아에 큰 저항성을 나타내고, 보다 더 성공적으로 생존할 수 있다고 알려져 있다. **그림 22-3**에서 보듯이 이 유전자는(말라리아로부터 보호하는 것으로 보이는 다른 유전자들 역시) 말라리아가 풍토병인 지역에서 눈에 띄게 높은 빈도로 존재한다. 표현형 수준에서 알려진 평형다형현상의 예는 큰어치(*Cyanocitta cristata*)의 먹이가 되는 비슷한 형태의 나방류 선택에서 볼 수 있다. 큰어치는 희귀하게 존재하는 먹이 보다는 많은 수로 존재하여 쉽게 발견할 수 있는 나방류를 먹이로 잡아먹는데, 나방류의 종류에 따라 풍부도가 바뀌면 그에 따라 먹이를 잡는 전략을 바꾼다.

연구자들은 보다 쉽게 조절할 수 있고 보다 용이하게 유전적 변이를 계측할 수 있는 실험실 내의 집단에서, 많은 실험들

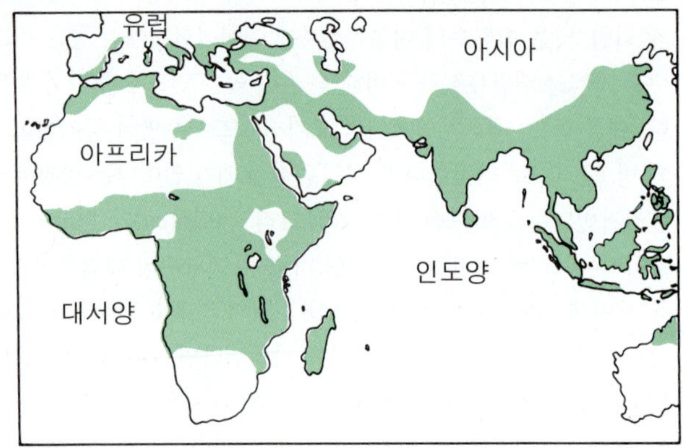

(a) 열대열 말라리아

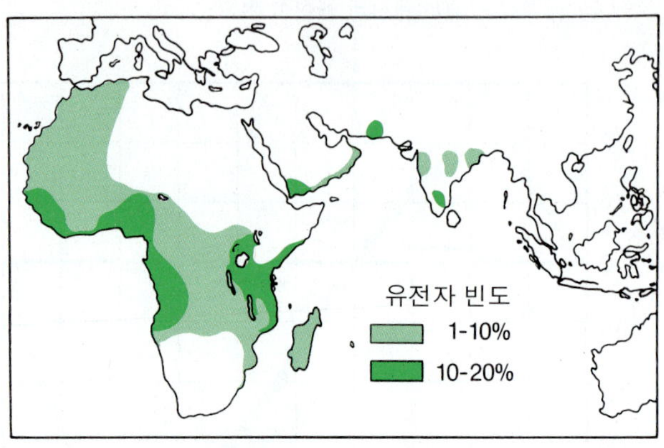

(b) 낫형적혈구빈혈증

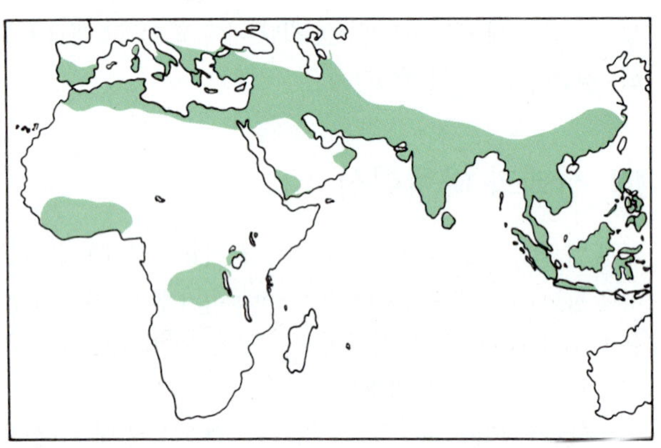
(c) 베타지중해빈혈

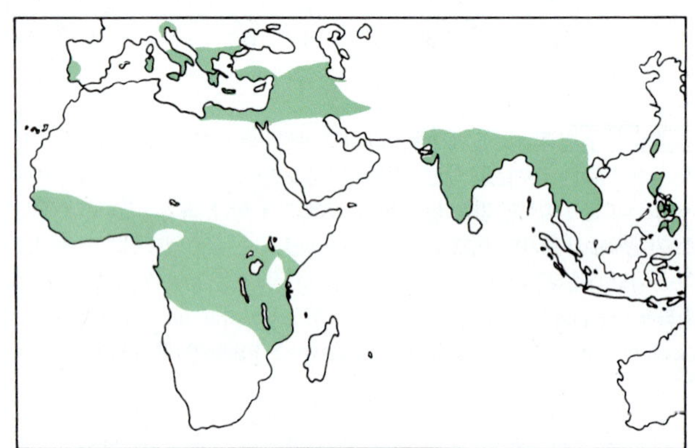
(d) 포도당-6-인산 탈수효소 결핍증

그림 22-3 말라리아의 지리적 분포와 말라리아에 저항성을 나타내는 유전자와의 상관관계.
(a) 1930년 이전 유라시아와 아프리카 지역에서의 열대열 말라리아의 분포. (b) 낫형적혈구빈혈증(*Hbs*) 유전자의 분포. (c) 베타지중해빈혈 유전자의 분포. (d) 남성에서 2% 이상의 빈도를 가지는 포도당-6- 인산 탈수효소(G6pd) 결핍증을 유발하는 반성(sex-linked) 유전자의 분포. (Strickberger, M. W., 1985. *Genetics*, 3rd ed. Macmillan, NY.에서 인용.)

을 통하여 일종의 초우성에 의한 평형다형현상을 얻어낼 수 있었다. 자연집단의 초파리(*Drosophila*)에서 발견되는 평형다형현상은 실험실내 분석에 활용되었다. 초파리의 한 종류인 *Drosophila pseudoobscura*의 경우, 표준형(Standard; ST)과 Chiricahua(CH)의 제3염색체 배열 빈도는 이러한 배열을 가지고 있는 초파리들이 1년 혹은 그 이상 계속적으로 같은 사육상자 안에서 세대를 유지했을 때 안정적인 평형에 이른다는 사실을 보여 주었다(**그림 22-4**). 이형접합자의 우세현상은 다양한 제3염색체 조합에 대한 각각의 상대적인 적응도 값을 계산한 수치에 의해 확인될 수 있다: $ST/ST = 0.90$, $ST/CH = 1.00$, $CH/CH = 0.41$.

실제로 아주 약간의 이형접합자 우세현상만이라도 있다면, 열성치사유전자 조차도 집단 내에 생존할 수 있다는 것을 우리는 알 수가 있다. 예를 들어, *a*가 *aa*의 동형접합자 상태에서는 치사성을 나타내지만, *Aa*가 *AA*에 비해 1% 유리하다면 *a* 유전자는 평형에서 약 1%의 빈도에 도달할 것이다.

	유전자형		
	AA	*Aa*	*aa*
상대적응도	0.99	1.00	0
선택계수	$s = 0.01$	0	$t = 1$

$$\hat{q}(a \text{ 빈도수}) = \frac{s}{s+t} = \frac{0.01}{1.01} = 0.0099$$

더구나 포도당 제한 최소 배지에서 공동 배양한 대장균(*Escherichia coli*)의 경우, 각 대장균의 상대적 빈도는 빈도 의존적 양상을 보이는데, 각 종류의 대장균은 아주 적은 수로 존재할 때 이득을 보임으로써 개체군집단 내에서 평형다형현상을 유지할 수 있다.

의태

집단의 다형현상에 영향을 미치는 또 다른 요인들 중에는 선택계수가 변화되는 경우가 있는데, 이를 통해 한때 유해했던 유전자가

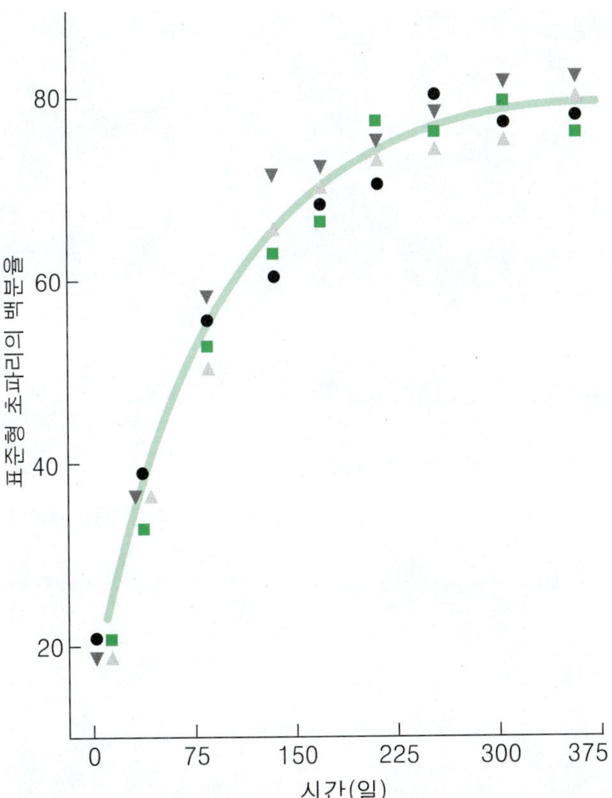

그림 22-4 표준형(Standard; ST)과 Chiricahua(CH)의 제3염색체 배열이 경쟁하는 상황에서 *Drosophila pseudoobscura* 4집단의 사육 실험 결과. 각 집단은 ●, ■, ▲ 등으로 표시된다. 각 집단은 ST: 20%, CH: 80%로 시작하여 약 1년 후 ST: 80~85%로 유전적 평형에 이르게 된다. 실선으로 된 커브는 상대 적응도가 ST/ST = 0.90, ST/CH = 1.00, CH/CH = 0.41일 경우 예상되는 ST의 빈도를 나타낸다. (Dobzhansky, Th., and O. Pavlovsky, 1953. Indeterminate outcome of certain experiments on *Drosophila* populations. *Evolution*, 7, 198–210.에서 인용)

다른 때에는 유익한 것으로 변하게 되는 현상을 말한다.

또한 한 유전자에 불리하게 작용하는 선택은 그 유전자의 빈도에 따라 달라지며, 그것이 집단으로부터 완전히 제거되기 이전에 낮은 빈도로 존재할 경우에는 선택의 방향은 역 방향으로 진행될 수 있다. 실제 맛있는 종이 맛이 없는 동물처럼 의태하여 포식자들로부터 자신을 보호하는 **베이츠형 의태**(Batesian mimicry)는 이러한 **빈도의존성 선택**(frequency dependent selection)의 한 예이다. 일반적으로 의태가 보다 자주 일어나고 그 모형동물(피모방자)들의 빈도가 적으면, 포식자가 의태동물(모방자)을 공격할 기회는 보다 커진다. 역으로 모형동물들과 비교했을 때 의태동물의 빈도가 낮으면 낮을수록 이들 의태동물들이 포식자들로부터 보호될 수 있는 가능성은 더욱 커진다. 곤충에 있어서 의태는 — 누구라도 그러 하듯이 의태가 아주 효과적이라는 전제하에 — 초기에 진화되어 왔고, 놀라울 정도로 안정된 상태를 유지한다. 4천 7백만 년 전인 에오세(Eocene) 지층에서 발견된 나뭇잎을 의태하는 대벌레(*Eophyllium messelensis*) 화석은 현생하는 의태곤충(대벌레)들과 형태적으로 상당히 유사하다(Wedmann 등, 2007). 또한 이들 나뭇잎을 의태하는 대벌레는 은매화(협죽도과의 식물), 월계수, 그리고 알팔파 등 여러 식물 종의 잎 모양을 의태하는데, 이는 대벌레에 있어서 표현형적 유연성은 아주 오래 전인 에오세에 이미 확립되어 있었음을 보여 준다.

그림 22-5에서 보여 주듯이, 의태는 좋은 맛을 가진 의태자가 맛이 없는 두 종 이상이 공유하는 눈에 띄는 경고색 혹은 양식을 모방하는 형태로 나타나기도 한다. 맛이 없는 서로 다른 종들 사이에 일어나는 의태인 뮬러형 의태(Müllerian mimicry)는 포식자로 하여금 잠재적인 먹잇감이지만, 맛이 없는 모든 먹이 동물이 가지는 하나의 경고성 패턴(모형)을 학습하게 만들어, 의태를 하는 종 모두에게 이득이 되게 한다. 다시 말하지만, 이러한 경고성 모형의 진화는 아마도 빈도의존성 선택일 것이다. 즉 맛이 없는 개체들이 갖는 경고무늬가 눈에 띌 만큼 뚜렷하지만 매우 희

(a) 베이츠형 의태

(b) 뮬러형 의태

그림 22-5 서로 다른 나비종에서 발견되는 의태. (a) 북미산 종인 맛이 있는 viceroy 나비(오른쪽)가 맛이 없는 왕나비(monarch)(왼쪽)을 닮는 베이츠형 의태 (역자 주: 원서에는 모나크왕나비와 viceroy가 베이츠형 의태로 소개되어 있어 번역판에서도 그것을 따르나, 후에 이들 나비들은 뮬러형 의태의 예로 밝혀졌다. Ritland D.B., & L. P. Brower. 1991. *The viceroy butterfly is not a batesian mimic*. Nature **350**: 497–498). (b) 맛이 없는 두 남미산 나비종이 서로 닮음으로써 포식자에게 공통적인 경고색을 띠어 포식자들로부터 자신들을 보호한다(뮬러형 의태). 베이츠형 의태 혹은 뮬러형 의태와 상관없이 의태현상은 수렴진화의 가장 대표적인 예이다.

귀하다면, 이는 포식자로 하여금 그것들이 맛이 없다는 것을 배울 수 있는 기회를 상대적으로 적게 제공하기 때문에, 맛이 없는 개체는 경고무늬에 의한 보호를 거의 받을 수 없을 것이다. 그러나 Sword가 메뚜기를 대상으로 수행한 실험을 보면, 맛이 없는 개체가 갖는 다른 것과 차별되는 독특한 양식은 이들의 밀도가 높을 경우, 보다 큰 보호를 받을 수 있게 한다.

자가불임성

식물에는 매우 긴밀한 연관관계를 갖는 개체 사이에 수정을 방지하는 **자가불임성 유전자**(self-sterility gene)가 있는데, 이것 역시 빈도의존성이다.

예를 들면, 자가불임성 대립유전자 S^1을 가지는 반수체 화분은 S^1S^2와 같은 동일한 대립유전자를 가지고 있는 이배체(두배수체) 암술대에서는 잘 성장하지 않는다. 하지만 S^2S^3 혹은 S^3S^4와 같은 대립유전자를 가지는 식물에서는 성공적으로 수정될 수 있다. 일단 하나의 대립유전자가 널리 퍼져 흔하게 되면(예를 들면 S^1), 그 빈도는 현재 노출되어 있는 불임을 일으키는 많은 교배조합에 의해 감소된다. 이와는 대조적으로 희귀한 대립인자는 그들이 너무 많아져 흔하게 될 때까지 그들이 만나는 거의 모든 암컷 식물을 성공적으로 수정시킨다. 이렇게 빈도의존성이기 때문에, 상당히 많은 수의 대립유전자로 구성된 식물의 자가불임성 체계는 붉은 토끼풀에서와 같이 약 200개 혹은 그 이상의 대립인자로 구성된 불임체계를 확립할 수 있었다.

다형현상과 공업흑화

다형현상은 선택계수가 일정하지 않고 환경에 따라 변화할 때도 역시 확립될 수 있다. 여러 많은 환경에 충분히 넓게 분포하고 있는 집단은 다양한 유전자형을 보유하게 되고, 이들 각각의 유전자는 특정한 환경에서 다른 유전자형에 비해 보다 우세하다.

가장 두드러진 예로서 **공업흑화**(industrial melanism)로 알려진 현상과 관련이 있는 다형현상이 있다. 어떤 나방과 나비는 어두운 색을 나타내는 형태가 증가하는데, 이 현상은 주로 대기오염으로 인한 석탄연기의 침착으로 주변 식물을 검게 만드는 공업지역에서 어두운 형태의 빈도가 점차적으로 증가함으로써 나타난다(Majerus, 1998).

영국의 버밍햄시의 공장지역에서 Kettlewell(1973)과 다른 학자들은 영국 회색가지나방인 *Biston betularia*의 담색형과 흑색형 모두를 일정한 수만큼 풀어놓은 뒤 이들 나방을 재포획하였을 때, 훨씬 많은 수의 흑색형 나방을 수거할 수 있었다. 그들은 이런 실험 결과를 통해 흑색형이 가지는 선택의 유리함을 설명하고자 하였다. 그들의 실험 데이터는 검은 매연이 심한 지역에서는 흑색형이 더 많이 살아남아 보다 많이 수거되기 때문에, 매연 자체가 담색형보다는 흑색형을 보호한다는 사실을 암시하고 있다. 흑색

그림 22-6 밝은 색과 어두운 색의 나무 둥치에 앉아 있는 담색형과 흑색형 회색가지나방(*Biston betularia*)이 그들 간의 색깔 차이를 잘 보여 준다. 밝은 색의 나무 둥치는 곰팡이와 조류 사이의 공생관계(즉, 곰팡이는 조류의 대사산물을 이용하고 조류는 곰팡이의 조직에 의해 건조로부터 자신을 보호 받음)를 갖는 지의류에 의해 그와 같은 외관을 띠게 된다. 나무들은 이들 나방을 위한 휴식처로 보이지만 그들의 실질적인 휴식 습성은 알려져 있지 않다. 일부 진화생물학자는 색의 위장만을 이용하여 *Biston betularia*의 다형현상을 완전히 설명하는 데에는 주의해야 한다고 제안한다(Sargent 등, 1998).

형이 갖는 상대적인 적응도는 최소한 부분적으로 어둡게 그을린 나뭇가지나 줄기에서 새와 같은 포식자로부터 자신의 몸을 은닉시킬 수 있는 능력과 관련이 있음을 말해 준다(**그림 22-6**). 이와는 대조적으로 공단이 아닌 지역에서는, 보통 회색의 지의류로 덮여 있는 나무들이 담색형 나방들에게 분명한 이점이 된다.

환경에 의해 유도된 위장 때문이건 아니면 아직까지 알려지지 않은 다른 요소에 의한 것이든, 영국의 *B. betularia* 나방 집단들은 흑색형 유전자빈도가 공단지역에서는 높은 빈도를 나타내지만, 시골지역에서 이들의 빈도가 거의 0에 가까울 정도로 다양한 다형현상을 보여 주고 있다. 비전문가들이 채집한 표본과 박물관에 보관된 표본의 날짜에 근거하여 회색가지나방이 1년에 한

세대를 산다고 할 때, 19세기 동안에 공업지역에서 *B. betularia*의 흑색형 표현형의 빈도가 98%에서 5~6%로 감소하는 데에는 약 40세대가 소요될 것으로 예상할 수 있다. 이러한 데이터를 이용하여 회색가지나방의 공업흑화에 대한 대략적인 선택계수를 추정할 수 있다. 열성 비흑색 대립유전자는 빈도수 q를 가지므로 비흑색 표현형은 빈도수 q^2를 갖는 동형접합자이다. 따라서 40세대 동안에 빈도수 q는 $\sqrt{0.98} = 0.99$에서 $\sqrt{0.06} = 0.25$로 감소된다. 표 22-3에 표시된 바와 같이, 선택계수가 0.20일 때 빈도수 q가 0.99에서 0.25로 감소되는 데에는 대략 44세대(13 + 7 + 9 + 15)가 소요된다. 달리 표현하자면, 몇몇 공업지역에서 비흑색 유전자에게 불리하게 작용하는 선택계수는 최소 0.20, 또는 그 이상으로 아주 강력하게 작용한다.

영국에서 청정공기에 관한 공해방지법 법률이 1956년 통과된 이후, 이전의 많은 오염지역에서 산업 매연과 이산화황이 감소되었다. 이렇게 오염이 감소되면서 흑색을 띠는 *B. betularia*와 다른 곤충들의 빈도가 급격하게 감소했는데, 이는 변형된 색깔과 관련이 있다.[2] 환경의 시간적, 공간적 구성은 개체군 집단이 적응전략으로서 유전적 다형현상에 의지하게 할 정도로 상당히 큰 영향을 미친다. 한 집단에 있는 서로 다른 개체가 서로 다른 경험을 하는 거친 환경에서는, 모든 개체가 환경의 차이를 경험을 하는 온화한(거칠지 않은) 환경에 비해, 보다 큰 유전적 다형현상을 촉진시킨다. Hartl과 Clark(1997)은 다형현상을 유지시키는 다른 기작에 관해 논의하였다.

선택의 종류

특정한 조건하에서 선택이 오랜 시간동안 일어난다면, 대부분의 집단은 환경에 최적으로 적응된 표현형을 갖는다; 많은 표현형들은 적응도가 가장 높은 값의 주위에 무리를 이루게 된다. 우리는 이러한 최적 표현형으로부터 멀어진 개체들이 최적값에 가까운 개체들에 비해 좀 더 낮은 적응도를 가지게 된다는 것을 예상할 수 있다.

폭풍우로부터 살아남은 북미산 참새류에 관한 고전적인 연구에서, Bumpus(1899)는 폭풍우에 의해 사망한 참새의 경우 훨씬 큰 변이를 나타낸 반면, 생존한 참새들에서는 9개의 서로 다른 형질들 중 8개에 해당하는 측정치가 표현형적으로 중간형 쪽으로 무리지어 나타났다는 사실을 발표하였다. Bumpus의 말을 빌리자면, "표준의 것들보다 현저하게 낮은 것이 위험한 것처럼, 생물이 가지는 우월성의 표준보다 현저히 높은 것 역시 위험하다." 이후에 수행되었던 달팽이, 도마뱀, 오리, 닭 등을 포함한 많은 생물체들의 변이에 관한 연구는 이러한 견해를 지지하고 있다.

[2] 흑화에 대해서는 Brakefield(1998)와 Majerus(1998)를 참조하고 회색가지나방의 연구 역사에 대해서는 Hooper(2002)를 참조.

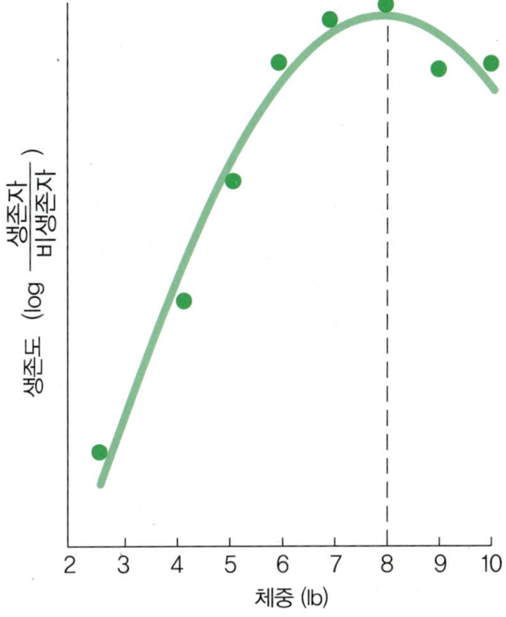

그림 22-7 런던 산부인과 병원에서 집계된 1934년부터 1946년 사이에 출생한 여아의 생존도와 출생 시 체중과의 관계. 총 6,693명의 신생아중 1개월 후 6,419명이 생존하였으며, 사망률은 4.1%였다. 이 중 최적인 8파운드(3.6kg) 범주에 속한 출생아의 사망률은 1,689명중 25명으로 전체 사망수의 9.1%(25/274)에 달한다. 따라서 90.9%(249/274)의 사망은 최적이 아닌 체중범주에 속하는 신생아에서 발생하였으며 이는 최적이 아닌 체중범주에 불리하게 작용하는 선택이 출생부터 출생 후 1개월까지 사망률의 상당히 많은 부분을 차지하고 있다는 사실을 나타낸다. 흥미롭게도 가장 많은 수를 가진 체중범주인 7파운드(3.2kg)는 높은 사망률(49/2,570 또는 1.9%)을 보였으며, 이는 최적 체중범주의 사망률(25/1,689 또는 1.5%)보다 높다. (Karn, M. N., and L. S. Penrose, 1951. Birth weight and gestation time in relation to maternity age, parity, and infant survival. *Ann. Eugenics*, **161**, 147–164.에서 인용.)

사람의 경우 신생아가 태어날 때의 체중은 다른 어떤 형질들 중에서도 최적값에 수렴되는 선택을 보여 준다. **그림 22-7**에서 볼 수 있는 바와 같이, 대부분의 생존자들은 태어날 때의 체중이 약 8 파운드(3.6kg)에 몰려있다. 이 수치에서 벗어난 신생아는 생존기회가 상대적으로 적다. 이처럼 극단적인 표현형의 빈도가 감소되는 선택을 **안정화 선택**(stabilizing selection)이라 부르는데, 이는 중간형의 안정화된 값을 선택했다는 의미이다(**그림 22-8a**). 돌연변이에 의해 끊임없이 최적의 형질값으로부터 벗어나는 것들이 만들어지기 때문에, 이러한 선택의 방식은 유전적으로 변이를 감소 또는 억제시킨다.[3]

그러나 모든 형질선택이 안정화선택을 취하는 것은 아니다. 생물이 가지는 표현형은 한 표현형의 분포 중 어느 한 방향 또는 다른 방향으로 움직이므로, 선택에 의해 극단의 표현형이 나

[3] 신생아의 체중에 대한 데이터 중 특히 저체중(2,500그램(5.4파운드) 이하)에 대한 데이터의 경우, 신생아의 저체중은 정상체중 분포의 하한선이 아니라 특정 증후군의 표현이며, 이는 진화적인 접근을 통한 인간의 건강과 질병의 발생학적 기원에 대한 연구를 유발시켰다. 최근 분석은 Glukman과 Hanson(2005)을 참조하고, 최적을 위한 적응의 개괄적인 내용은 Orzack와 Sober(2001)를 참조.

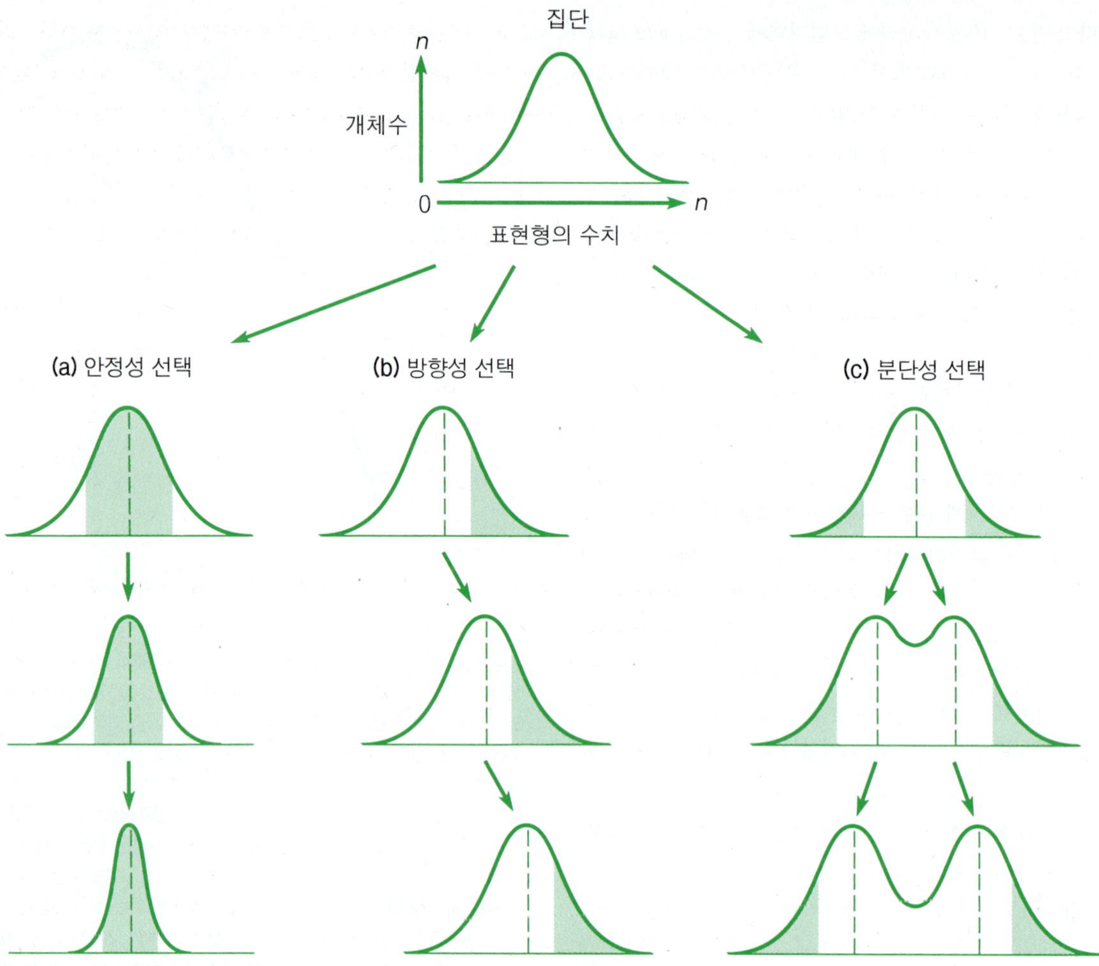

그림 22-8 (a-c) 선택의 3가지 기본 방식과 정규분포 하는 양적 형질의 평균(점선)과 변이에 미치는 효과. 각 종 모양의 수평축은 양적 형질의 측정치를 나타내고 (즉, 왼쪽 끝의 낮은 값으로부터 오른쪽 끝의 높은 값에 이르는 측정치), 수직축은 각 측정치에서 발견되는 개체수를 나타낸 것임. 음영이 나타난 부분은 다음 세대의 부모로서 선택된 개체들을 나타내고 있다.

타날 수 있기 때문이다(그림 22-8b). 생산성, 수확량, 질병 저항성 등에 유리한 품종을 선택하는 동·식물 사육사들은 이러한 **방향성 선택**(directional selection)에 숙련되어 있다(**그림 22-9**). 한 집단의 환경이 변화하거나 한 개 혹은 극소수의 표현형만이 우연히 새로운 환경에 적응할 때, 진화에서 방향성 선택의 역할은 아주 중요하다.

선택은, 그것이 안정화 선택이든 혹은 방향성 선택이든 간에, 선택이 작용할 환경이 균일할 경우 변함없는 방식으로 작용한다. 그러나 환경 조건이 변화할 경우에는, 집단은 서로 분기되거나 혹은 주기적으로 변화하는(진동) 환경에 놓이게 됨에 따라, 그 집단의 구성원들 중 서로 다른 유전자형들이 서로 다른 환경에 가장 적합해질 정도로까지 분기하게 된다(Gibbs와 Grant, 1987). 이러한 선택은 한 집단 내에 서로 다른 최적자를 만들 수 있기 때문에 **분단성**(disruptive) 선택이라 한다(그림 22-8c).

환경의 조건은 매우 가변적이기 때문에, 이렇게 각기 다른 형태의 선택은 서로 분리된 상태로 있는 것이 아니라, 서로 다른 방식으로 결합하기도 한다. 예를 들면, 방향성 선택이 분단성 선택 뒤를 이어 나타나고, 이는 곧 안정화 선택으로 이어진다. 이러한 형태의 선택이 표현되는 유전적 의미는 커다란 효과를 나타내는 유전자로부터 미미한 효과를 나타내는 폴리진에 이르기까지 다양하며, 일부는 단순한 발생 변화를 야기하기도 하지만, 다른 것들은 보다 복잡한 수로화과정(canalizing process)을 초래하기도 한다(그림 13-14 참조).

변이와 변이성

궁극적으로 진화에 영향을 주기 위해서는, 선택(하지만 일어나고 있음)은 적응도에 영향을 미치는 대립유전자의 빈도 또는 유전자형을 변화시켜야 한다. 이는 유전적 변이성이 반드시 현존해야만 하는 것을 의미한다; 동형접합자 상태와 같이 균일한 혈통은 선택으로 하여금 눈에 띌 만큼 두드러진 진화적 변화를 만들게 할 기회를 제공하지 않는다는 사실을 의미한다. Fisher는 이 원

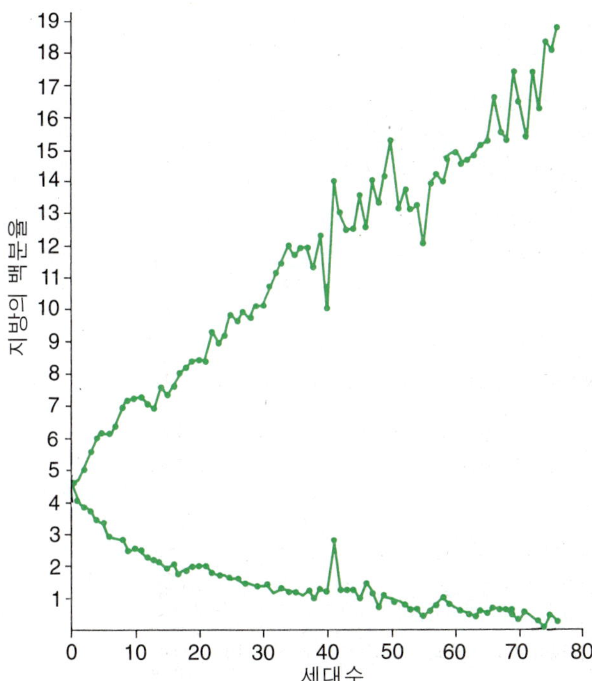

그림 22-9 1896년 Illinois 대학에서 처음 시작되어 현재까지 계속되고 있는 실험에서 옥수수 종자 내에 있는 고 유지방, 저 유지방에 대한 선택의 결과. 고 유지방에 대한 선택은 아직도 수확량을 증가시키기 위해 계속되는 반면 저 유지방에 대한 선택의 효과는 0%에 이르기까지 점차 낮아지고 있다. (Dudley, J.W., 1977. Seventy-six generations of selection for oil and protein percentages in maize. In Proceedings of the International Conference on Quantitative Genetics, E. Pollack, O. Kempthorne, and T. B. Bailey, Jr. (eds.). Iowa Stage University Press, Ames, pp. 459–473.에서 인용.)

리를 수학적인 기본정리로 만들어 냈으며, 다음과 같이 언급하였다. **"적응도를 위한 선택이 작용하는 유전적 변이성이 크면 클수록, 적응도에 있어서 기대되는 향상의 정도는 더욱 더 커진다."**

Fisher의 정리(1930)에 따르면, 선택에 오랫동안 노출된 집단들은 — 대부분의 집단들 — 적응도에 영향을 주는 유전자에 아주 적은 변이성만을 가지게 될 것으로 예상할 수 있다; 선택이 그런 변이성을 감소시켜 왔다. 그러므로 선택이 지속적으로 존재한다는 사실은 변이 그 자체가 선택된다는 사실을 암시하고 있으며, 변이의 경향(변이성)은 생물체의 중요한 속성이다.[4] 연속적인 환경의 변화는 이전에 선택받지 못한 유전자에 영향을 미치게 되는데, 이러한 유전자의 존재는 변화된 적응도에 새로운 기회를 제공한다. 이와 같은 환경적 변화에는 자원, 자재, 노폐물, 그리고 포식자와 기생충 집단 등이 포함된다.

대립유전자의 차이가 이전 절에서 논의된 장치(예. 빈도의존성 선택)를 통해 유지될 때에는, 적응도에 영향을 미치는 유전자에 대한 변이성은 지속적인 선택에도 불구하고 집단 내에서 유지된다는 사실을 알 수가 있다. 그러나 일반적으로 집단은 그들의 환경에 대해 적응도를 높이는 방향으로 유전적 변화가 이루어진다; Endler(1986)는 선택이 입증된 자연집단에서 160개 이상의 사례를 목록으로 만들었다. 이러한 발견들은, 적응도에 영향을 미치는 유전적 변이성은 선택이 작용할 수 있는 기준점을 제공해야만 한다는 것을 나타낸다. 차등적 사망률, 차등적 생식능력, 그리고 차등적 교배 성공률 등과 같은 요소에 있어서 유전적 변이성이 지속적이고 반복적으로 존재한다면, 선택에 의해서 야기되는 유전자빈도의 변화는 환경 변화에 직면한 거의 대부분 혹은 모든 집단에서 나타나는 일정한 특징이 된다. 환경과 다른 종들과의 상호작용은 연속적이다. Van Valen(1976)은 종들은 다른 종들과 자원을 위해 서로 경쟁하고, 그 결과 한 종이 가지는 이점 혹은 적응도의 증가는 다른 종들에게는 동일한 환경 내에서의 악화로 나타난다고 주장하였다. 그는 종의 생존이 Lewis Carroll의 저서 "거울을 통하여 (*Through the Looking Glass*)"에서 Alice가 만났던 Red Queen의 논평과 매우 일치하고 있다는 점을 지적하고 있다; "여기 당신이 보고 있는 것처럼, 동일한 장소에 머물며 이를 유지하기 위해서는 당신이 할 수 있는 한 모든 최선을 다해 달려야 한다."

붉은여왕 가설(Red Queen Hypothesis)에 따르면, 환경의 변화는 종종 환경과 상호작용하는 집단이 갖는 적응도의 변이와 연관관계를 갖고 있기 때문에, 각 종들은 끊임없이 새로운 선택적 도전에 직면하게 된다. 종은 생존하기 위해서 적응도에 되풀이해서 가해지는 위협을 지속적으로 직면하게 되고 반드시 극복하여야 한다. 자연은 어느 한 생물체의 적응이 다른 생물체의 적응을 위한 선택을 끊임없이 이끌어 내는 주기적인 과정을 영구적으로 수행한다. 조만간에 종은 변화하는 생물학적 환경과의 "무기경쟁"에 직면하게 된다. 아니면 Darwin이 종의 기원에 대하여(*On the Origin of Species*)에서 언급한 바와 같이, "만일 이들 많은 종들 중 일부가 변형되고 향상된다면 다른 종들은 그것에 상응할 정도로 향상되어야만 할 것이고, 만약 그러하지 못할 경우에는 그들은 멸종에 이르게 될 것이다."

붉은여왕의 영향에 의한 장기적인 결과는 상호작용을 하는 각 집단의 경쟁적인 적응도를 증가시킨다고 알려져 있는데, 이러한 이론은 RNA 바이러스를 이용한 실험으로부터 지지를 얻었다 (Clarke 등, 1994). 이 과정으로부터 얻어진 생물의 적응양상은 생물에 따라 다양하지만, 시간이 지남에 따라 복잡성이 증가하는 양상을 발견할 수 있다. 이러한 변화에는 원핵생물에서 진핵생물에 이르기까지 약 10^6에서 10^9 혹은 그 이상의 뉴클레오티드 염기쌍까지 유전체의 크기가 일정하게 증가된 것이 포함되며(그림 12-9 참조), 어류에서부터 파충류, 그리고 사람을 포함하는 포유류에 이르기까지 척추동물에서 나타나는 상대적인 뇌용량의

[4] 표현형적 변이와 변이성에 영향을 미치는 많은 요인의 분석과 이러한 요인들의 심도 깊은 이해와 그들이 어떻게 상호작용하는지에 대한 내용은 Hallgrímsson과 Hall(2005)에 포함된 논문을 참조.

현저한 증가도 포함된다(그림 3-7 참조).

Valentine과 공동 연구자들(1994)에 따르면, 이러한 양상을 나타내는 또 하나의 현상은 후생동물 중에서 형태적인 **복잡성**이 증가한다는 것인데, 이는 서로 다른 체세포형의 추정치를 측정함으로써 밝혀졌다. 그림 8-6에서 보는 바와 같이, 이들 세포형의 수는 선캠브리아기-캠브리아기에 시작되어 평균적으로 대략 3백만 년 마다 한 개의 세포형이 새롭게 증가해오고 있음을 보여주고 있으나, 이와는 반대로 세포형의 수가 감소되는 증거는 없다. Vickaryous와 Hall(2006a)은 사람의 경우 세포형의 수를 411개로 구분하였는데, 그중 35퍼센트는 신경세포이다. 그러나 새로운 적응기회를 제공하는 세포형 수의 증가는 적은 수의 세포형을 갖는 모든 생물체를 대체한다는 것을 의미하는 것이 아니라는 주목해야 한다(글상자 8-3, 복잡성 참조). 생존을 위한 경주는 형태적 복합성의 모든 단계에서 일어나며, 각 단계에서의 생존과 상호작용의 새로운 단계를 일으키는 외견상의 압력과 함께 생존을 위한 경주는 계속된다.

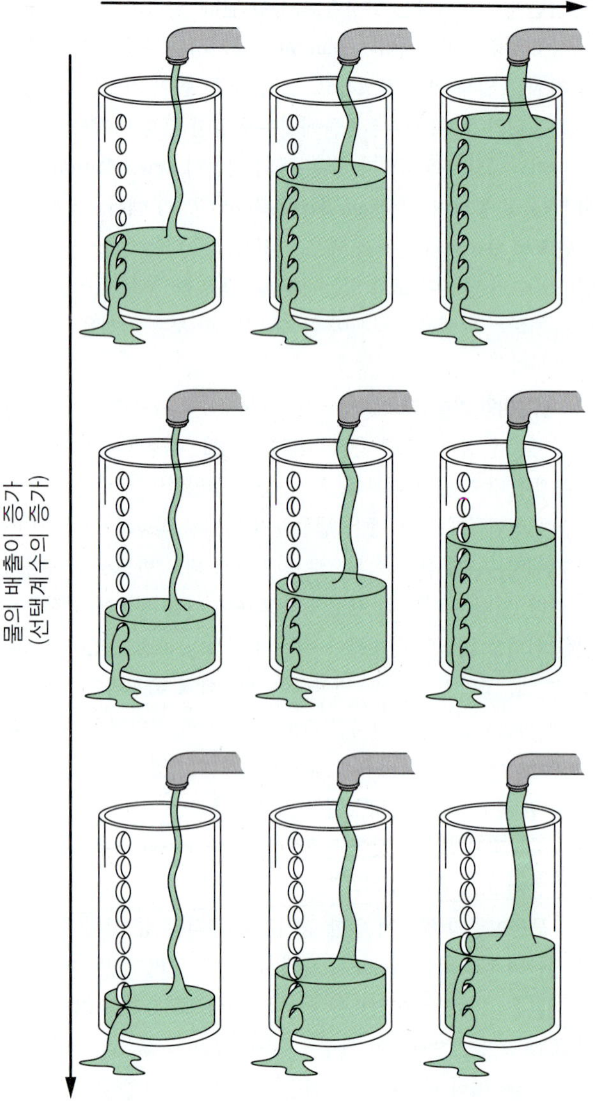

그림 22-10 돌연변이-선택 평형의 수압모델. 각 용기는 집단을 나타내며 물의 높이는 유전자의 평형빈도를 나타낸다. 물의 유입량(돌연변이 빈도)이 증가하면서 괴어있는 물의 수위(평형유전자빈도)가 증가한다. 배수구의 크기가 작을 때(적은 선택계수)에는 동일한 물의 유입량에도 불구하고 배수구의 크기가 클 때(큰 선택계수) 보다 물의 수위는 높아지게 된다. (Stern, C., 1973. *Principles of Human Genetics*, 3rd ed. W. H. Freeman, San Francisco.에서 인용.)

돌연변이와 선택의 평형

우리는 편의상 유전자빈도의 변화는 독립적으로 작동하는 돌연변이나 선택에 의해 야기된다고 믿고 있다. 그러나 자연 상태에서 돌연변이와 선택은 계속 진행 중인 과정이며, 이들 두 요소는 집단의 유전자빈도값을 변화시킨다. 따라서 이들 중 어느 한 가지 요소만을 기초로 하여 집단의 유전적 변화를 예측할 경우 오류를 범할 수도 있다. 개체군 집단크기의 변화, 여러 세대 동안 지속되는 선택의 부재, 선택 강도의 변화, 그리고 시간 경과에 따른 유전적 부동의 변이 등은 단일 요인분석으로 인해 자연상태에서의 비현실적인 표현을 야기하는 몇몇 요인들에 해당한다. 그러나 **돌연변이-선택 평형 빈도수**를 결정하기 위해서는 개체군 집단, 선택, 유전적 부동 등 평형을 위한 이상적인 상태에 있음을 추정하여야 한다.

빈도 q를 갖는 유해 열성유전자 a의 세대 당 대립유전자빈도 변화는 $sq^2(1-q)$ / $(1-sq^2)$ 만큼의 손실과 같다. 만일 상수 s가 작다면 분모는 1이 되고, 그러면 빈도의 손실은 $sq^2(1-q)$가 될 것이다. 그러나 새롭게 돌연변이된 a 유전자의 빈도는 $A \rightarrow a$로의 돌연변이율(u)에 유전자 A의 빈도($1-q$)를 곱한 것과 같다. 그러므로 선택에 의해 잃게 되는 a 대립유전자의 손실은 새롭게 돌연변이된 a 대립유전자의 획득을 통해 정확하게 균형을 이루게 된다.

$$sq^2(1-q) = u(1-q)$$
$$sq^2 = u$$
$$q^2 = \frac{u}{s}$$
$$q = \sqrt{\frac{u}{s}}$$

따라서 위와 같이 집단 내에서 돌연변이 대립유전자의 평형빈도는 돌연변이 빈도와 선택계수의 함수로서 나타내어진다. **그림 22-10**의 수압모델에서 이러한 관계를 볼 수 있듯이, 돌연변이율이 증가할 때 평형유전자빈도 역시 증가하지만, 선택계수가 증가함에 따라 평형빈도는 감소한다.

유해한 우성대립유전자에 대하여 유사한 함수 처리를 하면 약 u/s 정도의 평형빈도를 나타내게 되어 우성이 없는 대립유전자의 평형빈도와 거의 동일한 값이 된다. 이와 같이 우성 혹은 부분적으로 우성을 나타내는 대립유전자는 이형접합자에게 상당히 불리하기 때문에, Fisher(1930)는 우성의 정도를 변화시키는 다른 유전자좌에서의 **변경유전자**(modifier gene)의 선택에 의해 대부분의 생물체에서 이들에 대한 유해한 효과가 감소된다고 주장하였다. 예를 들어, 한 특정한 유전자좌 A의 돌연변이 대립인자들은(예를 들면, A^1, A^2, A^3...) 야생형 대립인자 A^+가 있는 경우에 부분적인 우성으로 작용한다. 이와 같은 돌연변이 대립인자들 대부분이 유해하기 때문에, A 유전자좌에서는 돌연변이 효과가 상대적으로 열성이 될 때까지, 야생형 A^+의 우성을 증가시키는 다른 유전자좌의 변경유전자들(예를 들면, B^1, B^2 ..., or C^1, C^2..., 등)이 선택될 것이다.

까치밥 나방의 일종인 *Abraxas grossulariata* 연구에서, Ford(1940)가 증명한 우성 및 열성 변경유전자들의 성공적인 선택은 Fisher의 의견에 대해 충분한 증거를 제시하고 있다. 이 나방에서 단일 유전자인 *lutea*는 동형접합자일 경우 바탕색이 정상인 흰색과는 달리 노란색을 만들어 내지만, 이형접합자일 경우 흰색과 노란색의 중간을 나타낸다. 이형접합자에서, *lutea* 표현형이 보다 잘 표현된 것과 덜 표현된 것들을 대상으로 4세대 동안 선택을 한 후, Ford는 2개의 뚜렷한 계통을 얻게 되었다. 하나의 계통에서 *lutea*가 거의 완전한 우성처럼 작용하지만, 다른 계통에서는 거의 완전한 열성으로 작용한다는 결과를 얻었다. 각 계통에서 특정한 변경유전자들이 선택되었고, 이들 중 일부는 이러한 특정한 유전자의 우성효과를 강화시키고 일부는 감소시킨다.

변경유전자 대신에, Haldane(1939)은 돌연변이 대립유전자(예, A^1, A^2, A^3...)가 존재하는 상황에서 우성으로 작용하는 특정한 야생형 대립유전자(예, A^{X+}, A^{Y+}, A^{Z+})들이 선택되었다고 주장하였다. Orr(1997)는 배수체로 인공적으로 전환된 반수체 조류(*Chlamydomonas*)가 변경유전자가 없거나, 혹은 이와 같은 목적으로 선택된 대립유전자가 없는 상황에서도 우성을 나타내기 때문에, 선택은 우성과 거의 관련이 없다는 견해를 내 놓았다.

우성을 일으키는 초기 원인이 무엇이든 변경유전자 혹은 대립유전자들은 그것이 일단 나타나게 되면 우성에 영향을 미치게 된다. *Gossypium barbadense*, *G. hirsutum*의 2종의 목화에서 우성변경유전자와 대립유전자 모두가 나타나며, 이들 식물에서 어떤 대립유전자는 동종의 변이체들끼리 교배할 때에는 단순 우성을 나타낸다. 이와는 대조적으로 종간의 교배에서는 이러한 형질에 영향을 미치는 변경유전자의 효과뿐만 아니라 특정한 대립유전자의 우성 정도에 있어서도 차이를 나타낸다. 이러한 우성 생성 기작에도 불구하고, 많은 유해한 유전자는 완전한 열성은 아니며, 이형접합자 상태에서 약간의 효과를 나타내는 것처럼 보인다. 그러므로 자연집단에서는 유해한 유전자의 평형빈도가 우성의 평형빈도 보다는 높지만, 열성의 평형빈도 보다는 낮다.

이주

돌연변이만이 집단에 새로운 유전자를 유입시키는 유일한 기작은 아니다.[5]

집단은 완전히 다른 대립유전자빈도를 가지는 인접한 집단으로부터도 **이주**(migration), 일명 **유전자확산**(gene flow)을 통해 대립유전자들을 받아들인다. 유전자확산이 일어날 때, 수용자 집단에게는 최소한 다음의 3가지 요소가 중요한 요인으로 작용한다:

1. 두 집단 간의 유전자빈도의 차이;
2. 각 세대 당 집단에 유입되는 유전자의 비율;
3. 유전자확산의 양상, 즉 유전자확산이 한번 일어나는지 아니면 시간에 걸쳐 연속적으로 일어나는지의 여부.

만일 q_0가 수용자 집단 혹은 잡종 집단의 초기 유전자빈도, Q가 이주 집단의 동일한 대립유전자빈도, 그리고 m이 각 세대 당 새롭게 유입되는 유전자의 비율을 각각 나타낸다면, 잡종 집단의 대립유전자빈도는 mq_0 만큼의 q_0를 잃게 되고, mQ 만큼의 Q를 새롭게 얻게 될 것이다. 이주가 n세대 동안 계속된 후 잡종 집단의 유전자빈도가 q_n이 될 때, 이들 두 요인들 사이의 관계를 계산하면:

$$q_n - Q = (1-m)^n(q_0 - Q)$$

$$\text{또는 } (1-m)^n = \frac{q_n - Q}{q_0 - Q}$$

이 등식이 적용될 수 있는 집단에 대하여, 5번째 요소에 대한 수치를 산정하기 위해서는 이러한 요소들 가운데 나머지 4가지 요소들에 대해 값을 알고 있어야만 한다.

그러한 하나의 예로, 현재 잘 알려진 DNA 염기서열에 대한 광범위한 지식보다 앞선, 미국흑인집단과 미국백인집단 모두에 대해 혈액형 유전자빈도가 모두 알려져 있는데, 이들 두 집단사이의 유전적 교류가 이미 일어났다(**글상자 22-2**). 글상자 22-2에 제시된 데이터와 계산에 따르면, 혈액형 유전자의 유전자빈도에 근거하여 살펴볼 때 미국흑인 집단은 70~80%의 흑인과 20~30%의 미국백인으로 이루어짐을 알 수 있다.

최근의 흑인과 미국백인집단 간의 유전적 교류를 추정한 연구의 예로는 9개의 상염색체 DNA 유전적 표지를 이용하여 백인이 미국에 정착한 흑인자손 10개 집단에게 기여한 정도를 분석한 것을 들 수 있다(Parra 등, 1998). 이들 집단 중 유럽인 조상으로부터의 기여는 7~23%에 이른다; 즉, 이는 이들 집단의 77~93%는 흑인후손임을 의미한다. 이러한 결과는 혈액형 유전자로부터 획득된 결과와도 동일한 통계적 수치를 보인다. Parra와 연구자들은 그들의 데이터를 mtDNA와 Y Alu 다형현상 유전적 표지

[5] 이 절에서는 대립유전자와 유전자는 상호교환해서 사용되었음.

글상자 22-2 인간 집단에서 혈액형 유전자빈도

인간 집단 간의 결혼으로 인해 특정한 혈액형의 유전자빈도는 높은 정확도로 계산될 수 있다. 예에서 사용된 미국의 흑인과 백인 두 집단 간에 유전자 교환은 아주 오랜 세대동안 이루어져 왔다. 비록 미국흑인집단의 몇몇 유전자가 의심할 여지없이 미국백인집단으로 유입되었지만, 일반적으로 미국백인집단의 규모가 아주 크기 때문에 이러한 몇몇 유전자의 도입은 전체 유전자빈도에 거의 영향을 미치지 않는다. 이와는 반대로 미국흑인집단은 훨씬 더 작고 그들의 기원인 아프리카 집단으로부터 2세기 이상 동안이나 떨어져 고립되어 왔다. 이러한 상황을 기초로 하여 한 집단은 유전자 공여자 또는 이주집단(Q)으로, 다른 집단은 수용자 집단(q_n)으로 간주할 수 있다. 비록 미국백인과 미국흑인집단 양방향으로 유전자 교류가 일어날 수 있으나 본 예에서만 예외적으로 미국백인집단을 유전자 공여자로, 그리고 미국 흑인집단을 수용자 집단으로 취급하기로 한다. 우선 전통적인 연구를 먼저 제시하고 최근 연구결과는 이후 언급하기로 한다.

미국흑인집단에서 발견되는(q_0) Rh 혈액형 대립유전자중 하나의 초기 유전자빈도(R^0)를 계산하기 위해서 이러한 자료가 200~300년 전의 초기 대립 유전자빈도를 반영할 것이라는 가정 하에 현재의 동아프리카 흑인들로부터 얻어진 자료가 사용되었다. 동아프리카인들이 가지는 초기 유전자빈도 R^0는 0.630으로 이는 이 유전자의 빈도가 현재 미국흑인집단이 가지는 빈도인 0.446으로 감소하였음을 보여 준다. 이러한 유전자빈도 감소는 미국흑인이 가지는 유전자빈도 보다 훨씬 작은 0.028의 R^0를 갖는 미국백인집단과의 교배 결과로 간주할 수 있다. Glass 와 Li (1953)에 따르면 이러한 유전자빈도의 감소는 약 300년 전 최초로 흑인이 미국에 이주할 당시부터 시작되었고, 이러한 감소현상은 연구가 끝날 때까지 10세대 이상 지속되었다. 이러한 수치들을 다음의 공식에 대입하면,

$$(1-m)^{10} = \frac{q_{10}-Q}{q_0-Q} = \frac{0.446-0.028}{0.630-0.028} = 0.694$$

$$1-m^{10} = \sqrt{694} = 0.964$$

$$m = 0.036$$

여기서 계산된 m 값은 돌연변이와 같은 다른 모든 요인들을 제외한 상태에서 각 세대당 1,000개의 대립유전자중 36개 혹은 3.6%의 대립유전자가 미국백인집단으로부터 미국흑인집단으로 유입되었음을 의미한다. 위의 식에서 $1-m$은 유입되지 않은 대립유전자의 비율을 나타내므로 $(1-m)^{10} = 0.964$는 10세대를 지나는 동안 미국흑인집단 내 아프리카의 기원을 가진 채로 남아 있는 대립유전자 비율을 말한다. 보다 최근 연구의 유사한 추정치로부터 얻어진 결과에 따르면 혈액형 유전자빈도에 의거하여, 미국흑인집단은 유전적으로 약 70–80% 아프리카인이고, 백인은 20–30% 이는 남북 흑인 사이에 다소의 차이를 나타낸다. 다른 방식과 다른 유전자를 이용한 아프리카 조상의 비율에 대해서는 본문을 참조.

데이터와 함께 취합하여 분석한 결과, 성–편견 흐름(sex–biased flow) 즉, 백인여성에 비해 백인남성의 기여가 현저히 크게 나타남을 발견하였다.

집단 간에 유전자빈도 교환에 관한 정확한 정보가 없는 상황에서는(이는 대부분의 집단을 포함함) 이주의 중요성에 관한 많은 토의와 논쟁이 진행되어 오고 있다. 이주는 지역조건에 잘 적응하지 못한 집단에서 온 유전자를 새롭게 유입시킴으로써 지역집단의 진화적 변화를 방해한다고 알려져 있다. 예를 들면, 이전에 용암이 흐르던 어두운 지역에서 살고 있던 어떤 포유동물 집단이 그들보다 밝은 주변 환경에서 살던 이웃 집단으로부터 격리되어 있을 때에는 어두운 털을 가지지만, 보다 밝은 지역 출신의 이입자가 생기게 되면 이들은 더 이상 어두운 털을 가지지 않는다. 이러한 주장들과는 다르게, 나비류의 일종인 *Euphydras editha* 집단은 그들이 표현형적으로 서로 다른 집단으로부터 이주의 대상이 되던 혹은 아니던 간에 표현형적인 변화가 일어나지 않는다. 그러나 추가적인 유전적 정보 없이는 이러한 쟁점은 쉽게 해결될 수 없으나, 분명히 분류군에 따른 분류군별 특이성이 존재한다.

유전적 부동

지금까지 논의한 바와 같이, 진화를 추진하는 3개의 힘, 즉 돌연변이, 선택, 그리고 이주는 한 가지 중요한 특성을 공유하는데, 이들은 보통 유전자빈도를 점진적으로 하나의 값에서 다른 값으로 방향성 있게 변화시킨다는 점이다. 이들의 힘은 서로 대립적이지 않으며 집단에 한 유전자를 고정시키고, 이를 제외한 다른 모든 유전자들을 집단으로부터 제거시킬 수도 있다; 균형이 이루어졌을 때 그들은 둘 또는 그 이상의 대립유전자 사이에 평형을 유도하기도 한다. 그러나 집단의 유전자빈도를 변화시키는 데 있어 이러한 방향성 있는 힘 이외에도, 세대에서 세대에 이르기까지 일정한 양상을 예측하기 힘든 유전적 변화도 있다. **유전적 부동**(Genetic drift)은 그러한 무작위적이거나 비방향성 힘들 중에서 가장 중요한 것 중 하나로, 각 세대의 유전자풀(gene pool)의 가변적 추출로 인해 생긴다.

현실적인 이유 때문에, 동일한 집단을 대상으로 혹은 동일한 연구를 수행하면서 매번 돌연변이, 선택, 이주 그리고 유전적 부동을 분석하는 것이 항상 가능한 것은 아니다. 최근 자료에 따

르면, 이들 4개의 과정은 서로 작용을 함께하는데, 이는 서식처가 조각난 집단에서 유전교류와 유전자확산 간의 상호작용의 결과로 나타난다. 종 분포 범위 내에서 부분집단(subpopulation) 간의 연관성은 지역적인 적응을 **방해**한다고 하는 전통적인 시각은 사실이 아니다; 낮은 수준의 이주율은 가장자리에 위치한 집단의 적응도를 향상시키는데, 이는 이주율, 돌연변이율, 부분집단의 크기, 그리고 종 분포 범위 등 여러 요인 간에 복잡한 상호작용이 있다는 것을 반영한다(Alleaume–Benharira 등, 2006).

유전적 부동은 각 세대 유전자풀의 가변적 추출로 인해 생긴다. 만약 대립유전자빈도를 변화시킬 방향성을 가지는 힘이 존재하지 않는 상황에서, 집단 내에 존재하는 부모가 항상 많은 수로 일정하게 유지된다면, 항상 이전세대의 좋은 대립유전자 표본을 획득하고자 하는 강한 경향성을 나타내게 된다. 그러나 실제로 존재하는 집단의 크기는 한계가 있으므로 유전적 부동은 추출변이로 인해 유전자빈도의 변화를 초래한다. 예를 들어, 만약 소수의 몇몇 부모가 선택되어 새로운 세대를 시작한다면, 이들이 가지는 아주 작은 대립유전자 표본은 이전 세대의 대립유전자빈도와는 상당히 큰 편차를 보일 것이다.

다양한 크기를 가진 집단들에 대한 편차의 폭은 표준편차에 의해 수학적으로 계산될 수 있다.

$$\sigma = \sqrt{pq/N}$$

여기에서 p, q는 대립유전자빈도, N은 유전자 표본수를 나타낸다. 이배체 부모들의 경우, 각각은 2개의 대립유전자를 가지고 있으므로 N이 실제 부모들의 수라고 한다면, 표준편차는 $\sigma = \sqrt{pq/2N}$로 표시할 수 있다. 예를 들어 만약 $p = q = 0.5$이고, 매 세대 당 5,000개체의 부모들을 가진 이배체의 커다란 집단이 있다면 표준편차는, $\sigma = \sqrt{(0.5)(0.5)/10,000} = \sqrt{0.000025} = 0.005$가 된다. 따라서 이러한 집단의 표준편차는 대부분 0.5 ± 0.005 또는 0.495에서 0.505 사이의 값을 가질 것이다. 만약 단 두 부모만을 가지고 집단을 시작하였다면 표준편차는 $\sqrt{(0.5)(0.5)/4} = \sqrt{0.625} = 0.25$가 되며, 또는 0.50 ± 0.25 (0.25~0.75)를 가지게 된다.

다시 말하면 작은 크기의 집단으로 인해 나타나는 표본추출오류는 최초의 대립유전자빈도 0.5를 한 세대 만에 손쉽게 그리고 상당히 큰 폭으로 변화시킬 수 있다. 만일 집단의 크기가 계속 작은 상태로 유지되고 또한 다음 세대가 이와 같은 극단적인 수치 즉, 특정한 대립유전자에 대한 유전자빈도가 0.25 또는 0.75를 가지고 시작되었다면, 다음 세대에서의 대립인자 빈도는 거의 0에 가깝게 떨어지거나($0.25 \pm \sqrt{(0.25)(0.75)/4} = 0.25 \pm 0.22$, 즉 0.03~0.47) 아니면 거의 1에 가깝게 증가($0.75 \pm \sqrt{(0.75)(0.25)/4} = 0.75 \pm 0.22$, 즉 0.53~0.97)하게 된다. 이처럼 규모가 작은 집단이 세대를 계속하게 되면 결과적으로 두 대립유전자중의 어느 하나가 집단 내에 고정될 가능성이 매우 커지게 된다. 이와 같이 집단이 고정에 이르게 되는 비율 즉, **고정률**(rate of fixation)은 최종적으로 $1/2N$에 다다른다. 분명한 것은 N이 클수록 집단의 고정은 서서히 진행되지만, 크기가 큰 집단일지라도 **그림 22-11**에서 도식화된 것처럼 다소의 유전적 부동은 일어난다.

유전교류가 집단의 수와 밀접한 관계가 있다는 것은 소위 **유효집단크기**(effective population size, N_e)가 중요하다는 것을 말해 준다. 유효집단크기의 일상적인 의미는 완전한 무작위적 교배가 일어나는 집단의 크기로, 실제 집단에서 관찰되는 것과 동일한 정도의 변이성을 생성하거나, 시간의 경과에 따라 세대 당 동일한 정도의 분기를 생성하는 집단의 크기를 의미한다. 이러한 맥락에서 유효집단크기는 시간 경과에 따른 진화적인 변화를 보정하는 매개변수가 된다. 물론 선택 또한 유효집단의 크기를 변화시키지만, 이는 실제로 관찰되는 집단의 크기와는 다르다. 왜냐하면 집단 구성원 모두가 반드시 부모가 되어야 하는 것은 아니며, 또한 부모의 비율도 암, 수 중 어느 한쪽 성의 감소로 인해 제한될 수 있기 때문이다. 예를 들면, 전체 1,000개체로 이루어진 집단에서 3개체의 수컷은 300개체의 암컷과 교미하여 다음 세대를 구성하였다면, 유효집단크기는 6보다는 크지만 303보다는 작다. Wright(1978)는 유효집단의 크기 $N_e = 4N_f N_m / (N_f + N_m)$로서 이들의 관계를 설명하였다. 이때 N_f는 부모인 어머니의 수, N_m

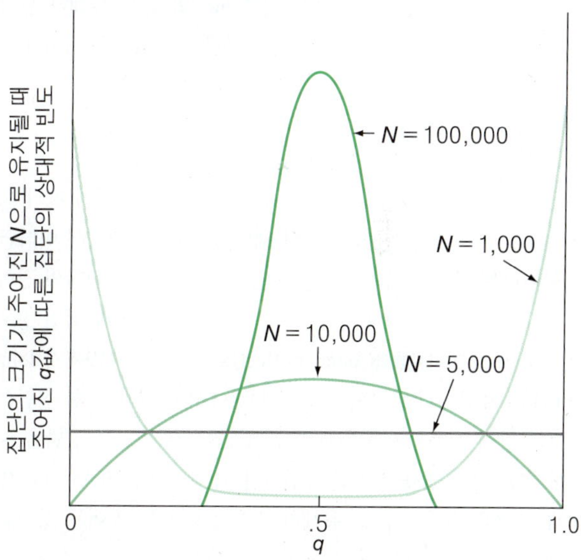

그림 22-11 선택계수가 0이고 유전자빈도 $q = 0.5$인 집단으로부터 아주 적은 양의 이주($m = 0.0001$)가 각 집단으로 일어날 때 서로 다른 크기를 가지는 집단에서 나타나는 유전자빈도 평형 분포도. 이주에도 불구하고 집단의 크기가 $N = 1,000$, $N = 5,000$이면 상당한 양의 유전적 부동을 나타내어 집단에서 제거되거나($q = 0$) 혹은 고정된다($q = 1$). 상대적으로 크기가 큰 집단만이($N = 10,000$, $N = 100,000$) 주목할 만한 비율로 처음의 유전자빈도 $q = 0.5$를 유지한다. (Wright, S., 1951. The genetic structure of populations. *Ann. Eugenics*, **15**, 323–354.에서 인용.)

은 부모인 아버지의 수를 나타낸다. 이전의 경우에서 N_e = 4(300)(3)/303 = 11로 계산된다. 서로 다른 부모들 간에 생산되는 자손 수의 불균형 역시 유효집단 크기를 감소시키게 된다.

Wright는 유효집단크기가 작을 때 유전적 부동이 집단 간의 대립유전자빈도를 변화시키는 데 있어 아주 중요한 역할을 한다고 제안하였다. Buri(1956)는 이러한 개념을 실험적인 관찰을 통해 보여주었는데, 그는 노랑초파리(*Drosophila melanogaster*)의 눈 색깔을 조절하는 *brown*좌위의 두 대립유전자(*bw*, bw^{75})의 초기 유전자빈도를 50%로 유지하면서 107개의 독립적인 계통을 만들었다. 그는 이전 세대로부터 각각 8마리의 암컷과 수컷을 임의적으로 선택하여 부모로 만들어 각 계통을 19세대 동안 유지하였고, 두 갈색 대립유전자의 빈도를 기록하였다.

그림 22-12에서 보여지는 바와 같이, 첫 번째 세대 만에 Buri가 실험했던 집단들 중 많은 수가 원래 bw^{75} 빈도인 50%에서 벗어남을 보였다. 유전적 부동이 계속적으로 증가되어 19세대가 지난 후에는, 107개 집단 중 절반 이상이 *bw* 혹은 bw^{75} 대립유전자로 고정됨을 알 수 있었다. 이러한 유전적 차이에도 불구하고 모든 집단을 하나로 묶어 계산하였을 때 *brown*좌위 대립유전자의 평빈도는 0.5로 동일하게 유지된다. 따라서 유전적 부동은 집단과 집단 사이의 유전적 변이를 증가시키지만, 평균적으로 보았을 때 어떤 특정한 방향으로 진행되지는 않는다. 또한 이러한 결과는 유전적 부동 때문에 크기가 작은 집단의 경우, 선택의 힘이 강하지 않다면 이러한 선택의 힘은 bw^{75}와 같은 유해한 유전자의 빈도 변화에 거의 영향을 미치지 못한다는 사실을 의미한다.

창시자효과

비록 크기가 작은 집단이 여러 세대동안 유지될 경우 이것이 유전적 부동의 한 원인이 되지만, 한 세대 혹은 몇 세대에서 이따금씩 일어나는 집단 크기의 감소는 유전자빈도 및 향후 집단의 진화에 지대한 영향을 미친다. 집단의 크기가 감소하는 극단적인 경우에는 Mayr가 **창시자효과**(founder effect)로 지칭한 — 19세기 John Gulick의 개념에서 발달되었으며 제3장에서 논의됨 — 한 집단은 소수의 창시자 개체만을 내보내어 이들만으로 새로운 집단을 시작하기도 한다. 그들이 가진 유전자가 어떤 것이든 또는 어떤 염색체 배열을 가지든 혹은 유해한 것이든 이로운 것이든 상관없이 이들 창시자가 가지는 모든 것은 돌연한 표본추출로 인해 새롭게 도입됨으로써 집단 내에 확립될 기회에 놓이게 되는 것이다(그림 22-13).

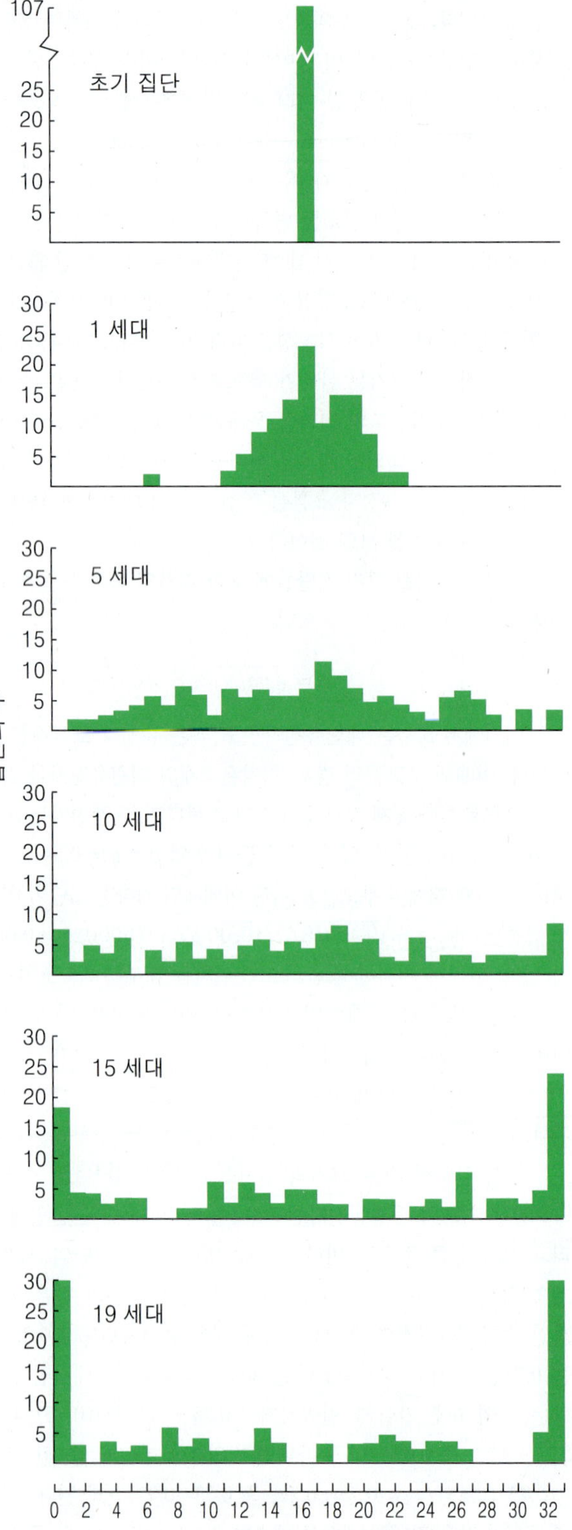

그림 22-12 노랑초파리(*D. melanogaster*) 107개 계통의 bw^{75} 대립유전자 수의 분포. bw^{75}의 초기 유전자빈도는 0.5임. Buri는 각 세대별로 16개체의 부모(32개의 brown 좌위 대립유전자)로 시작하여 이를 19세대 동안 유지하였고, 이를 통해 관찰된 bw^{75} 대립유전자의 수는 다양한 선으로 나타내었다. 19세대에 이르기까지 bw^{75} 대립유전자는 이들 계통 중 30개의 계통에서 소멸되었고(0개의 대립유전자), 28개 계통에서는 고정(32개의 대립유전자)된 것에 주목하시오. (Buri, P., 1956. Gene frequency in small populations of mutant *Drosophila*. *Evolution*, **10**, 367–402.에서 인용.)

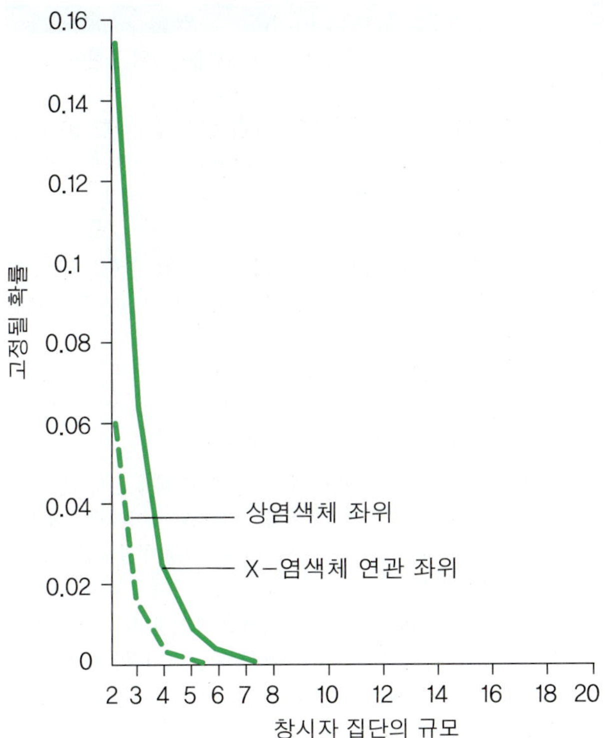

그림 22-13 초기 유전자빈도가 0.5인 서로 다른 크기의 창시자 집단에서 대립유전자가 고정되는(빈도 = 1) 이론적인 확률. 점선은 상염색체에 대한 확률. 실선은 암컷의 두 배 만큼 많은 수컷으로 이루어진 창시자집단에서 X염색체 연관성 유전자좌위에 대한 확률. 두 경우 모두 창시자 집단이 작으면 작을수록 대립유전자가 고정될 확률은 보다 크게 된다. 그러나 이 경우에 있어서도 고정될 확률은 특별히 크지는 않다는 사실에 주목하라. 덜 흔한 대립유전자는 발생과정에 아주 큰 "창시자효과"를 가질 수 있을지도 모르나, 그들이 가지는 낮은 빈도는 창시자 집단으로 편입될 수 있는 기회를 더욱 감소시킨다. (Templeton, A. R., 1996. Experimental evidence for the genetic transilience model of speciation. *Evolution*, **50**, 909–915.에서 인용.)

침샘염색체의 무늬모양을 자세히 분석한 결과, Carson (1986, 1992)은 100종 이상의 "날개에 무늬를 가진" 하와이산 초파리 종들(*Drosophila*)이 창시자 효과에 의해 유래되었는데, 상대적으로 소수인 이들 개체들은 각 섬에 정착한 후, 그 후손들이 서로 다른 종으로 진화하였음을 밝혀냈다. 예를 들어 Maui 군도의 고유종인 41종의 초파리는(**그림 22-14**) 단 12번의 창시자들로부터 유래되었고 — 이들 중 10번의 창시자는 Oahu 섬으로부터, 2번의 창시자는 Kauai 섬으로부터 — 이들 각 창시자들은 특이한 염색체 배열을 가지는데, 이를 이용하면 후손 종에서의 추적이 가능하다.

병목효과

현재까지 인간을 포함한 많은 생물체집단에서 나타난 매우 특이적인 유전자빈도 현상은 이러한 창시자효과 혹은 **병목효과**(bottleneck effect)에 의해 가장 잘 설명될 수 있는 경우가 많다. 최소한 일부 집단들은 그들의 모집단과는 유전자빈도에 있어 상당한 차이를 보이는 유전자형을 가졌던 몇몇 개체로부터 시작했을 가능성이 높아 보인다. 표 21–7에서 볼 수 있듯이 — 핀지랩(Pingelap) 섬 거주 집단의 무색소증, 필라델피아 랭커스터 지역 아미쉬(Lancaster County Amish)집단에서 나타나는 Ellis–van Creveld 증후군(polydactylous dwarfism; 다지증난쟁이 증후군) — 어떤 특정 유전자가 집단 내에서 상대적으로 높게 발생하는 현상을, 이 유전자가 동형접합자 혹은 이형접합자 보유자들에게 어떤 유리한 점도 부여하지 못하기 때문에, 창시자효과 이외의 방법으로는 설명하기가 어렵다. 이형접합자의 경우 불임을 나타내기 때문에, 항상 선택에 불리한 염색체전좌에 관해서도 위와 동일한 결론을 내릴 수 있다. 그러나 그럼에도 불구하고 염색체전좌는 많은 포유동물 계통의 진화과정에 있어 일반적으로 나타나는 현상이다.

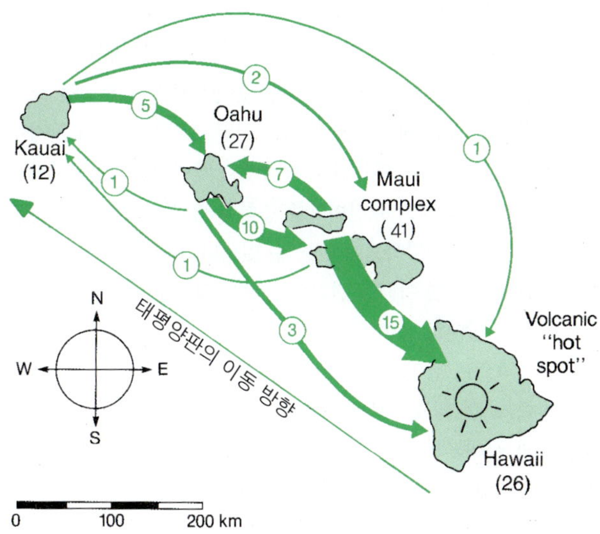

그림 22-14 하와이 섬에서 발견되는 "날개에 무늬를 가진" 초파리 종(*Drosophila*)의 기원을 설명하기 위하여 Carson이 주장한 창시자효과를 보여 주는 이주 양상. 각 화살표의 폭은 원으로 표시된 창시자의 수에 비례하고 현재 각 섬에 존재하는 초파리 종의 수는 괄호 안에 나타나 있다. 각각의 성공적인 창시자는 지질학적으로 보다 오래된 섬으로부터 유래한 수정된 암컷이었던 것으로 추정된다. 가장 오래된 하와이 섬은 Kauai(약 560만년 전)로 그 섬에 존재하는 12종 중 10종이 그 섬의 가장 원시적인 초파리의 구성원이었을 것으로 판단된다. 가장 신생 섬인 하와이 섬의 종들은 전적으로 이보다 기원이 오래된 섬 지역의 창시자들로부터 이주를 통해 이루어졌다. 초파리과는 총 800종이 넘는 하와이 고유종을 포함하며, 이들의 조상은 아마도 Kauai 보다 훨씬 오래전 섬 지역에서 창시자 현상이 있었던 것으로 추정되는 약 3,000만 년 혹은 그 이전으로 거슬러 올라가게 된다. 지각변동에 의해 이러한 섬들이 형성되었다는 점에 주목하라: 커다란 하와이 섬 아래에 위치한 지구 맨틀의 국지적인 "열점"이 태평양판이 북서쪽 방향으로 이동을 할 때 암석권을 관통하여 화산의 분출이 일어나 열도를 형성하였다. 시간이 지나면서 여러 오래된 섬들의 침식이 일어났고, 처음으로 산호섬이 된 후 심해저의 화산(수몰된 화산)은 하와이에서부터 시작하여 미드웨이 섬을 거쳐 알류샨 열도의 서쪽 끝에 이르기까지 뻗은 연속선을 이룬다. (Carson H. L., 1992. Inversions in Hawaiian *Drosophila*. In Drosophila *Inversion Polymorphism*, C. B. Krimbas and J. R. Powell (eds.). CRC Press, Boca Raton, FL, pp. 407–439.에서 인용.)

병목효과는 아주 짧은 기간 동안에 — 이전의 선택에서 유리

하게 작용했던 돌연변이가 소실되고 유해한 돌연변이가 집단에 고정되는 사이 — 이전에 있었던 선택의 효과를 상쇄시킬 수 있다. 그러나 생물이 살아가면서 접하는 환경으로부터 자신을 보호하기 위한 모든 장치에 영향을 미치는 어떤 유전적 특성이 환경이 주는 선택의 압력을 오랫동안 지속적으로 피한다는 것은 상상하기는 어렵다. 비선택적 유전변화를 통하여 병목효과는 한 집단을 새로운 방향으로 진화하도록 만들 수 있으나, 우리가 이해하는 진화의 입장에서 보면 이러한 진화의 방향은 멸종 없이는 결코 적응적이지 않은 상태로 남아 있을 수 없다.

일반적으로 집단의 크기가 일정할 때, 도달될 수 있는 변이 추정치(즉, σ)와 비교해서 창시자현상이 집단의 유전자빈도에 미치는 결과는 대부분의 경우 예측하기 어렵다. 유전자빈도 변이를 예측하기 어렵게 하는 다른 요인들은 다음과 같다:

- 독특한 역사적 사건들을 예로 들면, 환경의 급격한 변화로 야기되는 선택의 방향 또는 강도의 변화;
- 비정상적으로 높은 선택을 받게 되는 돌연변이
- 드물게 일어나는 다른 품종과의 잡종화
- 거대한 이입으로 인한 비정상적인 집단의 범람

비록 그러한 사건에 대한 유전적인 증거 자료를 확보하기는 어려운 상황이지만, 진화적 변화에 미치는 이러한 요소들의 효과는 매우 중요하다.

주요 용어

고정(fixation)
고정률(rate of fixation)
공업흑화(industrial melanism)
다형현상(polymorphism)
돌연변이율(mutation rates)
돌연변이평형(mutational equilibrium)
뮬러형 의태(Müllerian mimicry)
방향성 선택(directional selection)
베이츠형 의태(Batesian mimicry)
변경유전자(modifier genes)
병목효과(bottleneck effects)
분단성 선택(disruptive selection)
붉은여왕 가설(Red Queen hypothesis)
빈도의존적 선택(frequency–dependent selection)
상대적응도(relative fitness)
선택(selection)
선택계수(selection coefficient)
안정화 선택(stabilizing selection)
유전자빈도(gene frequency)
유전자확산(gene flow)
유전적 부동(genetic drift)
유효집단 크기(effective population size)
이주(migration)
이형접합 우세(heterozygous advantage)
자가불임성 유전자(self–sterility genes)
잡종강세(heterosis)
잡종강세(hybrid vigor)
적응도(fitness)
창시자 효과(founder effect)
초우성(overdominance)
평형다형현상(balanced polymophism)
평형유전자빈도(equilibrium gene frequencies)

토의 및 질문

1. 한 번의 돌연변이에 의해 생긴 어떤 대립유전자의 출현이 좀처럼 집단 내에 유지되지 않는 이유는 무엇인가?

2. 집단의 돌연변이평형을 어떻게 산출하는가? 그리고 한 집단이 좀처럼 이와 같은 돌연변이평형에 도달하기 어려운 이유는 무엇인가?

3. 적응도에 관하여

a. 적응도를 어떻게 정의할 것인가? 적응도를 생존률과 동일하게 생각하는가? 만약 그렇다면 혹은 그렇지 않다면 그 이유는 무엇인가?

b. 적응도를 어떻게 측정할 것인가?

4. 선택에 관하여

a. 선택과 적응도는 어떤 관계가 있는가?

b. 왜 일반적으로 선택이 이배체 보다 반수체에 존재하는 대립유전자에서 효과적인가? 이와 같은 효과가 이배체에 유리하게 작용하는가? 만약 그렇다면 혹은 그렇지 않다면 그 이유는 무엇인가?

c. 왜 선택은 이배체에서 일반적인 유해열성대립유전자 보다 희귀한 유해열성대립유전자에 대해 덜 효과적인가?

d. 인위선택의 작용이 자연선택을 배제시키는가? 이를 설명하시오.

5. 이형접합자 우세에 관하여

a. 이형접합자 우세(초우성) 현상이 집단을 유전자빈도 평형에 이르게 하는 이유는 무엇인가?

b. 이러한 평형을 어떻게 산출하는가?

c. 한 대립유전자가 동형접합자일 경우 치사성을 나타낸다면 집단의 유전자빈도 평형에 이를 수 있는가?

6. 선택의 어떤 조건이 집단 내에 유해한 유전자를 유지시키고 집단의 평형다형현상을 설명할 수 있는가?

7. 특정한 하나의 양적인 형질에 작용하는 선택에 있어 선택의 종류가 각기 안정성, 방향성, 분단성 선택이 작용할 때, 그 결과는 각각 어떻게 될 것인가?

8. 하나의 형질에 대하여 방향성 선택의 효과가 무한히 계속되거나 혹은 계속될 수 없는 이유는?

9. 선택에 있어 유리하게 작용하는 증가된 적응도는 유전적 변이성에 의존하는데, 새로운 돌연변이가 없는 상황에서도 적응도의 증가가 일어날 수 있는가? 이를 설명하시오.

10. 항상 가장 최소한의 변이성을 보유한 집단이 안정된 환경 하에서 가장 적합한 집단인가? 이를 설명하시오.

11. 종은 그들이 선택을 피할 수 있는 지점에 이를 때까지 진화할 수 있는가? 만약 그렇다면 혹은 그렇지 않다면 그 이유는 무엇인가?

12. 돌연변이와 선택이 동시에 작동하고 있을 때 평형유전자빈도를 어떻게 결정하는가?

13. 어떤 특정한 유전자좌에서 우성의 진화를 어떠한 가설로 설명할 수 있는가?

14. 집단의 유전자빈도 변화에 영향을 미치는 이주의 효과를 어떻게 계산하는가?

15. 집단의 유전자빈도 변화에 영향을 미치는 유전적 부동의 효과를

어떻게 계산하는가?

16. 집단의 크기가 작을 때와 집단의 크기가 클 때 유전적 부동의 장기적인 효과는 각기 서로 다른가? 만약 그렇다면 혹은 그렇지 않다면 그 이유는?

17. 적은 수의 창시자들이("창시자효과", "병목효과") 새로운 집단의 유전적 구조를 급격하게 변화시킬 수 있다는 가설을 어떻게 지지할 것인가?

18. 다음 보기들 중 집단의 유전자빈도에 급격한 변화를 유도하는 진화의 힘들을 어떠한 조건으로 어떻게 순위를 결정할 것인가?
(a) 돌연변이, (b) 선택, (c) 이주, (d) 유전적 부동, (e) 창시자효과

추천 읽을 거리

Alleaume-Benharia, M., I. R. Pen, and O. Ronce, 2006. Geographical patterns of adaption within a species' range: interactions between drift and gene flow. *J. Eovol. Biol.,* **19**, 203-215.

Bonner, J. T., 1998. *The Evolution of Complexity by Means of Natural Selection.* Priceton University Press, Princeton, NJ.

Brower, L. P.(ed.), 1988. *Mimicry and the Evolutionary Process*. University of Chicago Press, Chigcago.

Endler, J. A., 1986. *Natural Selection in the Wild*. Priceton University Press, Princeto, NJ.

Fisher, R. A., 1930. *The Genetical Theory of Natural Selection. Clarendon Press*, Oxford, UK. (2nd ed, 1958, Dover, New York)

Gillespie, J. H., 2004. *Population Genetics: A Concise Guide*, 2nd ed. Johns Hopkins University Press, Baltimore, MD.

Hallgrímsson, B., and B. K. Hall (eds), 2003. *Variation: A Central Concept in Biology*. Elsevier/Academic Press, Burlington, MA.

Hartl, D. L., and A. G. Clark, 1997. *Principles of Population Genetics*, 3rd ed. Sinauer Associates, Sunderland, MA.

Hedrick, P. W., 2000. *Genetics of Populations,* 2nd ed. Jones and Bartlett, Sudbury, MA.

Kettlewell, H. B. D., 1973. *The Evolution of Melanism*. Clarendon Press, Oxford, UK.

Majerus, M. E. N., 1998. *Melanism: Evolution in Action*. Oxford University Press, Oxford, UK.

Maynard Smith J., and E. Szathmáry, 1995. *The Major Transitions in Evolution*. Freeman Press, Oxford, UK.

Mayr, E., 1942. *Systematics and the Origin of Species*. Columbia University Press, New York.

Orzack, S. H., and E. Sober. (eds), 2001. *Adaptation and Optimality*. Cambridge University Press, Cambridge.

Pagel, M. (ed. in chief), 2002. *Encyclopedia of Evolution*, 2 volumes. Oxford University Press, New York.

Provine, W. B., 1986. *Sewall Wright and Evolutionary Biology*. The University of Chicago Press, Chicago.

Ruse, M., 1996. *From Monad to Man: The Concept of Progress in Evolutionary Biology*. Harvard University Press, Cambridge, MA.

23 집단의 구조와 유지

요약

현재 진화에 대한 열광은 진화의 기작을 이해하는 데 한 몫을 하는 분야인 유전체학과 발생에 대한 폭넓은 지식으로부터 나온다. 그러나 진화의 근간은 개체와 환경과의 상호작용 그리고 개체와 다른 개체 간의 상호작용에 있다. 그러한 상호작용은 이 장의 주제인 집단의 구조와 상호작용에 대한 분석에 의해 이해할 수 있을 뿐이다.

집단의 구조는 매우 복잡해서 이들이 갖는 진화적 잠재성을 정량적으로 평가한다는 것은 쉬운 일이 아니다. 그러나 성장은 우리가 측정할 수 있는 하나의 특성이다. 무제한적인 집단의 성장은 기하급수적으로 증가할 수 있으나, 환경의 제약을 받으면 집단은 수용능력 혹은 K라 불리는 크기로 안정화되는 경향이 있다. 자손의 수를 증가시키는 r–선택 혹은 적은 수(종종 단 한 개체)의 자손에 대해, 선택에 유리하도록 선택성을 증가시키는 K–선택과 같은 전략은 집단으로 하여금 환경의 수용능력에 근접할 수 있도록 한다.

일부 유전적 변이성이 선택에 유리하다 할지라도, 많은 대립유전자 혹은 유전적 조합의 즉각적인 효과는 선택에 유리하지 않을 수 있다. 이러한 유해한 유전자형이 집단에 미치는 효과의 정도를 유전적 하중이라 한다. 돌연변이와 이형접합자 우성현상은 유해한 열성유전자를 집단에 영속시킴으로써 유전적 하중에 기여한다. 이러한 다형현상이 최적 유전자형의 빈도를 감소시키지만, 이것이 언젠가 미래에는 한 계통의 적응력을 증가시킬 수 있다. 모든 유전적 다형현상을 이형접합자 우성현상의 결과로만 설명할 수 없기 때문에, 일부 연구자들은 대부분의 대립유전자들이 중립적인 효과를 나타내고 유전적 하중을 초래하지는 않는다고 주장하고 있다. 이러한 환경 하에서 유전적 다형현상은 선택이 아닌 돌연변이나 유전적 부동에 의해 집단의 유전자급원에 유지될 수 있다(22장 참조). 그러나 선택주의자들은 (1) 생태적 조건과 다형현상과의 관계, (2) 서로 다른 종간의 알로자임 빈도의 유사성, (3) 다형현상과 효소의 기능과의 연관성, (4) 아미노산을 암호화하지 않는 DNA 염기서열에서 다형현상의 빈도가 높게 나타나는 것은 전적으로 무작위적인 힘만으로 설명될 수 없으며, 이는 반드시 선택압에 의해서 설명되어야 한다고 주장하고 있다.

유성생식, 연관된 유전자 사이의 재조합, 그리고 돌연변이는 적응도를 증가시키는 유전적 조합을 만들 수 있다. 선택에 유리한 유전자형이 생겨나면, 이들은 적응의 정도에 따라 다양한 높이의 적응 봉우리를 차지한다. 그러나 Sewall Wright에 따르면 보다 높은 적응 봉우리에 도달하기 위해서 집단은 유전적 부동과 같은 요소에 의해 반드시 덜 적합한 조합(적응 골짜기)을 통과해야만 한다.

아직도 해결되지 않은 사안이지만 일부 경우에 있어서, 예를 들면 유성생식, 이타주의적 사회행동을 가지는 집단에서, 선택이 개체의 유전적 미래에 해를 끼치더라도 집단의 이익을 위해 일어나는 것처럼 보인다(비록 이론적으로는 이타주의가 유지되는 집단에서 개체의 평균 적응도는 상승해야 함에도 불구하고).

경쟁, 포식 등과 같은 집단 간의 상호작용은 특정한 형질들의 선택으로 나타날 수 있다. 상호경쟁은 어떤 경우에 있어서는 한 집단을 완전히 제거시킴으로써 그룹 간의 생태적 지위와 형질의 차이를 만들게 한다. 반면에 포식활동은 포식자나 피식자 모두의 경우에 있어서 집단의 크기와 구조에 복합적인 효과를 나타낸다.

자연에서 발견되는 집단의 구조와 집단 간의 관계는 진화의 기작을 보다 쉽게 이해하게 하는 이상적인 조건을 갖춘 집단들과는 매우 다르다. 집단은 고정된 크기를 가진 것도 아니고, 공간적으로 균일하게 분포해 있지도 않으며, 항상 동일한 교미 양상을 가지지도 않는다. 집단은 돌연변이, 이주 그리고 선택과 같은 다양한 조건의 영향을 받는 대상이다. 대부분의 유전자는 복대립유전자로 구성되어 있기 때문에, 하나의 유전자좌는 최소한 3개 이상의 이배체 유전자형을 가지며, 발생과정의 상호작용을 통하여 유전자형이 가지는 적응도는 다른 유전자좌의 유전자에 달려있다.

더욱이 진화하는 집단이 놓인 환경은 항상 변하고 있다. 육상 환경의 변화에는 화학적 조성, 습도, 온도, 압력, 그리고 햇빛과 그늘 등이 포함된다. 수서 환경의 변화에는 pH, 용존 화학물, 물의 흐름, 온도, 압력 그리고 일조량 등이 포함된다. 두 환경에서 변화에는 먹이, 포식자, 기생체, 숙주 그리고 경쟁상대 등과 같은 생물학적 환경 요인들도 포함된다.

여러 가지 다양한 생태적 요소에 대한 집단의 관계는 단지 단순한 수동적인 수용자로서의 관계와는 다르다. 집단은 그들 자신의 자원은 물론 다른 집단의 자원까지 감소 혹은 증가시키는 방식으로 그들이 자주 갖는 물리적, 생물적 환경을 변경시킨다. 이러한 모든 상호작용 때문에 집단은 "동일한 지역에 머무르기 위해서는 쉼 없이 달려야 한다"는 데에는 의심의 여지가 없다(붉은 여왕 가설; 22장 참조). 집단의 구조는 수학적으로 예측하기 어렵다는 것은 전혀 놀랄만한 일이 아니다. 그럼에도 불구하고 수학적 모델은 한 조건하에 있는 집단으로부터 얻은 정보를 동일한 조건을 갖는 다른 집단에게, 그리고 다른 일련의 조건하에 있는 집단에 적용할 수 있도록 한다. 다양한 집단들은 근친교배, 선택, 돌연변이, 이주 그리고 유전적 부동 등과 같은 요인에 대응하는 데 있어 공통적인 특징을 나타낸다. 일반적인 접근 방법은 실제 자연집단과 실험집단에 있는 여러 가지 특징들을 측정하고, 그 다음에 이렇게 관찰한 내용을 토대로 수학적 분석을 통하여 집단의 구조에 관한 보다 폭 넓은 진화적 개념을 유추하게 된다. 이 장에서는 생태적, 유전적 수준에서 몇몇 시도들을 간략히 알아보고자 한다.

집단 성장의 생태적 측면

수학적 모델링의 한 분야는 집단의 생식능력에 대한 진화적 잠재력을 추정하는 데 적용된다. 진화과정에서 생식능력은 선택에 대해 항상 균형을 이룬다. 가장 단순한 형태로 빠른 속도로 성장하는, 성의 구분이 없는 단세포 생물에 있어서, 풍부한 자원이 허락되는 환경에서 집단성장의 초기 단계는 각 세대 당 그 수가 기하급수적으로 증가하여(2 → 4 → 8 → 16 → 32 → 64...), **그림 23-1a**에서 보여지는 것처럼 지수증가곡선과 유사하게 될 것이다. 만약 생식률의 어떤 간섭도 없이 유지되고 공간과 자원이 무한하다면 집단 증가의 이러한 패턴은 끝없이 지속될 것이다.

비율

정량적으로 수적 변화율(ΔN)은 출생률(b)과 사망률(d)의 차이를 개체의 수(N)로 곱한 것과 같으므로 다음과 같이 나타낼 수 있다.

$$\Delta N = (b - d)N$$

그러므로 출생률이 사망률을 앞서면, ΔN은 양수가 되고 집

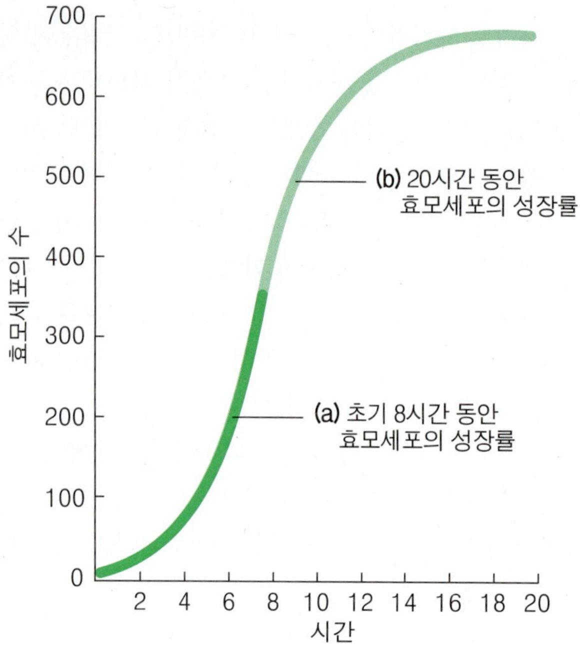

그림 23-1 정해진 양의 배양배지에서 두 성장주기 동안의 효모(*Saccharomyces cerevisiae*) 세포의 수(용적당 대략 10개의 세포로부터 시작). (a) 초기 8시간 동안의 기하급수적 성장(r = 0.5535일 때 $\Delta N = rN$). (b) 20시간의 성장기간 동안의 지수함수 관계를 나타내는 S자형 성장곡선[r = 0.5535, K = 665일 때, $\Delta N = rN \times (K-N) / K$]. (Carlson, T., 1913. Über Geschwinddigkeit und grösze der Hefevermehrung in Würze. *Biochemische Zietschrift*, **57**, 313–334에서 인용).

단의 크기는 증가한다. 출생률과 사망률이 동일하면 $\Delta N = 0$이 되어 집단의 크기는 변하지 않으며, 반면에 사망률이 출생률보다 높으면 ΔN은 음수로서 집단의 크기는 감소한다. 다른 요인을 고려하지 않은 이처럼 단순한 설명에서는 $b-d$가 집단의 규모를 결정하는 데 가장 중요한 요소이다. 따라서 우리는 이것을 증가률(r)로 표시하고 그러므로 $\Delta N = rN$이 된다. 한 집단의 성장을 제한시키는 요소가 없는 환경에서 집단은 **내적 자연증가율**(intrinsic rate of natural increase, r_m)에 도달하게 된다.

환경적 자원이나 공간 등은 무한한 것이 아니다. 물론, 집단의 개체들은 이웃이 만들어 내는 유독성 물질이나 폐기물에 의해 영향을 받지 않는 경우는 없다. 따라서 집단의 성장은 무한히 진행되는 것은 아니다; 집단의 규모는 결국에는 거의 일정한 수치에서 안정화되거나, 혹은 적은 수로 갑자기 "급락"하는 경우도 있다. 전쟁, 기아, 질병 등으로 말미암아 인간 집단의 기하급수적 성장은 억제된다는 Malthus 사상의 대중화는 Darwin과 Wallace에게 영향을 끼쳐 그들 독자적으로 생존경쟁과 자연선택의 개념을 정립하게 이끌었다(2장 참조). 중요한 점은, 아마도 아주 조심스러운 점은, 자연선택은 한 세대 동안에 일어나 그 세대의 개체에게 영향을 미친다는 것을 기억해야 한다. 자연선택에 대한 반응은 세대 간에 일어나며, 유전되는 그러한 특징들 혹은 특징의 양상들만을 대상으로 일어난다.

집단에 대한 영향을 평가하기 위해서 환경이 얼마나 많은 개체를 수용할 수 있는지 결정할 필요가 있다. **수용능력**(carrying capacity)을 나타내는 값 K는 다음과 같이 결정된다. 그림 23-1b에서 보는 것처럼, 특정한 조건에서 성장한 효모 집단의 크기가 성장초기에는 기하급수적 성장을 보이다가, 이후 약 655개체에 이르러서는 성장세가 감소되어 정체기로 접어든다. 이처럼 완만한 S자 모양의 곡선은 인수 $(K - N) / K$에 의해 ΔN이 어떻게 변화하는 가를 다음의 공식처럼 수학적으로 표현될 수 있다.

$$\Delta N = rN \times (K - N) / K \, (\mathrm{dN/dT})$$

위 공식에서 K는 수용능력을 나타내므로, N이 작을 때에는, 인수 $(K - N) / K$는 1이 되고, 집단의 성장은 기하급수적으로 성장하게 되거나 혹은 이전과 마찬가지로 $\Delta N = rN$이 된다. 그러나 N이 증가하여 그 수치가 K에 가까워지면 인수 $(K - N)/K$는 분자가 거의 0에 가까운 분수가 된다. 결과적으로 N이 충분히 커서 K와 같아지면 $\Delta N = rN \times 0 = 0$이 되어, 이론적으로 집단의 크기는 더 이상 변화가 없으나 K값에서 평형을 이루게 된다.

$\Delta N = rN(K - N)/K$의 관계는 **로지스트형 성장 곡선**(logistic growth curve)로서 알려져 있다.[1] 그러나 실제로 집단은 이러한 완만한 S자형 성장곡선을 따르지 않는다.

집단 매개변수

위에서 살펴본 바와 같이, 많은 매개변수는 집단 내에서 수의 변동에 영향을 준다(**그림 23-2**). 그러한 변동은 개체의 내재적 요인(성장, 대사율), 집단의 내재적 요인(부분집단, 나이 혹은 공간적 그룹간의 사망률의 차이) 혹은 환경요소의 영향에 따른 결과로 간주된다.

기후와 같은 어떤 요소들은 집단의 크기, 군집 정도와는 별개로 **밀도 비의존성**(density independent)이라 부르는 반면에, **밀도 의존성**(density dependent) 요인은 군집에 보다 더 의존한다. 밀도 의존성 요인의 예는 대사활동으로 생성된 독성의 효과, 자원의 고갈, 집단 내의 집합형성 등과 같은 요소로, 이들 요소는 모두 집단을 안정화 시키는 데 사용되기도 한다. 이러한 밀도 의존성 요인 중 어느 하나 혹은 둘 모두가 집단의 크기에 영향을 미칠 수 있는 분명한 경우가 생겨날 수도 있지만, 그들의 양적인 효과를 측정하기에는 상당한 어려움이 있기 때문에 생태학자들은 그러한 요소들의 상대적 중요성에 관해 지속적으로 연구를 진행하고 있다.

환경요소의 효과와 함께 집단의 생식력에 가장 큰 영향을 주

[1] Pierre Verhulst(1804~1849)는 1838년에 로지스트형 성장에 관한 최초 방정식을 발견하였다. C. W. Fox et al. (2001), Krebs(2001), Rickelfs and Miller (2000), Rockwood(2006), Rose and Mueller(2006) 등의 집단과 진화 생태학 교과서에서 이 방정식의 유도에 대한 내용과 적용가능성에 대한 내용을 참조. 보다 자세한 역사적인 내용은 G. E. Hutchinson (1978)을 참조.

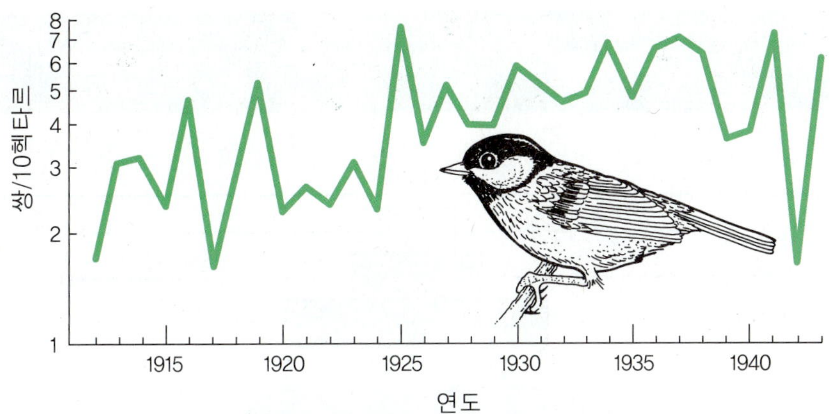

그림 23-2 1912~1934년 동안 네덜란드에 서식하는 박새(*Parus major*)집단 크기의 변동. (Begon, M., and M. Mortimer, 1986. *Population Eoclogy*, 2nd ed., Blackwell, Oxford, UK.에서 인용).

는 부분은 **집단의 연령구조**이다. 만일 생식이 집단의 특정 연령층(무리)과 연관을 가지고 있다면, 그 연령까지 살아남을 기회와 이들이 만들어 내는 자손의 수는 생식력을 결정하는 필연적인 특성이 되며 다음과 같이 나타낼 수 있다:

$$R_0 = \sum l_x m_x$$

1. **생존율**(survivorship)은 l_x로 나타내며, 동일한 기간 동안에 태어난 무리들 중 연령이 0에서 x까지 살아남은 개체들의 비율을 나타낸다.
2. **생식력**(fecundity)은 m_x로 나타내며, x의 연령에 있는 한 개체에 의해 생산되는 평균 자손의 수를 말한다.
3. 전체 집단의 **총 생식률**(net reproductive rate, R_0)은 집단의 모든 개체수에 연령 x에서의 각각의 생식률을 곱한 것의 총 합을 일컫는다.

생존과 생식력 사이의 연관성은 여러 가지 방법으로 자세히 설명될 수 있으나, **표 23-1**에서 보여 주는 바와 같이 규모가 정지된 집단[2]에서는 1이라는 총 생식률(혹은 대체율)을 가질 것이다. 1 보다 작은 R_0 값을 가지는 집단의 경우(예, 표 23-1에서 제 3 연령계층의 생존율 감소)와 그것을 보상할 수 있는 다른 생식 연령계층의 크기와 생식률의 증가가 없는 경우에서는 집단의 크기가 감소할 것이다. 반면에 1 보다 큰 R_0 값을 갖는 집단은 크기가 증가할 것이다.

표 23-1의 제 6 연령계층에서와 같이, 연령이 높은 연령계층은 일반적으로 생식능력이 없다. 자연 집단에서 생식능력의 노화현상은 드물기는 하지만, 이들은 모든 연령계층 중 가장 낮은 생존율을 나타낸다. 과거에 집단생물학자들은 **노화**(senescence)와 사망을 자원을 위해 경쟁하지만 더 이상 생식에 공헌할 수 없는 개체들을 제거함으로써 집단을 이롭게 하는 특징들로서 선택된 것이라고 믿어 왔다; 즉, 선택은 노화 과정으로 인해 생식불능의 개체를 제거하는 집단에게 부가적인 적응도를 부여함으로써 집단 간의 선택 — **집단선택**(group selection, 이 장의 뒷부분에서 토의함) — 이 일어난다. 실제 이러한 종류의 집단이익이 존재한다 할지라도 현재로서는 이와 같은 진화적 관점은 호응을 얻지 못하고 있다. 이와는 달리 일부 연구자들은 노화는 생식능력이 없는 노령의 개체에게 유해한 효과를 나타내는 대립유전자를 집단에 널리 보급시키는 기작을 통해 진화한다고 주장한다:

1. 왜냐하면 이러한 대립유전자는 같은 집단에 있는 생식능력을 갖춘 개체에 대해서는 중성 혹은 유리하기 때문이며, 또는
2. 나이가 듦에 따라 수명에 영향을 주는 체세포의 돌연변이가 축적되는데, 이는 적응도를 구성하는 요소에 부가적인 유전적인 변이성의 증가를 가져오기 때문이다(K. A. Hughes, 1995).

이러한 두 가지 접근 모두 자연선택은 생식능력이 있는 연령까지만 생존하도록 하는 유전자를 선호하지만, 단순히 보다 오래 생존하도록 하는 유전자는 선택하지 않는 자연선택의 개념을 반영하고 있다. Dawkins가 지적하였듯이 "우리는 젊어지게 하는 것은 무엇이든 물려받으나, 늙게 만드는 것을 반드시 물려받지는 않는다"는 언급은 매우 인상적이다. 그러나 우리는 최소한 몇몇 집단이 노화에 대한 유전적 변이를 유지하고 있다는 것을 알고 있으며, 연구자들은 노화에 관여하는 유전자를 계속해서 찾고 있다. 예를 들면 노랑초파리(*Drosophila melanogaster*)의 경우, 생활사 단계의 초기에 생식을 위해 초파리를 골라내면 이들의 수명은 감소되고, 생활사 단계 후기에 골라내면 수명이 증가된다. 빠른 성장률을 위해 선택된 개체들로 이루어진 집단에서 유해한 열성대립인자의 동형접합자율의 증가는 암컷의 생식력의 감소(노화의 추정)로 나타났다(*r*-선택, 아래 참조).

생식전략: *r*-선택과 *K*-선택

연령분포에 차이를 나타내는 원인이 무엇이든, 생식에 이용되는 전략은 생물체에 따라 다르다. 예를 들어, 많은 1년생 식물과 곤

[2] 여기에서 사용된 정지된이라는 용어는 인구학에서 사용하는 것으로 성장하는 집단은 안정된 나이분포를 가지게 되므로 여기에서는 크기에 있어서 안정된 이라는 뜻으로 사용되었다.

표 23-1 생식능력이 없는 유생(연령계층 0, 옅은 음영)으로부터 생식이 가능한 성체(연령계층 1~5, 진한 음영), 생식이 불가능한 노년기(연령계층, 6, 옅은 음영)에 이르기 까지 7개의 명확한 연령계층으로 이루어진 가상의 안정적인 집단의 연령구조. 총 생식율(R_0)의 계산 수치를 보여 줌.

계급 (x)	연령구조[a]	생존율 (l_x)	생식율 (mx_x)	생식율 ($l_x m_x$)
6		0.1	0.0	0.00
5		0.2	0.1	0.02
4		0.4	0.6	0.24
3		0.4	1.0	0.40
2		0.6	0.3	0.18
1		0.8	0.2	0.16
0		1.0	0.0	0.00
				R_0 = 1.00

[a] 안정된 집단에서 각 연령계층의 빈도는 생존율(lx)과 관련이 있으며(Hutchinson, 1978), 여기서는 중간 값이 0인 양쪽 대칭의 퍼센트 그래프로 나타나 있다. 예를 들어 연령계급 0은 14.5 + 14.5 = 29.0% 이다.

출처: Pianka, E. R., 1988. *Evolutionary Ecology,* 4th ed., Harper & Row, New York에서 인용.

충들은 생애 동안 오직 1번만 번식한다(**단일번식**, semelparous). 반면에 많은 다년생 식물이나 척추동물들은 비록 매년은 아니지만 반복적으로 번식(**다중번식**, iteroparous)한다. 어느 한 시기에 생식력을 갖춘 암컷이 만들어 내는 자손의 수는 매우 다양한데, 예를 들면 몸집이 큰 포유류의 경우처럼 하나의 자손만을 생산하는 것으로부터 대구 암컷의 경우처럼 한 번에 수백만 개의 알을 낳는 등 매우 다양하다. 더구나 개체들은 그들이 생식연령에 다다르기 이전에 죽을 수도 있기 때문에, 보다 일찍 자손생식을 시작하면 할수록 자손을 만들 수 있는 가능성은 더욱 커진다. 그러므로 일부의 생물체에서는 부화하자마자 곧 생식단계를 갖는다. 다른 생명체들의 경우는 — 생존을 위해 보다 큰 크기에 다다르는 것, 보다 많은 경험을 얻는 것, 부모의 양육을 보다 더 필요로 하는 것 등에 의존하는 — 생활사의 절반에 이를 때까지 생식이 지연되기도 한다.

부모의 양육을 받지 못하는 대신 많은 자손들을 만들어 낼 것인가, 아니면 태어나기 이전의 알 상태에서부터 지극한 보호를 받으며 태어나 부모로부터 큰 양육을 받는 소수의 자손을 만들어낼 것인가 하는 양자택일의 선택은 우리가 종종 **r–선택**(r–selection)과 **K–선택**(K–selection) 이라 일컫는 전략의 차이와 같다.

박테리아나 잡초 등과 같은 생물체들은 극심하게 요동치는 환경의 도전에서도 매우 빠른 집단의 성장을 보이며, 낮은 밀도의 집단에서 빠른 증가율을 나타낼 수 있도록 보다 생식을 강조한다. 연구자들은 이러한 집단에 있는 개체들을 'r–선택되었다'고 한다 (**그림 23-3**). Darwin이 언급한 바와 같이 "많은 수의 알은 먹이의 양의 변화에 의존하는 종에 있어서 중요한데, 이는 먹이의 양이 종의 숫자를 급격하게 증가시키기 때문이다."

이와는 대조적으로, 커다란 척추동물과 같은 생물들은 환경이 수용할 수 있는 능력(K)에 가까운 크기의 집단 규모를 가지며, 보다 일정하고 예측 가능한 환경에 접하게 된다. 이와 같이 K–선택을 하는 생물들에서는(그림 23–3) 먹이, 보금자리, 그리고 다른 자원들에 대한 밀도 의존성 경쟁이 이루어지는데, 이는 자원을 활용하는 데 있어 효율을 증대시킬 뿐 아니라 자손들이 스스로 경

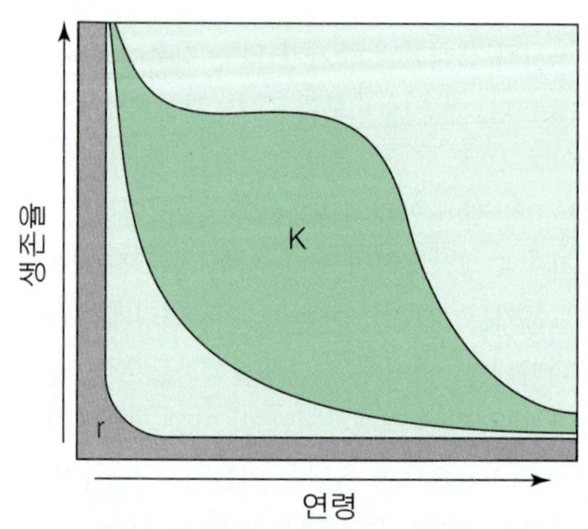

그림 23-3 r–선택과 K–선택 전략이 시간에 따른 생존율(백분율)로 비교되어 표시되었다. r–선택에서 대부분의 개체는 어린나이에 죽는다. K–선택 전략에 따른 생존곡선은 연령에 따라 점차 감소하는 생존율을 갖는 진한 녹색 범위 내에서 떨어진다.

쟁력을 갖추는 단계까지 성장할 수 있도록 하는 등의 선택의 이점을 제공한다. **표 23-2**에서는 *r*-선택이나 *K*-선택과 연관되어 있는 특징들을 비교하였다. Mueller 등(1991)은 초파리속(*Drosophila*) 집단의 실험을 통하여 서로 다른 선택의 유형 하에서 집단의 성장이 어떻게 다른 속도로 진행되고 경쟁 능력의 차이가 어떻게 진화하는 지를 보여 주었다. 그러나 이러한 두 유형의 선택(*r*-선택과 *K*-선택)은 반드시 양자택일의 것은 아니다; 어떤 집단들은 이들 **두 전략의 절충형**을 따르기도 한다. 그 대표적인 예로 새의 **한배 알 수**(clutch size)를 들 수 있다.

한배 알 수는 조류학자와 조류생태학자가 사용하는 용어로, 한 쌍의 부모 새가 낳는 알의 수를 나타낸다. 부화성공은 알에서 부화한 어린 개체의 수를 나타내는 용어이다. (비록 이러한 용어는 포유류에게는 사용되지 않지만, 수정란의 수와 태어난 자손의 수는 사람을 포함한 포유류에 있어서 중요한 적응인자로 작용한다.)

David Lack(1947)은 새의 작은 한배 알 수는 너무나도 적은 수의 자손을 생산하여 먹이주기와 부모의 양육을 통하더라도 개체가 지속될 수 없음을 보여 주었다. 많은 수의 한배 알 수는 너무 많은 자손을 생산하여 부모가 새끼를 먹이지 못할지도 모른다. 개체가 가지는 "최적의" 한배 알 수와 부화 성공률은 최적의 출생체중(그림 22-7)과 마찬가지로 양 극단값 사이에 위치하는데, 이는 먹이의 유효성과 부모의 수명 등과 같은 요인에 달려 있다. 그리고 이러한 요인들은 번식 성공률을 비교할 때 한 계절 동안의 번식 성공률을 비교하는지 아니면 종 사이의 번식 성공률을 비교하는지에 따라 달라진다; 따라서 "최적"이라고 하는 것은 어떤 기준을 사용하느냐에 따라 달라진다.

새의 경우, 특정한 계절 동안의 풍부한 먹이 공급은 많은 수의 한배 알 수와 높은 부화 성공률과의 상관관계를 갖는다(**표 23-3**). 오래 사는 새(종종 몸집이 큼)는 적은 수의 한배 알 수를 낳는 경향이 있다. 먹이가 풍부한 환경에 사는 새가 낳는 알의 수(*K*-선택)는 먹이가 적은 지역에 사는 종이 낳는 알의 수(*r*-선택)보다 많다. 최근 재갈매기(*Larus argentatus*)의 연구결과에서 나타난 것처럼, 알을 품는 부모의 나이는 자손의 생존에 영향을 미친다. 먹이가 부족하거나 신생아와 유아기의 질병이 높은 비율로 나타나는 상황에서, 성숙한 여성이 8 혹은 9명의 자손을 생산하는 능력은 비록 평균적으로 단 2명 만이 생존함에도 불구하고 높은 신생아 사망률 속에서 그녀의 가계를 지속시킬 수 있는 선택값이다.[3]

예를 들면 총알고둥류(*Littorina rudis*)의 Welsh 집단에 있어서 바위로 구성된 서식처에서는, 몸집이 큰 성체는 몸집이 작은 자손을 많이 생산한다. 반면에 몸집이 작은 성체는 바위 사이의 좁은 틈에 서식하는데, 이들은 몸집이 큰 자손을 적게 생산한다. 그러므로 *r*-선택과 *K*-선택이 여러 가지 다양한 집단에서 생물체들의 생활사를 이해하는 데 도움이 되는 생태적 유형을 보여 주는 것이 사실이다. 그러나 모든 생물들이 그와 같은 범주에 잘 들어 맞는 것은 아니다. 예를 들면 기대와는 정반대로 빠른 발생을 위해 선택된 초파리(*Drosophila*)는 (높은 집단 빈도를 위한 선택

[3] 인간의 출생 체중에 대해서는 Gluckman and Hanson(2005), 재갈매기 연구에 대한 내용은 Martin et al. (2000), Bogdanova et al. (2007), 그리고 새의 한배 알 수와 부모의 양육에 영향을 미치는 요인에 대해서는 Blondel et al. (2006)을 각각 참조.

표 23-2 *r*-선택과 *K*-선택에 관련된 특징들

특징	*r*-선택	*K*-선택
기후	다양하거나 예상이 어려움	아주 일정하거나 예상 가능함
자원과 서식처의 다양성	일반적으로 넓음	상대적으로 좁음
사망의 원인	주로 자연재해와 밀도 비의존적	대부분 밀도 의존적
생존율	어린시기에 사망률이 높고, 이후 시기에는 생존율이 높음	대부분의 시기에서 일정한 사망률을 가지거나 또는 특정한 시기에 다다르기 전까지 낮은 사망률을 가짐
경쟁관계	다양함, 대부분 약함	보통 강함
수명	상대적으로 짧음, 대부분 1년 미만	길고, 보통 1년 이상
선택압	1. 빠른 발생속도	1. 느린 발생속도
	2. 신속한 수의 증가	2. 경쟁능력의 증대
	3. 초기 발생	3. 발생이 지연됨
	4. 몸집이 작음	4. 몸집이 큼
	5. 단일번식(일생동안 한 번 번식)	5. 다중번식(일생동안 여러 번 번식)
	6. 많은 수의 몸집이 작은 자손 생산	6. 적은 수의 몸집이 큰 자손 생산
	7. 향상된 생산성(양적)	7. 향상된 효율(질적)

출처: Pianka, E. R., 1988. *Evolutionary Ecology*, 4th ed., Harper & Row, New York에서 인용.

표 23-3 지중해의 하나의 본토와 2개의 섬의 낙엽수림 서식지에 분포하는 푸른박새(*Cyanistes caeruleus*) 집단의 특징

형질	본토	섬 1	섬 2
집단의 밀도(쌍/헥타르)	1.0	1.28	0.35
나비유충의 풍부도(mg/m²㎡/일)	23	493	–
몸무게(g)			
수컷	11.2	9.9	9.4
암컷	10.7	9.7	9.4
한배 알 수	9.8	8.5	7.2
새끼의 수	7.5	7.3	5.0
새끼의 무게(g)	10.7	10.4	9.3

출처: Blondel, J., D. W. Thomas, A. Charmantier, P. Perret, et al., 2006. A thirty–year study of phenotypic and genetic variation of blue tits in Mediterranean habitat mosaics. *BioScience*, 56, 661–673에서 인용함.

과는 같지 않음) *K*–선택의 결과 예상되는 높은 경쟁능력과는 달리 경쟁능력의 감소에 연관된 진화를 초래한다.

일반적으로, 본 단락과 이후의 단락("집단 간 상호작용")에서 간단히 검토한 생태학적 접근에 관한 내용은 집단들이 그들의 수와 분포를 통해 어떠한 방식으로 환경에 대응하는 가에 대해 중점적으로 언급하고 있다. 이러한 연구는 압도적으로 많은데, 21장과 22장에서 논의한 것처럼, 유전적인 변화가 어떻게 돌연변이, 선택, 그리고 유전적 부동과 같은 진화기작들과 연계되어 있는지에 대한 설명을 제공해 줄 수 있는 대립유전자빈도 추정과 같은 유전적인 정보를 발견해서 통합하는 것은 극히 어려운 일이다.

유전적 하중과 유전적 사망

이론적인 발전과 더불어 생물정보학과 같은 컴퓨터를 활용한 새로운 방법의 발달을 통해 집단 생태학은 집단 유전학과 연계할 수 있다. 이는 집단구조의 기초와 집단 내에서 일어나는 상호작용과 집단과 집단 간의 상호작용에 대한 이해를 더욱 넓히는 데 기여한다(Roughgarden, 1996 참조).

집단의 분포, 수, 성장률, 생활사 등과 같은 것들을 강조하는 생태학적 접근과는 달리, 유전학자들은 집단 내에 존재하는 유전적 변이의 종류와 양에 더 큰 비중을 두며, 자연집단과 그 집단의 유전적 구조 모델을 관찰한 사항을 서로 통합하는 데 큰 역점을 두고 있다. 이러한 연구들은 1920년대와 1930년대부터 촉진되었다. 이들 중에서 가장 흥미로운 것은 많은 양의 유전적 변이가 거의 모든 자연집단에서 실제 존재한다는 것을 증명한 것이었다. 이미 주지한 바와 같이(예, 그림 10–35와 표 10–4), 상당한 양의 다형현상은 염색체뿐만 아니라 유전자 수준에서도 나타나고, 이러한 유전적 변이는 유전자의 진화적 변화를 진행시키게 된다.

그러나 유전적 변이가 가지고 있는 수많은 장점에도 불구하고, 자연집단에서 유지되는 많은 유전자들은 어떤 특정한 조합 혹은 동형접합자 상태에서, 그 유전자를 보유한 개체에 불리하게 작용하여 생존력과 생식력을 낮춘다. 그림 22–7에서 보는 것처럼, 비록 오랫동안 지속되었던 집단일지라도 최적이 아닌 개체들은 선택에 의해 집단으로부터 소멸될 수 있다. 그러므로 비록 모든 집단은 아니더라도 대부분의 집단은 유전적으로 "불완전" 또는 "최적이 아닌" 집단이다.

한 집단이 완벽한 유전적 구성으로부터 이탈해 있는 정도를 **유전적 하중**(genetic load)이라 부른다. 이것은 일부 개체가 **유전적 사망**(genetic death)을 통해 집단으로부터 소멸됨으로써 표현된다. 생식연령에 이르기 전까지는 유전적 사망이 반드시 실질적인 죽음에 이르는 것을 의미하지는 않는다. 그러나 유전적 사망은 불임성, 혹은 번식상대를 찾을 수 없는 무능력, 또는 최적의 유전자형에 비해 생식능력이 감소되는 등 다른 어떤 방법으로 표현될 수 있다. 따라서 이러한 값들의 수치는 선택에 의해 제거되는 개체의 비율로서 표현될 수 있다. 예를 들어 만일 어떤 유전자가 동형접합자 상태에서 유해하다면, 선택 전·후의 동형접합자 빈도는 다음의 표와 같을 것이다:

	유전자형		
	AA	*Aa*	*aa*
수정 당시 빈도	p^2	$2pq$	q^2
상대적응도	1	1	$1-s$
선택 후 빈도	p^2	$2pq$	q^2-sq^2

개체의 유전자빈도가 소실되거나 혹은 그로 인해 초래된 유전적 하중은 sq^2과 같으며, s는 동형접합자 *aa*의 선택계수이다. 만일 선택 이전의 집단에 N개의 개체가 있었다고 가정하면 유전적 하중이 sq^2N 만큼을 집단에서 제거하게 된다.

그러나 이 sq^2값 역시 평형상태에서의 $A \rightarrow a$로의 돌연변이율(u)과 같으며, 이러한 사실은 유해한 열성동형접합자가 일으키

는 유전적 하중이 돌연변이율과 동일하다는 것을 의미한다. 그러나 이는 오직 유전적으로 안정된 시스템에서만 적용된다. Haldane(1939)이 지적한 것처럼, 이러한 유연관계가 가지는 중요한 특징은 돌연변이율이 일정하다면, s가 크건 작건 간에 유전적 하중에는 큰 차이를 나타내지 못하게 된다. 그림 22-10의 수압모델의 각각의 세로열(일정한 돌연변이율)에서 볼 수 있듯이, 만일 s가 작다면 평형상태에서 q는 커질 것이고, s가 크다면 q는 작아질 것이다.

높은 선택계수는 유전자를 집단으로부터 보다 빠르게 제거하고(낮은 q), 낮은 선택계수는 유전자를 집단 내에 보다 오랫동안 유지시켜 준다(높은 q). 어떤 경우이건 유전적 하중은 $sq^2 = u$로 유지되며, 유전적으로 사망하는 총 수는 sq^2N으로 유지된다. 돌연변이가 유해한 열성유전자를 생산하는 한, 돌연변이율의 증가는 결과적으로 그에 상응하는 유전적 하중을 증가시켜 결국 유전적 사망에 이르게 한다.[4]

Crow(1992)에 따르면, 유전자형 간의 적응도의 차이를 나타내게 하는 어떤 요인이라도 유전적 하중을 만들어 낼 수 있다. 그와 동료들은 이러한 요인들의 상대적인 중요성을 평가할 수 있는 방법을 고안하였다. 이전에 논의한 대로 **돌연변이 하중**(mutational load)은 유전적 하중을 일으키는 가장 필수적인 요인 중의 하나이다. 또 다른 요인은 **분리 하중**(segregational load) 혹은 **평형 하중**(balanced load)으로, 이것은 이형접합자가 두 유형의 동형접합자 보다 선택적으로 우위에 있을 경우에만 해당된다. 이형접합자가 초우성(표 22-4 참조)일 때, s와 t는 각 동형접합자들에 대한 선택계수가 되기 때문에, 두 대립유전자를 가지는 유전자의 경우, 분리 하중은 동형접합자 AA에 대한 값 p^2s와 동형접합자 aa에 대한 하중 q^2t 값을 더한 수치가 된다. 만약 그러한 조건하에서 p와 q의 평형유전자빈도를 $p^2s + q^2t$로 치환하면 다음의 공식을 얻을 수 있다.

$$\left(\frac{t}{s+t}\right)^2 s + \left(\frac{s}{s+t}\right)^2 t = \frac{st^2+ts^2}{(s+t)^2} = \frac{st(s+t)}{(s+t)^2} = \frac{st}{s+t}$$

그러므로 만약 s와 t 둘 모두 약 0.1정도 된다면 분리 하중은 0.01/0.2 혹은 0.05가 될 것이다. 이 수치는 대부분의 통상적인 돌연변이율 보다는 매우 높은 수치이며, 돌연변이가 일으키는 하중($sq^2 = u$)과 비교했을 때, 이는 무작위적 교배가 이루어지는 집단에서 분리 하중이 일으킬 것으로 예상되는 유전적 하중이 증가되었음을 보여준다.

대부분 혹은 모든 집단들은 한 종류 혹은 다른 종류의 유전적 하중을 — 예를 들면 교차에 의해 상호 연관된 유전자끼리 적응에 유리한 조합을 깨뜨리는 **재조합 하중**(recombinational load)을 포함 — 보유하고 있다 할지라도, 각 유전적 하중의 종류에 대한 상대적인 수치를 계산하지 않았다. Crow(1993)는 "초파리를 제외한 어떤 다른 동물에서도 전체 유해성 돌연변이율은 알려져 있지 않다."라고 지적하였다. 진화적 관점에서 보면 어떠한 종도 유전적 사망 없이 유전적으로 완벽한 상태인 이른바 "유전적 완벽함"에 도달할 수 없다. 환경은 시간이 지남에 따라 변하고, 그럼으로써 서로 다른 유전자형 간의 유리한 점, 불리한 점 역시 시간에 따라 변한다. 한편으로는 그들이 사는 환경에 완벽하게 적응한 집단 — 유전적 하중이 매우 미소하거나 거의 없는 집단(유전적 변이가 없음) — 은 빠른 환경의 변화로 인해서 아주 짧은 시간 내에 멸종할 수 있다는 상상도 가능하다. 상대적으로 유전적 하중이 큰 집단은 이전에 유해했던 유전자들이 오히려 그들이 생존하는 데 도움이 되는 적응력을 부여해 줄 수 있는 새로운 환경에 직면할 수도 있다.

유전적 하중이 결여된 집단은 유전적 하중을 하나 가지는 집단보다 더 큰 해를 입을 수 있으며, 이는 이전에 최적의 돌연변이율과 연관하여 설명되었다. 따라서 비록 최적의 유전자형으로부터 이탈한 정도로서 유전적 하중을 측정한다 할지라도, 특정한 최적 유전자형의 진화적 가치는 제한적일 것이다. 최적의 유전자형은 시간 혹은 장소에 따라 변하고, 예를 들어 암수와 같이 서로 다른 유전자형 사이에 노동의 구분이 존재한다면, 동일한 장소에서조차도 다를 수 있다.

진화의 비용과 중립주의자들의 주장

한 집단이 가지는 유전적 하중이 어떤 유형이든 간에, 자연선택은 특정 유전자들을 선호하거나 혹은 다른 유전자들을 버림으로써 그 하중에 더해진다. 대립유전자 치환은 계속적으로 진행되어 점차 집단 내에 만연한 것이기 때문에, 한 집단에서 선택에 의해서만 하나의 대립유전자를 대체하기 위해서 얼마나 많은 개체들이 이른바 유전적 사망의 관점에서 소멸되어야 하는가 하는 의문을 가질 수 있다. 만일 상대적으로 높은 빈도로 나타나는 열성 돌연변이에 비해 선택에 보다 유리한 값을 나타내는 우성의 돌연변이가 일어난다면, 1세대 동안의 선택이 진행된 후 유전적 사망에 이르는 개체의 수는 sq^2N이 될 것이다(N: 집단에 있는 개체의 수).

어떤 유해 대립유전자의 완전한 유전자 치환이 일어났을 경우, Haldane은 유전적 사망에 이르는 총 수는 인자 D ($D = \ln p_0$)에 의해 결정되는데, 이는 새로운 대립유전자의 초기 유전자빈도수(p)에 집단의 수(N)를 곱하여 결정된다는 것을 수식으로 계산하였다. 새롭지만 빈도가 드문 우성의 대립유전자의 경우 D는 약 10 정도이므로, 유해한 열성대립유전자를 제거하는 데 소요되는

[4] 예를 들어, DNA 합성 초기에 복제되는 구아닌-시토신이 풍부한 염기서열과 같은 특정한 DNA 염기서열이 가지는 조성으로 인해 다른 염기서열과는 다른 방향, 다른 비율로 돌연변이를 일으킨다. 그 결과 아직까지는 최소의 돌연변이가 하중을 생성하지만, 그러한 염기서열은 전체적인 뉴클레오티드 유전자 패턴에 편향을 가져올 수 있다(Holmquist and Filipski, 1994).

진화의 비용은 단일 세대 동안에 평균개체수의 약 10배 정도가 된다. 물론 이 비용은 여러 세대동안에 걸쳐 널리 전파되며 유전자 치환의 속도는 선택계수에 따라 달라진다. 만일 새롭게 선택된 드문 대립유전자가 열성이라면, 동형접합자는 극도로 희박할 것이므로 *DN* 값은 증가하여 약 100*N*에 이르게 된다.

유전자 치환은 선택계수(*s*)가 클 때 *s*가 작을 때보다 훨씬 빠르게 일어나지만, 집단은 멸종의 위기에 직면하게 된다. 왜냐하면 그 수가 너무 적어 사고로부터 교배상대의 생존을 장담할 수 없기 때문이다. 극단적인 경우, 즉 $s = 1$일 때 유전자 치환은 만약 대립유전자가 우성이라면 단일 세대 내에서 일어나고, 이러한 경우 열성 동형접합자는 살아남는다. 만약 새로운 대립유전자가 낮은 빈도로 존재한다면 소수의 열성 동형접합자가 생존을 위해 존재하기 때문에 유전자 치환이 일어날 가능성은 상당히 높다.

Haldane(1939)에 따르면, 선택된 많은 대립유전자들은 우성의 중간 상태를 유지한다. 그는 하나의 대립유전자의 유전자 치환이 일어나는 데, 유전적 사망 수치는 평균 30*N*에 이르고 한 집단이 그러한 선택을 목적으로 약 1/10 정도의 생식능력을 희생할 수 있다고 주장하였다. 다시 말하면 한 유전자의 치환은 $1/10 \times 30N$, 즉 매 300세대마다 일어날 수 있다고 제안하였다.

그러나 모든 유전자의 치환이 선택에 의해 야기되는 것은 아니다. Kimura(1979)는 분자수준에서의 진화는 실제 Haldane이 주장했던 것보다 훨씬 더 빠른 속도로 진행된다고 주장하였다. 예를 들면 척추동물의 경우, 많은 헤모글로빈 단백질의 아미노산들은 대략 10^7년당 1개의 아미노산이 치환된다고 계산되지만, 전체 DNA의 양은 10^7개의 아미노산을 암호화하는 데 필요한 것 보다 훨씬 더 많다. 따라서 만일 전반적인 아미노산 치환율이 모든 단백질에 대해 거의 동일하게 나타난다고 가정하면, 각 척추동물 종들은 최소한 1년에 한번 정도의 완전한 아미노산 치환이 일어난다고 예측할 수 있다. 만일 선택에 의해 하나의 유전자 치환에 요구되는 비용으로, Haldane이 주장한 대로, 30*N*이라는 수치를 받아들여 척추동물의 평균 세대를 약 3년이라고 추정한다면, 각 척추동물 집단들은 그 집단의 규모를 유지하고 멸종을 피하기 위하여 엄청나게 많은 양의 유전적 사망을 대가로 지불해야만 한다. 예에서 알 수 있듯이 만일 자연선택이 유전자빈도를 변화시키는 주된 요인이라면 집단은 각 세대마다 그 수의 90배($3 \times 30N$) 만큼 노력을 해야 할 것이다.

이처럼 추정된 선택의 높은 비용 때문에 대부분의 아미노산 치환은 사실상 중립적이라고 주장이 제기되었다. 선택은 **중립적 돌연변이**(neutral mutation)에는 효력을 미치지 못하기 때문에, 그러한 대립유전자의 집단 내 고정은 유전적 하중을 초래하지 않고, 오직 돌연변이율과 유전적 부동에 의존하여 일어난다. 개체를 대상으로 했을 때 특정한 중립 대립유전자가 고정되는 데 필요한 시간은 집단의 크기에 의존한다. 크기가 작은 집단에서 유전적 부동이 대립유전자의 집단 내 고정 확률을 변화시키지는 않지만, 유전적부동은 이러한 대립유전자의 집단 내 고정을 더욱 가속화 시킨다. Kimura와 Ohta(1972)는 새로운 중립적 돌연변이를 고정 하는 데 소요되는 평균 세대수는 대략 각 세대 당 집단 내 존재하는 부모의 수의 4배에 해당하는 수만큼 필요하다고 산출하였다.

이러한 중립주의자들의 가설[이 가설은 선택에 의존하지 않고 돌연변이에 의존을 하고 있는 까닭에 **비다윈적 진화**(non-Darwinian evolution)라고도 불린다][5]은 광범위한 효소 및 단백질의 다형현상에 의해 지지를 받고 있으며, 이는 많은 종들에 있어서 수천 개의 많은 유전자좌에서 대립유전자의 차이가 유지되고 있음을 의미한다. 물론 대립유전자의 차이가 집단 내에 고정되지는 않으면서 선택에 유리한 이형접합자 상태로 유지될 수 있다고 주장할 수 있으며, 또한 대립유전자들이 집단 내에서 결코 고정될 수 없기 때문에 Haldane이 보여 준 유전자 치환에 필요한 높은 진화의 비용을 배제할 수 있다. 그러나 선택에 의한 다형현상을 유지하는 것은 아마도 그 자체로도 거대하고 견디기 힘든 유전적 하중을 수반하게 될 것이다.

단일 유전자좌에서 이형접합자 우성현상만이 집단의 유전적 다형현상을 유지시키는 유일한 것이라면, 분리 하중은 이미 논의된 바와 같이 $st / (s+t)$가 된다. 이러한 분리 하중의 원인이 두 동형접합자의 치사성(**평형 유전자 하중**; balanced genetic load 또는 평형치사; balanced lethals)에 따라 결정된다면, 선택계수 *s*와 *t*는 모두 1이 되고, 따라서 분리 하중은 1/2이고 집단의 적응도는 $1 - 1/2 = 1/2$이 된다.

각각 서로 독립적으로 작용하는 2쌍의 평형치사유전자(예를 들면 *BB*, *bb*와 마찬가지로 *AA*, *aa*가 치사성을 나타내고 *AaBb* 이형접합자만이 생존할 수 있는)에 대하여 집단의 적응도는$(1 - 1/2)^2 = 1/4$로 감소된다. 일반적으로 선택계수가 얼마이든 평형 혹은 분리 하중을 가지는 집단의 평균 적응도는 $[1 - st / (s + t)]^n$이 된다. 여기서 *n*은 이형접합자 우세가 유지되는 유전자 쌍의 수를 나타낸다. Kimura와 Crow(1964)는 그러한 집단의 적응도가 대략 $e^{-\Sigma L}$과 같다고 계산하였다. 여기서 *e* (2.718)는 자연로그의 밑수를 나타내고 ΣL은 관여한 각 유전자 쌍에 대한 각 하중의 합을 나타낸다.

우세한 이형접합자를 유지시키는 데 많은 유전자 쌍이 관여하는 한, 동형접합자에게 불리하게 작용하는 선택계수가 비록 작다 하더라도 이 같은 하중은 상당히 커질 수 있다는 사실은 놀랄 만한 일이 아니다. 예를 들면, 만일 우세한 이형접합자가 100개의 유전자좌에서 유지되고 있다면, 이들 각각은 0.01의 유전적 하중(즉, $s = 0.02$, $t = 0.02$; $st / (s + t) = 0.0004 / 0.04 = 0.01$)을 가

[5] 엄격히 말해서 선택은 돌연변이가 중립적이든 아니든 상관없이 돌연변이에 작용하는 것이 아니라 돌연변이와의 연계의 결과로 나타나는 표현형에 작용한다. 이러한 맥락에서 Kimura의 이론은 선택에 의존하지 않는다고 말할 수 있다.

지게 되고, 집단의 평균 적응도는 약 $e^{-100(0.01)} = e^{-1} = 0.37$ 까지 떨어지게 된다. 만일 500개의 유전자좌가 유사한 방식으로 작용한다면 집단의 적응도는 $e^{-5} = 0.007$, 만일 1,000개의 유전자가 작용한다면 $e^{-10} = 0.00005$가 된다. 그러므로 각 유전자에 있어서 이형접합자에 대한 선택의 이점이 작을 때 1,000개의 유전자좌에서의 다형현상을 유지하기 위해서는 20,000개의 자손들 중 오직 1개의 좌위만이 살아남을 수 있을 것이다. 모든 암컷이 생존할 수 있는 2개체의 자손을 생산하기 위해서는(그럼으로써 집단을 생존할 수 있게 함) 각 암컷은 하나의 선택의 목적을 충족하기 위해 약 40,000개체의 새끼를 낳아야 한다. 그러므로 빠르게 돌연변이를 일으키는 대장균(*Escherichia coli*) 균주에서 선택에 있어 중립을 나타내는 돌연변이가 아주 높은 빈도를 가진다는 관찰을 기초로, Kimura와 그의 동료들이 지지하는 바와 같이 대부분의 다형현상을 가지는 시스템은 반드시 중립성 돌연변이들로 구성되어야 한다.

중립주의자들이 사용하는 대표적인 증거 중 하나는 특정한 단백질에서 보여지는 아미노산 치환율의 일정함(분자시계; 12장 참조)이다. 예를 들면, Kimura와 Ohta(1972)는 헤모글로빈의 α-사슬이 같은 종으로부터 유래되었건 혹은 다른 종으로부터 유래되었건 간에, β-헤모글로빈에 있는 아미노산에 비해 α-헤모글로빈 사슬에서 똑같은 수의 변화가 일어난다는 사실에 주목하였다. 사람의 β-사슬과 비교했을 때 사람의 α-사슬은 75개의 차이를, 말의 α-사슬은 77개의 차이를, 그리고 잉어류의 α-사슬은 77개의 차이를 보여 주었다. Kimura와 Ohta는 다음과 같은 의문이 생겼다: 왜 서로 다른 선택의 역사를 가지는 사람, 말, 어류의 α-헤모글로빈 사슬이 거의 같은 비율로 사람의 β-사슬로부터 분기하는가? 중립주의자들에 따르면 이러한 균일성은 공통의 선택 조건에 의한 것이라기 보다는 공통의 유전적 부동과 중립적인 돌연변이율에 의한 결과라고 쉽게 설명할 수 있다. 이러한 증거만큼이나 놀라운 것은 분자시계의 규칙성이 명백한 것은 아니라는 것이다. 분명히 일부 단백질에서는 일정한 진화율에 대한 예외의 경우도 있으며, 서로 다른 단백질을 비교할 때 이들 사이에 서로 다른 뉴클레오티드 치환율을 가지는 경우도 있다(**표 23-4**).[6]

선택주의자들의 주장

중립주의자들의 관점을 반박하기 위하여, 선택주의자들은 최소한의 유전적 하중을 일으키는 많은 다형현상을 유지시키는 것을 설명할 수 있는 다양한 선택 체계를 고안하였다. 그중 하나로 **빈도 의존적 선택**(frequency-dependent selection)을 들 수 있는데, 이는 상대적으로 희귀한 선택된 대립유전자 빈도가 변할 때에만 유전적 하중을 일으키지만, 대립유전자 빈도가 평형에 도달할 때에는 유전적 하중을 일으키지 않는다. 그러나 다형현상은 수천 개의 좌위에 존재하기 때문에 역시 수천 개에 대한 각각의 빈도 의존적 선택 기작이 존재한다는 점은 의심의 여지가 있다.

자연집단에서 자연선택은 많은 유전자형들의 효과를 2개의 주요 그룹, 즉 적합과 부적합으로 묶어서 취급한다는 주장이 제기되었다. 집단의 다형성 유전자좌의 "임계" 수에 의해 이 두 그룹은 구분된다: 임계수보다 많은 유전좌에 있는 이형접합자들은 더 이상 잡종강세 효과를 증진시키지 못한다. 반면에 임계수보다 적은 수의 대립유전자에 있는 이형접합자들은 아마도 모두 동일하게 유해성을 나타낼 것이다. 따라서 이러한 임계점이 마치 절단형 선택처럼 작용하여 그들의 유전자형이 무엇인지에 관계 없이 모든 부류의 표현형들을 제거하거나 잘라버린다.

이러한 종류의 임계점은 집단에 미치는 환경적인 압박에 따라 변할 수 있지만(B. Wallace, 1970), 그러한 집단이 초래하는 유전적 하중은 상대적으로 작을 것이다. 왜냐하면 임계점 아래 혹은 위에 있는 여러 유전자형들 사이에 존재하는 차이를 함께 묶어

[6] 분자시계의 불규칙성과 중립설에 대한 다른 "해결되지 않은" 논점들은 Takahata (1996)에 의해 재검토되었다.

표 23-4 두 단백질의 진화율 비교

그룹 간 비교	분화시기(단위: 백만 년)	아미노산 치환율[a] 수퍼옥시 디스무타아제(활성산소제거효소)	글리세롤-3-인산탈수소효소
초파리 종군	45 ± 10	16.6	0.9
초파리 아속	55 ± 10	16.2	1.1
초파리 속	60 ± 10	17.8	2.7
포유류	70 ± 15	17.2	5.3
초파리 과	100 ± 20	15.9	4.7
동물 문	650 ± 100	5.3	4.2
다세포 계	1,100 ± 200	3.3	4.0

[a] 비율은 다중치환에 대한 보정 후 10^{-10}년당 아미노산 치환율의 추정치. 두 유전자 모두 각각의 생물군에서 동일종을 대상으로 비교하였음.
출처: Ayala, F. J., 1999. Molecular clock mirages. *BioEssays*, **21**, 71–75에서 인용.

서 취급하기 때문에 유전자형의 차이는 유전적 하중을 부가하지 않는다. 유전자는 진화하는 동안에 개별로 대체되지는 않지만 연관블록에서 선택될 수 있거나, 혹은 이들이 기능적인 그룹으로서 작용할 수 있는 가능성은 유전자 간의 상호작용이 아마도 임계효과를 만들 수 있다고 하는 견해를 뒷받침한다; 만일 각 유전자좌가 다른 모든 것들로부터 독립적으로 작용한다고 가정한다면, 그와 같은 유전자 간의 상호작용 가능성에 의해 이론적인 유전적 하중이 잘못 계산되어질 수도 있다는 사실을 의미한다. 이러한 임계 개념이 일부 집단유전학자들의 관심의 대상이라 할지라도 이러한 임계가 존재한다는 사실을 증명할 직접적인 증거는 없다.

현재로 선택주의자들은 다음과 같은 4가지 측면을 강조하고 있다.

단백질 다형현상과 생태적 조건

선택주의자들은 특정 대립유전자와 특정한 환경조건 사이에는 강한 상관관계가 있기 때문에 이는 선택이 단백질 변이, 즉 **알로자임**(allozymes)에 대한 다형현상을 유지시켜주고 있다는 견해를 제시하였다. 하나의 잘 알려진 예로서 이형접합자가 2개의 동형접합자 보다 적응도에 있어 우위를 나타내는 낫형세포빈혈증 유전자와 말라리아와의 연관성(그림 22-3 참조)에 관한 것이다. 초우성에 관해 보다 잘 알려진 예는 효모균에서 밝혀진 알코올 탈수효소 유전자이다. 그러나 그러한 경우에 있어서 선택에 의해 집단의 다형현상을 유지하는 것은 동형접합자를 잃게 되는 데 있어 상당한 비용을 치러야 한다.

비교적 선택의 효과가 약하게 나타나는 것 중의 하나는 담수물고기인 *Catostomus clarkii*에서 발견되는 다형현상을 예로 들 수가 있다. 이 물고기의 에스터라제 효소와 관련된 두 대립유전자의 분포는 콜로라도강 유역을 따라 형성된 온도 경사를 따르는 것처럼 보인다. 위도 상으로 남쪽(보다 따뜻한)에서 가장 높은 빈도를 갖는 대립유전자의 동형접합자는 온도가 증가함에 따라 활발한 활성을 나타내는 효소를 만들어 낸다. 반면에 북쪽(보다 추운)에서 높은 빈도를 나타내는 대립유전자는 온도가 감소함에 따라 보다 활성을 가지는 효소를 형성한다.

노랑초파리(*D. melanogaster*)의 알코올 탈수소효소좌위(*Adh*)에서 생성되는 알로자임 역시 주변 환경 온도와 대립유전자빈도사이에 연관성이 있음을 보여 준다. 높은 온도에서 서로 다른 *Adh* 알로자임이 가지는 안정성은 이들이 초파리로 하여금 높은 알코올 농도의 배지에서 생존할 수 있는 능력을 부여하는 적응력과 관련이 있다. 그러한 알로자임 간의 차이에 작용하는 선택은 북-남으로 이어지는 지리적 기울기를 따라 관찰된 유전자빈도의 변화를 설명하는 데 도움이 될 것이다.

특정한 환경과 대립유전자 간의 이러한 상관관계는 식물과 동물에서도 나타나지만, 대부분의 경우 명확한 상관관계는 존재하지 않는다. 그러한 상관관계가 항상 필연적인 원인이 되거나 우연에 의한 것이 아니라는 것을 증명하기는 어렵다. 중립주의자들은 다형현상을 나타내는 것으로 알려진 몇몇 효소의 유전자좌는 선택이 작용하는 유전자좌와 아주 강하게 연결되어 있을 것이라고 주장하고 있으며, 관찰되는 단백질의 다형현상은 단지 연관 비평형 혹은 **유전자 편승**(hitchhiking)의 효과일 뿐이라고 주장한다.

효소 다형현상에서의 비 무작위적 대립유전자빈도

유전학자들은 우리에게 잘 알려져 있지 않은 장점을 갖는 여러 효소들의 다형현상을 강조해 왔으나, 이들 다형현상의 빈도를 완전한 임의성만을 기초로 설명하기는 쉽지 않다. 이러한 것에 대한 초기의 예는 Prakash와 그의 동료들(1969)이 관찰한 것으로, 캘리포니아(California)로부터 텍사스(Texas)에 걸쳐 분포하는 초파리의 일종인 *Drosophila pseudoobscura* 집단들은 많은 종류의 단백질에 있어서 놀라울 정도로 높은 유사성을 보여 준다. 일부 학자들은 그러한 유사성이 공통된 선택적 요소를 가지기 때문이기 보다는 서로 다른 집단 간의 이주에 의해서라고 주장을 하고 있지만, 서로 다른 종 사이에 나타나는 유전자빈도의 유사성을 단지 이주만으로 설명하기는 쉽지 않다.

초파리의 일종인 *D. willistoni* 그룹 중 유전적으로 고립된 종은 많은 효소들의 대립유전자에 공통적인 유전자빈도를 갖는다. 더욱이, 그들 사이의 유사성의 양상이 항상 일정한 것이 아니며, 자료들에 따르면 서로 다른 종의 경우 일부 어떤 효소들에 대해서(물론 다른 효소들에는 적용이 되지 않지만) 공통된 선택적 요소들을 공유하고 있다는 것을 증명하는 것처럼 보인다. 유전학과 생태학적 견해를 포함한 보다 넓은 범주에서 Nevo (1978)는 이스라엘에서 곤충, 연체동물, 척추동물, 그리고 식물을 포함한 35종을 조사하여 한 종이 갖는 알로자임 다형현상의 양은 기후나 생활 습관과 같은 요소들과 관련이 있다는 결론을 내렸다.

더욱더 놀라운 것은 Milkman이 발견한 것으로, 도마뱀과 인간만큼 다양한 동물의 장에서 추출된 대장균과 아이오와(Iowa), 뉴기니(New Guinea) 등 폭 넓은 지역으로부터 분리된 대장균들이 공통의 알로자임 빈도를 공유하고 있었다. 서로 다른 5종류의 효소에 대한 전기영동 분석결과, Milkman(1973)은 하나의 특정한 밴드가 거의 모든 시료에서 빈번히 나타나는 것을 발견하였다. 이들 단백질에 대한 다른 알로자임이 존재하기 때문에, 이들 단백질들에서 이와 같이 좁은 분포를 갖는 알로자임을 발견한 것을 선택이 아닌 다른 요인에 기초하여 설명하기는 매우 어렵다. 대체 설명으로는 *EcoRI*에 돌연변이와 재조합이 극히 드물게 일어나 초기 정착한 집단의 유전자형이 오랜 시간을 거치는 동안 집단에 남아 있을 수 있다는 것이다.

선택은 동일한 기능이 서로 다른 진화경로를 통하여 서로 다른 분류군에서 일어나도록 하는 수렴진화의 원인으로 작용하기도 한다(그림 3-7의 예 참조). 분자 수준에서 Yokoyama와 Yokoyama(1990)는 사람과 물고기에서 초록색 시각 색소로부터 빨간색 시각 색소를 독립적으로 진화시켜 온 수렴진화 현상을 DNA 염기서열을 이용하여 증명하려 하였다. 또한 히스톤 단백질과 같은 매우 보존성이 높은 유전자 산물의 경우 식물이나 동물에서 거의 유사한데, 이는 선택이 생물체에서 필수적인 기능에 대해서는 큰 변화를 적극적으로 억제하고 있다는 사실을 암시한다.

효소의 기능과 다형현상의 정도

효소의 기능은 그 유전자좌에서 다형현상의 정도에 영향을 미치는데, 효소는 크게 2개의 부류로 나누어진다: 즉 해당과정과 같은 에너지 대사의 제한적인 과정에만 관여하는 것들과 다양한 종류의 기질을 이용할 수 있는 것들로 구분하였다. 보다 제한적인 기질을 갖는 효소들의 경우 다양한 종류의 기질들을 이용하는 효소들에 비해 훨씬 낮은 수준의 다형현상을 나타낸다. 더 나아가 대사과정을 조절하는 데 관여하는 효소들은 주요 기능이 조절 기능이 아닌 효소에 비해 일반적으로 보다 높은 다형현상을 가진다는 것을 의미한다. 다형현상에 있어서의 차이를 유지시켜 주는 생화학적 요인이 무엇인지 알 수 없지만, 아마도 이들이 단순히 임의적으로 나타나는 현상은 아니다. 이는 다형현상을 나타내는 많은 대립유전자들이 선택적으로 중립이 아니라는 점을 나타낸다.

DNA 암호화 염기서열의 다형현상

일반적으로, 염기서열 분석 결과는 RNA로 전사하여 아미노산으로 번역되는 DNA 염기서열에 비해 아미노산 서열을 결정하지 않는 DNA 염기서열에서 훨씬 높은 정도의 다형현상을 나타낸다.

이러한 사실은 선택이 아미노산을 암호화하는 부위에서의 변이성을 감소시킴을 의미하는데, 이는 아미노산을 암호화하는 부위의 염기서열이 암호화하지 않는 부위에 비해 표현형에 보다 큰 영향을 미치기 때문이다. 다르게 표현한다면 아미노산을 암호화하지 않는 부위가 갖는 변이성의 주요 원인이 되는 무작위적인 중립적 돌연변이들이 아미노산을 암호화하는 부위에 남아있는 변이를 결정하지 않는다고 할 수 있다. 그러므로 선택은 처음 2개의 아미노산 코돈 부위에 보다 강하게 작용한다고 예상할 수 있다. 이 부위는 아미노산을 결정하는 데 있어 "불안정한" 세 번째 코돈 부위보다 더 깊게 관여하며, 세 번째 코돈 부위는 유전암호 퇴화의 근본적인 원인이다(8장 참조).

이와 유사하게 아미노산을 암호화하는 엑손(발현된 염기서열)보다는 암호화하지 않는 인트론(엑손 사이에 존재하는 염기서열, 9장 참조) 부위에서 훨씬 많은 다형현상을 기대할 수 있다. 이러한 기대는 노랑초파리의 알코올 탈수소효소 유전자의 경우에서 충족되었는데, 인트론에서 6%, 세 번째 코돈 부위에서 7%의 다형현상을 관찰하였으나, 엑손과 첫 번째, 두 번째 코돈 부위에서는 거의 다형현상을 관찰하지 못하였다. 단지 무작위적 사건만으로는 이처럼 확연한 다형현상의 차이를 거의 설명하지 못하기 때문에, 위와 같은 발견은 선택이 뉴클레오티드 염기 치환이 기능적으로 다른 DNA 염기서열 속에 정착하도록 결정하는 역할을 수행하는 것이 틀림없다는 사실을 강력히 시사하고 있다.

기능적으로 다르게 분화하는 과정에 있는 **중복유전자**(duplicate gene)를 비교하면 자연선택이 갖는 활동적인 역할을 알 수 있다. 이러한 중복유전자 간의 아미노산을 암호화하는 염기서열을 비교했을 때, 기능적으로 중요하지 않은 부분에서의 차이가 기능적으로 분화하지 않는 부분을 암호화하는 염기서열보다 훨씬 크다는 것을 기대할 수 있다. Ngai와 그의 동료들은(1993) 메기과의 어류에서 후각수용기 단백질을 만드는 데 관여하는 중복유전자를 연구한 결과, 특정 아미노산을 암호화하는 부위의 중복유전자 사이에서 다른 부위에 비해 보다 많은 유전적 차이를 발견하였는데, 이는 중립적 돌연변이보다는 유전자의 기능적 차이를 유도하는 적극적인 선택이 작용하고 있음을 의미한다.

아미노산을 치환시키지 않는 동의코돈에 비해, 아미노산을 결정하는 코돈에서 더 빈번하게 일어나는 성과 연관된 유전자들(성결정, 교미행동, 정자발생, 난의 수정)에 있어 기능적 분기 역시 돌연변이의 원인이 된다(12장 참조). 이러한 현상이 연체동물, 절지동물, 포유류 등과 같은 다양한 생물로부터 공통적으로 발견되었다는 사실은(예, Civetta와 Singh, 1998a) 성과 연관된 유전자의 아미노산 서열 변화는 종이 점차 분기하면서 능동적으로 선택되었다는 사실을 말해 준다.

중립설에 따르면, DNA 염기서열로부터 얻어진 실험결과, 어떤 종에서 돌연변이가 일어나건 특정유전자에서 일어나는 대부분의 돌연변이들은 선택적으로 중립적일 것이라는 개념에 기초를 두고 있다. 즉, 만일 특정 유전자좌에 대해서 종내 및 종간의 변이를 비교한다면, 두 근연종 사이의 아미노산 차이를 유발하는 뉴클레오티드 분기 정도는 각각의 종 내부에서 발견되는 뉴클레오티드 분기 정도(다형현상)와 같이 다른 형질에서 발견되는 중립적인 변이와 상호 연관성을 가지고 있어야 한다. Eanes와 동료들(1993)은 두 근연종인 노랑초파리(*D. melanogaster*)와 어리노랑초파리(*D. simulans*)로부터 얻어진 포도당-6-인산산 탈수소효소(*G6pd*)의 44개 사본의 염기서열을 비교하여 이러한 중립적 돌연변이를 검증하였다. 그 결과 종간의 아미노산 차이가 상당히 큰 것을 발견하였는데(21개의 아미노산 치환), 이는 종 내의 다형현상의 정도로부터 예상할 수 있는 것과 아미노산의 변화를 유발시키지 않는 종간의 동의 돌연변이 차이 정도로부터 예상할 수 있는 것보다 훨씬 높은 수치였다. 이처럼 높은 빈도는 아미노산의 변화가 아미노산이 거의 선택을 경험하지 않았을 경우(즉 다시 말해 그 효과가 선택적으로 중립이었을 경우), 우리가 기대하는 것 보다 훨씬 더 엄격한 선택에 의한 결과라는 것을 암시한다.

요약하면 선택의 힘은 의심할 여지 없이 다형현상에 영향을 미치고, 또한 어떤 상황 하에서는 다형현상을 집단 내에 유지시키는 데 도움을 준다. 하지만 어떤 특정시기에 선택이 작용하는 유전자의 수, 이들 유전자 간의 결합관계, 작용하고 있는 선택의 종류 혹은 선택계수의 크기 등에 대해서는 알려져 있지 않다(Hey, 1999). 일부 혹은 많은 다형현상의 원인으로서 중립적 돌연변이나 유전적 부동을 배제할 수 없다. 일부 유전적 변이들은 어느 특정한 시기 혹은 어떤 특정한 조건하에서는 중립적일 수도 있으나, 환경이나 유전적 배경이 변화할 때 선택적인 가치를 갖는다.

집단의 유전적 특성

표 21-1에 나타낸 바와 같이, 집단은 독특한 진화적 특성을 가지고 있다. 집단의 진화에 영향을 미치는 많은 유전적 요인들은 만약 개체만을 고려할 때에는 일반적인 예상과는 다른 방향으로 작용할 수 있다. 이들 요인들 중 성, 유성생식, 돌연변이 그리고 결합에 대해 알아보고자 한다.

성과 유성생식

이 장에서는 비록 깊이 연관되어 있지만 동떨어진 2개의 주제를 다루고자 한다. 하나는 집단 내에서의 **양쪽 성의 소유와 진화**(evolution and possession of two sexes, gender), 즉 암컷과 수컷에 대한 것이며 다른 하나는 암컷과 수컷의 진화를 수반하는 **유성생식**(sexual reproduction)에 대한 것이다. 성은 개체에게는 작은 가치를 갖거나 해로울 수도 있지만, 집단에게는 분명한 이로움을 가져다 준다.

성의 진화와 **재조합의 진화** 간의 관계가 많은 흥미를 불러일으키지만, 이들 두 가지가 연결되어 있는지, 연결되어 있다면 어떻게 연결되어 있는지 확신하기는 어렵다. 유성생식과 재조합이 자연집단에 지속되는 것을 설명하기 위해, 20여 개에 이르는 제안이 있음에도 불구하고 아직 그 이유는 수수께끼로 남아 있다. 아마도 자연선택이 개체의 적응도에 이익이 되는 대립유전자 간의 관계를 유지시켜 준다고 예상된다. 유성생식은 새로운 관계를 형성한다. 즉 유성생식에 의한 재조합은 그러한 대립유전자를 붕괴시킨다. 더욱이 만약 암컷이 수컷의 도움 없이 처녀생식으로 번식한다면 번식률은 증가할 것이다. 처녀생식으로 번식하는 암컷들은 유성생식으로 번식하는 암컷에 비해 두 배나 많은 유전자를 다음세대에 남길 것이다. 그러면 왜 성을 가지는가?

성의 **진화적인 기원**에 대한 하나의 제안은 성(여기에서는 감수분열을 의미함)은 재조합에 의한 DNA 수리 기작을 이용하여 DNA의 손상을 극복하기 위한 방편으로 기원하였다는 것이다. 재조합 결과 생겨나는 유전적 변이성은 우연한 부산물일 뿐이다. 그러나 Maynard Smith(1988a)에 따르면, 재조합이 DNA를 수리하기 위한 것이라는 기원을 가진다 하더라도 "부산물"인 유전적 변이성은 주요한 성의 중추가 되었음을 주장하는 것은 여전히 타당한 것처럼 보인다. 또한 DNA 수리 기작이 유성생식에 있어서 필수적인 것은 아니다. 왜냐하면 무성생식으로 번식하는 생물체, 예를 들면 바이러스, 세균 그리고 담륜충과 같이 오랜 기간 동안 무성생식을 하는 진핵생물 등에도 효과적인 DNA 수리 기작이 존재하기 때문이다.

유성생식과 (그 결과로써) 재조합의 지속성을 설명하기 위한 많은 가설 중에서 유해한 돌연변이를 제거하기 위한 것이라는 설명이 가장 그럴 듯하게 보인다. 물벼룩(*Daphnia pulex*)은 번식방법을 유성생식에서 무성생식으로 전환할 수 있는 능력을 갖고 있는데, 유성생식으로 번식할 때보다 무성생식으로 번식할 때 더 많은 돌연변이가 축적된다(Paland와 Lynch, 2006). 또한 성은 다양한 환경에 존재하는 생물체에게 이점을 제공할 것으로 여겨진다.[7]

처녀생식으로 번식하는 암컷은 암·수 양쪽 성이 수행하는 일을 더 효과적으로 달성하는데, 이는 암컷이 불필요한 수컷을 생산하는 데 드는 비용을 절감할 수 있기 때문이다. 유성생식은 반대쪽 성을 찾아야 하고, 노출된 상황에서 생식세포를 수정할 때의 위험, 그리고 같은 성끼리 경쟁하는 동안에 소모되는 부가적인 자원 등을 고려할 때 개인에게 요구하는 대가가 크다. 많은 종들의 경우 포식이나 기생체에 감염되는 것 등은 구애행동과 교미의 공통된 위험요소가 된다. 더욱이 유성생식과 함께 동반되는 유전자 재조합 현상은 이전의 유전자 조합에 의해 이미 높은 적응도를 획득한 유전자들을 다시 재배열하고 재분류함으로써 결과적으로 각 개체들의 적응도를 낮춘다.

많은 집단 유전학자들은 유성생식의 원인을 찾는 데 있어 개체 보다는 집단에 주목한다. 이러한 제안들 중 집단에서 일어나는 성적인 교배(sexual crossing)는 단일 개체로 하여금 집단 내 다른 구성원과의 교미와 유전자 재조합을 통해 유리한 돌연변이를 자기 것으로 가질 수 있도록 허용한다. 반면에 성이 없으면 그러한 유익한 돌연변이의 조합을 얻기는 상당히 어렵다. **그림 23-4**에서 보는바와 같이, A^X, B^X, C^X와 같이 잠재적으로 유리한 돌연변이들은 무성생식을 하는 집단에서도 생겨날 수 있지만, 이들은 각각의 독립된 계통에서만 남아있게 된다. 무성생식을 하는 집단의 크기가 극도로 클 경우에만(이를 위해서는 아주 긴 시간을 필요로 함) 이전에 유리한 돌연변이를 가졌던 계통에서 2번째의 유리한 돌연변이가 일어날 가능성이 있다. 이와는 대조적으로 유성생식 집단

[7] Stearns (1989), Michod와 Levin (1988), 그리고 West-Eberhard (2003)가 편집한 책자에 기여한 많은 연구자들이 이러한 주제에 대한 다른 면, 즉 이동유전자(트랜스포손)와 플라스미드 등과 같은 기생적인 요소가 다른 세포를 감염시키기 위한 기작으로 유성의 접합을 시작하고 발달시켰다고 하는 것에 대해 토론하였다.

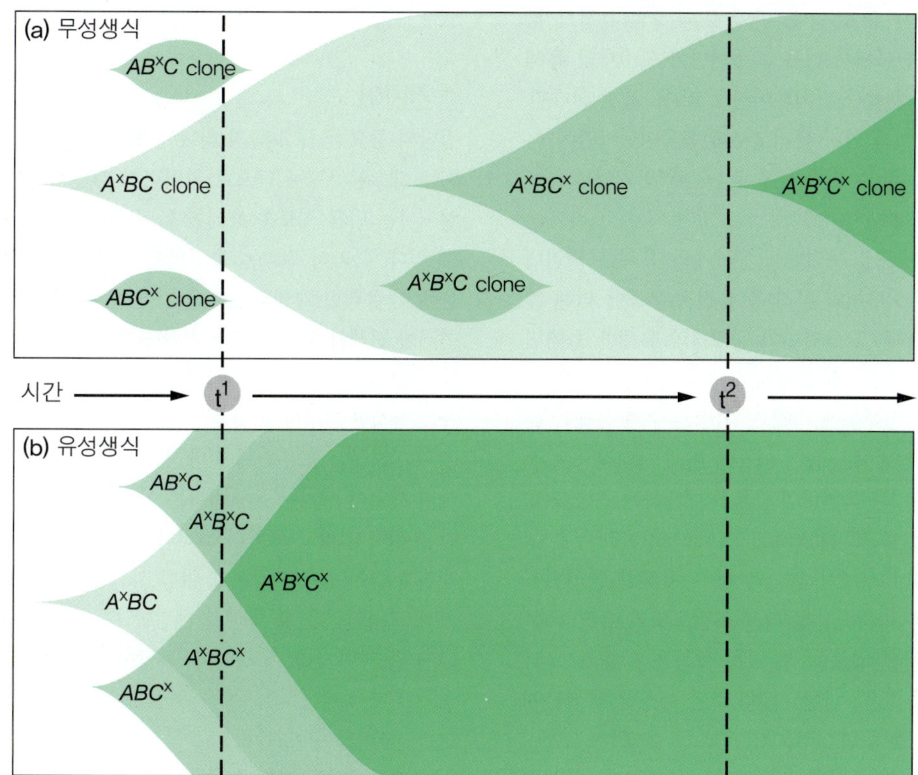

그림 23-4 유성생식과 무성생식을 하는 집단들 사이에서 유리한 돌연변이 인자의 조합을 받아들이고, 유해한 인자의 조합을 잃는 속도의 차이를 보여 주는 Muller의 모델. 이 도해에서 두 종류의 집단은 3개의 유전자좌에서 대립유전자 *A*, *B*, *C*로 고정된 상태로 시작한다고 가정한다. 이들 좌위에서 발생한 A^x, B^x, C^x를 유리한 대립유전자라고 부르고, A^x를 보유한 개체는 B^x 또는 C^x를 보유한 개체들보다 선택에 더 유리하다고 생각하자. 다른 조합의 경우에는 A^xBC^x가 A^xB^xC 혹은 AB^xC^x보다 유리하며, 3개의 돌연변이 대립유전자를 갖는 개체 $A^xB^xC^x$는 모든 것들보다 더 유리하다고 가정한다. (a) 무성생식으로 번식하는 복제집단의 경우, 각각의 클론들은 서로 독립적인 존재이기 때문에 가장 적합한 유전자형을 얻기 위해서는 단일 클론에서 연이은 유리한 돌연변이가 일어날 때까지의 시간($A^xBC \rightarrow A^xBC^x \rightarrow A^xB^xC^x$, t^2)을 기다려야 하고, 적응에 불리한 것들은 소멸된다. (b) 집단의 크기가 큰 유성생식을 하는 집단의 경우에는, 유리한 돌연변이가 단일 클론에서 연이어서 일어날 필요가 없고, 더 이상의 돌연변이가 일어날 필요도 없이, 적응에 유리한 다양한 대립인자를 가진 개체들 사이의 유전적 재조합을 통해서 $A^xB^xC^x$ 유전자형을 상대적으로 빠른 시간 내에(t^1) 얻을 수 있다. 또한 Peck이 지적한 바와 같이, 유해한 돌연변이가 흔히 일어날 경우 선택에 유리한 돌연변이는 무성생식 집단 보다는 유성생식 집단에 정착될 가능성이 높다. 왜냐하면 무성생식 집단에서 선택에 유리한 돌연변이는 이미 유리하게 선택된 클론에서만 유지될 수 있지만, 유성생식 집단에서는 그러한 엄격한 클론 선택은 일어나지 않기 때문이다. (Muller, H. J., 1932. Some genetic aspects of sex. *Amer. Nat.*, **66**, 118–138에서 인용.)

에서는 돌연변이를 가진 독립된 계통끼리의 교배를 통해서 집단 내 개체들은 돌연변이가 생기자마자 신속하게 받아들인다.

더욱이, 유성생식 집단에서 일어나는 교배와 유전자 재조합이 새로이 생겨난 돌연변이의 조합을 상대적으로 빠른 속도로 가능하게 할 수 있는 것과 마찬가지로, 이미 집단 내에 존재하고 있던 돌연변이들의 조합 역시 비교적 빠른 속도로 가능케 한다. 이러한 두 경우에 있어서 유성생식이 가져다 주는 이점은 집단이 변화하는 환경에 보다 잘 적응할 수 있도록 하는 유전적 변이성을 확보하는 것이다. 예를 들면 일반적으로 기생체들은 그들의 숙주가 갖는 저항에 대항하기 위해 빠르게 진화하고, 숙주들은 기생체들의 감염성에 대항하기 위하여 빠른 속도로 진화한다고 알려져 있다. 이러한 "무기경쟁"은 유성생식에 의한 유전적 재조합을 통해 진화의 속도를 더욱 빠르게 진행시킨다. 이와는 대조적으로 무성생식 집단은 기존에 가지고 있던 유전적 변이성(변화에 대해 신속히 대응할 수 있는 기회를 제한시키는 정적인 조건)에만 거의 전적으로 의지해야만 한다. 유성생식을 하는 효모와 무성생식을 하는 효모 균주를 실험적으로 경쟁시켰을 때, 유성생식을 하는 효모 균주가 진화적으로 유리하다는 사실은 놀라운 일이 아니다.[8]

적응에 있어 유리한 점 이외에도 Muller가 지적한 대로 유성생식을 하는 집단들이 갖는 이점은 역돌연변이가 일어나 유해한 돌연변이를 제거할 수 있는 기회를 기다리기보다는 유전자 재조합을 통하여 유해한 돌연변이를 상대적으로 쉽게 제거할 수 있다. 이러한 견해는 돌연변이–선택의 평형상태에서 개체들은 많은 유전자좌에서 다양한 수의 유해한 돌연변이(*del*)를 갖지만(예를 들면 $A^{del}B^+C^+D^+...$, $A^+B^{del}C^+D^+...$, $A^{del}B^+C^{del}D^+...$, $A^{del}B^{del}C^+D^{del}...$), 총 0개의 유해한 돌연변이를 보유한 개체(예를 들면 $A^+B^+C^+D^+...$)들로 이루어진 무리는 매우 적은 수로 존재할

[8] 무기경쟁과 무성생식과 관련하여 존재하는 유전적 변이성에 대한 내용은 Maynard Smith (1978)와 Hamilton et al. (1990)을 참고하고, 효모균주의 경쟁에 대한 내용은 Birdsell and Wills (1996)을 참고.

것이라는 개념에 기초를 두고 있다. 만약 표본 오차(유전적 부동)에 의해 무성생식 집단에서 이들 0 돌연변이 군(0개의 유해한 돌연변이를 보유한 개체들로 이루어진 무리)을 잃게 된다면, 하나의 유해한 돌연변이를 가진 무리로부터 역돌연변이만이 이전의 상태로 되돌려 놓을 수 있다(예를 들면, $A^{del}B^{+}C^{+}D^{+}... \times A^{+}B^{+}C^{+}D^{+}...$; 그리고 $A^{+}B^{del}C^{+}D^{+}... \times A^{+}B^{+}C^{+}D^{+}...$).

이와 유사하게, 만일 1 돌연변이 군(1개의 유해한 돌연변이를 보유한 개체들로 이루어진 무리)을 유전적 부동에 의해 잃게 된다면, 이들의 복원은 2 돌연변이 군(2개의 유해한 돌연변이를 보유한 개체들로 이루어진 무리)로부터의 역돌연변이에 의존한다. 그러므로 유전적 부동에 의해 보다 많은 수의 유해한 돌연변이들을 보유한 돌연변이 군들이 이들에 비해 상대적으로 적은 수의 돌연변이를 가지는 돌연변이 군들을 대체하는 경향을 보이는데, 이러한 현상을 **뮬러의 래칫**(Muller's ratchet)이라 부른다. 시간이 경과함에 따라 무성생식 집단의 경우, 유해한 돌연변이를 제거하기가 더욱더 어려워지게 되고 그럼으로써 유전적 하중이 증가하게 된다[이를 입증할 수 있는 실험은 Andersson과 Hughes(1996)를 참조할 것]. 다른 한편으로는 유성생식 집단에서는 유전자 재조합(예를 들면, $A^{del}B^{+}C^{+}D^{+}... \times A^{+}B^{del}C^{+}D^{+}... \rightarrow A^{+}B^{+}C^{+}D^{+}...$)에 의해 손쉽게 0 돌연변이 군으로 복원될 수 있으므로 뮬러의 래칫은 작동하지 않을 것이다.

적응도에 미치는 이러한 효과들로부터 유전적 재조합은 생식적 성공에 영향을 미치는 여러 다른 요인들과 같이 선택의 대상이 될 것으로 생각된다. 초파리를 이용한 실험에서 높고 낮은 교차율 모두가 선택된다는 것은 이와 같은 관점을 지지함과 동시에 재조합에 의한 유전적 변이성의 범위를 입증하였다. 관찰된 유전적 재조합률은 아마도 다음 두 가지의 상반된 효과의 중간적 절충으로 진화하는 것으로 보인다.

- 특정한 환경에 적응된 서로 다른 유전자좌의 특정 대립유전자를 조합하고(그림 23–4), 또한 그들 사이에 유전적 연관을 감소시키고 불리한 유전자조합을 저해시켜 유리한 효과를 나타낸다(**연관불균형**, linkage disequilibrium; 그림 21–6 참조).
- 조합된 유전자가 서로 간에 상호작용하는 유전자로 구성되어 있든지(**상위성**, epistasis) 아니면 서로 독립적으로 작용하는 유전자로 구성되어 있든지 간에 상관 없이 유전자 간의 유리한 조합을 깨는 유해한 효과가 일어날 수 있다. 초파리의 역위에서처럼 특정 지역에서의 재조합을 억제시키는 기작만이 그러한 손실을 막을 수 있다. 이러한 측면에서 유전자 재조합이 없다는 사실은 무성생식 집단으로 하여금 적응에 유리한 돌연변이를 충분히 오랫동안 축적할 수 있도록 하는 이점을 제공한다(그러나 유전자 재조합이 없다는 사실은 유해한 유전자의 연관불균형을 증가시키고 무성생식 생물체의 감소를 초래할 것이다).

돌연변이

집단의 중요한 특징 중의 하나는 **돌연변이**(mutation)이다. 돌연변이는 대부분 무작위적으로 일어나기 때문에, 유해한 돌연변이가 일어나는 만큼 새로운 유리한 돌연변이가 일어날 것으로 예상할 수 있다. 따라서 진화는 돌연변이가 진행되기 전까지는 단지 적응에 더 유리한 개체의 출현을 기다리는 것처럼 여겨진다. 이전에 이러한 견해가 주장된 바 있으나(W. H. Li, 1997), 새로이 생겨난 돌연변이가 즉각적으로 중요한 역할을 하지 않는 것처럼 보인다.

특정한 환경에 오랫동안 정착한 집단은 그 환경에 적응된 많은 유전자들을 보유하게 된다. 돌연변이의 효과가 중립적이지 않다면 새로이 생겨난 돌연변이는 이미 존재하는 유전자에 비해 보다 유리하지 않고 오히려 불리하게 될 것이다. 이 결과는 컴퓨터 배선과 같이 매우 복잡하게 얽힌 시스템에 새로운 무작위적인 변화가 도입되었을 때 우리가 예상할 수 있는 매우 심각한 피해와 크게 다를 바가 없을 것이다. 복잡한 생명체들은 그들의 진화적 역사에 따라 발생학적으로 제약을 받기 때문에 선택에 유리한 돌연변이의 효과는 일반적으로 복잡하고 민감한 발생과정 중의 극히 일부분에만 한정되게 된다. 계통학적으로 매우 중요한 유전자 산물의 경우 보존적인 분자서열(염기서열 혹은 아미노산 서열)은 흔히 나타나고, 생존 가능한 변화는 극히 드물게 일어난다. 예를 들면, 동물과 식물은 10억 년 이상 분리되어 진화해 왔다고 할지라도 진핵생물의 DNA에 결합하고 접는 데 관여하는 히스톤 4 단백질을 구성하는 100개의 아미노산 중 동물과 식물에 있어서 단지 2개의 차이만을 나타낸다.

이와는 대조적으로 환경조건의 변화가 더 중요한 진화적 효과를 가질 가능성이 있다; 환경의 변화에 의해 이전에 낮은 빈도로 존재하던 많은 대립유전자가 갑자기 높은 상대 적응도를 가지는 것을 볼 수 있다. 이와 같은 현상을 다음과 같은 예에서 볼 수 있다.

- Dieldrin과 DDT와 같은 살충제에 노출된 많은 곤충 집단에서 급격한 유전적 변화가 일어나(**그림 23–5**) 저항성 대립유전자가 모든 주요 염색체상에 나타남(그림 10–26).
- 공업화된 지역에서 회색가지나방(*Biston betularia*) 집단의 흑색형 대립유전자빈도가 크게 증가함;
- 제초제와 금속성 독성물질에 노출된 일부 식물 집단에서 저항성 유전자의 빈도가 증가함;
- 인간 집단에 있어서 적혈구의 생리적 특성을 변화시켜 말라리아로부터의 보호를 받게 하는 유전자가 존재함(그림 22–3 참조).

모든 경우에 있어서, 많은 개체는 죽게 되고, 저항성, 공업흑화 또는 말라리아로부터의 보호와 관련된 대립유전자를 가진 개

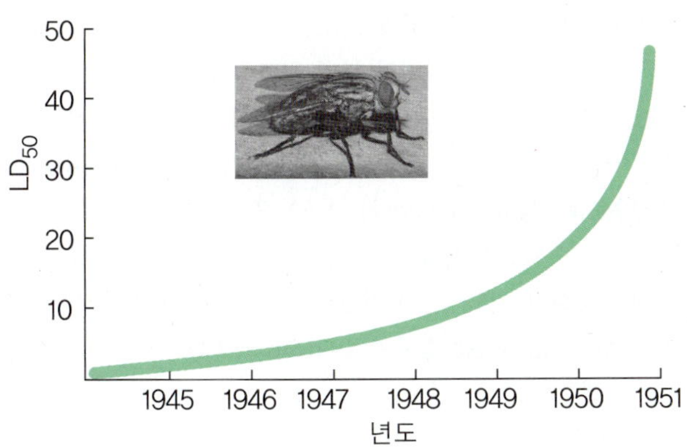

그림 23-5 일리노이 지역의 농장에서 채집한 집파리의 DDT에 대한 저항성. DDT가 처음 도입된 이후 시간의 경과에 따라 집파리의 50%를 죽이는 데 필요한 치사량(반수치사량, LD50)을 측정함. (Strickberger, M. W., 1985. *Genetics*, 3rd ed. Macmillan, New York에서 인용함. 자료는 Decker, G. E., and W. N. Bruce, 1952. House fly resistance to chemicals. *Amer. J. Med. Hygiene*, 1, 395–403에서 인용.)

체는 살아남아(아마도 일부겠지만) 그들이 가진 대립유전자를 후대에 전달한다. 근본적으로 후대에 유전자를 남기는 개체는 다음 세대의 창시자가 된다.

그럼에도 불구하고, 중복에 의해 새로운 효소의 기능을 얻는 것과 마찬가지로, 새로운 돌연변이는 종종 적응에 유리할 수도 있으며 분기를 유도하기도 한다. 새로운 것이든 혹은 오래된 것이든 돌연변이는 집단에 선택이 작용하는 변이를 제공해 주며, 그러한 선택은 진화적 변화에 통합된다.

연관

서로 다른 염색체상에 존재하는 각각의 돌연변이 유전자들 사이에서 일어나는 선택이 유전적 향상을 성취하는 유일한 방법은 아니다.

연관된 대립유전자 사이의 **재조합**(recombination)이 아마도 선택에 대한 반응에 큰 영향을 미치게 된다. 이러한 점을 설명하기 위해 4개의 유전자좌(*Aa*, *Bb*, *Cc*, *Dd*) 각각이 정량적으로 하나의 형질에 영향을 미치고, 여기에서 대문자들은 양("플러스")의 효과를, 이에 반해 소문자들은 음("마이너스")의 효과를 가진다고 가정해 보자. 만일 표현형에 있어 최적조건이 다른 형질에서와 마찬가지로 중간상태의 것이라면 유전자형 역시 중간형이었을 경우에(예, *AaBbCcDd*) 유리하게 될 것이다.

그러한 최적의 유전자형을 얻을 수 있는 한 가지 방법은, 한쪽 상동염색체상에 *AbCd*를 갖고 다른 상동염색체상에 *aBcD*를 가진 방식으로, 이들 4개의 유전자좌 사이에 견고한 연관이 있을 경우에 가능하다. 그러므로 염색체의 어떤 조합이던 항상 4개의 플러스 유전자와 4개의 마이너스 유전자를 가질 수 있지만, 집단은 모든 서로 다른 대립인자들의 변이성을 유지하게 된다. 그러나 그러한 연관군이 4개의 유전자 모두 플러스 유전자 혹은 모두 마이너스 유전자를 갖는 염색체를 형성하기 위해서는, 반드시 3번의 교차가 일어나야 한다는 사실에 주목해야 한다. 만일 선택이 중간형의 표현형으로부터 극단적인 표현형(모두 플러스 혹은 모두 마이너스)으로 변한다면, 적절한 교차가 일어나 가장 최적의 적응력을 갖는 조합을 이루어내기 까지는 어느 정도의 시간이 걸리게 된다. 재조합률은 적응도에 영향을 미치는 유전자 재조합을 방해할 뿐만 아니라, 이들을 서로 연결시킴으로써 선택의 과정을 좌우한다.

적응지형도

일반적으로 최소한 한 유전자좌 이상이 집단의 적응도에 영향을 주기 때문에, 이들에 의해 향상된 적응도는 여러 가지 다양한 방법으로 진화할 수 있다.

편의상 간단하게 하기 위해 동형접합자 유전자형만을 가진 집단을 생각해 볼 수 있다. 이 집단은 방금 전에 언급된 것과 동일한 4개의 유전자좌가 하나의 형질에 영향을 미치며, 동일한 수의 대문자와 소문자들로 구성된 대립유전자들이 최적의 표현형을 결정하게 되는 집단이다. 그러면 6개의 다양한 최적 유전자형의 조합이 가능하다(예를 들면, *AABBccdd*, *AAbbCCdd*, *aaBBccDD* 등등). Wright(1963)와 그 이전 연구 결과에 따르면, 이들 각 유전자형은 **적응지형도**(adaptive landscape)에서 **적응봉우리**(adaptive peak)의 위치에 도달했다고 여겨지는데, 이러한 위치는 특정한 환경 하에서 높은 적응도를 나타낸다. 다른 요소가 이들 유전자형의 적응도를 변화시키지 않는 한 이들 6개의 적응봉우리는 동일한 높이를 가지며, 전적으로 이들 유전자형 중 어느 하나로만 이루어진 집단은 이 표현형에 대해 최대의 적응도를 획득할 수 있다.

적응력에 2개 이상의 대립유전자를 가진 4개 이상의 유전자좌가 관여할 때, 가능한 적응봉우리 수는 천문학적으로 증가하게 된다. 4개의 대립유전자만을 가진 유전자좌는 10개의 이배체 유전자조합이 가능하고, 따라서 4개의 대립유전자를 가진 100개의 유전자좌의 경우에는 총 10^{100}개의 유전자 조합이 가능하다. 이와 같이 상대적으로 적은 수의 유전자좌로 한정시켜 계산하더라도, 가능한 유전자 조합의 경우의 수는 어떤 종이든 그것의 개체 수는 물론 우주에 존재하는 양성자와 중성자의 수의 추정치(2.4×10^{70})를 훨씬 능가하게 될 것이다. 그러므로 이들 유전자 조합의 일부만이 적응에 유리하게 작용한다 하더라도, 한 종이 어느 한 시기에 도달할 수 있는 것보다도 훨씬 많은 적응봉우리가 존재한다.

집단과 개체의 유전자형

다시 말해, 집단과 개체는 분명히 구분되어야 한다. 한 집단이 잠재적으로 높은 적응봉우리를 가지는 것이 그 집단 내의 하나의 유전자형의 가장 높은 선택의 봉우리와 반드시 일치할 필요는 없다는 사실이다. 이러한 불일치의 이유는 유전자형의 선택값이 다른 유전자형과의 경쟁에 기초를 두고 있으나, 이것이 집단에 대한 그들의 효과를 나타내는 것은 아니기 때문이다. Haldane, Wright를 비롯한 다른 학자들이 지적한 것처럼, 공유하는 다른 유전자들의 이익을 위해 자신을 희생하는 **이타주의자**(altruists)(24장 참조)를 언급한다. 이는 이러한 이타적 유전자형을 보유한 집단이 보유하지 못한 집단에 비해 보다 높은 생식값(능력)을 가진다 할지라도 개체의 입장에서는 낮은 선택 값을 갖게 된다는 것을 의미한다. 곤충에 있어서 생식을 포기한 불임계급은 이러한 형태의 이타주의의 예를 잘 나타낸다. 이타주의자가 불리한 것이 아니라는 주장 또한 제기되었다. 많은 종의 영양은 위험이 닥쳤을 때 다리를 곧게 편 상태로 위·아래로 뛴다. "껑충껑충 뛰기" 또는 "뛰며 돌아다니기"라고 불리는 이러한 행동은 다른 개체들에게 위험이 있음을 경고하는 것이다. 그러나 이는 또한 포식자에게 "뛰며 돌아다니는 개체"가 포식자의 존재를 인지하고 있음을 알려주어 그들이 수월한 사냥감이 아니라는 것을 말해 주는 것이라는 주장도 제기되었다.

역으로 개미와 흰개미와 같은 사회성 곤충에 기생하는 기생체의 경우(사회성 기생체)와 집단 내에서 다른 유전자형을 이용하여 그들의 유전자빈도를 증가시키는 생물의 경우에는, 설혹 전체적으로 집단의 생식능력을 둔화시킨다 할지라도 높은 개체의 선택 값을 가지게 된다. 후자의 유형에 속하는 예로서 분리비를 변화시켜 이러한 대립유전자를 보유한 이형접합자들에 의해 형성되는 배우자들은 정상적인 분리 법칙을 따르는 대립유전자보다는 정상적이지 않은, 이른바 분리의 왜곡자들로 구성되는 대립유전자를 들 수 있다; 9장의 **분리의 왜곡자**(segregation distorters)와 **감수분열 부등**(meiotic drive) 참조할 것. 이러한 분리의 왜곡자들의 빈도는 이들이 유해하거나 혹은 쥐의 **꼬리없는** 대립유전자의 경우와 같이, 치사성의 표현형적 효과를 나타낸다 할지라도 집단 내에서는 증가하는 경향이 있다(Silver, 1993). 적응에 유리한 선택은 생존을 증가시킨다는 일반적인 기대와는 달리, 유해한 유전자형의 생식 성공률을 증가시키는 감수분열 부등은 멸종에 이르게 할 수 있다. 이와 같은 극단적으로 "이기적인" 유전자와 장치들은 한 순간의 희소성으로만 존재할 수 있다.

적응지형도와 평형추이

설명을 간단히 하기 위해서, 4개의 유전자 쌍에 대한 예가 위에서 언급한 것과 같은 복잡성과는 관련이 없다고 가정하자. 그렇다 하더라도 동일한 높이의 적응값을 가진 적응봉우리에 대한 개념은 실제상황과는 다른 동떨어진 것이 된다. 이들 4쌍의 유전자가 미치는 효과는 서로 상당히 다르고, 이들 2쌍 중 보다 많은 수의 대문자로 표현된 유전자를 가질수록 적응도가 커진다는 것을 기반으로 하여 A유전자와 B유전자의 효과에 대한 상대 적응도를 정할 수 있다. 이전의 적응도와 결합하였을 때 **그림 23-6**과 같이 조합 가능한 서로 다른 유전자들의 적응의 높이를 보여 주는 봉우리

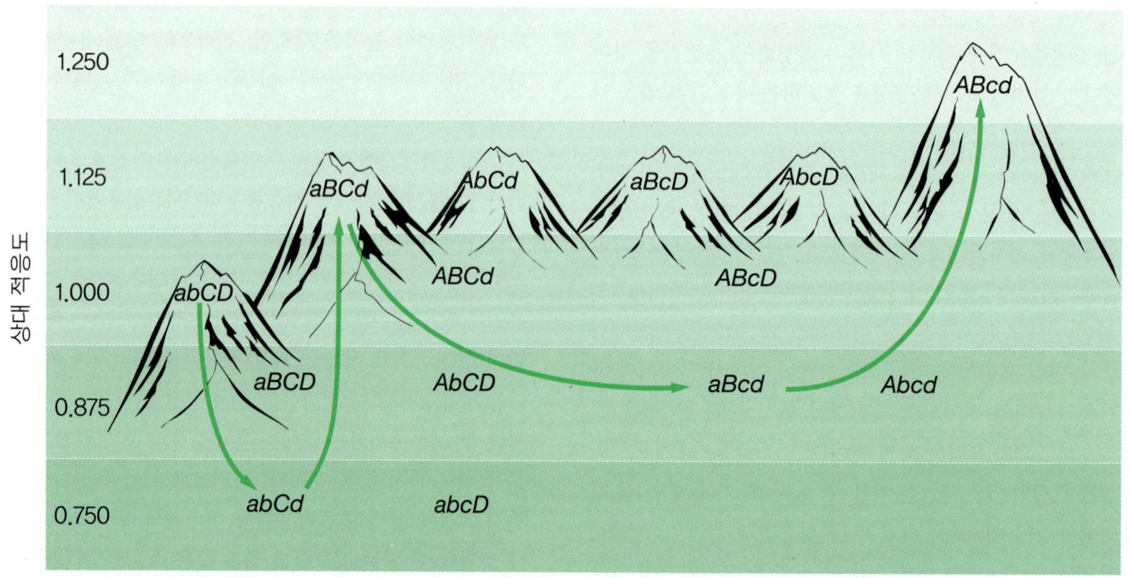

그림 23-6 4개의 유전자좌에서 동형접합 유전자형에 대한 적응지형도. 2개의 유전자좌에서 대문자로 표시된 6개의 유전자형(*AAbbccDD, AAbbCCdd, aaBBccDD* 등)은 상대적으로 높은 적응도(적응봉우리)를 가진다. 그들 사이의 추가적인 차이는 Aa, Bb 유전자좌에서 서로 다른 대립유전자의 적응도 차이에 의해 야기되는데, 이들 유전자좌에서 더 많은 대문자로 표기된 대립유전자를 가진 유전자형일수록 그렇지 못한 유전자형에 비해 보다 높은 적응도(높은 적응봉우리)를 갖게 된다(예, *aaBBCCdd, aabbCCDD, AABBccdd, AAbbccDD*). (Wright, S., 1963. Genic interaction. In *Methodology in Mammalian Genetics*, W. J. Burdette (ed.). Holden-Day, San Francisco, pp. 159–192에서 인용.)

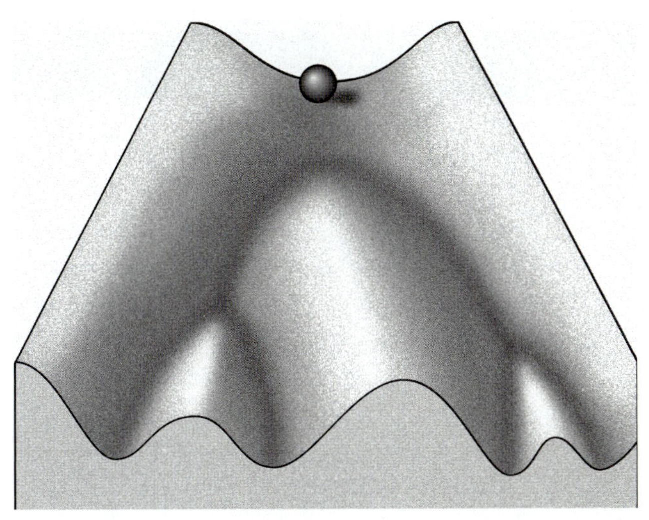

그림 23-7 후생 발생적(유전자 외적) 지형도. Waddington이 발생과정에 있는 세포 혹은 배아를 각각 2개로 갈라진 2개의 골짜기의 위쪽에 위치한 공에 비유하여 나타냄. 세포 혹은 배아가 하나의 계곡에 진입하게 되면 계곡 벽의 가파름(선택과 발생의 역학)으로 인하여 세포 혹은 배아는 골짜기 내에 머무르게 된다. 다른 분기점으로 이동하면 세포 혹은 배아는 새로운 궤도를 따라 안정화된다.

에 대한 적응 지형도를 구성할 수 있다.

다른 모든 것들에 비해 우위를 점하고 있는 봉우리는 중간 단계의 봉우리에서 생겨나고, 또한 이들 각각은 상대적으로 열등한 유전자형들에 의해 둘러싸여 있다는 사실을 주목할 필요가 있다. 한 집단은 그들의 진화과정 동안 적응도를 증가시킬 수 있지만, 그러나 그럼에도 불구하고 결코 적응에 가장 유리한 지점이 아닌 이른바 진화적으로 중간단계의 봉우리에 머무를 수도 있다. 한 집단이 적응도가 가장 높은 곳을 찾기 위해 봉우리를 따라 이동할 때, 집단은 주어진 적응지형도 상에서 적응도가 낮은 지역인 **적응골짜기**(adaptive valley)를 점하고 있는 더 열등한 유전자형을 통해서 이루어진다. 그림 23-6의 화살표는 적응의 봉우리에 다다르기 위한 일시적인 적응도의 감소를 보여 주고 있는데, 이는 *aabbCCDD*에 있는 집단이 *AABBccdd*에 도달하기 위한 일반적인 경로를 보여 주는 것이다.

이 그림에서 집단이 **최소한 두 번의 적응에 불리한 비적응적 단계**를 경험하는 것으로 나타난다. 그림 23-6의 지형도가 안정적으로 유지된다면, 화살표는 집단이 가장 낮은 적응봉우리인 *aabbCCDD*에서 가장 높은 적응봉우리인 *AABBccdd*에 도달할 수 있는 하나의 가능한 경로를 보여 준다. 집단이 하나의 봉우리에서 다른 봉우리로 이동하는 데에는 여러 요인들에 의존하게 되는데, 특히 집단의 크기에 의존하게 된다. 왜냐하면 크기가 작은 집단은 유전적 부동이 쉽게 일어나게 되고, 그에 따라 집단의 유전자빈도는 큰 집단에 비해 훨씬 더 쉽게 달라지기 때문이다. 만약 선택이 약하게 작용하고 집단이 어느 특정한 봉우리에 단단히 고정되어 있지 않다면, "골짜기"를 건너 다른 봉우리로 이동하는 것은 보다 쉽게 일어난다.

또한 봉우리는 일시적일 수 있음을 인식해야 하며, 이는 적응지형도의 변화를 마치 다른 장소, 다른 시간에 솟아나는 고무판의 울퉁불퉁한 "돌출"로 생각할 수 있는데, 이는 C. H. Waddington(1957)이 그의 고전적인 책 **유전자의 전략(그림 23-7)**에서 제시한 것처럼 "후생 발생적(유전자 외적) 지형도"를 연상시킨다. 그러므로 환경이 변함에 따라 유전자형의 상대적응도가 변하게 되고, 돌연변이와 이주를 통해 집단에 새로운 대립유전자가 도입되게 되면, 기존에 존재하는 다른 대립유전자와의 연관관계를 통해(상위성) 상대적응도는 변하게 된다. 그러므로 한때 "골짜기"였던 것은 다른 시간에 반드시 골짜기일 필요는 없으며, 적응지형도 상에서 집단의 위치는 그에 부응해서 변동할 수 있다.

이러한 적응지형도가 일단 진화하게 되면 그 이후의 진화과정은 새로운 선택환경과 이에 따른 새로운 적응봉우리의 등장에 따라 달라진다. 그러나 만일 주위 환경이 급속히 변하지 않는다면 동일한 설정의 적응봉우리가 오랜 기간 동안 유지될 수 있다. 한 적응봉우리에 있던 집단은 이 보다 적응에 불리한 적응의 골짜기를 통하지 않고서는 보다 높은 적응도를 가진 다른 적응봉우리에 도달할 수 없다. 일정한 선택은 집단이 계속적으로 비적응적인 방향으로 진행되도록 일어나지 않기 때문에 다음과 같은 의문 — 즉, 어떻게 상대적으로 적응도가 낮은 봉우리에 있는 집단이 진화하여 적응지형에 있어 가장 적응도가 높은 봉우리 혹은 이에 아주 가까운 지형의 봉우리에 도달할 수 있을 까 — 을 갖는 것은 타당한 것처럼 보인다. 이 문제에 대한 해답을 얻기 위해 Wright는 커다란 집단을 여러 개의 작은 그룹으로 이루어진 아집단으로 나누어 설명하려 하였다. 이러한 지역집단(**demes, 지역교배집단**이라고 함)은 규모가 아주 작아서 유전적 부동과 같은 비선택적인 과정을 통해 유전적으로 차이를 보이지만, 유전적 교환이나 새로운 유전자변이의 도입과 같은 현상을 완전하게 방지할 만큼 충분히 분리되어 있지는 않다. 따라서 이러한 적응지형은 지역교배집단들의 네트워크로 구성되며, 일부 지역교배집단은 다른 집단에 비해 보다 높은 봉우리에 위치한다. 그러므로 선택은 지역교배집단에서 서로 경쟁하는 유전자형들 사이에서 뿐만 아니라, 일반적인 환경 속에서 서로 경쟁하는 지역교배집단들 사이에서도 일어난다. Wright는 이러한 지역교배집단에 작용하는 진화적인 힘의 변화무쌍 한 양상을 평형추이과정(shifting balance process)이라 일컬었고, 글상자 23-1에 간단히 나타냈다.

이와는 대조적으로 Fisher(1958)는 대부분 집단들은 그 크기가 충분히 크고 균질하기 때문에 선택은 집단 내 다른 대립인자들과의 경쟁을 통하여 각각의 새로운 대립인자들을 독립적으로 시

글상자 23-1 Sewall Wright가 제안한 평형추이이론

다음은 1931년 Sewall Wright이 제안한 집단의 평형추이이론에 대한 개괄적인 요약이다.[a]

1. 여러 **유전자좌**에서 형성현상 및 이형접합성에 영향을 주는 유전적 부동은 많은 지역교배집단들로 하여금 대립유전자빈도의 변화를 가능하게 하고 새로운 적응도를 발전시킴으로써 비적응적인 골짜기를 통과하여 적응지형의 다른 부분으로 이동할 수 있도록 한다. (Wright는 유전자 상호작용 — 상위성 — 이 적응도에 있어서 다양성의 주요한 구성요소라고 믿었다. 즉, "예를 들어 어떤 유전자조합에서 선택에 유리한 유전자는 다른 조합에서는 선택에 불리한 극단적인 예도 있다.").
2. **선택**은 대립유전자빈도를 더욱더 변화시켜서, 즉 몇몇 유전자좌를 동형접합상태로 만듦으로써 몇몇 지역교배집단을 가장 가까운 적응봉우리에 이르도록 밀어 올린다.
3. 다른 유전자좌가 가지는 **다형현상** 혹은 이주나 돌연변이를 통하여 도입된 변이성은 유전적 부동으로 하여금 적응지형을 가로지르는 이동을 촉발시킴으로써, 집단이 보다 높은 적응봉우리에 이를 수 있도록 기회를 제공한다.
4. **집단의 세분화**는 지역교배집단들 사이에 유전적 재조합을 방해하기 때문에, 새로운 선택에 유리한 상호작용을 일으키는 상위유전자 조합은 계속 유지될 수 있다(Fenster 등, 1997의 리뷰를 참조할 것). 유전적 부동의 효과가 추가될 때 지역교배집단들은 선택압에 독특한 방식으로 반응할 수 있으며, 특이적이고 다양한 방향으로 진화해 갈 수 있다.
5. 높은 적응도를 나타내는 적응봉우리에 도달한 지역교배집단은 그 규모를 확장하거나 혹은 외부로 확산하거나 혹은 이주를 통해 **다른 지역교배집단**의 유전적 구조를 변화시킴으로써 낮은 적응도를 가진 낮은 적응봉우리에 있는 다른 지역교배집단들을 대체하는 경향이 있다.
6. 지진과 같은 **환경변화**는 집단에 작용하여 새로운 경사와 새로운 적응봉우리를 가진 새로운 적응지형을 지속적으로 만들어 낸다. 새로운 방향으로 집중된 선택은 집단으로 하여금 지속적으로 그들의 유전적 구조를 변경하도록 독려한다. P. R. Grant와 B. R. Grant가 갈라파고스섬의 다윈의 핀치를 대상으로 한 선택적 변화에 대한 연구에서 지적한 것처럼 "집단은 환경적인 조건의 변동 속에서 적응지형에서 움직이는 봉우리를 따라간다. 그리고 집단이 가지는 표현형의 범위에는 1개 이상의 개체의 최적적응도가 존재한다."
7. 유전적 하중과 환경에서 야기되는 우발적인 사건 등은 최적의 유전자형을 얻는 데 방해가 되는 반면, 최적의 유전자형을 얻기 위해서는 선택, 진화적 시간, 유전적 사건 등이 요구되기 때문에 **가장 높은 적응봉우리에 도달하는 것은 잠재적으로 가능한 것이지 반드시 실현될 필요는 없다**. 집단은 다가오는 적응지형의 정상 뒤를 따르는 것에 불과할 뿐이다.

[a] Sewall Wright는 대부분의 시간을 자신의 이론에 대한 증거를 제시하고, 설명하고 방어하는 데 소비하였다. 평형추이이론에 대한 리뷰와 이론이 진화, 유전학, 가축육종에 미친 영향에 대해서는 Coyne 등(1997)을 참조.

험한다고 주장하였다. 이처럼 규모가 큰 집단은 유전적 부동과 같은 커다란 사건보다는 작지만 점차적으로 증가하는 선택의 단계를 통해 집단의 적응도를 향상시켜 나간다.

Wright의 개요에 따르면(**표 23-5**), 여러 개로 세분화된 집단들은 규모가 큰 하나의 집단에 비해 진화적으로 많은 유리한 점을 가지고 있으며, 이러한 양상은 유성생식을 하는 대부분의 종들에서 진화가 어떻게 일어나는지를 설명하는 데 도움이 된다. 유전자 상호작용의 결과물에 작용하는 선택은 환경과 그에 적응하는 개체의 적응 사이에서 가장 적합한 형을 만드는 데 기여하고, 적응과정에서 일어나는 변화는 유전적 부동과 같은 힘이 작용하는 집단의 하부구조에 의해 영향을 받는다.

Fisher와 Wright의 관점에 대한 논쟁은 아직도 계속되고 있

표 23-5 균질한 하나의 집단과 세분화된 집단에서 일어나는 진화과정의 비교

	균질한 집단	지역교배집단으로 세분화된 집단
선택의 대상	대립유전자의 총 선택값이 다른 유전자	서로 다른 대립유전자빈도
변이성의 근원	유전자 돌연변이	지역교배집단 간의 유전적 부동과 새로운 적응봉우리를 향한 선택
선택과정	개체 사이의 선택	지역교배집단 사이의 선택
정적인 상태에서의 진화	단일 봉우리로 한정됨	새로운 적응봉우리를 마주칠 때마다 계속적인 이동이 일어남
동적인 상태에서의 진화	가장 가까이에 있는 적응 봉우리로 진행됨	모든 가능한 봉우리를 점유하기 위해 변화하는 서로 다른 지역교배집단 간의 선택

출처: *Methodology in Mammalian Genetics* by Wright and Burdette, editors에서 인용. Reprinted by permission of Holden-Day, Inc.

다. Coyne과 그의 동료들(1997)은 유전적 부동, 선택, 유전적 교류 등에 대한 증명되지 않은 가정들을 지적하면서, Wright가 주장한 평형추이이론을 강하게 반박하고 있다. 이와는 대조적으로 Wade와 Goodnight(1998)은 Wright의 이론을 지지할 수 있는 지역교배집단의 구조와 그룹 간 선택에 대한 예를 제시하였다. 보다 확실한 증거가 보강될 때까지 어느 기간 동안에는 Fisher의 이론을 따르는 규모가 큰 균질한 집단이, 다른 기간 동안에는 Wright의 이론에 적합한 세분화된 집단 상태로 존재할 수 있을 것이다. 또한 선택은 개체의 표현형에 효과를 나타내는 유전자는 물론 유전자 간의 상호작용에 효과를 나타내는 등 여러 대상을 가질 수도 있다. Wright (1988)가 언급했듯이, 집단의 다양한 면을 설명하기 위해서는 아마도 다른 이론적 접근이 필요하며 다음과 같은 글에서 이를 볼 수 있다:

> Kimura, Fisher, Haldane과 나 자신에 의해 발전된 수학적 이론들은 매우 다른 4가지의 상황을 다루었다는 점에서 주목할 만하다. Kimura의 "중립설"은 전체적으로 종에 있어 표본추출의 우연성으로부터 유래한 중립적인 생화학적 변화가 지나치게 느린 속도로 축적된다는 사항을 다루었다. Fisher가 다룬 "자연선택에 대한 기본적 이론"은 전체적으로 한 종에 속하는 개체간의 무작위적 교배가 일어난다고 가정할 때 여러 유전자좌에 존재하는 대립유전자들의 전체 통합된 효과와 관련된 것이었으며, 그는 이러한 과정이 지나칠 정도로 느린 속도로 진행된다고 인식하였다. Haldane은 1쌍의 대립유전자의 효과가 유전체의 다른 것들과는 독립적인 효과를 나타내는 경우에 대하여 철저한 수학적 근거를 제시하였다. 그는 개체의 희생을 통하여 집단의 적응도를 높이는 데 기여하는 "이타주의적" 유전자의 중요성을 부각시켰다. 나는 Fisher가 가정한 무작위 교배의 예외적인 경우로서 주로 표본추출의 우연성(즉 지역적인 근친교배)에 의해 임의로 분화된 작은 지역집단 사이에서 일어나는 그룹 간 선택(차등적인 확산)에 기초를 둔 속도가 매우 빠른 진화에 대해 설명하고자 하였다.

Wright는 "이들 4명이 주장한 이론 모두가 유효하다"라고 결론 내렸다.

집단선택

Wright가 주장한 평형추이이론의 중요한 하나는 생존이냐 혹은 멸종이냐에 있어 개체 간의 차이보다는 집단 간의 차이를 강조한 것이다.

집단에 존재하는 개체에 대한 선택은 집단을 하나의 적응봉우리에 이르게 하는 보수적인 힘인데 반해, 집단 간의 선택(유전적 부동이 수반됨)은 집단으로 하여금 보다 높은 적응봉우리에 이르게 하기도 하고, 또한 낮은 적응봉우리에 있는 집단을 대체하거나, 멸종시키거나 혹은 식민지화하기도 한다(표 23-6).

표 23-6 개체선택과 종선택 간의 비교

과정	소진화	대진화
선택의 단위	개체	종
변이성의 근원	돌연변이, 유전자 재조합	종분화
선택의 종류	자연선택	종선택
선택된 형질	죽음에 대항하는 생존	멸종에 대항하는 생존
진화적 결과	번식률	종분화 율

출처: Stanley, S. M., 1979. *Macroevolution: Process and Product.* W. H. Freeman, San Francisco에서 변형.

유성생식의 이점에 관한 논의과정에서 개체군 간의 선택에 대해 어느 정도까지 언급이 있었다. 유성생식은 어느 정도의 위험적인 요소와 상당한 양의 자원 소모를 동반하기 때문에, 각 개체들에게는 상당한 불이익을 초래할 수 있다. 따라서 유성생식의 진화가 갖는 이점은 유성생식을 하는 집단 전체에게 주어지는 유전적 변이성과 커다란 관련이 있다. 표 21-1에서 표현되었듯이 "집단이 진화하는 것이지 개체가 진화하는 것이 아니다"이다.

집단 간의 차이는 그들이 갖는 생식능력의 차이를 일으키게 하는데, 그러한 집단 간의 차이를 유발하는 다른 요인 중의 하나는 아마도 돌연변이율일 것이다. **표 12-3**에서 설명된 바와 같이, 뉴클레오티드 복제의 정확도를 변화시키는 돌연변이율은 또한 적응에 대한 가능성도 변화시킨다. 즉, 돌연변이율이 높으면 복제과정에서 오류를 일으키고 적응력이 결렬되지만, 돌연변이율이 낮거나 없는 경우에는 새로운 환경에 적응하는 데 방해가 되거나 혹은 저해요소가 될 수 있다. 따라서 최적상태의 돌연변이율을 획득한다는 것은 염기서열 복제과정에 이용되는 복제효소와 중합효소들의 복제 정확성과 관련하여 서로 다른 계통 혹은 집단을 선택하는 것이 될 수 있다.

혈연선택

개체선택과는 다른 수준에서 일어나는 집단에 대한 선택의 다른 예로서 **혈연선택**(kin selection)을 들 수 있는데, 이는 곤충 중에서 개미, 벌, 말벌 등이 속한 벌목의 일부 분류군에서 나타나는 사회성 행동을 설명하기위해 집단 생물학자들이 이용하였다. 글상자 16-4(혈연선택과 사회성 곤충에서의 반수이배체)에서 언급한 것처럼, 이러한 곤충의 수컷은 반수체이고 암컷은 이배체("반수배수체")이므로, 한 쌍의 부모로부터 태어난 모든 암컷(자매)은 어미와 딸의 근연관계보다 자매들끼리 더 밀접하게 연관되어 있다. 그러므로 이러한 집단(또는 혈족)의 유전자형은 자신의 자녀를 생산하기 보다는 자매의 양육을 돕고, 그들 어미의 생식능력에 의

그림 23-8 집단의 힘. (The New Yorker Collection 1991, John O'Brien from cartoonbank.com. All rights reserved.)

존하며, 자기 자신의 생식능력을 포기하는 암컷 일꾼에 의해 이익을 얻는다. 혈연선택의 이점은 긴꼬리원숭이(20장 참조)와 땅다람쥐의 경고울음에서도 관찰된다. 경고울음은 경고울음을 내는 개체의 위험을 증가시킴에도 불구하고, 개체와 유전적 연관이 있는 친족을 도움으로써 간접적인 이익을 제공한다.

상호 이타주의

개체가 협동하지 않는 개체와는 협동하지 않고, 협동을 제공하는 개체들과만 협동하는 상태를 상호 이타주의(reciprocal altruism)라 부른다. 집단 구성원 — 예를 들면 사자, 영장류, 소, 새, 기타 등등 — 에 주어진 협동 방어의 역할에는 공유하는 유전적 생존이 포함된다. 물고기는 무리를 짓는데, 물고기 떼는 개체가 혼자 있을 때보다 포식자를 좀 더 효과적으로 방어할 수 있게 한다(**그림 23-8**).

유사한 형태의 선택은 맛이 없으면서, 경계색[9]의 효과가 있는 경고양식을 가진 돌연변이 개체가 생기는 피식자에서도 일어날 수 있다. 돌연변이 개체가 가지는 경고양식은 자신들을 포식자의 눈에 쉽게 띄게 하여 포식 당하게 하지만, 불쾌한 맛을 가진 그들의 희생으로 인해 동일한 경고양식을 가지는 관련 유전자형을 포식자로부터 보호한다. 어리쌀도둑거저리(*Tribolium confusum*)의 경우, 유충이 유전적으로 연관된 알만을 섭식하는 경우에는 유충들에 의한 동족섭식이 감소한다. 이처럼 동족섭식을 억제하는 이타주의 행동은 관련된 개체들의 생존을 증대시키기 때문에 선택된 것이며, 만약 이타주의가 존재하지 않았다면 유전적 연관이 있는 개체들도 먹잇감으로 간주되었을 것이다.

사회적인 상호작용 또한 상호작용에 관여하는 개체 모두에 긍정적인 혹은 부정적인 결과를 도출할 수 있다. 상호작용의 결과는 두 개체 모두에 대해 상호이득이 되는 경우, 수행하는 개체에게는 이득이 되지만 받는 개체에게는 이득이 되지 않는 경우, 이타주의적 희생을 수행하는 개체에게는 불리하지만 상대 개체에게는 이득이 되는 경우가 있다. 그림 23-8에서 나타나는 바와 같이, 이타주의자의 이타주의 행동은 이기주의자와 비교했을 때, 이타주의 개체 자신의 적응 효과 측면에서는 부정적일 수 있으나, 집단 내의 다른 개체에게는 긍정적인 효과를 나타낼 것이다.

유전자 수준에서 이타주의자는 이타주의 행동을 통해 실제로 그 자신의 유전자는 희생하더라도 유전자를 공유하고 있는 동족들을 도움으로써 유전적 이익을 얻는다. 그러므로 많은 이타주의자들을 포함하고 있는 사회적인 상호작용을 하는 집단에 속한 개체들은 이타주의자들을 거의 포함하고 있지 않은 집단보다 "다른 개체들에 대한 효과"가 더 긍정적으로 작용하기 때문에 번성(더 높은 적응도에 도달)할 것이다. 따라서 집단의 성공은 단지 개별 개체들에 한정된 특성보다는 집단의 속성(특정한 행동을 나타내는 개체의 "빈도")에 의존한다. Darwin (1971)은 이를 다음과 같이 인간에 적용하였다:

> 높은 도덕적 기준이 비록 같은 부족의 다른 구성원보다 자신과 그들의 자식들에게 아주 적거나 거의 이익을 주지 않아도, 자질을 잘 타고난 사람(즉, 이타주의 성향을 타고난 사람)의 증가와 도덕적 기준의 향상은 다른 부족에 비해 그들이 속한 부족에 상당한 이익을 제공할 것임이 틀림없다는 것을 잊지 말아야 한다.

진화생물학자들은 오랫동안 집단선택이 일어나는 정도나 혹은 그것이 과연 일어나는지 않는지에 관해 논쟁해 왔다. 집단선택에 반대하는 논쟁 중 일부에 의하면 소위 집단 적응이라고 하는 것들은 엄밀히 따져 보면 개체선택에서 기인한 것으로 설명할 수 있다. 다른 이들은 집단선택이 일어나기 위해서는 매우 높은 멸종률과 사실상 유전자 흐름이 일어나지 않아야만 가능하다는 것을 수학적으로 보여줬다. 그럼에도 불구하고 대부분의 학자들은 집단선택이 최소한 이론적으로는 가능하다는 데 동의하고, 위에서 살펴본 예와 다른 예로부터 집단선택은 과거보다 훨씬 더 많은 관심과 인정을 받고 있다. 심지어 몇몇 학자들은 종간의 경쟁(**종선택**, species selection) 혹은 종간의 생존 차이(**종구별**, species sorting)를 유발하는 재난과 같은 우발적인 요인들을 포함하는 선택의 "서열"에 대한 논의로 확대한다. 기생충의 감염에 대한 민감성 혹은 저항성과 같은 다른 많은 상호작용들 또한 집단의 생존

[9] 경고색(*aposematic*)은 경고를 나타내는 색의 표시를 일컫는 것으로 독을 가지거나 불쾌한 맛을 내는 동물을 보다 눈에 잘 띄게 하고 포식자에게 잘 보여지도록 하는 것을 나타낸다. 일부 종의 경우에 있어서 모든 개체가 경계색을 나타낸다. 즉 노란색과 검은색의 줄무늬를 가지는 말벌, 밝은 색을 띠는 독을 가진 개구리와 뱀을 예를 들 수 있다. 본문의 예에서 경계색은 돌연변이의 결과로 이따금씩 나타난다. R. A. Wilson(2005)의 이타주의에 대한 현재의 의견들의 요약을 참조.

이나 멸종에 관여할 수 있다. 자연선택이 평가될 수 있는 방법, 즉 생식의 성공이나 생존은 개체에만 한정될 필요는 없다[10].

몇몇 예에서, 즉 유성생식을 하며 이타주의적 사회 행동을 하는 개체로 구성된 집단과 같은 예에서 아직 쟁점이 해결되지 못하고 있지만, 설령 선택이 개체의 유전적 미래에 해를 끼칠지라도 선택은 집단의 이익을 위해 일어나는 것처럼 보인다(비록 이론적으로는 이타주의가 유지되는 집단에서 개체의 평균 적응도는 상승해야 함에도 불구하고). 그러한 상황은 적응도가 행동, 즉 구애행위와 교미전략, 주로 새에서 일어나는 부모 대신 다른 개체에 의한 먹이주기와 보살핌, 이타주의, 행동의태, 무리짓기와 공격성 등과 같은 행동에 의해 영향을 받을 수 있다는 사실을 상기시킨다.

집단 간 상호작용

자연의 생물군집은 다양한 방법으로 서로 상호작용하는 종 혹은 집단으로 구성된 집합체이다.

생존, 성장 혹은 생식능력의 관점에서, 특정한 집단 구성원의 수가 약간 증가하는 것은 다른 집단 구성원의 수를 증가(+)시키지만, 효과를 감소(−)시키거나 혹은 거의 영향을 미치지 않을 수 있다(0). 두 집단 간에 일어나는 상호작용은 **표 23-7**의 용어에 따라 구분되는데, 중립적 상호작용(0, 0)으로부터 상호 이익(+, +), 포식(+, −), 그리고 경쟁적 억제(−, −)에 이르는 다양한 범주들이 있다.

생태학자들과 자연주의자들은 이러한 상호작용의 예와 다양성을 관찰해 왔다. 생태학자들은 수많은 연구가 수행된 학문인 개체군 생태학과 군집 생태학의 서두에 이러한 상호작용의 기작과 효과들을 설명하기 위해 매우 다양한 모델들을 제시하였다[11]. 집단의 진화와 생태를 개체의 발생학적 변화, 즉 개체의 일생동안 지속되며 모든 생활사 단계에 영향을 미치는 변화와 통합한다는 것은 집단수준에서 쉽게 접근하기 어렵다. 그중 하나의 접근방법을 **글상자 23-2**에 요약하였다.

비록 생태적 상호작용이 종에게 중요한 의미를 가진다 해도, 그들이 갖는 명확한 진화적인 효과를 밝힌다는 것은 매우 어려운 일이다(Brooks와 LcLennan, 1991). 여기서는 이 상호작용들 중 두 가지, **경쟁**(competition)과 **포식**(predation)의 몇몇 측면들을 간략하게 고찰하고자 한다. 경쟁과 포식은 아주 다양한 형태로 존재하며, 종종 어떤 종이 지역 군집의 구성원이 될 수 있는지를 결정하는 상호작용이다.

표 23-7 두 집단 간에 일어날 수 있는 상호작용의 효과

유형	종에 대한 효과 A	종에 대한 효과 B	상호작용의 특성
중립주의	0	0	두 집단이 서로 영향을 미치지 않음
편리공생	0	1	종 A(예, 숙주)는 영향을 받지 않으나 종 B(편리공생체)는 이득을 얻음
편해공생	0	2	종 A는 영향을 받지 않으나 종 B는 억제됨
상리공생	1	1	두 종 모두 이득을 얻음(예, 뮬러의태)
포식 또는 기생	1	2	종 A(포식자 또는 기생체)는 종 B(피식자 또는 숙주)의 희생으로 이익을 얻음
경쟁	2	2	각 종이 서로를 억제함

출처: Pianka, E. R., 1988. *Evolutioary Ecology*, 4th ed., Harper & Row, New York에서 인용.

경쟁

경쟁은 두 집단이 한정된 동일한 환경자원에 의존할 때 일어나며, 그럼으로써 서로 상대 집단이나 종의 개체수를 눈에 띄게 감소시킨다. 이러한 이용 가능한 공동자원의 감소는 중요한 생태적, 행동적 결과를 초래한다. 예를 들면, 자연선택에 의해 몇몇 집단에서 자기의 경쟁자들이 자원을 이용하는 것을 억제하는 세력권 보호기작이 진화하였다. 이러한 기작에는 성장억제 화합물(예를 들어 몇몇 식물들이 생산하는 크레오소트와 같은 독성물질)이나 때로는 종 분산을 야기하는 공격적인 교전(예를 들어, 많은 척추동물들의 싸움) 등이 이에 해당된다.

자원분할

경쟁은 종종 **생태적 다양성**을 야기시킨다. 경쟁하는 집단들은 공동의 환경자원들을 서로 다른 측면에서 이용함으로써 직접적인 경쟁에 의해 야기될 수 있는 해로운 효과를 최소화시키고 이를 통하여 상호 이득이 될 수 있도록 한다. **그림 23-9**는 **자원분할**(resource partitioning)의 여러 가지 예 중의 하나로, 5종의 휘파람새들은 각각 가문비나무 서식지의 다른 부분들을 사용함으로써 직접적인 경쟁을 피하고 있다. 만약 자원분할이 무너져 서식처가 겹치게 된다면, 서로 경쟁하는 집단의 적응도를 감소시키는 경쟁이 일어날 것으로 예상된다. T. E. Martin(1996)의 연구는 이러한 견해를 지지한다. 즉 서로 다른 종의 둥지위치가 겹칠 때는 둥지 약탈이 증가하는 것으로 나타났다.

형질치환

형질치환(character displacement)은 경쟁에 대한 또 다른 진화적인 반응으로, 눈에 띄는 표현형적 차이로 인해 공존하는 집단 간

[10] 집단선택에 대해서는 G. C. Williams (1966, 1992), D. S. Wilson (1992), L. C. Stevens et al. (1995), R. A. Wilson (2005) 그리고 Sober and Silson (1998)을 참조하시오. 종선택에 대한 내용은 Gould (2002)와 R. A. Wilson (2005)를 참조하고, 종구분에 대한 내용은 Vrba(1989)를 참조하시오.

[11] Putman(1993), Begon et al. (1996), Krebs(2001) 그리고 Rockwood(2006)의 생태학 입문 교재를 참조.

글상자 23-2 진화, 생태 그리고 발생의 통합

진화와 발생이 합쳐져서 **진화발생생물학**(evolutionary developmental biology, evo-devo)이라고 하는 통합된 접근방법을 생성한 것처럼, 연구자들은 어떻게 하면 생태학을 여기에 합쳐서 *eco-evo-devo*로 통합할 수 있을까 하는 방법을 찾으려 하고 있다. 통합된 진화적–생태학적–발생학적 가설을 검증할 수 있는 하나의 전략은 유사성 또는 차이점을 반영하는 특징을 4개의 등급으로 구분하고 정립하기 위하여 Brooks와 McLennan (1991)에 의해 개발되어 재정리된 형질분류를 사용하는 것이다. 즉,

1. 형태(유사성 혹은 비유사성)
2. 일치(상동 혹은 비상동)
3. 기능(적응적, 비적응적), 그리고
4. 발생[비교할 수 있는(발생학적 유사성), 비교할 수 없는(발생학적 비유사성)].

표 23–8에 2^4매트릭스에 의한 16개의 등급으로 구성된 시스템을 나타내었고, 16개의 알려진 진화적 범주에 표시될 수 있다.

표 23–8에서 두 개의 예 — 5번과 10번 조합 — 는 진화적 기작에 대한 가설을 형태적 특징에 부여하기 위하여 매트릭스를 사용한 하나의 방법을 보여 준다. 즉,

1. 5번의 경우 두 특징은 유사한 형태를 가지지만 비상동성(즉, 표면적인 유사성)이며, 적응적이고, 발생학적 유사성을 나타내어 이는 평행진화(parallelism)의 예를 나타낸다. 평행진화의 예는 새의 깃털과 곤충의 센털을 들 수 있다.
2. 10번의 경우 두 특징은 형태적으로 유사하지 않지만 상동(즉, 유사성은 최근의 조상관계를 반영함)이며, 적응적이고, 발생학적 비유사성을 나타내어 이는 **호메오 유전자변형**(homeotic transformation)의 예를 나타낸다. 이것에 대한 예는 초파리에서 눈의 변형을 일으켜 더듬이를 형성하는 것을 들 수 있다.

역으로, 예를 들어 안정화 선택에 의해 특징이 생겨났다고 하는 가설은 비교하고자 하는 특징이 표 23–8에 나열된 4가지 범주에 대해 1번 조합부터 시작하여 16번 조합까지 어떤 조합에 맞는지 물어보는 것부터 시작해야 할 것이다.[a] 비교하기 원하는 2개의 특징을 이용하여 이와 같은 접근방법을 시험 해보자.

[a] 접근방법에 대한 다른 예와 발전에 대한 자세한 내용은 Stone과 Hall(2006)에서 찾을 수 있다. 접근방법의 배경에 대해서는 Hall(2003a, 2006c)를 참조.

표 23–8 진화하는 동안 일어나는 표현형적 변화에 대한 진화적, 생태학적, 발생학적 그리고 적응적 접근방식을 통합한 가설을 설정하고 검증하는 데 도움이 되는 16–등급으로 구성된 시스템[a]

형태	일치	기능	발생	예
1 유사함	상동	적응적	유사성[b]	안정화 선택
2 유사함	상동	적응적	비유사성	방향성 선택
3 유사함	상동	비적응적[c]	유사성	진화적 새로움
4 유사함	상동	비적응적	비유사성	발생의 진화
5 유사함	비상동	적응적	유사성	평행진화(적응적)
6 유사함	비상동	적응적	비유사성	상사
7 유사함	비상동	비적응적	유사성	제약
8 유사함	비상동	비적응적	비유사성	평행진화(비적응적)
9 닮지않음	상동	적응적	유사성	발생적 유연성
10 닮지않음	상동	적응적	비유사성	호메오 유전자변형
11 닮지않음	상동	비적응적	유사성	표현형적 적응성
12 닮지않음	상동	비적응적	비유사성	유전체 진화
13 닮지않음	비상동	적응적	유사성	조절유전자
14 닮지않음	비상동	적응적	비유사성	조절유전자 네트워크
15 닮지않음	비상동	비적응적	유사성	조직유도
16 닮지않음	비상동	비적응적	비유사성	표면적 유사성

[a] 형태는 표현형을 나타내고, 일치는 진화적인 역사를 나타내는 반면, 기능은 특징의 환경과의 조화(생태)를 나타낸다.
[b] 유사성은 비교발생학의 의미로 사용 되었으나, 유사한 유전자적 조절을 의미하기도 한다.
[c] 선택적 진화와 비적응적은 특징과 환경과의 부조화를 반영하는 다른 용어이다.

Stone and Hall (2006)에서 인용하였으며, 일부 용어를 변경하였음.

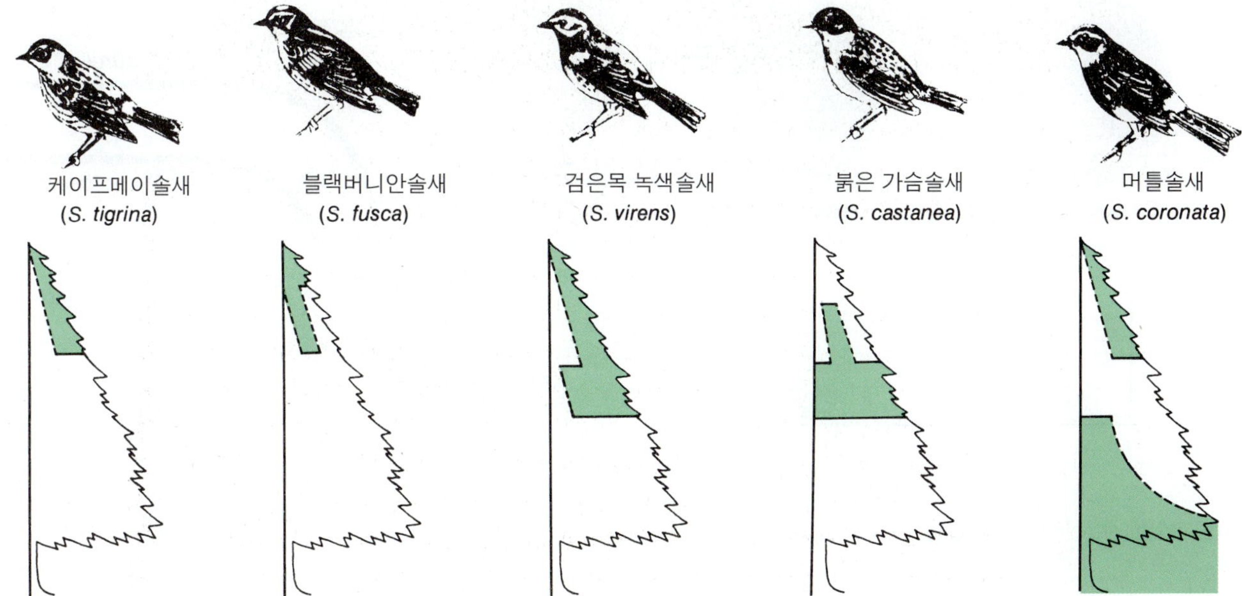

그림 23-9 미국 동북부 지역에 서식하는 *Setophaga*속에 속하는 5종의 휘파람(warbler)의 관찰된 수에 따른 가문비나무에서 주로 먹이를 포획하는 영역(음영으로 표시). Cape May warbler는 먹이인 곤충의 대발생이 일어나지 않는 한 상당히 희귀할 것이다. Myrtle warbler는 대부분의 침엽수림에서 가장 흔히 발견되는 종으로 가장 덜 특수화되었다. 흔한 종인 Blackburnian, Bay-Breasted, 그리고 Black-Throated Green warbler는 그들의 공존을 설명할 수 있을 정도로 먹이포획 영역에 대한 선호도가 다르다. 만약 이러한 자원 분할이 무너져 먹이 포획 영역이 겹친다면 경쟁그룹의 적응도를 낮추기 위한 경쟁이 일어날 것이다. T. E. Martin(1996)의 연구는 서로 다른 종간에 둥지 영역이 겹칠 때 둥지 약탈이 증가함을 보여 이러한 견해를 지지하였다. (MacArthur, R. H., 1958. Population ecology of some warblers of northeastern coniferous forests. *Ecology*., **39**, 599–619를 기초로 한 Krebs, C. J., 2001. Ecology: *The Experimental Analysis of Distribution and Abundance*. 5th ed. Benjamin Cummings, San Francisco, CA.에서 인용.)

의 자원분할이 일어난다. 형질치환의 훌륭한 한 예는 갈라파고스 섬에 있는 "다윈의 핀치"에서 볼 수 있는데, 섬에 공존하고 있는 핀치 종들의 부리 크기가 매우 다양하여 각 종은 서로 다른 크기의 씨앗을 먹을 수 있다. 이와는 대조적으로, 다른 섬에 고립되어 있는 종은 중간 정도 크기의 부리를 가지고 있기 때문에 씨앗 자원을 분할하지 않고 먹을 수 있다. 예를 들면, 작은땅핀치(*Geospiza fuliginosa*)와 중간땅핀치(*G. fortis*)의 경우, 두 종이 함께 사는 섬에서 각 종의 부리 크기는 각각 8mm와 12mm이지만, 두 종이 따로따로 떨어져 사는 다른 섬에서는 각각의 부리 크기는 10mm로 중간 정도의 크기를 나타냈다(**그림 23-10**). 자연집단에 대한 자세하고 연속적인 관찰의 중요성과 이점은 갈라파고스 섬의 다윈의 핀치에 대한 Peter Grant와 Rosemary Grant의 진행 중인 연구에서 볼 수 있다. 이 연구에는 상호작용하는 종에게 진화적인 변화를 일으키는 경쟁적 상호작용과 형질치환으로 시작되는 자연적인 과정이 기록되었다.

경쟁배타

생태적 지위(niche)에 대한 수많은 정의는 기본적으로 종의 생태적 지위는 종이 사용하는 모든 환경적 자원을 포함하고 자원을 활용하기 위해 적용하는 종의 전략도 포함한다고 제안한다(Odling-Smee 등, 2003). 경쟁이 자원분할이나 자원의 변동으로 확인되지 않을 때와 경쟁하는 두 종이 동일한 환경에서 정확히 동일한 자원을 이용할 때, 그들은 동일한 생태적 지위를 갖는다.

실험실에서 수행된 연구를 통하여, 두 종이 동일한 생태적 지위를 차지할 때 한 종은 일반적으로 죽는다는 사실은(**그림 23-11**) **경쟁배타의 원리**(principle of competitive exclusion)를 지지하는 것으로, 이는 만약 두 종이 동일한 방식으로 환경적 자원을 이용한다면 동일한 환경에서 공존할 수 없다는 것을 말한다. **가우스 원리 혹은 가우스 법칙**이라고 불리는 이 원리를 다윈은 **종의 기원**에서 이미 예시한 바 있다. 즉,

> 살아 있는 모든 유기체의 수는 기하급수로 증가하기 때문에, 각 지역은 거주자들로 이미 충분히 채워져 있다. 그리고 그 환경에 부합하는 유형이 수적으로 증가하고, 일반적으로 덜 부합하는 유형은 감소하고 점차 사라져 희박해진다.

진화생물학자들은 공존하는 종들에서 관찰되는 차이들(형질치환과 같은 것을 유발하는)이나, 잠재적 경쟁관계에 있는 밀접하게 연관된 종들이 종종 서로 다른 서식지를 차지하는 것을 단지 경쟁배타만으로 설명할 수 있는지에 관해 심각하게 의문을 가진다. 공존하는 연관된 종들에게서 나타나는 형태적 차이는 과거에

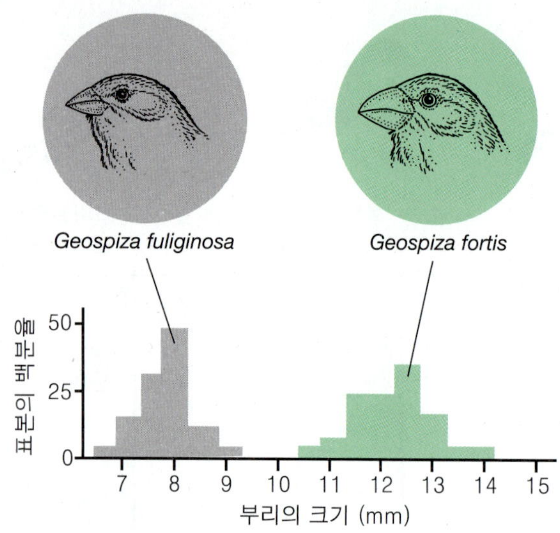

(a) 동일한 섬(Abingdon, Bindloe, James, Jervis Isis)에 서로 다른 두 종이 살고 있는 경우

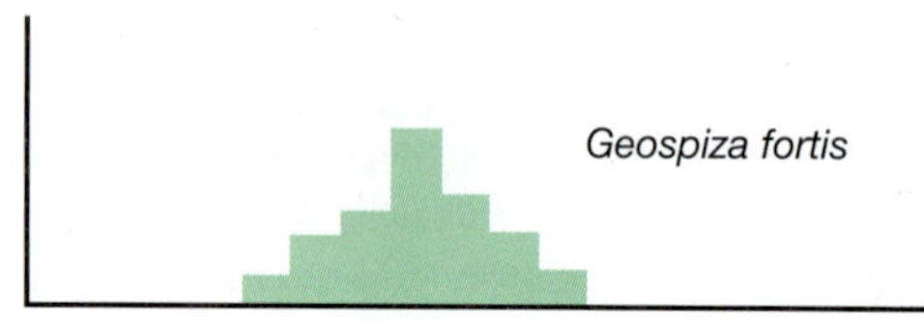

(b) 한 섬(Daphne)에 한 종만 살고 있는 경우

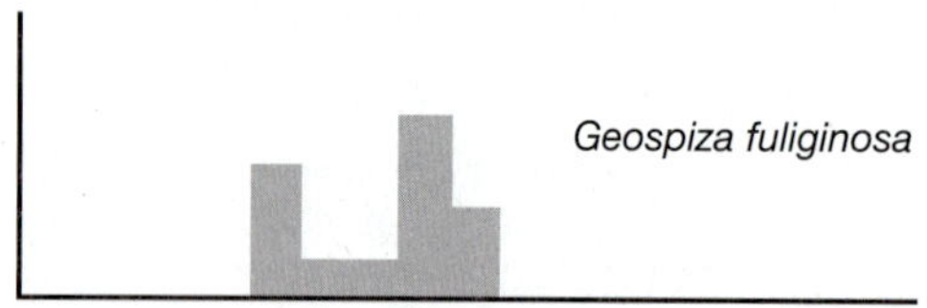

(c) 한 섬(Crossman)에 한 종만 살고 있는 경우

그림 23-10 갈라파고스 섬에 서식하는 다윈의 핀치에서 나타나는 형질치환. 4개의 섬에서 공존하는 종들은 (a) 부리의 크기에서 상당히 큰 차이를 보이는데, 이는 서로 다른 크기의 씨앗을 먹게끔 하였다. 그러나 각 종이 서로 다른 섬에 홀로 존재할 때에는 (b), (c), 각 종은 중간 크기의 부리(약 10mm)를 가지며, 먹이자원을 분할하지 않고 먹는다. (Grant, P. R., 1986. *Ecology and Evolution of Darwin's Finches*. Princeton University Press, Princeton, NJ를 기초로 한 Givnish, T. J., 1997. Adaptive radiation and molecular systematics: Issues and approaches. In *Molecular Evolution and Adaptive Radiation*, T. J. Givnish and K. J. Sytsma (eds.). Cambridg University Press, Cambridge, England, pp. 1–54에서 인용.)

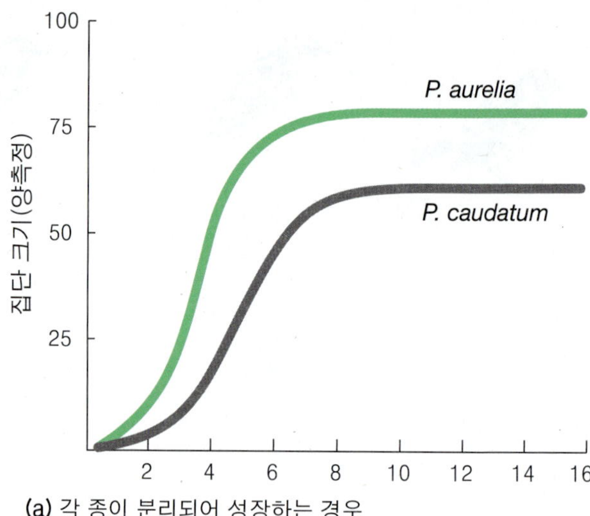

(a) 각 종이 분리되어 성장하는 경우

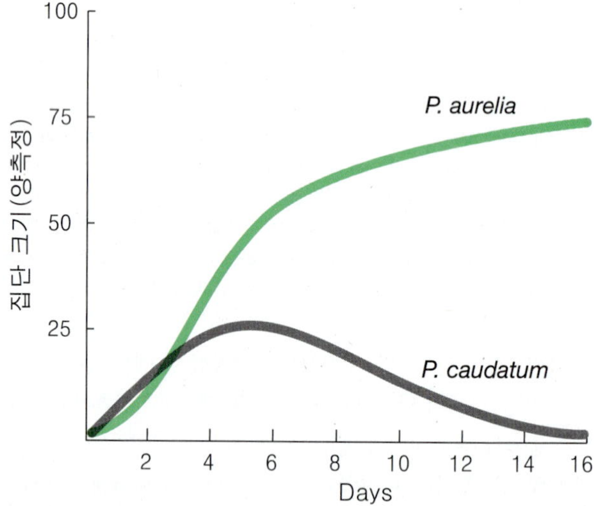

(b) 두 종이 함께 성장하는 경우

그림 23-11 집신벌레(*Paramecium*)의 성장 (a) 단독배양, (b) 혼합배양. 그림에서처럼 일반적으로 *P. aurelia*가 *P. caudatum*을 대체하지만, 일부 혼합배양에서 *P. caudatum*이 *P. aurelia*보다 훨씬 빠르게 번식한다. 명백히 *P. caudatum*은 *P. aurelia*보다 대사에 의해 생긴 오염 물질들에 더 민감하기 때문에 이러한 오염물질을 제거해 줌으로써 *P. caudatum* 집단의 성장은 촉진된다. 경쟁적 상호작용의 결과는 외부 환경요인에 상당히 민감하고 단독배양보다는 혼합배양에서 훨씬 더 복잡하게 나타난다(Gause, G. F., 1934. *The Struggle for Existence*. Williams & Wilkins, Baltimore에서 인용.)

이 종들이 경쟁하지 않았던 장소에서 진화했을 수도 있으며, 연관된 종들이 서로 다른 서식지를 차지하는 것은 경쟁을 피하기 위해서 분지한 것이 아니라, 먹이에 대한 선호도의 차이, 둥지 장소 등의 요인 때문에 분지했을 수도 있다.

사실, 만약 종이 무작위로 분포한다면, 예측할 수 있는 것보다 연관된 종들(예를 들면, 해양 플랑크톤에서 발견된 종들) 사이에 훨씬 더 많은 공존현상이 나타난다고 주장할 수 있다.

포식

포식(predation)은 경쟁관계에 있는 공존하는 종들 간에 경쟁배타를 감소시키는 중요한 요인 중 하나로, 포식자는 어느 한 우점종이 최대 수용능력에 도달하는 능력을 감소시킴으로써 다른 경쟁자들을 위한 공간을 만들어 준다(15장의 Cropping 참조). 포식자는 먹이의 일부만 소비하거나 완전히 소비하므로, 포식자의 먹이

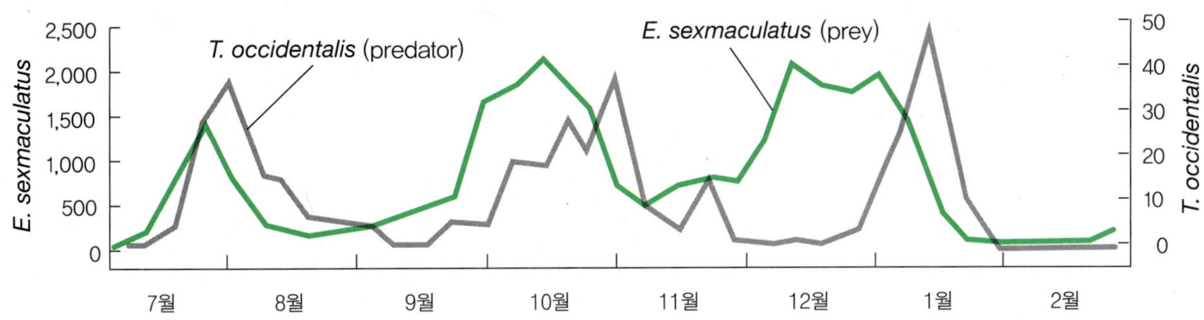

그림 23-12 통제된 환경에서 이리응애과에 속하는 포식성 응애(*Galendromus occidentalis*)와 피식자인 초식성 응애인 생달나무응애(*Eotetranychus sexmaculatus*) 두 종의 응애 개체군 수에서 나타나는 3번의 진동 주기. 각 주기에서 먹이의 수가 증가함에 따라 포식자의 수도 증가하여 먹이인 피식자 개체군 수가 급격히 감소하게 되고, 이에 따라 포식자 개체군 수도 급격히 감소하게 된다. (Pianka, E. R., 1988. *Evolutionary Ecology*, 4th ed. Harper & Row, New York, Huffaker C. B., 1958. Experimental studies on predation: Dispersion factors and predator-prey oscillation. *Hilgardia*, 27, 343–383.에서 인용.)

가 되는 피식자의 수에 영향을 미친다.

포식은 피식자에 대한 공격과 소비 혹은 **기생**(parasitism; 숙주조직의 감염과 손상) 등을 포함하여 식물과 동물에게 다양한 방식으로 작용한다. 피식자에 대한 포식자의 밀접한 의존성은 종종 **그들이 갖는 상대적인 풍부도의 연결**로 이끈다. 즉, 피식자의 수가 증가하면 그에 따라 포식자의 수도 증가하고, 포식자가 증가하면 피식자의 수가 감소함에 따라 먹이가 줄어들어 포식자의 수는 감소하게 된다. **그림 23-12**에 나타난 바와 같이, 포식자가 단 한 종만을 먹이로 삼는 관계에서 개체군 수의 주기적인 진동은 패턴으로 나타난다.

위와 같은 단순한 진동패턴은 보편적인 것은 아니다. 가령, 북미산 순록 무리에 대한 늑대의 포식처럼, 대부분 어리거나 거의 번식가치가 없는 늙거나 병들어 쇠약해진 개체를 먹이로 하기 때문에, 몇몇 포식자들의 포식행동이 피식자의 풍부성이 급감시킬 정도로 심각한 영향을 주지는 않는다. 더욱이, 포식자가 한 종 이상의 피식자를 포식할 때에는 포식자 수가 완충된다. 그러므로 포식자 개체군 크기가 큰 폭으로 변동하는 현상이 감소하게 되고, 포식 효과를 확산시켜서 피식자 개체군 크기 또한 상당히 안정된 상태를 유지하게 된다. 보상차원의 사망률 혹은 부가적인 사망률은 새로운 포식자가 생태계로 도입되었을 때 볼 수 있다. 뮬사슴(*Odocoileus hemionus*) 집단에 도입된 늑대 혹은 사자의 경우를 예를 들 수 있는데, 늑대와는 달리 사자는 뮬사슴 사망률의 부가적인 증가를 가져온다.

수생군집을 구성하는 몇몇 종은 포식자와 피식자 간의 화학적인 상호작용을 통해 균형을 유지한다. 이러한 대단히 흥미로운 현상은 **표현형적 유연성(적응성)**(13장 참조)의 한 형태로 포식자 담륜충과 피식자 담륜충과의 상호관계, 물벼룩(*Daphnia pulex*)과 그들의 포식자인 깔따구 유충과의 상호관계에서 특히 많은 연구가 진행되었다. 위의 두 상황에서 포식자는 화학물질을 분비하는데, 그 화학물질은 피식자 종의(전부는 아니지만) 일부 알에 작용한다(아마도 한 종 이상의 피식자 종의 알에 대해 작용함). 화학물질의 영향을 받은 알에서 부화한 개체는 한 조의 강모를 더 가지게 되고(담륜충), 또는 정상적일 때보다 더 긴 강모를 만들어(물벼룩), 포식자가 포식하기에는 너무나도 커져서 포식을 하지 못하게 한다. 그러므로 표현형적 다형현상은 포식자의 수준에 의존하여 순환하는 것으로 **형태순환**이라고 일컬어지는 변화를 초래한다.[12]

종이 시간의 흐름에 따라 변하는 환경(먹이의 풍족함도 포함)에 적응하도록 역할을 하는 표현형적 유연성의 예는 지중해에 분포하는 연작류(제비, 참새와 같은) 작은 푸른박새(*Cyanistes caeruleus*)의 자료에서 볼 수 있다. 이 자료에는 푸른박새에 관련된 표현형적, 유전적 변이성에 대한 내용이 30년이 넘는 기간 동안 축적되어 있다. 대륙 본토와 섬들을 대상으로 낙엽수림과 상록수림 서식지에 대한 비교가 진행되었다. 이들 푸른박새의 집단구조, 먹이의 풍부함, 번식능력과 형태에 대한 광범위한 자료를 수집하였다. 표현형적 유연성은 분산하는 거리에 대한 함수로 나타난다. 즉, 짧은 거리로의 분산은 지역적 특수화로 나타나고, 보다 먼 거리로의 분산은 표현형적 유연성으로 나타나는데, 이는 지역적 선택의 방향이 유전자 흐름과 상반될 때 집단 간의 지리적 분리와 불균형을 이루는 지역적인 적응으로 이끈다. 표 23-3에는 본토와 2개의 섬지역의 낙엽수림 지역에서 기록된 서식처 특이적 차이에 대한 내용을 요약하였다. Blondel과 동료들(2006)은 낙엽성 참나무류와 상록성 참나무류를 구분하여 관찰한 결과 잘 적응하지 못한 집단을 발견하였다. 즉, 번식 기간이 먹이(나비유충) 공급이 최고에 달하는 시기와 일치하지 않음을 발견하였는데, 이를 토대로 다음과 같은 결론을 내렸다. "서식처가 낙엽수림과 상록수림 조각의 혼합으로 뒤죽박죽 구성된 것과 상관 없이, 반응의 수준은 지역적 특수화, 표현형적 유연성, 혹은 지역적 비적응성으로 나타나는데, 이는 새들의 평균 분산범위와 관련된 서식처 조각의 크기에 따라 좌우된다."

[12] 형태순환에 대한 예는 Stearns(1989), Hall (1999a), Hall et al. (2004)를 참조.

체형의 표현형적 유연성에 대한 두 번째 예는 파랑볼우럭(*Lepomis gibbosus*)에서 볼 수 있다. 연안지역과 원양지역에서 발견되는 파랑볼우럭의 생태변이형(ecomorphs)은 포식자인 청꼬치(*Sander vitreus*)의 포식에 반응하며, 서로 다르게 분지하였다. Januszkiewicz와 Robinson(2007)은 이러한 다양화가 두 생태변이형이 사용가능한 자원을 이용하는 것보다는 포식과 관련된 선택에 의한 것이라고 결론 내렸다. 즉, 포식자에 의해 유도된 다형현상에 대한 선택은 그러한 분기의 원동력이다.

비록 포식자–피식자 관계의 복잡 미묘함을 일반화하기 위해 수많은 수학적 모델이 제안되었지만, 이에 대한 간단하고 보편적인 설명은 존재하지 않는다. Begon과 Mortimer (1986)는 다음과 같이 지적하였다:

> 포식자와 피식자는 정상적인 상황에서는 두 종으로 구성된 단순한 시스템으로 존재하지 않는다. 상호작용하는 두 종이 표출하는 수많은 패턴을 이해하기 위해서는 반드시 현실적인 복수의 종의 맥락에서 봐야 한다... 복수의 종을 포함한 시스템을 고려하기 이전에 반드시 보편적인 포식자–피식자 진동에 대한 기대를 버려야 하고, 실제상황에서 어떻게 포식자와 피식자가 상호작용하는지 보다 면밀히 살펴야 할 것이다.

경쟁이든 포식이든 간에, 이러한 상호작용은 아주 독특할 수 있다. 즉 단지 하나의 종 조합에서 볼 수 있을 만큼 독특하며, 이는 관여하는 집단의 과거 진화의 역사, 공간적 제약, 기후조건, 토양 영양소 그리고 군집 내 다른 종들의 효과에 따라 달라진다. 각 상호작용은 다른 상호작용과의 연관을 끊고 분리하여 독자적으로 탐색, 연구되어야 한다. 이는 상당히 어려운 일이지만, 집단 생물학자들 사이에 상당한 흥미와 노력을 불러 일으켰다. 그러한 예들 중 하나로, 환경요인들의 각양각색의 조합은 캐나다 눈덧신토끼 집단에 있어서 사람들이 일반적으로 기대하는 것보다 훨씬 큰 차이를 유발할 수 있다(Krebs 등, 1995). 포식이 감소하거나 혹은 먹이공급이 증가하면 개체수는 두 배 혹은 세 배 증가하였다. 그러나 이 두 요인을 결합시킴으로써 개체수는 11배 증가하였다. 포식이 낮고 먹이가 풍부할 때에는, 먹이가 풍부하고 포식이 만연할 때 혹은 포식이 낮고 먹이가 부족할 때 일어나는 것과는 분명히 다른 상호작용(아마 생리적 스트레스에 있어 커다란 감소)들이 일어난다.

■ 공진화

집단 간의 상호작용은 여러 가지 다양한 결과를 낳고, 공진화는 흔하게 일어난다. 한 종의 적응적인 변화가 다른 종의 적응적인 변화를 따르는 공진화적인 현상으로부터 많은 종들 간의 아주 긴밀한 생태적 관계는 유래하였다. 서로 다른 종간의 일상적인 무의미한 상호작용으로부터 시작한 것이 의무적인 공진화 관계로 발전한다. 많은 서로 다른 생명체 사이에는 엄청나게 많은 상호의존이 존재했었고, 지금도 여전히 존재하며, 진화의 틀에서 보지 않는다면 그들의 관계를 완전하게 이해할 수 없을 것이다.

한 종에 있어서의 진화적인 변화는 생태적으로 상호작용을 하는 다른 종의 진화적 변화를 촉진시킬 수 있다. 고생물학적 증거들은 초식성과 육식성 포유류의 다양한 종들에 있어서 크기와 속도가 순차적으로 증가하는 동안에 이들 사이에 경쟁이 있었음을 강력하게 시사하고 있다(19장 참조). 공룡에서 나타난 것과 같은 크기, 속도 그리고 방어 장치에 있어서의 유사한 진화적 진보(18장 참조)는 많은 포식자–피식자 관계에서 발견되는 일관된 추세이며, 이는 **공진화**(coevolution)가 곤충에 의한 식물의 수분(글상자 14–1, 식물과 곤충의 공진화 참조) 또는 기생을 포함할 때 이를 위한 필요조건이 된다.

현존하는 종에 있어서 공진화에 관련된 가장 훌륭한 예는 숙주와 그에 기생하는 병원균 혹은 기생생물이다. 섬유를 생산하는 식물인 아마(*Linum usitatissium*)에서 유래한 27개 유전자는 곰팡이성 병원균인 녹병균에 대해 저항성을 나타내었다. 이는 다시 병원균이 비슷한 수의 유전자를 보유함으로써 숙주 식물의 유전자에 의한 저항성을 극복하게끔 한다. 위의 예와 다른 예를 토대로 숙주에 있어서의 저항성 돌연변이 빈도의 증가는 숙주의 저항성을 극복하는 기생체 혹은 병원균에 있어서의 하나 혹은 그 이상의 돌연변이 유전자의 빈도를 증가시키는 선택이 뒤따를 것이라는 꽤 타당한 주장을 제기할 수 있다(J. N. Thompson, 2005).

충분히 예상할 수 있다시피, 숙주와 기생하는 기생체 간의 공진화적 사건들은 매우 복잡한 형태로 나타나고, 경우에 따라서는 기생체의 병원성을 약화시키기도 한다. 엄청나게 빠른 속도로 증가하는 유럽산 토끼(*Oryctolagus cuniculus*) 집단을 조절하기 위해서 남미로부터 호주로 도입된 점액종 바이러스에 관한 것을 대표적인 예로 들 수 있다. 주로 모기에 의해 전염되는 이 바이러스는 원산지가 남미인 솜꼬리토끼(*Sylvilagus brasilensis*)에게는 비교적 가벼운 병을 일으키지만, 호주의 토끼에게는 매우 높은 치사율을 나타내는 병원균으로 작용한다. 1950~1951년 사이에 바이러스 감염에 의한 치사율은 감염된 토끼들의 99%에 달할 정도로 높았다. 호주의 토끼 집단은 이 바이러스의 감염에 의해서 결국에는 완전히 박멸되거나 혹은 매우 적은 수의 개체만이 유지되는 것처럼 여겨졌다.

그러나 이러한 예상은 보기 좋게 빗나갔다. 몇몇 호주 토끼들이 바이러스에 대한 저항성이 증가하는 것도 있지만, 바이러스 자체의 독성이 약해져 치명적이지 않게 되었기 때문이다. 모기는 살아 있는 토끼로부터 흡혈하기 때문에 만약 바이러스가 그들의 숙주를 너무 빨리 죽이게 된다면 모기가 토끼 숙주에게 주입하는 바이러스의 전파율은 떨어지게 된다. 따라서 높은 독성을 지니며 복제능력이 뛰어난 바이러스 계통은 선택적으로 도태되고, 반면에 낮은 독성을 지닌 계통은 감염된 토끼를 보다 오래 살 수 있도록 함으로써, 바이러스가 좀 더 쉽게 확산될 수 있도록 하기 때문에 선택에 유리하게 된다. 흥미롭게도 숙주-병원균 사이의 관계는 정적인 것이 아니다. 즉, 바이러스에 대한 토끼의 저항성이 커지면 바이러스의 독성이 증가되는 것이 선택에 유리한 형질이 될 수 있다. 그러므로 호주에서의 바이러스와 토끼 사이의 관계는 결국에는 독성을 지닌 바이러스가 그것의 원래 숙주에 대해서는 약간의 해로운 효과만을 나타내었던 남미의 상황을 따라 갈 것이다. 이와 같은 진화적 결과는 그리 드문 현상만은 아니다. 일부 크기가 작은 DNA 바이러스는 빠른 속도로 진화하는 RNA 바이러스에 비해 유전적으로 안정되고, 따라서 그들의 숙주에게 소소한 작은 질병을 야기하면서 오랫동안 유지되고 공진화하기도 한다.[13]

그러나 기생체의 감소된 독성이 다른 기생체와의 경쟁에 있어 항상 선택에 유리한 것은 아니다. 위에서 살펴본 바와 같이, 기생체의 감염과 기생체의 독성은 서로 양의 상관관계를 가지는데, 이는 기생체 계통들 간의 경쟁에서의 승리는 빠른 복제 능력에 따라 다르게 나타남을 의미하며, 기생체의 빠른 복제는 독성을 일으키는 주요 요인이다. 숙주의 염색체에 결합되어 세대에서 세대로 전파되는(**수직전염** 혹은 **수직전파**, vertical transmission) 바이러스를 용원성이라 부르는데, 이들은 생존을 위하여 숙주의 번식에 의존해야 하기 때문에 독성이 감소되는 것으로 선택되어 왔다. 이와는 반대로 다른 숙주로부터 반드시 감염을 통하여 생물체의 몸속으로 들어가는 바이러스(**수평전염** 혹은 **수평전파**, horizontal transmission; 수평이동으로 불리기도 함)는 빠른 복제능력으로 인하여 감염력이 증가하게끔 선택되었다. 그로 인해 감염된 숙주는 거의 대부분 죽게 된다. 바이러스의 독성을 선택하는 데 있어, 다른 특이한 감염의 기회가 등장하였다. 성적 접촉으로 전염되는 인간 면역결핍 바이러스(HIV)는 난잡한 성관계가 많아질수록 집단 내에서 독성이 증가하였다(Ewald, 1994; Mindell, 2006).

곤충과 숙주식물 간의 특이성에 대한 많은 사례는 공진화의 예로 자주 거론된다. 많은 경우 이들은 공진화를 대표하지만, 몇몇은 그렇지 않다. 분자계통학을 이용하여 계통이 진화한 시기를 확립하는 것과 이렇게 확립된 계통을 화석기록에 대해 보정하는 능력에 적신호가 켜졌다. Lopez-Vaamonde와 동료 연구자들(2006)은 *Phyllonorycter*속에 속하는 100종의 굴나방에 대한 분자계통을 확립하기 위하여 핵 DNA를 사용하였으며, 군 외군 비교를 통하여 나방 종이 기원한 시간을 추정하고자 하였다. 굴나방 숙주식물의 화석기록상의 분포시기의 비교를 통하여 *Phyllonorycter*속의 주요 방산은(27.3백만 년에서 50.8백만 년) 그들의 기주식물의 방산(8천 4백만 년에서 9천만 년)이 있은 이후에 일어났음이 밝혀졌다. 물론 나방의 방산이 그들 숙주식물의 방산보다 이전에 일어날 수는 없다(초기 종의 먹이가 다르지 않는 한). 그러나 나방의 방산에서 보이는 것은 공진화의 예(단어에 대한 엄정한 의미에서)가 아니라 "진화를 따라서 일어나는" 숙주식물에 대한 뒤늦은 개척으로 보인다.

경쟁, 포식 그리고 기생이 유명한 개념인 "이빨과 발톱이 붉게 물든 자연"을 반영한다 할지라도, 협동과 상리공생의 예들은 분명히 그 영향력(즉, 적자생존에 입각한 종간의 경쟁)을 변화시킬 것이다. "집단선택"과 "형태순환"에서 설명한 여러 상호 협력적인 관계뿐만 아니라 많은 **공생관계**, 즉 세포내 소기관과 진핵생물체 숙주와의 관계(9장 참조), 지의류를 구성하는 조류와 곰팡이(그림 22-6 참조), 그리고 흰개미의 장에서 발견되는 셀룰로오스를 분해하는 원생동물 등에서도 상호 협력적인 관계를 볼 수 있다. 오랜 기간 동안의 공진화는 많은 경우 이러한 공생관계를 의무적인 것으로 만들었으나, 일부 화분매개자와 식물들 사이는 아마도 조건적인 관계, 즉 어느 종도 그들의 생존을 위해 다른 종에 의존하지 않는 관계를 유지한다. 재배방법에 따라 종이 상호 협력적인 관계를 갖게끔 강요되기도 하는데, 난장이 야자(*Chamaerops humilis*)는 식물원에서 종 특이적 수분 매개자인 바구미(*Derelomus chamaeropsis*)와 함께 재배되어 강요된 상리공생(이 경우, 강요된 수분매개)의 관계를 갖게 되었다. 개념을 어떻게 정의 하는가에 따라 공진화에 대한 많은 예들이 존재한다. 즉, 그들의 의태 대상인 모델의 진화와 함께 발맞추어 진화하는 의태, 먹이로 사용하기 위해 "경작"하는 곰팡이의 종분화와 맞추어 함께 종분화하는 개미, 경쟁을 줄이기 위해 그들 사이의 변화를 나타나게끔 진화하는 경쟁하는 종(즉, 형질치환), 그리고 많은 다른 예들이 있다.[14]

주요 용어

감수분열부등(meiotic drive)
공진화(coevolution)
경쟁(competition)
경쟁배타의 원리(principle of competitive exclusion)
기생(parasitism)
내적 자연증가율(intrinsic rate of natural increase)
노화(senescence)
다중번식(iteroparous)
단일번식(semelparous)
돌연변이 하중(mutational load)
로지스트형 성장 곡선(logistic growth curve)
뮬러의 래칫(Muller's ratchet)
밀도 비의존성(density independent)
밀도 의존성(density dependent)
분리의 왜곡(segregation distorters)
분리 하중(segregational load)
생식력(fecundity)

[13] 분석에 대한 내용은 Shadan and Villerreal(1993)와 Fenner and Fantini (1999)를 참조.

[14] 수분매개자와 식물의 관계에 대해서는 Waser and Ollerton(2006)을 참조하고, 강요된 상리공생에 관한 내용은 Dufaÿ and Anstett(2004)를 참조하고, 개미의 경작에 대한 내용은 Hinkle et al. (1994)을 참조하고, 일반적인 공진화에 대한 내용은 J. N. Thompson (2005)을 참조.

생일: 1936년 10월 8일
학사학위: 스코틀랜드, 에딘버러 대학, 1960
박사학위: 스웨덴, 웁살라 대학, Ph.D., 1985
현 직책: 뉴저지주 프린스턴 대학의 생태 진화생물학과의 수석연구원(교수급)[15]

B. Rosemary Grant

무엇이 진화에 대한 관심을 갖게 했습니까?

영국의 The Lake District에서 어린아이로 자라면서, 숲과 언덕을 이리저리 돌아다녔고 생물의 다양성에 매료되었는데, 특히 같은 종에 속하는 개체 간의 차이에 매료되었습니다. 왜 생김새가 비슷한 두 개체는 없는지, 어느 정도까지 이러한 차이가 유전되는지에 대한 의문은 처음에 부모님과 토론하였고 아주 먼 훗날 에딘버러 대학의 교수님과 토론하였습니다.

과학에서 선생님이 발견하신 것 중 가장 가치있고 흥미로운 것은 무엇이라고 생각하십니까?

남편인 Peter Grant와 동료 연구자들과 함께 갈라파고스 섬의 핀치의 집단에 대한 심도 깊은 연구를 25년 이상 수행하였습니다. 이 연구에서 강조하고자 하는 것은 다음과 같습니다:

자연집단에서 형태적인 특성의 유전가능성과 단기간에 걸친 자연선택에 대한 진화적인 반응의 확립

유전적, 생태학적, 그리고 행동학적 요인들이 상호작용하는 정도의 발견과 이것이 종의 형성에 관계있음을 발견함

진화와 종분화 과정에 있어서 낮은 수준의 이종교배의 원인과 결과를 밝힘

흥미로운 발견은 문화적으로 전파되는 습득한 형질, 노래의 각인 등이 진화과정 속에서 그리고 종분화의 초기에 수행할 수 있는 역할에 대한 것입니다. 이러한 장기간에 걸친 연구는 기후적으로 다양한 환경 속에서 살아가는 자연집단의 진화적 역학을 해석하고 이해할 수 있게끔 합니다.

선생님의 실험실에서는 현재 어떤 연구를 하고 있습니까?

1997~1998년에 발생한 사상 유래 없는 엘리뇨에 의해 갈라파고스 섬의 변형된 생태조건 속에서 살아가는 새를 개체별로 표시하여 이용하는 장기간에 걸친 연구를 계속 수행하고 있습니다.

Ken Petren과 Lukas Keller 두 명의 박사 후 연구원과의 공동연구에서 다윈의 핀치의 계통관계, 부성, 이종교배, 그리고 근친교배에 대한 연구를 수행하기 위하여 분자 유전학적 기술을 사용하고 있습니다.

극한의 기후 조건 속에서 집단이 변동을 거듭할 때 근친교배로 야기되는 결과에 대한 조사를 수행하고 있습니다.

인간에 의해 초래된 환경의 단편화가 근친교배와 이종교배의 발생률의 증가를 야기하는 지역을 보전하는 데 우리의 연구가 가지는 의미에 대해 탐색하고 있습니다.

선생님의 연구분야는 앞으로 어떤 방향으로 나아가야 한다고 생각하십니까?

형질 변형의 발생학적, 유전적 기초를 이해하는 것입니다.

문화적으로 전파되는 습득한 형질과 유전적 변이와의 상관관계에 대해 조사하고자 합니다.

과거의 진화 양상과 현재의 진화적인 역학 사이의 연계를 세우는 것입니다.

진화분야에 관심이 있는 학생들에게 어떤 조언을 주실 수 있을까요?

진화를 알기 위해서는 하나의 생명체 또는 생명체의 무리에 대해 아주 심도 깊게 아는 것도 중요하지만 동시에 광범위한 흥미를 갖고 많이 읽는 것이 중요합니다. 이렇게 했을 때 직관력이 생겨나게 되고 철저하게 이해된 시스템 내에서 탐색할 수 있습니다. 동일한 목표에 도달하는 데에는 많은 경로가 있다는 것을 인정하는 것이 중요합니다. 다른 사람들이 가지는 접근방법의 다양성은 상승작용을 일으키고, 이는 직면하는 문제와 그것에 대한 해결 방안을 충분히 이해할 수 있도록 해야 합니다. 대부분의 발견은 혼자 만의 연구에 의한 것이 아니라 많은 사람의 일에 의한 것이며, 이러한 개인의 역할을 육성하여 우리의 지식을 넓힐 수 있습니다.

---

[15] 약력에 대해서는 웹사이트 http://www.eeb.princeton.edu/FACULTY/Grant_R/Grant_BR.html를 방문하시오. 2007년 5월 17일 접속. 최근 연구결과: Grant, P. R., and B. R. Grant, 2002. Unpredictable evolution in a 30 year study of Darwin's finches. *Science*, 296, 701–711.

생존율(survivorship)
수용능력(carrying capacity)
알로자임(allozymes)
유전자편승(hitchhiking)
이타주의자(altruists)
자원분할(resource partitioning)
적응골짜기(adaptive valleys)
적응봉우리(adaptive peak)
적응지형도(adaptive landscape)
종구분(species sorting)
종선택(species selection)
중립성 돌연변이(neutral mutations)
지역집단(demes)
집단선택(group selection)
총 생식률(net reproductive rate)
평형유전하중(balanced genetic load)
평형추이과정(shifting balance process)
포식(predation)
혈연선택(kin selection)
형질치환(character displacement)
r−선택과 K−선택(r−selection and K−selection)

토의 및 질문

1. 수학적 모델링은 진화학 연구에 어떠한 이점을 제공하는가?

2. 한 집단의 성장률과 수용능력 사이에는 어떤 관련이 있는가? 성장률과 집단의 연령구조와의 관련성은?

3. r–선택과 K–선택 전략의 차이점은?

4. 유전적 하중에 관하여

- **a.** 유전학자들은 돌연변이 하중과 분리(평형) 하중을 어떻게 산출하는가?
- **b.** 돌연변이 하중과 분리 하중의 효과는 어떻게 다른가?
- **c.** 근친교배가 증가할 경우, 이러한 유전적 하중에 어떤 변화가 생길 것으로 기대할 수 있는가?

5. 유전적 다형현상의 출현을 설명하는 데 있어서 연구자들이 중립적 돌연변이의 중요성을 지지하기 위해 어떤 증거를 이용하였는가? 또한 선택의 중요성을 주장하기 위해 이용된 증거는 무엇인가?

6. 유성생식을 하는 집단과 무성생식을 영위하는 집단이 가지는 비교 진화학적 이점은 무엇인가?

7. 새로운 환경에 노출된 집단의 생존이 새로운 적응적 돌연변이에 의해 결정되는가? 이를 설명하시오.

8. 유전자 연관과 재조합은 집단의 적응에 어떻게 영향을 미치는가?

9. 유전자를 가진 각 개별보유자의 생존에 영향을 미치는 유전자가 집단의 생존에는 다르게 작용할 수 있는가?

10. Wright에 따르면, 적응봉우리에 도달하기 위해서 필수적인 몇몇 유전자조합이 비적응적일 때, 집단은 어떻게 높은 적응봉우리로 진화할 수 있는가?

11. 왜 집단은 이론적으로 가능한 모든 적응봉우리를 점유하지 않는가?

12. 집단선택에 대한 찬성과 반대, 그리고 증거를 제시하시오.

13. 선택의 "계급"에 대한 개념을 속, 과, 목, 강, 그리고 문 까지 확대시킬 수 있는가? 만약 그렇다면, 혹은 그렇지 않다면 그 이유는?

14. 종간 경쟁에서 일어날 수 있는 결과는 무엇인가? 포식? 이와 같은 결과들이 예측될 수 있다고 단언하는 데 필수적인 정보가 무엇이라고 생각하는가?

15. 서로 다른 종들 사이에서 일어나는 상호작용이 그들의 진화 방향에 영향을 미치는 예를 드시오.

추천 읽을 거리

Begon, M., M. Mortimer, and D. J. Thompson, 1996. *Population ecology: A Unified Study of Animals and Plants*. 3rd ed. Blackwell Science Ltd., Oxford, UK.

Bell, G., 1989. *Sex and Death in Protozoa: The History of Obsession*. Cambridge University Press, Cambridge, UK.

Benton, M. J., and F. J. Ayala, 2003. Dating the tree of life. *Science*, 300, 1698-1700.

Ewald, P. W., 1994. *Evolution of Infectious Disease*. Oxford University Press, Oxford, UK.

Fox, C. W., D. A. Roff, and D. J. Fairbairn (eds.), 2001. *Evolutionary Ecology. Concepts and Case Studies*. Oxford University Press, New York.

Grant, P. R., 1986. *Ecology and Evolution of Darwin's Finches*. Princeton University Press, Princeton, NJ. [Reissued in 1999 with a Foreward by J. Weiner.]

Hartl, D. L., and A. G. Clark, 1997. Principles of Population Genetics, 3rd ed., Sinauer Associates, Sunderland, MA.

Krebs, C. J., 2001. *Ecology: The Experimental Analysis of Distribution and Abundance,* 5th ed., Benjamin Cummings, San Francisco, CA.

Lopez-Vaamonde, C., N. Wikström, C. Labandeira, H. C. J. Godfray, et al., 2006. Fossil-calibrated molecular phylogenies reveal that leaf-mining moths radiated millions of years after their host plants. *J. Evol. Biol.*, **19**, 1314-1326.

Maynard Smith, J., 1978. *The Evolution of Sex*. Cambridge University Press, Cambridge, UK.

Maynard Smith, J., 1998. *Evolutionary Genetics*. 2nd ed., Oxford University Press, Oxford, UK.

Mindell, D. P., 2006. *The Evolving World: Evolution in Everyday Life*. Harvard University Press, Cambridge, MA.

Odling-Smee, F. J., K. N. Laland, and M. W. Feldman, 2003. *Niche Construction. The Neglected Process in Evolution*. Princeton University Press, Princeton, NJ.

Pagel, M. (ed. in chief), 2002. *Encyclopedia of Evolution,* 2 Volumes, Oxford University Press, New York.

Ricklefs, R. E., and G. L. Miller, 2000. *Ecology,* 4th ed., W. H. Freeman & Co., New York.

Rockwood, L. L., 2006. *Introduction to Population Ecology*. Blackwell, Malden, MA.

Rose, M. R., and L. D. Mueller, 2006. *Evolution and Ecology of the Organism*. Prentice-Hall, Upper Saddle River, NJ.

Sober, E., and D. S. Wilson, 1998. *Unto Others: The Evolution and Psychology of Unselfish Behavior*. Harvard University Press, Cambridge, MA.

Thompson, J. N., 2005. *The Geographic Mosaic of Coevolution*. The University of Chicago Press, Chicago.

24 집단에서 종까지

요약

본 장에서는 종의 유지(예: 적응, 행동전략, 성적경쟁), 종분화(speciation)와 연관된 것들 [예: 분리(isolation), 교배(hybridization), 병목현상(bottlenecks)과 창시자효과(founder effects)]과 진화적 변화 속도, 특히 종분화 속도 기작과 연관된 집단 구조의 양상을 논의하고자 한다.

한 종의 모든 구성원은 비록 종 내 여러 집단들이 서로 유전적으로 다르다고 할지라도 공동의 유전자 급원(gene pool)을 공유한다. 만일 이들 집단 내에 유전자 빈도가 서로 뚜렷이 구분된다면, 그들은 아종(supspecies)이나 변종(varieties), 아집단(subpopulations) 또는 지리적 그룹(geographical groups)으로 취급된다. 적어도 인간은 매우 다양한 다형성(polymorphism)을 보여 그들의 아집단은 특정 대립 유전자(alleles)의 유무로 구분될 수 없고 다만 여러 유전자 집합에서 대립유전자들의 빈도 차이로 구분된다. 형태와 행동에서 보이는 최소한의 차이들은 같지 않은 환경에 대한 적응현상이다. 비록 유전적 요소가 학습된 행동에서보다 굴성(tropisms)과 본능에서 더 분명할지라도, 학습행동과 선천적 행동 모두 유전적인 요소를 갖고 있다.

새로운 종은 분리된 집단 사이에서 유전자 교환이 방해되어질 때 만들어진다. 유전자 교환에 대한 장벽을 제공하는 생식적 격리 기작(sexual isolation)들은 다양하다. 행동적(behabioral), 계절적(seasonal), 그리고 기계적인 접합 전(prezygotic)의 기작들은 접합체 형성을 방해한다. 접합 후(postzygotic)의 기작들은 그 자식들의 생존불능이나 불임을 가져올 수 있다. 일부 제안에 따르면, 이 기작들의 많은 것들이 서로 지리적으로 격리되는 이소적 집단(allopatric population)에서보다 동소적 집단(sympatric population)에서 더 발달한다고 한다.

새로운 종은 이소적 집단에서 유전적 차이가 천천히 축척되어지거나, 아마도 집단에서 일부의 소수 개체들이 분리되어질 때 형성될 것이다(창시자효과, founder effect). 종분화는 동소 집단에서 다양한 선택 압력에 대한 반응 때문에 유발될 것이라고 추정된다. 이러한 집단은 지속적인 선택 교배(preferential mating)에 의해 분명히 구분되어진다.

새로운 분류군(taxa)이 형성되는 속도는 특정 계통(lineages)이나 분류군(taxa)에서 특이적이다. 다시 말하면 서로 다른 시간대에 집단에 미치는 선택 압력의 다양성 때문에 진화 속도가 같은 계통 내에서도 다르다. 종 내 변화를 야기하는 미소진화적 압력(microevolutionary forces)이 새 종을 만드는 대진화적 압력(macroevolutionary forces)과 일치하는지 아닌지는 진화생물학에서 연구해야 할 일로 남아 있다.

유성생식 생물종에서 상호교배(interbreeding)는 종 내 개체들을 서로 묶어 주는 중요한 결합력과 공통된 유전자 급원(gene pool)을 유지하는 역할을 한다. 동시에, 생물종은 상호교배의 정도가 다양하게 이루어지는 여러 개의 집단으로 구성될 수 있다. 본 장에서 우리는 다음 내용에 관심을 갖게 될 것이다.

- **종 유지 기작:** 적응, 행동적 전략(behavioral strategies), 성적 경쟁과 진화적인 변화 속도와 관련된 집단 구조의 측면들;
- **종 분화 기작:** 격리, 잡종, 병목현상과 창시자효과와 관련된 집단 구조의 측면들;
- **종 분화 속도:** 종분화가 빠른지 느린지, 지속되는지 지속되지 않는지, 점진적인지 단속적인지 알려주는 집단 구조의 측면들.

또한 12장에서 소개된 종 분화가 소진화의 확장인지 분리절차에 의해 이루어지는 종착인지 논의할 것이다.

종의 유지

Epperson(1995)은 모든 개체가 이형접합체인 모델 집단에서(예, 모든 개체 *Aa*) 만일 개체들이 자기 주변의 개체들과 교배를 지속한다면 불규칙적으로 흩어진 서로 다른 유전형 집단(*AA, Aa, aa*)이 나타날 수 있음을 보여 주었다. 따라서 우리는 상당히 떨어진 집단들은 가까이 있는 집단들 보다 유전자 급원을 공유할 기회가 적고, 이에 따라 한 종이 유전적으로 조금 다른 여러 개의 지리적 소단위체(subunit)로 나누어 질 수 있음을 예측할 수 있다. 이러한 소단위체에 작용하는 상호교배의 결합력이 지리적 위치에 따라 다를 수 있기 때문에, 집단 사이에 눈에 띄는 차이점이 발생하

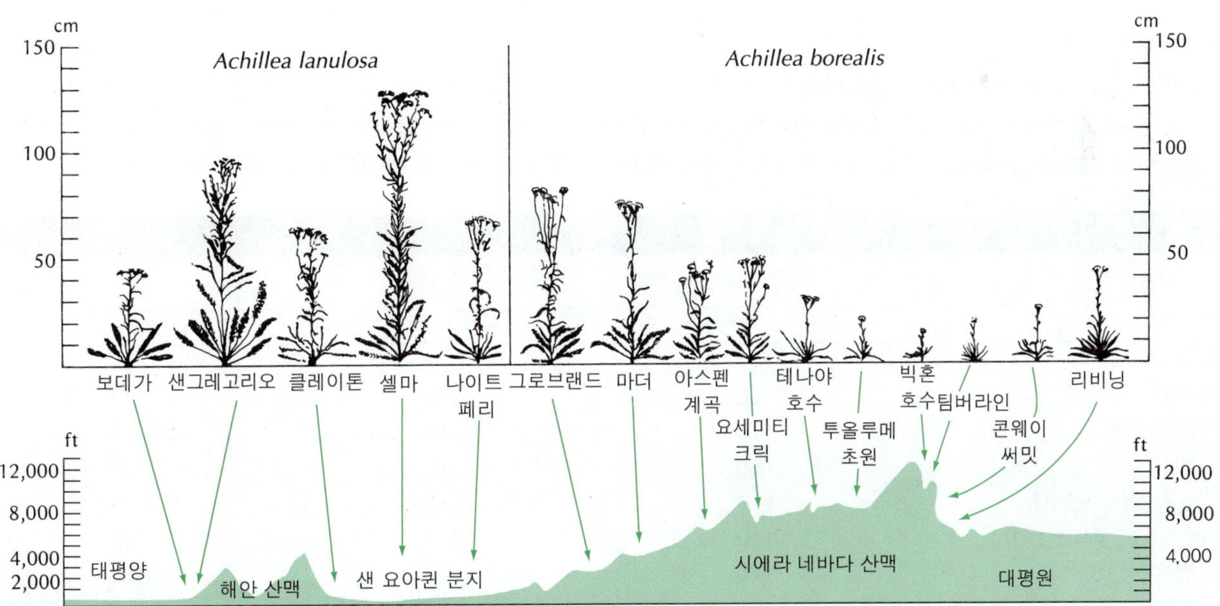

그림 24-1 중부 캘리포니아를 가로지르는 선을 따라 몇 개 지역에서 채집하여 캘리포니아 스탠포드 정원에서 재배한 *Achillea* 속 여러 집단의 대표적인 식물들. 동일한 환경에서 자랐을 때, 각 집단들이 식물체 크기, 잎의 모양, 기타 특징에서 차이가 난다는 사실은 집단 간에 유전적 차이가 진화하였다는 것을 시사한다.(Clausen, J., D. D. Keck, and W. M. Hiesey, 1948. Experimental studies on the nature of species. III. Experimental responses of climatic races of Achillea. *Carnegie Inst. Wash. Publ. No.* 581, 1–219에서 인용.)

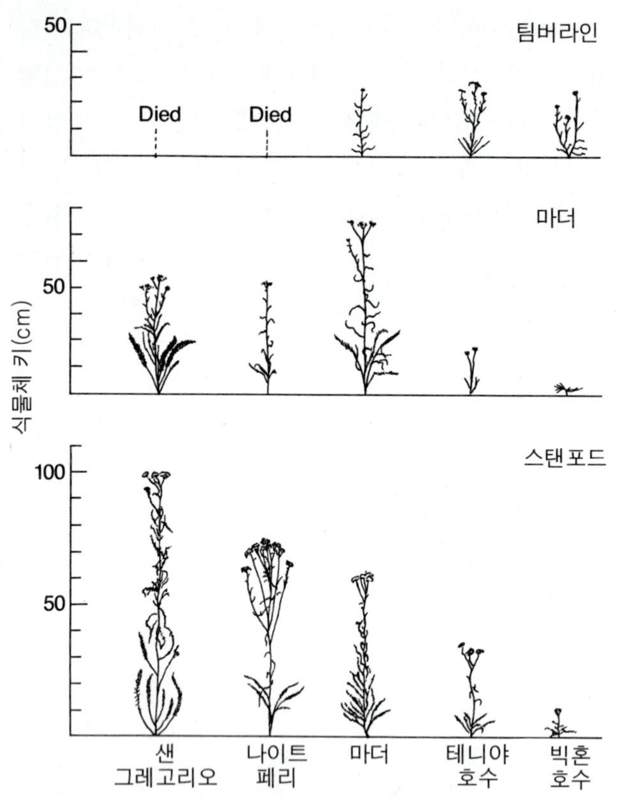

그림 24-2 캘리포니아의 5개 지역에서 채집한 대표적인 *Achillea*속 식물들을 3개의 서로 다른 고도[해수면(스탠포드) 1,400 m(Mather); 3,050 m(팀버라인)]에서 재배했을 때 보이는 각 식물체의 반응들.(Clausen, J., D. D. Keck, and W. M. Hiesey, 1948. Experimental studies on the nature of species. III. Experimental responses of climatic races of Achillea. *Carnegie Inst. Wash. Publ. No.* 581, 1–219.)

고 유지된다.

중부 캘리포니아를 가로지르는 선을 따라 향초인 *Achillea*를 관찰해 볼 때, *Achillea*의 키와 성장 시기는 집단 간에 커다란 차이를 보인다(**그림 24-1**). 우리는 이러한 차이점들이 각 지역 집단들이 환경에 대한 대응으로 차이를 보이는 적응 특성이라고 이해한다. 해안가의 식물이 고도가 높은 곳에서 자라게 되면 약해지고, 고도가 높은 지대의 품종은 낮은 지대에서 잘 자라지 못한다(**그림 24-2**). 이와 같은 식물 집단의 적응 특성은 특정한 생태적 서식지에 대한 집단의 유전적 반응이다.

대립유전자 빈도가 어디서 생기는지를 파악할 수 있는 지리적 위치와 시간 사이의 변화에 관한 예가 여러 개 알려져 있다. 그림 10-24에서 보듯이, *Drosophila pseudoobscura*의 세 번째 염색체 유전자 배열 패턴의 빈도는 미국 남부를 가로지르는 여러 환경에 따라 크게 다르며, 계절적으로도 크게 변하였다. 이 종에서 유전적 변화가 오랜 시간에 걸쳐 나타나기도 하였는데, 여러 캘리포니아 집단에서 한 유전자 배열(Pikes Peak)의 빈도가 17년에 걸쳐 거의 0%에서 10%로 증가하였다. 영국의 후추 나방(*Biston betularia*) 집단을 두 번째 예로 들 수 있는데, 이들은 더 오래된 기간에 걸쳐 검은 반점(melanism)의 빈도에서 심각한 변화를 겪었는데, 이러한 변화는 모두 특정 지역과 환경에 연관되어 있다.

그룹

그룹(아종, 변종, 아집단)은 서로 현저히 다르지만 같은 종의 집단이다. 집단 차이를 규정하는 용어들은 다양하다. 분류학자들은 종 내에 분류학적으로 독특한 그룹을 지칭하는 데 그룹이라는 용어 대신에 종종 **아종**(*subspecies*), **변종**(*variety*), 심지어 **아변종**(*subvariety*)을 사용한다.

종족(tribe)과 민족(ethnicity)과 같은 품종(race/racial)이라는 용어는 과거에 사용되었었다(**표 24-1**). 우리가 종 내에서 하위그룹들 언급할 때 이 용어들을 사용하지 않는 몇 가지 이유가 있다. **품종**은 엄격하고 안정된 경계 범주를 내포한다. 즉, 품종은 유전자를 교환하지 않으며, 동 떨어진 유전자들을 가지고, 그리고/또는 '순수함'을 함축하고 있고, 심지어 다른 그룹에 있는개인을 비방하는 데 사용되었다(인종차별주의). Cavalli-Sforza에 따

표 24-1 민족[a]과 연관하여 정상 출산 10,000명당 선천적 결손증의 유병률

	민족		
출생결손	비라틴아메리카계 백인	비라틴아메리카계 흑인	라틴아메리카계
무뇌증	1.00	0.87	1.53
이분척추	1.00	0.96	1.19
방실중격결손	1.00	1.17	0.92
구개파열	1.00	0.66	0.73
구순구개열(±구개파열)	1.00	0.56	0.98
다운증후군(3염색체성 21)	1.00	0.77	1.12
삼 염색체성 18	1.00	1.30	0.94

[a] 240만 정상 출생아 표본에 근거함. 유병률은 비라틴계 백인을 1.00으로 놓고 비율이 계산됨.

Canfield, M. A., et al., 2006. National estimates and race/ethnicity-specific variation of selected birth defects in the United States, 1999–2001. *Birth Defects Res. (A) Clin. Mol. Teratol.*, **76**, 747–756에서 인용.

르면;

> "...20세기 초 가장 널리 퍼진 유럽인종의 심리학적 분류체계는 관습, 문화와 유전학 중에서 가장 터무니 없는 혼란을 만들어 냈다. — 간단히 말해, '과학적 인종차별주의'의 가장 좋은 예이다(1994, p. 267).

그룹이라는 용어는 그런 함축적 의미를 가지고 있지 않고, 집단들이 대립유전자를 교환하는 사실과 잘 맞는다. 우리는 어떤 집단을 지정하기 위해 그룹을 사용하는데, 이는 그 집단의 고유 유전자빈도에 근거하여 다른 집단과 구별되어질 수 있다. 그룹은 비록 특정 유전자빈도를 나타내어 계통발생학적으로 충분히 분리되어도 유전자 급원에 참여할 가능성을 공유한다. 그룹 간 차이는 완전하지 않다; 그들은 특정 유전자의 상대적 빈도 측면에서 보면 다를지 모르지만, 그런 차이들은 유전자 교환을 막지 않는다. 한 예로 Canfield와 그 동료들(2006)이 분류한 비라틴계 백인, 비라틴계 흑인과 라틴계의 세 인종 간 선천적 결손증 유병률을 들 수 있다. 그들은 11개 미국 주에서 1999~2001년 사이에 624만 건의 출생 자료에서 21개의 선천적 결손 수치를 구했다. **표 24-1**의 샘플 자료에서 보이듯, 선천적 결손 유병율은 민족과 연관이 있을 수 있다. 아주 흥미롭게도, 염색체 기원에서 온다고 알려진 (높은 유전성을 가지는) 결손에서 그룹 간의 차이는(예, 21 삼염색체), 외부환경 요인들(이분척추증의 경우 엽산 섭취)로 야기되는 더 복잡한 인과관계학을 가지는 무뇌증이나 이분척추증 같은 증후군보다 더 낮다.

계통지리학(phylogeography)

현재 각각의 유전자들과 유전자들의 그룹이나 집단의 계보학적인 재건을 이용하여 계통이나 그룹의 지리적 분포를 조절하는 진화과정을 연구하는 분야는 계통지리학으로 알려져 있다. 오히려 한 집단의 샘플링보다, 표준 집단에서 유전자적 분석의 경우가 종종 있듯이, 계통지리학은 한 종 내에서 다른 집단의 분석을 수반한다. 결과적으로 계통지리학적 접근은 과거 이주양상들(제22장 참고), 집단 병목현상과 창시자효과와 막 시작된 종 분화를 나타낼 수 있는 하집단 안에서 현재 종의 세분화에 대한 정보를 밝힐 수 있다. 계통지리학은 우리가 I부 서론에서 제기된 중요한 문제인 **'진화에서 역사와 우연성의 역할'**을 고려하고 알아낼 수 있게 한다.

우리는 기본적으로 같은 종 내에서 집단 간의 차이를 평가하는 기준으로 유전자빈도의 차이를 이용한다. 이런 차이점이 많은 유전자에서 광범위하게 보이고, 집단들을 독립적인 존재물로 고려하는 것이 장점으로 작용할 때 , 우리는 그들을 넓은 의미의 품종으로 분류한다. 때때로, 눈에 띄는 형태적 차이가 사람의 인종들 간에서 볼 수 있는 것처럼 품종들 간에도 보인다. 다른 경우에는 품종 간 차이가 텍사스와 캘리포니아 *D. pseudoobscura* 집단 간의 차이 같이 유전자나 염색체에서만 관찰된다(그림 10-24).

우리는 두 가지 예: (1) 인간 혈액형과 (2) 밀 품종의 지리학적 분포에 대해 논의할 것이다.

인간 혈액형

우리가 대립유전자빈도를 감지하고 채점할 수 있는 유전자에 있어서. 특정 유전자의 존재 유무가 아닌, 유전자 출현 빈도가 그룹 사이의 지리적 차이를 파악하는 데 도움이 된다. **표 24-2**는 주요 세 인종 간에 다양한 유전자 체계의 빈도를 비교한 것이다. 이 모든 유전자 체계에서, 어떤 유전자형 단 하나에 대한 지식만으로 어떤 개인이 어느 인종에 속한다고 판단할 수는 없다. O형의 혈액형과 RH^+인 개인은 이 두 유전자만을 고려할 때 세 인종 어디에도 해당될 수 있다; 또한 글상자 22-2에 제시된 인간 혈액에 대한 유전자빈도 데이터를 상기하라.

흥미롭게도 인간 집단들 간의 차이는 아직 어느 한 유전자에서도 하나의 대립유전자(allele)가 어느 한 집단에 고정되고, 다른 집단에는 그 외 대립유전자가 고정된 정도까지 이르지 못하였다. 어느 한 집단에 하나의 대립유전자가 고정된 경우, 다른 집단들은 언제나 그 유전자에 대해 다형성을 보인다. 이러한 상황에서 유전적 거리를 측정하기 위해, Nei(1987)는 **표 24-3**에서 보여 주는 계산절차를 제안하였다. 인간의 집단(**그림 24-3**)에 이러한 **유전적 거리 지표**(index of genetic distance, D)를 적용해 보면, 다음과 같은 5 개의 주된 인종 집단으로 구분할 수 있다.

1. **아프리카인**(African), 원주민이거나(원주민이었거나), 조상을 아프리카 남부 지역까지 추적할 수 있는 다양한 부족과 집단을 포함함.
2. **서양인**(Caucasian), 유럽의 다양한 종류의 집단(또는 그런 집단의 조상으로 추적할 수 있는 개인)으로 스칸디나비아의 Lapps에서 남유럽, 북아프리카와 인도의 극동지역의 지중해 사람들을 포함함.
3. **대 아시아인**(Greater Asian), 폴리네시아인과 마이크로네시아인, 몽고인을 포함함.
4. **아메리카 인디언**(Amerindian), 북아메리카의 에스키모와 아메리카 인디언, 남북아메리카 원주민을 포함함.
5. **호주 원주민**(Australoid), 호주와 파푸아의 원주민 집단을 포함함(Australopapuans).

Nei와 Roychondhury(1993)는 표 24-3에 제시한 절차를 따라 많은 유전자좌를 조사하여 평균한 결과, 인간의 유전적 거리(D)가 일정한 속도, D의 단위 당 375만 년으로 축적된다는 것을 발견하였다. 주요 세 인종 간에 85개 유전자좌의 빈도를 비교하여 인종이 서로 분리된 시기를 계산하면 다음과 같다.

표 24-2 광범위하게 정의된 세 인종의 표본 개체들에서 보이는 대립유전자빈도

유전자좌	대립유전자	서양인(백인)	아프리카인(흑인)	동양인(몽고인)
단백질				
산성단백질	Pa^1	0.21	0.14	0.42
	Pa^0	0.79	.86	.58
아데닐레이트 사이클라제	AK^1	.96	.99	1.00
	AK^2	.04	.01	–
에스테라제 D	ESD^1	.89	.97	.66
	ESD^2	.11	.03	.34
글라이옥실라제 1	GLO^1	.44	.26	.09
	GLO^2	.56	.74	.91
햅토글로빈-α	Hp^1	.43	.51	.24
	Hp^2	.57	.49	.76
혈액형 그룹				
ABO	*A*	.24	.19	.27
	B	.06	.16	.17
	O	.70	.65	.56
더피	Fy^a	.41	.06	.90
	Fy^b	.59	.94	.10
MN	*M*	.54	.58	.53
	N	.46	.42	.47
Rh(두 가지 대립유전자로 단순화 시킴)	Rh^+	.62	.70	.95
	Rh^-	.38	.30	.05

출처: Strickberger, M. W., 1985. *Genetics*, 3d ed. Macmillan, New York.에서 인용, Nei, M., and A. K. Roychoudhury, 1993. Evolutionary relationships of human populations on a global scale. *Mol. Biol. Evol.*, **10**, 927–943.의 자료.

- 서양인과 아시아(*D*, 0.019),41,000±15,000년 전
- 서양인과 아프리카인(*D*, 0.032),113,000±34,000년 전
- 아프리카인과 동양인(*D*, 0.047),116,000±34,000년 전

가장 오래된 분화는 명백히 아프리카인과 다른 인종 간의 분리이다. 이러한 견해는 20장에서 언급한 다른 발견들과도 부합된다. 또한, 이 자료에서 특징적인 것은 조사된 많은 유전자에서 변이 수준이 매우 높다는 것이다. Nei와 Roychoudhury에 따르면 이 세 인종에서 다형성을 보인 유전자좌의 비율은 단백질의 경우가 45~52%이고, 혈액형의 경우가 34~56%에 달하였다. 각 유전자좌당 이형접합체의 평균 빈도는 단백질의 경우 13~16%이었으며, 혈액형의 경우 11~20%이었다.

인종 내에서 유전적 변이가 크다는 사실은 "순수" 인종이라는 개념이 허구임을 보여 준다. 동일한 유전적 정체성의 공유라는 측면에서 판단할 때, 한 인종의 구성원들은 유전적으로 순계라 할 수 없으며 한 가족의 구성원들 조차 유전적 순계라고 볼 수 없다. Templeton(1997)은 사람과 사람 사이의 유전적 변이의 약 84%가 같은 인종 내의 개인들 간이나, 소집단 간의 차이에서 비롯된 것이며, 약 16% 만이 인종 간의 차이에서 기인한 것이라고 지적한다. 그리고 22장에서 논의된 인간 그룹들 간의 유전자들의 교환이 20~30%인 것을 상기해 볼 수 있다.

아시아 일반 밀의 지리적 분포

아시아 일반 밀 종인 *Triticum aestivum*은 다양한 환경, 성장 조건과 서쪽 우크라이나와 터키에서부터 동쪽 일본까지 아시아를 가로지르는 인위적 선택압에서 한 종의 적응과정을 보여 준다. 티벳 고원과 서쪽 중국의 넓은 사막은 이주에 있어 효과적인 지리학적 장벽을 형성한다는 논쟁에 기초하여, 교역 경로를 따라 밀이 동아시아로 전파된 대한 세 가지 경로를 제안한다.

- 터키에서 중국 쓰촨까지 고대 미얀마 경로를 따라 퍼지다;
- 비단길(Silk Road)를 따라; 그리고
- 비단길의 도입으로 유전적으로 연관된 혈통 집단이 중국과 대한민국의 해안으로 퍼져 나갔다(**그림 24-4**).

이 지리학적 장벽과 인간이 발전시키고 유지해 온 교역 경로에 근거한 해석은 하나나 두 유전자 각각의 분포에 근거한 두 연구에 의해 지지된다.

표 24-3 Nei의 유전적 일치(I)와 유전적 거리(*D*) 지수를 계산하는 절차: 표 24-2에 주어진 두 유전자좌에 대해 백인과 흑인 사이의 지수 계산을 예로 보여 줌

유전자좌	대립유전자	서양인	아프리카인
산성단백질	Pa^1	$p_1 = 0.21$	$p_2 = 0.14$
	Pa^2	$q_1 = 0.79$	$q_2 = 0.86$
ABO 혈액그룹	A	$p_1 = 0.24$	$p_2 = 0.19$
	B	$q_1 = 0.06$	$q_2 = 0.16$
	O	$r_1 = 0.70$	$r_2 = 0.65$

$$\mathrm{I} = \frac{\text{대립유전자빈도의 곱의 산술 평균}}{\text{동형접합체 빈도의 기하 평균}}$$

$$\mathrm{I} = \frac{[(p_1 \times p_2) + (q_1 \times q_2) + (r_1 \times r_2)]/\text{number of loci}}{\sqrt{[(p_1)^2 + (q_1)^2 + (r_1)^2] \times [(p_2)^2 + (q_2)^2 + (r_2)^2]/(\text{number of loci})^2}}$$

$$\mathrm{I} = \frac{[(.21 \times .14) + (.79 \times .86) + (.24 \times .19) + (.06 \times .16) + (.70 \times .65)]/2}{\sqrt{[.21^2 + .79^2 + .24^2 + .06^2 + .70^2] \times [.14^2 + .86^2 + .19^2 + .16^2 + .65^2]/(2)^2}}$$

$$\mathrm{I} = \frac{1.2190/2}{\sqrt{(1.2194)(1.2434)/4}} = \frac{0.6095}{\sqrt{1.5162/4}} = \frac{0.6095}{0.6157} = .9899$$

$D(\text{genetic distance}) = -\ln \mathrm{I} = -\ln .9899 = .0101$

Note : 유전적 일치(I)는 0(두 집단 간에 동일한 대립유전자가 없음)과 1(완전히 동일한 대립유전자와 빈도) 사이에서 변한다. $I = 1$일 때, 유전적 거리 D는 0이다. I가 0에 가까워짐에 따라 D는 점점 큰 수로 증가하며, 이는 일부 혹은 많은 유전자좌에서 대립유전자가 1회 혹은 여러 번에 걸쳐 치환되었음을 지시한다.

출처: Strickberger, M. W., 1985. Genetics, 3rd ed., Macmillan, New York.

최근 아시아 일반 밀 종의 분포에 관해서 Ghimire와 그의 동료들(2005)이 연구했는데, 그들은 퍼옥시다제와 아스트라제 두 동질효소를 이용하여 다양한 수준의 연구를 수행하고 분석하였다. 놀랍게도 분석 작업에 밀의 총 648 '품종(races)'이 사용되었다(그림 24-4). 이들 품종 사이의 유전적 거리의 계산결과, 33 집단이 3개 혈통에서 기원된 6개 클러스터로 그룹화 될 수 있는 것으로 나타났다(그림 24-4). 이 연구는 아시아 밀의 유전적 그리고 지리학적 차이 모두를 나타냈고 계통지리학 최선에서 확인해야 하는 가능한 기원의 근원과 집단의 이주 경로를 인정했다.

적응양식

우리가 보아 왔듯이, 한 종의 집단 내에서 품종의 차이를 유발하는 힘은 보통 적응력이다. 표현형의 몇 가지 특징이, 구조가 어떻게 형성하고 그들 스스로 적응하는 것이 아닌 피할 수 없는 결과인 삼각소간(spandrels)이라고 논쟁이 벌어져도(**글상자 24-1**), 적어도 유전자빈도 변화의 일부는 특정 환경 내에서 작용하는 자연선택의 힘에 대한 집단의 반응이다.

기후, 지형, 피식자, 포식자 등은 위장(camoflage)과 모방(mimicry)같은 주목할 만한 많은 예들이 증명해 주듯이 집단의 분화를 가져오는 특별한 적응 양식을 유발할 수 있다. 실제로, 여러 가지 "법칙들"이 특정 생태와 지리적인 조건에 대한 집단들의 적응 반응을 일반화시킨다. 다른 많은 일반화처럼 이 **생태지리적 규칙들**(ecogeographical rules)에도 예외가 존재한다. 그러나 이 법칙들은 환경에 의해 서로 다른 종에서 평행 — 수렴 진화적 변화가 강요되는 자연선택의 중요성을 보여 준다.

기후의 법칙 중에서 가장 잘 알려진 것이 **베르그맨의 법칙**(Bergmann's rule)이다. 이것은 온혈(내온성) 척추동물의 몸체 크기를 환경의 평균온도와 연관시킨다. 베르그맨의 법칙에 따르면, 한 종을 놓고 비교할 때, 추운 기후에 서식하는 개체가 따뜻한 기후에서 서식하는 개체보다 몸집이 더 큰 경향이 있다. 이 관계는 기본적으로 큰 체적을 갖는 몸체가 적은 체적의 몸체보다 외부에 노출되는 표면적이 상대적으로 작은데서 유래한다. 열 손실은 표면적과 관계되므로 큰 몸체는 추운 기후에서 열을 좀 더 효과적으로 보존할 수 있고, 반면에 작은 몸체는 따뜻한 기후에서 열을 보다 효과적으로 발산할 수 있다(**그림 24-5**).

이 법칙은 육상과 해양의 새와 포유동물을 대상으로 수행한 남-북간 품종의 비교 연구에서 증명된다. 예를 들어, 아메리카 덤불-꼬리 숲쥐(Neotoma)의 몸체 크기는 약 25,000년 전 빙하기 후

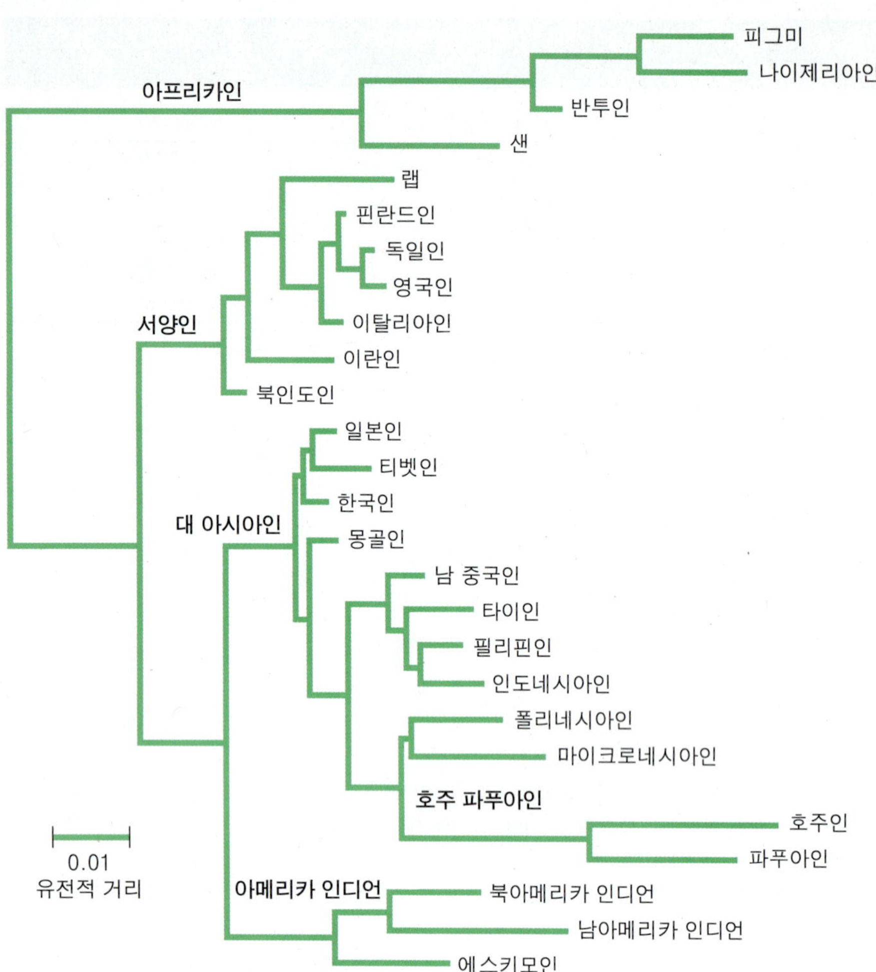

그림 24-3 26개 인류 집단 사이의 계통적 유연관계. 이 계통도는 121개 대립유전자를 갖는 29개 유전자좌에서 측정된 유전적 거리(DA)에 근거하여 작성되었다.(Nei, M., and A. K. Roychoudhury, 1993. Evolutionary relationships of human populations on a global scale. *Mol. Biol. Evol.*, **10**, 927–943.)

기 이후의 기후 변동을 정확히 따른다. 추운 시기에는 몸집이 더 크고 따뜻한 시기에는 몸집이 작다(F. A. Smith et al., 1995). 사람의 인종에도 이 법칙이 적용될 수 있다. 두툼한 가슴과 짧은 다리의 에스키모 집단과 날씬하고 긴 다리의 나일강 유역 아프리카 부족의 체중과 체표면적의 상대적인 비율에 이 법칙이 적용된다(그림 24–5). 베르그맨의 법칙을 확장한 것이 **알렌의 법칙**(Allen's rule)이다. 이 법칙은 몸체에서 돌출된 부위(예, 꼬리, 귀)가 따뜻한 기후에 비하여 추운 기후에서 일반적으로 더 짧다는 것이다. 실제로 같은 종의 개체들(예, 인간 그룹)은 열대지방보다 더 추운 지방에서 더 짧고 다부진데, 이는 베르그맨과 알렌의 법칙이 결합된 결과이다. 몇 무척추동물 군에서 베르그맨 법칙에 따르는 진화적 양상을 보인다. 예를 들어, 종족과 속 내에서 몸 크기가 증가하는 깊은 바다 갑각류 *Poseidonamicus*속을 통해 신생대 동안 기후변화를 추적할 수 있다(Hunt and Roy, 2006).

기본적으로 곤충, 파충류, 양서류에 적용할 수 있는 법칙들뿐만 아니라, 다른 생태지리적 규칙성들이 **글로거의 법칙**(Gloger's rule, 따뜻하고 무더운 지역의 품종이 춥고 건조한 지역의 품종보다 더 많은 색소로 덮여 있다, **그림 24–6**)과 **라포포트의 법칙**(Rapoport's rule, 추운 기후에 적응된 종이 온난한 기후에 적응된 종보다 더 넓은 위도에 걸쳐 분포한다)으로 설명되었다(Mayr, 1963; Jablonski, 2006).

행동적 적응과 전략

형태적인 적응과 함께 생물들은 포식자를 피하거나, 먹이를 뒤쫓아 가거나, 동종의 개체와 상호작용하는 등 행동적 적응이나 행동이라는 이름하에 다양하게 움직이고 위치를 변경하면서 환경과 관계한다.

행동적 적응

행동적 적응 — 예를 들어, 기후변화에 따라 이동하는 것 같이 특정 생태계 안에 남기 위한 이주 — 은 형태적 변화를 유발하지 않을 수 있다. 이것은 마치 종이 적응하고 있지 않는 것 같이 보이기도 하지만, 적응은 거시적인 시 · 공간적 연구를 통해 드러날 수 있다. 이러한 변화는 오랜 기간 동안 종의 존재할 때 발생할 수 있는데, Elisabeth Vrba의 1995년 삽화에서 보듯 50만 년 전에서 마

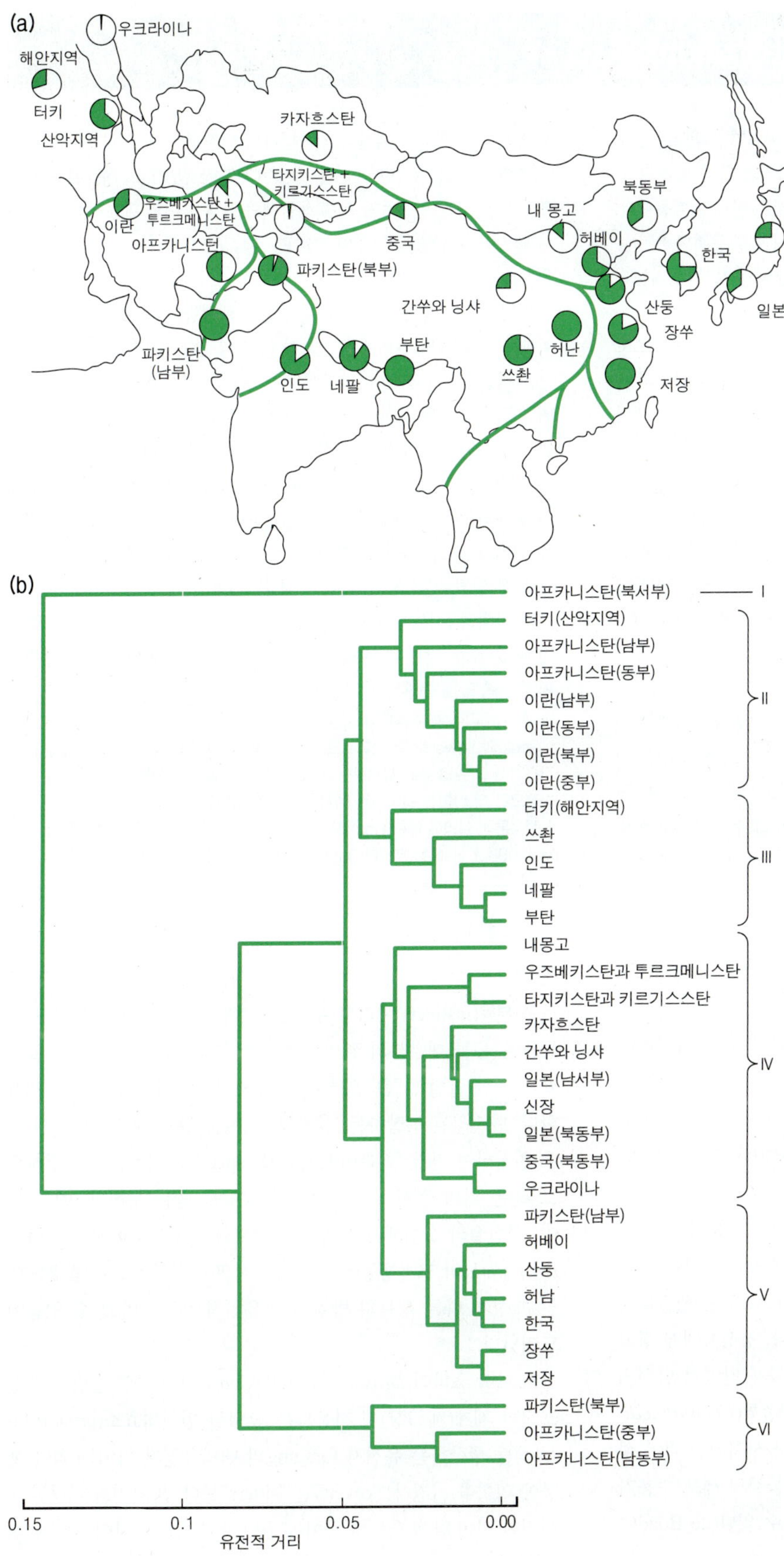

그림 24-4 동질 효소 분석에 근거한 아시아 일반 밀(*Triticum aestivum*)의 계통지리학적 분석. (a) 연구에 사용된 집단들의 수집 위치는 모든 아시아를 가로지르는 범위. 주된 통상로(비단길, Silk Road)는 초록색으로 표시한다 (b) 분석된 33 집단은 3개 계로 나뉘는 6개 cluster(I–VI)로 분석되어졌다. (Ghimire, S. K., Y. Akashi, C. Maitani, M. Nakanishi, and K. Kato, 2005. Genetic diversity and geographical differentiation in Asian common wheat(*Triticum aestivum* L.), revealed by the analysis of peroxidase and esterase isozyme. *Breeding Sci.*, 55, 75–185.를 변형함).

글상자 24-1 적응과 삼각소간(spandrels)

적응과 적응이 아닌 것을 평가하는 데는 논란의 여지가 있을 수 있다. 왜냐하면, 한 가지 특성이 갖는 기능적, 선택적 가치가 종종 알려져 있지 않은 과거 사건에서 유래하여 언제나 분명한 것은 아니기 때문이다. 일부 진화생물학자들은 많은 형질들이 그 특성 자체와 무관한 비기능적 부산물일 수 있기 때문에, 현재든 과거로 소급해 올라가든, 기능적 가치를 찾으려는 시도의 타당성에 대해 의문을 제기한다.

널리 인용되고 있는 논문에서, Gould와 Lewontin(1979)은 성마르코의 베네티안 교회에 있는 삼각소간(spandrel: 인접한 두 아치 사이의 돔형 지붕을 지지하는 굽은 삼각형 모양의 공간)이 많은 생물체의 구조와 마찬가지로 비기능적인 산물이라고 주장한다[a]. 즉, 삼각소간과 생물체의 다양한 특징 모두 실제로 비적응적이며, 기능이나 적응보다는 구조적인 디자인의 한계에 따른 결과라는 것이다. 예를 들어, 그들은 우리가 *Tyrannosaurus* 공룡의 작은 앞발이 머리와 뒷다리 크기의 증가에 수반된 발생학적 연관으로 해석할 수 있다고 제안하며, 이것과 다른 현상에 대한 적응 측면의 설명을 Rudyard Kipling이 말한 **"그저 그런 이야기**(just-so stories)"라고 특징지운다[b].

그러나 비록 적응적인 해석을 검증하는 것이 종종 어렵다고 하더라도(비적응적인 해석 역시 그러하지만), 모든 생물의 계통이 선택에 직면해 왔다는 사실은 선택이 대부분 혹은 모든 생물의 형질에 영향을 미쳐 왔고, 그럼으로써 형질이 어떤 적응 가치를 갖고 있을 가능성이 높음을 시사한다. 비록, 어떤 형질의 세대 간 전달이 그 유전자빈도에 영향을 주는 비선택적 힘(예, 유전자 표류, 돌연변이, 이동)에 의해 이루어져 때문에 선택을 비껴간다고 하더라도 형질이 단시 일시적이지 않다면 조만간 선택에 직면하게 될 것이다(제22장 참조). 그 형질은 자체적으로 혹은 다른 형질들과 함께 생물체와 환경 사이의 관계에 영향을 주기 때문이다. 환경과 생물의 상호관계에 영향을 주지 않고 지속적으로 유지되는 표현형질이 얼마나 있겠는가?

어떤 형질을 탄생시킨 유전자의 빈도에 영향을 주는 비선택적 원인이 어느 순간에도 선택에 직면하지 않고 영원히 작용을 지속한다는 주장은 비합리적일 것이다. 따라서 비록 우리가 현재 어떤 특정한 형질에 대한 적응적 설명을 하지 못했다고 하더라도 어떤 생물의 생존이 환경의 지속적인 선택압에 대한 적응 과정이었다면, 그러한 설명을 찾으려는 노력은 진화생물학에서 타당한 모험일 것이다. Gould와 Lewontin의 공룡의 예로 확대한다면, 왜 *Tyrannosaurus*는 같은 백악기 후기의 12 미터나 긴 *Spinosaurus*가 상대적으로 커다란 앞발을 갖고 있었음에도 작은 앞발을 갖고 있었는가? 적응론자적 위치는 생물 진화에 대한 우리 이해의 근본이 된다. 즉, 모든 생물의 근본적인 형질은 선택에 직면해 있다. 두 발로 걷는 육식성 공룡에서 왜소한 앞발에 대한 선택은 평형과 속도를 증진하는 적응이었을 것이다.

[a] Gould와 Lewontin의 성마르코 교회의 삼각소간이 비적응적이라는 주장도 삼각소간이 그 위의 돔을 지지하는 데 도움을 주고, 훨씬 덜 기능적인 스퀸치보다 기능적으로 더 나아진 것이라는 예시에 의해 반박되었다.

[b] 적응론적 설명에 대한 Gould와 Lewontin의 비판에 대한 좀 더 상세한 논의가 Mayr(1983), Hall(2007b)과 Dupre가 편집한 책에 소개되어 있다.

지막 빙하기인 약 250만 년 동안 기후와 환경변화를 추적함으로써 아프리카 영양들 사이의 변화 패턴을 연구한다.

행동은 선천적(innate, 선행 학습의 경험이 필요 없음)이거나 **학습**(learned)된 것(오랜 기간 시행착오를 거쳐 개선됨)일 수 있다. **선천적 행동**(Innate behaviors)은 **향성**(굴성, tropisms; 식물, 균류, 정착성 생물이 보이는 방향성 있는 성장)과 **주성**(taxes; 동물의 방향성 있는 움직임)을 포함한다.

상대적으로 단순한 선천적 행동의 예들은 빛, 중력, 환경적 영양분 화합물이 있는 쪽으로, 혹은 그 반대쪽으로 움직여 가는 것 등이다. 어떠한 행동들은 페로몬(pheromones; 많은 생물들이 배우자를 유인하거나, 이동 경로를 표시하거나, 경쟁자에게 경고할 목적으로 사용하는 분자 물질)과 같이 생물체 안에서 합성되는 화합물에 의해 유발될 수 있다. 예쁜꼬마선충류(*Caenorhabditis elegans*)에서는 독립적인 먹이 섭취 행동과 사회적인 먹이 섭취 행동의 구분이 분비성 신경펩타이드 신호물질의 세포 수용기에 단 하나의 아미노산이 변하면 서로 바뀔 수 있다(de Bono와 Bargmann, 1998).

본능

보통 **본능**(instincts)이라고 부르는 상대적으로 복잡한 선천적 행동들은 동물 대부분의 교미 행동, 먹이원의 방향과 거리를 알려주기 위한 꿀벌의 "춤" 양식 등과 같이 많은 행동적 요소를 포함한다. 단순하든 복잡하든, 선천적 행동은 보통 같은 종 내에서 매우 일정하여 다른 종-특이적(species-specific) 형질들처럼 전적으로 혹은 거의 전적으로 유전적인 영향을 받는 듯하다. 예를 들어, 실험실의 실험에서 다양한 유전자와 신경해부학적 위치들이 *Drosophila*의 교미행동에 직접적으로 관련되어 있고(**그림 24-7**), 암수 성에 따른 행동의 방향성이 유전적으로 뒤바뀔 수 있음이 드러났다.

노랑 초파리(*Drosophila melanogaster*)의 자연 집단에서 신호전달 체계(제13장)에 사용되는 단백질 인산화효소(protein kinase)를 생산하는 유전자 foraging의 대립유전자 차이는 먹이 행동에 영향을 미친다; "rovers"는 "sitters"보다 먼 거리를 이동한다. 이러한 먹이 탐색 행동의 차이는 집단의 개체밀도 차이에 의해 선택된다; rovers는 유생이 먹이를 구하기 위해 보다 먼 거리를 이

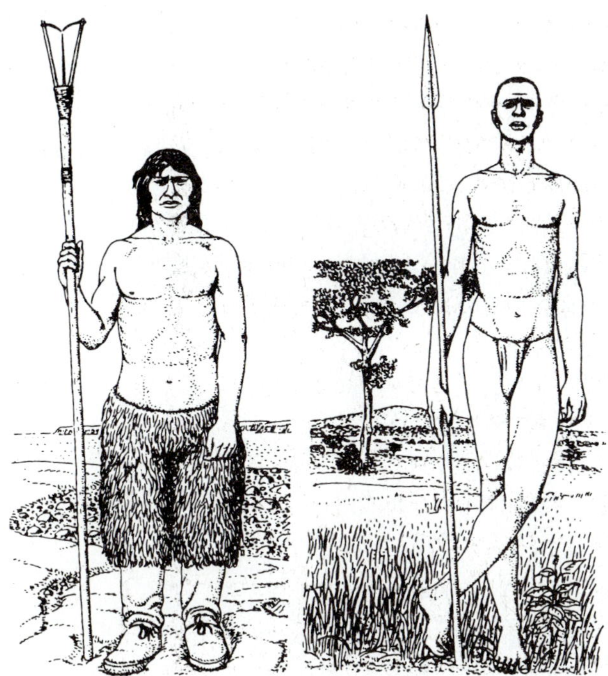

그림 24-5 북극 에스키모(Eskimo) 그룹의 한 남자(왼쪽)와 수단 나일의 한 흑인 부족의 남자(오른쪽) 사이의 신체 비율의 차이로 기후에 따라 수반되는 적응의 차이를 보여 준다. 에스키모의 상대적으로 뚱뚱한 체격과 작은 체표면적(약 38kg/m²)은 열 보관을 도와 주고, 수단인의 상대적으로 넓은 체표면적(약 34kg/m²)은 열의 발산을 도와 준다.(유사한 설명이 각기 서로 다른 환경에서 기원한 네안데르탈인과 크로마뇽인 간의 체형 차이에 적용될 수 있다(그림 20-29): 전자는 보다 추운 환경에 적응하였고, 후자는 보다 더운 환경에 적응하였다. ("The Distribution of Man," by William W. Howells, *Scientific American*, September 1960. © 1960 Eric Mose.의 허가하에 인용.)

동해야 하는 밀도가 높은 상황에 적합하며 sitters는 먹이를 쉽게 얻을 수 있는 낮은 밀도 상황에 적합하다.[1]

학습행동(learned behavior)은 보다 가변적이고 종종 선천적 행동보다 더 복잡하다. 이것은 각 개체가 행동양식을 다양한 환경과 사회적 형편에 알맞게 수정할 수 있기 때문이다. 또한, 이러한 특성은 일시적인 혹은 예측하지 못한 환경을 수용하기 위한 것이므로 학습행동을 모두 유전적인 프로그램으로 만든다는 것은 불가능하다. 대신에, 학습행동은 주로 연습(예, 관찰과 실습)에 의해 획득되며, 이로써 각 개체는 자신의 행동양식을 자신 혹은 다른 개체의 과거 경험에 근거하여 수정할 수 있다. 예를 들어, 충분한 경험이 없는 미숙한 포유동물의 새끼는 보통 환경과 사회의 문제 또는 위험에 대처할 수 있는 학습행동을 익힐 때까지 보호받는다. New Caledonia 섬의 칼레도니아 까마귀, *Corvus moneduloides* 는 포유류가 아닌 동물의 예이다. 성체는 판다누스 야자의 잎에서 가시와 고리가 있는 도구를 만든다. 섬의 각 다른 부분에서 사는 성체는 제각각 다른 도구들을 만든다. 도구를 만드는 능력은 사회 학습 과정을 통해 어린새에게 전달될 것이라 생각된다. 실제로 이 까마귀들은 침팬지보다 더 작은 도구제작자이다(Hunt와 Gray, 2003).

그러나 학습행동도 틀림없이 유전적인 요소를 갖고 있고, 연구자들은 그러한 유전적인 영향을 광범위하게 조사해 왔다 그 이유는 학습과 연습할 수 있는 능력과 관계되는 많은 신경, 근육, 감각 구조들이 각 개인마다 프로그램되어 있기 때문이다. 예를 들어, 서로 다른 품종의 개의 경우, 이들의 유전자는 유순함, 쾌활성, 공격성에 영향을 미친다. 쥐의 경우에는 *disheveled*라 불리는 돌연변이가 사회적 행동 외에 특별히 주목할 만한 형태적 영향은 없었으나, 사회적인 교류가 적어지고 집을 짓지 않는 등 사회 행동에 영향을 미쳤다. 사람의 경우, 정신분열증(schizophrenia)과 조울증(manic depression) 같은 다양한 행동 장애에 관련된 유전자들이 증명되었다. 이렇게 유전적인 영향과 변이가 존재한다는 것은 다른 많은 적응양식과 마찬가지로 대부분의 행동 형질의 수용능력도 자연선택의 힘이 작용한 진화의 결과임을 시사한다. 당신은 그것이 놀라운 것이라고 느끼겠지만, 행동은 형태학적 특징과 발자국 같이 '살아 있는(living)' 위치나 상황 또는 증거가 포함된 화석을 이용하여 유추될 수 있다.[2]

진화적 안정 전략으로서의 사회적 관계

연구자들이 많이 주목해 온 행동 진화의 한 분야는 한 집단이나 종 내의 구성원들이 교배, 섭식, 방어를 위해 상호작용하는 사회적 관계의 형성과정이다. 제20장에서 영장류와 관련된 사회적 상호작용(**사회생물학**, sociobiology)의 몇 가지 행동들이 논의되었다. 협동이나 우성 관계(dominance relations)와 같은 많은 행동들은 다른 사회적 그룹에도 적용된다.[3]

개체들 간의 이러한 상호작용을 평가하기 위해 연구자들은 개인의 이익과 대비되는 협조의 이익을 다루는 다양한 모델을 제시하였다. 예를 들어, 두 개체가 하나의 사회 그룹 내에서 서로 만날 때 협조에 대해 갈등이 생길 수도 있다. 이는 협조를 함으로써 각 개체가 약간의 이익을 얻을 수도 있고, 개인적 행동을 함으로써 어느 한 개체가 협조하는 것에 비해 훨씬 즉각적이고도 많은 이익을 취할 수도 있기 때문이다. 이런 상호작용을 종종 **진화적 안정 전략**이라고 일컫는다. 협조는 낯선 상호간에도 특별히 효과적인 전략이 될 수 있다(Nowak과 Sigmund, 1998). 이론가들은 25장에서 논의한 대로 인간의 행동과 문화에 대한 사회생물학적 결정요인들 간의 관계에 대해 뜨거운 논쟁을 벌여 왔다.

진화적 안정 전략 중 하나는 "Tit for Tat"으로 불리는 전략이

[1] 먹이 행동에 대해서는 Osborne et al.(1997)를, 수렵채집에 대한 것은 Sokolowski *et al.*(1997)를 참조..

[2] 유전자와 인간 행동의 무질서에 대해서는 Wahlstrom(1998)을, 화석으로부터 행동 추론에 대해서는 H. W. Greene(1994)와 Plavcan *et al.*(2002)를 참조.

[3] E. O. Wilson(1975, 1978) 책과 Appleman(2001)의 6부를 보시오.

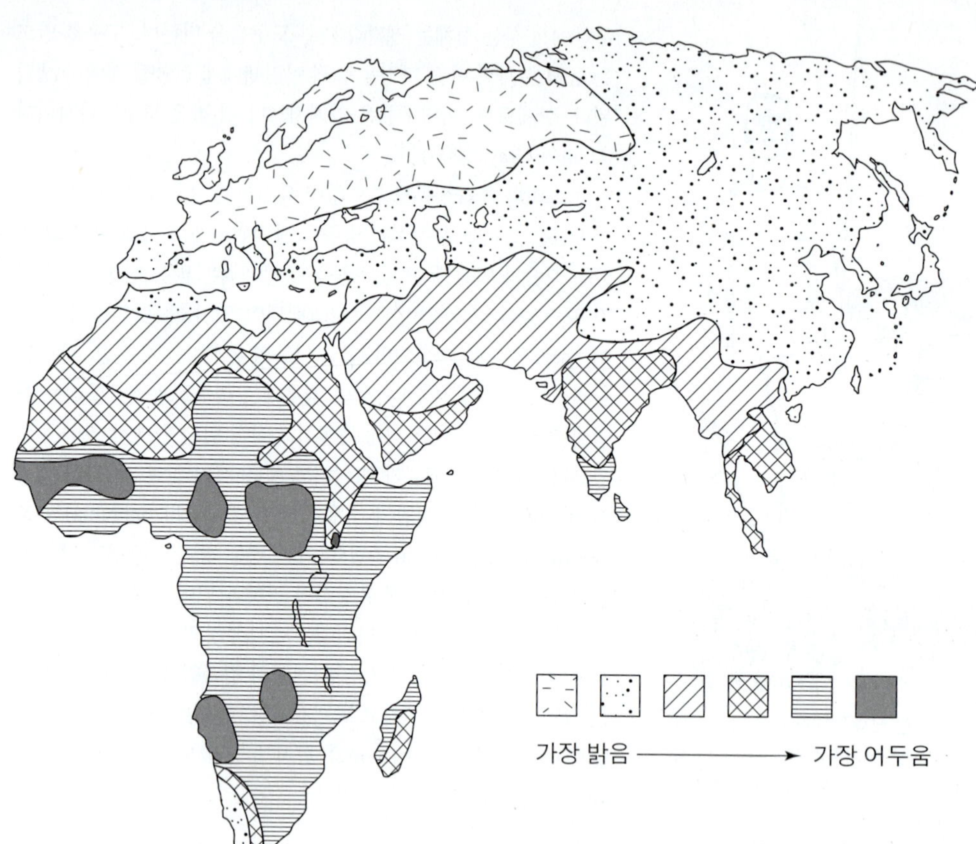

그림 24-6 A.D. 1400년 이전에 아프리카, 아시아, 유럽에 살던 인간 집단의 피부색 분포.(Williams, B. J., 1979. *Evolution and Human Origins*. Harper & Row, New York에서 인용.)

다. 이 전략은 한 개체가 게임의 첫 번째 행동(혹은 상호작용)에서는 협조적으로 행동하고, 다음부터는 상대방의 이전 행동을 따라 하는 것이다. 따라서 이기적으로 행동하는 상대방은 이기적인 대응에 직면하는 벌을 받게 되고, 협조 행동은 협조적인 반응을 얻어 보상받게 된다. Sigmund(1993)가 지적하듯이 "Tit for Tat의 장점은 보복이 신속하고 용서가 신속하다는 점"에 있다.[4] Tit for Tat 전략의 위험은 상대방의 반응을 이기적인 것으로 잘못 평가하면 무작위적 교정이 협조를 재정립할 때까지 보복의 악순환을 유발시킬 수 있다는 것이다.

한 가지 해결책은 "관대한 Tit for Tat"으로서, 이 전략에서는 상대방이 때때로 이기적인 반응을 묵인하기 때문에 실수를 교정할 수 있는 가능성이 단순한 우연 보다 높다. Nowak과 Sigmund는 비록 Tit for Tat이 이기적인 착취자를 성공적으로 제거하는 과정으로 시작되지만, 이것은 이후 보다 협동적인 "관대한 Tit for Tat"이나 Tit for two Tat, 혹은 그 외 전략으로 바뀔 것이라고 제안했다[최신 논의는 Nowak과 Sigmund(2005)와 Nowak(2006)을 참조].

[4] May(1987)는 tit for tat 모델을 지지하는 여러 실험들을 논의하고, Maynard Smith(1988b)와 다른 연구자들은 게임 이론을 사회적 상호작용에 적용하는 여러 가지 측면을 구체화시켰다.

이러한 개념들이 한 쌍의 개체를 넘어 여러 개체 사이의 반복적인 상호작용으로 확대될 때, 협조하는 개체들끼리만 협조하는 **상호 이타성**(reciprocal altruism)과 같은 또 다른 전략들이 발달할 수 있다. 협조하지 않는 자들은 초기에 인식되어 추방되거나 보복과 벌을 받게 된다.

짝짓기 시스템: 성적(생식) 경쟁과 선택

사회 행동에 가장 크게 영향을 미치는 것이 짝짓기 시스템이다. 그들의 새끼가 살아남는다면 암수 양성 모두 이익을 얻겠지만, 수컷과 암컷은 보통 생식에 투자하는 비용이 다르다. 왜냐하면, 암컷은 수컷이 정자를 생산하는 데 투자하는 것보다 난자 생산에 많은 자원을 투자하며 생식 과정을 시작하기 때문이다. 따라서 암컷이 상대적으로 비싸게 만든 배우체(난자)를 최대한 보호하기 위하여 배우자 선택에 차별성을 둔다면(**암컷 선택**, female choice) 암컷의 유전자는 이익을 얻는다. 같은 논리로서, 암컷은 새끼에 대한 투자를 많이 하는 수컷을 찾는 것이 유리하다. 이러한 전략은 자손에 대한 상대적으로 오랜 기간의 **부모투자**(parental invertment)가 생식의 성공여부로 좌우하는 포유동물과 조류에서 눈에 띈다.

이와 대조적으로 수컷은 상대적으로 값싸고 더 많은 배우

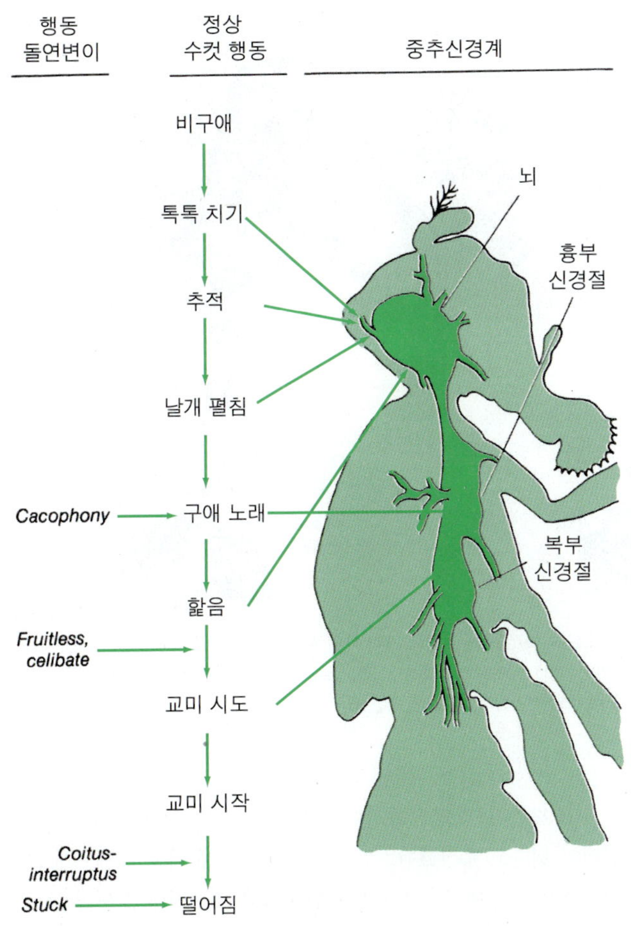

그림 24-7 초파리(*Drosophila melanogaster*) 정상 수컷의 구애행동 절차와 각 단계에 해당하는 중추신경계의 위치. 구애행동의 특정 단계에 일차적인 영향을 미치는 돌연변이들을 왼쪽에 나타내었다. (Strickberger, M. W., 1985. Genetics, 3rd ed. Macmillan, New York에서 인용.)

체(정자)를 배분하는 데 보다 낭비적이다. 수컷이 갖고 있는 유전자는 수컷이 상대적으로 아무런 차별 없이 가능한 많은 암컷을 수정시킬수록 이익을 얻는다. 양 성간에 이러한 사회생물학적 이해의 충돌(conflict of interest)은 난자나 유아의 생존에 필요한 어버이 보살핌의 정도, 어느 성이 그러한 보살핌을 담당하느냐 등을 포함하는 여러 가지 요인에 따라 다양한 짝짓기 양식을 발달시킨다. 심지어 정상적으로는 수컷이 어버이 보살핌을 제공하는 생물에서도 만일 암컷이 부정을 저질렀을 경우 수컷은 보살핌을 축소시키고, 다른 수컷이 그 새끼들을 돌보게 된다.

암컷이 어버이 보살핌을 기본적으로 책임지는 생물군에서 — 많은 척추동물이 포함됨 — 수컷들은 배우자를 차지하기 위해 서로 경쟁하는 경우가 많다. 결과적으로 자연선택은 수컷의 싸움 능력을 향상시키는 형질을 선호하는 방향으로 작용하거나(**성내 선택**, *intrasexual selection*), 혹은 암컷을 더 잘 유혹할 수 있는 형질을 선호하는 방향으로 진행된다(**성간 선택**, *intersexual selection*; 혹은, 성표현형 선택, *epigamic selection*). 3) 다윈은 다음과 같이 지적한다.

> "성 선택(sexual selection)은 어떤 개체가 같은 성의 다른 개체에 비해 그 종의 번식에 더 성공적일 때 작용한다. 이에 비해 자연선택은 모든 연령에서 일반적인 생존 조건에 대해서 양 성 모두의 성공에 좌우된다. 성 투쟁(sexual struggle)은 두 가지 측면이 있다. 한 측면은 같은 성 내에서, 주로 수컷 사이에서 경쟁자를 물리치거나 죽이기 위해 행해지는 것으로서, 암컷은 수동적으로 남아 있다. 또 다른 측면도 역시 같은 성 내의 개체들 사이에서 반대 성(주로 암컷)의 개체들을 흥분시키거나 유혹하기 위해 행해지는 것으로서, 이 경우 암컷은 수동적으로 남아 있지 않고 능동적으로 좀 더 매력적인 배우자를 선택한다."

한 수컷이 여러 암컷과 교배하는 일부다처종(polygynous species)의 수컷들 사이에 성내 경쟁의 예는 많다. 이러한 종에서 수컷은 암컷에 대한 접근권을 확보하기 위해 원추 뿔이나 가지 뿔과 같은 특별한 경쟁 무기를 갖는다(**그림 24-8a**). 놀랄 것도 없이 이 특별한 수컷 형질은 성 간에 상당한 이형성(dimorphism, 그림 19-17과 19-18)을 갖게 한다 . 예를 들어, 수컷은 일반적으로 암컷보다 몸체가 크다. 코끼리 해표(*Mirounga leonina*)의 경우, 수컷이 암컷보다 약 8배 정도 더 무겁다. 수컷 쇠똥구리(*Onthophagus taurus*)의 더긴 뿔 또한 다른 훌륭한 예이다. 이런 경우 많은 다른 것들은 호르몬 조절하에 일어난다.[5]

암컷 선택으로 인해 수컷의 장식은 공작, 극락조, 벌새의 인상적인 깃털처럼 눈에 띄게 두드러지게 된다(그림 24-8b). 어떤 경우에는 비록 수컷의 장식 형질이 그들의 번식 성공률을 증가시키지만, 바로 그 형질이 포식당할 가능성을 높일 수도 있다고 말할 수 있다. 실제로 우리는 수리적으로 수컷의 장식 형질이 너무 과도하게 되면 수컷 적응도(male fitness)를 증진시키는 적응치(adaptive value)가 기껏해야 성적 유혹을 위한 가치(value for sexual attraction)에 버금갈 뿐임을 보여 줄 수 있다. 그런 특징들은 빠른 변화를 통해 환경적 변화를 뒤따를 수 있다. 일부일처제의 제비(*Hirundoo rustica*)의 경우, 수컷의 가장 바깥쪽 꼬리는 암컷보다 20% 더 길다. 20년 이상(1984~2003) 그리고 봄 이주경로 위치상에서 변화하는 온도 조건에 대한 반응에서 암컷의 꼬리 깃털은 3mm가 길어진 데 반하여 수컷은 11mm가 길어졌다. 이 결과는 암수 모두에 존재하는 특성이 한 성의 선택에 서로 다르게 반응할 수 있음을 나타낸다(Moller와 Szep, 2005).

Fisher가 지적했듯이 이러한 상황은 암컷이 지속적으로 수컷의 매력이 집단 내에서 그 아들들에게 유전되는 배우자를 선택

---

[5] 특별히 딱정벌레 뿔의 성적 이형성은 Emlen(2000)과 Emlen *et al.*(2005)를 참조.

그림 24-8 포유동물과 조류에서 보이는 성적 동종이형의 두 가지 예(암컷, 왼쪽; 수컷, 오른쪽. (a) 멸종된 유럽의 거대 사슴, *Megaloceros*,(또한 아일랜드 거대 사슴이라고 불림)의 성숙된 수컷은 폭이 3.3 m가 넘고, 무게가 약 45 kg 나가는 뿔을 갖고 있었다. (Mammalian Evolution, 1985, Savage와 Long. 허가받아 사용) (b) 남아메리카 벌새, *Spathura underwoodi*의 한 수컷(오른쪽)은 암컷(왼쪽)에는 없는 긴 대칭적 꼬리 깃털을 가진다. (Darwin, C., 1871. *The descent of Man and Selection in Relation to Sex*. Murray, London에서 인용.)

하고, 이러한 암컷의 딸들은 표현형이 과장된 수컷을 선호하는 어머니의 형질을 물려받기 때문에 초래된다. 성적 유혹의 "유행 형식(패션, fashion)"으로 시작된 형질은 점점 가속되어 극단까지 이른다. 왜냐하면 기본적으로 성공적 교배를 목표로 하는 자연선택의 순환 고리가 좀 더 과장된 표현형과 좀 더 과장된 교배의 선호도를 선택하는 유전자들에 의해 지속적으로 반복되기 때문이다(**폭주 선택**, *runaway selection*). 성적 선택 행동의 극단적인 예가 붉은등거미 수컷에서 보인다. 이들은 자신을 암컷의 턱이 미치는 범위 내에 위치하여 배우자의 먹이가 된다. M. C. B. Andrade는 이러한 자살적인 형질이 그러한 수컷이 먹히지 않는 경쟁자 수컷보다 더 오래 교미하게 하고 더 많은 난자를 수정할 수 있게 하는 적응적 특징을 갖고 있다는 것을 보여 주었다.

그럼에도 불구하고, 수컷의 비적합적인 형질을 선택하는 암컷은 아마도 흔하지 않다. 최근 일부 보고서는 초파리(*Drosophila*)와 나비(*Colias*)의 암컷이 새끼들에게 더 큰 적응도(fitness)를 부여하는 배우자를 선택한다고 보고하였다(집파리에서는 날개와 다리 길이의 대칭으로 대표되는 발달의 안정성이 교배 성공률을 증가시키고, 피식과 곰팡이 감염에 대한 저항력을 부여한다(Moller, 1996).

참새목의 새들 중에는, 수컷이 밝은 색깔로 된 종들이 기생충 감염에 대해 저항성이 있다. 나무개구리 암컷은 교배 유혹음(mating call)을 길게 내는 수컷을 선택하는데, 이 암컷의 자손은 성장하고 생존하는 데 있어 분명히 이점을 가진다. Zahavi와 Zahavi(1997)는 공작의 꼬리같이 과장된 형질들은 적응력이 높으며 선택이 된다고 주장했다. 그 이유는 그것들이 다른 개체에게 그 형질을 만들어 내고 유지하기 위한 여분의 에너지를 쓸 만큼 충분히 좋은 형편에 있다고 알려지기 때문이다.

다른 적응 형질과 관련하여 성적 행동(sexual behavior)에 대해 널리 받아들여지고 있는 법칙에 반드시 일치하지 않는 많은 변이들이 생태적, 유전적, 진화적 요인들에서 나타난다. 예를 들어, 암컷이 성내 투쟁에서 보다 성공적인 수컷을 능동적으로 선택했을 때 수컷의 형질들은 성내 선택과 성간 선택 모두에 의해 선택되는 것이다. 암컷 선택은 수컷 경쟁이 난자에 대한 접근성을 목표로 하여 생식기와 호르몬 분비의 차이로써 나타날 때 심지어 성교 자체를 넘어 정자 활용의 단계까지 확대될 수 있다. 예를 들어, 초파리 암컷의 생식관은 암수 두 성간에 공진화(coevolving)의 전쟁터로 알려져 있다. 수컷은 성과 대립되는 유전자(sexually antagonisstic genes)를 통하여 암컷의 생식능력, 수명, 행동을 조절함으로써 자기 정자의 수정능력을 증가시킨다. 이것에 대하여 암컷은 수컷 유전자의 영향을 무력화시키는 유전자 산물을 가지고 대응한다. 이러한 상호 작용에 의해 집단 간에는 아래에서 논의하는 바와 같이, 성 행동의 차이는 매우 짧은 시간 내에 진화할 수 있고 유전자 교환을 막는 장벽을 쉽게 형성할 수 있게 이끈다.[6]

[6] 다양성과 성 행동에 대해서는 Clutton-Brock(1983)을, 난자에 대한 접근은 Eberhard(1996)을 그리고 성과 대립되는 유전자에 대하여는 A. G. Clark et al.(1999)를 참조.

종의 기원

형태적, 생리적, 행동적 혹은 이 모든 측면이 함께 변함으로써 종 고유의 적응 양식이 발달한다고 해도, 종 형성은 아직 되돌릴 수 있는 잠재성을 가지고 있다. 왜냐하면, 다른 종들이 서로 교배하여 합쳐져 다시 하나의 집단을 형성할 수 있기 때문이다. 같은 종의 개체들 간에 이동이 많으면(유전자 확산, gene flow) 종 형성이 저해된다. 새 중에서 이동성 종은 비이동성 종에 비해 품종의 수가 절반에 못 미친다고 계산되었다. 이는 유전자 확산이 크면 클수록 차이는 적어진다는 것을 의미한다.

따라서 일반적인 법칙은 집단 간의 유전자 교환을 제한하는 장벽이 품종 형성을 가속시킨다는 것이다. 처음에 그러한 장벽은 기본적으로 지리적인 것으로서, 집단이 서로 떨어져 다른 지역이나 다른 서식환경을 점유할 때 발생한다. 그러나 유전자 교환의 잠재성은 우리가 이러한 모든 집단을 하나의 단일종을 구성하는 일원으로 평가하는 기준이기도 하다. 집단이 서로 많이 달라져 더 이상 어떠한 유전자 교환도 막히게 될 때, 비로소 우리는 이들을 서로 다른 독립된 종으로 간주한다.

생물학적 종의 재고

생물학자들에게 서로 다른 그룹 사이에 뚜렷이 구분되는 상호 교배 집단으로서의 **종의 개념**은, 유성 생식의 생물들에서 상호 교배가 일어나지 않고, 여러 측면에서 "건널 수 없는 간격(bridgeless gaps)"으로 서로 떨어져 있는, 그러한 그룹이 자연에 실존한다는 인식에서부터 나온다(생물학적 종의 개념; biological species concept, 제11장). 또한, 종이 실존한다는 사실은 종을 구분하는 것이 인간의 생존에 필수적이라는 점과 다른 생물들도 종을 뚜렷이 독립된 그룹으로 인식한다는 점에서 증명되고 지지된다. 예를 들어, 모든 종류의 포식자들은 어려서부터 여러 종류의 먹이감을 분류하고 맛이 있는 것, 음식으로 사용할 수 있는 것을 선택하는 방법을 배운다.

원시 인간사회를 포함해서, 종의 구분을 소리로 표현할 수 있는 그룹들의 종에 대한 구별은 많은 경우 좀 더 복잡한 생물학적 기준에 의한 종의 구분과 놀랄만큼 유사하다. 뉴기니 섬의 한 부족은 그 지역에서 발견되는 새 137종에 고유한 이름을 붙여 사용한다. 이것은 조류학자들이 구분한 138종의 수와 거의 동일하다. 분자적으로 척추동물에서 분류학적 종의 명명이 미토콘드리아 DNA 염기배열에 근거한 구분과 합리적인 수준에서 일치한다 미토콘드리아는 재조합되지 않고 수직으로만 유전되기 때문에 그 DNA는 종의 차이를 반영하는 역사적인 사건들의 가계를 보여 준다. 그러나 형태적으로 측정하든 분자적으로 측정하든, 생식적 격리에 수반되는 질적인 변화는 종종 품종의 차이가 종의 차이로 전이되는 것을 보여 준다(**종 분화**, speciation).[7]

과연 어떤 기작이 집단 간의 유전자 교환을 방해하며, 어떻게 그러한 기작이 시작되는가? 그 어떤 기작들이라도 존재하는 집단 내에서 개체나 그룹의 분리가 시작되거나 발생되어져야만 한다.

격리 기작들

집단 간에 유전자 교환을 억제하는 요인들을 광범위하게 **격리 기작**(isolating mechanisms)이라고 일컫는다. "**격리 장벽**(*isolating barriers*)" 혹은 "**생식 장벽**(*reproductive barriers*)"과 같은 용어가 보다 적합하겠지만, 격리 기작은 Dobzhansky가 처음 제안한 것으로서 아직도 유전자 교환의 저해에 대한 가장 일반적인 용어이다. 대부분의 집단 유전학자들은 격리 기작으로써 생식적(생물학적인), 지리적, 공간적, 시간적인 것 모두를 장벽으로 간주한다. 지리적으로 격리된 — **이소적**(allopatric) — 집단들 간의 종 분화 과정은 분리의 종류와 정도, 유전자 교환의 가능성 측면에서 다양한 방법으로 기술되었다.

가장 일반적인 이소적 개념은(분단분포, vicariance) 본래 하나였던 집단이 자연적으로 물리적 장벽이 형성되거나, 지리적으로 중간에 위치하던 집단이 멸종함으로써 두 집단으로 나누어지는 것이다. **측소적 종분화**(peripatric speciation)는 크고 넓게 분포하는 모 집단에서 완전히 독립된 작은 창시자 집단이 갈라져 나오는 것을 기술한다. **근지역 종분화**(parapatric speciation)는 다른 환경에 적응하였으나 아직 모집단과 연결되어 있어 서로 유전자 확산이 가능한, 같은 종 내의 주변부에 위치한 집단에 사용된다(**그림 24-9**).

집단들이 충분히 떨어져 있어 유전자 교환이 억제된 경우, 진화생물학자들은 그러한 집단들이 만일 접촉할 수 있는 기회가 주어진다 해도 생식적으로 격리된 상태로 남아 있을 것인가에 대해 논쟁을 벌여왔다. 일부 집단 생물학자들은 우리가 격리 기작이라는 용어를 지리적으로 같은 위치에 서식하는 집단들 간의 유전자 교환을 억제하는 요인들 — 다시 말해, **동소적 집단**(sympatric population)을 격리시키는 기작들 — 에 한정시켜 사용해야 한다고 제안한다. Mayr(1963)는 동소적 격리 기작들을 두 가지 광범위한 범주 즉, 수정이 이루어지기 전에 작용하는 것(접합 전, prezygotic)과 수정이 일어난 후에 작용하는 것(접합 후, postzygotic)으로 분류하였다.

접합 전(prezygotic) 격리기작들

접합 전 격리기작들 간에 세 가지 개요는 다음과 같다:

1. **계절적인 혹은 서식지 격리**(habitat isolatin): 잠재적인 배우자

[7] 뉴기니아 새에 대해서는 Mayr(1969b)를, 분자적 분석에 대해서는 Walker(1999)를 참조..

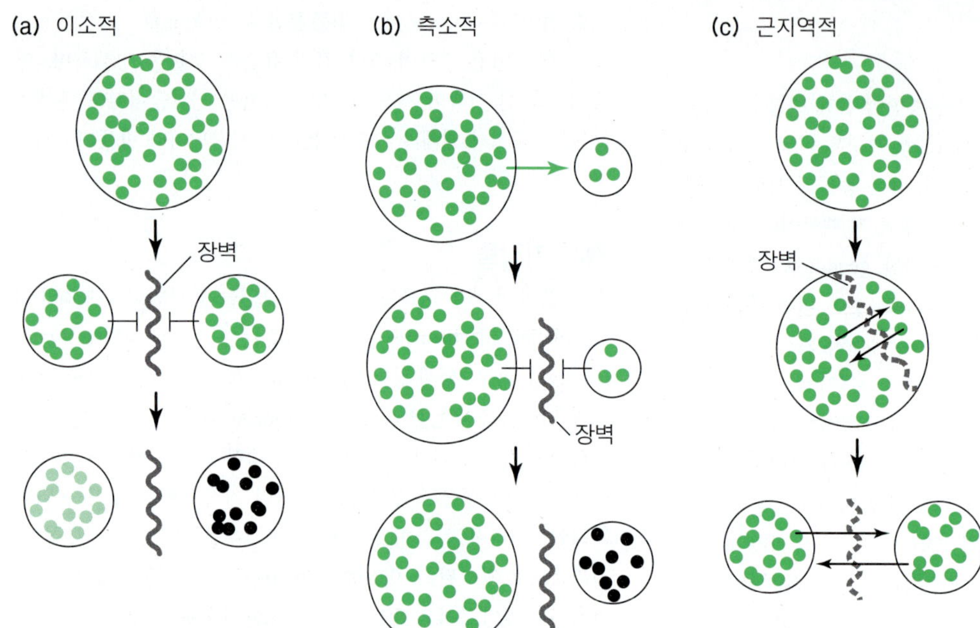

그림 24-9 종분화의 세 가지 양상 간 비교: (a) 이소적, 장벽이 원래 집단을 2개로 분리하여 유전자 흐름이 막힌 곳(⊣); (b) 측소적, 작은 집단이 원래 집단에서 분리되어지고 창시자 집단이 형성되는 곳. 다시 유전자 흐름이 없다. (⊣); (c) 근지역적, 장벽은 부분 모집단을 분리하지만 두 집단 간 유전자 흐름을 막기에는 충분하지 않은 곳.

가 다른 계절에 혹은 다른 서식지에서 번성함으로써 서로 만나지 못한다. 예를 들어, 거미풀(*Tradescantia canaliculata*와 *T. subaspera*) 같은 식물 종들은 전체적인 지리적 분포에서 동소적이나, 그들의 꽃이 다른 계절에 피기 때문에 서로 분리되어 있다. 또한, 한 종은 햇볕 아래에서 자라고 다른 종은 짙게 그늘진 곳에서 자란다.

2. **행동적 혹은 성적 격리**(sexual isolation): 동물 두 종의 양 성이 한 곳에 있으나, 그들의 구애행동 양식이 많이 다르면 교미가 제한될 수 있다. 많은 새들의 독특한 노랫소리, 일부 개구리의 특별한 교배 유혹음, 대부분 동물의 성적인 장식 등이 일반적으로 같은 종의 배우자에게만 매력적이다. 많은 식물들은 수분매개 곤충과 새들을 차등 지우는 혹은 단지 특정 종류의 수분매개 곤충만을 유인하는 꽃 장식을 갖는다(글상자 14–1, 식물과 곤충의 공진화 참조). 심지어 두 종간의 형태적인 차이가 극히 적은 경우에도 행동양식의 차이가 종간 수정을 억제할 수 있다. 그들의 형태적인 유사성으로 인해 지금 막 분리되는 자매종(sibling species)인 *D. melanogaster*와 *D. simulans*의 경우, 비록 같은 우리 안에 넣는다 해도 정상적으로는 서로 교미를 하지 않는다. 이 그룹에서 수컷의 구애 행동이 암컷의 각질에 있는 독특한 탄화수소에 좌우됨으로써, 매우 적은 유전적 차이에 의해서도 성적 격리가 발생할 수 있다.
3. **기계적 격리**(mechanical isolation): 개체들이 교미를 하려고 해도 암컷과 수컷의 생식기가 서로 맞지 않아 수정이 이루어지지 않을 수 있다. 이러한 종류의 부조화는 오랫동안 동물의 일차적인 격리 기작으로 여겨져 왔지만 이제 더 이상 중요한 것으로 간주되지 않는다. 왜냐하면 비록, 실잠자리와 일부 생물에서 예외가 있기는 하지만, 생식기가 많이 다른 경우 교미가 심각하게 시도되는 예가 거의 없기 때문이다.

postzygotic 격리 기작들

교미가 이루어졌을지라도 집단 간의 성공적인 유전자 교환을 억제하는 **교미 후 격리 기작**에는 다음 3개의 개요가 있다.

1. **배우체 사망**(gamete motality): 이 기작에서는 종 간의 교배가 정자나 난자를 파괴한다. 예를 들어, 식물에서 꽃가루는 다른 종의 암술대 위에서 수분관을 만들 수 없다. 일부 초파리의 종 간 교배에서 암컷의 질 내에 정액 거부반응이 일어나 질이 부풀게 되고, 난자를 수정시키는 것이 억제된다는 것을 보여 주었다.
2. **접합체 사망**(zygote motality)**와 잡종 생존불능**(hybrid inviability): 난자는 수정되지만, 수정란이 발달하지 않거나 발달하여도 생존율이 저하된 개체로 발달하게 된다. 연구자들은 식물과 동물에서 이러한 불합치의 예들을 많이 발견하였다. 예를 들어, J. A. Moore(1949)는 개구리 *Rana*속 12 종의 종 간 교배를 실시하여 광범위한 생존불능의 예들을 발견하였다. 어떤 교배에서는 난할이 전혀 일어나지 않았으며, 다른 교배에서는 난할과 포배기 단계는 정상이었으나 낭배형성이 되지 않았다. 또 다른 예에서는 초기 발생은 정상이었으나 후기 발생이 일어나지 않았다.
3. **잡종 불임**(hybrid sterility): 잡종은 정상적으로 생존하나 생식적으로 결핍되어 있거나 불임일 경우가 있다. 이것은 노

새(수 당나귀와 암 말의 자손)와 다른 많은 잡종에서 보인다. 이러한 경우 불임은 2개의 서로 다른 기원에서 유래한 유전자 간의 상호작용이나 하나의 세포질과 다른 하나의 염색체 사이의 상호작용에서 기인한다. 예를 들어, Dobzhansky(1944, 1947)는 오래 전에 서로 생식이 가능했던 두 집단에서 어떻게 생식적 격리가 형성될 수 있는지에 대한 간단한 유전적인 해답을 제시하는 데 잡종불임을 사용하였다. 두 유전자좌의 유전형이 *aabb*인 두 집단을 가정할 때, 이제 이 두 집단이 떨어지게 되고 서로 다른 적응 돌연변이가 선택된다면, 한 집단은 *AAbb*, 다른 집단은 *aaBB*가 될 수 있다. 각 집단은 자체의 생식력을 유지하고 있으나, *A–B* 잡종에서는 *A*와 *B* 대립유전자 간의 상위(epistatic) 상호작용이 불임이나 생존불능을 유발할 수 있다. 시간이 지남에 따라, 좀 더 많은 유전자가 각 집단에서 서로 다르게 선택되고, 위와 같이 상위 상호작용의 기회는 증가한다. 초파리에서 많은 유전자가 *D. simulans-mauritania* 잡종의 수컷 불임에 관여한다는 것은 그러한 유전적 상위 상호작용이 종 분화를 가져오는 원인이 될 수 있음을 시사한다.

일반적으로, 종의 분리를 가져오는 장벽은 어느 단일한 기작에 한정되지 않는다. 초파리의 자매종인 *D. pseudoobscura*와 *D. persimilis*는 서식지(*persimilis*는 보통 춥고 높은 지역에 산다), 구애행동 시기(*persimilis*는 보통 아침에 활동적이고 *pseudoobscura*는 저녁에 활동적이다), 교배 행동(암컷은 같은 종의 수컷을 선호한다)에서 서로 독립적이다. 비록 이 두 종의 분포 범위가 미국 서부의 넓은 지역에 걸쳐 서로 겹치고 있지만 위와 같은 격리 기작들이 두 종을 충분히 분리시켜 놓는다. 지금까지 수천 마리의 초파리를 검색한 결과, 자연에서 두 종간의 잡종 암컷은 단지 몇 마리에 불과하였다. 비록 두 종간에 잡종이 있다고 하더라도, F_1 잡종 수컷이 완전히 불임이고, F_1 잡종 암컷은 둘 중 어느 종의 수컷과 교배를 하여도 그 자손들의 생존력이 심각히 저하됨으로써(**잡종 열세**, hybrid breakdown), 두 종간의 유전자 교환은 여전히 막혀 있는 상태이다.

할데인의 법칙(*Haldane's rule*)은 치사성(lethality)과 불임성이 합쳐진 수정 후 격리(postzygotic isolation)라고 부른다. Haldane(1922)은 두 품종이나 두 종의 잡종 F_1 중에서 이형배우체적 성(heterogametic sex; 예, 사람의 경우 남자)이 가장 흔히 치사되거나 불임이 된다는 것을 발견하였다. 많은 관찰 결과들이 이 법칙을 지지한다(Coyne과 Orr, 1989).

종 분화의 양식

1889년, A. R. Wallace는 만일 잡종이 적응에 열등하다면 자연선택이 집단 간의 교배 장벽을 선호할 수 있다고 제안하였다. 즉, 열등한 잡종을 생산하는 유전자형에 비해 교배를 하지 않는 유전자형이 선택된다는 것이다. Dobzhansky와 다른 연구자들이 지지한 이 가설에 따르면:

1. 대부분의 품종과 종은 각기 독특한 환경에 강하게 적응되어 있기 때문에 성적 격리에 대한 선택이 발생한다.
2. 종 분화는 각 집단이 그들의 적응 이점을 비적응 그룹에서 오는 유전자 확산에 의한 파괴로부터 보존하는 수단이다.

깊이 적응된 두 집단들 사이에서 생산되는 잡종은 부모 집단의 유전자 복합체의 유전적 희석을 의미하여 원래 환경에서 대단히 불리하게 된다. 교미전 격리 기작을 택하고 있는 유전자형은 그들의 배우체를 결함이 있는 자손을 만드는 데 낭비하지 않는 장점을 가지고 있다.

이러한 종분화의 양식이 성립하려면 다음과 같은 과정이 필요하다. 같은 지역에 결함이 있는 잡종을 생산하는 서로 다른 집단들이 접하고 있어야 하며, 성적으로 더욱 격리된 유전자형이 특이적으로 선택될 수 있어야 한다. 따라서 종분화는 다음과 같은 순서로 진행되어야 한다:

1. 이소적 집단 간의 유전적인 분화;
2. 이 분화된 집단의 분포가 같은 지역에서 겹침; 그리고
3. 강화된 성적 격리 기작에 대한 자연선택이 이어짐(**재강화**로 불리기도 함, *reinforcement*)(**그림 24–10**, 왼쪽 칸)

순차적인 이소성과 동소성

진화 생물학자들은 다양한 동소적, 이소적 집단들 사이의 성적 격리의 정도를 비교함으로써 자연 집단에서 이와 같은 종분화 순서를 증명해 보고자 노력하였다. 성적 격리는 유연관계가 가까운 두 종의 동소적 집단들 사이에서 가장 강하고, 이소적 집단들 사이에서는 가장 약해야 한다. 왜냐하면, 가까이 접해 있는 동소적 집단은 결함이 있는 잡종을 생산하게 되지만, 이소적 집단은 멀리 떨어져 있어 그러한 잡종을 만들지 않기 때문이다.

자매종인 *D. arizonensis*와 *D. mojavensis*를 대상으로 한 실험에서 이소적, 동소적 기원을 갖는 계통들 간에 교배를 시켜보면서 성적 격리의 정도를 시험하였다. 이 실험에서 동소적 기원의 계통들 간에 종간 교배 *arizonensis* X *mojavensis*가 이소적 기원의 계통들(25%; 473회 시험에서 119회 성공)에서 보다 매우 드물게 일어남을(4%; 377회 시험에서 14회 성공) 발견하였다. 식물에서는 V. Grant(1985)가 일년생 초본인 *Gilia*의 9종에서 가장 종간 교배가 어려운 종이 같은 지역의 종들임을 보고하였다. 이소적 종들은 이와 반대로 비록 F_1 잡종이 모두 불임이기는 하였어도 종간 교배에 대한 아무런 장벽을 보이지 않았다.

이러한 관찰에 우리는 수백 종의 나방에 대한 조사를 추가

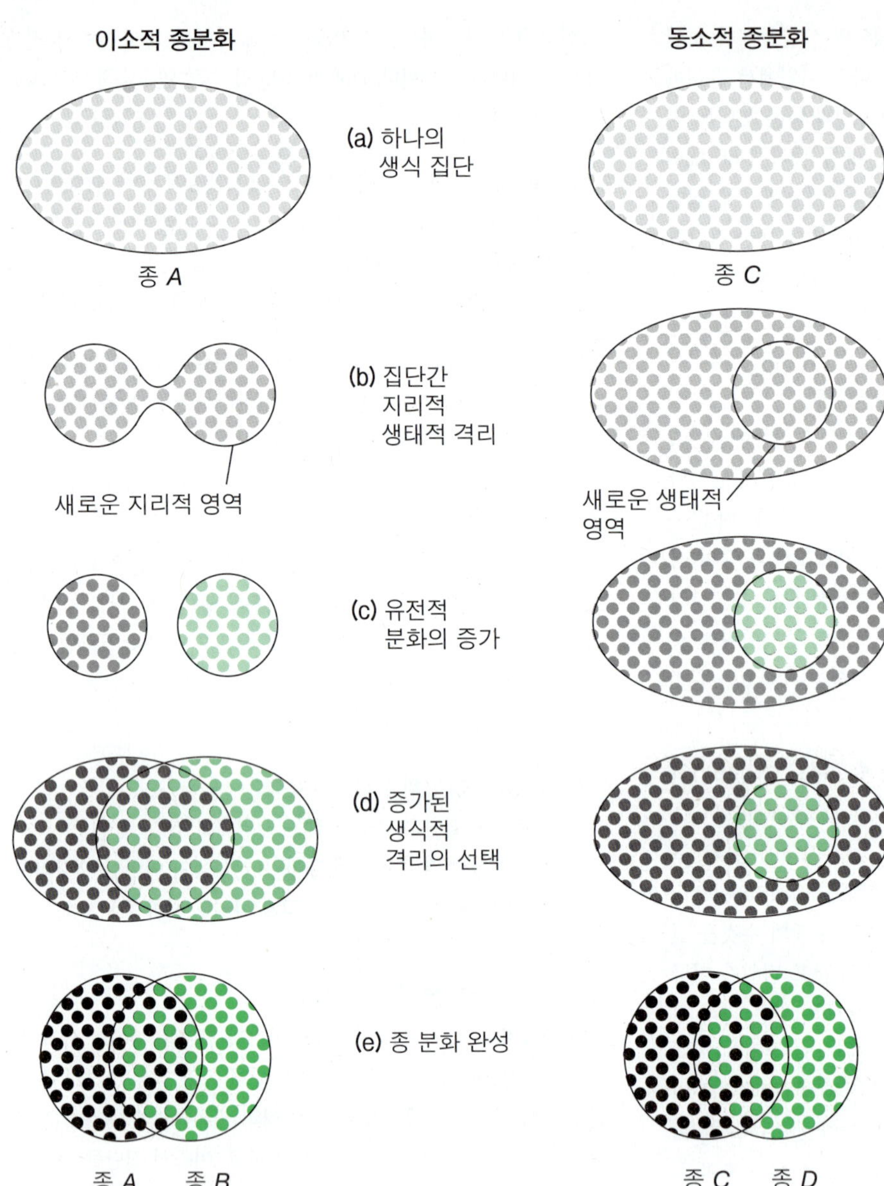

그림 24-10 분화의 여러 단계를 보여 주는 이소적, 동소적 종분화의 단순화된 모식도. **이소적 종 분화**(왼쪽 칸)에서 한 집단(a)이 한 개 혹은 그 이상의 지리적인 영역으로 분리 혹은 떨어져 나오고(b), 이는 무작위적인 유전자 표류나 선택에 의해 각 지리적인 그룹들 사이에 유전적인 분화가 발생하게 된다(c). 각 그룹이 각 기 특별히 적응된 유전적 정체성을 갖도록 분화되었을 때, 그 그룹들 간의 지리적인 혼합은 그들 사이에 생식적 격리를 증진시키는 기작에 대한 선택을 가져올 수 있다(d). 그룹 간에 유전자 흐름이 더 이상 이루어지지 않게 되었을 때, 그들이 비록 같은 지역을 점유하고 있다 손 치더라도, 종분화가 완성된다(e). **동소적 종분화**에서는(오른쪽 칸), 한 집단(a)이 같은 지리적 위치 내에서도 특별한 서식지나 먹이원 등에 있어 서로 다른 생태적 지역을 점유하는 한 개 혹은 그 이상의 그룹으로 분리된다(b). 그룹 간의 증가된 유전적인 분화(c)는 생식적 격리 기작에 대한 선택(d)을 용인하게 되고, 결국 완전한 종분화(e)로 나아간다. 이 두 모델 간의 차이점은 그룹 간 초기 유전적 분화에 관련되는 물리적 분리의 정도이다. M. J. D. White(1973, 1978)는 이러한 모델들의 많은 예와 그 변형들을 논하며, Barton과 Charlesworth는 표1에서 다양한 종분화 모델을 비교한다. (*Genetics*, Third Edition by Monroe W. Strickberger, 저작권 1985 Monroe W. Strickberger. Prentice Hall, Inc., Upper Saddle River, NJ에서 허락하에 인용.)

할 수 있다. 이 관찰에서 암컷을 유인하는 데 사용되는 수컷의 방향 기관이 같은 숙주 식물을 이용하는 종들에서 다른 숙주 식물을 이용하는 종들보다 더욱 흔하게 발견되는 것을 알 수 있었다. 이 기관은 각 종에 특이적인 구애 페로몬을 분비하기 때문에, 우리는 이것을 이소적(다른 숙주 식물) 종들보다 동소적(같은 숙주 식물) 종들에서 더욱 흔히 나타나는 성적 격리 기작으로 간주할 수 있다.

교미 행동을 환경적으로 조절하는 실험을 통하여 정상적으로는 분리되어 있는 종인 *D. pseudoobscura*와 *D. persimilis*에서 교미전 격리 기작들이 동소적 집단들 간에 실제로 강화되어 있음을 알 수 있었다. 비록 자연 상태와 실험실의 정상 온도 조건에서 이 두 종은 성적으로 격리되어 있지만, 추운 온도 조건에서는 종간 교배가 유의하게 높아졌다. 다른 동형접합 열성유전자를 마커로 사용하여 이 낮은 온도에서 생산되는 잡종을 인지할 수 있었고, 이들을 두 종을 함께 넣은 우리에서 제거할 수 있었다.

이 조작을 매 세대마다 반복하면, 점점 더 적은 수의 잡종이 탄생하였다. 예를 들어, 5세대가 지난 뒤 그 혼합 집단에서 잡종의 빈도는 50%에서 5%로 낮아졌다. 이러한 결과는 잡종을 도태시키는 선택에 의해 잡종의 생산을 저하시키는 성적 격리가 빠르게 유발되었다는 것을 뚜렷이 증명한다. 또한 이와 유사한 실험이 노랗고 달콤한 옥수수와 희고 단단한 옥수수 계통을 가지고 수행되었다. 이형접합체를 가장 많이 생산하는 개체를 제거한 결과, 5세대에 걸쳐 종간 교배율을 약 40%에서 5% 이하로 줄어들었다.

Butlin(1989)과 다른 연구자들은 아직 종분화가 이루어지지 않은 그룹 간에 교미전 격리 기작이 선택될 수 있는지는 논란의 여지가 있다고 말한다. Butlin은 이미 생식적으로 격리가 일어

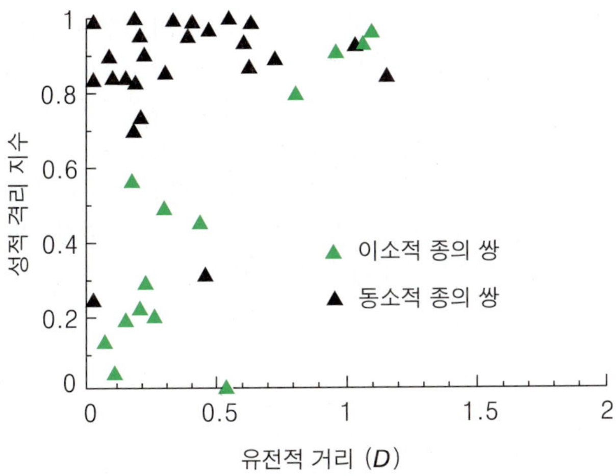

그림 24-11 초파리의 이소적, 동소적 종간 성적 격리 정도와 Nei의 유전적 거리(D). 성적 격리 지수는 종간 교배 빈도(heterospecific matings)와 종내 교배 빈도(homospecific matings)를 비교하여 다음의 계산식으로 산정하였다. 격리 = 1 −(종간 교배 빈도)/(종내 교배 빈도). Coyne과 Orr(1977)가 지적하고 본 그림에서 분명히 나타나듯이, 비교쌍의 종들이 서로 밀접히 연관되어 있을 때(두 종간 유전적 거리가 작다, 예, 0.5), 이소적 종들보다 동소적 종들이 서로 더 성적으로 격리되어 있다. 또한, 이소적 집단 간에 생식적 격리가 완성되려면 동소적 집단보다 더 먼 유전적 거리(각각 $D = 0.54$, $D = 0.04$)를 필요로 한다. 대략적인 계산으로 그들은 "종분화에 필요한 시간이 동소적 분류군 간에서 약 20만 년이고 이소적 분류군 간에는 약 270만 년이다"고 제안한다.(Coyne, J. A., N. H. Barton, and M. Turelli, 1997. Perspective: A critique of Sewall Wright's shifting balance theory of evolution. *Evoultion*, 51, 643–671.)

난 종들을 대상으로 실험을 행하였기 때문에 *D. pseudoobscura*와 *D. persimilis* 사이의 강화된 성적 격리가 새로운 종 분화의 원인이라고 볼 수는 없으며, 단지 교배 인지를 강화시켜 주는 선택을 하였다고 제안한다(**생식 형질의 대치**, *reproductive character displacement*).

그럼에도 불구하고, 우리가 실험적으로 잡종 도태를 통해 교미전 격리를 강화시킬 수 있다는 사실은 이 격리 기작이 잡종의 적합도가 낮아지는 경우에 잘 기능한다는 것을 시사한다. 자연 집단에서 가져온 *D. pseudoobscura* 암컷과 *D. persimilis* 수컷 간의 교배 실험은 두 종간의 성적 격리가 그들의 집단 분포가 서로 겹치는 지역이 *D. persimilis*가 없는 지역에서 보다 더 강하다는 것을 보여 주었다(Noor, 1995). 이와 유사하게, 세가시 큰가시고기는 다른 집단의 배우자를 접하게 될 때 이소 집단의 수컷보다는 동소 집단의 수컷을 더 차별한다(Rundle과 Schluter, 1998). 또한 이러한 견해를 지지하는 결과로서 같은 연령의 초파리 종들에 대한 광범위한 조사에서 성적 격리가 이소종들보다 동소종들 사이에서 더 강한 것으로 나타났다(**그림 24-11**).

어떤 사람은 충분한 시간이 주어진다면, 심지어 이소 집단들도 그들이 같은 지역으로 다시 왔을 때 성적 격리를 보여 주는 유전적 차이를 축적할 것이라고 주장할 것이다(**이소적 종 분화**, allopatric speciation). 초파리의 *virilis* 그룹에서 유럽산 *D. littoralis*가 미국 내 같은 그룹의 종들보다 미국의 *americana*, *texana*, *novamexicana*와 성적으로 더 격리되어 있다는 것을 발견하였다.

상당한 기간 동안 하나의 집단을 2개 혹은 그 이상의 그룹으로 분리한 후 그룹 간의 생식적 격리를 시험한 실험들은 이러한 이소적 분화를 지지한다. 온도와 습도가 다른 실험실 조건에서 6년 동안 배양한 실험에서 *D. melanogaster*의 두 복제 집단은 성적 격리와 잡종 불임을 발달시켰다.

병목현상과 창시자효과

지리적으로 격리된 집단 사이에 어떠한 종분화 과정이 이루어지든지, 많은 진화 생물학자들은 종분화가 특정 상황에서는 매우 빠르게 진행될 수 있다고 제안한다. 그들은 작은 규모로 격리된 측소적 집단(peripatric population)이 무작위 유전자 부동(random genetic drift), 근친교배에 의한 동형접합도의 증가, 적응 지형도(adaptive landscape)의 변화(23장)와 이에 따른 선택압의 급진적인 변화 등과 같은 힘에 직면하게 되는 **창시자 효과**(founder effects), 혹은 **병목현상**(bottlenecks)(22장)을 강조한다. 이러한 힘들이 종합적으로 작용하면 전혀 새로운, **상호 적응된 유전자 조합**(coadapted gene combinations)이 만들어지고, 인접한 집단이나 조상 집단과 생식적 격리를 불러일으키는 행동적, 형태적, 생리적 형질이 영향을 받게 된다.

예를 들어, Carson(1986, 1992)은 이러한 개념을 "그림날개(picture-winged)" 초파리과의 26종이 50만 년도 채 안 되는 기간에 하와이섬에서 탄생한 것을 설명하는 데 이용한다(그림 22-11). 몇몇 창립사건이 수컷의 구애행동에 급격한 변화를 유발하여 이 작은 규모의 고립된 집단에서 차별을 적게 하는 암컷만이 이러한 변화에 반응하여 선택되고, 조상집단이나 주변 집단에서 보다 더 차별적인 암컷들은 이 변화된 수컷에 반응할 수 없었다고 한다. 구애행동의 변화와 장식의 차이는, 어떻게 그것들이 나타났느냐에 관계없이, 종 분화 과정을 유발시키는 강력한 매개체가 된다. 교미행동과 성 관련 기능의 유전자에서 이명(nonsynonymous, 아미노산을 바꾸는) 뉴클레오티드 치환이 동명(synonymous; 침묵, silent) 치환보다 높은 비율로 나타나는 것은 이러한 유전자가 종 분화에서 중요한 선택적 역할을 담당하고 있다는 것을 나타낸다(Civetta와 Singh, 1998a).

병목현상에 대한 이러한 견해에 반대하여, 창립사건 하나에 의존하는 종 분화 개념은 이론적인 근거가 거의 없다고 주장한다. 왜냐하면 그러한 사건은 보통 격리된 집단에 즉각적이고 중대한 변화를 가져오지 않기 때문이다. 예를 들어, 무작위 유전자 부동이 유전자 빈도를 효과적으로 바꾸는 데에는 수많은 세대가 흘러야 할 것이다. Bartond와 Charlesworth(1984)은 '〔중간 규모의 집단에서〕 격리, 환경의 차이, 유전자 부동에 의한 끊임없는 변화의 영향을 〔작은 창시자 집단에서〕 집단의 병목현상에 의한 영향과 구분하는 것이 불가능하다'고 주장한다. 심지어 병목현상의 영향 자체에 대해서도 논란이 있다. 일부 실험이 그것을 지지하지 않으며(Moya 외, 1995), 병목현상을 겪은 집단에서 형태적 변이가 줄기보다는 오히려 늘기도 한다.

Barton과 Charlesworth은 모집단에서 기원한 일반적인 대립유전자가 새로운 집단에서 고정되는 것이 발생과정의 심각한 변화와 창시자 효과를 가져 온다고 받아들이기는 어렵다는 것을 발견한다. 대조적으로, 희귀 대립유전자의 고정이 더 큰 발생의 변화를 가져올 수 있으나, 이러한 대립유전자가 창시자가 되고 이어서 집단 내에 고정될 확률은 매우 낮다. 그럼에도 불구하고 창시자 효과 모델은 아직도 지지자를 끌어 모은다. 모집단과 유전적으로 격리된 주변 집단이 강한 선택압 조건에서 새로운 방향으로 빠르게 진화하여 종분화를 일으킬 수 있다. 그러나 아직, 종 분화 양식으로 제안된 각각의 상대적 중요성은 불분명하게 남아 있고 다른 해석이 가능한 상태이다.

유전자와 종 분화

Rice와 Hostert(1993)는 이와 관련된 연구실내 실험들을 널리 조사하여, 집단 간에 분단성 선택(disruptive selection)이 다른 유전적 차이로부터 발생할 때 생식적 장벽은 다면발현(pleiotropy)으로 혹은 편승하여 나타나는 이차적인 효과로서 발달한다고 주장한다. 보통은 한 집단 내에서 적응적이거나 중립적이었을 유전자들 사이에 상위 상호작용(epistatic interaction)의 결과로서 나타나는 수컷 잡종 불임은 이러한 종분화 사건의 한 예일 수 있다(Turelli, 1998). 그렇다면 우리는 종분화를 담당하는 유전자가 무엇이라고 말할 수 있는가?

많은 연구자들은 '종분화 유전자'를 찾기 위해 성적 형질에 주목한다. 왜냐하면 이것들이 종종 종을 분리시키는 장벽을 이루는 기본이 되기 때문이다. 이러한 접근을 따라서, Civetta와 Singh (1998b)는 초파리 그룹에서 정소의 길이 같은 성적 형질들과 넓적다리의 길이 같은 비성적 형질들의 변이를 측정하였다. 이러한 비교는 성적 형질이 종 간에 변이가 더 크고, 종 내에서는 변이가 더 적음을 보여 주면서 성적 형질에 작용하는 선택이 시기에 따라 다르다는 것을 보여 주었다 . 즉, 성적 형질은 종 분화 시기에는 집단 간의 차이가 더 강하게 선택되고, 일단 종분화가 완료된 후의 종 내에서는 균일함이 더 강하게 선택된다. Civetta와 Singh는 그러므로 성적 형질의 변화가 아마도 초기 종 분화 사건과 연관되어 있을 것이라고 제안한다. 다른 성적 형질에 대한 유사한 유전적 역할이 초파리 종 간의 페로몬 차이, *Heloconius* 나비의 교배 선호, *Chlamydomonas*의 교배 유형 유전자의 진화, 동물의 정자-난자 수정과정에 대한 연구에서 지적되고 있다.

현재 우리의 지식에 따르면 종 분화 사건은 다양한 방법으로 다양한 속도로 발생할 수 있다. 하와이 초파리과 같은 그룹에서는 종 분화가 극적으로 빠르게 진행되었고, 이 과정에는 다른 그룹에서 진행된 느린 종 분화보다 더 큰 표현형적 효과를 갖는 소수 몇 개의 유전자만이 관련되었을 것이다. 식물에서는 상대적으로 적은 수의 돌연변이가 teosinte를 현대적인 옥수수로(그림 21-1), 벌이 수분매개했던 *Mimulus* 종을 벌새가 수분매개 하는 종으로 빠르게 전이시킨 것으로 보인다. 다른 생물종에서는 병목현상 없는 이소적 종 분화가 더 흔하였을 것이다. 그러나 이러한 이소적 종 분화 양식은 아직도 논쟁 중인 잡종 불임이나 생존불능에 기인한 동소적 집단들 간의 성적 격리를 선택하는 과정을 배제하지 않는다.

잡종번식(Hybridization)

종의 장벽이 붕괴되고 생존과 번식이 가능한 잡종을 생산하는 생물에서는 — 특히 식물에서 그러한 경우가 발생한다 — 그 유전자형과 표현형이 부모 종들과 다른 **잡종번식의 영역**(*zones of hybridization*) 혹은 **잡종 집단**(*hybrid swarms*)이 발달할 수 있다.

만일 부모보다 잡종이 더욱 잘 적응하는 독특하고 독립된 서식지가 있기만 하다면 그 새로운 집단은 결국 부모 집단과 격리될 수 있다. 이러한 양식의 종분화는 식물(V. Grant, 1985)과 동물(Bullini, 1994)에서 염색체 수(벌 수준, ploidy levels)의 변화로써 자세히 증명된다. 물론, 동물의 잡종번식은 이러한 염색체 변화가 적응도에 더 큰 영향을 주기 때문에 좀 더 드물게 발생한다.

식물 종의 잡종번식으로 잘 연구된 예가 해바라기이다. 이 *Helianthus*속 중 미국 서부의 3종을 연구하여 약 60세대 전보다 짧은 시간 내에 *H. annuus*와 *H. petiolaris*의 종간 교배에서 유래한 잡종 *H. anomalus*가 빠르게 진화하였음을 보인다(Ungerer et al., 1998). 흥미롭게도 위 두 부모 해바라기 종을 교배한 후 연속적인 종간 교배와 역교배 실험을 통하여 얻은 인위적 잡종도 부모의 일부 유전자를 제외시키고 일부는 받아들이면서, 자연상태의 *H. anomalus* 잡종과 유사한 유전체(genome)를 갖게 되었다. 물론, 일단 최초의 잡종이 형성되면, 더욱 진화하여 그 유전적 구조를 형성하게 될 유전자를 선별하는 데는 자연선택이 중요한 요인이다. Riesberg와 동료들(1996)은 따라서 "비록 종간 유전자 상호작용의 대부분은 실제로 바람직스럽지 않고 혹은 중립적이지만 외래 유전자의 일부는 잡종에서 유리하게 작용하는 것 같다"고 결론짓는다.

어떤 경우에는 생식 가능한 잡종이 한 종에서 다른 종으로 유전자를 전달하는 매개자로서 역할을 한다. 이로써 그 종의 생태적인 범위와 진화적인 융통성을 증진시킨다. 이 현상을 **이입교잡**(introgressive hybridization)이라고 부른다. 잡종 종에서 동일한 대립유전자가 발견되는 것에 근거한 유전자 이입의 주장에서 공통조상에서 물려받은 공유 다형성은 제외되어야 한다.

Rosemaryt와 Peter Grant의 연구에 따르면 갈라파고스 군도의 한 Daphne 섬에서 Darwin의 핀치류(finch, 방울새류) — 중형 지상 방울새(*Geospiza fortis*), 선인장 방울새(*Geospiza scandens*) (그림 2-5) — 에서 학습적 특성인 종 특이적 노래가 종간 생식적 장벽으로 기능할 수 있음을 입증한다. Darwin 핀치새들은 부화 후 민감한 10~40일 사이에 짧게 아버지에게서 노래를 배운다. 이 학습 모드는 새들에게 높은 정확도를 요한다. 따라서 드물게 노래가 잘못 각인된 노래는 새끼가 노래를 배우는 기능이 없거나, 그 짧은 민감한 시간 동안 같은 종이 아닌 다른 종으로부터 배운 것이기 때문이다. 예를 들어, 알이 둥지에서 다른 종의 둥지로 옮겨졌거나 아버지가 죽어서 노래하지 않는 어미만 남겨졌을 경우에 이런 현상이 유발된다. 첫 번째의 경우 어린 새는 수양아비의 노래를 배우고 두 번째의 경우에는 만일 다른 종의 수컷이 옆에 있다면 그 수컷의 노래를 배울 것이다.

교미는 노래 종류의 인식에 근거하기 때문에, 이 교차된 종의 학습은 잡종번식으로 이어질 수 있다. Daphne 섬에서 잡종 번식은 번식 쌍의 1%로 드물게 일어난다. 잡종은 그 부모종의 중간 크기의 부리를 가지며, 적합한 크기의 씨앗들이 있을 때만 살아남을 수 있을 것이다. 유난히 거센 비가 내리고 난 다음 해에 섬의 생태학적 조건이 바뀌고, 작고 부드러운 씨앗들이 풍부하게 생산되고, 이런 변형된 조건들 하에서 이런 씨앗들을 먹을 수 있는 중간 크기의 부리를 가진 잡종은 살아 남았다. 잡종은 아마도 그 수가 매우 적기 때문 서로 교미를 하지 않았다. 그러나 그들은 각인된 노래 종류에 따라 그들이나 그들의 다른 부모종과 역교배를 했다. 이런 방식으로 유전자들은 한 종에서 다른 종으로 흘러갔다(**이입교잡**, *introgrssive hybridization*).[8]

이 이입교잡 사건 후, 초기 잡종번식이 낮은 비율로 이루어졌더라도 어떤 이형특이적 유전자를 가진 개개의 *Geospiza scandens* 종의 30% 이상이 몇 번의 역교배 새대들의 높은 생존을 야기 한다. 이입은 *Geospiza scandens* 집단에서 유전적 변이와 표현형적 변이가 눈에 띄게 증가했다. 단편적 이입교잡의 진화적 결과로써, 이후 행동으로 선택할 수 있는 유전자적 변이를 증가시킨다. 만일 환경이 변하면, 빠른 진화적 변화가 뒤따를 것이다(글상자 2-1, Darwin's Finches). 자연에서 밀접하게 연관된 종들 간의 사건적 유전자 이입은 널리 퍼져 있다. 곤충, 시클리드 어류(아래), 큰가시고기, 많은 식물 종들에서 발견되어지며, 이는 빠른 적응방산(rapid adaptive radiation)에 중요한 기여자가 될 수 있을 것이다.

물론, 잡종 불임은 더 이상 진화가 안 되는 장벽이다. 그렇지만 특히 식물에서는 무성 영양 생식을 하는 잡종에서 배수체가 발생할 수 있으며, 생식력이 있는 배우체가 만들어질 수 있다(이질배수체, allopolyploids; 그림 10-2). 이 배우체는 부모 종의 반수체 배우체와 달리 이배체이기 때문에 비록 부모 종과의 교배에서는 불임이 되지만, 자체적으로 생식하거나 다른 배수체 잡종과 생식함으로써 새로운 종이 단번에 만들어진다.

잡종번식 빈도

새로운 잡종 종이 얼마나 자주 나타나는지를 측정하는 것은 어렵다(Rieseberg,1997). Ellstrand와 동료들(1996)에 따르면, 유관속 식물에서 잡종의 빈도는 과에 따라 다르다고 한다. 어느 과에는 잡종 종이 거의 없고, 또 어느 과에는 잡종의 비율이 50%에 달한다. 그들은 기록된 25만 식물종 중에서 약 10%가 잡종 종이라고 추정한다.

잡종의 진화적인 영향은 그 빈도보다 더 중대할 수 있다. 왜냐하면, 어떤 식물의 잡종은 여러 서식지를 차지하는 많은 종들로 구성된 전체 가계의 조상이었을 수도 있기 때문이다. Dowling과 Secor(1997)는 동물의 잡종 종의 중요성에 대해서도 유사한 주장을 한다. Arnold(1997)는 동물과 식물의 잡종에 대해 모두 언급하면서 잡종의 적응도는 매우 다양하여 일부 잡종은 심지어 부모의 환경에서도 우월할 수 있다고 주장한다. 비록 과거에는 진화학자들이 흔한 일로 간주하지 않았지만, 잡종번식은 이제 점차 주목을 받고 있다.

종의 차이가 동소적으로도 발생할 수 있을까?

종 분화에서 진화적 사건이 발생하는 순서는 특유의 집단 — 오직 두 개체로 구성할 수 있는(자웅동체의 경우 하나) — 형성으로 시작하여 생식적 격리로 끝난다.

이 순서에서 진화유전학자들은 종 분화를 유도하는 초기 유전적 차이가 축적되기 위해 집단 간에 **지리적 격리**가 어느 정도 필요한지에 대해 논쟁한다. 이 분야의 많은 연구자들은 집단들이 지리적으로 충분히 떨어져 있어 유전적 차이를 없애 버리는 유전자 교환이 억제된 상태에서만 유전적 차이가 축적될 수 있다고 믿는다. 그들은 종 분화 과정이 지리적으로 격리된 초기의 중요한 시기에 수반하여, 격리 기작이 우연히 출현하거나 결함 있는 잡종의 생산으로 인해 격리 기작의 선택이 후에 일어난다고 제안한다.

다른 연구자들은 한 지역에 있는 집단이 그 지역 내 다양한 서식지에 적응하기 위해 선택된다면 다형성을 가져 오는 유전적 변이(참조; 분단성 선택, disruptive selection)가 높아질 것이라고 제안한다. 그 한 예가 현재 영국의 후추 나방 *Biston betularia*에서 보이는 다형성이고, 또 다른 예는 나비 *Papilio dardanus*에서 보이는 모방성과 나비 *Heliconius erato*에서 보이는 떨어진 집단의 진화나 모방을 통한 다양성이다(Brower, 1996).

어떤 특정한 환경 하에서 둘이나 셋 이상의 선택된 그룹들이 서로 독립적으로 존재할 수 있다면, 같은 지역 내에서도 이들 사이의 격리가 발생할 수 있다고 제안한다. Thoday와 Gibson(1962)은 노랑초파리 *D. melanogaster*의 털(역자 주: 짧고 뻣

8 Grant와 Grant(1994, 2002)와 P.R. Grant et al.(2004)의 연구를 참조.

표 24-4 털 수가 많은 초파리, *D. melanogaster*(H)와 털 수가 적은 초파리(L) 사이의 교배 선호도 실험 결과. 암컷과 수컷은 자유롭게 배우자를 선택할 수 있도록 하였다.

선택 세대수	H × H	H × L	L × H	L × L
7	12	3	4	12
8	14	2	6	10
9	10	4	6	7
10	8	4	3	13
19	27	2	8	20
전체	71	15	27	62

출처: J. M. Thoday, 1972. Disruptive Selection, *Proc.* Roy. Soc. Lond. (B) 182, 109−143에서 허락하에 인용.

뻣한 털) 수에 대한 선택 실험을 통하여 처음으로 이러한 견해에 대한 증거를 제시하였다. 그들은 매 세대마다 털 수가 많은 (high, H) 파리와 적은(low, L) 파리를 선택한 결과, 비록 파리들을 무작위 교배가 가능하도록 내버려 두었지만, 교배 양상이 동종 교배(assortative mating)를 선호하는 방향으로 빠르게 나아갔다. **표 24-4**에서 보듯이 H×H와 L×L 교배가 많아지고, H×L과 L×H 교배는 상대적으로 적게 일어났다. 다른 실험들도 같은 지역에 서식하는 집단간 분단성 선택에 의해 격리가 증가하는 것을 보고하였다.

그러나 많은 시도에도 불구하고 집단 생물학자들은 분단성 선택의 일부 결과들을 실험으로 반복하지 못하였다. 또한 연구자들은 자연의 어느 단일 지역이 과연 동소적 종분화(sympatric speciation)가 일어나기 충분할 정도로 분단성 선택 조건을 지속적으로 유지할 수 있는가에 대해 의문을 가져 왔다(Mayr, 1963). 일차적인 논점은 생태적으로 독립된 집단에 대한 선택의 힘과 방향이다. 주변 집단에서 오는 유전자 확산에 지속적으로 직면하면서도, 자연선택이 과연 어느 한 그룹 내에서 잡종의 생존불능이나 불임(생식적 격리)을 유발하는 적응 변화를 가져올 만큼 충분히 강한가? 생식적 격리가 생태적 적응의 직접 혹은 간접적인 결과로서 발생할 수 있는가?

그러나 이러한 문제가 어떤 식으로 해결되던지, Bush(1975)와 다른 사람들은 동소적 종분화(그림 24−10, 오른쪽 칸)를 다양한 그룹의 곤충이 같은 지리적 범위 내에 서식하면서도 먹이원으로서 서로 다른 종류의 숙주 식물(사과나무와 산사나무)에 적응하면서 일어났던 종분화 과정을 설명하는 데 이용하였다. 식물들 사이에 과실이 익는 시기의 차이는 기생 곤충이 서로 다른 시기에 성체로 발달하도록 하며, 따라서 그들의 유전자 교환을 억제하는 장벽을 제공한다. 극단적으로 서로 다른 실험실 서식환경을 선택하도록 주어졌던 *D. melanogaster* 집단에서 보듯이, 생태적인 이질성은 틀림없이 생식적 격리로도 발전할 수 있는 유전적 다양성을 가져올 수 있다. 진화상에서 일부 혹은 많은 동소적 종분화 사건들이 발생했을 가능성이 높다(G. L. Bush, 1994).

몇몇 연구자들의 집중적 연구 덕분에 시클리드 물고기들(**그림 12−18**)은 최근에 빠르게 종분화된 대표적인 예로 손꼽힌다. 시클리드들은 생태적으로나 행동적으로 분화될 수 있으나 지리적으로는 분리될 수 없는 특별하게 작은 분화구 호수에서 동소적 종분화를 겪었다. 그 조합은:

- 공격적 행동,
- 텃세권 제도,
- 특정 먹이를 소비할 수 있는 능력(예, Tanganyika 호수에 한 분기 내 7종의 시클리드는 먹이 물고기의 오른쪽이나 왼쪽 중 한쪽 비늘을 긁어내는 데 사용되는 비대칭적 턱을 가짐),
- 가소적 표현형(글상자 17−3, Cichlid 물고기의 인두 턱 참조), 그리고
- 호수 안 많은 미세서식환경에 대한 이용 가능성,

이 모든 것이 지리적 격리의 부족을 보충한다(T. Goldschmidt, 1996).

초기 분화의 중요한 모드로써 **표현형 가소성**이 나타난다. 특별히 외부 모양(몸 형태, 색깔 등)이 바뀌는 상황들은 행동변화를 동반하는데, 외부 모양과 행동변화 모두는 한 집단 내에서 개체들이나 그룹들을 격리하는 기작으로 작용한다(West-Eberhard, 2003). 시클리드 물고기는 이 두 가지 모두의 증거로 간주될 수 있다. 최근 최근 Barluenga와 그 동료들(2006)는 니카라과에 있는 Apoyo 호수에 사는 시클리드 종을 연구했다. 그 호수는 작고(5km 반경), 얕고(200m), 지리학적으로 최근의(2만 3천 년 이내) 화산 화구호인데, 그들의 연구는 조합된 분자적, 형태적, 생태적 접근을 사용하여 다음과 같이 전개된다.

- 호수에는 저서성(benthic)이며, 뚱뚱하고, 몸통이 긴 미다스 시클리드인 *Amphilophis citrinellus*이 단 한번 이입되었는데, 현재 이 종은 이 호수에서 가장 일반적인 종이다.
- 1만 년 안에 두 번째 종, 화살 시클리드(*A. zaliosus*)는 조상종으로부터 진화되었는데, 이 종은 저서보다 담수에 살고 몸의 너비보다 몸 길이가 길고, 생태학적으로나 생식적으로나 모두 *A. citrinellus*로부터 격리되었다.

종 분화 속도

기작

비록 우리가 종 분화의 기작을 이제 막 인식하기 시작하였지만, 많은 화석과 현존하는 생물종에 근거해서 **진화속도**(evolutionary rate)를 측정할 수 있다. 측정 방법에는 지질학과 고생물학 자료

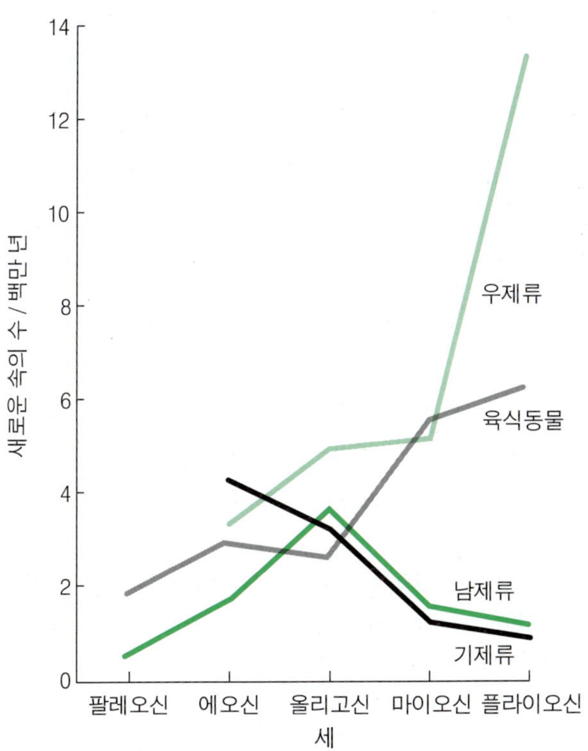

그림 24-12 제3기 동안 포유동물의 네 종류 목에서 백만 년 당 새롭게 나타난 속의 수로 나타낸 진화속도. (Simpson, G. G., 1949. The Meaning of Evolution. Yale University Press, New Haven, CT.에서 인용.)

(6장, 13~20장)를 이용하거나, 혹은 생화학적 변화와 분자시계(molecular clocks)(제12장)를 이용하는 두 방법이 있다.

그런데, 진화속도를 결정하는 두 방법 모두는 문제점을 가지고 있다. 문제점의 하나는 우리가 속도를 측정할 때 지질학적 시간이나 시기(연대기적 시간)를 기준으로 할 것인가 아니면 세대(생물학적 시간)를 기준으로 할 것인가라는 문제이다. 더 나아가, 진화속도를 측정하기 위해 우리는 어떤 형태적 혹은 분자적 형질을 사용할 것인가? 어떻게 우리는 관련 유전자의 수와 종류를 결정할 것인가? 우리는 아직 이러한 문제의 해결점에 대해 공통적인 합의를 이루지 못하였다.

고생물학적 측면에서는 분류상의 어려운 점이 끼어든다. 왜냐하면, 병합론자(lumpers)와 분리론자(splitters)는 생물 그룹들을 각기 다른 분류상의 단위로 묶거나 분리하기 때문이다(제11장). 예를 들어, 동일한 계통에 다른 수의 속을 설정할 수 있으며, 이에 따라 각 속의 진화속도도 달라진다. 화석의 불완전성과 종종 관찰되는 진화적 중간 그룹의 부재 등도 많은 고생물학적 속도 결정을 모호하게 만든다. 그럼에도 불구하고, 그림 24-12에서 보듯이, 진화속도는 포유동물에서 알려진 다양한 화석 분류군들 간에 크게 다르고, 이것은 우리가 화석정보를 알고 있는 다른 많은 계통에서도 사실인 듯이 보인다.

진화속도는 **어느 특정 그룹 내에서** 시간에 따라 종종 변하기 때문에, 고생물학적 방법의 하나는 그들이 **화석기록에서 가장 전형적으로 나타난 속도보다 느린지 빠른지**를 분류하는 것이다. "살아 있는 화석(living fossils)"(예, *Latimeria*와 *Neopilina*, 3장)은 그들 각 그룹의 진화속도에서 보다 정적이고 느린 쪽 끝에 놓이며, 우제류는 포유동물 속도에서 보다 빠른 쪽 끝에 놓인다. Simpson은 종종 새로운 적응 지대로의 팽창과 새로운 분류군의 기원으로 특징되는 매우 빠른 진화상 변화의 사건을 **비연속적 진화**(quantum evolution)라고 명명하였다. 12장에서 언급하였듯이, **대진화**(macroevolution)라는 단어는 종 수준이나 그 이상의 진화적 변화들과 구별하기 위해 사용되어졌다. 한 종의 집단 내 진화는 **소진화**(microevolution)로 알려져 있다. 대부분의 집단 유전학자들은 종 분화과정이 진화하는 데 새로운 방향들을 추가하지만, 그 기작들은 종 분화하지 않는 변화들에서 그들이 사용했던 것과 유사하다.

진화속도

진화속도에 관한 연구는 종 분화가 일정한 속도로 유발되었는지, 빠른지 느린지, 지속적인지 비지속적인지, 점차적인지 중단적인지 알기 위해 화석의 보정에서 분자적 수준 — 분자시계나 시계(제12장 참조) — 의 변화 속도 계산에 이르기까지 다양한 방법으로 시도된다. 진화/종 분화의 속도를 비교할 수 있는 통계를 찾는 것은 중요한 문제이다.

다윈 단위(Darwin units)

형태적으로 진화속도를 평가하는 한 가지 일반적인 제안은 Haldane이 제안한 것으로 한 형질의 변화 정도를 걸린 시간으로 나누어 **다윈 단위**(*D*, Darwin units)로 나타내는 것이다. 이 속도의 유용성은 타당한 계통 정보를 제공할 수 있는 완전한 화석과 정확한 연대기에 달려 있다.

그러한 정보가 주어졌다면, 다윈 단위의 속도는 시간 t_1에서 t_2까지 자연 로그(밑 $e = 2.718$)로 나타낸 형질 크기의 평균적 차이($\overline{X}$)로서 계산된다.

$$\text{Rate} = (\ln\overline{X}_{t2} - \ln\overline{X}_{t1})/(t_2 - t_1)$$

이 로그 계산은 서로 다른 크기의 생물들 간에 진화속도를 비교할 수 있게 하는 장점이 있다. 예를 들어, 비록 코끼리 넓적다리가 증가된 절대적 크기에 있어서는 훨씬 크다고 하더라도, 0.05 다윈 만큼 증가한 코끼리의 훨씬 커다란 넓적다리보다 0.1 다윈 만큼 증가한 설치류 계통의 작은 넓적다리가 두 배나 빠르게 진화한 것으로 나타났다. 지속적인 자연선택의 힘과 진화의 계통 특이적 속도 모두 설명하는 것은 Reznick와 그 동료들(1997)이 보고했다. 구피, *Poecilia reticulata*를 단지 몇 년 동안 높은 포식자 환경에서 낮은 포식자 환경으로 이주시켰을 때, 수천 다윈 속도로 진화했다.

Fenster와 Sorhannus(1991)는 형태 진화를 수치적인 속도로 나타내는 여러 방법들을 종합하였다. 흥미롭게도, 이러한 속도는 일반적으로 화석기록에서 다윈 내외로 측정되는 느린 변화와 영국의 얼룩무늬나방의 색깔 변화와 같이 현재 집단에서 수천 다윈으로 측정되는 빠른 진화적 변화 사이에서 대비를 보인다. 이렇게 막대한 차이가 나는 이유는 화석과 현생 집단이 경험한 선택적인 환경과의 상호작용의 기간, 종류, 횟수에 달려 있기 때문일 것이다.

대진화이든 소진화이든, 화석에서든 현생 종에서든, 무엇이 진화속도의 차이를 가져오는가라는 질문은 아직 만족스러운 답을 찾지 못하였다. 그러나 많은 생물학자들은 이러한 차이가 아마도 다음 세 가지와 같은 다양한 요인들에 근거하고 있다는 데에 동의한다.

1. **집단의 구조** — 집단의 크기, 유전적 변이, 분포 등등. 예를 들어, Wright는 진화가 하나로 서로 연결된 균일한 집단보다 여러 개의 소규모 교배집단(demes)으로 나뉜 집단에서 보다 빠르게 진행된다고 제안하였다. 이와 유사하게, Ernst Mayr는 커다란 집단의 주변부에서 떨어져 나온, 독특한 유전자형이나 유전자 빈도를 갖는 소규모 "창시자(founder)" 그룹에서 새로운 분류군이 빠르게 진화한다(또한 측소적 종 분화라 불림, peripatric speciation)고 제안하였다.
2. 생물체가 취할 수 있는 **구조와 기능을 제한**하거나 강요하는 적응과 발달상의 억제요인들. 예를 들어, 인간과 대부분의 현생 포유류들은 포식자를 피하기 위한 날개를 발달시킬 수 없다. 이러한 억제요인은 선택이 비효과적이라는 것을 의미하지 않고 다만 진화가 한 경로로 진행되고 다른 경로로는 진행되지 못한다는 것을 의미한다. 형태적인 측면에서 뚜렷이 보이는 억제요인들은 다른 발달 측면의 억제요인이나 변화를 반영하지 않을 수 있어, 실제 진화속도를 모호하게 할 수 있다(제13장 참조). 따라서 지난 약 2억 년 동안 성체 단계를 형태적으로 유사하게 유지해 온 개구리는, 겉으로는 느린 진화속도를 보이지만 성체 이전 단계에서는 상당한 변화를 겪었으며, 현재 3백만 종 이상으로 진화하여 명백히 빠른 진화속도를 보인다.
3. **생물 그룹과 시기에 따른 자연선택의 방향과 강도의 변화** — 모든 집단이 경험하게 되는 역사적, 환경적 우연들. 이 요인은 생태적 지위(예, 서로 다른 서식지, 먹이 공급, 경쟁자, 포식자, 혹은 기생충)를 결정하는 생물학적, 물리적 환경의 변화가 적응의 자극제가 된다는 사실을 반영한다.

이러한 요인들 중에서 자연선택의 중요성은 진화속도의 차이가 세대의 길이나, 전기영동으로 드러난 단백질의 차이(그림 10-25)로서 측정된 유전자 변이의 정도와 상관관계가 없다는 발견으로써 지지된다. 예를 들어, 주머니쥐와 같이 한 세대 기간이 짧은 포유류가 코끼리와 같이 세대 기간이 긴 동물들에 비해 훨씬 느리게 진화한다. 또한 천천히 진화하는 말굽게(*Limulus*, 그림 11-3)는 빠르게 진화하는 무척추동물과 비슷한 수준의 전기영동 유전자 변이를 보여 준다.

중단적이거나 점차적?

현재 논쟁에서 중요한 점은 종 분화나 상위 분류군의 탄생과 같은 대진화의 기작이 같은 계통 내에서 거의 눈에 띄지 않는 변화를 가져오는 미소진화 기작과 특별히 다른지, 그 여부에 대한 것이다.

소진화와 대진화의 기작은 유사하다고 보는 이와는 반대로, **중단 평형**(punctuated equilibria) 가설을 지지하는 Gould(1994, 2002)와 Stanley(1973, 1979)와 같은 학자들은 새로운 분류군의 탄생 양식이 화석에 나타난 대진화 사건의 신속성에서 보였듯이 질적으로 독특하다고 느낀다. 즉, 중단론자들은 화석 기록을 상대적으로 거의 변화가 없는, 오랜 기간 지속된 미소진화적 정체상태(stasis), 혹은 평형(equilibrium), 이러한 평형상태를 중간 중간 중단시킨, 완전히 새로운 원인과 기작에 의해 새로운 분류군이 빠르게 발생한 대진화 시기의 기록으로 본다. 중단 평형설의 창시자들인 Gould와 Eldredge(1972)는 그들의 초기 견해를 약간 누그러뜨리며 신다윈주의와의 논쟁점은 종분화 기작의 차이가 아니라 "종의 구분(species sorting)"과 "정체(stasis)"에 강조점이 있다고 말한다. 어떤 이는 단지 "대진화와 미소진화가 서로 반대적인 것이 아니고 서로 보완적인 것이다"라는 점에서는 Gould(1994)에 동의할 수 있을 것이다.

대진화적 변화들은 집단유전학과 양립될 수 있다. 신다윈주의와 중단론자 모두의 관점에서, 새 집단에서 파생하는 진화속도는 그 본래의 생태적 지위에 묶여 남아 있는 그 부모종들 안에서 변화하는 것보다 틀림없이 빠를 것이다. 고생물학에서 그룹에서 하나나 그 이상의 분지들이 진화적 정체상태를 보일 수 있다는 사실과 그룹내 다른 분지들에서 빠른 진화는 신다윈주의의 진화 개념과 모순되지 않지만, 오히려 시간의 척도가 고생물학자들이 종분화 사건들을 볼 수 있음을 반영한다.

중단주의를 지지하는 데 사용되는 화석 자료는 점진주의를 지지하는 자료에 의해 반박될 수 있다. 또한 일부 종 분화 사건들은 중단적이고 다른 일부 사건들은 점진적이라는 자료에 의해서도 반박된다(Geary, 1990). 그가 쓴 마지막 내용 중 하나에서, Ernst Mayr는 그가 변이와 선택 간의 상호작용에 대한 문제를 연결할 때 정체에 있어 '문제'의 핵심을 요약하였다: "높은 표현

Francisco J. Ayala

길: 1934년 3월 12일
생지: 스페인, 마드리드
사: B.S., 스페인, 가드리드대학교
사: M.A. 콜롬비아대학교, 뉴욕, 1963
사: Ph.D. 콜롬비아대학교, 뉴욕, 1963
사 후 연구원: 록펠러대학교, 뉴욕, 1963~1965
재, 캘리포니아대학교, 어바인, 태 및 진화 생물학과, Donald Bren Professor of Biological Sciences[9]

무엇이 진화에 대한 관심을 갖게 했습니까?

나는 스페인에서 태어나 그 곳에서 학교를 다녔습니다. 그러나 진화에 대한 나의 초기 관심은 기본적으로 학교 밖에서 이루어졌는데 왜 생물 세계가 그렇게 다양한지, 특히 사람의 기원이 무엇인지 이해하려고 노력하는 가운데 발달하였습니다. 이러한 관심은 20세기의 고전인 Theodosius Dobzhansky의 "유전학과 종의 기원(Genetics and the Origin of Species)"와 Julian Huxley의 "진화: 그 현재적 종합(Evolution: the Modern synthesis)" 등 다양한 책들의 스페인어 번역판을 읽으면서 커져 갔습니다. 일단 시작하자, 나는 Richard Goldschmidt와 C.H. Waddington의 책들을 읽었습니다. 이러한 책들을 접한 효과는 유전학과 진화 연구의 연관성을 강조하는 것이었으며, 나는 Salamanca 대학교에서 초파리를 가지고 실험을 수행했습니다. 그 곳에서 나의 선생님들은 내 관심사를 더욱 발전시키도록 용기를 북돋아 주었고, 1961년 나는 콜롬비아대학교에 있던 Theodosius Dobzhansky 교수 아래서 박사과정 공부를 하기 위해 미국으로 갔습니다.

과학에서 선생님이 발견하신 것 중 가장 가치 있고 흥미로운 것은 무엇이라고 생각하십니까?

나는 기본적으로 유전자 변이와 그것의 진화상의 역할에 대해 연구해 왔습니다. 효소의 전기영동 기술 등을 이용한 나의 많은 실험들은 초파리에서 아종 간 혹은 자매종 간의 유전적 차이와 같은 종 분화를 설명할 수 있는 유전적 차이를 밝히는 데 집중되었습니다.

선생님의 실험실에서는 현재 어떤 연구를 하고 있습니까?

최근에 나는 trypanosomes와 같은 기생성 원생생물에서 유전적 변이를 측정하는 일에 관심을 갖게 되었습니다. 이 연구는 기생충들이 숙주 면역체계의 변화에 빠르게 적응해 가는 기작을 이해하기 위해 수행됩니다. 어떤 의미에서 이러한 유전적 변화는 작고, 독립적인 진화의 캡슐을 나타낸다고 볼 수 있습니다. 나의 저작들은 또한 목적론, 환원주의, 윤리의 생물학적 기반과 같은 생물 철학의 다양한 영역으로 확장되어 있습니다. 또한 재판정에서 과학자에 의한 증언의 이용에 대해 저술해 왔습니다. 내가 상당한 노력을 기울여 온 근본적인 관심은 학교에서 과학 교육의 필요성, 특히 진화 교육의 필요성에 대한 것입니다.

선생님의 연구분야는 앞으로 어떤 방향으로 나아가야 한다고 생각하십니까?

분자생물학의 엄청난 힘이 오랫동안 풀리지 않던 진화의 의문들, 예를 들어, 종 간에 유전적 차이가 얼마나 크며, 어떤 종류에서 차이가 있으며, 어떤 속도로 차이가 발생하는가 등의 의문들에 답할 수 있는 기회를 제공합니다. 나는 매년 수억 명의 인구를 감염시키는 병인 말라리아의 원인균인 Plasmodium의 진화 역사와 집단 구조에 대해 수행 중인 현재의 연구를 계속할 생각입니다.

진화분야에 관심이 있는 학생들에게 어떤 조언을 주실 수 있을까요?

내 자신의 경험으로 볼 때, 나는 학생들이 자신이 관심을 갖는 분야에서 걸작을 읽고 같은 분야의 다른 사람들과 토의하고 의견을 나눔으로써 개념적인 문제를 인식하는 것이 매우 중요하다고 믿습니다. 과학은 공동체적 기획 사업입니다. 또한 과학의 전문가가 되기 위해서는 가능한 최고의 수단을 준비할 필요가 있습니다. 진화학에서는 생화학, 계통학, 수학과 통계학 등과 같은 분야에서 한 가지 이상의 훈련이 필요합니다.

[9] 전기에 대해서는 다음을 방문. http://www.faculty.uci.edu/profile.cfm?faculty_id=2134&term_list=ayala&name=Francisco%20J.%20Ayala. 2007년 5월 22일 접속. 최근 출판물: Benton, M. J., and F. J. Alyala, 2003. Dating the tree of life. Science, 300, 1598–1700.

형 변이 시대(선 캄브리아대, 캄브리아대에서)는 다른 지질연대를 상대적으로 정체된 연대와 교체하였다. 자연선택이 모든 연대에 활발히 이루어지기 때문에, 진화적 변화는 선택의 유용성보다 변이의 유용성에 더 의존하는 것으로 생각된다"(2005, p.xviii).

지속적인 아니면 불연속적인?

신다윈주의의 어떤 법칙도 종분화 속도를 규정하지 않는다. 속도가 일정하고 변할 수 없다든지 혹은 갑작스레 변한다든지 등을 지시하지 않는다. 진화적 변화는 다른 계통에서 다른 양상으로, 특히 다른 시간 척도로 발현된다. 여러 예 중 2개는 다음과 같다. 많은 식물에서 우리는 이질배수성(allopolyploidy) — 염색체의 수가 2배가 된 잡종에서 생식적 격리의 원인 — 이 빠른 종분화의 일반적인 원인임을 알고 있다; 우리는 또한 역사상 독특한 현상들과 마찬가지로 대이변적인 사건들이 상당한 진화적 변화를 가져 온다는 것을 오랫동안 인식해 왔다. 그런 영향들은 신다위주의의 통합의 명성을 떨어뜨리지 않으며, 설명할 수 없는 과정을 설명할 수 있게 만드는 원인도 되지 않는다(1부 개요 참조).

따라서 대진화가 때때로 커다란 환경변화와 관련이 있고 미소진화는 작은 환경변화와 관련이 있을 지라도, 어느 한 양식에서 사용된 기작이 다른 양식에서 배제되지는 않는다. 조절부위 돌연변이, 병목현상, 선택의 새로운 방향과 강도, 그 외 다른 대진화의 기작들이 또한 미소진화적 사건들을 설명하는 데에도 도움이 된다. Lenski와 Travisano(1994)는 최근 실험실에서 수천 세대에 걸쳐 박테리아 집단에 선택을 가함으로써, "중단적인(punctuational)"것으로 보이는 진화적인 변화들이 새로운 유용 돌연변이의 빠른 증가와 또 다른 유용 돌연변이가 나타날 때까지 이어지는 평형상태의 시기로서 충분히 설명될 수 있음을 보여 주었다. 다양성의 기회(적응 방산, adaptive radiation)가 새로운 환경에 대한 노출로 제시될 때 박테리아는 단순한 돌연변이를 통해 적응한다. 이러한 "멈춤과 진행" 사건은 진화적 진보가 새로운 유전적 "승객(passengers; 돌연변이)"이 들어와 오래된 승객을 대체함으로써 일정한 상태의 유전적 제한이 극복될 때까지 멈춘다는 "**진화의 시가전차 이론**(*streetcar theory of evolution*)"(Hammerstein, 1996)을 지지한다. 더욱이 한 측면에서는 평형인 듯이 보이는 것도 다른 측면에서는 역동적일 수 있다. 초기 포유동물의 중생대 화석들 사이의 형태적 차이는 상대적으로 작고 뚜렷하지 않지만, 우리는 온도조절, 수유, 태생 번식을 포함하는 눈에 띄지 않는 생리적 변화가 그 영향에서는 매우 역동적이고 진화적으로 매우 중요하다는 것을 알고 있다(제19장 참조).

주요 용어

격리기작(isolating mechanisms)
계절적 격리(seasonal isolation)
근지역 집단(parapatric populations)
대진화(macroevolution)
동소 집단(sympatric populations)
동소적 종분화(sympatric speciation)
라포포트의 법칙(Rapoport's rule)
미소진화(microevolution)
베르그맨의 법칙(Bergmann's rule)
병목현상(bottlenecks)
본능(instincts)
부모 투자(parental investment)
비연속적 진화(quantum evolution)
사회생물학(sociobiology)
상호 이타성(reciprocal altruism)
상호 적응된 유전자 조합(coadapted gene combinations)
생태지리학적 규칙들(ecogeographical rules)
서식지 격리(habitat isolation)
선천적 행동(innate behaviors)
성적 격리(sexual isolation)
알렌의 법칙(Allen's rule)
암컷 선택(female choice)
유전적 거리(genetic distance)
이소적 종 분화(allopatric speciation)
이소적 집단(allopatric populations)
이입 교잡(introgressive hybridization)
잡종 불임(hybrid sterility)
잡종 붕괴(hybrid breakdown)
잡종 생존불능(hybrid inviability)
잡종 영역(zones of hybridization)
접합체 전 격리 기작(prezygotic isolation mechanisms)
접합체 후 격리 기작(postzygotic isolation mechanisms)
종 분화(speciation)
중단 평형(punctuated equilibria)
진화속도(evolutionary rates)
진화적 안정전략(evolutionarily stable strategies)
집단(groups)
창시자효과(founder effect)
측소적 종 분화(peripatric speciation)
평형(stasis)
학습 행동(learned behaviors)
행동(behavior)
행동적 격리(behavioral isolation)

토의 및 질문

1. 인간 집단
   a. 한 집단을 어떻게 정의할 수 있는가?
   b. '순수한' 집단이 존재하는가?
   c. 한 종에서 증가하고 감소하는 집단의 수에는 어떤 요인이 연관되어 있는가?
   d. 집단 간 유전적 거리를 어떻게 측정할 수 있는가?
   e. 집단에 어떠한 생태지질학적 법칙을 적용할 수 있는가?
2. 행동적 적응.
   a. 선천적 행동과 학습행동이 어떻게 다른가?
   b. 학습행동이 유전적인 근거를 갖고 있는가?
   c. 개체들 간의 상호작용에서 협조적인 반응과 이기적인 반응이 발생할 때 어떠한 행동전략 모델이 진화하는가?
3. 일부다처 종의 양 성 간에는 배우자를 선택하는 방법에 있어 이해가 상충되는 측면이 무엇인가? 어떻게 그와 같은 이해 상충이 암컷과 수컷 간에 과장된 이형성을 가져오는가?
4. 종을 어떻게 정의하던 간에, 당신은 종이 생물들의 자연적 집단을 나타낸다는 개념을 지지하는가? 지지하는 이유와 지지하지 않는 이유는 무엇인가?
5. "모든 격기기작은 똑같이 효과적이다"라는 주장에 당신은 어떤 반응을 보이겠는가?
6. 어떤 조건들이 접합체 전 격리기작에 대한 선택을 촉진시키겠는가? 당신은 이와 같은 자연선택이 같은 품종들 간에 발생할 수 있다고 말하겠는가, 아니면 이미 종분화가 이루어진 그룹들 사이에서만 발생할 수 있다고 말하겠는가?
7. 당신은 창립사건이나 병목현상으로 인해 종 분화가 빠르게 발생할 수 있다는 개념을 어떻게 지지하겠는가? 이러한 개념에 대해 반대하는 견해는 무엇인가?
8. 동소적 종분화는 이소적 종 분화와 어떻게 다른가? 이러한 종 분화 과정 각각에 대해 무엇이 지지하고 있는가?
9. 당신은 대진화와 소진화를 어떻게 구별하겠는가?
10. 당신은 중단 평형 이론에 관해 찬성 또는 반대를 하는가? 그렇다면 그 증거를 제시하시오.

추천 읽을 거리

Cavalli-Sforza, L. L., 1994. *The History and Geography of Human Genes.* Princeton University Press, Princeton, NJ.

Coyne, J. A., and H. A. Orr, 2004. *Speciation.* Sinauer and Associates, Sunderland, MA.

Eberhard, W. C., 1996. *Female Control: Sexual Selection by Cryptic Female Choice.* Princeton University Press, Princeton, NJ.

Emlen, D. J., 2000. Integrating development with evolution: A case study with beetle horns. *BioScience,* **50**, 403–418.

Hall, B. K., and W. M. Olson (eds.), 2003. *Keywords & Concepts in Evolutionary Developmental Biology.* Harvard University Press, Cambridge MA.

Hey, J., W. M. Fitch, and F. J. Ayala (eds.), 2005. *Systematics and the Origin of Species on Ernst Mayr's 100th Anniversary.* The National Academies Press, Washington, DC.

Levinton, J., 2001. *Genetics, Paleontology, and Macroevolution,* 2nd ed. Cambridge University Press, Cambridge, UK.

Maynard Smith, J., 1982. *Evolution and the Theory of Games.* Cambridge University Press, Cambridge, UK.

Maynard Smith, J. and E. Szathmáry, 1995. *The Major Transitions in Evolution.* Freeman, New York.

Nowak, M. A., 2006. *Evolutionary Dynamics.* Harvard University Press, Cambridge, MA.

Pagel, M. (ed. in chief), 2002. *Encyclopedia of Evolution.* 2 Volumes, Oxford University Press, New York.

Plavcan, J. M., R. F. Kay, W. J. Jungers, and C. P. van Schaik, 2002. *Reconstructing Behavior in the Primate Fossil Record.* Kluwer Academic/Plenum Publishers, New York.

Wilson, E. O., 1975. *Sociobiology: The New Synthesis.* Harvard University Press, Cambridge, MA.

Wilson, R. A. (ed.), 1999. *Species. New Interdisciplinary Essays.* MIT Press, Cambridge, MA.

생물은 자신의 환경을 조정할 수 있다

당신의 환경을 조작하는 것은 인간과 연관된 능력이다. 실제로 종종 인간에 한정된 것으로 가정된다. 환경 조작의 한 양상은 음식을 얻는 데 도움을 얻기 위한 도구를 제작하는 것이다. 대대로 제작되는 비슷한 도구는 세대에서 세대로 사회적 상호작용과 문화진화를 통해 어떻게 도구를 만드는지에 대한 지식을 전달할 수 있는 능력의 증거이다.

인간에 한정되지 않는 도구제작(그리고, 그러므로, 문화진화)은 도구로 막대기를 사용하는 침팬지 그림에서 보듯이 침팬지(Pan troglodytes)에서 도구제작이 잘 발달되어 있다. 포유동물에서 도구제작은 6백만 년 전 호미닌과 침팬지 분리 이전이거나 분리 후 두 집단에서 평행한 진화로 유발되어졌다.

New Clendonian와 Lifou, Mare와 Ouvea의 Loyalty 섬 고유종인 New Clendonian 까마귀(*Corvus moneduloides*)에서는 도구제작과 그 능력의 문화전달을 모두 볼 수 있다. 그림에 두 까마귀가 있는데, 하나는 곤충을 조사하기 위해 잎 조각을 사용하고, 다른 한 마리는 측면에서 기다리고 있다. 보이지 않는 그림은 까마귀들이 자른 잎으로 얇고 긴 도구를 만드는 것이다. 까마귀가 조사할 구멍 크기에 맞는 다른 크기의 긴 도구들을 만들고, 그 도구는 다음 사용을 위해 저장되는 것과 이 능력이 나이든 개체를 모방하여 일 년 이상 학습되는 것도 보여지지 않았다. (침팬지, Norma Cornes/ShutterStock, Inc.; crows, Behavioural Ecology Research Group, University of Oxford.)

6부 진화와 사회: 과거, 현재와 미래

사회와 종교

25장에서 우리는 문화적 진화와 다른 종의 진화에 우리가 미친 영향에 대하여 토의하기 위해 우리 자신의 종(species)으로 관점을 전환한다.

문화적 진화는 인간이 이룬 것 중 가장 발전된 것으로 여겨진다. 더욱이 대부분의 다른 동물과 달리 인간은 유전자와 문화를 통해 세대에서 세대로 정보를 전달한다. 19세기에 사회 다윈주의 지지자들은 문화적인 차이가 "적자생존"의 개념 안에서 구체화된 자연선택에 의하여 기본적으로 진화하여 생겨난 것이란 견해를 가졌다. 많은 사회적인 불평등을 "정당화시키는" 이 믿음은 흔히 비생물학적인 목표와 가치체계를 수용하고 있는 이 사회가 생물학적 진화와 같은 법칙에 의하여 관장된다는 잘못된 가정에 근거를 두고 있었다. 비록 생물학적인 요소가 대부분의 사회양상에 관여되지만, 그것들은 문화적 개념에 의해 흔히 수정된다. 우리는 우리 자신의 진화 — 사회 다윈주의, 사회생물학, 우생학, 유전공학, 복제 — 에 영향을 미치기 위하여 노력해 온 길에 대하여 논의하나, 우리의 진화를 제어하려는 갈망은 문화와 생물학적 적합성 사이에 존재하는 잠재적 모순에 의해 제한된다는 사실을 기억해야만 한다. 우리는 수명 연장을 바라왔지만, 자연선택은 생식후기(postreproductive)의 개체에 대해 거의 작동하지 않는다. 우리는 낮은 생식능력을 원할지 모르나, 비록 사회적으로 인구와 생태적인 위기로 이어질지라도 생물학적으로는 높은 생식능력이 선택적인 가치를 가진다.

또한 25장에서는 우리가 영향을 주어왔고 지속적으로 영향을 주고 있는 유전체와 가축화, 복제, 지구의 조작화, 기후나 대기를 통해 다른 종들의 진화에 영향을 준 방식에 대하여 토의한다. 구석기 시대가 시작되면서부터 사냥이라든지 광범위하게 불을 쓰게 되어 대형동물들이 멸종에 이르게 되었으며, 우리는 거의 전 세계에 걸쳐 생물종과 환경을 변화시켰다.

26장에서는 어떻게 사회적, 문화적, 생물학적인 체계에 대한 종교적인 논리의 근거가, 여러 세기에 걸쳐, 우주는 지적인 신성에 의하여 설립되어, 설계된 질서에 따른다고 하는 것인지 토의한다. 16세기 Copernicus와 Galileo 이전에는, 물리적인 우주를 관장하는 능력 있는 신성에 관한 생각에 진정으로 도전하는 사람이 아무도 없었다. 그들과 또 다른 이들은 새로운 세계관에서 신은 태양계를 끊임없이 조작하는 존재보다 태초의 창조자인 것으로 보인다는 견해를 가져왔다. Darwin의 진화론은 생물학과 여러 다른 분야, 특히 서양의 종교에 깊은 영향을 주었다. 그것의 비범한 영향은 사회, 경제, 기술적인 발전에 영향을 끼쳤는데, 봉건제와 군주제로 되어 있던 구식 사회질서를 벗어던지고 자본주의의 발전을 가져왔다. 사회와 생물학적 체계에 관한 전통적, 종교적인 논리는 우주가 지적인 신성에 의하여 만들어져서 설계된 질서에 따른다고 하는 것이었다. 그러한 방정식에서 절대적인 존재가 없다고 하는 진화론은 종교적인 관점에 직접적인 위협이었다.

다윈주의의 출현은 사회, 특히 종교에 위협적이었는데, 이는 인간과 모든 종들을 포함한 생물학적 관계가 신의 간섭 없이 자연선택에 의하여 설명될 수 있다고 제안했기 때문이다. 많은 사람들이 진화적 무작위성과 불확실성은 의식이 있고, 목적이 있으며, 인간적 특성을 가진 신성을 대신할 수 있다고 믿게 되었다. 다윈설의 관점에서 보면 진화는 역사적인 과정 — 현존하는 생물은 자연적인 창조에 의한 것이 아니고 과거에 일어났던 선택과정의 연속에 의하여 형성되었다 — 이라는 것인데, 그들의 신념은 일반적인 종교적 관점에 반한다. 일반적인 종교적 관점은 지적 설계자, 창조론과 지적인 설계 활동이 없이는 세상의 설계, 생물의 존재, 혹은 그 외에 어떤 것이든지 있을 수 없다는 것이다. 26장에서 이러한 사건들을 토의한다.

이 마지막 장과 책 전체에 걸쳐 분명히 한 것처럼, 많은 지적인 사실들은 현대 진화론으로 이끌어지며, 이 이론은 지구가 오래된 것이고, 생물학적 집단 안에는 공통의 유산이 있으며, 자연 현상은 발견될 수 있는 자연법칙에 의해 설명될 수 있다고 하는 인식이 필요하다. 이 실들을 짜서 양탄자를 만드는 데는 오랜 시간이 걸렸다. 우리는 이러한 증거를 제시하며 진화라는 사실이 그 진화양탄자의 풍요와 아름다움을 더욱 분명히 인식하는 계기가 되길 희망한다.

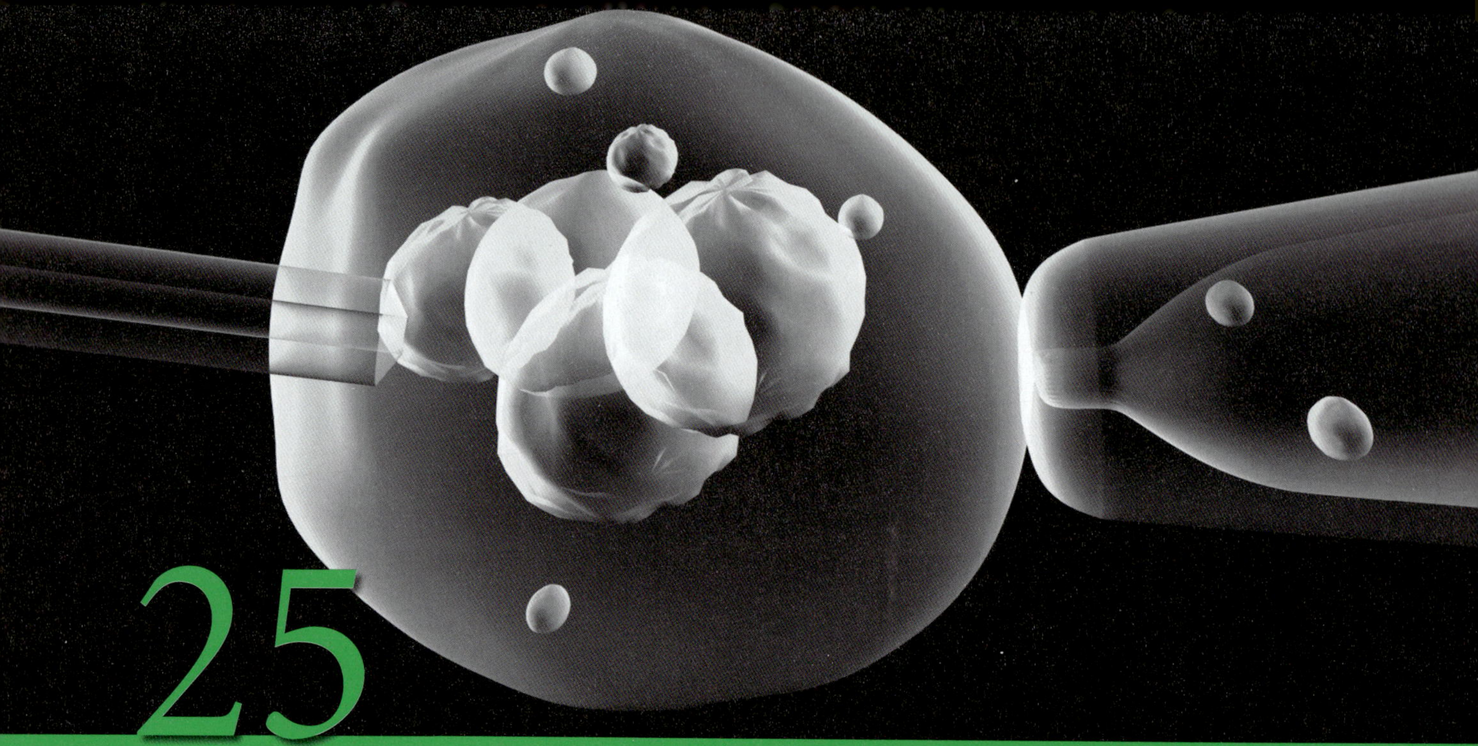

25 문화와 인간에 의해 유도된 진화

요약

대부분의 다른 동물들과 달리 인간은 유전자와 문화를 통해 세대에서 세대로 정보를 전달한다. 문화적 진화의 속도는 인간의 생물학적 진화보다 매우 빠르게 진행되어서 우리 각자는 우리의 조상보다 대단히 빠른 속도로 새로운 경험을 얻는다.

19세기에 사회 다윈주의 지지자들은 문화적인 차이가 "적자생존"의 개념 안에 구체화된 자연선택에 의하여 기본적으로 진화한 것이란 견해를 유지했다. 많은 사회적인 불평등을 "정당화시키는" 이 믿음은 많은 경우에 비생물학적인 목표와 가치체계를 수용하고 있는 이 사회가 생물학적 진화와 같은 법칙에 의하여 관장 된다는 잘못된 가정에 근거를 두고 있었다.

보다 정교한 접근은 사회생물학인데, 이 주장은 인간 문화의 많은 부분과 문화적 발전 성향을 가진 유전형이 자연선택을 통해 축적된다는 생물학적 근거를 지지한다. 비록 생물학적 요인이 대부분의 사회적 양식에 관여되지만 이는 문화적 맥락에 따라 종종 수정된다. 문화적 변화는 생물학적인 개입이 없이 일어날 수 있으며 단순히 생물학적인 법칙으로 설명될 수 없다.

진화를 조절하려는 우리의 갈망은 문화와 생물학적인 적응도 사이에 존재하는 잠재적 모순 때문에 쉽게 이루어지지 못한다. 우리는 수명 연장을 바라왔지만 자연선택은 생식 후기의 개체에 대해 거의 작동하지 않는다. 우리는 낮은 생식능력을 원할지 모르나, 사회적 측면에선 인구문제와 생태적 위기가 야기된다해도, 생물학적 측면에서는 높은 생식능력이 선택적인 가치를 가진다. 인류의 대부분이, 유전적 다양성을 유지하려는 힘 때문이거나, 또는 현대의학이 개입에 힘입어 유전적인 질환을 가진 개체가 오래 살고 결국 자손을 갖게 되기 때문에, 해로운 대립유전자에 의해 영향을 받고 있거나 앞으로도 받을 것이다. 이제 우리 자신의 진화를 조절하려는 세 가지 접근법 — 우생학, 유전공학, 생물복제(클로닝) — 또한 다른 종의 유전체(genome)를 조작하는 인간의 노력에 대해 논의하고자 하는데, 이는 모두 윤리적인 문제를 초래하는 것들이다.

우리는 오랫동안 우리 자신 종의 현재 상태와 미래에 대해 생각해 왔다. 모든 생물 가운데에서 우리만이 다음과 같은 물음들을 가져왔고 대답을 시도할 수 있다: 생물학과 문화 사이의 연결은 얼마나 가까운가? 인간은 어떤 방향으로 진화하고 있는가? 인간이 타고난 생물학적인 자질은 인간의 욕구를 채우는데 만족할 만한가? 우리의 진화와 다른 종들의 진화를 조절하는 것에 대한 전망은 어떠한가? 이제 우리는 **사람**(*Homo sapiens*)의 중요한 특징을 짚어보면서 논의를 시작하고자 한다.

학습, 사회와 문화

아마도 우리 종의 가장 독특한 특징은 **지능**이라고 부르는 정신적인 능력과 **우리 자신과 다른 사람의 경험에서 배우는 능력**일 것이다.

어떻게 측정되든, 지능은 다른 종보다 훨씬 정교하고 유연한 적응력을 우리에게 제공한다. 우리는 주위환경에서 얻은 경험을 분석하고, 배운 교훈을 우리의 행동에 적용시키고, 우리가 제어할 수 있는 새로운 환경을 창조하는 능력을 가지고 있다.

인간의 학습은 특정 상황의 요구에 대응을 할 수 있는 행동 반응을 의식적으로 획득한다거나 전달한다는 점에 있어서 대부분 라마르크의 양식을 따른다. 다른 생물도 배우기는 하지만(24장 참조), 그들은 여전히 생존을 위하여 유전적으로 신경계에 만들어진 자동적인 반응에 의존한다. 그에 반해서 인간은 방대하고 다양한 환경에서도 번창할 수 있으며, 식량을 얻는 것을 배우고, 자신을 방어하고, 피난처를 발견할 수 있을 뿐만 아니라, 다양한 작업을 특화된 여러 방법으로 수행할 수 있다.

가장 중요한 것은, 다른 어떤 동물보다도, 인간은 그러한 경험과 행동 — **문화** — 을 개체 간, 세대 간 모두에서 언어, 교육, 모방을 포함한 사회적 교환을 통해 획득하고 전승할 수 있다는 점이다. 학습된 행동의 문화적 전달은 개인이 다양한 환경에 대처하기 위하여 시행 착오과정을 거치면서 독자적으로 배워나가야 할 때 마주쳐야 하는 많은 위험들을 제거해 준다. 문화적 전달은 인간이 대개 한 생애 이상에 걸쳐 사회적 문화적 유산에 축적시켜 온 적응적 행동을 보다 성공적으로 흉내 내어 배울 수 있게 해 준다.

혹자는 단순히 모방에 의해 사회적으로 전달되어 배우게 된 어떠한 행동이라도 문화에 포함될 수 있게 **문화라는 단어의 개념을 넓혀야** 한다고 주장한다. 이런 정의는 말을 사용하지 않은 생물에게도 문화의 개념을 확장시킬 수 있도록 해준다. 예를 들어 침팬지는 모방을 통해 학습된 다양한 행동을 공동체에 받아들일 수 있는데, 이는 결과적으로 집단에서 집단으로 이어지는 사회적 역사("전통")의 다양성을 초래한다(20장 참조). Whiten과 공동연구자들은(1999) "도구의 사용, 털 고르기, 구애 행동을 포함한 39가지 행동 양식들이 어떤 [침팬지] 공동체에서는 관습적이거나 습관적이다."고 밝히고, 이러한 양식이 공동체 간의 유전적 차이와 관련이 없음을 입증함으로써 이런 견해를 뒷받침하고 있다.

이러한 사회적 전수 때문에, 문화적 변화는 — 유전적인 구성의 변화와 달리 — 한 세대에서 다른 세대로의 전달에 제한이 없으나, 서로 연관이 있거나 없는 개체 간의 상호작용에 있어서 인간 생애 전반에 걸쳐 제시되고, 받아들여지고, 이용된다. 이것은 한 개인의 문화적 "부모"가 그들 자신의 생물학적인 부모이어야 할 필요도, 문화적 자손과 같은 지역에서 파생할 필요도 없다는 뜻이다.

생물학적 종 사이에서 유전적 교환을 방해하는 분리장벽 같은 것은 문화의 전달에 있어서 인구 집단 사이에는 존재하지 않는다. 그러므로 인간에게는 두 가지 세습 체계가 있다:

1. 유전자와 염색체라는 방식으로 생물학적 부모가 자손에게 생물학적 정보를 전달하는 **유전적 체계와,**
2. 연사가 청중에게, 작가가 독자에게, 공연자가 관객에게 문화적 정보를 전달하여 우리의 문화적 유산을 형성하는 **유전외적 체계**가 있다.

두 체계 모두 교육(instruction)에 의해 효과가 생산되는 정보를 제공하는데, 생물학적 체계는 고분자의 특성을 DNA에 내장한 암호 정보를 통해서 작동된다. 반면에, 문화적 체계는 사회적 상호작용을 통해서 작동되는데, 이는 기록과 전통에 내재되어 있으며, 언어와 관습에 암호화되어 있다.

문화적 진화와 생물학적 진화의 상대적 속도

지난 10,000년에 걸쳐 문화적 유산이 만든 변화는 극적이었다. 신석기시대 동안(그림 20-24) 어디에선가에서 오래도록 우세했던 생활양식인 수렵-채집-낚시질은 차츰 재배 식물과 가축을 이용하여 식량을 얻는 방법으로 바뀌어가기 시작했다. 이전에 식량을 찾는 데 소비되었던 에너지가 이제는 더욱 생산적인 방법인 농업으

표 25-1 신석기시대 이후 주요 인간의 확장

기원의 중심	확장 지역	시간, 몇 년 전	기술	작물/생산물
중동	유럽, 북아프리카, 서남아시아	10,000~5,000	농업과 가축화	밀, 보리, 염소, 양, 소
중국 북부	중국 북부	9,000~2,000	농업과 가축화	수수, 돼지
중국 남부	동남아시아	8,000~3,000	농업과 가축화	쌀, 돼지, 물소
중앙아메리카, 안데스 북부	아메리카	9,000~2,000	농업	옥수수, 호박, 콩
아프리카 서부	사하라 이남 아프리카	4,000~300	농업	수수, 사탕수수, 동부, 박
유라시아 대초원	유라시아	5,000~300	유목	말, 전쟁도구
동남아시아 또는 필리핀	폴리네시아, 마다가스카르	5,000~1,000	대양 항해술	
그리스 식민지	지중해	4,000~2,400	항해술과 상업	

출처: Cavalli-Sforza 등, 1993

로 전환되었다. 원래는 중동, 중국, 중미에서 발달되었지만, 이러한 변화는 빠르게 확산되었다. 겨우 1,000년 남짓한 동안 많은 인접지역에서 어떤 형태이든 간에 농경생활이 시작되었다. 5,000년 내에 농업과 이에 의해 촉진된 기술이 널리 확산되었다(**표 25-1**).

아마도 농업이 끼친 가장 직접적이고 광범위한 영향은 식량 공급을 몇 배로 증가시킴으로써 농업 공동체들의 인구 규모와 밀도를 증가시킨 것이다. 여기서 중요한 것은 인간 생활양식의 변화이다. 굶주림을 해소하는 데 주로 관심이 있던 식량 수집자들, 사냥꾼들, 낚시꾼들의 집단에서부터 우리는 대부분의 사람들이 다른 직업을 추구할 수 있는 복잡한 도시사회 집단으로 옮겨왔다. 과거에 가끔 사용되었던 기술, 능력, 행동들이 이제는 새로운 기술과 생활양식에 적응하는 데 중요하게 되었다. 정착된 공동체가 농업보다 선행했는지 또는 후에 형성되었는지, 농업이 기후변화에 자극받았는지 또는 신석기 사회의 복잡성에 자극받았는지 등이 확실치는 않지만, 마을이 소도시(town)가 되고, 이 소도시가 대도시(city)가 되기까지는 분명 몇 세대가 채 걸리지 않았다. 농업의 이런 저런 사회적 영향에 대해서는 많이 논의됐는데, 그것은 경제와 정치에서부터 예술, 기술, 그리고 과학에 이르기까지 인간 상호관계 및 창작의 모든 영역에 심대한 영향을 끼쳤다.[1]

변화가 우리에게 어떻게 꾸준히 영향을 미치는지 가늠하는 방법 중 하나는 우리의 축적된 지식을 두 배로 늘리는 데 걸리는 시간을 측정하는 것인데, 이전에는 수천 년의 시간이 걸렸지만, 이제는 불과 잠깐밖에 걸리지 않는다.[2] 목적하는 바대로 사회를 수정하는 속도와 문화 변화의 결과적인 속도는 여러 가지 요인에 의해 영향을 받는데, 그러나 — 적어도 이론적으로, 또한 장기적으로 — 주로 인간의 창의성에 의해 제한을 받는다. 문화적 진화의 세대시간(generation time)은 소통수단 만큼이나 빠르다. 우리는 이제 소리의 속도보다 빨리 이곳에서 저곳으로 이동할 수 있을 뿐만 아니라, 전자의(electronic) 속도로 생각을 전달할 수 있다. 그러나 문화와 기술의 계승과 관련된 급속한 변화와는 달리, 우리가 농업을 채택한 후부터 인간의 생물학적 유전의 변화는, 설사 감지가 된다고 하더라도, 상대적으로 적은 것 같다. **사람**(*Homo sapiens*)의 가장 두드러진 소유물인 두뇌는 지난 100,000년 동안 크기의 변화가 없었을 뿐 아니라(20장 참조), 이 기간 동안 어떤 기능적인 변화가 일어났다는 명백한 징후도 없다. 왜 문화적 진화와 생물학적 진화 사이의 속도 사이에 이런 차이가 있는 것일까?

아주 단순화시켜 말한다면(지나칠 정도는 아니지만), 이러한 대조적인 차이는 **두 가지 서로 다른 진화 유형**: 문화적 진화와 연관된 획득 형질의 계승 양식과 생물학적 진화로 얻어진 자연 선택에 의한 계승 양식의 차이 때문이다. **라마르크형 문화적 진화**는 인간이 배우는 방식의 확장이다. 그것은 물려받은 문화적 정보를 더 큰 적응력과 유용성을 제공하는 방향으로 수정할 수 있는 의식이 있는 대리인 — 두뇌를 가진 인간 — 에 의존한다. 더욱이 DNA를 통해서가 아니라 정신에서 정신으로 전달이 이루어진다. 따라서 조상과 동시대인으로부터 받은 정보는 그들 자신이나 자손 또는 타인에게 향상된 유용성을 제공하기 위해 의도적으로 바뀌질 수 있다.

문화적 진화의 빠른 진행 속도는 자연 선택의 느린 속도와

[1] 이 주제에 관해 넓은 기초지식과 통합적 접근을 위해 Bronowski(1974), Clutton-Brock(1999), Diamond(1997, 2005), Mindell(2006)을 참고.

[2] 널리 인용되고 있는 추정치(D. J. da Solla Price가 1963년 주장함)에 따르면, 지구상에 존재했던 모든 과학자들의 90%는 지금 현존하고 있다. Peter Gruss("과학발전을 위한 Max Planck 학회"의 회장)는 이 수치를 2005년에 반복해서 언급하였다.

극명한 대조를 이루는데 그 원인은 이 책의 앞부분에서 명확하게 기술되었다. 유기적 진화는 돌연변이와 유전자의 재조합과 같은 무작위적인 유전적 변화에 가해지는 선택의(다른 동력 중에서도) 과정을 통해 일어나는데, 제공된 여러 유전형의 진열품 중에서 환경은 단지 몇 개만 생존을 위해 선택된다. 유전적 진화는 느리다고 여겨진다. 왜냐하면 이것이 진행되기 전에, DNA 서열의 우연한 변화가 일어나고, 기존의 유전체 내로 조직화되고 결과적으로 나타난 표현형이 선택되기까지 기다려야만 하기 때문이다. 우리가 보아왔듯이, 비록 원핵생물의 수평적 유전자 이동으로부터(13장 참조) 진핵생물의 표현형 적응성(13장, 24장) 같은 과정들은 생물학적 진화의 속도를 크게 높일 수 있지만, 각각의 변화가 전체집단 속에 포함되기 전까지는 많은 세대가 걸릴 수 있다.

비록 기억, 지각, 언어능력 등과 같은 문화적 정보를 전달하거나 이용하기 위해 필요한 생물학적 장치가 이 둘을 연결한다 해도, 느린 생물학적 진화과정은 행동 대안들 중에서 어떤 것을 골라내려고 사용하는 신속하고 의식적인 인간의 선택 과정과는 크게 다르다. 따라서 인간의 정신(minds)은 대안들 중에서 의식적으로 골라내어 새로운 선택을 하는 기전의 요체가 되었다. 문화적 진화는 개인 간의 소통이나 그룹의 상호작용에 의존해 있기 때문에 복수형 정신(*minds*)이라고 부르지 단수형 정신(*mind*)이라고 부르지 않는다. 문화적 진화는 사회적으로 통합된 개인들의 집단 — 도시, 일간신문, 자동차 공장, 대성당, 영화 — 의 생산품이므로, 질적으로나 양적으로나 각 개인들이 혼자 창조할 수 있는 것 이상이 되며, 각 부분의 합보다 훨씬 큰 그 이상이 된다.

사회 다윈주의(Social Darwinism)

그럼에도 불구하고, (1) 인류 문화의 근원에는 생물학적 토대를 가지고 있고, (2) 문화와 생물학 둘 다 오래도록 진화해 온 정보체계에서 발생한다는 두 가지 사실은 19세기 말부터 20세기 초 수많은 작가들을 자극하여 **생물학적인 개념은 사회에 확장할 수 있고,** 자연과 문화는 비슷한 진화적 기전을 공유하며, 특히 자연선택이 그러하다고 제시하도록 만들었다. 이러한 발상들은 후에 사회 **다윈주의**(3장 참조)라고 불리는 생각으로 구체화되었는데, 주요한 개념은 다음과 같다.

- 인간 개인이나 집단의 차이는 자연선택에 의해 발생한다.
- 자연선택은 사회 계급의 구조뿐만 아니라 경제적, 군사적, 사회적 권력의 측면에서 국가적 차이를 유도한 기작이다.

특히, 이 주제에 관하여 초창기 작자들은 이 두 가지 영역에서 경쟁의 역할은 비슷하다고 보았다. 능력 있는 영국의 사회 다윈주의자인 Herbert Spencer(1820~1903)는 "생존경쟁", "적자생존"과 같은 구호를 사회적 특징에 적용하였고, 문화적 진화는 필연적으로 사회적, 도덕적인 완성을 위해 나아가고 있으며 영국 빅토리아 사회에서 그 정점에 이를 것이라고 주장하였다.

Spencer의 저서는[3] 생물학, 경제학, 철학, 사회학까지 광범위하게 걸쳐 있으며, 20세기까지도 영향력이 지속되었다. 흥미롭게도 Spencer가 만들어낸 "적자생존"이라는 용어가 자연선택의 작용이라는 뜻을 내포하였음에도, 그는 생애의 거의 말기까지 생물학적 진화에 관해서 라마르크 학설을 염두에 두었다. 그 기작이 어떠하든, Spencer는 진화란 존재의 모든 영역에서 영향력 있는 신비한 힘이기 때문에 가장 "도덕적으로 적합한" 사람을 지지하는 사회적, 경제적 정책이 정당화될 수 있다고 생각하였다. 많은 개신교도 지식인들은 이러한 진화적론적인 "무한한" 힘에 관한 Spencer의 신념이 과학과 그들의 종교를 화해시키는 데 도움이 될 것이라고 여겼으며, 그의 저서는 매우 유명하게 되었다.

Spencer적 접근법은 미국(그의 책이 50만 부 이상 팔린 곳)의 다양한 집단에서 인기를 얻었는데, 특히 미국에서 가장 잘 알려진 사회 다윈주의자인 William Graham Sumner에 의한 가르침을 통해서였다. 그는 1883년 "우리는 자유와 불평등, 적자생존과 부적자생존, 불평등과 평등 같이 양자택일을 해야 하는 선택에서 빠져 나갈 수 없다. 전자들은 사회를 앞으로 나아가게 하고 최상의 구성원을 지지하는 반면, 후자는 사회를 퇴보시키며 최악의 구성원을 지지하는 것이다."라고 썼다. 놀라울 것도 없이 많은 부유한 자본가들이 이러한 견해를 자신들의 기호에 맞게 적용하였다. 예를 들면, John D. Rockefeller 2세는 그의 아버지가 무수히 많은 작은 기업들을 도산시키면서 거대한 Standard 석유신탁회사를 구축한 행동에 대하여 "대형 기업의 성장은 단순히 적자생존에 의한 것이다."라는 견해로 정당화 하였다(**우리의 자비로운 봉건제도**, Ghent, 1902에서 인용).

다른 사람들의 반대와 함께 T. H. Huxley는 그의 저서인 **진화와 윤리**에서[4] 사회 다윈주의가 안고 있는 주요한 문제점은 사회(경제, 정치 등)가 생물학과 같은 법칙으로 운영되고, 같은 목표를 향한다는 가설에 있다고 비판하였다. 반복적으로 지적되었던 것처럼, 생물학에 존재하는 것이 사회에 이미 존재하거나 존재해야 한다는 가설은 잘못된 것이다. 생물학적 유전의 법칙과는 달리 사회에서 부와 권력의 상속에 대한 법칙은 전적으로 인위적이다. 더 나아가 개인들이나 집단에 주어진 사회적 보상은 생물학적 가치

[3] 예를 들어, **유기체적 진화의 요소**(Spencer, 1887)와 **최초 원리**(Spencer, 1897)"를 참고.

[4] Thomas Huxley의 진화적 윤리의 발전을 평가할 수 있는 근사한 기회를 얻을 수 있다. Huxley의 1894년 책인 **진화와 윤리, 그리고 다른 에세이들**에는 그가 1893년 Oxford 대학에서 가르친 Romanes Lectures의 **진화와 유전학**의 원문이 포함되어 있다. 50년 후 그의 손자인 Julian이 Romanes Lectures의 **진화와 유전학**을 가르쳤으며, 포괄적인 서론과 논평을 담은 두 벌의 강의록(T. H. Huxley, J. S. Huxley, 1947)을 출판했다. 할아버지와 손자는 모두 우리 윤리의 진보를 강화하는 수단으로 진화에 대한 그들의 믿음을 확인하였다. 두 사람의 에세이는 Appleman(2001)에 의해 재판되었다.

나 또는 당연한 것으로 생각되고 있는 사회적인 가치와도 상관이 없을 수 있다. 우리는 의식적으로 그것들을 선택할 수 있고, 가난과 부, 복종과 혁명 등 거의 어떤 목표든지 선택하여 사회의 목적으로 향하게 할 수 있다.

사회 다윈주의가 타당한 과학적인 기본 바탕을 갖추지 못하였음에도 — 사회적으로 "적합"한 것이 반드시 생물학적으로 "적합"한 것은 아니다 — 이러한 철학은 다른 개인과 집단을 넘어 우월한 지위를 차지하기를 갈망하는 개인과 집단에게 매력적이었다(여전히 매력적임). 그래서 인종주의, 민족학살, 그리고 사회적, 국가적 탄압을 정당화하거나 강화하는데 사용되었다. 극단적 예는 1930년대부터 40년대 초반까지 Adolf Hitler에 의해 벌어진 "인종 건강"운동에서 맡은 역할이다. 이것은 "열등한" 인종이라고 간주되는 수백만 명의 사람들을 고의적으로 살상할 수 있는 중요한 이념적인 요소가 되었다. 심지어 1920년대 민주주의 사회 유산을 가진 미국에서조차 "열등하고" "바람직하지 않은" 인종이라는 이유로 동부와 남부 유럽 사람들의 이민을 제한하는 법을 통과시켰으며, 아시아인의 이민은 사실상 1882년 중국인 입국 금지법에 의거하여 중단되었고, 이것은 1943년까지 미국의회에서 폐지되지 않았다. (그러나, 경제적, 정치적인 고려가 이민제한을 추진하는데 커다란 역할을 한 것이 부언되어야만 한다.) 이런 현상은 미국에서만 있었던 것은 아니었다. 호주도 1901년 연방이 된 후 두 번째로 통과시킨 "백호(White Australia) 정책"이라는 용어로 알려진 법안을 간직하게 되었다.

사회생물학

사회 진화론의 타락과 실패에도 불구하고, 생물학이 인간들 사이에서 상호작용에 영향을 줄 것이라는 사실을 부정할 수 없다. 엄마와 아기 간의 밀접한 관계는 모든 인간 집단에게서 공통적으로 나타나는 많은 행동 중 하나이다. 하지만 유전적으로 결정된 사회적 행동은 어느 정도인가? 또한 자연적인 것과 양육에 의한 것은 어느 정도인가?

E. O. Wilson은 1975년 저술한, **사회생물학: 새로운 합성**, 이라는 책에서 과학의 새로운 영역에 도전하였는데, 역시 논란의 폭발을 불러일으켰다. 그는 **사회생물학**을 "모든 사회적 행동의 생물학적 바탕에 관한 체계적인 연구"라고 정의하였고, 형태와 마찬가지로 동물의 행동은 자연선택에 의해 형성되며, 개체의 번식 성공률을 극대화시키는 행동 특성은 그렇지 못한 특성보다 더 쉽게 다음 세대로 넘어간다고 설득력 있게 주장하였다. 심지어 이타주의와 같은 사회적 행동의 경우도 — 더 큰 좋은 것을 위해 생물 스스로의 희생은 후손을 남기지 못하기 때문에 진화론적 생물학자들에게 어려운 문제인데 — 좋은 행동적 "유전자"의 개인적인 운반체의 적합성뿐 아니라 그러한 개체의 유전적 친족들의 적합성에 작동하는 선택이라는 유전학적 기작에 기초하여 설명할 수 있다고 주장하였다. ("친족 선택" 혹은 "포괄 적응도"; 23장 참조)

사회생물학자들은 집단유전학, 비교행동학, 생태학, 그리고 다른 학문 등에서 사용된 방법을 끌어와 생물학적 원인이 어떻게(그리고 아마 어느 한도까지) 사회적 행동을 설명하는지 측정할 이론적 근거를 제공하였다. Wilson의 책 이후로 넓은 범위의 동물에서 사회적 행동에 관한 많은 연구들이 수행되었다(24장 참조). 예를 들면 사자의 무리에서 새로운 수컷이 우두머리에 올랐을 때 왜 그 맞수의 자손을 죽이는가? 암사자는 왜 자신의 새끼뿐 아니라 유전적으로 가까운 친족들의 새끼까지 돌보는가?(이러한 행동은 수컷 자신과 암컷의 가까운 친족의 유전자를 다음 세대로 이어가게 함으로써 생존이 보장되는 것을 돕는다.)

사회생물학을 인간의 행동에 적용하는 것은 성공적이지 못했다. 사실 Wilson의 획기적인 책에서 주요한 논쟁의 원천은 인간에게까지 논의를 확장한 마지막 장이었는데, 이어서 1978년 **인간의 본성에 관하여**라는 속편을 출간하였다. Wilson은 유전자와 환경의 상호작용이 있기 때문에, 인간의 사회적 행동의 대부분이 생리적인 특성이나 비사회적인 특성과 질적으로 다르다고 할 이유가 없다고 주장하였다. 이러한 관점에서 볼 때, 인간의 본성은 문화만큼이나 유전에 의해서 결정되며, 우리가 우리의 행동을 변화시킬 수 있는 분량에는 한계가 있다는 것이다(예, 인간의 공격적 성향).

사회생물학에서 인간의 특정한 행동의 직접적인 원인에 대해서는 "궁극적으로" 깔려있는 진화적 기능보다 덜 다뤄졌음에도 불구하고, 비평가들은 관찰된 인간의 사회적 행동 대부분이 생물학적인 원인에서 비롯된 것이라는 결론을 불가피하게 내리는 것으로 여겨지는데, (확실히 불가피하지는 않지만, 사회적 불평등을 포함한 현상이 정당화된다는 가능성을 지닌), 이것은 사회 다윈주의자들이 가진 견해와 매우 흡사한 개념이다. 그러나 결정론의 — 인간은 생물학적 운명의 노예라는 — 관점에 대하여 Wilson은 **사회생물학**을 출간한 직후 이러한 우려에 대해 반대를 표하였다:

> 사회생물학에서 위험한 함정이 있다는 것을 강조할 순간이 왔는데, 이것을 피할 수 있는 방법은 계속해서 경계하는 것뿐이다. 여기서 함정이란 윤리의 자연주의적 오류인데, 이것은 무엇이고, 무엇이 되어야 하는지에 대하여 무비판적으로 결론을 내리는 것이다. 인간 본성에서 "무엇"이란 대체로 홍적세의 수렵 — 채집인의 존재에서 계승받은 것이다. 어떤 유전적 성향이 증명된다고 해도 이것이 현재와 미래 사회에서 지속해서 실행된다는 것을 정당화하는 데 사용될 수 없다("인간의 품성은 동물이다." *New York Times Magazine*, 1975년 10월 12일).

사회생물학에 대한 두 번째 비판은 — 우리가 자연 위에 있는 것이 아니라 단지 어느 한 부분으로 취급되고 있는 것 — 다윈식 진화론이 인간의 행동에 대한 논의를 위해 적합한 골격이 될 수 있는지에 대한 의문이다. 인간은 다른 동물과 근본적으로 다르지 않은가? 우리의 지능과 문화가 우리의 동물적 본능을 초월하여서 우리를 우리 자신만의 범주 안에 넣을 수 없는 것일까? 그러나 우리 삶에 많은 영역처럼 그러한 완전한 선택은 결코 불필요한데; 사회생물학의 도전은 생물학적 진화와 문화적 진화의 혼합을 캐내어 알아내는 것이며, 우리의 초기 역사(문명화되기 이전)와 장구한 시간에 걸쳐 진화가 진행되어 온 것에 대하여 우리가 잘 알지 못하기 때문에 극단적으로 어려운 임무가 주어진 것이다.

아마도 배워야 할 가장 중요한 교훈은 생물학과 사회적 행동은 때로는 강하고 때로는 약하거나 인지하지도 못할 만한 서로 많은 가닥으로 묶여 있으며, 사회-행동 반응은 다른 복잡한 생물학적 특성과 같이 어느 인구집단에 고정되어 있기보다 유전 변이의 다양한 스펙트럼에 의해 영향을 받는다는 것이다. 한편, 사회적 변화의 이해는 생물학적 변화의 이해와는 꽤 다른 과제이다. 생물학적 행동이 원자의 상호작용으로 이해되지 않는 것보다 사회와 문화는 생물학적 행동으로 더 잘 설명할 수 없다. 문화적 변화의 기작, 연속성과 윤리는 다른 종류의 상호작용을 수반하며, 복잡성의 다양한 수준에서 설명을 필요로 한다(글상자 8-3, 복잡성 참조).

요약하자면 본성 대 양육에 대한 논쟁은 오랜 역사를 가지고 있으며 사회생물학의 범주를 크게 넘지만, 사회생물학은 우리 사회성의 진화적 역사를 강조하는 분야에 속해 있으며, 의견의 불일치가 대단히 크다. 이 분야는 1975년 **사회생물학**이 출판되던 해부터 현재까지 상당히 많은 논의와 비평, 논쟁, 심지어 험담이 계속 되었다. 그럼에도 불구하고 일반적으로 우리 사회성의 뿌리에 관한 의미 있는 통찰력을 이미 우리에게 제공하였다.

■ 생물학 대 문화

문화적인 요건이 생물학적 요건을 능가할 수 있다는 사실은 '**진화에 대한 인간의 통제**'라는 주제를 생각할 때 명백해진다. 우리는 인간의 진화와 여타 종의 진화를 어떠한 방향으로 이끌 것인가? 우리는 어떤 목표를 정했는가? 이러한 질문들은 어떠한 근본적인 생물학의 법칙에서도 나온 것이 아니며, 인간 스스로 우리 자신과 우리가 살고 있는 세계를 개선시키고자 하는 의도된 문화적 각성과 이러한 목표를 이루도록 하는 사회적 기술에서 발생한다. 그러나 인류의 향상을 위한 이러한 탐구는 **생물학적 한계**에 종종 직면하게 되는데, 이제 이러한 한계를 몇 개 생각해 보자.

인간의 **첨단 기술**로 인해 우리 삶이 측정할 수도 없을 정도의 변화를 겪고 있다고 해도, 우리 유전자의 구성은 그렇지 않다. 예를 들면 우리가 앉아서 일하는 직업을 가졌다 해도, 여전히 우리의 몸은 운동을 필요로 한다. 미국처럼 과잉된 사회에 사는 많은 사람들은 적게 먹으려고 노력하지만, 과체중과 심장병이나 당뇨병과 같은 합병증으로 고통 받고 있다. 현대 생활의 많은 부분에서 일으키는 스트레스는 생물학적으로 준비하지 못한 많은 인류에게서 많이 발견되고, 우리는 사회적으로 악화시킨 질병으로 고생하고 있다. 더군다나 산업, 자동차, 살충제, 담배 등에서 야기된 다양한 종류의 공해는 암에서부터 폐기종, 규폐증과 같은 다양한 질병을 야기한다.[5]

아마도 우리가 지금 무슨 존재인가와 어떻게 되고 싶은 지의 사이에서 가장 중요한 대조점은 **생물학적, 문화적 성숙**의 차이에 있을 것이다. **생물학적**으로, 인간의 **효율성**은 20대와 30대에 들어가면서 천천히 감소하기 시작하는데, 과거에는 생식시기 및 생식후기(post-reproduction) 직후 시기와 일치하였다. 하지만 우리가 만든 다양한 직종에 대한 기여에 의거해 측정해보면, 우리의 **문화적 효율성**은 종종 10년, 혹은 그보다 더 늦게 정점에 다다른다. 사실 인간의 문화적 발전은 인간의 생물학적 능률 감소에 의해 제한받는데: 인간의 생물학적 유산은 시기적으로 빠른 생식의 성공을 강조해서, 우리는 곧 육체적으로 약화되기 시작하지만, 반면 우리의 문화적 발달은 계속된 유연성과 지속성을 요구한다.

현대 사회에서는 또한 오랜 기간 동안 **생식후기의 장수**를 즐기는데, 이러한 양상은 잠재적 수명에서 비교적 빨리 생식적 성숙을 이루는 대부분의 생물에서는 짧거나 존재하지 않는다(Rose, 1994). 실제로 초기 인간의 진화에서, 오직 인구의 약 절반만이 20대를 보냈고, 아마도 10명 중 1명 이하가 40세까지 생존했다. 이렇게 낮은 수명 값은 초기 그리스의 시대에까지 미쳤으며, 어떤 집단에는 그 이상까지 길게 미쳤다. 중세까지 기대수명은 20~30세였지만 이후 약간 증가하였고, 지난 한 세기 반 동안 유럽과 미국, 일본 그리고 몇몇의 나라의 기대 수명은 급속히 증가하였다. 1850년에는 약 40세이었는데, 현재는 70대 후반이나 80대 초반까지 산다(지금도 매우 소수의 사람만이 100세까지 산다). 발전이 덜 된 나라에서도 급속히 기대수명이 늘어나는 추세를 보이는데, 아주 예외적으로 후천성면역결핍증(AIDS)이 유행하는 아프리카 국가의 경우는 이전에도 낮았던 기대수명이 최저 30대 초반까지 감소되었다.[6]

이러한 통계는 지난 한 세기 반에 걸쳐 위생상태, 식사, 의료

[5] Gluckman과 Hanson(2005)의 인간의 건강에 대한 진화적 접근을 참고. "진화 – 왜 문제인가?"라는 DVD는 미국 생물과학협회(American Institute of Biological Sciences)와 미국 생물과학교육과정연구회(U. S. Biological Sciences Curriculum Study)에서 만들어졌는데, 진화가 어떻게 농업, 인간의 건강, 새로운 약제의 개발과 기술의 적용에 영향을 주는지에 관한 최신 평가가 담겨있다.(http://www.aibs.org/bookstore에서 얻을 수 있음. 2007년 5월 23일 접속하였음.)

[6] 등급표를 보기 위해서는 CIA의 출판물인 **세계실태책**(*The World Factbook*)을 보시오. 온라인으로는 https://www.cia.gov/library/publications/the-world-factbook/index.html에서 얻을 수 있다. 2007년 스와질랜드의 기대수명은 32.23세로 세계에서 가장 낮은 등급을 차지했다.

글상자 25-1 인구 폭발

대부분의 나라에서 영아사망률은 지난 세기 동안 뚜렷하게 감소하였다(**그림. 25–1**). 1900년에는 영아사망률이 총 출산의 15% 이상이었는데, 현재는 70개국 이상의 나라에서 1% 이하로 감소하였다. 이는 위생, 영양, 감염질환 관리를 포함한 의료의 개선 등의 결과이다.[a] 이러한 영아사망률의 감소 덕분에 대부분의 나라에서 출생률이 매우 높은 상태로 다년간 또는 수십 년 간 유지되었다. 수명의 늘어남에 따라 인구가 기하급수적으로 증가하기 시작했고, 그 결과 폭발적인 인구 증가가 1960년대에 그 최고조에 이르러 매 35년마다 두 배로 증가하게 되었다. 이는 구석기 시대에 비해 수천 배가 증가한 것이다. 1900년까지 10억이었던 인구는 이후로 증가하여 현재 65억이 되었다. 전반적인 성장률이 낮아졌다고 해도(현재는 61년마다 두 배로 증가함), 절대 수는 올라가고 있다. 오늘날 매 24시간마다 약 203,800명이 세계 인구에 더해지고 있는데, 개발도상국에서 이의 대부분을 차지하고 있다. 미국의 인구조사국(Census Bureau)은 2050년에는 세계인구가 94억 명이 될 것이라고 예측하고 있다.[b]

이러한 **인구 폭발**은 인류뿐 만 아니라 지구 그리고 지구에 사는 다른 거주자에게도 중대한 영향을 미친다. 사람이 많아질수록 식량, 물, 공간, 에너지와 다른 자원도 더 많이 요구된다. 자원이 소비될수록 더 많은 쓰레기도 생겨나게 된다. 환경에 미치는 우리의 총 영향은 주로 각자 얼마나 많은 자원을 소비하는지와 얼마나 많은 쓰레기를 만들어 내는지에 달려있는데, 1인당 **생태학적 발자국(ecological footprint)**[c]은 국가에 따라 매우 다양하다. 예를 들어, 오늘날 미국에 사는 사람은 네팔에 사

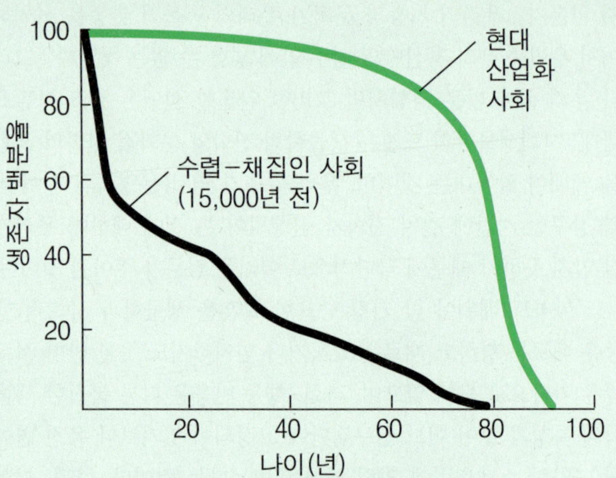

그림 25–1 현재 산업화된 사회에 살고 있는 인구집단과 15,000년 전 지중해 연안에 살았던 수렵–채집인 집단(잔존한 골격에 근거한)의 생존곡선 비교. (May, R. M., 1987. **협동의 더 많은 진화**, *Nature*, 327 15–17에서 인용)

는 사람보다 더 많은 자원을 소비하며 더 많은 쓰레기를 만들고, 더 많은 이산화탄소와 오염물질을 배출한다. 게다가 산업화된 나라에서 1인당 사용하는 자원은 지속 가능한 수준을 넘겼으며, 계속해서 증가하고 있다. 동시에 개발도상국의 수없이 많은 사람들은 부유한 지역의 특성과 같은 방식으로 경제적 상태의 개선에 대응하고 있다.

또 하나 인구 증가와 관련하여 한 가지 더 걱정스러운 부분은 **식량의**

행위의 개선으로 인한 결과이기 때문에 중요하고, 자연선택은 이제 우리의 "적합성"과, 점점 더 개인적 선호도의 문제가 된, 우리가 뒤에 남기는 자손의 수에 대하여 비교적 거의 영향을 미치지 못한다. 게다가 변화된 생활에서부터 얻은 질병은 — 당뇨병, 심장병, 암 — 대부분 우리 생의 후반, 생식후기에 영향을 주기 때문에 자연선택이 이러한 질병에 민감한 요소를 제거할 수 있는 기회를 거의 혹은 전혀 얻지 못한다. 어떤 사람이 3명의 아이를 얻고 50세에 암이나 유전적 요소를 가진 다른 질병이 발병하였다고 해도, 3명의 아이를 얻고 이러한 병으로 고통 받지 않는 같은 나이의 다른 사람에 비해 생식에 있어 덜 성공했다고 할 수 없다.[7]

인간 수명의 증가는 이전보다 더욱 극적인 영향을 주고, 이는 인류뿐만 아니라 세계에 전체적으로 큰 의미를 지닌 영향을 미치는데, 이는 **글상자 25–1**에 논의되어 있다.

유해한 대립유전자

의료의 개선에도 불구하고, 명백히 **해로운 영향**을 미치는 대립유전자가 여전히 인구 구조에 영향을 끼치며, 결국은 인간에게 고통을 준다. 여기서 우리는 대립유전자의 빈도가 달라지는 것에 대하여 생각해 보기로 한다.

분명히 신체적 그리고/혹은 정신적 이상을 가지고 태어난 어린이의 수는 미국에서 보수적으로 말해도 1,000명 출생아 중 20~25명으로 추정된다. 선천성 기형에 의한 사망률은 전체 영아 사망의 약 15%이다. 출생 시 바로 알아차리지 못한 많은 다른 장애는 어린이 시기를 보내면서 분명해지는데, 이는 상상한 것보다 더 광범위하게 퍼져 있다. 다양한 연구 결과, 어린이 입원 환자의 약 30% 이상, 모든 어린이 사망의 50%가 선천성 기형이나 이러한 장애로 인해 야기된 합병증에 의한 것으로 알려졌다. 모든 선천성 기형이 유전적인 것은 아니지만, 유전에 의한 비율이 높다.

[7] 물론 사람들의 경우, 아이들이 더욱 관심과 보살핌을 받기 때문에 건강한 할머니를 가진 어린이가 할머니가 아프거나 없는 경우에 비해 더 건강할 것이라고 주장할 수 있다. 그러나 오늘날 적어도 선진국과 같은 사회 환경에서는 그와 같은 보살핌의 기능이 다른 사람들에게 부여될 수 있어서 조부모의 보살핌이 아마도 생식적합성을 더할 것 같지는 않다.

조달 문제이다. 현재 생산량이 증가한다고 해도 겨우 당면한 요구에 가까스로 맞출 정도인데, 미래는 어떻게 될 것인가? 이것은 많은 측면에서 문제가 되고 있는데, 그 중 일부는 정치적인 것이다. 아래 목록은 결코 완전하지 않은 것이다.

- 경작용 토지는 한정되어 있고, 경작된 양은 대부분의 나라에서 최대량이거나 그에 근접하고 있다.
- 세계적으로 인구 당 경작용 토지의 평균량이 인구 증가에 따라 계속해서 감소하고 있는데, 이는 환경적 문제와 도시의 무분별한 확산의 결과이다. (1950년 인구 당 0.23 헥타르였다면 2000년에는 0.11 헥타르로, 50% 이상 감소하였다.)
- 가축에게 먹일 식량을 기르는 땅이 증가하는 것은 궁극적으로 사람에게는 단위 토지 당 매우 적은 식량 칼로리(food calories)를 생산하는 결과로 나타난다.
- 식량의 상당량이 잘못된 분배방식과 보관방법, 유해곤충과 질병에 의해 소실된다.
- 극심한 빈곤층은 영양가 있는 식량을 살 수 없는 사람들을 의미하는데, 이들은 세계 인구의 상당한 부분을 차지한다. 동시에 다른 곳에는 식량이 엄청나게 많이 존재한다.
- 현명하지 못한 보조금과 정책, 늘어나는 세계화와 다국적 기업에 의한 농업 장악은 거의 어느 곳에서나 생산과 시장을 왜곡시킨다.

지역적인 측면뿐 아니라 세계적으로도 식량의 공급을 위협하는 또 다른 요소들은 토양의 침식, 비료와 농약에 의한 오염, 물 공급 부족, 지구 온난화, 극심한 기후의 변화 등이다.

미래 식량 생산의 견지에서, 몇몇 국가에서 경작용 토지가 상당한 분량 남아 있고, 산출량과 곡식의 영양 가치를 증가시킬 수 있는 많은 잠재력이 있지만, 위에 있는 목록에 있듯이 우리가 정치와 환경 그리고 농업을 망칠 수 있는 다른 문제들을 극복할 수 없다면, 미래 세계 인구에 더해질 수십 억 명에게 식량을 제공할 수 없을 것이다. 그 동안 개발도상국, 특히 사하라 사막 이남의 아프리카에서 기근은 계속 문제가 되고 있으며, 실제로 2003년 UN의 통계에 따르면 8억 2400만 명이 만성적인 배고픔을 겪고 있음을 보여준다. 증가하는 인구에 대해 삶의 질 개선과 비참한 빈곤 속에서 사는 사람이 없도록 보장해야 하는 일은 우리가 직면한 가장 중요한 사안임에 틀림없다.

[a] 최근 분석에 의하면, F. Thomas 등(2004)은 지역과 지역 간에 인간의 출생 시 체중에 뚜렷한 변이가 있는 것은 지역적 선택 압력, 특히 기생충증에 대한 적응을 반영하는 것이라는 사실을 증명하였다. Glukman과 Hanson(2005)이 쓴 영아사망률의 원인을 참조.

[b] 영아사망률은 2006년 *CIA* **세계 사실책**(*CIA World Factbook*)의 추정치로부터 가져왔다(http://www.cia.gov/library/publications/the-world-factbook/index.html).

[c] 생태학적 발자국은 소비되는 자원을 만들어 내고 개인, 집단 혹은 생활양식의 쓰레기를 흡수하는 데 필요한 토지와 물의 양으로 정의되는 측정치이다.

표 25-2는 일부 유전 질환 빈도의 추정치인데, 모두 합하면 총 출생의 약 3%로 나타난다. 만약 근위축증과 같이 생애 후반에 나타나는 유전 장애를 포함하면 그 빈도는 약 2배가 될 것이다. 그 밖에 강한 유전 요소를 가지고는 있으나 덜 명확한 장애를 — 스트레스와 감염에 대한 저항력의 결핍 그리고 기타 신체적, 정신적 취약 — 포함하면 유해한 유전자는 우리 인구 집단의 대부분에 영향을 준다. 실제로 2007년 6월 2일, 인간유전자 돌연변이 데이터베이스(Human Gene Mutation Database)는[8], 비록 대부분의 돌연변이가 극히 드물기는 하지만, 2,056개의 유전자 내에 존재하는 53,186개의 돌연변이를 등재하였다.

치명적인 영향을 주는 대립유전자의 편재는 근친결혼을 한 자손들에 대한 연구에서 극적으로 증명되었다. 이러한 연구들은 근친결혼에 의한 유전자 부하를 감지하고 분할하는 기술을 이용하여 우리의 사회에서 외견상 정상인 개인들이, 만약 동형 접합체라면 일찍 죽게 되는, 대략 1~8개의 유해한 치사 **대립유전자(치사 상당량)**와 동등한 유전적 부하를 지니고 있다는 것을 밝혔다. 여기서 두 가지 중요한 질문이 생기는데:

- 이러한 유해한 대립유전자의 횡행을 어떻게 설명하는가?
- 만일 할 수만 있다면, 우리는 우리 자신을 그것으로부터 벗어나게 하기 위해 무엇을 할 수 있는가?

유해한 대립유전자가 근본적으로 돌연변이를 통해 발생된다는 사실에 거의 의문이 없지만, 이것들이 높은 빈도를 가지고 있는 이유에 대하여 완전한 의견의 일치가 되고 있지 않다. 작고한 Theodosius Dobzhansky와 다른 사람들이 제기한 한 가지 이론에 의하면, 이러한 대립유전자는 동형접합형일 상황에서는 해로운 조건이지만 어느 정도 잡종강세를 생산하므로 그들의 이형접합체에겐 상당한 장점을 제공한다는 것이다. 이 이론에 의하면, 이러한 유전자에 의해 생산된 동형접합체는 적합도에 있어서 열등하지만 인구 집단 내에서 유지될 것이다.

작고한 Hermann Muller가 예전에 이끌던 다른 학파는 이러

[8] 인간 돌연변이 데이터베이스(The Human Mutation Database), 의학유전학연구소(the Institute of Medical Genetics), Cardiff, © 2007 Cardiff 대학 출판. http://www.hgmd.cf.ac.uk에서 얻을 수 있다. 2007년 6월 2일 접속하였음.

표 25-2 인간 유전질환의 추정 빈도(%)

질환	%	질환	%
단일 유전자 장애		**염색체 장애**	
상염색체 열성		상염색체	
심한 정신지체	0.08	삼배체 21번	0.13
낭포성 섬유증	0.05	삼배체 18번	0.03
심한 청각장애(여러 형태)	0.05	삼배체 13번	0.02
심한 시각장애(여러 형태)	0.02	기타	0.02
부신성기 증후군	0.01		0.20
백색증	0.01	성염색체	
페닐케톤뇨증	0.01	XO 및 X염색체 결손	0.02
기타 아미노산뇨증	0.01	기타 "중대" 결손	0.01
뮤코다당체침착증(모든 형태)	0.005	XXY	0.1
Tay-Sachs병	0.001	XXX	0.1
갈락토오스혈증	0.0005	기타	0.015
	0.25		0.35
X-연관			
Duchenne 근이상증	0.02	염색체 장애 합계	0.55
혈우병 A 및 B	0.01		
기타	0.02	**다인자성 질환**	
	0.05	선천기형	
상염색체 우성		이분척추 및 무뇌증	0.45
시각장애(여러 형태)	0.01	선천성 심내 결손증	0.4
청각장애(여러 형태)	0.01	유문협착증	0.3
Marfan 증후군	0.005	만곡족	0.3
연골 무형성증	0.005	구순열 및 구개열	0.1
신경섬유종증	0.005	고관절 탈구	0.1
근긴장디스트로피	0.005		1.65
결절성 경화증	0.005		
기타 모두	0.015	다인자성 질환 합계	> 1.65
	0.06		
단일 유전자 장애 합계	0.36	제시된 유전질환의 출현빈도 합계	> 2.56

출처: *American Scientist* **65**: 703–711, 1977, C.J. Epstein와 M.S. Golbus. 허가받아 인용.

한 유전자가 어떤 종류의 장점도 제공하지 않으면서도 그들의 빈도가 높은 이유는 자연 선택의 일반적인 효과가 인위적으로 감소되었기 때문이라는 이론에 근거를 두었다. Muller에 의하면, 이전에는 결함이 있으면 일찍이 제거되었을 유전형이 오늘날에는 의료 기술 덕분에 계속 남아 있기 때문에, 그 결함이 있는 대립유전자가 자손에게 전달된다고 한다. 우리가 알고 있듯이(21장 참고) 특정 유전자에 대한 선택 계수의 감소는 유전자의 평형빈도를 증가시킨다(열성대립유전자는 $q = \sqrt{u/s}$, 우성대립유전자는 $p = u/s$). 따라서 유해한 대립유전자가 선택에 의해 제거되지 않을 경우, 그들의 돌연변이 비율에 따라서 빈도는 서서히 증가될 것이다. 돌연변이 비율은 일반적으로 낮기 때문에, 어떤 특정 대립유전자의 빈도는 다소 천천히 증가하지만, 상당히 많은 유해한 대립유전자가 있기 때문에 대립유전자의 부하는 유의하게 증가할 것이다. 근시는 근래에 빈도가 증가하는 것이 특징이지만, 검안사에 의해 매우 간단하게 교정될 수 있다.

자연 선택은 많은 유전자형을 제거하기 위해 더 이상 작동하지 못하지만, 이것이 현대 생활양식의 바람직하지 않은 모습이라고 단정할 수는 없다. 현재 어느 누구도 의복이 추운 기후에도 털이 없는 표현형이 자연 선택을 피해 생존케 하는 인위적인 장치이기 때문에 없어져야 한다고 주장하지 않는다. 또한 천연두, 디프테리아, 발진티푸스, 콜레라와 페스트가 만연한 "좋은 옛날"인 예방접종 이전의, 비위생적인 시대로 우리가 되돌아간다는 것 또한 어려울 것이다.

현대 생활의 바람직하지 않은 모습이란 의학의 진보에도 불구하고 수많은 유해한 대립유전자가 여전히 효과를 나타내고 있다는 것이다. 아래 상술하는 바와 같이, 20세기 초부터 인간의 유전적 품성을 개선하기 위해 다양한 시도가 있었다. 이러한 시도의 초기에는 우생학이 각각의 대립유전자보다 훨씬 폭넓은 관심을 받고 있었는데, 그 당시 유전학의 수준을 고려하면 아마도 이해될 만하다.

우생학(eugenics)

Plato는 그의 문답집 **공화국**에서 인간은 선택적 양육에 의해 개선될 수 있다고 언급하였다. 그의 이상적인 현자들의-나라(philosopher-state)에서는 오직 신체적, 정신적으로 적합한 개체들만 짝을 이루며, 어떤 자손이라도 나라에서 양육한다. 열등한 유형은 짝을 이루는 것을 금지하거나 또는 그들의 자손을 없애 버린다. 통치 계급은 오직 "가장 우수한 사람에서" 선택된다.

이것의 현대적인 형태는 **우생학**이라는 이름 아래 인간의 유전자급원(gene pool)을 개선하려는 제안인데, 1883년 Francis Galton이 그리스어로 *eu*(좋은)와 *gen*(출생)으로부터 만들어 낸 단어다. Darwin의 역작들을 읽고 난 후, 그의 첫 번째 조카인 Galton은 양적인 특성을 갖는 유전, 특히 지능에 관심을 갖게 되었다. 1865년도부터 자연선택을 통한 인간 특성의 진화가 선택적 양육을 통한 그들의 진화로 대체될 수 있다는 생각을 발전시켰다("자연이 맹목적으로, 느리고, 냉혹하게 작동하는 것을 인간은 신중하고, 빠르고, 관대하게 할 수 있다."). 그 자신이 훌륭한 가문 출신인 Galton은, 그의 가문에 우수한 지능적, 성격적 특성이 계승되는 경향이 있는 점에 감동을 받았다. 이러한 특성이 유전된다는 것을 확신하고, 동물육종에 관한 그의 지식을 바탕으로 그는 "여러 세대에 걸친 지혜로운 결혼"은 "매우 탁월한 재능을 지닌 인간을 생산"하고, "우수하지 않은 사람들의 지나친 생육의 결과로" 초래되는 위협적 사회인 "평범한 인간으로 되돌아감"을 막을 수 있다고 결론지었다.

Galton의 생각은 많은 훌륭한 사상가들로부터 받아들여져 발전되었다. 그러나 사회 다윈주의자처럼, 초기 우생학자들은 그들이 바람직하지 않다고 생각한 특성에 대하여 자신의 개인적, 문화적인 편견을 반영하였으며, 강한 인종차별주의자와 계급에 근거한 편견이 시작부터 한 부분을 담당하였다. 20세기 초기 우생학운동에 있어 영향력 있는 지도자였던 C. B. Davenport가 그들의 출신국과 무관하게 모든 미국인 사회 집단의 비교 대상 표준으로 뉴잉글랜드인을 사용했는데, 이는 인종 차별주의자적 접근을 한 것이 좋은 예이다. Davenport와 그의 우생학 기록보존소(1910년부터 1944년까지 미국 가계에 관한 정보를 수집한 거대한 데이터베이스)의 다른 일원들에 따르면, 특정 집단은 식별할 수 있는 유전적 구성요소를 가진 사회적 특성에 따라 특징지어질 수 있는데: 이탈리아인의 폭력성, 유태인의 상업주의, 아일랜드인의 빈곤 등이 그 예이다.

물론 초기 우생학자들은 유전학에 대해서 거의 몰랐으며, 1900년 Mendel의 업적이 재발견된 후에도 그들의 이해는 매우 제한된 상태였다. 그러나 현재 우리는 사회적인 특성 또는 지능에 관하여 어떤 특정 집단의 생물학적 우월성을 뒷받침할만한 증거가 없다는 것을 알고 있다. 우리들은 또한 높은 지능, 미적 감각, 장수, 좋은 신체적 건강과 같은 우리가 바람직하다고 생각하는 많은 형질들이 쉽게 식별되는 단일유전자에 의한 것이 아니라, 함께 작용하면서 다른 환경에 반응하는 많은 유전자의 복합체에 의하여 일어난다는 것을 안다. 우리는 동물 사육에서 배운 바와 같이, 이로운 유전자의 복합체를 발전시키는 선택 사육은 어려움이 많다. 이러한 방법들은 통제된 환경 상태 하에서 부모의 선택과 함께 자손을 검사하는 것에 근거한 복잡한 계획이 수반된다. I. M. Lerner 등(1954)은 이러한 실험 결과, 일반적으로 어떤 복잡한 특성들을 어느 정도 강화하지만, 반면에 일반적으로 다른 특성들을 저하시키는 원인이 된다고 언급하였다.

일반적인 지능이 커다란 유전적인 요소를 가지고 있지만, 많은 부분은 아주 쉽게 바뀔 수 있는데, 태아기 때 식생활, 문화적 환경, 사회-경제적인 환경, 엄마 자궁 내 환경(Devlin 등, 1997), 그리고(측정에 있어서) 심지어 IQ검사를 수행하는 면접 담당자의 피부색(color) 등에 의해 영향을 받는다. 연구에 의하면 개체 간의 유전적 차이는 그대로 있더라도, 사회-경제적인 여건이 개선되면 평균 지능 점수 또한 향상된다고 한다.

우생학 정책

사회 다윈주의자와는 달리 우생학 추진론자들은 사육의 경우 적극적인 개입을 믿었다. 몇몇 초기 지지자들은 공상가였다고 간주하더라도, 인종차별주의와 편협한 편견을 벗어 버린다면, 이러한 운동이 인간의 고통을 줄이고 유전자급원을 향상시키려는 진지한 시도로 발전해 나갈 수 있는 가능성이 있었다. 이러한 사고방식이 일반적인 사회에서는 효력을 발휘했다. 이 활동에 아래와 같이 두 가지 큰 길이 있었다.

- **적극적 우생학** — 이로운 유전자의 빈도를 늘리려는 시도들
- **소극적 우생학** — 해로운 유전자의 빈도를 줄이려는 시도들

특정한 사람들의 결혼을 장려하는 Francis Galton의 접근방법은 적극적 우생학의 한 예이다. 다른 예로는 1990년대 싱가포르의 캠페인으로, 젊은 졸업자들은 아기를 낳도록 권유되었다. 그러나 불행히도 대략 1890년대부터 1940년대 사이에 우생학이 전파되는 동안 정부 프로그램 거의 대부분에서 소극적 우생학적 정책이 우세하였다. 이 운동의 영향은 매우 강력해서 거의 모든 비-가톨릭 서방국가들이 관여되었다. 그 외 지역으로는 최남단 라틴 아메리카 나라(백인에 우호적인 정책을 가진 지역)와 1990년대 초기 이후 중국을 포함한다.

오늘날 인권의 시각에서 본다면, 우생학이란 이름 아래 — 그 중 몇 가지는 지나치게 엄격하고 — 제정되고 강요되어진 법안들은 섬뜩할 수밖에 없다. 이주와 결혼을 제한하는 것을[9] 포함한 다음과 같은 방법들이 시행되었다. 미국에서는 백인과 아프리카계 미국인 사이의 결혼을 제한하는 조치 등을 포함한 인종격리가 시행되었는데, 이는 1967년이 되어서야 고등법원에 의하여 뒤집어졌다. "정신박약아", 일련의 범죄자들, 건강 부적격자들에 대하여 강제 불임화(sterilization)가 집행되었으며, 낙태가 강요되고, 극단적으로 나치 정권 치하의 독일에서는 인종적으로 열등하며, 따라서 아리아 민족의 순수성을 위협한다고 간주하여(특히 유태인) 인종 학살을 강행했다. 미국은(독일 다음으로) 두 번째로 큰 우생학 운동의 본산이 되었으며, 20세기 초반 여러 주에서 결혼 금지법이 제정되었고, 1960년 초 수만 명이 불임화 되었고, 그 중 마지막은 1960대 초에 집행되었다.

이 우생학 운동의 배경은 많은 연구 자료에 의하여 뒷받침 되었는데, 그 중에 많은 부분은 통계와 관련된 것이었다. 그러나 초기에도 몇몇 유전학자들과 일반 대중 일원들은 위의 연구결과로 도출되어진 결론과 시행된 방법에 대해서 날카롭게 비판하였다. 그럼에도 불구하고, 우생학이 파기되고 공개적인 영향력 행사를 중지하기 전, 나치시대에 과잉 집행(1934년과 1937년도 사이에만 약 225,000명이 불임화 된 것을 포함하여)이 이루어졌다.

생식 기술과 우생학

오늘날의 부모들이 건강한 아기를 갖기 위한 노력은 우생학의 함축적 의미를 가지고 있다. 임신 전 유전학적 상의, 인공수정, 유전병 여부를 알기 위한 태아 검사, 결함이 있는 태아의 선택적인 낙태, 초음파 검사, 그리고 배아의 착상 전 검사를 포함한 체외 수정 등은 모두 설령 자발적으로 개인 차원에서 이루어진다고 하더라도 우생학적인 실행이 이루어지는 것이다. 이러한 기술이 널리 사용되는 나라에서는 근래 몇몇 선천성 질병의 발생이 급격히 감소하였다. 예를 들면 타이완에서는 지난 8년 동안 지중해빈혈(thalassemia)의 발생이 신생아 100,000명당 5.6명에서 1.21명으로 떨어졌다.

산전검사는 가격이 비싸고, 종종 침습적(invasive)이기 때문에 초음파검사만이 일상적으로 수행되며, 다른 검사들은 가족력(또는 임신부의 나이가 많거나, 21번째 염색체가 3배체인 다운증후군의 경우에)에서 특정한 돌연변이 또는 염색체 이상이 존재할 위험성이 분명히 있는 경우에만 보통 실행된다. 이러한 노력에 반해, 결과적으로 신생아 인구에서 유해한 대립유전자의 총 부하는 크게 감소하지 않았다. 2006년 Armand Leroi은 다른 유전학자들과 공동으로 유해한 돌연변이를 찾아내기 위해 모든 태아를 일일이 확인해야만 할 것인가를 연구했다. 그는 인간의 유전체 염기서열로부터 얻어진 지식으로 무장하고(아래를 주목), 모든 알려진 질병의 원인이 되는 돌연변이를 검사하는 선별도구를 곧 디자인할 수 있을 것이라고 말했다. 그럼에도 불구하고 검사 비용, 검사의 불편함, 그리고 산전검사 시 태아에 대한 위험성 등을 고려하여 보면, 이러한 도구를 가장 유용하게 사용하게 될 경우는, 시험관아기시술을 통하여 임신되는 배아에 대한 착상 전 검사일 확률이 제일 높다고 하였다. 현재 어림잡아 미국인의 1%와 덴마크인의 4%가 시험관아기시술을 통해 생명이 시작된다.

유전학적인 진단을 포함한 생식기술은 윤리적, 사회적 문제를 야기하는데, 아래 목록에 몇 가지 나열한다.[10]

- 무엇이 질병을 구성하는가? 내가 만일 생의 후반기에 어떤 병에 대한 나의 민감도를 증가시키는 유전자를 가지고 있다면, 내가 병을 가지고 있는 것인가? 이제 인간 유전체의 염기서열이 밝혀졌기 때문에 정상이라고 간주할 사람의 수를 더욱 축소하여야 하는지 모른다.
- 우리들(부모가 될)은 우리들의 선택 사항 중에서 어떻게 정보에 입각한 선택을 할 수 있을까?
- 만약 내가 특별한 병을 유전 받았다 해도, 충족한 삶을 살 수 있을까? 만일 그렇다면, 내(배아)가 그 삶을 살 권리를 포기당할 수 있을까?
- 누가 내 유전자의 구성에 대하여 알 권리를 가지고 있나? — 나의 학교? 나의 고용주? 나의 보험회사? 정부? 사실, 누가 이 정보를 가지는가?

많은 윤리적인 문제에도 불구하고, 현대식 번식방법의 사용이 계속해서 증가하게 될 것이며, 시간이 지남에 따라서, 적어도

[9] 우생학은 이민, 혼인과 격리에 관한 논란에서 많은 쟁점 중 한 가지였을 뿐이었다.

[10] 더 긴 문제의 목록을 보기 위해서는 인간 유전체 웹사이트의 윤리적 쟁점(Ethical Issues: http://www.ornl.gov/sci/techresources/Human_Genome/elsi/elsi.shtml)을 참고. 2007년 5월 23일 접속하였음.

부유한 국가와 일부 부유층에서는, 그것들이 우리의 유전자급원에 점점 더 커다란(여전히 제한적이지만) 영향을 미칠 것이다. (오, 용감한 새로운 세계여!) 그러나 현재, 또 아마도 미래에, 역시, 현대 의학이 일반적으로 더 큰 영향을 끼칠 것이다. 예를 들어 최근 연구에 따르면, Marelli 등(2007)은 1985년부터 2000년 사이 Quebec에 사는 성인에서 심한 선천성 심장병의 발병률이 급격히 증가하였다는 것을 증명하였다. 개방심장수술이 시행되기 전에는 이러한 환자들은 거의 아동기를 넘기지 못하였다. 자애롭지 못하게도, 실행을 금지한 법에도 불구하고, 인도와 중국에서는 남자아이를 낳기 위한 낙태로 이어지는 초음파 검사가 널리 이용 되었으며, 이는 이들 사회에서 남녀비율의 불균형으로 이끌고 있다.

그래서 현재 대부분의 사람들이 아이를 가질 수 있을 정도까지 생존한다면, 그리고 만일 우리가 자연선택으로부터 우리의 아이들을 보호하여 그들도 역시 아이들을 가질 수 있을 정도까지 생존하게 된다면, 자연선택이 인간에게서 계속 작동할 수 있을까? 확고한 보건의료체계를 가진 나라들에서는 현재 단지 극소수의 아이들만이 감염질환으로 죽기 때문에 우리가 평균적으로 면역체계가 약한 인구집단에게 길을 열어주고 있다는 주장이 만들어질 수 있었다. 그러나 이것이 문제가 될까? 만약, 예상되는 바와 같이, 통제 불가능한 전 세계적 유행병이 나타난다면, 그 대답은 충분히 "그렇다"가 될 것이다.

■ 유전공학

인류는 매우 긴 세월에 걸쳐 생물의 유전자 구성을 변화시켜오고 있다. 동식물의 **가축화**는 어떤 형질은 촉진시키고, 다른 형질은 도태시키는 선택을 수반한다. 우리가 밀의 예에서 본 것처럼(10장과 24장), 어떤 종에 있어서 그 결과는 극적이다. 수천 년 동안 우리는 주로 선별을 통해 유전자와 유전체를 조작함으로써 농업, 원예 그리고 조림(forestry)의 세계를 창조해왔다(**표 25-3**).

그렇지만 특히 1970년대 초반에 **유전공학**의 시대라는 새로운 시대가 열렸다. 제한효소가 특정 염기서열에서 DNA 조각을 잘라내는 데 사용될 수 있다는 것이 밝혀지고, 곧이어 분자생물학자들은 그러한 효소로 잘라낸 서로 다른 기원의 DNA 절편으로 완전히 새로운 **재조합** DNA를 만들 수 있으며, 이것이 한 생물에 새 형질을 도입하는 데 사용될 수 있음을 깨닫게 되었다(**그림 25-2**).

유전공학의 기본 기법은 바이러스나 플라스미드, 또는 효모 인공염색체(yeast artificial chromosome, YAC)같은 하나의 **벡터(vector)**에 새로운 또는 변형된 핵산 서열을 삽입하는 것이다. 벡터는 이들 신규 서열들을 숙주 세포 내로 전달하고 나아가 숙주 유전체 내에서 이들이 몇 번이고 다시 증식하고 증폭하게 하는 기능을 갖고 있다. 간단히 말하자면 **그림 25-3**에 도식화된 것처럼 우리는 유전자 조작을 4개의 주요 단계로 나누어볼 수 있다. 유전공학 덕분에 우리는 어느 유기체의 유전 물질에 적극적으로 개입할 수 있게 되었다. 이미 존재하는 유전자를 변형하거나 새로운 유전물질을 삽입하는 방식으로 수많은 바이러스, 세균, 원생생물, 동물, 식물의 유전체가 조작되었다. 그 목표는 한 세포 또는 한 생물의 물리적, 생리적 변화를 유도함으로써 결과적으로 단백질 생산, 감염체에 대한 저항성, 농업생산성, 영양가, 독성에 대한 민감성, 환경을 견디는 힘, 암에 대한 저항성 등의 형질에 영향을 미치는 것이다. 이러한 유전 형질의 조작법 덕분에 우리는 옛날식 방법인 무작위적 돌연변이와 자연선택으로부터 **인간에 의해 주도되는 진화**로 생물학적 진화를 이동시키게 되었다.

유전공학은 이제 거대 산업이 되었으며 특히 농업 분야에서 두드러진다. 1994년 최초의 유전자변형(GM) 생물인 토마토가 미국 시장에 출시되었다. 십 년이 채 지나지 않아, 미국에서 단 네 종류의 주요 유전자변형 농작물[옥수수, 콩, 면, 카놀라(유채)]이 재배되는 지역이 519,000 km^2(128,300,000 에이커)로 늘어났다.[11] 현재 북미 슈퍼마켓 진열대 위에 진열된 식품의 많은 부분이 최소한 어떤 유전자변형 재료를 포함하고 있다. 2005년에는 20개국 이상에서 유전자변형 농작물이 재배되고 있었지만 유럽에서는 흔치 않았다. 유럽에서는 윤리, 환경 그리고 식품안전영역의 기술에 대하여 거대한 대중의 외침이 정부 정책에 영향을 미치는 일이 지속되어왔다.

초기에는 해충, 질병과 제초제에 대한 저항성이 증가하는 것을 강조했으나, 오늘날 가장 흔히 이용되는 유전자변형 농작물들은 대부분 경제적 이득을 염두에 두고 개발되었으며, 그 잠재력은 엄청나다. 영양개선[예, 황금쌀(golden rice)는 베타 카로틴, 프로비타민 A가 풍부하다]은 단지 하나의 예정되었던 이득에 불과하다.

유전자변형 기술은 다른 많은 분야에도 응용되어 왔다. 변형된 동물들에는 어류(성장 강화, 내한성 또는 인간 인슐린 생산을 위해), 소(인간 성장호르몬의 생산, 카제인-강화 우유 등을 위해), 돼지(지방함유량을 낮추기 위해), 그리고 마우스(어유를 생산하기 위해)가 포함된다. 이 일의 대부분이 아직 상업적 용도로만 인가되었지만, 2006년 유럽은 포유동물(염소)에서 생산된 최초의 약제인 ATryn의 출시의 승인을 허가하였다.[12] 즉, 제약 산업은 1980년대 이후 유전자변형 미생물이나 포유동물세포를 이용하는 것의 확장으로서 약품을 이러한 방식으로 생산하는 연구에 막대한 투자를 하고 있다. 미생물은 인간 성장 호르몬, 혈우병 환자를 위한 factor VIII 등 다수의 인간 및 기타 단백질을 생산하는 데 이용되어 왔다.

요약하면, 유전자변형 기술이 제공하는 주요 이점들은 보다

[11] 2006년 미국 농무성(Department of Agriculture) 통계치.

[12] 항응고제인 ATryn은 안티트롬빈 결핍증 환자의 수술 중에 사용하도록 고안되었다.

표 25-3 1856년 Mendel의 실험과 함께 시작되어 생물의 유전체 서열결정과 유전공학에까지 이른 지난 150년간의 주요 발견과 성과

연도	진보
1856	완두를 이용한 Gregor Mendel의 첫 이종교배 실험
1859	Charles Darwin의 「**종의 기원**」 출간
1865	2월 8일과 3월 8일, Brno에서 열린 **자연과학학회**(*Naturforschenden Vereins*) 월례 모임에서 Mendel이 그의 결과를 발표
1866	Mendel의 논문 **식물 교배에 대한 실험**(*Versuche über Pflanzen-hybriden*)이 자연과학학회 학술지에 출간되었으나; 그의 논문은 거의 관심을 끌지 못함
1871	Friedrich Miescher가 핵에서 nuclein을 분리함. 이는 현재 우리가 핵산이라고 알고 있는 것과 관련된 첫 번째 연구로 기록됨
1887	August Weisman은 감수분열 동안 각 염색체가 유전적 특성을 지닌 많은 "결정인자"를 운반한다고 주장함
1900	Mendel의 1866년 실험이 세 연구자들에 의해 각각 독자적으로 재발견되었고, 그것을 William Bateson이 출간함
1902/03	William Sutton과 Theodor Boveri가 각각 독자적으로 유전의 염색체 이론을 제안함
1902~09	William Bateson이 유전학, 동형접합자, 이형접합자, 대립형질(allelomorph)이라는 용어를 고안함
1909	인간의 어떤 질병은 선천성 대사장애이며, Mendel 유전학의 열성 형질로 유전됨을 Archibald Garrod가 입증
1910~11	Thomas Hunt Morgan이 초파리에서 X염색체, 반성 유전(sex-linkage), 눈색깔의 돌연변이 유전자 발견함: 교차에 의해 염색체 조각이 교환된다고 제안함
1913	Alfred Henry Sturtevant가 만든 첫 번째 유전자 지도; 재조합의 발견; 선형으로 배치된 유전자를 가진 것으로 보이는 염색체
1918	Ronald Fisher의 **멘델식 유전 가설에 의한 친척들 간의 상호연관성에 대해**가 개체군이 유전학에 접근을 시작하게 함
1927	X선이 초파리 유전자에 물리적 변화(돌연변이)를 일으키게 한다는 것을 Hermann Muller가 발견
1941	*Neurospora* 곰팡이에서 유전자가 효소를 암호화(code)한다는 것이 발견됨; George Beadle과 Edward Tatum이 "한 개 유전자-한 개 효소" 이론을 제창
1943~44	DNA의 분리와 DNA가 유전 물질임을 입증: 세균이 유전자를 갖고 있다는 증거
1949	Erwin Chargaff는 DNA의 네 염기 비율이 한 개체의 모든 세포에서 동일하지만 종과 종 사이에서는 다양하다는 것을 입증
1950s	Francois Jacob와 Jacques Monod가 유전자 발현을 켜거나 끄는 조절 기능이 염색체 상에 있다는 것을 확립함
1952	유전자의 근거로서의 단백질설 폐기
1950	Barbara와 McClintock이 옥수수에서 전위유전자(transposon) 발견
1953	Rosalind Franklin과 Maurice Wilkins의 미발표 X-선 결정 데이터에 부분적으로 기초하여 James Watson과 Francis Crick이 DNA의 3차원 이중나선 분자 구조를 제창
1956	인간은 46쌍의 염색체를 갖고 있다는 것이 밝혀짐
1957~58	Francis Crick이 유전 정보는 반드시 핵산에서 단백질로 가는 오직 한 방향으로만 전달된다는 분자생물학의 중심정설(Central Dogma)을 제창
1958	DNA 복제 효소가 처음으로 분리됨
1959	다운증후군에서 염색체 이상이 인지됨
1960	세균 세포에서 전령(messenger) RNA 발견
1961	Jacob, Crick, Sydney Brenner 등이 유전 암호의 3개 한 조(triplet) 성질, DNA의 정보가 전령 RNA로 전사되고, 전령 RNA로부터 단백질로 전이됨을 확정
1961	핵산 혼성화(Nucleic acids hybridized)
1962	유전 암호를 해독하기 위해 합성RNA 사용; 유전자의 억제물질과 전사 조절의 발견; 분화된(성체) 두꺼비 세포의 복제
1964	바이러스에서는 Crick의 중심정설이 적용되지 않는다는 것이 밝혀짐
1966	코돈을 아미노산으로 전이하는 데 사용되는 완전한 유전 암호의 확립

(계속)

표 25-3(계속)

연도	진보
1970s	인플루엔자균(*Haemophilus influenzae*)에서 DNA의 특정 부위를 절단하는 제한효소가 분리되고, DNA 절편을 재조합하는 방법이 발전하여 재조합 DNA(유전공학)가 개시됨; 1972년 레트로바이러스 복제 주기의 발견; 최초의 재조합 DNA 분자 제작
1973	복제를 위해 재조합 플라스미드 벡터를 세균으로 도입
1975	DNA 염기서열분석 기술 발명; 특정 DNA 절편을 동정하기 위해 방사성동위원소 탐침과 자동방사선사진술 사용; 전령 RNA(cDNA)로부터 복사된 헤모글로빈 DNA의 복제
1976	면역계 면역글로불린의 분자 다양성이 밝혀짐; 재조합 DNA가 최초로 임상에 이용(알파형 지중해빈혈의 산전 진단)
1977	DNA 염기서열분석을 위한 실험실 기법이 발명됨; 박테리오파아지 DNA 염기서열분석
1978	초파리의 호메오유전자 복합체의 구성과 기능이 제시됨; 재조합 DNA를 이용한 프로인슐린 펩타이드의 합성; DNA("RFLP") 표지자와의 연관(linkage)을 이용해 겸상 적혈구 돌연변이 지도 제작
1983	호메오유전자의 기본 요소로서 호메오박스 발견; 특정 돌연변이 대립형질(겸상 적혈구)의 염기 서열을 직접 검출; 후천성면역결핍증 환자에서 HIV 레트로바이러스 동정; 배양 세포에서 결손된 인간 유전자를 대치하기 위해 레트로바이러스를 벡터로 이용; 헌팅턴병을 유발하는 유전자 결손을 연구하기 위해 염색체 상의 결손 위치 찾기와 결손 유전자의 분리; 중합효소연쇄반응(PCR)의 발견
1984	배양 세포에서 특정 유전자에 대한 돌연변이의 표적화
1985	중합효소연쇄반응(PCR)을 이용하여 염기 서열 증폭
1986	역유전학의 발달: 해당 유전자의 염색체 상의 위치를 알아냄으로써 미상의 단백질 산물을 갖는 유전자의 특성을 분석(만성 육아종증)
1987	재조합 DNA 기술에 기초한 백신 생산(항 B형 간염); 쥐 배아줄기세포에서 상동재조합 성공; 인류의 기원을 연구하기 위해 미토콘드리아 DNA 이용
1988	레트로바이러스를 이용하여 마우스 세포로 넣은 유전자의 함입과 발현
1989	최초로 인간 유전자의 염기서열분석, 유전자 산물의 결손이 낭포성 섬유증을 유발함을 보여줌
1990	인간 환자의 체세포에서 아데닌탈인산화효소의 결손 유전자를 교체
1992	400개의 유전자 표식자를 이용하여 최초의 집약된 전체 인간 유전체의 연관 지도 완성
1993	더 긴 보존 기간을 갖도록 유전자가 조작된 FlavrSavr 토마토가 미국 시장에 출시
1995	인공 인간 염색체 생산에 이용될 수 있는 인간 염색체 말단 마개(말단소립) 주요 성분의 DNA 복제
1995~96	세균과 효모 유전체[인플루엔자균(*Haemophilus influenzae*), 대장균, *Mycoplasma genitalium*] 염기서열분석
1996	성체 체세포 복제로 최초의 동물, Dolly라는 이름의 양 출생
1997	동원체와 말단소립을 가진 첫 번째 인공 인간 염색체의 창작
1998	인간 배아줄기세포 배양; 최초로 진핵생물 전체 유전체 염기서열분석[예쁜꼬마선충(*C. elegans*)]
1999	인간 22번 염색체와 노랑초파리(*Drosophila melanogaster*)의 전체 유전체 염기서열분석
2000	맥주효모(*Saccharomyces cerevisiae*)와 애기장대(*Arabidopsis thaliana*)의 유전체 염기서열분석; 최초의 유전자 변형 영장류로 해파리 형광표식자 유전자를 갖는 붉은털원숭이(rhesus monkey) 탄생
2001	인간 유전체 프로젝트와 Celera Genomics 회사가 독자적으로 인간 유전체 염기서열의 초안을 완성; 전립선암, 유방암 및 여타 암의 종양 억제인자 유전자 발견
2002	마우스 유전체 염기서열분석; 최초 유전자 변형 고양이의 탄생
2003	인간 유전체의 99%에 대하여 99.9%의 정확도로 염기서열분석을 마침; 형광 유전자가 삽입된 애완용 물고기인 글로피쉬(GloFish)가 시장에 출시됨
2005	분명히 성공한 것으로 보이던 한국에서의 인간 복제 연구가 사기로 밝혀짐
2006	인간 유전체 염기서열분석 완료; 인간 유전체에서 p53 전사인자 결합 부위의 전체 지도와 한 유전체(애기장대, *Arabidopsis*)의 DNA 메틸화 부위에 대한 최초 지도가 발표됨
2007	보라성게(*Stronglocentrotus drobachiensis*)와 회색짧은꼬리주머니쥐(*Monodelphis domestica*) 유전체의 염기서열분석

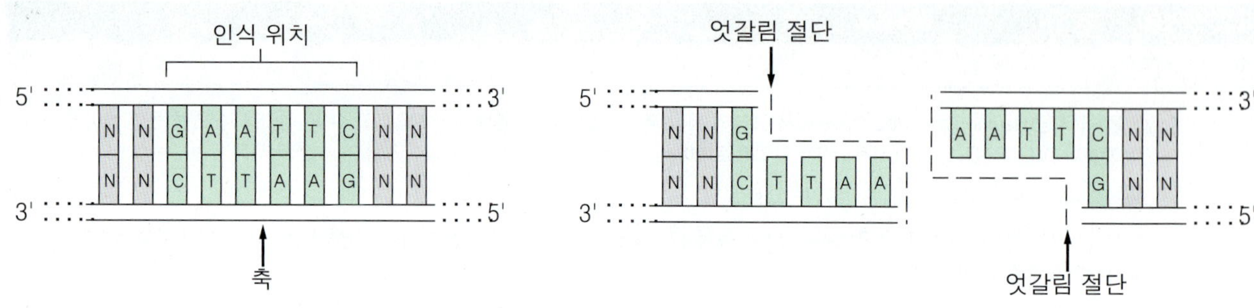

(a) *Eco*RI 제한효소에 의해 인식된 벡터 DNA의 목표 염기서열

(b) 벡터 DNA의 단일 목표 염기서열 부분의 엇갈림 절단

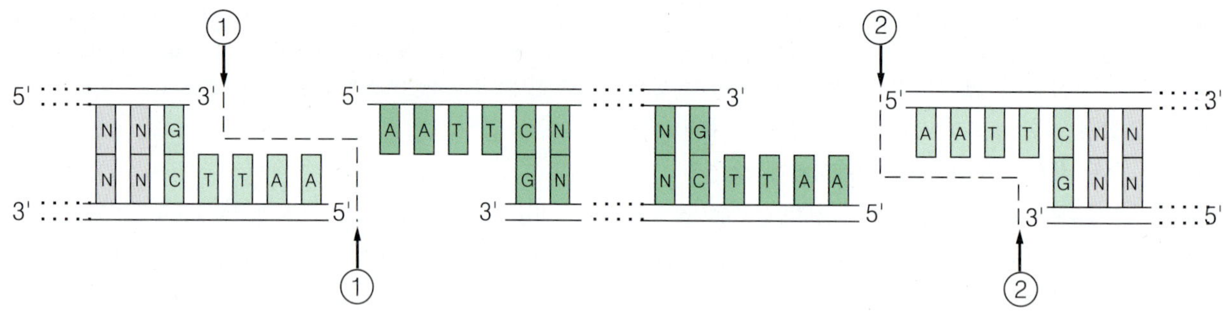

(c) *Eco*RI으로 2개의 목표 위치에 있는 ①과 ② 부위를 절단해 얻은 "외래" DNA의 선형 염기서열

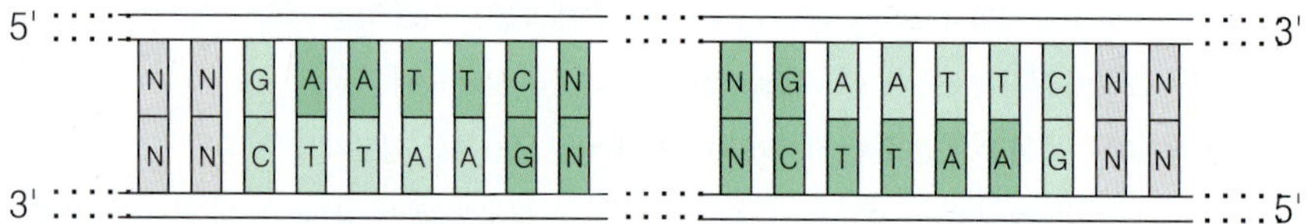

(d) 벡터 DNA의 절단된 부위(염기서열) 안에 추출 외래 DNA 염기서열의 삽입

그림 25-2 12장에 논의된 바와 같이, 제한효소는 특정한 DNA 염기서열을 인식하고 특정 부위 또는 그 인접한 부위의 DNA 이중나선을 절단하는 효소이다. 유전자 조작에 주로 사용되는 제한효소는 대칭축을 갖는 짧은 "앞뒤역순상동배열상의(palindromic)" 서열을 인식하는 종류들이다. 이 도해에서, 대장균 효소인 *EcoRI*이 인식한 앞뒤역순상동배열은 이중 가닥의 여섯 뉴클레오티드 서열 GAATTC/CTTAAG로서 이것은 각각 5′–3′ 또는 3′–5′ 방향으로부터 중심축을 향하여 똑같게 읽힌다(N은 불특정 뉴클레오티드를, 그리고 ...은 이 염기서열의 확장된 서열을 나타낸다). (a)에서 나중에 하나의 숙주 세포로 삽입될 수 있는 바이러스나 플라스미드와 같은 벡터 내에 이 여섯 뉴클레오티드의 목표 서열이 존재한다. (b) 목표 서열의 절단은 비대칭적이며, 엇갈림 절단(**화살표 참조**)은 돌출되었지만 상보적인 단일 가닥 말단 2개를 생성한다. 네 뉴클레오티드로 이루어진 이 말단을 "끈적거리는" 또는 "점착력이 있는" 말단으로 생각할 수 있다. (c) 역시 단일 가닥의 끈적거리는 말단을 갖는 하나 이상의 선형 염기서열을 생산하기 위해, 동일한 제한 효소 인식 부위를 갖는 다른("외래의") 근원의 DNA를 같은 방법으로 처리할 수 있다. (d) 이들 말단의 점착성 때문에 벡터 DNA와 상보적 염기 짝짓기에 의해 삽입되는 외래 DNA(**짙은 부위의 염기서열**)는 이중 가닥으로 연결될 수 있다. 그 다음 특별한 DNA 결합효소는 삽입된 외래 DNA의 말단 뉴클레오티드를 인접 뉴클레오티드에 공유결합시킬 수 있고, 이렇게 2개(또는 그 이상)의 근원에서 유래된 재조합 DNA 분자가 만들어진다. (Strickberger, M. W., 1985, **유전학**, 3판, Macmillan, New York에서 인용)

전통적인 사육 기술과는 대조적이다. 전통적인 사육 기술은 시간이 많이 소요되고 부정확한 반면, 유전자변형은 더 효과적이고, 유전자의 선택에 있어서 더 정확하며 전달받을 생물의 유전체로 도입될 유전자를 매우 넓은 범위의 생물에서 얻을 수 있도록 한다. 아래에서 보듯 복제술과 결합되면 유전자변형의 범위는 더욱 확대될 수 있다.

유전자변형 기술에 대한 우려

유전공학에 대한 가장 원초적인 비난은 아마도 우리가 자연에 개입하고 있다는 것이다. 그렇지만 우리가 "자연적"이라고 생각하는 물리적/생물학적 환경은 불변의 것도 아니고 성스러운 것도 아니다. 생물들은 주기적으로 환경에 영향을 주고 변화시켜왔고, 또 그렇게 지속되고 있다. 반면 도처에서 수많은 생물의 형태, 기능과 기질을 변화시켜온 "자연"에 인간은 반복적으로 개입하며 오랫동안 관여해왔다.

유전자변형 기술의 한 중요한 특징은 이용되는 유전자가 유전자를 받을 생물과는 다른 종에서 보통 기원한다는 것이다. 이는 많은 이들에게 상당한 윤리적 문제를 제기한다. 그러나 10장에서 보여 주었듯이 생물들 간의 유전자 흐름(수평적 유전자 전달)은 생명수(Tree of Life) 전체에 걸쳐 일어나는 흔한 사건이다. 바이러스와 전위유전자(transposon, 이동형 자가복제 DNA 서열), 한 종에서 다른 종으로 유전자를 실어 나르는 플라스미드는 끊임없이 종간의 장벽을 넘나들어왔다. 예를 들자면 우리 자신은 바이러스와 세균에 의해 도입된 유전자를 기꺼이 받아들인다.

서로 다른 종간의 교잡을 통해 새로운 다양한 종을 개발하는 것은 농업 분야에서 한 세기 이상 전부터 이어온 표준관행이다. 초기에는 근연관계의 종들에게 관심을 두었다. 그러나 20세기 중반까지 보다 먼 연관 관계의 종들 사이에서의 교차가 가능하도록 하는 방법들이 개발되었다. 그 한 예로서, 널리 재배되는 곡물인 라이밀(triticale)은 밀과 호밀 사이의 교잡종이다. **녹색 혁명**은 이런 종류의 육종이 가져다 준 주요 성과지만, 그에 대한 저항은 윤리나 종간 유전자 전달의 안정성보다는 환경과 사회적 관심사에 근거하여 일어났다. 유전공학에 의해 전달되는 유전자는 종종 다른 문(phylum)으로부터 유래해 왔고, 심지어 다른 계(kingdom)로부터 유래하기도 하였다. 이는 초기 육종 관행에서는 없었던 경우이다.

유전자변형 작물의 환경에 미치는 영향에 대한 관심은 대부분 국지적 생물다양성과 생태계에 대해 알려진 위협, 특히 유전자변형 식물의 꽃가루가 근연관계에 있는 잡초(만약 그 농작물이 해충이나 제초제에 저항하기 위해 변형된 경우의 문제)나 근연관

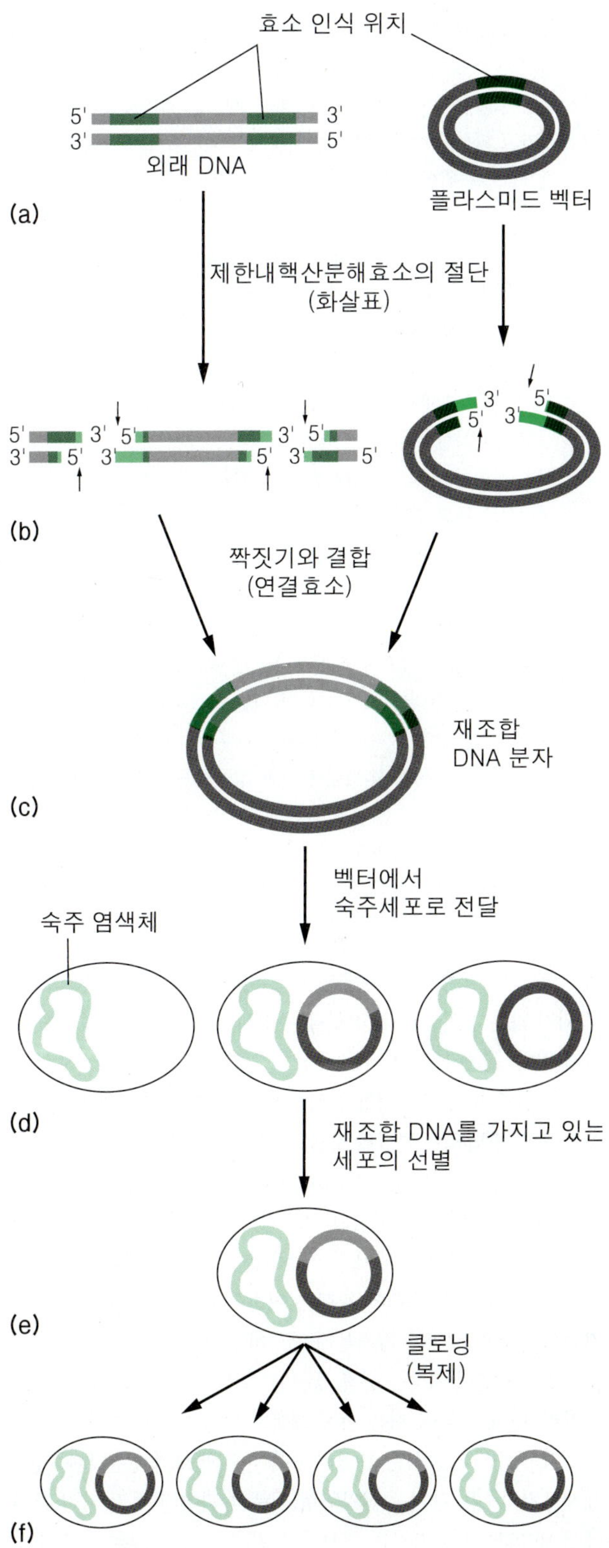

그림 25-3 플라스미드와 제한내핵산분해효소(restriction endonulease)를 사용하여 재조합 DNA 분자의 클론을 구성하기 위한 일반적인 방법. (a) 하나의 "외래" DNA 분자와 플라스미드 벡터를 선택한다. 이 둘은 모두 같은 제한내핵산분해효소로 절단될 수 있는 인식 부위를 갖고 있다. (b) 외래 DNA를 하나 1개 또는 그 이상의 조각으로 자르고, 플라스미드 벡터도 연다. (c) 제한 효소에 의해 생산된 절단면은 엇갈려 있어서 외래 DNA 절편과 열린 플라스미드 DNA의 단일 가닥("끈적거리는") 말단 간에 상보적 염기 결합이 일어날 수 있도록 한다. DNA연결효소가 두 DNA를 하나의 재조합 DNA분자로 공유결합시킨다. (d) 외래 DNA를 운반하는 플라스미드를 숙주 세포 안으로 집어넣는다. (e) 선택 과정을 통해 재조합 DNA 분자를 운반하는 세포를 분리한다. (f) 각 분리주는 더 증식되어 (c) 단계에서 함입된 특정 외래 DNA 절편을 가진 하나의 클론을 생성한다. (Strickberger, M. W., 1985, **유전학**, 3판, Macmillan, New York에서 인용)

글상자 25-2 위험과 안전의 통제

유전자 조작기술이 처음 시작된 날로부터 재조합 DNA 적용기술의 위험 가능성에 대해 많은 사람이 우려를 하고 있다. 그것은 당연한 걱정이다. 우리가 어떻게 어느 유형의 유전자조작이든지 — 실로 어느 유형의 실험이든지 — 예기치 않은 문제나, 해로운 결과를 초래하지 않을 것이라고 확신할 수 있겠는가? 어떻게 우리가 위험과 안전을 통제할 것인가? 모든 위험에서 안전하게 지키는 것은 어려울 수 있으나, 우리는 가능한 난점을 평가하고, 그에 대한 예방책을 강구할 수 있다:

1. **거의 모든 실험 절차에 위험요소가 있다는 것을 인식하는 것은 중요하다.** 예를 들면, 감기 증상을 완화하는 약들은 강력한 발암물질로 밝혀질 수도 있다. 또는 밀의 실험적인 한 종류가 무한정 퍼져나가 다른 작물들을 황폐화시킬 가능성도 있다. 동시에 우리는 지금까지 "자연적인" 대재해가 실험적인 절차들이 초래하였던 결과를 뛰어넘었다는 사실에 유념해야 한다. (물론 이것이 보장될 수는 없겠지만 실험을 수행하고 감시하는 사람들이 마음에 인간성을 우선 관심사로 두고 있다는 가정 하에서다.)
2. **실험절차상 위험이 없다고 보증할 방법은 없다.** 어떤 일이던지, 사소한 것이라도, 궁극적인 영향을 예측할 수는 없으며, 그것의 미래 상호작용까지 모두 추적할 수 있는 길은 없다. 미래에 잠재적인 오용 또는 혹 있을지도 모를 예상치 못한 해로운 효과가 일어날 수 있기 때문에 우리가 모든 유익한 기술을 금지해야 하는가? 사실 유전공학 실험이 금지되었더라면 암, 후천성면역결핍증 및 다른 심한 질병의 치료에서 거둔 온건한 성공조차도 배제되었을 것이다. 사실상 모두 유전자 조작과 관련된 농업 개선의 혜택을 제한하는 것은 무모하게 보인다.
3. **우리가 위험을 평가할 때, 좀 더 즉각적이고 예측할 수 있는 결과의 위험들에 기반을 두는 것이 논리적인 것 같다.** 다시 말하면, 의학적 모델로는 조직배양, 동물모델, 임상시험, 또는 둘러싼 경작지에 대한 실험들로 제한하는 것이 타당한 것 같다. 이와 같은 방법들은 실험적인 치료를 일반 대중에게 확대하여 적용하기 전에, 주요 작용과 아울러 부작용들을 면밀히 관찰해야 한다. 한 가지는 충분히 강조하기가 어려운데, 장기간 이용한 후 부작용이 분명해질 만큼 충분한 기간에 걸쳐 관리시험을 하는 것이 매우 중요하다.
4. **대부분의 경우에서 위험성 평가는 성공적으로 기능을 하고 있다.** 예를 들면, 시장에 나온 대부분의 의약품들은 그들이 의도된 목적대로 효과를 나타내고, 그들의 부작용은 치료하는 동안 꼼꼼히 살펴볼 수 있다. 정치적으로 독립된 정부기관이 엄격하게 규제하는 것이 제약 재해를 막는 최초 요원의 역할을 한다는 것을 명심해야 한다. 이러한 새로운 유전자 기술에 대한 우려가 모든 사람에게 영향을 주기 때문에, 어떤 결정은 공개적으로 근거를 갖추어야 한다.

논쟁을 더 확대해 보면, "무엇보다도, 해를 가하지 말라"라는 말은 우리의 행동이 유익한 것이거나 최소한 양호한 것이라는 것을 확신하는 것인데, 이 기본 원칙을 우리가 따른다면, 우리의 "자연"에 대한 개입(intervention)을 정당화할 수 있다는데 다수가 동의할 것이다. 타협(trade−offs)은 종종 필요하다. 왜냐하면 유익한 목표를 위한 개입이 항상 양호하거나 위험부담이 없는 것은 아니기 때문이다. 예를 들면, 의료에서는 수술, 방사선치료, 화학요법, 손상의 가능성이 있는 다른 방법들과 같은 개입들이 있다. 일반적으로 동의하는 의견이 우세하지만, 의학적으로 개입할 때는 손상의 위험정도와 삶의 질을 고려해야 하는데: 다른 말로 하면, 단순히 그 결말이 아니라 수단을 평가해야 한다. 외관상 모든 면에서 유전적 변형도 마찬가지다.

계의 토박이 식물(이의 존재 자체가 위협받는) 또는 유전자변형이 되지 않은 동일한 종의 작물을 수정시킬 가능성에 초점이 맞추어져 있다. 물론 논란이 되는 유전자(들)의 상대적 적합성에 따라 그러한 잡종의 장기적 영향은 달라진다. 다시 말하지만 유전자변형 이외의 방법으로 변형된 작물로부터 온 유전자의 흐름이 수십 년 동안 일어났듯이 이것은 전혀 새로운 일이 아니다. 그래도 아직 우려가 남아있고 그 어떠한 새로운 유전자변형 작물도 새 유전자의 도입에 앞서 반드시 세심한 주의를 기울여야 한다. 무엇보다도 그 기술에 대한 우리의 경험은 여전히 비교적 제한적이며, 장기적으로 어떤 결과를 가져올지 예상하기 어렵다.

유전자변형 기술을 통해 생산된 식품의 안전성은 또 다른 걱정거리다. 예를 들어 식품 속에 새롭게 만들어진 성분에 대한 알레르기 반응의 가능성은 특별히 주목 받을 필요가 있는 분야이다. 세계보건기구는 단지 유전자변형 식품과 관련된 이런 저런 분야에서 영양과 안전 지침을 개선하기 위해 일하는 많은 기구 중의 하나일 뿐이다. 우리는 **글상자 25–2**에 실험적 위험의 본질에 대해 다룬다.

인체 적용

2006년 인간 유전체 서열 분석이 완료됨으로서[13] 즉 인체유전학 분야와 언젠가는 유전질환을 조절할 수 있을 것이라는 희망에 엄청나게 큰 격려가 되었다. 이러한 성취를 위하여 동시에 두 집단의 노력이 관여되었는데, 하나는 인간유전체프로젝트(HGP) 산하의 세계 여러 실험실로 구성된 집단이고, 다른 하나는 Celera Genomics 회사의 Craig Venter가 주도하는 것이다.[14] 인간유전체

[13] 여러 종류의 초안이 수년에 걸쳐 발표되었다(표 25–3을 참조).

[14] 2006년 12월, Venter는 개인으로서는 최초이며, 처음으로 46개의 염색체 전부를 목표로 하여 그 자신의 유전체 서열을 발표했다. 반면, 두 가지 인간 유전체 프로젝트는 각 쌍 중 하나만을 지도제작(mapping)하였다. 같은 해 10월, 저렴하게 10일 내에 100명의 유전체 전체를 지도제작할 수 있는 첫 번째 연구진에게 천만 달러의 상금이 제시되었다.

프로젝트의 목적은 약 25,000개로 밝혀진 유전자를 동정하고, 관련된 약 30억 개의 화학적 염기서열을 결정하며, 이 프로젝트로 인하여 생기는 윤리적, 법적, 사회적인 논란거리를 분석하는 것이었다. 인간이 노력하는 여러 분야들을 망라하는 넓은 적용 범위는 앞으로 수십 년 동안 일반적으로 이 일과 유전체학의 흐름을 따라 갈 것으로 기대된다.

큰 관심을 불러일으킬 연구 분야의 하나는 **유전자치료**로, 질병이나 비정상인 의학적 상태를 치료하거나, 완치하기 위해 유전 물질을 도입하는 것으로 정의할 수 있다. 인체에 대한 시도는 1990년에 시작되었는데, 몇몇 질병을 대상으로 다양한 방법과 벡터들을 이용하였다. 수백 건의 시도가 있었으나 그 중 성공한 치료는 몇 건에 불과하였으며, 커다란 많은 문제점들이 남아있다. 2006년 말까지 미국에서 어떤 유전자치료 제재도 판매승인을 받지 못했다. 그러다가 처음으로 2007년 5월, Epeius Biothechnologies 회사의 Rexin-G™이 췌장암을 치료하는 유일한 약으로 미국 식품의약품안전청(FDA)의 승인을 받았다.

문제점으로는 환자의 세포 내로 충분한 양의 새로운 유전자를 도입하기 어려운 점, 이들이 작동하게 하는 것, 치료의 지속기간이 짧은 성향, 벡터(또는 벡터 감염)에 대한 반응을 들 수 있다. 1999년 유전자치료를 받던 한 미국인 환자가 사망하였는데, 아마도 바이러스 벡터에 대해 극심한 면역반응이 일어났기 때문으로 추정된다. 더 심각한 주요 실패가 프랑스에서 X염색체-연관 중증복합면역결핍증["거품소년(bubbke boy)" 증후군] 을 앓고 있던 어린 환자들을 대상으로 수행된 시도에서 일어났다. 이 시도에서 10명 중 9명의 어린이가 일단 성공적으로 치료되었으나, 이후 3명에게서 암이 발생되었다. Woods 등의 연구(2006)에서 보면, 위 시도에서 사용된 동일한 유전자를 도입한 마우스의 1/3에서 생활사 후반부에 림프종이 발생되었다.

유전자치료는 유전공학과 밀접하게 연관되어 있기에 여기에서 논의된다. 유전자치료가 유전자급원에 미치는 영향과 그로 인하여 진화의 과정을 변경하는 능력은 그런 치료를 받지 못하였더라면 죽을 수밖에 없었던 사람이 치명적인 유전자를 가진 자손을 생산할 수 있게 되는 사실에 국한된다. 현재까지 이러한 기술은 단지 체세포조직만 관여해 왔다; 과학자들과 일반대중 가운데 진실로 인간의 생식질(germ plasm)을 변형시키는 시도는 엄청난 위험을 초래할 수 있으므로 아직 시도하지 말아야 한다고 의견이 합치 되었다. 그리고 또한 개인의 외모나 키와 같이 질병과 무관한 유전자를 변화시키거나 "향상시키는" 유전자를 개조하는 일은 역시 비윤리적이라고 간주된다. 다른 윤리 문제들로는 생식 기술, 장애 또는 질병을 구성하는 것의 정의(어떻게 우리가 정상이란 말을 정의할 것인가?), 위험이 관여될 경우 치료가 정당화될 수 있는지 하는 점 등이 있다.

복제생물(클론)과 생물복제(클로닝)

복제생물이란 **다른 한 생물의 후손이면서 그와 유전적으로 동일한 생물을 말한다.** 이러한 정에 따르면, 무성생식법(세균이나 다수의 진핵생물, 특히 식물에 의해 사용되는 생식법)에 의해 생산된 모든 자손들은 복제생물이다. 복제생물은 세대에 걸쳐 유전적 동질성을 제공하는데, 생물이 오래도록 같은 조건에 처해있을 경우에는 장점이 되지만 유전적 다양성은 잃어버리게 된다. 반면에, 유성생식은 변화될 수 있고 예측 불가능한 조건에서 생물의 선택이 작동하는 장점을 갖게 해주나, 이것은 비교적 비싼 유전적 도박이다. 무성생식과 유성생식 간의 장단점 비교는 9장에서 논의되었다.

생물복제는, 여기서는 **인위적으로 복제생물을 생산하는 방법**으로 정의되는데, 농업, 원예 및 조림에서 긴 역사를 가지고 있다. 식물에서는 꺾꽂이, 접붙이기, 그리고 휘묻이(layering)와 같은 방법들이 수천 년까지는 아닐지라도 수세기 동안 사용되어왔다. 이러한 방법으로 재생된 낯익은 식물에는 감자, 파인애플, 많은 원예와 조림 종과 과일이나 견과류를 생산하는 대다수의 나무들이 포함된다. 복제식물은 실험실내에서 세포배양을 통해 시작하여서 충분한 크기로 성장하였을 때 토양으로 옮겨 심을 수 있다.

동물을 복제할 때는 두 가지 현대적 실험 방법이 사용된다. **배아 분할**(*embryo splitting*)에서는 각기 정상적인 배아로 발달할 수 있는 능력을 상실하지 않은(그러므로 분화전능한; totipotent), 겨우 몇 개의 세포로 구성된 분열 초기의 배아를 동일한 크기로 쪼갠다. 이 복제된 배아는 이후 가임 모체 또는 모체들에게 이식된다.

생물복제의 또 다른 실험 방법은 **체세포 핵이식**(*somatic cell nuclear transfer*)으로 근래 엄청난 논란의 주제이며 여론의 주목을 받고 있는데, 생물복제에 관한 논란은 특히 이 방법이 문제가 된다. 이 방법은 이배체 세포(diploid cell)로부터 핵을 뽑아내어 핵을 제거한 난세포에 삽입하고, 그 결과로 이배체가 된 난세포를 배아로 발육시키는 것이다. 이와 같은 방법은 1950년대 처음으로 고안되었는데, 개구리 배아로부터 얻은 제공자(donor) 핵을 탈핵된 알에 이식하는데 몇몇 성공을 거두었으나, 후배아핵(post-embryonic nuclei)을 이식하려는 시도는 그 핵이 이미 분화전능성을 갖지 못한다는 것을 보여주었다. 아무튼, 1960년대에서 1970년대 사이 이 기술은 올챙이의 핵을 이식시킨 알이 올챙이로 발육하고 이후 성체로 변태하는 단계까지 발전되었다(Gurdon, 1962).

1990년대 들어서는 다양한 포유동물에서 성공을 거두었으나, 항상 초기 배아 상태의 핵만이 사용되었다. 후기 배아나 성체의 핵을 사용하는 것은 확실히 비효율적으로 나타났다. 1997년 Ian Wilmut와 공동연구자들이 여섯 살 된 암양의 유방세포 핵을 그의 난자에 이식하여('돌리'라는 이름의) 양을 생산하는데 성공하였다는 소식은 청천벽력처럼 세계를 놀라게 했다. 만일 양에서 가능하다면 인간이 안 될 리 없지 않을까? 실제로 Wilmut는 "2년 안에" 인간을 복제하는데 유사한 기술이 사용될 수 있을 것으로 기대한다고 영국 의회 위원회에서 공언했다.

이 일의 주요 혁신 기술은 성체의 핵을 "재프로그램(reprogramming)"하는 것으로서, 접합체 핵의 기능을 갖게 해 주어 새로운 개체로 발육할 수 있도록 지시하도록 만드는 데 있었다. 이후 — 마우스, 소, 돼지, 고양이, 염소, 어류 등 — 여러 동물들의 성체조직으로부터 유래한 다양한 핵을 사용하여 복제생물이 생산되었다. 그러나 이러한 성공들은 무조건적인 것과는 거리가 먼 것이었다. 예를 들면, 과정이 비싸고 매우 비효율적이다. 사용한 극소수의 성체세포의 핵만이 살아있는 자손을 만들었으며, 또한 출생까지 생존한 자손의 경우 비정상인 예도 흔하였다. 그럼에도 불구하고 그 의미에 있어서는 비교할 바가 없었다. 이제는 누군가가 챔피언 황소, 좋아하는 애완동물, 그 또는 그녀 자신을 복제할 수 있을까?

인간복제 가능성에 대한 반응은 — 거의 대부분은 분명히 부정적 — 즉각적이었다. 언론매체, 의학계, 종교계 및 다른 단체들의 대표와 그리고 일반 시민단체들까지 모두 이 기술의 윤리적인 문제에 대해 우려의 목소리를 내었다. 여러 관할권의 정치인들은 재빨리 행동했다. 예를 들면 미국에서, Clinton 대통령은 연방차원에서 인간복제에 관한 연구비를 금지하였고, 비연방차원 연구비에 대하여 지불유예를 요청하였으며, 국가생명윤리자문위원회에게 청문회를 열도록 명령했다. 그럼에도 불구하고 몇 사람은 이 분야의 연구에 착수하였다.

2004년까지는 거의 진전이 없었으나, 한국의 한 생물학자가 그와 그의 연구진이 복제술에 의해 인간 배아를 생산하였다고 발표하였으며, 다른 진전된 결과가 그의 실험실에서 빠르고 연속으로 발표되었다. 이 일의 목적은 한 인간과 정확하게 일치하는 복제인간을 생성하려는 것이 아니라, **줄기세포**의 공급원으로 생산하여, 여러 질병을 위한 가능한 치료법으로 향하는 문을 열고자 함이었다. 그러나 2005년 말과 2006년 초에 그의 결과들이 대부분 조작되었다고 드러났다. 지금은 과학사에 있어 최악의 사기 사건의 하나로 간주되고 있으며, 이것은 줄기세포 연구에 커다란 타격을 주었다. 지금도 인간 복제로 야기되는 많은 윤리적, 실험적 난제는 미결 상태이다.[15]

줄기세포연구는 체외수정 시 남은 동결 잉여 배아로부터 혹은 양수, 제대혈과 같이 가능한 다른 재료로부터 얻은 세포주에 대하여 계속되고 있다. 유전자 치료와 마찬가지로, 기대되는 이득은 거대하다. 그러나 우리는 이러한 계통의 연구가 넓은 범위의 질병들을 치유할 수 있는 도구를 우리에게 제공해 줄 뿐 아니라, 많은 결실이 있는 결과를 가져올 지 아직 잘 모른다. 이러한 일들은 현재 매우 초기단계에 머물러 있다.

[15] 많은 과학적, 정치적, 윤리적인 문제에 관한 토의를 위해, Jane Maienschein의 책(2003), **생명에 대한 누구의 시각? 배아, 복제생물, 줄기세포?**를 참조.

■ 인간이 유도한 다른 진화적 변화

이제까지 이 장에서는 문화의 역할이 인간의 진화에 있어서 동력으로 작용한다는 것과 우리 자신과 다른 종의 진화를 이끌려는 인간의 노력에 주안점을 두었다. 여기서는 우리 인간이 역사 전체를 통해 우리가 직접적으로 바꾸려고 노력했던 유전체가 아니고, 유전체의 분포와 유전자급원에 대하여 비정상적으로 영향을 미친 것, 대부분 우연히 미친 영향에 관하여 간략히 검토하고자 한다. 구석기시대가 시작되면서부터 사냥이라든지 광범위하게 불을 쓰게 되게 된 인간의 행동에 의하여 호주, 미대륙과 세계 도처에서 거대생물군(megafauna, 매우 큰 동물)이 멸종에 이르게 되었으며, 우리는 거의 전 세계에 걸쳐 생물종과 환경을 변화시키기에 이르렀다. 오늘날 그 분명한 예로 바다의 어류상이 궁지에 몰린 것을 들 수 있는데, 사실 과잉어획에 의하여 대부분의 어종이 위협을 받고 있는 상황이다. 북양의 대구(cod) 무리는 Newfoundland와 Labrador의 주민을 먹여 살렸는데 1990년 무렵 재앙과 같은 감소로부터 전혀 회복되지 못 하고 있다.

인간이 이동하는 곳이면 어느 곳이든지, 특별히 농경이 시작된 이후로, 가축(소, 염소 등)이나 기회를 포착하여 퍼지는 생물(쥐, 잡초, 병원미생물 등등)과 같이 다른 동물들도 동반 유입되게 되었다. 유럽인들이 대양을 건너서 탐험을 시작하였을 때 이 지역 환경에는 엄청난 변화가 초래되었다는 것이 Alfred Crosby에 의해 1986년 그의 저서, **생태적 제국주의, 유럽의 생물학적 팽창, 900~1900**에 서술되어 있으며, 보다 근래(1997) Jared Diamond의 저서인 **총, 병원균과 강철**에 상세히 기술되어 있다. 이러한 영향은 특히 도서지역에서의 대량멸종(하와이는 대표적인 예), 외래종의 유입에 의한 토착종의 치환(매우 긴 목록이 있음), 생태계의 일반적인 동질화와 단순화 등을 포함한다. 이러한 영향은 세계화에 의하여 부추겨져서 오늘날까지 지속되고 있으며 파괴적인 원인체가 어느 방(예, 배 밑바닥의 물에 의해 운반되어 온 침입종; 재목에 묻어오는 오는 해충)에서든지 들어올 수 있다. 전체 생태계가 위협받거나, 경우에 따라서는 절멸한다.

새로이 "발견된" 지역에 살던 원주민들에 대한 영향도 역시 재앙을 가져올 정도였다. 유럽인들이 미대륙과 태평양 도서지역에 도착한 이후 수십 년간 천연두, 홍역, 결핵과 같은 감염질환들이 이제까지 격리되어 있었던 도서지역 사람들을 대량으로 죽였다. 비슷한 운명이 여러 동물과 식물 종, 특히 나무(예, 미국밤나무)에도 닥쳤다.

Diamond(2005)는 그의 저서인 **붕괴: 어떻게 사회가 실패 또는 성공을 선택하는가**에서 자원 남용의 결과에 대해 자세하게 기술하고 있다. 이러한 경우와 관련된 여러 연구(중미의 마야, 그린란드의 고대 스칸디나비아인의 정착 등)를 통하여 각기 다른 시대와 다른 장소에서 어떻게 인간 사회가 그들의 환경변화, 그들 자신의 활동에 의해 많은 부분 초래된 변화, 몇 가지만 이름 들자면 잘못된 농경 형태, 삼림 남벌, 물 고갈 등에 의해 붕괴되었는가 하는 것을 보여준다. 오늘날 우리의 자원의 기반은 전 세계이고, 우리의 영향은 기후변화에 이르기까지 세계적이다.[16]

무엇이 앞에 있나?

우리의 앞에 두 가지 매우 다른 세계가 있다. 끝없이 증가하는 인구, 우리의 지나친 자원낭비, 부자와 가난한 자 간의 벌어져만 가는 소득격차가 우리의 생존을 위협하는 것으로 보이는 한 세계가 있고, 의학과 유전학에서의 눈부신 새로운 발전으로 언젠가는 우리의 유전형질을 바꿀 수 있는 가능성을 지닌 또 다른 한 세계가 있다.

유전학적 혁명의 출발점에 서있는 우리는 새롭고 아직까지 우리가 꿈꾸어 본 일이 없는 미래 기술이 데려갈 곳에 대하여 단지 상상할 뿐이다. 이제까지 실험적인 도전이 그다지 성공적이지 못한 듯 보이나 비행의 시도, 개심술 시행, 달 위를 걷는 것도 예전에는 그러했다. 아마 우리가 이 모험에 대해 물을 수 있는 가장 적절한 질문은 무엇이 목표인가 하는 것이다. 우리가 이것을 도덕적 동기(motive)인 인류의 복지(the good)라는 데 둔다고 하더라도 이 "복지"가 무엇인지 결정되어야 한다.

아직 주요한 유전학적 변형은 상당히 먼 미래로 남아있다. 현재 더 적절한 문제는 해로운 사회적인 행동(우리의 군국주의적인 성향을 포함하여)을 극복하는 것이 우리에게 필요한 것이다. 그래서 우리가 가지고 있는 자원 안에서 자족하여 살고, 우리 행성에 살고 있는 다른 생물을 보호하는 것이다. 이러한 조류를 뒤집는 것은 벅찬 일이 될 것이며, 아마도 불가능한 작업일 것이다. Diamond(2005)가 보여 주었듯이 우리의 사고방식과 많은 지적인 문제가 우리의 환경에 대한 접근 아래에 깔려 있으며, 우리 삶의 다른 영역에 반영되는 태도: 즉, 문제 예측 실패, 서서히 진행되는 정상상태(normalcy)(변화가 천천히 일어나 우리가 감지하지 못하는 것), 문제가 확연함에도 이를 부인하는 것, 이기심 등이 우리에게 있다. 오늘날 전형적인 문제는 지구온난화인데, 21세기의 첫 10년의 중반에 이미 부인할 수 없는 지경에 이르렀지만, 아직도 거의 아무 특별한 조치를 취하지 못 하고 있다.

이상적으로는 우리의 지능과 기술이 이렇게 연계된 진퇴양난을 극복할 수 있는 방법을 제공해 주어야 한다. 우리는 우리의 생물학적 기질에 대한 지식과 정통함에 더하여 우리자신의 진화를 위한 유용한 공저자인 인간성의 새로운 역할을 상상할 수 있다. 우리의 삶과 우리가 사는 행성은 우리에게 신성시 되어야 하는데, 그것은 진화가 이러한 상태를 우리에게 주었기 때문이 아니라 우리 자신이 그렇게 했기 때문이다.

우리는 이제 인간문화의 매우 특별한 양상을 토의하기 위하여 다음 장이며 또한 마지막 장으로 넘어간다. 문화는 인간이 서로 관계하며, 그들의 자연과의 경험을 믿음, 종교와 진화의 체계와 지속적으로 관계 맺는 방식이다. 26장은 우리들을 Part I에 소개된 역사적인 관점으로 되돌아가게 한다. 사회와 생물학적인 체계에 관한 전통적이고 종교적인 논리의 근거는 우주가 지적인 신 혹은 신들에 의해 수립된 설계로 만들어졌다는 것이다. 이 방정식에서 신을 제외시킴으로써 진화이론은 오래도록 받아들여져 온 세계관에 도전하였다. 종교와 진화 사이에는, 특별히 이제 우리가 다른 생물을 조작할 수 있고, 아주 여러 다른 생물종들의 환경을 수정하며, 전 세계에 영향을 미치는 변화를 창조하기 때문에, 긴장관계가 남아있다.

주요 용어

문화(culture)
벡터, 매개체(vector)
사회 다윈주의(Social Darwinism)
사회생물학(sociobiology)
생물복제, 클로닝(cloning)
생물학적 한계(biological limitations)
생태학적 발자국(ecological footprint)
소극적 우생학(negative eugenics)
수명(longevity)
우생학(eugenics)
유전공학(genetic engineering)
유전자 치료(gene therapy)
인구폭발(population explosion)
재조합(DNA recombinant DNA)
치사 대립유전자, 치사 대립형질(lethal alleles)

토의 및 질문

1. 왜 생물학적 진화는 다윈주의를, 그리고 문화적 진화는 라마르크주의를 고려하는가? 이러한 구분은 정당한가?
2. 사회 다윈주의.
   a. 인간 사회구조와 사회변화를 생물학적 진화를 관장하는 다윈의 법칙으로 설명할 수 있는가?
   b. 왜 사회 다윈주의는 이제 더 이상 받아들여질 수 없는 개념인가?
3. 사회생물학.
   a. 생물학에 근거한 사회적 행동이 어느 정도까지 문화적으로 변화가 가능한가?
   b. 당신은 문화를 단지 밑에 놓여 있는 생물학의 표현이라고 생각하는가? 설명하시오.
4. 유전학자들은 해로운 대립유전자에 의해 야기된 형질의 빈도를 계산하기 위하여 어떠한 설명을 하였는가? 그러한 형질은 모두

[16] 지구환경 문제에 관한 수많은 문헌이 존재한다. 이 장에 대한 더 읽을거리 부분에는 이 주제로 편리하게 들어가도록 제시하는 Diamond의 두 책을 실었다.

제거될 수 있는가? 제거될 수 있다면 왜 그렇게 되는지, 또는 제거할 수 없다면 왜 안 되는지?

5. 유전학적 기술에 의한 인간 유전체의 변화는 인간의 건강을 증진할 가능성을 가지고 있는가?
6. 인구집단 차원에서 인간의 유전자급원을 변화시킬 수 있는 시도에 함축된 의미에 대하여 토의하시오.
7. 인간이 유도한 다른 종의 유전체의 변화가 주는 잠재적 영향(긍정적이고 부정적인)은 무엇인가? 그와 같은 변화는 이들 다른 종의 진화에 영향을 줄 수 있는가?
8. 인간의 수명연장과 자원의 사용이 우리 자신과 다른 종, 그리고 환경에 미치는 중장기적인 영향은 무엇인가?

추천 읽을 거리

Alcock, J., 2001. *The Triumph of Sociobiology.* Oxford University Press, New York.

Alcock, J., 2005. *Animal Behavior: An Evolutionary Approach.* Sinauer Associates, Sunderland, MA.

Crosby, A. 1986. *Ecological Imperialism: The Biological Expansion of Europe, 900–1900.* Cambridge University Press, Cambridge, UK.

Diamond, J. M., 1997. *Guns, Germs, and Steel: The Fates of Human Societies.* Norton, New York.

Diamond, J. M., 2005. *Collapse: How Societies Choose to Fail or Succeed.* Viking Books, New York.

Hawkins, M., 1997. *Social Darwinism in European and American Thought: 1860–1945.* Cambridge University Press, Cambridge, UK.

Jones, S., R. D. Martin, and D. R. Pilbeam(eds.), 1996. *The Cambridge Encyclopedia of Human Evolution.* Cambridge University Press, Cambridge, UK.

Kevles, D. J. 1995. *In the Name of Eugenics: Genetics and the Uses of Human Heredity.* Harvard University Press, Cambridge, MA.

Leland, K. N., and G. Brown. 2002. *Sense and Nonsense: Evolutionary Perspectives on Human Behaviour.* Oxford University Press, Oxford, UK.

Maienschein, J., 2003. *Whose View of Life? Embryos, Cloning, and Stem Cells.* Harvard University Press, Cambridge, MA.

Milner, R., 1990. *The Encyclopedia of Evolution. Humanity's Search for Its Origins.* Facts On File, New York.

Mindell, D. P., 2006. *The Evolving World: Evolution in Everyday Life.* Harvard University Press, Cambridge, MA.

Ridley, M. 2000. *Genome: The Autobiography of a Species in 23 Chapters.* Harper Perennial, New York.

Wilson, E. O., 1975. *Sociobiology: The New Synthesis.* Harvard University Press, Cambridge, MA.

Wilson, E. O., 1977. Biology and the social sciences. *Daedalus,* **106,** 127–140.

Wilson, E. O., 1978. *On Human Nature.* Harvard University Press, Cambridge, MA.

26 믿음, 종교 그리고 진화

요약

종교는 자연의 힘에 호소하거나 또는 자연을 제어하려는 시도로부터 기원하였다. 이로부터 영원하면서도 형태가 없는 신과 영혼의 개념이 나오게 되었다. 사회적 그리고 생물학적인 체제에 대한 전통적인 종교적 입장은 우주가 어떤 현명한 신격에 의하여 설계된 질서 하에 있다는 것이다. 천지를 창조하고 지배하는 신에 대한 믿음과 아울러 종교는 감정적인 안정과 도덕과 윤리적인 가치를 제공하기 때문에 기존의 사회질서 유지에 도움이 되어 왔다.

16세기의 Copernicus와 Galileo 이전까지만 해도, 아무도 신이 천지를 지배한다는 생각에 도전하지 못하였다. 그러나 이들이 몰고 온 세계관 하에서 신은 세상일에 계속 관여하는 존재가 아니라, 최초의 창조자로만 생각되었다. 진화론은 인간이나 다른 모든 종의 기원을 포함하는 생물학적 유연관계를 신과는 관계 없이 자연선택만으로 설명하였으므로 서구의 종교에 더 큰 위협을 가하게 되었다. Darwin은 진화란 역사적인 과정이며, 현존하는 생물은 저절로 생긴 것이 아니라 과거의 지속적인 선택과정을 거쳐 생겨난 것으로 믿었다. 이것은 생물이든 무엇이든 간에 어떤 지적인 존재의 설계가 없으면 만들어 질 수 없다는 일반적인 종교적 믿음과 모순이 되는 것이었다. 지구의 엄청난 나이와 자연선택의 힘을 통하여 한번에 임의적으로 만들어지기는 불가능한 복잡성이 진화적으로는 가능한 사건이 될 수가 있었다. 많은 사람들은 자의식과 목적의식이 있으며, 인간과 비슷한 신을 진화적인 무작위성과 불확실성으로 대체하게 되었다고 생각하였다.

Darwin의 진화론은 생물학 분야 뿐만 아니라 인간의 사회와 문화의 거의 모든 분야에 심대한 영향을 주었다. 그 당시 봉건질서와 왕권을 무너뜨리고 자본주의가 나오게 한 사회적, 경제적, 기술적인 발전에 특히 많은 영향을 주었다고 할 수 있다. 그 후, 유대교와 기독교의 많은 종파에서는 진화생물학적인 결과에 대한 해석을 피하거나 전통적인 교리와 과학적인 해석의 절충을 시도하였다. 예를 들면, 신은 모든 자연현상을 관장하는 법칙을 정하여 진화가 일어날 수 있게 했기 때문에 그에 따른 모든 결과는 신의 권능이라는 것이다. 지구와 생물의 기원과 변화에 대한 신비가 풀리면서, 또 윤리와 도덕이 서로 다른 사회에서 달라질 수 있으며, 이런 가치의 차이가 종교 없이도 성립될 수 있다는 것이 알려지면서, 종교적인 교리에 대한 신봉이 약화된 것은 사실이다. 유전체나 다른 종들의 환경, 심지어는 지구 전체의 환경을 변화시킬 수 있는 인간의 능력이 부각되면서 종교와 진화론의 알력은 계속되고 있다.

미국뿐 아니라 유럽에서도 점점 진화를 인정하지 않는 근본주의적 종교집단들이 진화에 대한 교육을 반대하거나, 많은 생물학 교과서에서 그 내용을 축소 또는 제거하려고 노력하고 있다. "창조과학"(이름과는 달리 과학적 방법론을 사용하지 않음)과 최근의 "지적 설계론"은 많은 영향력을 행사하여 왔다.

이번 장에서는 25장에서 논의했던 문화 및 사회적 진화에 대한 주제의 계속으로서, 특히 유대교와 기독교의 교리(system of belief)에 진화론이 어떤 영향을 주었는지 논의해 보겠다. 우선 1부에서 소개되었던 역사적인 관점에서 종교의 기원에 대하여 설명할 것이다. 또한 왜 종교가 존속하는 것이며, 어떻게 자의식이나 영혼의 개념을 이해할 것인가와 같은 최근의 관심사에 대하여 고찰해 보도록 하겠다.

과학, 사회, 문화는 밀접하게 연관되어 있다. 사회적인 관점에서 볼 때, 진화론의 성립은 자본주의가 나올 때까지 유럽 사회에 통용되던 엄격한 질서의 봉건계급 구조의 타파로부터 비롯된 사회적인 관습과 사상에 있어서의 정치·경제적인 혁명의 한 부분이라는 것이 이미 알려져 있다. 자본주의에서 비롯된 경제적인 난제들과 새로운 자본가 계급이 과거의 사회적 질서를 널리 뒷받침하였던 종교적, 철학적 체계에 사상적으로 도전하는 데 여러 면에서 일조하였던 것이다. 이런 변화가 없었다면 그 당시 유럽의 과학은 번성하지 못했을 것이다. 사회적 진화론이나 우생학의 출현이 이전 장에서 논의했던 변화들이다.

2장에서 논의한 대로, Darwin 진화론이 빅토리아 시대 이후부터 사회의 거의 모든 면에 미친 영향은 실로 심대하였다. 진화론은 생물학적인 변화를 이해하는 포괄적인 기반을 제시하였다. 이 이론은 생물의 형태와 기능을 누가 만든 것이 아니라 자연적으로 생겼다고 주장함으로써 변하지 않는 종의 개념은 자연적이 아니라는 것을 명확히 하였다. 이런 파격적인 개념들은 생물학에 혁명적인 변화를 가져왔을 뿐만 아니라, 사회학, 고고학, 경제학, 정치, 여권신장, 소설, 시, 언어학, 철학, 심리학 등에도 영향을 끼쳤다. Herbert Spencer, Karl Marx, Joseph Conrad, Thomas Hardy, Alfred Tennyson, George Eliot, George Bernard Shaw, Henri Bergson, Sigmund Freud 등은 그들의 연구, 저작, 정치, 세계관 등에 진화의 개념을 접목시켰던 많은 사람들 중 일부이다.[1]

과학과 종교

우리의 세계관은 소속된 사회의 문화에 의해 큰 영향을 받는다. 서로 다른 문화는 그 구성원들이 다양한 사건과 인과관계를 어떻게 인지하며 해석하는가에 대하여 어디에 중점을 둘지 서로 다른 판단 기준을 제시한다.

우리가 과학이라고 보는 분야도 과학적인 개념을 어떤 사건과 경험에 어떻게 적용시킬 것인가라는 부분이 있기 때문에 실제로 문화적인 의미를 지닌다. 이미 알려져 있거나, 새롭게 발견된 과학적 원리와 법칙에 의한 분석을 통한 과학적인 설명을 대부분의 사람들은 과학이라고 본다. 그러나 어떤 이들은 이를 부정하거나 부분적으로만 받아들인다.

유럽 문화에서는 생명자체, 특히 **인간에 관련된 부분**(예를 들면, 인간습성 및 관계) 보다는 **무생물**과 관련된 것들을 과학적인 분석의 대상으로 삼는 것이 더 용이하였다. 따라서 물리학과 화학은 19세기까지 상당히 잘 정립이 되었으나, 생물학, 특히 발생 및 진화에 관련된 분야는 계속 생기론적인 해석의 대상이 되어 왔다. 여기서 **생기론**(vitalism)이란 모든 생명체에 "생기"가 불어넣어져 있다는 이론이다. 결과적으로 화학과 물리학에서 보다 생물학(특히 진화관련 분야)에서 이런 문화적 제약들을 극복하는 것이 쉽지 않았다.

종교적 믿음의 근원

현재 다양한 문화에서 볼 수 있는 종교적인 발전 단계들을 통하여

[1] Darwin이 소설가들에게 준 영향에 대해서는 Levine(1988), Beer(1992), 그리고 Appleman(2001)의 IX부(631~682쪽)에 실려 있는 수필들을 참조.

종교 자체의 진화에 대한 단서를 유추해 볼 수 있다.

종교란 인간이 직접 제어하거나 이해할 수 없는 경험들에 대처하기 위하여 자연의 힘에 동물과 인간의 영혼을 부여하는 과정에서 처음 생겨났다고 보고 있다. 또한 종교의식은 주술적인 행사의 효율성을 높이기 위해 반복을 거듭한 결과 생겨나게 되었다. 수렵사회 이후의 농경사회에서는 농작물을 적절한 시기에 파종하고 수확하여야 하며, 신비롭고 전횡적인 힘(가뭄, 홍수, 화산 분출, 해충)에 의해 풍작 또는 흉작으로 결정되므로, 이와 같은 의식화된 습성이 특히 중요하게 된 듯하다.

세상에 대한 불안감과 자연을 독립적인 주제로 탐구할 때의 어려움 때문에 사람들은 인간사에 대한 초자연적인 심판의 결과가 자연현상에 영향을 준다고 믿고 싶어한다(징벌과 보상을 통하여 — 즉, 재난과 번영). 결국 자연의 힘을 인간적으로 보는 그 느낌 때문에 종교가 지속되었으며, 인간이 이해할 수 있는 호소방식(순종, 애원, 선물, 제물, 복종, 충성)을 통하여 자연의 심판과 징벌을 완화시킬 수 있다고 소망하여 왔던 것이다.

두려움, 헌신, 불안, 명예, 의존, 봉사, 호전성과 죄의식 등과 같은 인간의 공통적인 감정과 습성 때문에 종교가 널리 확립되어 있는 듯하다. 종교는 인간과 주변 환경의 관계를 설명하는 동시에 세상을 어떻게 살아나갈지 인도하며, 우리 사회가 어떻게 그리고 왜 생겨난 것인가에 대한 해답을 주는 **교리**(belief system)를 제공한다(**표 26-1**). 따라서 각 문명의 교리는 대게 그들의 세계가 어떻게, 어떤 목적으로 창조되었는지에 대한 포괄적인 설명을 제시한다. 이 설명들은 보통 개인의 직접적인 경험 보다는 사회적, 역사적, 관습적인 면의 견해들을 종합한 것들이다. 따라서 우리는 진화론이 왜 기원과 설계에 관한 믿음에 큰 저해가 되는지 알 수 있다. 실제로 진화론은 세계관과 존재의 의미에 대한 심각한 문제를 일으키게 되었다.

표 26-1 문명에 따른 10가지의 창조신화

1. 신은 대양에서 나와 육지를 만들었고, 우주의 중심인 헬리오폴리스(Heliopolis)의 언덕에서 모든 생명체를 창조하였다(이집트).
2. 신은 악마의 세력을 반으로 쪼개어 하늘과 육지를 만들었으며, 참배를 위하여 인간을 창조하였다(메소포타미아).
3. 신은 모든 선한 것들을 창조하였으며, 모든 악한 것들을 창조한 악마와 투쟁하고 있다. 투쟁은 한 번에 약 3,000년 정도 걸리며, 악마가 멸망하여 창조가 완벽하게 완성될 때까지 계속될 것이다(이란).
4. 신은 여성이며 바다로부터 하늘을 갈라내었고 뱀을 창조하여 교접하였다. 그녀는 거대한 알을 낳았는데, 이것이 지구, 생물들, 천체들, 그리고 이런 존재들을 지배하는 임무를 띤 세력들을 형성하였다(그리스).
5. 신은 황금알에서 부화되었으며, 그의 몸의 각 부분에서 모든 것이 태어났다. 시간이 흐르면 생명은 소멸하며 다시 새로운 주기가 시작된다(인도).
6. 신은 6일 동안 우주를 창조하였으며, 그 마지막 날 인간을 창조하였다(창세기 1장). 신은 에덴동산에서 아담을 창조한 후, 동물과 새 그리고 마지막으로 이브를 창조하였다(창세기 2장).
7. 신은 해와 달, 두 쌍둥이를 낳은 여성이다. 일식과 월식 때 쌍둥이가 만나 지구의 다양한 신과 영혼들을 창조하여 인간을 지배한다(베냉, 아프리카).
8. 신은 대홍수에 의하여 분리된 네 번의 기간 동안 세상을 창조하였다(유카탄).
9. 신은 원시대양을 헤엄치던 오리들의 물갈퀴에 걸린 진흙을 재료로 지구와 생물을 창조하였다(미국 원주민 크로족).
10. 우주는 원래 달걀모양이었는데, 신이 그로부터 부화되어 현재의 물리적 구조로 깎아내게 되었다. 18,000년이 지난 후 신은 죽고 세상의 나머지 부분들은 그 신의 육체에서 기원하였다. 두개골은 하늘로, 뼈는 암석으로, 살은 흙으로, 땀은 비로, 머리카락은 식물체로, 몸에 붙어있던 벼룩들은 인간으로 변하였다(중국).

영혼, 신, 자아

종교는 그 초기부터 기원한 2개의 기본적인 개념(영혼과 신)에 의존하여 초자연적인 관점을 강화해 왔다. 대부분의 종교들은 영혼 또는 정신, 개성 또는 자아를 육체와 분리된 의식이 있는 존재로 보았다.

많은 심리학자나 인류학자들은 육신에서 영혼이 분리된다는 개념이 꿈을 꿀 때 현실에서 의식이 분리되는 현상에서 기원한 것으로 보고 있다. 꿈에서는 공간과 시간, 심지어는 죽음의 제약에서도 벗어 날 수 있으므로, 생명의 일부인 영혼도 그와 같은 제약에서 자유로울 수 있을 것으로 믿게 되었다. 19세기 고생물학의 창시자 중 한 사람인 E. B. Tylor는 원시부족에서 영혼의 개념을 다음과 같이 설명하였다.

> 모든 사람의 영혼은 육체를 떠나 자신을 꿈에서 보거나 보여 주는 자신의 허깨비 또는 환영이다. 심지어는 대낮에도 이 허깨비들을 보는 수가 있는데, 이를 환상 또는 망상이라고 한다. 영혼은 육체와 더불어 죽지 않고 살아남는다. 따라서 죽은 자들의 환영들은 산자들의 꿈이나 환상에 나타나기도한다.[2]

위와 같은 태도는 사람들이 자신이 단지 유한한 존재라는 것을 인정하기 싫어한다는 점 때문에 더욱 강화되었다. 즉 우리가 주변 환경과의 관계를 인식하는 데 사용하며, 우리를 둘러싸고 있는 세계를 종합하고, 평가하며 대처하는 방편으로서의 정신적인 기능에 시작과 끝이 있다는 것을 인정하기는 쉽지 않은 것이

[2] 좀 더 최근의 분석은 Richards(1987), Ruse(2001), Dennett(2006), Mithen(2006)을 참조.

다. 비록 다른 생물체 혹은 현상, 심지어는 자신의 육체와 관련하여 죽음을 이성적으로 이해하는 것은 가능하지만, 죽음이라는 것을 감지하고 그 경과와 느낌을 예측한다는 것은 불가능하다.[3] 인간은 의식, 감각, 자아의 시작과 끝에 대한 지식이 전혀 없기 때문에 이들이 영원히 지속될 것만 같이 느끼는 것이다. 현재 자기 자신을 인식하며 외부 세계를 감지하고 반응하는 **자의식**을 이해하기 위한 학문분과도 있다.

신학자들은 지적인 현상이 물질적으로는 생길 수 없다고 주장하며, 영혼 또는 자의식이 물질적이 아니라는 것에 대한 "과학적"인 증명을 하려고 노력하여 왔다. 이들의 주장에 따르면 선택의 자유, 윤리, 인간의 복잡한 사상 등은 순수 육체적인 과정과는 명확히 분리될 수 있으므로 반드시 비생물학적인 문제라는 것이다. 그러나 생물학적인 견해는 이와 다르다. 비록 우리가 아직 뇌의 구성요소(뉴런, 시냅스 등)와 그것들이 만들어 내는 생각이나 느낌과의 관계에 대하여 정확히 알지는 못하지만, 실제로 그들이 관련되어 있다는 것은 의심할 여지가 없으며, 복잡한 생각과 느낌도 생물의 다른 특성과 비슷한 방식으로 진화했을 것으로 믿을 만한 충분한 증거도 있다(글상자 20-5, 인간의 뇌의 진화 참조).[4]

영혼의 개념과 마찬가지로, 신이라는 개념에도 인간의 경험에서 비롯된 많은 속성들이 있다. 주로 인간의 모습을 지닌 각각의 다양한 신들은 어린 아이들의 눈에 비친 전능한 부모와 같이 인간의 능력을 초월하는 힘과 권능을 지닌다. 원시인들에 있어 수확, 낙뢰, 생식, 숲, 강 등에 대한 근심이나 두려움을 경감하고, 나아가서 이와 같은 자연의 요소들이 인간사의 연장선상에 있다고 믿는 것은 매우 유익한 일이었을 것이다. 각각의 다른 종교들은 상당부분 상상력에 입각하여 각각의 사회에서 기원한 의존적인 느낌의 체계를 제공해 준다. 이때 천국과 지옥을 믿는 자들의 상상력이 현실에서보다 훨씬 큰 즐거움과 고통을 만들어 내는 것이다.

Darwin 진화론과 종교

Darwin 진화론에 가장 심각한 영향을 받았던 분야는 종교였다. Darwin의 「종의 기원」과 1871년에 발표된 「인간의 진화」는 그 당시의 종교인들과 일반인들 사이에서 엄청난 논쟁을 일으키게 되었다. Ellgard(1958)가 지적한 바와 같이, "일반인들에게는 Darwin 진화론이 과학적인 문제인 동시에 종교적인 문제였던 것이다."

진화와 종교 간의 불편한 관계의 원인은 종교의 맹점에 있었던 것뿐만 아니라 진화의 개념 자체가 확고부동하지 않았던 데도 있었다(3장에서 진화에 대한 과학적인 반론 참조). Darwin은 적어도 다음 두 가지 현상을 증명함으로써 그의 이론을 부정할 수 있을 것이라고 하였다.

1. 인간이 고생대 또는 중생대에 존재했었다는 증거와 같이 진화의 순서에 역행하는, 설명이 불가능한 증거의 발견.
2. 지리적으로 격리되어 있는 두 지역에서 같은 종을 발견했으며, 이들이 이주에 의해 이 지역들에서 서식하게 된 것이 아님이 확실할 때.

만일 위와 같은 일이 일어났었다면, Darwin은 그의 견해를 포기하고 종교적 초자연적인 교리(Darwin에 따르면 "창조라는 일반적인 믿음")에 귀의할 수밖에 없었다는 사실을 인식하고 있었던 것이다. 그 후 이미 한 세기 반이 지났지만, 진화 대 종교의 상반되는 견해차는 아직도 흔히 논쟁거리가 되고 있다.[5]

진화가 현대사회에 끼친 영향과 위치를 파악하고 받아들이기 위해서는 이 두 개념들이 그동안 어떻게 상호작용을 해 왔는지 이해하는 것이 중요하다. 「종의 기원」이 발간된 직후 옥스퍼드에서 전형적인 논쟁이 있었다. 성공회의 Samuel Wilberforce 주교(1805~1873)는 진화론이 성서와는 모순적이라고 하였다(**그림 26-1**). 한때 Cuvier의 제자였던 Richard Owen의 도움을 받아 과학적인 논리로써 진화론을 부정하려고 시도하였다. 마지막으로 Wilberforce는 Darwin의 옹호론자였던 Thomas Huxley에게 그가 주장하는 원숭이의 혈통이 조부 쪽인지 아니면 조모 쪽인지 질문하였다. Huxley가 Frederick Dyster라는 친구에게 보낸 서신을 통하여 알려진 그의 재치 있는 답변은 그 후에도 자주 인용되고 있다:

> 만일 내 조부가 보잘것 없는 유인원이냐 아니면 재력과 막강한 영향력은 있지만 여기 계시는 교직원들을 고용하여 그 영향력으로 이 엄숙한 과학적인 토론에서 조롱이나 하는 분이냐 하는 질문을 받는다면 본인은 거침없이 유인원이라고 대답하고 싶군요.[6]

그러나 많은 19세기 및 20세기 초의 신학자들은 과학적인 논거에 동의하지 않았으며, 진화라는 이단에 대하여 공격을 계속하였다. Wilberforce는 Darwin을 "창조에 있어 신의 영광을 깎으

[3] 한 문명에서는 죽음이란 인간의 영혼이 다른 생물체로 전환되는 것이라 하였다. 또 다른 문명에서는 죽음이란 각자의 행실에 대한 상벌을 가하는 상태라라고 하였다. 또는 죽음을 개인의 존재의 끝이라고도 하였다.

[4] 심리학자와 생물철학자가 이 문제들을 어떻게 접근하는 지는 Ruse(2005)와 Dennett(2006)을 참조.

[5] 2009년은 「종의 기원」이 발간된 지 150주년이다.

[6] 인간이 오랑우탄과 혈연관계가 있다는 것은 1장에서 다루었다. 고릴라는 1854년에 아프리카에서 뼈가 서구로 수입되면서 최초로 알려졌으며, 1860년대 초에는 어떤 아프리카 탐험가가 영국 전역에서 순회강연을 할 때 고릴라의 박제를 소품으로 사용하였다. 빅토리아 시대 사람들은 이 맹수가 모습과 크기가 변형된 인간으로서 인성의 야만적이고 어두운 면을 보여 주며, 아마도 인간의 조상이 아닐까 하는 생각 때문에 공포에 휩싸였다(Browne, 2006, p. 95).

그림 26-1 옥스퍼드 대학에서 논쟁이 있은 몇 해 후, 영국 잡지 *Vanity Fair*에 실린 Samuel Wilberforce 주교(왼쪽)와 Thomas Huxley(오른쪽)의 삽화. Wilberforce는 1869년 7월 24일에, Huxley는 1871년 1월 28일에 게재됨. (*Vanity Fair* 제공.)

려는 풍조"가 있다고 비난하였다. 영국 교계의 지도자였던 Manning 추기경은 다윈론을 "무지막지한 철학 — 즉 신은 존재하지 않으며, 유인원이 우리의 아담이다"라면서 매도하였다. 종교적인 공격은 전 세계적이었고, 빈번하였으며, 가혹하였고, 항상 똑같은 점들을 지적하였다. 즉 종교적 반대론자들은 다윈론자들을 다음과 같이 비난하였다. "신에 대한 모든 믿음을 앗아가려고 한다," "독자들이 성경을 불신하도록 유도한다," "신을 변덕쟁이로 격하시킨다," "인류의 독보적인 위치를 파괴한다."

그렇다면 어떻게 신앙심이 깊은 그 당시의 유럽 국가에서 그런 이단적인 이론이 나올 수 있었으며, 또한 많은 Darwin과 동시대의 지식인들에 의해 받아들여질 수 있었는가? 그 답변 중 하나는 진화와 종교 간의 투쟁이 우연히 일어난 것이 아니라 역사의 흐름 중 한 단계였다는 것이다.

역사적인 견지에서 볼 때, 진화란 고정적이고 보편적인 종교적 질서를 위협함으로써, 허용될 수 있는 이념적 도전의 "게임 플랜"을 초월하는 것이었다. 그러나 진화의 개념들이 광범위하게 공격당했으며, 심지어 일부 미국의 주들에서는 1920년대 후반에 불법으로 규정된 바도 있었지만, 이들을 탄압하려는 지속적인 정치적 시도는 없었다. 진화가 비교적 자유롭게 받아들여진 원인 중 하나는 진화론이 과학의 모든 다른 부분들과 연계되어 있기 때문이었던 것 같다. 과학과 기술은 결국 경제 발전의 기반이었던 것이다. 많은 과학자들이 진화론자가 되었으며, 따라서 그 당시 대부분의 사회 지도층들은 진화라는 것은 관용되어야 되는 과학적인 이론이라고 느끼게 되었던 것이다.

많은 종교인들에게 진화는 상당히 심각한 위협이었다. 이런 우려의 원인을 이해하기 위해서 진화론에 의해 가장 직접적으로 위협받는 신앙의 부분에 대하여 검토해 보는 것도 유익할 것이다. 물론 종교적 믿음은 과학적 이론과 동일하게 과학적으로 평가할 수 없다는 점을 항상 기억하여야 할 것이다. 25장에서 고찰한 대로, 생물학자들은 객관적인 과학의 범주 밖의 윤리나 도덕적 판단과 같은 분야에 과학적인 설명을 하지 않도록 하는 것이 중요하다.

■ 종교의 존속

Darwin 진화론이 천지를 창조한 신을 부정하려한다는 것은 지극히 당연한 우려였다.[7] 결국 많은 이들에게 진화란 심각하면서도 지속적인 위협이었던 것이다.

진화와 관련된 가설들은 긍정이 되든 부정이 되든 다른 모든 과학 분야와 마찬가지로 증거에 의해 평가되는 반면, 종교적인 믿음이란 신념이나 신의 명령에 의해 받아들이는 것이다. 실제로 "인간의 창조에 신성한 목적이 있는가?" 또는 "어떤 종의 창조에 신성한 목적이 있는가?"와 같은 종교의 중심적인 의문들을 진화론적으로 설명할 수는 없다. 왜냐하면, 1부의 서언에서 요약한 바와 같이, 이런 의문들은 과학적 방법론을 사용하여 풀 수 없기 때문이다.

절충 불가능한 듯 보였던 종과 인간의 기원에 대한 종교계와 진화론자들의 의견대립은 놀랍게도 어느 한쪽의 패배로 결론나지 않았다. 현재 진화론은 전혀 퇴보하지 않았음은 물론, 이 개념은 과학적 방법론을 통한 증명을 통하여 생물학의 전 분야에 영향을 주었기 때문에 각 분야들을 종합하는 기능을 갖게 되었다. 즉, 진화론은 물리학에서의 원자, 분자, 만유인력과 같이 생물학의 근본적 개념으로 자리를 잡게 되었던 것이다. 이런 법칙들은 모두 눈으로는 볼 수 없지만, 어떤 사건을 모순 없이 과학적으로 이해하기 위한 필수적인 실용모델(working model)들인 것이다.

생물학자들의 용의주도한 논리 때문에 종교를 정당화해 주는 가장 큰 주제 중의 하나인 "인간의 창조"에 대한 믿음이 훼손되었다고 할 수 있다. 그러므로 종교는 짧은 시간 내에 쇠퇴하게 될 것이라고 생각할지도 모른다. 그러나 이렇게 되려면, 신의 섭리가 자연을 지배한다는 것에 대한 의문을 제기하는 불경을 저질러야 한다.

[7] 이 쟁점에 대한 분석에 대해서는 Ruse(1988, 2005), Bleckmann(2006), Dennett(2006)을 참조.

첫째로, 자연이 인간적인 지혜(anthropomorphic wisdom)로 운영되는 것이 아니라, 적자생존을 통한 진화적인 기회주의(evolutionary opportunism)로 작동한다는 개념을 일반인들이 받아들이기는 쉽지 않다. 오랫동안 유대교와 기독교의 전통 하에서는 인간사회와 자연을 비슷한 방식(아버지의 지배, 지배자의 지배, 왕의 지배, 교황의 지배, 신의 지배)으로 이해하는 것은 어려운 일이 아니었다. 왕의 지배에 대하여 의구심을 갖는 사람들에게도 신의 권능에 의한 자연의 지배를 의심한다는 것은 너무나도 무례하게 느껴졌을 것이다. 우주론(cosmology)과 태양계의 기원에 대하여 진화적인 논리를 전개했던 철학자 Kant도 종이 진화할 수 있다는 것을 한때는 용납할 수 없었던 듯하며, 진화란 너무 끔찍한 개념이라서 그 논거 자체가 위축된다고까지 하였다. 심지어 Darwin 조차 종의 진화에 대한 그 자신의 역할에 대하여 불편하게 생각하였으며, 1844년에 Joseph Hooker에게 보낸 편지에서 "살인을 자백한 느낌"이라고 토로하였다.

이와 같이 양면적인 감정이 교차하여 주저하게 되는 원인은 인간이 신의 모습으로 창조되었으며, 다른 생물학적 또는 사회적 집단들을 지배하도록 명령을 받았다는 기정사실화된 믿음에 그 근간이 있다. 그것이 원숭이이든 하인이든 간에 피지배 계급과 어떤 혈연관계가 있다는 것을 인정하는 것은 별로 유쾌한 일이 아닌 것이다. Huxley가 인간이 유인원으로부터 유래했다는 주장을 편다는 말을 듣고 Worcester의 주교 부인이 보인 반응은 이런 불쾌감에 대한 예로써 자주 인용되고 있다. "유인원의 자손이라니! 맙소사, 그게 사실이 아니기를. 그러나 만일 사실이더라도 사람들이 널리 알게 되지 않도록 기도합시다." 프랑스 혁명의 발발과 그 주동자들의 무신론적 사고방식에 대하여 유럽의 많은 중산층들이 나타낸 반응은 위와 같은 태도를 잘 반영해 주고 있다. 이런 반응은 아마도 19세기 중산층의 종교적인 결속력을 강화시켜 주었으며, 당분간 다양한 집단에서 성서를 문자 그대로 해석하는 경향을 낳게 되었다.

진화론의 맹렬한 공격 하에 종교를 보전하는 데 결정적으로 기여한 것은 인간의 감성적인 욕구를 충족시키는 데 종교가 해답을 제시해 준다는 사실이다. 이는 우리가 인생에 어떤 목적이 있다는 느낌, 우리를 보호하고 우리가 의지할 수 있으며, 필요할 때 간청할 수 있는 어떤 절대자가 있다는 느낌, "나는 누구인가?"를 포함하여 개인의 출생과 죽음에 대한 의문의 대답을 얻을 수 있다는 느낌 등이다. 더구나 종교는 과거부터 사회의 윤리와 도덕의 기준을 제시해 주며, 맹목적인 국수주의나 지역주의를 탈피하여 사회를 단합시켜 주고 질서를 유지해 주는 역할을 해 왔다. 실제로 E. O. Wilson은 그의 사회생물학 책에서 종교는 사회에 소속감을 고무시키며 집단의 힘을 강화시키기 때문에 "생물학적으로 이롭다"라고 하였다. 반면에 진화론은 종교와 동일하게 생명의 근본적인 의문들을 다루면서도 인간의 감성적인 욕구를 충족시키는 데 거의 도움이 되지 못하였다.

그러므로 진화론자들과 종교계 사이에는 일종에 휴전 상태가 유지되고 있다고 할 수 있다. 일부 근본주의자들을 제외하고 종교는 생물학적 진화론의 영역으로부터 후퇴하여 「종의 기원」이나 인간의 기원에 관한 문제를 진화론자들의 손에 맡기게 되었다. 진화론을 좀 더 포용하기 위하여 기독교의 주요 교파들에서는 창세기의 창조론을 무시하거나, 우화적 또는 신화적인 가르침으로 보는 등 성서를 재해석하는 데 심혈을 기울이고 있다. 이로서 과학자나 지성인들이 진화론과 종교를 동시에 받아들일 수 있는 기반이 마련된 것이다("유신론적 진화론자").

그러나 성서는 우리가 모르는 일들을 종교적인 기틀 위에서 해석해 주는 서적이라는 관점에서 위와 같은 성서의 재해석은 원리주의자들 사이에서 불만을 초래하게 되었다. 성서의 어떤 부분이 종교 외의 영역에서 해석되고 이해될 수 있다는 것을 인정함으로써 종교의 신뢰성이 더욱 경감될 수 있다는 것이며, 많은 신학자들은 진화론이 심각하고도 지속적인 위협이라고 믿기 때문에 그들 사이에서도 알력을 초래하게 되었다.

가톨릭의 입장은 최근 몇 번에 걸쳐 교황에 의해 발표된 내용에서 알 수 있듯이, 종교와 진화의 한 가지 절충방식을 보여 주고 있다. 즉 증거가 명명백백할 경우에는 과학적인 사실을 받아들인다는 것이다. 진화를 인정하지는 않았지만, Pope Pius XII (1876~1958)은 우주가 생긴 지 수백 만 년이 넘었다는 증거를 받아들였다. 1993년 Pope John Paul II(1920~2006)는 Galileo가 태양계의 중심이 태양이라고 한 것은 이단이 아니라고 선언하면서, Galileo의 업적은 과학이 어떻게 성서를 재해석할 수 있게 하는가의 예라고 하였다. 3년 후, 과학적인 증거에 의해 진화는 가설이 아니라 "실질적으로 증명된 사실"이라고 천명하였다. Pope John Paul이 진화를 인정했다는 것은 합리적이며, "진리로 진리를 부정할 수 없다"는 근거로서 예측 가능한 것이었다.

설계에 대한 의문

모든 관찰되는 사건들을 설명하고 우주를 관리하는 데 어떤 신성한 힘이 적극적으로 작용한다는 것을 사람들이 믿기를 원하는 한, 현재와 과거 그리고 미래의 변화에 원인이 되는 자연법칙을 찾을 필요가 없다.

이 지속적인 신의 개입이라는 이론적인 장벽에 최초로 도전한 사람들이 **태양계의 움직임을 제어하는 자연법칙**을 발견한 Copernicus, Galileo, Kepler이다. 이들은 모두 과거에 알려졌던 것 보다 훨씬 간단하고 포괄적으로 물리적인 우주의 작동원리를 설명한 천재들이었다. 이들의 용의주도한 설명을 통하여 과학과 과학적 방법론의 발전이 필연적인 시류로 자리 잡게 되었다.

과학자들의 연구결과가 의심할 여지가 없어지면서,

> 심지어는 그것을 이해하지 못하는 사람들까지도 이를 받아들이게 되면서 즉각적인 변화가 일어났다. 세상은 경이롭고 복잡하지만, 근본적으로 합리적이며 설명가능하다는 생각을 받아들이는 것이 현대적인 사조의 가장 근본적인 변화였다(Roberts, 1985, p. 242).

이는 후일 Newton(1642~1727)의 기계론적인 논리에 의하여 더욱 보편화 되었다. 즉 만유인력에 의하여 태양계의 움직임을 설명한 것과 끝없는 우주에서는 상대적으로 지구가 한 톨의 모래알보다 작은 존재라는 것 등이다. 후일 Lyell(1797~1895)과 같은 지질학자들은 어떻게 자연의 힘이 지구의 표면을 형성했는가를 기계론적 접근방법으로 설명하였다. 비록 이 학자들은 무신론자들은 아니었지만, 이들이 역학, 광학, 화학 등의 과학을 통하여 발견한 자연법칙들은 신을 계속적으로 활발히 개입하는 존재에서, 인위적이고 독자적으로 기능하는 기계를 만들어 낸 장인 정도로 격하시키는 결과를 낳았다. 또한 이는 많은 모순을 가진 신의 본질에 관한 의심을 초래하게 되었다. 만일 신이 최초에 우주를 시작한 존재라면, 그 시작 이후의 단계에서는 신이(그리고 종교가) 왜 필요한 것인가? 더구나 우주가 논리적이라면, 무엇이 이를 창조한 논리적 이유인가? 완벽한 존재를 창조하는 것이 동기인가? 만일 세상이 완벽하게 창조되지 않았다면 그 창조의 도덕성이 무엇인가?

각각의 설계에 어떤 창조적인 목적을 부여하는 것이 중요하다는 것의 예는 Paley(1743~1805)의 글에서도 찾아볼 수 있다:

> 설계사 없이 설계란 없다. 발명가 없이 발명품은 없다. 선택 없이 질서는 없다. 정리할 능력이 있는 사람 없이 정돈은 없다... 정돈, 배열, 끝까지 어떤 방식을 추종하는 것, 기구의 사용은 사고력과 정신이 존재한다는 것을 의미한다.

초자연적인 설계를 받아들이는 것은 많은 사람들에게 지극히 상식적인 것으로 보인다. 생물의 설계란 지적인 초자연적인 존재로 정의(과학적으로는 증명될 수 없지만)될 수 있는 설계사를 전제한다. 즉 일련의 추론을 통하면 창조와 창조자로 귀결된다는 것이다. 따라서 모든 문명과 사회에는 역사 또는 신화에 창조에 관한 내용이 있는 것이다(표 26-1). 즉 시계공 없이 시계가, 더 나아가서, 창조주 없이 인간이, 입법자 없이 법이 만들어질 수 있는가? 종교가 진화이론을 공격해 왔던 본질적인 질문은 항상 다음과 같았다: "어떻게 자연이 어떤 지적인 존재의 중재도 없이 무작위적인 변이의 무질서 속에서 고도의 적응을 이루어 낼 수 있었겠는가?" Darwin의 공헌은 과거에 아무도 생각해 내지 못한 현상, 즉 자연선택으로 이 질문에 해답을 제시했다는 것이다.

설계와 설계사 또는 시계와 시계공 같이 종교계에서 제기한 철학적인 의문이 거세졌지만, Darwin과 진화론에는 큰 위협이 되지 못하였다. 생명이라는 가장 민감한 부분에 있어서 Darwin 진화론은 종교에서 생명의 중대사가 왜 생겼는가에 대한 다른 설명을 제시했던 것이다. Darwin의 연구는 생물학적 관계를 설명하기 위해, 초자연적인 창조자의 역할이 더 이상 필요 없다는 것을 명백히 하였다. 신이란 "위대한 종의 창조자" 또는 "위대한 자연의 조각가"가 아니었던 것이다. 그 대신 Darwin은 지속적인 변화, 예측 불가능한 우연한 사건들, 지속적인 생존경쟁, 그리고 이런 과정이 어떤 명확한 지침 없이 일어난다는 개념을 제시하였다. 즉 **생명이란 신성한 사전설계와 성스러운 목표를 가진 것이 아닌 지속적으로 소모되는 존재로 봄**으로써, 인간과 비슷한 창조성을 가진 신의 존재를 무작위성과 불확실성, 그리고 어떤 자연현상이나 설계도 그 근본과 목적을 알 수 없다는 두려움으로 대체하게 된 것이다.

19세기의 생물학자들은 진화에 대한 많은 증거들을 인정은 하면서도 그들의 신앙을 포기하기를 원치 않았기 때문에 어려움을 겪은 듯하다. Owen(1804~1892)같은 사람은 비록 자연선택이 일부 적응현상의 원인이 되었지만, 척추동물들의 기본형과 여러 다른 분류군에서 동시에 나타나는 많은 기관들(예를 들면, 눈)과 같은 기본적 패턴들은 신에 의해 설계되었다고 했다. 기본적으로 Owen은 "설계사"의 역할을 종에서의 미소한 적응보다는 상위분류군의 중요한 설계만을 관장한다는 것으로 규정하였다. 또 다른 절충안의 예로서, 미국의 진화론자인 Asa Gray(1810~1888)는 진화과정에서 자연선택의 대상이 되는 변이성 자체가 신에 의해 창조되었다고 하였다. Darwin은 이에 대하여 모든 변이가 다 유용한 것은 아니기 때문에 그런 목적으로 진화가 "설계"되었다는 것은 이해할 수 없다고 지적하였다.

창조론과 지적설계

원리주의적 종파들은 일반적으로 서구의 종교계와 진화론자들 사이의 불편한 휴전 관계를 받아들이지 않는다. 미국에서는 창세기에 나오는 창조론을 신봉하는 많은 사람들이 결속하여 그들의 믿음을 진화론의 대안으로서 공교육기관에서 교육하게 하려는 압력단체들을 만들었다. 1997년에 실시된 갤럽 여론조사에 의하면, 44%의 미국인은 "신이 10,000년 전에 인간을 현재의 모습대로 창조하였다"라는 말에 동의하였다. 2004년의 뉴욕타임스의 여론조사에서 이 수치는 55%에 이른다.

이 압력단체들은 1900년대 초기, 남부나 남서부 지방의 경제적으로 궁핍한 소작농이나 영세지주들에 근간을 두고 시작되었다. 이들은 성서를 문자 그대로 해석하며, 부활 등의 원리주의적 믿음을 통하여 북부나 동부의 고학력이며 사회적, 경제적인 기득권자들의 지배와 통제로부터 그들의 생활방식을 고수할 수 있었다고 사회학자들은 말하고 있다.

최초의 동기가 무엇이었건 간에, 원리주의적 종파들은 20세기 초반 남부와 남서부에서 간혹 그들의 반진화론적 목표를 달성하기도 했다. 1920년대 말 원리주의자들은 반진화론적 법안들을 대부분의 미국 주입법부에 제출케 하였고, 일부 법안들이 남부의 많은 주에서 통과되었다. 아마도 가장 유명한 진화론과 창조론의 대립은 1925년에 테네시에서 있었던 John Scopes라는 교사에 대한 재판이었으며, 그의 죄목은 학교에서 진화를 가르치는 것을 금지한 법을 어겼다는 것이었다.

비록 많은 생물학자들이 Scopes 재판을 통하여 창조론자들의 주장에 대한 논리적 타당성을 근본적으로 부정하게 되었다고 생각하지만, 창조론자들은 이 지역에서 더욱 융성하게 되어 남부와 남서부 이외의 지역에서도 공교육에 영향을 주게 된다. Nelkin (1982)이 지적한 대로, 많은 지역과 주에서 창조론자들은 교과서의 선정과정에 관여함으로써 오랫동안 중등과정에서 진화교육을 말살하는 데 성공하였다. 결국 1942년까지 전국적으로 반 이상의 고등학교 생물교사들이 수업시간에 진화에 대한 강의를 하지 않게 되었다.

1950년대 말과 1960년대 초에 과학교과과정의 개정을 실시할 때, 미국의 과학교육이 다른 국가들에 뒤지고 있다는(특히 1957년 최초의 인공위성인 스푸트니크호를 발사한 소련 때문에) 인식하에 중등과정에서 진화에 대한 교육을 증가시켜야 한다는 필요성이 제기되었다. 이 개혁안들 중에는 진화에 대한 설명과 인간의 사회관계에 대하여 분석한 내용을 담은 새로운 생물학 및 사회과학 교과서가 포함되어 있었다(생물과학과정에 관한 연구; 교과과정에서 다룰 인간에 관한 연구). 결국 1960년대 말까지는 반진화론적 법안들은 폐지되거나 헌법에 위배된다고 규정되었다.

최근에 들어, 원리주의자들에 의해 창조과학 및 지적설계를 설파하기 위하여 만들어진 협회나 기구들은 과학교과과정에 창조론을 포함시키기 위한 목적으로 치열하게 논쟁을 벌여 왔다. 그 이름과는 달리 창조과학에는 어떤 과학적인 면도 찾아보기 힘들다. 비록 창조론자들이 진화에 대한 공격을 다루고 있는 많은 문헌들이 있지만, 원리주의적인 창조론자들이 과학적인 증거를 받아들이기를 거부하는 한 문제는 해결될 수 없다.[8] 반면, 긍정이 되던 부정이 되던 간에 진화론적인 해석들은 다른 모든 과학 분야와 마찬가지로 믿음이나 절대적인 천명이 아닌 증거에 의해 평가된다.

자연현상으로서 진화에 대한 압도적인 증거에도 불구하고, 일부 창조론에 집착하는 종교집단들은 진화에 대한 대안을 제시할 목적으로 **지적설계론**을 개발하게 되었다. "지적설계"란 작금의 창조론인 것이다. 2005년 12월 유명한 미국 연방지방법원의 판결(*Kitzmiller v. Dover* in Dover, PA)에서 지적설계는 일종의 종교이지 과학이 아니며, 따라서 "미국의 공립학교에서 진화론과 함께 과학수업에서 교육되면 안 된다"고 판결하였다(Scott, 2006).[9] 지적설계는 자연적 원인이 아닌 초자연적인 설명에 의존하기 때문인 과학이 아닌 것이다. 종교는 교리에 의해 설득력을 갖게 되는 것이지 과학적인 해석과 혼돈하거나 대체되어서는 안 된다.

창조론자들이 흔히 제기하는 주장에 대한 진화생물학자들의 반론은 **글상자 26-1**에 정리되어 있다. 이 글상자에서 논의된 대부분은 각 장에서 제시했거나 고찰하였던 증거들이며, 이 중 가장 중요한 것들은 다음과 같다.

- 역사적인 사실에 대한 분석과 설명은 실험적으로는 증명될 수 없다고 해도 과학자들이 받아들일 수 있다(2장).
- 유기물질의 기원과 관련해서 아미노산 등의 기본적인 생체분자들이 무생물적으로도 합성될 수 있다는 것은 화학반응에서 그러한 생체분자들이 만들어지는 경향성 때문에 결국에는 복잡성과 체계성이 증가하는 방식으로 자연선택이 일어날 수 있다는 것을 시사해 준다(7장).
- 생물학의 기본 요소인 생물체 간의 구분, 그들 간의 관계, 또한 그러한 상이점과 관계가 어떻게 생겨났는지는 진화를 통하여 이해되고 설명될 수 있다(18장, 24장).
- 440만 년 전의 *Ardipithecus ramidus*에서 현재의 *Homo sapiens*에 이르는 인간과(Hominidae)에 속하는 많은 종류의 화석들이 발견된 바 있다. 따라서 인간은 별개의 피조물이 아니다(20장).
- 진화(시간의 흐름에 따른 유전적 변화)의 이론은 돌연변이, 자연선택, 유전자부동(genetic drift), 이주 등과 같은 자연현상을 토대로 현재까지의 모든 관찰과 모순이 없는 진화적 사실을 제시하는 방식으로 생물의 역사를 설명한다(그림 22장).
- 돌연변이란 생겼을 당시에는 적응력을 지니지 않는다 하더라도 다양한 기작을 통하여 개체군 내에 남아 있으면서 유전적인 변이성을 형성하며, 환경이 변했을 때 개체군이 진화하여 적응력을 향상시키도록 하는 원동력이 된다(23장).
- 종분화(speciation)에 관여되는 유전자와 발생과정은 생물의 종류와 상황에 따라 다르다(24장).

창조론자들이 종종 반론을 제기하는 글상자 26-1에서 논의

[8] 창조론에 대하여 과학자들이 분석한 내용에 관해서는 Futuyma(1983), Pigliucci(2002), Scott(2005), Brockman(2006)을 볼 것. http://www.hhmi.org/biointeractive/evolution/lectures.html. 이 웹사이트는 종교와 과학에 대한 논의를 위해 Howard Hughes Medical Institute에서 관리하고 있음.

[9] Kitzmiller 대 Dover 재판의 전체 판결문은 다음 웹사이트에 있음: http://en.wikipedia.org/wiki/kitzmiller_v._Dover_Area_School_District.

한 구체적인 예는 다음과 같다:

- 지층은 여러 층으로 되어 있으며, 어떤 층들은 오랜 기간 동안의 퇴적물과 화석으로 이루어진 수 km 두께에 이르기도 한다(그림 5-5). 성서에 나오는 1년간의 범세계적인 홍수의 지질학적 혹은 고생물학적 증거는 없다.
- 화석은 어떤 특정한 지층에 집중되어 있지 않으며, 심지어는 선캄브리아기의 지층에서도 발견된다(그림 5-5, 8-2).
- 오래된 지층이 최근의 지층과 위치가 뒤바뀌었을 때(산악지형 형성과 관련), 각 지층에서 발견되는 화석의 종류와 뒤바뀌지 않은 다른 지역의 지층들과의 구조적인 유사성의 분석을 통하여 각 지층의 상대적 나이를 식별할 수 있다(그림 5-15).
- 곤충에서 살충제 저항성의 획득(그림 10-26)과 아프리카 호수의 미세서식지에 적응하여 빠르게 적응진화한 치클리드(cichlid) 물고기(그림 12-8)들은 진화의 직접적인 증거를 제시해 준다.
- 시각, 청각, 척추골 구조 등의 선택은 각 단계, 즉 "중간단계"가 적응성을 지녔던 것을 보여 준다(그림 3-1, 18-11, 19-7).
- 옥수수는 7,000년 동안 중앙아메리카의 인디언들이 식량으로 지속적인 선택을 한 결과 잡초에서부터 진화하였으며, 이는 인간이 다른 종의 진화에 영향을 줄 수 있음을 보여주는 예이다.

마지막 말

수많은 지적인 실마리들을 통하여 현대의 진화이론이 형성되었다. 이는 지구가 매우 오래되었다는 것을, 생물의 그룹들은 혈통을 공유한다는 것을, 자연현상은 확인 가능한 자연법칙에 의해서만 설명될 수 있다는 것을 전제할 때만 만들어질 수 있었던 이론이다. 진화를 이해하는 데 필수적인 요소는 다음과 같다.

- 생물의 그룹은 혈통을 공유한다.
- 과거는 유전된 변화들이 축적되는 데 충분할 정도로 오래되었으며, 무엇보다도,
- 확인 가능한 생명현상과 각 생물 간의 유연관계를 통하여 진화의 실체를 설명할 수 있다는 것이다.

이런 실마리들을 짜서 진화이론이라는 태피스트리를 만드는 데 오랜 세월이 걸렸다. 우리는 독자들이 이와 같은 증거의 제시와 진화의 사실(fact)을 통하여 진화의 태피스트리의 다양성과 아름다움을 좀 더 명확히 이해할 수 있기를 바라는 바이다.

글상자 26-1 창조론자들의 주장에 대한 답변

다음은 진화를 부정하는 창조론자들이 제기한 논점들에 대한 진화론적인 입장을 열거한 것이다.[a]

창조론자의 주장: 진화는 진화론자들 간에도 큰 논쟁거리이므로 문제성이 있는 주제이다.

진화론자(Stephen J. Gould)의 답변: "과학자들은 어떤 이론에 관련된 근본적인 논제들에 대하여 논쟁하는 것을 지적으로 건전하고 흥미로운 일로 생각한다. 여러 흥미 있는 견해를 가지고 거기에 내포된 의미를 탐구하며 과거의 정보들을 전혀 새로운 방향으로 해석할 수 있을 때 과학을 탐구하는 것이 가장 재미있어지는 것이다. 현재 진화이론은 이런 활력을 보이고 있다. 이런 혼란 속에서도 어떤 생물학자도 실제 진화 자체가 일어났는가를 의심케 하는 결론에 도달한 경우는 없었다. 우리는 단지 그것이 어떻게 일어났는가를 논쟁하고 있는 것이다. 우리는 똑같은 주제, 즉 유연관계를 통하여 모든 생물을 엮어서 만들 수 있는 진화적인 계통수에 대하여 어떻게 설명할 것인지 탐구하고 있을 뿐이다. 창조론자들은 저변에 깔려 있는 과학자들의 공통적인 확신을 무시할 뿐만 아니라, 이해하고자 노력하고 있는 그 현상 자체를 우리가 의심하고 있다고 그릇되게 주장하는 등 과학적인 논쟁을 악용하고 희화하고 있는 것이다."

창조론자의 주장: 진화론자들이 진화를 믿는 것은 창조론자들이 성서를 믿는 것과 마찬가지로 맹목적인 신념이다.

진화론자(Kenneth E. Boulding)의 답변: "세계의 과학계는 종교계와 비슷한 면이 많지만 매우 중대한 차이가 있다. 우선 과학계는 네 가지 요소를 갖고 있기 때문에 "4중성"이라고 부를 수 있는 명백한 윤리가 있다. 첫째, 호기심에 큰 가치를 부여한다. 둘째는 정직성(거짓을 말하지 않는 것)에 가치를 둔다. 과학자가 결과를 일부러 왜곡했다는 것이 밝혀졌을 때 학계에서 추방될 수도 있다. 실수는 용서받을 수 있지만 거짓은 관용될 수 없는 죄악인 것이다. 세 번째 윤리강령은 세상에 대한 이미지들을 실제적으로 적용하여 검증하는 것이다. 이는 내부적으로 일관성이 있어 보이는 견해도 실제로는 사실이 아닌 경우가 많기 때문이다. 즉 실제로 적용이 되지 않는다는 것이다. 검증 방법에는 많은 종류가 있다. 적절한 실험은 중요한 검증방법 중 하나이지만, 아마도 과학자들이 수행하는 검증 활동 중 약 1/3정도만이 실험이 필요한 것들이다. 주의 깊은 관찰과 기록 그리고 계통분석은 또 다른 검증방식이다. 비교연구 또한 중요한 검증방식이며 의학이나 사회과학 등의 다른 학문분과에서와 다소 차이가 있다. 이 모든 것의 기조에는 제대로 된 의문을 제시한다면 쉽게 그 의문을 해결할 수 있을 것이라는 믿음이 깔려 있다. 과학윤리의 네 번째 원칙은 위협의 절제이다. 즉 사람들을 위협이 아닌 증거를 통하여 설득하여야 한다는 것이다. 물론 이는 많은 종교단체나 정치단체의 윤리와는 상반된 것이다."

Boulding의 설명에 부연하여 우리는 2장의 말미에서 논의했던 개념을 강조할 필요가 있다. 과학자들은 실험적으로 재현해보지 않더라도 역사적인 사실의 분석과 설명을 받아들일 수 있는 것이다. 우리는 지질학, 천문학, 진화학을 역사과학이라고 하며, 이 학문분과들의 방법론들은 발전을 거듭하여 과거나 현재 일어나는 사건들과 일관성을 가진 또 다른 과거의 사건들을 설명할 수 있게 되었다는 것이다.

창조론자의 주장: 아무도 진화론자들이 주장하는 사건들을 실제로 본 적이 없으므로 진화란 이론(theory)일 뿐 사실(fact)은 아니다.

진화론자의 답변: 앞서서 지적한 바와 같이, 창조론자들의 주장은 과학을 전혀 이해하지 못하는 데서 기인한다고 할 수 있다. 과학에는 원자론이나 분자론, 상대성이론과 중력 등 많은 이론들이 있으며, 이 모든 이론들은 실제 관찰되는 사실(fact)을 설명하는 데 기반을 두고 있다. 예를 들면, 원자론은 화학반응을 설명해 주기 때문에 원자 자체는 실제로 볼 수 없으면서도 채택되었다. 마찬가지로 진화론은 과거와 현재의 생물들의 역사적인 연속성을(fact) 생물이 시간을 통하여 유전적 변화를 가져오는 요소를 통하여 설명하는 것이다(theory). 진화학에서 사용하는 사실들의 예로서는 해부학적인 유사점과 차이점, 지리적인 분포, 대사과정, 발생과정, 화석, 그리고 그들이 가지는 유전적, 염색체적 또는 분자생물학적 특징 등을 들 수 있다. 이와 같이 관찰되는 사실들은 Dobzhansky(1973)가 "진화의 개념을 통하지 않고는 생물학에서 아무것도 이해될 수 없다"고 결론을 내린 이유이다. 돌연변이, 자연선택, 유전자부동, 이주 등의 자연현상을 통하여 진화의 이론(시간을 통한 유전적 변화)은 생물학적 역사를 해석하는 데 도움을 준다(22장). 이 해석은 현재까지 관찰된 어떤 사실과도 모순된 적이 없다. 진화가 일어난 것은 사실(fact)이다. 진화학자들은 과학의 규칙을 사용하여 이 사실을 이론의 형태로 제시하였다. 이는 Newton의 앞에서 떨어진 사과라는 사실과 그것을 설명하는 데 사용된 만유인력의 이론과의 관계와 같다.

창조론자의 주장: "창조과학"은 진화학과 마찬가지로 생물과학이다.

진화론자의 답변: 생물과학의 중요한 논제 중의 하나는 생물의 역사에 대하여 납득할만한 설명을 하는 것이다 — 즉, 무슨 일이 어떻게 일어났는지 해답을 탐구하는 것이다. 창조론자들은 이와 같은 탐구는 과학적으로 이루어 질 수 없으며, 성서적 또는 종교적으로만 생물의 역사에 대한 설명을 할 수 있다는 입장이므로 창조과학은 과학이 될 수 없다. 다음은 창조론의 핵심 기관인 Institute for Creation Research의 부소장인

[a] 이 주제에 대한 방대한 자료들은 다음 웹사이트의 TalkOrigins Archive를 볼 것. http://www.talkorigins.org. 추가적으로 다음 두 사이트가 있음. http://www.nap.edu/catalog/6024.html#toc (*Science and Creationism: Aview from the National Academy of Sciences*, 2nd ed. The National Academies Press, Washington, DC). http://www.hhmi.org/biointeractive/evolution/lectures.html (이 웹사이트는 종교와 과학에 대한 논의를 위해 Howard Hughes Medical Institute에서 관리하고 있음).

Duane T. Gish가 저술한 「Evolution? – The Fossils Say No!」라는 책에서 인용한 내용이다.

> 창조란 기본적인 종류의 동식물들이 창세기에 적혀 있는 대로 갑작스럽게 생겨난 것이다. 여기서 신에 의하여 번식하도록 명령받은 동식물들은 순간적인 과정을 통하여 창조되었던 것이다. 우리는 신이 어떻게 그리고 무슨 방법으로 창조했는지는 모른다, 왜냐하면 신은 현재 자연계에서는 일어나고 있지 않는 방법을 썼기 때문이다. 우리는 신이 사용한 창조 방식에 관한 어느 것도 과학적인 탐구를 통하여 발견할 수 없다.

이에 대하여 진화론을 다루는 역사학자인 Michael Ruse는 다음과 같이 지적하였다.

> 과학에서의 설명은 무엇이 만들어졌다라고 설명하는 자체보다는 더 많은 것을 설명할 수 있어야 한다. 예를 들면, "개의 눈을 신이 창조하였다"라고만 하는 것은 그 눈이 왜 그와 같은 구조를 가지며, 왜 고양이의 눈과 비슷한 점도 있고 다른 점도 있는지에 대해서는 알려주지 않기 때문이다.

창조론자의 주장: 열역학 제2법칙에 따르면 엔트로피(무질서와 혼돈)는 항상 증가하므로, 정교한 생명체는 이 법칙을 뛰어넘을 수 있는 창조주의 개입 없이는 만들어질 수 없다.

진화론자의 답변: 열역학 제2법칙은 외부 에너지와 단절된 닫힌 시스템에만 적용된다. 이 법칙은 외부에서 에너지를 받아들여 네거티브 엔트로피(질서)로 전환시키는 열린 시스템인 생명체에게는 적용될 수 없다. 눈송이, 토네이도, 종유석 등의 다양한 자연현상들도 외부에너지를 어떤 질서 있는 형태로 전환시킴으로써 만들어진다. Hugo Franzen은 다음과 같이 지적하였다.

> 만일 열역학적으로 생명의 기원이 어떤 초자연적인 개입만으로 설명될 수 있다면, 그 후 생명을 유지하기 위해서도 계속적인 개입을 필요로 한다. 즉 생명현상에는 지속적이고 반복적으로 열역학에 위배되는 현상들이 산재해 있을 것이다(다양한 반응에 필요한 분자들을 합성하기 위함). 그러므로 이 개념 자체는 받아들일 수 있을지 모르지만, 이 개념과 열역학법칙을 동시에 받아들이기는 불가능하다.

창조와는 다르게, 진화는 모든 물리 및 화학적 법칙들에 전혀 위배되지 않는 자연현상이다.

창조론자의 주장: 만일 진화가 사실이라면 생물의 중간형을 보이는 화석들을 발견할 수 있을 것이다(예를 들면, 어류와 양서류, 파충류와 새, 유인원과 인간의 중간형들). 창조론의 권위자인 Gary Parker(1980)는 "하버드 대학, 미국 박물관, 대영 박물관 등지의 저명한 고생물학자들은 진화적 중간 단계의 어떤 예도 발견한 적이 없다고 말했다"고 주장하였다.

진화론자의 답변: 고생물학자들은 실제로 어류와 양서류, 파충류와 조류, 파충류와 포유류, 유인원과 인간의 중간 단계로 확실히 동정될 수 있는 수많은 화석들을 발견한 바 있다. 예를 들면, Roger J. Cuffey(1972)는 속내의 종간의 중간 단계, 서로 다른 속, 목, 심지어는 강(class) 간의 중간 단계의 방대한 화석 목록을 발표한 바 있다. 실제로 이와 같은 중간 단계들은 다음과 같은 수많은 상위분류군에서 발견되었다: 조류(algae), 은행, 속씨식물, 유공충, 산호, 이끼벌레, 완족류, 복족류, 조개류, 암모나이트, 삼엽충, 갑각류, 어류, 사족어류, 양서류, 양서류-파충류, 파충류, 파충류-조류, 파충류-포유류, 포유류, 영장류.

고생물학자들이 모든 중간단계의 화석들을 발견 못했다고 해서 그런 생물이 존재하지 않았다는 것이 증명되는 것은 아니다. 생물의 사체는 매우 드물게 보전되며, 중간 단계 생물의 경우에 그 존속기간이 짧고 개체수도 많지 않았었기에 쉬우므로 더욱 보전될 확률이 작다. 간혹 보전이 된다고 해도 대부분의 경우에는 암석 내부에 박혀 있어 고생물학자들이 발견하기 힘들다. 우리가 모든 것을 발견한 것이 아니라고 해서 아무것도 모른다고 매도할 수는 없다. 증거가 없다는 것이 없다는 증거는 아니다 — 태양이 보이지 않는다고 해서 저녁때 사라져서 아침에 재창조된다고 말할 수는 없는 것이다.

창조론자인 Gray Parker의 거짓 주장에 대하여 미국자연사박물관의 고생물학자인 Niles Eldredge(1982)는 다음과 같이 기술하였다.

> 한 저명한 창조론자가 몇몇 기관의 많은 고생물학자들과 인터뷰를 하였다. 나도 그중 한 사람이다. 우리들 중 몇몇은 조상형을 추정하는 데 있어 방법론적인 문제가 있으며, 화석기록에는 당연히 많은 틈새들이 존재한다고 솔직히 시인하였다. 이는 전혀 새로운 일이 아니다. 그런데도 이 창조론자는 여러 신문사에 편지를 보내거나 심지어는 청문회에서 증언을 하면서, 고생물학자들이 화석기록에 중간형이 없다는 것을 시인하였다고 했다. 결국 이 거짓말은 Parker에서 시작된 것이다. 인터뷰 대상이었던 모든 고생물학자들은 중간형에 대하여 언급하였다고 나에게 증언하였다. 이 주장은 고생물학자들이 화석기록에 틈새가 존재한다고 솔직히 시인한 것을 완전히 왜곡한 것이다. 이것이 창조론자들의 학문 방식이란 말인가?

Eldredge가 지적한 것 외에도 창조론 서적 또는 토론 방식 등에 불만이 많다. 창조론자들은 지속적으로 진화적 발견에 대하여 왜곡하고 있으며, 진화학자들이 완전히 앞뒤가 맞지 않는다고 주장한다. 그들은 이 전략을 토론에도 적용시킨다. 진화학자들이 한 가지 왜곡이나 잘못된 인용에 대하여 지적하면, 창조론자들은 또 다른 주장을 제기한다. 결국 중간 단계의 화석과 같이 창조론의 교리에 어긋나는 어떤 것도 부정하는 것이 그들의 전략인 것이다.

창조론자들은 창세기 이후에 새로운 종의 형성은 있을 수 없다고 고집하고 있으므로, 새로운 종류는 신종이 아니라 같은 종류 내에서 발견되는 차이라는 것이다. 즉 직립하여 걸을 수 있었던 *Australopithecus*들

글상자 26-1 창조론자들의 주장에 대한 답변(계속)

은 그저 한 가지의 유인원일 따름이며, 네 발가락의 가지고 나뭇잎을 섭식하고 살았던 에오세의 Eohippus(*Hyracotherium*) 조차 한 가지의 말에 불과한 것이다. 그러므로 중간형은 실제로는 중간형이 아니라는 것이다. 예를 들면, 파충류의 이와 뼈를 가졌던 시조새는 그냥 새일 뿐이며, 물고기 모양에 척추, 지느러미 같은 꼬리를 지닌 *Ichthyostega*는 단순히 양서류라는 것이다. 이와 같은 왜곡된 개념은 생물 간의 차이와 연관성을 판단하고 이해하며 설명하는 데 전혀 도움이 될 수 없다(18장, 24장을 볼 것).

창조론자의 주장: 지구는 실제로 그리 오래되지 않았으며(만 년 정도), 방사성 동위원소 측정법이나 다른 방법에 의한 진화론자들의 주장은 그릇되고 부정확한 것이다.

진화론자의 답변(Joel Cracraft, 1983b): "지구가 약 45~46억 년 되었다는 것은 지질학자들에 의하여 확립된 사실이다. 퇴적층의 단층구조를 동위원소의 붕괴율을 사용하여 분석하는 것은 지질학자들 사이에서는 전혀 의심의 여지가 없이 정립된 방식인 것이다. 각 방사성 동위원소들은 독특하고 고정된 비율로 붕괴되며, 이는 어떤 외적 요인에 의해서도 영향을 받지 않는다. 창조론자들은 이 비율이 일정하지 않다고 단정하고 있는 것이다. 그러나 1981년에 있었던 알칸사주의 창조론 재판에서 창조론 편의 모든 전문가 증인들(방사능의 권위자인 Robert Gentry 포함)조차 이 붕괴율의 항구성을 의심할만한 어떤 과학적 증거도 없다고 증언하였다.

창조론자들은 간혹 노아의 홍수와 같은 시기인 6,000년 전에 있었다는 "singularity"라는 시기를 인용하기도 한다. 이 시기에 붕괴율이 갑자기 저하되어 현재에 이르게 되었으나, 그 전에는 붕괴율이 훨씬 높았다는 것이다. 따라서 이를 분석하면 지구가 실제로 수천 년 밖에 되지 않았지만 수십억 년 된 것처럼 보인다는 것이다. 시카고대학의 James Hopson은 이에 대하여 다음과 같이 말하였다. "만일 창조론자들의 말처럼 지구가 수천 살에 불과하며 한 때 붕괴율이 가속화된 적이 있었다고 가정한다면, 이때 발생한 엄청난 열 때문에 지구는 증발해 버렸을 것이다."

창조론자들이 시인한 바와 같이, 그들은 방사성 동위원소의 엄청난 붕괴율 변화나 붕괴율 자체로 지구의 나이를 측정할 수 없다는 주장에 대한 과학적 증거를 제시하지 못한다. 창조론자들은 과학적인 증거가 아닌 종교적인 믿음에서 나온 초자연적인 "singularity"에 의존할 뿐이다.

진화론자의 추가적인 답변(Niles Eldredge, 1982): "현대의 지질학적 연대측정법의 정확성을 보여 주는 가장 극적인 증거는 심해에서 채취되어 여러 해양연구소들에 보관되어 있는 수천 개의 원통형 지질 표본들이다. 이 채굴된 샘플들에는 순차적으로 축적된 화석들이 보전되어 있으며, 이들을 동정하여 상대적인 연대를 측정할 수 있는 것이다. 뿐만 아니라 지구 자장의 변화 패턴까지도 측정할 수 있다. 이 지질 표본의 한쪽은 양극을 띠며, 반대쪽은 음극을 띠고 있음. 지구의 자극(earth's magnetic pole)의 미세한 이탈(flipping)로 야기된 중요한 지구 자장의 변화를 이로써 감지할 수 있으며, 각 지질 표본에서 같은 자장의 패턴을 갖고 있는 부분의 화석은 항상 일치함을 알 수 있다. 이 원통형 샘플의 절대연대 역시 방사성 동위원소 측정법(주로 산소의 동위원소 사용)을 통하여 측정할 수 있으므로, 우리는 "Jaramillo event(지구 자극이 변화한 때 중 하나)"가 980,000년 전에 일어났음을 알 수 있었다. 약간의 오차범위 내에서 측정되는 연대는 항상 일치하며, 정확히 순서대로 측정된다. 즉 자극 이탈을 나타내는 변화가 최근에는 수만에서 수십만 년부터 길게는 수백만 년까지 측정이 되어 나온다."

창조론자의 주장: 진화론자들은 인간과 유인원의 중간단계를 발견했다고 주장하나, 이는 잘못 분류된 유인원 또는 인간일 뿐이다. 실제 알려진 인간의 화석은 보통 크기의 관 1개를 채울 정도밖에 되지 않는다.

진화론자의 답변: 비록 영장류의 화석은 발견하기 힘들지만, 여태까지 *Ardipithecus*속에서부터 *Homo*속에 이르는 많은 종류의 원인 화석들이 발견되었다(20장). Kenneth E. Nahigian에 의하면 창조론자들은 이런 화석들이 진화적인 중간 단계라는 것은 믿지는 않지만, 그 방대함에 대해서는 인식하고 있다고 하였다.

창조론자인 Michael J. Ord는 「Bones of Contention」이라는 책의 논평에서 다음과 같이 시인하였다: "1976년 현재 원인의 화석이 관 하나에 넣을 정도가 아니라 4,000점 이상이 되는 것을 보고 놀랐다. 이 중 200점은 네안데르탈인으로 분류되었으며, 약 100점은 직립원인(*Homo erectus*)으로 확인되었다. 1976년 이후에도 화석은 계속 발견되고 있다." 「Bones of Contention」의 저자인 Marvin L. Lubenow는 창조론 관련 잡지의 편집자에게 서신을 통해 다음과 같이 밝혔다: "현재 수치는 더욱 놀랍습니다. 여태까지(1994년) 220점 이상의 *Homo erectus*와 300점이 훨씬 넘는 네안데르탈인 화석이 발견되었다고 합니다." 2007년 집계로 400구 이상의 화석이 확인됨.

창조론자의 주장: 진화론자들은 복잡한 생체구조가 단순히 우연에 의해서 생긴다고 했는데, 이것이 일어날 확률은 너무 작아서 불가능하다.

진화론자의 답변: 앞서서 밝힌 바와 같이, 우연한 기회에 생긴 일과 자연선택에 의한 진화의 결과는 같지 않다. 기회(chance)란 그 원인이 서로 관련이 없는 사건들의 조합이라고 할 수 있다. 따라서 그런 사건들이 순차적으로 일어나면 무질서(chaos)에 이르기 쉽다. 반면 자연선택에 의한 진화는 어떤 사건들은 그 전의 사건과 직접적으로 관련이 되므로 결과적으로 더 조직적이고 복잡한 구조가 형성되는 것이다. 아미노산을 비롯한 기본적인 생물 분자들의 무생물적인 합성의 경우도 그 분자들이 합성되는 쪽으로만 반응이 진행될 수 있으며, 자연선택을 통하여 분

자의 조직성이나 복잡성을 증가시키는 방향으로 갈 수 있다(7장). 비록 생명이 어떻게 기원되었는지 아직은 모르지만, 그 후 현재의 생물다양성을 형성하게 한 기본적인 기작과 증거는 명확하게 알려져 있다. 생명의 기원 문제는 분자생물학적인 명제이며 이 분야의 기술은 아직 초기 단계이므로, 우리가 지구에서 어떻게 생명이 기원했는가에 대하여 잘 모르는 것은 별로 놀랄만한 일이 아니다. 그럼에도 불구하고, 어떻게 효소반응, 대사과정, 발생의 조절, 유전 등이 진화하였는지에 대한 이해가 증진되어 가고 있는 상황이다. 즉, 짧은 기간 동안에 초기 생물에 관한 수많은 지식을 획득하였던 것이다.

창조론자들의 주장에 항상 결여되어 있는 것은 자연선택에 대한 이해이다 — 즉 창조주의 설계에 대비되는 개념은 무작위적인 기회가 아니라 자연선택인 것이다. 선택은 각각의 사건들을 엮어서 "창조적"으로 배열하는 기작이다. 왜냐하면 각 단계들은 "적응력"이 있을 때만 지속될 수 있기 때문이다. 즉 적응(adaptation)이란 갑자기 생긴 것이 아니라 일어날 확률이 상당히 높은 선택의 결과들이 축적된 것이다.

그러므로 시력의 향상을 위한 선택의 결과로 개선된 시각기관들이 진화될 수 있으며(그림 3-1), 척추골의 지지력 향상을 위한 선택의 결과로 개선된 등뼈의 구조가 진화된 것이며(그림 18-11), 청각의 향상을 위한 선택의 결과로 개선된 청각기관이 진화된 것이다(그림 19-7).

창조론자의 주장: 자연선택은 부적합한 형질을 제거하거나 작은 변화만을 일으키지만 새로운 적응을 만들어 내지는 못한다. 만일 선택의 힘이 강력하며 진화가 지속된다면 우리는 항상 신종으로 둘러싸여 있을 것이다. 이 신종들은 다 어디 있는가?

진화론자의 답변: 첫째, 위에서 설명한 대로 선택이란 개선된 적응력을 가지는 단계들의 축적을 낳는 "창조적"인 힘이다. 둘째, 신종들이 어디 있느냐는 질문의 해답은 간단하다 — 우리 주위에 널려 있다! 지난 35억 년 동안 신종들은 지속적으로 진화하여 왔으며 과거의 종들과 교체되어 왔다. 지금 우리가 주위에서 흔히 볼 수 있는 대부분의 생물들은 불과 수백 수천 세대 전에 살았던 조상들과 다르다. 하물며 수십만 세대 전에 살았던 조상들과는 더욱이 차이가 난다. 우리는 이를 사진을 찍어서 보여 줄 수는 없지만, 화석기록과 유전학적 기술을 통하여 조상종들이 현재와 얼마나 차이가 나며 현존하는 종들이 얼마나 독특한 신종인지를 확인할 수 있다.

우리가 왜 신종이 나타나는 것을 쉽게 볼 수 없느냐는 질문의 대답 역시 간단하다 — 종분화(speciation)는 시간이 오래 걸리는 과정이다! 많은 생물군에서 두 개체군 사이에서 생식적 격리가 획득이 되었을 때, 우리는 종이 형성되었다고 말한다. 이런 일은 많은 유전적, 적응적인 변화를 필요로 하므로 보통 수천 년 이상이 소요된다. 간혹 개체군 간에서 빠른 유전적인 분화가 일어나거나 대규모의 염색체 돌연변이가 일어나는 경우를 실제로 관찰할 수도 있다. 예를 들면, 중앙아메리카의 원주민들에 의해 7,000년간 식량으로 선택되어 왔기 때문에 잡초와 같은 식물로부터 옥수수가 분화할 수 있었다(그림 21-1). 실험실과 자연에서 흔히 확인할 수 있는 선택의 종류로는 온도, 먹이, 서식처, 환경독소 등을 들 수 있다. 집단유전학자들에 의해 연구된 예를 들면 다음과 같다: 농약에 내성을 획득한 파리 개체군(그림 10-26), 새로운 형질을 획득한 식물, 독특한 구애행위를 획득한 초파리의 변종, 아프리카의 호수에서 다른 환경에 급속도로 적응하고 있는 치클리드(cichlid)물고기들(그림 12-18); 다른 식물성 숙주에 적응한 기생곤충. 우리는 정확히 어떤 유전자의 변화가 종분화를 유도하는지 잘 모르지만, 몇몇 관련된 유전자들이 실제로 발견된 바도 있다. 종분화에 영향을 주는 유전자의 종류는 종이나 상황에 따라 다르다고 밝혀지고 있다(24장).

염색체의 구조나 수의 변화는 더욱 급진적인 변화를 일으킬 수 있으며 빠른 종분화로 이어질 수 있다. 염색체의 전좌(translocation)가 달맞이꽃(*Oenothera*속)의 신종 형성의 원인이 되었으며, 종간 교잡에 의한 배수체현상으로 *Nicotiana*속의 신종이 형성된 예도 있다.

창조론자의 주장: 진화론자들은 진화적인 개념에 반하는 다음과 같은 이례적인 현상을 설명할 수 없다.

1. **태양은 엄청난 질량에 비해 훨씬 작은 회전력을 갖고 있다.**
2. **최근의 지층이 더 오래된 지층의 위쪽에 있다는 진화의 개념에 벗어나는 예들이 있다.**
3. **텍사스의 백악기 지층에서 공룡과 인간의 발자국이 같이 발견되었다.**
4. **화석이 대량으로 한곳에서 발견되는 현상은 점진적인 진화과정보다는 노아의 홍수와 같은 대재앙의 결과로 보는 것이 더 합당하다.**
5. **돌연변이는 유리하지 않거나 해롭기 때문에 자연선택이 적응으로 연결되지 않으며 더 못한 결과를 낳을 뿐이다.**

진화론자의 답변: 과학자들은 위의 소위 이례적이라는 현상들은 실제로는 이례적인 아니라는 것을 거듭해서 증명하였으나, 이 같은 주장은 창조론 관련 문헌에서 계속 오용이 되고 있다.

1. 태양의 회전력은 태양계가 응결될 때 행성들로 전이되었을 뿐이다.
2. 지역에 따라, 특히 산악이 형성되는 곳에서 오래된 지층은 최근의 지층 위로 밀려올라가는 수가 있다(그림 5-15). 이 경우 정상적인 지역의 지층과의 구조적인 유사성 및 화석종류의 비교를 통하여 지층의 순서를 확인할 수 있다.
3. Paluxy강에서 발견된 백악기 발자국들은 공룡의 것은 맞지만, 인간의 것은 최근에 인위적으로 새겨 넣은 것으로 확인되었다. 가장 오래된 원인의 발자국 화석은 3백 70만 년 전으로 추정되는 *Australopithecus*의 것이다.
4. 생물의 화석은 어느 한 지층에 집중되어있지 않으며, 선캄브리아기 퇴적층들에 골고루 퍼져있다(그림 5-5, 8-2). 지층은 여러 겹으로 되어 있으며 오랫동안 축적된 퇴적물과 화석으로 구성되어 있다. 성서에서 인용되는 1년간의 홍수에 관한 지질학적, 고생물학적 증거는 발견된 바 없다.

글상자 26-1 창조론자들의 주장에 대한 답변(계속)

5. 비록 대부분의 돌연변이는 해롭지만, 일부(예를 들면, 독소나 기생충에 대한 저항성)는 이로우므로 개체의 생존율을 높여준다. 어떤 돌연변이들은 이롭지는 않지만 여러 원인(23장)에 의해서 개체군내에서 존속하기도 하므로 환경이 바뀌었을 때 적응하는 데 필수적인 변이성을 제공해 준다.

창조론자의 주장: 형평성을 위하여 진화와 창조를 똑같이 교육해야 한다는 법을 통과시켜야 한다.

진화론자의 답변(Richard D. Alexander, 1987): "창조론자, 다윈론자, 마르크스주의자 또는 어떤 이론의 추종자들도 공공연하게 자신의 견해를 개진할 수 있다. 그러나 어떤 이론을 가르치거나 가르치지 말아야 된다는 법이나 규칙을 제정하려는 것은 전체주의적인 발상이다. 법이 어떤 이론을 교육에서 배제하든 포함시키든 간에 그것은 중요한 것이 아니다. 생물학 과정에서 진화를 가르치라는 법은 존재하지 않는다. 단지 수많은 생물학자들이 생물학을 탐구하는 데 있어서 진화이론이 대단히 중요하다고 생각했기 때문에 이 이론이 현재의 중요한 위치를 차지하게 된 것이다. 창조론자들 역시 법의 힘을 빌릴 필요가 없다. 진화의 생물학적 대안으로서 창조를 교과과정에 포함시키려면 창조 역시 부정될 수 있는 개념으로 제시해야 한다. 즉 진실이 아닐 수도 있다는 가능성을 받아들이고, 의문이 해결될 때 까지 계속적으로 검증되어야 하는 개념으로 제시되어야 하는 것이다. 과학수업은 신성하다고 추앙받는 개념을 소개하는 곳이 아니다. 사회나 학생들에게 가장 큰 위협은 그들이 잘못된 견해에 노출되는 것이 아니다. 많은 고등학생들은 이미 법적인 성인이며, 선거권도 있으며, 많은 잘못된 생각에 이미 노출되어 있다. 중요한 것은 이들에게 새로운 견해를 검사하고 평가하여 스스로 적절히 대처할 수 있게 교육하는 것이다."

Alexander의 견해에 추가하여 다음을 부연할 수 있다. 만일 학교에서 과학이론의 대안을 제시하는 것이 그들이 주장하는 "공정함"이라면, 다른 믿음의 추종자들도 자신들의 신념을 비슷하게 가르치도록 주장할 권리가 있다 — 점성술과 천문학, 연금술과 화학, 평평한 지구와 원형의 지구 등등. 물론 학교에서 가르쳐야 할 과학적인 주제는 과학적 증거의 법칙에 입각하여 판단하여야 하며, 특정 종교나 이해집단에 의해 주장된 비과학적이거나 사이비 과학적인 주제를 포함시켜서는 안 된다. 이것이 지적설계에 대하여 과학계가 강경한 반응을 보이게 된 이유이다. 이것은 창조론을 과학으로 위장한 것이다. 지적설계론자들은 그들의 교의들을 과학적으로 접근할 수 있다고(실제로는 과학적인 접근이 전혀 불가능함) 주장하면서 진화와 함께 교육되어지는 것을 추진하고 있다.[b]

창조론자의 주장: 생명과 생물학적 사건들이 신성한 설계에 의한 것이 아니라는 것을 주장하는 것은, 진화론자들이 신앙의 모든 것을 공격하는 것과 같다.

진화론자의 답변: 수많은 신의 개념 중에서 가장 발전된 개념은 자연법칙들과 그 법칙에 의해 일어난 모든 결과들을 창조한 신이다. 즉 이런 법칙과 결과들은 과학자들에 의해 탐구 가능하다. 창조론자들이 만들어 내고 있는 신의 개념은 좀 더 원시적인 형태로서 자연법칙들에 위배되는 설명 불가능한 신비로운 사건들과 기적적인 창조를 수행한 존재이다. 진화론자들은 이러한 창조론자들의 신의 개념에 반대하는 것이지, 진화론자 자신이 자연법칙들과 그에 따른 진화적인 결과들에 대한 믿음을 포용할 수 있는 신앙을 갖는 데는 전혀 문제가 없다.

[b] 지적설계에 대한 과학적 반론과 재판에 대해서는 Forrest와 Gross(2004), Young와 Edis(2004), Mindell(2006)을 참조.

주요 용어

과학(science)
다윈론(Darwinism)
교리(belief system)
생기론(vitalism)
설계(design)
신(God)
영혼(soul)
의식(consciousness)
종교(religion)
종교의 진화(evolution of religion)
창조론(creationism)

토의 및 질문

1. 종교에서 영혼과 신의 개념이 어떤 이유로 성립이 되었는가?
2. 왜 창조신화는 과학적인 방법론으로 접근할 수 없는가?
3. 설계에 대한 의문:
   a. 왜 일부 종교단체들은 신이 자연을 설계하였다고 믿기를 원하는가?
   b. Darwin은 자연선택의 개념을 이용하여 생물의 설계를 어떻게 설명하였는가?
4. 자연현상을 설명하는 데 있어서의 모순되는 견해차에도 불구하고, 왜 유럽사회에서 종교와 다윈론이 100년 이상을 공존할 수 있었는가?
5. 생물의 진화를 증명하는 가장 좋은 증거라고 생각하는 것을 한 가지 선택하고, 과학적 방법론의 적용이 어떻게 진화를 증명할 수 있는지 설명하라.

추천 읽을 거리

Alters, B. J., 2001. *Defending Evolution: A Guide to the Evolution/Creation Controversy.* Jones and Bartlett Publishers, Sudbury, MA.

Appleman, P., (ed.), 2001. *A Norton Critical Edition. Darwin: Texts,*

Commentary, 3rd ed. W. W. Norton & Company, New York.

Brockman, J., 2006. *Intelligent Thought: Science Versus the Intelligent Design Movement.* Vintage Books, New York. [See the review, J. T. Bonner, 2006, *Nature,* **442,** 355–356.]

Cracraft, J., and R. W. Bybee (eds.), 2005. *Evolutionary Science and Society: Educating a New Generation.* Biological Sciences Curriculum Study, Washington, DC.

Dennett, D. C., 2006. *Breaking the Spell: Religion as a Natural Phenomenon.* Allen Lane, London, UK.

Forrest, B., and P. R. Gross, 2004. *Creationism's Trojan Horse: The Wedge of Intelligent Design.* Oxford University Press, New York.

La Barre, W., 1970. *The Ghost Dance: Origins of Religion.* Doubleday, New York.

Mindell, D. P., 2006. *The Evolving World: Evolution in Everyday Life.* Harvard University Press, Cambridge, MA.

Pigliucci, M., 2002. *Denying Evolution: Creationism, Scientism and the Nature of Science.* Sinauer Associates Inc., Sunderland, MA.

Ruse, M., 2001. *The Evolution Wars: A Guide to the Debates.* Rutgers University Press, New Jersey and London.

Ruse, M., 2005. *The Evolution-Creation Struggle.* Harvard University Press, Cambridge, MA.

Scott, E. C., 2005. *Evolution vs. Creationism: An Introduction.* University of California Press, Berkeley, CA.

Young, M., and T. Edis (eds.), 2004. *Why Intelligent Design Fails: A Scientific Critique of the New Creationism.* Rutgers University Press, New Brunswick, NJ.

참고문헌

A

Abel, T., G. L. Bryan, and M. L. Norman, 2002. The formation of the first star in the universe. *Science,* **295,** 93–98.

Abouheif, E., 2004. A framework for studying the evolution of gene networks underlying polyphenism: Insights from winged and wingless ant castes. In *Environment, Development, and Evolution.* B. K. Hall, R. D. Pearson, and G. B. Müller (eds.). MIT Press, Cambridge, MA, pp. 125–137.

Abouheif, E., M. Akam, W. J. Dickinson, P. W. H. Holland, et al., 1997. Homology and developmental genes. *Trends Genet.,* **13,** 432–433.

Abzhanov, A., M. Protas, B. R. Grant, P. R. Grant, and C. J. Tabin, 2004. Bmp4 and morphological variation of beaks in Darwin's finches. *Science,* **305,** 1462–1465.

Adams M. D., S. E. Celniker, R. A. Holt, C. A. Evans, et al., 2000. The genome sequence of *Drosophila melanogaster. Science,* **287**, 2185–2195.

Adelmann, H. B., 1966. *Marcello Malpighi and the Evolution of Embryology* (5 volumes). Cornell University Press, Ithaca, NY.

Adl, S. M., A. G. B. Simpson, M. A. Farmer, R. A. Andersen, et al., 2005. The new higher level classification of Eukaryotes with emphasis on the taxonomy of protists. *J. Eukaryot. Microbiol.,* **52,** 399–451.

Adman, E. T., L. C. Sieker, and L. H. Jensen, 1973. The structure of a bacterial ferredoxin. *J. Biol. Chem.,* **248,** 3987–3996.

Adoutte, A., G. Belavoine, N. Lartillot, and R. de Rosa, 1999. Animal evolution: The end of the intermediate taxa? *Trends Genet.,* **15,** 104–108.

Aguinaldo, A. M. A., J. M. Turbeville, L. S. Linford, M. D. Rivera, J. R. Garey, R. A. Raff, and J. A. Lake, 1997. Evidence for a clade of nematodes, arthropods and other moulting animals. *Nature,* **387,** 489–493.

Aiello, L., and C. Dean, 1990. *An Introduction to Human Evolutionary Anatomy.* Academic Press, London.

Akam, M., 1995. Hox genes and the evolution of diverse body plans. *Phil. Trans. R. Soc. Lond. B,* **349,** 313–319.

Akam, M., 1998. Hox genes: From master genes to micromanagers. *Curr. Biol.,* **8,** R676–R678.

Albertson, R. C., J. T. Streelman, T. D. Kocher, and P. C. Yelick, 2005. Integration and evolution of the cichlid mandible: The molecular basis of alternate feeding strategies. *Proc. Natl. Acad. Sci. USA,* **102,** 16287–16292.

Albertson, R. C., J. T. Streelman, and T. D. Kocher, 2000. The beak of the fish: genetic basis of adaptive shape differences among Lake Malawi cichlid fishes. Assessing morphological differences in an adaptive trait: a landmark-based morphometric approach. *J. Exp. Zool.,* **289,** 385–403.

Alcock, J., 2001. *The Triumph of Sociobiology.* Oxford University Press, New York.

Alcock, J., 2005. *Animal Behavior: An Evolutionary Approach.* Sinauer Associates, Sunderland, MA.

Alcock, J., 2006. *An Enthusiasm for Orchids: Sex and Deception in Plant Evolution.* Oxford University Press, Oxford, England.

Aldridge, R. J., D. E. G. Briggs, I. J. Sansom, and M. P. Smith, 1994. The latest vertebrates are the earliest. *Geol. Today,* **10,** 141–145.

Alexander, R. D., 1987. *The Biology of Moral Systems.* Aldine de Gruyter, New York.

Alexander, R. M., 1991. Apparent adaptation and actual performance. *Evol. Biol.,* **25,** 357–373.

Alleaume-Benharia, M., I. R. Pen, and O. Ronce, 2006. Geographical patterns of adaptation within a species' range: interactions between drift and gene flow. *J. Evol. Biol.,* **19,** 203–215.

Allwood, A. C., M. R. Walter, B. S. Kamber, P. Marshall, and I. W. Burch, 2006. Stromatolite reef from the Early Archaean era of Australia. *Nature,* **441,** 714–718.

Alters, B. J., 2001. *Defending Evolution: A Guide to the Evolution/Creation Controversy.* Jones and Bartlett, Sudbury, MA.

Alvarez, L. W., 1983. Experimental evidence that an asteroid impact led to the extinction of many species 65 million years ago. *Proc. Natl. Acad. Sci. USA,* **80**, 627–642.

Alvarez, W., and F. Asaro, 1992. The extinction of the dinosaurs. In *Understanding Catastrophe.* J. Bourriau (ed.). Cambridge University Press, Cambridge, England, pp. 28–56.

Amundson, R. (ed.), 2007. *On the Nature of Limbs* by Richard Owen, The University of Chicago Press, Chicago.

Anderson, W. F., 1992. Human gene therapy. *Science,* **256**, 808–813.

Anderson, W. F., 1998. Human gene therapy. *Nature,* **392** (Suppl.), 25–30.

Andersson, D. I., and D. Hughes, 1996. Muller's ratchet decreases fitness of a DNA-based microbe. *Proc. Natl. Acad. Sci. USA,* **93,** 906–907.

Andrade, M. C. B., 1996. Sexual selection for male sacrifice in the Australian red back spider. *Science,* **271,** 70–72.

Andrews, H. N. Jr., 1961. *Studies in Paleobotany.* Wiley, New York.

Andrews, P., 1987. Aspects of hominoid phylogeny. In *Molecules and Morphology in Evolution: Conflict or Compromise?* C. Patterson (ed.). Cambridge University Press, Cambridge, England, pp. 23–53.

Aparicio S., J. Chapman, E. Stupka, N. Putnam, et al., 2002. Whole-genome shotgun assembly and analysis of the genome of *Fugu rubripes. Science,* **297,** 1301–1310.

Appleman, O. (ed.), 2001. *A Norton Critical Edition. Darwin: Texts, Commentary,* 3rd ed. W. W. Norton & Company, New York.

Arabidopsis Genome Initiative, 2000. Analysis of the genome sequence of the flowering plant *Arabidopsis thaliana. Nature,* **408,** 796–815.

Aranzana, M. J., S. Kim, K. Zhao, E. Bakker, et al., 2005. Genome wide association mapping in Arabidopsis identifies previously known flowering time and pathogen resistance genes. *PloS Genet.,* **1,** 531–539.

Archer, M., and G. Clayton (eds.), 1984. *Vertebrate Zoogeography and Evolution in Australia.* Hesperian Press, Carlisle, Australia.

Archibald, J. D., 1996. *Dinosaur Extinction and the End of an Era.*

Columbia University Press, New York.

Archibald, J. M., and P. J. Keeling, 2002. Recycled plastids: A "green movement" in eukaryotic evolution. *Trends Genet.,* **18,** 577–584.

Arenas-Mena, C., P. Martinez, R. A. Cameron, and E. H. Davidson, 1998. Expression of the Hox gene complex in the indirect development of a sea urchin. *Proc. Natl. Acad. Sci. USA,* **95,** 13062–13067.

Arendt, D., 2003. Evolution of eyes and photoreceptor cell types. *Int. J. Dev. Biol.,* **47,** 563–571.

Arendt, D., and K. Nübler-Jung, 1994. Inversion of dorsoventral axis? *Nature,* **371,** 26.

Arendt, D., and K. Nübler-Jung, 1999. Comparison of early nerve cord development in insects and vertebrates. *Development,* **126,** 2309–2325.

Arensburg, B., A. M. Tillier, B. Vandermeersch, H. Duday, L. A. Schepartz, and Y. Rak, 1989. A middle Paleolithic human hyoid bone. *Nature,* **338,** 758–760.

Arnold, M. L., 1997. *Natural Hybridization and Evolution.* Oxford University Press, Oxford, England.

Asfaw, B., T. White, O. Lovejoy, B. Latimer, S. Simpson, and G. Suwa, 1999. *Australopitchecus garhi:* A new species of early hominin from Ethiopia. *Science,* **284,** 629–635.

Ason, B., D. K. Darnell, B. Wittbrodt, E. Berezikov, et al., 2006. Differences in vertebrate microRNA expression. *Proc. Natl. Acad. Sci. USA,* **103,** 14385–14389.

Atchley, W. R., and B. K. Hall, 2001. A model for development and evolution of complex morphological structures. *Biol. Rev. Camb. Philos. Soc.,* **66,** 101–157.

Austin, C. R., and R. V. Short, 1976. *The Evolution of Reproduction.* Cambridge University Press, Cambridge, England.

Averof, M., and S. M. Cohen, 1997. Evolutionary origin of insect wings from ancestral gills. *Nature,* **385,** 627–630.

Averof, M., and N. H. Patel, 1997. Crustacean appendage evolution associated with changes in Hox gene expression. *Nature,* **388,** 682–686.

Avise, J. C., 1994. *Molecular Markers, Natural History and Evolution.* Chapman & Hall, London.

Avise, J., and D. Walker, 1999. Species realities and numbers in sexual vertebrates: Perspectives from an asexually transmitted genome. *Proc. Natl. Acad. Sci. USA,* **96,** 992–995.

Ax, P., 1987. *The Phylogenetic System: The Systematization of Organisms on the Basis of Their Phylogenesis.* Wiley, Chichester, England.

Ayala, F. J., A. Escalante, C. O'Huigin, and J. Klein, 1994. Molecular genetics of speciation and human origins. *Proc. Natl. Acad. Sci. USA,* **91,** 6787–6794.

Ayala, F. J., A. Rzhetsky, and F. J. Ayala, 1998. Origin of the metazoan phyla: Molecular clocks confirm paleontological estimates. *Proc. Natl. Acad. Sci. USA,* **95,** 606–611.

B

Bakker, R., 1986. *The Dinosaur Heresies.* Longman, Harlow, England.

Baldauf, S. L., and J. D. Palmer, 1993. Animals and fungi are each other's closest relative: Congruent evidence from multiple proteins. *Proc. Natl. Acad. Sci. USA,* **90,** 11558–11562.

Ballard, J. W., G. J. Olsen, D. P. Faith, W. A. Odgers, et al., 1992. Evidence from 12S ribosomal RNA sequences that onychophorans are modified arthropods. *Science,* **258,** 1345–1348.

Barber, J., and B. Andersson, 1994. Revealing the blueprint of photosynthesis. *Nature,* **370,** 31–34.

Barger, A. 2005. The midlife crisis of the cosmos. *Sci. Am.* **292,** 46–53.

Barluenga, M., K. N. Stölting, W. Salzburger, M. Muschick, and A. Meyer, 2006. Sympatric speciation in Nicaraguan crater lake cichlid fish. *Nature,* **439,** 719–723.

Barnabas, J., R. M. Schwartz, and M. O. Dayhoff, 1982. Evolution of major metabolic innovations in the Precambrian. *Origins of Life,* **12,** 81–91.

Barnes, R. D., 1980. *Invertebrate Zoology,* 4th ed. Saunders, Philadelphia, PA.

Barrow, J. D., 1994. *The Origin of the Universe.* Basic Books, New York.

Barton, N. H., and B. Charlesworth, 1984. Genetic revolutions, founder effects, and speciation. *Ann. Rev. Ecol. Syst.,* **15,** 133–164.

Basolo, A. L., 1994. The dynamics of Fisherian sex-ratio evolution: Theoretical and experimental investigations. *Amer. Nat.,* **144,** 473–490.

Bateson, W., 1886. The ancestry of the Chordata. *Q. J. Microsc. Sci.,* **26,** 535–571.

Batzer, M. A., M. Stoneking, M. Alegria-Hartman, H. Bazan, et al., 1994. African origin of human-specific polymorphic Alu insertions. *Proc. Natl. Acad. Sci. USA,* **91,** 12288–12292.

Beadle, G. W., and B. Ephrussi, 1937. Development of eye colors in *Drosophila:* Diffusable substances and their interrelations. *Genetics,* **22,** 76–86.

Beck, C. B., (ed.), 1976. *Origin and Early Evolution of Angiosperms.* Columbia University Press, New York.

Beck, F., D. B. Moffatt, and J. B. Lloyd, 1973. *Human Embryology and Genetics.* Blackwell, Oxford, England.

Beer, G., 1992. *Darwin's Plots. Evolutionary Narrative in Darwin, George Eliot and Nineteenth Century Fiction.* The University of Chicago Press, Chicago.

Begon, M., and M. Mortimer, 1986. *Population Ecology.* Second Edition. Blackwell, Oxford, England.

Begon, M., M. Mortimer, and D. J. Thompson, 1996. *Population Ecology: A Unified Study of Animals and Plants,* 3rd ed. Blackwell Science Ltd., Oxford, England.

Beiko, R. G., T. J. Harlow, and M. A. Ragan, 2005. Highways of gene sharing in prokaryotes. *Proc. Natl. Acad. Sci. USA,* **102,** 14332–14337.

Bejder, L., and B. K. Hall, 2002. Limbs in whales and limblessness in other vertebrates: mechanisms of evolutionary and developmental transformation and loss. *Evol. Dev.,* **4,** 445–458.

Bell, G., 1989. *Sex and Death in Protozoa: The History of Obsession.* Cambridge University Press, Cambridge, England.

Bell, G., and V. Koufopanou, 1991. The architecture of the life cycle in small organisms. *Phil. Trans. R. Soc. Lond. B.,* **332,** 81–89.

Bell, G., and A. O. Mooers, 1997. Size and complexity among multicellular organisms. *Biol. J. Linn. Soc.,* **60,** 345–363.

Bell, M. A., W. E. Aguirre, and N. J. Buck, 2004. Twelve years of contemporary armor evolution in a threespine stickleback population. *Evolution,* **58,** 814–824.

Belting, H.-G., C. S. Shashikant, and F. H. Ruddle, 1998. Modification of expression and cis-regulation of *Hoxc8* in the evolution of diverged axial morphology. *Proc. Natl. Acad. Sci. USA,* **95,**

2355–2360.

Benefit, B. R., and M. L. McCrossin, 1997. Earliest known Old World monkey skull. *Nature,* **388,** 368–371.

Bengtson, S., and Z. Yue, 1997. Fossilized metazoan embryos from the earliest Cambrian. *Science,* **277,** 1645–1648.

Benito-Gutiérrez, E., 2006. A gene catalogue of the amphioxus nervous system. *Int. J. Biol. Sci.,* **2,** 149–160.

Benner, S. A., M. A. Cohen, G. H. Gonnet, D. B. Berkowitz, and K. P. Johnsson, 1993. Reading the palimpsest: Contemporary biochemical data and the RNA world. In *The RNA World,* R. F. Gesteland and J. F. Atkins (eds.). Cold Spring Harbor Laboratory Press, Cold Spring Harbor, New York, pp. 27–70.

Bennett, M. D., and I. J. Leitch, 2005. Plant genome size research — a field in focus. *Ann. Bot.,* **95,** 1–6.

Bennett, M. D., I. J. Leitch, H. J. Price, and J. S. Johnston, 2003. Comparisons with *Caenorhabditis* (100 Mb) and *Drosophila* (175 Mb) using flow cytometry show genome size in *Arabidopsis* to be 157 Mb and thus 25% larger than the *Arabidopsis* Genome Initiative estimate of 125 Mb. *Ann. Bot.,* **91,** 547–557.

Benton, M. J., 1988. The relationships of the major group of mammals: New approaches. *Trends Ecol. Evol.,* **3,** 40–45.

Benton, M. J., 1991. *The Rise of the Mammals.* Apple Press, London.

Benton, M. J., 1995. Diversification and extinction in the history of life. *Science,* **268,** 52–58.

Benton, M. J., 1997. *Vertebrate Paleontology,* 2nd ed. Harper Collins, London.

Benton, M. J., 2003. *When Life Nearly Died: The Greatest Mass Extinction of All Time.* Thames and Hudson, London.

Benton, M. J., 2004. *Vertebrate Palaeontology,* 3rd ed. Blackwell Publishers, Oxford, England.

Benton, M. J., and F. J. Ayala, 2003. Dating the tree of life. *Science,* **300,** 1698–1700.

Berezikov, E., F. Thuemmler, L. W. van Laake, I. Kondova, et al., 2006. Diversity of microRNAs in human and chimpanzee brain. *Nat. Genet.,* **38,** 1375–1377.

Bergquist, P. R., 1985. Poriferan relationships. In *The Origin and Relationships of Lower Invertebrates.* S. Conway Morris, J. D. George, R. Gibson, and H. M. Platt (eds.). Clarendon Press, Oxford, England, pp. 14–27.

Bharathan, G., B.-J. Janssen, E. A. Kellogg, and N. Sinha, 1997. Did homeodomain proteins duplicate before the origin of angiosperms, fungi, and metazoa? *Proc. Natl. Acad. Sci. USA,* **94,** 13749–13753.

Bhattacharyya, M. K., A. M. Smith, T. H. N. Ellis, C. Hedley, and C. Martin, 1990. The wrinkled-seed character of pea described by Mendel is caused by a transposon-like insertion in a gene encoding starch-branching enzyme. *Cell,* **60,** 115–122.

Bird, A. P., 1995. Gene number, noise reduction and biological complexity. *Trends Genet.,* **11,** 94–100.

Birdsell, J., and C. Wills, 1996. Significant competitive advantage by meiosis and syngamy in the yeast *Saccharomyces cerevisiae. Proc. Natl. Acad. Sci. USA,* **93,** 908–912.

Biro, C., B. Benyó, C. Sansom, Á. Szlávecz, G. Fördös, T. Micsik, and Z. Benyó, 2003. A common periodic table of codons and amino acids. *Biochem. Biophys. Res. Commun.,* **306,** 408–415.

Bleckmann, C. A., 2006. Evolution and creationism in science: 1880–2000. *BioScience,* **56,** 151–158.

Blencowe, B. J., 2006. Alternative splicing: New insights from global analyses. *Cell,* **126,** 37–47.

Blomberg, S. P., and T. Garland, Jr., 2002. Tempo and mode in evolution: phylogenetic inertia, adaptation, and comparative methods. *J. Evol. Biol.,* **15,** 899–910.

Blondel, J., D. W. Thomas, A. Charmantier, P. Perret, et al., 2006. A thirty-year study of phenotypic and genetic variation of blue tits in Mediterranean habitat mosaics. *BioScience,* **56,** 661–673.

Bode, H., 2001. The role of Hox genes in axial patterning in *Hydra. Amer. Zool.,* **41,** 621–628.

Boesch, C., 1993. Aspects of transmission of tool-use in wild chimpanzees. In *Tools, Language and Cognition in Human Evolution,* K. R. Gibson and T. Ingold (eds.). Cambridge University Press, Cambridge, England, pp. 171–183.

Boesch-Achermann, H., and C. Boesch, 1994. Hominization in the rainforest: The chimpanzee's piece of the puzzle. *Evol. Anthropol.,* **3,** 9–16.

Bogdanova, M. I., R. G. Nager, and P. Monaghan, 2007. Age of the incubating parents affects nestling survival: an experimental study of the herring gull *Larus argentatus. J. Avian Biol.,* **38,** 83–93.

Boguski, M. S., 1998. Bioinformatics — A new era. In *Trends Guide in Bioinformatics.* Elsevier Trends Journals, Haywards Heath, West Sussex, England, pp. 1–3.

Bold, H. C., C. J. Alexopoulos, and T. Delevoryas, 1980. *Morphology of Plants and Fungi,* 4th ed. Harper & Row, New York.

Bonner, J. T., 1988. *The Evolution of Complexity by Means of Natural Selection.* Princeton University Press, Princeton, NJ.

Bonner, J. T., 2006. *Why Size Matters: From Bacteria to Blue Whales.* Princeton University Press, Princeton, NJ.

Borchiellini, C., N. Boury-Esnault, J. Vacelet, and Y. Le Parco, 1998. Phylogenetic analysis of the Hsp70 sequences reveals the monophyly of metazoa and specific phylogenetic relationships between animals and fungi. *Mol. Biol. Evol.,* **15,** 647–655.

Borradale, L. A., F. A. Potts, L. E. S. Eastham, and J. T. Saunders, 1959. *The Invertebrata,* 3rd ed., revised by G. A. Kerkut, Cambridge University Press, Cambridge, England.

Boury-Esnault, N., A. Ereskovsky, C. Bezac, and D. Tokina, 2003. Larval development in the Homoscleromorpha (Porifera, Demospongiae). *Invert. Biol.,* **122,** 187–202.

Boute, N., J. Y. Exposito, N. Boury-Esnault, J. Vacelet, et al., 1996. Type IV collagen in sponges, the missing link in basement membrane ubiquity. *Biol. Cellulaire,* **88,** 37–44.

Bouwens, R. J. and G. D. Illingworth, 2006. Rapid evolution of the most luminous galaxies during the first 900 million years. *Nature,* **443,** 189–192.

Bowler, P. J., 1996. *Life's Splendid Drama. Evolutionary Biology and the Reconstruction of Life's Ancestry 1860–1940.* The University of Chicago Press, Chicago.

Bowler, P. J., 2003. *Evolution: The History of an Idea,* 3rd ed. University of California Press, Berkeley, CA.

Bowler, P. J., 2005. Variation from Darwin to the modern synthesis. In *Variation: A Central Concept in Biology,* B. Hallgrímsson and B. K. Hall (eds.). Elsevier/Academic Press, Burlington, MA, pp. 9–27.

Bowring, S. A., D. H. Erwin, Y. G. Jin, M. W. Martin, K. Davidek, and W. Wang, 1998. U/Pb zircon geochronology and tempo of the End-Permian mass extinction. *Science,* **280,** 1039–1045.

Boyd, W. C., 1950. *Genetics and the Races of Man.* Little, Brown, Boston.

Bradshaw, H. D., Jr., S. M. Wilbert, K. G. Otto, and D. W. Shemske, 1995. Genetic mapping of floral traits associated with reproductive isolation in monkeyflowers (*Mimulus). Nature,* **376,**

762–765.

Brakefield, P. M., 1998. Receding black moths. *Trends Ecol. Evol.,* **13,** 376.

Bramble D. M., and D. E. Lieberman, 2004. Endurance running and the evolution of Homo. *Nature,* **432,** 345–352.

Brandes, J. A., N. Z. Boctor, G. D. Cody, B. A. Cooper, R. Hazen, and H. S. Yoder, Jr., 1998. Abiotic nitrogen reduction on early Earth. *Nature,* **395,** 365–367.

Brasier, M., and J. Antcliffe, 2004. Decoding the Ediacaran enigma. *Science,* **305,** 1115–1117.

Breaker, R. R., and G. F. Joyce, 1994. Emergence of a replicating species from an in vitro RNA evolution reaction. *Proc. Natl. Acad. Sci. USA,* **91,** 6093–6097.

Briggs, D. E. G., D. H. Erwin, and F. J. Collier, with photographs by Chip Clark, 1994. *The Fossils of the Burgess Shale.* Smithsonian Institution Press, Washington and London.

Britten, R. J., 1986. Rates of DNA sequence evolution differ between taxonomic groups. *Science,* **231,** 1393–1398.

Britten, R. J., 1998. Underlying assumptions of developmental models. *Proc. Natl. Acad. Sci. USA,* **95,** 9372–9377.

Britten, R. J., and E. H. Davidson, 1971. Repetitive and non-repetitive DNA sequences and a speculation on the origins of evolutionary novelty. *Q. Rev. Biol.,* **46,** 111–138.

Britten, R. J., and D. E. Kohne, 1968. Repeated sequences in DNA. *Science,* **161,** 259–540.

Brockman, J., 2006. *Intelligent Thought: Science Versus the Intelligent Design Movement.* Vintage Books, New York. [See the review by J. T. Bonner in *Nature,* 2006, **442,** 355–356.]

Bromham, L., A. Rambaut, R. Fortey, A. Cooper, and D. Penny, 1998. Testing the Cambrian explosion hypothesis by using a molecular dating technique. *Proc. Natl. Acad. Sci. USA,* **95,** 12386–12389.

Bronowski, J., 1974. *The Ascent of Man.* Little, Brown, Boston.

Brooks, D. R., and D. A. McLennan, 1991. *Phylogeny, Ecology, and Behavior: A Research Program in Comparative Biology.* The University of Chicago Press, Chicago.

Brower, A. V. Z., 1996. Parallel race formation and the evolution of mimicry in *Heliconius* butterflies: A phylogenetic hypothesis from mitochondrial DNA sequences. *Evolution,* **50,** 195–221.

Brower, L. P., (ed.), 1988. *Mimicry and the Evolutionary Process.* University of Chicago Press, Chicago.

Brown, M. D., S. H. Hosseini, A. Torroni, H.-J. Bandelt, et al., 1998. MtDNA haplogroup X: An ancient link between Europe/Western Asia and North America? *Amer. J. Hum. Genet.,* **63,** 1852–1861.

Brown, P., T. Sutikna, M. J. Morwood, R. P. Soejono, et al., 2004. A new small-bodied hominin from the Late Pleistocene of Flores, Indonesia. *Nature* **431,** 1055–1061.

Brown, T. A., and K. A. Brown, 1994. Ancient DNA: Using molecular biology to explore the past. *BioEssays,* **16,** 719–726.

Browne, E. J., 1995. *Charles Darwin: Voyaging.* Alfred A. Knopf, New York.

Browne, E. J., 2002. *Charles Darwin: The Power of Place. Volume II of a Biography.* Alfred A. Knopf, New York.

Browne, J., 2006. *Darwin's* Origin of Species. *A Biography.* Douglas & McIntyre, Vancouver, Canada.

Brunet, M., F. Guy, D. Pilbeam, H. T. Mackaye, et al., 2002. A new hominid from the Upper Miocene of Chad, Central Africa. *Nature* **418,** 145–151.

Brusca, R. C., and G. J. Brusca, 2003. *Invertebrates,* 2nd ed. Sinauer Associates, Sunderland, MA.

Budd, G. E., 2003. Animal phyla. In *Keywords and Concepts in Evolutionary Developmental Biology,* B. K. Hall and W. M. Olson (eds.). Harvard University Press, Cambridge, MA, pp. 1–10.

Buffetaut, E., and J.-M. Mazin (eds.), 2003. *Evolution and Paleobiology of Pterosaurs.* Geological Society of London Special Publication 217. Geological Society, London.

Buhl, D., 1974. Galactic clouds of organic molecules. *Origins of Life,* **5,** 29–40.

Bull, J. J., 1983. *Evolution of Sex Determining Mechanisms.* Benjamin/Cummings, Menlo Park, CA.

Bullini, L., 1994. Origin and evolution of animal hybrid species. *Trends Ecol. Evol.,* **9,** 422–426.

Bult, C. J., O. White, G. J. Olsen, L. Zhou, et al., 1996. Complete genome sequence of the methanogenic archaeon, *Methanococcus jannaschii. Science,* **273,** 1058–1073.

Bumpus, H. C., 1899. The elimination of the unfit as illustrated by the introduced sparrow. *Biol. Lect. Woods Hole,* pp. 209–226.

Burger, G., M. W., Gray, and B. F. Lang, 2004. Mitochondrial genomes: Anything goes. *Trends Genet.,* **19,** 709–716.

Burgers, P., and L. M. Chiappe, 1999. The wing of *Archaeopteryx* as a primary thrust generator. Nature, **399,** 60–62.

Buri, P., 1956. Gene frequency in small populations of mutant *Drosophila. Evolution,* **10,** 367–402.

Bush, G. L., 1994. Sympatric speciation in animals: New wine in old bottles. *Trends Ecol. Evol.,* **9,** 285–288.

Butlin, R., 1989. Reinforcement of premating isolation. In *Speciation and Its Consequences,* D. Otte and J. A. Endler (eds.). Sinauer Associates, Sunderland, MA, pp. 158–179.

Butterfield, N. J., 1994. Burgess Shale-type fossils from a Lower Cambrian shallow-shelf sequence in northwestern Canada. *Nature,* **369,** 477–479.

Byrne, J. A., S. Simonsson, P. S. Western, and J. B. Gurdon, 2003. Nuclei of adult mammalian somatic cells are directly reprogrammed to oct-4 stem cell gene expression by amphibian oocytes. *Curr. Biol.,* **13,** 1206–1213.

C

Cairns-Smith, A. G., 1982. *Genetic Takeover and the Mineral Origins of Life.* Cambridge University Press, Cambridge, England.

Calvin, M., 1969. *Chemical Evolution.* Oxford University Press, Oxford, England.

Campbell, B. G. 1998. *Human Evolution: An Introduction to Man's Adaptations.* Aldine de Gruyter, New York.

Canfield, M. A., M. A. Honein, N. Yuskiv, J. Xing, et al., 2006. National estimates and race/ethnicity-specific variation of selected birth defects in the United States, 1999–2001. *Birth Defects Res. (A) Clin. Mol. Teratol.,* **76,** 747–756.

Cann, R. L., M. Stoneking, and A. C. Wilson, 1987. Mitochondrial DNA and human evolution. *Nature,* **325,** 31–36.

Canup, R. M., 2004. Dynamics of lunar formation. *Annu. Rev. Astron. Astrophys.,* **42,** 441–475.

Carlson, T., 1913. Über Geschwindigkeit und grösze der Hefevermehrung in Würze. *Biochemische Zeitschrift,* **57,** 313–334.

Carpenter, K., (ed.), 2001. *The Armored Dinosaurs.* Indiana University Press, Bloomington, IN.

Carroll, R. L., 1988. *Vertebrate Paleontology and Evolution.* Freeman, New York.

Carroll, R. L., 1991. The origin of reptiles. In *Origins of the Higher Groups of Tetrapods: Controversy and Consensus,* H.-P. Schultze and L. Trueb (eds.). Cornell University Press, Ithaca, New York, pp. 331–353.

Carroll, R. L., 1995. Between fish and amphibian. *Nature,* **373,** 389–390.

Carroll, R. L., 1997. *Patterns and Processes of Vertebrate Evolution.* Cambridge University Press, Cambridge, England.

Carroll, R. L., and R. B. Holmes, 2007. Evolution of the appendicular skeleton of amphibians. In *Fins into Limbs: Evolution, Development and Transformation,* B. K. Hall (ed.). The University of Chicago Press, Chicago, pp. 186–224.

Carroll, R. L., A. Kuntz, and K. Albright, 1999. Vertebral development and amphibian evolution. *Evol. Devel.,* **1,** 36–48.

Carroll, S. B., 2005a. Evolution at two levels: on genes and form. *PLoS Biol* **3,** e245.

Carroll, S. B., 2005b. *Endless Forms Most Beautiful.* W. W. Norton & Co., New York.

Carroll, S. B., J. K. Grenier, and S. D. Weatherbee, 2005. *From DNA to Diversity: Molecular genetics and the Evolution of Animal Design,* 2nd ed. Blackwell Publishing, Malden, MA.

Carson, H. L., 1986. Sexual selection and speciation. In *Evolutionary Processes and Theory,* S. Karlin and E. Nevo (eds.). Academic Press, Orlando, FL, pp. 391–409.

Carson, H. L., 1992. Inversions in Hawaiian *Drosophila.* In Drosophila *Inversion Polymorphism,* C. B. Krimbas and J. R. Powell (eds.). CRC Press, Boca Raton, FL, pp. 407–439.

Cartmill, M. 1974. Rethinking primate origins. *Science,* **184,** 436–443.

Carvalho, A. B., M. C. Sampaio, F. R. Varandas, and L. B. Klaczko, 1998. An experimental demonstration of Fisher's principle: Evolution of sexual proportion by natural selection. *Genetics,* **148,** 719–731.

Casares, F., and R. S. Mann, 1998. Control of antennal versus leg development in *Drosophila. Nature,* **392,** 723–726.

Caskey, C. T., 1992. DNA-based medicine: Prevention and therapy. In *The Code of Codes: Scientific and Social Issues in the Human Genome Project,* P. J. Kevles and L. Hood (eds.). Harvard University Press, Cambridge, MA, pp. 112–135.

Castle, W. E., 1932. *Genetics and Eugenics,* 4th ed. Harvard University Press, Cambridge, MA.

Castle, W. E., and J. C. Phillips, 1914. Piebald Rats and Selection. Carnegie Institute of Washington Publication No. **195,** Washington, DC.

Cavalier-Smith, T., (ed.) 1985. *The Evolution of Genome Size.* Wiley, Chichester.

Cavalier-Smith, T., 1991. The evolution of the cells. In *Evolution of Life: Fossils, Molecules, and Culture,* S. Osawa and T. Honjo (eds.). Springer-Verlag, Tokyo, pp. 271–304.

Cavalier-Smith, T., 1993. Kingdom protozoa and its 18 phyla. *Microbiol. Rev.,* **57,** 953–994.

Cavalier-Smith, T., 2002. The phagotrophic origin of eukaryotes and phylogenetic classification of Protozoa. *Int. J. Syst. Evol. Microbiol.,* **52,** 297–354.

Cavalier-Smith, T., 2003. Protist phylogeny and the high-level classification of Protozoa. *Eur. J. Protistol.,* **39,** 338–348.

Cavalier-Smith, T., 2004. Only six kingdoms of life. *Proc. R. Soc. Lond. B,* **271,** 1251–1262.

Cavalli-Sforza, L. L., 1994. *The History and Geography of Human Genes.* Princeton University Press, Princeton, NJ.

Cavalli-Sforza, L. L., E. Minch, and J. L. Mountain, 1992. Coevolution of genes and languages revisited. *Proc. Natl. Acad. Sci. USA,* **89,** 5620–5624.

Cavalli-Sforza, L. L., P. Menozzi, and A. Piazza, 1993. Demic expansions and human evolution. *Science,* **259,** 639–646.

Chain, P. S., P. Hu, S. A. Malfatti, L. Radnedge, F. Larimer, et al., 2006. Complete genome sequence of *Yersinia pestis* strains Antiqua and Nepal516: evidence of gene reduction in an emerging pathogen. *J Bacteriol.,* **188,** 4453–4463.

Chang, M.-M., J. Zhang, and D. Miao, 2006. A lamprey from the Cretaceous Jehol biota of China. *Nature,* **441,** 972–974.

Charlesworth, B., 1996. The evolution of chromosomal sex determination and dosage compensation. *Curr. Biol.,* **6,** 149–162.

Charlesworth, B., P. Sniegowski, and W. D. Stephan, 1994. The evolutionary dynamics of repetitive DNA in eukaryotes. *Nature,* **371,** 215–220.

Charnov, E. L., 1982. *The Theory of Sex Allocation.* Princeton University Press, Princeton, NJ.

Chela-Flores, J., G. Lemarchand, and J. Oró, (eds.), 2002. *Astrobiology: Origins from the Big-Bang to Civilization.* Kluwer Academic Press, Dordrecht, The Netherlands.

Chen, I. A., and S. W. Szostak, 2004. Membrane growth can generate a transmembrane pH gradient in fatty acid vesicles. *Proc. Natl. Acad. Sci. USA,* **101,** 7965–7970.

Chen, I. A., K. Salehi-Ashtiani, and S. W. Szostak, 2005. RNA catalysis in model protocell vesicles. *J. Am. Chem. Soc.,* **127,** 13213–13219.

Chen, J.-Y., J. Dzik., G. D., Edgecombe, L. Ramskold, and G. Q. Zhou, 1995. A possible Early Cambrian chordate. *Nature,* **377,** 720–722.

Chen, K., and N. Rajewsky, 2006. Natural selection on human microRNA binding sites inferred from SNP data. *Nature Genet.,* **38,** 1452–1456.

Chern, J. P., K. H. Lin, Y. N. Su, M. Y. Lu, et al., 2006. Impact of a national β-thalassemia carrier screening program on the birth rate of thalassemia major. *Pediatr. Blood Cancer,* **46:** 72–76.

Chevalier-Skolnikoff, S. 1973. Facial expression of emotion in non-human primates. In *Darwin and Facial Expression.* P. Ekman (ed.). Academic Press, New York.

Cheverud, J. M., 2004. Modular pleiotropic effects of quantitative trait loci on morphological traits. In *Modularity in Development and Evolution.* G. Schlosser and G. P. Wagner (eds.). The University of Chicago Press, Chicago, pp. 132–153.

Chiappe, L. M., and L. Dingus, 2001*: Walking on Eggs: Discovering the Astonishing Secrets of the World of Dinosaurs.* Little Brown & Co., Boston.

Chinsamy, A., and W. J. Hillenius, 2004. Physiology of nonavian dinosaurs. In *The Dinosauria,* 2nd ed, D. B. Weishampel, P. Dodson, and H. Osmólska (eds.). University of California Press, Berkeley, CA, pp. 643–659.

Chourrout, D., F. Delsuc, P. Chourrout, R. B. Edvardsen, et al., 2006. Minimal ProtoHox cluster inferred from bilaterian and cnidarian Hox complements. *Nature,* **442,** 684–687.

Christiansen, F. B., 1984. The definition and measurement of fitness. In *Evolutionary Ecology,* B. Shorrocks (ed.). Blackwell, Oxford, England, pp. 65–79.

Chyba, C. F., T. C. Owen, and W.-H. Ip, 1995. Impact delivery of volatiles and organic molecules to Earth. In *Hazards Due to Comets and Asteroids,* T. Gehrels (ed.). University of Arizona Press,

Tucson, pp. 9–58.

Civetta, A., and R. S. Singh, 1998a. Sex-related genes, directional sexual selection, and speciation. *Mol. Biol. Evol.,* **15,** 901–909.

Civetta, A., and R. S. Singh, 1998b. Sex and speciation: Genetic architecture and evolutionary potential of sexual versus nonsexual traits in the sibling species of the *Drosophila melanogaster* complex. *Evolution,* **52,** 1080–1092.

Civeyrel, L., and D. Simberloff, 1996. A tale of two snails: is the cure worse than the disease? *Biodivers. Conserv.,* **5,** 1231–1252.

Clack, J. A., 2002. *Gaining Ground: The Origin and Evolution of Tetrapods.* Indiana University Press, Bloomington, IN.

Clapham, M. E., G. M. Narbonne, and J. G. Gehling, 2003. Paleoecology of the oldest-known animal communities: Ediacaran assemblages at Mistaken Point, Newfoundland. *Paleobiology,* **29,** 527–544.

Clark, A. G., D. J. Begun, and T. Prout, 1999. Female 3 male interactions in *Drosophila* sperm competition. *Science,* **283,** 217–220.

Clark, J. M., J. A. Hopson, R. Hernández, D. E. Fastovsky, and M. Montellano, 1998. Foot posture in a primitive pterosaur. *Nature,* **391,** 886–889.

Clark, R. B., 1964. *Dynamics in Metazoan Evolution.* Clarendon Press, Oxford, England.

Clark, R. B., 1979. Radiation of the metazoa. In *The Origin of the Major Invertebrate Groups,* M. R. House (ed.). Academic Press, London, pp. 55–102.

Clarke, D. K., E. A. Duarte, S. F. Elena, A. Moya, E. Domingo, and J. Holland, 1994. The Red Queen reigns in the kingdom of RNA viruses. *Proc. Natl. Acad. Sci. USA,* **91,** 4821–4824.

Clarke, K. U., 1973. *The Biology of Arthropods.* Arnold, London.

Clausen, J., D. D. Keck, and W. M. Hiesey, 1948. Experimental studies on the nature of species. III. Environmental responses of climatic races of *Achillea.* Carnegie Institute of Washington Publication No. **581,** 1–129.

Clayton, R. A., O. White, K. A. Ketchum, and J. C. Venter, 1997. The first genome from the third domain of life. *Nature,* **387,** 459–462.

Clemens, W. A. 1974. Purgatorius, an early paromomyid primate (Mammalia). *Science,* **184,** 903–905.

Cline, T. W., 1993. The *Drosophila* sex determination signal: How do flies count to two? *Trends Genet.,* **9,** 385–390.

Cline, T. W., and B. J. Meyer, 1996. Vive la différence: Males vs females in flies vs worms *Ann. Rev. Genet.,* **30,** 637–702.

Clodd, E., 1988. *Story of Creation.* Longmans Green, London.

Cloud, P., 1974. Evolution of ecosystems. *Am. Sci.,* **62,** 54–66.

Clutton-Brock, T. H., 1983. Selection in relation to sex. In *Evolution from Molecules to Men,* D. S. Bendall (ed.). Cambridge University Press, Cambridge, England, pp. 457–481.

Clutton-Brock, T. H., 1999. *A Natural History of Domesticated Mammals.* Second Edition. Cambridge University Press, Cambridge, England.

Coates, M. I., and J. A. Clack, 1990. Polydactyly in the earliest known tetrapod limbs. *Nature,* **347,** 66–69.

Coates, M. I., and J. A. Clack, 1991. Fish-like gills and breathing in the earliest known tetrapod. *Nature,* **352,** 234–236.

Coates, M. I., and M. Ruta, 2007. Skeletal changes in the transition from fins to limbs. In *Fins into Limbs: Evolution, Development and Transformation,* B. K. Hall (ed). The University of Chicago Press, Chicago, pp. 15–38.

Colbert, C. H., 1973. *Wandering Lands and Animals.* Hutchinson, London.

Colbert, E. H., and M. Morales, 1991. *Evolution of the Vertebrates: A History of the Backboned Animals Through Time,* 3rd ed. Wiley, New York.

Cole, A. G., and B. K. Hall, 2004. The nature and significance of invertebrate cartilages revisited: Distribution and histology of cartilage and cartilage-like tissues within the Metazoa. *Zoology* **107,** 261–274.

Collins, A. G., 1998. Evaluating multiple alternative hypotheses for the origin of Bilateria: An analysis of 18*S* rRNA molecular evidence. *Proc. Natl. Acad. Sci. USA,* **95,** 15458–15463.

Condie, K. C., 1997. *Plate Tectonics and Crustal Evolution,* 4th ed. Pergamon, New York.

Condie, K. C., and R. E. Sloan, 1998. *Origin and Evolution of Earth: Principles of Historical Geology.* Prentice Hall, Upper Saddle River, NJ.

Conn, H. W., 1900. *The Method of Evolution.* Putnam's, New York.

Conroy, G. C., G. B. Weber, H. Seidler, P. V. Tobias, A Kane, and B. Brunsden, 1998. Endocranial capacity in an early hominid cranium from Sterkfontein, South Africa. *Science,* **280,** 1730–1731.

Conway Morris, S., 1989. Burgess shale faunas and the Cambrian explosion. *Science,* **246,** 339–346.

Conway Morris, S., 1993. The fossil record and the early evolution of the metazoa. *Nature,* **361,** 219–225.

Conway Morris, S., 1998a. *The Crucible of Creation: The Burgess Shale and the Rise of Animals.* Oxford University Press, Oxford, England.

Conway Morris, S., 1998b. Metazoan phylogenies: Falling into place or falling to pieces? A paleontological perspective. *Curr. Opinion Genet. Devel.,* **8,** 662–667.

Conway Morris, S., 1998c. Eggs and embryos from the Cambrian. *BioEssays,* **20,** 676–682.

Conway Morris, S., J. D. George, R. Gibson, and H. M. Platt (eds.), 1985. *The Origins and Relationships of Lower Invertebrates.* Clarendon Press, Oxford, England.

Cook, T. A., 1914. *The Curves of Life.* Constable and Co., London.

Cooper, A., C. Mourer-Chauviré, G. K. Chambers, A. von Haesler, A. C. Wilson, and S. Pääbo, 1992. Independent origins of New Zealand moas and kiwis. *Proc. Natl. Acad. Sci. USA,* **89,** 8741–8744.

Cox, C. B., and P. D. Moore, 2005. *Biogeography: An Ecological and Evolutionary Approach,* 7th ed. Blackwell Publishing, Oxford, England.

Coyne, J. A., N. H. Barton, and M. Turelli, 1997. Perspective: A critique of Sewall Wright's shifting balance theory of evolution. *Evolution,* **51,** 643–671.

Coyne, J. A., and H. A. Orr, 1989. Two rules of speciation. In *Speciation and Its Consequences,* D. Otte and J. A. Endler (eds.). Sinauer Associates, Sunderland, MA, pp. 180–207.

Coyne, J. A., and H. A. Orr, 1997. "Patterns of speciation in *Drosophila"* revisited. *Evolution,* **51,** 295–303.

Coyne, J. A., and H. A. Orr, 2004. *Speciation.* Sinauer and Associates, Sunderland, MA.

Cracraft, J., 1983a. Species concepts and speciation analysis. *Curr. Ornithol.,* **1,** 159–187.

Cracraft, J., 1983b. The scientific response to creationism. In *Creationism, Science, and the Law: The Arkansas Case,* M. C. La Follette (ed.). MIT Press, Cambridge, MA, pp. 138–149.

Cracraft, J., F. K. Barker, M. J. Braun, J. Harshman, et al., 2004. Phylogenetic relationships among modern birds (Neornithes):

Toward an avian Tree of Life. In *Assembling the Tree of Life.* J. Cracraft and M. J. Donoghue (eds.). Oxford University Press, New York, pp. 468–489.

Cracraft, J., and R. W. Bybee (eds.), 2005. *Evolutionary Science and Society: Educating a New Generation.* Biological Sciences Curriculum Study, Washington, DC.

Cracraft, J., and M. J. Donoghue (eds.), 2004. *Assembling the Tree of Life.* Oxford University Press, Oxford, England.

Crepet, W. L., 2000. Progress in understanding angiosperm history, success, and relationships: Darwin's abominably "perplexing phenomenon." *Proc. Natl. Acad. Sci. USA,* **97,** 12939–12941.

Creuzet, S. E., S. Martinez, and N. M. Le Douarin, 2006. The cephalic neural crest exerts a critical effect on forebrain and midbrain development. *Proc. Natl. Acad. Sci. USA,* **97,** 4520–4524.

Crickmore, M. A., and R. S. Mann, 2006. Hox control of organ size by regulation of morphogen production and mobility. *Science,* **313,** 63–68.

Crompton, A. W., and F. A. Jenkins, Jr., 1979. Origin of mammals. In *Mesozoic Mammals: The First Two-Thirds of Mammalian History,* J. A. Lillegraven, Z. Kielan-Jaworowska, and W. A. Clemens (eds.). University of California Press, Berkeley, pp. 59–73.

Crompton, A. W., C. R. Taylor, and J. A. Jagger, 1978. Evolution of homeothermy in mammals. *Nature,* **272,** 333–336.

Crosby, A. 1986. *Ecological Imperialism: The Biological Expansion of Europe, 900–1900.* Cambridge University Press, Cambridge, UK.

Crow, J. F., 1957. Genetics of insect resistance to chemicals. *Ann. Rev. Entomol.,* **2,** 227–246.

Crow, J. F., 1988a. Eighty years ago: The beginnings of population genetics. *Genetics,* **119,** 473–476.

Crow, J. F., 1988b. The importance of recombination. In *The Evolution of Sex,* R. E. Michod and B. R. Levin (eds.). Sinauer Associates, Sunderland, MA, pp. 56–73.

Crow, J. F., 1992. Genetic load. In *Keywords in Evolutionary Biology,* E. F. Keller and E. A. Lloyd (eds.). Harvard University Press, Cambridge, MA, pp. 132–136.

Crow, J. F., 1993. Mutation, mean fitness, and genetic load. *Oxford Surv. Evol. Biol.,* **9,** 3–42.

Crow, J. F., 1997. The high spontaneous mutation rate: Is it a health risk? *Proc. Natl. Acad. Sci. USA,* **94,** 8380–8386.

Crow, J. F., 1998. 90 years ago: The beginning of hybrid maize. *Genetics,* **148,** 923–928.

Crow, J. F., and M. Kimura, 1970. *An Introduction to Population Genetics Theory.* Harper & Row, New York.

Cruickshank, R. H., and A. M. Paterson, 2006. The great escape: do parasites break Dollo's law? *Trends Parasitol.,* **22,** 509–515.

Cuffey, R. J., 1972. Paleontological evidence and organic evolution. In *Science and Creationism,* A. Montagu (ed.). Oxford University Press, Oxford, England, pp. 255–281.

Cummings, M. P., 1994. Transmission patterns of eukaryotic transposable elements: Arguments for and against horizontal transfer. *Trends Ecol. Evol.,* **9,** 141–145.

Currie, P. J., E. B. Koppelhus, M. A. Shugar, and J. L. Wright (eds.), 2004. *Feathered Dragons: Studies on the Transition from Dinosaurs to Birds.* Indiana University Press, Bloomington, IN.

Curry Rogers, K. A., and J. A. Wilson (eds.), 2005. *The Sauropods: Evolution and Paleobiology.* University of California Press, Berkeley, CA.

D

Dagan, T., and W. Martin, 2007. Ancestral genome sizes specify the minimum rate of lateral gene transfer during prokaryote evolution. *Proc. Natl. Acad. Sci. USA,* **104,** 870–875.

Dahn, R. D., M. C. Davis, W. N. Pappano, and N. H. Shubin, 2007. Sonic hedgehog function in chondrichthyans fins and the evolution of appendage patterning. *Nature,* **445,** 311–314.

Damasio, H., T. Grabowski, R. Frank, A. M. Galaburda, and A. R. Damasio, 1994. The return of Phineas Gage: Clues about the brain from the skull of a famous patient. *Science,* **264,** 1102–1105.

Damen, W. G. M., M. Hausdorf, E.-A. Seyfarth, and D. Tautz, 1998. A conserved mode of head segmentation in arthropods revealed by the expression pattern of Hox genes in a spider. *Proc. Natl. Acad. Sci. USA,* **95,** 10665–10670.

Danforth, B. N., S. Sipes, J. Fang, and S. G. Brady, 2006. The history of early bee diversification based on five genes plus morphology. *Proc. Natl. Acad. Sci. USA,* **103,** 15118–15123.

Daniels, S. B., K. R. Peterson, L. D. Strausbaugh, M. G. Kidwell, and A. Chovnick, 1990. Evidence for horizontal transmission of the P transposable element between *Drosophila* species. *Genetics,* **124,** 339–355.

Danilova, N., 2006. The evolution of immune mechanisms. *J. Exp. Biol. (Mol. Dev. Evol.),* **306B,** 496–520.

Darling, J. A., A. R. Reitzel, P. M. Burton, M. E. Mazza, J. F. Ryan, J. C. Sullivan, and J. R. Finnerty, 2005. Rising starlet: the starlet sea anemone, *Nematostella vectensis. BioEssays,* **27,** 211–221.

Dart, R., 1925. *Australopithecus africanus:* The man-ape of South Africa. *Nature,* **115,** 195–199.

Darwin, C., 1845. *Journal of Researches into the Natural History and Geology of the Countries Visited During the Voyage of H. M. S. Beagle Round the World, Under the Command of Capt. FitzRoy, R.N.* D. Appleton and Compant, New York.

Darwin, C., 1859. *On the Origin of Species by Means of Natural Selection or the Preservation of Favoured Races in the Struggle for Life.* Murray, London.

Darwin, C., 1862. *On the Various Contrivances by Which British and Foreign Orchids Are Fertilized by Insects, and on the Good Effects of Intercrossing.* Murray, London.

Darwin, C., 1871. *The Descent of Man, and Selection in Relation to Sex.* Murray, London.

Darwin, C., 1964. *On the Origin of Species.* Facsimile of the First Edition with an introduction by E. Mayr. Harvard University Press, Cambridge, MA. [paperback version, 2005].

Darwin, F., 1887. *The Life and Letters of Charles Darwin.* Appleton, New York.

Davidson, E. H., 2006. *The Regulatory Genome: Gene Regulatory Networks in Development and Evolution.* Elsevier/Academic Press, Burlington, MA.

Davidson, E. H., and R. J. Britten, 1973. Organization, transcription, and regulation in the animal genome. *Q. Rev. Biol.,* **48,** 565–613.

Davies, J., 1994. Inactivation of antibiotics and the dissemination of resistance genes. *Science,* **264,** 375–382.

Davis, A. W., and C-I. Wu, 1996. The broom of the sorcerer's apprentice: The fine structure of a chromosomal region causing reproductive isolation between two sibling species of *Drosophila. Genetics,* **143,** 1287–1298.

Davis, P. H., and V. H. Heywood, 1963. *Principles of Angiosperm Taxonomy.* Van Nostrand, Princeton, NJ.

Davison, A., 2006. The ovotestis: an undeveloped organ of evolution. *BioEssays,* **28,** 642–650.

Dawkins, R., 1986. *The Blind Watchmaker.* Longmans, Harlow, Essex, England.

Dawkins, R., 1995. *River Out of Eden: A Darwinian View of Life.* Basic Books, New York.

Day, M. H., 1986a. *Guide to Fossil Man,* 4th ed. Cassell, London.

Day, M. H., 1986b. Bipedalism: Pressures, origins and modes. In *Major Topics in Primate and Human Evolution,* B. Wood, L. Martin, and P. Andrews (eds.). Cambridge University Press, Cambridge, England, pp. 188–202.

Deacon, T. W., 1990. Rethinking mammalian brain evolution. *Am. Zool.,* **30,** 629–705.

Deamer, D. W., 1986. Role of amphiphilic compounds in the evolution of membrane structure on the early Earth. *Origins of Life,* **17,** 3–25.

Deamer, D. W., 2003. A giant step towards artificial life? *Trends Biotechnol.,* **23,** 336–338.

Debat, V, and P. David, 2001. Mapping phenotypes: canalization, plasticity and developmental stability. *Trends Ecol. Evol.,* **16,** 555–561.

de Beer, G. R., 1964. *Atlas of Evolution.* Nelson, London.

de Bono, M., and C. I. Bargmann, 1998. Natural variation in a neuropeptide Y receptor homolog modifies social behavior and food response in *C. elegans. Cell,* **94,** 679–689.

Deeming, D. C., 2006. Ultrastructural and functional morphology of eggshells supports the idea that dinosaur eggs were incubated buried in a substrate. *Palaeontology,* **49,** 171–185.

Dehal P., Y. Satou, R. K. Campbell, J. Chapman, et al., 2002. The draft genome of *Ciona intestinalis:* insights into chordate and vertebrate origins. *Science,* **298,** 2157–2167.

de Heinzelin, J., J. D. Clark, T. White, W. Hart, et al., 1999. Environment and behavior of 2.5 million-year-old Bouri hominids. *Science,* **284,** 625–629.

De Jong, W. W., 1998. Molecules remodel the mammalian tree. *Trends Ecol. Evol.,* **13,** 270–275.

Delevoryas, T., 1977. *Plant Diversification,* 2nd ed. Holt, Rinehart and Winston, New York.

Delsuc, F., H. Brinkmann, D. Chourrout, and H. Philippe, 2006. Tunicates and not cephalochordates are the closest living relatives of vertebrates. *Nature,* **439,** 965–968.

Delwiche, C. F., L. E. Graham, and N. Thomson, 1989. Lignin-like compounds and sporopollenin in Coleochaete, an algal model for plant ancestry. *Science,* **245,** 399–401.

Delwiche, C. F., M. Kuhsel, and J. D. Palmer, 1995. Phylogenetic analysis of *tufA* sequences indicates a cyanobacterial origin of all plastids. *Mol. Phylogenet. Evol.,* **4,** 110–128.

Delwiche, C. F., K. G. Karol, M. T. Cimino, and K. J. Sytsma, 2002. Phylogeny of the genus *Coleochaete* (Coleochaetales, Charophyta) and related taxa inferred by analysis of the chloroplast *gene rbcl. J. Phycol.,* **38,** *394*–403.

Dene, H. T., M. Goodman, and W. Prychodko, 1976. Immunodiffusion evidence on the phylogeny of primates. In *Molecular Anthropology,* M. Goodman and R. E. Tashian (eds.). Plenum Press, New York, pp. 171–195.

Dennett, D. C., 2006. *Breaking the Spell: Religion as a Natural Phenomenon.* Allen Lane, London.

DeRobertis, E. M., and Y. Sasai, 1996. A common plan for dorsoventral patterning in Bilateria. *Nature,* **380,** 37–40.

De Rosa, R., J.-L. Grenier, T. Andreevas, C. E. Cook, A. Adoutte, M. Akam, S. B. Carroll, and G. Balavoine, 1999. *Hox* genes in brachiopods and priapulids and protostome evolution. *Nature,* **399,** 772–776.

Desmond, A., and J. Moore, 1991. *Darwin.* Warner Books, New York.

de Solla Price, D. J., 1963. *Little Science, Big Science.* Columbia University Press, New York.

De Souza, S. J., M. Long, R. J. Klein, S. Roy, and W. Gilbert, 1998. Towards a resolution of the introns early/late debate: Only phase zero introns are correlated with the structure of ancient proteins. *Proc. Natl. Acad. Sci. USA,* **95,** 5094–5099.

Devlin, B., M. Daniels, and K. Roeder, 1997. The heritability of IQ. *Nature,* **388,** 468–471.

Dial, K. P., 2003. Wing-assisted incline running and the evolution of flight. *Science,* **299,** 402–404.

Dial, K. P., R. J. Randall, and T. R. Dial, 2006. What use is half a wing in the ecology and evolution of birds? *BioScience,* **56,** 437–445.

Diamond, J. M., 1995. The evolution of human creativity. In *Creative Evolution?!,* J. H. Campbell and J. W. Schopf (eds.). Jones and Bartlett, Boston, pp. 75–84.

Diamond, J. M., 1997. *Guns, Germs, and Steel: The Fates of Human Societies.* Norton, New York.

Diamond, J. M., 2005. *Collapse: How Societies Choose to Fail or Succeed.* Viking Books, New York.

Diao, X., M. Freeling, and D. Lisch, 2006. Horizontal transfer of a plant transposon. *Public Lib. Sci. Biol.,* **4,** 119–128.

Dingus, L., and T. Rowe, 1998. *The Mistaken Extinction: Dinosaur Evolution and the Origin of Birds.* Freeman, New York.

Dobzhansky, Th., 1937, 1941, 1951. *Genetics and the Origin of Species* (three eds.). Columbia University Press, New York.

Dobzhansky, Th., 1981. *Dobzhansky's Genetics of Natural Populations I-XLIII,* R. C. Lewontin, J. A. Moore, W. B. Provine, and B. Wallace (eds.). Columbia University Press, New York.

Dobzhansky, Th., 1944. Chromosomal races in *Drosophila pseudoobscura* and *D. persimilis.* Carnegie Inst. Wash. Publ. No. 554, Washington, DC, pp. 47–144.

Dobzhansky, Th., 1947. A directional change in the genetic constitution of a natural population of *Drosophila pseudoobscura. Heredity,* **1,** 53–64.

Dobzhansky, Th., 1973. Nothing in biology makes sense except in the light of evolution. *Amer. Biol. Teacher,* **35,** 125–129.

Dobzhansky, Th., and O. Pavlovsky, 1953. Indeterminate outcome of certain experiments on *Drosophila* populations. *Evolution,* 7, 198–210.

Doebley, J., A. Stec, and C. Gustus, 1995. *Teosinte branched1* and the origin of maize: Evidence for epistasis and the evolution of dominance. *Genetics,* **141,** 333–346.

Dong, X.-P., P. C. J. Donoghue, H. Cheng, and J.-B. Liu, 2004. Fossil embryos from the middle and late Cambrian period of Hunan, South China. *Nature,* **427,** 237–240.

Donoghue, M. J., 1992. Homology. In *Keywords in Evolutionary Biology,* E. F. Keller and E. A. Lloyd (eds.). Harvard University Press, Cambridge, MA, pp. 170–179.

Donoghue, P. C. J., 2002. Evolution of development of the vertebrate dermal and oral skeletons: unraveling concepts, regulatory theories, and homologies. *Paleobiology* **28,** 474–507.

Donoghue, P. C. J., P. L. Forey, and R. J. Aldridge, 2000. Conodont affinity and chordate phylogeny. *Biol. Rev. Camb. Philos. Soc.,*

75, 191–251.

Doolittle, R. F., 1998. Microbial genomes opened up. *Nature,* **392,** 339–342.

Doolittle, W. F., 1978. Genes-in-pieces: Were they ever together? *Nature,* **272,** 581.

Doolittle, W. F., 1996. At the core of the Archaea. *Proc. Natl. Acad. Sci. USA,* **93,** 8797–8799.

Doolittle, W. F., 1998. You are what you eat: A gene transfer ratchet could account for bacterial genes in eukaryotic nuclear genomes. *Trends Genet.,* **14,** 307–311.

Doolittle, W. F., 1999. Lateral genomics. *Trends Cell Biol.,* **9,** M5–M8.

Doolittle, W. F., 2000. Uprooting the tree of life. *Sci. Am.* **282,** 90–95.

Doolittle, W. F., Y. Boucher, C. L. Nesbo, C. J. Douady, J. O. Andersson, and A. J. Roger, 2003. How big is the iceberg of which organelle genes in nuclear genomes are but the tip? *Phil. Trans. R. Soc. Lond. B. Biol. Sci.,* **358,** 39–57.

Doolittle, W. F., and C. Sapienza, 1980. Selfish genes, the phenotype paradigm, and genome evolution. *Nature,* **284,** 601–603.

Douglas, S. E., and S. Turner, 1991. Molecular evidence for the origin of plastids from a cyanobacterium-like ancestor. *J. Mol. Evol.,* **33,** 267–273.

Dowling, T. E., and C. L. Secor, 1997. The role of hybridization and introgression in the diversification of animals. *Ann. Rev. Ecol. Syst.,* **28,** 593–619.

Doyle, J. A., and L. J. Hickey, 1976. Pollen and leaves from the mid-Cretaceous Potomac Group and their bearing on early angiosperm evolution. In *Origin and Early Evolution of Angiosperms,* C. B. Beck (ed.). Columbia University Press, New York, pp. 139–206.

Drake, J. W., 1970. *The Molecular Basis of Mutation.* Holden-Day, San Francisco.

Duboule, D., and A. S. Wilkins, 1998. The evolution of 'bricolage.' *Trends Genet.,* **4,** 54–59.

Dudareva, N., and E. Pichersky (eds.), 2006. *Biology of Floral Scent.* CRC Press, Atlanta, GA.

Dudley, J. W., 1977. Seventy-six generations of selection for oil and protein percentages in maize. In *Proceedings of the International Conference on Quantitative Genetics,* E. Pollak, O. Kempthorne, and T. B. Bailey, Jr., (eds.). Iowa State University Press, Ames, pp. 459–473.

Duellman, W. E., and L. Trueb, 1986. *Biology of Amphibians.* McGraw-Hill, New York.

Dufaÿ, M., and M.-C. Anstett, 2004. Cheating is not always punished: killer female plants and pollination by deceit in the dwarf palm, *Chamaerops humilis. J. Evol. Biol.,* **17,** 862–868.

Dufour, H. D., Z. Chettouh, C. Deyts, R. de Rosa, et al., 2006. Precraniate origin of cranial motoneurons. *Proc. Natl. Acad. Sci. USA,* **103,** 8727–8732.

Dunn, L. C., 1964. Abnormalities associated with a chromosome region in the mouse. *Science,* **144,** 260–263.

Dupré, J., (ed.), 1987. *The Latest on the Best: Essays on Evolution and Optimality.* MIT Press, Cambridge, MA.

Dyke, G. J., R. L. Nudds, and J. M. V. Rayner, 2006. Limb disparity and wing shape in pterosaurs. *J. Evol. Biol.,* **19,** 1339–1342.

E

Eanes, W. F., M. Kirchner, and J. Yoon, 1993. Evidence for adaptive evolution of the *G6pd* gene in *Drosophila melanogaster* and *Drosophila simulans* lineages. *Proc. Natl. Acad. Sci. USA,* **90,** 7475–7479.

Eberhard, W. C., 1996. *Female Control: Sexual Selection by Cryptic Female Choice.* Princeton University Press, Princeton, NJ.

Eck, R. V., and M. O. Dayhoff, 1966. Evolution of the structure of ferredoxin based on living relics of primitive amino acid sequences. *Science,* **152,** 363–366.

Edwards, M. R., 1998. From a soup or a seed? Pyritic metabolic complexes in the origin of life. *Trends Ecol. Evol.,* **13,** 178–181.

Edwards, Y. J. K., K. Walter, G. McEwen, T. Vavouri, et al, 2005. Characterisation of conserved non-coding sequences in vertebrate genomes using bioinformatics, statistics and functional studies. *Comp. Biochem. Physiol., Part D* **1,** 3–15.

Eigen, M., 1992. *Steps Towards Life: A Perspective on Evolution.* Oxford University Press, Oxford, England.

Eigen, M., W. Gardiner, P. Schuster, and R. Winkler-Oswatitsch, 1981. The origin of genetic information. *Sci. Am.,* **244,** 88–118.

Eldredge, N., 1982. *The Monkey Business: A Scientist Looks at Creationism.* Washington Square Press, New York.

Eldredge, N., and S. J. Gould, 1972. Punctuated equilibria: An alternative to phyletic gradualism. In *Models in Paleobiology,* T. J. M. Schopf (ed.). Freeman, Cooper, San Francisco, pp. 82–115.

Ellegård, A., 1958. *Darwin and the General Reader.* Göteborgs Universitets Årsskrift, Gothenburg, Sweden. (Republished 1990 by The University of Chicago Press, Chicago.)

Elliott, P., 2003. Erasmus Darwin, Herbert Spencer, and the origins of the evolutionary worldview in British provincial scientific culture, 1770–1850. *Isis,* **94,** 1–29.

Ellstrand, N. C., R. Whitkus, and L. H. Rieseberg, 1996. Distribution of spontaneous plant hybrids. *Proc. Natl. Acad. Sci. USA,* **93,** 5090–5093.

Emlen, D. J., 2000. Integrating development with evolution: A case study with beetle horns. *BioScience,* **50,** 403–418.

Emlen, D. J., J. Hunt, and L. W. Simmons, 2005. Evolution of male- and sexual-dimorphism in the expression of beetle horns: Phylogenetic evidence for modularity, evolutionary lability, and constraint. *Am. Nat.,* **166,** S42–S68.

Endler, J. A., 1986. *Natural Selection in the Wild.* Princeton University Press, Princeton, NJ.

Endler, J. A., 1989. Conceptual and other problems in speciation. *In Speciation and Its Consequences,* D. Otte and J. A. Endler (eds.). Sinauer Associates, Sunderland, MA, pp. 625–648.

Engel, S. R., K. M. Hogan, J. F. Taylor, and S. K. Davis, 1998. Molecular systematics and paleobiogeography of the South American sigmodontine rodents. *Mol. Biol. Evol.,* **15,** 35–49.

Ephrussi, A., and R. Lehmann, 1992. Induction of germ cell formation by *oskar. Nature,* **358,** 387–392.

Epperson, B. K., 1995. Spotted distributions of genotypes under isolation by distance. *Genetics,* **140,** 1431–1440.

Erwin, D. H., 1993. *The Great Paleozoic Crisis: Life and Death in the Permian.* Columbia University Press, New York.

Erwin, D. H., 2006. *Extinction: How Life on Earth Nearly Ended 250 Million Years Ago.* Princeton University Press, Princeton, NJ, 296 pp.

Erwin, D. H. and E. H. Davidson, 2002. The last common bilaterian ancestor. *Development,* **129,** 3021–3032.

Erwin, D., J. Valentine, and D. Jablonski, 1997. The origin of animal body plans. *Am. Sci.,* **85,** 126–137.

Evans, D. A., N. J. Beukes, and J. L. Kirschvink. 1997. Low-latitude glaciation in the Palaeoproterozoic era. *Nature,* **386,** 262–266.

Evolution, 2006. A Scientific American Reader. The University of Chicago Press, Chicago.

Ewald, P. W., 1994. *Evolution of Infectious Disease.* Oxford University Press, Oxford, England.

Extavour, C. G., and M. Akam, 2003. Mechanisms of germ cell specification across the metazoans: epigenesis and preformation. *Development,* **130,** 5869–5884.

Eyre-Walker, A., and P. D. Keightley, 1999. High genomic deleterious mutation rates in hominids. *Nature,* **397,** 344–347.

F

Falconer, D. S., and T. F. C. Mackay, 1996. *Introduction to Quantitative Genetics,* 4th ed. Longman, Harlow, Essex, England.

Farley, J., 1977. *The Spontaneous Generation Controversy from Descartes to Oparin.* The Johns Hopkins University Press, Baltimore, MD.

Farmer, C., 1997. Did lungs and the intracardiac shunt evolve to oxygenate the heart in vertebrates? *Paleobiology,* **23,** 358–372.

Farmer, C. G., and D. R. Carrier, 2000. Pelvic aspiration in the American alligator, *Alligator mississippiensis. J. Exp. Biol.* **203,** 1769–1687.

Fedonkin, M. A., 1994. Vendian body fossils and trace fossils. In *Early Life on Earth,* S. Bengtson (ed.). Columbia University Press, New York, pp. 370–388.

Fedoroff, N. V., and J. E. Cohen, 1999. Plants and population: Is there time? *Proc. Natl. Acad. Sci. USA,* **96,** 5903–5907.

Feduccia, A., 1980. *The Age of Birds.* Harvard University Press, Cambridge, MA.

Feduccia, A., 1985. On why dinosaurs lacked feathers. In *The Beginnings of Birds,* M. K. Hecht, J. H. Ostrom, G. Viohl, and P. Wellnhofer (eds.). Freunde des Jura-Museums Eichstätt, Willibaldsburg, Eichstätt, Germany, pp. 75–79.

Feduccia, A., 1995. Explosive evolution in tertiary birds and mammals. *Science,* **267,** 637–638.

Feduccia, A., 1999a. 1,2,3 = 2,3,4: Accommodating the cladogram. *Proc. Natl. Acad. Sci. USA,* **96,** 4740–4742.

Feduccia, A., 1999b. *The Origin and Evolution of Birds.* Second Edition. Yale University Press, New Haven, CT.

Feelisch, M., and J. F. Martin, 1995. The early role of nitric oxide in evolution. *Trends Ecol. Evol.,* **10,** 496–499.

Feinsinger, P., 1983. Coevolution and pollination. In *Coevolution,* D. J. Futuyma and M. Slatkin (eds.). Sinauer Associates, Sunderland, MA, pp. 282–310.

Felsenstein, J., 1988. Phylogenies from molecular sequences: Inference and reliability. *Ann. Rev. Genet.,* **22,** 521–565.

Felsenstein, J., 2004. *Inferring Phylogenies.* Sinauer Associates, Sunderland, MA.

Fenchel, T., and B. J. Finlay, 1994. The evolution of life without oxygen. *Am. Sci.,* **82,** 22–29.

Feng, D.-F., G. Cho, and R. F. Doolittle, 1997. Determining divergence times with a protein clock: Update and reevaluation. *Proc. Natl. Acad. Sci. USA,* **94,** 13028–13033.

Fenner, F., and B. Fantini, 1999. *Biological Control of Vertebrate Pests: The History of Myxomatosis — An Experiment in Evolution.* CABI Publishing, Oxford, England.

Fenster, C. B., L. F. Galloway, and L. Chao, 1997. Epistasis and its consequences for the evolution of natural populations. *Trends Ecol. Evol.,* **12,** 282–286.

Fenster, E. J., and U. Sorhannus, 1991. On the measurement of morphological rates of evolution. *Evol. Biol.,* **25,** 375–410.

Ferguson, E. L., 1996. Conservation of dorsal-ventral patterning in arthropods and chordates. *Curr. Opin. Genet. Dev.,* **6,** 424–431.

Ferracin, A., 1981. A neutral theory of biogenesis. *Orig. Life Evol. Biosph.,* **11,** 369–385.

Ferris, J. P., 1992. Marine hydrothermal systems and the origin of life: Chemical markers of prebiotic chemistry in hydrothermal systems. *Orig. Life Evol. Biosph.,* **22,** 109–134.

Ferris, J. P., 2005a. Catalysis and prebiotic synthesis. In *Molecular Geomicrobiology,* J. F. Banfield, J. Cervini, and K. M. Nealson (eds.). Mineralogical Society of America, Chantilly, VA, pp. 187–210.

Ferris, J. P., 2005b. Mineral catalysis and prebiotic synthesis: Montmorillonite-catalyzed formation of RNA. *Elements,* **1,** 145–149.

Ferris, J. P., and P. C. Joshi, 1978. Chemical evolution from hydrogen cyanide: Photochemical decarboxylation of orotic acid and orotate derivatives. *Science,* **201,** 361–362.

Ferris, S. D., A. C. Wilson, and W. M. Brown, 1981. Evolutionary tree for apes and humans based on cleavage maps of mitochondrial DNA. *Proc. Natl. Acad. Sci. USA,* **78,** 2432–2436.

Fidalgo, M., R. R. Barrales, J. I. Ibeas, and J. Jimenez, 2006. Adaptive evolution by mutations in the FLO11 gene. *Proc. Natl. Acad. Sci. USA,* **103,** 11228–11233.

Field, K. G., G. J. Olsen, D. J. Lane, S. J. Giovannoni, et al., 1988. Molecular phylogeny of the animal kingdom. *Science,* **239,** 748–753.

Finlayson, C., F. G. Pacheco, J. Rodriguez-Vidal, D. A. Fa, et al., 2006. Late survival of Neanderthals at the southernmost extreme of Europe. *Nature,* **443,** 850–853.

Finnerty, J. R., 2001. Cnidarians reveal intermediate stages in the evolution of Hox clusters and axial complexity. *Am. Zool.,* **41,** 608–620.

Finnerty, J. R., and M. Q. Martindale, 1998. The evolution of the Hox cluster: Insights from outgroups. *Curr. Opin. Genet. Dev.,* **8,** 681–687.

Fisher, R. A., 1930. *The Genetical Theory of Natural Selection.* Clarendon, Oxford, England.

Fisher, R. A., 1958. *The Genetical Theory of Natural Selection,* 2d ed. Dover, New York.

Fitch, W. M., 1976. Molecular evolutionary clocks. In *Molecular Evolution,* F. J. Ayala (ed.). Sinauer Associates, Sunderland, MA, pp. 160–178.

Fitch, W. M., and C. J. Langley, 1976. Protein evolution and the molecular clock. *Fed. Proc.,* **35,** 2092–2097.

Fitch W. M., and E. Margoliash, 1967. Construction of phylogenetic trees. *Science,* **155,** 279–284.

Fitch, W. T., 2005. The evolution of music in comparative perspective. *Ann. N.Y. Acad. Sci.* **1060,** 29–49.

Flatt, T., 2005. The evolutionary genetics of canalization. *Q. Rev. Biol.,* **80,** 287–316.

Flatt, T., M.-P. Tu, and M. Tatar, 2005. Hormonal pleiotropy and the juvenile hormone regulation of *Drosophila* development and life history. *BioEssays,* **27,** 999–1010.

Flynn, J. J., and A. R. Wyss, 1998. Recent advances in South American mammalian paleontology. *Trends Ecol. Evol.*, **13,** 449–454.

Foley, R., 1987. *Another Unique Species: Patterns in Human Evolutionary Ecology.* Longman, Harlow, Great Britain.

Foley, R., 1995. *Humans Before Humanity.* Blackwell Publishers, Oxford, England.

Foley, R., 1996. The adaptive legacy of human evolution: A search for the environment of evolutionary adaptedness. *Evol. Anthropol.*, **4,** 194–203.

Foote, M., J. P. Hunter, C. M. Janis, and J. J. Sepkoski, Jr., 1999. Evolutionary and preservational constraints on origins of biologic groups: Divergence times of eutherian mammals. *Science,* **283,** 1310–1314.

Ford, E. B., 1940. Genetic research in the Lepidoptera. *Ann. Eugen.*, **10,** 227–252.

Forey, P. L., C. J. Humphries, I. L. Kitching, R. W. Scotland, et al., 1992. *Cladistics: A Practical Course in Systematics.* Oxford University Press, Oxford, England.

Forrest, B., and P. R. Gross, 2004. *Creationism's Trojan Horse: The Wedge of Intelligent Design.* Oxford University Press, New York.

Fortey, R., 2002. *Fossils: The Key to the Past.* Natural History Museum, London.

Foster, A. S., and E. M. Gifford, Jr., 1974. *Comparative Morphology of Vascular Plants,* 2nd ed. Freeman, San Francisco.

Fox, C. W., D. A. Roff, and D. J. Fairbairn (eds.), 2001. *Evolutionary Ecology: Concepts and Case Studies.* Oxford University Press, New York.

Fox, R. M., and J. W. Fox, 1964. *Introduction to Comparative Entomology.* Reinhold, New York.

Fox, S. W., 1978. The origin and nature of protolife. In *The Nature of Life,* W. H. Heidecamp (ed.). University Park Press, Baltimore, pp. 23–92.

Fox, S. W., 1984. Proteinoid experiments and evolutionary theory. In *Beyond Neo-Darwinism,* M.-W. Ho and P. T. Saunders (eds.). Academic Press, London, pp. 15–60.

Fox, S. W., and K. Dose, 1972. *Molecular Evolution and the Origin of Life.* Freeman, San Francisco.

Fox, W. T., 1987. Harmonic analysis of periodic extinctions. *Paleobiology,* **13,** 257–271.

Franzen, H. F., 1983. Thermodynamics: The Red Herring, chapter 9 in *Did the Devil Make Darwin Do It?* D. B. Wilson (ed.). Iowa State Press, Ames, Iowa.

Franz-Odendaal, T. A., and B. K. Hall, 2006. Modularity and sense organs in the blind cavefish, *Astyanax mexicanus. Evol. Devel.*, **8,** 94–100.

Fraser, C. M., J. D. Gocayne, O. White, M. D. Adams, et al., 1995. The minimal gene complement of *Mycoplasma genitalium. Science,* **270,** 397–403.

Freedman, W. L., 1998. Measuring cosmological parameters. *Proc. Natl. Acad. Sci. USA,* **95,** 2–7.

Freeman, G. and Q. Martindale, 2002. Intracellular fate mapping and the origin of mesoderm in Phoronids. *Dev. Biol.*, **252,** 301–311.

Freeman, M., 1998. Complexity of EGF receptor signaling revealed in *Drosophila. Curr. Opin. Genet. Dev.*, **8,** 407–411.

Freitas, R., G. Zhang, and M. J. Cohn, 2006. Evidence that mechanisms of fin development evolved in the midline of early vertebrates. *Nature,* **442,** 1033–1037.

Futuyma, D. J., 1983. *Science on Trial: The Case for Evolution.* Pantheon Books, New York.

G

Gajewski, W. 1959. Evolution in the Genus *Geum, Evolution,* **13,** 378–388.

Galis, F., 1999. Why do almost all mammals have seven cervical vertebrae? Developmental constraints, *Hox* genes and cancer. *J. Exp. Zool. (Mol. Dev. Evol.),* **285,** 19–26.

Galis, F., and J. A. J. Metz, 1998. Why are there so many cichlid species? *Trends Ecol. Evol.*, **13,** 1–2.

Galis, F., J. J. M. van Alphen, and J. A. J. Metz, 2001. Why five fingers? Evolutionary constraints on digit numbers. *Trends Ecol. Evol.*, **16,** 637–646.

Galton, F., 1871a. Pangenesis. *Nature,* **4,** 5–6.

Galton, F., 1871b. Experiments in pangenesis, by breeding from rabbits of a pure variety, into whose circulation blood taken from other varieties had previously been largely transfused. *Ann. Mag. Nat. Hist.*, **7,** 372–388.

Garcia-Fernàndez, J., and P. W. H. Holland, 1994. Archetypal organization of the amphioxus Hox gene cluster. *Nature,* **370,** 563–566.

Garcia-Ruiz, J. M., S. T. Hyde, A. M. Carnerup, A. G. Christy, et al., 2003. Self-assembled silica-carbonate structures and detection of ancient microfossils. *Science,* **302,** 1194–1197.

Gardner, R. A., and B. T. Gardner, 1969. Teaching sign language to a chimpanzee. *Science,* **165,** 664–672.

Garrigan, D., and M. F. Hammer, 2006. Reconstructing human origins in the genomic era. *Nature Rev. Genet.*, **7,** 669–680.

Garstang, W., 1928. The morphology of the Tunicata, and its bearings on the phylogeny of the Chordata. *Q. J. Microsc. Sci.*, **72,** 51–187.

Garstang, W., 1951. *Larval Forms and other Zoological Verses.* Blackwell Publishers, Oxford, England.

Gass, G. L., and J. A. Bolker, 2003. Modularity. In *Keywords and Concepts in Evolutionary Developmental Biology,* B. K. Hall and W. M. Olson (eds.). Harvard University Press, Cambridge, MA, pp. 260–267.

Gatesy, S. M., and K. M. Middleton, 2007. Skeletal adaptations for flight. In *Fins into Limbs: Evolution, Development and Transformation,* B. K. Hall (ed.). The University of Chicago Press, Chicago, pp. 270–283.

Gause, G. F., 1934. *The Struggle for Existence.* Williams & Wilkins, Baltimore.

Geary, D. H., 1990. Patterns of evolutionary tempo and mode in the radiation of *Melanopsis* (Gastropoda; Melanopsidae). *Paleobiology,* **16,** 492–511.

Gee, H., (ed.), 2001. *Rise of the Dragon: Readings from Nature on the Chinese Fossil Record.* The University of Chicago Press, Chicago.

Gelman, A., J. B. Carlin, H. S. Stern, and D. B. Rubin, 2003. *Bayesian Data Analysis,* 2nd ed. Chapman and Hall/CRC, Boca Raton, FL.

Gensel, P. G., and D. Edwards, (eds.), 2001. *Plants Invade the Land: Evolutionary and Environmental Perspectives.* Columbia University Press, New York.

Gerhart, J., 2000. Inversion of the chordate body axis: Are there alternatives? *Proc. Natl. Acad. Sci. USA,* **97,** 4445–4448.

Gerhart, J., and M. Kirschner, 1997. *Cells, Embryos, and Evolution:*

Toward a Cellular and Developmental Understanding of Phenotypic Variation and Evolutionary Adaptability. Blackwell Science, Malden, MA.

Geritz, S. A. H., É. Kisdi, G. Meszéna, and J. A. J. Metz, 1998. Evolutionarily singular strategies and the adaptive growth and branching of the evolutionary tree. *Evol. Ecol.,* **12,** 37–57.

Gess, R. W., M. I. Coates, and B. S. Rubidge, 2006. A lamprey from the Devonian period of South Africa. *Nature,* **443,** 981–984.

Gest, H., and J. W. Schopf, 1983. Biochemical evolution of anaerobic energy conversion: The transition from fermentation to anoxygenic photosynthesis. In *Earth's Earliest Biosphere: Its Origin and Evolution,* J. W. Schopf (ed.). Princeton University Press, Princeton, NJ, pp. 135–148.

Ghimire, S. K., Y. Akashi, C. Maitani, M. Nakanishi, and K. Kato, 2005. Genetic Diversity and Geographical Differentiation in Asian Common Wheat (*Triticum aestivum* L.), Revealed by the Analysis of Peroxidase and Esterase Isozymes. *Breeding Sci.,* **55,** 75–185.

Ghiselin, M. T., 1984. Narrow approaches to phylogeny: A review of nine books on cladism. In *Oxford Surveys in Evolutionary Biology,* R. Dawkins and M. Ridley (eds.). Oxford University Press, Oxford, England, pp. 209–222.

Ghiselin, M. T., 1987. Species concepts, individuality, and objectivity. *Biol. Philos.,* **2,** 127–143.

Gibbs, H. L., and P. R. Grant, 1987. Oscillating selection on Darwin's finches. *Nature,* **327,** 511–513.

Gibbs, P. M., and A. Dugaiczyk, 1994. Reading the molecular clock from the decay of internal symmetry of a gene. *Proc. Natl. Acad. Sci. USA,* **91,** 3413–3417.

Gibbs, R. A., G. M. N. Weinstock, M. L. Metzker, D. M. Muzny, et al., 2004. Genome sequence of the Brown Norway rat yields insights into mammalian evolution. *Nature,* **428,** 493–521.

Gibson, G., and D. S. Hogness, 1996. Effect of polymorphism in the *Drosophila* regulatory gene *Ultrabithorax* on homeotic stability. *Science,* **271,** 200–203.

Gibson, G., and G. P. Wagner, 2000. Canalization in evolutionary genetics: a stabilizing theory? *BioEssays,* **22,** 372–380.

Gilad, Y., A. Oshlack, G. K. Smyth, T. P. Speed, and K. P. White, 2006. Expression profiling in primates reveals a rapid evolution of human transcription factors. Nature, **440,** 242–245.

Gillespie, J. H., 2004. *Population Genetics: A Concise Guide,* 2nd ed. Johns Hopkins University Press, Baltimore, MD.

Gillham, N. W., 1994. *Organelle Genes and Genomes.* Oxford University Press, Oxford, England.

Gingerich, P. D., 1998. Vertebrates and evolution. *Evolution,* **52,** 289–291.

Gish, D. T., 1972. *Evolution? — The Fossils Say No!* Creation-Life Publishers, San Diego, CA.

Givnish, T. J., 1997. Adaptive radiation and molecular systematics: Issues and approaches. In *Molecular Evolution and Adaptive Radiation,* T. J. Givnish and K. J. Sytsma (eds.). Cambridge University Press, Cambridge, England, pp. 1–54.

Glaessner, M. F., 1984. *The Dawn of Animal Life.* Cambridge University Press, Cambridge, England.

Glass, H. B., and C. C. Li, 1953. The dynamics of racial admixture: An analysis based on the American Negro. *Am. J. Hum. Genet.,* **5,** 1–20.

Glazier, D. S., 2006. The 3/4-power law is not universal: Evolution of isometric, ontogenetic metabolic scaling in pelagic animals. *BioScience,* **56,** 325–332.

Gluckman, P., and M. Hanson, 2005. *The Fetal Matrix. Evolution, Development and Disease.* Cambridge University Press, Cambridge, England.

Golding, G. B., and A. M. Dean, 1998. The structural basis of molecular adaptation. *Mol. Biol. and Evol.,* **15,** 355–369.

Goldman, N., 1998. Effects of sequence alignment procedures on estimates of phylogeny. *BioEssays,* **20,** 287–290.

Goldschmidt, R. B., 1940. *The Material Basis of Evolution.* Yale University Press, New Haven, CT.

Goldschmidt, T., 1996. *Darwin's Dreampond. Drama in Lake Victoria.* MIT Press, Cambridge, MA.

Golubic, S., and A. H. Knoll, 1993. Prokaryotes. In *Fossil Prokaryotes and Protists,* J. H. Lipps (ed.). Blackwell Scientific, Boston, pp. 51–76.

Goodall, J. 1986. *The Chimpanzees of Gombe: Patterns of Behavior.* Belknap Press of Harvard University Press, Harvard, MA.

Goode, J., (ed.), 2007. *Tinkering: The Microevolution of Development.* Novartis Foundation Symposium No. 284. John Wiley and Sons, Chichester, England.

Goodman, M., 1976. Toward a genealogical description of the primates. In *Molecular Anthropology,* M. Goodman and R. E. Tashian (eds.). Plenum Press, New York, pp. 321–353.

Goodman, M., A. E. Romero-Herrera, H. Dene, J. Czelusniak, and R. E. Tashian, 1982. Amino acid sequence evidence on the phylogeny of primates and other eutherians. In *Macromolecular Sequences in Systematic and Evolutionary Biology,* M. Goodman (ed.). Plenum Press, New York, pp. 115–191.

Goss, R. J., 1983. *Deer Antlers: Regeneration, Function and Evolution.* Academic Press, New York.

Gould, S. J., 1977. *Ontogeny and Phylogeny.* Harvard University Press, Cambridge, MA.

Gould, S. J., 1989. *Wonderful Life. The Burgess Shale and the Nature of History.* W. W. Norton & Co., New York.

Gould, S. J., 1994. Tempo and mode in the macroevolutionary reconstruction of Darwinism. *Proc. Natl. Acad. Sci. USA,* **91,** 9413–9417.

Gould, S. J., 2002. *The Structure of Evolutionary Theory.* The Belknap Press of Harvard University Press, Cambridge, MA.

Gould, S. J., and N. Eldredge, 1993. Punctuated equilibrium comes of age. *Nature,* **366,** 223–227.

Gould, S. J., and R. C. Lewontin, 1979. The spandrels of San Marco and the Panglossian paradigm: A critique of the adaptationist program. *Proc. Roy. Soc. Lond.,* **205,** 581–598.

Gould, S. J., and E. S. Vrba, 1982. Exaptation — a missing term in the science of form. *Paleobiology,* **8,** 4–15.

Gouy, M., and W-H. Li, 1989. Molecular phylogeny of the kingdoms Animalia, Plantae and fungi. *Mol. Biol. Evol.,* **6,** 109–122.

Gradstein, F. M., J. G. Ogg, A. G. Smith, F. P. Agterberg, et al., 2004. *A Geological Time Scale 2004.* Cambridge University Press, Cambridge, England.

Graham, J., and E. A. Thompson, 1998. Disequilibrium likelihoods for fine-scale mapping of a rare allele. *Am. J. Hum. Genet.* **63,** 1517–1530.

Graham, J. B., 1994. An evolutionary perspective for bimodal respiration: A biological synthesis of fish air breathing. *Am. Zool.,* **34,** 229–237.

Graham, L. E., 1993. *Origin of Land Plants.* Wiley, New York.

Grande, L., 2004. Categorizing various classes of morphological variation, and the importance of this to vertebrate paleontology. In *Mesozoic Fishes 3 — Systematics, Paleoenvironments and Biodiversity,* G. Arratia and A. Tintori (eds.). Verlag Dr. Friedrich Pfeil, München, Germany, pp.123–136.

Grant, P. R., 1986. *Ecology and Evolution of Darwin's Finches.* Princeton University Press, Princeton, NJ. [Reissued in 1999 with a Foreword by J. Weiner.]

Grant, P. R., and B. R. Grant, 1994. Phenotypic and genetic effects of hybridization in Darwin's finches. *Evolution,* **48,** 297–316.

Grant, P. R., and B. R. Grant, 2002. Unpredictable evolution in a 30-year study of Darwin's finches. *Science,* **296,** 707–711.

Grant, P. R., and B. R. Grant, 2006. Evolution of character displacement in Darwin's finches. *Science,* **313,** 224–226.

Grant, P. R., B. R. Grant, L.F. Keller, J.A. Markert, and K. Petren, 2004. Convergent evolution of Darwin's finches caused by introgressive hybridization and selection. *Evolution* **58,** 1588–1599.

Grant P. R., B. R. Grant, J. N. Smith, I. J. Abbott, and L. K. Abbott, 1976. Darwin's finches: population variation and natural selection. *Proc. Natl. Acad. Sci. U.S.A* **73,** 257–261.

Grant, V., 1985. *The Evolutionary Process.* Columbia University Press, New York.

Grant, V., and K. A. Grant, 1965. *Flower Pollination in the Phlox Family.* Columbia University Press, New York.

Graves, J. A. M., 2006. Sex chromosome specialization and degeneration in mammals. *Cell,* **124,** 901–914.

Gray, M. W., 1993. Origin and evolution of organelle genomes. *Curr. Opin. Genet. Dev.* **3,** 884–890.

Gray, M. W., G. Burger, and B. F. Lang, 1999. Mitochondrial evolution. *Science,* **283,** 1476–1481.

Gray, M. W., G. Burger, and B. F. Lang, 2001. The origin and early evolution of mitochondria. *Genome Biol.,* **2,** 1–5.

Gray, M. W., R. Cedergren, Y. Abel and D. Sankoff, 1989. On the evolutionary origin of the plant mitochondrion and its genome. *Proc. Natl. Acad. Sci. USA,* **86,** 2267–2271.

Gray, M. W., D. Sankoff, and R. J. Cedergren, 1984. On the evolutionary descent of organisms and organelles: A global phylogeny based on a highly conserved structural core in small subunit ribosomal RNA. *Nucl. Acids Res.,* **12,** 5837–5852.

Greene, H. W., 1994. Homology and behavioral repertoires. In *Homology: The Hierarchical Basis of Comparative Biology,* B. K. Hall (ed.). Academic Press, San Diego, CA, pp. 370–391.

Gregory, T. R., 2002. A bird's eye view of the C-value enigma: genome size, cell size, and metabolic rate in the class Aves. *Evolution,* **56,** 121–130.

Gregory, W. K., 1929. *Our Face from Fish to Man. A Portrait Gallery of our Ancient Ancestors and Kinfolk Together with a Concise History of Our Best Features.* G. P. Putnam's Sons, London.

Gregory, W. K. 1951. *Evolution Emerging. A Survey of Changing Patterns from Primeval Life to Man,* 2 vol. The Macmillan Company, New York.

Greilhuber, J., J. Doleel, M. A. Lysák, and M. D. Bennett, 2005. The Origin, Evolution and Proposed Stabilization of the Terms 'Genome Size' and 'C-Value' to Describe Nuclear DNA Contents. *Ann. Bot.,* **95,** 255–260.

Griffiths, M., 1978. *The Biology of the Monotremes.* Academic Press, New York.

Grimaldi, D., and M. S. Engel, 2005. *Evolution of the Insects.* Cambridge University Press, New York.

Grützner, F., W. Rens, E. Tsend-Ayush, N. El-Mogharbel, et al., 2004. In the platypus a meiotic chain of ten sex chromosomes shares genes with the bird Z and mammal X chromosomes. *Nature,* **432,** 913–917.

Gulick, A., 1932. *Evolutionist and Missionary. John Thomas Gulick, Portrayed through Documents and Discussions.* The University of Chicago Press, Chicago.

Gupta, R. S., K. Aitken, M. Falah, and B. Singh, 1994.Cloning of *Giardia lamblia* heat shock protein HSP70 homologs: Implications regarding origin of eukaryotic cells and of endoplasmic reticulum. *Proc. Natl. Acad. Sci. USA,* **91,** 289–2899.

Gurdon, J. B., 1962. The developmental capacity of nuclei taken from intestinal epithelium cells of feeding tadpoles. *J. Embryol. Exp. Morphol.* **10,** 622–640.

H

Hadzi, J., 1963. *The Evolution of the Metazoa.* Macmillan, New York.

Haeckel, E., 1866. *Naturliche Schöpfungsgeschichte.* Reimer, Berlin.

Haeckel, E., 1874. The gastraea-theory, the phylogenetic classification of the animal kingdom and the homology of the germ-lamellae. *Q. J. Microsc. Sci.,* **14,** 142–165, 223–247.

Haeckel, E., 1904. *Kunstformen der Natur.* Bibliographisches Institut, Leipzig and Vienna.

Haeckel, E., 1905. *The Evolution of Man.* Translated from the 5th German ed. by J. McCabe, Watts, London.

Haile-Selassie, Y., 2001. Late Miocene hominids from the Middle Awash, Ethiopia. *Nature,* **412,** 178–181.

Halanych, K.M., 2004. The new animal phylogeny. *Ann. Rev. Ecol. Evol. Syst.,* **35,** 229–256.

Haldane, J. B. S., 1922. Sex ratio and unisexual sterility in hybrid animals. *J. Genet.,* **12,** 101–109.

Haldane, J. B. S., 1932. *The Causes of Evolution.* Harper & Row, New York. [Reprinted 1966, Cornell University Press, Ithaca, NY.]

Haldane, J. B. S., 1939. The theory of the evolution of dominance. *J. Genet.,* **37,** 365–374.

Hall, B. K. (ed.) 1994. *Homology: The Hierarchical Basis of Comparative Biology.* Academic Press, San Diego, CA. [paperback issued 2001]

Hall, B. K., 1995. Homology and embryonic development. *Evol. Biol.,* **28,** 1–37.

Hall, B. K., 1999a. *Evolutionary Developmental Biology,* 2nd ed. Kluwer Academic Publishers, Dordrecht, The Netherlands.

Hall, B. K., 1999b. *The Neural Crest in Development and Evolution.* Springer-Verlag, New York.

Hall, B. K., 2000a. The Evolution of the Neural Crest in Vertebrates. In *Regulatory Processes in Development,* Wenner-Gren International Series Volume 76, L. Olsson and C.-O. Jacobson (eds). *The Portland Press,* London, pp. 101–113.

Hall, B. K., 2000b. The neural crest as a fourth germ layer and vertebrates as quadroblastic not triploblastic. *Evol. Devel.,* **2,** 1–3.

Hall, B. K., 2001. Development of the clavicles in birds and mammals. *J. Exp. Zool.,* **289,** 153–161.

Hall, B. K., 2002. Palaeontology and evolutionary developmental biology: A science of the 19th and 21st centuries. *Palaeontology,* **45,** 647–669.

Hall, B. K., 2003a. Descent with modification: the unity underlying homology and homoplasy as seen through an analysis of development and evolution. *Biol. Rev. Camb. Philos. Soc.* **78,** 409–433.

Hall, B. K., 2003b. Unlocking the black box between genotype and phenotype: Cell condensations as morphogenetic (modular) units. *Biol. Philos.,* **18,** 219–247.

Hall, B. K., 2004. Evolution as the control of development by ecology. In *Environment, Development, and Evolution: Toward a Synthesis,* B. K. Hall, R. D. Pearson, and G. B. Müller (eds.). MIT Press, Cambridge, MA, pp. ix–xxiii.

Hall, B. K., 2005a. *Bones and Cartilage: Developmental and Evolutionary Skeletal Biology.* Elsevier Academic Press, London.

Hall, B. K., 2005b. Fifty years later: I. Michael Lerner's *Genetic Homeostasis* (1954): A valiant attempt to integrate genes, organisms and environment. *J. Exp. Zool. (Mol. Dev. Evol.),* **304B,** 187–197.

Hall, B. K., 2005c. Consideration of the neural crest and its skeletal derivatives in the context of novelty/innovation. *J. Exp. Zool. (Mol. Dev. Evol.),* **304B,** 548–557.

Hall, B. K., 2006a. Evolutionist and missionary: The Reverend John Thomas Gulick (1832–1923). Part I. Cumulative segregation — geographical isolation. *J. Exp. Zool. (Mol. Dev. Evol.),* **306B,** 407–418.

Hall, B. K., 2006b. Evolutionist and missionary: The Reverend John Thomas Gulick (1832–1923). Part 2. Cumulative segregation — geographical isolation. *J. Exp. Zool. (Mol. Dev. Evol.),* **306B,** 485–495.

Hall, B. K., 2006c. Homology and homoplasy. In: *Handbook of the Philosophy of Biology,* D. Gabbay, P. Thagard, and J. Woods (eds.), 2006, Volume **3** *(Philosophy of Biology),* M. Matthen and C. Stephens (eds.). Elsevier BV, Amsterdam, pp. 441–465.

Hall, B. K., 2006d. Tapping many sources: The adventitious roots of evo-devo in the 19th century. In *From Embryology to Evo-Devo: A History of Embryology in the 20th Century* (M. D. Laubichler and J. Maienschein), Symposium of the Dibner Institute for the History of Science, MIT. MIT Press, Cambridge, MA, pp. 467–497.

Hall, B. K., (ed.), 2007a. *Fins into Limbs. Development, Evolution and Transformation.* The University of Chicago Press, Chicago.

Hall, B. K., 2007b. 'Spandrels': Metaphor for morphological residue or entrée into evolutionary developmental mechanisms? In: *The Spandrels of San Marco 25 Years Later,* D. Walsh (ed.). Oxford University Press, Oxford, England (in preparation).

Hall, B. K., and W. M. Olson (eds.), 2003. *Keywords & Concepts in Evolutionary Developmental Biology.* Harvard University Press, Cambridge, MA.

Hall, B. K., R. D. Pearson, and G. B. Müller (eds.), 2004. *Environment, Development, and Evolution: Toward a Synthesis.* MIT Press, Cambridge, MA.

Hall, D. O., J. Lumsden, and E. Tel-Or, 1977. Iron-sulfur proteins and superoxide dismutases in the evolution of photosynthetic bacteria and algae. In *Chemical Evolution of the Early Precambrian,* C. Ponnamperuma (ed.). Academic Press, New York, pp. 191–210.

Hallam, A., 2005. *Catastrophes and Lesser Calamities.* Oxford University Press, Oxford, England.

Hallgrímsson, B., and B. K. Hall (eds.), 2005. *Variation: A Central Concept in Biology.* Elsevier/Academic Press, Burlington, MA.

Hallgrimsson B., K. Willmore, and B. K. Hall, 2002. Canalization, developmental stability, and morphological integration in primate limbs. *Am. J. Phys. Anthropol.* (*Yearbook)* **S45,** 131–158.

Halvorson, H., and J. Szulmajster, 1973. Differentiation: Sporogenesis and germination. In *Biochemistry of Bacterial Growth,* J. Mandelstam and K. McQuillen (eds.). John Wiley, New York, pp. 494–516.

Hamilton, A. J., and D. C. Baulcombe, 1999. A species of small antisense RNA in posttranscriptional gene silencing in plants. *Science,* **286,** 950–952.

Hamilton, W. D. 1964a. The genetical evolution of social behaviour. I. *J. Theor. Biol.* **7,** 1–16.

Hamilton, W. D. 1964b. The genetical evolution of social behaviour. II. *J. Theor. Biol.* **7,** 17–52.

Hamilton, W. D., R. Axelrod, and R. Tanese, 1990. Sexual reproduction as an adaptation to resist parasites (a review). *Proc. Natl. Acad. Sci. USA,* **87,** 3566–3573.

Hammer, M. F., T. Karafet, A. Rasanayagam, E. T. Wood, et al., 1998. Out of Africa and back again: Nested cladistic analysis of human Y chromosome variation. *Mol. Biol. Evol.,* **15,** 427–441.

Hammerstein, P., 1996. Darwinian adaptation, population genetics and the streetcar theory of evolution. *J. Math. Biol.,* **34,** 511–532.

Han, T. M., and B. Runnegar, 1992. Megascopic algae from the 2.1 billion-year-old Negaunee Iron Formation, Michigan. *Science,* **257,** 232–235.

Hanczyc, M. M., S. M. Fujikawa, and S. W. Szostak, 2003. Experimental models of primitive cellular compartments: encapsulation, growth, and division. *Science,* **302,** 618–622.

Harding, R. S. O., and G. Teleki (eds.), 1981. *Omnivorous Primates: Gathering and Hunting in Human Evolution.* Columbia University Press, New York.

Hardison, R. C., 1996. A brief history of hemoglobins: Plant, animal, protist, and bacteria. *Proc. Natl. Acad. Sci. USA,* **93,** 5675–5679.

Harland, W. B., 1964. Critical evidence for a great infra-Cambrian glaciation. *Int. J. Earth Sci.,* **54,** 45–61.

Harland, W. B., and M. J. S. Rudwick, 1964. The great infra-Cambrian glaciation. *Sci. Am.,* **211,** 28–36.

Harris, E. E., and J. Hey, 1999. X chromosome evidence for ancient human histories. *Proc. Natl. Acad. Sci. USA,* **96,** 3320–3324.

Harris, H., 1966. Enzyme polymorphisms in man. *Proc. Roy. Soc. Lond.* (*B*), **164,** 298–310.

Hartl, D. L., and A. G. Clark, 1997. *Principles of Population Genetics,* 3rd ed. Sinauer Associates, Sunderland, MA.

Hartl, D. L., and E. W. Jones, 1998. *Genetics: Principles and Analysis.* Jones and Bartlett, Sudbury, MA.

Hartmann, W. K., 1997. A brief history of the moon. *The Planetary Report,* **17,** 4–11.

Hartmann, W. K., and D. R. Davis, 1975. Satellite sized planetesimals and lunar origins. *Icarus,* **24,** 504–515.

Hartsoeker, N., 1694. *Essai de Dioptrique.* Anisson, Paris.

Hartwig, W. C., (ed.), 2002. *The Primate Fossil Record.* Cambridge University Press, Cambridge, England.

Harvati, K., and T. Harrison (eds.), 2006. *Neanderthals Revisited. New Approaches and Perspectives.* Springer, Netherlands.

Harvati, K., and T. D. Weaver, 2006. Human cranial anatomy and the differential preservation of population history and climate signatures. *Anat. Rec., Part A,* **288A,** 1225–1233.

Hästbacka, J., A. de la Chapelle, I. Kairila, P. Sistonen, et al., 1992. Linkage disequilibrium mapping in isolated founder populations: diastrophic dysplasia in Finland. *Nat. Genet.,* **2,** 204–211.

Hawkes, K., J. F. O'Connell, N. G. Blurton Jones, H. Alvarez, and E. L. Charnov, 1998. Grandmothering, menopause, and the evolution of human life histories. *Proc. Natl. Acad. Sci. USA,* **95,** 1336–1339.

Hawkesworth, C. J., and A. I. A. Kemp, 2006. Evolution of the continental crust. *Nature,* **443,** 811–817.

Hawking, S. W., 1988. *A Brief History of Time: From the Big Bang to Black Holes.* Bantam Books, Toronto.

Hawking, S. W., 2001. *The Universe in a Nutshell.* Bantam Books, Toronto.

Hawkins, M., 1997. *Social Darwinism in European and American Thought: 1860–1945.* Cambridge University Press, Cambridge, England.

Hay, A., M. Barkoulas, and M. Tsiantis, 2006. Asymmetric leaves and auxin activities converge to repress Brevipedicellus expression and promote leaf development in *Arabidopsis. Development,* **133,** 3955–3961.

Hayes, K. J., and C. Hayes, 1951. The intellectual development of a home-raised chimpanzee. *Proc. Am. Philos. Soc.,* **95,** 105–109.

Hazen, R. M., 2005. *Genesis: The Scientific Quest for Life's Origins.* Joseph Henry Press, Washington, DC.

Hedges, S. B., 1994. Molecular evidence for the origin of birds. *Proc. Natl. Acad. Sci. USA,* **91,** 2621–2624.

Hedrick, P. W., 2000. *Genetics of Populations.* Second Edition. Jones and Bartlett, Boston, MA.

Heilmann, G., 1927. *The Origin of Birds.* Appleton, New York. (Reprinted 1972, Dover Books, New York.

Heinen, W., and A. M. Lauwers, 1996. Organic sulfur compounds resulting from FeS, H_2S, or HCl and CO_2. *Orig. Life Evol. Biosph.,* **26,** 131–150.

Hendrix, R. W., M. C. M. Smith, R. N. Burns, M. E. Ford, and G. F. Hatfull, 1999. Evolutionary relationships among diverse bacteriophages and prophages: All the world's a phage. *Proc. Natl. Acad. Sci. USA,* **96,** 2192–2197.

Henke, W., and I. Tattersall (eds.), 2007. *Handbook of Paleoanthropology. Vol. 1: Principles, Methods and Approaches, Vol 2: Primate Evolution and Human Origins, and Vol 3: Phylogeny of Hominines.* Springer-Verlag, New York.

Hennig, W., 1966. *Phylogenetic Systematics.* University of Illinois Press, Urbana, IL.

Hennig, W., 1975. "Cladistic analysis or cladistic classification?": A reply to Ernst Mayr. *Syst. Zool.,* **24,** 244–256.

Henze, K., A. Badr, M. Wettern, R. Cerff, and W. Martin, 1995. A nuclear gene of eubacterial origin in *Euglena gracilis* reflects cryptic endosymbioses during protist evolution. *Proc. Natl. Acad. Sci. USA,* **92,** 9122–9126.

Herrmann, B., and S. Hummel (eds.), 1994. *Ancient DNA.* Springer-Verlag, New York.

Hervé, P., N. Lartillot, and H. Brinkmann, 2005. Multigene analyses of bilaterian animals corroborate the monophyly of Ecdysozoa, Lophotrochozoa, and Protostomia. *Mol. Biol. Evol.,* **22,** 1246–1253.

Hey, J., 1999. The neutralist, the fly, and the selectionist. *Trends Ecol. Evol.,* **14,** 35–38.

Hey, J., W. M. Fitch, and F. J. Ayala (eds.), 2005. *Systematics and the Origin of Species on Ernst Mayr's 100th Anniversary.* The National Academies Press, Washington, DC.

Hibino, T., A. Nishino, and S. Amemiya, 2006. Phylogenetic correspondence of the body axes in bilaterians is revealed by the right-sided expression of *Pitx* genes in echinoderm larvae. *Dev. Growth Differ.,* **48,** 587–595.

Higuchi, R., B. Bowman, M. Freiberger, O. A. Ryder, and A. C. Wilson, 1984. DNA sequences from the quagga, an extinct member of the horse family. *Nature,* **312,** 282–284.

Hill, R. L., K. Brew, T. C. Vanaman, I. P. Trayer, and J. P. Mattock, 1969. The structure, function, and evolution of a-lactalbumin. *Brookhaven Symp. Biol.,* **21,** 139–152.

Hillenius, W. J., 1994. Turbinates in therapsids: Evidence for Late Permian origins of mammalian endothermy. *Evolution,* **48,** 207–229.

Hillis, D. M., 1994. Homology in molecular biology. In *Homology: The Hierarchical Basis of Comparative Biology,* B. K. Hall (ed.). Academic Press, San Diego, CA, pp. 339–368.

Hinkle, G., J. K. Wetterer, T. R. Schultz, and M. L. Sogin, 1994. Phylogeny of the attine ant fungi based on analysis of small subunit ribosomal RNA gene sequences. *Science,* **266,** 1695–1697.

Hino, O., J. R. Testa, K. H. Buetow, T. Taguchi, et al., 1993. Universal mapping probes and the origin of human chromosome 3. *Proc. Natl. Acad. Sci. USA,* **90,** 730–734.

Hirano, H.-Y., M. Eiguchi, and Y. Sano, 1998. A single base change altered the regulation of the Waxy gene at the posttranscriptional level during the domestication of rice. *Mol. Biol. Evol.,* **15,** 978–987.

Hodgkin, J., 1992. Genetic sex determination mechanisms and evolution. *BioEssays,* **14,** 253–261.

Hoffman, P. F., A. J. Kaufman, G. P. Halverson, and D. P. Schrag, 1998. A Neoproterozoic snowball Earth. *Science,* **281,** 1342–1346.

Hoffman, P. F., and D. P. Schrag. 2000. Snowball Earth. *Sci. Am.,* **282**(1), 68–75.

Holland, H. D., 1997. Evidence for life on Earth more than 3850 million years ago. *Science,* **275,** 38–39.

Holland, L. Z., and N. D. Holland, 1998. Developmental gene expression in amphioxus: New insights into the evolutionary origin of vertebrate brain regions, neural crest, and rostrocaudal segmentation. *Am. Zool.,* **38,** 647–658.

Holland, L. Z., V. Laudet, and M. Schubert, 2004. The chordate amphioxus: an emerging model organism for developmental biology. *Cell Mol. Life Sci.,* **61,** 2290–2308.

Holland, P. W. H., and J. Garcia-Fernàndez, 1996. Hox genes and chordate evolution. *Dev. Biol.,* **173,** 382–395.

Hölldobler, B., and E. O. Wilson, 1990. *The Ants.* Harvard University Press, Cambridge, MA.

Holmquist, G. P., and J. Filipski, 1994. Organization of mutations along the genome: A prime determinant of genome evolution. *Trends Ecol. Evol.,* **9,** 65–69.

Holt R. A., G. M. Subramanian, A. Halpern, G. G. Sutton, et al., 2002. The genome sequence of the malaria mosquito *Anopheles gambiae. Science,* **298,** 129–149.

Hone, D. W. E., T. M. Keesey, D. Pisani, and A. Purvis, 2005. Macroevolutionary trends in the Dinosauria: Cope's rule. *J. Evol. Biol.,* **18,** 587–595.

Hooper, J., 2002. *Of Moths and Men: Intrigue, Tragedy and the Peppered Moth.* Fourth Estate, London.

Horai, S., K. Hayasaka, R. Kondo, K. Tsugane, and N. Takahata, 1995. Recent African origin of modern humans revealed by complete sequences of hominoid mitochondrial DNAs. *Proc. Natl. Acad. Sci. USA,* **92,** 532–536.

Hori, H., and S. Osawa, 1979. Evolutionary change in RNA secondary structure and a phylogenetic tree of 54 5*S* RNA species. *Proc. Natl. Acad. Sci. USA,* **76,** 381–385.

Horowitz, N. H., 1945. On the evolution of biochemical synthesis.

Proc. Natl. Acad. Sci. USA, **31,** 153–157.

Hou, X-G., R. J. Aldridge, J. Bergström, D. J. Siveter, and X.-H. Feng, 2004. *The Cambrian Fossils of Chengjiang, China: The Flowering of Early Animal Life.* Blackwell Science, Oxford, England.

Huber, C., and G. Wächtershäuser. 1998. Peptides by activation of amino acids with CO on (Ni, Fe)S surfaces: Implications for the origin of life. *Science,* **281,** 670.

Hughes, C., and R. Eastwood, 2006. Island radiation on a continental scale: Exceptional rates of plant diversification after uplift of the Andes. *Proc. Natl. Acad. Sci. USA,* **103,** 10334–10339.

Hughes, K. A., 1995. The evolutionary genetics of male life-history characters in *Drosophila melanogaster. Evolution,* **49,** 521–537.

Hull, D. L., 1988. *Science As a Process: An Evolutionary Account of the Social and Conceptual Development of Science.* University of Chicago Press, Chicago.

Hunt, G., and K. Roy, 2006. Climate change, body size evolution, and Cope's Rule in deep-sea ostracods. *Proc. Natl. Acad. Sci. USA,* **103,** 1347–1352.

Hunt, G. R., and R. D. Gray, 2003. Diversification and cumulative evolution in New Caledonian crow tool manufacture. *Proc. R. Soc. Lond. B.,* **270,** 867–874.

Hunter, C. P., and C. Kenyon, 1995. Specification of anteroposterior cell fates in *Caenorhabditis elegans* by *Drosophila* Hox proteins. *Nature,* **377,** 229–232.

Hunter, J. P., and J. Jernvall, 1995. The hypocone as a key innovation in mammalian evolution. *Proc. Natl. Acad. Sci. USA,* **92,** 10718–10722.

Hutchinson, G. E., 1978. *An Introduction to Population Ecology.* Yale University Press, New Haven, CT.

Huxley, J., 1942. *Evolution: The Modern Synthesis.* Allen & Unwin, London.

Huxley, J., 1947. The vindication of Darwinism. In *Touchstone for Ethics 1894–1943,* T. H. Huxley and J. Huxley (eds.). Harper & Brothers Publishers, New York and London, pp. 167–192.

Huxley, T. H., 1894. *Evolution and Ethics, and Other Essays.* Macmillan, London.

Huxley, T. H., 1910. *Lectures and Lay Sermons.* With an Introduction by Sir. Oliver Lodge. J. M. Dent & Sons, London.

Huxley, T. H., and Julian Huxley, 1947. *Touchstone for Ethics 1894–1943.* Harper & Brothers, New York and London.

Huysseune, A., J.-Y. Sire, and F. J. Meunier, 1994. Comparative study of lower pharyngeal jaw structure in two phenotypes of *Astatoreochromis alluaudi* (Teleostei: Cichlidae). *J. Morphol.,* **221,** 25–43.

Hyman, L., 1940. *The Invertebrates: Protozoa Through Ctenophora.* McGraw-Hill, New York.

Hyman, L., 1951. *The Invertebrates: Platyhelminthes and Rhynchocoela, the Acoelomate Bilateria.* McGraw-Hill, New York.

I

Imai, K. S., M. Levine, N. Satoh, and Y. Satou, 2006. Regulatory blueprint for a chordate embryo. *Science,* **312,** 1183–1187.

J

Jablonski, D., 1986. Background and mass extinctions: The alternation of macroevolutionary regimes. *Science,* **231,** 129–133.

Jablonski, D., 2000. Micro- and macroevolution: scale and hierarchy in evolutionary biology and paleobiology. In *Deep Time: Paleobiology's Perspective,* D. H. Erwin and S. L. Wing (eds.). *Paleobiology* 26 (Supplement to No. 4), The Paleontological Society, Lawrence, KS, pp. 15–22.

Jablonski, D., 2002. Survival without recovery after mass extinctions. *Proc. Natl. Acad. Sci. USA,* **99,** 8139–8144.

Jablonski, N. G., 2006. *Skin. A Natural History.* University of California Press, Berkeley, CA.

Jacob, F., 1977. Evolution and tinkering. *Science,* **196,** 1161–1166.

Jacob, F., and J. Monod, 1961. Genetic regulatory mechanisms in the synthesis of proteins. *J. Mol. Biol.* **3,** 318–356.

Jacob, T., E. Indriati, R. P. Soejono, K. Hsü, et al., 2006. Pygmoid Australomelanesian *Homo sapiens* skeletal remains from Liang Bua, Flores; population affinities and pathological anomalies. *Proc. Natl. Acad. Sci. USA,* **103,** 13421–13426.

Jaillon, O., J. M. Aury, F. Brunet, J. L. Petit, et al., 2004. Genome duplication in the teleost fish *Tetraodon nigroviridis* reveals the early vertebrate proto-karyotype. *Nature,* **431,** 946–957.

James, T. Y., F. Kauff, C. L. Schoch, P. B. Matheny, et al., 2006. Reconstructing the early evolution of fungi using a six-gene phylogeny. *Nature,* **443,** 818–822.

Janis, C. M., 1993. Tertiary mammal evolution in the context of changing climates, vegetation, and tectonic events. *Ann. Rev. Ecol. Syst.,* **24,** 467–500.

Janke, A., X. Xu, and U. Arnason, 1997. The complete mitochondrial genome of the wallaroo (*Macropis robustus*) and the phylogenetic relationship among Monotremata, Marsupialia, and Eutheria. *Proc. Natl. Acad. Sci. USA,* **94,** 1276–1281.

Januszkiewicz, A. J., and B. W. Robinson, 2007. Divergent walleye (*Sander vitreus*)-mediated inducible defenses in the centrarchid pumpkinseed sunfish (*Lepomis gibbobus*). *Biol. J. Linn. Soc.,* **90,** 25–36.

Jastrow, R., and M. H. Thompson, 1972. *Astronomy: Fundamentals and Frontiers.* Wiley, New York.

Jay, D. G., and W. Gilbert, 1987. Basic protein enhances the incorporation of DNA into lipid vesicles: Model for the formation of primordial cells. *Proc. Natl. Acad. Sci. USA,* **84,** 1978–1980.

Jeffery, W. Y., A. G. Strickler, S. Guiney, D. G. Heyser, and S. I. Tomarev, 2000. *Prox 1* in eye degeneration and sensory organ compensation during development and evolution of the cavefish *Astyanax. Devel. Genes Evol.,* **210,** 223–230.

Jenner, R., 2005. Foiling vertebrate inversion with the humble nemertean. *Palaeont. Assoc. Newsl.,* **58,** 32–39.

Jenner, R., 2006. Challenging received wisdoms: Some contributions of the new microscopy to the new animal phylogeny. *Integr. Comp. Biol.,* **46,** 93–103 (and see the other papers in this issue).

Jeong, S., A. Rokas, and S. B. Carroll, 2006. Regulation of body pigmentation by the abdominal-B Hox protein and its gain and loss in *Drosophila* evolution. *Cell,* **125,** 1387–1399.

Jerison, H. J., 1973. *Evolution of the Brain and Intelligence.* Academic Press, New York.

Jernvall, J. J., P. Hunter, and M. Fortelius, 1996. Molar tooth diversity, disparity, and ecology in Cenozoic ungulate radiations. *Science,* **274,** 1489–1492.

Ji, Q., Z. Luo, and S.-A. Ji, 1999. A Chinese triconodont mammal and mosaic evolution of the mammalian skeleton. *Nature,* **398,** 326–330.

Johannsen, W., 1903. *Über Erblichkeit in Populationen und in reinen*

Linien. Fischer, Jena, Germany.

Johanson, D., and M. Edey, 1981. *Lucy: The Beginnings of Mankind.* Simon and Schuster, New York.

Jones, S., R. D. Martin, and D. R. Pilbeam (eds.), 1996. *The Cambridge Encyclopedia of Human Evolution.* Cambridge University Press, Cambridge, England.

Jorde, L. B., M. Bamshad, and A. R. Rogers, 1998. Using mitochondrial and nuclear DNA markers to reconstruct human evolution. *BioEssays,* **20,** 126–136.

Joyce, G. F., 1989. RNA evolution and the origins of life. *Nature,* **338,** 217–224.

Joyce, G. F., and L. E. Orgel, 1993. Prospects for understanding the origin of the RNA world. In *The RNA World,* R. F. Gesteland and J. F. Atkins (eds.). Cold Spring Harbor Laboratory Press, Cold Spring Harbor, New York, pp. 1–25.

Joyce, G. F., A. W. Schwartz, S. L. Miller, and L. E. Orgel, 1987. The case for an ancestral genetic system involving simple analogues of the nucleotides. *Proc. Natl. Acad. Sci. USA,* **84,** 4398–4402.

Jukes, T. H., 1996. How did the molecular revolution start? What makes evolution happen? In *Evolution and the Molecular Revolution,* C. R. Marshall and J. W. Schopf (eds.). Jones and Bartlett, Sudbury, MA, pp. 31–52.

Jukes, T. H., and S. Osawa, 1991. Recent evidence for evolution of the genetic code. In *Evolution of Life: Fossils, Molecules, and Culture,* S. Osawa and T. Honjo (eds.). Springer, Tokyo, pp. 79–95.

K

Kaler, J. B. 2006. *The Cambridge Encyclopedia of Stars.* Cambridge University Press, Cambridge.

Kappen, C., and F. H. Ruddle, 1993. Evolution of a regulatory gene family: HOM/HOX genes. *Curr. Opin. Genet. Devel.,* **3,** 931–938.

Kappen, C., K. Schughart, and F. H. Ruddle, 1993. Early evolutionary origin of major homeodomain sequence classes. *Genomics,* **18,** 54–70.

Kardong, K. V., 2006. *Vertebrates: Comparative Anatomy, Function, Evolution,* 4th ed. WCB/McGraw-Hill, Boston.

Karn, M. N., and L. S. Penrose, 1951. Birth weight and gestation time in relation to maternal age, parity, and infant survival. *Ann. Eugen.,* **161,** 147–164.

Kasting, J. F., and D. Catling, 2003. Evolution of a heritable planet. *Annu. Rev. Astron. Astrophys.,* **41,** 429–463.

Katz, L. A., 1998. Changing perspectives on the origin of eukaryotes. *Trends Ecol. Evol.,* **13,** 493–497.

Kauffman, S. A., 1993. *The Origins of Order: Self-organization and Selection in Evolution.* Oxford University Press, New York.

Keeling, P. J., G. Burger, D. G. Durnford, B. F. Lang, et al., 2005. The tree of eukaryotes. *Trends Ecol. Evol.,* **20,** 670–676.

Keller, E. F. 1983. *A Feeling for the Organism.* W. H. Freeman and Company, New York.

Keller, E. F., and E. A. Lloyd, 1992. *Keywords in Evolutionary Biology.* Harvard University Press, Cambridge, MA.

Kemp, T. S., 2005. *The Origin and Evolution of Mammals.* Oxford University Press, Oxford and New York.

Kemp, T. S., 2006. The origin and early radiation of the therapsid mammal-like reptiles: a palaeobiological hypothesis. *J. Evol. Biol.,* **19,** 1231–1247.

Kemp, T. S., 2007. The origin of higher taxa: macroevolutionary processes, and the case of the mammals. *Acta Zool. (Stockh.),* **88,** 3–22.

Kenrick, P., and P. Davis, 2004. *Fossil Plants.* Natural History Museum, London.

Kenyon, D. H., and G. Steinman, 1969. *Biochemical Predestination.* McGraw-Hill, New York.

Kerkut, G. A., 1960. *Implications of Evolution.* Pergamon Press, Oxford, England.

Kermack, D. M., and K. A. Kermack, 1984. *The Evolution of Mammalian Characters.* Croom Helm, London.

Kermack, K. A., and F. Mussett, 1983. The ear in mammal-like reptiles and early mammals. *Acta Palaeontol. Pol.,* **28,** 147–158.

Kerr, R. A., 1997. Life goes to extremes in the deep earth — and elsewhere? *Science,* **276,** 703–704.

Kettlewell, H. B. D., 1973. *The Evolution of Melanism.* Clarendon Press, Oxford, England.

Kevles, D. J. 1995. *In the Name of Eugenics: Genetics and the Uses of Human Heredity.* Harvard University Press, Cambridge, MA.

Kidwell, M. G., 1994. The evolutionary history of the P family of transposable elements. *J. Hered.,* **85,** 339–346.

Kielan-Jaworowska, Z., R. L. Cifelli, and Z-.X. Luo, 2004. *Mammals from the Age of Dinosaurs. Origins, Evolution, and Structure.* Columbia University Press, New York.

Kimura, M., 1979. The neutral theory of molecular evolution. *Sci. Am.,* **241,** 94–104.

Kimura, M., 1983. *The Neutral Theory of Molecular Evolution.* Cambridge University Press, Cambridge, England.

Kimura, M., and J. F. Crow, 1964. The number of alleles that can be maintained in a finite population. *Genetics,* **49,** 725–738.

Kimura, M., and T. Ohta, 1972. Population genetics, molecular biometry, and evolution. In *Proceedings of the Sixth Berkeley Symposium on Mathematical Statistics and Probability,* vol. 5. University of California Press, Berkeley, pp. 43–68.

King, J. L., and T. H. Jukes, 1969. Non-Darwinian evolution. *Science,* **164,** 788–798.

King, M., 1993. *Species Evolution: The Role of Chromosome Change.* Cambridge University Press, Cambridge, England.

King, M. C., and A. C. Wilson, 1975. Evolution at two levels: Molecular similarities and biological differences between humans and chimpanzees. *Science,* **188,** 107–116.

Kingdon, J., 2004. *Lowly Origin: Where, When, and Why Our Ancestors First Stood Up.* Princeton University Press, Princeton, NJ.

Kingsland, S. E., 1995. *Modeling nature: Episodes in the History of Population Ecology,* 2nd ed. The University of Chicago Press, Chicago.

Kinzey, W. G., (ed.), 1987. *The Evolution of Human Behavior: Primate Models.* SUNY Press, Albany, NY.

Kirschvink, J. L., 1992. Late Proterozoic low-latitude global glaciation: the snowball Earth. In *The Proterozoic Biosphere,* J. W. Schopf and C. Klein (eds.). Cambridge University Press, Cambridge, England, pp. 51–52.

Kirschvink, J. L., E. J. Gaidos, L. E. Bertani, N. J. Beukes, et al., 2000. Paleoproterozoic Snowball Earth: Extreme climatic and geochemical global change and its biological consequences. *Proc. Natl. Acad. Sci. USA,* **97,** 1400–1405.

Kley, N. J., and M. Kearney, 2007. Adaptations for digging and burrowing. In *Fins into Limbs: Evolution, Development and Transformation,* B. K. Hall (ed.). The University of Chicago Press,

Chicago, pp. 284–309.

Knoll, A. H., 1992. The early evolution of eukaryotes: A geological perspective. Science, **256,** 622–627.

Knoll, A. H., 2003. *Life on a Young Planet: The First Three Billion years of Evolution on Earth.* Princeton University Press, Princeton, NJ.

Knowles, L. L., 2004. The burgeoning field of statistical phylogeography. *J. Evol. Biol.,* **17,** 1–10.

Kocher, T. D., J. A. Conroy, K. R. McKaye, and J. R. Stauffer, 1993. Similar morphologies of cichlid fish in Lake Tanganyika and Lake Malawi are due to convergence. *Mol. Phylog. Evol.,* **2,** 158–165.

Komdeur, J., S. Daan, J. Tinbergen, and C. Mateman, 1997. Extreme adaptive modification in sex ratio of the Seychelles warbler's eggs. *Nature,* **385,** 522–525.

Kondrashov, A. S., 1994. The asexual ploidy cycle and the origin of sex. *Nature,* **370,** 213–216.

Koonin, E. V., A. R. Mushegian, and P. Bork, 1996. Non-orthologous gene displacement. *Trends Genet.,* **12,** 334–336.

Kopp, R.E., J. L. Kirschvink, I. A. Hilburn, and C. Z. Nash, 2005. Was the Paleoproterozoic Snowball Earth a biologically-triggered climate disaster? *Proc. Natl. Acad. Sci. USA,* **102,** 11131–11136.

Kornegay, J. R., J. W. Schilling, and A. C. Wilson, 1994. Molecular adaptation of a leaf-eating bird: Stomach lysozyme of the hoatzin. *Mol. Biol. Evol.,* **11,** 921–928.

Kraft, P. G., C. E. Franklin, and M. W. Blows, 2006. Predator-induced phenotypic plasticity in tadpoles: extension or innovation. *J. Evol. Biol.,* **19,** 450–458.

Kragh, H., 1996. *Cosmology and Controversy: The Historical Development of Two Theories of the Universe.* Princeton University Press, Princeton, NJ.

Krebs, C. J., 2001. *Ecology: The Experimental Analysis of Distribution and Abundance,* 5th ed. Benjamin Cummings, San Francisco, CA.

Krebs, C. J., S. Boutin, R. Boonstra, A. R. E. Sinclair, et al., 1995. Impact of food and predation on the snowshoe hare cycle. *Science,* **269,** 1112–1115.

Krings, M., A. Stone, R. W. Schmitz, H. Kainitzki, et al., 1997. Neanderthal DNA sequences and the origin of modern humans. *Cell,* **90,** 19–30.

Kugelberg, E., E. Kofoid, A. B. Reams, D. I. Andersson, and J. R. Roth, 2006. Multiple pathways of selection gene amplification during adaptive mutation. *Proc. Natl. Acad. Sci. USA,* **103,** 17319–17324.

Kumar, S., and B. Hedges, 1998. A molecular timescale for vertebrate evolution. *Nature,* **392,** 917–920.

Kuo A. D., J. M. Donelan, and A. Ruina, 2005. Energetic consequences of walking like an inverted pendulum: Step-to-step transitions. *Exerc. Sport Sci. Rev.,* **33,** 88–97.

Kuratani, S., 2004. Evolution of the vertebrate jaw: Comparative embryology and molecular developmental biology reveal the factors behind evolutionary novelty. *J. Anat.,* **205,** 335–347.

Kuratani, S., Y. Nobusada, N. Horigome, and Y. Shigetani, 2001. Embryology of the lamprey and evolution of the vertebrate jaw: insights from molecular and developmental perspectives. *Phil. Trans. R. Soc. Lond. B. Biol. Sci.,* **356,** 15–32.

L

Lacalli, T. C., 2004. Evolutionary biology; light on ancient photoreceptors. *Nature,* **432,** 454–455.

Lacalli, T. C., 2006. Prospective protochordate homologs of vertebrate midbrain and MHB, with some thoughts on MHB origins. *Int. J. Biol. Sci.,* **2,** 104–109.

Lack, D., 1947. *Darwin's Finches: An Essay on the General Biological Theory of Evolution.* Cambridge University Press, Cambridge, England.

Lai, L., S. Nevo, and A. G. Steinberg, 1964. Acid phosphatases of human red cells: Predicted phenotype conforms to a genetic hypothesis. *Science,* **145,** 1187–1188.

Lake, J. A., and M. C. Rivera, 1994. Was the nucleus the first endosymbiont? *Proc. Natl. Acad. Sci. USA,* **91,** 2880–2881.

Land, M. F., and D.-E. Nilsson, 2002. *Animal Eyes.* Oxford University Press, Oxford, England.

Lander E. S., L. M. Linton, B. Birren, and C. Nusbaum, 2001. Initial sequencing and analysis of the human genome. *Nature,* **409,** 860–921.

Lane, N., 2005. *Power, Sex, Suicide. Mitochondria and the Meaning of Life.* Oxford University Press, Oxford, England.

Lankester, E. R., 1870. On the use of the term homology in modern zoology, and the distinction between homogenetic and homoplastic agreements. *Ann. Mag. Nat. Hist.,* **6,** Ser. 4, 34–43.

Larralde, R., M. P. Robertson, and S. L. Miller, 1995. Rates of decomposition of ribose and other sugars: Implications for chemical evolution. *Proc. Natl. Acad. Sci. USA,* **92,** 8158–8160.

Larsen, E. W., 1992. Tissue strategies as developmental constraints: Implications for animal evolution. *Trends Ecol. Evol.,* **7,** 414–417.

Laurin, M., M. Girondot, and M.-M. Loth, 2003. On the origin of and phylogenetic relationships among living amphibians. *Proc. Natl. Acad. Sci. USA,* **98,** 7380–7383.

Lawn, R. M., K. Schwartz, and L. Patthy, 1997. Convergent evolution of apolipoprotein (a) in primates and hedgehog. *Proc. Natl. Acad. Sci. USA,* **94,** 11992–11997.

Lawrence, J. G., and H. Ochman, 1998. Molecular archaeology of the *Escherichia coli* genome. *Proc. Natl. Acad. Sci. USA,* **95,** 9413–9417.

LeClerc, J. E., B. Li, W. L. Payne, and T. A. Cebula, 1996. High mutation frequency among *Escherichia coli* and *Salmonella* pathogens. *Science,* **274,** 1208–1211.

LeConte, A., 1888. *Evolution, Its Nature, Its Evidences, and Its Relation to Religious Thought.* Appleton, New York.

Lederberg, J., and E. M. Lederberg, 1952. Replica plating and indirect selection of bacterial mutants. *J. Bact.,* **63,** 399–406.

Lee, D. H., J. R. Granja, J. A. Martinez, K. Severin, and M. R. Ghadri, 1996. A self-replicating peptide. *Nature,* **382,** 525–528.

Lee, M. S. Y., 1999. Molecular phylogenies become functional. *Trends Ecol. Evol.,* **14,** 177–178.

Lee, M. S. Y., 2003. Species concepts and species reality: salvaging a Linnean rank. *J. Evol. Biol.,* **16,** 179–188.

Le Gros Clark, W. E., 1978. *The Fossil Evidence for Human Evolution,* 3rd ed. University of Chicago Press, Chicago.

Lehman, N., and G. F. Joyce, 1993. Evolution in vitro: Analysis of a lineage of ribozymes. *Curr. Biol.,* **3,** 723–734.

Leland, K. N., and G. Brown, 2002. *Sense and Nonsense: Evolutionary Perspectives on Human Behaviour.* Oxford University Press, London.

Lenski, R. E., and M. Travisano, 1994. Dynamics of adaptation and diversification: A 10,000-generation experiment with bacterial populations. *Proc. Natl. Acad. Sci. USA,* **91,** 6808–6814.

Lerner, I. M., 1954. *Genetic Homeostasis.* Oliver and Boyd, Edinburgh, Scotland [Reprinted 1970, Dover Publications, New York.]

Leroi, A. M., 2006. The future of neo-eugenics. Now that many people approve the elimination of certain genetically defective fetuses, is society closer to screening all fetuses for all known mutations? *EMBO Rep.,* **7,** 1184–1187.

Levin, D. A., (ed.), 1979. *Hybridization: An Evolutionary Perspective.* Dowden, Hutchinson and Ross, Stroudsburg, PA.

Levine, G., 1988. *Darwin and the Novelists; Patterns of Science in Victorian Fiction.* The University of Chicago Press, Chicago.

Levinton, J., 2001. *Genetics, Paleontology, and Macroevolution,* 2nd ed. Cambridge University Press, Cambridge, England.

Lewis, H., 1973. The origin of diploid neospecies in *Clarkia. Am. Nat.,* **107,** 161–170.

Lewontin, R. C., 1997. *Dobzhansky's Genetics* and *the Origin of Species: Is it still relevant? Genetics,* **147,** 351–355.

Lewontin, R. C., 2000. *The Triple Helix: Gene, Organism, and Environment.* Harvard University Press, Cambridge, MA.

Lewontin, R. C., and J. L. Hubby, 1966. A molecular approach to the study of genic heterozygosity in natural populations. II. Amount of variation and degree of heterozygosity in natural populations of *Drosophila pseudoobscura. Genetics,* **54,** 595–609.

Li, W.-H., 1993. So what about the molecular clock hypothesis? *Curr. Opin. Genet. Dev.,* **3,** 896–901.

Li, W.-H., 1997. *Molecular Evolution.* Sinauer Associates, Sunderland, MA.

Liang, Y. J., and S. C. Zhang, 2006. Demonstration of plasminogen-like protein in amphioxus with implications for the origin of vertebrate liver. *Acta Zool. (Stockholm),* **87,** 141–145.

Lieberman, P., 1991. *Uniquely Human: The Evolution of Speech, Thought, and Selfless Behavior.* Harvard University Press, Cambridge, MA.

Liem, K. F., 1974. Evolutionary strategies and morphological innovations: Cichlid pharyngeal jaws. *Syst. Zool.,* **22,** 425–441.

Liem, K. F., W. E. Bemis, W. F. Walker Jr., and L. Grande, 2001. *Functional Anatomy of the Vertebrates. An Evolutionary Perspective,* 3rd ed. Harcourt College Publishers, Fort Worth TX.

Lineweaver, C. H., and T. M. Davis, 2005. Misconceptions about the Big Bang. *Sci. Am.,* **292,** 24–33.

Lipmann, F., 1971. Attempts to map a process evolution of peptide biosynthesis. *Science,* **173,** 875–884.

Liu, K. W., Z.-J. Liu, L.-Q. Huang, L-Q. Li, L-J. Chen, and G.-D. Tang, 2006. Pollination: Self-fertilization strategy in an orchid. *Nature,* **441,** 945–946.

Loeb, A., 2006. The dark ages of the universe. *Sci. Am.,* **295,** 46–53.

Logsdon, J. M., Jr., A. Stoltzfus, and W. F. Doolittle, 1998. Molecular evolution: Recent cases of spliceosomal intron gain? *Current Biol.,* **8,** R560–R563.

Long, J. A., 1995. *The Rise of Fishes.* Johns Hopkins University Press, Baltimore, MD.

Long, J. A., B. K. Hall, K. J. McNamara, and M. M. Smith, 2006. The phylogenetic origin of jaws in vertebrates: developmental plasticity and heterochrony. *Kirtlandia,* Cleveland Museum of Natural History, Cleveland, OH.

Longair, M. S. 2006. *The Cosmic Century.* Cambridge University Press, Cambridge, United Kingdom.

Loomis, W. F., 1988. *Four Billion Years: An Essay on the Evolution of Genes and Organisms.* Sinauer Associates, Sunderland, MA.

Lopez-Vaamonde, C., N. Wikström, C. Labandeira, H. C. J. Godfray, et al., 2006. Fossil-calibrated molecular phylogenies reveal that leaf-mining moths radiated millions of years after their host plants. *J. Evol. Biol.,* **19,** 1314–1326.

Losos, J. B., T. R. Jackman, A. Larson, K. de Queiroz, and L. Rodriguez-Schettino, 1998. Contingency and determinism in replicated adaptive radiations of island lizards. *Science,* **279,** 2115–2118.

Louis, L. A., and R. M. McCourt, 2004. Green algae and the origin of land plants. *Am. J. Bot.,* **9,** 1535–1556.

Lovejoy, A. O., 1936. *The Great Chain of Being.* Harvard University Press, Cambridge, MA.

Lovejoy, C. O., 1981. The origin of man. *Science,* **211,** 341–350.

Lovejoy, C. O., 1988. The evolution of human walking. *Sci. Am.,* **259,** 118–125.

Lucchesi, J. C., 1994. The evolution of heteromorphic sex chromosomes. *BioEssays,* **16,** 81–83.

Lucchesi, J. C., 1998. Dosage compensation in flies and worms: The ups and downs of X-chromosome regulation. *Curr. Opin. Genet. Dev.,* **8,** 179–184.

Lutz, P. E., 1986. *Invertebrate Zoology.* Addison-Wesley, Reading, MA.

Lyell, C., 1830. *Principles of Geology, Being an Attempt to Explain the Former Changes of the Earth's Surface by References to Causes Now in Operation.* J. Murray, London. [Many subsequent editions, for example (i), 1990, with an introduction by M. J. S. Rudwick, University of Chicago Press, 3 volumes; (ii), 1997, edited with an introduction by J. A. Secord, Penguin Books].

Lynch, M., and B. Walsh, 1998. *Genetics and Analysis of Quantitative Traits.* Sinauer Associates, Sunderland, MA.

Lynch, V. J., and G. P. Wagner, 2006. The birth of the uterus. *Nat. Hist.,* **114,** 36–41.

M

Mable, B. K., and S. P. Otto, 1998. The evolution of lifecycles with haploid and diploid phases. *BioEssays,* **20,** 453–462.

MacFadden, B. J., 1992. *Fossil Horses: Systematics, Paleobiology, and Evolution of the Family Equidae.* Cambridge University Press, Cambridge, England.

MacFadden, B. J., N. Solounias, and T. E. Cerling, 1999. Ancient diets, ecology and extinction of 5-million-year-old horses from Florida. *Science,* **283,** 824–827.

Mackay, T. F. C., 1996. The nature of quantitative genetic variation revisited: Lessons from *Drosophila* bristles. *BioEssays,* **18,** 113–121.

Mackay, T. F. C., 2004. The genetic architecture of quantitative traits: lessons from *Drosophila. Curr. Opin. Genet. Dev.,* **14,** 253–257.

Mackay, T. F. C., and R. F. Lyman, 2005. *Drosophila* bristles and the nature of quantitative genetic variation. *Proc. Roy. Soc. Lond. (B),* **360,** 1513–1527.

Macleod, N., 2004. The extinction of all life and the sublime attraction of neocatastrophism. *Palaeont. Assoc. Newsl.,* **54,** 49–64.

Maienschein, J., 2003. *Whose View of Life? Embryos, Cloning, and Stem Cells,* Harvard University Press, Cambridge, MA.

Maisey, J. G., 1996. *Discovering Fossil Fish.* Henry Holt and Co., New York.

Maizels, N., and A. M. Weiner, 1994. Phylogeny from function: Evidence from the molecular fossil record that tRNA originated in replication, not translation. *Proc. Natl. Acad. Sci. USA,* **91,** 6729–6734.

Majerus, M. E. N., 1998. *Melanism: Evolution in Action.* Oxford University Press, Oxford, England.

Maley, L. E., and C. R. Marshall, 1998. The coming age of molecular systematics. *Science,* **279,** 505–506.

Mallatt, J., J.-Y. Chen, and N. D. Holland, 2003. Comment on "A new species of *Yunnanozoan* with implications for deuterostome evolution." *Science,* **300,** 1372c.

Malthus, T. R., 1798. An Essay on the Principle of Population. Reprinted in *A Norton Critical Edition. Darwin: Texts, Commentary,* 3rd ed, Selected and Edited by Philip Appleman, 2001. W. W. Norton & Company, New York, pp. 39–40.

Mann, W. M. 1938. Monkey folk. *Nat. Geograph.,* **73,** 615–655.

Manton, S. M., 1977. *The Arthropoda: Habits, Functional Morphology, and Evolution.* Clarendon Press, Oxford, England.

Marden, J. H., and M. G. Kramer, 1994. Surface-skimming stoneflies: A possible intermediate stage in insect flight evolution. *Science,* **266,** 427–430.

Marelli, A. J., A. A. Mackie, R. Ionescu-Ittu, E. Rahme, and L. Pilote, 2007. Congenital heart disease in the general population: Changing prevalence and age distribution. *Circulation,* **115,** 163–172.

Margulis, L., 1993. *Symbiosis in Cell Evolution: Microbial Communities in the Archean and Proterozoic Eons,* 2nd ed. Freeman, New York.

Margulis, L., 1998. *Symbiotic Planet: A New Look at Evolution.* Basic Books, New York.

Margulis, L., M. Chapman, R. Guerrero, and J. Hall, 2006. The last eukaryotic common ancestor (LECA): Acquisition of cytoskeletal motility from aerotolerant spirochetes in the Proterozoic Eon. *Proc. Natl. Acad. Sci. USA,* **103,** 13080–13085.

Margulis, L., and K. V. Schwartz, 1998. *Five Kingdoms. An Illustrated Guide to the Phyla of Life on Earth,* 3rd ed. W. H. Freeman and Co., New York. [1st edition, 1982].

Martin, R. D., 1990. *Primate Origins and Evolution: A Phylogenetic Reconstruction.* Chapman & Hall, London.

Martin, R. D., A. M. MacLarnon, J. L. Phillips, and W. B. Dobyns, 2006. Flores hominid: new species of microcephalic dwarf? *Anat. Rec. Part A* **288A,** 1123–1145.

Martin, T. E., 1996. Fitness costs of resource overlap among coexisting bird species. *Nature,* **380,** 338–340.

Martin, T. E., P. R. Martin, C. R. Olson, B. J. Heidinger, and J. J. Fontaine, 2000. Parental care and clutch sizes in North and South American birds. *Science,* **287,** 1482–1485.

Martin, W., H. Brinkmann, C. Savonna, and R. Cerff, 1993. Evidence for a chimeric nature of nuclear genomes: Eubacterial origin of eukaryotic glyceraldehyde-3-phosphate dehydrogenase genes. *Proc. Natl. Acad. Sci. USA,* **90,** 8692–8696.

Martin, W., and M. Müller, 1998. The hydrogen hypothesis for the first eukaryote. *Nature,* **392,** 37–41.

Martindale, M. Q., J. R. Finnerty, and J. Q. Henry, 2002. The Radiata and the evolutionary origins of the bilaterian body plan. *Mol. Phylogenet. Evol.,* **24,** 358–365.

Martindale, M. Q., and J. Q. Henry, 1999. Intracellular fate mapping in a basal metazoan, the ctenophore *Mnemiopsis leidyi,* reveals the origins of mesoderm and the existence of indeterminate cell lineages. *Dev. Biol.,* **214,** 243–257.

Martindale, M. Q., and M. J. Kourakis, 1999. Size doesn't matter. *Nature,* **399,** 730–731.

Martindale, M. Q., K. Pang, and J. R. Finnerty, 2004. Investigating the origins of triploblasty: 'mesodermal' gene expression in a diploblastic animal, the sea anemone *Nematostella vectensis* (phylum, Cnidaria; class, Anthozoa). *Development,* **131,** 2463–2474.

Martinez, P., J. P. Rast, C. Arena-Mena, and E. H. Davidson, 1999. Organization of an echinoderm Hox gene cluster. *Proc. Natl. Acad. Sci. USA,* **96,** 1469–1474.

Matsunaga, E., and S. Itoh, 1958. Blood groups and fertility in a Japanese population, with special reference to intrauterine selection due to maternal-fetal incompatibility. *Ann. Hum. Genet.,* **22,** 111–131.

Mattick, J., 1994. Intron evolution and function. *Curr. Opin. Genet. Dev.,* **4,** 823–831.

Matus, D. Q., K. Pang, H. Marlow, C. W. Dunn, et al., 2006. Molecular evidence for deep evolutionary roots of bilaterality in animal development. *Proc. Natl. Acad. Sci. USA,* **103,** 11195–11200.

Mauseth, J. D., 1998. *Botany: An Introduction to Plant Biology,* 2nd ed. Jones and Bartlett, Sudbury, MA.

May, R. M., 1987. More evolution of cooperation. *Nature,* **327,** 15–17.

Maynard Smith, J., 1978. *The Evolution of Sex.* Cambridge University Press, Cambridge, England.

Maynard Smith, J., 1982. *Evolution and the Theory of Games.* Cambridge University Press, Cambridge, England.

Maynard Smith, J., 1983. Game theory and the evolution of cooperation. In *Evolution from Molecules to Man,* D. S. Bendall (ed.). Cambridge University Press, Cambridge, England, pp. 445–456.

Maynard Smith, J., 1988a. The evolution of recombination. In *The Evolution of Sex,* R. E. Michod and B. R. Levin (eds.). Sinauer Associates, Sunderland, MA, pp. 106–125.

Maynard Smith, J., 1988b. *Toward a New Philosophy of Biology. Observations of an Evolutionist.* The Belknap Press of Harvard University Press, Cambridge, MA.

Maynard Smith, J., 1998. *Evolutionary Genetics.* Second edition. Oxford University Press, Oxford, England.

Maynard Smith, J., and E. Szathmáry, 1995. *The Major Transitions in Evolution.* Freeman, Oxford, England.

Mayr, E., 1942. *Systematics and the Origin of Species.* Columbia University Press, New York.

Mayr, E., 1963. *Animal Species and Evolution.* Harvard University Press, Cambridge, MA.

Mayr, E., 1969a. *Principles of Systematic Zoology.* McGraw-Hill, New York.

Mayr, E., 1969b. The biological meaning of species. *Biol. J. Linn. Soc.,* **1,** 311–320.

Mayr, E., 1981. Biological classification: Toward a synthesis of methodologies. *Science,* **214,** 510–516.

Mayr, E., 1982. *The Growth of Biological Thought. Diversity, Evolution, and Inheritance.* Harvard University Press, Cambridge, MA.

Mayr, E., 1983. How to carry out the adaptationist program. *Am. Nat.,* **121,** 324–334.

Mayr, E., 1987. The ethological status of species: Scientific progress and philosophical terminology. *Biol. Philos.,* **2,** 145–166.

Mayr, E., 1988. *Toward a New Philosophy of Biology. Observations of an Evolutionist.* The Belknap Press of Harvard University Press, Cambridge, MA.

Mayr, E., 1995. Systems of ordering data. *Biol. Philos.,* **10,** 419–434.

Mayr, E., 2001. *What Evolution Is.* With a Foreword by Jared Diamond. Basic Books, New York.

Mayr, E., 2005. Foreword. In *Variation: A central Concept in Biology,* B. Hallgrímsson and B. K. Hall (eds.). Elsevier/Academic Press, Burlington, MA, pp. xvii.

Mazet, F., and S. M. Shimeld, 2005. Molecular evidence from ascidians for the evolutionary origin of vertebrate cranial sensory placodes. *J. Exp. Zool. (Mol. Dev. Evol.),* **304B,** 340–346.

McCarthy, B. J., and M. N. Farquhar, 1972. The rate of change of DNA in evolution. *Brookhaven Symp. Biol.,* **23,** 1–41.

McCauley, D. W., and M. Bronner-Fraser, 2006. Importance of SoxE in neural crest development and the evolution of the pharynx. *Nature,* **441,** 750–752.

McClintock, B., 1950. The origin and behavior of mutable loci in maize. *Proc. Natl. Acad. Sci. USA,* **36,** 344–355.

McClintock, B., 1961. Some parallels between gene control systems in maize and in bacteria. *Am. Nat.* **95,** 265–277.

McClure, M. A., T. K. Vasi, and W. M. Fitch, 1994. Comparative analysis of multiple protein-sequence alignment methods. *Mol. Biol. Evol.,* **11,** 571–592.

McCollum, M. A., 1999. The robust australopithecine face: A morphogenetic perspective. *Science,* **284,** 301–305.

McGinnis, W., M. S. Levine, E. Hafen, A. Kuroiwa, and W. J. Gehring, 1984. A conserved DNA sequence in homeotic genes of the *Drosophila antennapedia* and *bithorax* complexes. *Nature,* **308,** 428–433.

McHenry, H. M., 1994. Tempo and mode in human evolution. *Proc. Natl. Acad. Sci. USA,* **91,** 6780–6786.

McKinney, M. L., and K. J. McNamara, 1991. *Heterochrony: The Evolution of Ontogeny.* Plenum Press, New York.

McNab, B. K., 2002. *The Physiological Ecology of Vertebrates: A View from Energetics.* Comstock Publishing Associates of Cornell University Press, Ithaca, NY.

McOuat, G., 1996. Species, Rules, and Meaning: The politics of language and the ends of definitions in nineteenth-century natural history. *Stud. Hist. Philos. Sci.,* **27,** 473–519.

McOuat, G., 2001. From cutting nature at its joints to measuring it: New kinds and new kinds of people in biology. *Stud. Hist. Philos. Sci.,* **32,** 613–645.

McShea, D. W., 2005. A universal generative tendency toward increased organismal complexity. In *Variation. A Central Concept in Biology,* B. Hallgrímsson and B. K. Hall (eds.). Elsevier/Academic Press, New York, pp. 435–453.

Medina, M., 2005. Genomes, phylogeny, and evolutionary systems biology. *Proc. Natl. Acad. Sci. USA,* **102** (Suppl 1), 6630–6635.

Mendel, G., 1866. *Versuch über Pflanzen-Hybriden.* (This is Mendel's classic paper, originally published in the *Proceedings of the Brünn Natural History Society.* It has been translated into English and reprinted under the title *Experiments in Plant Hybridization.*)

Mendelson, C. V., 1993. Acritarchs and prasinophytes. In *Fossil Prokaryotes and Protists,* J. H. Lipps (ed.). Blackwell Scientific, Boston, pp. 77–104.

Metschnikoff, E., 1884. Researches on the intracellular digestion of invertebrates. *Q. J. Microscop. Sci.,* **24,** 89–111.

Meyer, A., 1990. Ecological and evolutionary consequences of the trophic polymorphism in *Cichlasoma citrinellum* (Pisces: Cichlidae). *Biol. J. Linn. Soc.,* **39,** 279–299.

Meyer, A., T. D. Kocher, P. Basasibwaki, and A. C. Wilson, 1990. Monophyletic origin of Lake Victoria cichlid fishes suggested by mitochondrial DNA sequences. *Nature,* **347,** 550–553.

Miao, D., 1991. On the origins of mammals. In *Origins of the Higher Groups of Tetrapods,* H.-P. Schultze and L. Trueb (eds.). Cornell University Press, Ithaca, New York, pp. 579–597.

Michener, C. D., 1970. Diverse approaches to systematics. *Evol. Biol.,* **4,** 1–38.

Michener, C. D., 1977. Discordant evolution and the classification of allodapine bees. *Syst. Zool.,* **26,** 32–56.

Michod, R. E., and B. R. Levin (eds.), 1988. *The Evolution of Sex.* Sinauer Associates, Sunderland, MA.

Miele, E. A., D. R. Mills, and F. R. Kramer, 1983. Autocatalytic replication of a recombinant RNA. *J. Mol. Biol.,* **171,** 281–295.

Milkman, R. D., 1973. Electrophoretic variation in *Escherichia coli* from natural sources. *Science,* **182,** 1024–1026.

Millar, R., 1998. *The Piltdown Mystery: The Story Behind the World's Greatest Archaeological Hoax.* S. B. Publications, Seaford, East Sussex.

Miller, E. R., G. F. Gunnell, and R. D. Martin, 2005. Deep time and the search for anthropoid origins. *Am. J. Phys. Anthropol. Suppl.,* **41,** 60–95.

Miller, J. R., 1990. *X-Linked Traits: A Catalog of Loci in Nonhuman Animals.* Cambridge University Press, Cambridge, England.

Miller, S. L., 1953. A production of amino acids under possible primitive Earth conditions. *Science,* **117,** 528–529.

Miller, S. L., 1992. The prebiotic synthesis of organic compounds as a step toward the origin of life. In *Major Events in the History of Life,* J. W. Schopf (ed.). Jones and Bartlett, Boston, pp. 1–28.

Miller, S. L., and L. E. Orgel, 1974. *The Origins of Life on the Earth.* Prentice Hall, Englewood Cliffs, NJ.

Mills, D. R., F. R. Kramer, and S. Spiegelman, 1973. Complete nucleotide sequence of a replicating RNA molecule. *Science,* **180,** 916–927.

Milner, R., 1990. *The Encyclopedia of Evolution: Humanity's Search for Its Origins.* Facts On File, New York.

Milsom, C., and S. Rigby, 2003. *Fossils at a Glance.* Blackwell Science, Oxford, England.

Mindell, D. P., 2006. *The Evolving World: Evolution in Everyday Life.* Harvard University Press, Cambridge, MA.

Minelli, A., 1993. *Biological Systematics: The State of the Art.* Chapman & Hall, London.

Mirsky, A. E., and H. Ris, 1951. The deoxyribonucleic acid content of animal cells and its evolutionary significance. *J. Gen. Physiol.,* **34,** 451–462.

Mita K., M. Kasahara, S. Sasaki, Y. Nagayasu, 2004. The genome sequence of silkworm, *Bombyx mori. DNA Res.,* **11,** 27–35.

Mitchell, S., 2003. *Biological Complexity and Integrative Pluralism.* Cambridge University Press, Cambridge, England.

Mithen, S., 2006. *The Singing Neanderthals: The Origins of Music, Language, Mind, and Body.* Harvard University Press, Cambridge, MA.

Mivart, St. G. J., 1871. *On The Genesis of Species.* Appleton, New York.

Mizuuchi, K., 1992. Transpositional recombination: Mechanistic insights from studies of Mm and other elements. *Ann. Rev. Biochem.,* **61,** 1011–1051.

Moen, D. S., 2006. Cope's rule in cryptodiran turtles: do the body sizes of extant species reflect a trend of phyletic size increase? *J. Evol. Biol.,* **19,** 1210–1221.

Møller, A. P., 1996. Sexual selection, viability selection and developmental stability in the domestic fly *Musca domestica. Evolution,* **50,** 746–752.

Møller, A. P., and T. Szép, 2005. Rapid evolutionary change in a secondary sexual character linked to climate change. *J. Evol. Biol.,* **18,** 481–495.

Monnard, P.-A, C. L. Apel, A. Kanavarioti, and D. W. Deamer, 2002. Influence of ionic solutes on self-assembly and polymerization processes related to early forms of life: Implications for a prebiotic aqueous medium. *Astrobiology* **2,** 213–219.

Monod, J., 1971. *Chance and Necessity.* Knopf, New York.

Moore, J. A., 1949. Patterns of evolution in the genus *Rana.* In *Genetics, Paleontology, and Evolution,* G. L. Jepsen, E. Mayr, and G. G. Simpson (eds.). Princeton University Press, Princeton, NJ, pp. 315–355.

Moore, K. L., and T. V. N. Persaud, 2003. *The Developing Human,* 7th ed. *Clinically Oriented Embryology.* Saunders/Elsevier, New York.

Morden, C. W., and A. R. Sherwood, 2002. Continued evolutionary surprises among dinoflagellates. *Proc. Natl. Acad. Sci. USA,* **99,** 11558–11560.

Moriyama, E. N., and J. R. Powell, 1996. Intraspecific nuclear DNA variation in *Drosophila. Mol. Biol. Evol.,* **13,** 261–277.

Morowitz, H. J., 1992. *Beginning of Cellular Life: Metabolism Recapitulates Biogenesis.* Yale University Press, New Haven, CT.

Morowitz, H. J., 2002. *The Emergence of Everything: How the World Became Complex.* Oxford University Press, New York.

Morton, L. E., 2005. Linkage disequilibrium maps and association mapping. *J. Clin. Invest.* **115,** 1425–1430.

Mountain, J. L., 1998. Molecular evolution and modern human origins. *Evol. Anthropol.,* **7,** 21–37.

Mountain, J. L., A. A. Lin, A. M. Bowcock, and L. L. Cavalli-Sforza, 1992. Evolution of modern humans: Evidence from nuclear polymorphisms. *Phil. Trans. Roy. Soc. London (Biol.),* **337,** 159–165.

Moya, A., A. Galiana, and F. J. Ayala, 1995. Founder-effect speciation theory: Failure of experimental corroboration. *Proc. Natl. Acad. Sci. USA,* **92,** 3983–3986.

Muchhala, N., 2006. Nectar bat stows huge tongue in its rib cage. *Nature,* **444,** 701–702.

Mueller, L. D., P. Guo, and F. J. Ayala, 1991. Density-dependent natural selection and trade-offs in life history traits. *Science,* **253,** 433–435.

Mulkidjanian, A. Y., E. V. Koonin, K. S. Makarova, S. L. Mekhedov, et al., 2006. The cyanobacterial genome core and the origin of photosynthesis. *Proc. Natl. Acad. Sci. USA,* **103,** 13126–13131.

Müller, G. B., J. Streicher, and R. J. Müller, 1996. Homeotic duplication of the pelvic body segment in regenerating tadpole tails induced by retinoic acid. *Devel. Genet. Evol.,* **206,** 344–348.

Muller, H. J., 1932. Some genetic aspects of sex. *Amer. Nat.,* **66,** 118–138.

Müller, J., and R. R. Reisz, 2005. Four well-constrained calibration points from the vertebrate fossil record for molecular clock estimates. *BioEssays,* **27,** 1069–1075.

Müller-Wille, S., 2003. Nature as a marketplace: The political economy of Linnaean botany. *Hist. Polit. Econ.* **35** (Suppl.), 154–172.

Mullis, K. B., F. Ferré, and R. A. Gibbs (eds.), 1994. *PCR: The Polymerase Chain Reaction.* Birkhäuser, Boston.

Murdin, P., (ed.), 2001. *Encyclopedia of Astronomy and Astrophysics* (Vols. 1–4). Institute of Physics, Bristol; Nature, London.

Murray, P. F., and P. Vickers-Rich, 2004. *Magnificent Mihirungs. The Colossal Flightless Birds of the Australian Dreamtime.* Indiana University Press, Bloomington, IN.

N

Nadeau, J. H., and D. Sankoff, 1997. Comparable rates of gene loss and functional divergence after genome duplications early in vertebrate evolution. *Genetics,* **147,** 1259–1266.

Nahigian, K. E., 1997. Impressions: An evening with Dr. Hugh Ross. *NCSE Reports,* **17,** 27–29.

Narbonne, G. M., 2004. Modular construction of early Ediacaran complex life forms. *Science,* **305,** 1141–1144.

Narbonne, G. M. and J. G. Gehling, 2003. Life after Snowball: the oldest complex Ediacaran fossils. *Geology,* **31,** 27–30.

Narlikar, J. V., 2002. *Introduction to Cosmology,* 3rd ed. Cambridge University Press, New York.

Neal, H. V., and H. W. Rand, 1939. *Comparative Anatomy.* Blakiston, Philadelphia, PA.

Nedelcu, A. M., T. Borza, and R. W. Lee, 2006. A land plant-specific multigene family in the unicellular *Mesostigma* argues for its close relationship to Streptophyta. *Mol. Biol. Evol.,* **23,** 1011–1015.

Nei, M., 1987. *Molecular Evolutionary Genetics.* Columbia University Press, New York.

Nei, M., 2005. Selectionism and neutralism in molecular evolution. *Mol. Biol. Evol.,* **22,** 2318–2342.

Nei, M., and A. K. Roychoudhury, 1993. Evolutionary relationships of human populations on a global scale. *Mol. Biol. Evol.,* **10,** 927–943.

Neidert, A. H., V. Virupannavar, G. W. Hooker, and J. A. Langeland, 2001. Lamprey *Dlx* genes and early vertebrate evolution. *Proc. Natl. Acad. Sci. USA,* **98,** 1665–1670.

Neisser, U., (ed.), 1998. *The Rising Curve: Long-Term Gains in IQ and Related Measures.* American Psychological Association, Washington, DC.

Nelkin, D., 1982. *The Creation Controversy; Science or Scripture in the Schools.* Norton, New York.

Nevo, E., 1978. Genetic variation in natural populations: Patterns and theory. *Theor. Popul. Biol.,* **13,** 121–177.

Nevo, E., 1983. Population genetics and ecology. In *Evolution from Molecules to Men,* D. S. Bendall (ed.). Cambridge University Press, Cambridge, England, pp. 287–321.

Nevo, E., M. Filippucci, C. Redi, A. Korol, and A. Beiles, 1994. Chromosomal speciation and adaptive radiation of mole rats in Asia Minor correlated with increased ecological stress. *Proc. Natl. Acad. Sci. USA,* **91,** 8160–8164.

Newell, N. D., 1959. The nature of fossil record. *Proc. Am. Phil. Soc.,* **103,** 264–285.

Newman, S. A., 2003. Hierarchy. In *Keywords and Concepts in Evolutionary Developmental Biology,* B. K. Hall and W. M. Olson (eds.). Harvard University Press, Cambridge, MA, pp. 169–174.

Ngai, J., M. M. Dowling, L. Buck, R. Axel, and A. Chess, 1993. The family of genes encoding odorant receptors in channel catfish. *Cell,* **72,** 657–666.

Nichols, S. A., W. Dirks, J. S. Pearse, and N. King, 2006. Early evolution of animal cell signalling and adhesion genes. *Proc. Natl. Acad. Sci. USA,* **103,** 12451–12456.

Nielsen, C., 2001. *Animal Evolution: Interrelationships of the Living Phyla,* 2nd ed. Oxford University Press, Oxford, England.

Nielsen, C., 2003. Proposing a solution to the Articulata-Ecdysozoa controversy. *Zool. Scripta,* **32,** 475–482.

Nijhout, H. F., and D. J. Emlen, 1998. Competition among body parts in the development and evolution of insect morphology. *Proc. Natl. Acad. Sci. USA,* **95,** 3685–3689.

Niklas, K. J., 1997. *The Evolutionary Biology of Plants.* University of Chicago Press, Chicago.

Niklas, K. J., 2003. Evolution of plant body plans and allometry. In *Keywords and Concepts in Evolutionary Developmental Biology,* B. K. Hall and W. M. Olson (eds.). Harvard University Press, Cambridge, MA. pp. 124–132.

Niklas, K. J., 2004. The cell walls that bind the tree of life. *BioScience,* **54,** 831–841.

Nilsson, D.-E., 1996. Eye ancestry: Old genes for new eyes. *Curr. Biol.,* **6,** 39–42.

Nilsson, D.-E., and S. Pelger, 1994. A pessimistic estimate of the time required for an eye to evolve. *Proc. R. Soc. Lond. (B),* **256,** 53–58.

Nilsson, L. A., 1998. Deep flowers for long tongues. *Trends Ecol. Evol.,* **13,** 259–260.

Nomura, M., 1973. Assembly of bacterial ribosomes. *Science,* **179,** 864–873.

Noor, M. A., 1995. Speciation driven by natural selection in *Drosophila. Nature,* **375,** 674–675.

Northcutt, R. G., 2001. Changing views on brain evolution. *Brain Res. Bull.,* **55,** 663–674.

Northcutt, R. G., 2004. Taste buds: Development and evolution. *Brain Behav. Evol.,* **64,** 198–206.

Northcutt, R. G., 2005. The new head hypothesis revisited. *J. Exp. Zool. (Mol. Devel. Evol.),* **304B,** 274–297.

Northcutt, R. G., and C. Gans, 1983. The genesis of neural crest and epidermal placodes: A reinterpretation of vertebrate origins. *Q. Rev. Biol.,* **58,** 1–28.

Northcutt, R. G., and M. S. Northcutt, (eds.), 2004. *The Development of Vertebrate Sensory Organs.* Special issue of *Brain, Behaviour and Evolution* **66**(3); S. Karger AG, Basel, Switzerland.

Norton, O. R., 2002. *The Cambridge Encyclopedia of Meteorites.* Cambridge University Press, Cambridge, England.

Novacek, M. J., A. R. Wyss, and M. C. McKenna, 1988. The major groups of eutherian mammals. In *The Phylogeny and Classification of the Tetrapods,* vol. 2, M. J. Benton (ed.). Oxford University Press, Oxford, England, pp. 31–71.

Nowak, M. A., 2006. *Evolutionary Dynamics.* Harvard University Press, Cambridge, MA.

Nowak, M. A., and K. Sigmund, 1998. Evolution of indirect reciprocity by image scoring. *Nature,* **393,** 573–577.

Nowak, M. A., and K. Sigmund, 2005. Evolution of indirect reciprocity. *Nature,* **437,** 1291–1298.

Nowak, R., 1994. Mining treasures from junk DNA. *Science,* **263,** 608–610.

Nuismer, S. L., J. N. Thompson, and R. Gomulkiewicz, 2003. Coevolution between hosts and parasites with partially overlapping geographic ranges. *J. Evol. Biol.,* **16,** 1337–1345.

Nyhart, L. K., 1995. *Biology Takes Form. Animal Morphology and the German Universities, 1800–1900.* The University of Chicago Press, Chicago.

O

Odling-Smee, F. J., K. N. Laland, and M. W. Feldman, 2003. *Niche Construction. The Neglected Process in Evolution.* Princeton University Press, Princeton, NJ.

Ogasawara, M., H. Wada, H. Peters, and N. Satoh, 1999. Developmental expression of *Pax1/9* genes in urochordate and hemichordate gills: Insight into function and evolution of the pharyngeal epithelium. *Development,* **126,** 2539–2550.

Ohno, S., 1970, 1979. *Major Sex Determining Genes.* Springer-Verlag, Berlin.

Ohno, S., 1996. The notion of the Cambrian pananimalia genome. *Proc. Natl. Acad. Sci. USA,* **93,** 8475–8478.

Oldroyd, D. R., 1980. *Darwinian Impacts: An Introduction to the Darwinian Revolution.* Open University Press, Milton Keynes, Oxford, England.

Omland, K. E., 1997. Correlated rates of molecular and morphological evolution. *Evolution,* **51,** 1381–1393.

Oparin, A. I., 1924. *Proiskhozhdenie Zhizny* (The Origin of Life). Moscovsky Robotschii, Moscow. (Original Russian edition of Oparin's theory; a revised edition was published in English in 1938, and reprinted 1953 by Dover Publications.)

Orgel, L. E., 2004. Prebiotic chemistry and the origin of the RNA world. *Crit. Rev. Biochem. Mol. Biol.,* **39,** 99–123.

Orgel, L. E., and F. H. C. Crick, 1980. Selfish DNA: The ultimate parasite. *Nature,* **284,** 604–607.

O'Riain, M. J., J. U. M. Jarvis, R. Alexander, R. Buffenstein, and C. Peeters, 2000. Morphological castes in a vertebrate. *Proc. Natl. Acad. Sci. USA,* **97,** 13194–13197.

Orme, C. D. L., D. L. J. Quicke, J. M. Cook, and A. Purvis, 2002. Body size does not predict species richness among the metazoan phyla. *J. Evol. Biol.,* **15,** 235–247.

Orr, H. A., 1997. Haldane's rule. *Ann. Rev. Ecol. Syst.,* **28,** 195–218.

Orr, H. A., and J. A. Coyne, 1992. The genetics of adaptation: A reassessment. *Am. Nat.,* **140,** 725–742.

Orzack, S. H., and E. Sober (eds.), 2001. *Adaptation and Optimality.* Cambridge University Press, Cambridge.

Osawa, S., 1995. *Evolution of the Genetic Code.* Oxford University Press, Oxford, England.

Osborne, K. A., A. Robichon, and E. Burgess, 1997. Natural behavior polymorphism due to a cGMP-dependent protein kinase of *Drosophila. Science,* **277,** 834–836.

Ospovat, D., 1981. *The Development of Darwin's Theory: Natural History, Natural Theology, and Natural Selection, 1838–1859.* Cambridge University Press, Cambridge, England.

Ostrom, J. H., 1974. *Archaeopteryx* and the origin of flight. *Q. Rev. Biol.,* **49,** 27–47.

Ostrom, J. H., 1991. The question of the origin of birds. In *Origins of the Higher Groups of Tetrapods: Controversy and Consensus.* H.-P. Schultze and L. Trueb (eds.). Cornell University Press, Ithaca, New York, pp. 467–484.

Owen, R., 1848. *On the Archetype and Homologies of the Vertebrate Skeleton.* Voorst, London.

Owen, R., 1849. *On the Nature of Limbs.* J. van Voorst, London. [To be reissued Fall 2007, ed. Ronald Amundson, with introductory essays and Foreword by B. K. Hall. The University of Chicago Press, Chicago.]

P

Pääbo, S., 1993. Ancient DNA. *Sci. Am.,* **269,** 86–92.

Pääbo, S., 2003. The mosaic that is our genome. *Nature,* **421,** 409–412.

Pace, N, 2006. Time for a change. *Nature,* **441,** 289.

Padian, K., 1985. The origins and aerodynamics of flight in extinct vertebrates. *Paleontology,* **28,** 413–433.

Padian, K., and L. M. Chiappe, 1998. The origin of birds and their flight. *Sci. Am.,* **278,** 38–47.

Pagel, M., (ed. in chief), 2002. *Encyclopedia of Evolution,* 2 vols. Oxford University Press, New York.

Paland, S., and M. Lynch, 2006. Transitions to asexuality result in excess amino acid substitutions. *Science,* **311,** 990–992.

Palmer, J. D., 2003. The symbiotic birth and spread of plasmids: how many times and whodunit? *J. Phycol.,* **39,** 4–11.

Panchen, A. L., 1992. *Classification, Evolution, and the Nature of Biology.* Cambridge University Press, Cambridge, England.

Panganiban, G., S. M. Irvine, C. Lowe, H. Roehl, et al., 1997. The origin and evolution of animal appendages. *Proc. Natl. Acad. Sci. USA,* **94,** 5162–5166.

Parker, G., 1980. *Creation: The Facts of Life.* Creation-Life Publishers, San Diego, CA.

Parker, S. T., 1990. Why big brains are so rare: Energy costs of intelligence and brain size in anthropoid primates. In *"Language" and Intelligence in Monkeys and Apes,* S. T. Parker and K. R. Gibson (eds.). Cambridge University Press, Cambridge, England, pp. 129–154.

Parker, W. K. 1890. On the skull of *Tarsipes rostratus. Stud. Mus. Zool. Univ. Coll. Dundee,* 79–83 + plate.

Parkhurst, S. M., and P. M. Meneely, 1994. Sex determination and dosage compensation: Lessons from flies and worms. *Science,* **264,** 924–932.

Parra, E., A. Marcini, J. Akey, J., J. Martinson, et al., 1998. Estimating African-American admixture proportions by use of population-specific alleles. *Am. J. Hum. Genet.* **63,** 1839–1851.

Paterson, H. E. H., 1985. The recognition concept of species. In *Species and Speciation,* E. Vrba (ed.). Transvaal Museum Monograph 4. Pretoria, South Africa, pp. 21–29.

Patterson, N., D. J. Richter, S. Gnerre, E. S. Lander, and D. Reich, 2006. Genetic evidence for complex speciation of humans and chimpanzees. *Nature,* **441,** 1103–1108.

Pawlowski, J., J.-I. Montoya-Burgos, J. F. Fahrni, J. Wüest, and L. Zaninetti, 1996. Origin of the Mesozoa inferred from 18*S* rRNA gene sequences. *Mol. Biol. Evol.,* **13,** 1128–1132.

Peck, J. R., 1994. A ruby in the rubbish: Beneficial mutations, deleterious mutations and the evolution of sex. *Genetics,* **137,** 597–606.

Peichel, C. L., K. S. Nereng, K. A. Ohgi, B. L. E. Cole, et al., 2001. The genetic architecture of divergence between threespine stickleback species. *Nature* **414,** 901–905.

Peleg, G., G. Katzir, O. Peleg, M. Kamara, et al., 2006. Heredity family signature of facial expression. *Proc. Natl. Acad. Sci. USA,* **103,** 15921–15926.

Pendleton, J. W., B. K. Nagai, M. T. Murtha, and F. H. Ruddle, 1993. Expansion of the Hox gene family and the evolution of chordates. *Proc. Natl. Acad. Sci. USA,* **90,** 6300–6304.

Pennisi, E., 1998. Genome data shake the tree of life. *Science,* **280,** 672–674.

Penny, D., 2005. An interpretive review of the origin of life research. *Biol. Philos.* **20,** 633–671.

Phillips, J., 1860. *Life on the Earth: Its Origin and Succession.* MacMillan and Co., Cambridge and London. [Reprint edition, 1980, Arno Press, New York.

Phillips, M. L., A. W. Young, C. Senior, M. Brammer, et al., 1997. A specific neural substrate for perceiving facial expressions of disgust. *Nature,* **389,** 495–498.

Pianka, E. R., 1988. *Evolutionary Ecology,* 4th ed. Harper & Row, New York.

Piatagorsky, J., and G. J. Wistow, 1989. Enzyme/crystallins: Gene sharing as an evolutionary strategy. *Cell,* **57,** 197–199.

Pickstone, J. V., 2001. *Ways of Knowing. A New History of Science, Technology and Medicine.* The University of Chicago Press, Chicago.

Pigliucci, M., 2001. *Phenotypic Plasticity: Beyond Nature and Nurture.* The Johns Hopkins University Press, Baltimore and London.

Pigliucci, M., 2002. *Denying Evolution: Creationism, Scientism and the Nature of Science.* Sinauer Associates Inc., Sunderland, MA.

Pigliucci, M., and K. Preston (eds.), 2004. *Phenotypic Integration: Studying the Ecology and Evolution of Complex Phenotypes.* Oxford University Press, Oxford, England.

Pimm, S. L., G. J. Russell, J. L. Gittleman, and T. M. Brooks, 1995. The future of biodiversity. *Science,* **269,** 347–350.

Plavcan, J. M., R. F. Kay, W. J. Jungers, and C. P. van Schaik, 2002. *Reconstructing Behavior in the Primate Fossil Record.* Kluwer Academic/Plenum Publishers, New York.

Pollard, K. S., S. R. Salama, N. Lambert, M. A. Lambot, et al., 2006. An RNA gene expressed during cortical development evolved rapidly in humans *Nature,* **443,** 167–172.

Polly, P. D., 2007. Limbs in mammalian evolution. In *Fins into Limbs: Evolution, Development and Transformation,* B. K. Hall (ed.). The University of Chicago Press, Chicago, pp. 245–268.

Portmann, A., 1990. *A Biologist Looks at Humankind.* (Translated from an earlier German edition by J. Schaefer.) Columbia University Press, New York.

Potts, R., 1992. The hominid way of life. In *The Cambridge Encyclopedia of Human Evolution,* S. Jones, R. Martin, and D. Pilbeam (eds.). Cambridge University Press, Cambridge, England, pp. 325–334.

Pough, F. H., C. M. Janis, and J. B. Heiser, 2005. *Vertebrate Life.* 7th ed. Prentice Hall, Upper Saddle River, NJ.

Poulin, R., 2006. *Evolutionary Ecology of Parasites.* Second Edition. Princeton University Press, Princeton, NJ.

Prakash, S., R. C. Lewontin, and J. L. Hubby, 1969. A molecular approach to the study of genic heterozygosity in natural populations. IV. Patterns of genic variation in central, marginal and isolated populations of *Drosophila pseudoobscura. Genetics,* **61,** 841–858.

Premack, D., 1971. Language in the chimpanzee? *Science,* **172,** 808–822.

Provine, W. B., 1986. *Sewall Wright and Evolutionary Biology.* The University of Chicago Press, Chicago.

Prusiner, S. B., 1995. The prion diseases. *Sci. Am.,* **272,** 48–57.

Ptashne, M., 1992. *A Genetic Switch: Phage λ and Higher Organisms.* Second Edition. Blackwell Scientific, Cambridge, MA.

Purugganan, M. D., and J. I. Suddith, 1998. Molecular population genetics of the *Arabidopsis* Cauliflower regulatory gene: Nonneutral evolution and naturally occurring variation in floral homeotic function. *Proc. Natl. Acad. Sci. USA,* **95,** 8130–8134.

Q

Qiu, Y.-L., L. Li, B. Wang, Z. Chen, et al., 2006. The deepest divergence in land plants inferred from phylogenetic evidence. *Proc. Natl. Acad. Sci. USA,* **103,**15511–15516.

Queller, D. C., J. E. Strassmann, and C. R. Bridges, 1993. Microsatellites and kinship. *Trends Ecol. Evol.,* **8,** 285–288.

Qumsiyeh, M. B., 1994. Evolution of number and morphology of mammalian chromosomes. *Heredity,* **85,** 455–465.

R

Raff, R. A., 1992. Direct-developing sea urchins and the evolutionary reorganization of early development. *BioEssays,* **14,** 211–218.

Raff, R. A., 1996. *The Shape of Life: Genes, Development, and the Evolution of Animal Form.* University of Chicago Press, Chicago.

Raff, R. A., G. A. Wray, and J. J. Henry, 1991. Implications of radical evolutionary changes in early development for concepts of developmental constraint. In *New Perspectives on Evolution,* L. Warren and H. Koprowski (eds.). Wiley, New York, pp. 189–207.

Ramsköld, L., and X.-G. Hou, 1991. New early Cambrian animal and onychophoran affinities of enigmatic metazoans. *Nature,* **351,** 225–228.

Rasmussen, A.-S., and U. Arnason, 1999. Molecular studies suggest that cartilaginous fishes have a terminal position in the piscine tree. *Proc. Natl. Acad. Sci. USA,* **96,** 2177–2182.

Ratnieks, F. L. W., and P. K. Visscher, 1989. Worker policing in the honeybee. *Nature,* **342,** 796–797.

Raup, D. M., 1966. Geometric analysis of shell coiling: General problems. *J. Paleontol.,* **40,** 1178–1190.

Raup, D. M., 1991. *Extinction: Bad Genes or Bad Luck?* Norton, New York.

Raup, D. M., 1994. The role of extinction in evolution. *Proc. Natl. Acad. Sci. USA,* **91,** 6758–6763.

Raup, D. M., and J. J. Sepkoski, Jr., 1986. Periodic extinction of families and genera. *Science,* **231,** 833–835.

Ravasz, E., A. L. Somera, D. A. Mongru, Z. N. Oltvai, and A.-L. Barabási, 2002. Hierarchical organization of modularity in metabolic networks. *Science,* **297,** 1551–1555.

Ready, J. S., I. Sampaio, H. Schneider, C. Vinson, et al., 2006. Color forms of Amazonian cichlid fish represent reproductively isolated species. *J. Evol. Biol.,* **19,** 1139–1148.

Reeck, G. R., C. de Haen, D. C. Teller, R. F. Doolittle, et al., 1987. "Homology" in proteins and nucleic acids: a terminology muddle and a way out of it. *Cell,* **60,** 667.

Rees, M. J., 2000. *New Perspectives in Astrophysical Cosmology,* 2nd ed. Cambridge University Press, Cambridge, England.

Rees, M. J. 2001a. *Our Cosmic Habitat.* Princeton University Press, Princeton, NJ.

Rees, M. J. 2001b. *Before the Beginning.* Addison-Wesley, Reading, MA.

Regier, J. C., and J. W. Shultz, 1997. Molecular phylogeny of the major arthropod groups indicates polyphyly of crustaceans and a new hypothesis for the origin of hexapods. *Mol. Biol. Evol.,* **14,** 902–913.

Ren, D., 1998. Flower-associated *Brachycera* flies as fossil evidence for Jurassic angiosperm origins. *Science,* **280,** 85–88.

Rendel, J. M., 1967. *Canalization and Gene Control.* Logos Press, London.

Retallack, G. J., 1994. Were the Ediacaran fossils lichens? *Paleobiology,* **20,** 523–544.

Rey, M., S. Ohno, J. A. Pinter-Toro, A. Llobell, and T. Bentez, 1998. Unexpected homology between inducible cell wall protein QID74 of filamentous fungi and BR3 salivary protein of the insect *Chironomus. Proc. Natl. Acad. Sci. USA,* **95,** 6212–6216.

Reznick, D. N., F. H. Shaw, F. H. Rodd, and R. G. Shaw, 1997. Evaluation of the rate of evolution in natural populations of guppies (*Poecilia reticulata*). *Science,* **275,** 1934–1937.

Rice, W. R., 1994. Degeneration of a nonrecombining chromosome. *Science,* **263,** 230–232.

Rice, W. R., 1998. Male fitness increases when females are eliminated from gene pool: Implications for the Y chromosome. *Proc. Natl. Acad. Sci. USA,* **95,** 6217–6221.

Rice, W. R., and E. E. Hostert, 1993. Perspective: Laboratory experiments on speciation: What have we learned in forty years? *Evolution,* **47,** 1637–1653.

Richards, G. D, 2006. Genetic, physiologic and ecogeographic factors contributing to variation in *Homo sapiens: Homo floresiensis* reconsidered. *J. Evol. Biol.,* **19,** 1744–1767.

Richards, R. J., 1987. *Darwin and the Emergence of Evolutionary Theories of Mind and Behavior.* The University of Chicago Press, Chicago.

Richards, R. J., 1992. *The Meaning of Evolution: The Morphological Construction and Ideological Reconstruction of Darwin's Theory.* The University of Chicago Press, Chicago.

Ricklefs, R. E., and G. L. Miller, 2000. *Ecology,* 4th ed. W.H. Freeman, New York.

Ridley, M., 1996. *The Evolution of Virtue: Human Instincts and the Evolution of Cooperation.* Viking, New York.

Ridley, M., 2006. *Genome: The Autobiography of a Species in 23 Chapters.* Harper Perennial, New York.

Rieppel, O.,1984. Atomism, transformism, and the fossil record. *Zool. J. Linn. Soc.,* **82,** 17–32.

Rieseberg, L. H., 1997. Hybrid origins of plant species. *Ann. Rev. Ecol. Syst.,* **28,** 359–389.

Rieseberg, L. H., B. Sinervo, C. R. Linder, M. C. Ungerer, and D. M. Arias, 1996. Role of gene interactions in hybrid speciation: Evidence from ancient and experimental hybrids. *Science,* **272,** 741–745.

Riley, M. A., 1989. Nucleotide sequence of the Xdh region in *Drosophila pseudoobscura* and an analysis of the evolution of synonymous codons. *Mol. Biol. Evol.,* **6,** 33–52.

Riordan, M., and W. A. Zajc, 2006. The first few microseconds. *Sci. Am.,* **294,** 34A–41.

Roberts, J. M., 1985. *The Triumph of the West.* British Broadcasting Corporation, London.

Robinson, G. E., 1998. From society to genes with the honey bee. *Am. Sci.,* **86,** 456–462.

Robinson, J. T., 1972. *Early Hominid Posture and Locomotion.* University of Chicago Press, Chicago.

Rockwood, L. L., 2006. *Introduction to Population Ecology.* Blackwell, Malden, MA.

Roff, D. A., 1997. *Evolutionary Quantitative Genetics.* Chapman and Hall, New York.

Roger, A. J., S. G. Svärd, J. Tovar, C. G. Clark, et al., 1998. A mitochondrial-like chaperonin 60 gene in *Giardia lamblia*: Evidence that diplomonads once harbored an endosymbiont related to the progenitor of mitochondria. *Proc. Natl. Acad. Sci. USA,* **95,** 229–

234.

Rokas, A., B. L. Williams, N. King, and S. B. Carroll, 2003. Genome-scale approaches to resolving incongruence in molecular phylogeny. *Science,* **425,** 789–804.

Rokas, A., D. Krüger, and S. B. Carroll, 2005. Animal evolution and the molecular signature of radiations compressed in time. *Science,* **310,** 1933–1938.

Romanes, G. J., 1910. *Darwin, and After Darwin.* Vols I–III. Open Court, Chicago.

Romer, A. S., 1968. *The Procession of Life.* World Publishing, Cleveland.

Romer, A. S., and T. S. Parsons, 1977. *The Vertebrate Body,* 5th ed. Saunders, Philadelphia, PA.

Ronshaugen, M., N. McGinnis, and W. McGinnis, 2002. Hox protein mutation and macroevolution of the insect body plan. *Nature,* **415,** 914–917.

Rosa-Milinar, E., and M. B. Pritz (eds), 2004. *Hindbrain Evolution, Development, and Organization.* Special issue of *Brain, Behaviour and Evolution,* **66**(4). S. Karger AG, Basel, Switzerland.

Rose, M. R., 1994. *Evolutionary Biology of Aging,* revised ed. Oxford University Press, New York.

Rose, M. R., and L. D. Mueller, 2006. *Evolution and Ecology of the Organism.* Prentice-Hall, Upper Saddle River, NJ.

Rosenberg, K., and W. Trevathan, 1996. Bipedalism and human birth dilemma revisited. *Evol. Anthropol.,* **4,** 161–168.

Roughgarden, J., 1996. *Theory of Population Genetics and Evolutionary Ecology: An Introduction.* Prentice Hall, New York.

Rouse, G. W., S. K. Goffredi, and R. C. Vrijenhoek, 2005. *Osedax:* Bone-eating marine worms with dwarf males. *Science,* **305,** 668–671.

Roush, R., and D. R. McKenzie, 1987. Ecological genetics of insecticide and acaricide resistance. *Ann. Rev. Entomol.,* **32,** 361–380.

Rowlands, T., P. Baumann, and S. P. Jackson, 1994. The TATA-binding protein: A general transcription factor in eukaryotes and archaebacteria. *Science,* **264,** 1326–1329.

Rudwick, M. J. S., 1985. *The Meaning of Fossils. Episodes in the History of Palaeontology,* 2nd ed. The University of Chicago Press, Chicago.

Rudwick, M. J. S., 1995. *Scenes From Deep Time. Early Pictorial Representations of the Prehistoric World.* The University of Chicago Press, Chicago.

Rudwick, M. J. S., 2005. *Bursting the Limits of Time. The Reconstruction of Geohistory in the Age of Revolution.* The University of Chicago Press, Chicago.

Ruff, C. B., E. Trinkaus, and T. W. Holliday, 1997. Body mass and encephalization in Pleistocene *Homo. Nature,* **387,** 173–176.

Ruiz-Trillo, I., M. Riutort, D. T. J. Littlewood, E. A. Herniou, and J. Baguñà, 1999. Acoel flatworms: Earliest extant bilaterian metazoans, not members of Platyhelminthes. *Science,* **283,** 1919–1923.

Rumbaugh, D. M., 1977. *Language Learning by a Chimpanzee: The Lana Project.* Academic Press, New York.

Rundle, H. D., and D. Schluter, 1998. Reinforcement of stickleback mate preferences: Sympatry breeds contempt. *Evolution,* **52,** 200–208.

Ruppert, E. E., R. S. Fox, and R. D. Barnes, 2004. *Invertebrate Zoology: A Functional Evolutionary Approach,* 7th ed. Brooks Cole, Thomson Learning, Belmont, CA.

Ruse, M., 1979a. *The Darwinian Revolution.* The University of Chicago Press, Chicago.

Ruse, M., 1979b. *Sociobiology: Sense or Nonsense?* Reidel, Dordrecht, Netherlands.

Ruse, M., (ed.), 1987. *Biol. Philos.,* **2,** 127–225. (An issue devoted to species concepts.)

Ruse, M., 1988. *But Is It Science? The Philosophical Question in the Creation/Evolution Controversy.* Prometheus Books, Buffalo, NY.

Ruse, M., 1996. *From Monad to Man: The Concept of Progress in Evolutionary Biology.* Harvard University Press, Cambridge, MA.

Ruse, M., 2001. *The Evolution Wars: A Guide to the Debates.* Rutgers University Press, New Jersey and London.

Ruse, M., 2005. *The Evolution-Creation Struggle.* Harvard University Press, Cambridge, MA.

Russell, M., 2003. *Piltdown Man: The Secret Life of Charles Dawson and the World's Greatest Archaeological Hoax.* Tempus Publishing, Gloucestershire, England.

Russo, C. A. M., N. Takezaki, and M. Nei, 1996. Efficiencies of different genes and different tree-building methods in recovering a known vertebrate phylogeny. *Mol. Biol. Evol.,* **13,** 525–536.

Rutherford, S. L., and S. Lindquist, 1998. Hsp90 as a capacitor for morphological evolution. *Nature,* **396,** 336–342.

Ruvolo, M., S. Zehr, M. von Dornum, D. Pan, B. Chang, and J. Lin, 1993. Mitochondrial COII sequences and modern human origins. *Mol. Biol. Evol.,* **10,** 1115–1135.

S

Saccheri, I., M. Kuussaari, M. Kankare, P. Vikman, et al., 1998. Inbreeding and extinction in a butterfly metapopulation. *Nature,* **392,** 491–494.

Sáenz-de-Miera, L. E., and F. J. Ayala, 2004. Complex evolution of orthologous and paralogous decarboxylase genes. *J. Evol. Biol.,* **17,** 55–66.

Sander, P. M., O. Mateus, T. Laven, and N. Knötschke, 2006. Bone histology indicates insular dwarfism in a new Late Jurassic sauropod dinosaur. *Nature,* **441,** 739–741.

Sanjúan, R., and S. F. Elena, 2006. Epistasis correlates to genomic complexity. *Proc. Natl. Acad. Sci. USA,* **103,** 14402–14405.

Sargent, T. D., C. D. Millar, and D. M. Lambert, 1998. The "classical" explanation of industrial melanism. *Evol. Biol.,* **30,** 299–322.

Sarich, V. M., and A. C. Wilson, 1966. Quantitative immunochemistry and the evolution of primate albumins: Microcomplement fixation. *Science,* **154,** 1563–1566.

Sassanfar, M., and J. W. Szostak, 1993. An RNA motif that binds ATP. *Nature,* **364,** 550–553.

Sato, A., C. O'Huigin, F. Figueroa, P. R. Grant, et al., 1999. Phylogeny of Darwin's finches as revealed by mtDNA sequences. *Proc. Natl. Acad. Sci. USA,* **96,** 5101–5106.

Satoh, N., 1994. *Developmental Biology of Ascidians.* Cambridge University Press, Cambridge. England.

Savage, R. J. G., and M. R. Long, 1986. *Mammalian Evolution.* British Museum, London.

Savage-Rumbaugh, E. S., and D. M. Rumbaugh, 1993. The emergence of language. In *Tools, Language and Cognition in Human Evolution,* K. R. Gibson and T. Ingold (eds.). Cambridge University Press, Cambridge, England, pp. 86–108.

Savard, L., P. Li, S. H. Strauss, M. W. Chase, M. Michaud, and J. Bousquet, 1994. Chloroplast and nuclear gene sequences indicate Late Pennsylvanian time for the last common ancestor of extant seed plants. *Proc. Natl. Acad. Sci. USA,* **91,** 5163–5167.

Scheiner, S. M., 2002. Selection experiments and the study of phenotypic plasticity. *J. Evol. Biol.,* **15,** 889–898.

Scherer, G., and M. Schmid, (eds.), 2001. *Genes and Mechanisms in Vertebrate Sex Determination.* Birkhäuser Verlag, Basel.

Schierwater, B., and K. Kuhn, 1998. Homology of Hox genes and the zootype concept in early metazoan evolution. *Mol. Phylogenet. Evol.,* **9,** 375–381.

Schlichting, C. D., and M. Pigliucci, 1998. *Phenotypic Evolution: A Reaction Norm Perspective.* Sinauer Associates, Sunderland, MA.

Schlosser, G., and G. P. Wagner (eds.). 2004. *Modularity in Development and Evolution.* The University of Chicago Press, Chicago.

Schluter, D., 2000. *The Ecology of Adaptive Radiation.* Oxford University Press, Oxford.

Schopf, J. W. 1978. The evolution of the earliest cells. *Sci. Am.* **239,** 110–134.

Schopf, J. W., 1996. Metabolic memories of Earth's earliest biosphere. In *Evolution and the Molecular Revolution,* C. R. Marshall and J. W. Schopf (eds.). Jones and Bartlett, Sudbury, MA, pp. 73–107.

Schopf, J. W., J. M. Hayes, and M. R. Walter, 1983. Evolution of earth's earliest ecosystems: Recent progress and unsolved problems. In *Earth's Earliest Biosphere,* J. W. Schopf (ed.). Princeton University Press, Princeton, NJ, pp. 361–384.

Schopf, J. W., and M. R. Walter, 1983. Archean microfossils: New evidence of ancient microbes. In *Earth's Earliest Biosphere: Its Origin and Evolution,* J. W. Schopf (ed.). Princeton University Press, Princeton, NJ, pp. 214–239.

Schoustra, S. E., M. Slakhorst, A. J. M. Debets, and R. F. Hoekstra, 2005. Comparing artificial and natural selection in rate of adaptation to genetic stress in *Aspergillus nidulans. J. Evol. Biol.,* **18,** 771–778.

Schulter, D., 2000. *The Ecology of Adaptive Radiation.* Oxford University Press, Oxford, England.

Schultz, A. H. 1969. *The Life of Primates.* Universe Books, New York.

Schwenk, K., 1995. A utilitarian approach to evolutionary constraint. *Zoology,* **98,** 251–262.

Schwenk, K., and G. P. Wagner, 2003. Constraint. In *Keywords and Concepts in Evolutionary Developmental Biology,* B. K. Hall and W. M. Olson (eds.). Harvard University Press, Cambridge, MA, pp. 52–61.

Scott, E. C., 2000. Not (just) in Kansas anymore. *Science,* **288,** 813–815.

Scott, E. C., 2005. *Evolution vs. Creationism: An Introduction.* University of California Press, Berkeley, CA.

Scott, E. C., 2006. Creationism and evolution: It's the American way. *Cell,* **124,** 449–450.

Seger, J., 1985. Intraspecific resource competition as a cause of sympatric speciation. In *Evolution: Essays in Honour of John Maynard Smith,* P. J. Greenwood, P. H. Harvey, and M. Slatkin (eds.). Cambridge University Press, Cambridge, England, pp. 43–53.

Seger, J., 1996. Exoskeletons out of the closet. *Science,* **274,** 941.

Seidel, K., and V. Schmid, 2006. Mesodermal anatomies in cnidarian polyps and medusae. *Int. J. Devel. Biol.* **50,** 589–599.

Seilacher, A., 1989. Vendozoa: Organismic construction in the Proterozoic biosphere. *Lethaia,* **22,** 229–239.

Seilacher, A., 1992. Vendobionta and Psammocorallia: Lost constructions of Precambrian evolution. *J. Geol. Soc. Lond.,* **149,** 607–613.

Seilacher, A., P. K. Bose, and F. Pflüger, 1998.Triploblastic animals more than 1 billion years ago: Trace fossils from India. *Science,* **282,** 80–83.

Selden, P., and J. Nudds, 2004. *Evolution of Fossil Ecosystems.* Manson Publishing Ltd., London.

Semaw, S., P. Renne, J. W. K. Harris, C. S. Feibel, et al., 1997. 2.5-million-year-old stone tools from Gona, Ethiopia. *Nature,* **385,** 333–336.

Sempere, L. F., C. N. Cole, M. A. McPeek, and K. J. Petersen, 2006. The phylogenetic distribution of Metazoan microRNAs; Insight into evolutionary complexity and constraint. *J. Exp. Zool.* (*Mol. Dev. Evol.),* **306B,** 575–588.

Senter, P., 2007. Necks for sex: sexual selection as an explanation for sauropod dinosaur neck elongation. *J. Zool.,* **271,** 45–53.

Senut, B., M. Pickford, D. Gommery, P. Mein, et al., 2001. First hominid from the Miocene. (Lukeino formation, Kenya). *C. R. Acad. Sci. Paris, Sciences de la Terre et des planètes (Earth and Planetary Sciences),* 1–9.

Seymour, R. S., C. L. Bennett-Stamper, S. D. Johnston., D. R. Carrier, and G. C. Grigg, 2004. Evidence for endothermic ancestors of crocodiles at the stem of archosaur evolution. *Physiol. Biochem. Zool.,* **77,** 1051–1067.

Shadan, F. F., and L. P. Villarreal, 1993. Coevolution of persistently infecting small DNA viruses and their hosts linked to host-interactive regulatory domains. *Proc. Natl. Acad. Sci. USA,* **90,** 4117–4121.

Shanahan, T., 2004. *The Evolution of Darwinism: Selection, Adaptation and Progress in Evolutionary Biology.* Cambridge University Press, New York.

Shapiro, M. D., H. Shubin, and J. P. Downs, 2007. Limb diversity and digit reduction in reptilian evolution. In *Fins into Limbs: Evolution, Development and Transformation,* B. K. Hall (ed.). The University of Chicago Press, Chicago, pp. 225–244.

Sharpton, V. L., K. Burke, A. Camargo-Zanoguera, S. A. Hall, et al., 1993. Chicxulub multiring impact basin: Size and other characteristics derived from gravity analysis. *Science,* **261,** 1564–1567.

Shipman, P., 2001. *The Man Who Found the Missing Link: The Extraordinary Life of Eugène Dubois.* Simon & Schuster, New York.

Shipman, P., and P. Storm, 2002. Missing links: Eugène Dubois and the origins of Paleoanthropology. *Evol. Anthropol.,* **11,** 108–116.

Shu, D., S. C. Morris, Z. F. Zhang, J. N. Liu, et al., 2003a. A new species of *Yunnanozoan* with implications for deuterostome evolution. *Science,* **299,** 1380–1384.

Shu, D., S. C. Morris, J. Han, Z. F. Zhang, et al., 2003b. Head and backbone of the Early Cambrian vertebrate *Haikouichthys. Nature,* **421,** 526–529.

Shu, D., X. Zhang, and L. Chen, 1996. Reinterpretation of *Yunnanozoan* as the earliest known hemichordate. *Nature,* **380,** 428–430.

Shubin, N., C. Tabin, and S. Carroll, 1997. Fossils, genes, and the evolution of animal limbs. *Nature,* **388,** 639–648.

Sibley, C. G., and J. E. Ahlquist, 1984. The phylogeny of primates as indicated by DNA-DNA hybridization. *J. Mol. Evol.,* **20,** 2–15.

Sibley, C. G., and J. E. Ahlquist, 1987. Avian phylogeny reconstructed from comparisons of the genetic material, DNA. In *Molecules and Morphology in Evolution: Conflict or Compromise?* C. Patterson (ed.). Cambridge University Press, Cambridge, England, pp. 95–121.

Sibley, C. G., and J. E. Ahlquist, 1990. *Phylogeny and Classification of Birds.* Yale University Press, New Haven.

Sidow, A., and W. K. Thomas, 1994. A molecular evolutionary framework for eukaryotic model organisms. *Curr. Biol.,* **4,** 596–603.

Sigmund, K., 1993. *Games of Life: Explorations in Ecology, Evolution, and Behaviour.* Oxford University Press, Oxford, England.

Sigmundsson, F., 2006. Magma does the splits. *Nature,* **442,** 251–252.

Silberbauer, G., 1981. Hunter/gatherers of the Central Kalahari. In *Omnivorous Primates: Gathering and Hunting in Human Evolution,* R. S. O. Harding and G. Teleki (eds.). Columbia University Press, New York, pp. 455–498.

Silva, J. C., and M. G. Kidwell, 2000. Horizontal transfer and selection in the evolution of P elements. *Mol. Biol. Evol.,* **17,** 1542–1557.

Silver, L. M., 1993. The peculiar journey of a selfish chromosome: Mouse t haplotypes and meiotic drive. *Trends Genet.,* **9,** 250–254.

Simon, H. A., 1962. The architecture of complexity. *Proc. Am. Phil. Soc.,* **106,** 467–482.

Simons, A. M., 2002. The continuity of microevolution and macroevolution. *J. Evol. Biol.,* **15,** 688–701.

Simpson, A. G. B., 2003. Cytoskeletal organization, phylogenetic affinities and systematics in the contentious taxon Excavata (Eukaryota). *Int. J. Syst. Evol. Microbiol.,* **53,** 1759–1777.

Simpson, A. G. B., and A. J. Roger, 2004. The real 'kingdoms' of eukaryotes. *Curr. Biol,* **14,** R693–R696.

Simpson, G.G., 1945. *The Meaning of Evolution.* Yale University Press, New Haven, CT.

Simpson, G. G., 1961. *Principles of Animal Taxonomy.* Columbia University Press, New York.

Simpson, G. G., 1980. *Why and How: Some Problems and Methods in Historical Biology.* Pergamon Press, Oxford, England.

Singh, N., K. W. Barbour, and F. G. Berger, 1998. Evolution of transcriptional regulatory elements within the promoter of a mammalian gene. *Mol. Biol. and Evol.,* **15,** 312–325.

Skelton, P., (ed.), 2003. *The Cretaceous World.* The Open University, Milton Keynes, England.

Skulan, J., 2000. Has the importance of the amniote egg been overstated? *Zool. J. Linn. Soc.,* **130,** 235–261.

Slack, J. M. W., P. W. H. Holland, and C. E. Graham, 1993. The zootype and the phylotypic stage. *Nature,* **361,** 490–492.

Slack, K. E., C. M. Jones, T. Ando, G. L. Harrison, et al., 2006. Early penguin fossils, plus mitochondrial genomes, calibrate avian evolution. *Mol. Biol. Evol.* **23,**1144–1155.

Sleigh, M. A., 1979. Radiation of the eukaryote Protista. In *The Origin of Major Invertebrate Groups,* M. R. House (ed.). Academic Press, London, pp. 23–54.

Smith, F. A., J. L. Betancourt, and J. H. Brown, 1995. Evolution of body size in the wood rat over the past 25,000 years of climate change. *Science,* **270,** 2012–2014.

Smith, J. E., (ed.), 1971. *The Invertebrate Panorama.* Universe Books, New York.

Smith, J. V., 1998. Biochemical evolution. I. Polymerization on internal organophilic silica surfaces of dealuminated zeolites and feldspars. *Proc. Natl. Acad. Sci. USA,* **95,** 3370–3375.

Smith, M. M., and B. K. Hall, 1990. Developmental and evolutionary origins of vertebrate skeletogenic and odontogenic tissues. *Biol. Rev. Camb. Philos. Soc.,* **65,** 277–374.

Smith, M. M., and B. K. Hall, 1993. A developmental model for evolution of the vertebrate exoskeleton and teeth: The role of cranial and trunk neural crest. *Evol. Biol.,* **27,** 387–448.

Smith, T. B., 1993. Disruptive selection and the genetic basis of bill size polymorphism in the African finch *Pyrenestes. Nature,* **363,** 618–620.

Smouse, P. E., and W.-H. Li, 1987. Likelihood analysis of mitochondrial restriction-cleavage patterns for the human-chimpanzee-gorilla trichotomy. *Evolution,* **41,** 1162–1176.

Sober, E., and D. S. Wilson, 1998. *Unto Others: The Evolution and Psychology of Unselfish Behavior.* Harvard University Press, Cambridge, MA.

Sogin, M. L., 1991. Early evolution and the origin of eukaryotes. *Curr. Opin. Genet. Dev.,* **1,** 457–463.

Sokolowski, M. B., H. S. Pereira, and K. Hughes, 1997. Evolution of foraging behavior in *Drosophila* by density-dependent selection. *Proc. Natl. Acad. Sci. USA,* **94,** 7373–7377.

Solem, G. A., 1974. *The Shell Makers.* Wiley, New York.

Soltis, D. E., and P. S. Soltis, 1995. The dynamic nature of polyploid genomes. *Proc. Natl. Acad. Sci. USA,* **92,** 8089–8091.

Soltis, P. S., S. E. Soltis, V. Savolainen, P. R. Crane, and T. G. Barraclough, 2002. Integration of molecular and fossil evidence for molecular living fossils. *Proc. Natl. Acad. Sci. USA,* **99,** 4430–4435.

Sparke, L. S., and J. S. Gallagher, 2000. *Galaxies in the Universe.* Cambridge University Press, Cambridge, England.

Spencer, F., 1990. *Piltdown: A Scientific Forgery.* Oxford University Press, Oxford, England.

Spencer, H., 1887. *The Factors of Organic Evolution.* D. Appleton and Co., New York.

Spencer, H., 1897. *First Principles.* D. Appleton and Co., New York.

Spoor, F., B. Wood, and F. Zonneveld, 1994. Implications of early hominid labyrinthine morphology for evolution of human bipedal locomotion. *Nature,* **369,** 645–648.

Stahl, B. J., 1974. *Vertebrate History: Problems in Evolution.* McGraw-Hill, New York.

Stanhope, M. J., V. G. Waddell, O. Madsen, W. de Jong, et al., 1998. Molecular evidence for multiple origins of Insectivora and for a new order of endemic African insectivore mammals. *Proc. Natl. Acad. Sci. USA,* **95,** 9967–9972.

Stanier, R. Y., 1970. Some aspects of the biology of cells and their possible evolutionary significance. *Symp. Soc. Gen. Microbiol.,* **20,** 1–38.

Stanier, R. Y., and C. B. van Neil, 1941. The main outlines of bacterial classification. *J. Bacteriol.,* **42,** 437–466.

Stanier, R. Y., and C. B. van Neil, 1962. The concept of a bacterium. *Arch. Mikrobiol.* **42,** 17–35.

Stanley, S. M., 1973. An ecological theory for the sudden origin of multicellular life in the late Precambrian. *Proc. Natl. Acad. Sci. USA,* **70,** 1486–1489.

Stanley, S. M., 1979. *Macroevolution: Process and Product.* Freeman, San Francisco.

Stearns, S. C. (ed.), 1987. *The Evolution of Sex and Its Consequences.* Birkhaüser Verlag, Basel, Switzerland.

Stearns, S. C. 1989. The evolutionary significance of phenotypic plasticity. *BioScience,* **37,** 436–445.

Stearns, S. C., C. M. Kaiser, and T. J. Kawecki, 1995. The differential genetic and environmental canalization of fitness components in *Drosophila melanogaster. J. Evol. Biol.,* **8,** 539–557.

Stebbins, G. L., 1974. *Flowering Plants: Evolution Above the Species Level.* Harvard University Press, Cambridge, MA.

Steel, R., and A. P. Harvey, 1979. *The Encyclopaedia of Prehistoric Life.* Mitchell-Beazley, London.

Stein, W. E., and J. S. Boyer, 2006. Evolution of land plant architecture: beyond the telome theory. *Paleobiology,* **32,** 450–482.

Stemmer, W. P. C., 1994. Rapid evolution of a protein by DNA shuffling. *Nature,* **370,** 389–391.

Stern, C., 1973. *Principles of Human Genetics.* Third Edition. Freeman, San Francisco.

Stevens, K. A., and J. M. Parrish, 1999. Neck posture and feeding habits of two Jurassic sauropod dinosaurs. *Science,* **284,** 798–800.

Stevens, L., C. J. Goodnight, and S. Kalisz, 1995. Multilevel selection in natural populations of *Impatiens capensis. Am. Nat.,* **145,** 513–526.

Stevens, P. F., 1994. *The Development of Biological Classification: Antoine-Laurent de Jussieu, Nature, and the Natural System.* Columbia University Press, New York.

Stewart, C. B., and A. C. Wilson, 1987. Sequence conversion and functional adaptation of stomach lysozymes from foregut fermenters. *Cold Spring Harbor Symp. Quant. Biol.,* **52,** 891–899.

Stewart, W. N., and G. Rothwell, 1993. *Paleobotany and the Evolution of Plants.* Second Edition. Cambridge University Press, Cambridge, England.

Stokes, H. W., and B. G. Hall, 1985. Sequence of the ebgR gene of *Escherichia coli:* Evidence that the EBG and LAC operons are descended from a common ancestor. *Mol. Biol. Evol.,* **2,** 478–483.

Stokes, M. D., and N. D. Holland, 1998. The lancelet. *Am. Sci.,* **86,** 552–560.

Stone, J. R., and B. K. Hall, 2004. Latent homologues for the neural crest as an evolutionary novelty. *Evol. Devel.,* **6,** 123–129.

Stone, J. R., and B. K. Hall, 2006. A system for analyzing features in studies integrating ecology, development and evolution. *Biol. & Philos.* **21,** 25–40.

Stone, W. S., 1962. The dominance of natural selection and the reality of superspecies (species groups) in the evolution of *Drosophila. Univ. of Texas Publ.,* **6205,** 507–537.

Stoneking, M., 1993. DNA and recent human evolution. *Evol. Anthropol.,* **2,** 60–71.

Straus, N. A., 1976. Repeated DNA in eukaryotes. In *Handbook of Genetics,* vol. 5, R. C. King (ed.). Plenum Press, New York, pp. 3–29.

Strauss, E., 1999. Can mitochondrial clocks keep time? *Science,* **283,** 1435–1438.

Strickberger, M. W., 1985. *Genetics,* 3d ed. Macmillan, New York.

Stringer, C. B., and C. Gamble, 1993. *In Search of the Neanderthals: Solving the Puzzle of Human Origins.* Thames and Hudson, London.

Sturmbauer, C., J. S. Levinton, and J. Christy, 1996. Molecular phylogeny analysis of fiddler crabs: Test of the hypothesis of increasing behavioral complexity in evolution. *Proc. Natl. Acad. Sci. USA,* **93,** 10855–10857.

Sultan, S. E., and S. C. Stearns, 2005. Environmentally contingent variation: Phenotypic plasticity and norms of reaction. In *Variation. A Central Concept in Biology,* B. Hallgrímsson and B. K. Hall (eds). Elsevier/Academic Press, New York, pp. 303–332.

Sumner, W. G., 1883. *What Social Classes Owe to Each Other.* Harper & Brothers, New York.

Suzuki, Y., and H. D. Nijhout, 2006. Evolution of a polyphenism by genetic accommodation. *Science,* **311,** 650–652.

Swofford, D. L., G. J. Olsen, P. J. Waddell, and D. M. Hillis, 1996. Phylogenetic inference. In *Molecular Systematics,* 2nd ed. D. M. Hillis, C. Moritz, and B. K. Mable (eds.). Sinauer Associates, Sunderland, MA, pp. 407–514.

Sword, G. A., 1999. Density dependent warning coloration. *Nature,* **397,** 217.

Szathmáry, E., 1989. The emergence, maintenance and transitions of the earliest evolutionary units. *Oxford SUV. Evol. Biol.,* **6,** 169–205.

Szathmáry, E., 1991. Four letters in the genetic alphabet: A frozen evolutionary optimum? *Proc. R. Soc. Lond. (B),* **245,** 91–99.

Szathmáry, E., and J. Maynard Smith, 1995. The major evolutionary transition. *Nature,* **374,** 227–232.

T

Takahata, N., 1996. Neutral theory of molecular evolution. *Curr. Opin. Genet. Dev.,* **6,** 767–772.

Talbot, S. L., and G. F. Shields, 1996. Phylogeography of brown bears (*Ursus arctos)* of Alaska and paraphyly within the Ursidae. *Mol. Phylogenet. Evol.,* **5,** 477–494.

Tanke, D. H., and K. Carpenter, (eds.), 2001. *Mesozoic Vertebrate Life.* Indiana University Press, Bloomington, IN. [A *Festschrift* to celebrate 25 years of paleontological research by Philip J. Currie.]

Tanner, N. M., 1987. The chimpanzee model revisited and the gathering hypothesis. In *The Evolution of Human Behavior: Primate Models,* W. G. Kinzey (ed.). SUNY Press, Albany, NY, pp. 3–27.

Tarbuck, E. J., and F. K. Lutgens, 2006. *Earth Science,* 9th ed. Prentice Hall, Englewood Cliffs, NJ.

Tarsitano, S. F., A. P. Russell, F. Horne, C. Plummer, and K. Millerchip, 2000. On the evolution of feathers from an aerodynamic and constructional view point. *Am. Zool.,* **40,** 676–686.

Taylor, A. L., 1970. Current linkage map of *Escherichia coli. Bacteriol. Rev.,* **34,** 155–175.

Taylor, D. W., and L. J. Hickey, 1990. An Aptian plant with attached leaves and flowers: Implications for angiosperm origin. *Science,* **247,** 702–704.

Taylor, S. R., 1998. *Destiny or Chance: Our Solar System Evolution and Its Place in the Cosmos.* Cambridge University Press, Cambridge, England.

Taylor, T. N., and E. L. Taylor, 1993. *The Biology and Evolution of Fossil Plants.* Prentice Hall, Englewood Cliffs, NJ.

Tchernavin, V., 1937. Skulls of salmon and trout. A brief study of their differences and breeding changes. *Salmon & Trout Mag.,* **88,** 235–242.

Templeton, A. R., 1986. Relations of humans to African apes: A statistical appraisal of diverse types of data. In *Evolutionary Processes and Theory,* S. Karlin and E. Nevo (eds.). Academic Press, Orlando, FL, pp. 365–388.

Templeton, A. R., 1989. The meaning of species and speciation: A genetic perspective. In *Speciation and Its Consequences,* D. Otte and J. A. Endler (eds.). Sinauer Associates, Sunderland, MA, pp. 3–27.

Templeton, A. R., 1997. Out of Africa? What do genes tell us? *Curr. Opin. Genet. Dev.,* **7,** 841–847.

Teotónio, H., and M. R. Rose, 2001. Reverse evolution. *Evolution,* **55,** 653–660.

The *C. elegans* Sequencing Consortium, 1998. Genome sequence of the nematode *C. elegans*: a platform for investigating biology. *Science,* **282,** 2012–2018.

The Chimpanzee Sequencing and Analysis Consortium, 2005. Initial sequence of the chimpanzee genome and comparison with the human genome. *Nature,* **437,** 69–87.

The Honeybee Genome Sequencing Consortium, 2006. *Nature,* **443,** 931–949.

The Sea Urchin Genome Sequencing Project Consortium, 2006. The genome of the sea urchin *Strongylocentrotus purpuratus. Science,* **314,** 941–952.

Theunissen, B., 1981. *Eugène Dubois and the Ape-Man from Java.* Kluwer Academic Publishers, Dordrecht, The Netherlands.

The yeast genome directory, 1997. *Nature,* **387,** 5.

Thoday, J. M., and J. B. Gibson, 1962. Isolation by disruptive selection. *Nature,* **193,** 1164–1166.

Thomas, B. A., and R. A. Spicer, 1987. *The Evolution and Palaeobiology of Land Plants.* Croom Helm, London.

Thomas, F., A. T. Teriokhin, E. V. Budilova, S. P. Brown, et al., 2004. Human birthweight evolution across contrasting environments. *J. Evol. Biol.,* **17,** 542–553.

Thompson, D'A. W., 1942. *On Growth and Form,* 2d ed. Cambridge University Press, Cambridge, England.

Thompson, J. N., 2005. *The Geographic Mosaic of Coevolution.* The University of Chicago Press, Chicago.

Thompson, K. S., 1995. *HMS Beagle: The Story of Darwin's Ship.* W. W. Norton, New York.

Thorpe, J. P., 1982. The Molecular Clock Hypothesis: Biochemical evolution, genetic differentiation and systematics. *Annu. Rev. Ecol. Syst.,* **13,** 139–168.

Till-Bottraud, I., D. Joly, D. Lachaise, and R. N. Snook, 2005. Pollen and sperm heteromorphism: convergence across kingdoms. *J. Evol. Biol.,* **18,** 1–18.

TIME, 2006. Nature's Extremes. Inside the Great Natural Disasters that Shape Life on Earth. Time, Inc., New York.

Tooby, J., and I. DeVore, 1987. The reconstruction of hominid behavioral evolution through strategic modeling. In *The Evolution of Human Behavior: Primate Models,* W. G. Kinzey (ed.). SUNY Press, Albany, NY, pp. 183–237.

Trimble, V. 2006. Early photons from the early universe. *New Astron. Revs.,* **50,** 844–849.

Trivers, R., 1985. *Social Evolution.* Benjamin/Cummings, Menlo Park, CA.

True, J. R., and S. B. Carroll, 2002. Gene co-option in physiological and morphological evolution. *Annu. Rev. Cell Dev. Biol.,* **18,** 53–80.

Turelli, M., 1998. The causes of Haldane's rule. *Science,* **282,** 889–891.

Tuttle, R. H. 1972. *Functional and Evolutionary Biology of Hylobatid Hands and Feet.* Gibbon and Siamang: Karger, Basel.

Tylor, E. B., 1881. *Anthropology: An Introduction to the Study of Man and Civilization.* Appleton, New York.

Tyndale-Biscoe, H., 2005. *Life of Marsupials.* CSIRO, Canberra, Australia.

Tyson, E., and M. v. d. Gucht, 1699. *Orang-outang, sive, Homo sylvestris, or, The anatomy of a pygmie compared with that of a monkey, an ape, and a man to which is added, A philological essay concerning the pygmies, the cynocephali, the satyrs and sphinges of the ancients: wherein it will appear that they are all either apes or monkeys, and not men, as formerly pretended.* London, Printed for Thomas Bennet . . . and Daniel Brown . . . and are to be had of Mr. Hunt.

U

Ueno, Y., Y. Isozaki, H. Yurimoto, and S. Maruyama, 2001. Carbon isotope signatures of individual Archean microfossils (?) from Western Australia. *Int. Geol. Rev.,* **43,** 186–212.

Ueno, Y., K. Yamada, N. Yoshida, S. Maruyama, and Y. Isozaki, 2006. Evidence from fluid inclusions for microbial methanogenesis in the early Archaean era. *Nature,* **440,** 516–519.

Ungerer, M. C., S. J. Baird, J. Pan, and L. H. Rieseberg, 1998. Rapid hybrid speciation in wild sunflowers. *Proc. Natl. Acad. Sci. USA,* **95,** 11757–11762.

Unrau, P. J., and D. P. Bartel, 1998. RNA-catalysed nucleotide synthesis. *Nature,* **395,** 260–263.

Unwin, D. M., and N. N. Bakhurina, 1994. *Sordes pilosus* and the nature of the pterosaur flight apparatus. *Nature,* **371,** 62–64.

V

Valentine, J. W., 1994. Late Precambrian bilaterians: Grades and clades. *Proc. Natl. Acad. Sci. USA,* **91,** 6751–6757.

Valentine, J. W., 1997. Cleavage patterns and the topology of the metazoan tree of life. *Proc. Natl. Acad. Sci. USA,* **94,** 8001–8005.

Valentine, J. W., 2003. Cell types, numbers, and body plan complexity. In *Keywords and Concepts in Evolutionary Developmental Biology,* B. K. Hall and W. M. Olson (eds.). Harvard University Press, Cambridge, MA, pp. 35–43.

Valentine, J. W., 2004. *On the Origin of Phyla.* The University of Chicago Press, Chicago.

Valentine, J. W., S. M. Awramik, P. W. Signor, and P. M. Sadler, 1991. The biological explosion at the Precambrian-Cambrian boundary. *Evol. Biol.,* **25,** 279–356.

Valentine, J. W., A. G. Collins, and C. P. Meyer, 1994. Morphological complexity increase in metazoans. *Paleobiology,* **20,** 131–142.

Valley, J. W., 2005. A cool early Earth? *Sci. Am.* **291,** 58–65.

Van Laere, A. S., M. Nguyen, M. Braunschweig, C. Nezer, et al., 2003. A regulatory mutation in IGF2 causes a major QTL effect on muscle growth in the pig. *Nature,* **425,** 832–836.

Van Valen, L., 1976. Ecological species, multispecies, and oaks. *Taxon,* **25,** 233–239.

Venter J. C., M. D. Adams, E. W, Myers, P. W. Li, et al., 2001. The sequence of the human genome. *Science,* **291,** 1304–1351.

Vetter, R. D., 1991. Symbiosis and the evolution of novel trophic strategies: Thiotrophic organisms at hydrothermal vents. In *Symbiosis As a Source of Evolutionary Innovation,* L. Margulis and R. Fester (eds.). MIT Press, Cambridge, MA, pp. 219–245.

Vickaryous, M., and B. K. Hall, 2006a. Human cell type diversity, evolution development classification with special reference to cells derived from the neural crest. *Biol. Rev. Camb. Philos. Soc.,* **81,** 425–455.

Vickaryous, M., and B. K. Hall, 2006b. Homology of the reptilian coracoid and a reappraisal of the evolution and development of the amniote pectoral apparatus. *J. Anat.* **208**: 263–285.

Vila, C., J. A. Leonard, A. Götherström, S. Marklund, et al., 2001.

Widespread origins of domestic horse lineages. *Science,* **291,** 474–477.

Vrba, E. S., 1989. Levels of selection and sorting with special reference to the species level. *Oxford Surv. Evol. Biol.,* **6,** 111–168.

Vrba, E. S., 1995. The fossil record of African antelopes (Mammalia, Bovidae) in relation to human evolution and paleoclimate. In *Paleoclimate and Evolution with Emphasis on Human Origins,* E. S. Vrba, G. H. Denton, T. C. Partridge, and L. H. Burckle (eds.). Yale University Press, New Haven, CT, pp. 385–414.

Vrba, E. S., 2004. Ecology, development, and evolution; Perspectives from the fossil record. In *Environment, Development and Evolution,* B. K. Hall, R. D. Pearson, and G. B Müller (eds.). MIT Press, Cambridge, MA, pp. 85–105.

W

Wada, H., and N. Satoh, 1994. Details of the evolutionary history from invertebrates to vertebrates, as deduced from the sequences of 18*S* rDNA. *Proc. Natl. Acad. Sci. USA,* **91,** 1801–1804.

Wada, H., P. W. H. Holland, and N. Satoh, 1996. Origin of patterning in neural tubes. *Nature,* **384,** 123.

Wada, H., H. Saiga, N. Satoh, and P. W. Holland, 1998. Tripartite organization of the ancestral chordate brain and the antiquity of placodes: Insights from ascidian *Pax-2/5/8, Hox* and *Otx* genes. *Development,* **125,** 1113–1122.

Waddington, C. H., 1942. Canalization of development and the inheritance of acquired characters. *Nature,* **150,** 563.

Waddington, C. H., 1957. *The Strategy of the Genes: A Discussion of Some Aspects of Theoretical Biology.* Allen & Unwin, London.

Waddington, C. H., 1962. *New Patterns in Genetics and Development.* Columbia University Press, New York.

Waddington, C. H., and E. Robertson, 1966. Selection for developmental canalization. *Genet. Res. Camb.,* **7,** 303–312.

Wade, M. J., and C. J. Goodnight, 1998. Perspective: The theories of Fisher and Wright in the context of metapopulations: When nature does small experiments. *Evolution,* **52,** 1537–1553.

Wagner, G. P., G. Booth, and H. Bagheri-Chaichian, 1997. A population genetic theory of canalization. *Evolution,* **51,** 329–347.

Wahlstrom, J., 1998. *Genetics and Psychiatric Disorders.* Elsevier Science, New York.

Wainright, P. O., G. Hinkle, M. L. Sogin, and S. K. Stickel, 1993. Monophyletic origins of the metazoa: An evolutionary link with fungi. *Science,* **260,** 340–342.

Wake, M. H., 1990. The evolution of integration of biological systems: An evolutionary perspective through studies of cells, tissues, and organs. *Amer. Zool.,* **30,** 897–906.

Wake, M. H., 1995. The current status of the *Diversitas* program and its implementation. *Biol. Intern.,* **31,** 7–18.

Wald, G., 1974. Fitness in the universe: Choices and necessities. In *Cosmochemical Evolution and the Origins of Life,* J. Oró, S. L. Miller, C. Ponnamperuma, and R. S. Young (eds.). D. Reidel, Dordrecht, Netherlands, pp. 7–27.

Walker, A., and R. Leakey (eds.), 1993. *The Nariokotome* Homo erectus *Skeleton.* Harvard University Press, Cambridge, MA.

Wallace, A. R., 1889. *Darwinism: An Exposition of the Theory of Natural Selection with Some of Its Applications.* Macmillan, London.

Wallace, B., 1970. *Genetic Load: Its Biological and Conceptual Aspects.* Prentice Hall, Englewood Cliffs, NJ.

Wallis, G. P., 1999. Do animal mitochondrial genes recombine? *Trends Genet.,* **14,** 209–210.

Wang, R.-X., 2003. Differential strength of sex-biased hybrid inferiority in impeding gene flow may be a cause of Haldane's rule. *J. Evol. Biol.,* **16,** 353–361.

Ward, P., C. Labandeira, M. Laurin, and R. A. Berner, 2006. Confirmation of Romer's Gap as a low oxygen interval constraining the timing of initial arthropod and vertebrate terrestrialization. *Proc. Natl. Acad. Sci. USA,* **103,** 16818–16822.

Waser, N. M., and J. Ollerton, 2006. *Plant-Pollinator Interactions: From Specialization to Generalization.* The University of Chicago Press, Chicago.

Waterman, A. J., B. E Frye, K. Johansen, A. G. Kluge, et al., 1971. *Chordate Structure and Function.* Macmillan, New York.

Waterston R. H., K. Lindblad-Toh, E. Birney, J. Rogers, et al., 2002. Initial sequencing and comparative analysis of the mouse genome. *Nature,* **420,** 520–562.

Watson, J. D., M. Gilman, J. Witkowski, and M. Zoller, 1992. *Recombinant DNA,* 2nd ed. Scientific American Books, New York.

Waxman, D., and S. Gravilets, 2005. 20 questions on adaptive dynamics. *J. Evol. Biol.,* **18,** 1139–1154.

Webster, B. L., R. A. Copley, R. A. Jenner, J. A. Mackenzie-Dodds, et al., 2006. Mitogenomics and phylogenomics reveal priapulid worms as extant models of the ancestral Ecdysozoan. *Evol. Dev.,* **8,** 502–510.

Webster, J. A., J. L. Gittleman, and A. Purvis, 2004. The life history legacy of evolutionary body size change in carnivores. *J. Evol. Biol.,* **17,** 369–407.

Wedel, M. J., 2003. Vertebral pneumaticity, air sacs, and the physiology of sauropod dinosaurs. *Paleobiology,* **29,** 243–255.

Wedmann, S., S. Bradler, and J. Rust, 2007. The first fossil leaf insect: 47 million years of specialized cryptic morphology and behavior. *Proc. Natl. Acad. Sci. USA,* **104,** 565–569.

Weiner, J. S., 1955. *The Piltdown Forgery.* Oxford University Press, Oxford, England (reprinted 2003).

Weishampel, D. B., P. Dodson, and H. Osmólska (eds.), 2004. *The Dinosauria.* Second Edition. University of California Press, Berkeley, CA.

Weishampel, D. B., and N. M. White (eds.), 2003. *The Dinosaur Papers 1676–1906.* Smithsonian Books, Washington, DC.

Weiss, K. M., 2002. Biology's theoretical kudzu: The irrepressible illusion of teleology. *Evol. Anthrop.,* **11,** 4–8.

Weiss, K. M., and A. V. Buchanan, 2004. *Genetics and the Logic of Evolution.* Wiley-Liss, Hoboken, NJ.

Weitzman, P. D. J., 1985. Evolution in the citric acid cycle. In *Evolution of Prokaryotes,* K. H. Schleifer and E. Stackebrandt (eds.). Academic Press, London, pp. 253–275.

West-Eberhard, M. J., 2003. *Developmental Plasticity and Evolution.* Oxford University Press, Oxford, England.

Wetherill, G. W., 1995. How special is Jupiter? *Nature,* **373,** 470.

Wheelis, M. L., O. Kandler, and C. R. Woese, 1992. On the nature of global classification. *Proc. Natl. Acad. Sci. USA,* **89,** 2930–2934.

White, M. J. D., 1973. *Animal Cytology and Evolution,* 3d ed. Cambridge University Press, Cambridge, England.

White, M. J. D., 1978. *Modes of Speciation.* Freeman, San Francisco.

White, T. D., B. Asfaw, D. DeGusta, H. Gilbert, et al., 2003. Pleistocene *Homo sapiens* from Middle Awash, Ethiopia. *Nature,* **423,** 742–747.

White, T. D., G. Suwa, and B. Asfaw, 1995. *Australopithecus rami-*

dus, a new species of early hominid from Aramis, Ethiopia. *Nature,* **375,** 88.

Whiten, A., J. Goodall, M. C. McGrew, T. Nishida, et al., 1999. Culture in chimpanzees. *Nature,* **399,** 682–685.

Whiting, M. F., and W. C. Wheeler, 1994. Insect homeotic transformation. *Nature,* **368,** 696.

Whittaker, R. H., 1959. On the broad classification of organisms. *Quart. Rev. Biol.,* **34,** 210–226.

Whittle, C.-A., and M. O. Johnston, 2003. Male-biased transmission of deletions mutations to the progeny in *Arabidopsis thaliana. Proc. Natl. Acad. Sci. USA,* **100,** 4055–4059.

Wicht H, and T. C. Lacalli, 2005. The nervous system of amphioxus: structure, development, and evolutionary significance. *Can. J. Zool.,* **83,** 122–150.

Wicken, M., and K. Takayama, 1994. Deviants — or emissaries. *Nature,* **367,** 17–18.

Wiley, E. O., 1978. The evolutionary species concept reconsidered. *Syst. Zool.,* **27,** 17–26.

Wiley, E. O., 1981. *Phylogenetics: Theory and Practice of Phylogenetic Systematics.* Wiley, New York.

Wilkins, A. S., 2002. *The Evolution of Developmental Pathways.* Sinauer Assoc., Sunderland, MA.

Wilkins, A. S., 2003. Canalization and genetic assimilation. In *Keywords and Concepts in Evolutionary Developmental Biology.* B. K. Hall and W. M. Olson (eds.). Harvard University Press, Cambridge, MA, pp. 23–30.

Williams, B. J., 1979. *Evolution and Human Origins.* Harper & Row, New York.

Williams, G. C., 1966. *Adaptation and Natural Selection: A Critique of Some Current Evolutionary Thought.* Princeton University Press, Princeton, NJ.

Williams, G. C., 1992. *Natural Selection: Domains, Levels and Challenges.* Oxford University Press, New York.

Willmer, P., 1990. *Invertebrate Relationships: Patterns in Animal Evolution.* Cambridge University Press, Cambridge, England.

Wills, C., 1981. *Genetic Variability.* Clarendon Press, Oxford, England.

Wilmut, I., A. E. Schnieke, J. McWhir, A. J. Kind, and K. H. Campbell, 1997. Viable offspring derived from fetal and adult mammalian cells. *Nature,* **385,** 810–813.

Wilner, E., 2006. Darwin's artificial selection as an experiment. *Stud. Hist. Philos. Sci, Part C: Stud. Hist. Philos. Biol. Biomed. Sci.,* **37,** 26–40.

Wilson, A. C., 1975. Evolutionary importance of gene regulation. *Stadler Symp.,* **7,** 117–133.

Wilson, A. C., L. R. Maxson, and V. M. Sarich, 1974. Two types of molecular evolution: Evidence from studies of interspecific hybridization. *Proc. Natl. Acad. Sci. USA,* **71,** 2843–2847.

Wilson, A. C., H. Ochman, and E. M. Prager, 1987. Molecular time scale for evolution. *Trends in Genet.,* **3,** 241–247.

Wilson, D. S., 1992. Group selection. In *Keywords in Evolutionary Biology,* E. Fox Keller and E. A. Lloyd (eds.). Harvard University Press, Cambridge, MA, pp. 145–148.

Wilson, D. S., and J. W. Szostak, 1999. *In vitro* selection of functional nucleic acids. *Annu. Rev. Biochem.,* **68,** 611–647.

Wilson, E. O., 1975. *Sociobiology: The New Synthesis.* Harvard University Press, Cambridge, MA.

Wilson, E. O., 1978. *On Human Nature.* Harvard University Press, Cambridge, MA.

Wilson, E. O., 1992. *The Diversity of Life.* Harvard University Press, Cambridge, MA.

Wilson, R. A. (ed.), 1999. *Species. New Interdisciplinary Essays.* MIT Press, Cambridge, MA.

Wilson, R. A., 2005. *Genes and the Agents of Life. The Individual in the Fragile Sciences.* Cambridge University Press, Cambridge, England.

Wimsatt, W. C., 1986. Developmental constraints, generative entrenchment, and the innate-acquired distinction. In *Integrating Scientific Disciplines,* W. Bechte (ed.), Martinus Nijhoff, Dordrecht, Holland, pp. 185–208.

Winchester, S., 2001. *The Map that Changed the World.* Viking Press, New York.

Winnepenninckx, B., T. Backeljau, L. Y. Mackey, J. M. Brooks, et al., 1995. 18*S* rRNA data indicate that Aschelminthes are polyphyletic in origin and consist of at least three distinct clades. *Mol. Biol. Evol.,* **12,** 1132–1137.

Winnepenninckx, B., T. Backeljau, and R. De Wachter, 1996. Investigation of molluscan phylogeny on the basis of 18*S* rRNA sequences. *Mol. Biol. Evol.,* **13,** 1306–1317.

Winsor, M. P., 2003. Non-essentialist methods in pre-Darwinian taxonomy. *Biol. Philos.,* **18,** 387–400.

Winsor, M. P., 2006. Linnaeus' biology was not essentialist. *Ann. Missouri Bot. Gard.,* **93,** 2–7.

Wise, S. B., and D. W. Stock, 2006. Conservation and divergence of Bmp21, Bmp2b, and Bmp4 expression patterns within and between dentitions of teleost fish. *Evol. Dev.,* **8,** 511–523.

Wistow, G. J., 1993. Identification of lens crystallin: A model system for gene recruitment. *Methods Enzymol.,* **224,** 563–575.

Woese, C. R., 1981. Archaebacteria. *Sci. Am.,* **244,** 92–122.

Woese, C. R., 1983. The primary lines of descent and the universal ancestor. In *Evolution from Molecules to Men,* D. S. Bendall (ed.). Cambridge University Press, Cambridge, England, pp. 209–233.

Woese, C. R., 1985. Why study evolutionary relationships among bacteria? In *Evolution of Prokaryotes,* K. H. Schleifer and E. Stackebrandt (eds.). Academic Press, London, pp. 1–30.

Woese, C. R., 1987. Bacterial evolution. *Microbiol. Rev.,* **51,** 221–271.

Woese, C. R., 1998a. The universal ancestor. *Proc. Natl. Acad. Sci. USA,* **95,** 6854–6859.

Woese, C. R., 1998b. Default taxonomy: Ernst Mayr's view of the microbial world. *Proc. Natl. Acad. Sci. USA,* **95,** 11043–11046.

Woese, C. R., B. A. Debrunner-Vossbrinck, H. Oyaizu, E. Stackbrandt, and W. Ludwig, 1985. Gram-positive bacteria: Possible photosynthetic ancestry. *Science,* **229,** 762–765.

Woese, C. R., O. Kandler, and M. L. Whellis, 1990. Toward a natural system of organisms: Proposal for the domains Archaea, Bacteria and Eucarya. *Proc. Natl. Acad. Sci. USA,* **87,** 4576–4579.

Wolfe, S. L., 1981. *Biology of the Cell,* 2nd ed. Wadsworth, Belmont, CA.

Wolfenden, R. V., P. M. Collis, and C. C. F. Southgate, 1979. Water, protein folding and the genetic code. *Science,* **206,** 575–577.

Wolpoff, M. H., 1989. Multiregional evolution: The fossil alternative to Eden. In *The Human Revolution: Behavioural and Biological Perspectives on the Origin of Modern Humans,* P. Mellars and C. Stringer (eds.). Edinburgh University Press, Edinburgh, pp. 62–108.

Wolpoff, M. H., and R. Caspari, 1997. *Race and Human Evolution.* Simon and Schuster, New York.

Womack, J. E., and Y. D. Moll, 1986. Gene map of the cow: Conservation of linkage with mouse and man. *J. Hered.*, **77,** 2–7.

Wood, B., 1997. The oldest whodunnit in the world. *Nature,* **385,** 292–293.

Wood, B., 2005. *Human Evolution. A Very Short Introduction.* Oxford University Press, Oxford, England.

Wood, B., and M. Collard, 1999. The human genus. *Science,* **284,** 65–71.

Wood, W. B., 1980. Bacteriophage T4 morphogenesis as a model for assembly of subcellular structure. *Q. Rev. Biol.,* **55,** 353–367.

Woods, N. B., V. Bottero, M. Schmidt, C. von Kalle and I. M. Verma, 2006. Gene therapy: therapeutic gene causing lymphoma. *Nature,* **440,**1123.

Worthy, T. H., A. J. D. Tennyson, M. Archer, A. M. Musser, et al., 2006. Miocene mammal reveals a Mesozoic ghost lineage on insular New Zealand, southwest Pacific. *Proc. Natl. Acad. Sci. USA,* **103,** 19419–19423.

Wray, G. A., and E. Abouheif, 1998. When is homology not homology? *Curr. Opin. Genet. Dev.,* **8,** 675–680.

Wright, M. C., and G. F. Joyce, 1997. Continuous *in vitro* evolution of catalytic function. *Science,* **276,** 614–617.

Wright, S., 1921. Systems of mating. *Genetics,* **6,** 111–178.

Wright, S., 1931. Evolution in Mendelian populations. *Genetics* **16,** 97–159.

Wright, S., 1949. Adaptation and selection. In *Genetics, Paleontology, and Evolution,* G. L. Jepson, G. G. Simpson, and E. Mayr (eds.). Princeton University Press, Princeton, NJ, pp. 365–389.

Wright, S., 1951. The genetic structure of populations. *Ann. Eugen,* **15,** 323–354.

Wright, S., 1963. Genic interaction. In *Methodology in Mammalian Genetics,* W. J. Burdette (ed.). Holden-Day, San Francisco, pp. 159–192.

Wright, S., 1978. *Evolution and the Genetics of Populations: Vol. 4. Variability Within and Among Natural Populations.* University of Chicago Press, Chicago.

Wright, S., 1988. Surfaces of selective value revisited. *Am. Nat.,* **131,** 115–123.

Wu, C-I., N. A. Johnson, and M. F. Palopoli, 1996. Haldane's rule and its legacy: Why are there so many sterile males? *Trends Ecol. Evol.,* **11,** 281–284.

X

Xu, X, Z. Zhou, and X. Wang, 2000. The smallest known non-avian theropod dinosaur. *Nature,* **408,** 705–708.

Y

Yamamoto, Y., L. Espinasa, D. W. Stock, and W. R. Jeffery, 2003. Development and evolution of craniofacial patterning in mediated by eye-dependent and -independent processes in the cavefish *Astyanax. Evol. Dev.* **5,** 435–446.

Yokoyama, R., and S. Yokoyama, 1990. Convergent evolution of the red- and green-like pigment in fish, *Astyanax fasciatus,* and human. *Proc. Natl. Acad. Sci. USA,* **87,** 9315–9318.

You, H.-I., M. C. Lamanna, J. D. Harris, L. M. Chiappe, et al., 2006. A nearly modern amphibious bird from the early cretaceous of northwestern China. *Science,* **312,** 1640–1643.

Young, M., and T. Edis (eds.) 2004. *Why Intelligent Design Fails: A Scientific Critique of the New Creationism.* Rutgers University Press, New Brunswick, NJ.

Young, N. M., and L. MacLatchy, 2004. The phylogenetic position of *Morotopithecus. J. Hum. Evol.,* **46,** 163–184.

Yu J., S. Hu, J. Wang, G. K. Wong, et al., 2002. A draft sequence of the rice genome (*Oryza sativa* L. ssp. *indica). Science,* **296,** 79–92.

Yule, G. U., 1902. Mendel's laws and their probable relations to intra-racial heredity. *New Phytol.,* **1,** 193–207, 222–238.

Yunis, J. J., and O. Prakash, 1982. The origin of man: A chromosomal pictorial legacy. *Science,* **215,** 1525–1529.

Z

Zahavi, A, and A. Zahavi, 1997. The *Handicap Principle: A Missing Piece of Darwin's Puzzle.* Oxford University Press, New York.

Zardoya, R., Y. Cao, M. Hasegawa, and A. Meyer, 1998. Searching for the closest living relative(s) of tetrapods through evolutionary analysis of mitochondrial and nuclear data. *Mol. Biol. Evol.,* **15,** 506–517.

Zardoya, R., and A. Meyer, 1998. Complete mitochondrial genome suggests diapsid affinities of turtles. *Proc. Natl. Acad. Sci. USA,* **95,** 14226–14231.

Zeilik, M., 2002. *Astronomy: The Evolving Universe* (9th ed.). Cambridge University Press, Cambridge, England.

Zelditch, M. L., (ed.), 2001. *Beyond Heterochrony. The Evolution of Development.* Wiley-Liss, New York.

Zhang, B., and T. R. Cech, 1997. Peptide bond formation by *in vitro* selected ribozymes. *Nature,* **390,** 96–100.

Zhang, J., and M. Nei, 1996. Evolution of *Antennapedia*-class homeobox genes. *Genetics,* **142,** 295–303.

Zhang, X., J. Yazaki, A. Sundaresan, S. Cokus et al., 2006. Genome-wide high-resolution mapping and functional analysis of DNA methylation in *Arabidopsis. Cell,* **126,** 1189–1201.

Zhang, X. H.-F., and L. Chasin, 2006. Comparison of multiple vertebrate genomes reveals the birth and evolution of human exons. *Proc. Natl. Acad. Sci. USA,* **103,** 13427–13432.

Zhou, Z., and F. Zhang, (eds.), 2002. *Proceedings of the 5th Symposium of the Society of Avian Paleontology and Evolution, Beijing, 1–4 June, 2000.* Science Press, Beijing, China.

Ziegler, A. M., C. R. Scotese, W. S. McKerrow, M. E. Johnson, and R. K. Bombach, 1979. Paleozoic paleogeography. *Ann. Rev. Earth Planet. Sci.,* **7,** 473–502.

Zielinski, W. S., and L. E. Orgel, 1987. Autocatalytic synthesis of a tetra nucleotide analogue. *Nature,* **327,** 346–347.

Zimmermann, W., 1952. Main results of the "telome theory." *Paleobotanist,* **1,** 456–470.

Zubay, G., 1988. *Biochemistry,* 2nd ed. Macmillan, New York.

용어[1]

ㄱ

가계(Lineage) 조상무리에서 후손무리를 일렬로 배치한 진화적 배열.

가수분해(Hydrolysis) 물 분자로부터 3개의 원자들의 첨가로 분자를 분리하는 것.

감마선(Gamma ray) 핵반응에 의해 나오는 고빈도의 침투력이 강한 복사선.

감수분열(Meiosis) 이배체 세포에서 반수체인 배우자 혹은 포자를 만드는 세포분열 과정. 감수분열에서 모세포의 상동염색체 한 쌍 중 한 쪽만 배우자 혹은 포자에 전달된다(Meiotic drive). (참조 : 분리변형)

강(Class) 분류학적 계급으로 문과 목 사이에 위치함. 하나의 문에는 하나 이상의 강이 있고, 하나의 강에는 하나 이상의 목이 있음.

개체 발생(Ontogeny) 접합자로부터 성충까지의 개체의 발생.

격리 기작(Isolating mechanism) 개체군들 사이의 유전적 교환을 차단하는 데 적용되는 생물학적 기작. 대개 타가수정을 방해하는(예, 교미시 행동의 차이) 교미전 격리 기작(premating isolating mechanisms)과 타가수정 후에도 배우자 혹은 접합자의 성공을 방해하는(예, 잡종 생존불능, 잡종불임성) 교미후 격리 기작(postmating isolating mechanisms)으로 나뉜다.

격막(Septum) 생물체 마디 사이의 구별막 혹은 분할.

결손(Deficiency) 〔참조 : 결실(Deletion)〕

결실(Deletion) DNA 혹은 염색체의 부분이 없어지는 이상.

경계색(Aposematic) 피식자가 나타내는 뚜렷한 현색으로 포식자에게 피식자의 독성과 맛 없음을 나타낸다. 경계색 유형은 장수말벌, 제주왕나비류, 코랄스네이크(coral snake), 스컹크, 독도마뱀 등에서 보이는 밝은 색과 음영을 포함한다.

경쟁(Competition) 단위 안에 있는 제한된 자원을 이용하기 위한 생물단위(예, 개체군, 종) 사이의 관계.

계(Kingdom) 분류 체계 중 가장 높은 단계. 각 계에는 문 혹은 아문들이 속한다. 현재 분류체계에서 많이 사용하는 것은 5계시스템이다: 원핵생물계, 원생생물계, 균계, 동물계, 식물계. 어떠한 학자들은 3계시스템을 주장하기도 한다: 고세균류(Archaea), 세균류(Bacteria), 진핵생물류(Eucarya). 〔참조 : 구역(Domain)〕

계층구조(Hierarchy) 진화학 및 발생학에서 복잡성 혹은 구조의 수준이 증가하는 것을 지칭하는 용어.

계통(Phylogeny) 기원과 관련성으로 이루어진 종의 진화역사. 계통수가 진화의 모식도가 된다.

계통발생진화(Phylogenetic evolution) 하나의 조상혈통에서 2개 이상의 혈통들로 분화하는 진화적 변화. (가지치는 진화(branching evolution)라고도 함) 〔참조 : 분기진화(Cladogenesis)〕

계통적 진화(Phyletic evolution) 가지치지 않는 한 계통 내에서의 진화적 변화. 신종〔연대종(chronospecies)이 시간이 경과하면서 한 계통에서 나오지만, 특정시간대에서는 종수의 증가가 없음. 〔참조 : 향상진화(Anagenesis)〕

계통학(Systematics) Sympson에 의해 생물의 다양성과 모든 비교와 진화관계를 연구하는 학문으로 정의되었지만, 분류(classification)와 분류학(taxonomy)과 같은 의미로 쓰인다.

계통형(Phylotype) 특정 동물문의 몸체제의 기본특징들을 특정화하는 배발생의 한 시기. 한 혈통의 고등한 분류군에서는 계통형을 자신의 독특한 파생형질 발생의 기초로 이용한다.

고분자(Macromolecules) 단백질, 핵산, 다당류와 같은 거대 중합체.

고생대(Paleozoic) 2억 5천~5억 4천5백만 년 전에 있었던 현생 이전의 첫 번째 시대.

고생물학(Paleontology) 멸종된 화석생물을 연구하는 학문

고세균(Archaebacteria) 황에 의존하고 메탄을 발생시키는 호염성 세균으로 세포벽과 하나의 염색체를 갖는다. 리보솜의 구조와 몇몇은 인트론이 있는 점이 진정세균과는 다르다. 생명역사 초기에 유래되었음.

고속 진화(Tachytelic) 상대적으로 속도가 빠른 진화.

고유(Endemic) 특정 지리적 지역에 고유한 종 혹은 개체군.

고정(Fixation) 개체군 내에서 낮은 빈도〔다형성(polymorphism)〕에서 시작하여 특정 대립유전자 혹은 유전자형의 빈도가 개체군 내에 100% 〔단형성(monomorphism)〕가 되는 것.

고지자기(Paleomagnetism) 철을 함유한 고대암석의 자기장. 고자기장은 암석이 형성되었을 때의 지구 자기극에 대한 대륙의 위치 정보를 제공한다. 따라서, 대륙 상호간의 이동 역사를 알 수 있다.

곤드와나대륙(Gondwana) 약 1억 8천만 년 전에 판게아대륙이 분리되어 남반구에 만들어진 큰 대륙. 곤드와나대륙에는 현재의

[1] 몇몇 분야에서 비슷한 의미로 사용되면, 용어들은 해당 분야에 사용되는 용어 뒤의 괄호 안에 넣었음.

남미, 아프리카, 남극, 오스트레일리아, 인도가 포함된다.

공동우성(Codominance) 이형접합체의 상이한 두 대립유전자의 독립적인 표현형적 발현.

공생자(Symbiont) 2개체 혹은 두 종 사이의 상호관계(공생)에 참여하는 생물. 이 용어는 상호이익을 주는 관계(상리공생)에 적용되기도 한다.

공업암화(Industrial melanism) 산업지역에서 매연과 오염의 영향으로 밝은 색을 띤 형태에 대한 포식자에 의한 역선택이 작용하여 짙은 색의 형태들이 늘어나는 것.

공유결합(Covalent bond) 두 원자 사이의 전자공유로 생기는 강력한 화학결합.

공유파생형질(Synapomorphy) 조상혈통이 상이하지만 상동형질로부터 유래한 같은 표현형 형질로서 2개 이상의 근연혈통이 공유한다.

공진화(Coevolution) 같은 군집에 있는 다른 종의 변화에 반응하여 1개 또는 그 이상의 종들이 공통으로 진화하는 것.

과(Family) 목과 속 사이에 위치하는 분류 계급. 목에는 하나 이상의 과가, 과에는 하나 이상의 속이 포함된다.

관속식물(Vascular plants) 특수한 물과 양분을 이동시키는 관과 조직(물관부와 체관부)을 가진 식물.

관입(Intrusion) 지구표면이 아니라 지층안 혹은 사이에 삽입된 화성암.

관절골(Articular) 포유류가 아닌 척추동물의 하악에 있는 뼈로 방골과 턱 관절을 이룸. 포유류의 이소골로 변형됨. 〔참조 : 방골(Quadrate)〕

광년(Light–year) 빛이 1년에 움직이는 거리. 약 6×10^{12} mile 혹은 9.5×10^{12} km.

광독립영양생물(Photoautotroph) 〔참조 : 독립영양생물(Autotroph)〕

광합성(Photosynthesis) 엽록소에 의해 빛에너지를 획득하는 것부터 시작하는 과정을 거쳐 이산화탄소와 물로부터 유기화합물을 합성하는 것.

교차(Crossing over) 2개의 상동염색체의 염색분체가 겹쳐 유전물질이 교환되는 현상. 〔참조 : 재조합(Recombination)〕

구강(Buccal) 입의 안쪽을 말하며 뺨과 가장 가까운 이빨 쪽을 가리킨다.

구배(Gradient) 물질이 공급원으로부터 나올 때 물질의 양 변화.

구심성 선택(Centripetal selection) 〔참조 : 안정화 선택(Stabilizing selection)〕

구역(Domain) 분자생물학에서 폴리펩타이드 사슬 내의 아미노산 순서로 단백질의 특정 기능일부를 작용시킨다. 이 용어는 계통학에서 생물을 원핵생물과 진핵생물의 두 상계(superkingdom)로 나누었던 것을 대치하는 3계 시스템(고세균, 세균, 진핵생물)을 말하기도 한다.

구조유전자(Structural gene) DNA 혹은 단백질을 암호화한 DNA 서열. 단백질암호유전자를 가르키기도 한다.

구조판(Tectonic plates) 지각으로 구성된 단단한 판으로 이들의 경계는 지진대와 화산 사슬이다. 해양에서는 판들이 융선에서 이루어져서 심해구에서 다른 판 아래로 스며든다. 구조판 위에 있는 대륙 덩어리에 의해 대륙 이동과 구조판 충돌에 의한 산맥형성과 같은 현상들을 설명하고 있다.

군 선택(Group selection) 개체 무리 내의 개체들 간의 경쟁보다는 개체 무리 간의 경쟁에 관한 특징에 대한 선택. 예를 들어, 이타

성은 이타성을 보이는 개체 보다는 이타성 무리에 더 이득을 준다. 이러한 무리의 개체들의 적응도는 무리의 성질과 관계된다.

굴곡(Flexion) 관절이 줄어드는 부속지의 운동.

굴착동물(Burrowing animal) 수중동물로 바닥에 살며 부드러운 저질을 통해 이동한다.

균일론(Uniformitarianism) 찰스 라이엘(Charles Lyell)에 의해 제기된 지구과학의 학설로, 과거 지구역사에서 작용했던 힘들은 현재 작용하는 힘과 같다고 함.

근교계수〔Inbreeding coefficient(F)〕 이배체 생물에서 한 유전자의 두 대립유전자들이 같을 확률.

근교약세(Inbreeding depression) 근친교배로 인해 형질의 평균 값, 생장, 활력, 생식력, 생존이 감소하는 것.

근본주의〔Fundamentalism (religious)〕 성경이나 코란과 같은 성서기록에 있는 창조 이야기, 사건들과 율법들을 사실로 믿음.

근지역성(Parapatric) 분포가 서로 겹치지 않으나 상호경계에서 거의 붙어 있는 지리적으로 인접한 종 혹은 개체군.

근친교배(Inbreeding) 유전적으로 가까운 개체들 간의 교배로 후손에 동형접합성이 증가하기도 한다.

글로거의 법칙(Gloger's rule) 온혈동물이 서늘하고 건조한 지역에서 사는 것보다 따뜻하고 습기있는 지역에서 사는 것이 더 많은 색소를 가진다고 하는 일반론.

기〔Period (geological)〕 특정 암석과 화석에 의해 구별되는 대(era)의 구분. 백악이 풍부함으로 이름지어진 백악기, 석탄이 암석 시스템의 구성원으로 많아서 이름지어진 석탄기가 예가 된다.

기본설계(*Bauplan*, **복수 *Bauplane***) 문과 같은 생물의 특정 무리를 특정화하는 몸의 구조적 틀. 〔참조 : 원형(Archetype)〕

기생(Parasitism) 종 사이의 관계로 한 종은 다른 종의 조직이나 생체로부터 영양분을 얻거나 해를 주기도 한다.

기수성(Brackish) 염도가 담수와 해수 중간인 물로 강이 해수와 만나는 하구지역 물이 기수성이다.

기울기(Cline, **구배**, **연속변이**) 개체군 혹은 종의 표현형 혹은 유전자형의 구배가 환경적 특징(강, 산맥, 고도 등)의 방향성과

연관되어 일어난다.

깃털손질(Grooming) 입, 손가락, 손톱으로 몸 표면을 손질하는 것.

ㄴ

나자식물(Gymnosperms) 자방이 노출된 관다발식물의 무리. 주로 구과식물이다.

난생(Oviparous) 암컷이 몸 밖에서 발생하는 알을 낳는 것.

남세균(Cyanobacteria) 엽록소a를 가진(엽록소b는 없음) 광합성 원핵생물. 대부분은 호기성이지만 혐기성인 것도 있다. 한때 남조류(blue-green algae)라고 불렸는데, 이것은 색깔이 엽록소를 감싸는 파란색을 띄는 색소때문에 이름 붙여졌다.

낭배기(Gastrula) 포배기(blastula stage) 다음의 다세포동물의 컵 모양으로 되는 발생 시기. 낭배기의 내배엽으로 싸인 빈 공간인 원장(archentron)은 원구(blastopore)를 통해 밖으로 통함. 〔참조 : 원장(Archenteron), 헤켈의 낭배설(Haeckel's gastrula hypothesis)〕

내배엽(Endoderm) 동물의 초기 발생시기에 원시 장[원장(Archenteron)]을 싸는 세포층으로 발생이 진행되면 내장관과 간, 폐, 방광과 같은 내부기관의 상피층을 형성함. 〔참조 : 원장(Archenteron)〕

내부공생(Endosymbiosis) 서로 다른 두 생물체 간의 관계로서 이들 중 하나는 다른 한 생물체의 조직 혹은 세포 내에 살면서 자신 이익을 갖거나 서로 이익을 공유한다. 미토콘드리아나 엽록체와 같은 진핵세포기관은 내부공생에 의해 원핵생물로부터 기원한 것으로 생각된다.

내분비샘(Endocrine gland) 혈류로 직접 분비하는 샘. 〔참조 : 외분비샘(Exocrine gland)〕

내온성(Endothermic) 체온이 체내생리 메커니즘에 의해 외부온도와 관계없이 일정수준으로 유지된다.

내적 자연증가율(Intrinsic rate of natural increase) 제한요소가 없는 환경에서 개체군이 증가할 수 있는 잠재적 속도.

내전운동(Adduction) 부속지 혹은 몸 구조의 정중시상면(median sagittal plane)쪽으로의 운동.(예, 옆으로 펴진 팔을 몸 옆으로 붙이는 것).

넉클보행(Knuckle-walking) 몸의 앞부분의 체중을 유지하기 위해서 손바닥쪽으로 손가락을 오므리고 넉클의 손등을 이용하는 침팬지와 고릴라의 사지보행.

네발보행(Quadrupedal) 네 발을 사용하는 사지동물의 운동.

노화(Senescence) 늙어지는 과정.

뇌이랑(Angular gyrus) 뇌 두정엽의 한 부분으로 인지와 언어와 관련된 중요한 기능들을 담당함.

뉴클레오티드(Nucleotide) 퓨린과 피리미딘 염기, 리보오스, 디옥시리보오스 당, 인산기로 구성된 분자단위.

능동수송(Active transport) 에너지를 요구하는 생화학적 수송. 예를 들어 아데노신삼인산(adenosine-5′-triphosphate: ATP)의 가수분해.

ㄷ

다계통적(Polyphyletic) 수렴 혹은 평행진화에 의해 두 가지 이상의 서로 다른 조상혈통에서 유래한 하나의 분류학적 무리를 지칭함.

다사염색체(Polytene chromosomes) 평행으로 배열된 수많은 염색분체들로 구성되어 띠처럼 보이는 염색체 구조를 나타내는 거대염색체.

다원유전자(Polygene) 다른 다원유전자들과 작용하여 한 형질의 정량적인 표현형 효과를 나타내는 유전자.

다윈주의(Darwinism) Charles Darwin에 의해 제기된 개념으로 생물 진화는 개체군의 유전적 변이에 작용하는 자연선택의 작용으로 서로 다른 매우 적응된 생물종을 만들어 낸다.

다유전자군(Multigene family) 〔참조 : 유전자군(Gene family)〕

다형성(Polymorphism) 개체군에 두 가지 이상의 유전적 혹은 표현형적 변이가 존재하는 것. 가장 희귀한 타입의 빈도가 돌연변이 뿐만 아니라 여러 요인에 의해 유지되는 유전적 변이를 일컫는다.

다형질발현(Pleiotropy) 한 유전자가 여러 형질에 표현형 효과를 나타내는 경우.

단계통군(Clade) 한 공통 조상으로부터 유래한 분류군의 자연 무리.

단계통적(Monophyletic) 하나의 조상혈통으로 이루어진.

단공류(Monotremes) 오스트레일리아에만 서식하는 알을 낳는 포유류. 오리너구리와 개미를 먹는 바늘두더지가 속한다.

단량체(Monomers) 중합체를 구성하는 단위. (예, 핵산의 뉴클레오티드, 단백질의 아미노산, 다당류의 당)

단백질(Protein) 하나 혹은 여러 아미노산의 폴리펩타이드사슬들로 구성된 거대분자로 꼬이거나 접혀서 특수 형태로 되어 있다.

단상형(Haplotype) 하나의 어버이로부터 단위로 유전된 뉴클레오티드, 제한자리, 표지유전자의 배열. 매우 많은 유전자자리가 관계됨으로 단상형은 대립유전자의 끈으로 구성된다.

단성생식(Parthenogenesis) 수정이 없는 알의 발생.

단자엽식물(Monocotyledons) 배아가 하나의 떡잎을 가진 현화식물

단형(Monomorphic) 특정 유전자 혹은 특징에서 유전적 혹은 표현형 변이가 없는 개체군 혹은 종.

달리기에 알맞은(Cursorial) 땅을 달리기에 적응된(주행성).

대(Era) 이언과 기(period)사이에 위치한 지질학적 시대구분. 현생 이언(Phanerozoic eon)은 고생대, 중생대, 신생대로 나뉘

고, 다시 각 대는 2개 이상의 기로 나뉜다.

대기(Atmosphere) 지구와 같은 천체를 둘러싸고 있는 기체로 된 막.

대돌연변이(Macromutation) 여러 돌연변이가 작용하지 않고 1개의 거대한 돌연변이가 작용하여 새로운 종 혹은 높은 수준의 분류학적 카테고리의 기원되었다고 하는 개념. 대부분의 유전학자들은 돌연변이가 작고 큰 발생학적 변화들의 원인이라고 여기지만, 하나의 돌연변이가 갑작스런 종의 기원을 일으킨다는 보고가 없다고 본다. 왜냐하면 갑작스런 거대한 변화로 인해 정상적인 유전적, 발생학적 과정이 엉망이 되기 때문이다.

대륙이동(Continental drift) 지구 표면의 시간흐름에 따른 구조판(tectonic plate)의 상호이동.〔참조 : 고자기장(Paleomagnetism), 해저지각 팽창(Sea floor spreading), 구조판(tectonic plates)〕.

대립유전자(Allele) 한 유전자의 여러 상태 중 하나. 염색체의 특정 좌위에서 나타나는 염기서열.

대립유전자 빈도(Allele frequency) 개체군(집단) 내 서로 다른 대립유전자의 비율〔참조 : 유전자 풀(Gene pool)〕

대립형질 우성〔Dominance (allele)〕 특정 대립형질(예, A는 우성상태)의 표현형적 효과가 이형접합자(Aa)와 동형접합자(AA)에 모두 발현되는 경우. 그러나, 다른 대립형질(예, a는 열성상태)의 표현형적 효과는 이형접합자에서 나타나지 않고 동형접합자(aa)에서만 나타난다.

대사(Metabolism) 생명체를 유지하기 위한 효소 촉매 반응의 네트워크.

대사경로(Metabolic pathway) 효소가 촉매하는 반응의 배열로 선구물질이 하나 혹은 2개 이상의 결과물질로 변한다.

대진화(Macroevolution) 종 보다 높은 단계의 진화 대개 형태적 변화가 크게 일어난다. 이 개념은 종의 기원 혹은 개체군 변화와는 다른 양상이 종 보다 높은 단계의 기원을 일으켰다고 주장하는 학파에 의해 제기되었다〔참조 : 중단평형(Punctuated equilibrium)〕.

도약진화(Saltation) 대돌연변이 혹은 원인 모를 이유들에 의해서 신종 혹은 새로운 상위분류군들이 갑자기 기원되었다는 개념.

도플러효과(Doppler effect) 빛과 소리의 파장변화를 파원에 대하여 상대속도를 가진 관측자에게 파동의 주파수가 파원에서 나온 수치와는 다르게 관측되는 현상.

독립 분리(Independent assortment) 멘델유전학의 기본원리로 감수분열에서 염색체 쌍들이 무작위로 양극으로 향함으로 배우자는 서로 다른 염색체들로부터 대립유전자의 마구잡이 분리를 갖게 된다.

독립영양생물(Autotroph) 단순한 무기 환경적 기질들로부터 생장에 필요한 복잡한 유기합성물을 합성할 수 있는 생물체.

돌연변이(Mutation) 치환, 복제, 삽입, 결실 혹은 역위 등에 의한 유전물질의 뉴클레오티드 배열의 변화.

돌연변이 하중(Mutational load) 재발하는 돌연변이에 의해 생긴 유해유전자의 발생으로 인한 유전적 하중.

동결사건(Frozen accident) 먼 과거의 우발적인 사건이 현생 생물체의 일반적인 특성을 결정한다는 개념. 이러한 사건으로는 현재의 유전암호는 초기 생물체개체군의 병목현상을 유지하기 위해서 사용되었던 것으로 후대 생물에게 이것이 전달되었다는 것이 있다.

동령군(Cohort) 같은 나이에 있는 한 개체군의 개체들.

동류교배(Assortative mating) 무작위로 생식하는 것이 아니라 표현형 혹은 유전자형의 유사함(양성동류교배, positive assortative) 혹은 상이함(음성동류교배, negative assortative)에 의해 개체들이 교배하는 것.

동물상(Fauna) 특정 지역 혹은 일정 시간 내의 모든 동물들.

동물형(Zootype) 다세포동물의 공간적 발생을 조절하는 특정 유전자들의 발현에 의해 특정화되는 발생시기.

동소성(Sympatric) 지리적 분포가 서로 일치하거나 겹치는 종 혹은 개체군.

동소적종분화(Sympatric speciation) 같은 지리적 범위를 갖는 개체군들 사이의 종분화.

동원체(Centromere) 세포분열 시에 방추사가 붙는 진핵세포 핵 속의 염색체 부분.

동위원소(Isotope) 질량을 가진 원소의 여러 형태 중 하나로 원자핵 내 중성자의 수에 의해 구별된다. 방사성 동위원소의 붕괴율은 각 동위원소마다 일정하며, 붕괴될 때 이온화방사선을 낸다. (참조 : 반감기, 방사성 연대측정)

동질배수체(Autopolyploid) 하나의 조상에서 한 번 이상의 복제에 의해 염색체를 두 벌 이상 가진 종이나 생물.

동형배우체(Homogametic) 자손의 성결정을 위해 한 종류의 배우자만 내는 성. 따라서, 성의 차이는 동형접합자 성에서 나오는 배우자 종류에 따라 결정된다. 동형접합자 성은 포유류에서는 암컷, 조류에서는 수컷이다. (참조 : 성염색체)

동형접합자(Homozygote) 상동염색체의 한 특정 유전자자리에서 같은 대립유전자(이배체에서 AA 혹은 aa)를 갖는 유전자형 혹은 개체.

되먹임(Feedback) 한 과정의 결과물이 과정 자체의 기능에 영향을 줄 때.

두발보행(Bipedalism) 이동을 위해 뒷다리만을 사용하는 것. 〔참조 : 팔운동(Brachiation)〕

등쪽(Dorsal) 동물의 복부와 반대쪽인 등쪽 혹은 위쪽.

ㄹ

라마르크유전(Lamarckian inheritance) 생물체의 표현형 자체가 유전된다는 개념. 즉, 생물이 환경요구에 반응하기 위해 얻어진 형질 뿐만 아니라 생물의 생활사에서 얻었거나 잃어버린

형질들은 자손에게 유전된다고 한다. (참조 : 획득형질의 유전, 용불용설)

라세미 혼합물(Racemic mixture) 서로 구조가 비슷하지만 서로 거울상인 두 종류의 분자들의 혼합물. 두 분자 각각은 특정 방향으로 편광면을 회전시키지만, 혼합물은 광학적으로 불활성이다.

라우라시아(Laurasia) 약 1억 8천만 년 전 판게아대륙의 분리로 생긴 북반구의 초대륙. (현재의 북미, 그린란드, 유럽, 아시아 일부를 포함한다)

로지스트형 생장곡선(Logistic growth curve) 개체군 생장곡선이 S 자형인 것으로 수가 처음에는 느리게 성장하고, 후에 빠르게 되고 결국에는 최대치(혹은 특정 환경에 대한 최대 수용력)에 이르면 더 이상 증가하지 않는다.

리보솜(Ribosomes) 리보솜 RNA, 단백질로 구성된 세포내 구조로 전령 RNA가 폴리펩타이드로 번역된다.

리보솜 RNA〔Ribosomal RNA (rRNA)〕 리보솜 구조를 구성하는 RNA.

리보자임(Ribozymes) 촉매역할을 하는 RNA 뉴클레오티드 배열.

ㅁ

마이크로새틀라이트(Microsatellites) 2–4개 정도의 짧은 뉴클레오티드 배열이 반복된 것(예, CACACA). 이러한 유전자좌위들은 매우 많고(인간은 CA배열반복이 35,000좌위에서 나타난다) 이것들은 매우 높은 빈도로 돌연변이(배열 수의 변화)되고 있다.

마이크로스피어(Microspheres) 프로테이노이드가 물에서 끓여지고 식어져서 형성된 작은 막으로 싸여진 스피어. 삼투, 크기생장, 화학물의 선별적 흡수 등의 세포 성질을 나타낸다.

만성성의(Altricial) 스스로 살수 없고 어버이의 보살핌이 요구되는 상태로 되어 나거나 부화된.

말단동원체성 염색체(Telocentric chromosome) 동원체가 끝에 있는 염색체.

말단전자수용체(Terminal electron acceptor) 대사과정에서 최종전자수용체인 분자. (예, 호기성호흡에서 산소가 최종전자수용체이다)

말더스 매개변수(Malthusian parameter) 〔참조 : 내적 자연증가율 Intrinsic rate of natural increase)〕

매개자(Vector) 유전공학화된 DNA를 세포에 이동시키는 데 쓰이는 수단. (예, 플라스미드 혹은 바이러스)

멘델의 유전법칙(Mendel's laws) 〔참조 : 독립 분리(Independent assortment), 분리(Segregation)〕

멸종(Extinction) 종 혹은 그 상위분류군의 사라짐.

목(Order) 강과 과 사이에 있는 분류학 카테고리. 강에 몇몇 목이 있고 목 속에 몇몇 과가 있다.

목적론(Teleology) 발생 혹은 진화와 같은 자연현상은 마지막 시기(*telos*)에 의해 인도되거나 특정 목적에 의해 수행된다는 개념. 여러 철학자들이 외적 목적론과 내적 목적론을 구별한다. 외적 목적론은 외부의 신비하거나 현명한 원천에 의해 특정 결과로 향하는 과정이 결정된다고 한다. 예를 들어, "신이 세계를 창조한 궁극적 목적은 인간의 이익을 위한 것이다". 효과를 앞선 원인을 추적하는 과학과는 달리 외적 목적론적 원인(예, 초자연적인 계획)은 효과의 작용 혹은 목적이 예측되거나 보여진 후에 일어난다. 반면에, 내적인 목적론은 과정 그 자체로부터 발전한 이해할 수 있는 물질적인 기초를 가진 과정의 종점을 일컫는다. 예를 들어, "식물이 광합성을 하고 동물이 생존을 위해 먹이를 찾는 이유와 생존을 위한 궁극적 목적은 생식적 성공이다". 여러 요인 중에서 문화진화와 달리 생물진화에서는 외적 목적론이 배제되는데 문화진화에서는 인간이 여러 모습들을 고안해서 외적 목적론을 도입한다.

무산소대사(Anaerobic metabolism) 산소 분자 없이 먹이 분자의 산화적 분해로부터 얻는 대사과정을 위한 에너지. 〔참조 : 유산소대사(Aerobic metabolism)〕

무성생식(Asexual reproduction) 수정이나 배우자 형성 없이 하나의 어버이로부터 자손이 나오는 생식.

무수정생식〔Apomixis (apomitic)〕 식물에서 일어나는 종자로부터 무성생식. 〔참조 : 단성생식(Parthenogenesis)〕

무체강동물(Acoelomate) 체강(coelom: 몸의 내부 공간)이 없는 동물.

문(Phylum) 계(kingdom) 아래의 분류학적 카테고리. 표현형적으로 서로 매우 다르나 몇몇 특징 혹은 체형설계를 공유한다.

문화〔Culture (social)〕 사회적 집단에 일반적인 교육된 행동과 관습.

뮬러의태(Mullerian mimicry) 포식자에게 해가 되는 몇몇 종 사이에서 일반적 위험색 혹은 패턴이 공유되는 것으로 선택적 이익에 의해 유지된다.

미토콘드리아(Mitochondria) 진핵세포의 세포소기관으로 산소와 전자전달계를 이용하여 물질을 분해하여 나오는 에너지를 ATP로 전달한다. 미토콘드리아는 자신의 유전물질(히스톤이 없는 원형 DNA)를 가지고 있고 자신의 단백질 합성장치를 이용하여 미토콘드리아 단백질(대부분의 미토콘드리아 단백질은 핵 DNA에 의해 암호화되어 있고 세포질에 있는 리보솜에서 합성된다)을 만들어 낸다.

밀도비의존(Density independent) 특정 산지의 개체수에 관계되지 않는 요인들(기후변화, 운석 충격 등)에 개체군 성장과 크기가 의존하는 것.

밀도의존(Density dependent) 특정 산지의 개체수에 직접 관계되는 요인들(먹이경쟁, 배설물의 쌓임 등)에 개체군 성장과 크기를 의존하는 것.

ㅂ

바이러스(Virus) 작은 세포내 기생생물로 몇개의 핵산, 단백질로 구성되어 있고 자신의 유전물질을 복제하고 단백질을 합성하기 위해서 숙주세포를 이용한다.

박스(Box, **복수** Boxes) 분자유전학의 용어로, 다른 DNA의 작용을 활성화하거나 억제하는 전사인자인 단백질을 특성화하는 DNA 염기서열. 이러한 인자들의 유전자군은 같은 박스를 공유함.

박테리오파아지(Bacteriophage) 세균에 기생하는 바이러스(파아지).

반감기〔Half-life (radioactivity)〕 방사성 동위원소의 시작량의 절반이 소멸되는 시간. 각 반감기에서 양이 절반씩 줄어서 만약 출발량의 1/2이 반감기를 거치면 1/4이 남고 다시 반감기를 거치면 1/8이 남는다. 각 방사성 동위원소에는 일정시간에 따른 특정 반감기가 있다.

반배수성(Haplodiploidy) 꿀벌, 장수말벌에서 보이는 생식시스템으로 미수정난에서 반수체 수컷이 나오고 이수체 암컷은 수정난에서 나온다.

반복 DNA(Repetitive DNA) 유전체에서 여러 번 반복되는 DNA 뉴클레오티드 배열들.

반성유전자(Sex linkage) 성염색체에 연관된 유전자.

반수체(Haploid) 염색체 한 벌만 갖는 세포 혹은 개체로 각 유전자의 한 대립유전자만 갖게 된다.

반접합성(Hemizygous) 수컷 포유류에서 X염색체와 같이 이배수 세포에서 유전자가 쌍을 이루지 않는 것.

반투과성막(Semipermeable membrane) 어떤 특정 물질들의 투과를 선택적으로 허용하는 막.

발생(Development) 초기부터 성체까지의 생물체의 점진적 변화의 반복적 배열.

발정주기(Estrus) 포유류 암컷이 최대생식수용성을 갖는 시간간격으로 대개 배란시기와 일치한다.

발효(Fermentation) 에너지와 최종 유기물질을 생상하는 글루코스 혹은 관련 물질의 혐기성 분해. (예, 해당과정)

방골(Quadrate) 포유류가 아닌 척추동물의 뼈로 관절골과 턱관절을 이루며, 포유류의 소이골로 변형됨. 〔참조 : 관절골(Articular)〕

방사능(Radioactivity) 특정 성분들의 원자핵이 변화하면서 나오는 방사선 방출.

방사성 연대측정(Radiometric dating) (지질과학) 방사성 성분과 암석의 방사성 붕괴에서 나오는 동위원소들의 비율을 측량하여서 암석의 연대를 측정하는 것. 특정 방사성 성분의 붕괴속도가 일정함으로, 이들의 비율은 암석의 연대를 추정하게 하고, 이것은 다른 방사성 성분들에 의한 연대측정에 의해 확인되기도 한다.

방산〔Radiation (phylogenetic)〕〔참조 : 적응방산(Adaptive radiation)〕

방향성 선택(Directional selection) 형질의 표형형이 표현형적 극단의 한 방향으로 흘러가도록 하는 선택.

배수성(Polyploidy) 이배체($2n$)보다 큰 염색체조(chromosome set) (n)의 수의 변이. 예로 삼배체($3n$), 사배체($4n$) 등이 있다.

배우자(Gamete) 반수체인 생식세포로서 수정(fertilization) 과정을 통해 반대 성의 배우자와 결합하여 이배체인 접합자가 된다.

배우체(Gametophyte) 세대교번을 하는 식물(반수체인 배우체와 이배체인 포자체)의 반수체 배우자를 만드는 단계. 배우체는 포자체에서 감수분열에 의해 만들어지며, 이들의 배우자는 유사분열에 의해 만들어진다.

배쪽(Ventral) 동물의 아래 표면. 척추동물의 척추의 반대표면.

백분법 눈금(Centigrade scale)(℃) 1 대기압에서 얼음이 어는 온도를 0℃로 물이 끓는 온도를 100℃로 하는 온도눈금.

번식성공도(Reproductive success) 한 유전자형에 의해 나오는 생식가능 자손의 상대적 비율. 〔참조 : 적응도(Fitness)〕

번역(Translation) 리보솜에서 일어나는 단백질합성과정으로 전령 RNA의 코돈 정보에 의거하여 아미노산을 결합하여 폴리펩타이드를 합성한다.

범생설(Pangenesis) 다윈과 몇몇 사람이 가졌던 유전개념으로 작고 입자인 제뮬(gemmules) 혹은 판겐(pangenes)이 생물의 여러 조직들에서 나와서 생식소로 이동하여 배우자로 혼합된다고 한다. 기관의 용불용시의 특정 제뮬이 증가 혹은 감소는 라마르크의 획득형질의 유전 개념을 설명하기 위해서 제기되었다.

범위(Range) 개체군 혹은 종이 서식하거나 개체가 서식을 영위하는 지역의 지리적 한계.

베르그만의 법칙(Bergmann's rule) 더 추운 지역에 사는 동물이 더 따뜻한 지역에 사는 같은 무리의 동물보다 몸집이 더 크다는 것을 일반화한 것.

베이지안 추론(Bayesian inference) 주어진 확률에 의한 가능성 분석의 한 기법.

베이츠 의태(Batesian mimicry) 포식자에 유해한 종에 대한 무해한 종의 형태의 유사성으로 상대적으로 드문 의태에 대해 선택적 이점이 있기 때문에 유지됨.

변성암(Metamorphic rock) 고열이지만 녹지 않는 온도와 압력이 작용하여 화학적이고 물리적인 변화가 된 암석.

변이(Variation) 분자, 세포, 개체든 간에 개체군의 구성원사이의 형질의 정성적 혹은 정량적 변화.

변태(Metamorphosis) 발생에서 하나의 형태에서 다른 형태로 바뀌는 것. (예, 유생에서 성충으로의 변화)

병목효과(Bottleneck effect) 유전적 부동의 일종으로 개체군의 크기가 작아졌다가 다시 늘어날 때 일어난다. 늘어난 개체군의 유전적 빈도는 병목효과가 일어나기 이전과 매우 다르다. 〔참조 : 창시자 효과(Founder effect)〕

보조인자(Cofactor) 작은 유기(조효소) 혹은 무기분자(금속이온)로 효소기능을 위해 필요하다.

보편유전암호(Universial genetic code) 모든 생물이 같은 유전암호를 사용하는 것. 미토콘드리아, 마이코플라스마와 몇몇 섬모충류는 몇몇 코돈이 보편유전암호와 다르다.

복합성(Complexity) 상이한 구성요소와 과정 사이의 배열과 상호작용에 의해 생기는 미묘한 조직의 상태. 가정하기를 상호작용하는 부분이 많을수록 복합성이 더 높다고 본다. 복합성 수준(level of complexity)은 복잡한 구성들이 다른 것들에 포함되는 계급의 구조를 말한다〔참조 : 계급구조(Hierachy)〕. 생물 사이의 복합성 정도를 비교하는 방법은 다른 종류의 구조, 기관, 조직, 세포, 유전자와 단백질의 수를 비교하는 것이다. 그러나, 이러한 수들은 일정하게 변하지 않으므로 McShea는 진화에서 어떤 것이 증가할지도 모르지만 이것이 복합성인가? 라는 의문을 던지고 있다.

본능(Instinct) 하나 혹은 몇몇 환경요인들에 의해 활성화되는 유전된 상대적으로 변하지 않는 행동양상.

부등교차(Unequal crossing over) 염색분체 사이의 부적절한 쌍형성의 결과로 교차 후 유전물질이 동등하게 나누어지지 않는다.

부분우성(Partial (incomplete) dominance) 이형접합자(예, A_1A_2)인 유전자의 두 대립유전자가 두 동형접합자(예, A_1A_1, A_2A_2)가 만드는 효과의 중간인 표현형적 효과를 나타내는 경우.

부생생물(Sacrophyte) 분해되는 유기물질을 먹는 생물.

부식동물(Scavenger) 자연사 하거나 병들어 죽은 것 혹은 다른 포식자에 죽은 생물을 먹는 생물들.

부영향화(Eutrophication) 수생계가 유기물로 과부화되는 과정으로 유기생산력이 증가하고 찌꺼기가 쌓이게 된다.

분기도(Cladogram) 분류군 사이의 계통유연관계를 보여 주는 나무처럼 그려진 그림.

분기론(Cladistics) 원시 상태와는 다른 비슷한 파생형질의 공유한 여부에 따라 분류군을 묶는 분류의 유형

분기진화(Cladogenesis) 한 계통에서 2개 이상의 계통이 분리되고 분화되는 가지치기 진화. 〔참조 : 향상진화(Anagenesis), 계통적 진화(Phyletic evolution)〕

분단성 선택(Disruptive selection) 개체군 내 개체들의 생존에 이익이 되게 작용하는 선택으로 특정 형질의 표현형 양극단으로 작용하여 중간의 값들이 제거되게 한다.

분단진화(Divergent evolution) 계통군사이의 차이를 생기게 하는 변화.

분류(Classification) 종, 속, 과, 목, 강, 문, 계에 걸친 분류계급으로 생물을 무리 짓는 것. 각 분류계급은 하나 이상의 의미 있는 형질들을 반영함.

분류군(Taxon) 생물의 무리들로 구성되는 분류학적 단위로 특정 분류학적 카테고리(종, 속, 과 등)에 위치한다.

분류학(Taxonomy) 생물을 분류하는 원리 및 과정.

분리(Segregation) 감수분열 시 서로에서 분리된 이형접합자의 유전자쌍에있는 2개의 상이한 대립유전자들이 동일한 빈도로 두 종류의 배우자(각각 다른 대립유전자를 가진)를 생산한다는 멘델법칙.

분리변형(Segregation distortion, meiotic drive) 특정 대립유전자에 의해 이형접합자에 의해 나오는 배우자들 사이의 분리비율의 변형.

분리유전하중(Segregational genetic load) 〔참조 : 평형유전하중(Balanced genetic load)〕

분자시계(Molecular clock) 〔참조 : 진화시계(Evolutionary clock)〕

분화(Differentiation) 생물체의 발생이 진행되면서 세포와 조직의 구조와 기능의 변화. 이 변화는 일반적으로 미성숙 배로부터 더 복잡한 성체로 진행된다.

분화 유전자(Split gene) 엑손과 인트론으로 나누어지는 유전자.

불연속변이(Discontinuous variation) 형질의 변이가 충분히 서로 달라서 서로 겹치지 않는 변이.

붉은 여왕 가설(Red Queen hypothesis) 군집내 한 종의 적응진화가 다른 종들의 환경악화를 일으킨다는 견해. 결과적으로 각 종은 현상을 유지하기 위해서 가능한 한 빨리 진화해야만 한다.

비다윈 진화(Non–Darwinian evolution) (참조 : 중립설)

비무작위교배(Nonrandom mating) 〔참조 : 동류교배(Assortative mating)〕

비분리(Nondisjunction) 상동염색체가 감수분열 후기의 한 시기에서 서로 분리되지 못하고 양극으로 이동하지 못하는 것. 비분리 때문에 딸세포 중 하나가 상동염색체를 받고, 다른 딸세포가 염색체를 받지 못하여 세포내 염색체 수의 증감이 발생한다.

비생물적(Abiotoc) 비생물 기원의 물질; 생물이 없는 환경

비연속적진화(Quantum evolution) 매우 짧은 시간동안에 진화속도가 매우 빨리 증가하는 것.

빅뱅설(Big bang theory) 우주(시간과 공간)가 약 137억 년 전 극히 뜨겁고 밀집된 상태에서 빨리 팽창되었다는 가설로 이때로부터 우주는 냉각 및 팽창되고 있다고 함. 〔참조 : 진화적 우주(Evolutionary universe)〕

빈도의존적 선택(Frequency–dependent selection) 유전자형과 표현형에 대한 선택의 영향이 이들의 빈도(예, 희귀한 유전자형이 흔하게 되었을 때 더 높은 적응치를 갖는다)에 의해 결정되는 경우.

ㅅ

사지동물(Tetrapod) 네 발을 가진. 대개 육지에서 진화한 척추동물의 무리로 양서류, 파충류, 포유류가 있다.

사회 다윈주의(Social Darwinism) 인간사회의 사회적, 문화적 차이가 개체군 혹은 종의 생물학적 차이를 주는 자연선택과 같은 과정에 의해 일어난다는 개념.

사회생물학(Sociobiology) 사회적 행동의 생물학적 기초를 연구하는 학문.

사회적 우성[Dominance (social)] 개체 집단에서 사회구성원의 행위가 다른 어떤 수단보다 공격이나 다른 행동에 의해 잘 유지되는 관계.

산성(Acidic) 물에 녹았을 때 수소이온(H^+)을 과량 내어놓는 화합물로 이러한 용액의 수소이온농도지수(pH)는 7.0보다 작다. 〔참조 : 수소이온농도지수〕

산화적 인산화(Oxidative phosphorylation) 전자들을 산소에 전달함으로써 ATP를 발생시키는 과정.

산화환원반응(Oxidation–reduction) 전자들이 한 원자 혹은 분자(환원제는 전자를 잃고 산화된다)에서 다른 원자 혹은 분자. (산화제는 전자를 얻어서 환원된다)로 전달되는 반응.

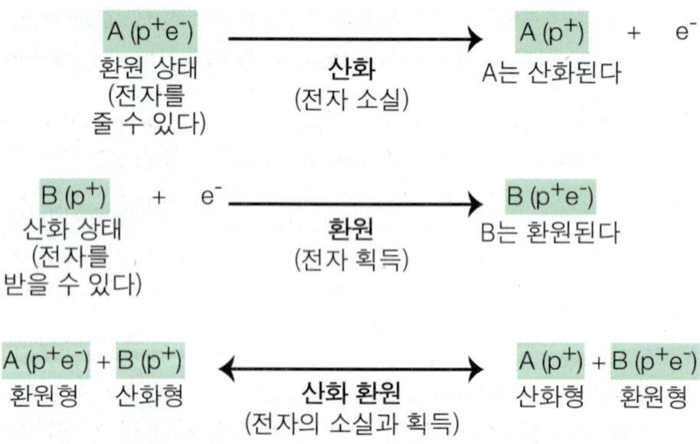

삼배엽동물(Triploblastic) 발생 중에 3개의 세포층(내배엽, 중배엽, 외배엽)만드는 동물.

상관(Correlation) 두 측정된 형질들이 같은 양적 방향으로 변하든가(양성 상관) 혹은 반대방향으로 변하는(음성 상관) 정도.

상대생장(Allometry) 몸길이와 몸의 부분들의 비례적인 관계

상대적 적응도(Relative fitness) 다른 대립유전자 혹은 유전자형과 비교하여 주어진 대립유전자 혹은 유전자형의 상대적인 생식적 성공.

상동(Homology) 서로 다른 종 혹은 무리의 공통 조상으로부터 유래한 생물학적 특징의 유사성을 지칭하는 용어. 유전적 수준의 유사성이 더 정확한 공통 조상 유래 여부를 판단할 있게 하지만, 상동적 특징은 대개 발생, 구조, 형태적 특징을 포함한다. 이러한 보전적 특징들은 아미노산 혹은 뉴클레오티드 배열에서 정량화할 수 있음으로 상동은 두 종이 원시형질을 공유하는 정도(상동=조상 유사성 정도)에 따라 규정되고 이러한 유사성 정도는 종간 계통유연관계를 세우는 데 도움이 된다(참조 : 유합). 따라서, 종 A와 B가 한 특정 원시 단백질에 대해 70% 상동이지만, 종 C와는 40% 상동을 공유하면 이 단백질에 대해 종 A와 B가 종 C보다는 더 유연관계가 가깝다고(최근의 공통 조상을 공유했다) 할 수 있다. 그러나, 조상 유전자가 다른 계통에서 다른 기능을 할 수 있음으로 상동유전자가 반드시 같은 특징을 나타내지는 않는다. 실제로, 수렴현상에서 볼 수 있듯이 독립적인 진화기원인 비상동성 진화요인에 의해 기능적, 형태적, 발생학적 유사성이 나타난다. 유전적 상동에 의한 계통은 다른 특징에 의한 계통과는 다르기도 하다. 상동의 정의에서 상동 정도에 대한 정량적인 고려를 삭제하고 정성적으로만 정의하는 경우도 있다.

상동염색체(Homologous chromosome) 감수분열 시기에 쌍으로 되는 염색체로 각 쌍은 유전자의 비슷한 배열을 가진다.

상동유전체부분(Synteny) 서로 다른 종이 연관순서에 상관 없이 같은 염색체에 상동유전자들을 갖는 것.

상리공생(Mutualism) 서로 이득을 공유하는 생물종들 사이의 관계.

상보적 염기쌍(Complementary base pairs) 핵산의 한 가닥에 있는 뉴클레오티드와 다른 가닥에 있는 뉴클레오티드가 수소결합되는데, 퓨린과 피리미딘 염기가 다음과 같은 조합으로 짝지어진다: DNA에서는 A와 T, RNA에서는 A와 U; DNA와 RNA에서 G와 C의 결합.

상사(Analogy) 2개 이상의 서로 다른 종이나 무리들에서 유전적인 공통 조상의 공유에 의한 것이 아니고 다른 요인들에 의해 비슷한 형질이 공유되는 것. 〔참조 : 수렴진화(Convergence), 상동(Homology)〕

상사적(Analogous) 〔참조 : 상동(Analogy)〕

상아질(Dentin) 치수를 싸고 있는 치아의 딱딱한 내층. 머리부분은 다 견고한 에나멜로 싸여 있고, 뿌리는 연한 시멘트로 둘러져 있다.

상염색체(Autosome) 성염색체가 아닌 염색체.

상위(Epistasis) 2개 이상의 유전자좌위들의 상호작용으로 각 좌위가 각각 작용했을 때와는 상이한 유전자형을 만든다. 표현형 차이의 원인을 검증하는 확률 개체군연구에서 상위는 일반적으로 대립유전자가 아닌 유전자들간의 상호작용에 의한 모든 표현형 변이를 말한다.

상호이타성(Reciprocal altruism) 개체들 사이의 이타적 행동작용들의 상호이익적 교환.

상호적응(Coadaptation) 2개 이상의 유전자 좌위에서 대립유전자의 적응조합을 일으키는 선택의 작용.

생명(Life) 대사, 생장, 생식과 같은 생물의 여러 특징들을 수행하는 능력.

생물(Organism) 살아있는 존재. 〔참조 : 생명(Life)〕

생물권(Biosphere) 생물이 서식하는 지구의 모든 구역.

생물발생법칙(Biogenetic law) 개체의 발생단계(개체발생, ontogeny)가 개체가 속한 단계통군의 진화역사(계통발생, phylogeny)를 반복한다는 에른스트 헤켈에 의해 제기된 이론.

생물상(Biota) 특정 지역이나 기간의 모든 동물상(fauna)과 식물상(flora).

생물의(Biotic) 생물에 관련되거나 생물에서 나오는.

생물지리권(biogeographical realm) 뚜렷한 생물상에 의해 특정화되는 공간적으로 격리된 지역

생물지리학(Biogeography) 생물의 공간적(지리적) 분포를 연구하는 분야.

생물학적 종의 개념(Biological species concept) 일차적으로 종을 생식적 격리(reproductive isolation) 여부에 따라 구분하는 개념.

생식력(Fecundity) 잠재적인 수정능력의 측정으로 생식적으로 성숙되었을 때 배우자의 양으로 계산된다.

생식적 격리(Reproductive isolation) 개체군들 사이에 유전자교환이 없는 것. 〔참조 : 격리 기작(isolating mechanisms)〕

생식질(Germ plasm) 다세포생물의 세포 혹은 조직들로 무성생식 혹은 배우자를 통해 이들의 유전정보가 후손에 전달된다. 이들 생식계통(germ-line) 세포들은 비생식세포들을 만들어 내는 체세포와 구별된다.

생식질 선택(Germinal choice) 〔참조 : 인공수정(Eutelegenesis)〕

생존(Survivorship) 특정 시기까지 살아남은 주어진 시간에 태어난 개체들의 비율.

생태적 지위(Ecological niche) 개체군 혹은 종의 환경적 서식처로 생물이 사용하는 자원과 따른 생물과의 관계를 포함한다. 자원과 관계가 항상 일정하지 않으므로 개체군은 계속해서 적응변화를 위해 선택 압력에 놓이게 된다. 특정 생물의 생태적 지위는 일반적으로 이것들이 특수화되었을 때, 이것들의 적응으로 표현된다. 〔참조 : 적응(Adaptation)〕

생태지리학적 규칙(Ecogeographical rule) 종의 적응 경향과 기후와 같은 환경적 요인과의 관계의 일반론. 〔참조 : 알렌의 법칙(Allen's rule), 베르그만의 법칙(Bergmann's rule), 글로거의 법칙(Gloger's rule)〕

생태학(Ecology) 생물체와 환경과의 관계를 생물체의 수, 분포와 생활환과 같은 형태로 연구하는 학문.

생태형(Ecotype) 특정 환경적 서식처와 연관되는 특정 종의 표현형적, 유전자형적 변이. 〔참조 : 품종(Race)〕

생화석(Living fossil) 원시 조상종과 비슷하게 생긴 현생종으로 오랜 지질시간 동안 매우 작은 형태적 변화가 있었다.

생활주기(Life cycle) 생물종의 한 세대에서 접합자를 만들고 다른 세대에서 접합자를 만드는 사이에 벌어지는 일련의 양상(생활사(Life history)는 출생부터 사망사이에서 일어나는 생물종 개체가 겪는 일련의 양상).

서식지(Habitat) 생물이 사는 장소 혹은 조건들. (참조 : 환경)

선구동물(Protostomes) 배발생에서 생기는 원구가 입이 되는 체강동물의 문들.

선단동원체성(Acrocentric) 동원체(centromere)가 중부동원체와 말단동원체 사이의 말단부위에 위치한 염색체

선캄브리아 이언(Precambrian eon) 45억 년 전의 지구기원로부터 5억 4천5백만 년 전의 현생 이언이전 까지의 모든 지질시대를 포함하는 지질구분. 선캄브리아 이언은 생물학적으로 35억 년 전의 원핵생물의 출현과 5~6천만 년 전의 에디아카라기의 작고 골격이 없는 다세포생물의 출현으로 특징된다.

선태류(Bryophytes) 선류와 태류.

선택(Selection) 유전적 변이들 사이의 특이생존 및 특이생식을 일으키는 모든 힘들의 종합. 선택의 작용인자들이 인간의 선택에 의해 결정되면 이것을 인위선택이라고 한다. 선택의 작용인자들이 인간의 선택이 아니면 자연선택이라고 부른다. 진화생물학자들은 선택 이외에 여러 요인들(예, 돌연변이, 유전적 부동)이 유전적 변화 즉, 진화에 기여하는 것으로 보지만, 선택이 생물의 적응특성들을 결정하는 가장 중요한 요인으로 남아있다. 그러나, 선택은 예견능력도 없고 개체군이 모든 결과에 노출되도록 하는 수단을 제공하지도 않는다. 즉, 선택이 진화적 변화의 원인이지만 변화의 정도와 방향은 생물의 과거역사에 의해 제한된다. 〔참조 : 적응도(Fitness), 상대적 적응도(Relative fitness)〕.

선택적 접합(alternative splicing) 유전자 하나에서 엑손의 재정열에 의해 상이한 기능 단백질이 만들어지는 메커니즘.

섭씨온도(Celsius scale, ℃) 1기압에서 얼음의 녹는점이 0°이고 끓는점이 100°로 표시하는 온도 단위.

성비(Sex ratio) 개체군 내 수컷과 암컷의 비율.

성선택(Sexual selection) 교미성공에 직접적으로 작용하는 선택. 배우자의 한쪽 성에 속한 구성원들사이의 직접경쟁(동성경쟁, intrasexual selection) 혹은 다른 성에 속한 구성원들사이의 선택(이성선택, epigamic selection), 혹은 두 선택양상의 조합에 의해 일어난다. 어떠한 경우도 선택이 작용하는 성에서 과장된 표현형이 나타난다. (예, 매우 큰 수컷 사슴뿔, 수컷의 멋진 체색 등)

성염색체(Sex chromosomes) 성을 결정하는 염색체. 동형접합자

인 성(예, XX)에서는 같고, 이형접합자인 성(예, XY)에서는 서로 다르다.

성인적 상동(Homoplasy) 평행진화 혹은 수렴이든간에 서로 다른 무리사이의 독립적으로 얻어진 형질 유사성.

세(Epoch) 지질학적 기의 구분. 대개 기는 3개의 세로 나뉜다. 전세, 중세, 후세 예로, 캄브리아기 후세.

세대교번(Alternation of generations) 생활사에서 다세포성 반수체 시기(1n)가 다세포성 이배체 시기(2n)와 번갈아 있는 경우.

세포내섭취(Endocytosis) 외계물질을 세포가 삼키는 것으로 세포막 안에서 캡슐화된 물질을 세포 내로 끌어들이게 된다.

세포벽(Cell wall) 세포막 바깥을 싸고 있는 단단한 막으로 식물, 조류, 균류와 세균세포의 형태를 만듬.

세포사멸(Apoptosis) 유전적으로 프로그램된 세포의 죽음.

세포소기관(Organelles) 핵, 미토콘드리아, 엽록체와 같이 막에 싸인 세포내 기관.

세포일정성(Eutely) 유생부터 성체시기까지 세포 혹은 핵의 수가 일정 한 것.

세포질(Cytoplasm) 원형질막 안에 있는 핵을 제외한 모든 세포물질.

세포학(Cytology) 세포의 구조, 기능, 구성 및 생활사를 연구하는 학문.

소수성 성분(Hydrophobic) 지질과 같이 물 분자와는 작용하지 않지만 유기용매에 녹는 성분들.

소진화(Microevolution) 생물종의 개체군 사이의 차이들을 일으키는 진화적 변화(예, 유전자빈도 변화와 염색체 변이들). 많은 진화학자들은 이러한 소진화적 변화들이 축적되어 대부분의 분류군들이 기원된다고 설명하고 있다.

속(Genus, **복수인 경우** genera) 과와 종 사이에 위치한 분류학 카테고리. 과에는 여러 속이 속하고 다시 속에는 공통 조상에서 유래한 여러 종들이 속한다. 분류학적 이명법에서 속이 종명의 첫 번째 단어에 해당한다. (예, 사람의 학명인 *Homo sapiens*에서 *Homo*가 속명이다)

수궁류(Therapsids) 포유류와 닮은 파충류의 한 목으로 초식 혹은 유식으로 페름기와 삼첩기의 유력한 파충류였다. 삼첩기에 이미 몇몇(cynodonts–dog teeth)은 내온동물이었고 몇몇(예, morganucodontids)은 작은 포유류로 전이되었다.

수렴진화(Convergence) **혹은 성인적 상동**(Homoplasy) 유전적으로 유연관계가 없거나 먼 종들의 비슷한 형질의 진화로 이들이 비슷한 환경 선택압에 놓여있기 때문에 일어난다. 〔참조 : 상사(Analogy)〕

수류(Theria) 태생인 유대류와 태반류로 구성된 포유류의 아강

수리분류학(Numerical (phenetic) taxonomy) 측정할 수 있는 표현형 형질을 비교하고 각 형질에 동일한 가치를 두어서 생물을 분류하는 통계적 방법. 이에 따라, 개체 혹은 무리의 유사성 정도는 계산되고 이들의 계통에 바로 결정된다.

수명(Longevity) 개체군 개체들의 평균 수명.

수상생활의(Arboreal) 주로 나무에 사는.

수소결합(Hydrogen bond) 수소원자와 산소와 같은 전기적 음성인 원자 사이의 약한 비공유결합.

수소이온(Hydrogen ion) 수용액에서 수화형태(H_3O^+, 히드로늄이온)로 있는 양성자(H^+) .

수소이온농도지수(pH scale) [수용액내 수소이온(H^-) 농도의 음성로그] 산성(pH 7 이하)과 알카리성(pH 7 이상)을 측정하는 지수로물은 중성으로 pH가 7이다.

수암(Chert) 액체용액으로부터 침전된 작은 이산화규소(SiO_2) 결정으로 구성된 퇴적암.

수정능력(Fertility) 생식력이 있는 자손의 수에 의해 측정된 특성.

수태후 선택(Epigamic selection) 교미의 생김새 혹은 행동에 의한 생식성공에 대한 선택.

스트로마톨라이트(Stromatolites) 퇴적물에 갇히거나 쓸려내려온 저서미생물(주로 사상남세균)의 층축적에 의해 생긴 판으로 된 암석.

시조새(Archeopteryx) 1억 5천만–1억 5천5백만 년 전 쥐라기에 살았던 오래되고 가장 분화된 되지 않은 화석 조류로 매우 유명하며 파충류와 조류의 고리를 제공함.

시토크롬(Cytochromes) 호흡과 광합성에서 수소 혹은 전자 전달의 역할을 하는 헴(heme)을 가진 단백질.

시트르산 회로(Citric acid cycle) 〔참조 : 크렙스 회로(Krebs cycle)〕

식물상(Flora) 특정 지역 혹은 특정 시간의 모든 식물들.

식세포(Phagocytic) 외부물질을 세포속으로 삼키는 것. 〔예, 세포내섭취(Endocytosis)〕

식충류(Insectivore) 주로 곤충들을 먹는 동물들.

신념체계(Belief systems) 인간사이의 관계, 인간과 인간을 둘러싼 세계와의 관계, 신념에 대한 종교체계의 경우에 초자연적 존재와의 관계로 인간을 인도하기 위하여 사용되는 윤리 혹은 종교와 관련된 행동강령.

신다윈주의(Neo–Darwinism) 진화설의 현대적 종합이라고도 함. 자연선택과 함께 돌연변이에 의해 유입된 유전자 빈도 변화에 의한 진화를 가장 중요한 것으로 간주하는 학설.

신생대(Cenozoic era) 6천5백만 년 전부터 지금까지의 시기로 공룡이 사라지고 포유류가 분화되는 것으로 규정됨. 현생 이언(Phanerozoic eon)의 세 번째 그리고 최근 시기로 제3기(Tertiary)와 제4기(Quaternary)로 구별됨.

신장(Extension) 부속지의 운동으로 이로 인해 관절의 각도가 증가한다.

쌍자엽식물(Dicotyledons) 배가 2개의 떡잎을 가진 현화식물.

씨스 조절(Cis-regulation) 전사인자의 활성인자 혹은 억제인자의 부착부위를 조절하기 위하여 유전자 근처에 있는 DNA 요소가 프로모터와 상호작용하는 과정.

ㅇ

아데노신삼인산(Adenosine triphosphate, ATP) 아데노신(아데닌 염기 + 1개의 D-리보스 당)과 3개의 인산으로 구성된 인산결합 에너지 전달에 관여하는 유기화합물. 〔참조 : 능동수송(Active transport)〕

아미노기(Amino group) $-NH_2$로 된 기.

아미노산(Amino acids) 일반식이 R-CH(NH_2)-COOH인 유기분자로 염기성기(NH_2)와 산성기(COOH) 및 각 아미노산에 특이한 곁사슬인 R기를 가진다.

아종(Subspecies) 특정 표현형 혹은 주어진 지리적 지역의 위치에 따라 구별되는 종의 분류학적 구분. 다른 분류학적 구분(참조 : 품종)과 같이 아종은 종의 다른구성원들과 교배가 가능하다. 그러나, 이종교배의 능력에 정보가 없을 경우에는 아종구분은 전적으로 표현형에 의지한다.

아크리타크(Acritarchs) 선캄브리아기의 단세포의 진핵성 미소화석. 계통유연관계는 확실하지 않다.

아포크린(Apocrine) 원형질막으로부터 분리된 소낭(막으로 싸인 작은 주머니)을 만들어서 분비하는 외분비샘. 〔참조 : 외분비(Exocrine)〕

안정화 선택(Stabilizing selection) 개체군 내 특정 형질에 대해 중간 표현형값을 갖는 개체들의 생존을 선호하고 극단적인 표현형을 가진 개체들을 배제시키는 선택. 정상화선택(normalizing selection)이라고도 함.

알렌의 법칙(Allen's rule) 포유동물에서 보다 추운 지역에 서식하는 것이 따뜻한 지역에 서식하는 것 보다 몸의 말단부가 더욱 짧아지는 경향의 일반화.

알로자임(Allozyme) 효소의 특수형(아미노산서열)으로 한 좌위의 특정 대립유전자에 의해 만들어지는 데 이때 서로 다른 대립유전자들에 의해 효소의 상이한 여러 형들이 만들어짐.

암수딴몸(Dioecious) 각각의 개체에 암수성 구별되어 있는 생물체.

암수한몸(Monoecious) 1개체가 암수 기관을 함께 가지고 있는 것. 〔참조 : 자웅동체(Hermaphrotides)〕

앞뒤축(A-P axis) 머리가 앞에 꼬리가 뒤에 위치한 좌우대칭동물의 주요 대칭축.

야생형(Wild type) 특정 형질에 대해 가장 흔히 발견되는 표현형 혹은 유전자형. 야생형의 변이를 돌연변이라고 한다.

야행성(Nocturnal) 밤에 활동하는 생활양식.

양막난(Amniotic egg) 파충류, 조류, 포유류(양막류)의 알로서, 배는 발생을 돕는 양막(amnion), 요막(allantois), 장막(chorion)으로 된 일련의 막들에 싸여서 어미의 몸 밖에서 발생된다.

양막류(Amniota, amniotes) 배 밖의 막들로 둘러싸인 배를 가지는 현재 살거나 멸종된 척추동물의 단계통군.

양적형질(Quantitative character) 표현형이 수리적으로 측정하거나 평가할 수 있는 형질. 연속변이를 나타내는 형질.

어금니(Cheek teeth) 포유류의 앞어금니와 뒤어금니.

어버이희생(Parental investiment) 어버이의 생식성공을 대가로 자손의 생식성공을 증가시키도록 하는 자손에게 어버이의 자원제공.

억제단백질(Repressor protein) 특정 뉴클레오티드 배열에 붙어서 전사를 억제하는 조절유전자 산물.

언어(Language) 청각적 시각적, 접촉 신호들을 사용하여 생각, 감정, 개념, 관찰 등을 묘사하는 개인 사이의 조직화된 의사전달시스템. 어떠한 학자들은 언어의 의사전달 기능보다 언어를 경험과 개념 정보의 저장 및 검색를 위한 기호적 시스템으로 해석하기도 한다.

에디아카라 지층(Edicaran starata) 오스트레일리아 남부와 기타 지역에서 발견되는 연질의 무척추동물 화석이 나오는 지질학적 지층들로 약 6천만 년 혹은 그 이상 동안 지속된 선캄브리아기 한 시기로 연대화 된다.

엑손(Exon) 전령 RNA로 전사되는 유전자의 뉴클레오티드 배열로서 같은 유전자의 다른 엑손의 전사된 배열과 합쳐서 이어진다. 이렇게 연속된 RNA는 리보솜으로 운반되어 폴리펩타이드 합성의 주형이 된다. 엑손〔= 발현된 배열(expressed sequence)〕은 같은 유전자의 다른 엑손과 전사되지 않는 배열〔참조 : 인트론(Intron)〕에 의해 분리되어 있다. 이렇게 인트론이 없이 연결된 전사된 배열을 진핵생물에서 일반적으로 볼 수 있지만 원핵생물에서는 거의 볼 수 없다.

엔트로피(Entropy) 물리시스템에서 무질서의 측정. 열역학 제2법칙에 의하면, 에너지가 공급되지 않는 닫힌 시스템에서 엔트로피는 일정하거나 증가한다. 그러나, 생물계는 열려진 시스템으로 햇빛과 다른 원천에서 에너지가 공급됨으로 활동에 필요한 에너지가 증가하고 엔트로피가 감소한다. 즉, 질서가 무질서로부터 생겨난다.

여과섭식자(Filter feeder) 물로부터 부유 물질을 걸러서 먹이로 취하는 동물들.

여명행성(Crepuscular) 대개 새벽과 황혼의 시간에 활동하는 생활형.

역위(Inversion) DNA 부분 혹은 염색체가 180도 역전되어 역위된 부분 내의 유전자들 혹은 뉴클레오티드 배열들은 원래의 DNA 혹은 염색체 순서와 반대순서로 되어있다.

역코돈(Anticodon) 운반 RNA에 있는 3개의 뉴클레오티드의 서열로 번역과정에서 폴리펩타이드의 특정 아미노산 위치를 결정하는 전령 RNA의 코돈과 상보적임. 〔참조 : 코돈(Codon)〕

연관〔Linkage (gene)〕 같은 염색체에 두 가지 이상의 유전자들이 함께 하는 것.

연관 비평형(Linkage disequlibrium) 연관 평형이 없는 것. 즉, 서로 다른 좌위의 대립유전자들 사이에 무작위적인 결합이 없다. 〔참조 : 유전자편승(Hitchhiking)〕

연관지도(Linkage map) 재조합 데이터에 의해 얻어진 염색체상의 유전자 일렬 배열.

연관 평형(Linkage equilibrium) 개체군의 유전자형의 빈도가 현재 좌위들의 대립유전자들이 무작위 유전자형 조합 시점에 다다른 2개 이상의 유전자자리들 사이의 조합을 가리킨다. 예를 들어, 한 좌위의 한 대립유전자(예, A_1)와 다른 좌위의 다른 대립유전자(B_1)가 각각의 빈도의 곱($fA_1 \times B_1$)과 같은 빈도 조합(fA_1B_1)을 갖을 때.

연속변이(Continuous variation) 사람의 키와 같이 형질의 변이가 한 말단에서 다른 말단까지 뚜렷한 구분없이 양적인 과정으로 분포하는 것. 〔참조 : 양적형질(Quantitative character)〕

연속상동〔Serial (iterative) homology〕 생물의 몸부분 사이의 유사성(예, 척추동물의 척추, 포유류의 헤모글로빈 분자의 종류들). 연속상동의 유전적 이유는 복제된 유전자들의 일정부분의 분화와 여전히 유사성을 보이는 사실에서 찾고 있다. (예, 유전자군, 측상동유전자)

열성대립유전자(Recessive allele) 이형접합자(예, Aa)에서는 뚜렷한 표현형 효과가 없고, 동형접합자(예, aa)일때만 표현형적 효과가 나타나는 대립유전자. (예, a)

열성치사(Recessive lethal) 동형접합자에서 치사를 일으키는 대립유전자. 〔참조 : 치사대립유전자(Lethal allele)〕

염기(Base)(**뉴클레오티드**, nucleotide) 핵산 내의 뉴클레오티드 단위의 질소함유 화합물로 퓨린(아데닌 혹은 구아닌) 혹은 피리미딘(DNA의 티민 혹은 시토신, RNA의 우라실 혹은 시토신)으로 구성됨. 〔참조 : 퓨린(Purine), 피리미딘(Pyrimidine)〕

염기성(Basic) (**알칼리**, alkaline) 물에 녹을 때 수산화 이온(OH^-)을 과량으로 발생시키는 화합물로 수소이온농도지수를 측정하면 이 용액은 pH 값이 7.0보다 높음.

염기쌍(Base pairs) 〔참조 : 상보적 염기쌍(Complementary base pairs)〕

염기 치환(Base substitutions) DNA 상에서 한 염기에서 다른 염기로 치환되는 뉴클레오티드의 변화

염색분체(Chromatid) 진핵생물의 염색체 복제로 만들어진 2개의 자매 산물 중 하나. 이 2개의 자매 염색분체는 동원체에서 붙어 있음.

염색체(Chromosomes) 진핵생물의 핵 속에 있는 길고 실과 같은 구조로 핵 유전자를 가짐. 〔참조 : 다사염색체(Polytene chromosomes)〕

염색체이상(Chromosome aberration) 결실, 복제, 역위, 전좌에 의한 염색체의 유전자 서열의 변화.

엽록소(Chlorophyll) 식물의 엽록체에서 있는 광합성에 사용되는 빛을 모으는 녹색 색소.

엽록체(Chloroplast) 식물과 약간의 원생생물의 세포에 있는 엽록소를 가지며 막으로 싸여진 세포소기관으로 광합성이 일어남. 엽록체는 자기자신을 위한 유전물질(히스톤이 없는 원형의 DNA)을 가지고 있으며, 내부공생에 의해 진핵세포로 들어간 남세균(cyanobacteria)의 후손으로 여겨짐.

오페론(Operon) 통합적으로 조절되는 구조유전자들의 한 무리. 원핵생물과 몇몇 진핵생물에서 오페론은 한 단위인 긴 전령 RNA로 전사되고 함께 작용하는 각각의 유전자 생성물로 번역된다.

외배엽(Ectoderm) 동물 초기 배를 덮는 바깥쪽 세포층으로 신경조직과 상피조직이 발생된다.

외분비샘(Exocrine gland) 관이나 외부 표면으로 직접 분비하는 샘. 〔참조 : 내분비샘(Endocrine gland)〕

외온성(Ectothermic) 체온이 대개 외계 온도에 의해 결정되는 경우. 일명 냉혈성.

외전운동(Abduction) 부속지 혹은 몸 구조의 정중시상면(median sagittal plane)에서 벗어난 방향으로의 움직임. (예, 팔을 옆으로 펴는 것)

요막(Allantois) 양막류의 배(embryo)에서 가스교환과 노폐물의 배설을 담당하는 배 밖의 막. 〔참조 : 장뇨막(Chorioallantoic membrane)〕

용불용설(Use and disuse) 개체가 경험하면서 사용함과 사용하지 않음에 의해 형질의 전달이 증진되거나 감소됨으로 기인한다고 진화를 설명한 라마르크가 사용1개념. (참조 : 라마르크유전)

우생학(Eugenics) 인간 유전자형 혹은 유전자형 빈도를 변화시키면 인간성이 증진된다는 개념.

우주론(Cosmology) 우주의 구조와 진화를 연구하는 것.

운반 RNA(Transfer RNA, tRNA) 리보솜에서 폴리펩타이드 합성을 위해 아미노산을 운반하는 작은 RNA분자(약 80개의 뉴클레오티드). 각 운반 RNA는 전령 RNA의 코돈에 상보적인 특수한 안티코돈을 갖는데 이것이 폴리펩타이드 사슬의 특정 아미노산의 위치를 정한다.

원구(Blastopore) 낭배기(gastrula)에 세포의 함입으로 생긴 구멍으로 원장과 외부를 연결한다. 선구동물에서 원구가 입으로 발생하는 데 반해 후구동물에서는 원구가 항문으로 되고 입은 후에 생김.

원생생물(Protista) 4개의 진핵생물 계 중 하나. 원생동물, 조류, 점균류 등을 포함한다.

원수류(Prototheria) (참조 : 단공류)

원시상태(Ancestral state) 유사한 생물들의 근원이 되는 한 생물의 특징(들).

원시형(Plesiomorphy) 현생종의 형질이 원시종의 형질과 비슷할 경우.

원시형질(Basal character) 한 계통의 조상분류군에서 발견되는 형질〔참조 : 파생형질(Derived character)〕

원심성 선택(Centrifugal selection) 〔참조 : 분단성 선택(Disruptive selection)〕

원양성의(Pelagic) 저서지역을 제외한 해수와 여기 사는 생물들을 지칭함.

원장(Archenteron) 동물 배의 낭배기에 만들어지는 공간으로 후에 원시적인 장이 됨. 〔참조 : 내배엽(Endoderm), 낭배기(Gastrula)〕

원핵생물(Prokaryotes) DNA에 붙은 히스톤, 소포체, 핵막으로 싸인 핵, 진핵생물의 세포소기관 등이 없는 박테리아, 남세균과 같은 생물들.

원형(Archetype) 생물의 단계통군(대개 문)을 특정화하는 체형(기본설계, "Bauplan")이지만 낮은 단계의 분류군도 특정화할 수 있음.

원형질(Protoplasm) 원형질막 내의 세포물질.

원형질막(Plasma membrane) 인지질과 단백질로 구성된 세포의 세포질을 싸는 경계막.

유기화합물(Organic) 탄소를 가진 화합물. 생물체의 특징적인 특색 혹은 산물.

유대류(Marsupials) 후수류(Metatheria)에 속하는 포유류로서 매우 작은 새끼를 낳아서 암컷 주머니에서 키운다.

유사분열(Mitosis) 진핵세포의 분열로 어버이 세포와 같은 염색체 구성을 가진 2개의 딸세포를 만든다.

유산소대사(Aerobic metabolism) 산소가 있는 상태에서 먹이 화합물을 산화적 분해로부터 시작하는 물질대사 에너지를 제공하는 반응을 위한 산소의 사용. 〔참조 : 무산소대사(Anaerobic metabolism) 참조〕

유산소호흡(Aerobic respiration) 산소가 최종전자수용체로 작용하는 전자전달시스템

유선(Mammary glands) 포유류 암컷이 아기를 먹이일 때 사용하는 배쪽에 위치한 한 쌍 이상의 선.

유성생식(Sexual reproduction) 배우자 수정에 의해 서로 다른 성의 유전물질이 합쳐져서 접합자가 생기는 것.

유전공학(Genetic engineering) 새로운 조합을 만들어서 정상적으로 유전물질이 생성되지 않는 생물체에 넣어서 증식시키기 위해서 여러 유전물질들을 조작하는 것.

유전력(Heritability) 일반적으로 어느 정도 특정 특징의 표현형의 차이는 유전적 차이에 의해 결정된다. 유전력이 높은 형질들은 유전력이 낮은 형질들 보다 선택에 의해 변화될 확률이 높다. (대개 유전력은 표현형의 분산에 대한 유전적 분산의 비율로 계산된다). 정확한 유전력을 측정하기 위해서 실험조절이 요구되고 어떠한 경우는 매우 제한된 조건에서만 측정된다. 즉, 특수 환경에서 특정 유전자형의 유전력이 있다.

유전암호(Genetic code) 전령 RNA에 있는 3개의 뉴클레오티드 배열인 코돈(codon)의 번역과정에서 폴리펩타이드의 아미노산을 지정한다. 몇몇 예외를 제외하고 ahes 생물체의 유전암호는 동일하다. 61개의 코돈에 의해 20개의 아미노산 각각이 지정되고 3개의 코돈이 폴리펩타이드 합성을 정지시키는 신호이다. 〔참조 : 축중암호(Degenerate redundant code), 보편 유전암호(Universal genetic code)〕

유전자(Gene) 생물체의 특정 기능을 부여하는 뉴클레오티드 배열로 구성된 유전물질의 단위. 기능부여를 위해 다음과 몇가지 분리된 과정을 거친다.

1. 전령 RNA로 전사됨으로써 단백질의 폴리펩타이드 사슬을 암호화한다.
2. 리보솜 RNA 혹은 운반 RNA로 되도록 리보뉴클레오티드 배열로 전사된다.
3. 단백질 결합(예, 참조 : 증폭자, 프로모터)을 위한 인식부위를 가져서 다른 유전자의 복제와 전사 과정을 조절한다. 염색체 상의 유전자 위치를 좌위(locus)라 하고, 한 유전자의 서로 다른 뉴클레오티드 배열을 대립유전자(allele)라고 한다.

유전자군(Gene family) 한 생물체의 2개 이상의 유전자 좌위로서 이들의 뉴클레오티드 배열의 유사성이 높아서 이들이 하나의 조상 유전자로부터 복제(duplication)에 의해 생긴 것으로 판단된다(예, 글로빈 유전자군).

유전자량보정(Dosage compensation) 수컷과 암컷 사이의 X 염색체(혹은 Z 염색체) 수의 차이를 보정하는 메커니즘. 따라서, X 염색체에 있는 유전자의 대사활동(유전자발현)이 균등해진다. 유전자량보정이 동물에서 일반적이지만, 이것의 메커니즘은 매우 다르다. 초파리와 같이 XY 수컷과 XX 암컷인 종에서 수컷의 X 염색체에 있는 유전자들은 증가된 유전자발현을 보이는 데 반해 포유류의 경우는 하나의 X 염색체만이 대사적으로 활성이고 또 다른 한 X 염색체는 불활성이다.

유전자빈도(Gene frequency) 한 유전자자리에서 모든 대립유전자들에서 한 대립유전자의 비율(대립유전자빈도(allele frequency)라고도 한다).

유전자쌍(Gene pair) 이배수체 생물에서 2개의 상동염색체의 한 특정 유전자자리에 있는 2개의 대립유전자들.

유전자자리(Gene locus) 한 특정 유전자의 염색체 상의 위치.

유전자치료(Gene therapy) 유전병을 일으키는 유전자들의 인위적 수선 혹은 교체. 유전자요법이 생식세포가 아니고 체세포에서만 되면 수선된 유전자들이 다음 세대로 전달되지 않는다.

유전자편승(Hitchhiking) 유전자가 선택때문이 아니라 선택된 유전자와 밀접하게 연관되기 때문에 개체군 내에 존재하는 것. 〔참조 : 연관 비평형(Linkage disequilibrium)〕

유전자 풀(Gene pool) 유성생식 개체군(집단)의 모든 개체들의 배우자에 있는 모든 유전자들. 〔참조 : 대립유전자 빈도(Allele frequency)〕

유전자 풀(Gene pool) 특정 세대 혹은 시기 동안 1개체군에 있는 모든 유전자들.

유전자형(Genotype) 세포 혹은 개체의 유전 구성으로 대개 하나 혹은 그 이상의 특정 유전자들의 대립유전자들을 지칭한다. 표현형 발생을 위한 유전정보를 제공한다.

유전자확산(Gene flow) 종간교배(interbreeding)에 의해 1개체군에서 다른 개체군으로의 유전자들의 이동.

유전적 거리(Genetic distance) 특정 대립유전자들의 빈도차이에 의 1개체군들 사이의 방산(divergence) 측정.

유전적 교차(Genetic crossing over) 〔참조 : 교차(Crossing over (chromosomes)), 재조합(Recombination)〕

유전적 다형성(Genetic polymorphism) 몇 세대에 걸쳐 한 유전자자리에 2개 이상의 대립유전자들이 존재하는 것. 돌연변이 뿐만아니라 다른 원인에 의해서도 서로 다른 대립유전자들이 존재할 경우, 이를 평형다형성(balanced polymorphism)이라고 한다.

유전적 부동(Random genetic drift) 개체군내 대립유전자 빈도의 무작위적 변화. 마구잡이 유전적 부동은 작은 개체군에서는 큰 규모로 표본오차로 인해 개체군 크기가 갑자기 몇몇 개체로 작아질때는 병목효과에 의해 발생한다. 개체군 크기가 증가할 때는 빈도변화 요인으로 부동보다는 선택이 더 중요하다.

유전적 치사(Genetic death) 선택에 의해 한 유전자형이 증식할 수 없음.

유전적 하중(Genetic load) 개체군에 유해 대립유전자와 유전자형이 있어서 개체군에서 개체들의 평균 적응도가 없어지는 것. 〔참조 : 평형유전하중(Balanced Genetic Load), 돌연변이하중(Mutational Load)〕

유전체(Genome) 세포 혹은 개체의 전체 유전구성.

유제류(Ungulate) 발굽이 있는 포유류.

유충(Larva) 동물의 성적인 미성숙 단계로서 대개 성충과는 매우 다른 형태를 가진다.

유합(Coalescence) 공통조상의 서열로부터 유래한 유전자의 서로 다른 서열사이의 관계를 기술한 통계학적 용어. 대개 융합하는 것과 같은 모양을 보인다.

유해 대립형질(Deleterious allele) 동형접합자 상태(열성대립유전자) 이거나 이형접합자 상태(우성 혹은 부분우성대립유전자) 일 때 보균자의 적응치에 감소를 미치는 대립형질.

유형분류학(Typology) 분류학적 무리의 모든 구성원들은 기본설계를 만족해야 하며 구성원 사이의 변이는 의미가 없다는 원리에 의해 생물다양성을 연구하는 분야. 〔참조 : 원형(Archetype)〕

유형성숙(Neoteny) 성적으로 성숙한 성충에서 어린 형태적 특징이 나타나는 것. 〔참조 : 이시성(Heterochrony), 유형진화(paedomorphosis)〕

유형진화(Paedomorphosis) 성충의 성적 특징이 미성숙 발생단계들에 나타나는 것. 유형성숙의 결과로 비성적 조직에 대한 성적 조직의 상대적 발생속도의 변화가 일어난다〔참조 : 이시성(Heterochrony)〕. 조기생식(progenesis)에서는 성적 발생이 매우 빨라서 성적성숙인 형태가 매우 크기가 작다. 유형성숙(neoteny)에서는 성적성숙 과정이 정상적으로 진행되지만, 체세포발생의 속도는 매우 느려서 어린 것의 특징을 갖는 다 자란 성숙된 성충이 나온다. 유형성숙의 예로는 멕시코영원이 있는데, 이들은 성적으로 성숙되어도 올챙이 시기에 나타나는 아가미를 가지고 있다.

육상의(terrestrial) 땅의 또한 육지의.

육식동물(Carnivores) 고기를 먹는 동물. 대부분 동물이나 몇몇 식물도 있음.

육치류(Creodonts) 신생대 초기에 서식했던 멸종된 유태반 포유류의 한 목으로 점신세에 현대 육식목에 의해 대체될 때까지 우점 육식류였다.

은하(Galaxy) 은하수(the Milky Way—지름이 100,000광년이고, 1,500억 개의 별로 이루어짐)와 같이 상호 중력효과에 의해 수많은 별들이 모여 있는 시스템. 은하들은 다시 성단(cluster)과 초은하단(supercluster)으로 무리짓는다. 지구가 속하는 초은하단은 처녀자리에 중심을 두고 수 천의 은하를 포함하며 지름이 1억 광년 이상이다.

음성우생학(Negative eugenics) 보균자를 확인하고 생식을 억제함으로서 인간 유전자풀로부터 유해유전자를 제거하자는 제안.

응축(Condensation) 물이 빠지면서 두 분자들 사이에 공유결합이 형성되는 것.

의체강동물(Pseudocoelomates) 중배엽조직으로 싸인 배발생 포배강(blastocoel)으로부터 체강이 유래한 동물들.

의태(Mimicry) 한 종의 개체들이 다른 종의 개체들을 닮는 것. (참조 : 베이츠 의태, 뮬러 의태)

이기적 DNA(Selfish DNA) 특별한 세포기능없는 DNA(예, 여러 반복DNA)의 존재에 대한 개념. 이 DNA는 한때 유전체에 있었으나 개체가 사망하지 않는다면 계속 있게된 것으로 이기적 혹은 쓰레기 DNA(junk DNA)로 작용하여 기능을 하는 다른 DNA와 함께 복제된다.

이명법(Binomial nomenclature) 린네에 의해 확립된 속명과 종소명의 두 이름으로 된 종을 명명하는 원칙.(예, 인간의 학명은 Homo sapiens)

이배엽성 동물(Diploblastic) 발생 중 외배엽과 내배엽의 두 세포층 만을 갖는 동물.

이배체(Diploid) 체세포의 핵에 두 벌의 염색체를 가지고 있는 생물로 각 유전자의 대립유전자의 두 가지 타입(동형 및 이형접합자)을 만들어 낸다.

이분열(Binary fission) 생물이 2개의 부분으로 나뉘는 생물의 복제로서 원핵생물과 진핵성 원생생물의 전형적인 무성생식 방식.

이상주의(Idealism) 우주가 비물질적 이상으로 구성된다는 철학.

이성질화효소(Isomerase) 한 분자의 원자 재배열을 촉매하는 효소.

이소적(Allopatric) 지리적으로 분리된 종 혹은 개체군. 〔참조 : 이소적 종분화(Allopatric speciation)〕

이소적 종분화(Allopatric speciation) 지리적으로 분리된 개체군들 사이의 종분화. 〔참조 : 이소적(Allopatric)〕

이수성(Aneuploidy) 염색체의 수가 반수체의 정확한 배수가 되지 않도록 하는 염색체의 획득 혹은 소실.

이시성(Heterochrony) Haeckel에 의해 처음 제안되었을 때에는 진화에서 기관발생 시기의 변화를 지칭하였다. 이러한 변화들은 후손 종의 개체발생 동안 예측된 계통발생의 반복으로부터 벗어나 경우를 설명하려고 사용되었다〔참조 : 생물발생법칙(Biogenetic law)〕. 용어의 용법은 다양하지만, 현재도 한 기관이 다른 기관들과 관계되는지 혹은 한 기관이 같은 조상기관에 관계되는지 간에 발생시기의 계통적 변화를 지칭한다(기관의 생장율이 다른 기관들과 관계되면 이를 참조 : 상대생장(Allometry)라고 한다). 이시성의 결과로서 생식조직과 비생식조직의 상대적인 발생에서 한쪽으로 쏠림이 일어나는 것이다〔참조 : 유형진화(Paedomorphosis)〕. 이러한 변화들로 인해 1) 비생식조직의 발생이 느려서 어린개체들이 더욱 더 나타나게 되고(유형성숙), 2) 생식조직의 발생이 더욱 빨라서 생식적 성숙이 신속히 이루어 진다(조기생식). 몇몇 저자들은 발생의 축소 혹은 신장을 기술하기 위해 다른 용어를 첨가하기도 한다.

이언(Eon) 지질학적 연대의 큰 구분. 대개 45억년 전의 지구기원으로부터 지구역사를 2개의 이언으로 구분한다. 선캄브리아 이언(precambrian 혹은 cryptozoic)(생물이 거의 없던 시대), 현생 이언(Phanerozoic)(다양한 생물의 시대).

이온(Ion) 전기적으로 양성 혹은 음성을 띠는 원자 혹은 분자.

이입교잡(Introgressive hybridization) 두 종사이의 교배로부터 생식력이 있는 잡종들이 나타남으로 한 종의 유전자들이 다른 종의 유전자풀로 이입되는 것.

이주(Migration) 종간교배에 의해 1개체군에서 다른 개체군으로의 유전자 이동(한개체군의 지리적 이동 혹은 한 지역에서 다른 지역으로의 정기적 통과를 말하기도 한다).

이질배수체(Allopolyploid) 잡종과 염색체 배가에 의해 두 벌 이상의 염색체를 갖는 개체 혹은 종.

이질염색질(Heterochromatin) 진핵생물의 염색체 부위로 진정염색질과는 다르게 염색된다. 진정염색질과 비교하여 적은 수의 활동 유전자들과 더 많은 반복 DNA 배열로 되어 있다. 인간 유전체의 15%, 초파리 유전체의 30%를 차지하며, 대부분의 이질염색질은 동원체의 양쪽 가장자리에 위치한다. 초파리에서는 Y염색체의 대부분을 차지한다.

이질환경(Coarse-grained environment; **단일개체-단일경험성**) 1개체군내의 각 개체가 서로 다른 상태에 처해 있는 이질적 환경을 말한다.

이치류(Heterodont) 치아 사이에 구조적 기능적 차이를 보이는 생물들.

이타성(Altruism)(**동물행동**) 이타하는 개체에 의해 실질적이거나 잠재적인 번식성공도가 희생되어 다른 개체들의 번식성공도가 혜택을 보는 행동.

이항전개(Binomial expansion) 이항(a+b)이 $n[(a+b)^n]$로 전개되는 것. 여기서 a와 b는 양자택일의 상태이고 *a*와 *b*의 합은 확률 1과 같다.

이형배우자(Heterogametic) 자손의 성결정을 위해 두 종류의 배우자(암컷, 수컷)을 내는 성. 이형배우자 성은 포유류에서는 수컷, 조류에서는 암컷이다. (참조 : 성염색체)

이형성(Dimorphism) 개체군 혹은 종내에 개체의 두 가지 형태적으로 다른 타입이 존재하는 것.

이형접합체(Heterozygote) 상동염색체의 특정 유전자자리에 서로 다른 대립유전자들을갖는 유전자형 혹은 개체. (예, 이수체에서 Aa)

이형접합체 우세〔Heterozygote advantage (superiority)〕 동형접합체 (예, A_1A_1, A_2A_2)에 대한 이형접합체(예, A_1A_2)의 적응도 우월성. 〔참조 : 잡종강세, 초우성(Overdominance)〕

이형지느러미(Heterocercal) 물고기 꼬리지느러미의 체축이 대개 위쪽으로 감겨있는 경우.

인산화(Phosphorylation) 하나 혹은 여러 인산기(HPO_4^-)를 화합물에 첨가하는 것. (예, ADP의 인산화로 ATP로의 전환)

인원류(Hominoids) 인상과(superfamily Hominoidea)에 속하는 인과, 긴팔원숭이과(Hylobatidae), 성성이과(Pongidae)가 속한다.

인위선택(Artificial selection) 인간에 의한 선택 과정. 〔참조 : 선택(Selection)〕

인트론(Intron) 한 유전자의 두 엑손사이에 낀 뉴클레오티드 배열로 전령 RNA로 전사되지 않는다.

임의교배(Random mating, Panmixis) 성적배우자의 표현형 혹은 유전자형에 관계없는 개체군 내의 교배.

ㅈ

자기조립(Self-assembly) 기능적 가치를 가진 생물학적 입체배치로 거대분자들이 자연적으로 모이는 것.

자기촉매반응(Autocatalytic reaction) 반응산물로 된 작용물질이 해당 반응을 촉진하는 경우.

자매군(Sister group) 특정 분류군에 대해 매우 근연인 무리들을 위치시킬 때 쓰는 분지분류학 용어.

자매종(Sibling species) 매우 형태적으로 비슷하여 구별할 수 없는 종으로 생식적으로는 격리되어 있다.

자손형질(Apomorphy) 조상 상태에서 분화되었으나 조상 상태와는 다른 형질. 〔참조 : 공유파생형질(Synapomorphy)〕

자연발생설(Spontaneous generation) 생물학적 어버이 없이 무생물에서 자연적으로 복잡한 생물이 생긴다는 초기개념.

자연선택(Natural selection) 인공적이지 않은(참조 : 인위선택) 조건에 의해 생기는 생물의 특이생식 혹은 생존. 이러한 특이선택 효과는 일반적으로 대개 유전변이에 작용하기 때문에, 자연선택은 새로운 유전구성(진화)에 이르도록 개체군의 유전자 빈도의 변화를 일으키는 주요한 원인이다. 〔참조 : 적응, 적응도, 선택〕

자연의 사다리(Ladder of Nature) 무생물에서 식물, 하등동물, 고등동물에서 결국 인간의 수준에 이르는 자연에는 연속적 단계로 되어 있다는 Aristotle의 견해〔자연의 계급(the Scale of Nature)〕에 기반1개념. 〔참조 : 존재의 대사슬(Great Chain of Being)〕

자외방사선(Ultraviolet radiation) 가시광선보다 짧고 X선보다 긴 4~400nm 파장의 전자파방사선. 퓨린과 피리미딘 고리구조에 의해 흡수되기 때문에 핵산 유전물질에 피해를 준다.

자웅동체(Hermaphrodite) 1개체내에 수컷과 암컷의 생식기관이 모두 있는 것. 〔참조 : 암수한몸(Monoecious)〕

잠재적 특징(Cryptic) 보여지지 않는 특징.

잡식동물(Omnivores) 동식물을 모두 먹는 동물.

잡종〔Hybrid (hybridization)〕 유전적으로 다른 어버이들 사이의 교배로 생긴 자손들.

잡종강세(Heterosis, hybrid vigor) 2개의 서로 다른 혹은 근친교배 계통들이 교배했을 때 생장력과 활동성이 증가한다. 각 근친교배의 각 어버이는 서로 다른 유해 열성 대립유전자에 대해 동형접합성이므로(예, $a_1a_1 \times a_2a_2$) 잡종간세의 원인을 이형접합자(예, a_1a_2)의 우월성으로 설명한다. 〔참조 : 이형접합체 우세(Heterozygote advantage)〕

잡종붕괴(Hybrid breakdown, inviability, sterility) 잡종이 적응도를 상실하고 생식을 할 수 없는 경우.

장뇨막(Chorioallantoic membrane) 장막과 요막이 융합되어 만들어진 배 밖의 막으로 양막류의 바깥의 막. 〔참조 : 요막(Allantois)〕

재조합(Recombination) 어버이와는 다른 후손의 유전자 구성을 일으키는 염색체 교환과정. 〔참조 : 교차(Crossovers)〕

재조합 DNA (Recombinant DNA) 상이한 공급원으로부터 온 뉴클레오티드들로 구성된 DNA분자.

저산소증(Hypoxia) 조직으로의 산소공급의 축소.

저생성(Benthic, **저서성**) 물의 바닥과 여기에 사는 생물을 일컬음.

저속진화(Bradytelic) 상대적으로 느린 진화 속도.

적응(Adaptation) 생물의 구조와 기능과 생물의 환경과의 상호관계로서 구조 혹은 기능을 환경에 놓여 있는 생물이 살기에 적당하게(적응되게) 함.

적응계수(Selection coefficient, s) 선택효과의 상대적 측정으로 유전자형이 허용하는 적응손실로 표현되는데 가장 큰 적응도를 가진 유전자형은 적응계수 값이 1이다.

적응도(Fitness) 유전자형과 개체군을 평가하는 진화론의 중요1개념으로 적응도는 여러 정의가 있는데, 생장률을 비교하는 것에서 장기적인 생존율을 비교하는 것까지 다양하다. 집단유전학자들이 일반적으로 사용하는 기본적인 적응도의 개념은 특정 환경에서 선택에 의해 조정되는 상대적인 생식적 성공이다.

적응방산(Adaptive radiation) 한 종이나 종 무리가 새로운 생태적 이거나 지리적 지역으로 분화되어 더 많은 종 혹은 종 무리로 되는 다양화.

적응봉우리(Adaptive peak) 적응지형도(Adaptive landscape)를 참조.

적응지형도(Adaptive landscape) 서얼 라이트(Sewall Wright)에 의해 고안된 모델로 높은 적응도는 봉우리로, 낮은 적응도는 계곡으로 표시한 지형도로 묘사함.

적응치(Adaptive value) 한 대립유전자 혹은 유전자형의 상대적인 생식적 성공. (참조 : 적응도).

전기영동(Electrophoresis) 전자장에서 녹아진 물질을 이동성에 따라 분리하는 기술. 물질이 이동하는 주어진 특정 매질에서의 전기영동 이동도는 물질의 크기, 전기전하에 의해 결정된다.

전령 RNA〔Messenger RNA (mRNA)〕 DNA 주형으로부터 전사된 RNA로 3개의 뉴클레오티드로 된 코돈이 폴리펩타이드의 아미노산 배열을 결정한다.

전사(Transcription) RNA분자 합성과정으로 RNA중합효소에 의해 DNA주형에서 시작되고 끝난다.

전성설(Preformationism) 매우 작은 성체의 형태로 생물이 미리 만들어졌고 발생을 통해 이미 만들어져 있는 구조가 신장된다고 보았던 개념.

전자운반체(Electron carrier) 산화환원 반응에서 전자공여체(자신은 산화됨)와 전자수용체(자신은 환원됨)로 작용하는 분자.

전적응(Preadaptation) 사전조건들에 적응된 형질로 상이한 조건들에서 새로운 적응진화를 위한 새로운 초기단계를 제공한다.

전좌(Translocation) 뉴클레오티드 서열의 위치가 유전체의 다른 부분으로 이동하는 것.

절대온도 눈금〔Kelvin scale (°K)〕 절대제로(분자들의 운동이 가장 낮은 점, −273°C)를 0°K라 하고, 물의 끓는점을 373°K라고 하는 온도 눈금.

절지동물(Arthropods) 문 수준의 동물 단계통군으로 곤충, 거미, 갑각류를 포함하고 단단한 외골격, 체절화된 체형과 마디로 된 부속지들을 가지고 있음.

접합자(Zygote) 수컷과 암컷 배우자의 결합에 의해 생기는 세포.

정량적 형질(Quantitative character) 표현형을 수리적으로 계산되고 측정할 수 있는 형질로 연속적인 변이양상을 보인다.

정배수성(Euploidy) 전체 염색체 수의 변화(예, 3n, 4n, 5n)를 일으키는 변이.

정수압(Hydrostatic pressure) 용액으로부터 나오는 압력. 신축력이 있고 근육으로 조절되는 용기(예, 지렁이의 체강)안에 용액이 있으면, 근육에 의해 생기는 정수압에 의해 용기의 형태 변화가 영향을 받는다.

정지 돌연변이(Nonsense mutation) 폴리펩타이드 합성을 중지시키는 코돈을 만들어내는 돌연변이. 일반적으로 정지암호(stop codon)라고도 한다.

정지암호(Stop codon) 전령 RNA의 코돈 중 하나(UAA, UAG, UGA)로 폴리펩타이드의 번역을 정지시킨다. nonsense condon이라고도 함.

정착의(Sessile) 저질에 붙는. 거의 움직임이 없는 생물.

정체(Stasis) 중단평형의 개념에서 변화가 없는 평형의 시기.

정향진화(Orthogenesis) 연관관계가 밀접한 종무리가 선택과 같은 실제적 원인이 아니라 내적인 혹은 생기적인 원인에 의해 특정 방향으로 변화(예, 몸크기의 증가)한다는 진화개념.

젖니〔Deciduous (teeth)〕 치아 발달에서 영구치에 의해 대체되는 치아.

젖분비(Lactation) 포유류의 가장 뚜렷한 특징으로 아기에게 주려고 엄마의 젖샘에서 젖을 만들고 분비하는 것.

제한단편길이다형성〔Restriction fragment length polymorphisms (RFLPs)〕 개체들 사이의 제한 효소들에 잘려진 특정 DNA 부분들의 단편들의 길이의 차이. 이것들은 멘델유전에 의해 유전되고 유전적 변이를 측정하는 기초가 된다. 또한 세대사이의 돌연변이유전자들을 추적하는 연관 척도가 된다.

제한요인(Constraint) 형질변이 혹은 진화적 방향을 제한하는 요인들을 말한다. 어떠한 학자들은 이 용어를 물리적 동인들과 법칙들에 의해 형성된 형질들로 선택과 같은 역사적 우연성에 의해 영향을 받지 않는다고 한다. 다른 부류의 학자들은 생물학적 요인들을 제외하면 표현형 변이 사이의 구별과 계통간 차이의 원인들을 설명할 수 없다고 한다. 제한요인의 생물학적 개념은 적응과 연관된 과정에 의해 발생하는 표현형의 경로와 진화적 경향과 진화를 설명하는 데 유용하다. 즉, 적응은 해당 유전자들의 이용도에 따라 결정됨으로(이전에 선택되고 진화한 유전자들에 의해 제한이 영향을 받으므로) 적응제한은 생물의 역사와 매우 관련이 높다. 이러한 제한을 일으키는 힘에는 방향성 선택(directional selection), 안정화 선택(stabilizing selection), canalization, 유전적 돌연변이성을 제한하고 방향 결정하는 요인들, 발생적 혁신(developmental innovation)이다. 어떠한 제한은 적응방향으로 표현형 경향을 유도하지만, 다른 것들(유전적 변이와 발생학적 변화능력을 제한하는)은 새로운 환경변화에 반응을 제한해서 멸종에 이르게 한다. 제한요인이 경향과 속성을 잘 설명하지만 특정 제한요인들이 작용한다고 가정함으로 역사적, 계통적 정보 없이는 가정에 불과할 수 있다. 이 용어는 매우 여라 다양한 현상에 적용됨으로 특정 경우에 제한요인을 규정해야 한다.

제한 효소(Restriction enzymes) 특정 뉴클레오티드 배열을 인식하여 이 배열이나 부근의 DNA 분자를 자르는 효소.

조류(Algae) 몇몇 상계(superkingdom)에 나누어져 있는 광합성 진핵생물.

조절 유전자(Regulatory gene) 다른 유전자들의 산물합성속도를 조절하는 유전자.

조직(Tissue) 다세포생물에서 비슷한 기능을 수행하는 세포의 무리.

조효소(Coenzymes) 비단백질성인 유기분자(예, NAD, FAD, 조효소A)로 전자, 원자의 중간 매개체로 작용하여 효소작용에 참여한다.

존재의 대사슬(Great Chain of Being) 18세기의 개념으로 자연계에 초자연적 존재에 이르는 연속적 시기가 있다고 한다. 즉 이전의 자연의 사다리(Ladder of Nature)에서 연속적 이동하는 단으로의 변화.

종(Species) 여러 정의에 의해 규정되는 가장 기본적인 분류학적 카테고리. 종의 개념에는 생물학적 종의 개념(종은 다른 무리들과 생식적으로 격리된 종간교배 개체군들), Sympson의 진화학적 종의 개념(자신의 독특한 진화적 역할과 경향에 의해 다른 것과 구별되는 혈통) 등이 있다. 집단 유전학적으로는 유전자 교환을 억제하는 생물학적 장벽에 의해 다른 종들과 격리된 독특한 유전자와 유전자빈도를 갖는 개체군들을 종이라고 한다.

종분화(Speciation) 한 종이 두 종 이상으로 분리되는 것(참조 : 분기진화, 계통적 진화) 혹은 시간에 따라 한 종이 새로운 종으로 변환하는 것. (참조 : 향상진화, 계통진화)

종속영양생물(Heterotroph) 생장에 필요한 유기물을 합성하는 데 무기물을 사용할 수 없지만, 유기물을 다른 생물을 먹거나 다른 생물의 물질들로부터 얻는다. 육식동물, 초식동물, 기생생물, 부식동물 등이 속한다.

종의 불변성(Fixity of species) Linnaeus 등이 종은 자신과 같은 자손을 만들어 내기 때문에 처음 만들어질 때의 그 형태로 계속된다고 보았던 개념.

좌우대칭(Bilateral symmetry) 생물의 좌우가 동일한 상태로 생물은 중간선을 따라 정확하게 나눌 수 있음.

좌위[Locus(**복수** loci)] 특정 유전자가 위치한 염색체 상의 자리(뉴클레오티드 배열). 어떠한 연구자들은 넓게 해석하여 유전자의 동의어로 보기도 한다.

주행성(Diurnal) 낮에 활동하는 생활형.

줄무늬 철광층(Banded iron formations) 376만년 된 퇴적암으로 산화철의 얇은 층과 규질암, 셰일로 된 철이 거의 없는 층이 번갈아 있다. 산화철 층은 남조류의 광합성 활동으로 만들어진 것으로 추측됨.

중단평형(Punctuated equilibrium) 시기적으로 긴 변화가 거의 없는 평형기(stasis 혹은 equilibrium)가 새로운 종이 발생하는 시기적으로 짧은 종분화와 거대진화에 의해 중단되는 양상에 의해 계통의 진화가 된다는 견해.

중립돌연변이(Neutral mutation) 특정 환경에서 생물의 적응도에 영향을 주지 않는 돌연변이.

중립설(Neutral theory of molecular evolution) 유전적 변이성(분자 수준에서 유전적 다형성)에 관계되는 대부분의 돌연변이는 생물 적응도에 대해 중립이고, 이들의 빈도는 돌연변이률과 마구잡이 유전적 부동에 의해 설명된다는 개념.

중배엽(Mesoderm) 삼배엽동물의 외배엽과 내배엽 사이에 있는 조직층. 근육조직, 콩팥, 혈액, 내부 체벽을 제공한다.

중복(Duplication) DNA의 특정 부분이나 염색체의 조각이 한 번 이상 있는 경우.

중복수정(Double fertilization) 속씨식물의 뚜렷한 형질로서 수컷 화분관으로부터 2개의 핵이 암컷 배우체와 수정한다. 수정을 통해 이배체 배와 다배체인 영양체인 배젖이 발생한다.

중부동원체(Metacentric) 동원체가 중간부에 있는 염색체.

중생대(Mesozoic era) 현생 이언의 중간시기로 고생대와 신생대 사이의 약 1억 8천 년의 기간. 초기인 트라이아스기에 포유류가 기원했고 마지막 2기인 쥐라기와 백악기에 공룡이 번성했고 중생대에서 속씨식물이 기원했다.

중수소(Deuterium) 양성자와 중성자를 하나씩 가진 수소의 동위원소로 보통 수소원자보다 2배의 질량을 가진다.

중심원리(Central dogma)(**분자생물학**) 유전정보 흐름의 방향이 DNA−RNA−단백질이라는 주의.

중심체(Centrosome) 세포분열에서 유사분열 방추사를 만드는 미세소관의 기원이 되는 위치로서 작용하는 진핵세포의 세포소기관.

중입자[Baryon(**그리스어, 무거운**)] 3개의 쿼크로 구성된 원자구성 입자의 총칭으로 원자핵을 구성하는 양성자와 중성자를 포함함.

중입자물질(Baryonic matter) 중입자를 구성하는 물질로 모든 핵을 포함함으로 우리가 알고 있는 모든 생물에 있는 거의 모든 물질임.

중합체(Polymer) 공유결합들에 의해 연결된 여러 단위체들로 구성된 분자.

중합효소(Polymerase) 단위체를 서로 결합하여 중합체로 합성을 촉매하는 효소.

중합효소연쇄반응[Polymerase chain reaction (PCR)] DNA 뉴클레오티드의 배열을 증폭하여 짧은 시간에 수백만개로 복제하는 실험실 기법.

증폭자(Enhancer) 유전자에서 멀리 떨어져 있으면서 유전자의 전사를 증진하는 뉴클레오티드 배열. 증폭자와 유전자 사이의 뉴클레오티드 배열의 배치를 변화시켜서 유전자 프로모터가 전사에 유리하도록 노출하게 한다.

지각대변동설(Catastrophism)(**지구과학**) 화석과 지질층의 변화가 시간에 걸쳐 일정하게 일어난다는 법칙의 한 자연스러운 설명이 가능한 사건들이 아니라, 주기적이고 격렬하고 광범위한 격변에 의해 발생한다는 18~19세기의 학설. 〔참조 : 균일론(Uniformitarianism)〕

지리적 격리(Geographic isolation) 지리적 거리 혹은 지리적 장벽에 의해서 개체군들이 분리되는 것.

지리적 종분화(Geographic speciation) 〔참조 : 이소적 종분화(Allopatric speciation)〕

지질(Lipids) 지방, 밀랍, 스테로이드와 같은 유기화합물로 낮은 극성의 용매(예, 에테르, 클로로포름)에 잘 녹는다.

지질연대(Geological time scale) 암석 혹은 화석과 과거시대의 관계.

지층(Geological strata) 퇴적암의 층열.

직상동유전자(Orthologous genes) 상이한 종의 유전자자리로 서로 뉴클레오티드 배열(혹은 단백질인 경우 아미노산 배열)이 매우 비슷하여 공통 조상인 유전자로부터 기원된 것으로 여겨진다.

진수류(Eutheria) 〔참조 : 태반포유류(Placentals)〕

진정세균(Eubacteria) 고세균(archaebacteria)과는 다른 원핵생물로 특정 항생제에 대한 민감성과 세포벽에 뮤람산이 결합되는 것으로 특징지어 진다.

진정염색질(Euchromatin) 대개 유전자를 포함하고 있어서 염색되어 지는 염색체 부분. 〔참조 : 이질염색질(Heterochromatin)〕

진체강동물(Eucoelomates) 〔참조 : 체강(Coelom)〕

진핵생물(Eukaryotes) 세포에 핵막, 미토콘드리아와 같은 세포소기관이 있고, 기타 원핵생물과 구별되는 특징들을 갖는 생물체들. 진핵생물은 단세포이거나 다세포이고, 원생생물, 균류, 식물, 동물 등이 포함된다.

진화(Evolution) 시간에 따른 개체군의 유전적 변화로 개체군 간의 차이를 유발한다.

진화등급(Grade) 하나 혹은 그 이상의 종들이 달성하는 표현형 조기 및 적응의 수준. 같은 진화등급에 이른 계통적으로 관계가 먼 종들은 평행 혹은 수렴진화를 거쳤다.

진화론의 종합 학설(Synthetic theory of evolution) 〔참조 : 신다윈설(Neo−Darwinism)〕

진화론의 현대적 종합〔Modern synthesis (evolutionary theory)〕 〔참조 : 신다윈설(Neo−Darwinism)〕

진화시계(Evolutionary (molecular) clock) 돌연변이가 축적되는 비율이 시간에 따라 일정하다는 개념. 어떠한 유전체와 유전자에 시계가 적용되는가 그리고 실제로 일정한가에 대한 논란이 있다.

진화적 우주(Evolutionary universe)(**우주론**) 우주의 기원과 진화를 설명하는 빅뱅설의 더 형식적인 타이틀. 〔참조 : 빅뱅설(Big Bang theory)〕

집단(Population, **개체군**) 한 종의 개체들이 지리적으로 구별된 무리로 서로 유전자 풀을 공유한다.

ㅊ

착상〔Implantation (mammals)〕 배아가 자궁벽에 붙는 것.

창시자 효과(Founder effect) 거대한 개체군에서 유래한 몇몇 창시자들에 의해 새로운 군체(colony)가 형성되는 것에서 오는 효과. 이러한 창시자들은 원래 개체군의 유전변이 중에서 일부분을 가지므로, 새로운 군체가 만들어지면 매우 상이한 유전자 변이가 확립됨. 〔참조 : 병목효과(Bottleneck effect)〕

창조설(Creationism) 각 생물체가 초자연적 존재에 의해 만들어졌다는 믿음으로 초자연적 존재의 활동은 물리적, 화학적, 생물학적 법칙에 의해 통제되지 않는다고 한다.

척삭동물(Chordates) 척삭동물문(phylum Chordata: 척추동물을 포함)에 속하는 동물들로 척삭과 등쪽 신경삭을 가짐.

첨두〔Cusps(teeth)〕 앞어금니와 어금니의 치관의 융기부. 첨두의 수, 모양, 위치는 계통정보를 제공하는 유전된 형질들이다.

체강(Coelom) 중배엽 조직으로 싸여진 진체강동물 체내의 빈 공간.

체세포(Somatic cells) 생식세포와 구별되는 몸의 세포들. (참조 : 생식질)

체절(Segmentation) 일반적으로 환형동물, 절지동물, 척삭동물에 볼 수 있는 동물의 앞뒤 체축을 따라 몸구조의 반복. 〔참조 : 체절성(Metamerism)〕

체절결정유전자(Homeotic genes) 180염기쌍을 가진 homeobox를 공유한 유전자들. 초파리에서는 체절결정유전자가 다른 염색체에 위치한 antennapedia와 bithorax complex로 구성되며 각각에는 독립적인 기능을 수행하는 유전자가 위치한다. 체절결정유전자에는 동물의 앞뒤축을 따라 배발생을 조절하는 DNA 결합 폴리펩타이드인 honeodomain을 암호화하는 뉴클레오티드 서열을 포함한다.

체절 돌연변이〔Homeotic mutations (homeoboxes and homeodomains)〕 처음에 Willam Bateson에 의해 "다른 것과 비슷하게 변하는 어떤 것"으로 규정되었다. 현대 유전학에서는 비정상적인 자리에서 조직의 발생을 일으키는 돌연변이를 지칭한다(예, 초파리의 bithorax 돌연변이는 한 쌍의 날개를 더 만들어 낸다). 초파리에서 체절 결정 유전자들은 한 염색체의 두 부분(antennapedia and bithorax complexes)으로 나누어져 무리지어 있다. 각 무리(cluster)에는 몇몇 독립적으로 작용하는 체절 결정 유전자들이 있다. 각 체절 결정 유전자는 DNA에 결합하는 폴리펩타이드를 암호하는 뉴클레오티드 배열〔호메오박스(Homeobox)〕이 있는데 폴리펩타이드들은 동물 앞뒤 체축을 따른 배발생을 결정한다. 상동의 호메오박스 배열들이 여러 동물계에서 발견되었는 데 이들의 염색체 내 구성은 초파리의 경우의 연관순서와 같다. 호메오박스 배열의 전반적인 보존성과 연관순서의 동일성은 선캄브리아기로 거슬러 올라가는 수억원 전에 진화하여 여러 동물계에서 보편적인 체절 결정 유전자들의 발생기능이 보전된 것으로 여겨진다. 〔참조 : 체절결정유전자(Homeotic genes)〕

체절성(Metamerism) 몸의 앞뒤축을 따라 비슷한 체절들로 몸이 나누어진 것.

체형(Body plan) 〔참조 : 기본설계(Bauplan)〕

초식동물(Herbivores) 식물만 먹는 동물.

초우성(Overdominance) 이형접합체(예, A_1A_2)의 표현형 발현이 동형접합체(예, A_1A_1 혹은 A_2A_2)인 경우보다 매우 큰 경우. 초우성은 잡종강세의 경우로 간주된다. 〔참조 : 잡종강세(Heterosis)〕

촉매(Catalyst) 자신이 소모되거나 변화되지 않으면서, 반응을 활성화하기 위한 에너지를 낮추는 물질.

최소교배단위(Deme) 종의 지역적 개체군(유성생식생물에서 지역적 교배가능1개체군).

축중암호(Degenerate (redundant) code) 육지생물에 의해 사용되는 유전암호의 형태로 특정 아미노산을 위해 1개 이상의 코돈이 있지만, 특정 코돈이 한 아미노산 이상을 암호화하지 못한다. 따라서, 64개의 가능한 코돈 중 61개에 의해 암호화된 20개의 아미노산이 단백질합성과정에서 번역된다(어떤 아미노산은 6개의 서로 다른 동종이명(synonymous) 코돈에 의해 암호화 된다). 〔참조 : 유전암호(Genetic code)〕

측계통(Paraphyletic) 공동조사의 일부 후손을 가지나 모두는 포함하지 않는 분류학적 무리.

측상동유전자(Paralogous genes) 한 생물의 2개 이상의 유전자자리들의 뉴클레오티드 배열(단백질에서는 아미노산 배열)이 매

우 비슷하여 공동원시 유전자로부터 한 번 이상의 복제로 기원되었다고 본다. (참조 : 유전자군)

측소성(Peripatric) 어버이 개체군의 지리적 주변부에서 갈라져 나와서 유전적으로 격리된 개체군들.

치사대립유전자(Lethal allele) 보균자를 성적 성숙 시기에 이르지 못하고 죽게하는 대립유전자. 열성치사대립유전자인 경우는 동형접합자인 경우 나타나고, 우성치사대립유전자인 경우는 동형 혹은 이형접합자에서 나타난다.

친수성 성분(Hydrophilic) 물 분자에 친화성을 가지는 성분(전하를 띤 분자) 혹은 성분의 부분(극성부분).

ㅋ

카르복실산(Carboxylic acid) 산소원자와 이중결합으로 연결되고 히드록시기(O=C−OH)와 단일결합으로 연결된 탄소로 구성된 산성기를 가진 유기화합물.

칼로리(Calorie) 1대기압에서 1그램의 물을 1℃ 높이는 데 필요한 열량.

캄브리아기(Cambrian Period) 현재로부터 5억 4천5백만~4억 9천5백만 년 사이의 기간으로 단단한 골격을 가진 매우 많은 화석생물이 출현한다. 현생 이언(Phanerozoic eon)의 시작과 고생대 최초 기임.

캄브리아기의 대폭발(Cambrian explosion) 캄브리아기 여러 유형의 동물 화석들이 출현인데, 체형의 빠른 다양화(폭발)로 해석됨.

캘빈회로(Calvin cycle) 광합성의 암반응을 수행하는 회로로 물을 가지고 이산화탄소를 탄수화물로 환원함.

케이값(K value(**환경수용력**)) 〔참조 : 환경수용력(Carrying capacity)〕

케이선택(K−selection) 환경수용력(carrying capacity)의 한계에서 유지되는 개체군에 대한 선택으로 이론적으로는 신속한 수적 증가 보다는 경쟁력을 높인다.

코돈(Codon) 특정 운반 RNA에 의해 운반되는 특정 아미노산을 암호하거나 번역을 정지하는 암호하는(정지 코돈) 전령 RNA의 연속적인 3개의 뉴클레오티드. 아미노산의 위치는 운반 RNA의 역코돈과 전령 RNA의 코돈의 상보적 결합에 의해 결정됨. 〔참조 : 역코돈(Anticodon)〕

코아세르베이트(Coacervate) 액체상태의 교질 입자들의 응집으로 막에 싸여진 물방울 상태로 부유하여 오래 지속된다.

코프의 법칙(Cope's rule) 한 동물계통에서 진화과정에서 몸 크기가 증가한다는 일반론. 항상 입증되지는 않는다.

콘드라이트(Chondrites) 〔참조 : 탄소질 운석(Carbonaceous meteorites)〕

크렙스 회로(Krebs cycle) 미토콘드리아에서 일어나는 일련의 반응회로. 이 회로에서 피루브산이 이산화탄소, 수소양성자, 전자들로 분해됨. 그 후에 산화적인산화과정을 거쳐서 ATP가 생성됨.

클로닝(Cloning) DNA서열을 박테리아와 같은 세포에 삽입하여 이들이 복제하여 동일한 유전물질을 대량으로 얻는 기술.

클론(Clone) 하나의 조상 개체로부터 무성생식에 의해 생긴 생물체의 무리.

키메라(Chimera) 같은 종 혹은 같은 종인 2개의 서로 다른 개체들로부터 만들어진 생물 또는 생물의 일부분.

키아즈마(Chiasma) 2개의 상동염색체가 서로 맞닫는 장소로 감수분열 동안에 자매가 아닌 염색분체들 사이에 상동 부분이 교환되는 곳.

킬로칼로리〔Kilocalories (Kcal)〕 1,000칼로리의 단위. (참조 : 칼로리)

ㅌ

탄소질(Carbonaceous) 탄소로 구성되거나 탄소를 가진.

탄소질 운석(Carbonaceous meteorites) 탄소화합물을 가진 운석으로 콘드라이트로 알려져 있음.

탄수화물(Carbohydrate) 수소와 산소원자들이 탄소들에 대개 2/1 비율로 결합된 화합물[예, 포도당($C_6H_{12}O_6$), 녹말$(C_6H_{12}O_6)_n$, 섬유소$(C_6H_{10}O_5)_n$].

탈수소효소(Dehydrogenase) 분자에서 수소 제거를 촉매하는 효소.

태반(Placenta) 자궁벽과 배막의 융합으로 된 포유류의 기관으로 배에 영양분을 제공하고 가스교환을 하고 태아의 배설물을 내보낸다.

태반포유류(Placentals) 진수류(Eutheria)에 속한 포유류. 일정 발생시기가 될 때까지 태반을 통해 어린 것에게 영양분을 공급한다.

태생(Viviparous) 새끼를 낳는 발생양식.

토토머(Tautomer) 수소원자의 위치변화로 염기쌍 관계가 변화하는 핵산 염기.

퇴적암(Sedimentary rock) 바람과 물에 의해 이동된 퇴적물의 경화로 인해 생긴 암석. 화석이 주로 퇴적암에서 나온다. (참조 : 지층)

트랜스포존(Transposons, transposable elements) 한 염색체에서 다른 염색체로 자신의 이동을 위한 효소를 내는 뉴클레오티드로서 항생물질저항성 유전자와 같은 부가적인 유전자들을 함께 이동시킬 수 있다.

트리튬(Tritium) 정상적인 수소원자 보다 3배의 질량을 갖는 수소의 동위원소.

특성(Trait) 〔참조 : 형질(Character)〕

ㅍ

파생형질(Derived character) 조상형질과는 다른 구조 및 형태와 다른 구조 및 형태를 가진 형질. 〔참조 : 원시형질(Basal character)〕

판게아대륙(Pangaea) 2억 5천만 년 전에 형성된 매우 큰 대륙으로 현재 대륙의 거의 대부분이 여기 속했다. (참조 : 곤드와나 대륙, 라우라시아)

판 구조론(Plate tectonics) 지구지각이 단단한 몇 개의 판들로 구성되었다는 설로 이들의 상호이동에 의해 대륙이동과 많은 지각의 특징들이 생겼다고 한다.

판스페르미아(Panspermia) 지구의 생물이 우주의 다른 장소에서 지구로 유입되었었다는 개념.

팔운동(Brachiation) 동물이 나무 가지에 매달려서 양팔을 흔들어서 나무와 가지 사이를 이동하는 방식. 〔참조 : 두발 보행(Bipedalism)〕

펩타이드〔Peptide (polypeptide)〕 펩타이드결합(물 분자 하나가 빠져서 한 아미노산의 아미노기와 다른 아미노산의 카르복실기 사이에 생긴 결합)에 의해 공유적 결합된 아미노산 배열들로 구성된 유기물질.

편리공생(Commensalism) 서로 다른 종들간의 관계로 한 종이 관계를 통해 이득을 얻지만 다른 종은 관계를 통해 크게 영향을 받지 않는다.

평균 진화(Horotelic) 상대적으로 평균속도 진화.

평행진화(Parallel evolution) 공통 조상이 표현형적으로 매우 다른 혈통들에서 비슷한 형질들이 진화되는 것.

평형(유전적)〔Equilibrium (genetic)〕 여러 연속 세대에 걸쳐 동일한 대립유전자 빈도의 유지. 평형은 안정 되거나 불안정하기도 하다. 안정한 평형(예, 이형접합체가 동형접합체보다 적응도에서 더 우월한 경우)에서는 대립유전자 빈도가 교란되면 개체군이 특정 평형 값으로 되돌아간다. 불안정한 평형(예, 이형접합체가 동형접합체보다 적응도에서 더 열등한 경우)에서는 이러한 교란에 의해 개체군이 특정 평형 빈도로 되돌아가지 않는다.

평형다형(Balanced polymorphism) 두 가지 이상의 서로 다른 유전형이 돌연변이 혹은 다른 진화적 요인이 아니라 선택(예, 이형접합체 우세)에 의해 존재하는 것.

평형유전하중(Balanced genetic load) 다른 유전자형 조합(예, 이형접합체 우세)보다 선택적 이익이 있기 때문에 개체군에 유지되는 결손 유전자형(예, 유해 열성대립유전자의 동형접합자)의 대립유전자들에 의1개체군의 전체적인 적응도 감소.

포괄적응도(Inclusive fitness) 대립유전자 혹은 유전자형의 적응도를 개체에 대한 영향뿐만 아니라 이것들을 가진 모든 연관된 개체들에 대한 영향〔혈연선택(kin selection)〕에 의해서도 측정하는 것.

포배(Blastula) 동물의 발생초기에 나타나는 하나의 세포층으로 싸여진 빈 공간.

포배강(Blastocoele) 동물의 발생 시기인 포배(blastula) 내의 공간.

포식(Predation) 포식자에 의해 먹이가 죽거나 소비되는 것.

포자체(Sporophyte) 세대교번(반수체 배우체와 이배체 포자체)을 하는 식물의 이배체 포자를 내는 시기. 배우체의 배우자들이 결합하여 만들어 지며, 감수분열에 의해 반수체인 포자를 낸다.

폴리펩타이드(Polypeptide) 〔참조 : 펩타이드(Peptide)〕

표본오차〔Sampling error (gene frequencies)〕 개체군의 유전자 빈도를 반영할 정도로 충분하게 표본들이 선택되지 않아서 생기는 유전자 빈도의 변이성.

표현변이선택(Canalizing selection) 표현형적 형질 발현의 변이를 감소시키는 인위선택 혹은 자연선택.

표현변이제한(Canalization) 유전적이거나 발생학적 메커니즘에 의한 표현형 변이의 제한.

표현형(Phenotype) 생물의 구조적, 기능적 특질들을 구성하는 형질들. 표현형은 유전자형과 환경의 상호작용으로부터 나온다.

표형적(Phenetic) 기재 혹은 측정할 수 있는 표현형적 형질들을 지칭함. 또한, 측정되거나 수리적으로 평가되는 형질들의 유사정도에 따라 분류군을 무리짓는 분류체계.

품종(Race) 지리적, 생태적 기원과 독특한 유전자빈도와 표현형 형질을 공유한 생물종의 개체군 혹은 개체군의 무리. 종내 매우 많은 유전적, 표현형적 변이성이 있음으로 품종의 구별은 매우 주관적이다. 〔참조 : 아종(Subspecies)〕

퓨린(Purine) 5각형과 6각형의 구성원으로 고리구조 2개가 연결된 질소염기. 대개 아데닌(A)과 구아닌(G)인 뉴클레오티드.

프로게노트(Progenote) 원핵생물과 진핵생물가 유래되었다는 가설적인 원시 세포형.

프로모터(Promoter) RNA중합효소가 여기에 붙어서 전사를 가능하게 하는 DNA뉴클레오티드 배열. 〔참조 : 증폭자(Enhancer)〕

프로테이노이드(Proteinoids) 아미노산 혼합을 가열하여 얻은 합성 중합체. 몇몇은 효소활성, color test reactions, 호르몬활성드에서 단백질과 비슷한 특성을 보였다.

플라눌라가설(Planula hypothesis) 해면과 자포동물의 배발생시기와 비슷한 세포덩어리상태인 planulae로 구성된 원시생물로부터 후생동물이 기원하였다는 가설.

플라스미드(Plasmid) 스스로 복제하는 세포내 DNA구조로 숙주 염색체로 분리하여도 기능한다. 여러 종류가 있고 세포 당 많은 수가 있다.

피리미딘(Pyrimidine) 1개의 6각형 괴리구조로 된 질소염기로 티민(T), 시토신(C) 혹은 우라실(U)인 뉴클레오티드.

피자식물(Angiosperms) 꽃 발생구조와 피낭성 씨를 갖는 현화식물.

ㅎ

하디-바인베르그 법칙(Hardy-Weinberg principle) 교미가 무작위적이고 유전자 빈도를 변경하는 진화요인이 없는 조건에서 거대 개체군의 유전자와 유전자형 빈도가 보전되는 법칙.

학습(Learning) 경험에 의한 행동의 습득.

항상성(Homeostasis) W. B. Cannon에 의해 규정된 용어로서 생리 시스템이 외부 교란에 반응하는 경향을 말하며 시스템은 정상값을 벗어나지 않는다. 이 용어가 일반적으로 적용되는 경우는 교란요인들에 대한 일정한 값을 보이는 형질들이다. 예로는 유전적 혹은 환경적 차이들에도 불구하고 특정 표현형이 계속되는 경우이다.

항원(Antigen) 생물체 외부물질로 항체형성을 일으키고 활성화된 항체와 결합함. 〔참조 : 항체(Antibody)〕

항체(Antibody) 외부의 물질(항체)에 결합하는 면역체계에 의해 만들어지는 단백질. 〔참조 : 항원(Antigen)〕

해당과정(Glycolysis) 혐기상태에서 글로코스가 피루브산으로 변환되는 에너지 생성과정. 이외 과정을 통해서 젖산 혹은 에탄올이 만들어진다.

해양지각 팽창(Sea floor spreading) 해양융기부를 따라 맨틀물질의 침전에 의한 해양지각의 팽창. 〔참조 : 대륙이동, 구조판(Tectonic plates)〕

핵(Nucleus) 막으로 싸여진 진핵 세포소기관으로 히스톤이 붙어 있는 DNA를 가지고 있다.

핵산(Nucleic acid) 뉴클레오티드 배열로 구성된 DNA, RNA와 같은 유기산 중합체.

핵산내부가수분해효소(Endonucleases) DNA 사슬을 분해하는 효소. 〔참조 : 제한 효소(Restriction enzymes)〕

핵형(Karyotype) 세포, 개체, 혹은 종의 염색체 전체의 특징.

행동[Behavior **행동적 적응**(behavioral adaptation)] 〔참조 : 이타성(Altruism), 문화(Culture), 우성(Dominance), 각인(Imprinting), 본능(Instinct), 학습(Learning)〕

향상진화(Anagenesis) 종이 2개 이상의 가지로 갈라지는 분기진화(cladogenesis)와 반대되는 개념으로 신종의 진화가 한 계통(대개, 한 종)에서 일어나는 것. 〔참조 : 분기진화(Cladogenesis), 계통적 진화(Phyletic evolution)〕

허블상수(Hubble constant) 우주가 팽창하는 속도를 가르키는 은하후퇴 속도/지구로 부터의 거리의 비율. 많은 천문학자들이 은하후퇴 속도가 적색 이동(red shift)에 의해 결정된다고 보지만(참조 : 도플러효과), 천문체(celestial body)의 밝기에 의한 지구로부터 은하의 거리는 논쟁이 있다. 허블상수 값은 50(우주의 나이를 150억 년으로 추정)에서 약 100(더 빠른 유주 팽창을 의미함으로 우주의 나이를 70~80억 년으로 추정)에 걸쳐있다. 초신성(supernovae)의 밝기에 의해 거리를 측정하는 최근의 경향에 의하면 허블상수는 55~65 정도인데, 우주의 나이가 120억 년 정도이다.

헤켈의 낭배설(Haeckel's gastrula hypothesis) 동물이 편모를 가진 원생동물 군체가 먹이를 찾기 위해서 몸의 앞뒤가 갖도록 진화함으로서 발생했다는 개념. 헤겔에 의하면 소화를 담당하는 앞쪽의 세포들은 원구를 통해 안으로 함입되어서 소화 원장을 만들어서 두 층으로 된 낭배가 되었으며 낭배기의 원형이 현생동물에서 발견된다고 한다.

혀의(Lingual) 혀쪽에 가까운 치아부분.

현무암(Basalt) 외양지각(oceanic crust)에 발견되고 용암 흐름으로 만들어진 고운 화성암.

현생 이언(Phanerozoic eon) 5억 4천5백만 년 전에 형성된 다세포 생물들의 화석화된 골격 상대적 빈도에 따라 특정화되는 지질시간의 큰 구분.

현서(Extant) 현재 서식하는.

혈연선택(Kin selection) 유전적으로 연관된 개체들의 생존과 생식적 성공에 영향을 주는 선택효과(예, 이타성). 혈연선택은 한 개체 혹은 그 자손에게만 작용하는 선택과는 구별된다. 〔참조 : 포괄적응도(Inclusive fitness)〕

혈통(Genealogy) 한 무리의 구성원들 간의 가족유대 및 선조관계의 기록.

혐기성(Anaerobic) 산소분자 없이 생장(음식분자의 산화적 분해로부터 에너지가 얻어짐)이 일어남.

혐기성 대사(Aerobic metabolism) 산소 분자가 없는 상태에서 먹이 분자의 산화적 분해로부터 얻어지는 대사과정을 위한 에너지. 산소 없이 생활하는 〔참조 : 호기성 대사(Aerobic metabolism)〕.

혐기성 해당과정(Anaerobic glycolysis) 〔참조 : 해당과정(Glycolysis)〕.

혐기성호흡(Anaerobic respiration) 산소와 다른 물질들(예, 황산염, 질산염, 메탄)이 말단 전자 수용체인 전자전달계.

협동진화(Concerted evolution) 일련의 뉴클레오티드 서열들과 유전자군의 서로 다른 구성원들이 비슷하거나 똑같이 남아 있게 되는 과정.

형질(Character) 개체와 개체군의 특색, 특성, 성질을 말함. 〔참조 : 원시형질(Basal character), 파생형질(Derived character)〕

형질대치(Character displacement) 두 종의 지리적 분포가 중복되었을 때, 두 종이 지리적으로 분리되었을 때 형질의 유사성과 비교하여 두 종간의 형질의 생김새와 측정치가 분화되는 것.

형질상태(Character state) 계통분석에서 형질을 수량화하기 위하여 사용되는 이진(binary) 상태로 한 형질을 지정한 것.

형질전환(Transformation) 도입된 DNA를 세포가 받아들이는 과정.

형태학(Morphology) 해부학적 형태와 생물체 구조를 연구하는 학문.

호기성(Aerobic) 음식 분자의 호기성 분해로부터 나오는 에너지 생성을 위해 산소분자를 사용하는 것.

호기성호흡(Aerobic respiration) 산소가 최종전자수용체인 전자 전달계.

호미니드(Hominid) 인과(Family Hominidae)에 속하는 구성원으로 가장 초기화석이 약 4백만 년 전(*Australopithecus*)에 나오고, 유일한 현생종인 인간(*Homo sapiens*)이 속한다.

호상 철광상(Banded iron formation) 철을 함유한 여러 조각으로 된 퇴적암으로 때로 작은 석영결정으로 된 층(수암, chert)으로 구성되기도 한다.

혼합유전(Blending inheritance) 현재는 폐기된 이론으로 유전형질을 입자(유전자)가 결정하는 것이 아니고 자손은 어버이 형질의 혼합이나 희석이 유전된다고 봄.

화강암(Granite) 대륙지각으로 돌출한 굵은 입자의 화성암.

화석(Fossils) 과거에 지구에 살았던 생물체들의 유해, 흔적, 자취.

화성암(Igneous rock) 현무암, 화강암와 같이 지구내부로부터 용액물질이 굳으면서 생성된 암석.

화학독립영양체(Chemoautotroph (chemolithotroph)) 〔참조 : 독립영양생물(Autotroph)〕

환경(Environment) 생물체와 개체군에 영향을 주는 무생물적, 생물적 외부조건들의 복합체. 유전적 요소들(유전자형들)이 생물체 특징들(표현형들)로 나타나도록 하는 장치와 원천을 제공한다.

환경수용력(Carrying capacity, K) 주어진 환경에서 개체군이 유지될 수 있는 생물의 최대수.

환원주의(Reductionism) 복잡성의 한 수준의 설명이 더 기본적인 수준의 설명을 위해 환원될 수 있거나 되어야만 한다는 개념. 예를 들어 모든 생물학현상들은 화학반응들로 설명되어야 한다.

활성부위(Active site) 효소와 반응하는 기질과 결합하는 효소의 특정부위

획득형질의 유전(Inheritance of acquired characters) Lamarck에 의해 사용된 진화적 적응에 대한 개념인데, 개체의 생활사 동안에 환경과의 상호작용으로 얻어진 표현형 형질들은 자동으로 유전된다.

효소(Enzyme) 화학반응을 촉매하는 단백질.

후각(Olfactory) 냄새에 관한 감각.

후구동물(Deuterostomes) 원구가 항문으로 발생하는 체강동물 무리.

후생동물(Metazoa) 다세포동물.

후성설(Epigenesis) 조직과 기관이 접합자에 이미 존재하는 것이 아니라 발생시 나타나는 세포와 물질들의 상호작용에 의해 형성된다는 개념. (참조 : 전성설)

후수류(Metatheris) 〔참조 : 유대류(Marsupials)〕

흔적기관(Vestigial organ) 작고 쓸모없는 기관이나 구조로 크고 기능했던 조상 기관 혹은 구조와 상동적이다.

히스톤(Histones) 염기성 형재단백질로서 핵 DNA분자에 단단하게 결합하여 DNA가 염색체 섬유로 감기게 한다.

기타

Angstrom(A^0) 1m의 100억분의 1(10^{-10})의 길이.

DNA(deoxyribonucleic acid) 모든 세포의 유전물질인 핵산으로 뉴클레오티드 사슬로 구성되어 있고, 각 뉴클레오티드는 디옥시리보오스 당을 가진다.

DNA 연결효소(DNA ligase) DNA 부분을 서로 연결하는 효소.

r–선택(r–selection) 먹이 공급원이 매우 크게 변하는 환경에 처1개체군들에 대한 선택. 이론적으로 이러한 개체군들에 대한 선택은 K–선택 개체군에서 경쟁 능력 보다는 빠른 개체군생장에 유리한 적응을 강조한다.

RNA(Ribonucleic acid) 뉴클레오티드에 리보스당이 있는 한 사슬로 된 핵산. 세포내에 전령 RNA, 리보솜 RNA, 운반 RNA로 있고, 몇몇 바이러스에서 유전물질로 작용한다. DNA의 염기구성과 달리 RNA는 티민 대신에 우라실이 있다.

RNA 세계(RNA world) RNA 뉴클레오티드 배열이 생물이 생기기 이전에 촉매 단백질 시스템이전에 촉매하고 자기복제 능력이 있었다는 개념.

RNA 이어맞추기(RNA splicing) 인트론을 제거해서 엑손을 결합하는 것.

RNA 편집(RNA editing) DNA로부터 전사된 후에 뉴클레오티드 염기의 첨가, 결실, 전이에 의한 RNA분자의 정보변화.

X–염색체연관유전자(X–linked gene) X 염색체에 있는 유전자 〔참조 : 반성유전자(Sex linkage)〕.

X 염색체(X chromosome) 동형배우자 성(XX)에서는 2개, 이형접합자 성(예, XY 혹은 XO)에서는 1개가 있는 성염색체

Y 염색체(Y chromosome) 이형배우자 성(XY)에서만 있는 성염색체

찾아보기

ㅇ

ㅈ

ㅎ

A

C

D

E, G

H

I, K, L

M, N

측정단위에 의한 미터법, 미국 도량형 환산과 약어들

길이/거리

1 millimeter (mm) = 0.039 inches (in)

1 inch (in) = 25.4 mm

1 meter (m) = 3.2808 feet (ft)

1 foot = 0.3048 m

1 kilometer (km) = 0.6214 miles

1 mile =1.6093 km

무게

1 gram (g) = 0.0352 ounces (oz)

1 ounce (oz) = 28.350 grams (g)

16 oz = 1 pound (lb)

1 lb = 454 g

부피

1 liter (L) = 0.264 US gallons (gal)

1 US gallon (gal) = 3.785 liter (L)

온도 단위 환산

℃elsius → ℉ahrenheit	℃ = (℉ − 32)/1.8
℉ahrenheit → ℃elsius	℉ = (1.8 × ℃) + 32
Kelvin (K) → ℃elsius	K = ℃ − 273.15
℃elsius → Kelvin	℃ = K + 273.15

따라서, 3 K is −270 ℃ (−454 ℉).

물의 어느점은 273 K (0 ℃ = 32 ℉).

물의 끓는점은 373 K (100 ℃ = 212 ℉).

사진 출처

All Part Opener Images: © Photos.com

Chapter Opener Images

Chapter 1: © Trout55/ShutterStock, Inc.; **Chapter 2**: © Photos.com; **Chapter 3**: © Canoneer/ShutterStock, Inc.; **Chapter 4**: Courtesy of NASA/JPL–Caltech and The Hubble Heritage Team (STScI/AURA); **Chapter 5**: © Jim Lopes/ShutterStock, Inc.; **Chapter 6**: © Trout55/ShutterStock, Inc.; **Chapter 7**: © Artsilensecome/ShutterStock, Inc.; **Chapter 8**: Courtesy of Monte Later/Yellowstone National Park/NPS; **Chapter 9**: © AbleStock/Alamy Images; **Chapter 10**: © Sebastian Kaulitzki/ShutterStock, Inc.; **Chapter 11**: © Ken Schulze/ShutterStock, Inc.; **Chapter 12**: © Photodisc; **Chapter 13**: © Melba Photo Agency/Alamy Images; **Chapter 14**: © Richard Robinson/ShutterStock, Inc.; **Chapter 15**: Photo by Melissa Mott, courtesy of Nicole King, Ph.D., University of California, Berkeley; **Chapter 16**: © Thierry Maffeis/ShutterStock, Inc.; **Chapter 17**: © emin kuliyev/ShutterStock, Inc.; **Chapter 18**: © Lynsey Allan/ShutterStock, Inc.; **Chapter 19**: © Chris Hill/ShutterStock, Inc.; **Chapter 20**: © Laurie L. Snidow/ShutterStock, Inc.; **Chapter 21**: © Robert Adrian Hillman/ShutterStock, Inc.; **Chapter 22**: © Anita Huszti/ShutterStock, Inc.; **Chapter 23**: © EcoPrint/ShutterStock, Inc.; **Chapter 24**: © Ian Cartwright/StockByte/age fotostock; **Chapter 25**: © Antonio Petrone/ShutterStock, Inc.; **Chapter 26**: © Valenta/ShutterStock, Inc.

Profile Images

Chapter 1: © Kris Snibbe/Harvard University News Office; **Chapter 4**: Courtesy of Doctor Virginia Trimble, University of California, Irvine; **Chapter 6**: Courtesy of Doctor William Schopf, Professor of Paleobiology and Director of IGPP CSEOL, University of California; **Chapter 8**: Courtesy of Lynn Margulis, University of Massachusetts (photo by Jerry Bauer); **Chapter 12**: Courtesy of Doctor Walter M. Fitch, Professor of Ecology and Evolutionary Biology at the University of California, Irvine; **Chapter 15**: Photo courtesy of Doctor James W. Valentine, University of California, Berkeley; **Chapter 18**: Courtesy of Doctor Michael Benton, Professor of Vertebrate Paleontology at the University of Bristol; **Chapter 23**: Courtesy of Doctor B. Rosemary Grant, Lecturer in Ecology and Senior Research Biology, Princeton University; **Chapter 24**: Courtesy of Doctor Francisco J. Ayala, Professor of Philosophy at the University of California.

Unnumbered Images

Page 311 (shell): © Photos.com; **Page 311** (bread): © Jones and Bartlett Publishers. Photographed by Kimberly Potvin; **Page 311** (sunflower): © Photos.com; **Page 311** (DNA): © Photos.com; **Page 595** (fly): © Frank B. Yuwono/ShutterStock, Inc.; **Page 635** (ape): © Norma Cornes/ShutterStock, Inc.; **Page 635** (crows): © Behavioral Ecology Research Group, University of Oxford.